英汉农业与生物技术词典

下

English-Chinese Dictionary of Agriculture and Biotechnology

詹英贤 翟志席 肖荧南 编

编辑说明

1. 本词典供读者阅读、翻译或写作有关农业专业资料之用。

2. 本词典共有21万多词条。

3. 本词典各词按英文字母顺序排列。

4. 本词典所有术语采用已公布的有关各学科的名词。目前还没有公布的,或取自有关学科的名词,或暂拟定。

5. 本词典中“()”内字表示解释语、植物或作物别名、分类学所属科别或名词缩写。“[]”内文字表示可以省略、生物学名、化学分子式。“{}”内文字表示该术语所属的学科。⌊拟⌉表示暂拟术语。⌊复⌉表示英文名词复数的词义。“=”表示相同或近似。凡一词中有不同词义,用①,②,③……分开。

6. 本词典植物学名词多附拉丁文,动植物名称后附有拉丁文学名,作物病害名称后附有病原菌学名,凡由拉丁文演变而来的术语多附拉丁文词源,以供参考。

7. 本词典植物保护学术语偏重于植物病理学,但主要作物害虫及其防治农药均有选录。农业试验统计学包括了生物统计、田间设计和试验分析。虽然高等植物和孢子植物都有植物名称,但重点在经济植物、牧草和杂草。

8. 本词典中列有词头与词尾。

学科名称缩写

{测量}土地测量(land surveying)
{土壤}土壤学(pedology)
{化}化学分析(chemical analysis)
{分遗}分子遗传学(molecular genetics)
{电脑}电脑技术(计算机技术)(computer technology)
{电}电镜技术(electromicroscopy)
{物}生物物理学(biophysics)
{蔗}甘蔗科学(science of sugarcane)
{生技}生物技术(biological technology)
{农机}农业机械学(agromechanics)
{农具}农具学(farm implements)
{加工}农产品加工和贮藏(processing and storage of farm products)
{水利}农田水利学(farmfield water conservancy)
{农管}农业企业管理(farm business management)
{统计}农业试验统计学(agroexperimental statistics)
{气象}农业气象学(agrometeorology)
{地质}地质学(geology)
{杂草}杂草及其防治(weed and its control)
{园}园艺学(horticulture)
{园林}园林工程学(landscape engineering)
{栽培}作物栽培学(crop production)
{农生技}农业生物技术(agrobiotechnology)
{环保}环境保护(environmental protection)
{农施}农业设施(agricultural installation)
{农系工}农业系统工程(agricultural system engineering)
{进化}进化论(evolutionism)
{智培}作物智能栽培学(intelligent crop production)
{药}药物学(pharmacology)
{生物}细胞生物学(cell biology)
{细胞}细胞遗传学(cytogenetics)
{蜂}养蜂学(bee keeping)
{信息}信息技术(information technology)
{肥料}肥料学(fertilizer science)
{茶}茶作学(tea cropping)
{昆虫}经济昆虫学(economic entomology)
{牧草}牧草与草原经营(grasses and grassland management)
{胚胎}胚胎学(embryology)
{狩猎}狩猎学(hunting science)
{真菌}真菌学(mycology)

{禽}家禽学(poultry)
{畜}畜牧学(animal husbandry)
{遥感}遥感技术(technology of remote sensing)
{耕作}耕作学(agroprinology,tillage science)
{遗传}遗传学(genetics)
{遗工}遗传工程(genetic engineering)
{蚕桑}蚕桑学(silkworm keeping and mulberry growing)
{生态生理}植物生态生理学(phytoecophysiology)
{分类}植物分类学(plant taxonomy)
{育种}作物育种学(crop breeding)
{形态}植物形态学(phytomorphology)
{解剖}植物解剖学(phytoanatomy)
{染色体}植物染色体技术(phytochromosome technique)
{病理}植物病理学(phytopathology)
{生态}植物生态学(phytoecology)
{植生}植物生理学(phytophysiology)
{生化}植物生物化学(phytobiochemistry)
{显技}植物显微技术(phytomicrotomy)
{数}数学(mathematics)
{辐射}辐射育种学(radiation breeding)
{森林}森林学(forestry)
{微生物}微生物学(microbiology)

L l

L ①(=litter) 死被物{生态} ②(=linking number) 连接数{生技} ③(=liter) 升
L_{50}(=lethality 50) 半致死率,50%致死率
L(=liter) 升
L-ADH(=liver alcohol dehydrogenase) 肝醇脱氢酶
L cell L 细胞,鼠成纤维细胞{遗工}
L cell hybrid L 细胞杂种
L Chain(=light chain) 轻链,L 链{分遗}
L-form(=large form) L 型,大型
L-form bacteria L 型细菌,大型细菌
L-square 直角尺
L-type colony L 型菌落
L13/59(=trichlorfon) 敌百虫{农药}
L343(=prothoate) 发果{农药}
L395(=dimethoate) 乐果{农药}
La(=lanthanum) 镧
LA(=lotus agglutinin) 莲子凝集素
La Cour's fixative 拉可尔氏固定剂{显技}
lab ①凝乳酶 ②(=laboratory) 实验室
lab marker 实验室用记号笔
lab ware 实验室器具,实验室用具
labacoria 下唇膜
Labbarraque's solution 拉巴雷克氏溶液{显技}
labdanum(=mock-rose, rocky rose, ladanum) 香脂岩爱花[*Cistus labdanum* L.](半日花科)
label ①唇瓣(labellum){形态} ②标签,贴签,签条{显技} ③标记,标志{生技} ④标号{信息}
label area 标号区
label orientated determination 标签定位测定法{生态生理}
label symbol 标记符号
label trace 标号跟踪,标号追踪
label-transfer crosslinking 标记[物]转移交联[法]
labellar 唇瓣的(labellaris)
labelled(=labeled) ①标记的 ②带标号的,有标号的 ③标定的
labelled atom 示踪原子,标记原子
labelled compound 标记化合物
labelled element 标记元素,示踪元素
labelled graph 标定图{电脑}
labelled network 标号网络{信息}
labelled residual insecticides 标记残留杀虫剂
labelled segment 标记节段(指染色体)
labelled trace 示踪
labelling(=labeling) ①标记,标志,示踪 ②许可注册
labelling algorithm 标记算法
labelling requirement(=indications on label) 许可注册要求条件
labellum ①唇瓣 ②舌匙
labia 气门瓣
labial ①唇瓣的{形态} ②下唇的{昆虫}(labialis)
labial gland 下唇腺
labial palpus 下唇须
labiate ①具唇瓣的 ②有唇的(labiatus)
labiate calyx 唇形萼(calyx labiatus)
labiate corolla 唇形花冠(corolla labiata)
labiate flower 唇形花(flos labiatus)
labiatiflorous 唇形花的(labiatiflorus)
labidophorous 具螯的(labidophorus)
labidurid earwigs 蠼螋科[Labiduridae]
labiella 舌
labiid earwigs 姬蠼科[Labiidae]
labile 不稳定的,易变的(labilis)
labile determination 不稳定决定
labile gene 不稳定基因,易变基因
labile intermediate product 不稳定中间产物
labile nitrogen 易分解态氮
labile phosphate 活性磷酸盐
labile phosphate ester 活性磷酸酯
labile primordia 不稳定原基
labile region 不稳定区,易变区
labile state 不稳定态(status labilis)
lability 不稳定性,易变性(labilitas)
lability energy 不稳定性能量
labilization 不稳定,易变[作用](labilisatio)
labiomaxillary 下唇下颚的(labiomaxillaris)

labiose 唇形的(labiosus)
labiostipite 下唇茎节(labiostipta)
labipalp (=labial palpus) 下唇须(labipalpus)
labis 钩形突{昆虫}
labium ①唇{动} ②下唇瓣{形态} ③下唇{昆虫}
lablab (=hyacinth bean) 扁豆[*Dolichos lablab* L.](豆科)
lablab plume-moth (=pulses fruit borer) 桃羽虱(桃羽蛾)[*Sphenarches caffer* Zeller](羽蛾科)
lablab weevil 隐头豆象[*Spermophagus complectus* Sharp](豆象科)
Labolink 实验室链路计算机网
laboratory ①实验室,试验室 ②研究所(laboratorius)
laboratory analysis 实验室分析,化验
laboratory animal 实验动物,供实验动物
laboratory animal housing 实验动物舍饲
laboratory automation 实验室自动化
laboratory clamp 实验室用弹簧夹
laboratory data 实验室数据,实验室资料,实验室记录
laboratory equipment 实验室设备
laboratory evaluation 实验室评价,室内评定
laboratory experiment (=lab experiment) 室内试验
laboratory findings 实验资料
laboratory germination test 实验室发芽试验
laboratory inspection 实验室检查,室内检查
laboratory mouse 实验室用鼠
laboratory paraphernalia ①实验室用具 ②实验室设备{栽培}
laboratory population 实验室群体,实验室种群
laboratory practice 实验室实习
laboratory record 实验室记录
laboratory report 实验报告
laboratory sample 实验室样品
laboratory scale 实验室规模
laboratory seed testing 种子室内检查
laboratory technique 实验室技术
laboratory test 实验室试验,室内试验
laboratory timer 实验室自动定时仪
laborious ①劳动的 ②艰苦的,费力的
laborious cross method 人工杂交法
laborious duties 艰巨任务
labour (=labor) ①(体力或脑力)劳动,劳动力,工作,一件工作 ②劳工,劳方 ③分娩
labour agreement 劳动公约
labour-aiding 减轻劳动的
labour capacity ①劳动本领,工作效率 ②劳动生产率
labour consuming 繁重劳动,费工
labour contract 劳动契约
labour cost ①劳动价值 ②劳动成本 ③⌊复⌉劳动力费用
labour day 劳动日,工作日
labour density 劳动力密度(单位面积劳动力)
labour discipline 劳动纪律
labour division 劳动分工
labour efficiency 劳动效率
labour engine 劳动机械,工作母机
labour estimate 劳动估价,劳动预算
labour exchange 劳动力互换
labour expenditure (=labor expenditure) 劳动费,劳务费
labour expense 劳动费
labour force 劳动力
labour hour 劳动时,工作时
labour income 劳动收入,劳动所得
labour indenture 劳动合同,劳动契约{农管}
labour input 劳动开支,劳动消耗
labour instruments 劳动用具
labour intensity 劳动强度
labour jurisdiction 劳工司法
labour law 劳动法[规]
labour legislation 劳动立法
labour management 劳动管理
labour market 劳动力市场
labour office 劳动局
labour organization 劳动组织
labour organization in agriculture 农业劳动组合(组)
labour pains 分娩痛
labour peak 劳动高峰,劳动高潮,忙季
labour per unit of area 每单位面积劳动力
labour potential 劳动[潜]力
labour power (=labour force) 劳动力,人力
labour productivity 劳动生产率
labour protection 劳动保护
labour recording 劳动登记
labour requirements 劳动力需要量
labour saving 劳动节约,省工
labour-saving culture 省工栽培
labour-saving machinery 省工机械
labour-science 劳动学(ergonomica)
labour shortage 劳动力不足
labour turnover 劳动换调
labour unit 劳动单位
labourer ①工人,劳动者 ②⌊复⌉人力,农业劳动力

labourer insurance 劳动保险,劳工保险
labrador 拉布拉多犬{狩猎}
Labrador current 拉布拉多潮流{生态生理}
Labrador-tea ①喇叭茶属[*Ledum* L.](杜鹃花科) ②喇叭茶[*Ledum palustre* L.]
labradorite 拉长石,富拉玄武岩
labral 上唇的(labralis){昆虫}
labraria 前咽上后部
labraris 唇管
labrecula 后前咽唇
labrofrontal lobe 后脑(tritocerebrum)
labrofrontal nerve 上唇额神经
labrum ①孔缘{解剖} ②上唇{昆虫}
laburnum ①金链花属(毒豆属)[*Laburnum* L.](豆科) ②金链花[*Laburnum anagyroides* Medic.]
laburnum leafminer 金链花潜蛾[*Leucoptera laburnella* Stainton](潜蛾科)
labyrinth ①迷路 ②迷园 ③花环 ④迷宫式密封,曲折密封,迂回密封(labyrinthus)
labyrinth gland 迂回密纹套,曲折密封套
labyrinth seal 迷园式密封,曲折式密封
labyrinthiform 迷园形的(labyrinthiformis)
lac ①紫胶 ②虫胶 ③乳 ④乳糖
lac dye 紫胶染料
lac insect 紫胶虫[*Laccifer lacca* Kerr]
lac insertion strain 乳糖插入菌株
lac lacquer 虫胶,假漆
lac operator 乳糖操纵基因
lac operator sequence 乳糖操纵基因序列
lac operon (= lactose operon) 乳糖操纵子{分遗}
lac promotor 乳糖启动子
lac promotor sequence 乳糖启动子顺序
lac repressor 乳糖阻遏物
lac resin 虫胶树脂
lacca 虫漆,虫胶,虫脂
laccaic acid 紫胶酸[$C_{16}H_{12}O_8$]
laccase 漆酶
laccate 涂漆状的,封蜡状的(laccatus)
lacceroic acid 紫胶蜡酸,三十二[烷]酸[$C_{31}H_{63}COOH$]
laccolith 岩盘,岩盖{地质}
lace ①花边 ②系带,束带,带子 ③全穿孔
lace bark pine (= bunge pine) 白皮松(三叶松)[*Pinus bungeana* Zucc.](松科)
lace bug ①网蝽 ②⌊复⌉网蝽科[Tingidae]
lace flower (= blue lace flower) ①蓝饰带花属[*Trachymene* Rudge.](伞形花科) ②蓝饰带花(蓝带花)[*Trachymene caerulea* R. Granam.]
lace leaf ①具花纹叶,花边叶(folium reticulatum) ②花边水蕹[*Aponogeton fenestralis* Hook. f.](水蕹科)
lace water-hawthorn (= lace leaf) 花边水蕹[*Aponogeton fenestralis* Hook. f.](水蕹科)
lacerated 撕裂状的(laceratus)
lacerated wound 裂伤
lacerating mechanism [纵向]切碎装置,撕裂装置
laceration ①撕裂,劈裂 ②划破,切削 ③裂伤(laceratio)
lacerator fan ①切碎吹送刀轮 ②(青贮料切碎机)刀齿轮盘
lacewing ①草蛉 ②⌊复⌉草蛉科[Chrysopidae]
Lachenal sedge 拉氏苔草[*Carex lachenalii* Schkuhr](莎草科)
lachenalia ①非洲莲香属[*Lachenalia* Jacq.](百合科) ②非洲莲香[*Lachenalia tricolor* Thunb.]
lachesillids 毛啮虫科[Lachesillidae, Caeciliidae]
lachrymal (= lacrimal) 泪状的,滴泪状的(lachrymalis)
lachrymal gland 泪腺{畜}
lachrymation (= lacrimation) 流泪(lachrymatio){畜}
lacing 全穿孔
lacinia ①内颚叶 ②叶片{昆虫}
lacinia convoluta 卷喙
laciniate ①条裂的{形态} ②锯齿状的{昆虫}(laciniatus)
laciniation 条裂(laciniatio)
laciniform 边饰状的(laciniformis)
lacinoidea 内颚中片
lacinose 条裂的(lacinosus)
lacinulate 具小条裂的,细条裂的(lacinulatus)
lacinule 小细长裂片(lacinula)
lacithin 卵磷脂[$C_{42}H_{84}O_9PH$]
lack 缺乏,缺少,不足
lack of colour 无色{显技}
lack of dominance 无显性
lack of drying uniformity 干燥均匀度缺乏
lack of planning in production 生产盲目性
lack of vitamins 维生素缺乏
lack of water control 缺水控制
lackey moth (= tent maker, tent caterpiller) 天幕毛虫(梅毛虫)[*Malacosoma neustria* L.](枯叶蛾科)
lacmoid (= resorcin blue) 间苯二酚蓝

[$C_{12}H_9O_4N$]
lacmus 石蕊
lacmus paper 石蕊试纸
laconic 简洁的,简明的 (laconicus)
lacquer 漆汁,清漆 (lacca)
lacquer-tapping 漆汁采取,割漆
lacquer tree (= varnish tree, lac-sumach, lac-sumac) 漆树 [*Rhus verniciflua* Stokes] (漆树科)
lacquer ware 漆器
lacquer work 漆细工
lacquered can 涂漆罐头{加工}
lacquerer 漆工
lacquering 涂漆
lacrima (分泌树脂)乳滴
lacrimator (= lachrymator) 催泪剂
lacrimiform 泪状的 (lacrimiformis)
lact- ⌞字头⌝ 乳
lactacidase 乳酸酶
lactaciduria 乳酸尿
lactagogue ①催乳的 ②催乳剂
lactal 呋喃葡烯糖-5-半乳糖苷 [$C_{12}H_{20}O_9$]
lactalase 乳酸酶
lactalbumin 乳清蛋白,乳白蛋白
lactalbumin hydrolysate 乳清蛋白水解物
lactam 内酰胺
lactam decomposing bacteria 内酰胺[分解]细菌
lactamase 内酰胺酶,乳胺酶
lactamide 乳酰胺
[$CH_3CH(OH)CONH_2$]
lactamidine 乳脒
[$CH_3CH(OH)C(NH)NH_2$]
lactaminic acid N-乙酰神经氨酸
lactarinic acid 十八碳-6-酮酸
[$CH_3(CH_2)_{11}CO(CH_2)_4COOH$]
lactaroviolin 乳菇紫素 [$C_{15}H_4O$]
lactary ①乳的 ②挤奶室,奶场 (lactaris)
lactase 乳糖酶
lactate ①乳酸 ②乳酸盐、酯或根
lactate dehydrogenase(LDH) 乳酸脱氢酶
lactating 哺乳的
lactating animal 哺乳动物
lactating mother 哺乳母畜
lactation ①哺乳,授乳 ②哺乳期 ③泌乳 ④乳酸作用 (lactatio)
lactation curve 泌乳曲线
lactation drive 泌乳推进力
lactation period ①哺乳期 ②泌乳期
lactation yield 泌乳期泌乳量
lactator 挤乳机
lacte 乳白的
lacteal ①乳汁管 ②乳糜管 ③乳的,乳状的 (lacteus)
lacteal gland 乳腺
lacteal mark 产乳力特征
lacteal vein 乳静脉
lacteal vessel 乳糜管
lactenin 乳烃素
lacteous 乳色的,乳状的 (lacteus)
lactescence ①产乳力 ②乳汁状 ③乳汁色 (lactescentia)
lactescent ①具乳汁的 ②泌乳的 ③乳状的 (lactescens)
lactic 乳的 (lacticus)
lactic acid 乳酸 [$C_2H_5O \cdot COOH$]
lactic acid bacteria 乳酸菌 (lactobacteria)
lactic acid cycle 乳酸循环
lactic acid fermentation 乳酸发酵
lactic acid modification in fixative 固定液的乳酸改良法{显技}
lactic acid racemase 乳酸消旋酶
lactic acidosis 乳酸中毒
lactic aldehyde 乳醛,2-羟基丙醛 [$C_3H_6O_2$]
lactic casein 乳酪素
lactic coagulation 乳凝结
lactic dehydrogenase(LDH) 乳酸脱氢酶
lactic fermentation (= lactic acid fermentation) 乳酸发酵
lactic heterofermentation 乳酸异型发酵
lactic homofermention 乳酸同型发酵
lactic orcein 乳酸地衣红
lactic propionic acetic squash 乳酸丙酸乙酸压片{显技}
lacticifer (= laticifer) 乳汁器
lacticin 乳链球菌素
lacticolour (= lacticolor) 乳白色
lactide ①交脂(类名) ②丙交脂 [$C_6H_8O_4$]
lactifer 产乳菌丝
lactiferous 具乳汁的 (lactiferus)
lactiferous canal 乳汁管 (canalis lactiferus)
lactiferous duct ①乳汁管{解剖} ②输乳管{畜}
lactiferous fodder 含乳汁饲料(如甘薯蔓)
lactiferous gland 乳腺
lactiferous sinus 输乳窦
lactiferous vessel ①乳管{解剖} ②输乳管{畜}
lactific 产乳汁的 (lactificus)
lactiflorous 具乳白色花的 (lactiflorus)
lactifuge ①止乳的 ②止乳剂{药物}
lactigenic 形成乳汁的 (lactigenus)

lactim 内酰亚胺,醇式内酰胺
lactinated 含乳糖的(lactinatus)
lactine 乳糖
lacto- ⌞字头⌝乳
lacto-klado-hexose 具分支结构乳六糖
lacto series 乳糖系列
lactoalbumin(=lactalbumin) ①乳清蛋白 ②乳白蛋白
lactobacillic acid 乳杆菌酸
lactobacillin 乳酸杆菌素
lactobacillus ①乳杆菌属[*Lactobacillus* Beijerinck](乳杆菌科) ②乳杆菌[*Lactobacillus* sp.]
lactobacillus acidophilus 嗜酸乳杆菌[*Lactobacillus acidophilus* (Moro) Hansen et Mocquot](乳杆菌科)
lactobacillus Bulgaricus 保加利亚乳杆菌[*Lactobacillus bulgaricus* (Orla-Jensen) Rogosa et Hensen](乳杆菌科)
lactobacillus Bulgaricus factor 保加利亚乳杆菌因子{微生物}
lactobacillus casei 干酪乳杆菌[*Lactobacillus casei* (OHa-Jensen) Hensen et Lessel](乳杆菌科)
lactobacillus casei factor 干酪乳杆菌因子
lactobionic acid 乳糖酸
lactobutyrometer 乳脂计
lactochrome ①乳色 ②核黄素,维生素 B_2
lactocidase 乳酸酶
lactococcin 乳球菌素
lactococcus ①乳球菌属[*Lactococcus* Schleifer et al.] ②乳球菌[*Lactococcus* sp.]
lactocrite 乳脂测定器
lactoferrin 乳铁传递蛋白
lactoferritin 乳铁蛋白(指一种金属结合蛋白)
lactoflavin 核黄素,维生素 B_2 [$C_{17}H_{20}O_6N_4$]
lactogen 催乳激素
lactogenesis 泌乳开始
lactogenic ①产乳的 ②催乳的(lactogenus)
lactogenic hormone 催乳激素
lactoglobulin 乳球蛋白
lactol 内半缩醛
lactolin ①炼乳 ②乳酸菌素
lactometer 乳汁比重计
lactonase 内酯酶
lactone 内酯
lactonic group 内酯基
lactoperoxidase 乳过氧物酶
lactophenol 乳[酸]酚 [$CH_3CH(OH)COOHROH$]
lactophenol-cotton blue solution 乳酸酚棉蓝液
lactophenol mount 乳酸酚装置(片){微生物}
lactopoiesis 乳汁生成(lactopoiesis)
lactopontin 乳桥蛋白
lactopropionic orcein 乳丙酸地衣红
lactoprotein 乳蛋白
lactosaminoglycan 乳糖胺聚糖
lactoscope 乳酪计
lactoscopy 乳脂测定法(lactoscopia)
lactose 乳糖[$C_{12}H_{22}O_{11}$]
lactose content 乳糖含量
lactose fermentation 乳糖发酵
lactose fermentation mutant 乳糖发酵突变体
lactose hydrolysis 乳糖水解
lactose operon(=lac operon) 乳糖操纵子
lactose synthetase complex 乳糖合成酶复合物
lactosuria 乳糖尿
lactosylceramidosis 乳糖[基]-N-脂酰鞘氨醇积储症
lactotransferrin 乳运铁蛋白
lactoxin 乳毒素
lactoyl-(=lactyl-) 乳酰[基],2-羟丙酰
lactoyl-glutathione lyase 乳酰谷胱甘肽裂解酶,乙二醛酶 I
lactoyltetrahydropterin 乳酰四氢嘌呤
lactuca ①莴苣属[*Lactuca* L.](菊科) ②莴苣[*Lactuca sativa* L.]
lactuca aphid 莴苣瘤额蚜[*Myzus lactucicola* Takahashi]
lactucarin 野莴苣素
lactulose 半乳糖[基]果糖
lactyl- 乳酰[基]
lacuna ①腔隙{解剖} ②空隙{昆虫} ③陷窝,气泡,空白,脱漏{物} ④胞隙{细胞}
lacunae(=mucilage canals) 黏液道
lacunar 腔隙的(lacunaris)
lacunar development [腹菌]腔式发育[型]
lacunar parenchyma 腔隙薄壁组织(parenchyma lacunaris)
lacunar tissue 腔隙组织(tela lacunaris)
lacunate collenchyma 腔隙厚角组织(collenchyma lacunata)
lacunose ①有空隙的{昆虫} ②多洼的{耕作}(lacunosus)
lacunose parenchyma 海绵薄壁组织(parenchyma lacunosa)
lacustrine(=lacustral, lacustrian) 湖沼生

的（lacustris）
lacustrine deposit 湖沉积物
lacustrine fishes 湖泊鱼类
lacustrine muck 湖积腐泥
lacustrine peat 湖积泥炭
lacustrine plain 湖成平原
lacustrine soil 湖积土壤
LAD（= leaf area duration） 叶面积持续期
ladder ①梯[子] ②(车厢)附加拦板,栅栏
ladder brake 蜈蚣草［*Pteris vittata* L.］（凤尾蕨科）
ladder diagram 梯形图
ladder hypha 梯[形菌]丝
ladder network 梯形网络{信息}
ladder printer interface 梯形打印机接口
ladder-shaped 梯状的（scaliformis）
ladder-shaped vessels 梯纹导管（vasa scalaria）
laden ①装载的 ②(子粒)灌浆的
laden earhead 灌满浆穗
ladies bedstraw 蓬子菜［*Galium verum* L.］（茜草科）
ladies eardrops ①倒挂金钟属［*Fuchsia* L.］（柳叶菜科）②倒挂金钟［*Fuchsia hybrida* Voss.］
ladies fingers（= okra） 黄秋葵
ladies tresses ①绶草属［*Spiranthes* Rich.］（兰科）②绶草(盘龙参)［*Spiranthes sinensis* (Pers.) Ames.］
Ladino clover（= white clover, shamrock） 白三叶草［*Trifolium repens* L.］（豆科）
ladle ①勺,长柄勺,戽斗 ②舀,戽出
ladle type 戽斗型
Ladoo（= Ladu） "拉杜"橘［*Citrus paratangerina* Hort. eu Tanaka］（蔷薇科）
Lady Bank's rose 木香［*Rosa banksiae* Ait.］（蔷薇科）
lady beetle ①瓢虫 ②⌞复⌝瓢虫科［Coccinellidae］
lady birds（= lady beetles, lady bugs） 瓢虫科［Coccinellidae］
lady fern ①蹄盖蕨属［*Athyrium* Roth.］（水龙骨科）②蹄盖蕨［*Athyrium filix-femina* (L.) Roth.］
lady palm ①棕竹属［*Rhapis* Linn. f.］（棕榈科）②棕竹［*Rhapis excelsa* (Thunb.) Henry］
lady-slipper（= laday's slipper, moccasin flower） ①杓兰属［*Cypripedium* L.］（兰科）②杓兰［*Cypripedium macranthum* Sw.］③带叶兜兰［*Paphiopedilum hirsutissinum* sp.］
lady washington geranium（= fancy geranium） 麝香天竺葵(大花天竺葵)［*Pelargonium domesticum* Bailey］（牻牛儿苗科）
ladybell ①沙参属［*Adenophora* L.］（桔梗科）②沙参［*Adenophora elata* Nannf. f. var. *verticillata* kitagawa.］
ladybird skinner 马铃薯瓢虫［*Henosepilachna vigintioctomaculata* Mots.］（瓢虫科）
lady's bedstraw 蓬子菜［*Galium verum* L.］（草科）
Lady's comb 仙梳司堪地(仙梳针果芹)［*Scandix pectenveneris* L.］（伞形科）
lady's fingers 绒毛花［*Anthyllis vulneraria* L.］（豆科）
lady's-mantle ①斗篷草属［*Alchemilla* L.］（蔷薇科）②斗篷草［*Alchemilla vulgaris* L.］
lady's purse（= shepherd's purse） 荠菜［*Capsella bursapastoris* Medic.］（十字花科）
lady's seal（= black bryony, lady's bindweed） 欧薯［*Tamus communis* L.］（薯蓣科）
lady's-smock ①碎米荠属［*Cardamine* L.］（十字花科）②碎米荠［*Cardamine flexuosa* With.］
lady's sorrel ①酢浆草属［*Oxalis* L.］（酢浆草科）②酢浆草［*Oxalis corniculata* L.］
lady's thumb（= crabs' claw） 春蓼(桃叶蓼)［*Polygonum persicaria* Linn.］（蓼科）
laelia ①雷丽兰属［*Laelia* Lindl.］（兰科）②雷丽兰［*Laelia anceps* Lindl.］
Laemmli buffer system 拉姆利缓冲液系统{生技}
laeotropic 左转的（laeotropus）
laesura 四分体痕
laete （彩色)鲜明的（laetus）
laevan（= levan） 果聚糖,左聚糖
laevigate 平滑的,光滑的（laevigatus）
laevo- ⌞字头⌝左旋
laevoglucose 左旋糖,果糖［$C_6H_{12}O_6$］
laevoisomer 左旋异构体
laevorotation 左旋现象（laevorotatio）
laevorotatory（= laevorotary） 左旋的
laevulinic acid 乙酰丙酸［$CH_3 \cdot CO \cdot CH_2 \cdot CH_2 \cdot COOH$］
laevulinic aldehyde 乙酰丙酸醛
laevulosaemia 果糖血{生化}
laevulose（= laevoglucose） 左旋糖,果糖

laevulosuria 果糖尿
lag ①迟延现象{遗传} ②落后{气象} ③停滞{栽培} ④滞后{生理} ⑤外套板,防护板{农机} ⑥惯性{物}
lag covariance 落后协方差{统计}
lag-growth phase 停滞生长期(指水稻)
lag of aneroid barometer 空盒气压表的滞后现象
lag-period (=lag phase) 停滞期,迟延期
lag phase ①停滞期,迟延期 ②滞后期,延缓期{生理}
lag regression 落后回归{统计}
lag time ①停滞期 ②延迟时间,滞后时间
lag wood screw 木螺钉
lageniform 葫芦状的,烧瓶状的(lageniformis)
lagenostome 壶状房{形态}(lageno stomus)
lager beer 贮藏陈啤酒(一种淡啤酒)
lager-beer-plant 蜘蛛抱蛋[*Aspidistra elatior* Bl.](百合科)
laggard (=lagging chromosome)落后染色体
lagged delivery 滞后交货{农管}
lagging chromosome 落后染色体
lagging current 滞后电流
lagging edge 后沿
lagging of the tides 潮汐滞后
lagging strand 滞后链,后随链{分遗}
lagoon (=lagune) ①咸水湖 ②礁湖 ③泻湖 ④氯化塘,污水塘{环保}(lacuna)
lagoonal facies 泻湖相
lagopus rhododendron 兔足杜鹃花[*Rhododendron lagopus* Nakai](杜鹃花科)
lagotis ①兔耳草属[*Lagotis* J. Gaertn.](玄参科) ②兔耳草[*Lagotis glauca* Gaertn.]
lagriid beetles 伪叶甲科[Lagriidae]
Lagus rubber tree 绢丝橡胶树(拉各斯橡胶树)[*Funtumia elastica* Stapf](大戟科)
Lahaina 拉海纳(甘蔗热带原种)
LAI (=leaf area index) 叶面积指数
laid 倒伏的
laid cereal crop (=laid grains) 倒伏谷类作物
laid grain lifter 倒伏作物扶茎器
laid grain reel 倒伏作物拨禾轮
laid length 敷管长度{环保}
laid plant 倒伏植株
laid seedling rate 倒秧率
lair 兽穴
lak 山口
lake 湖(湖泊)(lacus)
lake and river mud 淤泥肥
lake breeze 湖风
lake chalk raw soil 湖积白垩(灰质)粗质土
lake deposit 湖沉积物
lake-dwelling age (=lacustrine age) 湖上居民时代
lake eriogonum 湖生绒毛蓼[*Eriogonum tripodum*](蓼科)
lake facies 湖相
lake fishery 湖泊渔业
lake floor 湖底
lake lawyer 北美江鳕[*Lota maculosa* (Le Sueur.)]
lake level 湖水面
lake loess 湖积黄土
lake mud 湖泥
lake Nicaragua shark 湖真鲨[*Carcharhinus nicaraguensis* (Gill et Bransford)]{水产}
lake peat 湖沼泥炭
lake plain 沿湖平原
lake pollution 湖泊污染{环保}
lake salt 湖盐
lake sediment 湖沉积物
lake surface temperature 湖面温度
lake temperature 湖水温度
lake water 湖水
lake-weed 蓼[*Polygonum hydropiper* L.](蓼科)
laked blood 已溶血液
Lakucha (=kamma) 扁子波罗蜜[*Artocarpus lacoocha* Roxb.](桑科)
lalang 东亚稀树草原
lalas 侧芽苗(指蔗茎上部萌发的侧芽)
lalongate 横[向]延长的,横伸的(lalongatus)
lam 鞭打(指脱粒)
lama (=llama) 役用驼(羊驼,美洲驼,无峰驼)[*Lama glama* L.](骆驼科)
Lamarckian effect 拉马克效应{遗传}
Lamarckian inheritance 拉马克遗传
Lamarckian theory 拉马克学说{进化}
Lamarckism 拉马克学说,拉马克主义(Lamarckimus)
lamb ①羔羊,小羊 ②羔羊肉 ③产羔量,产仔量(羊)
lamb creep 羔羊栏
lamb crop 羔羊产量
lamb drinker 羔羊饮水器
lamb dysentery 羔羊痢疾
lamb fattening 羔羊肥育
lamb feeding 羔羊饲养

lamb hog （第一次剪毛前的）羔羊
lamb-kill kalmia 狭叶山月桂［*Kalmia angustifolia* L.］（杜鹃花科）
lamb-lettuce （= cornsalad） 小拟缬草［*Valerianella olitoria* Moench.］（败酱科）
lamb-raising period 羔羊饲养期
lamb registry 绵羊羔登记，小绵羊登记
lambda ① λ（希腊文字母），兰姆达 ②人字形缝尖 ③微升
lambda attachment locus λ-并连座位，兰姆达并连座位
lambda bacteriophage λ-噬菌体，兰姆达噬菌体
lambda chain λ-链，兰姆达链
lambda chromosome λ-染色体，兰姆达染色体
lambda DNA λ-DNA，兰姆达 DNA
lambda enzyme λ-酶，兰姆达酶
lambda excision protein λ-切割蛋白质，兰姆达切割蛋白质
lambda in insertion sequence 插入顺序的λ，插入顺序的兰姆达
lambda infection λ-感染，兰姆达感染
lambda mutant λ-突变体，兰姆达突变体
lambda notation λ标记，兰姆达标记
lambda operator λ-操纵基因，兰姆达操纵基因
lambda particle λ-粒子，兰姆达粒子
lambda phage λ-噬菌体，兰姆达噬菌体
lambda pipette λ管，微升量吸管
lambda promotor λ-启动子，兰姆达启动子
lambda prophage λ-原噬菌体，兰姆达原噬菌体
lambda replication region λ-复制区，兰姆达复制区
lambda repressor λ-阻遏物，兰姆达阻遏物
lambda transcription λ-转录，兰姆达转录
lambda variant λ-变异体，兰姆达变异体
lambdoid λ-形的，兰姆达形的（lambdoideus）
lambdoid phage λ-形噬菌体，兰姆达形噬菌体
lambert 朗伯（亮度单位）
Lambert-Beer's extinction law 朗伯－毕尔二氏消光法则｛生态生理｝
Lambert-Beer's law Lambert-Beer 二氏法则，朗伯-毕尔氏法则｛分遗｝
Lambert conformal conic projections 朗伯圆锥投影｛测｝
Lambert nut （= filbert） 大榛子（欧洲榛子）［*Corylus maxima* Mill.］
Lambertian surface 朗伯面｛遥感｝
Lambert's formula 朗伯公式｛测｝
Lambert's law 朗伯定律｛环保｝
Lambert's pine 糖松［*Pinus lambertiana* Dougl.］（松科）
lambing 产羔，生小羊
lambing order 产次，产羔顺序
lambing percentage （= lambing rate） 产羔率
lambkin 小羔羊
lamblia 贾第鞭毛虫
lambliasis 贾第鞭毛虫病
lamb's lettuce （= corn salad，field salad） 莱拟缬草（野莴苣）［*Valerianella locusta* Betck. = *V. olitoria* Moench］（缬草科）
lamb's quarters goosefoot （= lamb's quarter，meldweed，goosefoot） 藜［*Chenopodium album* Linn.］（藜科）
lambskin 羔羊皮
lambsquarters （= pigweed） 藜［*Chenopodium album* L.］（藜科）
lame 跛的
lamella ①片，层｛解剖｝ ②菌褶｛真菌｝ ③栉片｛形态｝ ④薄板｛昆虫｝ ⑤瓣，鳃瓣｛水产｝ ⑥片晶｛生技｝
lamella structure （= lamellar structure） 薄层状结构，片层结构
lamellar ①片状的 ②层状的 ③环层的（lamellaris）
lamellar collenchyma （= plate collenchyma） 片状厚角组织（collenchyma lamellaris）
lamellar concept 环层概念｛分遗｝
lamellar corpuscle 环层小体（corpusculus lamellaris）
lamellar cristae 环层脊膜（cristae lamellare）
lamellar crystal 片晶｛生技｝
lamellar cytoplasm 环层胞质（cytoplasma lamellaris）
lamellar double refraction 片层状双折射
lamellar gametophyte 片状配子体 （gametophyta lamellaris）
lamellar membrane ①片层膜 ②间片膜（membrana lamellaris）
lamellar protein 片层蛋白质
lamellar structure 片层结构（structura lamellaris）
lamellate ①片状的 ②层状的 ③鳃叶的，鳃状的（lamelatus）
lamellate antenna 鳃叶触角（antenna lamellata）
lamellate pith （= lamellated pith） 层状髓

心 (medulla lamellata)
lamellate sheath 层纹鞘 (vagina lamellata)
lamellation ①层化 ②页理 (lamellatio)
lamellicorn beetle ①金龟子 ②⌊复⌉(=chafers, leafhorned beetles) 金龟科 [Scarabaeidae]
lamelliferous 具薄片的 (lamellifer)
lamelliform 薄片状的 (lamelliformis)
lamellosity ①成片性 ②成层性 (lamellositas)
lamellula 小菌褶
lameness 跛行
lamenitis (马)四肢无力
lamiflo 片流膜
lamiflow 片流
lamiids 沟胫天牛科 [Lamiidae]
lamin 核[膜]层蛋白
lamina ①叶片{形态} ②薄片,层状体{土壤} ③(马)蹄叶{畜} ④板层{昆虫} ⑤神经板{水产}
lamina joint 叶节(叶身基部)
laminal placentation 层状胎座 (placentatio laminalis)
laminar 分层的,叠片的 (laminaris)
laminar current (=laminated current) 片流
laminar flow (=laminar motion, laminated flow) 层流
laminar flow burner 层流燃烧管
laminar meristem 片状分生组织 (meristema laminaris)
laminar mesophyll 片状叶肉 (mesophyllum laminare){解剖}
laminar velocity 层流速度{环保}
laminaria 昆布属 [*Laminaria* Lamx.] (昆布科)
laminaribiose 昆布二糖
laminarin 昆布多糖,海带多糖{生化}
laminarinase 昆布多糖酶
laminariose 昆布糖
laminated ①具薄片的 ②分层的 (laminatus)
laminated arch 叠层拱{水利}
laminated beam 层积梁
laminated bulb 膜被鳞茎 (bulbus laminatus)
laminated cell 叠层电池
laminated clay 层状黏土(粒),片状黏土(粒)
laminated fabric 层状组织,片状组织
laminated layer 浅片层{地质}
laminated moor 层状泥炭
laminated rook 页岩,片状岩石
laminated structure 层状结构,片状结构
laminated wood 层积木
laminating ①成片的 ②成层的 (laminatens)
lamination ①层压 ②分层,成层 ③叠片 (laminatio)
laminato-carinate 具板脊的 (laminato-carinatus)
laminiform 层形的 (laminiformis)
laminin (LN) 层粘连蛋白
laminine 昆布氨酸,N^6-三甲基赖氨酸内盐,海带氨酸 [$C_9H_{21}N_2O_2$]
laminitentorium 幕骨前板{昆虫}
laminitis 蹄真皮炎
Lammas shoot 秋枝,继生枝
lammergeier 胡兀鹰 [*Cypaetus barbatus*]
lamp 灯 (lucerna)
lamp-flower (=lychnis) ①剪秋罗属 [*Lychnis* L.] (石竹科) ②剪春罗 [*Lychnis cognata* Maxim.]
lamp guard 护灯罩,护灯架
lamp hole 灯井[孔]{环保}
lamp mushroom 日本侧耳(月下蕈) [*Pleurotus japonicus* Kawam.] (蘑菇科)
lampblack 松烟,灯烟,灯黑 (fuligo)
lampbrush DNP loop 刷形 DNP 环
lampbrush loop 刷形环
lampbrush organization 刷形组织,刷型组织 (=lampbrush type organization)
"lampbrush" bivalent 灯刷二价[染色]体
"lampbrush" chromosome 灯刷染色体
lamphouse 光源(指在仪器上的)
lamplight 灯光
lampoil 灯油,煤油
lamprocarpous 亮果的 (lamprocarpus)
lamprocaulis 亮茎的
lamprocystidium 晶囊状体
lamprophyllous 亮叶的 (lamprophyllus)
lamprophyre 煌斑岩{地质}
lamprospermous 亮子的 (lamprospermus)
lampshade 灯罩
LAN (=local area network) 本地网,局域网{信息}
lana ①腹毛{昆虫} ②羊毛{畜}
lanate ①绵状的 ②具绵状毛的 ③被长卷毛的 (lanatus)
lanatus bonyberry 被绵毛小石积 [*Osteomeles lanata* Nakai.] (蔷薇科)
lance ①(喷雾机的)喷管,下悬管,喷杆 ②喷枪,喷水器 ③鱼叉 ④刺血针 ⑤柳叶刀,小刀
lance asiabell 羊乳(蔓人参) [*Codonopsis*

lanceolata Trautv.］(桔梗科)
lance boom 喷杆
lance coreopsis 剑叶金鸡菊(剑叶波斯菊)［*Coreopsis lanceolata* L.］(菊科)
lance-leaf euonymus 毛脉卫矛［*Euonymus lanceolatus* Yatabe.］(卫矛科)
lance-leaf lily 卷丹(南京百合)［*Lilium lancifolium* Thunb.］(百合科)
lance-leaved 披针叶的
lance-linear 披针状线形的(lancilinearis)
lance-ovate 披针状卵圆形的(lanciovatus)
lance-pod 矛荚属［*Lonchocarpus* H. B.］(豆科)
lance-shaped 披针形的(lanceolatus)
lance tooth 三角形齿{农具}
lanceate 似披针状的(lanceatus)
lanced 矛形的(lanceus)
lanceolate 披针形的,二头尖的(lanceolatus)
lanceolate-hastate 披针状戟形的(lanceolatohastatus)
lanceolate leaf 披针形叶(folium lanceolatum)
lanceolate-sagittate 披针状箭头形的(lanceolatosagittatus)
lancet ①刺血针 ②柳叶刀,小刀 ③口针 ④刺针
lancet fluke 枝双腔吸虫［*Dicrocoelium lanceatum*］
lancifolius 具披针叶的
land ①陆地,土地,土壤,田地,耕地 ②地区,地方 ③地产 ④焊盘,连接盘{电脑}
land age 耕地年龄
land and sea breezes 海陆风
land and water conservation 水土保持
Land Application Satellite System 陆地应用卫星系统{遥感}
land appraisal 土地鉴定,土地评价
land area ①陆区 ②土地面积
land axle 地轮轴
land-barometer 陆用气压计
land barrow (= hand barrow) 手推车
land boundary 地界
land breeze 陆风
land capability 地力
land capability map 地力图
land carriage 陆运
land chain 陆链,测链
land charge 土地抵押的债务
land charge register (= land register) 土地登记簿
land classification 土地分类
land clearer 松土除草中耕机
land clearing ①土地清除 ②开垦,垦拓,垦荒
land clearing machine 地面清理机
land clearing rake 地面清理耙,搂根耙
land conservation 土地保护{农经}
land consolidation (= readjustment of farm boundaries) 补整田地,土地整理
land consolidation act 土地归并法,土地规划法
land consolidation association 土地归并合作社
Land Consolidation Office 土地归并局,土地规划局
land consolidation scheme 土地归并计划
land data cadastrial system 土地数据地籍系统{耕作}
land data management system 土地数据管理系统{耕作}
land degeneration 土地退化
land deposal 地面排放,地面处置{环保}
land-depot 贮木场,集材场
land development 土地开拓,土地开发
land drainage 土地排水
land drainage pumping station 土地排水抽水站
land drainage work 土地排水工程
land-drainer 排水挖沟机
land-driven 地轮传动,地轮驱动
land economics ①土地经济 ②土地经济学
land ecosystem 土地生态系统
land engine 陆地用机械(器)
land equivalent ratio (LER)土地等值比
land estimation 土地估计
land evaluation 土地评定
land facies 陆相{遥感}
land farming 土地耕作,土壤耕作
land features 地貌
land-flora 土性植物,下草{牧草}
land fog 陆雾
land forming 造田
land grading 平整土地,平地
land grouping 土地分类
land held in common (= common land) 公地
land held on share tenancy 分成制租地,分成制农地
land holder 地主
land improvement 土地改良,土壤改良
land improvement co-operative 土地开发合作社
land improvement policy 土地改良政策
land improvement scheme 土地改良规划
land in good heart 肥沃地

land in good tilth 耕性良好地
land in poor heart 瘠瘦地
land inventory 土地目录{耕作}
land irrigation [污水]地面灌溉{环保}
land laws 土地法
land leveller（= land leveler） 平地机，平土器
land levelling（= land grading, land leveling） 土地平整，平地
land levelling machine 平地机
land line 陆地线路{信息}
land-locked trout 红尾大马哈鱼[*Oncorhynchus rhodurus* Jordan et Mcgregor]
land locomotion 陆地行驶
land management practices 土地管理措施
land map 地形图
land mass 土块
land measure 土地测量，播种面积测量
land measurer 播种面积计
land melioration 土地改良
land nationalization 土地国有化，土地全民化
Land Observation Satellite（LOS） 陆地观测卫星(日本){遥感}
land of settlements 定居地(供移民居住的地方)
land on fallow rotation 轮休地
land owned in common 土地归公
land owner（= owner of land） 地主
land ownership system 土地所有制
land owning ①土地占有的 ②地产的
land packer 表土镇压器
land-pebble 陆地卵石
land phosphate 磷灰土
land pier 岸墩，桥台
land plane 大型平地机
land planning 土地规划{农经}
land plants 陆生植物（plantae terrestres）
land plaster 石膏肥料
land plat 地籍图，土地图{耕作}
land policy 土地政策{农经}
land pooled as shares 土地入股
land preparation 整地
land-preparation operation 整地操作，整地作业
land presser（= land roll） 镇压器
land productibility 土地生产力{智培}
land productibility of comprehensive evaluation 综合评定土地生产力{智培}
land production ①土地生产率(能力) ②土地生产量{耕作}
land race 地方品种
land race sheep 地方品种羊
land readjustment 土地重新调整
land reclamation ①土地开垦，垦荒，开荒 ②土地改良
land reclamation by drainage 排水开垦，干垦
land reclamation in natural slope 坡地开垦
land reclamation machinery 垦荒机械
land reclamation rate 土地垦殖率
land reform（= agrarian reform） 土地改革
land registration 土地登记
land rehabilitation 土地开垦
land rent 地租
land resistance 土地阻力，土壤阻力
land resource database 国土资源数据库，土地资源数据库{遥感}
land resource map 土地资源图
land resource survey 土地资源调查
land resources 土地资源{耕作}
land retirement 土地退化，土地侵蚀
land roller 镇压器，农用磙子
land settlement ①[乡村]移民 ②[农业]拓植 ③定居
land settlement board（= land settlement office） 移民服务局
land settlement housing 移民住房
land settlement loan 移民定居贷款
land settlement policy [国内]移民(定居)政策
land settlement scheme 移民计划
land shaper 筑埂机
land slide 土地塌陷，土崩
land smoother ①耢 ②平地机
land smoothing 耢地，土地细平
land smoothing machine 平地机械
land speculation 土地投机[买卖]
land speed 前进速度
land subdivision 土地划分
land subsidence 土地下沉，地面沉降
land suction（= landside suction） 犁体水平间隙
land surface 地面
land survey 土地调查
land surveying 土地测量
land surveyor 土地测量员
land sustainable utilization 土地可持续利用{耕作}
land tax 土地税
land tenure ①农业结构 ②地产占有状况
land-to-the-tiller 耕者有其田
land tortoise 陆龟[*Testudo*]

land transport 陆路运输,陆运
land treatment ①国土整治,土地治理{耕作}②地面处理{环保}
land-type map 土地类型图{遥感}
land-type mapping 土地类型制图
land types 土地类型{耕作}
land under crop 播种面积,作物面积
land under cultivation (= area under cultivation) 栽培面积,耕作面积
land use analysis 土地利用分析
land-use capacity 土地利用率
land-use classes 土地利用等级
land-use classification 土地利用分类
land use classification system 土地利用分类系统
land use data 土地利用数据
land use engineering 土地利用工程{耕作}
land use interpretation 土地利用解译
land use, land utilization 土地利用{农经}
land-use map 土地利用图
land use mapping 土地利用制图
land use monitoring 土地利用监测
land-use pattern 土地利用方式
land use planning 土地利用规划{农经}
land use policy 土地利用政策
land use survey 土地利用调查
land-use trend 土地利用趋势
land use types 土地利用类型
land used for animal husbandry 畜牧业用地
land utility tractor 通用农业拖拉机
land utilization 土地利用
land utilization rate 土地利用率
land utilization survey 土地利用调查
land utilization system 土地利用制
land value 土地价值
land variety 地方品种
land wheel ①(犁)地轮 ②(收获机)驱动地轮
land wheel driven spreader 地轮驱动撒厩肥机
landed 拥有土地的
landed class 地主阶级
landed farmer 自耕农
landed gentry 乡绅,乡村贵族
landed property 地产
landes 荒野,荆棘地
landfall ①接近陆地 ②山崩,地崩 ③降落
landfill 填地{耕作}
landfill gas [废物]掩埋气体{生态生理}
landfill site [废物]掩埋场地(位置)
landfill waste disposal site 废物掩埋处理场地{环保}
landform 地形,地貌
landform analysis 地形分析
landform map 地形图,地貌图{遥感}
landing ①登陆,着陆 ②与地面接触 ③登陆处,卸货处 ④犁入土 ⑤卸货,卸鱼 ⑥胎 ⑦⌊复⌉(货鱼)上市
landing center 卸货站,卸鱼中心
landing collecting place 集材场,集木场,山上楞场{森林}
landing craft 登陆艇
landing gear (半挂车支撑轮)起落架
landing point 上市点,卸鱼点
landing stage 浮桥,浮动码头,平台
landline facility 陆上通信线路设施{信息}
landlocked ①陆封的 ②为栅栏围住的{水产}
landlord ①地主 ②房东
landlord-tenant relationship 租赁关系(指出租者与承租者的关系)
landmark ①界标,界桩,地标 ②里程碑
landmark navigation 地标导航{遥感}
landophia 非洲胶藤属[*Landophia* L.]
landowner (= landed proprietor) 地主,庄园主
landplane 铲土机
Landrace 长白猪,朗德种猪(丹麦品种)
Land's fixative 朗德氏固定液{显技}
lands method (机组运动)梭行套行耕作法
Landsat 陆地卫星{遥感}
Landsat catalog microfiche 陆地卫星缩微胶片目录
Landsat data products 陆地卫星数据产品
Landsat mosaic 陆地卫星影像镶嵌图
Landsat standard products 陆地卫星标准产品
landscape ①景观{生态} ②风景,风景美化{园林} ③横排版,横向版面{电脑}
landscape architect 造园家
landscape architecture ①造园,园林建筑 ②造园学,园林建筑学
landscape art 园林艺术
landscape cadastre 景观地籍图
landscape climatology 景观气候学
landscape design 园林设计
landscape ecology 景观生态学
landscape engineer 造园工程师,园林建筑工程师
landscape engineering 造园工程,园林建筑工程
landscape forest 风景林
landscape garden 风景园
landscape gardener 造园家,风景美化园艺家
landscape gardening (= landscape horti-

culture) ①风景美化园艺,造园 ②风景美化园艺学,造园学{园林}
landscape grain 山水纹理
landscape management 景点管理{园林}
landscape mode ①横向排版模式{电脑} ②风景美化模式{园林}
landscape monitor 风景监控器
landscape park 天然公园
landscape plants 造园植物
landscape protection 景观保护
landscape reservation 风景保护区
landscape style 园林式
landscape type 园林型
landscape unit 景观单位
landscaping 环境美化,风景美化{园林}
landscraper 铲运机
landside ①犁侧板{农具} ②耕沟壁{耕作}
landside clearance ①犁侧板与沟底的间隙 ②犁侧板垂直间隙
landside heel 犁后踵
landside plate 犁侧板
landside share 侧板犁铧,胫板犁铧
landside suction 犁体水平间隙
landside wheel 侧置轮
landslide (= landslip) 山崩,土崩,坍方{土壤}
landslip wind 山崩风
landspout 陆龙卷{气象}
landwaste 岩屑
lane ①乡村小道,小径 ②航路 ③(电泳)泳道
langbeinite 无水钾镁矾 [$K_2SO_4 \cdot 2MgSO_4$]
Langhan's giant cell 兰汉氏巨型细胞
Langlet's fluid 兰格里特氏液{显技}
langley 兰勒(克·卡/厘米^3)
Langmuir absorption isotherm 兰谬尔吸附等温线{生理生态}
Langshan hen 狼山鸡
Langstroth frame 郎氏巢框($17\frac{5}{8}$英寸×$9\frac{1}{8}$英寸)
Langstroth hive 郎氏蜂箱
language [机器]代码,(计算机)语言
language interpreter ①语言翻译器 ②语言翻译程序{电脑}
language translation 语言翻译
language translation machine 语言翻译机
language understanding of the computor 计算机理解语言{智培}
languescent 萎蔫(languescens)
languish ①凋落 ②凋萎(languere)
languriid beetles 拟叩甲科[Languriidae]
laniarii 切齿{昆虫}
laniary tooth 犬齿,獠牙{畜}
lanigerin 蚜橙素
Lanjut (= Kenchoh) 瓠形杧[*Mangifera lagenifera* Griff.](漆树科)
lanoceric acid 羊毛蜡酸,二羟卅[烷]酸[$C_{30}H_{60}O_4$]
lanocerin 羊毛蜡
lanolin (= lanolinum) 羊毛脂
lanolin paste (杂交用)羊毛脂膏
lanopalmitic acid 羊毛棕榈酸[$C_{15}H_{30}O_5$]
lanose ①具绵状毛的 ②绵状的(lanosus)
lanose volva 毛绒状菌托(volva lanosa)
lanostadiene 羊毛甾二烯
lanostadienol 羊毛甾二烯醇
lanostane 羊毛甾烷
lanostene 羊毛甾烯
lanostenone 羊毛甾烯酮
lanosterine (= lanosterol) 羊毛甾醇,羊毛固醇
lanosterol type 羊毛固醇型
lantana ①马缨丹属[*Lantana* L.](马鞭草科) ②马缨丹[*Lantana camara* L.]
lantana gall fly 马缨丹实蝇[*Eutreta xanthochaeta* Ald.](实蝇科)
lantana lace bug 马缨丹网蝽[*Teleonemia scrupulosa* Stal](网蝽科)
lantana leafminer 马缨丹潜蝇[*Cremastobombycia lantanella* Schrank](潜蝇科)
lantana plume moth 马缨丹羽蛾[*Platyptilia pusillidactyla* Walker](羽蛾科)
lantana seed fly 马缨丹子潜蝇[*Ophiomyia lantanae* Froggatt = *Agromyza*](潜蝇科)
lantern ①灯,红灯 ②钝齿轮 ③润滑环 ④泥芯架
lantern pinion (爬梯式起落机构)灯笼式小齿轮
lantern pollination 挂笼授粉{育种}
lantern slide 幻灯片{显技}
lanternfly ①光蝉 ②⌊复⌉(= fulgolid planthoppers) 樗鸡科(光蝉科)[Fulgoridae]
lanthanin 核丝
lanthanum 镧(La,57号元素)
lanthanum acetate 乙酸镧 [$La(C_2H_3O_2)_2$]
lanthionine 羊毛硫氨酸
lanthiopeptin 羊毛硫肽
lantibiotics 羊毛硫抗生素
lanuginose ①疏绵状的 ②具疏绵状毛的 ③被柔毛的(lanuginosus)
lanugo ①细毛{昆虫} ②胎毛{畜}
Lanyu sterculia 兰屿苹婆[*Sterculia ceramica* R. Brown.](梧桐科)

lap ①搭接(指机件) ②研磨
lap joint (=ped joint) 搭接
lap welding 搭焊
lapachenolo 牛蒡脑[$C_{16}H_{16}O_2$]
lapachol 黄钟花醌
laparotomy 剖腹术(laparotbomia)
lapeirousia (=lapeyrousia) ①长筒鸢尾属[*Lapeirousia* Pourr.](鸢尾科) ②长筒鸢尾[*Lapeirousia cruenta* Baker]
lapidicolous 石栖的(lapidicolus)
lapidose 石间生的(lapidosus)
lapillus 火山砾
lapinization 兔化法(指通过兔体使病毒减毒)(lapinisatio){生技}
Lapinized hog cholera attenuated vaccine 兔化猪瘟弱毒疫苗
lapinized virus 兔化病毒
Laplace equation 拉普拉斯方程[式]{物}
Laplace operator 拉普拉斯算子
Laplace transform 拉普拉斯交换[式]
Laplacian 拉普拉斯算子
lappa ①刺果 ②刺球花
lappaceous 刺果状的(lappaceus)
lappet ①小瓣 ②侧垂部 ③垂肉
lappet moth ①美洲李枯叶蛾[*Epicnaptera americana* Harris] ②栎叶枯叶蛾[*Gastropacha quercifolia* Linnaeus](枯叶蛾科)
lapping ①研磨 ②覆瓦状重叠
lapping machine 研磨床
lapping of furrow 犁块翻叠(指犁沟的犁块成覆瓦状重叠)
lapse ①漏耕,漏播,漏割 ②降温,降压 ③递减,间歇 ④流逝,缓流 ⑤错误(lapsus)
lapse limit 对流层顶
lapse photography 间隔摄影{显技}
lapse-rate 递减率,直减率
lapse-rate of temperature 温度递减率
laptop computer 膝上型计算机,袖珍计算机{电脑}
lapwood 枝条材
LAR ①(=ligation amplification reaction)连接扩增反应{生技} ②(=leaf area ratio)叶面积比率{植生}
larch ①落叶松属[*Larix* Link.](松科) ②落叶松[*Larix gmelini* (Rupr.) Ledeb. ex Gord.]
larch adelges 落叶松球蚜[*Adelges laricis* Macq.](球蚜科)
larch agaric 药用层孔菌[*Fomes laricis* Murray](真菌)
larch aphid 落叶松长足大蚜[*Cinara laricis* Htg.](蚜科)
larch blister (=larch canker) 落叶松癌肿病
larch boletus 厚环乳牛肝菌[*Suillus grevillei* (Kl.) Sing.]
larch-canker 落叶松癌肿病[*Dasyscypha willkommi* (Hartig) Rehm.]
larch casebearer (=larchminor moth) 落叶松鞘蛾[*Coleophora laricella* Hbn.](鞘蛾科)
larch caterpillar 落叶松毛虫[*Dendrolimus laricis* Tschetwerikov](枯叶蛾科)
larch forest 落叶松林
larch fungus 药用拟层孔菌[*Fomitopsis officinalis* (Vill. ex Fr.) Bond. et Sing.]
larch maggot 落叶松蝇[*Chortophila laricicola* Kart.](蝇科)
larch needle cast 落叶病
larch-needle-rust 落叶松叶锈病
larch pine 南欧黑松[*Pinus nigra* Arnold. = *P. laricio* Poir.](松科)
larch sawfly 落叶松叶蜂[*Pristiphora erichsonii* Htg.](叶蜂科)
larch tortrix moth 落叶松卷蛾[*Eucosma griseama* Hübner](卷蛾科)
larch-tree 日本落叶松[*Larix kaempferi* Sarg.](松科)
lard 猪油
lard factor 猪油因子,维生素 A
lard hog (=lard pig, larder, lardtype pig, fat-type pig) 脂用猪
lard type 脂用型(指猪)
lardaceous ①猪油的 ②蜡脂的(lardaceus)
larder ①脂用猪 ②食品贮藏室
larder beetle (=bacon beetle, arder beetle) 火腿皮蠹[*Dermestes lardarius* Linnaeus.](皮蠹科)
lardhog 肥猪
lardizabala family 木通科(Lardizabalaceae)
large ①大的,巨大的,广大的,远大的 ②粗的,多容量的,大量的,大规模的 ③广泛的,夸大的,开阔的(largus)
large 28-spotted lady beetle 马铃薯瓢虫(=larger potato lady beetle)(二十八星瓢虫)
large alfalfa dodder 苜蓿菟丝子[*Cuscuta approximata* Bab. = *Cuscuta planiflora* var. *approximata* Engelm.](菟丝子科)
large amount of pollutant 大量污染物{环保}

large animal 大牲畜
large apple leaf roller 大苹卷蛾［*Cacoecia sorbiana* Hübner］（卷蛾科）
large area crop inventory experiment 大面积作物估产试验
large area display 大面积显示器
large aspen tortrix 山杨大卷蛾（大杨卷蛾）［*Archips coniflictana* Wlk.］（卷蛾科）
large bamboo weevil 大竹象［*Cyrtotrachelus longimanus* Fabricius］（象甲科）
large berried 大浆果的（macrobaccaceus）
large black ant 大黑蚁［*Camponotus nipponicus* Wheeler.］（蚁科）
large black beetle 大黑金龟子［*Holotrichia morosa* Waterhouse］（金龟科）
large black coloured kidney bean 大黑花菜豆
large black longicorn 隆纹幽天牛［*Arhopalus quadricostulatus*（Kraatz）］（天牛科）
large black oriental cockroach（= oriental cockroach） 东方蜚蠊［*Blatta orientalis* L. = *Periplaneta orientalis* L.，*Stylopyga orientalis* L.］（蜚蠊科）
large black-spotted geometrid 柿星尺蛾［*Percnia giraffata* Guenée］（尺蛾科）
large black-tail leafhopper（= black-tipped leafhopper） 黑尾大叶蝉［*Cicadella ferruginea* Fabricius］（叶蝉科）
large block structure 大块状结构
large Brewer cinquefoil 大布鲁尔氏委陵菜［*Potentilla breweri* var. *expansa*］（蔷薇科）
large brown American cockroach（= American cockroach） 美洲大蠊（美洲蜚蠊）［*Periplaneta americana* L.］（蜚蠊科）
large bulb fly（= large narcissus bulb fly） 水仙球蝇［*Merodon equestris* Fabricius = *Lampetia*］（蝇科）
large burdock weevil 牛蒡象甲［*Larinus griseophilosus* Roelofs］（象甲科）
large cabbage white（= garden white） 菜白蝶（甘蓝菜白粉蝶）［*Pieris brassicae* L.］（粉蝶科）
large calorie 大卡，千卡（热能单位）
large camomile（= large chamomile） 白花春黄菊［*Anthemis nobilis* L.］（菊科）
large canary grass 大虉草（球虉草）［*Phalaris bulbosa* L. = *P. tuberosa* L.，*P. nodosa* L.］（禾本科）
large capacity memory 大容量存储器
large carpenter ant 大黑木工蚁［*Camponotus herculeanus obscuripes* Mayr］（蚁科）
large carpenter bees 木蜂科［Xylocopidae］
large chestnut aphid 大榛实蚜（栗大蚜，栎大蚜）［*Lachnus tropicalis* van Der Goot］（蚜科）
large chestnut weevil 大榛实象甲（大栗象甲）［*Curculio proboscideus* F.］（象甲科）
large chicken louse 大［鸡］圆虱［*Goniodes gigas* Tasch.］（虱科）
large Chinese hawthorn 山里红［*Crataegus pinnatifida* var. *major*］（蔷薇科）
large clearance plow 高地隙犁
large clod 大土块
large clover 大三叶草［*Trifolium repens* L. var. *gaganteum*］（豆科）
large clover yellow mosaic disease 三叶草黄斑花叶病（病毒病害）
large complex structural system 大型复杂结构系统
large computer ①大型计算机 ②大型机
large cotton boll worm 大棉铃虫［*Heliothis peltigera* Schiff.］（夜蛾科）
large crabgrass（= Henry crabgrass） 大马唐［*Digitaria adscendens* Henr. = *D. marginata* Fernald.］（禾本科）
large crank shaft 主曲柄轴
large cricket（= giant cricket，field cricket） 大蟋蟀［*Brachytrupes portentosus* Lichtenstein］（蟋蟀科）
large crumb 大团块
large cutworm 大地老虎［*Agrotis tokionis* Butler］（夜蛾科）
large dagger moth 桑剑纹夜蛾（白毛虫）［*Acronycta major* Bremer］（夜蛾科）
large daikon leaf beetle（= cruciferus leaf beetle） 大猿叶虫（乌壳虫）［*Colaphellus bowringi* Baly］（叶甲科）
large database 大型数据库
large-diameter pore 大孔隙，大口径孔
large-diameter vessel 大直径导管
large dogwood 梾木（灯台树）［*Cornus macrophylla* Wall.］（山茱萸科）
large double-disk grain drill 大型双圆盘谷物播种机
large drain 大排水沟，主排水沟
large duck louse 鸭巨毛虱［*Trinoton querquedulae* L.］
large end 大头（原木）
large European white waterlily 欧洲白睡莲［*Nymphaea alba* var. *candidissima*］（睡莲科）

large external transformation sensitive protein 大外转化敏感蛋白{分生}
large farm (=large-sized farm) 大型农场
large fiery hunter (=European ground beetle) 大红步行虫(臭广肩步甲)[*Calosoma sycophanta* Linnaeus](步甲科)
large flax flea beetle 亚麻蓝跳甲[*Aphthona euphorbiae* Schrauk](跳甲科)
large-flower bleeding-heart 大花荷包牡丹[*Dicentra macrantha* Oliv.](荷包牡丹科)
large-flower cymbidium ①虎尾兰属[*Sansevieria* Thumb.](龙舌兰科)②虎尾兰[*Sansevieria trifasciata* Prain]
large-flower jasmine 素馨花[*Jasminum officinale* var. *grandiflorum* (L.) Kobuski](木犀科)
large-flower listera (=large flower twaybla) 大花对叶兰[*Listera grandiflora Rolfe*](兰科)
large-flower viburnum 大花荚蒾[*Viburnum grandiflorum* Wall. ex DC.](忍冬科)
large-flowered 大花的(grandiflorus)
large-flowered epimedium ①淫羊藿属[*Epimedium* L.](小檗科)②淫羊藿[*Epimedium macranthum* Morr. et Decne.]
large-flowered larkspur 翠雀[*Delphinium grandiflorum*](毛茛科)
large-flowered lychnis 剪夏罗[*Lychnis coronata* Thunb.](石竹科)
large-flowered mouse-ear chickweed 大花卷耳[*Cerastium grandiflorum*](石竹科)
large-flowered purslane 半支莲(大花马齿苋,死不了)[*Portulaca grandiflora* L.](马齿苋科)
large-flowered talinum 大花土人参[*Talinum calycinum*](马齿苋科)
large-flowered tavaresia ①丽钟角属[*Tavaresia* spp.](萝藦科)②丽钟角[*Tavaresia grandiflora* sp.]
large fragment 大片段(指大肠杆菌 DNA 聚合酶 I 的){分遗}
large frequency 大频率
large fruit bark beetle (=larger shothole borer) 大苹棘胫小蠹[*Scolytus mali* Bechstein](小蠹科)
large fruit hodgsonia (=hodgsonia squash) 油渣果(油瓜,猪油果)[*Hodgsonia macrocarpa* (Bl.) Cogn.](葫芦科)
large fruit-pith 大果心
large fruit rehdertree ①木瓜红属[*Rehderodendron* Hu](安息香科)②木瓜红[*Rehderodendron macrocarpum* Hu]
large-fruited 大果的(macrocarpus)
large fruited rose-apple (=Malay apple) 马六甲蒲桃[*Eugenia malaccensis* L.](桃金娘科)
large-fruited strawberry 大果草莓[*Fragaria vesca* var. *macrocarpa*](蔷薇科)
large furrow 大沟{水利}
large furrow slice 大犁块,大垡片
large globular scale 大红蚧[*Kermes vastus* Kuwana](盾蚧科)
large grain ①大子粒 ②大颗粒
large grain flea beetle 麦大跳甲[*Chaetocnema aridula* Gyll.](跳甲科)
large-grained dodder 三叶菟丝子[*Cuscuta trifolii* Bab. et Gibs.](菟丝子科)
large-grained flour corn 粉质种玉米[*Zea mays* L. *amylacea* Sturt.]
large granular lymphocyte 大颗粒淋巴细胞
large grape plume-moth 大葡萄羽蛾[*Platyptilia ignifera* Meyrick](羽蛾科)
large green leafhopper 大绿叶蝉[*Tettigella viridis* Linn.](叶蝉科)
large green locust (=cotton grasshopper) 棉蝗(大青蝗)(蝗科)
large green sawfly 大绿叶蜂[*Rhogogaster viridis*](叶蜂科)
large green weevil (=common leaf weevil) 食叶象(梨叶象虫)
large greenish silkworm (=large greenish silk moth) 燕尾天蚕蛾[*Actias artemis* Bremr](大蚕蛾科)
large groove of DNA DNA 大沟
large growing space 扩大营养面积
large gut 大肠
large headed tickseed 大花金鸡菊[*Coreopsis grandiflora* Hogg.](菊科)
large holding paddock 固定牧场
large hop clover 大霍布三叶草[*Trifolium compestre* Schreb.](豆科)
large-horned 大角的(grandicornis)
large horse fly ①牛虻[*Tabanus bovinus* Linnaens] ②猪虻[*Tabanus sudenticus* Zell.](虻科)
large intestine (=large gut) 大肠
large Japanese alder blue longicorn 接骨木大蓝天牛[*Eutetrapha chrysargyrea* Bates](天牛科)

large knot 大节

large lacewing 美蛉

large ladymantle 大斗篷草［*Alchemilla major*］（蔷薇科）

large leaf avens 大叶水杨梅［*Geum macrophyllum*］（蔷薇科）

large leaf Brasil dutchmanspipe 大叶巴西马兜铃［*Aristolochia brasiliensis* var. *macrophylla*］（马兜铃科）

large leaf-cutting bee 大切叶蜂［*Megachile sculpturalis* Smith］（切叶蜂科）

large leaf dogwood 株木（灯台树）［*Cornus macrophylla* Wall.］（山茱萸科）

large-leaf ehretia 小叶厚壳树［*Ehretia microphylla* Lam.］（紫草科）

large leaf gentian 秦艽［*Gentiana macrophylla* Pall.］（龙胆科）

large leaf pondweed 大叶眼子菜［*Potamogeton amplifolius*］（眼子菜科）

large leaf roller 大卷叶虫［*Cacoecia asiatica* Waslsingbam］（卷蛾科）

large leaf spot of chestnut tree 栗叶枯病［*Monochaetia desmay* Saccardo］

large-leaved 大叶的，长叶的（macrophyllus，grandifolius）

large-leaved cucumber tree 大叶玉兰［*Magnolia rostrata* W. W. Sm.］（木兰科）

large-leaved tomato 大叶番茄［*Lycopersicum esculentum* Mill. var. *grandifolium* Bailey］（茄科）

large lilac clematis 大花转子莲［*Clematis patens* var. *grandiflora*］（毛茛科）

large Indian cress（= common nasturtium）金莲花（旱金莲）［*Tropaeolum majus* L.］（金莲花科）

large long-necked leaf-cut weevil 大长颈切叶象［*Paracycnotrachelus longiceps* Motschulsky］（象甲科）

large lot production 大批生产

large maw-worm ［马］副蛔虫

large-medium tractor 大中型拖拉机

large memory（= large capacity memory）大容量存储器

large milkweed bug 大马利筋长蝽［*Oncopeltus fasciatus* Dall.］（长蝽科）

large model 大模式

large mole cricket 大蝼蛄（华北蝼蛄）［*Gryllotalpa unispina* Saussure］（蝼蛄科）

large molecule 大分子

large moonflower ①月光花属［*Calonyction* Choisy］（旋花科）②月光花［*Calonyction aculeatum*（L.）House］

large moth borer of cane（= giant moth borer，sugarcane moth borer） 蔗蝶蛾［*Castnia licoides* Boisduval］蝶蛾科

large-mouth Themos 利摩斯广口水罐（去雄用）

large offset 大根蘖（指球茎栽培）

large pangola grass 天盘固草［*Digitaria valida* Stent.］（禾本科）

large pear fruit borer 梨大食心虫［*Nephopteryx pirivorella* Matsumura］（斑螟科）

large pepper bug 胡椒缘蝽［*Dasynus piperis* Chint］（缘蝽科）

large pine weevil 松大象甲［*Hylobius abietis* L.］（象甲科）

large pitch pocket 大脂囊

large pitch streak 大脂斑纹

large pole 大圆材

large pole forest 大圆材林

large poplar longicorn 杨大天牛［*Cerambyx carcharias* L.］（天牛科）

large pore diameter 大孔［直］径

large pore gel 大孔胶

large-pored sandy soil 具大孔［隙］沙质土

large portion 大部分

large potato lady beetle（= lady-bird skinner） 马铃薯瓢虫

large power supply 大功率电源

large prism 大棱块

large program 大型程序

large purple fringeorchid 大紫玉凤花［*Habenaria fimbriata* R. Br］（兰科）

large red columbine 大红耧斗菜［*Aquilegia coccinea*］（毛茛科）

large rice rootworm 大稻根叶虫［*Donacia simplex* Fabricius］

large river 大河

large rod weeder 长杆式除草机

large root 粗根

large sample 大样品，大样本

large sapling 幼树，壮木

large sapling forest 幼龄林

large scale ①大规模的 ②大比例尺制绘的 ③大量的 ④大型的

large-scale atmospheric process 大范围天气过程

large-scale cartography 大比例尺制图［法］

large scale chard 大比例尺海图｛遥感｝

large scale computer 大型计算机

large scale culture 大规模培养，大量培养

large-scale experiment 大规模试验
large-scale farm road 大型农道
large-scale fermentor 大型发酵器
large-scale forest road 大型林道
large-scale genetic soil map 大比例尺发生学土壤图
large scale growing 大面积栽培
large-scale integrated chip (LSI chip) 大规模集成芯片{电脑}
large-scale integrated circuit 大规模集成电路
large-scale integration (LSI) 大规模集成化(指电路)
large-scale map 大比例尺地图{遥感}
large-scale preparation 大规模制备
large-scale production 大规模生产
large-scale soil map 大比例尺土壤图
large-scale utilization 大规模利用
large-scale weather situation 大[天气]形势
large scarlet-flowered catch-fly 圆叶雪轮[*Silene rotundifolia*](石竹科)
large sclerotinia rot of peanut 花生大菌核病[*Sclerotinia miyabeana* Hanzawa.]
large seed 大种子
large-seed actinidia 大子猕猴桃[*Actinidia macrosperma* C. F. Liang](猕猴桃科)
large-seeded 大种子的(macrospermus)
large-seeded bean 大子蚕豆[*Vicia faba* var. *major* Harz.](豆科)
large-seeded lentil 大子洋扁豆[*Lens esculenta* Moench](豆科)
large sieve 大筛,大号筛
large size [of flower] ①大轮 ②大花品种类型(指花卉)
large snapdrogon (= common snapdrogon) 龙头花(金鱼草)[*Antirrhinum majus* L.](玄参科)
large space telescope 大型空间远望镜{遥感}
large-span structure 大跨度结构
large spelta 斯卑尔脱小麦[*Triticum spelta* L.](禾本科)
large spined 长刺的(grandispinus)
large spinning disk distributor 大圆盘撒布机{农机}
large squares 大方[材]
large-step method 大步长法{信息}
large-striped flea beetle (= turnip fly) 芜菁淡足跳甲
large-styled 长花柱的(macrostylus)
large suction pressure 大吸水压
large surplus 大量剩余
large sweet basil 罗勒[*Ocimum basilicum* L.](唇形科)
large teak borer 柚大木蠹蛾[*Duomitus ceramicus* Walker](木蠹蛾科)
large three-striped butterfly 梅蛱蝶[*Neptis alwina* Bremer et Grey](蛱蝶科)
large-toothed ①大齿的 ②粗锯齿的(crassidens)
large-toothed aspen (= largetooth aspen) 大齿白杨 [*Populus grandidentata* Michx.](杨柳科)
large toothwort 大石芥花[*Dentaria maxima*](十字花科)
large tractor 大型拖拉机,重型拖拉机
large-tree rhododendron 大树杜鹃[*Rhododendron giganteum* sp.](杜鹃花科)
large turkey louse 火鸡角虱[*Chelopistes meleagridis* Linnaeus]
large vascular bundle 大维管束(fasciculus vasorum magnus)
large velvety chafer 大天鹅绒鳃角金龟[*Serica spissigrade* Brenske](鳃角金龟科)
large volume cylinder 大容量油缸
large volume sprayer 大容量喷雾机
large waterprimrose 大花水龙[*Jussieua grandiflora*](柳叶菜科)
large wax moth (= greater wax moth) 大蜡螟[*Galleria mellonella* L.](蜡螟科)
large white butterfly (= large cabbage white) 菜白蝶(甘蓝菜白粉蝶)
large white kidney bean 大白莱豆
large white leafhopper 大白叶蝉[*Cicadella alba* Walker](叶蝉科)
large white petunia 大白花矮牵牛[*Petunia axillaris* BSP.](茄科)
large white-spotted leafhopper 大白星叶蝉[*Scaphoideus formosus* Boheman](叶蝉科)
large yellow croaker 大黄鱼[*Pseudosciaena crocea* (Richardson)]{水产}
large yellow dragon-fly 大黄蜻蜓[*Tramea virginia* Rambur](蜻蜓科)
large yellow ladyslipper 柔毛小花杓兰[*Cypripedium parviflorum* var. *pubescens*](兰科)
large yellow underwing moth 黄毛夜蛾(大黄短翅蛾)[*Agrotis pronuba* L.](夜蛾科)

large Yorkshire 大约克夏猪(品种)
largeanther senna 黄槐(粉叶决明)[*Cassia surattensis* Burm. f. = *C. glauca* Lam.](豆科)
larger apple curculio(= apple curculio) 大苹果象甲(苹虎)
larger apple fruit moth 桃白小卷蛾(苯白小卷蛾)[*Spilonota albicana* Motschulsky](小卷蛾科)
larger apple leafroller 大苹卷蛾[*Cacoecia sorbiana* Hübner](卷蛾科)
larger azalea lacebug 大杜鹃网蝽[*Stephanitis propinqua* Horvath](网蝽科)
larger bamboo horned aphid 笋大角蚜[*Oregma bambusicola* Takahashi](蚜科)
larger banded snail 条纹大蜗牛[*Helix nemoralis* L.](大蜗牛科)
larger black-male sawfly 灯心草叶蜂(席草叶蜂)[*Dolerus harukawai* Waterston](叶蜂科)
larger cabbage cutworm(= greasy cutworm) 大地老虎[*Agrotis tokionis* Butler = *Rhyacia*](夜蛾科)
larger canna leafroller 大美人蕉卷叶弄蝶[*Calpodes ethlius* Stoll](弄蝶科)
larger dodder 欧菟丝子[*Cuscuta europaea* L.](菟丝子科)
larger farm estate 大农场,大庄园
larger grain borer 大谷长蠹[*Prostephanus truncatus* Horn = *Dinoderus*](长蠹科)
larger grained moth 柳二尾舟蛾[*Dicranura erminea menciana* Moore](舟蛾科)
larger horned citrus bug(= spiny orange bug) 橘刺蝽[*Biprorulus bibax* Breddin](刺蝽科)
larger Japanese earwig 日本蠼螋[*Labidura japonica* de Haan](蠼螋科)
larger oraesia 平嘴壶夜蛾[*Oraesia lata* Butler](夜蛾科)
larger peach aphid 桃黄蚜(桃黄瘤额蚜)[*Myzus varians* Davidson](瘤额蚜科)
larger pellucia hawk moth 大透翅天蛾[*Cephonodes hylas* Linnaeus](天蛾科)
larger pepper weevil(= pepper weevil) 胡椒黑象甲[*Lophobaris serratipes* Marshall](象甲科)
larger peppermint small weevil 大薄荷小象甲[*Baris pilosa* Roelofs](象甲科)
larger pine looper 大松尺蛾[*Cleora ribeata* Clerck](尺蛾科)
larger pine scolytid(= larch bark beetle) 落叶松八齿小蠹[*Ips cembrae* Heer](小蠹科)
larger pine shoot borer 松干螟[*Dioryctria splendidella* Herring-Schäffer](野螟科)
larger potato lady beetle(= large 28-spotted lady beetle) 马铃薯瓢虫(二十八星瓢虫)[*Epilachna niponica* Lewis = *E. vigintioctomaculata* Motschulsky](瓢虫科)
larger refuse beetle 麦穗大头步甲(麦穗大头步行虫)[*Harpalus capito* Morvitz](步甲科)
larger rice crane fly 大稻大蚊[*Tipula longicauda* Matsumura](大蚊科)
larger round flea beetle 大圆蓝跳甲[*Nonarthra cyaneum* Baly](跳甲科)
larger shot-hole borer(= large fruit bark beetle) 大苹棘胫木蠹(苹果小蠹虫)[*Scolytus mali* Bechst.](小蠹科)
larger water-star-wort 大水马齿[*Callitriche heterophylla*](水马齿科)
larger white-hindwinged catocala 椴裳夜蛾[*Catocala lara* Bremer](夜蛾科)
larger white longicorn beetle 桑黑腹粉天牛[*Olenecamptus cretaceus* Pascoe](天牛科)
larger yellow ant 大黄蚁[*Acanthomyops interjectus* Mayr](蚁科)
largest benefit 最大效益{智培}
largest glossy-leaf 最大光叶(指桑)
largest income rotation 最大收益轮作{耕作}
largest observation 最大观测值
largetoothed aspen 大齿白杨[*Populus grandidentata* Michx.](杨柳科)
lariat 套索(指 mRNA 剪接过程所形成分支状中间体){农生技}
lariat intermediate 套索中间体
lariat RNA 套索 RNA
Larissa plum 细叶李[*Prunus tenuifolia*](蔷薇科)
larix engraver 落叶松小蠹[*Ips laricis* Fabricius](小蠹科)
lark 云雀[*Alauda*](百灵科)
larkspur ①飞燕草属[*Delphinium* L.](毛茛科) ②飞燕草[*Delphinium ajacis* L.]
larkspur leaf miner 飞燕草潜叶蝇[*Phytomyza delphiniae* Frost](黄潜蝇科)
larva ①幼虫 ②幼鱼(larva)
larva-fly(= tachia fly) 寄生蝇
larva of bee 幼蜂
larva of chafer 蛴螬,金龟子幼虫

larva of click beetle 叩头虫幼虫
larva of silkworm 蚕儿
larvacide 杀幼虫剂,杀蚴剂,杀蠋剂
Larvacide（= chloropicrin） 氯化苦{农药}
larval ①幼虫的{昆虫}②幼体的{水产}
larval culture 幼虫培养
larval death rate 幼体死亡率
larval density in rearing 饲育密度{蚕}
larval development ①幼体发育{水产}②幼虫发育{昆虫}
larval diapause 幼虫休眠
larval food（= brood food） 幼虫饲料{蜂}
larval form 幼虫型
larval instar 幼虫龄
larval lethal 幼虫致死
larval maturity 幼虫成熟度
larval migration ①幼体移栖 ②幼体洄游
larval molting 幼虫蜕皮
larval mortality ①幼体死亡率 ②幼虫死亡率
larval phase 幼虫期,幼体期
larval stage 幼虫期
larval survival 幼虫存活数
larvicide（= larvacide） 杀幼虫剂
larviform 幼虫形的（larviformis）
larvina 蛆
larviparous 幼生的（larviparus）
larvipositor 产幼虫器
larvivorous 食幼虫的（larvivorus）
larvule 婴蚴,小幼虫（larvula）
laryngeal 咽喉的（laryngeus）
laryngophone 喉头微音器
larynx 喉
LAS（= linear alkyl benzene sulphonete）直链烷基苯磺酸盐(软性洗涤剂）{环保}
lasciviousness 发情,性冲动
lasecon 激光转换器
laser（= light amplification by stimulated emission of radiation 的缩写）①激光 ②激光器{遥感}
laser aligning device 激光对准器
laser altimeter 激光测高仪
laser ammeter 激光电流计
laser and flat bed plotter 激光绘图台
laser angular rate sensor 激光角速传感器
laser beam 激光束
laser beam image reproducer 激光束图像再现器
laser-beam recorder 激光[束]记录器,激光束扫描记录仪
laser beam sweep 激光束扫描
laser biology 激光生物学
laser cane 激光手杖
laser card 激光卡片
laser ceilometer 激光云高器
laser cloud indicator 激光云高指示器
laser communication 激光通信
laser computer-output microfilm（laser OM） 激光计算机输出缩微胶片
laser connector 激光器连接器
laser crosslinking 激光交联{生技}
laser currentmeter 激光流速计
laser cutting 激光切割
laser desorption 激光解吸
laser diode 激光二极管{电脑}
laser disk 激光盘
laser display ①激光显示 ②激光显示器
laser engine 激光机械
Laser Geodynamic Satellite（LAGEOS） 激光地球动力学卫星{遥感}
laser guidance 激光制导
laser illuminated imaging 激光照明成像{遥感}
laser illuminator 激光照明器
laser-induced crosslinking 激光诱导交联{生技}
laser-induced fluorescence 激光诱导荧光
laser-induced predissociation 激光诱导预解离
laser interferometric gauge 激光干涉仪
laser ion source 激光离子源
laser light scattering 激光散射
laser line follower 激光线跟随器
laser linewidth 激光束宽
laser memory 激光存储器
laser microbeam 激光微束
laser microprobe 激光显微取样器,激光微探针
laser monitor 激光监测器{环保}
laser multiphoton ion source 激光多光子离子源
laser navigation 激光导航{遥感}
laser optical video disk 激光录像盘
laser photocoagulation 激光凝固
laser photolysis 激光光解
laser platemaker 激光制版机
laser plotter 激光绘图仪
laser printer 激光打印机,激光印刷机
laser printing system（LPS） ①激光印刷系统 ②激光打印机
laser punching 激光打孔
laser radar 激光雷达
laser rangefinder 激光测距仪
laser scanner 激光扫描器
laser scanning confocal microscope 激光扫描共焦显微镜{显技}

laser scanning power 激光扫描功率
laser scatterometer 激光散射计{遥感}
laser storage 激光存储
laser surgery 激光外科
laser threshold 激光阈值
laser tracking 激光跟踪
laser typesetter 激光照排机
laser voltmeter 激光电压计
laser welding 激光焊接
lasering (=lasing) 产生激光[的]
laserwort ①拉色草属[*Laserpitium* L.](伞形花科) ②拉色草[*Laserpitium latifolium* L.]
lasher ①拦河坝 ②蓄水池{水利}
lashing ①鞭打{农机} ②⌊复⌉许多
lasiocarpous 具绵毛状果实的(lasiocarpus)
lasiochlamyous 具绵毛状被的(lasiochlamyus)
lasiocladous 具绵毛状茎的,粗糙茎的(lasiocladus)
lasiodent 具绵毛状齿的(lasiodentus)
lasioglossus 具绵毛状舌的
lasiogynous 具绵毛状雌蕊的(lasiogynus)
lasiolepis 具绵毛状鳞片的
lasiopetalous 具绵毛状花瓣的(lasiopetalus)
lasiophyllous 具绵毛状叶的(lasiophyllus)
lasiopterous 具绵毛状翅的(lasiopterus)
lasiorrhynchous 具绵毛状喙的(lasiorrhynchus)
lasiosepalous 具绵毛状萼片的(lasiosepalus)
lasiosorus 具绵毛状子囊的
lasiospathous 具绵毛状鞘的(lasiospathus)
lasiostomous 具绵毛状喉的(lasiostomus)
lasiostylous 具绵毛状花柱的(lasiostylus)
Lassa virus 拉沙病毒
lasso 套索(马具)
lasso mechanism 捕虫环
last ①装载 ②耐久性 ③最后的,末尾的 ④就在现在以前的,刚过去的 ⑤最后的决定性的,总结性的
last bud 晚熟性芽
last character 末字符{电脑}
last code 末码{电脑}
last-come, first-served (LCFS) 后到先服务{信息}
last crop 后作物,后茬
last cropping 后作
last cultivation 最后中耕
last current state 当前最后状态,当前末状态
last cycle 终止周期
last dressing 最终追肥,末次施肥
last dusting 最后喷粉(防治病虫害)
last element 末元素,最后元素
last-expressed juice (=last mill juice) 末辗汁,末榨汁(指甘蔗)
last fasting of silkworm 蚕的最后一眠(即四眠)
last feeding (蚕)止桑,停食
last frost 终霜
last fruits 最晚结果果树
last-in-chain (LIC) 链末,链中最末尾{分遗}
last-in first out (LIFO) 后进先出{信息}
last injurious frost 晚霜
last item 末项
last location 最后位置
last macro 最后宏功能{电脑}
last maturing variety 最晚成熟品种
last maturity 晚熟性
last number 末号,最后号数
last pass phase 最后通过阶段(指春化过程)
last picking 最后采摘(指采茶等)
last quarter (of the moon) 下弦{气象}
last rain 最后[下的]雨
last seasonal strain 晚熟品系,晚季品系
last spraying 最后喷药
last spring frost 晚霜
last subscript 最后下标{电脑}
last top-dressing 最终追肥,末次追肥,最后一次追肥
last topping 最终摘心,末次打顶
last variety 晚熟品种
last weeding ①最后除草 ②最后去杂
last word 最新型,最新产品
last year grain 去年子粒
lasting ①耐久的 ②持久的 ③永久的
lasting effect 耐久效应
lasting food 耐贮藏食品
lastingness (=stability) 稳定性
lata 多体突变,lata 突变
lata type ①多体突变型,lata 突变型 ②多体突变体,lata 突变体
latch ①门闩,闸闩 ②弹簧锁,弹键 ③掣爪,爪掣子 ④销,锁销,止动销 ⑤锁存器{电脑}
latch circuit 锁存电路
latch dog 闩钩
latch down key 锁停键
latch fault 锁存故障
latch nut 弹簧锁螺帽
latch-on plow 有安全销牵引器犁

latching 闭锁,锁存
late ①晚的,迟的 ②(日夜,时间,季节)近末尾的,将近的,末期的 ③近时的,近来的 ④以前的,前任的(现仍在世) ⑤已故的 ⑥近来
late autumn (=late fall) 晚秋
late autumn rearing 晚秋饲育{蚕}
late autumn rearing season 晚秋饲育期
late-autumn sowing 晚秋播种
late bagging 晚套袋(指杂交)
late bark 晚[期树]皮(主要为薄壁组织及少数小筛管及筛细胞)
late blight ①晚疫病(茄科) ②叶枯病(芹菜) ③黑胫病(烟草)
late blight of eggplant 茄晚疫病[*Phytophthora infestans* (Mont.) de Bary]
late blight of potato 马铃薯晚疫病[*Phytophthora infestans* (Mont.) de Bary]
late blight of tobacco 烟草黑胫病[*Phytophthora parasica* var. *nicotiamae* (Breda de Hana) Tucker]
late blight of tomato 番茄晚疫病[*Phytophthora infestans* (Mont.) de Bary]
late blooming ①延迟开花②迟开花的③晚花的(tardiflorus)
late bolting 晚抽薹
late booting 迟孕穗
late bottle-brush buckeye 晚发小花七叶树[*Aesculus parviflora* var. *serotina*](七叶树科)
late branching 晚期分枝
late budding variety 晚熟品种
late burning 干季烧除(清理林地,防火)
late celery blight (=celery leaf spot) 芹菜斑枯病[*Septoria apii* (Bnosi et Cav.) Chester]
late clean fallow ①晚期绝对休闲 ②晚期绝对休闲地
late clearage 新近开垦地,最近开垦地
late closing of crop 迟封垄,迟封行
late commitment 过期交付[农管]
late crop 晚熟作物
late crop hay 晚割干草
late crop rotation 晚期轮作
late cultivation ①晚期栽培 ②晚期耕作
late cutting ①晚割{牧草} ②晚插{园艺}
late dormancy 晚休眠
late dough [stage] 蜡熟后期(指成熟度)
late drought 晚期干旱
late-duration variety 晚生育期品种
late effect 迟发效应
late elongation 迟拔节,晚拔节
late-emerging head 晚抽穗
late enzyme 迟发酶,后期酶
late etiolation 晚期黄化[现象]
late fall 大秋,晚秋
late fall crops 大秋作物
late fall ploughing 晚秋耕
late fallow ①放牧休闲 ②放牧休闲地
late fattening 晚期肥育(指猪)
late feathering 晚长羽[毛]鸡
late fermentation 迟发酵
late flowered enkianthus 晚花吊钟花[*Enkianthus serotina* Chun et Fang](杜鹃花科)
late flowering ①迟开花 ②迟开花的
late flowering materials 迟开花材料(指试验用)
late-flowering plant 晚开花植物
late flowering strain 迟开花品系
late fragrant sumac 晚香漆树[*Rhus aromatica* var. *serotina*](漆树科)
late frost (=last injurious frost, last spring frost) 晚霜
late frost damage 晚霜害,冻霜害
late frost in spring 春季晚霜
late fruit species 晚结果树种
late-function gene 迟发功能基因
late gene 后期基因{分遗}
late germination 迟萌发
late glacial deposit 后期冰川沉积物
late glacial period 晚冰期
late grains 晚熟谷类作物
late grape 晚熟葡萄
late group 晚熟类型(指稻品种)
late-grown potato 晚栽马铃薯
late-growth stage 生长后期
late harvest 晚收获,迟收获
late harvesting 后收割
late heading ①迟抽穗,晚抽穗(禾谷类) ②迟卷心(甘蓝类)
late heart stage 晚心期(指胚)
late hotbed 晚播温床
late lilac 红丁香[*Syringa villosa* Vahl=*S. bretschneideri* Lem.](木犀科)
late lodging 后期倒伏,最近倒伏
late maturation 晚熟
late-maturer 迟熟种,晚熟种
late maturing 晚熟的
late maturing cropland 晚茬地,晚熟作物地
late maturing cultivar 晚熟栽培品种
late maturing group 晚熟类型
late maturing habit 晚熟[习]性
late maturing stage 晚熟期
late maturing type 晚熟型
late maturing variety (=late variety) 晚

熟品种
late maturity 晚熟性,晚熟度
late maturity species 晚熟性种
late maturity strain 晚熟性品系
late milk stage 乳熟后期
late milking 迟灌浆(指禾谷类种子)
late millet 晚谷,夏播谷子
late phase 晚期
late picking 晚摘,晚采,晚收
late planting 晚栽,晚植,晚种
late planting culture 晚栽栽培,晚播栽培
late potato 晚熟马铃薯
late promoter 后期启动子{分遗}
late prophase 晚前期{细胞}
late protein 后期蛋白
late pruning 晚期修剪
late raising (= retarding culture) 晚熟栽培,抑制栽培,晚期栽培
late reclamation 新近开垦
late regeneration (= late green back) 迟返青,后返青(指谷类作物)
late replication 迟复制{分遗}
late rice 晚[季]稻
late rice in a double-cropping 双季晚稻
late ripeness 晚熟度
late ripening 晚熟的
late roguing 晚期去杂去劣
late season 晚季,季末
late season culture ①晚季栽培(如晚稻) ②晚期栽培(如夏播作物)
late season variety ①晚季品种(如晚稻品种) ②晚期品种(如夏播作物品种)
late seeding ①晚播 ②后播
late seeding stage (= late emergence stage) 迟出苗期
late seeding time 晚期播种
late shooting 迟抽薹,晚抽薹
late soil cultivation 晚期土壤耕作
late sowing 晚播,迟种
late spring 暮春,晚春,春末
late spring sowing 春播,晚春播种
late spring weeds 晚春杂草
late stage 后期(指生长)
late stomatal closure 气孔晚关闭
late strain 晚熟品系
late successional stage 演替后期,后演替阶段
late sucker 晚分蘖,无效分蘖(指甘蔗)
late summer 夏末
late-summer buckwheat 夏播荞麦,秋荞麦
late-summer soybean 夏播大豆,秋大豆
late-summer spraying 夏末喷射(药)
late tassel 晚生雄穗
late tending 后期田间管理
late thinning 晚间苗
late tillage 晚整地(播种前)
late tillering 晚分蘖
late tillering stage 分蘖末期
late top dressing 晚期追肥(指表面施肥)
late topping 晚打顶
late training 后期整枝
late transcription 后期转录{分遗}
late transplantation 迟移植,晚移栽
late transplanting rice 迟插秧,晚插秧
late tree (= hackberry) ①朴属[*Celtis* L.](榆科) ②美国朴树[*Celtis occidentalis* L.]
late tuberization 迟块茎形成
late tulip 郁金香[*Tulipa gesneriana* L.](百合科)
late variety 晚熟品种
late variety of rice 晚稻品种
late vine 晚熟葡萄
late vintage 晚熟葡萄收获期
late weeding ①晚期除草 ②晚期去杂
late wetting 迟(晚)浸种
late wheat shoot fly 晚麦花蝇(春麦蝇)[*Phorbia genitalis* Schnabl.](麦蝇科)
late wilting 迟(晚)蹲苗
late winter 晚冬,冬末
late wood 晚材
late yellow daylily 童氏萱草[*Hemerocallis thunbergii* Baker](百合科)
late zymotic efficiency of soil 土壤迟发酵效率
latebrose 隐藏的,生于荫处的(latebrosus)
latency 潜伏状态(latencia)
latency time ①等待时间,空转时间{信息} ②潜伏时间{昆虫}
lateness 迟,晚
lateness in ripening (= late maturity) 晚熟性
latent ①隐藏的 ②潜伏的,潜在的 ③休眠的(latens)
latent bud 潜伏芽,休眠芽(hibernaculum)
latent condition 潜伏状态
latent crop 后作物,后茬
latent damage 潜在损伤,暗伤
latent defect 潜在缺陷
latent deficiency 潜在养分缺乏
latent development 潜伏发育,潜在发育
latent disease 潜伏性疾病
latent disease development 潜隐发病,无症发病
latent energy 潜能

latent enzyme 潜在酶
latent generation 后代
latent heat 潜热
latent heat of fusion 熔化热,熔化潜热
latent heat of solidification 凝固潜热
latent heat of vaporization ①汽化潜热 ②蒸发潜热
latent heat storage material 潜热蓄热材料{农施}
latent heat storage unit 潜热蓄热槽
latent heredity 潜在遗传 (hereditas latens)
latent image ①潜像{物} ②潜影{电脑}
latent immunization 潜伏免疫法
latent infection 潜伏侵染
latent instability 潜在不稳定度
latent-maturing variety 后熟品种
latent mosaic 潜花叶病
latent period 潜伏期
latent phage 潜伏期噬菌体
latent podzol 隐灰壤
latent predisposition 潜在诱因 (predispositio latens)
latent pruning 休眠修剪,眠期修剪
latent rest 休眠后期
latent seed 休眠种子
latent stage of growth 生长后期
latent time 潜伏时间
latent tuber 休眠块茎
latent virus 潜伏性病毒
lateral ①侧的,侧面的 ②侧生的,侧出的 ③横向的 (lateralis)
lateral abdominal gill 侧腹鳃
lateral adjustment 横向校正,侧面调节
lateral apodeme 侧内骨
lateral archegonia 侧生卵颈器 (archegonia laterales)
lateral-banded mango longhorned beetle (= mango longhorned beetle) 杧果天牛(榕八星天牛)[*Batocera albofasciata* De Geer = *B. rubus* L.](天牛科)
lateral bine 侧蔓 (sarmentum laterale)
lateral boom 侧向栏木,侧筏堰
lateral branch 侧枝 (ramus lateralis)
lateral branching 侧出分枝式 (ramificatio lateralis)
lateral bristle 腹侧鬃{昆虫}
lateral bud 侧芽 (gemma lateralis)
lateral bud inhibition 侧芽抑制
lateral bundle 侧[生]束 (fasciculus lateralis)
lateral callis 侧臀厚带{昆虫}
lateral canal 支渠,斗渠
lateral carina 侧隆线{昆虫}
lateral chain 侧链{分遗}
lateral chiasma 侧交叉
lateral chromatic aberration 横向色差{遥感}
lateral conjugation 侧面接合 (conjugatio lateralis)
lateral dehiscence 侧面开裂 (dehiscentia lateralis)
lateral diffusion 侧向扩散
lateral ditch 支(斗)沟,支(斗)渠
lateral drift of shot 子弹侧飘{狩猎}
lateral duct 支道管
lateral elements 侧体
lateral encirculing cell 侧环绕细胞 (cellula encirculens lateralis)
lateral erosion 侧向侵蚀,侧蚀
lateral expansion 侧面膨胀
lateral expansion meristem 侧向扩展分生组织 (meristema expansionis lateralis)
lateral filament 侧丝
lateral flow of air 空气横流
lateral flower 侧生花 (flos lateralis)
lateral fovea 头侧窝{昆虫} (fovea lateralis)
lateral foveole 小头侧窝 (foveola lateralis)
lateral fruit 侧生果 (fructus lateralis)
lateral geniculate [外]侧膝体
lateral geotropism 侧向地性
lateral grafting 侧接{园艺}
lateral group 侧基{分遗}
lateral haustorium 侧生吸器 (haustorium laterale)
lateral inflorescence 侧生花序 (inflorescentia lateralis)
lateral inflow 侧向入流
lateral inhibition 侧抑制
lateral irrigation 侧灌
lateral keel ①侧龙骨{形态} ②侧蜡板{昆虫}
lateral leaching 侧向淋洗
lateral line ①侧线 ②辅助[灌溉]管路,可移动[灌溉]侧支管路
lateral line organ 侧线器[官]
lateral load 侧向荷载
lateral loop 侧环{细胞}
lateral meristem 侧生分生组织 (meristema lateralis)
lateral mirage 侧现蜃景{气象}
lateral mixing 侧向混合(水平混合)
lateral moisture flow 侧向水流

lateral movement 侧向运动,侧向移动
lateral muscle 侧肌{昆虫}
lateral natural seeding 侧方天然下种
lateral nerve 侧脉 (nervus lateralis)
lateral nerve cord 侧神经结
lateral nerve veins 支脉,侧脉
lateral notch 侧缺切{昆虫}
lateral-oblique photograph 横向斜轴相片{遥感}
lateral ocellus 侧单眼,幼虫单眼
lateral overlap 横向重叠,横向叠接{遥感}
lateral oviduct 侧输卵管
lateral phototropism 侧向光性
lateral plane 侧面
lateral plate 侧板,侧蜡板
lateral pressure 侧面压力,侧压
lateral range 侧射程{狩猎}
lateral resistance 侧面阻力,横[向]阻力
lateral rib 侧脉 (costa lateralis)
lateral ridge 侧脊
lateral root 侧根 (radix lateralis)
lateral root primordia 侧根原基
lateral scale 侧鳞突
lateral section ①横切 ②横切片{显技}
lateral seepage 侧渗水,旁侧渗流
lateral seta 侧毛{昆虫}
lateral sewer 旁支沟管{环保}
lateral shading 侧面遮荫
lateral shelter 侧面荫蔽
lateral shoot 副梢,侧条 (ramus novellus lateralis)
lateral space 侧隙
lateral spine 侧刺
lateral stability 横向稳定性
lateral stigma 侧生柱头 (stigma lateralis)
lateral stress 侧面应力,横向应力
lateral style 侧生花柱 (stylus lateralis)
lateral subsidiary cell 侧副卫细胞 (cellula subsidiaris lateralis)
lateral suture 侧沟
lateral symmetry 侧面对称[性],左右对称 (symmetria lateralis)
lateral system 旁系统 (systema lateralis){环保}
lateral thorn 侧棘{昆虫}
lateral trabant 侧生随体{细胞}
lateral trace 侧生迹 (vestigium lateralis)
lateral tracheal trunk 侧气管干
lateral translocation 侧向易位
lateral tubercle 侧瘤
lateral vein 侧脉 (nervi lateralis)
lateral ventilator 侧面气窗,横向气窗,横窗(指温室)
lateral view 侧视图{显技}
lateral vine 侧蔓,子蔓 (liana lateralis)
lateral wind 侧面风
laterality 对称 (lateralitas)
lateralization 侧枝化 (lateralisatio)
laterally spreading roots 侧向扩散根系
laterally zygomorphic (= transversely zygomorphic) 上下[两侧]对称的
lateriflorous 侧生花的 (lateriflorus)
laterifolious 侧生叶的,叶侧的 (laterifolius)
laterite 砖红壤
lateritic red earth 砖红壤性红壤
lateritic red loam 砖红壤性红壤
lateritic soil 砖红壤性土
lateritic type 砖红壤型
lateritious 砖红色的 (lateritius)
lateritoid 拟砖红壤
laterization 砖红壤化[作用] (laterisatio)
laterosporin 侧孢杆菌素
laterostigmatal 气门上的 (laterostigmatalis)
laterostratum 褶髓侧层{真菌}
latescent 渐隐的 (latescens)
latest allowable time 最迟容许时间
latest development 发育末期
latest finishing time 最迟完成时间
latest frost 终霜
latest maturity variety 最晚熟性品种
latest starting time 最迟开始时间,最迟启动时间
latex 乳汁
latex canal 乳汁道 (canalis laticiferus)
latex cell 乳汁细胞 (cellula laticifera)
latex duct (= laticiferous tube) 乳汁管 (ductus laticiferus)
latex granule 乳汁粒 (granula laticifera)
latex hair 乳汁毛 (pilus laticiferus)
latex sac 乳汁囊 (saccus laticiferus)
latex trace 乳汁迹 (vestigium latifere)
latex tube (= laticiferous tube) 乳汁管 (tubus laticiferus)
latex vessel (= articulate laticiferous tube, articulate latex duct) 有节乳汁管
lath ①标尺 ②板条
lath house 板条育苗室
lath screen 苗床格子
lathe 车床,镟床
lathe head 车床车头
lathe speed 车床[主轴]转速
lather ①泡沫 ②(马)汗沫 ③(马)浑身出汗

lathering power 起沫力
lathery horse 出汗马
lathosterol 7-烯胆[甾]烷醇
lathraea ①齿鳞草属[*Lathraea* L.](列当科) ②齿鳞草[*Lathraea chinfushanica* Hu et Tang]
lathridiids 薪甲科[Lathridiidae]
lathwood 板条材
lathyrism 山黧豆中毒(lathyrismus)
lathyrus (=vetchling) 山黧豆
lathytine α-吡啶丙氨酸
lati- ⌊字头⌉广,宽
laticifer ①乳汁管 ②乳汁细胞 ③乳汁器(laticifer)
laticiferous 具乳汁的(laticiferus)
laticiferous cell 乳汁细胞(cellula laticifera)
laticiferous coenocyte 多核乳汁细胞(coenocyta laticifera)
laticiferous plant 乳汁植物(planta laticifera)
laticiferous system 乳汁管系(systema laticifera)
laticiferous tissue 乳汁组织(tela laticifera)
laticiferous tube 乳汁管(tubus laticiferus)
laticiferous vessel (=articulate laticiferous tube) 有节乳汁管(tubus laticiferus articulatus)
laticotoxin 扁尾蛇毒素
latidentate 宽齿的(latidentatus)
latiflorous 宽花的(latiflorus)
latifoliate (=latifolious) 阔叶的,宽叶的(latifolius)
latifolious (=latifoliate) 阔叶的,宽叶的
latifundium (=large estate) 大地产,大田产
latilobate 宽裂片的(latilobus)
latimaculate 阔斑的(latimaculatus)
latimurate 具宽网脊的(latimuratus)
Latin America 拉丁美洲,拉美
Latin American Association of Plant Scientist 拉丁美洲植物学家协会
Latin American Corn Society 拉丁美洲玉米学会
Latin American Seminar on Land Problems 拉丁美洲土地问题研究所
Latin hypercube 拉丁超立方{统计}
Latin letter 拉丁字母
Latin name (=scientific name) 拉丁名,学名
Latin square 拉丁方{统计}
Latin square analysis 拉丁方分析
Latin square arrangement 拉丁方排列
Latin square design 拉丁方设计
Latin square method 拉丁方设计法
Latin square trials 拉丁方试验
latisect 阔全裂的(latisectus)
latisepalous 阔萼片的(latisepalus)
latiseptate 具宽隔膜的(latiseptus)
latisiliquous 宽荚的(latisiliquus)
latispinous 宽刺的(latispinus)
latistratose 粗纹的(latistratosus)
latitude 纬度(latitudo)
latitude and departure 经纬距
latitude effect 纬度效应,纬度影响
latitude-longitude grid 经纬度网络
latitude parallel 纬线
latitudinal 纬度的(latitudinus)
latitudinal distribution 纬度分布
latitudinal gradient 纬度梯度
latitudinal section 沿纬度剖面
latitudinal variation 纬度变异
latitudinal zone 纬度地带
latitudinal zoning 横向分带,纬度分带{遥感}
latosol 砖红壤(latosolum)
latosolization 砖红壤化[作用](latosolisatio)
Latreille's segment 并胸腹节
latrine 厕所,便所,粪坑(latrina){环保}
latrine fly 灰腹厕蝇[*Fannia scalaris* Fabricius](厕蝇科)
latter ①后者 ②近来的 ③末尾的
latter half of the day 后半天
lattice ①格子方{统计} ②筛格{解剖} ③晶格{土壤} ④点阵{物} ⑤格栅{加工} ⑥制图,格网{遥感}
lattice anisotropy 晶格各向异性
lattice-building 晶格建造,晶格建成
lattice constant 晶格常数
lattice defect 晶体缺陷
lattice deformation 晶格畸变
lattice design 格子方设计
lattice distortion 晶格变形
lattice energy 晶格能
lattice expansion 晶格膨胀
lattice-fruited 具方格果的(cinclidocarpus)
lattice hole theory 晶格孔穴理论{土壤}
lattice image 晶格像
lattice mode ①点阵模式 ②晶格模式
lattice network 点阵网络,桥式网络

lattice parameter 晶格参数
lattice plane [晶]格面
lattice point [晶]格点
lattice relaxation [晶]格弛豫
lattice sampling 格子方取样法{统计}
lattice square 格子方{统计}
lattice square analysis 格子方分析
lattice square arrangement 格子方排列
lattice square design (= lattice design) 格子方设计
lattice square trials 格子方试验
lattice structure 晶格结构
lattice theory 网格理论{分生}
lattice trellis 格子篱栅
lattice-type concave 栅格式凹板
lattice vector [晶]格矢[量],晶格向量
lattice vibration 晶格振动
lattice-work fungus 笼头菌
latticed ①格子状的 ②有格子的(cancellatus)
latticed perforation plate 梯形穿孔板(platus perforationis cancellatus)
lauan ①婆罗双树属[*Shorea* L.](龙脑香科) ②婆罗双树(柳安木,桃花心木)[*Shorea robusta* Gaertn]
laudanine 劳丹碱,半日花碱 [$C_{20}H_{25}OH_4$]
laudanosine 劳丹素,半日花素 [$C_{17}H_{15}N(OCH_3)_4$]
laudanum ①岩蔷薇属[*Cistus* L.](半日花科) ②岩蔷薇[*Cistus ladanifer* L.]
Laue equation 劳厄方程{生技}
Laue method 劳厄法
Laue pattern 劳厄图像
Laue symmetry 劳厄对称性
laughing gas 笑气,一氧化二氮[N_2O]
launch ①开始 ②开办,创办 ③发出{水产} ④(船)下水
launch vehicle 运载火箭
launch vehicle status 运载火箭[技术]现状{物}
launcher ①发射架 ②发射器
launching ①发射(火箭或卫星) ②施放(气球,探空仪) ③起动
launching fiber 发射光纤
launching power 起动功率
launder ①洗涤 ②洗涤槽,流槽 ③渡槽{环保}
laundry 洗衣房
laundry soap 洗衣皂
laundry waste 洗衣房废水{环保}
lauraldehyde 月桂醛[$CH_3(CH_2)_{10}CHO$]
lauramide 月桂酰胺 [$CH_3(CH_2)_{10}CONH_2$]
laurane 月桂烷[$C_{20}H_{42}$]
laurate ①月桂酸 ②月桂酸盐、酯或根
laurel ①月桂树属[*Laurus* L.](樟科) ②月桂树[*Laurus nobilis* L.]
laurel butter 月桂油
laurel cherry (= cherry-laurel) 桂樱[*Prunus laurocerasus* L.](蔷薇科)
laurel clockvine 桂叶老鸦嘴[*Thunbergia laurifolia* Lindl.](爵床科)
laurel family 樟科[Lauraceae]
laurel fat 月桂油
laurel forest 月桂林
laurel green-brier 桂叶菝葜[*Smilax laurifolia*](菝葜科)
laurel-oak 月桂叶栎树[*Quercus laurifolia* Michx.](山毛榉科)
laurel oil 月桂油
laurel willow (= bay willow) 五蕊柳[*Salix pentandra* L.](杨柳科)
laurencia ①珊枝红藻属(凹顶藻属)[*Laurencia* spp.](鹧鸪菜科) ②珊枝红藻[*Laurencia* sp.]
laurestinus 常绿荚蒾[*Viburnum tinus* L.](忍冬科)
lauric acid 月桂酸,十二[烷]酸 [$CH_3(CH_2)_{10}COOH$]
lauric aldehyde 月桂醛,十二[烷]醛 [$CH_3(CH_2)_{10}CHO$]
laurifruticeta 常绿灌木群落,常绿灌丛
laurilignosa 常绿木本群落,照叶林
laurin [三]月桂酸甘油酯
laurisilvae 常绿乔木群落,照叶林
lauroleic acid 十二碳-9-烯酸 [$C_{11}H_{21}COOH$]
laurusan 脱氢间型霉素
lauryl thiocyanate (= loro) 硫氰月桂酯
lauter 过滤
Lauth's violet 洛西氏紫{显技}
lava (火山)熔岩
lava bed 火山岩床
lava cone 熔岩丘
lava flow 熔岩流
lava soil 熔岩土壤
Lavadowsky's formal alcohol and acetic acid [mixture] 拉瓦顿斯基氏甲醛酒精和醋酸混液{显技}
lavage 灌洗{生技}
lavalier 微型话筒{信息}
lavandin 杂熏衣草[*Lavandula hybrida* Reverchon.](唇形科)

lavandula (= lavender) ①熏衣草属 [*Lavandula* L.] (唇形科) ②熏衣草 [*Lavandula spica* L. = *L. vera* DC. = *L. officinalis* Chaix.]
lavandula leaf dendranthema 甘菊 [*Dendranthema lavandulaefolium* (Fishch.) Ling et Shih] (菊科)
lavandulol 熏衣草醇
lavatera ①花葵属 [*Lavatera* L.] (锦葵科) ②花葵 [*Lavatera arborea* L.]
lavatory ①盥洗室 ②盥洗盆 {环保}
lavatory basin 盥洗盆
lavatory waste pipe 盥洗排水管(指盥洗的废水排出管) {环保}
lavement ①注射 ②灌肠
lavender ①熏衣草属 [*Lavandula* L.] (唇形科) ②熏衣草 [*Lavandula vera* DC.]
lavender oil (= lavender flower oil) 熏衣草油
lavender oil mutachromosomic effect 熏衣草油诱变染色体效应
lavendulin 淡紫灰菌素
lavendustin [灰]熏衣草菌素
laverock (= lark) 云雀 [*Alauda intermedia*] (百灵科)
law ①定律 ②法则 ③法律,法规,法案
law of absorption 吸收律 {植生}
law of ancestral inheritance 祖先遗传法则 {育种}
law of association 结合律 {电脑}
law of causality 因果律 {电脑}
law of chance 机遇律,随机定律 {统计}
law of communication 交换律 {信息}
law of compensation 补偿法则 {遗传}
law of composition 组合法则 {电脑}
law of conservation of energy 能量不灭定律 {物}
law of conservation of mass (= law of conservation of matter) 物质不灭定律 {物}
law of constant proportion 定比定律 {物}
law of contradiction 矛盾律 {电脑}
law of correlation 相关定律 {统计}
law of diminishing marginal utility 边际效用递减律 {农经}
law of diminishing of soil fertility (= law of diminishing of fertility of soil) 土壤肥力递减律 {土壤}
law of diminishing return 报酬递减律 {土壤}
law of distribution 分布律 {统计}
law of dominance 显性定律 {遗传}
law of durable years 法定耐用年数 {农施}
law of dynamical similarity 动力相似性定律 {气象}
law of equable variability 等变异性定律 {遗传}
law of error 误差定律 {统计}
law of excluded middle 排中律 {信息}
law of filial regression 后代趋中法则 {育种}
law of growth 生长法则 {栽培}
law of homologous series 同源系列律 {遗传}
law of identity 同一律 {电脑}
law of independence 独立律 {遗传}
law of independent assortment 独立组合律 {遗传}
law of individual variance 个体变异定律 {遗传}
law of inertia 惰性定律 {遗传}
law of inheritance of acquired character 获得性遗传法则 {进化}
law of large numbers 大数定律 {遥感}
law of limiting factor 限制因子律 {遗传}
law of logarithm 对数定律 {电脑}
law of mass action 质量作用定律 {微生物}
law of minimum ①最小定律 {微生物} ②最低因子律 {生理}
law of minimum factor 最少(低)因子律
law of minimum nutrient 最小养分律(肥料) {农化}
law of nature 自然规律
law of photochemical equivalence 光化学当量定律 {生理}
law of plant mineral nutrition 植物矿质营养法则 {生理}
law of probability 概率律,机率律,或然律 {统计}
law of purity 纯系律 {育种}
law of regression ①回归法则 {统计} ②趋中律 {育种}
law of relativity 效力递减律 {微生物}
law of segregation 分离定律 {遗传}
law of similitude for drying 干燥相似定律 {农施}
law of succession (= inheritance law) 继承法
law of supply and demand 供求定律 {农经}
law of the minimum 最低因子定律 {生理}
law of thermal 热律 {气象}
law of total effective temperature [总]有效积温法则 {气象}
law of uniformity 均一律 {遗传}
law of uniformity of hybrid 杂种均一律 {遗传}
law of unit character 单位性状律 {遗传}

law of use and disuse 用进废退律{进化}
law of value 价值规律{农经}
law of variability 变异律{遗传}
lawn ①草地,草皮{牧草}②草坪,草场{园林}③(林间)空地,隙地,平地{耕作}④细筛{加工}
lawn-and-garden equipment 草地与花园作业机具
lawn-and-garden tractor 园艺(草地与花园)拖拉机
lawn armyworm(=rice armyworm, ulat longgok) 眉纹夜蛾(禾灰翅夜蛾)[*Spodoptera mauritia* Boisduval](夜蛾科)
lawn belt 草地带
lawn broom 草地清扫器
lawn edger 草地修边剪草机
lawn irrigation 草地灌溉
lawn-keep 2.4-D(植物生长调节剂)
lawn moth ①草地草螟(美洲草螟)[*Crambus bonifalellus* Hulst]②草螟[*Crambus sperryellus* Klots](草螟科)
lawn mower 剪草器,草地刈草机
lawn-pasture rotation 草地-牧场轮作
lawn pearlwort(=lawn spurrey) 毛大爪草[*Spergula pilifera*](石竹科)
lawn pennywort 天胡荽(圆叶天胡荽,破铜钱草)[*Hydrocotyle sibthorpioides* Lam.](伞形花科)
lawn planting 草地种植
lawn rake 草地搂草机
lawn roller 草地镇压器
lawn sower 草地[种子]撒播机
lawn sowing 草地播种
lawn sprinkler 草地喷灌机
lawn sprinkling 草地喷灌
lawn sweeper 草地清理机
lawn tending 草地管理
Lawrence coffee 劳伦斯氏咖啡[*Coffea laurenti*](茜草科)
lawsone 2-羟[基]-1,4-萘醌[$C_{10}H_6O_3$]
Lawson's cypress(=lawson false cypress, ginger pine) 美洲花柏[*Chamaecyparis lawsoniana* Parl.](柏科)
lax ①疏松的,松弛的②疏忽的,不注意的,随便的(laxus)
lax ear 疏松穗(指穗上子粒稀疏)
lax head 疏松穗(指禾谷类)
lax spike(=lax ear) 疏松穗(spica laxa)
lax-spiked variety 疏松穗品种
laxative ①轻泻的②轻泻剂{药物}(laxativus)
laxative food 轻泻性饲料
laxifruticose grasses 疏丛禾(牧)草
laxity ①疏密度②松弛,弛缓(laxitas)
lay ①置放,铺设,安装②产(卵)③安置,布置④覆盖⑤犁铧
lay aside ①搁置一旁,放下②放弃,抛弃③储蓄
lay down ①使(土地)变为牧场{牧草}②贮(酒)于酒窖{加工}③设计{统计}④(栽培方案)制定{栽培}⑤付款{农管}⑥放下、兴建(管线等){环保}
lay eggs 产卵
lay in 贮藏
lay off ①辞退②暂时解雇
lay on ①组织,安排②涂颜料
layback 录音合成{电脑}
layer ①层(tabulatum)②地层(stratum)③压条(propago)④产卵鸡⑤铺设机,撒布机,掩埋机
layer aluminosilicate 层状铝硅酸盐
layer class 层次类别
layer colours 分层设色{遥感}
layer-cuttage division 压条扦插区{园艺}
layer discrimination 层辨识
layer housing 产蛋鸡舍饲
layer interface 层次接口{电脑}
layer-lattice structure 层状晶格结构{土壤}
layer manuring 分层施肥
layer mixing plow 深耕犁,土层混合犁
layer-mixing plowing 混层耕地
layer of compensation 补偿层{气象}
layer of cream 乳皮
layer of discontinuity 不连续层
layer of litter 死被物层,枯枝落叶层{生态}
layer of separation 分界层,分离层
layer of vegetation 植被层
layer of vine 插蔓
layer of wood 木质层
layer ploughing 分层耕作
layer poultry house 产蛋鸡鸡舍,产蛋鸡舍
layer silicate 层状硅酸盐
layer society 层组合{生态}
layer structure 层状结构
layer system 分层设色法{遥感}
layer transect 层样条{生态}
layer water 同层水
layerage 压条法{园艺}
layerage by girdling 环[状]剥[皮]压
layerage by notching 切伤压
layerage by tongueing 割枝压
layerage by twisting 扭枝压
layerage season 压条季节
layered metabolic pathway 级联式代谢途径{分生}

layered sapling 伏条苗,压条苗{园}
layered structure 分层结构{电脑}
layered style map(= layer-tinted map) 分层设色地图{遥感}
layered system 分层系统
layered volva 具层菌托
layering ①压条 ②压条法 ③分层
layering plot 压条区
layering productivity 压条苗生产率
layering seedling 压条苗
layerless ①无层 ②无层的
layerless network 无层网络{信息}
layers 压条苗
laying ①铺设,敷设 ②产卵 ③布置
laying angle of grain 谷物铺放角
laying battery 层架式产卵鸡笼,产卵室
laying box ①产犊栏,产犊单间 ②畜舍 ③产卵箱
laying breed 卵用品种
laying cage 产卵鸡笼
laying coop ①产卵笼,产卵室 ②产卵棚 ③家禽养殖场
laying fowl 产卵家禽,产卵鸡
laying hen 产卵鸡,卵用鸡
laying house 产卵鸡舍
laying in ①(棉)打基叶,打土叶{栽培} ②切树腿,除扩基{森林}
laying-in ground [苗木]假植沟{栽培}
laying intensity 产卵强度
laying mash 产卵鸡用饲料(配合并加水拌湿的粉饲料)
laying maturity 产卵成熟
laying nest 产卵箱,产卵窝
laying of hotbed 设置温床
laying of pipes 铺管{水利}
laying off ①造材检量 ②停工
laying out ①布置,铺设,(施工)放样 ②规划
laying out of field 土地规划
laying out of the farmstead 农场建筑物布置
laying period 产卵期
laying season 产卵季节,产卵期
laying shelter 产卵棚
laying strain 产卵鸡品系,卵用种
laying type 卵用种(型)
laying up 储存{生态生理}
laying worker 产卵工蜂
layland 熟荒地
layout ①设计,布置,布局,配置 ②线路图,示意图,规划图,草图
layout design 草图设计,图纸设计
layout of buildings 建筑布局
layout of control 控制网布设
layout of feed processing plant 饲料加工厂设计{农施}
layout of fruit processing plant 果品加工厂设计{农施}
layout of meat processing plant 肉制品厂设计{农施}
layout of the farmstead 庄园布局
layout of the fields 田区规划
layout procedure 设计程序
lazaret 检疫所{植病}
lazy ①迟缓的,延迟的 ②惰性的
lazy evaluation ①延迟求值 ②惰性计算,延缓计算{统计}
lb(= pound) 磅(1 磅 = 454 克)
lbs per acre 每英亩磅数
LC(= liquid chromatography) 液相层析
LC_{50}(= lethal concentration 50) 半致死浓度,50%致死浓度
LCD(= liquid crystal display) 液晶显示器{信息}
LCF(= London Clay Flora) 伦敦黏土植物群(始新世)
LCR ①(= ligase chain reaction) 连接酶链反应 ②(= locus control region)座位控制区
LD_{50}(= lethal dose 50) 50%致病剂量,半致死剂量
LD(= lethal dose) 致死剂量
LDH(= lactate dehydrogenase) 乳酸脱氢酶
LDL(= low density lipoprotein) 低密度脂蛋白
LDL receptor(= low density lipoprotein receptor) 低密度脂蛋白受体
LDP ①(= lower dead point) 下死点 ②(= long-day plant) 长日[照]植物
LDPE(= low density polyethylene) 低密度聚乙烯
Le Chatelier principle 勒夏特利埃氏原理{生态生理}
lea(= ley) ①草地,草甸{牧草} ②轮作草地,[短期]休闲地{耕作} ③平原{土壤}
lea body(= lea bottom) 草地犁体
lea cultivator 休闲地耕耘机,休闲地中耕机
lea harrow 草地耙
lea management 草地管理
lea moldboard 草地犁壁
lea plough(= lea plow) 草地犁
lea ploughing 休闲地耕作,休闲地耕翻
lea rotation 草地轮作
leach ①淋洗,淋溶 ②浸析 ③滤灰
leach liquor 淋溶液{环保}
leach mineral 淋溶矿物

leachability ①可淋溶性,可淋溶度 ②淋溶力
leacheate 淋洗液
leached 淋洗的,淋溶的
leached acid soil 淋溶酸性土
leached alkali soil 淋溶碱性土
leached chernozem 淋溶黑[钙]土
leached horizon 淋溶层
leached profile 淋溶剖面
leached saline soil 淋溶盐土
leached sample 淋溶样品
leached soil 淋溶土壤
leached wood 浸析材
leached wood ash 浸析木灰
leaching ①淋溶 ②浸提,沥滤 ③浸提法
leaching action 淋溶作用
leaching cesspool (=cesspool) 渗污井,污水井{环保}
leaching effect 淋溶效应
leaching in saline soil 盐土淋溶,盐土淋洗
leaching liquor 淋溶液,淋洗液
leaching loss 淋失量
leaching of base 盐基淋溶作用
leaching of wood 木材浸提法
leaching of wood in cold water 冷水浸提法
leaching out 淋去,淋失
leaching ratio 淋溶比
leaching requirement 冲洗需水量,冲洗定额
leaching well 渗水井{环保}
leaching zone 淋溶层,漂白层
lead ①铅(Pb,82号元素) ②前置量 ③引线 ④引导
lead acetate 醋酸铅,乙酸铅,铅糖 [$Pb(C_2H_3O_2)_2$]
lead acetate agar 乙酸铅琼脂(培养基)
lead arsenate 砷酸铅,砷酸氢铅,砒酸铅(杀虫剂)[$AsHO_4Pb$]
lead chamber 铅室{土壤}
lead chromate 铬酸铅,铬黄[$PbCrO_4$]
lead-coloured 铅色的,深灰色的(plumbeus)
lead-in ①引入,输入 ②引入线,引入端
lead joint 铅接口{环保}
lead line (=main line) 干线
lead nitrate method 硝酸铅法{显技}
lead opening (喷雾机喷头)导向孔
lead-out 引出
lead pipe 铅管{环保}
lead pod spot (=lead spot) 褐斑病(豌豆)
lead poisoning 铅中毒{环保}
lead shield 铅屏{物}
lead sulfate 硫酸铅[$PbSO_4$]
lead waste 含铅废水{环保}
lead wire 铅线
leadbush glasswort 灌木海蓬子[*Salicornia fruticosa*](藜科)
leader ①先导[作用]{气象} ②顶枝{形态} ③导杆{农机} ④主要品种{栽培} ⑤排水沟{水利} ⑥前躯,前导序列{生技} ⑦标题{电脑}
leader branch 领导枝(ramus primarius)
leader bud (=main bud) 主芽
leader-cable system (拖拉机)绳缆操纵系统
leader canal 干渠,引水渠
leader drain (=main drain) 主排水沟
leader head 水落斗{环保}
leader peptidase 前导肽酶{分遗}
leader peptide 前导肽
leader record 标题记录{电脑}
leader region 前导区{分遗}
leader sequence 前导序列{分遗}
leader sequence of mRNA 信使RNA的前导序列
leader shoot (主干)顶生枝,顶梢
leader streamer 先导闪流
leader stroke 先导闪击
leading ①主要的 ②最重要的
leading agricultural technologies 农业主导技术{农经}
leading axis 主轴
leading breed 主要[品]种{畜}
leading crops 主要作物
leading diabolo roller 导向凹面镇压轮
leading diagonal 主对角线
leading edge ①前缘,前刃 ②犁体胫刃,犁体垂直切刃
leading-end clamp 前端夹板
leading ion 前导离子
leading peak 前伸峰{生技}
leading peptide 前导肽
leading role 主导[作用]
leading shoot 主枝,主干顶枝(stolo terminalis)
leading soybean variety 主要大豆品种
leading species 主要种
leading strand 前导链{分遗}
leading time 超前时间
leading variety 主要品种
leading wheel 前导轮,前轮
leadless ①无引线的,无导线的 ②无铅的 ③无管脚的
leadless chip carrier (LCC) 无管脚芯片载体{电脑}
leadplant 灰毛紫穗槐[*Amorpha canescens*](豆科)
leadtree ①银合欢属[*Leucaena* Benth.]

（含羞草科）②银合欢［*Leucaena glauca* Benth.］

leadwort ①白花丹属［*Plumbago* L.］（白花丹科）②白花丹［*Plumbago zeylanica* L.］

leadwort family 白花丹科（矶松科）［Plumbaginaceae］

leaf ①叶 ②真叶，本叶（folium）

leaf［weight］density 叶［重量］密度

leaf aberration 叶失常（aberratio folii）

leaf abrasion 叶擦伤症（指甘蔗）（abrasio folii）

leaf abscission ①叶离［现象］②落叶

leaf age 叶龄（aetas folii）

leaf analysis 叶分析

leaf analysis method 叶分析法

leaf and blossom aphid（＝corn-apple aphis） 高粱缢管蚜（黍蚜）［*Rhopalosiphum prunifoliae* Fitch］（蚜科）

leaf and pod spot of peas 豌豆［淡］褐斑病［*Ascochyta pisi* Lib.］

leaf angle 叶角度

leaf anthracnose of pear 梨叶炭疽病［*Colletotrichopsis piri* Bubak f. *tirolense* Bubak.］

leaf apex 叶［先］端，叶尖（apex folii）

leaf architecture 叶构成

leaf area 叶面积（area folii）

leaf area/plant weight ratio 叶面积/株重比率

leaf-area basis 叶面积基础

leaf area density（LAD） 叶面积密度

leaf-area duration（LAD） 叶面积持续期

leaf-area expansion 叶面积展开

leaf-area index（LAI） 叶面积指数

leaf area per unit leaf weight 每单位叶重的叶面积

leaf area ratio（LAR） 叶面积比率

leaf areal weight 叶面积重

leaf-area/leaf-weight ratio 叶面积/叶重比率

leaf armour 叶胄（arma folii）

leaf arrangement 叶序［列］（phyllotaxis）

leaf attenuation of radiation 叶辐射减弱

leaf axil 叶腋（axilla folii）

leaf base 叶基（basis folii）

leaf-beet（＝chard beet，mangold）莙荙菜［*Beta vulgaris* L. var. *cicla* Moq.＝*B. cicla* L.］（藜科）

leaf beetle ①叶甲 ②⌊复⌉叶甲科［Chrysomelidae］

leaf bending 叶弯曲（curvans folii）

leaf blade 叶片（lamina folii）

leaf-blade weight 叶片重

leaf blast 叶瘟病

leaf blight ①叶枯病 ②大斑病

leaf blight of Adzuki bean 小豆叶枯病［*Clathrococcum nipponicum* Hiura］

leaf blight of carrot 胡萝卜黑叶枯病［*Alternaria carrotae*（E. et. L.）Elliott.］

leaf blight of corn 玉米大斑病［*Helminthosporium turcicum* Pass.］

leaf blight of eggplant 茄煤霉病［*Cercospora solani-melongenae* Chupp］

leaf blight of kaoliang（＝leaf blight of sorghum） 高粱大斑病（高粱条纹病）［*Helminthosporum turcicum* Kass］

leaf blight of sesame 芝麻叶枯病［*Helminthosporium sesami* Miyake］

leaf blight of sorghum 高粱大斑病［*Helminthosporium turcicum* Pass.］

leaf blight of urd 黑吉豆叶枯病［*Clathrococcum nipponicum* Hiura］

leaf blight of welsh onion ①葱［类］叶斑病［*Colletotrichum circinana* Vogl.］②葱叶枯病［*Mycosphaerella schoenoprasi*（And.）Schroct.］

leaf blister 疱叶病

leaf blotch 叶枯病，黑痣病

leaf-blotch miners 细蛾科［Gracilariidae］

leaf blotch of acer 槭黑痣病［*Rhytisma acerinum* Fr.］

leaf blotch of wheat 麦类叶枯病［*Septoria tritici* Berk.］

leaf boundary layer resistance 叶界面层抗性

leaf branch ①发育枝，生长枝 ②叶枝

leaf buckle 叶歪病（甘蔗）

leaf bud 叶芽（gemma foliifera）

leaf bud cutting 叶芽插｛园艺｝

leaf bud scale 芽鳞（perula，tegumentum gemmae）

leaf bug ①（＝plant bug） 盲蝽 ②⌊复⌉（＝flea hoppers，plant bugs，mosquito blight）盲蝽科［Miridae，Capsidae］

leaf bundle 叶维管束（fasciculus folii）

leaf burn ①叶烧伤 ②卷枯病

leaf butterfly（＝morningclock butterfly） ①蛱蝶 ②⌊复⌉蛱蝶科［Nymphalidae］

leaf buttress 叶原座（anterides folii）

leaf-cactus（＝epiphyllum） ①昙花属［*Epiphyllum* Haw.］（仙人掌科）②昙花［*Epiphyllum oxypetalum* Haw.］

leaf-canopy ①林冠 ②树冠 ③叶冠

leaf carbon use efficiency 叶用碳效率
leaf-cast 落叶病
leaf celery 叶用芹菜[*Apium graveolens* var. *dulce* DC.](伞形花科)
leaf character 叶性状{遗传}
leaf characteristics 叶特征
leaf chopper 剉桑机
leaf colour (=leaf color) 叶色(color folii)
leaf composition 叶组成
leaf conductance 叶传导
leaf conveyer 配桑机
leaf-cover 落叶层
leaf crop 叶用作物,产叶作物(茶,烟等)
leaf crumpler 美核桃皱叶螟[*Acrobasis indigenella* Zeller=*Mineola*]
leaf culture technique 叶培养技术{遗工}
leaf curl ①缩叶 ②缩叶病
leaf curl of peach 桃缩叶病[*Taphrina deformans*(Berk.) Tul. = *Exoascus deformans*]
leaf curl of plum 李缩叶病[*Taphrina pruni* (Fuck.) Tul.]
leaf curl of tobacco 烟卷叶病毒病[*Nicotiana virus* 10]
leaf curl virus 卷叶[病]病毒(指烟草,柑橘)
leaf curler moth 甘薯卷叶麦蛾[*Lecithocera effera* Meyrick](麦蛾科)
leaf curling apple midge (= apple leaf-curling midge) 苹果瘿蚊[*Dasyneura mali* Kieffer](瘿蚊科)
leaf-curling plum aphid (=peach leaf curl aphid) 李短尾蚜(桃短尾蚜)[*Brachycaudus helichrysi* Kaltenbach](蚜科)
leaf cushion 叶座(pulvinus)
leaf cut ant ①(=leaf cutting ant) 南美切叶蚁[*Atta cephaloles* L.] ②⌊复⌉切叶蚁亚科[Attineae]
leaf cutter ①切叶器 ②水螟
leaf cutting ①叶插条,插叶 ②剪叶
leaf-cutting ant ①切叶蚁 ②⌊复⌉切叶蚁亚科[Attineae]
leaf cutting bee ①茶切叶蜂[*Megachile apposita* Smith] ②⌊复⌉切叶蜂科[Megachilidae]
leaf cycle 叶轮(phyllocyclus)
leaf cytoplasm 叶细胞质(cytoplasma folii)
leaf defoliation method 摘叶法,除叶法(水稻)
leaf density 叶密度(densitas folii)
leaf dent (=leaf-teeth) 叶齿
leaf development ①抽叶 ②抽叶期
leaf development stage 抽叶期
leaf diagnosis 叶片诊断(diagnosis folii)
leaf disc 叶盘(discus folii)
leaf discoloration 叶褪色(discoloratio folii)
leaf distribution 叶分布(distributio folii)
leaf distribution function 叶分布功能(functio distributionis folii)
leaf downy mildew (番茄)叶霉病
leaf dressing 叶面施肥
leaf drop (=leaf fall) 落叶
leaf drop streak 落叶条死病
leaf dry weight 叶干重
leaf dying 叶枯死
leaf eating insect 食叶昆虫
leaf eating lady beetle 胡麻瓢虫[*Epilachna chrysomelina* Fabricius]
leaf eating sphinx 夹竹桃天蛾[*Deilephila nerii* Linnaeus](天蛾科)
leaf eating weevil (=common leaf weevil) 食叶象(梨叶象虫)
leaf eliminator 果叶分离装置
leaf elongation 叶伸长(elongatio folii)
leaf emergence 叶出现,出叶,现叶(emergentia folii)
leaf-emergence date 出叶期
leaf-emergence interval 出叶间隔
leaf epidermis 叶表皮(epidermis folii)
leaf-exchange pattern 叶交换模式(指叶衰老)
leaf expansion 叶开展,展叶(expansio folii)
leaf extension 叶延伸(extensio folii)
leaf factor 叶指数,叶因子
leaf fall 落叶
leaf fascicle 叶簇(fasciculus folii)
leaf feeding ①叶面喷肥 ②树叶饲养
leaf fertilization 叶面施肥(fertilizatio folii)
leaf fibre 叶纤维(fibre folii)
leaf fleck 叶斑枯病(指甘蔗)
leaf fleck of pears 梨属斑枯病[*Septoria piricola* Desm = *Mycosphaerella sentina* (Fr.) Schroet.]
leaf flower ①叶下珠属[*Phyllanthus* L.](大戟科) ②叶下珠[*Phyllanthus urinaria* L.]
leaf fodder 树叶饲料
leaf folder (=bean leaf webber) 豆卷叶螟[*Hedylepta indicata* Fabricius](野螟科)

leaf food 叶养料
leaf foot 叶基
leaf forking 叶片分叉(甘蔗)
leaf formation 叶形成(formatio folii)
leaf freckles 叶雀斑病(指甘蔗)
leaf freckling 叶斑病(甘蔗缺硅症)
leaf function 叶功能(functio folii)
leaf gall 叶瘿
leaf gall and fasciation 叶瘿和叶片带化病[*Corynebacterium fascians* (Tilford) Dowson]
leaf gall mite (= grape erineum) 葡萄瘿螨(葡萄潜叶螨,葡萄壁虱)[*Eriophyes vitis* Pgst.](瘿螨科)
leaf gap 叶隙(lacuna folii)
leaf green (= chlorophyll) 叶绿素
leaf-green locust 蔗叶缘内产螽斯[*Elimaea chloris* de Haan](螽斯科)
leaf greyish-brown weevil 茶灰褐象[*Dicasticus mlanjensis* Marshall](象甲科)
leaf growth 叶生长
leaf guide 茎叶导板,茎叶排除器
leaf hackler 摘桑器
leaf hay 茎叶干草,干饲料
leaf heteromorphism 叶异态性(heteromorphismus folii)
leaf heteromorphism index 叶异态性指数
leaf hive 活页式蜂箱
leaf-hopper ①叶蝉 ②⌊复⌉叶蝉科[Euscelidae, Jassidae, Cicadallidae]
leaf-horned beetles 金龟科[Scarabacidae]
leaf inclination 叶倾度(inclinatio folii)
leaf index 叶形指数(叶的长宽比)
leaf infected plant 叶感病植株
leaf initials 叶原始细胞(initiales foliorum)
leaf initiation 叶原始体形成(initiatio folii)
leaf injury 叶受害,叶损害
leaf insect 竹节虫
leaf lamina 叶片(lamina folii)
leaf lard 猪板油
leaf length 叶长度
leaf lettuce 散叶莴苣[*Lactuca sativa* var. *secalina* Alef.](菊科)
leaf level 叶平面
leaf lifter 扶叶装置
leaf-like 叶状的(foliaceus)
leaf-like moth ①(= lappet moth) 枯叶蛾 ②⌊复⌉枯叶蛾科[Lasiorampidae]
leaf-like stem 叶状茎(caulis foliaceus)
leaf-like tissue 叶状组织(tela foliaceus)
leaf litter 枯枝落叶层
leaf loss 草叶损失
leaf louse 根瘤蚜
leaf margin 叶缘(margo folii)
leaf margin miner beetle 油橄潜叶甲[*Argopistes oleae* Bryant](叶甲科)
leaf mark 叶斑,叶征(masculus folii)
leaf mass 叶量
leaf miner [fly] ①潜叶蝇 ②⌊复⌉潜蝇科[Agromyzidae]
leaf miner control 潜叶蝇防除(治)
leaf miner moth ①椰棕潜叶蛾[*Agonoxena argaula* Meyrick] ②⌊复⌉潜蛾科[Lyonetiidae, Bedelliidae]
leaf mining 潜叶[现象]
leaf-mining cherry sawfly (= cherry sawfly leaf-miner) 樱桃潜叶蜂[*Profenusa collaris* MacG.](叶蜂科)
leaf-mold (= leaf mould) ①叶霉病 ②腐叶土
leaf-mold of tomato 番茄叶霉病[*Cladosporium fulvum* Cooke]
leaf mosaic 叶镶嵌(mosaica foliorum)
leaf mottling 叶斑驳病(病毒病害)
leaf mustard 芥菜[*Brassica juncea* (L.) Czern. et Coss. = *Sinapis juncea* L.](十字花科)
leaf mustard downy mildew 芥菜霜霉病[*Peronospora parasitica* (Pers.) Fr.]
leaf mustard white rust 芥菜白锈病[*Albugo candida* (Pers.) Kuntze]
leaf nematode 叶线虫属[*Aphelenchoidesf* spp.](滑刃科)
leaf nodule 叶瘤(nodulafolü)
leaf number 叶数,叶龄(numerus folii)
leaf number index 叶数指数,叶龄指数
leaf number per culm 每茎秆叶数(水稻)
leaf opening time 展叶期
leaf order 叶序(phyllotaxis)
leaf organ 叶器官(organa folii)
leaf organization 叶组织
leaf orientation 叶定向(orientatio folii)
leaf oroton ①变叶木属[*Codiaeum* A. Juss.](大戟科) ②变叶木[*Codiaeum variegatum* var. *pictum* Muell.-Arg.]
leaf phase 长叶阶段,叶相
leaf picking 摘叶
leaf pickup point 茎叶扶正器
leaf pigment 叶色素
leaf-plant-population level 叶-株-群体水平
leaf plastochron index 叶间隔期指数

leaf position 叶位（positio folii）
leaf position on the stem 茎上叶位
leaf pot spot of pea 豌豆叶斑和荚斑病，豌豆褐斑病［*Ascochyta pisi* Lib.］
leaf primordium 叶原基（primordium faliare）
leaf primordium cultivation 叶原基培养
leaf primordium preparation 叶原基制片｛显技｝
leaf production per tiller 每分蘖产叶量
leaf promoting substance 叶促进物质
leaf protein 叶蛋白
leaf protrusion 叶伸展（protrusio folii）
leaf pulp 叶肉（pulpa folii）
leaf-punch method 叶穿孔法
leaf quality 叶质
leaf removal 去叶，除叶，脱叶
leaf renewal 发叶期
leaf roll ①卷叶 ②卷叶病
leaf roll of mulberry 桑卷叶病［*Hormodendron mori* Yendo］
leaf roll of potato 马铃薯卷叶病［*Solanum virus* 14］
leaf roller-moth ①卷蛾 ②⌞复⌝卷蛾科［Tortricidae］
leaf-rollers 卷蛾科［幼虫］
leaf rolling ①叶卷曲，卷叶 ②卷叶病
leaf-rolling rose sawfly 蔷薇卷叶蜂［*Blennocampa pusilla* Klug］（叶蜂科）
leaf-rolling tortrix 葡萄长须卷蛾［*Sparganothis pilleriana* Schiffermüller］（卷蛾科）
leaf rot ①叶腐 ②叶腐病
leaf rudiment 胚叶
leaf rugose virus 皱叶病毒
leaf rust 叶锈病
leaf rust of barley 大麦叶锈病［*Puccinia hordei* Otth. = *P. simplex*（Koern）Eriks. et Henn.，*P. anomala* Rostt.］
leaf rust of brome grass 雀麦叶锈病［*Puccinia rubigovera*（DC.）Wint.］
leaf rust of corn 玉米叶锈病［*Puccinia sorghi* Schw.］
leaf rust of fescue 孤茅叶锈病［*Puccinia glumarum*（Schw.）Erikss. et E. Henn.］
leaf rust of kaoliang 高粱叶锈病［*Puccinia purpurea* Cooke］
leaf rust of millet 粟叶锈病［*Uromyces setariae-italicae*（Diet.）Yosh.］
leaf rust of quack grass 鹅冠草叶锈病［*Puccinia rubigovera*（DC.）Wint.］
leaf rust of rye 黑麦叶锈病［*Puccinia rubigovera*（DC.）Wint. = *P. dispersa* Erikss et P. Henn.］
leaf rust of wheat 小麦叶锈病［*Puccinia recondita* Rob. et Desm. f. sp. *tritici* Erikss et P. Henn.］
leaf rust resistance 抗叶锈病性，对叶锈病的抗性
leaf sample 叶样品
leaf sampling 叶取样
leaf sampling time 叶取样期
leaf scald 白脉病（甘蔗）
leaf scar 叶痕（cicatrix folii）
leaf scorch ①灼叶 ②叶焦病，灼叶病
leaf segment 叶节，叶部（segmentum folii）
leaf senescence 叶衰老（senescentia folii）
leaf shape 叶形（forma folii）
leaf shape index（= leaf index）叶形指数
leaf-shaped 叶形的（foliiformis）
leaf sheath 叶鞘（vagina）
leaf sheath adhesion 叶鞘粘贴病（指甘蔗）
leaf-shedding plant 落叶植物
leaf shot hole of cherry 甜樱桃叶穿孔病［*Coccomyces hiemalis* Higg.］
leaf sinus 叶罅（sinus folii）
leaf-size class 叶级（根据叶大小分级）
leaf-skelotonizer moths 斑蛾科［Zygaenidae］
leaf-skin theory 叶－皮学说｛形态｝
leaf skirt 叶裙（limbus folii）
leaf smut 叶黑粉病，黑肿病
leaf smut of rice 稻叶黑粉病［*Entyloma oryzae* Sydow. = *E. lineatum*（Cooke.）J.J.Davis.］
leaf specific conductivity 叶比传导率
leaf spindle 心叶（fusus）
leaf spine 叶刺（spina foliaris）
leaf spinner ant（= yellow citrus ant）养柑蚁（黄惊蚁）［*Oecophyla smaragdina* Fabricius］（蚁科）
leaf splitting disease 叶裂病（指玉米）
leaf spot ①叶斑 ②叶斑病，褐斑病，黑斑病，斑点病
leaf spot and fruit rot of tomato 番茄叶斑及果腐病［*Alternaria tomato*（Cooke.）Weber.］
leaf spot and wilt of cherry 甜樱桃溃疡病及叶斑病［*Pseudomonas mors prunorum*］
leaf spot of acer 槭叶斑病［*Cercospora acerina*（Hart.）V. B.］
leaf spot of adzuki bean 赤豆叶斑病［*Cercospora canescens* Ell. et Mart.］

leaf spot of alfalfa 苜蓿叶斑病［*Cercospora medicaginis* Ell. et Ev.］
leaf spot of apple 苹果叶斑病［*Phyllosticta turmanensis* Miura］
leaf spot of arrowhead 慈姑叶斑病［*Cercospora sagittariae* E. et K.］
leaf spot of aspidistra 叶兰褐斑病［*Ascochyta aspidistrae* Mass］
leaf spot of banana 香蕉叶斑病［*Cercospora musae* Zimm. = *Metasphaeria musae*（Zimm.）Saw.］
leaf spot of barnyard grass 稗叶斑病［*Cercospora fusimaculans* Atk.］
leaf spot of beet 甜菜褐斑病［*Cercospora beticola* Sacc.］
leaf spot of box-thorn 枸杞叶斑病［*Cercospora chengtuensis* Tai］
leaf spot of broad bean 蚕豆叶斑病［*Cercospora cruenta* Sacc. = *Mycosphaerella cruenta*（Sacc.）Lath.］
leaf spot of buckwheat 荞麦叶斑病［*Cercospora fagopyri* Nakata et Takimoto］
leaf spot of burdock 牛蒡叶斑病［*Phyllosticta lappae* Sacc.］
leaf spot of cabbage ①甘蓝白斑病［*Cercosporella albomaculans*（Ell. et Ev.）Sacc.］②甘蓝叶斑病［*Phyllosticta brassicae*（Curr.）Westd.］
leaf spot of carambola 五敛子叶斑病［*Cercospora averrhoae* Petch］
leaf spot of carrot 胡萝卜叶斑病［*Cercospora apii* Fres. var. *carotae* Pass.］
leaf spot of castor-bean 蓖麻叶斑病［*Cercospora ricinella* Sacc. et Berl.］
leaf spot of celery 芹菜叶斑病［*Cercospora apii* Fr.］
leaf spot of chestnut 栗叶斑病［*Phyllosticta maculiformis*（Pers.）Sacc.］
leaf spot of Chinese cabbage 白菜白斑病［*Cercosporella albomaculans*（Ell. et Ev.）Sacc.］
leaf spot of Chinese yam 参薯叶斑病［*Cercospora ubi* Rac.］
leaf spot of corn 玉米小斑病［*Helminthosporium maydis* Nish. et Miyake］
leaf spot of cotton 棉斑纹病［*Pestalotia gossypii* Hori］
leaf spot of cucumber 黄瓜叶斑病［*Mycosphaerella citrullina*（Smith）Gross.］
leaf spot of currant 穗状醋栗叶斑病［*Pseudopeziza ribis*］
leaf spot of eggplant 茄叶斑病［*Cercospora melongenae* Welles.］
leaf spot of fig 无花果叶斑病［*Cercospora fici* Heald et Wolf.］
leaf spot of flowering quince 木瓜斑点病［*Cerosporina* sp.］
leaf spot of foxtail 看麦娘叶斑病［*Fusicladium alopecuri* Ell. et Ev.］
leaf spot of garden balsam 凤仙花斑点病［*Cereosporina petuniae* Matter et Chupp.］
leaf spot of grape 葡萄霉斑病［*Cercospora vitis*（Lev.）Sacc.］
leaf spot of guava 番石榴叶斑病［*Cercospora sawadae* Yamam.］
leaf spot of hemp 大麻叶斑病［*Cercospora cannabina* Wakef.］
leaf spot of howthorn 山楂叶斑病［*Phyllosticta crataegicola* Sacc.］
leaf spot of Indian mallow 苘麻叶斑病［*Cercospora althaeina* Sacc.］
leaf spot of iris 鸢尾黑斑病［*Didymellia iridis*（DESM.）V. Hoehnel.］
leaf spot of Japanese mint 薄荷白星病（薄荷黑枯病）［*Septoria menthae* Oud.］
leaf spot of jute 黄麻叶斑病［*Phyllosticta nigra* Saw.］
leaf spot of kaki 柿圆斑病［*Mycosphaerella nawae* Hiura et Ika.］
leaf spot of kaoliang 高粱紫斑病［*Carcospora sorghi* Ell. et Ev.］
leaf spot of kerria 棣棠叶斑病［*Septoria kerriae* Syd.］
leaf spot of leaf-mustard 芥菜白斑病［*Cercosporella albomaculans*（Ell. et Ev.）Sacc.］
leaf spot of lettuce 莴苣叶斑病［*Cercospora longissima* Sacc.］
leaf spot of lily 百合叶斑病［*Septoria lilii* lkeno］
leaf spot of loquat 枇杷叶斑病［*Cercospora eriobotryae*（Enjoji.）Saw.］
leaf spot of lotus 莲叶斑病［*Cercospora nymphaeacea* Cke. et Ell.］
leaf spot of mango 杧果叶斑病［*Cercospora mangiferae* Koord.］
leaf spot of melon 甜瓜叶斑病［*Mycosphaerella citrullina*（Smith）Gross.］
leaf spot of milk vetch 紫云英污斑病［*Cladosporium astragali* Trevisan.］
leaf spot of millet 粟叶斑病［*Cercospora setariae* Atk.］
leaf spot of mulberry 桑叶斑病［*Cercospo-

ra flexuosa Tanaka. = *Clasterosporium mori* H. et P. Syd.]

leaf spot of mung-bean 绿豆叶斑病[*Cercospora canascens* Ell. et Mart.]

leaf spot of myrobalan 檀仁树叶斑病[*Cercospora catappae* P. Henn.]

leaf spot of opium poppy 罂粟叶斑病[*Cercospora papaveri* Nakata]

leaf spot of papaya 番木瓜叶斑病[*Cercospora papayae* Hansf.]

leaf spot of pea 豌豆叶斑病[*Cercospora cruenta* Sacc.]

leaf spot of peach ①桃叶白霉病[*Cercosporella persicae* Sacc.] ②桃叶斑病[*Phyllosticta circumscissa* Cke.]

leaf spot of peanut 花生叶斑病[*Cercospora arachidis* P. Henn.]

leaf spot of pear 梨叶斑病[*Cercospora piricola* Saw.]

leaf spot of pepper 辣椒轮纹病[*Phoma destructiva* Plowr.]

leaf spot of pomegranate 石榴叶斑病[*Cercospora punicae* P. Henn.]

leaf spot of pomelo 柚叶斑病[*Phyllosticta citri* Hori]

leaf spot of radish 萝卜白斑病[*Cercosporella albo-maculans* (Ell. et Ev.) Sacc.]

leaf spot of rape 油菜斑纹病[*Cercospora brassicola* Hennings]

leaf spot of rose 蔷薇叶斑病[*Cercospora rosae* (Fuck.) Hoehn.]

leaf spot of sesame 芝麻叶斑病[*Cercospora sesami* Zimm.]

leaf spot of sieva bean 雪豆叶斑病[*Cercospora cruenta* Sacc. = *Mycosphaerella cruenta* (Sacc.) Lath.]

leaf spot of sorghum 高粱叶斑病[*Cercospora sorghi* Ell. et Ev.]

leaf spot of spinach 菠菜叶斑病[*Cercospora beticola* Sacc.]

leaf spot of sponge-gourd 丝瓜白斑病[*Cercosporina luffae* Hara.]

leaf spot of strawberry 草莓叶斑病[*Phyllosticta fragaricola* Desm. et Rob.]

leaf spot of sugar cane 甘蔗叶斑病[*Cercospora taiwanensis* Matsum. et Yamam.]

leaf spot of sunflower 向日葵叶斑病[*Cercospora pachypus* Ell. et Kell.]

leaf spot of sweet orange 香橙叶斑病[*Cercospora penzigii* Sacc.]

leaf spot of sweet potato 甘薯叶斑病[*Cercospora timorensis* Cke.]

leaf spot of tea 茶叶白斑病[*Phyllosticta theaefolia* Hara]

leaf spot of tobacco 烟草白斑病[*Phyllosticta tabaci* Pass.]

leaf spot of tomato 番茄叶斑病[*Cercospora diffusa* Ell. et Ev.]

leaf spot of urd 黑吉豆叶斑病[*Cercospora canascens* Ell. et Mart.]

leaf spot of water-melon 西瓜叶斑病[*Cercospora citrullina* Cke.]

leaf spot of welsh onion 大葱黑霉病[*Mycosphaerella schoenoprasl* Schroeter.]

leaf spray 叶面喷射

leaf spray application of fertilizer 根外追肥

leaf spreading 叶开展(fatulus folii)

leaf spring ①叶板弹簧,叶簧 ②片簧{信息}

leaf stalk 叶柄(petiolus)

leaf stem (= leaf stalk) 叶柄

leaf-stem ratio 叶茎比率

leaf stipple 叶点彩病(指甘蔗)

leaf storage 贮桑场

leaf storage chamber 贮桑装置

leaf striation 叶辉纹(striatio folii)

leaf stripe 叶条斑病,条纹病

leaf stripe and seedling blight of oats 燕麦条纹病[*Helminthosporium avenae* Eidam]

leaf stripping device 剥叶设备{农施}

leaf structure 叶结构(structura folii)

leaf succulence 叶肉质性(succulentia folii)

leaf succulent plant 肉叶植物(planta foliis succulentibus)

leaf supply 叶束联结

leaf-supplying 给桑

leaf supradecompound 超多回复出叶(folium supradecompositum)

leaf surface 叶表面(superficies folii)

leaf surface area(LSA) 叶表面面积

leaf surface per ground area 单位土地面积的叶面积

leaf symptoms 叶症状

leaf system 叶系(systema folii)

leaf-teeth 叶齿(phyllodentis)

leaf-temperature 叶面温度,叶温

leaf tendril 叶卷须(cirrhus foliaris)

leaf test 叶测定

leaf thickness 叶厚度(crassitudo folii)

leaf thorn 叶刺(spina foliaris)

leaf tissue 叶组织（tela folii）
leaf tobacco（=leafy tobacco） 多叶烟草
leaf trace 叶迹（vestigium foliare）
leaf trace bundle 叶迹维管束
leaf trash 蔗叶夹杂物(枯老蔗叶)
leaf tree 阔叶树
leaf trichomes 叶面笔状体（trichomes foliares）
leaf type 叶型（typus folii）
leaf variegation 叶斑驳,杂色叶片
leaf vegetables（=leafy vegetables） 绿叶类蔬菜
leaf vein 叶脉（nervus foliaris）
leaf venation 叶脉序（phyllovenatio）
leaf water potential 叶水势
leaf water status 叶水分状态
leaf weevils 切叶象甲属［*Phyllobius* spp.］
leaf weight 叶重量
leaf weight ratio（LWR） 叶重比
leaf whorl 卷叶
leaf width 叶宽度
leaf withering 叶枯萎
leaf wood 阔叶林
leaf yield 叶产量
leaf yield per plant 每株叶产量
leafage 叶簇
leafblotch miners 细蛾科［Gracilariidae, Lithocolletidae］
leafcactus 令箭荷花属［*Epiphyllum* Haw.］(仙人掌科)
leafcroton 变叶木属［*Codiaeum* A. Juss.］(大戟科)
leafflower 叶下珠属［*Phyllanthus* L.］(大戟科)
leaffooted bug 叶足缘蝽［*Leptoglossus phyllopus* Linnaeus］(缘蝽科)
leaf:fruit ratio（=leaf/fruit ratio） 叶果比值,叶/果比值
leafiness ①生叶性｛形态｝②叶产量（foliatura）
leafing ①生叶［现象］②出叶（foliatio）
leafing date 出叶期
leafit 小叶（foliolum）
leafless 无叶的（aphyllus）
leafless euphorbia 无叶大戟［*Euphorbia aphylla*］(大戟科)
leafless pyrola 无叶鹿蹄草［*Pyrola aphylla*］(鹿蹄草科)
leaflet 小叶（foliolum）
leaflet petiole 小叶柄（petiolus）
leaflet trace 小叶迹（vestigium foliolum）
leafsepal rose 叶萼蔷薇［*Rosa stylosa*］(蔷薇科)
leaftier 卷叶螟
leaftip 叶尖,叶［先］端
leaftip burn 叶尖坏死
leaftip squash 叶尖压片｛显技｝
leafworm 叶虫,毛虫
leafy 多叶的（foliosus）
leafy addermouth orchid 叶状沼兰［*Malaxis paludosa*］(兰科)
leafy bloodlily 壮丽血莲［*Haemanthus magnificus*］(石蒜科)
leafy bulrush 多叶藨草［*Scirpus polyphyllus*］(莎草科)
leafy cabbage 羽衣甘蓝(散叶甘蓝)［*Brassica oleracea* var. *acephala* DC.］(十字花科)
leafy character 多叶性状（character foliosus）
leafy coralblow 多花爆仗竹［*Russelia sarmentosa*］(玄参科)
leafy euphorbia 乳浆草［*Euphorbia esula*］(大戟科)
leafy gall（=leaf gall） 叶瘿
leafy haulm 多叶茎秆
leafy larkspur 叶状飞燕草［*Delphinium foliosum*］(毛茛科)
leafy onion 多叶葱［*Allium polyphyllum*］(石蒜科)
leafy rose 多小叶蔷薇［*Rosa foliolosa*］(蔷薇科)
leafy scaped plantain lily 优序紫萼［*Hosta andulata* var. *erromena* F.］(百合科)
leafy stalk（=leafy stem） 多叶茎
leafy stonecrop 叶状景天［*Sedum dasyphyllum*］(景天科)
leafy tobacco 叶子烟
leafy tuft 簇叶病(指甘蔗)
leafy vegetable 多叶蔬菜
leak ①漏出口,漏洞,漏隙 ②漏进或漏出的液体 ③漏,漏出
leak away 漏丢
leak current 漏泄电流
leak detector 检漏器,渗漏指示器
leak detector valve 检漏阀
leak off ①漏泄 ②放出
leak out 漏出
leak preventer 防漏剂
leak-proof 防漏的,密封的
leak-proof safety can 密封防护罐｛加工｝
leak resistance 抗漏性
leak test ①漏泄试验 ②漏电试验
leak through 渗透,渗漏,滴漏

leakage ①漏,渗漏 ②漏出量 ③漏出物
leakage factor 渗漏系数
leakage field 漏水田
leakage loss 漏泄损失
leakage of genetic block 遗传性阻隔的遗漏
leakage of ions 离子渗漏
leakage water 渗漏水
leakiness 渗漏程度,渗漏性{土壤}
leaking ①渗漏 ②渗出物
leaky ①渗漏的 ②漏出的,漏失的,遗漏的 ③漏水
leaky block 渗漏阻碍
leaky gene 渗漏基因
leaky gene origin 渗漏基因来源
leaky genetic block 渗漏遗传性阻碍,不完全遗传性阻碍
leaky mutant 渗漏突变型,渗漏突变体
leaky mutation 渗漏突变
leaky patch model 渗漏膜斑模型{生态生理}
leaky pipe 渗漏管{环保}
leaky protein 渗漏蛋白
leaming 沼泽地排水
lean ①瘦的,瘦长的,丢肉的,无脂肪的,瘦弱的,皮包骨头的 ②无生产力的,贫瘠的,不毛的,无营养的 ③质劣的 ④倾斜
lean clay 瘦黏土
lean crops 歉收,坏收成
lean diet ①粗陋饮食,无滋养饮食 ②粗饲料
lean meat weight 瘦肉重
lean mixture 稀混合物(燃料与空气混合)
lean soil 瘦土
lean stock 瘦畜
lean-to ①单斜面屋顶 ②附属建筑
lean-to culture (= espalier trellis) 篱壁栽培(指葡萄等)
lean to fat ratio (= meat-fat ratio) 肉脂比率
lean-to glasshouse 单斜面温室
lean-to greenhouse 单斜面温室
lean-to heat bed 单斜面温床
lean-to hotbed 单斜面温床
lean-to house 单斜面温室
lean year 歉收年,荒年
leaner 蟠根植物
leaning over 倒伏
leap ①跳跃 ②交配
leap-over type development 跨走
leap year 闰年
leapfrog 蛙跳{电脑}
leapfrog scheme 蛙跳格式
leaping flight 跳跃飞行
leaping legs 跳跃足
leaping organ 跳跃器官
leaping weir 溢流堰,跳越堰{环保}
leaping weir overflow 溢流堰溢流{环保}
learn ①学习,学会 ②听到,获悉{信息}
learn-up system 有声教材系统{智培}
learned behavior 习得性行为{分生}
learning ①学习 ②经验
learning automaton 学习自动机
learning by being told 讲授式学习
learning by doing 边干边学
learning by rote 机械式学习
learning curve 经验曲线
learning network 学习网络{物}
learning software 学习软件
learning system (LS) 学习系统
lease ①(土地,房屋)租借{农经} ②租佃合同,租约
lease for fixed period 固定期租借
lease-hold deed (= tenancy contract) 租约合同
lease-holder 租户,承租人,佃农
lease of a smallholding 小土地租佃
lease of allotments 小块地租赁
lease of life 寿命
leased area (= leased land) 租借地
leased channel 租用信道{信息}
leased facility 租用设备,租用设施
leased line 租用线路{信息}
leash (拴猎犬的)皮带系带
leasing 租赁,租借
leasing area 租地面积
least ①最小的,最少的 ②最小,最少
least burreed 小黑三棱[*Sparganium minimum*](黑三棱科)
least cost estimating 最低成本估算{农管}
least count 最小计数{统计}
least cowlily 小萍蓬草[*Nuphar minimum*](睡莲科)
least difference 最小差异
least difference for significance 最小显著性差异{统计}
least duckweed 小浮萍[*Lemna minima*](浮萍科)
least privilege 最低特权
least significant difference (L. S. D.) 最小显著差异{统计}
least significant difference method 最小显著差异法
least significant difference test 最小显著差异测验
least significant range 最小显著极差{统计}
least significant sum of squares 最小显著

平方和{统计}
least square 最小二乘方
least square curve fitting 最小二乘方曲线适合{配合}
least square equation 最小二乘方程式
least square estimate 最小二乘方估计量
least square estimation 最小二乘方估计
least square fitting 最小二乘方适合
least square linear regression 最小二乘方线性回归
least square method 最小二乘方法
least square multiple regression 最小二乘方复回归
least thyme 小百里香[*Thymus minimus*](唇形科)
least water-holding capacity 最小持水量
least waterwort 小沟繁缕[*Elatine minima*](沟繁缕科)
least willow 圆叶柳[*Salix rotundifolia*](杨柳科)
leath saxifrage 厚叶虎耳草[*Saxifraga crassifolia* L.](虎耳草科)
leather 革,皮革,鞣皮
leather beetle ①(=hide beetle) 具斑皮蠹(白腹皮蠹)[*Dermestes maculatus* De Geer](皮蠹科) ②(=drug store beetle) 药谷盗[*Stegobium paniceum* Linnaeus](窃蠹科)
leather belt 皮带,传动皮带
leather bergenia 厚叶岩白菜[*Bergenia crassifolia*](虎耳草科)
leather-coloured 皮革色的,棕色的
leather cup 皮碗{农机}
leather fingerstalls 皮指套(狩猎射弹用)
leather industry 皮革[工]业,皮革产业
leather industry sewage 皮革[产]业污水{环保}
leather jacket ①(锅炉)皮外套 ②大蚊 ③斑叶樱[*Eucalyptus punctata* DC.](桃金娘科) ④⌞复⌝(=crane flies)[大蚊科]幼虫
leather-jacket eucalyptus 斑叶桉[*Eucalyptus punctata*](桃金娘科)
leather-leaf ①矮绿属(地桂属)[*Chamaedaphne* Moench](杜鹃花科) ②矮绿(地桂)[*Chamaedaphne calyculata* Moench]
leather-like 革质的(coriaceus)
leather substitute 皮革代用品
leather waste 皮革废水{环保}
leather-winged beetle 花萤
leatherleaf mahonia 阔叶十大功劳[*Mahonia bealei*](小檗科)
leatherleaf millettia 鸡血藤[*Millettia reticulata* Benth.](豆科)
leatherleaf rhododendron 革叶杜鹃花[*Rhododendron coriaceum*](杜鹃花科)
leatherleaf rose 革叶蔷薇[*Rosa coriifolia*](蔷薇科)
leatherleaf viburnum 山枇杷[*Viburnum rhytidophyllum*](忍冬科)
leatherware 皮革制品
leatherweed croton 伞房巴豆[*Croton corymbulosus*](大戟科)
leatherwood 革木属[*Dirca* L.](瑞香科)
leatherworking 皮革加工
leathery 革质的(coriaceus)
leathery-leaved 革质叶的(corifolius)
leathery texture 皮状肌理
leathery tissue 革质组织(tela coriacea)
leathesia ①黏膜藻属[*Leathesia* Areschoug](藻类) ②黏膜藻[*Leathesia difformis* Areschoug.]
leave (=vacation) 休假
leave by will 遗赠
leave entitlement 休假权
leave tree 保留树
leave word call 留言电话{信息}
leaved ①具叶的 ②叶状的(foliaris)
leaven 酵母,酵素,曲子,发酵剂
leavened dough 发酵面团
leavening 发酵
Leavenworth vetch 利文沃氏野豌豆[*Vicia leavenworthi*](豆科)
leaves 叶(leaf 的复数)
leaves and stems 茎叶部,地上部
leaves appearance 出叶
leaving 离开
leaving "9" carry 离"9"进位
leaving air 出气
leaving group 离去基团{生技}
leavy (=leafy) 多叶的(foliosus)
Lebacq process 李巴克法(木材防腐)
Lebanon cedar 黎巴嫩雪松[*Cedrus libani* Laws.](松科)
Lebbek albizzia (=Siris-acacia) 阔荚合欢[*Albizzia lebbek* (L.) Benth.](豆科)
leben 埃及乳酒
leben milk 埃及牛乳
Leber's disease 利伯氏病(球后视神经炎)
lecanorchis ①盂兰属[*Lecanorchis* Bl.](兰科) ②盂兰[*Lecanorchis cerina* Fukuyama]
lecanoric acid 茶渍衣酸[$CH_3C_6H_2(OH)_2COOC_6H_2(OH)(CH_3)COOH$]

lecithin (=lecithine) 卵磷脂 [$C_{42}H_{84}O_9PN$]
lecithin cholesterol acyl transferase (LCAT) 卵磷脂胆固醇脂酰转移酶
lecithinase 卵磷脂酶
lecithinase A 卵磷脂酶 A
lecithinase B 卵磷脂酶 B
lecithine-phosphoric acid 卵磷脂态磷酸
lecithinemia 卵磷脂血症
lecithoprotein 卵磷脂蛋白
lecotropal 马蹄形的(lecotropalis)
lectin 凝集素
lectin affinity chromatography 凝集素亲和层析
lectin as fusing agent 融合剂用的凝集素
lectotype ①选型 ②选模标本(lectotypus)
lectotype specimen 选型标本
led horse ①备乘马 ②拉外套马
ledebour onion 丝葱 [*Allium ledebourianum* Schult.] (石蒜科)
Ledebouriella ①防风属 [*Ledebouriella* Wolff] (伞形花科) ②防风 [*Ledebouriella seseloides* Wolff]
ledge ①棚,架{园艺} ②层{土壤}
ledger ①分类账 ②底板,垫衬物,围栏顶上的条板 ③诱饵(指钓鱼或狩猎)
ledger-bait 诱饵
Ledger bark (=cinchona) 金鸡纳树 [*Cinchona ledgeriana* Moens] (茜草科)
ledger plate ①(切割器) 定刀片 ②(切碎机) 定刀
ledol 喇叭茶萜醇 [$C_{15}H_{27}O$]
ledum ①喇叭茶属(杜香属) [*Ledum* L.] (杜鹃花科) ②喇叭茶 [*Ledum palustre* L.]
lee ①背风的 ②下风,背风面
Lee computer 李氏计算机
lee side 背风面
lee tide 背风潮
leea ①火筒树属 [*Leea* L.] (葡萄科) ②火筒树 [*Leea indica* (Burm.) Merr.]
leech ①医用水蛭 [Hirudo medicinalis] ②贴水蛭
leechee (=litchi) 荔枝 [*Litchi chinensis* Sonn.] (无患子科)
LEED (=low energy electron diffraction) 低能电子衍射
leek 韭葱 [*Allium porrum* L.] (百合科)
leek-coloured 葱绿色的(prasinus)
leek downy mildew 韭葱霜霉病 [*Peronospora destructor* (Berk.) Casp.]
leek leaf beetle ①韭叶虫 [*Galeruca reichardti* Jacobson] (叶甲科) ②大葱叶甲 [*Galeruca bonghaasi* Weise] (叶甲科)
leek moth (=onion moth) 葱谷蛾(韭谷蛾) [*Acrolepia assectella* Zeller] (谷蛾科)
leek rust 葱锈病 [*Puccinia porri* (Sow.) Wint.]
leek smut 韭葱黑粉病 [*Urocystis cepular* Frost.]
lees 滓渣,(酒等) 沉渣,沉淀部分,糟粕,(桶等底部) 废物
leeward 背风面,背风处
leeward country 背风地
leeward islands 背风列岛
leeward slope 背风坡
left 左,左方,左边(sinister)
left adjust 左调节
left-bent blade 左弯刀齿
left entry 左侧入口
left hand (LH) 左方的
left-hand mounted 左侧悬挂式
left hand rotating fan 左转风机{环保}
left hand side (LHS) 左方,左侧
left-handed ①左手的,左方的,左侧的 ②左旋的,左翻的
left-handed helix 左旋螺旋{分遗}
left-handed moldboard 左翻犁壁
left-handed plough (=lefthanded plow) 左翻犁
left-handed screw 左旋螺钉
left in 留守
left-lateral fault 左侧断层{地质}
left-over area 荒地
left rear wheel 左后轮
left-rotating sugar 左旋糖,果糖
left shift 向左移位,左移
left splice junction 左剪接点{农生技}
leftmost sequence 最左序列{分遗}
leftmost symbol 最左符号
leg ①(昆虫)足 ②(家畜,家禽)腿 ③(试验台、桌)脚,腿 ④柱,支柱,支架 ⑤犁镶钩
leg band 脚带,脚号
leg finisher 禽腿去毛器,禽腿去毛机
legacy 遗产(legatum){农经}
legacy of agriculture 农业遗产
legal ①法定的,合法的 ②法律上的,法律承认的,法律要求的(legalis)
legal control 法规防治,法定防治
legal epidemic 法定流行病
legal hour 法定时{气象}
legal maturity 规定成熟度,法定成熟度
legal pattern 合法模式
legal rate of interest 法定利率

legal regulations 法规
legal-size fish 法定鱼体尺寸
legal state 合法状态
legal time 法定时间
legal unit 法定单位
legal year 法定年
legality 合法性（legalitas）
legcholeglobin 豆胆绿蛋白
legend ①图例｛显技｝②图注｛遥感｝（legenda）
leggy ①徒长的｛栽培｝②（家畜足）瘦长的｛畜｝③徒长｛栽培｝
leggy plant 徒长植株
leggy seedling 徒长幼(秧)苗
leghaemoglobin mRNA assay 豆血红蛋白信使 RNA 鉴定
leghemoglobin（= leghaemoglobin） 豆血红蛋白
Leghorn 来航鸡
legibility 明晰度（legibilitas）｛显技｝
legislation ①立法 ②法令，法律（legislatio）
legislation of agricultural resources 农业资源立法
legislation on epizootic disease 牲畜疫病立法
legislation on pasture 放牧法
legislative session 立法会议
legitimate ①合法的 ②正规的，正常的 ③合理的（legitimatus）
legitimate combination 同型花配合
legitimate copulation 正常接合，异性接合（copulatio legitimata）
legitimate fertilization 正常受精（foecundatio legitimata）
legitimate name 合法名（nomen legitimatum）
legitimate pollination 正规授粉，正常授粉（pollinatio legitimata）
legitimate union 同型花配合（unio legitimata）
legitimation ①合理 ②合法化（legitimatio）
legume ①荚果（legumen）｛形态｝②⌊复⌉豆类｛栽培｝③⌊复⌉豆科［Leguminosae］
legumc bacteria 豆类根瘤菌，豆科根瘤菌
legume blister beetle 豆芫菁［*Epicauta gorhami* Marseul］（芫菁科）
legume breeder 豆类育种工作者，豆类育种家
legume breeding 豆类育种
legume bug（= lygus bug） 豆荚盲蝽［*Lygus hesperus* Knight］（盲蝽科）
legume crops 豆类作物
legume family 豆科［Leguminaceae］
legume fodder crops（= leguminous fodder crops） 饲用豆科作物
legume fruit bug 豆膨腿缘蝽［*Anaplocnemis phasiana* Fabricius］（缘蝽科）
legume-grass hay 豆科禾本科混播干草
legume-grass mixtures 豆科禾本科牧草混播
legume hay 豆类干草
legume inoculation 豆类根瘤菌接种
legume interseeding in corn 玉米豆类间作
legume pod bug 稻蜂缘蝽［*Riptortus linearis* Fabricius］（缘蝽科）
legume production 豆类生产，豆类栽培
legume residues 豆类残留物，豆类残株
legume seed 荚果种子
legume seed hopper 豆类排种器
legume seeder 豆类播种机
legume spotted wing ①豆黑白圈灯蛾［*Argina cribraria* Cramer］②豆白点灯蛾［*Hyspa alciphron* Cramer］（灯蛾科）
legume straw 豆秆，豆秸
legume weevil ①（= bruchid） 豆象 ②豆象科［Bruchidae］
legumelin 豆清蛋白
legumes of seed 豆类种子
legumin 豆球蛋白
leguminaceous 豆科的，豆类的（leguminaceus）
leguminaceous crops 豆科作物
leguminaceous vegetables 豆类蔬菜
leguminiform 豆荚状的（leguminiformis）
leguminosae 豆科［Leguminosae］
leguminous ①荚的 ②豆科的，豆类的（leguminosus）
leguminous bacteria 豆科根瘤菌（bacteria leguminosae）
leguminous crops（= legume crops） 豆类作物
leguminous grasses 豆科牧草
leguminous green manure crops 豆科绿肥作物
leguminous plants 豆科植物，荚果植物（plantae leguminosae）
leguminous pod-borer（= Indian pod borer） 豇豆荚螟［*Maruca testulalis* Geyer］（螟蛾科）
LEIA（= luminescent enzyme immunoassay） 发光酶免疫测定｛分生｝
leianthous 平滑花（leianthus）
Leicester 莱斯特羊（英国品种）
Leigh's necrotizing encephalomyelopathy

赖氏脑髓坏死病,丙酮酸羧化酶缺乏病

leiocarpous 平滑果的(leiocarpus)

leiocarpous mercury 山靛(光果山靛)[*Mercurialis leiocarpa* Sieb. et Zucc.](大戟科)

leioclad 平滑枝的(leiocladus)

leiogynous 平滑雌蕊的(leiogynus)

leiophyllous 平滑叶的(leiophyllus)

leiopterous 平滑翅的(leiopterus)

leiospermous 平滑种子的(leiospermus)

leiostachyous 平滑穗的(leiostachyus)

leiphemia 血液缺乏(leiphemia)

Leipzig condenser 来比锡冷凝器

Leipzig cooler 来比锡冷却器

leisure 空闲,闲暇

leisurely grazing 游牧

Lely (= Brown's lily) 百合[*Lilium brownii* F. E. Br.](百合科)

-lemma ⌞字尾⌝①皮,壳 ②稃膜

lemma 外稃

lemma pubescence 外稃茸毛

lemmaphyllum ①伏石蕨属[*Lemmaphyllum* Presl.](蕨类) ②伏石蕨[*Lammaphyllum* sp.]

lemnian earth 水磨土

lemniscate ①双纽线 ②纽带状的(lemniscatus)

Lemoine moakorange 香雪山梅花[*Philadelphus lemoinei* Lemoine](绣球科)

lemology 传染病学(lemologia)

lemon 柠檬[*Citrus limon* Burm. = *C. limonium* Risso. = *C. limonia* Osbeck.](芸香科)

lemon balm (= common balm) 蜜蜂花

lemon bottlebrush 披针叶红千层[*Callistemon lanceolatus* DC.](桃金娘科)

lemon brown rot 柠檬褐腐病

lemon butterfly (= lime butterfly, orange dog, orange puppy) 柠檬凤蝶[*Papilio demoleus* L.](凤蝶科)

lemon clipper 柠檬剪

lemon-coloured 柠檬色的(limonius)

lemon-curd 柠檬乳糕

lemon-daylily (= daylily) 萱草[*Hemerocallis fulva* L.](百合科)

lemon drop 柠檬糖

lemon eucalytus 柠檬桉[*Eucalyptus citriodora* Hook. f.](桃金娘科)

lemon geranium 柠檬天竺葵[*Pelargonium limoneum* Sweet](牻牛儿苗科)

lemon grass ①香茅属[*Cymbopogon* Sprenge](禾本科) ②香茅(柠檬草)[*Cymbopogon citratus*(DC.)Stapf]

lemon-grass oil 柠檬草油,香茅油

lemon juice 柠檬汁

lemon-like citrus 橡檬[*Citrus limonia* Osbeck](芸香科)

lemon lily 金花菜[*Medicago denticulata* Willd.](豆科)

lemon oil 柠檬油

lemon peel 柠檬皮

lemon pips oil 柠檬子油

lemon scented gum 柠檬桉(油桉)[*Eucalyptus maculata* var. *citriodora* (Hook. f.) Bailey. = *E. citriodora* Hook. f.](桃金娘科)

lemon sieve-tube necrosis 柠檬筛管坏死病

lemon squash 柠檬水,鲜柠檬汁

lemon-squeezer 柠檬榨汁器

lemon tea 柠檬茶

lemon thyme (= wild thyme, mother-of-thyme, penny mountain) [欧]百里香[*Thymus serpyllum* L.](唇形科)

lemon tree 柠檬树[*Citrus limon* Burm. f.](芸香科)

lemon-verbena (= lemon-verbane lippia) 防臭木[*Lippia citriodora* L.](马鞭草科)

lemon-vine (= barbados gooseberry) 虎刺[*Pereskia aculeata* Mill](仙人掌科)

lemon wood 柠檬木[*Psychotria capensis*](茜草科)

lemon yellow 柠檬色,淡黄色

lemonade (= lemonode) 柠檬汽水

lemonade tree (= staghorn sumac) 鹿角漆树

Lemonange 柠橙[柠檬×甜橙]

Lemondarins 柠柑[柠檬×柑]

Lemonime 柠来檬[柠檬×来檬]

len (= lenticularis) 荚状[云]

lenacil 环草定(除草剂)[$C_{13}H_{18}N_2O_2$]

lend ①借出,借与,货出 ②供给,供应

lender 借出者,贷款人

length ①(空间)长,长度,(时间)长短,期间,持续时期 ②延长,伸长 ③距离,范围 ④网片横目拉紧长度{水产}

length and breadth ratio 长宽比(指营养面积){栽培}

length check 长度检验(查)

length composition 长度组成

length distribution 长度分布

length grader 长度分选机(指子粒长度)

length growth 伸长生长

length increment 长度增长量

length of branch (= length of shoot) 枝条

长
length of cocoon filament 茧丝长
length of day 日照长度
length of frost-free season (= length of frost-free period) 无霜期[间]
length of gestation 怀孕期
length of life 寿命
length of row 行长
length of staple 纤维长度
length of the jump 水跃长度
length overall 全长,总长
length scale 长度比例尺
length separator 选粮筒
length specification 长度说明
length-width ratio 长宽比
lengthen label 加长标号
lengthen symbol 加长符号
lengthened ①延长的(elongatus)②伸长的(producius)
lengthening ①拉长 ②延长 ③伸长
lengthening nocturnal phase 延长夜间阶段
lengthiness 漫长,冗长
lengthwise cultivation 纵向中耕,行间中耕
lengthwise division 纵向分裂
lengthwise growth ①纵向生长 ②株高生长
lengthwise piling 立堆,竖堆
lengthwise position 纵向装置
lengthy 漫长的,冗长的(= prolix, lecliotis)
lengthy period 漫长期,冗长期
lenient ①缓和的,不严厉的 ②宽大的 ③缓和剂(leniens)
lenient grazing 中度放牧
lens ①透镜 ②(显微镜)镜头 ③(眼)晶状体
lens aperture 镜头孔径{显技}
lens cell 透镜细胞(lenticellula)
lens crystalline 晶状体,晶体蛋白
lens-cylinder 晶体柱
lens distortion 镜头畸变
lens iris 镜头光圈
lens paper 擦镜纸{显技}
lens paper culture 擦镜纸培养{生技}
lens-shaped 透镜状的(lentiformis)
lens speed 镜头速度,最大透光率
lens system (= focusing systcm) 聚焦系统{显技}
lens turret 透镜旋转台{显技}
lenslet ①小透镜 ②小晶体
lente insulin 长效[锌]胰岛素
lenten rose 嚏根草[*Helleborus thibetanus* Fr.](毛茛科)
lenthionine 蘑菇香精
lentic 静水的(lenticus)
lenticel (= lenticelle) 皮孔(lenticella)
lenticel-covered respiratory root 覆盖皮孔的呼吸根
lenticellate 具皮孔的(lenticellatus)
lenticular ①透镜状的 ②晶状体状的 ③豆状的(lenticularis)
lenticular cloud 荚状云
lenticular cloud bands 荚状云带
lenticular pit aperture 透镜形纹孔口
lenticular ray 纺锤形射线
lenticular transpiration 皮孔蒸腾
lenticule 微透镜(lenticulus)
lentiform (= lenticular) ①透镜状的 ②晶状体状的 ③豆状的
lentiginous 雀斑状的(lentiginus)
lentil ①小扁豆属[*Lens* Adans.](豆科)②小扁豆(洋扁豆)[*Lens esculenta* Moench.]
lentil husk 小扁豆皮壳
lentil meal 小扁豆粉
lentil vetch (= bitter vetch) 苦巢菜
lentil weevil 小扁豆豆象[*Bruchus lentis* Froel.](豆象科)
lentinan 蘑菇多糖
lentiscus (= lentisk, lentisc pistache, mastic tree) 乳香黄连木[*Pistacia lentiscus* L.](漆树科)
lentivirus 慢病毒
lento-capillary point 慢毛管水点,毛管水迟滞(毛管水流仅足维持植物生长的土壤含水量)
lentous ①胶质的 ②有黏性的(lentosus)
leonids meteor 狮子座火流星{气象}
leonite 钾镁矾
leontice ①狮足草属[*Leontice* L.](小檗科)②狮足草[*Leontice microrhyncha* S. Moore]
leonurus (= motherwort) ①益母草属[*Leonurus* L.](唇形科)②益母草[*Leonurus sibiricus* L.]
leopard 豹
leopard flower ①射干属[*Belamcanda* Adans.](鸢尾科)②射干[*Belamcanda chinensis* (L.) DC.]
leopard moth (= wood leopard) 木蠹蛾[*Zeuzera pyrina* Linnaeus](木蠹蛾科)
leopard-palm 蒟蒻(魔芋)[*Hydrosme rivieri* Engl. = *Amorphophallus konjac* K. Kock](天南星科)
leopard's bane ①多榔菊属[*Doronicum* L.](菊科)②多榔菊[*Doronicum hun-*

garicum Rchb.]
leopoldite 钾盐
Lepage system 利佩格方法，Lepage 方法（指整枝）{园}
lepal 变态雄蕊（lepallum）
lepanthous 鳞片状花的（lepanthus）
lepicena 颖片
lepidin（=4-methyl quinoline） 4-甲基喹啉［$C_{10}H_9N$］
lepidocarpous 具鳞片果的（lepidocarpus）
lepidocaryoid 具鳞坚果状的（lepidocaryoideus）
lepidocaulis 鳞片茎的，鳞片柄的
lepidocrocite 纤铁矿
lepidoid 鳞片状的（lepidoideus）
lepidolite 锂云母
lepidophyllous 鳞片状叶的（lepidophyllus）
lepidopteran 鳞翅杀菌肽
lepidopterin 鳞蝶呤
lepidopterous 鳞翅目的（lepidopterus）
lepidose 鳞片状的（lepidosus）
lepidosome 鳞片体（lepidosoma）
lepidostachyous 鳞片状穗状花序的（lepidostachyus）
lepidote 具鳞片的（lepidotus）
lepidotrichous 鳞片状毛的（lepidotrichus）
lepis 鳞[片]
lepisma 膜鳞片
lepismoid 衣鱼型（lepismoideus）
lepisorus ①瓦韦属［*Lepisorus* spp.］（水龙骨科）②瓦韦（七星草，小叶骨牌草）［*Lepisorus thunbergianus* sp.］
lepocyte 有壁细胞（lepocyta）
leporine（=of rabbit） 兔的（leporinus）
lepromin 麻风菌素
leprose（=leprous） 皮屑状的（leprosus）
leprosy 麻风（leprosia）
leprosy bacillus 麻风杆菌
leptacanthous 薄刺的（leptacanthus）
leptarthrous 薄节的（leptarthrus）
lepto- ⌊字头⌉ ①薄 ②瘦，小，弱
lepto-form 无眠冬孢型（leptoforma）
lepto-zygonema 细偶线（leptozygonema）{细胞}
leptobotrys 细总状花序的
leptocarpous 细果的（leptocarpus）
leptocentric 韧皮中心的（leptocentricus）
leptocentric vascular bundle 韧皮中心维管束（fasciculus vascularis leptocentricus）
leptocephalous 细头的（leptocephalus）
leptochilus ①网囊蕨属（薄唇蕨属）［*Leptochilus* Kraulf.］（蕨类）②网囊蕨（薄唇蕨）［*Leptochilus* sp.］
leptocladous 具细长枝的（leptocladus）
leptocystidium 薄壁囊状体
leptodermatous（=leptodermous） 薄壁的（leptodermatus）
leptodermis ①野丁香属［*Leptodermis* Wall.］（茜草科）②野丁香（薄皮木）［*Leptodermis oblonga* Bge］
leptogynous 薄雌蕊的（leptogynus）
leptohormone 韧皮激素
leptokurtic 尖峰{统计}
leptokurtosis 峰态，峭度{统计}
leptolobous 薄裂片的（leptolobus）
leptome 无维韧皮部，薄壁区（leptoma）
leptomitus ①水节霉属［*Leptomitus* Agardh］（水节霉科）②水节霉［*Leptomitus lacteus*（Roth）Agardh］
leptomitus family 水节霉科［Leptomitaceae］
lepton 轻子{分生}
leptonema 细线{细胞}
leptopetalous 薄花瓣的（leptopetalus）
leptophlebiids 小裳蜉科［Leptophlebiidae］
leptophragmata 薄膈
leptophyll 微形叶（leptophyllum）
leptophyllous 微形叶的，具细长叶的（leptophyllus）
leptorhizous 细根的（leptorhizus）
leptos 细小的
leptoscope 测膜镜（leptoscopa）{显技}
leptospermum 薄子属［*Leptospermum* Forst.］（桃金娘科）
leptospirosis 钩端螺旋体病（leptospirosis）
leptosporangiatae 薄囊蕨
leptosporangiate 薄囊的（leptosporangiatus）
leptosporangium 薄孢子囊
leptotene 细线[期]（leptotena）{细胞}
leptotene stage 细线期
leptothrix ①纤发菌属（纤毛菌属）［*Leptothrix* Kutzing］（微生物）②纤发菌［*Leptothrix* sp.］
LER（=land equivalent ratio） 土地等值比
leren（=edible calathea） 食用蓝花蕉［*Calathea allouia* Lindl.］（竹竽科）
lerp 桉叶胶
lerping 线性插值{电脑}
Lesh-Nyhan syndrome 莱纳二氏综合征，自毁容貌症
lesion ①病痕 ②侵蚀斑 ③损伤，伤害，损害

lesion area 病斑面积
lesion area percentage 病斑面积率
lesion-free region 无损害区
lespedeza ①胡枝子属 [*Lespedeza* Michx.] (豆科) ②胡枝子 [*Lespedeza bicolor* Turcz.]
lespedeza bar (= lespedeza cutterbar) 胡枝子切割器
lespedeza guard 胡枝子切割器护刃器
lespedeza plume-moth 胡枝子羽蛾 [*Marasmarcha emarginata* Snellen] (羽蛾科)
lespedeza webworm 胡枝子丛螟 [*Tetralopha scortealis* Lederer] (草螟科)
less biosynthesis 较少生物合成
less damage 损害较小,较小损害
less harm 少伤害
less light 少光
less radiation 少辐射
less-than or equal to (LE) 小于或等于
less-tillering 少分蘖
lessee 承租人
lessening ①变小,变少 ②减小,减少,减轻
lessening of close stand 疏开郁闭
lessening of labour 省工化,省力
lesser apple weevil 苹小象甲 [*Dereodus pollinosus* Redtenbacher] (象甲科)
lesser apple worm 苹小食心虫 [*Grapholitha prunivora* Walsh.] (小卷蛾科)
lesser armyworm (= beet armyworm) 甜菜夜蛾
lesser-bindweed (= corn bind) ①荞麦蔓 ②野旋花
lesser bladderwort 细叶狸藻 [*Utricularia minor* L.] (狸藻科)
lesser bougainvillea 叶子花(九重葛) [*Bougainvillaea glabra* Choisy] (紫茉莉科)
lesser broom-rape 小列当 [*Orobanche minor* Sutt.] (列当科)
lesser bud moth 小芽麦蛾 [*Recurvaria nanella* Hbn.] (麦蛾科)
lesser bulb-fly (= small narcissus fly) 葱瘤食蚜蝇 [*Eumerus tuberculatus* Rondani] (食蚜蝇科)
lesser burdock (= smaller burdock) 小牛蒡 [*Arctium minus* Bernh. = *Lappa minor* DC.] (菊科)
lesser burnet 小宝得草 [*Poterium sanguisorba* L. = *Sanguisorba minor* Scop.] (蔷薇科)
lesser canna leaf roller 昙华小卷蛾 [*Geshna cannalis* Queint.] (小卷蛾科)
lesser celandine (= pilewort) 榕茛
lesser circulation 小循环
lesser clover leaf weevil (= bud hollowed weevil) 三叶草小叶象 [*Hypera nigrirostris*. F.] (象甲科)
lesser corn stalk borer 玉米小秆螟(小玉米螟) [*Elasmopalpus lignosellus* Zell.] (螟蛾科)
lesser corn worm (= asparagus fern caterpillar, beet armyworm) 甜菜夜蛾 [*Spodoptera exigua* Hbn.] (夜蛾科)
lesser cotton worm (= lesser corn worm) 棉金刚钻 [*Earias cupreoviridis* Walker] (夜蛾科)
lesser dodder 百里香菟丝子 [*Cuscuta epithymum* Murr.] (菟丝子科)
lesser dried-fish beetle 小皮蠹 [*Dermestes carnivorus* Fabricius] (皮蠹科)
lesser elm-bark beetle [榆]波纹棘胫小蠹 [*Eccoptogaster multistriatus* Marsh.] ([棘胫]小蠹科)
lesser engraver 皱纹小蠹虫(小蠹虫) [*Scolytus pygmaeus* Fabricius] (小蠹科)
lesser galangal 良姜 [*Alpiniaofficinarum* Hance.] (姜科)
lesser gall mite 葡萄瘿螨 (= grape enrineum mite)
lesser grain borer (= dark grain borer) 谷长蠹 [*Rhyzopertha dominica* Fabricius] (长蠹科)
lesser green cricket 小油葫芦 [*Gryllus chinensis* Weber.] (蟋蟀科)
lesser house fly (= little house fly) 黄腹厕蝇(小家厕蝇) [*Fannia canicularis* Linnaeus] (花蝇科)
lesser mealworm 小粉虫 [*Alphitobus diaperinus* Panz.] (拟步甲科)
lesser migratory grasshopper 墨西哥蚱蜢 [*Melanoplus mexicanus* Saussure = *M. bilituratus* Walker] (蝗科)
lesser peach tree borer 桃小透翅蛾 [*Synanthedon pictipes* G. et R.] (透翅蛾科)
lesser quakinggrass (= smaller quakinggrass, little quakinggrass) 银鳞茅 [*Briza minor* L.] (禾本科)
lesser rattlesnakeplantain 匍根斑叶兰 [*Goodyera repens*] (兰科)
lesser red bug 小赤蝽 (稻小赤蝽) [*Menida histrio* Fabricius] (蝽科)
lesser rice weevil 小米象 [*Sitophilus sasakii* Takahashi] (象甲科)
lesser rose aphid 小蔷薇吸蚜 [*Myzaphis*

rosarum Kaltenbach]（蚜科）
lesser snow goose 小雪鹅，小白鹅
lesser spearwort（= banewort） 焰毛茛［*Ranunculus flammula* L.］（毛茛科）
lesser stitchwort 禾草形繁缕［*Stellaria graminea* L.］（石竹科）
lesser swine-wartcress 臭荠［*Coronopus didymus*（L.）J. E. Smith］（十字花科）
lesser tusk 獠牙
lesser two-spotted bug 小二点蝽［*Eusarcoris ventrialis* Westword.］（蝽科）
lesser wax moth（= waxmoth） 小蜡螟（小蜡蛾）［*Achroia grisella* F.］（螟蛾科）
lesser yellow rattle 小猪鼻花［*Rhinanthus miner* Ehrh.］（玄参科）
lessivage ［机械］淋洗｛土壤｝
lessivaged ［机械］淋洗的
lessivation 淋洗［作用］（lessivatio）
lessive 白浆土，淋洗土
lessive brown earth 淋洗棕壤
lessive pseudogley 淋洗假潜育
lessor 出租人，地主
leste 列斯太风（北非及马特拉的一种干热东或东南风）
lestids 丝蟌科［Lestidae］
LET（= linear energy transfer） 线能量传递，传能线密度
let ①允许 ②假设
let blood 放血
let down ①放乳｛畜｝②放低，放下
let in（= allow to enter） 放入，允进入
let into ①容纳，允进入 ②嵌进
let off motion 排出装置
let on lease 出租
let out 放出｛畜｝
let through 使通过
let up ①停止，中止｛农机｝②减小
lethal ①致死的 ②致死因子 ③致死基因（lethalis）
lethal agent 致死剂
lethal concentration 致死浓度
lethal concentration 50（LC_{50}） 半致死浓度，50%致死浓度
lethal crisis ①致死临界 ②致死临界期
lethal damage 致死［损］害
lethal defect 致死缺陷
lethal dosage 致死剂量
lethal dose（LD） 致死剂量
lethal dose 50（LD_{50}） 半致死剂量，50%致死剂量
lethal drought resistance 致死抗旱性
lethal equivalent 致死当量
lethal factor 致死因子
lethal gene 致死基因
lethal homozygote 致死纯合子
lethal index 致死指数
lethal injury 致死伤害
lethal limit 致死限界
lethal mutation 致死突变
lethal rays 致死射线
lethal salinity 致死含盐度，致死盐渍度
lethal sectoring 致死菌落扇状变异
lethal segregant 致死分离子
lethal synthesis 致死合成
lethal systemic reaction 致死系统反应
lethal temperature 致死温度
lethal threshold 致死阈值
lethal time 致死时间
lethal zygosis 致死接合
lethal zygote 致死合子
lethality ①致死现象 ②致病率，致死率（lethalitas）
lethality 50（L_{50}） 半致死率，50%致死率
Lethane 60 羧酸硫氰酯（杀虫剂）
Lethane 384 丁氧硫氰醚（杀虫、杀卵剂）［$C_9H_{17}NO_2S$］
lethargic ①昏睡的 ②麻痹的（lethargicus）
Letpet tea 利蒂皮特茶（指产于缅甸，印度的地方茶品种）
letter ①字母，文字 ②信 ③⌊复⌉证书，快报
letter articulation 字母可辨度｛信息｝
letter key 字母键
letter of credit（L/C） 信贷支付书｛农管｝
letter out 擦除，消除
letter quality printer 字母式打印机
letter-symbol 字母符号
lettergram mode（LTM） 邮件方式｛信息｝
lettering ①编字码 ②刻字，印字
letterphone 书写电话｛信息｝
letterpress 活版印刷
letterset 胶印
letting down （肉牛）掉膘
letting in 放进水
lettuce ①莴苣属［*Lactuca* L.］（菊科）②莴苣［*Lactuca scariola* L. var. *sativa* Bisch.］
lettuce aphid ①莴苣蚜［*Nasonovia ribisnigri* Mosley］②莴苣膨管蚜［*Amphorophora oleraceae* van der Goot］（蚜科）
lettuce bacterial soft rot 莴苣软腐病［*Erwinia carotovora* pv. *carotovor*（Jones）Bergey. et al.］
lettuce brown blight 莴苣火疫病
lettuce downy mildew 莴苣霜霉病［*Bremia*

lactucae Regel.]
lettuce drop 莴苣菌核病 [*Sclerotinia sclerotiorum* (Lib.) de Bary]
lettuce for cutting 切叶莴苣
lettuce gray mold 莴苣灰霉病 [*Botrytis cinerea* Pers.]
lettuce harvester 莴苣收获机
lettuce mosaic virus 莴苣花叶病毒 [*Lactuca virus* 1 = *Marmor lactucae* (Holmes)]
lettuce necrotic yellow virus 莴苣坏死黄化病毒
lettuce root aphid 莴苣根瘿绵蚜 [*Pemphigus bursarius* Linnaeus] (绵蚜科)
lettuce tip burn 莴苣端灼病
Leu (= leucine) 亮氨酸
leucacanthous 白刺的 (leucacanthus)
leucaena ①银合欢属 [*Leucaena* Benth.] (豆科) ②银合欢 [*Leucaena glauca* Benth.]
leucanthemum 黑蕊菊 (春白菊,滨菊,法兰西菊) [*Chrysanthemum leucanthemum* L.] (菊科)
leucanthocyanin 白色花青苷
leucanthous 白花的 (leucanthus)
leucenol 含羞草氨酸 [$C_8H_{10}O_4N_2$]
leucine (Leu) 亮氨酸,白氨酸 [$(CH_3)_2CHCH_2CH(NH_2)COOH$]
leucine aminopeptidase (LAP) 亮氨酸氨肽酶
leucine-rich glycoprotein (LRG) 富亮氨酸糖蛋白
leucine zipper 亮氨酸拉链 {分生}
leucite 白榴石 {地质}
leuco- (= leuko) ⌞字头⌝ ①无色,白 ②褪色
leuco-2, 6-dichlorophenolindophenol 无色-2,6-二氯酚靛酚
leuco-base 无色基 (leucobasis)
leuco dye 无色染料
leucoagglutination 白细胞凝集作用 (leucoagglutinatio)
leucoagglutinin 白细胞凝集素
leucoanthocyanidin 无色花色素
leucoanthocyanin 无色花色苷
leucobotrys 白总状花序的
leucocarpous 白果的 (leucocarpus)
leucocephalous 白头的 (leucocephalus)
leucocidin 杀白细胞素
leucocyan 藻蓝素
leucocyte (= white blood corpuscle) ①白细胞 ②白血球 (leucocyta)
leucocyte adherence inhibitory factor (LAI) 白细胞黏着抑制因子
leucocyte chimera 白细胞嵌合体
leucocyte common antigen (LCA) 白细胞共同抗原
leucocyte culture 白细胞培养
leucocyte function-associated antigen (LFA) 白细胞功能相关抗原
leucocyte-stimulating factor (LSF) 白细胞分裂刺激因子 (PHA 中的一种成分)
leucocythemia 白血病 (leucocythaemia)
leucocytic ①白细胞的 ②白血球的 (leucocyticus) {生化}
leucocytic immunity 白血球免疫性
leucocytic toxin 白血球毒素 {生化}
leucocytogenesis 白细胞形成
leucocytolysin 白细胞溶素
leucocytolysis 白细胞解体
leucocytoma 白细胞瘤
leucocytopenia 白细胞减少[症]
leucocytosis 白细胞增多
leucocyturia 白细胞尿
leucodent 白齿的 (leucodens)
leucoderma 白斑病,白癜风
leucodermis 白皮的
leucoflavin 无色核黄素
leucokinin (= leukokinin) 白细胞激肽
leucolysin 白细胞溶素
leucolysis 白细胞解体[作用]
leucoma 淋巴瘤
leucomethylene blue 无色(极淡色)亚甲蓝 {显技}
leucomycin [柱晶]白霉素
leucopenia 白细胞减少
leucophore 白色体 (leucophora)
leucophyll 叶白素
leucophyllous 白叶的 (leucophyllus)
leucoplast (= leucoplastid) 白色体,白质体 (leucoplastis) {细胞}
leucoplastid (= leukoplastid) 白色体,白质体,无色质体 (leucoplastis) {细胞}
leucopterin 无色蝶呤
leucopyrokinin 白细胞焦激素
leucoregulin (= leukoregulin) (LR) 白细胞调节素
leucorhizous 白根的 (leucorrhizus)
leucoriboflavin 无色核黄素
leucorrhea 白带
leucosceptrum ①白杖木属 [*Leucosceptrum* Sm.] (唇形科) ②白杖木(米团花) [*Leucosceptrum* sp.]
leucosialin 白涎素
leucosin ①麦清蛋白 ②硅藻多糖
leucosporae 白孢类 (Leucosporae)

leucosporous 具白孢子的 (leucosporus)
leucosulphinic acid 白亚磺酸
leucothoe ①木藜芦属 [*Leucothoë* Don] (杜鹃花科) ②木藜芦 [*Leucothoë griffithiana* Clarke]
leucotoxin 杀白细胞毒素
leucotrience (= leukotrience) (LT) 白[细胞]三烯
leucovirus 白血病病毒
leucovorin 甲酰四氢叶酸
leucrose 明串球菌二糖
leuctrids 卷石蝇科 [Leuctridae]
leucyl- 亮氨酰 [基]
leucyl tRNA of chloroplast 叶绿体亮氨酰转移 RNA
leucylpeptidase 亮氨酰肽酶
leukemia 白血病
leukemia cell 白血[病]细胞
leukemia inhibitory factor (LIF) 白血病抑制因子
leukemia of mice 鼠白血病
leukemia virus 白血病病毒
leukin 白细胞[杀菌]素
leuko- (= leuco) ⌊字头⌉ ①无色,白 ②褪色
leukoblast 成白血球细胞
leukocyte ①白细胞 ②白血球 {生化}
leukocytopenia (= leukopenia, leucocytopenia) 白细胞减少[症] {生化}
leukocytoplania 白细胞游出
leukocytosis (= leucocytosis) 白细胞增多
leukokinase (= leucokinase) 白细胞激酶
leukopathy 白化病 (leucopathia)
leukopenia 白细胞减少[症] (leucopenia)
leukopoiesis 白细胞生成 (leucopoiesis)
leukosis (= leukemia) 白血病,慢性病毒病
leukotaxine 白细胞诱素
leukotomy 脑白质切除术 (leucotomia)
leukotoxin (= leucotoxin) 白细胞毒素
leukovirus (= leucovirus) 白血病病毒
Leunaphos 路那磷(一种 N、P 混合肥料,为硫酸氨与磷酸二铵的混合物,含 P_2O_5 20%,N 20%)
Leunaphoska 路那磷钾(一种含 N、P、K 混合肥料)
Leunasalpeter 路那硝,混酸铵
leupetin 抑[蛋白]酶醛肽
leuteinizing hormone (LH) 促黄体生成激素
leuteinizing hormone releasing hormone (LRH) 促黄体[生成]激素释放激素
levamisole 左旋咪唑,左噻咪唑 {药物}
levan 果聚糖,左聚糖
levansucrase 蔗糖-6 果糖基转移酶,果聚糖蔗糖酶
levant cotton 草棉 [*Gossypium herbaceum* L.] (锦葵科)
levant garlic 大头蒜 [*Allium ampeloprasum*] (石蒜科)
levant peony 奇异牡丹 [*Paeonia paradoxa*] (毛茛科)
Levante 累范特风(从法国南部沿海岛屿吹向直布罗陀海峡的一种东或东南风,西班牙文)
levator 提肌
levee ①(水田)田埂 ②堤,堤防
levee building machine 筑堤机
levee construction 土堤修筑
level ①平准 {统计} ②水平,水平线 {气象} ③平原,平地,低地 {耕作} ④水准仪,水准器 {测} ⑤电平,能级 {物} ⑥层,层次,分层 {电脑} (libella)
level arable land 平坦耕地
level bar 水平尺 {环保}
level-bed digger 水平床式马铃薯挖掘机
level controller 水平调节器,水平仪
level cutting 平插 {园}
level ditch tube 水平式引水沟导管 {环保}
level font 层次字体 {电脑}
level gauge 水准仪
level ground (= level land) 平[坦]地
level land 平坦地,平地
level land combine 平作联合收获机
level line 等高线,水平线
level loader 水平式装载机
level of confidence 置信水平,置信度 {统计}
level of economic development 经济发展水平
level of environment standard 环境标准水平 {环保}
level of free convection 自由对流高度
level of maintenance respiration 维持呼吸水平
level of masking 屏蔽级 {电脑}
level of medium developed country 中等发达水平国家
level of optimization 优化水平,优化度
level of ploidy 倍性水平 {细胞}
level of resistance 抗性水平(指品种)
level of saturation (= ground water table) 地下水位
level of significance 显著性平准,显著性水准,显著点 {统计}
level of significance of difference 差异显著水平
level of tolerance 耐性水平(指作物耐肥性)
level of underground water 地下水水位

level planting 水平种植
level position 水平位置
level row 水平行
level seedbed 水平苗床,平床
level-sensing device 水位显示装置(指用于自动控制离心泵)〔环保〕
level sensitive scan design (LSSD) 电平相关扫描设计[法]〔电脑〕
level sensor 水平传感器
level slicing 分级,分度,灰级分割〔遥感〕
level surface 等高面,水平面
level terrace 水平梯田
level tester 水准器
level-theodolite 水准经纬仪
level trier 水准检定器
level tube 水准管
level winding device 尺度绳绕平装置
leveled reference error (= leveled reference error) 水平参改误差
leveler (= leveller) 平土器,校平器,调平器②调平机构,平地机
leveling (= levelling) ①平地,平整土地 ②水平测量 ③水平调节,调平〔农机〕④调整电平〔电脑〕
leveling base 水准基线〔环保〕
leveling board (水田用)平地板
leveling box (悬挂系统)水平调节器
leveling bubble 水准气泡
leveling control ①水平调节 ②水平调节机构
leveling error 水准误差
leveling ground 平整地,平地
leveling instrument 水准仪,平地工具
leveling point 水准点
leveling rod (= rod) 标尺
leveling staff 水准标尺
lever ①杠杆 ②操纵杆,手杆
lever action 杠杆作用
lever handle 杠杆把手
lever harrow 杆齿耙,杠杆耙
lever hoe 杠杆锄
lever key 杠杆开关,控制杆〔电脑〕
lever lift 杠杆提升机,杠杆起重机
lever plow 手柄调节式犁
lever press 杠杆榨油机
lever sprayer [手压]杠杆式喷雾机
lever stall 硬杆颈枷牛栏
lever steering 杠杆式转向机构
leverage ①杠杆作用 ②杆杠增益率
leveret 幼兔,兔仔
leverrierite 晶蛭石,伊利石
levibactivirus 光滑噬菌体 (laevibactivirus)
levigate ①平滑的 ②磨成粉末 (levigatus)
levigation ①研磨 ②水磨 (levigatio)
levivirus 轻小病毒
levo- ⌞字头⌝左旋
levo-compound 左旋化合物
levoisomer 左旋异构体
levolactic acid 左旋乳酸
levorotary 左旋的 (laevoratoris)
levorotation 左旋 (laevorotatio)〔物〕
levulinate ①乙酰丙酸 ②乙酰丙酸盐、酯或根
levulinic acid (= levulic acid) 乙酰丙酸 [$CH_3CO(CH_2)_2COOH$]
levulosazone 果糖脎
levulose 果糖,左旋糖 [$C_6H_{12}O_6$]
levulosemia 果糖血 (levulosaemia)
levy 价格调整
levying ①征收 ②征集
lewdness (= lustfulness) (家畜发情)求偶
Lewellyn setter 莱魏灵坐犬〔狩猎〕
Lewis acid 刘易斯酸
Lewis base 刘易斯碱
Lewis blood group 刘易斯氏血型
Lewis blood group system 刘易斯血型系统
Lewis bug 稻白边蝽 [*Aenaria lewisi* Scott](蝽科)
Lewis effect 刘易斯效应 (位置效应)
Lewis fucolipid 刘易斯岩藻糖脂
Lewis gourd shaped weevil 大灰象虫(大灰象甲)[*Sympiezomias lewisi* Roelofs](象甲科)
Lewis large bark beetle 刘氏大小蠹 [*Hyorrhynchus lewisi* Blandford](小蠹科)
Lewis leaf-cut weevil 刘氏切叶象甲 [*Henicolabus lewisi* Sharp](切叶象甲亚科)
Lewis round bark beetle 刘氏圆小蠹 [*Xyleborus lewisi* (McGregor)](小蠹科)
lewisia (= lewis) ①琉维草属 [*Lewisia* Pursh](马齿苋科) ②琉维草 [*Lewisia cotyledon* Pursh]
Lewitsky's fixative 刘易斯库氏固定液〔显技〕
ley ①临时性草地(一般指种三叶草后休闲,供放牧用)〔牧草〕②轮作草地(即禾草与三叶草轮作)〔耕作〕
ley bottom 草地犁体
ley farming 短期草地农作(经营)
ley pasture [临时性]轮作草地
Leydig's cells of testis 睾丸间质细胞
Leytosan 苯汞脲 (= Phenylmercuric urea)〔农药〕

LFD（=least fatal dose） 最小致死剂量
LFT（=low frequency transduction） 低频率转导
Lg（=long） 长期间
LH ①（=left hand） 左方的 ②（=leuteinizing hormone）促黄体生成激素
LHC（=light harvesting complex） 集光复合体｛生态生理｝
LHCP（=light harvesting chlorophyll-protein complex） 集光叶绿素－蛋白质复合体｛生态生理｝
LHPC（=light-harvesting pigment complex） 集光色素复合体｛生态生理｝
liability ①负责，义务 ②⌊复⌉负债，债务（liabilitas）
liable ①易为 ②易遭受（liabilis）｛栽培｝
liable to cross 易杂交的
liable to duty 应纳关税的
liable to frostbite 易受霜害的
liable to hybridization 易人工杂交的
liable to infection 易感染的
liable to insect injury 易受虫害的
liable to lodging 易倒伏的
liable to weed infestation 易受杂草侵害的
liaison mode 电话方式｛信息｝
liane 藤本植物（liana）
liane wood 藤本植物木质部
lianoid 藤本的（lianoideus）
lianoid form 藤本型（forma lianoida）
Lias 里阿斯世｛地质｝
libanotis ①利北芹属［*Libanotis* L.］（伞形花科）②利北芹［*Libanotis montana* Crantz.］
libellulids 蜻科［Libellulidae］
liber 韧皮部
liber-cells 厚壁组织（scleren chyma）
liberal economy 自由经济
liberal pupa 动蛹
liberate 游离的（liberatus）
liberate carpel 游离心皮（carpellum liberatum）
liberate ovary 游离子房（ovarium liberatum）
liberate pistal 游离雌蕊（pistallum liberatum）
liberating nitrogen 释出氮
liberation ①游离｛形态｝②释放｛生化｝③解放｛物｝（liberatio）
liberation-cutting 除伐，受光伐
liberation of heat 热量释放
liberation of trade 贸易自由化
Liberia persimmon 利比里亚柿［*Diospyros sanzaminika* A. Chev.］（柿科）
Liberian coffee 大咖啡［*Coffea liberica* Bull.］（茜草科）
liberin 释放素
liberoligneous 维管的（liberoligneus）
libidinous （家畜发情）淫奔的，淫荡的（libidinus）
libido 性欲
libname（=library name） 库名｛信息｝
library ①图书馆 ②书房 ③丛书，文库 ④库，程序库（librarius）
library basic software 基础软件库
library construction 文库构建｛分生｝
library of lessons 教学程序库
library of parameterized module（LPM） 参数化模块库｛电脑｝
library of software 软件库
library package 库程序包
libriform 韧型的（libriformis）
libriform fiber 韧型纤维（fiber libriformis）
libriform wood fiber 韧型纤维
lice ①（=sucking lice，true lice） 虱目［Anoplura］②（=biting lice，bird lice） 食毛目［Mallophaga］
licence（=license） ①许可，特许 ②许可证（licentia）
licence light （汽车）牌照灯
licenced sire 良种公畜（经登记合格许可的）
licensed material 特许资料，特许材料
licensed publication 特许出版物（指包括文件，资料等）
licensing 畜种证书
Licent's fluid 利森氏固定液｛显技｝
lichee stink bug（=Litchee stink bus） 荔枝蝽［*Tessaratoma papillosa* Drury］（蝽科）
lichen 地衣［*Lichen*］
lichen acid 地衣酸 ［$COOH \cdot CH_2 \cdot CH_2 \cdot COOH$］
lichen algae 地衣藻类［Lichenalgae］
lichen belt（=lichen zone） 地衣带
lichen community 地衣群落
lichen crust 地衣结壳
lichen disease of tea 茶白藻病［*Cephaleuros virescens* Kunz.］
lichen fungi 地衣菌类［Lichenofungi］
lichen heath 地衣石南荒原｛生态｝
lichen pollutant 地衣污染物
lichen starch（=lichenin） 地衣淀粉［$(C_6H_{10}O_5)_n$］｛生化｝
lichen substance 地衣物质

lichen tundra 地衣冻原
lichen zone 地衣带
lichenan（= lichenin） 地衣淀粉
lichenase 地衣多糖酶
licheniasis 苔藓病
lichenic acid 地衣酸
licheniform 地衣状的（licheniformis）
licheniformin 地衣形杆菌素
lichenin 地衣淀粉，地衣多糖［$(C_6H_{10}O_5)_n$］
lichenization 地衣形成，地衣化（lichenisatio）
lichenoflora 地衣志
lichenoid ①似地衣的 ②地衣形的（lichenoides）
lichenoid form 地衣型（forma lichenoides）
lichenology 地衣学（lichenologia）
lichenophagous 食地衣的（lichenophagus）
licheo（= leechee） ①荔枝属［*Litchi* Sonn.］（无患子科）②荔枝（我国名产）［*Litchi chinensis* Sonn.］
licit 正当的（licitus）
lick ①舔｛畜｝②克服｛栽培｝③盐泉沼泽｛生态｝
licking block 舔盐，盐砖
licking sickness 异食癖，嗜异癖
licorice（= liquorice） ①甘草属［*Glycyrrhiza* L.］（豆科）②甘草［*Glycyrrhiza uralensis* Fisch.］
licorice powder 甘草粉
licuala palm ①轴榈属［*Licuala* Wurmb］（棕榈科）②轴榈［*Licmala robinsoniana* Bece.］
lid 盖（指囊盖，蒴盖）（operculum）
lid cell 盖细胞（cellula operculata）
lidar 激光雷达
lidar ceilometer 激光［雷达］云高计｛遥感｝
lidar meteorology 激光雷达气象学
lidless 无盖的（anoperculatus）
Lie algebra 李氏代数
lie fallow 休耕
lie of the land 耕地位置，地势
lien（= right of lien） 抵押权，典当权
lienteric 患腹泻的（lienterus）
lientery 消化不良性腹泻（lienteria）
life ①命，生命 ②生物 ③（种子）寿命 ④生活 ⑤活力（vita）
life and thinking 生命与思维
life between overhauls 大修期｛农机｝
life cycle ①生活史，生活周期 ②生态周期
life cycle analysis 生活周期分析
life cycle costs（LCC） 生存期费用
life cycle of bacteriophage 噬菌体生活周期
life cycle of chromosome 染色体生活周期
life duration 寿命
life-everlasting 山萩（珠光香青）［*Anaphalis margaritacea* Benth. et Hook. f.］（菊科）
life expectance（= life expectation） ①估计寿命，概率寿命 ②计算求出的工作期限
life explosion 生命大爆炸｛生态生理｝
life form 生活型｛生态｝
life form spectrum 生活型谱
life form system 生活型系统
life function 生活机能｛生理｝
life habit 生活习性
life hereditor 生命传递者
life history 生活史
life instinct 生存本能｛进化｝
life-long 终生的，终身的
life-long growth 终生生长
life period 寿命，生存时期
life phase 生活期
life phenomenon 生命现象
life-plant ①感应草属［*Biophytum* DC.］（酢浆草科）②感应草［*Biophytum sensitivum*（L.）DC.］
life process 生活过程
life repair cost 全使用期内修理费
life science 生命科学
life span ①生活幅度，生活期限，生存期 ②寿命
life span limit 寿命极限
life span toxicity test 终身毒性试验
life stage （昆虫）生活期
life strategies 生活策略｛生态生理｝
life-support system 生命保障系统
life table（= mortality table） 死亡率统计表
life tenancy 终身租赁
life tree 生命树
life type ①生活型 ②生命型
life type software 生命型软件
life zone 生物带
lifeline game 生存线对策，生命线对策
lifetime ①寿命，一生，终生 ②使用期
lifetime average 寿命平均｛畜｝
lifetime curve 寿命曲线
lifetime production 总产量
lifetime record 寿命记录
lift ①移植｛栽培｝②扬力，扬程｛水利｝③起重机，提升机，电梯｛农机｝④（重壁蜂箱的）外套｛蜂｝⑤挖掘，抬起，起落｛耕作｝，升运，提

升
lift conveyor 升运输送器
lift gate 提升门{环保}
lift head 扬程{环保}
lift jack 千斤顶,起重器
lift lock 单级船闸
lift of double-walled hive 双壁蜂箱外壁,外层
lift of pump 水泵扬程
lift potatoes 挖收马铃薯
lift pump 提升泵,吸水泵
lift rod 提升杆
lift trunk 自动装载车
lift-type disk harrow 悬排式圆盘耙
lift-type disk plough 悬排式圆盘犁
lift-type harrow 悬排式耙
lift-up cultivator 悬挂中耕机
lift-up tiller ①悬挂式耕耘机,悬挂式中耕机 ②悬挂式切土器
lifter ①提升机,起重机 ②挖掘铲,挖掘机 ③(作物)扶正器,扶茎器,扶穗器,果穗导板
lifter-loading 升运装载机
lifter point 挖掘铲
lifting ①抬土(整地工作) ②抬升,支高 ③移植
lifting a hotbed frame [将]温床框支高
lifting arm 提升臂
lifting by frost 冻拔
lifting condensation level 抬升凝结高度
lifting depth (块根)掘起深度,挖掘深度
lifting effect 浮升作用
lifting finger 扶倒器,扶茎器
lifting fog 抬升雾
lifting force 举力,上升力
lifting gear ①起重装置 ②升降装置
lifting-jack 卷扬机(指起重机的一种)
lifting shaft 提升轴
lifting up of vines 提蔓(甘薯)
ligament 韧带{畜}
ligand 配[位]体{分遗}
ligand binding 配体结合
ligand blot 配体印迹
ligand blotting 配体印迹法
ligand exchange chromatography 配体交换层析
ligand field 配体场
ligand gated receptor 配体控制受体,配体门控受体
ligand-ligand interaction 配体-配体相互作用
ligand mimics 配体模拟物
ligand-receptor interaction 配体-受体相互作用
ligand recognition 配体识别
ligand screening 配体筛选
ligand-specific chromatography 配体特异性层析
ligandin 配体蛋白
ligase 连接酶
ligase chain reaction (LCR) 连接酶链反应
ligate ①连接 ②扎结
ligation 连接[作用](ligatio){分遗}
ligation amplification reaction (LAR) 连接扩增反应
ligation-anchored PCR 连接锚定 PCR,连接锚定聚合酶链[式]反应
ligation-mediated PCR 连接介导 PCR,连接介导聚合酶链[式]反应
ligature ①绳,带 ②(外科用)缚带,缚线,结扎线 ③连字体{电脑}(ligatura)
light ①光,光线,日照,日光 ②轻的,不重的,不严重的 ③淡色的,苍白的 ④(啤酒,酒)味淡的
light absorption 光吸收{生化}
light acclimatization 光驯化
light action 光照作用
light activated switch 光敏开关{电脑}
light activation 光激活作用
light adaptation 光适应
light-adapted eye 光适应眼
light-adapted needle 适光针叶
light-adapted species 适阳种
light air 软风(一级风)
light alloy 轻合金
light amber honey 浅琥珀色蜂蜜
light analyser 光分析器
light ash grey 淡灰色的(cineracens)
light availability 光利用率
light-avoiding 避光的(lucifugus)
light band 明带,光带
light bar 光条带
light bay 浅枣红色[马]
light beam 光束
light beam deflector 光束反射器
light blowings 轻吹出物
light break 光间歇
light breed 轻型种{畜}
light breeze 轻风(二级风)
light brood foundation 浅房巢础
light brown 浅褐色马
light brown apple moth 苹浅褐卷蛾[*Tortrix postvittana* Walk.](卷蛾科)
light brown forest soil 浅棕色森林土
light brown steppe soil 浅棕色草原土
light catalyzed chlorine oxidation 光催化氯氧化{环保}

light chain (L-chain) 轻链{分遗}
light chain of antibody 抗体轻链
light chain of immunoglobulin 免疫球蛋白轻链
light chamber [日]光室
Light Cheribon 淡色谢里博(甘蔗热带原种)
light chestnut earth 淡栗钙土
light chestnut soil 淡栗钙土
light chopper 光断续器
light clay 轻黏土
light climate 光照气候
light-coloured 淡色的,苍白色的(pallens)
light-coloured honey 浅色蜂蜜
light coloured mineral 浅色矿物
light-coloured soil 淡色土
light-compass orientation 光罗盘定向
light compensation point 光补偿点
light condition 光照条件
light conduit 光导管
light control 光照调节,光照控制
light crop 小造(收成受害不严重)
light cross 十字晕{气象}
light cultivation 光照栽培
light culture 电光栽培
light curve 光曲线(指强度)
light defective cocoon 中茧
light deficiency 光缺乏
light demander ①阳性树 ②喜光树种
light-demanding 喜光的,需光的
light demanding plant 阳性植物
light demanding seed 需光种子
light demanding tree 阳性树
light demanding vegetables 需光蔬菜
light diesel fuel 轻柴油
light diffusion 光散射,光漫射
light dispersion 光弥散
light distribution 光分布
light distribution characteristics 光分布特点(指作物受光状态)
light dose 光剂量
light-driven reaction 光驱动反应
light drought (= light draft) ①轻曳引,轻挽,轻牵 ②低阻力
light drought horse (= light draft horse) 轻挽马
light duration 光照延续时间
light duty ①轻作业 ②轻型的
light duty tractor (= light tractor) 轻型拖拉机
light earth 轻质土
light-eating stage 小食期{蚕}
light economy 节约用光
light effect curve 光效曲线
light effect on chloroplast RNA 光对叶绿体 RNA 的效应
light effect on developmental process 光对发育过程的效应
light emission 光放射,光辐射,光发射
light emitting diode (LED) 发光二极管{电脑}
light emitting diode display (LED) 发光二极管显示[器]
light energy 光能{生化}
light energy converter 光能变换器
light entry 光线射入
light environment 光照环境
light factor 光照因素
light favoured seed 喜光性种子(semen photophilum)
light-felling 受光伐,透光线
light fertilization 轻施肥法
light fertilizer application 轻施肥料
light filter 滤光器,滤光片
light fishery 光诱渔业
light fishing 光诱捕捞
light fittings 照明装置
light flow 光通量
light fog 轻雾
light fraction 轻粒级{土壤}
light freeze 轻冻
light frost 轻霜
light-gathering ability 聚光力{显技}
light germinater 需光种子
light germinating 需光性[种子]发芽
light germination 需光发芽
light germinator ①需光发芽种子 ②需光[种子]发芽器
light gradient 光梯度
light grazing 轻度放牧
light green ①亮绿(染料){显技} ②淡绿色的(viridulus){形态}
light green stain 亮绿染色剂{显技}
light grey 淡灰色的
light growth reaction 光生长反应
light guide ①光导管,光导材料 ②光制导,光控制设备
light-guide fiber 光导纤维
light gun 光笔
light hardening 光照锻炼
light harrow 轻[型]耙
light harrowing 轻耙地
light-harvesting chlorophyll-protein complex (LHCP) 集光叶绿素蛋白复合体{生态生理}
light-harvesting complex (LHC) 集光复合

体
light-harvesting pigment-protein complex (LHPC) 集光色素蛋白复合体
light haze 轻霾
light hoe 轻[型]锄
light indicator 阳光指标
light indifferent seed 不感光种子
light industry 轻工业
light infestation 轻度侵害(指害虫,杂草等)
light inhibited seed 嫌光性种子
light intensity 光[照]强度,光强
light intercepting characteristics 受光特性
light intercepting coefficient 受光系数
light intercepting efficiency 受光效率
light interception ①受光 ②遮光
light interruption (= light break) 光间歇
light irrigation 轻灌,浅灌
light land 轻质土地
light land potato harvester 轻质土马铃薯收获机
light line 明线(用于种子)
light loam 轻壤土
light-loamy podzol 轻壤质灰壤
light-loving 喜光的 (photophilus)
light-loving plants 喜光植物 (plantae photophilae)
light-loving seed 喜光种子,好光性种子 (semen photophilum)
light machine oil 轻机油
light manipulation 光照控制
light measurements 光测定
light memory 光存储器
light meromyosin 轻酶解肌凝蛋白{生化}
light metal 轻金属
light meter 曝光表{遥感}
light microscope 光[学]显微镜
light microscope autoradiography 光显微镜放射自显术
light microscopy 光[显微]镜检术
light minimum 最低光量
light mist 轻雾,小雾
light-needing 阳性的
light of night sky 夜天光
light oil 轻质油
light open 疏开(指郁闭)
light path 光程{生态生理}
light pen (= light gun, control pen) 光笔
light pen detection 光笔检测
light pen tracking 光笔跟踪
light penetration 光线透入,透光
light period 光[周]期
light petroleum 石油醚
light phase 光期
light pinching 轻摘心,轻度打顶
light pipe 导光管
light planting 稀植
light plants 喜光植物,好光植物
Light Preanger 淡色普列安格尔(甘蔗热带原种)
light pressure 光压
light projection measurement 光投影测定
light-promoted germination 光促发芽
light pruning 轻剪,轻度修剪
light quality 光质量
light quantity 光量
light quantum 光量子
light radiation 光辐射
light rain 小雨
light rainfall 微量降雨
light rays 光线
light reaction 光反应
light reaction in photosynthesis 光合作用的光反应
light-receiving angle 受光角度
light-receiving coefficient 受光系数
light-receiving condition 受光情况
light-receiving efficiency 受光能率
light regime 光照状况
light remocon 光遥控装置
light repair 光修复{分遗}
light requirement 需光度,需光量
light requiring seed 需光种子
light-resistant 抗光的
light respiration (= photorespiration) 光呼吸 (photorespiratio)
light response curve 光反应曲线
light-reversible CO-inhibition 光可逆的CO抑制
light rigid tine cultivator 轻型钢齿中耕机
light rubbish 轻夹杂物
light sand 细沙[土]
light sandy soil 细沙土
light saturation 光饱和[现象]
light saturation phenomenon 光饱和现象
light saturation point 光饱和点
light scatter 光散射
light scattering 光散射
light screen (= lath screen) 苗床格子
light seed 需光种子
light seeding (= light sowing) ①浅播 ②稀播
light selective material 光选择性材料
light sensibility 感光性,光敏性
light sensitive ①光敏的 ②感光的 (photo-

sensitivus)
light-sensitive hydrophobic material 光敏疏水材料
light sensitive seed 感光种子(semen photosensitivum)
light sensitive surface 感光面,感光膜
light sensitiveness (= light sensibility) 感光性,光敏性
light shock 光击,光休克
light shower 轻阵雨,小阵雨
light slash 轻废材(如落叶枝,桠枝等)
light snow 微雪
Light snow 小雪(中国的 24 节气之一)
light soil 轻质土
light soil cultivation 轻质土耕作
light source 光源
light sowing 浅播
light space 光照面积
light species 喜光种
light spectrum 光谱
light spiked chain harrow 轻型钉齿网状耙{农具}
light spore 需光孢子
light squall 轻飑
light stability 光稳定性
light status 光照状况
light-stimulated seed 好光性种子,光刺激种子
light strand (= light chain) 轻链{分遗}
light stress 光胁迫{生态生理}
light structure 光的构成
light sucking variety 弱吸收品种(指水稻吸肥能力)
light supply 给光量
light system 光系统
light tar 轻木焦油
light test 透光试验
light-textured soil 轻质地土,轻土
light thinning ①轻度间苗 ②弱度疏伐
light-tight 不透光的,防光的
light tillage 浅中耕
light tillering plant 弱分蘖植株
light tined harrow 轻型钉齿耙
light-toned areas 亮色调区{电脑}
light tonnage 轻容积吨位
light transmission 光透射,光传递
light transmission error (LTE) 透光误差{电脑}
light transmission rate 透光率{生理}
light transmission ratio 透光比率
light transmissive and thermally insulated wall 透光断热壁[体]{农施}
light transmittance 透光性
light traps 诱捕灯,捕虫灯,灯光捕捉器
light treading 轻踩
light treatment 光照处理
light tree 阳性树
light up 照射
light utilization area 光照利用面积
light velocity measurement 光速测量
light watering 浅浇
light wave 光波
light wave system 光波系统
light-weight cheesecloth bag 轻质布口袋(育种用)
light-weight tractor 轻型拖拉机
light-weight typewriter 轻便打字机,轻型打字机
light wind 微风
light wood ①轻木 ②明子
lighted zone (= photic zone) 透光带
lighthouse 灯塔
lighting (= lightening) [电光]照明,光照
lighting control 电光控制,照明控制
lighting culture 光照栽培,电光栽培
lighting equipment 照明(光)设备
lighting of livestock house 畜舍光照
lighting of trees 透光伐,疏枝
lighting system 照明装置,照明系统
lightmeter 照度计
lightness ①轻度 ②轻质性(levitas){土壤}
lightning 闪电(fulmen)
lightning arrester 避雷器,避雷针
lightning-caused fire 雷击火(雷电引起火灾)
lightning conductor 避雷针
lightning current 闪电电流
lightning diffusion 闪电扩散
lightning flash 电闪
lightning protection of overhead line 架空线防雷[保护]{农施}
lightning protection of power station 发电厂防雷[保护]
lightning protection of substation 变电站防雷[保护]
lightning protector plate 避雷板
lightning recorder 闪电记录器
lightning ring 闪电轮
lightning rod 避雷针
lightning shakes 电光裂
lightning spectra 雷闪光谱
lightning storm 雷暴
lightning stroke 雷击
lightning without thunder 闪电
lightsomnes 镜像亮度{显技}
lignaloes (= agarwood, lignum-aloe) 沉

香

lignan ①木脂体 ②木酚素

lignanoide (=lignan) 木脂体

lignanolide 木脂内酯

Lignasan (=EMP) 谷乐生{农药}

lignatile 木上生的(lignatilus)

ligneous (=lignous) 木质的(ligneus)

ligneous leaf 木质叶(folium ligneum)

ligneous plants (=woody plants) 木本植物(plantae ligneae)

ligneous tissue 木质组织(tela lignea)

lignic acid 木质酸

lignicolor 木材色

lignicolous 木栖的(lignicolus)

ligniferous 具木质的(lignifer)

lignification 木[质]化(lignificatio)

lignified 木[质]化的(lignescens)

lignified cell wall 木化细胞壁(integumentum cellulare lignescens)

lignified cork 木化木栓(suber lignescens)

lignified organ 木化器官(organa lignescens)

lignified root 木化根(radix lignescens)

lignified tissue 木化组织(tela lignescens)

ligniform 木状的(ligniformis)

lignify 木质化(lignifia)

lignin 木素,木质素[$C_{18}H_{30}O_{15}$]

lignin-dissolving fungi 木素溶解菌

lignin formation 木素形成

lignin-humus complex 木素-腐殖质复合体{土壤}

lignin in tissue culture 组织培养的木素

lignin proteinate 木素蛋白质化合物

lignin reaction 木素反应

lignin synthesis 木素合成

ligninase 木质酶

ligninsulfanic acid 木素磺酸

lignite 褐炭,褐煤

lignite ash 褐炭灰

lignivorous 食木的(lignivorus)

lignivorous fungi 食木真菌

lignivorous insects 食木昆虫

ligno-humus 木质素腐殖质

ligno-protein 木质素-蛋白质

ligno-protein complex 木质素-蛋白质复合物

ligno-proteintheory of humus 腐殖质的木质素-蛋白质学说{土壤}

lignocellulose 木质纤维素

lignocellulose processing 木质纤维素加工

lignocellulose waste 木质纤维素废物{环保}

lignocerane 廿四烷[$C_{24}H_{50}$]

lignoceric acid 廿四[烷]酸,木蜡酸[$CH_3(CH_2)_{22}COOH$]

lignocerylsphingosine 廿四酰[神经]鞘氨酸

lignon 木质

lignosa ①木本植被 ②木本群落

lignose [木质]纤维素

lignostone 热压木,压缩木

lignotuber 木质块茎

lignous 木质的(lignus)

lignum 木材

lignum aloe (=agarwood) 沉香

lignum-vitae 愈疮木[*Guajacum officinale* L.](蒺藜科)

ligroin 挥发油

ligula ①叶舌{形态} ②唇舌{昆虫}

ligular 叶舌的(ligularis)

ligular pit 叶舌穴(fovea ligularis)

ligular scar 叶舌痕(cicatrix ligularis)

ligularia (=dentate ligularia) 齿叶橐吾[*Ligularia dentata* sp.](菊科)

ligularia fruit-fly 橐吾实蝇[*Paratephritis fukaii* Shiraki](实蝇科)

ligulate ①具叶舌的 ②舌状的(ligulatus)

ligulate corolla 舌状花冠(corolla ligulata)

ligulate flower 舌状花(flos ligulatus)

ligule ①叶舌(禾本科) ②舌片(菊科)(ligula)

liguleless 无叶舌的(ligularis)

liguleless rice 无叶舌稻,稗秆稻

liguliflorous (=liguliflorate) 具舌状小花的(liguliflorus)

ligulifolious 舌状叶的(ligulifolius)

liguliform 舌状的(liguliformis)

Ligurian bee 利古里亚蜂(意大利蜂)

Ligusticum ①藁本属[*Ligusticum* L.](伞形科) ②藁本[*Ligusticum jeholense* Nak. et Kitag.]

ligustrum dagger moth 女贞剑纹夜蛾[*Craniophora ligustri* Fabricius](夜蛾科)

like 相似的,类似的

likelihood 似然性,或然性,可能性{统计}

likelihood equation 似然方程

likelihood function 似然函数

likelihood ratio 似然比[率]

likelihood ratio classification [最大]似然比分类{遥感}

likelihood ratio test 似然比测验{统计}

likeness 相似,相像,类似

likewise 同样地,照样地

liking 爱好,喜爱

Likubin virus 立枯病病毒(指柑橘)

lilac ①丁香花属[*Syringa* L.](木犀科) ②丁香花[*Syringa obtata* Lindl.]

lilac blight 丁香细菌性叶枯病

lilac borer 紫丁香透翅蛾[*Podosesia syringae* Harris](透翅蛾科)

lilac chaste-tree 穗花牡荆[*Vitex agnus-castus* L.](马鞭草科)

lilac-coloured 丁香花色的(syringeus)

lilac daphne 芫花[*Daphne genkwa* Sieb.](瑞香科)

lilac dracaena 紫红朱蕉[*Cordyline rubra* Hügel et Kunth](龙舌兰科)

lilac-flowered 丁香花的(syringiflorus)

lilac fuchsia 丁香花倒挂金钟[*Fuchsia arborescens*](柳叶菜科)

lilac geranium 紫花老鹳草[*Geranium grandiflorum* Edgew.](牻牛儿苗科)

lilac globe-flower 淡紫金莲花[*Trollius lilacinus* Bunge](毛茛科)

lilac leafminer 紫丁香细蛾[*Caloptilia syringella* Fabricius = *Gracillaria*](细蛾科)

lilac melaleuca 紫花白千层[*Melaleuca decussata* R. Br.](桃金娘科)

lilac pink 瞿麦[*Dianthus superbus* L.](石竹科)

lilac pyralid 紫丁香黑点螟[*Margaronia nigropunctalis* Bremer](野螟科)

lilac sage 淡紫花鼠尾草[*Salvia verticillata*](唇形科)

lilac spiraea 丁香绣线菊[*Spiraea syringiflora*](蔷薇科)

liliaceous 百合状的(liliaceus)

liliaceous corolla 百合状花冠(corolla liliacea)

liliaceous flower 百合状花(flos liliaceus)

Lillie's fixative 列利氏固定液{显技}

lily ①百合属[*Lilium* L.](百合科) ②百合[*Lilium brownii* F. E. Brown.]

lily beetle 百合叶甲[*Lilioceris lilii* Scopoli](叶甲科)

lily bulb thrips (= lily black thrips) 百合皮蓟马[*Liothrips vaneeckei* Pries.](蓟马科)

lily family 百合科[Liliaceae]

lily-leaf ladybell 百合叶沙参[*Adenophora lilifolia*](桔梗科)

lily leek 黄花茖葱[*Alliummoly*](石蒜科)

lily magnolia 木兰(木笔,辛夷)[*Magnolia liliflora* Desr.](木兰科)

lily-of-china ①万年青属[*Rohdea* Roth](百合科) ②万年青[*Rohdea japonica* Roth et Kunth]

lily of the field 野百合[*Lilium callosum* Sieb. et Succ.](百合科)

lily of the Nile ①百子莲属[*Agapanthus* L. Her.](石蒜科) ②百子莲[*Agapanthus africanus* (L.) Hoffmgg.]

lily-of-the-valley ①铃兰属[*Convallaria* L.](百合科) ②铃兰[*Convallaria majilis* L.]

lily owlet-moth 百合波纹夜蛾[*Gluttula dominica* Cramer](夜蛾科)

lily reddish leaf beetle 葱红叶甲[*Lilioceris merdigera* L.](叶甲科)

lily rhododendron 百合杜鹃花[*Rhododendron liliflorum*](杜鹃花科)

lily-turf ①沿阶草属[*Ophiopogon* Ker-Gawl.](百合科) ②沿阶草[*Ophiopogon japonicus* Ker-Gawl.]

lily weevil 百合黑象甲[*Agasphaerops nigra* Horn](象甲科)

lima bean ①棉豆(金甲豆,香豆,雪豆)[*Phaseolus lunatus* L.](豆科) ②利玛豆(扁豆)[*Phaseolus limensis* Macf.]

lima bean agglutinin (LBA) 利玛豆凝集素

lima bean pod borer 豆荚螟[*Etiella zinckenella* Treit.](螟蛾科)

lima bean stem borer (= lima-bean vine borer) 利马豆蛀茎螟[*Monoptilota pergratialis* Hulst](螟蛾科)

lima cids 蛞蝓科(腹足纲)[Limacidae]

lima wood 赤木[*Caesalpinia brasiliensis* Sw.](苏木科)

limaciform 蛞蝓形的(limaciformis)

liman ①溺谷,三角洲{土壤} ②咸湖,河口,江河入海处的湾{水利}

liman irrigation 蓄水灌溉,漓漫灌溉

limb ①瓣片 ②冠檐 ③萼檐 ④叶裾,叶片 ⑤枝,主枝,大枝 ⑥赤道轮廓 ⑦肢 ⑧分度盘 ⑨染色体臂 ⑩临边{遥感}(limbus)

limb basis 肢基节

limb borer 长蠹

limb bud 枝芽(limbogemma)

limb circumference 叶片周长(limbocircumferentia)

limb clump (果实抖落器)树枝夹手

limb lifter 棉枝扶正器,棉株扶导器

limb of tree 树冠

limb radiation 临边辐射

limb scanning method 临边扫描法

limba 西非榄仁树[*Terminalia superba* Engl. et Diels.](使君子科)

limbate ①具冠檐的 ②具萼檐的（limbatus）
limber pine（= flexible pine） 大枝松［*Pinus flexilis* James］（松科）
limber-up 装运
limbic 边缘的（limbus）
limbo 丢弃废物处
limbs 翼（褶曲）（指地质）
lime ①来姆（酸柠檬）［*Citrus limetta* Risso.］（芸香科）②椴树［*Tilia tuan* Szyszy.］（椴科）③石灰［CaO］
lime and fertilizer distributor 石灰肥料撒布机
lime application 施用石灰，撒石灰
lime based superphosphate 盐基性过磷酸钙
lime bast 椴树韧皮
lime blossom 椴树花
lime boil 在石灰水内煮〔环保〕
lime Bordeaux mixture 石灰波尔多混合液
lime butterfly（= lemon butterfly） 柠檬凤蝶［*Papilio demoleus* L.］（凤蝶科）
lime cake waste［water］ 石灰滤渣废水（指粗糖精制过程）〔环保〕
lime capsule 椴树果实
lime carbonate 碳酸钙
lime chlorosis 来姆缺绿症
lime concretion 石灰结核〔土壤〕
lime content 石灰含量
lime cream 石灰乳
lime crust 石灰结壳
lime deficiency 缺钙病害
lime distributor 石灰撒布机（器）
lime dose 石灰投量〔环保〕
lime dressing 追施石灰
lime factor 石灰率，石灰因数〔土壤〕
lime feeder 石灰投加器〔环保〕
lime fertilization 石灰施肥法
lime fertilizers 石灰肥料
lime hardpan 石灰硬盘
lime hater 嫌钙植物
lime hydrate 消石灰，熟石灰，氢氧化钙
lime hypochlorite 次氯酸钙，漂白粉
lime-induced chlorosis 石灰诱发缺绿症
lime iron concretion 石灰质铁质结核〔土壤〕
lime juice 来姆汁
lime kiln 石灰窑
lime-loving 喜钙的（calcareus）
lime-magnesia ratio 钙镁比〔土壤〕
lime marl 泥灰土，泥灰石
lime mortar 石灰浆
lime mud 石灰黏泥
lime-nitrogen 石灰氮（肥料）
lime oil 来姆油
lime ooze 石灰软泥
lime pan 石灰硬磐
lime paste 石灰浆
lime plant 石灰植物
lime potential 石灰位
lime preserved egg processing 松花蛋加工，皮蛋加工〔加工〕
lime pulverizer 石灰碾碎机
lime requirement 石灰需要量
lime ring-spot 来姆环斑病
lime saturator 石灰饱和器
lime slaker 石灰消化器
lime slaking 石灰熟化，石灰消化〔环保〕
lime-soda process 石灰苏打法〔环保〕
lime soda softening process 石灰苏打软化法（指软化硬水的方法）〔环保〕
lime softening test 石灰软化试验〔环保〕
lime soil 石灰土
lime sower（= lime spreader） 石灰撒布机，石灰撒施机
lime spreading 撒石灰，施石灰
lime still 石灰蒸氨器
lime sulfur（= lime sulphur, calcium polysulfide, limesulfur liquid, lime-sulfur mixture, limesulfur solution） 石灰硫磺合剂（杀菌剂）〔农药〕
lime superphosphate 过磷酸钙
lime suspension 石灰悬浊液〔环保〕
lime treated straw 石灰液处理稻草
lime tree（= linden） 椴树
lime water 石灰水
lime white 石灰白
lime-yard waste 制革厂浸渍废水〔环保〕
limeberry ①臭橘属［*Triphasia* Lour.］（芸香科）②臭橘山柑［*Triphasia trifolia* (Burm. f.) Wils.］
limequat 来姆金柑（来姆×金柑）
limestone 石灰石，石灰岩〔地质〕
limestone plant 石灰土植物
limestone red loam 石灰岩红色土，红色石灰土
limestone ripper 石灰土松土机
limestone soil 石灰岩土，石灰土
limettin 来姆素，5，7－二甲氧基香豆素［$(CH_3O)_2C_9H_4O$］
limicolous 污泥生的（limicolus）
liminal value 极限值
liming 施用石灰
liming experiment 施石灰试验
liming of pond 石灰清塘〔水产〕

liming of soil 土壤施用石灰
limit ①边界,界线{耕作} ②(最大最小)极限,限度{统计}(limitern)
limit check 极限检验,极限检查
limit control system 极限控制系统
limit count 极限计数
limit dextrine 极限糊精
limit distribution 极限分布
limit divergence 极限分歧
limit error 极限误差
limit feeder 定量饲槽
limit field 界限字段{电脑}
limit-gauge 定限雨量器
limit in mean 均值极限,平均极限
limit of a sequence 序列极限{分遗}
limit of allowable error 容许误差限度
limit of audibility 能听度
limit of dispersion 散布限界
limit of distribution 分布界限
limit of elasticity 弹性极限{农机}
limit of growth 生长极限(指树木)
limit of inflammability 燃烧极限{环保}
limit of load 负荷极限
limit of plastic flow 塑性流限
limit of rupture of wood 木材[的]破坏限界
limit of selection 选择限界
limit of sensibility 灵敏度极限{显技}
limit of sensitivity 感应阈
limit of visibility 能见极限{气象}
limit path 极限通路
limit point of a set 集的极限点
limit search 限定检索{电脑}
limit stop ①限制器,止动器 ②挡块
limit stop valve 限制阀
limit superior 上极限
limit to growth 增长极限
limit value 极限值
limitation ①局限性 ②限制(limitatio)
limitation of Michaelis-Mentenequation 米门二氏方程的限制
limitation of photosynthesis 光合作用的限制
limitation of sunlight 日照限制
limitation velocity 限界速度
limitational factor 限制因子
limited ①小的 ②有限的,有限制的 ③狭小的(limitatus){栽培}
limited broadcast 有限广播{信息}
limited chromosome 限定染色体
limited conservation tillage 有限耕作
limited convertibility 有限转化性{分遗}
limited error 限定误差{统计}
limited extent 限定范围
limited flexibility 有限灵活度
limited growth 有限生长
limited insertion 有限插入,限制插入{分遗}
limited part 有限部分
limited proteolysis 有限蛋白酶解
limited-purpose computer 专用计算机
limited region 限定地区,有限地区
limited set of alternative hypothesis 有限备择假设组{统计}
limited size 限制尺寸,限制大小
limited value 有限值
limited volume 限定体积(指土壤)
limited water supplies 有限给水量,有限水源
limiter ①限制器 ②限辐器
limiter circuit 限幅电路,限制电路
limiting availability 极限有效度,极限有用性
limiting catch 限制渔获量
limiting concentration 极限浓度
limiting condition 极限条件,限制条件
limiting control action 极限控制作用
limiting dextrine 临界糊精
limiting dilution 限制稀释
limiting efficiency 极限效率
limiting factor 限制因素
limiting influence 限制影响
limiting law 极限定律{土壤}
limiting medium 限制培养基
limiting operation 限制性操作,制约性操作
limiting random mating 限制随机交配
limiting solubility 限制溶度
limiting stress 极限应力
limiting surface 界面
limiting temperature 极限温度
limiting the number of fishing vessel 限制渔船数
limiting the total amount of fishing 限制总捕捞量
limiting transpiration 限制蒸腾作用
limiting velocity 极限速度
limiting zone 限定区
limitless 无限制的(limmensus)
limivorous 食泥的(limivorus)
limnanthus family 池花科(Limnanthaceae)
limnephilids 沼石蛾科[Limnephilidae]
limnetic 湖沼的(limneticus)
limnic peat 湖成泥炭,石灰泥炭
limnicolous 栖湖的(limnicolus)
limnigraph 水位指示仪,自记水位器

limnium ①湖沼群落 ②盐沼群落
limno- ⌊字头⌉湖沼
limnochory 湖沼传布,淡水传布 (limnochorius)
limnodic ①湖沼群落的 ②盐沼群落的 (limnodicus)
limnological 湖沼生物[学]的 (limnologicus)
limnological meteorology 湖沼生物气象学
limnology 湖沼生物学,淡水生物学 (limnologia)
limnophagous 食泥的 (limnophagus)
limnophilous 适湖沼的,喜湖沼的 (limnophilus)
limnophyte 淡水植物 (limnophyti)
limnoplankton 淡水浮游生物
limon 檬檬(柠檬柑) [*Citrus limonia* Osbeck] (芸香科)
limon eucalyptus 柠檬桉 [*Eucalyptus citriodora* Hook. f.] (桃金娘科)
limon real 菲律宾柠檬 [*Citrus excelsa* Wester.] (芸香科)
limonene 苧烯,1,8-萜二烯 [$C_{10}H_{16}$]
limonin 柠檬苦素 [$C_{22}H_{26}O_7$]
limonite 褐铁矿 [$2Fe_2O_3 \cdot 3H_2O$]
limosphere 顶体球 (limosphaera) {细胞}
limous ①混浊的 ②含有泥灰的 (limosus)
limp 疏松的,松软的 (laxus)
limp-leaved 柔叶的 (clinophyllus)
limulus eye 鲎眼
limulus lysate test 鲎裂解物测定
limy ①石灰质的 ②含石灰的 (calcareus)
limy soil 石灰质土
linage 行数(指印刷物的行数)
linage counter 行计数器,计行器
linaloe oil 沉香油,里那油 {生化}
linalool 沉香醇,里那醇
linalyl acetate 乙酸沉香酯,里那酯 [$CH_3COOC_{10}H_{17}$]
linamarin 亚麻苦苷 [$C_{10}H_{17}NO_6$]
linarin 柳穿鱼苷 [$C_{15}H_{32}C_{10}H_2O$]
Lincolns 林肯绵羊(长毛种)
lincomycin 林肯霉素
lincture (= electuary) 舔剂
lindane 林丹,灵丹,高丙体六六六(即丙体六六六含量在99%以上的六六六)(杀虫剂)
linden ①椴属(椴科) ②椴树 [*Tilia tuan* Szyszyl.]
linden borer 椴大天牛(菩提天牛) [*Saperda vestita* Say] (天牛科)
linden calathea 林氏肖竹芋 [*Calathea lindenian* Wallis] (竹芋科)
linden family 椴科(田麻科) [Tiliaceae]
linden hibiscus 黄槿 [*Hibiscus tiliaceus* L.] (锦葵科)
linden honey 椴树蜜
linden looper 椴尺蛾 [*Erannis tiliaria* Harr.] (尺蛾科)
linden oil 椴木油
linden viburnum 荚蒾 [*Viburnum dilatatum* Thunb.] (忍冬科)
lindera ①山胡椒属 [*Lindera* Thunb.] (樟科) ②山胡椒 [*Lindera glauca* Bl.]
lindera bark beetle 金钉小蠹 [*Xyloterus pubipennis* Blanaford] (小蠹科)
linderic acid 十二碳-5-烯酸
lindley butter-fly-bush 醉鱼草 [*Buddleia lindleyana* Fort.] (马钱科)
line ①系,品系 ②线,索,绳 ③线条 ④界线,边界 ⑤纹,皱纹 ⑥⌊复⌉轮廓,外形 ⑦行,排,列 ⑧方向、路线,行程 ⑨线指令 {电脑} (linea)
LINE (= long interspersed element) 长散布元件 {生技}
line advance 换行
line analysis ①品系分析 {育种} ②线路分析 {信息}
line analyzer 线路分析器
line blow 强风
line borer (= purple line borer) 紫纹蔗螟 [*Chilo agamemnon*] (螟蛾科)
line breeding ①品系繁育 ②系统育种
line broadening 谱线增宽 {生技}
line-by-line method 逐线法(指大气透过率的一种计算方法)
line cloud 线状云
line concentration 线路集中,集线
line concentrator 线路集中器
line cross 品系间杂交
line culture 品系栽培
line detector 线检测 {遥感}
line drawing 绘线型图形,轮廓图,轮廓线图 {遥感}
line drilling 条播
line dropout 行丢失,漏行(指打字或排字)
line fault detector 线路故障探测器 {信息}
line graph 线图 {遥感}
line group 品系群
line hunting 寻线 {信息}
line interface equipment 线路接口设备 {信息}
line isolation 株系隔离
line lamp 呼叫指示灯 {信息}
line layout 线路设计
line load 线路负荷,线路负载

line map 线画图{遥感}
line number 品系数
line occupancy 占线{信息}
line of attachment 连接线{细胞}
line of best fit 最适线
line of breeding 育种品系
line of contact 接触线
line of convergence 辐合线
line of creep 潜水渗透线
line of cultivation 耕作线
line of demarcation 分界线
line of descent 谱系,系谱
line of discontinuity 不连续线
line of divergence 辐散线
line of draft (=line of hitch) 牵引线
line of equal pressure 等压线
line of flow 流线{水利}
line of frontogenesis 锋生线
line of isoamplitude 等辐线
line of pull 牵引线,拉力线
line of regression 回归线
line of saturation 饱和线
line of seepage 渗透线
line of sight 视线
line of weakness 脆弱线{土壤}
line original 线划原图{遥感}
line out ①移植 ②线路故障{信息}
line out of service 线路停止使用
line per millimeter (LPM) 每毫米的线数{遥感}
line planting ①行植法,条种法
line printer (LP) 宽行打印机,行式打印机
line printer plot 行打印图{遥感}
line quality monitoring (LQM) ①线路质量监测 ②行质量监测
line reel 绕线器,卷线车
line ruler 划线尺
line sampling 直线抽样法
line scan (=linescan) 线性扫描{遥感}
line scanner ①行扫描器 ②线路扫描器{信息}
line scanning ①行扫描 ②线路扫描
line scanning reconnaissance system 线性扫描侦察系统{遥感}
line seeding 条播
line segment 线段{信息}
line selection (=pedigree selection) 谱系选择
line separation 品系分离法,系统分离法
line set 线划数图集{遥感}
line shaft ①传动轴,天轴 ②中间轴
line skip 跳行(指打字)
line smoothing 线修匀,线平滑(指曲线整修){统计}
line sowing 条播
line space 行距
line spacing 行间隔
line spectrum 线状光谱,线谱
line-spread function 线性扩展函数
line-squall 线飑
line strainer 管道滤网
line survey 样线调查
line symbol 线形符号{遥感}
line tape 卷尺
line test 品系检定,品系测验,系统测验
line thinning 带状疏伐,隔行疏伐
line transect 样线
line transect method 样线法
line weeding 行上除草{栽培}
line width ①线谱宽度{生技}②行宽{栽培}
line zero pointer (LOP) 第零行指示器{电脑}
linea 线(linea)
lineage 谱系,系谱
lineal ①直系的,嫡系的 ②系谱的(linealis)
lineal selection 系谱选择
lineament 线性构造,线性特征{遥感}
linear ①线的,线性的,线形的 ②长的,长度的 ③直链的(linearis)
linear acceleration 直线加速度
linear accelerator 线性加速器
linear algebra 线性代数{遥感}
linear alkyl benzene sulphonate (LAS) 直链烷基苯磺酸盐{环保}
linear amplification 线性扩增{分遗}
linear amplifier 线性放大器
linear arrangement 直线排列{遗传}
linear arrangement of genes 基因直线排列
linear array 直线依次排列
linear bounded automaton (LBA) 线性界限自动机
linear bulrush 线状藨草[*Scirpus lineolatus* Franch et Sav.](莎草科)
linear chain 直链{分遗}
linear chromatography 线性层析{生技}
linear cipher system 线性密码制{信息}
linear circuit 线性电路
linear classification 线性分类
linear-clavate 长棒状的(longiclavatus)
linear co-orientation 直线互向定
linear complementation map 直线互补图
linear compound 直链化合物
linear content 延长
linear correlation 直线相关,线性相关

linear densitometer 线性光密度计
linear dichroism 线[性]二色性
linear differential equation 线性微分方程
linear discriminant function 线性判别函数{统计}
linear dispersion 线形色散
linear distortion ①线形畸变{遗传}②线性失真{电脑}
linear DNA 线形 DNA{分遗}
linear duplex chromosome 直线复式染色体
linear dynamics ①线性动力学 ②线性动态
linear electrode 线性电极
linear electronic device 线性电子装置
linear energy transfer (LET) 线性能量传递
linear equation 线性方程式
linear eruption 裂缝喷溢{环保}
linear estimate 线性估计[量]
linear estimation 线性估计
linear expansion 直线膨胀
linear field of motion 线形运动场{气象}
linear field of temperature 线形温度场
linear filter 线性滤波器
linear fine-structure map 线型精细结构图
linear foot 直尺
linear fragment 线型断片
linear free energy 线性自由能
linear function 直线函数
linear fuzzy system 线性模糊系统
linear Gibbs free energy relation 吉布斯线性自由能关系
linear gradient elution 直线梯度洗脱{环保}
linear group symmetry 线[性]群对称
linear growth 线性生长
linear hashing 线性散列
linear image sensor 线性图像传感器
linear inheritance 单线遗传
linear inhibition 线性抑制
linear interaction 直线连应{统计}
linear leaf 线形叶(folium lineare)
linear-leaf speedwell 细叶婆婆纳[*Veronica linariifolia* Pall. et Link](玄参科)
linear linkage map 直线连锁图{遗传}
linear low density polyethylene (LLDPE) 线型低密度聚乙烯
linear matrix inequality 线性矩阵不等式
linear measure 长度测量,尺度
linear megaspore quartet 直线大孢子四分孢子,直线大孢子四分体
linear meristem 线形分生组织(meristema linearis)
linear metabolic pathway 线性代谢途径{生态生理}
linear migration 直线迁移
linear model 线性模型
linear molecule 线形分子{分遗}
linear motor 直线电机
linear multiplicity 直线重复性
linear network 线性网络
linear nozzle 直线状喷头
linear order 直线序列{遗传}
linear order of genes 基因直线序列{遗传}
linear orientation 直线定向
linear pattern 直线图形
linear pipeline 线性流水线
linear pit 线状纹孔(poruslinearis)
linear planning 线性计划
linear plasmid 线型质粒
linear plot ①(植物群落调查)横断区 ②(LP)线性程序设计
linear polymerization 线性聚合
linear polyphosphate 线性多聚磷酸
linear portion 直线部分
linear prediction 线性预测
linear probing 线性探测,线性探查
linear processing technique 线性处理技术{遥感}
linear program 线性程序
linear programming (LP) ①线性程序设计{电脑}②线性规划{遥感}
linear programming method 线性计划法,线性运筹法
linear proportion 线性比例
linear ray 单列射线(radium lineare)
linear regression 直线回归{统计}
linear regression equation 直线回归方程式
linear relation 直线关系,线性关系
linear response 直线反应
linear satellite 线状随体{细胞}
linear scale 直线比例尺{遥感}
linear scanning 线性扫描
linear selection 系谱选择
linear separator 线性分离器
linear sequence 直链序列,直线序列
linear servo mechanism 线性伺服机构{信息}
linear shrinkage 线性收缩
linear stonecrop 佛甲草[*Sedum lineare* Thunb](景天科)
linear-sweep polarography 线性扫描极谱法
linear synthesis 线性合成
linear tail 线状尾
linear tetrad 直列四分孢子
linear tetrads 线形四分体

linear transition 线型推移｛气象｝
linear unit 线性装置
linear velocity ［直］线速度
linear video 线性视频
linear viscoelasticity 线性黏弹性
linearilobus corydalis 狭裂延胡索（线叶紫堇）［*Corydalis lineariloba* Sieb. et Zucc.］（荷包牡丹科）
linearis bamboo 线形苦竹［*Pleioblastus linearis* Nakai］（禾本科）
linearis chrysanthemum 线叶菊［*Chrysanthemum lineare* Matsum］（菊科）
linearity ①直线度 ②直线性，线性（linearitas）
linearity control 线性控制
linearity curve 线性曲线
linearity error 线性误差
linearity property 线性性质
linearity range 线性范围
linearization 线性化（linearisatio）｛物｝
linearization of nonlinear system 非线性系统的线性化
linearized equation 线性化方程
linearizing ratio 线性比［率］
linearly dependent 线性相关
linearly independent 线性无关，线性独立
linearly proportion to 正比例
lineate 具线纹的（lineatus）
lineation 直线性（lineatio）
linebreeding 品系繁育，品系育种
lined spittle bug 条纹沫蝉［*Philaenus lineatus* L.］（沫蝉科）
lined stalk borer 禾皱纹夜蛾［*Oligia fractilinea* Grote］（夜蛾科）
linen 亚麻布
linen tape 布制卷尺
lineolate 具细直线纹的，有细纹的（lineolatus）
lineom ①基因带 ②病毒染色体 ③细菌染色体
liner ①划线器 ②（切割器）定刀片 ③汽缸套，套筒，衬套
linerboard 划线板
linescan 线性扫描
Lineweaver-Burk plot 林柏二氏图［解］｛分遗｝
Lineweaver-Burk plotting 林柏二氏图解法｛分遗｝
ling ①（= heather）帚石南 ②小孔羽鼬鳚［*Genypterus microstomus* Regan］③羽鼬鳚［*Genypterus blacodes* Blochet Schneider］④长鲟鳕［*Molva elongata* Risso］
ling chih（= glossy ganoderma） 灵芝［*Ganoderma lucidum* Karst.］（灵芝菌科）
lingering 拖久的，延长的
lingering variability 延续变异性
lingu- ⌊字头⌉ 舌
lingua 舌
linguacute 侧舌前片（linguacuta）
lingual 舌的（lingualis）
lingual groove 舌槽
linguatendon 舌腱
linguiform 舌状的（linguiformis）
lingulate 舌状的（lingulatus）
lingule 小舌，唇舌（lingula）
lingy 灌木茂盛的
linifolius crotalaria 线叶猪屎豆（亚麻叶猪屎豆）［*Crotalaria linifolia* Linn. fil.］（豆科）
liniment 软膏，擦剂｛药物｝
linin 核丝｛细胞｝（linina）
linin reticulum 核丝网｛细胞｝（lininoreticulum）
lining ①垫，垫片，垫圈，衬垫，衬层，衬片，衬套，套筒 ②垫料，衬料，填料 ③划线，定线
lining bees 追踪蜜蜂
lining material 衬垫材料（指包装用的）
lining out ①幼苗行栽 ②出苗，现苗
lining-out nursery 移植苗圃
lining-out plough 移植犁
lining pole 花杆｛测｝
link ①键（= bond）｛分生｝②连接，连结（= connection）｛分生｝③链（= chain）｛分遗｝④段（= fragment）｛信息｝⑤边（edge）｛遥感｝
link-and-node structure 边和结点结构｛遥感｝
link belt 链式输送带
link-by-link 逐段转接
link harrow 链式耙，网状耙
link indicator 连接指示器
link information 连接信息
link rod 连杆
link to the left 左向链，左向链接
linkage ①连锁 ②亲缘关系 ③键 ④悬挂杆件 ⑤键合 ⑥联动 ⑦连接，链接
linkage analysis 连锁分析｛遗传｝
linkage association 连锁配对
linkage category 悬挂装置｛农机｝
linkage check chain 悬挂装置限位链
linkage check rod 悬挂装置限位杆
linkage computer 联动计算机｛电脑｝
linkage data 连锁数据
linkage disequilibrium 连锁不平衡

linkage equilibrium 连锁平衡
linkage frame 连接架
linkage group 连锁群
linkage intensity 连锁强度
linkage interrupt 连接中断{信息}
linkage isomerism 键合异构{分生}
linkage map 连锁图
linkage map orientation 连锁图定向
linkage-mounted plough 悬挂式犁
linkage of character 性状连锁{遗传}
linkage of genes 基因连锁
linkage of interacting genes 相互作用基因连锁
linkage of mitochondrial genes 线粒体基因连锁
linkage-phase 连锁相
linkage point 连锁点
linkage relation 连锁关系
linkage relationship 连锁相互关系
linkage site 连锁位点
linkage structure 连锁结构
linkage theory 连锁说,连锁理论{细胞}
linkage unit 连锁单位
linkage value 连锁值
linked ①连锁的,连接的 ②并连的 ③联动的
linked block design 连锁区组设计{统计}
linked dominant gene hypothesis 显性基因连锁假说
linked element 连接分子
linked enzyme assay 联动酶测定[法]{分生}
linked gene hypothesis 连锁基因假说{遗传}
linked group 连锁群
linked loci 连锁座位
linked marker 连接标志
linked primary mutation 连锁初生突变
linked reaction 耦联反应
linked scan 联动扫描
linked selection 连锁选择
linked transduction 连锁传导
linked transformation 连锁转化
linker ①衔接物,接头{生技} ②连接程序{电脑}
linker arm 连接臂
linker insertion 接头插入
linker number (= linking number) 连接数
linker-scanning mutagenesis 衔接物扫描诱变
linking 连接,链接
linking automation 连接自动化
linking up 接上,连接
Linnaean 林奈学派
linnaeon (= linneon) 林奈种
linnean system (= Linnaean system) 林奈系统(systema linnaeana)
linoleate 亚油酸
linoleic acid (= linolic acid) 亚油酸,十八碳二烯-9,12-酸
linolelaldic acid 反亚油酸
linolenic acid 亚麻酸,十八碳三烯-9,12,15-酸
linoleum 漆布
linoxyn 氧化亚麻仁油
linseed 亚麻仁,亚麻子
linseed cake 亚麻仁油粕,亚麻仁饼
linseed fresher 亚麻子脱粒机
linseed harvester 亚麻子收获机
linseed meal 亚麻仁粉
linseed oil 亚麻仁油
linseed separator 亚麻子清选机
linsey-woolsey 棉毛织品
lint ①棉绒,棉纤维 ②皮棉 ③[棉花] 衣分
lint cleaner 皮棉清花机
lint cotton cleaner 皮棉清理机,清棉机
lint drier 皮棉干燥机
lint fiber 棉绒纤维
lint index (棉)衣指
lint length 棉绒长度
lint percentage (棉)衣分{栽培}
lint strength 棉绒强度
lintel [水平横]楣(建筑物)
linter ①剥棉机,除绒器 ②短绒
linter machine 剥绒机,除短绒机
linters 棉绒纤维
linting 剥短绒,除短绒
linuron 利谷隆(除草剂)[$C_9H_{10}Cl_2N_2O_2$]
lion 狮(狮子)[*Panthera leo* L.](猫科)
lion beetle 猛天牛 [*Ulochaetes leoninus* Leconte](天牛科)
lion's-ear ①狮子耳属 [*Leonotis* R. Br.](唇形科) ②狮子耳 [*Leonotis leonurus* R. Bn]
lion's-foot ①火绒草属 [*Leontopodium* Br.](菊科) ②火绒草 [*Leontopodium leontopodioides* (Willd.) Beauv.]
lion's-heart (= false dragonhead) ①假龙头花属 [*Physostegia* Benth.](唇形科) ②假龙头花 [*Physostegia viriginica* Benth.]
lion's-leaf 锤茎属 [*Leontice* L.](小檗科)
lion's-tail (= motherwort) ①益母草属 [*Leonurus* L.](唇形科) ②益母草 [*Leonurus sibiricus* L.]
liorhizal 平根植物的(liorhizus)
lip ①唇{畜} ②唇瓣{形态}(labium) ③前

边,前缘 ④百叶窗片,鱼鳞板{农机}
lip botfly(=nose botfly) 赤尾胃蝇[*Gasterophilus haemorrhoidalis* Linnaeus](狂蝇科)
lip cell 唇细胞(cellula labialis)
lip-fern ①碎米蕨属[*Cheilanthes* Sw.](水龙骨科)②碎米蕨[*Cheilanthes chusana* Hook.]
lip-flowered 唇形花的(cheilanthus)
lip of pudenda 阴唇
lip-shaped 唇形的(cheiloglyphus)
lip tile 舌瓦
lipacidaemia 脂酸血
lipaciduria 脂酸尿
lipaemia 脂血[症]
liparite 石英粗面岩
lipase 脂[肪]酶
lipid ①类脂[化合物]②脂质 ③脂类
lipid accumulation 脂质累积
lipid bilayer 脂双层
lipid bilayer structure 脂双层结构
lipid-containing envelop 含脂包膜
lipid crystal structure 脂质晶体结构
lipid droplet 脂质小滴
lipid-globular protein mosaic model 脂类球状蛋白镶嵌模型,脂质球状蛋白镶嵌模型
lipid granule 脂粒,脂质颗粒
lipid hydroperoxide 脂质氢过氧化物
lipid layer 类脂层
lipid membrane 类脂膜
lipid metabolism 脂质代谢作用
lipid micelle 脂微团,脂微胶粒
lipid microvesicle 微脂膜泡,脂微泡
lipid monolayer 脂单层
lipid nutrition 类脂营养
lipid peroxidation 脂质过氧化[作用]
lipid phase separation 类脂相分离
lipid phase transition 类脂相转变
lipid polymorphism 脂多型性
lipid-protein interaction 脂质-蛋白质相互作用
lipid-soluble vitamin 脂溶性维生素
lipid solvent 脂溶剂
lipid storage disease 脂类积累病,脂质积累病
lipid substance 脂质
lipid transfer protein 脂类转移蛋白,脂质转移蛋白
lipid vesicle 脂小泡,脂囊泡
lipidosis 脂沉积[症]
lipids in membrane 膜的脂类
lipids in vesicle 泡的脂类
lipids in virus 病毒的脂类
lipids of membrane 膜的脂类
lipin 脂质
lipless guard (切割器)无唇护刃器,无上舌护刃器
lipo- ⌞字头⌝脂
lipoamide dehydrogenase 硫辛酰胺脱氢酶
lipoamino acid 脂氨[基]酸
lipoate transacetylase 硫辛酸转乙酰酶
lipoavenothionin 燕麦脂硫蛋白
lipobactivirus 类脂噬菌体{分遗}
lipocaic 胰抗脂肪肝因素
lipochondriome(=lipochondrion) 脂粒体系(lipochondrioma)
lipochondrium 脂粒体
lipochrome 脂色素
lipoclastic 脂解的(lipoclasticus){生化}
lipocortin 脂皮质蛋白
lipocyte 脂细胞(lipocyta){生化}
lipofection 脂转染(lipofectio)
lipofuscin(=lipofusin) 脂褐质
lipofuscin-like compound 脂褐质状化合物
lipogenesis 脂肪形成{生化}
lipohemia 脂血(lipohaemia)
lipoic acid 硫辛酸
lipoic dehydrogenase 硫辛酸脱氢酶
lipoic transsuccinylase 硫辛酸转琥珀酰酶
lipoid ①脂类化合物 ②脂质 ③类脂
lipoid acid 类脂酸
lipoid inclusion 类脂内含物
lipoid-sieve theory 脂筛说{物}
lipoid theory 拟脂说{生理}
lipoidosis 脂代谢障碍,脂沉积症
lipolysis 脂解[作用]
lipolytic 脂解的(lipolyticus)
lipolytic coefficient 脂解系数
lipolytic enzyme 脂解酶
lipoma 脂[肪]瘤
lipomatosis 脂肪过多症
lipometabolic 脂肪代谢的(lipometabolicus)
lipometabolism 脂肪代谢(lipometabolismus)
lipomodulin 脂调蛋白
lipopeptide 脂肽
lipopexia 脂肪蓄积
lipophilic 亲脂的(lipophilus)
lipophilic cation 亲脂阳离子
lipophilic gel chromatography 亲脂凝胶层析
lipophilic globule 亲脂小球
lipophilic layer 亲脂层
lipophilic property 亲脂性

lipophobic 疏脂的（lipophobus）
lipophosphoglycan 脂磷[酸]聚糖
lipoplast 脂质体（lipoplastis）
lipopolysaccharide（LPS） 脂多糖
lipoprotein 脂蛋白
lipoprotein-associated coagulation inhibitor（LACI） 脂蛋白相关促凝剂抑制物
lipoprotein complex 脂蛋白复合物
lipoprotein lipase 脂蛋白脂肪酶
lipoprotein membrane 脂蛋白膜
lipositol 肌醇磷脂
liposolubility 脂溶性（liposolubilitas）
liposoluble 脂溶的（liposolubilis）
liposome 脂质体（liposoma）
liposome entrapment 脂质体收集(截留)
lipothrixvirus 脂毛病毒
lipotrophy 脂肪增多（lipotrophia）
lipotropic ①抗脂肪肝的 ②促脂解的
lipotropic hormone（= lipotropin） 促脂解激素
lipotropin 促脂解激素
lipotropism 抗脂肪肝现象（lipotropismus）
lipovitamine 脂溶性维生素
lipovitellin 卵黄脂磷蛋白
lipoxenous 离生发育的（lipoxenus）
lipoxeny 离生发育（lipoxenia）
lipoxidase 脂肪氧合酶
lipoxygenase 脂肪氧合酶
lipoyllysine 硫辛酰赖氨酸
lipoylprotein 硫辛酰蛋白
lipped 具唇的（labiatus）
lipped sieve（= lip sieve） 鱼鳞筛
lippia ①过江藤属［*Lippia* L.］（马鞭草科）②过江藤［*Lippia nodiflora*（L.）Rich］
lipstick plant ①芒毛苣苔属［*Aeschynanthus* Jack］（苦苣苔科）②芒毛苣苔(口红花)［*Aeschynanthus radicans* Jack］
lipuria 脂肪尿
liquafier ①液化器 ②液化剂 ③稀释剂
liquation 溶解作用 （liquatio）
liquefacient 解凝剂
liquefaction 液化［作用］(liquefactio)
liquefication 液化（liqueficatio）
liquefied gas sprayer 液化气体喷雾机
liquefied gas tanker 液氨罐车
liquefied natural gas（LNG） 液化天然气
liquefy 液化
liquefying amylase 液化淀粉酶
liquer 混成酒（烈性酒）
liquescent ①液化的 ②易液化的（liquescens）
liquid 液体（liquidus）
liquid air 液态空气
liquid ammonia 液氨（肥料）
liquid ammonia applicator 液氨注施机
liquid ammonia injector 液氨注射器，液氨注施器
liquid application 液施
liquid applicator ①液肥洒施机 ②药液洒施机
liquid chemical dosimeter 液体农药剂量计
liquid chemical fertilizer 液态化肥
liquid chemical seed dresser 液态农药拌种机
liquid chemicals 液态药剂
liquid chlorine 液氯｛环保｝
liquid chromatography（LC） 液相层析
liquid-column barometer 液柱气压表
liquid composting ①施用堆肥液(汁) ②制造堆肥液(汁)
liquid cooling 液体冷却，液冷
liquid core fiber 液芯光纤
liquid counter 液体计数器
liquid creosote 液态［煤焦］杂酚油｛生化｝
liquid crystal（= liquid crystalline） 液晶
liquid crystal digital display 液晶数字显示［器］
liquid-crystal diode display（LCD display） 液晶二极管显示器，LCD 显示器
liquid crystal display 液晶显示［器］
liquid crystal polymer 液晶高分子
liquid crystal printer 液晶印刷机
liquid crystal shutter printer 液晶光阀打印机
liquid crystalline（= liquid crystal） 液晶
liquid crystalline state 液晶态
liquid culture 液体培养，无土栽培法
liquid culture medium（= liquid medium） 液体培养基
liquid culture method 液体培养法｛生技｝
liquid delivery technology 液体传递技术（用于 cDNA 显微阵列的产生）
liquid drill 液流式播种机（种子在液流中播出）
liquid dung 粪汁，粪液
liquid emulsion autoradiography 液体乳胶放射自显术
liquid-expansion thermometer 液体温度表
liquid fat 脂肪油
liquid feed system for soilless culture 无土栽培供液系统｛栽培｝
liquid feeder ①供液器｛栽培｝②液体投加器

{环保}
liquid fertilizer 液体肥料,液肥
liquid fertilizer application 施用液肥
liquid fertilizer applicator (= liquid fertilizer distributor) 液肥洒施机
liquid fertilizer injection 液肥灌注
liquid fertilizer injection equipment 液肥注施机具
liquid fertilizer injector 液肥注施器
liquid fertilizer planter [兼施] 液肥播种机
liquid fertilizer pump 液肥泵
liquid fibroin 液状丝素
liquid film 液体膜,水膜
liquid form 液态
liquid formulation 液剂
liquid gas ①液态气体 ②液态氨
liquid gas application 液肥气态施用
liquid gas applicator 液氨注(条)施器
liquid gate 液门,液体片门{遥感}
liquid-glass thermograph 玻管液体温度计
liquid glucose 糖液,糖汁
liquid glue 液态胶黏剂
liquid-holding recovery 液体保持回复力
liquid honey 液态蜜,液体蜜
liquid hybridization 液相杂交{生技}
liquid-in-metal thermograph 钢管水银土壤温度计
liquid insecticidal seed dresser 液体杀虫剂拌种机
liquid insecticidal seed dressing 液体杀虫剂拌种
liquid insecticide 液体杀虫剂
liquid invert ①转化糖浆 ②液转化
liquid ion exchange 液相离子交换
liquid junction potential 液体接界电位(势)
liquid laser producer 液体激光器
liquid layer 液体层,水层
liquid-level gage 液位计
liquid level meter 液面计{环保}
liquid-liquid chromatography (LLC) 液-液层析
liquid-liquid equilibrium 液-液平衡
liquid-liquid extraction 液-液提取
liquid-liquid partition chromatography 液-液分配层析
liquid-liquid partition system 液-液分配系统
liquid-liquid separation 液-液分离
liquid-liquid system 液-液系统
liquid lubrication 液体润滑
liquid manure 厩肥汁,厩液,液肥
liquid manure barrel 粪桶
liquid manure cart 液体厩肥槽车
liquid manure distributor 液体厩肥洒施机
liquid manure drill 液肥条洒(施)机
liquid manure pit 厩液坑
liquid manure plant 厩液用设备
liquid manure pump 厩液泵
liquid manure spreader ①液肥喷洒机 ②液肥喷洒挂车
liquid manure tank 液肥箱,液肥罐
liquid manure trailer with filling and emptying pump 带装卸泵液肥罐车
liquid medium 液体培养基
liquid medium method 液体培养基法
liquid membrane electrode 液膜电极
liquid meter 液体流量计
liquid milk 鲜乳
liquid nitrogen 液态氮
liquid nitrogen cryopreservation 液态氮保藏[法]
liquid nitrogen freezing system 液态氮冷冻装置
liquid nitrogen in electron microscopy 电子[显微]镜检术用液态氮
liquid nitrogen in freeze drying 冷冻干燥用液态氮
liquid paraffin 液体石蜡
liquid petrolatum 液体矿脂
liquid phase 液相
liquid-phase epitaxial method 液相外延法
liquid-phase pinocytosis 液相胞饮{分生}
liquid-phase protein sequencing 液相蛋白质测序,液相蛋白质序列测定{分遗}
liquid pollutant 液体污染物{生态生理}
liquid pressure drive 液压传动
liquid propane 液态丙烷
liquid propane gas tractor 液态丙烷气拖拉机
liquid propane in electron microscopy 电子[显微]镜检术用液态丙烷
liquid pump 液泵
liquid scintillation 液体闪烁
liquid scintillation counter 液体闪烁计数器
liquid seed dresser 湿式拌种机,种子湿拌器
liquid seed treater 种子湿拌器
liquid sericin 液状丝胶{蚕}
liquid shear 液体剪切
liquid silk 液状绢{蚕}
liquid sludge 液体污泥
liquid sludge pump 液体污泥泵
liquid soap 液态皂
liquid solid chromatography (LSC) 液固层析
liquid source diffusion 液体源扩散

liquid sprayer 液力喷雾机,液力喷雾器
liquid state 液态
liquid state fermentation 液态发酵
liquid-tight 不透液的
liquid trailer ①液罐挂车,液槽拖车,拖罐 ②液肥洒布车
liquid-vapour interface 气-液界面
liquid waste 液状废料,废液,废水{环保}
liquid water 液态水
liquid wax 液体蜡
liquidation ①液化[作用] ②偿付(liquidatio)
liquidation value 使用价
liquidity 流性(liquiditas)
liquification(=liquefaction) 液化(liquificatio)
liquified chlorine gas 液氯[Cl_2]{环保}
liquified manure plant 厩液站
liquified manure rain gun 厩液喷射装置
liquified natural gas(LNG) 液化天然气{环保}
liquiritigenin 甘草根亭配基
liquiritin 甘草根亭
liquiritoside 甘草根糖苷
liquogel 液态凝胶
liquor ①饮料酒 ②[水]溶液 ③茶汤(开水冲茶叶,泡茶的水溶液)
liquor-level regulator 液面调节器{环保}
liquor pump 液体泵
liquor pungency 茶汤刺激性(品茶项目)
liquorice(=common licorice) 洋甘草[*Glycyrrhiza glabra* L.](豆科)
liquorice extract 甘草浸出物,甘草精
liquoring quality 饮用质量
lira 条纹,条脊
liriope(=lily-turf) ①麦冬属[*Liriope* Lour.](百合科) ②麦冬(麦门冬)[*Liriope spicata* Lour.]
Liro 黑穗病
LIS(=lithium diiodosalicylate) 二碘水杨酸锂(去污剂)
Lisbon lemon 里斯本柠檬(柠檬品种)
lisimeter(=lysimeter) 测渗计,蒸发蒸腾计
lissocarpous 平滑果的(lissocarpus)
lissospermous 平滑种子的(lissospermus)
list ①名单,名录,目录 ②表,一览表
list compacting 表[格]压缩
list cursor 编目光标
list data structure 表数据结构
list head 表头
list of listing 编号单{统计}
list of plant protection products 植物保护剂一览表
list of signs 符号表,图例
list of species 物种名录
list of varieties 品种名录
list pattern 表模式
list processing(LISP) 表处理
list quadrat 记名样方{生态}
list table 编目表
list up 列表,编成目录
listed crops 垄播作物
listed land 垄播地,垄作地
listen 听{信息}
listen before talk(LBT) 先听后讲
listen only switch 只听开关
listen while talk(LNT) 边听边讲
listener ①收听器 ②收听人,收听者{信息}
listening 收听,监听
listening-in 监听
listening mode 监听方式,收听方式
lister ①做垄犁,双壁开沟犁 ②垄播机 ③列表程序{电脑}
lister cultivation 起垄栽培,做垄栽培
lister-planter 开沟播种机,作垄播种机
lister planting 垄种,垄播
lister plough(=lister plow) [双壁]开沟犁,做垄犁,培土犁
lister sowing 垄播
listerellosis 李斯特氏小菌病
Listeria ①李斯特氏菌属[*Listeria* Pirie](细菌) ②李斯特氏菌[*Listeria* sp.]
listeria infection 李斯特氏菌传染
listering ①垄播,沟播 ②开沟
listeriosis(=listerellosis) 李斯特氏菌病
listing ①做垄,做畦 ②列表,编目
listing assembly 列表汇编
listing method 作垄法{栽培}
listing plough(=ridge plough) 双壁开沟犁,作垄犁,培土犁
listing technique ①列举法,枚举法 ②编目技术{信息} ③作垄技术{耕作}
litchi(=litchee) ①荔枝属[*Litchi* Sonn.](无患子科) ②荔枝[*Litchi chnensis* Sonn.]
litchi algal leaf spot 荔枝藻斑病[*Cephaleuros virescens* Kunze]
litchi bark borer 荔枝蠹蛾[*Arbela tetraonis* Moore]
litchi can 荔枝罐头
litchi canning 荔枝罐藏,荔枝罐头制造
litchi leaf curl 荔枝卷叶病[*Ceuthspora litchii* Chona et Munjal]
litchi leaf rollers 荔枝卷蛾(裳卷蛾)[*Cer-*

ace stipatana Walker]（卷蛾科）
litchi lycaenids 荔枝灰蝶 [*Deudorix epijarbas* Moore]（灰蝶科）
litchi rust 荔枝锈病 [*Skierka nephelii* (Saw.) Ito et Murayama]
litchi stinkbug（= litchee stinkbug） 荔枝蝽 [*Tessaratoma papilosa* Drury]（蝽科）
litchi witches' broom 荔枝丛枝病（病毒病害）
liter（L） 升（容积单位）
liter weight 升重
literal ①文字，文字程序 ②字面积，字面值 ③文字的（literalis）{电脑}
literal translation 直译
literature 文献（literatura）
literature search 文献检索
literatures review 文献综述，文献评论
-lith ⌊字尾⌉ 石，硬
lithaemia 尿酸血
litharge 一氧化铅，密陀僧 [PbO]
lithemia 尿酸血（lithaemia）
lithiasis 结石病
lithiasis of pear（= stony pit） 梨结石病
lithic ①石的 {地质} ②结石的 {病理}（lithus）
lithic contact 母质层（土壤岩石接触层）
lithium 锂（Li，3号元素）
lithium carbonate 碳酸锂 [Li_2CO_3]
lithium carmine 锂胭脂红（染料）{显技}
lithium chloride 氯化锂 [LiCl]（化学示踪剂）{环保}
lithium diiodosalicylate（LIS） 二碘水杨酸锂（去污剂）
litho- ⌊字头⌉ 石，岩石
litho master ①石印盘 ②石印原版
litho-morphic brownish calsiallitic soil 石质棕色钙质硅铝土，石成棕色钙质硅铝土
litho-relic 岩石残积物
litho-sequence 岩石系列 {地质}
litho-soil 石质土
lithobiids 石蜈蚣科 [Lithobiidae]（唇足纲）
lithobiomorpha 石蜈蚣目 [Lithobiomorpha]
lithocarpous 石果的（lithocarpus）
lithocarpus scale 石果红蚧 [*Kermes mutsurensis* Kuwana]（盾蚧科）
lithocholic acid 石胆酸 [$C_{24}H_{40}O_3$]
lithocyst 晶细胞（lithocysta）
lithography 石版印刷术，平版印刷术
lithological boundary 岩性界线
lithological character 岩性
lithological feature 岩性特征
lithological map 岩性图
lithometeor 大气尘粒
lithophilous 石生的（lithophilus）
lithophytes 石生植物（lithophyti）
lithospermous 硬种子的（lithospermus）
lithosphere 地壳，陆圈，岩界，岩石圈（lithosphera）{土壤}
lithotroph 无机营养生物（菌）（lithotrophe）
lithotrophic 无机营养的（lithotrophus）
lithotrophic bacteria 无机营养细菌（bacteria lithotrophae）
litmocidin 蓝放射菌素
litmus ①（= lacmus）石蕊（litmus）②（= turnsole）苏染草 [*Chrozophora tinctoria* Juss]（大戟科）
litmus lactose agar 石蕊乳糖琼脂（培养基）
litmus lichen 石蕊地衣 [*Ochrolechia tartarea*]
litmus mannite agar 石蕊甘露醇琼脂（培养基）
litmus milk 石蕊牛乳（培养基）
litmus paper 石蕊 [试] 纸 {显技}
litorin 雨滨蛙肽
litre（= liter） 升
litsea ①木姜子属 [*Litsea* Lam.]（樟科）②木姜子 [*Litsea pungens* Hemsl.]
litter ①（L）（森林）死被物，枯枝落叶层 {生态} ②（牲畜）垫草，铺草，敷稿 {畜} ③厩肥 {农化} ④废物 {加工} ⑤担架 {农机} ⑥产仔 {畜} ⑦蚕沙 {蚕}
litter alley 除粪通道
litter basket 废物筐
litter bin 废物箱
litter breakdown 死被物分解
litter bucket 厩肥铲斗 {农具}
litter carrier 厩肥运送车
litter cutter 褥草切碎机
litter decompensation 死被物去补偿作用
litter gathering 死被物聚集
litter horizon 枯枝落叶层
litter layer 枯枝落叶层
litter meadow 死被物草甸
litter of weeds 枯草层
litter production 死被物生产[量]
litter size 产子数（指一腹或同窝的子数）
litter stop [禽舍] 积粪板
litter straw 敷稿，褥草，垫草
litter turner 褥草翻动器
litter weight 同窝子畜总重
littering 产子

littermate 同窝子畜
littermate control 同窝子畜管理
little 小的(pervus, minor, minus)
little-awn needlegrass 小芒针茅[*Stipa lobata*](禾本科)
little barley 矮大麦[*Hordeum pusillum*](禾本科)
little bee 小蜜蜂[*Apis florea*](蜜蜂科)
little black ant 小黑蚁[*Monomorium minimum* Buckl.](蚁科)
little blue cattle louse 水牛盲虱[*Solenopotes capillatus* Enderlein]
little bluestem 小蓝秆草[*Andropogon scoparius* L.](禾本科)
little-candles 黄毛球[*Mammillaria prólifera* sp.](仙人掌科)
little carpenterworm 小木蠹蛾[*Prionoxystus macmurtrei* Guérin](木蠹蛾科)
little club moss ①卷柏属[*Selaginella* Beauv.](卷柏科) ②卷柏[*Selaginella tamariscina* Beauv.]
little dog rose 小犬蔷薇[*Rosa cainina* var. *exilis*](蔷薇科)
little doublefile viburnum 矮绣球[*Viburnum tomentosum* var. *parvifolium*](忍冬科)
little fire ant 小红蚁(小火蚁)[*Wasmannia auropunctata* Roger](蚁科)
little flask 小烧瓶{显技}
little-flower deervetch 小花百脉根[*Lotus micranthus*](豆科)
little fruit disease 小实病
little fruit grape 小果野葡萄[*Vitis balanseana* Planch.](葡萄科)
little goldpoppy 小花花菱草[*Eschscholtzia minutiflora*](罂粟科)
little gut 小肠
little-head razorsedge 小头珍珠茅[*Scleria oligantha*](莎草科)
little-hip hawthorn 小果山楂[*Crataegus spathulata*](蔷薇科)
little house fly 黄腹厕蝇[*Fannia canicularis* L.](厕蝇科)
little Ice Age 小冰期
little input 投入少{农管}
little leaf ①小叶 ②小叶病(缺锌)
little-leaf box 小叶黄杨[*Buxus sinica* var. *parvifolia* M. Cheng](黄杨科)
little-leaf disease 小叶病
little leaf peashrub 小叶锦鸡儿[*Caragana microphylla* Lam.](豆科)
little-man's bread 食用菌核
little panda 小熊猫[*Ailuruns fulgens styani* Thomas]
little peach 小桃病
little platanthera 小长距兰[*Platanthera minor* Reichb. fil.](兰科)
little pod 短角果(silicula)
little pruning 轻度修剪
little quakinggrass (=lesser quakinggrass, smaller quakinggrass) 银鳞茅[*Briza minor* L.](禾本科)
little radish 四季萝卜[*Raphanus sativus* var. *radicula* Pers.](十字花科)
little red ant 厨蚁[*Monomorium pharaonis* Linnaeus](蚁科)
little-seed beakrush 小果刺子莞[*Rhynchosptra microcarpa*](莎草科)
little-seed muhly 小子乱子草[*Muhlenbergia microsperma*](禾本科)
little-seed ricegrass 小子落芒草[*Oryzopsis exigua*](禾本科)
little shellbark hickory 小糙皮山核桃[*Carya ovata*](胡桃科)
little sugar pine 糖松类
little tapering (果木形)丰满的
little-tree willow 小树柳[*Salix arbusculoides*](杨柳科)
littoral ①海岸的,沿海的,滨海的 ②潮间线(littoralis)
littoral area 滨海区{环保}
littoral climate 海滨气候
littoral community ①近岸群落 ②浅海群落,潮线间群落
littoral deposit 海岸沉积物
littoral drift 海岸漂沙,沿岸漂沙
littoral dune 海岸沙丘
littoral forest 海岸林
littoral plants 海滨植物(plantaelittorales)
littoral rain 海岸雨
littoral region 海岸地区
littoral thicket 海岸灌丛
littoral woodland 海滨疏林,海岸木本群落
littoral zone 海岸带,沿岸带,潮间带,滨海浅带
littoreus feather-grass 鬣刺[*Spinifex littoreus* Merr.](禾本科)
littorideserta (=littoral deserta) 滨海荒漠,海岸荒漠{生态}
liturate 有斑点的(lituratus)
live ①有生命的,活的 ②燃烧的,炽热的 ③生存,活着
live animal (=live cattle) 活畜

live bacterial vaccine 活菌苗
live-bait fishing 活饵竿钓
live-box fish culture 网箱养鱼,筐养
live data 活数据
live decoys (狩猎用)活媒鸟
live farming 畜牧业
live farming division 畜牧业区划
live fence 绿篱,生篱
live fish 活鱼
live fish carrier 活水船,活鱼运输船
live fish transportation 活鱼运输
live-forever 紫花景天［*Sedum telephium* L.］(景天科)
live green-kernel rice 鲜绿稻粒(米)
live hydraulic pump 独立传动液压泵
live keyboard 活动键盘,灵活键盘
live knot 活节,紧密节
live load ①动荷载(指货物荷载,客运量荷载)②活负载(指工作负载,实用负载)
live loading 动荷载,活负载
live net 活网
live oak ①常绿槠类 ②弗吉尼亚栎［*Quercus virginiana* Mill.］(山毛榉科)
live operation 有效操作
live pig 活猪,生猪
live poultry 活家禽
live prunning 活枝修剪
live system 活系统,实用系统
live vaccine 活疫苗
live weight 活重
live weight gain 增重
live wood 原材
lived seed 活种子,有生命种子
livelock 活锁
lively 活跃的
liveness 活性
liver 肝脏
liver agaric 牛排菌［*Fustullna hepatica* L.］(离管科)
liver alcohol dehydrogenase (L-ADH) 肝醇脱氢酶
liver fluke (= live-worm) 肝蛭［*Fasciola hepatica*］
liver-fluke disease 肝蛭病(瓜仁虫病)(fasciolosis)
liver fungus 肝色牛肝菌［*Fistulina hepatica* (Schaeff) Fr.］
liver infusion 肝浸液
liver-leaf ①獐耳细辛属［*Hepatica* Mill.］(毛茛科)②獐耳细辛［*Hepatica nobilis* Gars. = *H. triloba* Gilib., *Anemone hepatica* L.］
liver nuclei isolation 肝胞核分离
liver pigment 肝色素
liver profile ①肝剖面图 ②肝功能表达图
liver regeneration 肝再生
liver rot 肝双盘吸虫病
liver starch ［肝］糖原,肝淀粉
liver sugar ①糖原 ②肝淀粉{生化}
Liverpool virus 利物浦病毒
liverwort (= agrimony) 欧龙牙草［*Agrimonia eupatora* L.］(蔷薇科)
liverwort chloroplast 欧龙牙草叶绿体
liverworts 苔纲［Hepaticae］
livestock 家畜,牲畜,农畜
livestock breeder 家畜饲养员,家畜育种家
livestock breeding ①畜牧业 ②家畜繁育 ③家畜育种
livestock breeding act 家畜良种繁育法案
livestock breeding farm 家畜良种繁育场,种畜场
livestock breeding station 牲畜配种站
livestock building design code 畜舍设计标准{农施}
livestock buildings 畜舍
livestock capita 家畜总头数
livestock census 家畜调查,牲畜统计
livestock consultant 畜牧业顾问
livestock contagious disease 家畜传染病
livestock density 家畜密度
livestock economy (= animal industry) 畜牧业
livestock efficiency 家畜效能
livestock enclosure 畜圈
livestock enterprise (= livestock farm) 畜牧场
livestock exhibition 家畜展销
livestock experimental station 家畜试验站
livestock farm 畜牧场
livestock farmer 畜牧业主
livestock farming 畜牧业
livestock farming biomass energy 畜牧业生命体能量{农施}
livestock feed 家畜饲料
livestock feeding (= animal feeding) 家畜饲养
livestock feeding adviser 家畜饲养顾问
livestock feeding value 家畜饲养价值
livestock generated heat 家畜产热{农施}
livestock house 畜舍,养畜场
livestock house cooling by spraying and sprinkling 畜舍喷淋降温{农施}
livestock housing 家畜舍饲
livestock husbandry (= stock keeping) 畜牧业,家畜饲养业

livestock hygiene service center 家畜保健卫生中心
livestock improvement 家畜改良
livestock insurance 家畜保险
livestock inventory 家畜清查
livestock judging 家畜鉴定,家畜评定
livestock lease 牲畜租赁
livestock loading ramp 家畜装载台,家畜装载坡道
livestock man 家畜饲养员
livestock management (= livestock farming) 畜牧业
livestock management system 家畜[饲养]管理系统
livestock manure production 家畜厩肥生产量(指家畜粪尿排泄量)
livestock market 畜市
livestock marketing act 家畜贸易法
livestock meteorology 家畜气象学
livestock number 家畜总头数
livestock nutrition 家畜营养
livestock pest 家畜害虫
livestock production (= livestock husbandry) 家畜饲养业
livestock production facility 家畜饲养业设施{农施}
livestock products 畜产品
livestock raising 畜牧业
livestock shed 畜棚,畜舍
livestock show 家畜展览会
livestock slaughter 屠宰用家畜
livestock spray 家畜消毒剂
livestock statistics 家畜统计
livestock trade fund 牧畜贸易(补偿)基金
livestock trailer 运畜挂车
livestock transporter 运畜车
livestock unit 家畜头数,大牲畜单位
livestock weigher 畜称
livetin 卵黄蛋白
liveware 人件,人员
livid amaranth (= wild amaranth, wild blite) 野苋[*Amaranthus lividus* L. = *A. blitum* L.](苋科)
lividus sedge 铅色苔[*Carex livida* Willd](莎草科)
living ①活的 ②有生命的 ③现存的,现代的 ④生物的(vivus)
living baseball 布纹球(奥贝沙,"棒球植物")[*Euphorbia obesa* sp.](大戟科)
living being 生命
living body 活体,生物体(corpus virus)
living cell 活细胞(cellulaviva)
living clock 生物钟
living computer 运行[中的]计算机
living condition 生活条件
living dye 活性染料{显技}
living environment 生活环境,生存环境
living environmental condition of organisms 生物生存环境条件
living fence 生篱,绿篱
living firebreak 防火植物带
living form 生活型(viviforma)
living fossil 活化石(fossillaviva)
living insecticide 生物杀虫剂
living material 生活物质(materia viva)
living matter 活质
living model 生物模型
living mulches 活地被物
living nature 生物界
living organism 生物
living part [生]活[的]部分
living phenomena 生活现象
living plant 活植物体,活植株
living polymer 活[性]高分子
living process 生命过程
living prototype 生物原型
living soil covering 活地被物
living specimen 活标本
living-stones ①石生花属[*Lithops* spp.](番杏科) ②石生花(石头花)[*Lithops pseudotruncatella* sp.]
living substance 生活物质,活质{分遗}
living thing 生物
living tree 活树,立木(arbor vivus)
living weight 活重
living zone 生存带
livistona ①蒲葵属[*Livistona* R. Br.](棕榈科) ②蒲葵[*Livistona chinensis* Marr.]
lixiviate 浸提(lixiviare)
lixiviation ①淋洗[作用]{土壤} ②浸滤{环保}(lixiviatio)
lixivium ①淋余土 ②浸滤液 ③灰汁
lizard 蜥蜴(lacertus)
lizard-balloon 拖尾气球
lizard orchis 皮舌兰属[*Himanthoglossum* Koch.](兰科)⌞拟⌝
lizard-tail ①三白草属[*Saururus* Plum.](三白草科) ②三白草[*Saururus chinensis* (Lour.) Baill.]
lizard-tail family 三白草科[Saururaceae]
lizard venom 蜥蜴毒
llama 役用驼(羊驼,美洲驼)[*Lamaglama* L.](骆驼科)

llano (=savanna) 热带稀树干草原(南美)
LN (=laminin) 层粘连蛋白{分生}
LnRNA (=low molecule weight nuclear RNA) 低分子量核 RNA{分遗}
LO-pattern 明暗图案
lo-res (=low resolution) 低分辨率
loach 泥鳅[*Misgurnus anguillicaudatus* (Cantor)]
load ①(发电机,发动机,引擎等)载荷 ②(发电厂或电路的)负荷,负载 ③装载,装货 ④装载量,载重,加重 ⑤负荷物,载荷物,装载物 ⑥输入,送入,写入
load-and-depth control 力位联合调节
load and go 装入并执行(指程序){电脑}
load and unload 装卸
load balance 负载平衡,负载均衡
load balancing group (LBG) 负载均衡组
load capacity ①载荷能力 ②装载容量
load card 装入卡片
load cell 负荷传感器
load center 载荷中心,阻力中心
load control 负荷控制,负载控制
load conveyor 装载输送带
load-discharge point 装卸点
load factor 载荷系数
load fault 加载故障
load indicator 装入指示器
load lever 装载杆
load limiter 负荷限制器
load measuring 载荷测定,力测定
load measuring cell 测压计,测力计
load mode ①装入方式,装载方式 ②传送方式
load pattern (=loading pattern) 装载模式
load responsible control 力调节,力调节器
load test 负载试验{生技}
load transport 装运
load type 负载类型
loader ①装载机,装运机 ②装卸工
loader-digger 挖掘装载机
loader-harvester 收获装运机
loader-trencher 开沟装载机
loader-unloader 装卸机
loading ①装车,装载,载荷 ②填充 ③加样{生技} ④加载{环保}
loading buffer 加样缓冲液{生技}
loading car 负荷车
loading coefficient 负荷系数,加载系数{环保}
loading crane (=log loader) 木材装载机
loading elevator 装载升运器
loading equipment 装载机械
loading factor 负载因子{遥感}
loading height 装载高度
loading in bulk 散装
loading intensity 负载强度,加载强度{环保}
loading machine 装载机,装货机
loading platform 装车台,装载平台{农机}
loading slot 加样槽
loading tripod 装运三角架{农机}
loading truck 载重卡车
loading vehicle 负荷车
loading wheel 负荷轮
loading zone 加载区{环保}
loaf 块,面包块
loaf of cheese 干酪块
loaf sugar 方糖,小方块糖
loaf volume (面包体积)膨胀量
loafing area 家畜[露天]活动场
loafing pen 家畜活动栏
loafing shed 家畜休息棚
loam 壤土
loam clay 壤黏土
loam fine soil 细壤土
loam soil ①壤土 ②壤土地
loamification 壤质化
loaming 壤质化
loaming soil 壤质化土
loamy 壤质的
loamy clay 壤黏土
loamy coarse sand 壤质粗沙[土]
loamy coarse sandy soil 壤质粗沙土
loamy fine soil 壤质细土
loamy land 壤质地
loamy marl 壤质泥灰
loamy sand 壤质沙土,壤沙土
loamy soil 壤质土
loan 借款,贷款{农经}
loan agreement 借款合同,贷款协定,借贷契约
loan charges 借贷费用(开支)
loan fund 借贷基金
loan on personal guarantee 保证[个人]贷款{农管}
loan on personal security 信用贷款
loan with fixed repayment date 定期信贷
lobate ①浅裂的 ②圆裂的 ③分裂的(lobatus)
lobation ①浅裂 ②圆裂 ③分裂(lobatio)
Lobb′s arbor-vitae (=conoecedar) 美国西部侧柏[*Thuja plicata* Don](柏科)
Lobb′s gooseberry 洛布氏茶藨子[*Ribes lobbi*](虎耳草科)
lobby 分牧区(lobia)

lobe ①浅裂片,圆裂片,裂片 ②(肺,肝)叶 ③插接瓣(lobus)
lobed ①浅裂的 ②圆裂的 ③分裂的(lobatus)
lobed fruit 聚心皮果(fructus lobatus)
lobed globemallow 裂叶球葵[*Sphaeralcea lobata*](锦葵科)
lobed leaf 裂叶(folium lobatum)
lobed-leaf elm (= Manchurian elm) 裂叶榆[*Ulmus laciniata* Mayr.](榆科)
lobed-leaf pharbitis 裂叶牵牛[*Pharbitis nil* (L.) Choisy](旋花科)
lobed rotor motor 凸轮转子马达
lobelanidine 山梗烷醇[$C_{22}H_{29}O_2N$]
lobelanine 山梗烷酮[$C_{22}H_{25}O_2N$]
lobelet (= lobule) 小裂片(lobulus)
lobelia ①半边莲属[*Lobelia* L.](半边莲科) ②半边莲[*Lobelia radicans* Thunb.]
lobelia family 半边莲科[Lobeliaceae]
lobelin 山梗烷醇酮[$C_{22}H_{27}O_2N$]
lobeline 山梗[菜]碱[$C_{22}H_{29}NO_2$]
lobel's catchfly 捕虫瞿麦(高雪轮)[*Silence armeria* L.](石竹科)
lobinaline 山梗灵[$C_{22}H_{38}N_2O$]
loblolly bay 戈登木[*Gordonia lasianthus* Ellis](茶科)
loblolly pine 火炬松[*Pinus taeda* L.](松科)
lobopodium 伪足
lobose 具裂片的(lobosus)
lobster ①大螯虾[*Homarus vulgaris*] ②﹝复﹞龙螯虾科[Homardae],海螯虾科[Nephropsidae],龙虾科[Palinuridae] ③螯虾属[*Cambarus*]
lobster basket 龙虾笼,龙虾篓
lobster boat 捕龙虾船
lobster car 龙虾槽
lobster caterpillar 龙眼灰天社蛾[*Stauropus alternus* Walker]
lobster claw ①螯状指 ②螯状趾
lobster smack 捕龙虾活水船
lobsterclaw ①蝎尾蕉属[*Heliconia* L.](旅人蕉科) ②蝎尾蕉[*Heliconia caribaea* L.]
lobular 有小裂片的(lobularis)
lobulate 具小裂片的(lobulatus)
lobule ①小裂片 ②腹片 ③(肺,肝)小叶(lobulus)
lobulus ①小叶 ②翅瓣
local ①当地的,本地的,地方的 ②局部的(localis)
local abrasion 局部磨损
local action 局部作用[量]{信息}
local activator 局部活化剂
local adaptability 地区适应性
local adaptability test 地区适应性试验
local adjustment 当地调节,地方适应
local agricultural information system 地方农业信息系统{智培}
local agriculture committee 地方农业委员会
local agriculture extension agent 地方农业推广员
local alignment 局部对比(指序列){分遗}
local anaphylaxis 局部过敏
local anesthetics 局部麻醉药
local apparent time 地方视时
local area decision network 局域决策网{信息}
local base pairing 局部碱基配对
local breeding station 地方良种站,地方育种场
local carrier 本机载额{遥感}
local change 当地变化
local circulation 地方性环流,局部环流
local civil time 地方民用时
local climate 局部气候,地方气候
local climatology 地方气候学
local clock 本机时钟{遥感}
local colour 本色
local conditions 当地条件
local confectionery 当地糖果制造业
local conformation 局部构象{生技}
local connecting agent 当地联络员
local control ①局部控制 ②地方控制,当地控制
local corrosion 局部溶蚀
local current 局部气流
local custom 当地习惯
local damage 局部损害
local decision network 局部决策网络{信息}
local diagnosis 局部诊断
local differentiation 局部分化
local dissolution 局部溶解
local duration 当地持续期(指生长)
local effect 局部效应
local emitters 当地发射污染物{生态生理}
local energy density 局部能量密度
local environ 局部环境
local environment 当地环境
local error 局部误差
local exhaust ventilation 局部排气通风{环保}

local fertilizer 当地肥料
local fertilizer drill 肥料点施机,定点施肥机
local forecast 当地预报
local ground water 局部地下水,
local habitat 局部生境,本地生境
local heating 局部增温
local homology 局部同源性〔细胞〕
local hormone 局部激素
local host 局部宿主
local immissions 当地注入[污染]物〔生态生理〕
local immunity 局部免疫性
local improvement 局部改良
local index 局部指数
local infection (=localized infection) ①局部侵染 ②局部传染
local influence 当地影响
local information 本地信息,地方情报
local instability 局部不稳定度
local interbreeding group 地方杂种繁殖群
local interruption 局部中断
local inversion 局部逆增〔气象〕
local irradiation 局部照射
local lesion ①局部坏死病〔病理〕②局部病斑
local level 当地水平(指作物产量)
local line 本地线路〔信息〕
local lock 局部封锁
local-made chemical fertilizer 土制化肥
local manure 当地肥料,土法
local mean time 地方平时〔气象〕
local meridian 地方子午线
local method 当地方法
local mixed material 本地混杂材料
local moisture conditions 当地水分条件
local name 当地名称,土名(nomen localis)
local necrosis (=localized necrosis) 局部坏死
local network 局部网络〔信息〕
local networking 局部联网〔信息〕
local operation ①局部运算 ②局部操作
local optimization 局部[最]优化
local optimum 局部优化,局部最优
local origin 当地来源
local parasite 当地寄生菌
local parent 当地亲本
local phenomenon 局部现象
local pollution 局部污染〔环保〕
local population 地区群体
local population sample 地区群体样品
local power on 本地加电〔农施〕
local practices 当地技术
local precipitation 地方性降水
local printer 本地打印机
local pumping station 本区水泵站,局部水泵站〔环保〕
local race 地方种〔畜〕
local radiation climate 当地辐射气候
local radioactive contamination 局部放射污染〔环保〕
local rain 局部雨
local reaction 局部反应
local recognition 局部识别
local resistance ①局部抗性,局部抗病性〔育种〕②局部阻力〔农机〕
local resource 本地资源
local response 局部反应
local rice (=native rice) 本地稻,当地稻
local road 地方公路
local search 局部搜索,局部查找〔电脑〕
local shared resources (**LSR**) 本地共享资源
local shears 本地修枝剪
local soil property 当地土壤特性
local soil type 当地土组,当地土型
local solar shed 阳畦
local specialization 局部特化
local stability 局部稳定性
local stand table 地方林分表
local state-operated (**enterprise**) 地方国营(企业)
local strain 当地品系
local symptom 局部症状
local thermodynamic equilibrium 局部热动力平衡〔遥感〕
local time 地方时,当地时间
local topography 当地地形〔智培〕
local transport 局部运输
local unevenness 局部不均匀性
local unwinding 局部解链,局部解旋
local update procedure 局部更新过程
local variation 局部变化
local variety ①当地品种〔育种〕②地方变种〔遗传〕
local ventilation 局部通风〔环保〕
local view 局部视图
local volume table 地方材积表
local weather pattern 当地天气模式
local weather report 地方天气报告
local winds 地方性风
local yield-table ①地方产量表 ②地区收获表
locality ①区域性,局部性 ②产地 ③地点,位置 ④立地,环境 ⑤⌊复⌉岩盘(岩盖)(localitas)

locality class 地位级
locality factor 立地因子{森林}
locality protection 区域保护
locality set 局部数据集{智培}
localizability ①可定位性{农机}②可定域性{地质}(localizabilitas)
localization ①区域化{育种}②局部化{遗传}③局限性{栽培}④定位{农机}⑤探测{地质}⑥定域{信息}(localisatio)
localization of break 断裂局部化
localization of chiasma 交叉局部化
localization of crossing-over 交换局部化
localization of factor 因子定位
localization of gene 基因定位
localized ①局限的 ②局部的 ③定域的
localized application of fertilizer 局部施肥
localized area 局部地区
localized bond 定域键{分生}
localized centromere 局部着丝粒
localized chiasma 局部交叉
localized chromosome breakage 局部染色体断裂
localized crossing-over reduction 局部交换降低
localized molecular orbital 定域分子轨道{分生}
localized negative interference 局部负干扰
localized pairing 局部化配对
localized random mutagenesis 局部随机诱变
localized segment 局部节段
localized transduction 局限性转导
localizer 定位器
locally optimal plan 局部最优方案
locally vectorization 局部向量化
locating ①定位 ②定位法
location ①位置,部位,地方,场所,地点,地址,所在地 ②定位 ③存储单元(locatio)
location hole 定位孔
location map 定位图{遥感}
location of communication lines 交通线布局{遥感}
location of farm 农场场址
location of farm buildings (= location of the farm buildings) 农场住宅区位置
location of leak 漏洞地点,漏水地点{环保}
location of manufacturing industries 工业厂地定位{环保}
location of pipe 管道位置{环保}
location of plots and field 耕地地块地点
location of tank 水池位置{环保}
location sketch 现场草图{遥感}
locational conditions 所在地条件,栽培地点条件
locator ①定位器 ②置放器 ③探测器 ④定位程序
locator data 定位器数据
locator device 定位器设备,定位器装置
locellate 分室的(locellatus)
locelle 分室(locellus)
loch ①滨海湖,海湾{水利}
lochan 池塘,贮水池,小滨海湖
lochia 恶雾
lochnericine 洛柯因
loci 座位(locus 的复数)
lociation 超亚植物丛(lociatio){生态}
locies 植物小群丛,演替系小社会{生态}
lock ①锁 ②门闩,水闸,闸门,船闸 ③锁定,定位器,锁定器{农机}④簧板{狩猎}⑤密封{加工}
lock-and-key protection 锁钥式保护{电脑}
lock-and-key theory 锁钥学说{分遗}
lock-cornered hive 直榫蜂箱
lock-free system 无锁定方式
lock image ①封锁图像{电脑}②封锁影像{遥感}
lock in synchronism 锁定同步
lock joint 锁合接头,扣接合{环保}
lock joint pipe 锁合接头管{环保}
lock mode 锁定方式{电脑}
lock on ①锁定 ②跟踪
lock-out (= lock out, lockout) ①封锁 ②切断 ③锁定 ④保护
lock ring 密封圈{加工}
lock time 松簧时间{狩猎}
lock up 死机,锁住{电脑}
lock washer 锁紧垫圈
lock weir 水堰{水利}
lock-weir net 水闸-坝堰网,泄水网{水利}
locked resource 受保护资源,被锁资源
Locke's solution 洛克氏溶液{分生}
locking 锁闭,锁住,锁定
locking device 锁紧装置,锁定设备
locking hierarchy 锁定层次
locking threshold 锁定阈值
lockjaw ①破伤风 ②锁颚病,牙关紧闭{医}
locknut 锁紧螺母
"lockout period" ①管制期 ②封闭期 ③(水果与蔬菜进口)禁期
lockup device 锁定装置
loco 黄芪属[*Astragalus* L.](豆科)
locomobile-drawn plough 锅驼机牵引犁,绳索牵引犁
locomotion ①运动,移动 ②运动力,移动力(locomatio)
locomotive crane 蒸汽回转起重机

locomotive engine 蒸汽机车
locomotive movement (= locomotory movement) 迁移运动
locomotive tissue 运动组织
locomotor capacity 运动本领,运动力
locomotorium 运动器官
locomotory movement 迁移运动
locoweed 蓝花棘豆[*Oxytropis coerulea* (Pall.) DC.](豆科)
loculament 室(loculamentum)
locular 室的(locularis)
locule ①室(指子房,花药){胚胎}②子囊腔{真菌}(loculus)
loculicidal 室脊开裂的(loculicidus)
loculicidal dehiscence 室脊开裂
loculicidality 室脊开裂性(loculicidalitas)
loculiferous 具囊腔的,具小室的(loculiferus)
loculose (= loculous) 分室的(loculosus)
locus ①座位{遗传}②焦点{显技}③轨迹,轨线{数学}④位置,地点,场所{栽培}
locus control region (LCR) [基因]座位控制区
locus in quo 现场
locus linkage analysis 座位连锁分析
locus-specific 座位特异的,特殊座位的
locus-specific parachromatin 座位特异副染色质
locust ①洋槐属[*Robinia* L.](豆科)②洋槐(刺槐)[*Robinia pseudoacacia* L.]③(= migratory locust) 蝗虫(飞蝗)[*Locusta migratoria*](蝗科)④⌊复⌉(= cicadas)蝉科[cicadidae]⑤⌊复⌉(= locusts and grasshoppers) 蝗科[Acridiidae, Acrididae]
locust bean moth 洋槐子斑螟[*Myelois ceratoniae* Zeller]
locust borer 洋槐天牛[*Megacyllene robiniae* Förster]天牛科
locust control 蝗虫防除(治)
locust leaf miner 洋槐潜叶铁甲[*Odontota dorsalis* Thunberg = *Chalepus*](铁甲科)
locust leaf roller 洋槐卷叶斑螟[*Nephopteryx subcaelsiela* Clem.](斑螟科)
locust mitoribosome 蝗虫丝裂核蛋白体
locust plague 虫灾,蝗灾
locust tree (= carob) 角豆树
locusts and grasshoppers (= grasshoppers) 蝗科[Acridiidae]
lod 优势对数
lod-score method 优势对数记分法
lode ①水沟②矿脉
lodewort 水毛茛[*Ranunculus aquatilis*](毛茛科)
lodge ①搭挂②卡位{农机}③看守小屋{狩猎}
lodged 倒伏的
lodged cane harvester 倒伏甘蔗收获机
lodged grains 倒伏的禾谷类
lodgepole sawfly 松叶蜂(= pine sawfly)[*Diprion pini* L.](叶蜂科)
lodging 倒伏
lodging area 倒伏面积
lodging difference 倒伏差别
lodging in cereal 禾谷类作物倒伏
lodging index 倒伏指数
lodging pattern 倒伏型
lodging phenomenon 倒伏现象
lodging reaction 倒伏反应
lodging resistance 抗倒伏性
lodging resistant variety 抗倒伏品种
lodging susceptibility 易倒伏性
lodging susceptible parent 易倒伏亲本
lodging susceptible type 易倒伏型
lodging susceptible variety 易倒伏品种
lodging treatment 倒伏处理(试验用)
lodicule 浆片(lodicula)
loemia 疫病
loess 黄土{土壤}
loess area 黄土地区
loess-child (= loess-doll) 黄土结核
loess conservation 黄土保持
loess deposit 黄土沉积[物]
loess erosion 黄土侵蚀
loess land use 黄土利用
loess-like loam 黄土状壤土
loess-like sediment 黄土状沉积物
loess mantle 黄土盖,黄土层
loess plateau 黄土高原
loess plateau area 黄土高原[地]区
loess property 黄土性质
loess slope 黄土坡地
loess soil 黄土土壤
loess terrain 黄土地区,黄土带
loessial 黄土状的(loessialis)
loessial clay 黄土状黏土
loessial loam 黄土状壤土
loessial sand 黄土状沙土
loessial soil 黄土状土壤
loessial subsoil 黄土状心土
loessial watershed 黄土流域
loessoid 黄土型的(loessoides)
loessoid moraine 黄土型水碛物
Loethers 洛依西尔斯(甘蔗热带原种)

Loffler's alkaline methylene blue 罗夫利尔氏碱次甲基蓝{显技}
Loffler's serum medium 罗夫列尔氏[血清]培养基
Loffler's staining solution 罗夫列尔氏染色液
loft ①(屋顶下的)贮藏间,(贮干草的)厩楼,(存放东西的)顶仓,顶楼 ②阁楼
lofting 屋脊型的(指温室)
lofting plume 屋脊型烟缕{遥感}
lofty ①极高的 ②高超的
lofty seat 高座位
log ①原木,圆材,干材 ②对数 ③记录,运行记录 ④测程器
log beater 圆木逐稿轮
log bridge 圆木桥
log chute 原木滑道
log class 原木等级
log curve 对数曲线
log-down 注销
log drum 记录[磁]鼓{信息}
log-electronic [contact] printer 电子[接触]晒像器{遥感}
log-growth phase 对数生长相,对数生长期{环保}
log harrow 圆木耙,拖耙
log-haul 长距离
log hive 树干蜂箱,蜂桶
log-in ①登记,登录,记录 ②注册 ③进入系统{电脑}
log loader 木材装载机
log log 对数的对数{环保}
log-making 造材
log market 木材市场
log-off ①注销 ②退出系统{电脑}
log-on ①启动 ②登录,记录 ③挂号 ④进入[系统]{电脑}
log paper 对数纸
log phase 对数期(指细胞生长曲线的)
log-raft (= wooden raft) 木排,木筏
log rule 原木材积表,原木出材表
log set 死树装夹法{狩猎}
log sheet 记录表{环保}
log-wagon 畜力四轮运材车
log-wood ①洋苏木[*Haematoxylon campechianum* L.](苏木科) ②干材,锯材原木
log yard 贮木场
loganberry 罗甘莓[*Rubus loganobaccus* sp.](蔷薇科)
loganberry beetle (= raspberry beetle) 罗甘莓小花甲[*Byturus tomentosus* (De Geer)](小花甲科)
loganberry cane fly (= graspberry canefly) 悬钩子花蝇[*Pegomya rubivora* Coquillett](花蝇科)
logania family 马钱科[Loganiaceae]
loganin 马钱[子]苷[$C_{25}H_{34}O_{14}$或$C_{26}H_{36}O_{14}$]
logarithm (log) 对数(logarithma)
logarithm of time fitting method 时间的对数配合法
logarithmic 对数式(logarithmus)
logarithmic calculator 对数计算器
logarithmic contrast 对数反差
logarithmic coordinates 对数坐标
logarithmic curve 对数曲线
logarithmic diagram 对数图
logarithmic function 对数函数
logarithmic growth phase 对数生长期
logarithmic-linear correlation 对数直线相关,对数线性相关
logarithmic normal distribution (= log normal distribution) 对数正态分布
logarithmic phase 对数期
logarithmic scale 对数尺
logarithmic sprayer 对数型喷雾器(可按对数曲线改变溶液)
logarithmic survivor curve 对数生存曲线
logarithmic table 对数表
logarithmic time interval 对数时间间隔
logarithmic titration 对数滴定
logarithmic transformation 对数变换
logarithmic viscosity number 比浓对数黏度
logarithms of factorials 速乘积对数
logfile 记录文件{信息}
logged on time ①登记时间 ②连接时间
logged-over land 采伐迹地
logger ①采运工 ②记采器 ③登记器,记录器,计时器
logger computer 记录计算机
logging ①落后(指染色体){遗传} ②滞后(指电流){信息} ③防护板,绝缘层{电脑} ④横挡板{环保}
logging clearing 集材
logging dam 木坝{水利}
logging data 存入数据
logging list 填表
logging-road 集材道路
logging-wheel 集材[用]车
logic (= logical) ①逻辑的 ②合理的(logicus){物}
logic add "或",逻辑加{电脑}
logic analysis 逻辑分析
logic analyzer 逻辑分析器

logic circuit 逻辑线路
logic control 逻辑控制
logic device 逻辑装置
logic machine 逻辑机
logic model 逻辑模式
logic numeric data computer (LND) 逻辑数值数据计算机
logic oscilloscope 逻辑示波器
logic polarity 逻辑极性
logic probe 逻辑探针{生技}
logic pulser 逻辑脉冲发生器
logical and image operation 影像逻辑与运算{遥感}
logical choice 合理选择
logical comparison 逻辑对比
logical computer 逻辑计算机
logical consequence 逻辑推断
logical database (LDB) 逻辑数据库
logical decision 逻辑决策
logical exclusive operation of image 影像逻辑异运算{遥感}
logical group 合理分类
logical overlap 逻辑重叠
logical storage structure 逻辑存储结构
logistic (= logic) ①逻辑的 ②(数理逻辑)
logistic curve 逻辑曲线(指光合)
logistic function 标准 S 形曲线功能{统计}
logistic growth model 逻辑增长模型
logistics ①逻辑学 ②后勤学(logistica)
logistics support system 后勤保障系统{农经}
logit ①对元{遗传} ②对数单位,对数子{数}
logitron 磁性逻辑元件
lognormal distribution 对数正态分布
logoon 生物塘(指使废水中有机质得到消化处理的设施){环保}
logway 筏道
logwood ①采木属[*Haematoxylon* L.](豆科) ②采木(洋苏木)[*Haematoxylon campechianum* L.]
loin ①腰,腰部 ②腰肉
loin of mutton 羊腰肉
lolium (= ryegrass) ①黑麦草属[*Lolium* L.](禾本科) ②黑麦草[*Lolium perenne* L.]
lolium virus 黑麦草病毒
lolling tongue (公牛,狗)下垂舌头
lollipop (= lolly) 糖果,小糖球
lolly ice 片冰
Lolog barberry 罗罗小檗[*Berberis lologensis*](小檗科)
lolongate 纵[向延]长的,竖伸(lolongatus)
lomasome 质膜外泡,边缘体(lomasoma)
lomatocarpous 有缘果的(lomatocarpus)
lomatophyllous 有缘叶的(lomatophyllus)
lombardy poplar 钻天杨[*Populus nigra* var. *tialica* Muenchh](杨柳科)
lombricine 蚯蚓磷脂
loment 节荚(lomentum)
lomentaceous ①有节荚的 ②节荚状的(lomentaceus)
lomentaria 链状节荚藻[*Lomentaria catenata* Harvey](节荚藻科)
Lomifer 洛米费尔(菲律宾生产的一种肥料和土壤改良剂)
lonchophyllous 矛状叶的(lonchophyllus)
London Clay Flora (LCF) 伦敦黏土植物群,伦敦黏土植物区系(始新世)
London fog 伦敦雾
London plane-tree 英国梧桐[*Platanus acerifolia* Willd.](悬铃木科)
London pride 耐阴虎耳草[*Saxifraga umbrosa* L.](虎耳草科)
London purple 伦敦紫(含有砷酸钙 61% 和亚砷酸钙 9%)(杀虫、除草剂)
London smog incident 伦敦烟雾事件(1952 年 12 月 5 日,英国全境几乎有大雾并发生气温逆转,其中伦敦受影响最严重,死亡达数千人的烟雾事件){环保}
London system 伦敦法(人类染色体分类法)
London tuft 美国石竹(美人草)[*Dianthus barbatus* L.](石竹科)
lone 单独的,孤立的(= solitary)
lone electron pair 孤电子对,未共[享]电子对
lone loop 单环,单回路
lone star tick 美洲钝眼蜱(美洲花蜱)[*Amblyomma americanum* L.](硬蜱科)
lonely 孤寂的(desolatus)
long ①长期间 ②长的(longus)
long acclimatization 长期驯化
long acting 长效的
long-acting thyroid stimulator (LATS) 长效甲状腺刺激因子
long aerial root 长气根(radix aerea elongata)
long aigrette 长冠毛(aigrettum longum)
long and narrow flag leaf 窄长剑叶(稻)
long and narrow plot 狭长试验小区
long anther silk 长花丝(filamentum longum)
long arm ①长臂(染色体){遗传} ②长母蔓,长亲蔓{栽培}
long auricle 长叶耳(auriculalonga)

long-awned variety 长芒品种
long axis 长轴（指弹头）
long bast fiber 长韧皮纤维（fibra liberolignosa longa）
long beaked sedge 长嘴薹草［*Carex longirostrata* C. A. Meyer.］（莎草科）
long beech-fern（= sun fern） 水龙骨状金星蕨［*Phegopteris polypodioides* Fee.］（金星蕨科）
long-billed 长嘴的（longirostris，ciconius）
long binder 高秆作物割捆机
long bine 长蔓，长侧蔓，藤蔓（liana longa）
long blooming period 长花期（anthesis longus）
long boled 长干的，乔木的
long boom loader 长转臂式装载机〔农机〕
long branch ①长枝 ②长角支（ramuslongus）
long bud 伸长芽（gemma elongabus）
long calyx tube 长萼管（tubus calyculus longus）
long cane 长种蔓，长结果母蔓（sarmentum longum）
long cane pruning 长蔓修剪，长梢修剪
Long cat 朗氏猫（指切除胰腺，肾上腺的猫）〔生技〕
long-chain base 长链碱基〔分遗〕
long chondrus 长角叉菜［*Chondrus elatus* Holmes.］（杉叶海苔科）
long continuous cropping 长期连作
long crops 长期作物（指生长期长的作物）
long culm 高秆（culmus elongatus）
long-culm crops 高秆作物
long-culm-heavy-tillering type 高秆多分蘖型
long-culm-less tillering type 高秆少分蘖型
long-culmed variety（= longstalked variety） 高秆品种
long-cultivated land 永耕地，熟地
long-cut wood 长原木
long-cycle rust 长型锈菌
long-day 长日，长日照
long-day annuals 长日［照］一年生作物
long-day breeder 长日繁殖动物
long-day condition 长日［照］条件
long-day crops 长日［照］作物
long-day plants（LDP） 长日［照］植物
long-day requirement 长日照需要量
long-day response 长日［照］反应
long-day treatment 长日照处理
long-day type 长日［照］型
long deep tillage 长期深耕
long developmental branch 长发育枝
long diameter 大头直径（指木材）
long differentiation period 长分化期
long distance attraction 长距离吸引
long distance cis-acting element 长距离顺式作用元件〔生技〕
long-distance communication 远程通讯〔智培〕
long-distance conducting system 长距离输导系统〔生态生理〕
long-distance instruction service 远程教学服务〔智培〕
long-distance transport system 长距离运输系统
long-distance water transport 长距离水分运输
long dormancy 长期休眠
long dormant period 长休眠期
long dung（= long straw manure） 高秆粪肥
long duration ①长生育期 ②长持续期〔栽培〕
long-duration variety 长生育期品种
long earcorn 长果穗（spicalonga）
long-eared 具长耳的（auritus）
long-eared fox 大耳狐［*Vulpes zerdo*］
long eye auger 深孔钻
long fallow ①长期休闲 ②长期休闲地
long-fallow land 长期休闲地
long feed ①高秆饲料，稿秆饲料 ②未切碎的饲料
long-fiber cotton（= long-lint cotton） 长绒棉
long-fiber variety ①长绒品种〔棉〕②长纤维品种（麻类）〔育种〕
long filament 长花丝
long-flies 长角亚目（双翅目）［Nematocera］
long flow combine 直流型联合收获机
long flow combine harvester 直流型联合收获机
long flower lily 麝香百合［*Lilium longiflorum* Thunb.］（百合科）
long flowered achimenes 长花耐寒苣苔（喇叭圆盘花）［*Achimenes longiflora* DC.］（苦苣苔科）
long-flowering 开花期长的
long flowering branch 长花枝
long flowering period 长花期
long format 长格式
long fruit branch 长果枝
long furrow method 长沟法（指蔗地灌溉法）

long-glumed rice 长颖稻
long-grain rice (=long kernel rice) 长粒稻
long-grain rice variety 长粒稻品种
long grinding 纵磨
long growth duration 长生育期
long-haired 具长毛的(crinitus)
long handled pruner 高枝剪
long-haul 远程{信息}
long-haul network 远程网
long head 长穗(spica longa)
long-headed flour beetle (=ochraceous flour beetle) 长头谷盗[*Latheticus oryzae* Waterhouse](拟步甲科)
long-headed leafhopper 长头叶蝉[*Nirvana pallida* Melichar](叶蝉科)
long-headed poppy 长穗罂粟[*Papaver dubium* L.](罂粟科)
long hive 长条蜂箱
long-horned beetle ①天牛 ②⌊复⌉天牛科[Cerambycidae]
long-horned bug 显角亚目(半翅目)[Gymnocerata]
long-horned caddisflies 长角石蛾科[Leptoceridae]
long-horned rice bug 稻长角长蝽[*Pachygrontha antennata* Uhler](长蝽科)
long intercentromeric segment 长着丝粒间节段
long interspersed element (LINE) 长散布元件{生技}
long-jointed bamboo (=Madake bamboo) 刚竹(长节竹)[*Phyllostachys bambusoides* Sieb. et Zucc.](禾本科)
long-keeping 耐贮藏的
long kernel rice 长粒稻(普通稻)[*Oryza sativa* L. subsp. *communis* Gust.](禾本科)
long kernel smut of barnyard 稗长粒黑穗病[*Tolyposporium bullatum* (Schroet.) Schroet.]
long-lasting cut flower 长期切花(指切花的寿命长)
long-lasting snow cover 长期雪被
long leaf pine (=long-leaved pitch pine, broom pine) 美国长叶松[*Pinus palustris* Mill.](松科)
long-leaved 长叶的(longifolius)
long-leaved ammannia (=purple ammannia) 紫水苋菜[*Ammannia coccinea* Rottb.](千屈菜科)
long-leaved false nettle 草苧麻[*Boehmeria sieboldiana* Blume.](荨麻科)
long-leaved knotweed 戟叶蓼[*Polygonum hastato-sagittatum* Makino](蓼科)
long-leaved stephan rhodiola 长叶兴安红景天[*Rhodiola stephanii* var. *longifolia* Nakai.](景天科)
long-leaved stitchwort 长叶繁缕[*Stellaria longifolia* Muehl.](石竹科)
long-legged chafer 油桐黄绿鳃角金龟[*Hoplia communis* Waterhouse](鳃角金龟科)
long legged fly ①长足虻 ②⌊复⌉长足虻科[Dolichopodidae]
long lifetime 长寿[命]
long-lived 长寿命的(longaevus)
long-lived isotope 长效同位素
long-lived leaves 长命叶
long-lived messenger 长命信使{分遗}
long-lived seed 长命种子
long-lobed 长裂片的(longilobus)
long log 长材
long-loop feedback 长环反馈{生技}
long macromolecular chain 长大分子链
long mammilated cactus 金星(长疣八卦掌)[*Dolichothele longimamm* sp.](仙人掌科)
long method 详法,繁法,冗法
long moldboard general purpose bottom 长壁通用犁体
long-necked snakeflies 蛇蛉科[Raphidiidae]
long-needled pine 长叶松[*Pinus longifolia* Roxb.](松科)
long-nosed cattle louse 犊长颚虱[*Linognathus vituli* L.]
long-nosed planthopper 长头蜡蝉[*Dictyophora patruelis* Stal.](光蝉科)
long-oval 长椭圆形
long-palpi cochlid 杨梅刺蛾[*Microleon longipalpis* Butler](刺蛾科)
long-palpi tortrix 葡萄长须卷蛾[*Sparganothis pilleriana* Schiff. et Denis](卷蛾科)
long-pedicel pennywort 长梗天胡荽[*Hydrocotyle ramiflora* Maxim.](豆科)
long pepper ①牛角椒[*Capsicum frutescens* L. var. *longum* Bailey](茄科) ②荜拨[*Piper longum* L.](胡椒科)
long period interspersion 长[周]期散布
long-petaled 长瓣的(longipetalus)
long petiolate beech ①水青冈属(山毛榉属)

[*Fagus* L.](山毛榉科) ②水青冈(山毛榉) [*Fagus longipetiolata* Seem. et Diels.]
long pitman mower 长连杆式刈草机
long plot 主区{统计}
long-pod poppy 长果罂粟[*Papaver dubium* L.](罂粟科)
long pruning 长剪
long racemose gooseberry 长串茶藨子(红花茶藨)[*Ribes longiracemosum* Fr.](虎耳草科)
long rain (= long spell of rainy weather) 淫雨
long range ①远程的,长距离的,长程的 ②大范围的 ③大尺度的 ④长期的
long-range cell communication 长距离细胞联络
long-range coupling 远程耦合
long range electron transfer 长程电子传递
long range fishing 远洋捕捞
long range force 长程力,远程力
long-range forecast 长期预报
long-range intramolecular interaction 远程分子内相互作用
long range migration 远距离洄游
long-range oblique photography 远距倾斜摄影{遥感}
long-range physical map 大尺度物理图
long-range physical mapping 大尺度物理作图
long-range planning 制定长期规划
long-range restriction map 大尺度限制[酶切]图{分遗}
long-range restriction mapping 大尺度限制[酶切]作图
long-range sprinkler 远射程喷灌机
long-range structural change 远程结构变化
long-range structure 远程结构
long-range weather forecast 长期天气预报
long reach hedge cutter 伸臂式绿篱修剪机
long red-pepper 牛角椒[*Capsicum frutescens* var. *longum* Bailey = *C. annuum* var. *longum* Sendt.](茄科)
long residual action 长效性(指肥料,农药)
long roller 棒状轴(轴承)
long row 长行
long run (= long-term) 长期的
long-run economic projection 长期经济计划
long-run test 长期试验
long saw (横截用)长锯
long scale ①鱼藤蚧[*Coccus elongatus* (Signoret)] ②桔长蛎蚧[*Lepidosaphes gloverii* Packard](蚧科)
long-scale plant 长节植物
long season crop 长生长季作物
long shoot 长枝(ramulus longus)
long short 广角拍摄{显技}
long shot ①远射 ②远投
long-sleeved 长袖的(用于花萼)(manicatus)
long smut (高粱)角黑粉病,角黑粉菌
long-span land smoother (= long-span grader) 长跨距平地机
long-spiked ①长穗的(dalichostachyus) ②大穗的(macrostachyus)
long-stalked 长茎的,长柄的(longicaulis)
long-stalked pear 长柄梨
long-stalked variety 高秆品种
long stalked yew ①罗汉松属[*Podocarpus* L'Her.](罗汉松科) ②罗汉松[*Podocarpus chinensis* Wall.]
long-stalked-yew family 罗汉松科(Podocarpaceae)
long-stamened flower 长雄蕊花
long stand 长颈枷畜栏
long-standing burnt cane 烧后久未收获甘蔗,烧后长期在地上甘蔗
long staple 长纤维,长绒
long staple cotton 长绒棉
long-stapled 长纤维的,长绒的
long-stem cutting 长枝插
long-stemmed ①长花莛的 ②长秆的(longiscapus)
long-stemmed nozzle 长杆喷嘴
long-stemmed waterwort 三雄沟繁缕[*Elatine triandra* Schk.](沟繁缕科)
long stipule 长托叶(stipula longa)
long stock (禾捆)长条堆
long straw dung (= long straw manure) 高秆粪肥
long string 长串
long-styled 长花柱的(longistylus)
long-styled flower 长花柱花(flos longistylus)
long-tailed apple wasp 苹长尾小蜂[*Syntomaopis druparum*](小蜂科)
long-tailed cranefly 大稻大蚊[*Tipula longicauda* Matsumura](大蚊科)
long-tailed field mouse (= common wood mouse) 林鼹鼠[*Apodemus silvaticus* L.]
long-tailed fowl 长尾鸡
long-tailed greenish silkmoth 柳天蚕蛾[*Actias selene* Hübner](大蚕蛾科)
long-tailed mealybug 长尾粉蚧[*Pseudococcus adonidum* L.](粉蚧科)

long-tailed swallowtail 长尾凤蝶［*Papilio macilentus* Janson］（凤蝶科）
long-tapering 长尖削形的
long-term 长期的
long-term action 长期作用
long-term advantage 长期优越性
long-term disturbance 长期紊乱
long-term environmental stress 长期环境胁迫｛生态生理｝
long-term evolution 长期进化
long-term evolutionary event 长期进化事件
long-term fertilizer experiments 长期肥料试验
long-term fix 长期固定
long-term forecast 长期预报
long-term investment 长期投资
long-term memory 长期记忆｛信息｝
long-term objective 长期目标
long-term ozone concentration 长期臭氧浓度
long-term plan 长期计划
long-term potentiation 长期增强
long-term prophecy 长期预报
long-term research program 长期研究课题
long-term seed preservation 种子长期保存
long-term storage 长期贮存
long-term stress 长期胁迫
long-term toxicity test 慢性毒性试验
long-term translation 长期翻译
long-terminal repeats(LTR) 长末端重复序列｛分遗｝
long-thorned 长刺的（dolichacanthus）
long thresher 横喂式脱粒机
long-time experiment 长期试验
long-time soil treatment 长期土壤处理
long-time storage（= long storage） 长期贮藏
long ton（= gross ton） 长吨（1 长吨 = 2240 磅 = 1016 千克）
long-tooth rake 长齿耙
long trend 长期趋势
long tube gilia 大吉利花［*Linanthus grandiflorus* sp.］
long-tuft leaves dracaena 百合竹（富贵竹，短叶竹蕉）［*Dracaena reflexa* sp.］（龙舌兰科）
long-turn bottom（= longpitch bottom） 长螺旋型犁体
long wave radiation 长波辐射
long wavelength ultraviolet lamp 长波长紫外［线］灯
long wing sweep 长翼箭形铲
long-winged grouse locust 长翅菱蝗［*Paratettix histricus* Stål］（菱蝗科）
long-winged locust 含羞草螽斯［*Phaneroptera brevis* Serville］
long-winged planthopper（= cane planthopper） 蔗长翅蜡蝉［*Phenice maesta* Westwood］（长翅蜡蝉科）
long-winged rice grasshopper 长翅稻蝗［*Oxya velox* Fabricius］（蝗科）
long-winged vegetable grasshopper 菜长翅蜢［*Eirenephilus longipennis* Shiraki］（蝗科）
long wood 长材
long-wood cutting 长梢［扦］插
long-wool breed （兔、羊等）长毛种
long-woolled 长毛的
long yellow daylily 金针菜［*Hemerocallis citrina* Baroni］（百合科）
longan（= lungan） ①龙眼属［*Euphoria* Comm.］（无患子科） ②龙眼［*Euphoria longana* Lam.］
longan algal leaf spot 龙眼藻斑病［*Cephaleuros virescens* Kunze］
longan can 龙眼罐头
longan canning 龙眼罐藏，龙眼罐头制造
longan mistletoe 龙眼桑寄生［*Loranthus parasiticus*（L.）Merr.］（桑寄生科）
longan sooty mold 龙眼煤病［*Phaeosacceardulina javanlea*（Zimm.）Yamamoto］
longan witches' broom 龙眼丛枝病（病毒病害）
longawn muhly 长芒乱子草［*Muhlenbergia parviglumis*］（禾本科）
longbarb arrowhead 长裂慈姑［*Sagittaria longiloba*］（泽泻科）
longbeak arrowhead 长喙慈姑［*Sagittaria longirostra*］（泽泻科）
longbeak buttercup 长喙毛茛［*Ranunculus longirostris*］（毛茛科）
longbeak eucalyptus 赤桉［*Eucalyptus camaldulensis* Dehnhardt = *E. rostrata* Schlecht, non Cav.］（桃金娘科）
longbract cat-tail 长苞菖蒲［*Typha angustata* Bory et Chaub.］（香蒲科）
longcluster blueberry 长穗越橘［*Vaccinium sieboldii* Miq.］（乌饭树科）
longcluster Japanese wisteria 长穗多花紫藤［*Wisteria floribunda* var. *macrobotrys* Balloy］（豆科）
longebract deervetch 长苞百脉根［*Lotus longebracteatus*］（豆科）
longebracteatus falsehellebore 长苞藜芦［*Veratrum longebracteatus* Takeda］（百

合科)
longer wavelength 长波长{电脑}
longest path 最长路程
longest stage (蚕种)最长期
longestapex beautyberry 尖尾枫[*Callicarpa takakumensis* Hatus.](马鞭草科)
longevity ①寿命 ②存活力 ③长使用期(longevitas)
longevity of pollen 花粉寿命
longevity of seeds 种子寿命
longflower poppy 长花罂粟[*Papaver monanthum*](罂粟科)
longflower woodruff 长花车叶草[*Asperula longiflora*](茜草科)
longfruited anemone 长果银莲花[*Anemone cylindrica*](毛茛科)
longfruited knotweed 长果蓼[*Polygonum exsertum*](蓼科)
longhead larkspur 大头翠雀[*Delphinium macrocephalum*](毛茛科)
longhip David rose 长果大卫蔷薇[*Rosa davidi* var. *elongata*](蔷薇科)
longicaudate 长尾的(longicaudatus)
longicorn ①具长触角的 ②天牛
longicorn beetle ①天牛 ②⌊复⌉天牛科[Cerambycidae]
longiflorous 长花的(longiflorus)
longifolious 长叶的(longifolius)
longifolius polygala 长叶远志[*Polygala longifolia* Poir.](远志科)
longipinnate 长羽状的(longipinnatus)
longirostral 长嘴的,具长嘴的(longirostris)
longiseta rice 长颖稻[*Oryza sativa* L. var. *longiseta* Makino.](禾本科)
longisetus reedgrass 长刺毛拂子茅[*Calamagrostis longiseta* Hackel.](禾本科)
longispicus false nettle 长穗苧麻[*Boehmeria longispica* Steud.](荨麻科)
longisporin 长孢菌素
longissimus muscle 背最长肌,里肌{昆虫}
longitubus skulleap 长管黄芩[*Scutellaria longituba* Koidz.](唇形科)
longitude 经度(longitudo)
longitudinal ①纵的 ②经度的 ③长度的(longitudinalis)
longitudinal axis 纵轴(axis longitudinalis)
longitudinal cambium initial 纺锤状[形成层]原始细胞
longitudinal check 纵向检查
longitudinal chromatic aberration 纵向色差
longitudinal coast 纵式海岸
longitudinal coverage 纵向宽幅
longitudinal cutting 纵切,纵向切削法{显技}
longitudinal dam 顺坝
longitudinal dehiscence 纵裂(dehiscentia longitudinalis)
longitudinal dehiscent fruit 纵裂果(fructus dehiscens longitudinalis)
longitudinal differentiation 纵分化
longitudinal diffusion 纵向扩散
longitudinal draining 纵向排水
longitudinal effect 经度效应{遥感}
longitudinal erosion 纵侵蚀
longitudinal force 纵向力
longitudinal furrow 纵沟
longitudinal growth ①纵向生长 ②株高生长
longitudinal increment 高度生长量,株高生长量,树高生长量
longitudinal indirect flight muscle 间接纵飞行肌
longitudinal intercellular canal 垂直细胞间沟
longitudinal joint 纵节理{地质}
longitudinal key 长方键{农机}
longitudinal leveling 纵向平地
longitudinal line ①纵线 ②纵埂
longitudinal loading 纵向载荷
longitudinal magnetic recording 纵向磁记录{信息}
longitudinal magnetization 纵向磁化
longitudinal offset loss 纵向偏差损耗
longitudinal overlap 纵向重叠,向前重叠{遥感}
longitudinal plane 纵断面
longitudinal profile 纵剖面
longitudinal relaxation 纵向弛豫
longitudinal resin canal 垂直脂沟
longitudinal scan 纵向扫描
longitudinal section ①纵切面 ②纵切片{显技}(sectio longitudinalis)
longitudinal shrinkage 纵向收缩
longitudinal sliding motion 纵向滑动
longitudinal split 纵裂
longitudinal splitting 纵裂
longitudinal stability 纵向稳定性
longitudinal strand parenchyma 纵向索状薄壁组织
longitudinal surface 纵表面,纵断面
longitudinal vein 纵脉
longitudinal ventilation 纵向通风
longitudinal vibration 纵向振动

longitudinal video recorder 纵向记录式录像机
longitudinal view 纵视图,纵面观〈显技〉
longitudinal wall 纵壁
longitudinal wave 纵波
longitudinal zoning 纵向分带
longitudinometry ①长度测量 ②长度测量法(longitudinometria)〈栽培〉
longleaf Americana lopseed 长叶透骨草[*Phryma leptostachya* L. var. *Oblongifolia* Honda.](透骨草科)
longleaf beautyberry 长叶紫珠[*Callicarpa longifolia*](马鞭草科)
longleaf bittersweet 长叶南蛇藤[*Celastrus lancifolius* Nakai](卫矛科)
longleaf campanumoea 长叶金线豹(长叶轮钟草)[Campanumoea lancifolia Merr.](桔梗科)
longleaf canna 长叶美人蕉[*Canna longifolia*](美人蕉科)
longleaf Chinese rose 长叶月季[*Rosa chinensis* var. *longifolia*](蔷薇科)
longleaf dwarf lily 长叶沿阶草[*Ophiopogon longifolius* Ohwi](百合科)
longleaf elaeagnus 大叶胡颓子[*Elaeagnus macrophylla* Thunb.](胡颓子科)
longleaf ephedra 长叶麻黄[*Ephedra trifurca*](麻黄科)
longleaf ermans birch 长叶岳桦[*Betula ermanii* var. *japonica* Koidz](桦木科)
longleaf evergreen euonymus 长叶黄杨(长叶正木)[*Euonymus japonicus* var. *longifolius* Nakai.](卫矛科)
longleaf garden lettuce 长叶莴苣(生菜)[*Lactuca sativa* var. *longifolia*](菊科)
longleaf Japanese camellia 长叶山茶[*Camellia japonica* L. forma *lancifolia* Hara.](茶科)
longleaf Japanese skimmia 长叶香茵芋[*Skimmia japonica* Thunb. forma *longifolia* Hara.](芸香科)
longleaf meadowrue 长叶唐松草[*Thalictrum integrilobum* Maxim.](毛茛科)
longleaf mullein 毛蕊花[*Verbascum longifolium*](玄参科)
longleaf Nippon-mountain heath 长叶栂樱[*Phyllodoce tsugaefolia* Nakai](杜鹃花科)
longleaf Nippon-spiraea 狭叶日本绣线菊[*Spiraea nipponica* Maxim.](蔷薇科)
longleaf panicum 长叶稷[*Panicum longifolium*](禾本科)
longleaf paspalum 长叶雀稗[*Paspalum longifolium* Roxb.](禾本科)
longleaf pine (= Pitch pine) 大王松[*Pinus palustris* Mill.](松科)
longleaf plantain-lily 长叶玉簪[*Hosta longissima* Honda.](百合科)
longleaf strictus viola 长叶立堇[*Viola ovato-oblonga* Makino.](堇菜科)
longleaf wheel stamen tree 长叶昆栏树[*Trochodendron aralioides* var. *longifolium* Maxim.](昆栏树科)
longline-fishing boat 延绳钓渔船
longline gurdy (= longline hauler) 延绳钓起吊机
longliner ①延绳钓渔船 ②延绳钓起吊机
longpedicei Chinese bushcherry 长梗郁李[*Prunus japonica* var. *nakai* (Levi.) Rehd.](蔷薇科)
Long's grape 朗氏葡萄[*Vitis longi* sp.](葡萄科)
longshore 沿岸的
longshore current 沿岸流
longshore fishery 沿岸渔业
longspike triodia 长穗三齿稃[*Triodia stricta*](禾本科)
longspur columbine 长距耧斗菜[*Aquilegia longissima* A. Gray et S. Wats.](毛茛科)
longspur epimedium 淫羊藿[*Epimedium grandiflorum* Morr.](小檗科)
longspur violet 长距堇菜[*Viola rostrata*](堇菜科)
longstalk holly 长梗冬青[*Ilex pedunculosa*](冬青科)
longstalk peach 长梗扁桃[*Prunus pedunculata* (Pall.) Maxim.](蔷薇科)
longstem hop-seed-bush 长茎车桑子[*Dodonaea attenuata*](无患子科)
longstyle sweetroot 长柱香根芹[*Osmorhiza longistylis*](伞形花科)
longtongue mutton bluegrass 长舌早熟禾[*Poa longiligula*](禾本科)
longtooth rose 长齿蔷薇[*Rosa longicuspis*](蔷薇科)
longtube tawny daylily 长管萱草[*Hemerocallis fulva* var. *longituba*](百合科)
lonicera (= honey suckle) ①忍冬属[*Lonicera* L.](忍冬科) ②忍冬[*Lonicera japonica* Thunb.]
lonicera maacki (= Amur honey-suckle) 金银忍冬[*Lonicera maackii* (Rupr.) Maxim.](忍冬科)

lonone rings 紫罗酮环
loofah (= loofah sponge) 丝瓜络
look ①看,查看 ②注意,留神 ③预期,期待 ④面向,朝向
look about ①警戒 ②看望
look ahead ①先行,超前,超前屏蔽 ②预测,预先估计
look ahead analysis 先行分析,预测分析
look-aside buffer 旁视缓冲器
look at ①拒绝 ②检查
look facility ①查看功能 ②检查设施
look out ①瞭望,警戒 ②挑选
look-out observatory 瞭望台
look-out station 观察站
look over ①检验,检查 ②忽略
look through ①连续检查 ②通阅,浏览
look up ①查表,查出,查找 ②检查
look up table 查找表
look up technique 查找技术,查找方法
looker 查找程序{电脑}
looking ahead 前景
looking ahead in farm research 农业研究前景
looking glass tree 银叶树[*Heritiera littoralis* Dryand.](梧桐科)
loom 织布机
looming 上现蜃景{气象}
loop ①回线{统计}②弓弦套结{狩猎}③翅缰环{昆虫}④神经节{昆虫}⑤环{遗传}⑥环路,回路,循环{电脑}
loop antenna 环形天线
loop around 循环
loop axis 环轴
loop chromatid 环染色单体
loop computation 循环计算
loop computer network 环形计算机网络
loop curing 串联风干,串叶风干(烟叶)
loop current 环流{遥感}
loop cycle 循环周期
loop detection 巡回检测,循环探测
loop divider 环圈分禾器
loop drier 长环干燥机
loop end 循环结束
loop fermentor 环式发酵罐
loop frequency 环频数{细胞}
loop-helix motif 环-螺旋特征序列{分遗}
loop-in mutagenesis 环入诱变,插环诱变{分遗}
loop line 环形路线{信息}
loop matrix 环基质
loop network 环形网络,环式网{信息}
loop reactor 环式反应器
loop seal 环形管水封,回路水封{环保}
loop-shuttle turn 穿梭式环行转向
loop size 环大小
loop spring tine cultivator 圈簧弹齿中耕机
loop turn 环形转向
loop univalent 环单价[染色]体{细胞}
loopback 环回,返回,回送{电脑}
loopback point 环回点
looped-tine cultivator 圈形弹齿中耕机
looper ①尺蠖{昆虫}②捆束机,捆把机
looper caterpillars (= canker worm, loopers) 尺蠖类及部分夜蛾科幼虫
loopful 菌环
looping ①串联,串叶(烟叶)②成环(DNA)③循环
looping plume 圈型烟缕{遥感}
loopout 环出
loopout mutagenesis 环出诱变,去环诱变{分遗}
loopout sequence 环出序列
Loo's root lesion nematode 茶根腐线虫[*Pratylenchus loosi* Loof.]
loose ①疏松的(laxus)②松散的 ③游离的,自由的 ④无约束的,解开的,松开的 ⑤散装的
loose aggregate 疏松团粒,疏松团聚体
loose box (= loose barn) 散饲牛舍
loose bud 疏生芽(风信子)(gemma laxa)
loose cane 散装甘蔗
loose coiling 疏松螺旋
loose constraint 松约束,松弛约束
loose coupling ①弱耦合,松弛耦合 ②松联结
loose-crown tree 疏冠树
loose driving 散流,流送(指木材)
loose eggs 散卵{蚕}
loose fit 松配合
loose floating 木排流送,河川流送
loose-flower hornbeam 疏花鹅耳枥[*Carpinus laxiflora* Bl.](榛木科)
loose forecarriage plow 活动前轮架犁
loose frame (= loose hanging frame) 无隔板巢框
loose grain 劈裂纹(木材)
loose grasses 稀疏性牧草
loose ground 疏松地
loose growing (= weakstem mixed-flower) 细茎牧根草[*Phyteuma scheuchzeri* All.](桔梗科)
loose-head 散叶的,半结球的(甘蓝)
loose-headed lettuce (= loose head lettuce) 散叶莴苣[*Lactuca sativa* var. *acephala* Alef.](菊科)
loose housing 散饲
loose housing barn 散饲牛舍,无颈枷饲养牛舍

loose housing layout 散饲牛舍布置圈
loose housing stable（= loose housing cowshed） 散饲牛舍
loose housing structure 散饲畜舍建筑
loose housing system 散饲制
loose housing yard 散饲畜圈
loose kernel smut 散黑穗病
loose kernel smut of kaoliang（= loose kernel smut of sorghum） 高粱散黑穗病［*Sphacelotheca cruenta*（Kuehn）Potter.］
loose knot 松节，脱落节
loose-leaf mustard 大芥
loose-leaved 散叶的
loose-leaved lettuce（= cut lettuce） 散叶莴苣
loose line 散排行，疏排行（指排版）
loose linkage 松连锁
loose measure 粗测
loose neck （马）消瘦颈
loose polysome 疏松多核蛋白体
loose rock check dam 碎石谷坊
loose rock dam 碎石坝
loose running fit 松转配合
loose sand 松沙［土］
loose shell cocoon 绵茧｛蚕｝
loose side of belt 皮带松开段
loose skin character 松皮性状（指易剥柑桔皮）
loose skin oranges 松皮橘类（指橘皮不紧贴，容易剥）
loose skinned orange 橘［*Citrus deliciosa* Tenore.］（芸香科）
loose smut 散黑粉（穗）病，散黑粉菌
loose smut of barley 大麦散黑穗病［*Ustilago nuda*（Jens）Rostr.］
loose smut of oats 燕麦散黑穗病［*Ustilago avenae*（Pers.）Rostr.］
loose smut of wheat 小麦散黑穗病［*Ustilago tritici*（Pers.）Rostr. = *Ustilago nuda*（Jens）Rostr.］
loose soil 疏松土，松散土
loose straw 疏松稿秆
loose synchronization 松散同步
loose texture 疏松质地
loose transition state 松散过渡态｛分生｝
loose volume 松散体积，松散容积
loose weight 疏松重量
looseleaf 活页｛智培｝
loosely-coupled network（LCN） 松散耦合网络｛信息｝
loosely-coupled system 松散耦合系统
loosely spreading 松展的，开展的（effusus）
loosen ①放松，变松，松弛 ②松散，松软，散碎 ③锄松，耙，松土 ④疏伐｛森林｝⑤剥荚，去壳，脱粒
loosened grain ①粗松纹理｛解剖｝②环状裂纹｛森林｝
loosener 松土机，浅耕机
loosening ①松动，拧松，放松｛农机｝②疏松，崩解｛土壤｝③松土｛耕作｝
loosening of soil 疏松土壤，使土壤松散
looseness 松散性，松散度
looseness of soil 土壤松散性，土壤松散度
looseness of structure 结构松散度｛土壤｝
loosestrife ①排草属［*Lysimachia* L.］（报春花科）②千屈菜属［*Lythrum* L.］（千屈菜科）
loosestrife family 千屈菜科［Lythraceae］
loosing 放箭｛狩猎｝
lop ①伐，砍，截去 ②下垂
lop development 单侧发育
lop-ear（= drooping ear） 垂耳
lop-eared hare 垂耳兔
lop-eared pig 垂耳猪
lop grass（= soft brome grass） 毛雀麦
lop hemp（= dogbane，Indian hemp） 罗布麻［*Apocynum venetum* L.］
lop off 砍去
lope ①（兔）跳走，跃进 ②（马）缓跑
lophacanthous 有簇刺的（lophacanthus）
lophate 具脊的（lophatus）
lophatherum ①淡竹叶属［*Lophatherum* Brongn.］（禾本科）② 淡竹叶［*Lophatherum sinense* Rendle］
lophenol 4-甲基-7-烯胆［甾］烷醇
lophiostomate 具鸡冠状开口的（lophiostomatus）
lophiothecium 扁口子囊壳
lophium 山顶群落｛生态｝
lophocarpous 成束果的（lophocarpus）
lophopterous 成束翼的（lophopterus）
lophopteryx prominent 骆驼舟蛾［*Lophopteryx camelina giraffina* Hübner］（舟蛾科）
lophos 脊
lophotricha 偏端丛毛
lophotricheal bacteria 端毛细菌（bacteria lophotricheae）
lophotrichiate 丛鞭毛的，具偏端丛毛的（lophotrichiatus）
lophotrichous 丛鞭毛的（lophotrichus）
lopolith 岩盆｛地质｝
lopped ①截形的 ②截短的（tonsus）
lopper ①截枝工，打枝工 ②修枝剪

lopping ①截枝,打[丫]枝 ②剪枝,修枝
lopping axe 截枝斧,披枝斧
lopping-forest 截枝林
lopping of branches ①修枝,剪枝 ②截枝
lopping off ①修枝,剪枝 ②截枝
lopping shears 修枝刀,修枝剪
lopping system 截枝作业
lopping tool 截枝用具
lopping tree 截枝树
lopseed ①透骨草属[*Phryma* L.](透骨草科) ②透骨草[*Phryma lepostachya* var. *asiatica* Hara]
lopseed family 透骨草科[Phrymaceae]
lopside 一面偏向
lopsided tree 偏冠树,偏斜树
lopwood 枝材
loquat ①枇杷属[*Eriobotrya* Lindl.](蔷薇科) ②枇杷[*Eriobotrya japonica* Lindl.]
loquat anthracnose 枇杷炭疽病[*Glomerella cingulate* (Stonem.) Spauld et Schrenk]
loquat armillaria root rot 枇杷蜜环菌根腐病[*Armillaria mellea* (Vahl. Fr.) Karst.]
loquat ascochyta leaf spot 枇杷褐斑病[*Ascochyta eriobotryae* Vogl.]
loquat bacterial canker 枇杷细菌性溃疡病[*Pseudomonas eriobotryae* (Takim.) Dowson]
loquat black rot 枇杷黑腐病[*Sphaeropsis malorum* Pock]
loquat bud blight 枇杷芽枯病[*Pseudomonas eriobotryae* Dowson.]
loquat can 枇杷罐头
loquat canning 枇杷罐藏,枇杷罐头制造
loquat compote 糖渍枇杷
loquat leaf mold 枇杷污叶病[*Clasterosporium eriobotryae* Hara.]
loquat leaf roller 枇杷螟[*Syllepta balteata* Fabricius](螟蛾科)
loquat pestalolia leaf spot 枇杷轮斑病[*Pestalotia criobotryae* McAlp.]
loquat phyllosticta leaf spot 枇杷叶斑病[*Phyllosticta eriobotryae* Thilem.]
loquat russet 枇杷锈斑病(指由瘿螨寄生引起的病害)
loquat rust 枇杷锈病[*Coleopuccinella simplex* Hara.]
loquat stink bug 枇杷黑波蝽[*Agonoscelis nubila* Fabricius](蝽科)
loquat thrips 枇杷带蓟马[*Taeniothrips canavaliae* Moulton](蓟马科)
loquat twig blight (= loquat bud blight) 枇杷芽枯病
loquat white root rot 枇杷白纹羽病[*Rosellinia necatrix* Berlese]
loran 罗兰系统,远程导航系统{遥感}
loranth ①桑寄生属[*Loranthus* L.](桑寄生科) ②桑寄生[*Loranthus yadoriki* Sieb.]
loranth family 桑寄生科[Loranthaceae]
loranthus yellow butterfly 桑寄生黄粉蝶[*Delias belisama* Cramer = Thyca](粉蝶科)
lorate ①带状的 ②带舌的,舌状的(loratus)
lorchel 鹿花菌[*Gyromitra esculenta* (Pers.) Fr.]
Lorenzini's ampulla 罗氏壶腹(指某些鱼电感受器){物}
Lorette pruning system 劳赖特式整枝法
Lorey's formula 罗氏式{森林}
lorica [藻]鞘
loricate ①具鞘形的 ②有鳞的(loricatus)
loricrin 兜甲蛋白{分生}
loro 硫氰月桂酯 [$CH_3(CH_2)_{10}CH_2SCN$]
loropetalum ①檵木属[*Loropetalum* R. Br.](金缕梅科) ②檵木[*Loropetalum chinense* R. Br.]
lorry 卡车,载重汽车
lorry-mounted 悬挂在载重汽车上的
lorry-mounted spreader 卡车附装撒肥机,装在载重汽车上撒肥机
lorry trailer 汽车挂(拖)车
lorum ①轴节间片 ②亚颏 ③喙基片 ④舌侧骨
Los Angeles smog incident 洛杉矶烟雾事件(1955年8月发生了著名的洛杉矶因大气污染严重的烟雾事件,死亡400多人,以老人居多){环保}
Los Angeles type smog 洛杉矶型雾
loss ①损失 ②遗失 ③消耗,损耗 ④故障
loss at harvest 收获损失
loss by interception 截留损失(指水)
loss by leaching 淋溶损失
loss by radiation 辐射损失
loss by run-off [of soil] 水土流失
loss by solution 溶失量{土壤}
loss due to condensation 凝结损耗{气象}
loss due to friction 摩擦损失
loss factor 损失系数,损耗系数
loss failure period 老化失效期
loss in power 能的损耗
loss in weight 重量损失

loss in yield 产量损失
loss mutation 损失突变
loss of bouquet (= staleness) 淡而无味,走味
loss of chlorophyll 叶绿素损失
loss of crop areas (= loss of cultivated areas) 栽培面积减少
loss of energy 能损耗
loss of gaseous nitrogen 气态氮损失量,气态氮逸出
loss of green colour 绿色消失,缺绿,褪绿
loss of head 水头损失
loss of head gage 水头损失计{环保}
loss of information 信息损失{信息}
loss of nitrogen 氮素损失
loss of nutrients 养分损耗[量]{土壤}
loss of pointer 指针丢失
loss of seeds 种子损失
loss of sexuality 性消失
loss of time 时间消失,时间浪费
loss of turgor 膨压损失
loss of water 水[分]损失
loss of working time 工时损失
loss on ignition 烧失量,烧灼减量
loss time 故障时间{电脑}
lossless 无损失的,无损耗的
lossless channel 无损失通道{信息}
lossless join 无损耗连接
lossless network 无损耗网络
lossy circuit 有损耗电路
lost ①损失的,损耗的 ②磨损的 ③失去的,失败的 ④无效的
lost balloon 测风气球
lost call 未接通的呼叫,无效呼叫{信息}
lost motion 空转,无载荷运转
lost river 流失河,隐入河
lost swarm 飞失蜂群{蜂}
lot ①地区,地段 ②组,批,批量
lot number 批号
lot of ornamental plant 观赏植物园地
lot size 批量
lot size scheduling 批量调度
lotaustralin 百脉根苷
lotic 激流的(lotus)
lotion 洗剂
lottery 抽奖法,抽签法
lotus (= lote, lotos) 莲[*Nelumbium speciosum* Willd. = *Nelumbo nucifera* Gaerth.](睡莲科)
lotus agglutinin (LA) 莲凝集素
lotus fruit (= wild jujube) 枣[*Ziziphus jujuba* Mill.](鼠李科)
lotus leaves 荷叶
lotus pond 莲池,莲塘
lotus rhizome (= lotus root) 藕
lotus seed 莲子
loucosin 麦白蛋白
loud hailer 强力扬声器
loud speaker 扬声器,扩音器
loud-speaker control 扬声器控制
Louisiana Purple 路易斯安娜紫(甘蔗热带原种)
Louisiana Ribbon 路易斯安娜带(苷蔗热带原种)
Louisiana Striped 路易斯安娜条纹(甘蔗热带原种)
louping ill 跳跃病
loure shutter 百叶窗式快门{遥感}
lourea ①蝴蝶叶属[*Lourea* Neck.](豆科) ②蝴蝶叶[*Lourea vespertilionis* L.]
louse 虱
louse fly ①(= ked, sheep tick) 绵羊虱蝇[*Melophagus ovinus* Linnaeus] ②(= sheep ticks) 虱蝇科[Hippoboscidae]
louse salve 除虱膏药
lousewort ①马先蒿属[*Pedicularis* L.](玄参科) ②马先蒿[*Pedicularis resupinata* L.]
Lousier 卢塞尔(甘蔗热带原种)
lousiness ①虱病{医} ②(= lousiness-fiber) 分裂纤维{蚕}
louver ①鱼鳞筛 ②百叶窗 ③通风窗,散热孔
louver drier 百叶窗式干燥器
louver sieve 鱼鳞筛
louvred screen 百叶箱
lovage ①拉维纪草属[*Levisticum* Hill.](伞形花科) ②拉维纪草[*Levisticum officinale* Koch]
love apple (= tomato) 番茄(西红柿)[*Lycopersicum esculentum* Mill.](茄科)
love chain 吊灯花[*Ceropegia woodii* Schleahter](萝藦科)
love-grass ①画眉草属[*Eragrostis* Host.](禾本科) ②画眉草[*Eragrostis pilosa* (L.) Beauv. = *Poa pilosa* L.]
love-in-a-mist ①黑种草属[*Nigella* L.](毛茛科) ②黑种草[*Nigella damascena* L.]
love in idleness 三色紫罗兰(紫罗兰品种)
love-lies-bleeding (= tassel flower) 老枪谷(千穗谷)[*Amaranthus caudatus* L.](苋科)
love pea ①相思子属[*Abrus* L.](豆科) ②相思子[*Abrus precatorius* L.]

love plant ①回欢草属[*Anacampseros* L.](马齿苋科) ②回欢草[*Anacampseros arachnoides* L.]
love vine (=dodder) 菟丝子
love wine (=dodder) 菟丝子属[*Cuscuta* L.](菟丝子科)
lovely fir (=amabilis fir) 美国冷杉[*Abies amabilis* Forb.](松科)
lovely golden larch ①金钱松属[*Pseudolarix* Gordon](松科) ②金钱松[*Pseudolarix amabilis* (Nels.) Rehd.]
lovely rhododendron 锦绣杜鹃[*Rhododendron pulchrum* Sweet](杜鹃花科)
lovi-lovi (=Tomitomi) 无刺篱木[*Flacourtia inermis* Roxb](大风子科)
low ①低的,矮的 ②弱的 ③少的 ④低气压
low ability to tiller 低分蘖力
low absorbing power 低吸收能力
low-abundance mRNA 低丰度 mRNA{分遗}
low activity data processing 低活动率数据处理
low-affinity receptor 低亲和性受体{分生}
low air humidity 低空气湿度
low altitude 低空
low-altitude defence system (LADS) 低空防御系统
low altitude forward oblique 低空向前倾斜{遥感}
low-altitude satellite 低空卫星{遥感}
low amount of precipitation 少降水量
low-amplitude oscillation 低幅度波动,低幅度摆动{生技}
low amylose content 低直链淀粉含量{生化}
low analysis fertilizer 低成分肥料
low angle 低角度
low bamboo 矮苦竹[*Pleioblastus humilis*](禾本科)
low-bed trailer 低架拖车
low birch 矮桦[*Betula pumila* L.](桦木科)
low birth thicket 矮灌丛
low bodies ①低架 ②低机身
low boy cabinet 卧式箱体{电脑}
low brake 低速制动器,低速闸
low bulk elastic modulus 低体积弹性模数{生态生理}
low bush 矮灌林
low-bush blueberry 窄叶乌饭树[*Vaccinium angustifolium* Ait.](乌饭树科)
low-calcium soil 低钙土[壤]
low carbon steel 低碳钢
low-chromosome plants 少染色体植物
low cloud 低云
low cloudiness 低云层
low-compaction applicator 低压轮胎式施肥机,低压轮胎式撒药机
low concentration 低浓度
low correlation 弱相关
low cortalaria 矮猪屎豆[*Crotalaria pumila*](豆科)
low cost automation 低代价自动化
low cost product 低成本产品{农经}
low country 低地
low cover ①下层植被 ②下木
low cut 低割
low-cut cutter-bar 低割型切割器
low cut training 低干整枝
low daily cutting rate ①低日砍蔗率,每日砍蔗率低(指甘蔗) ②低日割茬率,每日割茬率低(指谷类作物)
low-density lipoprotein (LDL) 低密度脂蛋白{生化}
low density lipoprotein receptor (LDL receptor) 低密度脂蛋白受体
low-density pickup baler 低密度捡拾压捆机
low density polyethylene (LDPE) 低密度聚乙烯
low-density press baler 低密度压捆机
low diet ①粗陋饮食,粗食 ②粗饲料
low dosage 低剂量
low down manure spreader 低架撒肥机
low ear height 低穗位
low effective tiller percentage 有效分蘖率低
low efficiency 效率低
low electrical resistance 低电阻
low-emissive glass 低发射率玻璃(指长波低发射率的玻璃)
low energy electron diffraction (LEED) 低能电子衍射
low-energy proton 低能质子
low entry networking (LFN) 低入口联网{信息}
low external concentration 低外部浓度
low farming 低效农业,粗放农业
low fertility 低肥力
low fertilizer effect 低肥效
low fidelity 低精确度
low field layer 低草层
low flax 矮亚麻[*Linum humile*](亚麻科)
low fog 低雾
low forest 矮林
low frequency antigen 低频率抗原
low frequency transduction (LFT) 低频率

转导
low gallonage spraying 低容量喷雾
low gear 低速齿轮
low-gelling temperature agarose (= low melting-temperature agarose) 低熔点[温度]琼脂糖
low grade ①劣等的,下等的 ②低级的
low-grade phosphate rock 低品位磷矿
low grade sugar 低级糖
low grand-rattan (= slender lady palm) 矮棕竹[*Rhapis humilis* Bl.](禾本科)
low ground 低地
low ground pressure 低地面压力
low-growing plant 矮生植物
low growth 矮生[长]
low hardness rice 软质米
low head 小水头,低水头
low head centrifugal pump 低水头离心泵,低扬程离心泵
low head pump 低扬程泵
low headed training 低干整枝法
low heritability 低遗传力{遗传}
low hop clover 伏生三叶草[*Trifolium procumbens*](豆科)
low hot-bed 低设温床
low humidity 低湿度
low humus gley soil 低腐殖质潜育土
low hygroscopicity 弱吸湿性
low in fat (= poor in fat) 含脂肪少的
low index 低指数
low-information content molecule 低信息量分子
low intensity 低强度
low latitude ①低纬度 ②低空(latitudo humilis)
low-laying area 低洼地
low-laying land 低洼地
low level ①低平准,低水平 ②低水位 ③低层 ④低电平,低电压
low-level bog 低位沼泽
low-level cutting 低[位]刈
low-level cyclone 低层气旋
low-level firmware 低级固件{信息}
low-level laterite 低地砖红壤
low-level network 低级网络
low-level software protocol 低级软件协议{电脑}
low-level waste 低放废物{环保}
low lift ①低扬程 ②低压
low lift pump 低压泵{环保}
low-lift pumping station 一级泵站,低压泵站{环保}
low light 弱光,微光
low-light environment 弱光环境
low light habitat 低光照生境,弱光照生境{生态生理}
low-light image intensification 微光图像增强{遥感}
low-light intensity 弱光照强度
low-light level television camera 微光电视摄像机{遥感}
low lily 细叶百合(山丹)[*Lilium pumilum* DC.](百合科)
low-lipid lipoprotein 低脂类脂蛋白
low loader ①低架拖车 ②低架装载机
low loader trailer 低架拖车
low-lying land 低洼地
low-lying saline-alkali land 低洼盐碱地
low magnification 低倍放大(显微镜)
low mammalian toxicity (对温血动物)低毒
low manurial value 低肥料价值
low-mass electrode 轻量电极
low metabolic rate 低新陈代谢率
low mist 低雾
low moisture holding capacity 低保水量,低保湿量
low-molecular nitrogen-containing substance 低分子含氮物质{分生}
low molecular organic substance 低分子有机物
low molecular weight nuclear RNA (LnRNA) 低分子量核RNA{分遗}
low molecular weight RNA 低分子量RNA
low moor 低位泥炭沼泽
low moor peat 低位泥炭
low moor soil 低地沼泽土,低位沼泽土
low moor wood peat 低位沼泽森林泥炭
low nitrogen level 低氮量,低氮水平
low-nitrogen-level environment 低氮[量]环境
low nitrogen plot 低氮区
low-nitrogen-response character 低氮反应性状
low-nitrogen-response variety 低氮反应品种
low-nodal position tiller 低[节]位分蘖{栽培}
low noise amplifier (LNA) 低噪声放大器{遥感}
low order ①低位 ②低位数{电脑}
low order digit 低位数字
low order tiller 低位分蘖{栽培}
low output 低产量
low oxygen [pressure] injury 低氧害
low oxygen combustion 低氧燃烧{环保}

low oxygen tension 低氧压
low-oxygen zone 低氧区
low paper indicator 缺纸指示灯,纸张不足指示器(指打印或印刷时的)
low-pass filter 低通滤波器
low-pass filtering 低通滤波
low peavine 矮山黧豆[*Lathyrus pusillus*](豆科)
low pH 低 pH 值,低酸碱度
low platform trailer (= low loading trailer) 低架挂车
low point ①低点 ②起点
low point of development temperature 发育起点温度
low pole 小柱材,杆材
low-pole wood 矮干树木
low poppy-mallow 矮罂粟[*Callirhoe involucrata* A. Gray.](罂粟科)
low porosity of soil 低土壤孔[隙]度,低土壤孔[隙]性
low position tiller 低位分蘖
low power 小功率
low-power motor 小功率发动机
low-power objective 低倍物镜{显技}
low-power tractor-plough 小功率机引犁
low-powered track-laying tractor 小功率履带式拖拉机
low-powered tractor 小功率拖拉机
low precipitation 低降水[量]
low-precipitation sprinkling 低强度喷灌
low pressure ①低气压 ②低压
low-pressure admission 低压进气
low-pressure area 低压区
low-pressure baler 低压压捆机
low-pressure fixed nozzle 低压固定喷嘴
low-pressure hydraulic spray 低压液压喷雾
low pressure liquid chromatography 低压液相层析
low-pressure pump 低压泵
low pressure sodium lamp 低压钠灯{农施}
low-pressure spray (= lowpressure spraying) 低压喷雾,低压喷药
low pressure storage 低压贮藏{农施}
low-pressure tyre 低压轮胎
low pressure zone 低压带
low price 低价格
low productive land 低产[土]地,低产田
low productive soil 低产土壤
low-productivity land (= lowproductivity area) 低生产力地
low quality 低劣品质
low radiation stress 低辐射胁迫{生态生理}
low rate 低负荷率{环保}
low-rate biofilter 低负荷率生物滤池{环保}
low-rate filter 低速滤池,低负荷率滤池
low-rate trickling filter 低负荷率洒滴滤池,低负荷率生物滤池
low resolution (lo-res) 低分辨率{遥感}
low-response type 低反应型(指水稻对氮的反应)
low-response variety 低反应品种
low ridge 低畦,低垄
low-saline environment 低盐[化]环境
low salinity water 低盐渍度水{水利}
low salt buffer 低盐缓冲液
low-service 低区供水{环保}
low sodium water 低钠水
low soil fertility 低土壤肥力
low solubility 低溶解度
low spear grass (= annual bluegrass) 早熟禾[*Poa annua* L.](禾本科)
low specific speed pump 低比速泵
low specificity 低特异性
low speed 低速
low speed sand filtration 低速沙滤法{环保}
low spin 低自旋
low stemmed 矮干的,矮秆的
low-stemmed orchard 矮生果园
low stemmed training 矮干整枝
low stooling 分蘖力弱(低)
low story 下层
low stringency hybridization 低严格性杂交,非严格杂交
low stringency probe 低严格性探针,非严格探针
low sulphur crude petroleum 低硫原油{环保}
low sulphur heavy oil 低硫重油{环保}
low summer temperature 夏季低温
low-sun angle aerial photography (LSAAP) 低太阳角航空摄影{遥感}
low swampy land 低洼沼泽地
low tape 缺带,缺纸带(指纸带不足){电脑}
low temper 低温回火
low temperature 低温
low temperature annealing 低温退火
low temperature calcination 低温煅烧{农机}
low temperature crystallography 低温结晶学
low temperature distribution 低温流通
low temperature drier 低温干燥机
low temperature evolution 低温进化

low temperature fixation 低温固定｛显技｝
low-temperature fractionation method 低温分馏法
low temperature germinability 低温发芽能力
low temperature group 低温菌群
low temperature injury 低温害
low temperature requirement 低温要求
low-temperature resistance ①低温抗性 ②低温阻力
low temperature steam disinfection 低温蒸汽消毒
low temperature storage 低温贮藏
low temperature technology （= low temperature technique） 低温技术
low temperature tolerance 耐低温性
low temperature treatment 低温处理
low temperature warehouse 低温仓库
low temperature zone 低温带
low tension electric ignition 低压电气点火
low thinning method 下层疏伐法
low threshold of occupancy 占用低阈值，占用低限｛电脑｝
low tide 低潮，退潮
low tillering 少分蘖，低分蘖
low-tillering plant 低（少）分蘖植株
low-tillering variety 低分蘖品种
low-tower system 低塔式（即塔式亚硫酸钙制造法）
low-toxic pesticide 低毒农药
low transformation rate 低转化率
low transpiration 低蒸腾作用
low tree 矮干树
low trellis 矮篱栅｛园林｝
low-value 低位值｛电脑｝
low virulent strain 弱毒菌株
low voltage electrical appliance 低压电器｛农施｝
low voltage electron 低伏特电子
low voltage electrophoresis 低伏特电泳，低压电泳
low-voltage underground line 低压地埋线路
low volume application 低容量施用，少量施用
low-volume low-pressure weed sprayer 小容量低压灭草喷雾器
low volume mist blower 小容量鼓风喷雾器
low volume spray 低容量喷雾
low volume sprayer 小容量喷雾器
low volume spraying 低容量喷雾
low wall ①矮墙 ②低篱
low water ①低水，枯水 ②低潮，退潮
low water level 低水位
low water line 低潮线
low-water mark ①低水［位］标志 ②低潮线 ③低水位线
low water mean 平均低潮位
low water mean line 平均低潮线
low water period 低（枯）水期
low water potential 低水势
low water season 低（枯）水季节
low water stable 弱耐水性的
low-wheeler 低轮集材车
low yield 低产量
low-yielding paddy field 低产稻田
low zonal circulation 弱西风环流，弱纬向环流
low-zone tolerance 低区耐受性｛分生｝
lower 低的，下的（inferior, inferius）
lower abdomen 小腹
lower accumulator 低位累加器
lower adjustment 降下调节
lower alternate stage flow 较低交变级水流｛环保｝
lower amyloid body 下类淀粉体
lower animal 低等动物
lower arcs 下珥｛气象｝
lower atmosphere layer 低层大气
lower axis 下轴（axis inferius）
lower bacteria 下等细菌
lower beater 下击肥轮
lower bed 低河床
lower bound ①下界 ②下带 ③下限
lower canopy 下冠层（林冠）
Lower Carboniferous 下石炭世
lower case letter 小写字母｛电脑｝
lower categories 低级分类单位
lower chains anchor （悬挂装置）下联结卡子
lower cloud 低云
lower contact face 下接触面｛显技｝
lower cord 桁下横材（地龙）
lower course 河道下游段
lower crown height （= lower crown length）下层树冠高
lower curve 下部曲线
lower cutting 低杆插｛园艺｝
lower dead point（LDP） 下死点
lower distribution outlet 下排种口
lower dusting 低［距离］喷粉，低撒粉
lower edge 下边
lower energy photon 低能光子
lower epidermis 下表皮（epidermis inferius）｛解剖｝

lower explosive limit 最低爆炸浓度{环保}
lower fen 低位沼泽
lower florest 下部小花
lower fragmentation 下断裂
Lower Fungi 低等真菌
lower glume 内颖(gluma inferior)
lower grafting 低嫁接
lower hitch point 下悬挂点
lower hitch point tyre clearance 下悬挂点与后轮距离
lower internode 下部节间(internodium inferium)
lower jaw ①下颌{畜}②下颚{昆虫}
lower labium 下唇
lower layer ①下层,低层 ②下土层
lower layering 低压条
lower leaf 下部叶片
lower leaf surface 下叶面
lower leaves 下部叶
lower level 低基准面
lower level objective 低水平目标
lower light 下面光
lower limit 下限,低限
lower link (= lower linkage) (悬挂装置)下拉杆
lower lip 下唇(labium inferium)
lower margin 下缘(margo inferia)
lower margin of hoof 蹄底{畜}
lower member 低级物{分生}
lower-middle peasant 下中农
lower mirage 下现蜃景{气象}
lower mowing 低刈
lower-nodal-position tiller 低节位分蘖
lower order tiller 低序位分蘖
lower part 下部
lower plant 低等植物
lower plastic limit 塑性下限,下塑限
lower plate 下盘{测}
lower quartile 下四分位{统计}
lower reaches of the yellow river 黄河下游
lower relief 低凹地形
lower roller 下部滚轮
lower side 下面,下侧
lower sieve 下筛,草子筛
lower sowing 下播,深播(农机播种)
lower spraying 低[距离]喷药,低喷射
lower story 下层丛,林内植物
lower-story of forest 下木
lower stratosphere 平流层下层
lower stream 下层流
lower sublittoral algae 低等近滨海藻[类]
lower subsoil 心土下层
lower surface 下表面
lower thigh 胫骨{畜}
lower tillering node 下分蘖节
lower tree layer 低树层
lower valve 下穴播阀(玉米方形穴播机)
lower water period 枯水期
lower window edge 窗口下界{电脑}
lower yielding crops 低产作物
lowering 降低,降落,下降,放下
lowering control 下降速度调节
lowering mechanism 下落机构,入土机构
lowering of price 物价下降
lowering of the ground water level 地下水位下降
lowering position 落下位置,放下状态
lowering production cost 降低生产成本
lowering seed setting 降低结子率
lowering the ground water level 降低地下水位
lowering time 落下时间
lowest atmospheric layer 贴地大气层
lowest limiting value 最低极限值
lowest planting rate 最低播种量
lowest stubble height 最低割茬高度
lowest temperature 最低温度
lowest tiller 最少分蘖
lowest tiller number 最少分蘖数
lowest tillering 最少分蘖
lowest tillering variety 最少分蘖品种
lowest unoccupied molecular orbital (LUMO) 最低未占分子轨道{生技}
lowland 低地,低洼地
lowland agriculture 低洼地农作
lowland bog 低地沼泽
lowland breed 低地畜种,低地家畜
lowland crops 低洼地作物,水田作物
lowland field 水田,低洼地
lowland fir (= grand fir) 大冷杉
lowland forest 低湿林
lowland meadow 低地草甸
lowland moor 低位泥炭沼泽,低地沼泽
lowland nursery 水秧田
lowland nursery bed 水秧田苗床
lowland rice 水稻
lowland soil 低地土壤
lowland tropic rainforest 低地热带雨林
lowland upland conversion 水旱轮换{耕作}
lowland variety 低洼地品种
lowland weed 低洼地杂草
Lowry reaction 劳里反应{生技}
loxodrome 斜驶线,等角线,恒向线{遥感}

loxotreme 对环萌发孔（loxotrema）
lozenge ①菱形，菱形物 ②（糖味）小药片
LP gas 液化石油气（火耕与作物干燥用）
LRU（=least recently used） 最近最少使用｛信息｝
LSC（=liquid solid chromatography） 液固层析｛生技｝
LSD ①（=least significant difference） 最小显著差异｛统计｝②（=lysergic acid diethylamide）麦角酰二乙醚｛生化｝③（=light sensitive diode）光敏二极管｛信息｝
LSF（=leucocyte-stimulating factor） 白细胞分裂刺激因子｛分生｝
LSI（=large scale integration） 大规模集成［电路］｛信息｝
LT_{50}（=50 percent lethal time, median lethal time） 50%致死时间，致死中时间
LTR（=long terminal repeats） 长末端重复序列｛分遗｝
LU（=lytic unit） 裂解单位｛分生｝
lubaloy-coated bullet 镏质包裹弹头｛狩猎｝
lubaloy-coated shots 镏质包裹弹丸
lubaloy lubricating alloy 滑润合金（简称镏质）
lubber grasshopper 笨蝗［*Brachystola magna* Gir.］（蝗科）
lube 润滑油，润滑材料
lube fitting 加油嘴
lubricant 润滑剂
lubricant film 润滑油膜
lubricating oil（lubricat oil） 润滑油
lubrication 润滑（lubricatio）
lubrication system 润滑系［统］
lubricator 润滑器，加油器，注油器，油杯
lubricous 润滑的（lubricus）
lucent ①明亮的 ②半透明的（lucens）
lucerne 苜蓿（紫苜蓿）［*Medicago sativa* L.］（豆科）
lucerne beetle 紫苜蓿叶甲［*Colaspidema atrum* Olivier］（叶甲科）
lucerne caterpillar（=beet armyworm） 甜菜夜蛾［*Spodoptera exigua* Hübner］（夜蛾科）
lucerne flower midge 紫苜蓿花瘿蚊［*Contarinia medicaginis* Kieffer］（瘿蚊科）
lucerne green meal 苜蓿青草粉
lucerne hay 苜蓿干草
lucerne leaf midge 紫苜蓿叶瘿蚊［*Jaapiella medicaginis* Bübs.］（瘿蚊科）
lucerne leaf weevil（=lucerne weevil alfalfa weevil） 苜蓿叶象［*Hypera postica* Gyllenhal］（象甲科）
Luchuensis pine 琉球松（冲绳松）［*Pinus luchuensis* Mayr］（松科）
Lucia rose 露西亚氏蔷薇［*Rosa luciae* Fran. et Roch.］（蔷薇科）
lucid 有光泽的（lucidus）
lucid asparagus 天门冬［*Asparagus cochichinensis* Merrill.］（百合科）
lucidiphyllous 光泽叶的（lucidiphyllus）
lucidiphyllous forest 光泽叶林
Lucie cherry（=Mahaleb cherry） 马哈利樱桃
lucifer 荧光
lucifer yellow 荧光黄
luciferase 荧光素酶
luciferin 荧光素
luciferous 发光的（lucifer）
lucifugous（=lucifugal） 避光的（lucifugus）
lucigen 光泽精｛生技｝
lucimeter 荧光计（指测定总辐射平均强度）
lucite 有机玻璃，2-甲基丙烯酸
luclia 滇丁香属［*Luculia* Sweet.］（茜草科）
luculia ①滇丁香属［*Luculia* Sweet］（茜草科）②滇丁香［*Luculia gratissima* Sweet］
lucuma ①鸡蛋果属（果榄属）［*Lucuma* Molina］（山榄科）②（=canistal, Ti-es, egg-fruit）鸡蛋果［*Lucuma nervosa* A. DC.］
luden spider mite 茄红叶螨［*Tetranychus ludeni* Zacher］（叶螨科）
ludisia ①血叶兰属［*Ludisia* spp.］（兰科）②血叶兰［*Ludisia discolor* sp.］
Ludolf's number（π） 圆周率
Ludwig theorem 卢得威格理论（指新环境对不利基因群体的恢复）
ludwigia ①丁香蓼属［*Ludwigia* L.］（柳叶菜科）②丁香蓼［*Ludwigia prostrata* Roxb.］
Luer-lock 吕尔锁紧套口（指层析柱的一种接口）｛生技｝
luffa ①丝瓜属［*Luffa* L.］（葫芦科）②丝瓜［*Luffa cylindrica* Roem.］
lug ①凸部，突缘 ②胎纹 ③轮爪，轮刺，抓地爪，抓地板｛农机｝④框耳，框肩（指巢框）｛蜂｝⑤接线柱｛信息｝
luge 爬犁
luggable computer 便携式计算机，可携带计算机
lugged wheel 抓地爪轮
Lugol's iodine solution 鲁哥氏碘液
Lugol's solution 鲁哥氏液
lugs 土叶（指烟草，棉花下部的叶）

lukewarm （液体）微温的
lukewarm climate 微温气候
lukewarm water 温水
luliberin 促黄体[激]素释放[激]素
lulls 息静，暂静
lumazine 2,4-二氧四氢蝶啶
lumbago ①腰痛 ②腰风湿病
lumbangoil plant（= bancouloiplant） 石栗［*Aleurites moluccana*（L.）Willd.］（大戟科）
lumbar 腰的，腰部的
lumbar spine 腰脊椎
lumber 木材，制材，成材，板材
lumber class 金属材等级
lumber-core plywood 细木工胶合板
lumber drying 木材干燥
lumber export（= timber export） 木材输出，木材出口
lumber inspection bureau 木材检验局
lumber market 木材市场
lumber merchant 木材商
lumber mill 锯木厂，制材厂
lumber species 制材用种｛森林｝
lumber tractor 集材拖拉机
lumber waste 木材厂废弃物（废水）｛环保｝
lumber yard 贮木场
lumberer 伐木工
lumbering ①伐木业 ②制材
lumberman ①伐木工 ②木材商
lumbricus 蚯蚓［Lumbricus］
lumen ①［细胞］腔 ②流明（光通量单位）③间片内隙
lumenmeter 流明计
lumequeic acid 卅［碳］烯酸
lumerg（= lumberg） 流末格（光能单位）
lumeter 照度计
lumi-auxin 光生长素
lumiauxin-lactone 光生长素内酯
lumichrome 光色素，二甲［基］异咯嗪
lumiflavin 光黄素，三甲［基］异咯嗪
lumina（lumen 的复数）①腔 ②流明（光通量单位）
luminal ①鲁米那，5-乙［基］-5-苯［基］巴比妥酸［$(C_2H_5)(C_6H_5)$：$C_4H_2O_3N_2$］②腔的
luminance 光度，亮度（luminantia）
luminance contrast 光度对比，光度反差
luminance range 光度范围，光度量程｛遥感｝
luminance signal 亮度信号
luminary 光源（luminarium）
luminescence ①发光［现象］②冷光，荧光（luminescentia）
luminescence bacteria（= luminous bacteria） 发光细菌
luminescence fishes 发光鱼类
luminescence quenching 发光猝灭
luminescent 发光的（luminescens）
luminescent diode 发光二极管
luminescent enzyme immunoassay（LEIA） 发光酶免疫测定
luminescent immunoassay（LIA） 发光免疫测定
luminescent lamp 冷光灯
luminescent spectrum 发光光谱
luminiferous 发冷光的（luminifeluminiferus）
luminiferous ether ［光］以太
luminol 鲁米诺，氨基苯二酰肼［$C_8H_7N_3O_2$］
luminometer 发光计
luminophore ①发光团 ②发光体（luminophorum）
luminosity 发光度（luminositas）
luminous ①发光的 ②明亮的（lnminus）｛物｝
luminous algae 夜光藻［*Noctiluca scientilans* Kof. et Swezy.］（夜光藻科）
luminous algae family 夜光藻科［Noctilucaceae］
luminous bacteria 发光细菌
luminous cloud 发光云
luminous exitance 光出射度｛遥感｝
luminous flux 光通量｛遥感｝
luminous fungi 发光真菌（fungi luminae）
luminous increment 照明增加量，增亮度
luminous intensity 发光强度
luminous line 明线
luminous lure 发光诱饵
luminous moss 发光苔（光藓）［*Schistostega osmundacea* Mohr.］
luminous night cloud 夜光云
luminous organ 发光器
luminous plants 发光植物（plantae luminae）
luminous point 亮点
lumirhodopsin 光视紫［质］
lumisome 光体（lumisoma）
lumisterol 光甾醇［$C_{28}H_{43}OH$］
lump ①堆，块，团 ②碎块，土块 ③肿，隆起 ④伤痕 ⑤树瘤
lump lime 生石灰
lump of soil 大土块，土块
lump sugar 块糖
lumped ①集总的，集中的 ②大土块结构的

lumped horizon 大土块结构层
lumped model 集总模型{信息}
lumped network 集总网络
lumped parameter system 集总参数系统
lumpiness ①结块性,块度 ②固化(=caking)
lumping ①大种化 ②成团,成块{真菌}
lumpy ①成块的 ②含大块的(massulatus)
lumpy jaw 巨颌病,(牛)放线菌病(actinomycosis)
lumpy skin disease 结节性皮炎
lumpy soil 碎块土,土块,板结土壤
lumpy structure 碎块结构
lumpy wool 羊的渗出性皮炎(由皮炎放线菌 *Actinomyces dermatonomus* Bull. 引起)
Luna 月球探测器(俄){遥感}
luna moth ①天蚕蛾(月形天蚕蛾)[*Actias luna* L.] ②⌊复⌉天蚕蛾科[Saturniidae]
lunar ①月的,月球的 ②新月形的(lunaris)
lunar calendar 农历,阴历
lunar caustic 硝酸银[$AgNO_3$]
lunar corona 月华{气象}
lunar cross 月十字晕
lunar day 太阴日
lunar eclipse 月食
lunar halo 月晕
lunar module 登月舱{物}
lunar orbit station 月球轨道站{遥感}
Lunar Orbiter 月球轨道[飞行]器{遥感}
lunar rainbow 月虹
lunar rhythm 月节律
lunar tide 太阴潮
lunar tide-wind 太阴潮[汐]风
lunar year 太阴年
lunated 具新月痕的(lunatus)
lunation 太阴月(lunatio){气象}
lunch box 饭盒型{电脑}
lung 肺(pulmo)
lung fluke 肺吸虫
lung lesion 肺损害
lung lobe 肺叶
lung plague (=bovine contagious pleuropneumonia) 牛传染性胸膜肺炎
lung sign 肺部病征
lung tube 肺管
Lungshan persimmon 龙胜柿[*Diospyros lungshanensis* S. Lee](柿科)
lungworm disease 肺寄生蠕虫病
lungwort ①滨紫草属[*Mertensia* Roth.](紫草科) ②滨紫草[*Mertensia maritima* G. Don]
lungwort pulmonaria ①疗肺草属(肺草属)[*Pulmonaria* L.](紫草科) ②疗肺草(肺草)[*Pulmonaria officinalis* L.]
lunik 月球卫星{物}
lunk 选取中继线{信息}
lunula ①半月斑{蚕} ②小新月形{形态}
lunulate 小新月痕的(lunulatus)
lunule 半月纹{蚕}
lupane 羽扇[多环]烷
lupanin 白羽扇豆碱[$C_{10}H_{24}N_2O$]
lupanine 羽扇烷宁[$C_{15}H_{22}N_2O$]
lupeol 羽扇[豆]醇
lupeose 羽扇豆糖,水苏四糖
lupinal 羽扇豆醛
lupine ①羽扇豆属[*Lupinus* L.](豆科) ②羽扇豆[*Lupinus perennis* L.]
lupine fallow ①羽扇豆休闲 ②羽扇豆休闲地
lupine hay 羽扇豆干草
lupine nodule bacteria 羽扇豆根瘤菌[*Rhizobium lupini* Eckhardt.](根瘤菌科)
lupinin 黄羽扇豆碱[$C_{21}H_{40}N_2O_2$]
luploidion 整倍体种{细胞}
lupulin ①啤酒花苦味素{生化} ②蛇麻腺{解剖}(lupulina)
lupuline (=lupulinous) 葎果状的(lupulinus)
lupus 狼疮
lupus anticoagulant 狼疮抗凝物
lure 饵,诱饵,诱剂
lure for beast 兽饵
lure for bird 鸟饵,飞禽饵
lure for fish 诱鱼饵
lure for insect 虫饵,毒谷
lure gland 诱引腺{蚕}
Luria-Delbrück fluctuation test 卢狄二氏彷徨变异测验
lurid 褐黄色的,红褐色的(luridus)
lurid boletus 褐黄牛肝菌[*Boletus luridus* Fr.](牛肝菌科)
luscious (味道与气味)甜美的,香甜的(luscius)
lush ①多汁的 ②(作物,牧草生长)茂盛的 ③酒
lush fodder 多汁饲料
lush-growing top 生长茂盛梢部(指甘蔗)
lush meadow 茂盛草甸
Lushan bulrush 庐山藨草[*Scirpus lushanensis* Ohwi](莎草科)
luster 光泽
luster of wood 木材光泽
luster silk 人造丝
lustreleaf holly (=broadleaf holly) 大叶冬青(宽叶冬青,波罗树)[*Ilex latifolia*

Thunb.](冬青科)
lustrous(=lucid,shining) 有光泽的(lustrus)
lustrum(=five years) 五年
lustwort 茅膏菜[*Drosera peltata* Sm.](茅膏菜科)
luteal(=luteus) 棕黄色的,黄体的(luteus)
luteal hormone 黄体激素
lutecium 镥(Lu,71号元素)
lutein ①叶黄素 ②黄体制剂
luteinization 黄体化(luteinisatio)
luteinizing hormone(LH) 促黄体激素{分生}
luteinizing hormone releasing factor(LRF,LRH) 促黄体[生成]激素释放因子{生化}
luteinizing hormone releasing hormone(LHRH) 促黄体[生成]激素释放激素
luteoid 黄体激素物质
luteol 黄示剂
luteolin 毛地黄黄酮,3′,4′,5,7-四羟基黄酮[$C_{15}H_{10}O_6$]
luteolinidin 3′,4′,5,7-四羟花[色]锌{生化}
luteolysin 黄体溶解素
luteolysis 黄体溶解
luteotropic hormone(LTH) 催乳激素{分生}
luteotropin(=luteotrophin) 催乳激素
luteovirus 黄矮病毒
lutescent ①变黄色的 ②淡黄色的(lutescens)
Lutheran blood group 路德血型
lutidine 二甲基吡啶
lutropin 促黄体[激]素
luve-side 迎风面
luvisol 淋溶土(luvisolum)
luvside 向风面
luvunga ①鲁望橘属[*Luvunga* Buch.-Ham.](芸香科) ②鲁望橘[*Luvunga scandens* Ham.]
lux(X) 米烛光,勒[克斯](照度单位)
luxation 脱位(luxatio)
luxmeter 烛光光度计,光照单位测定计,照度计
luxuriance ①杂种旺势 ②旺茂,繁茂(luxuriantia)
luxuriant ①杂种旺势的,旺茂的 ②富饶的,丰富的 ③华美的,绚丽的(luxuricans)
luxuriant growth 生长繁茂
luxuriant vegetative growth 繁茂的营养生长
luxurious ①茂盛的,繁茂的{栽培} ②肥沃的{土壤} ③豪华的{电脑}(luxuriosus)
luxurious growth 繁茂生长
luxurious land 肥沃土地
luxurious version 豪华版本
luxury ①强盛的 ②奢侈品(luxuria)
luxury absorption 强烈吸收
luxury consumption(=luxus consumption) 过分消耗(指营养)
luxury gene 奢侈基因
"luxury" nutrition "富裕营养"
"Luxury" protein 富裕蛋白质
luxury respiration 强烈呼吸
luxus consumption 过分消耗[营养]
luzerne grub 紫苜蓿叶甲[*Colaspidema atrum* Olivier](叶甲科)
Luzon cigar 吕宋雪茄[烟](国际名烟)
Luzon premna 吕宋腐婢(吕宋豆腐柴)[*Premna nauseosa* Blanco](马鞭草科)
Luzon yam 吕宋薯蓣[*Dioscorea luzonensis* Schauer.](薯蓣科)
LV(=low volume) 低容量
lvalue(=left value) 左值{信息}
Lyall's larch 李氏落叶松[*Larix lyallis* Parl.](松科)
lyase 裂合酶,裂解酶
lyate(=lyate ion) 溶剂阴离子
lycaconitine 牛扁亭[$C_{36}H_{46}N_2O_{12}$]
lycaenids ①灰蝶 ②⌞复⌝灰蝶科[Lycaenidae]
lychee(=leechee) ①荔枝属[*Litchi* Sonn.](无患子科) ②荔枝[*Litchi chinensis* Sonn.]
lychee bark miners 荔枝蛀虫[*Acrocercops cremerella* Snell](细蛾科)
lychee lycaenids(=litchi lycaenids) 荔枝灰蝶[*Deudorix epijarbas* Moore](灰蝶科)
lychee stink bugs 荔枝蝽[*Tessaratoma papillosa* Drury](蝽科)
lychnis ①剪秋罗属[*Lychnis* L.](石竹科) ②剪春罗[*Lychnis cognata* Maxim.]
lychnis ringspot virus 剪秋罗环斑病毒
lycoctonine 牛扁碱[$C_{32}H_{46}O_8N_2$]
lycomarasmin 番茄菌肽,番茄萎凋素
lycopene 番茄红素[$C_{40}H_{56}$]
lycopersene 十氢番茄红素
lycopersicin 番茄素
lycophyll 番茄紫素
lycopod ①石松[*Lycopodium clavatum* L.](石松科) ②⌞复⌝石松纲[Lycopodinae]

lycopodine 石松碱［$C_{16}H_{25}NO$］
lycopsida 石松类植物（Lycopsida）
lycopsis type 赖可布西司型（胚乳）
lycoramine 石蒜胺［$C_{17}H_{23}NO_3$］
lycorenine 石蒜宁［$C_{18}H_{23}NO_4$］
lycorine 石蒜碱［$C_{16}H_{17}NO_4$］
lycoris 石蒜属［*Lycoris* Herb.］（石蒜科）
lycotropous 马蹄形的（lycotropus）
lycotropous ovule 马蹄形直立胚珠（ovulum lycotropum）
lycoxanthin 番茄黄色素［$C_{40}H_{56}O$］
lyctus beetle 竹蠹虫
lydimycin 利迪霉素
lye （草木）灰汁，碱液
lye boil ［在］碱液中煮｛环保｝
lye peeling 碱液去皮（果品）
lygaeid bug ①蔗黑长蝽［*Macropes excavatus* Distant］②⌞复⌝（= chinch bugs and others）长蝽科［Lygaeidae］
lygus bug ①豆荚盲蝽［*Lygus hesperus* Knight］②牧草盲蝽属［*Lygus* spp.］（盲蝽科）
lying-in period 分娩期，产褥期
lying meiler 卧式炭窑
lying retort 卧式干馏釜
lyke-wake 通夜，通宵
lyme-grass ①野麦属［*Elymus* L.］（禾本科）②沙野麦［*Elymus arenarius* L.］
lymecycline 赖氨甲四环素
lymph 淋巴（lympha）
lymph- ⌞字头⌝淋巴
lymph duct 淋巴管
lymph fluid 淋巴液
lymph gland 淋巴腺
lymph node 淋巴结
lymphadenoma 淋巴［腺］瘤
lymphagogue 催淋巴剂
lymphatic ①淋巴的 ②淋巴管（lymphaticus）
lymphatic return 淋巴回流
lymphatic system 淋巴系［统］
lymphoblast 淋巴母细胞
lymphoblastoid cell 淋巴母细胞状细胞
lymphocyte 淋巴细胞（lymphocyta）
lymphocyte adherence inhibition test 淋巴细胞粘连抑制试验
lymphocyte adhesion receptor 淋巴细胞黏着受体
lymphocyte function-associated antigen (LFA) 淋巴细胞功能相关抗原
lymphocyte homing 淋巴细胞归巢，淋巴细胞寻靶
lymphocyte hybrid 淋巴细胞杂种
lymphocyte immunity 淋巴细胞免疫性
lymphocyte marker 淋巴细胞标记
lymphocyte receptor repertoire 淋巴细胞受体谱
lymphocyte recirculation 淋巴细胞再循环
lymphocyte transformation 淋巴细胞转化
lymphocytopoisis 淋巴细胞生成
lymphogenesis 淋巴生成
lymphography 淋巴造影术（lymphographia）
lymphoid 淋巴样的（lymphoides）
lymphoid stem cell 淋巴样干细胞
lymphoidocyte 淋巴样细胞（lymphoidocyta）
lymphokine 淋巴因子
lymphokine-activated killer cell(LAK cell) 淋巴因子激活的杀场细胞
lympholytic agent 溶淋巴细胞剂（指一种免疫抑制剂）
lymphoma 淋巴［组织］瘤
lymphoma cell 淋巴瘤细胞
lymphoma hybrid 淋巴瘤杂种
lymphomatosis 淋巴瘤病
lymphomatosis of chicken 小鸡淋巴瘤病
lymphophoresis 淋巴去除术
lymphopoiesis 淋巴细胞生成，淋巴细胞新生
lymphosarcoma 淋巴肉瘤
lymphotoxin (LT) 淋巴细胞毒素
lynase 裂蛋白酶
lynx spiders 尖眼蛛科［Oxyopidae］
lyo- ⌞字头⌝①溶 ②离
lyochrom 不纯核黄素
lyoenzyme ［细］胞外酶
lyolipase 胞外脂酶
lyolysis 液解［作用］
Lyon bean 龙爪黧豆［*Stizolobium cochinchinensis*］（豆科）
Lyonation 里昂作用（关于性染色体）
Lyonetiid moths 潜蛾科［Lyonetiidae］
Lyonia ①南烛属［*Lyonia* Nutt.］（杜鹃花科）②南烛［*Lyonia ovalifolia* (Wall) Drute］
lyonium ion 溶剂合离子(指加质子的溶剂离子)
Lyon's blue 里昂氏蓝｛显技｝
Lyon's hypothesis 里昂氏假说（关于性染色体）
lyophil ①冷冻干燥的 ②亲液物（lyophile）
lyophile (= lyophil) ①亲液胶体 ②亲液物
lyophile apparatus ［低压］冻干器
lyophilic 亲液的（lyophilus）
lyophilic colloid 亲液胶体

lyophilization ①冻干法 ②冷冻脱水(lyophilisatio)
lyophilized bacterial fertilizer 干冻细菌肥料
lyophilized culture 干冻培养
lyophilizer 冻干机,冷冻干燥机
lyophobe ①疏液胶体 ②疏液物
lyophobic 疏液的(lyophobus)
lyophobic colloid 疏液胶体
lyosorption 吸收溶剂[作用](lyosorptio)
lyotrope ①感胶离子 ②易溶物
lyotropic liquid crystal 溶[剂]致液晶
lyotropic series 感胶离子序,离子促变序列
lyrate(=lyre-shaped) ①大头羽裂的 ②希腊琴状的(lyratus)
lyrate bittercress 水田碎米荠[*Cardamine lyrata* Bunge](十字花科)
lyrately pinnate 琴状羽裂的(lyratipinnatus)
lyre-leaved 琴状叶的(lyrifolius)
Lys(=lysine) 赖氨酸
lysate ①溶菌液 ②溶解产物,溶胞产物(lysatus)
lysed cell 溶菌细胞
lysergic acid 麦角酸[$C_{16}H_{16}O_2N_2$]
lysergic acid diethylamide(LSD) 麦角酰二乙胺
lysigenetic(=lysigenous) 溶生的(lysigenus)
lysigenous(=lysigenic) ①溶生的 ②产溶菌素的(lysigenus)
lysigenous arrenchyma 溶生通气组织(arrenchyma lysigena)
lysigenous duct 溶生[脂]沟(ductus lysigenus)
lysigenous intercellular cavity(=lysigenous intercelluar space) 溶生胞间隙(cavitas intercellularis lysigenus)
lysigenous secretory tissue 溶生分泌组织(tela secretoria lysigena)
lysimeter 渗水计,液度[估定]器,渗漏测定计,测渗计
lysimeter findings 渗水计测定结果
lysimetric experiment 渗漏试验
lysimetry 测渗法(lysimetrica){水利}
lysin ①细胞溶素,溶胞素 ②溶菌素 ③分解素
lysinal 赖氨醛
lysine(Lys) 赖氨酸,己氨酸[$NH_2(CH_2)_4CHNH_2COOH$]
lysine decarboxylase 赖氨酸脱羧酶
lysine in histone 组蛋白的赖氨酸
lysine intolerance 赖氨酸不耐性
lysine racemase 赖氨酸消旋酶
lysine residue 赖氨酸残基
lysine-rich histone 富赖氨酸的组蛋白
lysinogen(=lysogen) 细胞溶素原,溶胞原,溶菌原
lysinolipid 赖氨酸脂质
-lysis ⌊字尾⌉①分解 ②放松的行为
lysis ①溶解,分解 ②松解 ③溶菌作用,溶胞作用 ④裂解
lysis from within 内溶菌作用(噬菌体)
lysis from without 外溶菌作用(噬菌体)
lysis inhibition 溶菌抑制作用
lysis of bacteria 细菌溶菌作用
lyso- ⌊字头⌉溶,溶解
lyso-resistant bacteria 抗溶性细菌(bacteria lysoresistantis)
lyso-sensitive bacteria 易溶性细菌(bacteria lysosensitivas)
lysogen 细胞溶素原,溶菌原,溶胞原,溶原性细菌
lysogenesis ①溶源性 ②产生溶菌作用,溶菌现象
lysogenic 溶源的(lysogenus)
lysogenic bacteria 溶源细菌(bacteria lysogenae)
lysogenic bacterial cell 溶源细菌细胞
lysogenic bacterial strain 溶源细菌菌株
lysogenic bacterium 溶源细菌
lysogenic cell 溶源细胞
lysogenic clone 溶源无性繁殖系,溶源克隆
lysogenic condition 溶源情况
lysogenic conversion 溶源转变
lysogenic cycle 溶源循环
lysogenic Hfr cell 溶源 Hfr 细胞
lysogenic immunity 溶源免疫(immunitas lysogenus)
lysogenic pathway 溶源途径
lysogenic phage 溶源噬菌体
lysogenic population 溶源群体
lysogenic repressor 溶源阻抑物
lysogenic response 溶源反应
lysogenic strain ①溶源菌株 ②溶源品系
lysogenic virus 溶源性病毒
lysogenization 溶源化(lysogenisatio)
lysogenized state 溶源化状态
lysogeny ①溶源性 ②溶源现象(lysognia)
lysol(=lysol solution) 来苏儿,煤酚皂溶液{药物}
lysolecithin 溶血卵磷脂
lysolecithin induction of fusion 融合的溶血卵磷脂诱导
lysolecithin solution 溶血卵磷脂溶液
lysophosphatide 溶血磷脂

lysophosphatidic acid 溶血磷脂酸
lysophosphatidyl choline 溶血磷脂酰胆碱，溶血卵磷脂
lysophosphoglyceride 溶血磷酸甘油酸
lysophospholipase 溶血磷脂酶，磷脂酶 B
lysophospholipid 溶血磷脂
lysopine 章鱼赖氨酸
lysorption 溶剂吸附作用（lysorptio）
lysosomal 溶酶体的（lysosomalis）
lysosomal digestion 溶酶体消化
lysosomal disease 溶酶体病
lysosomal enzyme 溶酶体酵素
lysosomal form 溶酶体型
lysosomal hydrolase 溶酶体水解酶
lysosomal storage disease 溶酶体储藏病
lysosome ①溶酶体 ②核内体（lysosoma）
lysosome and bacterial killing 溶酶体与细菌杀伤
lysosomc cycle 溶酶体循环
lysosome in autophage 自噬细胞溶酶体
lysosome in macrophage 巨噬细胞的溶酶体
lysosome-like vesicle 溶酶体状泡囊
lysosome release of enzyme 酶的溶酶体释放
lysosome role in fusion 融合的溶酶体作用
lysostaphin 溶葡球菌酶
lysozyme 溶菌酶
lysozyme structure 溶菌酶结构
lyssa 狂犬病，恐水病
lyssavirus 狂犬[病]病毒
lysyl- 赖氨酰［基］｛生化｝
lysylaminoadenosine 赖氨酰氨基腺苷｛分遗｝
lysyloxidase 赖氨酰氧化酶｛分遗｝
lysylprotocollagen hydroxylase 赖氨酰本胶原羟化酶
lythrum ①千屈菜属［*Lythrum* L.］（千屈菜科）②千屈菜［*Lythrum salicaria* L.］
-lytic ⌞字尾⌝分离，分开
lytic ①溶菌的 ②溶解的，分解的，裂解的（lyticus）
lytic center 溶菌中心
lytic competence factor 溶菌胜任（能力）因子
lytic cycle 溶解周期，溶菌周期，裂解周期
lytic enzyme 水解酶，裂解酶
lytic infection 溶菌传（感）染，溶菌侵染
lytic pathway ①溶菌途径 ②裂解途径
lytic phage 溶菌噬菌体
lytic phage infection 溶菌噬菌体感染
lytic potential 溶菌潜势
lytic reaction 溶菌反应
lytic replication 裂解[性]复制
lytic response ①溶菌反应 ②裂解反应
lytic unit(LU) 裂解单位
lytic virus 溶菌病毒
Lytton euphorbia 利顿氏大戟［*Euphorbia lyttoniana*］（大戟科）
lyxoflavin 来苏黄素
lyxonic acid 来苏糖酸［$CH_2OH(CHOH)_3COOH$］
lyxose 来苏糖［$CH_2OH(CHOH)_3CHO$］
lyxoside 来苏糖苷

M m

M ①(= molar solution) [体积]克分子溶液 ②(= metaphase)(细胞分裂)中期 ③(= mean)平均数
m ①(= mean of population)群体均数 ②(= meter)米(= 3 尺)③(= gene flow)基因流动
M-74 (= disulfoton) 乙拌磷{农药}
M chromosome (= minute chromosome) 微小染色体
M-chromosome M染色体,微小染色体
M factor M因子(一种蛋白质因子)
M_{12} phage M_{12}噬菌体
M_{13} phage M_{13}噬菌体
M phase (= mitosis phase) 有丝分裂期
M phase of cell life cycle 细胞生活周期的有丝分裂期
M protein M蛋白质
M type (= mucoid type) 黏性型,M型
M type colony 黏性型菌落,M型菌落
M80 硫吸磷(杀虫剂)[$C_7H_{17}O_2PS_3$]
M81 (= thiometon) 甲基乙拌磷
M82 甲基硫吸磷(杀虫剂)[$C_5H_{13}O_2PS_3$]
M95 氯丁磷,丁吸磷(杀虫剂)[$C_8H_{16}ClO_2PS_2$]
M410 (= chlordane) 氯丹
M1329 (= DMPA) 草特磷
MAA (= DSMA) 甲胂钠{农药}
Maack aster 肥厚紫菀(圆苞紫菀)[*Aster maackii* Regel](菊科)
Maack honeysuckle 金银木(马氏忍冬,鸡骨头)[*Lonicera maackii* Maxim.](忍冬科)
maackia ①马鞍树属[*Maackia* Rupr.](豆科)②马鞍树[*Maackia Chinensis* Tak.]
MAB (= man and biosphere programme) 人类和生物圈计划
MABC (= maximum allowable biological concentration) 最大容许生物浓度{生技}
mabinlin 马槟榔甜蛋白
MAC ①(= maximum allowable concentration)最大容许浓度{生技}②(= CAMA)甲基砷酸钙{农药}③(= memory access controller)存储器存取控制器{信息}
Mac Conkey agar 麦康基琼脂(商)
Mac Conkey medium 麦康基培养基(商)
macadam 碎石,碎石路面
macadam road 碎石路
macadamia ①澳洲坚果属[*Macadamia* F. Muell.](山龙眼科)②澳洲坚果[*Macadamia ternifolia* F. Mucil.]
macadamization (= macadamizing) 碎石铺路法
macadamize 铺碎石
macaedium (= mazaedium) 黏表层
macaroni 通心粉
macaroni processing 通心粉加工{加工}
macaroni wheat (= durum wheat) 硬粒小麦[*Triticum durum* Desf.](禾本科)
macartney rose 具苞蔷薇(野茅栗)[*Rosa bracteata* Wendl.](蔷薇科)
macassar oil 马卡发油(取自 *Schleichera trijuga* 的种子)
macchia 玛基群落(地中海夏旱灌木群落),灌丛{生态}
macchia shrub 玛基群落灌木
macdougallin 仙人掌甾醇,甲[基]胆甾烯二醇
mace 豆蔻香料
Macedonian bee 马其顿蜂[*Apis meillifera cecropia*]
macerase 离析酶
macerate ①浸软,浸渍 ②软化的(maceratus)
macerated ①浸软的 ②瘦弱的,脆弱的(maceratus)
macerating agent 浸渍剂
macerating fruit 浸制果
maceration ①浸渍[作用]{加工}②离析{解剖}③浸解,浸溶{显技}(maceratio)
macerator (= macerater) ①浸渍器 ②果子剥离机 ③纸浆制造机 ④浸解器
macerozyme 混合酶
Mach 马赫(超音速单位)
Mach number 马赫数
macha wheat 莫迦小麦[*Tirticum macha* Dekaprel et Menable](禾本科)

machanical loading 机械装载
machaon swallowtail (= swallowtail butterfly) 黄凤蝶(医文茴香凤蝶)[*Papilio machaon hippocrates* Felder](凤蝶科)
machete (甘蔗)大砍刀
machilids 石蛃科(石鱼科)[Machilidae]
Machilus oystershell scale 马氏蛎蚧[*Lepidosaphes machili* Maskell](蚧科)
machinability [金属]可切削性,可加工性(machinabilitas)
machine ①机器,机械 ②机床 ③计算机(machina)
machine aided human translation 机助人译,机器辅助人工翻译
machine alarm 机器警报
machine and tractor station (= machine-tractor station, machinery and tractor station) 农机拖拉机站
machine assembly ①机器装配 ②机器部件
machine barking 机械剥皮
machine check 机器检查,机检
machine check analysis 机检分析{电脑}
machine check exception 机检异常
machine computation 机器计算,机算(指计算机计算)
machine down-time 停机时间
machine-drawn combine 机引康拜因,联合收割机
machine-drawn landplane or soil scraper 机引铲土机
machine element 机械构件,机械元件{农机}
machine elementary operation 计算机基本操作
machine error ①机器误差 ②机器错误,机器故障
machine grading ①(果蔬)机械分级 ②机械平地
machine hand 机械手
machine handle 机器操纵杆,机器手柄
machine handling 机器加工处理
machine harrowing 机器耙地,机耙
machine hour 机器工时,机器运转时间
machine idle-time 机器空耗时间
machine intelligence 机器智能
machine language 计算机语言
machine-laying 机械化敷设
machine logic 机械逻辑
machine loss 机器耗损
machine maintenance 机器保养
machine milk yield 机器挤乳量
machine milking 机器挤乳
machine model 机器模型
machine oil 机油
machine oil emulsifiable concentrate 机油乳剂,机油乳油
machine oil emulsion 机油乳剂
machine operation 机器操作
machine operator 机器操作员
machine parts 机器构件,机器零件
machine powered planter 机动播种机
machine reel 机载磁带盘
machine ringing 自动振铃{信息}
machine room 机房
machine run 机器运行,机器运转
machine running-time 机器运转时间
machine scheduling 机器调度
machine scutching 机械打麻
machine shearing 机器剪毛
machine shed 机器库
machine sowing 机播,机器播种
machine stoppage 机器故障
machine stripping ①机器采摘(茶)②机器梳摘(棉)③机器择伐(森林)④机器挤乳(家畜)
machine timing 机器同步
machine tool ①机械工具 ②机床,工作母机
machine translation 机器翻译,机译(指计算机的功能)
machine vision software 机器视觉软件
machine winnowing 机器风选
machine work 机械作业
machined surface 机械加工面,机械操作面
machinery 机器机械,机械设备(machinamenta)
machinery noise 机器噪声{环保}
machining 机械加工,机械操作
machining center 机械加工中心
machining quality 可加工性,切削性
machinist 机械工人,机械师
machmeter 马赫计
macilency 消瘦(macilentia)
macilent 消瘦的(macilens)
mackerel sky 鱼鳞天
maclurin 马克鲁林,桑橙素,五羟基二苯铜(染料)[$C_{13}H_{10}O_6 \cdot H_2O$]
maco (= maho, mako) 巴西棉[*Gossypium barbadense* L. var. *brasiliense* Hutch., Silow et Stevens]
macracanthous 大刺的(macracanthus)
macrandrous 大雄蕊的(macrandrus)
macranthous 大花的(macranthus)
macranthus rattlosnakeplantain 大花斑叶兰[*Goodyera macrantha* Maxim.](兰科)

macro- ⌊字头⌉ 大,巨,宏
macro axis 长轴(macroaxis)
macro feature 宏功能特性(macrofeatura)
macro flowchart 宏流程图
macro function 宏功能(macrofunctio)
macro intruction 宏指令(macrointructio){电脑}
macro-ion 大离子
macro method 大型法(白细胞培养法)
macro motion and micro motion 大动作与小动作
macro-organism 大生物(macro-organismus)
macro ring 大环{生技}
macro-synoptic process 大范围天气过程
macroactinomycetes 大菌落放线菌[Macroactinomycetes]
macroaggregate 大团聚体,大团粒(macroaggregatus)
macroaggregated human serum albumin 大颗粒人血清聚清蛋白
macroalgae 巨藻,大藻
macroanalysis 常量分析
macroassociation 大群丛
macrobead 大珠粒,大颗粒
macrobiocoenosium 大生物群落
macrobiosis 长寿[命]
macrobiostamonic(=macrobiostamonous)具宿存雄蕊的(macrobiostamonus)
macrobiotic 长寿的(macrobioticus)
macrobiotic seed 长寿种子(semen macrobioticum)
macroblock 宏模块{电脑}
macrobotryous 大总状花序的(macrobotryus)
macrobulbous 大鳞茎的(macrobulbus)
macrocall(=macro-call) 宏调用{信息}
macrocalyx 大萼的
macrocarpium ①山茱萸属[*Macrocarpium* (Spach) Nakai](山茱萸科) ②山茱萸[*Macrocarpium chinensis* (Wang.) Hutch.]
macrocarpous 大果的(macrocarpus)
macrocarpous primrose 大果报春花[*Primula maorocarpa* Maxim.](报春花科)
macrocephalous 大头的(macrocephalus)
macrocerous(=macrocerus) 大角的,长角的(macrocerus)
macrochaetous 长粗毛的(macrochaetus)
macrochromosome 大染色体(macrochromosoma)
macroclad(=macrocladous) 具长枝的(macrocladus)
macroclimate 大气候(macroclimatus)
macroclimatology 大气候学(macroclimatologia)
macroconformation 大[尺寸]构象(macroconformatio){分生}
macroconidium 大型分生孢子
macroconjugant 大结合子(macroconjugans)
macrocosmos 宏观宇宙
macrocrystalline 大结晶的(macrocrystallinus)
macrocyclic ①长循环的,长周期的,长生活史的 ②大环的(macrocyclus)
macrocyclic alkaloid 大环生物碱
macrocyclic compound 大环化合物
macrocyclic lactone 大环内酯
macrocyclic rust 长循环锈菌
macrocyst 产囊体,休眠原质团,大包囊(macrocystus)
macrocystidium 大囊状体
macrocytase 巨红细胞溶解酶
macrocyte 巨红细胞,大红血球(macrocyta)
macrocytic anemia 巨红细胞性贫血
macrocytic cell 巨红细胞,大红细胞(cellula macrocytica)
macrocytosis 大红血球症
macrodata 宏数据
macrodont 长齿的(macrodontus)
macroeconometric 宏观计量经济的(macroeconometricus)
macroeconometric model 宏观计量经济模型
macroeconometrics 宏观计量经济[学](macroeconometrica)
macroeconomic 宏观经济的(macroeconomicus)
macroeconomic model 宏观经济模型
macroeconomics(=macro-economics) ①宏观经济 ②宏观经济学(macroeconomica)
macroelement ①常量元素 ②宏元件(macroelementum)
macroenvironment 大环境
macroergic 高能[量]的(macroergicus)
macroevolution 宏观进化,种外进化(macroevolutio)
macroexpression 宏表达[式](macroexpressio)

macrofacility ①宏功能 ②宏能力 ③宏指令（macrofacilitas）{电脑}
macrofauna 大型动物区系
macrofiber 大纤维,粗视纤维（macrofibre）
macrofibril 大原纤丝（macrofibrilla）
macroflora 大型植物区系
macrogametangium 大配子囊
macrogamete 大配子（macrogameta）
macrogametocyte 大配子母细胞（macrogametocyta）
macrogametophyte（= female gametophyte）大配子体,雌配子体（macrogame tophyta）
macrogamy ①配子大型 ②成体配合（macrogamia）
macrogel 大粒凝胶
macrogeneration 宏[功能]生成（macrogeneratio）
macrogenesis 骤变式发生
macroglobulin 巨球蛋白
macroglobulinemia 巨球蛋白血症
macroglycolipid 大糖脂
macrogonidia 大微生子
macrography 肉眼检查（macrographia）
macroinvertebrates 大型水生无脊椎动物（macroinvertebratae）{环保}
macrolepid 大鳞片的（macrolepis）
macrolesion 大损伤(染色体)（macrolesio）
macrolibrary（MACLIB） 宏程序库{电脑}
macrolide 大环内酯
macrolide antibiotics 大环内酯类抗生素{药物}
macromelanophore 大黑素细胞（macromelanophora）
macromere 大分裂球（macromera）
macromesentery 完全隔膜（macromesenteria）
macrometeorology 大气象学（macrometeorologia）
macromodel 宏观样板
macromodular computer 宏模块计算机
macromolecular 大分子的（macromolecularis）
macromolecular assembly 大分子集合
macromolecular compound 大分子化合物
macromolecular conformation 大分子构象
macromolecular crowding 大分子群集
macromolecular crystallography 大分子晶体学
macromolecular factor 大分子因子
macromolecular ligand 大分子配体
macromolecular radiosensitivity 大分子辐射敏感性
macromolecular substance 大分子物质
macromolecular superconductor 大分子超导体
macromolecular synthesis 大分子合成
macromoleculariness 大分子性
macromolecule（= large molecule） 大分子（macromolecula）
macromonocyte 巨单核细胞（macromonocyta）
macromorphologic 宏观形态的（macromorphologicus）
macromutation 大突变(染色体变异)（macromutatio）
macronema 粗大菌丝体
macront 大配子母细胞（macrons）
macronuclear 大核的（macronuclearis）
macronuclear fragment 大核断片（fragmentum macronucleare）
macronuclear regeneration 大核重组,大核再生（regeneratio macronuclearis）
macronucleocyte 大核红血球（macronucleocyta）
macronucleus 大核
macronucleus of hypotrichous ciliate 少毛纤毛虫的大核
macronutrient 常量营养元素（macronutriens）
macronutrient solution 常量营养[元素]液
macronyssid mites 巨刺螨科[Macronyssidae]
macropaper chromatography 常量纸色谱[法]
macroparameter 宏参数
macropetalous 大瓣的（macro-petalus）
macrophage（Mψ） 巨噬细胞（mcrophagus）
macrophage activating factor（MAF） 巨噬细胞活化因子
macrophage adherence inhibition test 巨噬细胞粘连抑制试验
macrophage chemoattractant protein（MCP） 巨噬细胞趋化蛋白
macrophage colony stimulating factor（MCSF） 巨噬细胞集落刺激因子
macrophage cybrid 巨噬细胞胞质杂种
macrophage-derived growth factor（MDGF） 巨噬细胞[源]生长因子
macrophage fusion by lectin 巨噬细胞融合的外源凝集素法
macrophage growth factor（MGF） 巨噬细胞生长因子
macrophage heterokaryon 巨噬细胞异核体

macrophage homokaryon 巨噬细胞同核体
macrophage hybrid 巨噬细胞杂种
macrophage in giant cell formation 巨型细胞形成的巨噬细胞
macrophage inflammatory protein（MIP） 巨噬细胞炎性蛋白
macrophage inhibition factor（MIF） 巨噬细胞抑制因子
macrophage scavenger receptor 巨噬细胞消除受体
macrophanerophyte 大高位芽植物，乔木（macrophanerophyta）
macrophyll 大型叶（macrophyllum）
macrophyllous（= macrophylline） 具长叶的（macrophyllus）
macrophylogenesis 大型系统发育，大型种系发生
macrophylogenetic development 大型系统发育
macrophyte 大型［水生］植物（macrophyta）
macropipeline 宏流水线
macroplast 大质体（macroplastus）
macropodous（= macropodal） ①大柄的 ②大胚轴的（macropodus）
macropore 大孔［隙］（macroporium）
macroporosity 大孔［隙］度（macroporositas）
macroporous 大孔的（macroporus）
macroporous gel 大孔凝胶
macroporous polymer 大孔聚合物
macroporous resin 大孔树脂
macroporous silica gel 大孔硅胶
macroporous tree species 大孔树种
macroporous wood 大孔材
macropterous 大翼的（macropterus）
macropyrenic 大核的（macropyrenicus）
macroradical 大基团｛物｝（macroradicus）
macroreaction 宏观反应（macroreactio）
macrorecorder 宏记录器
macrorelief 大地形，广域地形
macroreticular resin 大网络树脂
macrorhizous 大根的
macrorhythm 大节律（macrorhythmum）
macrosatellite 大随体（macrosatelles）｛细胞｝
macrosclereid 大石细胞（macrosclereida）
macroscopic ①宏观的，巨观的 ②肉眼可见的（macroscopus）
macroscopic concept 宏观概念
macroscopic structure 宏观构造
macroscopic system 宏观系统｛物｝
macroscopy 宏观检查（macroscopia）｛物｝
macrosepalous 大萼的（macrosepalus）
macrosepalous rhododendron 大萼杜鹃花［*Rhododendron macrosepalum* Maxim.］（杜鹃花科）
macrosmatic 嗅觉敏锐的（macrosmaticus）
macrosociation 大域组合，大气组合（macrosociatio）
macrosome 粗粒体（macrosoma）｛细胞｝
macrospecies 大种
macrospermous 大种子的（macrospermus）
macrosporangiophore 大孢子囊柄（macrosporangiophora）
macrosporangium（= megasporangium） 大孢子囊
macrospore（= megaspore） 大孢子（macrospora）
macrospore mother cell（= megaspore mother cell） 大孢子母细胞（macrosporocyta）
macrosporium keg spot 斑点病
macrosporium leaf spot 暗斑病，黑斑病
macrosporocarp 大孢子果（macrosporocarpium）
macrosporogenesis（= megasporogenesis） 大孢子发生
macrosporophyll 大孢子叶（macrosporophyllum）
macrosporophyte 大孢子体（macrosporophyta）
macrostachys 长穗的
macrostate 宏观状态（macrostatus）
macrostichous 长列的（macrostichus）
macrostigmous 大柱头的（macrostigmus）
macrostructure ①宏观结构｛细胞｝ ②大结构｛土壤｝（macrostructura）
macrostylous 长花柱的（macrostylus）
macrosystem 宏观系统（macrosystema）
macrothermophytia 高温植物群落
macrotrace 宏追踪
macrotrichous 粗毛的（macrotrichus）
macrozone 大地带（macrozona）
macrozoospore 大游动孢子（macrozoospora）
macula ［色］斑
macula adherens 愈合斑，连接斑（macula adherens）
macula lutea 黄斑
macular（= maculous） 具斑点的（macularis）
macular desmosome 斑点桥粒
maculate 具斑点的（maculatus）

maculate leaf 斑叶(folium maculatum)
maculate sedge 斑点薹草(红苞薹)[*Carex maculata* Boott](莎草科)
maculated lyonetid 多斑潜蛾[*Lyonetia multimaculata* Matsumura](潜蛾科)
maculated rice katydid 稻具斑螽斯[*Xiphidion maculatum* Guillon](螽斯科)
maculated skipper 斑点弄蝶[*Pyrgus zona* Mabille](弄蝶科)
maculation ①斑[点]序 ②斑纹(maculatio)
maculatum disease 斑点病
macule 斑点(macula)
maculiferous 有斑点的(maculifer)
Macy automatic needle 梅西自动移虫针
mad-itch (= pseudorabies) 伪狂犬病
mad staggers 蹒跚病
Madagascar beautyleaf 马达加斯加红厚壳[*Calophyllum inophyllum* L.](山竹子科)
Madagascar jasmine 蜡花黑鳗藤[*Stephanotis floribunda* Brongn.](萝藦科)
Madagascar locust 马达加斯加飞蝗[*Locusta migratoria capito* Saussure](蝗科)
Madagascar palm (= raphia palm) ①散尾葵属[*Chrysalidocarpus* H. Wendl.](棕榈科) ②散尾葵[*Chrysalidocarpus lutescens* H.Wendl.]
madagascar peanut(= earth pea) 马岛花生(土豆)[*Voandzeta subterranea* Thon.]
Madagascar periwinkle ①长春花属[*Catharanthus* G.Don](夹竹桃科) ②长春花(寿星花)[*Catharanthus roseus* (L.) G. Don]
madake bamboo 刚竹[*Phyllostachys bambusoides* Sieb. et Zuce.](禾本科)
madden cherry ①臭樱属[*Maddenia* Hook.f.et Thoms.](蔷薇科) ②臭樱(假稠李)[*Maddenia hypoleuca* Koehne]
madder ①茜草属[*Rubia* (Tourn.) L.](茜草科) ②茜草[*Rubia cordifolia* L.] ③西洋茜草[*Rubia tinctorum* L.]
madder family 茜草科(Rubiaceae)
made-tea 制成茶,茶制品
madeiravine ①落葵薯属(马德拉藤属)[*Boussingaultia* H.B.et Kth.](落葵科) ②落葵薯[*Boussingaultia gracilis* Mters. var. *pseudobaselloides* Bailey]
madid (= moist) 潮湿的
madrone ①浆果鹃属[*Arbutus* L.](杜鹃花科) ②浆果鹃(莓实树)[*Arbutus unedo* L.]
madura disease(= madura foot, maduromycosis) 足菌肿,足分枝菌病(maduromycosis)
madwort ①庭荠属(香荠属)[*Alyssum* Tourn.ex L.](十字花科) ②庭荠[*Alyssum sibiricum* Willd.]
maelstrom ①大旋涡 ②大灾害
maestro 美斯特罗风(亚得里亚海夏天的一种西北风)
mafic rock 镁铁质岩{地质}
maga 岩浆
magainin 爪蟾抗菌肽
magamp 磁放大器
MagAmP (= magnesium ammonium phosphate) 磷酸铵镁(肥料)
magazine ①杂志,刊物 ②仓库 ③(照相机)软片盒 ④料斗
Magdal red 马达拉红(染料){显技}
magellan barberry 黄杨叶小檗[*Berberis buxifolia* Poir.](小檗科)
magellan fuchsia 短筒倒挂金钟[*Fuchsia magellanica* Lam.](柳叶菜科)
magenta 碱性品红,品红,洋红
maggot 蛆,无足幼虫
maggot-pierced cocoon 蛆孔茧
maggoty ①生蛆的,多蛆的 ②蛆蛀的
maggoty cheese 生蛆干酪
maggoty fruit 蛆蛀果实
magic ①幻术的,魔术的 ②有魔力的,不可思议的(magicus)
magic apple 保鲜苹果(指用 CO_2 处理使苹果休眠以保鲜)
magic counting 幻计数
magic eye 光调谐指示管,电眼
magic-eye flame control 电眼火焰控制器(指干燥机)
magic-eye flame failure thermostat 电眼火焰控制恒温器
magic hand 机械手
magic number 幻数
magic spot(MS) 魔斑点
magic square ①幻方,魔方 ②纵横图{电脑}
magma ①原浆(指粗糖与糖浆的混合物) ②浮悬体 ③岩浆,乳浆 ④黏质
magma reticulare 网状黏质
magmatic ①稠液的 ②糖糊的 ③岩浆的(magmaticus)
magmatic rock 岩浆岩{地质}
magmatism 岩浆作用(magmatismus)
magnelite 磁铁矿
magnesia 氧化镁[MgO]
magnesite 菱镁矿,菱苦土矿[$MgCO_3$]

magnesium 镁(Mg,12 号元素)
magnesium alkalinity 镁碱度
magnesium ammonium phosphate 磷酸铵镁(肥料)[$Mg(NH_4)PO_4$]
magnesium carbonate 碳酸镁[$MgCO_3$]
magnesium chlorate 氯酸镁[$Mg(ClO_3)_2$]
magnesium chloride 氯化镁[$MgCl_2 \cdot 6H_2O$]
magnesium chloride radioprotection 氯化镁辐射防护
magnesium clay 镁黏粒,镁质黏粒
magnesium content 含镁量
magnesium deficiency 缺镁[症]
magnesium fertilization 施用镁肥
magnesium fertilizer 镁肥
magnesium hardness 镁硬度{环保}
magnesium hydrate (= mgnesium hydroxide) 水合镁(氢氧化镁)[$Mg(OH)_2$]
magnesium limestone 含镁石灰石,镁质石灰岩
magnesium oxide 氧化镁[MgO]
magnesium phosphate 磷酸镁[$Mg_3(PO_4)_2$]
magnesium requirement 需镁量
magnesium solonization 镁碱化,镁质碱化
magnesium sulphate 硫酸镁[$MgSO_4$]
magnesium supply 镁肥供应,供镁
magnesium thermophosphate 热制磷酸镁
magnet ①磁铁 ②磁石 ③磁体(magnes)
magnet compass 磁罗盘,磁圆规
magnet optical disk (MO) 磁光盘{电脑}
magnet valve 磁力阀,电磁阀
magnetic ①磁的,磁性的 ②有吸引力的(magnesius)
magnetic [bubble] device 磁泡器件
magnetic aberration 磁偏差
magnetic analyzer 磁分析器
magnetic anisotropic group 磁各向异性基团{生技}
magnetic anisotropy 磁各向异性
magnetic balance 磁秤
magnetic bead 磁珠{分生}
magnetic brake 磁力制动器
magnetic bubble 磁泡{遥感}
magnetic bubble detection 磁泡检测
magnetic bubble technology 磁泡技术
magnetic card (= mag card) 磁卡{信息}
magnetic circular dichroism 磁圆二色性{分生}
magnetic cleaner 磁选机
magnetic clutch 电磁离合器
magnetic coating 磁性涂层
magnetic compass 罗盘仪
magnetic core 磁心
magnetic-core memory 磁心存储器
magnetic declination 磁偏角{遥感}
magnetic deflection 磁偏转
magnetic dip(= magnetic inclination) 磁倾角,磁偏角
magnetic dipole 磁偶极子
magnetic dipole moment 磁偶极矩
magnetic disk 磁盘{信息}
magnetic disturbance 磁扰
magnetic drum 磁性滚筒,磁鼓(指用于计算机存储信息)
magnetic element 地磁要素
magnetic equator 地磁赤道
magnetic examination(= magnetic inspection) 磁力探伤
magnetic field 磁场
magnetic field intensity 磁场强度
magnetic film 磁膜
magnetic filter 磁力过滤器
magnetic flow meter 电磁流量计{环保}
magnetic flux 磁通{遥感}
magnetic force 磁力
magnetic hand scanner 手动磁扫描器
magnetic head 磁头
magnetic immunoassay 磁免疫测定{分生}
magnetic inclination 磁倾角
magnetic induction 磁感{遥感}
magnetic ink 磁性墨水
magnetic intensity 磁场强度
magnetic interaction 磁相互作用
magnetic iron 磁铁
magnetic lines of force 磁力线
magnetic map 地磁图
magnetic material 磁性材料,磁绝材料
magnetic meridian 磁子午线,磁子午圈
magnetic microcarrier 磁微载体{分生}
magnetic mirror 磁镜
magnetic moment 磁矩
magnetic needle 磁针
magnetic north 磁北
magnetic oxide 磁性氧化物
magnetic particle 磁颗粒
magnetic permeability ①导磁率,导磁系数 ②导磁性
magnetic plated wire 磁镀线
magnetic polarization 磁极化
magnetic pole 磁极
magnetic prospecting 磁法勘探{遥感}
magnetic pulley (磁选器)磁力滚筒

magnetic pulsator 磁力脉动器
magnetic pulse valve 电磁脉动阀
magnetic quantum number 磁量子数
magnetic quiet day 磁静日
magnetic rain plug 磁性放油塞
magnetic read / write compatible head 读写兼用磁头{信息}
magnetic receptor 磁感受器
magnetic recording 磁记录{遥感}
magnetic resonance 磁共振
magnetic resonance imaging (MRI) 磁共振成像
magnetic resonance spectroscopy 磁共振波谱学
magnetic separation technique 磁[性]分离技术{生技}
magnetic separator ①磁力分离器 ②电磁清选机
magnetic sheet 磁片(指磁数记录纸)
magnetic south 磁南
magnetic spectropolarimetry 磁旋光分光法
magnetic starter 磁力起动机
magnetic stirrer (= magnetic stirring apparatus) 磁力搅拌器
magnetic stirring 磁力搅动,磁力搅拌
magnetic stirring apparatus 磁力搅拌器
magnetic stirring bar 磁力搅拌棒
magnetic storage 磁存储器
magnetic storm 磁暴
magnetic survey 磁测{遥感}
magnetic suspension vehicle 磁浮列车(指火车)
magnetic tape(= mag tape) 磁带
magnetic track 磁道
magnetic variation [地]磁变
magnetic wire 磁线{信息}
magnetics ①磁学 ②磁性元件 ③磁性材料(magnetica)
magnetism ①磁[性] ②磁学(magnetismus)
magnetite 磁铁矿[Fe_3O_4]
magnetization ①磁化 ②磁化强度(magnetisatio)
magnetize ①磁化 ②起磁
magneto- ⌊字头⌉磁
magneto 磁电机
magneto armature 磁电机电枢
magneto crystalline anisotropy 磁晶各向异性
magneto electric ignition 磁电点火
magneto generator 磁电发电机
magneto holographic memory type 磁全息照相存储方式
magneto ignition 磁电机点火
magneto ionic theory 磁感离子学说{气象}
magneto optical disk 磁光盘
magneto resistance effect 磁[致电]阻效应
magnetoanemometer 磁电风速表
magnetobiology 磁生物学(magnetobiologia)
magnetocardiogram 心磁图(magnetocardiogramma)
magnetochemistry 磁化学(magnetochemica)
magnetoconductivity 磁致电导率,导磁率(magnetoconductivitas)
magnetoelectric 磁电的(magnetoelectricus)
magnetogram 地磁自记曲线
magnetograph 地磁计
magnetometer ①磁强计 ②地磁仪
magnetometry ①磁力测定 ②磁力测定法(magnetometrica)
magnetomotive force(mmf) 磁通势
magnetomyography 肌磁描记术(magnetomyographia)
magneton 磁子
magneto - optics 磁光学(magnetooptica)
magnetophone 磁带录音机
magnetoreceptive 感受磁的(magnetoreceptivus)
magnetosphere 磁圈(magnetosphera)
magneto - statics 静磁学(magnetostatica)
magnetostriction 磁致伸缩(magnetostrictio)
magnetotaxis 趋磁性
magnetotropism 向磁性(magnetotropismus)
magnetron 磁控管
magnetropism 向磁性(magnetropismus)
magnification ①放大 ②放大率,放大倍数 ③增大,增殖(magnificatio)
magnification factor 放大倍数
magnification of image ①图像放大{电脑} ②影像放大{遥感}
magnification of microscope 显微镜放大率
magnification of rRNA cistrons rRNA 顺反子增大
magnification range 放大倍数范围,放大倍数极限
magnified 放大的,扩大的{显技}
magnifier 放大器,放大镜(amplificator)
magnify 放大(magnificare)
magnifying aberration 放大畸变

magnifying glass 放大镜
magnifying power 放大力
magnifying scale（= magni-scale） 放大比例尺
magnitude ①大小 ②量，数量，数目 ③光度（magnitudo）
magnoflorine 木兰花碱
magnolamino 木兰胺［$C_{36}H_{40}N_2O_3$］
magnolia ①木兰属［*Magnolia* L.］（木兰科）②木兰（木笔，辛夷）［*Magnolia liliflora* Desr.］
magnolia family 木兰科［Magnollaceae］
magnolia marmorated aphid 木兰长角斑蚜［*Callaphis magnoliae* Essig et Kuwana］（蚜科）
magnolia scale 木兰蜡蚧［*Neolecanium cornuparvum* Thro］（蜡蚧科）
magnoliavine ①五味子属［*Schisandra* Michx.］（五味子科）②五味子［*Schisandra chinensis* Baill.］
magnoliavine family 五味子科［Schisandraceae］
magnoline 木兰素
magpie 鹊，喜鹊［*Pica pica*］
magpie moth（= gooseberry geometer） 醋栗尺蛾［*Abraxas grossulariata* Linnaeus］（尺蛾科）
Magsat 磁场测量卫星｛遥感｝
maguey ①龙舌兰属［*Agave* L.］（龙舌兰科）②龙舌兰（世纪树）［*Agaye americana* L.］
Mahady micromount 马汉蒂氏小承载标本玻片｛显技｝
Mahaleb cherry（= SaintLucy cherry） 马哈利酸樱桃［*Prunus mahaleb* L.］（蔷薇科）
mahoberberis ①功劳小檗属［*Mahoberberis* spp.］（小檗科）②功劳小檗［*Mahoberberis neubertii* sp.］
mahoe（= linden hibiscus） 黄槿［*Hibiscus tiliaceus* L.］（锦葵科）
mahogany（= mahagony） ①桃花心木［*Swietenia mahogani* Tacq.］（楝科）②菲律宾红柳桉［*Shorea negroscensis* Foxw.］（龙脑香科）
mahogany shoot-borer 桃花心木芽斑螟［*Hypsipyla tobusta* Mr. = *Magiria*］
mahonia ①十大功劳属［*Mahonia* Nutt.］（小檗科）②十大功劳［*Mahonia fortunei* Mouill.］
MAI（= multiple access interface） 多路存取接口｛信息｝
Mai yang 陀螺状羯布罗香［*Dipterocarpus turbinatus* Gaertn.f.］（龙脑香科）
maiden pink 美女石竹（西洋石竹）［*Dianthus deltoides* L.］（石竹科）
maiden sorrel 山酸模［*Rumex montanus* Des'f.］（蓼科）
maiden tree 幼年树
maidenhair fern ①铁线蕨属［*Adiantum* L.］（铁线蕨科）②（= maidenhair, southern maidhair fern）铁线蕨［*Adiantum capillaris-veneris* L.］
maidenhair fern family 铁线蕨科［Adiantaceae］
maidenhair spleenwort（= black stemmed spleenwort） ①铁角蕨属［*Asplenium* L.］（铁角蕨科）②铁角蕨［*Asplenium trichomanes* L.］
maidenhair spleenwort family 铁角蕨科［Asplenaceae］
maidenhair tree ①银杏属［*Ginkgo* L.］（银杏科）②银杏［*Ginkgo biloba* L.］
maidenhair-tree family 银杏科［Ginkgoaceae］
maidenly ①少女的 ②未开拓的（virgineus）
maikoa（= angels-trumpet） 木本曼陀罗［*Datura arborea* L.］（茄科）
mail 邮件，函件｛信息｝
mail box 信箱，邮箱
mail bridge 邮桥（指邮件网络）
mail exploder 邮件分发器
mail gateway 邮件联网机，邮件网关
mail holder 邮件夹
mail order business 函购商业，函购业务
mail path 邮路，邮件路径
mail server 邮件服务器
mail survey 通信调查，函询
mailer ①邮件程序｛信息｝②堆积烧炭｛森林｝
mailer method 堆积烧炭法
mailgram 邮递电报
mailing cage （蜂王）邮寄笼
maimed 残缺的（mancus）
main ①主要的 ②主线，干线 ③自来水总管
main achievements 主要成果
main axis ①主茎 ②主轴
main band DNA 主［染色］带 DNA
main beam （犁）主梁
main bearing 主轴承
main beater 主逐稿轮
main bine 主蔓
main block 主区（区组）｛统计｝
main body ①主体 ②主体程序

main bract 总苞
main branch 主枝（ramus primarius）｛形态｝
main cable （索道）主索，承载索
main canal 干渠
main canopy 主冠层（林冠）
main cellular pool 主要细胞库
main chain 主链｛分遗｝
main channel 主槽，主渠道
main circuit 主电路｛信息｝
main circulation ①主流通｛信息｝②主循环｛农施｝
main clutch 主离合器
main collector 主干管，总干管｛环保｝
main compartment 主要分隔部分
main computer 主计算机
main crop variety 主作物品种
main crops 主要作物
main culm 主秆，主茎（caulis primarius）
main current 主流（干流）
main data 主数据
main diagonal 主对角线
main direction 主要方向（指农业生产管理的决策系统）｛智培｝
main drain 排水干沟，总排水管
main drive control 主传动控制手柄
main drive gear ①主传动 ②主传动齿轮装置
main driving wheel 主动轮
main dryer 主干燥机
main duct 主管道
main effect 主效应｛统计｝
main elevator 主升运器｛农机｝
main entrance 主要引（进）水口[环保]
main entry point 主入口点
main exciter 主激励器｛电脑｝
main factor 主因子
main fermentation 主发酵
main field 大田，本田（稻）
main flow ①主流｛水利｝②主要流蜜期，主要蜜源
main forest road 主林道，林道干线
main frame（= major ride，management strip） 区划主线｛森林｝
main growth period 主生长期
main harvest 主作物收获
main honey flow 主要流蜜期
main industry ①支柱产业 ②支柱工业｛农经｝
main irrigation canal 灌溉干渠｛水利｝
main jet ①主射流｛水利｝②（化油器）主喷管
main leaf 主叶，真叶（folium primarium）
main lens 主透镜｛显技｝
main level（= main storey） 主层（多层乔林的最高层）
main lifting elevator ①主升运器 ②（马铃薯收获机）挖掘升运器
main line ①主线，干线｛农机｝②主索，牵引索｛森林｝
main lobe 主瓣
main loop 主循环
main memory ①主存 ②主存储器
main menu 主菜单｛电脑｝
main meteorological office 气象总台
main name code 主名码｛信息｝
main nectar flow 主要流蜜期
main nerve（= main vein） 主脉
main network address 主网络地址，主网址｛信息｝
main nucleus 主核，大核
main objective 主目标
main outfall 主要排泄口
main paddy field （水稻）本田（指插秧后稻田）
main path 主路径，主途径
main piece 主段（segmentum primarium）
main pipe 主管，干管，总管｛环保｝
main plot 主区（小区）｛统计｝
main problems 主要问题
main procedure 主过程
main processor 主处理机
main producing district 主产区
main product（= principal product） 主产物，主产品
main production area 主产区（指作物）
main pumping station 主泵站｛环保｝
main reinforcement 主［钢］筋｛农施｝
main ride 主林道
main riser 总立管｛环保｝
main river 主河，干流
main road 干道，主道
main root 直根，主根（radix palaris）
main scaffold 主枝
main season crop（= summer crop） 主要［季节］农作物，主作物，夏作物
main sewer ①干沟管 ②污水干管｛环保｝
main shaft ①（= main stem，main stalk）主茎，主干 ②主轴｛农机｝
main shoot 主茎（禾谷类）
main soil type 大土型，主要土型
main source 主要来源
main specification 主要规格
main stalk 主茎
main-stalk ear 主茎穗
main standard time 基本天气观测时间
main station 主站，总站

main stem ①主茎 ②主干 ③主蔓（caulis primarius）
main stream 主流，干流
main stroke 主要闪击
main support technology of accuracy agriculture 精确农业的主要支持技术｛智培｝
main sweep（= main scan） 主扫描
main switch 主开关
main tail feather 主尾羽
main task 主任务（指操作任务）
main treatment confounding 主处理混杂｛统计｝
main trunk ①主干 ②主干线
main unit 主要部件
main vein 主脉（vena primaria）
main vine 母蔓
main wheel ①驱动行走轮 ②（自走式机械）主动轮
main window 主窗口｛电脑｝
main winnower 主簸扬器
mainap 迈纳灌丛(圭亚那矮灌丛)｛生态｝
mainboard 主板
mainframe（= main-frame） ①底盘 ②主［计算］机，大型机 ③主机架
mainframe computer 主计算机，主机，大型机
mainframe era 大型机时代
mainkey 主键
mainland（= land mass） 大陆（terra）
maintain ①保持，维持，坚持，继续 ②保养，维修
maintain leaf turgor 保持叶膨压
maintainability 可维护性
maintainability design criteria ［可］维护性设计准则
maintainability prediction 可维护性预测
maintainer （雄性不育）保持系｛育种｝
maintanance cost 保养费，维护费，维护成本｛农管｝
maintenance ①保持，维持 ②保养，维修，维护
maintenance analysis procedure（MAP） 维护分析过程
maintenance and repair operation 维修作业，维修操作
maintenance and running costs 维修使用费
maintenance contract 维护合同｛农管｝
maintenance cost 保养费
maintenance emergency 应急维修
maintenance energy 维持能［量］
maintenance engineering analysis（MEA） 维护工程分析
maintenance expense 维修费用，保养费用
maintenance heat 维持热
maintenance line 保持系｛育种｝
maintenance log 保养记录表
maintenance of canopy 郁闭保持
maintenance of heterozygosity 杂合性保持
maintenance of male sterility 雄性不育保持
maintenance of soil fertility 土壤肥力保持
maintenance panel 维护版面｛电脑｝
maintenance plan 维护计划
maintenance point 维护点，维护站
maintenance ration 维持日料
maintenance recruitment amount 维持补充量
maintenance requirement 维持需要量
maintenance respiration 维持呼吸
maintenance scanner 维护扫描器
maintenance selection 保持选择
maintenance survey ①维护测量 ②维护调查｛遥感｝
maintenance tools 维修工具
maintenance typewriter ①维护电传机 ②维护打字机
maintenance work 小修，日常维修
maiosis（= meiosis） ①减数分裂 ②成熟分裂 ③瞳孔缩小 ④［疾病］减退病｛医｝
maire peony 美丽芍药［*Paeonia mairei* Lévl.］（毛茛科）
maire yew 南方红豆杉［*Taxus chinensis* var. *mairei*（Lemée et Lévl.）Cheng et L. K. Fu］（紫杉科）
maisin 玉米蛋白
Maitland culture 梅特兰培养法｛生技｝
maize（= corn） 玉米（玉蜀黍，苞米）［*Zea mays* L.］（禾本科）
maize albinism 玉米白化现象
maize armyworm（= nutgrass armyworm） 玉米黏虫（莎草黏虫）［*Laphygma exempta* Walker］（夜蛾科）
maize autopolyploid 玉米同源多倍体
maize bacterial stem rot 玉米茎腐病［*Erwinia dissolvens* Butler.］
maize biochemistry 玉米生物化学
maize blossom beetle ①玉米红褐露尾甲［*Carpophilus dimidiatus* Fabricius = *C. vittiger* Murr.］ ②玉米黑露尾甲［*Carpophilus foveicollis* Murr.］（露尾甲科）
maize borer 玉米螟［*Chilo partellus* Swinhoe］（螟蛾科）
maize chlorotic dwarf virus（MCDV） 玉米退绿矮缩病毒

maize cob (= corn cob) 玉米穗轴
maize cob husker 剥玉米穗苞叶机
maize crusher 玉米粉碎机(籽粒)
maize culture ①玉米栽培 ②玉米栽培学
maize cutter ①玉米收获机 ②玉米收获附加装置
maize cutting attachment (谷物联合收割机的)玉米收割附加装置
maize date of silking 玉米抽(吐)丝期
maize double-cross 玉米双杂交
maize double crosses 玉米双交种
maize double-hybrid 玉米双交[杂]种
maize dry shed 玉米干燥棚
maize drying loft 玉米干燥间
maize dwarf mosaic virus 玉米矮花叶病毒
maize fallow ①玉米休闲 ②玉米休闲地
maize for ensilage 青贮玉米
maize germ oil 玉米种胚油
maize grinder 玉米粉碎机,玉米磨粉机
maize growing ①玉米栽培 ②玉米栽培学
maize growing area 玉米栽培区,玉米产区
maize hoeing set 玉米锄草铲组
maize hybrid vigor (= maize heterosis) 玉米杂种优势
maize hybridization breeding 玉米杂交育种
maize idiogram 玉米染色体组型模式图
maize inbred line ①玉米自交系 ②玉米近交系
maize isolated-plot 玉米隔离区
maize isolation 玉米隔离
maize leaf blight 玉米大斑病[*Helminthosporium turcicum* Pass.]
maize leaf spot (= leaf spot of corn) 玉米小叶斑病[*Cochlioblus heteroltrophus* Drechsler.]
maize leaved pitcairnia 玉米叶比氏凤梨[*Pitcairnia maidifolia* Dcne.](凤梨科)
maize male sterility 玉米雄性不育[性]
maize moth (= European corn borer) 玉米螟[*Ostrinia nubilalis* Hübner](螟蛾科)
maize oil 玉米油
maize picker-husker 玉米摘穗剥苞叶机
maize picker-sheller 玉米摘穗脱粒机
maize planter (= corn planter) 玉米播种机
maize pollination in aid 玉米辅助授粉
maize pollinator 玉米授粉器
maize pulp 玉米酒糟,玉米浆
maize radiation breeding 玉米辐射育种
maize ridging time 玉米培土期
maize rootworm 玉米根虫
maize rotation arrangement in space 玉米轮作在空间上的安排
maize rotation arrangement in time 玉米轮作在时间上的安排
maize seeder unit 玉米播种装置
maize selfing line 玉米自交系
maize sib method of breeding 玉米同胞育种法
maize silage 玉米青贮,青贮用玉米
maize single cross 玉米单交
maize single crosses 玉米单交种
maize single hybrid 玉米单交[杂]种
maize smut 玉米黑粉病[*Ustilago zeae* (Bucken) Unger = *U. maydis* (DC.) Corda.]
maize soil cultivation 玉米土壤耕作
maize stalk borer ①玉米蛀茎褐夜蛾[*Busseola fusca* Fuller](夜蛾科) ②列星大螟[*Sesamia vuteria* Stoll](夜蛾科) ③玉米螟[*Ostrinia nubilalis* Hübner](螟蛾科)
maize stem borer (= sorghum stem borer) 玉米禾螟[*Chilo zonellus* Swinhoe = *C. partellus* Swinb.](螟蛾科)
maize streak 玉米条纹病[*Zea virus* 2]
maize streaked dwarf (= streaked dwarf of corn) 玉米条矮病(病毒病害)
maize tenebrionid (= false wire worm) 玉米扁足[拟步]甲[*Pedinus femoralis* L.](拟步甲科)
maize test field 玉米试验田
maize tester 玉米测交种
maize tetraploid 玉米四倍体
maize thrips 玉米白带黑蓟马[*Heliothrips striatopterus* Kob.](蓟马科)
maize topcross 玉米顶交
maize triple cross 玉米三交,玉米三系杂交
maize triple crosses 玉米三交种
maize triple hybrid 玉米三交[杂]种
maize weevil 玉米象[*Sitophilus zeamais* Motschulsky](象甲科)
maizena (= maize starch) 玉米淀粉
majanthemum ①舞鹤草属[*Maianthemum* Wigg.](百合科) ②舞鹤草[*Maianthemum bifolium* F. W. Schmidt.]
major ①主要的,(两部分中)较大的,比较重要的 ②主修,专研(大学里某一学科) ③主科
major alarm 重大[故障]告警
major axis 长轴
major bends in the stem 干弯曲,曲干
major biome 主要生物群落
major character 主要性状

major characteristics 主要特征
major coil ①大螺旋 ②大卷曲(羊毛)
major constituent 主成分
major cycle ①大循环,主循环 ②大周期
major day-lily 大橘黄萱草[*Hemerocallis aurantiaca* B. var. *major* BAK.](百合科)
major decoding specificity 主解码专一性
major determinant 主要决定因子
major element 主要元素,大量元素
major element deficiencies 主要营养元素缺乏
major factor ①主要因素 ②主因子
major failure ①严重失效(指药品,肥料,农药)②主[要]故障(指电视机,计算机,农机,机械,农具)
major fertilizer elements 肥料主要元素,肥料三要素
major forest tree 主林木
major fraction 主要部分
major frame 主帧{电脑}
major gene ①主基因 ②主效基因
major gene interaction 主要基因连应
major gene resistance 主效基因抗[病]性
major groove ①大沟(指 DNA 双螺旋的大沟){分遗} ②主沟{水利}
major habitat 主要生境{生态}
major histocompatibility complex (MHC) 主要组织亲和性复合体{分生}
major in agronomy 主修农学
major intrinsic protein (MIP) 主要内在蛋白
major late promoter (MLP) 主要后期启动子{分生}
major objective 主目标{育种}
major overhaul (= major repair) 大修
major power of information agriculture 信息农业的主要动力{智培}
major product 主要产物
major profile 主要剖面[图]
major quadrat 样地{遥感}
major ribosomal RNA cistron 主要核蛋白体 RNA 顺反子{分遗}
major ribosomal RNA component 主要核蛋白体 RNA 组成部分
major ride 区划主线{森林}
major species 主要种
major spiral 大螺旋(染色线)
major stress 主应力
major structure ①主结构 ②主构件
major synchronization point service 主同步点服务{信息}
major total 总计
majority 多数,大半
majority carrier 多数载流子{物}
majorization 优化(majorisatio)
majorizing sequence 优化序列{电脑}
MAK (= methylated albumin kieselguhr) 甲基清蛋白硅藻土
makamong ①缅茄属[*Pahudia* Miq.](豆科) ②缅茄[*Pahudia xylocarpa* Kurz]
make ①制造,制作 ②加工,生产 ③闭合,接通 ④形成,构成,组成 ⑤引起,产生,取得
make arable 拓荒,开荒
make-break operation 通断操作{信息}
make cutting 插枝
make finite progress 取得有限进展
make hay ①打饲草 ②制干草
make or buy decision 制造或购买决策{农管}
make up ①组织,组成,制成 ②结构,构造 ③成分 ④修理,装配,制作,配制,补给,配给 ⑤拼板
make-up water 补给水{环保}
makeshift check dam 临时拦水坝{水利}
Maki 小叶罗汉松[*Podocarpus macrophylla* var. *maki* Endl.](罗汉松科)
making briquet from biomass 生物量压制燃料{农施}
making coal in the open-air 露天烧炭法{森林}
making correction 使正确
making crosses 制杂交种,制种(指玉米){育种}
making current 感应电流,接通[时的最大脉冲]电流
Makino chrysanthemum 龙脑菊[*Chrysanthemum makino* Matsum et Nakai.](菊科)
Makino stonecrop 圆叶佛甲草[*Sedum makinoi* Maxim.](景天科)
Makino's fluid 马其诺氏液{显技}
mal- ⌞字头⌝不,不良,坏
mal de caderas 卡第拉司病,(马)锥虫病
mal del secco of lemon 柠檬干枯病[*Deuterophoma trachiephila* Petri.]
mal der mer 晕船,航海病
mal locus (= amylomaltase locus) 麦芽糖转葡糖基酶座位(指肺炎球菌)
Malabar 马拉巴(甘蔗热带原种)
Malabar ebony 高棉黑柿[*Diospyros malabarica* Koste](柿科)
Malabar glory-lily ①嘉兰属[*Gloriosa* Linn.](百合科) ②嘉兰[*Gloriosa superba* Linn.]
Malabar gourd 马拉巴瓜(黑子南瓜)[*Cu-*

curbite ficifolia Bouche.]（葫芦科）
Malabar grass（= East Indian lemongrass） 蜿蜒香茅 [*Cymbopogon flexuosus* Stapf.]（禾本科）
Malabar-nightshade ①落葵属[*Basella* L.]（落葵科）②落葵[*Basella rubra* L.]
Malabar-nightshade family 落葵科[Basellaceae]
Malabar nut ①鸭嘴花属[*Adhatoda* Mill.]（爵床科）②鸭嘴花[*Adhatoda vasica* Nees= *Justicia adhatoda* L.]
Malabar tree euphorbia 绿玉树[*Euphorbia tirucalli* L.]（无患子科）
malabaricol 岭南臭椿醇
malabsorption 吸收障碍（malabsorptio）
Malacea jewelvine 马来鱼藤[*Derris malaccensis* Prain]（豆科）
malachite green 孔雀绿{显技}[$C_{23}H_{25}N_2Cl$]
malachite green solution 孔雀绿溶液
malacia 软化症
malacocarpous 软果的（malacocarpus）
malacodermous 软皮的（malacodermus）
malacoid ①黏液质的 ②[有]黏[性]的（malacoideus）
malacology 软体动物学（malacologia）
malacophilous 蜗媒的（malacophilus）
malacophilous flower 蜗媒花（flos malacophilus）
malacophilous plants 蜗媒植物（plantae malacophilae）
malacophily 蜗媒
malacophyllous 软叶的（malacophyllus）
malacosis 软化症
malacozoan 软体动物
maladjusted 不适应的
maladjusted biotype 不适应生物型{进化}
maladjustment 失调（maladjustmentum）
malady 病（maladie）
malagumihan（= Terap） 面塔果[*Artocarpus elastica* ReinW.]（桑科）
malaise 不适，违和
malam 马来赤铁木[*Payena mayingayi* Clor.]
malamic acid 苹果酰胺酸 [$CONH_2 \cdot CHOH \cdot CH_2 \cdot COOH$]
malanders 马膝湿疹
malanga（= Yautia） 箭叶黄[体]芋[*Xanthosoma sagittaefolium* Schott]（天南星科）
malarbone 颧骨
malaria 疟疾
malaria mosquito ①按蚊（疟蚊）②⌊复⌉按蚊属[*Anopheles* spp.]（按蚊科）
malaria parasite 疟疾寄生物
malaria pigment 疟虫色素
malaria vaccine 疟疾疫苗
malariology 疟疾学（malariologia）
malarticulation 系节不正（malarticulatio）
malassimilation 同化不全（malassimilatio）
malate ①苹果酸 ②苹果酸盐、酯或根
malate-aspartate cycle 苹果酸天冬氨酸循环
malate decomposition 苹果酸分解
malate dehydrogenase（MDH） 苹果酸脱氢酶
malate shuttle 苹果酸运输
malate synthesis 苹果酸合成
malate synthetase 苹果酸合成酶
malathion（= Malathon） 马拉松，马拉硫磷，马拉赛昂，4049（杀虫，杀螨剂）[$C_{10}H_{19}O_6PS_2$]
malaxator 揉面机
Malay apple（= large fruited rose apple） 马六甲蒲桃[*Eugenia malaccensis* L.]（桃金娘科）
Malay blumea 见霜黄[*Blumea lacera* DC.]（菊科）
Malay cinnamon 阴香（山肉桂，广东桂皮）[*Cinnamomum burmani* Bl. = *C. chinensis* Bl., *C. dulce* Nees.]（樟科）
Malay fowl 马来鸡
Malay glycosmis 五叶山小橘（酒饼叶）[*Glycosmis pentaphylla* DC.]（芸香科）
Malay guttapercha natotree 胶木[*Palaquium gutta* Burck.]（山榄科）
Malay mulberry 马来桑[*Morus macroura* Miq.]（桑科）
Malay saw 枪弹木（猿喜果）[*Mimusops kauki* L.]
Malayan black rice bug 马来亚稻黑蝽[*Scotinophora coarctata* Fabricius]（蝽科）
Malayan kunquat 长叶金柑[*Fortunella polyandra*（Ridl.）Tanaka]（芸香科）
Malayan rice seedling fly 马来亚稻芒角蝇[*Atherigona oryzae* Mall.]
Malayan wild orange 马来亚橘[*Citrus halimii* Stone]（芸香科）
Malaytea scurfpea 补骨脂[*Psoralea corylifolia* L.]（豆科）
malcolm stock 马康草属[*Malcomia* R.

Br.]（十字花科）②马康草 [*Malcomia africana* R.Br.]
malcotting 空中压条，高枝压条｛园｝
maldevelopment 发育不良
maldigestion 消化不良（maldigestio）
male ①雄（mas）②雄的，公的（masculinus）
male agari（= male agarick） 火木层孔菌 [*Phellinus lgniarius*（L. ex Fr.）Quèl.]
male bolt 螺丝公，螺栓
male cell 雄细胞（cellula masculina）
male competition 雄性竞争
male connector 插头，针式接插件｛电脑｝
male dogwood（= Cornelian cherry） 雄株木 [*Cornus mas* L.]（山茱萸科）
male-fern（= shield-fern） 绵马 [*Dryopteris filix-mas* L.]（水龙骨科）
male-fertile 雄性能育的
male-fertile inbred line 雄性能育自交系
male-fertile type 雄性能育型
male fertility 雄性能育性，（fertilitas masculinus）
male flower 雄花（flos masculinus）
male for breeding 良种公畜，育种用公畜
male functional flower 雄功能花，雄有效花
male gametangium 雄配子囊（gametangium masculinum）
male gamete 雄配子（gameta masculina）
male gametophyte 雄配子体（gametophyta masculina）
male gonocyte 精原细胞（gonocyta masculina）
male haploidy 雄[性]单倍性（haploidas masculinus）
male hemp 雄麻
male hemp plant 大麻雄株
male heterogametic 雄[性]异配子的
male heterogamety 雄异配性，雄配子异型（heterogametia masculina）
male hormone 雄[性]激素
male individual 雄性个体（individuum masclinum）
male inflorescence 雄花序（inflorescentia masculina）
male intersex 雄间性体（雄株生雌花）
male-limited chromosome 限雄染色体
male line 雄系
male mother cell 雄核母细胞（指花粉）
male multiple choice 雄性复选择
male nozzle 阳螺纹喷嘴
male nucleus 雄核，精核（nucleus masculinus）
male organ 雄[性]器官（organa masculina）
male parent 父本（parens masculinus）
male parent genotype 父本基因型
male parthenogenesis 孤雄生殖（parthenogenesis masculinus）
male phase（= masculinity） 雄相，雄态，雄性（phasis masculinus）
male plant 雄株（大麻）（planta staminifera）
male pronucleus 雄原核（pronucleus masculinus）
male pronucleus growth factor（MPGF） 雄原核生长因子
male receptacle 雄托（receptaculus masculinus）
male reproductive organ 雄性生殖器官（organum reproductivum masculinum）
male screw 阳螺纹，柱螺纹
male sector 雄部分（sector masculinus）
male sex 雄性性别（sexus masculinus）
male sex organ 雄性性器官
male-specific bacteriophage 噬雄噬菌体
male-specific DNA 雄特异 DNA
male-specific DNA phage 雄特异 DNA 噬菌体
male-specific phage 雄特异噬菌体
male-specific RNA phage 雄特异 RNA 噬菌体
male stage 雄期
male sterilant 雄性不育剂
male sterile 雄性不育的
male-sterile character 雄性不育性状
male-sterile inbred-line 雄性不育自交系
male-sterile line 雄性不育系
male sterile maintainer（= male sterile maintain line） 雄性不育保持系
male-sterile plant 雄性不育植株
male-sterile progeny 雄性不育后代
male-sterile single crosses 雄性不育单交种
male-sterile sorghum 雄性不育高粱
male-sterile strain 雄性不育品系
male-sterile type 雄性不育型
male sterility 雄性不育[性]
male sterility response 雄性不育[性]反应
male symbol 雄性符号
male system 雄蕊系统（systema masculina）
male tendency 雄性倾向（inclinatio masculina）
male tree 雄树（arbor masculinus）

male water buffalo 水牛牯,公水牛
malealdehyde 顺丁烯二醛,马来醛
maleate ①顺丁烯二酸,马来酸 ②马来酸盐、酯或根
maleate buffer 马来酸盐缓冲剂
maleic acid 马来酸,顺式丁烯二酸
maleic anhydride 顺丁烯二酸酐,马来酐
maleic dialdehyde 顺丁烯二醛,马来醛
maleic hydrazide(MH) 马来酰肼,顺丁烯二[酸]酰肼
maleic hydrazine(=MH) 抑芽丹
maleimide 顺丁烯二酰亚胺,马来酰亚胺
maleinamic acid(=maleamic acid) 顺丁烯酰胺酸,马来酰胺酸 [$CONH_2CH{:}CH\ COOH$]
maleinimide(=maleimide) 顺丁烯二酰亚胺
maleinoid 顺异构[化合]物
maleness 雄性(masculinitas)
maleness gene 雄性基因
maleoyl- 顺丁烯二酰[基],马来酰[基]
maleoyl acetoacetate 顺丁烯二酸单酰乙酰乙酸,马来酰[基]乙酰乙酸
maleylation 马来酰化,顺丁烯二酰化(maleylatio)
malfolding 错折叠{生技}
malformation 畸形,异常形成(malformatio)
malformed 畸形的(malformis)
malformed cocoon(=deformed cocoon) 畸形茧
malformed eye 畸形眼
malformed flower 畸形花(flos malformis)
malformed fruit 畸形果(fructus malformis)
malformed grain 畸形子粒,畸粒(granum malforme)
malformed seedling 畸形苗
malformed wing 畸形翅(alata malformis)
malformin 畸形素
malfunction 功能不良,机能不良,故障(malfunctio)
malfunction level 故障级
malgrowth 生长失常
malhypoxia 中度缺氧
malic acid 苹果酸,羟基丁二酸 [$HOOC \cdot CHOH \cdot CH_2COOH$]
malic amide 苹果酰胺 [$CONH_2 \cdot CHOH \cdot CH_2 \cdot CO \cdot NH_2$]
malic decarboxylase 苹果酸脱羧酶
malic dehydrogenase 苹果酸脱氢酶
malic enzyme 苹果酸酶
malicious 恶性的(malicius)
malicious virus 恶性病毒(virus malicius){电脑}
malign ①恶性的 ②有害的
malign ulcer 恶性溃疡
malignancy(=malignance) ①恶性,毒性 ②恶性肿瘤(malignantia)
malignancy as error of cell differentiation 细胞分化失误的恶性肿瘤
malignancy interpretation in hybrid 杂种恶性肿瘤说明
malignancy role of chromosome balance 染色体平衡的恶性作用
malignant 恶性的(malignans)
malignant bacteria 致病细菌,有害细菌
malignant catarrhal fever of cattle 牛恶性卡他热
malignant cell 恶性[肿瘤]细胞
malignant ccll chromosomc 恶性细胞染色体
malignant cell line 恶性细胞系
malignant cholera 霍乱
malignant growth 恶性肿瘤
malignant growth induction by hydrocarbon 碳氢化合物诱导的恶性肿瘤
malignant growth method of induction 恶性肿瘤诱导法
malignant lymphoma 牛白血球组织增生
malignant-non-malignant cell hybridization 恶性-非恶性细胞杂交
malignant oedema 恶性水肿
malignant plant 有毒植物(planta malignans)
malignant potential 恶性潜力
malignant rhinitis 恶性鼻炎
malignant transformation 恶性转化,恶[性]变
malignant transformation reversal 恶变逆转
malignant tumor 恶性肿瘤
malignization 恶性化(malignisatio)
malipedes 螯足
Malipo loquat 麻栗坡枇杷[*Eriobotrya malipoensis* Kuan](蔷薇科)
maljoe 洋刀豆[*Canavalia ensiformis* DC.](豆科)
malkin 稻草人(吓鸟用)
mall 绿阴路{园林}
mallard ①野鸭 ②野鸭肉
mallard duck 绿头鸭
malleability 韧性(malleabilitas)
malleable 韧性的(malleabilis)
malleable cast iron 可锻铸铁

malleable casting 韧性铸件,可锻铸铁铸件
malleate 槌状的(malleatus)
mallee soil 松软土,桉树林土
mallein 马鼻疽菌素
malleolus ①压条 ②踝(malleolus)
mallet ①木槌 ②西方桉树[*Eucalyptus occidentalis*](桃金娘科)
mallet cutting 撞木插,槌形插{园艺}
mallisol(=solonized brown soil) 碱化棕钙土
mallomonas ①毛胞藻属[*Mallomonas* spp.](鱼鳞藻科) ②毛胞藻[*Mallomonas* sp.]
Mallory's aniline blue 马洛依氏苯胺蓝(染料){显技}
Mallory's orange G 马洛依氏橘红 G(染料){显技}
mallow ①锦葵属[*Malva* L.](锦葵科) ②锦葵[*Malva sylvestris* L.]
mallow family 锦葵科[Malvaceae]
malmsey 甜葡萄酒
malnutrition 营养不足,营养不良(malnutritio)
malodorous 恶臭的(malodorus)
malonaldehydic acid 丙醛酸[$CHO \cdot CH_2 \cdot COOH$]
malonamic acid 丙酰胺酸[$CONH_2 \cdot CH_2 \cdot COOH$]
malonamide 丙二酰胺[$CONH_2 \cdot CH_2 \cdot CONH_2$]
malonate ①丙二酸[$COOH \cdot CH_2 \cdot COOH$] ②丙二酸盐[$COOM \cdot CH_2 \cdot COOM$] ③丙二酸酯[$CO \cdot OR \cdot CH_2CO \cdot OR$]
malonate sodium 丙二酸钠[$NaO_2CCH_2CO_2Na$]
malonic acid 丙二酸[$COOH \cdot CH_2 \cdot COOH$]
malonic acid for extraction 提取用丙二酸
malonic anhydride 丙二酸酐[$COCH_2COO$]
malonic semialdehyde 丙二酸半醛
malonyl- ①丙二酰[基] ②丙二酸单酰[基]
malonyl CoA 丙二酸单酰 CoA
malonyl-CoA-ACP transacylase 丙二酸单酰 CoA-ACP 转酰基酶
malope ①马络葵属[*Malope* L.](锦葵科) ②马络葵[*Malope trifida* Cav.]
maloyl- 苹果酰[基],羟基丁二酰[基]
malpighia ①金虎尾属[*Malpighia* L.](金虎尾科) ②金虎尾[*Malpighia coccigera* L.]
malpighia family 金虎尾科[Malpighiaceae]
Malpighian body 肾小体(soma malpighia)
Malpighian cell 马氏细胞(cellula malpighia)
Malpighian layer 马氏层(tabulatum malpighium)
Malpighian tubule ①马氏小管 ②肾小管(tubula malpighia)
malposition 错位(malpositio)
malpresentation 先露异常(malpresentatio)
malt 麦芽
malt agar 麦芽汁琼脂(培养基)
malt beer 麦芽啤酒
malt beverage 麦芽饮料
malt combs 麦芽幼芽
malt culms(=malt combs, malt rootlets) 麦芽[幼芽]
malt drier 麦芽干燥机
malt extract 麦芽汁
malt factory 麦芽制造厂
malt house 麦芽制造间
malt kiln 麦芽干燥窑,麦芽烘干炉
malt liquor 麦芽酒
malt rootlets 麦芽
malt starch 麦芽淀粉
malt stout 麦芽黑啤酒
malt sugar(=maltose) 麦芽糖[$C_{12}H_{22}O_{11}$]
malt vinegar 麦芽醋
malt wort 麦芽汁
Malta fever 马尔他热,(山羊)布氏杆菌症
maltage 麦芽制造法
maltase(=maltin) 麦芽糖酶
malted milk 麦芽乳(饮料)
malted rice weevil 稻谷芽象[*Pachymerus gonager* Fabricius](象甲科)
maltese cross 皱叶剪夏罗[*Lychnis chalcedonica* L.](石竹科)
Malthusian parameter 马尔萨斯氏参数{遗传}
maltin(=maltase) 麦芽糖酶
malting ①麦芽制造 ②大麦萌芽
malting barley(=brewer's barley) 酿酒大麦
malting industry 麦芽制造业
malting tank (麦芽制造用)发酵槽
malting waste 制麦芽废水{环保}
maltman(=maltster) 制麦芽人
maltobiose(=maltose, malt sugar) 麦芽

糖[$C_{12}H_{22}O_{11}$]
maltodextrin 麦芽[糖]糊精
maltogenic amylase 麦芽糖淀粉酶
maltol 麦芽酚
maltoporin 麦芽糖孔蛋白
maltose(= malt sugar) 麦芽糖[$C_{12}H_{22}O_{11}$]
maltose-binding protein(MBP) 麦芽糖结合蛋白
maltose glucosyltransferase 麦芽糖转葡糖基酶
maltose phosphorylase 麦芽糖磷酸化酶
maltosuria 麦芽糖尿
maltotetrose 麦芽四糖
maltotriose 麦芽三糖
Maltron 马尔特隆键盘{电脑}
Maltsev's system 马尔采夫耕作制
maltulose 麦芽酮糖
malugay 番龙眼[*Pomelia pinnata* Forst.](无患子科)
malva aphid 锦葵膨管蚜[*Amphorophora malvicola* Shinji](蚜科)
malva long-horned aphid 锦葵长管蚜[*Macrosiphum malicola* Matsumura](蚜科)
malvaceous 似锦葵的(malvaceus)
malvidin 二甲花翠素,锦葵色素
malvin 二甲花翠苷,锦葵色素苷
mam(= mamma) 乳房状[云],悬球状[云]
mamelon 花轴
mamey ①曼密苹果属[*Mammea* L.](藤黄科)②(= mammeeapple)曼密苹果[*Mammea americana* L.]
mamma ①乳房 ②乳房状[云],悬球状[云]
mammal 哺乳动物(mammalia)
mammal chewing lice 兽羽虱科[Trichodectidae]
Mammalia 哺乳纲[Mammalia]
mammalian ①哺乳动物的 ②哺乳动物(mammalius)
mammalian cell 哺乳动物细胞(cellula mammalia)
mammalian chromosome culture 哺乳动物染色体培养
mammalian herbivores 哺乳食草动物
mammalian PPD 哺乳型提纯结核菌素
mammalian sperm histone 哺乳动物精子组蛋白
mammalian testis chromosome 哺乳动物睾丸染色体
mammalian toxicity(= mammal toxicity)人畜毒性,哺乳动物毒性
mammalogy 哺乳动物学(mammalogia)
mammary gland 乳腺
mammary gland cell 乳腺细胞
mammary tumor 乳腺肿瘤
mammary vein 乳静脉(vena uberis)
mammato-cloud 乳房状云,悬球状云
mammato-cumulus 乳房状积云,悬球状积云
mammatus 乳房状的(mammatus)
mamme (无花果)秋果
mammee apple(= mamey) 曼密苹果[*Mammea americana* L.](藤黄科)
Mammey sepote(=chico mamey) 狮头果(美果榄)[*Calocarpum mammosum* Pierre.](山榄科)
mammifer(= mammal) 哺乳动物
mammiform 乳头状的(mammiformis)
mammillaria ①银毛球属[*Mammillaria* Haw.](仙人掌科)②银毛球[*Mammillaria fragilis* Haw.]
mammillate 具乳头状突起的(mammillatus)
mammilliform 乳头状的(mammilliformis)
mammin 乳腺激素
mammitis 乳房炎,乳腺炎
mammogen 乳腺发育激素
mammography 乳房造影法
mammoni (无花果的)夏果
mammoth ①硕大性的,巨大的,巨型的 ②猛犸[*Elephes primigenus*]
mammoth character 硕大性性状
mammoth clover 间三叶草(中间型三叶草)[*Trifolium pratense* var. *perenne* Host.](豆科)
mammoth gene 硕大性基因
mammoth on-line system 巨型联机系统{信息}
mammoth tobacco 巨型烟草
mammoth tree(= big tree) 巨杉(世界爷)[*Sequoiadendron giganteum* (Lindl.) Buchh.](松科)
mammoth variety 硕大性品种(无限制生长品种)
man and biosphere programme(MAB) 人类和生物圈计划
man-computer symbosis 人机共处{电脑}
man-controlled machine 人控机器
man-controlled mobile robot 人控机器人
man day 劳动日,工作日
man fungus ①地星属[*Geastrum* Pers.](地星科)②地星[*Geastrum* sp.]
man fungus family 地星科[Geastraceae]

man-hour 工时
man-in-loop simulation 载人模拟
man-land ratio 人地比例
man-machine 人控机
man-machine communication 人机通信
man-machine dialogue 人机对话〈信息〉
man-machine interface 人机接口〈遥感〉
man-machine system for nuclear power plants 核电厂人机系统〈农施〉
man-made ①人工的 ②人为的 ③人造的
man-made antibody 人造抗体
man-made erosion 人为侵蚀
man-made fault 人为故障
man-made forest 人工林
man-made habitat 人造生境,人造生育地
man-made intelligence 人工智能〈信息〉
man-made noise ①人工噪音 ②人为干扰〈环保〉
man-made pollutant 人为污染物〈生态生理〉
man-made screen 人工遮障〈遥感〉
man-made sea 人造海
man-made succession 人为演替
man-made system 人工系统,人造系统
man-media interface 人－媒体接口〈信息〉
man minute 工分
man-mouse somatic cell hybrid 人鼠体细胞杂种
man pass 人传送〈信息〉
man power 劳动力,人力
man-robot interface 人与机器人的接口,人－机器人接口
man-shaped walking machine 人形步行机
man-work-year 工龄
mana 小麦品种突变型
Mana citronella 马纳香茅［*Cymbopogon confertiflorus* Stapf.］(禾本科)
manaca raintree 番茉莉［*Brunfelsia hopeana* Benth.］(茄科)
managed forest 经营林〈森林〉
managed object 受控对象
managed window 受控窗口〈电脑〉
management ①管理,经营 ②调整,控制 ③管理人员
management accounting 管理会计,管理计算〈农管〉
management automated 自动化管理
management basis 经营基础
management board 管理板(指乳牛的管理板)〈农施〉
management control system 管理控制制度
management data 管理数据〈智培〉
management database 管理数据库
management decision 管理决策〈智培〉
management decision of crop production 作物生产的管理决策
management decision support system of crop 作物［的］管理决策支持系统〈智培〉
management decision system 管理决策系统〈智培〉
management decision system of agricultural production 农业生产［的］管理决策系统
management environment 管理环境,治理环境
management expense 管理费用〈农管〉
management game 管理对策
management information base (MIB) 管理信息库〈智培〉
management measure 管理措施
management model (＝mangement pattern) 经营模式〈农管〉
management of agricultural construction project 农业建设项目管理〈农经〉
management of agricultural engineering project 农业工程项目管理
management of weeds 防除杂草
management operating system 管理操作系统
management practices 管理措施,管理技术(指栽培)
management practices for sustainable agriculture 可持续农业的管理措施〈农经〉
management regime 管理制度
management requirement 管理需求,管理要求〈农管〉
management room 管理室〈农施〉
management science (MS) 管理科学,经营科学〈智培〉
management service focal point (MSFP) 管理服务焦点
management software 管理软件
management strip (＝major ride) 区划主线〈森林〉
management tool 管理工具
management training 管理培训,管理训练
manager ①管理员,干事,经理 ②管理程序
managerial economics 管理经济［学］〈农经〉
managerial intensity 管理强度
managerial planning 管理规划
managerial report system 管理报表制度
manchette 上位菌环(manchettus)
Manchu berry (＝Nanking cherry) 毛樱桃(山豆子)［*Prunus tomentosa* Thunb.］(蔷薇科)

Manchu rose 黄刺玫（黄刺莓）[*Rosa xanthina* Lindl.]（蔷薇科）
Manchurian alder 东北赤杨 [*Alnus mandshurica*（Call.）Hand.-Mazz.]（桦木科）
Manchurian apricot 辽杏 [*Prunus mandshurica* Koehne]（蔷薇科）
Manchurian ash 水曲柳 [*Fraxinus mandshurica* Rupr.]（木犀科）
Manchurian catalpa 楸树（黄金树）[*Catalpa bungei* C.A.Mey.]（紫葳科）
Manchurian cotoneaster 毛山荆子 [*Malus baccata* var. *mandshurica Schn*]（蔷薇科）
Manchurian elm 裂叶榆（青榆，大叶榆）[*Ulmus laciniata* Mayr]（榆科）
Manchurian fir 辽东冷杉 [*Abies holophylla* Maxim.]（松科）
Manchurian fruit moth 苹果小食心虫
Manchurian kiwi 狗枣猕猴桃 [*Actinidia kolomikta*（Rupr.）Maxim.]（猕猴桃科）
Manchurian lilac 关东丁香 [*Syringa velutina* Kem.]（木犀科）
Manchurian linden 糠椴（大叶椴）[*Tilia mandshurica* Rupr. et Maxim.]（椴树科）
Manchurian maple 关东槭 [*Acer mandshuricum* Maxim.]（槭树科）
Manchurian ninebark ①风箱果属 [*Physocarpus* Maxim.]（蔷薇科）②风箱果 [*Physocarpus amurensis* Maxim.]
Manchurian rhododendron 照山白 [*Rhododendron micranthum* Turcz]（杜鹃花科）
Manchurian walnut tree 胡桃楸（核桃楸，满洲胡桃）[*Juglans mandshurica* Maxim.]（胡桃科）
Manchurian wapiti 东北麋
mancozeb 代森锰锌（杀菌剂）
mandaishiki dry distilling kiln 万代式干馏窑
mandarin（=tangerine） ①松皮柑橘 [*Citrus reticulata* Blanco]（芸香科）②橙黄色
mandarin clematis 毛蕊铁线莲 [*Clematis lasiandra* Maxim.]（毛茛科）
mandarin duck 鸳鸯 [*Aix galericulata*（L.）]（鸭科）
mandarin of singapore 四会橘（新加坡橘）[*Citrus reticulata* var. *suhoiensis*（Tanaka）H. H. Hu. = *C. suhoiensis* Tanaka]（芸香科）
mandarin oranges 松皮橘类（指橘容易剥皮如福建的红橘）
mandarin rhododendron 喇叭杜鹃 [*Rhododendron discolor* Franch.]（杜鹃花科）
mandarine（=king orange） 柑 [*Citrus nobilis* Lour.]（芸香科）
mandarine black fly 柑黑粉虱 [*Aleurobus marlatti* Quaintance]（粉虱科）
mandarine jam 柑果酱，橘果酱
mandarine juice 柑果汁，橘子汁
mandarine marmalade 柑皮果膏，橘子酱
mandarine silkworm moth（= mulberry wild silkworm） 野蚕 [*Theophila mandarina* Moore]（蚕蛾科）
mandate 雇佣契约｛农管｝
mandatory ①强制的 ②强制性（mandatorius）
mandatory crytographic session 强制保密会话，强制密码会话｛信息｝
mandatory retention 强制保持
mandatory service 必备服务
mandelic acid 扁桃酸，苯乙醇酸 [$C_6H_5 \cdot CH(OH) \cdot COOH$]
mandevilla twiner ①喇叭藤属 [*Mandevilla* Lindl.]（夹竹桃科）②喇叭藤 [*Mandevilla sanderi* Lindl.]
mandible ①大颚 ②下颌骨 ③上颚｛昆虫｝
mandibular palpus ①大颚触须 ②上颚须｛昆虫｝
mandibular stylet 上颚口针
mandibulate insect 有颚昆虫，咀嚼式口器昆虫
mandibulate moth ①小翅蛾 ②⌊复⌉小翅蛾科 [Micropterygidae]
mandibulate type 咀嚼式[口器]（typus mandibulatus）
mandioca 木薯
Mandler filter 曼德勒尔滤器
mandrake ①茄参属 [*Mandragora* L.]（茄科）②茄参 [*Mandragora officinarum* L.]
mandrel ①锯轴 ②紧轴，心轴
manducate 上颚的（manducatus）
manducation 咀嚼（manducatio）
manducatory 咀嚼的（manducatorius）
mane 鬃，鬣
mane-like 长毛的（crinitus）
maneb（= Dithane M-22, Dithane S_{31}, Dithane manganese, Maneba. Manebgan, Manesan, Manebdithane） 代森锰（杀菌剂）
Maneria 曼埃里亚（甘蔗热带原种）
maneuver 操纵，运用
maneuverability ①机动，灵活性 ②可操纵性，可运用性（manaeuvrabilitas）

manganese 锰(Mn, 25 号元素)
manganese arsenate 砷酸锰 [$Mn_3(AsO_4)_2$]
manganese bacteria 锰细菌
manganese chloride 氯化锰 [$MnCl_2 \cdot 4H_2O$]
manganese concretion 锰结核
manganese deficiency 缺锰,黄化病
manganese deficient soil 缺锰土壤
manganese dioxide 二氧化锰 [MnO_2]
manganese excess 锰过剩症
manganese fertilizer 锰肥
manganese metabolism 锰代谢
manganese removal 除锰{环保}
manganese sesquioxide 三氧化二锰 [Mn_2O_3]
manganese spot 锰斑[土壤]
manganese steel 锰钢
manganese toxicity 锰毒性
manganic salt 锰盐
manganous salt 亚锰盐
mangasinoro 婆罗双树属 [*Shorea* L.](龙脑香科)
mangastane (= mangosteen) 罗汉果(倒捻子,山竹子,莽吉柿)[*Garcinia mangostana* L.](山竹子科)
mange ①疥癣,疥疮,畜疥 ②皮蠹
mange and scab 疥癣病
mange mite (= itch mite) 疥螨 [*Sarcoptes scabiei* De Geer]
mangeao 新西兰木姜子 [*Litsea calicaris*](樟科)
mangel 大根甜菜(饲用甜菜)[*Beta macrorrhiza* Stev.](藜科)
mangel pickup loader 饲用甜菜捡拾装载机
mangel-wurzel 饲用甜菜
manger 饲槽
manger drain 饲槽排水沟(管)
mangles sunray (= Swan river everlasting) 鳞托花 [*Helipterum manglesii* Muell](菊科)
mango ①杧果属 [*Mangifera* L.](漆树科) ②杧果(芒果)[*Mangifera indica* L.]
mango blister midge 杧果叶瘿蚊 [*Erosomyia mangiferae* Felt.](瘿蚊科)
mango branch borer 杧果褐天牛 [*Rhytitodera simulans* White](天牛科)
mango flat scale 杧果扁卵盾蚧 [*Eucalymnatus tessellatus* Signoret](盾蚧科)
mango fruit fly ①杧果实蝇 [*Ceratitis cosyra* Walker] ②橘小实蝇 [*Dacus dorsalis* Hendel = *Chaetodacus* or *Strumeta*](实蝇科)
mango garden 杧果园
mango melon (= orange melon) 柑瓜
mango soft scale (= brown soft scale) 褐软蚧 [*Coccus hesperidum* L.](蚧科)
mangold ①(= leaf beet) 莙荙菜 [*Beta vulgaris* L. var. *cicla* Moq.] ②(= fodder beet) 饲用甜菜 [*Beta vulgaris crassa* Alef.](藜科)
mangold and beet rust 莙荙菜与甜菜锈病 [*Uromyces betae* Tul.]
mangold aphid 荞麦囊管蚜(甜菜囊管蚜) [*Rhopalosiphoninus staphyleae* Koch]
mangold flea beetle 燕麦跳甲(饲用甜菜跳甲)[*Chaetocnema concinna* Marsh.](跳甲科)
mangold fly (= beet fly, mangold leaf miner) 甜菜蝇(甜菜潜叶花蝇)[*Pegomya hyoscyami* Panz.](花蝇科)
mangold leaf miner (= mangold fly) 甜菜蝇(甜菜潜叶花蝇)
mangosteen 倒捻子 [*Garcinia mangostana* L.](山竹子科)
mangostin 倒捻子果皮(药材)
mangrove ①红树属 [*Rhizophora* L.](红树科) ②红树 [*Rhizophora mangle* L.]
mangrove bark 红树皮
mangrove belt 红树地带
mangrove family 红树科 (Rhizophoraceae)
mangrove forest (= mangroves) 红树林
mangrove formation 红树林群系{生态}
mangrove soil 红树林沼泽土,酸性硫酸盐土
mangrove species 红树种
mangrove swamp 红树林沼泽
mangrove tannin 红树皮单宁
mangrove vegetation 红树林植被
mangy ①患疥癣的 ②污秽的 ③被丢弃的
manhole ①人孔(下水道) ②安全洞(隧道) ③检查井
manhole cover 检查井井盖{环保}
manhole ring 井圈{环保}
manhole step 检查井踏步{环保}
manic depressive insanity 周期性精神病,躁郁病
manicate 具颤状毛的 (manicatus)
manifestation 显示,表明 (manifestatio)
manifesting heterozygote 显示杂合子{遗传}
manifold ①有多种用途的,作成多份的,多样的,多方面的 ②集合器,歧管器,多支管
manifold chamber (干燥机的)混合室
manifold effect (= mutiple effect) 多效,多种影响

manifold syndromes 多样症候群
manifold variation 多样变异［性］
manifolding 复写,复印
manihot（= manioc） 木薯
manihot rubber（= manihot caoutchouc, ceara rubber） 木薯橡胶(西阿拉橡胶树)［*Manihot glaziovi* Muell.］(大戟科)
manikin 人体模型
Manila aioe（= Bombay aloe） 狭叶龙舌兰［*Agave angustifolia* Haw. var. *marginata* Trelease.］(龙舌兰科)
Manila hemp（= abaca） 蕉麻(马尼拉麻)［*Musa texilis* Née.］(芭蕉科)
Manila lawngrass 沟叶结缕草［*Zoysia matrella*（L.）Merr.］(禾本科)
manioc ①木薯属［*Manihot* L.］(大戟科) ②木薯［*Manihot utilissima* L.］
manioc cutting 木薯插条,木薯茎苗
manioc stem borer 木薯褐象甲［*Coelosterus granicollis* Pierc.］(象甲科)
maniok（= eibish） 黄秋蜀［*Abelmoschus manihot* Medic. = *Hibiscus manihot* L.］(锦葵科)
manipulating industrial robot 工业操作机器人
manipulation ①操纵 ②操作法{显技} ③处理,控制{电脑}（manipulatio）
manipulation of string 串的处理
manipulator ①操作器 ②操作者 ③机械手
Mankich 曼橘［*Citrus tardiferax* Hort. ex Tan.］(芸香科)
mankind ①人,人类 ②男性,男子
mankind's activities 人类活动
manna 甘露糖［$C_5H_{11}O_5CHO$］{生化}
manna-grass ①甜茅属［*Glyceria* R. Br.］(禾本科) ②甜茅［*Glyceria acutiflora* Torr.］
manna gum 多枝桉树［*Eucalyptus viminalis* Labill.］(桃金娘科)
mannan 甘露聚糖［$(C_6H_{10}O_5)_n$］{生化}
mannase 甘露糖酶
manned ①载人的,有人的 ②人操纵的
manned balloon 载人气球
manned lunar circumnavigation 人操纵的环月飞行
manned reconnaissance satellite 载人侦察卫星{遥感}
manned space flight network 载人航天跟踪网
manned space station 载人空间站,载人航天站
manned space surveillance system 载人航天监视系统
manned spacecraft 载人飞船,载人航天器
manned system 载人系统,有人系统
manner ①方法,方式,样式 ②态度,样子 ③规矩 ④⌊复⌉惯例（manuaria）
mannitol（= mannite） 甘露［糖］醇［$HOCH_2(CHOH)_4CH_2OH$］
mannobiose 甘露二糖
mannoheptulose 甘露［型］庚酮糖［$C_7H_{14}O_7$］
mannonolactose 甘露糖酸内酯
mannosamine 甘露糖胺
mannosaminitol 甘露糖胺醇
mannose 甘露糖［$C_5H_{11}O_5CHO$］
mannosidase 甘露糖苷酶
mannoside 甘露糖苷
mannosidosis 甘露糖苷过多症（mannosidosis）
mannosylrhamnose 甘露糖［基］鼠李糖
mannosyltransferase 甘露糖［基］转移酶
Mann's fluid 曼氏液{显技}
mannuronic acid 甘露糖醛酸
manocyst 受精乳突（manocystus）
manograph 自记压力计
manometer 压力表,测压计
manometric flask 测压计反应瓶
manometric fluid 测压液
manometric meter ①压力计（指流体）②测压计
manometry 测压法（manometrica）
manostat 恒压器
manoxylic 疏木的,少木的（manoxylicus）
manpower 人力(1人力 = 1/10马力)(功率单位)
manpower allocation procedure（MAP） 人力分配法,人力分配程序
manpower leveling 人力平衡
manpower needs（= manpower requirements） 人力需要量
manpower payoff 人力支付
manpower per unit of area 每单位面积人力
manpower planning 人力规划
manpower scheduling 人力调配
man's impact on climate 人类影响气候
mantis ①螳螂 ②⌊复⌉（= praying mantes, mantispids） 螳螂科［Mantidae］
mantissa 尾数{统计}
mantissa of logarithm 对数尾数
mantle ①套,外膜 ②罩,覆盖,被 ③表面 ④风化 ⑤幔,地幔（mantelium）
mantle cavity 套腔

mantle community 林缘灌木群落（指藤本植物组成群落的总称）
mantle fiber ①套[膜]丝 ②纺锤丝
mantle filter 罩滤器
mantle leaf 套叶
mantle of glacial drift 冰碛物覆盖
mantle of green 绿色覆盖
mantle of soil 表面土,土表层,土被
mantle of waste 风化残积
mantle rock 风化层,风化岩石
manual ①手册,教本,教科书 ②手工的,手制的,手动的（manualis）
manual airlock 手动气锁
manual backup 人工后备
manual changeover 手动转向机构
manual control 手控
manual cutter 砍工（指砍蔗工人）
manual digitizer 手扶数字化器
manual duster 手摇喷粉器
manual exchanger 人工交换机
manual extraction of radar information 雷达信息[的]人工提取
manual function 手动功能
manual harvesting method 手工收获法
manual indicator 人工指示器
manual inking system 人工供墨系统,人工上墨系统（指印刷）
manual insertion 人工插入
manual intervention 人工干预
manual labour 人力劳动,体力劳动
manual loading 人工装载
manual of standards 标准手册
manual operation 手工操作,人力操作
manual planting 人工栽植
manual pump 手压泵,手动泵
manual reaper 人力收割机
manual reaper binder 人力割捆机
manual reaping 人工收获
manual separation ①手工挑拣 ②人工分离
manual sprayer 手压式喷雾器,手动喷雾器
manual switch 手动开关
manual tax 人工税收,人工征税
manual typewriter 人工打字机,手动打字机
manual work 人力作业,手工作业
manually controlled machine 手工调节机器
manually operated implement 手工操作农具
manually pulled single-row rice transplanter 人拉单行插秧机
manubrium 盾柄细胞
manufactory 制造厂
manufacturability 可制造性,工艺性（manufacturabilitas）
manufactural waste 工业废水{环保}
manufacture 制造（manufactura）
manufactured edible fat 人造食用脂肪
manufactured tea 制成茶
manufacturer ①制造者,制造商 ②制造厂
manufacturer software 厂方软件（指为制造厂家提供的软件）
manufacturing ①制造 ②制造的 ③机制的 ④生产的
manufacturing automation protocol（MAP） 制造自动化协议,生产自动化协议
manufacturing crops 工业原料作物
manufacturing database 生产数据库
manufacturing engineering 制造工程
manufacturing industry 制造业
manufacturing monitoring system（MMS） 生产监督系统
manufacturing operating system 生产操作系统
manufacturing sugar 机制糖
manurance 施肥
manure ①肥料 ②厩肥 ③施肥
manure accumulation 积肥
manure channel 厩肥沟,粪沟
manure drying plastic house 厩肥干燥[的]塑料温室
manure effect 肥效
manure fallow ①施肥休闲 ②施肥休闲地
manure for earing 穗肥
manure for flowering 花肥
manure for hotbed 温床肥料
manure for seedling 苗肥
manure for soil sealing 覆土施肥
manure fork 粪叉,厩肥叉
manure fungi 厩肥真菌
manure given at sowing time 基肥
manure gun ①喷洒肥料装置{农机}②喷洒污泥装置{环保}
manure heap 厩肥堆,粪堆
manure-heated hotbed 厩肥发热温床,酿热温床
manure heating 厩肥发热(发酵,腐熟)
manure hotbed 厩肥温床（如马粪做成的）
manure loader 厩肥装载机,装肥机
manure methane fermentation 厩肥甲烷发酵
manure mixed with seed 拌种肥[料]
manure monorail 厩肥单轨式架空吊道
manure mulcher 厩肥覆盖机
manure of nitrogen 氮肥
manure-peat cup 厩肥泥炭,营养杯(钵)(育

苗用)
manure pile (=manure heap) 粪堆
manure pit 厩肥坑,粪坑
manure pool 堆肥坑,粪池
manure preservation 粪肥保存
manure pump 厩液泵
manure receiver 粪[水]池
manure salts 肥料盐(指含有20%~30%的钾盐)
manure spreader 撒肥机,厩肥撒施机
manure spreader box 厩肥[撒施]箱
manure spreading 撒施厩肥,撒肥
manure spreading harrow 撒肥耙
manure storage 粪窖,粪坑
manure storage pond 储肥池
manure thermometer 厩肥温度计
manure trial 肥料(效)试验
manure water 粪液,粪水
manure yard 积肥场
manurial 肥料的
manurial application 施肥
manurial deficiency 缺肥
manurial effect 肥效
manurial requirements 肥料需要量,需肥量
manurial schedule 施肥时间表,施肥计划(包括施肥的肥料种类、分量、时间与次数)
manurial treatment 肥料处理
manurial trials 肥料试验
manurial value 肥料价值
manuring 施肥
manuring at sowing 种肥
manuring by layers 分层施肥
manuring field trial 肥料田间试验
manuring irrigation 施肥灌溉,肥水灌溉
manuring of accuracy agriculture 精确农业的施肥(为主要措施之一){智培}
manuring plow 盖肥犁,施肥覆盖犁
manuring practices 施肥技术
manuring time 施肥期
manuscript map 原图,稿图{遥感}
manuscript of agricultural informatics 农业信息学手稿{智培}
manuscript of agrobiotechnique 农业生物技术手稿
manuscript of intelligent crop production 作物智能栽培学手稿
manuscript of plant molecular genetics 植物分子遗传学手稿
many-aged forest 多龄林,异龄林
many-awned 多芒的(multiaristatus)
many-bottom plough (=many-bottom plow) 多铧犁
many-bracted 多苞片的(multibracteatus)
many-carpellary fruit 多心皮果(fructus multicarpellaris)
many-celled ①多室的 ②多细胞的(multicellulatus)
many degrees of freedom system 多自由度系统{统计}
many dimensions 多维
many flower cotoneaster ①栒子属[*Cotoneaster* Med.](蔷薇科) ②栒子[*Cotoneaster multiflorus* Bge.]
many flower gardneria 多花蓬莱葛[*Gardneria multiflora* Makino](马钱科)
many flower melastoma 多花野牡丹[*Melastoma affine* D. Don](野牡丹科)
many flower tamarisk 多花柽柳[*Tamarix hohenackeri* Bunge](柽柳科)
many-flowered bamboo (=fern-leaf hedge bamboo) 凤尾竹[*Bambusa multiplex* var. *nana* (Roxb.)Keng f.](禾本科)
many fruit idesia ①山桐子属[*Idesia* Maxim.](大风子科) ②山桐子[*Idesia polycarpa* Maxim.]
many-headed 复头状花序的(multicapitatus)
many-leaved 多叶的(multifoliatus)
many-lobed snakegourd 多裂括楼[*Trichosanthes multiloba* Miq.](葫芦科)
many-many (=many-to-many) 多对多,多多
many-many relationship 多对多关系,多多关系
many-one (=many-to-one) 多对一,多一
many-one reduction 多对一简化,多一简化
many-plot rotation 多区轮作
many-plot system 多区制(指轮作)
many-plume moth ①多羽蛾 ②⌊复⌉多羽蛾科[Orneodidae]
many prickle 刺五加[*Acanthopanax senticosus* (Rupr. et Maxim.)Harms](五加科)
many-seeded 多子的(pleio spermus)
many short erect branches 多直立短分枝(指稻品种)
many short erect tillers 多直立短分蘖(指稻品种)
many-sided utilization 综合利用
many stages 多阶段
many-stem clinopodium 剪刀草[*Clinopodium multicaule* O. Kuntze](唇形科)
many storied high forest 多层乔林
many storied high forest system 多层乔林作业
many stripe dracaena 多条纹朱蕉[*Cordy-*

line norwoodiensis Youngii]（龙舌兰科）
many-thorned 多距的（polycentrus）
many tillering type 多分蘖型
many-to-many communication 多对多通信，多多通信
many-to-one relationship 多对一关系，多一关系
many variables 许多变数〈统计〉
many-way selection 多路选择〈信息〉
manyfold 多倍的（multiplex）
manyplies 第三胃，重瓣胃
manyroot ①芦莉草属［*Ruellia* Plum. ex L.］（爵床科）②芦莉草［*Ruellia repen* L.］
manzanita ①熊果属［*Arctostaphylos* Adans.］（石南科）②熊果［*Arctostaphylos uva-ursi* Spreng.］
maori mite（=citrus rust mite） 橘锈［瘿］螨［*Phyllocoptruta oleivora* Ashm.=Phyllocoptes］（瘿螨科）
map ①［染色体］图 ②地图 ③映射，映像，图像（mappa）
map accuracy 地图精［确］度〈遥感〉
map board 图板
map border 图廓
map code ①地图代码〈遥感〉②映像码〈电脑〉
map compilation 地图编绘
map composition 地图编制
map contraction ［染色体］图缩小
map coordinates system 地图坐标系
map database 地图数据库〈电脑〉
map description 地图描述
map digitization 地图数字化
map distance （染色体图）图距
map duplicate 地图复制
map eichen（=map lichen） 地图衣［*Rhizocarpus geographicum* DC.］（地衣类）
map expansion ［染色体］图放大
map flood control 防洪图
map forestry 森林图
map generalization 地图综合，地图概括
map grid 地图网格
map length ［染色体］图长度
map making 制图〈遥感〉
map-making application software 制图应用软件
map matching guidance 地图匹配制导
map measure 量图规
map measurement 图上量算
map of chromosomal aberration 染色体畸变图
map of linkage group 连锁群图
map of seismicity 地震图
map of soil 土壤图
map of water table 地下水［层］位图
map of weed impurity 杂草感染图
map of X-chromosome X染色体图，性染色体图
map plane 地图平面
map plotting 填图
map projection 地图投影
map projector 地图投影仪
map reproduction 地图制印
map revision 地图更新
map series 系列地图
map sheet 图幅
map unit ［染色体］图单位，交换单位，摩单位（=Morgan unit）
mapland 制图地区
maple ①槭属［*Acer* L.］（槭科）②槭树［*Acer truncatum* Bge.］
maple bark beetle 槭小蠹［*Xyloterus aceris* Nisima］（小蠹科）
maple black hairy aphis 槭黑毛蚜［*Periphllus aceris* Linnaeus］（蚜科）
maple cream 槭糖浆
maple cutworm 槭夜蛾［*Calymnia trapezia* Linnaeus］（夜蛾科）
maple dagger moth 槭剑纹夜蛾［*Acronycta asiatica* Ponjade］（夜蛾科）
maple family 槭树科［Aceraceae］
maple honey 槭蜜
maple-leaf ainsliaea 槭叶兔儿风［*Ainsliaea acerifolia* Sch.-Bip.］（菊科）
maple-leaf laucidium 白根葵［*Glaucidium palmatum* Sieb. et Zucc.］（毛茛科）
maple leafroller 槭卷蛾［*Cacoecia aeriferana* Herrich-Schäffer］（卷蛾科）
maple-leaved 槭叶的（acerifolius）
maple pea 紫花豌豆［*Pisum sativum* var. *arvense* Poir.］（豆科）
maple sugar 槭糖
maple sugar urine disease 槭糖尿病
maple syrup 槭糖汁
maple syrup urine disease 槭糖尿病
maple volatile oil 槭树挥发油
maple wax 槭树蜡
mapped buffer ①映射缓冲区 ②映像缓冲器，映像缓冲区
mapped system 映射系统
mapper 映像程序〈电脑〉
mapping ①绘图，制图，作图〈遗传〉②［基因］定位〈分遗〉③映射，映像〈电脑〉④交换

［窗口］｛电脑｝
mapping camera 制图［照］相机｛遥感｝
mapping criteria 制图标准
mapping function 制图函数（指制图图距与交换频率关系的函数）
mapping instrumentation 绘图仪器
mapping interface software package 绘图接口软件包｛电脑｝
mapping mark 制图标记
mapping mode 交换方式
mapping of chromosome 染色体制图
mapping of lichen growth 地衣生长制图（指应用生物指示器所作的）
mapping photograph ［航空］制图像片｛遥感｝
mapping radar 成像雷达｛遥感｝
mapping standard format 绘图标准格式｛电脑｝
mapping unit 填图单元，图上单元｛遥感｝
mapping window 变换窗口｛电脑｝
Mapsat 制图卫星｛遥感｝
Maquis 玛魁群落（地中海夏旱灌木群落）
mar ①损伤，损害 ②缺点，瑕疵
maranta family（= arrowroot family） 竹芋科［Marantaceae］
marasmin 萎凋素
Marasmius root rot 伞菌根腐病
marasmus ①消瘦 ②消瘦症
marauding ①侵掠的，劫夺的 ②毁坏庄稼的
marauding animal 害兽
marble 大理石｛地质｝
marble meat 五花肉，大理石型肉
marble test 大理石［腐蚀］试验｛环保｝
marburg virus 马堡病毒
marc 葡萄渣，果渣
marcescent 凋存的，凋而不落的（marcescens）
march fly ①毛蚊 ②⌞复⌝毛蚊科［Bibionidae］
march moth 榆尺蛾（三月尺蛾）［*Alsophila aescularia* Schiff.］（尺蛾科）
march of temperature 温度变程
marchantia 地钱［*Marchantia polymorpha* L.］（地钱科）
marchantia family 地钱科［Marchantiaceae］
marching 前进式
marcid 凋萎的，皱缩的（marcidus）
marcottage（= marcotting, layerage） 压条法
marcotte 压条新生枝
mare ①母马 ②母驴 ③母骆驼
Marek's disease 马立克病，鸡地方流行性麻痹症
mare's tail 杉叶藻属［*Hippuris* L.］（杉叶藻科）②杉叶藻［*Hippuris vulgaris* L.］③马尾云（钩卷云的英国俗名）
Marfan's syndrome 马尔芬氏综合征，蜘蛛状指（趾）
marg 高山草地（指树线以上的）
margalitic soil 热带火山灰土，黑黏土
margarine（= artificial butter） 人造奶油，人造黄油
margarine factory waste 人造奶油厂废水｛环保｝
margarine making 人造奶油制作｛加工｝
margarodid scales 绵蚧科［Margarodidae］
margatoxin 玛格毒素
margin ①边缘 ②边际 ③盈余纯利，毛利 ④空白边地
margin-adjust zone 边缘调整区
margin of application time 施用期限
margin of cultivation 栽培限界，种植限界
margin of leaf 叶缘
marginal 边缘的（marginalis）
marginal area 缘域（直翅目）
marginal bast 边缘韧皮部（liber marginalis）
marginal carpellary bundle 心皮缘维管束（fasciculus carpellaris marginalis）
marginal cell 边缘细胞（cellula marginalis）
marginal chlorination 边际氯化，最小氯化｛环保｝
marginal cost 边际价值
marginal cost vector 边际成本向量
marginal costs and revenue 边缘费用和边缘收入
marginal crop 边际作物
marginal crop rows 作物边行
marginal data 图廓资料｛遥感｝
marginal deposit 冰缘沉积
marginal distribution 边缘分布
marginal effect 边际效应
marginal farm 边际农地，边缘地
marginal flower 边缘花（flos marginalis）
marginal forward pruning 限界正向修剪｛园｝
marginal growing-point 边缘生长点（punctum vegetationis marginalis）
marginal growth 边缘生长（auctus marginalis）
marginal habitat 边缘生境｛生态生理｝
marginal initial 边缘原始细胞（initialis marginalis）｛解剖｝

marginal invasion 边缘侵占
marginal land 边缘地
marginal meristem 边缘分生组织（meristema marginalis）
marginal necrosis 边缘坏死（necrosis marginalis）
marginal output or product 边缘产量或产品
marginal ovule 边缘胚珠（ovulum marginale）
marginal pit 边缘纹孔（porus marginalis）
marginal placenta 边缘胎座（placenta marginalis）
marginal placentation 边缘胎座式（placentatio marginalis）
marginal plant chlorosis 叶缘缺绿
marginal population 边缘群体
marginal probability density function 边缘概率密度函数
marginal profit 边际利益
marginal ray 边缘射线（radius marginalis）{解剖}
marginal ray cell 边缘射线细胞（cellula radius marginalis）
marginal ray tracheid 边缘射线管胞（tracheida radius marginalis）
marginal revenue 边际收入，边际收益
marginal ridge 帽缘（指孢粉）
marginal rot 边腐
marginal seeding 侧方天然下种
marginal shield-fern 边孢鳞毛蕨［*Dryopteris marginalis* Gray］（鳞毛蕨科）
marginal tassel 边缘流苏（taxillus marginalis）
marginal tracheid 边缘管胞（tracheida marginalis）
marginal tree 林缘树（arbor marginalis）
marginal utility 边际效用
marginal value 边际值
marginal variegation 边缘彩斑
marginal veil 边缘菌幕
marginal zone 边缘区（zona marginalis）{园林}
marginate 具边缘的（marginatus）
marginate microlepia 边缘鳞盖蕨［*Microlepia marginata* C. Chr.］（碗蕨科）
marginate osmanther 有缘木犀［*Osmanthus marginatus* Hemsl.］（木犀科）
margination 加边，镶边（marginatio）
marginella 具小边的
marginicidal 边缘开裂的（marginicidalis）
margins in length 加长，延长
margo ①加厚边缘{形态} ②塞缘缝（指针叶树材的具缘纹孔）{解剖}
margosa（＝China tree） ①楝（苦楝）［*Melia azedarach* L.］（楝科）②楝子油
marguerite 茼蒿［*Chrysanthemum spatiosum* Bailey］（菊科）
marguerite［chrysanthemum］ 茼蒿菊（木茼蒿）［*Chrysanthemum frutescens* L.］（菊科）
Maribo Poly 玛列宝多倍体（丹麦甜菜品种）
mariculture 海水养殖（maricultura）
Maries doublefile viburnum 蝴蝶绣球［*Viburnum plicatum* var. *tomentosum*（Thunb.）Rehd.］（忍冬科）
Maries-tanne 马利斯冷杉［*Abies mariesii* Mast.］（松科）
marigold ①万寿菊属［*Tagetes* L.］（菊科）②万寿菊［*Tagetes patula* L.］③底片敷纸
mariguana（＝marihuana） 大麻（是一种致幻剂，为国际所禁止的毒品）
marinade 醋渍汁，腌泡汁
marinate 卤渍，醋泡，盐腌
marine ①海的，海洋的 ②海运的，海路的 ③海产的，海中的 ④船用的，船舶的（marinus）
marine air［mass］ 海洋空气，海洋气团
marine algae 海藻［*Fucus*］
marine aquarium 海产水族馆
marine bacteria 海洋细菌
marine barometer 船舶用气压表
marine beds 海相层
marine benthic community 海洋底栖生物群落
marine bioacoustics 海洋生物声学
marine biocell 海洋生物电池
marine biology 海洋生物学（marinobiologia）
marine biotelemetry 海洋生物遥测术
marine clay 海成黏土
marine climate 海洋［性］气候
marine climatology 海洋气候学
marine cultivation（＝marine culture） 海水养殖（maricultura）
marine denudation 海［水剥］蚀
marine deposit 海相沉积物
marine drift 海流
marine ecology 海洋生态学（marinoecologia）
marine eel 海鳗［*Muraenesox cinerzus*（Forskal）］{水产}
marine engineering 海运工程
marine environment 海洋环境
marine erosion 海蚀，浪蚀

marine facies 海相{遥感}
marine fishery 海洋渔业
marine fishery resource 海洋渔业资源
marine fishes 海洋鱼类
marine food chain 海洋食物链
marine forecast 海洋[天气]预报
marine forest 海中林,海洋林
marine form 海洋型(指生物)
marine glue 海胶
marine humus 海成腐殖质
marine insurance 海运保险
marine map 海图{遥感}
marine medicine 航海医学
marine meteorology 海洋气象学
Marine Observation Satellite(MOS) 海洋观测卫星(日){遥感}
marine observatory 海洋气象台
marine organism 海洋生物
marine phytoplankton ①海洋浮游植物 ②海洋浮游植物群落(marinophytoplankton)
marine plain 海蚀平原
marine plankton 海洋浮游生物(marinoplankton)
marine pollution 海洋污染
marine preserve 海洋禁捕区,海洋保护区
marine product 海产品,水产品
marine product water 水产[品]用水{环保}
marine resources 海洋资源
marine resources and environment problems 海洋资源与环境问题
marine sand ①海沙 ②海沙地
marine search 海上搜索
marine sediment 海相沉积物
marine self-purification 海洋自净作用
marine side 海边
marine soil 海积土
marine solonchak 海成盐土,滨海盐土
marine stores 船用物品
marine transgression 海侵
marine transport 海路运输,海运
marine vegetation 海洋植被,近海植被,盐生植被
marine weldwood 海军用特种胶
marine wood borers 船蛆
Mariotte's law 马立沃脱定律{气象}
Mariposa lily(= star-tulip) 美百合属[*Calochortus* Pursh.](百合科)⌊拟⌉
marisat system 航海卫星[通信]系统{信息}
marital correlation ①婚姻相关 ②父母本相关
maritime ①海上的,航海的 ②近海的,沿海的 ③海运的(maritimus)
maritime air 海洋空气
maritime air fog 海洋气团雾
maritime climate 海洋气候
maritime forest 海岸林
maritime meteorology 海洋气象学
maritime persimmon 滨海柿[*Diospyros maritima* Bl.](柿科)
maritime pine 海岸松[*Pineus maritima* Poir](松科)
maritime polar air[**mass**] 极地海洋气团,极地海洋空气
maritime telecommunications network 海事[远程]通信网络{信息}
maritime-temperate climate 海洋温带气候
maritime transport 海洋运输
maritime tropical air[**mass**] 热带海洋气团,热带海洋空气
maritime vegetation 海岸植被
marjoram ①牛至属[*Origanum* L.](唇形科)②牛至[*Origanum marjoram* L.]
marjoram oil 牛至油
mark ①(伤)痕 ②污点,污染 ③(斑)点 ④符号,记号,标记,标志 ⑤征候,病征 ⑥特征 ⑦显著 ⑧田界,地标 ⑨分数
mark delection 标记检测
mark down 减价
mark hold ①标记保持,符号保持 ②固定标记,固定符号
mark impulse 标记脉冲
mark of agricultural modernization 农业现代化的标志{智培}
mark off 以界线分开
mark off an area for crop cultivation 划定栽培区
mark out 区划,划线表示界限
mark scanning 标记扫描
mark synchronization 标记同步
mark up ①加标记,置标 ②确定标记 ③标高 ④加价
marked capacity ①额定容量 ②额定生产率
marked difference 显著差异
marked drop 显著下降
marked fish 标志鱼,标记鱼
marked graph 加标图
marked index 标记索引
marked injury 显著受害,明显受害
marked method of transplanting ①划行移植法 ②划行插秧法
marked reduction 显著减低,明显降低
marked region 标记区

marked variation 明显变化
marker ①标志[基因] ②划行器 ③标记,记号④标志器,指标器
marker bubble 标志泡
marker chromosome 标志染色体
marker class 标志级,标志组
marker co-rescue 标志共获救{分遗}
marker cropping 划行套作,间作
marker DNA fragment 标志 DNA 断片
marker dye 标志染料
marker effect 标志效应
marker enzyme 标志酶
marker factor 标志因子
marker furrow 划行沟
marker gene 标志基因
marker gene locus 标志基因座位
marker guide bracket 划行器导架
marker light 标识灯光
marker pair 标志[基因]对
marker pen 记号笔
marker pickup 划行器起落机构
marker point 划行器铲
marker rescue 标记获救
marker scan 标记扫描
marker sense 标记识别
marker substance 标志物质
market ①市场,市集 ②交易 ③推销地区 ④销路,需要(marcatus)
market analysis 市场分析
market behavior (= market dynamics) 市场动态{农经}
market conditions 市场情况
"market craze" "市场热"
market day 集市日
market economy 市场经济[学]
market fluctuation 市场波动
market forecast 市场预测
market garden 商品菜园(种植蔬菜供给市场需要)
market garden crops 商品园艺作物
market gardener 商品菜农
market gardening ①商品园艺 ②商品园艺学
market glut 市场供应过剩
market-hall 市场大厅,有覆盖市场
market information service for perishable food 市场信息为生(鲜)食食品服务
market innovation 市场创新{农管}
market intelligence 市场情报
market life cycle 市场生命周期
market milk 饮用乳
market monopoly 市场专利权
market-oriented economy 市场经济
market place 集市,交易所
market policy 市场政策
market poultry 肉用家禽
market preview 市场预测
market price 市场价格
market regulation 市场调节,市场管理
market report 市场报道
market research 市场研究
market seed 商品种子
market selling system 市场销售系统
market share 销售份额
market survey and selling forecast 市场调查与销售预测
market survey method 市场调查方法
market trend 市场趋势
market value 市场价值
marketability 商品性
marketable ①商品的 ②可卖的,适于市场出售的
marketable grain 商品粮
marketable output 商品产量
marketable products 商品产品
marketable tuber 商品块茎,上市块茎(指马铃薯)
marketable tuber weight 上市块茎重
marketable tuber weight percentage 上市块茎重率
marketing ①出售 ②买卖,销售 ③市场学
marketing act 市场法令,交易法令
marketing competition strategies 市场竞争策略,销售竞争策略
marketing cost ①销售成本 ②⌊复⌉市场经营费用
marketing costs 销售成本
marketing difficulties 销售困境,销售困难
marketing expert 市场学专家,销售专家
marketing factor 市场因素
marketing function 销售职能
marketing law 市场交易法规
marketing matter 出售事项
marketing model 销售模型
marketing of farm products 农产品销售
marketing order 市场秩序
marketing organization 市场组织
marketing policy 销售政策
marketing practices 销售办法,销售惯例
marketing research 销售研究
marketing sales 市场销售
marketing standard 销售规格,销售标准
markgraph 标识图
markhamia ①猫尾木属[*Markhamia* Seem.](紫葳科) ②猫尾木[*Markhamia cauda-felina* (Hance) Craib]

marking ①斑点,条纹 ②划线,作标记 ③打印,编号 ④打耳号
marking arrow 测针
marking chipper 耳号钳
marking equipment 划行机具,划印机具
marking experiment 标志放流试验,标志试验{水产}
marking furrow 划行沟,划印沟
marking gage 划行器,划印器,划线刀
marking hammer (range hammer) 号槌{森林}
marking ink 不褪色墨水{显技}
marking method 标记法
marking off 分隔,隔开
marking-off field 划出地界
marking off headland 隔开地头
marking-off pin 定位销
marking peg 标针
marking pen (= marker pen) 编号笔{电脑}
marking percentage 标记率
marking phase 作标记阶段
marking pheromone 标记外激素
marking pin 测针
marking post 标杆
marking roller 划行辊
marking tree for felling 采伐木打印
Markov chain 马尔科夫链{遥感}
Markov sequence 马尔科夫序列
Markovian process 马尔科夫过程,无后效过程
marks indicating efficiency 表示效能标志
marks of vegetative interpretation directly 植被直接判读标志
marks of vegetative interpretation indirectly 植被间接判读标志
marl ①泥灰岩 ②泥灰(marga)
marl application 施用泥灰
marl deposits 沉积泥灰土,泥灰沉积物
marl earth 泥灰土
marl grass (= zigzag clover) 反曲三叶草[*Trifolium resupinatum* L.](豆科)
marl slate 泥灰板岩
marl soil 泥灰土
marlaceous 泥灰岩的,泥灰的(marlaceus)
Marlatt scale (= red date scale) 海枣管蚧[*Phoenicococcus marlatti* Cockerell](蚧科)
Marlatt white fly 马氏粉虱[*Aleurolobus marlatti* Quaintance](粉虱科)
marling 施用泥灰
marly limestone 泥灰石灰岩
marly sandstone 泥灰沙岩
marly soil 泥灰土,泥灰质土壤
marmalade 橘皮果酱,橙皮膏
marmalade-plum 人心果[*Achras sapota* L.](山榄科)
marmite (= alimentary yeast) 食用酵母
marmorate 具大理石纹脉的(marmoratus)
marmorated grasshopper 稻黑褐蝗[*Gastrimargus transversus* Thunberg](蝗科)
marmot 旱獭[*Marmota*]
maroon 栗色,褐红色
maroon gaillardia 红天人菊[*Gaillardia amblyodon* Gay](菊科)
marque 商品型号
marquee 大帐篷
marquee culture 大[帐]蓬栽培,大棚栽培
marquee-trellis 蓬式篱棚{园林}
marquetry 镶木细工,镶木技术
marram grass 喜沙草[*Ammophila arenaria*](莎草科)
marram matweed 沙苔[*Carex arenaria* L.](莎草科)
marriage ①匹配,婚配,结婚 ②结合 ③匹配器
marriage adjustment 匹配[器]调整
marriage chain 结合链
marriage line 结婚系,婚配系
marron (= chestnut) ①栗属 ②美洲栗
marrons glaces 糖衣栗子{加工}
marrow ①髓 ②骨髓,脊髓(medulla)
marrow pea 皱粒豌豆
marrow squash 金瓜[*Cucurbita pepo* var. *ovifera* Mak.](葫芦科)
marrow-stem kale (= borecole) 羽衣甘蓝[*Brassica oleracea* L. var. *acephala* DC.](十字花科)
marrow-type pumpkin 金瓜
marrubiin 夏至草素[$C_{21}H_{28}O_4$]
marrum 铁结核层
Mars 火星
marsh 沼泽,低湿地
marsh bent-grass (= red top grass) 小穗草(红顶草,白蓢股颖)
marsh betony 水苏[*Stachys riederi* Chamisso](唇形科)
marsh blue violet 兜状堇菜[*Viola cucullata* Ait.](堇菜科)
marsh border soil 沼泽边缘土壤
marsh cinquefoil ①沼委陵菜属[*Comarum* L.](蔷薇科) ②沼委陵菜[*Comarum paluster* L.]
marsh cudweed 沼泽鼠曲草[*Gnaphalium*

uliginosum L.]（菊科）
marsh drainage 沼泽地排水
marsh elder ①赛腊菊属[*Cyclachena* Fres.]（菊科）②赛腊菊[*Cyclachena xanthifolia* Fres.]③黄叶柳[*Salix santifolia*]（杨柳科）④欧洲荚蒾[*Viburnum opulus* L.]（忍冬科）
marsh fern 金星蕨[*Dryopteris thelypteris* Gray]（鳞毛蕨科）
marsh forming process 沼泽形成过程
marsh foxtail（= floating foxtail） 曲节看麦娘
marsh gas 沼气，甲烷[CH_4]
marsh-grass ①网茅属[*Spartina* Schreb.]（禾本科）②网茅
marsh horsetail（= pewter grass） 沼生木贼[*Equisetum palustre* L.]（木贼科）
marsh land 沼泽地
marsh mallow 药用蜀葵[*Althaea officinalis* L.]（锦葵科）
marsh marigold ①驴蹄草属[*Caltha* L.]（毛茛科）②驴蹄草[*Caltha palustris* L.]
marsh meadow（= marshy meadow） 沼泽草甸
marsh muck 沼泽腐殖土
marsh orchis 宽叶红门兰[*Orchis latifolia* L.]（兰科）
marsh pepper（= common smart-weed, smart-weed, water pepper） 蓼[*Polygonum hydropiper* L.]（蓼科）
marsh plant formation 沼泽植物群系
marsh podzol 沼泽灰壤
marsh reed mat 芦苇席
marsh scrub(carr) 沼泽灌丛
marsh soil（= marshy soil） 沼泽土壤
marsh speek climber（= Barringtonia climber） 薄叶买麻藤[*Gnetum tonuifolium* Ridl.]（买麻藤科）
marsh-spike grass 海滨盐草[*Distichlis spicata*]（禾本科）
marsh St. John's wort 水连翘[*Triadenum japonicum* Makino]（金丝桃科）
marsh tea（= Labrador tea） 喇叭茶
marsh thistle 沼泽蓟[*Cirsium palustre* Scop.]（菊科）
marsh trefoil（= buckbean, common bogbean） 睡菜[*Menyanthes trifoliata* L.]（龙胆科）
marsh weed ①石龙尾属[*Limnophilia* R. Br.]（玄参科）②石龙尾[*Limnophilia sessiliflora* Blume.]
marsh wort ①酸果蔓属[*Oxycoccus* Pers.]（败酱科）②酸果蔓[*Vaccinium oxycoccus* L.]
marshal ①编组 ②引导 ③整理，安排
marshiness 沼泽性
marshland 沼泽地
marshy（= swampy） 沼泽生的（paludosus, uliginosus）
marshy field 低湿地
marshy land 沼泽地，泥沼地
marshy rice field 沼泽稻田
marshy soil 沼泽土
marshy waste land 沼泽荒地{耕作}
marshy willow weed 沼生柳叶菜[*Epilobium palustre* L.]（柳叶菜科）
marsilea 蘋草[*Marsilea quadrifolia* L.]（蘋科）
marsupial ①有袋动物 ②有袋[类]的（marsupius）
marsupium 袋状雌器苞
marten 貂[*Mustela*]
martin ①岩燕[*Chelidon urbica*]②雨燕[*Cypselus*]
martius oxalis（= lady's sorrel） ①酢浆草属[*Oxalis* L.]（酢浆草科）②酢浆草[*Oxalis corniculata* L.]
martynia family 角胡麻科[Martyniaceae]
Marumi kumquat 金弹[*Fortunella crassifolia* Swingle]（芸香科）
marvel-of-Peru（= fouro'clock） ①紫茉莉属[*Miabilis* L.]（紫茉莉科）②紫茉莉[*Mirabilis jalapa* L.]
Marwell medium 马威尔氏培养基{遗工}
mary's thistle ①水飞蓟属[*Silybum* Adams.]（菊科）②水飞蓟[*Silybum marianum* Gaertn.]
marzipan（= marchpane） 小杏仁饼
mas 雄性
MAS（= matrix attachment site） 基质附着位点{分遗}
mascareen grass（= Korean-velvet grass） 细叶结缕草（高丽芝草，天鹅绒草）[*Zoysia tenuifolia* Willd.]（禾本科）
masculin 雄性激素
masculine 雄性的（masculinus）
masculinity 雄性（masculinitas）
masculinization 雄性化，男性化（masculinisatio）
maser ①微波激射 ②微波激射器
mash ①麦芽浆（捣碎麦芽）②混合湿饲料 ③糖化胶
mash distribution 混合湿饲料分配[器]
mash hopper 稠料斗，混合湿饲料箱

mash-tub 麦芽浆桶
mashed feed 粉状混合饲料,捣碎混合饲料
mashed potato 捣碎马铃薯,土豆泥
mashed vegetable 菜浆
masher ①捣碎器,捣烂器 ②搅糊机
mashing 捣烂,搅糊
mashing machine (马铃薯)搅糊机
mashy 捣碎的,捣烂的,磨碎的
mask ①(防毒,火)面具,面罩 ②脸盖(指蜻蜓若虫){昆虫} ③屏蔽,掩膜{电脑}
mask bus 屏蔽总线{信息}
mask correlation 掩膜相关{遥感}
mask design 掩膜设计
mask making 掩膜制备
masked ①屏蔽的{信息} ②隐蔽的{细胞}
masked endomitosis 隐蔽核内有丝分裂
masked endoreduplication 隐蔽核内再复制
masked hunter (= bedbug, hunter bug, kissing bug) 盛装猎蝽(臭虫猎蝽)[*Reduvius personatus* (L.)](猎蝽科)
masked residue 隐蔽残基
masked RNA 隐蔽 RNA
masked state 屏蔽状态
maskflower ①假面花属[*Alonsoa* Ruiz et Pav.](玄参科) ②假面花[*Alonsoa* sp.]
masking ①隐藏的(occultus) ②遮盖的 ③掩蔽
masking of symptom 隐征,症状隐蔽
masking theory 掩遮学说{分遗}
maslin ①混合谷粒 ②混播 ③混播饲料作物
maslin flour 混合粉,混合面
mason bee 石巢蜂[*Chalicodoma muraria*]
masonry 圬工,垒石,砌石,浇砌体
masonry dam 圬工坝,浇砌坝
masonry sewer 浇砌沟管{环保}
Mason's theorem 梅森定理{电脑}
masquerading 冒名顶替
mass ①质量 ②块,堆 ③大量 ④混合,集团
mass action law 质量作用定律{土壤}
mass balance ①质量均衡 ②材料核算{环保}
mass breeding 混合育种
mass budding 大量出芽
mass-charge ratio 质荷比
mass collection 大量采集
mass concentration (q) 比湿{气象}
mass-crossed seed 混合杂交种子
mass culture 混合培养,大量培养
mass diagram 累积量图{环保}
mass dispersion 质量色散
mass division 大量分裂(divisio magna)
mass effect 质量效应
mass element 单位质量
mass emasculation 集团去雄
mass-energy relation 质能关系,质能比
mass exchange 大量交换
mass flow 质体流动,质流
mass flow porometer 质流气孔计{农施}
mass flow theory 质流学说{土壤}
mass fraction 质量分数{环保}
mass fragmentogram 分部质谱图
mass fragmentography 分部质谱法
mass growth 大量生长,群体增长
mass increment 体质增量
mass infection 大量侵染
mass mating ①集团配合 ②混合交配
mass mating method ①集团配合法 ②混合交配法
mass matrix 质量矩阵
mass media ①大众传播媒体(指电视,广播等) ②大容量存储媒体
mass median diameter (MMD) 质量中粒径
mass method of breeding ①(= bulk breeding) 混合育种法 ②集团育种法{蚕}
mass migration (鱼)集群回游
mass morphology 群体形态学
mass mortality 大量死亡
mass movement 块体运动
mass multiplication 大量增殖(multiplicatio magna)
mass mutation 大量突变
mass number [原子]质量数
mass of atmosphere 大气质量(计算辐射路径的单位)
mass of earth 土块
mass of ionizing particle 电离粒子质体
mass pebrine inspection of moths 集团蛾微粒子病检查法{蚕}
mass-pedigree method 混合谱系法
mass-pedigree selection 混合谱系选择
mass-pedigree system 混合谱系育种法
mass planting 群植,丛植
mass pollination 混合授粉
mass-producted 大量生产的,成批生产的
mass production 大量生产,大生产
mass production of seed (= mass seed production) 混合采种栽培
mass production technique 大生产技术
mass property 大容量特性
mass range 质量范围
mass rearing 大量饲养
mass resolution 质量分辨率

mass sampling 集团取样
mass seed production 混合采种栽培
mass selection ①混合选种 ②混合选择
mass selection method 混合选种法，集团选种法
mass separator 质量分离器
mass sowing 混合播种，混播（指牧草）
mass spawning behavior 集群产卵习性
mass spectrogram 质谱图
mass spectrograph 质谱仪
mass spectrography 质谱法{物}
mass spectrometer 质谱测定计
mass-spectrometry（MS） 质谱测定法
mass spectroscope 质谱仪
mass-spectrum 质谱
mass storage system communicator（MSSC） 大容量存储系统通信机{信息}
mass-synchrometer 同步质谱仪
mass transfer 质量传递，质量转移
mass-transfer coefficient 质量转移系数
mass transfer resistance 质量传递阻力
massa medicate fermentata 药曲（建曲）{药物}
massage 按摩（挤乳前的操作）
massage dance 按摩舞{蜂}
massage of udder 乳房按摩术
massaria 桑拟干枯病［*Massaria moricola* Miyake］
Massey-Ferguson tractor 麦赛-菲谷逊拖拉机
massing flower-bed 寄植花坛{园林}
massive ①大量的 ②大块的 ③结实的，粗大的（massivus）
massive dam（=massonry dam） 圬工坝，浇砌坝{水利}
massive dose 大剂量
massive dump 大量［信息］转储{信息}
massive laterite 大块状砖红壤{土壤}
massive meristem 块状分生组织（meristema massiva）
massive organ 粗大器官（organa massiva）
massive parallel artificial intelligence 大规模并行人工智能{智培}
massive planting 丛植，密植
massive seeding 丛播，群播
massive storage organ 粗大贮藏器官，块状贮藏器官（organa preventitia massiva）
massive structure 大块结构
massive wood 坚实木质部（xylema massiva）{解剖}
massively parallel computer（MPC） 超大型并行计算机，大规模并行计算机
masson pine caterpillar 马尾松毛虫［*Dendrolimus punctatus* Walker］（枯叶蛾科）
Masson's pine 马尾松［*Pinus massoniana* Lamb.］（松科）
massula 花粉小块
massule 中心粒随体
mast ①壳斗，饲用槲果 ②帆柱，长杆 ③支柱，支架 ④肥大
mast cell 肥大细胞
mast cell degranulating peptide（MCDP） 肥大细胞脱颗肽{分生}
mast cell growth factor（MCGF） 肥大细胞生长因子
mast-fed hog 果饲喂猪
mast stacker 主柱吊重式堆垛机
mast year ①种子［丰产］年 ②结实年度
mastax 嗉囊，咀嚼囊
master ①工长，师傅 ②名家 ③硕士（MA） ④原版，正版 ⑤主要的，基本的 ⑥熟练的
master catalog 主目录
master clutch 主离合器
master console 主控制台{信息}
master control code（MCC） 主控制码{电脑}
master control program 主控程序（MCP）
master control unit 主控制器
master copy 控制副本，控制复本{分遗}
master culture 主培养
master eye 主眼{狩猎}
master gate control block（MGCB） 主门控制块{电脑}
master gene 主宰基因，主导基因{分遗}
master gene sequence 主宰基因序列
master index 总索引
master key 万能钥匙
master lever 主操纵杆
master library 主库{信息}
master of agronomy 农学硕士
master of computer science（MCS） 计算机科学硕士
master plan 主要计划
master planning budget 主计划预算，总规划预算{农管}
master plate ①主皿，原始皿，母皿 ②主平板{微生物}
master polyhedron 主多面体
master routine 主程序{电脑}
master shield （拖拉机）主挡板
master-slave ①主从的{遗传} ②随动的
master-slave accumulator 主从累加器
master-slave computer 主从计算机
master-slave flip-flop 主从触发器
master-slave hypothesis 主从假说{遗传}
master-slave manipulator ①随动式机械手

{生技} ②主从机器人 {电脑}
master speed tape 主速度带,标准速度带
master station 主站,主控站 {信息}
master strand 主链 {分遗}
master switch ①主控开关,总开关 {电脑} ②主控寻线机 {信息}
master synchronizer ①主同步器 ②主定时器
master tap 标准丝锥
master tape 主带
master timer ①主时钟,主定时器 ②主脉冲发生器
master track pin 链轨销,履带销
master unit ①主部件 ②主机组
master user 主用户
masterwort ①前胡属 [*Peucedanum* L.] (伞形花科) ②前胡[*Peucedanum decursivum* Maxim.] ③大星芹 [*Astrantia majar* L.] (芸香科)
mastic ①乳香 ②胶黏剂
mastic tree 乳香黄连木 [*Pistacia lentiscus* L.] (漆树科)
masticadienonic acid 乳香[甾]二烯酮酸
mastication ①撕掐 ②咬碎,咀嚼 (masticatio)
masticator ①搅拌机 ②素炼机
masticatory stomach 咀嚼胃
mastigocladus ①鞭枝藻属 [*Mastigocladus* spp.] (鞭枝藻科) ②鞭枝藻 [*Mastigocladus* sp.]
mastigocladus family 鞭枝藻科 [Mastigocladaceae]
mastigomycetes 鞭毛菌[纲] [Mastigomycetes]
mastigonemes 茸鞭茸毛
mastitis 乳房炎,乳腺炎
mastix 乳香脂,乳香树
mastocarcinoma 乳癌
mastocyte 肥大细胞 (mastocyta)
mastoid ①乳头状的 ②乳突 (mastoideus)
mastoparan ①黄蜂毒素 ②肥大 [细胞] 脱粒肽
masty (槲,栎等)多实的
masurium 钨(Tc,43 号元素锝的旧名)
mat ①席 ②垫,蒲包 ③覆盖物 (matta)
mat bean 乌头叶菜豆 [*Phaseolus aconitifolius* Jacq.] (豆科)
mat crops 编席料作物
mat geophytes 铺地地下芽植物
mat-grass ①那杜属 [*Nardus* L.] (禾本科) ②甘松茅 [*Nardus stricta* L.]
mat harvester (饲料)铺摊式收获机
mat mattae 植毡
mat plant (= mattae) 铺地植物
mat rush (= rush) 席藺(藺草,假灯心草) [*Juncus decipiens* Nakai. = *Juncus effusus* var. *decipiens* Buchen.] (灯心草科)
mat type cutting ①铺放型砍蔗 ②铺放型收刈
mat type seedling with soil 铺地式带土菌
mat weed 羽茅 [*Stipa pennata* L.] (禾本科)
matagen (= masking tape for gene expression) 基因表达封条 {分遗}
match ①匹配,配对 ②配套,配合 ③比赛,竞赛 ④火柴
match arc 匹配弧
match condition 匹配条件,符合条件
match up 相配
match wood 火柴用材
matched data (= match data) 匹配数据 {生技}
matched filter 匹配滤波器 {遥感}
matched filtering technique 匹配滤波技术
matched group 匹配组 {生技}
matched print 匹配像片,接边像片 {遥感}
matched S-allele 匹配 S 等位基因
matched S gene 匹配 S 基因
matched sequence 匹配序列
matcher ①匹配器 ②匹配程序 {电脑}
matching 选配,配合,匹配,配对
matching codon 匹配密码子 {分遗}
matching criterion 匹配准则 {电脑}
matching error 匹配误差
matching threshold 匹配阈值
mate ①(= Paraguaytea) 巴拉圭茶 [*Ilex paraguariensis* Sain-Hilaire] (冬青科) ②配偶,交配 {遗传} ③啮合,啮合部分,啮合零件 {农机}
mate block 配偶块,成对块 {电脑}
mate-killer 配偶杀伤细胞
[**mate**] **paraguaytea** 巴拉圭茶 [*Ilex paraguariensis* A. St. Hil.] (冬青科)
mate-sterility 雄性不孕(育)
material ①材料,原料 ②资料 ③物质 (materia)
material accumulation ①物质累积 ②资料累积 {智培}
material balance ①材料清算 ②物质平衡
material balance control 材料平衡控制
material basis 物质基础
material chip 材料芯片
material conditions 物质条件
material control 材料管理

material cycle 物质循环
material depot 材料放置场
material design 材料设计
material engineering 材料工程
material for pipe 管道材料{环保}
material handling ①资料处理,资料管理{电脑} ②材料处理{环保}
material incentive 物质刺激
material industry 材料[产]业
material laying 铺放材料
material loss ①物质损失 ②材料损失
material management 材料管理
material of fishing-gear 渔具材料
material planning 材料计划
material point 质点
material pretreatment 材料预措,材料预先处理
material recovery 材料回收{环保}
material requirement planning ①材料需求计划 ②物资需求计划
material requisition 材料需求
material saving 材料节约
material science 材料科学
material significance 实际显著性{统计}
material standard of living 物质生活水平
material supply plan 物资供应计划
materialism 唯物主义,唯物论(materialismus)
maternal 母本的,母体的(maternus)
maternal care 母体照顾
maternal cell 母细胞
maternal character 母本性状
maternal chromosome 母体染色体
maternal complex 母体染色体组
maternal correlation 母体相关
maternal effect 母体效果
maternal environment 母体环境
maternal factor 母体因子
maternal form 母本类型,母型
maternal form phenomenon 母型现象
maternal genetic variance 母本遗传方差
maternal genotype 母体基因型
maternal half-sib 母方半同胞
maternal immunity 母体免疫
maternal impression 母体印痕,胎教
maternal imprinting 母本印记
maternal influence 母体影响
maternal inheritance 母体遗传
maternal line 母系
maternal-line selection 母系选择
maternal message 母体信息
maternal messenger 母体信使
maternal metabolism 母体代谢
maternal mRNA 母体信使 RNA,母体 mRNA
maternal nutrition 母体营养
maternal parent 母本
maternal performance 母体生产性能,母体能力
maternal phenotype 母体表型
maternal plant 种株,母株,母本[植物]
maternal plant plantation 母本园,母本种植场
maternal progeny 母系后代
maternal recognition of pregnancy 母体妊娠识别
maternal RNA 母体 RNA
maternal-scion plot 接穗母本区
maternal seedling 母本实生苗,母本子苗
maternal seeds (= mother seeds) 原种
maternal selection 母本选择
maternal sex determination 母体性决定(母体决定性别)
maternal tissue 母体组织(tela materna)
maternal transmission of cytoplasmic factor 母体胞质因子传递
math 刈草
mathematical 数学的,数理的(mathematicus)
mathematical analysis 数学分析(analysis mathematicus)
mathematical approach 数学方法,数学途径
mathematical biology 数学生物学
mathematical chip (= math chip) 数值芯片
mathematical climate 数理气候(天文气候)
mathematical expectation 数学期望[值]
mathematical expression 数值表达式
mathematical forecast 数值预报
mathematical genetics 数理遗传学
mathematical interpretation 数理解释
mathematical meteorology 数理气象学
mathematical model 数学模型
mathematical model of reliability 可靠数学模型
mathematical modelling 数学模拟
mathematical parameter 数值参数
mathematical point 理想点
mathematical power 乘方,幂
mathematical software 数值软件
mathematical statistics 数理统计[学]
mathematical treatment 数学处理
mathematical treatment of information graphics 数学信息图形处理{智培}

mathematics 数学（mathematica）
mathematics foundation for computer science 计算机科学的数学基础
mathematics of computation 计算数学
mathpack 数值程序包{电脑}
matico 狭叶胡椒[*Piper angustifolium*]（胡椒科）
matigoneme 鞭毛游动器
Matilija poppy 毛萼马梯里亚罂粟[*Romneya coulteri* var. *trichocalyx* Harvey]（罂粟科）
mating ①交配,杂交 ②交尾,交媾 ③接合
mating ability 配合力,交配能力
mating aggregate 交配聚合
mating-assortative 选型交配
mating behavior 交配行为,交尾行为
mating combination 配合组合
mating continuum 交配群
mating design 交配设计
mating discrimination 交配偏向
mating factor 交配因子
mating flight （蜜蜂）交尾飞行,婚飞
mating group ①交配组 ②接合组
mating hive 交尾箱
mating house 交配[用]猪舍
mating inhibition 交配抑制
mating like to like 同质交配
mating mixture 交配混合
mating-negative assortative 负选型交配
mating nucleus 交尾核群{蜂}
mating pair 交配对
mating partner 交配伴侣
mating pheromone 交配信息素
mating pool 配合库
mating population 交配群体
mating process 交配过程
mating rate 配合率,交配率
mating reaction ①配合作用 ②交配反应
mating sign 交尾标志
mating station 蜂王交配站
mating substance 交配物质
mating system 交配制度
mating type ①交配型 ②接合型
mating unlike 异质交配
mating within the same batch 同蛾区交配{蚕}
Matna 马特纳（甘蔗印度原种）
matology 杂草防除学,除莠学（matologia）
matorral 常绿有刺灌丛（指在西班牙中部）
matric 基质的,基模的（matricus）
matric potential ①经络电势{畜} ②基模势,基质势{土壤}
matric pressure 基质压{生态生理}
matric suction 基模吸力,基质吸力
matric water potential 基质水势
matricary ①母菊属[*Matricaria* L.]（菊科）②母菊[*Matricaria chamomilla* L.]
matrice（= matrix） ①基质{细胞} ②基模{土壤} ③矩阵{统计} ④子宫{畜}
matriclinous（= matroclinous） 偏母的
matricyte 母细胞（matricyta）
matrilinear 母系的（matrilinearis）
matrilinear inheritance 母系遗传
matrimony-vine ①枸杞属[*Lycium* L.]（茄科）②枸杞[*Lycium chinenses* Mill.]
matrin 基质蛋白
matrine 苦参碱[$C_{15}H_{24}N_2O$]
matrix ①衬质(基质) ②(染色体)基质 ③母组织 ④子宫 ⑤模板 ⑥矩阵,真值表 ⑦杂矿石
matrix afterburner 网格式后燃器
matrix algebra 矩阵代数
matrix attachment site（MAS） 基质附着位点{分遗}
matrix bridge 基质桥
matrix fiber 基质纤维
matrix filter hybridization 矩阵滤膜杂交
matrix-free space 无基质隔离段
matrix of chromosome 染色体基质
matrix of mitochondrium 线粒体基质
matrix printer 点阵式打印机,矩阵式打印机
matrix proofer 矩阵式打样机
matrix protein 基质蛋白[质]
matrix space 基质隔离段(腺)
matrixer 矩阵变换电路{信息}
matroclinal（= matroclinous） 偏母的（matroclinus）
matroclinal daughters 偏母子女
matroclinal hybrid 偏母杂种
matroclinal inheritance 偏母遗传
matroclinous（= matroclinic, matroclinal） 偏母的（matroclinus）
matrocliny ①偏母性 ②偏母现象（matroclinia）
matroid 拟阵
matromorphic 偏母型（matromorphus）
matsutake（= shiitake） 香菇（日本松蕈）[*Armillaria edodes* Berk.]（伞菌科）
matt ①无光,褪光 ②不光泽的,不光滑的 ③表面粗糙的 ④铺地的（mattus）
mattae ①铺地植物 ②葡萄树
matted bed 苗床,畦
matted growth 铺地生长
matted roll 粗滑面镇压器
matted row culture 铺地行栽栽培,贴地行栽

栽培{草莓}
matted volume 暗淡体(指图像)
matter ①物质 ②脓{医} ③事情
matter of soil 土壤[组成]物质
matter production 物质生产
matter science 物质科学{物}
mattery 有脓的
matthiole (=stock) ①紫罗兰属[*Matthiola* R.Br.](十字花科) ②紫罗兰[*Matthiole incana* R.Br.]
matting ①编织,织席 ②编织材料 ③编织物,席
matting crops (=mat crops) 编席料作物
matting of roots 根系交织
matto grosso 热带草原(巴西)
mattock 鹤嘴锄,十字镐
mattock hoe 园艺用锄
mattoral 马托拉群落{生态}
mattress 垫,褥垫,床垫
Matui (=Chinese water chestnut) 荸荠(马蹄)[*Heleocharis plantaginea* R.Rr.](莎草科)
maturase 成熟酶
maturation ①成熟 ②老化(maturatio)
maturation -defective mutant 成熟缺陷突变体(指噬菌体)
maturation division 成熟分裂(divisio maturationis)
maturation enzyme 成熟酶
maturation face 成熟面
maturation factor 成熟因子
maturation period 成熟期
maturation pond ①成熟池 ②污水再处理塘{环保}
maturation process 成熟过程
maturation -promoting factor (MPF) 促成熟因子
maturation zone (=maturation region) 成熟区(zona maturationis)
mature ①成熟 ②化脓 ③满期(指票据)(matura)
mature adult 成熟个体
mature anther 成熟药
mature bird 成鸡
mature bird housing 成鸡舍饲
mature boll 成熟铃(棉)
mature field ①[成]熟地 ②成年园(结果园)
mature forest (=matured forest) 成熟林
mature form 成熟形式,成熟型
mature gametophyte 成熟配子体
mature-green fruit 绿熟果
mature habitat 成熟生境
mature halophyte 成熟盐生植物,老盐生植物
mature internode 成熟节间(甘蔗)
mature lambda chromosome 成熟λ染色体,成熟兰姆达染色体
mature larva (=matured silkworm) 熟蚕{蚕}
mature leaf 成熟叶
mature mRNA 成熟 mRNA
mature orchard 成年果园,结果果园
mature paddy field 熟稻田
mature part 成熟部分
mature ped 成熟荚[果]
mature peptide 成熟肽
mature period 成熟期
mature phage 成熟噬菌体
mature phage particle 成熟噬菌体颗粒
mature pig but needs to be fattened 架子猪
mature plant resistance 成株抗病性
mature-plant stage 植株成熟期,成株期
mature pollen 成熟花粉
mature profile 成熟剖面
mature protein 成熟蛋白[质]
mature ribosomal RNA 成熟核糖体 RNA,成熟 rRNA
mature RNA 成熟 RNA{分遗}
mature rRNA component 成熟核蛋白体 RNA 组成部分
mature seed 成熟种子
mature seedling 成苗
mature shoot 成梢
mature soil 成熟土
mature stand (=ripe stand) 成熟林分
mature tea field 成年茶园
mature tissue 成熟组织
mature tree 成年果树
mature viral nucleic acid 成熟病毒核酸
mature virion 成熟病毒粒子
mature virus genome 成熟病毒基因组
mature wood (=adult wood) 成熟材
mature wood cutting 熟枝插,成木插{园艺}
matured ①成熟的 ②(酒)酿成的
matured habitat 成熟生境
matured seedling 老苗
matured silkworm 熟蚕
maturescent 变成熟的,近成熟的(maturescens)
maturing ①成熟 ②成熟的
maturing of bed 滤床成熟{环保}
maturing stage 成熟期
maturing time 成熟期

maturing vat for cream 奶油熟化器
maturity ①成熟 ②成熟度（maturitas）
maturity check 成熟度对照
maturity color of plant 植株成熟色
maturity date ①到期日期（指合同，期票等）｛农管｝②成熟日期｛栽培｝
maturity determination 成熟度测定
maturity gene 成熟度基因，熟性基因
maturity index 成熟度指数
maturity phase 壮年期(指果树)
maturity range in rice plants 水稻成熟范围
maturity sequence 成熟系列｛土壤｝
maturity stage 成熟［度］阶段
maturity standard 成熟度标准
maturometer （果实)成熟度测定计
matzoon milk 阿万尼亚乳酒
maul ①木槌，锤 ②锤打
Maule reaction 莫尔反应｛分生｝
maurit loosestrife 滨海珍珠菜［*Lysimachia mauritiana* Lamk.］(报春花科)
Mauritius hemp 毛里求斯麻［*Furcraea gigantea* Vent.］(石蒜科)
Mauritius papeda（= Mauritus bitter orange） 毛里求斯苦橙（马蜂橙）［*Citrus hystrix* DC.］(芸香科)
mauser 毛瑟枪｛狩猎｝
mauveine 苯胺紫(染料)｛显技｝
mavar 脉伐(低噪声微波放大器)
maw ①第四胃 ②罂粟子 ③嗉囊 ④(鱼)鳔
mawseed 罂粟种子，罂粟子
mawworm（= ascarid） 蛔虫
MAX（= maximum）①最大的 ②最大值｛信息｝
max ①黑象甲 ②(= maximun) 最大的，大量的
max daisy 大滨菊［*Chrysanthemum maximum* Ramond］(菊科)
Max-myrtle（= Maxmyrtle） 杨梅属［*Myrica* L.］(杨梅科)
Max-Red-Bartictts 深红巴梨（西洋梨品种）
Maxam-Gilbert base-specific cleavage method 马克萨姆－吉伯特碱基特异性裂解法（指 DNA 测序）｛分遗｝
Maxam-Gilbert chemical degradation method 马克萨姆－吉伯特化学降解法（指 DNA 测序）｛分遗｝
Maxam-Gilbert DNA sequencing 马克萨姆-吉伯特 DNA 序列分析
Maxam-Gilbert method 马克萨姆－吉伯特法（指 DNA 测序）｛分遗｝
maxicell 大细胞（maxicellula）
maxicomputer 大型计算机
maxilla ①颌骨，上颌骨 ②下颚
maxillary palpus 下颚须（palpus maxillaris）
maxillary stylet 下颚口针
maxima（= maximum） ①极大，极大值 ②最大，最大值 ③极大的，最大的
maximal ①极大的，最大的 ②极高的，最高的（maximus）
maximal activity 最高活性
maximal attainable transpiration flow velocity 可达到最大蒸腾流速｛生态生理｝
maximal characteristic description 最大特征描述
maximal development 最高发育
maximal discovery rate 最高发现率
maximal evaporative capacity 最大蒸发量
maximal flow 最大流［动］
maximal fluorescence 最大荧光
maximal heterozygosity 最高杂合性
maximal immission concentration 最大注入［污染物］浓度｛生态生理｝
maximal medium 最全培养基
maximal pressure 最高压
maximal stomatal conductance 最大气孔传导
maximal tolerated dose 最大耐受剂量
maximal transpiration 最大蒸腾
maximal value 最高值，最大值
maximal width 最大宽度
maximax criterion 最大最大准则（指在最大中的最大准则）
maximax utility 最大最大效用
maximin criterion 最大最小准则（指在最小中的最大准则）
maximin strategy 最大最小策略（指在最小中的最大策略）
maximin technique 最大最小技术，极大极小技术
maximin utility 最大最小效用
maximization 增到最大限度，极大，最高，极大化（maximisatio）
maximization of structural parameters 结构参数极大化
maximize 最大化，最高化（maximisare）
maximize light utilization 使光能利用达到最高程度
maximize lodging 使倒伏增到最大，最大化倒伏
maximize mutual shading 使相互遮荫增到最大，最大化相互遮荫
maximize overelongation of internode 使节间伸长增到最大，最大化节间伸长

maximize yield per unit of time 每单位时间产量增到最大,最大化每单位时间产量
maximized icon 最大图符{电脑}
maximized mouse 最大窥视
maximizing 达到最大值,达到最高值
maximizing productivity 最高生产力{农经}
Maximowicz dendranthema 细叶菊[*Dendranthema maximowiczii*(Kom.)Tzvel.](菊科)
Maximowicz hawthorn 毛山楂[*Crataegus maximowiczii* Wils.](蔷薇科)
Maximowicz hololeion 全光菊[*Hololeion maximoviczii* Kitam.](菊科)
Maximowicz lily 小卷丹[*Lilium leichtlinii* Hook. f. var. *maximowiczii* Bak.](百合科)
Maximowicz maple 马克西莫氏槭(日光槭)[*Acer nikoense* Maxim.](槭科)
Maximowicz saussurea 马克西莫氏凤毛菊[*Saussurea maximowiczii* Herd.](菊科)
Maximowicz spruce 马克西莫氏云杉[*Picea maximowiczii* Regel.](松科)
maximum ①最大量,极度,极大 ②最大的,最高的,极度的
maximum absorption 最大吸收
maximum air temperature 最高气温
maximum allowable biological concentration(MABC) 最大容许生物[学]浓度
maximum allowable concentration(MAC) 最大允许浓度
maximum allowable error 最大容许误差,误差极限
maximum allowable loss 最大容许损耗
maximum allowable peak value 最高容许峰值{环保}
maximum altitude 最高高度
maximum and minimum thermometer 最高最低温度表
maximum ascender 最大上行高度
maximum atmospheric concentration 最大空气浓度(指大气污染最大平均浓度){环保}
maximum available gain 最大有效增益{农管}
maximum available time 最大有效[工作]时间
maximum capillary capacity 最大毛管持水量{土壤}
maximum consumption 最大用水量,最大消耗量{环保}
maximum continuous yield(=maximum sustained yield) 最高持续产量,最高持续渔获量
maximum crossing-over percentage 最高交换率
maximum curvature method 最大曲率法
maximum daily consumption of water 日最高用水量
maximum daily value 日最大值
maximum demand 最大用电量,最大需要量{环保}
maximum depth-area-duration data 最大深度-面积-历时资料
maximum depth of water 最大水深
maximum descender 最大下行深度
maximum despiralization 最大解螺旋化[作用]
maximum duty of water 最大灌溉率
maximum economic yield 最高经济产量
maximum effective temperature 有效最低温度
maximum element 最大元素
maximum entropy spectral analysis 最大熵谱分析
maximum enzyme velocity 最大酶速度
maximum equational segregation 最大均等[式]分离
maximum eventual yield 最大限度产量
maximum expected value 最大期望值
maximum expression ①最高表现{育种}②最高表达{分遗}
maximum field capacity 最大田间持水量
maximum flexural strength 最高绕曲强度
maximum flow 最大流量{环保}
maximum fruit set 最高坐果
maximum-growth period 最速生长期
maximum heterosis 最大杂种优势
maximum humidity 最大湿度
maximum image visibility 最大影像可见度{遥感}
maximum instantaneous wind speed 最大瞬时风速
maximum intensity of downpour 最大降雨强度
maximum inventory 最大库存量
maximum latency 最大等待时间{信息}
maximum likelihood ①最大可能[性]②最大似然[率]{统计}
maximum likelihood criterion 最大似然[率]准则{统计}
maximum likelihood estimate 最大似然估值{统计}
maximum likelihood extraction 最大似然率提取
maximum likelihood method 最大似然量法(估数连锁)

maximum likelihood principle 最大似然率原理〈统计〉
maximum moisture capacity 最大持水量
maximum molecular moisture holding capacity 最大分子持水量
maximum nitrogen responsiveness 最高氮反应性(指水稻品种对氮肥的耐肥性)
maximum non-effect level 最大无影响剂量
maximum operating frequency 最高工作频率
maximum operation resistance 最大工作阻力
maximum outreach 最大外伸范围〈遥感〉
maximum permissible body burden 最大容许个体负载(指放射剂量)
maximum permissible concentration 最大许可浓度
maximum permissible content 最大许可含量
maximum permissible dose 最大容许剂量
maximum permissible period of temporary storage 暂时贮藏[的]最大容许期
maximum photosynthetic activity 最高光合活性,最高光合效率
maximum piston rod pull 活塞杆最大拉力
maximum plowing depth 最大耕翻深度
maximum price 最高价格
maximum radiation thermometer 最高辐射温度表
maximum rate of flow 最大榨乳速度
maximum recombination percentage 最高重组率
maximum residue limit 最大残留限[量](指农药)
maximum setting rate 最大沉降率
maximum sheet size 最大纸张尺寸
maximum shoot numbers 最高茎数(指禾谷类)
maximum specific growth rate 最大比生长率
maximum stooling 最高分蘖力
maximum stress 最大应力
maximum suppressor 畸峰抑制基因
maximum sustainable yield 最大持续生产量
maximum temperature 最高温度
maximum thermometer 最高温度表〈气象〉
maximum tiller number stage 最高分蘖数期
maximum tillering stage 最高分蘖期
maximum tolerance limit 最大耐受限[量]
maximum tolerated dose 最大耐受[剂]量
maximum transfer plan 最大传输计划〈信息〉
maximum transfer rate 最大传输速度
maximum utilization of light energy 最高光能利用
maximum valence (= maxivalence) ①最高[化合]价 ②最高效价 ③(原子)价
maximum value 最大值,极大值
maximum vapor tension 最大水气张力,最大水气压
maximum vegetable development 最高营养[体]发育
maximum velocity 最大速度
maximum velocity centrifugation 最大速度离心
maximum velocity of flow 最大流速
maximum ventilation 最大通风量
maximum visibility 最大能见度
maximum water absorbing quality 最大吸水性〈土壤〉
maximum water capacity 最大持水量
maximum water consumption 最大用水量,最大耗水量
maximum water content 最高含水量
maximum water flow 最大水流
maximum water-holding capacity (= maximum water capacity) 最大持水量
maximum water permeability 最大透水性
maximum water rate 最大需水量
maximum water vapour tension 最大水汽张力
maxmum image area 最大图像面积〈电脑〉
maxterm 大项,最大项(maxtermen)
maxterm form 大项形式
Maxwell-Boltzmann distribution 麦克斯韦-波耳兹曼分布
Maxwell effect 麦克斯韦效应(指流动双折射)
may-apple ①鬼臼属[*Podophyllum* L.](小檗科) ②鬼臼[*Podophyllum versipelle* Hance.]
May beetle (= May bug, cockchafer) 五月金龟子[*Melolontha melolontha* L.]
May bloom 山楂花
May hawthorn 夏花山楂[*Crataegus aestivalis*](蔷薇科)
May lily 铃兰[*Convallaria majalis* L.](百合科)
May sickness (蜂)五月病,春季麻痹
mayberry 悬钩子[*Rubus palmatus* Thunb.](蔷薇科)
Mayer's adhesive 梅耶氏胶黏剂〈显技〉
Mayer's albumen 梅耶氏蛋白〈显技〉
Mayer's chlorine method 梅耶氏氯漂白法〈显技〉

Mayer's fixative 梅耶氏黏贴剂{显技}
Mayer's haem-alum 梅耶氏苏木精明矾染色法{显技}
Mayer's picro-nitric acid 梅耶氏苦味酸硝酸混合液{显技}
Mayflower 五月花(桃品种)
mayfly ①蜉蝣 ②⌞复⌝(=mayflies and shad-flies) 蜉蝣目[Ephemeroptera, Ephemerida]
maypop(=wild passion-flower) 粉红西番莲[*Passiflora incarnata* L.](西番莲科)
maytanin 美登蛋白
maytansine 美登素
maytree 山楂[*Crataegus pinnatifida* Bge.](蔷薇科)
mayush(=English hawthorn) 英国山楂[*Crataegus oxycantha* L.](蔷薇科)
mayweed(=matricary) ①母菊属[*Matricaria* L.](菊科) ②母菊[*Matricaria chamomilla* L.]
mazaedium 黏表层(mazaedium)
maze 迷园,迷宫(labyrinth){园林}
maze design 迷园设计{园林}
maze establishment 迷园建立
mazun 埃及乳酒
mazus ①通泉草属[*Mazus* Lous.](玄参科) ②通泉草[*Mazus stolonifer* Mak.]
mazut 重油,黑油
mazzard cherry(=sweet cherry) 欧洲甜樱桃[*Prunus aviun* L.](蔷薇科)
MB(=megabytes) 兆字节(10^6字节){信息}
MBLC(=microbore liquid chromatography) 微内径[柱]液相层析{分技}
MBT 2-巯基苯并噻唑(硝化抑制剂)
MC(=microcomputer) 微型计算机,微机{电脑}
McAb(=monoclonal antibody) 单无性系抗体,单克隆抗体{农生技}
McArdle-Schmid-Pearson disease(=McArdle's disease) 麦卡德尔氏病,糖原积累症V型{分生}
McArdle's disease 麦卡德尔症,糖原积累症V型
McCoy medium 麦克考依氏培养基{遗工}
MCDV(=maize chlorotic dwarf virus) 玉米退绿矮缩病毒
mCi(=millicurie) 毫居里(放射性强度单位)
Mcllvaline's buffer 麦克尔华林氏缓冲剂{遗工}
MCP(=MCP-mathoron) 2-甲-4-氯(=MCPA){农药}
MCPA(=2-M-4-Cl) 2-甲-4-氯(除草剂)[$C_9H_9ClO_3$]
MCPB(=2-methyl-4-chlorophenoxy-butyric acid) 2-甲-4-氯丁酸(除草剂)[$C_{11}H_{13}ClO_3$]
MCPP(=mecoprop) 2-甲-4-氯丙酸
MCS(=mutiple cloning sites) 多无性繁殖位点,多克隆化位点{农生技}
MD(=mean deviation) 均差,平均差,平均离差
MDA(=monolithic design automation) 单片设计自动化{信息}
MDGF(=macrophage-derived growth factor) 巨噬细胞[源]生长因子{分生}
MDH(=malate dehydrogenase) 苹果酸脱氢酶
mDNA(=messenger DNA) 信使DNA{分遗}
ME(=mill extraction) 压榨提取率,压榨抽出率(指压榨甘蔗)
Me OH(=methanol) 甲醇[$C_{10}H_{20}O$]
mead 蜂蜜酒
Meador geranium(=meadow geranium) 草原老鹳草[*Geranium pratense* L.](牻牛儿苗科)
meadow ①割草地,低湿草地 ②草甸{生态}(pratum)
meadow barley 草地大麦[*Hordeum nodosum* L.](禾本科)
meadow-beauty ①瑞克希阿属[Rhexia L.] ②瑞克希阿[*Rhexia virginica* L.]
meadow-boggy soil 草甸沼泽土
meadow boy 草甸沼泽
meadow bromegrass 草甸雀麦草[*Bromus erectus* Auct.](禾本科)
meadow cat's-tail grass(=timothy) 梯牧草属
meadow chernosem 草甸黑[钙]土
meadow chestnut soil 草甸栗钙土
meadow clover(=red clover) 红三叶草
meadow crane's bill 草甸老鹳草[*Geranium pratense* L.](牻牛儿苗科)
meadow cultivation 割草地耕种(培育)
meadow cultivator 割草地松土器,割草地中耕器
meadow culture 割草地栽培
meadow distaff(=water thistle) 苦苣菜
meadow farming 草地农业
meadow-feed crop rotation 草地饲料轮作
meadow fescue 牛尾草(草地羊茅)[*Festuca elatior* L.=*F. pratensis* Huds.](禾本科)
meadow foam(=false mermaid) ①弗劳尔草属[*Floerkea* spp.](弗劳尔草科) ②弗

劳尔草［*Floerkea proserpinacoides* sp.］
meadow foam family 弗劳尔草科［Floerkeaceae］
meadow foxtail ①看麦娘属［*Alopecurus* L.］（禾本科）②草原看麦娘（狼尾草）［*Alopecurus pratensis* L.］
meadow grass ①早熟禾属［*Poa* L.］（禾本科）②早熟禾［*Poa annua* L.］③割草地禾草，草甸禾草
meadow grass rotation 割草地牧草轮作
meadow ground 草地，割草地
meadow herb 草甸草本植物
meadow moor 草甸泥炭沼泽
meadow moth（= beet webworm） 草地螟（甜菜网螟）［*Loxostege sticticalis* Linnaeus］（螟蛾科）
meadow mouse 家鼠［*Mus humilis*］
meadow mushroom（= true mushroom） 蘑菇［*Agaricus campestris* L. ex Fr. = *Psalliota campestris*（Fr.）Quel.］（伞菌科）
meadow nematode disease 草甸线虫病
meadow nematode disease of kaoliang 高粱根腐线虫病（高粱草甸线虫病）［*Pratylenchus pratensis* Filipjev.］
meadow of one cut 一次刈草甸
meadow orchard 草甸果园（指在英国高度密植的果园）
meadow peat 草甸泥炭
meadow plant 草甸植物
meadow plant bug 牧场盲蝽（草甸盲蝽）［*Leptoterna dolabrata* L.］（盲蝽科）
meadow podzolic soil 草甸灰化土
meadow rake 割草地搂草机
meadow red earth 草地红壤
meadow rotation 割草地轮作
meadow-rue ①唐松草属［*Thalictrum* L.］（毛茛科）②唐松草［*Thalictrum aquilegifolium* L.］
meadow saffron ①毛球茎属［*Bulbocodium* L.］（百合科）②秋水仙属［*Colchicum* L.］（百合科）③秋水仙（= common meadow saffron）［*Colchicum autumnale* L.］
meadow saline soil 草甸盐土
meadow saxifrage ①邪蒿属［*Seseli* L.］（伞形花科）②邪蒿［*Seseli libanotis* Koch.］
meadow sheller plough 草甸翻茬机犁
meadow soft-grass（= velvet grass） 绒毛草［*Holcus lanatus* L.］（禾本科）
meadow soil 草甸土
meadow spittlebug（= common froghopper, cuckoospit insect） 草原沫蝉（草原吹沫虫）［*Philaenus spumarius* Linnaeus］（沫蝉科）
meadow steppe 草甸草原
meadow sweet ①合叶子属［*Filipendula*（L.）Adans.］（蔷薇科）②合子叶［*Filipendula palmata*（Pall.）Maxim.］
meadow tundra 草甸冻原
meadow vetchling（= yellow vetchling） 牧地香豌豆［*Lathyrus pratensis* L.］（豆科）
meadowland ①草地，割草用地 ②饲料［牧草］栽培地
meadowy 草甸的，草地的
meager（= meagre） ①（瘠）瘦的 ②不足的，贫乏的，最少的
meager clay（= meagre clay） 瘠黏土
meager oat 糙伏毛燕麦［*Avena strigosa* Schreb.］（禾本科）
meal ①餐，饭食 ②一餐所吃的食物 ③（谷类，豆类）粗粉（farina）
meal-and-mah mixer 粉糊拌和机
meal bin 粗粉箱
meal moth（= meal shout moth） 大斑粉螟（紫斑谷螟）［*Pyralis farinalis* L. = *Asopia farinalis* L.］（螟蛾科）
meal sand 粉状沙粒［土］
meal sap beetle 脊胸露尾甲［*Carpophilus dimidiatus* Fabricius］（露尾甲科）
meal scale（= cottony cushion scale） 吹绵蚧［*Icerya purchasi* Maskell］（绵蚧科）
meal structure 粉状结构，粉末结构
meal trough for piglet 仔猪饲槽，幼猪饲槽
mealie（= maize, corn） 玉米，玉蜀黍
mealiness 粉性（指马铃薯）（farinaitas）
mealworm（= yellow mealworm, flour beetle） 大黄粉虫［*Tenebrio molitor* Linnaeus］（拟步甲科）
mealy 粉状的（farinaceus）
mealy breakdown 粉状崩坏
mealy cabbage aphid（= cabbage aphid） 菜蚜（甘蓝蚜）［*Brevicoryne brassicae*（Linnaeus）］（蚜科）
mealy -cup sage 粉萼鼠尾草［*Salvia farinacea* Benth.］（唇形科）
mealy flesh 果肉发绵（指苹果）
Mealy machine 米利机｛电脑｝
mealy meal 玉米粉，玉米面（= corn meal, Indian meal）
mealy peach aphid 桃粉大尾蚜［*Hyalopterus amygdali* Blanchard］（蚜科）
mealy plum aphid（= green peach aphid）

桃大尾蚜［*Hyalopterus arundinis* F. = *H. pruni* F.］(蚜科)
mealy potato 粉质马铃薯
mealy sand 粉沙［土］
mealy scale (= cottony-cushion scale) 吹绵蚧［*Icerya purchasi* Maskell］(绵蚧科)
mealy stringybark encalyptus 灰桉［*Eucalyptus perriniana* Rodway］(桃金娘科)
mealy wing ①橘黄粉虱［*Dialeurodes citri* Ashmead］②⌞复⌝(= whiteflies) 粉虱科［Aleyrodidae］
mealybug ①粉蚧 ②⌞复⌝粉蚧科［Pseudococcidae］
mean ①(M)平均数 ②平均的 ③⌞复⌝手段，工具
mean "call for service" rate 平均呼唤率｛信息｝
mean accuracy 平均精确度
mean activity ①平均活性 ②平均活度
mean activity product 平均活度［乘］积
mean age ①平均年龄 ②平均树龄(指果木)
mean age composition 平均年龄组成
mean air temperature 平均气温
mean altitude 平均海拔高度
mean annual increment 平均年生长量
mean annual minimum air temperature 年平均最低气温
mean annual precipitation 年平均降水量
mean annual range of temperature 平均温度年较差
mean annual temperature 年平均温度
mean anomaly 平近点角｛遥感｝
mean arrival rate 平均到达率
mean availability 平均有效度
mean catch per haul 网次平均渔获量
mean conditional information content 平均条件信息量
mean daily maximum temperature 逐日最高温度平均值
mean daily minimum temperature 逐日最低温度平均值
mean daily temperature 日平均温
mean density of spike 平均穗密度
mean depth ①平均深度 ②平均水深
mean detection time 平均检测时间
mean deviation (MD) 均差，平均差，平均离差
mean diameter (MD) 平均粒径，平均直径
mean difference 平均差异
mean direct irradiance 平均直接辐照度，平均直接辐射量
mean downtime 平均停机时间，平均不可工作时间｛电脑｝
mean effective diameter 平均有效直径
mean effective pressure 平均有效压力
mean effective value 平均有效值，方均根价
mean entropy 平均熵｛气象｝
mean equinox 平均二分点｛气象｝
mean error 平均误差
mean flax 两用亚麻［*Linum usitatissimum* var. *intermedia*］(亚麻科)
mean free path 平均自由［路］程
mean fruit weight 果实平均重量，平均果重
mean generation time 平均世代时间｛育种｝
mean high water (MHW) 平均高潮面
mean high-water line (MHWL) 平均高潮线
mean information content 平均信息量
mean length of shoots 枝条平均长度
mean life ①平均寿命｛种子｝②平均使用期｛电脑｝
mean line 中线，等分线
mean low water (MLW) 平均低潮面
mean low-water line (MLWL) 平均低潮线
mean maximum concentration 平均最高浓度
mean molecular weight 平均分子量
mean monthly maximum temperature 月平均最高温度
mean monthly minimum temperature 月平均最低温度
mean operation rate of annual harvesting period 年收获期的平均操作速度
mean phenotypic value 平均表现型值
mean range 平均较差｛气象｝
mean repair time 平均修复时间
mean residence time 平均停留时期
mean residue ellipicity 平均残基椭圆率｛生技｝
mean residue rotation 平均残基旋光率
mean residue weight 平均残基量
mean resistance ①平均阻力 ②平均抗性
mean sea level (= sea datum) 平均海平面
mean seed weight 平均种子重
mean selective value 平均选择值
mean service rate 平均服务率｛信息｝
mean square 均方｛统计｝
mean square between blocks 区组间均方
mean square continuity 均方连续性
mean square deviation 均方离差，均方差
mean square error 均方误差
mean square for error 误差均方
mean square for treatment 处理均方
mean square of mean 平均数均方
mean square regression 均方回归
mean square value 均方值

mean squares within block 区组内均方
mean synodic lunar month 平均朔望月
mean temperature of air column 气柱平均温度
mean time 平均时
mean up-time 平均正常运行时间
mean value 平均值
mean variance 均方差
mean velocity of flow 平均流速〈环保〉
mean volume of school 鱼群平均体积
mean water level 平均水位
mean yield 平均产量
meander 河弯,弯道,曲流
meander corner 折测线角
meander line 折导线
meander seroll 曲流湖
means of labour ①劳动手段 ②劳动工具
means of production 生产资料(生产工具),生产手段
measles ①麻疹 ②(= cysticercosis) 囊尾蚴病
measles virus 麻疹病毒
measurability 可测性 (measurabilitas)
measurable ①可测的,可计量的,可测量的,可测度的 ②适度的,适当的 (measurabilis)
measurable benefit 可计量收益
measurable fluctuation 可测波动,可测变动
measurable variation 可测变异
measure ①测量,测度 ②量度单位 ③量度器 ④范围,程度 ⑤措施,方法,手段,步骤,对策
measure analysis 容量分析
measure for sound source 音源对策,音源措施〈农施〉
measure of biotic control 生物防治法
measure of fuzziness 模糊性测度〈电脑〉
measure of gene variation 基因变异的测量
measure of genetic distance 遗传距离的测量
measure of protection 防护法〈农施〉
measure of turbidity 浑浊度测定
measure space 测度空间
measured day work 计时日工(计量的一日工作量)
measured value 测定值
measurement ①测定,测量,度量 ②测定法 (measurementum)
measurement category 测量范畴
measurement error 测量误差
measurement of air pollutants 空气污染物测定
measurement of azimuths 方位角量测〈测〉
measurement of dispersal 散布测量
measurement of fixed hour 定时测定
measurement of gene mutation rate 基因突变率测定
measurement of nitrogen responsiveness 氮反应性测定
measurement of nutritive growth 营养生长测定
measurement of radioactivity 放射性测定
measurement of reproductive growth 生殖生长测定
measurement of specific gravity 比重测定法
measurement of standing timber 立木材积测定
measurement of utility 效用测定,实用性测定
measurement range 测量范围
measurement reproducibility 测定再生产能力
measurement system ①度量衡制 ②测量系统,测定系统
measurement technique ①测量技术 ②测定技术
measurement unit 测量设备,测量仪器
measurer ①测量仪器,测量计 ②测量员
measures of central tendency 集中性测定〈统计〉
measures of dispersion 离中性测定
measures of protection 防护措施
measuring apparatus 测定器
measuring by sight 目测
measuring cane 测杖,测杆
measuring chain 测链
measuring channel 量水槽〈环保〉
measuring cylinder 量筒
measuring flask [容]量瓶
measuring glass 量[液]杯〈显技〉
measuring instrument 度量器,测量仪器
measuring line 测线
measuring of animal body 畜体[尺]测定〈畜〉
measuring of the body 体格测量
measuring pail 计量桶
measuring pin 测针
measuring pipette (= measuring pipet) 计量移液管
measuring point 测点
measuring range 测定范围
measuring staff 测杆,丈尺
measuring stereoscope 测量立体镜〈遥感〉
measuring stick 测杖
measuring tank 计量槽
measuring tape 卷尺,测带
measuring tube ①量筒,量管〈显技〉

measuring unit 测量单位
measuring weir 量水堰{环保}
measuring well 测量井,观测井
measuring wire 尺度绳,测绳,准绳(方形穴播用)定距索(蝇)
measuring worm (= geometer, geometer moth, looper) 尺蛾
measuring-worm moths (= geometrid moths) 尺蛾科[Geometridae]
meat 肉,肉类(指兽肉)
meat-and-bone meal 骨肉粉
meat autolysis 肉类自解作用,肉类自体分解作用
meat bird 肉鸡
meat bird housing 肉鸡舍饲
meat breed 肉用品种(鸡)
meat center 肉食中心
meat chopper 碎肉机
meat cooling plant 肉类冷藏库
meat extract 肉浸汁,肉膏
meat extract agar 肉膏琼脂
meat extract gelatine 肉膏明胶
meat facility 肉食设施
meat-fat ratio (= lean to fat ratio) 肉脂比率,出脂率
meat fiber 肌肉纤维
meat fly 肉蝇,丽蝇
meat for human consumption 屠宰出售的肉类(指肉铺出售的肉类)
meat grinder 磨肉机
meat infusion 肉浸液
meat inspector 肉类检验员
meat maggot 肉蝇的幼虫,蛆
meat medium 肉汁培养基
meat mincing machine 碎肉机
meat packing 肉类[加工]包装{加工}
meat-packing waste 肉类[加工]包装废水{环保}
meat percentage 出肉率,纯肉率
meat performance 肉产量
meat performance testing 肉产量的检验
meat poisoning 肉中毒
meat poultry 肉用家禽
meat preserves 肉罐头,肉类腌藏品
meat processing 肉类加工
meat processing industries 肉类加工业
meat processing waste water 肉类加工废水{环保}
meat producing capacity (= fleshing ability) 肉的生产能力
meat ripening 肉成熟作用
meat strain (= meat-type breed) 肉用品种
meat sugar 肌糖,环己六醇
meat type 肉用型{畜}
meat-type pig (= meat-type swine) 肉用型猪
meat ware 肉食品
meat-ware factory 肉食加工厂
meat weight 纯肉重
meat yield (= beef yield) 出肉率
meatus 道,导管
meaty ①肉的 ②肉多的
mecarbam 灭蚜磷,灭蚜蜱(杀虫,杀螨剂)[$C_{10}H_{20}NO_5PS_2$]
MECC (= micellar electrokinetic capillary chromatography) 胶束动电毛细管层析
Mecca myrrh tree (= balsam of Gilead tree) 麦加没药
mechanic ①机械的 ②机械工,机械师(mechanicus)
mechanic milker (= mechanical milker) 动力挤乳机(器)
mechanical ①机械的,与机械有关的,机制的 ②似机械的
mechanical abrasion 机械磨损
mechanical activity 机械活动性
mechanical adhesion 机械黏附[力],机械黏着力
mechanical advantage 机械效益
mechanical aeration 机械曝气{环保}
mechanical aerator 机械曝气设备{环保}
mechanical agitation 机械搅拌
mechanical analog computer 机械式模拟计算机
mechanical analysis 机械分析
mechanical barking 机械剥皮
mechanical brake 机械制动器
mechanical breakdown 机械故障
mechanical calculator 机械计算器
mechanical cell 机械细胞(cellula mechanica)
mechanical clarifier 机械澄清池{环保}
mechanical cleaning 机械清洁[法]{生技}
mechanical clearing 机械开垦,机垦{耕作}
mechanical composition 机械组成{土壤}
mechanical composition curve 机械组成曲线
mechanical confusion 机械混杂{种子}
mechanical control 机械防除(指防除虫害)
mechanical control method 机械防治法(指治病害)
mechanical cooling 机械冷却,鼓风冷却
mechanical cotton picker 动力摘棉机
mechanical damage 机械损伤
mechanical data processing 机器数据处理

{智培}
mechanical deposit 机械沉积物
mechanical dictionary ①翻译机 ②机器字典
mechanical disaggregation 机械解聚作用
mechanical discharge method 机械排出法{农施}
mechanical disintegration ①机械崩解[作用]{土壤} ②机械粉碎{加工}
mechanical disruption 机械破坏作用,机械破碎
mechanical divider 机械分禾器
mechanical draft 机械通风
mechanical drying 机械干燥
mechanical effect 机械效应
mechanical efficiency 机械效率
mechanical egg gather 机械式集蛋器
mechanical eluviation 机械淋洗[作用]
mechanical energy 机械能
mechanical engineering system 机械工程系统
mechanical equipment 机械设备
mechanical equipment technology 机械设(装)备技术{智培}
mechanical equivalent of heat 热功当量
mechanical exchange process 机械互换过程
mechanical feed lot 机械化饲料分配器
mechanical feeder ①机械化饲槽 ②机械化喂送装置
mechanical feeding thresher 机械喂入式脱粒机,自动脱粒机
mechanical finger 机械抓钩
mechanical flocculator 机械絮凝器
mechanical force 机械力
mechanical gapping 机械间苗
mechanical governor 机械调节器
mechanical handling 机械处理
mechanical handling of crops 作物机械收割
mechanical harvester 动力收获机
mechanical harvesting 机械收获,机械采收
mechanical hay press-baler 动力干草压捆机
mechanical hoe (=hoeing machine) 中耕机
mechanical impedance 机械阻力,机械阻抗
mechanical incorporation 机械拌入{加工}
mechanical industry waste water 机械工业废水{环保}
mechanical inhibitor 机械抑制剂
mechanical injury 机械损伤
mechanical insect-pests 机械[损伤]害虫类(指损伤木材减低其利用价值的害虫类)
mechanical irritation 机械性刺激
mechanical isolating factor 机械性隔离因素
mechanical isolation 机械隔离
mechanical lysis 机械裂解
mechanical milking 动力挤乳
mechanical mixing 机械混合
mechanical mixing device 机械混合设备{环保}
mechanical mixture 机械混杂
mechanical mouse 机械鼠标{电脑}
mechanical noise 机械噪声{环保}
mechanical picking 机械采摘
mechanical pit cutter-loader ①割草装载机 ②切碎装载机
mechanical plant thinner 机械化间苗器
mechanical planter 种植机,自动播种机
mechanical plow 动力犁
mechanical pollination 机械授粉{育种}
mechanical power 机械动力,机械功率
mechanical property 机械特性
mechanical pruning 机械修剪
mechanical pulp 机械纸浆(指木材磨浆供制纸用)
mechanical receptor 机械感受器{生技}
mechanical recognition system 机器识别系统
mechanical rice-hulling mill 机器碾米厂
mechanical scanner 机械式扫描器
mechanical selection 机械选择,机械选种
mechanical separation 机械分离,机械分组{土壤}
mechanical separator 动力分离机(器)
mechanical servo 机械伺服
mechanical shaker 机械抖动器
mechanical shearing 机械剪毛
mechanical sieve 机力筛
mechanical singling 机械间苗
mechanical sizer ①机械化分级机 ②选果机
mechanical sizing 机械化分级
mechanical sizing of fruit 果品机械化分级
mechanical sludge dewatering 污泥[的]机械脱水{环保}
mechanical soil cultivation 机械土壤耕作
mechanical sorting of fruit 果品机械分级
mechanical sowing 机械播种,机播
mechanical stability 机械稳定度,机械稳定性
mechanical stacker 机械堆垛机
mechanical stage 机械载物台{显技}
mechanical stimulus 机械刺激
mechanical stirrer 机械搅拌器

mechanical strain 机械张力,机械拉紧
mechanical strength 机械强度
mechanical stress 机械应力
mechanical stripper 剥叶机
mechanical sugarcane harvester 甘蔗机械收获机
mechanical support 机械支持
mechanical synchronization 硬性同步
mechanical tea picker 自动采茶机,机械采茶机
mechanical thinner 机械间苗器,自动间苗器
mechanical thinning ①机械间苗 ②机械疏伐
mechanical tipping 机械倾卸
mechanical tissue 机械组织(tela mechanica)
mechanical translation 机器翻译
mechanical transmission 机械传动
mechanical transport 机引运输,机械运输
mechanical turbulence 机械紊流
mechanical unit ①机械设备 ②力学单位
mechanical ventilation of livestock house 畜舍机械通风
mechanical verification 机械核对,机械校验
mechanical vibration generator 机械振动发生器
mechanical vibrator 机械振动器〔物〕
mechanical water lift 机械提水高度(扬程)
mechanical weeding 机械除草
mechanical weight sizer 机械重量分级机(指用机械秤称重的分级)
mechanical wood pulp (= ground pulp) 机械木浆,磨浆
mechanical wrench 机动板手
mechanically built terraced field 机修梯田
mechanically cleaned 机械排泥的〔环保〕
mechanically controlled ①机械调节的 ②机械控制
mechanically delinted cotton-seed 机械脱绒棉子
mechanically-driven flour grinder 机动磨粉机
mechanically refrigerated milk cooler 机械冷冻式牛奶冷却器
mechanician 机械师,机械技术人员
mechanics 机械学,力学(mechanica)
mechanics of fluids 流体力学
mechanics of solids 固体力学
mechanism ①机制,机理 ②机构,机械装置 ③机械论,机械主义 ④历程(mechanismus)
mechanism for avoidance of freezing 躲避冰冻机制〔生态生理〕
mechanism of action 作用机理
mechanism of apical dominance 顶端优势机理
mechanism of chromosome movement 染色体移动机制
mechanism of dormancy 休眠机理
mechanism of drug resistance 抗药性机制
mechanism of fungitoxicity 真菌毒性机制
mechanism of fusion 融合机制
mechanism of gley formation 潜育层形成机制
mechanism of mutation 突变机制
mechanism of nitrification 硝化机制
mechanism of nutrient uptake 营养吸收机制
mechanism of operation and management 经营管理机制〔农管〕
mechanism of oscillating ring 摆环机构
mechanism of radiation induced extrachromosomal mutation 辐射诱发非染色体突变的机制
mechanism of radiation injury 辐射损伤机制
mechanism of reproductive isolation 生殖隔离机制
mechanism of the sustainable development 可持续发展机制〔农经〕
mechanismicity 机理性(mechanismicitas)〔智培〕⌊拟⌉
mechanismicity of comprehensive system 综合系统的机理性〔智培〕
mechanismicity of simulation model 模拟模型的机理性〔智培〕
mechanist 机工,机械工人
mechanization 机械化(mechanisatio)
mechanization in agriculture 农业机械化
mechanization of crop production 作物栽培机械化
mechanization operation 机械化作业
mechanized 机械化的
mechanized agriculture 机械化农业
mechanized application ①机械化施肥 ②机械化撒药
mechanized arid-farming 机械化旱作农业
mechanized construction on frozen soil 冻土机械[化]施工
mechanized control of weeds 机械化除草
mechanized crop production 机械化作物栽培,机械化作物生产
mechanized cropping practices 机械化耕作技术
mechanized data processing system (MDPS) 机械化数据处理系统〔智培〕
mechanized database 机械化数据库
mechanized drainage 机械化排水

mechanized farming ①机械化农业 ②机耕，机耕耕作
mechanized farming area 机械化耕作面积
mechanized farming system 机械化耕作制
mechanized fertilization 机械化施肥法
mechanized fishing 机械化捕捞(渔业)
mechanized hotbed 机械化温床
mechanized housekeeping 机械化家务管理
mechanized reaping 机械化收获
mechanized ridging ①机械化做垄 ②机械化培土
mechanized sampling 机械化取样
mechanized squirrel 机械化果园塔架，移动式果园塔架
mechanized threshing method 机械化脱粒法
mechanocepter 机械感受器
mechanochemical coupling hypothesis 机械化学耦联假说｛分生｝
mechanosensitive channel ［动］力敏感［离子］通道｛生技｝
mechanotransduction ［动］力传导（mechanotransductio）
mechantronics 机械电子工业（mechantronica）｛电脑｝
mechatronics（MEIS） ①机械电子学 ②机电一体化技术（mechatronica）｛电脑｝
mecker harrow 大钉齿耙，碎土细平耙
MeClium's macerating fluid 米可兰氏离析液｛显技｝
mecocyanin 龙胆二糖花青苷［$C_{27}H_{30}O_{16}$］
meconium ①胎素 ②鸦片 ③(蚕)蛾尿
meconium discharge 放尿｛蚕｝
meconopsis ①绿绒蒿属［*Meconopsis* Vig.］（罂粟科）②绿绒蒿［*Meconopsis integrifolia*（Maxim.）Fr.］
mecoprop（= MCPP） 2-甲-4-氯丙酸（除草剂）［$C_{10}H_{11}ClO_3$］
MED（= minimum effective dose） 最小有效剂量
medallion（= medallion clamp） 具隙锁状联合（medallio）
medefaction ①浸泡 ②浸润［作用］｛显技｝（medefactio）
Medeira cockroach 马德拉蜚蠊［*Leucophaea maderae* Fabricius］（蜚蠊科）
medercin 非洲菊莲毒蛋白
media ①麻迪菊［*Media sativa* Mo］（菊科）②中脉｛形态｝③媒体，介质 ④机构，装置
media eraser 媒体抹除器
media failure 介质故障
media oil 麻迪菊油
media player 媒体播放器
media resident software 媒体停留软件
media room 媒体室
media technology 媒体工艺
medial 中央的，中间的（medialis）
medial geniculate 内侧膝体
medial lethal dose 半致死剂量，致死中剂量
medial position 中间位置
medialess 无媒体
median ①中位数，中值 ②中量 ③正中的，中央的（medianus）
median abundance 中多度
median artery ［正］中动脉
median attachment 中央着丝
median bracteole 中央小苞（bracteola mediana）
median bundle 中［央］束（fasciculus medianus）
median cell 中室（cellula mediana）
median centromere 中央着丝点
median chorisis 中央劈开（chorisis medianus）
median constriction 中央缢痕
median cross section 中央横切面｛解剖｝
median deviation 中位［离］差｛统计｝
median filter 中值滤波器｛信息｝
median frequency 中频率
median inhibition dose（I_{50}） 半抑制剂量
median knockdown time（KT_{50}） 半击倒时间
median lethal concentration 50%致死浓度，致死中浓度
median lethal dose 50%致死剂量，致死中剂量
median lethal time 50%致死时间，致死中时间
median oviduct 中输卵管
median placenta 中央胎座（placenta mediana）
median plane 中央面（planas medianus）
median region 中央区（指中央着丝缢痕）
median section ①正中切面 ②正中切片（sectio mediana）
median-spotted stink bug 中点赤蝽［*Menida musiva* Jakolev.］（蝽科）
median temperature digestive treatment 中温消化处理｛环保｝
median tolerance 中耐性
median tolerance limit 耐药中限(浓)度
median vitality 中［等］活力
median wall 中央壁（paries medianus）
medianisiophylly 中分异叶式，中分不等

叶式（medianan isiophyllia）
medianly zygomorphic 左右［两侧］对称的（mediane zygomorphus）
mediate ①调停，斡旋 ②介导（mediare）
mediate hyphae 间型菌丝（hyphae mediatae）
mediator ①介体，蚧体 ②调停人
medic ①苜蓿属［*Medicago L.*］（豆科）②（＝lucerne，medick，alfalfa）苜蓿［*Medicago sativa* L.］
medical ①医学的 ②医药的（medicalis）
medical botany 药用植物学（medicobotanica）
medical climatology 医疗气候学（medicoclimatologia）
medical computer 医学计算机
medical computer assisted instruction system（MCAIS）医学计算机辅助教学系统
medical computer language 医学计算机语言
medical crops 药用作物
medical decision system 医疗决策系统
medical diagnostic system 医学诊断系统
medical information processing 医学信息处理
medical literature analysis and retrieval system（MEDLARS）医学文献分析与检索系统
medical monilias 医学假丝酵母（monilias medicalis）
medical plant 药用植物（planta medicalis）
medical telemetry 医用遥测
medicalted food 加药饲料，药物饲料
medicament form 剂型
medication 药疗法（medicatio）
medicinal ①药物的 ②药用的（medicinalis）
medicinal citron 香橼（枸橼）［*Citrus medica* L.］（芸香科）
medicinal cotton 药棉
medicinal crops 药用作物
medicinal evodia 吴茱萸［*Evodia rutaecarpa* Benth.］（芸香科）
medicinal garden 药用植物园，药草圃
medicinal herb 药用草本植物，药草（herba medicinalis）
medicinal maize 药用玉米
medicinal plants 药用植物（plantae medicinales）
medicinal rhubarb ①大黄［*Rheum officinale* Baillon.］（蓼科）②唐古特大黄［*Rheum palmatum* var. *tanguticum* Maxim.］
medicinal therapy 药物疗法
medicine ①医学，内科学 ②药剂，药物（medicina）
medicine cyathula 川牛膝［*Cyathula capitata* Miq.］（苋科）
medicine science ①医学［科学］②药物学，药剂学
medick（＝dedic）①苜蓿属［*Medicago* L.］（豆科）②苜蓿［*Medicago sativa* L.］
medifixed 中着的（指毛）（medifixus）｛形态｝
medinilla ①酸脚杆属［*Medinilla* Gaud.］（野牡丹科）②酸脚杆（粉苞酸脚杆）［*Medinilla magnifica* Lindl.］
mediocentric 中间着丝点的（mediocentricus）
mediopellis 中皮层｛真菌｝
mediostratum 菌褶，菌管，髓心层
Mediterranean aloe 芦荟（翠叶芦荟）［*Aloe vera* L.］（百合科）
Mediterranean barley 地中海大麦［*Hordeum gussonianum*］（禾本科）
Mediterranean brown earth 地中海棕壤
Mediterranean climate 地中海气候
Mediterranean climate type 地中海气候型
Mediterranean climatic evaporation amount 地中海气候［的］蒸发量
Mediterranean community of evergreen oak 地中海常绿栎树群落
Mediterranean cypress（＝common evergreen cypress）地中海柏树［*Cupressus sempervirens* L.］（柏科）
Mediterranean flour moth 地中海粉螟［*Ephestia kühniella* Zeller＝*Anagasta kühniella* Zeller］（螟蛾科）
Mediterranean fruit fly（＝cola pod boring fly，European fruit fly）地中海实蝇［*Ceratitis capitata* Wied.］（实蝇科）
Mediterranean grape leaf beetle 葡萄跳甲［*Haltica ampelophaga*］（跳甲科）
Mediterranean macchia 地中海玛基群落｛生态生理｝
Mediterranean mandarin 地中海柑［*Citrus diliciosa* Ten］（芸香科）
Mediterranean medler（＝azerolier）山楂
Mediterranean oat 地中海燕麦［*Avena byzantina*］（禾本科）
Mediterranean pea 地中海豌豆［*Pisum elatius* Stev.］（豆科）
Mediterranean region 地中海地区
Mediterranean sclerophyllous woodland

地中海硬叶木本群落
Mediterranean subshrub 地中海亚灌木
Mediterranean type 地中海型（指硬叶灌木）
medium ①中数 ②培养基 ③媒体，媒介，介质④中等的，中间的，中位的{形态}
medium access control protocol 媒体存取控制协议{电脑}
medium altitude 中空{遥感}
medium analysis fertilizer 中成分肥料
medium and large industrial and commercial enterprise 大中型工商企业{农经}
medium and small [sized] enterprises 中小企业
medium brood foundation 普通巢础{蜂}
medium-chain fatty acid thiokinase 中链脂肪酸硫激酶{分生}
medium clay 中黏土，中等黏土
medium cloud 中云
medium-coloured honey 普通蜂蜜
medium contrast ①中等对比度（反差）②中等感光度
medium-cut cutter 中间型切割器
medium-cut training 中刈整枝（桑）
medium-density baling 中密度压捆
medium duration 中等生育期
medium-duration variety 中等生育期品种
medium-early 中早熟的
medium-early potato 中早熟马铃薯
medium effective concentration 半数有效浓度，50%有效浓度
medium effective dose 半数有效剂量，50%有效剂量
medium energy proton and electron detector 中等能量质子与电子探测器{遥感}
medium farm (= medium sized farm) 中等规模农场，中型农场
medium flint 中硬质种（硬粒种玉米品种）
medium flower branch 中花枝（ramus floriferus medius）
medium flowered 中花的
medium for anther culture 花药培养用培养基
medium for callus of cereals 禾谷类愈合组织用培养基
medium for embryo culture 胚培养用培养基
medium for meristem 分生组织用培养基
medium for meristem-tip culture 分生组织生长点用培养基
medium for pollination 授粉用培养基
medium for selection 选择用培养基
medium for spore formation 孢子形成培养基
medium fruit branch 中果枝（ramus fructiferus medius）
medium grain ①中间型子粒（指小麦粒硬度）②中子粒（指水稻品种子粒长度）
medium grain rice ①中粒稻（指品种）②中粒米
medium grain type 中粒型（稻）
medium grain variety 中粒品种
medium-grained 中粒的
medium-grained structure 中粒状结构
medium-growing 中等生育期的
medium hard cheese (= semi-hard cheese) 半硬干酪
medium hardness 中硬度
medium harrow 中型耙
medium head pump 中扬程泵
medium hewn squares 中劈枋材，中方[材]
medium in embryo culture 胚培养的培养基
medium-infected seed 中等感病种子
medium knot 中等节
medium-late 中晚熟的
medium-late maturing variety 中晚熟品种
medium lethal concentration 半数致死浓度，50%致死浓度
medium lethal dose 半数致死剂量，50%致死剂量
medium level cutting 中位刈割（指割草在牧草的中间部位）
medium lived seed 中寿[命]种子（种子发芽力3～15年）
medium loam 中壤土
medium maintenance 中修，中等维修
medium maturing 中熟的
medium-maturing group 中熟类（稻）
medium maturing variety 中熟品种
medium maturity 中熟性
medium mechanization system 中型机械化体系
medium method 媒介法
medium pitch pocket 中脂囊
medium podzol 中灰壤
medium-powered tractor 中型拖拉机
medium preparation 培养基备制
medium pressure liquid chromatography 中压液相层析[法]
medium pruning 中度修剪
medium-range forecast 中期[天气]预报
medium resolution infrared radiometer 中分辨率红外辐射计{遥感}
medium-salinity water 中度盐水
medium salt buffer 中度盐缓冲液
medium sand 中沙
medium sand soil 中沙土

medium sandy loam 中沙壤土
medium scale 中比例尺
medium scale computer (= medium size computer) 中型计算机
medium scale integrated circuit 中等规模集成电路
medium seeding 中期播种
medium silt 中粉粒
medium size [of flower] 中轮{形态}
medium size ①中等大小 ②中型
medium size computer 中型计算机
medium sodium water 中度钠质水
medium soil 中等[质地]土壤
medium specific speed pump 中比速泵
medium speed ①中速的 ②中速
medium stand (= medium standing) (介于长期与短期之间的)中期
medium strain 中熟品系
medium technology robot 中等技术机器人{物}
medium-term 中期的
medium texture 中等质地
medium-textured drainage pattern 中结构型水系{水利}
medium tined harrow 中型钉齿耙
medium torn grain 中级裂纹(木材)
medium toxic dose 半数中毒剂量,50%中毒剂量
medium tractor 中型拖拉机
medium variety 中熟品种
medium vigorous rootstock 半乔化砧
medium vitality 中等活力
medium volume nozzle 中流量喷嘴
medium volume sprayer 中容量喷雾机
medium volume spraying 中容量喷雾
medium-volume sprinkling 中喷洒量喷灌
medium water 中水位
medium weight typewriter 中等重量打字机
medlar ①欧山楂属[*Mespilus* L.](蔷薇科) ②欧山楂[*Mespilus germanica* L.]
medley ①混合物 ②混合饲料
medulla ①髓,髓部 ②菌髓 ③骨髓
medulla oblongata 延髓
medullary ①髓的 ②骨髓的(medullaris)
medullary bundle 髓维管束(fasciculus medullaris)
medullary cast 髓膜(jactus medullaris)
medullary cavity 髓腔(cavitas medullaris)
medullary conjunctive tissue 髓结合组织(tela conjunctiva medullaris)
medullary excipulum 子囊盘外层(下层)(excipulum medullare)
medullary fistula 髓腔(fistula medullaris)
medullary groove 髓沟(canalis medullaris)
medullary layer 髓层(stratum medullare)
medullary phloëm bundle 髓韧皮束(phloeofasciculus medullaris)
medullary plate 髓板(platus medullaris)
medullary ray 髓射线(radius medullaris)
medullary sheath 髓鞘(vagina medullaris)
medullary spot (= medullary blemish) 髓斑(macula medullaris)
medullary substance 髓质(substantia medullaris)
medullary system 髓系[统](systema medullaris)
medullary tracheid 髓管胞(tracheida medullaris)
medullary tube 髓管(tubus medullaris)
medullated 具髓的(medullatus)
medullated protostele 具髓原中柱(protostela medullata)
medullation 髓形成[作用](medullatio)
medulloblast 神经管胚细胞(medulloblasta)
medulloid 类髓质激素
medullose 具髓的(medullosus)
medusa 水母(Medusa)
meeker harrow 平盘耙,细平耙
meet ①"与" ②符合 ③相交{电脑}
meet operation "与"操作{电脑}
meeting ①汇合点,交叉点 ②集合,接合,适合
meeting the requirements of the market 适合市场的需要
mega- ⌊字头⌉①大,巨 ②百万,兆(= 10^6)
mega-evolution 宏进化(megaevolutio)
megabacterium 巨型细菌
megabar 兆巴(气压单位)
megabase (Mb) 兆碱基
megabase mapping 兆碱基(大范围)作图{分遗}
megabit 兆位,兆比特{电脑}
megabus 兆位总线{信息}
megabyte (MB) 兆字节{电脑}
megacaryocyte 巨核细胞(megacaryocyta)
megachromosome 巨染色体(megachromosoma)
megacine 巨大芽孢菌素

megacinogenic strain 产巨大芽孢菌素菌株
megacoccus 巨型球菌
megacodon ①大钟花属［*Megacodon* H. Smith］（龙胆科）②大钟花［*Megacodon stylophorus* H. Smith］
megacycle（= megahertz） 兆周，兆赫［兹］（指每秒100万次）
megadyne temperature 位温
megaelectronvolt 兆电子伏［特］
megaflops 百万次浮点运算
megagamete（= macrogamete） 大配子（megagameta）
megagametocyte 大配子母细胞（megagametocyta）
megagametophyte 大配子体，雌配子体（megagametophyton）
megahertz（**MHz**） 兆赫，兆赫兹
megaheterochromatic 多异染色质的（megaheterochromaticus）
megakaryocyte（= megacaryocyte） 巨核细胞（megacaryocyta）
megakaryocyte stimulating factor 巨核细胞刺激因子
megalanthus pointvetch 大花棘豆［*Oxytropis megalantha* H. Boiss］（豆科）
megalinker 巨接头｛生技｝
megaloblast 巨红细胞，巨成红细胞（megaloblasta）
megaloglycolipid 巨糖脂
megalogonidium 大微生子
megalokaryocyte 巨核细胞（megalocaryocyta）
megalopa 大眼幼体(蟹)
megalophage 巨噬细胞（megalophagus）
megalopolis 大都市，特大城市
megaloscope 显微幻灯，放大镜｛显技｝
megameric chromosome 早固缩染色体
meganuclease 大核酸酶
meganucleus 大核
megaphanerophyte 大高位芽植物，大乔木（高30米以上的）（megaphanerophyta）
megaphyll 巨型叶（megaphyllum）
megaphyllous 巨型叶的（megaphyllus）
megaphylly 巨型叶性（megaphyllia）
megarad 兆拉德(吸收剂量单位)
megarchidium 珠心
megare blight 芽枯病
megascopic determination 肉眼鉴定
megasociation 广域组合（megasociatio）
megasome 粗粒体（megasoma）
megasporangium（= macrosporangium） 大孢子囊
megaspore（= macrospore） 大孢子（megaspora）
megaspore competition 大孢子竞争
megaspore haustorium 大孢子吸器（megasporohaustorium）
megaspore membrane 大孢子壁（megasporomembrana）
megaspore mother cell（= megasporcyte） 大孢子母细胞（megasporocyta）
megaspore tetrad 四分大孢子（megasporotetras）
megasporocarp 大孢子果（megasporocarpium）
megasporocyte 大孢子母细胞，胚囊母细胞（megasporocyta）
megasporogenesis 大孢子发生
megasporophyll 大孢子叶（megasporophyllum）
megasse（= bagasse） 蔗渣
megassembly system 大组装系统｛电脑｝
megatemperature 位温（megatemperatura）
megatherium 巨大
megatherm ①高温 ②高温植物（megathermum）
megatherm plant 高温植物
megathermal climate 高温气候
megathermal period 高温期
megathermal type 高温植物型
megatrends 大趋势
megazoospore 大游动孢子（megazoospora）
megestrol 甲地孕酮
megistotherm 高温植物（megistotherma）
Mehler reaction 梅勒反应｛生技｝
mei-yü 梅雨
meio- ⌊字头⌉①较小 ②减数
meio-gamete 减数分裂配子
meioagamete 性原拟配子（meioagameta）
meiobar ①低压区 ②低压等值线(小于1000毫巴的等压线)
meiocyte 性母细胞（meiocyta）
meiogyrous 略向内卷的（meiogyrus）
meiomery 基数减少，少数性（meiomeria）
meions ①负距平中心｛气象｝②负距常中心｛测｝
meiophyllous 具较小叶的（meiophyllus）
meiophylly 叶数减少（meiophyllia）
meiosis ①成熟分裂 ②减数分裂
meiosis Ⅰ（= first meiotic division） 第一成熟分裂
meiosis Ⅱ（= second meiotic division） 第

二成熟分裂
meiosis configuration in quarivalent 减数分裂的四价染色体表形
meiosis in sexual cycle 性周期的减数分裂
meiosis stage（= reduction division stage）减数分裂期
meiosome（= spherosome） 植物溶酶体，球状体，小粒体（meiosoma）
meiosporangium 原孢子囊（meiosporangium）
meiospore 减数孢子，单倍孢子（指减数分裂后的孢子）（meiospora）
meiostemonous 雄蕊较花瓣少的（meiostemonus）
meiotangium 减数分裂体
meiotherm 低温植物（meiotherma）
meiotic ①成熟分裂的 ②减数分裂的（meioticus）
meiotic abnormality 减数[分裂]反常性
meiotic anaphase Ⅰ（meiotic A Ⅰ） 减数分裂后期Ⅰ
meiotic anaphase Ⅱ（meiotic A Ⅱ） 减数分裂后期Ⅱ
meiotic bivalent 减数二价染色体
meiotic chromosome elimination 减数分裂的染色体消失
meiotic chromosome pairing ①减数[分裂]染色体配对 ②成熟分裂染色体配对
meiotic coiling cycle 减数分裂螺旋周期
meiotic crossing-over 减数分裂交换
meiotic cycle 减数分裂周期
meiotic division ①成熟分裂 ②减数分裂（= meiosis）
meiotic drive 减数分裂驱动（指不规则减数分裂）
meiotic effect 减数分裂效应（指突变速度）
meiotic gene conversion 减数分裂基因转变
meiotic instability 减数分裂不稳定性
meiotic inversion 减数分裂倒位
meiotic irregularity 减数分裂无规性
meiotic metaphase 减数分裂中期
meiotic mitosis ①成熟[有丝]分裂 ②减数[有丝]分裂（metosis meioticus）
meiotic mutant 减数突变体
meiotic non-disjunction 减数分裂不离开
meiotic pairing configuration 减数分裂配对表形
meiotic pathenogenesis 减数分裂单性生殖，自体融合单性生殖（= automictic pathenogenesis）
meiotic percentage 减数分裂率
meiotic prophase ①成熟分裂早期 ②减数分裂早期
meiotic ratio 减数分裂比率
meiotic recombination 减数分裂重组
meiotic recombination breakpoint 减数分裂重组断点
meiotic reduction ①成熟分裂减数 ②减数分裂减数
meiotic restitution nucleus 减数分裂再组核
meiotic segregation 减数分裂分离
meiotic similarity 减数分裂相似性
meiotic stability 减数分裂稳定性
meiotic synapsis 减数分裂联会
meiotroph ①少营养缺陷型 ②少营养缺陷体（meiotrophe）
meiotrophic mutant ①少营养突变型 ②少营养突变体
meiwa kumquat 金弹（宁波金柑）[*Fortunella crassifolia* Swingle]（芸香科）
Meker burner 麦克灯，网口灯
melaeneous 黑的（melaeneus）
melaleucous 黑白色的（melaleucus）
melan- ⌞字头⌝黑
melan granule 黑素颗粒
melananthous 黑花的（melananthus）
melandrium ①（= campion） 女娄菜属[*Melandrium* Roehl.]（石竹科）②女娄菜[*Melandrium apricum* Rohrb]
melandryid bark beetles 拟花蚤科[Scraptiidae]
Melanesian pepeda 马来西亚苦橙（大冠橙）[*Citrus macroptera* Mont.]（芸香科）
melange ①混杂 ②混合物
melanic 黑色素的（melanicus）
melanin 黑素，棕黑素 [$C_{77}H_{98}O_{33}N_{14}S$]
melanin 黑色素
melanism 黑素过多[症]（melanismus）
melanites 热带黑土
melanization 黑化作用（malanisatio）
melanize 黑化
melanoblast 成黑素细胞（melanoblasta）
melanocalyx 黑萼的
melanocarpous 黑果的（melanocarpus）
melanocaulis 黑茎的
melanochaetous 黑刚毛的（melanochaetus）
melanocyclous 黑环的（melanocyclus）
melanocyte 黑素细胞（melanocyta）
melanocyte-stimklating hormone release inhibiting factor 促黑[素细胞]激素释放抑制因子{分生}
melanocyte stimulating hormone（MSH）促黑[素细胞]激素

melanocyte stimulating hormone regulatory hormone 促黑[素细胞]激素调节[激]素{分生}
melanocyte-stimulating hormone release inhibiting hormone（MRIH） 促黑[素细胞]激素释放抑制[激]素{分生}
melanocyte-stimulating hormone releasing factor 促黑[素细胞]激素释放因子{分生}
melanocyte-stimulating hormone releasing hormone（MRH） 促黑[素细胞]激素释放[激]素{分生}
melanoderma 黑皮病
melanogen 黑素原
melanogenic 黑素原的，产黑素的（melanogenus）
melanogenic granule 黑素原颗粒，产黑素颗粒
melanoid 类黑素
melanoidine 类黑精
melanoliberin 促黑[激]素释放[激]素{分生}
melanoma 黑素瘤
melanoma cell 黑素瘤细胞
melanoma cell hybrid 黑素瘤细胞杂种
melanopalea lady fern 黑鳞蹄盖蕨[*Athyrium melandepis* Makino.]（水龙骨科）
melanophore 黑素细胞（melanophora）
melanophore-contracting hormone 黑素细胞收缩激素
melanophore stimulating hormone（= melanocyte stimulating hormone）（MSH） 促黑[素细胞]激素
melanophore-stimulating hormone release inhibitory factor（MRIF） 促黑[素细胞]激素释放[的]抑制因子
melanophore-stimulating hormone releasing factor（MRF） 促黑[素细胞]激素释放因子
melanoplus（= grasshopper） 蚱蜢[*Melanoplus* sp.]（蝗科）
melanose or canker of apple 苹果黑点病[*Diaporthe pomigena*（Schw.）Miura]
melanose or canker of citrus 柑橘褐色蒂腐病，柑橘沙皮病[*Diaporthe citri*（Fawc.）Wolf = *Phomopsis citri* Fawc.]
melanosis ①黑素病，黑点病（柑橘类）②黑变病，黑素沉着病（蜂）
melanosome 黑素体，黑素颗粒（melanosoma）
melanospermous 黑色种子的（melanospermus）
melanospore 黑孢类[Melanosporae]
melanosporous 具黑孢子的（melanosporus）
melanostatin 促黑素抑制素
melanotropin（= melanotrophin） 促黑[素细胞激]素{分生}
melanotropin release inhibiting factor（MRIF） 促黑素释放抑制因子{分生}
melanotropin release inhibiting hormone（MRIH） 促黑素释放抑制[激]素{分生}
melanotropin releasing factor（MRF） 促黑素释放因子{分生}
melanotropin releasing hormone（MRH） 促黑素释放激素{分生}
melanuria 黑素尿
melasmatic tissue 黑细胞组织（tela melasmatica）
melassigenesis 成蜜作用
melassigenic substance 成蜜[性]物质
melastoma ①野牡丹属[*Melastoma* L.]（野牡丹科）②野牡丹[*Melastoma repens* Desr.]③地稔[*Melastoma dodecandrum* Lour.]
melastoma family 野牡丹科（Melastomaceae）
melatonin 褪黑[激]素，N－乙酰－5－甲氧基色胺
meldweed（= goosefoot） 藜属
melextractor 摇蜜机，蜂蜜分离器
melezitose（= melizitose） 松三糖[$C_{18}H_{32}O_{16}$]
melianthus ①蜜花属[*Melianthus* L.]（蜜花科）②蜜花（小叶蜜花）[*Melianthus minor* L.]
melianthus family 蜜花科[Melianthaceae]
melibiase 蜜二糖酶
melibiose 蜜二糖[$C_{12}H_{22}O_{11}$]
melic-glass ①臭草属[*Melica* L.]（禾本科）②臭草[*Melica scabrosa* Trin.]
Meligeli 米利盖利（甘蔗热带原种）
melilot ①草木犀属[*Melijotus* Mill.]（豆科）②草木犀[*Melilotus suaveolens* Lodeb]
melilotic acid 黄木犀酸，邻羟苯丙酸[$HOC_6H_4CH_2CH_2COOH$]
melioidosis 类鼻疽
Meliola perithecium 小煤炱囊壳
melioloid 小煤炱状的（melioloides）
melioration ①改良，改进②土壤改良（melioratio）
meliorative ①改良的②土壤改良的（meliorativus）
meliorative soil 改良土壤

meliosma ①泡花树属［*Meliosma* Bl.］（清风藤科）②泡花树［*Meliosma cuneifolia* Fr.］
meliosoma aphid 山枇杷浓毛蚜［*Mollitrichosiphum yamabiwae* Suenaga］（蚜科）
Meliponini（= stingless bees） 无刺蜂，麦蜂
melissa（= bee balm） 蜜蜂花［*Melissa parviflora* Benth.］（唇形科）
melissa oil 蜂花油
melissic acid 蜂花酸，卅［烷］酸［$C_{30}H_{61}COOH$］
melissopalynology 蜂蜜花粉学（melissopalynologia）
melissyl alcohol（= melicyl alcohol） 蜂花醇，卅烷醇［$C_{39}H_{62}O$］
melittin 蜂毒肽
mell actinidia 美丽猕猴桃［*Actinidia melliana* C. F. Liang］（猕猴桃科）
mell apple 尖嘴林檎［*Malus melliana*（Hend.-Mazz.）Rehd.］（蔷薇科）
melleous 蜜黄色的（melleus）
melliferous 产蜜的（melliferus）
melliferous plant 蜜源植物（planta mellifera）
melliphagous 食蜜的（melliphagus）
mellitin synthesis 蜜素合成
mellow ①（果品）软熟的，熟透的 ②（酒）醇香的 ③（土壤）松软的，肥沃的 ④（颜色）柔美的
mellow consistency 松软结持性，松软结持［度］
mellow earth 松软土，海绵土，熟土
mellow fruit 成熟果实
mellow kernel 松软子粒
mellow soil 熟土，松软土
mellow tilth 熟土耕作
mellower strong wheat 松软多面筋小麦
mellowing 木质部的成熟度
mellowness ①成熟度，软熟度｛园艺｝②醇香度｛加工｝③松软度，松软性｛土壤｝④土壤适耕性，土壤宜耕性｛耕作｝
mells balm（= common balm） 蜜蜂花
melochia ①马松子属［*Melochia* L.］（梧桐科）②马松子［*Melochia corchorifolia* L.］
meloidogyne arenaria 沙生根结线虫［*Meloidogyne arenaria* Chitwood］
meloidogyne incognita 假根结线虫［*Meloidogyne incognita* Chitwood］
meloidogyne incognita acrita 尖尾假根结线虫［*Meloidogyne incognita acrita* Chitwood et Oteifa］
meloidogyne javanica 爪哇根结线虫［*Meloidogyne javanica* Chitwood］
meloidogynosis 根癌
melolonthoid 蛴螬型
melon（= musk melon） 甜瓜［*Cucumis melo* L.］（葫芦科）
melon anthracnose 甜瓜炭疽病［*Colletotrichum lagenarium*（Pass.）Ell. et Halst.］
melon aphid（= cotton aphid） 棉蚜［*Aphis gossypii* Glover］（蚜科）
melon bacterial leaf spot 甜瓜细菌性角斑病［*Pseudomonas syringae* pv. *lachrymans*（smith et Bryan）Young, Dye et Wilkie］
melon bacterial wilt 甜瓜细菌性枯萎病［*Erwinia tracheiphila*（Smith）Bergey et al.］
melon borer 瓜绢螟［*Margaronia indica* Saunder = *Diaphania*］（螟蛾科）
melon cactus 甜瓜掌属［*Melocactus* Link et Otto］（仙人掌科）
melon creeping form 甜瓜匍匐类型
melon crops 瓜类作物
melon cucumber mosaic virus 甜瓜花叶病毒
melon cultivation 瓜类栽培
melon downy mildew 甜瓜霜霉病［*Pseudoperonospora cubensis*（Bork. et Curt.）Rostr.］
melon family（= gourd family） 葫芦科［Cucrpitaceae］
melon fruit fly（= melon fly） ①瓜实蝇［*Dacus cucuroritae* Coqullett］②甜瓜实蝇［*Myioparalis pardalina* Bigot］（实蝇科）
melon fruitade 甜瓜糖蜜
melon lady beetle 瓜瓢虫［*Solanophila admirabilis* Crotch.］（瓢虫科）
melon leaf miner 甜瓜潜蝇［*Liriomyza pictella* Mik.］（潜蝇科）
melon longicorn beetle 瓜藤天牛［*Apomecyna neglecta* Pascoe］（天牛科）
melon mosaic 甜瓜花叶病（病毒病害）
melon oil 鲸蜡
melon powdery mildew 甜瓜白粉病［*Sphaerotheca fuligenea*（Schlecht.）Poll.］
melon root knot nematode 甜瓜根结线虫病［*Meloidogyne arenaria*（Neal）Chitwood］
melon-seed extractor 瓜类取子机
melon-tree（= pawpaw tree, papaya tree） 番木瓜（番瓜树）［*Carica papaya* L.］（番木瓜科）

melon white-spotted longicorn 瓜白星天牛[*Apomecyna alboguttata* Megerle](天牛科)
melon wilt 甜瓜枯萎病[*Fusarium bulbigenum* Cke. et Mass. var. *niveum* (Smith) Wr.]
melonfield 瓜田,甜瓜地
melonidium 梨果
meloniform 甜瓜形的(meloniformis)
melons 瓜类作物
melonworm 甜瓜野螟[*Diaphania hyalinata* (Linnaeus)](野螟科)
melosira ①直链藻属[*Melosira* spp.](硅藻类) ②直链藻[*Melosira* sp.]
melphalan 苯丙氨酸氮芥
melt (=melting) ①融化,溶化 ②软化 ③熔化
melt ice 融冰,冰水
melt index 熔化指标{环保}
melt snow 融雪,雪水
melt up ①熔解 ②溶解
melt water 融水
melted sugar 精制糖
melted water runoff 融化水径流{环保}
melted wax 热用接蜡
melter 熔化器,熔化炉
melting ①熔解 ②解链 ③融化,熔化
melting curve ①解链曲线 ②熔解曲线,熔化曲线
melting heat 融化热
melting of double stranded DNA 双链DNA解链
melting of snow [积]雪融化
melting-out temperature (T_m) 解链温度
melting point ①融点{气象} ②熔点{物}
melting pot (=crucible) 坩埚
"melting pot" cross "熔炉"杂交(指甘蔗混合授粉育种)
melting profile 解链曲线图形
melting rate 熔化速度,熔化率
melting ratio 熔化比
melting temperature (T_m) 解链温度,熔解温度
melting transition 熔解转换
melting zone 熔化区
melton ①罗纱 ②熔体
melton-globule state 熔球态{生技}
Melzer's reagent 梅尔策试剂(水合氯醛碘试剂)
MEM (=memory) 存储器{信息}
member ①社员,成员 ②器,器官 ③构件,元件 ④杆,板 ⑤段(地层单位) ⑥成分(membrum)
member condition ①成员条件,成员状态 ②成分条件
member in bending 弯曲构件,受弯构件
member of equation 方程式的项
member of main frame 主架构件{农施}
member record ①成员记录 ②从记录
membership 成员
membership function 隶属函数{信息}
membrana externa 外膜
membranaceous ①膜状的 ②膜质的(membranaceus)
membranaceous palea 膜状内稃(palea membranacea)
membranal 膜内的,壁内的(membranalis)
membrane ①膜 ②质膜 ③薄膜 ④表层(membrana)
membrane affinity filtration 膜亲和过滤
membrane alteration 膜变相
membrane anchor 膜锚定,膜固定,膜锚着点{生技}
membrane anchoring site 膜上锚定部位
membrane associated protein 膜结合蛋白[质],膜相关蛋白[质]
membrane asymmetry 膜不对称性
membrane ATPase 膜ATP酶,膜腺苷三磷酸酶
membrane attachment structure 膜附着结构
membrane attack complex (MAC) 膜侵蚀复合物
membrane bioreactor 膜生物反应器
membrane-bound photochemical process 膜结合光化学过程
membrane bound protein 膜结合蛋白[质]
membrane capacitance 膜电容
membrane carrier 膜载体
membrane channel protein 膜通道蛋白[质]
membrane cisterna 膜池
membrane coat 膜被
membrane compartment 膜区隔,膜区室
membrane conductance 膜电导,膜传导
membrane current 膜电流
membrane destruction 膜破坏
membrane digestion 膜消化
membrane disease 膜疾病
membrane-distal region 膜远侧区{生技}
membrane electrode 膜电极
membrane electrophoresis 膜电泳
membrane equilibrium 膜平衡
membrane filter 膜滤器
membrane filter bioreactor 膜过滤生物反应器
membrane filter method 膜滤法{环保}

membrane fluidity 膜流动性
membrane fusion 膜融合
membrane hyperstructure 膜超大分子结构
membrane immunoglobulin（mIg） 膜免疫球蛋白
membrane impedance 膜阻抗
membrane-impermeable 不[可]透[过]膜的
membrane in chloroplast 叶绿体膜
membrane insertion signal 膜插入信号
membrane integrated cone 膜整合锥，膜整合点
membrane invagination 膜内陷
membrane-leaved 膜质叶的（hymenophyllus）
membrane length constant 膜长度常数
membrane-like 膜状的（hymenodes）
membrane-like structure 类膜结构
membrane lipid 膜脂
membrane localization 膜定位
membrane margin 膜缘
membrane method of water proofing 隔膜法防水｛环保｝
membrane model 膜模型
membrane mucilage 盖膜胶质
membrane-neutral substance 膜中性物质
membrane partitioning 膜分配
membrane permeability 膜透性
membrane-permeable 可透过膜的
membrane pH gradient 膜 pH 梯度
membrane phospholipid 膜磷脂
membrane pore 膜孔
membrane potential 膜电位
membrane property 膜性质
membrane protein 膜蛋白[质]
membrane protein conduction 膜蛋白传导
membrane protein insertion 膜蛋白插入
membrane-protein interaction 膜－蛋白相互作用
membrane protein reconstitution 膜蛋白重建
membrane-proximal region 近膜区，膜近侧区｛生技｝
membrane pump 隔膜泵
membrane reactor 膜反应器
membrane receptor 膜受体
membrane reconstitution 膜重建
membrane renewal [质]膜再生
membrane replacement 膜置换
membrane resistance ①膜电阻 ②膜阻力
membrane-rooted 膜质根的（hymenorrhizus）
membrane sealing 膜封接
membrane separation 膜分离
membrane separation process 膜分离工艺
membrane skeleton 膜构架
membrane skeleton protein 膜构架蛋白[质]
membrane-spanning protein（= transmembrane protein） 跨膜蛋白[质]
membrane-spanning region 跨膜区
membrane stability 膜稳定性
membrane structure 膜结构
membrane system 膜系[统]
membrane time constant 膜时间常数
membrane toxin 膜毒素
membrane traffic（= membrane transport） 膜运输
membrane translocation 膜转位
membrane translocator 膜转位蛋白
membrane transport 膜运输
membrane vesicle 膜囊（hymenovesiculus）
membrane water proofing 防水膜｛环保｝
membraneless 无膜
membranelike structure 类膜结构
membranelle 微膜
membraneous（= membranous，membranaceous） 膜质的（membranaceus）
membraneous organelle 膜质细胞器
membraneous structure 膜质结构
membraneous whorl 膜质轮生体
membranin 膜素
membranogen 膜素
membranology 膜学（membranologia）
membranous ①膜状的 ②膜质的（membranaceus）
membranous milkvetch 圆膜荚黄芪［*Astragalus membranaceus* var. *obtusus* Makino.］（豆科）
membranous wing 膜翅
membron 膜[翻]译子｛分遗｝
memo（= memorandura） 备忘录
memorability 记忆性（memorabilitas）
memorable ①可存储的 ②可记忆的（memorabilis）
memorial 存储的（memorius）
memorial rose 光叶蔷薇［*Rosa wichuraiana* Grep.］（蔷薇科）
memorizer（= memoriser） 存储器
memory ①记忆｛生技｝②存储器｛信息｝③存储，内存（memoria）
memory buffer ①存储缓冲器 ②存储缓冲区
memory bus 存储[器]总线

memory capacity 存储[器]容量
memory cell 记忆细胞
memory control 存储器控制{信息}
memory controller 内存控制器
memory data register (MDR) 内存数据寄存器,存储数据寄存器
memory disk 存储磁盘
memory element 存储单元
memory management unit (MMU) 存储管理部件
memory molecule 记忆分子
memory tracking 记忆跟踪
memory unit 存储器
memoryless ①无记忆的 ②无后效的
memoryless system 无记忆系统
MENA 萘乙酸甲基酯(抑制剂)[$C_{13}H_{12}O_2$]
menadiol diacetate 二氢萘醌,二乙酸酯,维生素 K_4
menadione (= menaphthone, aquakay) 三-甲[基]萘醌,维生素 K_3[$C_{11}H_8O_2$]
menadione sodium bisulfite 甲基萘醌亚硫酸氢钠,水溶性维生素 K
menaquinone 甲基萘醌类,维生素 K_2 类
menazon 灭蚜松(杀虫剂)[$C_6H_{12}N_5O_2PS_2$]
mendacious ①假的 ②虚伪的(mendacius)
Mendel-Morgan's genetics 孟德尔-摩尔根遗传学
Mendelian 孟德尔式的,孟德尔的,孟德尔学说的
Mendelian character 孟德尔式性状
Mendelian expectation 孟德尔式期望数
Mendelian gene 孟德尔[式]基因
Mendelian genetics 孟德尔遗传学
Mendelian hybrid 孟德尔式杂种
Mendelian inheritance 孟德尔式遗传
Mendelian male sterility 孟德尔式雄性不育[性]
Mendelian population 孟德尔式群体
Mendelian ratio 孟德尔[式]比率
Mendelism 孟德尔学说,孟德尔理论(Mendelismus)
Mendelism-Morganism 孟德尔-摩尔根学说,孟德尔-摩尔根理论
Mendelize 孟德尔式分离,(分离)孟德尔式化
Mendel's first law 孟德尔第一定律(指显性定律或杂种整齐度定律)
Mendel's law of inheritance 孟德尔遗传定律
Mendel's law of segregation 孟德尔分离定律
Mendel's laws 孟德尔定律
Mendel's regularity of segregation 孟德尔分离规律
Mendel's second law 孟德尔第二定律(指分离定律)
Mendel's third law 孟德尔第三定律(指独立分配或自由组合定律)
Mendeyev's law 门捷列夫定律(指周期律)
mending 修补
mendocino cypress 矮柏[*Cupressus pygmaea* Sarg.](柏科)
Mendosicutes 疵壁菌门[Mendosicutes]
menhaden-oil 步鱼油
meniantin 睡菜苷[$C_{33}H_{50}O_{14}$]
meningeal 脑膜的(meningealis)
meninges 脑[脊]膜
meningitis 脑膜炎,脑脊髓膜炎
meningococcus 脑膜炎球菌
meningocyte 脑膜组织细胞(meningocyta)
meniscate 月牙形的(meniscatus)
meniscocyte 月形红血球(meniscocyta)
meniscocytosis 月形红血球症
meniscoid 表玻璃状的(meniscoides)
meniscus ①[弯]液面,弯月面 ②半月板 ③弯月面的
meniscus correction 弯月面改正{水利}
meniscus dune 新月形沙丘
menisine 防己碱
menotaxis 不全定向,补偿趋激性
Menoufgi 曼奥塞(棉品种)
menstrual 每月的,每月一次的(menstrualis)
menstrual cycle 月经周期
menstrum (= menstruum) 溶媒,溶剂
mensuration ①测量 ②测量法(mensuratio)
mental ①精神的,心理的,心智的,智能的 ②心中的(mentalis)
mental model 智能模型{智培}
mentha ①薄荷属[*Mentha* L.](唇形科) ②薄荷[*Mentha arvensis* L.]
mentha-camphor 薄荷脑
mentha semilooper (= cabbage semilooper) 薄荷黑纹金斑蛾[*plusia nigrisigma* Walker](金斑蛾科)
menthofuran 薄荷呋喃[$C_{10}H_{14}O$]
menthol 薄荷醇[$C_{10}H_{19}OH$]
menthone 薄荷酮[$C_{10}H_{18}O$]
mentor ①蒙导 ②蒙导者
mentor method 蒙导法
mentor plant 蒙导植株
mentor pollen 蒙导花粉
mentum 颏

menu 菜单〔电脑〕
menu card 菜单卡
menu-controlled program 菜单控制程序
menu data 菜单数据
menu-driven software 菜单驱动软件
menu parameter 菜单参数
menu selection 菜单选择
menu selector 菜单选择器
menu window 菜单窗口
menziesia ①璎珞踯躅属［*Menziesia* Smith.］（杜鹃花科）②璎珞踯躅［*Menziesia polifolia* Juss.］
MEP（= minimum energy path） 最低能量途径
Meq（= milliequivalent） 毫克当量
meractinomycin 放线菌素 D
mercantile ①贸易的 ②商业的（mercantilis）
mercaptan 硫醇［RSH］〔生化〕
mercaptide 硫醇盐［RSM］
mercapto- 巯基，硫氢基
mercaptoacetic acid 巯基乙酸
mercaptoacetic acid radioprotection 巯基乙酸辐射防护
Mercaptobenzothiazole 巯苯噻唑，氢硫剂（杀菌剂）［$C_7H_5NS_2$］
mercaptoethanol 巯基乙醇
mercaptoinosine 巯基肌苷
mercaptol 缩硫醇［$R_2C(SR')_2$］
mercapturic acid 巯基尿酸，硫醇尿酸
Mercator mosaics 墨卡托镶嵌图〔遥感〕
Mercator projection 墨卡托投影
mercerization ①碱化，浸碱作用〔土壤〕②丝光处理〔生化〕（mercerisatio）
mercerized cellulose 丝光纤维素
mercerizing waste 丝光处理废水（指棉织品）〔环保〕
merchandise ①商品 ②货品
merchant grain beetle 市场锯谷盗［*Oryzaephilus mercator*（Fauvel）］（锯谷盗科）
merchantability specification 商品材规格
merchantable timber 商品材
Mercuran（= Methoxyethyl mercury acetate） 醋酸甲氧乙汞
mercurial ①水银的，汞的 ②似水银的，似汞的（mercurialis）
mercurial barometer 水银气压表
mercurial level 水银水准仪
mercurial thermometer 水银温度计
mercurialism 汞中毒（mercurialismus）
mercurials 汞制剂
mercuric carminate 胭脂红酸汞〔显技〕
mercuric chloride 氯化汞，升汞［$HgCl_2$］
mercuric chloride as fixative 固定液用氯化汞
mercuric compound 汞制剂，汞化合物
mercuric cyanide 氰化汞［$Hg(CN)_2$］
mercuric iodide 碘化汞［HgI_2］
mercuric nitrate 硝酸汞［$Hg(NO_3)_2$］
mercuric nitrate for heterochromatin study 异染色质研究用硝酸汞
mercuric oxycyanide 氧氰化汞［$Hg(CN)_2 \cdot HgO$］
mercuric salicylate 水杨酸汞［$Hg(C_7H_5O_3)_2$］
mercuric salt 汞盐
mercurimetry 汞液滴定法（mercurimetria）
mercurization 汞化（mercurisatio）
mercurochrome 红汞
mercuronitric mixture 硝酸水银混合液〔显技〕
mercury ①山靛属［*Mercurialis* L.］（大戟科）②山靛［*Mercurialis leiocarpa* Sieb. et Zucc.］③汞，水银（Hg，80 号元素）④温度计，水银柱 ⑤水星
Mercury ①水星［载人］飞船 ②水星〔遥感〕
mercury barometer 水银气压表
mercury-bath collector 水银集流器（电测扭矩用）
mercury bulb 水银灯［泡］
mercury column 水银柱
mercury gauge 汞测压计
mercury-in-steel thermograph 钢管水银温度记录器
mercury lamp（= murcury arc lamp） 汞弧灯〔显技〕
mercury manometer 水银压力计
mercury memory 水银存储器，汞存储器
mercury methyl 二甲［基］汞［$H_9(CH_2)_2$］
mercury oxide 氧化汞［HgO］
mercury poisoning 汞中毒〔环保〕
mercury quartz lamp 水银石英灯
mercury seal 汞封
mercury storage 水银存储器，汞存储器
mercury tank 水银槽，水银管
mercury thermometer 水银温度表
mercury thermoregulation 水银温度调节器
mercury vapor lamp（= mercury vapour lamp） 水银蒸气灯，汞弧灯
mercury vapour arc 水银蒸气电弧
mercury-wetted relay 水银湿式继电器
merdivorous 食粪的（merdivorus）
mere ①池塘 ②境界

merenchyma ①(=prosenchyma) 疏丝组织 ②球状细胞组织
merestone 界石
merganser 秋沙鸭[*Merginae*]
merge 合并,归并(mergere)
merge network 归并网络
merge program 归并程序
merged flow table 归并流程表
merged scanning method 合并扫描法
merged transistor logic (MTL) 合并晶体管逻辑
mergence of species 物种消失
merging (=amalgamating) 合并
merging pattern 合并模式
meri- ⌞字头⌝ ①部分 ②分生
mericarp ①[双]悬果片 ②分果(mericarpium)
mericlinal 周缘的,边缘的(mericlinus)
mericlinal chimaera (=mericlinal chimera) 边缘嵌合体(chimaera mericlinalis)
mericlone 分生[组织]无性系,分生[组织]克隆{农生技}
mericlone plant 分生[组织]无性系植物,分生[组织]克隆植物{农生技}
meridian ①子午线 ②(中医)经(meridius)
meridian circle ①子午圈,经圈 ②子午仪
meridian line 子午线
meridian plane 子午面,经圈面
meridian spacing 经差
meridion ①扇形藻属[*Meridion* spp.](扇形藻科) ②扇形藻[*Meridion* sp.]
meridion family 扇形藻科[Meridionaceae]
meridional ①中午的,正午的 ②子午线的 ③经向的(meridionalis)
meridional circulation 经向环流,经圈环流
meridional exchange 经向交换{气象}
meridional flow 经向气流
meridisk [花]托附器(meridiscus)
Merino sheep 美利奴羊(细毛种)
meriphyll 分生叶(meriphyllum)
merisis 分生
merispore 断节孢子(merispora)
meristele 分体中柱(meristela)
meristem 分生组织(meristema){解剖}
meristem arthrospore 分生节孢子
meristem callus 分生组织的愈合组织,分生愈合组织
meristem culture 分生组织培养
meristem culture of root 根的分生组织培养
meristem in culture 培养的分生组织{遗工}
meristem isolation 分生组织分离
meristem mantle 分生组织外套(mantellum meristematicum)
meristem spore 分生梗孢子
meristem thallospore 分生丝裂无梗孢子
meristem-tip culture 分生组织生长点培养
meristematic 分生组织的(meristematicus)
meristematic cell 分生[组织]细胞(cellula meristematica)
meristematic cell division 分生组织细胞分裂(cytokinesis meristematicus)
meristematic center 分生组织中心(centrum meristematicum)
meristematic region 分生组织区(regio meristematica)
meristematic tissue 分生组织(tela meristematica)
meristematic zone 分生组织区(带)(zona meristematica)
meristic (自然界数量)性状变异(meristicus)
meristic character 数量性状
meristic variation [体躯]比例变异,数量变异
meristogen 单丝原基(meristogenum)
meristogenetic 分生组织原的(meristogenus)
meristogenous 单丝裂生的(meristogenus)
meristotheea 鸡冠菜[*Meristotheea papalosa* J. Agardh.]
merit ①价值 ②优点 ③功绩,成绩(meritum)
merit rating 成绩[表]评定(指工人),评绩
merithal 节间(merithallum)
Mermaid's fish lines 绳藻[*Chorda filum* Lamx.](绳藻科)
Mermaid's-fish-lines family 绳藻科[Chordaceae]
mero- ⌞字头⌝部分
meroblastic egg 不全裂卵
merocrine gland 局部分泌腺
merocyte (=merocyte nuclei) 剩余精核(merocyta)
merodesmosine 开链赖氨素{分生}
merodiploid 局部二倍体(merodiploida){细胞}
merogamete 部分配子(merogameta)
merogamy ①配子小型 ②小体配合 ③子孢交配(merogamia)
merogenote (细菌)片断染色体,局部基因子(merogenota)

merogone 卵片（merogonium）
merogony 卵片发生，卵片发育（merogonia）
meroistic ovariole 具滋卵巢管
merokinesis 局部分裂
meromixis 部分融合
meromyosin 酶解肌球蛋白
meromyosin binding to actin 酶解肌球蛋白结合于肌动蛋白
meromyosin interaction with non-muscle actin 酶解肌球蛋白同非肌肉肌动蛋白相互作用
meron 后基节
meront 子黏变体（merons）
meroplankton 季节浮游生物
merosin 分区蛋白
merospermy ①（= gynogenesis）雌核发育 ②（= false fertilization）伪受精（merosperma）
merosporangium 柱孢子囊
merospore 柱囊孢子（meropora）
merostathmokinesis 部分[秋水仙碱效应]有丝分裂
merotomy 分节（merotomia）
-merous ⌞字尾⌝部分
merozoite 裂殖子（merozoita）
merozygote ①部分合子 ②半合子（merozygota）
merphenyl nitrate 硝酸苯汞
Merriam's life zone Merriam 生物带，梅里安生物带
Merrifield synthesis 梅里菲尔德合成法｛生技｝
merry 欧洲甜樱桃（= sweet cherry）[*Cerasus avium* L.]（蔷薇科）
merrybells（= bellwort） ①颚花属 [*Uvularia* L.]（桔梗科）②颚花 [*Uvularia* sp]
merseland 海洋沼泽
Mersolite（= PMA） 赛力散
Merthiolate（= Thimerosal） 乙基汞硫代水杨酸钠
merulioid type 皱孔型（typus meruliodeus）
-mery ⌞字尾⌝部分
mesa 小台地
mesaconic acid 甲基反丁烯二酸，甲基延胡索酸
mesaconitine 中乌头碱 [$C_{33}H_{45}NO_{11}$]
mesad（= mesophyte） 中生植物
mesarch ①中始式｛解剖｝②中生演替的｛生态｝（mesarcus）
mesaxon 轴系膜
mescal 龙舌兰酒
mescaline 仙人球碱
mesecotyl（= mesocotyl） 中胚轴（mesocotyle）
mesegamy 中部受精（mesegamia）
mesembryanthemum（= fig marigold） ①松叶菊属 [*Mesembryanthemum* L.]（番杏科）②松叶菊 [*Mesembryanthemum spectabile* Haw.]
mesencephalon 中脑
mesenchymal ①间充质的 ②中间组织的，间生组织的（mesen chy malis）
mesenchymal cell ①间充质细胞 ②中间组织细胞（cellula mesenchymalis）
mesenchymal factor（**MF**） 间充质因子
mesenchyme（= mesenchym） ①间充质 ②中间组织，间生组织（mesenchyma）
mesendogenous 中生的（mesendogenus）
mesenteric 肠系膜的（mesenterus）
mesenteron 中肠
mesentery ①肠系膜 ②隔膜（mesenteria）
mesexine 中表层（mesexinum）
mesh ①网，栏网，网目，网格，网络，网眼 ②网片不同网目尺寸的网衣缝接 ③筛号，筛孔 ④啮合 ⑤网状组织，网状物
mesh analysis 筛分
mesh architecture 网格结构｛信息｝
mesh array 网格阵列
mesh-belt conveyor 网带式输送器
mesh-belt drier 网带式干燥机
mesh boundary 网络边界
mesh cage 网箱，网笼
mesh duct 网状管道
mesh inlet 有隔网进风口
mesh liner 网衬｛生技｝
mesh network 网状网络
mesh region 格网区域
mesh regulation ①网目限制，网目规定 ②网目调整
mesh size 网目大小，网目尺寸，筛号，筛孔
mesh soil 过筛细土（指播种时覆盖的细土）
mesh structure 网状结构（蜂窝状结构）
meshing 啮合
meshing needle 网针，网梭
meshing zone （齿轮）啮合区
meshwork 筛，网筛
meshy 具筛孔的（areolatus）
mesial ①中生的 ②中线的，中间的 ③中央的，正中的（mesialis）
mesial plane 正中面
mesic 中生的（mesus）
mesidium 唇阜
mesistem（= mesomeristem） 中分生组织

(mesistema)

mesitylene 均三甲[基]苯[$(CH_3)_3C_6H_3$]

mesitylene sulfonyl chloride 均三甲[基]苯磺酰氯

mesline (= maslin, meslin) ①(小麦与黑麦)混合谷粒 ②混播 ③混播饲料作物

mesline flour (= masline flour) 混合粉,混合面

meso- ⌞字头⌝中,中间,半,内消旋

meso-inositol 中肌醇,内消旋肌醇

meso-layer trawl 中层拖网

mesoanalysis (= semimicroanalysis) 半微量分析

mesobiladiene 二甲川中胆色素

mesobilane 四氢中胆红素,中胆色烷

mesobilirubin (= mesobilierythrin) 中胆红素[$C_{33}H_{40}O_6N_4$]

mesobilirubinogen 四氢中胆红素,中胆色烷

mesobiliverdin 中胆绿素

mesobiliviolin 中胆紫素

mesobiotic seed 中寿[命]种子(发芽力保持3～15年)

mesoblast 中胚层(mesoblasta)

mesoblastic 中胚层的(mesoblasticus)

mesobrochate 具中网胞的(mesobrochatus)

mesocarp 中皮层,包被中层,中果皮(mesocarpium)

mesocaryote (= mesokaryote) 中核生物(mesocaryota)

mesochil 唇瓣中部,中垂瓣(指兰科植物唇瓣的一部)(mesochilium)

mesochimera 中层嵌合体(mesochimaera)

mesociation 中域组合(mesociatio){土壤}

mesocladous 中等枝的(mesocladus)

mesoclimate 中尺度气候(mesocaelum)

mesoclimatology 中尺度气候学(mesoclimatologia)

mesocolon 结肠系膜

mesocolpium 沟间区

mesocompound 内消旋化合物

mesocotyl 中胚轴(mesocotyle)

mesoderm ①中层 ②中胚层 ③中胚叶(mesodermis)

mesoform 内消旋式(mesoformis)

mesogalia 间胶质

mesogamy 中部受精(mesogamia)

mesogene 中源(mesogenium)

mesogenous 中生的(mesogenus)

mesohalinous (= mesohalous) 中盐生的(mesohalinus)

mesohylile 潮湿森林

mesoisomer 内消旋异构体

mesokaryotic 中[间]核的(mesocaryoticus)

mesokaryotic type 中间核型

mesokurtosis 常态锋(mesocurtosis)

mesolecithal 中黄卵(mesolecithalis)

mesoleg 中足

mesolimnion 湖水变温层{环保}

mesolittoral zone 潮间带

mesome 中干(mesoma)

mesomer 内消旋体

mesomeristem 中分生组织(mesomeristema)

mesomitosis 核内有丝分裂

mesomolecular 中分子的(mesomolecularis)

mesomolecular subfraction 中分子亚部分

mesomorphic (= mesomorphous) ①中间形态的 ②中性结构的(mesomorphus)

mesomorphic soil 中性结构土壤,中生土壤

mesomotor 积分电动机

meson 介子,重电子

mesonephric kidney 中肾

mesopause 中层顶{遥感}

mesoperidium 包被中层

mesopetalum 中瓣

mesophanerophytes 中高位芽植物(中乔木)(mesophanerophyti)

mesophase 中间期(mesophasis){细胞}

mesophiles 适温微生物

mesophilic 适温的(mesophilus)

mesophilic bacteria (= mesophilousibacteria) 适温细菌(25～35℃)

mesophilic digestion 适温消化(digestio mesophila){环保}

mesophilous (= mesophilic) 适温的(mesophilus)

mesophilous bacteria 适温细菌(bacteria mesophilae)

mesophloëm 中韧皮部,绿皮(mesophloema){解剖}

mesophorbium 高山草甸(mesphorbium){生态}

mesophyll ①叶肉 ②中型叶(mesophyllum)

mesophyll cell 叶肉细胞(mesophyllocellula)

mesophyll cell surface area 叶肉细胞[表面]面积

mesophyll chloroplast 叶肉叶绿体(chloroplastis mesophyllus)

mesophyll collapse 叶肉皱缩[症]
mesophyll collapse of citrus 柑橘叶肉皱缩症
mesophyll layer 叶肉层（tabulatum mesophyllum）
mesophyll protoplast 叶肉原生质体
mesophyll resistance 叶肉抗性
mesophyll tissue 叶肉组织（tela mesophylla）
mesophyllous ①叶肉的｛解剖｝②中形叶的（mesophyllus）
mesophyte ①中生植物 ②中生代植物（mesophyta）
mesophyte community 中生植物群落（mesophytocommunitas）
mesophytic angiosperm 中生被子植物（angiosperma mesophytica）
mesophytic forest 中生林
mesophytic formation 中生植物群系
mesophytic habitat 中生生境
mesophytic weeds 中生杂草
mesophytism 中生性（mesophytismus）
mesophytization 中生化（mesophytisatio）
mesoplasm 中质（mesoplasma）
mesoplast（= cytoplasm） 细胞质（mesoplasta）
mesopodium ①叶柄 ②中足 ③肢板
mesopoion 中生草甸群落
mesopore 中孔[隙]（mesoporus）
mesoporphyrin 中卟啉
mesorelief 中地形
mesorhythm 中节律（mesorhythmum）
mesorium 内孔间区
mesosaprobic 中腐生生物的（mesosaprobus）
mesosaprobic belt 中腐生物带
mesoscale 中尺度，中规模
mesoslope 中坡
mesosomal vesicle 中间体泡
mesosome ①间体 ②质膜体（= plasmalemmasome）（mesosoma）
mesosome function 中间体功能
mesosperm 中种皮（mesospermum）
mesosphere 中间层（mesosphera）
mesospore ①中间形态冬孢子（mesospora）②中间孢子，孢子中壁（mesosporium）
mesosporium 孢子中壁
mesostylous 中等花柱的（mesostylus）
mesotaenium ①单接藻属［*Mesotaenium* spp.］（单接藻科）②单接藻［*Mesotaenium* sp.］
mesotaenium family 单接藻科（中带藻科）［Mesotaeniaceae］
mesothecium 中药室
mesotheic 中度抗病的（mesotheicus）
mesotherm ①中温 ②中温植物（mesotherma）
mesothermal climate 中温气候
mesothermal type 中温植物型（typus mesothermalis）
mesothermophytia 中温植物群落（mesothermophytia）
mesothorax 中胸
mesotocin 鸟催产素，8－异亮催产素
mesotron 介子
mesotrophic 中[等]营养的，半营养的（mesotrophus）
mesotrophic lake 中[等]营养湖｛环保｝
mesotrophy 中营养，半自养（mesotrophia）
mesovelid ①（= water treader）水蝽 ②⌞复⌝水蝽科［Mesoveliidae］
Mesozoic［**era**］ 中生代
mesozoic soil 中生代土壤
mesozone 中带（mesozona）
mespil（= medlar） ①欧山楂属［*Mespilus* L.］（蔷薇科）②欧山楂［*Mespilus yermanica* L.］
mess ①一次捕鱼量 ②一次挤乳量 ③（猎犬）混合饲料 ④膳食，伙食
message ①信息，消息，报文 ②通讯，通信（mittere）
message authentication 信息验证
message complementary sense（= positive sense） 有义互补[链]，信息互补[链]｛分遗｝
message control system 信息控制系统
message handling environment 消息处理环境｛信息｝
message output 信息输出
message passing 消息传递
message sense（= positive sense） 信息[链]，有义[链]｛分遗｝
message-specific 特种信息的
message strand（= positive strand） 信息链，有义链｛分遗｝
messenger 信使｛分遗｝
messenger DNA（mDNA） 信使 DNA
messenger-like RNA（= pre-messenger RNA） 前信使 RNA
messenger recognition factor 信使识别因子
messenger ribonucleic acid（**mRNA**） 信使核糖核酸，信使 RNA｛分遗｝
messenger ribonucleoprotein（mRNP） 信使核糖核蛋白
messenger-ribosome complex 信使核糖体

复合物
messenger RNA (mRNA) 信使 RNA
messenger RNA and histidine 信使 RNA 与组氨酸
messenger RNA and polysome 信使 RNA 与多核蛋白体
messenger RNA binding factor 信使 RNA 结合因子,信使识别因子
messenger RNA in protein synthesis 蛋白质合成的信使 RNA
messenger RNA in transcription 转录的信使 RNA
messenger RNA in translation 翻译的信使 RNA
messenger RNA molecule coding 信使 RNA 分子编码
messenger RNA of chloroplast 叶绿体信使 RNA
messenger RNA-ribosome initiation complex 信使 RNA 核糖体起始复合物
messenger RNA template mRNA 模板,信使 RNA 模板
messenger RNP particle 信使 RNP 颗粒
messenger service 信使服务{信息}
mest-thorax 中胸{昆虫}
"Mesta" 西班牙牧羊者传统联合会
mestome (= mestom) 束内输导组织(mestoma)
mesua ①铁力木属[*Mesua* L.](山竹子科) ②铁力木[*Mesua ferrea* L.]
Met (= methionine) 甲硫氨酸,蛋氨酸
Met-en kephalin 甲硫[氨酸]脑啡肽
Met-tRNA 甲硫氨酸转移 RNA
meta- ⌊字头⌉①间位 ②偏 ③后
metabasidium 变态担子,异担子
metabiont 后生生物(metabions)
metabiosis 随从生活[现象],半共生,同生作用
metabisulfite 偏亚硫酸氢盐
metabola 变态类
metabolic 代谢[作用]的(metabolicus){植生}
metabolic absorption 代谢吸收
metabolic acidosis 代谢性酸中毒
metabolic activity 代谢活性
metabolic adaptation 代谢适应
metabolic ageing 代谢老化
metabolic antagonist 代谢对抗剂
metabolic balance 代谢平衡
metabolic block 代谢阻碍
metabolic change 代谢变化
metabolic channelling 代谢途径,代谢渠道
metabolic chemistry 代谢化学
metabolic co-operation 代谢合作
metabolic composition 代谢组成
metabolic control 代谢控制
metabolic density 代谢密度
metabolic differentiation 代谢分化
metabolic disease 代谢病
metabolic disturbance 代谢障碍,代谢紊乱,代谢失调
metabolic diversification 代谢多种作用
metabolic DNA 代谢 DNA,细胞质 DNA
metabolic energy 代谢能
metabolic engineering 代谢工程
metabolic enzyme 代谢酶
metabolic equilibrium 代谢平衡
metabolic error 代谢失误,代谢失常
metabolic findings 代谢资料
metabolic flexibility 代谢易适应性
metabolic function 代谢功能
metabolic heat 代谢热
metabolic hormone 代谢激素
metabolic impairment 代谢损害
metabolic inhibition 代谢抑制
metabolic inhibitor 代谢抑制物
metabolic intermediate 代谢中间产物
metabolic modulation (= metabolic regulation) 代谢调节
metabolic nature 代谢性质,代谢特征
metabolic network 代谢网
metabolic nucleus 静止核,代谢核
metabolic path 代谢途程
metabolic pathways 代谢途径
metabolic pathways and enzyme 代谢途径与酶
metabolic pathways and histidine biosynthesis 代谢途径与组氨酸生物合成
metabolic pathways of purines and pyrimidines 嘌呤与嘧啶的代谢途径
metabolic pattern 代谢型式,代谢模式
metabolic permeability 代谢[渗]透性
metabolic phosphate 代谢性磷酸盐
metabolic poison 代谢抑制剂
metabolic pool 代谢[贮]库,代谢池
metabolic product 代谢产物
metabolic pump 代谢泵
metabolic radialabeling 代谢放射性标记
metabolic rate 代谢率
metabolic reaction 代谢反应
metabolic rebalancing 代谢再平衡
metabolic regulation 代谢调节
metabolic repair 代谢恢复
metabolic reserve 代谢储备
metabolic respiration 代谢呼吸{环保}

metabolic rhythm 代谢节律,代谢规律
metabolic scheme 代谢系统
metabolic sequence 代谢顺序
metabolic sink 代谢库
metabolic source 代谢源
metabolic stability 代谢稳定度
metabolic stage 代谢期
metabolic status 代谢状态
metabolic substance 代谢物质
metabolic suicide 代谢自杀
metabolic turnover 代谢颠倒
metabolic type 代谢类型
metabolic uptake 代谢吸收,代谢摄取
metabolic water 代谢水
metabolics 代谢物(metabolica)
metabolics antagonists 代谢物对抗体
metabolimeter 基础代谢计,代谢测定器
metabolimetry ①代谢测定 ②代谢测定法(metabolimetrica)
metabolin 代谢物
metabolism 代谢[作用],新陈代谢(metabolismus)
metabolism of carbohydrates 碳水化合物代谢
metabolism of fat 脂肪代谢
metabolism pathway analysis 代谢途径分析
metabolism type 代谢类型
metabolite 代谢物(metabolitus)
metabolizable energy(ME) 可代谢能量
metabolizing nitrogen 代谢氮
metabolizing substrate 代谢基质(指受代谢作用的物质)
metabolodispersion 体内胶质分散程度(metabolodispersio)
metabolon 代谢区室
metabolous 变态的(metabolus)
metaboly 变形(metabolia)
metacecarial stage 后囊蚴期
metacentric 具中间着丝点的(metacentricus)
metacentric chromosome 等臂染色体(chromosoma metacentrica)
metacentric X-chromosome 等臂性染色体,等臂 X 染色体
metacercaria(= agamodistomum) 后囊蚴
metachlamydae 合瓣花类
metachromasia(= metachromasy) ①异染色现象{遗传} ②变色现象{显技}
metachromatic ①异染性 ②变色性 ③异染色的(metachromaticus)
metachromatic corpuscle 异染球(corpuscula metachromatica)
metachromatic dye 异染染粒{显技}
metachromatic granule 异染粒(granula metachromatica)
metachromatic leucodystrophy 异染色性脑白质障碍症
metachromatic staining 异染染色
metachromatin 异染质(metachromatina)
metachromatism 异染性(metachromatismus)
metachrome 异染粒(metachroma)
metachromism 色素变色(metachromismus)
metachrosis 变色能力
metacollenchyma 后生厚角组织
metacompound 间位化合物
metaderm 后生皮层(metadermis)
metafemale 超雌性
metagamic 受精后的(metagamus)
metagamic sex determination 受精后性决定(指环境影响性决定)
metagenesis(= alternation of generation) 世代交替
metagglutinin 异凝集素,次凝集素
metagon ①变异分子 ②后植核酸
metagynic 后生雌性的(metagynus)
metahermaphroditic 后生雌雄同体的,后生两性体的
metahyllositye 变水高岭石
metaisomeride 位变异构体
metaisomerism [双键]位变异构现象(metaisomerismus)
metakaolin 变高岭石
metakinesis 中期分裂
metakliny 基团位变(metaclinia)
metal 金属(metallum)
metal accumulation 金属累积作用
metal activated enzyme 金属活化酶,金属激活酶
metal activator 金属活化物
metal affinity chromatography 金属亲和层析
metal age 金属[器]时代
metal-alumina-semiconductor memory(MAS memory) 金属氧化铝半导体存储器
metal binding finger 金属结合指[状结构]{生技}
metal binding protein 金属结合蛋白
metal binding site 金属结合部位
metal bolometer 金属测辐射热计{遥感}
metal catalyst 金属催化剂
metal catcher 金属杂质分离器

metal chelate affinity chromatography 金属螯合亲和层析{生技}
metal chelate chromatography 金属螯合层析
metal chelate interaction chromatography 金属螯合互作层析
metal-chelated 金属螯合的
metal chelates 金属螯合物
metal chelating 金属螯合
metal chelating protein 金属螯合蛋白
metal chelating structure 金属螯合结构
metal chelator 金属螯合剂
metal cloth filter 金属丝织物过滤器
metal container (育种用)金属容器
metal contaminant 金属污染物{生态生理}
metal core printed board 金属芯印刷板{电脑}
metal cutting 金属切削
metal-disk electrode 金属盘电极
metal electrode 金属电极
metal eliminator [磁力]金属杂物分离装置,磁选机
metal end (for frame) (巢框上梁两端)金属距离夹
metal exchange 金属交换
metal-faced plywood 金属贴面胶合板
metal finishing 金属表面处理(如金属铝,先进行阳极氧化,再进行染色,这些处理方法总称为金属表面处理){环保}
metal float 金属[横条]耢
metal foil 金属箔
metal hydrous oxides 金属水合氧化物
metal interaction chromatography 金属互作层析{生技}
metal ion 金属离子
metal ion activated enzyme 金属离子活化酶,金属离子激活酶
metal ion as cofactor 输因子的金属离子
metal ion catalysis 金属离子催化
metal ligand 金属配体{生技}
metal ligand affinity chromatography 金属配体亲和层析{生技}
metal microelectrode 金属微电极
metal organic compound 金属有机化合物
metal oxide semiconductor (MOS) 金属氧化物半导体,金氧半导体
metal pig trough 金属猪饲槽
metal pipe 金属管{环保}
metal plate 金属板
metal plating waste water 电镀工业废水{环保}
metal processing and finishing 金属加工及修饰{环保}
metal processing industry 金属加工业
metal response element (MRE) 金属效应元件
metal screen 金属筛{环保}
metal sensor ①金属传感器 ②金属传感蛋白
metal shadowing 金属投影
metal sights 金属瞄准器
metal silo 金属青贮塔
metal spraying 金属喷镀
metalbumin 变清蛋白
Metaldehyde 蜗牛敌,多聚乙醛(杀软体动物剂)
metaleg 后足
metalhalide lamp 金属卤化物灯{农施}
metalimnion 变温层(metalimnio)
metallation 金属取代,金属化(metallatio)
metallergy 异性变[态反]应性(metallergia)
metallic 金属的(metallicus)
metallic barometer 金属气压表(空盒气压表的同义语)
metallic cation saturation 金属阳离子饱和[作用]
metallic colored geometrid 金纹尺蛾[*Scardamia metallaria* Guérin](尺蛾科)
metallic gnat 金蚋[*Simulium metallicum* Bellard](蚋科)
metallic-green beetle 铜绿的金龟[*Anomala corpulenta* Mot.](金龟科)
metallic leafworm 甘薯金叶甲[*Colasposoma metallicum* Clark]
metallic luster (= metallic lustre) 金属光泽
metallic material 金属材料
metallic packing 金属填料
metallic radius 金属半径
metallic rearing tray 金属蚕箔
metallic salts 金属盐类
metallic tape core 金属带磁心{信息}
metallic thermometer 金属温度表
metallic wood borer ①吉丁虫 ②⌊复⌉(= flat-headed borers, jewel beetles) 吉丁科[Buprestidae]
metallicity 金属性(metallicitas)
metallization 敷金属[法](metallisatio)
metallized ceramic module 敷金属陶瓷模块
metalloendoprotease 金属内切蛋白酶{分生}
metalloenzyme 含金属酶
metalloflavin enzyme 金属黄素酶
metalloflavoprotein 金属黄素蛋白

metalloid 金属状的,类金属的,非金属的(metalloideus)
metallopeptidase 金属肽酶
metallophyte 金属生植物(metallophyta)
metalloporphyrin 金属卟啉
metalloprotease 金属蛋白酶
metalloprotein 金属蛋白
metalloregulatory protein 金属调节蛋白[质]
metalloribozyme 金属核酶
metallothionein(MT) 金属硫蛋白,巯基金属结合蛋白
metallurgic(= metallurgical) 冶金的(metallurgicus)
metallurgic engineering 冶金工程
metallurgical factory 冶金厂
metamale 超雄
metamer 位变异构体,单体(植物)
metamere ①体节,节 ②位变异构体
metamerisation 内分节作用
metamerism ①位变异构[现象] ②分节(metamerismus)
metamorphic ①变态的,变形的{形态}②变质的{土壤}(metamorphus)
metamorphic hormone 变态激素
metamorphic rock 变质岩
metamorphic soil 变质土
metamorphism 变质作用(metamorphismus)
metamorphosed 变态的(metamorphotus){形态}
metamorphosed leaf 变态叶(folium metamorphotum)
metamorphosed root 变态根(radix metamorphostus)
metamorphosed stamen 变态雄蕊(stamen metamorphotus)
metamorphosis 变态,变形
metamorphosis hormone 变态激素
metamorphosis of leaves 叶变态
metanauplius 后无节幼虫{昆虫}
metandric 雄蕊后熟的(metandricus)
metandry 雄蕊后熟(metandria)
metanephrine 变肾上腺素,3-O-甲基肾上腺素
metaphase(M) 中期{细胞}
metaphase Ⅰ(MⅠ) 第一中期,中期Ⅰ
metaphase Ⅱ(MⅡ) 第二中期,中期Ⅱ
metaphase arrest 中期停顿,中期阻滞
metaphase fusion 中期并合
metaphase inhibitor ①中期抑制剂 ②中期抑制因子
metaphase pairing index 中期配对指数
metaphase plate(= metaplasic plate) 中期板,赤道板,核板
metaphase spindle 中期纺锤体
metaphen 硝基苯甲酚亚汞[$HgC_7H_5O_3N$]
metaphloëm 后生韧皮部(metaphloema)
metaphos(= parathion methyl) 甲基1605
Metaphos 偏磷酸钙(商)
metaphosphatase 偏磷酸酶
metaphosphate 偏磷酸盐[MPO_3]
metaphosphoric acid 偏磷酸[HPO_3]
metaphyte 多细胞植物(metaphyta)
metaplasia ①细胞增大[现象]②细胞变形
metaplasm 后成质(metaplasma)
metaplasmic body 后成质体(soma metaplasmica)
metapneustic respiratory system 后气门式呼吸系统
metaprotein 变性蛋白
metapyrocatechase 变儿茶酚酶
metareduplication ①中期复制 ②中期增组(metareduplicatio)
metarhodopsin 变视紫红[质]
metaschema 总体模式
metascope 红外线指示器
metascutum 后胸盾片
metaseptum 后生隔膜
metasequoia ①水杉属[*Metasequoia* Niki ex Hu et Cheng](杉科)②水杉
metasomation 交代作用,交换作用(metasomatio)
metastability 亚稳度(metastabilitas){遗传}
metastable 亚稳的(metastabilis)
metastable state 亚稳[状]态
metastase 转移酶
metastasis [病毒]转移,移动
metastate 代谢产物
metastrobilus 变形球果
metastrongylidosis 后圆线虫病
metastructure 亚结构(metastructura)
metasyndesis 衔接联会{细胞}
metasynthesis 综合集成{电脑}
metasynthetic engineering 综合集成工程(技术)
Metasystox(= demeton methyl) 甲基1059
metatarsus ①蹠骨 ②跗基节
metatergum 后胸背板
metathesis 复分解
metathetely 后成现象(metathetelia)
metathorax 后胸

metathrombin 变性凝血酶
metatracheal-diffuse parenchyma 间位分散薄壁组织（perenchyma diffusa metatrachealis）
metatracheal narrow type 切线狭型
metatracheal parenchyma 间位薄壁组织（parenchyma metatrachealis）
metatracheal wide type 切线广型
metatrophic 后生营养的（metatrophus）
metatrophic bacteria 死物寄生细菌，腐生细菌（bacteria metatrophae）
metatrophy 后生营养（metatrophia）
metatropic 间向性的（metatropus）
metatype ①伴型 ②次模标本（metatypus）
metavelangiocarpy 次生菌幕被果型（metavelangiocarpia）
metaxenia ①当代直感，果实[花粉]直感 ②当代异粉性
metaxylem 后生木质部（metaxylema）
metayer（= share farmer） 分成制佃农
metazoa ①后生动物 ②后水蚤幼虫
Metcalf bean 梅特卡氏菜豆［*Phaseolus metcalfei* Woot. et Standl.］（豆科）
meteloidine 曼陀罗碱［$C_{13}H_{21}NO_4$］
Meteor Meteo'rological Satellite "流星"气象卫星〈遥感〉
Meteor-Nature Satellite "流星－自然"卫星〈遥感〉
"Meteor" sputaik "流星"卫星（前苏联）
meteoria family 蔓藓科［Meteoriaceae］
meteoric water 天落水，大气水
meteorism 臌胀，气臌（meteorismus）
meteorium ①蔓藓属［*Meteorium* spp.］（蔓藓科）②蔓藓［*Meteorium* sp.］
meteorogram 气象图解（meteorogramma）
meteorograph 气象计
meteorologic（= meteorological） 气象的（meteorologicus）
meteorologic chart 气象要素图
meteorologic map 气象图
meteorological 气象的（meteorologicus）
meteorological acoustics 气象声学
meteorological broadcast 气象广播
meteorological characteristic 气象特性
meteorological conditions 气象条件
meteorological control 气象学控制
meteorological data 气象资料，气象数据
meteorological disaster 气象灾害
meteorological district 气象区
meteorological element 气象要素
meteorological equator 气象赤道
meteorological factor 气象因素
meteorological measurement 气象测定
meteorological observation 气象观测
meteorological observatory 气象台
meteorological observing station 气象观测站
meteorological phenomena database 气象[现象]数据库
meteorological post 气象哨
meteorological proverbs 气象谚语
meteorological radar 气象雷达
meteorological record 气象记录
meteorological region 气象区
meteorological report 气象报告，气象公报
meteorological rocket 气象火箭
meteorological satellite 气象卫星
meteorological sensor（MS） 气象遥感器
meteorological service 气象服务，气象业务
meteorological station 气象站
meteorological symbol 气象符号
meteorological table 气象表
meteorological telegraph 气象[有线]电报
meteorological tide 气象潮（由于盛行风向的更替和水温的季节变化，引起海面的全年或半年变化）
meteorological yearbook 气象年鉴
meteorologist 气象工作者，气象学家（meteorologistus）
meteorology 气象学（meteorologia）
meteoropathology 气象病理学（meteoropathologia）
-meter ⌊字尾⌉计，[量]器
meter ①（m）米 ②计量器，米达尺 ③仪表（metre）
meter candle（= metre candle） 米烛光
meter feeder 饲料计量分送器
meter-in 在压力管路中的液压调节
meter-out 在回流管路中的液压调节
meter quadrat 一平方米样方
meter reading 仪表读数，计数器读数
meter switch 仪表开关
meter testing bench 计量器试验台〈环保〉
meter ton（= metric ton） 吨，公吨（= 1000 千克）
meter-ton-second system 米－吨－秒制
meter-ton-second system of units 米－吨－秒制单位
meter transformer 仪表用变压器
meterage ①测量[法] ②计数[法] ③装表计费
metered-feed harvester 定量喂入[切碎]式青贮饲料收获机
metergy 机能变换（metergia）

metering ①计量,配量 ②测量,测定 ③排种量调节,排肥量调节 ④装表
metering device 计量器,计量装置
metering pulse ①测量脉冲 ②计量脉冲 ③计费脉冲
metering pump 计量泵
metestrus 发情后期
methacrylate ①异丁烯酸,甲基丙烯酸 ②异丁烯酸盐、酯或根
methacrylate embedding 异丁烯酸酯包埋{显技}
methacrylate in electron microscopy 电子[显微]镜检术用异丁烯酸酯
methacrylic acid 异丁烯酸
methacrylic resin 异丁烯树脂
methacryloyl - (=methacrylyl-) 异丁烯酰基,2-甲[基]丙烯酰基
methallyl chloride 甲氯丙烯,甲代烯丙基氯
metham-sodium 威百亩,维巴姆(杀菌、杀线虫、除草剂)[$C_2H_4NNaS_2$]
methane 甲烷,沼气[CH_4]
methane bacteria 甲烷细菌
methane content 甲烷含量
methane fermentation 甲烷发酵
methane gas 沼气
methane gas lamp 沼气灯
methane-oxidizing bacteria 甲烷氧化细菌
methane-producing bacteria [产]甲烷细菌
methanesulfonic acid 甲磺酸[CH_3SO_3H]
methanochondria 甲烷粒体
methanogen 产甲烷菌
methanogenesis 产甲烷[作用]
methanol (MeOH)(=methyl alcohol) 甲醇[CH_3OH]
methanolysis 甲醇解[作用]
methazole 灭草定(除草剂)[$C_9H_6Cl_2N_2O_3$]
metheglin 蜂蜜药酒
methemoglobin 高铁血红蛋白
methemoglobin reductase 高铁血红蛋白还原酶
methemoglobinemia 高铁血红蛋白血[症](methemoglobinaemia)
methenyl- 甲川,次甲[CH≡]
methidathion 杀扑磷(杀虫、杀螨剂)[$C_6H_{11}N_2O_4PS_3$]
methidium 甲锭(指DNA嵌入剂)
methidium propyl EDTA (MPE) 甲锭丙基乙二胺四乙酸(指一种双功能试剂)
methine 甲川基,次甲基
methine bridge 次甲桥{生化}
methine group 甲川基,次甲基[CH≡]
Methion (=ethion) 乙硫磷
methionine (Met) 蛋氨酸,甲硫氨酸{分遗}[$CH_3S(CH_2)_2CHNH_2CO_2H$]
methionine metabolism 蛋氨酸代谢
methionine-specific aminopeptidase 甲硫氨酸特异性氨肽酶,蛋氨酸特异性氨肽酶
methionine starvation 甲硫氨酸饥饿
methionine synthetase 甲硫氨酸合成酶
methionine transadenosylase 甲硫氨酸转腺苷基酶,甲硫氨酸激酶
methionine transfer RNA (Met-tRNA) 甲硫氨酸转移RNA
methioninehydrazide 甲硫氨酸酰肼
methionyl- 甲硫氨酰[基]
methionyl-tRNA binding factor 甲硫氨酰tRNA结合因子
methionyl-tRNA transformylase 甲硫氨酰tRNA转甲酰基酶
method ①方法,法 ②方式 ③手段(methodox)
method by area 面积法{生理}
method by volume 容积法
method of addition 增量法{生技}
method of advance reproduction 伐前更新作业{森林}
method of age class 龄级法{森林}
method of analysis of variance 方差分析法{统计}
method of approximation 近似法
method of attracting fish 诱鱼法
method of average 平均法
method of bisection 对分法
method of breeding 育种法
method of calculation 计算方法
method of cane payment 原料蔗付值方法{农管}
method of chemical treatment 化学处理法{环保}
method of clustering center 集合中心法
method of composting 堆肥制造法
method of control (=check method) 核对清查法,对照法
method of cultivation 耕作法
method of culture ①栽培法{栽培}②培养法{微生物}
method of determination 测定方法
method of determining and regulating the yield 生产量确定和调整法
method of double crossing 双杂交法,复配法
method of equal coefficient 等系数方法
method of estimating evapotranspiration of

water 预测水分蒸发蒸腾法
method of evaporation 蒸发法
method of fertilizer application 施肥法,施肥措施
method of fuzzy mathematics 模糊数学方法
method of hot water treatment 温汤浸种法,温水处理法
method of image 源像法{环保}
method of induction 归纳法
method of interpolation 插入计算法,内插法,插值法{统计}
method of intersection 交叉法,基线法
method of leaf-harvest 采叶法(桑)
method of least squares 最小二乘法
method of management ①经营法 ②管理法
method of maximizing yield 最高增产法
method of maximum likelihood 最高近似法,最大近似法
method of measurement 检尺法
method of microculture 微量培养法
method of minimum 最小卡方法{统计}
method of mixed pollination 混合授粉法
method of moment 矩量法{统计}
method of moving average 移动平均法{统计}
method of optimal allocation 最优分配法
method of pairing arrangement 对比排列法,成对排列法
method of piling 堆积法
method of plant propagation with cutting 插接法
method of planting 种植法
method of preliminary vegetative approachment 预先无性接近法
method of propagation 繁殖法
method of propagation by budding 芽生法
method of radiation ①辐射方法 ②射击法
method of rapid generation advancement 世代缩短法,加速世代进程法{育种}
method of ratooning 宿根处理法
method of rearing silkworm in low temperature 低温育蚕[法]
method of regression 回归法{统计}
method of repeated pollination 多次重复授粉法
method of root grafting 根接法{园}
method of seedling-raising in box 育苗箱育苗法
method of seismic prospecting 地震勘探法
method of selection 选择法,淘汰法
method of separating the harvesting process into several steps 分别收获法
method of successive approximation 逐步近似法{统计}
method of undetermined coefficient 待定系数法
method of undetermined multipliers 待定乘数法
method of vegetative approachment 无性接近法
method of weighted mean 加权平均法
methodological 方法学的,研究法的(methodologicus)
methodological investigation 方法学的研究
methodological procedures of radiation breeding 辐射育种的方法学程序
methodology 方法论,方法学(methodologia)
methodology for unmanned manufacturing 无人生产方法学
methodology of system analysis 系统分析方法学
methomyl 灭多虫,甲氨叉威(杀虫,杀线虫剂)[$C_5H_{10}N_2O_2S$]
methotrexate 氨甲蝶呤
methoxy- 甲氧[基]
methoxy-9-ellipticine 甲氧-9-椭圆素
methoxybenzaldehyde 甲氧[基]苯甲醛[$CH_3OC_6H_4CHO$]
methoxybenzoic acid 甲氧[基]苯甲酸[$CH_3OC_6H_4COOH$]
methoxychlor 甲氧滴滴涕(杀虫剂)[$C_{16}H_{15}Cl_3O_2$]
methoxyestradiol 甲氧雌[甾]二醇
methoxyestriol 甲氧雌[甾]三醇
methoxyestrone 甲氧[基]雌[甾]酮
Methoxyethylmercury acetate (= Mercuran) 醋酸甲氧乙汞(杀菌剂)[$C_5H_{10}HgO_3$]
Methoxyethylmercury chloride (= Uspulum) 甲氧乙氯汞(杀菌剂)[$CH_3OCH_2CH_2HgCl$]
methyl- 甲基
methyl-2, 5-dihydroxylcinnamate 甲基-2,5-二羟基肉桂酸
methyl-accepting chemotaxis protein (MCP) 接纳甲基的趋化蛋白{分生}
methyl acetate 乙酸甲酯{生化}[CH_3COOCH_3]
methyl alcohol (= methanol, carbinol) 甲醇[CH_3OH]
methyl alcohol as fixative 固定液用甲醇{显技}
methyl-arabinose 甲基阿[拉伯]糖
methyl azide (= triazo-methane) 甲基叠

氮 [$CH_3N(N)_2$]
methyl benzoate 苯甲酸甲酯 [$C_6H_5COOCH_3$]
methyl benzoate antemedium 前介质苯酸甲酯
methyl blue 甲基蓝 [$C_{37}H_{27}N_3Na_2O_9S_3$]
methyl blue mutachromosomic effects 甲基蓝诱变染色体效应
methyl bromide 溴甲烷,甲基溴(熏蒸杀虫剂) [CH_3Br]
methyl caprate 癸酸甲酯,羊脂酸甲酯(植物生长调节剂) [$C_{11}H_{22}O_2$]
methyl caprylate 辛酸甲酯,天竺葵酸甲酯 [$C_9H_{18}O_2$]
methyl cellosolve 甲基溶纤剂
methyl cellosolve in electron microscopy 电子[显微]镜检术的甲基溶纤剂
methyl cellulose 甲基纤维素
methyl cellulose electron microscopy 电子[显微]镜检术的甲基纤维素
methyl chloride 氯[代]甲烷,甲基氯 {生化} [CH_3Cl]
methyl cobalamin 甲基钴胺素
Methyl decanoate 癸酸甲酯(植物生长调节剂) [$C_{11}H_{22}O_2$]
methyl donor 甲基供体 {生化}
methyl engenol 诱虫醚(昆虫引诱剂) [$C_{11}H_{14}O_2$]
methyl-galactose 甲基半乳糖
methyl glucoside 甲基葡糖苷 [$CH_3OC_6H_{11}O_5$]
methyl-glyoxal 丙酮醛 [CH_3COCHO]
methyl green 甲基绿
methyl green purification 甲基绿纯化
methyl green-pyronin staining (= Unna staining) 甲基绿-哌洛宁染色,乌纳染色
methyl green solution 甲基绿液 {显技}
methyl group 甲基
methyl halide 甲基卤化物 [CH_3X]
methyl hypoxanthine 甲基次黄嘌呤 [$C_6H_6ON_4$]
methyl indole 甲基吲哚
methyl kinase 甲基激酶,转甲基酶
methyl laurate 十二烷酸甲酯,月桂酸甲酯(植物生长调节剂) [$C_{13}H_{26}O_2$]
methyl mercaptan 甲硫醇 [CH_3SH]
methyl mercuric chloride 氯化甲汞(杀菌剂) [CH_3ClHg]
methyl-methacrylate (MMA) 甲基丙烯酸甲酯(有机玻璃) [$C_3H_5 \cdot CO_2 \cdot CH_3$]
methyl methanesulfonate 甲基磺酸甲烷
methyl myristate 肉豆蔻酸甲酯,十四烷酸甲酯,(植物生长调节剂) [$C_{15}H_{30}O_2$]
methyl naphthalene acelate 萘乙酸甲酯
methyl naphthoquinone 甲基萘醌
methyl nitrate 硝酸甲酯 [CH_3ONO_2]
methyl orange 甲基橙 [$(CH_3)_2NC_6H_4N:NC_6H_4SO_3Na$]
methyl orange alkalinity 甲基橙碱度
methyl palmitate 十六烷酸甲酯,棕榈酸甲酯(植物生长调节剂) [$C_{17}H_{34}O_2$]
methyl parathion (= parathion methyl) 甲基 1605
methyl pentosan 甲基聚戊糖 {生化}
methyl pentose 甲基戊糖 [$C_5H_9(CH_3)O_5$]
methyl phenol 甲基苯酚
methyl red 甲基红 {显技}
methyl red test 甲基红试验(鉴定大肠菌)
methyl-rhamnose 甲基鼠李糖
methyl salicylate 水杨酸甲酯 [$HOC_6H_4COOCH_3$]
methyl silicone oil 甲基硅油
methyl silicone rubber 硅橡胶
methyl stearate 硬脂酸甲酯(植物生长调节剂) [$C_{19}H_{38}O_2$]
methyl-systor 甲基 1059
methyl tetramethylglucoside 四甲基葡糖甲苷 [$CH_3O(CH_3O)_4C_6H_7O$]
methyl thiourea 甲硫脲 [$NH_2 \cdot CSNH \cdot CH_3$]
methyl transferase 转甲基酶
methyl violet 甲基紫 [$C_{24}H_{29}ON_3$]
methyl violet 6B 甲基紫 6B
methyl violet base 甲基紫碱
methyl viologen 甲基紫精,联二-N-甲基吡啶
methyl xylose 甲基木糖
methylacetoacetyl- 甲基乙酰乙酰基
methylacrylic acid 异丁烯酸,甲基丙烯酸 [$CHiC(CH_3)COOH$]
methylacryloyl- (= methacrylyl-) 甲基丙烯酰基
methylamine 甲胺 [CH_3NH_2]
methylarsine bisdimethydithiocarbamate 福美甲砷 {农药} [$C_7H_{15}AsN_2S_4$]
methylase 甲基化酶
methylase for histone 组蛋白用甲基化酶
methylated albumin 甲基化清蛋白
methylated albumin kieselguhr (MAK) 甲基清蛋白硅藻土
methylated albumin kieselguhr column 甲基化清蛋白硅藻土柱
methylated base 甲基化碱基
methylated spirit (= power alcohol) 变性

酒精,甲基化酒精
methylation 甲基化[作用](methylatio)
methylation interference analysis 甲基化干扰分析
methylation of DNA DNA 甲基化[作用]
methylation of tRNA tRNA 甲基化
methylbarbituric acid 甲基巴比妥酸,甲基丙二酰脲
methylbutyryl-CoA 甲基丁酰辅酶 A
methylcholanthrene 甲基胆蒽 [$C_{20}H_{13}CH_3$]
methylcrotonic acid 甲基巴豆酸,甲基丁烯酸
methylene 甲叉,亚甲
methylene blue 美蓝,亚甲蓝{显技}
methylene-blue active substance 亚甲[基]蓝活性物质{环保}
methylene blue as double stain 双重染色剂用美蓝
methylene blue as vital stain 活体染色剂用美蓝
methylene blue chloride 氯化亚甲蓝
methylene blue reduction milk test 牛乳亚甲蓝还原试验
methylene-blue stability test 亚甲[基]蓝稳定性试验
methylene blue test 亚甲[基]蓝试验
methylene-cyclopropyl-glycine 甲叉环丙基甘氨酸
methylene glycol 甲二醇
methylene green 亚甲绿{显技}
methylene violet 亚甲紫{显技}
methylester of salicylic acid 人造冬绿油,水杨酸甲酯
methylethanolamine 甲基乙醇胺
methylethylthetin 甲基乙基噻亭,甲基乙基硫代羧酸内盐
methylferase 甲基转移酶
methylfructofuranoside 甲基呋喃果糖苷
methylglucofuranoside 甲基呋喃葡糖苷
methylglycerine (= methylglycerin) 甲基甘油 [$CH_3(CHOH)_2CH_2OH$]
methylglycine 甲基甘氨酸
methylglycine oxidase 甲基甘氨酸氧化酶
methylglyoxal 甲基乙二醛,丙酮醛 [CH_3COCHO]
methylguanidine 甲[基]胍
methylguanidinoacetic acid 甲基胍[基]乙酸
methylhistamine 甲基组胺
methylhistidine 甲基组氨酸
methylhydroxyine N-甲基羟吡啶
methylhydroxyquinoline N-甲基羟喹啉
methylidynel- (= methylidyne-) 甲川,次甲基
methyllysine 甲基赖氨酸
methylmalonic acid 甲基丙二酸
methylmalonic aciduria 甲基丙二酸脲
methylmalonic semialdehyde 甲基丙二酸单醛
methylmalonyl- ①甲基丙二酰[基] ②甲基丙二酸单酰[基]
methylmalonyl-CoA isomerase 甲基丙二酸单酰 CoA 异构酶
methylmercaptan 甲硫醇 [CH_3SH]
methylmercuric hydroxide 氢氧化甲基汞 [CH_3H_9OH]
methylmethacrylate 甲基丙烯酸甲酯(有机玻璃)
methylmethane sulfonate 磺酸甲基甲烷
methylnaphthohydroquinone 甲[基]萘氢醌,维生素 K_4
methylnicotinamide 甲基烟酰胺
methylol 甲基醇,羟甲基
methylotroph 甲基营养生物
methylotrophic bacteria 甲基营养[细]菌 [bacteria methylotrophae]
methylotrophy 甲基营养(methylotrophia)
methylparaban 羟苯甲酸甲酯
methylphosphonate 甲基磷酸酯
methylpyridone-carboxylamide 甲基吡啶酮甲酰胺
methylsilicone oil 甲基硅油
methylsilicone rubber 硅橡胶
methyltestosterone 甲基睾[甾]酮 [$C_{20}H_{30}O_2$]
methylthio- 甲硫基
methylthiogalactoside 甲硫半乳糖苷
methylthioglycolic acid 甲硫乙酸
methylthymol blue 甲基百里酚蓝
methylurea 甲脲
methylxyloside 甲基木糖苷 [$CH_3OC_5H_9O_4$]
methymycin 酒霉素
methyne 甲川,次甲
methysticin 醉人素 [$C_{15}H_{14}O_5$]
meticulous cultivation 精细耕作
metiram 代森联(杀菌剂)
métis 杂种(metis)
metobromuron 秀谷隆(除草剂) [$C_9H_{11}BrN_2O_2$]
metochy 客栖(metochius)
metoecious 转主寄生的(metoecius)
metol 密妥耳(商品名,一种照相显影剂){显技}

metonym 后期名（metonymum）
metonymous homonyn 后期同名（homonynum metonymum）
metor 大气现象
metoxenous 转主寄生（metoxenus）
metoxeny 转主寄生（metoxenism）
metre（= meter） 米
metre-candle（lux） 米烛光，勒克斯
metre glass（= graduate） 量杯，量筒
metre scale 米达尺
metribuzin 赛克津（除草剂）［$C_8H_{14}N_4OS$］
metric ①公制的，米制的 ②度量的，测量的（metricus）
metric camera 测量［照］相机
metric character（= metrical character） 度量性状
metric horsepower 公制马力
metric measures（= metric units） 米制单位
metric space 度量空间
metric system 米制
metric ton 公吨（=1000 千克）
metric trait 度量性状
metrical character（= metrical trait） 度量性状，数量性状
metritis 子宫炎
metrizamide 度量酰胺
metroclinal（= matroclinal） 偏母的（metroclinus）
metrocyte 母细胞（metrocyta）
metrology 计量学（metrologia）
metromorphic hybrid 母性伪杂种
metronome 节拍器
metrophorum 雌蕊托
metropolis ①首都，都市 ②大城市
metropolis agriculture 都市型农业
metropolitan area network（MAN） 城区网，［城］市区网络｛信息｝
metropolitan park 城市公园｛园林｝
-metry ⌊字尾⌉量度法，测量法
Metternich rhododendron 梅氏杜鹃花［*Rhododendron metternichii* Sieb. et Zucc.］（杜鹃花科）
mettled horse 精力充沛的马，骏马
metulae ［曲霉科］梗基
metuliform 锥形（metuliformis）
metuloid 被结晶囊状体（metuloideus）
metyrapone 甲吡酮
Meuse valley incident 马斯河谷事件（1930 年 12 月，比利时马斯河流域的马斯河谷，发生严重气温逆转，使工厂排出的污染物封闭在逆温层下，浓度急剧增加，一周内有 60 人死亡，家畜也有很多死掉，成为马斯河谷事件）｛环保｝
MeV（= million electron volts） 百万电子伏［特］，兆电子伏［特］
mevaldic acid 3－羟－3－甲戊醛酸
mevalonate ①甲羟戊酸 ②甲羟戊酸盐、酯或根
mevalonate-5-pyrophosphate 甲羟戊酸－5－焦磷酸
mevalonic acid 甲羟戊酸，3－甲［基］－3，5－二羟［基］戊酸
mevinphos 速灭磷，磷君（杀虫，杀螨剂）［$C_7H_{13}O_6P$］
mew ①脱毛，换羽 ②脱角 ③⌊复⌉厩，马厩，牛栏，畜舍
Mexican ageratum 大花藿香蓟［*Ageratum houstonianum* Mill.］（菊科）
Mexican avocado 墨西哥鳄梨［*Persea americana* var. *drymifolia* Blake］（樟科）
Mexican bamboo（= Japanese knotweed） 虎杖［*Polygonum cuspidatum* Sieb. et Zucc.］（蓼科）
Mexican barley 墨西哥大麦［*Hordeum adscendens*］（禾本科）
Mexican bean beetle 墨西哥菜豆瓢虫［*Epilachna varivestis* Muls.］（瓢虫科）
［**Mexican**］**bed bug**（= bloodsucking conenose） 吸血猎蝽（墨西哥猎蝽）［*Triatoma sanguisuga*（LeConte）］（猎蝽科）
Mexican blood-trumpet 红钟花［*Distictis buccinatoria*（DC.）A. Gentry］（紫葳科）
Mexican cotton 墨西哥棉［*Gossypium mexicanum* Tod.］（锦葵科）
Mexican cotton boll weevil 墨西哥棉铃象（= cotton boll weevil）［*Anthonomus grandis* Boh.］（象甲科）
Mexican cypress 尖叶落羽杉（墨西哥落羽杉）［*Taxodium mucronatum* Ten.］（杉科）
Mexican dayflower 墨西哥鸭跖草［*Commelina coelestis* Willd.］（鸭跖草科）
Mexican fire-plant 猩猩草［*Euphorbia heterophylla* L.］（大戟科）
Mexican frangipani ①鸡蛋花属［*Plumeria* Tourn. ex L.］（夹竹桃科） ②鸡蛋花［*Plumeria acuminata* Ait.］
Mexican fruit fly（= Mexican orange maggot） 墨西哥橘实蝇［*Anastrepha ludens* Loew］（实蝇科）
Mexican giant barrel 大金琥［*Echinocactus ingens* Zucc.］（仙人掌科）
Mexican horncone 墨西哥角果泽米［*Ceratozania mexicana* sp.］（泽米科）
Mexican ivy ①电灯花属［*Cobaea* L.］ ②电

灯花 [*Cobaea scandens* Cav.]

Mexican leafroller 墨西哥卷蛾 [*Amorbia emigratella* Busck] (卷蛾科)

Mexican lime (= West Indian lime) 墨西哥来姆(酸柠檬)

Mexican maguey (= century plant) 龙舌兰(世纪树) [*Agave americana* L.] (龙舌兰科)

Mexican mealybug 墨西哥粉蚧(绵粉蚧) [*Phenacoccus gossypii* T. et C.] (粉蚧科)

Mexican orange ①墨西哥橘属 [*Choisya* H. B. K.] (芸香科) ②墨西哥橘 [*Choisya ternata* H. B. K.]

Mexican poppy (= Mexican pricklepoppy) 蓟罂粟 [*Argemone mexicana* L. = *A. speciosa* Hort.] (罂粟科)

Mexican rotata (= Mexicanus rotata) 墨西哥水松叶(墨西哥水松草) [*Rotata mexicana* Chem. et Schltdl.] (千屈菜科)

Mexican rubber (= guayule) 银胶菊 [*Parthenium argentatum* A. Gray] (菊科)

Mexican sapodilla 墨金果(黄面果) [*Lucuma palmeri* Fern.] (山榄科)

Mexican star ①米蜡莲属 [*Milla* Cav.] (百合科) ②米蜡莲 [*Milla biflora* Cav.]

Mexican sunflower 肿柄菊属 [*Tithonia* Desf.] (菊科) 肿柄菊(圆叶肿柄菊,墨西哥向日葵) [*Tithonia rotundifolia* Blake]

Mexican tea 土荆芥(土荆子) [*Chenopodium ambrosioides* L.] (藜科)

Mexican teosinte 假蜀黍(大刍草) [*Euchlaena mexicana* Schrad.] (禾本科)

Mexican tulip poppy ①金杯花属 [*Hunnemannia* Sweet.] (罂粟科) ②金杯花(金杯罂粟) [*Hunnemannia fumariaefolia* Sweet.]

Mexican vanilla ①香子兰属 [*Vanilla* Sw.] (兰科) ②香子兰(哔呢拉) [*Vanilla planiflora* Andr. = *V. fragrans* Andr.]

mexo chimera 混合嵌体 (mexochimera)

Meyen clematis 迈恩氏铁线莲 [*Clematis meyeniana* Walpers.] (毛茛科)

Meyer lemon (= Peking lemon) 香柠檬(北京柠檬) [*Citrus meyerii* Y. Tanaka] (芸香科)

Meyer lilac 细管丁香(蓝丁香) [*Syrinya meyeri* Schneid.] (木犀科)

Meyer sedge 乌拉草 [*Carex meyeriana* Kunth] (莎草科)

Meyer spruce 红杆(刺儿松) [*Picea meyeri* Rehd et Wils] (松科)

Meyerhof oxidation quotient 迈耶霍夫氧化系数

Meyerhof reaction 迈耶霍夫反应

mezereon (= mezereum) 欧瑞香 [*Daphne mezereum* L.] (瑞香科)

mezereon family 瑞香科 [Thymelaeaceae]

mezineb (= propineb) 甲基代森锌(杀菌剂)

MF ①(= mitogenic factor) 促有丝分裂因子 ②(= mesenchymal factor) 间充质因子

mg (= milligram) 毫克 (1/1000 克)

MG (= micro-granule) 微粒剂

MGF (= macrophage growth factor) 巨噬细胞生长因子 {分生}

MH ①(= maleic hydrazide) 抑芽丹,马来酰肼,青鲜素(植物生长调节剂) [$C_2H_4N_2O_2$] ②(= moulting hormone) 蜕皮激素

MHC (= major histocompatibility complex) 主要组织亲和性复合体 {分生}

MHC antigen MHC 抗原,主要组织亲和性复合体抗原

MHC-associative recognition MHC 相关识别,主要组织亲和性复合体相关识别

MHC class MHC 类别,主要组织亲和性复合体类别

MHC polymorphism MHC 多态性,主要组织亲和性复合体多态性

MHC restriction MHC 限制,主要组织亲和性复合体限制

mho 姆[欧]

MHZ (= megahertz) 兆赫 (兆周/秒)

mi-lan tree ①米兰属 [*Aglaia* Lour.] (楝科) ②米兰 [*Aglaia odorata* Lour.]

-mia ⌊字尾⌉血

miasma ①空中微生物 ②瘴毒

mib plant 中生植物 (指适湿地的植物)

mibu wormwood aphid 艾草姬长管蚜 [*Macrosiphoniella affinis* Lambers] (蚜科)

mibu wormwood grained moth 艾草冬夜蛾 [*Cucullia perforata* Bremer] (夜蛾科)

MIC (= minimum inhibitory concentration) 最低抑制浓度

mica 云母 {地质}

mica-intermediates 云母居间体

mica test-plate 云母检查片 {显技}

micaceous 被晶粒的 (micaceus)

micaceous clay 云母黏土

micashist 云母片岩

mice 小鼠

micellar 胶束的 (micellaris)

micellar angle 胶束角 (angulus micellaris)

micellar cavity 胶粒腔,粒子腔
micellar electrokinetic capillary chromatography (**MECC**) 胶束动电毛管层析{生技}
micellar force 胶核力(vis micellaris)
micellar theory 胶粒理论,分子团说{遗传}
micelle ①分子团 ②胶胞,胶核,微胞{微生物}③胶束{细胞}④胶粒(micella)
micelle enhanced ultrafiltration 胶束增强超滤{分生}
micelle formation 分子团形成
micelle lipase [微]胶粒脂酶
micelle point 分子团点
micelles in membrane 膜的胶束
micellization (= micellisatio) ①[微]胶粒作用{分生}②胶束化{环保}(micellisatio)
micellization-demicellization process 胶束化-脱胶束化过程{环保}
micellophagosis 食胶粒现象
Michaelis constant (Km) 米氏常数
Michaelis constant for membrane transport 膜运输的米氏常数
Michaelis-Menten equation 米门二氏方程[式]
Michaelis-Menten equation and membrane transport 米门二氏方程与膜运输
Michaelis-Menten kinetics 米门二氏动力学
michaelmas (= Tatarian aster) 紫菀[*Aster tataricus* L.f.](菊科)
Michael's reaction 米查尔反应
michelia ①含笑属[*Michelia* L.](木兰科) ②含笑[*Michelia figo* (Lour.) Spreng.]
micotoxicose 霉菌中毒病(micotoxicosis)
micracanthous 小刺的(micracanthus)
micranthous 小花的(micranthus)
micranthous dandelion 小花蒲公英[*Taraxacum micranthum* Kitam.](菊科)
micranthous privet 小花女贞[*Ligustrum micranthum* Zucc.](伞形花科)
micranthous seedbox 小花丁香蓼[*Ludwigia micrantha* Hara.](柳叶菜科)
micRNA (= mRNA-interfering complementary RNA) mRNA干扰互补RNA,信使RNA干扰互补RNA{分遗}
micro- ⌊字头⌉小,微,百万分之一
micro-basin 小盆地,微平原
micro-dissection 显微解剖法(microdissectio)
micro-dissection apparatus 显微解剖器(apparatus microdissectionis)
microabsorption 微量吸收
microactinomycetes 小菌落放线菌[Microactinomycetes]
microaerophiles 微需氧细菌
microaerophilic 微需氧的,喜低氧的(microaerophilus)
microaerophilic bacteria 微需氧细菌(bacteria microaerophae)
microaerophilic organism 微需氧生物体(organism microaerophila)
microaggregate 微团粒,微团聚体(microaggregatus)
microaggregate texture 微团粒质地,微团聚体质地
microalgae 微藻,小藻
microammeter 微安计
microampere (= microamp) 微安培(指为百万分之一安培)
microanaerobic 微嫌氧的(microanaerobus)
microanaerobic bacteria 微嫌氧细菌(bacteria microanaerobae)
microanalysis 微量分析
microanalytical 微量分析的(microanalyticus)
microanalytical balance 微量分析天平
microanalytical method 微量分析法{土壤}
microangiography 微血管照相术
microarchitecture 微结构,微[型]体系结构(microarchitectura)
microarray hybridization 显微阵列杂交
microarthrospore 小节孢子(microarthrospora)
microassociation 小群丛(microassociatio)
microatmosphere 微小气候
microautoradiography 显微放射自显影术{显技}
microbalance 微量天平(microbalanx){显技}
microbar 微巴(压强单位,千分之一毫巴)
microbarogram 微压记录图(microbarogramma)
microbarograph 微[气]压计
microbarometer 微气压表
microbeam 微束
microbeam irradiation 微束照射
microbedding 微层
microbending ①微弯曲 ②微折射
microbes 微生物
microbial 微生物的(microbialis)
microbial activity 微生物活动
microbial association 微生物联合,微生物群

落
microbial biochemistry 微生物生物化学
microbial biomass 微生物生物量
microbial breakdown 微生物分解
microbial component 微生物组成成分
microbial contamination 微生物污染
microbial control method 微生物防治法
microbial conversion 微生物转化作用
microbial decomposition 微生物分解
microbial denitrification process 微生物反硝化过程
microbial dissociation 微生物离异
microbial ecosystem 微生物生态系统
microbial fertilizer [微]生物肥料
microbial film ①微生物薄层{微生物} ②生物膜(=biofilm){环保}
microbial floc 微生物絮凝物
microbial genetics 微生物遗传学(microbiogenetica)
microbial-higher plant association 微生物-高等植物群丛
microbial inoculation 微生物接种
microbial insect pathogens 微生物杀虫剂
microbial insecticides 微生物杀虫剂
"microbial leaching" 微生物回收(指被微生物浸提出的重金属)
microbial metabolism 微生物代谢作用
microbial metal accumulation 微生物金属累积
microbial mining 微生物采矿
microbial mutagenicity assay 微生物诱变性测定
microbial pathogen 微生物病原体
microbial pest control 微生物病虫害防治
microbial pesticide 微生物农药
microbial physiology 微生物生理学
microbial polysaccharide 微生物多糖
microbial population 微生物群体
microbial sensor 微生物传感器
microbial thin film 微生物薄层
microbicide 杀微生物剂
microbiocoenosium ①微生物群落 ②小生物群落
microbiological 微生物[学]的(microbiologicus)
microbiological analysis 微生物学分析法
microbiological antagonism 微生物拮抗作用
microbiological assay 微生物学测定法
microbiological cell 微生物电池
microbiological fuel cell 微生物燃料电池
microbiological industry 微生物工业
microbiological method 微生物学方法
microbiological oxidation 微生物氧化
microbiological products 微生物产物
microbiological specification 微生物属性
microbiologist 微生物学工作者,微生物学家(microbiologistus)
microbiology 微生物学(microbiologia)
microbiology of South African wine-making 南非酿酒微生物学
microbiology research institute 微生物研究所
microbiophagy 噬菌体的溶菌作用(microbiophagia)
microbioscope 微生物显微镜(microbioscopa){显技}
microbiosis 微生物病
microbiota 微生物群
microbiotic seed 短寿[命]种子(发芽力在3年以下的)(semen microbioticum)
microbody 微体,细胞质体{细胞}
microbore column chromatography (MCC) 微内径柱层析{生技}
microbore liquid chromatography (MBLC) 微内径[柱]液相层析
microbotrys 小总状花序的
microburette 微量滴定管
microburner 微焰灯
microbus 微总线{信息}
microcalorie 微卡[路里](10^{-6}卡)
microcalorimeter 测微量热计
microcalycular 小萼的(microcalycus)
microcamera ①显微照相机,微型照相机 ②显微盒{显技}
microcapillary 微细管(microcapillarius)
microcapsule 微囊体(microcapsula)
microcapsule culture 微囊体培养
microcapsules 微囊剂
microcard 缩微卡[片]{电脑}
microcarpous 小果的(microcarpus)
microcarpous billberry 小果越橘(小果乌饭树)[*Vaceinium microcarpum* Schmalh.](乌饭树科)
microcarrier 微载体{分生}
microcarrier bead 微载体珠{分生}
microcarrier culture 微载体培养
microcell ①微细胞 ②微型电池(microcellula)
microcell for gene transfer 基因转移的微细胞
microcell heterokaryon 微细胞异核体
microcenter 小中心(microcentre)
microcentrifuge 微量离心机
microcentrifuge tube 微量离心管
microcentrous 小距(microcentrus)

microcentrum 中心粒团
microcephalous 小头的（microcephalus）
microcerous 小角的，短角的（microcerus）
microchaete 小毫，小形鬃（microchaetus）
microchamber 微室｛生技｝
microchamber culture 微室培养
microchannel bus architecture 微通道总线结构｛信息｝
microchemical 微量化学的（microchemicus）
microchemistry 微量化学（microchemia）
microchip 微芯片｛信息｝
microchip card 微芯片卡
microchromatography 微量层析（microchromatographia）
microchromosome 小染色体（microchromosoma）
microchromosomic chromocenter 小染色体染色中心
microcinematography 显微电影摄影术｛显技｝
microcircuit 微电路｛信息｝
microcircuit isolation 微电路绝缘
microcirculation 微循环（microcirculatio）
microclimate 小[环境]气候
microclimatic level 小气候水平
microclimatic temperature 小气候温度
microclimatology 小气候学，微气候学（microclimatologia）
microcline 钾微斜长石［$KNaAlSiO_8$］
micrococcal DNase 微球菌 DNA 酶
micrococcal nuclease 微球菌核酸酶｛分遗｝
micrococcin 微球菌素
micrococcus ①微球菌属［*Micrococcus* Coho］（微球菌科）②微球菌［*Micrococcus* sp.］
micrococcus family 微球菌科［Micrococcaceae］
micrococcus glutamicus 谷氨酸微球菌［*Micrococcus glutamicus* Kinoshita，Nakayama et Akita］（微球菌科）
microcode ①微码 ②微代码 ③微指令｛电脑｝
microcode analyzer 微代码分析器
microcode engine 微码引擎
microcoding ①微编码 ②微程序设计｛电脑｝
microcolony 微菌落（microcolonia）
microcolorimetry 测微比色法（microcolorimetrica）
microcolumn separation 微柱分离
microcommunity 小群落（microcommunitia）
microcomputer 微型计算机，微机，电脑
microcomputer communication 微机通信
microcomputer control system 微机控制系统
microcomputer database management system 微机数据库管理系统
microcomputer development system (MDS) 微机开发系统
microcomputer software 微机软件
microcomputer system 微型计算机系统｛电脑｝
microconcentrator 微量浓缩器
microconformation 微构象（microconformatio）｛分生｝
microconidiophorous 小分生孢子梗的（microconidiophorus）
microconidium 小型分生孢子
microconjugant 小接合子（microconjugans）
microconsole 微控制台｛信息｝
microcontroller 微控制器
microcopy 缩微复制品，缩微照片
microcosm ①（= miniature representation）缩图 ②小宇宙，小天地，微观世界（microkosmos）
microcoulometric gas chromatography 微电量气体色谱法
microcryostat 微冰冻箱
microcrystal 微晶体（microcrystallum）
microcrystalline 微晶形的（microcrystallinus）
microcrystalline cellulose 微晶形纤维素
microcrystalline structure 微晶形结构
microcrystalline wax 微晶形蜡
microcrystallography 微晶学（microcrystallographia）
microculture 小型培养，悬滴培养（microcultura）
microculture experiment 小型培养试验
microcurie (μc) 微居里(百万分之一居里)
microcycle 微周期（microcyculus）
microcycle timing 微周期定时
microcyclic 短循环的，短周期的，短生活史的（microcyclus）
microcyclic rust 短循环锈菌
microcyst 休眠游动孢子，小包囊（microcystus）
microcystin 微胞藻素
microcystis ①微胞藻属［*Microcystis* spp.］（藻类）②微胞藻［*Microcystis* sp.］
microcytase ①小细胞溶解素 ②小补体
microcyte 小红细胞（microcyta）

microcytic anemia 小红细胞性贫血
microcytic cell 小红细胞
microcytosis 小红细胞症（microcytosis）
microdeflation 显微吹动（microdeflatio）
microdensitometer 显微象测密计〔显技〕
microdensitometry 显微像测密法
microdialysis 微量渗析，微量透析
microdialyzer 微量透析仪
microdilatometer 微膨胀计
microdiodange 花粉囊（microdiodangium）
microdiode 花粉粒（microdiodium）
microdistribution 微观分布（microdistributio）
microdont 微齿的（microdontus）
microdose 微[小]剂量（microdosis）
microdosimetry 微剂量学（microdosimetrica）
microdrive 微型驱动器
microdrop 微滴，小滴
microdrop technique 微滴技术〔生技〕
microeconomic 微观经济的（microeconomicus）
microeconomic model 微观经济模式
microeconomic strategy 微观经济策略
microeconomics 微观经济学（microeconomica）
microelectrode 微电极
microelectrode amplifier 微电极放大器
microelectrodialysis 微量电透析
microelectromechanical system 微电子机械系统
microelectronic 微电子[学]的（microelectronus）
microelectronic circuit 微电子电路
microelectronic device 微电子器件
microelectronic packaging 微电子组装
microelectronic technique（= microelectronic technology） 微电子技术
microelectronics 微电子学（microelectronica）
microelectrophoresis 微量电泳
microelectroporation 微电量穿孔（microelectroporatio）
microelement ①微量元素 ②超小型元件（microelementum）
microelement deficiencies 微量元素缺乏[症]
microelement fertilizer 微量元素肥料
microemission spectroscopy 微发射光谱学
microemulsion 微乳胶（microemulsio）
microencapsulation 微包囊形成（microencapsulatio）
microendospore 小内生孢子（microendospora）
microenvironment 小环境
microetch 微刻蚀
microevaporator 微量蒸发器
microevolution 微观进化，种内进化（microevolutio）
microexudate 渗出物薄层
microfacsimile 缩微传真〔信息〕
microfarad 微法拉（$=10^{-6}$法拉，电容单位）
microfauna ①微动物区系 ②微动物志
microfibril 微[原]纤维（microfibrilla）
microfibrillar angle 微纤丝角（angulus microfibrillaris）
microfibrillar protein 微纤丝蛋白
microfibrillar wall layer 微纤丝壁层
microfiche 缩微胶片
microfilament 微丝（microfilamentum）
microfilament and cAMP 微丝与 cAMP，微丝与环腺苷酸
microfilament bundle 微丝束
microfile 缩微文件〔电脑〕
microfiler 缩微胶卷机
microfilm 缩微胶卷，缩微胶片〔显技〕
microfilm camera 缩微[照]相机
microfilm counter 缩微胶卷计数器
microfilm duplex 双面缩微胶卷
microfilm flow camera 缩微胶卷照相机
microfilm frame 缩微胶片轴
microfilm I/O device 缩微胶片输入输出设备
microfilm image 缩微胶卷图像
microfilm reader（= microfiche reader） 缩微胶片阅读器〔电脑〕
microfilm reader printer 缩微胶卷阅读印刷机
microfilmer 缩微胶卷机，缩微胶卷输出机
microfilming 缩微胶片制作
microfiltration 微量过滤，微[孔过]滤（microfiltratio）〔环保〕
microfiltration apparatus 微量过滤装置
microfloppy disk 微型软盘
microflora ①微生物群落 ②微生物区系 ③微生物志
microfluctuation 微徬徨变异（microfluctuatio）
microfluidal 显微流态的（microfluidalis）
microfluorometer 显微荧光[测定]计
microfluorometric 显微荧光测定的（microfluorometricus）
microfluorometric determination 显微荧光测定

microfluorometry ①显微荧光测定 ②显微荧光测定法（microfluorometrica）
microfluorophotometry 显微荧光光度法（microfluorophotometrica）
microforge 显微控制仪
microform ①缩微介质 ②缩微品,缩微印刷品,缩微图像｛电脑｝③冬眠孢型｛真菌｝（microformis）
microform in colour 彩色缩微出版物
microform reader 缩微印刷品阅读器
microform reader copier 缩微印刷品阅读复制机
microform reader printer 缩微印刷品阅读印刷机
microfossil 微生物化石（microfossilis）
microfreeze 微冻结（micropruina）
microfungus 微型真菌
microgalvanometer 微量电流计
microgametangium 小配子囊
microgamete 小配子,雄配子（microgameta）
microgametocyte 小配子母细胞（microgametocyta）
microgametophyte 雄配子体（microgametophyton）
microgamy ①配子小型 ②小体配合（microgamia）
microgel 微凝胶体
microgenetics 微生物遗传学（microgenetica）
microgeographic race 小地理族
microgeography 小地理学（microgeographia）
microgerm（=microbe） 微生物
microglia 小神经胶质
microglobulin 小球蛋白
micrografting 微移植（microinsutio）
microgram（μg） 微克
microgranule 微粒剂（microgranulum）｛农施｝
micrograph 显微照相[片]｛显技｝
micrographics ①缩微绘图 ②缩微图形学 ③缩微照相术（micrographica）
micrography 显微照相术｛显技｝
microhabitat 小生境（microhabitatio）
microhemopipet 微量血液管
microheterochromatic 少异染色质的（microheterochromaticus）
microheterogeneity ①微异质性,微非均一性｛土壤｝②微观不均一性｛遗传｝③微多相性｛物｝（microheterogeneitas）
microhistology 显微组织学（microhistologia）｛显技｝
microholography 显微全息照相术｛显技｝
microhomogenisation 微量匀浆法（microhomogenisatio）
microhomogenizer 微量匀浆器
microimage ①微图像｛电脑｝②微影像｛遥感｝（microimago）
microimmunoglobulin 微小免疫球蛋白
microincineration 显微灰化法（microincineratio）
microinjection 显微注射,微管注射（microinjectio）
microinjection technique 显微注射技术
microinstruction 微指令,微程序（microinstructio）
microinstruments 显微[操作]器具｛显技｝
microionophoresis 微量离子[电]泳
microirradiation 微束照射（microirradiatio）
microisoelectric focusing 微量等电聚焦
microisolation 微量分离（microisolatio）
microjet 微型滴灌喷头（microjacere）
microkernel 微内核（micronucleus）
microkjeldahl method 微量开氏定氮法｛土壤｝
microknoll 小丘,微高地
microlept 小薄壁区（microleps）
microlesion 微小损伤（microlesio）
microleucocyte 小型白血球（microleucocyta）
microliter（=microlitre）（μL） 微升
micrological technique 显微技术｛显技｝
micrology 显微学（micrologia）｛显技｝
micromachine ①微机械 ②微机,微计算机,微电脑
micromagnetometer 测微磁强计
micromainframe 微型主机
micromainframe microcomputer 微[型]主机微计算机
micromanipulation 显微操作法（micromanipulatio）
micromanipulative technique 显微操作技术（technica micromanipulativa）
micromanipulator 显微操作器,显微解剖器
micromanometer 微压力计,微气压计
micromayflies family 细蜉蝣科［Caenidae］
micromelum ①小柑属（小芸木属）［*Micromelum* Bl.］（芸香科）②小柑［*Micromelum falcatum*（Lour.）Tanaka］
micromelus 肢小畸胎
micromere 小裂球（micromera）

micromeria ①小球花属［*Micromeria* Benth.］(唇形科) ②小球花［*Micromeria serpyllifolia* MB. = *M. marifolla* Benth.］
micromeritics 测微学 (micromeritica)
micrometabolism 微量代谢[作用] (micrometabolismus)
micrometeorograph 微气象计 (micrometeorographus)
micrometeorology 小气象学,微气象学 (micrometeorologia)
micrometer (μm) ①测微尺,测微计,千分尺 ②微米($=10^{-6}$米)
micrometer calipers 千分尺,千分卡规,千分测径规
micrometer gage 测微规
micrometer microscope 测微显微镜
micrometer ocular 测微目镜,目镜测微计
micrometer of fine adjustment 微动升降螺旋{显技}
micrometer screw 微动升降螺旋{显技}
micrometer sight 测微瞄准器{显技}
micromethod 显微方法
micrometry 测微法 (micrometrica) {显技}
micromicrocurie 微微居里(放射性强度单位)
micromicrofarad 微微法拉
micromicron (pμ) 微微米 ($=10^{-12}$米)
micromill 小型磨
micromillimeter (mμ) 毫微米 ($=10^{-9}$米)
microminature 微小型 (microminatura)
microminiaturization 超小型化,微小型化 (microminiaturisatio)
microminiaturized circuitry 微小型化电路
microminicomputer 微小型计算机
micromodule 微型组件
micromole (μmol) 微克分子量,微摩[尔]
micromolecular 小分子的 (micromolecularis)
micromonospora ①小单孢菌属［*Micromonospora* Orskov.］(小单孢菌科) ②小单孢菌［*Micromonospora* sp.］
micromonospora family 小单孢菌科［Micromonosporaceae］
micromonosporin 小单孢菌素
micromorphogenesis 微形态发生
micromorphologic 微[观]形态的 (micromorphologicus)
micromorphological analysis 微形态分析
micromotoscope 微动摄影装置{显技}
micromouse 微型鼠标[器]{电脑}
micromutation ①小突变(基因突变) ②微突变 (micromutatio)
micromycelial 纤细菌丝 (micromycelialis)
micromycete 小型真菌 (micromyceta)
micronecrosis 显微坏死
microneedle 显微解剖针{显技}
micronemeous 菌丝细小的 (micronemeus)
micronet 微型网[络]{信息}
micronized insecticides 微粒杀虫剂
micronized W.P. 微粒可湿剂
micronucleation 成小核过程 (micronucleatio)
micronucleocyte 小核血细胞 (micronucleocyta)
micronucleolus 小核仁
micronucleus 小核
micronucleus test 小核试验
micronutrient 微量营养元素,微量营养物,微量养料
micronutrient concentration 微量营养浓度,微量营养浓缩
micronutrient element 微量营养元素
microohm 微欧[姆] ($=10^{-6}$欧)
microoperation 微操作
microoptoelectronics 微光电子[科]学 (microoptoelectronica)
microorganism 微生物 (microorganismus)
microorganism decomposition 微生物分解
microorganism elimination filter 微生物消除过滤器{农施}
microorganism genetics 微生物遗传学 (microgenetica)
microorganism identification 微生物鉴定
microorganism in the trickling filter 滴滤器的微生物{环保}
microorganism responsible for composting 堆肥[制造]有用微生物
microoscillograph 测微示波器
micropacked column 微填充柱
micropaleontology 古微生物学
microparasite 微寄生物 (microparasitus)
microparticle 微颗粒,微粒 (microparticulus)
microparticle bombardment 微粒轰击{生技}
micropathology 微生物病理学 (micropathologia)
micropedology 微土壤学 (micropedologia)
microperfusion pump 微量灌流泵
microperfusion technique 微量灌流技术

microperoxisome 微过氧化物酶体
micropetalous 小花瓣的（micropetalus）
microphage ①小噬菌体 ②小噬细胞（microphagus）
microphagous ①小噬菌的，食微生物的 ②小噬的（microphagus）
microphanerophyte 小高位芽植物，小乔木（microphanerophyta）
microphile 狭温生物
microphilic bacteria 狭温细菌（bacteria microphilae）
microphone ①微音器 ②话筒
microphonic effect 微音[器]效应，颤噪效应
microphonic potential 微音器电位
microphoresis 微量电泳
microphoto 显微照片｛显技｝
microphotograph 显微照片，缩微照片（microphotographus）
microphotography 显微照相[术]，显微摄影[术]（microphotographia）｛显技｝
microphotometer 测微光度计
microphthalmia 眼小畸形
microphyll 小型叶（microphyllum）
microphyll type 小叶型（typus microphyllus）
microphylline 具小形叶的（microphyllinus）
microphyllous 小形叶的（microphyllus）
microphyllous beakrush 细叶刺子莞[*Rhynchospora faberi* C. B. Clarke]
microphyllous eyebright 小叶小米草[*Euphrasia microphylla* Koidz.]（玄参科）
microphylogenesis ①小型系统发育 ②微进化，微种系发生
microphylogenetic development 小型系统发育
microphyte 微植物，细菌（microphyta）
microphytology 微植物学，细菌学（microphytologia）
micropilot trials 小型施肥试验
micropinic acid 微蒎酸
micropinocytosis 微胞饮作用
micropipette（= micropipet） 显微移液管
micropipettor 微量移液器
microplankton 小型浮游生物
microplast 微质体（microplastis）
microplating method 小平板法｛土壤｝
microplectenchyma 微密丝组织（microplectenchyma）
microplicae 微褶（指脊状褶）
microplot 亚小区，微型小区
micropluviometer 微雨量计
micropodons 细柄的，小柄的（micropodus）
micropolariscope 偏光显微镜
micropolyspora ①小多孢菌属[*Micropolyspora* Lechvalier, Solotorovsky et McDurmont]（孢菌类）②小多孢菌[*Micropolyspora* sp.]
micropopulation ①微生物群 ②微群体（micropopulatio）
micropore 微孔[隙]（micropora）
microporosity 微孔[隙]度（microporositas）
microporous 微孔的（microporus）
microprecipitin 微量沉淀素
micropreparation 微量制备（micropreperatio）
micropreparative technique 微量制备技术
microprint ①显微印刷卡，缩微印刷品 ②缩微复制器
microprobe 微探针
microprocessor 微处理机，微处理器｛遥感｝
microprofile 小剖面
microprogram 微程序（microprogramma）
microprogram control 微程序控制
microprogrammer ①微程序编制器 ②微程序设计员
microprogramming 微程序设计
microprojectile 微粒子｛生技｝
microprojectile bombardment 微粒子轰击
microprojection 显微投影（microprojectio）
microprojector 显微投影机
micropropagation 微量繁殖（micropropagatio）
micropropagation procedure 微量繁殖程序
micropteres 茎沟
micropterous ①小翅的 ②具小鳍的（micropterus）
micropuncture 显微穿刺术（micropunctura）
micropycnidium 小分生孢子器
micropylar ①珠孔的｛胚胎｝②卵膜孔的｛昆虫｝（micropylaris）
micropylar canal 珠孔道（canalis micropylaris）
micropylar cell 珠孔细胞（cellula micropylaria）
micropylar chamber 珠孔室（camera micropylaris）
micropylar end（= micropyle end） 珠孔端
micropylar funnel 珠孔漏斗（infundibulum micropylare）
micropylar haustorium 珠孔吸器（hausto-

rium micropylare)
micropylar membrane 珠孔膜（membrana micropylaris)
micropylar nucleus 珠孔核（nucleus micropylaris)
micropylar opening 珠孔口（apertura micropylaris)
micropylar plate 珠孔板（platus micropylaris)
micropylar pole 珠孔极（pola micropylaris)
micropylar scar 珠孔痕（cicatrix micropylaris)
micropylar tube 珠孔管（tubus micropylaris)
micropyle ①珠孔 ②卵孔（micropyla)
micropyliferous tube（= micropylar tube）珠孔管（tubus micropyliferus)
micropyrenic 微核的（micropyrenus)
micropyrenic nucleus 微核
microradioautography 显微放射自显影术
microradiography X射线显微照相术｛显技｝
microradiometer 微辐射计
microreaction 微观反应（microreactio)
microreactor 微型反应器，微观反应器
microreader 显微[胶卷]阅读器
microregional plotting 小区域区划，微域区划｛土壤｝
microregional property 微域性质
microrelief 小地形，微地形
microrespirometer 微量呼吸计
microrhizous 小根的，细根的（microrrhizus)
microridge ①微脊｛形态｝②小埂｛栽培｝
microrobot 微型机器人｛物｝
microroentgen 微伦琴（$=10^{-6}$伦琴，剂量单位)
microrutherford 微卢[瑟福](10^{-6}卢)
microsatellite ①小随体 ②小卫星（microsatelles)
microsatellite DNA 小卫星 DNA｛分遗｝
microscale chromatography 微量层析｛生技｝
microsclerotium 小菌核
microscope 显微镜（microscopa)
microscope condenser 显微镜聚光器
microscope electrophoresis cell 显微镜电泳池
microscope examination 显微镜检查
microscope scanning 显微镜扫描
microscope slide（= microscopic slide）载玻片
microscopic ①微观的 ②显微镜可见的 ③细微的（microscopicus)
microscopic analysis 显微镜分析
microscopic check 微细裂缝(木材)
microscopic count 显微镜计数
microscopic examination 显微镜检查
microscopic method 显微镜法
microscopic photograph 显微镜照相
microscopic projection 显微镜投影，显微镜放映
microscopic reversibility 微观可逆性
microscopic section 显微切片，组织切片
microscopic structure 微观结构
microscopic technique 显微镜技术
microscopist 显微镜学家（microscopistus)
microscopy ①显微镜学 ②[显微]镜检术（microscopia)
microscreen 微型显示屏｛电脑｝
microscreening 微滤｛环保｝
microsecond 微秒
microsection（= microscopic section）显微切片，组织切片
microsensor 微传感器
microsequencing 微量测序，微量序列测定｛分遗｝
microsize 微小尺寸
microskeleton 微骨架｛土壤｝
microsociation 微域组合
microsoftware 微软件
microsomal 微粒体的（microsomalis)
microsomal activation method 微粒体活化法
microsomal enzyme 微粒体酶
microsomal mutagenicity assay 微粒体诱发突变试验
microsome 微粒体（microsoma)
microsorium 攀缘星蕨（波纪星蕨）[*Microsorium buergerianum* Ching.]（鳞毛蕨科)
microspecies 小型种，约登种
microspectrofluorimeter 显微荧光分度计
microspectrometer 显微分光计
microspectrometry 显微光度测定法（microspectrometrica)
microspectrophotometer 显微分光光度计
microspectrophotometry 显微分光光度测定法（microspectrophotometrica)
microspectrophotometry instrumentation 显微分光光度测定法仪器学
microspectroscope 显微分光镜（microspectroscopa)
microspermous 小种子的（microspermus)
microsphere 微球体，中心球（micro-

sphera)
microspike 微端丝(microspica)
microspora ①微孢[绿]藻属[*Microspora* spp.](微孢藻科)②微孢[绿]藻[*Microspora* sp.]
microspora family 微孢藻科[Microsporaceae]
microsporange(=microsporangium) 小孢子囊(microsporangium)
microsporangiate flower (=microsporophyllary flower) 雄[蕊]花(flos microsporangiatus)
microsporangium 小孢子囊
microspore 小孢子(microspora)
microspore and plant breeding 小孢子与植物育种
microspore androgenesis 小孢子雄性生殖
microspore culture technique 小孢子培养技术
microspore in vitro culture 小孢子离体培养,小孢子试管内培养
microspore isolation 小孢子分离
microspore mother cell (=microsporocyte) 小孢子母细胞(microsporocyta)
microspore tetrad 四分小孢子(microsporotetras)
microsporocarp 小孢子果(microsporocarpium)
microsporocyte (=microspore mother cell) 小孢子母细胞(microsporocyta)
microsporogenesis 小孢子发生
microsporophyll 小孢子叶(microsporophyllum)
microsporophyte 小孢子体(microsporophyta)
microsporosis 小孢子菌病
microsporozoite 小孢子虫(microsporozoita)
microstachyous 小穗的(microstachyus)
microstate 微观状态(microstatus)
microstome 小孔口(microstoma)
microstomous 具小口的(microstomus)
microstrainer 微滤机{环保}
microstraining 微滤
microstraining filtration 微滤{环保}
microstrand 小群聚
microstrobilus 小孢子叶球
microstructure 显微结构,细微结构(microstructura)
microstylous 短花柱的(microstylus)
microsubspecies 微亚种
microsurgery 显微外科学(microsurgeria){遗工}
microsurgical technique 显微外科技术
microswitch 微动开关
microsynoptic map 小型天气图
microsyringe 微量注射器
microsystem 微小系统(microsystema)
microsystem innovation 微系统创新
microtaxonomy 微分类学(microtaxonomia)
microtechnique 显微技术(microtechnica)
microteliospore 春孢冬孢子,锈孢冬孢子(microteliospora)
microtelium 春孢冬孢子堆,锈孢冬孢子堆
microtensiometer 测微张力计
microtherm 低温[植物]
microtherm climate 低温气候
microtherm plant 低温植物
microthermal type 耐低温植物型,低温型
microthermistor 微热敏电阻
microtiter ①微量滴定度,微量滴定率 ②标准液
microtiter plate 微量滴定板
microtitration 微量滴定(microtitratio)
microtitrimetry 微量滴定法(microtitrimetrica)
microtome 切片机{显技}
microtome knife 切片刀{显技}
microtomy 显微解剖[学],显微切片法(microtomia)
microtopography 微地形[学](microtopographia)
microtopography of moor 沼泽微地形
microtrichous 被微毛的(microtrichus)
microtron 电子回旋加速器
microtrophic 微营养的(microphus)
microtropis ①假卫矛属[*Microtropis* Wall.](卫矛科)②假卫矛[*Microtropis discolor* Wall.]
microtubular 微管的,微管丝的(microtubularis)
microtubular membrane 微管膜
microtubular subunit 微管亚单位
microtubule 微管[丝](microtubulus)
microtubule array 微管丝依次排列
microtubule-associated protein(MAP) 微管相关蛋白[质]
microtubule in mitotic apparatus 有丝分裂器的微管丝
microtubule in postfusion reorganization 融合后再组织的微管丝
microtubule in suctorian tentacle 吸收触毛的微管丝

microtubule motor protein 微管动力蛋白
microtubule organizing center 微管丝组织中心
microtubule regulation by Ca^{2+} 微管丝受Ca^{2+}调节
microtubule severing protein 微管切割蛋白[质]
microtubulin 微管蛋白
microtubulus 微管丝,微管
microturbulance 微紊流
microtutor 微型教学计算机{智培}
microvallege 微谷,小谷
microvariation ①小变化,微变化 ②微变异(microvariatio)
microvibration 微小振动(microvibratio)
microvilli ①微小突起物 ②微绒毛
microvillus ①微绒毛,微长柔毛 ②微小突起物,指状突
microvillus diagram 微绒毛图解
microvirus 微小病毒
microviscosimeter 微黏度计
microvivisection 显微活体解剖(microvivisectio)
microvolt 微伏特(10^{-6}伏特)
microware 微件{信息}
microwave 微波(microunda)
microwave atmospheric sounding radiometer(MASR) 微波大气探测辐射计{遥感}
microwave beacon 微波信标
microwave diathermy 微波透热
microwave drying 微波干燥
microwave emissivity 微波发射率{遥感}
microwave field 微波场
microwave hologram 微波全息图{遥感}
microwave holography 微波全息摄影
microwave integrated circuit 微波集成电路{信息}
microwave irradiation 微波照射
microwave lens 微波透镜{遥感}
microwave oven 微波炉
microwave radiation 微波辐射
microwave radiometer 微波辐射计{遥感}
microwave remote sensor 微波遥感器
Microwave Satellite 微波卫星{遥感}
microwave scanning radiometry 微波扫描辐射测量
microwave scatterometer 微波散射计
microwave sounder unit 微波探测装置{遥感}
microwave thermograph 微波自记[式]温度计,微波温度自记器
microwave windfield scatterometer(MWS) 微波风场散射计
microwell plate 微孔[滴定]板
microworld 微观世界
microzoid 小配子,雄配子(microzoides)
microzone 微域(microzona)
microzoon ①微动物 ②原生动物
microzooplankton 微型浮游动物
microzoospore 小游动孢子(microzoospora)
microzyme(= zymotic microbe) 酵母菌
micrurgical 显微手术的(micrurgicus)
micrurgical isolation 显微手术分离
micrurgical technique 显微操作术
micrurgy 显微手术,显微操作法(micrurgia)
mictic 产等性比子代的,两性生殖的(micticus)
mictium 混交群落
mictohaploidy ①两性核单倍性{真菌} ②异核单倍性{细胞}(mictohaploidas)
mictohaplont ①两性核单倍体 ②异核单倍体(mictohaplons)
mictohaplontic ①两性核单倍的 ②异核单倍的(mictohaplonticus)
micton 广布种
micturate 排尿(micturare){畜}
micturation 排尿(micturatio){畜}
mid 中间的(midius)
MID(= minimal infecting dose) 最小感染[剂]量
mid-anaphasc 中后期{细胞}
mid-dense 中紧密的(middensus)
mid-diameter 中央直径
mid fen 中位沼泽{生态}
mid-frequency 中心频率
mid-girth 中央干围(指树木)
mid-gley soil 中位潜育土
mid-leg 中足
mid-log phase 对数中期(指细胞生长曲线)
mid-mitosis 中有丝分裂
mid-mounted implement 轴(中)间悬挂农具
mid-mounted mower 轴(中)间悬挂式刈草机
mid-mounted toolbar 轴(中)间悬挂式通用机架
mid-mounted type 轴(中)间悬挂式
mid-parent 双亲中值
mid-parent value 双亲中值
mid-point 中点
mid-prophase 中前期
mid-range forecast 中期预报
mid-rest 休眠中期
mid-ripe 中熟

mid-shaft ①中间层,过度层{土壤} ②中轴{农机}
mid-spindle elongation 纺锤体中部延伸
mid-stage of spikelet differentiation 小穗分化中期
mid-summer 中夏,仲夏
mid-summer day 伏天,酷暑天
mid-summer seeding 中夏播种
mid-summer shoot 秋条
mid-term variety 中熟品种
mid-timber diameter 材干中央直径
mid-timber girth 材干中央干围
mid-value 中值,中价
mid-variety 中熟品种
mid-winter 仲冬,隆冬
mid-winter manure 隆冬[追]肥
mid-winter variety 越冬品种,冬性品种
midabdomen 中腹
midbody 中体,纺锤桥,弗来铭氏体(= Flemming's body)
midcontinental region 中央区,中心区{土壤}
midday 中午,正午(= midday noon)
midday depression ①中午降低,正午衰退 ②正午低压
midday flower ①日中花属(龙须海棠属,松叶菊属)[*Mesembryanthemum* L.](番杏科) ②日中花 [*Mesembryanthemum tenuifollum* L.] ③龙须海棠(松叶菊)[*Mesembryanthemum spectabilis* Br.]
midday observation 正午观测
midday transpiration 中午蒸腾[作用]
midden ①粪堆 ②垃圾堆
middle ①中央的,正中的(medianus) ②中间的(medius) ③沟,犁沟
middle atmosphere 中层大气
middle breaker 培土犁
middle breaking 行间中耕培土
middle buster 双壁挖甘薯犁,双壁开沟犁
middle-buster plow 培土犁,做垄犁
middle busting ①行间中耕培土 ②垄作
Middle Carboniferous 中石炭世
middle cloud 中云
middle course 中游
middle cut 中段原木
middle cut file 中纹锉
middle division of silk gland 中部丝腺{蚕}
middle dough stage 蜡熟中期
middle-early variety 中早熟品种
middle entrance 中巢门
middle field layer 中草层
middle forest 中林
middle-grade rice 中等米,中级米
middle group 中熟类型(稻)
middle growth stage 生长中期
middle heading time 抽穗盛期
middle infrared 中红外{遥感}
middle lamella 胞间层,中胶层(lamella media)
middle lamella separation 中胶层分离
middle-late variety 中晚熟品种
middle latitude 中纬度
middle layer ①中间层{土壤} ②中层{水产}
middle layer longline 中层延绳钓
middle layer trawl 中层拖网
middle leaf 中部叶(folium medium)
middle leg (= mid-leg) 中足
middle-palened looper moth 中苍尺蛾[*Cleona angulifera* Buter.](尺蛾科)
middle peasant 中农
middle piece 中段(fragmentum medium){细胞}
middle plate 中段(platus medius){昆虫}
middle pore 中孔[隙]{土壤}
middle pruning 中度修剪,适度修剪
middle reaches 中游(指江河){水利}
middle repetitive DNA 中等重复DNA
middle-repetitive sequence 中等重复序列,中度重复序列{分遗}
middle-ripe variety 中熟品种
middle seedling age 中苗龄
middle stage of growth (= middle growth stage) 生长中期
middle storage 中型存储器
middle stratosphere 平流层中层
middle tillering stage 分蘖中期
Middle Yorkshire 中约克夏(猪)
middle zone 中层
middleman 中间人,经纪人
middleware 中间件,媒件
middling ①中等的 ②第二流的 ③普通的
middling bearing shoot 中[等]果枝
middling cocoon 中等茧,二等茧{蚕桑}
middling-headed training 中干整枝
middlings ①次等面粉(含有麦麸) ②筛出物 ③(棉花分级标准)基础级 ④(废品)中级品
midecamycin (= mydecamycin) 麦迪霉素
midges (= non-biting midges) 摇蚊科[Chironomidae]
midget ①小型设备 ②微型汽车 ③侏儒
midget crabapple 小果海棠(西府海棠)[*Malus micromalus* Makino](蔷薇科)
midget duster 小型喷粉器,手摇风箱式喷粉器

midget tester 小型万用表
midget tractor 小型拖拉机,手扶拖拉机
midget tropical storm (= midget typhoon) 小型台风(直径100公里以内的台风)
midgrass 中草
midgut 中肠
midgut polyhedrosis (蚕)中肠型多角体病
midicomputer 中型计算机
midkidney 中肾
midmountain rain-forest 中山热雨林
midnerve (= midrib) 中脉,中肋
midnight 子夜,半夜
midnight sun 夜半太阳
midpiece (= middle piece) 中段
midrange (MR) 全距中点
midrib ①中脉(nervus primarius, nervus medius)〔形态〕②中心隔断(指蜂房)〔蜂〕
midrib blotch 中肋疙瘩病(指甘蔗)
midrib bug (= plant bug, leaf bug) ①盲蝽 ②⌊复⌉盲蝽科[Miradae]
midrib forking 中肋分叉
midrib of comb 巢脾中心隔断
midriff 横膈膜
midseason drainage (稻田)中期排干(水)
midseason maturity 中熟性
midseason variety 中熟品种
midsized kernel 中等子粒
midsummer 仲夏
midsummer shoot 再生枝
midtorpedo stage 中鱼雷期(胚)
midvein 中脉
midwater drift net 中层流网
Midwinter (= The coldest) 大寒(中国的24节气之一)
midwinter 隆冬,严寒
midwinter manure 冬肥,保暖肥
midwood 丛林,密林
Mie scattering 米氏散射〔遥感〕
MIF (= migration inhibitory factor) 迁移抑制因子
migmatite 混合岩〔地质〕
mignonette ①木犀草属[*Reseda* L.](木犀草科)②木犀草[*Reseda odorata* L.]
mignonette family 木犀草科[Resedaceae]
mignonette medeiravine 多枝马德拉藤[*Bousingaultia baselloides* Hook.](落葵科)
mignonette-tree ①散沫花属[*Lawsonia* L.](千屈菜科)②散沫花[*Lawsonia inermis* L.]
migrant ①迁移的 ②移栖的 ③移栽植物 ④移栖动物 ⑤迁移蚜(migrans)
migrant individual 移栖个体
migrant labour (= migratory worker) (农村)流动的短工
migrant population 移栖生物群体
migration ①转移 ②迁移 ③移栖 ④洄游 ⑤飞迁 ⑥移动,移行 ⑦徙动(migratio)
migration agent ①迁移动力 ②迁移动力因素
migration circle 迁移范围
migration cleanup 迁移清除
migration coefficient 迁移系数〔土壤〕
migration constant 迁移常数
migration data host 迁移数据宿主〔电脑〕
migration enhancement factor 移行增强因子〔分生〕
migration indicator ①迁移指示植物〔生态生理〕②迁移指示器
migration inhibitory factor (MIF) 迁移抑制因子
migration of ion 离子迁移
migration of parasite 寄生虫移动
migration pattern 洄游模式,洄游路线,洄游类型
migration policy 迁移政策〔农经〕
migration rate ①转移率 ②移动率 ③迁移率
migration route 洄游路线
migration statistics 迁移统计资料
migration velocity 移动速度,迁移速度
migrational selection 转移选择
migratory ①迁移的 ②移栖的 ③流动的,漂流的 ④洄游的 ⑤移动的(migratorius)
migratory animal 移栖动物
migratory bee-keeping 转地养蜂
migratory bird 候鸟
migratory cell 白血球
migratory fishes 洄游性鱼类
migratory flock ①流动羊群,游牧羊群 ②流动畜群,游牧畜群
migratory grasshopper 迁徙蚱蜢[*Melanoplus sanguinipes* (Fabricius)](蝗科)
migratory herd 游牧畜群
migratory herding (= nomading) 游牧
migratory locust 亚洲飞蝗[*Locusta migratoria migratoria* L.](蝗科)
migratory phase 迁移期
migratory restlessness 迁徙兴奋
migratory worker 流动工人(短工)
migrule form 繁殖型
mikamycin 米卡霉素
Mikasa 三翌(西瓜品种)
mikawanus razorsedge 三河珍珠芽[*Scleria mikawana* Makino](莎草科)
mikoudai ①米口袋属[*Gueldenstaedtia*

Fisch.]（豆科）②米口袋［*Gueldenstaedtia multiflora* Fisch.］
mil 密耳(1/1000 英寸)
milacre（= miliacre） 千分英亩(=1/1000 英亩=6.6平方尺)
milch ①生奶的,有奶的 ②榨奶用的
milch cow（= milk cow） 乳牛,奶牛
milch goat（= milk goat） 乳羊,奶羊
mild ①温和的 ②软性的 ③(烟,酒)味不浓的 ④轻度的
mild day 温和日,温暖日
mild frost 轻度霜冻
mild humus 温性腐殖质
mild-maritime climate 温和海洋气候
mild moderate dose 中等剂量
mild mosaic of broad bean 蚕豆轻性花叶病
mild mosaic of potato 马铃薯轻性叶花病［*Solanum virus* 1］
mild mosaic virus (马铃薯)轻性花叶病毒
mild slope 缓坡
mild steel 软性钢
mild strain 温和菌株{微生物}
mild weather 温和天气
mild winter 温和冬季
mild-winter region 温和冬季地区
mildew 霉,植物霉病
mildew of millet 谷子白发病
mildew on oats（= loose smut of oats） 燕麦裸黑穗病,燕麦散黑穗病
mildew resistance 抗霉性
mildew-resistant mutant 抗霉突变体
mildly alkaline soil 轻度碱性土壤
mildly arid region 轻度干旱地区,轻旱区
mildness 温和性,缓和性
mile 英里(1 英里=1.609 千米)
mile post 里程标
mileage 英里数,英里程
miles per gallon（MPG） 每加仑英里(指每加仑汽油所行英里数)
miles per hour（MPH） 每小时英里数
milestone 里程碑
miliary 似粟的（miliaceus）
miliary body 丝核体
milieu 环境,社会环境
milifoil（= common yarrow） 欧洲蓍草［*Achillea opposita* Thunb.］（菊科）
military ①军事的 ②军用的（militaris）
military cyborg 军用生控体
military depot 军用仓库
military farm 军用农场
military meteorology 军事气象学
military rifles 军用来复枪
milk 乳,奶（lac）
milk "turn" 发酸的变质牛奶
milk acid 乳酸
milk agent 乳汁因子(指小鼠乳腺瘤病毒)
milk albumin 乳清蛋白
milk an animal 挤奶
milk balance 奶秤,称奶天平
milk borne immunity 牛乳免疫性
milk bottle 奶瓶
milk bottle capper 奶瓶装盖机
milk bucket 挤乳桶
milk bush 绿玉树［*Euphorbia tirucalli* L.］（大戟科）
milk can（= milk churn） 奶桶
milk cattle 乳牛,奶牛
milk character 泌乳性状
milk churn 乳桶,大型乳罐
milk clarifier（= milk cleanser） 净乳器
milk collection centre 集奶站
milk control 牛奶检验
milk cooler 奶冷却器
milk cooling 奶冷却
milk cow（= dairy cow） 乳牛,奶牛
milk curd 凝乳
milk defect 牛奶质次
milk duck 输奶管
milk enzyme 乳酶
milk equivalent 牛乳当量
milk extender（= milk substitute, milk replacer） 代乳品
milk fat 乳脂
milk-fat percentage 乳脂率
milk feeding 奶饲,牛奶饲喂
milk fever ①轻型产褥热 ②产乳热 ③乳热病［*Paresis puerperalis*］
milk filter 滤乳器
milk flow 乳漏,乳溢
milk flow indicator 量乳器,乳量指示器
milk flow meter 牛奶流量计
milk food（= milk preparation） 乳制品
milk for cheesemaking 制干酪用牛奶
milk gage 量乳器
milk goat 奶羊
milk gowan（= dandelion） 龙牙草［*Leontodon hastilis* L.］（菊科）
milk handling 乳处理
milk heater 热奶器
Milk Industry Association of the European Community 欧洲共同体乳业协会
milk inlet 奶入口
milk juice 乳汁
milk lift 抽奶器

milk lifter 输奶泵,抽奶机
milk line 输奶管路
milk market 奶市,牛奶市场
milk marketing fund (= dairy products fund) 乳制品(补偿)基金
milk meter 乳量计
milk mushroom (= pepper mushroom, peppery milky cap) 白帽菌[*Lactarius piperatus* (Scop.) Fr.](伞菌科)
milk of lime 石灰乳
milk-of-lime feeder 石灰乳投加器{环保}
milk outlet 奶出口
milk pail 挤乳桶
milk parlor (= milk parlour) 净乳室
milk parsley ①蛇床属[*Selinum* L.](伞形花科) ②蛇床[*Selinum monnieri* L. = *Cnidium monnieri* (L.) Cussl.]
milk pasteurizer 牛乳消毒器
milk performance 泌乳性能,产奶能力
milk persistency 泌乳持续性
milk plant 奶厂
milk powder 奶粉
milk powder machine 奶粉制造机
milk powder processing 奶粉加工{加工}
milk pox 类天花
milk preparation 奶制品
milk preservation 牛奶保存
milk preserves 奶耐藏品,炼乳罐头
milk processing 牛奶加工
milk production 奶品生产
milk production using "flying herd" 高产乳品业
milk productivity 牛奶生产力,产奶能力
milk products (= dairy products, dairy produce) 奶制品,奶品
milk products waste 奶制品废水{环保}
milk protein 乳蛋白质
milk pump 奶泵
milk purslane (= prostrate spurge) 仰卧大戟[*Euphorbia supina* Rafin. = *Chamaesyce supina* Mold.](大戟科)
milk quantity [per milking] [每次]挤乳量
milk rate (= milking rate, rate of milking) 挤奶速度,挤乳量
milk recorder 乳量测定员
milk recording 乳量测定
Milk Recording Association 牛奶检验协会
milk-ripe 乳熟的
milk ripe stage (= milky stage) 乳熟期
milk ripeness ①乳熟 ②乳熟度
milk room 存奶室
milk sap 乳状汁
milk scale 乳量计
milk season 乳业季节
milk secretion 乳分泌
milk separation 乳液分离器
milk serum 乳清
milk sheep 奶羊
milk stage 乳熟期
milk sterilizer 牛乳灭菌器
milk stirrer 搅奶器
milk strainer 滤奶器
milk subsidy 牛奶补助金
milk substitute 代乳品
milk sugar 乳糖[$C_{12}H_{22}O_{11}$]
milk supply 牛奶供应
milk tester 验乳器,验乳计
milk testing 牛奶检验,牛奶化验
milk thik thistle (= annual sowthistle) 苦荬(苦苣菜)[*Sonchus oleraceus* L.](菊科)
milk thistle ①水飞雉属[*Sitybum* Adans](菊科) ②水飞雉 (= Saint Mary thistle) [*Silybum marianum* Gaertn.]
milk tooth 乳齿
milk tube (挤乳机)送乳管
milk vein (= mammary vein) 乳静脉
milk vessel (= latex vessel) 有节乳汁管
milk vetch ①紫云英属(黄蓍属,黄芪属)[*Astragalus* L.](豆科) ②紫云英[*Astragalus sinicus* L.] ③黄蓍[*Astragalus hoangtchy* Fr.]
milk well 乳井
milk year 乳业年度
milk yield [per milking] [每次]挤奶量
milk yield control 奶量控制
milk yield of one udder quarter 四分之一乳区泌乳量
milk yield recording 奶量记录
milkability 泌乳力,出乳本领,产乳能力
milker ①挤奶器,挤奶机 ②挤奶工
milking 挤奶
milking ability (= milking capacity) 泌乳力
milking apparatus 挤奶器,挤奶装置
milking at pasture 牧场挤奶
milking bail 挤奶棚
milking barn 挤奶间
milking bucket (= milking pail) 挤乳桶
milking capacity 挤奶量,出奶量,泌乳力
milking cluster (= teat cup cluster) 乳头杯自动清洗器
milking cow 挤乳乳牛
milking cow diagnosis system [挤乳]乳牛诊断法

milking cycle 挤奶周期
milking hall 挤奶厅
milking machine (= milker) 挤奶机(器)
milking method 挤奶法
milking on pasture 牧场挤奶
milking operation 挤奶作业,挤乳操作
milking pail 挤奶桶
milking parlor (= milking room) 挤乳室
milking rate 挤乳速度
milking robot 挤乳机器人
milking shed 挤奶棚
milking Shorthorn (= dairy Shorthorn) 挤乳短角牛
milking stalls 挤奶台
milking stool 挤奶凳
milking truck 挤乳车
milking tube 挤乳管
milking type cattle 乳用牛
milkmaid 挤乳女工,女挤奶员
milkograph 奶量记录器,记录式量乳计
milkstone ①乙基半乳糖 ②凝结物,凝块{生化}
milkvetch (= loco, poisonvetch) ①黄芪属[*Astragalus* L.](豆科) ②黄芪[*Astragalus membranaceus* Bge.]
milkweed ①马利筋属[*Asclepias* L.](萝藦科) ②马利筋[*Asclepias curassavica* L.]
milkweed butterflies 斑蝶科[Danaidae]
milkweed family 萝藦科[Asclepiadaceae]
milkwort ①远志属[*Polygala* L.](远志科) ②远志[*Polygala tenuifolia* Willd.]
milkwort family 远志科[Polygalaceae]
milky ①牛乳的 ②乳状的 ③含乳的(lactens, lacteus)
milky maturity ①乳熟 ②乳熟度
milky ripe 乳熟的
milky ripe stage 乳熟期
milky ripeness ①乳熟 ②乳熟度
milky tetter 奶癣
Milky Way 银河
milky-white 乳白色的(lacteus, galactus)
milky white kerneled rice 乳白稻粒
milky white rice kernel 乳白米粒
mill ①磨 ②小型磨粉机,粉碎机,压榨机 ③磨房,磨坊,磨粉厂 ④加工厂,糖厂
mill chemical staff [糖]厂化验员
mill-cog 水车轮齿
mill culls 制材下脚料,等外材
mill dam 磨坊用水坝
mill grain 碾米
mill industry 制粉业
mill laboratory [糖]厂化验室,[糖]厂实验室
mill mite 粉螨[*Tyroglyphus farinae* L.]
mill-mixer 粉碎混合机,粉碎搅拌机
mill offals 麸皮,谷麸,糠
mill pond ①磨坊贮水池 ②贮水池
mill race 旋转磨坊水车的水流{水利}
mill run ①出粉量(磨粉厂) ②制材量(锯材厂)
mill-sail-shaped 磨帆状的,张伞状的(molendinaceus)
mill-stone 磨盘,磨盘石
mill tramline [糖]厂有轨电车路线
mill waste water ①磨坊废水 ②糖厂废水{环保}
mill wheel 水车
millable stalk 有效茎,原料茎(指甘蔗可砍收适于榨糖用)
millcourse 磨槽
milled rice 精米,白米
milled rice with embryo 有胚精米,胚芽米
millenia 几千年
miller ①磨粉机 ②磨粉厂 ③旋转锄 ④⌞复⌝(= moths)蛾类(指体躯附有鳞粉的)[Heterocera]
Miller code 密勒码{电脑}
millerandage 小果(指葡萄)
millet ①黍属[*Panicum* L.](禾本科) ②黍(稷,黄米,糜子)[*Panicum miliaceum* L.](millet 为黍,稷,而 foxtail millet 则指粟,黍与粟在分类上是不同属的,黍为[*Panicum* L.],而粟为[*Setaria* Beauv.]。黍具黏性又叫"黄米",稷不具黏性,一般称为"糜子",所以黍与稷是同一个种而具不同特性的变种)
millet blast 粟瘟病
millet bug 粟缘蝽[*Corizus hyalinus* Fabricius](缘蝽科)
millet carpetweed 直生粟米草[*Mollugo stricta* L.](粟米草科)
millet fertilizer test 黍肥料试验
millet grass 粟草[*Milium effusum* L.](禾本科)
millet grass moth 粟草螟[*Acigona ignefusalis* (Hampson)](草螟科)
millet growing ①黍栽培 ②黍栽培学
millet hay 黍干草
millet haystack 黍干草垛
millet headworm (= foxtail millet webworm) 粟穗螟[*Mampava bipunctella* Ragonot.](螟蛾科)
millet in husk 谷子
millet kernel smut 粟粒黑粉病[*Ustilago*

crameri Koernicke]
millet leaf beetle 粟负泥虫[*Lema tristis* Herbst](叶甲科)
millet processing 粟加工,小米加工{加工}
millet rust 粟锈病[*Uromyces setariae-italicae* Yoshino]
millet scourer 黍粒脱壳机
millet seed growing 黍良种繁育
millet-spray 谷穗
millet stalk worm (=European corn borer) 玉米螟[*Ostrinia nubilalis* Hübner](螟蛾科)
millet stem borer 粟秆灰螟[*Diatraea shariinensis* Equchi](草螟科)
millet stem flea-beetle 粟茎跳甲[*Chaetocnema ingenua* Baly](跳甲科)
millet whitish cutworm 玉米白蠊须夜蛾[*Zanclognatha innocens* Butler](夜蛾科)
millettia[vine] ①鸡血藤属[*Millettia* Wight et Arn.](豆科) ②鸡血藤[*Millettia reticulata* Benth.]
milli- ⌞字头⌝毫,千分之一,10^{-3}
milli-equivalent (meq) 毫[克]当量(溶液)
milli-micron (=millicron) (mμ) 毫微米
milli-Siemens 毫西门子(=1/1000西门子,公制导电单位)
milliamper 毫安[培](1/1000安培)
milliard 十亿
millibar (mb) 毫巴(气压单位)
millibar-barometer 毫巴气压表
millicron 毫微米
millicurie (mci) 毫居里
milligram (mg) 毫克
milligram equivalent 毫克当量
milligrams per liter 毫克/升,每升毫克数
milliliter (ml) 毫升
millimeter (mm) 毫米
millimicromole 毫微克分子(10^{-9}克分子)
millimicrosecond 毫微秒
millimole (mmol) 毫克分子
milling ①磨粉,碾磨{加工} ②铣,铣削{农机} ③翻松{耕作} ④压榨(指甘蔗)
milling and processing capacity 压榨和加工能力
milling by-products 磨粉副产物
milling cultivation 耱耙耕作
milling grain 碾磨粮谷
milling industry 制粉[工]业
milling loss 碾磨损耗
milling machine ①制粉机,磨粉机 ②铣床
milling peat 粉碎泥炭
milling percentage ①出粉率 ②出精米率
milling products 磨粉产物
milling quality 压榨品质
milling ratio (=milling rate) ①碾米率,出米率 ②出粉率
milling waste 磨粉废物,废粉
milling yield ①出粉率 ②出米率
millinormal 毫克当量的
million ①百万,兆(=one thousand thousand=1000000) ②无数,许许多多
million floating point operation per second 每秒百万个浮点操作{电脑}
million instructions per second 每秒百万条指令{电脑}
milliosmolarity 毫渗量(milliosmolaritas)
millipede ①马陆 ②⌞复⌝(=thousand-legged worms) 倍足[亚]纲[Diplopoda]
millipore 微孔(milliporus)
millipore filter 微孔滤膜
millipore filtration 微孔过滤
millirad (mrad) 毫拉得(吸收剂量单位)
millirem (mrem) 毫拉得当量
milliroentgen (mr) 毫伦[琴](照射剂量单位)
millisecond 毫秒
millivolt 毫伏[特]
milliwatt (=milliw) 毫瓦
Millon reaction 米隆反应{生技}
Millon's reagent 米隆反应剂
Millon's solution 米隆氏液{显技}
Millon's test 米隆试验
millwright ①装配工人,安装工人 ②机械制造,设计师
milneb 代森环(杀菌剂)[$C_{12}H_{22}N_4S_4$]
Milo 买罗高粱(属粒用高粱,有标准白色,矮生白色,标准黄色,矮生黄色各类型,产于西非)
Milo scornm 买罗高粱(西非高粱)(高粱分类类型)
milpa system 烧垦法(烧林垦地作业)
milt ①鱼精,鱼白 ②脾脏
milter (产卵期)雄鱼
mimeograph (蜡纸)油印机
mimesis ①拟态 ②模拟,模仿
mimetic ①拟态的 ②模仿的 ③模拟型(mimeticus)
mimetic gene 模拟基因,同效基因
mimetic weed 拟态杂草
mimetism ①拟态 ②模仿性(mimetismus)
mimic ①模拟型 ②模仿的,模拟的,伪装的(mimicus)
mimic death 假死
mimic diagram 模拟示意图(指处理厂各单元运转用彩色灯光模拟的示意图){环保}

mimic gene 同效基因,模拟基因
mimic mutant ①模拟突变体 ②模拟突变型
mimic semi-looper 妇毛胫夜蛾［*Mocis ancilla* Warren］(夜蛾科)
mimicry 拟态(mimicrius)
mimicry plant ①对叶花属［*Pleiospilos* spp.］(番杏科) ②对叶花［*Pleiospilos bolusii* sp.］
mimosa ①含羞草属［*Mimosa* L.］(含羞草科) ②含羞草［*Mimosa pudica* L.］
mimosa bark 含羞草鞣料树皮
mimosa family 含羞草科［Mimosaceae］
mimosine 含羞草氨酸
MIN(=minimum) ①最小的 ②最小值{信息}
min-cut 极小［切］割{生技}
mina climber ①金鱼花属(旋花科) ②金鱼花
minal medium 基本培养基
minaline 吡咯甲酸
minamata disease 有机汞中毒症{环保}
minatory 恐吓性的(minatoris)
mince 切碎,剁碎(mintiare)
minced fish 碎鱼肉
minced meat 碎肉
mincemeat 百果馅
mincer ①粉碎机 ②绞肉机
mincing machine 绞肉机,剁碎机,切碎机
mind 智力
mindistance 最小距离
mine 矿,矿坑
mine drainage ①矿山废水 ②矿井排水{环保}
mine pollution 矿污染
mine-pollution injury 矿污害,矿毒害
mine smoke 矿烟{环保}
mine timber 矿柱,坑木
minefield 矿区
mineola moth(=destructive prune worm) 亚心叶李螟［*Mineola scitulella* Hulst］(螟蛾科)
miner ①超深耕犁 ②潜叶蝇
mineral ①矿物 ②矿物质的(mineralis)
mineral acid 无机酸
mineral analysis 矿物分析
mineral ash 矿质灰分
mineral balance 矿质平衡
mineral biotechnology 矿物生物技术
mineral composition 矿质组成,矿质成分
mineral concentration 矿质浓度
mineral concentration gradient 矿质浓差梯度
mineral constituent 矿质组分,无机组分
mineral content 矿物［质］含量
mineral cycling(=mineral cycles) 矿质循环,无机物循环
mineral deficiency 矿质［元素］缺乏
mineral deficiency symptoms 矿质缺乏症状
mineral deposit ①矿物质沉积［物］ ②矿床
mineral deposition 矿质沉积［作用］
mineral element 矿质元素,无机元素
mineral elements in phytomass 植物量的矿质元素
mineral elimination 矿物质排除
mineral feed 矿质饲料
mineral feed mixture 矿质饲料混合物
mineral fertilizer 矿质肥料,无机肥料
mineral food 矿质食物,矿质养料
mineral functional type 矿物质功能型
mineral horizon 矿质层
mineral impurities 矿物杂质
mineral incorporation 矿物质参入
mineral ion 矿质离子
mineral leaching 浸矿
mineral lick 舔盐,饲用盐
mineral manure 矿质肥料,无机肥料
mineral map 矿产图{遥感}
mineral matter 矿物质
mineral metabolism 矿质代谢
mineral mobilization 矿质移动
mineral nitrogen 矿质态氮,无机态氮
mineral nutrient 矿质养分
mineral nutrient requirements 矿质养分需要量
mineral nutrient status 矿质养分状态,矿质营养物状态
mineral nutrition 矿质营养,无机营养
mineral oil 矿物油
mineral parent rock 矿质母岩
mineral photosynthesis 矿质光合作用
mineral pitch(=asphalt) 土沥青
mineral poison 矿毒
mineral recycling 矿质再循环
mineral requirement 矿质需要量
mineral resource 矿产资源{遥感}
mineral salts 矿质盐
mineral secondary metabolism 矿质次生代谢
mineral soil 矿质土壤
mineral spring 矿泉［水］
mineral substance 矿物质,无机物质
mineral theory 无机营养学说{植生}
mineral transport 矿质转运(运输)
mineral uptake 矿质吸收
mineral utilization 矿质利用

mineral waste 矿质废水(物){环保}
mineral waste residue 矿渣{环保}
mineral water 矿质水,矿泉
mineral wax 矿蜡,石蜡,地蜡
mineral well 矿泉井{环保}
mineralizable nitrogen 可矿化氮
mineralization 矿化[作用](mineralisatio)
mineralization of humus 腐殖质矿[质]化
mineralization potential 矿[质]化位势,矿[质]化潜势
mineralization rate 矿化率{土壤}
mineralization rate of organic manure 有机肥料的矿化率
mineralized belts (= mineralized zones) 矿化带
mineralized cell process 矿化细胞法(木材防腐)
mineralizers (= mineralizing agent) 矿化剂
mineralocorticoid 盐皮质[激]素
mineralocorticoid response element (**MRE**) 盐皮质素效应元件{生技}
mineralocorticosteroid 盐皮质类固醇,盐皮质甾类
mineralogy 矿物学(mineralogia)
minerogenetic prognostio map 成矿预测图{遥感}
minerotrophic mire 有矿质营养[的]沼泽{生态}
mingle ①混合 ②混植
mingled forest 混交林
mini- ⌞字头⌝小
mini potted landscape 小盆景{园林}
mini potted plant 小盆景植物{园林}
mini rice 小粒稻(稻品种)
mini rice center 小粒稻中心
mini-sized honsai 盆景小品{园林}
miniature ①小形翅{遗传} ②缩图,缩影,缩小模型(miniatura)
miniature combine 小型联合收获机
miniature computer 小型计算机
miniature gardening 盆景[学]{园林}
miniature hand held scanner 袖珍手提扫描器
miniature landscape 盆景{园林}
miniature potted plant 盆景植物{园林}
miniature radio transmitter 小型无线电发报机
miniature rectangular connector 小型矩形接插件{电脑}
miniature spindle 小型纺锤体
miniature tractor 小型拖拉机
miniature type 小型,微型
miniaturization 小型化(miniaturisatio)
minicarridge 小型盒式磁带机
minicell 微型细胞,小细胞(minicellula)
minichromosome 微型染色体(minichromosoma){细胞}
minicomputer 小型计算机
minidisk 微型磁盘,小型磁盘{信息}
minidiskette 小型软盘
miniemulator 小型仿真器{智培}
minifer 单引发终止剂{分遗}
minigel 微型凝胶
minigel electrophoresis 微型凝胶电泳
minigene 小基因(minigena){分遗}
minimal 最小的,极小的(minimalis)
minimal area [群落]最小面积
minimal concentration 最小浓度
minimal cover 最小覆盖
minimal genetic distance 最小遗传距离
minimal infecting dose (**MID**) 最小感染[剂]量
minimal inhibitory concentration (**MIC**) 最小抑制浓度
minimal investment 最小投入{农管}
minimal lethal dose (**MLD**) 最小致死剂量
minimal limiting temperature 最低限[制]温度
minimal medium 基本培养基,最简单培养基
minimal network 最小网络{信息}
minimal recognition length 最小识别长度
minimal relative irradiance 最小相对辐照度
minimal speed 最低速度
minimal stomatal diffusion resistance 最小气孔扩散阻力
minimal synthetic medium 基本综合培养基
minimal value 最小值,最低值
minimal water potential 最小水势,临界水势
minimality 极小性(minimalitas)
minimax 极大极小(指极大中的极小)
minimax criterion 极大极小准则(指最大中的最小准则)
minimax strategy 极大极小策略(指最大中的最小策略)
minimax test 最大最小试验(指最大中的最小试验)
minimize 减至最小量,减至最低程度,作最低估计
minimizing expected cost 最小期望成本{农管}
minimonitor 小型探测器
minimower 微型割草机

minimum ①最小量,最低点,极小值 ②最小的,最低的,极小的
minimum air temperature 最低空气温度
minimum altitude 低空(按美国标准指 650 米以下)
minimum area 最小面积
minimum Bayes risk 最小贝叶斯风险{电脑}
minimum benefit 最小利益
minimum bent radius 最小弯曲半径
minimum coagulation 最小凝结作用
minimum cold-endurance 最小耐寒性
minimum cold-resistance 最小抗寒性
minimum compactibility 最低亲和力
minimum concentration 最低浓度
minimum consumption 最低消耗量(指用水),最低用水量{环保}
minimum deviation ①最小离差{统计} ②最小偏差
minimum effective temperature 最低有效温度
minimum energy path (MEP) 最低能量途径
minimum essential medium (MEM) 最低必需培养基,极限必需培养基
minimum factor 最少(低)因子
minimum field capacity 最小田间持水量
minimum flow 最小流量{环保}
minimum girth 最小干围(林木)
minimum gradient 极小梯度
minimum growth temperature 最低生长温度
minimum hop path 最小跳步通路{信息}
minimum humidity 最低湿度
minimum interval 最小间距
minimum isotherm 最低等温线
minimum law (=law of minimum) 最低因子律{遗传}
minimum lethal dosage (MLD) 最小致死剂量
minimum lethal dose (MLD) 最小致死剂量
minimum light-absorption 最小受光量,最小光[照]吸收
minimum light intensity 最小光照强度
minimum point 最低点
minimum population 最小群体
minimum price 最低价格
minimum radius 最小半径
minimum shift keying (MSK) 最小频移键控{遥感}
minimum size limit 最小尺寸限制
minimum stability 最低稳定性{分遗}
minimum stooling 最低分蘖力
minimum threshold temperature 最低极限温度,最低阈值温度
minimum tillage 少耕法
minimum tillage system 少耕制(近于免耕制)
minimum time path 最小时程{遥感}
minimum value 最小值,极小值
minimum variance estimate 最小方差估计[量]{统计}
minimum variance unbiased estimation 最小方差无偏祖估计
minimum velocity 最小速度
minimum ventilation 最小通风量
minimum water capacity 最小持水量
minimum water consumption 最小用水量{环保}
minimum water content 最低含水量
minimum water-holding capacity 最小持水量
minimum water permeability 最低透水率,最小透水性
minimum water rate 最小需水量
minimum yield 最低产量
minimus malaria mosquito 微小按蚊[*Anopheles minimus* Theobald]
mininet station 最小网络站{信息}
mining ①挖土的 ②矿坑的,坑道的,矿山的 ③开采的,采动的
mining bees (=andrenas) 地花蜂科[Andrenidae]
mining industry 矿业
mining nuisance 矿业公害
mining plough 超深耕犁
mining scale (=quinine scale) 奎宁盾蚧[*Howardia biclavis* Comstock](盾蚧科)
mining strata mechanics 采动岩体力学{地质}
mining timber 矿用材
mining waste (=mining wastewater) 采矿废水{环保}
minipore 小孔(minipora)
miniprep (=minipreparation) 小量制备
minisatellite DNA 小卫星 DNA{分遗}
minisegregant 小型分离子(minisegregans)
minisize 微型,小尺寸
minisome 微体(minisoma){生技}
ministry of agriculture 农业部
ministry of fisheries 渔业部
ministry of food 粮食部
minisupercomputer 超小型计算机
minisystem 小规模系统(指缩小的系统)

minitrack 电子跟踪系统{信息}
minitype 小型,微型(minitypus)
minium 红丹,铅丹,四氧化三铅[Pb_3O_4]
miniwatt 小功率
mink 美国水貂[*Putorius vison*]
minor ①较小的,次要的 ②比较不重要的 ③副的
minor alimentary crops 次要粮食作物
minor base 稀有碱基
minor brachydactyly ①小短指畸形 ②小短趾畸形
minor cereal crops 小谷类作物,杂粮
minor chemical alteration 微量化学改变
minor circulation 小[型]环流
minor coil(=minor spiral) 小螺旋
minor component 次要组成部分
minor compound 微量化合物
minor constituent 少量成分
minor control 次要控制,小控制
minor crops 次要作物,小作物
minor decision 次要决策
minor decoding property 副解码性质
minor diagonal 次对角线
minor element ①次要元素 ②(=trace element)微量元素
minor element application 施用微量元素
minor element deficiency 微量元素缺乏症
minor element fertilizer 微量元素肥料
minor element nutrition 微量元素营养
minor feature 小地形
minor forest products 林副产品
minor frame 副帧{遥感}
minor gene 次要基因,微效基因
minor gene interaction 次要基因连应,微效基因相互作用
minor gene resistance 微效基因抗[病]性
minor groove ①小沟(DNA双螺旋的小沟){分遗} ②子沟{水利}
minor habitat 小生境
minor harvest 副收获(小秋收)
minor histocompatibility antigen 次要组织亲和性抗原{分生}
minor histocompatibility locus 次要组织亲和性座位(指基因)
minor loop feedback 局部反馈{信息}
minor mineral nutrient 次要矿质养分
minor nucleoside 微量核苷
minor nutrient 微量养分
minor overhaul(=minor repair) 小修
minor pogonia 小山朱兰[*Pogonia minor* Makino.](兰科)
minor produce ①副收益{农管} ②副产品{加工}
minor products 副产物,副产品
minor ride(=management-strip) 区划主线{森林}
minor river bed 小河床,子河床
minor scaffoid 第二主枝(指果树)
minor species ①次要种 ②次要树种
minor spiral 小螺旋{分遗}
minor symptom 次要症状
minor transfer RNA 副tRNA,副转移RNA
minority ①少数 ②少数民族(minoritas)
minority carrier 少数载流子
minority codon 稀少密码子,调谐密码子{分遗}
minority nationality region 少数民族地区
Minouchi's fluid 敏敖齐氏液{显技}
minslab gel electrophoresis 微[型]板凝胶电泳
mint ①薄荷属[*Mentha* L.](唇形科) ②薄荷[*Mentha arvensis* L.]
mint camphor 薄荷脑,薄荷醇
mint family 唇形科[Labiatae]
mint farming 薄荷栽培
mint flea beetle 薄荷跳甲[*Longitarsus menthaphagus* Gentner](跳甲科)
mint oil 薄荷油
mint shrub 紫荆芥[*Elsholtzia stauntonii* Benth.](唇形科)
mint stalk 薄荷茎秆
minus ①负,"-" ②减 ③零下 ④缺,不足,损失,缺点,缺陷
minus-blue filter 减蓝滤光片{遥感}
minus charge 负电荷,阴电荷
minus effect ①副作用{栽培} ②反效果,不良效果{农管} ③负效应{统计}
minus electricity 阴电,负电
minus flag 负标志,负号,"-"号
minus grade 下[降]坡
minus-log-likelihood ratio 负对数似然比{遥感}
minus material 次品{加工}
minus modifier 递减修饰因子
minus nitrogen 缺氮
minus sign 负号,减号
minus stand 负型林分
minus-strand DNA 负链DNA
minus thirty degrees 零下30度(指天气)
minus zone ①负区 ②负数位,"-"数位{电脑}
minute ①小体(突变型) ②分 ③极小的,细微的(minutus)
minute bamboo scale 小竹镣蚧[*Asterolecanium minutum* Takahashi]{镣蚧科}

minute burdock weevil 小牛蒡象［*Larinus ovalis* Roelofs］(象甲科)
minute chromosome (M chromosome) 微小染色体
minute citrus leafhopper 小橘叶蝉［*Conometopius citri* Matsumura］(叶蝉科)
minute colony mutant 小菌落突变体
minute crevice 微裂缝,细裂缝
minute deficiency 细微缺失
minute egg parasite ①美洲赤眼蜂［*Trichogramma minutum* Riley］②⌞复⌝纹翅卵蜂科［Trichogrammatidae］
minute folding 细褶皱
minute fragment 细[染色体]断片
minute garden cricket 淡褐金蛉［*Nemobius chibae* Shiraki］(金铃科)
minute intergenic mutation 微小基因间突变
minute leaf-cut weevil 细切叶象甲［*Rhynchites duminatus* Linnaeus］(象甲科)
minute of angle 角分法
minute organ 微细器官 (organa minuta)
minute phage 小噬菌体
minute pine bark beetle 小松小蠹［*Myelophilus minor* Hartig.］(小蠹科)
minute pruning 精细修剪
minute seed 小粒种子 (semen minutum)
minute structure 显微结构,微细结构
minute tooth 细齿 (denticulus)
minutely serrate 有细锯齿的 (minutiserratus)
minyulite 水磷铝钾石
Miocene epoch 中新世
mioga ginger 蘘荷［*Zingiber mioga* Roscoe.］(姜科)
miogeosycline 冒地槽｛遥感｝
miokinine 鸟氨酸三甲基内盐
miosis (= meiosis) ①减数分裂 ②成熟分裂｛细胞｝③瞳孔缩小 ④[疾病]减退期｛医｝
miostagmin 减张抗体
mipafox (= isopestox) 丙胺氟磷｛农药｝
miquel angelica 山芹当归［*Angelica miqueliana* Maxim.］(伞形花科)
miquel linden 菩提树 (南京椴树)［*Tilia miqueliana* Maxim.］(椴树科)
mirabelle plum 叙利亚李［*Prunus domestica* var. *syriaca*］(蔷薇科)
mirabilite (= glaubar salt) 硭硝,硫酸钠矿［$Na_2SO_4 \cdot 10H_2O$］
miracidium 纤毛幼虫 (miracidium)
miracin 奇异变形杆菌素
miracle ①奇迹的 ②惊异的 (miraculus)
miracle fruit 神秘果 (奇异果)［*Sideroxylon dulcificum* A. DC.］(山榄科)
miracle rice 奇迹稻(国际水稻研究所育成高产 IR8 及 IR 品系,誉为奇迹稻)
miraculin 变味蛋白
miraculous fruit (= miracle fruit) 神秘果 (奇异果)［*Sideroxylon dulcificum* A. DC.］(山榄科)
mirage 海市蜃楼,蜃景
mire ①沼泽地 ②淤泥污秽物
mirror ①镜,镜子 ②反光镜 ③(蜂)蜡镜,蜡板 (speculum)
mirror apparatus 收缩测定器
mirror image ①镜像｛显技｝②对映体｛电脑｝
mirror image isomerism 镜像异构
mirror image switch 镜像开关
mirror nephoscope 测云镜
mirror of microscope 显微镜反光镜｛显技｝
mirror reflection 镜面反射｛遥感｝
mirror stereoscope 反光立体镜｛遥感｝
mirror symmetry 镜面对称
mirroring 反射
miry 泥泞状 (lutulentus)
miry field 坑田,污泥田
miry soil 泥土,污泥土
MIS (= management information system) 管理信息系统｛信息｝
mis- ⌞字头⌝错,误
mis-insertion 错插入 (misinsertio)
misaddress 错误地址｛信息｝
misalignment ①(工作部件的)不正确安装 ②失调
miscalculation 误算,计算错误 (miscalculatio)
miscanthus false mealybug 芒粉蚧［*Ripersia japonica* Kuwana］(粉蚧科)
miscanthus scurfy scale 芒长蚧［*Chionaspis miscantheae* Kuwana］(盾蚧科)
miscarriage 流产
miscegenation ①人种混淆 ②族间婚配 ③异族通婚(miscegenatio)
miscella 含油溶剂
miscellaneous ①混杂的,各式各样的 ②有不同性质与特征的 ③多方面的 (miscellaneus)
miscellaneous cereals 杂粮
miscellaneous fertilizers 杂肥
miscellaneous goods 杂货
miscellaneous grain crops 杂粮作物
miscellaneous grains 杂粮
miscellaneous manure 土杂肥
miscellaneous rubbish 夹杂物

miscellaneous tree 杂木
miscentromere 错着丝粒
mischarging 错载{生技}
mischief 故障
mischievous ①为害的 ②有害的(mischievus)
miscible 可混合的(miscibilis)
miscoding [密码]错编,错编码{分遗}
misconception 认识误区,错误概念(misconceptio)
misconnect 错接{信息}
miscopying 错复制,[基因]错抄
miscount 算错{统计}
misdata 错误数据
misdivision 错分裂,异常分裂(misdivisio)
misdivision haploid 异常分裂单倍体(haploida misdivisionis)
misdivision of centromere 着丝粒异常分裂
miser 钻探机,凿井机
misfeed 误馈送{电脑}
misfire 不着火,不点火
misfit ①不适配,不吻合 ②配错{统计}
misfolding 错折叠{生技}
misframming 帧失步,错格{遥感}
mishit 错误命中{生技}
misincorporation 错[误]参[入](misincorporatio)
misinterpretation ①误解 ②误译(misinterpretatio)
mislead ①误导 ②引入歧途
mismark 错误标志,错误符号
mismatch ①错配,失配 ②不符合
mismatch condition 不符合条件
mismatch repair 错配修复,异型双链修复
mismatched base pair 失配碱基对
mismatching 错配,失配,不匹配
misogamy 生殖隔离(misogamia)
misoperation ①误操作 ②漏算(misoperatio)
mispairing 错配对
mispel(= medlar) 波斯山楂(欧楂)[*Mespilus germanica* L.](蔷薇科)
misplace 错放,误置
misprint 误打印,打印错误
misreading (密码)错[解]读,错译{分遗}
misrecognize 错识别
misregistration 位置不正(misregistratio)
misrepair 错修复
misrepair mutagenesis 错修复突变发生
misreplication 错误复制(misreplicatio){分遗}
miss 漏耕,漏播,漏割
miss-cutting 漏割
miss planting rate (水稻)漏插率
missed synchronization 失同步
missense 错义,误义(missensus){分遗}
missense codon 误义密码子,错义密码子{分遗}
missense mutant 错义突变体
missense mutation 错义突变
missense suppression 错义[校正]抑制
missense suppressor 错义校正基因,误义抑制基因
misshapen 残废的,畸形的
missible oil 乳油
missile ①投射器 ②导弹{物}
missile base 导弹基地
missile borne computer 导弹计算机
missile factory 导弹工厂
missile-nuclear weapon 导弹核武器
missile test range 导弹试验靶场
missile tracking system 导弹跟踪系统
missing ①缺的,缺少的(deficiens) ②(发动机)不着火,灭火 ③遗漏,遗失,缺失
missing base 缺失碱基
missing chromosome 缺失染色体,遗失染色体
missing code 漏码,缺码{电脑}
missing data 缺测数据,缺区数据{统计}
missing data in factorial experiment 因子试验[的]缺区数据{统计}
missing data in randomized blocks 随机区组[的]缺区数据
missing error 遗漏错误
missing excision function 缺失切割功能
missing factor 缺少因子
missing gene 缺失基因,遗失基因
missing hill 缺穴
missing link 缺少环节,未知环节{生技}
missing page interrupt 缺页中断(指打印或印刷)
missing pair 缺对(指染色体)
missing plant 缺株
missing plot 缺区
missing-plot technique 缺区估计技术{统计}
missing-plot yield 缺区产量
missing pulse 漏脉冲
missing seedling 缺苗
missing silkworm 遗失蚕
mission ①任务 ②使命(missio)
mission flow diagram 任务流程图
mission sequence 任务顺序
Mississippi valley 密西西比河谷
Mississippian period 密西西比亚纪

Missouri basin 密苏里流域
Missouri Cob pipe 密苏里穗轴烟斗(指玉米品种,专做穗轴烟斗用,谷粒则成副产物)
misspelling 拼错
missplicing 错剪接{生技}
missratio 比例失调
mist ①轻雾,霭 ②弥雾,喷雾 ③烟雾,烟云 ④墨雾(指打印)
mist and fan system 喷雾和鼓风(通风)系统{农施}
mist bacillus 厩肥耐酸杆菌
mist blower (=mist sprayer) 弥雾机
mist duster 喷雾撒粉机
mist forest 霭林
mist interval 生雾温差
mist nozzle 弥雾喷头
mist printer 墨[水]雾印刷机
mist propagation 喷雾繁殖法
mist spray 喷雾,弥雾
mist sprayer 弥雾机{农机}
mist spraying 喷雾,弥雾
mistake ①出错 ②错误,过失 ③误差
mistbow 雾虹
mister 弥雾机,喷雾器
mistflower 蓝花泽兰[*Eupatorium coelestinum* L.](兰科)
mistletoe ①槲寄生属[*Viscum* L.](桑寄生科) ②槲寄生[*Viscum album* L.]
mistletoe cactus ①丝苇属[*Rhipsalis* Gaertn.](仙人掌科) ②丝苇[*Rhipsalis cassytha* Gaertn.]
mistletoe family 桑寄生科[Loranthaceae]
mistral 密史脱拉风(地中海北岸的一种干冷西北风或北风)
mistranslation 错译(mistranslatio){分遗}
mistus 杂种,混种,混播(mixtus)
misty 雾深的,模糊的
misty gray 淡灰色
misunderstanding 误解
misuse 误用(misusus)
misuse failure 误用失效
miswork 工作出错
mit-DNA (=mitochondrial DNA, mt-DNA) 线粒体DNA{分遗}
mit-RNA (=mitochondrial RNA, mt-RNA) 线粒体RNA
mite 螨,壁虱
mite-killer (=miticide) 灭螨剂
miterwort ①唢呐草属[*Mitella* L.](虎耳草科) ②唢呐草[*Mitella japonica* Miq.]
mites 螨类
mites and ticks 蜱螨目[Acarina]
mites of grape 葡萄毛毡病[*Eriophyes vitis* Nal.]
mites of pear 梨毛毡病[*Eriophyes piri* Nal.]
mithramycin 光神霉素
miticidal action (=acaricidal action) 杀螨作用
miticide (=acaricide) 杀螨剂
mitigation ①减轻,缓和 ②调节,镇静(mitigatio)
mitigation of heating 加热减轻
mito- ⌞字头⌝丝
mito-agamete 有丝非配子,有丝无性生殖细胞
mito-gamete 有丝分裂配子(mitogameta)
mitochondria 线粒体
mitochondria genome (=mitochondrial genome) 线粒体基因组{分遗}
mitochondria membrane 线粒体膜
mitochondrial 线粒体的(mitochondrialis)
mitochondrial activity 线粒体活度(activitas mitochondrialis)
mitochondrial ATPase 线粒体ATP酶,线粒体腺苷三磷酸酶{分遗}
mitochondrial complementation 线粒体互补作用
mitochondrial component 线粒体成分
mitochondrial crest 线粒体脊(crista mitochondrialis)
mitochondrial DNA (mt DNA, mit DNA) 线粒体DNA
mitochondrial DNA replication 线粒体DNA复制
mitochondrial DNA transcription 线粒体DNA转录
mitochondrial envelope 线粒体被膜
mitochondrial enzyme 线粒体酶
mitochondrial genetic apparatus 线粒体遗传器
mitochondrial genome 线粒体基因组
mitochondrial heterosis 线粒体杂种优势
mitochondrial inner compartment 线粒体内层(室)
mitochondrial inner membrane 线粒体内膜
mitochondrial malate 线粒体苹果酸盐
mitochondrial matrix 线粒体基质
mitochondrial membrane 线粒体膜
mitochondrial mRNA 线粒体mRNA
mitochondrial oscillator 线粒体振荡器
mitochondrial outer compartment 线粒体

外层(室)
mitochondrial outer membrane 线粒体外膜
mitochondrial plasmid 线粒体质粒
mitochondrial preparation (烟草)线粒体制片(标本)
mitochondrial protein synthesizing system 线粒体蛋白质合成系统
mitochondrial replication 线粒体复制
mitochondrial respiration 线粒体呼吸
mitochondrial respiratory chain 线粒体呼吸链
mitochondrial ribosome 线粒体核糖体
mitochondrial RNA (mtRNA, mitRNA) 线粒体 RNA
mitochondrial RNA polymerase (RNA polymerase IV) 线粒体 RNA 聚合酶
mitochondrial RNA processing enzyme (MRP) 线粒体 RNA 加工酶
mitochondrial rRNA 线粒体 rRNA
mitochondrial sheath 线粒体鞘 (vagina mitochondrialis)
mitochondrial suspension 线粒体悬胶体
mitochondrial transport 线粒体转运
mitochondrial tRNA 线粒体 tRNA
mitochondrion 线粒体
mitochondrion and aerobic respiration 线粒体与有氧呼吸
mitochondrion and bacterium 线粒体与细菌
mitochondrion and bluegreen algae 线粒体与蓝绿藻
mitochondrion and calcium regulation 线粒体与钙调节
mitochondrion in hybrid 杂种的线粒体
mitochondrion in Neurospora 脉孢菌的线粒体
mitochondrion in yeast 酵母的线粒体
mitochondrion-specific genetic apparatus 线粒体特异遗传器
mitochondrion-specific ribosome 线粒体特异核糖体
mitochrome 线色素
mitochromine 丝裂红素,线红素
mitoclastic effect 分裂分解效应
mitodepression 有丝分裂[频率]降低 (mitodepressio)
mitodepressive effect 有丝分裂降低效应
mitogen 促有丝分裂剂,分裂素
mitogen-activated protein (MAP) 分裂素活化蛋白,分裂素激活蛋白
mitogen-activated protein kinase 分裂素活化蛋白激酶,分裂素激活蛋白激酶
mitogenesis [有丝]分裂发生,分生
mitogenetic 分生的 (mitogenus)
mitogenetic radiation 分生辐射
mitogenetic ray 分生[射]线(radium mitogeneticum)
mitogenic 促有丝分裂的 (mitogenus)
mitogenic factor (MF) 促有丝分裂因子
mitogenic peptide amide 促有丝分裂肽酰胺
mitogenic ray 促有丝分裂丝
mitome 原生质网,孢网丝 (mitoma)
mitomycin 丝裂霉素
mitomycin C 丝裂霉素 C
mitomycin-C in synchronization 同步化的丝裂霉素 C
mitoribosome 丝裂核糖体
mitoschsis (= mitosis) 有丝分裂
mitosis 有丝分裂,间接核分裂(= indirect nuclear division),核分裂 (= karyokinesis) {细胞}
mitosis in cell cycle 细胞周期的有丝分裂
mitosis in heterokaryon 异核体的有丝分裂
mitosis in hybrid 杂种的有丝分裂
mitosis in lower eukaryotes 低等真核生物的有丝分裂
mitosome 纺锤剩体 (mitosoma)
mitosporangium 有丝分裂孢子囊
mitospore 有丝分裂孢子 (mitospora)
mitostatic 有丝分裂停滞的 (mitostaticus)
mitostatic effect 有丝分裂停滞效应
mitotic 有丝分裂的 (mitoticus)
mitotic activity 有丝分裂活性 (activitas mitoticus)
mitotic anaphase 有丝分裂后期
mitotic apparatus 有丝分裂器 (apparatus mitoticus)
mitotic behavior 有丝分裂行为
mitotic cell pole 有丝分裂细胞极
mitotic center 有丝分裂中心
mitotic coiling cycle 有丝分裂螺旋周期
mitotic crossing-over 有丝分裂交换
mitotic cycle 分裂周期 (cyclus mitoticus)
mitotic delay 有丝分裂延缓
mitotic descendant 有丝分裂后裔
mitotic disturbance 分裂错乱
mitotic division 有丝分裂
mitotic division cycle 有丝分裂周期
mitotic factor 有丝分裂因子
mitotic figure 分裂像
mitotic gene conversion 有丝分裂基因转变
mitotic haploidization 有丝分裂单倍化
mitotic index 有丝分裂指数
mitotic inhibition 有丝分裂抑制
mitotic inhibitor 有丝分裂抑制剂

mitotic instability 有丝分裂不稳定度
mitotic interphase 有丝分裂间期
mitotic irradiation 有丝分裂照射
mitotic irregularity 有丝分裂不整齐性
mitotic karyokinesis 有丝分裂核分裂
mitotic mapping 有丝分裂定位(制图)
mitotic metaphase 有丝分裂中期
mitotic non-disjunction 有丝分裂不离开
mitotic nonconformity 有丝分裂不一致性,有丝分裂不稳定性
mitotic pattern 有丝分裂型,有丝分裂图形
mitotic phase 有丝分裂相
mitotic poison 有丝分裂毒物(抑制剂)
mitotic poisoning 分裂中毒
mitotic prophase 有丝分裂前期
mitotic recombination 体细胞重组
mitotic reduction 有丝分裂减数
mitotic restitution nucleus 有丝分裂再组核
mitotic segregation 有丝分裂分离
mitotic sketch 有丝分裂简图
mitotic spindle 有丝分裂纺锤体,核纺锤体
mitotic trigger 有丝分裂触发器
mitox (= chlorbenside) 氯杀螨{农药}
mitra 盔瓣
mitra -shaped (= mitriform) 钟状的,僧帽状的(mitriformis)
mitre 留接(端部角隅折半接合法)
mitre saw 斜切锯
mitrewort ①帽蒴属[*Mitella* L.](虎耳草科) ②喷呐草[*Mitella japonica* Miq.]
mitriform calyptra 钟状蒴帽(calyptra mitriformis)
Mitscherlich equation 米切里西方程[式]{土壤}
Mitscherlich method 米切里西法
Mitscherlich pot 米切里西试盆
Mitsukuri sawfly 三粟氏叶蜂[*Eriocampa mitsukurii* Rohwer](叶蜂科)
mitsumata ①黄瑞香属[*Mitsumata* Meissn.](瑞香科) ②黄瑞香[*Mitsumata chrysantha* Lindl.]
mittel ruhe 中休眠期
mity ①感染螨的 ②多螨的
mix ①混合,掺和 ②混杂 ③混种,混植,混播(miscere)
mix by single individual 单株混植
mix-sowing (= mix-seeding) 混播
mixangiocarpy 混生被果型(mixangiocarpia)
mixed ①混合的,掺和的 ②混种的,混播的(mixtus)
mixed act 混合行动
mixed amino acid fermentation 混合氨基酸发酵{生技}
mixed and intercropping 混间作
mixed anhydride 混合酸酐
mixed association 混合群丛{生态生理}
mixed avalanche 混合雪崩
mixed batches rearing 混合育{蚕}
mixed bed ①混合花坛,集栽花坛{园林} ②混[合]床{生技}
mixed bed chromatography 混[合]床层析{生技}
mixed-bed demineralizer 混[合]床脱矿物器
mixed-bed installation 混合床设备{环保}
mixed-bed ion exchange 混合床离子交换
mixed-bed resin 混[合]床树脂
mixed-bed unit 混合床单元{环保}
mixed bedding 混合坛植{园林}
mixed bedding arrangement 混合坛植排列{园林}
mixed bedding design 混合坛植设计
mixed border 混合边坛{园林}
mixed branch 混合枝(ramus mixtus)
mixed bud 混合芽(gemma mixta)
mixed cake fertilizer 混合饼肥
mixed catalyst 混合催化剂
mixed cell 混合细胞
mixed cement 混合水泥{环保}
mixed cloud 冰水混合云
mixed-coloured kidney beans 杂花芸豆
mixed column 混合柱{生技}
mixed crop (= mixed cropping) 混作
mixed cropping 混作,混播栽培
mixed crops 混播作物
mixed crystal 混晶
mixed cultivation 混播栽培法
mixed culture ①混播栽培 ②混合培养
mixed data structure 混合数据结构
mixed deciduous broadleaved forest 混交落叶阔叶林
mixed diet 混合饲料(膳食)
mixed dyes 混合染料
mixed economy 混合经济{农经}
mixed farm 混作农场
mixed farming ①混作 ②混合经营,综合经营(农林牧三结合的)
mixed farming area 混作地区
mixed feed 配合饲料,混合饲料
mixed feeding animal 杂食性动物
mixed feeding trough 混喂槽
mixed fertilizer 配合肥料
mixed filler 混合填充物
mixed firing 混合燃烧{环保}

mixed flow 混流
mixed-flow pump 混流泵
mixed fodder 混合饲料(指粗料)
mixed forage 混合饲料
mixed forest 混交林
mixed forest belt 混交林带
mixed forest in groups 块状混交林
mixed formulation 混合剂型{农药}
mixed function 混合功能
mixed-function oxidase 双功能氧化酶,混合功能氧化酶
mixed glue 混合胶
mixed glyceride 混酸甘油酯
mixed goods 混合肥料
mixed grafting 混合嫁接
mixed grasses 混播牧草
mixed grazing 家畜混合放牧
mixed hay 混合干草
mixed hopper 混合箱,搅拌箱
mixed indicator ①混合指示菌 ②混合指示剂
mixed infection ①混合侵染{病理} ②混合传染{微生物}
mixed inflorescence 混合花序(inflorescentia mixta)
mixed inoculation 混合接种
mixed intercropping 混作(指同时生长两种或两种以上的作物而无明显的株行距)
mixed juice 混合汁{加工}
mixed-layer mineral 混层矿[物]
mixed line 混合品系,混系
mixed liquor 混合液
mixed liquor suspended solids (MLSS) 混合液悬浮固体{环保}
mixed liquor volatile suspended solid (MLVSS) 混合液挥发性悬浮固体
mixed lymphocyte reaction 混合淋巴细胞反应
mixed-media filter 混合滤料滤池,多层滤料滤池{环保}
mixed metal cluster 混合金属簇[化物]
mixed-mode chromatography 混合式层析{生技}
mixed model 混合模型
mixed multiple infection 异型多数侵染
mixed-nerved 混合脉的(mixtinervus)
mixed network 混合网络
mixed-oligonucleotide-primed amplification of cDNA (MOPAC) 混合寡核苷酸引导 cDNA 扩增{分遗}
mixed origin 混杂来源
mixed paper 混合废纸{环保}
mixed pasture 混播牧场
mixed pith 混合髓(midulla mixta)
mixed pixel 混合像元{遥感}
mixed planting method (= mass planting method) ①混合种植法,混植法 ②混合播种法,混播法
mixed pollen 混合花粉(pollen mixtus)
mixed pollination 混合授粉(pollinatio mixta)
mixed population 混播群体(指牧草)
mixed prairie 中高草北美草原,混合普列里群落{生态}
mixed provender 混合饲料
mixed remains 混播残株
mixed residence 杂居,杂处
mixed retting ①混交浸麻(沤麻) ②混合浸渍
mixed rot 混合腐朽(指果木)
mixed sample 混合样品
mixed search strategy 混合搜索策略
mixed seeding 混播,混种
mixed seeding and sprout forest 混播萌芽林
mixed seeds ①混合种子(混播用){牧草} ②混杂种子{种子}
mixed selection 混合选种
mixed selection of seed 混合选种
mixed sequence 混合序列{分遗}
mixed-sequence oligonucleotide (MSO) 混合序列寡核苷酸{分遗}
mixed silage 混合青贮料
mixed sludge 混合污泥{环保}
mixed soiling 混合青刈草
mixed solvent 混合溶剂
mixed-solvent extraction 混合溶剂抽取
mixed sorus 混杂囊群
mixed sowing (= mixed seeding) 混播,混种
mixed stand 混交林
mixed stock 混合系
mixed style 混合式
mixed sward 混播草地
mixed type 混合型(竹地下茎生长类型)
mixed type expression 混合型表达[式]{分遗}
mixed up 混合
mixed-up data 混乱资料{信息}
mixed vaccine 混合疫苗
mixed wood (= mixed forest, mixed stand) 混交林
mixedness ①混合,掺和 ②混合度
mixen 粪堆
mixer ①混合机 ②混合室 ③混频管,混频器{电脑}
mixer diode 混频二极管{电脑}

mixer feeder 混合送料车（指送饲料）
mixing ①混合的，掺和的 ②混合物 ③混合，混拌，搅拌
mixing arm 搅拌杆
mixing basin 混合池｛环保｝
mixing bin 混合粮箱
mixing by stirrer drying 搅拌混合干燥｛加工｝
mixing chamber ①掺和室，混合室｛加工｝②混合池｛环保｝
mixing channel 混合槽｛环保｝
mixing condensation level 混合凝结高度
mixing cooling 混合冷却
mixing device 混合装置｛环保｝
mixing duct 混合管道
mixing equipment 混合设备
mixing formula 混合公式，配方
mixing house 混料间，饲料调制间
mixing impeller 搅拌叶轮｛环保｝
mixing layer 混合层
mixing length 混合长度
mixing length theorem 混合距离理论｛农施｝
mixing net 混合网络｛信息｝
mixing nozzle 混流喷嘴
mixing of fertilizer 肥料配合
mixing picker 混合采摘机｛农机｝
mixing ratio 混合比例
mixing screw 混合用螺旋
mixing sieve 混合筛
mixing silo 混合青贮窖
mixing soil 配合土｛园林｝
mixing stains 混合染料｛显技｝
mixing storage 混合贮藏
mixing tank 混合箱｛环保｝
mixing valve of lavatory 盥洗室混合龙头｛环保｝
mixing water 混合水，冷却调合水｛环保｝
mixing worm 拌和螺旋
mixing zone 混合区｛环保｝
mixis ①受精作用 ②核融合 ③混合
mixochimaera 混质嵌合体
mixochromosome 耦合染色体（mixochromosoma）
mixoploid 混倍体（mixoploida）
mixoploidy 混倍性（mixoploidas）
mixote 混配卵（mixota）
mixotroph 兼养微生物
mixotrophic 混合营养，兼养（mixotrophus）
mixotrophic nutrition ①半腐生营养｛真菌｝②混合营养，兼养（nutritio mixotrophus）
mixotrophism 混合营养性，兼养性（mixotrophismus）
mixovariation 混变异（mixovariatio）
mixtae 混杂类
mixture ①混合剂 ②混合液 ③混合物 ④混合[状态] ⑤混交（mixtura）
mixture by group 块状混交｛森林｝
mixture by isolated plants 散生混交
mixture by single trees 单株混交，散生混交
mixture density 混合密度｛遥感｝
mixture fabrics 混纺纺织物
mixture in group 块状混交
mixture normalization 混合归一化｛遥感｝
mixture of absolute alcohol and xylol 纯酒精二甲苯混合液｛显技｝
mixture of cotton and wool 棉毛混纺
mixture of insecticide and fertilizer 药肥，杀虫剂肥料混合剂
mixture of pesticide and fertilizer 农药肥料混合剂
mixture process 混合法（木材防腐）
mixture pump 混合液泵
mixture ratio 混合比
mixtus 混杂的
Miyabe maple 宫部氏槭［*Acer miyabei* Maxim.］（槭树科）
Miyake lasiocampid 三宅氏枯叶蛾［*Takanea miyakei* Wileman］（枯叶蛾科）
Miyakozima dzurumane 琉球大豆［*Glycine koidzumii*］（豆科）
Miyama cherry 黑樱桃［*Prunus maximowiczii* Rupr.］（蔷薇科）
mizzle 混合轻雾（毛毛雨和雾同时出现）
MLD（=minimum lethal dose） 最小致死剂量
MLP（=major late promoter） 主要后期启动子｛分遗｝
MLU（=Micrococcus leteus） 藤黄微球菌［*Micrococcus leteus*（Schroeter）Cohn］｛微球菌科｝
Mlu DNA polymerase Mlu DNA 聚合酶，藤黄微球菌 DNA 聚合酶
MM（=multiple myeloma） 多发性骨髓瘤｛分生｝
M_1，M_2（=first，second generation of induction） 诱变第一代，第二代
mm（=millimeter） 毫米
MMA（=methyl-methacrylate） 甲基丙烯酸甲酯（有机玻璃）
MMD（=mass median diameter） 质量中粒径
mmf（=magnetomotive force） 磁通势
MN blood group MN 血型

mnemon 记忆单位
mnemonic ①助记的,记忆的 ②助记码,记忆码(mnemonus){分遗}
mnemonic label 助记标号
mnemonic mark 助记符号,辅助记号
mnemonics 记忆法(mnemonica)
Mo(=mode) 众数
moat 壕,深沟
Moazagotl 焚风云(见于欧洲苏台地区)
mobile ①活动的,移动的 ②流动的 ③机动的(mobilis)
mobile aerator (谷粒干燥用)移动式通风机
mobile balance 移动式天平
mobile cabinet 移动工作橱{生技}
mobile carrier 活动载体
mobile cleaner-grader 移动式清选分级机
mobile computing 移动计算,易变计算{电脑}
mobile crane 移动式起重机
mobile digital computer 移动数字计算机
mobile duster 移动式喷粉器
mobile element ①移动元素{信息} ②流动因子{遗传}
mobile equilibrium 动态平衡
mobile feeding rack ①移动式挡栏饲槽 ②移动式饲喂架
mobile fork 活动叉
mobile frame 移动式架
mobile genetic element 流动遗传因子,可移动遗传因子
mobile grain drier 移动式谷物干燥机
mobile hammer mill 锤式移动粉碎机
mobile harrow 活动耙
mobile hay drier 移动式干草干燥机
mobile hive 有框蜂箱,移动式蜂箱
mobile mill ①移动式磨粉机 ②移动锯木厂
mobile oil 机器油
mobile phase 流动相
mobile pollution sources(=mobile sources) 移动污染源{环保}
mobile potato steaming plant 移动式马铃薯蒸煮器
mobile receptor hypothesis 活动受体假说{分遗}
mobile repair shop 活动修理车
mobile sand ①流沙 ②流沙地
mobile soil colloid 流动性土壤胶体
mobile source 流动污染源
mobile sprayer 移动式喷粉器
mobile sprinkler line 移动式喷灌机管路
mobile system 流动系统,机动系统
mobile telephone 移动电话{信息}
mobile weather station 流动气象站
mobilidesert 流沙荒漠,流沙荒漠群落(mobilideserta){生态}
mobility ①活动性 ②流动性 ③迁移率 ④涡度(mobilitas)
mobility quotient 移动性商
mobility shift assay 迁移率变动分析
mobility shifting 迁移率变动
mobility spectrum ①电泳图谱{生化} ②流动图谱{生技}
mobilization ①活动化,流动化 ②移动,变动 ③活化(mobilisatio)
mobilization efficiency 活化效率{生态生理}
mobilization of photosynthate 光合产物活化
mobilization of reserves 贮藏物活化
mobiloil(=mobile oil) 机器油
mobilometer 淌度计
Möbius strip 莫比乌斯氏带{遗传}
mobot 人控机器人
mocassive-flower ①杓兰属[*Cypripedium* L.](兰科) ②杓兰[*Cypripedium macranthum* Sw.]
mock ①假的,伪的 ②模拟的
mock cypress ①地肤属[*Kochia* Roth](藜科) ②地肤[*Kochia scoparia* (L.) Schrad.]
mock dominance 伪显性
mock experiment 模拟试验
mock orange ①山梅花属[*Philadelphus* L.](虎耳草科) ②(=Chinese mock orange) 山梅花[*Philadelphus incanus* Kochne] ③(=sweet mock orange) 西洋山梅花[*Philadelphus coronarius* L.]
mock pak-choi(=flowering chinese cabbage) 菜薹(菜心)[*Brassica chinensis* L. var. *tsai-tai*](十字花科)
mock-privet ①琴叶树属[*Phillyrea* L.](木犀科) ②琴叶树[*Phillyrea medwedewii* Sred. = *P. vilmoriniana* Boiss, *P. decora* Boiss. et Bal.]
mock-rose(=cistus) 半月花
mock sun 幻日,假日
mock sun ring 幻日环
mockernut 白山核桃[*Hicoria abla* Britton](胡桃科)
mockernut hickory 毛山核桃[*Carya tomentosa* Nutt.](胡桃科)
mod(=modulo) 模,模数
modal ①众数的 ②模式的 ③模态的(modalis)
modal class 众数组

modal dialog 模式对话{信息}
modal dispersion 模态散射
modal number 众数
modality 模态(modalitas)
mode ①(Mo)众数{统计} ②方式,式样 ③显示方式 ④模式(modus)
mode frequency 众数次数,众数频数
mode of action (=mechanism of action) 作用方式,作用机制
mode of activity 活度方式
mode of centromere orientation 着丝粒定向方式
mode of chromosome distribution 染色体分布方式
mode of crop rotation 轮作方式
mode of crossing over 交换方式
mode of cytokinesis 细胞质分裂方式
mode of Darwinian selection 达尔文选择方式
mode of distribution 分布方式{统计}
mode of DNA replication DNA复制方式
mode of evolution 进化方式
mode of fallow 休闲方式
mode of farming system 农作制方式,耕作制方式
mode of fertilization 受精方式
mode of formation 形成方式
mode of harrowing 耙地方式
mode of infection ①侵染方式{病理} ②传染方式{微生物}
mode of inheritance 遗传方式
mode of irradiation 照射方式
mode of irrigation 灌溉方式
mode of isolation 隔离方式
mode of killing 杀伤方式
mode of level[l]ing 平地方式
mode of manuring 施肥方式
mode of mutator gene action 增变基因作用方式
mode of nuclear division 核分裂方式
mode of pinching 摘心方式,打顶方式
mode of planting ①种植方式 ②定植方式
mode of pollination 授粉方式
mode of production 生产方式
mode of reproduction 繁殖方式,生殖方式
mode of rotation 换茬方式
mode of sex determination 性决定方式
mode of sowing 播种方式
mode of speciation 物种形成方式
mode of storing 贮藏方式
mode of transplanting line 插秧方式
mode of treatment ①处理方式 ②[森林]经营法
model ①模型,标本,样本 ②型式,模式,典型 ③标准{统计}
model agronomic experiment 典型农学试验,模拟农学试验(指试验设计)
model atmosphere 模型大气,模式大气
model base 模型库{智培}
model building 模型建立{生技}
model cell 模式细胞
model coordinates 模型坐标{遥感}
model design 模型设计
model farm 示范农场
model for chromatin structure 染色质结构模型
model for nucleosome structure 核蛋白体结构模型
model forest 法正林
model hayrick 标准草垛
model-hypothesis 模型假说(设){分遗}
model membrane 典型膜,膜模型
model of catch curve 渔获量曲线模式
model of clock 生物钟模型
model of systemic dynamics 系统动力学模型{智培}
model quadrat 标准样方
model rick 标准垛,标准堆
model stack 标准谷堆
model system 模型系统
model test 模拟试验
model zone 示范区
modeling (=modelling) ①模拟 ②建型,建模,制作模型
modeling engine 建模机
modeling rendering 模型绘制
modeling tool 建模工具
modelization ①模型化 ②模拟化(modelisatio){智培}
modelization of intelligent crop production 作物智能栽培学的模型化{智培}
models for transcription control 转录控制模型
modem 解调器
modem (MODEM) 调制解调器{信息}
modem communication 调制解调器通信{信息}
moder ①酸性腐泥{土壤} ②脉冲编码装置{电脑}
moderate ①适度的,有节制的,中等的 ②中庸的,稳健的(moderatus)
moderate alkalinity 中等碱度
moderate amount 适量(modicum)
moderate availability 中等有效性
moderate belt 温带
moderate breeze 和风(四级风)

moderate degree 中等程度,中度
moderate drought stress 中度干旱胁迫{生态生理}
moderate earthing up 中度培土
moderate extent 中等程度
moderate feeding period 中食期{蚕}
moderate frost 中等霜冻
moderate grazing 适度放牧
moderate irradiation 中等照射
moderate length vector 中等长度向量
moderate level 中等水平
moderate marine climate 温带海洋性气候
moderate moist swamp 中湿沼泽
moderate number of spikelet 中等小穗数
moderate opening of canopy 郁闭疏开,适度疏伐
moderate permeability 中等渗透率
moderate-pressure sprinkler 中压喷灌机
moderate price 公道价格,低廉价值
moderate production 中等生产量
moderate productivity 中等生产力
moderate pruning 适度修剪
moderate rain 中雨,中度雨
moderate rainfall 适度降雨量
moderate rate 中等速度
moderate repeat sequence 中等重复序列{分遗}
moderate resistance 中度抗病性,中抗
moderate sea 中浪[海面]
moderate-sized management of farmland 农地适度规模经营{农管}
moderate snow accumulation 中度积雪
moderate SO_2 toxicity 中度 SO_2 毒性,中度二氧化硫中毒
moderate speed ①平均速度 ②中速
moderate-speed peripheral device 中速外围设备
moderate strain 中度胁变
moderate stress 中等胁迫{生态生理}
moderate subzero temperature 中度零下温度
moderate sucking variety 中等吸收品种(指对肥料的吸收)
moderate susceptibility 中度感病性,中感
moderate virus 温和病毒
moderate visibility 中常能见度(能见度 7～12 千米)
moderate water deficit 中等缺水
moderate wind 和风,中度风
moderately 适度地,适中地,中等地,适当地
moderately alkaline 中等碱性的
moderately improved cultural practices 适当改进栽培技术
moderately leached 中度淋溶的,中度淋洗的
moderately podzolized 中度灰化的
moderately rapid permeability 中速渗透率
moderately repetitive sequence 中等重复序列{分遗}
moderately responsive variety 中等反应性品种
moderately slow permeability 稍慢渗透率
moderately well drained 排水尚好的,排水中等的
moderator ①调节者 ②调节剂
modern ①现代的,近代的 ②新近的,最新式的(modernus)
modern agricultural installation 最新式农业设施{农施}
modern agriculture 现代农业
modern agrobiotechnology 现代农业生物技术
modern agrotechnical method 近代农业技术方法
modern biotechnology 现代生物技术,新近生物技术
modern computer technique 现代计算机技术
modern cultivation equipment 最新式耕作机具
modern cytobiology 近代细胞生物学
modern cytogenetics 近代细胞遗传学
modern garden design 现代庭园设计,现代园林设计{园林}
modern genetics 现代遗传学
modern gridding robot 现代网络自动控制仪(指印制芯片用)
modern high science and technology 现代高新科技
modern hydraulic technology 现代液压技术
modern information technology 现代信息技术{智培}
modern instrument development 现代仪器发展
modern irrigation equipment 最新式灌溉设备
modern knowledge system 现代知识系统{智培}
modern management technology 现代管理技术
modern plant breeding 现代作物育种学
modern roses 现代月季[*Rosa hybrida* sp.](蔷薇科)
modern satellite network 现代卫星网{遥感}
modern scientific theory and technology 现代科学理论与技术

modern smallsat 现代小卫星{遥感}
modern synthetic theory of evolution 现代综合进化理论
modern technique 最新式技术
modernity 现代性,现代作风(modernitas)
modernization 现代化(modernisatio)
modernization level 现代化水平
modernization of agricultural education 农业教育现代化
modernization of agricultural extension 农业推广现代化
modernization of agriculture 农业现代化
modernization of farming 农业现代化
modernized agriculture 现代化农业
modernized industry 现代化工业,现代化产业
modificability ①修饰力 ②改变力 ③可修改性(modificabilitas)
modificable ①可修饰的 ②可改变的(modificabilis)
modification ①饰变 ②修饰作用 ③变态 ④改变,变更 ⑤改进,改性 ⑥修改 ⑦调整(modificatio)
modification allele 修饰等位基因{遗传}
modification and restriction enzyme 修饰与限制酶
modification enzyme 修饰酶
modification gene 修饰基因{遗传}
modification interference analysis 饰变干扰分析
modification methylase 修饰甲基化酶
modification of cultural practices 改进栽培技术
modification of injury 损伤饰变
modification-restriction system 饰变限制系统
modification specificity 修饰特异性
modification system 饰变系统
modificational 饰变的(modificationalis)
modificational plasticity 饰变可塑性
modificational variation 饰变变异
modificative ①调整的,缓和的,减轻的 ②改正的,改变的 ③修饰的,修正的 ④变态的(modificativus)
modificative adaptation 调整适应{生态生理}
modificative change 缓和变化,缓慢变化
modificative difference 变态差异(指形态)
modificator gene 饰变基因
modified ①修饰的 ②改变的,变更的 ③改良的,修改的(modificus)
modified aeration 改良曝气法{环保}
modified atmosphere effect (MA effect) 改良大气效应,MA效应{农施}
modified base 修饰碱基
modified bulk method 改良混合法{育种}
modified bulk system 改良混合育种法
modified cellulose 改性纤维素
modified choke 改变式喉缩
modified continuous layering 改良连续压{园艺}
modified crown grafting 改良冠接
modified data tag (MDT) 修改数据标记
modified diallel cross 改进多系相互杂交,改进双列杂交
modified diploid 改变二倍体
modified hot water disinfection methed 改良热水消毒法,改良温汤浸种消毒法
modified hot water treatment 改良温汤浸种
modified hyphae 变形菌丝
modified index 修正指数
modified leader training 改良闭心式整枝
modified leader type 改良主干型
modified leader type training 改良主干型整枝
modified mass method (= modified bulk method) 改良混合法{育种}
modified nucleoside 修饰核苷
modified nucleoside in LnRNA LnRNA修饰核苷
modified pedigree method 改良谱系法{育种}
modified pedigree system 改良谱系育种法
modified ratio 改变比率(指分离)
modified reaction 变异反应(指种痘)
modified single cross 改良单交法
modified spindle bush 改良纺锤形灌木{园林}
modified starch 变性淀粉
modified steepest ascent 修正最陡上升{生态生理}
modified stomata 饰变气孔
modified system 改进系统
modified wood (= improved wood) 改良木,改性木
modifier ①修饰基因,修饰因子 ②改良剂,调节剂,改性物
modifier complex 修饰因子复合体
modifier gene 修饰基因
modify ticket 修改标签
modifying ①修饰的 ②变更的
modifying action 修饰作用
modifying enzyme 修饰酶
modifying factor 修饰因子,变更因子
modifying gene 修饰基因

modon 修饰决定子{分遗}
modular ①模块 ②模块化 ③模数(modularis){电脑}
modular computer system 模块化计算机系统
modular control 模块控制
modular integrated system 模块化集成系统{信息}
modular microcomputer 模块化微型计算机
modular operation centre 模块操作中心
modularity 模块性,模块度(modularitas){电脑}
modularization 模块化(modularisati)
modulating ①调整,调节,调谐 ②调制
modulating codon 调谐密码子{分遗}
modulating system 调制系统{信息}
modulating transfer RNA 调谐转移 RNA
modulating triplet 调谐三联体
modulation ①调谐 ②调幅,调整,转调,调节 ③调制(modulatio)
modulation amplitude 调整幅度{电脑}
modulation format 调制格式{信息}
modulation index 调制指数
modulation rate 调制率,调制速度
modulative ①调谐的 ②调幅的,调整的,转调的,转变的,调节的 ③缓和的 ④调制的(modulativus)
modulative adaptation 调节适应
modulative reaction 调节反应
modulative shift 调节改变
modulative temperature adaption 调节温度适应
modulator ①调谐基因,调整因子 ②抑扬调节剂 ③调制器
modulator crystal 调制晶体
modulator-demodulator (**MODEM**) 调制解调器{信息}
modulator promoter element 启动子调制元件{分遗}
module ①模,模数 ②模量 ③舱 ④组件 ⑤模块
module entry analysis 模块进入分析
module interface facility 模块接口设施{信息}
modulla 髓,髓心{解剖}
modulo(= mod) 模,模数{信息}
modulo level 模级
modulo symbol 模符号
modulus ①模数,模量 ②系数,指数
modulus of discharge 流量模数,流量系数{水利}
modulus of elasticity ①弹性模量 ②弹性系数
modulus of elasticity of wood 木材弹性系数
modulus of fineness 细度模数
modulus of runoff 径流模数,径流系数{水利}
modulus of rupture ①破裂系数{土壤} ②破坏模量{森林}
modulus of section 断面模量
modulus of uniformity 均匀度模数
Mohlman index (**SVI**) 莫尔曼指数(指污泥容积指数){环保}
Mohn's scale 摩氏硬度计
m.o.i. (= multiplicity of infection) 感染多重性
moiety ①等分,一半 ②部分 ③组成成分
moist (表面)潮湿的,润湿的
moist adiabat 湿绝热线
moist-adiabatic lapse-rate 湿绝热直减率
moist adiabatic process 湿绝热过程
moist air 湿空气
moist air dry kiln 湿蒸汽干燥窑
moist air drying chamber 湿气干燥室
moist chamber ①湿室{显技} ②保湿皿{微生物}
moist-chilling 冷湿处理
moist climate 湿润气候
moist environment 湿润环境,潮湿环境
moist habitat [润]湿生境
moist heat sterilization 湿热灭菌法
moist labile 潮湿不稳定
moist-labile energy 潮湿不稳定能量
moist-lability 潮湿不稳定性
moist land 潮湿地
moist low-temperature stratification 润湿低温沙藏
moist meadow 湿草甸(草地)
moist meadow black soil 湿草甸黑土
moist ravine 潮湿峡谷
moist season 雨季
moist smear 湿涂片{显技}
moist snow-flake 湿雪花
moist soil 湿土
moist soil horizon 湿土层
moist surface 湿[润]表面
moist temperate region 湿温带地区
moist tetter 湿癣
moist weight 鲜重,湿重,青重
moist-wood termites 犀白蚁科 [Rhinotermitidae]
moist yield 鲜重产量,青刈量
moistat 湿度调节器
moistener 润湿器
moistening ①返潮,回潮 ②增湿[作用]

moistening pressure roller 湿压力滚子(指加湿加压的滚子)
moistness 湿润,湿度,湿性
moisture ①水分 ②水汽 ③湿气(humor)
moisture adsorption 水分吸附
moisture barrier 防潮层{环保}
moisture camera 湿盒{显技}
moisture capacity ①持水量{土壤} ②容湿量{环保}
moisture chamber ①保湿室 ②保湿皿
moisture circulation 水分循环
moisture constant 水分常数
moisture content ①含水量 ②湿量,湿度
moisture content control 含水量调节
moisture content determination 含水量测定
moisture content profiles 含水量剖面
moisture content ratio 含水量比,湿度比
moisture determination 水分测定
moisture distribution 水分分布
moisture equilibrium 水分平衡
moisture equivalent 持水当量
moisture excluding efficiency 湿气排除能力
moisture extraction 脱水,除去水分
moisture factor 湿润因子
moisture film 水膜
moisture flow 水分流动,水流
moisture-free 无水的,干燥的
moisture gradient 含水梯度,水分梯度
moisture-holding capacity 持水量
moisture-holding equivalent 持水当量
moisture index ①水分指数{土壤} ②湿润指数{气象}
moisture indicator 湿度指标,湿度指示器
moisture losses 水分损失[量]
moisture-loving 喜潮湿的(hygrophilus)
moisture-meter 湿度表
moisture migration 水分移动
moisture of respiration 呼吸湿
moisture potential 水分势,湿度势
moisture pressure curve 水分压力曲线
moisture-proof 防水的,防潮的
moisture-proof adhesive 防水胶黏剂
moisture-proofing coating 防湿涂料
moisture protection plaster 防湿涂料
moisture range 湿度范围
moisture recorder [自记]湿度计
moisture regime 水分状况
moisture register 湿度计
moisture repellent 憎水剂
moisture requirement 需水量
moisture resistant 抗水的,耐水的
moisture retaining power 持水力
moisture retardant (= moisture repellent) 憎水剂
moisture retention 持水量[作用]
moisture retention curve 持水曲线
moisture section 水分检定切片(木材){显技}
moisture separator 水分分离器,除湿器
moisture sorption 水分吸附,水分吸着
moisture storage 水分贮藏
moisture stress 缺水
moisture suction 水分吸力
moisture supply 水分供应
moisture-temperature index 温湿指数
moisture tension 水分张力
moisture tester 水分检验器
moisture testing oven 水分检验烘箱
moisture trap 脱水器,水分分离器
mol (= mole) 克分子[量],摩尔
mol fraction (= mole fraction) 克分子分数
mol percent 克分子百分率
mol ratio 克分子比率
molal 重量克分子的
molal concentration [重量]克分子浓度
molal solution [重量]克分子溶液
molal weight 克分子量
molality [重量]克分子浓度(molalitas)
molan rains 梅雨
molar ①[体积]克分子的,摩尔的 ②臼齿
molar absorbance 克分子[光]吸收
molar absorbancy index 克分子消光系数
molar absorption coefficient (= molar absorptivity) 克分子消光系数
molar absorptivity 克分子消光系数
molar activity 克分子活力
molar amount 克分子量
molar concentration [体积]克分子浓度
molar conductivity 克分子电导率
molar ellipticity 克分子椭圆率
molar entropy 克分子熵
molar extinction coefficient 克分子消光系数
molar fraction [体积]克分子分数
molar growth yield 克分子生长量(指细菌)
molar mass average 克分子质量平均
molar mass exclusion limit 克分子质量排除极限
molar olfactory 克分子臭味单位{环保}
molar quantity 克分子量
molar ratio [体积]克分子比率

molar rotation 克分子旋光
molar solution (M) [体积]克分子溶液
molar weight [体积]克分子量
molarity [体积]克分子浓度(molaritas)
molasses ①糖渣 ②糖蜜,糖浆
molasses applicator 洒拌废蜜装置
molasses feed (= molassed feed) 糖渣饲料,糖蜜饲料
molasses grass 糖蜜草[*Melinis minuliflora* Beauv.](禾本科)
molasses number 糖蜜值(指活性炭的){环保}
molasses pump 糖蜜泵
molasses silage 糖蜜青贮料
mold (= mould) ①毛霉属[*Mucor* (Mich.) Link.](毛霉科) ②毛霉[*Mucor vulgaris* Bainir] ③霉,霉菌 ④腐殖土 ⑤表土,松软土壤 ⑥型,造型,模型 ⑦犁壁,犁壁中部,集草器铲斗
mold-cover 腐殖质表层
mold fermentation 霉菌发酵
mold mite (= cheese mite, copra mite, mushroom mite) 腐食酪螨[*Tyrophagus putrescentiae* (Schrank)]
Moldavica dragon head 摩尔达维亚青兰(香青兰)[*Dracocephalum moldavicum* L.](唇形科)
moldboard (= mouldboard) ①犁壁 ②拨土板
moldboard bed shaper ①犁壁式做畦打埂器 ②犁壁式做垄器
moldboard brace (= mold board bracket) 犁壁翼撑杆
moldboard cutter 犁胫
moldboard hiller 犁壁式培土器
moldboard kicker 犁翼
moldboard plow (= bottom plow) 铧式犁
moldboard plowing 有壁犁耕作,翻土耕作
moldboard reinforcement 犁壁加强器
moldboard ridger 犁壁式起垄器,起垄犁
moldboard shin ①犁壁胫刃,犁壁垂直切刃 ②犁壁胫刃板,犁胸
moldboard stay 犁壁撑杆
moldboard turn 犁壁翻土
moldboard twist 犁壁面扭曲
moldboard type scraper [圆盘犁]犁壁刮土板
moldboard wing 犁壁翼,犁翼
moldboardless plow 无壁犁
molded 模型制的
molded pulp product 模型制[的]纸盘(指模型制的纸浆产品){环保}
molder (= moulder) 做垄器,培土器
moldering 腐朽化
molding (= moulding) ①培土,壅土{栽培} ②模制,造型{农机} ③发霉{微生物}
molding-up 培土
molds (= moulds) 霉病,霉菌
moldy 霉的
moldy bran 麸曲
moldy grain 发霉子粒
moldy yeast 霉状酵母
mole ①欧鼹[*Talpa europea* L.](鼠科) ②(排水用)鼠道(洞) ③(= mol)克分子[量],摩尔 ④暗沟犁 ⑤胎痣
mole ball 暗沟球形塑孔器
mole burrow 鼠穴
mole channel 鼠道(洞)排水道(沟)
mole cricket (European) ①欧洲蝼蛄[*Gryllotalpa gryllotalpa* L.] ②⌞复⌝蝼蛄科[Gryllotalpidae]
mole drain 鼠道(洞)排水管(沟)
mole drainage 鼠道(洞)排水
mole drainer (= mole plow) 暗沟犁
mole fraction 克分子分数
mole pipe layer 土管铺设装置
mole-plant (= caperspurge) 续随子[*Euphorbia lathyrus* L.](大戟科)
mole ratio 克分子比率
mole-tile drainage 鼠道瓦管排水
mole trap 田鼠捕获器
molecast 鼹鼠洞,鼹鼠丘
molecular 分子的(molecularis)
molecular absorption 分子吸收
molecular adsorption 分子吸附
molecular aggregate 分子聚集体
molecular approach 分子接近法
molecular architecture 分子[建成]结构
molecular association 分子结(缔)合[现象]
molecular asymmetry 分子不对称[性]
molecular attraction 分子引力
molecular basis of mutation 突变的分子基础
molecular beam 分子束
molecular bioelectronics 分子生物电子学
molecular biological clock 分子生物钟
molecular biology 分子生物学
molecular bionics 分子仿生学
molecular biophysics 分子生物物理学
molecular birefringence 分子[致]双折射
molecular change 分子变化
molecular chaperone 分子侣伴{生技}
molecular chaperoning 分子陪伴作用
molecular chimera 分子嵌合体
molecular chronometer 分子计时器

molecular clock 分子钟
molecular cloning 分子无性繁殖,分子克隆[化]{农生技}
molecular component 分子组分
molecular computer 分子计算机
molecular concentration 分子浓度
molecular conduction 分子传导
molecular configuration 分子构型
molecular conformation 分子构象{分遗}
molecular connectivity 分子连接性{分生}
molecular contact 分子接触
molecular cytogenetics 分子细胞遗传学
molecular death 分子死亡
molecular diagnosis 分子诊断
molecular diffusion 分子扩散
molecular dimension 分子线度
molecular dipole 分子偶极[子]
molecular disease 分子病
molecular distillation 分子蒸馏
molecular dynamics 分子动力学
molecular engram 分子印迹
molecular evolution 分子进化
molecular exciton microscopy 分子激子[显微]镜检术
molecular-exclusion chromatography 分子排阻层析{生技}
molecular feature 分子特征
molecular force 分子力
molecular fragment 分子断片
molecular genetics 分子遗传学
molecular heat 分子热
molecular heat capacity 分子热容量
molecular hybrid 分子杂种、分子杂化种
molecular hybridization 分子杂交
molecular imaging 分子成像
molecular imprinting 分子印记
molecular intelligence (MI) 分子智能{电脑}
molecular ion 分子离子(指质谱)
molecular layer 分子层
molecular level 分子水平
molecular lung 分子肺{分生}
molecular mass 分子量
molecular mass marker 分子量标记
molecular mechanism 分子机制
molecular melting 分子熔解
molecular mimicking (= molecular mimicry) 分子模拟
molecular model 分子模型
molecular model of lysozyme 溶菌酶的分子模型
molecular modeling 分子模型制作
molecular motion 分子运动
molecular motor 分子发动机,分子发动器
molecular movement 分子运动
molecular multiplicity 分子多样性
molecular nitrogen 分子态氮
molecular orbital 分子轨道,分子轨函数
molecular orbital energy level 分子轨道能级
molecular orbital method 分子轨道法
molecular orbital theory 分子轨道理论{生技}
molecular orientation 分子取向
molecular pairing 分子成对
molecular physiology 分子生理学
molecular phytopathology 分子植物病理学
molecular polarization 分子极化
molecular probe 分子探针
molecular ratio 分子比率
molecular ray 分子射线
molecular rearrangement 分子重排
molecular recognition 分子识别
molecular replacement method 分子置换法
molecular rotation 分子转动
molecular scattering 分子散射
molecular sieve 分子筛
molecular sieving effect 分子筛分效应
molecular size 分子大小
molecular size marker 分子大小标记
molecular solution 分子溶液
molecular spectrum 分子光谱
molecular spiral 分子螺旋
molecular structure 分子结构
molecular surface 分子表面
molecular switch 分子开关
molecular system of heredity ①分子遗传系 ②胞质遗传系
molecular taxonomy 分子分类学,化学分类学
molecular tension 分子张力
molecular theory 分子学说{气象}
molecular transduction 分子传导
molecular transfer 分子转移
molecular trap 分子阱
molecular vibration 分子振动
molecular volume 分子体积
molecular water 分子水
molecular weight 分子量
molecular weight exclusion limit 分子量排除极限
molecular weight marker 分子量标记
molecular weight standard 分子量标准
molecularity 分子性状(molecularitas)

molecule 分子(molecula)
molecule subunit 分子亚单位
molecule weight (MW)分子量
molendinaceous 磨帆状的(molendinaceus)
moletronics 分子电子学(moletronica)
molewarr (=mole) 欧鼹
molinate 草达灭(除草剂)[$C_9H_{17}NOS$]
molinia 莫离草属[*Molinia* Schrank.](禾本科) ② 莫离草 [*Molinia coerulea* Moench.]
moliniopsis ①拟麦氏草属[*Moliniopsis* Hayata](禾本科)②拟麦氏草[*Moliniopsis intermedia* Keng]
Molisch reaction 莫里茨反应(指定糖)
molka (=cloudberry) 云莓(桑悬钩子)[*Rubus chamaemorus* L.](蔷薇科)
mollic epipedon 松软表土层,腐殖质层
Mollicutes 柔膜菌门
mollification 软化[作用](mollificatio)
mollisin 滑菌醌
mollisol 软土
mollse soil 淡棕色漠境盐土
mollu (=soft body) 软体{生技}
mollu series 软体系列(指脂的一类,源自Mollusca软体动物)
mollusc (=mollusk) 软体动物(moltis)
Mollusca 软体动物门
mollusca 软体动物
molluscicide 杀软体动物剂
molluscoid 拟软体动物(molluscoides)
Moloney leukemia virus 莫洛尼氏白血病毒
molt (=moult) 脱毛
molt-inhibiting hormone 蜕皮抑止激素
molt-promoting hormone 蜕皮促进激素
molten-globule state [蛋白的]熔球态
molten rock 熔岩{地质}
molting (=moulting) ①换羽(鸡)②脱皮(昆虫)③眠(蚕)
molting fluid (=moulting fluid) 蜕皮液
molting gland (=moulting gland) 蜕皮腺
molting hormone (MH) 蜕皮激素,蜕化[激]素
molting silkworm (=molting larva) 眠蚕
molting stage 眠期
moltinism 蜕皮多态,眠性(moltinismus)
molucca balm (=shell flower) ①贝壳花属[*Molucella* L.](唇形科)②贝壳花[*Molucella laevis* L.]
molybdate 钼酸盐[M_2MoO_4]
molybdenite 辉钼矿[MoS_2]
molybdenosis 钼毒病
molybdenum 钼[Mo,42号元素]
molybdenum-chrome alloy steel 钼铬合金钢
molybdenum deficiency symptom 缺钼症状
molybdenum disulphide lubricant 二硫化钼润滑剂
molybdenum ore 钼矿
molybdenum steel 钼钢
molybdenum trioxide 三氧化钼[MoO_3]
molybdic acid 钼酸[H_2MoO_4]
molybdoferredoxin (=azofermo) 固氮铁钼[氧还]蛋白
molybdoiron protein 铁钼蛋白
molybdotlavoprotein 黄素钼蛋白,钼黄素蛋白
mombin ①槟榔青属[*Spondias* L.](漆树科)②槟榔青[*Spondias pinnata* (L.) Kurz.]
moment ①瞬时,片刻 ②矩,矩量力矩 ③积率,动差
moment diagram 力矩图
moment generating function 积率母函数,矩母函数
moment of calving 分娩(牛)
moment of couple 力偶矩
moment of force 力矩
moment of gyration 转动力矩
moment of inertia ①转动惯量 ②惯性矩
moment of momentum 动量矩,角动量
moment of probability distribution 概率分布矩量
moment restriction 矩量限制
moment rotation 转[力]矩
moment torsion 扭[力]矩
momentary fluctuation 瞬时起伏
moments of distribution 分配力距{环保}
momentum 动量
momentum balance 动量平衡
momentum order 动量序
momi-chest 包装板箱
mon- ⌞字头⌝单,一
monachosorum ①稀子蕨属[*Monachosorum* Hayata](稀子蕨科)②稀子蕨(岩穴蕨)[*Monachosorum maximowiczii* Hayata]
monachosorum family 稀子蕨科[Monachosoraceae]
monachromatic 单色的(monachromaticus)
monachromatic light 单色光
monactin 单活菌素
monad ①单分体{遗传}②单倍体数{细胞}③单分子{分遗}④单孢{真菌}⑤⌞复⌝单胞生

物（monas）

monadelphian（= monadelphous） 单体雄蕊的（monadelphus）

monadelphous ①单体雄蕊的 ②共源的（monadelphus）

monadelphous homonym ［异模式种］复用属名（chomonymum monadelphum）

monadelphous stamen 单体雄蕊（stamina monadelpha）

monader 单雄蕊的

monadnock 残丘

monadoxanthin 蓝隐藻黄素

monandrian（= monandrous） 具单一雄蕊的

monandrous ①具单一雄蕊的 ②(卵孢子)单雄受精的（monandrus）

monandry 单雄蕊的（monandris）

monangial sorus 单群囊孢子堆（sorus monangialis）

monangium 单群囊

monantha vetch 单花巢菜（单花野豌豆）［*Vicia articulata* Horn. = *Vicia monantha* Desf.］（豆科）

monanthous 单花的，单式的（monanthus）

monarch 单原型（monarcus）{解剖}

monarch bundle 单原维管束（fasciculus monarcus）

monarch namaqualand-daisy 高贵拟金盏菊（菊科）

monarda（= horse-mint） ①美国薄荷属（香蜂草属）［*Monarda* L.］（唇形科）②美国薄荷［*Monarda didyma* L.］

monardaein（= salvianin chloride） 朱唇花葵苷［$C_{44}H_{46}ClO_{23}$］

monas 滴虫

monascous 单子囊的（monascus）

monaster 单星体

monaxial 单轴式的（monaxialis）

monazite 独居石（磷铈金蓝矿）

monecious（= monoecious） 雌雄同株的（monoecius）

monensin 莫能菌素

monera ①单虫无核原生动物 ②无核微生物目

moneses ①独丽花属［*Moneses* Salisb.］（鹿蹄草科）②独丽花［*Moneses uniflora* Gray = *M. grandiflora* Salisb.］

monestrous ［每年］一次动情的，单动情性的（monestrus）

monestrous mammal 单动情性哺乳动物

monesuch（= black medic） 天蓝［*Medicago lupulina* L.］（豆科）

monetary ①货币的 ②金融的（monetarius）

monetary expected value 货币期望值

monetary policy 货币政策

monetary unit 货币本位，货币单位

money ①货币 ②(金)钱，财产（moneta）

money cowry 货贝［*Monetaria moneta* L.］

money crops 主要作物(在轮作中占主要地位)

money down（= cash down） 付现金

money market 货币市场

money-wort 钱叶珍珠菜（铜钱状珍珠菜）［*Lysimachia nummularia* L.］（报春花科）

Mongolian 蒙古牛

Mongolian hornet 蒙古大胡蜂［*Macrovespa mongolica* Andae］

Mongolian linden 小叶椴（白皮椴）［*Tilia mongolica* Maxim.］（椴树科）

Mongolian mulberry 蒙桑（崖桑）［*Morus mongolica* Schneid.］（桑科）

Mongolian oak 蒙古栎［*Quercus mongolica* Fisch. et Turcz.］（山毛榉科）

Mongolian peach 蒙古扁桃［*Prunus mongolica* Maxim.］（蔷薇科）

Mongolian poplar 甜杨［*Populus suaveolens* Fisch.］（杨柳科）

Mongolian snakegourd 栝楼［*Trichosanthes kirilowii* Maxin.］（葫芦科）

Mongolian spiraea 蒙古绣线菊［*Spiraea mongolica* Maxlm.］

mongolism 先天愚型（mongolismus）{遗传}

mongrel ①混交种{蜂} ②杂种，混血儿

mongrelism 杂种性

moni fur（= Japanese fir） 日本冷杉［*Abies firma* Sieb. et Zucc.］（松科）

monilia ①丛梗孢属［*Monilia* Bon.］（丛梗孢科）②丛梗孢［*Monilia* sp.］

monilia spur blight ［苹果］花腐病［*Sclerotinia mali* Takahashi］

moniliasis 假丝酵母病，念珠菌病

moniliform 念珠状的（moniliformis）

moniliform hair 念珠状毛

monilin 抗念珠菌素

moniliospore 念珠形孢子（moniliospora）

monitor ①监视，监听，监控 ②监视器，监听器，记录器，探测器，监测器

monitor display 监测显示［器］

monitor of ultraviolet solar radiation 太阳紫外线辐射监视仪

monitor organism 监测生物,监视生物
monitor peptide 探测肽
monitor screen 监视屏
monitor station 监听站{信息}
monitoring ①控制,操纵 ②监视,监听,监控,监测,监督
monitoring apparatus 监测装置
monitoring car 监测车{环保}
monitoring crop growth 监控作物生长{智培}
monitoring crop growth and development 监控作物生育
monitoring feedback 监督反馈
monitoring key 监视键,监听键{信息}
monitoring net 监测网{环保}
monitoring system 监控系统{智培}
monitoring tower 监测塔{环保}
monk flower 僧兰属[*Catasetum* Rich.](兰科)⌞拟⌝
monkey ①猴[*Simia*] ②打桩锤 ③活动扳手
monkey-apple (= pond-apple) 牛心果[*Annona glabra* L.](番荔枝科)
monkey-bread tree ①猴面包属[*Adansonia* L.](锦葵科) ②猴面包[*Adansonia digitata* L.]
monkey face tree 粗糠柴[*Mallotus philippinensis* Muell.-Arg](大戟科)
monkey-faced pansy (= orchid pansy) ①圆盘花属(耐寒苣苔属)[*Achimenes* Pers.](苦苣苔科) ②圆盘花(耐寒苣苔)[*Achimenes hybrida* sp.]
monkey-flower ①沟酸浆属[*Mimulus* L.](玄参科) ②沟酸浆[*Mimulus tenellus* Bge.]
monkey grasshoppers 短角蝗科[Eumatsacidae]
monkey-jack ①硬刺波罗蜜[*Artocarpus rigida* Bl.](桑科) ②螺旋起重机,拔树起重机
monkey pod 雨豆树[*Samanea saman* Merril.]
monkey-pot-tree 玉蕊属[*Lecythis* Loef.](桃金娘科)
monkey puzzle (= chile pine) 南美杉
monkey spanner 管扳子,活动扳子
monkey wrench (= adistable spanner) 活动扳手
monkeypox virus 猴痘病毒
monk's rhubarb (= patience[dock]) 巴天酸模
monkshood ①乌头属[*Aconitum* L.](毛茛科) ②乌头(附子,堵口刺)[*Aconitum chinensis* Paxt.]
monkshood aphid 附子蚜[*Delphiniobium aconiti* van der Goot](蚜科)
mono- ⌞字头⌝ 一,单
mono-cell culture 单细胞培养
mono maple 五角枫(地锦槭)[*Acer mono* Maxim.](槭科)
mono-oriented centromere 单定向着丝粒
Mono Q anion exchanger Mono Q 阴离子交换剂(商)
mono-trisomic 单体-三体的(monotrisomicus){细胞}
monoacid 一元酸,一碱[价]酸
monoallele 单等位基因(monoallela){细胞}
monoallelic 单等位的(monoallelicus)
monoamine 一元胺,单胺
monoamine oxidase (MAO) 单胺氧化酶
monoamine transporter 单胺转运蛋白
monoaminodicarboxylic acid 一氨基二羧酸[$NH_2R(COOH)_2$]
monoammonium 一铵
monoammonium orthophosphate 磷酸一铵[$NH_4H_2PO_4$]
monoamplifier 单端放大器
monoauxotroph 单助养生物(monoauxotrophe)
monobasic ①同基数的 ②单基数的(monobasicus)
monobasic species (= monogenomic species) 单基因组种{分遗}
monobasis 单基
monobath 单浴显影{显技}
MonoBeads chromatography media MonoBeads 层析介质(商)
monobed resin 单床树脂
monobellowed duster 单风箱喷粉器
monoblock ①整块的 ②单体的 ③整块
monoboard microcomputer 单板微型计算机
monobrachial 单臂的(monobrachius)
monobromonaphthalene 单溴萘
monocable aerial tramway 单线索道
monocalcium phosphate 磷酸一钙,磷酸二氢钙,过磷酸钙[$Ca(H_2PO_4)_2 \cdot H_2O$]
monocambial 单形成层的(monocambialis)
monocarpellary 单心皮的,一心皮的(monocarpellaris)
monocarpellary ovary (= monocarpous ovary) 单心皮子房(ovarium monocarpellare)
monocarpellary pistil (= monocarpous pis-

til) 单心皮雌蕊（pistillum monocarpellare）
monocarpic 结一次果的，一次结实的，一稔的（monocarpus）
monocarpic organ 结一次果器官，一次结实器官（organum monocarpum）
monocarpic perennial 一次结实多年生植物（perennis monocarpus）
monocarpic plant 一次结实植物，结一次果植物（planta monocarpa）
monocarpous（= monocarpic） 结一次果的
monocarpy 单心皮（monocarpium）
monocaryogamy 单对核配合（monocaryogamia）
monocaryon 单核
monocaryon mycelium 单核菌丝体
monocaryophase 单倍期（monocaryophasis）
monocaryophyte 单核单倍菌丝体（monocaryophyta）
monocaryotic 单核的（monocaryoticus）
monocaryotic cell 单核细胞，单倍细胞（cellula monocaryotica）
monocaryotic fruit body 单核子实体，单倍子实体
monocaryotic mycelium 单核菌丝体，单倍菌丝体
monocausal approach 单一原因途径｛生技｝
monocelled 单细胞的（monocellularis）
monocellular 单细胞的（monocellularis）
monocentric 具单着丝点的（monocentricus）
monocentric chromosome 单着丝点染色体
monocentric division 单极分裂（divisio monocentrica）
monocentric isochromosome 单着丝点等臂染色体
monocentric loop chromatid 单着丝点环染色单体
monocentric loop univalent 单着丝点环单价染色体
monocentric mitosis 单极有丝分裂（mitosis monocentricus）
monocentric ring chromosome 单着丝点环染色体
monocentrism 单中心论（monocentrismus）
monocephalic 单头的（monocephalus）
monocephalous 具单头状花序的（monocephalus）
monocerous 单角的（monocerus）
monochasial 单歧聚伞花序的（monochasialis）
monochasial cyme 单歧聚伞花序（cyma monochasialis）
monochasium ①单歧聚伞花序 ②单歧式
monochasy 单歧聚伞花序（monochasium）
monochip 单片｛电脑｝
monochlamidius（= monochla mydeous）单被的，单层的
monochlamydeous（= haplochlamydeous, monochlamidius） 单被的，单层的（monochlamydeus）
monochlamydeous chimaera 单层嵌合体（chimaera monochlamydea）
monochlamydeous flower 单被花（flos monochlamydeus）
monochloracetic acid 一氯醋酸
monochloramine 一氯胺｛环保｝
monochloride 一氯化物
monochogamous 雌雄[蕊]同熟的（monochogamus）
monochogamy 雌雄[蕊]同熟（monochogamia）
monochoria ①雨久花属［*Monochoria* Presl］（雨久花科）②雨久花［*Monochoria korsakowii* Regel et Maack］③鸭舌草［*Monochoria vaginalis* Presl］
monochotomous 单歧的（monochotomus）
monochrolaser printer 单色激光打印机
monochromat 单色视者（monochromate）
monochromater 单色光源
monochromatic（= monachromatic） 单色的
monochromatic analyzer 单色分析器
monochromatic light 单色光
monochromatic objective 单色物镜
monochromatic radiation 单色辐射
monochromatic ray 单色光
monochromatic transmittance 单色透射率
monochromatism 单色型色觉（monochromatismus）
monochromatization 单色化（monochromatisatio）
monochromator 单色器，单色仪
monochrome ①单色 ②单色照片，黑白照片（monochroma）
monochrome display adaptor（MDA） 单色显示适配器｛信息｝
monochrome image 单色影像，黑白影像｛遥感｝
monochrome vision model 单色视觉模型
monochronic 出现一次的，同时的（monochronicus）
monochronogenous soil 原生土

monociliated 单纤毛的(monociliatus)
monocisneoretinene 单顺式新视黄[醛]
monocistronic 单顺反子的(monocistronus){分遗}
monocistronic function 单顺反子功能
monocistronic mRNA 单顺反子 mRNA
monoclimax 单元演替顶极{生态}
monoclimax theory 单元演替顶极理论{生态生理}
monoclinal ①单倾的 ②单斜的(monoclinus)
monoclinal hollow 单倾洼地
monoclinal stratum 单斜层(stratum monoclinum)
monoclinian 两性的(monoclinus)
monoclinic ①两性的 ②单斜的 ③两性花,完全花(monoclinus)
monoclinic crystal 单斜晶体
monoclinous 雌雄[蕊]同花的,雌雄异花同株的,雌雄同株的 ②雌雄同丝的(monoclinus)
monoclinous flower 雌雄同花,两性花(flos monoclinus)
monoclonal 单无性[繁殖]系的,单克隆的(monaclonalis){农生技}
monoclonal antibody(McAb,mab) 单无性[繁殖]系抗体,单克隆抗体
monoclonal immunoglobulin 单无性系免疫球蛋白,单克隆免疫球蛋白
monocloning antibody 单无性繁殖抗体,单克隆[化]抗体
monococcous 单果爿的(monococcus)
monocolor(=monocolour) 单色
monocolpate 具单沟的(monocolpatus)
monocondylic joint 单突关节{昆虫}
monocont 单鞭毛的(monocontus)
monocoque 硬壳式机身,硬壳式结构{电脑}
monocormic 独干的,单干的(monocormicus)
monocot(=monocotyledon) 单子叶植物
monocotyl 单子叶(monocotylus)
monocotyledon 单子叶植物
monocotyledoneae 单子叶[植物]类
monocotyledonous(=monocotylous) 单子叶的(monocotyledonus)
monocotyledonous phanerophyte 单子叶高位芽植物(phanerophyta monocotyledona)
monocotyledonous stem 单子叶茎(caulis monocotyledonus)
monocotyledonous tree 单子叶树(arbor monocotyledonus)
monocotyledonous type 单子叶型(typus monocotyledonus)
monocotyledonous wood 单子叶材(ligna monocotyledona)
monocotyledons in vitro propagation 单子叶植物离体繁殖,单子叶植物试管内繁殖
monocratic 四孢单性的(monocraticus)
monocrotaline 单猪尿豆碱 [$C_{16}H_{23}NO_6$]
monocular 单目的(monocularis)
monocular microscope 单目[筒]显微镜
monocultural farming 单作农业,单一经营
monoculture ①单作,纯作,单一栽培(只栽培一种作物) ②纯菌系,纯菌株 ③单养(指单品种养殖)
monocyclic ①单轮的{形态} ②单环的{生化} ③一次主伐的{森林}(monocyclicus)
monocyclic felling 一次主伐
monocyclic phenolic compound 单环酚化物
monocyclic stele 单环中柱(stela monocycla)
monocycly 单轮式(monocyclium)
monocystic 具单休止期的(monocysticus)
monocyte 单核细胞(monocyta)
monocyte chemoattractant protein(MCP) 单核细胞趋化蛋白
monocyte chemotactic and activating factor(MCAF) 单核细胞趋化[与]活化因子
monocyte inflammatory protein(MIP) 单核细胞炎性蛋白
Monod kinetics Monod 动力学,莫诺动力学(用于研究微生物的生长速率)
monodelphia 单宫哺乳动物,高等哺乳动物
monodelphous(=monadelphous) 单体雄蕊的
monodentate 单原子螯合配体(monodentata)
monodeoxyribonucleotide 单脱氧核苷酸
monodichlamydeous 单双花被的(monodichlamydeus)
monodisperse 单[相]分散的(mondispersus)
monodisperse system 单相分散系(systema monodispersa)
monodispersion 单[相]分散性(monodispersio)
monodnabactivirus 单[股]DNA 噬菌体
monodomous 单巢的(monodomus)
monodrill 单粒播种机
monodrome function 单值函数
monodynamous 单强雄蕊的(monodynamus)
monodynamous stamen 单强雄蕊(stamen monodynamus)

monoecious ①雌雄同株的 ②雌雄同体的(monoecius)
monoecious individual ①雌雄同体个体 ②雌雄同株个体
monoecious offspring ①雌雄同体子代 ②雌雄同株子代
monoecious plant 雌雄同株植物(planta monoecia)
monoeciously polygamous 两性单性花同株的(monoeciopolygamus)
monoecism(= monoecy) ①雌雄同株 ②雌雄同体(monoecismus)
monoembryo 单胚
monoembryonic 单胚的(monoembryonus)
monoembryonic seed 单胚种子(semen monoembryonum)
monoembryony 单胚性(monoembryonia)
monoenergetic radiation 单能量辐射
monoepoxide 单环氧化物
monoepoxide antheraxanthin 单环氧化物花粉黄质
monoepoxy lignan 单环氧型木脂体
monoerg 同种抗原抗血清
monoesterase 单酯酶
monoestrous (家畜)单动情期(monoestrus)
monoethyl choline 乙基胆碱
monoethyl malonate 丙二酸单乙酯
monofacial 单面的(monofacialis)
monofactorial ①单因子的{统计} ②单因素的{农化}(monofactorialis)
monofactorial segregation 单因子分离
monofilament(= monofil) 单丝(monofilamentum)
monofunctional attack 单功能攻击
monogalactosyl diglyceride 单半乳糖甘油二酯
monogallic (集壶菌)单型癌肿的(monogallicus)
monogametic 单配子的(monogameticus)
monogamous 单配的(monogamus)
monogamy 单配生殖(monogamia)
monogenesis ①单体进化说 ②无性生殖 ③单亲生殖
monogenetic ①无性生殖的 ②单亲生殖的(monogeneticus)
monogenetic reproduction 单亲生殖
monogenic 单基因的(monogenus)
monogenic character 单基因性状
monogenic control 单基因控制
monogenic dominant 单基因显性
monogenic hybrid 单基因杂种
monogenic inheritance 单基因遗传
monogenic resistance 单基因抗[病]性
monogenic segregation 单基因分离
monogenocentric 单生殖中心的(monogenocentricus)
monogenomatic(= monogenomic) 单染色体组的,单基因组的(monogenomus)
monogenomic species 单染色体组种
monogenus ①单子叶的 ②单属的
monogeny 单亲生殖(monogenia)
monogerm 单胚(monogerma)
monogerm character 单胚性状(monogermocharacter)
monogerm parent 单胚亲本(monogermoparens)
monogerm seed (甜菜)单胚种子(monogermosemen)
monogerm type 单胚型(monogermotypus)
monogerm variety 单胚品种(monogermovarietas)
monoglyceride 单酸甘油酯,甘油单酯
monogony 单亲生殖
monograph ①专论,专题研究,专著 ②记录 ③图(monographus)
monographics adapter 单色图形适配器{电脑}
monogyn 单一雌蕊植物(monogyne)
monogynous(= monogynaecial, monogynian) 具单一雌蕊的(monogynus)
monohaploid 单性生殖单倍体(monohaploida)
monohybrid 单性杂种,单因子杂种,一对基因杂种(monohybrida)
monohybrid character 单性杂种性状
monohybrid heterosis 单性杂种杂种优势
monohybrid heterozygote 一对基因杂种杂合子
monohybrid Mendelian segregation 单性杂种孟德尔式分离
monohybrid ratio 单性杂种比率
monohybrid vigor 单性杂种优势{育种}
monohydrate 一水化物,一水合物
monohydrate sodium carbonate 一水碳酸钠
monoid 独异点(monoideus)
monoiodoacetic acid(= monoiod acetate) 一碘醋酸[ICH_2COOH]
monoisodisomic 单等臂二体[生物],单倍三倍二体[生物](= haplotriplodisomic){细胞}

monoisosomic 单等臂[染色]体的(monoisosomicus)
monokaryon ①单核(=monocaryon)②原核(=pronucleus)
monokaryotic haustorium 单核吸器
monokaryotic stage 单核期
monokine 单核因子{分生}
monokinetic 具单着丝点的
monolayer ①单[分子]层 ②单细胞层 ③单层
monolayer cell 单层细胞
monolayer culture 单层培养
monolayer method 单层培养法
monolayer vesicle 单层小泡,单层囊泡
monolayering 单层铺开
monolepsis 片亲遗传
monolept 单薄壁区(monoleps)
monolete 单[裂]缝的,单痕的(monoletus)
monolete marking 单痕
monolete suture 单缝(孢粉)(sutura monoleta)
monolinuron 绿谷隆(除草剂)[$C_9H_{11}ClN_2O_2$]
monolite concrete silo 整体混凝土式青贮塔
monolith ①整段标本(剖面){土壤} ②碑石法(观察根系方法){栽培}
monolith method 碑石法,独石法,单块法(指观察根系方法)
monolithic ①单片的 ②单块的(monolithus)
monolithic chip 单块芯片
monolithic integrated circuit 单片集成电路{信息}
monolithic technology ①单片工艺,单片技术 ②单块工艺
monomer 单体[性](monomeria)
monomeria ①短瓣兰属[*Monomeria* Lindl.](兰科) ②短瓣兰[*Monomeria* sp.]
monomeric ①单节显性的,单基因的 ②单体的(monomericus)
monomeric enzyme 单体酶
monomeric precursor 单体前体
monomeric protein 单体蛋白
monomeric silica 单体硅
monomeric silicic acid 单体硅酸
monomeric unit 单体单位
monomerical inheritance 单对等位基因遗传
monomerous 单基数的(monomerus)
monomerous flower 单基数花,单出花(flos monomerus)
monomial 单项式(monomialis)
monomitic 具单系菌丝的(monomiticus)
monomodal curve 单峰曲线
monomodal oscillator 单峰振荡器
monomode optical fiber 单模光纤
monomolecular 单分子的(monomolecularis)
monomolecular adsorption 单分子吸附(adsorptio monomolecularis)
monomolecular autocatalysis 单分子自动催化
monomolecular film 单分子膜
monomolecular layer 单分子层
monomorph 单晶物(monomorphe)
monomorphic(=monomorphous) 单型的,单形态的(monomorphus)
monomorphic flower 单型花(flos monomorphus)
monomorphism ①单态性,单态现象{形态} ②单形态说{微生物}(monomorphismus)
monomucor 单枝毛霉
monomycelial (培养物)单菌丝体的(monomycelialis)
mononeme 单线(monónema)
mononuclear 单核的(mononuclearis)
mononuclear phagocyte 单核吞噬细胞(phagocyta mononuclearis)
mononuclear phagocyte system 单核吞噬细胞系统(systema phagocyta mononuclearis)
mononucleosis 单核[白]细胞增多[症]
mononucleotide 单核苷酸
monooxygenase 单加氧酶
monoparasitism 单寄生[现象](monoparasitismus)
monopetalous 合瓣的(monopetalus)
monopetalous flower 合瓣花(flos monopetala)
monopetalous plant 合瓣花植物(planta monopetala)
monophage 单食性(monophaga)
monophagous 单食性的,单主寄生的(monophagus)
monophagous insect 单食性昆虫(insectam monophagum)
monophagous parasitism 单食性寄生(parasitismus monophagus)
monophagy ①单食性 ②单主寄生[现象](monophagia)
monophasic 单相的(monophasicus)
monophasic action current 单相动作电极
monophasic alternation of generation 单相世代交替

monophasic lethal 单相致死
monophasic soil 单相土壤,同相土壤
monophenol oxidase (= monophenolase) 单酚氧化酶
monophosphate ①单磷酸,一磷酸 ②一磷酸盐
monophosphopolyprenol 一磷酸多萜醇
monophosphoric acid 单磷酸
monophylesis 单源发生
monophyletic 单源[发生]的(monophyleticus)
monophyletic group 单源种群
monophyletic species 单源种
monophyletic unit 单线系进化单位
monophyllous 单叶的(monophyllus)
monophyllous worm wood 单叶蒿[*Artemisia monophylla* Kitam.](菊科)
monoplanetic 单游的(monoplaneticus)
monoplanetism 单游现象(monoplanetismus)
monoplast 成单核细胞(monoplastus)
monoplastic 同一塑型的(monoplasticus)
monoploid 单倍体(monoploida)
monoploid breeding 单倍体育种
monoploid cell culture 单倍体细胞培养
monoploid chromosome 单倍染色体
monoploid chromosome elimination 单倍染色体消失
monoploid culture 单倍体培养
monoploid embryo 单倍胚
monoploid examination 单倍体检验
monoploid formation 单倍体形成
monoploid frequency 单倍频率
monoploid hybrid 单倍体杂种
monoploid hybrid vigor 单倍体杂种优势
monoploid induction 单倍体诱导
monoploid method 单倍体[育种]法
monoploid phase 单倍相
monoploid plant 单倍体植株
monoploid pollen grains 单倍花粉粒
monoploid seedling 单倍体幼苗
monoploid sporophyte 单倍孢子体
monoploid technique of induction 单倍体诱发技术
monoploid type 单倍体型
monoploid via protoplast 从原生质体而来的单倍体
monoploid viability 单倍体成活力
monoploid vitality 单倍体生活力
monoploiding agent 单倍体诱变剂
monoploidize 使单倍化,使成单倍
monoploidy 单倍性(monoploidas)
monoplont 单倍体(monoplons)
monoplontic 单倍体的(monoplonticus)
monopodal 单伪足的(monopodus)
monopode 单轴,独干,单干(monopodium)
monopodial 单轴的(monopodialis)
monopodial branching 总状分枝式(ramificatio monopodialis)
monopodial development 单轴式发展(evolutio monopodialis)
monopodial inflorescence 单轴花序(inflorescentia monopodialis)
monopodial sympodium 单轴型合轴[分枝](sympodium monopodiale)
monopodial type 单轴型(竹地下茎生长类型)
monopodium 单轴
monopolar 单极的(monopolaris)
monopole 单极
monopolistic polyculture 独占性多种种植(栽培){栽培}
monopoly 专利权(monopolia)
monoporate 单孔的(monoporatus)
monoprocessor 单处理机
monoprotic acid 一元酸
monopterous 单翅的(monopterus)
monopulse tracking receiver 单脉冲跟踪接收机{遥感}
monopyrenous 单核的(monopyrenus)
monorail 单轨,单轨式架空吊道
monornabactivirus 单[链]RNA噬菌体
monosaccharide (= monosaccharose, monose) 单糖[$C_6H_{12}O_6$]
monosaccharose 单糖
monose 单糖
monoseeder 单粒播种机
monoseeding 单粒播种
monosepalous 合萼的(monosepalus)
monosepalous flower 合萼花(flos monosepala)
monosexual 单性的(monosexulis)
monosis 单一式
monosome ①单核糖体 ②单体(指染色体)(monosoma)
monosomic ①单体生物 ②单体的(monosomicus){细胞}
monosomic addition line 单体加系{细胞}
monosomic analysis 单体分析(analysis monosomicus)
monosomic diploidy 二倍减一(2-1)(diploidas monosomicus){细胞}
monosomic parent 单体亲代

monosomic plant 二倍减一植物,单体植物(planta monosomica)
monosomic progeny 二倍减一后代,单体后代(progenia monosomica)
monosomic shift 单体转移
monosomy 单体性(monosomia)
monospace 单间隔(monospatium)
monospecific antiserum 单特异性抗血清
monosperma ①单种子 ②单精子
monospermic egg 单精受精卵(ovum monospermum)
monospermous ①(=monospermal)单种子的 ②单孔的(monospermus)
monospermous fruit 单子果
monospermy 单精入卵,单精受精(monospermia)
monosporangium 单孢子囊
monospore 单孢子(monospora)
monosporic (=monosporous) 单孢子的,单孢生的(monosporus)
monosporic embryo sac 单孢子胚囊(saccus embryonalis monosporus)
monosporidial line 单孢子繁殖系
monosporous 单孢的(monosporus)
monostability 单稳性(monostabilitas)
monostable 单稳的(monostabilis)
monostable device 单稳装置
monostable flip-flop 单稳态触发器{信息}
monostable multivibrator 单稳多谐振荡器
monostable trigger circuit 单稳[态]触发电路
monostachyous 单穗状花序的(monostachyus)
monostatic 单静态的(monostaticus)
monostatic microwave imaging 单静态微波成像{遥感}
monostele 单体中柱(monostela)
monosterigmate 单小梗的(monosterigmata)
monostichate (=monostichous) 单列的,单行的,单棱的(monostichus)
monostichous 单列的(monostichus)
monostigmatous 单柱头的(monostigmatus)
monostratic 单层的(monostraticus)
monostroma 礁膜[*Monostroma nitidum* Wittrock](礁膜科)
monostroma family 礁膜科[Monostromaceae]
monostromatic 单层的(monostromaticus)
monostylous 单花柱的(monostylus)
monosymmetrical 单轴对称的(monosymmetricus)
monosymmetrical flower 单轴对称花
monosynaptic reflex 单突触反射{物}
monotelic 具单端[着丝粒]的(monotelicus)
monotelic orientation 单端定向(成对染色体,一定向,一不定向)
monotelodisomic 单端[着丝粒]二体的(monotelodisomicus)
monoteloma 单顶枝
monotelomonoisosomic 单端[着丝粒]单等臂[染色]体的(monotelomonoisosomicus)
monotelosomic 单端[着丝粒]体的(monotelosomicus){细胞}
monotelotrisomic ①单端[着丝粒]三体的 ②单端体生物(monotelotrisomicus)
monoterpene 单萜[$C_{20}H_{15}$]
monoterpenoid 类单萜
monothalmic fruit 单花果(fruitus monothalmicus)
monothecal 单室的(monothecus)
monothelious 一雌多雄的(monothelius)
monothely 一雌多雄(monothelia)
monothermite 单热石,伊利石
monotocous animal 单生儿动物,单胎动物
monotone 单调(monotonos){信息}
monotone decreasing 单调递减
monotone increasing 单调递增
monotonic 单调的(monotonicus)
monotonic function 单调函数
monotonicity 单调性(monotonicitas)
monotonous sequence 单一不变序列{分遗}
monotony 单调(monotonia)
monotopic 单中心的(monotopicus)
monotrichiate 单毛的,单鞭毛的(monotrichiatus)
monotrichous 单鞭毛的(指细菌)(monotrichus)
monotrophic 单食性的(monotrophus)
monotropic 单向转变的(monotropus)
monotropic substance 单向转变物质
monotropy 单向转变[现象](monotropia)
monotype ①单型 ②独模标本(monotypus)
monotypic ①单代表的,单种的 ②单型的(monotypicus)
monotypic culture 单型培养
monotypic genus 单种属(genus monotypicus)
monotypic species 单型种(species monotypus)

monotypism ①单种性 ②单型性（monotypismus）
monovalent ①单价 ②单价染色体（monovalens）
monovalent antibody 单价抗体
monovalent cation 单价阳离子
monovalent character 单价性状
monovalent chromosome 单价染色体
monovalent ion 单价离子，一价离子
monovalent serum 单价[免疫]血清
monovalent vaccine 单价疫苗
monovelangiocarpy 单菌幕被果型（monovelangiocarpium）
monoverticillata 单轮生青霉群
monoverticillate 一次轮生的（monoverticillatus）
monovular 单卵的（monovularis）
monowheel 单轮
monowheel rotary ditcher 单轮旋转式开沟机
monoxenous 单主寄生的（monoxenus）
monoxeny 单主寄生（monoxenia）
monoxide（= monooxide） 一氧化物
monoxygenase 一氧化物酶
monoxylic 单式木质部的（monoxylicus）
monozygote 单精合子（monozygota）
monozygotic 单精合子的（monozygoticus）
monozygotic twins（= monozygous twins） 单卵双生[儿]
monsoon（= monsoon wind） 季风
monsoon climate 季风气候
monsoon forest 季雨林
monsoon index 季风指数
monsoon rain 季风雨
monsoon rainfall 季风雨量
monsoon rainforest climate 季风雨林气候
monsoon season 季风季节
monsoon surge ①季风潮 ②季风暴发
monster 畸形
monstera ①龟背竹属［*Monstera* Adans］（天南星科）②龟背竹（蓬莱蕉）［*Monstera deliciosa* Liebm.］
monsterflower（= rafflesia） ①大花草属［*Rafflesia* R. Br.］（大花草科）②大花草［*Rafflesia arnoldii* R. Br.］
monsterflower family 大花草科［Rafflesiaceae］
monstrosity 畸形，畸态，变态（monstrositas）
monstrosity cereus 山影拳［*Cereus monstrosus* sp.］（仙人掌科）
monstrosus winter cherry（= Franchet groundcherry） 璎珞酸浆［*Physalis sikekengi* L. var. *francheti* Hort. forma *monostrifera* Makino］
monstrous 畸形的，异常的（monstrosus，monstrus）
montage ①镶嵌 ②拼接
montan-saltpeter 蒙坦硝石，褐煤硝石，混酸铵（硫酸，硝酸铵）
Montana barley 蒙坦大麦［*Hordeum montanense*］（禾本科）
montana black pine（= bullpine） 美国西部黄松［*Pinus ponderosa* Dougl.］（松科）
montane（= montanic） 山地的，山上生的（montanus）
montane belt 山地地带｛生态生理｝
montane leaflessorchids ①无叶兰属［*Aphyllorchis* Bl.］（兰科）②无叶兰［*Aphyllorchis montana* Reichb. fil.］
montane soil 山地土壤
montane zone 低山地带，山地地带
montanic 山生的，山地的（montanus）
montanic acid 褐煤酸，廿九[烷]酸［$C_{29}H_{58}O_2$］
montanus kudzubean 台湾山葛［*Pueraria montana* Merr.］（豆科）
montbretia（= common tritonia） 鸢尾兰［*Tritonia crocosmaeflora* Lemoine］（鸢尾科）
Monte Carlo method 蒙特卡洛法｛遥感｝
Monte Carlo optimization 蒙特卡洛优化法
Monte Carlo simulation 蒙特卡洛模拟｛遥感｝
Monte Carlo stock 蒙特卡洛枪柄，具有颊片的枪柄｛狩猎｝
montejus 扬液器，压力升液器
monterey cypress 大果柏木［*Cupressus macrocarpa* Hartw.］（柏科）
monterey pine 辐射松［*Pinus radiata* D. Don］（松科）
montezuma baldcypress（= Mexican cypress） 墨西哥落羽杉［*Taxodium mucronatum* Ten.］（杉科）
monthly 每月
monthly bulletin 月报
monthly heating load 逐月加温负荷（指每月暖房需要的热气量）
monthly maximum temperature 月最高温度
monthly mean 月平均
monthly mean air temperature 月平均气温
monthly minimum temperature 月最低温度
monthly rose 月季花［*Rosa chinensis*

Jacq.]（蔷薇科）
monthly tillage 每月中耕
monthly total precipitation 月总降水量
monthly variation 逐月变化
monthly wages 月工资
monticellite 钙镁橄榄石{地质}
montmorillonite（= acid claybentonite）蒙脱石[$(Mg, Ca)Al_2Si_5O_{16}$]
montmorillonite clay 蒙脱石黏粒
montmorillonite type 蒙脱石型
montmorillonoid ①蒙脱土 ②蒙脱石类
monuron 灭草隆(除草剂)[$C_9H_{11}ClN_2O$]
Mooga silkworm（= Muga silkworm） 莫加蚕,眠蚕
moon 月,太阴（luna）
moon cereus（= moonlight cactus） ①月光掌属[*Selenicereus* Britt. et Rose]（仙人掌科）②月光掌[*Selenicereus* sp.]
moon-grass ①密穗草属[*Sesleria* Scop.]（禾本科）②密穗草[*Sesleria autumnalis* L.]
moon trefoil（= tree alfalfa） 褐斑苜蓿(苜蓿树)[*Medicago arborea* L.]（豆科）
moonbow（= lunar rainbow） 月虹
moonflower ①月光花属[*Calonyction* Choisy.]（旋花科）②月光花[*Calonyction aculeatum*（L.）House]
moonlet 小月
moon's path 白道{气象}
moonseed ①蝙蝠葛属[*Menispermum* L.]（防己科）②蝙蝠葛[*Menispermum dauricum* DC.]
moonseed family 防己科[Menispermaceae]
moonshine crotch 月光纹(木材)
moonstones ①厚叶草属[*Pachyphytum* spp.]（景天科）②厚叶草(星美人)[*Pachyphytum oviferum* sp.]
moonwort ①阴地蕨属[*Botrychium* Sw.]（瓶尔小草科）②阴地蕨[*Botrychium ternatum*（Thunb）Diels.]
moor ①泥炭沼泽 ②荒地 ③停泊,下锚{水产} ④松鸡
moor cock 雄松鸡
moor forming process 泥炭沼泽形成过程
moor-grass（= moongrass） 密穗草
moor hen 母松鸡,水鸡
moor land 泥炭沼地,泥沼地
moor-land soil 沼地土壤
moor plow 泥沼地犁,沼泽地犁
moor soil 沼地土壤
moor vegetation 沼泽植被
Moore's solution 摩尔氏溶液{显技}
MOPAC（= mixed-oligonucleotide-primed amplication of cDNA） 混合寡核苷酸引导[的]cDNA 扩增{分遗}
mor ①粗腐殖质 ②酸性腐殖质
mor layer 酸性腐殖质层
Morado 莫拉多(委内瑞拉芝麻品种)
moraea ①肖鸢尾属[*Moraea* Mill.]（鸢尾科）②肖鸢尾(摩利兰)[*Moraea iridioides* L.]
moraine 冰碛[物]
moraine belt 冰渍带
moraine clay 冰碛黏土
moraine lake 冰碛湖
morainic debris 冰碛岩屑
morainic sand 冰碛沙,冰沙土
morass 沼泽
moratorium （债务)延期清偿
morbid ①有病的,致病的 ②病理[学]的 ③病态的,不健全的（morbosus）
morbid condition 致病条件
morbid mitosis 不正常有丝分裂（mitosis morbus）
morbid poison 病毒素
morbidity ①患病率,发病率 ②致病率,罹病率（morbiditas）
morbidity of plant 植株罹病率
morbidity risk 罹病危险率
morbific（= morbiferous） 病原的,致病的,发病的（morbificus）
morbific agent 病原体
morbific factor 致病因子
morbose 受病的（morbosus）
morchelloid 羊肚菌状的（morchelloides）
Morchouse's mixture 摩尔考斯氏混合液{显技}
mordant ①媒染的 ②媒染剂{显技}
mordant principle of action 媒染剂作用原理
mordanting ①媒染 ②浸色{显技}
morden crop production 现代作物栽培学
more pay for more work 多劳多得
morel ①羊肚菌属[*Morchella* Fr.]（马鞍菌科）②羊肚菌[*Morchella esculenta*（L.）Pers.]
morelle 龙葵[*Solanum nigrum* L.]（茄科）
morello 酸樱桃[*Cerasus austera* Ehrh.]（蔷薇科）
morello cherry（= morello） 酸樱桃
mores 生态种群
morfa 沼泽湿地

morgan 摩(基因交换单位)
morgan unit 摩单位
Morganism 摩尔根学说(Morganismus)
mori silkworm (= mulberry silkworm) 桑蚕(家蚕)[*Bombyx mori* Linnaeus]
moribund 濒死的,垂死的
moricaud silkworm 暗色蚕
moriculture ①桑树栽培,栽桑 ②桑树栽培学(moricultura)
moriform 桑椹形的(moriformis)
morin 桑色素[$C_{15}H_{10}O_7 \cdot 12H_2O$]
morinda ①鸡眼藤属[*Morinda* L.](茜草科) ②鸡眼藤[*Morinda parviflora* Bartl.]
morindone 桑酮[$C_{15}H_{10}O_5$]
moringa ①辣木属[*Moringa* Adans.](辣木科) ②辣木[*Moringa oleifera* Lam.]
moringa family 辣木科(Moringaceae)
morio 长吻蛱蝶[*Vanessa antiopa* Linnaeus]
Mormon cricket 摩尔蒙螽斯[*Anabrus simplex* Hald.](螽斯科)
mormyride 长颌鱼科[Mormyridae]
mormyrus ①长颌鱼属[*Mormyrus*](长颌鱼科) ②长颌鱼[*Mormyrus kannume* Forskål]
morning ①早晨的,上午的 ②早晨,黎明 ③早期
morning campton (= addor's flower) 朝颜剪秋罗[*Lychnis dioica* L.](石竹科)
morning dew 晨露
morning fog 晨雾
morning forecast 早晨预报
morning glory (= Ipomoea) ①甘薯属(牵牛属)[*Ipomoea* L.](旋花科) ②甘薯[*Ipomoea batatas* Lam.] ③牵牛花[*Ipomoea hederacea* Jacq.]
morning-glory family 旋花科[Convolvulaceae]
morning-glory leaf miner 牵牛花潜蝇[*Bedellia somnulentella* Zell.](潜蝇科)
morning grow 晨辉
morning milk 早晨乳
morning-star lily 渥丹[*Lilium concolar* Salisb.](石竹科)
Moroccan locust 摩洛哥剑纹蝗[*Dociostaurus maroccanus* Thunberg](蝗科)
Morocco toadflax 摩洛哥柳穿鱼[*Linaria maroccana* Hook. fil.](玄参科)
moroctic acid 4,8,12,15-十八碳四烯酸
morph- ⌊字头⌉形态,形状
morph-ratio cline 形态比渐变群〈遗传〉
morphactin 整形素(植物生长调节剂)
-morphic ⌊字尾⌉形态,形状
morphinane 吗啡烷
morphinane alkaloid 吗啡烷生物碱
morphine (= morphium, morphin, morphina) 吗啡[$C_{17}H_{19}NO_3$]
morphine hydrochloride 盐酸吗啡
morphine receptor 吗啡受体
morphism ①遗传性多态现象 ②形态现象,形态性(morphismus)
morphocytology 细胞形态学(morphocytologia)
morphodifferentiation 形态分化(morphodifferentiatio)
morphogen ①成形基因 ②成形素 ③形态发生素
morphogenesis 形态形成,形态建成,形态发生
morphogenesis in vitro 离体形态建成,试管内形态建成
morphogenetic 形态发生的,形态建成的(morphogeneticus)
morphogenetic callus 形态建成的愈合组织
morphogenetic callus from flower primordia 花原基形态建成的愈合组织
morphogenetic callus from inflorescence 花序形态建成的愈合组织
morphogenetic correlation 形态建成相关
morphogenetic effect 形态建成效应
morphogenetic field 形态建成场
morphogenetic movement 形态发生运动
morphogenetic potential 形态建成潜势
morphogenetic process 形态建成过程
morphogenetic regulatory system 形态发生的调节系统(systema regulatoria morphogenetica)
morphogenetic retention 形态建成停滞
morphogenetic sequence 形态建成顺序
morphogenetic stimulus 形态建成刺激
morphogeny ①形态适应 ②形态适应学(morphogenia)
morpholine 吗啉,1,4-氮氧六环
morpholo-biochemical peculiarity 形态生化特征
morphologic (= morphological) 形态的,形态学的(morphologicus)
morphologic correlation 形态相关
morphological adaptation 形态适应
morphological age 形态年龄
morphological change 形态变异,形态变化
morphological character 形态性状
morphological characteristics 形态特征
morphological classification 形态分类

morphological component 形态组成部分
morphological criteria 形态标准(criteria morphologica)
morphological crop model 作物形态模型{智培}
morphological description 形态描述
morphological difference 形态差异
morphological differentiation 形态分化
morphological factor 形态因素
morphological feature 形态特征
morphological fitness 形态适合度
morphological heterothallism 形态异宗配合(heterothallismus morphologicus)
morphological index 形态指数
morphological lethal gene 形态致死基因
morphological model 形态模型{智培}
morphological modelization 形态模型化{智培}
morphological mutant 形态突变体
morphological plasticity 形态可塑性
morphological relationship 形态相互关系
morphological resemblance 形态相似性
morphological resistance 形态抗病性
morphological root 定位根(radix morphologicus)
morphological specialization 形态专化
morphological species 形态种
morphological sterility 形态不育性
morphological structure 形态结构(structura morphologica)
morphological traits 形态学性状
morphological type 形态型(typus morphologicus)
morphological unit 形态单位
morphological variant 形态变异体
morphological variation 形态变异
morphologist 形态学家,形态学工作者(morphologistus)
morphology 形态学(morphologia)
morphology of minicell 微型细胞形态学
morphometric cytology 形态度量细胞学(morphometro cytologia)
morphophysiological characteristics 形态生理特征
morphophysiological variation 形态生理变异
morphoplasm 成形质(morphoplasma)
morphopoiesis 形态发生
morphosis ①形态形成 ②反常变态
morphotic ①形态形成的 ②反常变态的(morphoticus)
morphotic tissue ①形态形成组织 ②反常变态组织(tela morphotica)
morphotropism 变晶现象(morphotropismus)
morphotype ①形态型 ②态模标本(morphotypus)
-morphous ⌊字尾⌉形态,形状
morphovar 形态变种
Morris persimmon (= Morrisianus ebony) 罗浮柿[*Diospyros morrisiana* Hance](柿科)
Morrow honeysuckle 莫罗氏忍冬[*Lonicera cajete* L.](忍冬科)
Morrow's sedge 莫罗氏苔[*Carex japonica* Thunb.](莎草科)
Morse code 莫尔斯电码{气象}
mortality 死亡率(mortalitas)
mortality curve 死亡率曲线
mortality rate 死亡率
mortality table 死亡率表
mortar ①研钵 ②胶泥,泥灰,灰浆
mortar fabric 胶泥状组织,灰浆状组织
mortice wheel 槽轮
mortification ①坏疽 ②枯斑,坏死(mortificatio)
morula 桑葚胚(morula)
morula stage 桑葚期
moruloid 桑葚型(moruloides)
Morzid (= OPSPA) 不孕啶(昆虫不孕剂)[$C_8H_{16}N_3OPS$]
mosaic ①花叶病{病理} ②嵌合体,花斑体{遗传} ③镶嵌体{解剖} ④镶嵌性,嵌合性{形态} ⑤镶嵌,拼图{遥感}
mosaic area 嵌合面积,花斑面积
mosaic bedding 镶嵌坛植,嵌合坛植,模纹坛植{园林}
mosaic blastocyst 镶嵌胚胞,镶嵌胚囊
mosaic boundary 镶嵌边界
mosaic constitution 嵌合组成
mosaic development 镶嵌发育,嵌合式发育
mosaic disease 花叶病
mosaic dominance 嵌合显性
mosaic egg 镶嵌卵
mosaic embryo 嵌合胚
mosaic endosperm 镶嵌胚乳
mosaic flower-bed 嵌植花坛{园林}
mosaic fungus 真菌镶嵌现象
mosaic genome 嵌合基因组{分遗}
mosaic hybrid 嵌合杂种
mosaic-like patch 嵌合状地块{生态生理}
mosaic mutation 嵌合突变
mosaic of apple 苹果花叶病(病毒病害)
mosaic of bean 四季豆花叶病[Plaseolus

virus 1]
mosaic of Chinese cabbage 白菜花叶病[Brassica virus 2]
mosaic of Chinese jam (= mosaic disease of Chinese yam) 薯蓣花叶病(病毒病害)
mosaic of corn (= mosaic of maize) 玉米花叶病(病毒病害)
mosaic of cornflower 矢车菊花叶病(病毒病害)
mosaic of crucifer 十字花科蔬菜花叶病[Brassica virus 2+4]
mosaic of cucumber 黄瓜花叶病[Cucumis virus 1]
mosaic of eggplant 茄花叶病(病毒病害)
mosaic of freesia 小苍兰花叶病(病毒病害)
mosaic of honey wort 鸭儿芹花叶病(病毒病害)
mosaic of hyacinth 风信子花叶病(病毒病害)
mosaic of Indian mallow 苘麻花叶病[Abutilon virus]
mosaic of leaf-mustard 芥菜花叶病[Brassica virus 2]
mosaic of lily 百合花叶病(病毒病害)
mosaic of orchidaceae 兰科植物花叶病(病毒病害)
mosaic of peanut 花生花叶病(病毒病害)
mosaic of pepper 辣椒花叶病(病毒病害)
mosaic of radish 萝卜花叶病[Brassica virus 2]
mosaic of soybean 大豆花叶病[Soja virus 1]
mosaic of spinach 菠菜花叶病[Cucumis virus 1]
mosaic of sponge-gourd 丝瓜花叶病(病毒病害)
mosaic of sugar cane 甘蔗花叶病[Saccharum virus 1]
mosaic of sweet potato 甘薯花叶病[Ipomoea virus 1]
mosaic of tobacco 烟草花叶病[Nicotiana virus 1]
mosaic of tomato 番茄花叶病[Solanum virus 1]
mosaic of turnip 芜菁花叶病[Brassica virus 1]
mosaic of urd 黑吉豆花叶病[Phaseolus virus 1]
mosaic of white-flowered gourd 葫芦花叶病[Cucumis virus 1]
mosaic photo series 镶嵌相片系列{遥感}
mosaic photograph 镶嵌照片(指航测)
mosaic pleiotropy 嵌合多效性
mosaic protein 嵌合蛋白[质]
mosaic rape 油菜花叶病(病毒病害)
mosaic resistance 抗花叶病性,对花叶病的抗性
mosaic ripening 镶嵌成熟
mosaic-rosette 花叶丛簇病
mosaic soil 镶嵌土壤
mosaic spot 嵌合斑
mosaic stage 镶嵌期
mosaic structure 镶嵌结构
mosaic symptom 花叶病症状
mosaic theory 镶嵌[学]说{生理}
mosaic vase guzmania ①果子蔓属[*Guzmania* Ruiz et Pav.](凤梨科) ②果子蔓[*Guzmania musaica* Mez]
mosaic virus 花叶病毒
mosaic vision 镶嵌视觉{蜂}
mosaicism 嵌合现象,镶嵌现象
mosaiculture 嵌植,镶嵌种植
moschate 麝香味的(moschatus)
moschatel family 五福花科(Adoxaceae)
Moso bamboo 孟宗竹[*Phyllostachys edulis* A. et C. Riv.](禾本科)
mosquito ①蚊 ②⌊复⌉蚊科(Culicidae)
mosquito blight (= leaf or plant bugs) 盲蝽科[Caosidae]
mosquito blight of tea (= black marking capsid) 茶角盲蝽[*Helopeltis theivora* Waterhouse](盲蝽科)
mosquito bug ①蚊蝽 ②⌊复⌉(= thread-legged bugs) 蚊蝽科[Ploiariidae]
mosquito larvicide 杀幼蚊剂
mosquito plant 尖牛皮消[*Cynanchum acutum* L.](萝藦科)
mosquito-trap ①牛皮消属[*Cynanchum* L.](萝藦科) ②牛皮消[*Cynanchum caudatum* Maxim.]
mosquitocide 杀蚊剂
moss ①苔,藓 ②沼泽,泥炭沼泽(musci)
moss-covered 有藓的(muscosus)
moss cushion 藓苔垫座,藓苔垫状体
moss green 苔绿,地衣绿(指色泽)
moss land ①藓苔地 ②沼泽地,水洼地
moss layer 藓苔层
moss-like 藓苔状的(bryoideus)
moss-litter 藓苔褥草
moss-loving 喜藓的(bryophilus)
moss moor 藓类沼泽
moss phlox 丛生福禄考[*Phlox subulata* L.]
moss protonema 藓类原丝体(muscoprotonemata)

moss-soil block machine 泥炭土营养钵制造机
moss stage 藓类阶段(bryostaticum)
moss tundra 藓类冻原(bryotundra)
Mössbauer source 默斯鲍尔[光]源{生技}
Mössbauer spectrometer 默斯鲍尔[光]谱仪
Mössbauer spectroscopy 默斯鲍尔[光]谱学
mosscap 藓帽(calyptra, mitra)
mosses 藓苔类
mossing 藓接法(用藓空中压)
mossy 生苔藓的(muscosus)
mossy rose gall wasp 蔷薇瘿蜂[*Rhodites rosae* (Linnaeus)]
mossycup oak 大果栎[*Quercus macrocarpa* Michx.](山毛榉科)
most ①最大的 ②最大限度的 ③最高的
most active period 最活跃时期{生态生理}
most active ripening stage 最有效成熟期
most apparent 最明显
most closed crossing 最近亲杂交
most common pollutant 最普通污染物{环保}
most deleterious atmospheric pollutant 最有害[的]大气污染物{环保}
most favourable temperature range 最适温度范围
most favoured-nation trade 最惠国贸易{农管}
most favoured-nation treatment 最惠国待遇(如贸易,关税等)
most frequent wind direction 主导风向{环保}
most probable distribution 最大概率分布{统计}
most probable number(MPN) 最大概率数
most probable number method 最大概率数量法{土壤}
most probable number of Coli form group 大肠菌族的最大概率数{环保}
most sensitive crop 最敏感作物(指对气候,肥料等)
most sensitive stage 最敏感阶段
most suitable crop rotation 最适宜轮作
most suitable data 最适宜资料
mote (灰尘等)微粒
mote board 挡尘板,棉花杂质挡板
moth ①蛾{昆虫} ②成虫{蚕}
moth appearance 发蛾
moth-ball 防蛾丸(防衣蛾)
moth bean 乌头叶菜豆[*Phaseolus aconitifolius* Jacq.](豆科)
moth-eaten 虫蛀的,蛀坏的(指衣蛾,谷蛾)
moth fly ①血蛉子,毛蠓 ②⌊复⌉(= moth flies and sand flies) 毛蠓科[Psychodidae]
moth-killing lamp (= light trap, moth lamp) 杀蛾灯
moth lamp (= moth killing lamp, light lamp) 诱蛾灯
moth mullein 暗毛蕊花[*Verbascum blattaria* L.](玄参科)
moth of armyworm 黏虫蛾
moth preserving case 蛾箱{蚕}
moth-proof 防蛾的(指衣蛾,谷蛾)
moth-proofer 防蛾剂,防蠹剂
mother [亲]母本
mother bee 母蜂,蜂王
mother board 母板{电脑}
mother buddings 母本芽接树
mother bulb 母鳞茎,母株,母球(bulbus matricalis)
mother cell 母细胞(cellula matricalis)
mother cell xylem 木质母细胞
mother chrysanthemum 野菊[*Chrysanthemum indicum* L.](菊科)
mother clone 母本无性繁殖系,母本克隆{农生技}
mother country ①发祥地 ②祖国
mother culm 主茎,母茎,母秆
mother current 主流,母流,本流
mother gallery (蜂巢)主要通道
mother hemp 母麻(留种用大麻)
mother leaf 母叶(folium matricale)
mother line selection 母系选择
mother liquid (= mother liquor) 母液
mother material 母质{土壤}
mother nucleus 母核(nucleus matricalis)
mother of pearl cloud 贝母云
mother-of-thousands ①梅花草属[*Cymbalaria* Med.](玄参科) ②梅花草[*Cymbalaria muralis* Gaertn.]
mother-of-thyme 欧百里香[*Thymus serpyllum* L.](唇形科)
mother of vinegar 醋母
mother plant ①母株,母本[植株] ②母本植物
mother plant selection 母本选择
mother plantation 母本园
mother potato 种薯(种用马铃薯)
mother rock 母岩
mother root 种根(radixma tricalis)
mother seedlings 实生母树
mother seeds 原种
mother sporocyst 母包蚴
mother star 母星体

mother stock ①母株 ②原种
mother tree 母树
mother tree orchard 母树园
mother tuber (= mothertuberous root) 母薯,种块,种薯
mother unit 主部件
mothering-up 对奶(指哺乳母[绵]羊母仔团聚)
motherwort ①益母草属[*Leonurus* L.](唇形科) ②益母草[*Leonurus sibiricus* L.]
mothicide 杀蛾剂,杀蠹剂
moths and millers (= night flies) 缰翅亚目(鳞翅目)[Heterocera]
moths and skippers 鳞翅目(Lepidoptera)
motif 特征序列,基序(指保守序列核心){分遗}
motile 运动的,游动的(motilis)
motile cell 游动细胞(cellula motilis)
motile male gamete 游动雄配子
motility 游动性,运动性(motilitas)
motility hormone 活动激素
motion ①运动,移动,活动 ②摆动方式 ③排尿,排便(motio)
motion analyzer 活动分析器
motion-control photography 运动控制摄像{显技}
motion of air 空气运动
motion of colony 菌落运动
motion video ①运动图像 ②运动视频{电脑}
motion video capture adaptor 运动视频捕捉适配器
motionless ①不动的 ②静止的
motionless air 静止空气
motivation ①刺激,激发,推动 ②诱导,启发 ③机能(motivatio)
motive 发动的,起动的(motivus)
motive force 动力
motive power 原动力
motofacient ①运动的 ②发动的(motofaciens)
motor 电动机,发动机,原动机,引擎,马达
motor area 运动野,运动场地
motor boat 机动船,汽船
motor car with gas-producer 瓦斯发动汽车,气体发动汽车
motor cell 运动细胞(motorocellula)
motor cultivator 电动中耕机(指小型的)
motor displacement (液压)马达排量
motor-driven 机动的(用发动机发动的)
motor-driven maize sheller 机动玉米脱粒机
motor-driven pump 电动泵
motor-driven seed cleaner 机动种子清选机
motor-duster 机动喷粉机
motor end plate 运动终板
motor force 动力,发动力
motor generator 电动发电机
motor-generator set 电动发电机组
motor grader 动力平地机
motor lawn mower 机动草坪刈草机
motor lorry 电动卡车,载重卡车
motor mower 动力剪草机
motor nerve 运动神经
motor neuron (= motoneuron) 运动神经元
motor oil 机器油
motor protein 动力蛋白[质]
motor pump 电动泵
motor roller 动力镇压器,机碾
motor spirit (车用)汽油
motor sprayer 机动喷雾器
motor system 运动系[统](motorosystema)
motor threshing machine 动力脱粒机
motor tissue 运动组织(motorotela)
motor traffic 动力运输
motor-truck (= truck) 载重汽车
motor vehicle 机动车[辆]
motor vehicle exhaust 机动车废气{环保}
motorcar 汽车,摩托车
motorgrader (= motor grader) 机动平路机,机动平地机,动力平地机
motoring map 公路图{遥感}
motorium 运动系
motorization 机械化(motorisatio)
motorplough (= motorplow) 机动犁,自走犁
motorsensory cortex 运动感觉皮层
mottle ①斑点,斑块 ②斑驳病
mottle figure 斑[状]花纹(木材)
mottle leaf 花斑叶
mottle necrosis of sweet potato 甘薯白腐病[*Pythium spinosum* Sawada]
mottle necrosis of welsh onion 大葱白腐病[*Sclerotium cepivorum* Berk.]
mottle virus 斑驳病毒
mottled ①具斑点的(punctatus) ②具大理石纹的(marmoratus) ③杂色的,花斑状的(variegatus)
mottled caladium 彩叶杯芋(彩叶洋芋)[*Caladium picturatum* C. Koch et Bouche](天南星科)
mottled expression 杂色表现
mottled grain 斑点纹理(granum puncta-

tum)
mottled leaf 斑驳叶,花斑状叶(folium variegatum)
mottled plaque 杂色溶菌斑
mottled reddish soil 斑状红色土,斑块红色土
mottled tortoise beetle 杂色龟甲[*Deloyala guttata* (Oliv.)](龟甲科)
mottled umber moth 枝尺蛾(黑点赭尺蛾)[*Erannis defoliaria* (Cl.)](尺蛾科)
mottling ①花斑,斑驳,嵌合现象 ②(染色体)侵蚀斑 ③色斑,锈斑
Moufflon 摩弗伦羊[*Ovis musimon*]
mould (= mold) ①毛霉属[*Mucor* (Mich.) Link.](毛霉科) ②毛霉[*Mucor ulgavris* Bainir.] ③霉,霉菌 ④腐殖土 ⑤表土,松软土壤 ⑥模型
mould beetles (= cryptophagid beetles) 隐食甲科[Cryptophagidae]
mould board (= moldboard) ①犁壁 ②拨土板{农机}
mould fungus 霉菌
mould rains (= mold rains) 梅雨
mouldiness 发霉
moulding ①培土,壅土,培垄{栽培} ②发霉{微生物} ③模制{农机}
moulding pressure 挠性压力
moulding tool (= queen cell moulding tool) 蜡盏棒(作蜂王房用)
mouldy 毛霉状的(mucidus)
mouldy peat 沼泽泥炭
moulin (法)风车
moulinet (法)①水速计算器 ②风磨小轮
moult 蜕皮(ecdysis)
moult-inhibiting hormone 抑制脱皮激素
moulting (= molting) ①(畜)脱毛 ②(禽)换羽 ③(昆虫)蜕皮 ④(有角动物)换角 ⑤(蚕)眠
moulting hormone 蜕皮激素
moulting larva (= molting larva) 眠蚕
moulting season (= molting season) 眠季(指蚕)
moulting stage ①脱毛期 ②换羽期 ③蜕皮期 ④换角期 ⑤眠期
moultinism (= moltinism) 眠性(moltinismus)
mound ①堤 ②土堆,土墩 ③假山,小山 ④培土
mound ant 黄土蚁[*Lasius flavus* (Fabricius)](蚁科)
mound cutting 垄插,墩插
mound layering 墩压,堆土压,萌叶压{园艺}
mound lily yucca 凤尾[丝]兰[*Yucca gloriosa* L.](龙舌兰科)
mound planting 墩植,垵植,垄作
mound storage 堆藏
mounding 埋土法,堆土法
mounding on stump 树桩堆土法
mount ①小山,(瞭望)土岗{森林} ②安装,装配,安置{农机} ③(切片)敷贴{显技}
mountain ①山,高山 ②山地,山区 ③山上的,高地的(mons)
mountain air 山地空气
mountain alyssum 山庭荠[*Alyssum montanum* L.](十字花科)
mountain and hill area 丘陵山区
mountain and valley wind (= mountain and valley breeze) 山谷风
mountain angelica ①楤木属[*Aralia* L.](五加科) ②楤木[*Aralia chinensis* L.]
mountain area 山区
mountain arnica ①山金车属[*Arnica* Bupp ex L.](菊科) ②山金车[*Arnica montana* L.]
mountain ash (= rowan) 欧洲花楸[*Sorbus aucuparia* L.](蔷微科)
mountain ash falsespiraea 珍珠梅[*Sorbaria sorbifolia* (L.) A. Br.](蔷薇科)
mountain-ash sawfly 花楸叶蜂(深山桤叶蜂)[*Pristiphora geniculata* (Hartig)](叶蜂科)
mountain avens ①仙女木属[*Dryas* L.](蔷薇科) ②仙女木[*Dryas octopetala* L.] ③山地路边青[*Geum montanum* sp.](蔷薇科)
mountain barometer 高山气压表
mountain birch (= mahogany birch) 山桦[*Betula lenta* L.](桦木科)
mountain bluet 山矢车菊[*Centaurea mountana* L.](菊科)
mountain breed 山地畜种,山地家畜
mountain breeze 山风
mountain bride ①山萝卜属[*Scabiosa* L.](川续断科) ②山萝卜[*Scabiosa fischeri* DC.]
mountain bromegrass 山雀麦草[*Bromus carinatus* L.](禾本科)
mountain brown desert steppe soil 山地棕色漠境草原土,山地棕钙土
mountain brown skipper 深山褐弄蝶[*Parnara jonson* Butler](弄蝶科)
mountain cacalia 山蟹甲草[*Cacalia yatabei* Matsum.](菊科)
mountain chernozem 山地黑[钙]土
mountain chestnut soil 山地栗钙土

mountain chickpea 山黧豆黄芪［*Astragalus cicer* L.］(豆科)
mountain cinnamon soil 山地褐土
mountain climate 山区气候,山地气候,高地气候
mountain complete beet harvester 悬挂式甜菜收获机{农机}
mountain cranberry (= cowberry, red bilberry) 牙疙疸(越橘)［*Vacciniumvitis-idaea* L.］
mountain dairy 山地乳品业
mountain dry steppe soil 山地干草原土
mountain ebony ①羊蹄甲属［*Bauhinia* L.］(豆科) ②羊蹄甲［*Bauhinia purpurea* L.］
mountain ecotype 山地生态型
mountain elm 山榆［*Ulmus montana* With.］(榆科)
mountain endemic species 山区特有种
mountain eryngo 高山刺芹［*Eryngium alpinum* sp.］(伞形花科)
mountain farm 山地农场
mountain farming 山地农业
mountain flattened leaf beetle 深山扁叶甲［*Gastrolina japona* Jacoby］(叶甲科)
mountain fly 市蝇［*Musca sorbens* Wiedemann = *Lissosterna*］(蝇科)
mountain fog 山雾
mountain forest 高山林,山地林
mountain forest soil 山地森林土
mountain fringe ①荷包藤属［*Adlumia* Rafin.］(荷包牡丹科) ②(= climbing fumitory) 荷包藤［*Adlumia asiatica* Ohwi］
mountain froghopper 深山沫蝉［*Peuceptyelus nigroscutellatus* Matsumura］(沫蝉科)
mountain glacier 高山冰川
mountain goat 羚羊
mountain grassland 山区草地
mountain gray-brown soil 山地灰棕壤
mountain gray-forest soil 山地灰色森林土
mountain grazing 高山放牧,高山家畜饲养
mountain habitat 山地生境{生态生理}
mountain heath ①栂樱属［*Phyllodoce* Salisb.］(杜鹃花科) ②栂樱［*Phyllodoce caerulea* (L.) Babingron］
mountain hemlockoarsley 山川芎［*Conioselinum univittatum* Turcz.］(伞形花科)
mountain holly ①美洲山冬青属［*Nemopanthus* Raf.］(冬青科) ②美洲山冬青［*Nemopanthus mucronatus* Raf.］
mountain hydrangea 山绣球花［*Hydrangea macrophylla* sp. *serrata* Makino］(绣球科)
mountain laurel 山月桂［*Kalmia latifolia* L.］(杜鹃花科)
mountain leafhopper 深山叶蝉［*Collladonus montanus* (Van D.)(叶蝉科)］
mountain lettuce 山莴苣(龙舌菜)［*Lactuca indica* var. *dracoglossa* Kitam.］(菊科)
mountain lime 山来檬［*Citrus webberi* Wester.］(芸香科)
mountain longicorn beetle 栗山天牛［*Mallambyx raddei* Blessig］(天牛科)
mountain mahogany 短叶紫杉［*Taxus brevifolia* Nutt.］(紫杉科)
mountain maple 山槭(穗花槭)［*Acer spicatum* L.］(槭树科)
mountain meadow ①山地割草地{牧草} ②山地草甸{生态}
mountain meadow chernozemlike soil 山地草甸黑[钙]土状土壤
mountain meadow soil 山地草甸土
mountain meadow-steppe soil 山地草甸草原土
mountain melick 垂臭草［*Melica nutans* L.］(禾本科)
mountain meteorology 高山气象学
mountain mint 山薄荷属［*Pycnanthemum* Michk.］(唇形科)
mountain mugwort 山艾(山蒿)［*Artemisia montana* Pampan.］(菊科)
mountain mulberry 山桑［*Morus bombycis* Koidz.］(桑科)
mountain observation 高山观测
mountain oxalis 山酢浆草［*Oxalis japonica* Franch. et Sav.］(酢浆草科)
mountain papaya 山番木瓜［*Carica candamarcensis* Hook. f.］(番木瓜科)
mountain parsley (= spicknel) 高前胡［*Pseucedanum oreoselium* (L.) Moench. = *Athamanta oreoselinium* L.］(伞形花科)
mountain pasture 山区牧场
mountain peat 山地泥炭
mountain peavine ①山黧豆属［*Lathyrus* L.］(豆科) ②山黧豆［*Lathyrus palustris* L.］
mountain pieris 美国马醉木［*Pieris floribunda* Benth. et Hook.］(杜鹃花科)
mountain pine (= dwarf pine) 中欧山松［*Pinus montana* Mill.］(松科)
mountain plant 山地植物
mountain range 山脉

mountain red-brown earth 山地红棕壤
mountain red earth 山地红壤
mountain region 山区,高山地区
mountain rice (= upland rice) 旱稻,陆稻［*Oryza sativa* L.］(禾本科)
mountain ridge 山脊
mountain-rose coralvine ①珊瑚藤属［*Antigonon* Endl.］(蓼科) ②珊瑚藤［*Antigonon leptopus* Hook. et Arn.］
mountain sedge 异穗莎草［*Carex heterolepis* Bunge］(莎草科)
mountain sere 山地演替系列{生态}
mountain sheep 山地绵羊
mountain shrubby-meadow soil 山地灌丛草甸土
mountain sickness 高山病
mountain soddy brown earth 山地生草棕壤,山地草地棕壤
mountain soil 山地土壤
mountain-sorrel 山蓼属［*Oxyria* Hill.］(蓼科)
mountain soursop 山地番荔枝［*Annona montana* Macf.］(番荔枝科)
mountain spiderwort ①萝蒂属［*Iloydia* Salisb.］(百合科) ②萝蒂［*Iloydia alpina* Salisb.］
mountain spinach 法国菠菜［*Atriplex hortensis* L.］(藜科)
mountain spotted yellow 深山星黄粉蝶［*Colias palocnoaias* Fruhstorfer.］(粉蝶科)
mountain station 高山气象站
mountain steppe earth 山地草原土
mountain summer range 山地夏季牧场
mountain taiga soil 山地泰加林土
mountain timothy 高山梯牧草［*Phleum alpinum* L.］(禾本科)
mountain torrents 山洪
mountain tundra 高山冻原,山地冰沼
mountain tundra soil 山地冰沼土
mountain vegetable grasshopper 深山款冬蝗［*Fodisma mikado* Bolivar.］(蝗科)
mountain waste 荒山,山荒地
mountain weymouth pine (= mountain white pine) 美国五叶松［*Pinus monticola* Dougl.］(松科)
mountain wind 山风
mountain yellow-brown earth 山地黄棕壤
mountain yellow earth 山地黄壤
mountainous 山地的,多山的 (montanus)
mountainous country 山区
mountainous region 多山地区
mounted ①粘贴的,敷贴的,装片的{显技} ②悬挂的,装配的,安装的{农机}
mounted ahead type 前悬挂式
mounted alternate plow 悬挂式双向犁
mounted bog harrow 悬挂式沼泽地耙
mounted cultivator 悬挂式中耕机
mounted disk harrow 悬挂式圆盘耙
mounted disk tiller 悬挂式垂直圆盘犁
mounted drag harrow 悬挂式宽齿耙
mounted duster 悬挂式喷粉机
mounted folding harrow 悬挂式折叠耙
mounted-frame cultivator 悬挂式中耕机{农机}
mounted-frame tiller 悬挂式休闲地耕耘机
mounted general purpose plow 悬挂式通用犁
mounted grader 悬挂式分类机
mounted implements 悬挂式农机具
mounted moldboard headland plow 悬挂式耕地头铧式犁
mounted moldboard plow 悬挂式铧式犁
mounted moldboard stubble plow 悬挂式茬地铧式犁
mounted plow (= mounted plough) 悬挂式犁
mounted quarter-turn plow 悬挂式翻转犁
mounted roll-over plow 悬挂式翻转犁
mounted rotary cultivator 悬挂式旋耕犁
mounted rotary harrow 悬挂式旋转耙
mounted scraper 悬挂式铲运机
mounted single-row disk harrow 悬挂式单行圆盘耙
mounted specimen 装片标本{显技}
mounted sprayer 悬挂式喷雾机
mounted tandem harrow 悬挂式双列耙
mounting ①粘贴,敷贴,装片{显技} ②封藏,封固{显技} ③悬挂,固定,装配,安装{农机} ④上蔟,上山{蚕}
mounting cypress 柏木［*Cupressus funebris* Endl.］(柏科)
mounting fluid 封藏液
mounting frame 装架
mounting material 敷贴材料
mounting medium 粘贴介质封固剂{显技}
mounting method 敷贴法,粘贴法{显技}
mounting of premature larvae 绿蚕上蔟
mounting technique ①安装技术{农机} ②敷贴技术{显技}
mourning birde ①山萝卜属［*Scabiosa* (Tourn.) L.］(川续断科) ②山萝卜［*Scabiosa fischeri* DC.］
mouse ①鼠,小鼠［*Mus musculus*］②鼠标{电脑}

mouse barley (= wall barley) 鼠大麦(兔耳大麦)[*Hordeum murinum* Gris.](禾本科)
mouse button 鼠键(指鼠标器按钮){电脑}
mouse choriomeningitis 鼠脉络丛脑膜炎
mouse-coloured 鼠色的,灰色的(指马毛色)(mustellinus)
mouse-ear (= hawk-weed) 毛山柳菊[*Hieracium pilosella* L.](菊科)
mouse-ear chick weed ①卷耳属[*Cerastium* L.](石竹科) ②卷耳[*Cerastium vulgatum* var. *glandulosum* Reg.]
mouse emulator 鼠标模拟器
mouse foetus 小鼠胎儿
mouse inbred line 小鼠近交系
mouse L cell 小鼠L细胞
mouse leukemia 小鼠白血症
mouse mammary tumor 小鼠乳腺肿瘤
mouse milk factor 小鼠乳汁因子
mouse motion counter 鼠标移动计数器
mouse plant 象鼻老鼠芋[*Arisarum proboscideum* sp.](天南星科)
mouse sarcoma virus 小鼠肉瘤病毒
mouse satellite DNA 小鼠卫星DNA{分遗}
mouse-tail 鼠尾巴属[*Myosurus* L.](毛茛科)
mouse teratocarcinoma 小鼠畸胎癌
mouse threshold 鼠标阈值
mouse tracking 鼠标器追踪
mousetrap 捕鼠器
mousse 奶油冻,起泡冰淇淋
moutan 牡丹[*Paeonia suffruticosa* Andr.](毛茛科)
mouth ①嘴,口 ②(洞,河流,袋,瓶等)口,开口处(oris)
mouth beard 口鬃(食虫虻科)
mouth-brooder 口育鱼类
mouth-foot 颚足
mouth hooks 口钩
mouth of pipe 管口{环保}
mouth of river 河口
mouth parts 口器
mouth sucker (蠕虫)口吸盘
mouthpiece ①套筒,承口,插嘴 ②马衔铁
mouthroot 三叶黄连[*Coptis trifolia* Salisb.](毛茛科)
movable 活动的,可移动的(movabilis)
movable bench 移动植台(指在温室内)
movable block 动滑轮
movable-comb hive 活动蜂箱
movable element 可[移]动元件{生技}
movable fence 可搬动栅栏
movable frame 活动巢框
movable-frame hive 活动巢框蜂箱
movable gate 活动闸门{水利}
movable grate 活动格栅{环保}
movable hotbed 移动温床
movable property 动产
movable rearing stand 移动蚕架
movable reserve (= flowing reserve) 流动储备件{信息}
movable reserve forest 移动预备林
movable screen 活动格网{环保}
movable-spray aerator 移动式喷洒曝气器{环保}
movable traverse 移动式护桥
movement ①运动 ②活动,移动 ③动态(movementum)
movement in soil (药剂在)土中移动
movement index (交叉)移动指数
movement of air mass 气团运动
movement of water 水分运动
movement restriction (= quarantine) 检疫
movement state of ground water 地下水动态
moveout 时差
moveout table (= moveout list) 时差表(指世界各地的)
mover 发动机,原动机,推进器
movie loop ①环形胶卷{遥感} ②环形电视{电脑}
moving apron 活动挡板(施肥机)
moving average 移动平均,滑动平均
moving average method 移动平均法{统计}
moving bed 移动床{环保}
moving bed ion exchange plant 移动床离子交换站{环保}
moving boundary analysis 移动界面分析{生技}
moving boundary centrifugation 移动界面离心
moving canvas platform 活动帆布收刈台
moving downward 向下移动{显技}
moving dune 流动沙丘
moving equilibrium 运动平衡
moving-floor trailer 活底拖车
moving force 转动力
moving loading 动载荷
moving parts 力传动部分
moving share 振动犁铧
moving target indicator (MTI) 活动目标显示器(指示器)
moving upward 向上移动{显技}
moving vane 回转轮叶片
moving window 移动窗口,活动窗口{电脑}

moving window display 活动窗口显示{遥感}
moving zone centrifugation 移动区带离心{生技}
moving zone electrophoresis 移动区带电泳
mow ①干草堆,②割草,刈割
mow binder 干草割捆机
mow-burn 干草自然
mow grass 打草,刈草
mower 刈草机,剪草机
mower conditioner 割草调制机{农施}
mower-rake 刈草搂草机
mowing ①刈草,剪草 ②割,刈,切割
mowing hay 收获干草
mowing machine 刈草机
mowing of rice plants 刈稻,割稻
mowing speed 刈草速度
mown grass path 草坪路
moxa 菌制腐蚀剂
moxibustion 艾灸(中医技术)
MPD (= maximum permissible dose) 最大容许剂量{分生}
MPE (= maximum permissible error) 最大容许误差{统计}
MPF (= maturation-promoting factor) 促成熟因子
MPG (=miles per gallon) 每加仑海里数
MPGF (= male pronucleus growth factor) 雄原核生长因子{分生}
MPH (=miles per hour) 每小时海里数
MPN (= most probable number) 最大概率数{统计}
MPP (= massively parallel processor) 大容量并行处理机{信息}
MQT (= multiple quantum transition) 多量子跃迁
MR (=midrange) 全距中点{统计}
mrad 毫拉得(辐射线吸收剂量单位)
MRF (= melanophore-stimulating hormone releasing factor) 促黑[素细胞]激素释放因子
MRIF (= melanophore-stimulating hormone release inhibitory factor) 促黑[素细胞]激素释放[的]抑制因子
MRIH ①(= Melanocyte-stimulating hormone release inhibitory hormone) 促黑[素细胞激]素抑制激素{分生}②(= melanotropin release inhibiting hormone) 促黑素释放抑制激素{分生}
mRNA (= messenger RNA) 信使 RNA{分遗}
mRNA cap mRNA 帽,信使 RNA 帽{分遗}
mRNA cap binding protein mRNA 帽结合蛋白
mRNA capping mRNA 加帽
mRNA codon mRNA 密码子
mRNA degradation mRNA 降解
mRNA editing mRNA 编辑
mRNA formation mRNA 形成
mRNA initiation mRNA 起始
mRNA initiation site mRNA 起始部位
mRNA interfering complementary RNA (mic RNA) (= antisense RNA) mRNA 干扰互补 RNA (micRNA),反义 RNA
mRNA message mRNA 信息
mRNA polyadenylation mRNA 聚腺苷化
mRNA processing mRNA 加工
mRNA-ribosome complex mRNA 核蛋白体复合物
mRNA splicing mRNA 剪接
mRNA splicing factor mRNA 剪接因子
mRNA stability mRNA 稳定性
mRNA storage mRNA 贮存
mRNA synthesis mRNA 合成
mRNA trafficking (= mRNA transport) mRNA 运输(转运,运载)
mRNA translation mRNA 转译
mRNA transport mRNA 运载
mRNA triplet mRNA 三联体
mRNP (= messenger ribonucleoprotein) 信使核糖核蛋白
MRO (= maintenance and repair operation) 维修作业,维修操作
MRP (= mitochondrial RNA processing enzyme) 线粒体 RNA 加工酶
MS ①(=magic spot) 奇异斑点,魔斑点 ②(=mass spectrometry) 质谱测定法
MS-2 phage MS-2 噬菌体
MS2ip (= 6-(3-methyl-2-butenylamino)-2-methyl-thiopurine) 6-(3-甲基-2-丁烯基-氨基)-2-甲基硫嘌呤(细胞分裂素) [$C_{11}H_{15}N_5S$]
MS2iPA (= 6-(3-methyl-2-butenylamino)-2-methyl-thio-9-*β*-*D*-ribofuranosyl-purine) 6-(3-甲基-2-丁烯基-氨基)-2-甲基硫-9-*β*-*D*-呋喃核糖嘌呤(细胞分裂素)
MSA (= multiplication stimulating activity) 增殖刺激活性{分生}
MSC (= memory storage control) 存储器存储控制{信息}
MSH (= melanocyte stimulating hormone) 促黑[素细胞] 激素
MSO (= mixed-sequence oligonucleotide)

混合序列[的]寡核苷酸 {分遗}
msribosyl-cis-zeatin 甲基硫核糖基-顺式-玉米素(细胞分裂素)
msribosylzeatin 甲基硫核糖基玉米素(细胞分裂素)
mszeatin 甲基硫玉米素(细胞分裂素)[$C_{11}H_{14}N_4$]
Mt (= mountain) 山,山地,山区
mtDNA (= mitDNA) 线粒体 DNA
mtRNA (= mitRNA) 线粒体 RNA
mu ①(= mou) 亩 ②μ(希腊文字母)
mu chain μ链(指 lgM 的重链) {分遗}
mu particle μ粒子,杀伤颗粒
mucase 黏多糖酶
mucedinoid (= mucedinous) 霉菌状的,白棉状的 (mucedinoideus)
much branching 多分枝
much tillering 多分蘖
muci-carmine 黏液胭脂红{显技}
mucic acid 黏酸,半乳糖二酸 [$(CHOH)_4(COOH)_2$]
mucid 霉的,黏的 (mucidus)
muciferous ①具黏液的 ②分泌黏液的 (mucifer)
muciform 黏液状的 (muciformis)
mucigogue ①促黏液分泌的 ②黏液分泌促进剂
mucilage ①黏液,黏胶 ②黏质 ③胶水 (mucilagus)
mucilage canal 黏液道 (mucilagocanalis)
mucilage cavity 黏液腔 (mucilagocavitas)
mucilage cell 黏液细胞 (mucilagocellula)
mucilage duct 黏液管 (mucilagoductus)
mucilage hair 黏液毛 (mucilagopilus)
mucilage-hair type 黏液毛型
mucilage sac 黏液囊 (mucilagosaccus)
mucilage slit 黏液缝 (mucilagofissura)
mucilage tube 黏液管 (mucilagotubus)
mucilaginous ①黏液质的 ②[有]黏[性]的 (mucilaginus)
mucilaginous fiber (= gelatinous fiber) 黏质纤维 (fiber mucilaginus)
mucilaginous hair 黏质毛 (pilus mucilaginus)
mucilaginous sheath 黏质鞘 (vagina mucilagina)
mucin 黏蛋白
mucinase 黏多糖酶
mucinogen 黏蛋白原
mucinuria 黏蛋白尿
muciparous 分泌黏液的 (muciparus)
muck ①湿粪 ②厩肥 ③腐泥,泥肥 ④垃圾,废物 ⑤腐殖土,泥炭土
muck farming 泥炭土耕作
muck flat 腐泥平原,腐泥滩
muck fork (= dung fork) 粪叉
muck garden 腐泥地菜园
muck-heap (= dung hill) 粪堆
muck land 腐泥地
muck-land gardening 腐泥地蔬菜栽培
muck loader 厩肥装载机
muck pump 厩液泵
muck rake 粪耙
muck soil 腐泥土
muck spreader 厩肥撒施机
muck warp soil 腐泥冲积土
muckworm 粪蛆
muco- ⌞字头⌝黏
muco-cellulose 黏质纤维素
mucoglobulin 黏球蛋白
mucoid ①黏胶状的,黏液状的 ②类黏蛋白 (mucoideus)
mucoid colony 黏液状群落
mucoid protein 类黏蛋白
mucoid softening 黏液状软化
mucoitin 黏多糖,黏液素
mucoitin sulfuric acid (= mucoitin sulfate) 硫酸黏多糖,硫酸黏液素
mucolytic ①黏多糖的 ②溶为黏液的 (mucolyticus)
mucolytic enzyme 黏多糖酶
mucomycosis 毛霉病
muconic acid 己二烯二酸,黏康酸 [$(CH:CH\cdot COOH)_2$]
muconolactone 黏康酸内酯
mucopeptide 黏肽
mucopoly saccharase 黏多糖酶
mucopolysaccharide 黏多糖
mucopolysaccharidosis 黏多糖病
mucoprotein 黏蛋白
mucor ①毛霉属 [*Mucor* (Mich.) Link.] (毛霉科) ②毛霉 [*Mucor vulgaris* Bainir]
mucor root rot 软化病
mucoraceous 毛霉菌的 (mucoraceus)
mucormycosis 毛霉病 (mucormyucosis)
mucosa 黏膜
mucosal disease 黏膜病
mucose 黏性的 (mucosus)
mucous (= mucose) 黏液的,黏性的 (mucosus)
mucous gland 黏液腺
mucous granule 黏液颗粒 (granula mucosa)
mucous membrane 黏膜 (membrana mu-

cosa)
mucous secretion 黏液分泌
mucro 短尖头
mucronate 具短尖的,具锐尖的(mucronatus)
mucronate anther 短尖花药(anthera mucronata)
mucronation 短尖头(mucronatio)
mucronulate 具小短尖的(mucronulatus)
muculent ①黏质的 ②含黏液的(muculens)
mucuna ①黎豆属[*Mucuna* Adans.](豆科) ②黎豆[*Mucuna capitata* W. et A.]
mucus 黏液
mucus barrier 黏液屏障
mucus membrane 黏膜
mucus mushroom 黏蜜环菌(白环蕈)[*Armillaria mucida* Quel.](食用菌)
mud ①泥,泥浆 ②淤泥,污泥
mud and stone flow 泥石流
mud ball 泥球{环保}
mud ball ammonium sulfate 硫铵泥球
mud cone 泥火山
mud-crack (= sun crack) 干裂,泥裂
mud-crusting beetle ①烟草拟步甲(烟草伪步行虫)[*Opatrum depressum* Fabricius] ②小麦拟步甲(小麦伪步行虫)[*Opatrum acutangulum* Fairmaire](拟步甲科)
mud-dauber ①泥蜂 ②⌊复⌉泥蜂科[Sphecidae]
mud dredger 挖泥机
mud eater ①吸泥机 ②消声器
mud filter 滤泥机
mud flat 海滨泥地,淤泥滩
mud flow 泥流
mud flow soil 泥流土
mud foreshore 泥滩,滨海泥滩
mud ground 泥土,泥地
mud guard 挡泥板
mud-in planting (= relay planting) 套作栽培(糊仔栽培为台湾土名)
mud interceptor 去泥机
mud line 泥线{环保}
mud liquid 泥液
mud pipe 泥管{环保}
mud pump 泥浆泵
mud rain 泥雨
mud-rock flow (= mud and stone flow) 泥石流{遥感}
mud scraper 刮泥板,泥刮
mud sedge 沼泽生苔[*Carex limosa* L.](莎草科)
mud sheet (= mud work) 泥蔽(指白蚁的泥路)
mud slush 软泥,软土
mud stone 泥岩
mud trap 沉泥阱{环保}
mud valve 厩液阀
mud wasps 蜾蠃科[Eumenidae]
mud water seed selection 泥水选种
muddiness ①混浊性,污浊 ②泥污,泥泞
mudding 浸蘸泥浆
muddy ①多泥的,覆着泥的 ②泥色的,(因其浓稠)似泥的 ③"模糊",混杂,紊乱
muddy bottom 淤泥底
muddy ground 淤泥地
muddy road 泥泞路,土沙路
muddy sand 泥沙地
muddy soil 淤泥土
muddy stream 混浊水流,混浊溪流
muddy water 浑浊水
muddymedia "乱"媒体{信息}
muddymedia software "乱"媒体软件
mudfish 鲇,鲶[*Parasilurus asotus* (L.)]{水产}
mudflow 泥流
mudusoid stage 水母型期
mudwort ①水茫草属[*Limosella* L.](玄参科) ②水茫草[*Limosella aquatica* L.]
muffin 松饼,小松糕{加工}
muffle furnace 马福炉,高温电炉
muffler 清音器,减声器{环保}
Muga silkworm (= Mooga silkworm) 莫加蚕(玛珈蚕,琥珀蚕,印度阿萨姆野蚕)[*Antheraea assamensis* Helfer](蚕蛾科)
muggy (= muggish) ①湿热的,闷热的 ②潮湿的
muggy straw 潮湿稿秆
muggy weather 闷热天气
mugho pine 欧洲山松[*Pinus mugo* var. *muphus* Zenari](松科)
mugwort (= wormwort) 王艾蒿[*Artemisia princeps* Pamp. = *A. vulgaris* L. var. *maximowiczii* Nakai.](菊科)
mugwort cryptosiphum aphid 艾隐管蚜[*Cryptosiphum gallarum* Kaltenbach](蚜科)
mugwort cutworm 艾宽胫夜蛾[*Melicleptria scutosa* Schiffermüller](夜蛾科)
mugwort looper 艾尺蛾[*Ascotis selenaria cretacca* Butler](尺蛾科)
MUL ①(= message usage list) 信息使用表{信息} ②(= multiply)乘,倍增{统计}
mul 杂种植物,间生植物(mullum)
mulberry ①桑属[*Morus* L.](桑科) ②桑

[*Morus alba* L.] ③桑果,桑葚 ④深紫色
mulberry arctid 桑灯蛾 [*Spilo soma mori* Matsumura] (灯蛾科)
mulberry bacterial blight 桑细菌性黑枯病 [*Bacterium mori* (Baycret Lambert) Smith]
mulberry bagworm 桑蓑蛾 [*Canephora asiatica* Staudinger] (蓑蛾科)
mulberry banded gall-midge 桑四带瘿蚊 [*Diplosis quadrifasciata* Niwa] (瘿蚊科)
mulberry black gall-midge 桑黑瘿蚊 [*Diplosis morivorella* Naito] (瘿蚊科)
mulberry body 桑葚胚 (morula)
mulberry borer 日本桑天牛 [*Apriona germari japonica* Thomson] (天牛科)
mulberry caltrop-marked leafhopper 桑菱纹叶蝉 [*Hishimonides sellatiformis* Shihara] (叶蝉科)
mulberry caterpillar 桑紫褐夜蛾 [*Polia illoba* Butler] (夜蛾科)
mulberry cerambycid 桑虎[天牛] [*Xylotrechus chinensis* Chevrolat] (天牛科)
mulberry clearwing moth 桑蛀虫(桑透翅蛾) [*Paradoxecia pieli* Lieu] (透翅蛾科)
mulberry cottony scale 桑绵蚧 [*Pulvinaria kuwacola* Kuwana] (绵蚧科)
mulberry crane fly 桑斑翅大蚊 [*Libnotes nobirae* Alexander] (大蚊科)
mulberry cultivation 桑树栽培,栽桑
mulberry cutter 桑切刈器
mulberry cutting sickle 桑切刈镰
mulberry dagger moth (= large dagger moth) 桑剑纹夜蛾(桑夜蛾) [*Acronycta major* Bremer] (夜蛾科)
mulberry family 桑科 [Moraceae]
mulberry field 桑田,桑园
mulberry field for grown silkworms 壮蚕用桑园
mulberry field for mixed cropping 混作式桑园
mulberry field for special use 特别用途桑园
mulberry field for spring and summer-autumn rearing 春夏秋蚕兼用桑园
mulberry field for spring rearing 春蚕专用桑园
mulberry field for summerautum rearing 夏秋蚕专用桑园
mulberry field for the cooperative rearing of young silkworms 稚蚕共同桑园
mulberry field switched from paddy field 水田转换桑园
mulberry flea beetle 桑黑跳甲 [*Phyllotreta funesta* Baly] (跳甲科)
mulberry flower bug 桑小花蝽 [*Triphleps sauteri* Poppius] (花蝽科)
mulberry frosted longicorn 桑饰霜天牛 [*Exocentrus curtipennis* Pic] (天牛科)
mulberry fruit 华桑(花桑,麻桑) [*Morus cathayana* Hemsl.] (桑科)
mulberry gall-midge 桑瘿蚊 [*Diplosis moricola* Matsumura] (瘿蚊科)
mulberry geometrid (= mulberry looper) ①桑尺蠖 [*Phthonandria atrilineata* Butler] ②桑灰尺蛾 [*Apochemia cinerarius* Erschoff] (尺蛾科)
mulberry growing ①桑树栽培 ②桑树栽培学
mulberry jumping plant louse 桑木虱 [*Anomoneuramori* Schwarg] (木虱科)
mulberry leaf 桑叶
mulberry leaf beetle 十字花科蓝叶甲(桑叶甲) [*Phyllobrotica armta* Baly] (叶甲科)
mulberry leaf cutting 调桑
mulberry leaf roller 桑卷蛾 [*Exartema mori* Matsumura] (卷蛾科)
mulberry leafhopper 桑叶蝉 [*Erythroneura mori* Matsumura] (叶蝉科)
mulberry leaves for first feeding 呼出桑(指收蚁后第一次喂的桑叶){蚕桑}
mulberry leaves wet with dew 带露桑叶
mulberry lecanium 桑蜡蚧 [*Lecanium nishigaharae* Kuwana] (蜡蚧科)
mulberry long-horned weevill 桑长角象 [*Araeocerus tersaris* Sharp] (象甲科)
mulberry longicorn 桑天牛 [*Apriona germari* Hope] (天牛科)
mulberry looper (= mulberry geometrid) 桑尺蛾 [*Phthonandria atrilineata* Bulter] (尺蛾科)
mulberry louse 桑虱 [*Drosicha contrahens* Walker] (绵蚧科)
mulberry mealybug (= catalpa mealybug, comstock mealybug) 桑粉蚧(康氏粉蚧) [*Pseudococcus comstocki* (Kuwana)] (粉蚧科)
mulberry-orchard 桑园
mulberry oystershell scale 桑蛎蚧 [*Lepidosaphes kuwacola* Kuwana] (盾蚧科)
mulberry picking 采桑,采摘桑叶
mulberry picking claw 采桑钩
mulberry pyralid 桑螟 [*Diaphania pyloalis* Walker = *Margaronia*] (野螟科)
mulberry ringspot disease 桑环斑病(病毒病害)

mulberry rusty longicorn 桑二星锈天牛［*Mesosella simiola* Bates］(天牛科)
mulberry sapling 桑苗
mulberry scale 桑虱［*Drosicha contrahens* Walker］(绵蚧科)
mulberry shoot 条桑
mulberry-shoot gall-midge 桑橙瘿蚊［*Diplosis mori* Yokoyama］(瘿蚊科)
mulberry shoot harvester 桑条收获机
mulberry shoot reaper 条桑刈取机
mulberry silkworm (=silkworm) 桑蚕(家蚕)［*Bombyx mori* L.］(蚕蛾科)
mulberry small bark beetle 桑小蠹［*Cryphalus morivorella* Niisima］(小蠹科)
mulberry small tiger longicorn 小桑虎［天牛］［*Chlorophorus quinquefasciatus* Casernan et Gory］(天牛科)
mulberry small weevil 桑象［*Baris deplanata* Roelofs］(象甲科)
mulberry spined looper 桑刺尺蛾［*Zamacra juglansiaria* Graeser］(尺蛾科)
mulberry stump 桑株
mulberry sucker 桑木虱［*Anomoneura mori* Schwarz.］(木虱科)
mulberry syncarp 桑葚
mulberry thresher 清桑机
mulberry thrips 桑蓟马［*Pseudodendrothrips mori* Niwa］(蓟马科)
mulberry tiger moth 桑斑灯蛾［*Spilarctia imparilis* Butler］(灯蛾科)
mulberry tortrix 山楂卷蛾［*Cacoecia crataegana* Hübner］(卷蛾科)
mulberry tussock moth 桑毛虫［*Euproctis similis* Fuessly］(毒蛾科)
mulberry urosema midge 桑树蚊［*Urosema mori* Sasaki］
mulberry white caterpillar 桑螨［*Rondotia menciana* Moore］
mulberry white-spotted longicorn ［橘］星天牛［*Melanauster chinensis* Förster］(天牛科)
mulberry white weevil 桑灰毛象甲［*Episomus mundus* Sharp］(象甲科)
mulberry whitefly 桑粉虱［*Tetraleurodes mori* Quaint.］(粉虱科)
mulberry wild silkworm ［桑］野蚕［*Theophila mandarina* Moore］
mulberry yellow-tail moth 桑褐斑毒蛾(桑金毛虫)［*Porthesia xanthocampa* Dyar］(毒蛾科)
mulch ①覆盖 ②覆盖物,覆盖层
mulch cover 覆盖层
mulch cultivation 覆盖栽培
mulch farming 覆盖农作(旱地农作法之一)
mulch ground 覆盖地
mulch layer ①覆盖层 ②土壤覆盖层 ③覆盖物铺放机
mulch laying machine 地面覆盖机
mulch paper 覆盖纸
mulch planter 覆盖作物播种机
mulch planting ①覆盖播种 ②留茬地播种
mulch spraying 覆盖喷雾,覆盖喷射
mulch spreader 覆盖物撒布机
mulch stubble sweep 除茬覆盖用箭形铲
mulch system 覆盖法
mulch tillage 覆盖耕作
mulch tillage-system 覆盖耕作制
mulched ground 覆盖地
mulched plot 覆盖小区
mulcher ①覆盖器,覆盖机 ②表土疏松机 ③碎土镇压器 ④覆盖物,覆盖层 ⑤地面覆盖
mulching ①覆盖 ②表土疏松
mulching film (育秧用)覆盖薄膜
mulching grass mulch 覆草,敷草
mulching machine 覆盖机
mulching material 覆盖物
mule ①杂种植物 ②骡［*Equus mulus*］(指公驴母马交配后代) ③⌞复⌝骡类,骡群
mule breeding 养骡业
mule colt 骡子
mule track 山间小路,骡马道
mull 细腐殖质,腐熟腐殖质
mull killers (= praying mantids) 螳螂［亚］目［Manteodea, Mantodea］
mull layer 细腐殖质层,腐熟腐殖质层
mull-like mor 细腐殖质状酸性有机质,腐熟腐殖质状酸性有机质
mull-like peat 细腐殖质状泥炭,腐熟腐殖质状泥炭
Mullarian duct inhibiting factor 墨勒管抑制因子
mullein ①毛蕊花属［*Verbascum* L.］(玄参科) ②毛蕊花［*Verbascum longifolium* Tenore.］
mullein nightshade 茄树(土烟叶)［*Solanum verbacifolium* L.］(茄科)
mullein pink 毛缕(毛剪夏萝)［*Lychnis coronaria* Desr.］(石竹科)
mullein thrips 毛蕊花蓟马［*Haplothrips verbasci* (Osborn)］(蓟马科)
mullen (=mullein) 毛蕊花
muller 碾碎机,研磨机〔农施〕
Muller-5 method 墨勒-5法(致死突变检定法)
Mullerian mimicry 穆勒氏拟态

mulley 去掉角的,无角的
multandrous 多雄蕊的(multandrus)
multangular 多棱角的(multangularis)
multaxial (= multiaxial) 多轴的(multaxialis)
Multhus population theory 马尔萨斯人口论
multi- ⌞字头⌝多
multi-area rotation system 多区轮作制
multi-course rotation 多区轮作
multi-course system 多区制(轮作)
multi-cropping 一年多熟,多作
multi-date photography 多日摄影{遥感}
multi-eared type 多穗型
multi-ends reeling [machine] 多条缫丝[机]
multi-ion meter 多元离子计
multi-ionic system 多元离子系
multi-joint system 多铰接传动系
multi-lens camera 多镜头[照]相机{遥感}
multi-pupal cocoon 多蚕茧
multi-purpose cattle 多用型家畜
multi-purpose conveyer 多用型输送器
multi-purpose equipment 通用农机具
multi-purpose farm machine 通用农业机械
multi-purpose loader 通用装载机
multi-purpose mixture 多种作用的混合制剂
multi-purpose photography 多用途摄影{遥感}
multi-purpose rice transplanter 多用途水稻插秧机
multi-purpose tractor 多用途拖拉机
multi-purpose trailer 通用挂(拖)车,多用型挂(拖)车
multi-purpose use 多种用途,综合利用
multi-row 多行
multi-row-crop rotary cultivator 多行作物旋转中耕机
multi-row cutter 多行砍蔗器
multi-row hoe for animal draft 畜力多行中耕机
multi-row planter 多行播种机
multi-span skyline 复式架空索道
multi speed transmission 多速传动箱,多级变速箱
multi-stage ①多级[式]的 ②分阶段进行的
multi-stage centrifugal pump 多级离心泵
multi-stage compressor 多级压缩机
multi-stage decision process 多阶段决策过程{遥感}
multi-stage elutriation 多级淘洗{环保}
multi-stage flash evaporation 多级闪急蒸发{环保}
multi-stage interconnection network 多级互联网[络]{信息}
multi-stage pump 多级泵
multi-stage sampling 多阶段抽样法
multi-stage selection 多阶段选择
multi-storied sedimentation tank 多层沉淀池{环保}
multi-target survival curve 多靶存活曲线{分技}
multi-target theory 多靶学说,多标的学说{辐射}
multi-wall bag 多层纸袋
multi-wash scrubber 多段洗净器{环保}
multialate 多翅的(multialatus)
multialayer sorption 多层吸着
multiarticulate 多关节的(multiarticulatus)
multiaxial 多轴式的(multiaxilis)
multibaculate 具多棒的(multibaculatus)
multiband-color photography 多谱段彩色摄影{遥感}
multibar hoe 多梁中耕锄
multibilayer 多组双层[膜]
multiblade fan 复叶扇
multibottom plough (= multibottom plow) 多铧犁
multibracteate 多苞片的(multibracteatus)
multibucket trench digger 多斗挖沟机{环保}
multicarpelate 多心皮的(multicarpelatus)
multicarpelate capsule 多心皮蒴果(capsula multicarpelata)
multicarpsular 多蒴的(multicarpsularis)
multicaryon (= multikaryon) 多核
multicaulis 多茎的
multicellular 多细胞的(multicellularis)
multicellular assembly 多细胞集合体
multicellular formation 多细胞形成(multicelluratio)
multicellular hair 多细胞毛(pilus multicellularis)
multicellular metabiont 多细胞后生物
multicellular organism 多细胞生物,多细胞有机体(organismus multicellularis)
multicellular plants 多细胞植物(plantae multicellulares)
multicellular spore 多细胞孢子(spora multicellularis)
multichain enzyme 多链酶
multichain molecule 多链分子
multichain protein 多链蛋白质
multichain receptor 多链受体{分遗}

multichain receptor model 多链受体模型
multichamber centrifuge 多室离心机
multichannel analyzer 多道分析仪
multichannel atomic absorption spectrophotometer 多道原子吸收分光光度计
multichannel dispenser 多道分液器
multichannel micropipettor 多道微量移液器
multichannel ocean color sensor (MOCS) 多通道海洋彩色遥感器{遥感}
multichannel oscilloscope 多线示波器
multichannel pipettor 多道移液器
multichannel receiver 多道收报机
multichannel recording 多道记录
multichannel spectrometer 多道[光]谱仪
multichannel system 多通道系统{遥感}
multichannel X-ray fluorescence spectromer 多道 X 射线荧光光谱仪
multichip microcomputer 多片微型计算机
multiciliate 多纤毛的(multiciliatus)
multicipital 多头的(multicipitus)
multicistronic mRNA (= polycistronic mRNA) 多顺反子 mRNA{分遗}
multiclass subspace method 多类亚空间法{物}
multiclone cultivar 多无性繁殖系品种,多克隆品种
multicoil model 多螺旋模型
multicolony stimulating factor (multi-CSF) 多集群刺激因子{分生}
multicolor (= multicolour) ①多色 ②多色的,染色的(multicoloris)
multicolor graphics array (MCGA) 多色图形阵列{电脑}
multicolour spin scan cloud cameras (MSSCC) 多彩色自旋扫描摄云机{遥感}
multicoloured 多色的(polychromus)
multicomponent ①多成分 ②多组成部分,多组分(multicomponens)
multicomponent mixture 多成分混合物
multicomponent receptor 多成分受体
multicomponent system 多组分体系
multicomponent virus 多成分病毒
multicomputer system 多计算机系统
multicontactrelay 多接点继电器,多能点继电器{信息}
multicopy 多复本,多拷贝{分遗}
multicostate 多主脉的(multicostatus)
multicostate brain cactus ①多棱球属[*Echinofossudocactus* sp.](仙人掌科)②多棱球[*Echinofossudocactus multicostatus* sp.]
multicurie 多居里{物}
multicylinder engine 多气缸发动机
multicylinder pump 多缸泵
multidentate 多牙齿的(multidentatus)
multidevelopment 多次开发
multidimensional 多维的,多向的(multidimensionalis)
multidimensional allocation 多维分配
multidimensional analysis 多维分析
multidimensional chromatography 多向层析{生技}
multidimensional normal distribution 多维正态分布{统计}
multidimensional nuclear magnetic resonance spectroscopy 多维核磁共振波谱学
multidisciplinary analysis 综合分析
multidrop circuit 多点线路{信息}
multidrop communication network 多点通信网络
multidrug resistance 多[种]抗药性
multidrug transporter 多种药物转运蛋白
multienhancement 多次增强
multientry 多路入口{信息}
multienzyme 多酶
multienzyme complex 多酶复合物
multiexperiment biosatellite 多种实验生物卫星
multifactorial 多因子的(multifactorialis)
multifactorial disorder 多因子失调
multifactorial inheritance 多因子遗传
multifarian (= multifarious) 多级的(multifarius)
multifasciculate 多根须的,具多束的(multifasciculatus)
multifeeding beetles 多食亚目(鞘翅目)[Polyphaga]
multifetation 多胎妊娠(multifetatio)
multifiber cable 多纤维光缆{信息}
multifid 多裂的(multifidus)
multiflagellate 多鞭毛的(multiflagellatus)
multiflora bean (= scarlet runner bean) 红花菜豆[*Phaseolus coccineus* L.](豆科)
multiflora rose (= hedgerow rose) 玫瑰(紫玫瑰)[*Rosa rugosa* Thunb.](蔷薇科)
multiflorous 多花的(multiflorus)
multiflorous bean 多花菜豆[*Phaseolus multiflorus* Willd.](豆科)
multiflorous woodrush 多花地杨梅[*Luzula multiflora* Lejeune](灯心草科)
multiflowering 多花性的
multifoliate 具多叶的(multifoliatus)
multiforked chromosome 多叉染色体

multiform 多态的,多型的(multiformis)
multiformity 多态性,多型性(multiformitas)
multifrequency receiver(MFR) 多频率接收机{信息}
multifunction 多功能(multifunctio)
multifunction system 多功能系统
multifunctional 多功能的(multifunctionalis)
multifunctional cytokine 多功能细胞因子{分生}
multifunctional enzyme 多功能酶
multifunctional molecule 多功能分子
multifunctional pipeline 多功能流水线
multifunctional protein 多功能蛋白质
multifunctional receptor 多功能受体{分遗}
multifurrow plough(= multifurrow plow)多铧犁
multigage ①多用途测量仪表 ②多用规
multigene 多基因(multigena){细胞}
multigene family 多基因谱系
multigene resistance 多基因抗性
multigenic 多基因的(multigenicus){细胞}
multigenic control 多基因控制
multigenic effect 多基因效应
multigenic inheritance 多基因遗传
multigenic isozyme 多基因同功酶
multigenic resistance 多基因抗性
multigerm 多胚(multigerma)
multigerm character 多胚性状
multigerm parent 多胚亲本
multigerm seed 多胚种子(甜菜)
multigerm type 多胚型
multigerm variety 多胚品种
multiguttulate 多油滴的,多小滴状斑点的(multiguttulatus)
multihit target 多次击中靶
multihit target theory 多次击中靶学说{辐射}
multihitch 多畜牵引联结器
multihost ①多寄主的{病理} ②多主机的{信息}
multihost network 多主机网络
multihost parasitism 多寄主寄生[现象],多寄主寄生性
multihost pathogen 多寄主病原
multihybrid 多对基因杂种(multihybrida)
multijugate 多对的(multijugatus)
multijugate type 多对型(叶序)(typus multijugatus)
multikaryon ①多核 ②多核体(multicaryon)
multilacunar 多叶隙的(multilacunaris)
multilateral 多面的,多边的(multilateralis)
multilateral symmetry 辐射对称(symmetria multilateralis)
multilayer 多分子层,多层
multilayer perception 多层感知
multilayered 具多层的
multilayered (Hg, Cd, Te) infrared dector 多层碲镉汞红外探测器{遥感}
multilayered database 多层数据库
multilayered plant community 具多层植物群落
multilayered root system 具多层根系
multilevel ①多水平的 ②多级的
multilevel control 多水平控制,多级控制
multilevel regulation 多水平调节
multiline 多系(multilina)
multiline cultivar(= multiline variety)多系[栽培]品种
multiline slat type sorting machine 多栅条型分级机{农施}
multiline slit type sorting machine 多条间隙型分级机
multilineal variety 多系品种,混品种
multilinear 多线的(multilinearis)
multilinear heredity 多线遗传
multilines(= multi-varieties) 多系品种
multilobed 多裂片的(multilobus)
multilocular 多室的(multilocularis){形态}
multilocular fruit 多室果(fructus multilocularis)
multilocular ovary 多室子房(ovarium multiloculare)
multilocular sporangium 多室孢子囊(sporangium multiloculare)
multiman space vehicle 多人宇宙飞行器
multimedia(为 multimedium 的复数)①多媒体{信息} ②多层滤料{环保}
multimedia and hypermedia information coding expert group 多媒体与超媒体信息编码专家组{智培}
multimedia computer 多媒体计算机
multimedia conferencing bridge 多媒体会议桥接器
multimedia control interface 多媒体控制接口
multimedia courseware 多媒体[教学]课程软件,多媒体课件
multimedia data management 多媒体数据管理

multimedia database 多媒体数据库
multimedia environment 多媒体环境
multimedia filter 多层滤料池〔环保〕
multimedia information 多媒体信息
multimedia instruction software 多媒体教学软件〔智培〕
multimedia personal computer 多媒体个人计算机
multimedia satellite communications 多媒体卫星通信技术
multimedia technique 多媒体技术
multimedia tutorial 多媒体教学,多媒体教材
multimedia video processor（MVP） 多媒体视频处理器
multimedia window 多媒体窗口
multimembrane electrodecantation 多膜电渗倾泻
multimer ①多体 ②多聚物
multimeric protein molecule 多聚蛋白分子
multimerization 多聚化（multimerisatio）
multimodal 多峰的（multimodalis）
multimodal chromatography 多峰层析〔生技〕
multimodal distribution 多峰分布〔统计〕
multimodal DNA melting behaviour 多峰DNA解链行为〔分遗〕
multimodulation 多重调节（multimodulatio）
multimolecular 多分子的（multimolecularis）
multimolecular adsorption 多分子吸附
multimolecular film 多分子膜
multimolecular structural complex 多分子结构复合物
multimutation 多突变（multimutatio）
multinational firms 跨国公司
multineme 多线（multinema）
multineme model 多线模型
multinerved 多脉的（multinervosus）
multinodal 多节的（multinodalis）
multinodal rachilla 多节小穗轴（rachilla multinodalis）
multinomial distribution 多项分布〔统计〕
multinozzle sprinkler 多嘴喷灌机
multinuclear ①多核的 ②多环的（multinuclearis）
multinucleate 具多核的（multinucleatus）
multinucleate cell（= multinuclear cell） 多核细胞（cellula multinucleata）
multinucleate cyncytium 多核合胞体（cyncytium multinucleatum）
multinucleate fiber 多核纤维（fiber multinucleatus）
multinucleate mycelium 多核菌丝体（mycelium multinucleatum）
multinucleate plasmodium 多核原质团（plasmodium multinucleatum）
multinucleate pollen mother cell 多核花粉母细胞
multinutrient fertilizer 混合肥料
multiordinal crochets 多序趾钩（鳞翅目幼虫）
multipara （一腹）多胎
multiparasitism 多寄生[现象],多寄生性（multiparasitismus）
multiparasitization 多寄生现象（multiparasitisatio）
multiparous ①多出的 ②多胞胎的,（一腹）多胎的（multiparus）
multiparous branching 多出聚伞分枝式（ramificatio multipara）
multiparous cyme 多出聚伞花序（cyma multipara）
multipartial serum 多价血清
multipartite 多回深刻的,多深裂的（multipartitus）
multipartite spore 多深裂孢子（spora multiparita）
multipass 多遍的（multipassus）
multipass algorithm 多遍[扫描]算法
multipass drying 多遍干燥,多次干燥
multipass translation 多遍翻译
multipath effect 多通径效应
multiphase 多相（multiphasis）
multiphase generator 多相发动机
multiphase sampling 多相抽样法
multiphase system 多相系统〔生态生理〕
multiphasic zone electrophoresis 多相区带电泳〔生技〕
multipileate 多菌盖的（multipileatus）
multipileate development （腹菌）多盖发育[型]
multipinnate 多出羽状的（multipinnatus）
multiplane tomographic scanner 多平面聚焦扫描器
multiplatform 多平台〔信息〕
multiple ①多倍的,复的 ②多的,重复多次的（multiplex）
multiple absorption 重复吸收
multiple action controller 多作用控制器
multiple alignment 多重对比
multiple allele 复等位基因〔细胞〕
multiple allelic loci 复等位基因座位
multiple allelic series 复等位基因系列
multiple allelism 复等位性（allelismus

multiplex)
multiple allelomorph (= multiple allele) 复等位基因
multiple annual ring 复年轮 (annulus annotinus multiplex)
multiple antigenic peptide (MAP) 多抗原肽
multiple-arch dam 多孔坝,连拱坝
multiple assay 多次测定
multiple-bearth dryer-incinerator 多层炉床干燥焚化机{环保}
multiple birth 多生
multiple bond [多]重键{分遗}
multiple-branched type 多枝型 (type multiramifer)
multiple bud grafting 复芽插
multiple buds 复芽 (multigemmae)
multiple bunch 多冲头冲压机
multiple centromere 多着丝点
multiple centromere organization 多着丝点构造
multiple charged ion 多电荷离子
multiple chiasma 复交叉 (chiasma multiplex)
multiple choice mating 复选型交配
multiple chromosome 复染色体
multiple cilia 多纤毛
multiple clone variety (= multiclone cultivar) 多无性繁殖系品种,多克隆品种{农生技}
multiple cloning sites (MCS) 多无性繁殖位点,多克隆化位点
multiple codon 多密码子{分遗}
multiple codon recognition 多密码子识别
multiple coil 复螺旋,多次螺旋
multiple collector 多收集器
multiple community 复合群落
multiple comparison 多重比较
multiple computer system 多计算机系统
multiple configuration 复构型
multiple control system 复式调节系统
multiple convergence 复聚合改良法{育种}
multiple copy 复副本,多次复制
multiple corolla 重瓣花冠 (corolla multipleca)
multiple correlation 复相关
multiple correlation coefficient 复相关系数
multiple crop cultivation 多种作物栽培
multiple crop index 复种指数
multiple crop rotation system 多区轮作制,多种作物轮作制
multiple cropping 多作,复种,多熟栽培
multiple cropping acreage 复种面积(亩数)
multiple cropping area 复种面积
multiple cropping index 复种指数
multiple cropping pattern 复种类型
multiple-cropping rotation 多区轮作,多种作物轮作
multiple cropping times 复种次数
multiple crops ①多种作物 ②复种作物
multiple cross 复杂交
multiple cross hybrid 复杂交杂种
multiple crosses 复杂交种
multiple crossing-over 复交换
multiple cultivator with retractable rotor 带伸缩旋耕器多列中耕机(果园用)
multiple curvilinear regression 复曲线回归
multiple cylinder 多缸筒,多个圆筒
multiple development 多次展开(指层析){生技}
multiple digestion 多酶消化
multiple diploid 复二倍体 (diploida multiplex)
multiple disease 多因子病害
multiple-disease resistance 多抗病性
multiple disk clutch 多圆盘离合器
multiple disk screen type soild-liquid separator 多圆盘板式固-液分离机{农施}
multiple division 复分裂 (divisio multiplex)
multiple drill 多行播种机
multiple drilling ①多行条播{栽培} ②多孔钻法{农机}
multiple-drop dam 多级谷坊,多级坝
multiple drug resistance 多种抗药性
multiple effect 多效,复效应
multiple effect evaporator 多效蒸发器
multiple effect of genes 基因多效
multiple effect system 多效系统
multiple electrode arrays 多电极阵列
multiple elutriation 多次淘洗{环保}
multiple embedded virus 多粒包埋型病毒
multiple entry card key 穿孔卡片检索表
multiple epidermis 复表皮 (epidermis multiplex)
multiple equilibria 复平衡
multiple error 多误差
multiple extraction 多次提取
multiple F test 复F测验{统计}
multiple factor ①多对因子 ②多因子
multiple factor experiment in randomized blocks 随机区组多因子试验
multiple-factor hypothesis 多因子假说{遗传}
multiple-factor inheritance 多因子遗传

multiple factorial experiment 复因子试验，多因子试验
multiple faults 多故障
multiple fiber model 多丝模型(指染色体)
multiple finger cotton stripper 多指杆式摘棉铃机，栉梳式摘棉铃机
multiple fission 增殖分裂，复分裂（fissio multipleca）
multiple floret 小穗(复小花，聚小花)
multiple form 复型
multiple fruits 复果，聚花果（fructus multiplex）
multiple-furrow 多铧的，多犁体的
multiple furrow plow（= multiple furrow plough)多铧犁
multiple fusion 复并合，复融合
multiple-gene theory of antibody diversity 抗体多样性的多基因学说
multiple generation area 多代区{育种}
multiple genes 多基因（genae multiplecae）
multiple-groove sheave for V-belt 多槽三角胶带轮
multiple-hit survival curve 多次击中存活曲线
multiple hole type nozzle 多孔型喷嘴
multiple hybrid 复杂种
multiple image 多重像{遥感}
multiple individual selection ①多次单株选择 ②多次单株选种
multiple infection [同型]多次侵染
multiple inhibition analysis 复抑制分析[法]
multiple insemination 复授精，多次授精
multiple-instruction single-data stream 多指令单数据流{电脑}
multiple interchange stock 复互换材料
multiple interference 复干扰
multiple interrelationships 复相互关系
multiple inversion 多次倒位，多重倒位
multiple isomorphous replacement（MIR）多重同晶置换
multiple kinetochore 复动原粒
multiple labelling 多重标记
multiple leaders 复顶枝
multiple level combination network 多级组合网络
multiple linear regression 多重线性回归
multiple lines 多线{环保}
multiple location experiment 多点试验
multiple loci 多座位
multiple mass selection 多次混合选种
multiple-metal multiple-ligand system 多金属多配体系统
multiple micropipet 多重微量移液管
multiple minor element 多种微量元素
multiple myeloma（MM） 多发性骨髓瘤
multiple neurofibromatosis 多发性神经纤维瘤
multiple normal correlation 多重正态相关{统计}
multiple nuclear polyhedrosis virus（MNPV） 多[核壳体]核型多角体病毒{分遗}
multiple objective 多目标
multiple operator 多操纵基因
multiple parasitism 复寄生
multiple pass printing 多遍打印
multiple path ①多通路{信息} ②多[路]径{遥感} ③多通径{统计}
multiple path effect 多径效应
multiple perforation 复穿孔（perforatio multipleca）
multiple planting 丛植，丛播
multiple plate sampler 多板采样器{环保}
multiple plot rotation 多区轮作
multiple plot system 多区制(轮作)
multiple plough（= multiple plow） 多铧犁，复式犁
multiple ploughing（= multiple plowing) 多次耕翻
multiple polarization radar 多极化雷达{遥感}
multiple pore 复管孔（porus multiplex）
multiple primary root 复初生根（radix primaria multipleca）
multiple projector system 多投影系统{遥感}
multiple-purpose forestry（= multiple-use forestry） 多种利用林业
multiple-purpose inter-row cultivator 通用行间中耕机
multiple quantum transition（MQT） 多量子跃迁
multiple radial pores 复径列纹孔
multiple range test 多范围测验法，复极差测验
multiple read-write computer 多路读写计算机
multiple rearing 多回育{蚕}
multiple reciprocal translocation 复相互易位
multiple recognition 多重识别
multiple reflection 多次反射
multiple regression 复回归，多重回归
multiple regression analysis 复回归分析
multiple regression coefficient 复回归系数

multiple resistance ①复合抗性 ②复抗药性,多种抗药性
multiple ring（= multiple annual ring）复年轮（annulus annotinous multiplex）〈解剖〉
multiple RNA polymerase 复 RNA 聚合酶〈分遗〉
multiple RNA species 多 RNA 种
multiple row 多行
multiple-row cultivator 多行中耕机
multiple-row plot 多行小区
multiple-row seeder 多行播种机
multiple sampling 多次取样
multiple scattering 多重散射
multiple sclerosis 复硬化,多发性脑脊髓硬化症
multiple-section straw walker 键式逐稿器
multiple selection criteria 复选择标准
multiple sequence operation 多序列操作
multiple series 多系列
multiple sex allele 多性等位基因
multiple sex chromosome system 多性染色体系统
multiple sexuality 多性现象（sexualitas multiplex）
multiple single plant selection ①多次单株选择 ②多次单株选种
multiple sowing 复播,复种
multiple spawning 多次产卵
multiple spindle 多纺锤体（fusus multiplex）
multiple spiral 复螺旋线（spiralis multiplex）
multiple-spotted malaria mosquito 多斑按蚊［*Anopheles maculatus* Theobald.］（按蚊科）
multiple stage（= multi-stage）多级的
multiple-stem budding 多干芽接
multiple stop 复终止,多次终止
multiple strain variety 多系品种
multiple stratification 多层化
multiple stresses 复合胁迫,多次胁迫〈生态生理〉
multiple stroke 多次闪击
multiple structure 复结构
multiple superphosphate 重过磷酸钙
multiple synthetic role 多合成作用
multiple *t* test 复 *t* 测验
multiple tester stock 多测验种材料
multiple torsion 多扭曲
multiple tray 多层浅盆〈环保〉
multiple trisome 复三体
multiple trisomic 复三体生物
multiple trisomic plant 复三体植株（planta trisomica multiplex）
multiple tRNA adaptor 多 tRNA 适配体
multiple variety 混合品种
multiple window software generation 多窗口软件生成
multiplets 多生儿,多胎
multiplex（MUX）①多倍[测图]仪〈测〉②多工,多工操作 ③多路传输,多路信道,多路转换〈信息〉
multiplex PCR（= multiplex polymerase chain reaction）多重 PCR 多重聚合酶链[式]反应〈分生〉
multiplexer（MUX）①多路调制器,多路扫描装置 ②多工器 ③复用器 ④倍增器〈信息〉
multiplexing ①多工 ②多路,多路传输,多路转换,多路转接〈信息〉
multiplexing of processors 处理机的多路传输
multiplicate 重叠的（multiplicatus）〈形态〉
multiplicate flower 重瓣花（flos multiplicatus）
multiplication ①繁殖,增殖 ②相乘,乘法 ③倍增,放大（multiplicatio）
multiplication cycle 增殖周期
multiplication in vitro 离体增殖,试管内增殖
multiplication nursery 增殖苗圃,繁殖苗圃
multiplication of matrices 矩阵的乘法运算
multiplication period 繁殖期
multiplication plot 繁殖区
multiplication rate 增殖率
multiplication-stimulating activity（MSA）增殖刺激活性
multiplicative ①增殖的,繁殖的 ②增加的（multiplicativus）
multiplicative action 增殖作用
multiplicative gene action 相乘基因作用
multiplicative law of probability 概率的倍增定律
multiplicative stage 增殖期
multiplicator ①倍增器 ②乘数 ③倍增体
multiplicity ①多重性,多样性 ②重复（multiplicitas）
multiplicity factor 多重性因子〈分生〉
multiplicity of infection（m.o.i.）感染多重性
multiplicity reactivation 重复感染复活（作用）
multiplier ①多子鳞茎〈园〉②乘法器,倍增器〈电脑〉
multiplier effect 相乘效应

multiplier onion 分生洋葱(多子洋葱)[*Allium cepa* L. var. *aggregatum* DC.](石蒜科)
multiplier phototube 光电倍增管{遥感}
multiploid(= polyploid) 多倍体(multiploida)
multiploidy 多倍性(multiploidas)
multiplough(= multiplow) 多铧犁
multiply ①繁殖 ②增殖(multiplicare)
multiplying bacteria 繁殖细菌
multiplying farm 繁殖场
multiplying glass 扩大镜,放大镜
multiplying plot 繁殖区
multipoint attachment 多点接触,多点着丝
multipoint circuit 多点线路{信息}
multipolar ①多极 ②多极的(胚囊中细胞及核的排列)(multipolaris)
multipolar anaphase 多极后期
multipolar division 多极分裂
multipolar mitosis 多极有丝分裂(mitosis multipolaris)
multipolar sexuality 多极性别(sexualitas multipolaris)
multipolar spindle 多极纺锤体(fusus multipolaris)
multipolar spindle stage 多极纺锤体期
multipolarity 多极性(multipolaritas)
multipolarization photography 多向偏振摄影{遥感}
multipole 多极(multipola)
multipole switch 多极开关
multiporous 多孔的(multiporus)
multiport storage interface 多端口存储器接口
multipotency 多势能(multipotentia)
multipotent 多势能的(multipotens)
multipotent growth factor 多势能生长因子{分生}
multipotential colony stimulating factor(multi-CSF) 多势能集落刺激因子{分生}
multiprenylmenaquinone 多异戊烯甲萘醌,维生素 K_2
multiprocessor operating system 多处理机操作系统
multiprogram 多[道]程序{电脑}
multiprogrammed computer 多道程序[控制]计算机,多道程控计算机
multiprogramming 多道程序设计
multiprojector system 多投影系统
multiprotein complex 多蛋白复合体{分生}
multiprotocol communication chip 多协议通信芯片
multiprototypic species 多原型种
multipunctate 多斑点的(multipunctatus)
multipurpose 多种用途的,多用的,通用的(multipurposus)
multipurpose carry scraper 通用平地机
multipurpose processing of rice by-products 稻米副产物的综合利用,稻米副产物多用途加工
multiradiate ①多射线的 ②多伞梗的(multiradiatus)
multiramose 多分枝的(multiramosus)
multirange amplifier 多频段放大器{电脑}
multirate sampling 多[种]速率取样
multiregion operation(MRO) ①多区域操作 ②多区域运行{电脑}
multiresidue code 多剩余码{电脑}
multirooted 多根的(multiradicatus)
multirotation ①变旋光作用 ②变旋[现象](multirotatio)
multirunning 多道运行{信息}
multiscan 多扫描
Multisciplinary Earth Observation Satellite(MEOS) 多用途地球观测卫星(欧空局){遥感}
multiseasonal image 多季相影像{遥感}
multiseasonal-multispectral remote sensing 多季相-多谱段遥感{遥感}
multisect 多裂的(multisectus)
multiseptate 多隔膜的(multiseptatus)
multiserial 多行的,多列的,多序的(multiserialis)
multiserial crochet 多序趾钩(指鳞翅目幼虫)
multiseriate 多列的(multiseriatus)
multiseriate epidermis 多列表皮(epidermis multiseriatus)
multiseriate hair 多列毛(pilus multiseriatus)
multiseriate ray 多列射线(radium multiseriatum)
multiseriate spore 多列孢子(spora multiseriata)
multishare plow 多铧犁
multisiliquous 多长角果的(multisiliquus)
multisite mutant 多位点突变型{分遗}
multisite mutation 多位点突变
multisite substitution 多位置换{遥感}
multisite suppressor 多位点抑制基因,超抑制基因
multisomic analysis 多[染色]体分析法
multispecific group 多物种类群{生态}
multispectral image 多光谱影像{遥感}
multispectral scanner(MSS) 多波段扫描仪

multispectral sensor 多谱段遥感器〔遥感〕
multispindle 多纺锤体
multispiral 多螺旋的（multispiralis）
multisporous 多孢的（multisporus）
multistage photography 多阶段摄影〔遥感〕
multistation 多站〔信息〕
multistation photography 多站摄影〔遥感〕
multistele（= polystele） 多体中柱（multistela）
multistep action 多步动作
multistep sampling 多阶取样
multistorey（= multistoried）多层的
multistorey high forest 多层乔林
multistrand 多股[结构]，多链
multistrand crossing over 多链交换〔分遗〕
multistranded 多股的，多链的，多线的
multistranded chromosome 多股染色体
multistranded deoxyribonucleic acid 多链脱氧核糖核酸，多链 DNA
multistranded model 多链模型
multistranded polytene chromosome 多股结构多线染色体
multisubunit protein 多亚基蛋白质〔分遗〕
multisulcate 多沟的，多槽的（multisulcatus）
multisynaptic reflex 多突触反射
multisyne monitor 多频同步监控器〔信息〕
multisystem environment 多系统环境
multisystem network 多系统网络
multitask 多[重]任务
multitasking 多任务化，多任务处理
multitemporal 多时态，多时相〔遥感〕
multitemporal analysis 多时相分析
multiterminal 多端的（multiterminalis）
multitone 多频音
multitray culture 复盘培养
multiunit drill 多组排种器播种机
multiunit flexible harrow ①多组网状耙 ②多组铲耙
multivalent（= polyvalent） ①多价的 ②多价染色体（multivalens）
multivalent antiserum 多价抗血清
multivalent chromosome 多价染色体
multivalent feedback inhabition 多价反馈抑制
multivalent formation 多价形成
multivalent ion 多价离子
multivalent repression 多价阻遏
multivalent vaccine 多价疫苗
multivalved 多果爿的（multivalvis）
multivariable control system 多变数控制系统
multivariable environmental control 多变数环境控制
multivariate analysis 多变值分析法
multivariate analysis of variance 多变值方差分析
multivariate normal distribution 多变值常态分布，多维正态分布
multivariate quality control 多变量质量控制
multivariate statistical analysis 多变量统计分析
multivator ①万能自动测试仪 ②复式变换器
multiversion（MV） 多版本（multiversio）〔电脑〕
multivesicular 多泡的（multivesicularis）
multivesicular body 多泡体
multivibrator 多谐振荡器
multiviewports 多视屏口〔电脑〕
multivoltine ①多化的 ②多抱的（multivoltinus）
multivoltinism 多化性（multivoltinismus）
multivor ①多寄主生物 ②多食性昆虫
multivorous 多食性的（multivorus）
multiway layout method 多向布置法
multiway valve 多通阀，多向阀〔环保〕
multiwindow 多窗口〔电脑〕
multizonate 多环带的，多同心轮纹的（multizonatus）
multizyme cluster（= multizyme complex） 多酶复合物
mume（= mumeplant） 梅［*Prunus mume* Sieb. et Zucc.］（蔷薇科）
mume bud moth 梅斑蛾(桃斑蛾)［*Illiberis nigra* Leech］（斑蛾科）
mumia 蛹
mummification 僵化[现象]（mummificatio）
mummified 僵化的，木乃伊化的
mummioid （菌核座）僵果型的（mummioideus）
mummy 接蜡
MUMPS（= multi-user multiprocessor system） 多用户多处理机系统〔信息〕
mumps 腮腺炎
mumps virus 腮腺炎病毒
mung bean（= green gram, golden gram） 绿豆［*Phaseolus aureus* Roxb.］（豆科）
mung bean nuclease 绿豆核酸酶
mung-bean weevil（= Adzuki-bean weevil） 绿豆象［*Callosobruchus chinensis* L.］（豆象科）
mung-moth（= Indian pod borer） 豇豆荚螟［*Maruca testulalis* Geyer］（螟蛾科）

municipal ①城市的，都市的，市郊的 ②市政的（municipalis）
municipal engineering 市政工程[学]
municipal farm 市郊农场
municipal information system 都市信息系统
municipal park 市郊公园，都市公园｛园林｝
municipal refuse 城市垃圾｛环保｝
municipal sanitation 城市[环境]卫生｛环保｝
municipal sewage 城市污水｛环保｝
municipal sewer 城市沟管，城市污水管｛环保｝
municipal sewerage 城市沟渠工程｛环保｝
municipal waste water 城市废水｛环保｝
municipal water supply 城市供水，城市给水
munity 易感性（munitas）
munjeet 茜草[*Rubia cordifolia* L.]（茜草科）
Munsell chroma 孟塞尔彩度｛遥感｝
Munsell color atlas 孟塞尔色谱
Munsell hue 孟塞尔色调
Munsell notation 孟塞尔符号
Munsell value 孟塞尔明度值
muon μ介子
mural 壁上生的（muralis）
murali-divided 壁砖状的（muralidivisus）｛解剖｝
muramic acid 胞壁酸，2-葡糖胺-3-乳酸醚
muramidase 胞壁酸酶，溶菌酶
muramyl- 胞壁酰[基]
muramyl dipeptide（MDP） 胞壁酰二肽
murein 胞壁质
murexan 氨基丙二酰脲[$C_4H_5O_3N_3$]
murexide 骨螺紫[$C_8H_4O_6N_5NH_4 \cdot H_2O$]
muriate potash 粗钾碱，氯化钾
muriatic acid 盐酸[HCl]
muricate ①具泌结物的 ②（由于多小瘤突起而）粗糙的 ③有刺的（muricatus）
muricated plant 有刺植物（planta muricata）
muriculate ①具小泌结物的 ②有小短突体的，有小刺的（muriculatus）
muriform ①砖格状的 ②鼠状的（muriformis）
murine ①（=murinous）鼠色的，鼠灰色的 ②鼠类（murinus）
murine leukemia virus（MLV） 鼠类白血病病毒
murine mammary tumor virus 鼠类乳腺肿瘤病毒
murine reverse transcriptase 鼠类逆转录酶｛分遗｝
murolineum 木材防腐剂（主要成分为硅氟化锌）
murphy（=potato） 马铃薯
Murphy's rule 莫氏法则｛遗传｝
Murrah buffalo 摩拉水牛（印度乳用品种）
murrain ①马铃薯晚疫病 ②家畜瘟疫
murray pine 山地松[*Pinus contorta* Lound.]（松科）
murray red gum 赤桉[*Eucalyptus camaldulensis* Dehnhardt]（桃金娘科）
murraya ①九里香属[*Murraya* L.]（芸香科）②（=China box jasmin orange）九里香[*Murraya paniculata* Jacks.]
murraya alkaloid 九里香生物碱
murrina （中美洲）马锥虫病[*Trypanosoma hippicum*]
murtarotase 变旋酶
murticostellae 密线
murus 网脊
musa ①芭蕉属[*Musa* L.]（芭蕉科）②芭蕉[*Musa basjoo* Sieb.]
musa form 芭蕉型（musiforma）
musarin 香蕉抗生素
musca ①蝇属 ②蝇科[Muscidae]
muscadin grape（=muscadine） 圆叶葡萄[*Vitis rotundifolia* Michaux =*V. vupina* Gray.]（葡萄科）
muscardine ①（蚕）硬化病 ②白僵菌
Muscari 麝香兰[*Muscari moschatum* Willd.]（百合科）
muscariform 拂尘状的（muscariformis）
muscarine 蕈毒碱[$C_9H_{20}NO_2$]
muscarinic acetylcholine receptor 蕈毒碱性乙酰胆碱受体｛分生｝
muscarinic cholinergic receptor 蕈毒碱性胆碱受体
muscarinic receptor 蕈毒碱性受体
muscarufin 蝇蕈绛素[$C_{25}H_{16}O_9$]
muscat（=muscatel） 麝香葡萄酒
muscat sage 南欧丹参[*Salvia sclarea* L.]（唇形科）
Muscatox（=coumaphos） 蝇毒磷
muscazone 蛤蟆蕈氨酸
musci 藓类[*Musci*]
muscimole 蝇蕈醇，氨甲基羟异噁唑
muscle 肌，肌肉（musculus）
muscle booster 肌肉助推器
muscle boosting device 肌肉助力器
muscle bundle 肌小束
muscle fiber 肌纤维
muscle glycogen 肌糖原

muscle of flexor 屈肌
muscle of mastication 咬肌,嚼肌
muscle protein 肌蛋白
muscle relexant 肌肉松弛剂
muscle spindle 肌梭
muscle strength 肌力
muscoid form 藓型(bryoformis)
muscology 藓类植物学(bryologia)
muscose 苔状的(muscosus)
muscovite 白云母
muscovite granite 白云母花岗岩
Muscovy duck (= musk duck) 番鸭,马斯科威鸭
muscular 肌肉的(muscularis)
muscular contraction 肌肉收缩
muscular dystrophy 肌肉萎缩病
muscular tissue 肌肉组织
muscularis 鞘肌
musculation 肌活动(musculatio)
musculature 肌组织(musculatura)
musculo-epithelial cell 肌上皮细胞
museum 博物馆
mushed potato powder 马铃薯泥粉{加工}
mushroom 蘑菇(蕈,食用伞菌)[*Agaricus compestris* L. ex Fr.](蘑菇科)
mushroom bed 蕈圃,蘑菇圃
mushroom bodies 具柄体{蜂}
mushroom cloud 蘑菇状云
mushroom culture 蘑菇栽培
mushroom dieback 蘑菇萎缩
mushroom drying and processing 蘑菇干制{加工}
mushroom fly ①蕈蚊[*Mycophila speyeri* Barnes] ②⌞复⌝ (= scab gnats) 蕈蚊科[Mycetophilidae]
mushroom hothouse 蘑菇栽培室,蘑菇温室
mushroom industrialization 蘑菇产业化
mushroom mite 酪螨,蕈螨(= cheese mite)[*Tyrophagus lintneri* Osb.](螨科)
mushroom poison 蕈毒
mushroom production facility 蘑菇生产设施,蘑菇栽培设施{农施}
mushroom root rot 蘑菇根腐病
mushroom shaped 伞菌状的,蕈形的(fungiformis)
mushroom-shaped gland 蕈形腺
mushroom spawn 菌砖,蘑菇菌丝体
mushroom springtails 亚跳虫属[*Achorutes* spp.](跳虫科)
mushroom valve 锥形阀
mushroom virus (= dieback disease virus of mushroom, watery stipe disease virus of mushroom, x-disease virus of mushroom) 蘑菇病毒[*Mycophagopicorna psallota*]
mushrooms 蕈类,伞菌类[Hymenomycetes]
mushy ①柔软的 ②疏松的 ③粉糊状的
music 音乐,乐曲(musica){电脑}
music virus 音乐病毒
musk 麝香(香料)
musk beetle 柳红颈天牛[*Aromia moschata* Linnaeus](天牛科)
musk clover (= musk heronbill) 麝香牻牛儿苗[*Erodium moschatum* L'Her.](牻牛儿苗科)
musk deer 麝鹿[*Mosches moschiferus*](鹿科)
musk lime (= clamondin orange) 四季橘[*Citrus madurensis* Lour.](芸香科)
musk mallow 黄葵[*Abelmoschus moschatus* Medic. = *Hibiscus abelmoschus* L.](锦葵科)
musk onion 麝香葱[*Allium moschatum*](石蒜科)
musk-orchis ①角盘兰属[*Herminium* R. Br.](兰科) ②角盘兰[*Herminium monorchis* R. Br.]
musk ox 麝牛[*Ovibos moschatus*]
musk pear 麝香梨(品种)
musk plant 麝香沟酸浆(猴面花)[*Mimulus moschatus* Dougl.](玄参科)
musk rose 麝香蔷薇[*Rosa moschata* Mill.](蔷薇科)
musk saxifrage 麝香虎耳草[*Saxifraga moschata* Wulfon](虎耳草科)
musk thistle 麝香飞廉[*Carduus nutans* L.](菊科)
muskey 乔灌木水藓沼泽(北美)
muskmelon 甜瓜(硬皮香瓜)[*Cucumis melo* L.](葫芦科)
muskmelon vein necrosis virus 甜瓜脉坏死病毒
muskone 麝香酮
muskrat ①麝鼾[*Fiber zibethicus* L. = *Ondrata zibethica* Cuv.] ②麝鼠[*Desmana moschata*](仓鼠科)
muskroot ①五福花属[*Adoxa* L.](五福花科) ②五福花[*Adoxa moschatellina* L.]
muskroot family 五福花科[Adoxaceae]
muskroot like semiaquilegia 天葵[*Semiaquilegia adoxoides* Makino](毛茛科)
musky gourd (= musky pumpkin, cushow,

China squash） 中国南瓜［*Cucubita-mosquata* Duch.］（葫芦科）
muslin 细薄棉布
mussaenda ①五叶金花属［*Mussaenda* L.］（茜草科）②五叶金花［*Mussaenda parviflora* Miq.］
mussel ①贻贝属［*Mytilus* L.］（贻贝科）②贻贝（淡菜）［*Mytilus edulis* L.］
mussel bed 贝壳石灰层
mussel family 贻贝科［Mytilidae］
Mussel scale 贻贝蚧［*Mytilococcus ulmi* (Linnaeus)］（蚧科）
mussite 透辉石{地质}
must ①果汁 ②（未发酵或发酵中的）葡萄汁
must-free 无霉味
must pump 果汁泵
Mustang grape（= bird grape） 乌葡萄（孟松葡萄）［*Vitis munsoniana* Simpson］（葡萄科）
mustard 芥菜［*Brassica juncea* (L.) Czernaew. et Coss.］（十字花科）
mustard aphid 芥［菜脂］蚜［*Lipaphis erysimi* Kalt.］（蚜科）
mustard derivatives 芥菜衍生物
mustard family 十字花科（Cruciferae）
mustard flour 芥末，芥子粉
mustard gas 芥子气［$(CH_2ClCH_2)_2S$］
mustard greens（= Brown mustard）［皱叶］芥菜［*Brassica juncea* var. *rugosa* Kitamura］
mustard leaf beetle 辣根猿叶虫［*Phaedon cochleariae* Fabricius］（叶甲科）
mustard oil 芥子油
mustard paper 芥末纸
mustard plant head 芥菜头
mustard-seed 芥菜子，芥子
mustard seed oil 芥子油
mustard white butterfly（= potherb butterfly） 绿脉菜粉蝶（冬油菜粉蝶）［*Pieris napi* Linnaeus］（粉蝶科）
musteline family 鼬科，貂科［Mustelidae］
muster（= sample） 样品
mustiness ①霉烂，生霉 ②霉臭，陈腐
musty 霉臭的，陈腐的
mutability 可突变性，突变可能性（mutabilitas）
mutability of incompatibility 不亲和性的突变可能性
mutable 易变的（mutabilis）
mutable gene 易变基因
mutable plastid 易变质体
mutable site 可变位点
mutachromosomic agent 诱变染色体剂
mutafacience 突变加强（mutafacientia）
mutafacient 突变加强的（mutafaciens）
mutagen 诱变因素，诱变剂
mutagen for increasing spontaneous mutation rate 增加自然突变率用的诱发剂
mutagen matter 诱变物质
mutagen persistence 诱变因素持久性
mutagen specificity 诱变剂专一性
mutagen treatment 诱变剂处理
mutagenesis 诱变［发生］诱变［作用］，突变发生
mutagenesis by acridine dyes 突变发生吖啶染料法
mutagenesis by alkylating agent 突变发生烷化剂法
mutagenesis by nucleotide base analog 突变发生核苷碱基类似物法
mutagenesis in vitro 体外诱变
mutagenesis in vivo 体内诱变
mutagenesis of induction 诱导突变形成
mutagenetic 诱变发生的（mutageneticus）
mutagenic 致突变的，诱变的（mutagenicus）
mutagenic agent 诱变因素，诱变剂
mutagenic base analogue 诱变碱基类似物
mutagenic DNA alteration 诱发DNA改变
mutagenic effect 诱变效应
mutagenic effectiveness 诱变有效性
mutagenic index 诱变指数
mutagenic metabolite 致突变代谢物，诱变代谢物
mutagenic oligonucleotide 诱变寡核苷酸
mutagenic radiation 诱变辐射
mutagenic sensitivity 诱变敏感性
mutagenicity ①突变性 ②诱变率，诱变力（mutagenicitas）
mutagenicity assay 诱变率测定
mutagenicity screening 诱变力筛选，诱变率测定
mutagenicity testing 诱变率测定
mutagenize 诱变处理
mutagens（= mutagenic agents） 诱变剂
mutamer 变构物，旋光异构物
mutamerism 变构现象，变旋光现象（mutamerismus）
mutant ①突变体 ②突变型（mutans）
mutant allele 突变等位基因
mutant and DNA repair 突变体与DNA修复
mutant area 突变区
mutant beetle 无斑孤丽金龟［*Popillia mutant* Newman］（金龟科）

mutant callus 突变愈合组织
mutant cell line 突变细胞系
mutant chain 突变链
mutant character 突变性状
mutant derivative 突变衍生物
mutant frequency 突变频率
mutant gene 突变基因
mutant in cell culture 细胞培养的突变体
mutant line 突变系
mutant nucleotide sequence 突变核苷酸顺序
mutant of barley varieties 大麦品种突变型
mutant plasmid 突变质粒
mutant selection 突变体选择
mutant species 突变种
mutant spot 突变点
mutant strain ①突变品系 ②突变菌株
mutant substitution 突变代换
mutant tRNA 突变体 tRNA
mutarotation ①变旋[作用] ②变旋[现象]，旋光改变（mutarotatio）
mutase 变位酶
mutate 进行突变
mutated 突变的（mutatus）
mutated cistron 突变顺反子
mutated site 突变位点
mutatest 突变测验
mutation 突变（mutatio）
mutation analysis 突变分析
mutation blocking metabolic pathways 突变阻塞代谢途径
mutation breeding in corn 玉米突变育种
mutation change 突变变化
mutation complementation 突变互补作用
mutation detection 突变检测
mutation distance 突变距离
mutation fixation 突变固定
mutation frequency 突变频率
mutation in Oenothera 月见草属突变
mutation in rice induced by P^{32} 水稻受 P^{32} 诱发突变
mutation induced by neutrons 中子诱发突变
mutation-inducing radiation 诱致突变辐射
mutation initiation 突变起始
mutation iso-allele 突变同等位基因
mutation load 突变负荷
mutation map 突变图
mutation pressure（U） 突变压力
mutation rate 突变率
mutation-selection balance 突变-选择平衡
mutation site 突变位点
mutation spectrum 突变谱
mutation theory 突变理论
mutational 突变的（mutationalis）
mutational biosynthesis 诱变生物合成
mutational defect 突变缺陷
mutational delay 突变迟延[现象]
mutational differentiation 突变分化
mutational equilibrium 突变平衡
mutational hot spot 突变热点
mutational lag 突变[表型]迟延现象
mutational lesion 突变损伤
mutational load 突变负荷
mutational spectrum 突变谱
mutational synergism 突变增效作用
mutationally immune 突变免疫
mutator ①增变基因 ②增变体
mutator activity 增变基因活度
mutator gene 增变基因
mutator phage 增变噬菌体
mutator strain 增变菌株
mute 鸟粪
mute pulley 导向皮带轮
mutein 突变型蛋白
mutex 互斥信号{信息}
mutic 无芒的（muticus）
muticate（= muticous） 无芒的，钝的（muticatus）
muticous 无芒的（muticus）
mutilated 残缺的，不全的（mutilatus）
mutilated flower 不完全花（flos mutilatus）
mutilated profile 裸露剖面，割切剖面
mutilation 残缺，不全，毁损，切裂（mutilatio）
muton 突变子，突变单位
mutton 羊肉
mutton breed 肉用种(羊)
mutton-purpose sheep（= mutton sheep） 肉用羊
mutton suet 羊板油
mutual ①相互的 ②共同的（mutualis）
mutual aid and cooperation in agricultural production 农业生产互助合用
mutual-aid team 互助组
mutual assimilation 相互同化[作用]
mutual attraction 相互吸引
mutual complementation 相互互补作用
mutual correction 互校正
mutual cross 交互杂交，相互杂交
mutual effect 相互作用
mutual enhancement 相互加强
mutual exclusion [噬菌体]互斥现象(效应)

mutual funds 共用基金
mutual independence 相互独立
mutual information 相互信息,交互信息
mutual interference chart 互干扰图〔电脑〕
mutual pollination 相互授粉
mutual precipitation 相互沉淀
mutual relationship 相互关系
mutual repulsion 互相斥
mutual security 相互保密
mutual shading 相互遮荫
mutual solubility 互溶度
mutual topological relationship 互拓扑关系〔遥感〕
mutual translocation (= reciprocal translocation) 相互易位
mutualism 互惠共生[现象],共生[现象],协同作用(mutualismus)
mutualistic symbiosis 互惠共生(symbiosis mutualisticus)
mutuality 相互关系,相关(mutualitas)
mutually exclusive events 互斥事件
muzzle ①口套,口网,鼻笼(马具) ②枪口 ③口鼻部
MW (= molecular weight) 分子量
myall (= spear wood) 黑檀
myasthenia 肌无力
mycangium (甲虫)贮菌器
Mycelia sterillia 无孢菌类
mycelial 丝菌体的(mycelius)〔真菌〕
mycelial colony 菌落
mycelial cushion 菌丝层
mycelial fan 菌丝扇
mycelial filament 菌丝体断片
mycelial fungus 丝状真菌
mycelial knot 菌丝结
mycelial mat 菌丝体丛
mycelial plaque 菌丝体噬菌区
mycelial plug 菌丝栓
mycelial strand 菌丝束
mycelial type 菌丝体型
mycelian 菌丝的(mycelins)
mycelian amide 灰黄青霉素,菌丝酰胺[$C_{22}H_{23}N_2O_3$]
myceliate 长满菌丝体的(myceliatus)
mycelidium 原始菌体
mycelin 菌丝体素
myceliolysis 菌丝溶解[现象]
mycelium 菌丝体〔真菌〕
mycelium mat 菌丝体丛
mycelium pellet 菌丝体球
myceloconidium 柄生孢子
myceloid 菌丝体状的(myceloideus)
mycetes 真菌[Mycetes]
mycetin 紫链霉素
mycetism 食菌中毒(mycetismus)
mycetocyte 菌细胞,足分支菌病细胞(mycetocyta)
mycetogenous plant 菌源植物(planta mycetogena)
mycetology (= mycology) 真菌学
mycetoma 人畜的放线菌和真菌病,足分枝菌病,足菌肿
mycetome 菌胞体(mycetomium)
mycetophagous 食菌的(mycetophagus)
mycetophile (= mycetophilous) 喜菌的,菌上生的(mycetophilus)
mycetophilids 菌蝇
mycetosome [含]菌体(mycetosoma)
mycetozoa 菌虫
mycid 皮肤真菌变态反应
-mycin ⌊字尾⌉霉素
mycin 霉菌素
myco- ⌊字头⌉真菌,菌
mycobacillin 分枝菌素
mycobacteria 分枝细菌
mycobacterial adjuvant 分枝菌佐剂
mycobacterium ①分枝杆菌属[*Mycobacterium* Lehmann et Neumann](分枝杆菌科) ②分枝杆菌[*Mycobacterium* sp.]
mycobacterium family 分枝杆菌科[Mycobacteriaceae]
mycobactin 分枝杆菌素
mycobiology 真菌生物学(mycobiologia)
mycobiont 地衣共生菌(mycobions)
mycocecidium 菌瘿
mycocerosic acid 2,4,6-三甲基硬脂酸
mycocidal 杀菌的(mycocidalis)
mycocide 杀真菌剂
mycocidin 抗结核曲霉素
mycoderm ①醭酵母 ②醭 ③菌膜(mycoderma)
mycodermatitis 真菌性皮炎
mycodomatium 菌根瘤,菌瘿
mycoecotype 真菌生态型(mycoecotypus)
mycoflora ①真菌区系 ②真菌志
mycogastritis 胃黏膜炎
mycogenetics 真菌遗传学(mycogenetica)
mycogonosis 蘑菇白霉病
mycography 菌类描述(mycographia)
mycohaemia (= mycohemia) 霉菌血症
mycoherbicide 真菌除草剂
mycoid 真菌状的(mycoideus)
mycoines 抗霉菌素

mycolic acid 霉菌酸
mycolichen 真菌地衣
mycolith 真菌沙团
mycological 真菌学的（mycologicus）
mycologist 真菌学工作者，真菌学家（mycologistus）
mycology 真菌学（mycologia）
mycolytic 溶真菌的（mycolyticus）
mycolytic bacteria 溶真菌（bacteria mycolyticae）
mycomycete 分枝菌（mycomyceta）
mycomycetes 高等真菌［Mycomycetes］
mycomycetous 高等真菌的（mycomycetus）
mycomycin 菌霉素
mycoparasite 真菌上寄生物（mycoparasitus）
mycoparasitism 真菌寄生现象（mycoparasitismus）
mycopathological 真菌病害的（mycopathologicus）
mycophage 真菌噬菌体（mycophagus）
mycophagous coccinellid 食菌瓢虫［*Halyzia hauseri* Mader］（瓢虫科）
mycophenolic acid 菌酚酸，霉酚酸［$C_{17}H_{20}O_6$］
mycophilic 喜菌的，亲菌的
mycophobic 嫌菌的，疏菌的
mycophyte 真菌植物（mycophyta）
mycoplasm 菌质（mycoplasma）
mycoplasma ①类菌质体，支原体 ②真菌原生质（mycoplasma）
mycoplasma contamination 支原体污染
mycoplasmalike ①支原体状的 ②类菌原体病（指柑橘）
mycoplasmalike organism 支原体状微生物
mycoplasmosis 支原体病
mycoprecipitin 真菌沉降素
mycoprotein 菌蛋白
mycorhiza（=mycorrhiza） 菌根
mycorhiza formation 菌根形成
mycorhiza fungi 菌根真菌
mycorhiza plant 菌根植物
mycorhizic 菌根的（mycorrhizicus）
mycorhizoid 类菌根的（mycorhizoideus）
mycorrhizal symbiosis 菌根共生
mycosamine 海藻糖胺
mycose 海藻糖，菌糖｛生化｝
mycosis 真菌病，真菌性动物病，霉菌病
mycosphaerella blight 暗色斑病（豌豆）
mycosphaerella fruit spot 黑点病（苹果）
mycosphaerella leaf spot 褐斑病，褐斑落叶病（梨，甘薯）
mycostatic 抑真菌的（mycostaticus）
mycostatics 抑真菌剂
mycosterol 真菌固醇，真菌甾醇
mycosubtilin 枯草菌抗生素
mycosymbiosis 真菌共生（mycosymbiosis）
mycothallus ①真菌菌体 ②地钱菌根（mycothallus）
mycotheca 真菌标本集
mycothyriosis 真菌与动物（昆虫）共生
mycotic 真菌病的（mycoticus）
mycotic infection 真菌侵染
mycotoxicology 真菌毒理学（mycotoxicologia）
mycotoxin 霉毒素
mycotroph 菌根营养植物（mycotrophe）
mycotrophic 菌根营养的（mycotrophus）
mycotrophy 菌根营养（mycotrophia）
mycovirus 真菌病毒
myelin ①髓磷脂 ②髓鞘［质］
myelin-associated glycoprotein（MAG） 髓鞘联合糖蛋白
myelin basic protein 髓鞘碱性蛋白
myelin figure 髓磷脂模式
myelin protein 髓鞘蛋白
myelin sheath 髓鞘
myelinated fibre 有髓纤维
myelination 髓鞘形成（myelinatio）
myelination marker 髓鞘形成标记
myelinization 髓鞘化（myelinisatio）
myelo- ⌞字头⌝髓，骨髓，成髓
myeloblast 成髓细胞（myeloblasta）
myeloblastin 成髓细胞素
myeloblastoma 成［骨］髓细胞瘤
myelocyte 髓细胞（myelocyta）
myeloid leukemia cell 髓样白血病细胞
myeloid stem cell 髓样干细胞
myeloid tissue ［骨］髓组织
myeloma 骨髓瘤
myeloperoxidase 髓过氧物酶，绿过氧物酶
myelopoiesis 成髓作用
myiasis 蝇蛆病
mykol 真菌醇
mylar 涤纶薄膜，聚酯薄膜
mylitta 巨型菌核
Mylone（=dazomet，N521） 棉隆（土壤杀菌剂）［$C_5H_{10}N_2S_2$］
mylonite 糜棱岩｛地质｝
myo- ⌞字头⌝肌
myo-inositol 肌醇，环己六醇［$C_6H_6(OH)_6$］

myo-inositol effect 肌醇效应
myoalbumin 肌清蛋白
myobactivirus 双 DNA 肌噬菌体
myoblast 成肌细胞
myocyte 肌细胞（myocyta）
myofiber 肌纤维
myofibril 肌原纤维
myofilament 肌原纤维细丝，肌丝
myogen 肌浆蛋白
myogenesis 肌形成
myogenin 成肌素
myogenous 生肌的（myogenus）
myogenous cell 生肌细胞（cellula myogena）
myoglobin 肌红蛋白
myoglobin mRNA assay 肌红蛋白 mRNA 测定
myoglobulin 肌[肉]球蛋白
myohaematin（= myohematin） 肌高铁血红素，肌色质
myohemerythrin（= myohemerythrin） 蚯蚓肌红蛋白{分生}
myokinase 肌激酶
myolin 肌素
myoma 肌瘤
myomalacia 肌软化[症]
myomodulin 肌调蛋白
myonecrosin 肌肉坏死毒素
myoneme 肌纤丝
myopic night blindness 近视夜盲症
myoplasm 肌质（myoplasma）
myoporum ①苦槛蓝属［*Myoporum* Banks et Soland］（苦槛蓝科）②苦槛蓝［*Myoporum bontioides* (S. et. Z.) Gray］
myoporum family 苦槛蓝科（Myoporaceae）
myosarcoma 肌肉瘤
myosclerosis 肌硬化[症]
myosin ①肌球蛋白 ②黑芥子硫苷酸
myosin in myogenic cells 肌源细胞的肌球蛋白
myosin in nonmyogenic cells 非肌源细胞的肌球蛋白
myosin mRNA 肌球蛋白 mRNA
myosinogen 肌浆蛋白{分生}
myositis 肌炎
myostroma 肌基质
myostromin 肌基质蛋白
myotoxin 肌肉毒素
myotube 多核肌纤维
myotube in chimeric mice 嵌合鼠的多核肌纤维
myovirus 肌尾病毒
myoxanthin 肌黄素
myoxidae 山鼠[类]［Myoxidae］
myrcene 香叶烯
myriawatt 万瓦[特]
myrica whitefly 杨梅粉虱［*Bemisia myricae* Kuwana］（粉虱科）
myricetin 杨梅黄酮，3,5,7,3′,4′,5′-六羟黄酮［$C_{10}H_{10}O_8$］
myricyl alcohol 蜂蜡醇，正卅[烷]醇［$C_{30}H_{61}OH$］
myripnois ①蚂蚱腿子属［*Myripnois* Bunge］（菊科）②蚂蚱腿子［*Myripnois dioca* Bunge］
myristic acid 肉豆蔻酸，十四烷酸［$CH_3(CH_2)_{14}CO_2H$］
myristica ①肉豆蔻属［*Myristica* L.］（肉豆蔻科）②肉豆蔻［*Myristica fragrans* Houtt.］
myristica family 肉豆蔻科［Myristicaceae］
myristicin 肉豆蔻醚
myristin 甘油三肉豆蔻酸酯［$(C_{14}H_{27}O_2)_3C_3H_3$］
myrmecochory 蚁布（myrmecochoria）
myrmecophilous 适蚁的，喜蚁的，供蚁食住的（myrmecophilus）
myrmecophilous plant 适蚁植物（planta myrmecophila）
myrmecophily 蚁共生（myrmecophilia）
myrmecophyte 蚁生植物（myrmecophyta）
myrobalan（= myrobolan） 檀仁树（榄仁树）［*Terminalia catappa* L.］（使君子科）
myrobalan plum（= cherry plum） 樱桃李［*Prunus divaricata* Led.］（蔷薇科）
myronic acid 黑芥子硫苷酸
myrosase（= myrosinase） 芥子酶
myrosin 黑芥子硫苷酸
myrosin cell 芥子酶细胞
myrrh ①没药（一种香料树脂）②（= myrrh tree）没药树（密儿拉）［*Commiphora myrrha* Engl.］（橄榄科）③欧洲没药属（香茴属）［*Myrrhis* L.］（伞形花科）
myrsine family 紫金牛科（Myrsinaceae）
myrtle ①桃金娘属（香桃木属）［*Myrtus* L.］（桃金娘科）②桃金娘［*Myrtus* tomentosa Ait］
myrtle family 桃金娘科［Myrtaceae］
myrtle flag（= myrtle grass, drug sweetflag） 菖蒲［*Acorus calamus* L.］（天南星科）
myrtle-leaved orange 桃金娘叶橙［*Citrus aurantium* var. *myrtifolia* Ker-Gawl.］（芸香科）
myrtle oil 桃金娘油

myrtle whortle-berry 黑果越橘［*Vaccinium myrtillus* L.］（乌饭树科）
mysid shrimp 糠虾类［Mysidacea］
mysis larva 糠虾型幼虫
mysis stage 糠虾［幼体］期｛水产｝
mysore thorn 云实［*Caesalpinia sepiaria* Roxb.］（豆科）
mytiliform 贝壳形的（mytiliformis）
myxamoeba 黏变形体（myxamoeba）
myxo- ⌊字头⌉黏
myxoarchimyces 黏古生菌［Myxoarchimyces］
myxobacteria 黏细菌
myxococcus ①黏球菌属［*Myxococcus* Thaxter］（黏球菌科）②黏球菌［*Myxococcus* sp.］
myxococcus family 黏球菌科［*Myxococcaceae*］
myxoflagellate 游动黏变形体（myxoflagellatus）
myxoflagellates 黏菌鞭毛类［Myxoflagellates］
myxogastres 黏腹菌［Myxogastres］
myxomatosis 黏液瘤病毒病
myxomycetes（＝slime mould） 黏菌［Myxomycetes］
myxomyosin 黏霉凝蛋白
myxophyte 黏质植物（myxophyta）
myxosporangium 黏孢囊
myxospore 黏孢子（myxospora）
myxosporidia 黏孢虫［Myxosporidia］
myxovirus 黏病毒［myxovirus］
myxoxanthin 黏藻花黄素
myxoxanthophyll 黏藻叶黄素

N n

N^5, N^{10}-methenyltetrahy-drofolate N^5, N^{10} - 甲川四氢叶酸

N ①(=north) 北 ②(=normal solution) 当量溶液,规定液 ③(=nitrogen) 氮

N' (=individuals in a sample) 样本内所含个数{统计}

n ①(=haploid number) 单倍[染色体]数{遗传} ②(=degree of freedom) 自由度{统计} ③(=gametic chromosome number) 配子染色体数

N^6-2´-O-dibutyryl adenosine-3´, 5´-monophosphate (DBC) 双丁酰环腺苷酸

N, N,-dimenthylguanylic acid (Gm) N, N-二甲基鸟苷酸

N-5´-phosphosphoribosylanthranilate N-5´-核苷酸邻氨基苯甲酸

N-acetyl serine N-乙酰丝氨酸

N-acetylglucosaminidase N-乙酰葡糖苷酶{分生}

N-acetylmuramic acid(NAM) 乙酰胞壁酸

N-base (=nitrogenous base) 含氮碱基

***n*-butyl alcohol** (=*n*-butanol) *n*-丁醇

***n*-butyl alcohol as fixative** 固定液用 *n*-丁醇{显技}

***n*-butyl alcohol in processing** 处理用 *n*-丁醇{显技}

***n*-butyl ester** 脱叶磷(脱落剂)

***n*-butyl phthalate** *n*-丁基邻苯二甲酸

***n*-butyl phthalate in electron microscopy** 电子[显微]镜检术用 *n*-丁基邻苯二甲酸

***n*-butyl polymethacrylate in electron microscopy** 电子[显微]镜检术用 *n*-丁基多[聚]异丁烯酸

N by E (=north by east) 北偏东

N by W (=north by west) 北偏西

N-ethyl maleimide (NEM) N-乙基马来酰亚胺{分生}

N-ethyl maleimide sensitive factor (NSF) N-乙基马来酰亚胺敏感因子

N-fatty acyl-sphingosine N-脂酰[神经]鞘氨醇

N_2 fixation (=nitrogen fixation) 固氮[作用]

N^5-formyl-5, 6, 7, 8-tetrahyarof folic acid N^5-甲酰-5,6,7,8-甲氢叶酸,亚叶酸

N-formyl methionine (f-met) N-甲酰甲硫氨酸

N-formyl methionine tRNA (f-met-tRNA) 甲酰甲硫氨酸 tRNA

N-formyl-methionyl transfer RNA N-甲酰甲硫氨酰 tRNA

N-formylglycinamide ribotide N-甲酰甘氨酰胺核苷酸

N-formylglycinamidine ribotide N-甲酰甘氨脒核苷酸

N-formylmethionyl-tRNA (fmet-tRNA) N-甲酰甲硫氨酰 tRNA

N-formylpteroic acid N-甲酰蝶酸

N^{10}-formyltetrahydrofolate transformylase N^{10}-甲酰四氢叶酸转甲酰酶

N-formyltyrosine N-甲酰酪氨酸

N_6-furfuryladenine N_6-呋喃甲基腺嘌呤,激动素

N-glycolyl mannosamine N-羟乙酰甘露糖胺

N-glycolyl neuraminate N-羟乙酰神经氨[糖]酸,唾液酸

N-hydroxymethylpyridine N-羟甲基吡啶

N^5-hydroxymethyltetrahydrofolate N^5-羟甲基四氢叶酸

N^6-isopentenyladenine N^6-异戊烯腺嘌呤,玉米素

N-methyl-5-hydroxytryptamine N-甲基-5-羟色胺

N-methyl-N´-nitro-N-nitrosoguanidine N-甲基-N-硝基-N-亚硝基胍

N^5-methyl-tetrahydrofolate N^5-甲基四氢叶酸

N-methyladrenaline N-甲基肾上腺素

N-methylepinephrine N-甲基肾上腺素

N^5-methyltetrahydrofolate N^5-甲基四氢叶酸

N-nitrosomethyl urea N-亚硝基甲基脲

N-recognin N 端识别子{分遗}

N-S factor N-S 系数(N = 年平均降雨量,S = 饱和偏差)

N-S quotient N-S 系数

N-Serve 氯定(杀细菌剂) [$C_6H_3Cl_4N$]

N-terminal N-端,氨基端{分遗}
N-terminal fusion N端融合{分遗}
N-terminal heterogeneity N端不均一性{分遗}
N-terminal homogeneity N端均一性
N-terminal region N-端区
N-terminal residue N-端残基
N-terminus N-端
N-tris (hydroxymethyl)-amino methane (TRIS THAM) N-三羟甲[基]氨基甲烷 [$H_2NC(CH_2OH_2)$]
N-tris(hydroxymethyl)-methyl glycine N-三羟甲[基]甲基甘氨酸
n unit n单位,中子剂量单位(= neutron dosimetry)
N value of population size 群体大小的N价
n-way classification n向分类
N244 地青散,氯苯绕丹(杀菌杀线虫剂)($C_{10}H_8ClNOS_2$)
N453 (= phosmet) 胺虫磷
N521 (= Mylone) 棉隆
N869 (= metham) 威百亩
Na-humus-clay complexes 钠-腐殖质-黏土复合体
Na-PCP 五氯酚钠(木材防腐剂)[C_6Cl_5ONa]
NAA (= α-Naphthalene acetic acid) 萘乙酸(植物生长调节剂)[$C_{12}H_{10}O_2$]
NAAM 萘乙酰胺(疏间剂)[$C_{12}H_{11}NO$]
Naanal 纳亚纳尔(甘蔗印度原种)
nab ①岬,山嘴 ②水下礁丘
nabam (= nabame, Dithane A40, Dithane D 14) 代森钠(杀菌剂)[$C_4H_6N_2Na_2S_4$]
nabivnoy ice 筏状冰,多层冰
nacreous 具珠光的(nacreus)
nacreous cloud (= mother of pearl cloud) 贝母云
nacrite (= nacrine) 珍珠陶土
NAD ①(= diphosphopyridine nucleotide)二磷酸吡啶核苷酸,辅酶Ⅰ ②(= nicotinamideadenine dinucleotide)烟酰胺腺嘌呤二核苷酸
NAD as common intermediate 普遍媒介的NAD
NAD in electron transfer 电子传递的NAD
NAD in glycolysis [糖原]酵解的NAD
NAD in Krebs cycle 克雷柏氏循环的NAD
NAD-pyrophosphorylase NAD焦磷酸化酶,辅酶Ⅰ焦磷酸化酶
Nadder ①(= common madder) 西洋茜草[*Rubia tinctorum* L.](茜草科) ②茜草颜料
NADH (= reduced nicotinamide adenine dinucleotide) 还原型辅酶Ⅰ,还原型烟酰胺腺嘌呤二核苷
NADH-cytochrome b_5-reductase NADH细胞色素b_5还原酶,还原型辅酶Ⅰ细胞色素b_5还原酶
NADH-cytochrome bc reductase NADH细胞色素bc还原酶,还原型辅酶Ⅰ细胞色素bc还原酶
Nadi reaction 纳蒂反应{分遗}
nadir ①最低点(= lowest point) ②最弱点(= weakest point)
nadir angle 天底角{遥感}
nadir-photograph 垂直摄影像片{遥感}
NADP (= nicotinamide-ade-nine dinucleotide phosphate) 磷酸烟酰胺嘌呤二核苷
NADP and citric acid cycle NADP与柠檬酸循环
NADP in Hill reaction 希尔氏反应的NADP
NADP in photosynthesis 光合作用的NADP
NADP isocitrate dehydrogenase NADP异柠檬酸脱氢酶
NADP oxidation by O_2 NADP受O_2的氧化
NADPH (= nicotinamide adenine dinucleotide phosphate reductase) 烟酰胺腺嘌呤二核苷磷酸还原酶
NADPH-cytochrome bc reductase NADPH细胞色素bc还原酶
NADPH transhydrogenase NADPH转氢酶
nag ①(骑用的)小马 ②老马,挽马
nagami kumquat (= oval kumquat) (金橘)罗浮[*Fortunella margarita* (Lour) Swingle](芸香科)
nagana 非洲牛马锥虫病,拿干拿
nagao xyleborus 长尾小蠹[*Xyleborus nagabensis* Murayama](小蠹科)
nagative interaction 负相互作用
nagi podocarpus (= Japanese podocarpus) 竹柏[*Podocarpus nagi* (Thunb.) Zoll. et Mor.](罗汉松科)
Nagori Behar 纳高里贝哈尔(甘蔗印度原种)
naiad(= najad) ①茨藻属[*Najas* L.](茨藻科) ②茨藻[*Najas marina* L.] ③稚虫
naiad family 茨藻科[Najadaceae]
naiads = 尾蜉科[Siphlonuridae]
nail ①钉,铁钉 ②(人)指甲,(鸟禽)爪,(兽)钩爪
nail harrow 钉板耙,钉齿耙
nail-holding power (= nail-holding proper-

ty） 握钉力
nail-patella syndrome 指甲-膝盖综合征
nail puller 拔钉器
nail-shaped 钉状的，棒状的（claviformis）
nail-wort 指甲草属［*Paronychia* Adans.］（结节草科）
nailhead spot 黑斑病（番茄）
nailing ①钉牢，牢固 ②捉牢 ③极好的
nainsook 细棉布
Nakamurd's mixture 纳卡模拉氏混合剂｛显技｝
naked 裸的，裸露的（nudus）
naked barley 裸大麦（元麦）［*Hordeum sativum* var. *nudum* L.＝*H. vulgare* var. *nudum* Hook.f.］（禾本科）
naked bud 裸芽（gemma nuda）
naked bulb 无皮鳞茎（bulbus nudus）
naked cell 裸细胞（cellula nuda）
naked cotton seed 无毛棉子
naked extracellular DNA 细胞外裸 DNA
naked eye 肉眼（oculus nudus）｛显技｝
naked flower 裸花，无被花（flos nudus, flos achlamydeus）
naked-flowered 裸花的，无被花的（gymnanthus）
naked-fruited 裸果的（gymnocarpus）
naked grain 裸粒（granum nudum）
naked-leaved 光叶的，秃叶的（psilophyllus）
naked name 裸名（预拟名称）（nomen nudum）
naked neck 裸颈｛畜｝
naked nucleic acid molecule ［细胞外］裸核酸分子
naked oat（＝hull-less oat） 裸燕麦（油麦，攸麦）［*Avena nuda* L.］（禾本科）
naked ovule 裸胚珠（ovulum nudum）
naked pupa 裸蛹，无毛蛹
naked-rooted （地面）具外生根的（exorrhizus）
naked seeded 裸子的（gymnospermus）
naked sorus 裸囊群（sorus nudus）
naked sowing 无覆盖播种
naked spore 无被孢子（spora nuda）
naked-twigged 裸枝的（gymnocladus）
naked-winged 秃翅的（psilopterus）
naled 二溴磷（杀虫，杀螨剂）［$C_4H_7Br_2Cl_2O_4P$］
nalidixic acid 萘啶酮酸
naloxone 纳洛酮
NAM（＝N-acetylmuramic acid） 乙酰胞壁酸
namaqualand daisy ①异果菊属［*Dimorphotheca* Moench.］（菊科）②异果菊［*Dimorphotheca sinuata* Moench.］
namatium 溪河群落
namatophilous 适溪河的，喜溪河的（namatophilus）
name ①名，名字，名称，名目，姓名 ②名义，名声（namen）
name block（NAM） 名字块｛电脑｝
name constant（NCON） 名字常数｛电脑｝
name management protocol（NMP） 名字管理协议｛电脑｝
name plate 照牌，名牌（厂名）
name-plate of cow 牛名牌｛农施｝
namequalanddaisy ①拟金盏菊属［*Venidium* Less.］（菊科）②拟金盏菊［*Venidium calendulaceum* Less.］
N. America（＝North America） 北美
naming 命名
naming rule 命名规则
NAN（＝neutron activation analysis） 中子活化分析｛分生｝
nanander（＝nannader） 矮雄体
nanandrous 矮雄体的（nanandrus）
Nancy Hall 南瑞苕（美国甘薯品种）
NAND（＝NOT AND） "与非"｛信息｝
NAND circuit "与非"电路｛信息｝
NAND operation "与非"操作，"与非"运算｛信息｝
nandin ①南天竹属［*Nandina* Thunb.］（小檗科）②南天竹［*Nandina domestica* Thunb.］
nandrolone phenylpropionate 苯丙酸诺龙，19-去甲-17-苯丙酸睾丸酮
nanism 矮生性，矮态（nanismus）
nanization 矮化法（指树木）（nanisatio）
nankeen 土布，原色棉布，南京棉布
Nankin lily（＝Nankee lily） 南京百合［*Lilium testaceum* Lindl.］（百合科）
Nanking cherry 毛樱桃（山豆子，梅桃，南京樱桃）［*Prunus tomentosa* Thunb.］（蔷薇科）
Nanking cotton 南京棉［*Gossypium nanking* Meyen］（锦葵科）
nanmu phoebe ①楠木属［*Phoebe* Nees］（樟科）②楠木［*Phoebe nanmu* Gamble］
nannocarpous 小果的，微果的（nannocarpus）
nannophyllous 小叶的，微形叶的（nannophyllus）
nanny goat 母山羊，牝山羊
nano- ⌊字头⌉毫微，纳，纳诺
nano 毫微，纳（n，10^{-9}）

nano-dosimetry 纳剂量学,超微剂量学
nano-sciences 纳米科学
nanoelectronic device 纳电子器件
nanoelectronic integrated circuit 纳电子集成电路
nanoelectronics 纳电子学(nanoelectronica)
nanogram(ng) 毫微克,纳克(1纳克 = 10^{-9}克)
nanogranula 纳米微晶
nanomaterial 纳米材料
nanometer(nm) 毫微米,纳米(1纳米 = 10^{-9}米)
nanooxide material 纳[米]氧化物材料
nanophanerophyte 矮高位芽植物(小灌木)(nanophanerophyta)
nanophyll 微形叶(nanophyllum)
nanoplankton 微浮游生物
nanoprogrammable computer 可编纳诺程序计算机{电脑}
nanoscope 纳秒示波器,超高频示波器
nanosecond(nsec)毫微秒(1毫微秒 = 10^{-9}秒)
nanotechnology 纳米技术
nanotube 纳米[碳]管
nanous ①矮小的 ②矮生的,矮化的(nanus)
nanowatt integrated circuit 纳瓦集成电路
Nanyang 南阳牛(中国河南役用牛)
nap (布面上)短毛,绒毛
nap cutter 剪毛器
napaceous(= napiform) 芜菁状的(napaceus)
napalplum carissa(= amatungula) 大花假虎刺[*Carissa grandiflora* A. DC.](夹竹桃科)
nape 颈,项[部]
naphlhalane 十氢化萘[$C_{10}H_{18}$]
naphthalene 萘[$C_{10}H_8$]
Naphthalene acetamide 萘乙酰胺(植物生长调节剂)[$C_{12}H_{11}NO$]
naphthalene acetic acid(NAA) 萘乙酸[$C_{10}H_7CH_2CO_2H$]
naphthamine 苯胺[$C_{10}H_7 \cdot NH_2$]
naphthene 环烷,环烷属烃[C_nH_{2n}]
naphthenic acid 环烷酸,环酸[$C_6H_{11} \cdot COOH$]
naphthionic acid 对氨基萘磺酸[$NH_2 \cdot C_{10}H_6 \cdot SO_3H \cdot 1/2H_2O$]
naphthoic acid 萘甲酸[$C_{10}H_7COOH$]
naphthol dyes 萘酚染料
naphthol yellow S 萘酚黄S[$C_{10}H_4 \cdot N_2O_8 \cdot SK_2 \cdot 3HO_2$]
naphthoquinoline 萘喹啉[$C_{13}H_9N$]
naphthoquinone 萘醌[$C_{10}H_6O_2$]
naphthylacetic acid(NAA) 萘乙酸[$C_{10}H_7CH_2COOH$]
naphthylamine 萘胺[$C_{10}H_7 \cdot NH_2$]
napier 奈培(= 8.686分贝)
Napier grass(= elephant grass) 紫狼尾草(象草)[*Pennisetum purpureum* Schumach.](禾本科)
Napierian logarithm 自然对数,讷皮尔对数
napiferous 产芜菁的(napifer)
napiform(= turnip-shaped) 芜菁状的(napiformis)
napiform root 球形根(radix napiformis)
napiform root neoporteria 豹头[*Neoporteria napina* sp.](仙人掌科)
nappe ①(堰口)水舌{环保} ②推覆体{遥感}
nappy 具茸毛的
napropamid 草萘胺(除草剂)[$C_{17}H_{21}NO_2$]
naptalam 抑草生,西力特(除草剂)[$C_{18}H_{13}NO_3$]
NAR(= net assimilation rate) 净同化率
naranjillo(= Quito naranjillo) 乐乐茄[*Solanum quitoense*](茄科)
narbonne vetch 法国野豌豆[*Vicia narbonensis* L.](豆科)
narcissamine 水仙胺
narcissine 水仙碱[$C_{16}H_{17}NO_4$]
narcissus ①水仙属[*Narcissus* L.](石蒜科) ②水仙[*Narcissus tazetta* L.]
narcissus anemone ①银莲花属[*Anemone* L.](毛茛科) ②银莲花[*Anemone narcissifolia* L.]
narcissus bulb fly ①水仙球蝇[*Merodon equestris* Fabricius](蝇科) ②葱瘤食蚜蝇[*Eumerus tuberculatus* Rondani](食蚜蝇科)
narcissus mosaic virus 水仙花叶病毒
narcissus yellow stripe virus(= narcissus grey disease virus) 水仙黄条病毒
narco- ⌊字头⌉麻木,麻醉
narcosis 麻醉
narcotic ①麻醉的 ②昏迷的 ③⌊复⌉麻醉剂(narcoticus)
narcotic action 麻醉作用
narcotic movement 麻醉活动
narcotic plants 麻药植物(plantae narcoticae)
narcotine 那可汀[$C_{22}H_{23}O_7N$]
narcotism ①麻醉状态 ②麻醉作用(narcotismus)

narcotization 麻醉[法](narcotisatio)
narcotropism 向麻醉性(narcotropismus)
nard ①甘松 ②甘松香
nard grass (= citronella grass) 亚香茅[*Cymbopogon nardus*(L.) Rendle](禾本科)
Nardoo 四叶苹(大柄苹,田字苹)[*Marsilea quadrofolia* L.](苹科)
nares 鼻孔(nares)
N. Argentine (= North Argentine) 阿根廷北部,北阿根廷
Nargori 纳尔高里(甘蔗印度种)
narihira cane 女竹[*Semiarundinaria fastuosa* Makino](禾本科)
naringenin 柚[苷]配基-4′,5,7-三羟黄烷酮[$C_{15}H_{12}O_5$]
naringin (= naringoside) 柚[皮]苷[$C_{27}H_{32}O_{14}$]
naringinase 柚[皮]苷酶
naritheracin 成田菌素
narowspiculate galingale 窄穗莎草[*Cyperus tenuispica* Steud.](莎草科)
narrative ①解释的 ②解释文(narrativus){信息}
narrative information 解释信息
narrow ①狭的,窄的 ②细的(angustus, stenus)
narrow angle camera 窄角[照]相机{遥感}
narrow-angled 狭角的(stenogonus)
narrow annual ring 窄年轮(annulus annotinus angustus){解剖}
narrow band 窄带,窄频带{电脑}
narrow band emission 窄带发射
narrow band filter 窄带滤光片{遥感}
narrow band telemetry 窄带遥测{遥感}
narrow-banded noctuid 窄带镰须夜蛾[*Zanclognatha griselda* Butter](夜蛾科)
narrow base terrace 窄沟梯田
narrow brown spot (= glume spot) 颖枯病(水稻)
narrow central slit 狭窄中缝(rima centralis angusta){解剖}
narrow combine 窄幅联合收获机
narrow conducting element 窄小输导单元
narrow cut harvester 窄幅收获机
narrow-cut share 窄切[幅]犁铧
narrow disk harrow 果园用圆盘耙
narrow drum thresher 窄滚筒式脱粒机
narrow dwarf daylily 小萱草[*Hemerocallis dumoitieri*](百合科)
narrow-flowered 狭花的(stenanthus)
narrow-leaved 狭叶的(stenophyllus, angustifolius)
narrow-leaved arrowhead 狭叶慈姑(狭叶泽泻)[*Alisma canaliculatum* A. Br. et Bouché](泽泻科)
narrow-leaved mecodium 细叶路蕨[*Mecodium polyanthos* Copel.](蕨类)
narrow-leaved plantain (= buck thorn plantain, rib-wort) 披针叶车前(窄叶车前)[*Plantago lanceolata* L.](车前科)
narrow-leaved vetch 狭叶野豌豆(狭叶巢菜)[*Vicia angustifolia* L.](豆科)
narrow-leaved zinnia 细叶百日草[*Zinnia linearis* Benth.](菊科)
narrow line drilling 窄行条播
narrow line seeder (= narrow-row seeder) 窄行条播机
narrow lumen 窄腔(lumen angustum){解剖}
narrow-margined 狭缘的(stenolomus, marginulatus)
narrow-mouthed 窄口的
narrow-petaled 狭瓣的(stenopetalus)
narrow range 狭窄范围
narrow rice-nursery 狭秧田
narrow rice seeding bed 窄秧田[苗床]
narrow-ringed (= fine grown) 狭年轮的,年轮细密的(angustannulus)
narrow row 窄行
narrow-row cultivator 窄行中耕机
narrow-row culture 窄行栽培
narrow-row drill 窄行条播机
narrow-row drilling 窄行播种
narrow-row planting 窄行播种,窄行种植
narrow-row sowing 窄行播种
narrow saw 窄锯
narrow-seeded 狭种子的(stenospermus)
narrow Siberian elm 狭叶榆[*Ulmus pumila* var. *arborea*](榆科)
narrow silo 窄青贮塔
narrow smallreed ①(= feather-grass) 针茅属[*Stipa* L.](禾本科) ②(= spear grass) 针茅[*Stipa capillata* L.]
narrow spacing 窄行株距
narrow-strip selection method 窄带状择伐法
narrow stripe 小条纹(striola)
narrow-tongued 狭舌的(stenoglossus)
narrow-track seeder 窄轮距播种机
narrow-track tractor 窄轨距拖拉机,窄轮距拖拉机
narrow-winged 狭翼的(angustialatus)
narrow-winged mantid 狭翅螳螂[*Teno-*

dera angustipennis Saussure]（螳螂科）
narrow-winged prominent 舟蛾［*Fentonia ocypete* Bremer］（舟蛾科）
narrow winged pug moth 窄翅波尺蛾［*Eupithecia nanata*（Hübner）］（尺蛾科）
narrow-winged skipper 窄翅弄蝶［*Isoteinon lamprospilus* Felder］（弄蝶科）
narrow-zoned 狭年轮的
narrowcast 窄播，窄行播种
narrowed 渐狭的（attenuatus）
narrower apple tortrix 苹果纹卷蛾（细后黄卷蛾）［*Cacoecia criticana* Kennel.］（卷蛾科）
narrowgage tractor（= narrowgauge tractor） 窄轨距拖拉机
narrowing movement 收缩运动，退缩运动
narrowleaf bird's foot trefoil 窄叶牛角花［*Lotus tenuis* Gaud.］（豆科）
narrowleaf cat-tail 水烛［*Typha angustifolia* L.］（香蒲科）
narrowleaf common tobacco 窄叶烟草［*Nicotiana tabacum* var. *angustifolia*］（茄科）
narrowleaf fire thorn 窄叶火棘［*Pyracantha angustifolia* Schneid.］（蔷薇科）
narrowleaf grape 狭叶葡萄［*Vitis tsoi* Merr.］（葡萄科）
narrowleaf hawkweed 散花山柳菊［*Hieracium umbellatum* L.］（菊科）
narrowleaf meadowsweet spiraea 白花柳叶绣线菊［*Spiraea alba* Du-Roi］（蔷薇科）
narrowleaf pricklyash 狭叶花椒［*Zanthoxylum stenophyllum* Hemsl.］（芸香科）
narrowleaf screwtree 山芝麻［*Helicteres angustifolia* L.］（梧桐科）
narrowleaf vetch 狭叶野豌豆［*Vicia angustifolia* Roth.］（豆科）
narrowleaf water plantain 狭叶泽泻［*Alisma canaliculatum* A. Br. et Bouché］（泽泻科）
narrowness of leaf 狭叶性
narrows 峡口
nasal ①鼻的 ②鼻骨（nasalis）
nasal bone 鼻骨（ossa nassale）
nascence 初生态，新生态（nascentia）
nascency 发生，起源（nascencia）
nascent 初生的，新生的（nascens）
nascent cyclone 初生气旋
nascent hydrogen 初生［态］氢，新生［态］氢
nascent molecular messenger 新生分子信使｛分遗｝
nascent mRNA chain 新生 mRNA 链
nascent nuclear RNA 新生核 RNA
nascent oxygen 初生［态］氧，新生［态］氧
nascent peptide chain 新生肽链
nascent polypeptide chain 新生多肽链，未完成多肽链
nascent pre-mRNA 新生前 mRNA
nascent pre-mRNA molecule 新生前 mRNA 分子
nascent ribosomal subunit 新生核蛋白体亚单位
nascent RNA 新生 RNA
nascent state 新生态，初生态
nascent tissue（= meristem） 分生组织（meristema）
naseberry（= chicle sapodilla）①人心果属［*Achras* L.］（山榄科）②人心果［*Achras sapota* L. = *Manilkara achra* Fosberg.］
nashi（= n'aschi） 东北风（阿拉伯语名）
nasism（= dwarfism） 矮态（nasismus）
Nasonov's organ（= scent gland） 臭腺，纳索诺夫腺｛蜂｝
nasord 编程参考文献｛电脑｝
nasslood 冰上冰（在旧冰面上形成的冰）
-nastic ⌞字尾⌝压
nastic 感性的（nasticus）
nastic growth movement 感性生长运动
nastic movement 感性运动
nastic turgor movement 感性膨压运动
nastin 分枝菌脂
nasturtium ①旱金莲属［*Tropaeolum* L.］（旱金莲科）②旱金莲［*Tropaeolum majus* L.］
nasturtium family 旱金莲科［Tropaeolaceae］
nasturtium oil 旱金莲油
nasty 感性（nastas）
nasus ①鼻 ②后唇基
natal ①分娩的，出生的 ②臀的（natalis）
Natal fruit-fly 纳他耳实蝇［*Ceratitis rosa* Ksh.］（实蝇科）
natal-orange 刺马钱［*Strychnos spinosa* Lam.］（马钱科）
natal-plum（= amatungula） 大花假虎刺［*Carissa grandiflora* A. DC.］（夹竹桃科）
natal stream 出生河流
natality 出生率（natalitas）
natant 飘浮的（natans）
natatorial（= natatory） 游泳用的
nates 臀部
nation signal processing（**NSP**） 主体信号

处理{信息}

national ①国家的,国有的,国立的 ②国民的,民族的 ③国民,侨民,同胞(nationalis)

national accounting 国民经济决算{统计}

national afforestation 国家造林

national agricultural experiment station 国家农业试验站

national atlas 国家地图集{生态}

national average 全国平均

national average amount 全国平均量

national average yield 全国平均产量

national breeding programs 国家育种课题

National Bureau of standards Data Encryption standard(DES) 国家标准局数据密码标准{信息}

national conditions 国情

national ecological security 国家生态安全

national economic development 国民经济发展

national economy 国民经济

national economy and the people's livelihood 国计民生

national economy as a whole 总[国民]经济

national enterprise 国有企业

national flower 国花

national food conference 全国粮食会议

national forest 国有林

national germplasm repository 国家种质资源库

national income 国家收入,国民所有,国民所得

national information infrastructure(NII) 国家信息基础设施{信息}

national innovation system 国家创新系统

national land management 国家土地管理

national land planning 国家土地计划

national macroadjustment and macrocontrol 国家宏观调控

national map accuracy standard 国家地图精度标准

National Oceanic Satellite System(NOSS) 国家海洋卫星系统{遥感}

national park 国家公园,国立公园{园林}

national-park to park highway 国家公园联络公路

national programme for agricultural development 全国农业发展纲要

national science foundation(NSF) 国家科学基金[会]

national science foundation network(NSFNET) 国家科学基金网

national security 国家安全

national soils database 全国土壤数据库{智培}

national stud 国家种马场

national vegetable research station 国家蔬菜研究中心,国立蔬菜研究站

nationalization 全民化,国有化(nationalisatio)

nationwide dialing 全国范围的拨号电话系统{信息}

native ①当地的,本地的,乡土的,产地的 ②原产的 ③本国的,国内的 ④天赋的,自然的,天然的 ⑤原产地(nativus) ⑥本机的

native and foreign 国内外

native attachment 本机附件{电脑}

native-breed sow 本地种母猪

native camouflage 天然伪装{遥感}

native configuration 天然构型{分遗}

native disease 地方病

native genotype 原有基因型

native grasses 野生禾本科牧草,野生禾草

native habitat 当地生境

native immunity 天然免疫性,天赋免疫性

native land ①原产地 ②本国,出产国

native lignin(=protolignin) 原生木质素

native paraffin 土蜡

native pasture 天然牧场

native place 原产地

native plant ①野生植物 ②天然牧草

native population 地方种群

native predator 地方天敌(防除虫害)

native protein 天然蛋白质

native race 本地种{蜂}

native rice(=local rice) 本地稻,本地米

native rock 母岩{地质}

native rubber 天然橡胶

native soil 本地土,残积土

native source 本地来源

native species(=wild species) 乡土种,本地种

native strain 本地品系

native sugar 土糖

native sulfur 自然硫

native tobacco 本地烟草

native variety 本地品种

native vegetation 土著植被,乡土植被(vegetatio nativa)

Nato 纳图(美国水稻品种)

natotree ①胶木属[*Palaquium* Blanco](山榄科) ②胶木[*Palaquium gutta* Burck]

natric horizon 碱化层

Natrin(=2,4,5-TES) 2,4,5-涕硫钠(除草剂)[$C_8H_6Cl_3NaO_5S$]

Natriphene 联苯酚钠,邻苯基苯酚钠(杀菌

剂）$[C_{12}H_9NaO]$
natrium acetate 乙酸钠，醋酸钠 $[Na_2C_2H_3O_2]$
natriuretic hormone 钠尿激素
natual reserve（= nature reserve） 自然保护[区]
natural ①天然的，自然的 ②有关自然的 ③自然产生的（naturalis）
natural aeration ①自然通风 ②天然曝气
natural afforestation 天然造林法
natural afforestation by seeds 天然下种造林
natural aggregate 自然团聚体
natural air 自然空气
natural amphiploid 天然双倍体（amphiploida naturalis）
natural antibody 自然抗体
natural aquatic resources 天然水产资源{农经}
natural auxin 天然生长激素，天然植物生长素
natural balance 自然平衡
natural balm 天然香脂，天然香膏
natural balsam 天然香脂
natural bar 天然浅滩
natural barrier ①自然屏蔽，天然屏蔽 ②自然障碍，天然屏障
natural bastard 自然杂种
natural breeding ①自然配种{畜} ②自然孵卵{禽}
natural broad-leaved forest 天然阔叶林
natural calamity 自然灾荒，自然灾害
natural circulation 自然循环
natural classification 自然分类（classificatio naturalis）
natural CO_2 availability 自然 CO_2 有效性，自然二氧化碳有效性
natural condition 自然条件
natural conservation 自然[资源]保护区
natural constraint 天然限制
natural control 自然防治，自然控制
natural convection 自然对流
natural convection cooling 自然对流冷却
natural convolution 天然卷曲
natural cooling 自然冷却，放冷
natural cross-fertilization 天然异花受精（allogamia naturalis）
natural cross-pollination 天然异花授粉，自由异花授粉（allopollinatio naturalis）
natural crossing 自然杂交
natural crossing percentage with emasculation method 去雄法测定天然杂交率
natural cultivation 天然栽培
natural curing （干草、烟草）自然风干
natural damage 自然灾害
natural daylength 自然日照长度，自然昼长
natural daylight 自然日光
natural death 自然死亡
natural deduction 自然演绎法，自然推理
natural diminution 自然损耗
natural disaster 天灾，自然灾害{智培}
natural disintegration 自然崩解
natural division 自然划分，自然区划
natural dormancy 自然休眠
natural dormancy period 自然休眠期
natural draft 自然通风
natural-draft kiln 换气干燥窑
natural drainage 天然排水
natural draught kiln（= natural circulation kiln） 自然循环干燥窑
natural dropping end 自然落绪{蚕}
natural drying 天然干燥
natural durability of wood 木材[自然]耐火性
natural dye 天然染料{显技}
natural ecosystem 自然生态系统
natural ecotype 自然生态型
natural elimination 自然淘汰
natural enemy 天敌
natural enemy insect 天敌昆虫
natural enemy microorganism 天敌微生物
natural energy 天然能
natural environment 自然环境
natural epiphytotic 自然植物流行病
natural erosion 自然侵蚀
natural evolution 自然演化
natural extension 自然延伸，自然延拓
natural fabric 自然组织
natural factor 自然因子，自然因素
natural fat 天然脂
natural features（= climate） 风土
natural fertility 自然肥力
natural fiber 天然纤维
natural fitness 自然界的合理性
natural-flow channel irrigation 自流灌溉
natural-flow furrow irrigation 自流沟灌
natural-flow ridge irrigation 自流畦灌
natural forage basis 天然饲料基地
natural forest 天然林
natural forest resource 天然林资源，固有森林资源
natural form 天然形状，原貌
natural form training 自然形整枝
natural formation of woods 天然更新
natural frequency 自然频率，固有频率
natural garden 自然式庭园{园林}

natural gardening 自然式造园,自然式园林
natural gas 天然气
natural gas hydrates 天然气水合物
natural gas industry 天然气产业,天然气[工]业
natural glue 生物胶(指动植物胶)
natural grafting 自然嫁接
natural granule 天然团粒
natural grass ①野[生]草 ②天然禾[牧]草(ruderalis)
natural grass regeneration 天然禾(牧)草再生
natural grassland 天然草地
natural grazing ground 天然放牧地,天然牧场
natural ground 自然地面,大地{环保}
natural group 自然类群
natural growth 野生植物
natural growth characteristics 自然生长特征(性)
natural growth rate 自然生长率,自然生长速度
natural habitat 天然生境{生态}
natural harbor 天然港湾
natural hatching 自然孵化
natural hedge 天然绿篱{园林}
natural history 自然[科学]史,博物学
natural husbandry 游垦
natural hybrid 天然杂种
natural hybridization 天然杂交
natural illumination 自然光照
natural immunity 先天免疫性,自然免疫性
natural impurities 自然夹杂物
natural incubation method 自然孵化法
natural infection ①自然侵染{病理} ②自然传染{微生物}
natural infestation 自然侵袭,自然侵害
natural inhibitor 天然抑制剂
natural inland water 天然内陆水
natural insemination 自然授精
natural key 自然分类特征{遥感}
natural killer cell 天然杀伤细胞
natural landscape 自然景观
natural law 自然法则{进化}
natural layering 天然压条法
natural levee 天然堤
natural light condition 自然光照条件
natural lighting of livestock house 畜舍自然光照
natural logarithm 自然对数,讷皮尔对数
natural losses 自然损耗
natural manure 天然肥料
natural mating 自然交配,本交
natural maturity 自然成熟度
natural meadow 天然割草地
natural medium ①自然介质 ②天然培养基
natural mixing 天然混合
natural mounting 自然上蔟{蚕}
natural mutation 自然突变
natural night temperature 自然夜温
natural nutrient supply 天然养分供应
natural obstacle 天然障碍物{遥感}
natural oscillation 固有颤动,自由振动
natural park 天然公园{园林}
natural parthenocarpy 自然单性结实
natural parthenogenesis 自然单性生殖
natural pentaploid 天然五倍体(pentaploida naturalis)
natural period 自然周期
natural pollination 自然传粉(pollinatio naturalis)
natural pollutant 天然污染物{环保}
natural pollution 天然污染
natural polymer 天然聚合物
natural population 自然群体
natural profile ①自然剖面 ②平均坡度
natural protection 自然保护
natural protection area 自然保护区
natural pruning 天然整枝,天然脱枝
natural pure culture ①天然纯净培养{微生物} ②天然单作(指天然纯作,只有一个作物栽培){栽培}
natural purification 自然净化
natural radiation 天然辐射
natural range ①自然范畴,自然分布区 ②天然放牧地
natural raw material 天然原料
natural regenerated forest 天[然]生林
natural regeneration 天然更新
natural regeneration by seeds 天然下种更新法
natural regeneration by shoot [天然]萌芽更新法
natural region 自然区
natural reseeding (= natural seeding) 天然下种,天然播种
natural resistance ①天然抗性(指对病虫害、霜冻等) ②天然阻力
Natural Resource Information System (NRIS) 自然资源信息系统
natural resources 自然资源{环保}
natural retting 天然浸渍,天然浸麻
natural rubber 天然橡胶
natural scene 自然景物{园林}
natural science 自然科学
natural screen 天然遮障{遥感}
natural-seasoned wood 天然干燥材

natural seasoning 天然干燥
natural seed 标准种子
natural seeding 天然下种
natural seedling 野生苗
natural selection 自然选择
natural selection theory 自然选择说{育种}
natural selection with constant fitness 自然选择恒有适合度法
natural site 天然生境{生态}
natural slope ①天然坡{土壤} ②自然倾角{农机}
natural soil drainage 土壤天然排水
natural soil fertility 自然土壤肥力
natural spread 自然传播
natural stand ①天然林分 ②天然群丛
natural stream 天然河流{环保}
natural style 自然式{园林}
natural succession 自然演替
natural sunlight 自然阳光
natural supply 天然供应
natural surroundings 自然环境
natural swarm ①自然分蜂群 ②自然分蜂
natural synoptic period 自然[天气]周期
natural system 自然[分类]法(systema naturalis){分类}
natural texture 自然纹理
natural thinning ①自然稀疏{生态} ②自然疏伐{森林}
natural transmutation 自然蜕变
natural unit 实物单位
natural variation 自然变异
natural vegetable tannin 天然植物单宁
natural vegetation 自然植被(vegetatio naturalis)
natural ventilation 自然通风
natural ventilation of livestock house 畜舍自然通风
natural water 天然水
natural water source 天然水源
natural watertank 天然贮水池
natural wax 天然蜡
natural weight 容积重{种子}
natural withering 自然凋萎
natural zone 自然带(指植被)
natural"greenhouse effect" 自然"温室效应"
naturalistic design 自然式设计{园林}
naturalistic style 自然式
naturalization ①驯化,归化 ②中和[作用](naturalisatio)
naturalized ①驯化的,归化的 ②中和的(naturalisus)
naturalized plant 驯化植物(planta naturalisa)
naturalized species 驯化种(species naturalisus)
naturalized weed 驯化杂草
naturalizing of plants 植物驯化
naturally ①自然地 ②当然,必然地 ③天然的,固有的
naturally cross-pollinated group 自然异花授粉类群
naturally cross-pollinated plants 自然异花授粉植物
naturally cross-pollination 自然异花授粉
naturally self-pollinated crops 自然自花授粉作物
naturally self-pollinated group 自然自花授粉类群
naturally self-pollination 自然自花授粉{育种}
nature ①本性,自然性 ②自然界 ③自然力(natura)性质
nature and nurture 遗传与环境[的比喻],先天与后天(natura ex nurtura)
nature colour 天然色,本色,原色
nature deoxyribopolymer 天然脱氧核糖多聚物
nature division 自然划分,自然区划
nature dormancy (= natural dormancy) 自然休眠
nature leaf 自然叶,原始叶
nature of junction 接合性质
nature of mutation 突变性质
nature of nitrogen response 氮素反应的性质
nature of the soil 土壤性质
nature reserve 自然保护[区]
nature ribopolymer 天然核糖多聚物
nature sanctuary 自然庇护区
nature state 自然状态
naucleine 乌檀碱 [$C_{21}H_{26}O_4N_2$]
naucum ①核果肉 ②种脐
naught 无,零
nauplius 无节幼体,无节幼虫(nauplius)
nausea 恶心
nauseous 具臭味的(nauseus)
N. Australia (= North Australia) 北澳大利亚
nautical ①船舶的 ②航海的(nauticus)
nautical chart [航]海图
nautical mile 海里
nautical twilight 航海曙暮光
nautiform 舟形的(nautiformis)
nautiloid 螺壳形的(nautiloides)
navaga 宽突鳕[*Eleginus navaga* (Pal-

las)]{水产}
naval ①海洋的 ②船的（navalis）
naval plotting chart 航线标绘图{遥感}
naval stores ①松脂 ②松脂制品
naval target 海上目标
naval yard 造船厂
Navashin's fluid 纳娃钦氏固定液{显技}
nave 轮毂
nave boss 车毂
nave of wheel（= boss） 轮毂
navel 脐（hilum）
navel cord 脐带
navel ill 脐病，驹链球菌病，关节炎
navel orange 脐橙［*Citrus sinensis* var. *brasiliensis* Tanaka］（芸香科）
navel orangeworm 脐橙螟［*Paramyelois transitella*（Walker）］（螟蛾科）
navelseed ①玻璃草属［*Omphalodes* Moench］（紫草科）②玻璃草 ［*Omphalodes krameri* Fr. et Sav.］
navelwort ①石莲花属［*Cotyledon* L.］（景天科）②石莲花（石莲华）［*Cotyledon iwarenge* Mak.］
navicula ①舟形藻属［*Navicula* spp.］（舟形藻科）②舟形藻［*Navicula* sp.］
navicula family 舟形藻科［Navicula ceae］
navicular 舟形的（navicularis）
navicular bone 子骨，舟骨，舟形骨
navicular disease （马）舟状骨病
Navier-stokes equation 纳维-斯托克斯方程式{农施}
navigation ①航行，导航 ②自动驾驶（navigatio）
navigation computer 导航计算机
navigation satellite system 导航卫星系统{遥感}
navigation system 自动驾驶系统
NAVSTAR (Global Positioning System) 导航星（全球定位系统）{遥感}
navvy ①挖凿机 ②挖土机
navvy work 土方工程
navy ①藏青色 ②海军
navy blue 深蓝色
Nawa froghopper 名和氏沫蝉［*Peuceptyelus nawae* Matsumura］（沫蝉科）
Nawa gall wasp 名和氏瘿蜂［*Biorrhiza nawai* Ashmead］（瘿蜂科）
Nawa globular scale 桴红蚧［*Kermes nawai* Kuwana］（盾蚧科）
naylon 尼龙，耐意龙
NBT（= nitroblue tetrazolium） 氮蓝四唑
NC（= nitrocellulose） 硝化纤维［素］
NC filter（= nitrocellulose filter） 硝化纤维素滤器
NDE（= nuclear Overhauser effect） 核奥韦尔豪泽尔效应{分生}
NDF（= Neu differentiation factor） Neu分化因子，纽氏分化因子{生技}
NDP（= nucleoside diphosphate） 核苷二磷酸{分遗}
NDV（= Newcastle disease virus） 鸡新城疫病毒
Ne（= neon） 氖，霓虹灯
N.E.（= net energy） 纯能，净能量
NE（= northeast） 东北
NE by E 东北偏东（= northeast by east）
NE by N 东北偏北（= northeast by north）
NE Europe（= Northeast Europe） 东北欧
Neanderthal man 尼安得塔人
neap tide 小潮
near ①接近的，近似的 ②左边的 ③亲近的，亲密的
near beer 薄啤酒（含酒精 0.5%以下）
Near East desert plants 近东沙漠植物
near-end crosstalk 近端串扰，近端串音{信息}
near euploid 近整倍体（euploida proxima）
near euploid mutant 近整倍体突变型
near gale 疾风（七级风）
near horse 左挽马
near immunity 近免疫性
near infrared（NIR） 近红外［线］
near infrared radiation NIR，近红外线辐射
near infrared rays 近红外线
near infrared region 近红外区
near infrared spectrophotometric analysis 近红外分光光度分析
near infrared window 近红外窗口{电脑}
near-lake basin 湖旁盆地
near-linear curve 近似直线［的］曲线
near-linear response 近似直线反应
near polar sun-synchronous orbit（= quasi polar sunsynchronous orbit） 近极地太阳同步轨道，准极地太阳同步轨道{气象}
near-real-time 近实时，准实时
near-real-time reconnaissance 近实时侦察{遥感}
near-shore deposit 滨海沉积物
near side 近侧，内侧，左侧
near-side divider 内分禾器
near-side wheel 左侧轮，内侧轮
near vertical photograph 近似垂直相片{遥感}
near water trawler 近海拖网渔船
nearby ①附近，近处 ②接近，靠近

nearby emitter 在发散[污染]物附近{生态生理}
nearby hollow 靠近洼地
Nearctic realm 新北区
Nearctic Region 新北区(指植物)
nearest distance 最近距离
nearest mean classification 最近均值分类法{统计}
nearest-neighbour analysis 最近邻分析法
nearest-neighbour frequency 最近邻频率
nearest-neighbour method 最近邻法
nearest-neighbour sequence analysis 最近邻顺序分析
nearing 接近
nearing peak 接近顶峰{统计}
nearshore 近滨,近岸
neat ①简洁的,整齐的 ②纯粹的,纯正的(酒) ③巧妙的 ④牛
neat cement paste 纯水泥浆{环保}
neat-herd 牧工,牧牛人
neat juice 原汁,纯果汁
neat line 内图廓线,细线{遥感}
neat work 精巧制作品
neat worker 熟练工人
neatness defects 小缺陷(蚕)
neat's foot oil 牛蹄脂,牛脚油(鞣革剂)
neat's leather 牛皮
neb ①(鸟)嘴,喙 ②(兽)鼻,象鼻 ③尖端,尖头
nebenkern 副核
nebula 星云
nebular hypothesis 星云假说{气象}
nebular theory 星云(学)说{气象}
nebularine 水粉蕈素
nebulizer 喷雾器
nebulosity ①朦胧 ②星云 ③浓雾(nebulositas)
nebulosus 薄幕状[云]
neburon (= Neburex, neburea) 草不隆(除草剂)[$C_{12}H_{16}Cl_2N_2O$]
necessary ①必要的,必需的 ②必需品(necessarius)
necessary condition 必要条件
neck ①颈(collum) ②根颈 ③(昆虫)颈 ④管颈{环保}(cervix)
neck blast (= neck rot) 颈腐病
neck body 颈体
neck canal cell 颈沟细胞
neck cell 颈细胞
neck collar ①颈圈,项圈(马具) ②轴颈环,轴承环
neck-drafting method 头颈部牵引法(牲畜牵引法之一)
neck granule 颈粒
neck hackle 颈羽{禽}
neck initial 颈原始细胞
neck lagger 颈外套
neck-node differentiation stage 颈节分化期
neck of shaft 轴颈
neck of spike (= panicle base) 穗颈部,穗基[部]
neck rail 狭窄轨道
neck rot ①颈腐 ②颈腐病
neck strap 颈带,肩带(马具)
neck yoke 颈圈,颈枷,颈轭,挽轭
necked ①收缩的,缩小的 ②使成颈状的
neckera ①平藓属[*Neckera* spp.](平藓科) ②平藓[*Neckera* sp.]
neckera family 平藓科[Neckeraceae]
neckeropsis 小拟平藓[*Neckeropsis nitidula* Fleisch.](平藓科)
necklace 项链{电脑}
necklace-tree ①红豆[树]属[*Ormosia* Jackson](豆科) ②红豆[*Ormosia semicastrata* Hance]
necks 岩颈(火山)
necktie association 领结联会
neckweed (= hemp) 大麻[*Cannabis sativa* L.](大麻科)
necro- ⌞字尾⌝死
necrobacillosis 坏死[杆]菌病
necrobiont 杀生性寄生物(necrobions)
necrobiosis ①杀生性[现象]{病理} ②细胞坏死,渐进性[细胞]坏死{医}
necrocitin 坏死菌素
necrocoleopterophilous 埋葬虫媒的(necrocoleopterophilus)
necrocytotoxin 坏死细胞毒素
necrogenous 坏死的(necrogenus)
necrogenous reaction 坏死反应
necrohormone 杀死激素
necrohyte 死物上生长物(necrophyta)
necromass 坏死物体
necroparasite 死物寄生菌(necroparasita)
necrophaga 食尸动物,食腐肉动物
necrophagous 食尸的,食腐肉的(necrophagus)
necrophore ①埋葬虫 ②⌞复⌝(= burying beetles, carrion beetles) 埋葬虫属[*Necrophorus* spp.](葬甲科)
necropsy 尸体剖检(necropsia)
necrosamine 坏死胺
necrosemiotic 死兆的,呈现死亡象征的(necrosemiotus)
necrosin ①伤害因子,坏死因子 ②坏死素
necrosis ①坏死 ②枯斑

necrosis isolated area 孤立枯斑面积
necrosis of area 面积坏死(指器官与组织)
necrosis of grapevine 葡萄蔓枯病[*Fusicoccum viticolum* Reddick.]
necrosis virus 坏死病毒
necrospermia 死精
necrotic ①坏死的 ②腐烂的(necroticus)
necrotic depression 坏死陷斑
necrotic enteritis 坏死性肠炎
necrotic injury 坏死伤害
necrotic lesion 坏死病斑
necrotic tissue 坏死组织(tela necrotica)
necrotomy ①尸体剖检术 ②死骨切除术(necrotomia)
necrotrophic 死体营养的(necrotrophus)
necrotrophic pathogen 死体营养性病原
nectar ①花蜜 ②果汁
nectar flow (=honey flow) 流蜜期
nectar gatherer 花蜜采集蜂,采蜜蜂
nectar gland (=nectariferous gland) 蜜腺(glandula nectarifera)
nectar plant (=nectariferous plant) 蜜源植物(planta nectarifera)
nectar scale 蜜鳞,蜜腺鳞片(squama nectarifera)
nectar scale on petiole 叶柄蜜腺鳞片
nectar spur 蜜距(calcar nectarifer)
nectareous 花蜜状的(nectareus)
nectariferous 具花蜜的,分泌蜜汁的(nectarifer)
nectariferous disk 蜜盘(discus nectarifer)
nectariferous plant (=nectar plant) 蜜源植物
nectariferous scale 蜜鳞(squama nectarifera)
nectariferous spur 蜜距(calcar nectarifer)
nectarine 油桃[*Prunus persica* var. *nectarina*(Ait.) Maxim.](蔷薇科)
nectarostigma 蜜孔,蜜点
nectarotheca 蜜囊,蜜室
nectary ①蜜腺{解剖} ②蜜管,角状管{昆虫}(nectarium)
nectary color 蜜腺色(color nectaris)
nectary flower 蜜腺花(flos nectaris)
necton 自游生物
need ①需要,必要,必需,必须 ②缺乏,不足,贫困,危急
need-to-know 需知{信息}
need-to-know volation 需知违背
needle ①针 ②刺 ③针叶(acantha, echinus)
needle-bearing ①具针的(raphidophorus){形态} ②滚针轴承{农机}
needle brake 打捆针缓冲器
needle cast (=needle-cast fungi) 落针病,落针病原菌
needle-cast of conifers (=needle-cast of pine, needle-shedding disease, needle-shedding blight) 松落叶(针)病
needle-cast of fir 云杉落叶病[*Lephoderminium macrosporum* Rehm.]
needle crystal 针[结]晶
needle drawing 刻图{电脑}
needle drive cam 打捆针驱动凸轮
needle electrode 针电极
needle fall 针叶脱落
needle file 针锉(工具)
needle fir 辽东冷杉(白松)[*Abies holophylla* Maxim.](松科)
needle forest 针叶林
needle ice 针冰
needle inoculation 针接种
needle juniper 杜松[*Juniperus rigida* Sieb. et Zucc.](柏科)
needle leaf 针[状]叶(folium acerosum)
needle-leaf deciduous forest 落叶针叶林
needle-leaf evergreen forest 常绿针叶林
needle-leaved 针叶的(phyllacanthus)
needle-leaved forest 针叶林
needle-leaved tree 针叶树
needle litter 针叶褥草(垫圈用)
needle lubrication 针孔润滑
needle of instrument 仪器指针
needle oil 针叶油
needle palm ①丝兰属[*Yucca* L.](龙舌兰科) ②丝兰[*Yucca aloifolia* L.]
needle pen 绘图笔
needle printer 针式打印机
needle-puncture method 针刺法
needle regulator 针形调节器
needle roller ①卷叶虫 ②针形转子,滚针
needle-shaped 针状的(acerosus)
needle snow 针雪
needle spikerush (=needle spikesedge slender spikerush) 牛毛毡[*Eleocharis acicularis*(L.) Roem. et Schult.](莎草科)
needle valve 针阀
needlegrass (=cogongrass) 白茅(茅针、茅根)[*Imperata cylindrica* var. *major* (Nees) Hubb. = *I. koenigii* var. *major* Nees](禾本科)

needling 针刺术
neesberry（= naseberry） 人心果
negation “非”，否定（negatio）{电脑}
negation element “非”元件
negation gate “非”门
negative ①负的 ②阴性的 ③反面的，背的 ④底片（negativus）
negative absorption 负吸收作用
negative acceleration 负加速度
negative acidity 负酸度
negative acrotaxis 负趋氧性，负趋气性
negative adsorption 负吸附[作用]
negative afterpotential 负后电位
negative altitude 负高{测}
negative area 负区{气象}
negative arotropism 负向气性
negative balance 负平衡
negative baric tendency 负气压倾向
negative base number 负基数
negative binomial distribution 负二项式分布
negative birefringence 负双折射
negative charge 负电荷，阴电荷
negative chemotaxis 负趋药性
negative chemotrophic root growth 根负向化性生长
negative chemotropism ①负向药性 ②负向化性
negative chiasma interference 负交叉干扰
negative chromatid interference 负染色单体干扰
negative chromosome interference 负染色体干扰
negative color 冷色{遥感}
negative control 负控制，反控制
negative cooperativity 负协同[性]
negative correlation 负相关
negative cycle 负循环
negative diageotropism 负横向地性
negative effect 负效应
negative effector 负效应子
negative electricity 阴电，负电
negative electrode 阴极，负极
negative eugenics 负优生学，预防性优生学
negative exponential distribution 负指数分布{统计}
negative feedback 负反馈
negative feedback control mechanism 负反馈控制机制
negative feedback inhibition 负反馈抑制
negative feeder 负馈线{信息}
negative genetic assortative mating 负遗传选型交配
negative geotropism 负向地性，背地性
negative growth regulation 负生长调节
negative head 负水头{环保}
negative heat balance 负热[量]平衡
negative heliotropism 负向日性，背日性
negative heteropycnosis 负异固缩
negative hologram 负全息图{电脑}
negative hydrotropism 负向水性
negative information ①反面信息，反面新知{统计} ②负信息{信息}
negative interference 负干扰
negative ion 阴离子，负离子
negative lens 负透镜
negative liquid holding 负胞液保持
negative multinomial distribution 负多项式分布{统计}
negative net charge 负净电荷
negative ocular 负目镜
negative orthogeotropism 负直向地性
negative phase 负性期
negative phenotypic assortative mating 负表型选型交配
negative photograph 负相片{遥感}
negative phototropism 负向光性，背光性
negative plagiogeotropism 负斜向地性
negative plate 底片{遥感}
negative pole 阴极，负极
negative pore water pressure 孔隙负水压
negative potential 负电位，负势能
negative pressure 负压
negative radiation balance 负辐射平衡
negative relief 负地形
negative resistance 负阻
negative result ①阴性 ②负结果 ③反试验
negative rheotropism 负向流性，背流性
negative selective value 负选择值
negative skewness 负向偏斜
negative staining 负染，负染色，反染色{显技}
negative strand(- strand) 负链
negative strand template 负链模板
negative supercoil 负[向]超螺旋{分遗}
negative synchrony 负同步
negative take 负效，负结果
negative taxis 负趋性
negative temperature 负温度，零下温度
negative test ①反试验 ②负结果
negative thermotropism 负向温性
negative transcriptional control 负转录控制
negative tropism 负向性
negative value 负值
negative water balance 负水分平衡
negative water potential 负水势

negatively correlated crossresistance 负相关交互抗性
negator ①"非"元件 ②"非"门{电脑}
negatron ①阴电子,负电子 ②双阳负阻管
negentropy ①负熵 ②负平均信息量
neglect ①疏忽,忽略,省略 ②忽视的(neglectus)
neglected plot 荒芜地段
negligible ①很小的,不重要的 ②不需要加以考虑的,忽视的,忽略的(negligibilis)
negligible frequency 很小频率
negligible lodging 轻微倒伏
negligible overlap 很小重叠
negligible residue 可忽视残留{农药}
negligible value 可忽视值
negligible variation 微小变异
negotiable ①可商谈的 ②可议价的(negotiabilis)
negotiable link station 可商谈链接站{信息}
negotiate ①谈判,协商,议价 ②处理,商订③转让 ④议付(negotiare)
negotiate purchase 议价收购
negotiated amount 议付金额{农管}
negotiated contract 议付合同
negotiation ①流通 ②议价 ③协商,谈判
negotiation price 议价
Negri bodies (因病毒感染而生的)涅格里体
negro bug ①土蝽[*Corimelaena pulicuria* (Germ.)] ②⌞复⌝(=cydnidbugs)土蝽科[Cydnidae]
negro coffee 念珠決明[*Cassia torosa* Cavanilles](豆科)
negro peach 黑桃果(可食肉头果)[*Sarcocephalus esculentus* Afzel.]
negro scale(=hevea black scale,cola) 香蕉黑盔蚧(橡胶黑盔蚧)[*Saissetia nigra* Nietner](蜡蚧科)
negrosin B 黑色 B{显技}
negundo(=ash leaf maple) 梣叶槭
negundo chaste-tree 黄荆[*Vitex negundo* L.](马鞭草科)
negus 尼加斯酒(与热水混合的一种甜酒)
Neguvon(=trichlorfon) 敌百虫
neighborhood(=neighbourhood) ①邻近的 ②邻近部位,邻域邻式 ③近邻,近处,附近 ④地区
neighborhood at infinity 无穷大邻域
neighborhood average 邻近平均
neighborhood model 邻式模型
neighborhood noise 邻域噪声,环境噪声{环保}
neighborhood park 邻里公园
neighborhood size 邻近大小
neighboring(=neighbouring) 邻近的(contiguns)
neighboring community(=neighbouring community) ①邻近群落 ②邻近政区,邻近村社
neighboring plant(=neighbouring plant) ①邻近植物 ②邻近植株
neighboring pollination 邻花授粉(pollinatio contigua)
neighboring row 邻行
neilian paraboloid 凹面体
neillia ①奈尔李属[*Neillia* D. Don](蔷薇科) ②奈尔李[*Neillia sinensis* Oliv.]
neither-Nor gate "或非"门{电脑}
nekton(=necton) 自游生物
nelumbo ①莲属[*Nelumbo* Adans](睡莲科) ②莲[*Nelumbo nucifera* Gaertn.]
nema- ⌞字头⌝线
nema 花丝
Nemagold 尼玛高尔德(美国甘薯品种)
Nemagon(=Dibromochloropropane) 二溴氯丙烷(土壤熏蒸剂,杀线虫剂)[$C_3H_5Br_2Cl$]
nemaline 纤维状的(nemalinus)
nemalion 多裂海索面[*Nemalion multifidum* J. Ag.](一种红藻)(海索面科)
nemas 植物线虫病
nemathecium 生殖瘤
nematic 向列的(nematicus)
nematic state 向列态
nematicidal action 杀线虫作用
nematicide 杀线虫剂
nemato- ⌞字头⌝线
nematocaulis 丝茎的,丝柄的
nematocide = 杀线虫剂
nematode(=eelworm) 线虫
nematode disease(=nematodiasis) 线虫病
nematode gall 线虫瘿
nematode inoculation 线虫接种
nematode of lemon 柠檬线虫病[*Tylenchulus semipenetrans* Cobb.]
nematode of millet 粟线虫病[*Anguillulina* sp.]
nematode of orange 金橘线虫病[*Tylenchulus semipenetrans* Cobb.]
nematode of peanut 花生线虫病[*Dictylenchus dipsaci*(Kuehn.)Filip.]
nematode of rye 黑麦线虫病[*Anguina tritici*(Steinb.)Filip. et Stekh.]
nematode of sweet potato 甘薯线虫病[*Ditylenchus dipsaci* Kuehn.]

nematode of wheat 小麦线虫病［*Anguina tritici* (Steinb.) Filip. et Stekh.］
nematode resistance 抗线虫性,对线虫的抗性
nematode-trapping fungi 捕线虫真菌
nematodes 线虫纲［Nematodes］
nematodiasis 线虫病
nematoid 丝状的（nematoideus）
nematology 线虫学（nematologia）
nematoparenchyma 丝状薄壁组织
nematophage 噬食线虫体
nematophagous 食线虫的（nematophagus）
nematophyllous 丝状叶的（nematophyllus）
nematosome 线状体,核仁状体（nematosoma）
nematosporangium 线形孢子囊
nemeous 线状的,丝状的（nemeus）
nemesia ①龙面花属［*Nemesia Vent.*］（玄参科）②龙面花［*Nemesia versicolor* E. Mey.］
nemophila ①粉蝶花属［*Nemophila* Nutt.］（田基麻科）②粉蝶花［*Nemophila insignis* Benth.］
nemoral 林谷中生的（nemoralis）
nemorose（= nemorous） 遮阳的,林木多的（nemorosus）
nemourids 短尾石蝇科［Nemouridae］
neo- ⌊字头⌉①新 ②幼小 ③拟
neo-agricultural scientific and technical revolution 新农业科技革命{农经}
Neo-Asozin 甲胂铁铵（杀菌剂）$(CH_3\text{-}AsO_3)_3\ Fe_2 \cdot (NH_3)$
neo carotene 新胡萝卜素
neo-chiasma type theory 新交叉型说{遗传}
Neo-Darwinian evolution 新达尔文进化论
Neo-Darwinism 新达尔文说,新达尔文主义（Neo Darwinismus）
neo gene（= neomycin resistance gene） 新霉素抗性基因
neo-green revolution 新绿色革命
Neo-Lamarckism 新拉马克主义（Neo-Lamarckismus）{进化}
Neo-Malthusianism 新马尔萨斯学说
Neo-Mendelism 新孟德尔主义（学派）（Neomendelismus）
neo-modern ①更现代化的 ②最新式的
neo-Muscat 新玫瑰香（葡萄品种）
Neo-pynamin（= tetramethrin） 胺菊酯（拟除虫菊酯）{农药}
neo-technic revolution 新技术革命{农经}
neo-two-plane theory 新双面说（指染色体交换）
neo-XY 新 XY 型{遗传}
neo-XY race 新 XY 型种
neo-Y-chromosome 新 Y 染色体
neoabietic acid 新枞酸
neobasidium 新担子
neobiogenesis ①新生源说 ②新生物发生
neobiont 新生物（neobions）
neocarpy 幼果（未成熟果）（neocarpium）
neocarzinostatin（= neocarcinostain） 新制癌蛋白
neocentric 具新着丝粒的（neocentricus）
neocentric activity 新着丝粒活度（activitas neocentricus）
neocentric end 新着丝粒端
neocentric fibres 新着丝粒牵丝（fibrae neocentricae）
neocentric microtubule 新着丝粒微管丝
neocentromere 新着丝粒（neocentromera）
neocognitron 最新识别机{电脑}
neocoluvium 新风化壳
neocryptoxanthin A 新隐黄质 A,新玉米黄质 A
neodinoxanthin 新甲藻黄质
neodymium 钕（Nd,60 号元素）
neoendemic species 新特有种
neoergosterol 新麦角甾醇［$C_{27}H_{40}O$］
neofat 再生脂肪
Neogaea 新热带区
neogamy 新配型（neogamia）
Neogene 新第三纪
neohesperidin 新橙皮苷
neokestose 拟蔗果三糖,6-β-果糖基蔗糖
neolacto series 新乳糖系列
neolan 宜和兰染料,酸性铬染料{显技}
neolan blue 宜和兰蓝,酸性铬蓝
neolan brown 宜和兰棕,酸性铬棕
neolan colour 宜和兰色,酸性铬染料色
neolan orange 宜和兰橘红,酸性铬橘红
neolan violet 宜和兰紫,酸性铬紫
Neolithic 新石器时代
Neolyn 改性松香醇酸树脂（商品名）
neomorph ①新效等位基因{遗传}②新形态,器官再生{微生物}（neomorphe）
neomorphosis 新变态,新［形体］形成（neomorphosis）
neomycin（= neamine） 新霉素［$C_{29}H_{48}N_8O_{16}$］
neomycin resistance 新霉素抗性
neon 氖（Ne,10 号元素）
neon light（= neon lamp） 氖灯,霓虹灯{显

技}
neon timing light 定时霓虹灯
neon tube 氖管,霓红管
neonatal ①新生的,初生的 ②新生儿的(neonatalis)
neonicotine 新烟碱
neontology 近代生物学(neontologia)
neophytadiene 新植二烯
neophytes 新引入杂草植物
neopiperitol 新胡椒醇
neoplasia 瘤形成
neoplasm ①瘤,赘生物 ②恶性增长(neoplasma)
neoplasmatase 赘生物形成素
neoplastic ①赘生的 ②新生物的,赘生物的 ③再塑性的(neoplasticus)
neoplastic transformation 再塑性转化
neoplastoid 新拟质体(neoplastoideus)
neoprene (商)氯丁橡胶,氯丁二烯橡胶
neoprene stopper 氯丁橡胶室
neoprene tubing 氯丁橡胶管
neopterin 新蝶呤
neoquassin 新苦栎素[$C_{22}H_6O_2$]
neoretinene B 新视黄醛 B ,11-顺视黄醇
neosome (= new ribosome) 新核蛋白体(neosoma)
neostigmine 新斯的明,新柱头素[BrO_2N_2]
neosynthesis 新合成
Neotectonics 新构造运动{遥感}
neoteny ①幼体性成熟 ②幼态持续(neotenia)
neotetrazolium chloride 氯化新四唑
Neotran (= DCPM) 杀螨醚
neotropical 新热带的(neotropicus)
neotropical corn borer 新热带玉米螟[*Zeadiatraea lineolata* (Walker)](螟蛾科)
neotropical realm 新热带区
Neotropical Region 新热带区(指植物)
neottopteris ①巢蕨属[*Neottopteris* spp.](铁角蕨科) ②巢蕨[*Neottopteris nidus* sp.]
neotype ①新型 ②新模式 ③新模式标本(neotypus)
neotype economic form 新型经济形态{农经}
neotype specimen 新型[植物]标本
neoviron 新病毒颗粒
neovitamin A 新维生素 A [$C_{20}H_{30}O$]
neoxanthin 新黄质,新叶黄素
Nepal alder 尼泊尔桤木(蒙自桤木)[*Alnus nepalensis* D. Don](桦木科)
Nepal bird cherry 粗梗樱桃[*Prunus napaulensis* (Ser.) Steud.](蔷薇科)
Nepal firethorn 细园齿火棘[*Pyracantha crenulata* (D. Don) Roem.](蔷薇科)
Nepal geranium 尼泊尔老鹳草[*Geranium nepalense* Sweet](牻牛儿苗科)
Nepal ivy ①常春藤属[*Hedera* L.](五加科) ②常春藤[*Hedera nepalensis* K. Koch]
Nepal lily 紫斑百合[*Lilium sargentiae* Wils.](百合科)
Nepalese knotweed 尼泊尔蓼(野荞麦草)[*Polygonum nepalese* Meisn.](蓼科)
Nepalese oblong (lemon) 尼泊尔长柠檬(品种)
Nepali round (lemon) 尼泊尔圆柠檬(品种)
nepenthes ①猪笼草属[*Nepenthes* L.](猪笼草科) ②猪笼草[*Nepenthes mirabilis* (Lour.) Druce]
nepenthes family 猪笼草科(Nepenthaceae)
neper (= napier) 奈培(衰减单位 = 8.686 分贝)
nepermeter 奈培计
nepetalic acid 假荆芥酸
nephanalysis 云[层]分析{气象}
nephanalysis chart 云[层]分析图
nepheline 霞石{地质}
nephelohylaeion 热带高山半雨林{生态}
nephelometer ①能见度测定表,浑浊度表 ②浊度计,比浊计
nephelometry ①浊度测定 ②浊度测定法,比浊法(nephelometrica)
nepheloscope ①浊度测定器,测浊器 ②测云器
nephology 云学(nephologia)
nepholoscope 测云器
nephometer 量云器
nephric 肾的(nephrus)
nephridium ①肾 ②肾管
nephrine 肾升压素
nephritis 肾炎
nephrocalcin 肾钙蛋白
nephroid 肾状的(nephroideus)
nephrolysine 溶肾素,肾毒素
nephron 肾单位
nephropoietin 促肾组织生长物质
nephros 肾
nephrosclerosis ①肾硬化 ②肾硬变[症]
nephrosis 肾病
nephsystem 云系(nephsystema){气象}
nephunium 镎(Np,93 号元素)
nepovirus 线虫传多面体病毒{植病}
nepticulid moths 微蛾科[Nepticulidae]

Neptune 尼卜汤尼(澳大利甘蔗品种)
neral 橙花醛,柠檬醛[$C_{10}H_{16}O$]
nereistoxin 沙蚕毒素
neriantin 夹竹桃叶苷
nerine ①尼润属[*Nerine* Herb.](石蒜科) ②尼润[*Nerine sarniense* Herb.]
neritic ①浅海的 ②沿海的(neriticus)
neritic deposit 浅海沉积
neritic plankton 浅海浮游生物,沿岸性浮游生物
neritic province 浅海区
neritic region 浅海区
Nernst equation 能斯特方程{生技}
Nernstian potential 能斯特电位
nerol 橙花醇
neroli oil 橙花油
nerolidyl pyrophosphate 橙花叔醇焦磷酸
Nero's crown(= crape jasmine) 三友花[*Tabernaemontane coronaria* Willd.](日名)
nertera ①薄柱草属[*Nertera* Banks et Soland.](茜草科) ②薄柱草[*Nertera sinensis* Hemsl.]
nerval 神经的(nervalis)
nerval net 神经网络
nervate 具脉的
nervation 脉序(nervatio)
nerve ①(叶)脉{形态} ②(翅)脉{昆虫} ③神经{畜}(nervus)
nerve cell 神经细胞
nerve centre 神经中枢
nerve cord 神经索
nerve ending 神经终末(末梢)
nerve fibre 神经纤维
nerve ganglia 神经节
nerve growth factor(NGF) 神经生长因子{分生}
nerve impulse 神经冲动
nerve poison 神经毒剂
nerve regeneration 神经再生
nerve system(= nervous system) 神经系统
nerve trunk 神经干
nerved ①有叶脉的 ②有翅脉的 ③有神经的(nervatus)
nerveless ①无叶脉的 ②无翅脉的 ③无神经的(enervis,enervius)
nervic acid(= nervonic acid) 神经酸,二十四[碳]烯酸[$C_{23}H_{45}\cdot COOH$]
nervicole(= nervicolous) 叶茎脉上生的(nervicolus)
nerville 毛脉(nerille)
nervisequent 沿脉的(nervisequens)
nervism 神经论(nervismus)
nervon(= nervone) 神经苷脂,烯脑苷脂
nervo[n]ic acid 神经酸,廿四[碳]烯酸[$C_{23}H_{45}\cdot COOH$]
nervous(= nervose) ①多脉的,具显脉的 ②神经的,神经过敏的(nervosus)
nervous pathway 神经通路
nervous system 神经系统
nervous type 神经类型
nervulos 具细脉的(nervulosus)
nervuration ①脉序{形态} ②翅序{昆虫}(nervuratio)
nervure 主脉,[叶]脉
nervus parasympathicus 副交感神经
nervus sympathicus 交感神经(nervus sympathicus)
ness 岬,海角
Nessler tube 内氏比色管{环保}
nesslerization 内氏比色法,等浓比色法(nesslerisatio){生理}
Nessler's reagent 奈氏试剂
nest ①窝,巢{禽} ②座,一套,(齿轮)组{农机} ③嵌套{电脑}
nest box 巢箱
nest card 嵌套卡
nest egg 留巢卵(把真的蛋或人造的假蛋留在巢中,引起产卵母鸡下蛋,以防止弃巢外产)
nest-epiphyte 巢状附生植物(nudoepiphyta)
nest-like form 巢状型
nest sowing 窝播,穴播
nested ①成套的 ②嵌套的
nested classification 成套分类
nested deletion 嵌套缺失(指含缺失的DNA组群){分遗}
nested design 成套设计
nested loop 嵌套循环
nested PCR 嵌套式PCR.嵌套式聚合酶链[式]反应{分遗}
nested primers 嵌套引物{分遗}
nested procedure 嵌套过程
nested wooden silo 木制窝巢式储粮箱
nested zone 嵌套区
nesting ①抱窝,做窝 ②套用 ③成套,嵌套
nesting-box 巢箱
nesting error 嵌套错误
nestle 伏窝{禽}
nestling ①在腔中的{解剖} ②雏鸟,雏鸡禽 ③营巢,构巢{禽}
net ①网,网络,网具 ②网捕,布网,编网 ③纯的,纯净的,净的
NET(= network) 网络{信息}
net absorption 净吸收

net annual ablation 年净消融量(指冰川)
net annual accumulation 年净积累量(指冰川)
net assimilation 净同化{植生}
net assimilation rate (NAR)净同化率
net benefits 纯收益{农管}
net blister blight 网饼病
net blister blight of tea 茶网饼病(茶白网病)[*Exobasidium reticulatum* Ito et Saw.]
net blotch 网斑病
net blotch of barley 大麦网斑病[*Helminthosporium teres* Sacc.]
net blotch of rye grass 黑麦草网斑病[*Helminthosporium* sp.]
net boundary 网络边界{信息}
net cage 网箱
net cane 原料蔗
net carbon gain 净碳增量
net carbonhydrate production 净碳水化合物产量
net cash 基本金额,净现金{农管}
net change 净变化
net charge 净电荷
net consumption 净消耗
net contribution (NC) 净效益
net control station 网络控制站{信息}
net cost 净利,纯利
net culture ①罩网栽培(莞草)②网室栽培
net demand 纯需求
net density filter 纯密度过滤镜{生技}
net depth ①网具高度 ②网具纵向长度{水产}
net discharge 净流量{水利}
net distributed decision support system (NDDSS) 网状分布式决策支持系统{智培}
net electric charge 净电荷
net energy (N.E.)纯能,净能量
net exchange capacity 净交换量
net export base 净输出盐基
net exports 净输出品,净出口货
net form 网形
net-fruited 具网纹果的(dictyocarpus)
net gain 净得,净增量,净增益
net gas exchange 净气体交换
net growth 净生长量
net hauler 起网机
net horsepower 净马力
net house 采种网室
net import base 净输入盐基
net imports 净输入品,净进口货
net income ①纯收入,净收益,实际收入 ②净增长量(除去生长量)
net increase ①纯增加 ②纯增长量
net influx 净流入量
net information content 净信息内容(量)
net-knot 染色质核仁
net-leaved 具网纹叶的(dictyophyllus)
net-like stone soil 网状石质土
net line 网络线路{信息}
net lines 最后完成的打字文件,清样稿{电脑}
net loss 净损耗
net marketing strategy 网络营销策略{农管}
net necrosis 网状坏死
net noncash 净非现金(非基本金额){农管}
net output ①净产量 ②净出量
net photosynthesis 净光合作用,净光能合成
net photosynthetic capacity 净光合能力
net photosynthetic yield 净光合产量
net planting ①网状种植 ②网状植树
net point 网络点{信息}
net precipitation 净降水量
net present value (NPV) 纯现值{农经}
net present worth 纯现价
net price 实价,成本价格
net primary production (PPn) ①净第一性生产,净初级生产 ②净植物性生产{农系工}
net primary productivity 净第一性生产力,净初级生产力{农经}
net proceeds 实际所得,实得
net production 净产量,实产量
net profits (=clear profits) 纯利,净利
net radiation 净辐射
net radiation balance 净辐射平衡
net rate of mineralization 净矿化速率
net receipt 实际收入,净收入
net region 网络区域{信息}
net regression 净回归{统计}
net reproduction rate 净再生产率(量)
net result 净结果
net retention 净保持量
net retention time 净保留时间
net retention volume 净保留体积
net return 纯利
net revenue (=net income) 净收益
net roller 卷网滚筒
net-seeded 具网状脉种子的(dictyospermus)
net setting (养蚕)加网
net sink strength 净代谢库能力{生态生理}
net stock 净存置,净储积
net structure ①网络结构{土壤} ②网状结构{电脑}

net synthesis 净合成
net terrestrial radiation 净地面辐射
net time 低定额{电脑}
Net Titre（NT） 纯糖率,净滴定度
net topology 网络拓扑{遥感}
net uptake 净吸收
net-veined 具网状脉的（retinervis,reticulovenosus）
net water uptake 净水分吸收
net weight 净重,实重
net-winged 具网状翼的（dictyopteros）
net yield ①净产量(扣除播种量后的) ②纯收益
Netherlands cockroach 荷兰蜚蠊 [*Blatta surinamensis* Linne](蜚蠊科)
Netherlands'agriculture 荷兰农业
netropsin 纺锤菌素
netrum 原始纺锤体
netrun service 网络运行服务{信息}
nets ①网{水产} ②猎网{狩猎} ③网络{信息}
netscape 网络导航器{信息}
netted 网状的（reticularis）
netted melon（= musk melon） 网纹甜瓜(醉瓜)[*Cucumis melo* L. var. *reticulatus* Ser.](葫芦科)
netted room 网室{育种}
netted tissue 网状组织（plexus reticulatus）
netted vein（= reticular vein） 网状脉（nervus reticulatus）
netted venation 网状脉序（venatio reticulata）
netted vessel 网状导管（vasa veticulata）
nettine ①网状形成{形态} ②结网{水产}（reticulatio）
netting ①张网 ②结网 ③网
nettle ①荨麻属[*Urtica* L.](荨麻科) ②荨麻[*Urtica thunbergiana* Sieb. et Zucc.]
nettle aphid 荨麻蚜 [*Aphis urticaria*](蚜科)
nettle brake 荨麻打麻机
nettle caterpillars（= slugcaterpillar moths） 刺蛾科 [Eucleidae]
nettle family 荨麻科 [Urticaceae]
nettle fiber 荨麻纤维
nettle fiber yield 荨麻出麻率
nettle growing ①荨麻栽培 ②荨麻栽培学
nettle grub（= blue striped nettle grub） 荨麻刺蛾 [*Parasa lepida* Cramer](刺蛾科)
nettle hemp 枲麻
nettle-rash 荨麻疹
nettle tree ①朴树属[*Celtis* L.](榆科) ②朴树[*Celtis sinensis* Pers.]
nettleleaf goosefoot 墙生藜 [*Chenopodium murale* L.](藜科)
nettleleaf meehania 麻叶龙头草(芝麻花) [*Meehania urtioifolia* Makino](唇形科)
nettlespurge ①麻风树属 [*Jatropha* L.](大戟科) ②麻风树 [*Jatropha curcas* L.]
netvein camellia 南山茶 [*Camellia reticulata* Lindl.](茶科)
netware 网件{信息}
netwinged beetle ⌊复⌉红萤科 [Lycidae]
netwinged midges 网蚊科 [Blepharoceridae]
network ①网,网络 ②管网{环保}（reticulum）
network [of stations] ①站台网 ②气象网,测站网 ③网络
network adapter 网络适配器{信息}
network address 网络地址
network analysis（NA） 网络分析
network basefile system 网络基本文件系统{信息}
network basic I/O system（NETBIOS） 网络基本输入输出系统{信息}
network circuit laws 管网电流定律{环保}
network computation 网络计算
network computer 网络计算机
network computing system 网络计算系统
network congestion 网络拥塞
network control center（NCC） 网络控制中心
network control language（NCL） 网络控制语言{信息}
network coordination 网络协调{信息}
network data throughput 网络数据吞吐量{信息}
network database 网络数据库
network economy 网络经济{农经}
network gateway accounting（NGA） 网络网关记账
network harrow（= flexible harrow） 网状耙
network information center（NIC） 网络信息中心
network information system 网络信息系统
network job 网络作业
network management center 网络管理中心
network management protocol（NMP） 网络管理协议
network-marked froghopper 网纹沫蝉 [*Philaenus guttatus* Matsumura](沫蝉科)
network-marked leafhopper 网纹叶蝉

[*Jassus praesul* Horvath](叶蝉科)
network model 网络模型
network module 网络模块
network monitoring 网络监视
network news transfer protocol (NNTP) 网络新闻传输协议{信息}
network of accessory frame [森林]区划网
network of cutting-series 采伐网
network of irrigation 灌溉网
network of pipe lines 管[线]网{环保}
network of pipes 管道网{环保}
network of roads [公]路网
network of roots 根系,根网,根丛
network operation system (NOS) 网络操作系统
network path 网络通路
network performance 网络性能
network polymer 网络聚合物{分生}
network server 网络服务器{信息}
network service (NS) 网络服务
network service protocol (NSP) 网络服务协议
network service system 网络服务系统{智培}
network session accounting (NSA) 网络会话记账{信息}
network structure 架型结构{生技}
network synchronization subsystem 网同步子系统{信息}
network system 网络系统
network technology 网络技术{智培}
network theorem 网状结构定理{遗传}
network theory 网络理论{生技}
network time 网络时代
network user address (NUA) 网络用户地址{信息}
networking 联网,建网{信息}
networking-centric computing 以网络为中心的计算时代
Neubauer-Deger coefficient 诺德二氏系数{生技}
Neubauer method 诺氏幼苗法{土壤}
Neubauer seedling test 诺氏幼苗试验
Neuberg ester 诺勃氏酯,葡糖-6-磷酸{分生}
neufercane 变性热带气旋,中性热带气旋
neural ①神经的,神经中枢的 ②背侧的(neuralis)
neural arch 椎弓,髓弓,神经反射弧
neural cell adhesion molecule (NCAM) 神经细胞粘连分子{分生}
neural coding 神经编码
neural encoding 神经编码[过程]
neural expert system 神经专家系统{电脑}
neural network computer 神经网络计算机
neuraminic acid 神经氨[糖]酸,甘露糖胺丙酮酸
neuraminidase 神经氨[糖]酸苷酶,唾液酸苷酶
neuramino-glycoprotein 神经氨[糖]酸糖蛋白
neuramino-lactose 神经氨酸[基]乳糖
neuranagenesis 神经再生
neuranthous 脉花的(neuranthus)
neuration 脉序(=nervation)
neuraxitis 脑炎
neuregulin 神经调节蛋白
neurenergen 神经营养素
neurine 神经[毒]碱[CH_2 : CHN · $(CH_3)_3$ OH]
neuritis 神经炎
neuro- ⌞字头⌝神经
neuro-arthropathy 神经性关节病
neuroaminidase (=neuraminidase) 神经氨酸酶
neurobiology 神经生物学(neurobiogia)
neuroblastoma 成神经细胞瘤,神经细胞癌
neuroblastoma cell hybrid 成神经细胞瘤细胞杂种
neurocarpous 脉果的(neurocarpus)
neurochemistry 神经化学(neurochemia)
neurochip 神经芯片
neurocomputer 神经[元]计算机
neurocrine 神经分泌
neurocybernetics 神经控制论(neurocybernetica)
neurocyte 神经细胞(neurocyta)
neuroendocrine system 神经内分泌系统
neurofibril 神经元纤维(neurofibrilla)
neurofibrillar 神经元纤维的(neurofibrillaris)
neurofilament 神经丝(neurofilamentum)
neurogen ①神经原质 ②介质,传递质
neurogenesis 神经发生
neuroglia 神经胶质
neuroglobulin 神经球蛋白
neurography ①神经X射线照相术 ②神经论
neurohormone 神经激素
neurohumoral 神经液递的
neurohypophyseal hormone 垂体神经性激素
neuroinformatics 神经信息学(neuroinformatica)
neurokeratin 神经角蛋白
neurokinin 神经激肽
neurolemma 神经膜
neuroleukin (NLK) 神经白细胞素

neurolin 神经生长素
neurological mutant 神经突变型
neurology ①神经学 ②神经病学 (neurologia)
neuromachine 神经[计算]机
neuromedin 神经介素
neurometer 神经测量仪
neuromuscular blocking agent 神经肌肉阻滞剂,肌松药
neuromuscular junction 肌神经接点
neuron (= neurone) 神经元
neuron-glia cell adhesion molecule (Ng-CAM) 神经元-胶质细胞粘连分子{分生}
neuronin 轴突蛋白
neuropeptide 神经肽
neurophysin 后叶激素运载蛋白
neuroprotein 神经蛋白
neuroprotofibril 神经元纤维 (neuroprotofibrilla)
Neuroptera (= order Neuroptera) 脉翅目
neuropterous 脉翅目的 (neuropterus)
neurose ①多脉的 ②具显脉的 (neurosus)
neurospora 脉孢菌属 [*Neurospora* Shear et Dodge]
neurospora chromosome method 脉孢菌染色体法
neurospora crassa 粗糙脉孢菌 [*Neurospora crassa* Shear et Dodge]
neurospora mitosis 脉孢菌有丝分裂
neurosporene 脉(链)孢红素,四氢番茄红素
neurotensin 神经降压肽
neurotization ①神经移植术 ②神经再生
neurotomy ①神经切断术 ②神经解剖学 (neurotomia)
neurotoxin 神经毒素
neurotrophic 神经营养的 (neurotrophus)
neurotrophic factor 神经营养因子{分生}
neurotrophic growth factor (NTGF) 神经营养生长因子{分生}
neurotropic 向神经的 (neurotropus)
neurotropic virus 向神经病毒 (virus neurotropus)
neurula (胎发育)神经管胚期,神经胚
neuston 漂浮生物
neuter ①无性的,中性的(neuter){形态} ②去势家畜 ③中性蜂(工蜂的误称)
neuter flower 无性花,无蕊花 (flos neuter)
neutral ①无性的,中性的 ②中和的 ③中立的 (neutralis)
neutral action 中性作用
neutral axis ①共轴(axis neutralis){解剖} ②中和轴线{农机}
neutral balsam 中性巴拿马树胶
neutral base 中性碱基
neutral character 中性性状
neutral coast 中性海岸
neutral conductor 中性导体
neutral cyclone 中性气旋,变性气旋
neutral density filter 中性[密度]滤光片,中灰滤光片{遥感}
neutral detergent 中性去污剂
neutral equilibrium 中性平衡,随遇平衡
neutral fat 中性脂肪
neutral filter 中性滤光片
neutral flower (= neuter flower) 无性花,无蕊花 (flos neutralis)
neutral formalin 中性甲醛,中性福尔马林
neutral gene 中性基因 (gena neutralis)
neutral gene ration 中性世代 (generatio neutralis)
neutral glycolipid 中性糖脂
neutral line 中线
neutral manure 中性肥料
neutral mutation 中性突变
neutral mutation-random drift theory 中性突变随机漂变学说{遗传}
neutral oil 中性油
neutral particle 中性粒子,中性质点
neutral plane 中性平面
neutral plant 中间性植物 (planta neutralis)
neutral point 中和点
neutral polymorphism 中性多态性
neutral population 中性群体
neutral position 中位
neutral reaction 中性反应
neutral red 中性红(染料){显技} [$C_{15}H_{16}N_4$ HCl]
neutral rock 中性火成岩{地质}
neutral saline soil 中性盐[性]土
neutral salt 中性盐
neutral salt soil 中性盐土
neutral selection 中和选择
neutral size (= brown size) 中性胶料
neutral soil 中性土
neutral solution 中性溶液
neutral solvent 中性溶剂
neutral spore 中性孢子
neutral stability 中性[稳定]度
neutral stain 中性染色剂{显技}
neutral state 中性态
neutral stress 中性应力
neutral substitution 中性置换
neutral sulfite process 中性亚硫酸盐法(木

材防腐)
neutral surroundings 中性环境
neutral synthetic washing agent 中性[合成]洗涤剂{环保}
neutral temperature 中和温度
neutral theory 中性说{育种}
neutral transmission 中性传输,单流式传输{信息}
neutral water 中性水{水利}
neutral zone 中性带,中性区
neutralis ①中性 ②种间共处
neutrality 中和性(neutralitas)
neutralization ①中和作用 ②平衡(neutralisatio)
neutralization curve 中和曲线
neutralization filter 中和滤池{环保}
neutralization index 中和指标(数)
neutralization of soil 土壤中和作用
neutralization plant 中和站{环保}
neutralization reagent 中和试剂
neutralization tank 中和池{环保}
neutralization with lime 石灰中和{环保}
neutralized ①中和的 ②中性化的
neutralized colour 中和色
neutralized fat 中性化脂肪
neutralizer 中和剂
neutralizer of oil 油中和剂
neutralizing ①中和的 ②中性化的
neutralizing agent 中和剂
neutralizing antibody 中和抗体
neutralizing epitope 中和表位{分遗}
neutralizing reaction 中和反应
neutrino 中微子
neutro- ⌊字头⌉中和,中性
neutroflavine 吖啶黄素
neutron 中子
neutron-activated phosphorus bakelite plaques 中子激活的磷-酚醛塑料片
neutron activation analysis 中子活化分析
neutron bombardment 中子冲击
neutron capture 中子俘获
neutron diffraction 中子衍射
neutron dosimetry 中子剂量单位
neutron-exposure chamber 中子照射室
neutron inelastic scattering 中子非弹性散射
neutron meter 中子计(测定水分)
neutron moderation method 中子稳定法(观察根系)
neutron scattering method 中子扩散[土壤]测湿法
neutron scattering technique 中子散射测量技术{环保}
neutron soil moisture probe 中子土壤水分探测器
neutron source 中子源
neutron spectrograph 中子谱仪
neutron treatment 中子处理
neutronic 中子的(neutronicus)
neutronic mutant 中子诱发突变型
neutronic mutation 中子[诱发]突变
neutronic mutation in tomatoes 番茄的中子突变
neutrons in inducing mutation 中子诱变,中子诱发突变
neutrophil ①喜中性的 ②中性作物(neutrophilus)
neutrophilous 喜中性的,适中性的(neutrophilus)
neutrophilous crop 中性作物
neutrophilous plant 中性植物(planta neutrophila)
nevada 奈伐达风(西班牙名,一种冷风)
Nevada sage grasshopper 美洲蜢(内州鼠尾草蚱蜢)[*Melanoplus rugglesi* Gur.](蝗科)
never call 未调入{信息}
never frozen soil 不冻土
never-never plant ①密花竹芋属[*Ctenanthe* spp.](竹芋科) ②密花竹芋[*Ctenanthe oppenheimiana* sp.]
never-never system 分期付款{农经}
new ①新的,新产的,初见到的 ②新近的,现代的(novus)
new alplily ①新萝蒂属[*Neolloydia* Br.et R.](百合科) ②新萝蒂[*Neolloydia* sp.]
new bast plant 新韧皮纤维植物
new-blown 刚开的(指花)
new breakthrough 新突破
new chemical entity (NCE) 新化学个体
new cinnamon ①新樟属[*Neocinnamomum* Liou](樟科) ②新樟[*Neocinnamomum parvifolium* Liou]
new combination 新组合
new concepts 新概念
new development 新发展
new diversity 新多样性
new efficient and clean energy 新高效洁净能源{环保}
new energy 新能源{环保}
New England aster 红花紫菀[*Aster novaeangliae* L.](菊科)
new evidence 新证据
new-fallen ①(木材)新伐的 ②(雪)新落的
new five-plow"one-ninety"tractor 新五铧犁"1-90"型拖拉机

new formation ①新生体{土壤} ②新形成{细胞}
new frontier project 崭新前沿课题(项目)
new genera 新属 (neogenera)
new ground plow 开荒犁,荒地犁
new growth ①新生枝,新梢{形态} ②新生体{土壤}
New Guinea olive 杜英果(新几内亚齐墩果)[*Elaeocarpus edulis* Teijsm et Binn.](杜英科)
New Guinea sugarcane weevil 新几内亚蔗象甲(伊里安蔗象甲)[*Rhabdoscelus obsurus* Bdv.](象甲科)
New Guinea wild cane 新几内亚野生甘蔗[*Saccharum robustum* Bran. et Jesw.](禾本科)
New Hampshire 新汉普夏猪
New Improved Ceresan (= New Improved Granosan, EMP) 谷乐生
new information 新[闻]信息
New Jersey tea 美洲茶[*Ceanothus americana* L.](鼠李科)
new leaf 新[生]叶 (folium novum)
new material discovery 发现新材料
new media 新媒体,新媒介{信息}
[New Mexico] range caterpillar 牧草天蚕蛾[*Hemileuca oliviae* Cockerell](大蚕蛾科)
new milk 新乳,鲜乳
new moon 新月,朔
new opportunity 新机遇
new pack 新组合
new place effect 新产地效应{育种}
new potato (= early potato) 早熟马铃薯
new progress 新进展
new quinea creeper 红花油麻藤[*Mucuna bennettii* sp.](豆科)
new race 新小种{病理}
new shoot 新梢 (ramus novellus)
new soil 生荒地,处女地
new species 新种
new sync 新同步
new technical revolution 新技术革命{农经}
new technology 新技术 (neotechnologia)
new technology trend 新技术趋向
new thoughts 新思路
new tonoplast 新液胞膜 (neotonoplasta)
"new type of forest decline" "新森林衰落型"{生态生理}
new variety 新品科 (neo-varietas)
new view 新视野
New York aster 荷兰菊(柳叶菊)[*Aster novi-belgii* L.](菊科)
New York weevil 纽约大象[*Ithycerus noveboracensis* Förster](象甲科)
New Zealand black mouse (NZB mouse) 新西兰黑小鼠
New Zealand flax (= New Zealand fiberlily, tough flax lily, New Zealand hemp) ①新西兰麻属[*Phormium* L.](亚麻科) ②新西兰麻[*Phormium tenax* Forst.]
New Zealand grass grub (= grass grub) 新西兰草金龟[*Odontria zealandica* White](金龟科)
New Zealand kauri (= kauri pine) 新西兰贝壳杉[*Agathis australis*](贝壳杉科)
New Zealand spinach 番杏[*Tetragonia expansa* Murr.](番杏科)
New Zealand teak 新西兰柚木[*Vitex littoralis* A. Cunn.](马鞭草科)
New Zealand white 新西兰白兔
New zealand's floral region 新西兰植物区
newborn ①新生的 ②新生子畜
Newcastle disease 新城疫[病],鸡新城疫
Newcastle disease virus (NDV) 鸡新城疫病毒
newer technique 革新技术,新技术
newly ①新近,最近 ②重新
newly bred variety 新育成品种
newly-broken virgin soil 新垦生荒地
newly cooked cocoon 新茧
newly evolved 新培育出来的
newly exuviated larva 起蚕
newly hatched chick 初生雏
newly hatched larva 蚁蚕
newly-laid 新设置的,新敷设的
newly-picked 新采摘的
newly-pickled 新腌渍的
newly planted mulberry field 新植桑园
Newman projection 纽曼投影式
newness 新,新度 (novatio)
newploughed field 新耕翻地
Newrex 纽雷克斯(美国矮秆水稻品种)
news 新闻
newsletter 新闻信札,简信
newsprint 白报纸,新闻纸
newt ①东方蝾螈[*Cyuops orinetalis* (David)] ②水蜥[*Triturus*]
newt polyploidy 水蜥多倍性
Newton 牛顿(力单位,10^5 达因)
Newton and Darlington fluid 牛顿与达林顿二氏固定液{显技}
Newton interpolation 牛顿插值{电脑}
Newtonia silt loam 牛顿[尼亚]粉沙壤土{土壤}

Newtonian fluid 牛顿固定液{显技}
Newtonian limiting viscosity 牛顿极限黏度
Newton's law of motion 牛顿运动定律{环保}
nexin 连接蛋白(指微管)
nexine 内层(nexinium)
next 次的,下一个
next entry table 顺次输入表
next event 下一事件
next generation 下一代
next move 下一动作
nexus ①缺口接合 ②融合膜 ③互联,连接(nectere)
nexus interface 互联接口{电脑}
N.F.E. (= nitrogen-free extracts) 无氮浸出物
N-fumarylalanine N-延胡索酰丙氨酸
ng (= nanogram) 毫微克
ngasein (缅)(= Long kernel rice) 长粒米
NGO (= non-governmental organization) 非政府组织
NHP (= non-histone protein) 非组蛋白蛋白质
ni moth (= cabbage looper) 粉纹夜蛾[*Plusia ni* (Hübner) = *Phytometra* or *Trichoplusia*](夜蛾科)
niacin (= nicotinic acid) 烟酸,尼克酸,抗糙皮病维生素,维生素 PP [$C_6H_5NO_2$]
niacinamide 烟酰胺,尼克酰胺,抗糙皮病维生素 [$C_6H_6N_2O$]
Niagara 1137 (= Phostex) 四硫特普
Niagara ①尼亚加拉瀑布(= cataract) ②急流(= torrent) ③大洪水(= large flood water)
Niagare 1240 (= ethion) 乙硫磷
nialamide 丙酰苄胺异菸肼
niaye 沼泽洼地(指在沙丘之间)
nib ①嘴,喙 ②(锄,镰)尖,尖头 ③⌊复⌉豆荚破片
nibbed 具喙的(rostratus)
nibble 细咬,轻咬,啃
nicety ①准确,精确 ②细微的区别
nicety of grading 分级准确度
niche 生态位,小生境,适应位置
niche width 位宽度,位幅
nichrome wire 镍铬合金线
nick ①缺口 ②切口,断口 ③亲和性(指杂交产生良种)
nick-closing enzyme 切口闭合酶
nick translation 切口移位(切口复制){分遗}
nickability (= nicking ability) 切断能力
nickase 切口酶,切割酶
nicked ①具缺刻的 ②微缺的 ③断口的,缺口的 ④具切口的
nicked circular DNA 具切口环状 DNA{分遗}
nicked DNA 具切口 DNA
nickel 镍(Ni,28 号元素)
nickel acetate 乙酸镍
nickel chloride 氯化镍[$NiCl_2 \cdot 6H_2O$]
nickel chrome steel 镍铬钢
nickel delay line 镍延迟线{信息}
nickel plating 镀镍
nickel poisoning 镍中毒{环保}
nicking ①产生切口 ②切割,切断{分遗}
nicking ability 切断能力
nicking-closing enzyme 切断缝合酶
nicking enzyme 切断酶
nickname 别名,绰号
nicotiana alkaloid 烟草生物碱
nicotianamine 烟草胺
nicotianine 烟草香素
nicotinamide 烟酰胺,尼克酰胺,维生素 PP,抗糙皮病维生素[$C_6H_6ON_2$]
nicotinamide adenine dinucleotide (NAD)烟酰胺腺嘌呤二核苷酸,辅酶Ⅰ
nicotinamide adenine dinucleotide phosphate (NADP)烟酰胺腺嘌呤二核苷酸磷酸,辅酶Ⅱ
Nicotinamide methylkinase 烟酰胺甲基激酶
nicotinamide methyltransferase 烟酰胺甲基转移酶
nicotinamide mononucleoltide (NMN) 烟酰胺单核苷酸
nicotinamide nucleotide 烟酰胺核苷酸
nicotinate dehydrogenase 烟酸脱氢酶
nicotinate mononucleotide pyrophosphorylase 烟酸单核苷酸焦磷酸化酶
nicotinate phosphoribosyl transferase 烟酸磷酸核糖[基]转移酶
Nicotine 烟碱,尼古丁(杀虫剂)[$C_{10}H_{14}N_2$]
nicotine converter gene 烟碱转化基因
nicotine mixture 尼古丁合剂,烟碱合剂
nicotine sulfate 硫酸烟碱,烟碱加工剂型(杀虫剂)
nicotinic acid 烟酸[C_5H_4NCOOH]
nicotinic acid amide (= niacinamide) 烟酰胺[$C_5H_4N \cdot CONH_2$]
nicotinic cholinergic receptor 烟碱性胆碱能受体{生技}
nicotinic mononucleotide 烟酸-核苷酸
nicotinic receptor 烟碱性受体{生技}
nicotinism 烟碱中毒(nicotinismus)
nicotiniums 烟碱类

nicotinoylglycine 烟酰甘氨酸,烟尿酸
nicotinuric acid 烟酰甘氨酸,烟尿酸
nicotitating membrane 瞬膜{禽}
nidamental gland 壳腺,缠卵腺{禽}
nidation 着床(nidatio){生技}
nidicolous 留巢的(nidicolus)
nidificate 营巢,作巢(nidificare){禽}
nidification 营巢,营巢性(nidificatio)
nidogen 巢蛋白
nidose(=nidorose) 腐肉臭的,恶臭的(nidosus)
nidulant 巢状的(nidulans)
nidular 巢状的(nidularis)
nidulariaceous 鸟巢菌状的(nidulariaceus)
nidulate ①营巢的 ②营巢状的(nidulatus)
nidus ①巢{禽} ②病源地{医} ③(孢子)萌发适点{真菌}
Niemann-Pick's disease 尼曼-皮二克氏症(人类神经鞘磷脂酶缺失遗传病)
nif(=nitrogen fixation) 固氮
nif gene 固氮基因
nifedipine 硝苯吡啶,利心平,心痛定
nigella(=field fennel flower) 野黑种草
niger(=niger seed,ramtil) 油菊[*Guizotia abyssinica* Gass.](菊科)
niger-seed oil 油菊子油
nigeran 黑曲霉多糖
nigericin 尼日利亚菌素
nigerose 黑曲霉糖,酒二糖,黑曲二糖
nigerotriose 黑曲霉三糖
nigger ①(=Brazil nut, niggertoe)巴西果[*Bertholletia excelsa* Humb. et Bonpl.](桃金娘科) ②瓢虫 ③黑色幼虫
night [soil]cart 粪车
night ①夜,夜间,夜晚 ②黑夜,黑暗(nax)
night air-glow spectrum 夜辉光谱
night beetle(=brown chafer) 红褐鳃角金龟子[*Serica brunnea L.*](金龟科)
night blindness 夜盲症
night blooming cereus ①量天尺属[*Hylocereus* Britt. et Rose](仙人掌科) ②量天尺[*Hylocereus undatus* Britt. et Rose]
night blooming cestrum(=night jessamine) 夜香树[*Cestrum nocturnum* L.](茄科)
night break 暗期中断
night breeze 夜风
night butterfly(=night moth) 夜蛾
night chilling 夜冷
night-dew 夜露
night flower 夕花,夜开花(flos nocturnalis)
night-flowering campion(=night-flowering silence) 夜开雪轮[*Silene noctiflora* L.](石竹科)
night-flowering tephrosia 夜花灰叶(铁富豆)[*Tephrosia noctiflora* Boj.](豆科)
night fly chart 夜航图
night frost 夜霜
night-jasmine(=tree of sadness) ①夜花属[*Nyctanthes* L.](木犀科) ②夜花[*Nyctanthes arbortristis* L.]
night jessamine(=nightblooming cestrum) ①夜香树属[*Cestrum* L.](茄科) ②夜香树(夜丁香,洋丁香)[*Cestrum nocturnum* L.]
night length 夜间长度
night moth ①夜蛾 ②舞毒蛾
night owl 猫头鹰
night pasture 夜间[放]牧场
night phlox ①夜福禄考属[*Zaluzianskya* Schmidt](玄参科) ②夜福禄考[*Zaluzianskya villosa* Schmidt]
night scene 夜景{园林}
night-scented stock 夜香紫罗兰(芳香紫罗兰)[*Matthiola odoratissima* (Pall.) R. Br.](十字花科)
night soil 人屎尿
night soil bucket 粪桶
night soil funnel 粪漏斗
night soil ladle 粪杓
night soil pail(=night soil bucket) 粪桶
night soil sludge 粪便污泥{环保}
night temperature 夜间温度,夜温
night tide 夜潮
night time 夜间
night-time dew(=nighttime dew) 夜间露点
night-time temperature control 夜温控制
nightfall 黄昏,傍晚
nightingale 夜莺[*Caprimulgus indicus jotaka* sp.](夜莺科)
nightshade ①茄属(*Solanum* L)(茄科) ②茄[*Solanum melongena* L.]
nightshade family 茄科(Solanaceae)
nightshade memphiticum 紫龙葵[*Solanum memphiticum* Mart.](茄科)
nightside 黑暗面
nigrescent 变黑色的(nigrescens)
nigricant 变黑的(nigricans)
nigrification 黑化(nigrificatio)
nigrite 裹黑的,变黑的(nigritus)

nigritudinous 黑色的（nigritudinus）

nigro scale（= cola nigra scale） 香蕉黑盔蚧［*Saissetia nigra* Nietner］（蜡蚧科）

nigrofasciate prominent 黑带细足舟蛾［*Disparia nigrofasciata* Wileman］（舟蛾科）

nigrolimitate 具黑边的（nigrolimitatus）

nigrometer 黑度计

nigropunctate 具黑点的（nigropunctatus）

nigrosine（= aniline black） 苯胺黑［$C_{38}H_{27}N_3$］

nigrosine in staining 染色用苯胺黑

nigrospora cob and stalk rot of corn and rice 水稻和玉米［黑孢菌］茎穗腐病［*Nigrospora oryzae*（Berk et Br.）Petch.］

nigua（= lone star tick） 美洲花蜱［*Amblyomma americanum*（L.）］（蜱总科）

nihilism 虚无主义，虚无论（nihilismus）

nihility 虚空性，不存在性（nihilitas）

niin 生漆脂

Niishima weevil 新岛氏象甲［*Hyorrhynchus niishimai* Eggers.］象甲科

Nikko birch 真桦［*Betula nikoensis* Koidz.］（桦科）

Nikko enkianthus 日光吊钟花［*Enkianthus subsessilis* Makino.］（杜鹃花科）

Nikko fir 日光冷杉［*Abiesomolepsis* S. et Z.］（松科）

Nikko honeysuckle 日光山葫芦木［*Lonicera mochidzukiana* Makino.］（忍冬科）

Nikko jackintheptupit 日光山天南星［*Arisaema nikoense* Nakai.］（天南星科）

Nikko ladybell 日光沙参［*Adenophora nikoensis* Frenck. et Sav.］（桔梗科）

Nikko manchurian elm 日光裂叶榆［*Ulmus laciniata* var. *nekoensis* Rehd.］（榆科）

Nikko maple 日光槭［*Acer nikoensis* Maxim.］（槭科）

Nikko sasa 日光山赤竹［*Sasa nikoensis* Makino.］（禾本科）

Nikko sedge 日光山苔草［*Carex fulta* Franch.］（莎草科）

Nikko thistle 日光山蓟［*Cirsium japonicum* ssp. *nikoensis* Nakai.］（菊科）

nil ①零，零度 ②空，无（nuil）

nil degree 零度

nil method 零位法｛统计｝

nil pointer 零指针，空指针

nil symbol 零符号｛电脑｝

nil value 零值

Nile blue 尼罗蓝｛显技｝

Nile blue A 尼罗蓝 A［$(C_{20}H_{20}N_3O)_2 \cdot SO_4$］

Nile red 尼罗红｛显技｝

Nile river 尼罗河｛水利｝

nilometer 水位计

Nilotic 尼罗河的，尼罗河流域的（Niloticus）｛水利｝

nimbostratus（Ns） 雨层云

nimbus（Nb） 雨云

Nimbus 雨云卫星｛遥感｝

nimbus-cumuliformis 积云状雨云（nimbus cumuliformis）

Nimbus-E Microwave Spectrometer（NEMS） 雨云-E 卫星微波波谱仪｛遥感｝

Nimbus Satellite 雨云［气象］卫星

nimiety 过剩，过度（nimietas）

nine-course rotation 九区轮作，九年轮作

nine-course system 九区制，九年制（轮作）

nine ears in the stalk 一禾九穗（指在一株上生有九个穗）

nine-light indicator 九灯风向风速仪

nine-plot rotation 九区轮作

nine-plot system 九区制（轮作）

nine point circle 九点圆

nine-row seed drill 九行条播机

nine-spotted lady beetle 九星瓢虫［*Coccinella novemnotata* Herbst］（瓢虫科）

ninebark ①风箱果属［*Physocarpus* Maxim.］（蔷薇科）②风箱果［*Physocarpus amurensis*（Maxim.）Maxim.］

Ningsian 宁乡猪（中国产）

ninhydrin ［水合］茚三酮［$C_9H_6O_4$］

niobium 铌（Nb，41 号元素）

NIP（= nitrofen） 除草醚｛农药｝

nip ①捻，掐，摘心 ②咬 ③（风，霜等）伤害，摧残

nipa ①钳，剪钳 ②铗

Nipa palm 尼巴椰子（海椰子）［*Nipa fruticans* Wurmb.］（棕榈科）

nipper ①马切齿，马钳齿｛畜｝②⌊复⌉钳子，剪钳，镊子 ③⌊复⌉（虾，蟹等）螯｛水产｝

nipping ①打顶，捻枝，去枝 ②摘心

nipple ①乳头状突起 ②乳头 ③油嘴，螺纹接头，短管接

nipple-cactus ①老头掌属［*Mammillaria* Haw.］（仙人掌科）②老头掌［*Mammillaria gracilis* Pfeiff.］

nipple drinker（= no bowl drinker） 乳头式饮水器

nipple-shaped 乳头状的（mammiformis）

nipplewort ① 稻槎菜属［*Lapsana* L.］（菊科）② 稻槎菜［*Lapsana apogonoides*

Maxim.]
nipponlily ①万年青属[*Rohdea* Roth](百合科) ②万年青[*Rohdea japonica* Roth. et Kunth]
nipugin 尼普素(染料)
NIR (= near infrared radiation) 近红外辐射
Niran ①(= chlordane) 氯丹 ②(= parathion)1605{农药}
nisalpin 乳酸链球菌素
nisin 乳酸链球菌肽
nisinic acid 廿四碳六烯-4,5,12,15,18,21-酸[$C_{24}H_{36}O_2$]
Nissl body 聂氏小体
Nissl substance 聂氏物质(指在核周体上)
nit 虱卵
nit-grass 虱卵草属[*Gastridium* Beauv.](禾本科)
nitella ①丽藻属[*Nitella* spp.](丽藻科) ②丽藻[*Nitella* sp.]
nitella family 丽藻科[Nitellaceae]
niter 硝石[KNO_3]
niter spot 硝斑
nitid 有光泽的(nitidus)
nitid leaf 光泽叶(folium nitidum)
nitidulid beetle ①露尾虫 ②⌊复⌉(= sap beetles) 露尾甲科[Nitidulidae]
nitosol 强风化黏磐土
"nitra-shell" (= nitrate of lime and ammonia) 硝酸铵钙
nitragin 根瘤菌剂,根瘤细菌肥料,硝化细菌粉
nitraginization ①根瘤菌接种 ②根瘤菌感染处理(nitraginisatio)
nitralin 磺乐灵(除草剂)[$C_{13}H_{19}N_3O_6S$] **nitramine** 硝胺
nitratase (= nitrate reductase) 硝酸还原酶
nitrate ①硝酸[HNO_3] ②硝酸盐[MNO_3] ③硝酸酯[$RONO_2$]
nitrate [forming] bacteria 硝酸细菌
nitrate accumulation 硝酸盐累积
nitrate assimilation 硝酸[盐]同化
nitrate bacteria 硝酸盐细菌(bacteria nitratae)
nitrate broth 硝酸盐液体培养基(硝酸盐肉汁)
nitrate fertilizer 硝酸盐肥料
nitrate form 硝态,硝酸盐态
nitrate formation 硝酸盐形成
nitrate-free fertilizer 无硝化肥料
nitrate ion 硝酸盐离子
nitrate nitrogen 硝态氮,硝酸盐氮[MNO_3]
nitrate nitrogen fertilizer 硝态氮肥
nitrate of ammonia 硝[酸]铵[NH_4NO_3]
nitrate of lime 硝酸钙,钙硝石[$Ca(NO_3)_2$]
nitrate of lime and ammonia 硝酸钙铵
nitrate of potash 硝酸钾,钾硝[KNO_3]
nitrate of potassium 硝酸钾[KNO_3]
nitrate of silver 硝酸银[$AgNO_3$]
nitrate of silver method 硝酸银法{显技}
nitrate of soda 硝酸钠,钠硝石,智利硝[石][$NaNO_3$]
nitrate plant 喜硝酸植物,硝盐植物,含硝植物
nitrate production 硝酸盐形成
nitrate-reducing process 硝酸盐还原过程
nitrate reductase (= nitratase) 硝酸还原酶
nitrate reduction 硝酸盐还原作用
nitrate respiration 硝酸呼吸
nitrate toxicity 硝酸[盐]毒性,硝酸中毒
nitration 硝化(nitratio)
nitre (= niter) 硝石
nitrebush ①白刺属(*Nitraria* L.)(蒺藜科) ②白刺[*Nitraria schoberri* L.]
nitric acid 硝酸[HNO_3]
nitric acid as fixative 固定液用硝酸
nitric anhydride 硝酸酐[N_2O_5]
nitric-forming bacteria 亚硝酸细菌
nitric nitrogen 硝态氮
nitric oxide ①氧化氮[NO] ②⌊复⌉氮氧化物
nitric oxide synthase (NOS) 氧化氮合酶
nitric phosphate 硝酸磷肥
nitricide 杀螨磺{农药}
nitride 氮化物
nitriding 氮化,渗氮,氮化处理
nitrification 硝[酸]化作用(nitrificatio)
nitrification inhibitor 硝化抑制剂
nitrification power 硝化力
nitrification process 硝化过程{环保}
nitrification rate 硝化速度
nitrified effluent 硝化水出流{环保}
nitrifier (= nitrifying bacteria, nitrobacteria) 硝化细菌
nitrifying 硝化的
nitrifying activity 硝化活度
nitrifying bacteria 硝化细菌
nitrifying capacity 硝化强度
nitrifying filter 硝化滤池{环保}
nitrifying power 硝化力
nitrilase 腈水解酶
nitrile 腈
nitrile glucoside 腈基糖苷
nitrile silicone 氰硅油
nitriles 腈类(除草剂)
nitriles-attack-bacteria 腈类分解菌

nitrite ①亚硝酸[HNO_2] ②亚硝酸盐[MNO_2] ③亚硝酸酯[RONO] ④亚硝酸根
nitrite bacteria 亚硝酸细菌
nitrite ion 亚硝酸[根]离子
nitrite nitrogen 亚硝态氮
nitrite oxidation 亚硝酸氧化
nitrite reductase 亚硝酸还原酶
nitritocobalamin [亚]硝[酸]钴胺素
nitro- 硝基
nitro-ammo-phos 磷硝铵(肥料)
nitro-chalk 硝酸铵钙,白垩硝(商)
nitro-derivatives 硝基衍生物
nitro-dyes 硝基染料{显技}
nitro-silk 胶丝,胶棉丝
nitro-starch 硝化淀粉
nitroaniline 硝基苯胺
nitrobacter ①硝化杆菌属[*Nitrobacter* Winograsky](硝化杆菌科) ②硝化杆菌[*Nitrobacter* sp.]
nitrobacteria 硝化细菌
nitrobenzene 硝基苯[$C_6H_5NO_2$]
nitrobenzoic acid 硝基苯甲酸[$NO_2C_6H_4COOH$]
nitrobenzoic acid resistance 硝基苯甲酸抗性
nitroblue tetrazolium (NBT)氮蓝四唑
nitrocalcite 钙硝石[$Ca(NO_3)_2$]
nitrocellulose (NC)硝化纤维[素]
nitrocellulose filter (NC filter)硝化纤维素滤器
nitrocellulose process 硝化纤维法
nitrochloroform 硝基氯仿,氯化苦
nitrocobalamin 硝钴维生素
nitrocompound 硝基化合物
nitrofen(=nitrofene) 除草醚(除草剂)[$C_{12}H_7Cl_2NO_3$]
nitrofuran 硝基呋喃[$NO_2C_4H_3O$]
nitrofuran derivatives 硝基呋喃衍生物
nitrogation 氨水灌水法
nitrogen 氮(N,7号元素)
nitrogen absorption coefficient 氮吸收系数
nitrogen activity index 氮活度指标
nitrogen affecting 氮影响
nitrogen and inositol in medium 培养基的氮与肌醇
nitrogen applicator 氮肥撒施机
nitrogen assimilation 氮同化[作用]
nitrogen availability 氮有效性
nitrogen balance 氮平衡
nitrogen balance sheet 氮平衡表
nitrogen base 氮碱基
nitrogen-binding bacteria 固氮细菌
nitrogen carrier 氮载体,带氮物质
nitrogen complex 氮复合体
nitrogen compound 含氮化合物
nitrogen concentration 氮浓度
nitrogen-containing compound 含氮化合物
nitrogen content 含氮量
nitrogen content per unit leaf surface area 每单位叶表面面积的含氮量
nitrogen cycle 氮素循环
nitrogen decomposition 含氮物分解
nitrogen deficiency 缺氮,氮素缺乏
nitrogen-deficiency peinomorphosis 缺氮表面硬化反常变态
nitrogen-deficiency sclerosis 缺氮胞壁增厚
nitrogen deficient conditions 缺氮环境
nitrogen-deficient soil 缺氮土壤
nitrogen dioxide 二氧化氮[NO_2]
nitrogen dioxide gas injury 二氧化氮气害
nitrogen dressing 追施氮肥
nitrogen equilibrium 氮平衡
nitrogen excess 氮过量
nitrogen fertility 氮肥力
nitrogen fertilization 施用氮肥
nitrogen fertilizer 氮肥,氮素肥料
nitrogen-fertilizer experiment 氮肥试验
nitrogen fertilizing 施用氮肥
nitrogen fixation 固氮[作用]
nitrogen fixation activity 固氮活动力
nitrogen-fixation and tissue culture 氮固定与组织培养
nitrogen fixation bacteria (= nitrogen fixing bacteria)固氮[细]菌
nitrogen fixation by azotobacter 固氮菌固氮
nitrogen fixation in vitro 离体氮固定,试管内氮固定
nitrogen fixer 固氮者,氮素固定者,固氮菌
nitrogen-fixing algae 固氮藻类
nitrogen-fixing bacteria 固氮细菌
nitrogen-fixing blue-green algae 固氮蓝绿藻
nitrogen-fixing capacity 固氮能力,固氮强度
nitrogen-fixing cyanobacteria 固氮蓝细菌
nitrogen-fixing fertilizer 固氮菌肥
nitrogen-fixing microorganism 固氮微生物
nitrogen-fixing organism 固氮[微]生物
nitrogen-fixing plant 固氮植物
nitrogen-fixing root nodule 固氮根瘤
nitrogen-fixing symbiont 固氮共生生物
nitrogen-fixing symbiotic bacteria 固氮共生菌
nitrogen-fixing tree 固氮树
nitrogen flow 氮流
nitrogen-free extract 无氮浸出物
nitrogen-free medium 无氮培养基

nitrogen-gathering plant 固氮植物,集氮植物
nitrogen-hunger 缺氮,氮不足
nitrogen immobilization 氮固定,固氮
nitrogen incorporation ①氮参入 ②氮结合
nitrogen input 氮素投入(指在栽培中要施用的氮肥){栽培}
nitrogen isotope 氮同位素 (^{15}N)
nitrogen level 含氮量,氮水平
nitrogen liberation 氮素释放
nitrogen loss 氮素损失,脱氮
nitrogen-loving plant 喜氮植物
nitrogen magnesia 氮镁肥,二氮化三镁[Mg_3N_2]
nitrogen manure 氮素肥料,[有机]氮肥
nitrogen metabolism 氮素代谢[作用]
nitrogen mineralization 氮素矿化
nitrogen mineralization-immobilization process 氮素矿化固定过程
nitrogen monoxide 一氧化氮[NO]
nitrogen mustard 氮芥[$CH_3N(CH_2CH_2Cl)_2(HCl)$]
nitrogen nutrition 氮营养
nitrogen of atmosphere 大气氮
nitrogen of atmospheric precipitation 大气降水氮
nitrogen-organic-matter ratio 氮有机质比率
nitrogen oxide 氧化氮[NO]
nitrogen partitioning 氮分配
nitrogen pentoxide 五氧化二氮[N_2O_5]
nitrogen peroxide 过氧化氮[N_2O_2]
nitrogen-phosphorus mixed fertilizer 氮磷混合肥料
nitrogen-phosphorus mixture 氮磷混合物
nitrogen recovery 氮恢复
nitrogen-rejuvenation process 氮复壮过程
nitrogen requirements 需氮量
nitrogen-responsive variety 氮反应性品种
nitrogen responsiveness 氮反应性
nitrogen-rich habitat 富氮生境{生态}
nitrogen-rich soil 富氮土壤
nitrogen solution distributor 含氮溶液洒施机
nitrogen source 氮源[物质]
nitrogen starvation 氮饥饿,缺氮
nitrogen-starved plot 缺氮区
nitrogen supply 供应氮
nitrogen-supply level 供氮量,供氮水平
nitrogen-supplying potential of soil 土壤供氮潜力
nitrogen supplying power 供氮能力
nitrogen thermometer 氮气温度计
nitrogen-timing and nitrogen experiment 定期施氮与氮肥试验
nitrogen transformation 氮素转化
nitrogen translocation 氮转移
nitrogen turnover 氮素周转
nitrogen uptake 氮吸收
nitrogen usage 氮肥(素)用法
nitrogen use efficiency (NUE) 用氮效率
nitrogen use efficiency of photosynthesis 光合作用的用氮效率
nitrogen use efficiency of production 生产用氮效率{栽培}
nitrogen use efficiency of productivity 生产力的用氮效率
nitrogen utilization 氮素利用
nitrogenase 固氮酶
nitrogenase activity 固氮酶活性
nitrogenase activity temperature 固氮酶活性温度
nitrogenase system 固氮酶体系
nitrogenous 含氮的 (nitrogenus)
nitrogenous base (N-base) 含氮碱基
nitrogenous compounds 含氮化合物
nitrogenous fertilizer 氮肥
nitrogenous fertilizer of animal origin 动物质氮肥
nitrogenous guano 含氮[海]鸟粪,氮质海鸟粪
nitrogenous hormone 含氮激素
nitrogenous manure 氮肥
nitrogenous matter 含氮物质,氮物质
nitrogenous organic matter 含氮有机[物]质
nitrogenous status 含氮状况,氮素状况
nitrogenous tankage 含氮骨肉粉
nitrogin 根瘤菌剂
nitroglycerine 硝化甘油,甘油三硝酸酯[$C_3H_5(O_2NO)_3$]
nitroglycol ①硝化甘醇 ②乙二醇二硝酸酯
nitroguanidine 硝基胍
nitroimidazole 硝基咪唑
nitrojetion 氨水注入法
nitrokalite 硝石
nitrolignin 硝化木素
nitrolime 石灰氮肥
nitrometer (=azotometer) 氮量计,测氮管
nitron 硝酸灵[$C_{20}H_{16}N_4$]
nitrophenol 硝基酚,硝基苯酚[$NO_2C_6H_4OH$]
nitrophile 适氮植物,喜氮植物
nitrophilous 适氮的,喜氮的 (nitrophilus)
nitrophilous plant 适氮植物,喜氮植物 (planta nitrophila)
nitrophoska 硝磷钾(肥料)(一种硝酸铵、氯化钾和磷酸铵的熔合物,含有 N15%～20%,P_2O_5 13%～21%,K_2O 13%～22%)

nitrophosphate 硝酸磷肥
nitrophosphate fertilizer 硝酸磷肥料
nitrophyte (= nitrophite) 氮生植物(nitrophyta)
nitroplow 施[液]氮犁
Nitropo 硝酸钾钠(肥料)
Nitropone (= dinoseb) 地乐酚,二硝丁酚
nitroprusside 硝普盐(一亚硝基五氰络铁酸盐){农化}
nitrosamine 亚硝胺
nitrosation 亚硝化[作用](nitrosatio)
nitroshell (= nitrochalk) 硝酸铵钙
nitroshooter 注施氨水机,追氮肥机
nitrosification 亚硝化作用(nitrosificatio)
nitroso- 亚硝基
nitroso compound 亚硝基化合物
nitrosococcus ①亚硝化球菌属[*Nitrosococcus* Winogradsky] ②亚硝化球菌[*Nitrosococcus* sp.]
nitrosocytis ①亚硝化囊菌属[*Nitrosocytis* Winogradsky] ②亚硝化囊菌[*Nitrosocytis* sp.]
nitrosogloea ①亚硝化胶团菌属[*Nitrosogloea* Winogradsky] ②亚硝化胶团菌[Nitrogloea sp.]
nitrosogudnidine 亚硝基胍
nitrosoimidazolidone 亚硝基咪唑酮
nitrosomonas ①亚硝化单孢菌属[*Nitrosomonas* Winogradsky] ②亚硝化单孢菌[*Nitrosomonas* sp.]
nitrosomorpholine 亚硝基吗啉
nitrosourea 亚硝基脲
nitrospira ①硝化螺菌属[*Nitrospira* Watson et al.] ②硝化螺菌[*Nitrospira* sp.]
nitrosylation (= nitrosation) 亚硝[基]化[作用](nitrosylatio)
nitrous acid 亚硝酸[HNO_2]
nitrous anhydride 亚硝酸酐[N_2O_3]
nitrous earth 硝石土
nitrous oxide 一氧化氮[NO]
nitroxide 硝基氧
nitroxylene 硝基二甲苯
nitzschia ①菱形藻属[*Nitzschia* spp.](菱形藻科) ②菱形藻[*Nitzschia* sp.]
nitzschia family 菱形藻科[*Nitzschiaceae*]
NIU (= network interface unit) 网络接口设备{信息}
nival ①雪的,多雪的 ②雪中生的(nivalis)
nival line 雪线
nivation 雪蚀[作用],雪风化(nivatio)
niveal (= niveous) 雪的,雪白的(niveus)
nivometer 雪量器
NLS (= nuclear localization signal) 核定位信号{分生}
nm (= nanometer) 毫微米
N-methyl-*D*-aspartate (NMDA) N-甲基-*D*-天冬氨酸
N-methyldeoxynojimycin N-甲基脱氧野尻霉素
NMN (= nicotinamide mononucleotide) 烟酰胺单核苷酸
NMP (= nucleoside monophosphate) 核苷[一磷]酸{分遗}
NMR (= nuclear magnetic resonance) 核磁共振
NMR imaging (= nuclear magnetic resonance imaging) NMR成像,核磁共振成像
NMR spectroscopy (= nuclear magnetic resonance spectroscopy) NMR波谱学,核磁共振波谱学
NMRCT (= nuclear magnetic resonance computerized tomography) 核磁共振计算机化断层显像.NMR计算机化断层显像
N, N^1-methylene-bis acrylamide N, N^1-亚甲双丙烯酰胺
N^5, N^{10}-methylene tetrahydrofolate N^5, N^{10}-亚甲四氢叶酸
N^5, N^{10}-methylidynel-tetrahydrofolate N^5, N^{10}-甲川四氢叶酸
NNE (= north northeast) 北东北
NNW (= north northwest) 北西北
no ①无,没有 ②不 ③末
no bowl drinker 乳头式饮水器
no change (NC) 无变化{信息}
no-charge 不收费,免费
no-charge machine fault time 机器故障时间不收费
no checking signal 无检查信号,无校验信号{信息}
no-circuit signal 无线路信号
no clear difference 无明显差异{统计}
no-cultivation (= non-cropping) 休耕,免耕
no discrete plastid 不间断质体
no-drift nozzle 防漂流喷嘴
no-effect 无效应
no fault found (NFF) ①没有发现错误 ②未发现故障
no-foam separator (奶油)不起泡沫的分离机
no-hunt call 非查询式呼叫{信息}
no load 无装载,空载
no load power consumption 空载功率消耗
no load power requirement 空载功率消耗量

no load running 无载荷运转
no loop trouble 无环路故障{电脑}
no-man control 无人操纵,无人控制
no memory 无存储{信息}
no-operation (NOP, no OP, no op, nop) 空操作,无操作{信息}
no-print key 不打印键
no-program machine 非程序[计算]机
no-response 不响应,无响应,无应答{信息}
no-return 无回波
no-see-ums (= punkies) 蠓科 [Ceratopogonidae]
no-till 免耕
no-tillage ①免耕 ②免耕法
no-tillage culture 免耕栽培
no-tillage farming 免耕农业
no-tillage planting 不整地播种
no-treatment 无处理
no-treatment plot 无处理小区
no-wait schedule 立即调度
no-weighted code 非加权码{电脑}
NOAA satellite 诺阿卫星{遥感}
Nobel prize 诺贝尔奖
Nobel prize in economic science 经济科学诺贝尔奖
nobilization 优良化,高贵化(指甘蔗杂交育种以野生种与栽培种杂交,使野生种具有栽培种的优良性状) (nobilisatio)
noble ①惰性的,不易起化学作用的 ②贵重的 ③高贵的,崇高的,壮丽的,伟大的 (nobilis)
noble cane (= sugar cane) 甘蔗(高贵蔗) [*Saccharum officinarum* L.](禾本科)
noble electrode 惰性电极
noble gas 惰性气体
noble red fir (= noble fir, bracted red fir, bracted fir) 大冷杉 [*Abies nobilis* Lindl.](松科)
noble variety 高贵品种(指甘蔗)
Nobunaga tussock moth 诺布氏毒蛾 [*Liparia nobunagai* Nagano](毒蛾科)
nocardamin 诺卡胺素
nocardia ①诺卡氏菌属(奴卡氏菌属,奴卡氏[放线]菌属) [*Nocardia* Trevisan](诺卡氏菌科) ②诺卡氏菌 [*Nocardia* sp.]
nocardia family 诺卡氏菌科 [Nocardiaceae]
nocardic acid 诺卡氏菌酸
nocardine 诺卡氏放线菌素
nocardiosis 土壤丝菌病,卡诺氏菌病
nociception 损伤感受 (nociceptio)
nociceptor 损伤感受器
nocking 搭箭{狩猎}
nocti- ⌞字头⌝夜
noctiflorous 夜间开花的 (noctiflorus)
noctiluca (= luminous algae) ①夜光藻属 [*Noctiluca* Kof et swezy.](夜光藻科) ②夜光藻 [*Noctiluca scientillans* Kof. et Swezy.]
noctiluca family (= luminous algae family) 夜光藻科 [Noctilucaceae]
noctiluca insect (= luminous insect) 夜光虫 [*Nactiluca nitiaris* sp.]
noctilucent 夜光的 (noctilucens)
noctilucent cloud (= luminous night cloud) 夜光云
noctilucous 夜明的,夜间发光的 (noctilucosus)
noctuid ①(noctuid moth)夜蛾 ②⌞复⌝(= owlet moths and underwings) 夜蛾科 [Noctuidae]
noctuid borer 非洲大螟 [*Sesamia calamistis* (Hampson)]
nocturnal ①夜的,夜间的 ②夜出的 ③夜开的 (nocturnalis)
nocturnal animal 夜间活动动物,夜出动物
nocturnal behavior 夜行性,(夜间行动)
nocturnal cooling 夜间冷却
nocturnal flower 夕花 (flos nocturnalis)
nocturnal fowls 夜间活动鸟类,野生禽
nocturnal frost 夜霜
nocturnal-habit animal 夜出动物
nocturnal hydraulic lift 夜间水力提升{生态生理}
nocturnal insect ①(= noctuid) 夜蛾 ②⌞复⌝夜蛾科 [Noctuidae]
nocturnal inversion 夜间逆温
nocturnal migration 夜间迁移
nocturnal radiation 夜间辐射
nocturnal soil temperature 夜间土壤温度
nocturnal temperature 夜间温度,夜温
nocturnal thunderstorm 夜间雷暴
nocturnalism 夜出性 (nocturnalismus)
nodal ①节的 ②节点的 (nodalis)
nodal anatomy 节部解剖 (anatomia nodalis)
nodal bud 节芽 (gemma nodalis)
nodal cell 节细胞 (cellula nodalis)
nodal diaphragm 节隔膜 (diaphragma nodalis)
nodal displacement 节点位移{电脑}
nodal plane 结点平面{遥感}
nodal plate 节片 (platus nodalis)
nodal plexus 节丛 (plexus nodalis)
nodal point 节点,结点 (punctum nodale)

nodal position of tiller 分蘖节位
nodal root 节部根（radix nodalis）
nodal wood 节材（lignum nodale）
nodding 下垂的，俯垂的，点垂的，垂头的（cernuus, nutans）
nodding alder 垂桤木［*Alnus pendula* Matsum.］（桦科）
nodding ear 下垂穗
nodding ladies-tresses 垂花绶草［*Spiranthes cernua* Rich.］（兰科）
nodding leaves 下垂叶
nodding lilac 垂丝丁香［*Syringa reflexa* Schneid.］（木犀科）
nodding lily 松叶百合（垂花百合花）［*Lilium cernuum* Kom.］（百合科）
nodding melick grass 垂臭草［*Melica nutans*］（禾本科）
nodding pincushion ①针垫子花属［*Leucospermum* spp.］（山龙眼科）②针垫子花［*Leucospermum nutans* sp.］
nodding rockfoil（=cernuus saxifrage）点头虎耳草［*Saxifraga cernua* Linn.］（虎耳草科）
nodding silence 俯垂麦瓶草［*Silene nutans* Linn.］（石竹科）
nodding tree 倾斜树，下垂树
node ①节 ②节点（nodus）
node canker（=glume blotch） 颖枯病（小麦）
node canker of wheat（=glume blotch of wheat） 小麦颖枯病［*Septoria nodorum* Berk.］
node cell（=hyphopodium） 附着枝
node computer 节点计算机{电脑}
node control unit 节点控制器
node of Ranvier 郎飞结
node order 节位，节序位
node position ［空］节位置
nodes 网络节点{信息}
nodiferous 具节的（nodifer）
nodoc 反密码子，密码子补体{分遗}
nodose ①有节的 ②节状的 ③瘤形的（nodosus）
nodose antenna 多节触角（antenna nodosa）
nodose septum（=clamp） 锁
nodosity 瘤，节（nodositas）
nodular ①节状的 ②瘤状的 ③结节性的（nodularis）
nodular body 瘤状体
nodular deposit 团块状沉积物，瘤状沉积物
nodular dermatitis 结节性皮炎
nodular end wall 节状端壁
nodular growth 瘤状生长物，赘生物
nodulate cell 节状细胞（cellula nodulata）
nodulating 具根瘤的
nodulating plant ①有根瘤植株 ②长根瘤植物
nodulating soybean strain 具根瘤大豆品系
nodulation ①块茎形成 ②根瘤作用 ③结瘤作用{分生}（nodulatio）
nodulation of roots 根系根瘤形成，根系结瘤
nodulation protein 结瘤蛋白
nodule ①瘤，小瘤，根瘤{形态} ②（藻）节{解剖} ③结节{昆虫}（nodulus）
nodule bacteria 根瘤［细］菌
nodule bacteria seeds inoculum 根瘤菌拌种剂
nodule formation 根瘤形成［作用］
nodule growth 根瘤生长
nodule size 根瘤大小
nodule tissue 根瘤组织
noduliferous 具瘤的（nodulifer）
nodulin 结瘤素
nodulose（=nodulous）①具小节的 ②有小结节的 ③具微小瘤的（nodulosus）
nodum 植被抽象单位
nodus ①节 ②结，结脉
NOE（=nuclear overhauser effect） 核奥韦尔豪泽尔效应{分生}
noetic science 思维科学
nogalamycin 诺加霉素
noggin ［成］头蛋白，头发生素
noil （羊毛，棉纤维梳理）梳屑，梳出物
noise ①声音，叫声 ②噪音 ③喧声，闹声，噪声 ④干扰
noise analyzer 噪音分析器
noise and sleep 噪声与睡眠（噪声超过40分贝时影响睡眠）{环保}
noise control 噪音控制
noise control of livestock house 畜舍噪音控制
noise criteria 噪声标准{环保}
noise criteria curve 噪声标准曲线{环保}
noise elimination 噪声清除{环保}
noise equivalent bandwidth 噪声等效带宽{环保}
noise equivalent temperature difference（NETD） 噪声等效温差
noise factor 噪音系数
noise figure 噪声系数，噪声因数
noise generator 噪音发生器
noise improvement factor 噪声改进系数
noise level 噪音级{环保}
noise level of atmospherics 天电干扰高度
noise measurement 噪声测定

noise of aeroplane 飞机噪声{环保}
noise peak 噪声峰值
noise pollution 噪声污染{环保}
noise-shielded 防噪声的
noise silencer 噪声抑制器{环保}
noise spectral density 噪声谱密度
noise spectrum 噪音频谱
noise suppressor 噪声抑制器
noise temperature 噪声温度
noiseless channel 无噪声信道{信息}
Noisette rose 诺伊斯蔷薇[*Rosa noisettiana* L.](蔷薇科)
noisiness 噪声量
noisome 有毒的,有害的(noisomus)
nojirimycin 野尻霉素
nolana ①诺拉那属[*Nolana* L.](诺拉那科) ②诺拉那[*Nolana* sp.]
nolana family 诺拉那科(Nolanaceae)
nollyhock weevil 长喙梨象(蜀葵象虫)[*Apion longirostre* Olivler](象甲科)
nologenin 延龄草皂苷配基
nomad ①游牧 ②游牧人
nomadic 游牧的(nomadicus)
nomadic herd (= migratory herd, migratory flock) 游牧羊群
nomadic pasturalism 游牧
nomadism 游牧[生活](nomadismus)
nomane senna 豆茶决明(河原山扁豆)[*Cassia nomame* Honda](豆科)
Nomarski differential interference microscope 诺马斯基差别干涉显微镜
nombre 页数,页码
nomen 名,学名
nomen ambiguum 双关义名
nomen anamorphosis 无性阶段名
nomen confusum 混杂名
nomen conservandum 保留名
nomen conservandum propositum 建议保留名
nomen delendum 废弃名
nomen dubium 可疑名
nomen illegitimum 不合法名
nomen invalidum 无效名
nomen legitimum 合法名
nomen novum (= new name) 新名
nomen nudum 裸名
nomen prae-linnaeanum 先林奈名
nomen rejiciendum 废弃名
nomen subnudum 半裸名
nomenclature ①命名法 ②专业名词,术语(nomenclatura)
Nomersan (= thiram) 福美双{农药}
nominal ①名义上的,公称的,标称的,有名无实的,②极少的 ③额定的,标定的(nominalis)
nominal density 公称密度,名义密度
nominal diameter 公称管径,标称管径{环保}
nominal horsepower 公称马力,名义马力
nominal regime 额定工况
nominal size 公称尺寸,名义尺寸
nominal speed 额定速度,额定速率
nominal value 额定值,标称值
nominal volume 公称体积,名义体积
nominal weight 公称重量,名义重量
nominative testing 指定测试{电脑}
nomocharis ①豹子花属[*Nomocharis* Franch.](百合科) ②豹子花[*Nomocharis pardanthina* Franch.]
nomogenesis 循环发生,循环进化
nomogram 列线图,计算图(nomogramma){统计}
nomograph 列线图解,计算图表(nomographus)
nomographic 列线图的(nomographicus)
nomographic chart 列线图表
nomography ①列线图学 ②计算图表学(nomographia)
nomospermous 正常种子的(nomospermus)
nomotreme 规则萌发孔(nomotrema)
nomotron 开关电子管
-nomy ⌞字尾⌝规律,法则,学科
non- ⌞字头⌝不,非,无
non-acid forming fertilizer 非成酸肥料
non-adaptive 非适应的,不适应的(inadaptivus)
non-adaptive evolution 不适应进化
non-adaptive radiation 非适应辐射
non-adaptive regression 不适应退化
non-additive 非加性的,无累加的(inadditivus)
non-additive gene action 非加性基因作用
non-additive genetic variance 非加性遗传变量,非加性遗传方差
non-additive interaction ①非加性互作{遗传} ②非加性连应[统计]
non-adherent 非黏附的(inadherens)
non-adherent cell 非黏附细胞(cellulus inadherens)
non-adiabatic 非绝热的(inadiabaticus)
non-adiabatic cooling 非绝热冷却
non-agricultural buildings 非农用建筑物
non-agricultural population 非农业人口

non-allele 非等位基因（inallelum）{细胞}
non-amino nitrogen 非氨基氮
non-analogous 不相似的（inanalogus）
non-angling disk harrow 偏角不可调圆盘耙
non-angling tandem disk harrow 偏角不可调双列圆盘耙
non-antigenic 非抗原性的，不产抗原的（inantigenus）
non-aqueous 非水的（inaqueus）
non-aqueous solvent 非水溶剂
non-aqueous titration 非水滴定[法]
non-articulate 无结节的，连贯的（inarticulatus）
non-articulate latex duct（= non-articulate latex tube） 无节乳汁管（ductus laticiferus inarticulatus）{解剖}
non-articulate leaves 无节叶（folii inarticulates）
non autonomous controlling element 非自主控制因子
non-available 无效的，非有效的（inavailabilis）
non-available water 无效水
non-bearing 不结实的，未结果的
non-bearing orchard 未成年果园，未结果果园
non-bearing tiller 无效分蘖
non-bearing tillering 无效分蘖
non-bearing tree 不结果树
non-binary 非二进制的（inbinarius）
non-biological 非生物[学]的（inbiologicus）
non-biological breakdown 非生物瓦解
non-biological decomposition 非生物分解
non-biological degradation 非生物降解
non-biological oscillator 非生物振荡器
non-biological substrate 非生物底物
non-biting midges 摇蚊科［Chironomidae］
non-blood proteins 非血蛋白类
non-bonded interaction 非键互作{分生}
non-calcareous ①非石灰性的，非石灰质的 ②无钙质的（incalcareus）
non-calcareous alluvial soil 非石灰性冲积土
non-calcareous sandy clay 非石灰性沙质黏土，无钙沙质黏土
non-capillary 非毛管的
non-capillary pore 非毛管孔[隙]
non-capillary porosity 非毛管孔[隙]度
non-capillary water 非毛管水
non-capsulate 无荚膜的（incapsulatus）
non-cellular 非细胞的（incellularis）
non-cellular form of life 非细胞的生命形态
non-cellular outgrowth 表皮突
non-cellular plant 非细胞植物（planta incellularis）
non-centrifugal sugar 含蜜糖
non-chorionic gonadotropin 非绒毛膜促性腺激素
non-chromosomal 非染色体的（achromosomalis）
non-clathrate 密筛孔状的（inclathratus）
non-clay fraction 非黏粒部分
non-climacteric fruit 非隔(更)年期果实
non-climber soybean 不爬蔓大豆
non-cocooning larva 不结茧蚕
non-coding DNA lesion 不编码 DNA 损害
non-coding region 不编码区{分遗}
non-coding sequence 不编码序列
non-coding strand 不编码链
non-coherent detection 非相干检测{遥感}
non-cohesive 松散的，非黏结性的（incohesivus）
non-colloidal particle 非胶质土粒{土壤}
non-combustible 不燃烧的（incombustibilis）
non-combustible material 不燃烧材料，不可燃材料
non-combustible refuse 不燃烧垃圾，不可燃垃圾{环保}
non-commercial forest land 非企业性林地
non-commercial price 非商品价格
non-commercial thinning 保育疏伐，无偿疏伐
non-compensating chiasma 非补偿交叉
non-compensating error 非补偿误差，不规则误差
non-competitive inhibition 非竞争性抑制
non-competitive inhibitor 非竞争性抑制剂
non-complementary 非互补的（incomplementarius）
non-conductor 非导体（inconductor）
non-congenial 不相宜的（incongenialis）
non-congression [染色体]不中板集合（incongressio）
non-conjugation [染色体]不接合（inconjugatio）{细胞}
non-consanguineous mating 非近亲交配
non-conservative 非保守性的（inconservativus）
non-conservative properties 非保守性
non-conservative synthesis 非保守合成
non-conservative system 非保守系统
non-contractile vacuole 不收缩泡（vacuola incontractilis）
non-criss-cross exception 非交叉性例外

non-cropping 休耕
non-crossing-over tetrad 非交换四分子
non-crossover 非交换型
non-crystallographic 非结晶学的(incrystallographicus)
non-crystallographic symmetry 非结晶学对称性
non-cultivable land 不可耕地
non-cultivated plot 非栽培小区
non-cultivation layer 非耕作层,心土层
non-cutinized 非角化的(incutinisatus)
non-cutinized attachment point 非角化接触点{生态生理}
non-cybernetic 非控制论的(incyberneticus){电脑}
non-cybernetic system 非控制论系统
non-cycle phosphorylation 非循环磷酸化,非环式磷酸化
non-cyclic ①非循环的 ②非周期的(incyclicus)
non-cyclic photophosphorylation 非循环光合磷酸化,非环式光合磷酸化
non-Darwinian evolution 非达尔文进化
non-deciduous 不凋的,常绿的(indeciduus)
non-decomposed compost 未熟堆肥
non-defective gene mutation 非缺陷基因突变
non-defective homologous virus 非缺陷性同源病毒
non-defective type 非缺陷型
non-diffusible 不扩散的(indiffusibilis)
non-diffusible calcium 不扩散钙
non-diffusible ion 不扩散离子
non-dimension timber 不合格材,等外材
non-dimensional quantity 无因次量
non-directional ①无定向的 ②非直接的(indirectionalis)
non-directiveness 不定向性(indirectivitas)
non-disjunction 不离开,不分离(indisjunctio)
non-disjunction chromosome 不离开染色体
non-disjunction distribution 不离开分布,相邻-1分布
non-disjunctional segregation 不离开型分离
non-dripping film (= nondripped film) 无[流]滴薄膜
non-drying oil 不干性油
non-edible fish 非食用鱼
non-edible part 不可食部分
non-effective 无效的(ineffectivus)
non-effective tiller 无效分蘖
non-effective treatment 无效处理
non-endosperm seed 无胚乳种子(semen exalbuminus)
non-enveloped virus 无包膜病毒
non-enzymatic extraction of nucleic acid 核酸非酶促提取
non-equivalent 不等价的,非等价的(inequivalens)
non-equivalent gene 非等价基因
non-essential 非必需的(inessentialis)
non-essential amino acid 非必需氨基酸
non-essential element 非必需元素
non-essential fatty acid 非必需脂肪酸
non-essential region 非必需区{生技}
non-essential tRNA 非必需 tRNA
non-esterified fatty acid (NEFA) 游离脂肪酸,非脂化脂肪酸
non-exacting bacteria 不必需氨基酸细菌
non-exchange 不交换
non-exchangeable disk 非交换[性]磁盘{电脑}
non-exploited 未开发的(inexplicitus)
non-exploited area 未开发水域
non-exploited species 未开发种
non-exuviated larva 不脱皮蚕
non-farm population 非农业人口
non-fermented tea 不发酵茶
non-ferrous material 有色金属材料
non-ferrous metal 有色金属
non-ferrous metals refinery waste water 有色金属冶炼废水{环保}
non-flooded soil 非淹浸土
non-flowering 不开花的
non-flowering material 不开花材料
non-flowering mutant 不开花突变型
non-flowering plant 不开花植株
non-free space 非无阻空间
non-freezing lubricating oil 不冻润滑油
non-freezing water-trough 不冻饮水槽,不冻饮水器{农施}
non-frontal 无锋的
non-frost period 无霜期
non-function stomata 无功能气孔
non-functional 无功能的,无机能的(infunctionalis)
non-genetic 非遗传的,不遗传的
non-genetic component 不遗传的组成部分
non-genetic environmental variation 非遗传的环境变异
non-genetic RNA 非遗传 RNA
non-genic variation 非基因变异
non-gluey egg 不胶着卵{蚕}
non-glutinous 不胶黏的,粳性的(inglutinus)

non-glutinous rice 粳稻,粳米
non-granular leucocyte 无粒白细胞
non-graphical 非图形的(ingraphicus){电脑}
non-graphical data 非图形数据
non-gravitational water 非重力水
non-green 非绿色的(inviridis)
non-green biomass 非绿色生物量
non-green plant 非绿色植物
non-green tissue 非绿色组织
non-halophytic 非盐生植物的(inhalophyticus)
non-halophytic species 非盐生植物种(species inhalophytiae)
non-heated acid treatment 无加温浸酸[处理]
non-heated rice nursery 不加热秧田
non-hereditary 不遗传的,非遗传的(inhereditaris)
non-hereditary fluctuation 不遗传彷徨变异
non-hereditary variability 不遗传变异性
non-hereditary variation 不遗传变异
non-heritable 不能遗传的,不可遗传的(inheritabilis)
non-heritable agencies 不能遗传作用
non-heritable component 不遗传的组成部分
non-heritable variance 不遗传变量
non-heritable variation 不遗传变异
non-host immunity 非寄主免疫性
non-infected 未感染的,未罹病的
non-infectious disease 非侵染性病害
non-infectious plasmid 非传染性质粒
non-infective 非传染性的(ininfectivus)
non-infective disease ①非侵染性病害{病理}②非传染病{微生物}
non-inflammatory 非炎症的,非炎性的
non-informative acceptor zone 非信息受体带
non-inheritedness 不遗传,非遗传性
non-interbreeding 非杂种繁殖
non-irrigated 非灌溉的
non-irrigated land 非灌溉地,旱地
non-irrigated nursery(= upland rice nursery) 旱秧田
non-irrigated plot 不灌溉小区
non-irrigating period 非灌溉期
non-isolabelling 非同标记
non-isothermal foliage 不等温叶簇
non-leafy bud 非叶腋芽,鳞片芽
non-line-out plant 未移栽植株
non-linear 非线性的,非直线的{统计}
non-linear chromatography 非线性层析{生技}
non-linear circuit 非线性电路
non-linear correlation 非线性相关
non-linear coupling 非线性耦合{分生}
non-linear dynamics 非线性动力学
non-linear edge enhancement method 非线性边缘增强法{遥感}
non-linear function 非线性函数
non-linear interaction 非线性连应
non-linear oscillation 非线性振荡
non-linear regression 曲线回归
non-linear restoration 非线性复原
non-linear system 非线性系统
non-living 非生活的,非生命的,无生命的
non-living body 非活体,非生物体
non-living environmental condition of organisms 非生物环境条件
non-living material 非生活物质
non-living substance 非生活物质,非活质
non-localized ①非局部化的 ②非定域的(inlocalisatus)
non-localized bond 非定域键{分遗}
non-lodging variety 不倒伏品种
non-mealy 非粉状的,黏质的
non-Mendelian 非孟德尔式
non-Mendelian factor 非孟德尔式因子
non-Mendelian heredity 非孟德尔式遗传
non-Mendelian inheritance 非孟德尔式遗传
non-Mendelian method of breeding 非孟德尔式育种法
non-migrant population 非移栖生物群体
non-mitochondrial 非线粒体的
non-mitochondrial protein 非线粒体蛋白
non-motile 不动性的,不能动的
non-mutagen(= non-mutagenic agent)非诱变剂,非诱变因素
non-mutant codon 非突变密码子
non-neutralizing antibody 非中和抗体
non-nitrogenous 无氮的
non-nitrogenous diet ①无氮膳食 ②无氮饲料
non-nitrogenous organic matter 无氮有机[物]质
non-nodulating soybean strain 无根瘤大豆品系
non-normality 非正态性(innormalitas)
non-noxious stimulation 无害刺激
non-noxious weed 无害杂草
non-nucleolar 非核仁的
non-nucleolar constriction 非核仁缢痕
non-nucleolar nucleoplasm 非核仁核质
non-occluded baculovirus 无包含体杆状

病毒
non-organ-forming medium 非器官形成培养基
non-orthogonal data 非均衡数据{统计}
non-orthogonality 非均衡性
non-osmotic absorption 非渗透吸收
non-overlapping 不重叠的,非重叠的
non-overlapping code 不重叠密码{分遗}
non-overlapping receptor site 不重叠受体部位
non-overlapping triplet 不重叠三联体
non-oxidative 非氧化性的 (inoxidativus)
non-oxidative deamination 非氧化性脱氨[作用]
non-parallel microtubule 非平行微管丝
non-parametric 非参数的,非参量的{统计}
non-parametric method 非参数法,非参量型法
non-parametric statistics ①非参量型统计量 ②非参数统计学
non-parametric test 非参量型测验法
non-parasitic disease 非寄生性病害
non-parental 非亲本的,非亲代的{育种}
non-parental ditype (NPD) 非亲代双型
non-parental ditype tetrad 非亲代双型四分体
non-parental single cross 非亲本单交
non-parental type 非亲本型
non-payment 未支付,未付款
non-payment of rent 未付地租,未缴纳地租
non-peptized 不消化的
non-permissive cell 不受纳细胞,限制性细胞
non-permissive condition 不允许条件
non-persistent virus 非持续性病毒
non-photosynthetic 不光合的,非光合作用的
non-photosynthetic bacteria 不光合细菌
non-photosynthetic control of growth 非光合作用的生长控制
non-phytotoxicity 非植物毒性(指对植物无毒害)
non-pored wood (= non-porous wood) 无孔材 (liguum aporum)
non-potable 非饮用的 (inpotabilis)
non-potable water 非饮用水{环保}
non-precipitant fixative 不沉淀固定液
non-pregnant 未怀孕的,无胎的
non-pregnant condition 空怀
non-pressure process 常压法(木材防腐)
non-pressure spray 无加压喷射,常压喷射
non-productive tiller (= nonbearing tiller) 无效分蘖
non-protein 非蛋白质的
non-protein-forming 非蛋白质形成
non-protein nitrogen (NPN) 非蛋白[质]氮
non-protein respiratory quotient (NPRQ) 非蛋白呼吸商
non-protoplastic component 非原生质成分
non-puddled soil 非黏闭土,非紧实土
non-race specific resistance 非小种专化抗[病]性
non-reactive factor 无作用因子
non-recuperable injury 不能恢复伤害
non-recurrent ①非轮回的 ②非再发的
non-recurrent apomixis 非轮回无融合生殖
non-recurrent migration 非轮回移动
non-recurrent mutation 非轮回突变
non-recurrent parent 非轮回亲本
non-reducible 非还原的
non-reducing sugar 非还原[性]糖
non-reduction 非减数
non-regenerability 无更新力,不可更新性
non-related 非亲缘的,非相关的
non-related crossing 非亲缘杂交
non-relative 非亲缘的 (inrelativus)
non-relative pathogen 非亲缘性病原
non-representative 无代表性的
non-repressible synthesis 不可阻遏合成
non-resistant ①无抗性的 ②无阻力的
non-resistant variety 无抗性品种
non-respiring sclerenchymatic element 不呼吸厚壁组织成分
non-return ①不返回的,非返回的,不归的 ②不可逆的 ③止逆的 ④无回波{遥感} (inreturner)
non-return-to zero (NRZ) 不归零制{电脑}
non-return-to-zero recording (NRZR) 不归零记录
non-reversible 不可逆的 (inreversibilis)
non-reversible reaction 不可逆反应
non-rigid ①柔韧的 ②温顺的 ③非刚性的 (inrigidus)
non-rigid plastic film 软质塑料薄膜,柔韧塑料膜{农施}
non-rising stem valve 非上升杆式阀{环保}
non-rotted compost 未腐熟堆肥
non-ruminant 不反刍类
non-rust steel 不锈钢
non-saline ①非盐[性]的 ②非盐化的 (insalinus) {土壤}
non-saline and non-alkaline cultivated land 非盐碱化耕地
non-saline soil 非盐[化]土
non-sampling error 非抽样误差
non-schooling fishes 非集群性鱼类
non-seasonal variety 非季节性品种

non-secretor 不分泌器
non-sedentary species 非定居种
non-seed year 不结实年
non-segregating hybrid 不分离杂种
non-semiconservative repair type DNA synthesis 非半保留修复型 DNA 合成
non-septate 无隔膜的 (inseptatus)
non-septate mycelium 无隔菌丝体
non-shedding (= non-shattering) 不落粒的,不脱粒的
non-sliding cutting 无滑动切割
non-spawning phase 非产卵阶段
non-specific 非专性的,非专化的,非特异[性]的 (inspecificus)
non-specific agglutination 非专性凝集
non-specific disease development 非专化发病
non-specific effect 无特殊[性]效应,非专性效应
non-specific immunity 非专性免疫,非特异性免疫
non-specific inhibition 非专一性抑制
non-specific inhibitor 非专[一]性抑制剂
non-specific manifestation 无特殊[性]显示
non-specific nuclease 非专效性核酸酶
non-specific projection system 非特异投射系统
non-specific resistance 非专性抗性,非特异[性]抗性
non-specific response 非特异反应
non-specific transduction 非特异转导,普通转导
non-specificity 非特异性 (inspecificitas)
non-spore bacteria 无孢细菌 (asporobacteria)
non-spore-bearing 无孢子的 (asporifer)
non-spore-bearing bacillus 无孢杆菌 (bacillus asporifer)
non-sporulating bacteria 不结孢子细菌 (bacteria asporiferae)
non-spotted lycaenid 无星灰蝶 [*Thecla jonasi* Janson] (灰蝶科)
non-sprouting bud 不发芽(桑)
non-staple foodstuff 副食品
non-steady flow 非稳定流,不稳定流{环保}
non-stocked forest land 无立木地
non-stomatal 无气孔的 (instomatalis)
non-stomatal inhibition 无气孔抑制
non-stringent ①非严格的,不严格的 ②非严紧型的 ③不约束的 (instringens)
non-stringent condition 非严格条件
non-stringent hybridization 非严格杂交
non-stumped seedling 非截干实生树
non-sugar 非糖分
non-sulphur fertilizer 无硫化肥
non-sulphur purple bacteria 紫色非硫细菌
non-suppressible 不可抑制的 (insuppressibilis)
non-suppressible insulin-like active peptide (NSILAP) 不可抑制胰岛素样活性[多]肽
non-symbiotic 非共生的 (insymbioticus)
non-symbiotic culture 无菌培养
non-symbiotic medium 非共生培养基
non-symbiotic nitrogen fixation 非共生固氮[作用]
non-synchronized 非同步的 (insynchronisatus)
non-synchronized clivision 非同步分裂
non-synchronous 非同步的 (insynchronus)
non-synthetic 非合成的 (insyntheticus)
non-system network architecture station (non SNA station) 非系统网络结构站{信息}
non-tapering (干形)完满的
non-taste 味盲
non-taster 味盲人
non-terminal incorporation 非末端渗入
non-threshold logic circuit (NTL) 非阈值逻辑电路{信息}
non-tillage (= no tillage) 免耕,不整地,不耕作
non-tillage planting 免耕种植,不整地种植,不整地栽植
non-tillage seeding 不整地播种,免耕播种
non-time delay 无时间延迟{信息}
non-tipping trailer 非倾卸挂车
non-toxicity 无毒性,无害
non-tracking spiked chain harrow 无迹钉齿链耙
non-trailing ①非蔓生的 ②非拖曳的
non-transcribed spacer 非转录隔离物{分遗}
non-transferable utility 不可转移效用
non-translated 非翻译的 (intranstatus)
non-translated region (= non-translational region) 非翻译区{分遗}
non-translated sequence 非翻译序列
non-transmembrane protein 非跨膜蛋白[质]{分生}
non-transmissible 不能传递的
non-trellis cultivation 无支柱栽培
non-triplet codon 非三联体密码子
non-tropical 非热带的 (intropicus)
non-tropical evergreen-broadleaved tree 非热带常绿阔叶树

non-uniform 非均匀的（inuniformis）
non-uniform distribution 非均匀分布｛统计｝
non-uniform flow 变速流，非均匀流
non-uniform quantization 非均匀量化｛智培｝
non-uniform resistance 非水平抗［病］性，非均一抗［病］性
non-uniform terrain ①非均匀地面 ②非均匀地形
non-unit membrane 非单位膜
non-vectored interrupt（NVI） 非向量中断｛电脑｝
non-viron 非病毒粒子（inviron）
non-viron protein 非病毒粒子蛋白
non-vital staining 非活体染色
non-volcanogenous 非火山性的（involcanogenus）
non-volcanogenous soil 非火山性土
non-washing rice processing 不淘洗米加工
non-Watson-Crick base-pair 非沃森-克里克碱基对｛分遗｝
nona（= non） 九，壬
nonaccepting state 非接受状态｛信息｝
nonacknowledge 不确认，不肯定
nonactin 无活［性］菌素
nonad(9 + 2) symmetry ［指染色体］9 + 2 对称
nonadditivity 非加性，不可加性（inaddivitas）
nonage 未成年，未成熟，幼稚
nonagon 九边形
nonallelic 非等位的（inallelicus）
nonallelic factor 非等位因子
nonallelic gene 非等位基因（gena inallelica）
nonallelic gene loci 非等位基因座位
nonallelic interaction 非等位互作
nonallelic isozyme 非等位基因同功酶
nonallelic lethal 非等位致死
nonallelic variance 非等位基因变量
nonallelic variation 非等位基因变异
nonamyloid 非类淀粉质的（nonamyloideus）
nonane 壬烷 ［$CH_3(CH_2)_7CH_3$］
nonaperturate 无萌发孔的（inaperturatus）
nonassimilating 非同化的（inassimilasens）
nonassimilating part 非同化部分
nonassimilatory organ 非同化器官
nonautonomous 非自主的（inautonomus）
nonautonomous behavior 非自主行为
nonautonomous development 非自主发育
nonautonomy 非自主性（inautonomia）
nonavailability 无效性，非有效性（inavailabilitas）
nonbasic 非碱性的（inbasicus）
nonbasic chromosomal protein 非碱性染色体蛋白质
nonbasic residue 非碱性残基
nonbilayer lipid 非双层脂
nonbiodegradable 非生物降解的（inbiodegradabilis）
nonbiodegradable substance 非生物降解物｛环保｝
nonblank 非空的
nonblocking 无阻塞，非封锁
nonbolting 不抽薹［性］
nonbonding molecular orbital 非键分子轨道｛分生｝
nonbranching 不分枝的，无分枝的（eramosus）
nonbranching plant 不分枝植物（planta eramosa）
nonbranching variety 不分枝品种（指芝麻）
nonbreaking space 不离断空格，不可分空格｛电脑｝
nonbreeding season 非繁殖季节
nonbrights 天亮卡巴粒
nonbuffered case 非缓冲情况
noncalcic 非石灰的（incalcicus）
noncalcic brown earth（= Shantung brown soil） 非石灰性棕壤
noncalcic brown soil 非石灰棕色土
noncarbonate hardness 非碳酸盐硬度｛环保｝
noncentral chi-square 无中心卡方，无中心 X^2｛统计｝
noncentric constriction 非着丝点缢痕
nonchiasmate 不具交叉的
nonchlorinated insecticide 不含氯的杀虫剂
nonchromosomal DNA 非染色体 DNA
nonchromosomal hereditary determinant 非染色体遗传因子
noncoded ①非编码的｛电脑｝②不编码的｛分遗｝
noncoded graphics ①非编码图形 ②非编码图形学
noncoded information（NCI） 非编码信息
noncoherent soil 无黏结性土壤
noncolicinogenic strain 不产大肠杆菌素菌株
noncolinear 非共线的（incolinearis）
noncommunicable 不传染的（incommunicabilis）
noncompetitive 非竞争性［的］（incompeti-

tivus)
noncomplete 不完全的(incompletus)
noncomplete independence 不完全独立性
noncongressing chromosome 不中板集合染色体
nonconjugative 不接合的(inconjugativus)
nonconjugative gene transfer 不接合[型]基因转移{细胞}
nonconjugative plasmid 不接合[型]质粒
noncontingent 非偶然的(incontingens)
noncontingent event 非偶然事件
noncooperative 非合作的,不合作的(incooperativus)
noncooperative game 非合作对策
noncorrodibility 非腐蚀性(incorrodibilitas)
noncorroding 非腐蚀的(incorrodens)
noncorrosive 非腐蚀性的(incorrosivus)
noncorticate 无外皮层的,无硬皮层的(incorticatus)
noncovalent 非共价的(incovalens)
noncovalent bond 非共价键{分遗}
noncovalent force 非共价力
noncovalent interaction 非共价相互作用
noncrop area 非耕作区
noncumulative isomery 非累积同体性
noncyclic electron flow 非循环电子流
noncyclic electron transport 非循环电子传递
nondata input/output operation 非数据输入输出操作{电脑}
nondedicated 非专用的(indedicatus)
nondeleterious allele 无害等位基因
nondeleterious effect 无害效应
nondenaturing polyacrylamide gel electrophoresis 非变性聚丙烯胺凝胶电泳
nondestructive ①非破坏性的 ②非破坏性(indestructivus)
nondestructive cursor 非破坏性光标{电脑}
nondestructive inspection 非破坏性检查
nondestructive read(NDR) 非破坏性读出{信息}
nondestructive sorting 非破坏性分级
nondeterminacy 不确定性(indeterminacia)
nondeterministic 不确定的(indeterministicus)
nondifferentiating phase 非分化期
nondimensionalization 无量纲化(indimensionalisatio){环保}
nondisclosure 保密(indisclosura)
nondisplay 不显示(indisplicare)
nondisruptive seasonal selection 不分期选择
nondormant grain 不休眠子粒
none-so-pretty 高雪轮(捕虫瞿麦,类人草)[*Silene armeria* L.](石竹科)
nonea 龙尼花属[*Nonea* Med.](紫草科)
nonelectrogenic 非电生的
nonelectrolyte 非电解质(inelectrolytus)
nonelectrolyte solution 非电解质溶液
nonemergency 无发芽力(inemergentia)
nonencoded keyboard 非编辑键盘{电脑}
nonenzymatic origin 非酶源
nonequilibrium ①非平衡的 ②非平衡(inequilibrium)
nonequilibrium centrifugation 非平衡离心
nonequilibrium condition 非平衡状态
nonequilibrium state 非平衡态
nonequilibrium system 非平衡系统
nonequilibrium thermodynamics 非平衡热力学
nonerodible ①非侵蚀的 ②不易侵蚀的(inerodibiilis)
nonessentiality 非本质(inessentialitas)
nonesuch(=nonsuch) 天蓝苜蓿[*Medicago lupulina* L.](豆科)
nonexchangeable 非交换[性]的
nonexchangeable cation 非交换性阳离子
nonexchangeable ion 非交换性离子
nonexchangeable potassium 非交换性钾
nonexchangeable sodium 非交换性钠
nonexcitable ①不激发的 ②不能兴奋的(inexcitabilis)
nonexistence 不存在(inexistentia)
nonexpert interface 非专家接口{电脑}
nonfat(=defatted) 脱脂的
nonfat dried milk 脱脂奶粉{加工}
nonfat milk(=skim milk) 脱脂乳
nonfatal 非致命的(infatalis)
nonfatal error 非严重错误,非致命错误
nonfertilization 不受精(infoecundatio)
nonfertilized ①不施肥的 ②不受精的
nonfertilized condition 不施肥条件
nonfertilized egg 不受精卵
nonfertilized plot 不施肥区
nonfinal 非最终的(infinalis)
nonfinal state 非最终状态
nonfixiform 无定形(infixiforma)
nonformal 非格式,无格式{电脑}
nonfunctional DNA 无功能 DNA
nonfunctional gamete 无功能配子,败育配子
nongenic 非基因的(ingenus)
nongenic DNA sequence 非基因 DNA 顺序
nonhardy 不耐寒的

nonhardy crops 不耐寒作物
nonhardy group 不耐寒类群(苜蓿品种分类)
nonhazardous 无危险的,无毒害的
nonheading ①不抽穗的 ②不结球的
nonheading cabbage 不结球甘蓝
nonheme iron protein 非血红素铁蛋白
nonhibernating egg 不越年卵,生卵{蚕}
nonhistone chromosomal protein 非组蛋白染色体蛋白质
nonhistone protein (NHP) 非组蛋白蛋白质
nonhomologous 非同源的,异源的 (inhomologus)
nonhomologous floral organ 异源花器 (organa floralis inhomologa)
nonhomologous linkage structure 非同源连锁结构
nonhomologous pairing 非同源配对,异源配对
nonhomologous torsion pairing 非同源扭曲配对
nonhomology 非同源 (inhomologia)
nonhumic substance 非腐殖物质
nonidentical 非同一的 (inidenticus)
nonidentical allele 非同一等位基因
nonimpact printer 非击打式打印机
noninbred progeny 非近交后代
noninducible enzyme 非诱导酶
noninducible mutant 非诱导突变体
noninducible phage 非诱导噬菌体
noninoculated seed 未接种种子
noninterconvertible acid-in-soluble phosphorus 非互换性酸不溶磷,非互变性酸不溶磷
noninversing plough 松土犁,无臂犁
nonion 非离子 (inion)
nonionic 非离子型的 (inionscus)
nonionic detergent 非离子型去污剂
nonionic surface active agent (= nonionic surfaactant) 非离子型表面活性剂
nonionizing radiation 非电离辐射
nonirritant 无刺激性
nonjunctional membrane 非连接膜
nonlabeled tape 无标号磁带{信息}
nonlaterized red earth 非砖红壤化红壤
nonleached 非淋溶的,非淋洗的
nonleaf structure 非叶结构
nonlegume 非豆科作物
nonleguminous 非豆科的
nonleguminous green manure 非豆科绿肥
nonlethal 不致死的 (inlethalis)
nonlethal dosage 不致死剂量
nonlethal dose 不致死剂量
nonlifting (拖拉机液压系统的)起落机构
nonlinearity 非线性 (inlinearitas)
nonlocal ①非本地的 ②非局部的 (inlocalis)
nonlocal entry ①非本地入口 ②非局部输入{信息}
nonlocal recognition 非局部识别
nonlocalized centromere 非局部化着丝粒
nonlocking 非锁定{电脑}
nonlysogenic 非溶源的
nonlysogenic bacterial cell 非溶源细菌细胞
nonlysogenic cell 非溶源细胞
nonlysogenic F^- cell 非溶源 F^- 细胞
nonlysogenic recipient bacterium 非溶源受体细菌
nonlysogenic strain 非溶源菌株
nonmalignant 非恶性的 (inmalignans)
nonmaskable interrupt (NMI) 非屏蔽中断,不可屏蔽中断{电脑}
nonmerculic 非汞的
nonmerculic fungicide 非汞杀菌剂
nonmetabolic 非代谢的
nonmetabolic uptake 非代谢吸收
nonmetal 非金属
nonmetal pipe 非金属管{环保}
nonmetallic 非金属的
nonmetallic fungicide 非金属杀菌剂
nonmotile female gamete 不动雌配子,卵细胞
nonmottled 无斑点的 (epunctatus)
nonmottled seed 无斑点种子 (semen epunctatum)
nonmoulting larva 不眠蚕
nonmyelinated fiber 无髓[鞘的]纤维 (fiber inmyelinatus)
nonnormal 非正态的 (innormalis)
nonnormal distribution 非正态分布{统计}
nonnucleated 无核的 (enucleatus)
nonnutrient 无营养的
nonnutrient agar 无营养琼脂
nonose 壬糖 [$C_9H_{18}O_7$]
nonoverlapping 不重叠
nonoverlapping triplet 不重叠三联体
nonox 乙醛-苯基萘胺(防老剂)
nonoxidizable 不能氧化的
nonpapillated 无乳头的
nonparametric hypothesis 非参数假设
nonparasitic 非寄生的{病理}
nonpathogenetic 非致病的
nonpathogenic 非病原的
nonperishable 不易腐败的
nonpersistent ①非持久性的 ②非持续性的
nonpersistent pesticide 无残留农药,非持久性农药
nonphosphorylated linker 非磷酸化接头

nonphotosensitive variety 非感光性品种
nonphysical 非物理的(inphysicus)
nonphysical device 非物理设备
nonpiliated strain (=P⁻ strain) 无毛菌株
nonpipelined processor 非流水线处理机
nonplanar 非平面的(inplanaris)
nonplanar graph 非平面图
nonplastic 非塑性的
nonplastic soil 非塑性土壤
nonpoint 不定点(inpunctum)
nonpolar 无极性的,非极性的(inpolaris)
nonpolar bond 非极性键{分遗}
nonpolar group 非极性基
nonpolar solvent 非极性溶剂
nonpolarizable 非极化的(inpolarisabilis)
nonpolarizable electrode 非极化电极
nonpolarized ①非极性的 ②非偏振的(inpolarisatus)
nonpolarized light 非偏振光
nonpolarized return-to zero recording 非极性归零记录{电脑}
nonpollinated 不授粉的,单性的
nonpollinated fruit 单性果实,不授粉果实
nonpollution 无污染,零污染(inpollutio){环保}
nonprocess runout (NPRO) 空走{电脑}
nonproductive ①非生产性的 ②不能生产的 ③无效的(inproductivus)
nonproductive binding 无效结合{生技}
nonproductive expenditures 非生产性开支{农管}
nonprogrammable 非可编程的(inprogrammabilis){电脑}
nonprogrammable terminal (NPT) 非可编程终端{电脑}
nonpubescent variety 无短柔毛品种
nonradioactive 非放射性的(inradioactivus){物}
nonradioactive labeling (=nonradiometric labeling) 非放射性标记[法]
nonradioactive reporter molecule 非放射性报道分子
nonrandom ①不随机的 ②有序的{统计}
nonrandom assortment ①不随机分配 ②不随机组合
nonrandom disjunction 不随机离开
nonrandom distribution 不随机分布
nonrandom evolutionary pressure 非随机进化压力
nonrandom foliage 有序叶簇
nonrandom mating 非随机交配
nonrandom segregation 不随机分离
nonrandom structure 有序结构
nonreceptor 非受体(inreceptor){分生}
nonreceptor tyrosine kinase 非受体酪氨酸激酶
nonreciprocal 非相互的
nonreciprocal recombinant 非相互重组体
nonreciprocal recombination 非相互重组
nonreciprocal translocation 非相互易位
nonrefrigerated 非冷冻的(inrefrigeratus)
nonrefrigerated centrifuge 非冷冻离心机
nonrelapse 不再复发
nonrepetitive DNA 不重复 DNA,唯一DNA,单样板 DNA
nonreplicating vector (= nonreplication vector) 非复制型载体{生技}
nonrespondents 无反应处理{统计}
nonresponder 无反应者(inresponder)
nonresponsiveness 无反应性
nonrestitution union 非重建愈合
nonrestorer (雄性不育)维持系,非恢复系
nonretting rate 不再发情率
nonreturn state 非返回状态
nonreturn valve (=check valve) 止逆阀,止回阀,单向阀{环保}
nonreversing motor 不可逆转的液压马达
nonsaccharine 不含糖分的
nonsaline-alkali soil 非盐碱土
nonsaturated 未饱和的(insaturatus)
nonsaturated air 未饱和空气
nonscan field 非扫描字段{电脑}
nonscheduled maintenance time 非预定维护时间
nonscouring ①(犁壁,犁铲)不脱土 ②(工作部件)黏土粘塞
nonscouring velocity ①粘塞速度 ②非冲刷流速度
nonselective 无选择的,无选择性的
nonselective elimination 无选择性淘汰
nonselective herbicide 无选择性除草剂
nonselective insecticide 无选择性杀虫剂
nonselective scattering 非选择性散射{遥感}
nonselective transport 无选择性转运
nonsense 无意义的,无义的{分遗}
nonsense codon 无义密码子{分遗}
nonsense correlation 无义相关
nonsense mutant 无义突变体
nonsense mutation 无义突变
nonsense suppression 无义抑制
nonsense suppressor 无义抑制基因
nonsense triplet 无义三联体
nonsequential computer 非顺序计算机
nonservo robot 非伺服机器人{物}
nonsettleable solid 非可沉固体{环保}

nonshattering 不落粒的{育种}
nonshattering character 不落粒性状
nonshattering habit 不落粒习性
nonshattering mutant 不落粒突变型
nonshattering strain 不落粒品系
nonshattering variety 不落粒品种（指芝麻品种）
nonshowy flowering 不过分艳丽开花的
nonsignaled state 无信号状态{信息}
nonsignificant 不显著的（insignificans）
nonsilting ①非淤积的 ②非沉积的
nonsilting velocity 不淤积流速
nonsimple curve segment 非简单曲线段{统计}
nonsimulataneous transmission 非同时传送
nonsister 非姊妹的（指染色体）
nonsister chromatids 非姊妹染色单体
nonsister label exchange 非姊妹标记变换
nonsister strand 非姊妹线
nonslip ①不活动的，固定的 ②防滑转的
nonsoftware ①非软件的 ②非软件{电脑}
nonsoluble 不溶解的，不溶化的（insolubilis）
nonspecific pairing 非特定配对
nonspecific RNA polymerase 非专效 RNA 聚合酶
nonspontaneous process 非自发过程
nonsporing 不形成孢子的
nonsporous 无孢子的，不产孢子的（asporus）
nonstaining 不染色的
nonstake culture 无支柱栽培
nonstate-owned 非国有的
nonstate-owned investment 非国有投资
nonsticky ①不黏的 ②无黏性的
nonstop ①不停的，无休止的，无终止的 ②直达的（instoppa）
nonstop frame 无终止读框{分遗}
nonstratified 不分层的，无层的
nonstratified crown 无层式树冠
nonstratified form 无层式树型
nonstressed plant 无胁迫植物
nonstructural ①无结构的 ②非结构的（instructuralis）
nonstructural carbohydrate 无结构碳水化[合]物
nonstructural gene 非结构基因{分遗}
nonstructural protein（NS protein） 非结构蛋白
nonstructure 无结构（instructura）
nonstructure soil 无结构土壤
nonsubstrate site 非基质部位
nonsucrose 非糖物
nonsulfur purple photosynthetic bacterium 无硫紫色光合细菌
nonsulphate fertilizer 无硫酸盐化肥
nonsulphate radical 无硫酸根
nonsulphuric acid fertilizer 无硫酸根肥料
nonsymbiotic germination 无菌发芽
nonsynchronous data transmission channel 非同步数据传输通道{信息}
nonsynchronous network 非同步网络
nontainting 无污染
nontaperness 完满[性]，完满度
nontaperness of trunk 树干完满度
nontemporary 非临时的，非暂时的（intemporarius）
nontemporary data set 非临时数据组
nontilled cropping 免耕栽培
nontoxic 无毒的，非毒性的
nontoxin ①无毒 ②无毒性
nontransparent 非透明的（intransparens）
nontrivial ① 不容易的 ②不平凡的（intrivialis）
nontrivial condition 非平凡条件，非无效条件（conditio intrivialis）
nontronite 绿脱石，绿高岭石
nontubular fibril 非微管丝
nonuniformity ①不均匀性，非均匀性 ②非一致性，非均一性（inuniformitas）
nonuniqueness 非惟一性，不惟一，不独特
nonupdatability 不可更改性
nonuploid 九倍体（nonuploida）{细胞}
nonuploidy 九倍性（nonuploidas）
nonuseable 无用的（inutiabilis）
nonuseable part 无用部分
nonvaccine 非疫苗[的]（invaccinus）
nonvaccine strain 非疫苗[菌]株
nonvascular ①无维管的 ②无脉管的
nonvernalization type 非春化型
nonviability 无生活能力（inviabilitas）
nonviable 无生活能力的，非成活的（inviabilis）
nonviable virus genome 非成活病毒基因组
nonviscous 不黏滞的（inviscus）
nonvisibility 不可见性（invisibilitas）
nonvisible 不可见的（invisibilis）
nonvolatile 不挥发的（involatilis）
nonvolatile acid 不挥发酸
nonvolatile oil 不挥发油
nonwater particle 无水颗粒，无水土粒
nonwaxy starch 非蜡质淀粉
nonwetting 不湿润的
nonzero 非零（inzero）

nonzero digit 非零位
nonzero spin 非零自旋
noodle type ①普通树种 ②普通品种
noose ①套索(马具) ②套马,套车
nootka cedar (=yellow cedar) 黄扁柏(加拿大扁柏,努特卡扁柏)[*Chamaecyparis nootkatensis* Spach.](柏科)
nopal (=Indian fig tree, prickly pear cactus, barbary fit tree) 迪氏仙人掌[*Opuntia ficus-indica* Mill. = *O. dilleni* Haw.](仙人掌科)
nopalcactus ①仙人掌属[*Opuntia* Mill.](仙人掌科) ②仙人掌[*Opuntia vulgaris* Mill.]
nopalea ①胭脂仙人掌属[*Nopalea* Salm-Dyck](仙人掌科) ②胭脂仙人掌[*Nopalea cochinellifera* Salm-Dyck]
nopaline 胭脂碱
nopalinic acid 胭脂鸟氨酸(指一种冠瘿氨基酸)
nopalxochia (=red orchid cactus) ①令箭荷花属[*Nopalxochia* Britt. et Rose](仙人掌科) ②令箭荷花[*Nopalxochia ackermannii* Kunth]
nopetal trillium 无瓣延龄草[*Trillium smallii* Maxim.](延龄草科)
NOR ①(=nucleolar-organizing region) 核仁组成区,核仁组成部分{细胞} ②(=NOT-OR)"或非"{电脑}
nor- ⌞字头⌝①正 ②去甲,降
NOR-band NOR带,核仁组成区带
NOR-banding NOR显带[法],核仁组成区显带[法]{染色体}
NOR circuit "或非"电路
NOR element "或非"元件
NOR gate "或非"门
nor-leucine 正亮氨酸,正白氨酸[$C_6H_{13}NO_2$]
NOR logic "或非"逻辑
NOR of amphibian oocyte 两栖卵母细胞的NOR
noradrenalin (=noradrenaline) 去甲肾上腺素
norator ①非通道 ②任意子{电脑}
norcholane 降胆烷,异戊甾[$C_{22}H_{38}$]
Nordell number 诺德尔数{环保}
nordihydroguaiaretic acid 去甲二氢愈创木酸
nordmann fir (=Caucasian fir) 高加索冷杉[*Abies nordmanniana* (Steven)Spach](松科)
norea (=noruron) 草完隆{农药}
norepinephrine (NE) 去甲肾上腺素
norethindrone 炔诺酮
norethynodrel 异炔诺酮
Norfolk island pine 南美杉[*Araucaria excelsa* R.Br.](南洋杉科)
Norfolk rotation 诺弗克轮作(四区轮作,其中一区种块根作物)
Norfolk system 诺弗克制(轮作)
noria ①戽斗水车{水利} ②斗式升运器{农机}
norientation 正向(指基因片段插入)(norientatio){分遗}
Norite 诺莱(一种活性炭商品名)
norlaudanosoline 全去甲劳丹碱
norleucyl- 正亮氨酰[基]
norlinolenic acid 去甲亚麻酸,十七碳-6,9,12-三烯酸
norm ①量,定额 ②当量 ③规格,标准 ④典型,规范,模范(norma)
norm of reaction 反应规范
normal ①正常的,通常的,一般的 ②常态的,正态的{统计} ③正规的,规定的,当量的 ④标准的,典型的 ⑤平均的 ⑥正态,常态(normalis)
normal agricultural output 正常农产品产量
normal agronomic character 正常农艺性状(character agronomicus normalis)
normal air temperature 标准气温
normal allele 正常等位基因
normal-angle lens 常角镜头{遥感}
normal annual yield ①正常年产量{栽培} ②标准年伐量{森林}
normal antibody 正常抗体
normal apparatus 标准仪器
normal approximation 正态近似{统计}
normal assumption 正态假设{遥感}
normal atmosphere 标准大气
normal axis 垂直轴线
normal barometer 标准气压表
normal behaviour 正常行为
normal biosynthesis 正常生物合成
normal block 正规程序块{电脑}
normal bud 定芽(gemma normalis)
normal calomel electrode 当量甘汞电极
normal cell life 正常细胞寿命
normal chiasmate meiosis 正常有交叉的减数分裂
normal codon 正常密码子,非变密码子{分遗}
normal color film 标准彩色胶片{遥感}
normal concentration 规定浓度,标准浓度,当量浓度
normal condition ①正常条件 ②正常情况
normal content 标准量,正常含量

normal coordinate 常规坐标,标准坐标
normal crop 常年收成,平均收成
normal crop calender 正常作物农事历{栽培}
normal curve 常态曲线,正态曲线{统计}
normal cytokinesis 正常胞质分裂(cytokinesis normalis)
normal depth 正常水深
normal deviate 常态离差,正态离差{统计}
normal diameter 胸高直径(指林木)
normal dihybrid 正常双因子杂种(dihybrida normalis)
normal diploid 正常二倍体(diploida normalis)
normal discharge 正常流量
normal disomic 正常二体生物(disomicus normalis)
normal dispersion 正常分散{统计}
normal distribution 正态分布,常态分布{统计}
normal domestic sewage 一般家庭污水{环保}
normal embryo 正常胚(embryo normalis)
normal environmental influence 正常环境影响
normal equation 正态方程式
normal erosion 正常侵蚀
normal fault 正断层{地质}
normal feature 正常特征
normal fertility 正常能育性
normal fertilization process 正常受精过程
normal flora ①正常植物区系 ②正常植物志(flora normalis)
normal forest (= ideal forest) 法正林
normal frequency curve 正态频数曲线
normal frequency distribution 正态频数分布
normal function 正常功能
normal fuzzy algorithm 正规模糊算法
normal gamete 正常配子(gameta normalis)
normal girth 胸高干围(指林木)
normal gradient 正常标度
normal grazing 适度放牧
normal growing stock 法正蓄积{森林}
normal growth 正常生长
normal hydrogen electrode 标准氢电极
normal illumination 正常光照,正常照明
normal incidence 正入射,垂直入射
normal inspection 正常检查
normal install 正常安装
normal intelligence report 正常情报报告{遥感}
normal isopleth 平均等值线
normal isothermal line 平均等温线
normal juice 正常汁,标准汁
normal law of errors 标准误差律{统计}
normal laxity 标准疏密度(laxitas normalis)
normal leaf 正常叶(folium normale)
normal level 正常水平
normal-like estrus 近正常发情
normal m^3(nm^3) 标准立方米{环保}
normal marked silkworm (= normal pattern silkworm) 普通斑纹蚕{蚕}
normal meiotic pattern 正常成熟分裂型
normal metabolic activity 正常代谢活性
normal milk 常乳,正常乳
normal moisture-holding capacity 正常持水量
normal nucleotide sequence 正常核苷酸序列
normal opsonin 正常调理素
normal orientation 标准方位
normal output 正常产量
normal parameter 正常参数
normal part 正常部分
normal parthenogenesis 正常单性生殖
normal pattern 正常模式
normal-phase chromatography 正相层析{生技}
normal phenomenon 正常现象
normal-plate anemometer 垂直压板风速表
normal pollen grain 正常花粉粒(granum pollinis normalis)
normal population 正态群体
normal potential 标准电势(位)
normal poultry house 正常鸡舍,低床鸡舍
normal pressure [正]常压[力]
normal probability curve 正态概率曲线
normal process 正态过程{遥感}
normal production probability 常规生产[量]概率
normal profile 正常剖面(土壤)
normal pursuance 正常进行
normal rainfall 正常降雨量
normal random variable 正态随机变数值
normal range 正常范围
normal rate 正常速度
normal reading frame 正常解读码组
normal reflection 正反射
normal region 适生区,适应地区
normal requirement 正常需要
normal restart 正常再启动
normal root 定根(radix normalis)
normal saline 生理盐水

normal saline solution (= normal salt solution) 生理盐溶液
normal sample 正常样本
normal sampling inspection 正常抽样检验
normal season culture 正常季节栽培
normal seed 正常种子,健康种子
normal seedlings 正常苗
normal sequence of nucleotide 正常核苷酸序列
normal shading method 正常浓淡法{电脑}
normal sigmoid curve 正态S形曲线
normal soil 正常土
normal solution 规定液,当量溶液
normal spectrum ①标准光谱 ②正常生活型谱 ③常态谱系
normal stamen 正常雄蕊(stamen normalis)
normal state 正常状态,正态,常态
normal stochastic process (= normal random process) 正态随机过程
normal stratigraphic sequence 正常层序{遥感}
normal stress 正应力,法向应力
normal structure 正常结构
normal succession of fellings 法正采伐顺序,正常采伐顺序{森林}
normal superphosphates 普通过磷酸钙
normal synthetic activity 正常合成活性
normal temperature 标准温度,正常温度,常温
normal temperature storage 常温贮藏
normal temperature warehouse 常温仓库
normal-thermometer 标准温度表
normal type ①正常型(指胚乳) ②正常体型(畜)(typus normalis)
normal venous pulse 正常静脉脉搏
normal viral structural protein 正常病毒结构蛋白
normal water level 正常水位
normal weight 规定量
normal yield 常年产量,平产
normal yield-table 模式收获表
normality 当量浓度,规度(normalitas)
normality closed (NC) 常闭{电脑}
normality closed contact 常闭触点
normality open contact 常开触点
normalization ①正态化{统计} ②正常化{栽培} ③标准化{农机} ④规范化,规格化{电脑}(normalisatio)
normalization and management 规范化[与]管理
normalization condition 规范化条件
normalization of agricultural resource environment 农业资源环境的规范化
normalization of crop production 作物生产规范化{智培}
normalization of database 数据库规范化
normalization of intelligent crop production 作物智能栽培学的规范化(作物智能栽培学基本特征之一)
normalization of production technology 生产技术规范化{智培}
normalization operation 规格化操作
normalization signal 标准化信号
normalization transformation 规范化变换
normalized barn 标准谷仓
normalized device coordinate(NDC) 标准[化]设备坐标
normalized difference vegetation index 标准化差异植被指数{生态}
normalized factor 标准化因子
normalizing ①正态化 ②规范化,标准化 ③正火{农机}
normalizing selection 正态化选择,保常态选择
normally loaded clay 正常负载黏土
normative ①定标准的 ②规范的(normativus)
normative forecasting technique 规范预测技术{智培}
normative model 标准模型
normative testing 标准测试
normatized floating control 规格化浮点控制
normatron 典型计算机
normergic 常态的(normergicus){统计}
normergic reaction 常态反应
normetanephrine 去甲变肾上腺素,去甲-3-O-甲基肾上腺素
normobaric 正常气压的
normoblast 幼红细胞(normoblastus)
normochromic 常色的(normochromus)
normocyte 正常血球(normocyta)
normocytic anemia 正常红细胞性贫血
normocytic cell 正常血球,正常红细胞
normoxic 含氧量正常的(normoxicus)
nornicotine 降烟碱,去甲烟碱[$C_9H_{12}O_2$]
noronhia 奴榄[*Noronhia emarginata* Thou.]
norpluviline 降雨石蒜碱,去甲雨石蒜碱
norsteroid 去甲甾类,去甲类固醇
norte 北风(①西班牙冬天的北风 ②墨西哥湾及中美洲的强冷北风)
north (N) 北
North American anticyclone 北美反气旋
North American blastomycosis 北美皮炎芽生菌病

North American calceolaria 北美薄包花[*Calceolaria verticillata*](玄参科)
North American high 北美高压
North Atlantic drift 北大西洋漂流
North Atlantic flow 北大西洋暖流
North Atlantic high 北大西洋高压
north by east(N by E) 北偏东
north by west(N by W) 北偏西
north calorina pitch pine (= broom pine) 美国长叶松
North China grape 华北葡萄[*Vitis bryoniifolia* Bunge](葡萄科)
North China pucras pheasant 松勺鸡
North China wapiti 华北麋[*Etaphurus* sp.](鹿科)
north frigid zone 北寒带
north galeola 土木通(山珊瑚)[*Galeola septentrionalis* Reichb. fil.](兰科)
North Indian cane 北印度甘蔗[*Saccharum barberi* Jesw.](禾本科)
north latitude 北纬
north northeast(NNE) 北东北
north northwest(NNW) 北西北
North Pacific Current 北太平洋暖流
north point ①北方 ②北点
North Polar Region 北极区
north pole 北极
north slope 北坡
north-south direction 南北向
north-south line (= north-south row) 南北[向]行{栽培}
north-south row 南北向行
north spring [**wheat**] 北方春麦
north star 北极星
north temperate zone 北温带
north tropic 北热带,北回归线
north western red cedar (= conoe cedar) 美国西部侧柏
north wind 北风
northeast (NE) 东北
northeast speedwell 东北婆婆纳[*Veronica rotunda* var. *subintegra* Yamazaki.](玄参科)
northeast trades 东北信风
northeaster 东北大风
Northeastern Asia (NE. Asia) 东北亚,亚洲东北部
northeastern sawyer 东北天牛(显赫天牛)[*Monochamus notatus* (Drury)](天牛科)
norther 强北风(特别指美国南部的强冷风)
northern 北方的(borealis)
Northern American hophornbeam 北美洲铁木[*Ostrya virginiana* var. *glandulosa* K. Kock](榛木科)
northern anemone 小花银莲花[*Anemone parviflora*](毛茛科)
northern anthracnose of clover 三叶草北方炭疽病[*Kabatiella canlivora* (Kirch.) Karak.]
northern bayberry 宾州杨梅[*Myrica pensylvanica*](杨梅科)
northern bedstraw 砧草[*Galium boreale* L.](茜草科)
Northern blot Northern 印迹,RNA 印迹{分遗}
Northern blotting Northern 印迹法,RNA 印迹法
northern budding 北方芽接
northern catalpa 黄金树[*Catalpa speciosa* Ward.](紫葳科)
northern cattle grub (= bomb fly) 牛皮蝇[*Hypoderma bovis* (L.)](皮蝇科)
northern cereal mosaic virus 北方禾谷花叶病毒
northern corn leaf blight (= northern leaf blight) 煤纹病(玉米)
northern draba 北方葶苈[*Draba borealis*](十字花科)
northern dutchmanspipe 北马兜铃(茶叶包)[*Aristolochia contoria* Bunge.](马兜铃科)
Northern Europe (N Europe) 北欧,欧洲北部
northern forest 北方森林
northern forest belt 北方森林带
northern fowl mite (= feather mite) 林禽刺螨[*Ornithonyssus sylviarum* (Canestrini et Fanzago) = *Leiognathus* 或者 *Liponyssus*](刺螨科)
northern gentian 锐龙胆[*Gentiana acuta*](龙胆科)
northern grain wireworm 谷叩甲(谷叩头虫)[*Corymoites aeripennis* Kirby](叩甲科)
northern green habenaria 北方绿玉凤花[*Habenaria hyperborea*](兰科)
northern hemisphere 北半球
northern hornworm (= tomato horn worm) 番茄天蛾[*Protoparce puinquemaculata* (Haworth)](天蛾科)
northern house mosquito 尖音库蚊[*Culex pipiens* L.](库蚊科)
Northern hybridization Northern 杂交,RNA 杂交
Northern Italy (N Italy) 北意,意大利北部

northern kafirbread 北方大苏铁［*Encephalartos septentrionalis*］（苏铁科）
northern latitude 北纬
northern lights 北极光
northern limit of forest 森林北限
northern mannagrass 北方甜茅［*Glyceria borealis*］（禾本科）
northern mote cricket 北方蝼蛄（六指蝼蛄）［*Gryllotalpa hexadactyla* Perty］（蝼蛄科）
northern origin 北方起源（指种）
Northern Pacific conifers 北太平洋针叶树
northern photoperiodic ecotype 北方光周期生态型
northern pin oak 椭圆果栎［*Quercus ellipsoidalis*］（山毛榉科）
northern podsol soil 北方灰化土{土壤}
northern rat flea（= north rat flea） 具带病蚤（欧洲鼠蚤）［*Nosopsyllus fasciatus* (Bosod' Antic)］
northern red currant 红醋栗［*Ribes rubrum* L.］（虎耳草科）
northern red oak 北方红栎［*Quercus borealis*］（山毛榉科）
northern rice katydid 北海道稻螽斯［*Homorocoryphus jezoensis* Mats. et Shir.］（螽斯科）
northern root-knot nematode 北根结线虫［*Meloidogyne hapla* Chitwood.］
northern starwort（= northern stitchwort） 北方繁缕［*Stellaria borealis*］（石竹科）
northern tundra 北方冻原
northern twin-flower ①林奈木属［*Linnaea* L.］（忍冬科）②林奈木（林奈花，北极花）［*Linnaea borealis* L.］
northern type of rice plants 北方稻型
northern vegetable grasshopper 菜秃蝗［*Podisma sapporensis* Shiraki］（蝗科）
northern white cedar（= eastern arbor-vitae） 西方金钟柏［*Thuja occidentalis* L.］（柏科）
northern wormwood 北方蒿［*Artemisia borealis*］（菊科）
［northern］corn rootworm 长角叶甲［*Diabrotica longicornis* (Say)］（叶甲科）
northo cline（= hybrid cline） 杂种渐变群
northward 北移
northwest（NW） 西北
northwest coast mosquito 西北部海岸伊蚊［*Aedes aboriginis* Dyar］（伊蚊科）
northwest corner method 西北角法{电脑}
northwest corner rule 西北角规则
northwester（= nor wester） 西北大风
Northwestern blotting Northwestern 印迹法，RNA-蛋白印迹法{分遗}
Norum's disease 诺卢姆氏病，胆固醇酯缺乏病
noruron（= norea） 草完隆（除草剂）［$C_{13}H_{22}N_2O$］
norvaline 正缬氨酸［$CH_3 \cdot (CH_2)_2 \cdot CH(NH_2)COOH$］
Norwalk virus 诺沃病毒
Norway maple 尖叶槭（挪威槭）［*Acer platanoides* L.］（槭树科）
Norway maple aphid 大叶槭蚜（挪威槭多态毛蚜）［*Periphyllus lyropictus* (Kess.)］（蚜科）
Norway pine 北美赤松［*Pinus resinosa* Ait.］（松科）
Norway rat（= brown rat） 黄鼠
Norway saltpeter 挪威硝石，硝酸钙［$Ca(NO_3)_2 \cdot 4H_2O$］
Norway spruce 挪威云杉［*Picea abies* Karst.］（松科）
Norwegian roller 星轮式镇压器
NOS（= nitric oxide synthase） 氧化氮合酶
nose ①鼻 ②前缘，前端，尖，鼻状物 ③凸头，机头
nose-bag （挂在马头的）粮秣袋
nose-band （马笼头）鼻横带（马具）
nose bot fly 赤尾胃蝇［*Gasterophilus haemorrhoidalis* (L.)］（狂蝇科）
nose fly（= sheep bot fly） 羊鼻蝇［*Oestrus ovis* L.］（狂蝇科）
nose of thunderstorm 雷暴鼻（指雷暴气压急升部分）
nose-ring 鼻圈，鼻环（马具）
nose-stall （马笼头）鼻横带
nosebleed 鼻出血，鼻衄
nosegay 小花束
nosema disease of bee 蜂孢子虫病［*Nosema apis*］
nosema disease of silkworm 蚕微粒子病［*Nosema bombycis*］
nosematosis ①（蜂）孢子虫病 ②（蚕）微粒子病
nosepiece 转换器，换镜转盘{显技}
noser 逆风，迎面风
nosogenic ①病原性的 ②有致病力的（nosogenus）
nosogeny 发病，生病（nosogenia）
nosology 病理学，疾病分类学（nosologia）
nosophyte 病原植物（nosophyta）
nostoc ①念珠藻属［*Nostoc* Vaucher.］（念珠藻科）②念珠藻［*Nostoc communae*

Vaucher.]
nostoc family 念珠藻科[Nostocaceae]
nostril 鼻孔(nasus)
NOT "非"{电脑}
NOT ACCEPTED screen status 不接受屏幕状态,非接受屏幕状态
NOT AND(NAND) "与非"
notable ①显著的 ②值得注意的 ③著名的(notabilis)
notarization 证实(notarisatio)
notate 具斑点的(notatus)
notatin 葡糖氧化酶
notation ①记数法,表示法 ②符号,记号(notatio)
notation constant 符号常数
notation of statistics 统计值符号
notation system 记数系统
notch ①刻痕,刻口,切口{园艺} ②缺口{农具} ③凹,凹口,凹槽{农机} ④山道,山峡 ⑤啃牧 ⑥标志信号{信息}
notch drop 缺口式跌水{水利}
notch-edged share (= toothed share) 齿形犁铧
notch generator 标志信号发生器
notch grafting 刻接,嵌接{园艺}
notch planting 铲隙栽植
Notch wing(N) 缺刻翅(突变型)
notched ①具缺刻的 ②锯齿状的 ③带缺口的
notched belly rice kernel 裂粒米
notched colter 缺口圆犁刀
notched disk 缺口圆盘
notched disk harrow 缺口圆盘耙
notched method 刻沟法{园艺}
notched rolling colter 缺口圆犁刀,立式缺口挖甜菜圆盘刀
notched serrated sickle 带粗锯齿的镰刀,小镰刀
notched weir 凹口堰{环保}
notching ①目伤(指芽伤刻沟) ②刻沟法{园艺} ③劈植{森林} ④切伤{医} ⑤凹槽{农机}
notching clipper 耳号钳子(指小猪用)
notching curve 下凹曲线{统计}
notching joint 凹槽连接{农机}
notching spade ①铲子 ②植树锹
notchleaf sea-lavader 深波叶补血草[*Limonium sinuatum* Mill.](蓝雪科)
note ①注解,注释 ②观察研究,观察所得 ③符号(nota)
notebook computer 笔记本型计算机
notebooks 笔记本型[计算]机{电脑}
noteworthy ①值得注意的 ②显著的(= remarkable)
notexin 虎蛇毒素,黑牙蛇毒素
notholirion ①假百合属[*Notholirion* Wall.](百合科) ②假百合[*Notholirion hyacinthinum* (Wils)Stapf]
notice ①通告,通知 ②注意(notitia)
notice of delivery 交货通知书{农经}
notice of termination (合同,协定)终止通知书
noticeable ①易见的,显著的 ②引人注意的(noticeabilis)
noticeable effect 显著效应
notifiable 应申报的,法定具报的(指传染病)(notifiabilis)
notifiable disease 应申报疾病
notification ①通知,通知单 ②报告书(notificatio)
notify ①通知(= inform, give notice to) ②公告(= make known)(notificare)
notify delivery 通知发送
notify message 通知信息
notify object 通知目标
notion (= concept) 概念(notio)
notion pack 概念包{电脑}
notochord (= notochord) 脊索
notodontid moths (= prominents) 天社蛾科[Notodontidae]
notogenesis 脊索形成
notomorph 脊状(notomorphum)
Notopterygium ①羌活属[*Notopterygium* Boiss.](伞形花科) ②羌活[*Notopterygium incisium* Ting]
notorhiza cotyledon (= incumbent cotyledon) 背倚子叶
Notos 南风(希腊名)
notostigma 背气门
nototribe 背面虫媒花(nototribus)
notum 背板
nought ①零(= zero) ②无,全无(= nothing)
nought state 零状态{电脑}
noughts complement 补码{电脑}
nourish ①滋养,供给营养 ②使(地力)肥沃 ③使(家畜)肥壮
nourishing 富营养的,滋养的
nourishing shoot 营养枝,徒长枝
nourishment ①食物,食品,营养品 ②营养,滋养,供养
NOVA 诺瓦计算机
novel ①新的 ②新奇的,珍奇的,奇异的,异常的(novellus)
novel animal 珍奇动物
novel forest decline 新森林衰落
novel genetic combination 新遗传组合
novel genotype 奇异基因型

novel joint 新接合点
novel mutant 奇异突变型
novel species 新种
novel use 新用途
Novell network 诺维尔网络{信息}
novelty detector 新异检测器
Noving nova imagrid 诺瓦[机]影像格网系统{遥感}
Novobiocin 新生霉素(杀菌剂)[$C_{32}H_{36}N_2O_{11}$]
novocaine(= novocain) 奴佛卡因[$C_{13}H_{26}N_2O_2 \cdot HCl$]
Now system 现代系统{遥感}
noxious ①有毒的 ②有害的 ③不卫生的,不健全的(novius)
noxious agent 有毒剂
noxious dust particle 有毒尘粒{环保}
noxious gas 有毒气体
noxious immissions 有毒注入[污染]物{生态生理}
noxious insect [有毒]昆虫,毒虫,害虫
noxious plant 有毒植物,有害植物(planta noxia)
noxious retention theory of immunity 免疫性毒素保持学说{微生物}
noxious weed 有毒杂草,毒性杂草,毒草
noxiousness ①有害性 ②有毒性(noxitas)
nozzle ①喷油嘴 ②喷头,喷嘴,喷管 ③墨管
nozzle aerator 喷嘴曝气器(池){环保}
nozzle disk 喷嘴圆片
nozzle head 喷嘴头
nozzle manifold 多喷头插座
nozzle pipe sprinkler 喷嘴管式喷灌机
nozzle stack 喷嘴烟囱{环保}
nozzle tip ①喷雾器喷头 ②(柴油机)喷油嘴针阀副
NPA(= naptalam) 抑草生,西特力{农药}
NPD(= non-parental ditype) 非亲代双型
NPN(= non-protein nitrogen) 非蛋白[质]氮
NPRQ(= non-protein respiratory quotient) 非蛋白呼吸商{分生}
NQR(= nuclear quadrupole resonance) 核四极矩共振
NRDC 143 二氯苯醚菊酯,氯菊酯(杀虫剂)[$C_{21}H_{20}Cl_2O_3$]
Ns(= nimbostratus) 雨层云
NS protein(= nonstructural protein) 非结构蛋白
NT(= Net Titre) 净定度,纯糖率{指甘蔗}
NTN 7170 特草嗪(除草剂)[$C_8H_{16}N_4OS$]
NTP(= nucleoside triphosphate) 三磷酸核苷{分遗}
nub ①小块{土壤} ②要点,要旨{栽培}
nubecula 混浊[症]
nubilous ①云状的 ②灰蓝色的(nubilus)
nuboay(= nu particle) 球状核蛋白小体,球状核蛋白粒
nucamentaceous 坚果状的(nucamentaceus)
nucellar 珠心的(nucellaris)
nucellar beak 珠心喙(rostrum nucellare)
nucellar cap 珠心冠(pileus nucellaris)
nucellar cell 珠心细胞(cellula nucellaris)
nucellar embryo 珠心胚(embryo nucellaris)
nucellar embryo in vitro 离体珠心胚,试管内珠心胚
nucellar embryony ①珠心生胚[现象] ②心层生胚(embryonia nucellaris)
nucellar line 珠心系(lina nucellaris)
nucellar perisperm 珠心外胚乳(perispermium nucellare)
nucellar seedling 珠心实生苗(arbor novella nucellaris)
nucellus 珠心
nucellus embryo(= nucellar embryo) 珠心胚(embryo nucellaris)
nucha 项{畜}
nuchal 项的,头背的(nuchalis)
nuci- ⌞字头⌝坚果
nuciculture 坚果栽培(nucicultura)
nuciferous 具坚果的(nucifer)
nuciferous perisperm 坚果外胚乳(perispermium unciferum)
nuciform 坚果状的(nuciformis)
nuclear 核的(nuclearis)
nuclear acidic protein 核酸性蛋白
nuclear assembly 核组装,核装配{生技}
nuclear association 核联合
nuclear basic protein 核碱性蛋白
nuclear battery 核电池,原子能电池
nuclear body ①核体 ②拟核体(soma nuclearis)
nuclear budding 核芽生
nuclear cap ①(芽枝霉)核帽 ②核冠(cappa nuclearis)
nuclear cavity 核腔(cavitas nuclearis)
nuclear chemistry 核化学(nucleochemia)
nuclear chromatin 核染色质
nuclear cloning 核无性繁殖
nuclear constriction 核缢痕
nuclear cycle 核周期
nuclear-cytoplasmic interaction(= nucleocytoplasmic interaction) 核质相互作用

nuclear cytoplasmic ratio 核质比（ratio nucleocytoplasmica）
nuclear cytoplasmic relation 核质关系
nuclear detonation 核爆炸{辐射}
nuclear differentiation 核分化
nuclear dimorphism ①核二型 ②核二形性（dimorphismus nuclearis）
nuclear disc 核盘（discus nuclearis）
nuclear disruption 核中裂（disruptio nuclearis）
nuclear division 核分裂（divisio nuclearis）
nuclear DNA 核 DNA
nuclear donor 核供体
nuclear emulsion 核乳胶
nuclear envelope 核膜（caryotheca）
nuclear equivalent 核等价体
nuclear exchange 核交换
nuclear factor 核因子(指转录的){分遗}
nuclear fallout 核放射性沉降[物]，核放射性落下灰
nuclear fission 核分裂（fissio nuclearis）
nuclear fragmentation 核[染色体]断裂（fragmentatio nuclearis）
nuclear fuel cycle 核燃料循环{物}
nuclear fusion 核并合，核融合（fusio nuclearis）
nuclear gene 核基因
nuclear genome 核染色体组，核基因组
nuclear hyaloplasm 核透明质（nucleohyaloplasma）
nuclear inclusion body 核内含体
nuclear lamina 核纤层
nuclear localization 核定位{分遗}
nuclear localization signal（NLS） 核定位信号
nuclear magnetic moment 核磁矩
nuclear magnetic resonance（NMR） 核磁共振
nuclear magnetic resonance computerized tomography（NMRCT） 核磁共振计算机化断层显像
nuclear magnetic resonance imaging（NMR imaging） 核磁共振成像
nuclear magnetic resonance spectroscopy（NMR spectroscopy） 核磁共振波谱学
nuclear magnetic resonance spectrum 核磁共振波谱
nuclear matrix 核基质
nuclear membrane（= nuclear envelope, caryotheca） 核膜（membrana nuclearis）
nuclear microprobe 核显微探针
nuclear network（= nuclear reticulum） 核网（reticulum nucleare）
nuclear Overhauser effect（NOE） 核奥韦尔豪泽尔效应{分生}
nuclear Overhauser spectroscopy 核奥韦尔豪泽尔光谱学
nuclear periphery 核周缘
nuclear permeability 核透性
nuclear phase 核相（nucleophasis）
nuclear phenotype 核表现型（phenotypus nuclearis）
nuclear plate 核板，中期板，赤道板（platus nuclearis）
nuclear polyhedrosis virus（NPV） 核多角体病毒
nuclear polyhydrosis 核多角体病，脓病
nuclear pore 核膜孔
nuclear pore complex 核[膜]孔复合体
nuclear power 核能
nuclear-powered submarine 核潜艇{物}
nuclear precursor 核前体
nuclear processing 核加工[作用]
nuclear protein 核蛋白
nuclear quadrupole resonance（NQR） 核四极矩共振{辐射}
nuclear radiation 核辐射
nuclear reaction 核反应
nuclear reactivation in heterokaryon 异核体的核激活[作用]
nuclear reactor 核反应堆{辐射}
nuclear receptor 核受体
nuclear recipient 核受体
nuclear reconstitution 核重建
nuclear resonance absorption 核共振吸收
nuclear reticulum 核网
nuclear ribonucleoprotein 核核糖核蛋白，核 RNP
nuclear ring 核环
nuclear RNA 核 RNA，不均匀核 RNA
nuclear RNA precursor 核 RNA 前体
nuclear run-off assay 核失控分析(指转录){分遗}
nuclear run-on assay 核连缀分析(指转录){分遗}
nuclear safeguards technique 核防护技术
nuclear sap 核液
nuclear satellite 核随体，核卫星
nuclear satellite DNA 核随体 DNA，核卫星 DNA
nuclear scaffold 核支架
nuclear secretion 核分泌（secretio nuclearis）
nuclear segregation 核分离（segregatio

nuclearis)
nuclear sex 核性别(sexus nuclearis)
nuclear sexing 核性别鉴定
nuclear skeleton 核骨架
nuclear sodium channel 核钠通道
nuclear speckle 核小[斑]点
nuclear spin 核自旋
nuclear spindle 核纺锤体(nucleofusus)
nuclear substance(= nuclein) 核质
nuclear substitution 核代换
nuclear surface area 核表面积
nuclear system of heredity(= molecular genetics) 分子遗传学
nuclear target area 核靶面积{物}
nuclear targetting signal 核导向信号,核寻靶信号
nuclear technology 核技术
nuclear tetrad 核四分体
nuclear transfer 核移植
nuclear translocation 核移位
nuclear transplant 移核体
nuclear transplantation 核移植
nuclear transport 核转运,核运输
nuclear type 核型(胚乳)(typus nuclearis)
nuclear vesicle 核小泡
nuclear vesiculation 核泡化(vesiculatio nuclearis)
nuclear volume 核体质(nucleovolumen)
nuclease 核酸酶
nuclease digestion 核酸酶消化
nuclease-free reagent 无核酸酶试剂
nucleate ①成核 ②有核 ③核酸[盐]
nucleated 有核的(nucleatus)
nucleated cell 有核细胞
nucleating site 成核位置
nucleation 核子作用,成核作用(nucleatio)
nuclei 核(nucleus 的复数)
nuclei in heterokaryon 异核体核
nucleic acid(RNA) 核[糖核]酸
nucleic acid annealing 核酸退火
nucleic acid cycle 核酸周期
nucleic acid hybridization 核酸杂交
nucleic acid sequence analysis 核酸序列分析 RNA 序列分析{分遗}
nucleic acid synthesis 核酸合成,RNA 合成
nucleiform 核形(nucleiforma)
nuclein ①核素 ②核质
nuclein phosphoric acid 核素态磷酸
nucleination 核酸增加(nuclein atio)
nucleo- ⌞字头⌝核
nucleo-centrosome ①核中心体 ②染色质核仁
nucleo-cytoplasmic 质核的(nucleocytoplasmicus)
nucleo-cytoplasmic hybrid 质核杂种(hybrida nucleocytoplasmica)
nucleo-cytoplasmic incompatibility 质核不亲和性(incompatibilitas nucleocytoplasmicus)
nucleo-cytoplasmic interaction 质核相互作用(interactio nucleocytoplasmica)
nucleo-cytoplasmic interaction in heterokaryons 异核体的质核相互作用
nucleo-cytoplasmic interface 质核分界面(interfacies nucleocytoplasmicus)
nucleo-cytoplasmic ratio 质核比(ratio nucleocytoplasmica)
nucleo-cytoplasmic relation 质核关系(relatio nucleocytoplasmica)
nucleo-cytoplasmic system 质核系(systema nucleocytoplasmica)
nucleo-cytoplasmic trafficking 质核运输
nucleo-cytoplasmic transport 质核转运
nucleo deaminase 核酸脱氨酶
nucleocapsid 壳包核酸,病毒粒子,[病毒]核壳[体]
nucleocapsid protein 核壳蛋白
nucleochylema 核液
nucleocidin 核杀菌素
nucleodepolymerase 核酸解聚酶
nucleodesma 核质丝
nucleogelase 核酸胶酶
nucleohistone 核组蛋白
nucleohyaloplasm 核透明质(nucleohyaloplasma)
nucleoid ①核质体 ②类核 ③病毒核心,细菌核
nucleolar 核仁的(nucleolaris){细胞}
nucleolar apparatus 核仁器(apparatus nucleolaris)
nucleolar body 核仁体(soma nucleolaris)
nucleolar budding 核仁出芽(gemmarens nucleoaris)
nucleolar chromatin 核仁染色质
nucleolar chromosome 核仁染色体(chromosoma nucleolaris)
nucleolar constriction 核仁缢痕(constrictio nucleolaris)
nucleolar degeneration 核仁退化(degeneratio nucleolaris)
nucleolar DNA 核仁 DNA
nucleolar fibrillar center 核纤丝状中心(centre fibrillaris nucleolaris)
nucleolar interstices 核仁间质
nucleolar lacuna 核仁腔(lacuna nucleo-

laris）
nucleolar localization signal 核仁定位信号
nucleolar organizer 核仁组成区（中心）（organiser nucleolaris）
nucleolar region 核仁区（regio nucleolaris）
nucleolar ribonucleoprotein particle 核仁核酸蛋白颗粒
nucleolar RNA 核仁 RNA
nucleolar RNP 核仁 RNP,核仁核糖核蛋白
nucleolar SAT chromosome 核仁随体染色体,核仁卫星染色体
nucleolar secondary constriction 核仁副缢痕（constrictio secundaria nucleolaris）
nucleolar segregation 核仁分离（segregatio nucleolaris）
nucleolar vacuole 核仁液泡（vacuola nucleolaris）
nucleole 核仁（nucleola）
nucleolin 核仁素
nucleolinus 核仁内粒,小核仁（nucleolinus）
nucleolo-centrosome ①核中心体 ②染色质核仁（nucleolocentrosoma）
nucleolonema ①核糖核蛋白线状结构 ②核仁丝
nucleolus（= nucleole） 核仁
nucleolus dispersal during prophase 前期时核仁散布
nucleolus in oocyte 卵母细胞核仁
nucleolus LnRNA 核仁 LnRNA,核仁低分子量核 RNA
nucleolus organizer 核仁组织者
nucleolus organizer region（**NOR**） 核仁组织区
nucleolus organizing region 核仁组成区,核仁组成部位
nucleolus ultrastructure 核仁超微结构
nucleolus X-chromosome 核仁 X 染色体
nucleolysis 核溶解
nucleolytic 溶核的（nucleolyticus）
nucleolytic activity 溶核活性
nucleolytic enzyme 溶核酶
nucleolytin 溶核蛋白,溶核素
nucleome 核物质（nucleoma）
nucleomicrosome 核微粒体（nucleomicrosoma）
nucleomixis 核融合
nucleon 核子｛物｝
nucleophatase 核磷酸酶
nucleophile 亲核物质
nucleophilic（= nucleophilous） 亲核的（nucleophilus）
nucleophilic attack 亲核攻击
nucleophilic centre 亲核中心
nucleophilic group 亲核基团
nucleophilic reaction 亲核反应
nucleophilicity 亲核性（nucleophilicitas）
nucleophosphatase 核酸磷酸酶
nucleoplasm（= karyoplasm） 核质（nucleoplasma）
nucleoplasmic index 质核指数（index nucleoplasmica）
nucleoplasmic ratio（= nucleo cytoplasmic ratio） 质核比率
nucleoplasmic RNA 质核 RNA
nucleoplasmin 核浆素
nucleopolyhedrosis（= nuclear polyhedrosis） 核多角体病
nucleopore 核孔（nucleopora）
nucleoporin 核孔蛋白
nucleoprotamine 核精蛋白,鱼精蛋白
nucleoprotein 核蛋白
nucleoprotein filament 核蛋白丝
nucleoreticulum 核网
nucleosidase 核苷酶
nucleoside 核苷｛分遗｝
nucleoside analog（= nucleoside analogue） 核苷类似物
nucleoside diphosphate （NDP）核苷二磷酸
nucleoside diphosphate ester 核苷二磷酸酯
nucleoside diphosphate kinase 二磷酸核苷激酶
nucleoside diphosphokinase 二磷酸核苷激酶
nucleoside monophosphate（NMP） 核苷[一磷]酸
nucleoside monophosphate kinase 核苷酸激酶
nucleoside phosphate 核苷磷酸
nucleoside phosphorylase 核苷磷酸化酶
nucleoside triphosphate（NTP） 三磷酸核苷
nucleoside triphosphate analogs 三磷酸核苷类似物
nucleosin 胸腺激素
nucleoskeleton 核骨架
nucleosome 核小体（nucleosoma）
nucleosome assembly 核小体装配
nucleosome core particle 核小体核心颗粒
nucleosome displacement 核小体置换
nucleosome phasing 核小体分相
nucleosome positioning 核小体选位
nucleospindle 核纺锤体（nucleofusus）
nucleotidase 核苷酸酶
nucleotide 核苷酸｛分遗｝
nucleotide analogue 核苷酸类似物

nucleotide base sequence 核苷酸碱基序列
nucleotide-binding fold 核苷酸结合折叠[结构]
nucleotide-binding site 核苷酸结合部位
nucleotide codon 核苷酸密码子
nucleotide derivates 核苷酸衍生物
nucleotide exchange factor 核苷酸交换因子
nucleotide excision repair 核苷酸切除修复
nucleotide pair 核苷酸对
nucleotide pyrophosphatase 核苷酸焦磷酸酶
nucleotide replacement 核苷酸置换
nucleotide residue 核苷酸残基
nucleotide sequence 核苷酸序列
nucleotide sequence analysis 核苷酸序列分析
nucleotide substitution 核苷酸代换
nucleotide triplet 核苷酸三联体
nucleotidyl- 核苷酸[基]
nuclcotidyl transferase 核苷酸转移酶
nucleotoxin 核毒素
nucleus ①核,胞核{细胞} ②核心{土壤} ③原子核{物} ④核心程序{电脑}
nucleus colony 核群{蜂}
nucleus counter 计核器
nucleus generation 核心生成{电脑}
nucleus hive (= nucleus box) 核群箱{蜂}
nucleus module 核心模块{电脑}
nucleus of condensation 凝结核{气象}
nucleus of crystal 晶核{环保}
nucleus of high pressure 高压中心
nucleus of sublimation 升华核{气象}
nucleus restoration 核恢复
nucleus transplantation 核移植
nucleus yolk 卵黄核
nuclide 核素
nuclide chart 核素图
nuculane (= nuculanium) 多核浆果
nucule ①(= nucula) 小坚果 ②卵囊球
nude 裸的 (nudus)
nude mice 裸鼠
nudicaulous (= nudicaulis) 裸茎的 (nudicaulus)
nudiflorus 裸花的
nudity 裸露,裸出 (nuditas)
NUE (= nitrogen use efficiency) 用氮效率{栽培}
NUE_p (= nitrogen use efficiency of productivity) 生产力的用氮效率{农经}
Nugaines 纽盖因(美国小麦品种)
Nugreen 纳格灵(杀菌剂)
nuisance ①讨厌东西,有害东西(如垃圾,弃置杂物) ②公害,损害 ③障碍,妨碍 (nocentia)
null(NUL) ①无效的,无力的 ②零,无,空,空值,空行 (nullus)
null 无效的,无力的 (nullus)
null allocation 无效分配
null brush 空刷子
null cell 无效细胞(指无表面标志的细胞)
null cycle 空转周期{电脑}
null file 空白文件{电脑}
null hypothesis ①解消假说{遗传} ②虚无假说,无效假说{统计}
null hypothesis method 解消假设法
null hypothesis test 无效假说测验{统计}
null mutant 无效突变体{遗传}
null mutation 无效突变
null point 零点
null pointer indication 无效指针指示{电脑}
nulli-tetra compensation 缺对四补偿{细胞}
nullify ①无效 ②废止,作废 ③取消 (nullificare)
nullihaploid 亚单倍体{细胞}
nullipara 无[效]胎
nulliplex 零式型,无显性组合
nullipotency 无能性(nullipotentia)
nullisome 缺体,缺对染色体 (n-1) (nullisoma) {细胞}
nullisome-tetrasome analysis 缺体-四体分析
nullisomic 缺体的,缺对染色体的 (nullisomicus)
nullisomic analysis 缺体分析
nullisomic diploidy 二倍减对,缺对二倍体 ($2n$-2)
nullisomic haploid 缺体单倍体(n-1)
nullisomic plant 缺体植物
nullisomy 缺体现象,缺对染色体现象 (nullisomia)
nullity 无效,无效行为 (nullitas)
nullozygous gene 零合基因
number ①数,数字 ②编号,号码 (numberus)
number-average molar mass (= number-average molecular weight) [平]均数分子量
number-marking hammer 打号槌
number of blocks 区组数{统计}
number of bolls per plant 每株铃数(棉花)
number of branches 枝条数
number of branching 分枝数
number of chambers 室数(果实子室)
number of chloroplasts 叶绿体数
number of chloroplasts per leaf surface 每

叶面积叶绿体数
number of chloroplasts per leaf volume 每叶体积叶绿体数
number of chromosomes per genome 每染色体组的染色体数
number of cocoons per liter 每升茧数{蚕}
number of days with precipitation 降水日数
number of degenerated spikelets 退化小穗数
number of degree of freedom 自由度数{统计}
number of density 令重(纸)
number of developed pods per plant 每株结荚数
number of divisions per day 每日分裂数(指细胞)
number of divisions per unit time 每单位时间分裂数
number of ears 穗数
number of eggs laid 产卵数
number of eggs per gram 每克卵数{蚕}
number of elongated internodes 伸长节间数
number of entry 项目数
number of feeds a day (日)给桑回数
number of field of view [目镜]视野数
number of florets per panicle 每穗小花数
number of generations 世代数(指育种世代)
number of grains on individual head 每穗子粒数
number of grains per ear 每穗子粒数
number of grains per liter 每升子粒数
number of heads of livestock 牲畜头数
number of hills per unit area 单位面积穴数
number of individuals ①个体数[量] ②单株数
number of kernels per earrow 每穗行种子数(玉米)
number of leaves 叶数
number of leaves per plant 每株叶数
number of mature eggs in oviduct 造卵数{蚕}
number of millablecane(N.M.) 原料茎数,有效茎数(指甘蔗)
number of mounted silk worms 登蔟蚕数
number of net receiving days 净接收日数{农施}
number of nodes or joints on the main stem 主茎节数
number of piglets per litter 每窝产仔猪数
number of plant-hills per unit area 单位面积植株穴数
number of reeling threads 缫丝绪数
number of replication 重复次数
number of rows planted 种植行数
number of samples 样品数
number of seeds 种子数,粒数
number of seeds per kg 每1000克种子数,容重
number of services per conception 每胎所要交配次数
number of set grains per panicle 每穗结实粒数
number of spikes 穗数
number of strains in experiment 试验品系数,供试品系数
number of theoretical plates 理论塔板数{生技}
number of tillers 分蘖数
number of times of rearing 饲育回数
number of word 字数{信息}
number range 数值范围{统计}
numbering ①计算 ②打号,编号
numbering book 号码本{育种}
numbering hammer 打号槌
numbering line 编号行{电脑}
numbering machine 计算机
numbering plan ①编号计划 ②编号方案
numeral ①代表数字的 ②数字的(numeralis)
numeral control 数字控制
numeral database 数字数据库
numeralization 编码化,数字化(numeralisatio)
numeration ①计算,记数 ②编号,命数法(numeratio)
numeration system 记数系统
numeration table 记数表
numerator ①分子[数] ②计算者,计数器
numerical (= numeric) ①数值的,数字的 ②数量的,数目的(numericus)
numerical analysis 数值分析{统计}
numerical aperture 镜口率,(数值孔径){显技}
numerical arrangement 数值排列
numerical change 数目改变,数变异
numerical chromosome change 染色体数目改变
numerical coefficient 数值系数
numerical control(NC) 数字控制,数控
numerical control system (NC system) 数控系统
numerical date 数据
numerical difference 数值差异
numerical forecast 数值预报{气象}
numerical hybrid [染色体]异数杂种
numerical mutation [染色体]数突变
numerical non-disjunction [染色体]数不离开
numerical statement 统计

numerical step by step method 数值逐步逼近法
numerical taxonomy 数值分类学(numerotaxonomia)
numerical threshold of infection 侵染数限
numerical value 数值
numeroscope 示数器
numerous 多数的(numerosus)
nummiform 硬币形的(nummiformis)
nun moth(= night moth) 僧尼舞毒蛾[*Lymantria monacha* L.](毒蛾科)
nunny goat 雌山羊
nuptial coloration(= nuptial color) 婚色
nuptial flight 婚飞,变配飞行
nuptial plumage 婚羽,生殖羽
nurse ①保护 ②看护,特别照顾,培养 ③营养,滋养
nurse bee 保育蜂,哺育蜂
nurse cell 滋养细胞
nurse colony 哺育群(指育蜂王用)
nurse crops 保护作物,覆盖作物
nurse culture 保护培养
nurse-grafting 助接{园艺}
nurse plant 保护植物,保护树(planta inclusiva)
nurse-root grafting 助根接{园艺}
nurse-root method 育根法(用于苹果长枝嫁接)
nurse tank 加油槽车,供油槽车
nurse tissue 营养组织,滋养组织(tela nutrieus)
nurse-tree 护育树
nurse wood(= nurse tree) 保护树
nursery ①苗圃{园艺} ②秧田{栽培} ③试验圃,试验地{育种} ④(鱼苗)养殖场{水产} ⑤养蚕场{蚕} ⑥孵化室,孵卵器{禽}
nursery area ①育苗区,放养区 ②索饵场,肥育场
nursery bed ①苗床 ②秧田苗床
nursery bed planter 苗床播种机
nursery bed test 苗床试验
nursery cage 蜂王笼
nursery drill 试验圃播种机
nursery equipment 苗圃工具
nursery experiment 苗圃试验,秧田试验
nursery field 苗圃地
nursery forest bed 林木苗圃
nursery garden ①苗圃,育苗区 ②试验圃 ③花圃
nursery gardening 园艺苗圃学
nursery ground ①育苗场 ②索饵场,肥育场
nursery-grown seedling ①秧苗 ②实生苗
nursery harvester 试验圃收获机
nursery house 断乳仔猪舍
nursery land ①秧田地 ②苗圃地
nursery line (移植苗床)播种行,栽植行,移植畦
nursery man(= treeman, arboriculturist) 树艺学家,树木栽培学家,种树人
nursery management 秧田管理
nursery map 苗圃图
nursery of trees ①果木苗床 ②林木苗床
nursery plant(= nurserygrown plant) 苗,秧苗
nursery plant puller [水稻]拔秧机
nursery planter ①苗圃播种机 ②试验圃播种机 ③秧田播种机
nursery plot 试验圃小区
nursery pond 养鱼塘,稚鱼塘
nursery propagation 苗圃繁殖
nursery pulling machine [水稻]拔秧机
nursery-raised cane plantlets 菌床育成的蔗秧{蔗}
nursery science 苗圃学
nursery separator ①试验圃脱粒机 ②苗圃脱粒机
nursery soil ①秧田土壤 ②圃地土壤
nursery stand (插秧机)秧箱
nursery stock 苗木,定植苗,出圃苗
nursery-stock growing 苗木栽培
nursery test 苗圃试验
nursery transplant 移植苗
nursery transplanting ①秧田移植 ②苗圃移植
nursery tray 人工孵化托盘
nursery work ①苗圃作业,苗圃工作{园艺} ②秧田作业{栽培}
nurseryman 苗圃工作者
nurseryweb spiders 猛蛛科[Pisauridae]
nursing ①育苗{栽培} ②哺育,哺乳{畜} ③饲养{昆虫}
nursing bottle ①饲养瓶(昆虫饲养用) ②哺乳器(幼畜饲养用)
nursing dam 哺乳母兽
nursing knife 追肥铲
nursing regimen(= growing ration) 生长用饲料
nursing sow 哺乳母猪
nurture ①后天,环境 ②营养,培养,滋养(nurtura)
nut ①坚果 ②螺母,螺[旋]套 ③⌊复⌉小煤块(nux)
nut bud moth 胡桃芽卷蛾[*Panoplia penkleriana*(Fisch. V. Rösl.)](卷蛾科)
nut cracker 坚果脱壳机
nut culture 坚果栽培(nucicultura)
nut fruit tortrix 胡桃实小蠹蛾[*Carpocap-*

sa splendana Hübner]（小蠹科）
nut fruit trees 坚果类果树
nut fruits 坚果类果树
nut gall mite（= filbert bud mite） 榛小植刺瘿螨［*Phytocoptella avellanae*（Nalepa）］（瘿螨科）
nut gather ①坚果采集器 ②坚果捡拾器
nut-gnawing weevil 椰果象甲［*Diacalandra taitenisis* Guérin］（象甲科）
nut grader 坚果分级机
nut harvester 坚果收获机
nut harvesting 坚果收获，坚果采收
nut harvesting machine 坚果收获机
nut huller 坚果剥壳机
nut leaf blister moth 胡桃叶细蛾［*lithocolletis coryli* Nicelli］（细蛾科）
nut mill 脱壳机
nut oil 坚果油，核桃油
nut palm 澳洲苏铁［*Cycas media* R. BR.］（苏铁科）
nut pine（= Swiss pine） 瑞士五叶松［*Pinus cembra* L.］（松科）
nut scale 榛蜡蚧［*Eulecanium coryli*（L.）］（蜡蚧科）
nut shaker 坚果抖动器
nut-shell 坚果壳，核壳（putamen）
nut structured gray forest soil 核状结构的灰色森林土
nut switch 小型开关，螺帽型开关
nut tap 丝锥
nut tree 欧洲榛［*Corylus avellana* L.］（榛科）
nut trees 坚果类果树
nut wrench 螺母扳手
nuta- ⌊字头⌉下垂
nutal bottle brush ①瓶刷子木属［*Greyia* Hook. et Harv.］（蜜花科）②瓶刷子木［*Greyia sutherlandii* Hook. et Harv.］
nutant 俯垂的（nutans）
nutant cordyceps 下垂虫草［*Cordyceps nutans* Pat.］（冬虫夏草的一种）
nutating-disk meter 摆盘式水表
nutation 转头［运动］（nutatio）
nutation movement 转头运动
nutgall 没食子，五倍子
nutgrass（= nutgrass flastsedge） 莎草（香附子）
nutgrass armyworm 莎草黏虫［*Laphygma exempta*（Walk.）］（夜蛾科）
nutgrass control 莎草防除
nutgrass family 莎草科［Cyperaceae］
nutgrass flatsedge（= nutgrass） 莎草（香附子）［*Cyperus rotundus* L.］（莎草科）
nutgrass moth 莎草小卷蛾［*Bactra truculenta* Meyrick］（小卷蛾科）
nutgrass weevil 莎草象［*Athesapeuta cyperi* Marshall］（象甲科）
nuthatch 茶腹雀［*Sitta eurpaea hondoensis* Butturlin］
nuthook （采坚果用）钩竿
nutlet 小坚果（nucula）
nutlike structure 核状结构
nutmeg ①肉豆蔻属［*Myristica* L.］（肉豆蔻科）②肉豆蔻［*Myristica fragrans* Houtt.］
nutmeg butter 肉豆蔻脂
nutmeg family 肉豆蔻科［Myristicaceae］
nutmeg geranium（= geranium） 香天竺葵（豆蔻天竺葵）［*Pelargonium odoratissimum*］（牻牛儿苗科）
nutmeg hickory 豆蔻山核桃［*Hicoria myristcaeformis* Britton］（胡桃科）
nutmeg melon（= netted melon） 网纹甜瓜（醉瓜）
nutmeg oil 肉豆蔻油
nutmeg shield scale 肉豆蔻圆盾蚧［*Paralecanium expansum* Green］（盾蚧科）
nutmeg shot-hole borer 肉豆蔻果小蠹［*Thamnurgides myristicae* Rpke］（小蠹科）
nutmeg tallow 肉豆蔻蜡
nutri-culture 营养液栽培
nutricism 抚育共生（nutricismus）
nutrient ①营养的，滋养的 ②养分，养料，营养物，营养元素（nutriens）
nutrient absorption 营养物质的吸收，营养盐的吸收
nutrient absorption ability 营养吸收力，吸肥力
nutrient agar 肉汁琼脂
nutrient area 营养面积（株距×行距）｛栽培｝
nutrient availability 养分有效性
nutrient balance 养分平衡，营养平衡
nutrient broth 肉汁（培养基）
nutrient capacity 养分含量
nutrient cation 阳离子养分，养分阳离子
nutrient composition 养料成分
nutrient-conserving strategy 保存养分策略｛生态生理｝
nutrient content 养分含量
nutrient culture medium（= nutrient medium） 培养基
nutrient cycling 营养物循环
nutrient deficiency 营养元素缺乏，养分不足
nutrient deficiency diagnosis 养分缺乏诊

断,营养元素缺乏诊断
nutrient deficiency symptoms 养分缺乏症状
nutrient-deprived habitat 养分耗竭生境{生态}
nutrient diversion hypothesis 营养物转移假说{生态生理}
nutrient dose 营养[剂]量
nutrient element in plant 植物的营养元素
nutrient film technique 营养[薄]膜技术(指塑料薄膜栽培的技术)
nutrient foramen 营养孔
nutrient gelatine 肉汁明胶(培养基)
nutrient-hold capacity 养分保持量
nutrient humus 营养腐殖质
nutrient ion 营养元素离子
nutrient level 养分水平,营养水平
nutrient limitation 营养物限制
nutrient loss 营养损失[量]
nutrient matter 营养物[质]
nutrient medium 培养基
nutrient mobilization 养分移动
nutrient needs 养分需要量
nutrient potential 营养能位,营养潜力,养分位
nutrient pump 营养剂泵{环保}
nutrient rate of consumption 养料消耗量
nutrient ratio 营养比率
nutrient requiring mutant 营养元素需要突变体
nutrient reserve 养分贮备
nutrient solution 培养液,营养液
nutrient solution control system for soilless culture 无土栽培[的]营养液控制系统
nutrient source 营养[物]源
nutrient status 养分状况,营养物质状况
nutrient substance 营养物质
nutrient supply 养分供应
nutrient theory 营养理论{生化}
nutrient translocation 养分转移
nutrient translocation chain 养分转移链
nutrient uptake 营养吸收(摄取)
nutrient uptake pattern 营养吸收形式
nutrient use model 养分利用模型
nutrient utilization model 养分利用模型{智培}
nutrient value 营养价值
nutrient yeast 营养酵母
nutrient's translocation 营养物质转移
nutrilite 营养刺激素
nutrio-physiological character 营养生理性状
nutriophysiology 营养生理学(nutriophysiologia)
nutrition 营养(nutritio)
nutrition chain 营养链
nutrition deficiency 营养缺乏
nutrition diagnosis 营养诊断{智培}
nutrition level 营养水平
nutrition marker 营养需要标志
nutrition mutant 营养突变体
nutrition pot 营养钵
nutrition regime 营养状况
nutrition status 营养状况
nutrition storing stage (桑)营养贮藏期
nutrition trough 营养钵
nutritional 营养的(nutritionalis)
nutritional anemia 营养性贫血
nutritional antagonism 营养相克性
nutritional disease 营养性疾病
nutritional disorder (= nutritional trouble) 营养失调
nutritional factor 营养因素
nutritional imbalance 营养不平衡
nutritional mutation 营养突变
nutritional physiology 营养生理学
nutritional requirement ①营养要求,营养需要 ②营养需要量
nutritional science 营养学
nutritional state (= nutritional status) 营养状况
nutritional treatment 饮食疗法
nutritional wisdom 营养欲采食{畜}
nutritionalist 营养学家(nutritionalistus)
nutritious ①营养的 ②多滋养的(nutritiosus)
nutritious humus 营养腐殖质
nutritious substance 营养物质{生化}
nutritive 营养的(nutritivus)
nutritive absorption 营养[物质]吸收
nutritive area 营养面积(area nutritiva)
nutritive cell 营养细胞(cellula nutritiva)
nutritive cube 营养方(块)(育苗用)
nutritive disturbance 营养失调,营养障碍
nutritive equilibrium 营养平衡
nutritive material 营养物质
nutritive matter 营养物
nutritive needs 营养需要[量]
nutritive organ 营养器官
nutritive peculiarity 营养特性
nutritive pot 营养钵(育苗用)
nutritive potential 营养潜力
nutritive proportion 营养比例
nutritive rate (= nutrient ratio) 营养比率
nutritive ratio 营养化,营养比率
nutritive root 营养根(radix nutritivus)
nutritive salts 营养盐类

nutritive substance 营养物质
nutritive symbiosis 营养共生（symbiosis nutritivus）
nutritive tissue 营养组织（tela nutritiva）
nutritive value 营养价[值]
nutritorium 营养器官
nutritory 有营养的（nutritoris）
nutsedge（= nutgrass, nutgrass flatsedge）莎草（香附子）［*Cyperus rotundus* L.］（莎草科）
nutter ①采坚果器 ②采坚果者
nutting 采收坚果
nutty ①多坚果的{形态} ②核状的{土壤}
nutty structure 核状结构
Nuvan 敌敌畏{农药}
nuvistor [小型]抗震电子管
nux vomica tree（= nux vomica poison nut）马钱子（番木鳖）［*Strychnos nux-vomica* L.］（马钱科）
NW by N（= north west by north）西北偏北
NW by W（= north west by west）西北偏西
nybble 半字节，四位字节{电脑}
nyctaginceous 紫茉莉科的（nyctaginaceus）
nyctagmus 眼球震颤
nyctalopia 夜盲[症]
nyctanthous 夜开花（nyctanthus）
nycti- ⌞字头⌝夜
nyctigamous ①夜开昼合的，夕放的 ②夜配的（nyctigamus）
nyctinastic movement 感夜运动
nyctinasty 感夜性（nyctinastia）
nyctipelagic plankton 夜浮游生物（nyctoplankton）
nyctiperiod 暗期
nyctitropic movement 向夜运动
nyctitropism 向夜性（nyctitropismus）
nyctometer 暗视计
nyctoplankton（= nyctipelagic plankton）夜浮游生物
nylon 尼龙
nylon-degrading enzyme 尼龙降解酶
nylon filament 尼龙丝
nylon membrane 尼龙[薄]膜
-nym ⌞字尾⌝名
nymph 若虫，蛹（nympha）
nymphaea ①睡莲属［*Nymphaea* L.］（睡莲科）②睡莲［*Nymphaea tetragona* Georgi］
nymphaea family 睡莲科（Nymphaeaceae）
nymphaeceous 睡莲科的（nymphaeceus）
nymphal diapause 若虫休眠
nymphal instar 若虫龄
nymphal stage 若虫期
nymphomania 慕雄狂，慕雄性
nymphosis（= puation）化蛹
Nyquist diagram 奈奎斯特图{电脑}
Nyquist frequency 奈奎斯特频率{遥感}
Nyquist rate 奈奎斯特速度
nyssa ①紫树属［*Nyssa* L.］（珙垌科）②紫树［*Nyssa sinensis* Oliv.］
nyssa family 珙垌科（紫树科）（Nyssaceae）
nystagraph 眼球振颤[描记器]
nystatin 制霉菌素
NZB mouse（= New Zealand black mouse）新西兰黑小鼠{生技}

O o

O_2(=oxygen)　氧
O　表示无性染色体
O agglutinin (= somatic agglutinin)　菌体凝集素
***o*-aminotoluene**　邻氨基甲苯 [$C_6H_4(CH_3)NH_2$]
O antigen (= somatic antigen)　菌体抗原
***o*-benzoquinone**　邻苯醌
O_2 consumption　氧消耗
***O*-dianisidine**　邻联[二]茴香胺 [$NH_2C_6H_3(OCH_3)C_6H_3(OCH_3)NH_2$]
***o*-Dichlorobenzene** (= *ortho*-dichloro-benzene)　邻二氯苯(杀虫剂) [$C_6H_4Cl_2$]
O-sperm　O精子
O-type　O型(血型)
oak　①栎属 [*Quercus* L.] (山毛榉科) ②栎 [*Quercus acutissima* Carr.]
oak aphid　栎角斑蚜[*Myzocallis quercicola* (Matsumura)] (蚜科)
oak apple (= oak gall)　栎虫瘿,栎没食子
oak-apple gall wasp　没食子瘿蜂[*Biorhiza pallida* (Olivier)] (瘿蜂科)
oak association　栎群丛 (quercetum)
oak bark　栎树皮
oak bark beetle　栎小蠹虫(栎棘胫木蠹虫) [*Scolytus intricatus* F.] (棘胫小蠹虫科)
oak-bark coppice　栎树剥皮林
oak-beech forests　栎-山毛榉[混交]林{森林}
oak borer　栎窄吉丁虫 [*Agrilus angustulus* Ill.] (吉丁科)
oak caterpillar　栎毛虫 [*Kunugia undans* Walker = *Dendrolimus*] (枯叶蛾科)
oak cerambycid　栎黑天牛 [*Cerambyx cerdo* Linnaeus] (天牛科)
oak curculio　栎象甲[*Curculio robustus* Roelofs] (象甲科)
oak flea beetle　栎跳甲 [*Haltica saliceti* Wse.] (跳甲科)
oak forest　栎林
oak fringed scale　栎缘镣蚧[*Asterolecanium japonicum* Cockerell.] (镣蚧科)
oak gall (= oak apple)　栎虫瘿
oak gall-wasp　栎瘿蜂 [*Andricus japonicus* Ashmead.] (瘿蜂科)
oak globular scale　栎红蚧[*Kermes nakagawai* Kawana] (盾蚧科)
oak lace bug　栎网蝽 [*Corythucha arcuata* (Say)] (网蝽科)
oak leaf-cut weevil　栎切叶象甲[*Euops phaedonia* Sharp] (象甲科)
oak-leaf fern　①槲蕨属[*Drynaria* J. Sm.] (水龙骨科) ②槲蕨[*Drynaria vulgaris* J. Sm.]
oak-leaf loquat　栎叶枇杷 [*Eriobotraya prinoides* Rehd. et Wils.] (蔷薇科)
oak leaf-roller (= oak tortrix)　栎卷蛾 [*Tortrix viridana* L.] (卷蛾科)
oak leaftier　栎长毛卷蛾 [*Croesia albicomana* (Clemens)] (卷蛾科)
oak-leaved　似栎叶的,栎叶状的 (quercifolius)
oak lecanium　栎蜡蚧 [*Lecanium quercifex* Fitch] (蜡蚧科)
oak longicorn beetle　双簇天牛[*Moechotypa diphysis* Pascoe] (天牛科)
oak-loving　喜栎的 (dryophilus)
oak lyctid　栎粉蠹[*Lyctus linearis* Goeze] (粉蠹科)
oak mixed forest　栎混交林
oak-pine mixed forest　栎-松混交林
oak sapling borer　栎苗天牛 [*Goes tesselatus* (Haldeman)] (天牛科)
oak silkworm (= Chinese oak silkworm)　柞蚕
oak slug sawfly　栎黏叶蜂 [*Caliroa cinxia*] (叶蜂科)
oakery　栎林
oakling　幼栎苗,幼栎树
oakmoss　①橡树苔 ②栎扁枝衣
oakum　麻丝,麻絮,麻屑
oar　①橹,桨 ②(鱼)鳍 ③(鸟)翼,翅
oar feather　飞羽
oasis　绿洲,沃洲
oasis agriculture　绿洲农业
oast　(烘啤酒花、麦芽的)干燥窑

oasthouse （烘啤酒花，麦芽的）干燥室
oat ①燕麦属［*Avena* L.］（禾本科）②（= common oat，oats）燕麦［*Avena sativa* L.］
oat-bird cherry aphid 李蚜［*Aphis infuscata* Koch］（蚜科）
oat chestnut ①栲属［*Castanopsis* Spach.］（山毛榉科）②栲（栲树）［*Castanopsis hystrix* DC.］
oat-grass ①燕麦草属［*Arrhenatherum* R. B.］（禾本科）②燕麦草（高燕麦草）［*Arrhenatherum elatius* M. et K.］
oat growing ①燕麦栽培 ②燕麦栽培学
oat mistus 燕麦混播
oat stem eelworm 燕麦异皮线虫［*Heterodera major* = *H. avenae*］
oat stem rust 燕麦秆锈病［*Puccinia graminis* Pers. f. sp. *avenae* Erikss. et. E. Henn. 或 *Puccinia graminis avenae*］
oat thrips 燕麦狭蓟马［*Stenothrips graminum* Uzel］（蓟马科）
oatax（= barban） 燕麦灵｛农药｝
oaten 燕麦的
oaten pipe （燕麦秆做的）麦笛
oatmeal 燕麦片
oats（= oat，common oat） 燕麦［*Avena sativa* L.］（禾本科）
OB（= occlusion body） 包含体
ob- ⌞字头⌝逆，反，倒，非
obclavate 倒棍棒状的（obclavatus）
obcompressed 前后扁的（obcompressus）
obconic 倒圆锥形的（obconicus）
obcordate（= obcordiform） 倒心形的（obcordatus）
obcordiform 倒心形的（obcordiformis）
obcrenate ①（= denticulate） 细锯齿的 ②倒圆齿状的（obcrenatus）
obcuneate 倒楔形的（obcuneatus）
obcurrent 汇集的（obcurrens）
obdeltoid 倒三角形的（obdeltoides）
obdiplostemonous ①外轮对瓣的（雄蕊群）②具外轮对瓣雄蕊的（花或植物）（obdiplostemonus）
obdiplostemony ①外轮对瓣式（雄蕊群）②具外轮对瓣雄蕊式（花或植物）（obdiplostemonia）
obedient plant（= false dragonhead） ①假龙头花属［*Physostegia* Benth.］（唇形科）②假龙头花［*Physostegia viriginica* Benth.］
obese ①肥胖的 ②肉质的（obesus）
obesity 肥胖，多脂（obesitas）
obforms ①倒形，倒式，亚型（用于蔷薇属）②异形（指蔷薇属花萼边缘具腺体）（obformae）
obimbricate 倒覆瓦状的（obimbricatus）
obispo pine（= California swamp pine） 加州二叶松［*Pinusmuricata* D. Don.］（松科）
obivious case 明显情况
object ①实物，物体，物品（= material thing）②对象，目的物（= thing aimed at）③目标（= aim），目的（= purpose）（objicere）
object action 对象动作
object analysis 目标分析
object authentication 实物验证
object beam 物体光束
object classification 物体分类
object computer 目标计算机
object converter 目标转换器
object data manager（ODM） 对象数据管理器｛电脑｝
object database 对象数据库
object design（= objective design） 目标设计
object figure 实［物］像｛显技｝
object file 目标文件｛电脑｝
object format 目标格式
object glass（= slide glass） 载片，载玻片
object leased 承租面积｛农经｝
object lens（= objective lens） 物镜｛显技｝
object map 目标图
object marker 物镜标志器
object micrometer（= objective micrometer） 接物测微尺
object model 对象模型
object modelling technique（OMT） 对象建模技术
object plane 物［平］面｛遥感｝
object pointer 目标指针
object run 目标运行
object window 物体窗口，对象窗口
objective ①客观的，真实的 ②物镜 ③目标（objectivus）
objective crop 目标作物（指进行栽培或研究的作物）
objective design 目标设计
objective fidelity criteria 客观保真度标准｛电脑｝
objective lens 物镜
objective micrometer 接物测微尺
objective of defense 防护目标
objective rating 客观评价
objective sample 客观样品

objective size 目的纤度
objectivism 客观性（objectivismus）
oblanceolate 倒披针形的（oblanceolatus）
oblanceolate leaf 倒披针叶（folium oblanceolatum）
oblate 扁圆形的，扁球形的（oblatus）
oblate spheroidal 扁圆球形的（oblatosphaeroides）
oblate type training 扁圆型整枝
oblatoid 拟扁球形的（oblatoideus）
obligate（= obligatory）①专性的 ②无条件的，绝对的 ③强制的（obligatus）
obligate aerobe 专性需氧[微]生物，专性好气[微]生物（obligataerobe）
obligate aerobic 专性需氧的，专性好气的（obligataerobicus）
obligate aerobic bacteria 专性需氧细菌，专性好气细菌（bacteria obligataerobicae）
obligate anaerobe 专性厌氧[微]生物，专性嫌气[微]生物（obligatanaerobe）
obligate anaerobic 专性厌氧的，专性嫌气的（obligatanaerobicus）
obligate anaerobic bacteria 专性厌氧细菌，专性嫌气细菌（bacteria obligatanaerobicae）
obligate apomixis 专性无融合生殖（apomixis obligatus）
obligate autotroph 专性自氧生物，专性自养生物
obligate chemoautotroph 专性化能自氧生物，专性化能自养生物
obligate denitrification 专性反硝化[作用]
obligate halophyte 专性盐生植物（halophyta obligata）
obligate heterotroph 专性异养生物
obligate heterotrophism 专性异养性（heterotrophismus obligatus）
obligate outbreeder 专性远交生物
obligate parasite 专性寄生物（parasita obligata）
obligate photoautotroph 专性光能自养生物
obligate saprophyte 专性腐生物（saprophyta obligata）
obligate saprophytism 专性腐生[性]（saprophytismus obligatus）
obligately aerobic 专需氧性
obligately anaerobic 专厌氧性
obligative heterotrophic bacteria 专性异养细菌
obligatory 专性的，专用的（obligatoris）
obligatory admixture（= obligatory blending）专用掺和物
obligatory aerobe 专性需氧生物
obligatory aerobic bacteria 专性需氧[细]菌
obligatory anaerobic bacteria 专性厌氧[细]菌
obligatory apomict 专性无配体
obligatory apomixis 专性无融[合]生殖
obligatory autotroph 专性自养生物
obligatory blending（= obligatory admixture）专用掺和物
obligatory cross-fertilization ①专异花受精 ②专异体受精
obligatory dormancy 强制休眠
obligatory halophyte（= obligate halophyte）专性盐生植物（halophyta obligatoris）
obligatory intermediate host 专性中间寄生
obligatory marketing 专业市场交易
obligatory parasite 专性寄生物
obligatory parasitism 专寄生性
obligatory parthenogenesis 专单性生殖
obligatory plant 定型传粉植物（planta obligatoris）
obligatory saprophyte（= obligate saprophyte）专性腐生物（saprophyta obligatoris）
obligatory saprophytism 专腐生性
obligatory self-fertilization ①专自花受精 ②专自体受精
obligulate 倒舌状的（obligulatus）
obliguliflorous 倒舌状花的（obliguliflorus）
oblique ①歪的 ②斜的，倾斜的，偏斜的（obliquus）
oblique aerial photography 倾斜航空摄影{遥感}
oblique aïr photograph 倾斜航空相片
oblique arrangement 偏斜排列（dispositio obliqua）
oblique-banded geometrid 斜条尺蛾[*Compsoptera simplex* Butler]（尺蛾科）
oblique-banded leaf-roller（= rose leaftier）斜纹卷虫（蔷薇卷叶虫）[*Archips rosaceana*（Harr.）= *Choristoneura*]（卷蛾科）
oblique bedding 斜层理
oblique breakage 斜断裂
oblique cleft grafting 斜割接，斜劈接{园艺}
oblique coordinates 斜交坐标
oblique cordon 斜生单干形
oblique cross 斜口四通{环保}
oblique crystal 单斜晶
oblique cut grafting 片搭接

oblique cutting 斜插
oblique grain 斜纹理,对角状纹理(granum obliquum)
oblique illumination 斜射照明法
oblique incidence 斜射,斜入射
oblique joint 斜折合接(木工)
oblique-lined tea geometrid 茶斜条尺蛾[*Gonodontis arida* Butler](尺蛾科)
oblique palmette 斜生多干形
oblique parallel projection 斜平行投影
oblique perspective 斜透视
oblique plane 斜面
oblique rake 斜置滚筒式搂草机
oblique side grafting 斜侧接{园艺}
oblique slope 斜坡
oblique spikelet 斜生小穗(spicula obliqua)
oblique-striped elongate weevil 斜条长象甲[*Lixus acutipennis* Roelofs](象甲科)
oblique training ①斜整形{电脑}②斜整枝{园林}
oblique view 斜视图
obliquely zygomorphic 斜向[两侧]对称的(oblique zygomorphus)
obliquity 倾斜度(obliquitas)
obliterate ①消除的②抑压的③不显著的④消灭(obliteratus)
obliterate volva 不显菌托(volva obliterata)
obliteration ①涂去,删除②灭迹,消灭③湮没④闭塞,堵塞⑤管腔闭合⑥丢失(obliteratio)
oblivion 湮没,被完全遗忘的状态(oblivio)
oblong 长椭圆形的(oblongus)
oblong-hole screen 长孔筛
oblong leaf 长[椭]圆形叶(folium oblongum)
oblong-leaf maple 飞蛾槭[*Acer oblongum* Wall. et DC.](槭树科)
oblong-leaf zinnia 小百日菊[*Zinnia angustifolia* H.B.K.](菊科)
oblong plate [of sting] 长方片(蜂螫针)
oblong woodsia (=hair fern) 易北河岩蕨[*Woodsia ilvensis* R.Br](岩蕨科)
oblongifolious 长椭圆叶的(oblongifolius)
obmedial ramified 向轴分枝的
obnoxious ①厌弃的,嫌的②易受害的(obnoxius)
obnoxious species 有害种
oboval 倒广椭圆形的(obovalis)
obovate 倒卵形的(obovatus)
obovate leaf 倒卵形叶(folium obovatum)
obovoid 倒卵球状的(obovoideus)
obpyriform 倒梨形的(obpyriformis)
obregonia ①帝冠属[*Obregonia* spp.](仙人掌科)②帝冠[*Obregonia denegrii* sp.]
obrotund 略圆形的,近圆形的(obrotundus)
obrute 覆盖的,埋藏的(obrutus)
obscure ①暗的②不明显的(obscurus)
obscure noctuid 茶色地老虎[*Hermonassa cecilia* Butler](夜蛾科)
obscure scale 晦暗圆蚧(黑星蚧)[*Melanaspis obscura* (Comstock)](盾蚧科)
obsequent 逆向的(obsequens)
obsequent stream (=obsequent river) 逆向河
observability ①可观察性②可观测性(observabilitas)
observability index 可观测性指数
observable ①可观察的,可观测的②应遵守的(observabilis)
observation ①观察②观测③注意(observatio)
observation data ①观察数据②观测记录
observation field 观测场(指气象)
observation monument 观测标志,测站标石{测}
observation point 观测点
observation station (=observing station) 观测站
observation system ①观测系统②监测系统
observation well 观察井{环保}
observation window 观察窗{环保}
observational error 观测误差{统计}
observatory ①瞭望台②观象台,观测台③天文台(observatorius)
observatory integration 观测站组合{遥感}
observatory-remote 遥测台
observed ①观察的②实际的,实计的(observus)
observed azimuth 观测方位角
observed failure rate 实际失效率
observed frequency 实际次数,观察次数,观察频数
observed horsepower 实测马力
observed mean repair rate 实际平均修复率
observed mean repair time 实际平均修复时间
observed mean yield 实际平均产量
observed number 观察数,实计数,观察值
observed object 观测目标
observed pattern 观察型
observed reliability 观测可靠性
observed thickness 实际厚度

observed value 实计值,观察值
observer ①观察者,观测员 ②评论员 ③观察程序
observing line 视准线
observing pattern 观察模式
obsidian 黑曜石
obsolete ①消失的,失去时效的 ②废退的,废弃的,退化的(obsoletus)
obsolete-banded strawberry leafroller 草莓晦带卷蛾[*Archips obsoletana* Walker](卷蛾科)
obstacle ①障碍物 ②故障,障碍(obstaculum)
obstacle belt 障碍地带
obstacle to drainage 排水障碍
obstacle to machine 机器故障
obstetrics 产科学(obstetrica)
obstruction ①阻碍,妨碍 ②阻塞,闭塞 ③封锁 ④土壤表面杂草种子感染度(obstructio)
obstruction substance 阻碍物质{环保}
obstructive ①阻塞[性]的 ②阻碍的,妨碍的(obstructivus)
obstructive horizon 阻塞层{土壤}
obstructive jaundice 阻塞性黄疸
obsubulate ①倒齿形的 ②倒钻形的(obsubulatus)
obtect pupa 被蛹
obtrite ①破碎的,压碎的 ②擦伤的(obtritus)
obturator 珠孔塞(obturator)
obturbinate 倒陀螺形的(obturbinatus)
obtusangular 钝角的,钝棱角的(obtusangularis)
obtuse 钝的(obtusus)
obtuse-angled 钝角的,钝棱角的(obtusangulus)
obtuse-angled triangle 钝角三角形
obtuse ground-cyress 日本扁柏[*Chamaecyparis obtusa* Sieb. et Zucc.](柏科)
obtuse leaf 钝叶,圆头叶(folium obtusum)
obtuse mouth 钝缘口
obtuse-scale sedge 钝鳞薹草[*Carex angustinowiczii* Meinsh.](莎草科)
obtuse witch-hazel 钝头金缕梅[*Hamamelia obtusata* Makino.](金缕梅科)
obtusifolious 钝叶的(obtusifolius)
obtusifolious peperomia 钝叶豆瓣绿[*Peperomia obtusifolia* sp.](胡椒科)
obtusilic acid 十碳-4-烯酸
obtusilobous 钝裂片的(obtusilobus)
obtusipetalous 钝瓣的(obtusipetalus)
obvallate 壁围的,周缘被覆的(obvallatus)
obverse ①倒的,倒转的 ②正面,表面(obversus)
obvious ①明显的 ②显著的(obvius)
obvolute ①跨褶的 ②卷压的(obvolutus)
obvolvent 包围的,包封的(obvolvens)
O^c(= operator constitutive mutation) 操纵基因组成突变
oca(= oka, tuberous-rooted wood) 块根酢浆草[*Oxalis tuberosa*](酢浆草科)
occasion ①时期,季节,时机,机会 ②偶因,诱因(occasio)
occasional 偶然的,偶见的(occasionalis)
occasional blooming 偶见开花
occasional cause 偶发原因,偶因
occasional crossing 偶然杂交
occasional natural cross 偶然天然杂交{育种}
occasional parasitism 偶然寄生[现象]
occasional parthenogenesis 偶然单性生殖
occasional replenishment 偶然补充
occasional species 偶见种
occasional transposition 偶然转位{遗传}
occasionalism 偶因论(occasionalismus){物}
occasionally blooming species 偶然开花种
occident-frogbit ①沼萍属[*Limnobium* Rich.](沼萍科) ②沼萍[*Limnobium* sp.]
occidental 西方的(occidentalis)
occidental pear 西洋梨(欧洲梨,洋梨)[*Pyrus communis* L.](蔷薇科)
occidental plane(= button ball, buttonwood) 美国梧桐[*Platanus occidentalis* L.](悬铃木科)
occipital 后头的(occipitalis){昆虫}
occipital arch 后头弓
occipital cilia 后头毛
occipital condyle 后头髁
occipital foramen 后头孔
occipital ganglion 后头神经节
occipital horn 后头角
occipital margin 后头缘
occipital suture 后头缝
occiput 后头
occlude ①锢囚 ②遮盖
occluded ①(气孔)闭合的,闭塞的{解剖} ②封闭的{土壤} ③吸留的{农化} ④锢囚的{气象} ⑤愈合的{医}(occludus)
occluded air 封闭空气
occluded cyclone 锢囚气旋
occluded front(= occlusion front) 锢囚锋
occluded knot(= enclosed knot) 死节,皮包节(指林木)

occluded phosphate 封闭磷酸,闭蓄磷酸,吸留磷酸盐
occlusion ①闭合,闭塞,阻塞 ②封闭 ③吸留[作用] ④锢囚 ⑤愈合 ⑥包含[体],包藏(occlusio)
occlusion body(OB) 包含体{生技}
occlusion of wound 伤口愈合
occlusion water 封闭水
occultate ①不明显的 ②隐蔽的,隐藏的(occultatus)
occultation method 掩星法{遥感}
occupancy 占据,占有(occupancia)
occupancy rate 占有率
occupation 占据,占有,占用(occupatio)
occupation theory 占据理论{分生}
occupational disease 职业病{环保}
occupational mobility 职业流动性
occupied fallow ①半休闲 ②半体闲地
occupied terminal 被占终端{信息}
occupy 占用,使用(occupia)
occurrence ①发生 ②出现 ③具体值 ④事件(occurrentia)
occurrence net 出现网{信息}
occurrence of mutation 突变发生
occurrence of prediction (自然灾害)发生预测(报)
occurrence sequence 出现序列{分遗}
occurs 重现
ocDNA(= open circular DNA) 开环DNA,ocDNA{分遗}
ocean ①海洋,大洋 ②大量,广阔,无限(okeanos)
ocean air [mass] 海洋气团,海洋空气
ocean chart 海洋图{遥感}
ocean circulation 海洋环流
ocean color 海洋[颜]色
ocean color scanner 海洋水色扫描仪{遥感}
ocean current 洋流,海流
ocean deep 海渊
ocean disposal 向海洋排除{环保}
ocean dumping 向海洋投弃{环保}
ocean dynamics 海洋动力学
ocean energy 海洋能
ocean floor 海底,洋底
ocean gyro 大洋涡旋
ocean raft 海上木筏,海上木排
Ocean Resources and Dynamics System 海洋资源和海洋动力学系统(卫星){遥感}
ocean surface roughness 海面粗糙度{遥感}
Ocean Surveillance Satellite(OSS) 海洋监视卫星{遥感}
ocean temperature 海流温度
Ocean Topography Experiment Satellite 海洋面起伏测量实验卫星
ocean weather station 海洋气象站
oceanarium 海洋水族馆
oceanic ①大洋的,大海的 ②海洋性的 ③大洋岛(oceanicus)
Oceanic Abstracts 海洋文摘
oceanic gamefish 海洋鱼群{水产}
oceanic hemisphere 水半球
oceanic island 大洋岛
oceanic moderate 海洋性温和(气候)
oceanic noise 海鸣,海洋噪音
oceanic plankton 海洋性浮游生物
oceanic salt 海洋盐,海盐
oceanic tide 海洋潮
oceanity ①海洋性 ②海洋率,海洋度(oceanitas)
oceanographic satellite 海洋研究卫星{遥感}
oceanologist 海洋学工作者,海洋学家(oceanologistus)
oceanology 海洋学(oceanologia)
ocellar 单眼的(ocellaris)
ocellate ①具眼斑的 ②具眼点的(ocellatus)
ocellus ①单眼 ②油胞 ③眼点
ochna ①金莲木属[*Ochna* L.](金莲木科) ②金莲木[*Ochna integerrima* (Lour.) Merr. = *O. harmandii* Lec.]
ochna family 金莲木科[*Ochnaceae*]
ochotsk corydalis 黄紫堇[*Corydalis ochotensis* Turcz.](荷包牡丹科)
ochraceous(= ocherous) 赭色的(ochraceus)
ochraceous flour beetle(= long-headed flour beetle) 长头谷盗[*Latheticus oryzae* Waterhouse](谷盗科)
ochracin 赭曲菌素
ochramycin 赭霉素
ochratoxin 赭曲毒素
ochre(= ocher) ①赭石{分遗} ②赭土{土壤} ③赭色,黄褐色{形态}(ochre)
ochre codon(= ocher codon) 赭石密码子
ochre mutant 赭石突变型
ochre mutation(= UAA mutation) 赭石突变(指一种终止突变)
ochre suppression 赭石抑制
ochre suppressor 赭石抑制基因
ochre triplet 赭石型三联体
ochre-yellow 赭黄色的(ochraceus)
ochrea(= ocrea) 托叶鞘

ochreate (= ocreate) 具托叶鞘的(ochreatus)
ochrept 淡始成土{土壤}
ochrocarpous 赭果的(ochrocarpus)
ochrocephalous 赭头的(ochrocephalus)
ochroleucous 苍白赭色的(ochroleucus)
ochroma 轻木[*Ochroma lagopus* Sw.](锦葵科)
Ochromonas 赭藻[属][*Ochromonas* Wystozk.]
ochrosia ①玫瑰树属[*Ochrosia* Juss.](夹竹桃科) ②玫瑰树(波旁玫瑰树)[*Ochrosia borbonica* Gmel.]
ochrosporous 具赭色孢子的(ochrosporus)
ochrous deposit 铁质沉积物
ochrox 淡色氧化土{土壤}
ochrult 淡色老成土{土壤}
ocimene 罗勒烯[$C_{10}H_{16}$]
ocimenone 罗勒烯酮
-ock ⌊字尾⌉小
ocrea ①托叶鞘 ②鞘状菌环
ocreate ①具托叶鞘的 ②具鞘状菌托的(ocreatus)
OCS 21693 欧克死 21693(除草剂)[$C_{11}H_9Cl_4NO_4$]
oct- ⌊字头⌉八,辛
OCT (= octal) 八进制的{统计}
Octachlor (= chlordane) 氯丹{农药}
octachloro-camphene 八氯莰烯,毒莰烯
octad 八个一组,八胞组(octas)
octadecadienoic acid 十八碳二烯酸[$C_{17}H_{31}\cdot COOH$]
octadecanoic acid 十八[烷]酸,硬脂酸[$C_{17}H_{35}COOH$]
octagon 八角形
octahedral 八面体的(octahedralis)
octahedral layer charge 八面体层电荷
octahedral substitution 八面体替代[作用]
octahedron 八面体
octahydroestrone 八氢雌[甾]酮
octal ①八进制的 ②八进制(octalis)
octal debugging 八进制调试
octamer ①八聚体 ②八聚物{分遗}
octamer-binding protein (**OCT**) 八聚体结合蛋白{分遗}
octamer motif 八聚体特征序列{分遗}
octameric histone 八聚体组蛋白
octamerous (= octameric) 八基数的(octamerus)
octamethyl (= schradan) 八甲磷{农药}
octamethylpyrophosphoramide 八甲基焦磷酰胺
octanate 碘苯腈辛酸脂
octandrous (= octander) 八雄蕊的(octandrus)
octane 辛烷[$CH_3(CH_2)_6CH_3$]
octane diacid (= octadionic acid) 辛二酸[$C_6H_{12}(COOH)_2$]
octane number 辛烷值
octane value 辛烷值
octanoic acid 辛酸[基][$C_7H_{15}COOH$]
octanol 辛醇[$C_8H_{17}\cdot OH$]
octanol dehydrogenase 辛醇脱氢酶
octanoyl- 辛酰[基]
octant 八分体(octans)
octantherous 具八花药的(octantherus)
octaploid 八倍体(octaploida){细胞}
octaploidy 八倍性(octaploidas)
octave band 倍频带
octave of frequency 频度阶
octet 八偶体,八角体
octhophilous 适泥滩的,喜泥滩的(octhophilus)
octo- ⌊字头⌉八,辛
october clematis 女萎[*Clematis apiifolia* DC.](毛茛科)
october plant 金钱掌(十月花)[*Sedum sieboldii* Sweet.](景天科)
octodiploid 八重二倍体(octodiploida)
octodiploidy 八重二倍性(octodiploidas)
octofarius 八列的
octoflorous 八花的(octoflorus)
octogynous 八雌蕊的(octogynus)
octolocular 八室的(octolocularis)
octonary hybrid 八亲本杂种,二双杂交杂种(hybrida octonaris)
octonary system 八进制
octonate 八数的(octonatus)
octopamine 章鱼[涎]胺,对羟苯-β-羟乙胺
octopetalous 八花瓣的(octopetalus)
octophore (子囊孢子)八孢体(octophora)
octophyllous 八叶的(octophyllus)
octopine 章鱼[肉]碱[$C_8N_{11}NO_2$]
octopine acid 章鱼乌氨酸
octoploid 八倍体(octoploida){细胞}
octoploidy 八倍性(octoploidas)
octopus tree ①鹅掌柴属[*Schefflera* Forst.](五加科) ②鹅掌柴(鸭脚木)[*Schefflera octophylla* (Lour.) Harms]
octoradiate ①八出的 ②八辐射的(octoradiatus)
octose 辛糖
octosepalous 八萼片的(octosepalus)

octoseptate 具八个隔膜的（octoseptatus）
octospermous 具八种子的（octospermus）
octospore 八孢型子囊孢子（octospora）
octostemonous 具八雄蕊的（octostemonus）
octostichous 八列的（octostichus）
octovalent ①八价的 ②八价染色体（octovalens）
octulose 辛酮糖
octulosonic acid 辛酮糖酸
octuple 八倍（octuplum）
ocuba wax（= nutmeg tallow） 肉豆蔻蜡
ocul- ⌞字头⌝眼
oculant 芽接苗
ocular ①目镜 ②眼的（ocularis）
ocular bulb 眼球
ocular estimate（= ocular estimation） 目测[法]
ocular lens 目镜
ocular micrometer 目镜测微计(尺)
ocular peduncle 眼柄
oculation 接木（oculatio）
oculi 复眼（oculus 的复数）
oculus 芽,眼
ocytocin 催产素
OD ①(= optical density) 光学密度{物} ②(= outside diameter) 外径{农机}
od-ray 生物冷光,生物荧光
odd ①奇数的 ②一双中的单个 ③奇异的,奇怪的 ④稀有的
odd base 稀有碱基
odd byte 奇字节{电脑}
odd electron 奇[数]电子
odd-even counter 奇偶计数器
odd-even flip flop 奇偶触发器
odd-even interging 奇偶归并
odd-even sorting 奇偶排序
odd fruit 畸形果实
odd number 奇数
odd-number length 奇数长度(造材)
odd-order polyploid 奇序多倍体{细胞}
odd-pinnate (复叶)奇数羽状的（imparipinnatus）{形态}
odd-pinnate leaf 奇数羽状复叶（folium imparipinnatum）
odd-toed 奇蹄的
odds ①偶率{统计} ②优势{遗传}
odds and ends 零星杂物,零碎杂物
odds ratio 优势率
ODI（= on-line digital input） 联机数字输入{信息}
odograph 里程表
odometer 里程计,计程计,速度计
odontites 疗齿草属[*Odontites* Zinn.]（玄参科）
odontoblast 成牙质细胞（odontoblasta）
odontoglossum ①瘤瓣兰属[*Odontoglossum* HBK]（兰科）②瘤瓣兰[*Odontoglossum crispum* Lindl.]
odontoid 齿状的（odontoideus）
Odontolossum ringspot virus 齿兰环斑病毒[*Orchid ringspot virus* (Jensen. Gold)]
odontopetalous 齿瓣的（odontopetalus）
odontophyllous 齿叶的（odontophyllus）
odontopterous 齿翅的（odontopterus）
odontosepalous 齿萼的（odontosepalus）
odontospermous 具齿种子的（odontospermus）
odor（= odour） ①气味的,香的,臭的 ②气味,香味,臭味
odor and taste 臭味与水味{环保}
odor and taste elimination 臭与味的消除
odor concentration 臭气浓度
odor control 气味控制
odor gas volume 臭气量
odor intensity index 臭气强度指数
odor removal 除臭
odor removal of waste water 脱臭废水
odor removal plant 除臭装置
odor source 恶臭发生源
odor strength 臭气强度
odor threshold 嗅觉阈值,恶臭阈值
odor threshold concentration 恶臭浓度阈值,恶臭浓度极限{环保}
odor treatment by acid and alkali spray 酸碱喷洒法除臭{环保}
odor treatment by fire 燃烧法除臭
odor treatment by ion-exchange resin 离子交换树脂法除臭
odor unit 臭气单位
odorant ①有气味的 ②恶臭物质{环保}（odorans）
odorate（= odorous） 有气味的（odoratus）
odorate evening-primrose 夜来香(香待宵草)[*Oenothera odorata* Jacq.]（柳叶菜科）
odoratissimus ①极香的 ②极臭的
odoriferous 有气味的（odoriferus）
odorous 有气味的,香的,臭的（odorus）
odorous house ant 香家蚁[*Tapinoma sessile* (Say)]（蚁科）
odorous substance 恶臭物质{环保}
odourless（= odorless） 无气味的
odventive 半驯化种(odventivus)
Odysey system 奥德萨系统{遥感}

ODYSSEY project 哈佛大学数据分析和地图显示计划｛遥感｝
OECD（= Organization for Economic Cooperation and Development） 经济合作与经济组织
-oecium ⌞字尾⌝室，住房
oecium 雄蕊群
oecology（= ecology） 生态学
oecophorid moths 织叶蛾科［Oecophoridae］
oedema ①瘤腺体｛解剖｝②水肿，浮肿｛病｝
oedemerid beetles 拟天牛科［Oedemeridae］
oedocephaloid 具膨大顶端的（oedocephaloideus）
Oedoeagus 阳茎端
OEEC（= Organization for European Economic Cooperation） 欧洲经济合作组织
OEM（= original equipment manufacturer） 原始设备制造厂
oenin 锦葵色素-3-葡糖苷
oenocyanin 葡萄酒蓝花素
oenocyte 绛色细胞（oenocyta）
oenology ①葡萄栽培学 ②酿酒学（oenologia）
oenometer 酒度计
oenothera（= evening primrose, sundrops） ①月见草属［*Oenothera* L.］（柳叶菜科） ②月见草［*Oenothera lamarckiana* Ser.］
oenothera drummond（= Drummod evening primrose） 待宵草［*Oenothera drummondii* Hook］（柳叶菜科）
oenothera type 月见草型(胚囊)
oeolotropic 各向异性的（oeolotropus）
oerea（= ochrea） 托叶鞘（ochrea）
oersted 奥［斯特］(磁场强度单位)
oesophageal 食管的，食道的（oesophageus）
oesophageal bulb 食道泵(球)(线虫)
oesophagus ①食道 ②喉管
oestradiol 雌［甾］二醇［$C_{18}H_{24}O_2$］
oestrane 雌［甾］烷［$C_{18}H_{30}$］
oestrin 雌激素
oestriol 雌［甾］三醇［$C_{18}H_{21}(OH)_3$］
oestrogen 雌［甾］激素
oestrogenic substance 雌激素
oestrone 雌［甾］酮［$C_{18}H_{22}O_2$］
oestrous ①发情（= heat）②发情期（estrus）
oestrous cycle（= oestrus cycle, estrus cycle, heat cycle） 发情周期
oestrum ①发情，动情，性冲动 ②发情期，动情期（estrum）
oestrus synchronization（= heat synchronizing） 同时发情，同期发情（synchronisatio estra）
OFAGE（= orthogonal field alternation gel electrophoresis） 正交交变电场凝胶电泳｛生技｝
off-and-on grazing 不定放牧，间断放牧
off-angle drilling 钻斜孔法
off-axis hologram 离轴全息照片｛显技｝
off-barring 开垄｛耕作｝
off-bearing conveyor 侧向输送器
off-beat 非传统的
off-center force 偏心力
off-center ganglion cell 撤光中心神经节细胞
off-chip 在芯片外
off-contact 触点断开｛信息｝
off-crop season（= preharvest season） 即将收获季节(指青黄不接的时期)
off-diagonal 对角线外的，非对角线的
off emergency 紧急断开｛电脑｝
off-fiber 撤光纤维
off-flavour 异臭，异味
off-highway tire 非公路用(超重型车辆)轮胎，越野轮胎
off-hook（= offhook） 摘机
off-hook signal 摘机信号
off-line analysis 脱机分析
off-line computer 脱机计算机
off-line operation 脱机操作
off-line robot programming 脱机机器人编程｛电脑｝
off-lining 脱机处理
off-load 卸下，卸车，卸载
off-loader 卸载器，卸载机
off-normal ①不正常的 ②偏位，越界
off-normal lower 下限越界
off-normal upper 上限越界
off-peak-hour draft 非高峰时间汲水｛环保｝
off-premise equipment 备用设备
off-print 抽印本，单行本
off-products 副产物
off-road capability 越野性
off-road mobility 越野行驶机动性
off-road tread 越野花纹(指轮胎)
off-road vehicle 越野汽车
off-saw size 锯后尺寸(木材)
off-scan 切断扫描
off-sea wind 离海风
off-season ①淡季，非鱼汛期 ②非适期，不时，非时

off-season crop 闲作,淡季栽培
off-season culture ①淡季栽培 ②不适时栽培,非适时栽培
off-season irrigation 淡季灌溉,农闲灌溉
off-season vegetables 淡季蔬菜
off-shore ①由陆地吹向海洋的 ②在近海处的 ③国外的
off-shore deposit 滨外沉积物
off-shore fishery 近海渔业
off-shore purchase 国外采购
off-shore spawning ground 近海产卵场
off-shore wind 离岸风
off-the-price 减价
off-the-road test 越野性试验
off-type ①劣型 ②伪型,不正常型
off-type plant 不正常型植株,伪型株(指植物性状与原品种植株不同的)
off-type variety 劣型品种,非典型品种
off-wheeler 右挽畜(指马,牛,驴)
off-year ①小年(指果树结果) ②凶年(指作物歉收)
offal ①谷物副产物,糠,麸 ②废物,垃圾 ③肉屑,腐肉 ④臭虾烂鱼 ⑤⌊复⌉(家畜)内脏,下水
offal bin ①糠麸仓 ②杂余箱
offcut ①下脚料 ②下脚材
offence ①攻击,进攻 ②违反(offensa)
offenlippe ①开唇兰属[*Anoectochilus* Blume](兰科) ②开唇兰[*Anoectochilus formosanus* Hayata]
offensive 有难闻气味的(offensivus)
offensive odour 难闻气味
offensive smell 异臭
offer ①供给,供应 ②报价(指价格)
offer of employment 提供职业
offer price 供应价格,出售价格,卖价
offering connector 插入连接器
offeror 出售人,卖主
offgrade grains ①等外谷物 ②等外子粒
office ①局,处 ②办公室,办事处 ③公职 ④职责(officium)
office activity 办公活动
office automation (OA) 办公[室]自动化
office communication system 办公通信系统
office computer 办公用计算机,事务用计算机
office revolution 办公室革命
office typewriter 办公室打字机
officeware 办公软件
official ①官方的 ②正式的 ③法定的,公定的(officialis)
official name 法定名称,学名(nomen officialis)
official standard grades 正式标准分级
official testing methods for agricultural chemicals 农药公定检查法
official threshold value 法定阈值(指污染物){环保}
official variety test 正规品种试验
officinal 药用的(officinalis)
officinal breynia 药用黑面神[*Breynia officinalis* Hemsl.](大戟科)
officinal magnolia 厚朴[*Magnolia officinalis* Rehd. et Wils.](木兰科)
officinal pulmonaria 疗肺草[*Pulmonaria officinalis* L.](紫草科)
offline (= off line, off-line) 脱机,离机{电脑}
offseed 复种(指委托农家生产的原种)
offset ①短匍茎,短匍枝,旁蘖(propagulum) ②偏移,偏置,借位 ③分支 ④抵消,补偿
offset bulb (= bulbil, bulblet) 小鳞茎,小球茎
offset data 偏移数据,补偿数据
offset disc harrow 偏置式圆盘耙{农机}
offset error 偏移误差
offset harvester 偏置割台式收获机
offset link 八字套接链节
offset mounting 偏置悬挂
offset of grains ①谷物副产物 ②余粮
offset parameter 补偿参数
offset pipe 偏置管,迂回管{水利}
offset position 偏置位置
offset pull 偏牵引力
offset quadriphase shift keying 偏置四相相移键控{遥感}
offset rotary cultivator (= offset rotary tiller) 偏置式旋耕机
offset well 偏置井,补偿井{水利}
offsetting ①偏置 ②位移 ③等距法
offshoot ①分株,分枝,分蘖,蘖枝(stolo){形态} ②支流{水利} ③支路{耕作} ④支脉{地质}
offshore ①向岸的 ②离岸的 ③近岸,滨外
offshore current 离岸流
offshore zone 滨外带,近海带
offside ①反面 ②后面 ③右边
offspring (= descendant) ①子,子孙,子代,后代 ②产物
offspring-parent regression 亲子间回归
offspring-parent relationship 亲子间关系
offtake 排(泄)水渠{水利}
oft (= contagious ecthyma) 羊传染性脓疱,羊口疮
often cross-pollinated crops 常异花授粉作物

often cross-pollination 常异花授粉
ogee ①双弯曲线,S 形曲线{统计} ②S 形嵌线管{信息}
ogee spillway 降曲溢洪道{环保}
Ogive 欧吉夫氏(曲线){遗传}
Oguma and Kihara's fluid 奥基二氏[固定]液{显技}
OH-cycle 氢氧离子循环(用离子交换树脂处理污水时,首先用阳离子交换树脂处理,然后用阴离子交换树脂除去阴离子,树脂再生时,得到氢氧离子(OH),故称为氢氧离子(OH)循环){环保}
OH^- toxicity 氢氧根毒性
Ohio buckeye 光叶七叶树[*Aesculus glabra* Willd.](七叶树科)
Ohio system (= remnant method) 半穗行法{育种}
ohm (Ω) 欧姆(电阻单位)
ohmmeter 欧姆计
Ohm's law 欧姆定律{电}
Ohwii flatsedge 大井氏莎草[*Cyperus ohwii* Kukenth](莎草科)
-oid ⌞字尾⌝似,像,拟
oidioid 粉孢子状的(oidioideus)
oidiophore 粉孢子梗(oidiophora)
oidiospore (= oidium) 粉孢子(oidiospora)
oidium ①粉孢 ②分裂子
oidization 粉孢形成(oidisatio)
oil 油(oleum)
oil absorption 吸油率
oil adsorption 油吸附
oil and fat material 油脂原料
oil and fat refining 油脂精炼
oil-and-water trap 油水收集器,油水阱{环保}
oil and wax crops 油蜡料作物
oil and wax plants 油蜡料植物
oil base 乳油{农药}
oil bath 油浴
oil-bath gear 油浴齿轮
oil-bath gear-box 油浴式变速箱,油浴式齿轮箱
oil-bearing crops (= oil crop) 油料作物
oil beetle (= blister beetle) ①芫菁 ②⌞复⌝芫菁科[*Meloëdae*]
oil beetle larva (= triungulin) 三爪幼虫(即芫菁第一龄幼虫)
oil bird 油鸱[*Steathornis caripensis*]
oil body 油体(oleocarpus){解剖}
oil brake 液压制动器
oil brooder (= oil incubator) 油灯育雏器
oil burner 燃油炉
oil-cake 油饼,油粕
oil-cake breaker 油饼碎裂机,碎饼机
oil cake crusher (= oil-cake grinder) 油饼磨碎机
oil-cake meal (= oil meal) 油饼粉,油粕粉
oil-cake mill ①油饼粉碎机 ②油饼磨
oil camera 油盒{显技}
oil camphor sassafrassy 黄樟油农药溶剂
oil can 油壶,油罐
oil capacity 油容量
oil catcher 集油器,收油盘
oil cell 油细胞(cellula oleifera)
oil cell dot 油胞点(punctum cellulum oleiferum)
oil change period 机油更换间隔里程,换油周期
oil concentrate 乳油
oil consumption 油消费量,耗油量
oil content 含油量
oil cooling 油冷却
oil crop agrotechnics 油料作物栽培技术
oil crop culture ①油料作物栽培 ②油料作物栽培学
oil crops 油料作物
oil cup and the like 油槽
oil distributor 分油器
oil dot 油点(punctum oleiferum)
oil dropping method 注油[驱除]法
oil drying 热油干燥
oil duct (= oil canal) 油道(ductus oleiferus)
oil emulsion adjuvant 油乳化辅助剂
oil engine 柴油机
oil expeller 榨油机
oil extraction 油提炼
oil extraction by pressing 压榨法油提炼,压榨法制油
oil extraction by solvent 浸出法油提炼,浸出法制油
oil extraction by water substitution 水代法油提炼,水代法制油
oil extractor 提油器,吸油器,抽油器
oil feeder 加油器
oil fence 油垣(原油在海上遗漏,所采用一种防护隔油设施){环保}
oil field 油田
oil field waste 油田废水{环保}
oil field water 油田水
oil film 油膜
oil filter ①滤油器 ②油滤池{环保}
oil-fired furnace 油炉
oil from woody plant 木本油料
oil gas 石油气

oil gas refinery waste water 石油气工厂废水{环保}
oil gauge (= oil gage) 油量计,油面计,油[比]重计
oil gear ①液压传动装置 ②润滑齿轮
oil gland 油腺(glandula oleifera)
oil-gland darking 油腺黑变病
oil gland mutant 油腺突变体
oil globule 脂肪球(globulus oleiferus)
oil grass (= lemon grass) ①香茅属[*Cymbopogon* Spreng](禾本科) ②香茅[*Cymbopogon citratus* (DC.) Stapf]
oil gun 注油枪,注油器
oil-hardening process 油硬化法
oil-heated brooder 油炉加热式育雏器
oil-heated steamer 燃油加热式蒸煮器
oil herbicide 石油除草剂
oil hole 油孔
oil immersion 油浸系{显技}
oil immersion condenser 油浸[镜]聚光器
oil immersion lens 油浸镜
oil immersion method 油浸法
oil immersion objective 油浸物镜
oil-impregnated wood 机油浸煮木材
oil insecticide 油类杀虫剂
oil interceptor 截油器{环保}
oil leak (= oil leakage) 漏油{环保}
oil leakage 漏油[量]
oil level indicator 油位指示器,机油标尺
oil line 油管,油路
oil lubrication 机油润滑
oil market 油市,油市场
oil meal 油粕粉,油饼粉(指油饼粉碎后的)
oil meter (= oleometer) 油量计,油比重计
oil mill ①油坊,榨油厂 ②油磨,榨油机
oil mineral (= oil field) 油田(指石油产地)
oil miscible concentrate 浓油剂,乳油
oil nut 油用坚果
oil of juniper berries 刺柏子油,杜松子油
oil of sassafras 檫木油
oil of spiraea 珍珠梅油
oil of torreya seeds (= kaya-oil) 榧油
oil of winter green 冬青油,白珠树香叶油
oil orange ①油柑[*Citrus oleocarpa* (Hort.) Tanaka](芸香科) ②余甘子(油甘子)[*Phyllanthus emblica*. L.](大戟科)
oil outlet 出油口,放油口
oil-outlet fitting 放油接头
oil overlay 油覆盖层{生技}
oil palm ①油棕属[*Elaeis* Jacq.](棕榈科) ②(= African oilpalm) 油棕[*Elaeis quineensis* Jacq.]
oil palm leaf butterfly 油棕环蝶[*Amathusia phidippus* L.]
oil palm leaf miner 油棕潜叶甲[*Coelaenomenodera elaeidis* Maulik]
oil palm planthopper 油棕扁蜡蝉[*Tambinia capitata* Distant](蜡蝉科)
oil palm shot-hole borer (= black coffee twig borer) 咖啡黑小蠹[*Xyleborus mortatti* Hag](小蠹科)
oil pan 收油盘,集油盘
oil-paper sash 油纸窗[框](指温室的)
oil passage (= oil duct) 油道
oil percentage 含油率,出油率
oil pesticide 石油农药
oil petroleum 矿油
oil pine caterpillar 赤松毛虫[*Dendrolimus spectabilis* Butler](枯叶蛾科)
oil pipe 油管
oil piston ring (内燃机)活塞油环
oil plants 油用植物(plantae oleiferes)
oil plug 油塞
oil polluted water 油污水
oil pollution 油污染
oil pollution of ocean 海洋石油污染{环保}
oil pool 油床
oil press ①榨油 ②榨油机
oil-pressing mill 榨油厂
oil pressure gauge 油压计
oil process 油液浮选法(选种用)
oil pump 机油泵
oil-pump strainer 机油泵集滤器
oil purifier 净油器
oil quenching 油淬火
oil radish 油萝卜[*Raphanus sativus* var. *oleifera*](十字花科)
oil receiver (= oil reservoir) 储油器,储油箱
oil-receptacle 油槽(oleoreceptaculus){形态}
oil refinery 炼油厂
oil-rich variety 富含油分品种
oil ring 刮油环
oil ring bearing 油环轴承
oil sac 油囊(saccus oleiferus)
oil sample 油样品
oil saving bearing 省油轴承
oil seal 油封
oil seal ring 封油环
oil seed 油料种子,含油种子
oil-seed cracking machine 油子碾碎机
oil-seed engineering 油料种子工程

oil-seed steam heater 油子蒸汽加热器
oil seepage (= seepage) 油泄漏，油苗{遥感}
oil separate tank 隔油池{环保}
oil separation 油分离{环保}
oil separator 折油器，油分离器
oil shale 油页岩
oil skimming bridge 撇油桥架{环保}
oil skin 油布，防水布
oil skipper 漏油器
oil slick 油斑，油膜
oil soluble 油溶的(溶于油的)
oil-soluble activator 油溶性活化剂
oil-soluble concentrate 油剂
oil solution 油剂，油溶液
oil-solvent preservatives 油溶性防腐剂
oil-spot test 机油湮点试验
oil sprays 油类喷雾剂
oil squash ①油瓜属[*Hodgsonia* Hook f. et Thoms.](葫芦科) ②油瓜[*Hodgsonia macrocarpa* var. *capinicarpa* Tsai.]
oil staining 油染色，油着色
oil stone 油磨石
oil storage tank 贮油槽(池){环保}
oil strainer 滤油器
oil supply 供油
oil tank 油槽，润滑油箱
oil tanning 油鞣
oil-tea camellia 油茶[*Camellia oleosa* Rehd.](茶科)
oil temper 油中回火
oil tempering 热油处理
oil trade 油脂贸易
oil vacuole 含油液泡
oil valve 油阀
oil varnish 油清漆
oil waste 含油废水{环保}
oil-water separator 油水分离器
oil well 油井
oil works 榨油厂，油坊
oil-yielding 产油的
oil-yielding plant 油料植物
oil-yielding shrubs 油料林
oiled ①油化的 ②加过油的
oiled coil 油化螺旋
oiled dust 加过油的粉剂
oiler 注油器，加油器
oilfield 油田，石油田
oiliness 含油性，油滑性
oiling 加油，注油
oiling machine (蛋品)浸油机
oiling ring 加油环
oiling trough 油浸槽(浸羊毛用)
oilless ①缺油的 ②不需加油的 ③未经油润的
oilless bearing 自润滑轴承(包括含油轴承，固体润滑轴承，塑料轴承等)
oilless metal 自润滑金属
oils and fats 动植物油，油脂
oilseed 含油种子
oilseed cake 油子饼，油子粕
oilseed fodder 油子饲料(如青向日葵花盘种子)
oilseed meal 油子粕粉
oiltight ①油封，油密 ②不透油的
oilway 油路
oily ①油质的，油状的 ②多油的 (adiposus)
oily fish meal 多脂鱼粉
oily industry 油脂工业
oily liquid 油质液体
oily paint 油性涂料
oily persimmon 油柿[*Diospyros oleifera* Chung](柿科)
oily seed 含油种子 (semen adiposus)
oily silkworm 油蚕
oily waste[water] 含油废水{环保}
ointment 药膏，软膏，油膏
oiticica 巴西油漆树[*Licania rigida* Benth.](蔷薇科)
oiticica oil 巴西油漆树油
Oka female fern 圆齿蹄盖蕨[*Athyrium pycnosorum* Christ.](水龙骨科)
Okadaic acid 冈田[软海绵]酸(可抑制磷脂酶 A)
Okame cricket 小公羊棺头蟀[*Loxoblemmus arietulus* Saussure](蟋蟀科)
Okayama-Berg method 冈-伯二氏法，Okayama-Berg 法(指 cDNA 无性系){农生技}
Okayama-Berg vector 冈-伯二氏载体，Okayama-Berg 载体{农生技}
Okazaki fragment 冈崎片段{分遗}
Okazaki pieces 冈崎碎片
Okazaki process 冈崎过程
Okazaki segment 冈崎片段{分遗}
Okhotsk high 鄂霍次克海高压
okinete (= vermicule) 动合子 (okinata)
Oklamex Red 奥可拉米克斯红(美国甘薯品种)
okra (= gumbo) 秋葵[*Hibiscus esculentus* L. = *Abelmoschus esculens* Moench](锦葵科)
okra caterpillar 棉拟蠖夜蛾[*Cosmophila erosa* Hübner](夜蛾科)
-ol ⌊字尾⌉醇，酚

OL-pattern 暗明-图案
olax ①铁青树属[*Olax* L.](铁青树科) ②铁青树[*Olax wightiana* Wall.]
olax family 铁青树科[Olacaceae]
old ①老的,旧的,老式的,过时的,过去的 ②有经验的 ③年的,岁的,年长的
old-age insurance 老年保险
old-age pension 养老金,退休金
old-age pension system 养老金制
old alluvial clay 老冲积黏土
old alluvial loan 老冲积壤土
old alluvium 老冲积层,古冲积层
old arable land 老耕地,熟耕地
old combs 老巢脾
old culture (= altkultur) 衰老培养系{真菌}
old culture variation 老培养变异
old fallow ①老休闲 ②老休闲地
old-fashioned ①旧式的,老式的 ②守旧的
old fashioned storehouse 老式仓库{农施}
old-fashioned weigeta ①锦带花属[*Weigeta* Thunb.](忍冬科) ②锦带花[*Weigeta florida* (Bunge) A. DC.]
old field stand 旧农用地
old flower pollination 老花授粉
old fustic 绯桑[*Chlorophora tinctoria* Gaudch.]桑科
old genotype 旧基因型
old growth 原始林,处女林
old home variety 原有品种
old-house borer (= house longihorn beetle) 家天牛[*Hylotrupes bajulus* (L.)](天牛科)
old ice 老冰
old-lady cactus 老妇掌[*Echinocereus delaeti* Güerko](仙人掌科)
old land 久耕地,熟地
old-land bottom 熟地型犁体
old leaf 老叶(茶)
old- man cactus (= oldman cactus) ①翁柱属[*Cephalocereus* Pfeiff.](仙人掌科) ②翁柱(白头翁)[*Cephalocereus senilis* Pfeiff.]
old manure 腐熟厩肥
old period 衰老期
old red earth 老红壤
old red sandstone 古老红色沙岩
old rice (= old crop rice) 陈米
old rose 玫瑰色
old scarlet strawberry 深红莓[*Fragaria virginiana* Mill](蔷薇科)
old seeds 陈旧种子,陈子
old soil ①陈土,老土 ②老年土
old stand 过熟林
old standard ①老品种{育种} ②过熟木{森林}
old strand 旧链,旧股,旧线{分遗}
old style 古体字(指西文){电脑}
old timber stage 老树期
old-time 古时的,古代的,往昔的
old tree (果树)老树
old valley filling soil 老谷地堆积土壤
old witch grass 毛线稷[*Panicum capillare*](禾本科)
old wives summer 秋热,秋老虎(欧洲九月末十月初的晴暖期)
old woman 银叶艾[*Artemisia stellerana* Bess.](菊科)
old woman cactus 玉翁[*Mammillaria hahniana* Werd.](仙人掌科)
old world arrowhead ①慈姑属[*Sagittaria* L.](泽泻科) ②慈姑[*Sagittaria sagittifolia* L.]
Old world cotton 旧世界棉
old yellow enzyme 老黄酶
older needles 老针叶
older peat 老泥炭,高度分解泥炭
older plant 老大植株
older ratoon 老龄宿根
Oldham blueberry 奥德姆氏越橘[*Vaccinium oldhamii* Miq.](乌饭树科)
Oldham figwort ①玄参属[*Scrophuluria* L.](玄参科) ②玄参[*Scrophuluria oldhami* Oliv.]
Oldham gypsophila ①丝石竹属[*Gypsophila* L.](石竹科) ②丝石竹(霞草奥德姆氏丝石竹)[*Gypsophila oldhamiana* Miq.]
Oldham meliosma 红枝柴[*Meliosma oldhamii* Miq.](清风藤科)
Oldham's coupling 奥氏联轴节
oldman mammillopsis ①月宫殿属[*Mammilopsis* spp.](仙人掌科) ②月宫殿[*Mammilopsis senilis* sp.]
Olduvai Gorge 奥多威峡谷
ole- ⌞字头⌝油
olea branch borer 大穿孔象(樟象甲)[*Hylobius perforatus* Roelofs](象甲科)
olea leaf weevil (= apple curculio) 齐墩果象甲[*Otiorrhynchus cribricollis* Gyllenhal]
oleaginous ①含油的 ②油质的(oleaginus)
Oleaginous seed 含油种子
oleanane 齐墩果烷

oleander ①夹竹桃属［*Nerium* L.］（夹竹桃科）②欧洲夹竹桃［*Nerium indicum* Mill］
oleander caterpillar 夹竹桃鹿蛾［*Syntomeida epilaris* Walker］（鹿蛾科）
oleander leaf allamanda ①黄蝉属［*Allamanda* L.］（夹竹桃科）②黄蝉（黄蝉花）［*Allamanda neriifolia* Hook.］
oleander-leaved euphorbia 麒麟角（麒麟掌，玉麒麟）［*Euphorbia nerifolia* var. *cristata* sp.］（大戟科）
oleander podocarpus 百日青［*Podocarpus nerifolius* D. Don］（罗汉松科）
oleander scale（= ivy scale, orchid scale）常春藤圆蚧（夹竹桃圆蚧）［*Aspidiotus nerii* Bouché］（盾蚧科）
oleandomycin 夹竹桃霉素
oleandrose 齐墩果糖
oleanolic acid 齐墩果醇酸［$C_{30}H_{48}O_3$］
oleanonic acid 齐墩果酮酸
olease 油酸酯酶
oleaster ①胡颓子属［*Elaeagnus* L.］（胡颓子科）②沙枣［*Elaeagnus angustifolia* L.］
oleaster family 胡颓子科［Elaeagnaceae］
oleate（= oileate） ①油酸 ②油酸盐［$C_{18}H_{33}O_2M$］
olefine 链烯烃，烯属烃
olefinic 烯属的
olefinic polymerization 烯属聚合［作用］
oleic acid 油酸
oleiferous 具油的，含油的（oleiferus）
oleification 油处理（oleificatio）
olein（= oleine trioleine）［三］油酸甘油酯［$(C_{17}H_{33}\cdot COO)_3C_3H_5$］
oleo- ⌊字头⌉油
oleocellosis 油斑病
oleocinase 中乳氧化酶
oleocystidium 油囊体
oleomargarine 人造奶油，人造黄油
oleophillic（= oleophyllic） 亲油的，亲脂的（oleophillus）
oleophobic 疏油的，疏脂的（oleophobus）
oleoplast 造油体（oleoplastis）
oleoresin 含油树脂
oleose 含油分的，多油的（oleosus）
oleosin 油质蛋白
oleosome 油质体（oleosoma）
oleous 具油滴的（oleus）
oleovitamin ①维生素油剂 ②油溶性维生素剂
oleraceous 菜蔬类的（oleraceus）
olericulture ①蔬菜栽培 ②蔬菜园艺学（olericultura）
Olesen's method 奥罗先氏方法（土壤测定）
olethreutid moths 小卷［叶］蛾科［Olethreutidae］
oleum 发烟硫酸
oleyl alcohol 油醇
olfact 嗅
olfaction 嗅，嗅觉（olfactio）
olfactometer 嗅觉计
olfactory 嗅觉的（olfactoris）
olfactory acuity 嗅敏度
olfactory bulb 嗅球
olfactory cilia 嗅毛
olfactory cilia protein 嗅毛蛋白
olfactory organ 嗅觉器官
olfactory receptor 嗅感受器，嗅感受蛋白
olfactory sense 嗅觉
olibanum 乳香
olibanum tree 乳香树［*Boswellia carterii* Birdw.］（橄榄科）
olid ①具臭味的 ②发臭的（olidus）
olig- ⌊字头⌉少，低，寡
oligandrous 少雄蕊的（oligandrus）
oliganthous 疏花的，少花的（oliganthus）
oligarchic network 少数控制网络{信息}
oligaristate 具少芒的（oligaristatus）
oligembiids 小丝蚁科［Oligembiidae］
oligo- ⌊字头⌉少，低，寡
oligo(dT)（= oligodeoxythimidylic acid）寡脱氧胸苷酸
oligo(dG)（= oligodeoxyguanylic acid）寡脱氧鸟苷酸
oligo-1,6-glycosidase 低聚－1,6－葡糖苷酶
oligo(dT)-cellulose 寡脱氧胸苷酸纤维素
oligobaculate 少棒的（oligobaculatus）
oligobrochate 少网胞的（oligobrochatus）
oligocarpous 疏果的，少果的（oligocarpus）
oligocarpous fatsia 少果八角金盘［*Fatsia oligocarpella* Koidz.］（五加科）
Oligocene（= Oligocene epoch） 渐新世
Oligochaeta 寡毛纲［*Oligochaeta*］（指寡毛蠕虫类）{环保}
oligodendrocyte 少突细胞（oligodendrocyta）
oligodendroglia 少突胶质
oligodeoxyguanylic acid［oligo(dG)］ 寡脱氧鸟苷酸
oligodeoxynucleoside 寡脱氧核苷
oligodeoxynucleoside hydrogen-phosphonate 寡脱氧核苷氢磷酸酯
oligodeoxynucleoside methylphosphonate

寡脱氧核苷磷酸甲酯
oligodeoxynucleoside phosphoramidite 寡脱氧核苷亚磷酸酰胺
oligodeoxynucleotide 寡脱氧核苷酸
oligodeoxynucleotide phosphorothioate 硫代磷酸寡脱氧核苷酸
oligodeoxyribonucleoside 寡脱氧[核糖]核苷
oligodeoxyribonucleoside hydrogen-phosphonate 寡脱氧[核糖]核苷氢磷酸酯
oligodeoxyribonucleoside methylphosphonate 寡脱氧[核糖]核苷磷酸甲酯
oligodeoxyribonucleoside phosphoramidite 寡脱氧[核糖]核苷亚磷酰胺
oligodeoxyribonucleotide (= oligodeoxynucleotide) 寡脱氧[核糖]核苷酸
oligodeoxyribonucleotide 低脱氧核苷酸,寡脱氧核苷酸
oligodeoxythymidylic acid 寡脱氧胸苷酸[oligo(dT)]
oligodont (= oligodontous) (叶缘)疏锯齿的(oligodontus)
oligodynamic 微量活动的,微动的(oligodynamicus)
oligodynamic action 微动作用
oligoelement 少量元素(oligoelementum)
oligoforate 少[圆]孔的(oligoforatus)
oligogene 寡基因,主基因(oligogena)
oligogenic 寡基因的(oligogenus)
oligogenic character 寡基因性状
oligogynous 少雌蕊的(oligogynus)
oligolecithal 寡黄的,均黄的
oligolecithal egg 寡黄卵,均黄卵
oligolecithal ova 寡黄卵,均黄卵
oligomer 寡聚体,低聚体
oligomeric enzyme 寡聚[体]酶
oligomeric protein 寡聚蛋白质
oligomerization 寡聚化,寡聚[作用](oligomerisatio)
oligomerous 少基数的(oligomerus)
oligomery 少基数(oligomerium)
oligomycin 寡霉素
oligoneuriids 寡脉蜉科[Oligoneuriidae]
oligonitrophes 微需氮生物
oligonucleotide 寡核苷酸
oligonucleotide affinity chromatography 寡核苷酸亲和层析{生技}
oligonucleotide array 寡核苷酸阵列{分遗}
oligonucleotide chip 寡核苷酸芯片
oligonucleotide-directed mutagenesis 寡核苷酸指导[的]诱变
oligonucleotide-mediated mutagenesis 寡核苷酸介导[的]诱变
oligonucleotide synthesizer 寡核苷酸合成仪
oligopepsia 消化力不强
oligopeptide 寡肽
oligophagous 寡食性的(oligophagus)
oligophagous insect 寡食性昆虫
oligophagous parasitism 寡食性寄生(parasitismus oligophagus)
oligophagy ①寡食性 ②狭食性(oligophagia)
oligophrenia 低智,智力发育不全
oligophrenia phenylpyruvica 智力发育不全性苯丙酮尿症
oligophyllous 少叶的(oligophyllus)
oligoplasmatic 少质的(oligoplasmaticus)
oligopod 寡足的(oligopodus)
oligopolar 寡极的(oligopolaris)
oligopyrene sperm 减核精子,寡数精子
oligorganic layer 寡有机质层,矿质层
oligoribonucleotid 寡核苷酸
oligosaccharide sequencing 寡糖序列测定,寡糖测序定{分遗}
oligosaccharides 寡聚糖类
oligosaccharin 寡糖精
oligosaccharyltransferase 寡糖[基]转移酶
oligosaprobic ①微腐生的 ②微腐生物(oligosaprobus)
oligosaprobic belt (= oligosaprobic zone) 微腐生物带
oligose 寡糖,低聚糖
oligosomal nucleus 寡心核(nucleus oligosomalis)
oligospermous 少种子的(oligospermus)
oligosporous 少孢子的(oligosporus)
oligostachyous 疏穗的(oligostachyus)
oligostemonous 少雄蕊的(oligostemonus)
oligotaxy 花轮减少(oligotaxis)
oligotomids 等尾丝蚁科[Oligotomidae]
oligotrichous 疏毛的(oligotrichus)
oligotrophic ①贫瘠的 ②少营养的,营养不足的,寡养的(oligotrophus)
oligotrophic bacteria 寡养细菌,少营养细菌(bacteria oligotrophae)
oligotrophic brown soil 贫瘠棕色土
oligotrophic habitat 寡养生境,贫瘠生境(habitas oligotrophus){生态生理}
oligotrophic plant 寡养植物(planta oligotiopha)
oligotrophy 营养不足,贫养,寡养(oligotropia)
oligotropic 采少种花的(指蜂)(oligotro-

pus)
oligotropy 采少种花性(蜂)(oligotropia)
oligotypic genus 少种属(genus oligotypicus)
oligouridylic acid 低[聚]尿苷酸
oligouridylic acid in HnRNA HnRNA的低[聚]尿苷酸
oliguria 少尿[症]
oliphatic acid (= fatty acid) 脂肪酸
oliphatic oil (= fatty oil) 脂油
olistherozone 淡染色区(olistherozona)
olitory ①蔬菜的 ②菜园的(olitorius)
olivaceous 橄榄色的(olivaceus)
olivaeform 橄榄状的(olivaeformis)
olivary 橄榄形的(olivarius)
olive ①齐墩果属[*Olea* L.](木犀科) ②齐墩果(洋橄榄,油橄榄)[*Olea europaea* L.]
olive bark beetle 油橄榄黑小蠹[*Phloeotribus scarabaeoides* = *P. oleae* Fabricius](小蠹科)
olive blister beetle 齐墩果黑芫菁[*Mylabris oleae* Chevrolat](芫菁科)
olive blotch (= olive leaf spot, peacock spot) 油橄榄叶斑病[*Cycloconium oleaginum*]
olive family 木犀科[Oleaceae]
olive fruit fly (= olive fly) 齐墩果实蝇(橄榄蝇)[*Dacus oleave* (Gmelin)](实蝇科)
olive grove 油橄榄幼林
olive growing 齐墩果栽培
olive kernel oil 低级橄榄油
olive moth 油橄榄巢蛾[*Prays oleellus* Fabricius](巢蛾科)
olive-nut tree 福木属[*Elaeodendron* Jacq.](卫矛科)
olive oil 齐墩果油,橄榄油
olive production 齐墩果生产
olive psyllid 油橄榄叶木虱[*Euphyllura ollvina* Costa](木虱科)
olive scale 齐墩果盔蚧[*Parlatoria oleae* (Colvée)](蜡蚧科)
olive thrips 齐墩果皮蓟马[*Liothrips oleae* Costa](蓟马科)
olive white fly 齐墩果粉虱[*Aleurolobus olivinus* Silvestri](粉虱科)
oliveblotch calathea 箭羽叶竹竽[*Calathea insignis* Bull.](竹竽科)
oliver maple 五裂槭[*Acer oliverianum* Pax.](槭树科)
olives stuffed with red pepper 青椒馅油橄榄
olivetoric acid 戊基地衣缩酚酸
olivil 橄榄树脂素[$C_{20}H_{24}O_7 \cdot H_2O$]
olivine (= chrysolite) 橄榄石
olivinfels 橄榄岩{地质}
olivomycin 橄榄霉素
OLO-pattern 暗明暗-图案
olpidium ①油壶菌属[*Olpidium* (Braun) Rabenh](油壶菌科) ②油壶菌[*Olpidium* sp.]
olpidium family 油壶菌科[*Olpidiaceae*]
Olympie St. jokeberry 奥林匹斯金丝桃[*Hypericum olympicum* L.](金丝桃科)
o. m. (= organic matter) 有机[物]质
-oma ⌞字尾⌝①瘤 ②癌
omasum 重瓣胃,瓣胃,第三胃(psalterium)
ombro- ⌞字头⌝雨
ombrogenous 雨生的(ombrogenus)
ombrogenous mire 雨生沼泽,季节性沼泽
ombrogenous peat 雨生泥炭,可变泥炭
ombrometer 微雨量器
ombrophil (= ombrophiles) 喜雨植物(ombrophile)
ombrophilous 适雨的,喜雨的(ombrophilus)
ombrophilous plants 喜雨植物(plantae embrophilae)
ombrophobe 嫌雨植物
ombrophobous 避雨的,嫌雨的(ombrophobus)
ombrophobous plants 嫌雨植物(plantae ombrophobae)
ombrophyte 适雨植物,喜雨植物(ombrophyta)
ombrotrophic 雨养的(ombrotrophus)
ombrotrophic growing 雨养栽培(指水稻)
ombrotrophic nitrogen budget 雨养氮收支{生态生理}
ombrotrophy 雨养性(ombrotrophia){生态生理}
ombrotropism 向雨性(ombrotropismus)
omega ①ω(希腊字母) ②末端的,末位的
omegatron 回旋质谱计
Omei rose 峨嵋蔷薇[*Rosa omeiensis* Rolfe](蔷薇科)
omentum 网膜
omethoate 氧化乐果,氧乐果(杀虫、杀螨剂)[$C_5H_{12}NO_4PS$]
omia 肩片{昆虫}
omission ①省略 ②遗漏(omissio)
omitted 漏的(omittus)
omitted harvest 漏割
omitted ploughing 漏耕
omitted seeding (= omitted sowing) 漏播

{栽培}

ommateum 复眼

ommatidium 小眼{昆虫}

ommochrome 眼色素

omni- ⌞字头⌝,所有,全[部],各[方]

omniantenna 全向天线

omnicolous 杂栖的(omnicolus)

omnidirectional 全向的(omnidirectionalis)

omnis cellulae cellulae (= cells from cells)细胞来自细胞

omnivora 杂食动物

omnivore fishes 杂食性鱼类

omnivority 杂食性(omnivoritas)

omnivorous 杂食[性]的(omnivorus)

omnivorous leaftier 杂食卷叶蛾[*Cnephasia longana* (Haworth)]

omnivorous looper 杂食尺蛾[*Sabulodes caberata* Guenée](尺蛾科)

omnivorous parasite 杂食性寄生物

omnivory 杂食性(omnivoria)

omosternum 肩胸骨

Omoto nipponlily ①万年青属[*Rohdea* Rath.](百合科) ②万年青[*Rohdea japonica* (Thunb.) Roth.]

OMPA (= schradan) 八甲磷{农药}

omphal- ⌞字头⌝脐

omphalia (= raigan) 竹苓(雷丸,雷实)[*Omphalia lapidescens* Schroeter](脐菇属的一个种)

omphalic 脐的(omphalicus)

omphalocele 脐疝

omphalode 脐迹

omphalodium 种脐

omphaloid 脐状的(omphaloideus)

omphalos 脐

omphalotomy 脐带切断术(omphalotomia)

omum plant 埃及黄蒿[*Carum copticum* Benth. et Hook.](伞形花科)

on board processing ①[卫]星上处理 ②机上处理{遥感}

on-chip computor (= one-chip computer) 单[芯]片计算机

on-chip timer 片内定时器

on-condition 接通条件{信息}

on-effect 给光效应

on-fiber 给光型纤维

on-fit tolerance 配合公差

on-floor duct system 地面管系{农施}

on-floor feeding 地面饲养

on-grade ①等内的 ②等内品,等内材

on-line ①在线 ②联机[设备]{信息}

on-line analytical processing (OLAP) 联机分析处理

on-line data handling 联机数据处理

on-line debugging technique (ODT) 联机调试技术

on-line information system 联机信息系统

on-line job 联机作业

on-line light 联机指示灯

on-line media 联机媒体

on-line operation 联机操作{信息}

on-line test system (OLTS) 联机测试系统

on-line training and practice (ON-TAP) 联机培训与练习

on-line working ①联机运行的 ②在线运行的

on-loading 装载,装车

on-off ①开[动]-关[闭] ②给-撤 ③通-断{信息}

on-off control 开-关控制

ON-OFF controller 开-关控制器

on-off delay ①通-断延时 ②正-负延迟

on-off-fiber 给撤光纤维

on-off keying 开-关键控

on-off valve 开-关两位阀

on-premise standby equipment 应急备用设备

on-queue 上机排队

on-scene care 现场维护

on-screen editing 屏幕编辑{电脑}

on-shore wind 向岸风

on site 现场,就地

on-site investigation 现场研究,现场调查

on-the-farm handling 场内处理

on-the-floor drying kits 室内安装的干燥设备

on-the-fly modification 动态修改

on-the-fly printer 飞击式打印机

on-the-fly reassignment 动态再分配

on-the-go adjustment 运行中调整

on-the-job 工作中的

on-the-shelf 废弃的,闲置的

on time ①接通时间(指通信) ②工作时间

on-top 云上(飞行)

on-tree storage 留树保鲜(指果树的水果留在树上保鲜)

on-type 正常型

on-type variety 正常型品种

on-year (= bearing year) ①大年(指果树结果){园艺} ②丰年(指作物丰收){栽培}

onager 野驴[*Equus anager*](马科)

onagraceous 柳叶菜科的(onagraceus)

onagrad type 柳叶菜型(指胚)

once-cover tillage 播前联合耕作法(耕、耙、

糖、盖一次完成)
once-grown original seed 一次繁殖原种
once-over harvester 一段收获机(指收获机每次收获一段)
once-over harvesting 分段收获
once single plant selection 一次单株选种
once-through cooling 一次通过冷却{环保}
onchocercosis (= onchocorciasis) 盘尾丝虫病(onchocercosis)
oncidium 恩舌迪姆属[*Oncidium* Sw.](兰科)
oncogene 致癌基因
oncogene hypothesis 致癌基因假说(设)
oncogene transformation (= oncogenic transformation) 致癌基因转化
oncogenesis 肿瘤形成癌发生
oncogenic ①致癌基因的 ②致癌的(oncogenus)
oncogenic DNA virus 致癌 DNA 病毒
oncogenic information 致癌基因信息
oncogenic retrovirus 致癌逆转录病毒
oncogenic RNA virus 致癌 RNA 病毒
oncogenicity 致癌力,生瘤力(nocogenicitas)
oncolysis 溶癌作用
oncometer 器官体积测量器
oncomodulin ①癌调蛋白,肿瘤调制素 ②钙结合稳定蛋白
oncoprotein [致]癌蛋白
oncoretrovirus (= oncogenic retrovirus) 致癌反转录病毒
oncorna virus ①致肿瘤 RNA 病毒 ②致癌 RNA 病毒
oncorna-virus reverse transcriptase 致肿瘤 RNA 病毒反转录酶
oncovin 长春新碱
ondograph 波形描记器
ondometer 波长计
-one ⌊字尾⌉酮
one-address computer 单地址计算机
one-and-two-pipe layout 单管双管式布置{环保}
one arm horizontal cordon training 单臂水平单干整枝{园}
one-axle trailer 单轴挂车,单轴拖车
one-band-one-gene hypothesis 一个[染色]带一个基因假说{遗传}
one batch rearing 单蛾育{蚕}
one board microcomputer 单板微型计算机
one bottom plough (= one bottom plow) 单铧犁
one-branched type 单分枝型
one bucket excavator 单斗挖掘机
one-bud planting 单芽植
one carbon metabolism 一碳代谢
one-celled 单细胞的(unicellularis)
one-celled anther 单[细]胞花药(anthera unicellularis)
one-celled organism 单细胞生物
one-chip computer 单[芯]片计算机
one-chip counter 单芯片计数器
one chip microcomputer 单[芯]片微型计算机
one-cistron-one-polypeptide concept 一个顺反子一个多肽概念{分遗}
one-cistron-one-polypeptide model 一个顺反子一个多肽模型
one-cistron-one-primary function 一个顺反子一个基本功能
one-coated fruit 单果皮果
one-course farming 单作
one-course farming system 单作制
one-course rotation 单[区轮]作
one-course system 单作制
one-crop farming 单作(一年一熟)
one crop per annum 一年一熟
one crop succession (= continous cropping) 连作
one-crop system ①(= continuous cropping system) 连作制 ②(= single-crop farming) 单作制
one-cropped field 连作地
one-day-grazing 全日放牧,一昼夜放牧
one-dimensional Fourier transform of an image 影像一维傅氏变换{遥感}
one-dimensional structure 一维结构{生技}
one egg twin 一卵双生
one element "或"元件{电脑}
one-exon one domain hypothesis 一外显子一结构域假说{分生}
one-eye cutting 单芽插{园艺}
one-factor difference 单因子差异
one-feed ration (= complete feed, all-mash feed) 全价饲料,全料
one flavour assumption 殊途同归假定{分生}
one-flower vetch 单花野豌豆[*Vicia articulata* sp.](豆科)
one-flowered pyrola 单花鹿蹄草(独丽花)[*Moneses uniflora* L.](鹿蹄草科)
one-for-one (= one-one) 一对一
one-for-one translation 一对一翻译
one-fruit jam 单果果酱(一种果实做的)
one-furrow bottom tractor 单开沟犁体拖拉机
one gate "或"门{电脑}

one-gene heterosis 单一基因杂种优势
one-gene-one-enzyme hypothesis 一个基因一个酶假说(设){分遗}
one-gene-one-polypeptide hypothesis 一个基因一个多肽假说(设)
one-gene-one-polypeptide theory 一个基因一个多肽说{理论}
one-gene-one-ribosome-one-protein hypothesis 一个基因一个核糖体一个蛋白质假说(设)
one genetic step 一个遗传阶梯
one-grained wheat (= einkorn) 一粒小麦[*Triticum monococcum* L.](禾本科)
one-half method 二分之一法{电脑}
one-handed saw 单人锯,单柄锯
one hit target 一次击中靶{分遗}
one-hole hand sheller (玉米)手摇单喂入口脱粒机
one hoofed (= odd-toed) 奇蹄的
one-horse drawn 单套的(一头马拉的)
one-horse gear 单马传动的
one-host 单宿主的,单[寄]主的
one-host pathogen 单主病原
one hour value (= hourly value) 一小时值(指在一小时内分析出或测定出污染物质浓度值){环保}
one-hundredth 1%,百分之一
one-kernel hill-droping 单粒穴播
one-key cryptosystem 单钥密码系统{信息}
one-layer 单层的,一层的
one-leaf vetch (= monantha vetch) 单花巢菜
one-letter code 一个字母密码{信息}
one-level storage 一级存储器{电脑}
one-lime phosphate 重过磷酸钙
one-line operation 单线操作{信息}
one-man combine 单人操纵联合收获机
one-man-control hoe 单人操纵中耕锄
one mutated gene 单突变基因
one mutated messenger RNA 单突变信使RNA
one mutated polypeptide chain 单突变多肽链
one nucleotide triplet 单核苷酸三联体
one-nutrient fertilizer 单元素肥料
one-one relationship 一对一关系(相关)
one-operon-one-messenger hypothesis 一个操纵子一个信使假说(设){分遗}
one-operon-one-messenger RNA hypothesis 一个操纵子一个信使 RNA 假说(设)
one-pass image 单轨[云]图{遥感}
one percent point 1%显著点{统计}
one-phase pattern 单阶段型(指幼苗锻炼){栽培}
one-piece auger (收割台)整体螺旋
one-piece concave 整块凹板
one-piece straw rack 平台式逐稿器
one-plane theory of chiasma 单面交叉说{遗传}
one plant per hill 每穴一株
one plot system 单区制(指轮作)
one point cursor 单点光标{电脑}
one-point hitch 单点悬挂装置
one-polypeptide-one-cistron review 一个多肽一个顺反子观点{分遗}
one quantum process 单量子过程
one-row 单行
one-row animal draft sugarbeet lifter 畜力牵引甜菜单行挖掘机
one-row bedder 单行摊草机
one-row seeder 单行播种机
one-row stalls 单列牛舍
one-season flowering (= one-season blooming) 一季开花的
one-seeded 单种子的,单子的(monospermus)
one-seeded fruit 单子果(fructus monospermus)
one-seeded pod 单粒荚
one-shot camera 分光[照]相机{遥感}
one-shot operation 单步操作{信息}
one side feeding type 单侧喂入型
one-side sweep 平翼除草铲
one-sided 偏向一边的,单方的,单侧的(unilateralis)
one-sided allosyndesis 一边异源联会
one-sided autosyndesis 一边同源联会
one-sided cordon 单侧单干型{园艺}
one-sided inheritance 限性遗传
one-sided masculine inheritance 限雄遗传
one-sided selection 单方选择
one-sided shin leaf ①偏鹿蹄草属[*Ramischia* L.](鹿蹄草科)②偏鹿蹄草[*Ramischia secunda* Garcke = *Pyrola secunda* L.]
one-sided spraying 单面喷雾
one-sided test 单边测验{统计}
one-species forest 单纯林
one-spot stink bug 一点褐蝽[*Euschistus variolarius* (Palisot de Beauvois)](蝽科)
one-spotted grain moth (= stored nut moth) 一点谷螟[*Aphomia gularis* Zeller](螟蛾科)
one-spotted leafhopper (= black unispot-

ted leafhopper) 一点叶蝉(一星木叶蝉)[*Thamnotettix cyclops* Mulsant et Rey](叶蝉科)

one-stalk hill 单株穴(一穴一株)

one-step growth 一次增殖

one step growth curve 一次生长曲线,一步生长曲线

one step meiosis ①一次减数分裂 ②一次成熟分裂

one-step method 单步方法

one-step mutation 一次突变

one-step transfer 一次转移

one tail distribution 单尾分布{统计}

one tail table 单尾表

one-tailed test 单尾测验

one-to-one translator (= one-for-one translator) 一对一翻译程序

one-variety community 单一品种组合

one way 单向

one-way cipher 单向密码

one-way circulation 单向循环

one-way classification 单式分类

one-way cylinder 单作用油缸

one-way disk harrow 圆盘灭茬耙,单列圆盘耙

one-way disk plow 垂直圆盘犁

one-way electric hoist 单向电力起重机

one-way input 单向输入{信息}

one-way plow 单向犁

one-way plowing 平耕,套行耕作

one-way polar 单向极性

one-way ram 单作用油缸

one-way transmission 单向传输,单向传送{信息}

one-way valve 单向阀

one wheel plow 单轮犁

one-wheeled tractor 独轮拖拉机

one year seedling (= yearling) 一年生苗,一年生实生苗

onerary 驮载的,挽载的

onerous ①负荷的 ②繁重的 (enerus)

one's own funds 自己资金{农经}

onion ①葱属[*Allium* L.](石蒜科) ②洋葱(圆葱)[*Allium cepa* L.] ③葱[*Allium fistulosum* L.]

onion anthracnose 葱[类]炭疽病[*Colletotrichum circinans* (Berk.) Vogl.]

onion aphid 葱蚜[*Neotoxoptera formosana* (Tekahashi)](蚜科)

onion bacterial soft rot 洋葱细菌性软腐病[*Erwinia carotovora* var. *carotovora* (Jones) Bergey, et al.]

onion basal rot 洋葱基腐病[*Fusarium oxysporum* Schlect.]

onion black mold 洋葱黑霉病[*Aspergillus niger* Van Tiegh.]

onion blast [洋葱]灰霉病

onion bulb 洋葱鳞茎,洋葱头

onion bulb fly (= small narcissus fly) 洋葱食蚜蝇[*Eumerus strigatus* (Fallén)](食蚜蝇科)

onion couch (= tall oatgrass) 燕麦草(大蟹钩)[*Arrhenatherum elatius* (L.) Presl.](禾本科)

onion culture by dry set 小鳞茎(子球)[的]洋葱栽培法

onion downy mildew 洋葱霜霉病[*Peronospora sehleident* Ung.]

onion fly (= onion maggot) 葱蝇(洋葱花蝇)[*Delia antiqua* (Meigen)](实蝇科)

onion leaf beetle 葱红叶甲[*Lilioceris merdigera* L.](叶甲科)

onion-leaved 葱叶的 (cepifolius)

onion macrosporium spot 洋葱叶斑病[*Macrosporium commune* Rabh.]

onion maggot (= onion fly, bulb fly) 洋葱花蝇(葱蝇)[*Hylemyia antiqua* Meig.](花蝇科)

onion mildew 葱霜霉病[*Peromospora destructor* (Berk.) Casp.]

onion mosaic virus (= onion yellow, onion yellow dwarf virus) 洋葱花叶病毒

onion moth (= leek moth) 葱谷蛾(韭谷蛾)[*Acrolepia assectella* Zeller](谷蛾科)

onion plant bug 洋葱盲蝽(葱盲蝽)[*Labopidea allii* Knight.](盲蝽科)

onion planter 洋葱播种机

onion purple blotch 洋葱黑斑病[*Alternaria porri* (Ell.) Eif.]

onion root knot nematode 洋葱根结线虫[*Meloidogyne incognita* (Kofoid et White) Chitwood]

onion root rot 洋葱根腐病[*Pellicularia filamentosa* (Pat.) Rogers]

onion rust 洋葱锈病[*Puccinia porri* (Sow.) Wint.]

onion set [种植]洋葱小球

onion smut 洋葱黑粉病[*Urocystis cepulae* Frost.]

onion thrips (= Chinese potato thrips) 烟蓟马(葱蓟马)[*Thrips tabaci* Lind.](蓟马科)

onion topper 洋葱打顶器,洋葱打顶尖器

onion topping 洋葱打顶

onion topping machine 洋葱打顶机

onion yellow dwarf virus (= shallot yellows virus) 洋葱黄矮病毒
onion yellow mosaic virus 洋葱黄色花叶病毒
onions 葱与洋葱类
onions alternaria leaf spot 葱与洋葱类黑斑病(洋葱紫斑病)[*Macrosporium porri* Ellis]
onionskin atmosphere 贴地气层
oniony ①葱属的 ②似葱的(allioides) ③有葱味的(alliodorus)
online (=on line, on-line) ①在线 ②联机{信息}
online analysis 联机分析
online data processing 联机数据处理
online data reduction 联机数据简化,联机数据整理
onocerin 芒柄蜡素
ononis ①芒柄花属[*Ononis* L.](豆科) ②芒柄花[*Ononis hircina* Jacq.]
onosma ①驴臭草属[*Onosma* L.](紫草科) ②驴臭草[*Onosma paniculata* Bur. et Fr.]
ONPG (= orthonitrophenylgalactoside) 正硝化苯半乳糖苷
onrush ①猛冲{农机} ②急流{水利}
onset ①(病虫害)侵袭,袭击 ②(疾病)发作,发生,初起 ③初作 ④有活力开始
onset of disease 疾病初起
onset of flowering 开花开始
onset of injury 损伤发生
onset of spring 春季开始,初春,开春
onset of winter dormancy 冬眠开始,冬季休眠开始
-ont ⌊字尾⌉存在,物
onto mapping 满映射{电脑}
ontogenesis (= ontogeny) 个体发生,个体发育
ontogenetic 个体发生的,个体发育的(ontogeneticus)
ontogenetic development 个体发育
ontogenetic plasticity 个体发育可塑性(适应性)
ontogenetic process 个体发育过程
ontogenic theory 个体发生学说{进化}
ontogeny ①发生 ②个体发生,个体发育(ontogenia)
ontology 本体论(ontologia){物}
onward ①向前[的],前进[的] ②进步[的]
onychiurids 棘跳虫科[Onychiuridae]
onychomycosis 甲癣(甲霉菌病)
O° (= operator zero mutation) 操纵基因零点突变
ooapogamy 二倍单性生殖,体细胞单性生殖,卵单性生殖(ooapogamia)
ooblastema 受精卵
oocarpous 具卵状果的(oocarpus)
oocenter 卵中心体
oocephalous 具卵状头的(oocephalus)
oocyanin 胆绿素,蛋壳青素
oocyst ①(= oogonium) 藏卵器 ②卵囊(oocystus)
oocyte (= egg mother cell) 卵母细胞(oocyta)
oocyte assay of mRNA 卵母细胞的 mRNA 测定
oocyte maturation inhibitor 卵母细胞成熟抑制物
oocytin 促[卵]受精膜形成素
oogamete 卵配子,雌配子(oogameta)
oogamous 卵式生殖的(oogamus)
oogamy 卵式生殖,卵配,异配生殖
oogenesis 卵子发生,卵形成
oogenous 形成卵的(oogenus)
oogonial division 卵原细胞分裂
oogonium ①卵原细胞 ②藏卵器,卵囊
ookinesis 卵核分裂(ookinesis)
ookinete 动合子(ookineta)
oolemma 卵[黄]膜
oölite 鱼卵石{地质}
oölitic iron ore 鲕铁矿
oölitic limestone 鲕状灰岩
oölitic limestone soil 鲕状灰岩土,卵石灰石土
oölitic texture 鲕状结构
oolong tea 乌龙茶(我国名茶之一)
oolong tea processing 乌龙茶加工{加工}
oomycetes 卵菌[类][Oomycetes]
oop RNA (= RNA of lowmolecular weight) 低分子量 RNA{分遗}
oophorectomy 卵巢切除[术](oophorectomia)
oophoritis 卵巢炎
oophyllous 卵叶的(oophyllus)
ooplasm 卵质(ooplasma)
ooplasmic segregation 卵质分离
ooporphyrin 蛋壳卟啉,原卟啉区
oosome 种系体,生殖细胞定子(oosoma)
oosperm 受精卵(oosperma)
oospermous ①具卵状种子的{形态} ②受精卵的{胚胎}(oospermus)
oosphere 卵球(oosphera)
oospore ①受精卵 ②被囊合子 ③卵孢子(oosporum)
ootheca ①卵鞘 ②卵囊

oothecin 卵鞘蛋白
ootid（= ovotid） 卵细胞
ootid nucleus 卵细胞核
ootocous 产卵的（ootocus）
ooze ①软泥，泥浆 ②淤泥，底泥 ③流出，渗出，漏出
oozing 渗出的（exsudans）
oozing well 泥浆井
oozoid 卵生体（oozoideus）
op（= opacus） 蔽光[云]
opaca 荫的，暗的
opacity 不透明性(度)，混浊度（opacitas）
opacity map [混]浊度映射｛电脑｝
opaco 背阳坡｛遥感｝
opacus（op） 蔽光[云]
opal ①蛋白石，乳白石，猫眼石（opalus）｛地质｝②乳白石型｛分遗｝
opal-chalocedony 蛋白石－玉髓｛地质｝
opal codon 乳白石密码子(UGA 终止密码子)｛分遗｝
opal glass method 乳玻璃法
opal mutant 乳白石突变型
opalate white（= ziram） 福美锌｛农药｝
opalescence 乳白光（opalescentia）
opalescent ①乳白的 ②[发]乳光的 ③晕色光的（opalescens）
opalescent turbidity 乳白混浊度
opaline 清楚的，透明的（opalinus）
opaque 不透明的（opacus）
opaque-2 不透明二号｛分遗｝
opaque area 不透明区｛电脑｝
opaque-kernel rice 死[稻粒]米，乳白米
opaque layer ①不透明层(耳石) ②浑浊层
opaque mask 不透明屏蔽｛电脑｝
opaque material 不透明物质
opaque mount 整体封固法(不透明制片)｛显技｝
opaque screen 不透明屏幕
opcode（= operating code） 操作码｛电脑｝
opdar 光雷达
open ①打开，开启，断开，开放，开路 ②开阔的，开敞的 ③露天的，户外的，野外的 ④空怀的，未怀胎的 ⑤开放的，展开的，公开的 ⑥疏的，稀疏的，疏松的 ⑦不封冻的(指河流)
open addressing 开型寻址｛信息｝
open air ①户外空气 ②露天
open-air rearing 露天育｛蚕｝
open air temperature 户外空气温度
open and hot place 开阔炎热处
open application architecture（OAA） 开放应用体系结构｛电脑｝
open area ①有效筛孔面积｛加工｝②空旷地｛耕作｝
open association ①开阔群丛 ②稀疏群丛
open auger 敞式螺旋，开式螺旋
open bed 露天苗床，敞床
open belt 开口皮带，直线皮带
open-bench method 敞床栽植法
open bidding 公开标价｛农管｝
open boll 吐絮
open-box wagon 敞篷运货车
open bundle（= open vascular bundle） 无限维管束（fasciculus vasculasis apertus）
open bunk feeder 开式饲槽
open burning 露天燃烧，敞空燃烧｛环保｝
open canal 明渠｛水利｝
open canalicular system（OCS） 开口管道系统｛生技｝
open canopy 疏冠(林冠)
open cattle shed 敞圈｛畜｝
open cell 开室(翅脉)
open cell process（= empty cell process） 空细胞法(木材防腐)
open-center hydraulic system 开心式液压系统
open-center press wheel 对开式压土轮
open-center tire 中槽式轮胎
open-center training 开心型整枝
open-center type 开心型
open-chain ①开链的 ②开链｛分遗｝
open chain peptide 开链肽
open channel ①明沟，明渠[道]｛栽培｝②明槽，明渠｛环保｝
open channel flow 明渠流
open circle 开环｛分遗｝
open circle DNA（ocDNA） 开环 DNA
open circuit 断路，开路(指电路)
open circular DNA（ocDNA） 开环 DNA｛分遗｝
open circular relaxed DNA 开环松弛 DNA
open class 开放组｛统计｝
open coast 开阔海岸，平直海岸
open code 开型码｛电脑｝
open community ①稀疏群落 ②开阔群落
open conduit 明渠(指露明管道)｛环保｝
open country 平原
open country storage 野外贮藏，平原贮藏
open cow 空怀母牛
open cowshed 露天牛棚
open cross 开放杂交，自然杂交
open crown 疏冠
open cultivation 露天栽培
open culture（= outdoor culture） 露天栽培
open curve 开展式曲线
open cut 明挖

open-cut drain 明沟
open cycle disk 开环[磁]盘{信息}
open data path（**ODP**） 开放型数据通路
open database 开放式数据库
open defect 外观缺陷(木材)
open-delivery drill 宽行播种机,开式输种条播机
open-delivery opener 宽播开沟器
open desktop 开放式工作平台
open dichotomous venation 开张二歧叶序(venatio dichotoma aperta)
open disk drive 开放式磁盘机
open ditch 明沟,明渠
open ditch drainage（= open ditch draining） 明沟排水
open drain 排水明沟
open drainage 明沟排水
open drying bed 敞开式干化床{环保}
open-end bucket 活动底铲斗
open-end frame 开端耙架
open-end harrow 开端[耙架]耙
open-end spike-tooth harrow 开端[耙架]钉齿耙
open-end tooth harrow 开端式钉齿耙
open-ended ①可扩充的,可扩展的 ②可终止的
open-ended design 可扩展设计
open-ended program 可扩充程序
open-ended system 可扩充系统
open fermentation 开放发酵
open field（= open ground） 露地,大田,旷野
open field bed 露地苗床
open field boom 大田用喷杆
open-field culture（= open culture） 露地栽培
open field flowering 露地开花的
open field grow seedlings 露地[苗床]育苗
open-field nursery ①露地苗圃 ②露地秧田
open filter 露天滤池{环保}
open fireplace（= open hearth） 露天炉床,敞口壁炉
open-floret panicle 开放小花穗,提灯穗
open-flowered 开花受精的(chasmogamus)
open forest 疏[开]林
open formation ①稀疏群系 ②开阔群系{生态}
open furrow ①开垄{耕作} ②灌水明沟{水利}
open gene 开放基因,转录基因{分遗}
open grain ①松颗粒{土壤} ②粗疏纹理{解剖}
open-grained-wood（= coarse grain wood） 粗纹木材
open ground 露地,裸露地
open ground gardening ①露地园艺 ②露地园艺学
open growth system 开放生长系统
open habitat 开阔生境{生态生理}
open hearth（= open fireplace） 露天炉床,露天炉灶
open hot and cold bath process 开槽温冷浴法(木材防腐)
open housing 露天舍饲
open ice 开旷冰层
open impeller pump 开式叶轮泵
open infusion method 浸渍法(木材防腐)
open-intercrossing 自然杂交,自然互交
open joint ①胶合间隙,离缝,开缝 ②明接,开口接头
open joint drainage 开缝排水{环保}
open-joint pipe 明接管,开口接头管{环保}
open kettle method 敞煮法,开放灭菌法
open land 开敞地,旷地
open line 明线{信息}
open line ditch 明渠
open-loop process control 开环过程控制{环保}
open loop robot 开环机器人
open loop voltage gain 开环电压增益
open market 露天市场
open mouth tongs 开口钳(工具)
open nomenclature 公开命名法
open numbering 开放编号
open object 开放目标
open ocean 开阔海洋
open out (林木)疏开
open packed 松排列的
open piling 稀堆,松堆
open policy ①公开策略 ②开放政策
open-pollinated ear 自然授粉穗
open-pollinated plants 自然授粉植物
open-pollinated population 自然授粉群体,自由异花授粉群体
open-pollinated progeny 自然授粉后代
open-pollinated seed 自然授粉种子
open-pollinated variety 自然授粉品种
open pollination 自然授粉,自由[异花]授粉,开放传粉
open-pollination progeny test 自然授粉后代测验
open population 开放性群体
open position 开放状态(指气孔)
open question 存在的问题,待研究的问题{智培}

open range 天然放牧场
open reading frame (**ORF**) 开放读框,可读框,可译框架{分遗}
open recombination system 开放重组系统
open reservoir ①露天水库{水利} ②露天水池{环保}
open ridge 开垄{耕作}
open sand 松沙
open scale barograph 微[气]压计
open season 打猎季节
open-security environment 开放式安全环境{环保}
open seed bed 露天苗床
open shield (中耕机)开式挡板
open shoot rearing 屋外条桑育{蚕}
open side 单板里侧(木材)
open sight 缺口式瞄准器{狩猎}
open slope 开阔坡地
Open Software Foundation (**OSF**) 开型软件基金会{信息}
open soil (= open ground) 露地,裸露地
open space 空地,广场
open space in pile 材堆通风道
open spade 阔头铲,方[头]锹
open stable 露天畜圈,露天畜栏,露天牛舍
open stacking 迎风堆垛
open-stand ①受光林分 ②⌊复⌉稀疏植物群丛
open-stand increment 受光生长
open-stand system 受光伐作业
open stomata 开放气孔 (stomata aperta)
open storage ①露天贮藏 ②露天仓库
open subsoil 漏水底土,开裂底土
open support 栅篱,篱形支架
open system 开放系统(指维持生物自身平衡、成长及生存的系统){环保}
open-tank process 敞槽法,冷热槽法(木材防腐)
open tendering 公开招标{农施}
open texture 粗质地{土壤}
open tier (裸子植物原胚)开放层
open trench 明沟
open trench system 明沟排水系统
open trough 明槽{环保}
open type 开放型 (typus apertus)
open type composter 开放型堆肥发酵装置{农施}
open type livestock house 开放型畜舍
open type machine 开启式电机
open umbrella 开放型叶篷 (umbrella aperta)
Open University 开放大学{电脑}
open vascular bundle (= open bundle) 无限维管束,开放维管束 (fasciculus vascularis apertus)
open vegetation ①稀疏植被 ②开阔植被 (vegetatio aperta)
open venation 开放脉序 (venatio aperta)
open vista 开敞景{园林}
open wagon 平板车
open water ①开旷水面{水利} ②融冰口{气象}
open water-cooling tower 敞式冷却塔{环保}
open well 敞式井,大口井
open window 开式窗口{电脑}
open wire 明线{信息}
open wood 可伐林
open yard 露天畜栏,无篷畜栏
open-yard feeding ①放牧饲养 ②露天畜栏饲养
openboll cotton 开铃棉
opened ground 露地
opener ①开沟器 ②(罐头)开罐工具
opening ①开,开放,舒展 ②开沟 ③口,孔,穴,隙,间隙 ④旷地,广场,林中空地 ⑤通道 ⑥开始,开口 ⑦第一次的
opening-air seasoning 露天干燥,气干
opening and closing movement 开闭运动(指气孔)
opening behaviour 开放行动(指气孔)
opening capacity 开放能力
opening damper 加温风门
opening flag 开放特征{电脑}
opening message 开放信息
opening of boll 吐絮(棉)
opening out 疏开
opening-out of leaf canopy 林冠疏开
opening plow (= opening plough) 开沟犁
opening share 开沟器,开沟铲
opening time ①开放时间 ②断开时间 ③动作时间 ④展叶时间,展叶期
opening time of first leaf 展叶期(指第一叶展开期)
opening up ①开放 ②郁闭疏开
openwork fence 网状栅篱
operability 可操作性(operabilitas)
operable time ①运行时间 ②可工作时间,可操作时间 (operabilis)
operand ①操作数 ②运算对象
operand error 操作数误差
operand value 操作数值
operate ①工作,操作,运转,运算开动 ②管理,经营
operate memory 操作存储器

operate mode ①操作方式 ②运算方式
operate power 操作功率,运行功率
operated digit 被操作数位
operating ①操作的,操纵的,作业的,工作的 ②运行的,运转的 ③运算的(operasens)
operating angle 工作角度
operating arm 操纵杆,操作手把
operating board ①手术台{医} ②操纵台{农机} ③工作台{信息}
operating characteristic function 运算特征函数{统计}
operating code (=op code, opcode) 操作码{电脑}
operating console 操纵台,控制台
operating control 运算控制
operating cost ①保养费 ②使用费用,运行费用
operating cost 运转消耗(指植物呼吸作用){生态生理}
operating cylinder 操作油缸,动力油缸
operating data 运行数据
operating depth (耕作,挖掘,播种)作业深度
operating device 操纵机构
operating diskette 操作软盘{信息}
operating distance 工作距离
operating efficiency 操作效率
operating environment 操作环境
operating expenditure 管理费
operating expenses 事业费,工作费用
operating factor ①工作系数 ②负载率 ③使用率
operating force 操纵力,控制力
operating function 操作功能
operating gallery 操作廊{环保}
operating handle 操纵把手,操作手柄
operating hour 运转时间,运转小时
operating index 运行指标
operating lever 操纵杆
operating life 工作寿命(指机件)
operating line 作业线
operating manual 操作说明书
operating mechanism 动作机理
operating mode ①操作方式 ②运行方式
operating pattern 运营模式
operating period 作业期间
operating platform ①操纵台,控制台{农机} ②工作[平]台{加工}
operating position 工作位置
operating power 运转功率
operating pressure 工作压力
operating privilege 操作特权
operating procedure 操作过程
operating program 操作程序,运算程序
operating range 操作范围
operating rate 运算速度
operating room ①手术室 ②操作室
operating rules 操作规程
operating season 榨期,榨季(指甘蔗)
operating space 作业空间
operating speed 作业速度
operating state 操作状态{智培}
operating storage 运行贮存{环保}
operating strategy 运营策略
operating system (OS) 操作系统
operating system viruses 操作系统型病毒{电脑}
operating time ①操作时间,工作时间 ②运算时间 ③运行时间
operating trouble 运行故障
operating unit 操作单位
operating voltage 工作电压
operating voltage indicator 工作电压指示器
operating weight 车辆使用重量(包括驾驶员和油、水)
operating width 工作幅度
operation ①运转,操作运算 ②作用 ③运行法 ④手术(operatio)
operation and control information 运行和控制信息
operation and maintenance processor 运行和维护处理机{信息}
operation and management of biogas installation 沼气装置的使用和管理{农施}
operation area 作业区[域]
operation board 操作台,控制台
operation box 工作框
operation buffer 操作缓冲区
operation cab 操作室{农机}
operation card 工序卡片
operation chart 操作图
operation code (=opcode) 操作码{电脑}
operation counter 运算计数器
operation cycle 操作周期
operation declaration ①操作说明 ②运算说明
operation decoder 操作译码器
operation exception 操作异常,操作事故
operation expression ①操作表达式 ②运算表达式
operation flowchart 操作流程图
operation management 操作管理,作业管理,运用管理
operation manager 操作管理员
operation manual 操作手册,操作指南
operation method 作业法

operation miss (= operation mistake) 操作错误
operation packet 操作包{电脑}
operation pipeline 操作流水线
operation plan 作业计划[书],作业方案
operation planning 作业计划,作业规划
"operation point" "作用点"{信息}
operation processing 操作处理
operation rate 运行率
operation sequence 作业顺序
operation sign 运算符号
operation specification (= operating specification) 操作规程
operation system 操作系统
operation temperature 作用温度
operation test 运行试验
operation token 运算标志
operation use time 有效工作时间,运算用时
operational ①运算的,运行的 ②操作的
operational amplifier 运算放大器{统计}
operational analysis 运算分析
operational condition ①操作条件,工作条件 ②运行条件
operational data security ①操作数据安全 ②运算数据安全
operational definition 作业定义{分遗}
operational feasibility 运行可行性
operational game 运行对策,工作对策
operational key ①操作键,工作键 ②电极电键
operational label 操作标号
operational mechanism 运行机制
operational method ①操作方法 ②运算方法{遥感}
operational operating system 运行操作系统{电脑}
operational order 操作指令
operational overdominance 运算过显性
operational performance 运算性能
operational phase 操作阶段,运用阶段
operational planning system 操作计划系统
operational principle 工作原理
operational readiness 运用准备状态
operational relay 运算继电器
operational reliability 运算可靠性,工作可靠性
operational research (OR) 运筹学
operational technique 操作技术
operational unit ①操作部件 ②操作装置
operationalization 操作化 (operationalisatio)
operations of cutting 收获工序(指甘蔗)
operations per minute (opm) 每分操作次数,操作次数/分
operations per second (ops) 每秒操作次数,操作次数/秒
operations research (= operational research) (OR) 运筹学
operations research model (OR model) 运筹学模型
Operations Research Society of America (ORSA) 美国运筹学会
operative ①操作的,作用的 ②有效的 ③运算的 (operativus)
operative constraint 有效约束
operative temperature 作用温度
operator ①操纵基因{分遗} ②驾驶员,操作者{农机} ③手术者{医} ④运算符,运算号,算子{统计} ⑤话务员{信息}
operator constitutive mutant 操纵基因组成突变体(型)
operator constitutive mutation 操纵基因组成突变
operator-distal cistron 远侧操纵顺反子
operator-distal gene 远侧操纵基因
operator distance dialing (ODD) 长途话务员拨号{信息}
operator gene 操纵基因
operator-held control box 遥控板,遥控盘
operator locus 操纵基因座位
operator mutation 操纵基因突变
operator-proximal region 操纵基因近端区
operator region 操纵基因区
operator specific mutation 操纵基因特异突变
operator zero mutation 操纵基因零点突变
operators 农场主
operator's alley 挤奶员通道
operator's profit 企业主所赚利润,净利润
operator's seat 驾驶员座位,司机座位
opercular ①囊盖的,具囊盖的 (opercularis){真菌} ②鳃盖骨的
opercular cell 孔盖细胞 (cellula opercularis)
opercular layer 覆盖层 (stratum operculare)
opercularia ①盖虫属[*Opercularia* spp.](盖虫类) ②盖虫[*Opercularia* sp.]{环保}
operculated ①具盖的{形态} ②有囊盖的{真菌}(operculatus)
opercule ①盖,蒴盖,孔盖{形态} ②囊盖{真菌} ③鳃盖骨(鱼类){水产}(operculum)
operculiform 盖状的(operculiformis)
operculum ①盖 ②臀背{水产} ③囊盖{真菌}

operon 操纵子{分遗}
operon concept 操纵子概念
operon fusion 操纵子融合
operon model 操纵子模型
operon mRNA 操纵子 mRNA
operon network 操纵子网
operon's operator 操纵子的操纵基因
ophidian ①似蛇的 ②蛇类的(ophidius)
ophidine 蛇肉肽
ophiocarpous 蛇形果的(ophiocarpus)
ophiocephalous 蛇头的(ophiocephalus)
ophioglossum ①瓶尔小草属[*Ophioglossum* L.](瓶尔小草科) ②瓶尔小草 [*Ophioglossum vulgatum* L.]
ophioglossum family 瓶尔小草科[Ophioglossa ceae]
ophrys ①眉兰属[*Ophrys* L.](兰科) ②眉兰 [*Ophrys* sp.]
ophthalmia 眼炎
ophthalmic test (结核菌素)检眼试验
ophthalmoscope 检眼镜
opiate ①鸦片制剂 ②鸦片样的
opine 冠瘿氨基酸,冠瘿碱(植物冠瘿和毛根的特异性生物活性物质,主要为氨基酸衍生物)
opinion ①意见,见解,看法,舆论 ②判断,评价,鉴定 (opinio)
opinion polling 意见调查
opinion test 鉴定试验
opioid 鸦片样物质 (opioideus)
opioid peptide 鸦片样肽
opioid receptor 鸦片样[物质]受体
opisthe 后端子代
opisthocont (= opisthocontous) 具后生鞭毛的 (opisthocontus){真菌}
opisthognathous type 后口式{昆虫}
opisthogonia 后翅臀角
opisthomeres 肛上板节 (opisthomerae)
opisthorchosis 后睾吸虫病
opisthotonus 角弓反张 (opisthotonus)
opium (= gum opium, crude opium) 鸦片(阿片)
opium poppy 罂粟 [*Papaver somniferum* L.](罂粟科)
opium thrips 罂粟花蓟马 [*Thrips hawaiiensis* Morgan.](蓟马科)
oplismenus aphid 黄连姬棓蚜 [*Pemphigella aedificator* Buckton](蚜科)
opm (= operations per minute) 每分钟操作次数
opopanax 香参根草[*Opopanax chironium*]
opophilous 适液的,喜液的 (opophilus)
Oppel's polychromatic stain 奥皮尔氏多色染色法
opportune rain 及时雨
opportunist 机会致病菌{微生物}(opportunistus)
opportunistic infection 机会[致病菌]侵染
opportunistic pathogen 机会[致病]病原菌
opportunity ①机遇 ②机会,时机 (opportunitas)
opportunity costs 机会费用 (代价)
opposing electromotive force 反电动势
opposing enzyme 拮抗酶
opposite ①对生的{形态} ②[相]反的{分遗}(oppositus)
opposite chain 相反链(指互补链)
opposite charge 反电荷
opposite ion 反离子
opposite leaf 对生叶 (folium oppositum)
opposite phase 反相
opposite phyllotaxis 对生叶序 (phyllotaxis oppositus)
opposite-pinnate 对生羽状的 (oppositipinnatus)
opposite pitting 对列纹孔式 (porosans oppositus)
opposite sequence 逆序列,反序列
opposite sign 反号
opposite spin 反[方向]旋转
oppositi- ⌞字头⌝对,反对
oppositiflorous 对生花的 (oppositiflorus)
oppositifolious 对生叶的 (oppositifolius)
oppositional allele 对立等位基因
oppositional effect 对立效应
oppositional factor hypothesis 对立因子假说{遗传}
oppositional gene 对立基因
oppositional hypothesis 对立因子假说
oppositipetalous 对瓣的 (oppositipetalus)
oppositipinnate 对生羽状的 (oppositipinnatus)
oppositisepalous 对萼片的 (oppositisepalus)
oppressed stem (= oppressed tree) 被压木
oppression ①压抑,压制,压迫 ②压缩 (oppressio)
oppressive weather 闷热天气
ops (= operations per second) 每秒操作次数
opsearch (= operations research) 运筹学
opsin 视蛋白
opsis-form 缺夏孢型

opsonic 调理的(opsonicus)
opsonic function 调理功能
opsonic index 调理系数
opsonin 调理素
opsoning antibody 调理抗体
opsonization 调理(opsonisatio)
opsonoid 类调理素
opsonometry ①调理素测定 ②调理素测定法(opsonometrica)
opsopyrrole 3-甲基-4-乙基吡咯 [$NHCHCH_3C_2H_5CH$]
OPSPA(= Morzid) 不孕啶{农药}
optacon 光-触觉变换器
optic(= optical) ①视力的,视觉的 ②光学上的(opticus)
optic chiasma 视交叉
optic cone 晶锥{蜂}
optic connection 光互联
optic disc 视神经盘
optic ganglia 视神经节
optic holography memory 光全息存储器{电脑}
optic lobe 视神经叶
optic nerve fiber 视神经纤维
optic neutral computer 光神经计算机
optic rod(= rhabdom) 感杆束
optic sense 视觉(指昆虫)
optic sensor 光学传感器
optic vesicle 视泡
optic volumetric measurement 光学容量测定
optical ①光学的 ②光线的(opticus)
optical active polymer 光活性聚合物
optical activity ①旋光性 ②旋光度
optical analog computer 光模拟计算机
optical antimer 旋光对映体
optical axis 光轴
optical axis of crystal 晶体光轴
optical bar code scanner 条形码光扫描器
optical beam scanning 光束扫描
optical cable 光缆
optical caliper 光学测径尺
optical camouflage 光学伪装{遥感}
optical cartridge 视神经束
optical character reader(OCR) 光字符读出器,光学字符阅读器
optical comparator 光学比较器
optical compressor 光压缩机
optical computer 光[学]计算机{遥感}
optical computing 光计算
optical configuration 光学构型
optical correlator 光学相关器{遥感}
optical data processing 光学数据处理{智培}
optical data recognition(ODR) 光学数据识别
optical deblurring 光学去模糊{遥感}
optical density(OD) 光[学]密度
optical depression 旋光性降低
optical depth 光学深度,光学厚度{遥感}
optical dichroism 光学二向色性
optical digital data disk(ODDD) 光学数字式数据盘
optical disk drive 光盘驱动器
optical distance 光程{遥感}
optical-electronic scanner 光电扫描仪
optical engineering 光学工程
optical exaltation 旋光性增强
optical feedback processor 光学反馈处理机
optical fiber 光纤{遥感}
optical fiber system 光纤[通信]系统
optical filter 滤光器(镜)
optical filtering ①滤光 ②光学滤波
optical frequency spectrum analyzer 光学频谱分析仪
optical glass 光学玻璃{显技}
optical haze 光霾,光学霾
optical hygrometer 光学湿度表
optical illusion 视幻觉
optical image processing 光学图像处理
optical indicatrix 光学千分表
optical induction 光学诱导
optical industry 光学工业
optical instruments 光学仪器
optical isomer 旋光异构物,光学同分异构体
optical isomerism 旋光异构[现象],光学同分异构[现象]
optical mark 光标,光学标记
optical mark reader(OMR) 光标阅读器
optical mark recognition 光标识别,光学标记识别
optical mass 光学质量{遥感}
optical memory 光学存储器
optical meteor 光学现象
optical micrometer 光学测微计
optical microscope 光学显微镜
optical mode conditioner(OMC) 光学模式调节器
optical network 光纤网络
optical orientation 光学方位
optical path 光程,光路
optical path difference 光程差
optical pattern recognition 光学图像识别{遥感}
optical phase conjugation(OPC) 光相共轭

optical phenomenon 光学现象
optical processing 光学处理
optical projection 光学投影
optical purity 光学纯度
optical pyrometer 光测高温计
optical receiver 光接收机
optical reconstruction 光学再现{遥感}
optical recording material 光学记录材料{智培}
optical reflectance 光反射
optical relief model 光学立体模型{遥感}
optical rotation 旋光[性]
optical rotatory dispersion(ORD) 旋光色散
optical scale 光学分划尺{遥感}
optical scanner 光学扫描器
optical scanning device 光学扫描器件
optical scanning system 光学扫描系统
optical sectioning microscopy 光学切片[显微]镜检术
optical sender 光发送机
optical sensor 光学传感器,光敏元件
optical spectroscopy 光谱学
optical spectrum 光谱
optical square ①直角器,直角仪 ②直角镜
optical sugar content sensor 光学含糖量检测器
optical system 光学系统
optical thickness 光学厚度{遥感}
optical time domain 光时域{信息}
optical tracking satellite 光[学]跟踪卫星{遥感}
optical tracking system 光学跟踪系统
optical transfer function(OTF) 光学传递函数
optical tube-length 光学管筒长度
optical wrap 光环境
optically interference analogue computer 相干光学模拟计算机
opticon 第三视神经节,第二髓板
optics ①光学 ②光学设备 (optica)
optidress 光学修正
optidress projector scope 光学修正投影显示器
optimal ①最佳的 ②最优的 ③最适的 (optimus)
optimal amount 最适量
optimal amplitude 最适幅度
optimal concentration 最适浓度
optimal condition 最适条件
optimal control 最优控制{遥感}
optimal decision 最优决策
optimal decision rule 最优决策规则
optimal fertilization 适量施肥
optimal filter 最佳滤波器{信息}
optimal growth 最佳生长
optimal hiding strategy 最优隐藏策略{电脑}
optimal intensity 最适强度
optimal leaf area index (= optimum leaf area index) 最适叶面积指数
optimal management decision 最优管理决策(指作物智能栽培在不同环境下作物生长状况的预测所提供信息,以作为最优管理决策){智培}
optimal mixtus 最适牧草混播
optimal pH range 最适酸碱度范围,最适 pH 范围
optimal plan ①最优方案 ②最优计划{农管}
optimal policy ①最优策略 ②最优方针{农管}
optimal program 最佳程序
optimal ray 最优射线
optimal scheduling 最优调度
optimal season 最适季节,最适期
optimal strategy 最优策略{农管}
optimal temperature (= optimum temperature) 最适温度
optimal temperature range (= optimum temperature range) 最适温度范围
optimal value 最佳值
optimality 最优性 (optimalitas)
optimality criterion 最优[性]标准
optimality principle 最优[性]原理
optimeter 光电比色计
optimistic 乐观的 (optimisticus)
optimistic estimate 乐观估计
optimistic methods 乐观方法
optimistic time 乐观时间
optimizable 可优化的 (optimisabilis)
optimization 最优化,优化,最佳化 (optimisatio)
optimization characteristics 最优化特性
optimization distribution 优化配置,优化分配{园林}
optimization engineering theory 最优化工程理论,效益工程理论{环保}
optimization management 最优化管理{智培}
optimization management decision 最优化管理决策{智培}
optimization method 优化法
optimization of agricultural structure 农业结构优化{农管}
optimization of the capital structure 资本结构优化{农管}

optimization possibility 优化可能性
optimization suitability 优化适合性
optimization technique 最优化技术
optimization theory 最优化理论{农管}
optimizational measures of growth regulation and control 最优化生长调控措施{智培}
optimized chain 优化链{分遗}
optimizer ①优化程序 ②优化器
optimizing harvest schedule 最优化收获程序,最佳收获程序{智培}
optimizing model 最优化模型
optimizing phase 优化阶段
optimizing the industrial structure of agriculture [最]优化农业产业结构{农经}
optimizing translator 优化翻译程序
optimum (=optimal) ①最佳的,最优的,最适宜的,最适度 ②最有利的
optimum allocation 最优配置,最佳布局
optimum band 最佳波段{遥感}
optimum base status 适度盐基状况
optimum behaviour 最优行为(动)
optimum carbondioxide concentration 最适 CO_2 浓度
optimum catch 最适渔获量
optimum cocoon cooking 适煮(指蚕茧)
optimum cocoon drying 适干(指蚕茧)
optimum crop succession 最适轮作顺序
optimum curve 最适曲线
optimum decision making 最佳决策
optimum density 最适密度
optimum distribution 最佳分布
optimum duration of growth 最适生育期
optimum economic suitability of seed 最适种子经济适合度
optimum estimation 最佳估计
optimum exposure 最佳曝光
optimum extraction 最优提取,最优提炼
optimum fishing rate 最适捕捞率
optimum genetic balance 最佳遗传平衡
optimum genotype 最适基因型
optimum gradient method 最优梯度法
optimum group size 最适[鉴定]头数{畜}
optimum guard zone 最优保护区
optimum harvesting time 最适收获期
optimum humidity 最适湿度
optimum inclination 最适倾角(指叶)
optimum interirrigation 最适灌溉间期
optimum matching 最佳匹配
optimum maturity 最适成熟度
optimum moisture content 最适含水量
optimum multifactorial experiment 最佳多因子试验{统计}
optimum number 最佳数
optimum output 最佳输出
optimum oxygen concentration 最适氧浓度
optimum pH 最适 pH,最适酸碱度
optimum phenotype 最适表型
optimum programming 最佳程序设计{电脑}
optimum proportion 最适比例
optimum quality 最优品质
optimum range 最适范围
optimum relaxation parameter 最优松弛参数
optimum resistibility 最佳抵抗力
optimum seasonal image 最佳季相影像{遥感}
optimum seeking method 优选法{遥感}
optimum size ①最适大小 ②最适尺寸 ③最适规模
optimum size of farm 最适农场规模
optimum soil and water conservation vegetation 最适水土保持植被{生态}
optimum spacing 最适株行距,最适种植密度
optimum spacing in the row 最适株距
optimum statistic 最佳估计参数{统计}
optimum storage humidity 贮藏最适湿度
optimum structure 最优结构
optimum tine angle 最佳齿倾角
optimum useful life 最佳使用寿命(指器件)
optimum value 最适值
optimum varietalness 最佳品种性
optimum water temperature 最适水温
optimum yield ①最佳产量 ②最佳捕鱼量
option ①选择,拣选,选择力 ②自由处理,自由决定,任意 (optio)
option case 任选情况
option of patterns 模式选择
optional ①任选的,任择的 ②随意的,任意的 (optionalis)
optional counter 选择计数器
optional halt instruction 任选停机指令{信息}
optional interrupt 任选中断
optional items [可]选择项目{育种}
optional network facilities 任选网络设施{信息}
optional parameter 任选参数
optional test of raw silk [生丝]选择检查
opto- ⌊字头⌉目,视力,眼
optoelectronic 光电子的 (optoelectronicus)
optoelectronic device 光电子器件,光电设备
optoelectronic integrated circuit 光电子集

成电路

optoelectronic technique 光电子技术

optoelectronics 光[学]电子学(optoelectronica)

optoelectronics industry 光电子工业,光电子产业

optoelement 光学元件

optoisolator 光隔离器

optomagnetic 光磁的(optomagneticus)

optomechanical mouse 光学机械鼠标器,光机鼠标器

optometer 视力计

optosensor 光传感器

optron 光导发光元件

opuntia(=cholla) ①仙人掌属[*Opuntia* Mill.](仙人掌科)②仙人掌[*Opuntia dillenii* (Ker Gawl) Haw.]

opuntia virus 仙人掌病毒

opword(=operational word) 操作字{信息}

OR(=Or) "或"运算,"或"逻辑{信息}

-or ⌊字尾⌉人,物,器

OR 1191(=phosphamidon) 磷胺{农药}

orach(=orache) ①滨藜属[*Atriplex* L.](藜科) ②滨藜[*Atriplex litoralis* L.] ③法国菠菜[*Atriplex hortensis* L.]

orach oil 滨藜油

orache gelechid 滨藜金纹红麦蛾[*Chrysopora hermannella* Fabricius](麦蛾科)

oracle ①启示器 ②预言 ③例示 ④可视书刊系统(oraculus)

oral ①口的 ②口腔的 ③内孔的(oralis)

oral administration (药物)口服

oral contraceptive 口服避孕药

oral hook 口钩(双翅目幼虫)

oral plate 咽板,口板{蜂}

oral toxicity 口服毒性

oral vaccine 口服疫苗

Oramboo 奥乌兰布(甘蔗热带原种)

orang-outan 猩猩[*Pongo pygmaeus*](猩猩科)

orange ①橙(甜橙,香橙,柑)[*Citrus sinensis*(L.) Osbeck.](芸香科)②四季橘[*Citrus microcarpa* Bge.](芸香科)

orange agaric 松乳菌[*Lactarius deliciosus* Fr.](伞菌科)

orange amanita 橙盖鹅膏(橙鹅膏)[*Amanita caesarea* (Scop.)Fr.](鹅膏科)

orange-aster ①多子橘属[*Pleiospermium* spp](芸香科)②多子橘[*Pleiospermium* sp.]

orange bagworm 橘蓑蛾[*Platoeceticus gloveri* Packard](蓑蛾科)

orange banded amsacta 红缘灯蛾[*Amsacta lactinea* Cramer.](灯蛾科)

orange blackfly(=citrus blackfly) 橘黑刺粉虱[*Aleurocanthus spiniferus* Quaintance](粉虱科)

orange blossom 柑橘花,橙花

orange-cap boletus(=aspen mushroom) 变形牛肝菌[*Boletus versipellus* Fr.](牛肝菌科)

orange cestrum 黄花夜香树(黄瓶子花)[*Cestrum aurantiacum* Lindl.](茄科)

orange colour 橙黄色,橘色

orange daylily ①萱草属[*Hemerocalis* L.](百合科)②萱草[*Hemerocalis fulva* L.]

orange-dog(=orange puppy) 橘凤蝶[*Papilio cresphontes* Cram.](凤蝶科)

orange erysimum ①糖芥属[*Erysimum* L.](十字花科)②糖芥(七里黄)[*Erysimum aurantiacum* Maxim.]

orange-eye butterfly bush 大叶醉鱼草[*Buddleia davidi* Fr. = *B. variabilis* Hemsl.](马钱科)

orange G 橘红 G,橙红 G

orange G as double stain 双重染色用橘红 G

orange hawkweed 橙黄山柳菊[*Hieracium aurantiacum* L.](菊科)

orange-humped mapleworm 橙瘤舟蛾[*Symmerista leucitys* Franclemont](舟蛾科)

orange jessamine 月橘[*Murraya paniculata*(L.) Jack.](芸香科)

orange juice 鲜橘子汁{加工}

orange leaf roller moth(=orange tortrix) 橘卷蛾[*Adoxophyes fasciata* Waising.](卷蛾科)

orange leaf rust of wheat(=wheat leaf rust) 小麦橙色叶锈病[*Puccinia recondita* Rob. ex Desm.]

orange light 橙色光

orange lily 红百合[*Lilium bulbiferum*](百合科)

orange melon 甜瓜[*Cucumis melo* var. *chito*](葫芦科)

orange moth(=false codling moth) 伪苹果蠹蛾(橘白点小卷蛾)[*Argyroploce leucotreta* Meyrick](小卷蛾科)

orange oil 橙油

orange osmanthus 丹桂[*Osmanthus fragrans* var. *aurantiacus* Mak.](木犀科)

orange peel 橙皮
orange pekoe 橙黄白毫(斯里兰卡上等红茶)
orange pigment 橘黄色素
orange pinwheel marasmius 干小皮伞[*Marasmius siccus* (Schw) Fr.](小皮伞族)
orange-red 橙黄色,橘红色(aurantius)
orange rice leafhopper 稻橙斑叶蝉[*Thaias oryzivora* Ghauri](叶蝉科)
orange root (= goldenseal) ①白毛茛属[*Hydrastis* L.](毛茛科) ②白毛茛[*Hydrastis canadensis* L.]
orange squash 橙汁汽水
orange stonecrop 费菜(金不换)[*Sedum kamtschaticum* Fisch.](景天科)
orange tea mite (= privet mite, scarlet mite) 卵形短须螨[*Brevipalpus obovatus* Donnadieu](螨科)
orange thrips (= citrus thrips) 橘实蓟马[*Scirtothrips citri* (Moulton)](蓟马科)
orange tortrix 橘卷蛾[*Argyrotaenia citrana* (Fernald)](卷蛾科)
orange-tree 柑橘,柑橙[*Citrus* sinensis L. Osbeck](芸香科)
orange ursinia 艳丽熊菊[*Ursinia pulchra* N.E.Br.](菊科)
orange wax-spraying machine 柑橘喷蜡机
orange whitefly 橘长粉虱[*Bemisia giffardi bispina* Young.](粉虱科)
orange zinnia 小百日草[Zinnia angustifolia H.B.K.](菊科)
orangeade (= orange juice) 橙汁,橘子汁(指橘汁+糖水)
orangeberry pittosporum 岛海桐花[*Pittosporum undulatum* Vent.](海桐花科)
orangelo 柚橙(指柚子与橙的杂交种)
orangery ①柑橘温室 ②橙园(orangerium)
oranges 橙类,柑橘类
[**orange**] **wheat blossom midge** (= red wheat blossom midge) 麦红吸浆虫[*Sitodiplosis mesellana* (Gehin)](瘿蚊科)
orate 具内孔的(oratus)
orb weavers 金蛛科[Epeiridae, Argiopidae]
orbicular 正圆形的(orbicularis)
orbicular structure 球状构造
orbicularifolious 圆叶的(orbicularifolius)
orbiculate 圆盘状的(orbiculatus)
orbiculus 肉质副冠(用于萝藦科)
orbit ①眶 ②(鸟)眼睑部 ③轨道(orbita)
orbit adjust subsystem 轨道调节子系统{遥感}
orbit motor 摆线转子马达
orbital ①眶的 ②(鸟)眼睑部的 ③轨道的(orbitalis)
orbital altitude 轨道高度{遥感}
orbital cavity 眼窝
orbital eccentricity 轨道偏心率{遥感}
orbital flight 轨道飞行
orbital inclination 轨道倾角{遥感}
orbital parameter 轨道参数{遥感}
orbital path 轨道路程
orbital period 轨道周期
orbital quantum number 轨道量子数
orbital shaker 定轨振荡器,定轨摇床
orbital tracking 轨道跟踪
orbital velocity 轨道速度
orbital wave function 轨道波函数
orbiter 轨道飞行器
orbiting 沿轨道运行,环行
orbiting geophysical observatory satellite 轨道地球物理观测卫星,环行地球物理观测卫星{遥感}
orbiting solar observatory satellite 轨道太阳观测卫星,环行太阳观测卫星{遥感}
ORC (= origin recognition complex) 超点识别复合体{分生}
orcein 地衣红[$C_{28}H_{24}H_2O_7$]
orcein breakage 地衣红断裂
orcein mutachromosomic effects 地衣红诱变染色体效应
orchard ①果园 ②(集合)果树(hortus)
orchard "vari" spreader 果园用华列型施肥机
orchard boom 果园用喷杆
orchard crops 果园作物
orchard cultivator 果园中耕机
orchard disk harrow 果园用圆盘耙
orchard fruits 乔性果树
orchard grass (= dew grass, cock's foot) 鸭茅(鸡脚草,果园草)[*Dactylis glomerata* L.](禾本科)
orchard heater ①果园[防霜冻]空气加热器 ②果园防霜炉
orchard heating 果园加温
orchard management 果园管理
orchard monkey 果园用活动塔架
orchard of single variety 单品种果园,单植园
orchard operation 果园作业
orchard soil amelioration 果园土壤改良
orchard tractor 果园用拖拉机
orcharding (= fruit gardening, fruit grow-

ing) 果树园艺[学],果树栽培[学]

orchardist 果园专业人员,果园专家,果树专家

orchards (=fruit plantation) 果树种植场

orcheomycetes 兰科菌根菌类[Orcheomycetes]

orchid ①兰属[*Cymbidium* Swariz.](兰科)②[春]兰[*Cymbidium virescens* Lindl.]

orchid aphid 兰角蚜[*Cerataphis lataniae* (Boisduval)]

orchid bud culture 兰科植物芽培养

orchid canna (=orchid-flowered canna) 兰花美人蕉[*Canna orchioides* Bailey](美人蕉科)

orchid capsid 兰盲蝽[*Mertila malayensis* Distant](盲蝽科)

orchid crane fly 兰大蚊[*Dictenidia fasciata* Coquillett.](大蚊科)

orchid differentiation in vitro 兰科植物离体分化,兰科植物试管内分化

orchid embiid 兰足丝蚁[*Oligotoma saundersi* Westwood](等尾丝蚁科)

orchid family 兰科[Orchidaceae]

orchid flower ①米仔兰属(碎米兰属)[*Aglaia* Lour.](楝科)②米仔兰(碎米兰)[*Aglaia odorata* Lour.]

orchid fly 兰广肩小蜂[*Eurytoma orchidearum* (Westw.)](广肩小蜂科)

orchid iris 兰状鸢尾[*Iris germanica* var. *florentina* Dykes](鸢尾科)

orchid oystershell scale 兰蛎蚧[*Lepidosaphes cymbidicola* Kuwana](蚧科)

orchid pansy ①圆盘花属[*Achimenes* P. Br.](苦苣苔科)②圆盘花[*Achimenes hybrida* sp.]

orchid scale (=oleander scale) 夹竹桃圆蚧[*Aspidiotus nerii* Bouché](盾蚧科)

orchid springtails 兰弹尾虫属[*Orchesella* spp.](跳虫科)

orchid thrips 兰蓟马[*Chaetoanaphothrips orchidii* (Moulton)](蓟马科)

orchid tree ①羊蹄甲属[*Bauhinia* L.](豆科)②羊蹄甲[*Bauhinia purpurea* L.]

orchid weevil 兰象甲[*Diorymerellus laevimargo* Champ](象甲科)

orchidaceous 兰状的(orchidaceus)

orchidaceous corolla 兰状花冠(corolla orchidacea)

orchidanthe ①兰花蕉属[*Orchidanthe* spp.](芭蕉科)②兰花蕉[*Orchidanthe chinensis* sp.]

orchidology 兰花栽培学(orchidologia)

orchiectomy 睾丸切除(orchiectomia)

orchil ①染料衣属[*Roccella* DC.](染料衣科)②染料衣[*Roccella tinctoria* DC.]{分类}

orchis ①红门兰属[*Orchis* L.](兰科)②红门兰[*Orchis chusua* D. Don]

orcinol (=orcin 5-methy-resoranol) 地衣黑,5-甲基间苯二酚[$CH_3 \cdot C_6H_3 \cdot (OH)_2$]

orcinol assay for RNA RNA的5-甲基间苯二酚测定

ORD (=optical rotatory dispersion) 旋光色散

order ①目{分类}②纲{土壤}③次序,顺序,序列{育种}④序位{形态}⑤等级{加工}⑥指令{分遗}⑦指令{电脑}(ordo)

order Anoplura 虱目[Anoplura]

order Blattaria 蜚蠊目[Blattaria]

order block 指令块{电脑}

order Cinura 弹尾目[Cinura]

order code 指令密码

order Coleoptera 鞘翅目[Coleoptera]

order Corrodentia 啮齿目[Corrodentia]

order Dermaptera 革翅目[Dermaptera]

order Diploglossata 重舌目[Diploglossata]

order Diplura 双尾目[Diplura]

order Diptera 双翅目[Diptera]

order-disorder phase transition 有序-无序相转变{生技}

order-disorder transition 有序无序转变

order Embioptera 纺足目[Embioptera]

order Ephemerida 蜉蝣目[Ephemerida]

order form system 订单制{农管}

order formate 指令格式

order Grylloblattodea 蛩蠊目[Grylloblattodea]

order Hemiptera 半翅目[Hemiptera]

order Homoptera 同翅目[Homoptera]

order Hymenoptera 膜翅目[Hymenoptera]

order Isoptera 等翅目[Isoptera]

order Lepidoptera 鳞翅目[Lepidoptera]

order made ①定做的②特制的,定制的

order-made service 定制服务

order Mallophaga 食毛目[Mallophaga]

order Mantodea 螳螂目[Mantodea]

order Mecoptera 长翅目[Mecoptera]

order Megaloptera 广翅目[Megaloptera]

order Neuroptera 脉翅目[Neuroptera]

order number ①序数{生技}②订单号{农管}③指令编号{信息}

order Odonata 蜻蜓目［Odonata］
order of dimension 维数{生技}
order of discontinuity 不连续阶
order of fellings 采伐顺序
order of life 生物阶梯(生命阶梯)
order of magnitudes 大小级次,数[量]级,概量
order of merge 归并顺序{统计}
order of reaction 反应级
order of soil 土纲
order of succession ①演替序列{生态} ②继承顺序{农经}
order of tiller 分蘖序位
order Orthoptera 直翅目［Orthoptera］
order parameter 序参数
order Phasmida 蛸目(竹节虫目)［Phasmida］
order Plecoptera 折翅目［Plecoptera］
order printer system 命令打印系统
order-producing 有序性增加的
order Protura 原尾目［Protura］
order Raphidioptera 蛇蛉目［Raphidioptera］
order Siphonaptera 蚤目［Siphonaptera］
order statistics 顺序统计值
order Strepsiptera 拈翅目［Strepsiptera］
order Thysanoptera 缨翅目［Thysanoptera］
order Thysanura 缨尾目［Thysanura］
order Trichoptera 毛翅目［Trichoptera］
order Zoraptera 缺翅目［Zoraptera］
ordered data 有序数据
ordered dither 有序振动法
ordered mechanism 有序机制{生技}
ordered region 结晶领域
ordered resource usage 有序资源使用
ordered retrieval 有序检索
ordered search 有序搜索
ordered tetrad 顺序四分体
ordering ①排序 ②回潮
ordering procedure 排序过程
ordering stage 回潮期(烟草熏干过程)
orderly closedown 有序关闭,有序停机{信息}
orderly improvement 定向改良
orderly restart 有序再启动
orderly withdrawal 有序撤退{生态生理}
ordinal 按序的(ordinalis)
ordinal ranking 按序分级
ordinal type 顺序类型
ordinary ①普通的,一般的,通用的 ②正常的,通常的,经常的,平常的,平凡的 ③规定的 ④原始的(ordinarius)
ordinary agricultural meteorological station 一般农业气象站
ordinary bud grafting 普通芽接
ordinary chromomere 通常染色粒
ordinary condition 一般条件
ordinary cone 圆锥体
ordinary crop field 普通作物地,普通栽培地
ordinary crown grafting 普通冠接{园艺}
ordinary differential equation 常微分方程
ordinary expenditure 经常费
ordinary form ①普通型 ②一般方式
ordinary in toxicity 普通毒力
ordinary layering 普通压{园艺}
ordinary life 常规寿命,正常寿命(指机器)
ordinary nursery ①普通苗圃 ②普通秧田
ordinary ray 正常光线,正常射线
ordinary reaper 普通转臂收割机,简易收割机
ordinary rice 普通稻,普通米(日本指粳稻,粳米)
ordinary soda-fountain straw 普通流苏打用禾秆(杂交用)
ordinary somatic cell 通常体细胞
ordinary splice grafting 合接{园}
ordinary sprayer 轻便喷雾器
ordinary superphosphate 普通过磷酸钙
ordinary surveying ①简易测量 ②简易测量学
ordinary symbol 通用符号
ordinary thinning 普通疏伐,下层疏伐
ordinary valence 主价,常见价
ordinary variety 普通品种
ordinary water level 常水位
ordinary wave 常波
ordinary wheat (= common wheat) 普通小麦［*Triticum vulgare* Vill.］(禾本科)
ordinary wrap 普通包果纸
ordinary year 平年,常年,一般年
ordinate 纵坐标,纵轴(ordinatus)
Ordovician (= Ordovician period) 奥陶纪(系)
Ordram (= Ordram 8E, Ordrum, molinate) 草达灭{农药}
ordure ①粪,排泄物 ②垃圾(ordurus){环保}
ordus 有序线{电脑}
ore ①硼砂{药物} ②矿砂,矿块{地质}(aes)
ore-bearing rock 具[有]矿砂[的]岩石,具矿砂岩{地质}
ore body 矿体
ore deposit ①矿砂沉积 ②⌊复⌉矿砂沉积物
ore industry sewage 矿山工业废水{环保}

ore poisoned soil 矿毒土
"ore" species "矿石"种{地质}
oread (=heliophyte) 阳生植物(heliophyta)
oregano (=common origanum, common marjoram) 牛至[*Origanum vulgare* L.](唇形科)
Oregon ash 俄勒冈梣[*Fraxinus oregona* Nutt.](木犀科)
Oregon cedar (=ginger pine) 美洲花柏
Oregon fir (=grand fir) 大冷杉
Oregon fir sawyer 俄勒冈枞天牛[*Monochamus oregonensis* LeConte](天牛科)
Oregon fleabane ①飞蓬属[*Erigeron* L.](菊科) ②飞蓬[*Erigeron acris* L.] ③美丽飞蓬[*Erigeron speciosus* DC.]
Oregon larch (=Oregan white fir, bracted fir) 大冷杉
Oregon maple (=broad-leaved maple) 大叶槭
Oregon pine (=Douglas fir) 花旗松
Oregon wireworm 花旗松叩头虫(俄勒冈叩头虫)[*Melanotus oregonensis* LeConte](叩甲科)
oreithalion tropicum 热带高山植物
ORF (=open reading frame) 开放读框,可读框,可译框架{分遗}
orf virus 传染性脓疱皮炎病毒
Orfamone 诱虫十二酯(昆虫引诱剂)[$C_{14}H_{26}O_2$]
Orga 3045 (=TEPP) 特普
organ ①器官 ②工具(organa)
organ characteristics 器官特征
organ culture 器官培养
organ formation 器官形成
organ forming stuff (=organ forming substance) 器官形成物质
organ grafting ①器官嫁接 ②器官移植
organ of attachment 附着器官
organ of locomotion 运动器官
organ of multiplication 繁殖器官(organa multiplicationis)
organ of reproduction 生殖器官
organ of vegetation 营养器官
organ primordia 器官原基
organ specificity 器官特异性
organ transplantation 器官移植
organdie (=fine translucent muslin) 细薄纱布
organelle 细胞器
organelle activity 细胞器活度
organelle DNA 细胞器 DNA
organelle gene 细胞器基因
organelle genome 细胞器基因组
organelle membrane 细胞器膜
organelle transplantation 细胞器移植
organelle uptake 细胞器摄入
organic ①器官的,有机体的 ②有机的(organicus)
organic acid 有机酸
organic acid cycle 有机酸循环
organic acid metabolism 有机酸代谢
organic additions 追施用有机肥
organic agricultural chemicals (=organic pesticide) 有机农药
organic agriculture 有机农业
organic anion 有机阴离子
organic arsenic fungicide 有机砷杀菌剂
organic ash 有机灰分
organic biomass 有机生物量
organic body 有机体
organic carbon(OC) 有机碳
organic center 生长中心
organic chemistry 有机化学
organic colloid 有机胶体
organic complexes 有机复合物
organic composition 有机组成
organic compound 有机化合物
organic computer 有机计算机
organic constituent 有机成分(组分)
organic contaminant 有机污染物{环保}
organic decay 有机体腐朽
organic deposit 有机沉积物
organic derivative 有机衍生物
organic detritus 有机碎屑状物质
organic dormancy 有机体休眠
organic dry matter 有机干物质
organic dry matter per unit time 每单位时间[的]有机干物质
organic dry matter production 有机干物质生产
organic fertilizer 有机肥料
organic fitness 有机界的合理性
organic foliage fungicide 有机叶面杀菌剂
organic food 有机食品
organic form 有机态
organic fumigants 有机烟熏剂
organic fungicide 有机杀菌剂
organic glass 有机玻璃
organic herbicide 有机除草剂
organic horizon 有机质层
organic irrigation 有机灌溉,肥水灌溉
organic litter 有机死被物{生态生理}

organic manure 有机肥料
organic manuring 施用有机肥
organic mat 有机覆盖物
organic material 有机物,有机材料
organic matter 有机质,有机物质
organic-matter content 有机质含量
organic mercurial 有机汞
organic-microbial-mineral fertilizer 有机微生物矿质肥料
organic-mineral-granules 有机矿质颗粒肥料
organic-mineral soil complex 土壤有机、无机复合体,土壤有机矿质复合体
organic nitrogen 有机氮
organic nitrogen compound 有机氮化合物
organic nitrogenous 含有机氮的
organic nutrient source 有机营养源
organic nutrition 有机营养
organic ooze 有机质软泥
organic pelleted fertilizer 有机颗粒肥料
organic peroxide 有机过氧化物
organic phase 有机相{生技}
organic phosphoric acid 有机磷酸
organic phosphorus 有机磷
organic phosphorus compounds 有机磷化合物
organic phosphorus fungicide (= organophosphorus fungicide) 有机磷杀菌剂
organic phosphorus insecticide (= organophosphorus insecticide) 有机磷杀虫剂
organic phosphorus pesticide (= organophosphorus insecticide) 有机磷农药
organic pollutant 有机污染物{环保}
organic pollution 有机污染
organic polyelectrolyte 有机高分子电解质
organic polymer 有机聚合物
organic potassium 有机钾
organic precipitant 有机沉淀剂{环保}
organic pump 有机肥泵,厩液泵
organic reaction mechanism 有机反应机制
organic reagent 有机试剂
organic reduction 有机还原
organic remains 有机遗留物
organic selection 有机体选择
organic semiconductor 有机半导体
organic sludge 有机污泥{环保}
organic soil 有机质土
organic soil sampler 有机质土取样器
organic solid 有机固体{环保}
organic solvent 有机溶剂
organic-solvent type preservative 有机溶剂型防腐剂(木材)
organic substance 有机物质
organic substrate ①有机基质 ②有机质底层
organic sulfur fungicide 有机硫杀菌剂
organic sulfur removal 脱有机硫{环保}
organic sulphur (= organic sulfur) 有机硫{生化}
organic superconducting resonator 有机超导共振器
organic support 有机支持体
organic synthetic nitrogen compound 有机合成氮化合物
organic toxin 有机毒素
organic transport form of nitrogen 氮的有机运输形式
organic unity 有机统一体
organic waste 有机废水(物){环保}
organic waste water 有机废水
organic world 有机界
organicism 机体说 (organicismus){遗传}
organidin 碘化甘油
organisator 形成体
organism ①有机体,生物 ②组织,机构 (organismus)
organism evolution 生物进化
organismal theory (= organicism) 机体说
organization ①组织,机构 ②机体形成,机体组成,组建 (organisatio)
organization by area 面积法{森林}
organization by volume 材积法
organization center 机体形成中心
organization character 机体形成性状
organization chart 组织图[解]
organization design 组织设计
organization effect 组织效应
Organization for European Economic Cooperation (OEEC) 欧洲经济合作组织
organization of breeding 育种组织
Organization of Fruit and Vegetable Deep-Freeze Industry of the EEC 欧洲经济共同体水果及蔬菜冷冻工业组织
organization of labour 劳动组织
organization of plant breeding and genetics 植物育种与遗传组织
organization system innovation 组织制度创新
organization type 组织型,组建型
organization water 组织水
organizational behaviour 组织行为学
organizational performance measure 组织性能测度
organizational type 构造型
organized ①有器官的,具有机体构造的 ②有组织的,有系统的

organized ferment 活体酶
organized labour 有组织劳动
organized marketing system 有组织市场销售制度,有组织市场交易制度
organizer ①组织原 ②组织者,组织[诱]导体(organiser)
organo-lead compound 有机铅化合物{环保}
organo-mercuric fungicide 有机汞杀[真]菌剂
organo-metallic 有机金属的
organo-metallic compound 有机金属化合物
organoarsenic chemicals 有机砷农药
organoarsenic fungicide 有机砷素杀菌剂
organochlorine compound 有机氯化合物{农药}
organochlorine fungicide 有机氯杀菌剂
organochlorine insecticide 有机氯杀虫剂
organochlorine pesticide 有机氯农药
organofluorine insecticide 有机氟杀虫剂
organogel 有机凝胶
organogenesis (= organogeny) 器官发生,器官形成
organogenesis in vitro 离体器官形成,试管内器官形成
Organogenetic 器官发生的(organogeneticus)
organogenetic 器官形成的,器官发生的(organogenetus)
organogenetic bioelement 器官形成生物元素
organogenetic element 器官形成元素
organography 器官学(organographia)
organoid (= organelle) 细胞器
organoleptic ①器官感觉的,五官感觉的,官能的 ②感官性状(organolepticus)
organoleptic testing 官能测验
organolite 离子交换树脂
organology 器官学(organologia)
organomercurous 有机汞的(organomercurus)
organomercurous compound 有机汞化合物{环保}
organomercurous fungicide (= organomercuric fungicide) 有机汞杀菌剂
organomercury pesticide 有机汞农药
organomineral gel complex 有机矿质凝胶复合体
organon ①原则,原理(指科学研究的) ②思考法 ③器官
organonymy 器官命名法(organonymia)
organophosphate 有机磷酸酯
organophosphate pesticide 有机磷酸酯农药
organophosphate poison 有机磷酸酯毒物
organophosphorus 有机磷
organophosphorus fungicide 有机磷杀菌剂
organophosphorus herbicide 有机磷除草剂
organophosphorus insecticide 有机磷杀虫剂
organophosphorus pesticide 有机磷农药
organophyly 器官系统发生(organophylia)
organosol 有机溶胶
organotin 有机锡
organotrophic 有机营养的(organotrophus)
organotrophic bacteria 有机营养细菌(bacteria organotrophae)
organotrophy 有机营养(organotrophia)
organotropic 向器官的(organotropus)
organotropic colonization 向器官定殖
organotropic infection 向器官侵染
organotropic localization 器官性局限
organotropic pathogen 向器官病原
organotropism 向器官性(organotropismus)
organotype 器官型(organotypus)
organotypic culture 器官型培养(cultura organotypica)
orgware 人员配备,人件
orgya 张臂长度(=1.75米)
orient ①定向,面向 ②东方,上升(orientum)
Orient region 远东地区
Orient tobacco 远东烟草
orientability 可定向性(orientabilitas)
orientable 可定向的(orientabilis)
orientable surface 可定向面,可定向曲面{电脑}
oriental 东方的(orientalis)
oriental arbor-vitae 侧柏[*Biota orientalis* (L.)Endl.](柏科)
oriental armyworm (= rice ear-cutting caterpillar) [东方]黏虫[*Leucania separata* Walker](夜蛾科)
oriental beetle (= sugarcane root grub) 东方丽金龟[*Anomala orientalis* Waterhouse](金龟科)
oriental bittersweet ①南蛇藤属[*Celastrus* L.](卫矛科) ②南蛇藤[*Celastrus orbiculatus* Thunb.]
oriental blue-berry 乌饭树[*Vaccinium bracteatum* Thunb.](乌饭树科)
oriental cabbage white 东方白粉蝶[*Pieris canidia* Spar.](粉蝶科)
oriental carpenter moth 黑波木蠹蛾[*Hol-*

cocerus vicarius Walker]（木蠹蛾科）

oriental cat tail ①香蒲属［*Typha* L.］（香蒲科）②香蒲［*Typha orientalis* Presl］

oriental ceabious（= oriental scabious）东方山萝卜［*Scabiosa orientalis* Lag.］（川续断科）

oriental cherry 樱花［*Prunus serrulata* Lindl.］（蔷薇科）

oriental chinch bug 蔗长蝽［*Ischnodemus saccharivorus* Okajima］（长蝽科）

oriental cleavers 蓝花车叶草［*Asperula orientalis* Boiss. et Hoben.］（茜草科）

oriental clouded yellow butterfly 黄粉蝶［*Coliaserate poliographus* Motsch.］（粉蝶科）

oriental cockroach（= Asiatic cockroach）东方蜚蠊［*Blatta orientalis* L. = *Periplaneta orientalis* L.］（蜚蠊科）

oriental cotton 树棉［*Gossypium arboreum* L. = *G. nanking* Meyen., *G. indicum* Lam.］（锦葵科）

oriental false chinch bug 东方伪长蝽［*Ninus flavipes* Matsumura］（长蝽科）

oriental fruit fly（= citrus fruit fly）橘小实蝇［*Chaetodacus dorsalis* Hendel = *Dacus dorsalis* Hendel］（实蝇科）

oriental fruit moth（= oriental peach moth）梨小食心虫（东方小果蠹，东方小蠹蛾）［*Grapholitha molesta*（Busck）= *Laspeyresia*］（小卷蛾科）

oriental garden cricket（= field cricket）油葫芦［*Gryllulus testaceus* Walker］（蟋蟀科）

oriental giant water bug 大负子蝽［*Kirkaldyia deyrollei* Vuillefroy］（负子蝽科）

oriental grape-vine looper 东方葡萄尺蛾［*Lygris ledereri* Bremer］（尺蛾科）

oriental green cricket 台湾油葫芦［*Cryllulus mitratus* Burmeister］（蟋蟀科）

oriental green rice leafhopper 二点黑尾叶蝉［*Nephotettix impicticeps* Ishihara］（叶蝉科）

oriental house fly（= common house fly, white-eyed house fly）舍蝇（东方家蝇）［*Musca domestica vicina* Macq.］（蝇科）

oriental lizardtail ①三白草属［*Saururus* L.］（三白草科）②三白草［*Saururus chinensis*（Lour.）Baill.］

oriental long-headed locust 大尖头蝗［*Acrida lata* Motschulsky］（蝗科）

oriental migratory locust 东亚飞蝗［*Locusta migratoria manilensis*（Meyen）］（蝗科）

oriental moth 红背刺蛾（黄刺蛾）［*Cnidocampa flavescens*（Warlke）］（刺蛾科）

oriental oak 栓皮栎［*Quercus variabilis* Blume.］（山毛榉科）

oriental paper-bush（= mitsumata）黄瑞香（结香，三桠）［*Edgeworthia chrysantha* Lindl.］（瑞香科）

oriental peach moth（= oriental fruit moth）梨小食心虫［*Grapholitha molesta*（Busck）］（小卷蛾科）

oriental pear 秋子梨［*Pyrus ussuriensis* Maxim.］（蔷薇科）

oriental persimmon 柿［*Diospyros kaki* Thunb.］（柿科）

oriental plane（= oriental platan）法国梧桐（悬铃木）［*Platanus orientalis* L.］（悬铃木科）

oriental poison-oak 野葛（毒叶藤）［*Rhus ambigua* Lavallee］（漆树科）

oriental poison-sumac 林漆树［*Rhus sylvestris* Sieb. et Zucc.］（漆树科）

oriental poppy 近东罂粟（美洲罂粟）［*Papaver orientale* L.］（罂粟科）

oriental rat flea 东方鼠蚤［*Xenopsylla cheopis*（Rothschild）］（蚤科）

Oriental realm 东方区

oriental red mite 东方红叶螨［*Anychus latus* C. et F.］（叶螨科）

oriental Region 东方区，东洋区

oriental rice seedling fly 东方稻芒角蝇［*Atherigona orientalis* Schiner］

oriental salmon（= salmon）大麻哈鱼［*Oncorhynchus keta*（Walbaum）］{水产}

oriental senna 决明（草决明）［*Cassia obtusifolia* L.］（豆科）

oriental stephania 金钱吊乌龟［*Stephania cepharantha* Hayata］（防己科）

oriental termite（= Formosan white ant）家白蚁［*Coptotermes formosanus* Shiraki］（白蚁科）

oriental tobacco budworm（= tobacco budworm）烟青虫［*Heliothis assulta* Guenée = *Chloridea*］（夜蛾科）

oriental trirachia 刺角天牛［*Trirachys orientalis* Hope］（天牛科）

oriental tussock moth 东方毒蛾［*Euproctis subflava* Bremer］（毒蛾科）

oriental urtica nymphalid 东方荨麻蛱蝶［*Araschnia burejana* Bremer］（蛱蝶科）

oriental variegated coral-bean 刺桐

[*Erythrina variegata* var. *orientalis* (L.)Merr.](豆科)
oriental water fern 水蕨[*Ceratopteris thalictroides* Brongn](水蕨科)
oriental water plantain(= water plantain) 泽泻[*Alisma orientalis* (Sam.) Juzepcz.](泽泻科)
oriental white oak 槲栎[*Quercus aliena* Bl.](山毛榉科)
oriental woodruff ①车叶草属[*Asperula* L.](茜草科) ②车叶草[*Asperula maximowiczii* Komar.]
orientation ①定位,定向,取向,走向 ②标定 ③归巢(orientatio)
orientation coating disk 定向涂覆磁盘{信息}
orientation-dependent 依赖于取向的,取向依赖的
orientation disorder 取向无序
orientation effect 取向效应
orientation flight 定向飞行
orientation-independent 不依赖于取向的,取向不依赖的,取向独立的
orientation lever 定向杆
orientation map 标定图
orientation matrix 取向矩阵
orientation movement 定向运动
orientation of map 地图定向{遥感}
orientation of pairs 像对定向{遥感}
orientation of particles 土粒定向排列
orientation ratio 定向比
orientation transformation 定向转型{分遗}
oriented adsorption 定向吸附{生技}
oriented aggregation 定向团粒,定向团聚体
oriented centromere 定向着丝点
oriented coagulation 定向絮凝
oriented graph 有向图
oriented interrupt 定向中断
oriented meiotic division 定向减数分裂
oriented migration 定向洄游
oriented object 面向对象
oriented path 有向路径
orienting 确定方向
orienting line 定向线,方向基线
Orientoasiaticus stonecrop 东亚景天[*Sedum orientoasiaticum* Makino.](景天科)
orientvine 防己(葛藤,汉防己)[*Sinomenium acutum* Rehd. et Wils.](防己科)
orifice 孔,孔口(orificium)
orifice disk (喷头)喷孔盘
orifice meter 孔式流量计,节流环式流量计
orifice of spinneret 吐丝口{蚕}
orifice plate 中心孔圆板{环保}
oriflies(= alaterflies) 泥蛉科[sialidae]
origan ①牛至属[*Origanum* L.](唇形科) ②牛至[*Origanum vulgaris* L.]
origan oil 牛至油
origin ①起源 ②开端,发端 ③原始点,起点(origo)
origin and evolution of sex 性的起源与进化{遗传}
origin of coordinates 坐标原点
origin of crop 作物起源
origin of DNA replication DNA 复制的起始
origin of immissions 注入[污染]物[的来]源{生态生理}
origin of life 生命起源
origin of living beings 生物起源,生命起源
origin of replication 复制起点{分遗}
origin of species 物种起源
origin of transfer in conjugation 接合的转移起始
origin recognition complex(**ORC**) 起点识别复合体(指复制){分遗}
original ①原先的,最初的 ②原始的,起源的,初期的 ③独创的,非模仿的 ④新奇的,崭新的(originalis)
original adaptive peak 原始适应峰
original allodiploid 原始异源二倍体
original allodiploid hybrid 原始异源二倍杂种
original amphihaploid hybrid 原始双单倍杂种
original amphiploid 原始双倍体(amphiploida originalis)
original architecture 原始体系结构{信息}
original balance 原始平衡
original behaviour 原先行为习性
original breed ①原种 ②起原种{畜}
original bulk population 原始混合群体
original cell 原始细胞(cellula originalis)
original centromere 原着丝粒
original character 原始性状
original chart 原图
original chromosome complement 原始染色体组
original chromosome number 原始染色体数
original clone 原始无性繁殖系
original Col-factor 原始产大肠杆菌素因子
original component 原始组分{生技}
original concentration 原有浓度{环保}
original cost ①原价 ②成本

original crosses 原始杂交种
original culture 原始培养系{真菌}
original data 原始资料,原始数据
original description 原先描述,初次记载
original design 原始设计
original DNA sequence 原始 DNA 顺序
original drawing 原图
original fen 原始沼泽
original forest 原生林
original heterozygosity 原始杂合性
original killer 原始杀伤细胞
original level 最初水平,起始水平
original material 原始材料
original mineral (= primary mineral) 原生矿物
original model 原始模型
original nucleotide sequence 原始核苷酸顺序
original order 原始序列
original parent 原始亲本
original plants 原始植物 (plantae originales)
original positive strand 原正链
original program 原始程序
original record 原始记载,原始记录
original rock 原生岩,基岩
original scale 原比例尺
original seed 原种[种子]
original seed farm 原种圃(场)
original seed plot 原种圃
original seeds 原种
original selection 原始选择,初次选择,初选
original self-line 原始自交系
original silkworm egg 原蚕种,原种蚕卵
original soft 原始软件{电脑}
original soil 原始土壤
original species 原始种 (species originalis)
original specimen of rice kernel 米粒原始标本(检查等级用标准米)
original strain ①原菌株{微生物} ②原品系{育种} ③原种{蚕}
original tape 原带{电脑}
original trace 清绘原图{遥感}
original type 原始型
original value 原值
original vegetation 原始植被
original version 原版本
original wages 基本工资
original weight 原重
original wildtype chain 原始野生型链
original yield 原始产量,最初产量
originate ①原始,创始 ②起始,发起 ③创作,发明 (originare)
originating mode 始发方式
origination ①起始 ②发源,起点 ③发明,创作 ④编制 (originatio)
originator ①始发者 ②始发站
Orion 奥里恩(澳大利亚甘蔗品种)
orismology 定义学 (orismologia)
orixine 和常山碱 [$C_{17}H_{24}NO_6$]
Orlando tangelo 奥兰多橘柚 [*Citrus paradisi* Macf × *Citrus reticulata* Blanco]{芸香科}
orleans (= bixin) 胭脂素
Orleans process 奥尔兰葡萄酒酿造法 (Orleans 法国地名)
orn (= ornithine) 鸟氨酸
ornaline (= nopalinic acid) 胭脂鸟氨酸
ornament ①装饰物,装饰品 ②装饰,修饰
ornamental ①观赏的 ②装饰的,修饰的 (ornamentalis)
ornamental banana 观赏芭蕉 [*Musa uranoscopus* sp.](芭蕉科)
ornamental eggplant 冬海红 [*Solanum integrifolium*](茄科)
ornamental flower 观赏花卉 (flos ornamentalis)
ornamental foliage plant 观叶植物
ornamental form 观赏类型 (forma ornamentalis)
ornamental garden 观赏植物园
ornamental gardening ①观赏园艺 ②观赏园艺学
ornamental gourd 金瓜 [*Cucurbita pepo* var. *ovifera* Mak.](葫芦科)
ornamental grass 观赏草 (herba ornamentalis)
ornamental horticulture ①观赏园艺 ②观赏园艺学
ornamental house (= conservatory house) 陈列室,观赏温室
ornamental kale 观赏羽衣甘蓝 [*Brassica oleracea* var. *acephala* f. *tricolor* Hort.](十字花科)
ornamental maize 彩叶玉米 [*Zea mays* var. *japonica* sp.](禾本科)
ornamental peach 碧桃 [*Prunus persica* f. *duplex* (west) Rehd.](蔷薇科)
ornamental pepo 观赏南瓜 [*Cucurbita pepo* var. *ovifera* Bailey.](葫芦科)
ornamental pineapple 花叶凤梨
ornamental plantation 风景林
ornamental planting 观赏花木种植

ornamental plants 观赏植物(plantae ornamentales)
ornamental shrub 观赏灌木(frutex ornamentalis)
ornamental species 观赏种(species ornamentales)
ornamental tree 观赏树[木](arbor ornamentais)
ornamentation ①装饰,修饰 ②修饰物,装饰品 ③雕纹,纹饰(ornamentatio)
ornate ①拟网状的 ②装饰的 ③具纹饰的 ④凸蚀的(ornatus)
ornithine(orn) 鸟氨酸,2,5-二氨基戊酸,氨基戊氨酸[$H_2N(CH_2)_3CH(NH_2)COOH$]{分遗}
ornithine cycle 鸟氨酸循环
ornithine decarboxylase 鸟氨酸脱羧酶
ornithine transcarbamylase 鸟氨酸氨甲酰基转移酶
ornithinolipid 鸟氨酸脂质
ornithogalum ①虎眼万年青属[*Ornithogalum* L.](百合科) ②虎眼万年青[*Ornithogalum caudatum* Ait.]
ornithology 鸟类学(ornithologia)
ornithophilous 鸟媒的(ornithophilus)
ornithophilous flower 鸟媒花(flos ornithophilus)
ornithophilous plants 鸟媒植物(plantae ornithophilae)
ornithophilous pollination 鸟媒传粉(pollinatio ornithophila)
ornithophily 鸟媒(ornithophilia)
ornithosis 鸟疫
ornithuric acid 鸟尿酸
ornithyl- 鸟氨酰[基]
ornopine(=octopinic acid) 章鱼鸟氨酸
orobanchaceous 列当科的(orobanchaceus)
orogenesis(=orogeny) 造山作用{地质}
orogenic sequence 造山系列,山地系列
orogenic soil 山地土壤
orographic ①山岳的{地质} ②地形的{耕作}(orographicus)
orographic climatic divides 地形气候分界线
orographic cloud 地形云
orographic depression 地形低压
orographic disturbance 地形扰动
orographic occlusion 地形锢囚
orographic precipitation 地形性降水
orographic rain 地形雨
orographic snowline 地形雪线
orographic uplift 地形抬升
orographic upward wind 地形性上升风
orography 山岳志(orographia)
orographyte 山地植物(orographyta)
orohylile 亚高山森林
oroid 似内孔(oroideus)
Oronain 氯铵(杀菌剂)
orophysin [垂体前叶]酮体产生因子
orophytia 亚高山植物群落
orosomucoid 血清类黏蛋白,α-酸性糖蛋白
orotic acid 乳清酸[$C_5H_4N_2O_4$]
orotic aciduria 乳清酸尿
orotidine 乳清[酸核]苷
orotidine-5′-phosphate decarboxylase 乳清[酸核]苷-5′-磷酸脱羧酶
orotidine-5′-phosphate pyrophosphorylase 乳清[酸核]苷-5′-磷酸焦磷酸化酶
orotidine monophosphate(OMP) 乳清苷[一磷]酸{分遗}
orotidylic acid(=orotidine monophosphate) 乳清苷酸
ORP(=oxidation reduction potential) 氧化还原电位(电势){环保}
orphan ①孤儿,孤独{遗传} ②孤行,页末单行段落{电脑}(orphanos)
orphan receptor 孤独受体,孤儿受体
orphon 孤独基因
orpiment 雌黄[As_2S_3]
orpine ①(=stonecrop)景天属[*Sedum* L.](景天科) ②紫花景天[*Sedum telephium* L.] ③景天草属[*Telephium* L.](石竹科)
orpine family 景天科[Crassulaceae]
Orpington 澳品顿(鸭)
Orpington chicken 澳洲黑鸡
orrho-immunity 血清免疫性,被动免疫性
orrhology 血清学(orrhologia)
orrisroot iris 香根鸢尾[*Iris germanica* var. *florentina* Dykes](鸢尾科)
orrit 鸢尾[*Irris tectorum* Maxim](鸢尾科)
orseille(=valparaiso weed) 染料衣{分类}
orsellinic acid 苔色酸,4,6-二羟-2-甲苯甲酸[$CH_3C_6H_2\cdot(OH)_2COOH$]
ortalid flies(=otitid flies) 斑蝇科[Ortalidae]
ortave band 倍频带{信息}
orterde 硬磐{土壤}
ortet 无性母株,营养母株,源株
orthacanthous 直刺的(orthacanthus)
orthanthous 直生花的(orthanthus)
orthent 正常新成土{土壤}

orthicon 正析摄像管,纸速电子束摄像管
orthid 典型旱成土{土壤}
ortho- ⌊字头⌉①邻位 ②正 ③原
ortho effect 邻位效应 (orthoeffectus)
Ortho-klor (= chlordane) 氯丹{农药}
orthobotrys 直总状花序的
orthocarpous 直果的 (orthocarpus)
orthocenter 垂心 (orthocentrus)
orthocephalous 直头的 (orthocephalus)
orthochromatic 正染[色]的 (orthochromaticusa){显技}
orthochromatic dye 正染染料
orthochromatic film 正染胶片{遥感}
orthochromatic normoblast 晚幼红细胞
orthochromatin 正染色质
Orthocide (= Orthocide 406, Orthocide S) 克菌丹 (= captan)
orthocladous 直枝的 (orthocladus)
orthoclase (= orthose) 正长石 [$K(AlSi_3O_8)$]
orthod 灰土
orthodeuterium 正重氢
ortho-**dichlorobenzene** (= *o*-Dichlorobenzene) 邻二氯苯
orthodont 直齿的 (orthodontus)
orthodox ①习惯的,惯例的 ②正统的,传统的,旧式的 ③守能的 (orthodoxus)
orthodox conformation 守能构象{分生}
orthodox sleep 正统睡眠,正相睡眠{分生}
orthodromic 正向的 (orthodromicus)
orthodromic conduction 顺向传导,正向传导
orthodromic illumination 正向照明
orthoeluvium 典型淋溶层
orthoevolution 直向进化 (orthoevolutio)
orthoferulic acid 邻阿魏酸
orthogamy 雌雄正常关系 (orthogamia)
orthogenesis ①直生现象,直进 ②定向进化 ③定向进化学说
orthogenetic variation 直进变异 (variatio orthogenetica)
orthogeotropism 直向地性 (orthogeotropismus)
orthogonal ①正交的{育种} ②平衡的,均衡的{统计} ③正形的,矩形的{形态} (orthogonalis)
orthogonal array ①正交数组{电脑} ②均衡依次表{统计}
orthogonal complement (= orthocomplement) 正交补{电脑}
orthogonal component 正交分量,均衡成分
orthogonal coordinate 正交坐标
orthogonal design 均衡设计{统计}
orthogonal electric field 正交电场
orthogonal error control 正交错误控制
orthogonal experiment 正交试验
orthogonal field alternation gel electrophoresis(OFAGE) 正交交变电场凝胶电泳
orthogonal function 正交函数{遥感}
orthogonal Latin squares 均衡拉丁方
orthogonal matrix ①正交矩阵 ②均衡矩阵
orthogonal polynomial 正交多项式,均衡多项式
orthogonal random vector 正交随机向量{遥感}
orthogonal transformation 正交变换
orthogonality 均衡性 (orthogonalitas)
orthogonality of contrasts 对比均衡性
orthogonality relation 正交[性]关系
orthogonalization 均衡化,正交化 (orthogonalisatio)
orthograph 正视图,正投影图
orthographic plan 平面图
orthographic projection 正射投影法
orthographic representation 正规表示法,正交射影表示法
orthography 正[射]投影法 (orthographia)
orthohelium 正氦
orthokinetic flocculation 正向运动絮凝,同向絮凝{环保}
orthologous gene 直向同源基因,定向进化同源基因
orthometric elevation 正高{测}
orthometric height 正高
orthomutation 定向突变 (orthomutatio)
orthomyxovirus 原黏液病毒,正黏病毒
Orthonil 苯腈素(植物生长调节剂) [$C_{10}H_9Cl_2N$]
orthonitrophenylgalactoside (ONPG) 正硝化苯半乳糖苷
orthonormal 标准正交的,规格化正交的 (orthonormalis)
orthonormal basis 标准正交基,规格化正交基
orthonormal transformation 标准正交变换{遥感}
orthonormality ①标准正交性 ②规格化正交性 (orthonormalitas)
Orthophos (= parathion) 1605 {农药}
orthophosphate 正磷酸盐 [M_3PO_4]
orthophoto 正射相片{遥感}
orthophoto mosaic 正射相片镶嵌图{遥感}
orthophotograph (= orthophoto) 正射相片
orthophotography 正射摄影[法]{遥感}

orthophotomap 正射影像地图{遥感}
orthophotoscope 正射投影仪
orthophototropism 直向光性(orthophototropismus)
orthophyll 正常叶(orthophyllum)
orthoplasy 定向成形(orthoplasia)
orthoplocal(=orthoploceous) 子叶褶叠的,围绕胚根内曲的,纵折抱根的(orthoploceus)
orthoploceous cotyledon(=conduplicate cotyledon) 纵折抱根子叶(围绕胚根内曲子叶)(cotyledon orthoploceus)
orthoploid(=euploid) 整倍体(orthoploida)
orthoploidy(=euploidy) 整倍性(orthoploidas)
orthopoxvirus 正痘病毒
orthopteran 直翅目昆虫
orthopterous 直翅的(orthopterus)
orthopterous insect(=orthopteran) 直翅目昆虫
orthorhombic 斜方晶的(orthorhombus)
orthoscope 无畸变装置
orthoscopic 无畸变的(orthoscopicus)
orthoscopic image 无畸变图像
orthoselection 直向选择,定向选择(orthoselectio)
orthospermous 平腹胚乳的(orthospermus)
orthospiral 直螺旋(orthospiralis)
orthostachyous 直穗的(orthostachyus)
orthostatism 直立[体]位(orthostatismus)
orthostichous 直列的(orthostichus)
orthostichy 直列线(orthostichium)
orthostomous 直口的(orthostomus)
orthotic device 矫形装置
orthotolidine 邻联甲苯胺(甲土立丁){环保}
orthotolidine-arsentic test 甲土立丁-亚砷酸盐法试验{环保}
orthotopic graft 同位移植
orthotrophic ①正[常]营养的(orthotrophus)
orthotrophy 正常营养过程(orthotrophia)
orthotropic 向直的,直生的(orthotropus)
orthotropic ovule(=orthotropous ovule) 直生胚珠(ovalum orthotropum)
orthotropism 向直性,直生性(orthotropismus)
orthotropous(=orthotropal, orthotropic) ①直生的,向直的{胚胎} ②直立的{形态}(orthotropus)
orthotropous ovule 直生胚珠(ovulum orthotropum)
orthox 正常氧化土
ortstein 铁磐,硬盘
ortstein soil 铁磐土
orymycin 稻霉素
oryx(=African antelope) 非洲羚羊
oryzacidin 杀稻菌素
oryzalin 黄草消(除草剂)[$C_{12}H_{18}N_4O_6S$]
oryzamycin 稻病霉素
oryzanin 硫胺素,维生素 B_1
oryzenine 米谷蛋白
oryzifolius stonecrop 稻叶景天(米叶景天)[*Sedum oryzifolium* Makino.](景天科)
Oryzon 稻瘟腈,稻瘟清(杀菌剂)[$C_8H_2Cl_5NO$]
os- ⌞字头⌝骨
os 口,内孔(粉孢)(osculum)
OS 1897(=Dibromochlorpropane) 二溴氯丙烷{农药}
OS 2046(=meviphos) 速灭磷
OS(=operating system) 操作系统{信息}
osage-orange ①桑橙属[*Maclura* Nutt.](芸香科) ②桑橙[*Maclura aurantiaca* Nutt.]
osazone 脎
oscillant share 振动犁铧
oscillated spray line 摆动式喷雾管
oscillating ①振动的,振颤的{物} ②摆动的{农机} ③(花药)丁字着生的{形态}(oscillasens)
oscillating agitator 振动式搅拌机{环保}
oscillating arm 摇臂,摆臂
oscillating body 振动体
oscillating boom 摆动喷杆
oscillating feeder ①振动式投料器{环保} ②振动式供料器{加工}
oscillating harvesting (果树)抖落收获法
oscillating mirror 摆镜,摆动反射镜{遥感}
oscillating pipe sprinkler 摆动管喷灌机
oscillating plough(=oscillating plow) 振动犁
oscillating riddle(=oscillating sieve) 摆动筛,摇筛
oscillating roller 振动式镇压器
oscillating scan head 摆动扫描头
oscillating scraper 振动式刮土板
oscillating sieve 振动筛,摇筛
oscillating sort 交替分类,振动分类法
oscillating sprinkler 摆动式喷头(喷灌机)
oscillating straw rake 摆动式逐稿器,抖动

式逐稿器
oscillating subsoiler 振动式心土铲
oscillating thinner 摆动式间苗机
oscillating valve （播种机开沟器）摆动阀
oscillation ①摆动 ②颤动 ③回摆 ④振动 ⑤波动（oscillatio）
oscillation constant 振荡常数
oscillation frequency 振动频率
oscillation series 振动级数
oscillation space ①振颤空间 ②振动空间
oscillation volume ①振颤容积 ②振动容积
oscillator ①振荡器{物} ②振动子{气象}
oscillatoria ①颤藻属［*Oscillatoria* spp.］（颤藻科）②颤藻［*Oscillatoria repens* sp.］
oscillatoria family 颤藻科［Oscillatoriaceae］
oscillatory motion ①摆动 ②颤动 ③振动
oscillatory pump 摆动泵
oscillogram 波形图，示波图（oscillogramma）
oscillograph 示波器，振动描记器
oscillometer 振动测定器
oscilloscope 示波器
oscilloscope display 示波器影像
oscilloscope tube 示波管
oscillosynch roscope 同步示波器
osculant 中间型（osculans）
oscular 口的，孔的（oscularis）
-ose ⌞字尾⌝ ①碳水化合物，糖 ②蛋白质产物
-oside ⌞字尾⌝糖苷
osier ①（= willow） 柳属［*Salix* L.］（杨柳科）②（= osier willow）青刚柳（筐柳）［*Salix viminalis* L.］
osier bed（= osiery） 柳林
osier-goods manufacture 柳条制品编制
osier green moth 柳实蛾［*Earias clorana*（L.）］（实蛾科）
osier twig ①垂柳［*Salix babylonica* L.］（杨柳科）②柳条
osier-willow（= osier） 青刚柳
-osis ⌞字尾⌝①病的形成过程或状态 ②增多［症］
osmanthus ①木犀属［*Osmanthus* Lour.］（木犀科）②木犀（桂花）［*Osmanthus fragrans* Lour.］
osmic acid 锇酸［$H_2O_3O_4$］
osmic acid fixative 锇酸固定液{显技}
osmic acid with sodium chloride fixative 锇酸同氯化钠的固定液
osmic dichromate platinic mixture 锇酸二铬酸铂酸固定液
osmiophilic 嗜锇的，喜锇的（osmiophilus）
osmiophilic body（= Balbiani body） 嗜锇体
osmiophilic cell 嗜锇细胞（cellula osmiophila）
osmiophilic globule 嗜锇颗粒
osmiophilic platelet 喜锇血小板
osmiophobic 嫌锇的（osmiophobus）
osmium 锇（Os，76 号元素）
osmium tetroxide 四氧化锇［OsO_4］
osmium tetroxide in electron microscope 电子［显微］镜检术用四氧化锇
Osmocote 18-9-9 复合肥料（长效）
osmogene 渗透基因（osmogena）
osmolality 重量克分子渗透压浓度（osmolalitas）
osmolar solution 容积渗克分子溶液
osmolarity ①（= osmolity）容积克分子渗透压浓度 ②渗透性（osmolaritas）
osmole 渗克分子，重量克分子渗透压［量］
osmometer 渗［透］压计
osmometry ①渗［透］压测定 ②渗压测定法（osmometrica）
osmophile 嗜高渗生物
osmophilic（= osmophilous） ①嗜高渗的 ②耐高渗透压的（osmophilus）
osmophilic bacteria（= osmophile） 嗜高渗细菌（bacteria osmophiles）
osmophilous 喜高渗的，嗜高渗的（osmophilus）
osmophily 渗透压（osmophilia）
osmoprotectant 渗透保护剂（osmoprotectans）
osmoreceptor 渗透压感受器
osmoregulation 渗透［压］调节（osmoregulatio）
osmoregulatory 渗透调节的（osmoregulatorireus）
osmoregulatory measure 渗透调节步骤
osmoregulatory migration 渗透调节洄游
osmoregulatory process 渗透调节过程
osmose process 渗透过程
osmosis（= osmose） 渗透［作用］
osmotaxis 趋渗性
osmotic 渗透的（osmoticus）
osmotic absorption 渗透吸收
osmotic activity 渗透压力
osmotic adjustment 渗透调节
osmotic agent 渗压剂
osmotic balance 渗透平衡
osmotic binding 渗透约束
osmotic coefficient 渗透系数
osmotic concentration 渗透浓度

osmotic effect 渗透效应
osmotic equilibrium 渗透平衡
osmotic exchange 渗透交换
osmotic force 渗透力
osmotic gradient 渗透梯度
osmotic influx 渗透流入量
osmotic injector 渗透压注射器
osmotic maximum 渗透最大值
osmotic potential 渗透势
osmotic pressure 渗透压
osmotic pressure of cell 细胞渗透压
osmotic pressure receptor 渗透压感受器
osmotic property 渗透[特]性
osmotic regulation 渗透压调节
osmotic retention 渗透保持
osmotic shock 渗透剧度(休克)
osmotic solute 渗透溶质
osmotic suction 渗透吸力
osmotic swelling 渗透膨胀
osmotic value 渗透值
osmotic variation 渗透变异
osmotic volume 渗透容积
osmotic water 渗透水
osmotic water potential 渗透水势
osmotic water shifting 渗透水移动
osmotic work 渗透功
osmoticum 渗压剂
osmotrophic 渗透营养的(指吸收溶解食物的){环保}
osmotropism 向渗性(osmotropismus)
osmund ①紫萁属[*Osmunda* L.](紫萁科) ②王紫萁[*Osmunda regalis* L.]
osmylid flies 翼蛉科[Osmylidae]
osone 邻酮醛糖
oss 骨(ossa)
ossein 骨胶原,骨有机质
osseoalbuminoid 骨硬蛋白
osseocolla 骨胶
osseomucoid 骨黏蛋白
osseous 骨质的(osseus)
osseous tissue 骨组织
ossicle(=ossiculus) ①小核果 ②小骨,听小骨
ossiculum Weberiani 鳔骨(韦伯氏骨)
ossification 骨化(ossificatio)
ossified 骨[质]化的(ossificatus)
ossiform 股骨形的,顶端突起的(ossiformis)
osteichthyes(=osteichthid fishes) 硬骨鱼类
osteitis fibrosa cystica 纤维空洞性骨炎
osteoblast 成骨细胞(osteoblasta)
osteocalcin 骨钙蛋白
osteoclast 破骨细胞(osteoclasta)
osteoclast activating factor(OAF) 破骨[细胞]活化因子
osteoclastoma 巨型细胞骨瘤,破骨细胞瘤
osteocyte 骨细胞(osteocyta)
osteofibrosis 骨纤维变性[症]
osteogenesis 成骨作用
osteogenesis imperfecta 成骨不全症
osteogenic 生骨的,成骨的(osteogenus)
osteogenic cell 生骨细胞
osteogenic growth peptide 成骨生长肽
osteogenic growth polypeptide(OGP) 成骨生长多肽
osteogenin 生骨素,成骨素
osteolith 骨磷灰石
osteolysis 骨质溶解
osteomalacia 骨软化症,骨软症
osteomyelitis 骨髓炎
osteone 骨板
osteonectin 骨粘连蛋白
osteonychodysplasia 爪膝盖骨综合征
osteopetrosis 骨硬化病
osteopontin 骨桥蛋白
osteoporosis 骨质疏松症
osteosclereid 骨状石细胞(osteosclereides)
osteosis 骨质生成
osteotropic 促骨的(osteotropus)
ostericum ①山芹属[*Ostericum* Hoffm.](伞形花科) ②山芹[*Ostericum* sp.]
ostiolate 具口孔的,具开口的(ostiolatus)
ostiole(=ostiolum) ①孔口 ②小孔
ostiole area 孔口面积
ostiole buffer 孔口缓冲组织
ostium ①心门 ②交配
ostium bursa 交配囊孔
ostomatid beetles(=ostomid beetles) 谷盗科[Trogositidae, Ostom[at]diae]
ostreasterol 牡蛎甾醇
ostrich ①鸵鸟属[*Struthio* L.](鸵鸟科) ②鸵鸟[*Struthio camelus* L.]
ostrich breeding 鸵鸟饲养
ostrich-fern(=sensitive fern) ①球子蕨属[*Onoclea* L.](水龙骨科) ②球子蕨[*Onoclea sensibilis* L.]
Ostwald-Folin viscocimeter 奥福二氏黏度计
Ostwald-Folin viscometer 奥福二氏黏度计
Ostwald viscometer 奥斯瓦尔德黏度计
oswegotea(=horse-mint) ①美国薄荷属[*Monarda* L.](唇形科) ②美国薄荷[*Mo-*

narda didyma L.]
OT（= old tuberculin） 旧结核菌素
otaheite -apple（= ambarelia, viapple） 加耶芒果（金酸枣）[*Spondias cytherea* Sonn.]（漆树科）
otaheite walnut（= bancouloilplant） 石栗 [*Aleurites moluccana*（L.）Willd.]（大戟科）
other-line charge 租线费用{信息}
other measure 其他措施
otherwise ①另外 ②在其他方面，在不同情况 ③按另一种方式 ④别样的，其他性质的{电脑}
otitid flies（= ortalid flies） 斑蝇科 [Otitidae]
otitis 耳炎
otoba-tallow 奥巴塔脂
otocyst 听泡，听囊（otocystus）
otolith 耳石，听石（指鱼）
otomycosis 耳霉菌病
otophonum 助听器
otoscope 检耳镜
otter ①水獭 [*Lutra* spp.] ②水獭皮 ③一种淡水钓具
otter trawler 单拖网渔船
Otto cycle （汽油机的）奥图循环
ouabagenin 乌巴配基
ouabain 乌本[箭毒]苷，G 毒旋花苷[$C_{29}H_{44}O_{12} \cdot 8H_2O$]
ouabain effect on fusion 融合的乌本苷效应
Ouchterlony technique 奥脱洛尼氏技术（测定抗原，抗体的方法）
Oudin technique 奥丁氏技术（测定抗原，抗体的方法）
ounce 盎司，英两（oz.）（= 28.3495 克，1/16 磅）
OUR（= oxygen uptake rate） 氧吸收率{生态生理}
out alphabet 输出字母{电脑}
out-apiary 养蜂分场
out band signalling 带外信号方式{信息}
out gate 输出门{电脑}
out in reckoning 估计错误，计算错误
out join 外连接
out-knee 外弧形四肢
out macroinstruction 外宏指令{电脑}
out-of-band noise 带外噪声{信息}
out-of-check 方形穴播穴距
out-of-city park（= out of town park） 市郊公园
out-of-control 失控
out of date 过时的，已废的，陈旧的
out-of-door drying 露天晒干
out-of-order 发生故障（指农机）
out-of-phase translation 失期转译{分遗}
out of position 错位
out-of-range ①溢出 ②越界
out-of-season cropping 失时耕作，非农时耕作
out-of season culture 非季性栽培，非农时栽培
out of sequence 失序
out-of service 停止使用，业务中断{信息}
out of syne 不同步
out-of-the-way ①荒僻的，遥远的 ②对外隔绝的，人迹稀罕的
out-of-town park 市郊公园{园林}
out-of-wind 平正面（指木材没有扭曲）
out-of-work time 空行程时间
out-planting 定植，上山（指树苗）
out-yard [养蜂]分场
outable gene 易变基因
outage ①出口，通气口，放出孔 ②中断，间断 ③电流中断期 ④预留容量
outboard ①外部发送 ②外界
outboard recorder(OBR) ①外部记录器，外围记录器 ②外部记录程序
outbound 输出{信息}
outbound path 输出通路
outbreak 猖獗，大发生（指病虫害）
outbreak center（= epicenter） 大发生中心（指疾病）
outbreaking ①发生（病害）②爆发 ③流行，发病
outbred 远缘杂交
outbreeder 远系繁殖种
outbreeding 远系繁殖，异系交配
outbreeding population 远系繁殖群体
outbreeding species 远系繁殖种
outbuilding（= outhouse） ①边屋，侧屋，厢房 ②⌊复⌉（十间排农舍）附属建筑物
outburst 爆发，突发
outcome ①成果，结果，结局{栽培} ②出口{水利}
outcome of the cutting ①收割结果 ②采伐结果
outcome of the picking 采摘结果
outcrop 露头，露出
outcrop of ore 矿物露出
outcrosses 异型杂交种
outcrossing 异型杂交，外交
outcrossing devices 异型杂交法
outcrossing rate 异型杂交率，外交率
outcrossing species 外交种
outdoor ①（= open field） 露地，大田 ②户外

outdoor bed 露地苗床
outdoor brooder 户外育雏器
outdoor cellar (= cold cellar) 冷窖
outdoor cropping 露地栽培,大田栽培
outdoor culture 露地栽培
outdoor flower growing (= outdoor floriculture) 露地花卉栽培
outdoor garden 庭园
outdoor grafting 户外嫁接
outdoor growing 露地栽培
outdoor keeping 户外散养
outdoor operation 户外作业,露地作业,田间劳动
outdoor pit 露地贮藏窖
outdoor plant (= open-ground plant) 露地植物
outdoor planting 露地栽植
outdoor rearing 户外育{蚕}
outdoor run ①(= run) 户外养鸡场 ②放牧场,围场
outdoor sowing 露地播种
outdoor vegetable growing 露地蔬菜栽培,大田蔬菜栽培
outdoor wintering 室外越冬,户外越冬
outdoor work 户外作业,露天工作
outer ①外的 ②外部的,外围的,外边的 ③外生的(externus)
outer acrosomal membrane 外顶体膜
outer anterior quadrant[cell] 外前四分体[细胞]
outer anther-case 药胞外壁(exothecium)
outer aperture 纹孔外口(apertura externa){解剖}剖
outer bank 凹岸
outer bark (= dead bark) 周皮,外[树]皮(periderma)
outer bran 颖果外皮
outer calyx 副萼(calyculus, epicalyx)
outer capillary water 外毛管水
outer cause 外因(causis exterus)
outer cell (= terminal cell) 末端细胞(cellula externa)
outer coat 外种皮(exoderma)
outer computer 外部计算机
outer control limit 外控制界限
outer cortex 外皮层(exodermis)
outer covering 外膜(exomembrana)
outer diameter (OD) (= outside diameter) 外径
outer divider 外分禾器
outer ear 外耳
outer endodermis 外生内皮层(endodermis externus)
outer envelope 外膜(tunica externa)
outer epidermal cell wall 外表皮细胞壁
outer epidermis 外表皮(exoepidermis)
outer face 外面
outer factor 外部因子
outer fissure 外沟(fissura externa)
outer friction 外摩擦
outer glume 外颖(gluma exterior)
outer-hill 前山
outer integument 外珠被(testa)
outer join ①外联结,外部连接 ②外连符
outer lace 外轮{农机}
outer layer 外层{土壤}
outer layer sericin 外层丝胶
outer leaf 外叶,外层叶(exofolium)
outer leaves of cabbage 菜帮(指白菜外部的叶子)
outer loop 外层循环
outer macro instruction 外部宏指令{电脑}
outer margin 外缘(翅)
outer membrane 外膜(exomembrana)
outer noise 外部噪声{环保}
outer palea 外稃(palea exterior)
outer part 外部(exopars)
outer perianth 外花被(exoperianthium)
outer pericycle 外生中柱鞘(pericyclus externus)
outer perigon 外花盖(exoperigonium)
outer phloem 外生韧皮部(phloema externa)
outer plexiform layer 外网织层
outer posterior quadrant [cell] 外后四分体[细胞]
outer product of protoplasm 原生质外产物
outer ridger body 外侧起垄犁体
outer row 外行(边行,保护行)
outer shell 外壳
outer shoe 外滑掌{农机}
outer shoe ground clearance 外滑掌地隙
outer skin 表皮
outer solution 外溶液
outer space 外层空间,宇宙空间,太空
outer surface 外表面
outer suture 外缝线(sutura exturna)
outer tiller 外分蘖
outer tube (= cover tire) 外胎
outer vestibule 外在孔腔(vestibulum externum)
outer wall 外壁(指表皮层)(exointegumentum)
outer wood ①林缘{森林} ②成熟材{解剖}
outermost annual ring 最外层年轮

outermost skin 角质层（cuticula）
outermost zone 最外层
outerplanar graph（= outerplane graph） 外部平面图
outfall ①流出口，流出点 ②泄水口 ③河口
outfall ditch（= outfall drain） 泄水沟，出水渠
outfall sewer 出水沟渠{环保}
outfit ①成套装备，成套备用工具 ②配备，装备
outflow ①流出 ②流出物，流出量
outflow device 出流设备{环保}
outflow resistance 流出阻力，外流阻力
outflowing T-piece （支管）出流三通，分流三通{环保}
outgoing ①外出的 ②离开的 ③出口，引出，输出{信息} ④射出的
outgoing access 出网访问，跨网访问，向外访问{信息}
outgoing quality level(OQL) 输出质量级别
outgoing radiation 射出辐射
outgoings 支出，开支
outgrowth ①突出状（如刺，副冠，舌状片） ②分枝
outhouses（= outbuildings） 附属建筑物，附带建筑物
outlay ①开支 ②花费，费用
outlet ①出口 ②排出孔，排出管 ③出水口，泄水口 ④引出线
outlet capacity 泄水量
outlet chamber 出流室，出流井{环保}
outlet channel 出水渠，泄水渠
outlet conduit 出水管道{环保}
outlet device 出口装置{环保}
outlet ditch 出水沟，泄水沟
outlet for finished grain 脱粒口
outlet for first-grade corn 头级谷物口（脱粒机）
outlet for second corn 次级谷物口（脱粒机）
outlet for tail corn 尾级谷物口（脱粒机）
outlet for unripened grain 瘪粒口，秕粒口
outlet hole 排出孔，出口
outlet hose 排出软管
outlet masonry 出口砌体{环保}
outlet of sewer 沟管出口{环保}
outlet pipe 出流管，出水管，出口管{环保}
outlet port 出水口，出水孔（窗口）{环保}
outlet rill 出水河沟，泄水河沟
outlet sluice 出水闸{环保}
outlet trough 出流水槽{环保}
outlet valve 出口阀
outlet velocity 出流速度{环保}
outlet work 出口工程，排水口工程{环保}
outlier 异常值{统计}
outline ①外形，轮廓 ②撮要，梗概，纲要，大纲，总则 ③略图，简图
outline drawing 轮廓图
outline map 轮廓图，草图，略图
outline of agricultural development 农业发展概况
outline of chromosome structure 染色体结构略图
outline plan 粗略规划
outlook ①展望，前途，远景 ②景色，光景
outlying 边远的，远离中心的
outplanting 造林
outpouring 倾倒，流出
output ①出产量，产量 ②流量，出水量 ③输出，输出物 ④[劳动]效率
output and input ①产量与费用 ②产出与投入{农经}
output area 输出区{信息}
output bound 输出范围
output capacity 输出能力
output cost accounting 生产成本会计，生产成本核算{农经}
output data evaluator 输出数据鉴别器{信息}
output disable 禁止输出
output feedback 输出反馈{信息}
output horsepower 输出马力
output image（= outimage） ①输出图像{电脑} ②输出影像{遥感}
output increment 输出增量
output information 输出信息
output of spring 泉水出水量
output of thresher 脱粒机生产率
output per hectare 每公顷产量
output per unit of area 单位面积产量
output plank 板皮，背板（木材）
output power 输出功率
output rate ①生产率 ②输出量
output shaft ①输出轴 ②变速箱第二轴
outrigger wheel （机组）外支持轮
outright 完全的，彻底的
outroot 除根
outroot feeding 根外施肥
outrophic lake 滋育湖
outsettling 迁出，外迁
outside ①外面，外部 ②外面的，外部的
outside air 外界空气
outside bees （蜂团的）外层蜂
outside caliper 外径规，外卡钳（工具）
outside colter 外开沟器
outside control 外部控制
outside cover 外面覆盖

outside diameter 外直径
outside divider 外分禾器
outside drawing 外观图,外形图
outside indicator 外指示剂
outside link 外拉杆
outside loop 外循环
outside marker recombination 外部标志[基因]重组
outside shoe 外滑脚
outside surface area 外壁面积{电脑}
outside temperature (= external temperature) 外界温度
outside waterer 围外饮水器
outsize 特大的,大于通常尺寸的
outskirts (= suburb) 市郊,市区
outsourcing 外包作业{农管}
outspan 解下牛轭,卸下马具
outspread 扩散的,展开的
outstanding ①显著的,引人注意的(= attracting notice) ②尚未解决的(如问题,工作等) ③突出的 ④未完成的,未确认的
outstanding feature 显著特征
outstanding individual 突出个体
outstanding message 未完成信息
outstretched 伸开的,伸展的
outthrow 开垄耕作法,外翻法
outthrower 扬开器,破垄器,破埂器
outturn ①产量 ②出材率
outturn of the fellings 采伐率
outward ①外面的,在外面的 ②出去的
outward appearance 外观,外形
outward center ploughing 离心环形耕作
outward flow turbine 外流式涡轮机
outward sign 外面迹象{智培}
outward toll board 外向长途台{信息}
outwardly plicate 外褶的 (extrorsum plicatus)
outwash gravel 漂水砾
outwear 过耗
outweigh 超过重量
outwork 野外作业,露天作业
outworn 磨损的
outyield 超产
oval 卵圆形,广椭圆形 (ovalis)
oval brown scale 光褐斑蚧[*Stictococcus sjostedti* Cockerell](蚧总科)
oval countersunk screw 圆埋头螺钉
oval cross-section 卵形截面,椭圆截面
oval engraver 椭圆小蠹虫[*Ips subelongatus* Motsch](小蠹科)
oval fillister head screw 圆柱头螺钉
oval flange 椭圆实缘
oval flat otter board 椭圆形平面网板
oval froghopper 大禾圆沫蝉[*Lepyronia coleoptrata* Linnaeus](沫蝉科)
oval gear 椭圆齿轮
oval guinea-pig louse 圆猪虱[*Gyropus ovalis* Burmeister](盲虱科)
oval head type 椭圆穗型
oval-hole screen 椭圆孔筛
oval kumquat 金橘(罗浮)[*Citrus margarita* Lour. = *Fortunellamargarita* (Lour.) Swingle](芸香科)
oval-leaf birch 油桦[*Betula fruticosa* var. *ruprechtiana* Trautv.](桦木科)
oval leaf desmodium 卵叶山马蝗(卵叶藤)[*Desmodium ovalifolium* Wall.](豆科)
oval mealybug 橘刺粉蚧[*Pseudococcus filamentosus* Cockerell](粉蚧科)
oval-shaped sprocket 抖动链轮
oval slug-caterpillar (= flattened eucleid) 扁刺蛾[*Thosea sinensis* Walker](刺蛾科)
oval structure 卵形结构
ovalbumin 卵白蛋白,卵清蛋白
ovalbumin denaturation 卵清蛋白变性
ovalbumin mRNA 蛋清蛋白信使 RNA,蛋清蛋白 mRNA{分遗}
ovality 椭圆度 (ovalitas)
ovari- ⌞字头⌝卵巢的
ovarian 卵巢的 (ovarius)
ovarian condition 卵巢成熟度
ovarian cycle 卵巢周期
ovarian follicle 卵泡
ovarian growth factor(OGF) 卵巢生长因子{分生}
ovarian tubule 卵巢细胞管
ovaricole (= ovaricolous, ovaricole) 子房寄生的 (ovaricolus)
ovariectomy 卵巢切除术 (ovariectomia)
ovariform 卵形的 (ovariformis)
ovarilocolous smut 子房寄生黑穗病
ovarin 卵巢素
ovariole 卵巢小管 (ovariola)
ovariolutein 黄体内泌素
ovary (= ovarium) ①子房 ②卵巢
ovary and ovule culture 子房与胚珠培养{生技}
ovary cells 子房室
ovary culture 子房培养
ovary inferior 下位子房 (ovarium inferum)
ovary semisuperior 中位子房 (ovarium semisuperum)

ovary superior 上位子房 (ovarium superum)
ovary wall 子房壁
ovate 卵圆形的,近卵形的 (ovatus)
ovate catalpa ①梓属［*Catalpa* L.］(紫葳科) ②梓树［*Catalpa ovata* Don.］
ovate ear 卵圆形穗 (spica ovata)
ovate leaf 卵圆形叶 (folium ovatum)
ovellum 幼心皮
oven ①烘箱,烤箱,干燥器 ②炉,窖
oven-dried sample 烘干样品
oven-dried seed 烘干种子
oven-dried wood 烘干材
oven dry weight 烘干重
oven drying 烘干
oven drying density 烘干密度
oven drying weight 烘干重
oven for dry distillation 干馏炉
oven process 烘箱灭菌法
oven-ready 烤制好的
ovenchyma 卵状细胞组织
over ①过度 ②超,越 ③在外,在上
over adaptation 超适应,过度适应
over bark 外皮
over-bearing 结果(实)过多
over chute 越渠陡槽
over-clayey soil 过黏土壤
over cover system 伞伐作业
over crops 上茬
over development 过度发育
over disperse 密集分布
over dispersion 不平均分布
over dressing 施足追肥
over drive 超速传动,增速传动
Over Drive "过驱动"微处理器{信息}
over drying 干燥过度
over-epistasis 超上位作用 (superepistasis)
over fertilization 过度施肥
over flume 越渠渡槽
over ground hotbed 地上[式]温床
over-grown 过度生长的
over growth 过度生长,生长过旺,疯长
over-heated honey 加热过度蜂蜜
over-irrigation 过量灌溉,滥灌
over-leafy 过多叶的
over-levee irrigation of paddy field 稻田越埂灌溉
over light 上光线
over manuring 施足肥料,过度施肥
over mature 过熟
over maturity 过熟度
over nutrition 营养过度
over-over communication 交替通信{信息}
over-potting 用盆过大(指盆栽)
over-reproduction 过度繁殖,繁殖过剩
over-sandy soil 过度沙质土壤
over simplification ①过度简化 ②过单纯化 (supersimplicatio)
over sowing ①重播 ②补播
over-the-drier hopper 干燥机上粮箱
over-the-horizon 超视距
over-the-top action ［草条］翻转
over-the-top tedder 顶翻式摊草机
over-tillage 重耕,再耕
over-topped 被盖的 (obtectus)
over weight 过重,超重
overactive ①过分的 ②过于活泼的 (superactivus)
overaeration 过量曝气{环保}
overall ①全部的,总的 ②⌊复⌉工作裤
overall abundance 总蕴藏量,总资源量
overall accuracy 总精[确]度
overall application 全面施用(指农药,肥料等)
overall balance 综合平衡
overall browsing 全部啃牧
overall chemical reaction 总化学反应
overall CO_2 balance 总 CO_2 平衡,总二氧化碳平衡
overall coefficient of heat transfer 全部传热系数
overall composition 总组成,总成分
overall computing speed 总计算速度
overall degradation 全部降解
overall design 总设计
overall dimension 外形尺寸,轮廓尺寸,总尺寸
overall dry matter 总干物质
overall dusting 全面喷粉
overall efficiency 总效率
overall evapotranspiration 总蒸发蒸腾[量]{生态生理}
overall harvesting time 总收获期
overall heat transfer 总传热量{农施}
overall heat transfer coefficient 总传热系数
overall information system 整体信息系统
overall length 全长,总长度
overall loss 总损失
overall loudness rating 总响度评定值
overall mechanism ①总机制 ②总历程
overall method 全套法{育种}
overall objective 总体指导
overall operational costs 总运行费,全部使用费

overall planning 全面规划
overall process 总过程,整个过程
overall rate of consumption 总消费率
overall ratio 总比值,总比率
overall reaction 总反应
overall recovery 总回收率{生态生理}
overall reduction gear ratio 总减速比
overall regulation 全部调节
overall response 总反应,总响应,总效应
overall steady state 总稳态
overall structure 总体结构
overall treatment (= broadcast treatment) 全面处理
overall width 全宽,总宽度
overbank 漫滩
overbear 结果过多
overburden ①超载 ②表土,覆盖层 ③造林地,宜林地
overburden layer 表土层,覆盖层
overburned 过度燃烧的
overcapacity 超负荷 (supercapacitas)
overcarbonated juice 过饱充汁{加工}
overcarbonation 充碳酸气超饱和 (supercarbonatio)
overcast ①阴的 ②阴天,云蔽
overcast day 阴日
overcast sky 密云天,阴天
overcast weather 阴天天气
overcharge ①超载 ②过量充电 ③附加费
overchill 过度冷冻
overcoat 保护膜
overcoming stress 克服胁迫{生态生理}
overcompensate 过分补偿
overcompensation 过补偿[作用]
overcooled 过冷的
overcooling 过度冷却
overcount 计数过多
overcrop 过度种植,耕种过度
overcrowded 过密的,太拥挤
overcrowding 过密集
overcup oak 琴叶栎 [*Quercus lyrata* Walt.](山毛榉科)
overcurrent protector 过载电流保护器
overcutting ①过[度采]伐 ②跑锯
overdetermined 超定的,过定的
overdetermined model 超定模型{遥感}
overdevelopment 显影过度{显技}
overdimensioned 超尺寸的
overdominance 过显性,超显性 (superdominantia)
overdominance hypothesis 超显性假说(假设)
overdominant 过显性的,超显性的 (= superdominant)
overdominant effect 过显性效应
overdone boom (= peak) 行情暴涨,商情急转
overdosage 超剂量
overdose 超剂量
overdrainage 过度排水
overdressing 过量施肥,超量施肥
overdried 过分干燥的,过干的
overdrilling ①补种 ②间种
overdrive ①(牲畜)过度驱使{畜} ②超速传动{农机}
overdrive clutch 超越离合器
overdrying (茧)过干
overedge 接边
overelongated internode 过分伸长节间
overemphasize 过分强调
overestimation 过高估计
overexposure 超量曝光,曝光过度
overexpression 超[量]表达 (superexpressio)
overfall ①瀑布 ②急流
overfatigue 过度疲劳
overfeed 施肥过多,过度施肥
overfeeding 饲养过多,过度饲喂
overfell 过伐
overfertilization 过量施肥 (superfertilisatio)
overfill 过挤,太拥挤
overfishing 捕捞过度
overflooded 淹没
overflow ①滚水,溢流 ②溢出
overflow area ①溢出区(指数据){统计} ②溢流区{环保}
overflow chamber 溢流井{环保}
overflow channel 溢流渠
overflow check indicator 溢出检查指示器
overflow chute 溢流沟,溢流斜槽{环保}
overflow clear 溢出清除
overflow dam 溢流坝,滚水坝{水利}
overflow dike 溢流坝
overflow hose 溢流软管
overflow irrigation 淹灌
overflow land 泛水地,河滩地
overflow meadow 水泛地草甸
overflow metabolism 溢流代谢
overflow pipe 溢流管
overflow plate 溢流板{环保}
overflow port 溢流窗口
overflow quantity 溢出量
overflow rate 溢流率{环保}

overflow respiration 过度呼吸{生态生理}
overflow spillway 溢洪道
overflow tap 溢流龙头{环保}
overflow trough 溢流水槽{环保}
overflow tube 溢流管{环保}
overflow valve 溢流阀
overflow water 溢出水
overflow weir 溢流堰
overflow well 溢水井{环保}
overflowed 生于泛滥地的(inundatus)
overflowing 泛滥
overfoaming 溢泡
overfulfil the production quota 超额完成生产定额
overgrazing 过度放牧
overground hotbed 地上[式]温床
overground part 地上部分(指植物的茎、叶部分)
overground water 地上水
overgrowing branch 新侧枝,丛生枝
overgrowing root 新侧根
overgrown ①过度生长的 ②丛生的
overgrown with herbs 杂草丛生
overgrowth ①过度生长{栽培} ②上木{森林}
overhang ①外伸,悬垂 ②悬臂 ③延伸量 ④单链突出端(DNA)
overhanging 悬垂的,俯垂的
overhanging section 悬顶动刀片
overhaul ①大修,检修,检查修理 ②追上,赶上
overhaul instruction 大修说明,修理指导
overhaul life 大修间隔
overhauling 大修,检修,修理
overhead ①在头顶上,在空中 ②离地面的,架空的 ③额外开销{农管}
overhead application 顶部使用,顶部施用
overhead beam disk plough 高架圆盘犁
overhead cleaner 上置式清选机
overhead costs (=indirect costs) 间接费用,一般费用
overhead cover ①上方庇荫 ②上木
overhead damping 人工灌溉,叶上喷灌
overhead distributor (装粮用)高架匀布器
overhead duct 架空管道
overhead expense (农场经营)管理费,经营费,杂费
overhead feed carrier 吊运式饲料分送车
overhead feed room 顶楼饲料库
overhead flooding 人工喷灌
overhead frame plough 顶架式犁
overhead hay storage 顶楼干草仓
overhead irrigated soil 人工灌溉土
overhead irrigation 架空灌溉(喷灌)
overhead knot 架空结(结索法)
overhead light 上[面]光线
overhead line 架空线
overhead pipe [头上]架空管{环保}
overhead spraying 顶部喷雾
overhead sprinkler 顶喷式喷灌机
overhead sprinkler system 高架喷灌系统
overhead storage 顶楼仓
overhead storage water tank 高架储水箱{环保}
overhead-system ①高线式 ②高架式{信息}
overhead tank 头上水箱,高架水箱{环保}
overhead track 高架轨道,吊道,架空道
overhead treatment 顶部处理
overhead ventilator (温室)天窗
overhead watering 人工灌溉,树上喷灌
overhead wire 架空线{信息}
overheat (=overheating) 过热
overheated moist surface 加热过度湿润表面
overheating 过热
overheating layer 过热层
overhydration 水合过度,水中毒
overirrigation 灌溉过度
overlaid polygon 重叠多边形
overlaid relationship 重叠关系
overlaid veneer 覆面平板
overlanding of cattle 转地放牧
overlap ①[部分]重叠,交错,覆盖 ②重复
overlap extension 重叠延伸(指序列){分遗}
overlap factor 重叠因子
overlap model 重叠模型{分遗}
overlap point (磨损工作部件)镶尖
overlapped channel 重叠通道{信息}
overlapped operation 重叠操作
overlapping ①重叠的(tegularis) ②覆瓦状的(imaricans)
overlapping area 重叠面积{分遗}
overlapping clones 重叠克隆,重叠无性系{农生技}
overlapping code 重叠密码{分遗}
overlapping deficiency 重叠缺失
overlapping genes 重叠基因{分遗}
overlapping inversion 重叠倒位
overlapping line 重叠线
overlapping open reading frame (overlapping ORF) 重叠[开放]读框{分遗}
overlapping pair (=stereoscopic pair) 重叠像对,立体像对{遥感}
overlapping pattern 重叠型式

overlapping peaks 重叠峰{分遗}
overlapping reading frame 重叠读框{分遗}
overlapping receptive field 重叠感受野{物}
overlapping register window 重叠寄存器窗口{电脑}
overlapping seek 重叠查找{电脑}
overlay ①贴面,覆面 ②贴层 ③覆盖 ④重叠
overlay area 覆盖区{信息}
overlay keyboard 覆盖键盘{信息}
overlaying ①覆盖 ②重叠 ③重复占位{信息}
overlaying layer 覆盖层
overliming 超施石灰,施足石灰
overload 超载,超负荷
overload clutch (= safty clutch) 安全离合器
overload protection 超载防护装置
overload release 安全装置
overloader 超顶斗式装载机,翻转式装载机
overloading ①超负荷,超载 ②一名多用{信息}
overluxuriant growth 过繁茂生长,旺长
overlying deposit 表层沉积物
overlying rock 覆盖岩石
overlying strata 盖层{遥感}
overmastication 过度研磨
overmaturation 过分成熟(supermaturatio)
overmature 过熟(supermatura)
overmature forest 过熟林
overmature silkworm 过熟蚕
overmature timber 过熟木
overmixing 过度混合
overmoisture 过度湿润,水分过多(supermoistura)
overnight wrapping (of newly hatched larvae) 二夜包{蚕}
overnormal 超常的(supernormalis)
overnormal wind 超常风
overnutrition 营养过分
overpeopled (= overpopulated) 人口过密的
overpopulation ①人口过剩 ②群体过密 ③过度繁殖
overpotential 超电位,超电势
overprint 套印{遥感}
overprinting 重印
overproducer 超产生产者
overproduction ①生产过剩 ②超生产,超产
overproof spirit 超标准酒
overrate 定额过高
overretted flax 过度浸渍亚麻,过度沤麻
overretting 过度沤麻,过度浸麻
overrich 过浓
override ①超过,超越 ②过载 ③占优势 ④废弃 ⑤替换值,使置换
overriding-type clutch 单向离合器,超越离合器
overripe 过熟的,成熟过度的
overripe vegetable 过熟蔬菜,长老蔬菜
overripen silkworm 过熟蚕
overripeness 过熟性,过熟度
overrotten ①过腐熟的 ②腐烂的
overrun ①超限运动{农机} ②超额出材率{森林} ③杂草丛生{栽培} ④(寄生虫)密集{医}
overrun clutch 单向离合器,超越离合器
overrunning 凌驾,超越
overrunning brake (挂车)超速自行制动器
overrunning cold front 凌驾冷锋
overrunning-typeclutch (= overrunning coupler) 超越离合器,单向离合器
overs 筛渣,筛除物
oversaturation 过饱和
overscan 过量扫描
overseeding (= oversowing) 补播
overserrated section 切片刻齿的动力片
overshadow ①荫蔽,遮蔽 ②保护,庇护
overshot cylinder tedder 上拨式滚筒翻草机
overshot stacker 上抛卸式垛草机
overshot wheel 上射式水车
oversimplification 过分简化(supersimplicatio)
oversize 尺寸加大的,加大[修理]尺寸的
oversize piston 加大活塞
oversizer (大块茎或种子)超标准分离装置
oversowing 补播
overspecialization 过度特化(superspecialisatio)
overspeeding technique 增速[离心]技术{生技}
overspill ①溢出,倒出,漫出 ②溢出物
overspread ①蔓延 ②过度分散,使扩散过度 ③覆盖
overspread tree 庇荫树,覆盖树,绿荫树
oversquare engine 缸径超过冲程的发动机
overstability 过度稳定性(superstabilitas)
overstaining 过度染色
overstock 超载,载畜量过度
overstocked ①过密的 ②存货积压
overstocking 载畜量过度,超载
overstocking of pasture 牧场载畜量过多
oversummer 越夏
overtails 筛渣,筛除物
overtake ①突然袭击(暴风雨) ②追上
overtaking ①超越 ②超车

overtaxation 负担[过重](supertaxatio)
overtaxation of farmer 农民负担过重
overtime 超出的时间,额外的时间,加班的时间
overtone 泛音,谐波
overtopped crown 抑压树冠,劣势树冠
overtopped dam 溢水坝{水利}
overtopping ①打顶过低 ②(甜菜)切顶过低 ③被压的,劣势的
overtopping theory 越顶学说{进化}
overtrades (=Krakatao winds) 高空信风
overtree sprinkler ①树冠喷灌机 ②树顶灌溉,树面灌溉
overturn ①翻倒,倾覆,翻车 ②湖水对流
overturned fold 倒转褶皱
overturned succession of strata 倒转层序{遥感}
overturning test 翻车试验
overtype 重打(指重打字)
overview ①观察,概观 ②综述,概述
overvoltage 超电压,过电压
overvoltage interruption(OVI) 过[电]压中断
overvoltage protection 过[电]压保护
overvoltage threshold 过[电]压阈值
overwalling 壁管现象{真菌}
overwash 洪积物,洪积土壤
overwatering 过度灌水,过度灌溉
overwinding 过旋
overwinter (=overyearing) 越冬
overwinter crops 越冬作物
overwinter host plant 越冬寄主植物
overwinter ruderals 越冬杂草
overwintered 越冬的
overwintered tiller 越冬分蘖
overwintering 越冬
overwintering bud 越冬芽
overwintering herb 越冬草本植物
overwintering method 越冬采种法(甜菜)
overwintering organ 越冬器官
overwintering rosettes 越冬莲座叶丛,越冬根出叶
overwintering storage organ 越冬贮藏器官
overwintering under mulch 覆盖过冬
overwood 上木
overwriting error 重写错误{信息}
overyear crop 越冬作物,跨年作物(如冬小麦)
overyearing 越年,越冬
ovestrin 促性腺激素
Ovex (=Ovochlor, ovotran, chlorfenson) 杀螨脂{农药}
ovi- ⌞字头⌝卵
ovibos 麝牛[*Ovibos moschatus*]
ovicell ①卵胞 ②卵室(ovicellula)
ovicidal action 杀卵作用
ovicidal activity 杀卵活性
ovicide 杀卵剂
oviduct 输卵管(oviductus)
oviform 卵圆形的,卵球形的(oviformis)
ovine 羊的(ovinus)
oviparity 卵生(oviparitas)
oviparous 卵生的(oviparus)
oviparous female 卵生雌[蚜]
oviporus 产卵孔
oviposition 产卵(ovipositio)
oviposition lure 产卵引诱物
ovipositor 产卵器(管)
ovisac 卵囊(ovisaccus)
oviscapt 产卵器(oviscaps)
ovisorption 卵吸收(ovisorptio)
ovist 卵源说者(ovistus){遗传}
ovo- ⌞字头⌝卵
ovocenter (=oocenter) 卵中心体
ovocyte (=oocyte) 卵母细胞(ovocyta)
ovoflavin 核黄素,维生素 $B_2[C_{17}H_{20}N_4O_6]$
ovogenesis (=oogenesis) 卵子发生
ovoglobulin 卵球蛋白
ovogonium (=oogonium) ①卵原细胞 ②藏卵器,卵囊
ovoid 卵球形的,卵圆状的(ovoideus)
ovoid cavity 卵形窝
ovoid spikesedge 卵针蔺[*Eleocharis ovata* (Roth)Roem. et Schult.](莎草科)
ovoinhibitor 卵[类黏蛋白]抑制剂
ovolysis 卵白溶解
ovolytic 卵白溶解的(ovolyticus)
ovomacroglobulin 卵巨球蛋白
ovomucin 卵黏蛋白
ovomucoid 卵类黏蛋白
ovonic memory 双向存储器
ovoplasm (=oosplasm) 卵质(ovoplasma)
ovorubin 卵红蛋白
ovotestis 卵睾,卵精巢
ovotid (=ootid) 卵子细胞
ovotransferrin 卵运铁蛋白
ovotyrin 卵黄磷肽
ovoverdin 虾卵绿蛋白
ovovitellin 卵黄磷蛋白
ovoviviparity 卵胎生(ovoviviparitas)
ovoviviparous 卵胎生的(ovoviviparus)
ovular 胚珠的(ovularis)
ovular hemiphyll 胚珠半叶(hemiphyllum ovulare)
ovular mamelon 珠阜(mamelon ovularis)

ovulate ①具胚珠的{胚胎} ②近卵球形的{形态}(ovulatus)
ovulate strobilus 大孢子叶球(strobilus ovulatus)
ovulation 排卵(ovulatio)
ovule ①胚珠 ②卵,卵子(ovulum)
ovule abortion 卵败育
ovule axis 珠轴(axis ovulatus)
ovule culture 胚珠培养
ovule envelope 珠被(integumentum)
ovule kernel 珠心(nucellus)
ovule stalk 珠柄(funiculus)
ovule tube 胚珠管(tubus ovulatus)
ovules per ovary 每子房胚珠数
ovuliferous 具胚珠的(ovulifer)
ovuliferous scale 珠鳞(squama ovulifera)
ovulogenous ①形成胚珠的 ②形成卵的(ovulogenus)
ovum 卵,卵细胞
ovum antigen 卵抗原
ovum transfer(=ovum transplantation) 卵移植
owl 猫头鹰,枭(指鸱鸮科各种类的俗称)
owl flies(=ascalaphus flies) 蝶角蛉科[Ascalaphidae]
owl moth(=night moth) 夜蛾
owlet 幼猫头鹰,幼枭
owlet moths and underwings 夜蛾科[Noctuidae]
own ①自己的,拥有的 ②固有,固有量
own coding 自编码{电脑}
own-needs ①特殊需要 ②本身的需要,自己的需要
own-powered combine 带专用发动机的联合收获机
own-root 自根
own-root tree 自根树
own-rooted 自根的
owned ①专有的 ②自身拥有的
owner ①所有者,物主 ②地主 ③农场主,企业主
owner-cultivated 自耕的
owner farmer 自耕农,个体农民
owner farming 自耕农业,个体农业
owner indicator 主指示器
owner-occupancy(=owner-occupation)业主自营,自耕,经营地主
owner-occupier 自营业主
owner of a large state(=great land owner) 大量土地占有者,大地主
owner of a life interest 有用益权者,有享益权者
owner peasant 自耕农
owner record 主记录
owner-tenant farmer(=part owner farmer) 半自耕农
owner-tenant relationship 主佃关系
owner's capital 自有资本,自有资金
ownership ①所有权,主权 ②所有制
ownership by the whole people 全民所有制
O^x(=operator specific mutation) 操纵基因特异突变
ox ①公牛 ②去势牛
ox botfly(=large horse fly) 牛虻[*Tabanus boxinus* L.]
ox bow lake 牛轭湖
ox-cart 牛车
ox-eye ①牛眼菊属[*Telekia* Baumg.](菊科) ②牛眼菊[*Telekia speciosa* Baumg. = *Buphtalmum speciosum* Schreb.]
ox-eye daisy 春白菊(滨菊,法兰西菊)[*Chrysanthemum leucanthemum* L.](菊科)
ox feeder 牛饲槽
ox-gad-fly(=ox warble fly, northern cattle grub) 牛皮蝇[*Hypoderma bovis* (L.)](皮蝇科)
ox gall ①牛胆汁 ②牛胆
ox harness 牛挽具
ox pen(=ox-stable) 牛圈,牛栏
ox tail mange mite(=chorioptic mange mite) 牛尾痒螨[*Chorioptes bovis* (Hering)]
ox-tongue(=bugloss) 牛舌草属
ox tongue gasteria ①芝麻掌属(虎皮掌属)[*Gasteria* Du val.](百合科) ②脂麻掌(沙鱼掌)[*Gasteria verrucosa* Haw.] ③虎皮掌[*Gasteria mintma* Hort.]
ox warble fly 牛皮蝇[*Hypoderma bovis* (Linnaeus)](皮蝇科)
oxadiazon 恶草灵(除草剂)[$C_{15}H_{18}Cl_2N_2O_3$]
oxalacetic acid(=oxalo-acetic acid) 草醋酸[HOOC·CO·CH_2·COOH]
oxalate(=oxylat) ①草酸 ②草酸盐、酯或根
oxalic acid 草酸,乙二酸[HOOC·COOH]
oxalic acid oxidase 草酸氧化酶
oxaliferous cystidium 具草酸结晶的囊状体{真菌}
oxalis ①酢浆草属[*Oxalis* L.](酢浆草科) ②酢浆草[*Oxalis corniculate* L.]
oxalis acetosella(=woodsorrel oxalis, shamrock) 白花酢浆草(酸酢浆草)[*Oxalis acetosella* L.](酢浆草科)

oxalis family (= wood-sorrel family) 酢浆草科［Oxalidaceae］
oxaloacetamide 草酰乙酰胺
oxaloacetate 草酰乙酸，丁酮二酸［$C_4H_4O_5$］
oxaloacetic acid 草酰乙酸，丁酮二酸［$HOOC \cdot CO \cdot CH_2COOH$］
oxaloacetic acid-enolphosphate 磷酸烯醇草酰乙酸，磷酸烯醇丁酮二酸
oxaloacetic carboxylase 草酰乙酸羧化酶
oxaloacetic decarboxylase 草酰乙酸脱羧酶
oxaloacetic transacetylase 草酰乙酸乙酰转移酶
oxalophyte 酸生植物（oxalophyta）
oxalopropionamide 草酰丙酰胺
oxalosuccinic acid 草酰琥珀酸［$HOOC \cdot CO \cdot CH(COOH) \cdot CH_2 \cdot COOH$］
oxalosuccinic carboxylase 草酰琥珀酸羧化酶
oxalosuccinic decarboxylase 草酰琥珀酸脱羧酶
oxaluria 草酸尿
oxaluric acid 草尿酸，脲基乙酮酸［$NH_2 \cdot CO \cdot NH \cdot CO \cdot COOH$］
oxamide 草酰胺［$NH_2COCONH_2$］
oxamycin 草莓素
oxamyl 草氨酰
oxathiins 氧硫杂芑类杀菌剂
oxazine 噁嗪［C_4H_5ON］
oxazine stain 噁嗪染料
oxazole 噁唑
oxazolone 噁唑酮
oxeye ①牛眼菊属［*Buphthalmum* L.］（菊科）②牛眼菊［*Buphthalmum* sp.］
oxeye butterfly-bush 绛花醉鱼草［*Buddleja davidi* var. *magnifica* Rehd. et Wils.］（马钱科）
oxfly (= horse fly) 虻
Oxford cup method 牛津杯法（测定抗生素）
Oxford unit of penicillin 青霉素牛津单位
oxharrow 畜力耙
oxheart cabbage 牛心甘蓝（品种）
oxhow lake 牛轭湖
oxhow swamp 牛轭湖沼泽
oxialf 氧化淋溶土
oxic horizon 氧化层，高铁铝层
oxidability 可氧化性（oxidabilitas）
oxidant 氧化剂
oxidant smog 氧化剂烟雾｛环保｝
oxidase 氧化酶
oxidate 氧化［性］
oxidation 氧化［作用］（oxidatio）
oxidation by corona discharges 电晕放电氧化｛环保｝
oxidation ditch 氧化沟｛农施｝
oxidation ditch process 氧化沟法（活性污泥的一种方法）｛环保｝
oxidation film 氧化膜
oxidation horizon 氧化层
oxidation level 氧化水平
oxidation of odor by ozone 臭氧氧化法除臭｛环保｝
oxidation pond 氧化池，氧化塘｛环保｝
oxidation pond process 氧化池法｛农施｝
oxidation potential 氧化势，氧化电位
oxidation power 氧化力
oxidation process 氧化过程｛环保｝
oxidation rate 氧化速率｛环保｝
oxidation-reduction (= redox) 氧化还原［作用］
oxidation-reduction catalyst 氧化还原催化剂
oxidation-reduction enzyme system 氧化还原酶系
oxidation-reduction indicator 氧化还原指示剂
oxidation-reduction potential 氧化还原电位
oxidation-reduction process 氧化还原过程
oxidation reduction reaction 氧化还原反应
oxidation-reduction system 氧化还原系统
oxidation stability 氧化稳定度，氧化稳定性
oxidation zone 氧化层，氧化带
oxidative 氧化的（oxidativus）
oxidative activity 氧化活性
oxidative assimilation 氧化同化［作用］
oxidative damage 氧化损伤
oxidative deamination 氧化脱氨基［作用］
oxidative decarboxylase 氧化脱羧酶
oxidative decarboxylation 氧化脱羧作用
oxidative degradation 氧化降解［作用］
oxidative fermentation 氧化发酵
oxidative pentose phosphate cycle 氧化戊糖磷酸循环｛生态生理｝
oxidative phosphorylation 氧化磷酸化［作用］
oxidative surface 氧化面
oxide 氧化物
oxidimetry 氧化还原滴定法（oxidimetrica）
oxidizability ［可］氧化性（oxidisabilitas）
oxidizable 可氧化的（oxidisabilis）
oxidizable matter 可氧化物
oxidization ①氧化作用 ②生锈（oxidisatio）

oxidized 被氧化的
oxidized ion 氧化的离子
oxidized layer 氧化层
oxidized microenvironment 氧化的小环境，氧化的微生物环境
oxidized rhizosphere 氧化根际
oxidizer 氧化剂
oxidizing action 氧化作用
oxidizing activity 氧化活[动]性
oxidizing agent 氧化剂
oxidizing enzyme 氧化酶
oxidizing force 氧化力
oxidizing intensity 氧化强度
oxidizing tower 氧化塔{环保}
oxidogenic substrate 氧化系底物
oxidoreductase 氧化还原酶
oxidoreduction 氧化还原[作用]（oxidoreductio）
oxidosome 氧化体，氧化粒
oximase 肟酶
oxime 肟
oximeter 血氧计
oximide 草酰亚胺
oximino-succinic acid 肟基琥珀酸
oximinoglutaric acid 肟基戊二酸
oxindole 羟吲哚
oxindole alkaloid 羟吲哚生物碱
oxine 8-羟基氮萘 [C_9H_7NO]
oxine-copper 喹啉铜（杀菌剂）[$C_{18}H_{12}CuN_2O_2$]
oxirane 环氧乙烷
oxisol 氧化土
oxlip primrose 高报春 [*Primula elatior* Schreb]（报春花科）
oxo- 氧[代]
oxoacid 酮酸
oxodium 腐殖质 沼泽群落
oxoglutarate 酮戊二酸
oxoisomerase 磷酸己糖异构酶
oxonium 鉡
oxonium base 鉡碱[$R_3O \cdot OH$]
oxoprolinase 羟脯氨酸酶
oxosteroid 酮固醇，酮甾醇
oxozone 四聚氧[O_4]
oxphenazine 锈极毛杆菌
oxstall 牛舍
OXT（=oxytocin） 催产素
oxteam ①一组牛（大车挽畜组合）②吊套，枷
oxtongue ①毛连菜属 [*Picris* L.]（菊科）②毛连菜 [*Picris hieracioides* L.]
oxy- ⌞字头⌝ ①尖锐 ②氧
oxy-acetylene welding 氧乙炔焊
oxy-acid 含氧酸
oxy-hydrogen welding 氢氧焊接
oxyacanthous 尖刺的（oxyacanthus）
oxybiontic bacteria 需氧细菌（bacteria oxybionticae）
oxybiosis 需氧生活
oxybiotic 需氧生活的（oxybioticus）
oxybiotic organism 需氧性生物（organismus oxybioticus）
oxybiotin 氧化生物素
oxycarboxin（=oxycarboxine） 氧化萎锈灵，萎锈散（杀菌剂）[$C_{12}H_{13}NO_4S$]
oxycarpous 尖刺果的（oxycarpus）
oxycellulose 氧化纤维素
oxycholesterol 羟胆甾醇，羟胆固醇
oxychromatin 喜酸染色质
oxydase（=oxidase） 氧化酶
oxydemeton methyl 砜吸磷（杀虫剂）[$C_6H_{15}O_4PS_2$]
oxydisulfoton 砜拌磷（杀虫，杀螨剂）[$C_8H_{19}O_3PS_3$]
oxydizing（=oxidizing） 氧化
oxydosome（=oxidosome） 氧化体，氧化粒
oxyful 双氧水（指过氧化氢溶液）
oxygen 氧（O，8号元素）
oxygen acceptor 受氧体
oxygen adding installation for fish-pond 鱼池增氧设施{农施}
oxygen adsorbent 氧吸附剂
oxygen affinity 氧亲和力
oxygen availability 氧有效性
oxygen balance 氧平衡{环保}
oxygen capacity 氧容量
oxygen carrier 载氧体
oxygen concentration 氧浓度
oxygen concentration gradient 氧浓差梯度
oxygen concentration in plant tissue 植物组织的氧浓度
oxygen concentration in soil 土壤的氧浓度
oxygen concentration in water 水的氧浓度
oxygen consumption（OC） 氧消耗，耗氧量
oxygen content 氧含量
oxygen cycle 氧循环{环保}
oxygen cylinder 氧气瓶
oxygen debt 氧债
oxygen deficiency 缺氧
oxygen deficiency survival 缺氧存活[率]
oxygen deficient 缺氧[的]
oxygen-deficient soil 缺氧土壤
oxygen deficit 缺氧值，亏氧值

oxygen demand 需氧量
oxygen depletion 氧耗尽
oxygen diffusion 氧扩散
oxygen dissociation curve 氧解离曲线
oxygen electrode 氧电极
oxygen ester 氧化酯
oxygen excess 氧过剩
oxygen-free radical 无氧自由基
oxygen intake 氧吸入
oxygen isotopes 氧同位素
oxygen lack 缺氧
oxygen pressure 氧压
oxygen quotient 氧商
oxygen radical 氧自由基
oxygen removal by combustion 燃烧除氧
oxygen requirement 需氧量
oxygen resource 氧资源{环保}
oxygen-rich layer 浓(多)氧层
oxygen sag curve 氧下垂曲线{环保}
oxygen saturation curve 氧饱和曲线
oxygen saturation value 氧饱和值{环保}
oxygen supply 氧供应[量]
oxygen tension 氧张力
oxygen transfer ①输氧{生技} ②氧转移{环保}
oxygen transfer coefficient 氧转移系数
oxygen transfer rate 输氧率
oxygen uptake 氧吸收
oxygen uptake rate(OUR) 氧吸收率{生态生理}
oxygen utilization rate 氧利用率{环保}
oxygen valence 氧价
oxygen yield 氧得率
oxygenase [加]氧酶
oxygenated layer 通氧层,加氧层
oxygenated water 通氧水,加氧水,含氧水
oxygenation 加氧作用,充氧作用 (oxygenatio)
oxygenation capacity 充氧容量{环保}
oxygenation coefficient 充氧系数
oxygenation efficiency 充氧效率
oxygenation tank 充氧池
oxygenator 充氧器
oxygenic 生氧的 (oxygenus)
oxygenic photosynthesis 生氧光合作用{生态生理}
oxygenic reaction 生氧反应
oxygenolysis 氧分解[作用]
oxygenous ①氧的 ②含氧的,生氧的 (oxygenus)
oxyhemocyanin 氧合血蓝蛋白
oxyhemoglobin 氧合血红蛋白
oxyhepatitis 急性肝炎
oxyhydrogen blowpiper 氢氧吹管
oxyindole 羟[基]吲哚
oxylophyte (= oxilophyte) 酸生植物
oxyluciferin 氧化荧光素
oxymatrine 氧化苦参碱
oxymel 蜜醋
oxynervone 羟基神经苷酯,羟基烯脑苷脂
oxynervonic acid 羟廿四[碳]烯酸
oxyperssion 催产加压素
oxypetalum ①尖瓣木属 [*Oxypetalum* R. Br.](萝藦科) ②尖瓣木 [*Oxypetalum* sp.]
oxyphile 适酸植物,喜酸植物
oxyphilous 适酸[性]的,喜酸[性]的 (oxyphilus)
oxyphobe 避酸植物,嫌酸植物
oxyphobous 避酸[性]的,嫌酸[性]的 (oxyphobus)
oxyphotobacteria 生氧光细菌
oxyphyllous 尖叶的 (oxyphyllus)
oxyphyllus euonymus 尖叶卫矛(垂丝卫矛) [*Euonymus oxyphyllus* Miq.](卫矛科)
oxyphyte 适酸性植物 (oxyphyta)
oxyproline 羟[基]脯氨酸 [$C_5H_9O_3N$]
oxypurine 羟基嘌呤 [$C_5H_4N_4O$]
oxyradical 氧化自由基
oxysensible 对氧敏感的
oxysere 酸生演替系列
oxysome 氧化粒(体)
oxytetracycline 羟四环素,土霉素
oxythiamine 羟基硫胺素
Oxythioquinox (= chinomethionat) 灭螨猛
oxytocic hormone 催产素
oxytocics 分娩促进剂
oxytocin (OXT) 催产素
oxytolerant 耐氧的
oxytropic 亲氧的 (oxytropus)
oxytropis ①棘豆属 [*Oxytropis* DC.](豆科) ②棘豆 [*Oxytropis aciphylla* Ledeb.]
oxytropism 向氧性 (oxytropismus)
oxyuriasis 蛲虫病
oxyuricide 杀蛲虫剂
oyama magnolia 天女花 [*Magnolia sieboldii* K. Koch](木兰科)
oyamycin 大谷霉素
Oyashio 亲潮(寒流)
oyhalant siphon 呼出管
oyster 牡蛎 [Ostrea]{水产}
oyster bank 牡蛎滩

oyster bed 牡蛎养殖场
oyster catcher 蛎鹬［*Haemasi topus*］（蛎鹬科）
oyster mushroom 平菇，糙皮侧耳［*Pleurotus ostreatu*（Jacq. ex Fr.）Quél.］（伞菌科）
oyster nut 油渣果［*Telfairia pedata*］
oyster plant ①（= salsify，vegetable oyster）婆罗门参［*Tragopogon porrifolius* L.］（菊科）②（osyster rhoeo）紫万年青［*Rhoeo discolor*（L'Her.）Hance］（鸭跖草科）
oyster rhoeo（= oyster plant） ①紫万年青［*Rhoeo* Hance］（鸭跖草科）②紫万年青［*Rhoeo discolor*（L'Her.）Hance］
oyster-shell scale（= apple oyster-shell scale，oystershell back louse） 榆蛎蚧（苹蛎蚧）［*Lepidosaphes ulmi*（L.）］（蚧总科）
oyster white 乳白色，牡蛎色
Oz（= ounce） 盎司，英两（= 28.3495 克，1/16 磅）
Ozoban 防毒素（防毒雾剂）［$C_6H_8O_6$］
ozoide 臭氧发物
ozonation 臭氧［作用］（ozonatio）
ozonator 臭氧发生器
ozone 臭氧［O_3］
ozone generator 臭氧发生器（= azonator）{环保}
ozone layer 臭氧层
ozone seasoning 臭氧干燥
ozone sterilization 臭氧灭菌
ozone stress 臭氧胁迫{生态生理}
ozone treatment 臭氧处理，臭氧化{环保}
ozonide 臭氧化物
ozonium 菌丝束
ozonization 臭氧化（ozonisatio）
ozonized air 臭氧化空气{环保}
ozonizer 臭氧管，臭氧器
ozonolysis 臭氧分解
ozonometer 臭氧计
ozonopause 臭氧层顶
ozonosphere（= ozone layer） 臭氧层（ozonosphera）

P p

P_1, P_2, P_3 (= the first, second and third parental generation) 亲本一代,亲本二代,亲本三代

^{32}P (= phosphorus radioactive) ^{32}磷,^{32}P,放射性^{32}P

P ①(= parent) 亲本{育种} ②(= parental generation) 亲代{遗传} ③(= panmictic index) 随机交配指数{育种} ④ (= pressure) 压力{气象}

P_0 (= protein zero) P_0 蛋白

P-2 敌敌磷,棉花宁(杀虫,杀螨剂)[$C_6H_{12}ClO_4P$]

***p*-aminobenzene sulfonic acid** 对氨基苯磺酸[$NH_2C_6H_4SO_3H$]

^{32}P and ^{35}S as mutagens ^{32}磷与^{35}硫作为诱变剂

***p*-benzoquinone** 对苯醌

P blood group P 血型

^{32}P concentration ^{32}P 浓度

^{32}P decay ^{32}P 衰变

***p*-Dichlorobenzene** 对二氯苯(杀虫剂)[$C_6H_4Cl_2$]

***p*-dihydroxybenzene** 对苯二酚

^{32}P distribution ^{32}P 分布

***p*-hydroxybenzylpenicillin** 对羟苄青霉素,青霉素 x

***p*-hydroxymercuriphenol** 对羟基汞基苯酚

***p*-hydroxyphenylalanine** 对羟苯丙氨酸,酪氨酸

***p*-hydroxyphenylpyruvate hydroxylase** 对羟苯丙酮酸羟化酶

p-iodophenylsulfonyl amino acid 对碘苯磺酰氨基酸

***p*-methoxyphenylalanine** 对甲氧基苯丙氨酸

***p*-particle** (= killing particle) *p* 颗粒,杀伤颗粒

***p*-quinone** 对[苯]醌

P-site (= peptidyl site) 肽基部位,P 部位

P site (= peptidyl site) P 位,肽[基]位{分遗}

^{32}P suicide ^{32}P 自杀(指^{32}P 原子核变换致死)

***p*-toluidine in basic fuchsin preparation** 碱性品红制片用 *p*-甲苯胺

***p*-toluidine mutachromosomic effect** *p*-甲苯胺诱变染色体效应

***p*-toluidine** *p*-甲苯胺,对甲苯胺

P-trap P 形存水弯{环保}

P-type humic acid P 型胡敏酸

P value P 值

P_{1-4} 遗传工程实验室的 1-4 级防护措施(防止细菌、病毒等逸出实验,感染给工作人员,P_4 级为最严格的一级)

Pa (= pascal) 帕[斯卡](压力单位)

PAA (= photon activation analysis) 光子活化分析,光子激活分析{分生}

PABA (= *para*-aminobenzoic acid) 对氨基苯[甲]酸 [$C_6H_4(NH_2)COOH$]

pabular ①粮食的,食物的 ②滋养的 (pabularis)

pabulum ①粮食,食物 ②滋养品

pace ①步,步态,步法 ②步测 ③遛蹄 (passus)

pace method 步测法

pacemaker ①起搏器 ②起搏点

pacemaker enzyme 定步酶,定向酶

pacer ①步测者 ②遛蹄马

pachira ①瓜栗属 [*Pachira* Aubl.] ②瓜栗 [*Pachira fastuosa* Aubl.]

pachistima ①革叶卫矛属 [*Pachistima* Raf.] (卫矛科) ②革叶卫矛[*Pachistima myrsinites* Raf.]

pachometer 厚度计,测厚计

pachsandra ①富贵草属 (黄杨科) ②富贵草 [*Pachsandra terminalis* Sieb.]

pachy- ⌞字头⌝厚,粗

Pachyacanthous 粗刺的 (pachyacanthus)

pachycarpous 厚果皮的 (pachycarpus)

pachycephalous 粗头的 (pachycephalus)

pachycladous 肥枝的 (pachy cladus)

pachydermate (= pachydermatous, pachydermous) 厚皮的 (pachydermatus)

pachydermis (= thick-skinned) 厚皮

pachynema 粗线{细胞}

pachynsis 肥厚

pachyphyllous 厚叶的 (pachyphyllus)

pachypleurous 厚壁的 (pachypleurus)

pachypycnidium 厚壁分生孢子器
pachyrhizous 粗根的(pachyrrhizus)
pachytene ①粗线的 ②粗线期(pachytenus)
pachytene chromosome 粗线期染色体
pachytene cytology 粗线期细胞学
pachytene DNA 粗线 DNA
pachytene pairing configuration 粗线[期]配对表型
pachytene stage 粗线期
Pacific arbor-vitae (= conoe cedar, pacific red cedar) 美国西部侧柏[*Thuja plicata* Don](柏科)
Pacific bleeding-heart 美丽荷包牡丹[*Dicentra formosa* Walp.](荷包牡丹科)
Pacific Coast tick 西方矩头蜱(太平洋岸矩头蜱)[*Dermacentor occidentalis* Marx](蜱科)
Pacific Coast wireworm 太平洋岸金针虫[*Limonius canus* LeConte](叩甲科)
Pacific flatheaded borer 苹扁头吉丁虫(太平洋吉丁)[*Chrysobothris mali* Horn](吉丁科)
Pacific hemlock (= California hemlock spruce) 加州铁杉
Pacific high 太平洋高压
Pacific panicum 太平洋稷[*Panicum pacificum* Tuyama](禾本科)
Pacific post-oak 太平洋杆栎[*Quercus garryana* Dougl.](山毛榉科)
Pacific silver fir 温哥华冷杉(太平洋冷杉,太平洋银木枞)[*Abies amabilis* (Dougl. ex Loud.) Prob.](松科)
Pacific tent caterpillar 太平洋天幕毛虫[*Malacosoma constrictum* (Henry Edwards)](枯叶蛾科)
Pacific willow leaf beetle 太平洋柳叶甲[*Galerucella decora carbo* (LeConte)](叶甲科)
Pacific yew (= mountain mahogany) 短叶紫杉
pacing ①调步 ②定步 ③溜蹄
pacing horse 溜蹄马
pacing parameter 调步参数
pacing window 定步窗口{电脑}
pack ①捆,束 ②一副,一组 ③一堆 ④一批,一队,一群 ⑤多数,多量 ⑥(一年或一季)装罐量(指做罐头) ⑦部件,组件,组装{电脑}
pack animal 驮畜
pack cloth 包装用布,粗麻布
pack horse 驮马
pack house 仓库
pack ice 块冰,大块浮冰
pack roller (= roller for packing) 镇压器
pack saddle 驮鞍
pack thread 包裹绳,包装绳,包扎绳
pack-trail (= mule track) (驮畜走的)山间小路
pack train 驮队
package ①包装,组装,组件 ②捆,束,包,包裹 ③程序包,数据包,组件包{电脑} ④成套试剂
package bee 磅蜂,笼蜂
package bees with queen 带蜂王笼蜂
package of software 软件包{电脑}
package plant 成套设备(指处理污水用的){环保}
packaged ①装成包的,装包的 ②成束的,成捆的 ③封装的
packaged stacking 成捆堆装法
packaged transistor 封装[式]晶体管
packager 打包机,包装机
packaging ①包装 ②打包,打捆,捆束 ③封装{显技}
packaging cell line 包装细胞系{分生}
packaging density 封装密度{电脑}
packaging extract 包装提取物
packaging material 包装材料
packaging of lint cotton 皮棉打包
packaging plasmid 包装质粒{分生}
packaging ratio 包装率
packaging signal 包装信号
packaging technique 封装技术{电脑}
Packard grasshopper 帕氏[蚱]蜢[*Melanoplus packardii* Scudd.](蝗科)
packed ①组成的,组装的,组合的 ②压缩的,紧缩的 ③填充的 ④装配的
packed array 紧缩数组{电脑}
packed bed 填料层,填充床{环保}
packed bed reactor 填充床反应器
packed cell volume 填充细胞体积
packed column 填充塔,填充柱
packed structure 组合结构
packed tower filter 填料滤塔(指以合成塑料树脂为填料的生物滤塔){环保}
packed weight 包装重,毛重
packer ①(土壤)镇压器,压紧杆 ②打包机 ③包装工
packer arm 压紧杆
packer fork (捡拾压捆机)填装叉
packer switching (= packet switching) 包交换{信息}
packer wheel (= packing wheel) 镇压轮
packet ①小包,小包裹 ②小捆 ③分组
packing ①[染色体]填装 ②包装,打包 ③装填,填空,填充,垫填 ④压实,密封 ⑤填料,填

充物,衬垫 ⑥排列
packing box (=packing case) 包装箱
packing density ①填装密度{生技} ②镇压密度{耕作} ③覆盖密度{栽培} ④存储密度,组装密度,记录密度{信息}
packing factor 填装因子[指测量染色体螺旋度]
packing hog 填育肥猪
packing house (=packing installation) 包装设施(房,厂){农施}
packing house waste [肉类]包装厂废水{环保}
packing machine 包装机,打包机,包装机械
packing material 填密材料,密封材料
packing paper 包装纸
packing piece 填密片
packing press 压包机,压捆机
packing ratio 填装比率(指 DNA 节段长与染色质丝长的比率)
packing ring 密封圈
packing sheet 包装用布,包布
packing specification 包装规格{加工}
packing station ①包装间,包装车间 ②包装点
packing table 包装台
packing timber 包装用材
packing tool 镇压器
paclobutrazol 氯丁唑(矮化素)
pactamycin 密旋霉素
pad ①浮叶 ②叶枕 ③束,包,捆 ④垫,衬垫垫板,坐垫,缓冲垫,鞍垫,鞍褥,爪垫,(骆驼)肉掌 ⑤把手,柄 ⑥胼胝垫 ⑦焊点,焊盘 ⑧小键盘 ⑨填充
pad and fan cooling 湿垫和风扇散热,湿垫和风扇冷房(指温室降温){农施}
pad parameter 填充参数
padan (=cartap) 巴丹(杀虫剂)
padauk ①紫檀属[*Pterocarpus* L.](豆科) ②紫檀[*Pterocarpus santalinus* L. f.]
padder 微调电容器
padding ①填塞,装填,填料 ②填充,填满
padding data 装填数据
paddle ①窄垄{栽培} ②轮叶,叶片 ③闸门,闸板,踏板,桨板{农机} ④尾鳞{水产} ⑤扁跗节{昆虫} ⑥踏闸,电位控制区{电脑}
paddle aerator 桨板式曝气器{环保}
paddle agitator 叶片式搅拌器
paddle blender 桨式捣碎器
paddle-boat 桨轮船(一种桨轮驱动的浅水船)
paddle culture 窄垄栽培
paddle hole (调节水量用)闸口
paddle pump 滑片泵,刮片泵
paddle reaction chamber 桨板式反应室(池){环保}
paddle seeding 窄垄播种
paddle velocity 桨板速度{环保}
paddle wheel feed (=paddle wheel feeder) 叶轮式排肥器
paddling pool 浅水池塘
paddock ①牧场 ②遛马场 ③蟾蜍科[*Bufonidae*]
paddy ①水稻[*Oryza sativa* L.] ②稻谷
paddy and upland rice varieties 水陆稻品种
paddy armyworm (=rice armyworm) 眉纹夜蛾(禾灰翅夜蛾)[*Spodoptera mauritia* Boisduval](夜蛾科)
paddy borer (=paddy stem borer) 三化螟[*Schoenobius incertellus* (WK.)](螟蛾科)
paddy bug (=rice bug) 稻蛛缘蝽[*Leptocorisa varicornis* Fabricius](缘蝽科)
paddy case bearer 稻三点[水]螟,(黑纹水螟)[*Nympula depunctalis* Guenée](螟蛾科)
paddy center 水稻栽培中心
paddy climbing cutworm (=armyworm) 一星黏虫[*Pseudaletia unipuncta* (Haworth)](夜蛾科)
paddy cultured vegetation 水田栽培植被
paddy disk harrow 水稻圆盘耙
paddy farming 稻田耕作法,水田耕作法
paddy field (=paddies) 稻田,水田,本田
paddy field at valley bottom 谷底稻田,沟底稻田
paddy field boat 水田机耕船
paddy field crop 水田作物
paddy field cultivator 水田中耕机
paddy field harrow 水田耙
paddy field irrigated with cold water 冷水田,冷水灌溉稻田
paddy field of double crop a year 一年双作稻田,双作田,两熟田
paddy field of single crop a year 一年单作稻田,单作田,一熟田
paddy field of triple crop a year 一年三作稻田,三作田,三熟田
paddy field period after transplanting 本田期
paddy field pesticide 稻田用农药
paddy field plow (=paddy field plough) 水田犁
paddy field pulverizing roller 稻田碎土镇压器
paddy field rice (=paddy, paddy rice) 水

稻［*Oryza sativa* L.］（禾本科）
paddy field soil 稻田土壤
paddy field weeder 水田中耕除草机
paddy fly（= paddy bug, rice bug） 稻蛛缘蝽［*Leptocorisa varicornis* Fabricius］（蛛缘蝽科）
paddy interplanting 水田间作
paddy land rice 稻谷
paddy planter（= rice planter） 水稻种植机
paddy planting 水稻种植
paddy processing 稻谷加工
paddy rice（= lowland rice） 水稻
paddy rice yield 水稻产量
paddy riddle 稻谷筛
paddy riddle rice sorter 水稻筛选机
paddy screenings 稻屑，稻谷筛除物
paddy separator and cleaner 稻谷碾磨清选机，精米装置
paddy separator by careful selection 稻谷碾磨精选机
paddy-sheaf-rack 稻束架
paddy sheave 稻束
paddy shelling chamber 水稻脱粒室
paddy shoot 稻秧
paddy soil（= rice soil） 水稻土
paddy-soil nitrogen 水稻土氮
paddy stem 稻秆，稻茎
paddy sugarcane 稻底蔗，糊仔蔗（台湾）
paddy thrips（= rice thrips） 稻蓟马［*Thrips oryzae* Williams］（蓟马科）
paddy transplanter 水稻插秧机
paddy transplanting 水稻插秧
paddy-upland rotation 水旱轮作，水旱轮换
paddy water 稻田水
paddy white jassid 稻大白叶蝉［*Tettigella spectra* Distant］（叶蝉科）
paddy wing hiller 稻田翼式培土器
paddy yield 水稻产量
padlock 挂锁，扣锁
padritree ①羽叶楸属［*Stereospermum* Cham.］（紫葳科）②羽叶楸［*Stereospermum tetragonum*（Wall.）DC.］
paedogamy ①同支无性交配 ②幼体受精（paedogamia）
paedogenesis ①幼体生殖 ②早熟
paedomorphosis 幼体形态形成，幼体发育
paedoparthenogenesis（= paedogenetic parthenogenesis） 幼体单性生殖
paeonidin（= peonidin） 甲基花青素，芍药色素
paeonin（= peonin） 甲基花青苷，芍药素苷
paeonol（= peonol） 芍药酮，2-羟-4-甲氧基苯乙酮［$C_9H_{10}O_3$］
paeony ①芍药属［*Paeonia* L.］②芍药［*Paeonia lactiflora* Pall.］（毛茛科）
paeony-flowered poppy 牡丹罂粟［*Papaver paeoniaeflorum* Hort.］（罂粟科）
paeony scale 芍药圆蚧［*Pseudaonidia paeoniae* Cockerell］（盾蚧科）
PAGE（= polyacrylamide gel electrophoresis） 聚丙烯酰胺凝胶电泳
page ①页，页面 ②分页 ③调页{电脑}
page-at-a-time printer 页式打印机
page break 分页，页面分割
page file 页面文件{智培}
page reader 页式阅读器
page scan 页面扫描
paginal 逐页的（paginalis）
paginal number 页数
paginal translation 逐页翻译
paginary 逐页对照的（paginarius）
paginating machine（= paging machine） 页码机，页码打号机{电脑}
paging device 分页设备，调页装置
paging hardware 页式硬件
Pagnucc grape 少毛葡萄［*Vitis piasezkii* var. *pagnuccii*（Roman.）Rehd.］（葡萄科）
pagoda-tree ①槐属［*Sophora* L.］（豆科）②槐［*Sophora japonica* L.］
pagoscope 测霜仪
Pahala blight 巴哈拉枯萎病（指甘蔗缺锰病）
pahudia ①缅茄属［*Pahudia* Miq.］（苏木科）②缅茄［*Pahudia xylocarpa* Kurz］
PAI（= plant area index） 植株面积指数{栽培}
Pai Mei yellow soybeans 白眉黄大豆（我国大豆品种）
pail 桶，提桶，木桶（patina）
pail and keg（= coop and cask） 桶笼用材
pail-lasse（= paillasse） 稿褥
pain ①痛，痛苦 ②刻苦，费力（paena）
pain-killer 止痛药
pain sensation 痛觉
painful 痛的
painlessness 无痛
pains 临产阵痛
paint ①油漆，涂料，涂色，上色 ②面粉，香粉，胭脂 ③⌊复⌉颜料
paint animation 上色动画{智培}
paint-brush ①油漆刷 ②画笔
paint gun 喷漆枪
paint-holding ability 油漆保持性
paint menu 绘画菜单{电脑}

paint tool 绘画工具,上色工具
painted 着色的(pictus){显技}
painted beauty 佛州蛱蝶[*Vanessa virginiensis* (Drury)](蛱蝶科)
painted bug 采蝽(萝卜蝽,菘蝽)[*Bagrada cruciferarum* Kirkaldy](蝽科)
painted copper-leaf 红桑[*Acalypha wikesiana* Muell.-Arg. = *A. tricolor* Seem.](大戟科)
painted cup ①火焰草属[*Castilleja* Mutis](玄参科) ②火焰草[*Castilleja pallida* Kunth]
painted daisy (= pyrethrum) 除虫菊
painted euphorbia (= Mexican fire-plant) 猩猩草[*Euphorbia heterophylla* L.](大戟科)
painted hickory borer 胡桃胭脂天牛(厚垫黄带蜂天牛)[*Megacyllene caryae* (Gahan)](天牛科)
painted lady 小苎麻赤蛱蝶[*Vanessa cardui*(L.)](蛱蝶科)
painted maple (= mono maple) 五角枫(地锦槭)[*Acer oblongum* Wall. et DC.](槭树科)
painted-tongue 智利喇叭花[*Salpiglosis sinuata* Ruiz et Pav.](茄科)
painter ①不洁雾(秘鲁沿海的一种雾) ②无头索,系索 ③绘图器,绘图装置
painting ①涂抹,涂装 ②油漆,涂漆 ③涂布 ④绘画,涂画
painting devise 抹药器(除虫用)
painting software 绘画软件
pair 对,一对 (paria)
pair-alleles (= pseudoalleles) 拟等位基因
pair mating 一对配合
pair of leaflets 小叶对 (jugum)
pair of pictures 像对{遥感}
pair of stereoscopic pictures 立体像对{遥感}
pair production (电子)对产生(关于X射线诱变)
pair-system purse seiner 双船围网渔船
pair trawl 对拖网,双拖网
pair trawler 对拖网渔船,双拖网渔船
pair vetch 二叶萩(歪头菜)[*Vicia unijuga* Al. Br.](豆科)
pair wise state 逐对方式状态,双方式状态,配对方式状态
paired ①双生的 (gemellus) ②配对的{遗传} ③成对的{统计}(conjugatus)
paired arrangement 配对排列
paired burette 配对滴定管
paired chromatids 配对染色单体
paired chromosomes 配对染色体
paired comparison 成对比较,成对对比
paired fin 偶鳍
paired group 成对[碱]基
paired ion chromatography (= ion pair chromatography) 离子对层析{生枝}
paired labeled technique 双[重]标记法
paired membrane 双[重]膜
paired-plant cross (= pair cross) 成对杂交,成对植株杂交
paired-row seeding 双行播种,双条播
paired samples 成对样品
paired sib method 同胞对比法
paired strand 成对链
pairing ①配对{遗传} ②成对{统计} ③交配{昆虫}
pairing affinity 配对亲和力
pairing association 配对结合
pairing barrier 配对阻障
pairing behavior 配对行为
pairing block 配对区段
pairing chromosome 配对染色体
pairing comparison 成对比较法,对比法{统计}
pairing configuration ①成对构型{分遗} ②配对表形{遗传}
pairing differentiation 配对分化
pairing disturbance 配对扰乱
pairing experiment ①配偶试验{遗传} ②双比试验{统计}
pairing force 配对力
pairing index 配对指数
pairing initiation 配对起始
pairing loop 配对环
pairing method 对比法{统计}
pairing number 配对数
pairing of chromosomes 染色体配对
pairing partner 配对配偶,配对伴侣
pairing phase 配对期
pairing segment 联会段,配对段
pairing specificity 配对特异性
pairing start 配对开始,配对起始
pairing structure 配对结构
pairing system 配对系统
pairwise 配对方式,配对向
pairwise fusion 配对方式融合,配对方式并合
pairwise interaction 配对方式相互作用
PAK (= program access key) 程序存取键{信息}
pak-choi [小]白菜(青菜)[*Brassica chinensis* L.](十字花科)
PAL (= phenylalanine ammonia lyase)

苯丙氨酸裂氨解酶
PAL activity PAL 活性
PAL variation PAL 变异
palaceous 膜片状的（palaceus）
Palade granule 巴拉得颗粒，核蛋白体{分遗}
palaearctic migratory locust 亚洲飞蝗［*Locusta migratoria* L.］（蝗科）
palaearctic minute egg parasite 广赤眼蜂［*Trichogramma evanescens* Westwood］（纹翅卵蜂科）
palaearctic snout butterfly 朴喙蝶［*Libythea celtis celtoides* Fruhstorfer］（喙蝶科）
palaearctic sweet potato hornworm（= sweet potato sphinx moth）甘薯天蛾（旋花天蛾）［*Protoparce convolvuli*（L.）= *Hersé*］（天蛾科）
palaeo- ⌊字头⌉古，旧，早
palaeobiochemistry（= paleobiochemistry）古生物化学（palaeobiochemia）
palaeobiogeography 古生物地理学（palaeobiogeographia）
palaeobiology 古生物学（palaeobiologia）
palaeobotany 古植物学（palaeobotanica）
palaeocormophyta 古生茎叶植物
palaeoecology（= paleoecology）古生态学（palaeoecologia）
Palaeogene（= paleogene）古第三纪
palaeogeographic map 古地理图{遥感}
palaeogeography（= paieography）古地理学（palaeogeographia）
palaeogeological map 古地质图{遥感}
palaeogeology（= paleogeology）古地质学（palaeogeologia）
palaeontology 古生物学，化石学（palaeontologia）
palaeopedology（= paleopedology）古土壤学（palaeopedologia）
palaeophytes（= paleophytes）古生代植物（palaeophyti）
palaeophytology（= paleophytology）古植物学（palaeophytologia）
palaeosol（= paleosol）古土壤（palaeosolum）
palaeotectonïcs（= paleotectonics）古构造（palaeotectonica）
Palaeozoic era 古生代（era palaeosoica）
Palaeozoic group 古生界（gruppa palaeosoica）
palar 板状根（palaris）
palasan（= pulasan）易变茗子（金毛丹，葡萄旦）［*Nephelium mutabile* Bl.］（无患子科）
palatability ①适口性 ②嗜食性 ③风味（palatabilitas）
palatability order 适口性顺序
palatable ①美味的 ②适口的，可口的（palatabilis）
palatable grasses 适口禾草
palatable hay 适口干草
palate ①下唇瓣 ②喉凸{形态} ③腭 ④舌{昆虫}（palatum）
palate bone 腭骨（ossa palate）
pale ①苍白的，暗淡的 ②木柱，桩，篱，圆垣（palus）
pale bigaroon（= pale gean）黄色甜樱桃［*Prunus avium* var. *flave*］（蔷薇科）
pale cape waterlily 南非蓝睡莲［*Nymphaea capensis* var. *azurea* Casp.］（睡莲科）
pale cutch（= catechu）儿茶
pale green cocoon 浅绿茧{蚕}
pale-green leaves 浅绿叶
pale-headed striped borer（= Asiatic rice borer）二化螟［*Chilo suppressalis*（Walk.）］（螟蛾科）
pale legume bug 豆荚灰盲蝽［*Lygus elisus* van Duzel］（盲蝽科）
pale persicaria 大马蓼［*Polygonum lapathifolium* L.］（蓼科）
pale rice-plant weevil 稻红象甲［*Dorytomus roelofsi* Faust］（象甲科）
pale-sided cutworm 苍白边地老虎（灰缘地老虎）［*Agrotis malefida* Quen.］（夜蛾科）
pale smartweed（= pale persicaria, green smartweed）大马蓼［*Polygonum lapathifolium* L. = *P. scabrum* Moench.］（蓼科）
pale sour cherry 黄色酸樱桃［*Prunus cerasus* var. *amareles*］（蔷薇科）
pale spot 白斑病
pale-striped flea beetle 淡纹跳甲［*Systena blanda* Melsh.］（跳甲科）
pale white tree cricket 台湾树蟋［*Oecanthus indicus* Saussure］（树蟋科）
palea（= palet）①内稃（禾本科）②托苞（菊科）③鳞毛
palea and lemma 内外颖，稻壳
palea inferior（= palea）内颖，内稃（palea）
palea scale 鳞毛
palea superior（= lemma, flowering glume）外颖，外稃
paleaceous ①具内稃的 ②具托苞的 ③具鳞毛的 ④粗糠状的（paleaceus）

paleaceous receptacle 具托苞花托（receptaculus paleaceus）
Palearctic［realm］ 古北区
Palearctic region 古北区
paleifolious 苞状叶的（paleifolius）
paleiform 苞状的（paleiformis）
paleo- ⌞字头⌝古，旧，早，下
paleo-reefs 古［珊瑚］礁
Paleocene［epoch］ 古新世
paleochannel 古河道，埋藏河道
paleoclimate 古气候
paleoclimatology 古气候学（palaeoclimatologia）
paleoecology 古生态学（palaeoecologia）
Paleogene period 老第三纪，早第三纪
Paleogene system 下第三系
paleogenetics（＝palaeogenetics） 古遗传学（palaeogenetica）
paleola 桨片
paleolate 具桨片的（paleolatus）
paleoliferous ①具托苞的 ②具内稃的 ③具鳞片的（paleolifer）
Paleolithic［age］ 旧石器时代
paleontology 古生物学，化石学（palaeontologia）
paleosynchorology 古群落分布学（paleosynchorologia）
paleosynecology 古群落生态学（palaeosynecologia）
paleotropical 古热带的，旧热带的（palaeotropicus）
paleotropical disjunction 古热带间断分布
paleous 具膜片的（paleus）
Paleozoic［era］ 古生代
paler greenish delicate geometrid 灰绿薄翅尺蛾［*Zodis lactearia* Linn.］（尺蛾科）
paler prominent 淡翅天社蛾［*Minopydna pallida* Green］（天社蛾科）
paleseed pantain 白子车前［*Plantago virginica* L.］（车前草科）
palet ①（＝palea） 内颖，内稃（禾本科）②托苞，小苞（菊科）
palette ①调色板 ②彩色编码表 ③洞穴残余物
Palibin redvein enkianthus 巴氏红脉吊钟花［*Enkianthus campanulatus* var. *palibinii* Bean.］（杜鹃花科）
paliform 栅栏状的（paliformis）
palindrome 回文结构（指密码）（palindroma）
palindromic 回文的（palindromicus）
palindromic helix 回文螺旋
palindromic loop 回文环
palindromic sequence 回文序列
paling ①栅栏，木栅，围篱 ②打桩
palingenesis 重演性发生
palingenetic character ①原发性状 ②重演性状
palingenetic stage 重演发育期
palingeny 重演发育（palingenia）
palisade 栅栏
palisade cell 栅栏细胞（vallocellula）
palisade fungi 栅栏菌（担子菌纲）
palisade layer 栅栏层
palisade parenchyma 栅栏薄壁组织
palisade parenchyma cell 栅栏薄壁组织细胞
palisade ring 栅状环
palisade tissue 栅栏组织
palisade worm 圆线虫［*Strongylus equinus*］
palisadoderm 栅状皮（palisadodermis）
paliurus ①马甲子属［*Paliurus* Mill.］（鼠李科）②马甲子［*Paliurus ramosissimus*（Lour.）Poir.］
palla barley 柏拉大麦（诱发品种）
palladium 钯［Pd，46 号元素］
pallescent 变苍白的（pallescens）
pallesthesia 振动觉
pallet ①透明方格纸 ②集装箱，安装架 ③草蒲团 ④（泥水工）抹子（工具）
pallet-base box 集装箱底部托盘
pallet potato harvester 带货盘的马铃薯收获机
palletized fresh fruit 集装［箱］鲜果
palletized transport 集装［箱］运输
pallid ①苍白的 ②淡色的 ③病状的（pallidus）
pallio-nimbus 层状雨云（pallionimbus）
pallium ①层状雨云｛气象｝②大脑皮质，大脑皮层 ③外套膜｛水产｝④隔膜｛昆虫｝
pallor 苍白，退绿（pallere）
palm ①掌心，手掌（palma）②棕榈属［*Trachycarpus* Wendl.］（棕榈科）③棕榈［*Trachycarpus fortunei*（Hook. f.）H. Wendl.］④掌尺（＝76 毫米）
palm-beach-bells ①落地生根属（高凉菜属）伽蓝菜属［*Kalanchoe* Adans.］（景天科）②落地生根［*Kalanchoe laxiflora* Baker］③伽蓝菜（长寿花，圣诞伽蓝菜，矮生伽蓝菜）［*Kalanchoe blossfeldiana* sp.］④高凉菜［*Kalanchoe laciniata* DC.］
palm brooms 棕扫帚
palm cabbage ①棕榈甘蓝，椰菜 ②（椰子）叶苞 ③心叶

palm-colour 棕色的
palm coried bug 椰缘蝽［*Pseudotheraptus wayi* Brown］(缘蝽科)
palm family 棕榈科［Palmae］
palm fat (= palm oil) 椰子油
palm-fern (= spiral macrozamia) 螺旋大泽米［*Macrozamia spiralia* sp.］(苏铁科)
palm fibre 棕丝,棕毛
palm-grass ①狗尾草属［*Setaria* P. B.］(禾本科) ②狗尾草［*Setaria iridis* (L.) Beauv.］
palm grove 油棕林
palm-house ①棕榈温室 ②热带植物温室
palm kernel 棕仁
palm-kernel cake 棕仁油粕(饼)
palm-kernel oil (= palm oil) 棕仁油
palm-leaf grape 掌叶葡萄［*vitis palmata* Vanl.］(葡萄科)
palm leaf rib 棕骨
palm leaf skeletonizer 棕尖翅蛾［*Homaledra sabalella* (Chambers)］(尖翅蛾科)
palm-leaved rhubarb 掌叶大黄［*Rheum palmatum* L.］(蓼科)
palm lily 朱蕉［*Cordyline terminalis* Kth.］(龙舌兰科)
palm pattern 掌纹型{遗传}
palm print ridge 掌纹脊
palm rope 棕绳
palm stem 棕榈茎干 (cauloma)
palm sugar 棕榈糖
palm tree 蒲葵［*Livistona chinensis* R. Br.］(棕榈科)
palm wax 棕榈蜡
palm-woven rain-cloak 棕衣,蓑衣
palma-christi (= castor bean, castoroil plant) 蓖麻［*Ricinus communis* L.］(大戟科)
Palmarosa (= Palmarosa grass) 马丁氏香茅［*Cymbopogon martini* Stapf. = *Andropogon schoenantus* Flück. et Hamb.］(禾本科)
Palmarosa oil (= rusa oil) 马丁氏香茅油
palmate ①掌状的 ②蹼足的 (palmatus)
palmate leaves 掌状叶 (folii palmati)
palmate root 掌状根 (radix palmatus)
palmate vein (= palmate nerve) 掌状脉 (nervi palmati)
palmate venation 掌状脉序 (venatio palmata)
palmated foot 蹼足
palmately cleft 掌状半裂的 (palmatifidus)
palmately compound leaf 掌状复叶 (folium palmaticompositum)
palmately divided 掌状裂的 (palmatisectus)
palmately lobed 掌状圆裂的 (palmatilobus)
palmately nerved (= palmately veined, palmiform palminerved, palmiveined) 掌状脉的 (palmatinervis)
palmately parted (= palmatipartite) 掌状深裂的 (palmatipartitus)
palmately single leaf 掌状单叶 (folium palmatisingulare)
palmately trifoliolate 具掌状三小叶的(palmatim trifolate)
palmately veined 掌状脉的 (palmatinervis)
palmatifid 掌状半裂的(palmatifidus)
palmatilobate 掌状浅裂的,掌状圆裂的(palmatilobatus)
palmatilobate leaf 掌状浅裂叶(folium palmatilobatum)
palmatine 非洲防己碱,巴马亭［$C_{21}H_{22}NO_4$］
palmatipartite 掌状深裂的 (palmatipartitus)
palmatipartite leaf 掌状深裂叶 (folium palmatipartitum)
palmatisected 掌状裂的,掌状全裂的(palmatisectus)
palmella 菌胶团期,不定群体,胶群体
palmella family 胶群藻科［Palmellaceae］
palmella stage 不定群体时期{真菌}
palmerworm 小舌麦蛾［*Dichomeris ligulella* (Hübner)］(麦蛾科)
palmette 棕叶形(palmettus)
palmette training 多干形整枝
palmetto (= dwarf fan-palm) ①矮扇棡属 ②矮扇榈
palmetto scale 棕榈蚧［*Comstockiella sabulis* Comstock］(蚧科)
palmetum 棕榈园{园林}
palmicole (= palmicolous) 棕榈上生的 (palmicolus)
palmipeds ①水禽,游禽 ②蹼足鸟
palmital (= palmitaldehyde) 棕榈醛,软脂醛［$CH_3(CH_2)_{14}CHO$］
palmital-serine aldol decarboxylase 棕榈醛-丝氨酸醛醇脱羧酶
palmitate ①棕榈酸 ②棕榈酸盐、酯或根
palmitic acid 棕榈酸,软脂酸［$CH_3(CH_2)_{14}COOH$］

palmitin ［三］棕榈酸甘油酯［$(C_{15}H_{31}COO)_3C_3H_5$］
palmitoleic acid 棕榈油酸，十六［碳］烯酸
palmitoleostearin 棕榈油［酰］硬酯［酰］甘油酯
palmitoyl 棕榈酰，十六［烷］酰
palmitoylation 棕榈酰化，十六［烷］酰化（palmitoylatio）
palmityl ①棕榈基，十六［烷］基 ②棕榈酰，十六［烷］酰
palmityl-ACP thioesterase 棕榈酰 ACP 硫酯酶
palmityl-CoA reductase 棕榈酰 CoA 还原酶
palmtop 掌上型计算机
palmula 爪垫
palmus 四指宽（=7.39 厘米）
palmyra fiber 糖椰纤维
palmyra palm 扇叶树头榈（扇榈，扇棕，糖椰）［*Borassus flabellifer* L.］（棕榈科）
palp（=palpus） 须，触须（palpus）
palpate ①触［诊］｛医｝②具触须的｛昆虫｝（palpatus）
palpation 触诊（palpatio）
palpebral fissure 眼睑裂
palpifer 负颚须节
palpiger 负唇须节
palpuli 小颚须（鳞翅目）
palsamire（=palsabog） 泥灰丘沼泽
palsy 麻痹，瘫痪（palsia）
paludal（=paludine，paludinous） ①沼泽的 ②沼地生的（paludosus）
paludification 沼泽化作用，泥炭形成（paludificatio）
paludose（=paludous） 沼生的（paludosus）
palustris ladybell 沼泽沙参［*Adenophora palustris* Komer.］（桔梗科）
palygorskite 坡缕石
palynogram 孢粉图式（palynogramma）
palynological 孢粉［学］的（palynologicus）
palynological data 孢粉学资料（data palynologicae）
palynology 孢粉学（palynologia）
palytoxin 岩沙海葵毒素
Pamosol 2 Forte（=zineb） 代森锌
pampas ①南美草原 ②盘帕斯群落
pampasgrass ①蒲苇属［*Cortaderia* stapf］（禾本科）②蒲苇［*Cortaderia selloana*（schult.）Aschers.］
pampiniform ①卷须状的 ②蔓状的（pampiniformis）
PAN（=peroxyacetyl nitrate） 硝酸过氧化乙酰［$RCH_3CO_3NO_2$］
pan ①盘，盆，平底锅（钵）｛园林｝②盐田，土磐，磐层，硬磐｛土壤｝，池，盐池，｛水利｝③抖动板，底壳，浅箱，槽｛农机｝④（=pannus）碎片［云］｛气象｝⑤平移扭动｛电脑｝
pan- ⌞字头⌝全，泛
pan-autopolyploid 全同源多倍体（panautopolyploida）
pan breaker 磐层松土器，心土铲，深耕铲
pan breaking（=pan busting） 磐层松土
pan-cake ice 饼状冰
pan-climax 泛顶极，泛演替顶极
pan evaporation 盘式蒸发量
pan film 全色胶片｛遥感｝
pan-fired tea 锅炒茶
pan formation 土磐形成
pan-ice 浮冰
pan irrigation 根圈灌溉（果木）
pan of balance 天平盘
pan plow 深耕犁
pan wheel 后沟轮
Panama disease 萎蔫病，巴拿马萎蔫病
Panama disease of banana 香蕉萎蔫病［*Fusarium oxysporum* Schl. ex Fr. = *F. cubense*（Smith）Snyder et Hansen.］
Panama hat 巴拿马草帽
Panama hat plant（=Jipi japa） ①巴拿马草属［*Carludovica* Ruiz. et Pav.］（巴拿马草科）②巴拿马草［*Carlu dovica palmata* Ruiz. et Pav.］
Panama rubber（=Central American rubber） 中美橡胶（美洲橡胶）［*Castilloa elastica* Cerv.］（桑科）
panaplate（=dichlorvos） 敌敌畏
panaritium ①蹄冠炎 ②瘭疽
panchromatic 泛色的，全色的（panchromaticus）｛显技｝
panchromatic condenser 全［泛］色聚光镜（器）
panchromatic film（=pan film） 全色胶片｛遥感｝
panchromatic paper 全色相纸
panchromatic photography 全色摄影
pancratic lens 自由调节镜头
pancraticity （光学目镜放大度的）自由调节性（pancraticitas）
pancratium ①全能花属［*Pancratium* L.］（石蒜科）②全能花［*Pancratium biflorum* Roxb.］
pancreas 胰脏
pancreastain 胰抑制素（指可抑制胰岛素分泌）

pancreatectomy 胰腺切除[术](pancreatectomia)
pancreatic 胰脏的,胰的(pancreatus)
pancreatic amylase 胰淀粉酶
pancreatic cell 胰细胞
Pancreatic gland 胰腺
pancreatic island (=Langerhan's island) 胰岛
pancreatic juice 胰液
pancreatic kallikrein 胰激肽释放酶
pancreatic lipase 胰脂肪酶
pancreatic polypeptide (PP) 胰多肽
pancreatic secretory trypsin inhibitor (PSTI) 胰分泌型胰蛋白酶抑制剂
pancreatic tissue 胰腺组织
pancreatin 胰酶(制剂)
pancreatitis 胰腺炎
pancreokinin 胰激肽
pancreotropic 促胰的(pancreotropus)
pancreozymin (pz) 促胰酶分泌素
panda 熊猫
pandanaceous 露兜树的(pandenaceus)
pandemic ①洲间流行的,泛流行的,大流行的 ②洲间流行病(pandemicus)
pandemic disease 洲间流行病
pandemic infection 大流行传染(infectio pandemica)
pandemic influenza 大流行性流感(influensa pandemica)
pandorea ①粉花凌霄属[*Pandorea* Spach](紫葳科) ②粉花凌霄[*Pandorea jasminoides* Schum.]
pandorina ①实球藻属[*Pandorina* spp.](绿藻) ②实球藻[*Pandorina morum* sp.]
Pandorra box 潘道拉箱(指使程序产生许多麻烦的软件){电脑}
pandurate (=panduriform) 提琴形的(panduratus)
pandurifolious 提琴叶的(pandurifolius)
panduriform 提琴形的(panduriformis)
pane 方格,窗格玻璃
panecology 泛生态学(panecologia)
panel ①板,板料,门窗板,面板,安装板,方格板,护墙板 ②控制板,操纵板{农机} ③仪表板,配电盘 ④栅栏 ⑤羽片 ⑥专门小组(panellus)
panel assembly 面板组件{电脑}
panel display 面板显示器,平板显示
panel jack 面板插口,面板插座
panel light 仪表板灯
panels of clones 无性繁殖系小组,克隆小组
panencephalitis 大脑炎
pangamy 泛配,自由交配(pangamia)
pangao 西非黄苹婆[*Sterculia oblongata* R. Brown](梧桐科)
pangen ①泛子 ②胚芽(pangenum)
pangenesis 泛生论
pangi (=kapayang) 扁仁果[*Pangium edule* Reinw.](大风子科)
pangola grass 俯仰马唐(盘固草)[*Digitaria decumbenas* Stent.](禾本科)
panic ①应急的 ②惊慌的,恐慌的(panicus)
panic button 应急按钮
panic dump 应急转储
panic grass 稗[*Echinochloa crusgali*(L.) Beauv.](禾本科)
panic mode 应急方式
panicium midge 黍吸浆虫[*Stenodiplosis panici* Rchd.](瘿蚊科)
panicle ①圆锥花序,复总状花序,散穗花序 ②穗,果穗(panicula)
panicle base 穗基部,穗颈部
panicle blast 穗瘟病
panicle butterfly-bush 圆锥花醉鱼草[*Buddleja paniculata* Clarke](马钱科)
panicle development stage 穗发育期
panicle differentiation stage 穗分化期
panicle emergence 吐穗,抽穗
panicle erectness 穗直立性
panicle-formation stage 穗形成期
panicle hydrangea 圆锥绣球花(水亚木)[*Hydrangea paniculata* Sieb.](绣球科)
panicle-initiation stage 穗原始体形成期
panicle length 穗长
panicle number 果穗数
panicle number per hill 每穴穗数
panicle number per plant 每株穗数
panicle-number type 穗数型
panicle oats (=oats) 燕麦[*Avena sativa* L.](禾本科)
panicle primordia formation 穗原基形成
panicle-row line 穗行系
panicle-shaped 圆锥花序形的(paniculiformis)
panicle weight 穗重
panicle-weight type 穗重型
panicle yield 穗产量
panicled (=paniculate) 具圆锥花序的(paniculiger)
panicled millet 黍(稷)[*Panicum miliaceum* L.](禾本科)
panicled spike 散穗花序(spica paniculata)
panicled thyrsoid cyme 密伞圆锥花序(cyma thyrsoidea paniculata)

panicle/straw ratio 穗秆比率
paniculate 圆锥花序式的（paniculatus）
paniculate golden-rain tree（= golden-rain tree） 栾树（灯笼树）[*Koelreuteria paniculata* Laxm.]（无患子科）
paniculiform 圆锥花序的（paniculiformis）
panicum（= Pacific panicum）太平洋稷 [*Panicum pacificum* Tuyama]（禾本科）
Paniegrass 印度黍 [*Panicum indicum* L.]（禾本科）
panmictic 随机交配的（panmicticus）
panmictic deme 随机同类群
panmictic index(P) 随机交配指数，混变指数
panmictic population 随机交配群体
panmictic unit 随机交配单位
panmixia ①随机交配 ②随机交配群体
pannage 养猪果实饲料(pastio)
pannexterna（= epicarpium） 外果皮
panniculus（= pannicle） 膜
pannier 驮篓，背篓(panarium)
panniform 毡状的（panniformis）
panning ①杀青(制茶工序之一){加工} ②淘选{环保} ③移动镜头{电脑}
panning tea（= Kiln-drying tea） 炒茶，炒青，杀青{加工}
panning technique ①杀青技术，炒茶技术{加工} ②淘选技术{环保}
panniterna（= endocarpium） 内果皮
pannose 褴褛的，毡毛状的（pannosus）
Pannus ①(Pan) 碎片 [云] ②血管翳，角膜翳（pannus）
panoche clay loam soil 黄黏壤土
Panogen（= Methylmercury dicyanodiamide） 氰胍甲汞(杀菌剂) [$C_3HgH_6N_4$]
panoistic ovariole 无滋卵巢管
Panoram（= thiram） 福美双{农药}
Panoram D 13（= dieldrin） 狄氏剂
panoramic camera 全景[照]相机{遥感}
panoramic photo 全景相片{遥感}
panoramic-photograph map 全景摄影图
panoramic-profile map 全景轮廓图
panose 潘糖，6－α－葡糖基麦芽糖
panoxadiol 人参二醇
panoxatriol 人参三醇
Pansahi 帕萨希(甘蔗中国种，即过去甘蔗印度种，为五大类之一)
Pansoil（= echlomezol） 氯唑灵(杀菌剂) [$C_5H_5Cl_3N_2OS$]
panspermia 泛生论
pansy 三色堇(= heart's case) [*Viola tricolor* L.]（堇菜科）
pantachobryous 不规则生长的（pantachobryus）
panther 豹斑鹅膏 [*Amanita pantherina* Secr.]（有毒菌）
Panthion（= parathion） 1605
panting 喘气，喘息
panto- ⌊字头⌉全部，所有，每一
pantocolpate 具散沟的(pantocolpatus)
pantograph 缩放仪
pantoic acid 泛解酸[$C_6H_{10}O_3$]
pantology 百科全书（pantologia）
pantometer 角度计
pantomorphism （结晶)全对称[现象]（pantomorphismus）
pantoon 浮船
pantophagous 杂食的（pantophagus）
pantoporate 具散孔的（pantoporatus）
pantoscope 全景照相机，广角度透镜
pantothenate ①泛酸 ②泛酸盐、酯或根
pantothenate synthetase 泛酸合成酶
pantothenic acid 泛酸 [$HOCH_2C(CH_3)_2CH\cdot(OH)CONH(CH_2)_2COOH$]
pantothenylcysteine 泛酰半胱氨酸
pantothenylcysteine decarboxylase 泛酰半胱氨酸脱羧酶
pantothenylcysteine synthetase 泛酰半胱氨酶合成酶
pantotreme 具散萌发孔的（pantotremus）
pantotrophic virus 泛养病毒
pantoyl-AMP 泛解酰 AMP
Pantrin（= carbaryl） 西维因
pantropic ①泛热带的 ②泛嗜性的 ③泛向性的（pantropicus）
pantropic plant（= pantropical plant） 泛热带植物（planta pantropica）
pantropic virus 泛嗜性病毒（virus pantropicus）
panya 木棉 [*Gossampinus malabarica* (DC.) Merr.]
PAP（= phenthoate） 稻丰散
pap ①果肉 ②柔软组织
papain 木瓜蛋白酶
papainase 木瓜蛋白酶类
papaver 罂粟属[*Papaver* L.]（罂粟科）
papaver family 罂粟科[Papaveraceae]
papaveraceous 罂粟科的（papaveraceus）
papaveric acid 罂粟酸 [$C_{16}H_{13}NO_7$]
papaverine 罂粟碱 [$C_{20}H_{21}O_4N$]
papaverinol 罂粟醇 [$C_{20}H_{21}\cdot O_5N$]
papaw ①巴婆属 [*Asimina* L.]（番荔枝科） ②巴婆（巴婆果）[*Asimina triloba* (L.) Dundl]
papaw fruit rotting fly 巴婆剑虻(番木瓜剑

虻)[*Hecticus elongatus* Fabricius]

papaw scale 巴婆盾蚧(番木瓜盾蚧)[*Morganella elongatus* Fabricius](盾蚧科)

papaw tiger moth 巴婆灯蛾(番木瓜灯蛾)[*Diacrisia investigatorum* Karsch](灯蛾科)

papaya (=papaya tree) ①番木瓜属[*Carica* L.](番木瓜科) ②番木瓜[*Carica papaya* L.]

papaya anthracnose 番木瓜炭疽病[*Colletotrichum papayae* (P. Henn.) P. Henn.]

papaya armillaria root rot 番木瓜根腐病[*Armillaria mellea* (Vahl. et Fr.) Karst.]

papaya family 番木瓜科[Caricaceae]

papaya fruit fly 番木瓜实蝇[*Toxotrypana curvicauda* Gerstaecker](实蝇科)

papaya mosaic 番木瓜花叶病(病毒病害)

papaya mosaic virus 番木瓜花叶病毒

papaya phytophthora root rot 番木瓜根腐病[*phytophthora palmivora* (Butl.) Butl.]

papaya powdery mildew 番木瓜白粉病[*Phyllactinia coryrea* (Pers.) Karst.]

papaya ringspot virus 番木瓜环斑病毒

papaya scale (=white mulberry scale) 桑白蚧[*Aulacaspis pentagona* Targioni](蚧科)

papaya southern blight 番木瓜白绢病[*Sclerotium rolfsii* Sacc.]

papaya tiger moth 番木瓜污灯蛾[*Spilarctia investigatorum* Karsch](灯蛾科)

papeda ①大翼橙属[*Papeda* Hassk.](芸香科) ②大翼橙[*Papeda* sp.]

paper ①纸 ②论文 ③纸币 ④⌊复⌉文件,证书(papyrus)

paper and pulp industry 造纸和制浆工业

paper and pulp industry waste water 制浆造纸厂废水,造纸和制浆工业废水{环保}

paper back tree (=cajeput tree) 白千层[*Melareuca leucadendra* L.](桃金娘科)

paper bag 纸袋(育种用)

paper bail 压纸杆,纸卡钉

paper bark maple 血皮槭[*Acer griseum* (Franch) Pax.](槭科)

paper birch (=canoe birch) 纸皮桦[*Betula papyrifera* Marsh.](桦木科)

paper board 纸板

paper board mill waste water 纸板工厂废水{环保}

paper bush ①结香属(黄瑞香属)[*Edgeworthia* Mecissn.](瑞香科) ②结香(黄瑞香)[*Edgeworthia chrysantha* Lindl.]

paper cap 纸罩(试验用)

paper chromatography 纸层析[法]

paper clip 回纹针

paper core 纸卷芯轴,纸芯

paper crops (=paper making, crops) 造纸料作物

paper deflector 导纸板,纸偏转器

paper disk method 纸碟法,纸盘法{农药}

paper disk test 纸碟测定法(抗生素)

paper electrophoresis 纸电泳

paper extraction 抽纸,纸抽取

paper feed 进纸,送纸

paper feed unit 输纸部件

paper fibre plant 造纸纤维植物

paper flower 宝巾花(九重葛,三角花,叶子花)[*Bougainvillea glabra* Choisy](紫茉莉科)

paper for egg raising 蚕连纸,产卵纸{蚕}

paper grass (=esparto grass) 细茎针茅[*Stipa tenacissima*](禾本科)

paper guide 导纸机构,纸导槽

paper house 纸温室(由油纸做的)

paper industry sewage 造纸厂废水,造纸工业废水{环保}

paper-laying mechanism 铺纸机械装置,纸覆盖装置

paper-making 制纸,造纸

paper-making crops 造纸料作物

paper-making waste 造纸废水{环保}

paper manufacturing industry 造纸工业

paper mill waste (=paper mill waste water) 造纸厂废水{环保}

paper mulberry ①构属[*Broussonetia* L'Her.](桑科) ②构[*Broussonetia papyrifera* Vent.]

paper mulch 纸覆盖

paper mulching 纸覆盖

paper origin 打印纸定位原点

paper out 出纸,纸用完,纸尽(指打印)

paper partition chromatograph 纸分区层析仪

paper pot 纸[制营养]钵

paper pulp 纸粕,纸浆

paper raft nursing technique 纸筒育苗技术{栽培}

paper reed (=papyrus) 纸莎草(大伞莎草)[*Cyperus papyrus* L. = *Papyrus antiquorum* L.](莎草科)

paper shale 薄页岩{地质}

paper-shelled almond 薄壳扁桃

paper tent 纸幕,纸罩
paper throw 跑纸(指超行距走纸)
paper transport 输纸器
paper wasp ①胡蜂 ②⌊复⌉胡蜂科[Vespidae]
paperbark maple 血皮槭[*Acer griseum* Pax.](槭科)
paperless office 无纸办公[室](指电脑化)
paperstock 拣选的废纸{环保}
papery 薄纸质的(papyraceus)
papery leaf 薄纸质叶(folium papyraceum)
papilioform 凤蝶形的(papilioformis)
papilionaceae 蝶形花科
papilionaceous ①蝶形的 ②蝶形花的 ③斑驳的,杂色的(papilionaceus)
papilionaceous corolla 蝶形花冠(corolla papilionacea)
papilionaceous flower 蝶形花(flos papilionaceus)
papilionaceous panaeolus 蝶形斑菇[*Panaeolus papilionaecens* (Bull. ex Fr.) Quél.](有毒菌)
papilionaceous plants 蝶形花科[Papilionaceae]
papilla ①乳[头状]突[起]{真菌} ②乳头{畜} ③吐丝突{昆虫}
papillar (= papillary) ①乳头的 ②乳头状突起的,乳突的(papillaris)
papillary colony 乳突菌落(colonia papillaris)
papillary pattern 肤纹型,(皮肤乳头状突起)模式
papillate ①乳头状的 ②具乳突的(papillatus)
papillate hair 乳头状毛(pilus papillatus)
papilliferous 具乳头状突起的(papillifer)
papilliform 乳头状的(papilliformis)
papilloma 乳头状瘤
papilloma virus 乳头状瘤病毒(指乳头状瘤多型瘤空泡形成病毒)(papillomovirus)
papillomatosis 乳头状瘤病
papillose ①具乳头的 ②多乳头的 ③乳头状的(papillosus)
papillose cell 乳头细胞(cellula papillosa)
papoose-root ①(= lion's leaf) 类叶牡丹属[*Leontice* L.](小檗科) ②类叶牡丹[*Leontice thalictroides* L.]
papovavirus 乳多空病毒
pappiferous 具冠毛的(pappifer)
pappiform 冠毛状的(pappiformis)
pappo 冠毛,茸毛
pappose (= pappous) 具冠毛的(papposus)
pappus 冠毛
pappy ①柔软的,多汁的 ②乳状的,稀粥状的
paprika (= bell pepper, red pepper) 辣椒
papule ①丘疹{医} ②⌊复⌉丘疹状结核{土壤}(papula)
papuliferous ①具小乳头的 ②生丘疹的(papulifer)
papulospore 多乳突孢子(papulospora)
papulous (= papulose) 具小乳头的,小疱状的(papulosus)
papyraceous 纸质的(papyraceus)
papyrus (= paper reed) 纸莎草
par ①同等 ②等值(aequus)
par gene 巴基因(指具有分配和稳定功能的基因)
para- ⌊字头⌉ ①拟 ②副 ③对[位]
para braunerde (= brown like soil) 次生棕壤,棕壤型土
para cress (= paracress spotflower) ①千日菊属[*Spilanthes* Jacq.](菊科) ②千日菊[*Spilanthes oleracea* Jacq.]
para-fluorophenylalanine (PFP)对荧光苯丙氨酸
para foul brood (蜂)副腐蛆病[*Bacillus paraalvei*]
Para grass 巴拉草[*Panicum purpurascens* Raddi.](禾本科)
para-minobonzoic acid (PABA)对氨基苯甲酸
para-minobonzole acid (PABA)双氨基苯甲酸
Para nut (= Para nut tree, Brazil nut tree) 巴西果[*Bertheolletia excelsa* Humb. et Bonpl.](桃金娘科)
Para piassava 纤维榈[*Leopoldinia piassava* Wallacxe.](棕榈科)
Para rubber tree (= Brazilrubber, caoutchous tree, hevea) 橡胶树(三叶胶,巴西橡胶树)[*Hevea brasiliensis* Muell.-Arg.](大戟科)
parabanic acid 仲班酸,乙二酰脲[$C_3H_2O_3O_2$]
parabasal body 副基体,动质体
parabionts 共处生物(parabionses)
parabiosis ①平行接植{园艺} ②并生{遗传} ③异种共生{生态}
parabiotic ①间生态的 ②并生的(parabioticus)
parabiotic twins 联体双生
parabola 抛物线
parabola method 抛物线法

parabolic 抛物线的(parabolicus)
parabolic cross section 抛物线横断面
parabolic dish 抛物面天线
parabolic dune 新月形沙丘
parabolic flight 抛物线飞行
parabolic inhibition 抛物[线]型抑制{分生}
parabolic motion 抛物线运动
parabolic reflector 抛物[线]型反射器
parabolic regression 抛物线回归
parabolic section 抛物线形断面
paraboloid 抛物面(paraboloideus)
paraboloid condenser 抛物面聚光镜(器){显技}
paraboloidal mirror 抛物面镜
paracall 并联呼叫{信息}
paracardo 亚轴节
paracarmine 副胭脂红{显技}
paracarpium 不育心皮
paracarpous 并列心皮的(paracarpus)
paracarpy 并列心皮性(paracarpia)
paracasein 衍酪蛋白,副酪蛋白
paracentric 着丝粒旁的,同臂内的(paracentrus)
paracentric heterochromatin 着丝粒旁异染色质,同臂内异染色质
paracentric heterozygous inversion 着丝粒旁杂合倒位,臂内杂合倒位
paracentric inversion (着丝粒)两侧倒位,臂内倒位(inversio paracentrica)
parachorium 体内共生
parachromatin 副染色质(parachromatina)
parachrome 胞内色素,副色(parachroma)
Paracide (= PARA-DCB, Paradichlorobenzene, Paradow) 对二氯苯
paraclypeus 侧唇基
paracme [系统发育]衰退期(paracma)
paracodon 副密码子{分遗}
paracolon bacteria 副大肠菌
paracorolla 副花冠
paracortex 淡色拟薄壁组织皮层
paracress spotflower 千日菊(桂圆菊,金纽扣)[*Spilanthes oleracea* Jacq.](菊科)
paracrine 旁分泌
paracrinkle virus 拟皱缩病毒
paracrystalline 类结晶的(paracrystalina)
paracrystalline state 类结晶态(status paracrystallinus)
paracrystals 假晶体(paracrystales)
paracutis 等径胞表皮层
paracyst 盘菌配子(paracystus)
paracytic type 平列型(气孔)(typus paracyticus)
paraderm 等径胞皮(paradermis)
paradermal plane 等径胞皮面(plana paradermidis)
paradesm (= paradesmose, paradesmus)副连丝(paradesmus)
Paradichlorobenzene (= paracide) 对二氯苯{农药}
paradigm ①示范 ②范型,范例(paradigmma)
paradigm decision analysis 示范决策分析
paradigm machine 范例机
paradise [apple] 乐园苹果[*Malus pumila* var. *paradisiaca* Schneider.](蔷薇科)
paradise lily 天堂百合[*Paradisea liliastrum* L.](百合科)
paradise plant ①珊瑚花属(爵床属)[*Justicia* L.](爵床科) ②珊瑚花[*Justicia carnea* Hook. = *Jacobinia carnea* Nichols.] ③爵床[*Justicia procumbens* L.]
paradise poinciana 乐园黄蝴蝶[*Poinciana gilliesi* Hook.](豆科)
paradoxical sleep 异相睡眠{分生}
paraeluvium 次生淋溶风化壳{土壤}
paraferrallitic soil 次生铁铝土,铁铝型土
paraffin ①石蜡,硬石蜡 ②链烷属烃
paraffin apparatus 溶蜡炉{显技}
paraffin block 蜡块(切片用)
paraffin-cut section (= paraffin section) 石蜡切片
paraffin embedding (= paraffin imbedding) 石蜡包埋
paraffin embedding method 石蜡包埋法{显技}
paraffin emulsion 石油乳剂
paraffin engine 煤油发动机
paraffin immersion method 石蜡浸渍法{显技}
paraffin infiltration 石蜡浸透
paraffin method 石蜡法{显技}
paraffin oil 石蜡油
paraffin paper [石]蜡纸
paraffin section 石蜡切片
paraffin sectioning method 石蜡切片法
paraffin wax 固体石蜡,硬石蜡
paraffin wax embedding (= paraffin imbedding) 石蜡包埋
paraffin wrap 涂蜡包果纸
paraffinic acid 链烷酸,石蜡族酸
paraffinoid 蜡质状的(paraffinoideus)
Parafilm 石蜡膜(商)
Paraformaldehyde 多聚甲醛(土壤杀菌剂)

parafoveal 中央凹周围的
parafuchsin 副品红
parafuchsin purification 副品红纯化
paragenesis 间生,回交能育
paragenetic ①间生的,回交能育的 ②拟遗传的(parageneticus)
paraglobulin 副球蛋白
paraglossa 侧唇舌
paragnatha 间颚{昆虫}
paragneiss 副片麻岩{地质}
paragonimiasis 并殖吸虫病
paragrass (= para-grass) 紫黍草(巴西稷)[*Panicum purpurascens* Raddi](禾本科)
Paraguayan tea 巴拉圭茶[*Ilex paraguayiensis* St. Hil.](冬青科)
paragynous ①(雄器)侧生的 ②雄器侧生的(paragynus)
paraheloide 辐射刺(paraheloideus)
parahematin 拟羟高铁血红素
parahemophilia 副血友病
parahormone 副激素
parainfluenza virus 副流感病毒
parainversion 无着丝粒倒位
parakinetic inversion (着丝粒)两侧倒位,臂内倒位
paralbomaculate transmission 拟白斑粒传递
paralbumin 副清蛋白
paraldehyde 三聚乙醛,仲醛[$(CH_3CHO)_3$]
paralichic contact 异元母质层,土壤砾石接触层
paralinin 核基质(paralinina)
parallactic angle 视差角
parallax 视差(parallaxis) 遥感
parallax bar 视差杆
parallax difference 视差校
parallax error 视差误差
parallax ray 视差线
parallax wedge 视差量测楔
parallel ①平行的 ②平行,并行,并联 ③比较,对比
parallel access 并行存取{电脑}
parallel accumulator 并行累加器
parallel analysis 并行分析
parallel arrangement 平行排列
parallel association 平行配对
parallel-bar rake 平行四杆式搂草机
parallel bus 并联总线{信息}
parallel chorisis 平行辟分
parallel circuit 平行线路{信息}
parallel cline 平行渐变群
parallel co-orientation 平行互定向
parallel communication 并行通信
parallel computer 并列计算机
parallel connection 并联接法{环保}
parallel connection meter 并联水表{环保}
parallel construction 导水工程{水利}
parallel current drier 气流平行干燥机
parallel current system 气流平行系统
parallel cylinder system 并联油缸系统
parallel data adapter 并行数据适配器
parallel detection 并行检测
parallel determination 平行测定{生技}
parallel displacement 平行位移
parallel displacement fault 平移断层{地质}
parallel DNA triplex 平行 DNA 三链体,平行 DNA 三股螺旋{分遗}
parallel drainage pattern 平行[型]水系{水利}
parallel engineering 并行工程
parallel evolution 平行进化
parallel flow 并流,顺流
parallel flow drying 并流干燥
parallel-flow heat exchanger 顺流式热交换器
parallel forces 平行力
parallel gene 平行基因
parallel guard cell 平行保卫细胞(cellula inclusiva parallica)
parallel harrowing 顺耙[地]
parallel hybridization analysis 平行杂交分析{育种}
parallel image computer 并行图像计算机
parallel input /output(PIO) 并行输入输出
parallel-lift linkage 平行四杆提升机构
parallel machine 并列机,并列计算机
parallel milking parlor 并列挤乳室
parallel-motion linkage 平行四边形悬挂装置
parallel mutation 平行突变,旁突变{遗传}
parallel of latitude 纬线
parallel photograph 平行摄影{遥感}
parallel polarization 平行极化(偏振)
parallel process 平行处理
parallel processing 平行加工
parallel reel 平行四边形拨禾轮
parallel resistance 平行阻力
parallel rise 平行增高
parallel running 并行运行
parallel sessions 并行通话{信息}
parallel spiral 平行螺旋
parallel spires 平行螺旋线

parallel storage 并行存储器
parallel sweep ①平行扫描 ②平行搜索
parallel transmission 并行传输
parallel variation 平行变异（variatio parallela）
parallel-veined leaf 平行脉叶（folium parallelinervum）
parallel veins 平行脉(nervi paralleli)
parallel venation 平行脉序（venatio parallica）
parallel working 平行作业
parallel β-pleated sheet 平行 β 折叠{生技}
parallel β-strand 平行 β 链{分遗}
parallelism 平行现象（parallelismus）
parallelism of subspecific cline 亚种渐变群的平行现象
parallelodromous 平行的(指脉)（parallelodromus）
parallelogram 平行四边形（parallelogramma）
parallelogram-eccentric mechanism 平行四边形偏心机构
parallelogrammic cultivator 平行四边形式中耕机
parallelopiped 平行六面体(parallelopipus)
parallergy 副变态反应(parallergia)
paralocus 副座位,拟等位基因
paralogous gene 共生同源基因,平行进化同源基因
paralyser 并行分析程序{电脑}
paralysis 麻痹,瘫痪
paralysis due to nectar or pollen 花蜜或花粉中毒引起的麻痹病
paralysis during honeydew flow 甘露流蜜期麻痹病
paralyzed 瘫痪的
paralyzer (=paralyser) 抑制剂,麻痹药
paramagnet 顺磁体
paramagnetic 顺磁的（paramagneticus）
paramagnetic effect 顺磁效应
paramagnetic interaction 顺磁相互作用
paramagnetic resonance 顺磁共振
paramagnetic resonance spectrum 顺磁共振波谱
paramagnetic substance 顺磁物质
paramagnetism 顺磁性（paramagnetismus）
Paramar (=parathion) 1605
paramecin 草履虫素
paramecium 草履虫［属］［*Paramecium* spp.］
paramecium aurelia 双小核草履虫
paramecium caudatum 大草履虫［*Paramecium caudatum* sp.］
parameiosis 副减数分裂{细胞}
parametabola 不全变态类
parameter ①参数,常轨数 ②参量{统计}
parameter bound 参数界限
parameter estimation 参数估计
parameter measuring technique for agricultural production process 农业生产过程[的]参数测量技术{智培}
parameter mode 参数模式
parameter subsystem 参数子系统{遥感}
parameterization 参数化（parameterisatio）
parametric 参数的（parametricus）
parametric amplifier ①参数放大器 ②参量放大器
parametric statistics 参数统计学
parametric synthesis 参数综合
parametric Wiener filter 参数维纳滤波器{遥感}
parametron ①变参[数]元件,交感元件 ②参变管
paramicrobes 寄生微生物
paramitome 丝间质
paramo soil 亚高山草甸土
paramodulation 调解法（paramodulatio）
paramongoloid 副先天愚型
paramorph 诱变培养系
paramorphogen 诱变物
paramos 高寒带
paramount sorting system 穿孔卡片检索法
paramp 参量放大器
paramphistomiasis 前后盘吸虫病
paramucin 异黏液素,副黏蛋白
paramutability ①拟突变力 ②拟突变可能性（paramutabilitas）
paramutable 拟易变的（paramutabilis）
paramutable allele 拟易变等位基团
paramutable gene 拟易变基因
paramutagenic factor 拟诱变因子
paramutation 副突变(paramutatio)
paramyosin 副肌球蛋白
paramyxovirus 副黏病毒
parana pine 巴西杉［*Araucaria brasiliana* A. Rich.］(松科)
paranecrosis 类坏死
paranemic 具平行线的(paranemicus)
paranemic coil 平行线螺旋,反向双股螺旋{分遗}
paranemic coiling 平行线螺旋
paranemic joint 平行线接连{信息}

paranemic spiral 平行[线]螺旋
paranoia 妄想狂
paranucleic body（= paranuclear body）副核体
paranuclein 副核蛋白，拟核蛋白
paranucleolus 副核仁
paranucleus 副核
paraoluvium 准淋溶风化壳，次生淋溶风化壳
paraoxon（= E600）对氧磷（杀虫剂）[$C_{10}H_{14}NO_6P$]
parapatric 邻分布区的，邻地的(paratricus)
parapetaloid 副花瓣状的(parapetaloides)
parapetalous 副花瓣的（parapetalus）
parapetalum 副花瓣
Paraphos（= parathion）对硫磷
paraphyllum 托叶
paraphysate 有侧丝的（paraphysatus）
paraphysis ①侧丝隔丝 ②基板附器，侧棒 ③[脑]上旁突体
paraphysis palisade 栅状侧丝
paraphysogone（= paraphysogonium） 产侧丝原(paraphysogonium)
paraphysoid 拟侧丝(paraphysoides)
paraphysoid hairs 侧丝状毛
paraphysoid hyphae 侧丝状菌丝
paraplasm 副质（paraplasma）
paraplastic body 副质体(corpus paraplasticus)
parapodia 疣足，侧足，伪足
parapodzol 次生灰壤（parapodsolum）
paraporal lacuns 邻孔隙（lacunae paraporales）
paraporal ridges 邻孔脊
paraprosenchyma 圆胞疏丝组织
paraprotein 副蛋白
paraproteinaemia（paraproteinemia） 副蛋白血（paraproteinemia）
paraquat 对草快，百草枯(除草剂)[$C_{12}H_{14}Br_2N_2$]
pararedzina 准黑色石灰土，次生黑色石灰土(pararedsina)
pararetrovirus 副反转录病毒｛分遗｝
pararosaniline 碱性副品红
pararubber tree（= para rubber） 三叶胶（巴西橡胶）[*Hevea brasillensis* Muell. Arg.]（大戟科）
parasecretion 不正常分泌(parasecretio)
paraselectivity 拟选择性（paraselectivitas）
paraselenae 幻月，假月
paraselenic circle 幻月环
parasexual 无性的，准性的，超性的(parasexualis)
parasexual cycle 无性周期，拟有性周期
parasexual hybridization 无性杂交
parasexual mode 准性方式
parasexual process 准性过程
parasexual recombination 无性重组，准性重组
parasexual reproduction 准性生殖
parasexualism 无性生殖，准性生殖(parasexualismus)
parasexuality 无性生殖，准性生殖(para sexualitas)
parasitation 寄生(parasitatio)
parasite ①寄生[植]物 ②寄生虫 ③天线反射器 ④寄生振荡(parasita)
parasite antigen 寄生物抗原
parasite bee（= parasitic bee） 寄生蜂
parasite culture 寄生物培养
parasite-host interaction 寄生物-寄主相互作用
parasite in vitro culture 寄生物离体培养，寄生物试管内培养
parasite variability 寄生物变异性
parasitic 寄生的(parasiticus)
parasitic attack 寄生性侵袭
parasitic bacteria 寄生细菌
parasitic bee of seed 种子寄生蜂
parasitic castration 寄生去势
parasitic diptera（= tachina, larva-fly） 寄生蝇
parasitic disease ①寄生性病害 ②寄生虫病，寄生物病
parasitic drag 寄生阻力
parasitic flagellates 寄生鞭毛虫类
parasitic form 寄生形式（forma parasitica）
parasitic fungi 寄生菌
parasitic grain wasp 瓦氏肿腿蜂[*Cephalonomia waterstoni* Gahan.]
parasitic hymenoptera ①寄生蜂 ②姬蜂
parasitic infestation 寄生性感染
parasitic insect 寄生性昆虫
parasitic nematode 寄生线虫
parasitic nematode population 寄生线虫群体
parasitic nutrition 寄生营养
parasitic oscillation 寄生振荡（oscillatio parasitica）
parasitic plant 寄生植物(planta parasitica)
parasitic potential 寄生潜力
parasitic process 寄生过程

parasitic relationship 寄生相互关系
parasitic root 寄生根(radix parasiticus)
parasitic ruderal 寄生杂草(ruderalis parasiticus)
parasitic soil reaction 寄生物土壤反应
parasitic wasp 寄生蜂
parasitic weeds 寄生杂草
parasiticide 杀寄生虫剂
parasitifier 带寄生物者
parasitism ①寄生现象 ②寄生物感染(parasitismus)
parasitism with alternate hosts 转主寄生
parasitization 寄生,被寄生状态(parasitisatio)
parasitogenic 寄生引起的,寄生产生的(parasitogenus)
parasitologist 寄生虫工作者,寄生虫学家(parasitologistus)
parasitology 寄生虫学(parasitologia)
parasitosis 寄生虫病,寄生物病
parasol [mushroom] 高大杯柄菇[*Macrolepiota procera* (Scop. ex Fr.)Sing.](伞菌科)
parasol mushroom 高环柄菇[*Lepiota procera* (Scop. ex Fr.) Gray](环柄菇科)
parasol pine 金松[*Sciadopitys verticillata* S. et Z.](松科)
parasol radiometer 伞式辐射计{遥感}
parasol tree 梧桐[*Firmiana simplex* W. F. Wight](梧桐科)
parasorbic acid 花椒酸,羟己烯酸酯[$C_6H_8O_2$]
parasporal 伴胞的(parasporalis)
parasporal crystal 伴胞晶体
paraspore 多分孢子(paraspora)
parastades 副花冠丝
parastamen (=parastemon) 不育雄蕊
parasterility 拟不育性(parasterilitas)
parastic viruses 寄生型病毒{电脑}
parastichy 斜列线(parastichies)
parastrophe 向阴性
parastyle 赘花柱(parastyla)
parasymbiosis 准共生[现象]
parasympathetic nervous system 副交感神经系统(systema nervosa parasympathetica)
parasympatheticomimetic (=parasympathomimetic) ①类副交感神经功能的 ②类副交感神经功能药物
parasyncolpate 副合沟的(parasyncolpatus)
parasyndesis (=parasynapsis) 平行联会
parataxis 互补性
parathecium (子囊盘)深色菌丝外层
parathion (=E605, 1605, Thiophos) 对硫磷(杀虫剂,杀螨剂)[$C_{10}H_{14}NO_5PS$]
parathion methyl (=metaphos) 甲基对硫磷(杀虫剂)[$C_8H_{10}NO_5PS$]
parathormone 甲状旁腺[激]素
parathyroid 甲状旁腺
parathyroid hormone (PTH)甲状旁腺激素
parathyroidectomy 甲状旁腺切除(parathyroidectomia)
parathyrotropic hormone 促甲状旁腺激素
paratonic 感应的(paratonus)
paratonic movement 感应运动
paratope (=combining site) 互补位,[抗体]结合部位
paratory 驱虫醚(害虫驱避剂)[R-S-R]
paratose 泊雷糖
paratracheal-confluent parenchyma (=paratrachealzonate parenchyma) 傍管聚翼薄壁组织(parenchyma paratrachealiconfluens)
paratracheal parenchyma 傍管薄壁组织(parenchyma paratrachealis)
paratrichocutis 准毛皮层
paratrophic 偏寄生营养的(paratrophus)
paratrophy 偏寄生营养(paratrophia)
paratuberculosis (=Johne's disease) 副结核病
paratype ①副型 ②副模标本(paratypus)
paratype specimen ①副型植物标本 ②副模标本{昆虫}
paratyphoid 副伤寒(paratyphoides)
paratyphus bacteria 副伤寒细菌(bacteria paratyphes)
paratypic 外因型,副型,副模式(paratypicus)
paravariation 仿变异(paravariatio)
paravelangiocarpy 副菌幕被果型(paravelangiocarpium)
paraxanthine 1,7-二甲基黄嘌呤[$C_7H_8O_2N_4$]
paraxial 近轴的,旁轴的(paraxialis)
parazoa 侧生动物
parboil ①煮到半熟 ②使过热(perbullire)
parboiled rice 预蒸米,熏蒸米
parboiled rice processing 预蒸米加工
parboiling 预蒸处理(稻),熏蒸处理
parcel ①包裹,小包,包 ②群,组,块 ③林分 ④字段(particella)
parcel thresher 试验地脱粒机,小型脱粒机

parch ①(因干旱、阳光)焦干 ②烤干
parch blight 枯焦,干枯,冻枯
parched field 晒田,烤田(指水稻栽培)
parched peas 干豌豆
parchment ①(咖啡)种壳,咖啡内果皮 ②羊皮纸,假羊皮纸
parchment bean 带壳咖啡豆
parchment coat (咖啡)种皮,银皮
parchment coffee 带壳咖啡
parchment paper 假羊皮纸
pare ①剪,切去 ②剥削,削去 ③减,减少
paregoric ①镇痛的 ②镇痛药 ③复方樟脑酊(paregoricus)
parenchyma 薄壁组织(解剖)
parenchyma cell (= parenchymatous cell) 薄壁组织细胞
parenchyma sheath 薄壁组织鞘(vagina parachymata)
parenchyma strand 薄壁组织束
parenchyma tracheid 薄壁管胞
parenchymatous (= parenchymatic) 薄壁组织的(parenchymatus)
parenchymatous bundle sheath 薄壁组织维管束鞘(vagina fascicula parachymata)
parenchymatous cell 薄壁组织细胞(cellula parenchymata)
parenchymatous tissue 薄壁组织
parent ①亲,亲本 ②亲代 ③母(parens)
parent amphiploid 亲本双倍体
parent cell 亲细胞(cellula parentalis)
parent clone 亲本无性系,亲本克隆{农生技}
parent colony [of swarm] (分蜂群的母群)原群
parent compound 母体化合物
parent eggs of F_1 hybrid 原蚕种
parent environment 母体环境
parent fish 亲鱼
parent genotype 亲本基因型
parent hill 亲本穴[株]
parent line 亲系
parent material ①亲本材料{育种} ②母质{土壤}
parent material landform association 母质地形组合{土壤}
parent nucleus 亲核
parent-offspring correlation 亲子相关
parent-offspring mating 亲裔交配
parent-offspring regression 亲子回归
parent-offspring relation 亲子关系
parent pair 亲本对
parent particle 亲代颗粒
parent plant 亲本
parent population 亲本群体
parent progeny 亲本后代
parent resource 母资源
parent rock 母岩
parent row 亲本行
parent silkworm for hybridization 原蚕(指杂交用亲本的蚕种)
parent stand 母树林
parent stock ①砧木,根砧 ②原群,母群{蜂} ③母畜,繁殖用家畜
parent tree 母树
parent variety 亲本品种
parent virus 亲代病毒
parentage 家系,系谱
parentage test 家系鉴定,亲子鉴定{畜}
parental ①亲本的 ②亲代的(parentalis)
parental array 亲本系列
parental care 亲代抚育,亲代养育{水产}
parental character 亲本性状
parental check 亲本对照,亲本标准行
parental chromosome 亲代染色体
parental chromosome number 亲代染色体数
parental chromosome set 亲代染色体组{细胞}
parental clone 亲本无性[繁殖]系,亲本克隆{农生技}
parental combination 亲代组合
parental ditype(PD) 亲代双型
parental ditype tetrad 亲代双型四分体
parental DNA (= parent DNA) 亲本DNA
parental ecotype 亲本生态型
parental form 亲本类型
parental gamete 亲代配子
parental gene recombination 亲代基因重组
parental generation(P) 亲代
parental genome 亲代染色体组
parental genotype 亲本基因型
parental imprinting 亲本印记,亲本"胎教"{遗传}
parental inbred line 亲本自交系
parental line 亲本品系
parental material 亲本材料
parental means 亲本平均数
parental organism 亲代有机体,亲本
parental pair 亲本对(育种时杂交配合)
parental performance 亲本种性
parental phenotype 亲本表型
parental plant 亲代植株,亲本
parental population 亲代群体
parental reaction 亲本反应
parental rejection 亲本淘汰

parental sample 亲代样本
parental selection 亲本选择
parental sequence 亲代顺序
parental set of chromosome 亲本染色体组
parental single cross 亲本单交
parental source 亲本来源
parental source of nitrogen responsiveness 亲本氮反应性来源
parental stock 亲本原种
parental strain 亲本品系
parental strand 亲代链
parental type 亲本型
parental value 亲代值
parental variety 亲本品种
parental virus 亲代病毒
parenteral feeding 胃肠外给养
parenteral medication 胃肠外投药
parenthesis (= parentheses)括号
parenthesome 桶孔覆垫(parenthesoma)
parer ①浅耕机,灭茬机 ②削刀,削皮器
paresthesia 感觉异常
parhelic circle 幻日环{气象}
parhelion 幻日,假日{气象}
parichnos 通气道
parichnos strands 通气道维管束
parietal ①周壁的,周缘的 ②侧膜的(parietalis)
parietal cell 周缘细胞(cellula parietalis)
parietal cytoplasm 周缘细胞质(cytoplasma parietalis)
parietal layer 周缘层(stratum parietale)
parietal placenta 侧膜胎座(placenta parietalis)
parietal placentation 侧膜胎座式(placentatio parietalis)
parietal suture 壁缝(sutura parietalis)
parinaric acid 十八碳四烯酸
paring ①浅耕灭茬 ②削皮 ③⌊复⌉削下皮,削层
paring plough (= paring plow) 灭茬犁
parinol 苯吡醇(杀菌剂)[$C_{18}H_{13}Cl_2NO$]
paripinnate 偶数羽状的(复叶)(paripinnatus)
paripinnate compound leaf 偶数羽状复叶(follum compositum paripinnatum)
paripotency 类似进化潜力(paripotentia)
paris ①重楼属[*Paris* L.](延龄草科)②重楼(七叶一枝花)[*Paris polyphylla* Sm.]
Paris blue 巴黎蓝{显技}
Paris Code 巴黎法规{真菌}
Paris-daisy 木茼蒿(茼蒿菊)[*Chrysanthemum frutescens* L.](菊科)
Paris Green (= copper acetoarsenite) 巴黎绿(杀虫剂)[$C_4H_6As_6Cu_4O_{16}$]
Paris park 巴黎公园{园林}
parity ①同等,平等,相等 ②产仔顺序 ③经产数 ④宇称 ⑤奇偶性(paritas)
parity check 奇偶检验{遥感}
parity conservation 宇称守恒{生技}
parity logic 奇偶逻辑{电脑}
park ①公园,庭园{园林}②猎苑{狩猎}③停车场{农机}(parc)
park administration 公园管理{园林}
park commission 公园委员会
park engineering 造园工程,园林工程
park equipment 公园设施
park financing 公园财政
park forest 公园林
park land 稀树草地,温带疏林{生态}
park nursery 公园苗圃
park planning 公园计划,公园规划
park sanitation 公园卫生{环保}
park system 公园系统
park way 公园路,公园大道
Parker and Healing's medium 派克与希林二氏培养基
parking ①街心[花]园 ②停车场
parking brake ①停车制动 ②停放制动器{农机}
parking jack 停车用千斤顶
parking light 停车灯
parking lot 停车场,停车处
parking meter 停车计时器
Parkinson's disease 帕金森氏病
parlatoria date scale (= date palm scale) 枣片盾蚧[*Parlatoria blanchardi* (Targioni-Tozzetti)](盾蚧科)
parlor (= parlour) 挤乳间,挤奶室
parlor feeding equipment 挤乳室饲喂设备
parlor palm ①客室棕属[*Chamaedorea* Mart.](棕榈科)②客室棕(美丽棕)[*Chamaedorea elegans* Mart.]
Parmatol 木材防腐剂(商名,即四氯酚和五氯酚混合物及其有机溶剂)
parmelia ①梅花衣属[*Parmelia* Ach.](梅花衣科)②梅花衣[*Parmelia caperata* (Hoffm.) Ach.]
parmentiera ①蜡烛果属[*Parmentiera* DC.]②蜡烛果[*Parmentiera* sp.]
parnassia ①梅花草属[*Parnassia* L.](虎耳草科)②梅花草[*Parnassia palustris* L.]

paroecious ［雌雄］有序同苞的（paraecius）
paroecism 有序同苞性（paroecismus）
paromomycin 巴龙霉素
paroral cone 口侧锥
paroso（＝millet） 黍（稷，黄米，糜子）［*Panicum miliaceum* A. St. Hil.］（禾本科）
parotid 腮腺
parotin 腮腺素
parotitis 腮腺炎
parquet ①嵌木细工 ②拼花地板
parr（＝par） （一龄降海）幼鲑
parrot 鹦鹉［*Psittoacula* sp.］（鹦鹉科）
parrot alstroemria 鹦鹉六出花［*Alstroemria psittasina* Lehm.］（石蒜科）
parrot-bill 耀花豆属［*Clianthus* Banks et Soland.］（豆科）②耀花豆［*Clianthus scandens*（Lour.）Merr.］
parrot feather（＝parrot's feather） ①狐尾藻属［*Myriophyllum* L.］（小二仙草科）②狐尾藻［*Myriophyllum vericillatum* L.］
parrot-fevei（＝psittacosis） 鹦鹉热
parrot fish ①小吻鹦嘴鱼［*Scarus microrhinos* Bleeker］②蓝鹦嘴鱼［*Scarus caeruleus*（Bloch）］
parrot leaf（＝rabbitmeat alternanthera） 小叶红（五色草）［*Alternanthera ficoidea* sp.］（苋科）
parrot mushroom 绿盖蜡伞［*Hygrophorus psittacinus* Fr.］（蜡伞科）
parrots heliconia 鹦鹉赫蕉［*Heliconia pisttacolum* L.］（旅人蕉科）
parry arc 内晕珥
pars（＝part） ①部，部分 ②零件，配件③地区，区域（pars）
pars amorpha 无定形部分
pars fibrosa 纤维区（指核仁）（pars fibrosa）
pars granulosa 颗粒区（指核仁）（pars granulosa）
pars intercerebralis 脑间部
parse 分析（＝analyse）（pars）
parser 分析程序
Parshall measuring flume 巴氏计量槽｛环保｝
parsing ①分析，剖析 ②推导
parsing machine 剖析机
parsley ①香芹菜属［*Petroselinum* Hoffm.］（伞形科）②香芹菜［*Petroselinum sativum* L.］
parsley family（＝carrot family） 伞形花科［Umbelliferae］
parsley-fern（＝rock-brake） ①珠蕨属［*Cryptogramma* R. Br.］（水龙骨科）②珠蕨［*Cryptogramma crispa*（L.）R. Br.］
parsley grape 深裂叶葡萄［*Vitis vinifera* var. *apiifolia* Loud.］（葡萄科）
parsley oil 香芹油
parsley piert ①田斗篷草属［*Aphanes* L.］（蔷薇科）②田斗篷草［*Aphanes arvensis* L.］
parsleyworm ［香］芹菜凤蝶［*Papilio polyxenes asterius* Stoll］（凤蝶科）
parsnip ①欧防风属［*Pastinaca* L.］（伞形花科）②欧防风［*Pastinaca sativa* L.］
parsnip mosaic virus 防风花叶病毒
parsnip moth（＝parsnip webworm） 欧防风织叶蛾［*Depressaria pastinacella*（Duponchel）］｛织叶蛾科｝
parsnip webworms and others 织叶蛾科［Oecophoridae］
parsnip yellow fleck virus（PYFV） 欧防风黄点病毒
part ①责任，职责 ②〔复〕地区，区域｛耕作｝③〔复〕部分，零件，配件｛农机｝（pars）
part assembly drawing 零件装配图
part-circle sprinkler 扇形喷灌机
part cloudy 少云
part grouping 零件分类
part owner 兼营农场主
part per billion（ppb） 十亿分之一
part per million（ppm） 百万分之一
part per thousand（ppt） 千分之一
part plan 局部设计
part section view 局部剖面图
part-sporangium 分孢子囊
part spore 分孢子
part-tenant farmer 半自耕农
part-time farm household 兼营农户
part-time farmers 兼营农场主
part-time farming 兼务农业
part-time rice mill（＝subsidiary rice mill） 附属碾米厂
part-time work（＝short time work） 短期作业
partable ①可分开的 ②可分离的（partabilis）
partable audio terminal 可分离声音终端｛信息｝
parted（＝dissented） 深裂的（partitus）
parterre 对称花坛｛园林｝
parthenapogamy（＝diploid parthenogenesis） 二倍单性生殖（parthenapogamia）

parthenium ①银胶菊属［*Parthenium* L.］（菊科）②(= guayule)银胶菊［*Parthenium argentatum* (Gray)］

partheno- ⌊字头⌉ 单性,孤雌

parthenocarpous (= parthenocarpic) 单性结实的 (parthenocarpus)

parthenocarpous fruit 单性结实果 (fructus parthenocarpus)

parthenocarpy 单性结实(parthenocarpium)

parthenocaryogamy 单性核配 (parthenocaryogamia)

parthenocaryozeuxis 单性核配对

parthenocytogamy 雌细胞结合(parthenocytogamia)

parthenogamy 单性核配(parthenogamia)

parthenogenesis 单性生殖,孤雌生殖

parthenogenetic ①单性的 ②单性生殖的 (parthenogeneticus)

parthenogenetic development 单性发育

parthenogenetic diploid 单性二倍体

parthenogenetic egg cell 单性卵细胞

parthenogenetic embryo 单性胚 (embryo parthenogenetica)

parthenogenetic generation 单性生殖世代 (generatio parthenogenetica)

parthenogenetic population 单性生殖群体

parthenogenetic reproduction (= parthenogenetic propagation) 单性生殖,孤雌生殖 (reproductio parthenogentica)

parthenogenetic system 单性生殖系统

parthenogenone 单性生殖生物

parthenogonidium 单性生殖细胞,单性胞

parthenomixis ①单性受精生殖,孤雌受精生殖 ②单性融合

parthenosperm 单性精子(parthenosperma)

parthenospore 单性孢子 (parthenospora)

parthenote 单性生殖单倍体,孤雌生殖单倍体 (parthenota)

parti-colored 杂色的

partial ①部分的,局部的 ②次生的,第二级的(partialis)

partial abscission 部分脱落(指叶)(abscissio partialis)

partial adaptation 部分适应

partial agglutinin 副凝集素

partial air conditioning cultivation 部分空调栽培{农施}

partial allogamous plant 常异交植物,常异花授粉植物 (planta allogama partialis)

partial amphidiploid 部分双倍体(amphidiploida partialis)

partial animation 半动画{智培}

partial belief 部分置信{统计}

partial blockage 部分阻障

partial-body irradiation 体分区照射

partial carry 部分进位(指计算机计算)

partial chiasmatypy hypothesis 部分交叉型说 {遗传}

partial coherent light 部分相干光{遥感}

partial confounding 部分混杂{统计}

partial correctness 部分正确性

partial correlation 偏相关,净相关

partial correlation coefficient 偏相关系数

partial cultivation 局部耕作

partial cutting ①部分收割(牧草) ②部分采伐

partial deionization 部分消电离作用

partial denaturation 部分变性

partial derivative 偏微分,偏导数{数}

partial diallel cross 部分多系相互杂交,部分双列杂交

partial differential coefficient 偏微分系数

partial differential equation 偏微分方程

partial digest 部分酶解{生技}

partial digestion 部分[酶切]消化

partial diploid 部分二倍体

partial dominance (= imperfect dominance) 不完全显性

partial double-stranded character 部分双链性状

partial dressing 分施追肥

partial drought 小旱

partial eclipse 偏食{气象}

partial efficiency 部分有效性

partial elimination 局部淘汰

partial failure 部分失效

partial fertilizer 不完全肥料

partial filling 部分填补{生技}

partial-flow filter 分流式滤清器

partial flux 部分流量

partial fractionation 分馏法

partial habitat (= microhabitat) ①小生境{生态} ②小环境{栽培}

partial homology 部分同源

partial inflorescence 不完全花序(inflorescentia partialis)

partial inhibition 局部抑制作用

partial integrown knot 部分活节

partial involucre 分总苞(involucrum partiale)

partial lethal 部分致死

partial line down 部分行下移(指排版的行下移)

partial line up 部分行上移
partial load 部分负荷{环保}
partial lodging 局部倒伏
partial male fertility 部分雄性能育性
partial mast 歉年
partial molar enthalpy 偏克分子焓
partial molar free energy 偏克分子自由能
partial molar quantity 偏克分子量
partial molar volume 偏克分子容量(体积)
partial non-disjunction 局部不离开
partial over growth 部分生长过旺,部分疯长
partial overflow 部分溢流
partial panicle number type 偏穗数型
partial panicle weight type 偏穗重型
partial peduncle 分花梗(pedunculus partialis)
partial penetration 部分穿透(含水层){环保}
partial petiole 分叶柄(petiola partialis)
partial power on 部分加电
partial pressure 分压[力]
partial pressure of oxygen 氧分压
partial radiomimetic poison 部分拟辐射毒物
partial read pulse 半读脉冲{电脑}
partial record 部分记载,部分记录{畜}
partial regeneration 部分返青越冬谷类作物
partial registration 部分登记(品种)
partial regression 偏回归,净回归
partial regression coefficient 偏回归系数,净回归系数
partial regression equation 偏回归方程
partial resistance 不完全抗[病]性
partial response (PS) 部分有效
partial restore male fertility 部分回复雄性能育[性]
partial reversion ①局部回复[变异] ②局部返祖遗传
partial screen transmit 局部屏幕传达{信息}
partial seeding (=partial sowing) 局部播种{栽培}
partial sex-linkage ①部分性连锁 ②部分伴性
partial shade 半阴
partial specific volume 微分比容
partial sum 部分和{统计}
partial switching 部分翻转
partial synthesis 部分合成,半合成
partial umbel 分伞形花序(umbella partialis)
partial veil 内菌幕,半包膜(velum partiale)
partial volume 分容
partially aware viewers 部分感知浏览器{电脑}
partially balanced incompleteblocks design 部分平衡不完全区组设计{统计}
partially factorial experiment 部分因子试验{统计}
partially inverted file 部分倒排文件{电脑}
partially mixed digester 部分混合消化器{生技}
partially sensitive species 部分敏感种(指对冷冻反应){生态生理}
partible 可分离的(partibilis)
participation ①分配,共享 ②参与(participatio)
participation of atmospheric pollutant 大气污染物[的]参与{环保}
participation process 参与过程
participatory group 参与团体
particle ①土粒,颗粒,微粒{土壤} ②质点,粒子{物}(particula)
particle acceleration 粒子加速{生技}
particle accelerator 粒子加速器
particle beam 粒子束
particle bombardment 粒子轰击
particle charge 粒子电荷
particle contact 粒子接触
particle counter 颗粒计数器
particle counting ①颗粒计数 ②粒子计数
particle density 土粒密度
particle electrophoresis 粒子电泳
particle equivalent 颗粒当量
particle gun 基因枪,粒子枪
particle mediated gene transfer 颗粒介导基因转移,粒子介导基因转移
particle porosity 颗粒孔隙度
particle shape 土粒形状
particle size 粒径,颗粒大小
particle size analysis 粒径分析,颗粒大小分析
particle size distribution 粒径分布
particle weight 粒子量
particular ①特定的,特别的,特殊的,特有的 ②个别的 ③详细的,细致的(particularis)
particular cause 特殊原因
particular element 特定元素
particular function 特有功能
particular habitat 特定生境
particular site ①特定生境{生态} ②特定部位{形态} ③特定位点{分遗}
particular stressor 特定胁迫因子{生态生理}
particular value 特别价值

particulate ①[匀浆]分级 ②颗粒 ③微粒,飘尘(particulatus)
particulate antigen 颗粒[性]抗原
particulate fraction 匀浆分级,匀浆级
particulate inheritance 颗粒遗传
particulate loading ①悬浮微粒 ②悬浮微粒的浓度(含量)
particulate matter 颗粒物,微粒{环保}
particulate-pollutant 微粒污染物{环保}
particulate theory of inheritance 颗粒遗传说
partimute 聋哑患者(partimutus)
partite ①深裂的{形态} ②分割{微生物}(partitus)
partition ①深裂片{形态} ②分派,分配{遗传} ③分割,分划,分区 ④隔壁{微生物} ⑤隔板{农机} ⑥分段{电脑} ⑦隔栅{环保}(partitio)
partition balancing 分段平衡
partition chromatography 分配层析[法]
partition coefficient 分配系数
partition effect 分配效应
partition line 缝合线{地质}
partition network 分区网络{信息}
partition of degree of freedom 自由度的划分{统计}
partition of energy 能量分配
partition of land 土地划分
partition of variance 变量分配
partition running ①分区运行 ②分段运行{信息}
partition wall 隔壁
partitioned ①有室的(指子房,花药) ②分区的(指电脑)(loculatus)
partitioned database 分区数据库
partitioned matrices 分配矩阵{统计}
partitioner phase 分配相,固定相
partitioning ①分割,分块 ②划分,划分法 ③区分
partitioning gene action 区分基因作用
partitive membrane 分隔膜
partitivirus 分病毒
partly 部分的(particularis)
partly cloudy 少云[天]
partly lignified plant 半木化植物
partly-mounted 半悬挂式的
partly occluded 部分锢囚{气象}
partner ①合伙人,合作者 ②配偶
partner colony 配对菌落
partner exchange in pairing (染色体)配对的配偶交换
partner system 合作系统
partridge-berry ①蔓虎刺属[*Mitchella* L.](茜草科) ②蔓虎刺[*Mitchella repens* L.]
Partron M(=parathion methyl) 甲基对硫磷
parts list 零件目录
parts per billion(ppb) ①十亿分之一(10^{-9})(指美、法) ②万亿分之一(10^{-12})(指德、英){环保}
parts per hundred million(pphm) 一亿分之一(10^{-8}){环保}
parts per million(ppm) 百万分之一(10^{-6}){环保}
parts per trillion(ppt) 万亿分之一(10^{-12})(指美){环保}
parturient paresis 临产轻瘫
parturition 分娩(parturitio)
party ①参与方 ②用户 ③一组,一批(partire)
party line 合用线{信息}
party wall 隔墙,界墙
parvi- ⌊字头⌉小
parvicornate 小花冠的(parvicornatus)
parviflorous 小花的(parviflorus)
parvifolious 小叶的(parvifolius)
parvilobous 小裂片的(parvilobus)
parvovirus 细小病毒
Parzate ①(=Parzate C, parzate zineb)代森锌 ②(=nabam)代森钠
PAS(=periodic-acid-Schiff procedure)过碘酸席夫氏染色法
pasania-tree 椎[*Shii sieboldi* Mak.]
pascal(Pa) 帕[斯卡](压力单位)
Pascal's triangle 巴斯考三角,杨辉三角
pasmo 派斯莫病
pasmo of flax 亚麻派斯莫病[*Mycosphaerella linorum*(Wollenw) Garcia-Rada=*Phlyctaena linicola* Speg., *Septoria linicola*(Speg.) Garis.]
paspalum ①雀稗属[*Paspalum* L.](禾本科) ②雀稗[*Paspalum scrobiculatum* L.]
pasque-flower ①白头翁属[*Pulsatilla*(L.) Mill.](毛茛科) ②白头翁[*Pulsatilla chinensis*(Bge.) Regel.
pasquill's practical diffusion formula 英国气象局公式(一个实用的大气扩散公式){环保}
pass ①遍 ②扫描 ③通过 ④传送(passus)
pass a parameter 传送参数
pass band 通带{遥感}
pass-book 银行存折
pass by CONST(=pass by constant) 常量传递
pass by name 按名传送

pass-by-pass image 逐轨[云]图像
pass counter [扫描]遍数计数器
pass gate 传送门{信息}
pass-key 万能锁
pass-shooting 飞过射击{狩猎}
pass through ①通过 ②穿过 ③传过
passage ①通路,通道,走廊 ②出入口,孔口 ③[细胞]继代,传代 ④过渡
passage cell 通道细胞
passage culture 继代培养{生技}
passage form 过渡类型,中间类型
passage number [细胞]传代数{生技}
passage of cloud system 云系过境
passage of front 锋面过境
passage type 过渡型
passalid beetles 黑蜣科[Passalidae]
passalus 合萼
passenger pigeon 旅人鸽
passenger virus 过客病毒
passiflora family (=passion-flower family) 西番莲科[Passifloraceae]
passiflora latent virus 西番莲潜病毒
passing ①通行的 ②过境的 ③合格的 ④传递的
passing billows of mist 过境浪雾
passing-place 让车道
passing shower 过境阵雨
passing-through park 路上公园
passion-flower ①西番莲属[*Passiflora* Juss.](西番莲科) ②西番莲[*Passiflora caerulea* L.]
passion fruit (=granadilla fruit) 鸡蛋果
passivation 钝化(passivatio)
passive ①被动的 ②消极的 ③不活动的 ④钝性的 ⑤无源的(passivus)
passive absorption 被动吸收(absorptio passiva)
passive adaptation 被动适应(预先适应)
passive agglutination 被动凝集[作用](agglutinatio passiva)
passive attack 消极攻击
passive carrier 被动带菌者
passive circuit 无源线路
passive cold resistance 被动抗寒性
passive convention 消极[的]惯例
passive cutaneous anaphylaxis (PCA) 被动皮肤过敏反应
passive decoder 无源译码器{信息}
passive diffusion 被动扩散(diffusio passiva)
passive diffusion barrier 被动扩散阻障
passive disease resistance 被动抗病性
passive gateway 无源网关{电脑}
passive grab 不活跃捕捉
passive heat resistance 被动抗热性
passive hemagglutination 被动血凝作用
passive hemolysis 被动溶血
passive hydroponic system 被动溶液培养法,被动水培法,被动无土栽培法
passive immunity 被动免疫性
passive immunization 被动免疫[接种]
Passive Microwave Radiation Satellite (PAMIRASAT) 被动微波辐射卫星(欧空局){遥感}
passive microwave sensing 无源微波遥感{遥感}
passive monitoring 被动监测(指观察或分析)
passive open 被动打开
passive process 被动过程
passive security 被动安全
passive sensitization 被动敏化
passive sensor 无源遥感器,被动遥感器
passive silt 钝性泥土
passive simulation 被动模拟(simulatio passiva)
passive soil former 被动成土因素,惰性成土因素
passive tillering period 不活动分蘖期
passive transfer 被动传递,被动转移
passive transport 被运动输,被动转运
passive wiretapping 窃取信道信息,线路窃听,无源搭线{信息}
passivity 钝态(passivitas)
passometer 步测计
password ①口令,口令字 ②密码 ③通行字{信息}
password protection 口令[字]保护
password security 口令[字]安全,口令[字]保密{信息}
past generations 过去几代
past master 能手,老手,专家
past the roots [of a plant] 分株,分根移植{农施}
paste ①糊,浆糊 ②酱,膏 ③[点心]面团 ④糊剂 ⑤泥浆
paste crops 糊料作物
paste food 糕制食品,糕点食品
paste paint 厚漆
pastel ①菘蓝 ②菘蓝染料{显技}
pastern ①(马足的)骹(前肢)第一指骨,(后肢)第一趾骨 ②系部,系骨
Pasteur effect 巴斯德效应(氧对酒精发酵的阻碍作用)
Pasteur flask 巴氏烧瓶

Pasteur pipet 巴斯德吸管

pasteurellosis 巴氏杆菌病,出血性败血症

pasteurization ①巴氏灭菌法,消毒法 ②巴氏灭菌[作用],消毒(pasteurisatio)

pasteurized milk 消毒牛乳

pasteurized milk processing 消毒牛乳加工{加工}

pasteurized soil 消毒土壤

pasteurizer 巴氏灭菌器

pasteurizing 巴氏灭菌,消毒

pasteurizing plant 巴氏灭菌设备

Pasteur's solution 巴斯德培养液

pastila 果糕

pastille ①锭剂,软锭剂 ②芳香熏剂 ③射线测验纸碟

pastinaca ①欧洲防风属[*Pastinaca* L.](伞形花科) ②(=cultivated parenip)欧洲防风[*Pastinaca sativa* L.]

pastor 牧人

pastoral ①草原的,草地的 ②[用作]牧场的 ③[适于]畜牧的 ④牧人[生活]的(pastoralis)

pastoral area 牧区

pastoral fires 牧场火灾

pastoral nomadism 草原游牧[生活]

pasturable 适作牧场的(pasturabilis)

pasturage ①牧场 ②牧草 ③放牧(如赶羊流送)

pasturage system 放牧制

pastural ①放牧的 ②草地的 ③牧草的(pasturalis)

pastural farming 草地农业

pastural region 放牧区

pasture ①牧场,放牧场 ②草地 ③牧草 ④放牧(pastura)

pasture crop 放牧作物

pasture cutter 牧草割草机

pasture drill 牧草条播机

pasture economy 牧场经济学

pasture farming 草地农业

pasture feeding 牧场饲养

pasture float with spiral bars 带螺旋杆牧场耢

pasture for cutting 干草牧场

pasture grasses 牧场禾(牧)草

pasture ground (=pasture land) ①牧场地 ②放牧场,放牧地

pasture guard 牧场警卫,牧场守卫

pasture harrow 牧场耙,牧草地用耙

pasture improvement 牧场改良

pasture insects 牧场害虫

pasture land 放牧地

pasture land act 放牧地法令

pasture leaf bug [牧草]黄盲蝽[*Lygus kalmi* L.](盲蝽科)

pasture legumes 牧场豆类作物

pasture management ①牧场管理,牧场经营 ②放牧管理

pasture meadow 牧场草甸

pasture milking 牧场挤奶

pasture mixtures 牧草混播

pasture on slopes 坡地牧场

pasture plants 牧场植物

pasture practices 牧草措施

pasture pump 牧场用泵

pasture renovating blade 牧场更新锄铲

pasture renovation 牧场更新(草场更新)

pasture renovator 牧(草)场更新机

pasture rights 放牧权

pasture ripper 牧(草)场松土器

pasture rose 加罗林蔷薇[*Rose carolina* L.](蔷薇科)

pasture rotation ①草地轮作 ②轮牧

pasture rotation system ①草地轮作制 ②轮牧制

pasture scorching 牧草灼伤

pasture seeder 牧草播种机,牧场播种机

pasture species 牧场种

pasture spiker 牧场用齿式圆盘耙

pasture sward 牧场草地,放牧草地

pasture system 放牧制

pasture thistle 香蓟[*Cirsium pumilum*](菊科)

pasture tick 纳氏矩头蜱[*Dermacentor nuttali* Olenev.](蜱科)

pasture topper 牧场刈草机

pasture topping 牧场刈草

pasture-type 放牧型

pasture yield ①牧草产量 ②牧场生产量(力)

pasturing 放牧

pasturing cattle ①放牧家畜 ②放牧牛

pasturing in alpine land 高山放牧

pasturing season 放牧期

pasturing stock 放牧家畜

pasty ①糨糊状的,面团状的 ②黏性的 ③苍白的

pasty mass 糊状物质

pasty sludge ①糊状残渣{加工} ②黏性污泥{环保}

patagium 领片{昆虫}

Patau's syndrome 伯韬氏综合征

patch ①[鳞片状]碎片,残片,膜片 ②小块地,地段 ③(贴伤口)药膏,胶布 ④块斑,斑点 ⑤修补

patch address 修补地址{信息}
patch budding 补芽接,补片芽接{园艺}
patch burning 局部烧除(指林地)
patch clamp 膜片钳{生技}
patch clamping technique 膜片钳术
patch-forming volva 片状菌托
patch method 孔状伐
patch of cloud 飞乱云,云片
patch planting 孔状植树
patch program 修补程序
patch selection 片选
patch sowing 小块地播种,块状播种
patch-structure 地段结构{遥感}
patch test 分片检查
patch yellow ①黄斑 ②黄斑病
patched 有斑点(由于擦伤而成的)(lituratus)
patching ①膜片形式 ②成斑 ③插入 ④接线 ⑤修补
Patchouli ①刺蕊草属[*Pogostemon* Desf.](唇形科) ②刺蕊草[*Pogostemon glaber* Benth.]
Patchouli plant 广藿香[*Pogostemon patchouli* Pell. var. *suavis* Hook. f. = *P. cablin* Benth.](唇形科)
patchplug 接插头
patchwise 斑点状态
patella ①孢芽杯(地衣) ②髌,膝盖骨 ③膝节
patellate ①小盘状的 ②碟形的 ③盘形的(patellatus)
patellate corolla 小盘状花冠(corolla patellata)
patelliform 小盘状的,碟形的(patelliformis)
patelloid 碟状的,盘状的(patelloides)
patellula 小杯点
patent ①开展的,伸展的,扩散的 ②专利的 ③首创的,独具的 ④精巧的,设计完美的 ⑤专利,专利权,专利品,专利证(patens)
patent chemicals 专利农药
patent clone 专利无性系,专利克隆{农生技}
patent flour 上等面粉
patent medicine 成药,专卖药
patent protection 专利保护
patent right 专利权
patent security 专利保密,专利安全性
patent strategy 专利战略{农系工}
patentee 专利权所有人
patentor 专利许可单位
pateriform 浅碟形的(pateriformis)
paternal ①父的 ②父本的,③父性的 ④父方的(paternalis)
paternal cell 父细胞(cellula paternalis)
paternal character 父本性状
paternal chromosome 父本染色体
paternal complex 父本染色体组
paternal correlation 父本相关
paternal form 父本类型
paternal half-sib 父方半同胞
paternal inheritance 父性遗传
paternal line 父系
paternal pair 亲本对(paria paternalis)
paternal parent 父性亲本
paternal plant 父本
paternal strain ①父本品系 ②父本菌株
paternal transmission 父性传递
paternal-X inactivation 父本X失活,父本性失活
paternity 父性(paternitas)
paternity examination 父性鉴定
path ①小路,小径 ②途径,程途程,轨道,路线 ③路由,通路,支路{信息} ④路径{气象}
path analysis 通径分析{统计}
path coefficient 通径系数
path control (pc) ①通路控制 ②通路控制器{信息}
path diagram 通径图解
path gain 支路增益{信息}
path-length 路径长度{气象}
path loss 路径损耗{遥感}
path matrix 路径矩阵
path-method 路径法{气象}
path of carbon 碳素同化途径
path of fluid 流体途径
path of reel bat 拨禾板轨迹
path radiance 程辐射率{遥感}
path set-up 通路建立{信息}
pathmembranology 病态膜学(pathmembranologia)
patho- ⌞字头⌝病理
pathocidin 灭病菌素
pathodeme 病原同类群
pathogen (= pathogene) 病原,病原菌,病原体(pathogene)
pathogen destruction 病原体毁灭{环保}
pathogenesis 发病
pathogenic (= pathogenous) 病原的,致病的(pathogenus)
pathogenic agent 病原因素,病原体
pathogenic bacteria 病原细菌
pathogenic embryo 病胚
pathogenic fungi 病原菌
pathogenic group 致病类群

pathogenic micobe（= pathogenic microorganism） 病原微生物
pathogenic RNA 致病 RNA{分遗}
pathogenic strain 致病品系
pathogenic yeast 致病酵母
pathogenicity ①致病性，病原性 ②感染力（pathogenicitas）
pathogeny 病原学（pathogenia）
pathognomonic 病征的（pathognomonus）
pathohistologic examination 病理组织检查
pathologic（= pathological） 病理的（pathologicus）
pathological anatomy 病理解剖学（pathotomia）
pathological consequence 病理后果，分子病
pathological feature 病理特征
pathological form（= pathologic form） 病理型
pathological physiology 病理生理学（pathophysiologia）
pathological plant anatomy 植物病理解剖学（phytopathotomia）
pathological protein 病理蛋白
pathological resin 病理树脂
pathological situation 病态情况（situatio pathologica）
pathology 病理学（pathologia）
pathology of plant 植物病理学（phytopathologia）
pathology of stored seeds 贮藏种子病理学
pathomycete 致病真菌（pathomyceta）
pathophoric 病因媒介的（pathophorus）
pathophyte 致病植物（pathophyta）
pathotype 致病型病变型（pathotypus）
pathovar ①致病变型 ②致病品种（pathovar）
pathway ①途径，途程，路线，轨道 ②小路，小径 ③轨迹，航迹 ④通河，小河
pathway of breakdown 破落途径{分遗}
patience ①忍耐，忍受 ②忍耐力（patienx）
patience dock（= garden patience, herb patience） 菠菜酸模
patient 病人，患者（patiens）
patio 庭院，天井
patio garden 中庭庭园{园林}
patobiont 林地动物（patrobions）
Patoran（= metobromuron） 秀谷隆（除草剂）
patoxene 林地偶居动物
patroclinal（= patroclinous, patroclinic）偏父的（patroclinus）
patroclinal cross-incompatibility 偏父杂交不亲和性
patroclinal inheritance 偏父遗传
patrocliny ①偏父性 ②偏父现象（patroclinia）
patrogenesis（= androgenesis） 孤雄生殖
patrol ①巡逻 ②侦察
patrol line 巡逻线，警戒线
patromorphic 父态的（patromorphus）
patromorphic hybrid 父态伪杂种（hybrida patromorpha）
pattern ①型，式，模式，型式，图式 ②图样，花样，样片 ③模型留量 ④晶格 ⑤沙路 ⑥特性曲线
pattern allowance 模型留量
pattern classification 模式分类
pattern description 图形描述，图像描述
pattern design 图案设计{园林}
pattern design system 样片设计系统{电脑}
pattern development 图式发育{分生}
pattern distortion 图像畸变，图像失真{电脑}
pattern fill 图案填充
pattern flower 模式花（flos typicus）
pattern formation 图式形成
pattern gene 模式基因
pattern grammars for maps 制图标准程序{遥感}
pattern matching 模式选配
pattern modifier 模式修饰基因
pattern of CO_2 uptake CO_2 吸收模式
pattern of damage 受害型
pattern of distribution 分配模式
pattern of growth 生长型，生长相，长相
pattern of injury 损伤模式
pattern of manifestation 表现型，显示型
pattern of photosynthate utilization 光合产物利用[的]模式
pattern of photosynthetic activity 光合活性模式
pattern of planting 种植型式
pattern of relative development 相对发育型式
pattern of resistance 抗性模式
pattern of technical innovation 技术创新模式{农系工}
pattern option 模式选择
pattern plate molding 模板造型
pattern pleiotropy 模式多效性
pattern profile 图形断面，图形剖面
pattern recognition 图形识别{遥感}
pattern recognition procedure 模式识别程序
pattern recognizer 模式识别机

pattern reflashing 模式刷新
pattern segmentation 图形分割{遥感}
pattern soil 有结构土壤
pattern stimuli 模式刺激
patterned 模造的,仿制的
Patton malaria mosquito 帕氏按蚊[*Anopheles pattoni* Christ.](蚊科)
patty ①小馅饼 ②小面饼
patty-pan (= gourd, pumpkin) 西葫芦[*Cucurbita pepo* L.](葫芦科)
patulin 棒曲霉素
patulous 稍开展,稍伸展的,稍张开的(patulus)
paucidisperse 少分散的(paucidispersus)
pauciflorous 少花的,疏花的(pauciflorus)
pauciform 少态型(pauciformis)
paucilocular (= pauciloculate) 具少数小室的(paucilocularis)
paucimolecular mixture 少分子混合物
paucimolecular model 少分子模型
paucimuriform 稍砖格状的(paucimuriformis)
paucity 少量,少数,稀少(paucitas)
Pauli exclusion principle 鲍利排他原理{生技}
paulownia ①泡桐属[*Paulownia* S. et Z.](玄参科) ②泡桐[*Paulownia fortunei* (Seem.) Hemsl.]
paulownia imperials 绒叶泡桐(日本泡桐)[*Paulownia tomentosa* Steud.](玄参科)
paunch 瘤胃,第一胃(rumen)
pauperization (= hybridweakness) 杂种劣势(pauperisatio)
paurometabous 渐变态的(paurometabus)
pause 暂停,中止
pause retry ①中止重算{统计} ②间歇重传{信息}
pausiaceous 橄榄绿色的(pausiaceus)
PAV (= potato A-mosaic virus) 马铃薯A-病毒,马铃薯脉间花叶病[Solanum virus 3 Smith]
pave ①铺砌,铺路 ②安排,准备(pavire)
paved floor 铺砌桥面
pavement ①路面 ②铺路面
pavement ant 铺道蚁[*Tetramorium caespitum* (Linnaeus)](蚁科)蚁
pavement inventory 路面清查,道路清查
pavement markings 路面标线
pavement mushroom 大肥菇[*Agaricus bitorcuis* (Quél.) Sacc.](蘑菇科)
pavement tissue 砌砖式组织
pavetta 满天星(茜木)[*Pavetta kongkongensis* Brem. = *P. indica* Ben. non L.](茜草科)
pavilion ①凉亭,阴亭{园林} ②大帐篷(pavilionem)
paving of ditch 渠道衬砌
paving plant 铺地植物
pavonine 孔雀蓝色的(pavoninus)
paw ①爪 ②用蹄蹴地
pawl ①(棘轮)掣子 ②扣住爪
pawl case 卡子箱,卡爪箱
pawl washer 轮掣清洗机
pawn 典当,质押
pawpaw (= papaw) ①巴婆属[*Asimina* Adans](番荔枝科) ②巴婆(巴婆果)[*Asimina triloba* (L.) Dunal]
pax ash 秦岭白蜡树[*Fraxinus paxiana* Lingelsheim](木犀科)
paxil 卷边桩菇[*Paxillus involutus* Fr.](桩菇科)
paxilla ①小桩 ②小柱体
paxillin 桩蛋白
paxillus ①桩菇属[*Paxillus* Fr.](桩菇科) ②桩菇[*Paxillus* sp.]
paxillus family 桩菇科[Paxillaceae]
Paxilon (= methazole) 灭草定
pay 工资{农经}
pay-day 发工资日
pay deduction 工资扣除数
pay for stacking 堆积费,码垛费
pay money back 还钱,还债
pay money in 存款
pay money out 付钱
pay one's way 不负债
pay-out type anchor stake 施松桩
pay-sheet (= payroll) 工资表
pay standard ①供给标准 ②工资标准
pay up 还清,付清
payability ①合算性 ②有利性(payabilitas)
payable ①应付的,可付的 ②有利的,合算的
payback period of investment 投资回收期{农管}
payee 受款人,受付人
paying off 清偿,偿清
payload 有效负荷,有效载荷
payload capacity 有效载荷能力,最大有效载荷
payment 支付
payment by instalments 分期付款
payment by results 有效工资
payment mechanism 支付装置{农管}
payment system 支付调拨系统

payments agreement 支付合同,支付协定,支付议定书
payoff ①报酬 ②收益,盈利{农管}
payout 花费,消费,支出
payout check-wire anchor stake 方形穴播尺度绳桩
payout stake (尺度绳)松放桩
payroll 工资单
payroll accounting 工资[单]计算
payroll inventory control 工资清单核对
payroll journal 工资报表
PBA 多氯苯甲酸(除草剂)[$C_7H_3Cl_3O_2$与$C_7H_2Cl_4O_2$的混合物]
PC chromosome (= prematurely condensed chromosome) 早期浓熟染色体,早熟浓缩染色体
PCA (= pyrazon) 杀草敏
PCBA 稻瘟醇,五氯苯甲醇(杀菌剂)[$C_7H_3Cl_5O$]
PCC (= premature chromosome condensation) 早期染色体浓缩,早熟染色体浓缩
***p*-chloromercuribenzoate** (PCMB) 对绿[高]汞苯甲酸
PCl (= fenson) 除螨酯,分螨酯(杀螨剂)[$C_{12}H_9ClO_3S$]
PCM (= primary control program) 主控程序{信息}
PCMB (*P*-chloromercuribenzoate) 对氯[高]汞苯甲酸
PCMN (= Oryzon) 稻瘟腈
PCNB (quintozene) 五氯硝基苯
PCP (= *P*entachlorophenol) 五氯酚(杀草剂)[C_6Cl_5OH]
PCPA (= 4-CPA) 促生灵
PCR (= polymerase chain reaction) 聚合酶链式反应{分遗}
PCR amplication 聚合酶链式反应扩增,PCR扩增
PCR cloning PCR无性繁殖,PCR克隆[化]{农生技}
PCR DNA quantitation PCR DNA定量法
PCR expression PCR表达[法]
PCR primer PCR引物
PCR sequencing RCR序列测定,PCR测序{分遗}
PCR splicing PCR剪接{农生技}
PCV (= penicillum chrysogenum virus) 产鲜红青霉病毒,产黄青霉病毒{植病}
PD (= parental ditype) 亲代双型
PDA ①(= photodiode array) 光[电]二极管矩阵(数组) ②(= potato dextrose agar) 马铃薯葡萄糖琼脂
PDB (*P*-Dichorobenzene) 对二氯苯
PDU (= propzlene diurea) 丙叉二脲
P.E. (= probable error) 概差{统计}
pe-pae (= loquat) 枇杷
Pe-Tsai 白菜(北京大白菜)[*Brassica pekinensis* Rupr.](十字花科)
pea ①豌豆属[*Pisum* L.](豆科) ②(= garden pea, green bean) 豌豆[*Pisum sativum* L.]
Pea and bean weevils (= seed beetles) 豆象科[Bruchidae, Mylabridae]
pea anthracnose 豌豆炭疽病[*Colletotrichum lindemuthianum* Bri. et Cav.]
pea aphid 豆[无网]长管蚜(豌豆蚜)[*Acyrthosiphon pisum*(Harris)](蚜科)
pea ascochyta 豌豆褐斑病[*Ascochyta pisi* Lib.]
pea bean 小粒菜豆(棉豆、香豆、雪豆、金甲豆)[*Phaseolus lunatus* L.](豆科)
pea-bearing ground-cypress 花柏[*Chamaecyparis pisifera* S. et Z.](柏科)
pea beetle (= pea bruchid) 豌豆象[*Bruchus pisorum* (L.)](豆象科)
pea cleaning 豌豆清选
pea cod 豌豆荚壳
pea comb 豆冠,三枚冠{禽}
pea companion cropping 豌豆间作
pea control of weeds 豌豆除草
pea cyst nematode 豌豆异皮线虫[*Heterodera goettingiana* Liebscher]
pea dwarf mosaic virus 豌豆矮花叶病毒
pea early browning virus 豌豆早枯病毒
pea enation mosaic virus (= pea virus 1) 豌豆耳突花叶病毒[*Pisum virus* 1 = *Marmor pisi* (Holmes)]
pea family 豆科[Leguminosae]
pea fusarium wilt 豌豆萎蔫病[*Fusarium oxysporum* f. *pisi* (Linfora) Snyderet et Hansen]
pea gravel 豆状石砾
pea growing ①豌豆栽培 ②豌豆栽培学
pea harvester viner (= pea combine) 豌豆联合收获机
pea huller 豌豆脱粒机,豌豆去壳机
pea iron 豆形铁结核,铁子{土壤}
pea leaf miner 豌豆叶潜蝇[*Liriomyza langei* Frick](潜蝇科)
pea lifter 豌豆扶茎器
pea-like structure 豆状结构{土壤}
pea midge 豌豆瘿蚊[*Contarinia pisa* (Winn.)](瘿蚊科)

pea mosaic 豌豆花叶病[Pisum virus 2]

pea mosaic virus（= pea virus 1，pea virus 3） 豌豆花叶病毒[Pisum virus 2 = *Marmor leguminosearum*（Holmes)]

pea moth 豌豆蛀荚蛾（豌豆小蠹蛾，豌豆小果蠹）[*Laspeyresia nigricana* Steph. = Grapholitha]（小卷蛾科）

pea picker 豌豆收摘机

pea pod 豌豆荚

pea ribosome 豌豆核糖体

pea root nematode 豌豆根线虫[*Heterodera gottingiana* Liebscher]

pea rust 豌豆锈病[*Uromyces pisi*（Pers.）Schroet.]

pea seed-borne mosaic virus（= pea fizzletop virus） 豌豆种传花叶病毒

pea seedling histone 豌豆幼苗组蛋白

pea shell 豌豆荚壳

pea shelling mill（= pea shucking machine） 豌豆脱粒机

pea-shrub ①锦鸡儿属[*Caragana* Lam.]（豆科）②锦鸡儿[*Caragana arborescens* Lam.]

pea shuck（= pea shell） 豌豆荚壳

pea sorter 豌豆种子清选机

pea soup fog 浓雾（俗名）

pea sowing time 豌豆播种期

pea streak virus（= pea American streak virus，Wisconsin pea streak virus，pea streak virus 1） 豌豆条点病毒[Pisum virus（Weiss）= Pisum virus virgatum（Roland)]

pea test 豌豆试验（指孟德尔有名的遗传学试验）

pea-tree ①锦鸡儿属[*Caragana* Lam.]（豆科）②锦鸡儿[*Caragana sinica* Rehd. = *C. chamlagu* Lam.]

pea type 豌豆型[显性]

pea vine 豌豆蔓，豌豆茎

pea-vine clover（= red clover） 红三叶草

pea-vine lifter 豌豆扶蔓器

pea viner 豌豆除蔓机

pea weevil ①豌豆象[*Bruchus pisorum* Linné]（豆象科）②（= pea leaf weevil）豌豆叶象甲

peach ①桃属[*Persica* Mill]（蔷薇科）②桃[*Persica vulgaris* Mill. = *Prunus persica*（L.）Batch]

peach anthracnose 桃炭疽病[*Gloeosporium laeticolor* Berk.]

peach aphid ①希氏桃蚜[*Appelia schwartzi* Börner]（蚜科）②桃瘤蚜[*Myzus momonis* Matsumeus]（蚜科）

peach bacterial shot hole 桃细菌性穿孔病[*Xanthomonas pruni*（Smith）Dowson]

peach bark beetle 桃鳃角小蠹[*Phloeotribus liminaris*（Harris)]（小蠹科）

peach bark louse 桃蜡蚧[*Lecanium persicae* Fabricius]（蜡蚧科）

peach blight 桃疫病

peach borer 桃蛀螟[*Dichocrocis punctifralis* Guenée]（螟蛾科）

peach brown rot ①桃菌核病[*Sclerotinia cinerea* Schroet.]②桃褐腐病[*Sclerotinia laxa* Aderh. et Ruhl.]

peach canker 桃胴枯病[*Leucostoma persoonii*（Nit.）Togashi]

peach chlorosis 桃叶退绿病（生理病害）

peach chrysomelid 桃叶甲[*Hoplosoma sexmaculata* Hope]（叶甲科）

peach cold 枯草热

peach crown gall 桃冠瘿病（根头癌肿病）[*Agrobacterium tumefaciens*（Smith et Towns)]

peach curculio 桃实象甲（梨虎，日本苹虎）[*Rhynchites heros* Roelofs]（象甲科）

peach felt fungus disease 桃膏药病[*Septobasidium bogoriense* Pat.]

peach fruit-borer 桃小食心虫[*Carposina nipponensis* Walsingham]（小卷蛾科）

peach fruit fly 桃实蝇[*Dacus zonalus* Saunders = *Strumeta*]（实蝇科）

peach fruit moth 佐佐木桃小食心虫[*Carposina sasakii* Matsumura]（螟蛾科）

peach globose scale 桃球蚧[*Lecanium kunoensis* Kuwana]（蜡蚧科）

peach greenish geometrid 桃绿尺蛾[*Hemithea sasakii* Matsumura]（尺蛾科）

peach hair root 桃毛根病[*Agrobacterium rhizogenes*（Rirer et al.）Conn]

peach hornworm 桃天蛾[*Marumba gasehkewitschi echephron* Boisduval]（天蛾科）

peach-leaf bellflower 桃叶风铃草[*Campanula persicifolia* L.]（桔梗科）

peach leaf curl 桃缩叶病[*Taphrina deformans*（Berk.）Tul.]

peach leaf miner ①豌豆叶潜蝇[*Liriomyza langei* Frick]（潜蝇科）②桃潜蛾[*Tischeria* sp.]（冠潜蛾科）

peach leafroller 桃卷蛾[*Cacoecia epicryta* Meyrick]（卷蛾科）

peach-leaved 桃叶的（persifolius）

peach-leaved oak 桃叶栎[*Quercus phellos*

L.]（山毛榉科）
peach lesion nematode 桃短体线虫［*Pratylenchus pratensis*（de Mann Fulijev)］
peach long-legged aphid 桃长足蚜［*Abura momocola* Matsumura］（蚜科）
peach mealy plum aphid 桃大尾蚜［*Hyalopterus arundimis* Fabricius］（蚜科）
peach necrotic ringspot virus（= peach ringspot virus, sour cherry necrotic ringspot virus, prunus ringspot virus）桃坏死环斑病毒
peach oil 桃油
peach orchard 桃园
peach physiological gummosis 桃生理性流胶病（生理病害）
peach powdery mildew 桃白粉病［*Podosphaera tridactyla*（Wallr.）de Bary］
peach pyralid moth 桃蛀螟（桃蠹螟）［*Dichocrocis punctiferalis* Guenée］（螟蛾科）
peach rosette 桃簇叶病（病毒病害）
peach rust 桃锈病［*Leucotelium prunipersicae*（Hori Tranz.)］
peach scab 桃疮痂病（桃黑点病）［*Cladosporium carpophilum* Them.］
peach scale 桃蜡蚧［*Lecanium persicae*（Fabricius)］（蜡蚧科）
peach short-tailed stone-fly 桃短尾石蛾［*Rhaoliopteryx achirae* Okamote］（石蛾科）
peach shot hole 桃穿孔病［*Xanthomonas pruni* Dowson］
peach slug 桃叶蜂［*Eriocampoides matsumotonis* Harukawa］（叶蜂科）
Peach thin 322 萘酞氨酸钠（植物生长调节剂）［$C_{18}H_{12}NNaO_3$］
peach twig borer 桃枝麦蛾［*Anarsia lineatella* Zell.］（麦蛾科）
peach weevil 桃实小象甲［*Rhynchites bacchus* L.］（象甲科）
peach white rust 桃白锈病［*Leucotelium prunipersicae* Traur］
peach wood（= lima wood） 赤木
peach wood rot 桃木腐病［*Fomes fulvus*（Scop.）Gill.］
peach yellows 桃黄化病［Prunus virus I K. M. Smith］（病毒病害）
peach yellows virus 桃黄化病毒［Prunus virus 1 Smith = Peach virus 1 J. Johnson］
peachick 小孔雀
peacock 孔雀，雄孔雀［*Payomuticus imparotor*］（雉科）
peacock barley 孔雀大麦（二棱大麦之一种）
peacock butterfly 孔雀蛱蝶［*Vanessa geisha* Sticher］（蛱蝶科）
peacock flower（= flamboyanttree） 凤凰木［*Delonix regia*（Bojer）Raf.］（豆科）
peacock flower-fence（= coral peatree） 海红豆［*Adenanthera pavenina* L.］（豆科）
peacock pansy 孔雀眼纹蛱蝶［*Pteria almana* L.］（蛱蝶科）
peacock plant 孔雀竹芋［*Calathea makoyana* Nichols.］（竹芋科）
peafield 豌豆地
peafowl 孔雀［*Pavo cristatus*］
peahen 雌孔雀
peak ①峰；峰值 ②峰顶，顶点 ③尖端
peak-arch 尖拱｛水利｝
peak area 峰面积｛生技｝
peak base 峰底
peak broadening 峰加宽
peak capacity 最大容量
peak current 峰值电流
peak data transfer rate 峰值数据传输率，瞬时数据传输率｛电脑｝
peak demand 高峰需要量｛环保｝
peak detection 峰值检测
peak-efficiency 最高效率
peak flow 高峰流量，洪峰流量｛环保｝
peak flow method 洪峰［水流］法
peak flow rate 高峰流量率
peak flowering intensity 开花高峰强度
peak-heating room 高温［灭菌］室（指蘑菇栽培）
peak height 峰高
peak hold switch 峰值保持开关｛电脑｝
peak holding 峰值保持
peak hours 高峰时间
peak identification 峰鉴别
peak limiting 峰值限制
peak load 最高载荷，峰值载荷
peak matching 峰匹配
peak matching method 峰匹配法
peak of activity 活性高峰
peak of growing season 生长盛期
peak of harvest 收获最高量
peak of labour requirement 劳动力需要高峰
peak of laying 产卵高峰
peak of occurrence 发生高峰，发生最盛期
peak output 最高产量
peak period 峰期

peak point 峰值点{电脑}
peak position 峰位
peak power 峰值功率,最高功率
peak recognition 峰值识别
peak shape 峰形
peak shift ①峰位漂移 ②峰位移位
peak speed 最大速度
peak temperature 高峰温度
peak tillering 最高分蘖
peak tillering stage 最高分蘖期
peak-to-peak 峰间,峰间值,双峰值
peak-to-peak amplitude 峰－峰幅度
peak-to-valley ratio 峰谷比{电脑}
peak transfer rate 最大传输速率{信息}
peak value 峰值
peak width 峰宽
peak width at half height 半高峰宽
peak yield 最高产量
peaked ①尖端的,尖头的 ②瘦的,消瘦的
pea[leaf]weevil (= bean weevil) 豆根直条象甲(豌豆叶象甲)[*Sitona lineatus* (Linnaeus)](象甲科)
peanut ①花生属[*Arachis* L.](豆科) ②花生[*Arachis hypogaea* L.]
peanut agglutinin (PNA) 花生凝集素
peanut agrotechniques 花生栽培技术
peanut aphid 花生长毛蚜[*Perganleidia robiniae* Macch.](蚜科)
peanut blister beetle 花生黄带芫菁[*Coryna apicicornis* Guérin](芫菁科)
peanut breeding ①花生育种 ②花生育种学
peanut butter 花生酱
peanut cactus 葫芦掌(葫芦拳,金牛掌,白坛)[*Chamaecereus silvestri* Britt et Rase](仙人掌科)
peanut cake 花生饼,花生油粕
peanut cleaner 花生清选机
peanut dibble 花生点播器
peanut dibbling 花生点播
peanut digger 花生挖掘铲,花生挖掘机
peanut disease 花生病害
peanut dry rot 花生干腐病
peanut early leaf spot 花生早期叶斑点病
peanut elongation of gynophore 花生子房柄伸长
peanut growing ①花生栽培 ②花生栽培学
peanut growing space 花生营养面积
peanut habit of fructification 花生结实习性
peanut hull 花生壳
peanut interplanting of corn 花生玉米间作
peanut kernel 花生仁,花生种子
peanut kernel selection 花生粒选
peanut kernel yield 花生出仁率
peanut leaf-eating moth (= cane woolly bear) 花生灯蛾[*Spilosoma strigatula* Walker](灯蛾科)
peanut-leaf spot 花生褐斑病[*Cercospora arachidicola* Hori]
peanut leafhopper ①花生二点叶蝉[*Cicadulina arachidis* China] ②花生灰绿叶蝉[*Cicadulina similis* China](叶蝉科)
peanut lifter 花生挖掘机
peanut lifter-shaker-windrower 花生挖掘抖动条铺机
peanut meal 花生粕粉(指花生饼粉碎后的)
peanut mosaic virus (= peanut rosette virus) 花生丛簇病毒
peanut mottle virus 花生斑驳病毒
peanut nematode disease 花生线虫病
peanut oil 花生油
peanut oil content 花生含油量
peanut oil extraction 花生油提取
peanut picker-thresher 花生摘脱机
peanut pickup 花生捡拾器
peanut pinching 花生打尖
peanut plant bug 花生跳盲蝽[*Halticus miutus* Reuter](盲蝽科)
peanut planter 花生播种机
peanut pod 花生荚
peanut pod bug 花生长蝽[*Aphanus sordidus* Fabricius](长蝽科)
peanut pod selection 花生荚选
peanut pod weight 花生荚果重量
peanut pod yield ①花生荚果产量{栽培} ②花生出荚率{种子}
peanut presoaking 花生浸种
peanut production 花生生产
peanut puller 花生拔收机
peanut radiation breeding 花生辐射育种
peanut rake 花生搂耙,花生搂集机
peanut region 花生栽培地区
peanut residues 花生残留物
peanut ridging 花生培土
peanut root grub 非洲褐金龟[*Schizonycha africana* Castelnau](金龟科)
peanut rosette (= peanut rosette disease) 花生丛簇病[Arachis virus 1]
peanut seed inoculation 花生种子接种
peanut seed manure 花生种肥
peanut seed storing 花生种子贮藏
peanut seed treatment 花生种子处理,花生拌种
peanut seeder 花生播种机

peanut seeding 花生播种
peanut seedling blight 花生青枯病(花生苗疫病)
peanut shape 茧形{蚕}
peanut sheller 花生剥壳机(器)
peanut sorting 花生清选
peanut stem borer beetle 花生蛀茎吉丁[*Sphenoptera perotetti* Fe.](吉丁科)
peanut stem borer weevil 花生蛀茎象甲[*Alcides arcuatus* Bohemen](象甲科)
peanut thrips 花生绿蓟马[*Taeniothrips distalis* Karny](蓟马科)
peanut vine 花生蔓,花生藤
peanut vine meal 花生蔓粉(指花生蔓干后粉碎的)
peanut weeder 花生中耕除草机
peanuts (=peanut seed) 花生仁
peanuts butter 花生酱{加工}
peanuts butter processing 花生酱加工
pear ①梨属[*Pyrus* L.](蔷薇科) ②洋梨[*Pyrus communis* L.]
pear alternaria leaf spot 梨大星病[*Alternaria mali* Roterts]
pear anthracnose 梨炭疽病[*Glomerella cingulata* Schr. et Spauld.]
pear anuraphis 梨圆尾蚜[*Anuraphis kochi* Schouteden](蚜科)
pear aphid 梨二叉蚜[*Toxoptera piricola* Mats.](蚜科)
pear armillaria root rot 梨根腐病[*Armillaria mellea* (Vahl. ex Fr.) Karst.]
pear bark miner 梨潜叶细蛾(梨潜皮蛾)[*Acrocercops astaurota* Meyrick](细蛾科)
pear black bark beetle 梨黑小蠹[*Polygraphus nigriclytris* Niisima](小蠹科)
pear black mold fruit rot 梨黑腐病[*Alternaria gaisen* Nagano]
pear black spot 梨黑斑病[*Alternaria kikuchina* Tanaka]
pear blight 梨疫病,梨枝干枯病
pear blue mold 梨青霉病[*Penicillun expansum* Link.]
pear borer 梨绿天牛[*Chreonom fortunei* Thomson = *C. japonica* Gahan.](天牛科)
pear brown rot 梨褐腐病[*Sclerotinia fructigena* Aderh. et Ruhl.]
pear canker (=twig dieback of pear) 梨臭皮病(梨枝枯病,梨腐烂病)[*Valea ambiens* Pr.]
pear cercospora leaf spot 梨叶斑病[*Cercospora piricola* Saw.]
pear cimbex 梨大叶蜂[*Cimbex carinulata* Konow](锤角叶蜂科)
pear compote 糖渍梨
pear cricket (=green free cricket) 梨蟋蟀[*Madasumma hibinonis* Matsumura](蟋蟀科)
pear crown gall 梨冠瘿病[*Agrobacterium tumefaciens* (Smith et Towns.) Conn.]
pear cutworm 梨切翅夜蛾(果兜夜蛾)[*Calymnia pyralina* View](夜蛾科)
pear dagger moth 梨剑蚊夜蛾[*Acronycta rumicis* L.](夜蛾科)
pear erinose 梨毛毡病[*Eriophyes piri* Nal.]
pear exanthema 梨缺铜病(生理病害)
pear fire blight 梨火疫病[*Erwinia amylovora* (Burr.) Winsl. et al.]
pear flower bud weevil 梨花潜象虫(苹花象甲)[*Anthonomus pomorum* Linn.](象甲科)
pear-formed (=pear-shaped) 梨形的(pyriformis)
pear fruit borer 梨食心斑螟[*Nephopteryx rubrizonella* Rag.](斑螟科)
pear fruit moth 梨大食心虫[*Myelois pirivoella* Matsumura = *Eurhodope*]
pear fruit sawfly 梨实叶蜂[*Hoplocampa pyricola* Rhower](叶蜂科)
pear-fruited 似梨果的(pyricarpus)
pear green aphid 梨绿大蚜[*Nippolachnus piri* Matsumura](蚜科)
pear lace bug 梨花网蝽[*Stephanitis nashi* Esaki et Takeya](网蝽科)
pear leaf blister 梨叶疹病
pear leaf blister mite 梨瘿螨[*Eriophyes pyri* (Pgst)](瘿螨科)
pear-leaf crabapple 海棠果(秋子)[*Malus prunifolia* Borkh var. *ringo* Asami](蔷薇科)
pear leaf roller pyralid 梨卷叶野螟[*Melitene bifidella* Leech](野螟科)
pear leaf spot 梨褐斑病[*Mycosphaerelle sentina* (Fries) Schroter]
pear leaf worm 梨星毛虫[*Illiberis pruni* Dyar](斑蛾科)
pear lesion nematode 梨短体线虫[*Pratylenchus minyus* Sher et Allen]
pear mealy-bug 梨粉蚧[*Trionymus piri* Takahashi](粉蚧科)
pear midge 梨瘿蚊[*Contarinia pyrivora* (Riley)](瘿蚊科)

pear mistletoe 梨槲寄生[*Phoradendron flavescens* Nuttall]

pear mosaic 梨花叶病(病毒病害)

pear oystershell scale 梨牡蛎蚧(长蚧)[*Lepidosaphes conchiformoides* Gmelin.](蚧科)

pear phomopsis twig blight 梨枝枯病[*Phomopsis fukushii* Tanaka et Endo]

pear phylloxera 梨瘤蚜[*Cinacium takusuiense* Kiside](根瘤蚜科)

pear plant bug 梨盲蝽[*Neolygus communis* (Knight) = *Lygocoris*](盲蝽科)

pear powdery mildew 梨白粉病[*Podosphaera leucotricha* (Ell. et Ev.) Salm.]

pear psylla (= pear sucker, pear tree psylla) 梨木虱(梨黄木虱)[*Psylla pyricola* Foerst.](木虱科)

pear red-stripped pyralid 梨红纹食心虫[*Nephopteryx bicolorella* Leech](斑蛾科)

pear ring spot 梨环斑病(病毒病害)

pear rust 梨锈病[*Gymnosporangium haraeanum* Syd.]

pear rust mite 梨叶锈螨[*Epitrimerus pyri* (Mal.)](瘿螨科)

pear scab 梨黑星病[*Venturia pyrina* Adrh. = *Fusicladium pirinum* (Lib.) Fuck.]

pear-shaped pumelo 沙田柚(柚品种广西名产)

pear shoot girdler 梨茎蜂[*Janus piri* Okamoto et Muramatsa](茎蜂科)

pear stinging caterpillar 梨刺蛾[*Miresa flavidorsalis* Staudinger](刺蛾科)

pear stink bug 梨蝽[*Urochela luteovaria* Distant](蝽科)

pear thrips 梨蓟马[*Taeniothrips inconsequens* Uzel](蓟马科)

pear tomato 梨形番茄[*Lycopersicum esculentum* Mill. var. *pyriforme* Alef.](茄科)

pear tree 梨木[*Pirus montana* var. *rehderi* Nakai](蔷薇科)

pear trunk canker 梨干溃疡病[*Nectria galligena* Bres.]

pear white-banded geometrid 梨白带尺蛾[*Garaeus mirandrus* Butler](尺蛾科)

pear white scale 梨长白蚧[*Leucaspis japonica* Cockerell](蚧科)

pear yellow aphid 梨黄圆尾蚜[*Anuraphis piricola* Okamoto et Takahashi](蚜科)

pearl ①珍珠,贵重物 ②精品,珍品 ③小圆形物

pearl barley 珍珠麦,去壳大麦,大麦米

pearl bush ①白鹃梅属[*Exochorda* Lindl.](蔷薇科) ②白鹃梅(蔺子花)[*Exochorda racemosa* Rehd.]

pearl culture 珍珠养殖

pearl disease 珍珠病,浆膜结核

pearl diver 潜水采珠人

pearl everlasting ①香青属[*Anaphalis* L.](菊科) ②香青[*Anaphalis sinica* Hance]

pearl farm 珍珠养殖场

pearl fisher 珍珠采集者

pearl gland 珠状腺(glandula perlata)

pearl hen 珠鸡[*Numida meleagris*](珠鸡科)

pearl lightning 珠状闪电

pearl mark 采珍珠标记{水产}

pearl millet (= Indian millet, African millet) 珍珠粟(御谷,蜡烛稗)[*Pennisetum typhoideum* Rich.](禾本科)

pearl onion (= silverskin onion) 大头蒜(南欧蒜)[*Allium ampeloprasum* L. = *A. tricoccum* Ait., *A. parrum* var. *ampeloprasum* L.](石蒜科)

pearl sage 珍珠西米,西[谷珍珠]米

pearl shell 蚌壳

pearl tapioca 球形木薯粉

pearl tree 茧子花[*Exochorda racemosa* Rehd.](蔷薇科)

pearl white 鱼鳞粉(人造珍珠原料)

pearled barley 珍珠米,珍珠麦(为大麦米的一种)

pearled grain 去壳谷粒

pearling 碾米,碾磨,碾精,精白

pearling grade 出米率

pearling mill 碾米机

pearlite 珠光体

pearlitic cast iron 珠光体铸铁

pearlitic texture 珍珠结构

pearlwort (= pearlweed) ①漆姑草属[*Sagina* L.](石竹科) ②漆姑草[*Sagina japonica* (Sw.) Ohwi.]

pearly fresh-water mussels 淡水育珠蚌类

pearly layer 珍珠层

pearly luster 珍珠光泽

Pearson's product moment method 皮尔逊积乘法{统计}

peas (= pulses) 豆类作物

peasant 农民(包括雇农,小佃农,小自耕农),农工

peasant association 农会,农民协会

peasant class（= peasantry） 农民阶级，小农阶级
peasant farm 农田
peasant garden 小农菜园
peasant household 庄户(农户)
peasant labourer 农业工人
peasant land 小自耕农地
peasant population 农业人口
peasantry 农民，小农阶级
pease-cod（= pea pod） 豌豆荚
pease-meal 豆粉
Peasi 皮亚西（美国水稻品种）
peat 泥炭（肥料）
peat ash 泥炭灰
peat auger 泥炭钻（工具）
peat bog 泥炭沼泽，酸沼，泥炭土
peat clay 泥炭质黏土，腐泥
peat compost 泥炭堆肥
peat compost block 泥炭堆肥营养块
peat cropper 泥炭开采机
peat cube 泥炭［腐殖质］方(块)，营养方(块)（育苗用）
peat culture pot 泥炭营养钵
peat cutting machine 泥炭切取机
peat dust（= peat meal） 泥炭粉
peat earth 泥炭土
peat-faecal compost 泥炭粪便堆肥
peat-faecal manure 泥炭粪便肥料
peat faeces 泥炭粪肥
peat fertilizer 泥炭肥料
peat formation 泥炭形成
peat land 泥炭地
peat-lime compost 泥炭石灰堆肥
peat loader 泥炭装载机
peat mining 泥炭开采
peat moor 泥炭沼泽
peat moss（= bog moss） 泥炭藓属［*Sphagnum*（Pill.）Ehrh.］（泥炭藓科）
peat moss cover 泥炭藓覆盖物
peat moss litter 泥炭藓褥草(畜圈铺草)
peat mould 泥炭土
peat-night soil mixed manure 泥炭粪便［混合］肥料
peat opener 泥炭开采机
peat paraffin 泥炭石蜡
peat plant block 泥炭腐殖质营养钵
peat podzol 泥炭灰壤
peat pot 泥炭营养钵
peat press 泥炭压榨机
peat process 泥炭形成过程
peat profile 泥炭剖面
peat soil 泥炭土
peat tar 泥炭焦油
peatic substance 泥炭物质
peaty ①泥炭质的 ②泥炭的
peaty area 泥炭地区
peaty bog 泥炭沼泽，泥炭沼地
peaty-gley soil 泥炭潜育土
peaty land 泥炭地
peaty meadow 泥炭草甸
peaty soil 泥炭土
peavey （翻木材用的)钩棍
peavine ①山黧豆属［*Lathyrus* L.］（豆科）②（= mountain peavine）山黧豆［*Lathyrus quinquenervius* Litw.］
pebble 卵石，砾
pebble-bed clarifier 卵石床澄清池｛环保｝
pebrine （蚕）微粒子病（pebrinium）
pebrine contamination rate 微粒子病毒率
pebrine infected egg 有毒卵(蚕)
pebrine infected moth 有毒蛾
pebrine percentage in moth 蚕蛾微粒子病率
pebrine protozoa 微粒子病原虫［*Nosema bombycis*］
pebulate 克草猛（除草剂）［$C_{10}H_{21}NOS$］
pecan（= hickory） 培甘（美洲山核桃）薄壳山核桃［*Carya pecan* Nutt. = *Hicoria pecan* Brit.］（胡桃科）
pecan bud moth 美洲山核桃小卷蛾［*Gretcheua bolliana*（Slingerland)］（小卷蛾科）
pecan carpenterworm 美洲山核桃木蠹蛾［*Cossula magnifica*（Strecker)］（木蠹蛾科）
pecan cigar casebearer 美洲山核桃雪茄鞘蛾［*Coleophora laticornella* Clemens］（鞘蛾科）
pecan grove 美洲山核桃林
pecan leaf casebearer 美洲山核桃叶斑螟［*Acrobasis juglandis*（LeBaron)］（斑螟科）
pecan leaf phylloxera 美洲山核桃叶根瘤蚜［*Phylloxera notabilis* Pergande］（蚜科）
pecan nut 美洲山核桃坚果
peck ①啄食｛禽｝②配克（干货容量单位，等于2加仑）｛物｝③袋腐｛病理｝
peck order 啄食顺序
pecked 被［鸟］啄食的
pecker ①鹤嘴锄刀 ②鹤嘴
peckiness 木材褐腐
pecky ①袋腐(一种林木病害）②木材褐腐病的
pecky rice 变色米，变质米
PECT（= positron emission computerized tomography） 正电子发射计算机化断层显

像，正电子发射断层扫描〔遥感〕
pectase (= pectinase) 果胶酶
pecten ①木节〔昆虫〕②扇贝，海扇〔水产〕
pectic acid 果胶酸
pectic body 果胶质
pectic enzyme 果胶酶
pectic substance (= pectin substance) 果胶物质
pectin 果胶[$C_{32}H_{48}O_{32}$]
pectin acid (= pectic acid) 果胶酸
pectin esterase 果胶酯酶
pectin fermentation bacteria 果胶发酵细菌
pectin substance 果胶质，黏胶质
pectinase 果胶酶
pectinase for tissue softening 组织软化用果胶酶
pectinate ①篦齿状的，栉齿状的，梳状的〔形态〕②栉形的〔昆虫〕(pectinatus)
pectinate antenna 栉形触角[antenna pectinata]
pectinate-horned click beetle 褐纹金针虫（梳角叩甲）[*Melanotus legatus* Candeze]（叩甲科）
pectinate hyphae 梳状菌丝
pectinatory 篦齿状的 (pectinatoris)
pectines 花冠篦齿（龙胆科）
pectinesterase 果胶[甲]酯酶
pectinic acid 果胶酯酸
pectiniform ①篦齿状的 ②栉状的(pectiniformis)
pectinose *L*－阿拉伯糖，果胶糖
pectization 胶凝作用(pectisatio)
pecto-cellulose 果胶质纤维素
pectolase 果胶酶
pectolytic enzyme 溶果胶酶，果胶溶解酶
pectoral ①胸的〔水产〕②镇咳的〔药物〕(pectoralis)
pectoral fin 胸鳍
pectoral girdle 肩带
pectoralis froghopper 黑根菱沫蝉[*Aphrophora pectoralis* Matsumura]（沫蝉科）
pectose 果胶糖[$CH_2OH(CHOH)_3CHO$]
pectus 下胸[部]
peculiarity ①特殊性，特质，特色 ②特征，特点 (peculiaritas)
ped 微土团[土壤自然]结构体
pedagogic 教学用的 (pedagogicus)
pedagogic algorithm language 教学用算法语言〔电脑〕
pedal ①踏板 ②踏板的，③垂定的(pedalis)
pedal thresher 脚踏式脱粒机
pedalfer 淋余土
pedalis 一脚长(=1英尺=30.48厘米)
pedalium family (= sesame family) 芝麻科(胡麻科)[Pedaliaceae]
pedate 鸟足状的，足状的 (pedatus)
pedately cleft 鸟足状半裂的 (pedatifidus)
pedately veined 鸟足状脉的(pedatinervus)
pedatifid (= pedately cleft) 鸟足状半裂的 (pedatifidus)
pedatiform 鸟足状的(pedatiformis)
pedatilobate 鸟足状圆裂的(pedatilobatus)
pedatilobed 鸟足状浅裂的(pedatilobus)
pedatinerved (= pedately eined) 鸟足状脉的 (pedatinervus)
pedatipartite 鸟足状深裂的 (pedatipartitus)
pedatisect 鸟足状全裂的 (pedatisectus)
peddler 龟甲科[Cassididae]
peddling ①微小的 ②不重要的
-pede ⌊字尾⌉脚
pedestal ①叶枕 ②轴架，支座
pedestal sensor 支座传感器
pedestal up /down 支架升降
pedestrian tractor 步行式拖拉机
pediastrum ①盘星藻属[*Pediastrum* spp.]（纲藻科）②盘星藻[*Pediastrum* sp.]
pediastrum duplex 双孢盘星藻[*Pediastrum duplex* sp.]（纲藻科）
pedicel ①花梗〔形态〕②梗节〔昆虫〕③小梗，柄〔真菌〕(pedicellus)
pedicel cell 柄细胞(cellula pedicellata)
pedicellate ①具花梗的 ②在梗上形成的 (pedicellatus)
pedicelled 具花梗的(pedicellatus)
pedicular cystidium 柄生囊状体状[细]胞
pediculate 具小梗的 (pediculatus)
pediculation 生虱，染虱 (pediculatio)
pediculicide 杀虱剂
pediculosis 虱病
pediferous 具柄的 (pedifer)
pedigree ①谱系 ②家系血统
pedigree animal 家畜谱系，谱系[记载]畜 (= herd-book animal)
pedigree breeding 谱系育种
pedigree cattle ①纯种家畜 ②纯种牛
pedigree certificate 种畜证明书
pedigree chart 谱系图
pedigree culture ①谱系繁殖 ②系统培育，系统栽培 ③谱系菌株
pedigree diagram 谱系简图
pedigree index 谱系指数
pedigree mass selection 谱系混合选择

pedigree method of breeding 谱系育种法
pedigree pattern 谱系图形
pedigree plan 谱系育种计划书
pedigree record 谱系记载
pedigree registry 谱系登记
pedigree seed ①原种 ②纯种
pedigree selection ①谱系选择 ②谱系选种法
pedigree selection within adapted varieties 适应品种内谱系选择
pedigree stock (= pedigree livestock) 谱系家畜
pedigree system 谱系系统
pedigree table 谱系表,系统表
pedigreed 纯血种的{畜}
pediment 山前侵蚀平原
pediocactus ①月童子属[*Toumeya* spp.](仙人掌科) ②月童子[*Toumeya papyracautha* sp.]
pediocin 片球菌素
pedo- ⌞字头⌝ 土壤
pedocal 钙质层
pedode 胡桃核状结核{土壤}
pedogamy 老少孢配合(pedogamia){真菌}
pedogenesis ①土壤发生 ②未熟发育
pedogenetic ①(= pedogenic) 土壤发生的 ②未熟产孢的(pedogenus)
pedogenetic nomenclature 土壤发生学命名法
pedogenetic process 土壤发生过程
pedogenetic relation 土壤发生关系
pedogeochemistry 土壤地球化学(pedogeochemia)
pedogeography 土壤地理学(pedogeographia)
pedography 土壤描述学,土相学(pedographia)
pedological ①土壤学的 ②土壤的(pedologicus)
pedological feature 土壤微形态特征
pedological map 土壤图
pedological record 土壤学记载
pedologist 土壤工作者,土壤学家(pedologistus)
pedology 土壤学(pedologia)
pedometer 里程计
pedon 单个土体,土壤单元
pedorelict 土壤残留物
pedosphere 土壤圈,土界(pedosphera)
pedotheque 土壤样品
pedotubule 土壤管状物(pedotubula)
peduncle ①花序梗,总花梗 ②(= pedicel)花梗,花轴 ③腹柄,蕈形柄(pedunculus)
peduncle stem 穗茎
pedunculate (= peduncled) ①具总花梗的 ②具花梗的,具小梗的(pedunculatus)
pedunculate ivy 长穗常春藤[*Hedera pedunculata* Nakai.](五加科)
pedunculate oak (= English oak) 英国栎
pedunculicole (= pedunculicolous) 小梗上生的(pedunculicolus)
peegee (= snowhill hydrangea) 大花光绣球[*Hydrangea grandiflora* Sieb.](绣球科)
peegee hydranger 圆锥绣球(圆锥八仙花,水亚木)[*Hydrangea paniculuta* Sieb.](绣球科)
peek ①抽首 ②取数
peel ①果皮 ②揭片(古植物学) ③木梳,木篦 ④旋切 ⑤去皮,剥皮(pala)
peel meal 果皮粉
peel strength 剥离强度,剥皮强度
peel transfer technique 胶膜移置术{显技}
peelberry poisonsumac 毛漆树[*Rhus trichocarpa* Miq.](漆树科)
peeled billet-wood 剥皮杆材
peeler ①去皮机 ②削皮刀,削皮器
peelerlog 旋切单板原木
peeling ①削皮 ②⌞复⌝削下的皮(尤指马铃薯皮)
peeling knife 削皮刀
peeling machine 削皮机,去皮机
peen ①喷丸硬化 ②镶补 ③轻轻敲打 ④锤子的球形或楔形后端
peener 喷丸装置
peento 蟠桃(桃品种)
peep ①监视,窥视,偷看 ②流露,微现
peep hole (= peephole) 检视孔
peep of day 黎明
peep sight 透视式瞄准器
peephole 监视孔,窥孔
peephole optimization 窥孔优化
peeping disc 透视碟
peeping out 出土(指播种种子发芽伸出土外)
peepul tree (= sacred fig tree) 菩提树[*Ficus religiosa* L.](桑科)
peer ①同等的,对等的 ②同位体(paraequalis)
peer entities 对等实体
peer review 同等评审,对等评审
peer service 平等服务{信息}
peer to peer 对等[通信]
PEG (= polyethyleneglycol) 聚乙二醇

peg ①钉 ②耙齿,钉齿,栓钉,销子 ③胚栓
peg drum thresher 钉齿滚筒式脱粒机
peg on share 销钉固定铧尖犁铧
peg out 立标竿,定线
peg planting 插棒植树法
peg thresher 钉齿滚筒式脱粒机
peg-tooth concave 钉齿式凹板
peg-tooth drum 钉齿滚筒
peg-tooth harrow 钉齿耙
"pega-pega"(= tobacco leaffolder) 烟草褶叶螟[*Psara poriusalis* Walker](野螟科)
pegged prices 限定物价
pegging 定线,以木桩定线
pegmatite 伟晶岩
pegmatypic 特殊性选择型的(指交配配偶的选择)
peimine 贝母碱[$C_{27}H_{45}NO_3$]
peinomorphosis 表面硬化反常变态
pek(= paint) 油漆
Peking Bantam 北京矮鸭
Peking Black and White 北京黑白花牛
Peking *cabbage* 北京大白菜(白菜)[*Brassica pekinensis* Rupr.](十字花科)
Peking duck 北京鸭
Peking euphorbia 大戟[*Euphorbia pekinesis* Rupr.](大戟科)
Peking flowering crab 海棠果(海红)[*Malus prunifolia* (Willd.) Borkh.](蔷薇科)
Peking lemon(= meyer's lemon) 北京柠檬[*Citrus limon* (L.) Burm. × *Citrus sinensis* Osbeck]
Peking lilac 北京丁香[*Syringa pekinensis* Rupr.](木犀科)
Peking mock orange 太平花(京山梅花)[*Philadelphus pekinensis* Rupr.](虎耳草科)
Peking needle-grass 京芒草(北京芨芨草)[*Achnatherum pekinense* Ohwi](禾本科)
Peking spleenwort 北京铁角蕨[*Asplenium pekinense* Hance](铁角蕨科)
Peking willow 旱柳[*Salix matsulana* Koidz.](杨柳科)
Pekoe tea 白毫茶(香红茶)
Pela 白蜡
pelage [动物]毛(皮)
pelagic ①大洋的,远洋的 ②深海的,海面的 ③浮性的,浮游性的 ④中上层(指渔具作业水层)
pelagic egg 浮性卵
pelagic fish population 中上层鱼类种群
pelagic fishery 中上层渔业,远洋渔业
pelagic larva 浮游性幼虫,海面幼虫
pelagic period 浮游期
pelagic phase 浮游生活阶段
pelagic sailing 海洋航行
pelargonate 壬酸[$CH_3(CH_2)_7 \cdot COOH$]
pelargonic acid 壬酸,风吕草酸[$CH_3(CH_2)_7COOH$]
pelargonidin 花葵素,天竺葵色素[$C_{15}H_{10}O_5HCl$]
pelargonin 花葵苷,天竺葵色素苷[$C_{27}H_{30}O_{15}$]
pelargonium ①天竺葵属[*Pelargonium* L'Her.](牻牛儿苗科) ②天竺葵[*Pelargonium hortorum* Bailey]
pelargonium aphid 天竺葵蚜[*Acyrthosiphon malvae* (Mosley)](蚜科)
pelargonium leaf curl virus(= geranium crinkle virus, geranium leaf curl virus, pelargonium virus) 天竺葵卷叶病毒[*Marmor pelargonii* (Holmes) = *Pelargonium virus crispans*(Roland)]
pelecinid wasps 长腹蜂科[Pelecinidae]
Pelger-Huet anomaly 皮尔格-休特氏异常{分遗}
Pelger's nuclear anomaly 皮尔格氏核异常
pelican 塘鹅(鹈鹕)[*Pelicanus roseus* Gmlim](鹈鹕科)
pelican dutchmanspipe(= pelican flower) 大花马兜铃[*Aristolochia grandiflora* Sw.](马兜铃科)
pelious 黑色的,青黑色的(pelius)
pelite 泥质岩
pelitization 泥化(pelitisatio)
pellagra 糙皮病,玉米红斑病
pellagra-preventive factor 抗糙皮病因子,维生素 PP
pellet ①小球,小丸{加工} ②药丸,丸剂,片剂{药物} ③(肥料,饲料等)颗粒{农化} ④(人工制成)种子球{栽培} ⑤小弹丸{狩猎} ⑥片状{电脑}
pellet application 施用颗粒肥料
pellet form 小丸型,颗粒型
pellet mill 制粒机
pellet module 片状微型组件{电脑}
pellet part 球状部件
pellet seed 种子球,颗粒种子
pellet seeding 种子球播种
pelleted feed 颗粒饲料
pelleted fertilizer 颗粒肥料
pelleted formulation 锭剂{药物}
pelleted garbage fertilizer 垃圾粒肥

pelleted seed 包被种子(为便于单粒播种,在种子表面被以涂料,制成球形或长方形的硬壳种子,每包被种子通常只有一个种子)
pelleter ①(肥料,饲料)制粒机 ②(种子)制球机 ③(干草)压块机,压饼机
pelletierine 石榴碱[$C_7H_{14}NCOH$]
pelleting die 制粒模
pelletized fertilizer 颗粒肥料
pelletized granule 颗粒剂
pelletized products 颗粒产品,块状产品
pellets from forest biomass 林木生物量颗粒
pellets of ice 冰珠
pellicle ①表膜 ②浮膜,菌膜 ③薄膜(pellicula)
pellicular ①表膜的,薄膜的 ②菌膜性质的(pellicularis)
pellicular moisture 薄膜水分
pellicular packing 薄膜填充剂
pellicular resin 薄膜树脂
pellicular salt 盐皮
pellicular veil 丝膜状菌幕
pellicular water 薄膜水
pellicular water capacity 薄膜水保持量
pellicularia rot of Indian mildew 苘麻立枯病[*Pellicularia filamentosa* (Pat.) Rogers]
pelliculate (= pelliculose) ①具菌膜的 ②被有表膜的(pelliculatus)
pelliculose 表膜质的(pelliculosus)
pellitory-of-the-wall (= pellitory) ①墙草属[*Parietaria* L.](荨麻科) ②墙草[*Parietaria debilis* Forst f.]
pellucid 透明的(pellucidus)
pellucid-punctate 点状透明的,具点透明的
pellucid-spotted silk moth 透点天蚕蛾[*Rhodinia fugax* Butler](大蚕蛾科)
pellucidity 透明度(pelluciditas)
pelophyte 沼泽植物(pelophyta)
peloria 反常整齐花
peloruses 方位仪
pels (= picture elements) 像素,像元{遥感}
pelt 毛皮,生皮(pellis)
peltafid 盾状半裂的(peltafidus)
peltate 盾状的(peltatus)
peltate anther 盾状花药(anthera peltata)
peltate hair 盾状毛(pilus peltatus)
peltate indusium 质状囊群盖(indusium peltatum)
peltate leaf 盾状叶(folium peltatum)
peltate scale 盾状鳞(squama peltata)
peltate stamen 盾状雄蕊(stamen peltatus)
peltate stigma 盾状柱头(stigma peltata)
peltate theory 盾状学说{形态}
peltate thimble-berry 楯叶莓[*Rubus peltatus* Maxim.](悬钩子科)
peltatillobate 盾状圆裂的(peltatilobatus)
peltatin 盾叶鬼臼素
peltatipartite 盾状深裂的(peltatipartitus)
peltatisected 盾状全裂的(peltatisectus)
peltigera ①地卷属[*Peltigera* spp.](地卷科) ②地卷[*Peltigera* sp.]
peltigera family 地卷科[*Peltigeraceae*]
peltigerous 具盾的(peltiger)
peltinerved 放射状脉的(peltinervus)
pelting rain 倾盆大雨,暴雨
peltogynol 盾母醇
pelton-wheel 摆斗涡轮机
peltophorum ①盾柱木属[*Peltophorum* Walp.](豆科) ②盾柱木[*Peltophorum pterocarpum* (DC.) Backer]
peltry 毛皮,生皮
pelvic ①骨盆的{畜} ②腰的,腹的(pelvicus)
pelvic arch 骨盆带{畜}
pelvic fin 腹鳍
pelvic girdle 腰带
pelviform 骨盆状的(pelviformis)
pelvis 骨盆,骨盘
pemmican 干肉
pemphigus 天疱疮
pen ①畜圈,畜栏,围栏 ②种植场 ③冰箱 ④笔(penna)
pen-based computer 笔式计算机
pen control 光笔控制{信息}
pen light 光笔
pen manure 厩肥
pen plotter 笔式绘图仪
pen register 笔记录器
pen-type barn 围栏式畜舍,散饲畜舍
Penaea type 皮耐亚型(胚囊)
penalty ①损耗 ②惩罚 ③补偿
penalty method 补偿法
penalty parameter 补偿参数
Penar 十二烷胺盐(植物生长调节剂)[$C_{16}H_{35}NO_2$]
Penchlorol (= Panta, PCP) 五氯酚
pencil ①铅笔,彩色画笔 ②(光)线束(pencillum)
pencil cedar (= red cedar) 铅笔柏
pencil-flower (= Brazilian lucerne) 笔花

豆［*Stylosanthes gracilis* Hbk.］（豆科）

pencil-like 画笔状的（penicillatus）

pencil-like root 画笔状根（radix penicillata）

pencil of rays 光线束

pencil-point weeder 尖弹齿除草机

pencil tracing 光束跟踪

pencil wood 铅笔材

pendant cloud 漏斗云

pendent ①下垂的，悬垂的 ②悬架，吊架，钩环（pendens）

pendent drop method 悬滴法｛生技｝

pendent plough（=pendentplow） 步犁

pendent shearing machine 悬臂剪毛机

pending ①未定的，未决的 ②悬空的 ③在进行中的，待处理中的

pending interrupt condition 待处理中断条件

pending queue 未决队列，暂挂队列

pendular stage 水楔阶段，环膜水阶段，触点水阶段｛土壤｝

pendular water 环膜水，触点水，水楔｛土壤｝

pendulate thistle 烟管蓟［*Cirsium pendulum* Pisch.］（菊科）

pendulous（=pendular） 下垂的

pendulous udder （家畜）下垂乳房

pendulum 摆

pendulum-action spreader 摆动式撒布机，摆动式撒肥机

pendulum anemometer 摆式风速表

pendulum balance 摆动式配重

pendulum balance plough 摆动式平衡犁

pendulum beet thinner 摆动式甜菜间苗机

pendulum control （坡地机械调平）摆式调节

pendulum pulverizer 摆动式研磨机

pendulum saw 摆锯，吊截锯

pendulum thinner 摆动式间苗机

pendulum-type distributor 摆动式撒布机，摆动式撒肥机

peneplain（=peneplane） 准平原

penetrability ①渗透性 ②透入性 ③穿透度（penetrabilitas）

penetrable 能透过的，能穿入的（penetrabilis）

penetrance ①外显率 ②可穿透性，透过性（penetrantia）

penetrance of gene 基因外显率

penetrant ①渗透剂 ②通透物 ③外显的（penetrans）

penetrant gene 外显基因

penetrated 穿孔的

penetrated tape 穿孔带｛电脑｝

penetrating 穿透的，贯穿的

penetrating particle 穿透粒子，贯穿粒子

penetrating power 贯穿本领

penetrating radiation 贯穿辐射，深透辐射

penetrating strategy ①穿透策略 ②渗透策略

penetration ①侵入｛病理｝②浸入，渗入｛生理｝③透入，穿透，贯穿｛栽培｝④渗透｛土壤｝⑤突防｛电脑｝（penetratio）

penetration angle （犁）入土角

penetration coefficient ①渗透系数 ②穿透系数

penetration control 穿透［深度］控制

penetration depth 穿透深度

penetration index 穿入系（指）数｛水利｝

penetration of dampness 水分渗透［作用］

penetration of ionizing particle 电离粒子贯穿

penetration of light 透光

penetration power ①渗透力 ②贯穿本领

penetration signature 渗透标志

penetration test 渗透试验

penetrative ①能渗透的｛土壤｝②能穿透的，能贯入的｛栽培｝（penetrativus）

penetrative convection 穿透对流

penetrative depth 穿透深度

penetrometer 透度计，穿透计

penetrometer point 透度计锥尖

penetron γ-射线穿透仪

penguin 企鹅

-penia ⌊字尾⌉ 减少［症］

penicidin 杀菌青霉素

penicillamine 青霉胺［$C_5H_{11}NO_2S$］

penicillate ①画笔状的 ②帚状的（penicillatus）

penicillic acid 青霉酸

penicilliform 帚形的（penicilliformis）

penicillin 青霉素［$C_{16}H_{17}N_2O_4 \cdot SNa$］

penicillin acylase 青霉素酰基转移酶

penicillin amidase 青霉素［酰胺］酶

penicillin binding protein 青霉素结合蛋白

penicillin enrichment method 青霉素浓缩法

penicillin enrichment technique 青霉素浓缩技术

penicillin G 苄青霉素，青霉素 G

penicillin killing 青霉素杀伤

penicillin resistance 抗青霉素性

penicillin screening method 青霉素筛选法

penicillin selection technique 青霉素选择技术

penicillinase 青霉素酶

penicilliosis 肺青霉病
penicillium ①青霉属[*Penicillium* Link ex Fr.](曲霉科) ②毛丛
penicillium citrinum 橘青霉[*Penicillium citrinum* Thom]
penicillium diseased rice 青霉病米
penicillium glaucum 灰绿青霉[*Penicillium glaucum* Zal.]
penicillum chrysogenum virus (PCV) 产毒青霉病毒
penicillus 帚状枝,帚状分生孢子梗
peninsula 半岛
penis ①阴茎{畜} ②阳茎{昆虫}
pennat (填图用)小旗,长旗{测}
pennate 羽状的(pennatus)
pennatifid 羽状半裂的(pennalifidus)
penni- ⌞字头⌝羽
penniferous (= pennigerous) 有羽的,生羽的(pennifer)
penniform 羽状的(penniformis)
penninerved (= penninervic) 羽状脉的(penninervus)
penninite 叶绿泥石
pennisetum ①狼尾草属[*Pennisetum* Rich.](禾本科) ②狼尾草[*Pennisetum alopecuroides* (L.) Spreng]
Pennsylvania bittercress 硬毛碎米荠[*Cardamine hirsuta* L. = *C. pennsylvania* Muhl.](十字花科)
Pennsylvanian [period] 宾夕法尼亚期
penny-cress 菥蓂[*Thlaspi arvense* L.](十字花科)
penny-mountain (= wild thyme) 欧百里香
penny-royal mint (= pennyroyal) 除蚤薄荷[*Mentha pulegium* L.](唇形科)
pennywort ①积雪草属[*Centella* L.](伞形花科) ②(= Asiatic pennywort) 积雪草[*Centella asiatica* Urban]
penstemon ①钓钟柳属[*Penstemon* Mitch.](玄参科) ②钓钟柳[*Penstemon campanulatus* Mitch]
penstock ①水渠,引水管,进水管(指涡轮机) ②闸门,给水栓,[救火]龙头 ③送风管道,压头管线{环保}
penta- ⌞字头⌝五,戊
penta molter 五眠蚕{蚕}
penta-oxide 五氧化物
Pentac 除螨灵,遍地克(杀螨剂)[$C_{10}Cl_{10}$]
Pentacamerous 五室的(pentacamerus)
pentacarpellary 具五心皮的(pentacarpellaris)
pentacarpous 五果的(pentacarpus)
pentachaenium 五室瘦果
Pentachloronitrobenzene (= quintozine) 五氯硝基苯
Pentachlorophenol (= PCP) 五氯酚{农药}
pentachromic 五色的(pentachromus)
pentacoccous 五分果爿的(pentacoccus)
pentacosane 廿五烷[$C_{25}H_{52}$]
pentacotyl 五子叶的(pentacotylus)
pentacyclic 五轮列的(pentacyclicus)
pentacyclic flower 五轮花(flos pentacyclicus)
pentad ①五天时间 ②五年间 ③五价物 ④五分体(pentas)
pentadactyl (= pentadactylous) 五指状的(pentadactylus)
pentadelphous 五体雄蕊的,五束的(pentadelphus)
pentadelphous stamen 五体雄蕊(stamen pentadelphus)
pentafid 具五裂片的(pentafidus)
pentagastrin 五肽促胃酸激素
pentaglottical 五舌的(pentaglottis)
pentaglycine bridge 五甘氨酸间桥
pentagon 五角形
pentagonous (= pentagonal) 五角形的(pentagonus)
pentagynous 五雌蕊的,五花托的(pentagynus)
pentahydrate 五水合物,五水化物
pentakenium 五室瘦果的
pentalene 戊搭烯
pentalocular 五室的(pentalocularis)
pentamer ①五聚体 ②五位体[壳粒](指病毒)
pentamerous 五基数的(pentamerus)
pentamerous flower 五数花(flos pentamerus)
pentamethylene diamine 戊二胺,尸胺[$C_5H_{10}(NH_2)_2$]
pentandrous (= pentander) 五雄蕊的(pentandrus)
pentane 戊烷 [$CH_3CH_2CH_2CH_2CH_3$]
pentangular 五角的,五棱的(pentangularis)
pentanoate ①戊酸 ②戊酸盐,酯或根
pentanochlor (= solan) 蔬草灭(除草剂)[$C_{13}H_{18}ClNO$]
pentanoic acid 戊酸[$CH_3(CH_2)_3COOH$]
pentapetalous 具五花瓣的(pentapetalus)
pentapetes ①午时花属[*Pentapetes* L.]

(梧桐科) ②午时花(夜落金钱)[*Pentapetes phoenicea* L.]
pentaphosphate 五磷酸盐{农化}
pentaphyllous 具五叶的(pentaphyllus)
pentaploid 五倍体(pentaploida)
pentaploidy 五倍性(pentaploidas)
pentapterous 五翅的(pentapterus)
pentarch 五原型(pentarcus){解剖}
pentasepalous 五萼片的(pentasepalus)
pentasome 五体(pentasoma){细胞}
pentasomic 五体生物(pentasomicus)
pentasomic diploid 五体二倍体($2n+3$)
pentasomic tetraploid 五体四倍体($4n+1$)
pentaspermous 五种子的(pentaspermus)
pentastichous 五列的(pentastichus)
pentastylous 五花柱的(pentastylus)
pentavalent ①五价的 ②五价染色体(pentavalens)
penthemeron 候,五天{气象}
penthorum ①扯根菜属[*Penthorum* L.](虎耳草科) ②扯根菜[*Penthorum chinense* Pursh.]
Pentium 奔腾[微处理器]{电脑}
Pentium chip 奔腾芯片
Pentium microprocessor 奔腾微处理器
pentlandite 镍黄铁矿{地质}
penton (= pentamer) 五位体[壳粒](指病毒)
pentopyranose 吡喃戊糖
pentosamine 戊糖胺
pentosan 戊聚糖,多缩戊糖[$(C_5H_8O_4)n$]
pentose 戊糖[$C_5H_{10}O_5$]
pentose metabolism 戊糖代谢
pentose nucleic acid (PNA) 戊糖核酸
pentose phosphate cycle 戊糖磷酸循环
pentose-phosphate isomerase 戊糖磷酸异构酶
pentose-phosphate pathway 戊糖磷酸途径
pentose-phosphate ribulose-1,5-bisphosphate 戊糖磷酸-1,5-二磷酸核酮糖
pentouria 戊糖尿
pentyl alcohol 戊醇
penultimate 倒数第二的,次末级的(penultimatus)
penultimate leaf 次末叶(旗叶下的叶)(folium penultimatum)
penultimate order 次末级(ordo penultimatus)
penultimate pinna 次末级羽片(pinna penultimata)
penumbra 半阴影
penumbra area cast 半阴影区造型{电脑}
penumbra volume 半阴影体
peonidin (= paeonidin) 甲基花青素,芍药色素
peonidin chloride 氯化芍药色素[$C_{16}H_{13}ClO_6$]
peonin (= paeonin) 甲基花青苷,芍药色素苷[$(HOC_6H_4)_2C:C_5H_4:O$]
peonin chloride 氯化芍药色素苷[$C_{23}H_{33}ClO_{16}$]
peonol (= paeonol) 芍药醇,2-羟-4-甲氧基苯乙酮[$C_9H_{10}O_3$]
peony ①芍药属[*Paeonia* L.](毛茛科) ②芍药[*Paeonia lactifloria* Pall.]
peony bed 芍药花坛
peony bedding 芍药坛植
peony garden 芍药园{园林}
peony scale 芍药圆蚧[*Pseudaonidia paeoniae* Cockerell](盾蚧科)
people 人民,人口(populus)
People's Commune 人民公社
people's selection 民间选种
peopleware ①人员素质,人员因素 ②软件人员
PEP (= phosphoenolpyruvic acid) 磷酸烯醇丙酮酸
PEP carboxylase 磷酸烯醇丙酮酸羧化酶
PEP carboxylase in C_4 cycle C_4 循环 PEP 羧化酶
Pepe Cuca 佩佩古卡(古巴甘蔗品种)
peperomia ①豆瓣绿属(椒草属)[*Peperomia* Ruiz. et Pavon](胡椒科) ②豆瓣绿[*Peperomia reflexa* Dietr.] ③(= pepper elder) 椒草(草胡椒)[*Peperomia pellucida* HBK]
peperomia type 椒草型(胚囊)
pepino 茄瓜[*Solanum muricatum*](茄科)
peplomer 外包膜突起
peplos (= envelop) 外包膜
pepo (= peponida, peponidium) 瓠果(pepo, peponidium)
peponoid 瓠状的(peponoideus)
pepper (= pepper plant) ①胡椒属[*Piper* L.](胡椒科) ②胡椒(黑胡椒)[*Piper nigrum* L.] ③(= hot pepper) 辣椒[*Capsicum annum* Neer.]
pepper-and-salt 白规壳榆树黑叶斑病
pepper-and-salt moth 胡椒尺蛾[*Biston cognataria* (Guenée)](尺蛾科)
pepper anthracnose 辣椒炭疽病[*Colletotrichum nigrum* Ell. et Halst.]
pepper bacterial spot 辣椒细菌性疮痂病[*Xanthomonas campestris* pv. *vesicato-*

ria (Doldge) Dye]
pepper big bud 辣椒巨芽病(病毒病害)
pepper borer 胡椒二星天牛[*Pelargcderus bipunctatus* Dalman](天牛科)
pepper brand 腥黑粉病
pepper-bush family 山柳科[Clethraceae]
pepper downy mildew 辣椒霜霉病[*Peronospora tabacina* Adam]
pepper-elder ①椒草属[*Peperomia* Buiz. et Pavon.](胡椒科)②椒草(草胡椒)[*Peperomia pellucida* HBK]
pepper family 胡椒科[Pipera ceae]
pepper flea beetle (=pollu beetle) 胡椒蛀果跳甲[*Longitarsus nigripennis* Motschulsky](跳甲科)
pepper fusarium fruit rot 辣椒果腐病[*Fusarium moniliforme* Sheld.]
pepper gall-forming thrips 胡椒黑蓟马[*Gynaikothrips chavicae* Zimm.](蓟马科)
pepper-grass (=pepper cress) ①独行菜属[*Lepidium* L.](十字花科)②独行菜[*Lepidium ruderale* Willd.]
pepper gray mold 辣椒灰霉病[*Botrytis cinerea* Pers.]
pepper maggot 胡椒带实蝇[*Zonosemata electa* (Say)](实蝇科)
pepper mirid 胡椒褐盲蝽[*Disphinctus maesarum* Kirkaldy](盲蝽科)
pepper mosaic 辣椒花叶病(病毒病害)
pepper mottle 辣椒斑驳病(病毒病害)
pepper mushroom (= milk mushroom, peppery milky cap) 白帽菌[*Lactarius piperatus* Fr.](伞菌科)
pepper oil 胡椒油
pepper phomopsis blight 辣椒褐纹病[*Phomopsis vexans* (Sacc. et Syd.) Harter]
pepper phytophthora blight 辣椒疫病[*Phytophthora capsici* Leonian]
pepper plant (=pepper) 胡椒(黑胡椒)[*Piper nigrum* L.](胡椒科)
pepper powder 胡椒粉
pepper ringspot virus (=Brazilian tobacco rattle virus) 辣椒环斑病毒
pepper-saxifrage 光胡萝属[*Silaus* Bernh.](伞形花科)
pepper septoria spot 辣椒白星病[*Septoria lycopersici* Speg.]
pepper soft rot 辣椒软腐病[*Erwinia carotovora* pv. *carotovora* (Jones) Bergey, et al.]
pepper southern sclerotium wilt 辣椒白绢病[*Sclerotium rolfsii* Sacc.]
pepper spot 辣椒黑点病
pepper tree ①肖乳香属[*Schinus* L.](漆树科)②肖乳香[*Schinus terebinthifolius* Raddi]
pepper veinal mottle virus 辣椒脉斑驳病毒
pepper weevil 胡椒象甲[*Anthonomus eugenil* Cano](象甲科)
pepper witches broom 辣椒丛枝病(病毒病害)
pepperidge ①紫树属[*Nyssa* Gronov.](紫树科)②紫树[*Nyssa sinensis* Oliv.]
peppermint 胡椒薄荷(西洋薄荷)[*Mentha piperita* L.](唇形科)
peppermint gum 杏仁桉[*Eucalyptus amygdalina* Labill.](桃金娘科)
peppermint leaf beetle 薄荷叶甲[*Chrysolina exanthematica* Wiedemann](叶甲科)
peppermint oil 薄荷油
peppermint phytometra 薄荷金翅夜蛾[*Phytometra nadeja* Oberthur](夜蛾科)
peppermint prausta 薄荷野螟[*Prausta ourata* Scopoli](野螟科)
peppermint pyralid 薄荷螟[*Psammatis pulveralis* Hübner](螟蛾科)
peppermint small weevil 薄荷小象甲[*Baris menthae* Kôno](象甲科)
peppers 辣椒类
pepperwort (=water clover) 苹属[*Marsilea* L.](苹科)②苹[*Marsilea quadrifolia* L.]
pepperwort family (=pepperworts) 苹科[Marsileaceae]
PEPS (=polyethylene pentasulfide) 聚五硫乙烯
pepscan 肽扫描[技术]{生技}
pepsin 胃蛋白酶
pepsin in protein extraction 蛋白质提取的胃蛋白酶
pepsinogen 胃蛋白酶原
pepsitensin 胃酶[解]血管紧张肽
peptidase 肽酶
peptide 肽,缩氨酸[$NH_2 \cdot CH_2 \cdot CO \cdot NH \cdot CH_2 \cdot COOH$]
peptide amide 肽酰胺
peptide bond (=peptide linkage) 肽键
peptide bond formation 肽键形成
peptide bond synthesis 肽键合成
peptide bridge 肽桥
peptide chain 肽链{分遗}

peptide chain elongation 肽链延伸
peptide chain initiation 肽链起始
peptide chain release factor 肽链释放因子
peptide chain synthesis factor 肽键合成因子
peptide deformylase 肽脱甲酰基酶
peptide design 肽设计
peptide-ELISA 肽-酶联免疫吸附测定,肽-ELISA
peptide formation 肽形成,成肽[反应]
peptide hormone 肽激素
peptide library 肽[文]库
peptide linkage 肽键
peptide map 肽图
peptide mapping 肽作图,制肽图
peptide mimetic design 肽模拟设计
peptide mimetics 肽模拟法
peptide nucleic acid (PNC) 肽核酸
peptide scanning technique 肽扫描技术
peptide screening 肽筛选
peptide sequencer 肽测序仪,肽序列测定仪{分遗}
peptide sequencing 肽测序,肽序列测定
peptide synthesis 肽合成
peptide synthesizer 肽合成仪
peptide synthetase 肽合成酶,肽基转移酶
peptide transfer 肽转移
peptide unit 肽单位
peptidergic fiber 肽能纤维
peptidoglycan 肽聚糖
peptidoglycan transpeptidase 肽聚糖转肽酶
peptidoglycolipid 肽糖脂
peptidolytic 解肽的
peptidyl 肽基
peptidyl ester 肽基酯
peptidyl group 肽基
peptidyl-prolyl cis-trans isomerase (PPIase) 肽基脯氨酸顺反异构酶
peptidyl site 肽基部位
peptidyl site of ribosome 核蛋白体肽基部位,核蛋白体 P 部位
peptidyl transfer 肽基转移
peptidyl transferase 肽基转移酶
peptidyl-transferase activity 肽基转移酶活性
peptidyl transferase center 肽基转移酶中心
peptidyl transferase in protein synthesis 蛋白质合成的肽基转移酶
peptidyl-tRNA 肽基 tRNA{分遗}
peptidyl-tRNA hydrolysis 肽基 tRNA 水解
peptidylamine 肽基胺
peptimycin 肽霉素
peptinotoxin 消化毒素
peptization ①胶溶作用 ②分散作用(peptisatio)
peptizator 胶溶剂,胶化剂
peptizing agent 胶溶剂
peptocrine 消化分泌素
peptolysis [水]解胨[作用]
peptolytic 解胨的(peptolyticus)
peptomyosin 胃蛋白酶解肌球蛋白
peptone 胨,蛋白胨
peptone bacteria 胨细菌
peptonization 胨化(peptonisatio)
peptonize 胨化
peptonized milk 胨化乳
peptonizing agent 胨化剂
pepzyme 肽性酶
per- ⌞字头⌝①每 ②高 ③过
per capita 每人,按人口[平均],人均
per capita consumption 按人口平均消费量,人均消费量
per capita income 按人口平均收入,人均收入
per capita production 按人口平均产量,人均产量
per haul 每网次
per hectare 每公顷
per hill field area 每穴土地[营养]面积
per os (= through mouth) 经口
per se 每秒
per thousand 每千
per-to-per 对等的(指有相同权限的)
per-to-per network 对等网络{信息}
per unit area [每]单位面积
per unit area yield 每单位面积产量
per unit cross area 每单位横切面[积]
per unit field area [每]单位土地面积
per unit leaf area [每]单位叶面积
per unit surface area 每单位表面面积
per unit volume [每]单位容积,单位体积
per unit weight [每]单位重量
per working day 每工作日,每劳动日
Peracetic acid 过氧醋酸(消毒剂)[$C_2H_4O_3$]
peraphyllum 托叶
perbenzoic acid 过氧苯甲酸[$C_6H_5CO_3H$]
percent (%)百分,百分率,百分比,百分数
percent break 断路百分数{信息}
percent by volume 容积百分比
percent by weight 重量百分比
percent control of reproduction 繁殖控制百

分率
percent day in milk 每日出奶百分率
percent defective 废品[百分]率
percent disturbance 扰动[百分]率
percent joint infestation 螟蛀节率(%)(指甘蔗)
percent of bark 树皮率
percent of grade 坡度百分比
percent transmission 透光百分数{生态生理}
percentage 百分法,百分数,百分率
percentage addition 增加百分率
percentage articulation 百分清晰度,清晰度百分率
percentage composition 组成百分率
percentage concentration 浓度百分率
percentage content 含量百分数,含有率
percentage cover 覆盖百分率{生态生理}
percentage data 百分率数据
percentage dead 死亡率
percentage error 百分率误差
percentage fibre extraction 剥麻率
percentage frequency 频率[百分数]
percentage humidity 湿度百分率
percentage increases 增加[百分]率,增产[百分]率
percentage mortality 死亡[百分]率
percentage of broken grain 破粒率
percentage of brown rice 糙米率
percentage of chaff 出壳率(禾谷类)
percentage of cocoon shell weight 茧层(量)率
percentage of crossing 杂交率
percentage of damage 损失率,破损率
percentage of diseased leaves 致病叶率,感病叶率,发病叶率
percentage of double cocoon 双宫茧率
percentage of double cocooning silkworms 同宫茧蚕率
percentage of dry matter 干物质百分率
percentage of ear-bearing tiller 成穗率
percentage of emergence 出苗率,现苗率
percentage of establishment of seedlings 成苗率
percentage of fertile fruit 坐果率
percentage of fertilized grains 受精子粒率
percentage of fruitful culm 有效茎率
percentage of germination 发芽率
percentage of glassy kernel 透明粒率,硬粒率
percentage of grain with no germination potential 死子率
percentage of hull 出壳率(豆类)
percentage of husk 出皮率(玉米苞皮)
percentage of infested boll 受害棉铃率
percentage of injured panicles 伤穗率
percentage of injury 受害率
percentage of loss 损耗率
percentage of milled rice 白米率
percentage of missing larvae 减蚕率
percentage of missing silkworm (= percentage of decrease in silkworm number) 蚕数减少百分数
percentage of motile sperm 精子存活率
percentage of mounted silk worms 上(登)蔟率
percentage of natural crossing 自然杂交率
percentage of oxygen saturation 氧饱和率
percentage of possible sunshine 可能日照百分率
percentage of probable error 概差百分数
percentage of pupation 化蛹率
percentage of purity ①纯度百分率 ②纯洁率
percentage of ripened grain 子粒成熟率
percentage of ripening 成熟率
percentage of seed germination 种子发芽率
percentage of seed set 结实率
percentage of seedling 出苗率,幼苗百分数
percentage of selection 选择率
percentage of self-mounting silkworm 自动上蔟率{蚕}
percentage of setting 结实率
percentage of shattering 落粒率
percentage of starch in the seed 种子含淀粉率
percentage of sunshine 日照百分率{遥感}
percentage of survival 存活率
percentage of the number of fully ripened grain 完熟子粒数百分率
percentage of thresh (= percentage of freshing) 脱粒率
percentage productivity method 百分生产率法
percentage sterility 不育率
percentile 百分位数[值]
percentile curve 百分位数(分布)曲线
perceptible band 感测波段{遥感}
perception ①感觉,感知,察觉,知觉 ②感受 ③理解力
perception reaction 感觉反应
perception regulation 感受调节
perceptive organ 感受器[官]
perceptron 感知机{电脑}

perceptual knowledge 感性认识
percevonics 知觉学（percevonica）
perch ①（家禽）栖架，栖木 ②杆（丈量土地长度单位，等于5.5码）
perched ground water 上层地下水
perched permanent ground water 上层永久地下水
perched temporary ground water 上层暂时地下水
perched water table 上层水位
perchlorate 高氯酸盐［$MClO_4$］｛农化｝
perchloric acid 高氯酸［$HClO_4$］
perchloric acid condensation 高氯酸浓缩
perchloric acid extraction 高氯酸提取
perchloric acid for hydrolysis 水解用高氯酸
perchloric anhydride 高氯酸酐
percin（= pereine） 鲈精蛋白
percnosome 深染粒（percnosoma）
percnosomic 深染粒的（percnsomicus）
percogenic horizon 渗育层
percolate ①渗漏｛土壤｝ ②渗滤｛环保｝
percolating filter 渗滤器，洒滴滤池｛环保｝
percolating water ①渗漏水 ②渗滤水｛环保｝
percolation ①渗滤｛环保｝ ②渗漏，渗透｛土壤｝ ③渗水，漏水｛水利｝（percolatio）
percolation amount 渗漏量
percolation loss 渗漏损失［量］
percolation of soil water 土壤水渗漏
percolation rate 渗漏速率
percolation ratio 渗漏比
percolator 渗滤器
percurrent 及顶的（percurrens）
percussion ①撞击，打击，冲击，碰撞 ②振动，激动，击发（percussio）
percussion boring method 冲击钻井法｛环保｝
percussion cap 火帽，炸药帽，雷管
percutaneous 透皮的，透过皮肤的（percutaneus）
percutaneous toxicity 透皮毒性
pereipoda ①中胸足（成虫） ②中后胸足（幼虫）
perennate 全年生的（perennans）
perennate bud 全年生芽（gemma perennans）
perennation 多年生（perennatio）
perennial ①多年生的 ②［复］多年生植物（perennis）
perennial algae 多年生藻类（algae perenne）
perennial beet 多年生甜菜［*Beta vulgaris* var. *perenne* L.］（藜科）
perennial border 宿根花境｛园林｝
perennial branch 多年生枝（ramus perennis）
perennial chilli 指天椒（鲜天椒）［*Capsicum frutescens* var. *conoides* Bailey = *C. annum* var. *conoides* Irish］（茄科）
perennial crops 多年生作物，宿根作物
perennial fallow ①多年休闲 ②多年休闲地
perennial flax 宿根亚麻（蓝亚麻）［*Linum perenne* L.］（亚麻科）
perennial gaillardia 宿根天人菊［*Gaillardia aristata* Pursh］（菊科）
perennial habit of growth 多年生生长习性
perennial hemicryptophyte 多年生地面芽植物（hemicryptophyta perennis）
perennial herb 多年生草本植物（herba perennis）
perennial herbaceous species 多年生草本种（species herbaceae perennis）
perennial marjoram（= pot marjoram） 牛至［*Origanum vulgare* L.］（唇形科）
perennial monocarp 多年生结一次果植物
perennial oats 草地燕麦［*Avena pratensis* L.］（禾本科）
perennial organ 多年生器官（organa perennis）
perennial pea 广叶山黧豆（宿根香豌豆，宽叶香豌豆）［*Lathyrus latifolius* L.］（豆科）
perennial peavine（= everlasting pea） 宿根香豌豆［*Lathyrus latifolius* L.］（豆科）
perennial phlox 天蓝绣球（草夹竹桃，锥花福禄考）［*Phlox paniculata* L.］（花荵科）
perennial plant 多年生植物（planta perennis）
perennial plant community 多年生植物群落（phytocommunitas perennis）
perennial quaking-grass ①凌风草属［*Briza* L.］（禾本科） ②凌风草［*Briza media* L.］
perennial river 长年河流
perennial root 多年生根，宿根（radix perennis）
perennial ryegrass（= English ryegrass, common ryegrass, ray grass, red darnel） ［多年生］黑麦草［*Lolium perenne* L.］（禾本科）
perennial savory（= winter savory） 山香薄荷
perennial snow 恒雪，积雪
perennial sorghum 多年生高粱，宿根高粱（高粱分类类型）
perennial sow-thistle（= field sow thistle）

苦荬菜［*Sonchus brachyotis* DC. = *S. arvensis* subsp. *brachyotus* Kitamura.］（菊科）
perennial species 多年生种（species perennis）
perennial spring 长年泉，恒流泉
perennial sundrops 宿根脱草［*Oenothera perennis* L.］（柳叶菜科）
perennial teosinate 宿根类蜀黍［*Euchlaena perennis*］（禾本科）
perennial type 多年生型（typus perennis）
perennial vegetable 多年生蔬菜（vegetabilis perennis）
perennial weed 多年生杂草（herba inutilis perennis）
perennial wild rice 多年生野生稻［*Oryza perennis* Moench. et Rochr.］（禾本科）
perenniality 多年生性（perennialitas）
perenox（= Cuprous oxide） 氧化亚铜（杀菌剂）［Cu_2O］
pereskia ①叶仙人掌属（叶仙人棒属）［*Pereskia* Mill.］（仙人掌科）②叶仙人掌（虎刺）［*Pereskia aculeata* Mill.］③叶仙人棒［*Pereskia grandifolia* Harv.］
Perèz sea-lavender 佩雪济氏补血草［*Limonium perezii* Hubb.］（蓝雪科）
perfboard 试验电路板，模拟板｛信息｝
perfect ①完全的，完美的，完整的，完备的，具备的 ②理想的 ③正确的，准确的 ④熟练的，精通的（perfectus）
perfect annulus 完全菌环（annulus perfectus）
perfect black body 理想黑体
perfect clearage 完全介理｛地质｝
perfect closing of crop 全部封垄
perfect code 完备码｛电脑｝
perfect combustion 完全燃烧｛环保｝
perfect correlation 完全相关｛统计｝
perfect cube 完全立方｛统计｝
perfect double helix 完全双螺旋
perfect flower 具备花，完全花（flos perfectus）
perfect fluid 理想流体
perfect fungi 完全［真］菌（fungi perfecti）
perfect fuzzy variable 完全模糊变数
perfect gas 理想气体
perfect grain（= perfect kernel） 完整子粒（granum perfectum）
perfect induction 完全归纳法｛统计｝
perfect leaf 完全叶（folium perfectum）
perfect mismatch 完全误配｛分遗｝
perfect negative correlation 完全负相关
perfect positive correlation 完全正相关
perfect radiation 完全辐射
perfect recall 完全回报，完全回偿
perfect rice grain（= whole rice grain） 完整米［粒］，整粒米
perfect secrecy 完全保密｛信息｝
perfect stage 有性期，有性阶段
perfect stamen 具备雄蕊（stamen perfectus）
perfection ①精通，熟练 ②完备，完善（perfectio）
perfective maintenance 改善性维护
perfectly diffuse reflector 理想漫反射器，全漫反射体｛遥感｝
perfectly matched hybrid 完全配对杂种｛育种｝
perfectly matched sequence 完全配对序列｛分遗｝
Perfekthion（= dimethoate） 乐果
perfoliate ①穿叶的（指茎）②（昆虫）抱茎状的，具叶片的（perfoliatus）
perfoliate leaf 贯穿叶（folium perfoliatum）
perforate 穿孔的（perforatus）
perforated basket （离心机）多孔篮
perforated bottom 穿孔底板｛环保｝
perforated channel 穿孔水槽｛环保｝
perforated cocoon 穿孔茧
perforated cylinder 圆筒筛
perforated floor 穿孔底板
perforated hose 多孔软管
perforated pipe 穿孔管｛环保｝
perforated-pipe distributor 穿孔管布水器，多孔管布水器｛环保｝
perforated pipe sprinkler 喷孔管式喷灌机
perforated-pipe underdrain 穿孔管底部排水管｛环保｝
perforated plate 穿孔板（platus perforatus）
perforated ray cell 穿孔射线细胞（cellula radia perforata）
perforated screen 冲孔筛
perforated tape 穿孔［纸］带｛电脑｝
perforated tectum 具孔覆盖层（tectum perforatum）
perforated zine ①多孔锌片 ②锌片隔峰王板
perforating organ 穿孔器官
perforation ①穿孔｛解剖｝②钻孔｛农机｝（perforatio）
perforation plate ①穿孔底壁 ②穿孔板（platus perforationis）
perforation rim（= perforation ring） 穿孔缘（rimus perforationis）

perforator 穿孔器,钻孔器
perforatorium 顶体
perforextactor (取浓蜜)松蜜器
perforin 穿孔素
performability 可运行性,可执行性(performabilitas){电脑}
performance / cost ratio 性能价格比{农管}
performance ①性能,表现{农机} ②生产性能,生产力 ③实现,执行 ④工作率 ⑤操作作业
performance curve ①性能曲线 ②运行曲线
performance data 性能数据
performance efficiency 运行效率
performance estimation 性能评价
performance evaluation 性能评价
performance figure ①性能图 ②性能数据
performance index 作业指数
performance loading relationship 负载性能关系{环保}
performance monitoring 性能监控{电脑}
performance optimization 性能优化
performance option 性能选择
performance parameter ①有效参数{统计} ②性能参数{农机}
performance reference 性能标准
performance requirements 性能规格,性能要求
performance test ①生产性能测验{育种} ②性能试验{农机}
performance test for recommended varieties 推广品种生产性能测验
performance-time relationship 性能时间关系{环保}
performance trait 生产性能
performance trial 生产性能试验,产量比较试验
performic acid 过甲酸[CH_2O_3]
perfume ①芳香,香味 ②香料,香水
perfume garden 香料植物园,香草园{园林}
perfume plants 香料植物
perfumery ①香料,香水 ②香料制造
perfumery gardening 芳香园艺,香料园艺
perfumery lichen 香料地衣
perfusate 灌注液{生技}
perfuse ①灌注 ②充满,铺满 ③完全覆盖的(perfusus)
perfused culture system 灌注培养系统(法)
perfusion 灌注法{水利}
perfusion chromatography 灌注层析{生技}
perfusion imaging 灌注成像{遥感}
perfusion medium 灌注介质(指层析)
pergameneous (= pergamenous, pergamentaceous) 似羊皮纸质地的(pergameneus)
pergelation 永冻过程(pergelatio)
pergelisol 永冻土壤(多年冻土)(pergelisolum)
pergola ①绿廊,荫廊 ②花架,蔓藤花棚,藤架{园林}
pergola pillar 花架柱
perhumid climate 过湿气候
perhydrocyclopentanophenanthrene 环戊烷多氢菲
perhydrol [含30%过氧化氢]双氧水,强双氧水
perhydrovitamin A 全氢[化]维生素 A
peri- ⌞字头⌝ ①环 ②周围,围绕 ③近
peri-effect 近位效应(perieffectus){分遗}
periachene 斗上位瘦果(periachenium)
perialdehyde 紫苏醛
perianth ①花被 ②总苞 ③蒴苞(perianthium)
perianth lobe 花被浅裂片
perianth segment 花被全裂片
perianth tube 花被管
perianthial 花被的(perianthialis)
periastral 星体周围的(periastralis)
peribacteroid membrane 环类菌体膜(membrana peribacteroidea)
periblem 皮层原(periblema)
periblem initial 皮层原原始细胞
peribranchial cavity 围鳃腔
pericambium 周边形成层
pericardial cavity 围心窦
pericardial cell 围心细胞
pericardial sinus 背窦,围心窦
pericardium 心包
pericarp ①子实体包被,子实果 ②果皮(pericarpium)
pericarpial (= pericarpic) 果皮的(pericarpicus)
pericaryon 核周体
pericaulome 茎周部
pericaulome theory 茎周[部]理论{形态}
pericellular 细胞外周的(pericellularis)
pericellular membrane 细胞[外周]膜(membrana pericellularis)
pericentral ①围轴的 ②中心周围的(pericentrus)
pericentral cell 围轴细胞(cellula pericentra)
pericentric 着丝粒周围的,臂间的(pericentrus)
pericentric heterochromatin 着丝粒周围异染色质,臂间异染色质

pericentric inversion 着丝周围倒位,臂间倒位 (inversiopericentrica)
perichaetium 雌器苞
perichromatin fiber 周染色质丝
perichromatin granule 周染色质颗粒
pericladium 叶鞘
periclase 方镁石
periclinal ①周缘的{遗传} ②平周的{解剖}(periclinalis)
periclinal chimaera 周缘嵌合体 (chimaera periclinalis)
periclinal division 平周分裂 (divisio periclinalis)
periclinal wall 平周壁 (paries periclinalis)
periclinium 总苞
periclinoides 假总苞
pericolpate 周沟的 (pericolpatus)
pericycle 中柱鞘 (pericyclus)
pericyclic 中柱鞘的 (pericyclicus)
pericyclic cell 中柱鞘细胞 (cellula pericyclica)
pericyclic fiber 中柱鞘纤维 (fiber pericyclicus)
pericyte 周细胞 (pericyta)
periderm ①被 ②周皮 (peridermis)
periderm structure 周皮结构
peridermal 周皮的(peridermalis){解剖}
peridermal tissue 周皮组织 (tela peridermalis)
peridermal transpiration 周皮蒸腾 (transpiratio peridermalis)
peridermic 被的 (peridermicus)
peridermioid 有被春孢器的 (peridermioides)
peridermium 有被春孢器
peridinin 多甲藻黄素
peridinium ①多甲藻属 [*Peridinium* spp.] (多甲藻科) ②多甲藻 [*Peridinium* sp.]
peridinium family 多甲藻科 [Peridiniaceae]
peridiole (= peridiolum) 小包{真菌}
peridium ①果皮 ②外壁{解剖} ③包被{真菌}
peridotite 橄榄岩{地质}
perielectrotonus 周围电紧张
perienchyma 周边组织
perienzyme 细胞外酶,外周酶
perifollicular 滤泡的 (perifollicularis)
perifollicular zone 滤泡[周围]区带 (zona perifollicularis){分生}
perigee ①近地点 ②[弹道]最低点
perigee altitude 近地点高度{遥感}
perigene 周缘 (perigenium){解剖}
periglacial climate 冰缘气候
periglacial period 间冰期
perigon 圆周角(360°象){测}
perigonal 花被的 (perigonalis)
perigone ①花盖 ②花被 ③雄器苞(苔藓)
perigynanda 总苞 (perigynandrus)
perigynium 雌器苞
perigynous 周位的 (perigynus)
perigynous corolla 周位花冠 (corolla perigyna)
perigynous flower 周位花 (flos perigynus)
perigynous stamen 周位雄蕊 (stamen perigynus)
perigyny 周位式 (perigynia)
perihelion 近日点{气象}
perikaryon 核周体 (pericaryon)
perikinetic flocculation ①曲折运动絮凝[作用](指在水中) ②布朗运动絮凝{环保}
perilla ①紫苏属 [*Perilla* L.] (唇形科) ②白苏(苏麻,荏) [*Perilla ocymoides* L. = *P. frutescens* Britt.]
perilla aphid 紫苏蚜 [*Aphis perillae* Shinji] (蚜科)
perilla oil 紫苏油,苏子油
perilla pyrausta 紫苏野螟 [*Pyrausta discimaculata* Hampson.] (野螟科)
perilla rust 紫苏锈病 [*Coleosporium perillae* Sydow]
perilla seed 紫苏子,苏子
perillaldehyde 紫苏醛 [$C_{10}H_{14}O$]
perimedullary 环髓的 (perimedullaris)
perimedullary phloëm 环髓韧皮部 (phloema perimedullaris)
perimedullary zone 环髓带 (zona perimedullaris)
perimeristem 周边分生组织 (perimeristema)
perimeter ①周长,周边,周围,周界 ②视野计
perimetry 视野测定法 (perimetrica)
perimicropylar 围珠孔的 (perimicropylaris)
perimplantation genetic diagnosis 植入前后遗传诊断
perinaeum 会阴{畜}
perine 周壁层 (perina)
perineural 围神经的
perinium 孢子周壁
perinous 周壁的 (perinus)
perinuclear 核周的 (perinuclearis){细胞}
perinuclear cisterna (= perinuclear) 核周

潴泡，核周池，核周间隙（cisterna perinaclearis）

perinuclear membrane 核周膜（membrana perinaclearis）

perinuclear space 核周［间］隙（spatium perinucleare）

perinucleolar 核仁外周的（perinucleolaris）

perinucleolar chromatin 核仁外周染色质，核仁结合染色质

period ①期，时期 ②周期 ③纪（地层年代单位）（periodus）

period doubling 周期倍增

period from mounting to emergence 蛰茧日数｛蚕｝

period of cleavage 卵裂期

period of crop rotation 轮作周期

period of design 设计期（指设计使用的时间）｛环保｝

period of dormancy 休眠期

period of dryness ①干旱期 ②干燥期

period of duration 生育期

period of elongation 伸长期，拔节期（禾谷类）

period of emergence 出苗期，现苗期

period of foliation 幼叶卷叠期

period of greatest growth 最大生长期

period of growth 生长期

period of heading ①抽穗期（禾谷类）｛栽培｝ ②卷心期（甘蓝类）｛园艺｝

period of life ①生命周期｛遗传｝ ②使用期｛农机｝

period of modification 饰变期

period of occupation 载畜期（指草地能供多少牲畜放牧的期限）

period of oscillation 振动周期

period of production of earprimodia 幼穗形成期

period of regeneration ①返青期（冬小麦）｛栽培｝ ②更新期｛森林｝

period of return 采伐周期，轮伐期

period of revolution 公转周期｛遥感｝

period of rotation 自转周期

period of short supply 青黄不接期，缺少供应期

period of spawning 产卵期

period of spring flood 春洪期

period of stimulation 刺激期

period of stopping irrigation 中止灌溉期

period of the monsoon 季风期

period of trimming 整枝期

period of vegetation 生育期间

periodate ①高碘酸 ②高碘酸盐

periodic（= periodical） ①定期的，周期的 ②周期性的 ③高碘的（periodicus）

periodic acid 高碘酸，三缩原高碘酸［HIO_4（$H_7IO_7 \cdot 3H_2O$）］

periodic-acid-Schiff procedure（PAS） 高碘酸席夫氏染色法

periodic-acid-Schiff reaction 高碘酸席夫氏反应

periodic annual growth 定期平均年生长量

periodic change 周期性变化

periodic chart 周期表

periodic cutting area ①分期收割面积（地面）｛牧草｝ ②分期采伐面积｛森林｝

periodic drought 周期性干旱

periodic flood 周期性洪水

periodic grazing 定期放牧

periodic harvesting 定期收获

periodic increment 定期增长量

periodic inspection 定期检查

periodic intermittent working 定期隔年作业｛森林｝

periodic interrupt 周期中断

periodic interval 定期间隔（指时间）

periodic law of element 元素周期律

periodic maintenance 定期维护

periodic occurrence 周期性发生，周期性出现（指虫害）

periodic ophthalmia 周期性眼炎

periodic ordering system 定期订货系统｛农管｝

periodic repair 定期修理

periodic review ①定期审查 ②定期盘点

periodic rhythm 周期性节律

periodic sale ①定期出售 ②定期供应

periodic sampling 周期抽样，周期取样

periodic scan method 循环扫描法

periodic selection 周期性选择作用

periodic system of element 元素周期系

periodic system of Mendeleyev 门捷列夫周期系

periodic table 周期表

periodic table of element 元素周期表

periodic variation 周期变化

periodic water application 定期灌水

periodic wind 周期风

periodic X-radiation 定期 X 射线辐射

periodical 周期性的（periodicus）

periodical flood plain 周期性泛滥平原

periodical increment 周期生长量

periodical inspection 定期检验

periodical migration 周期迁移

periodical ophthalmitis of equines 马周期性眼炎

periodical water-logged 周期性渍水的,周期性淹水的{水利}
periodically dry region 周期性干旱地区
periodicity 周期性,定期出现 (periodicitas)
periodicity of dosing 投配周期性(指设加污水于生物滤池的){环保}
periodicity of flowering 开花周期性
periodicity of fruiting 周期性结果,隔年结果
periodicity of growth 生长周期性
periodism 周期性 (periodismus)
periodization 周期化 (periodisatio)
periodogram 周期图 (periodogramma)
periods processing 分[阶]段处理
periople 蹄冠 (perioplex)
perioral 口周围的 (periorus)
perioscope 扩视镜,视野计
periosteum 骨外膜
peripedicular (菌幕)菌柄层生的 (peripedicularis)
peripetalous 围花瓣的 (peripetalus)
peripheral ①周围的,周边的,边缘的 ②外围的 (peripheralis)
peripheral apparatus 外围设备 (apparatus peripheralis)
peripheral arrangement 周边排列 (dispositio peripheralis)
peripheral biomembrane 周围生物膜 (biomembrana peripheralis)
peripheral blood culture 周边血培养
peripheral blood neutrophile 周边血喜中性细胞
peripheral bud 周位芽 (gemma peripheralis)
peripheral cambium layer 周边形成层 (cambium peripherale){解剖}
peripheral chemoreceptor 周边化学感受器
peripheral chimera 周边嵌合体 (chimera peripheralis)
peripheral computer 外围计算机
peripheral controller 外围控制器
peripheral cytoplasm 周边细胞质 (cytoplasma peripheralis)
peripheral cytoplasmic region 周边细胞质区
peripheral device (= peripheral equipment)外部设备,外围设备
peripheral envelope 周包膜
peripheral feed 周边投配{环保}
peripheral fibril 周边纤丝
peripheral filament 周边丝状体
peripheral interface channel 外围接口通道{信息}
peripheral isolates 周围隔离群体
peripheral layer 周围层
peripheral leaves 周边叶
peripheral microfibril 周边微纤丝
peripheral operation 外围操作
peripheral protein 周边蛋白质
peripheral red stain 松木红边病 [*Biatorella resinae* Mudd.]
peripheral siphon 围轴管 (siphon peripheralis)
peripheral stem bundle [蔗]茎周围维管束
peripheral support computer 外围后援计算机
peripheral transfer 外围传输,外围传送
peripheral trunk 外部干线,外部总线{信息}
peripheral vascular bundle 周边维管束 (fasciculus vasorum peripheralis)
peripheral velocity 周速度
peripheral weir 周边堰{环保}
peripheral zone 周围区 (zona peripheralis)
peripheric 周围的 (periphericus)
peripheric embryo 周位胚 (embryo pe-ripherica)
periphery ①圆周,周边,周围 ②表面
periphoranthium 总苞
periphorium 子房托
periphyllogeny 周生小叶式 (periphyllogenia)
periphysis 缘丝
periphyton ①固着生物 ②附表生物(指在水生物上寄生){环保}
peripileic (菌幕)盖缘层生的 (peripileicus)
periplasm ①周质{遗传} ②孢外质{微生物} (periplasma)
periplasmic 周质的 (periplasmicus)
periplasmic flagella 周质鞭毛 (flagella periplasmica)
periplasmic space 周质空间 (spatium periplasmicum)
periplasmodium 周原质团
periplast 周质体
periplogenin 杠柳毒苷配基 [$C_{23}H_{34}O_5$]
peripneustic 侧气门式的 (peripneusticus)
periporate 周孔的 (periporatus)
periposition 近位 (peripositio)
peripterous 周翅的 (peripterus)
perisaccate 具周[围气]囊的 (perisaccatus)
periscope 窥视窗,潜远镜

perish ①枯萎{生理} ②腐烂{病理}
perishability 易腐性 (perishabilitas)
perishable 易坏的,易腐败的 (perishabilis)
perishable agricultural commodities 易腐农产品
perishable fruit 易腐果品 (fructus perishabilis)
perishing ①死的,枯死的 ②灭亡的
perisome (棘皮动物)体壁 (perisoma)
perisperm 外胚乳 (perispermium)
perispermic 具胚乳的 (perispermicus)
perisphere 中心周球 (perisphera)
perisporangiate 环生孢子囊的 (periporangiatus)
perisporangium 环生孢子囊
perispore ①孢子周壁 ②孢子母细胞(藻类) (perisporium)
perisporinium 外壁
perisporium 周壁
perissodactyl 奇蹄类{畜}
perissoploid 奇数序多倍体 (perissoploida) {细胞}
peristachyum 颖片 (peristachyum)
peristalsis 蠕动
peristaltic 蠕动的 (peristalticus)
peristaltic pump 蠕动泵{生技}
peristase 外因力 (peristasus)
peristomal teeth 蒴齿 (dens peristomalis)
peristomate 具子突口缘的 (peristomatus)
peristomatic 环萼筒着生的 (peristomaticus)
peristome ①蒴齿层{形态} ②口围部{微生物} ③子实口缘{真菌} (peristomium)
peristomium ①蒴齿层 ②周膜层
peristromium [叶绿粒]周围变形鞘收缩泡{细胞}
peristrophe ①观音草属 [*Peristrophe* Nees] (爵床科) ②观音草 [*Peristrophe bivalvis* (L.) Merr.]
perithecicole (= perithecicolous) 子囊壳寄生的 (perithecicous)
perithecigerous 产子囊壳的 (perithecigerus)
perithecioid 子囊壳状的 (perithecioides)
peritheciophorous 产子囊壳的 (peritheciophorus)
perithecium 子囊壳
peritonaeum (= peritoneum) 腹膜
peritoneal sheath 围巢膜
peritonitis 腹膜炎
peritreme 周萌发孔 (peritrema)
peritricha 周毛
peritrichous 周生鞭毛的,周毛的(细菌) (peritrichus)
peritrophic 根围菌根菌的 (peritrophus)
peritrophic membrane 围食膜
peritropous 向周边的 (peritropus)
perittogamous 随机质配的 (peritiogamus)
perittogamy 随机质配 (perittogamia)
perivacuolar chondriosome 泡周线粒体 (chondriosoma perivacuolaris)
perivasal 环管的 (perivasalis)
perivascular 周维管的 (perivascularis)
perivascular fiber 周维管纤维 (fiber perivascularis)
perivascular sclerenchyma 周维管厚壁组织 (sclerenchyma perivascularis)
periwinkle ①长春花属 [*Vinca* L.] (夹竹桃科) ②长春花 [*Vinca rosea* L. = *Catharanthus roseus* (L.) G. Don.]
perixylic 周木的 (perixylicus)
perlids 石蝇科 [Perlidae]
perlite 珍珠岩{地质}
permafrost ①永冻,常冻 ②永冻层,常冻土
permafrost horizon 永久冻土层,常冻土层{土壤}
permafrost subsoil 永冻心土
permanent ①永久的 ②持久的,耐久的 ③固定的,不变的 ④常设的,常置的 ⑤不息的(指不挂机){信息} (permanens)
permanent agriculture 长期农业,不休闲耕作
permanent anticyclone 永久性反气旋
permanent asset 永久资产,固定资产
permanent call 不息呼叫{信息}
permanent carrot aphid 胡萝卜蚜 [*Aphis lambersi* (Borner)]
permanent cell 永久细胞 (cellula permanens)
permanent chlorine standard 永久氯标准{环保}
permanent circulation 永恒环流
permanent community 永久群落
permanent connection 永久连接{电脑}
permanent contraction 永久收缩
permanent cover 永久覆盖层{生态}
permanent currant aphid 茶藨蚜 [*Aphis schneideri* (Borner)] {蚜科}
permanent depression 常定低[气]压
permanent dipole moment 永久偶极矩
permanent disruption 永久破坏
permanent dock aphid (= common "plant louse") 豆蚜 (槐蚜) [*Aphis laburni* Kaltenbach = *Aphis rumicis* Maki.] (蚜

科)
permanent dominant 稳定优势种{生态}
permanent drought 永久干旱
permanent entity 固定实体
permanent error ①永久误差,固定误差 ②永久错误
permanent fault 固定故障,不消失故障
permanent flow (=steady flow) 定流
permanent flower 永久花(不凋花,万年花)(flos permanens)
permanent frozen layer 久冻层
permanent garden 永久花圃,永久花坛{园林}
permanent hard water 永久硬水{环保}
permanent hardness 永久硬度{环保}
permanent heterozygote 永久杂合体
permanent high 常定高[气]压
permanent hotbed 固定温床
permanent hybrid 永久杂种
permanent injury 永久损伤
permanent ink 永不退色墨水{生技}
permanent labour 固定工,长期工
permanent low 常定低压
permanent marker 永不退色记号笔(指实验用)
permanent meadow 永久割草地,永久草甸
permanent memory ①永久记忆 ②固定存储器{电脑}
permanent meristem 永久分生组织(meristema permanens){解剖}
permanent modification 永久诱发变异,持续变异
permanent nursery ①固定秧田 ②固定苗圃
permanent object 永久目标,永久对象
permanent order 固定顺序
permanent pasture 永久牧场
permanent perched water [永久]悬着水
permanent periodic block 固定更新区
permanent planting 定植
permanent plot 定位取样地块,永久样区
permanent preparation 永久切片,永久制片{显技}
permanent quadrat 定位样方
permanent rice nursery (= permanent nursery) 固定秧田,永久性秧田
permanent root 永久根(radix permanens)
permanent sample plot 固定标本区
permanent snow belt 永久积雪带{遥感}
permanent snow-line 永久积雪线
permanent specimen 永久标本(specimen permanens){显技}
permanent stress 永久胁迫{生态生理}
permanent succession 长期演替
permanent tissue 永久组织(tela permanens)
permanent vegetable 多年生蔬菜
permanent vegetation 永久植被
permanent virtual circuit (PVC) 永久虚拟电路{信息}
permanent virtual connection (PVC) 永久虚连接
permanent water table 永久性地下水位
permanent way (铁道)永久线
permanent wilting 永久萎蔫
permanent wilting percentage (PWP) 永久凋萎率
permanent wilting point (PWP) 永久萎蔫点
permanent wind 恒定风
permanently frozen region 永冻区
permanently locked envelope 永久锁定信件{信息}
permanently moist horizon 永久湿润层,永久潮湿层
permanently moist site 永久湿润生境{生态生理}
permanently wet equatorial climate 永湿赤道气候
permanently wet soil 永湿土
permanganate 高锰酸盐
permanganate number 高锰酸盐价{农化}
permanganate value 高锰酸盐值
permeability 通透性,渗透性(permeabilitas)
permeability barrier 渗透性障碍
permeability characteristics 渗透性特征
permeability coefficient 渗透系数{土壤}
permeability constant 渗透常数
permeability of membrane 膜透过性
permeability of soil 土壤渗透度,土壤渗透率
permeabilization 透化[作用](permeabilisatio)
permeabilizing 透化[处理]
permeable [渗]透性的,可渗透的(permeabilis)
permeable layer 透水层
permeable membrane 透[性]膜
permeable rock 透水岩{地质}
permeable seed 透水种子
permeable soil 透性土
permeable stratum 透性层{土壤}
permeable structure 透性结构
permeameter 渗透仪,透水性测定计
permeant 透膜体
permease 透[性]酶
permease system 透酶系

permeaseless mutant 无透性酶突变体
permeate ①透过的 ②渗透的 ③充满的 (permeatus)
permeation 渗透透入 (permeatio) {显技}
permeation characteristics of water vapor 水汽透入特性
permeation chromatography 渗透层析
permeation process 渗透过程
permeative ①透入的,透过的{环保} ②渗透的{土壤} (permeativus)
permeative boundary 渗透性界线
Permian [Period] 二叠纪
permille 千分位数{统计}
permissible 容许的,允许的,许可的 (permissibilis)
permissible concentration 许可浓度
permissible dose 允许剂量
permissible error 允许误差
permissible immission concentration 容许注入浓度{生态生理}
permissible level 允许界限
permissible loading 容许负荷,容许加载量
permissible variation 许应差额{农经}
permissible water 许可水分
permission 许可,允许,准许 (permissio)
permissive ①允许的,许可的,容许的 ②受纳的 (permissivus)
permissive action 许助作用{分生}
permissive cell 受纳细胞 (cellula permissiva)
permissive condition 容许条件
permissive host 许可寄主
permissive strain ①受纳品系 ②受纳菌株
permit 容许,许可 (permittere)
permit deferred interrupt 容许延迟中断{信息}
permit holder (= runholder) 允许放牧证
permitted hunter-kill ratio 允许猎杀比{狩猎}
permitted leak 容许渗漏量
permittivity ①电容率 ②介电常数 (permittivitas)
permo-carboniferous 石炭二叠纪
permselective ①选择渗性的 ②选择透性的 (permselectivus)
permselective membrane 选择透性膜 (membrana permselectiva)
permselectivity 选择[通]透性 (permselectivitas)
permutation ①排列 ②置换 (permutatio)
permutation symbol 排列符号
permutation test 排列测验{统计}
permute ①序列改变,排列 ②置换
permuted code 置换码{电脑}
permutite 人造沸石 [$Na_2O \cdot Al_7O_3 \cdot 2SiO_2 \cdot 6H_2O$]
pernicious anemia 恶性贫血
pernicious scale (= San Jose scale) 梨圆蚧(轮心蚧) [*Quadraspidiotus perniciosus* Comctock] (盾蚧科)
perny silk moth (= pernyi silkworm, Tusseh worm) 柞蚕 [*Antheraea pernyi* Guérin - Méneville] (蚕蛾科)
peroblate 超扁球形的 (peroblatus)
peroblatoid 类超扁球形的 (peroblatoideus)
peronate ①被厚绒毛的 ②靴状的 ③[菌柄]为菌托或外菌幕所覆盖的 (peronatus)
peroneal bone 腓骨
peronospora ①霜霉属 [*Peronospora* Corda] (霜霉科) ②霜霉 [*Peronospora* sp.]
peronospora family 霜霉科 [*Peronosporaceae*]
peroral 经口的(由口完成或服用的) (peroralis)
peroral infection 经口传染
peroral inoculation 经口接种
perosis 骨节炎
peroxidase (= peroxydase) 过氧化物酶
peroxidase-anti-peroxidase staining (PAP staining) 过氧化物酶-抗过氧化物酶染色{生技}
peroxidation 过氧化作用 (peroxidatio)
peroxide 过氧化物
peroxisome 过氧化物酶体
peroxy radical 过氧化自由基
peroxyacetyl nitrate (PAN) 硝酸过氧化乙酰 [$RCH_2CO_3NO_2$]
perpendicular ①垂直的 ②垂直线 (perpendicularis)
perpendicular incidence 直射
perpendicular profile 垂直剖面
perpendicular recording ①竖向记录 ②垂直磁记录{电脑}
perpendicular shot 向上直射
perpendicular system 垂直系[统]
perpendicular to the grain (= across to the grain) 横纹(指木材)
perpetual ①常年开花的,四季开花的 ②永久的,永不停的,不间断的 ③频繁的 (perpetualis)
perpetual bloom 常年花,四季花
perpetual blooming 常年开花,四季开花

perpetual flowering 常年开花,四季开花
perpetual frost climate 永冻气候
perpetual large-fruited strawberry 大果四季草莓[*Fragaria semperflorens* Hort.](蔷薇科)
perpetual rose 四季蔷薇[*Rosa borboniana* × *Rosa chinensis*](蔷薇科)
perpetual snow 恒雪,积雪
perpetual strawberry 四季草莓(欧洲草莓)[*Fragaria vesca* L.](蔷薇科)
perpetually frozen ground 常冻土,永冻地
perpetuate 永有,永恒(perpetuare)
perpetuation ①常年开花,四季开花 ②永存,永续(perpetuatio)
perprolate 超长球形的(perprolatus)
perpusillous 极小的(perpusillus)
perquisites 津贴
Perrenyi's fixative 伯仁尼氏固定液{显技}
Perret's solution 佩氏液(指砂糖波尔多液)
Perrine 珀赖因(柠檬品种)
perrumpent 穿裂的(perrumpens)
perry (= pear wine) 梨酒
persea ①鳄梨属[*Persea* Gaertn.](樟科) ②鳄梨[*Persea gratissima* Gaertn.]
perseitol 鳄梨糖醇,甘露庚糖醇[$C_7H_{16}O_7$]
Persian buttercup 波斯毛茛(花毛茛)[*Ranunculus asiaticus* L.](毛茛科)
Persian clover 反曲三叶草[*Trifolium resupinatum* L. = *T. suaveolens* Willd. = *T. clusii* Gren. et Godr.](豆科)
Persian epimedium 羽状淫羊藿[*Epimedium pinnatum* Fisch.](小檗科)
Persian lilac 花叶丁香(波斯丁香)[*Syringa persica* L. = *S. angustifolia* Salisb.](木犀科)
Persian stone-cress ①岩芥菜属[*Aethionema* R. Br.](十字花科) ②岩芥菜(大花岩芥菜)[*Aethionema grandiflorum* Boiss. et Hohen.]
Persian violet ①仙客来属[*Cyclamen* (Tourn.) L.](报春花科) ②仙客来[*Cyclamen europacum* L.]
Persian walnut 胡桃(核桃)[*Juglans regia* L.](胡桃科)
Persian wheat 波斯小麦[*Triticum persicum* Aitch. et Hemsl.](禾本科)
Persian wheel 波斯水车
persicaria (= lady's thumb)春蓼
persicaria aphid 蓼四尾长管蚜[*Akkaia polygoni* Takahashi](蚜科)
persimmon ①柿属[*Diospyros* L.](柿科) ②柿[*Diospyros kaki* L. f.]
persimmon angular leaf spot 柿角斑病[*Cerospora kaki* Ell. et Ev.]
persimmon anthracnose 柿炭疽病[*Glomerella cingulata* (Stonem.) Schr. et Spauld.]
persimmon bagworm 柿蓑蛾[*Pachytelia unicolar* Hübner](蓑蛾科)
persimmon borer 柿透翅蛾[*Sannina uroceri fromis* Walker](透翅蛾科)
persimmon fruit moth (= persimmon fruit worm) 柿蒂虫(柿实蛾)[*Kakivoria flavofasciata* Nagano](实蛾科)
persimmon fruit spot 柿果斑病[*Leptothyrium pomi* (Mont. et Fr.)]
persimmon leafroller 柿大金纹卷蛾[*Ptycholoma lecheana* (L.)](卷蛾科)
persimmon-like paprika 柿子椒
persimmon powdery mildew 柿白粉病[*Phyllactinia corylea* (Pers.) Karst.]
persimmon sooty mold 柿煤污病[*Meliota diospyri* Syd.]
persimmon twig blight 柿枝枯病[*Phoma diospyri* Sacc.]
persimmon weevil 柿象甲[*Pseudocneorrhinus obesus* Roelofs](象甲科)
persisted state 持久状态
persistence (= persistency) ①宿存,永存性 ②持久性 ③残留性(persistentia)
persistence of pesticide 农药残留性,农药持久性
persistency of egg production 产卵持续性
persistent ①宿存的,永存的 ②持久的,持续的(persistens)
persistent calyx 宿萼(calyx persistens)
persistent corolla 宿[存]花冠(corolla persistens)
persistent cytohet 持久胞质基因杂合细胞
persistent drift 持久漂变
persistent infection ①持续感染 ②持久侵染
persistent leaf 常绿叶,不凋叶,宿存叶(folium perenne)
persistent leaf sheath 宿存叶鞘
persistent oscillation 持续振荡
persistent pesticide 残留性农药,持久性农药
persistent petal 宿存瓣(petalum perenne)
persistent session 持续会话{信息}
persistent state 持续状态(status persistens)
persistent stipule 宿存托叶(stipula persistens)

persistent supercooling 持续过冷[却]
persistent toxicity 残留毒性
persister 冷持管
persisting modification (= dauermodification) 持久饰变
persitol 鳄梨糖醇,甘露庚糖醇 [$CH_2OH \cdot (CHOH)_4 \cdot (CH_2OH)_2$]
person ①人身,身体 ②菌落成员{微生物}(persona)
person call 定人呼叫,叫人电话{信息}
personal ①个人的,私人的,人员的 ②专用的 ③民间的(personalis)
personal appraisal 人员鉴定
personal board 专用插件{电脑}
personal breeding 民间育种
personal communication 个人通信,专用通信{信息}
personal computer(PC) 个人计算机
personal computer network 个人计算机网络
personal credit 个人信贷,私人贷方{农经}
personal decision 个人决策
personal disclosure 个人泄密{信息}
personal disposition 人员配置
personal error 个人误差
personal expenditure 人员费
personal handy phone(PHS) 简易便携电话{信息}
personal identification number(PIN) 人员标识号
personal interviews 面谈{信息}
personal investigation 人员调查
personal lag 反应时间(由见猎物到发射的时间)
personal loan 私人贷款
personal manufacturing system 专用制造系统
personal plot rotation 自留地轮作
personal telecommunication 私人电信{信息}
personal use facsimile 专用传真通信
personality 个性(personalitas)
personalization ①体现 ②个人化(personalisatio)
personalized computing environment 个人化计算环境
personate 假面状的(personatus)
personate corolla 假面状花冠(corolla personata)
personnel ①人员(指全体)②人事 ③人才
personnel function 人事职能
personnel training 人才培养{农系工}
perspective ①透视法,透视绘图法,透视图 ②景色,远景 ③有希望的,透视的(perspectiva)
perspective axis 透视轴{遥感}
perspective center 透视中心
perspective depth 透视深度
perspective drawing 透视图
perspective grid(grid method) 透射格网(格网法){遥感}
perspective plan ①远景规划 ②透视设计
perspective plane 透视平面{遥感}
perspective projection 透视投影
perspective ray 透视线{遥感}
perspective representation 透视表示法
perspective scene 透视景物,透视景色
perspective variety 有希望品种
perspective view 透视图,鸟瞰图
perspectivity 透视性,明晰度(perspectivitas)
perspiration ①出汗 ②汗(perspiratio)
perspire 出汗,发汗
perstipitate 全菌柄的(perstipitatus)
persulphate (= persulfate)过硫酸盐,二硫八氧酸盐 [$M_2S_2O_8$]{农化}
persulphuric acid (= persulfuric acid) 过硫酸,二硫八氧酸{农化}
perthane 乙滴滴(杀虫剂) [$C_{18}H_{20}Cl_2$]
perthophyte 杀主寄生菌(perthophyta)
perthophytic 杀主寄生性(perthophyticus)
perthophytism 杀主寄生的(perthophytismus)
pertinency (= pertinence) 切合性,适当,恰当,查准(pertinentia)
pertinency ratio 查准率
pertinent ①检准的,查准的 ②恰当的,适当的 ③切题的 ④相关的(pertinens)
pertropal 横出的(pertropus)
perturbation ①微扰,干扰 ②摄动(perturbatio)
perturbation analysis 微扰分析
perturbation current 扰动气流
perturbation theory ①摄动理论{遥感} ②微扰理论{分生}
pertusate (= pertuse) 具穿孔的,具孔洞的(pertusatus)
pertussis 百日咳
pertussis toxin 百日咳毒素
pertussis vaccine 百日咳疫苗
pertybush ①帚菊属 [*Pertya* Sch.-Bip.](菊科) ②帚菊 [*Pertya scandens* Sch.]
Peru-balsam 秘鲁香脂
Peru cereus (= hedge cactus) 秘鲁仙人柱

(秘鲁仙影掌)[*Cereus peruvianus* Mill.](仙人掌科)
Peru rock purslane (=Peruvian rock purslane) 秘鲁岩马齿苋[*Calandrinia umbellata* DC.](马齿苋科)
perula 芽鳞
perulate 具芽鳞的(perulatus)
perultimate chromomere 末端染色点
Peruvian balsamtree 秘鲁香胶树(百露拨尔撒模树)[*Myroxylon balsamum* var. *pereirae*](豆科)
Peruvian bark tree 金鸡纳树(金鸡勒)[*Cinchona officinalis* L.](茜草科)
Peruvian cherry (=grape gooseberry) 灯笼果[*Physalis peruviana* Linn.](茄科)
Peruvian fly 秘鲁蝇[*Paratheresia claripalpis* Van de wulp](蝇科)
Peruvian guano 秘鲁海鸟粪
Peruvian lily ①六出花属[*Alstroemeria* L.](石蒜科) ②(=yellow lily-of-the-incas) 六出花[*Alstroemeria aurantiaca* D. Don]
Peruvian mastic tree (=california pepper tree) 秘鲁乳香树[*Schinus molle* L.](漆树科)
Peruvian tomato 秘鲁番茄[*Lycopersicum peruvianum*](茄科)
Peruvian zinnia 秘鲁百日草[*Zinnia pauciflora* L.](菊科)
pervade 蔓延,弥漫,渗透(pervadere)
pervaporation 全蒸发(pervaporatio)
perversion ①侧向弯曲 ②颠倒 ③恶化(perversio)
perverted 侧向弯曲的(pervertus)
pervious ①穿过的,穿孔的 ②渗透的,透水的(pervius)
pervious bed 透水层{环保}
pervious shell 过滤层
pervious soil 通透性土壤
pervious subsoil 通透性底土
perviousness 通透性,易透性
pes 肘拇长度(=44厘米){真菌}
pessimistic 悲观的(pessimisticus)
pessimistic estimate 悲观估计
pessimium 最劣度{显技}
pest ①虫害 ②毒虫,害虫 ③病虫害 ④疫病{病理} ⑤兽疫 ⑥有毒植物(pestis)
pest attacking cultivated plants 作物的病虫害
pest control ①病虫害防治 ②虫害防除
pest control chemicals 病虫害防治药剂
pest control equipment 病虫害防治机具
pest control measure 病虫害防治措施
pest control method 病虫害防治法
pest control period 病虫害防治期
pest damage 病虫损害
pest destroying animals (=pest eating fauna) 为害动物的病虫害
pest immunity treatment 病虫害免疫处理
pest infection 疫病侵染,疫病传染
pest resistance 抗虫性
pest-resistent 抗虫的
pest strip (=dichlorvos) 敌敌畏
pestalotia chemicals 农药原药
pestalotia leaf spot 斑纹病,大星病
pesticidal 农药的(pesticidalis)
pesticidal contamination (=pesticide contamination) 农药污染{环保}
pesticide 农药,灭害剂,除害剂
pesticide analysis 农药分析
pesticide breakdown 农药破坏
pesticide contamination 农药污染
pesticide equipment 农药喷洒器械
pesticide-fertilizer combination 农药肥料混合剂
pesticide for soil treatment 土壤处理农药,土壤处理剂
pesticide for submerged application 水面施用农药,水面施用剂
pesticide formulation 农药制剂
pesticide industry 农药工业,农药产业
pesticide pollution 农药污染{环保}
pesticide registration 农药注册
pesticide residue 农药残留
pesticide residue analysis 农药残留分析
pesticide residue tolerance 农药残留容限量
pesticide residues 农药残留量
pesticide resistance 抗农药性,对农药的抗性
pesticide safety control 农药安全使用,农药安全控制
pesticide spray 农药喷射
pesticide syndrome 农药并发症
pesticide tolerance 耐农药性
pesticide tracer 农药示踪物
pesticide year 农药年度
pesticin 疫菌素,鼠疫巴氏菌素
pestiferous ①有害的,有毒的,生毒害的{农药} ②易感染的,传染的{病理} ③引起疫病的(pestiferus)
pestilence ①疫病,瘟疫,流行病 ②虫疫(pestilentia)
pestilence-wort (=butterbur) 蜂斗叶
pestis ①疫,瘟疫 ②鼠疫
pestivirus 瘟疫病毒

pestle ［研］杵，研棒，碾槌
pestle and tube homogenizer 研杵-试管式匀浆器｛生技｝
Pestox 3（=schradan） 八甲磷
Pestox 14（=dimefox） 甲氟磷
pestrian controlled weeding machine（=hand controlled weeding machine） 手扶除草机
PET（=positron emission tomography, positron emission computerized tomography） 正电子发射断层显像，正电子成像术｛遥感｝
petal 花瓣（petalum）
petal bundle 花瓣维管束（fas ciculus petalis）
petal-like 花瓣状的（petaloideus）
petal printer 花瓣式打印机
petal-shaped（=petaliform） 花瓣状的（petaliformis）
petaled ①具花瓣的 ②花瓣状的（petaloideus）
petaliferous 生花瓣的，具花瓣的（petaliferus）
petaline ①花瓣状的 ②花瓣的（petalinus）
petalless 无花瓣的（apetalus）
petalmony 器官重复（petalmonia）
petaloid 花瓣状的（petaloideus）
petaloid anther ［花］瓣状花药（antherapetaloidea）
petaloid style ［花］瓣状花柱（styluspetaloideus）
petaloid zone ［花］瓣状带（zona petaloidea）
petaloide（=petalode） 假花瓣（petalode）
petaloidy（=petalody） 花瓣化（petaloidius）
petalous 有瓣的（petalus）
petalurids 古蜓科［petaluridae］
petaurist 鼯鼠［petaurista］（鼯鼠科）
petcock 小龙头，排泄开关，小型旋塞｛环保｝
petechia 淤点
petechial fever 淤点热
petiolaceous ①叶柄的 ②叶柄状的 ③叶柄变的（petiolaceus）
petiolar（=petiolary） ①叶柄的 ②叶柄上的（petiolaris）
petiolar bulb 叶柄上鳞茎（bulbus petiolaris）
petiolate 具叶柄的（petiolatus）
petiolate leaf（=petioled leaf） 具叶柄叶（folium petiolatum）
petiole 叶柄（petiolus）
petioled 具叶柄的（petiolatus）
petiolular 小叶柄的（petiolularis）
petiolulate 具小叶柄的（petiolulatus）
petiolule 小叶柄（petiolulus）
petiotize 花酒（用花梗制成的）
petit-grain oil 柑橘油
petite ①细小的，少许的 ②身材矮的，娇小的 ③小菌落（突变型）
petite colony 小［型］菌落
petite mutant 小［型］菌落突变体
petite mutation 小突变
petraeous 石生的（petraeus）
Petri dish ［皮氏］培养皿
Petri-dish test 培养皿试验
petri plate 培养皿平面培养
petrifact（=petrifactate） 似岩石的（petrifactus）
petrification 石化（petrificatio）
petrified soil 化石土，石化土
petro- ⌊字头⌉，石，岩
petrocalcic horizon 石化钙质层
petrochemical industry 石油化学工业
petrochemistry 石油化学（petrochemia）
petrographical analysis 岩石分析
petrol 汽油
petrol engine 汽油发动机，汽油机
petrol tractor 汽油拖拉机，汽油牵引车
petroleum ①石油 ②煤油｛农机｝
petroleum asphalt 石油沥青
petroleum benzine ①（=petroleum ether）石油醚 ②汽油
petroleum deposit 石油矿床
petroleum emulsion 石油乳剂
petroleum engine（=petroleum motor） 石油发动机
petroleum ether 石油醚
petroleum industry 石油工业
petroleum oil 矿油（除草剂）
petroleum oil herbicide 石油除草剂
petroleum product 石油产品
petroleum refinery 炼油厂
petroleum refining 石油精炼
petroleum refining industry 石油精炼工业
petroleum refining waste 石油精炼废水，炼油厂废水｛环保｝
petroleum soap emulsion 石油肥皂乳剂
petroleum solvent 石油溶剂
petroleum tractor 石油拖拉机
petroleum waste 石油废水｛环保｝
petrological 岩石学的（petrologicus）
petrological microscope 岩石显微镜（microscopa petrologica）｛显技｝

petrology 岩石学(petrologia)
petrophyte 石生植物(petrophyta)
petrose 石中生的(petrosus)
petroselinic acid 岩芹酸[$C_{18}H_{34}O_2$]
petty cash book 小额现金账
petty frame 苗床格子
petty spurge(= petty euphorbia) 孛艾大戟[*Euphorbia peplus* L.](大戟科)
petulant ①性急的 ②易怒的(petulans)
petunia ①矮牵牛属[*Petunia* Juss.](茄科) ②矮牵牛[*Petunia hybrida* Vilm.]
petunidin 矮牵牛[苷]配基,3'-甲花翠素
petunin 矮牵牛苷
peucedrymion 寒温带针叶林
peucenin 前胡宁[$C_{15}H_{16}O_4$]
pewter grass(= marsh horsetail) 沼生木贼
peyote ①乌羽玉属[*Lophophora* Coult.](仙人掌科) ②乌羽玉(僧冠拳)[*Lophophora williamsii* Coult.]
pezizoid 杯状的(pezizoideus)
pf(= picofarad) 微微法拉{物}
pF-curve pF 曲线{土壤}
pF-value pF 值(土壤水自由能负对数)
PFC(= plaque forming cell) 蚀斑形成细胞
pfeiffer's coefficient 费氏系数{生技}
pfeiffer's phenomenon 费氏现象(指溶液){生技}
Pfeiffer's solution 费氏溶液
PFGE(= pulsed-field gel electrophoresis) 脉冲[电]场凝胶电泳
PFP(= para-fluorophenylalanine) 副荧光苯丙氨酸
pfu(= plaque-forming units) 噬菌斑形成单位
pfu DNA polymerase pfu DNA 聚合酶,噬菌斑形成单位 DNA 聚合酶{分遗}
Pfund grader 普芬特比色仪
PG(= prostaglandin) 前列腺素
Pg(= picogram) 微微克
PG No.1 印度花生品种(匍匐型)
PGA(= pteroylglutamic acid) 蝶酰谷氨酸,叶酸,维生素 Bc
PGD(6-phosphogluconate dehydrogenase) 磷酸葡糖酸脱氢酶
PGF(= pollen growth factor) 花粉生长因子{分遗}
PGM(= phosphoglucomutase) 磷酸葡糖变位酶
PH 60-40 氟脲杀(杀虫剂)[$C_{14}H_9ClF_2N_2O_2$]
pH(= power of hydrogen) 酸碱度,氢离子浓度的负对数
Ph(= photosynthesis) 光合作用{植生}
pH dependent charge pH 控制电荷,依 pH 可变电荷,酸碱度控制电荷
pH electrode pH 电极,酸碱度电极
pH gradient pH 梯度,酸碱度梯度
pH gradient electrophoresis pH 梯度电泳
pH indicator pH 指示剂,酸碱度指示剂
pH labile pH 不稳定,酸碱度不稳定
pH meter pH 计,酸碱度计,氢离子计
pH moniter pH 监控器
pH paper pH 试纸
pH recorder pH 记录器,酸碱度记录器,氢离子浓度记录器
pH regulation pH 调节
pH scale pH 标度,酸碱度标度,氢离子浓度标度
pH sensitive mutant ①pH 敏感突变体 ②pH 敏感突变型
pH value pH 值,酸碱度(氢离子浓度的负对数值)
PH40-21(= chlothizol) 灭草荒
PH50-82 硫菌清(杀菌剂)[$C_8H_4Cl_3NO_2S_2$]
PH60-38 氯脲杀(杀虫剂)[$C_{14}H_9Cl_3N_2O_2$]
PHA(= phytohemagglutinin) 植物血球凝集素,植物凝血素
Phab(= phage antibody) 噬菌体抗体{分生}
phacelia ①叶芹草属[*Phacelia* spp.](水叶科) ②叶芹草[*Phacelia* sp.]
phadka grass hopper(= jowar phadka) 高粱蔗蝗[*Hieroglyphus nigrorepletus* (I. Bol.)](蝗科)
phaenantherous 显雄蕊的(phaenantherus)
phaenerophyte 高位芽植物(phaenerophyta)
phaeno- ⌞字头⌝显
phaenocarpous 显果的(phaenocarpus)
phaenogam(= phanerogam, phenogam) 显花植物,种子植物(phaenogama)
phaenogamous 显花的(phaenogamus)
phaenophyllous 显叶的(phaenophyllus)
phaenosperma ①显子草属[*Phaenosperma* Munro](禾本科) ②显子草[*Phaenosperma globosa* Munro]
phaeo- ⌞字头⌝褐,阴暗
phaeochrome cell 喜铬细胞
phaeodictyae 暗色砖格孢子类
phaeodidymae 暗色双胞孢子类
phaeophorbide(= pheophorbide) 脱镁叶

绿甲酯酸［$C_{35}H_{36}O_6N_4$］
phaeophragmiae 暗色多隔孢子类
phaeophyceae 褐藻
phaeophyll 叶褐素
Phaeophyta 褐藻门［phaeophyta］
phaeophytin 脱镁叶绿素
phaeoplast 叶褐体
phaeopyrenomycetes 暗色核菌
phaeosporae 暗色无隔孢子类
phage（= bacteriophage） 噬菌体
-phage ⌊字尾⌉食，噬，吞噬
phage antibody（Phab） 噬菌体抗体{分生}
phage chromosome 噬菌体染色体
phage-coded 噬菌体［信息］编码
phage conversion 噬菌体基因转变
phage cross 噬菌体杂交
phage-directed excision 噬菌体直接切割
phage display 噬菌体展示(显示)
phage DNA 噬菌体 DNA
phage DNA transcription 噬菌体 DNA 转录
phage exclusion 噬菌体排除
phage gene transfer 噬菌体基因转移
phage genome 噬菌体基因组
phage ghost 噬菌体蛋白外壳
phage heteroimmune 噬菌体异免疫
phage heterozygosity 噬菌体杂合性
phage host-range mutant 噬菌体寄生范围突变体
phage induction 噬菌体诱导
phage infection 噬菌体侵染
phage integration system 噬菌体整合系统
phage killing 噬菌体杀伤
phage life cycle 噬菌体生活周期
phage lysozyme 噬菌体溶菌酶
phage mating theory 噬菌体配合学说{分遗}
phage maturation 噬菌体成熟
phage mRNA synthesis 噬菌体 mRNA 合成
phage mutant ①噬菌体突变体 ②噬菌体突变型
phage peptide library 噬菌体肽［文］库
phage plaque 噬菌体溶菌斑
phage precursor 噬菌体前体
phage presentation library 噬菌体显示文库
phage progeny 噬菌体后代
phage receptor site 噬菌体受体部位
phage replication 噬菌体复制
phage repressor 噬菌体阻遏物
phage resistance 抗噬菌体性
phage-resistant mutant 抗噬菌体突变体
phage restriction 噬菌体限制性
phage secretion 噬菌体分泌
phage-specific enzyme 噬菌体特异酶
phage survival 噬菌体成活
phage T_4 gene 噬菌体 T_4 基因
phage tail component 噬菌体尾组成部分
phage titration 噬菌体滴定
phage transfer 噬菌体转移
phage type 噬菌体型
phage typing 噬菌体分型
phage uptake 噬菌体摄入
phagemid 噬菌粒，噬粒
phagevar 噬菌体变型(种)
phago- ⌊字头⌉吞，吞噬
phagocidin 杀噬菌体素
phagocytable 易吞噬的（phagocytabilis）
phagocyte ［吞］噬细胞（phagocyta）
phagocytic ［吞］噬细胞的（phagocyticus）
phagocytic vacuole 吞噬细胞液泡
phagocytic vesicle 吞噬细胞泡囊
phagocytin 吞噬细胞素
phagocytolysis 吞噬细胞溶解作用
phagocytosis 吞噬作用
phagolysis 吞噬溶解［作用］，胞噬作用，噬菌作用
phagolysome 吞解体（phagolysoma）
phagomycin 噬菌霉素
phagophilia 偏食共生
phagosome 吞噬体（phagosoma）
phagostimulant 诱食剂
phagotrophic 吞入营养的，吞食的（phagotrophus）
phagotrophy 吞入营养的，吞食性（phagotrophia）
-phagous ⌊字尾⌉吞的，食的
phaiozem 黑土(包括灰黑土)
phaius ①鹤顶兰属［*Phaius* Lour.］(兰科) ②鹤顶兰［*Phaius tankervillae*（Hanks）Bl. = *P. gandifolius* Lour.］
phalaenopsis mite 蝶兰细须螨(太平洋细须)螨［*Tenuipalpus pacificus* Baker］(细须螨科)
phalakenopsis ①蝶兰属［*Phalaenopsis* Bl.］(兰科) ②蝶兰［*Phalaenopsis aphrodite* Reichb. f.］
phalange ①指骨 ②趾骨（phalanx）
phalangeal ①指骨的 ②趾骨的（phalangeus）
phalanx ①雄蕊束 ②指骨，趾骨
phalloid 鬼笔状的（phalloides）
phalloidine 鬼笔［毒］环肽
phallomere 阳茎叶（phallomeran）{昆虫}

phallotoxin 鬼笔毒素,[鬼笔]毒蕈肽
phallus ①鬼笔属[*Phallus* Pers.](鬼笔科)②鬼笔[*Phallus* sp.]
phallus family 鬼笔科[Phallaceae]
phaloniids(= phaloniimoths) 细卷蛾科[Phaloniidae]
phaltan(= folpet) 灭菌丹
phanerite 显晶岩{地质}
phanero- ⌞字头⌝显
phanerocrystalline 显晶质(phaenerocrystallinus){地质}
phanerogamic(= phanerogamous) 显花植物的(phaenerogamus)
phanerogamic wood 显花植物式[木]材(lignum phaenerogamum)
phanerogams(= phenogams, phaenerogams) 显花植物(phaenerogamae)
phanerophyta immersa(= immersed phanerophyte) 沉水高位芽植物
phanerophyte(= phaenophyte, phaenerophyte) 高位芽植物(phaenerophyta)
phaneroplasmodium 显原质团
phaneropore 显露气孔(phaeneropora)
phanerozoic ①显生的 ②显生宙{地质}
phanerozoic time 显生宙{地质}
phantastron 幻象延迟电路{信息}
phantom ①假母畜台 ②幻象,幻觉 ③模型
phantom image 幻象
phantom material(= tissue equivalent material) 组织当量物质
phantom midges 幽蚊科[Chaoboridae]
phantom telegraph circuit 幻象电报电路
phaoplankton 喜光性浮游生物
PhAR(= photosynthetically active radiation) 光合有效辐射{生态生理}
pharaoh ant(= little red ant) 厨蚁[*Monomorium pharaonis*(L.)](蚁科)
pharbitis ①牵牛属[*Pharbitis* Choisy](旋花科)②牵牛[*Pharbitis nil*(L.) Choisy]
pharbitis resin 牵牛子脂
pharmaceutical ①药物学的 ②制药的 ③药[用]的 ④药,药物(pharmaceuticus)
pharmaceutical botany 药用植物学(botanica pharmaceutica)
pharmaceutical chemist (英)药剂师
pharmaceutical chemistry 药物化学(chemia pharmaceutica)
pharmaceutical crops 药用作物
pharmaceutical grade protein 药物级蛋白质
pharmaceutical industry 制药工业
pharmaceutical plant 药用植物(planta pharmaceutica)
pharmaceutical product 药,药剂
pharmaceutical scale 药用天平
pharmaceutical waste 制药废水{环保}
pharmaceutics 制药学(pharmaceutica)
pharmaceutics industry waste water 制药工业废水{环保}
pharmaco- ⌞字头⌝药,药剂
pharmacogenetics 药物遗传学(pharmacogenetica)
pharmacognostics(= pharmacognosy) 生药学(pharmacognostica)
pharmacokinetics 药物代谢动力学(pharmacokinetica)
pharmacology 药物学,药理学(pharmacologia)
pharmacon 药,药品,药剂
pharmacopoeia 药典
pharmacy ①药品学 ②药剂学 ③制药,配药 ④药房(pharmacia)
pharos ①灯塔 ②航线标灯
pharyngeal cavity 咽腔
pharyngeal ganglion 咽神经节
pharyngeal gland 咽腺,幼虫饲料腺
pharyngeal plate(= oral plate) 咽板,器板
pharyngeal sclerites 咽片
pharyngitis 咽炎
pharynx 咽
phase ①阶段,期 ②相,相位,位相 ③状态 ④方面(phasis)
phase alteration 相改变{生态生理}
phase analysis(= phasic analysis) 阶段分析
phase angle 位相角
phase bit 定位相{电脑}
phase boundaries 相界{环保}
phase boundary potential 相界电位
phase change 相变{生技}
phase change material 潜热蓄热材料{农施}
phase change recording 相变记录
phase changing circuit 换相电路{信息}
phase characteristics 相位特性
phase comparator 相位比较器
phase-contrast electronic microscope 相差电子显微镜
phase-contrast microscope 相差显微镜
phase contrast microscopy 相差[显微]镜检术
phase detector 相位检测器
phase diagram 位相图

phase difference 相差，相位差{遥感}
phase discriminator 相位鉴别器
phase displacement 位相位移，相移
phase displacement modulation 相移调制{信息}
phase distortion 位相畸变
phase encoding 相位编码
phase equalization 相位均衡
phase equalizer 相位均衡器
phase equilibrium 相平衡
phase error 相位误差
phase feeding 阶段饲养法(指产蛋鸡)
phase filter 相位滤波器{遥感}
phase fluorimetry 相位荧光测定法
phase grating 相位光栅
phase jitter 相位抖动
phase-locked loop 锁相环路{遥感}
phase meter 相位计
phase microscope (= contrast microscope) 相差显微镜
phase microscopy 相差[显微]镜检术
phase model 阶段模型
phase modulation (**PM**) 调相，相位调制{电脑}
phase monitor 相位监视器
phase network 相位网络
phase objective 相差物镜
phase of activity 活动期
phase of development 发育期
phase of DNA synthesis DNA 合成期
phase of exhaustion 耗竭阶段(指土壤养分)
phase of germination 萌发期，发芽期
phase of regeneration 再生阶段{生态生理}
phase of resistance 抗性阶段
phase of senescence (= phase of ageing) 衰老期
phase partition 相分配法
phase path (= phase trajectory) 相轨迹{遥感}
phase plane ①相平面，相位平面 ②状态平面
phase plate 相板{显技}
phase-ratio 相比
phase rule 相律
phase separation 相位分离
phase shift keying (PSK) 相移键控{遥感}
phase-shift mutation 相移突变，移码突变
phase space ①相空间 ②状态空间
phase-specific system 相特异系统
phase specificity 相特异性
phase theory 变型学说{昆虫}
phase transfer 相转移{环保}
phase-transfer catalysis 相转移催化
phase-transfer catalyst 相转移催化剂
phase transformation ①阶段转化 ②相变，态变
phase transition 相过渡{生态生理}
phase transition optical disk 相变型光盘{信息}
phase transition temperature 相过渡温度
phase variation ①相变异，相转变{遗传} ②抗原相变{微生物}
phase velocity 相速度{遥感}
phased-inverting amplifier 倒相放大器{显技}
phased memory 相位存储器
phased project planning 分阶段工程计划
phaseic acid 红花菜豆酸
phasemeter (= phase meter) 相位计，相差计
phaseolic acid 菜豆酸，5,8,12-三羟十二[烷]酮酸
phaseoliform 豆形的 (phaseoliformis)
phaseolin 菜豆蛋白
phaseoline 菜豆碱
phaseolotoxin 菜豆毒素
phaseolunatin 菜豆亭
phases in reproductive development 生殖发育期
phasewise 相位方向
phasic ①阶段的 ②相的 (phasicus)
phasic change 阶段变化
phasic development 阶段发育
phasic development of forecast crop 预测作物的阶段发育{智培}
phasic heterogeneity 阶段异质性
phasic theory of development 阶段发育理论
phasing ①定相，位相调节{信息} ②相形成{分遗}
phasing codon 相形成密码子{分遗}
phasing line 定相线
phasmid ①竹节虫 ②⌞复⌝竹节虫目[Phasmatodea]
phasotropy 氨基氢振动异构[现象]
Phe (= phenylalanine) 苯丙氨酸
pheasant ①雉属[*Phasianus*] ②雉(山鸡)[*phasianus colchicus* L.](雉科)
pheasantry 雉舍
pheasant's eye ①侧金盏花属[*Adonis* L.](毛茛科) ②侧金盏花[*Adonis amurensis* Regel. et Radd.] ③红口水仙[*Narcissus poeticus* L.](石蒜科)
phellandral 水芹醛
phellandrene 水芹烯
phellem 木栓 (phellema)

phellocarpous 栓皮质果的（phellocarpus）
phellocortex（= cork cortex） 木栓皮层｛解剖｝
phelloderm 栓内层（phelloderma）
phellogen 木栓形成层（phellogenium）
phelloid 拟木栓的（phelloideus）
phelloid cell 拟木栓细胞（cellula phelloideus）
phellonic acid 软木醇酸，廿二烷羟酸 [$C_{22}H_{44}O_3$]
phellospermous 栓皮质种子的（phellospermus）
phenacetin 乙酸替乙氧苯胺，非那西汀 [$CH_3 \cdot CONH \cdot C_6H_4 \cdot OC_2H_5$]
phenaceturic acid 苯乙尿酸，苯乙酰甘氨酸 [$C_6H_5CH_2CONHCH_2COOH$]
phenamiphos 克线磷，灭线磷（杀线虫剂） [$C_{13}H_{22}NO_3PS$]
phenanthraquinone 菲醌（杀菌剂） [$C_{14}H_8O_2$]
phenanthrene 菲 [$(C_6H_4 \cdot CH)_2$]
phenanthrene derivatives 菲衍生物
phenanthridine 菲啶 [$C_{13}H_9N$]
Phenazine 吩嗪（杀虫剂） [$C_{12}H_8N_2$]
phenazine oxide 叶枯净，杀枯净，5-氧吩嗪（杀菌剂）（$C_{12}H_8N_2O$）
phencapton（= phenkapton） 芬硫磷（杀螨剂） [$C_{11}H_{15}Cl_2O_2PS_3$]
phene 表现性状，表型性状
phene therapy 表型性状治疗法
phenelzine 苯乙肼
phenesterine（= phenesterin） 胆固醇对苯乙酸氮芥
phenetic 表型性[状]的（pheneticus）
Phenexion 氯烯磷（杀虫剂） [$C_{11}H_{12}Cl_3O_4PS$]
phengophobia 畏光，怕明
phenicate ①石炭酸盐 ②使用石炭酸杀菌
phenicin 绯红素（得自绯红青霉）
phenisobromolate（= bromopropylate） 溴螨酯
phenmedipham 苯敌草，敌莱灵（除草剂） [$C_{16}H_{16}N_2O_4$]
pheno- ⌊字头⌉表现，显
phenobarbital 混合型巴比妥 [$C_{12}H_{12}O_3N_2$]
phenobenzuron 稀草隆（除草剂） [$C_{16}H_{14}C_{l2}N_2O_2$]
phenocline 表型渐变群
phenocontour 等物候线
phenocontour map 等物候线图
phenocopy 拟表型（phenocopius）
phenocopying environmental condition 拟表型表现的环境条件
phenocritic 表型临界的，发育临界的（phenocriticus）
phenocritic phase 表型临界期
phenocryst 斑状结构｛地质｝
phenodeme 表型同类群
phenodeviant（= phenotypic deviant） 表型偏差体（phenodevinas）
phenoecotype 表型生态型（phenoecotypus）
phenogamic（= phanerogamic） 显花植物的（phaenogamicus）
phenogen 同型体（phenogenum）
phenogenesis 表型发生
phenogenetic 表型遗传的（phenogeneticus）
phenogenetic correlation 表型遗传相关
phenogenetics 表型遗传学，发育遗传学（phenogenetica）
phenogram 物候图（phenogramma）
phenogroup 表型群
phenol ①[苯]酚，石炭酸 [C_6H_5OH] ②酚 [AROH]
phenol coefficient 石炭酸系数
phenol decomposing bacteria 酚分解菌
phenol derivatives 酚衍生物
phenol-formaldehyde resin 酚-醛树脂
phenol humic acid 酚腐植酸
phenol-ion 酚离子
phenol-keto tautomerism 酚-酮互变异构
phenol lignin 苯酚木素
phenol metabolism 酚代谢[作用]
phenol mutachromosomic effect 酚诱变染色体效应
phenol oxidase（= phenolic oxidase） 酚氧化酶
phenol phthalein 酚酞 [$C_{20}H_{14}O_4$]
phenol phthalein alkalinity 酚酞碱度
phenol red [苯]酚红
phenol resin（= phenolic resin） 酚醛树脂
phenol safranin 酚番红花红
phenol sulfatase 苯硫酸酶
phenol sulfuric acid 苯酚硫酸酯
phenol taste 酚味
phenol value 酚值（指活性炭的）
phenol waste 含酚废水｛环保｝
phenolase 酚酶
phenolic 酚的（phenolicus）
phenolic compound 酚型化合物
phenolic substance in plant 植株的酚物质（水稻）

phenolics 酚类
phenological 物候学的(phenologicus)
phenological adjustment 物候调节
phenological calendar 物候历
phenological chart 物候图
phenological cycle 物候循环
phenological data 物候数据(资料)
phenological date 物候日期
phenological dates 物候期,物候历
phenological diagram 物候图解
phenological garden 物候园
phenological index 物候[学]指标
phenological isolation 物候[学]隔离
phenological map 物候图
phenological observation 物候观察
phenological period 物候期
phenological phase 物候期
phenological phenomenon 物候现象
phenological plasticity 物候适应性,物候可塑性
phenological spectrum 物候谱
phenological stage 物候期
phenological study 物候研究
phenology(= phaenology) 物候学(phaenologia)
phenols 酚类[AROH]
phenols as inhibitors 酚类抑制剂
phenolsulfonphthalein 酚磺肽,酚红[$C_{19}H_{14}O_5O_5$]
phenome 表型组
phenomenological ①现象的,唯象的 ②现象学的(phenomenologicus)
phenomenological coefficient 唯象系数,现象系数
phenomenological point of view 现象[学]观点
phenomenon 现象
phenomenon of segregation 分离现象
phenomenon of wilting 萎蔫现象
phenometry ①物候测定 ②物候测定法(phenometrica)
phenomic lag 表型迟延现象
phenon 同型种
phenophase 物候相,物候期(phenophasis)
phenophase temperature 物候期温度
phenophthalein(= phenolphthalein) 酚酞[$C_{20}H_{16}O_4$]
phenopyrate 吡落草(除草剂)[$C_{11}H_{11}C_2NO_2$]
phenospectrum 物候谱
phenothiazine 吩噻嗪,硫二苯胺[$C_{12}H_9NS$]
phenothiol 酚硫杀(除草剂)[$C_{11}H_{13}ClO_2S$]
phenothioxin(= Phenoxa thiin) 氧硫杂蒽,吩噻噁(杀虫剂)[$C_{12}H_8OS$]
Phenothrin 苯醚菊酯(杀虫剂)[$C_{23}H_{26}O_3$]
phenotics 表型分类学(phenotica)
phenotopodeme 表型地理同类群
phenotype 表型,表现型(phenotypus)
phenotype distribution 表型分布
phenotype ratio(= phenotypic ratio) 表型比值
phenotypic(= phenotypical)表型的,表现型的(phenotypicus)
phenotypic action 表型作用
phenotypic adaptation 表型适应
phenotypic alteration 表型改变
phenotypic assortative mating 表型选型交配
phenotypic capacity 表型本领
phenotypic character 表型性状
phenotypic combination 表型组合
phenotypic correlation 表型相关
phenotypic correlation coefficient 表型相关系数
phenotypic covariance component 表型协方差成分
phenotypic delay(= phenotypic lag) 表型迟延
phenotypic deviant 表型偏离体
phenotypic difference 表型差异
phenotypic diversity 表型多样性
phenotypic dominance 表型显性
phenotypic drought resistance 表型抗旱性
phenotypic expectation 表型期望数
phenotypic expression 表型表现,表型表达
phenotypic expression in heterokaryon 异核体的表型表达
phenotypic expression of hybrid 杂种的表型表达
phenotypic expression recessiveness 表型表现隐性
phenotypic flexibility 表型可适应性
phenotypic function 表型功能
phenotypic integration 表型整合[作用]
phenotypic intergradation 表型间渡
phenotypic intersex ①表型间性 ②表型雌雄间体
phenotypic lag 表现迟延现象
phenotypic manifestation 表型表现
phenotypic masking 表型隐蔽
phenotypic measurement 表型测定
phenotypic mixing 表型混合
phenotypic modification 表型饰变

phenotypic mosaicism 表型嵌合现象,表型花斑现象
phenotypic plasticity 表型可塑性,表型可变性
phenotypic polymorphism 表型多型性
phenotypic recurrent selection 表型轮回选择
phenotypic reversion ①表型回复 ②表型返祖遗传
phenotypic segregation ratio 表型分离比率
phenotypic selection ①表型选择 ②混合选种法
phenotypic sex determination 表型性决定
phenotypic sex mosaic 表型性嵌合体
phenotypic similarity 表型相似性
phenotypic stability 表型稳定性,发育的自体调节
phenotypic standard deviation 表型标准离差
phenotypic suppression 表型[校正]抑制
phenotypic uniformity 表型整齐度
phenotypic value 表型值
phenotypic variability 表型变异性
phenotypic variance 表型变量,表型方差
phenotypic variant 表型变异体
phenotypic variation 表型变异
phenotypic variegation 表型花斑现象
phenoxy 苯氧基
phenoxy herbicide 苯氧基类除草剂,卤代苯氧基类除草剂
phenoxybenzamine 苯氧苄胺
phenoxys 苯氧基类(除草剂)
phenthoate 稻丰散(杀虫,杀螨剂) [$C_{12}H_{17}O_4PS_2$]
phentriazophos 三唑磷(杀虫,杀螨剂) [$C_{12}N_{16}N_3O_3PS$]
phenyl- 苯基
phenyl azide 叠氮[基]苯 [$C_6H_5N_3$]
phenyl glucuronide 葡糖苯苷酸 (= glucuroni acid) [COH·(CHOH)·COOH]
phenyl mercuric hydroxide 苯氢氧化汞
phenyl mercuric oleate (= phenylmercuric oleate) 油酸苯汞
phenyl mercuriurea 苯汞脲
phenyl trihydroxyfluorone 苯三羟基荧光酮
phenylacetic acid 苯乙酸 [$C_6H_5CH_2COOH$]
phenylacetylglutamine 苯乙酰谷氨酰胺
phenylacetylglycine 苯乙酰甘氨酸
phenylalaninase 苯丙氨酸酶,苯丙氨酸-4-羟化酶
phenylalanine (Phe) 苯丙氨酸 [$C_6H_5CH_2CH(NH_2)COOH$]
phenylalanine-3,4-quinone 苯丙氨酸-3,4-醌
phenylalanine-4-hydroxylase 苯丙氨酸-4-羟化酶
phenylalanine aminotranstecase 苯丙氨酸氨基转移酶
phenylalanine ammonia lyase (PAL)苯丙氨酸氨裂解酶
phenylalanine tRNA synthetase 苯丙氨酸 tRNA 合成酶
phenylaminocadmium dilactate 乳胺镉(杀菌剂) [$C_{12}H_{15}CdNO_5$]
phenylanthranilic acid 邻苯氨基苯甲酸 [$C_6H_5NHC_6H_4CO_2H$]
phenylate 酚盐
phenylbutyric acid 苯丁酸 [$C_{10}H_{12}O_2$]
phenylene diamine 苯二胺 [$C_7H_8N_2$]
phenylethanol 苯基乙醇
phenylethanolamine 苯[基]乙醇胺
phenylethanolamine-N-methyl transferase 苯乙醇胺转甲基酶
phenylhydrazine 苯肼 [$C_6H_5HNNH_2$]
phenylhydrazone 苯腙
phenylisothiocyanate ①苯异硫氰酸 ②苯异硫氰酸酯 [C_7H_5NS]
phenylketonuria 苯丙酮酸尿[症]
phenyllactic acid 苯乳酸 [$CH_3C(C_6H_5)OH \cdot COOH$]
phenylmercuric chloride (= PMC) 氯化苯汞
phenylmercuric oleate 油酸苯汞(杀菌剂) [$C_{24}H_{38}HgO_2$]
Phenylmercuric urea (= phenylmercury urea) 苯汞脲(杀菌剂) [$C_7H_8HgN_2O$]
phenylpyruvic acid 苯丙酮酸 [$C_6H_5 \cdot CH_2 \cdot CO \cdot COOH$]
phenylpyruvic oligophrenia 苯丙酮酸尿性智力发育不全
phenylthiocarbamide (phenylthiourea) (PTC) 苯硫脲
phenylthioisocyanate 苯异硫氰酸
phenylthiourea 苯硫脲 [$C_6H_5NHCSNH_2$]
phenylurea herbicides 苯基脲类除草剂
phenylvaleric acid 苯戊酸
pheochromocyte 嗜铬细胞,喜铬细胞
pheophorbide 脱镁叶绿酸
pheophorbin 脱镁叶绿二酸
pheophyll 叶褐素
pheophytin 脱镁叶绿素,褐藻素 [$C_{55}H_{74}N_4O_5$]
pheoplast 叶褐体
pherocon RBLR 异诱虫十四酯(昆虫引诱剂)

[$C_{16}H_{30}O_2$]
pheromon trap 捕雄器(指应用雌虫或性诱剂来捕捉雄虫的装置)
pheromone 信息素,外激素
pheromone and receptor transcription factor (PRTF) 信息素和受体转录因子{分遗}
pheromone synergist 外激素增效剂
pheron 酶蛋白,脱辅基酶
phi Φ(希腊字母)斐
phi-eighty Φ80(指噬菌体)
phial 小瓶,管瓶{显技}
phialide ①烧瓶形 ②小梗 ③瓶梗 (phialidus)
phialiform 碟形的,杯形的 (phialiformis)
phialomeristem spore 瓶梗分生孢子
phialophore 瓶梗托 (phialophora)
phialopore 沟孔(团藻) (phialopora)
phialospore 瓶梗孢子 (phialospora)
Philadelphia chromosome 山梅花属染色体
Philadelphia fleabane (= skevish) 费城飞蓬 [*Erigeron philadelphicus* L.] (菊科)
Philippine ebony 异色柿 [*Diospyros discolor* Willd.] (柿科)
Philippine ebony persimmon 象牙树 [*Diospyros ferra* Bakh. = *Maba buxifolia* Pers.] (柿科)
Philippine grown wheat 菲律宾栽培小麦(品种)
Philippine mahogany 菲律宾红柳桉 [*Shorea negrosensis* Foxw] (龙脑香科)
Philippine teak 菲律宾柚木 [*Lagerstroemia piriformis* Willd.] (千屈菜科)
Philippine variety 菲律宾品种(水稻)
Philippine violet ①假杜鹃属 [*Barleria* L.] (爵床科) ②假杜鹃(茗花) [*Barleria cristata* L.]
Phillips R 874 避虫硫醚(昆虫驱避剂) [$C_{10}H_{22}OS$]$CH_3 \cdot (C_6H_{12}) \cdot CH_2SCH_2CH_2OH$
philodendron ①喜林芋属 [*Philodendron* Schott.] (天南星科) ②喜林芋(喜树蕉) [*Philodendron andreanum* Lind.]
philopatry 归家冲动 (philopatrius) {遗传}
philosophy ①特点 ②原则,基本定律,基本原理,基本观点 ③方法,方式 (philosophia)
philotherm 喜热植物 (philotherma)
-philous ⌊字尾⌉亲,好,喜,嗜
philydrum ①田葱属 [*Philydrum* Banks] (田葱科) ②田葱 [*Philydrum lanuginosum* Banks]
philydrum family 田葱科 [Philydraceae]
PHIMM 亚胺苯汞(杀菌剂) [$C_{15}H_7Cl_6HgNO_2$]
phlaeothrips 皮蓟马科 [Phlaeothripidae]
phlean 梯牧草果聚糖
phlebophorous 具脉的 (phlebophorus)
phlebophyllous 具强脉的 (phlebophyllus)
phleomycin 脉霉素(杀菌剂)
phlobaphene 栎鞣红
phloe- ⌊字头⌉树皮
phloem 韧皮部 (phloema)
phloem bundle (= phloëm strand) 韧皮束 (phloeofasciculus)
phloem cell 韧皮细胞 (phloeocellula)
phloem fiber 韧皮纤维 (phloeofiber)
phloem initial 韧皮部原始细胞 (phloeoinitiale)
phloem island 韧皮岛 (phloeoinsula)
phloem mother cell 韧皮母细胞 (cellula phloematricalis)
phloem necrosis 韧皮坏死 (phloeonecrisis)
phloem parenchyma 韧皮薄壁组织 (phloeoparenchyma)
phloem ray 韧皮射线 (phloeoradium)
phloem system 韧皮部系统 (phloeosystema)
phloem tissue 韧皮组织 (phloeotela)
phloem transport 韧皮部运输
phloeodic 树皮状的 (phloeodicus)
phloeotracheide 韧皮管胞 (phloetracheide)
phlogiston 燃素
phloretin ①根皮素,根皮苷配基 ②苹果叶素 [$C_{15}H_{14}O_5$]
Phloridzin (= phlorhizin, phlorizin) 根皮苷(抑制剂) [$C_{21}H_{24}O_{10}$]
phloroglucinol (= phloglucine) 间苯三酚 [$(HO)_3C_6H_3$]
phloroglucinol reaction with RNA 间苯三酚同 RNA 反应
phlox ①福禄考属 [*Phlox* L.] (花荵科) ②福禄考 [*Phlox drummondii* Hook.]
phlox plant bug 福禄考盲蝽 [*Lopidea davisi* Knight] (盲蝽科)
phloxin 福禄考红,玫瑰红,新桃红{显技}
Ph_n (= net photosynthesis) 净光合作用
-phobic ⌊字尾⌉嫌,疏,厌
phobotaxis 趋避性
phoebe ①楠木属 [*Phoebe* Nees] (樟科) ②楠木 [*Phoebe nanmu* Gamble]
phoenicine 绯红素
phoenix-tree ①梧桐属 [*Firmiana* Marsili] ②梧桐 [*Firmiana simplex* W. F.

Wight]
phoeomelia 短肢畸形
phoma ①茎点霉属[*Phoma* Sacc.](茎点霉科) ②茎点霉[*Phoma* sp.]
phoma family 茎点霉科[Phomaceae]
phoma fruit spot 猫眼病
phoma leaf spot of beet 甜菜蛇眼病[*Phoma betae* (Oud.) Frank]
phoma leaf spot of chard 莙荙菜蛇眼病[*Phoma betae* (Oud.) Frank]
phoma root rot 蛇眼根腐病
phoma rot 果腐病,黑斑病
phoma rot of citrus 柑橘黑斑病[*Phoma citricarpa* McAlp]
phoma rot or fruit of tomato 番茄果腐病[*Phoma destructiva* Plowr.]
phomopsis ①拟茎点霉属[*Phomopsis* Sacc.](茎点霉科) ②拟茎点霉[*Phomopsis* sp.]
phomopsis blight of eggplant 茄褐纹病[*Phomopsis vexans* (Sacc. et Syd.) Harter]
phomopsis rot (=melanose) 柑橘褐色蒂腐病[*Diaporthe citri* (Fawcett) Wolf]
phon 方(响度级单位)
phone (为 telephone 的缩写) ①电话 ②耳机 ③头戴受话器{信息}
phone connector 电话连接器,话筒插头
phonetic typewriter 语音打字机
phono- ⌞字头⌝声,音
phono connector 话筒插头,话筒插座
phonocardiogram 心音图
phonocardiography 心音描记术
phonometer 声强[度]计
phonon 声子,振动量子
phonoreceptor 感音器
phonotaxis 趋声性
phonotropism 向声性(phonotropismus)
phony disease of peach 伪桃病
phoranthium 头状花序托(菊科)
phorate 3911 甲拌磷(杀虫剂)[$C_7H_{17}O_2PS_3$]
phorbide 脱镁叶绿环类
phorbin ①脱镁叶绿母环类 ②脱镁叶绿环类
phorbol 佛波醇
phorbol ester 佛波酯,大戟二萜醇酯
phorbol ester response element 佛波酯效应元件
-phore ⌞字尾⌝①具有,生 ②负荷
phorids flies (=humpbacked flies) 蚤蝇科[Phoridae]
phormidium ①席藻属[*Phormidium* Xutz](兰藻科) ②席藻[*Phormidium* sp.]
phoroconductor 光电导体
phorocyte 结缔组织细胞(phorocyta)
phosalone 伏杀磷(杀螨剂)[$C_{12}H_{15}ClNO_4PS_2$]
phosfdrin (=mevinphos) 速灭磷
phosfolan 棉安磷,硫环磷(杀虫剂)[$C_7H_{14}NS_3PO_2$]
Phosfon-D (=Phosphon, phosphon-D, chlorphonium) 氯化磷,矮形磷(植物生长调节剂)[$C_{19}H_{32}Cl_{39}P$]
phosgene 光气[$OCCl_2$]
phosmet (=Imidan) 亚胺硫磷(杀虫,杀螨剂)[$C_{11}H_{12}NO_4PS_2$]
phosnichlor 对氯硫磷(杀虫剂)[$C_8H_9ClNO_5PS$]
phosphagen 磷酸原,磷肌酸[$C_4H_{10}N_3O_5P$]
phosphamic acid (=phosphamide) 磷酰胺酸
phosphamic acid bond 磷酰胺酸键
phosphamidon (=Dimecron) 磷胺,大灭虫(杀虫剂)[$C_{10}H_{19}ClNO_5P$]
phosphatase 磷酸[酯]酶
phosphate 磷酸盐{农化}
phosphate accepting system 磷酸盐接受系统
phosphate-ammonium sulphate mixed compost 磷硫堆肥
phosphate availability 磷酸有效性
phosphate bond 磷酸键
phosphate bond energy 磷酸键能
phosphate buffer (PB)磷酸缓冲液
phosphate-buffered saline (PBS) 磷酸缓冲盐溶液,磷酸缓冲盐水
phosphate concretion 磷酸盐结核{土壤}
phosphate deficiency 缺磷[酸]
phosphate-deficient soil 缺磷土壤
phosphate deoxyribose 磷酸脱氧核糖
phosphate diester bond 磷酸二酯键
phosphate donor 磷酸供体
phosphate ester 磷酸酯
phosphate ester linkage 磷酸酯键
phosphate fertilizer 磷肥
phosphate group 磷酸基(PO_4)
phosphate guano 磷质海鸟粪
phosphate potential 磷酸势
phosphate rate 磷量,磷率
phosphate reduction 磷酸还原作用
phosphate requirement 磷需要量
phosphate rock 磷酸盐岩{地质}
phosphate solubility 磷酸溶解度
phosphate sources 磷源

phosphate starvation induction 磷酸盐饥饿诱导
phosphate sulfur compost 硫磺磷酸盐堆肥,磷硫堆肥
phosphate terminal 磷酸末端
phosphate-transfer enzyme 磷酸转移酶
phosphate transformation 磷酸转化
phosphate treated seed 磷酸处理种子
phosphate triester 磷酸三酯
phosphatic feed 磷酸盐饲料
phosphatic fertilizer 磷肥
phosphatic guano (= phosphate guano) 磷质海鸟粪
phosphatic manure 磷肥
phosphatic meal 磷肥粉
phosphatic sediment 含磷酸盐沉积物,磷质沉积物
phosphatic slag 磷熔渣
phosphatidalcholine 缩醛磷脂酰胆碱
phosphatidalserine 缩醛磷脂酰丝氨酸
phosphatidase 磷脂酶
phosphatidate ①磷脂酸 ②磷脂酸盐、酯或根
phosphatide (= phosphatid) 磷脂
phosphatide acylhydrolase 磷脂酰基水解酶
phosphatide phosphoric acid 磷脂态磷酸
phosphatidic acid (PA) 磷脂酸
phosphatidic acid phosphatase 磷脂酸磷酸[酯]酶
phosphatidyl glucose 磷脂酰葡萄糖
phosphatidyl glycerol (PG) 磷脂酰甘油
phosphatidylcholine (PC) 磷脂酰胆碱,卵磷脂
phosphatidylethanolamine (PE) 磷脂酰乙醇胺
phosphatidylinositol (PI) 磷脂酰肌醇
phosphatidylserine (PS) 磷脂酰丝氨酸
phosphaturia 磷酸盐尿
phosphide 磷化物
phosphine 磷,磷化氢 [PH_3]
phosphite ①亚磷酸盐 ②亚磷酸酯
phosphite method 亚磷酸酯法〔生技〕
phosphite triester 亚磷酸三酯
phospho- 二氧磷[基]
phospho-nitrogen fertilization system 磷氮施肥制
phospho-potash fertilization system 磷钾施肥制
phosphoacetylglucosamine mutase 乙酰葡糖胺磷酸变位酶
phosphoamidase (= phosphamidase) 磷酰胺酶
phosphoamide 磷[酸]酰胺
phosphoamino acid 磷酸氨基酸
phosphoarginine 磷酸精氨酸
phosphobacteria 磷细菌
phosphobacterin 磷菌剂
phosphocellulose 磷酸纤维素
phosphocholine 磷酸胆碱 [$O_2P(CH_3)_3 \cdot N(OH)CH \cdot CH_2OH$]
phosphocholine transferase 转磷酸胆碱酶,磷酸胆碱转移酶
phosphocreatine 磷酸肌酸
phosphodiester 磷酸二酯
phosphodiester bond (= phosphodiester linkage) 磷酸二酯键
phosphodiester bridge 磷酸二酯桥
phosphodiesterase 磷酸二酯酶
phosphodihydroxyacetone 磷酸二羟丙酮 [$O_2P \cdot CHOH \cdot CO \cdot CH_2OH$]
phosphodolichol 磷酸多萜醇
phosphodolichol cycle 磷酸多萜醇循环
phosphodoxin 磷酸氧还素
phosphoenoloxaloacetic acid 磷酸烯酸烯醇草酰乙酸
phosphoenolpyruvate (PEP) 磷酸烯醇[式]丙酮酸
phosphoenolpyruvate carboxy-kinase (PEPCK) 磷酸烯醇丙酮酸羧激酶
phosphoenolpyruvate in C_4 photo-synthesis C_4光合的磷酸烯醇丙酮酸
phosphoenolpyruvate synthesis 磷酸烯醇丙酮酸合成
phosphoenolpyruvic acid 磷酸烯醇[式]丙酮酸
phosphoenolpyruvic acid carboxylase 磷酸烯醇丙酮酸羧化酶
phosphoester 磷酸酯
phosphoester transfer 磷酸酯转移
phosphoesterase 磷酸酯酶
phosphofructokinase (PFK) 磷酸果糖激酶
phosphogalactosyl transferase 磷酸半乳糖[基]转移酶
phosphoglucoisomerase 磷酸葡糖异构酶
phosphoglucomutase (PGM) 磷酸葡萄糖变位酶
phosphogluconate dehydrogenase (PGD) 磷酸葡糖酸脱氢酶
phosphogluconate pathway 磷酸葡糖酸途径
phosphogluconate shunt 磷酸葡糖酸支路
phosphogluconic acid 磷酸葡糖酸 [$PO_2 \cdot CHOH(CHOH)_4COOH$]
phosphogluconolactone 磷酸葡糖酸内酯
phosphoglucosamine acetylase 磷酸葡糖胺

乙酰化酶
phosphoglucose isomerase 磷酸葡糖异构酶
phosphoglucose isomerase gene 磷酸葡糖异构酶基因
phosphoglyceraldehyde 甘油醛磷酸，磷酸甘油醛［$PO_2 \cdot CHOH(CHOH)_4 \cdot COOH$］
phosphoglyceraldehyde dehydrogenase 磷酸甘油醛脱氢酶
phosphoglyceraldehyde isomerase 磷酸甘油醛异构酶
phosphoglycerate kinase 磷酸甘油酸激酶
phosphoglycerate phosphomutase 磷酸甘油酸磷酸变位酶
phosphoglyceric acid 磷酸甘油酸［$PO_2 \cdot HOCH \cdot CHOH \cdot COOH$］
phosphoglyceric kinase 磷酸甘油酸激酶
phosphoglyceric phosphokinase 磷酸甘油酸［磷酸］激酶
phosphoglyceride 磷酸甘油酯
phosphoglycerol 甘油磷酸，磷酸甘油［$C_3H_7O_2 \cdot O \cdot PO_3H_2$］
phosphoglycerol dehydrogenase 磷酸甘油脱氢酶
phosphoglycerol transacylase 磷酸甘油转酰［基］酶
phosphoglyceromutase 磷酸甘油酸变位酶
phosphohexoisomerase 磷酸己糖异构酶
phosphohexokinase 磷酸己糖激酶
phosphohexomutase 磷酸己糖变位酶
phosphohexose 己糖磷酸，磷酸己糖
phosphohistidine 磷酸组氨酸
phosphohomoserine 磷酸高丝氨酸
phosphohumate 腐殖质磷肥，腐殖酸磷肥
phosphohydroxypyruvate 磷酸羟基酮酸
phosphohydroxypyruvic acid 磷酸羟基丙酮酸
phosphoinositide 磷酸肌醇
phosphoinositide in plant 植株磷酸肌醇
phosphoketopentoepimerase 磷酸戊酮糖差向异构酶
phosphoketuronate 磷酸糖酮酸
phosphoketuronic acid 磷酸糖酮酸
phosphokinase 磷酸激酶
phospholamban 受磷蛋白
phospholipase 磷脂酶
phospholipid（PL） 磷脂
phospholipid bilayer 磷脂双层
phospholipid biosynthesis 磷脂生物合成
phospholipid breakdown 磷脂分解
phospholipid in membrane 膜磷脂
phospholipid-stabilizing carbohydrate 磷脂稳定化碳水化合物
phospholipid transfer protein 磷脂转移蛋白
phospholipid vesicle 磷脂泡
phosphomanganate 磷酸锰酸
phosphomannose isomerase 磷酸甘露糖异构酶
phosphomevalonate kinase 磷酸甲羟戊酸激酶
phosphomolybdate 磷钼酸盐〈农化〉
phosphomolybdic acid 磷钼酸
phosphomonoesterase 磷酸单酯酶
phosphomutase 磷酸变位酶，转磷酸酶
Phosphon D（= chlorphonium） 氯化磷
phosphonomycin 磷霉素
phosphopantetheine 磷酸泛酰巯基乙酸
phosphopentose isomerase 磷酸戊糖异构酶
phosphopentose pathway 磷酸戊糖途径
phosphopeptide 磷酸肽
phosphopeptide immunogen 磷酸肽免疫原
phosphopolyprenol 磷酸多萜醇
phosphoprotein 磷蛋白
phosphoprotein phosphatase 磷蛋白磷酸酶
phosphopyridoxal 磷酸吡哆醛
phosphopyridoxamine 磷酸吡哆胺
phosphopyruvate 磷酸丙酮酸［$CH_2 \cdot C(OPO_3H_2) \cdot COOH$］
phosphopyruvate carboxylase 磷酸丙酮酸羧化酶
phosphopyruvate hydratase 磷酸丙酮酸水合酶
phosphor 磷光体，磷光剂
phosphor-containing organic insecticide 有机磷杀虫剂
phosphorescence 磷光［现象］（phosphorescentia）
phosphorescent ①磷光的 ②磷光质（phosphorescens）
phosphorescent light 磷光
phosphoribomutase 磷酸核糖变位酶
phosphoribose 磷酸核糖
phosphoribose isomerase 磷酸核糖异构酶
phosphoribosyl-5-aminoimidazole 5-氨基咪唑核苷酸
phosphoribosyl-5-aminoimidazole-4-(N-succino)-carboxyamide 5-氨基-4-(N-琥珀基)代氨基甲酰咪唑核苷酸
phosphoribosyl-5-aminoimidazole-4-carboxamide 5-氨基咪唑-4-甲酰胺核苷酸
phosphoribosyl-5-aminoimidazole-4-carboxylate 5-氨基咪唑-4-甲酸核苷酸
phosphoribosyl-5-formamidoimidazole-4-carboxamide 5-甲酰氨基咪唑-4-甲酰胺核苷酸
phosphoribosyl-N-formylglycinamide N-

甲酰甘氨酰胺核苷酸
phosphoribosyl pyrophosphate transamidase 磷酸核糖焦磷酸转酰胺酶
phosphoribosyl transferase 磷酸核糖[基]转移酶
phosphoribosylamine 磷酸核糖胺
phosphoribosylpyrophosphate (PRPP) 磷酸核糖焦磷酸
phosphoribosylpyrophosphate anthranilate transferase 磷酸核糖焦磷酸邻氨基苯甲酸转移酶
phosphoribulokinase 磷酸核酮糖激酶
phosphoribulose 磷酸核酮糖
phosphoribulose epimerase 磷酸核酮糖差向异构酶
phosphoric acid 磷酸[H_3PO_4]
phosphoric acid silage 磷酸青饲
phosphoric acid titration 磷酸滴定
phosphoric anhydride 磷酸酐[P_2O_5]
phosphoric-bacterial fertilizer 磷细菌肥料
phosphoric fertilizer 磷肥
phosphorimeter 磷光计
phosphorite 磷灰土,磷灰岩
phosphorite meal 磷肥粉
phosphorite powder 磷灰土粉{农化}
phosphorization 磷化[作用](phosphorisatio)
phosphoroclastic reaction 磷酸裂解反应
phosphorolysis 磷酸解[作用]
phosphoroscope 磷光镜
phosphorothioate oligonucleotide 硫代磷酸寡核苷酸
phosphorous acid 亚磷酸[H_3PO_3]
Phosphorus [P]磷(灭鼠剂){农药}
phosphorus 磷(P,15号元素)
phosphorus accumulation 磷的累积
phosphorus anhydride 亚磷酐,三氧化二磷[P_2O_3]
phosphorus balance 磷平衡
phosphorus compound 磷化合物
phosphorus content 含磷量
phosphorus cycle 磷循环
phosphorus deficiency 缺磷[症]
phosphorus diffusion 磷扩散
phosphorus fertility 磷肥力
phosphorus fertilization 施磷肥法
phosphorus fertilizer 磷肥
phosphorus fixation 磷固定
phosphorus metabolism 磷代谢作用
phosphorus nutrition 磷素营养
phosphorus pentoxide 五氧化二磷[P_2O_5]
phosphorus powder 磷粉
phosphorus radioactive (P^{32})P^{32}放射性
phosphorus requirement 磷肥需要量,需磷量
phosphorus source 磷源
phosphorus supply 磷供应[量]
phosphorus-supplying power 磷供应力
phosphorus uptake 磷肥吸收
phosphoryl- 磷酰[基]
phosphorylase 磷酸化酶
phosphorylase in grain 子粒磷酸化酶
phosphorylase kinase 磷酸化酶激酶
phosphorylase phosphatase 磷酸化酶磷酸[酯]酶
phosphorylate 磷酸化
phosphorylate linker 磷酸化接头
phosphorylating electron transport particle 磷酸化电子传递颗粒
phosphorylation 磷酸化(phosphorylatio)
phosphorylation by histone kinase 受组蛋白激酶的磷酸化
phosphorylation efficiency 磷酸化效率
phosphorylation in ADP ADP的磷酸化作用
phosphorylation potential 磷酸化势
phosphorylation reaction 磷酸化反应
phosphorylcholine 磷酸胆碱,磷酰胆碱
phosphorylcholine cytidyltransferase 磷酰胆碱胞苷酰转移酶
phosphorylethanolamine 磷酸乙醇胺
phosphorylglyceric acid 磷酸甘油酸
phosphoserine 磷酸丝氨酸[$PO_3H_2 \cdot O \cdot CH_2 \cdot CHNH_2 \cdot COOH$]
phosphosilicate 磷硅酸盐{农化}
phosphothreonine 磷酸苏氨酸
phosphotransacetylase 磷酸转乙酰酶
phosphotransferase 磷酸转移酶
phosphotriester 磷酸三酯
phosphotriester method 磷酸三酯法(指核酸化学合成)
phosphotriose 丙糖磷酸,磷酸丙糖[$C_3H_5O_2OPO_3H_2$]
phosphotriose dehydrogenase 磷酸丙糖脱氢酶
phosphotriose isomerase 磷酸丙糖异构酶
phosphotungstate technique 磷钨酸盐技术
phosphotungstic acid 磷钨酸
phosphotyrosine 磷酸酪氨酸
phosphotyrosine phosphatase (PTP) 磷酸酪氨酸磷酸酶
phosphovitin 卵黄高磷蛋白
phostex (=Niagara 1137) 四硫特普(杀虫剂)[$C_9H_{22}O_4P_2S_4$]
phostoxin (=aluminium phosphide) 磷毒素(磷化铝)

phot 辐透,厘米烛光(照度单位){遥感}
photelometer 光电比色计
photic 受光的,透光的(photicus)
photic zone(=lighted zone) 透光带
photicon 光电[高灵敏度]摄像管{遥感}
photinia ①石楠属(石斑木属)[*Photinia* Lindl.](蔷薇科)②石楠[*Photinia serrulate* Lindl.]
photion 充气光电二极管
photism 幻视(photismus)
photistor 光敏晶体管
photo- ⌞字头⌝光
photo ①相片{遥感}②摄影{显技}
photo alidade 摄影照准仪
photo angulator 摄影量角仪
photo base ①相片基线 ②摄影基线(航测){遥感}
photo control point 相片控制点
photo duplicate 复制相片
photo enlargement 相片放大
photo goniometer 相片量角仪,光电测角仪
photo nadir 像底点{遥感}
photo-optical system 摄影光学系统
photo perspectograph 摄影透视仪
photo volume table 相片材积表
photoabsorption 光吸收(photoabsorptio)
photoacoustic 光声的(photoacousticus)
photoacoustic detection 光声检测(detectio photoacoustica)
photoacoustic spectrometry 光声[光]谱法(spectrometrica photoacoustica)
photoactivation 光活化作用,光激活作用(photoactivatio)
photoactive 光活化的(photoactivus)
photoactive reaction 光主动反应,光活化反应
photoactor 光电变换器
photoaffinity label 光亲和标记物{生技}
photoaffinity labeling 光亲和标记
photoaffinity probe 光亲和探针
photoallergy 光变态反应(photoallergia)
photoanalysis 光电分析
photoassimilation 光同化作用(photoassimilatio)
photoautotroph 光能自养生物(photoautotrophe)
photoautotrophic 光能自养的(photoautotrophus)
photoautotrophic bacteria 光能自养细菌(bacteria photoautotrophae)
photoautotrophic flagellate 光能自养鞭毛藻(flagellata photoautotropha)
photoautotrophic microorganism 光能自养微生物(microorganismus photoautotrophus){环保}
photoautotrophic organism(=photoautotroph) 光能自养生物(organismus photoautotrophus)
photoautotrophic part 光能自养部分(pars photoautotrophus)
photoautotrophic purple bacteria 光能自养紫细菌(bacteria purpureae photoautotrophae)
photoautotrophic unicellular organism 光能自养单细胞生物(organismus unicellularis photoautotrophus)
photoautotrophy 光能自养(photoautotropia)
photoautoxidation 光自动氧化[作用](photoautoxidatio)
photobacteria 发光细菌
photobattery 光电池
photobehavior 感光行为
photobiological 光生物[学]的(photobiologicus)
photobiological hydrogen production 光生物氢产量
photobiology 光生物学(photobiologia)
photobiont 光生生物(photobions)
photobiotic 生于光中的(photobioticus)
Photobiotin 光生物素(商)
photoblastism (种子发芽)光依存性(photoblastismus)
photobleaching 光致漂白
photocamera 照相机{显技}
photocartograph 立体测图仪{遥感}
photocartography 影像制图
photocatalyser 光化学催化剂
photocatalysis 光催化
photocatalyst 光催化剂
photocathode 光电阴极
photocell 光电池,光电管
photocell eye 光电管眼
photocharting 相片制图{遥感}
photochemical 光化学的,光化的(photochemicalis)
photochemical apparatus 光化器
photochemical catalysis 光化学催化作用
photochemical crosslinking 光化学交联{生技}
photochemical cycle 光化学循环
photochemical destruction 光化学分解
photochemical efficiency 光化学效率
photochemical energy 光化学能

photochemical fixation 光化学固定
photochemical induction 光化学诱导
photochemical lesion 光化学损伤
photochemical method 光化法
photochemical nitrification 光化学硝化[作用]
photochemical oxidant 光化学氧化剂
photochemical polymerization 光化学聚合
photochemical process 光化学过程
photochemical reaction 光化学反应
photochemical rearrangement 光化学重排
photochemical repair 光化学修复
photochemical sensitisation (= photochemical sensitization) 光化学敏化作用
photochemical sensitiser 光化学敏化剂
photochemical smog 光化学烟雾{环保}
photochemiluminescence 光化学发光
photochemistry 光化学(photochemia)
photochemistry in vivo 活体光化学
photochromic ①光致变色 ②光敏材料
photochromism 光致变色现象,光色[敏]性(photochromismus)
photochromy 彩色照相{遥感}
photocinetic (= photokinetic) 光致运动的
photocomposer 照相排字机{电脑}
photocomposition 光电排版,光电排字
photocomputer 光计算机
photoconduction 光[电]导
photoconductive 光[电]导的(photoconductivus)
photoconductive cell 光电导管,光敏电阻
photoconductive effect 光导效应
photoconductive fiber 光导纤维{生技}
photoconductivity 光[电]导性
photoconductor (PC)光[电]导体
photoconductor gap 光导体间隙
photocontrol 光调节,光控制
photoconvertible chromoprotein 光转换性色蛋白
photocopy ①照相版,照相复制品 ②照相复制{遥感}
photocoupler ①光耦联剂{生技}②光[电]耦合器{电脑}
photocrosslinking 光交联[反应]
photocybernetic 光控[制]的(photocyberneticus)
photocybernetic effect 光控效应
photocybernetic sensizer 光控敏化物
photocyte 光细胞(photocyta)
photodamage 光损害(photodamnum)
photodecomposition 光分解,光解(photodecompositio)
photodegradable polymer 光降解聚合物
photodegradation 光降解[作用](photodegradatio)
photodensitometer 光密度计
photodensitometry ①光密度测定 ②光密度测定法(photodensitometrica)
photodepolarization 光去极化(photodepolarisatio)
photodestructive 光[致]破坏性的(photodestructivus)
photodestructive effect 光致破坏效应
photodetector 光检测器
photodeveloping equipment 显影设备{遥感}
photodichroism 光二色性(photodichroismus)
photodiffusion 光扩散(photodiffusio)
photodigital store 光数字存储{信息}
photodinesis (= photodynesis) 光致原生质运动,光致原生质流动
photodiode 光[电]二极管
photodiode array (PDA) 光二极管矩阵
photodiode array detector 光二极管矩阵检测器
photodiode sensor 光[电]二极管传感器
photodisintegration 光致蜕变 (photodisintegratio)
photodissociation 光离解(photodissociatio)
photodormancy 光[致]休眠(photodormantia)
photodormant species 光[致]休眠种
photodosimeter 光电测量计
photodynamic 光动力的(photodynamicus)
photodynamic chlorophyllide 光动力叶绿素酸酯
photodynamic effect 光动力效应,光照活化作用
photodynamics 光动力学(photodynamica)
photodynesis 光致原生质流动
photoecotype 光生态型(phototypus)
photoeffect 光效应
photoelastic 光弹性的
photoelectric 光电的(photoelectricus)
photoelectric cell 光电管,光电池
photoelectric coded disk 光电编码盘{电脑}
photoelectric colorimeter 光电比色计
photoelectric colorimetry 光电比色法
photoelectric densitometer 光电显相测密计
photoelectric detection 光电检测

photoelectric detector 光电检测器
photoelectric device 光电装置,光电器件
photoelectric direct reading spectrometer 光电直读光谱计
photoelectric effect 光电效应
photoelectric flame failure device 光电式火焰切断器
photoelectric grader 光电分级机
photoelectric hydrometer 光电比重计
photoelectric mark reading 光电标记阅读技术
photoelectric multiplier 光电倍增管
photoelectric quality inspection 光电质量检查
photoelectric reader 光电阅读器
photoelectric separator 光电分离器
photoelectric sorting machine 光电分级机
photoelectric system 光电系统{遥感}
photoelectric whiteness meter 光电白度计
photoelectricity 光电[现象](photoelectricitas)
photoelectrocatalysis 光电催化
photoelectromagnetism 光电磁
photoelectromotive force 光电动势
photoelectron 光电子
photoelectron spectroscopy(PES) 光电子能谱[测定法]
photoelectronics 光电子学(photoelectronica)
photoelement 光电池
photoemf(= photoelectromotive force) 光电动势
photoemission 光电发射(photoemissio)
photoemulsion 照相乳胶
photoenergetic 光能力学的(photoenergeticus)
photoenergetic effect 光能[力学]效应
photoenergetic process 光能力学过程
photoenergetics 光能力学(photoenergetica)
photoenzymatic repair 光致酶[促]修复
photoenzymatically repair sector 光致酶促修复扇形体
photoetch 光刻蚀
photoetching technology 光刻技术
photoexcitation 光致激发(photoexcitatio)
photoflash 照相闪光灯{遥感}
photoflash bomb 照相闪光弹(指夜间航摄用){遥感}
photoflood 超压强烈溢光灯
photofluorography 荧光照相术
photofluorometer 荧光计
photogen 发光体
photogenerator 光电信号发生器
photogenic 发光的(photogenicus)
photogenic bacteria 发光细菌(photobacteria)
photogenic fungi 发光真菌(photofungi)
photogenic organ 发光器官(photoorgana)
photogenic plant 发光植物(photoplanta)
photogeology 摄影地质学(photogeologia){遥感}
photogram ①相片,黑影相片,照片{遥感} ②传真电报{信息}(photogramma)
photogrammeter 照相经纬仪
photogrammetric 摄影测量的(photogrammetricus){遥感}
photogrammetric bathymetry 水深摄影测量{遥感}
photogrammetric camera 测量[照]相机
photogrammetric compilation 摄影测量编图
photogrammetric control 摄影测量控制
photogrammetric coordinate 摄影测量坐标
photogrammetric fixing position 摄影测量定位
photogrammetric flight 摄影测量飞行
photogrammetric map 摄影测量地图
photogrammetric mapping 摄影测量制图
photogrammetric model 摄影测量模型
photogrammetric orientation 摄影测量定向
photogrammetric sketch 摄影测量草图
photogrammetric stereocamera 摄影测量用立体[照]相机
photogrammetric survey 摄影测量
photogrammetric triangulation 相片三角测量{遥感}
photogrammetry ①摄影测量 ②摄影测量法(学)(photogrammetrica)
photograph ①照片 ②摄影,照相{显技}
photograph center 相片中心,像主点
photograph coordinate 相片坐标
photograph nadir 像底点,相片底点{遥感}
photograph perpendicular 相片垂线(指摄影机主光轴)
photograph pyramid 相片锥形法
photographic ①摄影的,照相的 ②相片的(photographicus)
photographic barograph 摄影气压计
photographic copy 照相复制
photographic developer 显影剂{显技}
photographic document copying machine 照相式资料复印机
photographic emulsion 照相乳胶,感光乳胶
photographic film 照相胶片,照相胶卷

photographic layer 感光层
photographic library 相片库〔遥感〕
photographic nadir 相片天底点
photographic operation 摄影作业
photographic paper 感光纸〔显技〕
photographic plane 摄影平面图
photographic plate 照相硬底片〔显技〕
photographic process 照相显影
photographic processing 摄影处理
photographic radiant 摄影辐射点
photographic reading 相片阅读〔遥感〕
photographic reconnaissance 摄影勘察(侦察)
photographic reconnaissance satellite 摄影侦察卫星〔遥感〕
photographic reproduction 复照,相片复制
photographic rotation technique 照相旋转技术
photographic sortie 飞机摄影架次,航摄飞行架次
photographic speed 摄影[感光]速度
photographic strip 摄影航带,航摄带
photographic sunshine recorder 摄影日照计
photographic surveying 摄影测量
photographic waste 照相片废水〔环保〕
photography 摄影术,照相术(photographia)〔显技〕
photography with horizontal axis 水平轴摄影,地平线摄影
photogravure 照相版,照相凹板印刷(photogravura)〔显技〕
photoheliogram ①太阳[全色]相片〔遥感〕②太阳照片(photoheliogramma)
photohemolysis 光致溶血(photohaemolysis)
photoheteroph 光能异养生物(photoheterophe)
photoheterophy 光能异养(photoheterophia)
photoheterotrophic 光能异养的(photoheterotrophus)
photoheterotrophic bacteria 光能异养细菌(bacteria photoheterotrophae)
photohomeostatic effect 光稳衡效应〔生态生理〕
photoinactivation 光钝化作用(photoinactivatio)
photoinduction ①光诱导 ②光感应(photoinductio)
photoinductive 光诱导的(photoinductivus)
photoinductive cycle 光诱导周期
photoinductive mechanism 光诱导装置
photoinhibited 光抑制的(photoinhibitus)
photoinhibition 光抑制[作用](photoinhibitio)
photoinhibitory component 光抑制组分
photointerconversion 光致互转化
photointerpretation 摄影判读
photoisolator 光绝缘体
photoisomerization 光异构[化][作用](photoisomerisatio)
photojunction diode 光电结二极管
photokinesis 光激运动
photolabile 光[致]不稳定的(photolabilis)
photolesion 光[致]损伤(photolesio)
photolinear 影像线性〔遥感〕
photolithotrophic 光矿质营养的,光无机营养的(photolithotrophus)
photolithotrophic bacteria 光矿质营养细菌,光无机营养细菌(bacteria photolithotrophae)
photolithotrophy (= photolitherotrophy)光无机营养,光矿质营养(photolithotropia)
photolithrography 光[蚀]刻,光[蚀]刻法(photolithrographica)
photoluminescence 光致发光(photoluminescentia)
photolyase 光裂合酶
photolysis 光解[作用]
photomacrograph 宏观照片
photomagnetic memory 光磁存储器
photomask 光掩膜
photomeasurement 摄影测量
photomedicine 光医学(photomedina)
photometeor 大气光学现象
photometer 光度计
photometric 光度的(photometricus)
photometric brightness 光亮度
photometric calibration 光度定标
photometric scale 光度标
photometric sorter 光度分送机,光电分送机
photometric standard 光度标准
photometric unit 光度单位
photometry 光度学(photometrica)
photomicrograph 显微照片(photomicrographus)〔显技〕
photomicrography ①显微照相 ②显微照相术,显微摄影术(photomicrographia)
photomicroscope 照相显微镜(photomicroscopa)
photomodulation 光调整[作用],光调节(photomodulatio)
photomontage 相片镶嵌〔遥感〕

photomorphogenesis 光致形态形成
photomorphosis 光致变态
photomotion 光激活动(photomotio)
photomotograph 机动光电记录器
photomovement 光运动(photomovementum)
photomultiplier (PMT)光电倍增器
photomultiplier tube 光电倍增管
photomutant 光电突变体
photon 光[量]子
photon activation analysis (PAA) 光子活化分析,光子激活分析
photon dosage 光子剂量
photon flux 光子流[量]
photon flux density 光子流密度
photon sensor 光子传感器
photon yield 光子产量,光子流量
photonastic 感光的(photonasticus)
photonastic movement 感光运动(movementum photonasticum)
photonastic turgor movement 感光膨压运动
photonasty 感光性(photonastia)
photoneutron 光激中子
photonics 光子学(photonica)
photonon 光钟
photoorganotroph 光有机营养生物(photoorganotrophe)
photoorganotrophic bacteria 光有机营养细菌(bacteria photoorganotrophae)
photoorganotrophy 光有机营养(photoorganotrophia)
photooxidant 光氧化剂(photooxidans)
photooxidation 光氧化(photooxidatio)
photooxidative 光氧化的(photooxidativus)
photooxidative action 光氧化作用
photooxidative degradation 光氧化降解
photopair 相片对{遥感}
photoperception 光感受,光感应(photoperceptio)
photoperiod 光[周]期(photoperiodus)
photoperiod-fixed variety 光周期固定品种
photoperiod-insensitive variety 光周期钝感品种
photoperiod insensitivity 光周期钝感性
photoperiod responses 光周期反应
photoperiod sensitive phase 光周期敏感期,感光期
photoperiod sensitive variety 光周期敏感品种
photoperiod sensitivity 光期敏感性
photoperiodic 光[周]期的(photoperiodicus)
photoperiodic adaptation 光[周]期适应
photoperiodic adjustment 光[周]期调节
photoperiodic after effect 光[周]期余(后)效
photoperiodic behaviour 光[周]期动态
photoperiodic category 光[周]期种类
photoperiodic character 光[周]期性状
photoperiodic class 光[周]期分级
photoperiodic control (= photoperiod control) 光[周]期调节,光[周]期控制
photoperiodic cycle 光[周]期循环
photoperiodic induction 光周期诱导
photoperiodic influence 光[周]期影响
photoperiodic inhibition 光[周]期抑制
photoperiodic perception 光[周]期感应
photoperiodic phenomena 光周期现象
photoperiodic range 光[周]期范围
photoperiodic reaction 光周期反应
photoperiodic requirement 光[周]期需要
photoperiodic response 光[周]期反应
photoperiodic response variety 感光性品种
photoperiodic sensitivity 光[周]期繁感性
photoperiodic stimulation 光[周]期刺激
photoperiodic stimulus 光[周]期刺激[物]
photoperiodic treatment 光[周]期处理
photoperiodicity 光周期现象(photoperiodicitas)
photoperiodism 光周期性,光周期现象(photoperiodismus)
photophase 光照阶段,光期(photophasis)
photophilic (= photophilous)喜光的,适光的(photophilus)
photophilic phase 喜光期(phasis photophilus)
photophilous 适光的,喜光的(photophilus)
photophobia 畏光
photophobic (= photophobous) 避光的,嫌光的(photophobus)
photophobism 避光性(photophobismus)
photophobotaxis 避光运动
photophobous 嫌光的,避光的(photophobus)
photophoresis 光泳现象
photophosphorylation 光[合]磷酸化[作用]
photophosphorylation in photosynthesis 光合作用的光磷酸化[作用]
photophthalmia 强光眼炎
photophygous 避强光的(photophygus)

photopia 光适应,眼对光调节
photopic 明视的,可见光的(photopicus)
photopic response curve 可见光感应曲线{遥感}
photopic spectral luminous efficiency 明视觉光谱光效率
photopic vision 明视觉,亮视觉(指可见光适应的视力)
photopigment 感光色素
photoplastic 光塑的(photoplasticus)
photoplastic film (PPF) 光塑胶片
photoplotting 相片测图{遥感}
photopolymerization 光[致]聚合
photopotential 光生电位
photoprint 晒印相片
photoproduct 光生产物
photoproof 相片校正
photoprotected cell 光保护细胞
photoprotecting wave-length 光保护波长
photoprotection 光保护(photoprotectio)
photopsia 火花幻视,闪光幻视
photopsin 光视蛋白
photoreaction 光反应(photoreactio)
photoreactivable sector 光复活区(扇形体)
photoreactivating enzyme 光复活酶
photoreactivation 光复活作用(photoreativatio)
photoreactivation deficient mutant(phr-) 光复活缺陷型
photoreactivation repair 光复活修复
photoreactive 光反应性的,光敏的(photoreactivus)
photoreactive biotin 光敏生物素
photoreader ①光电输入机 ②光电阅读器
photorealism 图像真实感,照相逼真(photorealismus)
photorearrangement 光重排(photoredispositio)
photoreception 光感应(photoreceptio)
photoreceptor ①感光器,光感受器 ②受光植株
photoreceptor cell 感光细胞
photoreceptor transduction 感光传导
photoreconversion 光致再转换
photorecovery 光回复
photorectifier 光电检波器
photoredox reaction 光氧化还原反应
photoreducer 缩小[晒印]仪{遥感}
photoreductant 光化还原剂
photoreduction 光[致]还原(photoreductio)
photoreduction reaction 光还原[作用]反应
photorefraction 光反射照相(photorefractio){显技}
photorelease 光致释放
photoresist 感光保护膜{电脑}
photoresistance 光致电阻
photoresistor 光致电阻器
photorespiration 光呼吸(photorespiratio)
photorespiratory 呼吸的(photorespiratosius)
photorespiratory CO_2 光呼吸 CO_2,光呼吸二氧化碳
photorespiratory loss 光呼吸损失
photorespiratory metabolism 光呼吸代谢作用
photoresponse 感光反应
photorestorable 光可恢复的(photorestorabilis)
photorestorable lesion 光可恢复损害
photoreversal 光回复,光[致]复活
photoreversibility 光可逆性(photoreversibilitas)
photoreversible pigment 光逆变色素
photoscanning 光扫描
photosensibilization 光敏[化]作用(photosensibilisatio)
photosensitive 感光性的,对光敏感的(photosensitivus)
photosensitive coaling 感光层
photosensitive diode 光敏二极管
photosensitive emulsion 感光乳剂
photosensitive printing 光敏印刷术
photosensitive rice variety 稻光敏[感]性品种
photosensitive variety 光敏性品种
photosensitivity 光敏[感]性,感光性(photosensitivitas)
photosensitizer 光敏[化]剂{显技}
photosensitizing solution 感光液{显技}
photosensor 光传感器,光敏元件
photosensory cell 感光细胞
photosensory membrane 感光膜
photosetting 照相排版
photosphere 光球层(photosphera)
photostage (= photophase)光照阶段,感光阶段(photostaticum)
photostereograph 立体测图仪
photostimulation 光刺激
photoswitch 光电开关
photosynthate (= photosynthetic product) 光合产物
photosynthate allocation 光合产物分配

photosynthate redistribution 光合产物再分配
photosynthate translocation 光合产物转移
photosynthesis 光合作用
photosynthesis of a community 群落[的]光合作用
photosynthesis of aquatic plant 水生植物[的]光合作用
photosynthesis of phytoplankton 浮游植物[的]光合作用
photosynthesis of plant stand 植物群丛[的]光合作用
photosynthesis of plants 植物光合作用
photosynthesis temperature 光合作用温度
photosynthesizer 光合作用系统
photosynthetic 光合的(photosyntheticus)
photosynthetic activity 光合活力
photosynthetic apparatus 光合器官
photosynthetic assimilates 光合同化物
photosynthetic autotrophes 光合自养生物
photosynthetic bacteria 光合细菌
photosynthetic blue-green algae 光合蓝绿藻
photosynthetic C_3 pathway 光合 C_3 途径
photosynthetic C_4 syndrome 光合 C_4 综合特征
photosynthetic capacity 光合能力
photosynthetic carbon fixation 光合碳固定
photosynthetic carbon metabolism 光合碳代谢
photosynthetic carbon reduction cycle (= Calvin cycle) 光合碳还原循环,卡尔文循环
photosynthetic chain 光合链
photosynthetic cold limit 光合低温极限,光合冷极限
photosynthetic concentration mechanism 光合浓度机制
photosynthetic cycle 光合循环
"photosynthetic efficiency" 光合效率
photosynthetic electron transport 光合电子传递
photosynthetic electron transport system 光合电子传递体系
photosynthetic energy conversion 光合能量转化
photosynthetic enzyme 光合酶
photosynthetic evolution 光合进化
photosynthetic gain 光合[作用]增加(益)
photosynthetic gas exchange 光合气体交换
photosynthetic heat limit 光合高温极限,光合热极限
photosynthetic induction process 光合诱导过程
photosynthetic light response 光合光反应
photosynthetic maximum value 光合最大值
photosynthetic membrane 光合[作用]膜
photosynthetic mineral nutrient 光合矿质营养
photosynthetic organ 光合器官(organa photosynthetica)
photosynthetic oxygenation 光合充氧{环保}
photosynthetic parenchyma 光合薄壁组织(parenchyma photosynthetica)
photosynthetic performance 光合[生产]性能
photosynthetic phosphorylation 光合磷酸化[作用]
photosynthetic photo flux density (PPFD) 光合光通量密度
photosynthetic photon flux density (PPFD) 光合光子流量密度{生态生理}
photosynthetic pigment 光合色素
photosynthetic product 光合产物
photosynthetic production 光合产量(productio photosynthetica)
photosynthetic productivity 光合生产力(productivitas photosynthetica)
photosynthetic quantum yield 光合量子产量
photosynthetic quotient 光合商
photosynthetic rate 光合速率
photosynthetic reaction center 光合作用[反应]中心,光合反应中心
photosynthetic surface 光合面
photosynthetic system 光合系[统](systema photosynthetica)
photosynthetic tissue 光合组织(tela photosynthetica)
photosynthetic unit 光合单位
photosynthetic utilization 光合利用(指 CO_2)
photosynthetic yield 光合产量
photosynthetically active radiation (PhAR) 光合有效辐射
photosyntometer 光合计
photosystem (PS) 光系[统]
photosystem Ⅰ mutant 光系Ⅰ突变体
photosystem Ⅱ mutant 光系Ⅱ突变体
phototactic 趋光的(phototacticus)
phototactic rhythm 趋光节律
phototaxis (= phototaxy) 趋光性
phototelegram 传真电报,相片电报(phototelegramma){信息}

phototelegram service 传真电报服务
phototelegraph position 传真台{信息}
phototelegraphy ①传真术 ②传真电报{信息}(phototelegraphia)
photothermal 光热的(photothermalis)
photothermal requirement 光热需要量
photothermal unit 光热单位
phototimer 光电定时器
phototransformation 光致转换(phototransformatio)
phototransistor 光电晶体管
phototriode 光敏三极管
phototroph 光能营养生物,光[能]自养生物(phototrophe)
phototrophic 光能营养的(phototrophus)
phototrophic bacteria 光能营养细菌,光[能]自养细菌(bacteria phototrophae)
phototrophy 光能营养(phototrophia)
phototropic 向光的(phototropus)
phototropic cultivation 定向培育,向光培育
phototropic curvant 向光弯曲
phototropic movement 向光运动
phototropic turgor movement 向光膨压运动
phototropism(phototropismus) 向光性(phototropismus)
phototube 光电管
phototypesetter 照排机,照相排版机
phototypesetting 照相排版
photovoltage 光电压
photovoltaic cell 光电[压]池(指光生伏打电池或阻挡电池)
photovoltaic effect 光电压效应
photoxidation 光氧化[作用](photoxidatio){生化}
phoxim 辛硫磷,腈肟磷,肟硫磷(杀虫剂)[$C_{12}H_{15}N_2O_3PS$]
phr-(= photoreactivation deficient mutant) 光复活缺陷型
phragma 假隔膜
phragmites peat 芦苇泥炭
phragmites planthopper 芦苇蜡蝉[*Stenocranus japonicus* Matsumura](蜡蝉科)
phragmitoid 芦苇型(phragmitoides)
phragmobasidiate 具有隔担子的(phragmobasidiatus)
phragmobasidium 有隔担子
phragmoplast 成膜体(phragmoplasta)
phragmoplast microtubule 成膜体微管丝(指植物)
phragmosome 成膜粒(phragmosoma)
phragmosporae 多隔孢子类
phragmospore 多隔孢子(phragmospora)
phreak 电话耗子{信息}
phreatic ①地下水位的 ②潜水的(phreaticus)
phreatic discharge 潜水流量
phreatic line 地下水位线{环保}
phreatic surface 地下水位(非承压)
phreatic water 潜水
phreatophyte 嫌雨植物(从土壤中获得水分,但嫌雨)(phreatophyta)
phrenosinic acid 脑羟酸,羟廿四酸[$CH_3(CH_2)_{21}CHOHCOOH$]
phrygana 常绿矮灌丛(phyrygana)
phryganeids 石蛾科[Phryganeidae]
phrygian larkspur 弗里吉亚翠雀[*Delphinum phrygium*](毛茛科)
phthalamid 邻苯二酰胺[$C_6H_4(CONH_2)_2$]
phthalazine 酞嗪,2,3-二氮杂萘
phthalic acid 邻苯二甲酸,苯二甲酸[$C_6H_4(COOH)_2$]
phthalic anhydride 邻苯二甲酸酐[$C_6H_4(CO)_2O$]
phthalimide 邻苯二甲酰亚胺,酞酰亚胺(杀菌剂)[$C_8H_5NO_2$]
phthalocyanine 酞菁(染料){显技}
phthalonitrile 酞腈(杀虫剂,增效剂)[$C_8H_4N_2$]
phthaloylamino acid 邻苯二甲酰氨基酸
phthalthrin 胺菊酯(杀虫剂)[$C_{19}H_{25}NO_4$]
phthiocol 结核萘醌
Phy(=phytochrome) 植物色素
phyad 植物群形
phycitid moths 斑螟科[Phycitidae]
phyco- ⌞字头⌝藻
phycobilin 藻胆色素
phycobillisome 藻胆蛋白体
phycobiont ①藻类成分 ②共生藻(phycobions)
phycochrome 藻色素
phycochrysin 藻金黄素
phycocyanin 藻蓝蛋白
phycocyanobilin 藻蓝[胆]素
phycodnavirus 藻 DNA 病毒
phycoerythrin 藻红蛋白
phycoerythrobilin 藻红[胆]素
phycology 藻类学(phycologia)
phycomycetean 藻状菌的(phycomyceteus)
phycomycetes 藻[状]菌类
phycophaein 藻褐素

phycophage 噬藻体（phycophaga）
phycophytes 藻类植物（phycophyti）
phycoporphyrin 藻紫素
phycopyrrhin 藻绛素
phycostemones 花托
phycourobilin 藻尿后胆色素，藻尿胆素
phycovirus 藻病毒
phycoxanthin 藻黄素
phygelius ①南非吊金钟属［*Phygelius* E. Mey.］（玄参科）②南非吊金钟［*Phygelius capensis* E. Mey.］
Phygon（=dichlone） 二氯萘醌｛农药｝
phyl- ⌊字头⌉种族，体系，系统
phylacobiosis 守护共栖（phylacobiosis）
phylactic agent 免疫物质
phylaxin 抵抗素
phylembryogenesis 胚胎系统发育
phyletic 族系的，线系的（phyleticus）
phyletic distribution 族系分配
phyletic evolution 族系进化
phyletic line 族系，线系
-phyll ⌊字尾⌉叶
phyll ⌊字头⌉叶
phyllade 鳞状叶（phylladium）
phyllary 苞片，总苞片（菊科）（phyllarius）
phyllidium 拟叶体
phylliform 叶形（phylliformis）
phyllins 叶绿素衍生物
phyllite ①千板岩 ②硬绿泥岩
phyllite slate 千枚板岩
phyllo- ⌊字头⌉叶
phylloaetioporphyrin 叶本卟啉
phyllocactus 叶仙人掌属［*Phyllocactus* Link.］（仙人掌科）
phyllocaerulein（=phyllocaerulin） 叶泡雨蛙肽
phyllocaline 成叶素
phylloclade 叶状枝（phyllocladium）
phyllocnistis family 叶潜蛾科［Phyllocnistidae］
phyllocolly 重叶态（phyllocollia）
phyllocyanin 叶青素
phyllode 叶状［叶］柄（phyllodium）
phyllody 变叶病（phyllodius）
phylloerythrin 叶红素
phyllogen 顶芽（phyllogenus）
phyllogenetic 生叶的（phyllogenus）
phyllogenous 叶上生的（phyllogenus）
phylloid（=leaflike） ①叶状的 ②叶状枝（phylloideus）
phylloid cladode 叶状枝
phylloid-trusses 叶状枝束
phylloidal 叶状的（phylloidalis）
phyllokinin 叶蛙激肽，叶激肽
phylloliterin 叶泡雨滨蛙肽
phyllomannia 叶异常发生
phyllome ①叶丛 ②初始叶 ③叶原体（phyllomium）
phyllomycin 叶霉素
phyllophagous 食叶的（phyllophagus）
phyllophor ①顶芽（棕榈类）②叶顶芽（phyllophore）
phyllophore ①叶顶芽 ②轴叶
phyllophorous 生叶的（phyllophorus）
phyllophyte ①茎叶植物 ②有叶植物（phyllophyta）
phylloplane 叶［平］面（phylloplanus）
phyllopodes ①叶足 ②叶轴（phyllopodium的复数）
phyllopodium（=podophyll） 叶足
phyllopodous 基生叶茂盛的（phyllopodus）
phylloporphine 叶卟吩
phylloporphyrin 叶卟啉［$C_{16}H_{18}N_2O$］
phyllopyrrole 叶吡咯
phylloquinone（=vitamin K_1） 叶绿醌，维生素 K_1［$C_{31}H_{46}O_2$］
phylloquinone oxide 氧化维生素 K_1
phyllorhize ①叶状根 ②原始根植物，根叶体（phyllorrhizium）
phyllosiphonic ①中柱具叶隙的 ②具叶隙管状中柱（phyllosiphonicus）
phyllospheric 叶际的（phyllosphericus）
phyllospheric microorganism 叶际微生物（microorganismus phyllosphericus）
phyllosporous 胚珠叶生的（phyllosporus）
phyllosticta leaf spot of sweet potato 甘薯斑点病［*Phyllosticta batatas* Cke.］
phyllosticta spot 斑点病，褐斑病
phyllosticta spot of bean 菜豆斑点病［*Phyllosticta phaseolina* Sacc.］
phyllosticta spot of tobacco 烟草褐斑病［*Phyllosticta nicotianae* Ell. et. Ev.］
phyllotaxis（=phyllotaxy）叶序
-phyllous ⌊字尾⌉有……叶的，有……小叶的
phylloxera ①葡萄根瘤蚜［*Phylloxera vastatrix* Planch.］②⌊复⌉根瘤蚜科［Phylloxeridae］
phyllula（=pad，padestal） 叶枕
phyllule（=leaf scar） 叶痕（phyllulium）
phylo- ⌊字头⌉种族，系统
phylocladium（=phyloclade） 叶状枝
phylocoenogenesis 群落系统发育，群落系统发生
phyloephebic（=phyloneanic） 系统发育极

强期(phyloephebicus)
phylogenesis (=phylogeny) 系统发育,种系发生
phylogenetic 系统发育的,种系发生的(phylogeneticus)
phylogenetic anatomy 系统解剖学(phylotomia)
phylogenetic ancestor 种系祖先
phylogenetic botany 系统植物学(phylobotanica)
phylogenetic comparison 系统发育比较(phylocomparison)
phylogenetic development 系统发育(phylogenesis)
phylogenetic differentiation 系统发育分化(phylodifferentiatio)
phylogenetic histology 系统组织学(phylohistologia){显技}
phylogenetic morphology 系统形态学(phylomorphologia)
phylogenetic origin 系统起源,种系起源
phylogenetic reticulum 系统发育网(reticulum phylogeneticum)
phylogenetic series 系统发育系列(series phylogeneticus)
phylogenetic system 系统发育系统,亲缘系统
phylogenetic systematic botany 植物系统分类学
phylogenetic tree (=phylogenic tree, phylogenetical tree) 系统树(arbor phylogeneticus)
phylogenetic variation 系统变异
phylogenetist 系统发育学家,种系发生学家(phylogenetistus)
phylogenic evolution theory 系统进化论,种系发生进化论
phylogeny 系统发育,种系发生(phylogenesis)
phylonepionic 系统发育幼龄期(phylopionicus)
phylum 门{分类}
physalaemin 泡蛙肽
Physalospora canker of pear 梨轮纹病[*Physalospora piricola* Nose.]
physalospora rot 葡萄粒枯病
physalospora rot of grape 葡萄粒枯病[*Physalospora baccae* Cavara]
physic garden 药[材]圃
physic-nut tree ①麻风树属[*Jatropha* L.](大戟科) ②麻风树[*Jatropha curcas* L.]
physical ①自然的,天然的 ②物质的 ③外界的 ④身体的,肉体的 ⑤物理学的 ⑥实际的,实在的(physicus)
physical ability 实在能力
physical action 物理作用{环保}
physical adsorption 物理吸附
physical age 生理年龄,实际年龄
physical agent 物理因素
physical agent effect on chromosome 物理因素对染色体的效应
physical agent mode of action 物理因素作用形式
physical agent principle of action 物理因素作用原理
physical agent schedule of treatment 物理因子处理时间表
physical agent type 物理因素型
physical analog 物理模拟
physical analysis 物理分析{环保}
physical and chemical properties 理化性质
physical assets 实物资产
physical association 物理结合
physical availability 物理有效性,物理有效率
physical barrier 物理障碍
physical basis of inheritance (=physical basis of heredity) 遗传的物质基础
physical behavior 物理行为,物理动态
physical characteristics 物理特性
physical chemistry 物理化学(physicochemia)
physical clay 物理黏粒
physical components 物理组分
physical compression 物理压缩
physical condition 外界条件
physical constitution 物理组成
physical constraint 自然约束
physical contact 直接接触
physical containment 自然遏制,物理防范
physical control 物理防治[法]
physical criterion 物理判断标准,物理判据
physical data block 物理数据块{电脑}
physical database (PDB) 物理数据库
physical database record 物理数据库记录
physical differentiation 物理鉴别法
physical distance 直接距离
physical drought 物理干旱
physical dryness 物理干燥
physical entity 物理实体
physical environment 自然环境
physical equivalent 物质当量
physical feature of a place 地势{耕作}
physical fitness 体力适应{畜}

physical geography 自然地理学
physical layer controller 物理层控制器〔信息〕
physical map ①物理图 ②物理映像
physical mapping 物理制图
physical measurement 物理[性]测定〔环保〕
physical model ①实体模型 ②物理模型
physical modelling 物理模拟
physical movement 物质运动
physical mutagen 物理诱变剂
physical permeability 物理渗透性
physical pollution 物理性污染〔环保〕
physical position 直接位置
physical process 物理过程〔环保〕
physical property 物理性[质],物理特性
physical sand 物理沙粒
physical selection 物理选择
physical service 实际服务〔信息〕
physical storage structure 物理存储结构
physical stress 物理胁迫〔生态生理〕
physical terrain data 自然地面数据
physical threat 物理威胁
physical timer 物理计时器
physical unit（PU） ①物理部件 ②实际部件
physical vigor 身体活力
physical weathering 物理风化
physicochemical 理化的（physicochemicus）
physicochemical process 理化过程〔环保〕
physicochemical properties 理化性质
physicochemical separation 理化分离
physicochemical state 理化状态,物理化学状态
physicochemical treatment 物理化学处理〔环保〕
physiocratism（= physiocracy） 重农主义（physiocratismus）〔耕作〕
physiogenesis（= physiogeny） 机能发生,机能发育
physiognomic（= physiognomical） 外形的,外观的,外貌的（physiognomicus）
physiognomical lifeform [群落]外貌生活型
physiognomy ①（土地,群落）外形,外貌 ②特征,特色（physiognomia）
physiograph 生理仪
physiographic（= physiographical） 自然地理[学]的,地文[学]的（physiographicus）
physiographic climax 自然地理演替顶极,地文演替顶极
physiographic condition 自然地理条件
physiographic ecology 自然地理生态学,地文生态学
physiographic factor 自然地理因素,地文因素
physiographic formation 自然地理群系,地文群系
physiography ①自然地理学 ②地文学（physiographia）
physiologic（= physiological） ①生理的 ②生理学的（physiologicus）
physiologic accommodation 生理调节
physiologic adaptation 生理适应（adaptatio physiologica）
physiologic condition 生理条件
physiologic defective 生理缺陷
physiologic disease（= physiological disease） 生理病,生理性病害（diseasis physiologicus）
physiologic disturbance（= physiological disturbance） 生理紊乱,生理失调,生理障碍
physiologic efficiency 生理效应
physiologic form（= physiologic race）生理小种
physiologic immunity 生理免疫性
physiologic mechanism 生理机制
physiologic race 生理小种(指小麦锈病病原菌)
physiological acid fertilizer 生理酸性肥料
physiological acidity 生理酸性
physiological activity 生理活性
physiological adaptability 生理适应力
physiological adaptation 生理适应
physiological adjustment 生理调节
physiological age 生理年龄
physiological alkalinity 生理碱性
physiological anatomy 生理解剖学（physiotomia）
physiological antagonism 生理颉颃作用
physiological aspects 生理问题,生理学方面
physiological availability 生理性有效度（性）
physiological available water 生理有效水
physiological balanced solution 生理平衡液
physiological barrier 生理障碍
physiological basic fertilizer 生理碱性肥料
physiological basicity 生理碱性
physiological basis 生理基础
physiological behaviour 生理行为,生理动态
physiological-biochemical characteristics 生理生化特性
physiological changes 生理变化

physiological character 生理性状
physiological characteristics 生理特性
physiological characterization 生理特性化
physiological chemistry 生理化学（physiochemia）
physiological chemistry of plant 植物生理化学（phytophysiochemia）
physiological clock 生理钟
physiological compartment 生理区隔，生理区室（compartmentum physiologicum）
physiological compatibility 生理亲和性
physiological concentration 生理浓度
physiological control 生理控制
physiological correlation 生理相关
physiological criteria 生理学标准（criteria physiologica）
physiological defective 生理缺陷
physiological differentiation 生理分化（differentiatio physiologica）
physiological disadvantage 生理缺点
physiological disease 生理病害
physiological disorder 生理失调
physiological dormancy 生理休眠
physiological drop（physiological fruit drop）生理落果
physiological dryness（= physiological drought）生理干燥，生理干旱
physiological dwarfing 生理矮化病
physiological dwarfs 生理矮化
physiological environment 生理环境
physiological field studies 生理学领域研究
physiological form（= physiological strain）生理小种
physiological fruit drop（= physiological drop）生理落果
physiological function 生理功能
physiological genetics 生理遗传学（physiogenetica）
physiological group ①生理群 ②生理基
physiological heterothallism 生理异宗配合［现象］
physiological homeostasis 生理体内平衡，生理稳衡
physiological index 生理指数
physiological inheritance 生理遗传性
physiological injury 生理伤害
physiological insect-pest 生理病虫害
physiological isolation 生理隔离
physiological lag 生理性［表型］迟延现象
physiological lethal 生理致死
physiological lime 生理石灰
physiological maturity 生理成熟度
physiological mechanism 生理机制
physiological moisture（= physiological water）生理水分
physiological morphology 生理形态学（physiomorphologia）
physiological movement 生理运动
physiological mutant 生理突变型
physiological needs 生理需要［量］
physiological neutral fertilizer 生理中性肥料
physiological ontogeny 生理个体发育
physiological optics 生理光学
physiological peculiarity 生理特性
physiological performance 生理［生产］性能
physiological permeability 生理渗透性，生理渗透度
physiological phenomena 生理现象
physiological photophase 生理光期
physiological plant anatomy 植物生理解剖学（phytophysiotomia）
physiological plasticity 生理可塑性
physiological polymorphism 生理多型性
physiological process 生理过程（processus physiologicus）
physiological property 生理性质
physiological race 生理族｛遗传｝
physiological regulatory mechanism 生理调节机制（mechanismus regulatoris physiologicus）
physiological research 生理研究
physiological resin 生理树脂
physiological resistance 生理抗性
physiological response（= physiological reaction）生理反应
physiological rhythm 生理节律（rhythmum physiologicum）
physiological ripe stage 生理成熟度
physiological role 生理作用
physiological saline 生理盐水
physiological salt solution 生理盐溶液
physiological senescence 生理衰老（senescentia physiologica）
physiological solution 生理溶液
physiological specialization 生理专化性，寄生专化性
physiological species 生理种（species physiologious）
physiological stage 生理阶段
physiological state 生理状态
physiological sterility 生理不育性
physiological strain（= physiologic form）

生理小种{病理}
physiological stress 生理胁迫{生态生理}
physiological tissue 生理组织
physiological tolerance 生理耐性
physiological trait 生理特性
physiological transformation 生理转化
physiological unit 生理单位
physiological unity 生理统一性
physiological variation 生理变异
physiological variety 生理品种
physiological versatility 生理多方面性
physiologically active substance 生理活性物质
physiologist 生理学工作者,生理学家(physiologistus)
physiology 生理学(physiologia)
physiology of crop roots 作物根系生理学
physiotype 生理型(physiotypus){生态生理}
physiotypical feature 生理型特征
physo- ⌊字头⌉ 囊
physocarpous 囊状果的(physocarpus)
physodic acid 囊[状]地衣酸[$C_{20}H_{30}O_8$]
physostigma ①毒扁豆属[*Physostigma* Balf.](豆科)②毒扁豆[*Physostigma venenosum* Balf.]
physostigmine 毒扁豆碱[$C_{15}H_{21}O_2N_3$]
phytalbumin 植物性蛋白
phytamin 植生素
phytane 植烷[$C_{20}H_{42}$]
phytanic acid 植烷酸[$C_{20}H_{41}COOH$]
phytase 肌醇六磷酸酶,植酸酶(旧称)
-phyte ⌊字尾⌉ 植物
phytene 植烯[$C_{20}H_{40}$]
phytic acid 植酸,肌醇六磷酸
phytin ①肌醇六磷酸钙镁,非丁 ②白木耳
phytin-phosphoric acid 肌醇六磷酸钙镁态磷酸
phytin phosphorus 肌醇六磷酸钙镁态磷
phytin phosphorus in grains 子粒的肌醇六磷酸钙镁态磷(水稻)
phytivorous (=phytophagous) 食植物的,食草的,食草性的(phytivorus)
phyto- ⌊字头⌉ 植物
phyto-group 植物类群(phytogruppa)
phyto-phenology 植物物候学(phytophenologia)
phytoagglutinin 植物凝集素
phytoalexin 植物抗毒素
phytobacteriology 植物细菌学(phytobacteriologia)
phytobenthos 水底植物
phytobiocenose 植物群落(phytobiocenosium)
phytobiochemistry 植物生物化学(phytobiochemia)
phytochelatin 植物螯合肽
phytochemical 植物化学的(phychemicus){生化}
phytochemistry 植物化学(phytochemia)
phytochrom (phy) 植物色素
phytochrom protein complex [植物]色素蛋白复合物
phytochrome 植物光敏色素
phytochrome system 植物光敏色素系统
phytochrome transduction system 植物光敏色素传导系统
phytocide (=herbicide) 除草剂
phytocidin 植物杀菌素
phytoclimate 植物[小]气候
phytoclimatic 植物[小]气候的
phytoclimatic district 植物气候区
phytoclimatic zone 植物气候带
phytoclimatology 植物小气候学(phytoclimatologia)
phytocoenology 植物群落学(phytocoenologia)
phytocoenosium 植物群落
phytocommunity 植物群落(phytocommunitas)
phytocytomine 植物细胞分裂素
phytoderma 皮生真菌
phytoecdysone 植物蜕皮激素
phytoecdysteriod 植物蜕皮类固醇,植物蜕皮甾体
phytoecology 植物生态学(phytoecologia)
phytoecophysiology 植物生态生理学(phytoecophysiologia)
phytoedaphon 土壤微生植物[群落]
phytoene 八氢番茄红素
phytoferritin 植物铁蛋白
phytoflavin 藻黄素
phytogenesis 植物发生
phytogenetics (=plant genetics) 植物遗传学(phytogenetica)
phytogenic (=phytogenous) ①植物起源的 ②植物性的(phytogenus)
phytogenic factor 植物因素
phytogenic soil (=phytogenetic soil) 植成土
phytogenous ①植物起源的 ②植物上的(phytogenus)
phytogeography 植物地理学(phytogeographia)

phytogerontology 植物衰老学（phytogerontologia）
phytograft 植物嫁接
phytograph 植物结构图解
phytography 图解植物学（phytographia）
phytohemagglutinin（= phytohaemagglutinin）（PHA） 植物凝集素
phytohormone 植物激素，植物荷尔蒙
phytoid 植物状的（phytoides）
phytokinase 植物激酶
phytokinin 细胞分裂素
phytol 植醇，叶绿醇［$C_{20}H_{39}OH$］
phytolith（= phytolite） 植物化石
phytolithology 植物化石学（phytolithologia）
phytology 植物学（phytologia）
phytomass 植物量
phytome（= phytoma） 植物营养体（phytoma）
phytomelane ①黑果皮层（菊科）②植物黑素（phytomelanium）
phytomer 植物繁殖单位
phytometer ［植物］蒸腾计
phytometer method ［植物］蒸腾计法
phytometry ①植物测定 ②植物测定法，植物测法（phytometrica）
phytomonic acid 乳酸杆菌酸，11，12 -甲叉十八［碳］酸
phytomorphic soil 植成土
phytomorphology（ = plant morphology） 植物形态学（phytomorphologia）
phytomycin 链霉素
phyton（= phytomer） 植物繁殖单位
phytoncide 植物杀菌素（植物分泌的抗生素，可以杀害微生物）
phytonematology 植物线虫学（phytonematologia）
phytonivein 植物萎蔫素
phytonomy 植物机（功）能学（phytonomia）
phytopaedology（ = phytopedology） 植物土壤学（phytopaedologia）
phytopaleontology 植物化石学（phytopaleontologia）
phytoparasite 植物寄生物（phytoparasita）
phytopathogen 植物病原菌
phytopathogenic 植物致病的（phytopathogenus）
phytopathogenic fungus 植物致病真菌（fungus phytopathogenus）
phytopathogenic virus 植物致病病毒（virus phytopathogenus）
phytopathological 植物病理［学］的（phytopathologicus）
phytopathological inspection 植物病理检验
phytopathologist 植物病理工作者，植物病理学家（phytopathologistus）
phytopathology（= plant pathology） 植物病理学（phytopathologia）
phytopedology 植物土壤学（phytopaedologia）
phytophaga 食植物类
phytophagous 食植［物］的，食草的（phytophagus）
phytophagous insect 食植性昆虫
phytophagous parasite 食植寄生［物］
phytophagy 食植［物］性，食草性（phytophagia）
phytopharmacology ①植物药理学 ②植物药物学（phytopharmacologia）
phytophilous ①喜植物的，适植物的 ②植物上生的（phytophilus）
phytophily 适草性，喜草性（phytophilia）
phytophthora blight 疫病，辣椒瘟
phytophthora blight of citrus 柑橘疫病［*Phytophthora citricola* Saw.］
phytophthora blight of cotton 棉铃疫病［*Phytophthora* sp.］
phytophthora blight of pepper 辣椒疫病（辣椒瘟）［*Phytophthora capsici* Leonian］
phytophthora blight of welsh onion 葱疫病［*Phytophthora allii* Sawada］
phytophthora foot rot 胡椒瘟
phytophthora fruit rot ［果］疫病，果腐病
phytophthora root rot 根腐病（鳄梨）
phytophthora rot 绵疫病，疫腐病（黄瓜）
phytophthora rot of dishcloth gourd 丝瓜［绵］疫病［*Phytophthora parasitica* Dastur］
phytophthora rot of eggplant 茄绵疫病［*Phytophthora parasitica* Dastur］
phytophthora rot of loquat 枇杷［绵］疫病［*Phytophthora cactorum* Schroet.］
phytophthora rot of onion 洋葱［绵］疫病［*Phytophthora parasitica* Dastur.］
phytophthora seed piece rot 蔗段疫腐病
phytoplankton ①浮游植物 ②浮游植物群落
phytoplankton population 浮游植物种群
phytoplasm（= plant protoplasm） 植物原生质（phytoplasma）
phytoptid mites 瘿螨科（四足螨科）［Phytoptidae］［Eriophyidae］
phytorespiration 植物呼吸（phytorespira-

tio)
phytosanitary 植物检疫的,植物卫生的,植物健康的(phytosanitaris)
phytosanitary certificate 植物健康证书
phytosanitary control 植物卫生控制
phytoserology 植物血清学(phytoserologia)
phytosis 植物病[害]
phytosociology 植物社会学(phytosociologia)
phytosphere 植物圈,植物界(phytosphaera)
phytosterol(=phytosterin) 植物甾醇,植物固醇[$C_{26}H_{44}O$]
phytosterolin 植物甾醇苷[$C_{34}H_{56}O_6$]
phytosuccivorous 吸树液的,吸植物液的(phytosuccivorus)
phytotaxonomy 植物分类学(phytotaxonomia)
phytotomy(=plant anatomy)植物解剖学(phytotomia)
phytotoxemias 植物中毒病害
phytotoxic ①对植物有毒的 ②植物毒性的(phytotoxicus)
phytotoxic activity 植物毒活性
phytotoxic metabolism 植物毒性代谢
phytotoxic substance 植物毒性物质
phytotoxicity 植物毒性,杀草性,[对植物的]药害(phytotoxicitas)
phytotoxin 植物毒素
phytotron ①[植物]人工气候室,育苗室 ②人工气候调节器
phytotrophy 植物营养[物](phytotrophia)
phytovorous(=phytivorous) 食植物的,食草的(phytovorus)
phytoxanthin 叶黄素,胡萝卜醇
phytozoon 植物性动物
phytyl- 植基,叶绿基
phytyl group 叶绿基
phytyl-methyl chlorophyllide 叶绿基甲叶绿脂
phytylmenaquinone 叶绿甲基萘醌,维生素K_1
pi-meson(π meson) π介子
pi-particle π粒子
pi-tan 皮蛋,松花蛋{加工}
pi-tan processing 皮蛋加工{加工}
PIA(=peripheral interface adapter) 外围接口转接器{信息}
pia mater 软[脑脊]膜
pianola roll 穿孔纸卷
Piasezky grape 复叶葡萄[*Vitis plasekii* Maxim.](葡萄科)
piassaba 巴西榈(巴西棕)[*Attalea funifera* Mart.](棕榈科)
piassava ①纤维榈属[*Leopoldinia* Mart.](棕榈科) ②纤维榈[*Leopoldinia* sp.]
piassava fiber 纤维榈纤维(用做帚刷用)
piazza garden 廊廊庭园,拱顶长廊庭园{园林}
PIC(=preinitiation complex) 前起始复合物,前起始复合体{生技}
p.i.c.(=power input connection) 动力输入联接轴
pica(=aliotriophagy, licking sickness) 异食癖,嗜异癖
piccalilli(=hot tasting pickle)辣泡菜
piceetum 云杉群落
piceetum quercetosum 云杉栎树群落
picene 苉,二萘品苯[$C_{22}H_{14}$]
piceoid 云杉型(胚乳)(piceoides)
piceous 漆黑的(piceus)
piciform pit-pair 云杉型纹孔对(poroparia piciformis)
pick ①采摘,摘取,采集,掐,撕,扯 ②捡拾 ③拣选,挑选,选拔,选择 ④镐,丁字镐,手锄,鹤嘴锄
pick device 采集装置,拾取设备
pick off 摘去,采下,剥皮
pick-off diode 截止二极管
pick on 挑选
pick out ①选择,选拔 ②分辨出 ③衬托,使(一颜色或底色)明显
pick over 检查并从中挑选
pick peas 采收豌豆
pick purse(=shepherd's purse) 荠菜[*Capsella bursa-pastoris* Medic.](十字花科)
pick tine 钩形刀齿
pick-tooth(=khella) 卫纳佳阿美[*Ammi visnaga* Lam.](伞形花科)
pick up ①用镐刨地 ②捡拾
pickaback plant(=tolmiea) ①负子草属(千母草属)[*Tolmiea* spp.](虎耳草科) ②负子草(千母草)[*Tolmiea menziesii* Torr. et A. Gray]
pickaxe 镐,洋镐,十字镐,鹤嘴斧,凿斧
pickaxe conductor 凿斧导体
picked ①采摘的{栽培} ②捡起的,拾起的{农机} ③挑选的,精选的{育种} ④有刺的{形态}
picked cotton 手工摘棉
picked end cocoon 抄结茧

picked out one by one 选拔出来的,精选出来的,粒选出来的
picked tea 手工采茶
picker ①取秧器,采摘器,采摘机 ②采摘者,采摘人
picker-chopper (玉米)摘穗碎茎机
picker-cylinder 采摘滚筒
picker-husker (玉米)摘穗剥皮机
picker-planter 采薯式马铃薯种植机
picker roller (轧花机)拔棉刺辊
picker-sheller (玉米)摘穗脱粒机
picker-shredder (玉米)摘穗碎茎机
picker wheel 棉子排种轮
pickerel-weed ①雨火花属[*Monchoria* Presl.](雨火花科) ②雨火花[*Monchoria korsakowii* Regel et Maack] ③海寿花属[*Pontedria* L.](雨火花科) ④海寿花[*Pontedria cordata* L.]
pickerel-weed family 雨久花科[Pontederiaceae]
picket 尖桩
picket-fence 栅栏
picking ①采摘,收获,采收,(棉)收花,采集,摘茶 ②选择,挑选 ③捡拾 ④挖掘,刨地
picking after the main harvest ①收获后捡穗 ②主要收获量采收后捡果
picking bag 采收袋,采果袋
picking clippers 采果剪
picking end 抄绪{蚕}
picking ladder 采果梯
picking machine ①(果蔬)采摘机 ②(家禽)拔毛机 ③(茶树)采茶机
picking maturity 采收成熟度
picking of leaves 采叶,摘叶
picking pail 采果桶
picking platform (果蔬)采收台
picking rate 采收速度
picking region 采集地区
picking time 采收期,收获期
picking-up mounting method 拾取上蔟{蚕}
picking zone 采收区
pickle ①腌汁,盐卤,泡菜水 ②⌊复⌉泡菜,腌渍品
pickled ①腌制的,盐渍的,醋泡的 ②泡菜用的
pickled brood (=sac brood) ①囊状幼虫病[*Morator aetatulae*]{蜂} ②曲菌病{蚕}
pickled cucumber 泡菜用小黄瓜
pickled greens 泡菜
pickled leaf mustard 榨菜(我国四川名产)
pickled products 腌渍品
pickled vegetables (=salted vegetables) ①泡菜,腌渍菜 ②盐腌菜类{加工}
pickleworm 瓜野螟[*Diaphania nitidalis* Stoll](野螟科)
pickling ①腌渍,腌{加工} ②醋洗,酸洗{环保}
pickling bath 酸洗池{环保}
pickling waste water 酸洗废水(指用硫酸或盐酸清洗钢板表面的锈或金属镀层时,所排出的酸性废水叫做酸洗废水){环保}
picklock 高级羊毛
pickoff 敏感元件
pickup ①传感器 ②拾声器,拾波器 ③电视摄像管 ④加速性 ⑤捡拾器
pickup bale loader 草捆捡拾装载机
pickup baler 捡拾压捆机
pickup chopper 捡拾切碎机
pickup current 动作电流
pickup forager 有捡拾器饲料联合收获机
pickup grain loader 谷物捡拾装车机
pickup harvester 捡拾式收获机
pickup hopper 捡拾箱
pickup of engine 发动机加速性
pickup plow (=unit plow) 悬挂犁
pickup stacker 捡拾集草车
pickup unit 捡拾器
picloram (=tordon) 毒莠定(除草剂)[$C_6H_3Cl_3N_2O_2$]
picnometer (=pycnometer, piknometer) 比重瓶
pico 微微,皮可(10^{-12})
pico-dosimetry 分子剂量学
picocurie 皮可居里(=10^{-12}居里)
picofarad (pf) 皮法拉(10^{-12}法拉)
picogram (pg) 皮克(10^{-12}克)
picoline 甲基吡啶[$CH_3C_5H_4N$]
picolinic acid 吡啶羧酸
picoliter 皮升(10^{-12}升)
picornavirus 细小 RNA 病毒
picornavirus translation 细小 RNA 病毒翻译
picosecond (PS)皮秒(10^{-12}秒)
picotee 花边香石竹
picramic aeid 还原苦味酸,苦氨酸
picrate ①苦味酸盐[$(NO_3)_3C_6H_2OM$] ②苦味酸酯[$(NO_3)_3C_6H_2OR$]
picric acid 苦味酸,三硝基[苯]酚[$C_6H_2(NO_2)_3OH$]
picric-sulphosalicylic acid 苦味酸-磺基水杨酸(固定液){显技}
picro-carmine 苦味胭脂红{显技}
picro-formic 苦味酸甲醛混合液{显技}
picro-nigrosine 苦味酸水溶对氮蒽黑混合液

{显技}
picrocarpous 苦果的（picrocarpus）
picrotoxin 木防己苦毒素［$C_{30}H_{34}O_{13}$］
pictogram 图符，象形图（pictogramma）{电脑}
pictograph ①象形文字 ②统计图表
pictoline 等密度[轮廓]线
pictorial ①图像的，图片的，有图像的 ③以图像表示的，图示的 ④图画杂志，画刊
pictorial computer 图像[输出]计算机
pictorial display 图像显示[器]
pictorial fly computer 飞机上全景显示计算机
pictorial information 图像情报
pictorial representation 直观图
pictorial surface 图面，画面{遥感}
pictorial trade mark 商标图案
pictorial view 图示，插图
picture ①图片，照片，相片 ②图像，图画 ③形象，字形（pictura）
picture amplifier 图像放大器
picture animation 动画{智培}
picture camera 电影摄影机
picture cell 图像元件{农施}
picture centre 图像中心，像主点
picture compression 图像压缩
picture computer 图像计算机
picture contrast 相片反差{遥感}
picture elements（= pixel） 像元，像素{遥感}
picture encoding 图像编码{智培}
picture frame 图框，图幅
picture gallery 图画陈列室，画廊
picture guantizer 图像数字转换器
picture measuring 相片量测{遥感}
picture phone 电视电话
picture signal 图像信号
picture transmission 图像传输
picture transmission system 图像传输系统
picture tube 显像管{电脑}
picul 担（中国原重量单位，= 100 斤 = 50 千克）
pie 馅饼
pie charts 饼形图，扇形图
pie cherry（= sour cherry tree，morello tree） 欧洲酸樱桃
pie plant（= garden rhubarb） 食用大黄［*Rheum rhaponticum* L.］（蓼科）
piebald（= skewbald） （马）黑白斑驳
piece ①片，断片，屑，块 ②段部，部分 ③件，个，份 ④一首（农谚）
piece-goods （标准长度）布匹，匹头
piece rate 计件工价
piece root graft 片根接{园艺}
piece work 计件工资
piece work programming 计件程序设计
piecewise 分段
piecewise linear model 分段线性模型
piecewise regression 分段回归
piedmont alluvial plain 山麓冲积平原
piedmont belt 山麓地带
piedmont eluvial plain 山麓残积平原
piedmont plain 山麓［冲积］平原，山前平原
piedmont slope 山麓坡地
piedra 发结节病
pier ①码头 ②桥墩 ③防波堤
pier for steel aqueduct 架钢管桥墩{环保}
Pierce automatic needle 皮尔斯自动移虫针{蜂}
pierced 具孔的（叶）（diatretus）
pierced cocoon 出壳茧
piercer ①穿孔器，钻孔器 ②（昆虫）产卵器，螯针
Pierce's disease of vine 葡萄皮尔氏病
piercing ①刺入 ②冲子
piercing-lapping mouthpart 刺舐式口器
piercing-sucking mouthpart 刺吮式口器
pieridin 粉蝶霉素，杀粉蝶菌素
pieris ①马醉木属［*Pieris* D. Don］（杜鹃花科）②马醉木［*Pieris japonica* D. Don］③美丽马醉木（兴山马醉木）［*Pieris formosa* D. Don］
pierre dacrydium ①陆均松属［*Dacrydium* Soland.］（罗汉松科）②陆均松（泪柏）［*Dacrydium pierrei* Hickel］
piezo-electric crystal 压电晶体
piezo-electric driver 压电推进器
piezo-electric pickup 压电传感器
piezo-electric quartz crystal 压电石英晶体
piezo-electric transducer 压电换能器
piezocoefficient 压性系数
piezoelectric 压电的（piesoelectricus）
piezoelectric effect 压电效应
piezoelectric material 压电材料
piezoeletricity ①压电[现象] ②压电学
piezoid 石英振荡片
piezomagnetic effect 压磁效应
piezometer ①压力计 ②地下水位计 ③液压计
piezometric ①测压的，测压计的 ②量压的 ③测压自由的，水压自由的（pieso metricus）
piezometric level 水压自由水位{环保}
piezometric surface ①水压自由坡面{环保} ②承压面{遥感}

piezoquartz 压电石英
piezotropic equation 压性方程{物}
piezotropy 压性(piezotropia)
pig 猪[*Sus scrofa* var. *domestica*](猪科)
pig breeder 猪饲养员
pig breeding ①猪育种 ②猪生产,养猪业
pig cycle 养猪业周期
pig dung 猪粪
pig farm 养猪场
pig fattener 猪肥育主
pig fattening feed 猪肥育饲料,肥猪粉
pig feed 猪饲料
pig for slaughter 屠宰用猪
pig head mange mite 猪[头]蠕形螨(猪头脂螨)[*Demodex phylloides* Csokor](蠕形螨科)
pig herd 猪群
pig house ①猪舍 ②养猪场
pig housing 猪舍饲
pig husbandry 养猪业
pig influenza (=pig flu) 猪流感
pig itch mite (= hog itchmite) 猪疥螨[*Sarcoptes scabieisis* (Gerlach)](疥螨科)
pig keeping ①养猪 ②养猪学
pig louse (= hog louse) 猪[盲]虱[*Haematopinus suis* (Linnaeus) = *H. aduenticius* L.](盲虱科)
pig manure 猪粪[肥]
pig meal preparation 猪饲料调制
pig of the same litter 同窝幼猪
pig parlor 完全舍饲猪舍
pig pen 猪栏,猪圈
pig pox (=swinepox) 猪痘
pig-raising 养猪业
pig stock 猪总头数,猪群
pig-sty 猪舍
pigeon ①鸽属[*Columba* L.](鸠鸽科) ②鸽[*Columba livia*]
pigeon-berry (=America pokeweed) 美国商陆[*Phytolacca americana* L.](商陆科)
pigeon body louse 鸽体虱[*Hohorstiella lata* (Piaget)](虱科)
pigeon breeder 鸽饲养员,养鸽者
pigeon bug 鸽臭虫[*Cimex columbaruius* Jenyns](臭虫科)
pigeon family 鸠鸽科[Columbidae]
pigeon fly 鸽虱蝇[*Pseudolynchia canariensis* (Macquart)]
pigeon grass 鸽狗尾草[*Setaria phacelata* Stapf. et Hub.](禾本科)
pigeon keeping ①养鸽 ②养鸽学
pigeon pea (= congo pea) 木豆(树豆)[*Cajanus cajan* (L.)Millsp.](豆科)
pigeon tick 翘缘锐缘蜱[*Argas reflexus* (Fabricius)](软蜱科)
pigeon vetch (= tare vetch, tiny vetch) 小巢菜(硬毛果野豌豆)[*Vicia hirsvta*](豆科)
pigeonhole 鸽巢
pigeonry 鸽舍,鸽楼
piggery ①养猪场 ②猪舍,猪圈
piggery waste 猪圈废弃物{环保}
piggeryman (= pigherd, pigman) 猪饲养员
piggyback board 背负式电路板{信息}
piggyback hardware 附托硬件
piggyback transport 集装箱式运输
piggybacking 顺手牵羊
piglet (= pigling, farrow) 幼猪,小猪,仔猪
piglet anaemia 仔猪贫血
piglet eczema 仔猪湿疹
piglet scours 仔猪下痢
pigling order 仔猪出生顺序
pigling registry 仔猪登记
pigmeat 猪肉
pigment ①色素 ②颜料(pigmentum)
pigment cell (= chromcyte, chromotophere) 色素细胞(chromcyta)
pigment collective 色素集合体
pigment complex 色素复合体
pigment derivative 色素衍生物
pigment formation 色素形成
pigment granule 色素粒
pigment inclusion 色素内含物
pigment metabolism 色素代谢
pigment-protein complex 色素蛋白络合物
pigment sport 色素突变
pigment system 色素系
pigment volume concentration 颜料体积浓度
pigment waste 颜料厂废水{环保}
pigment yeast 有色酵母
pigmental (= pigmentary) ①色素的 ②含色素的(pigmentalis)
pigmentation ①色素沉着,色素沉淀 ②染色(pigmentatio)
pigmented yeast 有色酵母
pigmy mangel beetle (= pygmy mangold beetle) 甜菜隐食甲[*Atomaria linearis* Stephens]
pigmy mole crickets 蚤蝼科[Tridactylidae]

pigmy swordfern ①肾蕨属［*Nephrolepis* Schott.］（骨碎补科）②肾蕨［*Nephrolepis cordifolia* Pressl］

pignut 光滑山核桃［*Caryaglabra* Sweet.］（胡桃科）

pignut-palm ①槟榔属［*Hyophorbe* Gaertn.］（棕榈科）②槟榔［*Hyophorbe indica* Gaertn.］

pigs 猪科［Suidae］

pigskin 猪皮

pigskin paison puffball 橙黄硬皮马勃［*Scleroderma aurantium* Pers］（有毒菌）

pigwash 泔水（猪食）

pigweed 藜［*Chenopodium album* L.］（藜科）

pika 岩兔

pike ①通行费，收通行费关卡，收费的公路 ②穗尖刺，针 ③山峰，尖峰 ④狗鱼［*Esox reicherti* Dybowski］⑤十字锹，鹤嘴锄 ⑥矛，短枪

pil（= pileus） 幞状［云］

pilangiocarpy 盖缘成长的被果型（pilangiocarpium）

pilarium 基柱群

pilaster 柱材

pilate 细棒粒状的（pilatus）

pile ①木桩，木柱 ②堆，堆积，垛，垛堆，码堆 ③电池，干电池，电堆，原子反应堆 ④绒毛，软毛，羽毛（pilus）

pile drawer 拔桩机

pile driver 打桩机

pile dweller 湖上屋宇居民（= person lived in pile dwelling）

pile dwelling 湖上屋宇（指作物栽培的历史）

pile foundation 桩基

pile neutrons 反应堆中子｛辐射｝

pile of lumber 成材堆

pile of wood 材垛，材堆

pile supported raft 浮筏桩基｛水利｝

pileate ①有菌盖的｛真菌｝②帽形的｛形态｝（pileatus）

pileate development （腹菌）单盖发育［型］

pileate fungi 伞菌［Hymenomycetes］

piled lettuce 堆莴苣［*Lactuca sororia* Miq.］（菊科）

pileiform 菌盖状的，冠状的（pileiformis）

pileipellis 菌盖皮层

pileola 小帽形体

pileolus 小菌盖

pileorhiza 根冠（pileorrhiza）

piler ①堆垛机，码堆机 ②集草器

pileus ①（= pil）幞状［云］②菌盖

pilewort ①（= fireweed）山柳菊叶菊芹［*Erechitites hieracifolia* Rafin.］（菊科）②（= spleen amaranth）舒苋［*Amaranthus patulus* Bert.］（苋科）③榕茛（治疗草）［*Ficaria ranunculoides* Roth. = *Ranunculus ficaria* L.］（毛茛科）

pili 绒毛，伞毛（pilus 的复数）

piliated 具毛的，有毛的（piliatus）

piliated strain 有毛菌株（= p^+ strain）

piliation 生毛［作用］（piliatio）

piliferous 有毛的，有根毛的（pilifer）

piliferous layer 根毛层（stratum piliferum）

piliferum dropseed 毛鼠尾粟［*Sporobolus piliferus* Kunth.］（禾本科）

piliform 长毛状的（piliformis）

piligerous 具毛的（piliger）

pilin 菌毛蛋白，伞毛蛋白

pilin subunit 菌毛蛋白亚单位，伞毛蛋白亚单位

piling ①打柱 ②堆垛，码垛，码堆

piling and burning 堆垛烧除法｛森林｝

piling in the shape of a window frame 窗框形码堆

piling method of grain bag for grain inspection 粮食检验粮袋码堆法

pill 药丸，小球状物

pillar ①镜柱｛显技｝②柱，支柱，标桩｛测｝③柱形物

pillar cell（= columnar cell） 柱细胞（cellula pillaris）

pillar-crane 支柱起重机

pillar harrow 杆齿耙

pillbug ①鼠妇［*Armadillidium vulgare* （Latrielle）］②⌊复⌉鼠妇科［Armadillidae］

pillbugs and sowbugs 等足目（甲壳纲）［Isopoda］

pilligan 南美三白草［*Saururus cernuus* sp.］（三白草科）

pillow ①枕，枕块，垫座 ②轴承座

pillwort ①线叶苹属［*Pilularia* L.］（苹科）②线叶苹［*Pilularia globulifera* L.］

pilocarpidine 毛果芸香定

pilocarpine 毛果［芸香］碱［$C_{11}H_{16}N_2O_2$］

pilocystidium 盖面囊状体

pilose（= pilous） 被疏柔毛的（pilosus）

pilosity 被疏柔毛态（pilositas）

pilosulose 被小疏柔毛的（pilosulosus）

pilosus bush clover 铁马鞭［*Lespedeza pilosa* Sieb. et Zucc.］（豆科）

pilot ①引导 ②排障装置 ③领航员，飞行员

④实验的,试验的 ⑤导频{电脑}
pilot balloon 测风气球
pilot balloon observation 气球测风
pilot balloon theodolite 测风经纬仪
pilot bearing 导向轴承
pilot card 航行[地]图,领航图
pilot channel 导频信道{信息}
pilot-cloth (制大衣)蓝色呢
pilot county 试点县,试验县
pilot county for integrated rural energy development 农村能源综合开发试点县
pilot county for single rural energy project 农村能源单项建设试点县
pilot engine ①新型发动机原型 ②引路机车 ③清路机,排障机
pilot farm 试验农场,模范农场
pilot forest 试验林
pilot guide 操作指示器
pilot lamp 指示灯
pilot light ①点火火苗 ②指示灯
pilot line 指示线{信息}
pilot operation 引导操作
pilot plant ①实验装置,试验设备 ②试验工厂,试验站
pilot plant installation 试验站[半生产性]设施
pilot production 试制
pilot project ①试验项目 ②引导方案
pilot protein 先导蛋白(指噬菌体)
pilot rearing 先行育{蚕}
pilot scale 中试规模
pilot scheme 试验计划
pilot signal ①引导信号 ②测试信号
pilot survey 试验调查,样本调查
pilot symbol 引导符号
pilot system ①实验系统,试验系统 ②先导系统,引导系统
pilot track 开工小道,便道
pilot village 实验村,模范村
pilotfish ①(=round whitefish)柱白鲑[*Coregonus cylindraceus* (Pallas et Pennant)] ②丹鰤[*Naucrates indicus* Cuvier et Valenciennes]
pilotherm 恒温箱,恒温器
pilular adina 水团花[*Adina pilwlifera* Franch.](茜草科)
pilum 基粒体{遗传}
pilus ①毛被(指长柔毛或绒毛) ②绒毛,伞毛,菌毛
Pima 碧玛(美国棉品种)
Pima-32 碧玛32(美国棉品种)
Pima cotton ①碧玛棉(美国埃及棉种) ②(=sea island cotton)海岛棉[*Gossypium barbadense* L.](锦葵科)
Pima No.1 碧玛一号(小麦品种)
pimaric acid 海松酸[$C_{20}H_{30}O_2$]
pimelic acid 庚二酸[$(CH_2)_5(COOH)_2$]
pimenta ①多香果属(众香树属)[*Pimenta* Lindl.](桃金娘科) ②多香果(众香树)[*Pimenta officinalis* Berg.]
pimenta white fly 多香果粉虱[*Aleurodicus pimentae* Lg.](粉虱科)
pimento 甜椒(甘椒,灯笼椒,狮头辣椒)[*Capsicum frutenscens* var. *grossum* L.](茄科)
Pimento oil 甜椒油,甘椒油
pimpernel ①海绿属[*Anagallis* L.](报春花科) ②海绿[*Anagallis aruensis* L.]
pimpinella ①茴芹属[*Pimpinella* L.](伞形花科) ②茴芹[*Pimpinella anisum* Nakai]
pimple ①泡状突起 ②脓疱(papula, pustula)
pimpled (=pimple-bearing) ①具泡状突起的 ②具瘤状突起的(papu losus, pustulosus)
pimpon 苹婆[*Stercula nobilis* Sm.](梧桐科)
pin ①针式型{分遗} ②定针,大头针{显技} ③销钉,轴销,销,栓,钉{农机} ④闩,闸栓{水利} ⑤引脚{电脑}(pina)
pin and socket connector 针孔型连接器{电脑}
pin and thrum 针式型与线式型(樱草花型)
pin bearing 销轴承
pin console typewriter 针式控制台打字机
pin contact 插接{信息}
pin cushion 针垫
pin-eyed 针眼
pin-feed device 针孔馈送设备{信息}
pin-feed printer 针孔馈送打印机
pin force 插针压力
pin hole opener 带有安全销锄式开沟器
pin key 销键
pin knot 针节{形态}
pin lifting thresher 针齿滚筒式脱粒机
pin oak 针栎[*Quercus palustris* Muenchh.](山毛榉科)
pin-point ①针尖,单点,精确定位 ②单点的
pin-point convection 单点对流{气象}
pin-point weeder 圆尖弹齿除草耙
pin technology 大头针技术{生技}
pin wheel 针刺轮{农机}
pina-cloth 凤梨麻布
pinacone (=cone) 球果(pinaconus)

pinacone tooth ①耳匙菌属［*Auriscalpium* Gray］（耳匙菌科）②耳匙菌［*Auriscalpium vulgare* S. F. Gray］
pinakenchyma（= pinechyma） 壁砖状组织（pinacenchyma）
pinakiolite 硼镁锰砂
pinane 蒎［$C_{10}H_{18}$］
pinang 槟榔［*Areca catechu* L.］（棕榈科）
pinboard 插接板｛信息｝
pinbone width ①臂角间宽（测量体表）②座骨结节宽（动物解剖）
pincers（= tongs） ①（水稻插秧机的）秧夹 ②钳子，夹子 ③螯
pincette-type seedling puller 钳夹式水稻拔秧机
pincettes ①镊子，小钳子 ②（水稻插秧机）秧夹
pinch ①捻 ②挤，拧
pinch needle 标本针
pinch off 摘心，打尖
pinch out （蚕）冲出，突破 ②摘除，折断 ③割蜜
pinch roller 压带轮
pinch roller plotter ［压］轮式绘图仪
pinchcock 钳子，夹子
pinching ①摘心，打尖 ②（插秧机秧夹）取秧
pinching agent 摘心剂，打尖剂
pinching amount adjustment 取秧量调节
pinching depth 取秧深度
pinching frost 严寒，严霜
pinching height 取秧高度
pinching point on seedling 夹秧部位
pinching rice plant 捻稻（治虫）
pinching technique（= topping technique） 摘心技术
pinchow 滨州牛（中国黑龙江乳牛）
pincushion cactus 胎萌菠萝球［*Coryphatha vivipara* Britt. et Rose］（仙人掌科）
pincushion tree ①哈克属（针垫木属）［*Hakea* Schrad.］（山龙眼科）②哈克木（海胆木）［*Hakea laurina* R. Br.］
Pindar 平达尔（澳大利亚甘蔗品种）
pindone 杀鼠酮，鼠完（杀鼠剂）［$C_{14}H_{14}O_3$］
pine ①松属［*Pinus* L.］（松科）②松
pine-agaric hump-backed fly 树菇蚤蝇［*Aphiochaeta matsutakel* Sasaki］（蚤蝇科）
pine beetle 大松小蠹［*Myelophilus piniperda* Linne.］（小蠹科）
pine-black（= lamp-black, carbon black） 松烟
pine chafer 松丽金龟［*Anomala oblivia* Horn］（金龟科）
pine-cluster cups 松锈病
pine engraver 松小蠹［*Ipspini*（Say）］（小蠹科）
pine false webworm 松群聚锯蜂［*Acantholyda erythrocephala*（L.）］（锯蜂科）
pine-family 松科［Pinaceae］
pine forest 松林
Pine Land 松地（美国棉品种）
pine lasiocampid ①欧洲松毛虫［*Dendrolimus pini* L.］②赤松毛虫［*Dendrolimus spectabilis* Butler］（枯叶蛾科）
pine leaf-cast 松落针（叶）病［*Lophodermium pinastri* Cher.］
pine-leaf flax（= wild flax） 野亚麻（松叶人参）［*Linum stelleroides* Planch.］（亚麻科）
pine leaf green 松叶绿（指有点发黑的绿色）
pine-leaf sedge 松叶苔［*Carex biwensis* Franchet.］（莎草科）
pine longicorn beetle 松天牛［*Monochamus alternatus* Hope.］（天牛科）
pine marten 松貂
pine mushroom 松毛菇
pine needle 松针，松叶
pine needle moth 松针毒蛾［*Ocneria monacha* L.］（毒蛾科）
pine needle rust 松叶锈［Coleosporium sp.］
pine nut 松球，松果
pine oil 松油（杀虫剂）
pine oil mixture（= pine turpentine mixture） 松脂合剂
pine resin 松脂
pine resin mixture（= resin mixture） 松脂合剂
pine root-fomes 松白腐病［*Fomes annosus* Cke.］
pine sawfly 普通松叶蜂［*Diprion pini* L.］（叶蜂科）
pine seed 松子
pine seed oil 松子油
pine soot（= pine-black） 松烟
pine sphingid 松天蛾［*Sphinxpinastri* Linnaeus］（天蛾科）
pine spittle bug 松沫蝉［*Aphrophora parallela*（Say）］（沫蝉科）
pine strawberry 大果草莓［*Fragaria grandiflora* Ehrh.］（蔷薇科）
pine swamp 松林沼泽
pine tar 松焦油

pine tree 松树(马尾松)[*Pinus massoniana* Lamb.](松科)

pine tussock moth 松毒蛾[*Dasychira plagiata* (Walker) = *Olene plagiata* (Wlk)](毒蛾科)

pine twig 松枝,松树桠枝

pine vine (= dutchmanspipe) ①马兜铃属[*Aristolochia* L.](马兜铃科) ②马兜铃[*Aristolochia debilis* S. etz.]

pine volatile oil 挥发油

pine-weevil 大松象甲[*Hylobius abietis* L.](象甲科)

pine woods 松木(林)

pine-woods coneflower 二色金光菊[*Rudbeckia bicolor* Nutt.](菊科)

pine-woods female fern 松林蹄盖蕨[*Athyrium pinetorum* Tagawa](水龙骨科)

pine-woods grape 松林葡萄[*Vitis linsecomii* Buckley.](葡萄科)

pine yellow-spotted weevil 松长脂象甲[*Pissodes nitidus* Roelofs](象甲科)

pineads 幼小子实体(指蘑菇)

pineal body 松果体

pineal gland 松果腺

pineal hormone 松果[体]激素

pineal peptide 松果肽

pineapple ①凤梨属[*Ananas* Tourn.](凤梨科) ②凤梨(菠萝)[*Ananas sativa* L. = *A. comosus* (L.) Merr.]

pineapple brown rot 凤梨褐腐病[*Erwinia ananas* Serrano]

pineapple butt rot 凤梨基腐病[*Ceratocystis paradosa* (Dode) Moreau]

pineapple can 凤梨罐头,菠萝罐头{加工}

pineapple crook neck 凤梨曲颈病(生理病害)

pineapple crown bud 凤梨冠芽

pineapple dark butterfly 凤梨褐灰蝶[*Theela basilides* Goyor](灰蝶科)

pineapple disease 凤梨病,菠萝病害

pineapple family 凤梨科[Brcmeliaceae]

pineapple fibre 凤梨纤维

pineapple-flower 凤梨花属[*Eucomis* L'Herit.](百合科)

pineapple fruit black spot 凤梨髓腐病[*Fusarium moniliforme* Sheld.]

pineapple fungus 落叶松层孔菌

pineapple guava 凤榴(费约果)[*Feijon sellowiana* Berg.]

pineapple harvester 凤梨收获机

pineapple heart rot 凤梨心腐病[*Phytophthora cinnamomi* Rands]

pineapple interfruitlet corking 凤梨栓果病[*Penicillium funiculosum* Thom]

pineapple lesion nematode 凤梨短体线虫病[*Pratylenchus brachyburus* (Godfrey) Sher. et Allen.]

pineapple mealy bug 菠萝粉蚧(凤梨粉蚧)[*Pseudococcus brevipes* (Cockerell)](粉蚧科)

pineapple oil 凤梨油

pineapple plantation 凤梨种植园

pineapple planting machine 凤梨栽植机

"pineapple" planting method 甘蔗仿凤梨植法,双行植法

pineapple resinosis 凤梨流胶病[*Gibberella fufikuroi* (Saw.) Wollonw]

pineapple root knot nematode 凤梨根结线虫病[*Meloidogyne* sp.]

pineapple root rot 凤梨根腐病[*Pythium arrhenomanes* Dreehsl.]

pineapple scale 凤梨盾蚧[*Diaspis bromeliae* (Kerner)](盾蚧科)

pineapple slice (罐装用)菠萝片

pineapple strawberry 凤梨形草莓[*Fragaria chiloensis* var. *ananassa* Bailey](蔷薇科)

pineapple sunscald 凤梨日灼病(生理病害)

pineapple termite 凤梨鼻白蚁[*Rhinotermes intermedius* Br.](白蚁科)

pineapple thrips 凤梨全蓟马[*Holopothrips ananasi* Da Costa Lima](蓟马科)

pineapple weed 香甘菊[*Matricaria matricarioides* L.](菊科)

pineapple weevil 凤梨象甲[*Metamasius ritchiei* Marshal](象甲科)

pineapple wilt 凤梨萎蔫病

pinellia ①半夏属[*Pinellia* Tenore](天南星科) ②半夏[*Pinellia ternata* (Thunb.) Breit.]

pinene 蒎烯[$C_{10}H_{16}$]

pineous 松状的(pineus)

piner longam (= Indian long pepper) 荜拨[*Piper longan* L.](胡椒科)

pinery ①松林 ②凤梨温室

pinetum ①松林 ②松柏园

piney ①松树的 ②松木的

pinfeather (鸟)初生羽毛

pinfold ①围场 ②畜栏

ping-pong 乒乓式,开关式{电脑}

ping-pong mechanism 乒乓机制{生技}

ping-pong procedure 乒乓法{电脑}

ping-pong transmission 乒乓式传输{信息}

ping-pong virus 乒乓病毒,小球病毒〔电脑〕
pinguicula ①捕虫堇菜属［*Pinguicula* L.］（狸藻科）②捕虫堇菜［*Pinguicula vulgaris* L.］
pinheading 产菇（指蘑菇）
pinheads 菌蕾（指蘑菇）
pinhole ①针孔（指集成电路工艺的）②罐壁穿孔（指罐头铁片因电解作用而穿孔）③小孔,塞孔 ④刺孔
pinholing 穿孔
pinion ①翅,翼 ②副齿轮
pinion unit 齿轮传动装置
pinite 蒎立醇
pink ①石竹属［*Dianthus* L.］（石竹科）②石竹［*Dianthus chinensis* L.］③玫瑰色的（roseus）
pink and green potato aphis 马铃薯长管蚜［*Macrosiphum solanifolii* Ashmead］（蚜科）
pink boll rot 炭疽病
pink boll worm ［棉］红铃虫［*Pectinophora gossypiella*（Saund.）］（夜蛾科）
pink borer（= rice swarming caterpillar）大螟［*Sesamia inferens* Walker］（夜蛾科）
pink bud stage 露瓣期
pink calla 红花马蹄莲［*Zantedeschia rehmannii* Engler］（天南星科）
pink-clover 红三叶草（红和蓝翘摇）［*Trifolium pratense* L.］（豆科）
pink disease of loquat 枇杷赤衣病［*Corticium salmonicolor* Berkeley et Br.］
pink disease of tea 茶赤衣病［*Corticium salmonicolor* Berke et Br.］
pink-eye （马）火眼〔医〕
pink family 石竹科［Caryohullaceae］
pink flower indigo 多花木蓝［*Indigofera amblyantha* Craib］（豆科）
pink-flowered ①石竹花的（dianthiflorus）②玫瑰色花的,红花的（rhodanthus）
pink-flowered sorrel（= pink wood sorrel）多花酢浆草［*Oxalis martiana* Zucc. = *O. corymbosa* DC.］（酢浆草科）
pink fluorescent lamp 红荧光灯〔显技〕
pink fritillaria 粉红花贝母（多花贝母）［*Fritillaria pluriflora* Torr.］（百合科）
pink-fruited 玫瑰色果的,红果的（rhodocarpus）
pink garden 石竹花圃,石竹园〔园林〕
pink head knotweed 头花蓼［*Polygonum capitatum* Buch-Ham.］（蓼科）
pink-leaved 石竹叶的（dianthifolius）
pink lily-of-the-valley 粉红铃兰［*Convollaria majalis* var. rosea Hort.］（百合科）
pink plumepoppy ①博落回属［*Macleaya* R. Br.］（罂粟科）②博落回［*Macleaya cordata*（Willd.）R. Br.］
pink reineckia ①吉祥草属［*Reineckia* Kunth］（百合科）②吉祥草［*Reineckia carnea*（Andr.）Kunth］
pink root of leck 大葱赤根病［*Pyrenochaeta terrestris*（Hanson）Gorenz, Walker et Larson］
pink rot（= watery rot, wilt） 红腐病（水腐病,萎蔫病）
pink rot of cotton 棉铃红腐病（棉褐腐病）［*Cephalothecium roseum* Corda］
pink salmon 细鳞大麻哈鱼［*Oncorhynchus gorbuscha*（Walbaum）］〔水产〕
pink sand-verbena 大花粉红叶子草［*Abronia umbellata* Lam.］（紫茉莉草）
pink sugarcane mealybug 蔗红粉蚧［*Saccharicoccus sacchari* Ckll. = *Trionymus*］（粉蚧科）
pink table wine（= rose） 玫瑰酒
pink tea mite 茶瘿螨［*Eriophyes theae* Watt.］（瘿螨科）
pink turtlehead 粉红龟头花［*Chelone lyonii* Pursh.］（玄参科）
pink-vine（= corollita） 珊瑚藤［*Antigonon leptopus* Hook. et Arn.］（蓼科）
pink yeast 掷孢酵母的种
pinkfruit mulberry 粉红果桑［*Morus alba* var. *rosea*］（桑科）
pinkwood 红木［*Dicypellium caryophyllatum* Nees.］（樟科）
pinna ①羽片（复叶）②一回羽叶
pinna rachis 羽轴（pinnorachis）
pinna trace 羽片迹（pinnovestigium）
pinnate 羽状的（pinnatus）
pinnate compound leaf 羽状复叶（folium compositum pinnatum）
pinnate drainage pattern 羽毛状水系〔水利〕
pinnate leaf 羽状叶（folium pinnatum）
pinnate lilac 羽叶丁香［*Syringa pinnatifolia* Hemsl.］（木犀科）
pinnate pometia ①番龙眼属［*Pometia* Forst.］（无患子科）②番龙眼［*Pometia pinnata* Forst.］
pinnate tick clover 羽叶山绿豆［*Desmodium oldhami* Oliv.］（豆科）
pinnate veins（= pinnate nerve） 羽状脉（venae pinnatae）

pinnate venation 羽状脉序（venatio pinnata）
pinnately compound 羽状复叶的（pinnaticompositus）
pinnately compound leaf 羽状复叶（folium pinnaticompositum）
pinnately cut 羽状分裂的（pinnatiscissus）
pinnately decompound 羽状多回复出的（pinnatidecompositus）
pinnately leaved 羽状叶的（pinnatifolius）
pinnately parted 羽状深裂的（pinnatipartitus）
pinnately sected（= pinnately divided） 羽状全裂的（pinnatisectus）
pinnately ternate 羽状三出的（pinnatiternatus）
pinnately trifoliate 具羽状三[小]叶的（pinnatitrifoliatus）
pinnately trifoliolate 具羽状三小叶的（pinnatitrifoliolatus）
pinnately veined 羽状脉的（pinnatinervs）
pinnatifid（= pinnately cleft）羽状半裂的（pinnatifidus）
pinnatifidus aster 羽叶状紫菀［*Aster pinnatifidus* Makino.］（菊科）
pinnatilobate（= pinnately lobed） 羽状浅（圆）裂的（pinnatilobatus）
pinnatilobate leaf 羽状浅裂叶（folium pinnatilobatum）
pinnation 羽状构造（pinnatio）
pinnatipartite 羽状深裂的（pinnatipartitus）
pinnatipartite leaf 羽状深裂叶（folium pinnatipartitum）
pinnatiped 蹼足的（pinnatipis）
pinnatisect 羽状全裂的（pinnatisectus）
pinnatisect leaf 羽状全裂叶（folium pinnatisectum）
pinnatoclentate 羽状锯齿裂的（pinnatoclentatus）
pinnatopectinate 羽状梳齿裂的（pinnatopectinatus）
pinnecone tooth ①耳匙菌属［*Auriscalpium* Gray］（耳匙菌科）②耳匙菌［*Auriscalpium vulgare* Gray］
pinnecone-tooth family 耳匙菌科［Auriscalpiaceae］
pinned 针插
pinned forceps 针插镊子
pinniform 羽状的（pinniformis）
pinninervate 具羽状脉的（pinninervatus）
pinnularia ①羽纹藻属［*Pinnularia* Rhrenb.］（藻类）②羽纹藻［*Pinnularia* sp.］
pinnulate ①具小羽片的 ②具二回羽叶的（pinnulatus）
pinnule ①小羽片 ②二回羽片（pinnula）
pinoand phagocytosis 胞饮-吞噬作用，细胞内食作用
pinocyte 胞饮细胞（pinotyta）
pinocytic vacuole 胞饮细胞泡
pinocytic vesicle 胞饮细胞泡囊
pinocytosis 胞饮［作用］
pinocytotic vacuole 胞饮泡
pinocytotic vesicle 胞饮泡囊
pinoid ①松型（纹孔）②松针状的（pinoides）
pinoid pit 松型纹孔（porus pinoides）
pinoid pit pair 松型纹孔对（poroparia pinoides）
pinoline 轻香松油（松焦油的一种）
pinosome 胞饮体，胞饮泡（pinosoma）｛分生｝
pinpoint ①针尖，针点 ②航空相片 ③精确定点的，极精确的
pinpoint accuracy 高精确度
pinpoint photograph ①针点状目标相片 ②定点摄影，定点照相｛遥感｝
pins 管脚｛电脑｝
pint （pt.）品脱（= 0.473 升）
pintado 珠鸡
pintail 长尾鸭，尖尾鸭，针尾鸭
pintail sandgrouse 毛腿沙鸡
pintail snipe 针尾沙锥｛狩｝
pintle chain 套接链
piny 松的，如松的
pioneer ①先锋作物 ②先驱，拓荒者，开辟者
pioneer crop 先锋作物
pioneer farmer 先遣农民（指开垦农民）
pioneer form 发端类型，先锋类型
pioneer habitat 先锋生境
pioneer plant 先锋植物
pioneer research 开拓性研究
pioneer species 先锋种
pioneer stage 先锋植物阶段
pioneer tree 先锋树
pioneer well 先驱井｛环保｝
pioneer woody species 先锋木本种
pioneering 开垦，垦荒，开荒
pionnotes 黏分生孢子团（pionnotae）
pioscope 乳脂测定仪，乳脂计
pip ①（苹果，梨，蜜柑）小种子 ②根顶芽｛形态｝③（鸟）传染性伤风 ④死笼卵｛禽｝⑤尖头信号｛电脑｝（pipita）

pip fruit 梨果（pomum）
pip fruits 梨豆科［Pomaceae］
pipage 管道系统，管线工程｛环保｝
pipal（= bo-tree） 菩提树
pipe ①管，管道，导管 ②烟斗，一烟斗的量
pipe-and-strainer underdrain 滤头管式地下排水管（滤头管式底下排水管）｛环保｝
pipe barrel 管体
pipe bend 管弯头
pipe blocking 管子堵塞，盖堵
pipe closer 管塞
pipe coating 管子涂料
pipe coil 盘管
pipe collar 套管垫圈
pipe coupling 管接头
pipe covering（= covering of pipe） 管道复盖
pipe cradle 管座
pipe culvert 管道涵洞
pipe drain 管式排水沟（排水暗沟）
pipe drainage 管式排水（暗管排水）
pipe drier 管式干燥机
pipe duct 管子通道
pipe fitter 管子工
pipe fitting 管子零件，管接头
pipe flow 管流［量］
pipe forceps 管子夹钳
pipe-frame house 铁管架温室
pipe gallery 管廊｛环保｝
pipe-handling machine 管子搬运机
pipe hanger 吊管钩
pipe-heated hotbed 水管加热温床
pipe hook 管子钩
pipe incrustation 管道结壳｛环保｝
pipe-insert 水管套座
pipe installation 管路装置
pipe irrigation 水管灌溉
pipe joint 管接头
pipe laying 铺管，管道敷设
pipe laying machine（= pipe layer） 铺管机
pipe laying plough 埋管犁
pipe-laying tractor 铺管拖拉机
pipe-like 管状的（tubiformis）
pipe line ①管道，管路，导管 ②输料管 ③导线，输料管线｛农机｝④流水线｛电脑｝
pipe-line equipment 管式挤奶设备
pipe-line filter 管式滤器（牛奶）
pipe-line milk meter 管式量奶计
pipe-line milking installation 管式挤奶装置
pipe-line milking machine 管式挤奶机
pipe line reclamation 管线改造｛环保｝
pipe-line scraper 管道刮刀｛环保｝
pipe-line transport 管道运输｛遥感｝
pipe line wrapping 管线包裹
pipe-liner 管道工
pipe-lines survey 管线测量｛遥感｝
pipe lining 管道安装，管道铺设
pipe location 管道位置
pipe loss 管道［水头］损失
pipe mover 移管机
pipe moving device 移管器
pipe net alignment 管网定线｛环保｝
pipe network 管网［络］｛环保｝
pipe plug 管塞
pipe protection 管道保护
pipe prover 测管仪
pipe purging 管道清洗｛环保｝
pipe pusher 管道推进器
pipe rack 管道支架
pipe range 管道分布区
pipe reducer 大小头（指管）
pipe resistance 管路阻力
pipe ring 管箍
pipe riser 立管｛环保｝
pipe run 管路
pipe saddle 管道鞍形卡
pipe scraper 管刮刀
pipe sealing 封管的
pipe section 管截面
pipe sleeve 套管
pipe socket 管［子］承口
pipe string 管道安装线
pipe support 管支架
pipe system 管网
pipe thread 管螺纹
pipe tobacco 烟斗用烟叶
pipe tongs 管钳
pipe tools 装管工具
pipe tunnel 管子地道｛环保｝
pipe union 管子接头
pipe vise 管子虎钳
pipe wall 管壁
pipe wrapping 管子包裹
pipe wrench 管扳手，管子钳（工具）
pipeful 烟斗量
pipelayer ①管道敷设机，铺管机 ②铺管工｛环保｝
pipelayer attachment 铺管装置
pipeline 流水线｛电脑｝
pipeline computer 流水线计算机
pipeline operation ①流水线操作 ②流水线运算

pipeline set-up time 流水线准备时间
pipeline start-up time 流水线启动时间
pipeline system 流水线系统
pipelining ①流水线操作 ②流水线作业技术 ③流水线数据处理
pipeman 管工
pipename 管道名
Piper 皮波（苏丹草品种）
piper ①琴鲂鮄［*Trigla lyra* L.］②（= pepper）胡椒属
piperad type 胡椒型（胚）
piperalin 病粉灵（杀菌剂）［$C_{16}H_{21}Cl_2NO_2$］
piperate 胡椒味的，辛辣味的（piperatus）
piperic acid 胡椒酸［CH_2O_2：$C_6H_3C_5H_5O_2$］
piperidge ①小檗属［*Berberis* L.］（小檗科）②小檗［*Berberis amurensis* Rupr.］
piperidine 六氢吡啶［$CH_2(CH_2)_4NH$］
piperidine alkaloid 六氢吡啶生物碱
piperine 胡椒碱［$C_{17}H_{19}NO_3$］
piperitone 胡椒酮［$C_{10}H_{16}O$］
piperonyl butoxide 增效醚（增效剂）［$C_{19}H_{30}O_5$］
pipes framed and plastic covered house 管构架和塑料覆盖的畜舍｛农施｝
pipestaple ［空心］茎秆
pipette（= pipet） 管，移液吸管
pipette method 吸管法｛水利｝
pipette washer 移液管冲洗器
pipettor 移液器｛生技｝
pipevine（= birthwort） 马兜铃
pipewort ①谷精草属［*Eriocaulon* L.］（谷精草科）②谷精草［*Eriocaulon wallichianum* Mart.］
pipewort family 谷精草科［Eriocaulaceae］
piphigram 压熵图（piphigramma）｛气象｝
piping ①配管，装管｛农机｝②管道，管路，管线｛环保｝③管流作用｛水利｝④压条｛园｝⑤流水传送｛信息｝
piping and instrumentation diagram（P&ID） 管路仪表图
piping layout 管路布置
piping plan 管路计划
piping system 管道系统，管路网
pipinin 豹蛙肽
pippy 多种子的（指苹果，梨，蜜柑）
pipsissewa ①喜冬草属［*Chimaphila* Pursh.］（鹿蹄草科）②喜冬草［*Chimaphila japonica* Miq.］
piptanthus ①黄花木属［*Piptanthus* Don］（豆科）②黄花木［*Piptanthus concolor* Harrow］
piptospore 浮游担孢子（piptospora）
piquant 图像数字转换器
piracy 盗版，非法翻印，侵犯版权
pirate ①［软硬件］盗窃者 ②盗版，非法翻印
pirate river 袭夺河｛水利｝
piratebush ①米面翁属［*Buckleya* Torr.］（檀香科）②米面翁［*Buckleya lanceolata* Miq.］
pire 洋梨［*Pyrus communis* L.］（蔷薇科）
piricularin 梨形孢霉素，稻瘟菌素
piriform 梨形的（piriformis）
piriniversiform 倒梨形的（piriniversiformis）
piroplasmosis（= babesiasis） 焦虫病
piroplasmosis of cattle 牛焦虫病，红尿病
pisang-wax 芭蕉蜡
pisatin 避杀酊（植物保护素）
piscary ①捕鱼场 ②（在他人水域）捕鱼权
piscatology 渔捞学（piscatologia）
piscatory 渔民，以渔为生者
pisci- ⌞字头⌝ 鱼
piscicultural pond 鱼池
pisciculture ①养鱼 ②养鱼学（piscicultura）
pisciculturist 养鱼学家，养鱼工作者（pisciculturistus）
piscifauna 鱼类区系
piscina 鱼塘，养鱼池
piscine ①鱼的，鱼类的 ②似鱼的（piscinus）
piscivorous 食鱼的（piscivorus）
pisiform 豌豆状的（pisiformis）
pisolitic lateritic soil 豆石砖红土
pisonia ①避霜兰属［*Pisonia* L.］（紫茉莉科）②避霜花［*Pisonia aculeata* L.］
Pissaba palm 巴西棕［*Attalea funifera* Mart.］（棕榈科）
pistachio ①（= pistachio nut） 阿月浑子［*Pistacia vera* L.］（漆树科）②阿月浑子果仁
pistachio gall 阿月浑子五倍子（马尾香五倍子）［*Pistacia entiscus* L.］（漆树科）
pistachio nut（= pistache，pistachio，pistachio tree） 阿月浑子
pistacho（= pistache） ①黄连木属［*Pistacia* L.］（漆树科）②黄连木［*Pistacia chinensis* Bunge］
pistil 雌蕊（pistillum）
pistil primordia 雌蕊原基（primordia pistillaris）
pistillaceous 雌蕊着生的（pistillaceus）
pistillar chord（= pistillary cord） 花柱道

pistillary ①雌蕊的 ②雌蕊上的 (pistillaris)
pistillate 具雌蕊的 (pistillatus)
pistillate character 雌[蕊]性状 (character pistillatus)
pistillate flower 雌[蕊]花 (flos pistillatus)
pistillate gene 雌基因
pistillate hemp 雌麻,大麻雌株
pistillate parent 雌亲,母本,雌株 (parens pistillatus)
pistillate plant 母本,雌株
pistillate sex expression 雌性表现
pistillate spikelet (莎草科)雌性小穗 (spicula pistillata)
pistillidium 雌蕊托
pistilliferous ①具雌蕊的 ②载雌蕊的 (pistillifer)
pistilliform 雌蕊形的 (pistilliformis)
pistillody (= carpellody) 心皮化 (pistillodium)
pistol casebearer 苹果鞘蛾(枪鞘蛾)[*Coleophora malivorella* Riley](鞘蛾科)
pistol lace 手枪式喷枪
piston 活塞
piston deep-well pump 活塞深井泵
piston displacement ①活塞单一行程的排量 ②油缸排量
piston drill 活塞穿孔机
piston knapsacktype sprayer 背负式唧筒喷雾器
piston meter 活塞式水表
piston pump 活塞泵{环保}
piston rod 活塞杆{环保}
piston rotary pump 活塞旋转泵
piston seal 活塞密封圈,活塞环
piston stroke 活塞行程
piston type 活塞型,活塞式
piston type accumulator 活塞式蓄能器
piston-type compressor 活塞式压缩机
piston-type knapsack duster 活塞泵式背负喷粉器
piston-type knapsack sprayer 活塞泵式背负喷雾器
piston-type spray pump 活塞式喷雾泵
piston valve 活塞式滑阀,圆柱活塞
pistorius condenser 划温冷却器
pit ①纹孔 (porus),大孢穴 (fovea),腔隙 (lucuna) ②(桃,李,枣)核 ③陷阱 ④温室,苗床 ⑤地下窖,坑,穴 ⑥接受箱,检视坑
pit annulus 纹孔环 (porannulus)
pit aperture (= pit orifice) 纹孔口 (porapertura)
pit area 纹孔区 (porarea)
pit auger 地下窖螺旋
pit blade 挖窖铲
pit border 纹孔缘 (poromargo)
pit canal 纹孔道 (porocanalis)
pit cavity 纹孔腔 (porocavitas)
pit chamber 纹孔室 (porocamera)
pit-connection 纹孔连络 (poroconnectio) {解剖}
pit field 纹孔场 (poroarea)
pit kiln 坑窑 (制炭)
pit-making oak scale (= golden oak scale) 栎凹点镣蚧 [*Asterolecanium variolosum* Ratz.] (镣蚧科)
pit membrane 纹孔膜 (poromembrana)
pit organ 颊窝器,陷窝器 (蛇红外感受器)
pit-pair 纹孔对 (poroparia)
pit peg ①坛形感觉器 (= champagne-cork organ) ②窝柱
pit planting 穴植
pit plough 贮水坑耕作犁
pit ploughing 贮水坑耕作
pit prop 支柱,坑木,矿柱
pit retting 坑浸 (指麻)
pit scales (= fringed scales) 镣蚧科 [Asterolecaniidae]
pit silo 青贮窖
pit splitting 核劈裂{园艺}
pit storage 窖藏
pit sweeper 窖井清理机
pit torus 纹孔塞 (porotorus)
pit transplanting 穴[移]植
pit vegetables 窖藏蔬菜
pit vipers 蝮蛇
pit wood 矿用材
pit working area (挤奶员) 工作坑道
pita ①龙舌兰 [*Agave americana* L.] (龙舌兰科) ②龙舌兰纤维
pitanga 毕当茄(番樱桃) [*Eugenia uniflora* L.] (桃金娘科)
pitaya (= night-blooming cereus) ①量天尺属 [*Hylocereus* Britt. et Rose] (仙人掌科) ②量天尺 [*Hylocereus undatus* Britt. et Rose]
pitcairnia ①比氏凤梨属 [*Piteairnia* L'Her.] (凤梨科) ②比氏凤梨 [*Piteairnia* sp.]
pitch ①沥青,树脂 ②螺距 ③齿距,间距,节距{农机} ④顶点,极点 ⑤限界 ⑥屋面斜度,倾斜度 (指温室)
pitch adjustment 犁体入土前倾调节
pitch angle [航向]倾斜角,俯仰角{遥感}
pitch-black 沥青色 (piceus)

pitch-blende 沥青铀矿
pitch control 间距控制,节距调节
pitch diameter ratio 螺距直径比
pitch down 下倾
pitch-fibre pipe 沥青纤维管{环保}
pitch measurement ①(犁体)垂直间隙测定 ②螺距测定
pitch of buildings 建筑物间隔(指畜舍或禽舍){农施}
pitch of the fold 褶皱倾伏{地质}
pitch peat 沥青泥炭
pitch pine 北美油松[*Pinus rigida* Mill.](松科)
pitch pocket 树脂囊
pitch point (齿轮啮合)节点
pitch seam (=pitch streak) 树脂条纹
pitch selector 字距选择器{电脑}
pitch trouble 树脂障害
pitch tube (=resin tube) 脂管
pitch up 上倾
pitcher ①瓶状[叶] ②瓶状体(ascidium)
pitcher plant ①瓶子草属[*Sarracenia* L.](瓶子草科) ②瓶子草[*Sarracenia purpurea* L.]
pitcher-plant family 瓶子草科[Sarraceniaceae]
pitcher pump 手摇泵
pitcher-shaped 瓶状的(ascidiformis)
pitcherplant ①猪笼草属[*Nepenthes* L.](猪笼草科) ②猪笼草[*Nepenthes mirabilis* (Lour.) Druce]
pitcherplant family 猪笼草科[Nepenthaceae]
pitchfork ①(=hay fork) 干草叉,集草叉 ②(=manure fork) 粪叉,铁叉{农具} ③音叉{物}
pitching ①帐幕{栽培} ②投掷{狩猎} ③石护坡{水利}
pitching angle 俯仰角
pitchpole harrow 刀齿自净耙
pitchstone 松脂岩
pitfall 陷阱{狩猎}
pith ①髓 ②脊髓(medulla)
pith cast 髓部内膜(jactus medullaris)
pith cavity 髓腔(cavitas medullaris)
pith cell 髓细胞(cellula medullaris)
pith check (=heart check) 心裂(木材)
pith diaphragm ①髓隔 ②果心(diaphragma medullaris)
pith fleck 髓斑(macula medullaris)
pith mother cell 髓母细胞(cellula matricalis medullaris)
pith of receptacle 花托髓部
pith paper plant 通脱木[*Tetrapanax papyrifera* Koch.](五加科)
pith ray 髓射线(radius medullaris)
pith sheath 边材,白木质
pith wood 未成熟材
pithiness 糠心,空心
pithless 无髓的
pithworms (=wireworms) 金针虫(叩甲幼虫)
pithy 属髓的,髓上的(medullaris)
pithy stalk 实心茎秆
pithy tissue 髓组织(tela medullaris)
pithy wood 髓部疏松材(lignum medullare)
pithyness 直根菜类蔬菜
Pitic 62 皮提克62(墨西哥小麦品种)
pitman ①转向垂臂 ②连杆
pitman arm 转向垂臂
pitman arm shaft 转向垂臂轴,转向臂轴
pitman box 连杆轴承,连杆轴瓦
pitman-cutterbar alignment 连杆-刀杆对准
pitman-knife alignment 连杆-割刀调准
pitman-type cutterbar 往复式切割器
pitman wheel 联杆偏心轮
pitocin 催产素,后期催产素
Pitot tube 比托管{气象}
pitted ①具纹孔的(porosus) ②具洼点的(alveolatus) ③压入的(impressus)
pitted cell 纹孔细胞(cellula porosa)
pitted element 纹孔分子(elementum porosum)
pitted perforation 纹孔穿孔(perforatio porosa)
pitted secondary wall 纹孔次生壁(paries secundaris porosus)
pitted tracheid 纹孔管胞(tracheida porosa)
pitted vessel 纹孔导管(vas porosus)
pitter nopalxochia 小朵令箭荷花[*Nopalxochia phyllanthoides* Britt. et Rose](仙人掌科)
pitting ①纹孔式{解剖} ②腐蚀,点蚀{土壤} ③去核,除核 ④窖藏 ⑤掘坑(porosans)
pittosporum ①海桐花属[*Pittosporum* Banks et Soland.](海桐花科) ②海桐花[*Pittosporum tobira* (Thunb.) Ait.]
pittosporum family 海桐花科[Pittosporaceae]
pituitary body [脑下]垂体
pituitary gland 脑垂体腺

pituitary growth hormone 脑垂体生长激素
pituitary hormone（= pituitrin） 脑垂体激素
pituite 痰,黏液
pituitous 黏液的（pituitus）
pitydrymion 针叶林
pitydrymion tropicum et hypotropicum 热带亚热带针叶林（pitydrymion tropicum et hypotropicum）
pityriasis 糠糠疹,糠疹（pityriasis）
Pivacin（= pival, pivaldione, Pivalyl, Pivalyl valone, Pivalyn） 杀鼠酮
pivot ①支点 ②枢轴,心轴,销轴 ③在枢轴上旋转,在枢轴上摆动,旋转中心 ④铰链 ⑤主,主要
pivot axle 枢轴式中耕机
pivot element 主元素
pivot plow 翻转犁（犁架翻转解 60°～90°）
pivot point 支点
pivot shaft ①铰销 ②支承轴 ③转向节销
pivot step 主要步骤
pivot transformation 枢轴转换
pivot-wheel cultivator 操向中耕机
pivotal axis 转动轴,旋转轴
pivotal line 枢轴线
pivoting colter 自动定位犁刀
pixel 像素{遥感}
pixel array 像素阵列
pixel rate 像素率
pixel scan 像素扫描
pixie stool 鸡油菌
pixlock 图像锁定{电脑}
pixstone 捡石机,集石机
pizzle 家畜阴茎
PKB（= photoelectric keyboard） 光电键盘{信息}
PKV （= PRMV）马铃薯卷叶病毒[Solanum virus Ⅱ Smith, potato K virus]
place ①地点,位置 ②场所,广场,空地 ③农舍,农家 ④城市,镇,村 ⑤顺序,层次
place effect 地域效应{育种}
place information 位置信息
place of deposition 沉积地,沉积处
place of fertilizer application 施肥位置
place of intersection 交点
place of origin（= native land） 原产地
place value 位值
place variation 处所变异
placebo 安慰药
placement ①方位,部位 ②放置 ③定点施[肥],穴施 ④布局
placement colter 追肥铲,施肥开沟器
placement drill 肥料穴施机
placement method 定点施肥法,穴施法
placement of fertilizer 定点施肥,穴施肥料
placement rule 布局规则{电脑}
placenta ①胎座 ②胎盘
placental ①胎座的 ②胎盘的（placentalis）
placental bundle 胎座维管束（fasciculus placentalis）
placental hemiphyll 胎座半叶（hemiphyllum placentale）
placental lactogen 胎盘催乳激素
placental stage 胎盘期
placental transmission 胎盘透过
placentalia 有胎盘类
placentary 胎座的（placentaris）
placentation ①胎座式 ②胎盘形成（placentatio）
placentiferous 具胎座的（placentifer）
placentolysin 胎盘溶解素
placer 放置器,敷设器
placic horizon 薄层磐层(铁质结核)
placodeal sensilium 板形感[觉]器
plaggen epipedon 生草表层
plaggept 生草始成土
plagio- ⌞字头⌝斜
plagioclase 斜长石
plagioclimax 偏途演替顶极
plagiodromous 斜脉的（plagiodromus）
plagiogeotropism 斜向地性（plagiogeotropismus）
plagioheliotropism 斜向日性（plagioheliotropismus）
plagiophilous 适斜的,喜斜的（plagiophilus）
plagiophilous canopy 偏斜林冠
plagiophilous foliage 适斜叶（frons plagiophilus）
plagiophototropism 斜向光性（plagiophototropismus）
plagiophyllous 斜叶的（plagiophyllus）
plagiotropic（= plagiotropous） ①倾斜生长的,横斜生长的{真菌} ②斜向的{形态}（plagiotropus）
plagiotropic growth 斜生枝
plagiotropism 斜向性（plagiotropismus）
plagiotropous phyllotaxis 斜生叶序（phyllotaxis plagiotropus）
plague ①瘟疫,鼠疫,疫病{医} ②黑死病{病理} ③天灾,灾害（plaguus）
plague-infected 感染瘟疫的
plague of hail 雹灾
plague of locust 蝗灾
plague serum 抗鼠疫血清

plaguliform 点状的(plaguliformis)
plaid Latin square 裂条拉丁方{统计}
plain ①平[坦]地,平原 ②简单的,单纯的,普通的,平凡的(planus)
plain bearing 滑动轴承
plain chlorination 单纯氯化{环保}
plain climate 平原气候
plain denotation 简单标志
plain disk 平面圆盘,平面耙片
plain drill 谷物播种机,条播机
plain joint 端面接合,对接(木工)
plain knife 平刃刀片
plain land 平地,平坦地
plain roller (= plain roll) 筒形镇压器
plain section 平刃动刀片
plain sedimentation 单纯沉淀{环保}
plain sedimentation tank 单纯沉淀池(指不加混凝剂的){环保}
plain share 普通犁铧
plain silkworm 素蚕
plain stamped shoe 全蹄铁
plain stipa association 不华丽针茅群丛
plain value 简单值
plain wood 漆器用材
plaingin 普通轧花机
plains coreopsis 两色金鸡菊[*Coreopsis tinctoria* Nutt.](菊科)
plains false wireworm 草原拟步甲(草原伪金针虫)[*Eleodes opacus* (Say)](拟步甲科)
plains prickly-pear 多刺仙人掌[*Opuntia polyacantha* Haw.](仙人掌科)
plaintext ①明文,明码文本 ②未编码文本{信息}
plait 辫
plait of onion 洋葱辫
plaited ①褶扇状的 ②具褶的(plicatus)
plaited paper filter 褶纸滤器
plakalbumin 片清蛋白
plan ①计划,设计,方案{育种} ②平面图,设计图,图解,说明图,轮廓图,简图,草图(planus)
plan map 规划图
plan model 规划模型
plan of classification 分类图式
plan of cuttings (= plan of fellings) 采伐方案,采代计划{森林}
plan of fellings 采伐计划
plan of formation and regeneration of woods 造林计划书
plan of land utilization 土地利用规划
plan of utilizing the minor products 副产物利用计划
plan of work 作业计划
plan position indicator 平面位置显示器{遥感}
plan position indicator radar 平面位置显示雷达
planaperturate 具平[萌发]孔的(planaperturatus)
planar ①平面的 ②平面部件{生技}
planar chromatography 平面层析{生技}
planar clathrin lattice 平面网格蛋白网格(指平面网格蛋白的网格)
planar graph 平面图
planar lipid bilayer 平面脂双层
planar molecule 平面分子
planar network 平面网络
planar of symmetry 对称面
planar process 平面工艺
planar technology 平面技术
planar transistor 平面晶体管
planar water 晶面[层]水
planaria ①真涡虫属[*Planaria* spp.](真涡虫科) ②真涡虫[*Planaria* sp.]
planaria family 真涡虫科[Planariidae]
planarian ①(= nitralin) 磺乐灵(除草剂) ②涡虫{环保}
planarity 平面性(planaritas)
planarization 平面化(planarisatio)
planation 扁化(planatio)
planchet 样品皿,小碟
Planck constant 普朗克常数{遥感}
Planck's law 普朗克法则{农施}
Planck's radiation law 普朗克辐射定律
plane ①胞质基因与形成粒 ②面,平面,水平面 ③平整,找平,调平 ④刨,刨平{加工} ⑤刨子,刨机 ⑥⌊复⌉飞机(planus)
plane bolter 方眼筛
plane cam 平面凸轮
plane castes [平面]刨床
plane-concave 平凹的(planoconcavus)
plane-concave lens 平凹透镜{遥感}
plane-convex lens 平凸透镜
plane-coordinate azimuth 平面坐标方位[角]
plane diaphragm 转盘头阑
plane-earth factor 平地面系数
plane figure 平面图
plane fracture 平面断口
plane graph 平面图
plane iron 刨刀
plane-leaf alangium 猪耳桐(瓜木)[*Alangium platanifolium* Harms](八角枫科)
plane map 平面地图

plane maple (= Norway maple) 挪威槭
plane mask 平面屏蔽
plane motion 平面运动
plane of deflation 风蚀面
plane of deformation 变形[平]面
plane of denudation 剥蚀面
plane of division 分裂面
plane of ecliptic 黄道面{气象}
plane of incidence 入射平面
plane of insertion 附着面
plane of oscillation 摆动面
plane of projection 投影面{遥感}
plane of reference 参考平面
plane of reflection 反射面
plane of separation 分界面
plane of symmetry 对称面
plane of unconformity 不整合面
plane ploughing (= plane plowing) 平耕
plane-polarized light 平面偏振光
plane polarized wave 平面偏振波{遥感}
plane surface 平面
plane surveying ①平面测量 ②平面测量学
plane table surveying 平板测量
planetree ①悬铃木属[*Platanus* L.](悬铃木科) ②三球悬铃木[*Platanus orientalis* L.]
plane-tree family 悬铃木科(platanaceae)
plane-tree-leaf false nettle 悬铃木苎麻[*Boehmeria platanifolia* Franch et Sav.](荨麻科)
plane-vortex sheet 平涡面
plane wave 平面波
planed lumber 刨光板材
planer ①龙门刨床 ②冲子 ③平路机
planer saw 刨削锯
planet ①行星 ②行星齿轮{农机}③中耕器{农具}
planetary 行星的(planetarius)
planetary albedo 行星反照率{遥感}
planetary camera 行星摄影机
planetary circulation 行星环流
planetary ecology 行星生态学
planetary gear ①行星齿轮 ②行星传动装置
planetary motion 行星运动
planetary transmission 行星齿轮传动
planetary wave 行星波
planetary wheel 行星齿轮
planetary winds 行星风
planetism 具游动期现象(planetismus)
planeview 平视{遥感}
planicaulis 扁茎的
planiflorous 扁花的(planiflorus)
planimeter 面积计,面积仪,求积仪
planimetric control point 平面控制点
planimetric data 平面位置数据,地物数据
planimetric map 平面图{遥感}
planinervous 平脉的(planinervus)
planing ①平整,拖平 ②刨
planing machine 刨机,刨床
planing mill ①刨削车间 ②刨制成材厂
planipennia 草蛉亚目(脉翅目)[Planipennia](Neuroptera)
planipetalous 扁瓣的(planipetalus)
planisilique 扁荚的(planisiliquus)
planitegillate 具平[面]被层(planitegillatus)
plank ①厚木板,厚板材(厚6~18厘米) ②板条 ③手提闸板
plank board 寸板
plank buttress 板[状]根,板状干基
plank-buttress root (= plank root) 板状根
plank drags (= rubbers) 镇压板{农具}
plank drum 板条式滚筒
plank harrow 板耢,拖板
plank road 木板道
plank-slide 板滑道
planker 耢,板耢,拖耢
plankton 浮游生物
plankton feeder 食浮游生物者
plankton population 浮游生物群体(planktonopopulatio)
plankton sampler 浮游生物采样器
plankton tow net 浮游生物小型拖网
plankton trawl 浮游生物拖网
planktonic algae 浮游藻类(algae planktonicae)
planktonic egg 浮性卵(ovum planktonicum)
planmonochromatic immersion 等光避色(消色差)油浸镜{显技}
planned autumn-ploughing workers 有计划秋耕作业
planned crop-growing methods 计划作物栽培方法,计划作物栽培措施
planned crop-rotation system 计划轮作制度
planned crop succession 计划轮作顺序
planned economy 计划经济
planned land utilization 计划土地利用
planned maintenance 计划养护{环保}
planned network 计划网络,设计网络
planned overlay structure 计划覆盖结构
planned stop 计划停机{信息}
planned storage 计划贮藏量

planned target ①计划指标 ②控制数字
planned time 计划时间[表]
planned value 计划价值
planning ①计划,规划 ②设计,方案
planning area ①规划地区{电脑} ②规划面积{栽培}
planning cycle 计划周期
planning database 规划数据库{智培}
planning network 计划网络{信息}
planning of land distribution 土地分配计划
planning of new control method 新防治方法设计
planning phase 计划阶段,设计阶段
planning procedure 计划程序
planning utilization of land resources 土地资源利用规划{农系工}
plano- ⌞字头⌝①流动,游动 ②平,平面 ③平坦
planocompressed 平扁的(planocompressus)
planoconcave 平凹的(planoconcavus)
planoconcave lens 平凹透镜{显技}
planoconidium 游动孢子
planoconvex 平凸的(planoconvexus)
planoconvexoid (菌核座)平凸型(planoconvexoideus)
planocyte 游动细胞(planocyta)
planogamete (= motile gamete) 游动配子(planogameta)
planogametic 游动配子的(planogameticus)
planogametic copulation 游动配子配合
planometer 测平仪
planont 游动期(planons)
planophile 具水平叶株型(稻)
planophilous 适平的,喜平的(planophilus)
planophilous foliage 适平叶(frons planophilus)
planose 平展的(planosus)
planosol 黏盘土(planosolum)
planospore 游动孢子(planospora)
planozygote 游动合子(planozygota)
plansifter 面粉套筛
plansol 湿草原土(plansolum)
plant ①植物 ②草本,草 ③苗木,树苗 ④作物 ⑤植株 ⑥工厂车间站 ⑦仪器,装置,设备,机械 ⑧播种,种植,栽植(planta)
plant activity 植株活度(性)
plant age in leaf number (= leaf age) 叶龄
plant alkaloid 植物碱
plant allelochemicals 植物变异化学物质
plant analysis 植株分析
plant anatomy 植物解剖学(phytotomia)
plant area index (PAI) 植物面积指数
plant ash ①草木灰 ②植物灰分
plant association 植物群丛(phytoassociatio)
plant autoecology 植物个体生态学(phytoautoecologia)
plant baller 营养块(钵)压制器
plant balling machine 营养块(钵)压制机
plant bed ①植床 ②植坛,植物坛{园林}
plant behaviour 植株动态
plant binder 植株扎捆装置,树枝扎捆装置
plant-biochemistry 植物生物化学
plant body 植物体
plant box (秧苗移植机)秧箱
plant breeder ①作物育种工作者 ②作物育种学家
plant breeder's right 作物育种家权益
plant breeding ①作物育种 ②作物育种学
plant breeding experiment 作物育种试验
plant breeding garden 作物育种圃
plant breeding method 作物育种法
plant-breeding plot 作物育种圃
plant breeding program 作物育种程序
plant-breeding station 作物育种站
plant breeding technique 作物育种技术
plant bug ①盲蝽 ②⌞复⌝盲蝽科[Miridae]
plant cane [新]植蔗
plant canopy ①植株叶冠,株冠 ②植物冠层
plant canopy reflective model 植物冠层反射模型
plant capacity 设备能力
plant cell 植物细胞
plant cell culture 植物细胞培养
plant cell hybrid 植物细胞杂种
plant character ①植物性状 ②植株性状
plant characteristics 植物特性(征)
plant climate 植物气候
plant cloning vector 植物克隆[化]载体,植物无性繁殖载体{农生技}
plant collection 植物采集
plant colonization 定居
plant colouring matter 植物色素
plant community 植物群落
plant community map 植物群落图
plant competition 植株竞争
plant composition 植物成分
plant control computer 工厂控制的计算机
plant cover (= vegetation) 植被
plant cover energy conversion 植被能量转化

plant cover radiation 植被辐射
plant cultivation ①植物栽培 ②植物栽培学
plant culture 植物栽培
plant cuticle 植物角质层(phytocuticula)
plant cytology 植物细胞学(phytocytologia)
plant damage 植物[损]害
plant defence 植物防卫
plant deficiency disease 植物营养缺乏症,植物缺素症
plant density 植株密度,种植密度
plant development 植物发育
plant dibble (=planting iron) 移植铲
plant disease 植物病害(phytodiseasis)
plant disease diagnosis system 植物病害诊断法
plant disease exterminator 植物病害消除剂
plant diseases and insect pests 植物病虫害
plant distribution 植物分布
plant division 分株
plant dormant period 植物休眠期
plant-eating (= feeding on plant, phytophagous) 食植物的(phytophagus)
plant ecology 植物生态学(phytoecologia)
plant effluent 厂出水{环保}
plant embryo culture 植物胚[胎]培养
plant embryology 植物胚胎学(phytoembryologia)
plant establishment ①植物驯化 ②植株生根
plant etiolation 植物黄化(phytoetiolatio)
plant exploration 植物探察(索)
plant explorer 植物探索家
plant expression vector 植物表达载体{农生技}
plant extract 植物浸出液
plant factory 植物工厂,植物工场(指作物或植物工厂化栽培)
plant feed unit 栽植装置
plant feeder 追肥器
plant firmly (苗)栽定,(秧)插牢
plant food ①植物养料 ②植物营养
plant food science 植物营养学
plant foot application 植株基部撒药,植株基部散布
plant for processing of fruits and vegetables 果蔬加工厂
plant forcer 促成栽培箱
plant form 植株类型,株型
plant formation 植物群系
plant formation in vitro 离体植物体形成,试管内植物体形成
plant from single cell of callus 植物体来自愈合组织的单细胞
plant furnishing 植物配置{园林}
plant gas exchange 植物气体交换
plant genetics 植物遗传学(phytogenetica)
plant geography 植物地理学(geobotanica)
plant grip (栽植机)点苗器,秧苗夹
plant group 植物类群
plant growing ①植物栽培 ②植物栽培学
plant growing condition 植物生长条件
plant grown for seed 采种植物
plant growth ①植物生长 ②植株生长
plant-growth hormone 植物生长激素
plant-growth regulator 植物生长调节剂
plant growth retardant 植物生长阻滞剂
plant growth stimulating substance 植物生长刺激物(素)
plant growth substance 植物生长物[质]
plant habit 植物习性
plant hardening 植物锻炼
plant hardiness 植物抗性
plant hedge 绿篱
plant height 植株高度,株高
plant histology 植物组织学(phytohistologia){显技}
plant histone 植物组蛋白
plant holder (栽植机)夹苗器,秧夹
plant hole 植穴
plant hole digger 栽植穴挖掘机,种植穴挖掘机
plant hopper ①飞虱 ②⌞复⌝飞虱科[Delphacidae]
plant hormone (=phytohormone) 植物激素
plant hunter 植物标本采集者{显技}
plant husbandry 作物栽培
plant hygiene 植物保健学,植物卫生学
plant in pot 盆栽
plant in rows 条播,行栽
plant in tub 桶栽
plant indicator 指示植物(phytoindicator)
plant induction 植物诱导(phytoinductio)
plant injection method 植物组织注射法
plant injuries 植物受害
plant innutrition 植物营养不足
plant inspection 植物检验(phytoinspectio)
plant inspection house 植物检查室
plant introduction 植物引种(phytointroductio)
plant juice 植物汁液

plant kingdom 植物界
plant label 植物标签
plant layout 工厂布局
plant left to run to seed 留种植株
plant length 植株长度,植株高度
plant life ①植物生命,植物寿命 ②植物生活
plant lifter 扶茎器,植株扶正器
plant louse (=aphid) 蚜虫
plant malnutrition 植物营养不足
plant marker (=plant label) 植物名牌,植物标志,植物标签
plant mass 植物量
plant material 植物物质
plant matter 植物物质
plant metabolism 植物代谢作用
plant microtechnics 植物显微技术学 (phytomicrotechnica){显技}
plant microtechnique 植物显微技术 (phytomicrotechnic){显技}
plant mitochondrial DNA 植物线粒体 DNA
plant morphology 植物形态学 (phytomorphologia)
plant mucilage 植物黏液
plant nature 植物特性
plant nematodes 植物线虫
plant nematology 植物线虫学 (phytonematologia)
plant nomenclature 植物命名法 (phytonomenclatura)
plant number per hill 每穴株数
plant nutrient 植物营养物,(肥料)有效成分
plant-nutrient-element content 植物营养元素含量
plant nutrient loss 植物养分损失
plant nutrient pot 植物营养钵
plant nutrient status 植物养分状况
plant nutrition ①植物营养 ②植物营养学
plant-nutrition approach 植物营养途径
plant nutrition science 植物营养科学
plant organ 植物器官
plant organ culture 植物器官培养
plant organism 植物有机体 (phytoorganismus)
plant organography 植物器官学 (phytoorganographia)
plant out ①移植 ②栽植,栽种
plant parasite nematodes 植物寄生线虫
plant part 植株部分
plant patent 植物专利权
plant pathogen 植物病原
plant pathogenic agent 植物病原因素(体)
plant pathogenic fungi 植物病原[真]菌
plant pathologist ①植物病理工作者 ②植物病学家 (phytopathologistus)
plant pathology 植物病理学 (phytopathologa)
plant percent 植株成活率,苗木成活率
plant percentage 植株百分率
plant performance 植株表现,植株生产性能
plant pest 植物病虫害
plant photomorphogenesis 植物光形态发生 (phytophotomorphogensis)
plant photoperiodism 植物光期性 (phytophotoperiodismus)
plant phylogeny 植物系统发育 (phytophylogenia)
plant physiology 植物生理学 (phytophysiologia)
plant pigment 植物色素 (phytopigmentum)
plant pigment mutachromosomic effect 植物色素诱变染色体效应
plant pit 植坑,植穴
plant plankton 浮游植物 (phytoplankton)
plant poison 植物毒
plant population 植物群体 (phytopapulatio)
plant population stress 植物群体胁迫
plant population structure 植物群体结构
plant posture 株姿,植株姿态
plant potato 种薯
plant preservative 植物保藏剂
plant preventive 植物保护剂
plant product 植物产品
plant production 植物生产[量] (phytoproductio)
plant productivity 植物生产力 (phytoproductivitas)
plant propagation 植物繁殖 (phytopropagatio)
plant protection 植物保护 (phytoprotectio)
Plant Protection Committee (PPC)植物保护委员会
plant protection conference 植物保护会议
plant protection law 植物保护法规
plant protection measures 植物保护方法(措施)
plant protection of accuracy agriculture 精确农业的植物保护(为主要措施之一){智培}
plant protection organization 植物保护组织
Plant Protection Service (PPS)植物保护局

Plant protection station 植物保护站
plant purification 植物净化（phytopurificatio）
plant quarantine 植物检疫
plant quarantine import requirements 植物检疫进口规定
plant recovery percentage ［植物］吸肥率
plant refuses 植物弃废物
plant regeneration 植物再生
plant register ①设备注册 ②设备登记（phytoregistre）
plant reproduction biology 植物生殖生物学（biologia phytoreproductionis）
plant residue（=plant stubble） 植物残体，植物残株，植物残留物，植株残茬
plant residue decomposition 植物残体分解
plant residue materials 植株残留物
plant resistance 植物抗性（phytoresistantia）
plant respiration 植物呼吸
plant root environment 植物根部环境
plant root system 植物根系
plant row 植行，栽［种］行
plant sample ①植物样品 ②植株样品
plant school（=nursery） 苗圃
plant seed oil processing 植物［种子］油加工{加工}
plant selection ①植物选择，株选 ②植物选种
plant selection from the field 田间株选
plant setter 移植机，栽苗机{农机}
plant setting 植物栽种，栽苗，插秧
plant setting machine 栽苗机，插秧机
plant siting ①厂位置 ②定厂址
plant society 植物组合，植物社会
plant sociology 植物社会学（phytosociologia）
plant soma 植物体细胞
plant somatic hybrid 植物体细胞杂种
plant spacing 行株距，株距，穴距
plant spareness 植物稀缺
plant species of recent origin 现代植物种
plant stake 作物支架，树木支柱
plant stand ①植株密度②植物群丛
plant stand bioclimate 植物群丛生物气候
plant stand carbon budget 植物群丛碳收支
plant stand mineral budget 植物群丛矿质收支
plant stand-water relation 植物群丛－水关系
plant stimulant 植物刺激素
plant stock disinfection 种株消毒
plant stress response 植物胁迫反应
plant stubble（=plant residue） 残茬，残株
plant substance 植物物质（phytosubstantia）
plant succession 植物演替（phytosuccessio）
plant survey 植物调查
plant synecology 植物群落生态学（phytosynecologia）
plant taxonomy 植物分类学（phytotaxonomia）
plant temperature 植物温度（phytotemperatura）
plant teratology 植物畸形学（phytoteratologia）
plant thinner（=plant thinning machine） 间苗机
plant thremmatology 植物育种学（phytothremmatologia）
plant tissue 植物组织（phytotela）
plant tissue culture 植物组织培养
plant tissue test 植物组织测定
plant-to-row method 株行法（单株单行种植法）
plant-to-row test 株行试验
plant-top removing machine 打顶机，切顶机
plant toxicity 植物毒性
plant trait 植株性状
plant trash 植株残留物
plant tub 栽植桶{园林}
plant-two-rows method 双行定植法
plant type ①株型 ②植物类型（phytotypus）
plant type with erect leaves 具直立叶株型（稻）
plant type with horizontal leaves 具水平叶株型（稻）
plant uniformity 植株整齐度，植株均匀性
plant unit 植物单位
plant vigor 植株活力，植株生长强度
plant virology 植物病毒学（phytovirologia）
plant virus 植物病毒（phytovirus）
plant virus infection 植物病毒侵染
plant water balance 植物水分平衡
plant weeping 植物伤流
plant weight 株重
plant zone 植物带（phytozona）
plantable 可栽植的（plantabilis）
plantable land 可栽植［土］地
plantage ①栽培法{栽培} ②耕作法{耕作} ③植物界，植物区系{分类}（plantagium）

plantage ploughing 深耕法
plantaginaceous 车前科的（plantaginaceus）
plantain ①车前属［*Plantago* L.］（车前科）②车前［*Plantago asiatica* L.］
plantain arctid 车前草灯蛾［*Parasemia plantaginis* L.］（灯蛾科）
plantain banana 粉芭蕉［*Musa paradisiaca* L.］（芭蕉科）
plantain family 车前科［Plantaginaceae］
plantain leaf sedge ①薹草属（薹属）［*Carex* L.］（莎草科）②薹草［*Carex plantaginea* L.］③薹［*Carex dispalata* Boott］
plantain-lily ①玉簪属［*Funkia* Spreng.］（百合科）②玉簪［*Hosta plantaginea* Aschers.］
plantal 植物的（plantalis）
plantation ①种植园，种植场 ②耕地，初垦地 ③栽培，种植 ④植树造林，绿化（plantatio）
plantation chill 种植园冻伤
plantation crops 种植园作物
plantation density 种植密度，定植密度
plantation line 植行
plantation plowing 垦殖耕作
plantation sugar 厂制白糖，产地白糖
planted 栽培的，种植的（sativus）
planted area 栽培面积
planted forest 人工林
planted in row 行栽，行植，条播
planter ①种植机 ②种植者
planter box 播种箱
planter hopper ①筒形排种器 ②（移植机）秧苗箱
planter of medicinal herbs （种草药的）药农
planter plate 排种盘
planter sweep 播种机开沟铲
planticle 胚（planticula）
plantigrade animal 蹠行动物
planting ①定植 ②移植 ③播种，种植，栽植 ④栽培
planting apparatus ①栽植器 ②排种器，排种装置（指播种机上的）
planting area 播种面积
planting bar 栽植手铲
planting beans in small holes in the soil 点播豆子，点豆
planting bed 移植床
planting belt 栽植带
planting board 定植板
planting borer 栽植挖穴机
planting by single 单株种植
planting by suckers 分蘖造林
planting composition 栽种配置｛园林｝
planting cord 栽植绳，定距绳
planting cycle 种植周期
planting date ①播种期，种植日期 ②定植期
planting density 种植密度
planting depth ①播种深度 ②种植深度 ③插秧深度
planting design 种植设计
planting distance（= planting space） 栽植距离，株行距
planting filler 间作物
planting for birds 招鸟种植（指招鸟传粉用）
planting furrow 栽植沟，种植沟
planting hatchet（= planting hoe） 栽植锄
planting hole 栽植穴，播种穴
planting hole machine （种植）挖穴机
planting in advance 前植（指在裸地上，先栽植保护树），林内造林（指在林冠下造林）
planting in close-spaced straight line 密条播（植）
planting in narrow and wide rows alternately 宽窄行种植
planting in row（= planting in line） 行栽，行植，条播
planting in triangle 三角形栽植
planting iron 移植铲
planting layout 栽植规划（布局）
planting less and reaping more 少种多收
planting line 栽（种）植行
planting machine ①播种机 ②栽植机 ③种植机
planting material ①栽种材料，栽植材料 ③播种材料
planting mattock 栽树苗锄
planting mechanism ①排种机构 ②栽植机构 ③种植机构
planting method ①播种法 ②栽植法 ③种植法
planting nursery 移植苗圃
planting of layer 压条法｛园艺｝
planting of slip 插条法
planting on balk 田埂栽植
planting on footpath 行走（步）道栽植
planting on ridge（= planting on mound） 垄作
planting opener 开沟机
planting out ①定植｛栽培｝②造林｛森林｝
planting outfit ①播种机组 ②栽植机组 ③种植机组
planting pattern 种植方式
planting peg ①栽植标桩 ②种植棒

planting pin (= dibble) 穴播器
planting pit 栽植穴,定植穴
planting plan ①栽植计划,种植设计{栽培} ②种植计划[书]{育种}
planting plough 植树开沟犁
planting point 种植场地
planting pot 定植钵(盆)
planting rate ①栽植密度 ②播种量
planting rod 植树锹
planting row 播种行
planting schemes 种植计划
planting season 种植季节,种植期
planting seed 播种
planting series ①栽培区划,种植区划{栽培} ②造林区划{森林}
planting site 栽植地
planting soil (花卉)盆栽土
planting spacing 株行距
planting spade 栽植锹
planting speed 栽植速度,种植速度
planting stick 栽植标杆
planting stock ①定植苗 ②栽植材料
planting stock age 定植苗龄(指果木)
planting strip 栽植带,植树带
planting system 栽植方式,种植方式
planting time ①定植期 ②种植期 ③栽植期 ④播种期
planting tool ①栽植工具 ②种植工具
planting trench 种植沟,栽植沟
planting trowel 栽植手铲,移植铲
planting tube 植树套
planting unit ①排种装置 ②栽植装置,种植装置 ③播种机单组
planting unit of corn planter 谷物播种机排种装置
planting wedge 栽植标杆
planting wheel (秧苗栽植机)栽植轮
planting width 行距,播幅
planting wire 定距绳,尺度索,准绳
planting with ball 带土[坨]栽植
planting without tillage 不整地种植
plantlet (= plantling)①幼苗{栽培} ②苗木,子苗{园艺} ③胚芽{胚胎}(plantula)
plantlet formation 幼苗形成
plantlet from protoplast 原生质体[形成]的幼苗
plantlet from tree callus 树木愈合组织[形成]的幼苗
plantlet grafting 幼苗嫁接
plants for flower ornaments 观花植物
plants for fruit colors 观果[色]植物
plants for shade 耐阴植物
plants-microorganisms-soil 植物-微生物-土壤[关系]
plants of high mountain 高山植物
plants of tundra 冻原植物
plants per hill 每穴株数
plants per pot 每盆株数
plantule ①幼苗{栽培} ②胚芽{种子}(plantula)
plaplanx 雄蕊束
plaque ①[噬菌体]溶菌斑,噬菌斑 ②蚀斑,块斑 ③斑点 ④血小板(plaquus) ⑤小半鞘翅
plaque center 溶菌斑中心
plaque count 溶菌斑计数
plaque formation ①噬菌斑形成 ②蚀斑形成
plaque forming cell 蚀斑形成细胞
plaque forming unit ①噬菌斑形成单位 ②蚀斑形成单位
plaque hybridization 噬菌斑杂交
plaque purification 噬菌斑纯化
plaque reduction neutralization test (PRNT) 噬菌斑减少中和试验
plaque screening 噬菌斑筛选
plaque titration 噬菌斑滴定
plaque type mutant ①溶菌斑突变型 ②溶菌斑突变体
plash ①积水潭{水利} ②编篱枝{园林}
plash wood 枝编篱
plashy ①积水多的 ②泥浆状的{土壤}
-plasm ⌊字尾⌉①型,模 ②质,浆
plasma ①原生质{细胞} ②细粒物质,细土物质{土壤} ③浆{遗传} ④血浆{生化} ⑤等离子体{物}
plasma arc spectroscopy 等离子体[电]弧光谱学
plasma body (= protoplast) 原生质体
plasma cathode 等离子[体]阴极射线管
plasma cell 浆细胞
plasma chromatography 等离子体层析{生技}
plasma clot method 血浆凝块法,血块法
plasma colloid 原生质胶体
plasma concentration ①原生质浓度 ②细粒物质浓聚物
plasma dehydration 原生质去水
plasma desorption (PD) 等离子体解吸
plasma diagnostics 等离子[体]诊断
plasma display 等离子[体]显示[器]
plasma elasticity 原生质弹性
plasma kallikrein 血浆激肽释放酶{分生}
plasma mass 原生质团
plasma membrane (= plasmic membrane) 质膜(membrana plasmica)
plasma movement 原生质运动

plasma osmotic pressure 血浆渗透压
plasma panel ①等离子面板 ②等离子体显示屏面
plasma printer 等离子[体]打印机
plasma protein 血浆蛋白
plasma prothrombin conversion factor (PPCF) 血浆凝血酶原转化因子
plasma rocket 离子火箭
plasma separation 细粒物质分离物
plasma sputtering 等离子溅射
plasma streaming 原生质流动
plasma substitute 血浆代用品
plasma theory (= protoplasm theory) 原生质学说(理论)
plasma thromboplastin antecedent 血浆凝血[酶]激酶前体
plasma thromboplastin component 血浆凝血[酶]激酶组分
plasma thromboplastin factor 血浆凝血[酶]激酶因子
plasma transferrin 血浆转铁蛋白
plasmablast 浆母细胞成血浆细胞 (plasmablasta)
plasmacyte (= plasma cell) 浆细胞 (plasmacyta)
plasmacytopoiesis 浆细胞生成
plasmagel 原生质凝胶
plasmagel sheath 原生质凝胶鞘
plasmagene 细胞质基因 (plasmagena)
plasmagenic [细]胞质基因的 (plasmagenicus)
plasmagenic fertility 胞质基因能育性
plasmagenic sterility 胞质基因不育性
plasmagynogamous 雌亲胞质受精的 (plasmagynogamus)
plasmagynogamous fertilization 雌亲胞质受精
plasmaheterogamous 异胞质受精的 (plasmaheterogamus)
plasmaheterogamous fertilization 异胞质受精
plasmaisogamous 同胞质受精的 (plasmaisogamus)
plasmaisogamous fertilization 同胞质受精
plasmalemma (= plasma membrane) 质膜
plasmalemma infolding 质膜折叠
plasmalemmasome (= mesosome) ①中间体 ②细胞膜小弯 (plasmalemmasoma)
plasmalogen 质脂
plasmapheresis 血浆去除法
plasmasol 原生质溶胶
plasmaspore 孢囊黏孢子 (plasmaspora)
plasmatic 原生质的,胞质的 (plasmaticus)
plasmatic differentiation 胞质分化
plasmatic inheritance (= cytoplasmic inheritance) 胞质遗传
plasmatic mutation 胞质突变
plasmatic reaction 原生质反应,胞质反应
plasmatic streaming 原生质环流
plasmatic susceptibility 原生质型感病性
plasmatic thread 原生质线(指眼虫藻)
plasmatoparous 质团萌发出的 (plasmatoparus)
plasmatype 细胞质型 (plasmatypus)
plasmavirus 芽生病毒
plasmic envelope 胞质鞘,胞质被膜 (tunica plasmica)
plasmic membrane 质膜 (membrana plasmica)
plasmid 质粒 (plasmis)
plasmid chimera 质粒嵌合体
plasmid compatibility 质粒亲和性
plasmid construction 质粒构建
plasmid copy number 质粒拷贝数
plasmid DNA 质粒 DNA
plasmid engineering 质粒工程学
plasmid incompatibility 质粒不亲和性
plasmid instability 质粒不稳定性
plasmid integration 质粒整合
plasmid maintenance system 质粒保持系统
plasmid purification 质粒纯化[作用]
plasmid replication 质粒复制
plasmid replicon 质粒复制子 {分遗}
plasmid rescue 质粒获救
plasmid superinfection immunity 质粒超感染免疫性
plasmid transduction 质粒转导
plasmid transfer 质粒转移
plasmid vector (= plasmid vehicle) 质粒载体 {分遗}
plasmid vehicle 质粒载体
plasmin 血纤维蛋白溶酶,胞浆素
plasminogen 血纤维蛋白溶酶原,纤溶酶原
plasminogen activator 纤溶酶原激活物
plasminogen activator inhibitor 纤溶酶原缴活物抑制剂
plasmobiont 原浆生物 (plasmobions)
plasmocytoma 骨髓瘤
plasmodermal 周质的 (plasmodermalis)
plasmodermal blepharoplast 周质生毛体
plasmodesma 胞间连丝
plasmodial 原生质的 (plasmodialis)
plasmodial liquid 原生质液 (liquidus plas-

modialis)
plasmodial type 原质型（绒毡层）（typus plasmodius）
plasmodic granules 原生颗粒
plasmodicide 杀疟原虫剂
plasmodieresis 胞质分裂
plasmodiocarp ①原质果 ②不定型复孢囊（plasmodiocarpium）
plasmodiocarpous 原质果的（plasmodiocarpus）
plasmodiogen （原质团）原生质单位
plasmodiophorous 真原质团的（plasmodiophorus）
plasmodium ①原质团 ②突形体，疟原虫 ③合胞体
plasmogamy 质配，胞质配合（plasmogamia）
plasmogen 生物原浆
plasmogene（= plasmagene） 胞质基因
plasmogony（= abiogenesis） ①无生源说 ②自然发生
plasmolemma 质膜
plasmolemmasome（= plasmalemmasome） 质膜内体
plasmolysis 质壁分离〔植生〕
plasmolysis method 质壁分离法
plasmolysis permeability 质壁分离透性
plasmolysis time 质壁分离时间
plasmolytic 质壁分离的（plasmolyticus）
plasmolytic behavior 质壁分离行动
plasmolytic vesicle 质壁分离泡
plasmolyticum 质壁分离剂
plasmometry ①原生质测定 ②原生质测定法（plasmometrica）
plasmon 细胞质基因组，质粒基因组
plasmon alteration 细胞质基因组改变
plasmon-coded expression 细胞质基因组编码表现
plasmon evolution 细胞质基因组进化
plasmon mutation 细胞质基因组突变
plasmon-resistant 抗细胞质基因组的
plasmon segregation 细胞质基因组分离
plasmon sensitive 细胞质基因组敏感性的
plasmon stability 细胞质基因组稳定性
plasmonic combination 细胞质基因组组合
plasmoptysis 胞质逸出[现象]，原生质膨裂
plasmosin 原生质素
plasmosome 真核仁（plasmosoma）
plasmosphere 中心周球（plasmosphera）
plasmotomy 原质团分割（plasmotomia）
plasmotropic 向胞质的（plasmotropus）
plasmotropic action 向胞质作用
plasmotype 细胞质基因组，非染色体遗传因子总和（plasmotypus）
plasmotypic combination 细胞质基因组组合
plasmotypic component 细胞质基因组组成部分
plasome（= biophore） 生源体
-plast ⌞字尾⌝体
plast（= organelle） 细胞器（plasta）
plastein 类蛋白
plaster ①灰泥 ②熟石膏，烧石膏 ③膏药
plaster beetle ①薪甲［*Cartodere constricta*（Gyllenbal）］②⌞复⌝（= Lathridiids）薪甲科［Lathridiidae］
plaster figure 石膏像〔园林〕
plastering of balk（= border coating） 边埂涂泥（指稻田）
plastic ①可塑的，易做成各种形态的 ②由可塑物质做成的 ③⌞复⌝塑料，塑料薄膜（plasticus）
plastic bag 塑料袋
plastic calorific capicity 塑料发热量〔环保〕
plastic cement 塑性黏合剂
plastic clay 塑性黏土
plastic conduit 塑料导线管
plastic consistency 塑性结持［度］
plastic-covered bottom 塑料覆盖犁体
plastic-covered greenhouse 塑料［薄膜］覆盖温室
plastic-covered shed 塑料大棚〔栽培〕
plastic deformation 塑性变形
plastic disk optical memory 塑料磁盘光学存储器〔电脑〕
plastic drain layer 塑料排水管铺放机
plastic element 塑性成分
plastic-faced plywood 塑料贴面胶合板
plastic film 塑料薄膜
plastic film culture（= plastic culture） 塑料薄膜栽培（指用塑料薄膜覆盖的栽培）
plastic film greenhouse 塑料薄膜温室
plastic film mulching 塑料薄膜覆盖
plastic flow 塑流
plastic fluid 塑性流体
plastic friction 塑性摩擦
plastic greenhouse 塑料温室
plastic ground covers 塑料地面覆盖
plastic guide 塑料导向器
plastic house 塑料房（指种植用）
plastic index 塑性指数
plastic industry 塑料工业
plastic lag 塑性延缓〔水利〕
plastic layering machine（= plastic layer）

塑料薄膜覆盖（铺放）机
plastic levees 塑料堤
plastic limit 塑性限度,塑限
plastic map 塑料地图｛遥感｝
plastic matter 塑性物质
plastic mud fender 塑料挡泥板
plastic mulching 塑料薄膜覆盖
plastic number 塑性值｛土壤｝
plastic overlay 塑料贴面
plastic package 塑料封装
plastic pipe 塑料管
plastic pot 塑料盆,塑料钵｛园林｝
plastic range 塑性范围
plastic region 塑性域
plastic relief map 塑料立体地图｛遥感｝
plastic remover 塑料薄膜揭除机
plastic sheet ①塑料薄膜 ②硬质板
plastic sheet-covered cultivation 塑料薄膜覆盖栽培
plastic sheeting used to cover nursery bed 秧田苗床用塑料薄膜
plastic silo 青贮塑料筒
plastic soil 塑性土壤
plastic stage 塑料状态
plastic substance ［可］塑性物质
plastic trickling filter 塑料滤池（指采用塑料填料的生物滤池）｛环保｝
plastic tube 塑料管
plastic tube watering 塑料管灌溉
plastic tunnel culture 塑料管道栽培（指通暖气）
plastic ware 塑料制品
plastic wood 塑化材
plasticity ①可塑性 ②黏性 ③适应性（plasticitas）
plasticity index 塑性指数
plasticity of soil 土壤可塑性
plasticizer 增塑剂,润滑剂
plasticizing 塑化,增塑,增韧
plastics 塑料,塑料薄膜
plastics factory waste 塑料厂废水｛环保｝
plastics filter medium 塑料滤料（指用于生物滤池）｛环保｝
plastics on the farm 塑料在农业上使用
plastid ①质体 ②成形粒（plastis）
plastid center 质体中心
plastid-differential chimera 质体分化嵌合体
plastid division 质体分裂
plastid DNA 质体 DNA
plastid inheritance 质体遗传
plastid mutant induction by X-rays 质体突变体 X 射线诱导法
plastid mutation 质体突变
plastid of saprophytic plant 腐生植物质体
plastid system of heredity 遗传质体系
plastid variant 质体变异体
plastid variation 质体变异
plastidome 质体系（plastidoma）
Plastidotype 质体基因型,质体遗传型（plastidotypus）
plastification（= plastify, plastifying） 塑化,增塑（plastificatio）
plastin 网素,丝束蛋白
plastochondrium 线粒体系
plastochron（= plastochrone） ①叶间期 ②间隔期（plastochronium）
plastocont 杆状线粒体（plastocons）
plastocyanin 质体蓝素
plastodeme 质体同类群
plastodesma 质体丝
plastogamy 胞质配合（plastogamia）
plastogene 质体基因（plastogena）
plastoglobule 质体小体,质体小球（plastoglobulus）
plastograph 塑性变形记录仪,塑性变形描记器
plastom（= plastome） 质体基因组
plastom mutation 质体基因组突变
plastomer 塑性高分子物质
plastomere 线粒体区（plastomera）
plastometer 塑性计
plastometry 塑性测定法（plastometrica）
plastoquinone 质体醌
plastosome（= mitochondrion） 线粒体（plastosoma）
plat ①地块 ②土地图,地籍图
platane（= planetree） ①悬铃木属［*Platanus* L.］（悬铃木科） ②三球悬铃木（法国梧桐）［*Platanus orientalis* L.］
platband 带状花坛｛园林｝
plate ①叶片［藻片］ ②盘,碟,皿 ③（金属,玻璃）板,平板,薄板 ④图板,插图 ⑤感光板,底片 ⑥平面 ⑦排种［圆］盘,撒播圆盘（plata）
plate agar 琼脂平板｛微生物｝
plate azimuth 底片方位角｛遥感｝
plate budding 片状芽接｛园艺｝
plate cam 钢板凸轮
plate circuit efficiency 板极电路效率｛信息｝
plate clutch 盘式离合器
plate collenchyma 板状厚角组织（platocollenchyma）
plate cooler 薄片式冷却器
plate coordinate system 底片坐标系统｛遥

感}
plate count（= petri dish count） 平面[培养]计数，培养器计数
plate crusher 颚式轧碎机
plate cultivation 平面栽培[法]
plate culture ①平面培养 ②平板培养（plateo cultura）
plate diffuser 扩散板{环保}
plate electrode 板状电极
plate electrophoresis 板电泳（platoelectrophoresis）
plate-feed drill 圆盘排种式条播机
plate glass 板玻璃
plate grafting 片状嫁接，片接
plate height 板高，塔板高度{生技}
plate level 照准部水准器，上盘水准器{遥感}
plate-like structure 类片状结构{土壤}
plate margin 板块边缘{遥感}
plate meristem 板状分生组织（platomeristema）
plate mill 磨盘式磨粉机
plate number 板数{生技}
plate pasteurizer 薄片巴氏灭菌器
plate planter 排种盘式播种机
plate shearing machine（= plate shears） 剪板机
plate spring 钢板弹簧，板簧
plate streaking 平板划线{微生物}
plate structure 片状结构{土壤}
plate tectonics 板块构造
plate theory 塔板理论{生技}
plate-type ozonizer 板式臭氧发生器{环保}
plate valve 板式阀
plateau ①鳞茎盘 ②子房盘（菊科）③台地，高原 ④高压 ⑤平台
plateau basalt 高原玄武岩{地质}
plateau climate 高原气候
plateau escarpment 高原坡地
plateau glacier 高原冰川
plateau region 高原区
plateau station 高原测站{气象}
plateau terrace field 高原梯田
plateau voltage 台阶电压，坪电压
plateaued population 稳定态群体
plated 电镀的，金属化的
plated through hole 金属化[通]孔
plated wire memory（= plated wire storage） 镀线存储器
platelet 血小板
platelet activating factor（PAF） 血小板活化因子{分生}
platelet cofactor Ⅰ 血小板辅因子Ⅰ
platelet growth factor（PGF） 血小板生长因子
platen machine 复印机
platform ①收刈台 ②站台 ③平台 ④货台
platform apron （联合收获机）收刈台输送器
platform auger 收刈台螺旋推进器，收刈台运禾螺旋
platform balance 台秤
platform carrier 搬运台
platform combine 平台式联合收获机
platform drier 平台式干燥机
platform elevator 收割台升运器
platform fields（= raised field） 台田{耕作}
platform header 平台式收割台
platform integration 平台集成
platform lift ram 收割台升降油缸
platform of remote sensors 遥感平台{遥感}
platform scales 台秤，地秤
platiculture（= plate culture） 平板培养[物]
plating ①平面培养 ②电镀
plating bacteria 平面培养细菌
plating efficiency（= efficiency of plating） 平面培养效率，出菌率
plating film disk 电镀薄膜磁盘{信息}
plating industry sewage 电镀工厂废水{环保}
platinic chloride 氯化铂[$PtCl_4$]
platinum 铂（Pt，78号元素）
platinum black 铂黑{显技}
platinum-carbon replicas 铂-碳摹制
platinum crucible 铂坩埚
platinum electrode 铂电极
platinum foil 铂箔
platinum loop 铂环，白金环，接种环
platinum needle 铂针，白金针，接种针
platinum wire 铂丝，白金丝
platinum wire thermometer 铂丝温度表
platter ①底板 ②盘片
platting（= mapping） 制图
platy 板状的（platis）
platy-pulverescent structure 片状粉块结构
platy structure 片状结构
platyanthous 阔花的（platyanthus）{形态}
platycarpous 宽果实的（platycarpus）
platycarya ①化香树属[*Platycarya* Sieb. et Zucc.]（胡桃科）②化香树[*Platycarya strobilacea* Sieb. et Zucc.]
platycaulis 宽茎的
platycephalous 宽头的（platycephalus）

platycerous 宽角的（platycerus）
platycladous 阔枝（platycladut）
platycodin 桔梗皂苷
platykurtic 平峰［态］的（platycurticus）
platykurtic curve 平峰曲线
platykurtosis 平峰态（platycurtiosis）
platylobate 宽裂片状的（platylobatus）
platyphylline 阔叶碱，狗舌草碱［$C_{18}H_{37}NO_5$］
platyphyllous 宽叶的（platyphyllus）
platyspermous 阔子的（platyspermus）
platystachyous 阔穗的（platystachyus）
platystemon（＝cream-cups poppy） 美洲平蕊罂粟［*Platystemon californicus* Benth.］（罂粟科）
play ①间隙，游隙 ②空程，自由行程 ③局｛电脑｝④演示｛信息｝
playa ①干盐湖 ②干荒盆地
playa lake 干盐湖
playback ①放音，读出 ②重放，重演｛信息｝
playback control 重放控制
playback print rate 读出打印速度
playback robot 再现机器人
playfield（＝playground） 运动场
playflight 认巢飞行｛蜂｝
playing space 活动空间
playout 播放｛信息｝
pleached hedge 编结篱笆
pleaching 枝条编结
pleated 折叠的（pleatus）
pleated filter 折叠过滤器
pleated sheet structure 折叠片结构
plectenchyma 密丝组织
plectenchymatous 密丝组织的（plectenchymatus）
plectin 网格蛋白
plectobasidial（＝plectobasidiate） 菌丝组织上生担子的（plectobasidialis）
plectoderm 密丝皮层（plectoderma）
plectomycetes 不整囊菌
plectonema ①织线藻属［*Plectonema* spp.］（鞘藻类）②织线藻［*Plectonema* sp.］
plectonema nostocorum 念珠核织线藻［*Plectonema nostocorum* sp.］
plectonemic 相缠的，同向双股的，具绞旋线的（plectonemicus）
plectonemic coil（＝plectonemic spiral） 同向双股螺旋，相缠螺旋
plectonemic winding（＝plectonemic coiling） 相缠螺旋｛分生｝
plectosiroderm 交织链胞表皮（plectosirodermis）
plectostele 编织中柱（plectostela）
plectridium 鼓槌孢子型
pledge ①抵押，典当 ②抵押物，典当物
pledging ①抵押，典当 ②保证
pleiade 相关性状群（pleidium）
pleio- ⌞字头⌝ 更多，超
pleiobar ①高压区 ②高压等值线（高于1000毫巴的等压线）
pleiocarpous 具多心皮的（pleiocarpus）
pleiochasial ①多歧聚伞花序的 ②多歧的（pleiochasialis）
pleiochasium ①分歧聚伞花序 ②多歧式
pleiochronous digital hierarchy 多同步数字体系结构，多同步数字系列｛信息｝
pleiocyclic 多轮列的（pleiocyclicus）
pleiocyclic plant 多年生一次开花植物（多轮列植物）（planta pleiocyclica）
pleiocycly 多轮列式（pleiocyclia）
pleiomerous 多基数的（pleiomerus）
pleiomery 多基数式（pleiomerium）
pleiomorphic（＝polymorphic） 多型的，多形的（pleiomorphus）
pleiomorphism 多型性，多形性（pleiomorphismus）
pleiomorphous 多型的，多形的（pleiomorphus）
pleion 正距常中心｛气象｝
pleione ①独蒜兰属［*Pleione* D. Don］（兰科）②独蒜兰［*Pleione bulbocodioides* Rolfe］
pleiontism（＝pleiomorphy） 多形性（pleiontismus）
pleiopetalous 多花瓣的（pleiopetalus）
pleiopetaly 重瓣态（pleiopetalia）
pleiophyllous 多叶的（pleiophyllus）
pleiophylly 多叶性（pleiophyllia）
pleiospermium ①棱子芹属［*Pleurospermum* Hoffm.］（伞形科）②棱子芹［*Pleurospermum kamtschaticum* Hoffm.］
pleiospermous 多种子的（pleiospermus）
pleiosporous 多孢的（pleiosporus）
pleiotaxy 多轮式（pleiotaxis）
pleiotomy 多分枝式（pleiotomia）
pleiotropic （基因）多效的（pleiotropus）
pleiotropic effect 多效效应
pleiotropic gene 多效基因
pleiotropic gene action 多效性基因作用
pleiotropic mutation 多效突变
pleiotropic polar effect 多效极效应
pleiotropism（＝pleiotropy） ［基因］多效性（pleiotropismus）

pleioxeny 多主寄生［现象］(pleioxenia)
Pleistocene［**epoch**］ 更新世
Pleistocene refuge 更新世幸存区
pleniflorous 重瓣花的(pleniflorus)
plenter-thinning 择伐,疏伐
plenter-wood 择伐林
plentiful 大量的,丰富的,多的(=copious)
plentiful nutrient 丰富养分,丰富养料
plentiful rainfall 充足降雨,大量降雨
plenum ①充满,充实{栽培}②压力通风系统 ③［发动机］进气增压{农机}④送气{环保}
plenum chamber ①通风室,稳流室 ②储气室 ③送气室
plenum duct 送气通道{环保}
pleo- ⌞字头⌝更多,超
pleochroic halo 五色晕{气象}
pleochroism 多色现象(pleochroismus)
pleoergy 超过敏性(pleoergia)
pleomorphic 多型的,多形的(pleomorphus)
pleomorphism(=pleomorphy) ①多型［现象］{形态}②多形态说{微生物}(pleomorphismus)
pleomorphous 多形的(pleomorphus)
pleomorphy 多形性(pleomorphium)
pleon 腹部
pleophagy(=polyphagy) ①多食性 ②多主寄生［现象］(pleophagia)
pleosorus 脉叉处囊群
plerocercus 不连续出芽
plerome(=plerom) 中柱原(pleroma)
pleromer 可换单体{分遗}
plerotic (卵孢子)满器的(pleroticus)
plesiasmy 短茎态(plesiasmia)
plesiochronous digital signal 准同步数字信号{信息}
plesiochronous interface 准同步接口
plesiomorphous 近同形的(plesiomorphus)
plesiotype 近型(plesiotypus)
plesochronous 准同步的(plesochronus)
plethora 过剩,不健全的过多
plethoric sterility 过肥不育性(sterilitas plethoricus)
plethysmography 体积描记术
plethysmothallus 无性叶状体
pleura 胸膜
pleuracrogenous 顶侧生的(pleuracrogenus)
pleural fluid 胸膜液
pleuranthous 侧生花的(pleuranthus)
pleurenchyma(=woody tissue) 木质组织
pleuristichous 数列生的(pleuristichus)
pleurisy 肋膜炎,胸膜炎(pleuritis)
pleurite 侧片(pleuritus)
pleurobasidium 侧担子
pleuroblastic 具侧生泡囊的(pleuroblasticus)
pleurocapsa ①宽球藻属［*Pleurocapsa* spp.］(宽球藻科)②宽球藻［*Pleurocapsa* sp.］
pleurocapsa family 宽球藻科［Pleurocapsaceae］
pleurocarpous 侧［生］蒴的(pleurocarpus)
pleurocystidium 侧生囊状体
pleurodiscous 盘侧着生的(pleurodiscus)
pleurogenous 侧生的(pleurogenus)
pleurogynous ①侧生雌蕊的 ②旁子房的,子房侧着的(pleurogynus)
pleurolocular 多室的(pleurolocularis)
pleuromite 侧着丝点(pleuromitus)
pleuromitic 侧着丝点的(pleuromiticus)
pleuron(=pleurite, lateral plate) 侧板,侧片{蜂}
pleuroplastic 边缘生长的(pleuroplasticus)
pleuropneumonia-like organism(**PPLO**) 类胸膜肺炎生物
pleuropseudocystidium 侧生假囊状体
pleurorhizal(=pleurorrhizous) 胚根侧附的(pleurorrhizus)
pleurorhynchous 具侧嘴的,具侧喙的(pleurorhynchus)
pleurotreme 具边萌发孔(pleurotrema)
pleurotribal(=pleurotribe) 侧附的(pleurotribus)
pleurotropous ovule 侧转胚珠(指倒生胚珠与弯生胚珠)(ovulum pleurotropum)
pleurozia ①紫叶藓属［*Peurozia* spp.］(紫叶藓科)②紫叶藓［*Peurozia* sp.］
pleurozia family 紫叶藓科［Pleuroziaceae］
pleuston 漂浮植被,水漂生物
plex 丛(plexus){电脑}
plex format 丛格式
plex structure 丛结构,网络结构
plexiform layer 网织层
plexiglass 有机玻璃
plexus ①结节 ②丛 ③网状组织(指真菌)
pliability ①柔韧性②适应性(pliabilitas)
pliable ①易曲折的 ②柔软的 ③柔顺的,易教的 ④适应的(pliabilis)

pliant 易弯曲的(plians)
plica 皱襞
plicacetin 褶皱菌素
-plicate ⌊字尾⌉ 褶皱,褶
plicate ①折扇状的,具褶的,折叠的 ②有沟的(plicatus)
plicate leaf 具褶叶(folium plicatum)
plicate mesophyll 具褶叶肉(mesophyllum plicatum)
plication 折扇式(plicatio)
plicative 折扇的(plicativus)
plicatulate ①具小折扇状的 ②具小褶的(plicatulatus)
plicature 扇折(plicatura)
pliciform 折扇状的(pliciformis)
plictran 三环锡(杀螨剂)[$C_{18}H_{34}OSn$]
plidar (= polychromatic lidar) 多色激光雷达{遥感}
pliers 钳子,扁嘴钳(工具)
plinth 柱础,底座{农机}
plinthite 铁铝斑纹[层],斑状聚铁[层],网纹[层]{土壤}
plinthitic 网纹状(plinthiticus)
plinthitic horizon 网纹层
Pliocene [epoch] 上新世
plococarpium 环轴蓇葖
-ploid ⌊字尾⌉ 倍体
ploidic state 倍[数]态
ploidy 倍[数]性(ploidas)
ploidy dose level (产生)倍[数]性剂量水平
ploidy-level in culture 培养的倍性水平
Plondrel 灭菌磷(杀菌剂)[$C_{12}H_{14}NO_4PS$]
plot ①小区{统计}②圃,区,{育种}③图,图示 ④划曲线 ⑤绘图板
plot area 小区面积
plot arrangement 小区排列
plot assignment 小区划分
plot combine 试验圃联合收获机
plot control 小区管理
plot design 小区设计
plot duster 试验圃喷粉器
plot estimate method 小区估产法
plot experiment 小区试验
plot for private use 自留地
plot form 小区形状
plot harvester 试验圃收获机
plot-inbreeding 同区交配
plot irrigation 小区灌溉
plot layout 小区安排,小区布置
plot length 小区长度
plot mode 绘图方式{遥感}
plot number 小区数
plot plan 小区规划,试验圃规划
plot seeder 试验圃播种机
plot size 小区大小
plot sowing ①小区播种{育种}②块状播种{栽培}
plot speed 绘图速度
plot sprayer 试验圃喷雾器
plot survey 小区测量
plot technic 田间技术
plot thresher 试验圃脱粒机
plot-to-plot irrigation 逐区灌溉,越区灌溉
plot treatment 小区处理
plot trial (= plot experiment) 小区试验
plot width 小区宽度
plot yield 小区产量
plots in block 区组内小区[数]
plottable error 展绘误差{遥感}
plotter ①填图员 ②绘图仪,绘图器
plotter-printer 绘图打印两用机
plotting 填写,填图,绘制,绘图
plotting board (= plotting tablet) 绘图板
plotting device 绘图装置
plotting instrument 绘图仪
plotting machine 绘图机
plotting of chromosome map 绘制染色体图
plotting scale 绘图比例尺{遥感}
plough (= plow) ①犁 ②犁地,耕作 ③开沟器,平地机,平土机,(旋转底盘式排肥器的)排肥板,刮肥板
plough body (= plough base) 犁体
plough body frame 犁托
plough body grinding machine 犁体[曲面]磨床
plough body leg 犁柱
plough bolt 犁螺栓
plough bottom 犁体
plough bottom attachment 犁体附加装置
plough bottom for sod and clay 草皮黏土地犁体
plough bottom injector 犁体上液肥注射器
plough bottom surface 犁体曲面
plough bottom trip 犁体弹道安全器
plough breast 犁胸
plough by layer 层耕,分层耕翻
plough clutch 犁自动起落机构,起犁离合器
plough coulter 犁刀
plough-depth control 犁深调节,耕深调节
plough disk 圆犁刀
plough down ①耕翻,翻掩,翻倒 ②耕地
plough draft 犁牵引阻力
plough entry 犁入土[深度]

plough for the 2nd time 重耕，再耕
plough frog 犁托
plough furrow 犁沟
plough handle 犁柄
plough harrow（= hoeing plough） 中耕犁
plough head ①犁头，犁铧 ②犁辕牵引铁
plough heel 犁后踵
plough horizon 耕作层
plough horse 耕马
plough in 内翻
plough layer 耕［作］层
plough mouldboard 翻土板
plough out 外翻
plough packer 犁后［碎土］镇压器
plough pan（= plow pan） 犁底层，犁盘，耕盘
plough pilot 耕深仿形调节装置
plough plant 制犁厂
plough plant equipment 耕播设备
plough planting 耕地播种，犁后播种
plough press drill 带压土轮播种机
plough reverser 犁翻转机构
plough reversing mechanism 双向犁翻转机构
plough saddle 犁鞍
plough setting 犁安装
plough skim ①小前犁 ②铲茬小前犁
plough skim colter ①小前犁 ②除茬刮土铲，草皮铲除器
plough sole 耕磐，犁底层
plough-sole fertilizer attachment 犁底施肥附加装置
plough standard 直犁柱
plough stick 犁柄，扶犁柄
plough stock 犁架
plough stubble 翻茬，灭茬
plough tip 铧尖
plough-type feed 刮板式排肥器
plough-type trenching machine 犁式挖沟机
plough under 内翻法，翻入，耕入
plough up 翻出
plough width 犁宽度，犁幅
plough with automatic lift 自动起落犁
plough with following subsoil 随从式心土犁
plough with forecarriage 导轮式犁
plough with sideward subsoil 侧耕式心土犁
ploughable layer 耕层，耕作层
ploughbeam 犁梁
ploughed land 已耕地
ploughed layer 耕层
ploughed plot 耕作区
ploughed up soil layer 翻耕层
ploughing（= plowing） 耕地，耕翻，耕作
ploughing and harrowing 耕地耙地，（大田）耕耙
ploughing and puddling 耕地与耖地（水田）
ploughing and sowing at the same time 随耕随种
ploughing by cow 牛耕
ploughing capacity 耕地效率
ploughing depth 耕地深度，耕深
ploughing equipment 耕地农机具
ploughing field 耕地，耕翻地
ploughing horizon 耕作层
ploughing horizontal ①耕作层 ②平面耕作
ploughing implements 耕地农具
ploughing in 翻下，翻埋｛耕作｝
ploughing in green 翻青，压青
ploughing in green manure 翻埋绿肥
ploughing in land 来回耕地法，往复耕地法
ploughing machine 蒸汽犁
ploughing of cultivated land 熟地翻耕
ploughing on square 循环耕地法
ploughing out 耕翻，外翻
ploughing outfit 耕地机组
ploughing position 耕作位置，耕作状态
ploughing season 耕［翻］期
ploughing soil 耕地土壤，耕翻土壤
ploughing speed 耕作速度
ploughing sweep 沟耕铲｛农具｝
ploughing tackle 犁绞盘
ploughing the land in early spring in icy condition 顶凌耙地
ploughing to replace surface soil with subsoil 全耕翻（心土与表土倒置）
ploughing towards center 向心耕地法
ploughing under dry conditions 干耕（旱地耕翻）
ploughing under fertilization 犁底施肥，耕翻施肥
ploughing under green crop in the fall 秋翻压青
ploughing under green manure crop 压绿肥
ploughing under to great depth 深翻，深耕
ploughing unit 耕地机组
ploughing width 耕翻宽度，耕幅
ploughing with disk 用圆盘耙（犁）耕作
ploughing work 耕地作业
ploughland 可耕地，耕地
ploughless farming ①不耕地栽培，免耕农作 ②无犁耕作，不翻垡耕作
ploughman 犁手，犁把式，扶犁人

ploughmanship 耕地作业
ploughpoint 犁尖
ploughs curvature 犁壁曲面,犁面曲度
ploughscrew 犁螺钉
ploughshare (= plowshare) 犁铧
ploughshoe 犁撑,犁头保护器
ploughstaff 犁柄,犁把手
ploughtail ①犁柄,犁尾(犁尾部)
ploughtree 犁柄
ploughwright 制犁工,修犁工
plow (= plough) 犁
plow by cow 牛耕
plow layer (= worked soil) 耕作层
plow sole (= plough sole) 耕盘,犁底层
plowed plot 耕作区
plowing 耕地,耕翻,耕作
plowing capacity 耕地效率
plowing depth 耕地深度,耕作深度
plowing method 耕作法
plowing speed 耕作速度
plowing to replace surface soil with subsoil 全耕翻(指心土与表土倒置)
plowing width 耕幅,耕翻宽度,耕地宽度
plowing work 耕地作业
PLRV (= potato phloemnecrosis virus) 马铃薯卷叶病[*Solanum virus* 14, potato *virus* 1]
pluck ①拔,剥 ②摘,采 ③拉,拽 ④内脏(指心,肝)
plucked shoot 打桠枝
plucker ①摘取装置 ②采集装置 ④拔取装置
plucking ①采取,采摘{栽培}②拔取{加工}③拔蚀{土壤}
plucking machine 拔毛机
plucking surface 采摘面
plucking time 采摘期
plucking within unit area 单位面积内采摘
plug ①塞子,栓 ②给水栓,消火栓,消防栓 ③板烟,烟饼,压榨烟草 ④废品 ⑤填充物 ⑥废马 ⑦塞孔成型菌(指在塞孔中育成的菌)
plug and play 即插即用{电脑}
plug flow column reactor 活塞流动柱反应器{生技}
plug flow fermentor 活塞流动发酵器
plug flow system 推流式,推流系统{环保}
plug gap 塞隙
plug-in coupling 插入式接头
plug saw 栓塞锯
plug socket 插座
plug tobacco 口嚼烟叶,板烟
plug tray 塞孔育苗器(指在塞孔中育苗)
plug valve 塞阀{环保}
plug welding 填焊
plug wire 插接线,插线{电脑}
pluggable 可插入的(pluggabilis)
pluggable unit 插件{电脑}
plugged program 插入程序
plugging ①堵塞,堵住{环保}②插入,插接{电脑}③塞植,补植{栽培}
plugging chart 插接图
plum (= plum tree) ①李属[*Prunus* L.](蔷薇科)②李[*Prunus salicina* Lindl.]
plum anthracnose 李炭疽病[*Gloeosporium serotinum* Ell. et Ev.]
plum aphid 李蚜[*Aphis pruni* sp.](蚜科)
plum aspergillus rot 李果腐病[*Aspergillus luchuensis* Inui]
plum bacterial canker and dieback 李细菌性溃疡病[*Pseudomonas mors-prunorum* Wormald]
plum black mold fruit rot 李黑腐病[*Alternaria tenuis* Nees.]
plum black spot (= plum bacterial leaf spot) 李细菌性穿孔病[*Xanthomonas pruni* (Smith) Dowson]
plum bladder 李缩叶病[*Taphrina pruni* (Fuck.) Tul.]
plum-blossoms 梅花
plum borer 李象甲[*Rhynchites cupreus* Linnaeus](象甲科)
plum brown rot 李褐腐病[*Sclerotina laxa* Aderh et Rubl.]
plum canker 李胴枯病[*Leucostoma persoonii* (Nit) Togashi]
plum cankerworm 李尺蛾[*Angerona prunaria* L.](尺蛾科)
plum compote 糖渍李{加工}
plum curculio 梅象[*Conotrachelus nenuphar* (Herbst)](象甲科)
plum cutworm 李石冬夜蛾[*Lithophane socia* Rottenberg](夜蛾科)
plum eastern tropics mistletoe 李桑寄生[*Loranthus parasitious* (Lim.) Merr.](桑寄生科)
plum exanthema 李枝枯病(生理病害)
plum fruit moth (= plum fruit worm) 李小食心虫[*Grapholitha funebrana* Treitschke](小卷蛾科)
plum fruited cluster flowered yew 日本粗榧[*Cephalotaxus harringtonia* (Forbes) Koch](粗榧科)
plum gouger 李花象[*Coccotorus scutellaris* Le Conte](象甲科)
plum-leaf actinidia 梅叶猕猴桃[*Actinidia*

mumoides C. F. Liang]（猕猴桃科）
plum-leaf crab 海棠果[*Molus prunifolia* Borkh.]（蔷薇科）
plum leaf roller 李网眼褐卷蛾[*Tortrix dumetana* Treitschke]（卷蛾科）
plum leaf sawfly 李叶蜂[*Priophorus varipes* (Lep.)]（叶蜂科）
plum leafhopper 李三点叶蝉[*Macropsis trimaculata* Fitch.]（叶蝉科）
plum lecanium 杏蜡蚧[*Lecanium prunastri* Fansc.]（蜡蚧科）
plum mango 对叶李杧果(波漆)[*Bouea oppositifolia* Adelb]（漆树科）
plum mushroom 陡盖菌[*Clitopilus prunulus* (Fr.) Quél.]（伞菌科）
plum orchard 梅园〈园林〉
plum pit 李核
plum pocket (= bladder plum) 李袋果病，李缩叶病[*Taphrina pruni* (Fcl.) Tul.]
plum powdery mildew 李白粉病[*Podosphaera axyacanthae* var. *tridactyla* (Wallr.) Salm.]
plum pox virus 李痘病毒
plum pudding 李干布丁〈加工〉
plum rains 梅雨
plum rust 李锈病[*Tranzchelia prunispinosae* (Pers.) Diet.]
plum rust mite 福氏刺瘿螨[*Aculus fockeui* (Nalepa et Trouessart)]（瘿螨科）
plum scab 李疮痂病[*Cladosporium carpophilum* Thuemen]
plum scale (= brown apricot scale, European fruit lecanium) 李蜡蚧[*Lecanium corni* Bouche]（蜡蚧科）
plum stinging caterpillar 大黄青刺蛾[*Parasa bilarata* Staudinger]（刺蛾科）
plum sun scald 李日灼病，李日烧病(生理病害)
plum tortrix moth 李卷蛾(梅卷蛾)[*Argyroploce pruniana* (Hübner)]（卷蛾科）
plum tree 李[树][*Prunus salicina* Lindl.]（蔷薇科）
plum tree plant-louse 高粱缢管蚜[*Rhopalosiphum prunifoliae* Fitch]（蚜科）
plum worm 李斑螟[*Acrobasis rufilimbalis* Wileman]（班螟科）
pluma (= plumula) 正羽，羽毛，绒毛
plumage 鸟羽，羽毛，羽衣
plumage pigmentation gene 羽被着色基因
plumb ①垂直线，铅锤线 ②铅锤，测锤(plumbum)
plumb-bob 垂球，垂铅
plumb line 垂直线
plumbagella type 小矶松型(胚囊)
plumbago ①白花丹属[*Plumbago* L.]（白花丹科）②白花丹[*Plumbago zeylanica* L.] ③石墨(= graphite)
plumbago family 白花丹科(矾松科)[Plumbaginaceae]
plumbago type 矶松型(胚囊)
plumbate 高铅酸盐
plumber 管子工人，白铁工人
plumbering 安管工程(指室内)
plumbic acid 高铅酸
plumbicon 光导摄像管
plumbing 制管工程，管道工程
plumbing-bar 垂杆
plumbing fittings [卫生]管道配件〈环保〉
plumbing fixture 盥洗设备〈环保〉
plumbing system 管道工程系统(指排水卫生设施)
plumbite 亚铅酸盐[M_2PbO_2]
plumbo-solvency 溶铅力〈环保〉
plumcot 红李(杏李)[*Prunus simonii* Carr.]（蔷薇科）
plume ①羽毛，冠毛 ②拔毛 ②烟羽，烟缕〈环保〉(pluma)
plume bryopsis ①羽藻属[*Bryopsis* C. Agarch.]（羽藻科）②羽藻[*Bryopsis plumosa* C. Agarch.]
plume-bryopsis family 羽藻科[Bryopsidaceae]
plume-grass ①蔗茅属[*Erianthus* Michx.]（禾本科）②蔗茅[*Erianthus fulvus* Nees.]
plume-like inflorescence 羽状花序(inflorescentia plumosa)
plume moth ①甘薯褐羽蛾[*Oidaematophorus monodaclylus* Linnaeus]②⌊复⌉羽蛾科[Pterophoridae]
plume of smoke 羽状烟雾〈遥感〉
plume rise 烟羽上升〈环保〉
plumed seed 有毛种子
plumed thistle ①蓟属[*Cirsium* Mill.]（菊科）②蓟[*Cirsium japonicum* DC.]
plumelet ①小羽毛，幼毛 ②幼芽
plumepoppy ①博落回属[*Macleaya* R. Br.]（罂粟科）②博落回[*Macleaya cordata* R. Br.]
plumery 羽毛(plumerium)
plumeseed maurandia ①毛子草属[*Maurandia* Ort.]（玄参科）②毛子草[*Maurandia lophospermum* Bailey]
plumigerous 被毛的，长毛的(plumiger)

plummet 垂直线,锤线
plumose（= plumous） 羽毛状的（plumosus）
plumose antenna 羽毛状触角（antenna plumosa）
plumose awn 羽状芒（arista plumosa）
plumose pappus 羽状冠毛（pappus plumosus）
plumose stigma 羽毛状柱头（stigma plumosa）
plump ①丰满的,饱满的 ②肥胖的（pinguis）
plump grain（= plump kernel） 饱满子粒（granum pingue）
plump seed 饱满种子（semen pinguis）
plumping 膨胀
plumpness 饱满度（pinguitudo）
plumpness of kernel 种子饱满度
plums for pickling 梅干,腌梅子｛加工｝
plumseed oil 李子油
plumula 小羽毛,绒毛
plumular 胚芽的（plumularis）
plumular axis 胚轴（axis plumularis）
plumular meristem 胚芽分生组织（meristema plumularis）
plumule ①胚芽｛解剖｝②小羽毛,绒毛｛禽｝③香羽鳞（鳞翅目）｛昆虫｝（plumula）
plumule bulb 胚芽鳞茎（bulbus plumularis）
plunge 埋盆｛园艺｝
plunger ①柱塞 ②铁心｛农机｝
plunger duster 柱塞式喷粉器
plunger piston 柱塞
plunger press ①柱塞式压捆机 ②柱塞式压力机 ③柱塞式榨油机
plunger pump 柱塞泵
plunger rod 柱塞杆
plunger-type control valve 柱塞式控制阀
plunging ①埋[花]盆 ②飞跃,跃进
plunging fold 倾状褶皱｛遥感｝
plural 复数的（pluralis）
plural fertilization 复受精（foecundatio pluralis）
plural number 复数
plural process 多次过程
plurality ①复数 ②众多,许多（pluralitas）
plurality correlation 复相关
pluramycin 复霉素
plurannual ①超一年生的 ②超一年生植物（plurannualis）
pluri- ⌊字头⌉ 多
pluriarticulate 多环节的,多关节的（pluriarticulatus）
pluriascal 多子囊的（pluriascalis）
pluriaxial 多轴的（pluriaxialis）
pluribus system 多元总线系统｛信息｝
pluricellular 多细胞的（pluricellularis）
pluriciliate 多纤毛的,多鞭毛的（pluriciliatus）
pluriflorous 多花的（pluriflorus）
plurifoliate 多叶的（plurifoliatus）
plurifoliolate 多小叶的（plurifoliolatus）
plurifolious 多叶的（plurifolius）
plurifurcate 多分叉的（plurifurcatus）
plurilocular 多室的（plurilocularis）
plurilocular sporangium 多室孢子囊
pluriloculate 多小室的,多腔的（pluriloculatus）
pluripartite 多深裂的（pluripartitus）
pluriperforate 多穿孔的（pluriperforatus）
pluriperithecial （子座）多子囊壳的（pluriperithecialis）
pluripetalous 多花瓣的（pluripetalus）
pluriphasic 多相的（pluriphasicus）
pluriphasic lethal 多相性致死
pluripileate（= pluripilous） 多菌盖的（pluripileatus）
pluripolarity 多极性（pluripolaritas）
pluripotency 多效能,多能性（pluripotentia）
pluripotent ①多效能的 ②多能性的（pluripotens）
pluripotent stem cell 多能干细胞（caulicellula pluripotens）
pluripotentiality 多潜能,多可能性（pluripotentialitas）
pluriseptate 多隔膜的,多隔壁的（pluriseptatus）
pluriserial ①多系列的 ②排成几行的（pluriserialis）
plurispermous 多种子的（plurispermus）
plurisporous 多孢子的（plurisporus）
pluristratose 多层的（pluristratosus）
plurivalent ①多价的 ②多价[染色]体（plurivalens）
plurivor 多主寄生物（plurivore）
plurivorous ①多寄主的 ②多食性的（plurivorus）
plurivorous parasite 多主寄生物
plus ①（+）正型,正号 ②加,加上
plus effect 正效应
plus-minus method 加减法（指 DNA 测序）｛分遗｝
plus-minus variation 正负变异｛遗传｝

plus modifier 递增修饰因子
plus punch 正号穿孔{电脑}
plus seed stand 正型采种林分
plus sense (=positive sense) 正义{分遗}
plus sight 后视(指水准测量的){遥感}
plus stand 正型林分
plus strand (=positive strand) 正链{分遗}
plus-strand DNA 正链 DNA
plus symbol 加符号,"+"符号
plus tree 正型树,优势木
plus zero 正零{信息}
plus zone 正区
plush 长毛绒
plusia moths 金斑蛾科[Plusiidae]
plutellid moth ①菜蛾 ②⌊复⌉菜蛾科[Plutellidae]
pluteus 长腕幼虫
pluton 深成岩体{地质}
plutonic rock (=plutonites) 深成岩
plutonium 钚(Pu,94 号元素)
pluvi- ⌊字头⌉雨
pluvial (=pluvious) ①多雨的 ②雨期(pluvius)
pluvial age 多雨期,多雨年份
pluvial index 雨量指数
pluvial period 多雨期,雨季
pluviifruticeta ①常雨灌木群落 ②常雨灌丛
pluviilignosa 常雨木本群落
pluviisilvae ①常雨乔木群落 ②常雨林
pluviograph 雨量计
pluviometer 雨量器
pluviometric 雨量器的,量雨的(pluviometricus)
pluviometric coefficient 雨量系数
pluvioscope 雨量器
pluviotherophyte 常雨一年生植物(pluviotherophyta)
pluvioviscid 遇湿而黏的(pluvioviscidus)
ply ①层,褶 ②[线]股 ③厚度 ④来回,往复
ply rating 来回次数
plymax (=metal-faced plywood) 金属贴面胶合板
plymetal 木金合板
Plymouth Rock 普里木斯洛克鸡
plywood 胶合板
plywood flooring 胶合板地板
plywood industry 胶合板工业
PMA (=Mersolite, PMAC, PMAS, Agrosan) 赛力散,醋酸苯汞
PMC (=pollen mother cell) 花粉母细胞
PMC smear PMC 涂片,花粉母细胞涂片
PMF 萘磺汞(杀菌剂)[$C_{33}H_{24}Hg_2O_6S_2$]
P.M.h. (=Production perman-hour) 每人每小时的产量(指甘蔗榨糖)
PMR (=proton magnetic resonance) 质磁共振
PMS (=pregnant mare's serum hormone) 孕马血清(促性腺激素)
PMTS (=Fumiron) 富民隆,磺胺苯汞(杀菌剂)[$C_{19}H_{17}HgNO_2S$]
PNA (=pentosenucleic acid) 戊糖核酸
pneophorus 人工呼吸器
pneuma- ⌊字头⌉空气
pneumathode 气囊
pneumathodium (=) ①气孔 ②呼吸根
pneumatic ①气动的,风动的 ②气压的 ③充气轮胎(pneumaticus)
pneumatic analog computer 气动模拟计算机
pneumatic atomization 充气弥雾,充气喷雾
pneumatic bale conveyor 气力草捆输送器
pneumatic bone (鸟的)气骨
pneumatic brake 气力制动器
pneumatic capstan 气动主动轮
pneumatic classifier 气力分级器
pneumatic cleaning 气动清洁,气动净化{环保}
pneumatic clearing 气力清选
pneumatic collection 气动收集{环保}
pneumatic combine 气流式[谷物]联合收获机
pneumatic computer 气动计算机
pneumatic control 气动操纵
pneumatic controller 气动控制器
pneumatic conveyer 气力输送器
pneumatic conveying 气力输送
pneumatic cotton harvester 气吸式棉花收获机
pneumatic cotton picker 气流式采棉机
pneumatic drier 气流式干燥机
pneumatic drill ①风钻 ②气力排种式播种机
pneumatic ejector 气动升液机
pneumatic elevator 气力升运器
pneumatic fertilizer distributor 气动式撒肥机
pneumatic fruit harvester 气动式果实采集机
pneumatic governor 气动调速器,真空调速器
pneumatic high speed duster 气动式快速喷粉机
pneumatic logic system 气动逻辑系统{电脑}
pneumatic mixing 气力混合

pneumatic picker 气吸式收摘机,气流式收摘机
pneumatic pruning shears 气动修枝剪
pneumatic pulsator 气动式脉动器
pneumatic pump 压气泵,气动泵
pneumatic reel 气动带盘{电脑}
pneumatic sampler 气力取样器
pneumatic sampling 气力取样
pneumatic seeder 气吸式播种机
pneumatic separator 气流清选机
pneumatic sowing mechanism 气流式排种机构
pneumatic sprayer 气动式喷雾机
pneumatic spraying machine 气动式喷雾机
pneumatic switch 气动开关
pneumatic system 气动系统
pneumatic tank 气压箱{环保}
pneumatic tire 充气轮胎
pneumatic tissue 储气组织(tela pneumatica)
pneumatic valve 气阀
pneumatically-operated grass seed drill 气动操纵式牧草种子播种机
pneumatocyst 气囊(pneumatocysta)
pneumatogram 呼吸描记图(pneumatogramma)
pneumatolytic deposit 气化矿床
pneumatophore ①出水通气根 ②载气体 ③浮囊(pneumatophorium)
pneumatotactic 趋气性的(pneumatotacticus)
pneumo- ⌊字头⌉空气
pneumocin 肺炎克氏杆菌素
pneumococcal bacteria 肺炎球菌
pneumococcal polysaccharide 肺炎球菌多糖
pneumococcus 肺炎球菌
pneumococcus endonuclease 肺炎球菌核酸内切酶
pneumococcus exonuclease 肺炎球菌核酸外切酶
pneumococcus transformation (= pneumococcal transformation) 肺炎球菌转化
pneumococcus transformation mutant 肺炎球菌转化突变体
pneumococcus type 肺炎球菌型
pneumococcus virulence 肺炎球菌毒性
pneumomycosis 真菌性肺病,肺真菌病
pneumonia 肺炎
pneumonitis 肺炎,局限性肺炎
pneumophyses of endophallus (= bursal cernua,horns) [内]阳茎角{蜂}
pneumotaxic centre 呼吸调整中枢
PNP (= purine nucleoside phosphorylase) 嘌呤核苷磷酸化酶{分遗}
po (= poky) 缓慢生长
P/O ratio 磷氧比率
poa (= bluegrass) ①早熟禾属[*Poa* L.](禾本科) ②早熟禾[*Poa annua* L.]
poacher ①偷猎者 ②偷渔者
poaching ①偷猎 ②偷渔
poachy ①湿软的 ②沼泽地
pock 痘疱,痘疮
pocket ①袋,小口袋 ②囊 ③洞 ④叶窝 ⑤卡片匣,储卡箱 ⑥袖珍的,小型的
pocket anemometer 轻便风速表
pocket aspiration psychrometer 轻便通风干湿表
pocket boom 囊状挡栅
pocket calculator 袖珍计算器
pocket cleaner 窝眼清选机
pocket compass 袖珍罗盘仪
pocket computer 袖珍计算机,便携[式]计算机
pocket cylinder 选粮筒,窝眼筒
pocket drilling 穴播,点播
pocket edition 袖珍版
pocket ionization chamber 袖珍电离室,小型电离室
pocket leaf 袋状叶(folium bursiferum)
pocket-lens 手持扩大镜
pocket of infection (= center of infection) ①侵染中心{病理} ②传染中心{微生物}
pocket of intestation 罹病地点,感染地点
pocket planting 穴植,穴栽,袋植
pocket register (= field note) 观测日记本,观测就地记录本,野外记录本
pocket rot 袋腐
pocket-shaped 囊状的,袋状的(bursiformis)
pocketronic 袖珍式电子计算机
pockwood (= lignum-vitae) 愈疮木[*Guaiacum officinale* L.](蒺藜科)
pocky ①有痘斑的 ②具泡状凸起的(pustulatus)
pocky cloud 悬球状云,乳房状云
POCS (= pure obtainable cane sugar) 可得纯蔗糖
POCS formula (= percentage obtainable cane sugar formula) 可得蔗糖率公式,POCS 公式
poculiform 杯形的(poculiformis)
pod ①荚果(legumen) ②蒴果(capsula) ③长角果(siliqua)
pod abscission 落荚,荚[果]脱落

pod and stem blight 木乃耳病,黑点病
pod and stem blight of soybean 大豆黑点病[*Diaporthe sojae* Lehmon.]
pod-bearing 结荚的
pod-bearing plant 豆科[植物][Leguminosae]
pod blight 豆荚凋腐病[*Diaporthe phaseolorum* (Cke. et Ell.)Sacc.]
pod boring moth 爪哇可可细蛾[*Acrocercops cramerella* Snellen](细蛾科)
pod corn 有稃种玉米(包皮玉米)[*Zea mays* L. var. *tunicata* Sturt.](禾本科)
pod dehiscence 蒴果开裂性,荚果开裂性
pod development stage ①蒴果发育期 ②荚果发育期
pod drop 落荚
pod-dropping 落荚
pod filling stage ①蒴果充实期 ②荚果充实期,饱荚期
pod formation stage ①蒴果形成期 ②荚果形成期
pod husk borer (=cocoa pod boring moth) 豆荚洽夜蛾[*Characoma stictigrapta* Hampson](夜蛾科)
pod indehiscence 蒴果不裂性,荚果不裂性
pod lead spot (=pod spot) 褐斑病(菜豆)
pod-like 荚状的(siliquaris)
pod maturity ①蒴果成熟度 ②荚果成熟度
pod moth 透翅灯蛾[*Ecpantheria albicornis* Green](灯蛾科)
pod mottle 荚斑病
pod pepper 朝天椒[*Capsicum annuum* var. *fasciculatum* Irish](茄科)
pod production 荚果产量
pod retention 荚果保存量
pod rust (=pod spot) 豆荚锈病[*Uromyces phaseolitypica* Arth.]
pod setting (=podding) 结荚,坐荚
pod setting characteristics 结荚特征
pod shedding 落荚
pod waste 荚皮壳
pod white-lined weevil 白条象甲[*Micides leucogramma* Er.](象甲科)
pod yield 荚果产量
podanthous 具有柄花的(podanthus)
podded 有荚的,结荚的
podded pea 荚豌豆
podded plants 豆科[植物][Leguminosae]
podding 结荚,坐荚
podding habit 结荚习性
podeon (=petiole) 腹柄{昆虫}
podetium 柱体{土壤}
podium (=podus) 柄
-podium ⌞字尾⌝足,柄
podocarp 具柄果(podocarpium)
podocarpous 具有柄果的(podocarpus)
podocarpus ①罗汉松属[*Podocarpus* L'Her.](罗汉松科) ②罗汉松[*Podocarpus chinensis* L'Her.]
podocarpus family 罗汉松科(Podocarpaceae)
podocarpus nagip 竹柏[*Podocarpus nageia* Zoll et Moritz.](罗汉松科)
podocephalous 具有柄头状花的(podocephalus)
podogynium 雌蕊柄,子房柄
podogynous 具雌蕊柄的,具子房柄的(podogynus)
podophyll 叶足(podophyllum)
podophyllin 鬼臼树脂(阻碍有丝分裂剂)
podophyllotoxin 鬼臼素,鬼臼毒素[$C_{15}H_{16}O_6$或$C_{22}H_{22}O_8$]
podophyllotoxin mutachromosomic effect 鬼臼素诱变染色体效应
podophyllous 具柄叶的(podophyllus)
podopterous 具翅柄的(podopterus)
podosperm 珠柄(podospermium)
podotrichous 被有柄毛的(podotrichus)
podovirus 短尾病毒(podovirus)
podsol (=podzol) ①灰壤 ②灰化层
podsol profile 灰壤剖面
podsol sand 灰化沙土
podsolic grey soil 灰化潜育土
podsolic soil 灰化土
podsolic zone 灰化土带
podsolization (=podzolization) 灰化作用(podsolisatio){土壤}
podsolizedness 灰化性,灰化度(podsolisitas){土壤}
podurid ①跳虫 ②⌞复⌝跳虫科[Poduridae]
podzol 灰壤{土壤}
podzol type of soil formation 灰壤式成土[作用]
podzolic 灰壤的(podosolicus)
podzolic bog soil 灰化沼泽土
podzolic brown earth 灰化棕壤
podzolic horizon 灰化层
podzolic red soil 灰化红壤
podzolic soil 灰化土
podzolization 灰化作用(podsolisatio)
podzolized latcritic soil 灰化砖红壤性土
podzolized meadow soil 灰化草甸土
podzolized red earth 灰化红壤
podzolized rendzina 灰化黑色石灰土

podzolized yellow earth 灰化黄壤
podzoluvisol 灰化土及生草灰化土
poecilogony （属，种）无性阶段有别现象，幼异老同现象（poecilogonia）
poecilophyllous 具有色叶的（poecilophyllus）
poecilosmoticity 变渗［透压］性（poecilosmoticitas）
poecilothermia 变温性
poet's jessamine 素馨［*Jasminum grandiflorum* L.］（木犀科）
poet's narcissus（＝pheasant's-eye） 红口水仙［*Narcissus poeticus* L.］（石蒜科）
pogon 须
pogonia ①朱兰属［*Pogonia* Juss.］（兰科）②朱兰［*Pogonia* japonica Rchb. f.］
pogonip 冻雾
pohuashan mountain ash 百花山花楸［*Sorbus pohuashanensis* Hedl.］（蔷薇科）
poi 球芋的块茎
poidometer 重量计
poikilitic ①斑状的 ②斑色的（poikiliticus）
poikilohydric 变水的（poikilohydrus）
poikilohydric cormophyte 变水茎叶植物（cormophyta poikilohydra）
poikilohydric ferns 变水蕨类（filicinae poikilohydrae）
poikilohydric form 变水型（forma poikilohydra）
poikilohydric plant 变水植物（planta poikilohydra）
poikilohydric species 变水种（species poikilohydrae）｛生态生理｝
poikilohydric stage 变水阶段（staticum poikilohydrum）
poikilohydric type 变水型（typus poikilohydrus）
poikiloploid 混倍体（poikiloploida）｛细胞｝
poikilosmotic 变渗压的（pbikilosmoticus）
poikilothermal ①变温的 ②变温动物（poikilothermalis）
poikilothermal animal 变温动物
poikilothermic 变温的（poikilothermicus）
poikilothermic hardening 变温锻炼（指幼苗抗寒锻炼）
poikilothermic organism 变温生物（organismus poikilothermicus）
poikilothermy 变温性（poikilothermia）
poinciana（＝flamboyanttree） ①凤凰木属［*Delonix* Raf.］（豆科）②凤凰木［*Delonix regia*（Bojer）Raf.］
poinsettia（＝Christmas flower） 猩猩木（一品红）［*Euphorbia pulcherrima* Willd.］（大戟科）
point ①尖，尖端 ②刺迹，刺点，点 ③小数点｛统计｝④小量 ⑤论点，要点 ⑥地点，处所 ⑦（寒暑表）刻度，程度 ⑧项目，条款 ⑨铲尖，凿尖，松土锄铲（punctum）
point approximation 点近似法
point at infinity 无穷远点｛遥感｝
point bar 铧尖铁棒
point by point computation 逐点计算
point charge 点电荷
point diagram（＝point chard） 点图，散射图｛统计｝
point discharge 尖端放电
point error ［交叉］点误差
point estimation 点估计法
point exposure 单点曝光｛遥感｝
point group 点群｛生技｝
point group symmetry 点群对称
point-headed grasshopper 短翅负蝗［*Atractomorpha crenulata*（Fabricius）］（蝗科）
point identification 像点辨认｛遥感｝
point interpolation 插点法｛遥感｝
point intersection 点交会
point load 点载荷，集中载荷
point locator 探穴仪
point mode display 点式显示
point mutant ［基因］点突变体
point mutation ［基因］点突变
point-networks 点网｛遥感｝
point of aim 瞄准点
point of attachment 着丝点
point of chiasma 交叉点
point of compass 罗盘分划点
point of compensation 补偿点
point of condensation 凝结点，凝聚点｛土壤｝
point of contact 接触点
point of crossing over 交换点
point of entry 进入点｛信息｝
point of exertion 行使点，尽力点｛环保｝
point-of-failure（POF） 故障点｛电脑｝
point-of-failure restart（POF restart） 故障点再启动
point of inflection 层析点
point of interchange 交换点
point of interlocking 互锁点
point of intersection 交点
point of invocation 调用点
point of junction 会合点
point of last environment restart（POLE

restart） 最后环境点再启动
point of no return 不可返回点
point of partner exchange 配对交换点
point of presence（POP） 存在点
point of sale（POS） 销售点｛农管｝
point of sale & electronic funds transfer（POA&EFT） 销售点电子资金转账
point of saturation 饱和点
point of share 犁铧尖
point of solidification 凝固点，固结点｛土壤｝
point of symmetry 对称点
point of tangency 接触点
point of the spectrum 谱点｛生技｝
point of view（POV） ①观察点 ②观点
point operation 点运算｛遥感｝
point quadrat method 点样方法｛生态｝
point rainfall 指定点雨量
point retrial 点检索
point sampling 样点抽样法
point size 点数（指点有多少个）
point source of light 点光源
point stickiness （单染色体）位点黏着性
point-supported 定点支承的
point target 点目标
point-to-point protocol（PPP） 点－点协议｛信息｝
point transistor 点式晶体管
point union 点并合
point-value ［工］分值
pointed ①尖的，尖角的 ②突出的
pointed cone 尖头锥体
pointed nose 尖头部，尖形头
pointed section 齿刃动刀片
pointed shovel 尖形挖掘机，镶尖挖掘机
pointed zelkova 榉树［*Zelkova serrata* Makino］（榆科）
pointer ①指针 ②指示器，指示杆 ③指示犬［*Canis familiaris avicularius*］④指示字｛电脑｝
pointer compression 指示字压缩｛电脑｝
pointer data ①指针数据 ②指示字数据
pointer method 指引法｛遥感｝
pointer path 指针路径
pointer value 指针值
pointing ①指射 ②指示｛狩猎｝③指向
pointing error 指向误差｛遥感｝
pointless 无点的，无尖头的（muticus）
pointletted ①细尖头的 ②具小斑点的（puncticulatus）
pointolite 点光源
points of comb （鸡）冠齿
pointwise 逐点的
poion 禾草型植被
pois（＝poisonous） 有毒的
poise ①泊（黏度单位）②平衡，均衡 ③砝码，秤锤
poiser 平衡棒｛昆虫｝
poison ①毒，毒剂，毒物 ②毒害，毒化 ③毒杀（toxicum）
poison bait 毒饵
poison bait method 毒饵法
poison baiting（＝poison bait method） 毒饵法
poison-bearing 有毒的（toxifer）
poison-bulb（＝grand crinum） 大文殊兰［*Crinum asiaticum* L.］（石蒜科）
poison effect 毒效
poison gland 毒腺
poison grain 毒谷
poison-hemlock 斑药芹（芹叶钩吻）［*Conium maculatum* L.］（伞形花科）
poison insecticide 杀虫毒剂
poison ivy 毒漆［*Rhus toxicodendron*］（漆树科）
poison-nut ①马钱子属［*Strychnos* L.］（马钱科）②马钱［*Strychnos nuxvomica* L.］
poison sac 毒囊
poison-seta 毒毛
poisondart ①亮丝草属［*Aglaonema* Schott］（天南星科）②亮丝草［*Aglaonema modestum* Schott］
poisoned grain 拌药子粒
poisoned seed wheat 拌药麦种
poisoning 中毒
poisoning by pesticide 农药中毒
poisoning computer 中毒计算机
poisonous 含毒的（toxicus）
poisonous agent 毒物，毒剂
poisonous and deleterious substances control law 毒物与有害物管制法规
poisonous bait 毒饵
poisonous color 有毒色［素］｛环保｝
poisonous fishes 有毒鱼类
poisonous gas 有毒气体，毒气
poisonous herb 有毒草本植物，毒草（herba poisona）
poisonous plant 有毒植物（planta poisona）
poisonous substance 含毒物质
poisonous wastewater 有毒废水｛环保｝
poisonous water 毒水（指对农作物和鱼贝类产生毒害作用的水）｛环保｝

poisonous weeds 有毒杂草
poisonousness 毒性（toxicitas）
Poisson distribution 波依逊氏分布{统计}
Poisson equation 波依逊方程[式]{统计}
Poisson law 波依逊法则{统计}
Poisson series 波依逊系列
Poisson stream 波依逊氏流
Poisson's number 波依逊数
poke ①拨，推 ②袋，囊 ③存数，置数{电脑}
pokeberry（=pokeweed） ①商陆属［*Phytolacca* L.］（商陆科）②商陆［*Phytolacca esculenta*（Maxim.）van Houtt.］
poker 拨火棒，火钳
poker-picture（=pokerwork，poker-drawing） 烧绘（在木材上烧印）
poker plant ①剑叶兰属［*Kniphofia* Moench.］（百合科）②剑叶兰（火把莲）［*Kniphofia uvaria* Hook.］
pokeweed ①商陆属［*Phytolacca* L.］（商陆科）②商陆［*Phytolacca esculenta*（Maxim.）van Houtt.］
pokeweed family 商陆科［Phytolaccaceae］
pokeweed mitogen（PWM） 商陆有丝分裂素，商陆丝裂素
pokeweed mosaic virus 商陆花叶病毒
pokkan boeng 梢枯病（指甘蔗）
poky（po） 缓慢生长
pol（=polarization） 转光度（旋光度）
polachena（=polackena） 五室瘦果
Poland China 波兰中国猪（杂交种）
polanret microscope 偏光可变相极显微镜{显技}
polar ①极的 ②极生的，极性的 ③极，极地（polaris）
polar adsorption 极性吸附
polar amino acid 极性氨基酸
polar area 极区（area polaris）
polar aurora 极光{气象}
polar axis 极轴（axis polaris）
polar bearing 极方位{遥感}
polar body（=polar globule） 极体（corpus polaris）
polar bond 极性键
polar cap 极冠，极帽（cappapolaris）
polar cap stage 极帽期
polar cell（=polocyte） 极细胞（polocyta）
polar cilium 极生纤毛（cilium polare）
polar circle 极圈
polar circuit 极化电路{信息}
polar climate 极地气候
polar climate type 极地气候型（typus climatus polaris）
polar cone 极锥（conus polaris）
polar coordinates 极坐标
polar current 极地气流
polar decomposition 极分解，极坐标分解
polar desert soil 极地漠境土
polar distance 极距{遥感}
polar easterlies 极地东风[带]
polar encircling cell 极环绕细胞
polar fiber 极纤维
polar forest 极地森林
polar form 极型（forma polaris）
polar fox 北极狐［*Alopex lagopus*］
polar front 极锋
polar-front jet 极锋急流（=polar front jet stream）
polar fusion nucleus 并合极核，合融极核
polar globule 极体
polar granule 极粒（granula polaris）
polar group 极性基团
polar head 极性头（指脂双层）{生技}
polar high 极地高压区
polar insertion 极性插入
polar keying 极性键入，双极性键控
polar lacuna 极隙（lacuna polaris）
polar lobe 极叶
polar low pressure 极地低压
polar meteorology 极地气象学
polar method 极坐标法
polar molecule ①极分子{分遗}②极性分子{土壤}
polar movement 极性移动
polar mutation 极性突变
polar nodule 极节（nodula polaris）
polar nucleus（=pole nucleus） 极核（nucleus polaris）
polar orbit 极[地]轨道{遥感}
polar orbiting geophysical observatory satellite 极地轨道地球物理观测卫星{遥感}
polar orbiting meteorological satellite 极地轨道气象卫星{遥感}
polar-orbiting satellite 极地轨道卫星
polar organization 极性构成（organisatio polaris）
polar planimeter 定极求积仪
polar plasm（=pole plasm） 极质（plasma polaris）
polar plate（=pole plate） 极板（platus polaris）
polar plot 极坐标绘图法
polar projection 极[地]投影
polar radiation 极辐射

polar radical 极性基
polar ray 极射线（radius polaris）
polar region ①极地{气象} ②极区{分遗}
polar relay 极性继电器{信息}
polar sea 极地海
polar soil formation 极地土壤形成
polar solvent 极性溶剂
polar spore 极孢子（spora polaris）
polar star（=polaris） 北极星
polar stereographic mosaic 极赤面[投影]拼图{遥感}
polar stereographic projection 极射赤面投影
polar subsidiary cell 极副卫细胞（cellula subsidiaris polaris）
polar substance 极性物质
polar summer 极地夏季
polar surface 极表面
polar transport 极性运输
polar vector 极向量
polar view 极面观
polar vortex 极[地]涡[旋]
polar zipper 极性拉链[结构]{分生}
polar zone ①极地带{气象} ②（=polar cap）极帽{分遗}
polard willow 白柳（银柳）[*Salix alba* L.]（杨柳科）
polargibberellin 游离赤霉素
polargonidin 天竺葵定
polarimeter 旋光仪，偏振计
polarimetry 旋光测定法（polarimetria）
polariscope 旋光镜，偏振光镜（polariscopa）
polariser 偏振器，偏振镜
polarity 极性（polaritas）
polarity alleviation 极性缓和
polarity coincidence correlator 极性重合相关器
polarity gene 极性基因
polarity gradient 极性梯度
polarity mutant 极性突变型
polarity mutation（=polar mutation） 极性突变
polarity suppressor 极性抑制基因
polarization ①极化[作用] ②偏振化[作用] ③极化强度（polarisatio）
polarization curve 极化曲线
polarization factor 偏振化因子
polarization loss 极化损耗{遥感}
polarization microscope 偏[振]光显微镜
polarization microscopy 偏[振]光[显微]镜检术
polarization of electrode 电极极化
polarization of light 光偏振化{遥感}
polarized ①极化的，有极性的 ②偏振的
polarized assortment ①极化分配 ②极化组合
polarized component 有极性元件{电脑}
polarized dipole magnetization 极化偶极子磁化
polarized distribution [电]极化分布
polarized fashion 极化方式
polarized filter ①偏振滤光镜 ②立体眼镜
polarized light 偏振光
polarized membrane 极化膜
polarized movement 极化移动
polarized plug 极性插头
polarized ray 偏振射线
polarized segregation 极化分离
polarized spreading effect 极化扩散效应
polarized system 极化系统
polarized transfer 极化转移
polarizer 偏光器（偏振镜）
polarizing filter ①偏振滤光片{遥感} ②偏振滤光镜{显技}
polarizing fluorescence 偏振荧光
polarizing microscope 偏光显微镜{显技}
polarizing slot 定位槽
polarogram 极谱（polarogramma）
polarograph 极谱仪
polarographic 极谱的（polarographicus）
polarographic analysis 极谱分析
polarographic method 极谱[分析]法
polarography 极谱[分析]法（polarographia）
polaroid [人造]偏振片
polaron 极化子{分遗}
polaron hybrid DNA hypothesis 极化子杂种 DNA 假说
polaron hybrid DNA model 极化子杂种 DNA 模型
polarotactic navigation 偏振光导航
polarotaxis 趋偏光性
polcat 骚狐子{森林}
polder （海滩，沼泽地）围垦地，排水新垦地，圩田
polder district 围垦地区
polder land 围垦地
polder soil 围垦地土壤
pole ①支柱 ②辕杆{畜} ③[测]杆 ④柱，桩{水利} ⑤极，极点，电极，磁极 ⑥干材树（palus，polos）
pole and truss construction 支柱与构架施工法，PT 施工法{农施}
pole assignment 极点配置

pole bean (=climbing bean) 普通菜豆(蔓性菜豆)[*Phaseolus vulgaris* var. *communis* Asherso](豆科)
pole cap 极冠
pole cap stage 极冠期
pole cell 极细胞
pole chain 测竿(链)
pole chute 杆滑道,纵木滑道
pole drying (=pole stacking) 干堆垛
pole field 极地
pole nucleus (=polar nucleus) 极核
pole piling 积[垛]
pole pin [单]辕销,辕栓,辕钉
pole plant 极地植物(planta polaris)
pole plasm 极质,极原生质
pole plate 极板
pole plough 简易犁
pole pruning saw 高枝锯
pole road 木杆道
pole slide (=timber slide) 木滑道
pole-slide with plankbottom 板底滑道
pole-star recorder 北极星记录器
pole stock 干材
pole tie 干材枕木
pole tip [单]辕杆
pole-to-pole separation 极对极分离
pole with tops 带梢干材,原条
pole-wood 圆干材
Polenske number 包氏值(不溶解挥发脂肪酸值)
policeman ①[细胞]刮棒,细胞帚 ②淀帚{生技}
policies and measures 政策与措施{农经}
policy ①方针,政策,策略 ②保险单
policy making 政策制定
policy of least privilege 最少特权策略
policy of protection 保护贸易政策
policy of rice 大米政策
policy of subsidization 资助政策
policy of the control of the population growth 控制人口增长的政策{农经}
policy services 策略服务
policy space 策略空间{遥感}
poling board 堰板{水利}
poliocephalous 灰头的(poliocephalus)
poliomyelitis 脊髓灰质炎
poliomyelitis virus 脊髓灰质炎病毒
poliophyllous 灰叶的(poliophylus)
polioplasm ①网质 ②颗粒质(polioplasma)
poliovirus (=poliomyelitis virus) 脊髓灰质炎病毒
poliovirus receptor 骨髓灰质炎病毒受体
polish ①抛光,磨光,擦亮 ②优质,精良 ③抛光剂
polish barley 去壳大麦
polish mushroom 牛肝菌[*Boletus edulis* Fr.](牛肝菌科)
Polish notation 波兰表示[法]{电脑}
Polish wheat (=diamond wheat) 波兰小麦[*Triticum polonicum* L.](禾本科)
polished chafer 恼人丽金龟[*Anomala difficilis* Waterhouse](金龟科)
polished flower click beetle 艳花叩甲[*Athous sinuatus* Lewis](叩甲科)
polished pieris 光马醉木[*Pieris polita* Smith et J. F. Jeff.](杜鹃花科)
polished rice 碾磨米,精米,白米
polished rice with embryo 具胚精米
polished section 磨片{土壤}
polished surface 光面
polisher 谷粒光洁器
polishing ①磨光,抛光 ②碾磨光
polishing chamber 砻间,碾米室
polishing file 抛光锉(工具)
polishing machine 碾磨机,碾米机
polishing of wood 木材打光
polishing percentage 出米率
polishing pond 精处理塘{环保}
polishing roll 碾磨滚子,碾米滚子
polishing treatment 深度处理{环保}
Polje 岩溶盆地,坡立谷
poll ①(家畜的)头 ②去角 ③无角牛,去角牛 ④去梢,去顶
poll evil 马颈背疮,头项病
pollacanthic (=pollachanthic) 多次开花的(pollacanthicus)
pollachigenous 多年生的(pollachigenus)
pollan 白鲑[*Coregonus lavaretus* L.]
pollard ①截头木,无顶树 ②去角家畜
pollard tree 截头树,无顶树
pollarding (=pollard system) 截头,头木作业
pollarding forest 头木林
pollarding regeneration 头木更新
polled 去角的,无角的(指家畜)
polled Durham 去角杜尔汉,去角短角牛
pollen ①花粉(pollen) ②属花粉的(pollinaris,pollinicus)
pollen abortion 花粉败育(abortio pollinica)
pollen allergen 花粉变应原(allergenum pollinicum)
pollen analysis 花粉分析(analysis pollini-

cus)

pollen antigen 花粉抗原(antigenum pollinicum)

pollen arginine-requiring strain 花粉需精氨酸品系

pollen basket 花粉槽(cathium pollinicum)

pollen-bearing 具花粉的(pollinifer)

pollen beetle (= rape beetle) 油菜花露尾甲[*Meligethes aeneus* Fabricius](露尾甲科)

pollen brush 花粉刷

pollen callus 花粉愈伤组织(callus pollinicus)

pollen carrier ①荷粉体,花粉载体 ②采粉蜂

pollen carrier for virus 花粉病毒载体

pollen cell suspension 花粉细胞悬[浮]液

pollen cells 药室

pollen chamber 贮粉室(camera pollinica)

pollen combs 花粉栉

pollen competition 花粉竞争

pollen contamination 花粉污染

pollen culture 花粉培养

pollen culture of haploid plant 单倍体植物的花粉培养

pollen culture regeneration 花粉培养再生

pollen cup 花粉杯(育种用)

pollen development 花粉发育(evolutio pollinica)

pollen development in vitro 花粉离体发育,花粉试管内发育

pollen diagram 花粉式(diagramma pollinaris)

pollen diploid plant 花粉二倍体植物

pollen dispersal 花粉飞散

pollen dispersal period 花粉飞散期

pollen DNA uptake 花粉 DNA 吸收

pollen donor 花粉供体

pollen dusting 花粉助媒

pollen embryo 花粉胚

pollen embryo sac 花粉胚囊(saccus embryonalis pollinicus)

pollen extract 花粉浸出液(extractus pollinicus)

pollen-fertile 花粉能育的

pollen-fertile clone 花粉能育无性系

pollen-fertile crop 花粉能育作物

pollen-fertile plant 花粉能育植物(株)

pollen fertility 花粉能育性(fertilitas pollinicus)

pollen fertilization competence 花粉受精能力

pollen fertilization in vitro 花粉离体受精,花粉试管内受精

pollen filler 花粉稀释剂

pollen flow 花粉流动

pollen flower 产粉花(flos pollinicus)

pollen fluorescence technique 花粉荧光技术

pollen frequency 花粉数(玻片上每平方厘米的花粉数)(frequentia pollinica)

pollen germination 花粉萌发(germinatio pollinica)

pollen germination in vitro 花粉离体萌发,花粉试管内萌发

pollen germspore 花粉萌发孔(germspora pollinica)

pollen grain (= pollen granule) 花粉粒(granum pollinis)

pollen-grain mitosis (= pollen mitosis) 花粉粒有丝分裂

pollen growth factor (PGF) 花粉生长因素(子)

pollen gun 花粉放射器(育种用)

pollen hormone 花粉激素

pollen injector 花粉注射器(育种用)

pollen insert 花粉分配器,花粉附着器{蜂}

pollen irradiation 花粉照射

pollen killer 杀花粉剂

pollen killer gene 杀花粉基因

pollen-lethal 花粉致死基因

pollen load (= pollen pellet) 花粉团,花粉球

pollen longevity 花粉寿命

pollen mass 花粉块(pollinium)

pollen mentor 花粉蒙导

pollen mixture 混合花粉

pollen mother cell (PMC) 花粉母细胞

pollen mould 花粉霉(pericystis alvei)

pollen nippers (= pollen pincers, wax pincers, wax shears, pollen press) 花粉铗(从前认为它是取下蜡鳞用的,故有蜡钳、蜡剪之称)

pollen nucleus 花粉核

pollen parent 花粉亲本

pollen pellet 花粉小球

pollen plant ①粉原植物 ②花粉植物

pollen plate 花粉板,花粉筐

pollen processing 花粉加工

pollen profile 花粉剖面

pollen proportion 花粉比例(proportio pollinica)

pollen protoplast 花粉原生质体

pollen quartet 花粉四分孢子

pollen radiobotany 花粉放射植物学(radiobotanica pollinica)

pollen rain 花粉雨
pollen rake 花粉耙{蜂}
pollen reaction mutation 花粉反应突变
pollen restoration 花粉复壮(restoratio pollinica)
pollen-restoring gene 花粉恢复基因
pollen sac 花粉囊(saccus pollinicus)
pollen segregation 花粉分离(segregatio pollinica)
pollen sequence 花粉顺序(sequentia pollinica)
pollen shedding 花粉散落
pollen spectrum 花粉谱(spectrum pollinicum)
pollen spore 花粉孢子(spora pollinica)
pollen stainability 花粉染色力{显技}
pollen-sterile 花粉不育的
pollen-sterile clone 花粉不育无性系
pollen-sterile crop 花粉不育作物
pollen-sterile plant 花粉不育植物(株)
pollen sterility 花粉不育性(sterilitas pollinicus)
pollen sterility-restorer (= pollen sterility-storing gene) 花粉不育恢复基因
pollen substitute ①人工花粉 ②花粉代替物
pollen supplement 花粉补充物
pollen supplier 花粉供给者,父本
pollen suspension 花粉悬[浮]液
pollen tetrad 四分花粉,花粉四分体
pollen tetrad protoplast 花粉四分体原生质体
pollen tetrahedron 花粉四面体
pollen toxicosis 花粉中毒(toxicosis pollinicus)
pollen trap 花粉采集器
pollen tube 花粉管(tubus pollinicus)
pollen tube cell 花粉管细胞
pollen tube chromosome 花粉管染色体
pollen tube competition 花粉管竞争,花粉管竞生
pollen tube ectotropic 外向花粉管(tubus pollinicus ectotropicus)
pollen tube elongation 花粉管伸长
pollen tube endotropic 内向花粉管(tubus pollinicus endotropicus)
pollen tube growth 花粉管生长
pollen tube nucleus 花粉管核
pollen viability 花粉生活力(viabilitas pollinicus)
pollenicide 杀花粉剂
pollenin 花粉素
pollenizer (= pollinizer) ①授粉树 ②授粉器 ③授粉植物(polliniser)
pollenophagous 食花粉的(pollinophagus)
pollenophagous insect 食花粉昆虫
pollenproof 防花粉的
pollen's incompatibility gene 花粉的不亲和性基因
pollia ①杜若属[*Pollia* Thunb.](鸭跖草科) ②杜若[*Pollia sorzogonensis* (E. Meyer) Steud.]
pollina 授粉者,传粉者
pollinate 授粉(pollinare)
pollinated 授粉的(pollinatus)
pollinated variety 授粉品种
pollinating agency 花粉媒介物
pollinating agent 授粉媒介,传粉媒介
pollinating machine 授粉机
pollinating vector 传粉媒介
pollination 授粉,传粉(pollinatio)
pollination control 授粉控制
pollination drop 传粉滴
pollination in vitro 离体授粉,试管内授粉
pollination medium 传粉媒介
pollination of blendings (玉米)混合授粉
pollination technique 授粉技术
pollinator ①授粉器 ②花粉媒介昆虫 ③授粉者
polling ①查询,询问 ②探询,轮询{信息}
polling circuit 轮询电路,探询电路
polling cycle 查询周期
pollinic 花粉的(pollinicus)
pollinic chamber 贮粉室(camera pollinica)
polliniferous (= polleniferous) 具花粉的(pollinifer)
pollinium (= pollen mass) 花粉块
pollinizer ①授粉植物 ②授粉树 ③传花粉者 ④授粉器
pollinodium 精子器
pollinosis 花粉病
pollu beetle (= pepper flea beetle) 胡椒蛀果跳甲[*Longitarsus nigripennis* Motschulsky](跳甲科)
pollutant 污染物(pollutans)
polluted 污染的(pollutus)
polluted agricultural land 农田污染,农地污染{环保}
polluted air 污染空气
polluted field 污染田地
polluting 污染
polluting load 污染负荷量{环保}
pollution 污染(pollutio)
pollution abatement 减除污染

pollution bioindicator 污染生物指示器
pollution-caused fish kills 污染致死鱼,污染死鱼现象
pollution charge 排污收费
pollution control 污染防治,污染控制
pollution control terminal 污染控制终端{电脑}
pollution damage 污染[损]害
pollution dose 污染剂量
pollution dose-effect 污染剂量效应
pollution-free agriculture 无公害农业,无污染农业{农经}
pollution in limited area 局部污染{遥感}
pollution in wide area 广域污染{遥感}
pollution index 污染指数{环保}
pollution injury 污染害
pollution loading amount 污染负荷量
pollution of ocean 海洋污染{环保}
pollution of organic matters 有机质污染
pollution prevention 污染防止
pollution resistance 污染抗性,抗污染性
pollution source 污染源
pollution stress 污染胁迫{生态生理}
pollution stress response 污染胁迫反应
pollution test organism 污染供试生物
pollution threshold dose 污染阈[值]剂量
pollution zone 污染区,污染带
Pollux 波卢克斯(澳大利亚甘蔗品种)
polocyte ①极[母]细胞 ②极体(polocyta)
polonium 钋[Po,84 号元素]
polonium alpha-particle 钋的 α 粒子
polster plant (=cushion plant) 垫状植物
Poltavian-flora 巴珞塔瓦(亚热带)植物群(区系)
Polwarth 波尔华斯羊(澳大利亚品种)
poly- ⌞字头⌝多,聚
Poly (A) (=polyadenylic acid) 多(聚)腺苷酸
poly-adenine 多腺嘌呤
polyacetylene 多炔,聚乙炔
polyacid ①多酸,缩多酸 ②多酸的
polyacrylamide 聚丙烯酰胺
polyacrylamide gel 聚丙烯酰胺凝胶
polyacrylamide gel electrophoresis (PAGE) 聚丙烯酰胺凝胶电泳
polyacrylate 聚丙烯酸酯
polyacrylic acid 聚丙烯酸
polyad 多孢体(polyadum)
polyadelphian (=polyadelphous) 多体雄蕊的(polyadelphus)
polyadelphous stamens 多体雄蕊(stamina polyadelpha)
polyadenylation 聚腺苷酸化[作用](polyadenylatio)
polyadenylation factor 聚腺苷酸化因子{分生}
polyadenylic acid (Poly A) 聚腺苷酸
polyallele cross 多自交系互交
polyallele crossing ①多自交系互交 ②多雄同雌异时交配
polyallele mating ①多自交系互交 ②多雄同雌异时交配
polyamide 聚酰胺
polyamine 多胺
polyampholite membrane 聚两性电解质膜
polyampholyte 聚两性电解质
polyandrian (=polyandrous) 多雄蕊的
polyandrous 多雄蕊的(polyandrus)
polyandry ①一雌多雄,多雄性 ②多雄蕊式(polyandria)
polyanion 多阴离子
polyantha primrose (=polyanthus) 西洋樱草[*Primula polyantha* Hort.](报春花科)
polyantha rose 蔷薇[*Rosa multiflora* Thunb.](蔷薇科)
polyanthocarpium 多花果
polyanthous 多花的(polyanthus)
polyanthus 西洋樱草[*Primula polyantha* Hort.](报春花科)
polyanthus narcissus 多花水仙[*Narcissus tazetta* L.](石蒜科)
polyarch ①多原型 ②多极型{细胞}(polyarcus)
polyarch spindle 多极纺锤体(fusus polyarcus)
polyarch xylem 多原木质部(xylema polyarcus)
polyase (=polysaccharase) 多糖酶,聚合酶
polyastral 多星的(polyastralis)
polyastral type 多星型(typus polyastralis)
polyautomata 多自动机
polyauxotroph 多助养生物,多营养缺陷型(polyauxotrophe)
polyauxotrophic 多营养缺陷的(polyauxotrophus)
polyauxotrophy 多营养缺陷现象(polyauxotrophia)
polyavitaminosis 多种维生素缺乏症
polybag budding [多]袋育芽接
polybase ①多碱 ②混合基(石油)
polybasic ①多基数的 ②多碱基的(polybasicus)
polybasic acid ①(=polyprotic acid) 多元

酸（指有机的）②多[碱]价酸（指无机的）
polybasic polyploid 多基数多倍体
polybasic substance 多碱基物质
polybasy of chromosomal number 染色体数多基数
polybiparity 多双极性（polybiparitas）
polybrochate 具多网胞的，密稠状的（polybrochatus）
polybutene 聚丁烯（植物生长调节剂）
polycambial 多形成层的（polycambialis）
polycarbamate 福代锌（杀菌剂）[$C_{10}H_{18}N_4S_8Zn_2$]
polycarbonate sheet 聚碳酸酯板，PC板｛农施｝
polycarpellary 多心皮的（polycarpellaris）
polycarpellary ovary 多心皮子房（ovarium polycarpellare）
polycarpellary pistil 多心皮雌蕊（pistillum polycarpellare）
polycarpic（= polycarpous）①多次结果的，结多次果的 ②多果的（polycarpus）
polycarpic plant 多次结果植物（planta polycarpa）
polycarpous ①心皮多的 ②结多次果的（polycarpus）
polycary 多核孢子（polycarium）
polycaryon（= polykaryon） 多核，多组核，多核细胞（polycaryon）
polycaryoptic 多结子的，多颖果的（polycaryopticus）
polycaryotic（= polykaryotic）①多核的 ②多核细胞（polycaryoticus）
polycation 聚阳离子
polycationic lipid 聚阳离子脂质
polycell 多单元，多元组件（polycellula）｛电脑｝
polycentric 具多着丝粒的（polycentricus）
polycentric chromosome 多着丝粒染色体
polycephalous ①多头的 ②具多数头状花序的（polycephalus）
polycephalous root 多头根（radix polycephalus）
polychasium 聚伞花序
polychlamydeous ①多被的 ②多层的（polychlamydeus）
polychlamydeous chimaera 多层周缘嵌合体（chimaera polychlamydea）
polychlorinated biphenyls（PCB） 聚氯联苯，多氯联苯｛环保｝
polychoris 聚心皮果
polychotomous 多叉分枝的（polychotomus）
polychromasia 多染[色]性
polychromatic 多色的（polychromaticus）
polychromatic radar 多色激光雷达
polychromatic transmittance 多色透过率
polychromatism 多色现象（polychromatismus）
polychrome 多色的（polychromus）
polychrome stain 多色染色剂｛显技｝
polycistron 多顺反子
polycistronic 多顺反子的（polycistronus）
polycistronic messenger 多顺反子信使
polycistronic operon 多顺反子操纵子
polycistronic transcription 多顺反子转录
polycladous 多枝的（polycladus）
polyclimax 多元演替顶极
polyclimax theory 多元演替顶极理论｛生态｝
polyclinal chimaera 多层嵌合体（chimaera polyclinalis）
polyclonal 多无性[繁殖]系的，多克隆的｛农生技｝（polyclonalis）
polyclonal antibody 多克隆抗体，多无性系抗体
polyclone 多无性[繁殖]系，多克隆
polycloning 多克隆[化]，多无性繁殖｛农生技｝
polycloning site 多克隆[化]位点，多无性繁殖位点
polycnemum ①多节草属［*Polycnemum* L.］（藜科）②多节草[*Polycnemum majus* A. Br.]
polycoccous 多果爿的（polycoccus）
polycomplex 聚复合物
polycomputer 聚合计算机
polycondensation 缩聚[作用]
polycony 多球果病（polyconia）
polycorm 多球茎（polycormus）
polycotyl（= polycotylous，polycotyledonous） 多子叶的（polycotylus，polycotyledonus）
polycotyledon 多子叶
polycotyledonae 多子叶植物
polycotyledonous 多子叶的（polycotyledoneus）
polycotyledonous seed 多子叶种子（semen polycoty ledoneus）
polycotyledony 多子叶式（polycotyledonia）
polycotylous 多子叶的（polycotylus）
polycross 多系天然杂交
polycross breeding method 多系天然杂交育种法

polycross progenies 多系天然杂交后代
polycross seed ①多系天然杂交种子 ②⌊复⌉多系天然杂交种
polycross test 多系天然杂交测验
polycross trial 多系天然杂交试验
polycrossing 多系天然杂交
polycrystal 多晶体(polycrystallum)
polycycle ①多周期性 ②多环式(polycyclus)
polycyclic ①多轮列的 ②多环的(polycyclicus)
polycyclic flower 多轮花(flos polycyclicus)
polycyclic hydrocarbon 多环烃
polycyclic stele 多环式中柱(stela polycyclica)
polycyclic system 多环体系(systema polycyclica)
polycyclic type 多环型(typus polycyclicus)
polycycly 多环式(polycyclia)
polycysteine 多半胱氨酸
polycystic ①多囊的 ②多室的(polycysticus)
polycythemia 红血球增多症
polycytidylic acid (=Poly(c)) 多胞苷酸
polydactyly ①多指 ②多趾 ③多蹄动物(polydactylia)
polydemic 广居的(polydemus)
polydeoxyribonucleoside 多脱氧核[糖核]苷
polydeoxyribonucleotide 多脱氧核[糖核]苷酸
polydeoxyribonucleotide synthase 多脱氧核苷酸合酶
polyderm 复周皮,复皮层(polyderma)
polydesmida 山蛩目[Polydesmida]
polydesmids 山蛩科[Polydesmidae]
polydirectional 多向的(polydirectionalis)
polydirectional mutation 多向突变(mutatio polydirectionalis)
polydisk 垂直圆盘犁
polydisk plough 垂直圆盘犁
polydisperse 多[相]分散的(polydispersus)
polydisperse system 多[相]分散系{土壤}
polydispersion 多[相]分散性(polydispersio)
polydnavirus 多 DNA 病毒
polydominant 多优势种[的](polydominans)
polydomous 多巢的(polydomus)
polyelectrolyte 聚电解质
polyembryo 多胚
polyembryonate 具多胚的(polyembryonatus)
polyembryonia 多胚现象
polyembryonic 多胚的(polyembryonicus)
polyembryonic seed 多胚性种子(semen polyembryonicum)
polyembryony ①多胚现象 ②多胚(polyembryonia)
polyene 多烯
polyene antibiotics 多烯抗生素
polyene macrolide 多马霉素(农用抗生素)[$C_{33}H_{47}NO_{13}$]
polyene pigment 多烯色素
polyenergetic 多能的(polyenergeticus)
polyenergid 多活质体的,多核的(polyenergidus)
polyenic antibiotic 多烯抗生素
polyergistic 多调节的
polyergistic character 多调节性状
polyester 聚酯
polyestrous ①多[发]情的 ②多发情期(polyestrus)
polyether 聚醚,多醚
polyether surfactant 聚醚表面活性剂
polyethylene 聚乙烯[纤维](美国产聚乙烯纤维商品名称)
polyethylene bag 聚乙烯袋
polyethylene container 聚乙烯容器
polyethylene film 聚乙烯薄膜
polyethylene mulch 聚乙烯[薄膜]覆盖
polyethylene pentasulfide (=PEPS) 聚五硫乙烯
polyethyleneglycol (PEG) 聚乙二醇
polyethyleneglycol fusion of plant cell 植物细胞的聚乙二醇融合
polyethylenesulphonate 聚乙烯磺酸
polyetiological 多病因的(polyetiologicus)
polyetiological theory 多病因理论{分生}
polyfertilization 多受精[作用](polyfoecundatio)
polyfillet 多嵌条
polyforate 具多[圆]孔的(polyforatus)
polyfunctional acid 多元酸
polygala ①远志属[*Polygala* L.](远志科)②远志[*Polygala lenurfolia* Willd.]
polygala family 远志科[Polygalaceae]
polygalacturonase activity 聚半乳糖醛酶活性
polygalitol 远志糖醇[$C_6H_{42}O_5$]

polygama 杂性花
polygamo-dioecious 杂性异株的(polygamodioecius)
polygamo-monoecious 杂性同株的(polygamomonoecius)
polygamous(=polygamic) ①杂性的 ②多配的,一雄多雌的(polygamus)
polygamous flower 杂性花(flos polygamus)
polygamy ①杂性式 ②多配性杂婚 ③一雄多雌(polygamia)
polygenes 多基因(polygenae)
polygenesis ①多元发生说{进化} ②有性生殖{遗传}
polygenetic 多元发生的,多成因的(polygeneticus)
polygenetic profile 多成因剖面{土壤}
polygenic 多基因的(polygenus)
polygenic balance 多基因平衡
polygenic character 多基因性状
polygenic combination 多基因组合
polygenic control 多基因控制
polygenic inheritance 多基因遗传
polygenic lethality 多基因致死现象
polygenic locus 多基因座位,多基因变异座位
polygenic messenger RNA (=polygenic mRNA) 多基因 mRNA,多基因信使 RNA{分遗}
polygenic mRNA 多基因信使 RNA,多基因 mRNA
polygenic mutability 多基因突变性
polygenic mutation 多基因突变
polygenic resistance 多基因抗[病]性
polygenic system 多基因系统
polygenic system limitation 多基因系统限制
polygenic trait 多基因性状
polygenic variability 多基因变异性(variabilitas polygenicus)
polygenic variation locus 多基因变异座位
polygenism 多源发生说(polygenismus)
polygenist 多源说者(人种起源)(polygenistus)
polygenom 多染色体组,多基因组
polygenom hybrid 多染色体组杂种
polygenomatic 多染色体组的,多基因组的(polygenomaticus)
polyglucosan 葡聚糖
polyglycine 聚甘氨酸
polygon ①多边形,多角形 ②多边形图 ③导线位置,方位(polygona)
polygon-based geographic information system 多边形地理信息系统{遥感}
polygon clipper 多边形裁剪器
polygon clipping 多边形裁剪
polygon format 多边形格式{遥感}
polygon hatching 多边形影线图
polygon hierarchies 多边形分级{遥感}
polygon label 多边形标记
polygon object 多边形地物{遥感}
polygon-oriented database 多边形数据库
polygon overlay 多边形重叠
polygon rasterization 多边形光栅化{电脑}
polygon set 多边形数据集{遥感}
polygonal(=polgonous) 多边的,多角的(polygonalis)
polygonal data structure 多边形数据结构{信息}
polygonal fissure soil 多角形裂缝土{土壤}
polygonal lattice 多边网格{生技}
polygonal-structured soil 多角形结构土
polygonal system 多边形系统{遥感}
polygonalization 多边形化,多角形化(polygonalisatio)
polygonametry ①多角测量 ②多角测量法(polygonametrica)
polygonation 多角形[测量]法(polygonatio)
polygonum(=knotweed) ①蓼属[*Polygonum* L.](蓼科) ②蓼[*Polygonum hydropiper* L.]
polygonum knotweed 紫参[*Polygonum tenuicaule* Biss. et Moore.](蓼科)
polygonum type 蓼型(指胚囊发育)
polygraph ①多道生理仪 ②多路描记器 ③多功能记录仪,复写器
polyguanylic acid 多鸟苷酸
polygynous ①多花柱的 ②多雌蕊的(polygynus)
polygyny ①多雌,一雄多雌 ②杂性式(polygynia)
polyhalite 杂卤石 $[K_2Ca_2Mg(SO_4)_4 \cdot 2H_2O]$
polyhaploid 多倍单倍体,单倍多倍体(polyhaploida)
polyhead [噬菌体]聚合头部
polyhedral(=polyhedric) 多角的,多面的(polyhedrus)
polyhedral body 多角体
polyhedral capsid 多面体衣壳
polyhedral cell 多角细胞
polyhedral convex cone 多面凸锥
polyhedral structure 多面体结构{土壤}
polyhedral virus 多角体病毒

polyhedron ①多面体 ②多面肥
polyhedron disease 多面体病
polyhedrosis 多角体病
polyhedrosis virus 多角体病毒
polyhybrid 多对基因杂种（polyhybrida）
polyhybrid heterozygote 多对基因杂种杂合子
polyhybrid ratio 多对基因杂种比率
polyhydric alcohol 多元醇
polyinosinic acid-polycy-tidylic acid（=Poly I-C） 多（聚）肌苷酸，多（聚）胞苷酸
polyion 多价离子，聚离子
polyisobutylene 聚异丁烯
polyisomerism 重复现象（polyisomerismus）
polykaryocyte 多核细胞（polycaryocyta）
polykaryocytosis 多核细胞现象（polycaryocytosis）
polykaryon ①多核（=multinucleus）②多核体，多核细胞（=multinucleate cell）（polycaryon）
polykaryotic 多核的（polycaryoticus）
polykinetic（=polycentric） 具多着丝点的
polylaminate 多层（polylaminatus）
polylayer 多层（polystratum）
polylayer forest 多层林
polylepidous 多鳞片的（polylepidus）
polyleucine 多[聚]亮氨酸
polyline 多线，折线（polylinea）
polyline bundle 多线线束
polylinker 多接头{生技}
polylysine 多[聚]赖氨酸
polylysogenic ①多溶菌的 ②多溶源的（polylysogenus）
polymarker 多点标记
polymastigote 多鞭毛的（polymastigotus）
polymating 重复配合
polymer ①多[聚]体，聚合体，高分子 ②聚合物，多聚物
polymer chemistry 高分子化学
polymer-coated fertilizer 聚合物包膜肥料
polymer colloid 高分子胶体
polymer crystal 高分子晶体
polymer crystallite 高分子微晶
polymer crystallography 高分子晶体学
polymer electrolyte 高分子电解质
polymer formation 多聚体形成
polymerase 聚合酶，多聚酶
polymerase Ⅰ 聚合酶Ⅰ
polymerase Ⅱ 聚合酶Ⅱ
polymerase activity 聚合酶活性
polymerase chain reaction（PCR） 聚合酶链反应{分遗}
polymerase mutant 聚合酶突变体
polymeric（=polymerous） ①等效异位基因的 ②多聚物的，高分子的，聚合的 ③多出的（polymerus）
polymeric additive 高分子添加剂
polymeric factor 等效异位因子
polymeric genes 等效异位基因
polymeric immunoglubulin receptor（poly IgR） [多]聚免疫球蛋白受体{分生}
polymeric lethality 等效异位基因致死现象
polymeric longitudinal vein 多出纵脉
polymeric membrane 高分子膜
polymeric nonallele genes 等效异位非等位基因
polymeric protein 多聚蛋白质，聚合蛋白质
polymeric surface-active agent（=polymeric surfactant） 聚合物表面活性剂
polymerism 聚合现象（polymerismus）
polymerization 聚合作用（polymerisatio）
polymerization acelerator 聚合加速剂，聚合促进剂
polymerization catalyst 聚合催化剂
polymerization process 聚合过程
polymerized 聚合的，多聚的
polymerous ①多出的 ②多基数的（polymerus）
polymerous flower 多出花（flos polymerus）
polymery ①多出式{形态} ②多聚物{生化} ③等效异位性，等效异位现象{遗传}（polymeria）
polymetabola 多变态类
polymetaboly 多变态（polymetabolia）
polymeter 多能湿度表
polymitarcids 网脉蜉科［Polymitarcidae］
polymitosis 多次有丝分裂
polymodal 多峰的（polymodalis）
polymodal curve 多峰曲线
polymolecular film 聚分子膜
polymorphic（=polymorphous） 多态的，多形的（polymorphus）
polymorphic colony 多态群体
polymorphic equilibrium 多态平衡
polymorphic leaf 多形叶（folium polymorphum）
polymorphic nucleus 多形核（nucleus polymorphus）
polymorphic soil 多源成土（solum polymorphum）
polymorphic species 多态种（species poly-

morphus)
polymorphic system 多形系统（systema polymorpha）
polymorphic variant 多态变异体（varians polymorphus）
polymorphism ①多态性，多形性 ②多态现象，多型[现象] ③多形态说（polymorphismus）
polymorphism theory of carpel 心皮多形性学说
polymorphonuclear cell 多态核细胞
polymorphonuclear leucocyte（PMN） 多态核白细胞
polymorphous 多形的（polymorphus）
polymorphous cell 多形细胞（cellula polymorpha）
polymorphy 多形性（polymorphia）
polymycin 多链丝霉素
polymyxa fermentation 多黏发酵
polymyxin 多黏菌素
polynactin 杀螨霉素(杀螨剂) [$C_{44}H_{72}C_{12}$]
polyneme hypothesis 多线假说
polynemic 多线的（polynemus）
polynemic chromatid 多线染色单体
polynemic chromosome（= polytenic chromosome） 多线染色体
polynemic model 多线模型
polynemy（= polyteny） 多线性（polynemia）
polynesian iron wood（= beef wood） 木麻黄
polyneuramin 维生素 B_1，抗多发性神经炎素
polyneuritis 多发性神经炎
polynomial ①多项的 ②多项式（polynomialis）{统计}
polynomial complexity 多项[式]复杂性
polynomial deflation 多项式降阶
polynomial distribution 多项分布
polynomial regression 多项回归
polynuclear 多核的（polynuclearis）
polynucleated 具多核的（polynucleatus）
polynucleated cell 多核细胞（cellula polynucleata）
polynucleotidase 多核苷酸酶
polynucleotide 多核苷酸
polynucleotide chain 多核苷酸链
polynucleotide kinase 多核苷酸激酶
polynucleotide ligase 多核苷酸连接酶
polynucleotide nucleotidyltransferase 多核苷酸转核苷酰酶
polynucleotide phosphorylase 多核苷酸磷酸化酶
polynucleotide sequence 多核苷酸顺序
polynucleotide strand 多(聚)核苷酸链
polynucleotide synthetase 多核苷酸合成酶
polynya 冰隙，冰湖
polyoecious 雌雄杂株的（polyoecius）
polyoecism 雌雄杂株性（polyoecismus）
polyol ①多元醇 ②多羟基化合物
polyoma 多[型]瘤
polyoma virus 多瘤病毒
polyose 多糖，聚糖
polyovulation 多排卵（polyovulatio）
polyoxins 多氧霉素类(杀菌剂)
polyparasitism 多寄生性（polyparasitismus）
polype（= polyp） ①水螅体 ②螅肉（polypium）
polypedon 土壤群体
polypeptidase 多肽酶
polypeptide 多肽{分遗}
polypeptide backbone 多肽主链
polypeptide chain elongation 多肽链延伸
polypeptide chain hydrolysis 多肽链水解
polypeptide chain initiation 多肽链起始
polypeptide chain renaturation 多肽链复性
polypeptide chain synthesis 多肽链合成
polypeptide chain terminating codon 多肽链终止密码子
polypeptide chain termination 多肽链终止
polypeptide chain termination signal 多肽链终止符号
polypeptide coat 多肽外壳
polypeptide elongation 多肽延伸
polypeptide hormone 多肽激素
polypeptide initiator 多肽起始因子
polypeptide protein 多肽蛋白
polypeptide sequence 多肽顺序
polypeptide subunit 多肽亚单位
polypeptide-terminating mutation 多肽终止突变
polypetalous 离瓣的（polypetalus）{形态}
polypetalous flower 离瓣花（flos polypetalus）
polypetaly 离瓣式（polypetalia）
polyphagids 地鳖科 [Polyphagidae]
polyphagous ①多[主]寄生的 ②多食性的，杂食的（polyphagus）
polyphagous fungus 多寄主真菌（fungus polyphagus）
polyphagous parasite 多主寄生物
polyphagous parasitism 多主寄生现象

(parasitismus polyphagus)

polyphagy ①多食性 ②多[主]寄生[现象](polyphagia)

polyphase 多相(polyphasis)

polyphase commutator 多相式整流电动机

polyphase merging 多步合并{电脑}

polyphase sort 多相分类

polyphasic 多相的(polyphasicus)

polyphasic action potential 多相动作电位

polyphasic lethal 多相致死

polyphasy 多相性(polyphasia)

polyphemus moth 多音柞蚕[*Antheraea polyphemus* (Cramer)](蚕蛾科)

polyphenism (=polypheny) 非遗传多态性(指群体内的表型分化)(polyphenismus)

polyphenol 多酚

polyphenol oxidase 多酚氧化酶

polypheny [基因]多效性

polyphenylalanine 聚苯丙氨酸

polyphore 离蕊花托(polyphorium)

polyphosphate 聚磷酸盐{农化}

polyphylesis 多源发生

polyphyletic 多源[发生]的(polyphyleticus)

polyphyll 重瓣(polyphyllum)

polyphyllous 多叶的(polyphyllus)

polyphyllus St. John's wort 多叶金丝桃[*Hypericum polyphyllum* Boiss et Bal.](金丝桃科)

polyphylly 畸形叶态(polyphyllia)

polyphylogeny (=polyphylesis) 多源发生(polyphylogenesis)

polyphyly 多源性(polyphylia)

polypinnate compound leaf 多出羽状复叶(folium compositum polypinnatum)

polyplanetic 多游的(polyplaneticus)

polyplanetism 多游现象(polyplanetismus)

polyplastic 多塑性的(polyplasticus){土壤}

polyplicate ①多重复的 ②具多褶的(polyplicatus)

polyplicate genes 多重复基因

polyploid 多倍体(polyploida){细胞}

polyploid breeding 多倍体育种

polyploid chromosome 多倍体染色体

polyploid diploidization 多倍体二倍化

polyploid genome 多倍体染色体组

polyploid induction 多倍体诱导

polyploid modes of origin 多倍体来源方式

polyploid mutation rate 多倍突变率

polyploid newt 多倍体蝾螈

polyploid nucleus 多倍核

polyploid plant 多倍体植物

polyploid rDNA cistron 多倍体 rDNA 顺反子

polyploid sced 多倍体种子

polyploid seedling 多倍体幼苗

polyploid segregation 多倍体分离

polyploid semisterility 多倍体半不育性

polyploid series 多倍体系

polyploid species 多倍体种

polyploid state 多倍态

polyploid tree from tissue culture 组织培养的多倍体树木

polyploid variety 多倍体品种

polyploid zygote 多倍体合子

polyploiding 多倍体诱导,多倍体诱发

polyploiding agent 多倍体诱发剂,多倍体诱导剂

polyploidization 多倍化(polyploidisatio)

polyploidogen 多倍体诱发剂

polyploidogenic 多倍体诱发剂的(polyploidogenus)

polyploids identification 多倍体鉴定

polyploids-various type 多倍体各型

polyploidy 多倍性(polyploidas)

polyploidy breeding 多倍性育种

polyploidy in cell culture 细胞培养的多倍性

polyploidy increase 多倍性增加

polyploidy induction 多倍性诱发

polyploidy of chloroplast genes 叶绿体基因多倍性

polyplont 多倍体[生物](polyplons)

polypod ①多足的,多足类的 ②多足类动物(polypodus)

polypod type 多足型

polypody ①水龙骨属[*Polypodium* L.](水龙骨科) ②水龙骨[*Polypodium vulgare* L.]

polypody family 水龙骨科(Polypodiaceae)

polypogon ①棒头草属[*Polypogon* Desf.](禾本科) ②棒头草[*Polypogon monspeliensis* Desf.]

polypolar 多极的(polypolaris)

polypolar division 多极分裂

polypolar spindle 多极纺锤体(fusus polypolaris)

polypolarity 多极性(polypolaritas)

polyporaceous 多孔菌的(polyporaceus)

polyporate ①多周面孔的 ②具多孔的(polyporatus)

polyporic acid 多孔菌酸
polyporin 多孔菌素
polyporis family 多孔菌科[Polyporaceae]
polyporoid 属多孔菌的(polyporoides)
polyporus 多孔菌[*Polyporus destructor* (Schrad.)Winter.](多孔菌科)
polypot(=polyethene pot) 聚乙烯钵(育苗用)
polyprenol 多萜醇
polyprocessor 多处理机,聚合处理机
polyprocessor reticulum(PPR) 多处理机网
polyproline 多[聚]脯氨酸
polypropylene 聚丙烯
polypropylene-silicone rubber 聚丙烯硅酮橡胶
polyprotic acid 多元酸
polyprotonic acid 聚氢离子酸
polypterous 多翅的(polypterus)
polypyrenous 多核的(polypyrenus)
Polyram(=metiram) 代森联(杀菌剂)
polyrhizal(=polyrhizous) 多细根的(polyrrhizus)
polyrhizic(=polyrhizoid) 多根的(polyrrhizicus)
polyribonucleotide 多核苷酸
polyribonucleotide ligase 多核苷酸连接酶
polyribonucleotide strand 多核苷酸链
polyribosome(=polysome) 多核[糖核]蛋白体,多核糖体
poly(A) RNA poly(A)RNA,聚腺苷酸RNA
polysaccharase(=polyase) 多糖酶,聚合酶
polysaccharide 多糖[$(C_6H_{10}O_5)_n$]
polysaccharide chain 多糖链
polysaccharide recognition 多糖识别
polysaprobic ①多污水腐生的 ②多基物腐生的 ③(原生动物)多腐生活(polysaprobicus)
polysaprobic belt 多污水腐生物带{环保}
polysaprobic zone(=polysaprobic belt) 多污水腐生物带
polyscias ①南洋参属(南洋森属)[*Polyscias* Forst.](五加科) ②南洋参(南洋森)[*Polyscias fruticosa* Harms]
polysemy 多义性(polysemia){分遗}
polysensible(=polysensitive) 多敏感的(polysensibilis)
polysepalous 离萼的(polysepalus)
polysepalous calyx 离片萼(calyx polysepalus)
polyseriate ray(=multiseriate ray) 多列射线(radius polyseriatus)
polysheath 聚合尾鞘,长鞘(指噬菌体)
polysiphonous 多管的(polysiphonus)
polysiphonous type 多管型(typus polysiphonus)
polysomatic 体细胞多倍的(polysomaticus)
polysomaty 体细胞多倍性(polysomatia)
polysome ①多体 ②多核[糖核]蛋白体,多核糖体(polysoma)
polysome formation 多核糖体形成
polysome fractionation method 多核糖体分级分离法
polysome isolation 多核糖体分离
polysomerism 重复现象(polysomerismus)
polysomic ①多[染色]体的 ②多体生物(polysomicus)
polysomic cell 多体细胞
polysomic individual 多体个体
polysomic inheritance 多体遗传(inheritantia polysomica)
polysomy 多体性(polysomia)
polysperm ①多种子的 ②多精子的(polyspermus)
polyspermic egg 多精[受精]卵
polyspermous ①多种子的 ②多精子的(polyspermus)
polyspermous fertilization 多精受精(foecundatio polysperma)
polyspermous fruit 多子果(fructuspolyspermus)
polyspermy 多精入卵,多精受精(polyspermia)
polysphygmograph 多导脉波描记器
polyspindle 多极纺锤体(polyfuscus)
polyspore(=gonospore) 减数分裂孢子
polysporosis 多孢菌病(polysporesis)
polysporous 多孢子的(polysporus)
polyspory 多孢子现象(polysporium)
polystachous(=polystachyous) 多穗状花序的(polystachyus)
polystele 多体中柱(polystela)
polystelic stem 多中柱茎(caulis polystelicus)
polystemonous 多雄蕊的,多轮雄蕊的(polystemonus)
polystichous 多列的(polystichus)
polystigmate 具多柱头的(polystigmatus)
polystigmotous 属柱头的(polystigmotus)
polystromatic 多子座的(polystromaticus)
polystylous 多花柱的(polystylus)

polystyrene 聚苯乙烯（系一种高频绝缘材料）{环保}
polysulphide（= polysulfide） 多硫化合物
polysymmetrical 多轴对称的（polysymmetricus）
polysymmetrical flower 多轴对称花（flos polysymmetricus）
polysymmetry 多轴对称（polysymmetria）
poly(A)tail 聚腺苷酸尾，poly(A)尾
polytailtube 尾丝管（指噬菌体）
polytelome 复顶枝（polyteloma）
polytene ①多线的 ②多线染色体（polytenus）{细胞}
polytene band 多线带（染色体）
polytene chromosome（= polytenic chromosome, polynemic chromosome） 多线染色体
polytene nucleus 多线[染色体]核
polytene stage 多线期
polytenic 多线[染色体]的（polytenus）
polytenization 多线化（polytenisatio）
polytenization of chromosome 染色体多线化
polyteny 多线性（polytenia）
polyteny hypothesis 多线性假说{细胞}
polyterpene 多萜[烯]
polyterpene resin 多萜树脂
polythalamic 多[雌]花同苞的（polythalamicus）
polythalamic fruit 复果，聚花果（fructus polythalamicus）
polythene 聚乙烯
polythene-bagged seedling 塑料袋育苗，聚乙烯袋育苗
polythermostat 多室恒温器，多室定温箱
polytocous ①多产的 ②年年结果的（polytocus）
polytomous ①多歧的 ②多轴的 ③假羽状的（polytomus）
polytomous branching 多轴分枝式（ramificatio polytoma）
polytomy ①多歧花序 ②多歧式（polytomia）
polytope 多胞形（polytopus）
polytopic ①多中心的，多处发生的 ②异地同型的（polytopicus）
polytopic subspecies 异地同型亚种，广布亚种
polytopism 多境发生论（polytopismus）
polytreme 多萌发孔（polytrema）
polytrichous（= polytrichate） 多鞭毛的（polytrichus）
polytrichus-habenaria 多毛玉凤花［*Habenaria polytricha* Rolfe.］（兰科）
polytrope ①多变性 ②多变过程 ③多变曲线
polytrophic 多营养的，多滋的（polytrophus）
polytrophic egg tube 多滋卵巢管
polytrophic meroistic ovariole 多滋卵巢管
polytropic ①多向的 ②多花采粉的，多花采蜜的（polytropus）
polytropic atmosphere 多元大气
polytype 多型（polytypus）
polytypic 多型的（polytypicus）
polytypic species 多型种（species polytypicus）
polytypism ①多型性 ②多型[现象]（polytypismus）
polyunsaturated fatty acid 多不饱和脂肪酸
polyuria 多尿[症]
polyuridylic acid（= Poly(U)） 多(聚)尿苷酸
polyuronic acid 多糖醛酸
polyuronic complex 多糖醛酸复合物
polyuronide 多糖醛酸苷
polyuronide hemicellulose 多糖醛酸苷半纤维素
polyvalency（= polyvalence） 多价性（polyvalentia）
polyvalent（= multivalent） ①多价 ②多价[染色]体（polyvalens）
polyvalent antibody 多价抗体
polyvalent antiserum 多价抗血清（antiserum polyvalens）
polyvalent bacteria 多价细菌
polyvalent bacterial vaccine 多价菌苗（vaccinus bacterialis polyvalens）
polyvalent bacteriophage 多价噬菌体
polyvalent chromosome 多价染色体
polyvalent notation 多价表示法（notatio polyvalens）
polyvalent number 多价数（numbrus polyvalens）
polyvalent serum 多价[免疫]血清
polyvalent species 多价种
polyvalent vaccine 多价疫苗
polyvaline 多[聚]缬氨酸
polyvinyl acetate 聚乙酸乙烯酯
polyvinyl adhesive 聚乙烯胶黏剂
polyvinyl alcohol 聚乙烯醇
polyvinyl carbazol 聚乙烯咔唑
polyvinyl chloride（PVC）聚氯乙烯
polyvinyl fluoride 聚氟乙烯
polyvinyl pyridinium salts 聚乙烯吡啶盐类

{环保}

polyvinyl pyrrolidone（PVP） 聚乙烯吡咯烷酮

polyvinyl sulphate 聚乙烯硫酸

polyvinyl tunnel pig housing system 猪舍饲聚乙烯管道法{农施}

polyvinyl tunnel pig pen 聚乙烯管猪栏

polyvoltine（= multivoltine） 多化的，多抱的（polyvoltinus）{禽}

polyvoltinism 多化性（polyvoltinismus）

polywater 聚合水

polyxenida 土蚿目［Polyxenida］

polyxeny ①多直感［现象］②多主寄生现象（polyxenia）

polyxylose 聚木糖

polyzoniida 带马陆目［Polyzoniida］

polyzoniids 带马陆科［Polyzoniidae］

pomace ①苹果果肉 ②苹果榨渣 ③蓖麻子油粕 ④鱼榨渣（pomum）

pomaceous ①梨果的 ②梨亚科的（pomaceus）

pomaceous fruits 仁果类果树，梨果类果树

pomade（= pomatum） 发油，头油（pomum）

Pomasol（= Polyram-Ultra, pomaral, Pomarsol, Pomasol forte） 福美双

pomato 薯茄杂种(甘薯番茄杂交的杂种)

pombe 非洲粟酒

pome（= pomaceous fruit） 梨果（pomum）

pomegranate（= pomegranate tree） 石榴（安石榴）［*Punica granatum* L.］（安石榴科）

pomegranate aphid 石榴蚜［*Aphis punicae* Shinji］（蚜科）

pomegranate family 安石榴科(石榴科)［Punicaceae］

pomegranate leaf roller 石榴卷蛾［*Cacoecia punicae* Matsumura］（卷蛾科）

pomegranate mite 梨果叶卷瘿螨［*Eriophyes granoti* G. et M.］（瘿螨科）

pomelo 柚［*Citrus grandis*（L.）Osbeck.］（芸香科）

pomelo marmalade 柚皮果酱

pomes（= pomaceous fruits） 仁果类果树，梨果类果树

pomfret 银鲳［*Stromateoides argenteus*（Euphrasen)］{水产}

pomiculture ①果树栽培 ②果树栽培学（pomicultura）

pomiculturist ①果树栽培工作者 ②果树栽培学家（pomiculturastus）

pomiferous 具梨果的（pomiferus）

pomiform 梨果状的（pomiformis）

pomologist 果树工作人员，果树学家（pomologistus）

pomology 果树学（pomologia）

pompelmous（= shaddock, pummelo） 文旦柚［*Citrus maxima*（Burm.）Merr.］（芸香科）

Pompe's disease 庞帕氏病

pompon rose 淡红洋蔷薇［*Rosa centifolia* var. *pomponia* Lind.］(蔷薇科)

pompon type 小球型

pond ①池，塘 ②鱼塘，池塘

pond-apple 牛心果［*Annona glabra* L.］（番荔枝科）

pond cypress 池柏［*Taxodium ascendens* Brongn.］（柏科）

pond dock 水酸模［*Rumex aquaticus* L.］（蓼科）

pond for fry 鱼苗池，发塘

pond garden 池沼园，池塘庭园{园林}

pond lily 睡莲［*Nymphaea tetragona* Georgi］（睡莲科）

pond pine 沼松［*Pinus serotina* Michx］（松科）

pond pisciculture ①池塘养鱼 ②池塘养鱼学（stagnopiscicultura）

pond retting 池塘浸麻

pond water 塘水

pondage 蓄水量(指池塘或水库)

ponderability 衡量（ponderabilitas）

ponderable 可衡量的，可估计的（ponderabilis）

Ponderose lemon “庞德罗萨”柠檬（梨形橙）［*Citrus pyriformis* Hassk.］(芸香科)

ponding ①泡田，蓄水{水利} ②水中贮材{加工} ③积水，潴水，水停留{环保}

pondle 长卷毛狗

pondlet 小水池

pondweed ①眼子菜属［*Potamogeton* L.］（眼子菜科）②眼子菜［*Potamogeton franchetii* A. Benn. et Baag.］

pondweed family 眼子菜科（Potamogetonaceae）

Ponente 帕男兑风(地中海一种西风)

pongidae 猩猩科［Pongidae］

Ponhe 马氏番荔枝［*Annona marogravii* Mart.］(番荔枝科)

ponkan 有柑［*Citrus reticulata* var. *poonensis*（Hayata.）H. H. Hu = *C. nobilis* var. *poonensis*（Hayata.）= *C. poonensis* Tanaka.］（芸香科）

ponlai rice 蓬莱稻(中国台湾栽培的日本种稻)

ponlal 波拉尔(中国台湾水稻品种)
ponor 落水洞
pons ①桥 ②脑桥
pontic rhubarb (=pieplant,rhubarb) 食用大黄
pontoon ①浮桥 ②浮筒
pontoperculate 具桥状盖的 (pontoperculatus)
pontophilous 栖深海的 (pontophilus)
pony 矮种马,小马,小型马种
pony circuit 短程电路
pony foot ①马蹄金属 [*Dichondra* Forst.] (旋花科) ②马蹄金 [*Dichondra repens* Forst.]
pool ①库,池,水池,池塘,水坑,渊,深渊 ②共有,分享,集中 ③联合,联营 ④组合,统筹
pool of buffer 缓冲池
pooled 联合的,综合的
pooled buffer ①联营缓冲,联合缓冲 ②池形缓冲区
pooled estimate 综合估计值{统计}
pooled processing system 综合处理法{电脑}
pooled sum of products 联合乘积和
pooled sum of squares 联合平方和
pooled variance 联合方差{统计}
pooling of error 误差联合{统计}
pooling of land 土地入股{农经}
poon (=Alexandrian laurel) 琼崖海棠树
poor ①贫穷的 ②恶的,劣等的 ③瘦的 ④贫瘠的 ⑤稀少的,不显著的 ⑥不发达的 (pauper)
poor and lower-middle peasant 贫下中农
poor appetite stage 少食期{蚕}
poor crop 歉收,低产
poor developing country 不发达国家
poor drainage 排水不良
poor farming practice 不良耕作技术
poor fertile soil 瘠地
poor fusing 不良熔化态
poor germination 不良发芽
poor group 贫困群体
poor in fat 脂肪降低
poor in precipitation 降水稀少
poor management 不良管理
poor man's apple (=tomato) 番茄 [*Lycopericum esculentum* Mill.](茄科)
poor-man's treaele (=garlic) 大蒜 [*Allium sativum* L.](石蒜科)
poor man's weatherglass 海绿(琉璃繁缕) [*Anagallis arvensis* L.](报春花科)
poor peasant 贫农
poor seedling vigor 幼苗生长势弱
poor soil 瘠土
poor substrate 不良给养基
poor sunshine 少日照
poor supply 不良供应
poor synchronization 不良同步化
poor visibility 不良能见度(能见度 2~4 千米)
poor yield 低产
poorer region 贫穷地区{农经}
poorly drained (=poor drainage) ①排水不良 ②排水不良的
poorly drained field 冷水田
poorly drained muck soil 排水不良沼泽土
poorly drained soil 排水不良土壤
poorly nourished 营养不良的
pop ①弹出,突出 ②上托 ③流行的,通俗的{电脑}
pop eye 眼球突出症
pop-hole 孔口,出入口
pop instruction 上托指令{电脑}
pop-up menu 弹出式菜单{电脑}
pop-up widget 弹出窗口部件
pop-up window 弹出[式]窗口
popcorn 爆粒种玉米 [*Zea mays* L. var. *everta* Sturt.](禾本科)
poplar ①杨属 [*Populus* L.](杨柳科) ②(=aspen)欧洲山杨 [*Populus tremula* L.]
poplar borer 白杨大天牛 [*Saperda calcarata* Say](天牛科)
poplar caterpillar 杨舟蛾 [*Melalopha anachoreta* Fabr.](舟蛾科)
poplar lasiocampid 杨枯叶蛾 [*Gastropacha populifolia* Esper](枯叶蛾科)
poplar longicorn 大青杨天牛 [*Saperda carcharias* L.](天牛科)
poplar mosaic virus 杨树花叶病毒
poplar petiole gall aphid 杨瘿绵蚜 [*Pemphigus populitransversus* Riley](绵蚜科)
poplar rust 杨树锈病
poplar wood ①杨树木质部 ②杨树木材
popliteal muscle 腘肌
poppet valve ①碟形阀,菌形阀 ②提开阀
popping ①发射 ②挤出 ③推出
poppy ①罂粟属 [*Papaver* L.](罂粟科) ②罂粟 [*Papaver somniferum* L.]
poppy anemone 罂粟牡丹 [*Anemone coronaria* L.](毛茛科)
poppy cake 罂粟油粕,罂粟饼
poppy family 罂粟科 [Papaveraceae]

poppy leaf roller 罂粟卷蛾[*Cnephasia virgaureana* Treitschke](卷蛾科)
poppy-mallow ①粟葵属[*Callirhoe* Nutt.](锦葵科) ②粟葵[*Callirhoe pedate* Gray] ③矮粟葵[*Callirhoe involucrata* Gray]
poppy seed 罂粟子
poppy seed oil 罂粟子油
poppyhead 罂粟蒴果
populace 民众,大众,平民(populatia)
popular ①一般的,通俗的,流行的 ②廉价的(popularis)
popular edition 普及版
popular price 廉价
popular science 大众科学
popularity ①大众性,通俗性 ②流行,普及(popularitas)
popularization ①大众化 ②通俗化 ③普及(popularisatio)
populate ①总装{电脑} ②繁殖{育种} ③增加(populare)
populated area 居民区
population ①群体,全体,总体 ②人口 ③种群(populatio)
population basis 群体基础
population biology 群体生物学
population cage ①集体饲养笼 ②群体箱
population centre 人口中心
population charge 人口变动
population culture 群体栽培
population density ①群体密度 ②人口密度
population dose 群体剂量
population doubling level 群体倍增水平
population doubling time 群体倍增时间
population dynamics 群体动态
population-ecological effect 种群生态效应
population ecology 种群生态学
population equilibrium ①群体平衡,遗传平衡 ②总体平衡
population equivalent 人口当量(指城市生产废水的生化需氧量,用每人每天排出的生化需氧量来除,即得出人口当量){环保}
population explosion 群体增大
population fitness 群体适合度
population genetics 群体遗传学
population growth ①群体生长 ②人口增长
population improvement 群体改良
population in equilibrium 平衡群体
population intensity 群体密度
population interconnection 总体关联
population-land ratio 人地比率
population landscape 群体景观{智培}
population level 群体水平
population means 群体平均数,总体均值
population migration 人口迁移
population model ①群体模型 ②人口模型
population monitoring system 群体[突变频率]探测系统
population mutation 群体突变
population of nekton 自游生物种群
population parameter 总体参数
population parent 群体亲本
population plant 群体植株
population pressure 群体压力,种群压力
population range 群体范围
population regression coefficient 群体回归系数
population rejuvenescence 种群复壮
population resistance 群体抗[病]性
population size 群体大小,繁育大小
population stability 群体稳定性
population standard deviation 群体标准差
population standard error 群体标准误差
population statistics 群体统计学
population structure 群体结构
population supporting capacity of land 土地的人口承载能力{农经}
population system 群体系统
population theory 群体理论
population trend 群体趋向
population variance 群体变量
population variety 群体品种
population wave 群体波[动]
populin 白杨苷
poral 孔的(poralis)
poral dehiscence 孔裂(dehiscentia poralis)
poral lacuna 孔隙(lacuna poralis)
porandrous 孔药的(porandrus)
porcelain 瓷,陶瓷,瓷器
porcelain crucible 瓷坩埚
porcelain filter 瓷滤器
porcelain mortar 瓷研钵
porcelain nozzle [陶]瓷喷嘴{环保}
porcelain pipe 瓷管{环保}
porch (of hive) (英国式蜂箱巢门上)遮檐
porcine brucellosis (= brucellosis of swine) 猪布氏杆菌病
porcine enzootic pneumonia 猪地方流行性肺炎
porcine infectious encephalomyelitis 猪传染性脑脊髓炎
porcupine orange (= cafir lime) 毛里塔尼亚苦橙[*Citrus hystrix* DC.](芸香科)
porcupine wood (= coconut palm) 椰子

[*Cocos nucifera* L.]（棕榈科）
pore ①孔 ②管孔 ③[核]孔 ④小孔，细孔，毛孔 ⑤孔隙{土壤}（porus）
pore area 孔隙面积（area porosa）
pore capsule（= porous capsule） 孔开蒴果，孔蒴（capsula porosa）
pore chain 孔链（porocatena）
pore cluster 孔团（porocirculus）
pore complex 核孔复合体
pore dehiscence（= porous dehiscence） 孔裂（dehiscentia porosa）
pore density 孔隙密度（densitas porosa）
pore diameter 孔径（porodiametre）
pore-forming molecule 成孔分子
pore-forming protein 成孔蛋白质
pore fungus 多孔菌[Polyporacease]
pore membrane 孔膜（poromembrana）
pore pattern 管孔配列图型
pore permeability 纹孔透性
pore plug 孔塞
pore ring 孔环（poroannulus）
pore size distribution 孔径分布，孔隙大小分配{土壤}
pore size range 孔隙大小范围
pore space 孔隙，空隙，孔域（porospatium）{土壤}
pore space measure 孔隙量
pore structure 孔结构（porostructura）
pore system 孔隙系统（systema porosa）
pore volume 孔[隙]容积
pore water 孔隙水{土壤}
pore water pressure 孔隙水压力
pore width 孔隙宽度
pore zone 孔带（porozona）
pored ①具孔的 ②多孔的（porosus）
pored wood 有孔材
porfiromycin 甲基丝裂霉素
poricidal 孔裂的（poricidus）
poriferous ①多孔的 ②具孔的（poriferus）
poriness 多孔性，疏松性（porositas）
pork 猪肉
pork measles [猪]囊尾蚴病
pork pig 肉用猪
pork rind 猪皮
pork tapeworm [猪]有钩绦虫[*Taenia solium*]
pork type 肉用型
porker 肉用猪
porkling 仔猪，小猪
poro- ⌊字头⌉孔
porogamy 珠孔受精（porogamia）
porogenous （分生孢子）孔生的（porogenus）
poroid ①孔状的 ②近具孔的（poroides）
porometer 气孔计
porose ①有孔的 ②穿孔的（porosus）
porosity 孔[隙]度，孔隙性，多孔性（porositas）
porosity factor 孔[隙]度因素，孔[隙]度因子
porosity of soil 土壤孔[隙]度，土壤孔[隙]性
porospore 孔出孢子（porospora）
porous ①具孔的 ②穿孔的 ③多孔的（porosus）
porous aggregate 多孔性团粒，多孔性团聚体
porous air diffuser 多孔空气扩散器{环保}
porous body 多孔体
porous ceramic diffuser 多孔陶制抗散器（用在活性污泥池）{环保}
porous ceramic nozzle 多孔陶制喷嘴
porous circle 孔环
porous clay cup 多孔陶土杯
porous dam 透水坝{水利}
porous dehiscence 孔裂（dehiscentia porosa）
porous diffuser unit（= porous diffusion unit） 多孔扩散设备（单元）{环保}
porous glass 多孔玻璃
porous material 多孔材料
porous medium 多孔介质，疏松介质{土壤}
porous packing 多孔填充物
porous pellet 多孔丸，多孔粒{环保}
porous plate 多孔板{环保}
porous silica 多孔硅
porous silica bean 多孔硅珠
porous soil 多孔土壤，疏松土壤
porous texture 多孔质地
porous vessel 单穿孔导管（vasa porosa）
porous wood（= pored wood） 有孔材（lignum porosum）
porousness 疏松程度，多孔性
porphin（= porphine） 卟吩
porphobilinogen 胆色素原
porphyria 血卟啉症
porphyrin 卟啉
porphyritic crystal 斑晶
porphyropectic fabric 斑晶胶凝型组织
porphyropsin 视紫[质]
porphyry 斑岩{地质}
porphyry copper deposite 斑岩铜矿[床]
porphyry knothorn 甜斑螟[*Eurhodope suavella* Zinck]（斑螟科）
porpoise 海豚[*Delphinus delphis* L.]（海豚科）

porrect 前伸的,外伸的,延长的(porrectus)
porridge oats 制麦片的燕麦
porrum (= leek) 韭葱 [*Allium porrum* L.](百合科)
port ①港,港口 ②入口 ③门,汽门{农机} ④端口{信息}
port controller 端口控制器
port data unit 端口数据单位
port expander 端口扩展器
port flow control 端口[信息]流控制
port group 端口组{信息}
port identifier 端口识别器
port lap 甜葡萄酒{加工}
port orford-cedar (= gingerpine) 美洲花柏
port select 端口选择
port-to-port protocol 端口－端口协议{信息}
port width 端口宽度
port wine 红葡萄酒(指葡萄牙产的)
portability 可移动性(portabilitas)
portable ①手提式的,携带式的,②能够移动的 ③轻便的,便携式的(portabilis)
portable barometer 手提气压计
portable common tools environment (PCTE) 可移动通用工具环境
portable computer 便携式计算机
portable crane ①移动式起重机 ②轻便吊车
portable cup anemometer 轻便转杯风速表
portable data capture device 便携式数据捕获器
portable document format 便携式文档格式{电脑}
portable duster 轻便喷粉器
portable electric pump 手提式电动泵
portable elevator 移动式升运器
portable four row nursery seeder 轻便四行苗圃播种机
portable grinder-mixer 移动式磨碎搅拌器(饲料用)
portable house 移动畜舍
portable installation for spray irrigation 移动式喷灌设备
portable instrument 手提[式]用具,携带[式]工具
portable irrigation 移动式灌溉
portable low temperature chamber 移动式低温室
portable microcomputer 便携式微计算机
portable mill ①移动式加工厂 ②移动式制材厂
portable pH meter 便携式 pH 计,便携式酸碱度计
portable recirculation system 移动式循环作业法
portable saw mill 移动式制材厂
portable self-propelled one row corn picker 轻便自走式单行玉米摘穗机
portable software 可移动软件
portable sprayer 轻便喷雾器
portable sprinkler 移动式喷灌机
portable temperature recorder 手提温度记录器
portable thresher 移动式脱粒机,小型脱粒机
portable tramway 轻便铁路
portable typewriter 便携式打字机
portable volumetric spore traps 轻便孢子捕捉器
portage ①搬送,运送,搬运 ②搬运物,货物 ③搬运费
portal 入口,大门(porta)
portal frame 门形机架
portal of entry [病菌]入口
portal of exist [病菌]出口
portal of infection 侵染口
portal-type tractor 高架式拖拉机
portent ①预兆,征兆 ②预示(portens)
porter ①轮式车,搬运车 ②搬运工人
portfolio ①文件夹 ②图片序列 ③证券(portfolio)
portia-tree ①肖槿属 [*Thespesia* Soland.](锦葵科) ②肖槿(桐棉)[*Thespesia populnea* (L.) Soland. et Corr.]
porting 移植{电脑}
portion ①部分 ②一份(portio)
portioning device 计量装置
portrait ①立像,肖像 ②页面设置 ③竖式{电脑}
portrait monitor 竖式监视器
portrayal (= portraiture) 描绘,描述(portraitura)
Portuguese kale 葡萄牙甘蓝 [*Brassica oleracea* var. *tronchuda*](十字花科)
portulacaceous 马齿苋科的(portulacaceus)
portulacea (= purslane, purslain) 马齿苋 [*Portulaca oleracea* L.](马齿苋科)
pose 姿势,姿态(posus)
position ①位置,地位,方位 ②布置,布局 ③状态 状况,形势,趋势 ④见解(positio)
position control ①(悬挂装置)位调节 ②位置控制{电脑}
position control system 位调节系统
position data 位置数据
position distribution 位置分布
position effect 位置效应
position effect of gene 基因位置效应{分遗}

position effect variegation 位置效应斑驳
position feedback 位置反馈{分生}
position finder 定向仪,定位仪
position grouping 位置组合
position holding 位置保持
position interference 位置干扰
position isomerism 位置异构
position limiting 位置限制
position line 方位线
position of branching nodes 分枝节位置
position pseudoallele 位置拟等位基因
position pseudoallelism 位置拟等位基因现象
position pulse 定位脉冲
position selection rule 位置选取规则
position sensor 位置传感器
position signal 位置信号{分技}
position transducer 位置转换器
positional cloning 部位型无性繁殖,部位型克隆[化]{农生技}
positional information 部位型信息
positional operand ①定位操作数 ②位置操作数
positional parameter 位置参数
positional regulator 位置调节物(指基因,蛋白){分遗}
positional representation ①位置表示 ②位置表示法
positional sterile 部位型不育
positioner ①位置控制器 ②定位器
positioning ①定位 ②导向
positioning board 定位板
positioning device 定位器
positioning disk 导向盘
positioning operation 定位操作
positioning system 定位系统
positioning time 定位时间
positive ①正的(+),正数的 ②阳,阳性的(指电) ③正片的(指相片) ④肯定的(指通电话答应)(positivus)
positive acceleration 正加速度
positive acidity 正酸度,活性酸度
positive acknowledgement 肯定回答{信息}
positive adsorption 正吸附
positive afterpotential 正后电位
positive allowance 间隙
positive balance 正平衡(balanx positivus)
positive birefringence 正双折射
positive blower 强压通风机,送风机
positive braking 正制动
positive carbon balance 正碳平衡
positive charge 正电荷,阳电荷
positive chemotropic root growth 根正向化性生长
positive chiasma interference 正交叉干扰
positive chromatid interference 正染色单体干扰
positive clutch 牙嵌式离合器
positive CO_2 balance 正 CO_2 平衡,正二氧化碳平衡
positive control ①正[遗传]调节 ②正控制
positive control of gene 基因正控制
positive control system 正控制系统
positive cooperativity 正协同[性]
positive correlation 正相关
positive delivery lag 正延迟交货{农管}
positive diageotropism 正横向地性
positive direction 正方向
positive displacement flowmeter [正]位移流量计{环保}
positive displacement motor 容积式液压马达
positive displacement pump 容积式油泵
positive effect 正效应,阳性效应
positive effector 正效应子,正效应基因
positive electrode 正极,阳极
positive eugenics 正优生学,渐近优生学
positive feedback 正反馈
positive feedback control 正反馈控制
positive galvanotropism 正向电性
positive gas-exchange balance 正气体交换平衡
positive genetic assortative mating 正遗传选型交配
positive geotropism 正向地性
positive growth polarity 正生长极性
positive heteropycnosis 正异固缩
positive image 正像{遥感}
positive information 正面信息,正面新知
positive interaction 正相互作用
positive interference ①正干扰 ②正干涉
positive ion 正离子,阳离子
positive ion mass spectrum 正离子质谱
positive logic 正逻辑
positive lowering 强制下降(指物价)
positive modulation 正调制
positive ocular 正目镜,积极性目镜
positive-OR circuit 正"或"电路{信息}
positive-OR gate 正"或"门{信息}
positive orthogeotropism 正直向地性
positive overall correlation 正总相关
positive penetration 强制入土
positive phenotypic assortative mating 正表型选型交配
positive picture 正相片{遥感}

positive plagiogeotropism 正斜向地性
positive pole 阳极
positive position effect 正位置效应
positive pressure ventilation 正压通风｛农施｝
positive radiation balance 正辐射平衡
positive regulation 正调节
positive regulator 正调节物，正调节蛋白｛分生｝
positive selection 正选择
positive selective value 正选择值
positive sense 正义｛分遗｝
positive-sense strand 正义链
positive sign 正号，"+"号
positive single-strand tail 正单链尾｛分遗｝
positive skewness 正偏斜
positive slope 正向斜度
positive step 正步｛电脑｝
positive strand 正链，(+)链｛分遗｝
positive supercoil 正[向]超螺旋｛分遗｝
positive supercoiling 正[向]超螺旋
positive system 保压系（即在发酵槽保持压力）
positive thermotropism 正向温性（thermotropismus positivus）
positive transcriptional control 正转录控制｛分遗｝
positive transition 正跳变｛电脑｝
positive value 正值
positive vegetables 阳性蔬菜，喜光蔬菜
positive water balance 正水分平衡
positively normal cone 正法锥｛电脑｝
positively supercoiled DNA 正[向]超螺旋DNA｛分遗｝
positivity 正值性（positivitas）
positron 阳电子
positron emission computerized tomography (PECT) 正电子发射计算机化断层显像
positron emission tomography (PET) 正电子发射断层显像
possess 占有（possidere）
possession ①所有物，所有权 ②⌞复⌝财产（possessio）
posset ①凝集 ②凝团 ③牛奶甜酒
possibility ①标准采伐量｛森林｝②可能性｛电脑｝
possibility by area 标准采伐面积
possibility by volume 标准采伐材积
possibility theory 可能性理论
possible 可能的（possibilis）
possible error 可能误差
possible extent 可能程度（指气候变化）
possible growth 理论生长｛智培｝
possible obstacle ①可能障碍物｛耕作｝②可能故障｛电脑｝
possible orientation 可能取向（指水化程度）
possible way 可能途径
post- ⌞字头⌝后，在后
post ①柱，支柱，桩 ②标柱｛测量｝③畜栏柱 ④登记，记入 ⑤站，岗位
post-adaptation 后适应（postadaptio）
post-agriculture sector 农业后部门（一种包括农产品的整理，分级，加工，包装，储运，分配的部门）
post anthesis stage 后花期
post billing system 事后付款系统｛农管｝
post-blossom spray 花后喷射
post cedar 香肖楠［*Libocedrus decurrens* Torr.］（松科）
post cerebral gland 脑后腺，后头腺
post-climacteric rise 跃变后上升
post code 后代码，记入代码｛电脑｝
post condition 后续条件，后置条件
post coupling method 后耦联法
post-DNA synthesis phase DNA合成后期
post duty 岗位责任制｛农管｝
post-egg stage 产卵后期
post-embryonal period 胚后期
post-embryonic development 胚胎后发育
post-embryonic lethal 胚胎后致死
post-emergence application ①出苗后施肥 ②（病虫）发生后喷药
post-emergence control 出苗后管理
post-emergence dressing 出苗后追肥
post-emergence herbicide 出苗后除草剂
post-emergence spraying 出苗后喷雾
post-emergence treatment 出苗后处理
post-fault equilibrium 故障后平衡
post-fertilization incompatibility 受精后不亲和性
post-fission movement 裂殖后运动
post-flagellate 后生鞭毛类
post-flood 灌后的，浸淹后的
post-floral bending 花后屈曲
post-floral phenomena (= postfloration) 花后现象（postfloratio）
post-flowering development 花后发育
post-flowering stage 开花后期
post-freezing depression of assimilation 冰冻后同化[作用]衰退
post-frontal fog 锋后雾
post-frontal suture 后额缝
post-germination stage 发芽后期
post-ginning cleaner 轧后净棉机
post-ginning cleaning 轧后清棉
post-graduate 研究生

post-graduate education 研究生培养,研究生教育
post-harvest application ①采收后撒布(喷药)②采收后施肥
post-harvest biotechnology 采收后生物技术
post-harvest physiology 采收后生理[学]
post-harvest spoilage 采收后败坏
post-harvest treatment (= post-harvest handling) 采收后处理
post-harvest weight loss 采收后重量损失
post-heterokinesis 后异化分裂
post-hole digger 桩穴挖掘机
post-hybridization washing 杂交后漂洗,杂交后洗涤
post-illumination fixation 光照后固定
post-implementation review 事后研讨
post-impregnation 后镀金[作用]{显技}
post-infective 侵染后的,传染后的
post installation detection 安装后检测
post-irrigation cultivation 灌溉后中耕
post-labeling meiosis 标记后减数分裂
post-layout simulation 布设后模拟
post master 立桩机
post-mating mechanism 交配后机制
post-meiotic division 后减数分裂(divisio postmeiotica)
post mill 小屋型风车
post-mortal staining 死后染色{显技}
post-normalization 后规格化(postnormalisatio)
post oak 星毛栎[*Quercus stellata* Wangh.](山毛榉科)
post-partum 分娩后的,产后的
post-planting herbicide 种植后除草剂
post-replication repair 复制后修复
post-replication repair pathway 复制后修复途径
post-season culture 晚期栽培,晚季栽培
post-sowing application 播种后施用
post-spraying defoliation 喷药后落叶
post-topping sucker 打顶后根出条
post-transcriptional alteration 转录后改变{分遗}
post-transcriptional cleavage 转录后切割
post-transcriptional control 转录后控制
post transcriptional maturation 转录后成熟
post-transcriptional modification 转录后修饰
post-transcriptional regulation 转录后调节
post-transcriptional tailoring 转录后缝制
post-transcriptional translation 转录后翻译
post-transcriptional transport 转录后传递
post-translational cleavage 翻译后切割{分遗}
post-translational modification 翻译后修饰
post-translational processing 翻译后加工
post-translational translocation 翻译后转运
post-transplanting application 移植后施用(指施肥)
post-transplanting herbicide 移植后除草剂
post-transplanting treatment 移植后处理{栽培}
post-treatment with near infrared radiation 近红外线辐射后处理
post-type construction 支柱型施工法(指搭脚手架的施工法){农施}
post up a ledger 记入分类账
post-vital staining 后活体染色{显技}
post-winter application of fertilizer 冬后追肥
postabsorption 吸收完毕[状态](postabsorptio)
postalbumin 后白蛋白,后清蛋白
postbox (= mailbox) 邮政信箱{信息}
postcingular plate 脊后[藻]片(platus postcingularis)
postclimax 超演替顶极{生态}
postdate 填迟日期
postdivision 后分裂(postdivisio)
poster 告示,广告
posterior ①后端的,后部的 ②较迟的,在顺序上较晚的
posterior angle 臀角
posterior border 后缘(margina posterior)
posterior branch 后枝(后部的叉枝)(ramus posterior)
posterior culture 后作,后栽培
posterior density 后验密度
posterior distribution 后验分布{统计}
posterior error bound 后验误差界限
posterior estimate 后验估计,后续估计
posterior leg 后蹄节
posterior margin (= inner margin) 内缘
posterior probability 后验概率,随后概率
posterior root 后根
posterior wing 后翅
posterity (= progeny) 后代
postfix 后缀
postfixed point 后定点
postgenital segment 生殖后节
posticous ①在后的 ②近轴的(posticus)
posticous anther 外附花药(anthera posti-

ca)
postimpulse 脉冲后的
postincrement 后增量（postincrementum）
postindexing 后变址｛信息｝
postinduction 后诱导
postinduction period 后诱导期
posting ①传递，投寄，邮寄 ②定位，记入
posting machine ①过账机｛农管｝②邮政机｛信息｝
postings 登录号
postirradiation 照射后的
postirradiation anaerobiosis 照射后厌氧生活
postirradiation inhibition 照射后抑制
postirradiation treatment 照射后处理
postirradiation vegetative generation 照射后无性世代
postjunctional potential 接点后电位
postlarva ①后期幼体 ②卵黄囊已吸收的鱼苗
postlude 尾部｛信息｝
postlysosomal form 后溶酶体型
postmeiosis 后减数分裂｛细胞｝
postmitotic cell 有丝分裂期后细胞（cellula postmitotica）
postmortem ①算后检查 ②事后剖析
postnatal 产后的（postnatalis）
postnatal development 产后发育
postnotum 后背板
postnuclear cap 核后帽（cappa postnuclearis）
postoptimality analysis 优化后分析
postoral 口后的（postoralis）
postponed result 延期结果
postponement 迟缓，延缓
postradiation 照射后的
postreduction 后减数（postreductio）
postreduction disjunction 后减数离开
postreduction meiosis 后减数分裂
postreduction separation 后减数分离
postreductional apohomotypic meiosis 后减数不同型减数分裂
postreductional disjunction 后减数离开
postreductional division 后减数分裂（divisio postreductionalis）
postreductional parameiosis 后减数副减数分裂
postreductional separation 后减数分离
postreplication ①后复制 ②复制后的
postsplit aberration 裂后畸变
postsynapsis 后联会
postsynaptic density 联会后密度
postsynaptic membrane 联会后膜
postsynaptic plasma membrane 联会后质膜
postsynaptic specialization 联会后专化［作用］
postsynaptic spireme 联会后染色体纽
postsynthetic gap 合成后间隙
postsynthetic phase 合成后期
posttetanic 强直后的（posttetanus）
postulate ①假设 ②要求
postulate of rational behaviour 合理性行为的要求
postulates ①假定［法则］②条件 ③基本原理
postulation 假定
postural 姿势的（posturalis）
postural coordination 姿势协调
postural hypertension 姿势性高血压
posture ①姿势，姿态 ②情况 ③位置（postura）
posture graphy 姿势描记术
postzygotic 合子后的（postzygoticus）
postzygotic chimerism 合子后嵌合［现象］
postzygotic isolation 合子后隔离
posumbu knotweed 长柱蓼［*Polygonum longistylum* De Bruyn. = *P. blumei* Meisn.］（蓼科）
posy 小花束
posy barley（= pot barley）①去壳大麦（酿酒用）②珍珠麦（大麦米的一种）
pot 盆，花盆，钵，花钵（potus）
pot barley 珍珠麦（指大麦米的一种）
pot bound ①盆缚｛园艺｝②盆结状态（指根满盆分布）｛生理｝
pot-cheese 酸凝乳
pot clay 陶土
pot condition 盆栽条件
pot cultivation of seedling 营养钵育苗
pot culture 盆栽，试盆栽培
pot-culture experiment 盆栽试验
pot culture method 盆栽法
pot cutting 花钵扦插｛园林｝
pot egg 假卵，引蛋
pot experiment（= pot test） 盆栽试验
pot flower 盆栽花卉
pot-herb 蔬菜
pot-herb leaf crops 叶菜类蔬菜作物
pot-hole ①坑，穴 ②壶穴 ③锅穴 ④路面凹坑
pot layering 钵压｛园艺｝
pot life 盆可用时间（指塑料盆可使用年限）
pot marigold ①金盏花属［*Calendula* L.］（菊科）②金盏花（金盏菊）［*Calendula officinalis* L.］

pot method 盆栽法
pot mum 盆菊(指适于盆栽的菊花品种){园林}
pot plant 盆栽植物
pot plant variety 盆栽品种
pot planting ①盆栽 ②营养钵育苗
pot soil 盆栽土
pot stem spot 黑斑病(芝麻)
pot test 盆栽试验
pot transplanting 盆栽移植
pot tray 盆托盘,花盆托盘{园林}
potability 可饮用性(potabilitas)
potable ①可饮的,饮用的 ②饮料(potabilis)
potable water 饮用水
potamanthids 花鳃蜉科[Potamanthidae]
potamogeton ①眼子菜属[*Potamogeton* L.](眼子菜科) ②眼子菜[*Potamogeton francheii* A. Benn. et Baag.]
potamogeton family 眼子菜科[Potamogetonaceae]
potamology 河流学,河川学(potamologia)
Potant Toro 波丹托罗(美国水稻品种)
Potasan (=E-838) 扑打散(杀虫剂)[$C_{14}H_{17}O_5PS$]
potash 氢氧化钾,碳酸钾,钾碱,草碱[KOH]
potash alum 钾明矾
potash-deficient plant 缺钾植株
potash fertilizer 钾肥
potash lye 钾碱液
potash manure 钾肥
potash mica 钾云母
potash soap 钾皂,绿皂
potash solution 钾溶液(指碳酸钾等含钾溶液)
potash status 钾素状况
potassic deposits 钾沉积物
potassic fertilizer 钾质肥料
potassium 钾[K,19号元素]
potassium-adsorption ratio 钾吸附比率
potassium alum [铝]钾矾,明矾,二十四水(合)硫酸钾铝[$Al_2(SO_4)_3K_2SO_4 \cdot 24H_2O$;$KAl(SO_4)_2 \cdot 12H_2O$]
potassium ammonium nitrate 硝酸铵钾{农化}
potassium application 施钾肥
potassium bichromate 重铬酸钾[$K_2Cr_2O_7$]
potassium bromide 溴化钾[KBr]
potassium carbonate 碳酸钾[K_2CO_3]
potassium channel 钾通道{生态生理}
potassium chlorate 氯酸钾[$KClO_4$]
potassium chloride 氯化钾[KCl]
potassium chromate 铬酸钾[K_2CrO_4]{环保}
potassium cyanate 氰酸钾[KOCN]{环保}
potassium cyanide 氰化钾[KCN]
potassium deficiency 缺钾
potassium deficiency symptoms 缺钾症状
potassium-deficient soil 缺钾土壤
potassium dichromate 重铬酸钾
potassium DNA complex 钾DNA复合物{分遗}
potassium exchange 钾交换
potassium feldspar (=potash feldspar) 钾长石
potassium ferrocyanide 氰亚铁酸钾,黄血盐,大氰络亚铁酸钾[$K_4Fe(CN)_6$]
potassium fertilization 施钾肥
potassium fertilizer (=potash fertilizer) 钾肥
potassium fixation 钾的固定
potassium fluoride 氟化钾[KF]
potassium glass 钾玻璃
potassium glutamate buffer (KGB) 谷氨酸钾缓冲液{生技}
potassium hydride 氢化钾[KH]
potassium hydroxide 氢氧化钾[KOH]
potassium hypochlorite 次氯酸钾[KClO]
potassium in plant nutrition 钾在植物营养中的地位
potassium iodate 碘酸盐,碘钾盐
potassium iodide 碘化钾(脱叶剂)[KI]
potassium liberation 钾的释放
potassium magnesium-sulphate 钾镁硫酸盐{农化}
potassium mineral bed 钾矿床
potassium minerals 钾矿物
potassium nitrate 硝酸钾,钾硝,火硝[KNO_3]
potassium nutrition 钾[素]营养
potassium partition index 钾分配指数
potassium perchlorate 高氯酸钾[$KClO_4$]
potassium permanganate 高锰酸钾[$KMnO_4$]{环保}
potassium potential 钾位
potassium-producing bacterial fertilizer 钾细菌肥料
potassium rate 施钾量,钾肥施用量
potassium requirement 需钾量,钾肥需要量
potassium shortage 缺钾
potassium silicate 硅酸钾[K_2SiO_3]
potassium silicofluoride 氟硅酸钾

[$K_2(SiF_6)$]
potassium soap 钾皂
potassium-sodium exchange 钾钠变换(指离子)
potassium status 钾[素]状况
potassium-sufficient soil 富钾土壤
potassium sulfate (= potassium sulphate) 硫酸钾 [K_2SO_4]
potassium sulfide 硫化钾 [K_2S]
potassium sulfite 亚硫酸钾 [$K_2SO_3 \cdot 2H_2O$]
potassium sulphate 硫酸钾 [K_2SO_4]
potassium supply 钾[素]供应
potassium supplying power 供钾能力
potassium thiocyanate 硫(代)氰酸钾 [KCNS]
potasth (= crude potassium carbonate) 粗制碳酸钾
potato (= Irish potato) 马铃薯 [*Solanum tuberosum* L.] (茄科)
potato A-mosaic 马铃薯脉间花叶病(病毒病害)
potato agar 马铃薯琼脂(培养基)
potato anthracnose 马铃薯炭疽病[*Colletotrichum atramemtarium* Taub.]
potato aphid 马铃薯长管蚜 [*Macrosiphum solanifolii* Ashm.] (蚜科)
potato apple (= potato ball) 马铃薯浆果
potato aucuba mosaic 马铃薯奥古巴花叶病 [Solanum virus 8,9 Smith]
potato bacterial wilt (= potato brown rot) 马铃薯青枯病 [*Pseudomonas solanacearum* E. F. Smith]
potato bean (= Lima bean) 利马豆
potato beetle (= Colorado potato beetle) 马铃薯甲虫 [*Leptinotarsa decemlineata* Say] (叶甲科)
potato belt conveyor 马铃薯带式输送器
potato biotechnology 马铃薯生物技术{农生技}
potato black scurf 马铃薯丝核菌病(黑痣病) [*Pellicularia filamentosis* Rogers]
potato blight (= potato late blight) 马铃薯晚疫病 [*Phytophthora infestans* (Mont.) de Bary]
potato block 马铃薯块
potato boiler 马铃薯蒸煮器
potato breeding ①马铃薯育种 ②马铃薯育种学
potato brusher 马铃薯刷式清理机
potato bucket (马铃薯播种机排薯装置)托薯勺
potato bud in culture 培养的马铃薯芽
potato capsid 马铃薯盲蝽 [*Calocoris norvegicus* (Gmel.)] (盲蝽科)
potato chopper 马铃薯切碎机
potato clamp 马铃薯贮藏窖
potato cleaner 马铃薯清洗机
potato clone 马铃薯克隆,马铃薯无性系{农生技}
potato cockchafer 爪哇鳃角金龟 [*Holotrichia javana* Brenske] (鳃角金龟科)
potato combine 马铃薯联合收获机
potato common scab (= potato scab) 马铃薯疮痂病 [*Streptomyces scabies* Waksm.]
potato crinkle 马铃薯皱缩病 [*Solanum virus* 7 + *Solanum virus* 1]
potato crop 马铃薯收获
potato crusher 马铃薯搅拌机,碎薯机
potato culture ①马铃薯栽培 ②马铃薯栽培学
potato culture medium 马铃薯培养基
potato cuttings 马铃薯块茎(做为种植材料)
potato dextrose agar (PDA) 马铃薯葡萄糖琼脂
potato dibbler 马铃薯挖穴机
potato dibbling machine 马铃薯种穴挖掘机
potato digger 马铃薯收获机,马铃薯挖掘机,挖薯机
potato digger plow 马铃薯挖掘犁
potato digger-sacker 马铃薯挖掘装袋机
potato digging in collected rows 马铃薯集行挖掘,马铃薯集行式收获
potato dormancy 马铃薯休眠
potato dormancy break 马铃薯打破休眠
potato dressing machine 马铃薯选种机,马铃薯化学药品处理机
potato-dropping mechanism 排薯装置
potato early blight 马铃薯早疫病 [*Alternaria solani* (Ell. a Mart.) Sor.]
potato elater 马铃薯叩头虫 [*Corymbites jelandicus* Müller] (叩甲科)
potato elevating digger 升运式马铃薯挖掘机
potato elevator 马铃薯升运器
potato ensilage 马铃薯青贮料
potato ensiling 马铃薯青饲
potato epilachna beetle 马铃薯瓜瓢虫 [*Epilachna ocellata* Redtenbacher] (瓢虫科)
potato exathem 马铃薯疹
potato family 茄科 [Solanaceae]
potato field storage 马铃薯露地贮藏
potato flea beetle ①美洲马铃薯跳甲 [*Epitrix cucumeris* (Harris)] ② 马铃薯跳甲 [*Psylliodes affinis* Paykull] (跳甲科)

potato flour 马铃薯粉
potato foilage 马铃薯茎叶
potato foxglove aphid (= glasshouse potato aphid) 马铃薯长须蚜［*Aulacorthum solani* Kaltenbach］(蚜科)
potato fusarium wilt 马铃薯萎蔫病［*Fusarium oxysporum* Schl.］
potato grader (= potato sorter) 马铃薯分级机
potato grading 马铃薯分级
potato grafting 马铃薯嫁接{育种}
potato green aphid (= green peach aphid) 桃[赤]蚜(烟蚜)［*Myzus persicae* (Sulzer)］(蚜科)
potato growing ①马铃薯栽培 ②马铃薯栽培学
potato growing space 马铃薯营养面积
potato handler (= potato loader) 马铃薯装载机
potato harvest maturity 马铃薯收获成熟度
potato harvester 马铃薯收获机
potato harvester with bulk hopper 马铃薯带装薯箱收获机
potato harvester with X-ray system 马铃薯带 X 射线分选器收获机
potato haulm (= potato foliage) 马铃薯茎叶
potato haulm plucker 马铃薯拔茎叶器
potato haulm pulverizer 马铃薯茎叶切碎机
potato hill culture 马铃薯垄作
potato hill planting 马铃薯穴播
potato hiller 马铃薯培土器
potato hilling 马铃薯培土
potato hoeing set 马铃薯锄草铲组
potato hook (马铃薯收获机)马铃薯钩铲
potato hopper 马铃薯箱
potato immunity 马铃薯免疫性
potato improvement 马铃薯改良{育种}
potato lady beetle (= larger potato lady beetle) 马铃薯 28 星瓢虫［*Epilachna niponica* Lewis］(瓢虫科)
potato late blight 马铃薯晚疫病［*Phytophthora infestans* (Mont.)de Bary］
potato leaf curl 马铃薯缩叶病
potato leaf-hopper (= potato jassid) 马铃薯小叶蝉［*Typhlocyba jucunda* Herr. Schaff.］(叶蝉科)
potato leafroll virus (PRMV, PKV) 马铃薯卷叶病毒［Solanum virus 11 (Smith), potato K virus］
potato-leaved tomato 薯叶番茄［*Lycopersicon esculentum* var. *grandifolium* Bailey］(茄科)
potato lifter 马铃薯挖掘犁
potato lifting machine 马铃薯挖起机，马铃薯挖掘机
potato liming 马铃薯施用石灰
potato line-up implements 马铃薯行栽农具
potato machinery 马铃薯用机械(栽植与收获)
potato marrow 马铃薯髓肉
potato masher 马铃薯搅碎机
potato medium 马铃薯培养基
potato meristem in culture 培养的马铃薯分生组织
potato meristem tip culture 马铃薯分生组织锥培养
potato mop-top virus 马铃薯帚顶病毒
potato moth (= potato tuberworm) 马铃薯块茎蛾［*Gnorimoschema operculella* (Zell.) = *Phthorimea operculella* (Zell.)］(麦蛾科)
potato mould-storage 马铃薯堆藏
potato murrain 马铃薯晚疫病
potato nematode 马铃薯线虫病［*Heterodera schachtii* Schmidt.］
potato net necrosis 马铃薯网形坏死［Solanum virus 14 + Solanum virus 3］
potato onion 分生洋葱［*Allium cepa* var. *aggregatum*］(石蒜科)
potato paracrinkle virus (PPV) 马铃薯副皱缩病
potato phloemnecrosis virus (PLRV) 马铃薯卷叶病［Solanum virus 14, potato virus 1］
potato picker 马铃薯捡拾器
potato plant louse 马铃薯长管蚜［*Macrosiphum solanifolii* Ashmead］(蚜科)
potato planter 马铃薯穴播机，马铃薯种植机
potato planter with horizontal spacing wheel 带有水平定距排薯轮的马铃薯种植机
potato planter with vertical spacing wheel 带有垂直定距排薯轮的马铃薯种植机
potato planting 马铃薯种植
potato planting drum 马铃薯种植转筒
potato planting machine 马铃薯种植机
potato plantlet from meristem culture 马铃薯分生组织培养的幼苗
potato plow 马铃薯挖掘犁
potato plow for animal draft 马铃薯畜力挖掘犁
potato plug 马铃薯块(培养基)
potato powdery scab 马铃薯粉痂病［*Spongospora subterranea* (Wartr.) Lagerh.］
potato psyllid (= tomato psyllid) 马铃薯

[尖翅]木虱(番茄木虱)[*Paratrioza cockerelli* (Sulc)](木虱科)
potato pulp 马铃薯浆
potato pulper 马铃薯搅碎机
potato raiser 马铃薯挖掘机,起薯犁
potato raising plough 掘薯犁
potato rate of development 马铃薯发育速度
potato research center 马铃薯研究中心
potato rhizoctonia 马铃薯丝核菌病
potato riddle 马铃薯分选筛
potato ridger ①马铃薯培土机 ②马铃薯起垄机
potato ridger with chain harrow 带有网状耙的马铃薯起垄机
potato ridging ①马铃薯培土 ②马铃薯做垄
potato ridging and lifting plough 马铃薯培土收获犁
potato ring rot 马铃薯环腐病[*Corynebacterium sepedonicum* (Spieck. et Kotth.) Skaptasson et Burkh.]
potato root eelworm 马铃薯根线虫[*Heterodera rostochiensis* Woll.]
potato rotary screen digger 旋转筛式马铃薯挖掘机
potato row spacing 马铃薯行距
potato running out 马铃薯退化
potato sawfly 马铃薯叶蜂[*Pachyprotasis variegata* Fallén](叶蜂科)
potato scab 马铃薯疮痂病[*Streptomyces scabies* (Thaxt.)Waks. et Henrici.]
potato scab gnat 马铃薯蕈蚊[*Pnyxia scabiei* (Hopkins)](蕈蚊科)
potato screener 马铃薯分级机
potato seed (= potato seed stock) 种薯
potato seed certification 种薯检验
potato seed cutter 种薯切削器
potato seed dibbler 种薯穴播机
potato slice 马铃薯片
potato slicer 马铃薯切片机
potato soft rot 马铃薯软腐病[*Erwinia aroideae* Holland]
potato sorting machine (= potato sorter) 马铃薯分选机
potato spindle tuber virus (PSTV) 马铃薯纤块茎病毒[Potato virus 8, Johnson Solanum virus 12 Smith]
potato spinner 马铃薯挖抛机
potato sprayer 马铃薯喷雾器
potato sprout inhibitor 马铃薯发芽抑制剂
potato-stalk beater 马铃薯茎叶切碎机
potato stalk borer (= potato stalk weevil) 马薯铃茎象[*Trichobaris trinotata* (Say)](象甲科)
potato starch 马铃薯淀粉
potato starch processing 马铃薯淀粉加工{加工}
potato starch yield 马铃薯出粉率
potato steamer 马铃薯蒸煮器,蒸薯器
potato stem borer 沼泽夜蛾[*Hydroecia micacea* (Esper)](夜蛾科)
potato thrips (= Chinese potato thrips, onion thrips) 葱蓟马(烟蓟马)[*Thrips tabaci* Lindeman](蓟马科)
potato tissus culture 马铃薯组织培养
potato tuber 马铃薯块茎,薯块
potato tuber eelworm 马铃薯块茎线虫
potato tuberworm (= tobacco splitworm, tobacco tuberworm, tobacco leaf miner) 马铃薯块茎蛾(烟草潜叶蛾)[*Phthorimaea operculella* (Zeller) = *Gnorimoschema*](麦蛾科)
potato verticillium wilt 马铃薯黄萎病
potato vinasse 马铃薯酒糟
potato vines 马铃薯蔓,马铃薯茎叶部
potato virus 马铃薯病毒
potato virus A (= Potato mild mosaic virus, potato virus P) 马铃薯A病毒[Solanum virus 3=*Marmor solani* (Holmes)]
potato virus antimetabolite 马铃薯病毒抗代谢物
potato virus disease 马铃薯病毒病
potato virus elimination 马铃薯病毒消除
potato virus F (= potato aucuba mosaic virus) 马铃薯F病毒[Solanum virus 9 (Smith), *Marmor aucuba* (Holmes)]
potato virus M (= potato paracrinkle virus) 马铃薯M病毒[potato virus E (Dykstra) = potato virus K (Köhler), Solanum virus 7 (Smith), *Marmor angliae* (Holmes)]
potato virus S 马铃薯S病毒
potato virus X (PVX) (= mild mosaic of potato) 马铃薯轻性花叶病[Solanum virus 1 (Smith) = *Annulus dubius* (Holmes)]
potato virus Y (= vein-banding virus) 马铃薯Y病毒[Solanum virus Z. = *Marmor upsilon* (Holmes)]
potato viruses X + Y (= rugose of potato) 马铃薯皱缩花叶病[*Solanum virus* 1 + *Solanum virus* 2]
potato wart (= wart disease of potatoes, black scab) 马铃薯癌肿病[*Synchytrium endobioticum* (Schilb.)Perc.]
potato washing machine (= potato washer, potato cleaner) 马铃薯洗涤机,马铃薯清

洗机
potato wilt 马铃薯黄萎病[*Verticillium alboatrum* Reinke et Berthod]
potato Y-mosaic virus (PYV) 马铃薯Y花叶病[Solanum virus 2]
potato yellow dwarf virus (= Potato *virus* 5, Solanum virus 16) 马铃薯黄矮病毒[*Marmor vastans* (Holmes) = *Aureogenus vastans* (Holmes)]
potato Z-mosaic virus 马铃薯Z花叶病[Solanum virus 7]
potatoes ①薯类作物(指包括块茎的马铃薯与块根的甘薯作物) ②块茎作物(指马铃薯)
potatoes and root crops 块茎与块根作物,薯类作物
potazote 氯气(化)钾铵(肥料)
potence ①[杂种]优势 ②效力 ③势能(potentia)
potence ratio 优势比率
potency ①效,效价,效力,效应 ②势能 ③生殖能力(potentia)
potency of gene 基因效价
potency test 效价试验
potent ①有效的 ②有力的,强的,烈性的(potens)
potential ①潜在的,潜势的 ②电位的,位置的 ③潜力的(potentialis)
potential acidity 潜在酸度,潜性酸度
potential barrier 位垒,位障,势障{土壤}
potential bread-making strength 潜在面包制造力
potential break 潜在断裂
potential carbon gain 潜在碳增量
potential catch ①潜在渔获量 ②潜在捕猎量
potential center of crystallization 潜在结晶中心
potential clastogenic agent 潜在分解剂
potential crop 作物生产潜力
potential danger 潜在危险,潜在威胁
potential dew-point temperature 露点位温
potential diagram 电位图,电势图
potential difference 位差,电位差,势差
potential drop 电位降
potential electrolyte 潜势电解质
potential energy 位能,势能,潜能
potential energy function 位能函数
potential evaporation (Ep) 可能蒸发率
potential evapotranspiration 潜在蒸发蒸腾
potential evolutionary factor 潜在进化因子
potential fertility 潜在肥力
potential fertilizer 潜性肥料
potential fishery resources 潜在渔业资源,渔业资源潜力
potential flow ①势流 ②潜流
potential gamete-forming tissue 潜在配子形成组织
potential genetic death 潜在遗传死亡
potential genetic information 潜性遗传信息
potential genetic variability 潜在遗传变异性,隐存遗传变异性
potential genetic variation 潜存遗传变异
potential germination percent 潜在发芽率
potential glycosylation site 潜在糖基化位点,可能的糖基化位点{分遗}
potential gradient 势能梯度,电位梯度
potential head 位[压]头,势头
potential level 势能水平
potential maximal size 潜在最大体积
potential microflora 潜伏性微生物区系
potential milling yield 潜在出粉率
potential model 势能模型,势模
potential mutagen 潜在诱变剂
potential occurrence 潜在发生
potential of rest 静电势(位)
potential of the grain production 粮食生产潜力{栽培}
potential pathogen 潜在病原菌(pathogenum potentiale)
potential pest 潜在害虫
potential photosynthesis 潜在光合作用
potential photosynthetic capacity 潜在光合能力
potential pollutant 潜在污染物{环保}
potential pseudo-wet-bulb temperature 假湿球位温
potential reaction 潜在反应{土壤}
potential replica 可能复制物
potential resources 潜在资源量
potential risk 潜在危险,潜在风险
potential soil acidity 潜性土壤酸度
potential soil fertility (= potential soil productivity) 潜在土壤肥力
potential soil power 潜性地力
potential soil productivity 潜在土壤生产力,潜在肥力
potential source 势源,潜在来源
potential temperature 位温
potential tiller 潜伏分蘖(稻)
potential transpiration 可能蒸腾
potential user 潜在用户{信息}
potential value 潜在价值
potential variability 潜伏变异性,隐存变异性
potential volume 位容
potential vorticity 位势涡度

potential wet-bulb temperature 湿球位温
potentialities of development 发育可能性，发育潜力
potentiality ①可能力 ②潜力，潜能 (potentilitas)
potentiality of seed 种子发芽势
potentiated toxicity 增强(的)毒性，相乘毒性
potentiation 增强(药剂效力的)作用，相乘作用 (potentiatio)
potentiometer ①电位计 ②分压器
potentiometer set mode 电位计设置方式
potentiometric 电位的，电势的 (potentiometricus)
potentiometric analysis 电位分析
potentiometric method 电位测定法
potentiometric recorder 电位记录器
potentiometric titration 电位滴定法
potentiometry 电位测定法 (potentiometrica)
potherb butterfly (= greenveined white butterfly, mustard white butterfly, rape butterfly) 绿脉菜粉蝶(冬油菜粉蝶) [*Pieris napi* L.] (粉蝶科)
potherb jute 长蒴黄麻 [*Corchorus olitorius* L.] (椴树科)
potholes 坑洼，积水洼
pothos ①藤橘属(石柑子属) [*Pothos* L.] (天南星科) ②藤橘 [*Pothos chinensis* (Raf.) Merr.] ③石柑子 [*Pothos scandens* L.]
potion ①一服，一剂 ②饮剂 (potio)
potmarigold ①金盏花属 [*Calendula* L.] (菊科) ②金盏花 [*Calendula officinalis* L.]
potometer (= potemeter) 蒸腾计
"pot"shot 打窝(指射兔)
potted ①盆栽的 ②罐藏的，罐装的，制成罐头的
potted crops 盆栽作物
potted flower 盆栽花卉 {园林}
potted layer 盆压
potted layering 盆高压 (指用盆子高处压条)
potted miniature landscapes 山水盆景 {园林}
potted plant 盆栽植物
potter waste water 陶瓷制造废水 {环保}
potter's wheel 辘轳
pottery (= earthenware) 陶器 (potteris)
pottery clay 陶土
potting ①盆栽 ②上盆
potting compost 盆栽用堆肥
potting earth 盆栽用土(混合土)
potting mixture 盆栽混合土
potting on 换盆(盆栽)
potting shed 盆栽棚
Pott's tritonia 波特氏观音兰 [*Tritonia pottsi* Ker.] (鸢尾科)
pouch ①小袋，小包 ②短角 ③叶枕 ④袋状雌器苞
pouch bearing ①具袋的 ②袋状的 (bursiger)
pouch nemesia ①龙面花属 [*Nemesia* Vent.] (玄参科) ②龙面花 [*Nemesia strumosa* Benth.]
pouch-shaped 袋状的，囊状的 (bursiformis)
Pouchong tea 包种茶(台湾名茶)
poudrette 粪干，粪粉
poulard 去卵巢母鸡，阉母鸡
poulard wheat 圆锥小麦 [*Triticum turgidum* L.] (禾本科)
poult 小火鸡
poultice 糊药(治虫用) (puls)
poultry 家禽
poultry body lice 短角羽虱科 [Menoponidae]
poultry breed 家禽纯种，家禽良种
poultry breeder 家禽饲养员
poultry breeding ①家禽育种 ②养禽业
poultry bug 鸡臭虫 [*Haematosiphon inodorus* (Dugés)] (臭虫科)
poultry building 禽舍
poultry cage 禽笼，鸡笼
poultry cholera 家禽霍乱
poultry drinker 家禽饮水器
poultry dung 禽粪
poultry farm 养禽场，养鸡场
poultry farming 养禽业
poultry fat 禽脂
poultry feed 家禽饲料
poultry feeder 家禽饲喂器
poultry feeding 家禽饲养
poultry house 禽舍，鸡舍
poultry house moth 禽谷蛾 [*Nitidinea fuscipunctella* (Haworth)] (谷蛾科)
poultry housing 家禽舍饲，鸡舍饲
poultry husbandry ①家禽饲养 ②养禽业
poultry industry 养禽业
poultry keeper 家禽饲养员
poultry keeping 养禽学，家禽饲养学
poultry lice (= bird lice, biting bird lice, chewing lice) 食毛目(羽虱) [Mallophaga]

poultry manure 禽粪
poultry market 家禽市场
poultry meat 家禽肉
poultry mite (=red mite) 鸡刺皮螨[*Dermanyssus gallinae* (De Geer)]
poultry pasture 家禽牧场
poultry picker 家禽拔毛机
poultry raising 养禽业,养鸡业
poultry ring 家禽脚号圈
poultry-run 养禽场
poultry science 养鸡学,养禽学,家禽饲养学
poultry stick tight flea (=southern chicken flea, stick tight) 禽毒蚤[*Echidnophaga gallinacea* (Westwood)](潜蚤科)
poultry stock ①家禽总头数 ②禽群
poultry tick (=fowl tick or blue bug) 波斯隐喙蜱[*Argas persicus* Oken](软蜱科)
poultry treatment facility 家禽处理设施
poultry waste 家禽[饲养场]废物{环保}
poultry yard 养禽场
poultryman 家禽饲养员
pound (1b) 磅(=453.6克)
pound-cake 重蛋糕,磅饼(指由面粉、糖、油各一磅配制的蛋糕){加工}
pound per square inch 每平方英寸磅
pounder 杵
pounding 击碎,打碎,捣碎
pounding loss 碾米损耗(指米捣碾过后的)
pounding type 捣碎式
pour ①流出,注出 ②倾倒,倾泻,倾注,浇注
pour plate 倾注平面(培养基)
pour point 流动点
poured plate method (=pour plate method) 倾注平面[培养]法{微生物}
pouring can [手提式]喷壶
pouring funnel 注入漏斗{显技}
pouring head 浇水口
pouring rain 豪雨,倾盆大雨
poverty ①贫瘠[荒地] ②劣质 ③瘦弱
poverty adjustment (肥力)贫瘠调整
poverty-weed (=corn spurry) 大爪草[*Spergula arvensis* L.](石竹科)
powder ①粉,粉末 ②药粉 ③火药(pulvis)
powder blower 喷粉器
powder crystal 粉晶
powder dip 粉沾剂
powder fertilizer 粉末肥料,肥田粉
powder-form reagent 粉状试剂{环保}
powder-like structure 粉状结构
powder magazine 火药库
powder post beetle 欧洲竹粉蠹[*Lyctus brunneus* Stephens](粉蠹科)
powder seed 粉质种子
powder seed dresser 干粉拌种机
powder sewage 粪粉,粪干
powder snow 粉末[状]雪
powder sprayer (=duster) 喷粉器
powder tea (=powdered tea) 茶叶末,速溶茶
powdered ①具粉的 ②粉末状的(pulverulatus)
powdered activated carbon 粉状活性炭
powdered adhesive (=powdered glue) 粉状胶
powdered fertilizer (=powder fertilizer) 粉状肥料,肥田粉
powdered medium 粉状培养基
powdered milk 奶粉
powdered sugar 粉砂糖
powdered tea 茶叶末
powdered thalia 白粉再力花[*Thalia dealbata* Fraser](竹芋科)
powderpost beetles ①粉蠹科[Lyctidae] ②蛛甲科[Ptinidae] ③窃蠹科[Anobiidae] ④长蠹科[Bostrichidae]
powderpuff ①朱缨花属[*Calliandra* Benth.](豆科) ②朱缨花[*Calliandra tweedi* Benth.]
powdery 粉状的,粉末状的(pulvereus)
powdery fertilizer 粉状肥料
powdery mildew ①白粉病 ②[榛]白粉病[*Phyllactinia corylea* (Pers.) Karst.]
powdery mildew of acer 槭白粉病[*Uncinula aceris* (DC.) Sacc.]
powdery mildew of adzuki 赤豆白粉病[*Erysiphe pisi* DC.]
powdery mildew of alder tree 桤木白粉病[*Phyllactinia corylea* (Pers.) Karst.]
powdery mildew of alfalfa 苜蓿白粉病[*Erysiphe pisi* DC.]
powdery mildew of apple 苹果白粉病[*Podosphaera leucotricha* (E. et E.) Salm.]
powdery mildew of barley 大麦白粉病[*Erysiphe graminis* DC. Merat f. sp. *hordei* Marchal.]
powdery mildew of boxthorn 枸杞白粉病[*Erysiphe cichoracearum* DC.]
powdery mildew of broad bean 蚕豆白粉病[*Erysiphe polygoni* (DC.) f. sp. *viciaepisi* Yu]
powdery mildew of brome grass 雀麦白粉病[*Erysiphgraminis* DC.]

powdery mildew of buckthorn 鼠李白粉病 [*Microse phaera alni* (Wallr.) Salm.]
powdery mildew of buckwheat 荞麦白粉病 [*Erysiphe polygoni* DC.]
powdery mildew of burdock 牛蒡白粉病 [*Sphaerotheca fuliginea* (Schlecht.) Poll.]
powdery mildew of cereals 禾谷类白粉病 [*Erysiphe graminis* DC.]
powdery mildew of chestnut 栗白粉病 [*Microsphaera alni* (Wallr.)Salm.]
powdery mildew of clover 三叶草白粉病 [*Erysiphe polygoni* DC.]
powdery mildew of common vetch 巢菜白粉病 [*Erysiphe polygoni* DC.]
powdery mildew of cucumber 黄瓜白粉病 [*Erysiphe cichoracearum* DC.]
powdery mildew of cucumber, etc. 黄瓜及其他寄主白粉病 [*Sphaerotheca fuliginea* (Sch.) Poll.]
powdery mildew of eggplant 茄白粉病 [*Sphaerotheca fuliginea* (Schlecht.) Poll.]
powdery mildew of elm 榆树白粉病 [*Uncinula clandestina* (Biv.) Schröet.]
powdery mildew of garden balsam 凤仙花白粉病 [*Sphaerotheca fuliginea* Poll.]
powdery mildew of grape 葡萄白粉病 [*Uncinula necator* (Schw.)Burr.]
powdery mildew of hazelnut 榛子白粉病 [*Microsphaera alni* (Wallr.) Salm.]
powdery mildew of howthorn 山楂白粉病 [*Podosphaera oxyacanthae* (DC.) de Bary]
powdery mildew of jute 黄麻白粉病 [*Sphaerotheca fuliginea* (Schlecht.) Poll.]
powdery mildew of kaki 柿白粉病 [*Phyllactinia corylea* (Pers.)Karst.]
powdery mildew of kentucky blue grass 六月禾白粉病 [*Erysiphe polygoni* DC.]
powdery mildew of kolomktavine 木天蓼白粉病 [*Uncinula necator* (Schw.) Burr.]
powdery mildew of leafmustard 芥菜白粉病 [*Erysiphe polygoni* DC.]
powdery mildew of melon 甜瓜白粉病 [*Sphaerotheca fuliginea* (Schlecht.) Poll.]
powdery mildew of milk vetch 紫云英白粉病 [*Microsphaera astragali* Trevisan.]
powdery mildew of mugwort 艾白粉病 [*Erysiphe cichoracearum* DC.]
powdery mildew of mulberry 桑白粉病 [*Uncinula mori* Miyake]
powdery mildew of mung bean 绿豆白粉病 [*Erysiphe pisi* DC.]
powdery mildew of oats 燕麦白粉病 [*Erysiphe graminis* DC.]
powdery mildew of opium poppy 罂粟白粉病 [*Erysiphe cichoracearum* DC.]
powdery mildew of papaya 番木瓜白粉病 [*Ovulariopsis caricae* Saw.]
powdery mildew of pea 豌豆白粉病 [*Erysiphe pisi* DC.]
powdery mildew of peach 桃白粉病 [*Podosphaera tridactyla* (Wallr.) de Bary]
powdery mildew of pear 梨白粉病 [*Phyllactinia corylea* (Pers.)Karst.]
powdery mildew of pepper 辣椒白粉病 [*Oidiopsis capsici* Saw.]
powdery mildew of plum 李白粉病 [*Podosphaera tridactyla* (Wallr.) de Bary]
powdery mildew of poa 早熟禾白粉病 [*Erysiphe graminis* DC.]
powdery mildew of pot marigold 金盏花白粉病 [*Erysiphe polygoni* DC.]
powdery mildew of quack grass 鹅观草白粉病 [*Erysiphe graminis* DC.]
powdery mildew of rose 蔷薇白粉病 [*Sphaerotheca pannosa* (Wallr.) Lev.]
powdery mildew of sesame 芝麻白粉病 [*Erysiphe cichoracearum* DC.]
powdery mildew of sorrel 酸模白粉病 [*Erysiphe polgoni* DC.]
powdery mildew of soybean 大豆白粉病 [*Sphaerotheca fuliginea* (Schlecht.) Poll.]
powdery mildew of sunflower 向日葵白粉病 [*Erysiphe cichoracearum* DC.]
powdery mildew of sweet clover 草木犀白粉病 [*Erysiphe polygoni* DC.]
powdery mildew of sweet potato 甘薯白锈病 [*Albugo ipomoeae-panduranae* (Schw.)Sw.]
powdery mildew of tobacco 烟草白粉病 [*Erysiphe cichoracearum* DC.]
powdery mildew of tomato 番茄白粉病 [*Erysiphe polygoni* DC.]
powdery mildew of urd 黑吉豆白粉病 [*Erysiphe polygoni* DC.]
powdery mildew of vetch 巢菜白粉病 [*Erysiphe polygoni* DC.]
powdery mildew of walnut 胡桃白粉病

[*Microsphaera yamadai* (Salm.)Syd.]
powdery mildew of watermelon 西瓜白粉病[*Erysiphe cichoracearum* DC.]
powdery mildew of wheat 小麦白粉病[*Erysiphe graminis* DC. f. sp. *tritici*]
powdery mildew of whiteflowered goard 葫芦白粉病[*Sphaerotheca fuliginea* (Schlecht.)Poll.]
powdery mildew of Yangtao 猕猴桃白粉病[*Phyllactinia imperialis* Miyabe = *P. salmonii* Blumer]
powdery rot 粉腐病(咖啡)
powdery scab 粉痂病
powdery scab of potato 马铃薯粉痂病[*Spongospora subterranea* (Wall.) Lagerh.]
powdery scale disease 粉鳞病[*Bacillus pulvifacieus*]
powdery soil 粉质土
powdery yeast 酵母粉
Powell process (= Powellizing) 鲍威尔浸注法(指木材)
power ①力,动力,机力 ②能力 ③扩大力,倍数 ④功率,率 ⑤乘幂{物} ⑥电源,电力
power adapter 电源适配器{电脑}
power amplification 功率放大
power amplifier 功率放大器
power-angling [圆盘耙组]偏角机力调节{农机}
power-arm ditcher 动力臂式挖沟机
power axle ①驱动轴,主动轴 ②传动轮轴
power balance equation 动力平衡方程
power block 动力滑车
power board 配电板
power brake 动力制动器,加力制动器,测力制动器,测功机
power broom 机械刷,动力清扫器{农机}
power cable 电力电缆
power cable logging 动力索道集材
power chain saw 动力链锯
power circuit 电源线路{信息}
power conditioner 净化电源
power conduit 动力管道{环保}
power consumption 动力消耗
power control 功率控制
power cord 电源电缆
power cost 动力费用{环保}
power curve ①功率曲线 ②输出曲线
power cut 断电
power cylinder 动力[油]缸{农机}
power density 功率密度
power dip 功率下降
power disconnect switch 切断电源开关
power down 掉电,断电
power down control 停电控制
power drier 通风干燥机,动力干燥机
power-driven 动力驱动
power-driven thresher 动力脱粒机
power-driven trailer 带驱动桥的挂车
power driven type sorting machine 动力[型]分级机{农施}
power dump 电源切断
power duster 动力喷粉器
power equipment 动力设备
power extractor ①动力分离机 ②动力摇蜜机
power factor 功率系数
power fail 电源故障(指电源失效、中断、掉电)
power fail interrupt 掉电中断
power fail restart 掉电重新启动
power failure ①掉电 ②电源故障
power failure interrupt 电源故障中断
power farming 机械化农业
power frame (= self-propelled chassis) 自动底盘
power function 幂函数
power gain 功率增益,功率放大系数
power generation 发电
power generation combined with refuse incinerator 废物焚化炉发电{农施}
power generation load frequency control 发电负载频率控制
power grid 高压电力网
power-grip tire 高附着性轮胎
power harrow 机力耙
power hay press 动力干草压捆机
power huller 动力脱壳机
power induction 电源感应
power input connection (p. i. c.) 动力输入连接轴
power input shaft 动力输入轴
power interference filter 电源干扰滤波器{环保}
power jet ①(喷气发动机的)喷射流 ②(化油器)功率量孔
power law [乘]幂定律{统计}
power level 功率水平,功率级{环保}
power lift ①动力提升 ②动力起落
power lift clutch 自动提升离合器
power lift plough 自动升降犁
power lifter 动力升降机构
power line ①电源线,电力线,动力线 ②传动系
power linkage (带提升机构的)动力悬挂装置
power loader 动力积肥运载机

power loss 功率损失
power management 电源管理
power mower 动力刈草机
power of hydrogen (pH) 酸碱度
power of network 网络能力{信息}
power of sprouting from stools 发芽力
power of test 检验能力
power-off condition 切断电源状态,断电状态
power-off protection 断电保护
power on 加电,上电,通电
power-on key 加电键
power-operated vertical hydraulic press 机动立式液压榨机
power operation 功率操作,带电操作
power pack ①动力机组 ②供电部分
power package 移动式发电机组
power plane 电源层
power plant 发电厂,动力站
power plow 动力犁
power producer 动力源
power pump 动力泵
power rate 功率比
power reaper 动力收割机
power rectifier 功率整流器
power required 需要的动力(功率)
power requirements 功率需要量
power resistor 功率电阻[器]
power sail ship 机帆船
power save circuit 节电电路
power saving in rural area 农村节电
power saw (= powered saw) 电力锯
power scythe 动力割草机
power seeder 动力播种机
power series 幂级数
power shaft 传动轴
power shaft job 传动轴运转
power shift 动力换挡
power shovel 正铲
power silage unloader 机力青贮料卸载机
power skidding (= power cable logging) 动力索道集材
power source 动力能源,电源
power spectrum 功率谱,能谱
power spectrum density 功率谱密度
power sprayer 机动喷雾器
power station 发电厂
power steering 侍服加力转向
power straw cutter 动力铡草机,动力差稿切碎机
power stroke ①工作冲程 ②(悬挂装置)油缸提升行程
power substation 变电分站,变电所
power supply ①动力供应,电源 ②配电
power supply box 配电盒
power supply cabinet 配电柜
power supply circuit 电源电路,供电线路
power supply heat sinking 电源散热
power supply packaging technology 电源封装技术
power supply panel 供电仪表板,配电板{环保}
power supply protection system 电源保护系统
power supply reliability 电源可靠性
power supply security 电源安全性
power supply stand-by 电源备用设备
power supply system design 电源系统设计
power supply test 电源测试
power supply trace 电源跟踪
power takeoff ①动力输出,功率输出 ②动力输出轴,取力箱{农机}
power takeoff assembly 取力箱
power takeoff clutch 动力输出轴离合器
power takeoff driven 动力输出轴驱动
power takeoff dynamometer 动力输出轴测功计
power takeoff pulley 动力输出轴皮带轮
power takeoff shaft 动力输出轴
power takeoff shield 动力输出轴护罩,动力输出轴护套
power takeoff shift lever 动力输出轴操纵杆
power takeoff thinner 动力输出轴驱动间苗器
power thresher 动力脱粒机
power tiller 动力中耕机
power traction 动力牵引,机引
power transfer clutch 分动箱离合器
power transistor 功率晶体管
power transmission ①传动 ②输电
power transmission parts 动力传动系(部分)
power trencher 动力挖沟机
power tug 动力拖船
power unit ①动力单元,动力设备,动力组,动力厂 ②机械装置,机械部件
power up 加电,上电
power-up diagnostics 上电诊断
power-up reset 加电复位
power valve 动力阀
power wagon 动力测定车
power washer 动力清洗器
power water 动力水
power wheel 驱动轮,装有电动机的车轮
powerful ①强功能的 ②有权威的 ③高倍的
powerful agronomist [有]权威农学家,[有]

权威农艺学家
powerful expert ［有］权威专家
powerful microscope 高倍显微镜
powerful scientist ［有］权威科学家
pox 痘
pox disease 痘症，痘病
poxvirus 痘病毒
PP 407 除草双（除草剂）［$C_{24}H_{32}Cl_2N_4O_2$］
PP 831 ＝乙除草双（除草剂）［$C_{22}H_{32}Cl_2N_4O_2$］
PP（＝primary production） 第一性生产量｛农经｝
PPA（＝Professional Peasant Association） 农民专业协会
PPC（＝Plant Protection Committee） 植物保护委员会
PPCF（＝plasma prothrombin conversion factor） 血浆凝血酶原转化因子
PPFD（＝photosynthetic photo flux density） 光合光通量密度
PPg（＝gross primary production） 总第一性生产量｛农经｝
ppGpp（＝guanosine tetraphosphate） 鸟苷四磷酸
***p*-phenyldiamine** *p*-苯二胺［$C_6H_8N_2$］
***p*-phenyldiamine staining** *p*-苯二胺染色
PPLO（＝pleuropneumonia-like organism） 类胸膜肺炎微生物（支原体）
ppm（＝part per million） 百万分之一
PPn（＝net primary production） 净第一性生产量｛农经｝
PPP（＝point-point protocol） 点－点协议｛信息｝
PPS（＝Plant Protection Service） 植物保护局
ppt（＝precipitate） 沉淀物
PPV（＝potato paracrinkle virus） 马铃薯副皱缩病［Solanum virus 7 Smith, potato virus E, potato virus M］
PQ（＝permeability quotient） 渗透商
PQ test PQ测验
PR 905（＝Puerto Rico 905） 波多黎可905（美国甘蔗品种）
Pr（＝precipitation） 降水量
PR（＝production rate） 生产率
Pr（＝precipitation） ①降水［量］｛气象｝②沉淀［作用］｛环保｝
PRA（＝N-5′-phosphoribosyl anthranilate） N-5′核苷酸邻氨基苯甲酸
pra（＝praecipitation） 降水性［云］
PRA isomerase PRA异构酶
practicability 实用性
practical ①实际的 ②实用的，应用的
practical agricultural statistics 实用农业统计学
practical biology 实用生物学
practical botany 实用植物学
practical breeding problem 实际育种问题
practical chemistry（＝applied chemistry） 应用化学
practical computer 实用计算机
practical control measure 实用控制方法（措施）
practical evaluation standard 实用评价标准
practical germination percent 实际发芽率
practical measure 实际措施｛智培｝
practical residue limit 实用残留限界｛农药｝
practical significance 实用意义，实用重要性
practical unit 实用单位
practical value 实用价值
practicality 实用性（practicalitas）
practice ①实施，措施，实践，应用 ②常例，惯例 ③技术，技巧，灵巧，熟练
practice ground 实验用地
practice of cropping 耕作技术
practice of cultivation 栽培措施
practice of manuring 施肥技术
pradoo wood（＝padauk wood） 花梨木
prae- ⌞字头⌝前，预先
praecipitation（pra） 降水性［云］（praecipitatio）
praefloration 花被卷叠式（praefloratio）
praefoliation ①多叶卷叠式 ②幼叶卷叠式（包括个叶及多叶卷叠式）（praefoliatio）
praehaustorium 原吸器
praemorse 啮蚀状的（praemorsus）
praepupa 预蛹
praerose 腐蚀的，啮蚀的（praerosus）
praezipitin（＝precipitin） 沉淀素
pragmatism 实用主义（pragmatismus）
pragment 插话｛信息｝
prairie ①平原地｛耕作｝②草地，湿草原 ③普列里群落（北美高草原）｛生态｝
prairie breaker（＝prairie buster plow） 开荒犁
prairie chicken 草鸡
prairie climate 草原气候
prairie combine 草原联合收获机
prairie community 普列里群落，北美高草原群落
prairie coneflower ①草原松果菊属［*Ratibida* D. Don］（菊科）②草原松果菊［*Ratibida columnifera* (Sims) D. Don］
prairie flea beetle 草原跳甲［*Altica canadensis* Gent.］（跳甲科）

prairie forest soil 湿草原森林土
prairie gley soil 湿草原潜育土{土壤}
prairie grain wireworm ①草原谷金针虫[*Ctenicera aeripennis destructor* (Brown)] ②草原金针虫[*Ctenicera aeripennis tinctus* LeConte](叩甲科)
prairie grass 扁穗雀麦[*Bromus unioloides* H. B. K. = *B. catherticus* Vahl.](禾本科)
prairie grey soil 湿草原潜育土
prairie junegrass 落草[*Koeleria cristata* (L.) Pers.](禾本科)
prairie-lily ①雨百合属[*Cooperia* Herb.](百合科) ②雨百合[*Cooperia* sp.]
prairie meadow 湿草原
prairie soil 湿草原土
prairie-steppe brown soil 湿草原-草原棕色土,棕色湿草原土
prairie tent caterpillar 大草原天幕毛虫[*Malacosoma lutescens* (N. et D.)](枯叶蛾科)
prairie-timber zone 湿草原-森林带
prairie-type combine 平地用[宽幅]联合收获机
prammophyte 沙地植物(prammophyta)
praseodymium 镨(Pr,59 号元素)
prata 草甸植被,草本群落
pratia (= berrylobelia) ①铜锤玉带草属[*Pratia* Gaud.](半边莲科) ②铜锤玉带草[*Pratia nummularia* (Lam.) Kurz]
praticole (= praticolous) 草地上生的(praticolus)
pratoherbosa 中生高草群落
pratt crabapple 西蜀海棠[*Malus prattii* (Hemsl.) Schneid.](蔷薇科)
pratum (= meadow) 草甸,草地
pratylenchus ①短体线虫属[*Pratylenchus* Filipjev.](短体线虫科) ②短体线虫[*Pratylenchus* sp.]
pratylenchus letocephalus 滑头短体线虫[*Pratylenchus letocephalus* Steiner](短体线虫科)
pratylenchus pratensis 草地短体线虫[*Pratylenchus pratensis* Filipjev]
pratylenchus sacchai 甘蔗短体线虫[*Pratylenchus sacchari* Filipjev]
pratylenchus sacchari species inquirenda 审查种甘蔗短体线虫[*Pratylenchus sacchari species inquirenda* Sher et Allen]
pratylenchus zeae 玉米短体线虫[*Pratylenchus zeae* Graham]
prawn 斑节虾,大虾,对虾{水产}[*Penaeus*]{水产}
praxiology 行为学(praxiologia)
PRD (= Dichlorothiolane dioxide) 二氯丁砜{农药}
pre- ⌊字头⌉前,预先
pre-aeration 预曝气{环保}
pre-aeration tank 预曝气池{环保}
pre-agriculture sector 农业前部门(一种包括制造和提供各种农业生产资料的部门)
pre-allocation 预分配
pre-conjugation 预先接合[作用](praeconjugatio)
pre-cooked 预先蒸煮的
pre-cooking 预先蒸煮
pre-election 预选(praeelectio)
pre-emergence application 出苗前施用(指施肥、喷药)
pre-emergence cultivation 出苗前中耕
pre-emergence herbicide 出苗前除草剂
pre-emergence spraying 出苗前喷药
pre-emergence treatment (除草剂)出苗前处理
pre-emergence weed control 出苗前除草
pre-emptive right 优先权,优先购股权
pre-existing rock 先成岩{地质}
pre-exposure 预曝光,先期曝光{显技}
pre-flowering stage 开花前期
pre-germination hoeing 萌芽前中耕(指甘蔗)
pre-grazing 预期放牧,早春放牧
pre-heading stage 抽穗前期
pre-heterokinesis 前异化分裂(praeheterokinesis)
pre-illumination 预先照光法
pre-impregnation 前镀金[作用](praeimpregnatio){显技}
pre-incubation 预保温
pre-infective stage ①侵染前期 ②感染前期
pre-irradiation treatment 辐射前处理
pre-irrigation 提前灌水,预先灌水
pre-logging 前伐(主伐前采伐)
pre-messenger RNA (= pre-mRNA) 前信使 RNA,前 mRNA{分遗}
pre-mRNA ①(= pre-messenger RNA) 前 mRNA,前信使 RNA ②(= precursor mRNA) 前体 mRNA,前体信使 RNA
pre-oxygenation 预先呼吸氧
pre-phanerogam 前显花植物(praephanerogama)
pre-planting application 种植前施用
pre-planting herbicide 种植前除草剂
pre-planting treatment of herbicide 种植前除草剂处理

pre-puff site 前疏松部位,前肿胀部位
pre-ripening 成熟前的
pre-rRNA (= pre-ribosomal RNA) 前核糖体 RNA,前 rRNA
pre-rRNA molecule 前核糖体 RNA 分子,前 rRNA 分子
pre-separation 预分级 (praeseparatio)
pre-sowing application 播种前施用(指施肥,撒药)
pre-sowing cultivation (= pre-sowing tillage) 播种前耕作
pre-tillering stage 分蘖前期
pre-topping ①打顶前(甜菜) ②预先打顶,预先去梢
pre-topping sucker 打顶前根出条(蘖)
pre-transfer RNA (= pretRNA) 前 tRNA,前转移 RNA
pre-translocation complex 易位前染色体组{细胞}
pre-transplanting application 移植前施用
pre-transplanting herbicide 移植前除草剂
pre-transplanting treatment 移植前处理(除草剂)
pre-tRNA (= pre-transfer RNA) 前 tRNA,前转移 RNA{分遗}
pre-wilted silage 预先萎凋青贮
pre-winter application of fertilizer 冬前追肥
pre-winter season 冬前季节
preadaptation 前适应,预先适应,预期适应 (praeadaptio)
preadaptive character 适应前性状
preadaptive mutant 前适应突变型
preadaptive phase 适应前阶段
prealar 翅前的 (praealaris)
prealbumin 前白蛋白,前清蛋白
preamplifier 前置放大器{遥感}
preanalysis 预分析
preantenna 前触角 (praeantenna)
preanthesis stage 前花期
preassign ①预指定 ②预分配
prebaratic 地面天气形势预报图
prebinding ①预连接 ②预装配
prebiological chemistry 生物[出现]前化学
prebiotic 生物[出现]前的,前生命的 (praebioticus)
prebiotic chemistry 生物[出现]前化学,前生命化学,前生物化学
prebiotic condition 生物[出现]前条件[情况]
prebiotic evolution 生物[出现]前进化
prebox 前置组件
prebreakage structure 断裂前结构
Precambrian[period] 前寒武纪
precancerous 癌前期的 (praecancerus)
precarcinogen 前致癌剂
precarry 预进位{电脑}
precartilage 前软骨
precast ①[天气]预报 ②预制
precast concrete pipe 预制混凝土管{环保}
precast gel 预制凝胶{生技}
precaution ①预防,预防措施 ②防备,戒备 (praecautio)
precautionary 预防的 (praecautionarius)
precautionary error 预防错误
precautionary measures 预防措施
precedence ①优先规定 ②先后次序 (praecedentia)
precedence method 优先法
precedence precision 优先精度
precedence priority 优先权
precedent 先例,前例 (praecedens)
preceding crop ①前作(指同一土地上一次作物的栽培) ②前作物(指同一土地上一次栽培的作物)
preceding generation 前代
preceding year 前年
precelled 前细胞的(指细胞形成前的) (praecellularis)
precelled organism 前细胞生物
precellular 细胞[形成]前的,前细胞的 (praecellularis)
precellular evolution 细胞[形成]前进化
precellular period 前细胞时期
precharge 预充电
prechernozemic soil 准黑[钙]土{土壤}
prechill 预先冷却
prechilling 预先冷却(低温处理)
prechilling period 预冷期
prechlorination tank 预氯化池{环保}
precingular plate 脊前[藻]片 (platus precingularis)
precious ①贵重的,宝贵的,珍贵的 ②彻底的,完全的 (pretiosus)
precious metal 贵重金属
precious stone 宝石
precious wood 珍木(指有来历的树木){园林}
precipitability 沉淀度,沉淀性,淀析性 (praecipitabilitas)
precipitable ①可沉淀的 ②可下降的 (praecipitabilis)
precipitable water 可能降水
precipitans 降水布
precipitant 沉淀剂,淀析剂

precipitate (ppt) ①沉淀 ②沉淀物
precipitated bone 沉淀骨粉
precipitated calcium-phosphate 沉淀磷酸钙,磷酸二钙{农化}
precipitated phosphate 沉淀磷肥
precipitating agent 沉淀剂
precipitation (pr) ①降水,降水量 ②沉淀[作用](praecipitatio)
precipitation agent (= precipitating agent) 沉淀剂
precipitation and pH 沉淀和 pH{环保}
precipitation area 降水区
precipitation current 降水电流
precipitation curve 降水曲线
precipitation day 雨日
precipitation effectiveness index 降水有效指数
precipitation efficiency 降水效率
precipitation equivalent 降水当量
precipitation-evaporation ratio 降水-蒸发比率
precipitation fractionation 沉淀分级[分离]
precipitation from homogeneous solution (= homogeneous precipitation) 均匀沉淀,均相沉淀
precipitation gauge 量雨筒
precipitation index 降水指数
precipitation intensity 降水强度
precipitation mechanism 降水机制
precipitation membrane 沉淀膜
precipitation per year [每]年降水量
precipitation rate 降水密度
precipitation reaction 沉淀反应
precipitation regime 季节降水特征
precipitation resource 降水资源
precipitation rose [各风向]降水频率图
precipitation shadow 雨影
precipitation station 雨量站
precipitation stimulation 人工影响降水,人工催化降水
precipitation trails 雨幡
precipitator ①除尘器 ②沉淀器
precipitin 沉淀素
precipiting tank 沉淀池
precipitinogen 沉淀素原
precipitinoid 类沉淀素
precipitophore 沉淀载体
precipitous sea 怒涛[海面](浪高 40 英尺以上)
precipitus 降水性云
precise ①精密的,准确的 ②明确的,正确的(praecidere)
precise agriculture (= precise farming) 精确农业{耕作}
precise cultural practices 正确栽培措施
precise culture experiment 精密栽培试验
precise farming ①精确农业 ②正确农作{耕作}
precise interrupt 精确中断{信息}
precise phenological adjustment 精确物候调节
precision ①准确度 ②精密度(praecisio)
precision balance 精密天平
precision graphic recorder 精密图形记录器
precision image (PI) 精制影像{遥感}
precision instrument 精密仪器
precision measure 准确度量
precision planter 精密播种机
precision plotter 精密绘图仪
precision ratio 准确率
precision rotary microtome [精密旋转]切片机{显技}
precision seed drill (= precision seed planter, precision seeder) 精密播种机
precision seeding 精密播种
precision sowing 精密播种
precision timing 精确计时
precleaner ①预清机,粗选机 ②[空气]粗滤器
precleaner-and-grader [谷物]粗选分级机
preclearing 预清除
preclimacteric rise 跃变前上升
preclimax 前演替极顶
preclinical 临床前的(praeclinicus)
preclinical diagnosis 临床前诊断
precoagulation 早[期]凝固(praecoagulatio)
precoagulum 早[期]凝块(praecoagulum)
precoat 预涂层
precoat filtration ①预涂层过滤 ②助膜过滤{环保}
precocial ①孤生的{生态} ②早生成的(指生羽毛){禽}(praecocius)
precocious ①早期的,早熟的 ②过早的,早的(praecox)
precocious bivalent 过早分裂二价[染色]体
precocious division 过早分裂
precocious ear 早熟穗
precocious mitosis 过早有丝分裂
precocious polymitosis 过早多次有丝分裂
precocious sex maturity 早期性成熟
precocity 先熟性,早熟性(praecocitas)
precocity theory 先熟说{遗传}
precolumn 前置柱,预柱(praecolumna){生技}

precombustion 预燃
precombustion chamber 预燃室
precompiler ①预编码器 ②预编译程序{电脑}
precompressed clay 预压黏土
precompression 预压
precompression chamber 预压室
precompressor 预压器,填装器
precompressor feeder (捡拾压捆机)预压装草器
precondition 先决条件,前提(praeconditio)
preconditioning 预先调节
preconditioning technique 预先调节技术
preconnubia 未配生物
preconsolidation load 预固结荷重
precontrol 预先控制
precooler 预冷器
precooling 预冷[却]
precooling installation (= precooling facility) 预冷设施{农施}
precooling treatment 预冷处理
precorrection 预校正(praecorrectio)
precursor ①前体 ②前驱,预兆 ③前身{电脑}(praecursor)
precursor chain 前身链{电脑}
precursor cleavage 前体分裂,前体劈裂{分生}
precursor ion 前体离子,先驱离子{分生}
precursor molecule 前体分子
precursor mRNA (pre-mRNA) 前体信使RNA,前体 mRNA
precursor of vitamin A 维生素 A 原
precursor protein 前体蛋白
precursor RNA 前体 RNA
precursory ①前体的 ②前驱的,预兆的(praecursoris)
predaceous (= predacious) 捕虫的,掠食的,肉食的(praedaceus)
predaceous beetles 肉食亚目[鞘翅目][Adephaga]
predaceous diving beetles 龙虱科[Dytiscidae]
predaceous insects 捕食性昆虫
predaceous lady beetle 捕食性瓢虫[*Hyperaspis trilineata*](瓢虫科)
predaceous plant 捕虫植物(planta praedacea)
predacious fishes 凶猛鱼类,肉食性鱼类
predacious fungi 肉食真菌
predacity 捕食性,肉食性(praedacitas)
predation ①提前现象 ②捕食[现象](praedatio)
predatism 捕食性(praedatismus)
predator 捕食者,噬食者,捕食动物,食肉动物(praedator)
predatory 捕食[性]的,掠食[性]的,食肉性的(praedatorius)
predawn 黎明前
predawn water potential 黎明前水势
predecessor ①前期物质,前驱物,前有物 ②祖先(praedecessor)
predecrement 预减量,算前减量{统计}
predefinitive spermatogonium 预定精原细胞
predelay 预延迟
predetermination 前决定,预定(praedeterminatio)
predetermined breakpoint 预定断点
predetermined counter 预置计数器
predetermined harmony 预定协调,天生协调
predetermined interruption 预定阻碍
predetermined value 预定值
predial ①土地的,田地的 ②乡村的 ③农奴(predialis)
predict ①预期,预示 ②预报,预测
predict X from Y 从 Y 预期 X
predicted ①预测的 ②预告,预报(praedictus)
predicted germinating capacity 预测发芽力
predicted method 预测法
predicted oil content 预测含油量
predicted percentage 预测率
predicted value 预测值,预期值
predicted yield 预测产量
predicting hybrid performance 预测杂种生产性能
predicting machine 预测机
prediction ①预测{栽培} ②预告,预报{气象} ③预示,推算{电脑}(praedictio)
prediction error 预测误差
prediction error data 预测误差数据
prediction function 预测功能(指生长模型){智培}
prediction method 预测方法
prediction of breeding value 育种值预测
prediction of damage 危害预报
prediction of fertilizer needs 肥料需要量预测
prediction of reliability 可靠性预计
prediction of results 结果预测
prediction of sensitivity 敏感性预测
prediction of yield of double cross 双交种

产量预测
prediction principle 预测原理{统计}
prediction theory 预测理论
predictive analysis 预测分析
predictive control ①预测控制 ②预示控制
predictive encoding 预测编码
predictive model 预测模型(指树木)
predictively valid 预测存效
predictor ①预报因子 ②预报程序 ③预报器,预测器
predictor corrector 预测校正器
predictor corrector method 预测校正法
predictor formula 预测公式
predictor method 预测方法
predisposition to infection 侵染诱因
predispositon 诱因,诱病因素(praedispositio)
predissociation 预离析(praedissociatio)
predivision 前分裂(praedivisio)
prednisolone 脱氢皮[质甾]醇、氢化泼尼松
predominance ①先显性 ②超优热度 ③显著,突出(praedominantia)
predominant ①超优势种 ②主要的,占优势的(praedominans)
predominant environmental factor 主要环境因素
predominant harvest procedure 主要收获程序
predominant height 主要高度
predominant outbreeding 主显性远系繁殖
predominant self[ing] 主显性自变
predominant tree 超优势树
predominant wind 主要风向
predominate 占优势(praedominare)
predormancy 预休眠(praedormantia)
predrying 预先干燥[处理](种子)
preearly RNA 前早 RNA{分遗}
preediting 事先编辑,预编辑{电脑}
preelaboration 预加工,前加工(praeelaboratio)
preemption ①预占,先占 ②抢先,优先 ③排挤(praeemptio)
preemptive ①抢先的,优先的 ②先取的(praeemptivus)
preemptive priority 抢先优先权
preemptive scheduling 抢先调度
preemptive service 抢先服务
preen 家禽用喙修饰羽毛,净毛
preengage 预约
preestimate 预先估计{统计}
prefabricated 预制的(praefabricatus)
prefabricated canal 预制渠道
prefabrication (= preframing) ①预制{水利} ②处理前准备{栽培}(praefabricatio)
preface 序言,前言
prefeasibility 初步可行性(praefeasibilitas)
prefeasibility study 初步可行性研究
prefectural 县的,府的,地区的(praefecturalis)
prefer ①提出 ②优先选择 ③委任,选派
preferability 更可取性,优越性(praeferabilitas)
preferability condition 更可取条件,优越条件
preference ①偏好,偏向 ②优选,优先,优待,特惠 ③优先权(praeferentia)
preference curve 优选曲线
preference mating 选择配合,偏向配合
preference priority 优先权
preference ranking 选择顺序{畜}
preference temperature 适宜温度
preferendum 适温(praeferendum)
preferent ①适宜的{栽培} ②适宜树种{森林}(praeferens)
preferential ①偏好的,偏向的 ②优先的,给予优先的 ③得到优先的,特惠的 ④直接的(praeferentialis)
preferential adsorption 优先吸附,选择吸附,偏好吸附
preferential association 偏向配对
preferential centromere orientation 偏向着丝粒定向
preferential channel 直捷通路{生技}
preferential distribution 偏向分布,偏向分配
preferential duty (= preferential tarif) 特惠关税
preferential elimination 偏向消失
preferential fertilization 偏向受精,选择受精,优先受精
preferential gene conversion 偏向基因转变
preferential heterochromatinization 偏向异染色质化
preferential hydration 优先水合,优先水化
preferential interaction 优先相互作用
preferential leaching 优先淋溶,优先淋出
preferential mating 偏向交配,选择交配
preferential option 优先选择
preferential orientation 偏向定向
preferential pairing 偏向配对
preferential reabsorption 优先重吸收
preferential segregation 偏向分离
preferential species 适时种,适宜种
preferential stock 适宜种(株)

preferential treatment 优待
preferred ①优选 ②选用 ③最适的
preferred embodiment 优选方案,最佳方案{农经}
preferred machine assist 优选机器辅助件
preferred order 优选顺序
preferred stock 优选砧木
preferred temperature (V. R.)最适温度
prefetch 预取
prefetch unit 预取单位
prefetching technique 预取技术
prefill 预填充
prefilter 预过滤器
prefiltration 预过滤 (praefiltratio)
prefind 预先找出
prefix 词头,字头,前缀 (praefigere)
prefixation treatment 预先固定处理
preflooding 灌溉前的
prefloration (= praefloration) 花被卷叠式 (praefloratio)
prefocus 预聚焦的 (praefocus)
prefocus lamp 预聚焦灯泡
prefoliation (= praefoliation) ①多叶卷叠式 ②幼叶卷叠式(包括个叶及多叶卷叠式)
preformation 先成,预成 (praeformatio)
preformation theory 先成论{进化}
preformationism 先成论 (praeformationismus)
preformationist 先成论者 (praefprmationistus)
preformed antibody 预成抗体
prefrontal fog (= praefrontal fog) 锋前雾
prefrontal lobotomy 脑前额叶切除术
prefrontal squall line 锋前飑线
pregenerated operating system 预[生]成操作系统{生技}
pregeneration 伐前更新法 (praegeneratio)
pregeneration cleaning 伐前更新
pregeneration system 伐前更新作业
pregenome 前基因组{分遗}
pregenomic 前基因组的 (praegenomicus){分遗}
pregenomic mRNA 前基因组 mRNA
preglacial 冰期前的 (praeglacialis)
pregnancy 怀孕,妊娠 (praegnantia)
pregnancy diagnosis 怀孕诊断,怀孕检查
pregnancy duration 怀孕期
pregnancy recognition 怀孕识别
pregnane 孕[甾]烷
pregnant 怀孕的 (praegnans)
pregnant cow 孕牛
pregnant ewe 孕羊
pregnant female 孕畜(怀孕母畜)
pregnant horse (= conceived horse) 怀驹马
pregnant mare 怀孕母马
pregnant mare serum 孕马血清
pregnant sow 怀孕母猪
pregnant sow house 怀孕[母]猪舍
prehardening stage 预锻炼阶段(指幼苗抗寒锻炼)
preharvest 收获前的
preharvest application 收获前施用(指施肥、喷药)
preharvest burning 收获前烧蔗(甘蔗栽培措施)
preharvest drop 采前落果,后期落果
preharvest factor 收获前因素
preharvest period (= preharvest interval) 收获前禁止使用期
preharvest pol ratio analysis 收获前转光度比率分析(指甘蔗测糖)
preharvest sampling 收获前取样
preharvest season (= off-crop season) 即将收获季节,青黄不接时期
preharvest spray 采前喷药
prehatching mortality 孵化前死亡率
prehaustorium (= prachaustorium) 原吸器
preheart stage 前心期(胚)
preheater 预热器
preheating 预热
preheating period 预热期[间]
prehensile 能捕着的,能握住的,适于卷缠的 (praehensilis)
prehensile flower 虫媒花 (flos praehensilus)
prehension 抓住,掌握 (praehensio)
prehistoric 史前的 (praehistoricus)
prehybridization 预杂交 (praehybridisatio)
prehybridization solution 预杂交液,预杂交溶液
prehydrolysis 预水解 (praehydrolysis)
preignition 提前着火
preimmune serum 免疫前血清
preimplantation 预先植入,前植入 (praeimplantatio)
preinducer 前诱导剂
preinduction period 前诱导期
preinfective 侵染前的,传染前的 (praeinfectivus)
preinitiation complex (PIC)起始前复合物
preinitiation stretch 起始前伸展

preinoculated seeds 预先接种种子
preinoculation 预先接种（praeinoculatio）
preinsulated connection 预绝缘连接
prekallikrein 前激肽释放酶
prelabeled DNA 预先标记的 DNA
prelarva 前期幼体，带卵黄囊的鱼苗
prelaser ①激光照射前的 ②激光敏感剂
prelaunch 发射前
preleptonema 前细线（praeleptonema）{细胞}
preleptotene [stage] 前细线[期]（praeleptotenus）
preliminarily approachment（= preliminary vegetative approachment） 预先无性接近法
preliminary ①预先的，预备的 ②初步的，开始的 ③前发的（praeliminaris）
preliminary analysis 初步分析
preliminary cleaning ①初步清选 ②初步净化，初步清洗{环保}
preliminary design 初步设计
preliminary drying 初步干燥
preliminary estimation 初步估计，初步估价
preliminary heating zone 预热层
preliminary mentor 预先蒙导
preliminary performance test 初步生产力（性能）试验
preliminary plan ①初步计划，初步规划 ②初步方案 ③初步设计{育种}
preliminary pulse 前发脉冲
preliminary registration 预先登记
preliminary scheme 初步设计
preliminary screening test 初次筛选试验，初级淘汰试验
preliminary sedimentation tank ①预沉池 ②初次沉淀池{环保}
preliminary selection 预先选择
preliminary survey ①初测 ②初步调查
preliminary surveying 初步测量
preliminary test 预备试验
preliminary thinning ①初次间苗{栽培} ②改进疏伐{森林}
preliminary transit line 初测经纬仪导线
preliminary treatment 预措，预先处理，前处理
preliminary trial 初步试验
preliminary work 初步作业
preliminary yield test 初级产量试验
preliminary yield trial 初级产量试验
prelysosomal form 溶酶体[形成]前形式
premachon 长记忆光导摄像管{遥感}
premature ①早熟的，早期的 ②预计的，过性急的（praematurus）
premature birth 早出生，早产
premature bolting 早期抽薹
premature chain termination 早熟链终止，早期链终止{分遗}
premature chromosome condensation（PCC）早期染色体浓缩，早熟染色体浓缩
premature chromosome condensation in heterokaryon 异核体早期染色体浓缩
premature collapse 早期崩坏
premature condensed chromosome（= PC chromosome） 早期浓缩染色体，早熟浓缩染色体
premature decay（= premature senescence） 早衰
premature delivery 早产
premature drop 熟前落果，早期落果
premature flowering 早期开花
premature germination 早期发芽
premature heading 早期抽穗
premature inhibition 早熟抑制，早期抑制
premature larva 未熟蚕，绿蚕
premature lysis 早期溶菌现象
premature ovulation 早期排卵，未熟卵排卵
premature polypeptide chain termination 早熟多肽链终止，早期多肽链终止
premature ripening 提早成熟
premature seeding（= premature bolting） 早期抽薹
premature senescence 早期衰老，早衰
premature spray 成熟前喷药
premature stalking 早期抽薹
premature termination 早熟终止，早期终止
premature transcription termination 早期转录终止{分遗}
prematurity 早期成熟性，早熟性（praematuritas）
premaxillary bone 前颌骨{水产}
premeiosis 前成熟分裂，前减数分裂（praemeiosis）
premeiotic cell 减数分裂前细胞
premeiotic division 前减数分裂
premeiotic DNA synthesis 减数分裂前 DNA 合成
premeiotic interphase 减数分裂前间期（interphasis praemeiotius）{细胞}
premeiotic interphase nucleus 减数分裂前间期核
premeiotic mitosis 减数分裂前有丝分裂（mitosis praemeioticus）
premeiotic S phase synthesis 减数分裂前 S 期合成
premelanosome 前黑素体（praemelanosoma）

prementum 前颏
Premerge (= dinoseb) 地乐酚(除草剂)
premetaphase stretch 前中期伸展
premilk stage 乳熟前期
premise 前提,先决条件
premitosis 前有丝分裂 (praemitosis)
premium ①奖金 ②生活补助费
premium animal 得奖畜,良种畜
premix 预混合,预混合液 (praemiscere)
premodification ①预先修改 ②预先修饰 (praemodificatio)
premolar teeth 前臼齿
premolting stage 催眠期{蚕}
premonitory 预兆的,前兆的 (praemonitorius)
premonitory symptom 预兆病征
premorse 啮齿状的 (praemorsus)
premunition ①早期免疫作用 ②预防接种 (praemunitio)
premunity 早期免疫性,复合免疫性 (praemunitas)
premutation 前突变 (praemutatio)
premutation DNA lesion 前突变 DNA 损伤
premutational change 突变前改变
premutational phase 突变前期
premutational uv photoproduct 突变前紫外光产物
prenatal 出生前的 (prenatalis)
prenatal "imprinting" 产前"胚教"{遗传}
prenatal diagnosis 产前诊断,产前检查
prenatal interaction 胎内相互影响,胎内相制
prenegotiation 预协商 (praenegotiatio)
prenegotiation phase 预协商阶段
prenormalization 预规格化 (praenormalisatio)
prensor 抱握器{昆虫}
prenucleolar substance 核仁前物质
prenylation 异戊烯化[作用]{分生}
prenyltransferase 异戊烯转移酶
preoperation ①空转 ②试运行,试运转 (praeoperatio){电脑}
preoperative control 预定位控制
preoperculum 前鳃盖骨
preoral 口前的 (praeoralis)
preoral cavity 口前腔
preoral region 口前部
preorganic evolution 生前进化
preoviposition period 产卵前期
prepackage 预先包装
prepacked column 预装柱{生技}
prepacking treatment 包装前处理
preparate 永久[切片]标本{显技}
preparation ①准备,预备{栽培} ②备制,调制,制备{加工} ③药剂,配制器{药物} ④标本,制片{显技} (praeparatio)
preparation function ①预置功能,准备功能 ②预备操作,预备程序{电脑}
preparation of anucleate cell 无核细胞制片
preparation of feed 饲料调制
preparation of land before seeding 播前整地
preparation of microcell 微细胞制片
preparation of microcell by enucleation 微细胞制片的去核法
preparation of microcell by shock 微细胞制片的休克法
preparation of protoplast 原生质体制备
preparation of rice seed bed 秧田整地
preparation of seed bed 苗床准备
preparation of seeds 种子准备,种子储备
preparation of soil (播种前)整地
preparation of the land 备耕,土地准备
preparation of working plan 编制作业计划
preparation tank 调制池{环保}
preparation time (= setting up time) (土壤)沉实期
preparative ①制备的,预备的,准备的 ②初步的 ③预备,准备,筹备 (praeparativus)
preparative biochemistry 制备生物化学
preparative chromatograph 制备层析仪
preparative chromatography 制备层析{生技}
preparative column 制备柱
preparative electrophoresis 制备电泳
preparative liquid chromatograph 制备液相层析仪
preparative liquid chromatography 制备液相层析
preparative scale 制备规模
preparative technique 制备技术
preparative ultracentrifuge 制备超速离心机
preparatory ①准备的,预备的 ②初步的 (preparatoris)
preparatory felling (= preparatory cutting) 预备伐
preparatory period 准备时期
preparatory stage 预备[伐]期
preparatory tillage (播种前)整地
preparatory training 初步整枝
preparatory treatment 初步处理
prepare ①准备,预备 ②制备,配制,制定 ③训练 (praeparare)
prepared land 已整地,待播地

prepared pigmeat 熟肉
preparedness (= preparation) 准备,预备,准备程度
preparer 调制机
preparing loose leaf tobacco for market 制作散装出售烟叶
prepattern ①前图形 ②前模式 ③预先型
prepay 预付,先付
prepeak 前峰{生技}
prepeeled potato 去皮马铃薯
prepeeled turnip 去皮芜菁
prephoto-phase 先光期(praephotophasis)
preplaced line 预置线{信息}
preplanning 预先计划
preplanting 播种前,种植前,栽植前
preplanting cultivation 播前耕作
preplanting fumigation 播前熏蒸
preplanting irrigation 播前灌溉,灌底墒水
preplanting spraying 播前喷射
preplanting treatment 播前处理
preplay communication 预演通信{信息}
prepneustic 前气门式
prepodzolic soil 准灰壤,准灰化土{土壤}
prepolysomal level 聚核糖体形成前水平{分遗}
preponderance 优势,优越
preponderant (重量上占)优势的,压倒的(preponderans)
prepotency 优先遗传(praepotentia)
prepotent 优先遗传的(praepotens)
prepotential 前电位的
prepriming 预引发,引物预合成{生技}
prepriming complex 预引发复合体,预引发复合物
preprimosome 预引发体(praeprimosoma){分生}
preprinted form 预打印格式
preprocess 预处理(指程序){电脑}
preprocessing 预加工
preprocessor 预加工器
preproduction 试制,预制(praeproductio)
preprogramming 预程序设计
preprohormone 前激素原
preproinsulin 前胰岛素原
preprophage 前噬菌体原(praeprophagus)
preprophase 早前期(praeprophasis){细胞}
preprophase and prophase poison 早前期与前期毒物
preprophase inhibitor 早前期抑制因子
prepupa (= stretched larva) 预蛹(伸直的幼虫)
prepupal period 预蛹期
preread head 预读磁头,预读头{信息}
prerecommendation variety 前推荐品种,前推广品种
prerecord 预记录(praerecordare){信息}
prerecorded track 预记录磁道,预记录道
prereduction 前减数(praereductio){细胞}
prereductional apohomotypic meiosis 前减数不同型的减数分裂
prereductional disjunction 前减数离开
prereductional division 前减数分裂(divisio praereductionalis)
prereductional separation 前减数分离
preregeneration 伐前更新法(praeregeneratio){森林}
prerelease ①过早揭纸(指覆盖)②过早剥离 ③预映(指电影)④提前排气(指蒸汽机)
prereplicative RNA 复制前 RNA{分遗}
prerequisite ①首要的,必需的,先行的 ②先决条件,必要条件,前提(praerequistus)
prerequisite condition 先决条件
prerequisite of erectness 直立性的先决条件
preribosomal particle 前核糖体颗粒{分遗}
preribosomal RNA 前核糖体 RNA,前体核糖体 RNA
prerins 预漂洗池
preripening temperature 成熟前温度
prerotation 预旋
prerun-time table 运行[时间]表
prerunning 预电泳{生技}
presage ①预知,预感 ②预示,预兆
prescreening 预先筛分
prescribed burning 计划烧除(防火){森林}
prescription ①规定,指定 ②指示,吩咐(praescriptio)
prescription for future management 今后经营规定{农管}
preselector (变速)预选机构(器)
presence ①现在,存在 ②存在度{生态}(praesentia)
presence and absence hypothesis, presence and absence theory 在与不在说,有无学说{遗传}
presence and absence of awn 芒有无
presence and absence theory 在与不在理论,有无理论{遗传}
presence bit 存在位{统计}
presence testing 存在检验
presenilation ①早期变态 ②未老先衰(praesenilatio)
presenility 早衰(早期衰老)(praesenilitas)
present ①目前的,当前的,当今的,现在的 ②

现存的 ③现有的 ④现行的 ⑤出现的,出席的(praesens)
present coordinate 现行坐标
present-day variety 当前品种
present increment 现在增长量
present of awns 有芒
present paddy field in alternative land usage system 现行水旱轮换使用的稻田制(指稻田水旱轮换使用的制度){耕作}
present state of installation agriculture 设施农业现状
present status 现状
present value 现值,前价
present weather 现在天气
present world-wide consumption 当前世界范围消耗量(指农产品)
present worth 现价{农管}
present yield 目前产量
presentation ①表示,显示 ②图像,图景(praesentatio)
presentation context 表示上下文(指打印的文件)
presentation graphics ①表示图形[学] ②代表性图像 ③说明性图像
presentation medium 表示媒体
presentation space 演示空间,表示空间
presentation time 阈时
presentation video 表示图像
presequence 前序列(praesequentia){分生}
preservation ①保存 ②保护 ③存留 ④防腐(praeservatio)
preservation of fertility 肥力保持,地力保持
preservation of games 野生动物保存
preservation of good soilcondition (= preservation of fertility) 肥力保持
preservation of line 品系保存
preservation of milk 牛乳保存
preservation of mother plant 母株保存
preservation of nature 自然性保持
preservation of pure state 保纯
preservation of stock 原种保存
preservation process of wood 木材保存法,木材防腐法
preservation purity 保持纯度
preservative ①防腐的 ②防腐剂,保藏液(praeservativus)
preservative inoculation 预防接种
preservative oil 防腐油
preservative substance 防腐物质,防腐剂
preservatory ①保存 ②保存剂
preserve ①储存 ②保护 ③渔猎禁地 ④保持,保留,保存
preserve area ①禁猎区{狩猎} ②禁伐区{森林} ③禁渔区{水产}
preserve material 制罐头材料
preserved egg 保存蛋(松花蛋,卤蛋)
preserved fish 保存鱼(鱼干,罐头鱼,熏鱼)
preserved food 罐头食品
preserved fruit 保存果品(干果,蜜饯,罐头水果)
preserved fruit processing 蜜饯加工{加工}
preserved in syrup [用]糖浆保存(果酱,蜜饯)
preserved leaf 保存叶
preserved milk 无菌牛乳,罐头牛乳
preserved pigmeat 腌肉,卤肉
preserved products 保存品(罐头食品,蜜饯)
preserved race 保存品种{蚕}
preserved vegetables 保存蔬菜(干菜,泡菜,卤菜,罐头蔬菜)
preserver 保藏剂
preserves ①保藏品(腌制,熏制,晒制) ②罐头食品
preserving ①保存,保藏 ②罐藏,罐头制造 ③保留
preserving agent 防腐剂
preserving jar 罐头瓶
preserving melon 硬瓤小西瓜(枸橼西瓜)[*Citrullus vulgaris* var. *citroides*](葫芦科)
preset 预置,预置位
preset counter 预置计数器
preset experiment 预置实验
preset parameter 预定参数
preset time 预置时间,提前时间
presetting 预沉{环保}
presetting chamber 预沉室
presetting tank 预沉池
president ①校长,院长 ②主席 ③总经理
presizing 填孔处理
presoak 预浸
presoaking 浸种
presort ①预分类 ②预排序
presowing 播种前
presowing cold treatment 播种前低温处理
presowing hardening treatment 播种前低温处理(指抗寒锻炼)
presowing irrigation 播[种]前灌水
presowing manuring 播种前施肥
prespauning migration 产卵前洄游
prespliceosome 前剪接体{农生技}
presplit aberration 裂前畸变
prespore 前孢子(praespora)
presprouting of seeds 种子催芽
press ①吐丝器(指昆虫) ②压捆机,打包机,

压榨机 ③压床，冲床，压力机 ④镇压，压实，压榨，压缩 ⑤报纸，印刷品（pressare）
press-baler （干草）压捆机
press button 按钮[开关]
press-button control 按钮操纵
press-button system 按钮操纵系统
press cake ①滤泥（指糖厂）②污泥压糕｛环保｝
press drier 压榨干燥机
press drill 带覆土镇压轮播种机
press facsimile 报纸传真，印刷品传真｛信息｝
press filter 压滤机｛环保｝
press heater 热压锅
press oil 榨油
press-on coupler 压入式连接器
press residues 榨渣
press roll （捡拾压捆机）卷压辊
press roller 压辊
press straw 压缩稿秆
press telegram 新闻电报｛信息｝
press vat 压榨用桶
press wheel 镇压轮
press wheel coverer （播种机）覆土镇压轮
pressboard 厚皮板
pressed barley（= rolled barley） 大麦[压]片
pressed cocoon 受压茧，压扁茧｛蚕桑｝
pressed green fodder 压缩青饲料
pressed honey 压榨[分离]蜜
pressed juice 榨汁
pressed-steel boot 模压钢开沟器
pressed straw 压缩稿秆
pressed together ①密集的，密生的（confertus）②挤压的（congestus）
pressed yeast 压榨酵母
presser ①加压器，压实器，压紧器 ②压榨器
pressing down wheat 踩麦，压麦
pressing period ①加压周期 ②压榨时间
pressing section （打麻机）压紧部分
pressing the vine （花生）压蔓（藤）
pressreceptor 压力感受器
pressure(P) ①压力，压强，压 ②强制力，影响力 ③气压（pressura）
pressure altimeter 气压测高表
pressure anemometer 压力风速表
pressure aqueduct 承压水导管｛环保｝
pressure at rest 静压
pressure atomizer 压力弥雾器
pressure cell 压力传感器
pressure center 气压中心
pressure chamber 压力室｛农施｝
pressure chart 气压图
pressure chlorinator 压力加氯机｛环保｝
pressure coefficient 压力系数
pressure conduit 承压水管渠｛环保｝
pressure constant 压力常数
pressure cooker 高压釜，高压锅
pressure cooling 加压冷却
pressure curve 压力曲线
pressure cycle fermentor 压力循环发酵罐
pressure deviation 气压偏差
pressure difference 气压差，压力差
pressure distribution 压力分布
pressure dosing 压力投配[器]｛环保｝
pressure-driven membrane separation 压力驱动膜分离｛生技｝
pressure drop 气压下降，压力下降
pressure efficiency 压力效率
pressure-fall center 降压中心
pressure field 压力场
pressure filter ①压滤池 ②压滤器｛环保｝
pressure filtration 加压过滤，压滤｛环保｝
pressure floatation 加压浮选｛环保｝
pressure flow 压流
pressure flow pipe-line 压流管道，压力管道｛环保｝
pressure fluid 液压液体
pressure gas-welding 气体压焊
pressure gauge 压力器，压强器，压力计
pressure gradient 压力梯度，气压梯度
pressure-gradient force（= pressure force） 气压梯度力
pressure head 压[力水]头，压位差
pressure height 气压高度，压力高度
pressure indicator 压力指示器｛环保｝
pressure intensity 压力强度
pressure jump 气压涌升
pressure line ①压力管路 ②（齿轮传动）啮合线
pressure loss 压力损失
pressure lubrication 压力润滑
pressure main 压力干管｛环保｝
pressure maximum 最高气压
pressure measurement 压力测量
pressure-membrane apparatus 压力膜装置（测定水分）
pressure-membrane method 压力膜法（测土壤吸力）
pressure meter 压力计
pressure minimum 最低气压
pressure-modulated radiometer (PMR) 调压辐射计｛遥感｝
pressure of water vapor 水汽压
pressure of wind 风压

pressure oil tank 压力油箱
pressure pattern 气压[分布]型[式]
pressure period 加压阶段
pressure pipe 压力管〈环保〉
pressure pipe line 压力管路
pressure plate ①(摘棉机)压板 ②压力板
pressure-plate anemometer 压板风速表
pressure potential 压力势
pressure process 加压处理法
pressure pulsation 压力脉冲
pressure pump 压力泵
pressure receptor 压力感受器〈生技〉
pressure recorder 压力记录器
pressure-reducer 减压器〈环保〉
pressure reducing valve 减压阀(指自动的)〈环保〉
pressure reduction 减压
pressure regulator 压力调整器,调压器
pressure regulator valve 压力调整阀,调压阀
pressure-relief valve (= pressure regulating valve) 减压安全阀,释压阀
pressure ridge 高压脊
pressure rise 升压
pressure roller 压棍,压力滚筒
pressure sensation 压觉
pressure-sensitive diode 压敏二极管
pressure shower screen 压力水幕〈环保〉
pressure sleeve 压力套管
pressure spring 压力弹簧
pressure stencil 压力模板,压模
pressure sterilization 压力灭菌
pressure stress 压应力
pressure surge 气压跃升,气压涌升
pressure system 压力系统,鼓风系统
pressure tank ①压力箱 ②气压筒,蓄压器
pressure-temperature correlation 压力-温度相关
pressure-temperature-humidity sounding 压温湿探测
pressure tester 测压器,硬度计(果实用)
pressure topography 等压面形势
pressure transducer 压力传感器
pressure trough 气压槽
pressure tube anemometer 压管风速表
pressure type sand filter 压力型沙滤法(指处理废水的一种方法)〈环保〉
pressure type ventilation fan 加压型换气扇〈农施〉
pressure unit 压力单位
pressure vacuum gage (= pressure vacuum gauge) 真空压力计
pressure variation 气压变化
pressure variograph 气压变量计
pressure variometer 气压变量表
pressure ventilator 压力通风机
pressure-volume diagrams 压力-体积图解
pressure washing 压力清洗
pressure water 压力水
pressure water pipe 压力水管〈环保〉
pressure waves 压力波,气压波
pressure zone 压力区,压力带
pressurization ①增压 ②压力输送 ③密封(pressurisatio)〈物〉
pressurize 加压气,加压加气
pressurized ①可控制气压的 ②增压的,加压的
pressurized apparatus 加压仪器
pressurized area 水压面
pressurized cabin 增压舱
pressurized filter 压力过滤器
pressurized flotation 加压气浮,加压加气浮选〈环保〉
pressurized spreader 压力式液肥洒布机
pressurized ventilation 增压通风
prestaging 预登台
prestain 预先着色〈显技〉
prestart 预启动
prestart job 预启动作业
presteady state 前稳态
presteady-state kinetics 前稳态动力学
prestorage ①预先贮藏 ②贮藏前
prestorage bin 预存箱
prestorage treatment 贮藏前处理
prestudy 预研[究]
presume ①推测,假定 ②错用,不当的利用
presumption ①推定,假定,推测 ②预定(presumptio)
presumptive ①推测的,假定的,推定的 ②预定的(presumptivus)
presumptive ancestor 预定祖先
presumptive damage 预定损害
presumptive method 假定试验法〈统计〉
presumptive test 推定试验〈环保〉
presynapsis 前联会(praesynapsis)
presynaptic ①联会前的〈遗传〉 ②突触前的(prasynapticus)
presynaptic inhibition 突触前抑制
presynaptic junction 突触前连接
presynaptic plasma membrane 联会前质膜
presynaptic specialization 联会前专化[作用]
pretarsus 跗端节
pretection 预测(praetectio)
pretection of mutation frequency 突变频率

预测

pretectum 前顶盖（praetectum）

preterminal 末端前的（praeterminus）

prethermophase 先温期（praethermophasis）

prethicken 预浓缩〈环保〉

pretranslation 预译，预翻译（praetranslatio）

pretranslator 预译码器〈信息〉

pretreated water 预处理水〈环保〉

pretreatment 预先处理，预措

pretreatment drying 预措干燥，预先处理干燥

pretreatment facility 预先处理设备，预措设备〈农施〉

pretreatment for seed processing 种子加工预处理

pretreatment for storage 贮藏预措

pretreatment for wheat flour processing 小麦粉加工预处理

pretreatment of cotton processing 棉花加工预处理

pretreatment of plant oil processing 植物油加工预处理

pretreatment of seeds 种子预措

pretreatment of the soil 土壤预先处理

pretreatment tank 预处理池〈环保〉

pretty ①漂亮的，可爱的 ②巧妙的 ③相当的，很多的 ④十分恰当的 ⑤整洁的，整齐的

pretty breeze 惠风

pretty easy 相当容易

pretty printer 整齐打印机

preturbulent state 预湍流态

prevail ①盛行，流行 ②战胜

prevailing ①最常见的，最普通的 ②流行的

prevailing climatic conditions 盛行气候条件，最常见气候条件

prevailing climax 现存演替顶极

prevailing stem 优势木，支配木

prevailing temperature 盛行温度，最常见温度

prevailing wave 盛行波，优势波

prevailing weather 盛行天气

prevailing westerlies 盛行西风带

prevailing wind 盛行风，恒风

prevalence ①优势，卓越 ②流行（prevalentia）

prevalent ①普遍的 ②流行的 ③(种)优势的（prevalens）

prevent ①预防 ②阻止（prevenire）

prevent deadlock 预防死锁〈电脑〉

prevention ①预防，防止 ②阻碍，妨碍 ③阻止（preventio）

prevention and control of root diseases of cotton seedling 防治棉苗根病

prevention and remedy 预防矫正法〈统计〉

prevention of air pollution 防止大气污染〈环保〉

prevention of freezing 预防结冰

prevention of infection ①传染预防〈微生物〉②侵染预防〈植病〉

prevention of noise 噪音防止〈环保〉

prevention of swarming 分蜂防止

preventive（= preventative） 预防的，阻止的（preventivus）

preventive agent（= preventer） 预防剂

preventive application 预防性施用(指撒药)

preventive bactericide（= preventive bacteriocide） 预防性杀菌剂，保护性杀菌剂

preventive effect 预防效应

preventive eugenics 消极(预防)优生学，负优生学

preventive fungicide 预防性杀菌剂，保护性杀菌剂

preventive injection 预防注射

preventive inoculation 预防接种

preventive maintenance 计划预修，预防性保养

preventive measure（= preventative measure） 预防措施

preventive medicine ①预防医学 ②预防药

preventive pest control 预防性病虫害防治

preventive vaccination 预防性种痘

preventive value 防护值

preventor ①预防药，预防物 ②阻止器

prevernae 早春[季相]（praevernae）

prevernal aspect ①早春景色〈园林〉②早春季相〈生态〉

preview ①预映，试映 ②预演，试演 ③预观[察]

preview switcher 预观转换器

previewing ①预观察 ②预检验

previous ①前的，先前的 ②以前的，早先的（previus）

previous crop 前作物，前茬

previous crop cultivation ①前作物栽培，前作 ②前作物耕作

previous crop culture 前作物栽培，前作

previous crop farming 前作物耕作

previous crop growing 前作物栽培，前作

previous cropping 前作物耕作

previous cropping history 前作物耕作历程，前作物耕作过程

previous cropping practices 前作物耕作技术

previous generation 前代

previous phase 前期
previous stress 前胁迫{生态生理}
previous year 前年
previously cultivated land 熟地,已耕地
prevision ①先见 ②预知(praevisio)
previtamin 维生素前体
prewashing 预先冲(清)洗(种子)
prewing cable 预扎电缆{信息}
prey ①肉食兽,猛兽 ②肉食禽,猛禽 ③捕获物,被猛兽(禽)捕食的动物 ④饵食
preyer ①猛兽 ②猛禽
prezygotic selection 合子前选择
PRI (= priority) 优先,优先权,优先级{信息}
Pribnow box 普里布诺框{生技}
price ①价格,价钱,代价 ②市价 ③价值 ④⌊复⌉物价(pretium){农经}
price-adjustment basis 价格调整根据
price-adjustment scheme 价格调整计划
price agreement 价格协定,价格协约
price computation 价格计算法
price control 物价管制
price coordination method 价格协调法
price cut 降价
price description record (PDR) 价值描述记录
price discrimination 价格差异
price equilibrium 价格平衡
price fluctuation 物价波动
price forecast 物价预报,物价预测
price formation 价格形成
price freeze 物价冻结
price growth percent 价格增长率
price increase ①增值 ②价格提高
price increment percent 价格增长率
price index 物价指数
price level 物价水平
price list 价目表
price list for grain 谷物价目表
price movement 物价流动
price per piece 零售价格
price policy 物价政策
price reduction 减价
price scissors 剪刀差值
price statistics 物价统计
price supports 价格补助金,价格补贴
price system 价格体系
price wages 计件工资,定件工资
price work 按件计算工作
pricedata 价格数据[库]
prices 物价{农经}
prices advance 物价上升
prices become firm 物价稳定
prices continue stable 物价继续稳定
prices decline 物价下跌
prices of agricultural products 农产品价格
prices remain firm 物价保持稳定
prices rise sharply 物价猛涨(升)
prices rising 物价上涨,物价上升
prices show a downward trend 物价呈下跌趋势
prices show an upward trend 物价呈上涨趋势
prices soaring 物价猛升
pricing 定价
pricing method 定价法
pricing out 估价
prick ①刺伤,刺痛,刺洞,刺痕 ②(马蹄)钉伤
prick-ear (马,犬)竖[立]耳
pricking of egg 卵注射,卵扎穿
pricking off 竹签移苗
pricking out 疏苗移植
prickle ①皮刺(aculeus) ②刺(spina)
prickle cell 刺细胞
prickle cell layer 刺细胞层
prickly 具皮刺的(aculeatus) ②具刺的(acanthaceus)
prickly ash ①花椒属[*Xanthoxylum* Gmel. = *Zanthozylum* L.](芸香科) ②花椒[*Zanthozylum simulans* Hance.]
prickly box (= box-thorn, Asses'box tree) ①枸杞属[*Lycium* L.](茄科) ②(= Chinese matrimonyvine) 枸杞[*Lycium chinense* Mill.]
prickly-bristled 具刺状刚毛的(hystrichacamthus)
prickly calalu (= spiny amaranth, thorny amaranth) 刺苋[*Amaranthus spinosus* L.](苋科)
prickly cup 变色鳞耳[*Pholiota mutabilis* (Fr.)Quel.](伞菌科)
prickly-fruited 刺果的(echinocarpus)
prickly glasswort (= Russian thistle) 钾猪毛菜[*Salsola kali* L.](藜科)
prickly grass (= barnyard grass, barnyard millet) 稗
prickly juniper 尖柏桧[*Juniperus oxycedrus* L.](柏科)
prickly-leaved 具刺叶的(acathophyllus)
prickly lettuce 刺莴苣[*Lactuca scariola* L.](菊科)
prickly-parsnip ①刺伞属[*Echinophora* L.](伞形科) ②刺伞[*Echinophora sibthorpiana* Guss.]

prickly-pear (=prickly-pear cactus) ①仙人掌属[*Opuntia* DC.](仙人掌科) ②仙人掌[*Opuntia vulgaris* L.]
prickly-pear family 仙人掌科[Cactaceae]
prickly persimmon 刺柿[*Diospyros armata* cheng](柿科)
prickly pigweed (=beetroot) 西风古
prickly poppy ①刺罂粟属[*Argemone* Tourn.](罂粟科) ②刺罂粟[*Argemone mexicana* L.]
prickly rose 大叶蔷薇[*Rosa acicularis* Lindl](蔷薇科)
prickly sago palm 刺西谷椰子(刺西谷)[*Metroxylon rumphii* Mart.](棕榈科)
prickly-seeded 具刺种子的(echinospermus)
prickly-seeded spinach 刺子菠菜[*Spinacia oleracea* L.](藜科)
prickly spruce (=prickly pine) 山地松[*Pinus contorta* Loud.](松科)
prickly-thrift ①刺矶松属[*Acantholimon* Boiss.](百花丹科) ②刺矶松[*Acantholimon diapensoides* Boiss.]
prickwood 欧卫矛[*Evonymus europaea* L.](卫矛科)
pride (雌性)发情
pride-of-India 栾树[*Koelreuteria paniculata* Laxm.](无患子科)
pride-of-Rochester 溲疏[*Deutzia scabra* Thunb.](绣毬科)
prilled fertilizer (=fertilizer prills) 粒状化肥
prim (=common privet) 女贞[*Ligustrum vulgare* L.](木犀科)
prima 光皮
primaeval (=primeval) 原古的,原始的(primaevalis)
primaeval atmosphere 原古大气
primaeval forest (=primeval forest) 原始森林
primaeval world 原古世界
primal 原始的(primalis)
primal all integer 原始全整型{电脑}
primal environ 原始环境
primal linear program 原始线性规划
primaquine-sensitivity 伯胺喹敏感性
primarily poikilohydric aerial algae 原始变水气生藻类{生态生理}
primary ①初生的,原始的 ②第一位的,第一性的,主要的 ③原生的,原本的,根本的 ④初步的,一次的 ⑤伯的 ⑥⌊复⌉前翅(primarius)
primary account number 主账号{农管}
primary action 原发作用
primary adsorption 原生吸附{环保}
primary air 一次空气(在参与燃烧的空气中,最初接触燃料,进行氧化反应的空气,称为一次空气){环保}
primary alcohol 伯醇,第一醇
primary allergen 原发变[态反]应素
primary alternation of generation 初级世代交替
primary amine 伯胺,第一胺
primary amino acid 初生氨基酸
primary androgonial cell 初生精原细胞(cellula androgonialis primarius)
primary application 初始应用,主应用(applicatio primarius)
primary area 基本区(指数据)(area primaria){遥感}
primary association 原生群丛
primary axis 初生轴,主轴(axis primarius)
primary bare area 原生裸地
primary bark 初生树皮(cortex primaria)
primary base 一级碱基
primary basidium 初生担子(basidium primarium)
primary bast (=primary phloem) 初生韧皮部(phloema primaria)
primary battery 原电池
primary bed 母床,秧苗床
primary benefit 主利润,主要利益
primary body 初生[植物]体(corpus primarius)
primary branch 初级枝,一级枝(ramus primarius)
primary branch primordia 初级枝原基
primary brown earth 原生棕壤
primary bud 初生芽(gemma primaris)
primary bus 主总线{信息}
primary cambium 初生形成层
primary canal cell 初生沟细胞(cellula canalis primaria)
primary carbon atom 伯碳原子
primary cell ①初生细胞 ②原电池(cellula primaria)
primary cell culture 原代细胞培养(即第一代细胞培养)
primary cell lethality 初生细胞致死现象
primary cell membrane 初生细胞膜(membrana cellularis primarius)
primary cell wall 初生细胞壁(paries cellularis primarius)
primary center 原始中心(植物起源)(cen-

ter primarius)
primary centromere 原始着丝点（centromera primaria）
primary channel 主通道{信息}
primary chemical change 原始化学变化
primary chromosome mutation 初级染色体突变
primary circulation 一级环流
primary clarifier 初次澄清池{环保}
primary clay 原生黏粒，原生黏土
primary cleaning 初步清选（种子）
primary clone 初生无性[繁殖]系，初生克隆{农生技}
primary CO_2 acceptor 最初 CO_2 受体，原始 CO_2 受体
primary colour 原色{显技}
primary community 原生群落，一次群落{生态}
primary console 主控[制]台{信息}
primary constriction 初级缢痕，主缢痕{细胞}（constrictio primarius）
primary consumer 初级消费者（食物链）
primary cork cambium 初生木栓形成层
primary cork tissue 初生木栓组织
primary cortex 初生皮层（cortex primaria）
primary cover cell 初生盖细胞
primary coverts 主覆翼羽{禽}
primary crosses 初次杂交种
primary cultivated plant 主作物
primary cultivation 初次耕作
primary culture ①初次培养，原代培养 ②初次培养物
primary cycle ①主循环 ②先期循环
primary data ①初始数据，原始数据 ②原始资料{智培}
primary database 基本数据库
primary demultiplexer 第一级分路器{信息}
primary device 主设备
primary disease development 初次发病
primary display 一次显示
primary display sequence 主显示序列
primary distinction 主要区别
primary DNA damage 初级 DNA 损害
primary DNA alteration 初级 DNA 改变
primary DNA lesion 一级 DNA 损害
primary dormancy 首次休眠，初次休眠
primary dormant period 一眠期，初眠期
primary drainage 初次排水
primary dressing 初次追肥
primary drying 初次干燥
primary effect of gene 基因的基本效应
primary emission 主发射
primary endosperm 初生胚乳
primary endosperm cell 初生胚乳细胞
primary endosperm nucleus 初生胚乳核
primary energy（＝primary energy source）天然能源，一次能源（从自然界直接开采利用的煤炭、石油、天然气、木材、水力、原子能、风力、潮汐、太阳能及地热等能源，统称为一次能源，又称天然能源）{环保}
primary entry point 初始入口点，一次入口点{电脑}
primary evolutionary force 原始进化力
primary exceptional progeny 初级例外子代
primary exposure limiting value 一次接触限值（指在生产车间的空气中，所含有毒物质的一次偶然性接触的高峰容许浓度，称为一次接触限值）{环保}
primary expression 基本表达[式]
primary extraction 初步推壳（动作）（狩猎）
primary extraxylary fiber 初生木质部外纤维（fiber extraxylaris primarius）
primary feature 初生性状
primary fermentation 前发酵
primary fertilizer components 初级肥料合成物
primary flights 主翼羽{禽}
primary fluid 原液
primary focal point 基本聚交点
primary follicle 初级卵泡
primary forest 原始林
primary front 主锋
primary function 基本功能
primary fundamental tissue 初生基本组织（tela fundamentalis primaria）
primary gene action 初级基因作用
primary gene product 初级基因产物
primary genes 主基因
primary genetic information 原发遗传信息
primary genetic lesion 初级遗传损害
primary genetic material 初生遗传物质
primary gluing 预胶合
primary glycoside 初级苷
primary graph 初等图
primary growth（＝height growth） 向上生长，高度生长
primary hardening 初次锻炼（幼苗）
primary hardwood 原始硬材（阔叶材）
primary haustorium 初生吸器（胚乳）（haustorium primarium）
primary head 初生穗，原始穗
primary homothallism 初级同宗配合[现象]（homothallismus primarius）
primary homozygote 初级纯合子

primary hypha 初生菌丝{真菌}
primary immune response 初次免疫反应
primary index ① 主索引,主下标{电脑}② 主要指数(指甘蔗叶鞘总糖分指数){甘蔗}
primary infection ①初次侵染{病理}②初次传染{微生物}
primary information 原情报,一次情报
primary input 主要输入,初级输入
primary insect 初期害虫,原始昆虫
primary integration 初级整合
primary intergradation 初级间渡
primary introduced variety 初次引入品种
primary introduction 初次引种
primary invader 原发性感染原
primary ionization 初级电离
primary irrigation 初级灌溉
primary juice ①初压汁 ②原[蔗]汁{加工}
primary key ①主键,主键码 ②主关键字{电脑}
primary knowledge base 基本知识库
primary lamellae 初生片层
primary larva 初期幼虫
primary leaf 初生叶(folium primordiale)
primary levelling 初次平地
primary library 主库{电脑}
primary literature 原始文献,一次文献
primary loess 原生黄土
primary lysosome 初级溶酶体
primary male nucleus 初生雄核
primary material 原材料{环保}
primary maximum tolerance concentration 一次最高容许浓度(指任何一次短时间内采样测定的在容许范围内的最高值的浓度,称为一次最高容许浓度){环保}
primary members 初生器官
primary membrane 初生膜(membrana primaria)
primary memory 主存储器{电脑}
primary menu 主菜单{电脑}
primary meristem 初生分生组织(meristema primaria)
primary mesenchyma 初级间质(mesenchyma primaria)
primary metabolite 初级代谢[产]物
primary metering conveyor 初级排种输送器{农机}
primary mineral 原生矿物
primary modem 主调制解调器{电脑}
primary module 主模块
primary monosomic 初级单体生物
primary mulching 初次覆盖
primary multivalent 原始多价[染色]体
primary mutant 初级突变体
primary mutation 初级突变
primary mycelium 初生菌丝体(mycelium primarium)
primary non-disjunction 初次不离开
primary nucleotide sequence 初级核苷酸顺序
primary nucleus 初生核(nucleus primarius)
primary oocyte 初级卵母细胞(oocyta primaria)
primary oogonium 初级卵原细胞(oogonium primarium)
primary operand 原操作数
primary output 初级输出{电脑}
primary parasite 初寄生物
primary parasitism 原寄生[现象](parasitismus primarius)
primary parietal cell 初生周缘细胞(cellula parietalis primaria)
primary parietal layer 初生周缘层(stratum parietale primarium)
primary particle 原生颗粒(particula primaria)
primary path 主路径{信息}
primary pest 主[要]害虫
primary petiole 总叶柄(petiolus primarius)
primary phloëm 初生韧皮部(phloema primaria)
primary pinna 初级羽片(pinna primaria)
primary pit field 初生纹孔场
primary pollutant 一次污染物(指直接危害环境的污染物质,称为一次污染物){环保}
primary pollution 一次污染(从生产或生活各污染源向大气、水域或土壤中排放污染物质,能直接造成污染,从而对生物及物体产生危害,称为一次染污){环保}
primary polyploid 原始多倍体
primary primordium 初生原基(primordium primarium)
primary process 初发过程
primary product ①初级产品,初次产物 ②主要产物
primary production 原始产量,初级生产量
primary production (PP) 第一性生产量{农经}
primary production efficiency 第一性生产效率{农经}
primary productivity 第一性生产力{农红}
primary program 主程序{电脑}
primary protein structure 初级蛋白质结构
primary prothallial cell 初生原叶细胞(cellula prothallialis primaria)

primary quality 外观品质{农施}
primary rachis-branch 初次穗轴分枝
primary rachis-branch differentiation stage 初次穗轴分枝分化期
primary radar 初级电达{物}
primary radiation 初级辐射
primary rain 初级雨
primary rainbow 主虹{气象}
primary ray 初生射线(radium primarium)
primary reaction 原始反应
primary reclamation 初次开垦
primary record 主记录
primary reproductive organ 初生生殖器官(organa reproductiva primaria)
primary request 初级请求,主请求{信息}
primary requirement 基本要求
primary response ①初级反应 ②初次答应{信息}
primary result 初步成果
primary rolling machine 初级滚压机
primary root 初生根(radix primaria)
primary root system 初生根系
primary rotation 初次换茬
primary saline soil 原生盐土
primary sample 初级样品
primary sampling units 初级抽样单位,初级抽样单元
primary scaffold branch 主枝
primary sedimentation tank 初次沉淀池{环保}
primary seed growing 初次良种繁育
primary seeds 初级种
primary segment 主段{电脑}
primary segregation 初次分离
primary selection 初次选择
primary session 基本会话时间{信息}
primary settling 初次沉降
primary settling tank 初次沉淀池{环保}
primary sewage treatment 一级污水处理
primary sex cells 初级性细胞
primary sex character (= primary sexual character) 第一性征,主性征{遗传}
primary sex organ 初级性器官
primary sex ratio 原始性比率
primary sexual cell 原始性细胞(cellula sexualis primaria)
primary shear plane 主剪力面,主切力面{土壤}
primary shoot 主茎(指初生枝条)
primary sieve 第一筛,颖糠筛,上筛,谷穗喂入筛
primary site 原始位置(指光系统Ⅱ的作用中心)
primary skeletal structure 一级骨骼结构{土壤}
primary sludge 原生污泥,一次污泥(指初沉池的污泥){环保}
primary soil 原生土壤
primary solvent 主要溶剂
primary spermatocyte 初级精母细胞(spermatocyta primaria)
primary spermatogenous cell 初级精原细胞(cellula spermatogena primaria)
primary spermatogonium 初级精原细胞(spermatogonium primaria)
primary sporidium 初生担孢子(sporidium primarium){真菌}
primary sporogenous cell 初生造孢细胞(cellula sporogena primaria)
primary stalk 母茎(指甘蔗)
primary standard 原始标准
primary starch 初生淀粉
primary station 主控站,主站{信息}
primary storage ①主存信息 ②主存储器
primary stratification 原生层理,原水平层理
primary structure ①一级结构{分遗} ②初生构造{解剖}(structura primaria)
primary structure of protein 蛋白质一级结构
primary succession 原生演替
primary survey 初步调查
primary surveying 初步测量
primary suspensor 初生胚柄(suspensor primaris)
primary swarm 原始蜂群
primary synthesis 初级合成{遗工}(synthesis primarius)
primary tapetal layer 初生绒毡层(stratum tapetale primarium)
primary task 主任务
primary thickening ①一次加厚,初生加厚 ②一次肥大,初次肥大
primary thickening growth ①初生加厚生长,一次加厚生长 ②初次肥大生长,一次肥大生长
primary thickening meristem 初生加厚分生组织
primary tillage ①初耕,初次整地 ②耕垦
primary tillage equipment 耕垦机具
primary tiller 第一次分蘖
primary tillering 第一次分蘖
primary tissue 初生组织(tela primaria)
primary track 原磁道,主磁道{信息}

primary transcript 初级转录本{分遗}
primary transcription-unit 初级转录单位
primary treatment 初次处理{种子}
primary trisomic association 初级三体配对
primary trisomics ①初级三体生物 ②初级三体
primary trisomy 初级三体性
primary triticale 初级小黑麦
primary twist 初步缠绕
primary type ①基本类型 ②原始型
primary unit ①初级[处理]设备{环保} ②主单元{电脑}
primary user disk 主用户[磁]盘{信息}
primary valence 主价{土壤}
primary vascular bundle 初生维管束(fasciculus vascularis primarius)
primary vegetation 原生植被(vegetatio primaria){生态}
primary vein 中脉(nervus primarius)
primary ventral cell 初生腹细胞(cellula ventralis primaria)
primary vitamin 维生素原
primary wall 初生壁(paries primarius)
primary wall cell 初生囊壁细胞
primary water ①近层水(指离子) ②原生水
primary water lift 初始扬程,基本扬程
primary water lifting machinery 简易扬水机具
primary weeding 初步去杂
primary wilting 初萎
primary winding 原线圈,初级线圈(线组)
primary wing 前翅{昆虫}
primary wood 初生材(lignum primarium)
primary xylem 初生木质部(xylema primaria)
primary zoospore 初生游动孢子(zoospora primaria)
primase 引发酶,引物[合成]酶
primates 灵长类
prime ①第一的,主要的 ②最佳的,第一流的 ③最重要的 ④基本的(primus)
prime coat 底涂层{显技}
prime computer 主计算机
prime cost ①生产成本 ②进货价格{农管}
prime crude peanut oil 初级花生油
prime fault method 主故障法{电脑}
prime focus 主焦点(focus primus)
prime hard wheat 一等硬粒小麦
prime information 原信息(informatio prima)
prime log 优等原木,上等材
prime meridian 本初子午线
prime mover 原动机
prime number 质数
prime particle structure 单粒结构,原生单粒结构
prime period of growth 大生长期
prime record key 主记录键
prime swarm 原生蜂群,第一分蜂群
prime type 原型,主型(染色体)
primenet 主网{信息}
primer ①引物,引子{分遗} ②胎{畜} ③发火药{狩猎}
primer binding site 引物结合位点
primer DNA (DNA primer) 引物 DNA
primer extension 引物延伸
primer in DNA synthesis DNA 合成的引物
primer repair 引物修复
primer RNA (=RNA primer) 引物 RNA
primer strand 元股{细胞}
primer tRNA 引物 tRNA,引物转移 RNA
primethium 钷[Pm,61 号元素]
primeval ①古老的,原始的 ②初期的(primaevus)
primeval forest 原始森林,原生林
primeverin 樱草苷[$C_{20}H_{28}O_{23}$]
primeverose 樱草糖[$C_{11}H_{20}O_{10}$]
primine (= outer integment) 外珠被(priminus)
priming ①引发,起爆,激发 ②起动,起始,初始 ③注水口,注油口 ④(水泵)充水启动
priming action 激发作用
priming control 初始控制
priming cup ①加油口 ②加水口
priming effect 激发效应,起爆效应
priming of centrifugal pump 离心泵充水{环保}
priming pump 起动泵,非自灌水泵
primitive ①上古的,原始的,早期的 ②简单的,旧式的,原始性的,无发展的 ③主的(primitivus)
primitive backbone 原生脊性
primitive caddisflies 原石蚕科[Rhyacophilidae]
primitive character 原始性状
primitive coding 原编码
primitive community 原始群落
primitive component 原始成分
primitive computer 原始计算机
primitive coordinates 主坐标
primitive cube 原始立方
primitive environment 原生环境{环保}
primitive farming system 原始耕作制
primitive font 主字体{电脑}

primitive forest（= virgin forest） ①原始林,原生林 ②处女林
primitive form 原始类型{遗传}
primitive groove 原沟
primitive index 原始索引
primitive katydids 鸣螽科［Prophalangopsidae］
primitive knot 原结
primitive lattice 简单点阵{生技}
primitive menu 原始菜单{电脑}
primitive method of farming 原始耕作法,原始农作法
primitive object 原始目标
primitive organism 原始生物
primitive parasite 原始寄生物
primitive plant 原始植物
primitive rotation farming 原始轮作栽培
primitive sac fungi 原始子囊菌（ascomycetes primitivae）
primitive soil 原始土
primitive soup 原汤(培养基用)
primitive space 主空间（spactum primitivum）
primitive sperm cell 原始级精原细胞
primitive streak 原条{昆虫}
primitive type 原始［类］型（typus primitivus）
primordial ①原始的 ②原生的 ③初生的,初发的,最初的（primordialis）
primordial cell 原基细胞（cellula primordialis）
primordial covering 原包被（peridium primordiale）
primordial cuticle 原皮层（cuticulus primordialis）
primordial epidermis（= dermatogen） 表皮原（epidermis primordialis）
primordial germ cell 原生殖细胞（cellula germinalis primordialis）
primordial hypha 原菌丝（hypha primordialis）
primordial leaf 初叶（folium primordiale）
primordial meristem（= promeristem） 原分生组织（meristema primordialis）
primordial organ 原生器官（organa primordialis）
primordial pit 原纹孔（porus primordialis）
primordial plant 原始植物（planta primordialis）
primordial root 原基根（radix primordialis）
primordial stage 原基期
primordial structure 初生构造（structura primordialis）
primordial utricle 原胞果（utriculus primordialis）
primordial veil 原菌幕（veillus primordialis）
primordium 原基
primordium initiation 原基原始体形成
primosome 引发体(指 DNA 复制过程的复合体)（primosoma）
primospore 原始孢子（primospora）
primrose（= primula） ①报春属［*Primula* L.］(报春花科) ②报春［*Primula malacoides* Franch.］
primrose family 报春花科［Primulaceae］
primrose jasmine 云南黄素馨［*Jasminum mesnyi* Hce.］(木犀科)
primrose roscoea 报春象牙参［*Roscoea cautleoides* Gagnep.］(姜科)
primrose violet 报春叶堇菜［*Viola primulifolia* L.］(堇菜科)
primula aphid 樱草瘤额蚜［*Myzus primurana* Matsumura］(蚜科)
primula garden 报春花圃,报春园{园林}
primula rock jasmine 报春点地梅［*Androsace primuloides* Duby］(报春花科)
primulin 樱草素
prince rupprecht larch 华北落叶松［*Larix dahurica* var. *principis-rupprechtii* Rehd.］(松科)
princepia ①扁核木属［*Prinsepia* Royle］(蔷薇科) ②扁核木(蕤核)［*Prinsepia uniflora* Batal.］
prince's-feather 荭草(红蓼)［*Polygonum orientale* L.］(蓼科)
princesplume ladysthumb 红草(红蓼,天蓼)［*Polygonum orientale* L. var. *pliosum* Meisn.］(蓼科)
Princess bean 菜豆［*Phaseolus vulgaris* L.］(豆科)
principal ①主要的,首要的 ②基本的（principalis）
principal advantage ①主要优点,主要有利点 ②主要优势
principal agricultural meteorological station 基本农业气象站
principal area of distribution 主分布地区
principal axis 主轴（axis principalis）
principal base 主要碱基
principal block 主［体］区组{统计}
principal bond 主键{分遗}

principal cause 基本原因
principal climatological station 基本气候站
principal component analysis 主要组成部分分析,主成分分析
principal component regression 主成分回归
principal crop 主[要]作物
principal direction 主要方向
principal factor 主要因素,主[要]因子
principal factor analysis 主因子分析{遥感}
principal front 主锋
principal grains 主粮
principal leaf 主叶(folium principale)
principal level line 主水准线
principal leveling 基本水准测量
principal lobe 主要裂片(lobus prlncipalis)
principal mineral nutrients 主要矿质营养元素,主要矿质养料
principal optic axis 主光轴
principal part 主体,主要部分
principal piece 主段(segmentum principale)
principal plane 主平面
principal point 主[基]点
principal product 主[要]产物
principal promoter 主启动子(区)
principal ray 主光线
principal register 主寄存器
principal root 主根(radix principalis)
principal type 主要型
principal vein 主脉(nervus principalis)
principal vertex 主顶点
principal yield 主产量,主生产量,主收获量
principle ①原理,原则 ②指导法则,方针 ③(机器)运转原理(principium)
principle felling 主伐
principle for maximizing yield 最高增产原则(因素)
principle of agricultural production 农业生产方针{农系工}
principle of circulation 环流原理{气象}
principle of conservation 守恒原理
principle of conservation of energy 能量守恒原理
principle of continuity 连续性原理
principle of entropy increase 熵增原理{分生}
principle of exclusivity 排他法则{遗传}
principle of heredity 遗传原理
principle of historical sequence 历史顺序原则{气象}
principle of independent assortment 自由组合原则{遗传}
principle of knowledge engineering 知识工程原理{智培}
principle of least privilege 最小特权原则{电脑}
principle of least squares 最小二乘方原理
principle of limitation of the linkage group 连锁群限制原理
principle of linear order of the genes 基因直线排列原理
principle of mathematical induction 数学归纳法原理{遥感}
principle of maximum contiguity 极相邻原理
principle of optimality 最优性原理{遥感}
principle of phosphate usage 磷酸盐使用原则{农化}
principle of resource conservation 自然资源保护原则{森林}
principle of segregation 分离原则{遗传}
principle of selection 选种原理,育种原理
principle of super-position 重复原理(重叠原理){气象}
principle of sustainable development 可持续发展原则{农经}
principle of systemic analysis 系统分析原理{智培}
principle of uniformity in F_1 F_1 整齐度法则{育种}
principle of virtual displacement 虚移原理{气象}
principle of voluntary participation and mutual benefit 自愿互利原则{农经}
prinsepia ①扁核桃木属(蕤核属)[*Prinsepia* Royle](蔷薇科) ②扁核桃木(蕤核)[*Prinsepia uniflora* Batal.]
print ①出版物 ②印花棉布 ③图景 ④晒图,印相片 ⑤打印 ⑥印刷
print band 打印带
print bar 打印杆
print barrel 打印筒
print chain 打印链
print Chinese character input 印刷体汉字输入
print control character 打印控制[字]符
print cup 打印槽,字型杯
print density control 打印密度控制
print device 打印设备
print direction 印刷方向
print film 拷贝胶卷
print format 打印格式
print group 打印组
print hammer 打印锤

print head 打印头,印字头
print image 打印图像,打印映像
print job 打印作业
print line 打印行,打印线
print list mode 打印表格方式
print mechanism 打印机构
print miss ①印错 ②未印出
print operator 打印操作员
print plot 打印图表
print quality advantage 打印质量优秀
print ratio 缩放晒印{遥感}
print span 打印宽度
print speed 打印速度,印刷速度
print through 复印效应,印透
print unit 打印机,打印装置
print wire 打印针
print zone 打印区
printable 可印的(printabilis)
printable group 可印栏
printable item 可印项
printed board 印刷板
printed conductor 印刷导线
printer I/O buffer(= printer input/output buffer) 打印机输入输出缓冲器
printer ①印刷机 ②打印机
printer adapter 打印机适配器
printer alert 打印机警告
printer busy 打印机占用
printer control system 打印机控制系统
printer controller 打印机控制器
printer engine 打印机机芯
printer font 打印机字体
printer job language 打印机作业语言{电脑}
printer sharer 打印机共享器
printer skipping 打印机跳跃
printer spooler 打印机假脱机
printing ①打印,印刷 ②晒印
printing frame 打印架
printing key 打印键
printing speed 打印速度,印刷速度
printout 打印输出,印出
printout format 打印输出格式
printout queuing 打印输出排队
printout rate 印出速度
printout task 印出任务
prion 朊病毒,感染性蛋白质
prion protein 朊病毒蛋白
prionanthous 具齿花的(prionanthus)
prionophyllous 具齿叶的(prionophyllus)
prior ①前的,早的 ②预先的,先验的 ③更重要的
prior art 早先工艺{环保}
prior contracts for purchase of products [产品]预购合同{农管}
prior density 先验密度{统计}
prior distribution 预先分布,先验分布
prior equity 前期公平
prior estimate ①预先估计,事前估计 ②先验估计量{统计}
prior estimation 先验估计
prior information 初始信息,先验信息
prior probability 先验概率
priorable name 优先名称(nomen priorabilis)
priority ①优先权 ②优先级 ③优先度(prioritas)
priority adjustment 优先级调整
priority check 优先[级]检查
priority delayed weather 优先传递过时天气报告
priority discipline 优先规定
priority encoding 优先编码
priority multiplexing 优先级多路传送{信息}
priority network 优先网络
priority rule 优先规则
priority scheduling 优先调度[法]
priority selection 优先选择
priority sequence 优先序列
priority threshold 优先阈值
prism ①三棱镜 ②三棱形 ③棱柱(prisma)
prism effect 棱镜效应{遥感}
prism-like structure 类棱柱状结构
prism-shaped(= prismal) 棱柱形的(prismalis)
prismatic(= pencil-shaped)棱柱状的(prismaticus)
prismatic compass 棱镜罗盘仪,三棱镜指南针
prismatic crystal 棱状结晶体(crystallum prismaticum)
prismatic layer 棱状[细胞]层(stratum prismaticum)
prismatic structure 棱柱状结构
prismenchyma 棱状组织
pristane(c-u) 降植烷,异十八烷
pristanic acid 降植烷酸
privacy ①保密,保密性 ②私有(privacia)
privacy enhanced mail (PEM) 保密增强邮件{信息}
privacy legislation 保密立法
privacy lock 保密锁
privacy protection 保密,保密保护
private ①私人的,私用的,私有的 ②秘密的,

保持秘密的 ③平民的 ④专用的（privatus）

private advisory circle 私人顾问团，私人智囊团

private bus 专用总线｛信息｝

private captain 专用可视图文｛电脑｝

private circuit 专用路线｛信息｝

private data network 专用数据网

private electronic exchanger 专用电子交换机

private enterprise 私有企业

private facilities 专用设备

private footpath 私有小道，私有人行道

private forest 私有林

private landscape 私有庭园

private line 专用线路，专有线路

private listing 专用电话号码表｛信息｝

private ownership of land 土地私有制

private pasture 私有牧场

private plot 自留地

private property 私有财产，私有资产

private right 专用权

private sewer 内部污水管｛环保｝

private voiceband network 专用音频网络

privet ①女贞属［*Ligustrum* L.］（木犀科）②女贞［*Ligustrum lucidum* Ait］

privet aphid 女贞［瘤额］蚜［*Myzus ligustri* Mosley.］（瘤额蚜科）

privet leafminer 女贞细蛾［*Gracilaria cuculipennella*（Hbn.）］（细蛾科）

privilege ①特许 ②特权（privilegium）

privilege mode ①特权方式 ②特许方式

privileged data 特许数据

privileged input 特许输入

privileged user 特权用户｛信息｝

privy 茅厕｛环保｝

privy pit（＝privy vault） 茅坑

PRMV（＝PKV，potato K virus） 马铃薯卷叶病毒［Solanum virus 11 Smith］

Pro（＝proline） 脯氨酸

pro- ⌞字头⌝原，前

pro-complementary factor 前补体因子｛分生｝

pro-oocyte 原卵母细胞（pro-oocyta）

proaccelerin（＝blood coagulation factor） 前加速素，加速素原｛分生｝

proactinomyces 诺卡氏菌属［*Nocardia* Trevisan ＝ *Proactinomyces* Trexvisan］（诺卡氏菌科）

proactinomycin 原放线菌素

proactivator 前激活物｛分生｝

proandry 雄性先熟（proandria）

proanthesis 先期开花

proanthocyanidin 原花色素

proascus 原子囊

probabilistic ①概率的 ②随机的 ③不确定的（probabilisticus）｛统计｝

probabilistic algorithm 概率算法

probabilistic automata（＝probabilistic automaton） 概率自动机

probabilistic budgeting 概率预算

probabilistic error estimate 概率［性］误差估计

probabilistic forecasting 概率预测

probabilistic logic 概率逻辑

probabilistic machine 随机元件计算机，概率机

probabilistic method 概率法

probabilistic model 概率模型

probabilistic programming 概率规划，随机规划

probabilistic reasoning 概率推理

probabilistic system 概率系统

probabilistic testing 概率检测

probabilistic Turing machine（PTM） 概率杜林机｛电脑｝

probability 概率（probabilitas）｛统计｝

probability after effect 后效概率

probability analysis 概率分析

probability calculation 概率计算

probability correlation 概率相关

probability curve 机率曲线

probability-density function 概率密度函数

probability differential 概率微分

probability distribution 概率分布

probability estimate 概率估计

probability function 概率函数

probability integral 概率积分

probability integral transformation 概率积分变换法

probability level 概率平准

probability limit 概率极限

probability of infection 侵染可能性

probability of recombination 重组概率

probability of reproduction 生殖概率

probability of type 1 error 第一型误差概率

probability paper 概率图｛环保｝

probability sample 概率样品

probability sampling 概率抽样法

probability space 概率空间

probability surface 概率面

probability theory 概率［理］论｛统计｝

probability value 概率值

probability vector 概率向量

probable 可能发生的，或然的，大概的

(probabilis)
probable deviation 概离差{统计}
probable error (P.E.) 概差{统计}
probable error of difference 差异概差
probable error of mean 平均数概差
probable fertilizer response 可能肥料反应
probable maximum precipitation 可能最大降水量
probable side-effect 可能副效应
probable value 概值{统计}
probable yield 可能产量
proband 先证者(病员家系中疾病最先证明者)
proband method 先证者法
probasidiomycetes 原担子菌[Probasidiomycetes]
probasidium 原担子
probationary ward 甄别病室,观察病室
probe ①探针,取样器{种子} ②探测,探查{土壤}(proba)
probe electrode 探查电极
probe point 探测点
probe retardation assay 探针阻滞分析{生技}
probing ①探查,探测 ②钻探
probionta 原生生物
probit 几元(概率单位,根据常态频率分配平均数的偏差计算的统计单位),概率子{统计}
probit analysis 几元分析,概率子分析
probit percentage kill 几元致死率,概率子致死率
probit transformation 几元转化,概率子转化
problem (=question) 问题
problem decomposition 问题分解
problem diagnosis 问题诊断
problem scope 问题范围
problem solving 问题求解
problem throughput 问题吞吐量
problem time ①解题时间 ②问题时间
proboscideous 有长角的,具长顶角的(proboscideus)
proboscipedia ①口器易足现象 ②口器足(吻足)
proboscis ①吻{昆虫} ②喙{禽}
proboscle-flower ①角胡麻属[*Proboscidea* Schmid.](角胡麻科) ②角胡麻[*Proboscidea jussieui* Steud.]
proboscle-flower family 角胡麻科[Martyniaceae]
procain 普鲁卡因[$C_{13}H_{20}N_2O_2$]
procambial 原形成层的
procambial strand 原形成层束(fasciculus procambialis)
procambium 原形成层(procambium)
procarboxypeptidase 羧肽酶原
procarp 原子囊果,胞果系(procarpium)
procaryon 原核
Procaryote 原核类[超界]
procaryote 原核生物(procaryota)
procaryotic cell 原核细胞(cellula procaryotica)
procedural 过程的(proceduralis)
procedural model 过程模型
procedural modeling 过程模型构造技术,过程造型技术
procedural net 过程网
procedural security 过程安全性
procedural testing 过程测试
procedure ①方法,步骤,程序{育种} ②工序,工艺规程{加工} ③过程,作业过程{栽培}
procedure activation 过程活动,过程激动
procedure analysis 过程分析
procedure as parameter 参数过程
procedure call 过程调用{信息}
procedure linkage 过程连接
procedure package 过程包{电脑}
procedure synchronization 过程同步
procedure track 过程跟踪
procedures of meristem isolation 分生组织分离程序
proceduring 过程化
proceed 进行(proceedere)
proceed to select 开始选择
proceeding ①动作的过程,进行,过程化 ②⌊复⌉学报,会报,记录 ③⌊复⌉事项,项目
proceeds ①收入,赢利 ②结果
procellular 前细胞的(procellularis)
procentriole 原中心粒(procentriola)
procerus hibiscus 高大木芙蓉(高大木槿)[*Hibiscus procerus* Roxb.](锦葵科)
process ①方法 ②加工制法,工艺 ③过程,程序 ④突起 ⑤作用(processus)
process arrangement 工艺安排
process automation 过程自动化
process box 工作框{生技}
process color 处理颜色
process-colour relief 多色地形图{遥感}
process computer system 过程计算机系统
process console 过程控制台
process context switching 过程关联转换
process control ①工艺控制 ②过程控制
process control computer 过程控制计算机
process control module 过程控制模块
process control parameter 处理控制参数

{遥感}
process control software 过程控制软件
process control technique 过程控制技术{环保}
process controller 过程控制器
process data area 过程数据区
process development 工艺开发
process engineering 过程工程
process exception 进程异常,过程异常
process footprint 过程轨迹
process for preparation of substratum 基地备制工艺{农施}
process interaction 过程相互作用
process interface system ①过程接口系统(接硬件) ②过程界面系统(接软件)
process interrupt signal 过程中断信号
process mode 处理模式
process model 过程模型
process monitor 过程监视器
process network 进程网络
process of closure 闭合过程(指气孔)
process of crop growth and development 作物生育过程,作物生长与发育过程{智培}
process of elimination 排出过程
process of growth 生长过程
process of hardening 锻炼过程,健化过程(指幼苗抗寒锻炼)
process of setting 硬化过程{土壤}
process of transformation 转化过程(指植物)
process of unfolding 展开过程(指花卉)
process on the fly 旋转处理
process optimization 过程优化
process parameter 过程参数
process partition 过程划分
process photography 制版照相术
process plan 加工计划
process planning 工艺设计
process scale 生产规模,工艺规模
process scale chromatography 生产规模层析{生技}
process sheet 工艺过程卡
process simulation 过程模拟{智培}
process standard 加工标准
process status 进程状态,过程状态
process tank 作业池{环保}
process tankage 加工杂肉粉(饲料)
process time 处理时间
process water 生产用水{环保}
processability 加工性能(processabilitas)
processable ①可加工的 ②可处理的(processabilis)
processed cheese 加工奶酪
processed cotton seed hull 加工棉壳
processed juice ①无菌汁 ②加工的液汁
processed milk 消毒乳
processed tea 加工茶叶
processed timber 加工材
processing ①加工,处理,整理,调制 ②调整
processing agricultural products 农产品加工[学]
processing and handling of farm products 农产品加工与贮藏
processing capacity 处理能力
processing command 处理命令{遥感}
processing function 处理功能
processing intent 处理意图,处理目的
processing limit 处理极限,处理限制
processing locally 就地加工
processing of bast fibre crop 韧皮纤维作物加工{加工}
processing of crystallized soybean milk power 豆乳晶加工{加工}
processing of DNA DNA 加工
processing of fruits 果品加工{加工}
processing of harvest crops 农产品加工,收获物加工
processing of pre-mRNA 前 mRNA 加工
processing of salt-pickled vegetable 蔬菜腌制加工{加工}
processing operation 处理操作{环保}
processing properties 加工性质
processing protease 加工蛋白酶
processing quantity plan per year 每年处理量计划{环保}
processing resource 处理资源
processing site 加工部位{分遗}
processing speed 处理速度
processing suitability 加工适度,加工适合性
processing technique 处理技术
processing unit ①处理部件 ②处理装置 ③运算器
procession ①先进(性染色体),先行 ②行列,前进行列
processor ①信息处理机{物} ②(农产品)加工机械{加工}
processor chips [微]处理器芯片
processor design 处理机设计
processor performance 处理机性能
processor pipeline 处理机流水线
prochiral 原手性中心(prochirus){分生}
prochromatin 拟染色质{细胞}
prochromocentric 前染色中心的(prochromocentrus){细胞}
prochromocentric heterochromatin 前染色中心的异染色质

prochromosome 前染色体(prochromosoma)
prochromosome stage 前染色体期
procollagen 前胶原,(酸溶)胶原蛋白
proconvertin 前转变素,转变素原
procreation 繁殖,生育(procreatio)
procryptic colouration 保护色
proctal fin 臀鳍
proctocele larva 脱肛蚕
proctodaeum 肛道{昆虫}
proctodone 后肠激素
proctolin 原肛肽,肠动肽(指一种昆虫神经肽)
procumbent 平铺的,仰卧的(procumbens)
procumbent asarina ①金鱼藤属[*Asarina* spp.](玄参科) ②金鱼藤[*Asarina procumbens* sp.]
procumbent cell 横卧状细胞(cellula procumbens)
procumbent hedgehog cactus ①鹿角柱属(鹿角掌属)[*Echinocereus* Engelm.](仙人掌科) ②鹿角柱(鹿角掌)[*Echinocereus procumbens* Lem.]
procumbent Indian mallow 梵天花[*Urena procumbens* L.](锦葵科)
procumbent ray cell 横卧射线细胞(cellula radialis procumbens)
procumbent speedwell 婆婆纳[*Veronica agrestis* L.](玄参科)
procumbent stem 匍匐茎,平铺茎(caulis procumbens)
procurability 可获得性(procurabilitas)
procurement cost 获得价值{农经}
prodelta clay 三角洲[前]黏土
prodigiosin 灵菌红素
prodigiosus toxin 灵菌毒素
prodiploidization cell 原二倍化细胞(cellula prodiploidisationis)
prodiploidization hypha 原二倍化菌丝(hypha prodiploidisationis)
prodrome 前驱症状,前驱现象
prodromus 绪论
produce ①生产,生产量,生产品,农产品 ②制造 ③产卵{禽} ④引长{水利}(producere)
produce deadlock 产生死锁{电脑}
produce exchange 生产品交换,货物交易
produce innovation 农产品创新{农经}
produce-of-dam 母系群{畜}
produce of soil 土壤产生,土壤发生
produced ①生产的{栽培} ②引长的{水利}(productus)
producer 生产者
producer-consumer problem 生产者-消费者问题
producer furnace 煤气发生炉
producer gas tractor 煤气拖拉机,煤气发生炉式拖拉机
producer gene 生产基因
producer price 生产者价格
producer's delivery price 生产者出售价格,供应价格
producing horizon 生产层{土壤}
producing shoots 抽薹
producing strain 产生菌株
product ①产品,产物 ②乘积
product accumulator 乘积累加器
product certification 产品认证
product comparison 产品比较[测试]
product costs 产品成本
product data management 产品数据管理
product description 产品说明,产品阐述
product design 产品设计
product development 产品开发,产品研制
product exchange 产品交换,产品交易
product improvement 产品改进
product information 产品报道(信息)
product innovation 产品创新
product interchangeability 产品可互换性
product law 乘积定律{统计}
product method 乘积法
product of assimilation 同化物
product of combustion 燃烧生成物
product planning 产品计划
product ratio method 乘积比法(估计连锁)
product re-engineering 产品重构工程
product recovery membrane fermentation 产物回收膜发酵
product sales 产品销售{农管}
product specification 产品规格说明
productibility 生产力(productibilitas)
productibility of soil 土壤生产力
productification 产品化(productificatio)(作物智能栽培学基本特征之一){栽培}
production ①生产,产量,产品{栽培} ②制造,制造品{加工}(productio)
production automation microcomputer 生产自动化微型计算机
production brigade 生产大队{农经}
production calendar 生产日历
production characteristics 生产特征(点)
production constraint 生产限制因素
production control 生产控制,生产管理
production cost accounting 生产成本核算{农管}

production cost management 生产成本管理
production costs 生产成本
production costs of agricultural products and livestock 农产品和家畜的生产成本
production cycle 生产周期
production database 生产数据库
production deficiency 生产[量]不足
production dynamics 生产动态
production economics ①生产经济 ②生产经济学
production efficiency 生产效率
production engineering 生产工程
production equation 生产方程[式]{生态生理}
production error failure 生产误差故障
production expenditure 生产费用
production factor 生产因素
production flow diagram 生产流程图
production forest 生产林
production function ①生产函数{农经} ②生产职能{电脑}
production increment 增产[量],生产量增加
production index ①生产指数 ②产卵指数
production information control system (PICS) 生产信息控制系统
production installation 生产设施{农施}
production line 生产线
production loss 产量损失
production management 生产管理{农管}
production management decision 生产管理决策
production management technology 生产管理技术{智培}
production manufacturing 生产制造
production model 生产模型
production of carbon nanotubes 碳纳米管生产
production of organic substance 有机质生产
production of premixed formula feed with additives 添加剂预混合[配方]饲料生产
production per unit 单位产量
production per unit area 单位面积产量
production period 生产期[间]
production plan 生产计划
production planning system 生产计划系统
production points 生产基点
production possibility 生产可能性
production potential 生产潜力
production process 生产过程
production program ①生产程序 ②运算程序
production quality 产品质量
production quality test 生产质量试验
production quota 生产定额
production rate (PR)生产率
production ration 生产定量
production relation 生产关系
production requirement 生产条件,生产要求
production rule 生产规则
production schedule 生产进度表
production scheduling 生产调度
production simulation technique 生产仿真技术{智培}
production strategy 生产战略,生产策略{农经}
production system ①生产制度 ②生产方式
production system of green food 绿色食品生产方式
production team 生产队
production technique 生产技术
production time ①生产时间 ②工作时间(指有效的) ③运算时间
production trait (= productive trait) 生产性状(能)
production trend of cotton 棉花生产趋势
production unit 生产单位
production value 生产值
production waste 生产废水{环保}
production water 生产[用]水(指栽培上用的土壤水,仅为一小部分){栽培}
production water supply 生产供水{环保}
production work 生产工作,生产作业
production yield 生产量,生产产额
production zone 生产地带
productive ①有生产效能的,多产的,能生产的 ②肥沃的,富饶的,丰富的(productivus)
productive activity 生产活[动]性
productive age (果树)结实龄,产果龄
productive and technical preparation 生产技术准备
productive culm (= effective culm) 有效茎
productive cycle 生产周期
productive ecosystem 生产生态系统
productive force 生产力
productive infection 生产性侵染
productive installation (= production installation) 生产设施{农施}
productive labour 生产劳动
productive land 肥沃地
productive leaf mass 生产叶量(指茶叶)
productive livestock 生产用畜,农用牲畜
productive phase (果树)结实期,产果期
productive planning 生产计划
productive soil 肥沃土
productive structure 生产结构

productive task 生产任务
productive tiller（= effective tiller fruitful tilles） 有效分蘖
productive tiller stage 有效分蘖期
productive value 生产价值,产值
productiveness ①产量 ②生产力（productivitas）
productivity ①生产力,生产效能,生产率 ②肥沃性,多产性（productivitas）
productivity in farming 农业生产力
productivity level 生产力水平
productivity measurement 生产率计算
productivity of labour 劳动生产率
productivity of land 土地生产力
productivity of organism 生物生产力
productivity of the soil 地力
productivity per unit area [每]单位面积生产率
productivity test 生产效能试验
productization 产品化（productisatio）{智培}
productization of intelligent crop production 作物智能栽培学的产品化(为作物智能栽培学的基本特征之一){智培}
products processing facility 产品处理设备
proembryo 原胚
proembryo irradiation 原胚照射
proembryonal 原胚的（proembryonalis）
proembryonal cell 原胚细胞（cellula proembryonalis）
proembryonal generation 原胚世代（generatio proembryonalis）
proembryonal tube 原胚管（tubus proembryonalis）
proenzyme 酶原
proestrus 发情前期,动情前期
proferment 生酶素,酶原
profession ①专业,专门职业 ②职业（professio）
professional 专业的（professionalis）
professional database 专业数据库
professional feeling 专业知识
Professional Peasant Association（PPA） 农民专业协会
professional service 专业服务
professional technique 专业技术
professionalization 专业化（professionalisatio）
profibril 原纤丝
profibrin 血纤蛋白原{分生}
profibrinolysin [血]纤[维蛋白]溶酶原{分生}
profichi 春季无花果
profilament 原丝状体（profilamentum）
profile ①剖面{土壤} ②侧面{解剖} ③轮廓{气象} ④纵断面{水利} ⑤分布图,分布型{生态生理}（profilum）
profile break 剖面中断
profile characteristic 剖面特征
profile chart 剖面图
profile description 剖面描述
profile leveling 纵断面水准测量
profile meter 轮廓仪,表面测量仪
profile of canal 渠道纵断面
profile of position 剖面位置
profile of soil 土壤剖面
profile of water potential 水势分布图
profile projector 轮廓投影仪
profile shaft 靠模加工轴{农机}
profile survey 纵断面测量
profiling ①压型 ②作断面图 ③靠模加工 ④仿形切削
profilograph 轮廓曲线仪,(道路)纵断面测绘器
profit ①利益,益处 ②利润,赢利
profit and loss account (簿记)损益账,盈亏计算{农经}
profit and loss statement 损益计算书,损益说明书,盈亏报表{农经}
profit criteria 利润准则
profit-investment criterion 利润-投资准则
profit margin 赢利
profit maximization 最大利润
profit sharing ①分红 ②分红利{农经}
profit sharing forest 共有林(指林地所有者与造林者共同所有的森林)
profit vector 利润向量
profitability 收益,利益,获利（profitabilitas）
profitable ①有利的,有益的 ②有用的 ③获利的,赚钱的（profitabilis）
proflavin 二氨基吖啶,原黄素 [$C_{13}H_{11}N_3$]
proflorigon 前成花素
profound（= deep） ①深的 ②深远的（profundus）
profound abyss 深渊
profound ocean 深[海]洋
profuse ①大量的,非常丰富的 ②浪费的,奢侈的
profuse-flowering 大量开花,盛花
profuse-tillering 大量分蘖,高峰分蘖
profusely tillering plant 大量分蘖的植株
prog ①叉子,干草叉,搂草耙 ②尖头,尖头工具 ③挖掘,翻掘

prog chart ［形势］预报图｛气象｝
progametangium 原配子囊
progamete 原配子（progameta）
progamic 原受精的（progamicus）
progamic sex determination 卵球性决定
progenitor ①先祖，祖先，先辈 ②原版
progenitor cell 祖细胞
progeny 后代，后裔（progenies）
progeny evaluation 后代评价
progeny individual 后代个体
progeny mean 后代平均数
progeny micro-row 穗行系数（每株各穗各播一行）
progeny of single plant 单株后代
progeny-parent regression procedure 亲裔回归法
progeny performance 后代表现，后代生产性能
progeny row 后代行
progeny row classification 后代行分类
progeny selection 后代选择
progeny strain 后代品系
progeny strand 后代链
progeny test 后代测验，系谱测验
progeny test station 后代检查站｛畜｝
progeny trial 后代试验
progeny virus 后代病毒
progesterone（= progestin） 孕酮｛药物｝
progestogen 孕激素
proglacial 前冰期的（proglacialis）
proglacial deposit 前冰期沉积物
proglacial lake（= extramorainic lake） 冰堰湖
prognathous 前口式（prognathus）
prognathous type 前口式｛昆虫｝
prognosis ①预测，预报｛栽培｝②诊断，检查｛医｝
prognostic ①预报的，预测的｛栽培｝②诊断的，检查的｛医｝③预兆的｛物｝（prognosticus）
prognostic chard 预报图
prognostic equation 预报方程
prognostic system 预测系统
prognosticate ①预测 ②预兆，预示（prognosticare）
prognostication ①预测 ②预兆，预示（prognosticatio）
progonia ①朱兰属［*Progonia* Juss.］（兰科）②朱兰［*Progonia* sp.］③后翅顶角（progonia）｛昆虫｝
progradation 增长，增进（progradatio）
program ①程序，程序表｛电脑｝②计划安排，预定表，时间表 ③规划 ④纲领（programma）
program allocation 程序分配
program analyzer 程序分析器
program authority 程序权限，程序审定
program board 程序控制台
program control 程序控制
program controlled computer 程序控制计算机
program conversion 程序转换
program crash 程序破坏
program creation 程序建立
program data 程序数据
program date 程序日期
program debug 程序调试
program debugging tool 程序调试工具
program description 程序说明
program design 程序设计｛智培｝
program determination 程序终止
program development ①程序开发 ②程序展开
program device 程序设备
program display 程序显示
program efficiency 程序效率
program environment 程序环境
program error diagnostic system 程序误差诊断系统｛遥感｝
program evaluation 程序评价
program evaluation and review technique（PERT） 计划评估技术｛环保｝
program excution 程序执行
program expression 程序表达［式］
program extension 程序扩展
program fetch time 程序取出时间
program fix 固定程序
program flexibility 程序灵活性
program flowchart（= program flow diagram） 程序流程图
program folding 程序折叠
program format 程序格式
program generation 程序生成
program generator 程序生成器
program identification（program ID） 程序标识｛电脑｝
program identifier（program ID） 程序标识符
program isolation 程序隔离
program module 程序组件｛遥感｝
program of work 作业计划
program package 程序包｛信息｝
program parameter 程序参数
program patch 程序修补

program processing 程序处理
program processor 程序处理机
program product 程序产品
program productivity 程序生产率
program register 程序寄存器
program reliability 程序可靠性
program relocation 程序重定位
program restructuring technique 程序重构技术
program risk analysis 程序风险分析
program run 程序运行
program selector 程序选择器
program structuring language 程序结构语言
program synthesis 程序综合
program testing software 程序测试软件
program trace 程序跟踪
program transformation system 程序变换系统
program translation 程序翻译
program understanding 程序理解
program verification 程序验证
program verifier 程序验证器
program window 程序窗口
programatics 程序学 (proramatica)｛电脑｝
programed (= programmed) ①程序控制的 ②编程的
programed ageing 程序控制式衰老｛生态生理｝
programed die-back 程序控制式枝梢枯死,顺序渐进枝梢枯死
programed drill 程序控制式播种机
programed tractor 程序控制式拖拉机
programmability 可编程序性 (programmabilitas)
programmable 可编程的,可编程序的 (programmabilis)｛电脑｝
programmable amplifier 可编程放大器
programmable calculator 可编程计算器
programmable communication controller 可编程通信控制器
programmable computer 可编程计算机
programmable concentrator 可编程集中器
programmable counter 可编程计数器
programmable data control unit 可编程数据控制部件
programmable data mover 可编程数据移动器
programmable data selector 可编程数据选择器
programmable digital processor 可编程数字处理机
programmable floppy control 可编程软盘控制
programmable function key 可编程功能键
programmable work station 可编程工作站
programmatic 程序设计的 (programmaticus)
programmatic interface 程序设计接口
programmatics 程序设计技术 (programmatica)
programmator 程序控制器
programme ①程序 ②纲要 (programma)
programme of agricultural development 农业发展纲要
programmed (= programed) ①编程的 ②程序控制的 ③程序的
programmed cell death (= apoptois) 编程[性]细胞死亡
programmed channel 程序控制通道
programmed check 编程检验,程序检验,程序校验
programmed control 程序控制
programmed cryptographic facility 程序加密设备
programmed decision making 计划决策
programmed guidance 程序制导
programmed halt 程序停机
programmed heating 程序加热｛生技｝
programmed management 程序管理
programmed multiple development 程序多次展开[法]｛生技｝
programmed operating system 程序操作系统
programmed stop 程序停机｛信息｝
programmer ①程序员,程序设计师 ②程序编制器
programmer analyst 程序分析员
programmer card 程序编制器插件
programmer job 程序员作业
programmer system 程序编制器系统
programmer tool 程序员工具
programming 编程序,拟计划,程序设计
programming aid 程序设计工具
programming aid software system 程序设计辅助软件系统
programming approach 程序设计方法
programming discipline 程序设计训练
programming environment 程序设计环境,编程环境
programming information 程序信息
programming model 程序设计模型
programming technique 程序设计技术
programming theory 程序设计理论｛电脑｝
progress ①进度,进展,进程 ②改进,发展,发达 ③前进,进步 进行 (progredi)

progress control 进度控制
progress map 进度图
progress mark 进行标志
progress plot 进度图
progress record 进度记录
progress report 进度报告
progression ①级数 ②渐进,进展,进行,前进 ③改善(progressio)
progression of dormancy 休眠进展
progression of succession 进展演替
progressive ①前进的,进行的 ②进化的,改善的 ③逐渐的,渐进的,增进的,累进的 ④顺序的(progressivus)
progressive breakdown ①逐渐分解{生态生理} ②逐渐破坏{生技} ③逐渐衰退{栽培}
progressive burning 随堆随烧(处理废材防火)
progressive change 渐进变化
progressive clear-strip system 伐区带伐作业,带状皆伐作业{森林}
progressive decrease 渐进减少,逐渐减少
progressive dehydration 逐渐脱水(指原生质)
progressive development 前进发育
progressive deviation 渐进离差(deviatio progressiva)
progressive differentiation 顺行分化[作用](defferentiatio progressiva)
progressive double crossing over 渐进双交换
progressive drying kiln 连续式干燥窑
progressive efficiency 累进效应{统计}
progressive eugenics 渐进优生学,正优生学
progressive evolution 前进进化
progressive heredity 前进遗传(hereditas progressivus)
progressive increase 渐进增加,逐渐增加
progressive limitation 渐进限制
progressive metamorphosis 渐进变态(metamorphosis progressivus)
progressive motion (= progressive movement) 前进运动(motio progressiva)
progressive mutation 渐进突变(mutatio progressiva)
progressive overflow 顺序溢出,依次溢出
progressive reduction 顺行退化(reductio progressiva)
progressive sampling 顺序采样法{遥感}
progressive scanning 顺序扫描
progressive selection 渐进选择
progressive shift 渐进移位
progressive species 前进种(species progressivus)
progressive taxes 累进税
progressive type 前进型(typus progressivus)
progressively control network 顺序控制网络{信息}
progressively deleted 渐进缺失的{生技}
progstate 程序状态{电脑}
progstore 程序存储器{电脑}
prohibited area 禁入区{信息}
prohibition ①禁止 ②禁令(prohibitio)
prohibition of devastation 禁止荒芜
prohibition of exploitation 禁止开垦
prohibition of grazing 禁止放牧
prohormone 激素原
prohormone convertase 激素原转化酶
prohumic substance 原腐殖质
prohybrid 原杂种(prohybrida)
proinsulin 胰岛素原
proisotropic 先天均一性[的](proisotropicus){分生}
project ①计划,设计 ②投影 ③射出,投射 ④课题
project control 项目控制
project list 项目清单
project management 项目管理
project name 项目名
project organization 项目组织
project personnel 项目人员
project plan 项目计划
project specification 项目说明
project system engineering 项目系统工程
project-type sprinkler irrigation system 喷射型灌溉系统
projected area ①投影面积,投影区 ②计算工作面积
projected gradient technique 投影梯度技术
projectile 弹射体(projectilum){电脑}
projectin 凸出蛋白(指一种节肢动物的肌肉蛋白)
projecting position 投影位置
projection ①投影,射影{显技} ②投射{狩猎} ③隆突,突出部{土壤} ④计划{统计}(projectura)
projection copying 投影式复制
projection drawing 投影图
projection eyepiece 投影目镜
projection function 投影函数
projection grid 投影格网{遥感}
projection lamp 投影灯
projection method 投影法
projection operation 投影操作
projection paper 投影纸
projection plane 投影平面

projection printer 投影晒印机{遥感}
projection printing 投影晒印
projection room 放映室
projection theorem 投影定理
projection weight 投射重量
projector ①幻灯机,影像放映机{显技} ②探照灯{物} ③设计者,计划者{统计} ④喷射器{水利} ⑤投影仪{电脑}
prokaryocyte 原核细胞(procaryocyta){分生}
prokaryon 原核(procaryon)
prokaryote ①原核体 ②原核生物(procaryota)
prokaryotic 原核的(procaryoticus)
prokaryotic bacteria 原核细菌
prokaryotic cell 原核细胞
prokaryotic expression 原核表达(expressio procarotica)
prokaryotic initiation factor 原核起始因子
prokaryotic nucleoid 原核拟核
prokaryotic operon 原核操纵子
prokaryotic organism 原核生物
prokaryotic ribosome 原核核蛋白体(核糖体)
prokaryotic source 原核来源
prokaryotic system 原核系统(systema procaryotica)
prokaryotic vector 原核载体(vector procaryoticus)
prolactin(= lactogenic hormone) 催乳激素,促乳素
prolactoliberin 促乳素释放素
prolactostatin 促乳素抑制素
prolamellar body 原片层体
prolamin(= prolamine) 谷醇溶蛋白
prolan 绒毛膜促性腺激素
prolapse 脱出,脱垂
prolate 长球形的(prolatus)
prolate spheroidal 长圆球形的(prolatospheroidalis)
proleg 腹足,伪足
prolept 长薄壁区(proleps)
proles 地理型
proliferate ①增殖,增生 ②多育(proliferare)
proliferate growth 繁茂
proliferated spikelet 多育小穗(spicula proliferata)
proliferating cell nuclear antigen(**PCNA**) 增殖细胞核抗原
proliferation(= prolification) ①增殖,增生 ②再育,多育 ③层出[现象](proliferatio)
proliferation disease 多育病
proliferative 增殖的(proliferativus)
proliferative capacity 增殖本领
proliferative cell cycle 增殖细胞周期
proliferous ①多育的 ②抽芽的(prolifer)
prolific ①多育的 ②多产的 ③(蜂王)产卵力强的(prolificus)
prolific fruiting 多产性结果,丰产结果(指结果实多)
prolific growth 多产性生长,丰产生长
prolific hybrid 多育性杂种
prolific spinach(= New Zealand spinach) 番杏
prolific tree 丰产果树
prolificacy ①多育性,丰产性 ②多胎性(prolificatia)
prolinase 脯氨酰氨基酸二肽酶
proline(Pro) 脯氨酸{分遗}[$C_5H_9NO_2$]
proline content 脯氨酸含量
proline selection 脯氨酸选择
prolipase 脂肪酶原
prologue(= prolog) 序言,导引
prolongation ①延长 ②延期,拖延 ③延长部分(prolongatio)
prolonged ①持续很久的,长时期的,长期的 ②延期的,延时的
prolonged aeration 延长曝气{环保}
prolonged drought 持续干旱,长期干旱
prolonged exposure ①长期暴露 ②延长照射
prolonged frontal rain 持续的锋面雨
prolonged gestation 长期怀胎
prolonged period of frost 延长霜期
prolonged potential 延长电势,延长电位
prolonged succession 长期演替
prolonged value 后价,终价{森林}
prolonged ventilated storage 长期通风贮藏
prolonging 延长
prolonging dormancy 延长休眠期
promecarb(= promecarbe) 猛杀威(杀虫剂)[$C_{12}H_{17}NO_2$]
promenade 散步园(promenadium){园林}
promeristem(primary meristem) 原分生组织(promeristema)
prometaphase 前中期(prometaphasis)
prometaphase movement 前中期(染色体)移动
prometaphase stretch 前中期牵张,前中期伸引
prometatropy 专异花授粉(prometatropia)
prometon(= prometone) 扑灭通(除草剂)[$C_{10}H_{19}N_5O$]

prometryne（= prometryn） 扑草净（除草剂）［$C_{10}H_{19}N_5S$］
promine 生长促进素
prominence ①显著性，突出 ②日珥｛气象｝（prominentia）
prominent ①凸起的，突出的 ②显著的 ③舟蛾（= notodontid moth）
prominent electron-opaque structure 显著电子不透明结构
prominents（= notodontid moths） 舟蛾科［Notodontidae］
promising ①有希望的，有前途的，有出息的 ②期望的 ③远景的
promising variety 有前途品种，优良品种
promissory note 期票，本票｛农经｝
promitochondrion 原线粒体（promitochondium 的复数）｛细胞｝
promitosis 原有丝分裂｛细胞｝
promojna 冰面开裂（冰面上因水流而成的开裂）
promoting 促进
promoting cell division 促进细胞分裂
promoting elongation 促进伸长
promoting forest recovery 促进森林恢复
promoting germination 促进发芽
promoting hardening 促进锻炼，促进健化（指抗寒锻炼）
promoting repair mechanism 促进修复机制｛分遗｝
promoting restabilization 促进再稳定［化］
promotion ①筹设，创办 ②促进，助长 ③鼓励，奖励 ④提升，晋级 ⑤启动（promotio）
promotion money 创办费
promotion of exports 鼓励输出，促进输出，促进出口
promotion of production 鼓励生产
promotion scheme 创办计划
promotor（= promoter） ①启动子，启动区｛分遗｝②前动肌｛动｝③促癌剂｛分生｝④加速剂，加速器｛电脑｝⑤促进剂｛环保｝⑥发起人，创办人｛农经｝
promotor accessibility 启动子可及性
promotor affinity 启动亲和力
promotor damping 启动子减弱
promotor element 启动子元件
promotor function 启动子功能
promotor gene 启动基因
promotor mutant 启动子突变型
promotor occlusion 启动子封堵
promotor-proximal sequence 启动子近侧序列
promotor-proximal transcript 启动子近侧转录本，启动子近侧转录物
promotor recognition 启动子识别
promotor site 启动子部位
promotor suppression 启动子抑制
promotor theory of nutrient uptake 启动子营养［元素］吸收理论
prompt ①提示 ②提示符 ③亟待（promptiere）
prompt facility ①提示设备 ②提示功能
prompt line 提示行｛电脑｝
prompt reestablishment 亟待重建
prompting 提示，提示催促，提醒
promutagen 前诱变剂，原诱变因素
promycelial spore 先菌丝孢子（spora promycelialis）
promycelium 先菌丝，原菌丝体
promycetes 原担子菌［Promucetes］
pronamide（= propyzamide） 拿草特
pronase 链霉蛋白酶
pronate 俯卧的（pronatus）
pronathous 基部突出的（用于花药）（pronanthus）
prone 扩张的（extensus）
prong ①尖头 ②齿尖 ③干草耙，叉子
prong-budding 短枝芽接｛园艺｝
prong cell 尖头细胞（cellula apiculata）
prong hoe 尖齿锄
pronormoblast 原红细胞
pronotum 前胸背板
pronounce ①宣告，宣称，宣布 ②断言，断定，断然 ③表示意见，讲述，作判断（pronuntiare）
pronounced ①明确的，明显的，显著的 ②决然的，断然的
pronounced fluctuation 明显波动
pronuclear 前核的，原核的（pronuclearis）
pronuclear fusion 原核并合（fusio pronuclearis）
pronucleus 前核，原核
pronymph 预若虫
pronymphal stage 预若虫期
proof ①证明 ②论证，验证，示范，表示，证据，迹象，文件证明 ③耐力，抗力 ④（酒）标准强度 ⑤试验 ⑥试管 ⑦有耐力的，有抗力的，防止的（proba）
proof by contradiction 矛盾证［明］法，反证法
proof cabinet ［菌类］栽培试验箱
proof rule 证明规则
proof sample 试样，样品
proof strategy 证明策略
proof test（= supplementary examination） 证实试验，补加验证
proof total 总计验证

proofer ①校对程序 ②打样者
proofing ①防护{栽培} ②防护剂{加工} ③证明{统计}
proofreader ①校对员 ②校对程序
proofreader's mark 校对符号
proofreading 核对,校对,校正
proofreading activity 校正活性{分遗}
prop 支柱(palus)
prop aerial root 支柱气根(radix aerialis palaris)
prop cell 支持细胞(cellula palaris)
prop root 支柱根(radix palaris)
propachlor 毒草安,扑草安(除草剂)[$C_{11}H_{14}ClNO$]
propagaculiferous 具分株的(propagaculifer)
propagate ①繁殖,增殖 ②传播 ③蔓延(propagare)
propagate by bulb 鳞茎繁殖
propagating ①繁殖,增殖 ②传播 ③延伸
propagating bed 栽植床,繁殖床
propagating bench 繁殖台
propagating case 繁殖箱{栽培}
propagating error 延伸误差{统计}
propagating frame 繁殖温床
propagating house 繁殖温室
propagating nursery 繁殖苗圃
propagating seedling in cold frame 冷床育苗
propagating system 延伸系统
propagation ①繁殖,增殖 ②生殖 ③传递,传播 ④蔓延(propagatio)
propagation bed 繁殖苗床
propagation by adventitious cormel 不定小球茎繁殖,偶生小球茎繁殖
propagation by aerial root 气生根繁殖
propagation by aerial tuber 气生块茎繁殖
propagation by bulb 鳞茎繁殖
propagation by corm 球茎繁殖
propagation by crown 叶冠繁殖,芽冠繁殖
propagation by crown slip 叶冠小茎繁殖
propagation by cuttings 扦插繁殖
propagation by grafting 嫁接繁殖
propagation by inbreeding 近亲繁殖
propagation by layering 压条繁殖
propagation by rattoon 块茎芽繁殖
propagation by tuber 块茎繁殖
propagation coefficient 繁殖系数,繁殖率
propagation delay 传播延迟{信息}
propagation farm 繁殖圃
propagation ground 繁殖用地
propagation hierarchy 繁衍层次{电脑}
propagation house 繁殖[温]室
propagation loss 传播损耗
propagation of sound 声音传播
propagation of superior seed 良种繁殖
propagation period 繁殖期
propagation reaction 传播反应
propagation room 繁殖室
propagation rule 繁衍规则{电脑}
propagation structure 繁衍结构
propagation velocity 传播速度
propagative ①繁殖的 ②传播的(propagativus)
propagative organ 繁殖器官(organa propagativa)
propagative period 繁殖期,生殖季节
propagative reproduction 传播生殖
propagative spore 繁殖孢子(spora propagativa)
propagator 繁殖器,繁殖材料
propago ①压条 ②球芽
propagule(=propagulum) 繁殖[芽]体,无性繁殖体(propagulum)
propane 丙烷[$CH_3CH_2CH_3$]
propanil 敌稗,斯达姆(杀草剂)[$C_9H_9Cl_2NO$]
propaphos 丙虫磷(杀虫剂)[$C_{13}H_{21}O_4PS$]
Proparthrin 甲基炔呋菊酯(杀虫剂)[$C_{19}H_{24}O_3$]
propazine 扑灭津(除草剂)[$C_9H_{16}ClN_5$]
propellant (气雾剂的)挥发剂,发生剂,推进剂
propellant feed system(PFS) 推进剂输送系统
propeller 螺旋桨,推进器
propeller agitator 螺旋桨式搅拌器
propeller anemometer 螺旋桨式风速表
propeller fan 推进器风扇
propeller meter 螺旋式水表
propeller mixer(=propeller-type mixer) 螺旋桨式混合器{环保}
propeller pump 螺旋桨式泵,轴流泵
propeller turbine 螺旋桨式涡轮机
propeller twist 螺旋桨式扭转{生技}
propeller-type agitator 螺旋桨式搅拌器
propeller-type mixer 螺旋桨式混合机
propelling wheel 驱动轮
propendent ①悬垂的 ②下行的(propendens)
propensity(=natural tendency) 自然倾向性,习性
proper ①适宜的,相当的 ②独特的,固有的

③本身的 ④常态的，正态的 ⑤真的（proprius）
proper advancement in cultural practices 相当先进的栽培技术
proper area 固有区{电脑}
proper assimilation system 适当的同化系统
proper balance 适当平衡
proper close planting 合理密植
proper convex function 正常凸函数
proper crown grafting 切接{园艺}
proper depth 适宜深度
proper depth of ploughing 适宜耕翻深度
proper exciple 固有囊盘外壳
proper fertilization 合理施肥
proper growth stage 适宜生长期
proper management 适当管理，合理管理（指栽培）
proper mature（＝proper ripe） 适宜成熟
proper network 常态网络{信息}
proper operation 正确操作
proper program 真程序{电脑}
proper rate of seeding 适量播种
proper rotation 合理换茬
proper rotation of crops 合理轮作，合理倒茬
proper set system 固有装置系统
proper stocking 适当放牧头数，适度放牧量
proper thickness of soil layer 适宜土层厚度
proper thickness of stands 适宜植株密度
proper time of picking（＝proper stage of picking） 采收适期
proper timing for application 适期施用（撒药，施肥等）
proper valves 佛焰苞片（valvae propriae）
proper vibration 固有振动
properties of membrane 膜性质
properties of raw gas 未净化气体性质{环保}
properties of reconstituted cell 重建细胞性质
property ①特性，性质 ②财产，资产（propertas）
property database 特性数据库
property detector 特性检测器
property entity 性质实体
property filter 特性滤波器
property integrity 特性完整性
property of storage 贮藏性
property right 产权{农管}
propes 前足，幼虫腹足
prophage 原噬菌体（prophagus）{分生}
prophage association with bacterial chromosome 原噬菌体同细菌染色体配对
prophage attachment locus 原噬菌体附着座位
prophage attachment site 原噬菌体附着位点
prophage complementation 原噬菌体互补作用
prophage DNA 原噬菌体 DNA
prophage excision 原噬菌体切割
prophage excision protein 原噬菌体切割蛋白
prophage gene 原噬菌体基因
prophage genome 原噬菌体基因组
prophage immunity 原噬菌体免疫性
prophage induction 原噬菌体诱导
prophage insertion 原噬菌体插入
prophage integration 原噬菌体整合作用
prophage interference 原噬菌体干扰
prophage maintenance mode 原噬菌体保持方式
prophage site 原噬菌体位点
prophage site-specific integration 原噬菌体位点特异整合
prophage substitution 原噬菌体代换
propham 苯胺灵（除草剂）［$C_{10}H_{13}NO_2$］
prophase 前期（prophasis）{细胞}
prophase inhibitor 前期抑制因子
prophase nucleus 前期核
prophase poison 前期毒物
prophasing 前期转化{细胞}
prophency 预言，预告
prophet flower 先知花属［*Macrotomia* DC.］（紫草科）
prophylactic ①预防的 ②预防剂（prophylacticus）
prophylactic doses of nutrients 预防性营养元素剂量
prophylactic inoculation 预防接种
prophylactic repair 预防性检修
prophylactic serum 预防血清
prophylactic spray 预防喷射
prophylactorium 预防病院，疾病预防室
prophylaxis ①预防 ②预防法
prophyll 先出叶（prophyllum）
prophylloid 先出叶状的（prophylloides）
propigment 色素原（propigmentum）
propineb（＝mezineb） 甲基代森锌
propionate ①丙酸 ②丙酸盐，丙酸酯，丙酸根
propionic acid 丙酸［CH_3CH_2COOH］
propionic acid bacteria 丙酸细菌
propionic acid fermentation 丙酸发酵
propionic acid in flooded soil 淹浸土壤中丙酸

propitious ①有利的，顺利的 ②适合的（propitosus）
propitious habitat 有利生境{生态生理}
propitious soil horizon 有利土层，适合土层
propitious wind 顺风
proplanned 预先计划的
proplanned product improvement 预先计划[的]产品改进
proplastid 前质体（proplastis）{细胞}
proplastid membrane 前质体膜
propneustic 前气门式（propneusticus）
propod type 原足型
propodeum（= propodeon） 并胸腹节
propolis 蜂胶
propolis gatherer（= propolis carrier） 采胶蜂
propolize 涂蜂胶，胶着
propollen 原花粉
proportion ①比率，比例 ②部分 ③大小(长、宽、厚)（proportionem）
proportion-feed dosing appliance 比例投加式投药装置{环保}
proportion of cellulose 纤维素[比]率
proportion of late wood（= proportion of summer wood） 晚材率
proportion of lignin 木素[比]率
proportion of midrib 中肋率
proportion of pasture to arable land 牧场与耕地比例
proportional ①成比例的 ②相应的，相称的（proportionalis）
proportional action factor 比例作用因子
proportional allocation 比例配量
proportional control 比例控制，线性控制
proportional counter 正比计数管(器)
proportional depth 充满度{环保}
proportional error 比例误差，相对误差
proportional frequencies 成比例频数(率)
proportional limit 比例极限
proportional map 等积图，等面积投影地图
proportional meter 比例式水表{环保}
proportional mortality rate 相应死亡率
proportional navigation course 比例导航，导航{遥感}
proportional range 成比例范围，线性范围
proportional scale 比例尺
proportional subclass numbers 成比例次级组数{统计}
proportionality 比例，比例性（proportionalitas）
proportionate sampling 比例取样法
proportioning ①成比例 ②计量，配量，配料
proportioning control system 中期位置控制系统
proportioning device 计量器，计量装置
proportioning meter 配料计{农施}
proportioning pump 配量泵
proposal ①建议，提议 ②提案，提出，申请③投标
proposal activity 投标活动{农经}
propose ①提议，建议 ②推荐
proposed extension area of a variety 建议品种推广面积
proposed logical system 推荐逻辑系统{电脑}
proposed name of registered cultivar 建议登记品种的名称
proposed parameter 建议参数
proposition ①命题 ②叙述（propositio）
propositional formula 命题公式
propositus（= proband） 先证者
propoxur 残杀威(杀虫剂)［$C_{11}H_{15}NO_3$］
proprietary ①所有的 ②专利的，专有的，独占的 ③专用的（proprietarius）
proprietary data 专有数据
proprietary program 专有程序，专利程序，专用程序
proprietary software 专利软件，专有软件
proprietor 业主
proprietress 女业主
proprioception 本体感受（proprioceptio）
proprioceptor 本体感受器
props（= properties） 支撑
propulsion ①推动，驱动，运动 ②推进，推进力，动力 ③发动机，推进器，动力装置
propulsion drive 驱动，推动传动
propulsion system 推进系统
propupa 前蛹
propygidium 前臀板
propyl 丙基
propyl alcohol 丙醇［$CH_3CH_2CH_2OH$］
propylene 丙烯
propylene dichloride 二氯丙烷(杀虫熏蒸剂)
propylene glycol 丙二醇［$CH_3CHOHCH_2OH$］
propylene metabolism 丙烯代谢
propylene oxide 氧化丙烯
propylphenol 丙基苯酚［$C_2H_5CH_2C_6H_4OH$］
propyzamide 拿草特(除草剂)［$C_{12}H_{11}Cl_2NO$］
propzlene diurea（PDU）丙叉二脲(长效肥料)
proreduction 前减数（proreductio）{细胞}
proreduplication ①前期复制 ②前期增组（proreduplicatio）{细胞}

proscutum 前胸盾片{昆虫}
prosembryum 外胚乳
prosencephalon 前脑
prosenchyma ①长轴组织 ②锐端细胞组织{解剖} ③疏丝组织{真菌}
prosenchymatous 长轴形的(苔藓)(prosenchymatus)
prosenchymatous cell 长轴形细胞(cellula prosenchymata)
prosenthesis (花)轮间缺口
proso-millet (= broom corn millet) 黍(稷,黄米,糜子)[*Panicum miliaceum* L.](禾本科)
prosome 程序体(prosoma){分生}
prosoplasmatic gall 进变种瘤
prosorous 原孢子堆(prosorus)
prospect ①展望,期望,前景,前瞻 ②景色 ③先见(prospectus)
prospect for clonal crop 克隆作物前景,无性系作物前景{农生技}
prospect for foreign trade in rice 稻米对外贸易展望
prospect for genetic engineering crop 遗传工程作物前景{遗工}
prospect for intelligent crop production 作物智能栽培[学]展望{智培}
prospect for transgenic crop 转基因作物前景{农生技}
prospecting 勘探,探矿
prospective ①未来的,将来的 ②预期的 ③先见的(prospectivus)
prospective adaptation 预期适应
prospective potency 预效
prospective significance 预期显著性{统计}
prosperity ①繁荣,昌盛,兴旺 ②成功,幸运(prosperitas)
prosperity in farming, forestry, animal husbandry, sideoccupations and fishery (农、林、牧、副、渔)五业兴旺
prosperity in market 市场繁荣
prosphase (有丝分裂完成)间期(prosphasis)
prosporangium 原孢子囊
prosporoidium (菌根)小型孢子囊
prostacycline 前列环素
prostaglandin (PG)前列腺素
prosternellum 前胸小盾片
prosternum 前胸腹板
prosthesis ①修复术,弥补术 ②假肢,假器官
prosthetic device 假肢器官装置
prosthetic group 辅基
prosthetic robot 关节式机器人(指假肢器官的机器人){物}
prosthetics ①假肢器官 ②假肢器官学(prosthetica)
prostigmine 眼点素原,新斯的明
prostomium 口前叶
prostrate 平卧的,匍匐地面的(prostratus)
prostrate cushion plant 匍匐垫形植物(planta pulvinata prostrata)
prostrate form (= prostrate type) 匍匐型
prostrate growth 匍地生长[型]
prostrate growth habit 匍匐(平卧)生长习性
prostrate habit 匍匐(平卧)习性
prostrate knotweed (= knotgrass) 萹蓄[*Polygonum aviculare* L. = *P. heterophyllum* Lindm.](蓼科)
prostrate single-seed juniper 山偃柏(爬翠柏)[*Juniperus squamata* var. *prostrata* Hornibrook](柏科)
prostrate spurge (= milk purslane) 仰卧大戟[*Euphorbia supina* Rfain. = *Chamaesyce suina* dMold.](大戟科)
prostrate stem (= prostrate shoot) 平卧茎,匍匐茎(caulis prostratus)
prostrate type 匍匐型,蔓生型(typus prostratus)
prostrate variety 匍匐型品种,蔓生品种
prostrate wedelia 卤地菊(地锦花,南美蟛蜞菊)[*Wedelia trilobata* Hemsl.](菊科)
prostypus 珠脊{胚胎} ②种脊{种子}
prosuspensor 原胚柄
prosuspensor cell 原胚柄细胞
prosuspensor tier 原胚柄层
protactinium 镤[Pa,91 号元素]
protaminase 鱼精蛋白酶,肽酶
protamine 鱼精蛋白
protamine zinc insulin [鱼]精蛋白锌胰岛素
protan 红色盲基因,第一色盲基因
protandrous 雄蕊先熟的(protandrus)
protandrous flower 雄蕊先熟花(flos protandrus)
protandry 雄蕊先熟性(protandria)
protangiospermae 原被子植物类
protanomaly 红色弱,第一色弱(protanomalia)
protanopia 红色盲,第一原色盲
protanthesis 头朵花
protargol 蛋白酸银
protarsus 前足跗节
protaxis 反应本能
protea ①山龙眼属[*Protea* L.](山龙眼科) ②山龙眼[*Protea* sp.]
protea family 山龙眼科(proteaceae)
protean 变性蛋白

protease 蛋白酶
protease inhibitor 蛋白酶抑制剂
proteasome 蛋白酶体
protect 保护,庇护(protegere)
protect mode 保护方式
protect notch 保护槽[口]
protect-range 保护区,保护范围
protect tab 保护标志
protectant 保护剂,防护剂
protected ①保护的,防护的 ②被覆的(protectus)
protected [rice] nursery 保温秧田
protected [rice] nursery covered with oil paper 油纸覆盖保温秧田
protected [rice] nursery covered with plastic film 塑料薄膜覆盖保温秧田
protected agriculture 设施农业安全设备农业,保护农业
protected amino acid 保护氨基酸
protected check 保护性核查
protected code 保护码{电脑}
protected computer system 保护计算机系统
protected cultivation 设施栽培,保护栽培
protected cultivation from rain 雨季保护栽培,防雨[设施]栽培
protected drive 有防护罩的传动
protected key 保护键
protected mode ①保护方式 ②保护模式 ③保护态
protected mode digitizer 保护方式数字化仪{电脑}
protected monomer 保护单体{分遗}
protected motor 防护式电动机
protected nucleoside 保护核苷{分遗}
protected nucleotide 保护核苷酸
protected nursery ①保温秧田 ②保温苗圃
protected object 保护目标
protected resource [受]保护资源
protected reversing thermometer 闭管海水温度表
protected semi-irrigated[rice] nursery 保温半湿秧田
protected upland [rice] nursery (=protected dry nursery) 保温旱秧田
protected usage mode 保护使用方式
protecting 保护的(protectivus)
protecting colouration 保护色
protecting group 保护基团
protecting leaf 保护叶(folium protectivum)
protecting planting 保护造林
protecting screen 保护屏
protecting sheath 保护鞘(vagina protectiva)
protecting spray 防护喷射
protecting strain 保护菌株,温和菌株
protection ①保护,庇护 ②防护,防御 ③警戒(protectio)
protection against disease 防病,抗病保护
protection against drought 防旱,抗旱防护
protection against erosion 防侵蚀,抗侵蚀防护
protection against fire 防火,抗火保护
protection against flood 防洪,抗洪防护
protection against frost 防霜,抗霜防护
protection against hail 防雹,抗雹防护
protection against photoinhibition 防光抑制,抗光抑制保护
protection against radiation 防日射,抗日射防护
protection against snow 防雪,抗雪防护
protection against wind 防风,抗风防护
protection against winter drought 防冬旱,抗冬旱保护
protection analysis project 保护分析计划
protection architecture 保护体系结构
protection channel 保护通道
protection clause 防护条款,保护条款
protection effect 保护效应
protection for new plant variety 新作物品种保护
protection forest 防护林
protection from metal toxicity 防止金属毒性
protection manager 保护管理器
protection mechanism ①保护机构 ②保护机制
protection of agricultural resource 保护农业资源
protection of animals 牲畜保护
protection of birds 鸟类保护
protection of data 数据保护
protection of frost 防冻,防霜
protection of game 野生动物保护,猎物保护,禁猎
protection of geothermal resource 地热资源保护
protection of gully head 沟头防护
protection of labour 劳动保护
protection of nature 自然界的保护
protection of trees 树木保护
protection screen ①保护罩 ②保护屏
protection sheet ①保护[图]纸 ②护皮
protection system design 保护系统设计
protective ①保护的 ②被覆的,庇覆的 ③防

护的,防御的(protectivus)
protective action 保护作用(actio protectiva)
protective adaptation 保护适应
protective aerial root 保护气生根
protective agent 防护剂
protective and evasive mechanism 保护与躲避机制{生态生理}
protective antibody 保护性抗体
protective antigen 保护性抗原
protective area 保护区
protective bactericide 保护性杀(细)菌剂
protective barrier 防护[栅]障
protective behavior 防御行为
protective belt 防护林带
protective body 防护体
protective canopy 保护林冠
protective cap 保护帽(胚)(cappa protectiva)
protective capacity 保护能力
protective carbonate layer 碳酸盐保护层{环保}
protective casing 保护罩{农机}
protective chemicals 保护农药,保护药剂
protective clothing 保护服,防护服
protective coast-forest 海岸防护林
protective coating 保护[涂]层
protective colloid [保]护胶体
protective colouration 保护色
protective cover 覆盖保护层
protective cover of vegetation 植被防护层
protective covering 保护层,防护层
protective cuticle 保护性角质层(cuticulus protectivus)
protective device 防护装置
protective drug 保护药
protective dune 保护沙丘,防沙丘
protective eco-environment 保护生态环境{农经}
protective ecosystem 保护[性]生态系统
protective effect ①保护作用 ②保护效应
protective effect of glutathione 谷胱甘肽的保护效应
protective enzyme 防护酶
protective epitope 保护性表位{分遗}
protective forest 防护林
protective forest against snow 防雪林
protective forest belt 防护林带
protective forest shelter belt 防风林
protective fungicide 保护性杀[真]菌剂
protective glove 防护手套
protective glume 护颖
protective goggles 防护眼镜,护目镜(指实验室用的)
protective ground 保护地
protective immunity 保护性免疫(immunitas protectivus)
protective inoculative 防护性接种
protective insecticide 保护性杀虫剂(胃毒剂)
protective jacket 保护罩
protective layer 保护层(tatulatum protectivum)
protective leaf 保护叶(folium protectivum)
protective measure 防护措施
protective mechanism 保护机制(mechanismus protectivus)
protective mimicry 保护性拟态
protective mulch 覆盖保护层
protective necrosis 保护性坏死
protective overlay ①防护涂层 ②防护覆盖膜{生技}
protective package 保护性包装
protective pigment 保护性色素(Pigmentum protectivum)
protective potential 自卫能
protective process 保护过程
protective project 保护工程
protective reaction 保护反应
protective redundancy 保护冗余{统计}
protective resistance mechanism 保护抗性机制{生态生理}
protective response 保护反应(responsum protectivum)
protective role (= protective action) 保护作用
protective root 保护根(radix protectivus)
protective sheath 保护鞘(vagina protectiva)
protective shield 防护屏
protective substance 保护性物质(substantia protectiva)
protective tariff 保护关税
protective threshold 保护阈值
protective tissue 保护组织(tela protectiva)
protective trade 保护贸易
protective tube 保护管,管状外罩
protective vaccination 防护性种痘(注射,接种)
protective value 防护值
protective zone ①防护区 ②保护层
protective state of equilibrium 平衡的"保护"状态{生态生理}

protector ①防护器,保护装置 ②保护者 ③保险丝
proteic 蛋白的
proteic substance 蛋白物质
proteide（= proteid） 蛋白质
protein（= proteid） 蛋白质
protein-acetaldehyde adduct 蛋白质-乙醛加合物
protein adhesive 蛋白胶
protein ADP-ribosylation 蛋白质 ADP 核糖基化,蛋白质腺苷二磷酸核糖基化
protein adsorption 蛋白质吸附
protein aggregate 蛋白质团聚体
protein allotype 蛋白质异型
protein alphabet 蛋白质文字
protein array 蛋白质依次排列
protein assembly 蛋白质装配
protein association 蛋白质缔合
protein binding 蛋白质结合
protein binding assay 蛋白结合测定
protein-binding surface 蛋白质结合[表]面
protein biosynthesis 蛋白质生物合成
protein block 蛋白质组件
protein body 蛋白质体
protein bound iodine 蛋白结合碘
protein-bound sulfhydryl group 蛋白质结合氢硫基
protein-bound water 蛋白质结合水
protein breakdown 蛋白质分解
protein chemistry 蛋白质化学
protein classification 蛋白质分类
protein cleavage ①蛋白质切割 ②蛋白质裂解[现象]
protein coat 蛋白质外壳
protein coded by chl DNA 蛋白质受 chl DNA 编码,蛋白质受叶绿体 DAN 编码{分遗}
protein complex 蛋白质复合物
protein compressibility 蛋白质压缩性
protein-conducting channel 蛋白质传导通道
protein conformation 蛋白质构象
protein content 蛋白质含量
protein cooperativity 蛋白质协同性
protein cryptography 蛋白质密码学
protein crystal 蛋白质晶体
protein crystallography 蛋白质晶体学
protein data bank 蛋白质资料库(自 1973 起国际蛋白质资料库存取蛋白质的三维结构信息)
protein degradation 蛋白质降解
protein-degrading enzyme 蛋白质降解酶
protein denaturation 蛋白质变性
protein deposit 蛋白质沉积物
protein design 蛋白质设计
protein determination 蛋白质测定法
protein diagnostic program 蛋白质诊断程序
protein differentiation 蛋白质分化
protein dimerization 蛋白质二聚化
protein disulfide isomerase（**PDI**） 蛋白质二硫键异构酶
protein disulfide oxidoreductase 蛋白质二硫键氧[化]还[原]酶
protein-DNA interaction 蛋白质-DNA 相互作用
protein-DNA recognition 蛋白质-DNA 识别
protein docking 蛋白质停靠
protein dynamics 蛋白质动力学
protein engineering 蛋白质工程
protein envelope 蛋白质包膜
protein epitope 蛋白质表位
protein ester 蛋白质[甲]酯
protein evolution 蛋白质进化
protein export 蛋白质外排
protein extract 蛋白质提出物
protein fluorescence 蛋白质荧光
protein folding 蛋白质折叠
protein folding funnel 蛋白质折叠漏斗
protein fragment 蛋白质片段
protein-free 无蛋白质的
protein-free medium 无蛋白质培养基
protein functional domain 蛋白质功能域
protein glycation 蛋白质糖化,蛋白质加糖[作用]
protein glycosylation 蛋白质糖基化
protein grain 蛋白粒
protein granule 蛋白粒
protein histidine kinase 蛋白质组氨酸激酶
protein hydrolysate 蛋白质水解物
protein hydrolysis 蛋白质水解
protein immobilization 蛋白质固定化
protein interface 蛋白质界面
protein intron 蛋白质内含子{分遗}
protein isoform 蛋白质异形体(指由同种 mRNA 前体经可变剪接而产生的不同蛋白质)
protein kinase 蛋白激酶
protein ladder 蛋白质梯
protein-ligand interaction 蛋白质-配体相互作用
protein-linkage map 蛋白质连锁图
protein localization 蛋白质定位
protein locus 蛋白质座位
protein loop 蛋白质环

protein mapping 蛋白质作图
protein maturation 蛋白质成熟
protein metabolism 蛋白质代谢
protein model 蛋白质模型
protein modeling 制作蛋白质模型
protein modification 蛋白质修饰
protein molecule 蛋白质分子
protein monolayer method 蛋白质单层法
protein motif 蛋白质特征序列{分遗}
protein myristoylation 蛋白质豆蔻酰化
protein nitrogen 蛋白质氮
protein oligomerization 蛋白质寡聚化
protein oxidation 蛋白质氧化
protein packing 蛋白质堆积
protein pharmaceutical 蛋白质药物
protein phosphatase 蛋白质磷酸酶
protein phosphorescence 蛋白质磷光
protein phosphorylation 蛋白质磷酸化
protein phylogeny 蛋白质系统学
protein polymorphism 蛋白质多态性
protein primer 蛋白质引物
protein priming 蛋白质引导
protein processing 蛋白质加工
protein protease inhibitor 蛋白质蛋白酶抑制剂
protein refolding 蛋白质重折叠
protein-rich cell organelle 富蛋白质细胞器
protein-rich stroma 富蛋白基质
protein-RNA interaction 蛋白质-RNA 相互作用
protein-RNA recognition 蛋白质-RNA 识别
protein salt 蛋白盐
protein secondary structure prediction 蛋白质二级结构预测
protein serine / threonine kinase 蛋白[质]丝氨酸/苏氨酸激酶
protein serine / threonine phosphatase 蛋白质丝氨酸/苏氨酸磷酸酶
protein solution phase boundary 蛋白质溶液相界
protein sorting 蛋白质分选
protein sparing action of carbohydrate 糖的省蛋白作用
protein splicing 蛋白质剪接{生技}
protein stability 蛋白质稳定性
protein structure 蛋白质结构
protein structure prediction 蛋白质结构预测
protein subunit 蛋白质亚基,蛋白质亚单位
protein surface topology 蛋白质表面拓扑学
protein synthesis 蛋白质合成
protein synthesis depression 蛋白质合成降低
protein synthesis reinitiation 蛋白质合成再起始
protein-synthesizing apparatus (= protein synthesizer) 蛋白质合成器
protein targeting 蛋白质寻靶,蛋白质导向
protein thermodynamics 蛋白质热力学
protein to RNA ratio 蛋白质对 RNA 比率
protein trafficking 蛋白质运输
protein translocation 蛋白质移位
protein transport 蛋白质转运,蛋白质运输
protein turnover 蛋白质转换
protein tyrosine phosphatase 蛋白质酪氨酸磷酸酶
protein unfolding 蛋白质解析叠
proteinaceous 蛋白质状的(proteinaceus)
proteinaceous microfibril 蛋白质状微纤维
proteinase 蛋白酶
proteinogram 蛋白谱(proteinogramma)
proteinoid 类蛋白
proteinoid microsphere 类蛋白微球体
proteinuria 蛋白尿
protelomere 前端粒(protelomera)
proteo- ⌊字头⌉蛋白
proteoglycan [含]蛋白聚糖
proteolipid 蛋白脂质
proteoliposome 蛋白脂质体(proteoliposoma)
proteolysis 分解蛋白质[作用],蛋白酶解[作用]
proteolytic 蛋白酶解的(proteolyticus)
proteolytic activity 蛋白酶解活性
proteolytic bacteria 蛋白酶解细菌
proteolytic enzyme 蛋白酶解酶
proteolytic power 蛋白酶解力
proteometabolism 蛋白[质]代谢(protemetabolismus)
proteopexy 蛋白[质]固定(proteopexia)
proteoplast 蛋白体(proteoplastis)
proteose 脲
proteosome 蛋白酶体(proteosoma)
proteotoxicity 蛋白质毒性(proteotoxicitas)
proter 前端细胞
proterandrous (= protandrous) 雄蕊先熟的(proterandrus)
proterandry (= protandry) 雄蕊先熟(proterandria)
proteranthous 先叶开花的(proteranthus)
proteranthy 先叶开花(proteranthia)
protergum 前胸背板

protero- ⌊字头⌉原先,以前
proterogamy 原生生殖(proterogamia)
proterogynous(=protogynous) 雌蕊先熟的(proterogynus)
proterogynous flower 雌蕊先熟花(flos proterogynus)
proterogyny(=protogyny) 雌蕊先熟(proterogynia)
proteropetalous 内轮对瓣的(proteropetalus)
proterosepalous 对轮对萼的(proterosepalus)
Proterozoic [era] 元古代
proterozoic group 元古界
proteus ①变形菌属(变形杆菌属)[*Proteus* Hauser](变形菌族) ②变形菌[*Proteus* sp.]
prothallial 原叶[体]的(prothallialis)
prothallial cell 原叶细胞(cellula prothallialis)
prothallial nucleus 原叶核(nucleus prothallialis)
prothallial tube 原叶管(tubus prothallialis)
prothallium(=prothallus)原叶体
prothecium 原囊壳
prothetely 先成现象(protheteia)
prothetic group 辅基
prothoate (=L_{343})发果(杀虫、杀螨剂)[$C_9H_{20}NO_3PS_2$]
prothoracic ganglion 前胸神经节
prothoracic gland 前胸腺
prothoracic gland hormone 前胸腺激素
prothorax ①前胸 ②前胸节
Prothrin 炔呋菊酯,消虫菊(杀虫剂)[$C_{18}H_{22}O_3$]
prothrombin 凝血酶原
prothrombinase ①凝血酶原酶 ②促凝血球蛋白 ③凝血因子Ⅱa
prothromboplastic factor 促凝血酶原激酶原因子
prothromboplastin 促凝血酶原激酶原
protist 原生生物(protista)
protistocidal 杀原生生物的(protistocidus)
protium 氕(音撇,氢的同位素质量为1,符号^1H)
proto- ⌊字头⌉原,原始,第一
proto-oncogene 原癌基因
protoaecium 原春孢器,原锈孢子器
protoandrous(=proterandrous) 雄蕊先熟的(protoandrus)
protoandrous dichogamy 雄蕊先熟的雄雌蕊异熟
protobasidiomycetes 原担子菌[亚纲][Protobasidiomyceti]
protobasidium 原担子
protobiology(=protistology) 原生物学(protobiologia)
protobiont 原生物(protobions)
protoblast ①裸细胞 ②原胚胞(protoblastus)
protoblem 原菌幕,原周包膜(protoblema)
protobroch 前网期(protobrochus)
protocambium 原形成层
protocarpic tuber 原果菌块
protocatechuic acid 原儿茶酸,3,4-二羟苯甲酸[$C_6H_3(OH)_2COOH$]
protocatechuic tannin 原儿茶单宁
protocellular 原细胞的(protocellularis)
protocellular organism 原细胞生物(organismus protocellularis)
protocerebrum ①原脑 ②前脑
protochlamydospore 原厚垣孢子(protochlamydospora)
protochlorophyll 原叶绿素
protochlorophyllide 原叶绿脂
protochordate 原索动物(protochordata)
protocol ①协议,议定书 ②草案 ③规程 ④约定{电脑}
protocol conversion 协议转换
protocol entity 协议实体
protocol function 协议功能
protocol identification 协议识别{信息}
protocol machine 协议机
protocol specification 协议规范
protocol standard 协议标准
protocol window 协议窗口
protoconidium 原分生孢子
protocorm ①原始球茎 ②原胚体 ③原基叶体(protocormus)
protocorm-like body 原球茎状体
protocorm proliferation 原球茎增殖
protocormal ①原始球茎的 ②原胚体的(protocormalis)
protocytosis 原胞吞[作用]{分遗}
protoderm(=dermatogen)原表皮层(protoderma)
protoepiphyte(=hemiepiphyte) 半附生植物,半匍匐植物(protoepiphyta)
protofilament 原丝(protofilamentum)
protogametophyte 原配子体(protogametophyta)
protogene 原基因(protogena)

protogenesis 原始发生
protogonia 前翅顶角
protogynous (= proterogynous) 雌蕊先熟的(protogynus)
protogynous dichogamy 雌蕊先熟的,雌雄蕊异熟
protogynous flower 雌蕊先熟花(flos protogynus)
protogyny 雌蕊先熟性(protogyna)
protohymenial 原子实层的(protohymenialis)
protohymenium 原子实层
protokaryon 原核(protocaryon)
protokaryotic 原核的(protocaryoticus)
protolignin 原木质素
protolysis 质子迁移[作用],质子传递[作用]
protolyte 质子迁移物,质子传递物(protolyta)
protomer ①原体,膜色胞 ②原聚体
protomere 原粒(protomera)
protomeristem (= promeristem) 原分生组织(protomeristema)
protomitosis 原始有丝分裂
protomorphic 原形态的(protomorphicus)
proton 质子{分生}
proton oxygen ratio (= proton-oxygen ratio) 质子-氧比值
proton abstraction 去质子[作用]
proton acceptor 质子受体
proton acceptor region 质子受体区
proton channel 质子通道
proton chemical potential 质子化学势
proton conduction 质子传导
proton-coupled polar transport 质子耦联[的]极性运输{分生}
proton donor 质子供体
proton efflux 质子射流
proton electric potential 质子电势
proton excited X-ray spectrometry 质子激发 X 射线光谱法
proton gradient 质子梯度
proton induced X-ray emission analysis 质子诱发 X 射线发射分析
proton-magnetic resonance 质[子]磁共振
proton microscope 质子显微镜{显技}
proton motive force 质[子]动力
proton pump 质子泵
proton resonance spectrum 质子共振波谱
proton sensor 质子传感器
proton spin resonance 质子自旋共振
proton symport mechanism 质子同向转运机制
proton transfer 质子转移
proton translocation 质子移位
proton transport 质子转运
protonation 质子化[作用](protonatio)
protonema 原丝体
protonotion 原始概念(protonotio)
protonym 原用名(protonymum)
protoparasite ①初次寄生 ②初次寄生物
protopathic sensation 粗感觉
protopectin (= protopectine) 原果胶
protopectinase 原果胶酶
protoperithecium 子囊壳原,原菌丝体
protophilic solvent 亲质子溶剂
protophloem 原生韧皮部
protophobic solvent 疏质子溶剂
protophyll 原始叶,原生叶(protophyllum)
protophyte ①(对向世代交替的)配子体{真} ②原生植物{微生物}(protophyta)
protopine 前鸦片碱
protoplasm ①原生质 ②原浆(protoplasma)
protoplasm composition 原生质成分(compositio protoplasmica)
protoplasm constriction 原生质缢痕(constrictio protoplasmica)
protoplasm doctrine (= doctrine of protoplasm) 原生质说{细胞}
protoplasm movement 原生质运动(movementum protoplasmicum)
protoplasm theory 原生质学说{细胞}
protoplasmatic strand 原生质丝(nema protoplasmatica)
protoplasmic 原生质的(protoplasmicus)
protoplasmic bridge 原生质桥(pons protoplasmicus)
protoplasmic component 原生质成分
protoplasmic connection 原生质联络丝(connectio protoplasmica)
protoplasmic drought resistance 原生质抗旱性
protoplasmic elasticity 原生质弹性(elasticitas protoplasmicus)
protoplasmic fiber 原生质丝,原生质纤维(fiber protoplasmicus)
protoplasmic filament (= plasmodesm) 原生质丝,胞间连丝(filamentum protoplasmicum)
protoplasmic fine structure 原生质细微结构
protoplasmic incompatibility 原生质不亲和性
protoplasmic membrane 质膜(membrana

protoplasmica)
protoplasmic model 原生质模型
protoplasmic movement（= protoplasmic motion） 原生质运动（movementum protoplasmicum）
protoplasmic permeability 原生质透性（permeabmtas protoplasmicus）
protoplasmic protein 原生质蛋白
protoplasmic resistance 原生质抗性（resistantia protoplasmica）
protoplasmic rotation 原生质旋转{细胞}（rotatio protoplasmica）
protoplasmic strand 原生质束（fasciculus protoplasmicus）
protoplasmic streaming 原生质流动
protoplasmic structure 原生质结构（structura protoplasmica）
protoplasmic surface 原生质表面（supeficies protoplasmicus）
protoplasmic surface layer 原生质表面层
protoplasmic volume 原生质体积（volumen protoplasmica）
protoplasmics 原生质学（protoplasmica）
protoplasmodium 原始原质团
protoplast 原生质体（protoplastis）
protoplast cultivation 原生质体培养[法]
protoplast culture 原生质体培养
protoplast culture conditions 原生质体培养条件
protoplast culture treated with DNA 原生质体用 DNA 处理的培养
protoplast development 原生质体发育
protoplast DNA 原生质体 DNA
protoplast DNA dimer 原生质体 DNA 二[聚]体
protoplast DNA uptake 原生质体 DNA 摄入
protoplast embryogenic potential 原生质体产胚潜势
protoplast from pollen mother cells 花粉母细胞的原生质体
protoplast fusion 原生质体融合
protoplast fusion genetics 原生质体融合遗传学
protoplast greening 原生质体绿变
protoplast hybridization 原生质体杂交
protoplast induction of chloroplast 原生质体的叶绿体诱发
protoplast irradiation 原生质体照射
protoplast isolation 原生质体分离
protoplast mottle virus 原生质体斑驳病毒
protoplast of pollen 花粉原生质体
protoplast plantlet 原生质体幼苗(小植株)
protoplast regeneration 原生质体再生
protoplast segregation 原生质体分离
protoplast sensitivity to PEG 原生质体对 PEG 的敏感性
protoplast suspension 原生质体悬浮液
protoplast uptake of bacteria 原生质体的细菌摄入
protoplast uptake of nuclei 原生质体的核摄入
protoplast uptake of organelle 原生质体的细胞器摄入
protoplast uptake of particle 原生质体的颗粒摄入
protoplast uptake of rhizobium 原生质体的根瘤菌摄入
protopod 原足期（protopodus）
protopod larva 原足幼虫
protopod phase 原足相
protoproteose 原胨
protoranker 原始粗骨土,原始薄层土{土壤}
protoribosome 原核糖体,原核蛋白体（protoribosoma）{分遗}
protosexuality 无性别孢子发生的性周期（protosexualitas）
protosome（= genosome） 基因主体（protosoma）
protospermatiophore 原精子托（protospermatiophora）
protospore ①原孢子,第一代孢子 ②产菌丝孢子（protospora）
protosporophore 原孢子体（protosporophorum）
protostele 原生中柱（protostela）
protosterigma 原小梗
protostrophes 二级螺旋
protosystem 原型系统（protosystema）
protothallus 原叶体
prototroph 原养型（prototrophe）
prototrophic 原养的（prototrophus）
prototrophic bacteria 原养细菌（bacteria prototrophae）
prototrophic organism 原养生物（organismus prototrophus）
prototrophy 原养（prototrophia）
prototype ①原型(指作物最原始型) ②原始标准 ③样机{电脑} ④模板{遥感}（prototypus）
prototype board ①样机板 ②模件板
prototype debug 样机调试
prototype design 样机设计
prototype development system 样机开发系统
prototype matching 模板匹配{遥感}

prototype meter 标准米(尺){测}
prototype model 样机模型{电脑}
prototype software 原型软件
prototype structure 原型结构{环保}
prototype test 样机试验{农机}
prototyping 原型化方法,原型法{电脑}
prototyping technique 原型技术
protouredium 原夏孢子堆 (protouredium)
protoveratrine 原藜芦碱[$C_{41}H_{63}NO_{14}$]
protovirus 原病毒
protovirus genome 原病毒基因组
protovirus hypothesis 原病毒假说
protovirus theory 原病毒理论{分遗}
protoxylem 原生木质部 (protoxlema)
protoxylem cavity 原生木质部腔
protoxylem gap 原生木质部隙
protoxylem lacuna 原生木质部腔隙
protoxylem strand 原生木质部束
protoxylem vessel 原生木质部导管
protozoa 原生动物
protozoal 原生动物的 (protozoalis)
protozoal disease 原生动物病(diseasis protozoalis)
protozoal infection 原生动物传染 (infectio protozalis)
protozoan ①原生动物的 ②原生动物 (protozoanus)
protozoan-like bacteria 原生动物形态细菌 (bacteria protozoides)
protozoiasis 原虫病{蚕}
protozoology 原生动物学 (protozoologia)
protozygote 原合子(指某显性纯合子) (protozygota)
protract 延长 (protracre)
protractor ①量角器,量度器{测} ②牵引肌伸肌{昆虫}
protractor scale 分度器,半圆规
protrude 伸出,突出
protruding 伸出的,露出的,突出的 (exsertus)
protruding terminus 突出端{生技}
protrusion ①突出,突出部 ②突出物 (protrusio)
protrusion of anther 花药伸出
protuberance 突起,突出物 (protuberantia)
protuberant 隆起的,突出的,突起的 (protuberans)
protuberate 突出,伸出 (protuberatare)
proturans (= telsentails) 原尾目 [Protura]
proud-back section 突背动刀片
proud wood 应压木
prourokinase (pro-UK) 尿激酶原
provability 可证性,可证明性 (provabilitas)
provability of knowledge 知识的可证明性
provable 可证的,可证明的 (provabilis)
provacuole 原空泡 (provacuola)
provand 食物供应 (provans)
provascular 维管束原的 (provascularis)
provascular strand 维管束原 (fasciculus provascularis)
provascular tissue 维管束原组织 (tela provascularis)
prove 证明,验证 (probare)
proved ①鉴定的 ②鉴定种
proved bull 鉴定种公牛
proved sire 鉴定种公畜
proven bull (= proved bull) 合格公牛
proven cross (= proved cross) 鉴定种杂交 (指合格公畜杂交)
proven sire (= proved sire) 合格公畜
provenance ①起源,来源 ②原产地,出处 ③种子原产地 (provenantia)
provenance examination 原产地检查
provenance or locality of harvest (种子)来源
provenance testing 原产地检验
provender ①粗饲料,茎秆饲料 ②食物,食品
provender mill 饲料加工厂
provenience (= provenance) 原产地
proventricular valve (= honey stopper) 前胃瓣{蜂}
proventriculus 前胃
prover ①证明程序{电脑} ②校准仪{环保}
providence rice 再生稻
provider 提供方,供应者
provider interface 供应者接口{电脑}
provincial forest 省有林,州有林 (= state forest)
provincial park (= state park) 省立公园,州立公园{园林}
provincialism 地方性,地区性 (provincialismus)
provine ①枝条 ②压条繁殖
proving 证明,验证
proving correctness 正确性证明
proving time 验证时间
provirus 原病毒
provision ①供应,准备 ②⌊复⌉粮食,食物,食料,食粮,粮食供应 (provisio)
provisional 临时的,暂时的 (provisionalis)
provisional planting 假植

provitamin 维生素原,原维生素
provocative background 诱发环境
provoking ①挑拨 ②诱发,引起
proximal ①近基的,近端的 ②近轴的,近侧的(proximalis)
proximal branch 近枝(近轴部的叉枝)(ramus proximalis)
proximal break point 近侧断裂点
proximal cell 近基细胞(cellula proximalis)
proximal centriole 近侧中心粒(centriola proximalis)
proximal chiasma 近侧交叉
proximal chromosome segment 近侧染色体节段
proximal crossing-over 近侧交换
proximal crossover 近侧交换
proximal-distal interlocking 近侧－远侧互锁
proximal edge 近边(margoproximalis)
proximal end 近[极]端(extremum proximale)
proximal face (= proximal side) 近极面(facies proximalis)
proximal interlocking 近侧互锁
proximal part 近基部[分](指花)(pars proximalis)
proximal region 近侧区
proximal segment 近侧片段基部段
proximal sequence element (PSE) 近侧序列元件(指启动子){分遗}
proximate ①最接近的 ②近似的(proximatus)
proximate analysis 快速分析
proximate cause 近因
proximity ①接近,近似 ②邻近 ③相邻(proximetas)
proximity effect 邻近效应
proximity pointer 相邻指示字{遥感}
proximity to the market 市场附近,接近市场
proximity zone 邻近区
proxy 代理,替代(procurare)
proxy agent 委托代理
proxying 替代作用
prozone 前带(prozona)
prozymogen 前酶,原酶原
prozymogen granule 原酶原粒
PRPP (= phosphoribosyl pyrophosphate) 磷酸核糖焦磷酸
PRT (= printer) 打印机{电脑}
PRTF (= pheromone and receptor transcription factor) 信息素和受体转录因子{分生}
pruina 表生白粉{真菌}
pruinose (= pruinate) 具白粉的,具果霜的(pruinosus)
prunasin 野黑樱苷
prune ①洋李 ②梅干,干梅子 ③修剪,剪枝
prune drier 梅干干燥机
prune mosaic 核果花叶病
prune pickup 李采集器
prune worm (= mineola moth) 亚心叶李螟[*Mineola scitulella* Hulst](斑螟科)
prunello 小黄梅干
pruner 修枝剪,整枝剪
pruner knife 修枝刀
pruners (= typical weevils) 象甲科[Curculionidae]
pruniferous 生核果的(prunifer)
pruniform 核果状的(pruniformis)
pruning ①修剪,整枝 ②删除,删改
pruning at the base (基部整枝)台刈(茶树)
pruning cycle of tea plant 茶树剪枝周期
pruning for cuttings 扦插修剪
pruning hook 修枝镰,整枝镰
pruning implements 修剪工具
pruning knife 修枝刀,整枝刀
pruning of dry branch (= dry pruning) 橘枝修剪
pruning of green branch (= green pruning) 生枝修剪
pruning platform 修剪塔架
pruning saw 修剪锯,修枝锯,整枝锯
pruning scissors 修枝剪,整枝剪
pruning shears 修枝剪
pruning the main vine (葡萄)主蔓整枝
pruning without cutting back 伐条修剪(指桑树修剪的操作){蚕桑}
pruning wound 修枝伤口
prunoid 核果状的(prunoides)
prunus aphid 李瘤额蚜[*Myzus inuzakurae* Shinji]
Prussian blue 普鲁士蓝(染料) $Fe_4[Fe(CN)_6]_3${显技}
Prussian red 普鲁士红(主要为氧化铁)(染料){显技}
Pryer mulberry leaf roller 普氏桑野螟[*Margaronia pryeri* Butler](野螟科)
Pryer prominent 普氏舟蛾[*Desmeocraera punctatella* Motschulsky](舟蛾科)
Pryer tortrix 普氏卷叶蛾[*Peronea pryerani* Walsingham](卷叶蛾科)
PS ①(= photosystem)光系统 ②(= phos-

phatidylserine)磷脂酰丝氨酸 ③(=partial response)部分有效
PS Ⅰ (=photosystem Ⅰ) 光系统Ⅰ
PS Ⅱ (=photosystem Ⅱ) 光系统Ⅱ
PS Ⅱ photoinactivation 光系统Ⅱ光钝化作用
psalterium 瓣胃,重瓣胃,第三胃
psamment 沙新成土{土壤}
psammitic regosol 沙质粗骨土{土壤}
psammon 沙生群落
psammophile 喜沙植物,适沙植物
psammophilous ①喜沙的,适沙的 ②沙上生的(psammophilus)
psammophilous plant 喜沙植物(planta psammophila)
psammophobous 嫌沙的,避沙的(psammophobus)
psammophyte 沙生植物(psammophyta)
psammosere 沙生演替系列(psammoserium)
psephicity (=roundness) 磨圆度(psephicitas)
pseudacranthic 假顶花的(pseudacranthus)
pseudanthic 假单花的(pseudanthus)
pseudanthis 假单花式
pseudaxis 假轴
pseudo- ⌞字头⌝假,伪,拟
pseudo-address 伪地址{信息}
pseudo-adiabat 假绝热[线](pseudoadiabatus)
pseudo-adiabatic ①假绝热的 ②假绝热[线](pseudoadiabaticus)
pseudo-adiabatic chart 假绝热图
pseudo-adiabatic convection 假绝热对流
pseudo-adiabatic lapse rate 假绝热直减率
pseudo-adventive bud 假不定芽(gemma pseudoadventiva)
pseudo-agglutination 拟凝集(pseudoagglutinatio)
pseudo-amitosis 拟无丝分裂(pseudoamitosis)
pseudo-anaerobiont 假嫌气生物(pseudoanaerobions)
pseudo-annual 假一年生植物(pseudoannuus)
pseudo-annual fleabane 假一年生蓬[*Erigeron pseudoannuus* Makino](菊科)
pseudo-annual ring 假年轮(annulus pseudoannotinus)
pseudo-apogamy 假无配生殖(pseudoapogamia)
pseudo-apospory 假无孢子生殖,拟无孢子生殖(pseudoaposporia)
pseudo-capsicum 冬珊瑚(玉珊瑚,珊瑚豆)[*Solanum pseudocapsicum* L.](茄科)
pseudo-carp 假果(pseudocarpium)
pseudo-cell 准细胞,拟细胞(pseudocellula)
pseudo-chiasma 拟交叉(pseudochiasma)
pseudo-cilium 假纤毛(pseudocilium)
pseudo-cleistogamous 假闭花受精的(pseudocleistogamus)
pseudo-colloidal matter 假胶态物质{环保}
pseudo-comment 伪注释(pseudocommetum)
pseudo-compatibility 拟亲和性(pseudocompatibilitas)
pseudo-costate 具假中脉的(pseudocostatus)
pseudo-cyclic photophosphorylation 拟循环光[合]磷酸化[作用]
pseudo-cyphella 拟杯点(pseudocyphella)
pseudo-epiphyte 假附生植物(pseudoepiphyta)
pseudo-equilibrium 伪平衡
pseudo-equivalent temperature 假等效温度
pseudo-factorial 假因子的(pseudofactorialis){统计}
pseudo-factorial design 假因子设计
pseudo-feedback inhibition 拟反馈抑制{分生}
pseudo-first order reaction 准一级反应(指在显微杂交过程的反应)
pseudo-front 假锋(pseudofrons)
pseudo-front-end system 伪前端系统{电脑}
pseudo-ginseng 假人葠(人参三七,三七)[*Panax pseudoginseng* Wall.](五加科)
pseudo-heredity 拟遗传(pseudohereditas)
pseudo-latent instability 假潜不稳定(度)
pseudo-linkage 拟连锁,假连锁
pseudo-monocotyledonous 假单子叶的(pseudomonocotyledonus)
pseudo-monocotyledonous embryo 假单子叶胚(embryo pseudomonocotyledona)
pseudo-off -line working ①伪脱机工作 ②伪离线工作{信息}
pseudo-operation ①伪操作 ②伪运算 ③伪指令(pseudooperatio)
pseudo-overdominance 拟超显性(pseudosuperdominantia)
pseudo-overdominant 拟超显性的(pseudosuperdominans)

pseudo-papillionaceous 假蝶形的（pseudopapillionaceus）
pseudo-papillionaceous corolla 假蝶形花冠（corolla pseudopapillionacea）
pseudo-perianth ①假被 ②假蒴苞（pseudoperianthium）
pseudo-periderm 假周皮（pseudoperiderma）
pseudo-periodicity 准周期性（pseudoperiodicitismus）
pseudo-perspective view 伪透视图
pseudo-polar 假极锋（pseudopolaris）
pseudo-potential 假位势，假位温
pseudo-random binary sequence 伪随机二进制序列
pseudo-random sequence 伪随机序列
pseudo-recirculation 假回流（pseudorecirculatio）{环保}
pseudo-scalar 伪标量，伪纯量
pseudo-sectoring 伪扇形[扫描]
pseudo-self compatibility 假自交不亲和性
pseudo-self fertility 拟自育，假自交可育性（pseudoautofertilitas）
pseudo-software interrupt 伪软件中断
pseudo-static 伪静态的（pseudostaticus）
pseudo-structure 伪结构（pseudostructura）
pseudo-timer 伪定时器，伪计时器
pseudo-transversa division 拟横分裂（divisio pseudotransversa）
pseudo-vitamin B_{12} 假维生素 B_{12}
pseudo-wet-bulb temperature 假湿球温度
pseudo-yeast 拟酵母
pseudoacervulus 假分生孢子囊
pseudoaethalium 假黏菌体，假块状复孢囊
pseudoallele map 拟等位基因图
pseudoalleles 拟等位基因
pseudoallelic 拟等位基因的（pseudoallelicus）
pseudoallelic locus 拟等位基因座位
pseudoallelic series 拟等位基因系列
pseudoallelism 拟等位性（pseudoallelismus）
pseudoamyloid 假淀粉质的（pseudoamyloideus）
pseudoaneuploid 拟非整倍体（pseudoaneuploida）
pseudoangiocarp 假被果，假被子实体（pseudoangiocarpium）
pseudoanthodium 假花
pseudoanthodium theory 假花学说{形态}
pseudoantibody 假抗体
pseudoaposematic 拟警戒色的（pseudoaposematicus）
pseudoaquatic 假水生的，湿地生的（pseudoaquaticus）
pseudoauxin 假植物生长素
pseudobasidium 假担子
pseudobinary 伪二进制（pseudobinarius）{统计}
pseudobivalent ①拟二价[染色]体 ②拟二价的（pseudobivalens）
pseudoblepharoplast 拟生毛体（pseudoblepharoplastus）
pseudobranchia 假鳃
pseudobridge 拟桥（pseudopons）
pseudobulb 假鳞茎（pseudobulbus）
pseudobulbil 假珠芽，假零余子（pseudobulbillus）
pseudocambium 假形成层
pseudocapillitium 假孢丝
pseudocarpous 假果的（pseudocarpus）
pseudochromatin 拟染色质（pseudochromatina）
pseudoclamp 假锁状联会
pseudocolor（= pseudocolour） 假彩色
pseudocolor density encoding 假彩色密度编码{遥感}
pseudocolor enhancement 假彩色增强
pseudocolor frequency encoding 假彩色频率编码
pseudocolor slicing 假彩色[密度]分割
pseudocolor transformation 假彩色变换
pseudocolpi 假沟
pseudocolumella 假囊轴{真菌}
pseudocomputer language 伪计算机语言
pseudoconchoid 假螺旋（pseudoconchoides）
pseudocone eye 拟晶锥眼
pseudoconhydrine 假羟基毒芹碱[$C_8H_{17}NO$]
pseudoconidium 假分生孢子
pseudoconjugation 假接合（pseudoconjugatio）
pseudocopulation 拟交配（pseudocopulatio）
pseudocorolla 假[花]冠
pseudocubital vein 拟肘脉
pseudocursor 伪光标{电脑}
pseudocylinder 伪柱面（pseudocylindera）
pseudocyst 拟孢囊（pseudocysta）
pseudocystidium 假囊状体
pseudodiapause 假休眠（pseudodiapausus）

pseudodichotomous branching 假二歧分枝式

pseudodichotomy 假二歧[分枝]式（pseudodichotomia）

pseudodiploid 假二倍体（pseudodiploida）{细胞}

pseudodistichous phyllotaxy 假二列状叶序

pseudodominance 拟显性（pseudodominantia）

pseudodrynaria ①崖姜属［*Pseudodrynaria* spp.］（水龙骨科）②崖姜［*Pseudodrynaria coronans* sp.］

pseudodwarf 假矮病（pseudopumilus）

pseudoelater 假弹丝

pseudoembryo 假胚

pseudoembryo sac 假胚囊（saccus pseudoembryonalis）

pseudoendogenous 假内生的（pseudoendogenus）

pseudoestrus 假发情

pseudoexogeneous ①假外因的 ②假外生的（pseudoexogeneus）

pseudoexogeneous adaptation 假外因性适应（adaptatio pseudoexogenea）

pseudoexosporium 假外生孢子的

pseudofertility 假能育性（pseudofertilitas）

pseudogamic ①假配合的 ②假受精的（pseudogamicus）

pseudogamous apomixis 假配合无性生殖（apomixis pseudogamus）

pseudogamy ①假受精 ②假配合（pseudogamia）

pseudogene 假基因（pseudogena）{分生}

pseudogley-lessive 假潜育淋洗土

pseudogley soil 假潜育土

pseudogleyzation 假潜育[作用]

pseudogonochoristic 假雌雄异体的，假两性畸形的

pseudogranular 假颗粒状的（pseudogranularis）

pseudogranular structure 假粒状结构

pseudohardness 假硬度

pseudohaustorium 假吸器

pseudohermaphrodite ①假两性体 ②假雌雄同株 ③假雌雄同体 ④假阴阳人（pseudohermaphrodita）

pseudohermaphrodite flower 假完全花（flos pseudohermaphroditus）

pseudohermaphroditic 假雌雄同体的，假两性畸形的（pseudohermaphrodicus）

pseudohermaphroditism 假两性畸形（pseudohermaphroditismus）

pseudoheterosis 假杂种优势，假杂交优势

pseudoheterothallism 假异宗配合［现象］（pseudoheterothallismus）

pseudohibernation 假冬眠（pseudohibernatio）

pseudohomeotype 假同型（pseudohomeotypus）

pseudohomeotypic 假同型的（pseudohomeotypicus）

pseudohomeotypic division 假同型分裂

pseudohomothallism 假同宗配合［现象］（pseudohomothallismus）

pseudohymenium 假子实层

pseudoidia 假粉孢子

pseudoimago 拟成虫

pseudoinverse spatial image restoration 伪逆空间影像复原{遥感}

pseudoisochromosome 拟等臂染色体

pseudojervine 假白藜芦碱，假杰尔文［$C_{33}H_{49}NO_3$］

pseudoknot 假结

pseudoliber 假韧皮部

pseudolysogenic 假溶原的（pseudolysogenus）

pseudolysogeny 假溶原性（pseudolysogenia）

pseudomeiosis ①拟成熟分裂 ②拟减数分裂

pseudomessenger RNA 非信使 RNA，非 mRNA {分遗}

pseudomictic 假配合的，假融合的（pseudomicticus）

pseudomitotic（= diaschistic） 双价染色体分离

pseudomixis 假融合，假配合，假受精

pseudomonas ①假单胞菌属［*Pseudomonas* Migula］（假单胞菌科）②假单胞菌［*Pseudomonas* sp.］

pseudomonas family 假单胞菌科［Pseudomonadaceae］

pseudomonocotyledon 假单子叶

pseudomonomolecular reaction 假单分子反应

pseudomonopodial 假单轴的（pseudomonopodialis）

pseudomonopodium 假单轴

pseudomonopulse system 伪单脉冲系统（pseudomonopulsosystema）{遥感}

pseudomonosomic 拟单体生物（pseudomonosomicus）

pseudomonothallic 拟单菌体的（pseudomonothallicus）

pseudomorph 假象（pseudomorphe）
pseudomultivalent ①拟多价［染色］体 ②拟多价的（pseudomultivalens）
pseudomutation 拟突变(pseudomutatio)
pseudomycelial concretion 假菌丝结核
pseudomyceliolysis 假菌丝溶解现象
pseudomycelium 假菌丝体
pseudomycetes 假真菌（pseudomyceti）
pseudomycorrhiza 假菌根
pseudonoise code 伪噪声码{遥感}
pseudonucleolus 假核仁
pseudonucleotide 假核苷酸
pseudonym 假名（pseudonymum）
pseudoparaphyllium 假鳞毛
pseudoparaphysis ①拟侧丝 ②不育担子，小担子
pseudoparenchyma 拟（假）薄壁组织
pseudoparenchymatous 假［薄壁］组织的（pseudoparenchymatus）
pseudoparenchymatous context 假［薄壁］组织菌肉
pseudoperidium 拟包被
pseudoperithecium 假子囊壳
pseudopetal 假花瓣（pseudopetalum）
pseudophyllopodous 假叶足的（pseudophyllopodus）
pseudophysis 假侧丝
pseudopionnotes 假黏分生子团
pseudoplasmodium 假原质团
pseudoplasmolysis 假质壁分离
pseudoplastic fluid 假塑性流体（fluidus pseudoplasticus）
pseudoplatanus 假法国梧桐
pseudopod（= pseudopodium） ①伪足，假足（黏菌）{真菌} ②假蒴柄(苔藓){形态}
pseudopodial 伪足的，假足的（pseudopodialis）
pseudopodial movement 伪足运动
pseudopodiospore 伪足孢子（pseudopodiospora）
pseudopodzolitic soil 假灰化土
pseudopolarity 拟极性（pseudopolaritas）
pseudopolyembryony 假多胚现象（pseudopolyembryonia）
pseudopolyploid 假多倍体（pseudopolyploida）
pseudopolyploidy 假多倍性（pseudopolyploidas）
pseudopore 假孔（pseudoporus）
pseudopregnancy 假孕
pseudoprimeval condition 模拟原始条件
pseudopycnidium 假分生孢子器
pseudoqueen 假蜂王，产卵工蜂
pseudorabies 伪狂犬病［*Morbus aujeszky*］
pseudorabies virus 伪狂犬病病毒
pseudoraphe 假脊（pseudoraphium）
pseudoreduction 拟减数（pseudoreductio）
pseudorendzinas 假黑色石灰土
pseudoresistance 假抗性（pseudoresistantia）
pseudoreversion 拟回复（pseudoreversio）
pseudorhiza 假根（pseudorrhizium）
pseudoring 假年轮
pseudosand 假沙
pseudosatellite 拟随体（pseudosatellitus）
pseudoscald 假条纹病，假白条病(指甘蔗)
pseudoscience 伪科学（pseudoscientia）
pseudosclerosis 假硬化症（pseudosclerosis）
pseudoscorpions 伪蝎目［Chelonethida］
pseudoscreening 假筛选
pseudoselectivity 拟选择性（pseudoselectivitas）
pseudoseptate 伪隔膜的，假隔膜的（pseudoseptatus）
pseudoseptum 伪隔膜，假隔膜
pseudoseta 假蒴柄
pseudosperm 假种子（pseudosperma）
pseudospermic（= pseudospermous） 假种子的（pseudospermus）
pseudospermium 种子状果
pseudospore 假孢子（pseudospora）
pseudostele 假中柱（pseudostela）
pseudostem 假茎（pseudocaulis）
pseudostemline 拟主系{细胞}（pseudocaulilina）
pseudostipule 假托叶（pseudostipula）
pseudostroma 假子座
pseudostrophiole 假种阜（pseudostrophiolum）
pseudosymmetry 假对称（pseudosymmetria）
pseudoterminal ①假顶生的{形态} ②伪终端的{电脑}(pseudoterminalis)
pseudoterminal bud 假顶芽（gemma pseudoterminalis）
pseudoterminal subsystem 伪终端子系统{电脑}
pseudothecium 假囊壳
pseudotillage 不翻垡耕地
pseudotissue 假组织（pseudotela）
pseudotracheae ①唇瓣环沟 ②拟气管
pseudotrisomic 假三体生物，双端着丝点三

体生物
pseudotroglobiotic 假洞居的,假洞生的(pseudotroglobioticus)
pseudotuberculosis 假结核病
pseudotumor 假[肿]瘤
pseudotype 拟型(pseudotypus)
pseudouracil 假尿嘧啶
pseudouridine(ψ) 假尿[嘧啶核]苷
pseudouridylic acid 假尿苷酸
pseudovacuole 假空泡(pseudovacula){细胞}
pseudovalve 假瓣(pseudovalva)
pseudovalve carpel 假瓣心皮(carpellum pseudovalvatum)
pseudovary 拟卵巢(pseudovarius)
pseudovirion 假病毒粒子(pseudoviran){分生}
pseudovirus(=pseudotype virus) 假病毒
pseudowild-type 拟野生型
pseudozoogloea 拟菌胶团
psi(ψ) (希腊字母)普西
psi factor ψ因子,普西因子
psilalophate 光脊的(psilalophatus)
psilaluminate 具光滑网眼的(psilaluminatus)
psilate 平滑的,光滑的(psilatus)
psilids 茎蝇科[Psilidae]
psilo- ⌞字头⌝秃裸的,纤细的
psilophyllous 秃叶的(psilophyllus)
psilophytales(=psilopsida, psilophytina) 裸蕨类植物
psilophyte 草原植物(psilophyta)
psilopsida 裸蕨类植物
psilopterous 秃翅的(psilopterus)
psilotegillate 光滑被层的(psilotegillatus)
psittacosis 鹦鹉病(过滤性病毒而致,发现于鹦鹉)
psocid ①啮虫 ②⌞复⌝啮虫科[Psocidae]
psophometer 噪声(音)计
psoriasis 牛皮癣,银屑病
psoroptic scab(=scab mite) 马痒螨[*Psoroptes equi*(Raspail)]
psorosis 鳞皮病
psorosis scaly bark 癞皮病
psorosis scaly bark of citrus 柑橘癞皮病
PSTN(=private switched telephone network) 专用交换电话网{信息}
PSTV(=potato spindle tuber virus) 马铃薯纤块茎病毒[Potato virus 8 Johnson, Solanum virus 12 Smith]
psychedelic ①引起幻觉的 ②致幻剂(psychedelicus)
psychic ①心灵的,精神上的,心理的 ②非自然的,非物质的(psychicus)
psychic trait 心理性状
psycho-Lamarckism 心灵拉马克主义(psycho-Lamarckismus){进化}
psychoelectrical 心理电的(psychoelectricus)
psychogalvanometer 精神电流计
psychological 心理学的(psychologicus)
psychological effect 心理效应
psychological isolation 心理隔离
psychological mediative-degree 心理调节度
psychological stress 心理应力,心理刺激因素
psychology ①心理 ②心理学(psychologia)
psychomotor performance 智力操作性能
psychophysical property of vision 视觉的心理物理学的特性
psychophysics 心理物理学(psychophysica)
psychophysiology 心理生理学(psychophysiologia)
psychopictorics 图像心理学(psychopictorica)
psychosensory response 感觉心理反应
psychotechnics 应用心理学(psychotechnica)
psychotomimetic drug 致幻药
psychotrine 吐根微碱[$(CH_3O)_3C_{25}H_{26}N_2OH$]
psychotronics 心理电子学(psychotronica)
psychotropic drug 精神病治疗药物
psychrograph 干湿计
psychrometer 湿度计,干湿表
psychrometric calculator 湿度计算器
psychrometric chart 湿度计算图
psychrometric formula 湿度计算公式
psychrometric room 人工气候室
psychrometric tables 湿度查算表
psychrometry ①湿度测定 ②湿度测定法(psychrometria)
psychrophile 适冷微生物
psychrophilic 适冷的,喜冷的(psychrophilus)
psychrophilic bacteria 适冷细菌(bacteria psychrophilae)
psychrophilic fungus 适冷真菌(fungus psychrophillus)
psychrophyte 高寒植物(psychrophyta)

psychrotolerant 耐冷的(psychrotolerans)
psychrotolerant bacteria 耐冷细菌(bacteria psychrotolerans)
psycodes 芳香的
psylla ①木虱[*Psylla* sp.] ②⌊复⌉木虱科[*Psyllidae*]
psylla of apple tree (= apple leaf sucker) 苹木虱
PT (= pipe thread) 管螺旋
pt. (= pint) 品脱(= 0.473 升(美制) = 0.568升(英制))
ptarmigan 雷鸟,松鸡类
ptenophyllothamnion 旱季落叶灌丛
ptenphyllium 落叶森林群落{生态}
pteralia 腋片
pteranthous 翼花的(pteranthus)
pteranthus knotweed 翼花蓼[Polygonum pteranthum Kitag](蓼科)
pterergate 有翅工蚁(pterergatus)
pteri- ⌊字头⌉蕨
pteridine 蝶啶
pteridium ①蕨属[*Pteridium* Kuhm.](蕨科) ②蕨[*Pteridium aquilinum* Kuhm.]
pteridium family 蕨科[pteridiaceae]
pteridology 蕨类植物学(pteridologia)
pteridophytes 蕨类植物(pteridophyti)
pteridotherophyte 蕨类一年生植物(pteridotherophyta)
pterin 蝶呤{生化}
pteris (= table fern) ①凤尾蕨属[*Pteris* L.](凤尾蕨科) ②凤尾蕨[*Pteris nervosa* L.]
pteris aphid [凤尾]蕨并脉蚜[*Idiopterus nephrelepidis* Davis](蚜科)
pteris family 凤尾蕨科[pterisaceae]
ptero- [字头]翅,翼
pterocarpan 紫檀碱
pterocarpous 具翅果的(pterocarpus)
pterocarya ①枫杨属[*Pteccarva* Kunth.](胡桃科) ②枫杨[*Pterocarya stenoptera* C. DC.]
pterococcous 具翅分爿的(pterococcus)
pterodium 翅果
pterogonous 翼缘的,翼角的(pterogonus)
pteroic acid 蝶酸
pteroid 翅状的(pteroideus)
pteronarcids 大石蝇科[Pteronarcidae]
pteropodous 具翅柄的(pteropodus)
pteropsid 真蕨[型]植物(pteropsida)
pterosaur 飞龙(古生物)
pterospermous 具翅种子的(pterospermus)
pterothorax 翅胸节
pteroylglutamic acid (PGA) 蝶酰谷氨酸,叶酸,维生素 BC
pterygium ①翅{形态} ②鳍{水产} ③喙侧叶,翅后基叶{昆虫}
pterygobranchiate 羽状鳃的(pterygobranchiatus)
Pterygogenea 有翅亚纲
pterygoid 翅形的(pterygoideus)
pterygopous 具翅花梗的(pterygopus)
pterygospermous 具翅种子的(pterygospermus)
pterygote ①有翅的 ②有翅昆虫(pterygotus)
ptieidia family 毛鳞苔科[Ptieidiaceae]
ptilinum 额胞{昆虫}
ptilodont 毛齿的(ptilodontus)
ptilophyllous 毛叶的(ptilophyllus)
pto (= power takeoff) 动力输出轴
pto-driven mower 动力输出轴驱动割草机
ptomaine 尸碱
ptosis ①下垂 ②上睑下垂
PTP (= phosphotyrosine phosphatase) 磷酸酪氨酸磷酸酶
ptychotreme 具皱内萌发孔(ptychotrema)
ptyosome 逸质体(ptyosoma)
ptyxis 个叶卷叠式
Pu (= purine) 嘌呤
Pu-Erh tea 普洱茶(我国名茶之一)
puberty 初发情期
puberulent 稍被微柔毛的(puberulentus)
puberulent listera 对叶兰[*Listera puberula* Maxim.](兰科)
puberulous 被微柔毛的(puberulus)
pubes 短柔毛
pubescence 被短柔毛(pubescentia)
pubescent 被短柔毛的(pubescens)
pubescent bird-cherry 多毛稠李[*Prunus padus* var. *pubescens* Reg. et Tiling.](蔷薇科)
pubescent chaff 毛茸颖壳,被短柔毛颖壳(gluma pubescens)
pubescent glume 有短柔毛颖片
pubescent rattlesnake plantain 柔毛斑叶兰[*Goodyera pubescens* (Willd.) R Br.](兰科)
pubescent variety 毛茸品种,有短柔毛品种
pubiflorous 毛花的(pubiflorus)
pubigerous 具短柔毛的(pubiger)
public ①公的,公共的,公用的,公有的,公开的 ②知名的,突出的 ③普遍的,常见的,公益

的(publicus)
public accumulation 公共积累
public antigen 常见抗原(antigenum publicum)
public authority 公共权限
public bath-house 公共浴室{环保}
public bench for washing 公共盥洗台{环保}
public convenience 公共厕所{环保}
public data network (PDN) 公用数据网,公共数据网{电脑}
public debt (= public loans) 公债{农经}
public decision making 公共决策,公共事业决策
public enterprise 公共企业
public exchange 公用交换
public finances 公有资金
public forest 公有林
public garden 公园{园林}
public hazards (= public nuisance) 公害{环保}
public health 公共卫生
public health centre 卫生院
public information 公共信息
public key ①公共键 ②公开密码{信息}
public lands 公有地
public latrine 公共厕所{环保}
public loans 公债{农经}
public microprogram 公用微程序{电脑}
public nuisance 公害
public pasture 公有牧场
public pollution control work 公害防止工作,公共污染防止工作{环保}
public property 公有财产
public reserve funds (= public accumulation funds) 公积金
public sale 拍卖
public school 公学
public sector ①(经济学中)公有部门(工业) ②公用事业
public space ①公用空间 ②公共场所
public street 公路,大路,大街
public supply mains 城市供应管网,公共供应管网{环保}
public switch telecommunication network 公共交换通信网{信息}
public switch telephone network (PSTN) 公共交换电话网{信息}
public switched network (PSN) 公用交换网,公共交换网络
public system engineering 公用[事业]系统工程
public telephone network 公用电话网络{信息}
public utilities 公共事业
public way (= public road) 公路
public welfare 公共福利
public welfare fund 公益金
public works 公共工程,市政工程{环保}
publication ①发表,出版 ②出版物(publicatio)
publication data 发表材料,出版材料
publisher ①出版程序 ②出版者,发行人
publishing soft 出版软件
publishing system 出版系统
puccoon ①紫草属[*Lithospermum* L.](紫草科) ②紫草[*Lithospermum erythrorhizon* Sieb. et Zucc.]
puccoon tree (= alkanet, alcanet) 红根草
puchlin 荸荠素
puck ①手持光标 ②游标 ③手持游标器{电脑}
puckered ①揉皱的 ②折叠的
puckered ring 折叠环{分遗}
puckery 有皱褶的
pudding ①布丁(一种松软的甜食) ②粉肠(一种腊肠,由燕麦片、血等塞入猪肠而制成的) ③布丁岩(由粉卵石等组成,形似混凝土)
pudding-pipe tree 腊肠树(波斯皂荚)[*Cassia fistula* L.](豆科)
puddlability 黏闭度,黏闭性
puddle ①(涂塞稻田田埂防漏水的)黏泥黏团,胶泥(黏土与沙混成的) ②泥坑 ③(田埂)用黏泥涂塞,窝泥,涂泥 ④耖,搅拌(水田中耕)
puddled soil 黏闭土壤,淤泥土
puddling ①(稻本田插秧前)灌水整地,耕地 ②窝泥(即田埂涂泥,用黏团涂塞,以防漏水) ③(树木)移栽前用稀泥蘸根 ④黏团
puddling frequency 耖田次数
puddling time 耖田期
puddling treatment 拌土处理(木桩四周土壤充分混入防腐剂){水利}
puddly ①胶泥的,黏泥的 ②泥泞的
puddly soil 黏泥土,淤泥土
puddly way 泥土路
pueraria ①葛属[*Pueraria* DC.](豆科) ②葛[*Pueraria thunbergiana* Benth.]
pueraria starch 葛淀粉
puff ①疏松 ②膨突,泡胀,泡起 ③膨大 ④起泡
puff duster 风箱式喷粉器
puff of chromosome 染色体疏松
puff regression 疏松退化
puff zone 疏松区{分遗}
puffball ①马勃属[*Lycoperdon* Tourn.]

(马勃科) ②马勃 [*Lycoperdon* sp.]
puffed rice 爆米
puffiness ①疏松性,膨突性,泡胀性 ②隆起,膨胀 ③增长物
puffing 形成疏松,起膨突,起泡胀
puffing and gene expression 疏松形成与基因表现(达)
puffing concept 疏松概念
puffing pattern 疏松形成型
puffing phenomenon 疏松形成现象
puffy fruit 松皮果(柑橘)
pug ①断层泥 ②(制砖用)窑泥
pug mill 搅拌机
puget soud pine (= corkbarked douglas spruce) 花旗松
pugioniform 匕首形的,短剑形的(pugioniformis)
pulasan (= palasan) 金毛丹(葡萄旦)[*Nephelium mutabile* Bl.](无患子科)
pulegol 长叶薄荷醇 [$C_{10}H_{18}O$]
pulicid fleas (= common fleas) 蚤科 [Pulicidae]
pull ①拉,牵引,拖,曳拔,扯 ②拆散 ③把手,把柄,拉手 ④拉力{农机} ⑤弹出{电脑}
pull and drive type walking tractor 兼用型手扶拖拉机
pull at ①拖曳 ②吸,吮
pull-behind 牵引式
pull-behind implements 牵引式农具
pull-behind planter 牵引式播种机
pull chain 拉链
pull dance 拖拉舞{蜂}
pull down ①摧毁,破坏{耕作} ②虚弱使精神不振{畜} ③下拉{电脑}
pull-down menu 下拉式菜单{电脑}
pull flax 拔麻
pull-grader 牵引式刮土平地机
pull hoe 小耨锄,小耘锄
pull in ①减少,缩减(费用) ②同步引入
pull-in time 同步引入时间
pull instruction 弹出指令{电脑}
pull off gear 拆下齿轮,取下齿轮
pull operation 弹出操作
pull out ①(火车等)驶出,开出 ②拔出 ③挖出 ④划出 ⑤分开,离开
pull over (车辆,船舶)移动,驾驶
pull plunger press 拖式柱塞[干草]压捆机
pull rod 拉杆,牵引杆
pull-root 下曳根
pull round 康复,复元
pull shovel 拉铲
pull tongue 牵引杆,辕杆
pull type 牵引式
pull-type harvesting 牵引式机器收获
pull-type rotary plough 牵引式旋耕犁
pull type walking tractor 牵引型手扶拖拉机
pull-up 上拉
pull-up menu 上拉菜单{电脑}
pull-up resistor 上拉电阻器
pullback blade 反向铲,反铲
pullboat [平底]拖船
pulled behind combine 牵引式联合收获机
pulled implements 牵引式农机具
pulled-out and reserved seedling 假植苗,寄秧(指栽种前暂时放置的苗)
puller ①(水稻)拔秧机 ②(果木)挖根机,拔麻机 ③拔卸器,拔出器
puller deseeder 亚麻拔取脱粒机
puller grip (秧苗)拔取夹,拔秧钳夹
puller sheave 拔取轮
puller wheel ①拔取轮 ②压出轮,掘取轮
pullet 小母鸡(当年鸡)
pullet breeding 小母鸡繁育
pulley ①滑车,滑轮 ②皮带轮
pulley-block 滑车组
pulley drive 滑轮传动,皮带轮转动
pulley key 皮带轮键
pulley-shaped 滑轮状的(trochlearis)
pulley speed 滑轮速度
pulling ①牵引,拉 ②拔取
pulling animal 挽畜
pulling attachment 拔取附加装置
pulling belt 拔取皮带,拔麻皮带
pulling channel 拔取导槽,拔麻装置槽
pulling drum 拔取皮带轮,拔麻皮带轮
pulling force 牵引力,拉力
pulling jack 拉式千斤顶
pulling machine 拔取机
pulling method 牵引方法
pulling of flax 拔收亚麻
pulling of seedling 拔秧
pulling-out hills from field (= uprooting hills from field) 大田拔株(连根拔起)
pulling pincette (水稻拔秧机)拔秧夹
pulling pitch 起拔节距
pulling power 牵引力,拉力
pulling power on hook (= drawbar pull) [挂钩]牵引力
pulling up seedling 拔秧,拔苗
pulling width 拔取幅宽
pullorum disease 雏白痢,小鸡白痢病
pullrake 牵引式搂草机
pullshovel 拉铲,反铲
pullulan 支链淀粉

pullulanase 支链淀粉酶
pullulate 抽芽的,出芽的 (pullulans)
pullulated ①发芽的 ②繁殖的 (pullulatus)
pullulation ①增殖 ②萌芽,发芽 ③芽孢,芽殖 (pullulatio)
pulmonary circulation 肺循环 (circulatio pulmonaria)
Pulmonata 肺螺亚纲(腹足纲) [Pulmonta, Gastropoda]
pulp ①果肉 ②木浆,纸浆 (pulpa)
pulp bin 木浆贮仓
pulp hook 木浆材搬钩
pulp mill 纸浆厂
pulp mill waste [water] 纸浆厂废水{环保}
pulp saver 纸浆收回机
pulp stoff 木浆悬浊液
pulp vesicle 沙瓤(指柑橘)
pulp water 甜菜剩水(指甜菜加工的废水){环保}
pulper ①果肉采取器,(咖啡)剥肉机 ②打浆机,搅拌机
pulping ①制浆 ②剥肉
pulping system 制纸浆设备{环保}
pulpit 控制室,控制台{电脑}
pulpose 肉质的,果肉的 (pulposus)
pulpwood 制浆木材,选纸材
pulpy ①多果肉的 ②柔软的,多汁的 ③多汁的果肉酱
pulpy fruit 肉质果
pulque 墨西哥酒,龙舌兰酒
pulsatance 角频率,圆频率 (pulsatantia)
pulsatile secretion 脉冲式分泌
pulsatilla ①白头翁属 [*Pulsatilla* L.](毛茛科) ②白头翁 [*Pulsatilla cernua* Opiz.]
pulsation 搏动,脉动 (pulsatio)
pulsation chamber ①(脉动器) 脉动室 ②(挤奶杯中)杯形室
pulsation cycle 脉动周期
pulsation damping diaphragm 脉动阻尼薄膜
pulsation equipment 脉动器,脉动装置
pulsation rate 脉动频率
pulsation ratio 脉动节拍比
pulsation system 脉动系统
pulsator ①搏动器,脉动器 ②脉冲发生器
pulsator clarifier 脉冲[发生器]澄清池{环保}
pulse ①脉搏 ②脉冲 ③脉冲波{医} ④⌊复⌉豆类作物{栽培}
pulse alternative field gel electrophoresis 脉冲交变电场凝胶电泳
pulse amplifier 脉冲放大器
pulse amplitude 脉冲幅度
pulse amplitude modulation 脉幅调制{环保}
pulse analysis 脉冲分析
pulse analyzer 脉冲分析器
pulse beetle ①豆象 ②⌊复⌉(=seed beetles) 豆象科 [Bruchidae]
pulse channel 脉冲通道
pulse-chase 脉冲追踪[术]
pulse circuit 脉冲电路
pulse code modulation (POM) 脉冲码调制{遥感}
pulse compression 脉冲压缩
pulse control 脉冲控制
pulse controller ①脉动控制器 ②脉冲控制器
pulse corrector 脉冲校正器
pulse count 计数脉冲
pulse counter 脉冲计数器
pulse crops 豆类作物
pulse crowding 脉冲拥挤
pulse decay time 脉冲衰减时间
pulse discriminator 脉冲甄别器
pulse distributor 脉冲分配器
pulse duration 脉冲持续时间
pulse fall time 脉冲下降时间
pulse family 豆科 [Leguminosae]
pulse flour 豆粉,豆面
pulse generating device (=pulse generator) 脉冲发生器{遥感}
pulse generator 脉冲发生器
pulse-height analyzer 脉冲高度分析器{环保}
pulse input asynchronous network 脉冲输入异步网络
pulse jet fog machine 脉动喷烟(雾)机
pulse labelling 脉冲标记
pulse labelling technique 脉冲标记技术
pulse length modulation 脉冲长度调制
pulse light source 脉冲光源
pulse modulation 脉冲调制
pulse noise 脉冲噪声{环保}
pulse pairing 脉冲成对性
pulse radiolysis 脉冲辐解
pulse regeneration 脉冲再生
pulse relay 脉冲继电器
pulse rise time 脉冲上升时间
pulse separator 脉冲分离器
pulse shaping 脉冲整形
pulse signal 脉冲信号
pulse spectrum 脉冲频谱
pulse spreading 脉冲扩展
pulse stretcher ①脉冲扩展器 ②脉冲展宽器
pulse string 脉冲串

pulse stuffing 脉冲塞入
pulse swapping standardization 脉冲变换标准化
pulse tracings 脉象
pulse transformer 脉冲变压器
pulse width 脉冲宽度,脉宽
pulsed-field gel electrophoresis (PFGE) 脉冲[电]场凝胶电泳
pulsed Fourier transform NMR spectrometer 脉冲傅里叶变换核磁共振波谱仪
pulsed-liquid phase protein sequencer 脉冲液相蛋白质序列测定仪,脉冲液相蛋白质测序仪
pulser 脉冲发生器
pulses fruit borer 桃羽蛾[*Sphenarches caffer* Zeller](羽蛾科)
pulsing 液浸切花(指用蔗糖液浸切花,可延长鲜花寿命)
pulsoclipper 脉动剪毛机
pulsometer 气压扬液机
pulsopump 脉动器
pultaceous ①软的,松软的 ②半流体的(pultaceus)
pulveraceous 粉状的(pulveraceus)
pulverator plough 松土犁,碎土犁
pulverizability 粉碎度(pulverisabilitas)
pulverization 粉碎作用(pulverisatio)
pulverization of chromosomes 染色体粉碎[作用]
pulverize ①粉碎 ②松土
pulverized fuel ash 粉煤灰{环保}
pulverized glass fertilizer 玻璃粉肥料
pulverizer ①粉碎机 ②喷雾机,喷射器 ③碎土镇压器 ④碎土器
pulverizer harrow 碎土耙
pulverizer plough 碎土犁
pulverizing 粉碎
pulverizing mill 粉碎机
pulverizing soil 碎土
pulverulent 粉块[的],粉状[的]
pulverulent volva 粉状菌托
pulvillus 爪垫
pulvinate ①具叶枕的 ②垫状物的(pulvinatus)
pulviniform 叶枕状的(pulviniformis)
pulvinulus ①小叶枕 ②小枕,小垫
pulvinus ①(=leaf cushion)叶枕,叶座 ②垫,枕
puma robot system 智能机器人系统
pumice (=pumice stone) 浮石
pumice layer 浮石层,浮岩层{地质}
pumice powder 浮石粉
pumice soil 浮石土{土壤}
pumilus 小的,矮小的
pummelo 文旦柚[*Citrus maxima* (Burm.) Merr. = *C. decumana* Merr.](芸香科)
pummelo fruit rot [文旦]柚苦腐病[*Trichothecium rosium* (Pers.) Link.]
pump ①泵 ②泵送,汲,抽
pump agitator 液压泵搅拌器
pump body 泵壳
pump capacity 泵抽水量
pump casing 泵壳
pump characteristic curve 泵特性曲线{环保}
pump control mechanism 泵调节机构,泵控制机构
pump cylinder 泵筒
pump delivery 水泵供水量
pump diffuser 泵扩散管
pump drain 抽(提)水排水沟
pump drainage 抽(提)水排水(扬排,抽排)
pump efficiency 泵效率
pump fishing 鱼泵捕捞法,泵吸鱼法
pump gland 泵密封圈
pump gun 唧筒式枪{狩猎}
pump house 泵房,泵站{水利}
pump in parallel 并联泵{环保}
pump in recirculation 环流泵
pump in series 串联泵
pump inlet strainer 泵入口过滤器
pump irrigation 车水灌溉
pump lever 泵操纵杆
pump-operated sprayer 液泵式喷雾机[器]
pump output 水泵出率(出水量)
pump priming 空泵灌水
pump rod 泵杆
pump runner 泵工作轮
pump screen retainer 泵滤网护圈
pump shaft (=pump spindle) 泵轴
pump station 扬水站,抽水站,泵站
pump turbine 水泵水轮机
pump unit 水泵机组
pump well 地下泵房{环保}
pumped storage power station 抽水蓄能电站
pumped tree 腐心木
pumped well 机井,抽水井
pumpelly bromegrass 潘皮尔短柄草[*Bromus pumpellianus* L.](禾本科)
pumper 司泵员,抽水机工人
pumping ①抽水,抽吸{水利} ②打气,充气{农机} ③脉动,脉冲{物}
pumping action 抽升作用{环保}

pumping chamber (泵)增压室,(泵)压水室,压油室
pumping diaphragm 泵膜片
pumping during construction 施工抽水
pumping efficiency 抽水效率
pumping in plant 工厂用泵(抽水)
pumping irrigation 抽(提)水灌溉
pumping pit (= pumping trench) 抽水坑
pumping plant 抽(提)水站,泵站
pumping plant capacity 泵站抽(提)水量
pumping station 抽(扬)水站,泵站
pumping station cottage 抽(提)水站篷,小泵房
pumping system 抽水系统
pumping unit 抽水装置
pumpion (= winter squash) 笋瓜
pumpkin (= gourd) 西葫芦[*Cucurbita pepo* L.](葫芦科)
pumpkin ash 绒毛白蜡树[*Fraxinus tomentosa*](木犀科)
pumpkin beetle 西葫芦守瓜[*Ceratia hilaris* Boisduval]
pumpkin fruit-fly 南瓜实蝇[*Zeugodacus depressus* Shiraki](实蝇科)
pumpkin pine 美国五叶松[*Pinus strobus* L.](松科)
pumpless artificial kidney 人工无泵肾
punas 普那草原(南美安第斯山西部草原)
punch ①重挽马 ②冲模,冲头 ③冲孔机 ④冲孔 ⑤穿卡机
punch method 打眼法,钻孔法,冲孔法
punched card 打孔卡片
punched-card method 打孔卡片法
punched tape 穿孔带
puncher ①冲孔机 ②驾驶员
punching machine 打孔机,冲床
punching tongs 冲孔钳
puncta 穿孔
punctate 具点的,细孔状的(punctatus)
punctate leaf 具点叶(folium punctatum)
punctate tissue 具点组织(tela punctata)
puncticulate (= puncticulose) 具小点的,具细孔的(puncticulatus)
punctiform 点状的(punctiformis)
punctilate ①具小点的 ②有斑点的(punctilatus){真菌}
punctitegillate 具穿孔被层的(punctitegillatus)
punctuation (密码)标点法{电脑}
punctuation bit 标点位
punctuation signal (= punctuation mark) 标点符号
punctuation system 标点系统
punctum ①细穿孔 ②点
puncture ①穿孔 ②穿刺术 ③细孔(punctura)
puncture diabetes 穿刺糖尿
puncture test 穿孔测验
punctureving caltrap 蒺藜[*Tribulus terresteri* L.](蒺藜科)
pungency 辛辣性(pungentia)
pungent ①锐尖的 ②辛辣的(pungens)
pungent flavour 辛辣风味(flavor pungens)
pungent litse ①木姜子属[*Litsea* Lam.](樟科) ②木姜子[*Litsea pungens* Hemsl.]
pungent odour 辛辣气味(odor pungens)
pungent sauce 辣酱油
pungent taste 刺激味,辛辣味
punicic acid 石榴酸,十八碳三烯酸
punk 腐朽木
punk knot 朽节
punk-tree (= cajeput tree) 白千层[*Melaleuca leucadendra* L.](桃金娘科)
punkie ①蠓 ②⌞复⌝(= nosee-ums, blood-sucking midges) 蠓科[Ceratopogonidae]
punky heart 朽心(木材)
punky wood 腐朽材
Punnett square 潘涅特氏方[格]
pupa 蛹
pupa coarctata 围蛹
pupa contigua 缚蛹(缢蛹)
pupa custodiata 护蛹
pupa exarata 离蛹
pupa folliculata 裹蛹
pupa killing 杀蛹
pupa libera ①动蛹 ②裸蛹
pupa nuda 裸蛹
pupa obtecta 被蛹
pupal 蛹的(pupalis)
pupal instar 蛹龄
pupal lethal 蛹致死
pupal parasite 蛹期寄生蜂(蛹期的寄生天敌)
pupal period 蛹期
pupal stage 蛹期
pupal weight 蛹体重
puparium 蛹壳
pupate 化蛹
pupation 蛹化,化蛹(pupatio)
pupation hormone 化蛹激素
pupation rate 化蛹率
pupil 瞳孔(pupillum)

pupillary reaction 瞳孔反应
pupillary reflex 瞳孔反射
pupillogram 瞳孔散缩图
pupillography 瞳孔测定术
pupillomotor 瞳孔运动的
pupiparous 蛹生的(pupiparus)
pupivorous 食蛹的(pupivorus)
puppet 姜状结构,木偶状结核{土壤}
purage 布加风(指西伯利亚等地冬季的卷雪烈风)
purchase 采购,购买
purchase book 进货账
purchase contract 订货合同{农管}
purchase money 买价
purchase order 购货订单
purchase price 采购价格
purchase quantity 采购量
purchase system 采购系统,购买系统
purchase-to-lease ratio 购买与租赁价格比
purchaser 采购员
purchasing country 采购国
purchasing power 购买力
pure ①纯的,纯净的,纯粹的,纯洁的 ②完全的,十足的,全然的 ③无瑕的,无错的 ④纯理论的,抽象的(purus)
pure air 纯洁空气
pure allite 纯铝土
pure apospory 纯无孢子生殖
pure birth process 纯增殖过程
pure blood 纯血统
pure bred ①纯种,纯育 ②纯系
pure-bred crop 纯育作物
pure-bred strain 纯育品系
pure bred variety 纯育品种
pure breed 纯种{畜}
pure breeding ①近亲交配 ②同系交配
pure breeding selection ①近亲交配选择 ②同系交配选择
pure breeding strain 纯育品系
pure breeding variety 纯育品种
pure cellulose 纯纤维素
pure chromatid segregation 纯染色单体分离
pure chromosome segregation 纯染色体分离
pure clonic form 纯无性系型,纯克隆型{农生技}
pure colour 纯色{显技}
pure compound 纯化合物
pure conflict game 纯冲突对策,纯斗争对策
pure crop 单一作物,纯一作物(指大田上只种一种作物)
pure culture ①单作(单一作物栽培) ②纯[粹]培养
pure death process 纯灭过程,纯消过程
pure deformation 纯粹变形
pure delay 纯延迟
pure fertilizer 单纯肥料
pure forest 单纯林
pure genotypic adaptation 纯基因型适应
pure group one 全一等(指产品等级)
pure hiding strategy 纯隐藏策略{农管}
pure line 纯系
pure-line breeding ①纯系育种 ②纯种繁育
pure line culture 纯系培养 纯系栽培{育种}
pure-line method of breeding 纯系育种法
pure-line parent 纯系亲本
pure-line population 纯系群体
pure line selection 纯系选种[法]
pure-line separation 纯系分离{育种}
pure-line theory 纯系学说{育种}
pure-line variety 纯系品种
pure mathematics 纯数学
pure net 纯网{信息}
pure obtainable cane sugar (POCS) 可得纯蔗糖
pure phenotypic adaptation 纯表型适应
pure postreductional meiosis 纯后减数的减数分裂
pure science 纯科学(scientia pura)
pure seeds ①(= pure breed) 纯种 ②纯洁种子
pure sowing 无覆盖作物播种
pure stand 单播(牧草)
pure strain 纯品系
pure sward 单播草地
pure tone 纯音{环保}
pure variety 纯品种
pure variety breeding 纯品种繁育
pure water 纯[净]水,清水
puree ①果泥,果酱 ②菜酱,菜泥
purge ①净化 ②清除(purgare)
purge date 清除日期
purging ①泻下的{水利} ②清洗,清除{加工} ③分蜜{蜂} ④冲净{电脑}(purgans)
purging buckthorn 泻鼠李[*Rhamnus cathartica* L.](鼠李科)
purging croton ①巴豆属[*Croton* L.](大戟科) ②巴豆[*Croton tiglium* L.]
purging flax (= puring flax, fairy flax) 泻亚麻[*Linum catharticum* L.](亚麻科)
purging system 冲净系统
purification ①纯化{育种} ②净化{加工} ③提纯{生化}(purificatio)
purification and rejuvenation 提纯化复壮

purification capacity 净化能力{环保}
purification efficiency 净化效果{环保}
purification index 净化指数
purification Kinetics 净化动力学
purification mechanism of sand filter 沙滤池净化机理{环保}
purification of seed 种子纯化
purification of water 水净化
purification process 净化过程
purification works 净水厂{环保}
purified ①纯化的 ②净化的 ③精制的,提纯的
purified air 净化空气
purified cotton 纯棉,净化棉
purified diet (= synthetic diet) 合成饲料
purified flax 净化亚麻
purified honey 纯化蜜
purified hybrid 纯化杂种
purified product 纯化产物(指不掺杂的产物)
purified protein derivative (PPD) 提纯蛋白衍生物
purified reagent 精制反应剂
purified virus 纯化病毒
purified water 净化水
purified wool grease 精制羊毛脂
purifier ①净化器,清洗器 ②清选装置,清选机 ③吸麸器 ④净水剂
purify ①纯化 ②提纯 ③净化
purify oxygen aeration 纯氧曝气{环保}
purifying 使净水
purifying agent 净水剂
purine (PU) 嘌呤[$C_5H_4N_4$]{分遗}
purine alkaloid 嘌呤生物碱
purine analogue 嘌呤类似物
purine base 嘌呤碱基
purine base synthesis 嘌呤碱基合成
purine deaminase 嘌呤脱氨酶
purine nucleoside 嘌呤核苷
purine nucleoside phosphorylase 嘌呤核苷磷酸化酶
purine nucleotide 嘌呤核苷酸
purine nucleotide cycle 嘌呤核苷酸循环
purine-pyrimidine base pair 嘌呤-嘧啶碱基对
purine triphosphate 三磷酸嘌呤
purinethiol (= mercaptopurine) 巯基嘌呤
purity ①纯度 ②清洁度,清洁率 ③纯糖率(puritas)
purity analysis 纯度分析
purity checking 纯度检查
purity of gamete 配子纯度
purity of seeds 种子清洁率
purity of species 种纯度
purity of strain 品系纯度
purity of variety 品种纯度
purity test 纯度测验
puromycin 嘌呤霉素
purple ①紫色的(purpureus) ②⌞复⌝散黑穗病
purple aleurone 紫糊粉(aleurona purpurea)
purple ammannia 紫水苋菜[*Ammannia coccinea* Rottb.](千屈菜科)
purple arrowroot (= Queensland arrowroot) 姜芋[*Canna edulis* Ker.](美人蕉科)
purple bacteria 紫细菌(bacteria purpureae)
purple beautyberry ①紫珠属[*Callicarpa* L.](马鞭草科) ②紫珠[*Callicarpa dichotoma* (Lour.)K. Koch]
purple beech 紫叶山毛榉[*Fagus silvatica* var. *purpurea* Ait.](山毛榉科)
purple bergenia ①岩白菜属[*Bergenia* Moench](虎耳草科) ②岩白菜[*Bergenia purpurascens*(HK. f. et Thoms.)Engl.]
purple berry nandina 紫果南天竹[*Nandina domestica* var. *porphyocarpa* Mak.](小檗科)
purple bignonia ①连理藤属(美花藤属)[*Clytostoma* Bur.](紫葳科) ②连理藤(美花藤)[*Clytostoma callistegioides* Bur.]
purple-bloom maple 紫花槭[*Acer pseudosieboldianum*(Pax)Komar.](槭树科)
purple blotch of onion 葱紫斑病(蒜头干腐病)[*Macrosporium porri* Ellis]
purple blow maple 槭树(元宝槭)[*Acer truncatum* Bunge](槭树科)
purple bootch 紫斑病
purple bougainvillea 玫瑰宝巾花[*Bougainvillea glagra* var. *sanderiana* Hort.](紫茉莉科)
purple brown blotch 叶枯病
purple cabbage 紫椰菜
purple carolina fanwort 紫鱼草[*Cabomba caroliniana* A.Gray.](莼菜科)
purple cestrum (= red cestrum, cigar flower) 宽距萼距花(瓶儿花)[*Cuphea platycentra* Hort.](千屈菜科)
purple clover (= red clover, trefoil) 红三叶草
purple common perilla 紫苏[*Perilla frutescens* L.](唇形科)
purple common perilla rust 紫苏锈病[*Coleosporium perillae* Sydew]

purple coned-sugar pine （= Lambert's pine） 糖松

purple coneflower ①紫花松果菊属［*Echinacea* Moench.］（菊科）②紫花松果菊（紫松果菊，紫锥花）［*Echinacea purpurea* Moench］

purple crabapple 紫海棠［*Malus purpurea* Rehd.］（蔷薇科）

purple cudweed 紫鼠曲草［*Gnaphalium purpureum* L.］（菊科）

purple cup mock-orange 紫萼山梅花［*Philadelphus purpurascens*（Koehne）Rehd.］（绣球科）

purple deadnettle 小野芝麻［*Lamium purpureum* L.］（唇形科）

purple flower crotalaria 兰花猪屎豆［*Crotalaria sessiliflora* L.］（豆科）

purple flower datura 紫花曼陀罗［*Datura tatula* L.］（茄科）

purple flower honey-suckle 紫花忍冬［*Lonicera conjugalis* Kell.］（忍冬科）

purple flower michelia 紫花含笑［*Michelia crassipes* Law］（木兰科）

purple flower primrose 紫花报春［*Primula amethystina* Franch.］（报春花科）

purple-flowered garlic 紫花蒜［*Allium acuminatum* Hook.］（石蒜科）

purple flowered mustard 二月兰（诸葛菜）［*Orychophragmus violaceus* O. E. Schulz］（十字花科）

purple flowered rhododendron 紫花杜鹃［*Rhododendron hortense* Nakai.］（杜鹃花科）

purple-flowered smallreed 披针拂子茅［*Calamagrostis lanceolata* Roth.］（禾本科）

purple-flowered thornapple（= purple thornapple） 香曼陀罗［*Datura tatula* L.］（茄科）

purple foxglove 毛地黄［*Digitaria purpurea* L.］（玄参科）

purple-fruit actinidia 紫果猕猴桃［*Actinidia arguta* var. *purpurea*（Rehd .）C. F. Liang］（猕猴桃科）

purple granadilla 鸡蛋果（西番莲果）［*Passiflora edulis* Sims］（西番莲科）

purple ground box polygala 大花草叶远志［*Polygala chamaebuxus* var. *grandiflora* Gaud.］（远志科）

purple heart ①紫露草属［*Setcreasea* spp.］（鸭跖草科）②紫露草（紫叶草）［*Setcreasea purpurea* Boom.］

purple Japanese honeysuckle 红金银花［*Lonicera japonica* var. *ckinensis* Backer］（忍冬科）

purple laver 甘紫菜［*Porphyra tenera* Kjellm］

purple leaf dracena 紫叶朱蕉［*Cordyline australis* var. *atropurpurea*］（龙舌兰科）

purple-leaved spiderwort ①紫万年青属［*Rhoeo* Hance］（鸭跖草科）②紫万年青（紫背万年青，蚌花，舟百合）［*Rhoeo discolor*（L'Her.）Hance］

purple light ①紫光 ②紫霞

purple lined borer（of sugarcane）（= rice stem borer） 二化螟［*Chilo suppressalis* Walker］（螟蛾科）

purple loosestrife（= purple willow herb） 千屈菜［*Lythrum salicaria* L.］（千屈菜科）

purple mad-wort 紫庭荠（南庭荠）［*Aubrieta deltoidea* DC.］（十字花科）

purple magnolia ①木兰属［*Magnolia* L.］（木兰科）②木兰（紫玉兰，木笔，辛夷）［*Magnolia liliflora* Desr.］

Purple Maurifius 紫莫里求斯（甘蔗热带原种）

purple medic（= alfalfa） 紫苜蓿（苜蓿）［*Medicago sativa* L.］（豆科）

purple milk medium 紫色牛乳培养基

purple molinia（= flying bent, purple melickgrass） 莫离草

purple nonsulfur bacteria 无硫紫细菌

purple nutsedge（= nutgrass） 莎草（香附子）［*Cyperus rotundus* L.］（莎草科）

purple orchis ①红门兰属［*Orchis* L.］（兰科）②红门兰［*Orchis chusua* D. Don］

purple osier 红皮柳（紫柳，杞柳）［*Salix purpurea* L.］（杨柳科）

purple pendulous euonymus 紫垂丝卫矛［*Euonymus tricarpus* Koidz.］（卫矛科）

purple perill leaf spot 紫苏褐斑病［*Septoria perillae* Migake］

purple pinegrass 紫拂子茅［*Calamagrostis purpurascens* R. Br.］（禾本科）

purple ragwort 绮丽千里光［*Senecio elegans* L.］（菊科）

purple-red pentapetes ①午时花属［*Pentapetes* L.］（梧桐科）②午时花（夜落金钱）［*Pentapetes phoenicea* L.］

purple rice 紫稻

purple rock-cress 紫庭荠［*Aubrietia deltoidea* DC.］（十字花科）

purple root rot of apple 苹果紫纹羽病

[*Helicobasidium mompa* Tanaka]

purple root rot of mulberry 桑紫纹羽病 [*Helicobasidium mompa* Tanaka]

purple root rot of peanut 花生紫纹羽病 [*Helicobasidium mompa* Tanaka]

purple root rot of pear 梨紫纹羽病 [*Helicobasidium mompa* Tanaka]

purple root rot of sweet potato 甘薯紫纹羽病 *Helico-basidium mompa* Tanaka]

purple root rot of tree 树木紫纹羽病 [*Helicobasidium mompa* Tanaka]

purple rugose rose (= hedgerow rose) 玫瑰(紫玫瑰) [*Rosa rugosa* Thunb.](蔷薇科)

purple scale [橘] 紫蛎蚧 [*Lepidosaphes beckii* (Newn.) = *L. pinnaeformis* Bouché](蚧科)

purple scale of the orange 橘紫蚧 [*Mytilaspis citricola* Packard](蚧科)

purple seaweed ①紫菜属 [*Porphyra* C. Ag.](紫菜科)②紫菜 [*Porphyra* sp.]

purple showy stonecrop 深紫花八宝 [*Sedum spectabile* var. *atropureum* Hort.](景天科)

purple soil 紫色土

purple speck 紫斑病 (洋葱)

purple spot ①稻热病 ②紫斑病

purple spot of soybean 大豆紫斑病 [*Cercospora kikuchii* Mats. et Tomoy.]

purple-spotted lily aphid 百合紫星长管蚜 [*Macrosiphum lilii* (Monell)](蚜科)

purple stem honeysuckle 紫茎忍冬 [*Lonicera americana* Koch](忍冬科)

purple sulfur bacteria (= purple sulphur bacteria) 紫色硫磺细菌

purple tea mite (= tea rust mite) ①茶叶刺瘿螨 [*Phyllocoptes carinatus* Green = *Eriophyes* or *Phytoptus*](瘿螨科)

purple tephrosia 灰叶 [*Tephrosia purpurea* Pers.](豆科)

purple thornapple 紫曼陀罗 [*Datura tatula* L.](茄科)

purple top wilt 紫顶萎病

Purple Transparent 紫色透明种(甘蔗热带原种)

purple vein honeysuckle 紫脉金银花 [*Lonicera japonica* var. *repens* Rehd.](忍冬科)

purple vetch 紫巢菜(深紫花野豌豆) [*Vicia atropurpurea* Desf.](豆科)

purple willow (= rose willow, purple osier) 紫柳 (红皮柳) [*Salix purpurea* L.](杨柳科)

purple wood sorrel 紫酢浆草(堇花酢浆草) [*Oxalis violacea* L.](酢浆草科)

purple wreath (= purple wreath petrea) ①紫霞藤属 [*Petrea* L.](马鞭草科) ②紫霞藤 [*Petrea volubilis* Jacq.]

purple yu-lan 紫玉兰 (木兰,木笔,辛夷) [*Magnolia liliflora* Desr.](木兰科)

purplebacked cabbageworm 甘蓝紫背螟 [*Evergestis pallidata* (Hufnagel)](螟蛾科)

purples 紫穗病

purplish ①浅紫色的 ②带紫色的 (purpurascens)

purplish brown 紫褐色的

purplish cochlid 紫刺蛾 [*Heterogenea dentatus* Oberthür](刺蛾科)

purplish stem borer (= rice swarming caterpillar) 大螟 [*Sesamia inferens* Walker](夜蛾科)

purpose ①目的,意图 ②决心 ③用途,效果,效用 ④意义

purposeful hybridization 控制杂交,定向杂交

purposiveness 目的性

purpura 紫癜

purpura hemorrhagica 出血性紫癜

purpurascent 变紫色的 (purpurascens)

purpurascent swallow wort 变紫红色牛皮消 [*Cynanchum purpurascens* Morren et Decne](萝藦科)

purpuratus goosefoot 变紫红藜 [*Chenopodium purpurascens* Jacq.](藜科)

purpurellus fern 带黄鳞毛蕨 [*Dryopteris purpurella* Tagawa.](鳞毛蕨科)

purpurine 紫红素 ($C_6H_4(CO)_2C_6H(OH)_3$)

purpurogallin 红棓酚 [$C_{11}H_8O_5$]

purpus privet 小叶女贞(小叶水蜡树) [*Ligustrum guihoui* Carr.](木犀科)

purrut (= mauritius) 毛里求斯苦橙(酸檬,马蜂柑) [*Citrus hystrix* DC.](芸香科)

purse ①收网,收括 ②囊袋

purse line 括纲

purse ring [围网]底环

purse seine 围网

purse seine fishery 围网渔业

purse seiner 围网渔船

purse seiner-trawler 围拖兼作渔船

purse-shaped 囊状的 (saccatus)

pursiness (马) 喘息病

purslane ①马齿苋属[*Portulaca* L.](马齿

苋科）②（= purslans, pusley）马齿苋［*Portulaca oleracea* L.］
purslane family 马齿苋科［Portulaceae］
purslane nymphalid 马齿苋蛱蝶［*Hypolimnas misippus* Linnaeus］（蛱蝶科）
purslane speedwell 蚊母草［*Veronica peregrina* L.］（玄参科）
purslane-tree 木马齿苋属［*Portulacaria* Jacq.］（马齿苋科）
purslans（= purslane, pusley） 马齿苋［*Portulaca oleracea* L.］（马齿苋科）
pursuer 追击者
pursuit game 追踪对策
pursy 喘息
purulency 化脓
purulent 化脓的，脓性的（parulens）
pus 脓
push ①推，推动，推进 ②扩展 ③按 ④推力，压力｛物｝
push binder 推式割捆机
push-broom 推扫式｛遥感｝
push button 按钮
push-down 下推
push-down automaton（**PDA**） 下推自动机
push-down transducer ①下推翻译机 ②下推转换器 ③下推转录程序
push-fit model 推入契合模型｛生技｝
push header 推式割穗机
push hoe 推式中耕器
push loader 推式装载机｛农机｝
push net ［手］推网
push-off stacker 推卸式堆垛机
push on ①推进 ②进线
push-piler 推式堆集机
push plunger press 推式柱塞［干草］压捆机
push-pull effect 推拉效应｛生技｝
push rod 推动杆
push-type duster 推式喷粉机
push-type harvester 推式收获机
push-type picker 推式采摘机
push-type puller 推式拔取机
push-type scraper 推土机
push-type sprayer 推车式喷雾机
push up 上推
pushable module 可压入模块
pushbutton dialing 按钮式拨号器｛信息｝
pushed wool 短绒（拔下的毛）
pusher ①推杆 ②顶推机车 ③顶推机构
pusher-type combine 前割型联合收获机，推式联合收获机
pushfiller 填土机
pushframe 推耙，挖根耙
pushing 推进，推入
pushing body 推进体
pushing-type dung channel cleaner 推式粪沟清理器
pushmower 推进式割草机
pushover bar 推出杆，推杆
pushrake ①推集机，前悬挂式推草机，推进集草器 ②推进式指盘搂草机
pushrake-grab system 推集机-攫取机系统
pusillus ardisia 附地紫金牛［*Ardisia pusilla* DC.］（紫金牛科）
pusley ［大花］马齿苋［*Portulaca olearacea* var. *giganthes* Bailey.］（马齿苋科）
puss caterpillar 具盖绒蛾［*Megalopyge opercularis*（J.E. Smith）］
pussy willow（= sallow） 水杨［*Salix gracilistyla* Miq.］（杨柳科）
pussy's toes（= cat's ear） 蝶须属［*Antennaria* Gaertn.］（菊科）②［*Antennaria dioica* Gaertn.］
pustular（= pustulate）多疱状突起的
pustulation 脓疮形成（pustulatio）
pustule ①小疱状突起｛真菌｝②脓疮（pustula）
puszta（= pusta） 普施塔草原（匈牙利草原）
put ①存放，放置 ②存放记录
put about ①改变方向 ②散布
put aside ①积蓄 ②储备，储存，储藏
put down ①储藏 ②扑灭 ③缩减
put on rations 实行配给制｛农经｝
put on supers 加上继箱｛蜂｝
put out ①扑灭，熄灭 ②使脱臼 ③运用，使用 ④生产，长出 ⑤驶出 ⑥放出 ⑦出版
put over 驶过
put through ①实行，完成 ②接通（= connect）
put together ①由各部分构成（一整体）②合计 ③装配（机器）④汇合，编纂，编辑
put up ①举起，提高，抬高，抬起 ②包装 ③施以，提供 ④公布 ⑤竖立，建立
putamen ①核 ②硬果皮 ③（卵壳内的）卵膜
putamenate pome 核实梨果（pomum putamenatum）
putaminaceous 核状的（putaminaceus）
putative 推定的（putativus）
putative amino acid sequence 推定氨基酸序列｛分生｝
putative glycosylation site 推定糖基化位点｛分生｝
putative variety 推定品种，公认品种
putchok ①闭鞘姜属［*Costus* L.］（姜科）②闭鞘姜［*Costus speciosus* Sm.］
putnam scale 普氏圆蚧（弯钩圆蚧）［*As-*

pidiotus ancylus (Putn.) = *Diapidiotus*] (盾蚧科)

putrefaction ①腐败[作用] ②腐烂[作用] (putrefactio)

putrefactive ①腐败的 ②腐烂的 (putrefactivus)

putrefactive fermentation 腐败发酵

putrefactive substance 腐败性物质{环保}

putrefying bacteria 腐败细菌

putrescence 腐烂 (putrescentia)

putrescent 快速腐烂的 (putrescens)

putrescibility 腐烂度 (putrescibilitas)

putrescible 可腐烂的 (putrescibilis)

putrescine 腐胺,丁二胺 [$C_4H_{12}N_2$]

putrescine mutachromosomic effect 腐胺诱变染色体效应

putrid ①腐败的 ②腐烂的 (putridus)

putrid core 腐烂果心

putrid cotton boll 烂铃,腐烂棉铃,腐烂棉桃

putrid decomposition 腐化分解 (decompositio putrida)

putrid fermentation 腐烂发酵

putrid food 腐败食物

putrid forage 腐败饲料

putrid ginger 烂姜

putrid greens 腐烂青菜

putrid legume 腐烂豆荚

putrid mud 腐泥

putrid peach 烂桃

putrid pepo 烂瓠果

putrid plant 烂株,腐烂植株

putrid plum 烂李

putrid root 烂根

putrid seed 腐败种子

putrid seedling 烂秧,烂苗

putrid silage 腐败青贮

putrid substance 腐烂物

putrid vegetables 腐烂蔬菜

putting in cellar (= cellarage) 贮藏地窖的贮藏费

putting out creeper by bean plant (豆类)吐须

putty 油灰,泥灰,腻子

putty soil 油灰土

putway 存放单元{电脑}

puzzle ①迷惑,谜 ②难题,难住

puzzling 难解的,费解的

puzzolana 火山岩灰

P/V diagram (= pressure / volume diagram) 压力/体积图解,P/V图解

PVP (= polyvinylpyrrolidone) 聚乙烯吡咯烷酮

PVX (= potato virus x) 马铃薯轻性花叶病

PWM (= pokeweed mitogen) 商陆有丝分裂素{细胞}

PWP ① (= permanent wilting percentage) 永久萎蔫百分率{植生} ② (= permanent wilting point) 永久萎蔫点{植生}

Py (= pyrimidine) 嘧啶

pyaemia (= pyemia) 脓毒败血症,脓血症

pycnacanthous 密刺的 (pycnacanthus)

pycnathous 密花的 (pycnanthus)

pycnidial 分生孢子器的 (pycnidialis)

pycnidiophore 分生孢子器果体 (pycnidiophorum)

pycnidiospore 器孢子 (pycnidiospora)

pycnidium 分生孢子器

pycniospore [锈菌]性孢子 (pycniospora)

pycnium [锈菌]性孢子器

pycno- ⌊字头⌉密,厚

pycnocarpous 密果的 (pycnocarpus)

pycnocephalous 密集头状花序的 (pycnocephalus)

pycnolobous 密裂片的 (pycnolobus)

pycnometer 比重瓶

pycnophyllous 密叶的 (pycnophyllus)

pycnopterous 密翅的 (pycnopterus)

pycnosclerotium 菌核层

pycnosis 固缩

pycnospore [锈菌]性孢子,器孢子 (pycnospora)

pycnostachous 密集穗状花序的 (pycnostachus)

pycnotic 固缩的 (pycnoticus)

pycnoxylic 密木的 (pycnoxylicus)

pycreus ①侧扁莎属 [*Pycreus* Beauv.] (莎草科) ②侧扁莎 [*Pycreus flavescens* Beauv.]

pyemotid mites 蒲螨科 [Pyemotidae]

PYFV (= parsnip yellow fleck virus) 欧防风黄点病毒

PYG-medium (= peptone-yeast extract-glucose medium) 蛋白胨酵母膏葡糖培养基,PYG 培养基

pygidium ①尾节,尾板 ②臀板

pygmaeus bugle 小筋骨草 [*Ajuga pygmaea* A. Gray] (唇形科)

pygmy mangold beetle (= pigmy mangel beetle) 甜菜隐食甲 [*Atomaria linearis* Stephens]

pygmy peashrub 矮锦鸡儿 [*Caragana pygmaea* DC.] (豆科)

pygmy tree 高山矮曲树

pygmy waterlily ①睡莲属 [*Nymphaea*

L.](睡莲科) ②睡莲(子午莲) [*Nymphaea tetragona* Georgi]
pyinkado 平卡多林,半常绿林
pyloric 幽门的 (pylorus)
pyloric appendage 幽门垂
pyloric caecum 幽门盲囊
pyloric sphincter 幽门括约肌
pyloric stenosis 幽门狭窄
pyloric valve 幽门瓣
pylorus 幽门
pynamin (= allethrin) 丙烯菊酯
pyo- ⌞字头⌝ 脓
pyocin 脓素
pyocyanine 绿浓菌素
pyod 热[电]偶,温差电偶
pyodermia 脓皮病,脓性皮炎
pyogenesis 生脓作用,酿脓
pyogenic (= pyogenous) 酿脓的,生脓的 (pyogenus)
pyogenic bacteria 化脓菌
pyoid 脓状的 (pyoideus)
pyopoiesis 生脓作用,酿脓
pyorrhea 流脓,溢脓
pyracetic acid 木醋液
pyralid moth ①螟蛾 ②⌞复⌝ (= pyrabids, snout moths) 螟蛾科 [Pyralididae, Pyralidae]
pyramat 嘧啶蓝{显技}
pyramic 接触的 (pyramicus)
pyramic area (= contact area) 接触面
pyramid ①圆锥形,金字塔形 ②棱锥体 (pyramida)
pyramid ant 金字塔蚁 [*Conomyra insana* (Buckley)](蚁科)
pyramid architecture 锥形结构
pyramid bedding 圆锥形坛植{园林}
pyramid bottom 圆锥形底
pyramid computer 锥形计算机
pyramid cordon training 圆锥形单干形整枝{园艺}
pyramid cross 塔形杂交
pyramid crown (= pyramidal crown) [金字]塔形树冠
pyramid flower bed 圆锥形花坛{园林}
pyramid of biomass 生物量锥体,生物量金字塔
pyramid of energy 能量锥体,能量金字塔
pyramid of life 生命锥体,生命金字塔
pyramid of number 数量锥体,数量金字塔
pyramid training 圆锥形整枝
pyramidal ①圆锥形的,金字塔形的 ②锥体形的 (pyramidalis)
pyramidal cell 锥体细胞
pyramidal crown 金字塔形树冠
pyramidal white mulberry 塔桑 [*Morus alba* var. *pyramidalis* Ser.](桑科)
pyrane 吡喃 [C_5H_6O]
pyranoglucose 吡喃葡糖
pyranogram [平面]总日射自记曲线 (pyranogramma)
pyranograph [平面]总日射计
pyranometer [平面]总日射表
pyranose 吡喃糖
pyraustid moth ①野螟 ②⌞复⌝野螟科 [Pyraustidae]
pyrazine 吡嗪
pyrazon 杀草敏 (除草剂) [$C_{10}H_8ClN_3O$]
pyrazoxon 吡唑磷,彼氧磷(杀虫剂) [$C_8H_{15}N_2O_4P$]
pyrenarium 坚果
pyrenate 核状的 (pyrenatus)
pyrenate pome 核状梨果 (pomum pyrenatum)
pyrene ①核,分核,小坚果 ②芘 (pyrena)
pyrene ring 芘环
Pyrenees chrysanthemum 大滨菊 [*Chrysanthemum maximum* Ramond.](菊科)
pyreniform 核果形 (pyreniformis)
pyrenin 核仁素
pyrenocarp 核果状果 (pyrenocarpium)
pyrenoid 淀粉核
pyrenoid-like body 淀粉核状体
pyrenomycetes ①囊果菌 ②核菌 [Pyrenomycetes]
Pyrethrin Ⅰ 除虫菊酯Ⅰ(天然除虫菊的杀虫有效成分之一) [$C_{21}H_{28}O_3$]
Pyrethrin Ⅱ 除虫菊酯Ⅱ(天然除虫菊的杀虫有效成分之一) [$C_{22}H_{28}O_5$]
pyrethrins 除虫菊酯类(包括天然的和合成的除虫菊酯类)
pyrethroid 合成除虫菊酯,拟除虫菊酯 (杀虫剂)
pyrethroids 合成除虫菊酯类,拟除虫菊酯类 (杀虫剂)
pyrethrol 除虫菊醇 [$C_{21}H_{34}O$]
pyrethrolone 除虫菊醇酮
pyrethrone 除虫菊酮
pyrethrum ①除虫菊属 [*Pyrethrum* Gaertn.](菊科) ②除虫菊 [*Chrysanthemum cinerariaefolium* Bocc.]
pyrethrum hackle 除虫菊子粒梳脱机
pyrethrum picker 除虫菊采集机
pyrethrum powder 除虫菊粉

pyrethrum red spider mite 除虫菊红叶螨［*Tetraryolius bucleni* Vt.］(叶螨科)
pyrethrum synergists 除虫菊增效剂
pyretography 发热(温度)记录
pyrexin 致热因子
pyrgeometer 大气辐射表
pyrheliometer 直接日射强度表
pyric climax 火烧演替顶极
pyric factor 火灾因素
pyricarpous 梨果的(pyricarpus)
pyridaphenthion 打杀磷(杀虫剂)［$C_{14}H_{17}N_2O_4PS$］
pyridine 吡啶［C_5H_5N］
pyridine alkaloid 吡啶生物碱
pyridine carboxylic acid 吡啶羧酸［$C_5H_4NCO_2H$］
pyridine nucleotide 吡啶核苷酸
pyridine nucleotide dehydrogenase 吡啶核苷酸脱氢酶
Pyridinethione compounds 万亩定(杀菌剂)［C_5H_5NOS］
pyridinitril(=pyridinitrile) 病定清(杀菌剂)［$C_{13}H_5Cl_2N_3$］
pyridinoprotein enzyme 吡啶蛋白酶
pyridion ［尖头］梨果
pyridone 吡啶酮［C_5H_5ON］
pyridoxal 吡哆醛,维生素 B_6
pyridoxal phosphate 磷酸吡哆醛
pyridoxine 吡哆醇［$C_8H_{11}O_3N$］
pyridylmercuric 油酸吡啶汞
pyriferous 具梨形的(pyrifer)
pyriform 梨形的(pyriformis)
pyrimidine (PY) 嘧啶［$C_4H_4N_2$］
pyrimidine base 嘧啶碱基
pyrimidine cluster 嘧啶团
pyrimidine dimer 嘧啶二聚物(体)
pyrimidine nucleosidase 嘧啶核苷酶
pyrimidine nucleoside 嘧啶核苷
pyrimidine nucleotide 嘧啶核苷酸
pyrimidine-rich sequence 富嘧啶序列
pyrimidine test 嘧啶测验
pyrimidine triphosphate 三磷酸嘧啶
pyrite 黄铁矿
pyritized 黄铁矿化的
pyro- ⌊字头⌉火,焦,高温
pyro acid 焦酸
pyrobaculum ①热棒菌属［*Pyrobaculum* Huber, Kristoansson et Stetter］(微生物) ②热棒菌［*Pyrobaculum* sp.］
pyrocalciferol 焦钙化醇
pyrocatechol 邻苯二酚［$C_6H_4(OH)_2$］
pyrococcus ①热球菌属［*Pyrococcus* Fiala et Stetter］(微生物) ②热球菌［*Pyrococcus* sp.］
pyrodictium ①热网菌属［*Pyrodictium* Stetter et stackebrandt］(微生物) ②热网菌［*Pyrodictium* sp.］
pyrodrier ①烤房 ②烤干器
pyroelectric imaging system 热电成像系统{遥感}
pyrogallate 焦棓酸盐
pyrogallic acid (=pyrogallol) 邻苯三酚,焦性没食子酸,焦棓酸
pyrogallol 邻苯三酚,焦性没食子酸［$C_6H_6O_3$］
pyrogen 热原(发热物质)
pyrogenic effect 热原效应
pyrogenic reaction 热原反应
pyrogenic succession 火成演替
pyroglutamate aminopeptidase 焦谷氨肽酶
pyroglutamic acid 焦谷氨酸［$C_4H_6ONCOOH$］
pyrola ①鹿蹄草属［*Pyrola* L.］(鹿蹄草科) ②鹿蹄草［*Pyrola rotundifolia* L.］
pyrola family 鹿蹄草科［Pyrolaceae］
Pyrolan 吡唑威,吡唑蓝(杀蚜剂)［$C_{13}H_{15}N_3O_2$］
pyroligneous acid 焦木酸,木醋酸
pyroligneous liquor 木醋液
pyrolusite 软锰矿
pyrolysis ①解热［作用］②高温分解
pyrolysis-mass spectrometry 热解质谱测量
pyrometer 高温计
pyrometry ①高温测定 ②高温测定法(pyrometrica)
pyrone 吡喃铜
pyronin 吡罗红(红色碱染料)
pyronin-G 吡罗红 G
pyronin-methyl green 吡罗红甲基绿
pyronin Y 吡罗红 Y
pyrophaeophorbide 嗜焦素
pyrophosphatase 焦磷酸酶
pyrophosphate ①焦磷酸［$H_4P_2O_7$］②焦磷酸盐［$M_4P_2O_7$］
pyrophosphate exchange reaction 焦磷酸交换反应
pyrophosphoric acid 焦磷酸［$H_4P_2O_7$］
pyrophosphorolysis 焦磷酸解作用
pyrophosphorylase 焦磷酸化酶
pyrophosphorylation 焦磷酸化［作用］{农化}
pyrophyllite 叶蜡石
pyrophyte 耐火植物(pyrophyta)

pyroracemic acid 丙酮酸［$CH_3COCOOH$］
pyroscope 辐射热度计
pyrostat 高温调节器,恒温器
pyrosulphuric acid 焦硫酸,一缩二(正)硫酸［$H_2O_7S_2$］
pyrotechnics 烟火制造技术{狩猎}
pyroterebic acid 4-甲［基］-3-戊烯酸
pyrotoxin 热毒素
pyroxenes 辉石类
pyroxenite（= pyroxenotite, augitite） 辉石岩{地质}
pyroxyline lacquer 焦木素漆
pyroxylophilous 焚木上生的
pyrradiometer 全辐射表
pyrrhocorid bugs（= stainers） 红蝽科［Pyrrhocoridae］
pyrrole 吡咯［$(CH:CH)_2:NH$］
Pyrrophyta 甲藻门
pyruvate ①丙酮酸 ②丙酮酸盐［$C_3H_4O_3$］
pyruvate carboxylase 丙酮酸羧化酶
pyruvate decarboxylase 丙酮酸脱羧酶
pyruvate dehydrogenase 丙酮酸脱氢酶
pyruvate kinase 丙酮酸激酶
pyruvate oxidase 丙酮酸氧化酶
pyruvate phosphokinase 丙酮酸［磷酸］激酶
pyruvic acid 丙酮酸［$C_3H_4O_3$］
pyruvic acid in flooded soil 浸淹土丙酮酸
pyruvic ketolase 丙酮酸酮酶
pyruvic kinase 丙酮酸激酶
pyruvic oxidase 丙酮酸氧化酶
pyrylium 吡喃盐
pythium disease 腐霉病［*Pythium debaryanum* Hesse］
pythium fruit rot of pepper 辣椒猝倒病［*Pythium aphanidermatum* Fitzpatrick］
pythium fruit rot of tomato 番茄猝倒病［*Pythium aphanidermatum* Fitzpatrick］
pythium snow blight of milk vetch 紫云英褐色雪腐病［*Pythium iwayamai* S. Ito.］
pythmen 附着器
pythmenodes 附着器状的
pythmenophorus 具附着器的
pythmic 湖底的（pythmus）
pythogenesis 腐化［作用］
pythogenic theory 肮脏病原说{微生物}
python 蟒蛇,丹蛇
pythonic acid 蟒蛇胆酸
PYV（= potato Y-mosaic virus） 马铃薯Y花叶病［Solanum virus 2］
pyxidate 具盖的（pyxidatus）
pyxidium 盖果
pyxis（= pyxidium） 盖果
PZ（= pancreozymin） 促胰酶素
P⁺ strain（= piliated strain） 有毛菌株

Q q

q ①(=mass concentration) 比湿 ②(=centner) 担(=50千克=100斤)
Q 10 (=temperature coefficient) 温度系数
Q 137 (=Perthane) 乙滴滴{农药}
Q band Q横纹(染色体),Q带(喹吖因带,即染色体显带){染色体}
Q-banding (=quinacrine fluorescence banding) Q-荧光显带,Q显带{染色体}
Q blood group Q血型
Q channel (=quadrature channel) 正交信道{信息}
Q-constant curve 流量常数曲线{水利}
Q-enzyme 淀粉分支酶,Q酶
Q-fever Q热(立克次氏体病)
QBH (=benquinox) 敌菌腙{农药}
QC (=quality control) ①质量控制 ②质量检查 ③质量管理
Qikron (=chlorfenethol) 杀螨醇{农药}
QO_2 (=oxygen uptake) 氧吸收
quack-grass ①(=wheatgrass, couchgrass) 冰草属[*Agropyron* Gaertn.](禾本科) ②冰草(多穗草,大麦草)[*Agropyron cristatum* (L.) Gaertn. =*Bromus cristatum* L.]
quack-grass eradicator 冰草除草机
quack-grass tooth 冰草耙齿
quad capacity 四倍容量
quadbus transceiver 四总线收发器{信息}
quadr- ⌊字头⌉四
quadrangle 四棱,四角,四边形(quadrangulus)
quadrangular 四棱的,四角的(quadrangularis)
quadrant ①四分体 ②象限 ③象限仪 ④四分圆,扇形体(quadrans)
quadrant box 换挡机扬箱
quadrant tooth 扇形轮齿
quadrat ①样方 ②样地(quadras)
quadrat chart 样方图
quadrat list 样方表
quadrat method 样方法
quadrat sampling ①样方取样 ②方形取样
quadrate ①四方形的 ②四方形,正方形 ③二次方,平方(quadratus)
quadrate arc computer 二次弧计算机
quadrate experiment 方形[播种]试验
quadrate plate [**of sting**] (螯的)方形板{蜂}
quadrate sampling 方形取样,四方法取样
quadrate seeder 方形播种机
quadrate sowing 方形播种,方形点播,方形丛播
quadratic ①方形的,正方形的 ②二次方的{统计}(quadratus)
quadratic component 二次方部分
quadratic curve 二次方曲线
quadratic equation 二次方程
quadratic system 正方晶系
quadrature ①求面积,求积分 ②正交 ③图幅(quadratura)
quadrature formula 求积公式
quadrennial ①四年间的,四年一次的 ②四年生的(quadrennialis)
quadri- ⌊字头⌉四
quadrialate 四翅的(quadrialatus)
quadriaristate 四芒的(quadriaristatus)
quadric ①二次 ②二次曲面(drquadrus)
quadric surface 二次曲面{电脑}
quadricapsular 具四蒴的(quadricapsularis)
quadriceps ①四头的 ②四头肌
quadricoccous 四球胞组成的(quadricoccus)
quadricolour ①四色 ②四色的(quadricolorus)
quadricorn 四角的(quadricornis){形态}
quadricrural 四脚的(quadricruris)
quadridentate 四齿的(quadridentatus)
quadridigitate 四指的(quadridigitatus)
quadrifarious 四列的(quadrifarius)
quadrifid 四分裂的(quadrifidus)
quadriflorous 四花的(quadriflorus)
quadrifoliate 具四叶的(quadrifoliatus)
quadrifoliolate 具四小叶的(quadrifoliolatus)

quadrifolious 四叶的（quadrifolius）
quadrifurcate 四分叉的（quadrifurcatus）
quadrigeminate（= quadrijugate, quadrijugous）四对的（quadrigeminatus）
quadrilateral 四级侧生的（quadrilatrealis）
quadrilobate 四浅裂的（quadrilobatus）
quadrilobe 四裂片的（quadrilobus）
quadrilocular 四室的（quadrilocularis）
quadrilocular anther 四室药（anthera quadrilocularis）
quadrimolecular 四分子的（quadrimolecularis）
quadrinate 四小叶的（quadrinatus）
quadripartite 四深裂的（quadripartitus）
quadripetalous 四瓣的（quadripetalus）
quadriphase system 四相制{遥感}
quadriphyllous 四叶的（quadriphyllus）
quadripinnate 四回羽状的（quadripinnatus）
quadriplex（= quadruplex）四式，四显性组合（AAAA）
quadripolar 四极的（quadripolaris）
quadripolar spindle 四极纺锤体（fusus quadripolaris）
quadriradiate 四辐射的（quadriradiatus）
quadrisect 四全裂的（quadrisectus）
quadrispinous 四刺的（quadrispinus）
quadrisporous 四孢子的（quadrisporus）
quadrisulcate 四沟的，四槽的（quadrisulcatus）
quadrivalent ①四价的 ②四价染色体（quadrivalens）
quadrivalent association 四价染色体配对
quadrivalent chromosome 四价染色体
quadrivalve（= quadrivalvular）①四裂爿的，四果爿的 ②四活瓣的（quadrivalvis）
quadriversal 四向的（quadriversalis）
quadru- ⌊字头⌉ 四
quadruped 四足动物（quadrupes）
quadrupedal 四足的（quadrupedalis）
quadruple ①四倍，四重 ②四片盒{电脑} ③四倍的，四重的（quadruplus）
quadruple aerial survey camera 四片盒航空测量[照]相机{遥感}
quadruple camera 四片盒[照]相机{遥感}
quadruple chromosome 四重染色体
quadruple configuration 四重构型
quadruple cropping 一年四熟，一年四作
quadruple cross hybrid 四杂交杂种（双交杂种）
quadruple crossing over 四交换
quadruple diploid 四二倍体{细胞}
quadruple recorder 四用自记计
quadruplet ①四个一组 ②⌊复⌉四生子 ③⌊复⌉四联体(指遗传密码)
quadruplet aftergrowth rice 再生四熟稻
quadruplex（= quadriplex）四式，四显性组合(AAAA)
quadruplex DNA 四式 DNA{分遗}
quadruplicate 四重复的，重复四次的，四倍的（quadruplicatus）
quadruplicate gene 四重复基因
quadruplicate plot 四重复小区
quadruplication 四重复（重复四次）（quadruplicatio）
quadruplochromosome 四倍染色体（quadruplochromosoma）
quag 沼泽地
quaggy ①沼泽地的 ②泥泞的
quagmire ①泥炭地 ②泥泞地，沼泽地
quail 鹌鹑［*Coturnix communis*］
quail marked silkworm 鹑斑蚕
quaint ①（= unusual）非通常的，不平常的 ②（= odd）奇特的 ③（= whimsical）古怪的
quake ①振动，震动 ②颤动，抖颤 ③地震
quake-grass（= brome-grass）①雀麦属［*Bromus* L.］（禾本科）②雀麦［*Bromus japonicus* Thunb.］
quaker bonnets 羽扇豆［*Lupinus perennis* L.］（豆科）
Quaker oats 燕麦麦片
quaking aspen 颤杨［*Populus tremuloides* Michx.］（杨柳科）
quaking grass 凌风草属［*Briza* L.］（禾本科）②（= common quaking grass）凌风草［*Briza media* L.］
qualification ①适合，合格 ②限制，限度 ③限定，鉴定
qualification test ①鉴定试验，合格试验 ②甄别考试，资格审查
qualified ①合格的 ②有限制的 ③限定的
qualify ①减轻 ②限制，限定，限度（qualificare）
qualifying bit（Q-bit）限制位，指示位{电脑}
qualitative ①质量的，品质的 ②性质的 ③定性的{生化}（qualitativus）
qualitative alteration（= qualitive shift）质量变化
qualitative analysis 定性分析
qualitative change 质变
qualitative character 质量性状
qualitative coefficient 品质系数
qualitative correlation 品质相关

qualitative description 定性描述
qualitative determination 定性测定
qualitative difference 质量差异
qualitative examination 定性检验
qualitative inheritance 质量遗传
qualitative level of factor 因子质量水平
qualitative maturity 品质成熟度
qualitative observation 定性观测
qualitative plate test 定性盘测定
qualitative property 质量性质
qualitative spectrometric analysis 定性光谱分析
qualitative test 质量试验,定性试验
quality ①质,品质,质量{育种} ②性质,形质,特性 ③规格 ④⌊复⌉品级(qualitas)
quality agriculture 质量农业{农经}
quality analysis 质量分析
quality assurance 质量保证
quality bonus 优质奖金,质量奖
quality change 品质变化
quality class 质量级
quality component (QC) 品质构成因素
quality control ①质量检查 ②质量控制 ③质量管理
quality control center 质量控制中心
quality control system (QCS) 质量管理系统
quality deterioration 品质退化,品质下降
quality diagnostic 质量诊断
quality evaluation 品质评价
quality factor (Q-factor) 品质因子
quality grade 品质等级
quality in seed 种子品质
quality increment 形质生长{森林}
quality increment percent 形质生长率
quality index (QI) 质量指标,质量指数
quality information model 质量信息模型{信息}
quality inspection 品质检查
quality loss 品质损失
quality maintenance 质量保持
quality metric 质量度量
quality norm 品质标准
quality number 品质等级,品质号码
quality of being plump 饱满性
quality of elite (= quality of elite) 原种质量{育种}
quality of life (QOL) 生活水平,生活质量[法]
quality of locality ①地位 ②地方品质
quality of rice [kernel] 米品质
quality of seedling 秧苗质量
quality of wheat 小麦品质
quality premium 优质奖金,质量奖金
quality ratio (= cane ratio) [甘蔗]质量比(=蔗吨数/吨糖){甘蔗}
quality seed grain 优质谷种
quality seed tuber 优质种薯
quality sorting 品质分级(指水果)
quality survey 品质研究,品质调查
quality term 品质术语,质量术语
quality-test technique 品质测验技术
quality tester 质量检验器,品质测验器
quality thinning 形质疏伐
quality tolerance 质量公差
quality wheat flour processing 富强粉加工,优质面粉加工
quality wine 优质酒
qualm 恶心
qualmish 引起恶心的
quamash (= common camassia) 卡马夏[*Camassia esculenta* Lindl.](百合科)
quamoclit ①茑萝属[*Quamoclit* Tourn. ex Moench.](旋花科) ②茑萝[*Quamoclit pennata* Bojer.]
quanta (quantum 的复数)量子
quantal 量子的(quantalis)
quantal content 量子含量
quantal release 量子释放
quantal response 量子效应
quantasome 量子体,光能转化体(quantasoma)
quantification ①定量 ②数量 ③量化(quantificatio)
quantification degree 量化程度
quantification symbol 量化符号
quantifier 计量器,配量斗
quantify ①定量 ②量化(quantificare)
quantitation ①数量 ②定量(quantitatio)
quantitation of fusion 融合数量
quantitation standard 定量标准
quantitative ①定量的 ②数量的(quantitativus)
quantitative analysis 定量分析
quantitative analysis of BOD 生物需氧量定量分析,BOD 定量分析{环保}
quantitative analysis of COD 化学需氧量的定量分析,COD 的定量分析{环保}
quantitative analysis of phenol 酚定量分析{环保}
quantitative analysis of ss 悬浮固体定量分析{环保}
quantitative appraisal ①定量鉴定 ②定量评价
quantitative autoradiography 定量放射自显影[术]

quantitative bacteriology 定量细菌学(quantobacteriologia)
quantitative balance 数量平衡
quantitative base 数量基础
quantitative change 量变
quantitative character 数量性状
quantitative correlation 数量相关
quantitative cytophotometry 定量细胞光度学
quantitative description 定量描述{智培}
quantitative detection 数量探测
quantitative determination 定量测定
quantitative development 数量发育
quantitative difference 数量差异
quantitative differential action 数量差别作用
quantitative distribution 数量分配
quantitative ecology 数量生态学
quantitative effect 定量效应
quantitative electrophoresis 定量电泳
quantitative examination 数量检查
quantitative factor 数量因子
quantitative gene 数量基因
quantitative genetic analysis 数量遗传分析
quantitative genetic theories 数量遗传理论
quantitative genetics 数量遗传学
quantitative imagery 定量显像术[显技]
quantitative indication 定量指标
quantitative inheritance 数量遗传
quantitative level of factor (= quantative level of factor) 因子数量水平
quantitative maturity 数量成熟度
quantitative measure 数量测量
quantitative modification 数量饰变
quantitative observation 数量观察,定量观察
quantitative phenological method 定量物候学方法
quantitative plankton sampler 浮游生物定量采样器
quantitative procedure 定量步骤
quantitative ratio 数量比率
quantitative reaction 数量反应
quantitative relation 数量关系
quantitative remote sensing 定量遥感{遥感}
quantitative restriction 数量限制
quantitative shift 数量变化
quantitative spectrometric analysis 定量光谱分析
quantitative technique 定量技术
quantitative test 数量测验,定量试验
quantitative theory ①因子量说{遗传} ②定量理论{电脑}
quantitative variation 数量变异
quantity ①量,数量,分量 ②大量(quantitas)
quantity control 数量调节,数量控制
quantity discount 折扣量{农管}
quantity increment 材积生长量
quantity increment percent 材积生长率
quantity of deposit 沉淀物量{环保}
quantity of dressing 追肥量
quantity of element 要素量
quantity of heat 热量
quantity of information 信息量
quantity of manuring 施肥量
quantity of precipitation 降水量
quantity of radiant energy 辐射能量
quantity of rainfall 降雨量
quantity of seeding 播种量
quantity of stimulus 刺激量
quantity required 需要量
quantity surveying 数量勘测{农施}
quantivalence 化合价,原子价(quantivalentia)
quantization ①量子化 ②量化 ③分层(quantisatio)
quantization base 量化基础{智培}
quantization effect 量化效应
quantization error 量化误差{遥感}
quantization law 量化律{电脑}
quantization matrix 量化矩阵
quantization noise 量化噪声{遥感}
quantization of intelligent crop production 作物智能栽培[学]的量化(为作物智能栽培学基本特征之一){智培}
quantization of production technology 生产技术量化{智培}
quantization role 量化作用{智培}
quantization uncertainty 量化不确定性
quantize ①量化 ②量子化 ③数字转换
quantized signal 量化信号
quantized symbol 量化符号
quantizer ①数字转换器,量化器 ②脉冲调制器
quantometer 光量计
quantosome 量子体(quantosoma)
quantotrope 量子转换
quantum 量子
quantum biochemistry 量子生物化学
quantum biology 量子生物学(quantobiologia)
quantum clock 量程钟,量子钟
quantum computer 量子计算机

quantum crystal 量子晶体
quantum effect 量子效应
quantum efficiency 量子效率
quantum energy 量子能
quantum evolution 量子式进化
quantum functional device 量子功能器件
quantum jump 量子跳变
quantum mechanics 量子力学
quantum number 量子数
quantum pharmacology 量子药理学
quantum phenomena in biology 生物学的量子现象
quantum relation 量子关系
quantum requirement 量子需要量
quantum sensor 量子检测器
quantum speciation 量子式物种形成
quantum state 量子态
quantum theory 量子论,量子理论
quantum theory of gene 基因量子理论
quantum utilization 量子利用
quantum value 量子值
quantum yield 量子产量
quantum yield of photosynthesis 光合作用的量子产量
quarantine ①检疫 ②检验(quaraginta)
quarantine act 检疫法令{植病}
quarantine area 检疫区
quarantine fumigation treatment 检疫熏蒸处理
quarantine house 检疫畜舍{农施}
quarantine inspection 检疫
quarantine inspector 检疫员
quarantine law 检疫规章{植病}
quarantine nursery 检疫圃
quarantine period 检疫期
quarantine service ①检疫机关{植病} ②隔离服务{电脑}
quarantine station 检疫站
quarantine system 检疫制度
quarantine unit ①检疫单位 ②不可分的数据块
quarantine weed 杂草检疫
quarry ①猎物 ②采石场,石坑
quarry stone 石块,乱石
quarry water 矿泉水{环保}
quart 夸[脱](=1/4 加仑){物}
quartan 每四日的(quartus)
quartan fever 四日热
quartan malaria 四日疟
quartel 林斑
quarter ①四分之一 ②季度,三个月 ③方位,方向 ④区,地区,地方 ⑤四分孢子
quarter adder 四分之一加法器,1/4 加法器
quarter choke 四分之一喉缩
quarter-cut 径锯,圆材四分割
quarter drain 区间排水沟{栽培}
quarter evil 黑腿病,气肿疽
quarter girth 四分周
quarter inch magnetic tape unit 四分之一英寸磁带机,1/4 英寸磁带机
quarter-mast 歉年
quarter phase 二相的,双相的
quarter-phase system 二相制{遥感}
quarter-sawed lumber 径切板
quarter-sawn grain 径面纹理
quarter seasons 四季
quarter section (= quarter surface) 径锯面
quarter-speed 四分之一速度,1/4 速度
quarter square multiplier 四分之一平方乘法器,1/4 平方乘法器
quarter-turn drive 半交叉传动
quarter-turn plough 半翻转犁
quarter-turn type semimounted reversible disk plough 半悬挂型半翻转双向圆盘犁
quarter-turn type semimounted reversible moldboard plough 半悬挂型半翻转双向铧式犁
quarter-vine (= cross-vine) 紫葳藤[*Bignonia capreolata* L.](紫葳科)
quartering 四分法{统计}
quartering sea 船尾浪,斜浪{遥感}
quartering shot 斜角射法{狩猎}
Quarternary ammonium salt 季铵盐(杀菌剂)
quarternary phase shift keying (QPSK) 四相相移键控{遥感}
quarters 宿营
quartet 四分孢子(quartus)
quartic ①四方的 ②四次的(quarticus)
quartic equation 四次方程[式]
quartile 四分差(quartilus){统计}
quartile coefficient 四分差系数
quartile deviation 四分离差
quartz 石英,水晶{地质}
quartz crystal 石英晶体
quartz delay line 石英延迟线{信息}
quartz glass 石英玻璃
quartz lamp 石英灯
quartz lens 石英透镜
quartz porphyry 石英斑岩{地质}
quartz sand 石英砂
quartz trachyte 石英粗面岩
quartziferous 含石英的(quartzifer)
quartzite 石英岩{地质}

quartzy sandstone 石英砂岩
quasi- ⌊字头⌉半,准,类似,假,拟
quasi-bivalent ①准二价的 ②准二价染色体 (quasibivalens)
quasi-bound 准缚束的,准结合的
quasi-center of action 准活动中心
quasi-concavity 拟凹性(quasiconcavitas)
quasi-conservative 准保守性的(quasiconservativus)
quasi-continuous character 类似连续性状
quasi-continuous variation 类似连续变异
quasi-convexity 拟凸性(quasiconvexitas)
quasi-coordinates 准坐标
quasi-crystalline 准晶体的(quasicrystallinus)
quasi-discontinuity 类似不连续性(quasidiscontinuitas)
quasi-dominance 拟显性(quasidominantia)
quasi-effect 假效应{统计}
quasi-elastic 准弹性的(quasielasticus)
quasi-factorial 拟因子的(quasifactorialis){统计}
quasi-factorial design 拟因子设计
quasi-factorial experiment 拟因子试验
quasi-homogeneous 准均匀的(quasihomogeneus)
quasi-horizontal motion 准水平运动
quasi-isobaric process 准等压过程
quasi-Latin square 拟拉丁方{统计}
quasi-linear model 准线性模型
quasi-linkage 类似连锁
quasi-monochromatic 准单色的(quasimonochromaticus)
quasi-monopolar 假单极的(quasimonopolaris)
quasi-normals 准正常因子(quasinormales)
quasi-optical 准光学的(quasiopticus)
quasi-parallel processing 拟并行处理
quasi-periodic 似周期的(quasiperiodicus)
quasi-permanent low 准永久性低压
quasi-plant growth substance 类似植物生长素
quasi-polar sun-synchronous orbit 准极地太阳同步轨道
quasi-stability 准稳性,似稳态(quasistabilitas)
quasi-static process 准静力过程
quasi-stationary ①准稳的,似稳的,准静止的 ②准常定的(quasistationaris)
quasi-stationary front 准静[止]锋
quasi-synchronous 准同步的(quasisynchronus)
quasi-uniform distribution 拟均匀分布
quasi-wildtype phenotype 类似野生型表型
quasiclimax 拟顶极植物群落
quasiconcave 拟凹(quasiconcavus)
quasiconvex 拟凸(quasiconvexus)
quasicrystal 准晶体(quasicrystalum)
quasidiploid 类似二倍体,拟二倍体(quasidiploida){细胞}
quasilinearization 准线性化(quasilinearisatio)
quasiordering 拟序
quasispecies 准种
quasistable state 准稳[定]态
quasistellar radio source 类星射电源
quasisymmetry 准对称(quasisymmetria)
quassia ①(= quassia-wood)括矢亚(苦木)[*Quassia amara* L.](苦木科) ②啤酒苦味剂
quassia family 苦木科[Simarubaceae]
quassia-wood 苦木[*Quassia amara* L.](苦木科)
quassin 苦木素
quaternary ①有四部分的 ②四元素合成的 ③第四纪 ④四祖的 ⑤四进制的 ⑥四级的 ⑦季的(指化学名词用)(quaternaris)
Quaternary [Period] 第四纪
quaternary ammonium 季铵,四级铵
quaternary ammonium compound 季铵化合物,四级铵化合物
quaternary ammonium hydroxide 季铵碱
quaternary ammonium salt 季铵盐
quaternary climate 第四纪气候
quaternary hybrid 四祖杂种
Quaternary Ice Age 第四纪冰期
quaternary parasite 四重寄生
Quaternary soil 第四纪层土[壤]
quaternary structure 四级结构
quaternary structure of protein (= quaternary protein structure) 蛋白质的四级结构
quaternary surfactant 季铵表面活性剂
quaternary system 第四系{土壤}
quaternary system soil 第四[纪]系土壤
quaternary vein 四级脉(nervus quaternaris)
quaternate ①四面的 ②四个一组的(quaternatus)
quaternate arrangement 四轮生(depositio quaternata)

quay ①码头 ②岸壁
quebrachitol 自坚木醇,肌醇甲醚［$C_7H_{14}O_6$］
quebracho (= red quebracho, quebracho colorado) 红破斧木［*Quebrachia lorentsii* Gr.］
quebracho blanco 白破斧木［*Aspidosperma quebracho blanco* Schlect］
quebracho extract 栲胶
queen 蜂王(雌蜂)｛蜂｝
queen bank 蜂王库,蜂王贮存群
queen bee 蜂王
queen breeding 蜂王培育
queen cage 王笼
queen caging 蜂王诱入
queen cell 王台
queen-cell cup 蜡盏,蜡碗,王台基
queen-cell moulding tool 蜡盏棒
queen-cell punch 蜡盏冲压机,蜡盏冲模
queen crapemyrtle (= queen lagerstroemia) 大花紫薇［*Lagerstroemia speciosa* Pers.］(千屈菜科)
queen-excluder 隔王板
queen lagerstroemia 大花紫薇［*Lagerstroemia speciosa* Pers.］
queen-mating station 蜂王交尾站
queen-nursery 育王笼
queen-of-the-meadow ①珍珠梅属［*Sorbaria* A. Br］(蔷薇科) ②珍珠梅［*Sorbaria sorbifolia* Maxim.］③(= meadowsweet) 欧洲合叶子［*Filipendula ulmaria* = *Spiraea ulmaria*］
queen-of-the-night 大花蛇鞭柱(大轮柱)［*Selenicereus grandiflorus* Britt. et Rose］(仙人掌科)
queen palm 皇后葵(金山葵)［*Arecastrum romanzoffianum* Becc.］(棕榈科)
queen rearing 养王,蜂王培育
queen-rearing colony 养王群
queen register 蜂王记录卡片
queen supersedure 交替换蜂王
queen-trap 蜂王捕捉器,蜂王拘留器
Queen Victoria century plant 鬼脚掌［*Agave victoriae-reginae* Moore］(龙舌兰科)
queening 给蜂群配备蜂王
queenless 无蜂王的
queenright ①有蜂王的 ②蜂王正常的
queen's bird-of-paradise-flower 鹤望兰［*Sterelitzia reginae* Aiton］(旅人蕉科)
queen's wreath (= purple wreath) ①紫霞藤属［*Petrea* L.］(马鞭草科) ②紫霞藤［*Petrea volubilis* L.］
Queensland arrowroot (= achira) 姜芋［*Canna edulis* Ker.］(美人蕉科)
Queensland Creole 昆士兰克罗勒(甘蔗热带原种)
Queensland hemp (= broomjute sida) 黄花稔［*Sida rhombifolia* L.］(锦葵科)
Queensland nut (= macadamia nut) 澳洲坚果［*Macadamia ternifolia*］
quench 淬灭,淬火
quench correction 淬火校正
quench pulse 置"0"脉冲｛信息｝
quenched 消失过的 (extinctus)
quencher ①淬火器 ②淬火剂
quenching ①消失的 (extinctonus) ②抑制 ③淬火,熄灭,淬熄
quenching effect 淬火效应
quenching machine 淬火机
quenching medium 淬火剂
quenching rate 淬火率
quercetagenin 6－羟栎皮酮,六羟黄酮［$C_{15}H_{10}O_8$］
quercetin 栎皮酮［$C_{15}H_{10}O_7$］
quercetum (= oak association) 栎树群落
quercifolious 似栎叶的 (quercifolius)
quercitol 栎醇,环已五醇［$C_6H_{12}O_5$］
quercitrin 栎皮苷［$C_{21}H_{20}O_{11}$］
quercitron oak (= black oak, dyer's oak) 色柞 (黑栎,美国栎)［*Quercus tinctoria* Bartr.］(山毛榉科)
quercus phyllireoides 优良栎炭
quercus spined aphid 栎棘斑蚜［*Tuberculoides quercicola* Matsumura］(蚜科)
quercus thrips 栎蓟马［*Isochalotothrips querci* Moulton］(蓟马科)
quern 手推磨,小型手推磨
query 查询,询问 (qarcre)｛信息｝
query instance 查询事例
query path 查询路径
query strategy 查询策略
query tool 查询工具
quest ①调查 ②搜索、寻找 ③要求 (quaerere)
question 问题 (questio)
question answering system 问题回答系统｛信息｝
question profile 提问单
questionnaire 调查表,问题单
queue 队列,排队 (cauda)｛电脑｝
queue depth 队列深度
queue discipline 队列规定,队列规则,队列原理

queued printing service 请求打印业务
queued session 请求对话{信息}
queuing (= queueing) 排列
queuing network 排列网络
queuing theory 排队论{农施}
quick ①速,快速,迅速 ②生篱 ③草类
quick access storage 快速存取存储器
quick-acting fertilizer 速效肥料
quick-acting manure 速效肥料
quick action ①快作用 ②快动,速动
quick-action valve 速动阀
quick blotting 快速印迹法{生技}
quick burning powder 速燃[火]药
quick-change ①快变{电脑} ②快换{农具}
quick-change share 快换式犁铧
quick changing ①速变,快变 ②快换 ③快速更换的
quick closedown ①快速关闭,{电脑} ②快速停送{信息}
quick-connection 快速接头{环保}
quick cook process 快速煮法
quick-cooking rice 快速煮熟米,快速做饭用米
quick cooling 快速冷却
quick coupler 快速挂结器
quick coupling 快速联结器
quick-cutoff valve 快速关闭阀
quick-detachable share 快卸犁铧
quick disconnect 快速脱开,快御
quick disconnect coupling 快卸接头(耦联)
quick-dissolving 速溶的
Quick Draw 快速绘图程序{电脑}
quick drying 快速干燥
quick effective 速效的
quick-fence 绿篱
quick fit method 快速适合法{电脑}
quick freezing 快速冷冻,速冻法
quick freezing plant 快速冷冻厂装置
quick freight transport system 快速货物运输系统{农管}
quick frozen product 速冻品
quick-frozen vegetable processing 蔬菜速冻加工{加工}
quick grass (= quack grass) 冰草
quick growing plantation 速生人工林
quick haymaking 快速干草调制
quick hitch ①快速挂结器 ②快速挂结装置
quick hitch device 快速挂结装置
quick identification 快速鉴定
quick kill 快速删除
quick-lift attachment 快速提升附加装置
quick lime 生石灰[CaO]
quick-look image 快视影像{遥感}
quick-look photographic reconnaissance satellite 快查型照相侦察卫星{遥感}
quick reference system 快速查阅系统
quick-release coupling 快速松脱[安全]离合器
quick-release pitman 快速松放连杆{农机}
quick rendering 快速绘制,快速图像生成
quick-repair washer 快速修理垫圈
quick response 快速反应
quick return motion 急回运动
quick sampling method 快速取样法
quick sand 流沙,飞沙
quick-seal tube 快封离心管
quick setting cement 快速凝固水泥,早凝水泥
quick shutoff valve (火焰中耕机)快速关闭阀
quick soil ①浮土 ②速性土
quick start 快速启动
quick stop mutation 快停突变{遗传}
quick test for soil 土壤速测法
quick-turn bottom 快翻式犁体
quick-vinegar process 快速酿醋法
Quickbal 双威杀(杀虫剂)(二甲威和叔丁威的混合剂)
quickbeam (= mountain ash, **rownane-tree**) 欧洲花楸
quicken ①加速,加快 ②使曲线变弯
quickens (= quick grass) 匍匐冰草
quickly available 速效性的
quickopening rising stem gate valve 快开升杆闸阀{环保}
Quicksan C 醚汞(杀菌剂)[$C_6H_{11}ClHgO_3$]
quickset hedge 绿篱,生篱
quicksilver 汞,水银
quicksort ①快速分类 ②快速排序
quiesce ①停顿 ②静,寂静 (quiescere)
quiesce communication 静态通信
quiesce protocol ①静态协议 ②静态规程{信息}
quiescence ①休眠 ②静止期 (quiescentia)
quiescent ①休眠的 ②静止的,静态的 (quiescens)
quiescent centre 静止中心
quiescent condition 静止状态
quiescent operating point 静态工作点
quiescent ovary 静止卵巢
quiescent settling 静沉降
quiescent stage 休眠期,静止期
quiescing ①静止,停顿 ②禁止
quiet ①静止的,宁静的,沉静的 ②柔和的,温

和的,娴静的 ③(色)朴素的,未公开(泄露)的,秘密的 ④平稳的,单调的(quies)
quiet error 静止性错误
quieting 静态,静态特性
quill ①褶裥 ②羽毛管,羽根,翮
quill fern (= marsh fern) 金星蕨[*Dryopteris thelypteris* Gray](鳞毛蕨科)
quill-leaf tillandsia 丛生铁兰[*Tillandsia fasciculata* Sw.](凤梨科)
quill-like 羽管状
quill mite of poultry 禽羽管螨[*Syringophilus bipectinatus* Hellar]
quill pulling machine 拔羽根机
quilled [卷成]管状的
quillwort ①水韭属[*Isoetes* L.](水韭科) ②水韭[*Isoetes lacustris* L.]
quillwort family 水韭科[Isoetaceae]
quilt 被,棉被
quilted figure 被絮纹泡状花纹
quina (= cinchona bark) 金鸡纳树皮,奎哪
quinacrine ①阿的平,奎吖因(氢氧化物[$C_{23}H_3ClON_3$]) ②芥子奎吖因
quinacrine band (Q-band) Q带,芥子喹吖因带{染色体}
quinacrine hydrochloride 氢氯化奎吖因[$C_{23}H_{30}ClON_3 \cdot 2HCl \cdot 2H_2O$]
quinacrine mustard 奎吖因芥
quinacrine mustard dihydrochloride 二氢氯化奎吖因芥
quinaldinic acid (= quinaldicacid) 2-喹啉羧酸[$C_{10}H_7O_2N \cdot 2H_2O$]
quinalphos 喹噁磷,奎硫磷(杀虫剂)[$C_{12}H_{15}N_2O_3PS$]
quinapyramin (= antrycide) 喹嘧胺(安锥赛)
quinary 五的,五个的(quinaris)
quinate 五小叶的(quinatus)
quinate leaf 具五小叶的叶(folium quinatum)
quinazoline 喹唑啉[$C_8H_6N_2$]
quinazoline alkaloid 喹唑啉生物碱
Quinby frame 昆白式巢框
Quinby hive 昆白式蜂箱,活页式蜂箱
quince ①榅桲属[*Cydonia* Mill](蔷薇科) ②榅桲[*Cydonia oblonga* Mill.]
quince blight 榅桲疫病
quince chaenomeles ①木瓜属[*Chaenomeles* Lindl.](蔷薇科) ②木瓜[*Chaenomeles sinensis* Kochne]
quince cottony scale 榅桲绵蚧[*Rosanococcus suwakoensis* Kuwana et Toyoda]{绵蚧科}
quince curculio 榅桲象甲[*Conotrachelus crataegi* Walsh](象甲科)
quince-leaved medlar (= cotoneaster) ①栒子属[*Cotoneaster* (B. Ehrh.) Medik.](蔷薇科) ②栒子[*Cotoneaster multiflorus* Bge]
quince stock 榅桲砧
quincuncial (= quincunxial)梅花形的,五点形的(quincuncius)
quincunx 梅花形,五点形
quincunx planting 梅花形种植
quincunx system of planting 梅花形种植法
quincy cutter 对称弯犁刀
quinhydrone 醌氢醌[$C_{12}H_{10}O_4$]
quinhydrone electrode [醌]氢醌电极
quinia (= quinine) 奎宁,金鸡纳碱
quinic acid 奎尼酸,1,3,4,5-四羟环己烷羧酸[$C_7H_{12}O_6$]
quinidine 奎尼定(指抗心律不齐药)
quinine 奎宁,金鸡纳碱[$C_{20}H_{24}N_2O_2$]
quinine leaf moth (= cinchona tent caterpillar) ①金鸡纳色纹枯叶蛾[*Odonestis plagifera* Walker] ②金鸡纳枯叶蛾[*Metanastria hyrtaca* Cramer](枯叶蛾科)
quinine looper (= cinchona looper) 榆霜尺蛾[*Boarmia crepuscularia* Hübner](尺蛾科)
quinine plant bug (= tea brown capsid) 奎宁角盲蝽[*Helopcltis cinchonae* Mannerheim](盲蝽科)
quinine scale (= Howard's convex scale, mining scale) 奎宁盾蚧[*Howardia biclavis* (Comstock)](盾蚧科)
quinine weevil (= cinchona shoot borer) 金鸡纳蛀茎象甲[*Alcides cinchonae* Marshal](象甲科)
quininic acid 奎宁酸[$CH_3OC_9H_5N(COOH)$]
quinnat salmon 大鳞大麻哈鱼[*Oncorhynchus tschawytscha* (Walbaum)]{水产}
quinoa 茱藜[*Chenopodium quinoa* L.](藜科)
quinoid 醌式,醌型
quinol 醌醇[$C_6H_6O_2$]
quinol phosphate 磷酸对苯二酚
quinolinate transphosphoribosylase 喹啉酸转磷酸核糖酶
quinoline 喹啉[C_9H_7N]
quinoline blue 喹啉蓝{显技}
quinoline carboxylic acid 喹啉羧酸[C_9H_6NCOOH]
quinoline molybdate 喹啉钼酸{显技}
quinoline molybdate method 钼酸喹啉法

{显技}
quinolinic acid 喹啉酯,2,3-吡啶二羧酸[$C_5H_3(COOH)_2N$]
quinolizine 喹嗪[C_9H_9N]
quinolizine alkaloid 喹嗪生物碱
quinomethionate (= Oxythioquinox, Chinomethionat) 灭螨猛{农药}
quinone 醌,苯醌[$R \cdot C_6H_4O_2$]
quinone diamine in staining 染色用醌二胺
quinone group 醌基
quinone in staining 染色用苯醌
quinone reductase 醌还原酶
quinonoid (= quinoid) 醌型,醌式
quinonoid ring 醌型环
quinovose 异鼠李糖,6-脱氧葡糖
quinquangular 五角形的(quinquangularis)
quinque- ⌊字头⌉五
quinquecapsular 五蒴的(quinquecapsularis)
quinquecorn 五角的(quinquecornis)
quinquecostate 五中脉的(quinquecostatus)
quinquedentate 具五牙齿的(quinquedentatus)
quinquefarious 五列的(quinquefarius)
quinquefid 五半裂的(quinquefidus)
quinqueflorous 五花的(quinqueflorus)
quinquefoliate 五叶的(quinquefoliatus)
quinquefoliolate 五小叶的(quinquefoliolatus)
quinquefolious 五叶的(quinquefolius)
quinquejugate 五对的(quinquejugatus)
quinquelateral 五面的(quinquelateralis)
quinquelobate 五浅裂的(quinquelobatus)
quinquelocular 五室的(quinquelocularis)
quinquenerved (= quintuplenerved) 五脉的(quinquenervis)
quinquennial ①五年间的 ②五年生的(quinquennialis)
quinquepartite 五深裂的(quinquepartitus)
quinquepetalous 五瓣的(quinquepetalus)
quinqueserial 五列的(quinqueserialis)
quinquevalvate ①具五裂爿的,具五果爿的 ②具五活瓣的(quinquevalvatus)
quinquevalve ①五裂爿的 ②五活瓣的(quinquevalvis)
quinquivalent 五价的(quinquivalens)
quinsy 脓性扁桃体炎
quintozene (PCNB) 五氯硝基苯(杀菌剂)[$C_8Cl_5NO_2$]
quintuple (= quintupled) 五倍的(quintuplus)
quintuple-nerved (= quinquenerved) 五脉的
quintuplet ①五生 ②五生子
quintuplex 五式,五显性组合
quintuplicate 五重复的,重复五次的,五倍的(quintuplicatus)
quintuplinerved (= quintupleribbed) 五中脉的(quintuplinervatus)
quintupliveined 离基五脉的(quintuplinervius)
quinyl-*p*-coumarate 喹基对香豆酸盐
quinzarine 对醌对二酚茜染料{显技}
quisqualis ①使君子属[*Quisqualis* L.](使君子科) ②使君子[*Quisqualis indica* L.]
quisqualis family 使君子科(Combretaceae)
quit ①免除的 ②清除的(quictus){栽培} ③结束 ④退出{电脑}
quitch grass (= quack-grass) 冰草
quite ①完全 ②简直 ③非常,相当(quictus)
quite correct 完全正确
quite extensive damage 相当严重损害
quito naranjillo (= naranjillo) 乐乐茄[*Solanum quitoense*](茄科)
quittor 马蹄疡
quiver 箭壶,箭袋{狩猎}
quiz circuit 提问电路
quota 定额,限额,份额,配额
quota allocation 定额分配
quota game 限额对策
quota system 定额制度
quota year 定额年份
quotable 可引用的(quotabilis)
quotation ①引述,引用 ②开价{农经}(quotatio)
quotation mark 引号
quotative 引用的,引证的(quotativus)
quote ①引述,引用 ②引证 ③开价,提出价格
quotient 商,商数,系数,率(quotiens)
quotient of increase 增长系数
quotient of purity ①纯度率,纯度系数 ②纯糖率
quotient of quality 形质商{森林}
quoting 引用
Qβ bacteriophage Qβ 噬菌体(大肠杆菌的一种 RNA 噬菌体)
Qβ phage (= Qβ bacteriophage) Qβ 噬菌体
Qβ phage RNA Qβ 噬菌体 RNA
Qβ replicase Qβ 复制酶

R r

R 242 (= Sulphenone) 杀螨砜{农药}

R 1303 (= carbophenothion) 三硫磷

R 6199 (= Amiton) 胺吸磷

R ①(= respiration) 呼吸作用{植生} ②(= multiple correlation coefficient) 复相关{统计}

r ①(= correlation coefficient) 相关系数{统计} ②(= roentgen unit) 伦琴单位{辐射} ③(= transfer resistance) 转移阻力{分遗}

R' (= real number system) {遥感}实数系统{遥感}

R-band (= reverse band) R 带,反带{染色体}

R-banding (= reverse banding) R-显带(指与 G 带染色深度相反,亦称 R-band,即反带){染色体}

R-colony (= rough colony) 粗糙菌落{真菌}

R-configuration R-构型(R/S 绝对构型){生技}

r-coniceine r-烯毒芹碱

R determinant (= resistance determinant) 抗性因子,抗性定子

R-DNA (= resistance DNA) 抗性 DNA{分遗}

R-DNA polymerase 抗性 DNA 聚合酶

R duction (= resistance duction) 抗导,抗性导入

R-duction (= resistanceduction) 抗性导入,R-导入,抗导

R factor (= resistance factor) 抗性因子

R_2 generation (= backcross generation) 回交后代

R-M system (= restriction-modification system) 限制-修饰系统

R plasmid ①(= resistance plasmid) 抗性质粒(= R factor) ②抗性因子

R type (= rough type) 粗糙型

r-unit (= roentgen unit) 伦琴单位

R55 驱鼠酯(驱鼠剂)[$C_7H_{15}NOS_3$]

ra (= radiatus) 辐辏状[云]

rabal 无线电测风

rabbet ①(= groove) 槽口{蜂} ②缺口,凹部 ③嵌接,榫接

rabbit 兔,家兔[*Oryctolagus cuniculus* L.],野兔,牡兔,牝兔,兔仔

rabbit bots (= rodent bots) 疽蝇科[Cuterebridae]

rabbit breeder 养兔者

rabbit breeding ①兔育种 ②兔饲养业 ③养兔学

rabbit burrow 兔穴

rabbit-ear iris 燕子花[*Iris laevigata* Fisch.](鸢尾科)

rabbit ear mite 兔耳痒螨[*Psoroptes cuniculi* (Delaf.)](痒螨科)

rabbit-eye blueberry (= Ashe-blueberry) 埃氏越橘(埃氏乌饭树)[*Vaccinium ashei* Reade](乌饭树科)

rabbit farm 养兔场

rabbit fur mite 兔牦螨[*Listrophorus gibbus* Pagen.]

rabbit furs 兔皮毛

rabbit head mange mite 兔头疥螨[*Notoedres cuniculi* (Gerl.)](疥螨科)

rabbit hemorrhagic disease virus (**RHDV**) 兔出血病病毒

rabbit hole (= hole in which hares live) 兔穴,兔洞

rabbit hutch 兔舍,兔笼,兔槛

rabbit keeping ①养兔学 ②兔饲养[业]

rabbit louse 兔盲虱[*Haemodipsus ventricosus* (Denny)](盲虱科)

rabbit mange mite 兔蠕形螨(兔脂螨)[*Demodex cuniculi* (Pfelff.)](蠕形螨科)

rabbit raising ①养兔,兔饲养 ②养兔业

rabbit reticulocyte system 兔网织[红]细胞系

rabbit scab mite 兔痒螨 *Psoroptes communis cumiculi* Delafond.](痒螨科)

rabbit septicaemia 兔败血病

rabbit-skins 兔皮

rabbit snuffles (= nasal catarrh) 兔传染性鼻炎,兔鼻卡他

rabbit-tail-grass (= hare's-tail-grass) 兔尾草属[*Lagurus* L.](禾本科)

rabbit tick 野兔盲蜱[*Haemaphysalis lep-*

orispalustris (Pack.)]（盲蝽科）
rabbit warren (= rabbitry) 养兔场
rabbitfoot grass (= annual beard grass) 兔脚草（长芒棒头草）[*Polypogon monspeliensis* Dest.]（禾本科）
rabbiti-foot polypogon (= rabbitfoot grass) 兔脚草（长芒棒头草）[*Polypogon monspeliensis* (L.) Desf.]（禾本科）
rabbitpox virus 兔痘病毒
rabbitry ①(= rabbit warren) 养兔场 ②兔舍
Rabcide 四氯苯酞，稻瘟酞，氯百杀（杀菌剂）[$C_8H_2Cl_4O_2$]
Rabcon (= Rabkon) 稻丰宁{农药}
rabdoid (= rhabdoid) 棒状体{细胞}
Rabi orientation 拉比定向（指维持染色体后期定向到下一有丝分裂前期）
rabid 患狂犬病的（rabidus）
rabies 狂犬病，恐水病
rabies virus 狂犬病病毒
raccoon (= racoon) 浣熊[*Procyon lotor*]（浣熊科）
raccoon dog 貉[*Nyctereutes procyonides*]（犬科）
raccoonpox virus 浣熊痘病毒
race ①种族，族 ②宗，亚种 ③小种 ④品种 ⑤比赛，竞赛，竞争 ⑥（滚动轴承）滚道圈 ⑦（家畜检疫用）分群栏 ⑧渠道 ⑨近岸流，急流，急潮
race amelioration 品种改良，育种
race-free assignment 无竞争分配
race-ginger 姜根
race horse 赛跑马
race hygiene 畜种卫生
race mixture ①品种混杂 ②混血种
race preservation 品种保存
race-specific resistance 小种特异抗病性
racemase 消旋酶
Racemate 诱虫醇（引诱剂）[$C_{10}H_{18}O$]
racemate 消旋物
racemation ①串，簇 ②葡萄采收（racematio）
raceme ①总状花序 ②果穗 ③外消旋体（物）（racemus）
raceme adina (= racemose adina) 水冬瓜[*Adina racemosa* Miq.]（茜草科）
raceme branching (= racemose branching) 总状分枝式
raceme-like 总状花序式的（racemosus）
raceme redbud 垂丝紫荆[*Cercis racemosa* Oliv.]（豆科）
racemic acid 葡萄酸，消旋酒石酸[COOH·$(CHOH)_2$·COOH]
racemic compound 消旋化合物
racemic mixture 消旋混合物
racemiferous 具总状花序的（racemifer）
racemiflorous 具总状花序花的（racemiflorus）
racemiform 总状花序的（racemiformis）
racemiform cyme (= cymose raceme, thyrse) 聚伞圆锥花序（cyma racemiformis）
racemization 消旋[作用]（racemisatio）
racemo-mucor 总状毛霉（racemomucor）
racemose 总状的（racemosus）
racemose branching (= raceme branching) 总状分枝式（ramificatio racemosa）
racemose cyme (= thyrse) 聚伞圆锥花序（cyma racemosa）
racemose inflorescence 总状类花序（inflorescentia racemosa）
racemule 小总状花序（racemulus）
racemulose ①具小总状花序的 ②小簇状的（racemulosus）
raceway ①输水道，水管{水利} ②鱼道{水产} ③电缆管道{信息}
rachilla (= rhachilla) ①小穗轴 ②小花轴
rachimorphous 穗轴状的（rachemorphus）
rachis ①花序轴，穗轴，主轴 ②叶轴
rachis blast 穗轴瘟病
rachis-branch 穗轴分枝
rachis bristle 穗轴刺毛（rachiseta）
rachis fragility 穗轴脆性（rachifragilitas）
rachis internode 穗轴节间（rachiinternodus）
rachis-like 穗轴状的，主轴状的（rachiformis）
rachis node 穗轴节（rachinodus）
rachis of the main spike 主穗轴
rachitis (= rickets) 佝偻病（rachitis）
rachlet 侧轴（racheola）
racial 种族的（racialis）
racial character 种族性状
racial crossing ①族间杂交 ②族间交配
racial determination 种族鉴定
racial diversify 种族参差性
racial immunity 种族免疫性（immunitas racialis）
racing ①超速运转，空转 ②竞赛，竞态竞争 ③加速 ④疾驰的 ⑤竞赛的
rack ①架，栅，支架，栅架，机架，机柜 ②挡栏饲槽，饲草架（fodder）③逐稿器 ④齿条 ⑤粗格栅{环保}
rack and pinion course adjustment 粗升降旋转{显技}

rack curing （牧草）架上干燥
rack drying （稻）架上干燥
rack jack 齿条式千斤顶
rack load 逐稿器负荷
rack losses 逐稿器损失
rack mount cabinet 架装式箱体{电脑}
rack presser 木框压榨器
rack screen 格栅{环保}
rack-type wagon 高栏板挂车，栅栏式挂车
racker （皮革）伸张台
racking ［从发酵槽中］放出新酒
rad 拉德（辐射吸收剂量单位，每一克组织吸收100尔格的能）
RAD（=rapid access disk） 快速存取磁盘{信息}
rad equivalent unit 拉德当量单位
radar（radio detection and ranging 的缩写字）雷达，无线电探测器{信息}
radar altimeter 雷达高度计
radar altimetry 雷达测高
Radar Amazon（RADAM） 亚马逊雷达摄影计划{遥感}
radar beacon system 雷达信标系统
radar beam 雷达射束
radar climatology 雷达气候学
radar communication 雷达通信
radar contact 雷达捕捉
radar cross-section 雷达截面积
radar data processing 雷达数据处理
radar detection 雷达探测
radar echo 雷达回波
radar foreshortening 雷达影像缩小{遥感}
Radar Holographer 雷达全息摄影［仪］卫星{遥感}
radar image 雷达图像
radar link 雷达中继站{信息}
radar measurement 雷达测量
radar meteorological equation 雷达气象方程
radar meteorological observation 雷达气象观测
radar meteorology 雷达气象学
radar model of the sea surface 海面雷达模型
radar navigation 雷达导航
radar observation system 雷达观测系统
radar range 雷达测距
radar reflectivity 雷达反射率
radar reflectivity factor 雷达反射因子
radar resolution 雷达分辨率
radar response 雷达响应
radar scatterometry 雷达散射测量技术
radar shadow 雷达阴影，雷达盲区
radar signal detection 雷达信号检测
radar sounding 雷达探空
radar storm detection 雷达风暴探测法
radar theodolite 雷达经纬仪
radar tracking station 雷达跟踪站
radar vector 定向雷达射束，雷达制导波束{遥感}
radar video indicator 雷达图像指示器{电脑}
radar video signal 雷达视频信号{电脑}
radarkymography 雷达计波摄影
Radarsat 雷达卫星(加拿大){遥感}
radarsonde 雷达测风仪
raddish cochlid 茶锈刺蛾［*Phrixolepia sericea* Butler］(刺蛾科)
raddle ①木格条带式逐稿器 ②赭石
raddle conveyor 链板输送器
raddle rakes （山地联合收获机）输送带式逐稿器
raddle-type pickup 铲板式捡拾器
radial ①边缘的（指菊科花）②辐射状的，放射状的 ③径向的（radialis)
radial arrangement 间隔排列（木质部与韧皮部的排列）(depositio radialis)
radial ball bearing 辐射状滚珠轴承，向心滚珠轴承
radial bearing 向心轴承
radial bundle 辐射维管束（fasciculus radialis)
radial cell 放射形细胞（cellula radialis)
radial centre 辐射中心（centrum radiale){遥感}
radial check 辐射裂（沿射线裂开）
radial chromatography 径向层析{生技}
radial crack 径向裂纹（rima radialis)
radial cross-vein 径横脉{昆虫}
radial cut 径切面（指木材）
radial cylinder variable stroke piston pump 可变行程径向柱塞泵
radial development 径向展开［法］{生技}
radial diagram 辐射状图解（diagramma radialis)
radial diffusion 径向扩散（diffusio radialis)
radial dilution 径向稀释（dilutio radialis)
radial direction 辐射方向（directio radialis)
radial distance 径向距离，径段（distantia radialis)
radial distribution analysis 径向分布分析（analysis distributionis radialis)
radial dot 辐射点（punctum radiale)
radial drainage pattern 放射状水系{水利}

radial drill (= radial drilling machine) 摇臂钻床
radial exchange 辐射热交换
radial extractor 离心式分蜜机
radial flow chromatography 径向流层析
radial flow colum 径向流柱
radial-flow fan 径向[气流]风扇
radial fluxes 辐射流量
radial immunodiffusion 放射免疫扩散,散射免疫扩散(immunodiffusio radialis)
radial intercellular canal 径向胞间道(canalis intercellularis radialis)
radial leaf 辐射状叶(folium radiale)
radial-lobed 辐[射分]裂的
radial loop cable 径向环电缆,径向循环电缆{信息}
radial migration 辐射迁移(migratio radialis)
radial multiple 径列复管孔(multiplex radialis)
radial paddle wheel 踏轮(指水车)
radial-piston pump 径向活塞泵
radial pitting 辐射纹孔式(porosans radialis)
radial plunger pump 径向柱塞泵
radial ply tyre 子午线轮胎
radial porous wood 辐射孔材(lignum porum radiale)
radial region 辐射区(regio radialis)
radial scan 径向扫描
radial scraper arms 径向刮泥机{环保}
radial section ①径向切面 ②径向切片{显技}
radial sedimentation tank 辐流式沉淀池{环保}
radial servo 径向伺服
radial shake (= radial check) 辐射裂
radial shrinkage 径向收缩(木材)
radial strand 辐射束(fasciculus radialis)
radial symmetry ①辐射对称 ②放射对称(symmetria radialis)
radial system 辐射式[排水]系统{环保}
radial thrust 径向推力
radial-type 径向型(typus radialis)
radial vascular bundle 辐射维管束(fasciculus vascularis radialis){解剖}
radial vein 径向脉
radial velocity 径向速度
radial wall 径向壁(paries radialis)
radial well 辐射井
radially symmetrical 辐射对称的
radially ventilated silo 辐射通气粮仓
radian [径]弧度(radianus)
radiance ①发光 ②放热 ③辐射率(radiantia)
radiance resolution 辐射[率]分辨率{遥感}
radiant ①发光的,放热的 ②辐射的,放射的(radians)
radiant capitulum (= radiate capitulum) 辐射头状花序(capitulum radiatum)
radiant emittance 辐射率,辐射度{遥感}
radiant energy 辐射能
radiant exitance 辐射出射度
radiant flux 辐射通量
radiant heat 辐射热
radiant-heat drying 辐射热干燥
radiant heater 辐射式加热器
radiant heating 辐射加热
radiant intensity (= radiation intensity) 辐射强度
radiant transmittance 辐射透射比
radiant umbel 辐射伞形花序(umbrella radians)
radiapparatus 辐射装置
radiar 辐射式(radiaris)
radiate ①辐射状的,放射状的{形态} ②辐射对称动物{动} ③辐射{辐射} ④发光{气象}(radiatus)
radiate aggregate 放射状团粒,放射状团聚体
radiate capitulum 辐射头状花序(capitulum radiatum)
radiate heating 放射暖房{农施}
radiate-veined 辐射脉的(radiatovenosus)
radiate veins 辐射脉(venae radiatae)
radiated power 辐射功率
radiated wave 辐射波
radiately ridged 放射隆起线
radiatiform 辐射状的(radiatiformis)
radiating 辐射的,放射的(radians)
radiating bar 辐射棒
radiating canal 放射沟
radiating glacier 辐射状冰川
radiating power 辐射本领
radiating route 放射路线
radiating spokes 放射辐
radiating surface 辐射面,导热面
radiation ①辐射,放射 ②放射线,辐射能(radiatio)
radiation "oxygen effect" 辐射"氧效应"
radiation absorbed dose(rad) 辐射吸收剂量
radiation absorption 辐射吸收
radiation adaptation 辐射适应{生态生理}

radiation agent 辐射剂
radiation and cell culture 辐射与细胞培养
radiation application 辐射应用
radiation attenuation 辐射衰减
radiation balance 辐射平衡
radiation biochemistry 辐射生物化学 (radiobiochemia)
radiation biology 辐射生物学 (radiobiologia)
radiation biology of cultured plant cells 培养植物细胞的辐射生物学
radiation breeding ①辐射育种 ②辐射育种学
radiation breeding of annual crops 一年生作物辐射育种
radiation breeding of perennial crops 多年生作物辐射育种
radiation budget 辐射收支,辐射平衡
radiation carcinogen 辐射致癌剂
radiation carcinogenesis 辐射致癌
radiation chart 辐射图{遥感}
radiation chemistry 放射化学 (radiochemia)
radiation chimera 辐射嵌合体
radiation cleavage 辐射裂解
radiation coefficient 辐射系数
radiation constant 辐射常数
radiation contamination 放射性污染{环保}
radiation cooling 辐射冷却
radiation crosslinking 辐射交联{生技}
radiation damage 辐射损伤
radiation decomposition 辐射分解,辐解
radiation decontamination 放射性去污染
radiation disinfestation 辐射灭虫
radiation distribution 辐射分布
radiation dose 辐射剂量
radiation dose rate 辐射剂量率
radiation dose-response curve 辐射剂量反应曲线
radiation dosimeter 辐射剂量计
radiation dosimetry ①辐射剂量测定 ②辐射剂量测定法,辐射剂量学
radiation effect in seed 种子辐射效应
radiation effect in seedling 幼苗辐射效应
radiation effect on the cell 细胞辐射效应
radiation efficiency 辐射效率
radiation energy 辐射能
radiation environment 辐射环境
radiation equilibrium 辐射平衡
radiation exchange 辐射交换
radiation field 辐射场
radiation filter 辐射滤波器
radiation frost 辐射霜[冻]{生态生理}
radiation genetics 辐射遗传学 (radiogenetica)
radiation genetics and crop improvement 辐射遗传学与作物改良
radiation gradient 辐射梯度
radiation heating 辐射加热
radiation hybrid ①辐射杂交物,辐射杂化物 ②辐射杂种{育种}
radiation inactivation 辐射钝化
radiation-induced aberration 辐射诱导畸变
radiation-induced change 辐射诱导变异
radiation-induced chromosomal aberration 辐射诱导染色体畸变
radiation-induced chromosomal damage 辐射诱导染色体损害
radiation-induced lethal 辐射诱导致死因子
radiation-induced mutation 辐射诱导突变
radiation-induced oxidation 辐射诱导氧化
radiation-induced polymerization 辐射引发聚合
radiation-induced pycnosis of chromosome 辐射诱导染色体固缩
radiation-induced recombination 辐射诱导重组
radiation-induced rust resistance 辐射诱导抗锈病性
radiation-induced sterilization 辐射绝育 (指辐射诱导不育化)
radiation injury 辐射损害
radiation integrater 辐射积分仪
radiation intensity 辐射强度
radiation inversion 辐射逆温
radiation law 辐射[定]律{辐射}
radiation lethality 辐射致死现象
radiation loss 辐射损失
radiation method 辐射方法
radiation mortality 辐射致死性,辐射死亡率
radiation mutagenesis 辐射突变形成
radiation of developmental process 发育过程[的]辐射
radiation of energy 能量辐射
radiation on dose 辐射剂量
radiation pasteurization 辐射消毒
radiation polymerization 辐射聚合
radiation preservation 辐射保藏
radiation pressure 辐射压力
radiation processing 辐射加工
radiation profile 辐射剖面
radiation protection 辐射防护
radiation protective 辐射防护剂
radiation pyrometer 辐射高温表
radiation quality 辐射质量
radiation recorder 辐射记录器

radiation regime 辐射状况
radiation resistance 辐射抗性，抗辐射性
radiation-resistant 抗辐射的
radiation-resistant mutant 抗辐射突变体
radiation response 辐射反应
radiation screen 辐射屏
radiation self-decomposition 放射性自分解
radiation-sensitive center 辐射敏感中心
radiation sensitive metabolic product 辐射敏感代谢产物
radiation sensitivity 辐射敏感性
radiation shield 辐射防护屏，辐射屏蔽
radiation sickness 辐射病
radiation source 辐射源
radiation stability 辐射稳定性
radiation-stable 辐射稳定的
radiation standard 辐射标准
radiation sterilization 辐射灭菌
radiation stress 辐射胁迫{生态生理}
radiation surface (=radiating surface) 辐射面
radiation survey 辐射测量
radiation survival curve 辐射存活曲线
radiation survival of cells 辐射的细胞成活
radiation synthesis 辐射合成
radiation technology of accelerator 加速器[的]辐射技术
radiation temperature 辐射温度
radiation thermal exchange 辐射热交换
radiation threshold 辐射阈
radiation tolerance 耐辐射性
radiation transfer 辐射传递，辐射输送，辐射传输
radiation use efficiency (RUE) 辐射利用效率
radiation value 辐射值
radiation waste (=radiative waste) 放射性废物{环保}
radiative 辐射的，放射的 (radiativus)
radiative contamination 放射性污染{环保}
radiative dust 放射性微尘(尘埃){环保}
radiative pollution 放射性污染{环保}
radiative technique for breeding 育种辐射技术
radiative temperature (=radiation temperature) 辐射温度
radiative tracer technique 辐射示踪技术
radiative transfer equation 辐射传输方程{遥感}
radiative transfer theory 辐射传输理论
radiative waste liquid 放射性废液{环保}
radiator ①辐射机 ②散热器，冷却器 ③辐射体
radiator hose 散热器软管
radiatus ①(=ra) 辐辏状[云] ②辐射状的
radical ①根生的，基生的 ②基的，基团的，根的，自由基的 ③基础的，根本的 ④固有的 ⑤必要的，必需的 ⑥彻底的 ⑦部首，偏旁{电脑} (radicalis)
radical anion 自由基阴离子
radical approach 根本措施
radical axis 根轴 (axis radicalis)
radical bud 根芽 (gemma radicalis)
radical cation 自由基阳离子
radical center 根轴心 (center radicalis)
radical-damaged protein 自由基损伤蛋白
radical encode method 字根编码法{电脑}
radical-forming agent 自由基生成剂
radical initiator 自由基引发剂
radical ion 自由基离子
radical leaf 基生叶 (folium radicalis)
radical number 根数{统计}
radical scavenger 基团净化剂
radical substitution 基团取代
radical vein 径脉
radical wheat breeding 小麦激进育种(即对小麦常规育种进行巨大改革)
radicant (=radicating) ①生根的 ②气生根 (radicans)
radicantia 有柄生物
radicated ①具根的 ②有直根的 (radicatus)
radication ①根系，根序 ②生根 ③开方{统计} (radicatio)
radicel (=radicle) 胚根 (radicella)
radicicolous ①根出的{形态} ②根上寄生的{微生物} (radicicolus)
radiciferous 具根的(radicifer)
radiciflorous 根出花的 (radiciflorus)
radiciform 根状的 (radiciformis)
radicin (=radixin) 根蛋白
radicivorous 食根的 (radicivorus)
radicle 胚根 (radicula)
radicle epex (=radiculodium) 胚根端 (radiculodium)
radicoid form 地下器官型
radicola 根瘤蚜
radicolous 生在根部的 (radicolus)
radicose ①多根的 ②具大根的 (radicosus)
radicular 胚根的 (radicularis)
radicular region 根区 (regio radicularis)
radiculiform 小根状的 (radiculiformis)
radiculose 具小根的 (radiculosus)
radii (=radius) 半径
radio- ⌊字头⌉①射线，辐射 ②光照

radio ①无线电 ②无线电发射台 ③接收台{信息} ④射频{电脑}
radio altimeter 无线电测高计
radio-atmometer 放射蒸发计(radioatmometer)
radio autocontrol 无线电自动控制
radio baseband receive terminal 射频基带接收终端{信息}
radio baseband send terminal 射频基带发送终端
radio beeper BP机,无线电信号机
radio channel 无线电波道,无线电信道
radio communication 射频通信
radio control 无线电控制
radio countermodulation 人为无线电干扰
radio detection and ranging (=radar) 无线电定向测距,雷达
radio detection finder 无线电定向器
radio direction finder 无线电定向仪{遥感}
radio for scientific farming 无线电为科学种田服务
radio frequency 射频,放射频率;无线电频
radio frequency band 无线电频带
radio frequency circutator 无线电频率环行器
radio frequency drying 高频干燥
radio frequency electrical seed treatment 种子无线电频率处理
radio frequency gluing 高周波电子胶合
radio frequency heating (=high frequency heating) 高频加热
radio frequency interference 射频干扰
radio frequency modulator 射频调制器,RF调制器
radio frequency waveform 射频波形{信息}
radio guidance 无线电制导
radio inertial guidance system 无线电惯性制导系统
radio interferometer system 无线电干涉仪系统{遥感}
radio pilot balloon 无线电测风气球
radio relay system 无线电中继系统
radio-release determination 放射性释放测定
radio rural forum 无线电农村广播点
radio set ①无线电收音机 ②无线电台 ③无线电设备
radio signal 无线电信号
radio-sondages 无线电探空
radio-sounding (=radio sondages) 无线电探空
radio speaker 扩音器
radio telephone 无线电话设备
radio telephony 无线电话
radio teletype 电传,无线电电传
radio teletypewriter communication 无线电电传通信
radio tracking 无线电示踪器
radio transmitter 无线电发报机
radio tube 电子管
radio wave 无线电波
radio wind sounding 无线电测风
radioacoustic ranging 电声测距{遥感}
radioactivation 放射性活化(radioactivatio)
radioactive 放射性的(radioactivus)
radioactive aerosol 放射性气溶胶{环保}
radioactive assay 放射性分析
radioactive background 放射性本底
radioactive breeding 放射性育种,辐射育种
radioactive change 放射性变化,辐射变化
radioactive clean nuclear power 放射性洁净核能
radioactive collector 放射式集电器(测空中电位梯度用)
radioactive colloid 放射性胶体
radioactive concentration 放射性浓度
radioactive constant 放射性常数
radioactive contamination 放射性污染
radioactive contamination of soil 土壤放射性污染
radioactive decay 放射性衰变
radioactive decay correction 放射性衰变校正
radioactive decontamination ①放射性去污染 ②放射性净化
radioactive decontamination of soil 土壤放射性净化
radioactive deposit 放射性沉积物
radioactive disintegration 放射性蜕变
radioactive element 放射性元素
radioactive fallout 放射性沉降灰
radioactive fission product 放射性裂变物质
radioactive half-life 放射性半衰期
radioactive herbicide 放射性除草剂
radioactive indicator 放射性指示剂
radioactive ink 放射性墨水{生技}
radioactive internal emitters 放射性内辐射源
radioactive iron 放射性铁
radioactive isotope (=radioisotope) 放射[性]同位素
radioactive label 放射标记[物]
radioactive labeling (=radiolabeling) 放射性标记
radioactive liquid sample 放射性液体样本

radioactive marker 放射性标记物
radioactive material 放射性物质
radioactive nuclide（=radionuclide） 放射性核素
radioactive P^{32} induced chromosome breakage 放射性 P^{32} 诱导染色体断裂
radioactive phosphorus 放射性磷
radioactive radiation 放射性辐射
radioactive ray 放射线
radioactive series 放射系列
radioactive source 放射源
radioactive spring 放射性泉
radioactive standard 放射性标准源
radioactive substance 放射性物质
radioactive sulfur 放射性硫
radioactive tag 放射性标志[物]
radioactive tagging 放射性标志
radioactive tracer method 放射性示踪法
radioactive tracer technique 放射性示踪技术
radioactive tracers 放射性示踪剂
radioactive tracing 放射性示踪
radioactive uridine 放射性尿苷
radioactive waste 放射性废物
radioactive waste disposal 放射性废物处置{环保}
radioactive waste liquid 放射性废液{环保}
radioactive waste repository 放射性废物处置区{环保}
radioactive waste treatment 放射性废物处理
radioactive waste water 放射性废水{环保}
radioactive zinc 放射性锌
radioactivity ①放射现象 ②放射性（radioactivitas）
radioactivity measurement 放射性测定
radioactivity shield 放射性防护屏
radioactivity standard 放射性标准(源)
radioactivity strength 放射性强度
radioaerosol 放射性气溶胶
radioallergosorbent test（**RAST**） 放射变应原吸附测定[法]{分生}
radioassay 放射分析,放射化验,放射检测,放射测定
radioastronomy 射电天文[学]（radioastronomia）
radioautograph 放射自显影照片
radioautographic efficiency 放射自显影效率
radioautography 放射自显影术
radiobactor 放射极毛杆菌
radiobactor group 放射极毛杆菌群
radiobearing 无线电方位
radiobiological 放射生物学的（radiobiologicus）
radiobiological application 放射生物学应用
radiobiological significance 放射生物学意义
radiobiology 放射生物学（radiobiologia）
radiocancerogenesis 放射致癌
radiocarbon 放射性碳
radiocarbon dating 放射[性]碳计年法
radiocarbon tagging 放射性碳标志
radiocarbon test 放射性碳试验(指利用同位素碳的放射性来推断古生物年代的方法)
radiocardiography 心脏放射描记图（radiocardiographia）
radiochemical 放射化学的（radiochemicus）
radiochemical method 放射化学法
radiochemical neutron activation analysis（**RNAA**） 放射化学中子活化(激活)分析
radiochemical purity 放射化学纯度
radiochemically pure 放射化学纯(指化学药品,染料)
radiochemistry 放射化学（radiochemia）
radiochemoluminescence 放射化学发光（radiochemoluminescentia）
radiochromatogram 放射色谱[图]（radiochromatogramma）
radiochromatography 放射层析法（radiochromatographia）
radiocirculography 放射[血]循环描记术（radiocirculographia）
radiocolloid 放射性胶体（radiocolloideus）
radiocoustic ranging 电声测距法{遥感}
radiodermatitis 放射性皮炎
radioecho 无线电回波
radioecology 放射生态学（radioecologia）
radioelectrophoresis 放射电泳
radioelement 放射性元素（radioelementum）
radioenzymatic assay 放射酶学测定[法]
radiofluorescence 辐射荧光
radiofluorography 放射荧光自显影[术]（radiofluorographia）
radiogenetical 辐射遗传[学]的（radiogeneticus）
radiogenetical experiment 辐射遗传学试验
radiogenetics 辐射遗传学（radiogenetica）
radiogenic 致辐射的（radiogenus）
radiogenic heat 放射性热{遥感}
radiogoniometer 无线电定向计
radiogram 射线照相（radiogramma）
radiograph 射线照相[相片]（radiogra-

phus)
radiography 射线照相术,放射显影法(radiographia)
radiohistography 放射组织自显影术(radiohistographia)
radioimmunoassay (RIA) 放射免疫测定[法],放射免疫分析[法]
radioimmunoassay kit (RIA kit) 放射免疫测定试剂盒,放射免疫分析试剂盒
radioimmunochemistry 放射免疫化学(radioimmunochemia)
radioimmunoelectrophoresis 放射免疫电泳
radioimmunoimaging 放射免疫成像
radioimmunoprecipitation 放射免疫沉淀[法](radioimmunoprecipitatio)
radioimmunosorbent test (RIST) 放射免疫吸附测定
radioiodinated 放射性碘化的(radioiodinatus)
radioiodination 放射性碘化[作用](radioiodinatio)
radioiodine 放射性碘
radioiodine labeling 放射性碘标记
radioiron 放射性铁
radioisotope 放射性同位素
radioisotope counter 放射性同位素计数器
radioisotope scan [放射性]同位素扫描
radiokymography X射线动态摄影术(radiokymographia)
radiolabelled (= radiolabeled) 放射性[同位素]示踪的,放射性[同位素]标记的
radiolabelled compound 放射性标记化合物
radiolabelled counting rate 放射性标记计算率
radiolabelled probe 放射性标记探针
radiolabelling (= radiolabeling) 放射性标记
radiolarian 放射虫
radiolarian ooze 放射虫软泥
radioligand 放射性配体
radiolocation 无线电定位(radiolocatio)
radiolocator 无线电定位器
radiological 辐射学的(radiologicus)
radiology 辐射学,放射学(radiologia)
radioluminescence 辐射发光,放射发光(radioluminescentia)
radiolysis 辐射分解,放射分解
radiomedial cross vein 径中横脉{昆虫}
radiomedial vein 径中脉
radiometeorograph 无线电气象计
radiometer 辐射仪,辐射计
radiometer frequency response 辐射计频率响应
radiometer-scatterometer (RADSCAT) 辐射-散射计{遥感}
radiometric ①辐射性的 ②辐射度的 ③辐射[性]测定的(radiometricus)
radiometric analysis 辐射性测定分析
radiometric correction 辐射度校正
radiometric dating 辐射性测定地质年代
radiometric time 放射性[测定]年代{遥感}
radiometric transformation 辐射度变换
radiometry ①辐射测定 ②辐射测定法(radiometrica)
radiomicrobiological assay 放射微生物测定[法]
radiomicrometer 测微辐射计
radiomimetic ①拟辐射的 ②拟辐射剂(radiomimeticus)
radiomimetic agent 拟辐射剂
radiomimetic chemicals 拟辐射化合剂,拟辐射物质
radiomimetic compound 拟辐射化合物
radiomimetic drug 拟辐射药物
radiomimetic substance 拟辐射物质
radiomimetics 拟辐射剂学(radiomimetica)
radiomutant ①辐射突变体 ②辐射突变型
radionavigation 无线电导航(radionavigatio)
radionecrosis 辐射致坏死
radionuclide 放射性核素
radionuclide purity 放射性核素纯度
radiopaque dye 不透入射线染料
radioparent 可透射线的(radioparens)
radiopharmaceuticals 防辐射药物
radiophosphorus 放射性磷
radiophotograph 辐射摄影,放射照相(radiophotographus)
radiophotography 辐射摄影术,放射照相术(radiophotographia){显技}
radiophotoluminescene 辐射光致发光(radiophotoluminescentia)
radiophysiology 放射生理学(radiophysiologia)
radioprotectant 辐射防护剂(radioprotectans)
radioprotection 辐射防护,放射性防护(radioprotectio)
radioprotection treatment schedule 辐射防护处理表
radioprotective 辐射防护的,放射性防护的(radioprotectivus)
radioprotector ①辐射防护剂 ②辐射防护装置

radioprotectorant 辐射防护剂
radiorace 辐射亚种
radioreceptor assay 放射性受体测定[法]
radioresistance 抗放射性,对辐射抗性(radioresistantia)
radiorestorative chemicals 解辐射药,辐射缓解药
radioscopy 射线检查法(radioscopia)
radioselection 辐射选种(radioselectio)
radiosensitive 放射敏感的,放射感受的(radiosensitivus)
radiosensitive phase 放射敏感期
radiosensitivity 放射敏感性,辐射灵敏度(radiosensitivitas)
radiosensitivity factor 放射敏感性因子
radiosensitivity in plant 植物的放射敏感性
radiosensitization 放射敏感化,辐射敏化(radiosensitisatio)
radiosensitizer 辐射敏化剂(radiosensitiser)
radiosonde 无线电探空仪,无线电高空探测仪
radiospectroscopy 辐射光谱学(radiospectroscopia)
radiostation 无线电台
radiosterilization ①辐射消毒 ②辐射绝育(radiosterilisatio)
radiostimulation 辐射刺激[作用](radiostimulatio)
radiostrontium 放射性锶
radiosusceptibility 辐射易感性(radiosusceptibilitas)
radiosymmetric 辐射对称的(radiosymmetricus)
radiotelemeter 无线电遥测装置
radiotelemetry 无线电遥测术(radiotelemetrica)
radiotelescope 电望远镜,无线电望远镜
radiotherapy 放射疗法,放射治疗(radiotherapia)
radiothermoluminescence 辐射热致发光(radiothermoluminescentia)
radiothor 放射性指示剂
radiotopography 放射性分布图测定法
radiotoxemia 放射毒[症]
radiotoxicity 辐射毒性(radiotoxicitas)
radiotoxicology 放射毒理学(radiotoxicologia)
radiotracer ①放射性示踪元素 ②放射性示踪化合物
radiovision 电视,无线电传真(radiovisio)
radiowave sounding 无线电波探空
radiowind 无线电测风仪
radish ①萝卜属[*Raphanus* L.](十字花科) ②萝卜[*Raphanus sativus* L.]
radish bacterial brown rot 萝卜青枯病[*pseudomonas solanacearum* Smith]
radish combine 萝卜联合收获机
radish flea 萝卜棘跳虫[*Onychiurus fimetarius* (Linné)](棘跳虫科)
radish maggot 萝卜蝇蛆
radish mosaic virus (= radish enation mosaic virus) 萝卜花叶病毒[*Marmor raphani* (Holmes) = *Raphanusvirus maculans* (Roland)]
radish root knot nematode 萝卜根结线虫[*Melotdogyne* sp.]
radish webworm 菜心野螟[*Oebia undalis* Fabricius](野螟科)
radish white rust 萝卜白锈病[*Albugo macrospora* S. Ito.]
radium 镭(Ra, 88号元素)
radium radiation 镭辐射
radium radiation field 镭辐射场
radius ①半径 ②边花(菊科) ③伞形花序梗 ④径脉{昆虫}
radius at hitch point 悬挂点自由空间半径
radius bucket 圆底铲斗
radius gate 扇形闸门{环保}
radius of action 作用[有效]半径,活动半径
radius of convergence 收敛半径{遥感}
radius of curvature 曲率半径,弯曲半径
radius of elbow 弯管半径{环保}
radius of gyration ①回转半径 ②转动惯量半径
radius of influence 诱导半径,影响半径
radius of influence of well 井影响半径{环保}
radius-thickness ratio 厚度与半径比率
radius vector 动径,辐,矢径{电脑}
radix ①根{形态} ②翅基{昆虫} ③基,基数,数根
radix digit 基数数字{电脑}
radix gentianae 龙胆根
radix ipecacuanha 吐根[*Uragoga ipecacuanha* Baillon](茜草科)
radix pili (= fibril) 根毛
radix point 基数小数点,小数点
radixin 根蛋白
radon 氡(Rn, 86号元素)(旧名 Niton,亦称 radium emanation)
radon gas 氡气
radwaste (= radiation waste) 放射性废物{环保}

radwaste final disposal 放射性废物最终处理{环保}
radwaste management 放射性废物管理
raffia ①酒椰属［*Raphia* L.］(棕榈科) ②韧皮,麻皮
raffia fiber 酒椰纤维
raffia palm 酒椰［*Raphia ruffia* L.］(棕榈科)
raffinase 棉子糖酶
raffinose 棉子糖,蜜三糖［$C_{18}H_{32}O_{16}\cdot 5H_2O$］
rafflesia (=sumatra, monster-flower) 大花草［*Rafflesia arnoidii* R. Br］(大花草科)
rafflesia family (=monster-flower family) 大花草科［Rafflesiaceae］
raft ①木排,竹排,筏{森林} ②卵筏{昆虫}
raft culture 筏式养殖
raft hook 流送用钩
raft-section 木筏,排节
raft-section driving 桴送,流送筏
raft-wood 筏流材,木排流送材
rafter ①椽 ②木排流送工
raftered roof 椽架屋顶(温室)
rafting 筏运
rafting channel 流送水路,筏运水路
rafting reservoir 筏运贮水池
raftsman 筏运人,放木排者
RAG (=recombination activating gene) 重组激活基因,重组活化基因{分遗}
rag ①碎布,破布片 ②⌊复⌉破烂衣服 ③碎屑,破片,碎片 ④边缘不对齐,参差不齐(指印刷体)
rag-doll tester 布卷发芽器
rag flower 舌状花,边花(指向日葵花)
rag-gourd (=vegetable sponge) 丝瓜
rag pulp 破布纸浆(用于制高级纸){环保}
rag-work 缀石工{园林}
ragamuffin 山雀(山雀科)
ragged 凸凹的,粗糙的
ragged country 山岳地带
ragged cut 高低不平的切割
ragged edge 不平边缘
ragged left/right 左/右边参差［不齐］{电脑}
ragged Robin (=cuckoo flower) 欧洲剪秋萝［*Coronaria floscuculi* (L.) A. Br. = *Lychis floscuculi* L.］(石竹科)
ragging 整板(指排印)
ragi 爪哇酒曲
ragi millet (=African millet, Indian millet, Korakan) 龙爪稷(穆子,鸭脚粟)［*Eleusine coracana* (L.) Gaertn. = *Cynosurus coracanus* L.］(禾本科)
Ragnar 拉格纳尔(澳大利亚甘蔗品种)
ragweed ①豚草属［*Ambrosia* L.］(菊科) ②豚草［*Ambrosia artemisidefolia* L.］
ragweed borer 豚草小卷蛾［*Epiblema strenuanum* (Walker)］(小卷蛾科)
ragweed plant bug 豚草盲蝽［*Chlamydatus associatus* (Uhl.)］(盲蝽科)
ragwort (=common groundsel'ommon-ragwort) 欧洲狗舌草［*Senecio vulgaris* L.］(菊科)
rahman structure 框架结构{农施}
RAI (=root area index) 根面积指数{形态}
raibow pink (=Chinese pink) 石竹(中国石竹)［*Dianthus chinensis* L.］(石竹科)
raigan (=omphalia) 竹苓［*Omphalia lapidescens* Schroeter］(蘑菇科)
rail ①轨道,钢轨 ②栏杆,围栏 ③横木,横梁,楣
rail fence 栅栏,篱笆
rail-post 栏柱
rail trolly (=rail trolley) 轨道小车
railing ①栏杆 ②栅门
railway (=trainway) 铁路,铁道,轨道
railway receiving point 铁路受货站
railway sacks 粗麻袋
railway target 铁路目标{遥感}
railway transport 铁路运输
railway with wooden rails 圆木轨道［铁路］
railway-yard 调车场
rain 雨(pluvia)
rain and snow 雨夹雹
rain-area 降雨面积
rain attenuation 降雨衰减
rain barrel effect 雨管效应(指过补偿线路上的响应){信息}
rain beetles 毛金龟属［*Pleocoma* spp.］
rain belt 雨带
rain capacity 降雨量
rain channel 水蚀沟
rain chart 降雨分布图{遥感}
rain cloud 雨云(nimbus)
rain crop (=rainfed crop) 旱作,靠雨栽培
rain damage 雨害
rain day ①雨日 ②⌊复⌉降雨日数
rain deficit 缺雨
rain diagram 雨量图{遥感}
rain drops 雨滴
rain duration 降雨持续时间
rain-ephemeral desert annuals 雨季短生荒漠一年生植物
rain-ephemeral species 雨季短生植物种

rain factor 降水因素
rain-fed (= rainfed) 靠雨供水的,靠天的,旱作的
rain-fed crops 旱作作物
rain-fed cultivation 靠雨栽培,无灌溉栽培,旱作
rain-fed paddy field 旱稻田,靠雨稻田(雨水供应稻田)
rain flora ①常雨植物区系 ②常雨植物志(pluviflora)
rain forest ①雨林 ②常雨林 ③常雨乔木群落
rain-forest climate 雨林气候
rain-forest tree 雨林树木
rain-free days 晴天日数
rain frequency 降雨频率
rain gage (= rain gauge) 雨量计
rain gauge 雨量计,雨量器
rain glass (= barometer) 晴雨计
rain green forest 雨绿林
rain gully 雨水沟,檐槽
rain gun ①远射程喷灌装置,喷雨枪 ②喷洒污水装置{环保}
rain gun irrigation 远射程喷灌,喷枪式喷灌
rain gush (= rain gust) 暴雨
rain gutter 风水沟,小冲沟,檐沟
rain height 降雨深度
rain hood 雨罩
rain hours 降雨时数
rain intensity 降雨强度
rain-lily (= praire-lily) ①雨百合属[*Cooperia* Herb.](百合科) ②雨百合[*Cooperia* sp.]
rain-loving plant 喜雨植物(planta pluviphila)
rain-making 人造雨,人工降雨
rain-making rocket 造雨火箭
rain map (= rain chart) 雨图
rain precipitation 降雨
rain print 雨痕
rain rill 雨沟,细沟
rain shadow 雨影
rain shield 雨带
rain shower 陈雨
rain spell 久雨期
rain squall 雨飑
rain stimulation by artificial means 人工影响降水,人工催化降水
rain storm 暴雨,暴风雨
rain storm center 暴雨中心
rain tip 滴水叶尖
rain tolerant 耐雨的
rain tree (= monkey pod) 雨豆树
rain-tree (= saman) ①雨树属[*Samanea* Merr.](豆科) ②(= monkey pod)雨树(雨豆树)[*Samanea saman* (Jacq.) Merr.]
rain trees (= rain forest) 雨林
rain virus (= raindrop virus) 雨点病毒
rain wash 雨水冲刷
rain water 雨水
rain-water resource 雨水资源{环保}
rainband ①雨带 ②暴雨区(指伴随台风的)
rainbow 虹(arcus pluvius)
rainbow darter 蓝镖鲈[*Etheostoma caeruleum* Storer]{水产}
rainbow fern 翠云草(蓝地柏)[*Selaginella uncinata* Spring](卷柏科)
rainbow pink (= cinnabar pink) 朱红石竹[*Dianthus cinnabarinus* Sprun.](石竹科)
raincoat 雨衣
rainer 喷灌装置,人工降雨装置
rainfall ①雨量 ②降水,降雨,下雨
rainfall amount 雨量
rainfall curve 降雨曲线,雨量曲线{环保}
rainfall density 雨量强度
rainfall distribution 降雨分布
rainfall efficiency (= rainfall effectiveness) 雨量效率
rainfall erosion 降雨冲刷,降水侵蚀
rainfall factor 降水因素
rainfall frequency 降雨频率
rainfall hours 降雨时数
rainfall intensity 降雨强度
rainfall isoline 等降雨量线
rainfall measurement 雨量测量
rainfall simulator 降雨量模拟装置
raingauge 雨量器,雨量计
raingauge receiver 盛雨筒
raininess 雨量强度
raining 下雨
raining period 雨期,雨季
raining season 雨季,湿季
raining water 雨水
rainland 多雨地
rainleader 落水管{环保}
rainless 无雨的(apluvialis)
rainless region 无雨区
rainless weather 无雨天气
rainproof (= rain-tight) 防雨的,不透雨的
rainworm (= earthworm) 蚯蚓
rainy ①雨的(pluvialis) ②下雨的,多雨的(pluviosus)
rainy climate 多雨气候

rainy day (= rain day) 雨日
rainy period (= rainy season) 雨季
rainy season 雨季
rainy-season cropping (= wet season cropping) 雨季栽培,湿季栽培
rainy spell in early summer 梅雨时期
rainy tropics 雨热带
raise ①举起,升高 ②提高,增高,增加 ③种植,栽培 ④饲养,饲育 ⑤发酵 ⑥隆起
raise alert 升起警告
raise fund 拨款,供给资金
raise in productivity 提高生产力
raise tractor 耕地拖拉机
raised ①高的 (elatus) ②隆起的,举起的 ③提高的 (elevatus)
raised beach 滨岸淤积阶地,上升滩
raised bed (= raised seedbed) 高床,高设苗床
raised bog 高位沼泽
raised field (= platform field) 台田,台地
raised grain 凸凹纹理 (木材) (granum elatum)
raised guard cell 隆起保卫细胞 (cellula inclusiva elevata)
raised hotbed 高设温床
raised moss 高位[泥炭]沼泽
raised production 提高生产 [量]
raised stomata 拱起气孔 (stomata elevata)
raiser ①挖掘机,挖掘器 ②提升器
raisin 葡萄干
raisin grape 做葡萄干用葡萄
raisin moth 无花果粉斑螟 (干果粉斑螟) [*Ephestia figulilella* (Greg.)]
raisin seed oil 葡萄子油
raisin-tree ①枳椇属 [*Hovenia* Thumb.] (鼠李科) ②枳椇 (拐枣) [*Hovenia dulcis* Thunb.]
raising ①栽培 ②培养,培育 ③饲养 ④举,提高
raising agricultural information 提高农业信息(指作物智能栽培学研究工作){智培}
raising and lowering implements (耕作机)起落机具
raising body 掘起犁体,挖掘犁体
raising by hand 人工饲养
raising lever 提升杆,起落杆
raising link (= raising rod) 提升拉杆,起落拉杆
raising nursery 养殖场{水产}
raising of agricultural production 提高农业生产
raising of ground water 地下水升高
raising of seedling (= rearing of seedling) 育苗
raising of the standard of living 提高生活水平,提高生活标准
raising pond 饲养池
raising position 升起位置
raising production technology 提高生产技术
raising seedling 育苗,育秧
raising seedling facility 育苗设施{农施}
raising seedling in open 露地育苗
raising seedling in pot 试盆育苗
raising seedling on carbonized chaff 碳化谷壳育苗
raising seedling under structure 安全设备育苗,保护育苗(如在温室,框床,塑料棚等内育苗)
raising term 饲养期{畜}
raising the peasants' incoming 增加农民收入{农经}
raising the quality and benefit of agricultural products 提高农产品的质量与效益{农经}
Raji cell 雷吉细胞,Raji 细胞{分生}
Raji cell assay 雷吉细胞测定,Raji 细胞测定
rajungun method 去梢侧芽育苗法(指在马来西亚的甘蔗育苗)
rake ①搂耙,叉 ②搂草机 ③逐稿器 ④推集机,集堆机 ⑤倾角
rake and tedder 耙搂摊晒机(指干草)
rake bar hay loader 搂耙式干草装载机
rake conveyor 刮板式输送器
rake cylinder (搂草机)搂集滚筒
rake dozer 刮板式推土机
rake drum 搂齿滚筒,翻草轮
rake harvesting 搂草机收获(指甘蔗)
rake tine 搂耙齿,搂齿
rake type potato digger 搂耙式马铃薯挖掘机
rake-windrowing 耙成长行堆条(干草)
raker 集草机械
raking ①搂集,搂耙 ②集堆 ③耙地,耙耢
raking flier 搂草轮, 扒草轮
raking hay 搂集干草
raking mechanism 搂集机械
raking pickup 搂齿式捡拾器
raking reel 搂集滚筒
raking width 搂草宽幅,搂集宽幅
Ralls (= Rall's Janet) 国光(苹果品种)

RAM (= random access memory) 随机存[取存]储器{信息}
ram ①公绵羊,牡绵羊 ②撞木,撞杆,撞锤,压实器 ③柱塞 ④动力油缸 ⑤撞击,打夯,夯实,压实 ⑥冲压 ⑦压头
ram baler 活塞式捡拾压捆机
RAM card 随机存储器插件,RAM 插件
RAM cartridge 随机存储器盒式磁带,RAM 盒式磁带
RAM chip 随机存储器芯片,RAM 芯片
RAM disk 随机存储器磁盘,RAM 磁盘
RAM dump 随机存储器转储,RAM 转储
ram lamb 小公羊
ram pump 冲压泵{环保}
RAM save 随机存储器保存,随机存储器保护,RAM 保存,RAM 保护
ram-type pump 柱塞泵
Ramachandran map 拉氏图(指蛋白质主链二面角允许值范围的图形){生技}
Ramachandran plot 拉氏图(指 α-碳与酰胺平面交角图){生技}
ramal 枝的(ramealis)
Raman effect 拉曼效应{生技}
Raman lidar 拉曼激光雷达{遥感}
Raman scattering 拉曼散射
Raman scatterometer 拉曼散射计{遥感}
Raman spectra 拉曼光谱
Raman spectrometer 拉曼光谱仪
Raman spectrometry 拉曼光谱测量技术{遥感}
Raman spectroscopy 拉曼光谱学
ramastrum 小叶柄
ramble ①攀援 ②爬蔓 ③蔓延(rambilis)
rambler rose 蔓性种蔷薇
rambling vine 攀缘藤
rambutan 红毛丹(韶子)[*Nephelium lappaceum* L.](无患子科)
rameal 枝的(rameus)
ramellose 小枝的(ramellosus)
ramellus 小枝
ramenta (= ramentum) 小鳞片(ramentum)
ramentaceous 具小鳞片的(ramentaceus)
ramentum 小鳞片
rameous 枝的(rameus)
ramet (= ramete) 无性系分株,繁殖体
ramibaculate 具叉棒的,具分枝棒的(ramibaculatus)
ramicolous 枝上寄生的(ramicolus)
ramie (= ramee, China grass) ① 苎麻属[*Boehmeria* Jacq.](荨麻科) ② 苎麻[*Boehmeria nivea* Gaud.]
ramie agrotechnique 苎麻栽培技术
ramie breeding 苎麻育种
ramie brown spot 苎麻褐斑病[*Ascochyta bochmeriae* Watanabe]
ramie defoliated moth 苎麻长须夜蛾[*Hypena lividalis* Hübner](夜蛾科)
ramie fiber 苎麻纤维
ramie fiber strength 苎麻纤维强度
ramie fiber yield 苎麻出麻率
ramie growing ①苎麻栽培 ②苎麻栽培学
ramie longicorn beetle 苎麻天牛[*Glenea fortunei* Saunders](天牛科)
ramie moth 苎麻夜蛾[*Cocytodes coerules* G.](夜蛾科)
ramie noil 苎麻梳屑
ramie processing 苎麻加工
ramie retting 苎麻浸渍,苎麻浸麻
ramie scutching machine 苎麻打麻机
ramie skin waste 苎麻短纤维
ramie tops 苎麻条
ramiferous 具枝的(ramifer)
ramificate 分枝的(ramificatus)
ramification 分枝[法](ramificatio)
ramified 分枝的(ramosus)
ramiflorous 枝上生花的,枝花的(ramiflorus)
ramiform 枝状的(ramiformis)
ramiform pit 分枝纹孔(porus ramiformis)
ramify 分枝
ramillary 成短枝的(ramillaris)
ramiparous 生枝的(ramiparus)
ramispinous 具枝刺的(ramispinus)
rammer 夯实机
ramming 夯土
ramming machine 夯实机
ramose (= ramous) ① 分枝的 ② 多枝的(ramosus)
ramosity 分枝性(ramositas)
ramp ①斜面,斜坡 ②坡道 ③跳板 ④凸轮缓冲段
ramp input 斜坡输入,恒速输入{电脑}
rampant ①蔓生的,繁茂的 ②蔓延的(rampans)
rampion 钓钟花[*Campanula rapunculoides* L.](桔梗科)
ramrod (= propachlor) 毒草安(除草剂)[$C_{11}H_{14}ClNO$]
ramrod bamboo 四季竹(彗竹)[*Pleioblastus gramineus* Nakai](禾本科)
Ram's horn figure 羊角[状花]纹(指木材)
Ramsch's method of breeding 雷姆茨氏育种法(指混合育种法)

Ramsden eyepiece 雷姆斯登目镜
Ramsden ocular 雷姆斯登目镜
ramson 熊葱［*Allium ursinum* L.］（百合科）
ramtil（= niger，niger seed） 御佐油树［*Guizotia abyssinica* Cass.］（菊科）
ramular 小枝的（ramularis）
ramulispora leaf spot 斑点病
ramulose 多小枝的（ramulosus）
ramulus 小枝，副枝
ramus 枝
rana（= frog） ①蛙属［*Rana* spp.］（蛙科） ②蛙［*Rana* sp.］
rana catesbianay（= bullfrog） 牛蛙［*Rana catesbiana* sp］（蛙科）
rana pipiens 豹蛙［*Rana pipiens* sp.］（蛙科）
rana temperate 林蛙［*Rana temperata* sp.］（蛙科）
Ranb silt loam 劳布粉沙壤土｛土壤｝
ranch ①牧场，畜牧场 ②（热带地区）农场，种植园，庄园
rancher 农场主，种植者，农民
ranching ①粗放放牧 ②劣质牧场 ③经营牧场
rancid 腐败的，恶臭的（rancidus）
rancid milk 酸臭乳
rancid taste［**of wine**］（酒）酸败味道，霉味
rancidity 酸败，恶臭（ranciditas）
randia ①鸡爪勒属［*Randia* L.］（茜草科） ②鸡爪勒［*Randia sinensis*（Lour.）Schultes］
Randolph Cox Solution 雷多尔弗、柯克司溶液｛显技｝
Randolph plow 伦道夫山地犁
Randolph's fluid 伦道夫氏液｛显技｝
Randolph's modification 伦道夫氏改良法（由 Navashion 氏固定液改良而来的）
random 随机的，无规的（fortuitus）
random access ①随机存取，随机进入 ②随机访问｛电脑｝
random access computer 随机存取计算机｛智培｝
random access data file 随机存取数据文件｛遥感｝
random access data structure 随机存取数据结构
random access memory（**RAM**） 随机存储器｛智培｝
random-amplified polymorphic DNA 随机扩增多态 DNA｛分遗｝
random arrangement 随机排列
random association 随机配对｛染色体｝
random assortment ①随机分配 ②随机组合｛染色体｝
random back off 随机补偿｛农管｝
random behavior 随机行为
random breakage 随机断裂
random breeding 随机繁育
random call 随机调用｛信息｝
random change 随机变化
random chiasma formation 天然交叉形成
random choice 随机选择
random chromatid assortment 随机染色单体组合
random chromatid segregation 随机染色单体分离
random chromosome assortment 随机染色体组合
random coil ①随机卷曲，无规卷曲 ②无规线圈
random coiling polymer 无规卷曲聚合物｛分遗｝
random combination 随机组合
random control logic 随机控制逻辑｛电脑｝
random crosslinking 随机交联｛生技｝
random difference 随机差数
random distortion 随机失真｛电脑｝
random distribution ①随机分配 ②随机分布
random-dot stereogram 随机点体视图
random drift 随机漂变
random effects model（= random model） 随机效应模型，变量模型
random error 随机误差，机误
random error-correcting ability 随机误差校正能力
random event 随机事件｛遥感｝
random expectation 随机期望数
random extinction 随机灭亡
random factor 随机因子
random failure ①随机故障 ②偶然失效
random feeding 非选择食性，随机食性
random field 随机场（指图形显示）｛电脑｝
random fixation 随机固定
random fixation of gene 基因随机固定
random fluctuation ①随机彷徨变异 ②随机变动
random foliage 随机［分布］叶（frons fortuitus）
random fusion 随机并合，随机融合
random gene 随机基因
random genetic combination 随机遗传配合
random genetic drift 随机遗传漂变
random inactivation 随机失活
random isolation（孢子）随机分离

random isolation method 随机分离法
random jump 不规则跳动，随机跳动
random-line dropout 扫描线随机脱落{遥感}
random load 随机载荷
random logic large scale integration (random logic LSl) 随机逻辑大规模集成[电路]
random mating ①随机交配{育种} ②自由配合{遗传}
random-mating population 随机交配群体
random mutagenesis 随机诱变
random mutation 随机突变
random noise 随机噪声，随机噪音，杂乱噪音{环保}
random number 随机数字
random occurrence 随机发生[事件]，随机出现
random oligonucleotide primer 随机寡核苷酸引物{生技}
random order 随机序列{统计}
random orientation 随机定向
random packet length 随机包长度{信息}
random pairing 随机配对
random path 随机路径，随机通路
random PCR 随机聚合酶链反应，随机 PCR {分遗}
random permutation ①随机排列 ②随机置换
random perturbation optimization 随机扰动优化
random phase 随机相位
random plant sample 随机植株样本
random planting 随机种植
random pollination 自由授粉 (pollinatio fortuita)
random population 随机群体
random primer extension 随机引物延伸
random probability 随机概率
random probing 随机探测
random process ①随机过程 ②随机处理
random replacement 随机替换
random sample 随机样品，随机样本
random sampling 随机取样，随机抽样
random sampling error 随机取样误差
random sampling number 随机取样数字表
random scan device 随机扫描设备
random scattering 随机分布
random schedule 随机调度
random search method 随机搜索法{电脑}
random searching 随机调查
random segregation 随机分离
random selection 随机选择
random selection coefficient 随机选择系数{育种}
random sequence 随机序列{分遗}
random sequencing 随机测序，随机序列测定{分遗}
random signal 随机信号
random subsample 随机次级样品
random sweep ①随机扫描 ②随机搜索
random testing 随机测验
random tree 不规则树{遥感}
random-type sterility 随机型不育性
random union 随机联合
random variable 随机变数
random variation 随机变异
random vector 随机向量
random walk method 随机步程法，随机移动法{信息}
random X inactivation X染色体随机失活
randombred control population (RBC) 随机交配对照群体
randomization ①随机化法，随机排列{统计} ②无规划{生化}(randomisatio)
randomization test 随机化测验
randomized 随机化的
randomized block 随机区组{统计}
randomized block design 随机区组设计
randomized block error 随机区组误差
randomized block experiment 随机区组试验
randomized block trial 随机区组试验
randomized complete block 随机完全区组
randomized complete block design 随机完全区组设计
randomized non-return-to-zero change on one (R-NRZI) 随机逢"1"变化不归零制{电脑}
randomized order 随机次序
randomized policy 随机策略
randomized replication 随机重复
randomized split plot arrangement 随机裂区排列{统计}
randomized split plot design 随机裂区设计
randomized test 随机测验
randomizer 随机数发生器
randomizing scheme 随机化方案
randomly distributed data 随机分布数据{统计}
randomness ①随机性{统计} ②无序性，无序度{生化}
randomness test 随机性测验
Randox (= allidochlor) 草毒死(除草剂) [$C_8H_{12}ClNO$]
Raney nickel 兰尼镍(催化剂)

range ①分布区{生态}②牧场,放牧地{畜}③范围,全距,变域{统计}④较差,变幅{气象}⑤年代,时期{地质}⑥批,组,套(=set){加工}⑦射程,扬程,距离{农机}⑧测距{遥感}
range adjustment 范围调整
range-azimuth indicator 距离-方位,指示器
range caterpillar 牧草天蚕蛾[*Hemileuca oliviae* Cockerell](大蚕蛾科)
range check 范围检查
range conservation 牧场保持
range constraint 范围约束
range crane fly 牧场大蚊[*Tipula simplex* Doane](大蚊科)
range ecology 放牧区生态学,牧场生态学
range elevation indicator 距离仰角指示器{遥感}
range expansion 分布区扩大
range finder 测距仪,测距计
range-finder scope 自动测距镜筒
range fire 牧场火灾
range-hammer 打号[印]锤(林木)
range height indicator 距离高度指示器{遥感}
range improvement 牧场改良
range index 范围索引
range indicator method [分布]范围指示剂法(测定 pH)
range land (=rangeland) 牧场
range-land fencing 牧场围栏
range management 草原管理,放牧区经营
range nozzle 多头旋转喷嘴
range of detection 探测范围
range of distribution 分布范围
range of equipment 成套设备,成套机具
range of furrow width ①沟宽范围{耕作}②犁体幅宽{农机}
range of jet 喷射距离
range of mean 平均数范围
range of population size 种群大小范围
range of temperature 温度较差
range of tide 潮差(潮汐高低差)
range of variation 变异幅度
range of vision 视野
range pan 耕磐
range plant 牧场植物
range plant cover (=range stand) 牧场植被
range rate 测距速度,接近速度{遥感}
range readiness 牧场准备
range reseeding 放牧地重播(指放牧地恢复饲料生产)
range resolution 距离分辨率{遥感}
range searching 距离检索{遥感}
range survey 草原调查
rangeland (=range land) 牧场
Ranger "徘徊者"月球探测器{遥感}
ranger ①测距仪②大田警卫③护林员④"徘徊者"(月球探测器){遥感}
ranging ①排列,行列②位置,并列③分类,分等,评定④定向,方向⑤测距{遥感}
ranging pole (=ranging rod) 标杆
rangoon creeper ①使君子属[*Quisqualis* L.](使君子科)②使君子[*Quisqualis indica* L.]
ranid 土蛙[*Rana rugosa* sp.]{蛙科}
Raniver's one-third alcohol 拉尼威尔氏三分之一酒精{显技}
rank ①列,排,行列,次序②(=RK)等级③生长繁茂的④肥沃的⑤味道或气味令人不快的
rank analysis 等级分析
rank correlation 等级相关,序次相关
rank difference 等级差异,序次差异
rank distribution 等级分配
rank grasses 繁盛的牧草,丛生的牧草
rank growth 旺长,过繁茂生长
rank method 等级法
rank order system 排序法,序列法{电脑}
rank patches ①肥沃草原②杂草丛生地块
rank statistic 等级统计量,秩统计量
rank test 等级测验
rank tobacco 味道不好烟草
rank vegetation 繁茂植被
ranker 薄层土
Rankine [temperature] scale 兰金温标(指用华氏度数表示的绝对温标)
RanKine cycle 兰金循环{农施}
ranking 等级评定
rankness ①繁茂②肥沃③恶臭
ranunculaceous 毛茛科的(ranunculaceus)
ranunculaceous type (=anomocytic type) 毛茛科型(气孔),无规则型(气孔)
ranunculus ①毛茛属[*Ranunculus* L.](毛茛科)②毛茛[*Ranunculus chinensis* Bge]
ranunculus family 毛茛科[Ranunculaceae]
Ranvier's node 郎维耶结
rapacious 强夺的,掠夺的(rapacius)
rapacious cultivation 掠夺性栽培(指滥用地力)
rapanea ①密花树属(酸金牛属)[*Rapanea* Aubl.](紫金牛科)②密花树[*Rapanea neriifolia* Mez.]

rapanone 酸藤子醌
rape (= colza) ①油菜［*Brassica napus* var. *oleifera* DC.］(十字花科) ②葡萄渣{加工}
rape admixture in seeds 油菜种子夹杂物
rape agrotechnique 油菜栽培技术
rape beetle (= blossom beetle, pollen beetle) 油菜花露尾甲［*Meligethes aeneus* Fabricius］(露尾甲科)
rape breeding ①油菜育种 ②油菜育种学
rape breeding garden 油菜育种圃
rape breeding method 油菜育种法
rape breeding plan 油菜育种规划(方案)
rape butterfly (= potherb butterfly) 绿脉菜粉蝶(冬油菜粉蝶)［*Pierisnapi* Linnaeus］(粉蝶科)
rape cake 菜籽饼
rape downy mildew 油菜霜霉病［*Peronospora parasitica* Fries］
rape dwarf 油菜病毒病［*Brassica virus*］
rape etiolation 油菜黄化现象
rape flea beetle (= cabbage stem flea beetle) 油菜蓝跳甲［*Psylliodes chrysocephala* Linnaeus］(跳甲科)
rape flower ［油］菜花
rape leaf beetle 油菜叶甲［*Monolepta dichroa* Harold］(叶甲科)
rape oil 菜油，菜子油
rape pinching 油菜摘心
rape-seed 油菜子，油菜种子
rape-seed cake (= rape cake) 油菜子饼，菜子饼
rape seed growing 油菜良种繁育
rape-seed meal 菜子粉，菜子饼粉
rape-seed oil (= rape oil) 菜子油
rape-seed oil extraction 菜子油提取
rape seedlings 油菜油，油菜秧
rape shooting 油菜抽薹
rape sowing in place 油菜直播
rape stem weevil 油菜茎象［*Ceuthorrhynchus napi* Gyllenhal］(象甲科)
rape stub sowing 油菜留茬地播种
rape times of irrigation 油菜灌溉次数
rape winter killing 油菜过冬冻死
rape winter resistance 油菜抗寒性
rape wintering 油菜越冬
rape worm 油菜螟［*Evergestis extimalis* Scopoli］(螟蛾科)
raphal ①脊的 ②种脊的 ③珠脊的 (raphalis)
raphanobrassica 萝卜甘蓝，萝菜(萝卜与甘蓝杂交种)
raphe ①脊 ②种脊 ③珠脊
raphia ①酒椰属［*Raphia* Beauv.］(棕榈科) ②酒椰［*Raphia vinifera* Beauv.］
raphia palm (= Madagascar raffia) 马达加斯加酒椰［*Raphia pedunculata* Beauv.］(棕榈科)
raphid 针晶的 (raphidius)
raphid idioblast 针晶异细胞 (idioblastus raphidius)
raphides 针晶体
raphidian cell 针晶细胞 (cellula raphidia)
raphidides 蛇蛉目［Raphidioptera］
raphidine 针状纤维 (raphidinus)
raphidophorous 具针的 (raphidophorus)
raphidophyllous 针叶的 (raphidophyllus)
raphioid 针状的 (raphioideus)
raphioid fiber 针状纤维 (fiber raphioideus)
raphiolepis (= rhaphiolepis) ①石班木属(车轮梅属)［*Raphiolepis* Lindl.］(蔷薇科) ②石班木［*Raphiolepis indica* Lindl.］
raphis (= raphid) 针晶的
rapid ①快速的{农机} ②急陡{土壤} ③⌊复⌉急流，湍流{水利} (rapidus)
rapid access 快速存取{电脑}
rapid accommodation ①快速调节 ②迅速适应
rapid analysis method 快速分析法
rapid breakdown 迅速衰退{生态生理}
rapid carbon gains 快速碳增加
rapid change 骤变
rapid chemical test 快速化学测验
rapid clutch 快速离合器，速动离合器
rapid conflagration 急速性火灾
rapid conversion 快速转化
rapid cooling 快速冷却
rapid coupler 快速联结器，快速联轴器
rapid cure adhesive (= rapid adhesive) 速［变］定胶黏剂
rapid cycle 快速循环
rapid decomposition 迅速分解，快速分解
rapid determination 快速测定
rapid development 快速发育
rapid elongation growth 快速伸长生长
rapid erosion 迅蚀
rapid evaporation 快速蒸发
rapid examination 快速检验
rapid exploitation 快速开发
rapid eye movement sleep (REMS) 快速眼［睛运］动睡眠{分生}
rapid fattening 快速肥育
rapid feed 速效饲料

rapid feeder 快速饲喂器
rapid filter 快滤池{环保}
rapid filtration 快滤{环保}
rapid fire 快火,速射{狩猎}
rapid flow ①急流{水利} ②速流{生技}
rapid flow kinetics 急流动力学
rapid flow technique 速流技术
rapid generation scheme 世代快速法,缩短[育种]世代法
rapid growing ①快速生长的(rapidocresentans) ②快速栽培,促成栽培
rapid growth 快速生长
rapid lysis 迅速溶解
rapid lysis mutant 速溶突变型
rapid measurement 速测
rapid measurement of β-ray dosage β射线剂量速测
rapid method 快速法
rapid milking method 快速挤奶法
rapid modulative adaptation 快速调节适应
rapid motion 快速运动
rapid permeability 快速渗透
rapid plant bug 苜蓿褐盲蝽[*Adelphocoris rapidus* (Say)]
rapid process 快速法
rapid propagation method 快速繁殖法
rapid prototype 速成原型{电脑}
rapid pump 高速泵
rapid reconnaissance 遥感(奥地利用此名称){遥感}
rapid recovery of seedling 迅速缓秧,幼苗迅速恢复
rapid replacement 迅速置换
rapid sand filter 快速沙滤池{环保}
rapid scanner 快速扫描器
rapid scanning 快速扫描
rapid scanning spectrophotometer 快速扫描分光光度计
rapid screening 快速筛选
rapid seedling development 幼苗迅速发育
rapid shift 迅速位移
rapid software prototyping 快速软件原型[法]
rapid spectrophotometric method 快速分光光度测定法
rapid start ①快速开始 ②快速起动,快速启动
rapid sterilization 快速杀菌{环保}
rapid stirring 快速搅动,快速搅拌
rapid survey 快速调查
rapid test 速测
rapid tillering 迅速分蘖
rapid tissue test [植株]组织速测
rapid transport 迅速运输
rapidity ①速度,速率 ②快,迅速 ③陡,险峻(rapiditas)
rapidly available phosphorus 速效磷
rapidly growing species 快速生长种,速生种
rapidly labelled RNA 快速标记 RNA{分遗}
rapidly reannealing DNA 快速退火 DNA{分遗}
rapiform 萝卜状的(rapiformis)
rapine 滥伐
rapistrum ①列葡属[*Rapistrum* Crantz.](十字花科) ②列葡[*Rapistrum perenne* All.]
raquet mycelium 球拍状菌丝体(mycelium raques)
rare ①稀有的,罕有的,罕见的 ②稀疏的,不密的,稀薄的(rarus)
rare amino acid 稀有氨基酸
rare base 稀有碱基
rare character 稀有性状
rare codon 罕用密码子{分遗}
rare earth element 稀土元素
rare element 稀有元素
rare fallow ①黑色休闲 ②黑色休闲地
rare gas 稀有气体
rare mRNA 稀有 mRNA,稀有信使 RNA{分遗}
rare plant 稀见植物(planta rara)
rare race 稀有小种
rare species 稀有种(species rarus)
rare variety 稀有品种(varietas rarus)
rarefaction ①稀少 ②稀疏 ③纯净(rarefactio)
rarefied air 稀薄空气
rareness 罕见性(raritas)
rareripe ①先熟的,早熟的 ②早熟果蔬(rarimaturus)
rariflorous 稀花的,疏花的(rariflorus)
rarifolious 散叶的,疏叶的(rarifolius)
rarity 稀有,罕有(raritas)
rash [皮]疹
rasp ①粗锉 ②用粗锉锉掉
rasp-bar drum (= rasp-barthreshing drum) 纹杆式脱粒滚筒
rasp-bar drum thresher 纹杆滚筒式脱粒机
rasp cut file 粗锉刀,木锉
rasp-shaped 粗锉状的(radulus)
raspador 割麻机
raspberry ①悬钩子属[*Rubus* L.](蔷薇科) ②覆盆子(树莓)[*Rubus idaeus* L.] ③悬钩子[*Rubus palmatus* Thunb.]

raspberry anthracnose 覆盆子炭疽病［*Elsinoe veneta*］
raspberry aphid（=rubus aphid） 悬钩子蚜［*Aphis idaei* van der Goot.］（蚜科）
raspberry beetle 树莓甲虫［*Byturus tomentosus* De Geer］（拟吸木虫科）
raspberry bud moth 悬钩子芽穿孔蛾［*Incurvaria rubiella*（Bjerkand）=*Lampronia*］（穿孔蛾科）
raspberry bud weevil（=strawberry blossom weevil） 悬钩子象（草莓花象甲）［*Anthonomus rubi* Herbst］（象甲科）
raspberry bush 覆盆子（树莓）［*Rubus idaeus* L.］（蔷薇科）
raspberry cane blight（=raspberry spur dlight） 树莓枝枯病［*Didymella applanata*］
raspberry clearwing moth 树莓透翅蛾［*Bembecia hylaeiformis*］（透翅蛾科）
raspberry leaf roller 树莓小卷蛾［*Exartema permmundanum* Clem.］（小卷蛾科）
raspberry moth 树莓穿孔蛾［*Incurvaria rubiella* Bjerk.］（穿孔蛾科）
raspberry picker 覆盆子采摘机
raspberry ring-spot 悬钩子环斑病
raspberry ringspot virus（=raspberry scottish leaf curl virus, red currant ringspot virus） 悬钩子环斑病毒
raspberry sawfly 树莓叶蜂［*Monophadnoides geniculatus* Htg.］（叶蜂科）
rasping 锉磨声｛昆虫｝
rasping-sucking type 舐吸口式
Rassenkreis ①族圈，亚族圈｛生态｝②多型种｛微生物｝（Rassencreis）
rastellum （蜜蜂）花粉梳，花粉刷
raster 光栅｛电脑｝
raster count register 光栅计数寄存器
raster data 光栅数据
raster graphics 光栅图示法
raster image 光栅图像
raster plotter 光栅绘图仪
raster ray tracing 光栅光线跟踪
raster scan 光栅扫描
raster scanner 光栅扫描器
raster technology 光栅法，光栅技术｛遥感｝
raster timing 光栅定时
raster-to-vector conversion 光栅-矢量转换｛遥感｝
raster width 光栅宽度
rasterelement 光栅单元
rasterization 光栅化（rasterisatio）
rasterized ①光栅的 ②栅格的
rasvodye 冰面槽沟
rat 大鼠［属］［*Rattus*］
rat and mouse 大鼠［属］（Rattus）与小鼠［属］（Mus）
rat control 防鼠，灭鼠
rat destruction 驱鼠
rat DNA 鼠 DNA
rat flea（=north rat flea） 具带病蚤（欧洲鼠蚤）［*Nosopsyllus fasciatus* Boso d'Antic=*Ceratophyllus*］
rat killer 杀鼠剂
rat louse 多棘鳞虱［*Polyplax spinulosa*（Burmeister）］
rat poison 毒鼠药
rat-tail cactus ①鼠尾掌属［*Aporocactus* Lem.］（仙人掌科）②鼠尾掌（金纽）［*Aporocactus flagelliformis*（L.）Lem.］
rat-tailed radish 鼠尾萝卜［*Raphanus sativus* var. *Caudatus*］
rat-trap 捕鼠器
rata tree 雷塔树属［*Metrosideros* Banks］（桃金娘科）⌞拟⌝
ratable value（=texable value） 统一价值
ratable value assessment（=valuation for rating） 评价土地税
ratama（=Jerusalem thorn） ①巴金豆属［*Parkinsonia* L.］（豆科）②巴金豆（扁叶轴木）［*Parkinsonia aculeata* L.］
Rataugurressa（=Buncla plum） 罗旦梅（巴尼亚拉）［*Flacourtia jongomas* Raeusch.］（大风子科）
ratchet 棘轮
ratchet and pawl drive 棘轮传动机构
ratchet-controlled winch 棘轮控制式绞盘
ratchet wheel 棘轮
rate ①率，比率 ②速度，速率 ③等级 ④税 ⑤额定（ratus）
rate capacity 额定量（指容量，产量或输出量），额定率｛农管｝
rate center 速率中心，测量中心
rate constant 速率常数，速度常数
rate constant for reaeration 再曝气速度常数｛环保｝
rate control ①速率控制，速控 ②流速控制｛环保｝
rate control to filter 滤池滤速控制｛环保｝
rate controller 流速控制器｛环保｝
rate-controlling step 控速步骤
rate determining factor 速率决定因素
rate determining step 定速步骤
rate diagram 速率图

rate distortion theory 率失真理论{遥感}
rate-doubling concentration 加倍剂量浓度
rate earned 收利率{农管}
rate equation 速率方程,速度方程
rate feedback 速率反馈
rate-free 免税的
rate gene 速率基因
rate generator 比率发电机
rate indicator 转速表
rate limiting 速度限制,限速
rate-limiting factor 限速因子
rate-limiting reaction 限速反应
rate-limiting stage 限速阶段
rate-limiting step 限速步骤
rate-limiting velocity 限速速度
rate matrix 速率矩阵
rate of [body weight] gain (家畜)增重率
rate of abortion 流产率
rate of accumulation 累积率
rate of amino acid substitution 氨基酸替换率
rate of apparent photosynthesis 表现光合速率(强度)
rate of application 施用量{栽培}
rate of attendance 出勤率
rate of bran 糠麸率
rate of broken rice 碎米率
rate of broken seedlings (秧苗)拔断率
rate of capital turnover 资本周转率{农经}
rate of catching 渔获率
rate of change ①变异率{遗传}②变率{气象}
rate of chickens 育雏率
rate of climb 爬高速度,升高速度
rate of concordance 一致率
rate of cooling 冷却速度
rate of death 死亡率,死亡速率
rate of decay ①衰败率,衰变率,衰弱程度 ②腐败速度,腐解速率
rate of deoxygenation 脱氧率{环保}
rate of deposition 沉积率
rate of depreciation 折旧率
rate of development 发育速度
rate of diffusion 扩散速率
rate of digestion 消化率{环保}
rate of discharge 排放率{环保}
rate of drop 下落速度(如悬挂杆件等)
rate of dry-matter 干物质含量
rate of dry-weight 干重率
rate of drying 干燥率,干燥速度
rate of erosion 侵蚀率
rate of escapement 逃逸率{水产}
rate of evaporation 蒸发量,蒸发率
rate of evolution 进化速度
rate of exchange ①互换量 ②(外汇)兑换率
rate of fall 下降速度
rate of feed ①供料率,加料率(指饲料调制){饲料}②进给率,投加率{环保}
rate of feeding 摄食率{水产}
rate of fertilization 受精率
rate of fertilizer application 施肥量
rate of filtration 过滤速率,滤率{环保}
rate of flow 流速,流率
rate of gain 增重率{畜}
rate of gene substitution 基因替换率
rate of genetic death 遗传死亡率
rate of genetic translation 遗传转译速度
rate of germination 发芽势
rate of grain filling 子粒充实率
rate of growth 增长率,生长率,生长速率,生长速度
rate of harvest 收获速度,收获量
rate of hatchability 孵化率
rate of inbreeding 近交进行速度{畜}
rate of increase ①增加速度 ②增长率
rate of increment 增加量,增长速度
rate of insect mortality 死虫率,昆虫死亡率
rate of interest 利率
rate of irrigation 灌溉率
rate of lay 产卵率
rate of light 光速
rate of loading 装载速率
rate of maturation 成熟率,成熟速度
rate of metabolism 代谢速率
rate of milk flow 乳流速度
rate of milking 挤奶速度
rate of mineralization 矿化率
rate of mortality 死亡率
rate of multiplication 繁殖率
rate of mutation 突变率
rate of natural mortality 自然死亡率
rate of nitrification 硝化速率
rate of nitrogen fertilization 施氮肥量
rate of nitrogen turnover 氮素周转速度
rate of oxygen-consumption 耗氧速率{环保}
rate of oxygenation 充氧速率{环保}
rate of percolation 渗漏率
rate of photo synthesis per unit of leaf area 每单位叶面积光合作用率
rate of photosynthesis 光合速度(强度)
rate of planting 播种量
rate of polished rice 白米率,精米率
rate of pregnancy 怀孕率

rate of production 产额,生产量
rate of rainfall 降雨量
rate of raising 育成率
rate of recapture 垂捕率(标志放流)
rate of repairing cost 修理费率{农管}
rate of replacement (=replacement rate) ①置换速度 ②取代率,淘汰率
rate of respiration 呼吸速率
rate of return on investment 投资报酬率{农经}
rate of run-off 径流系数
rate of seed impurity 种子混杂度
rate of seeding 播种量
rate of spontaneous mutation 自发突变率
rate of spread ①扩散速度 ②蔓延速率
rate of stocking 单位牧场面积的牲畜头数
rate of stressing 应力速率
rate of sunshine 日照率
rate of survival 成活率
rate of tag shedding 标志脱落率
rate of time and space utilization 时空利用率{农经}
rate of time and space utilization of agricultural resources 农业[水土]资源的时空利用率{农经}
rate of total cover 总覆盖度
rate of transform 变换率
rate of transpiration 蒸腾速率
rate of unhulled rice 含[稻]谷率
rate of uptake ①提吸率{环保} ②吸收率,摄入率{植生}
rate of viability 成活率
rate of warming 加温速度
rate of water consumption 耗水率,用水率{环保}
rate of water demand 需水率{环保}
rate of wear 磨损速度
rate of wind 风速
rate of work 工作强度,功率{农施}
rate of working 作业定额
rate sedimentation 速率沉降
rate test 速率检验
rate-zonal centrifugation 差速区带离心
rated ①额定的,定额的 ②标定的 ③设计的 ④(制造厂)规定的
rated capacity 定额量
rated deliveries 定额运输量
rated engine speed 发动机额定转数
rated loading capacity 额定装载量
rated output ①定额产量 ②定额功率
rated payload 额定有效载荷
rated power 标定功率,额定功率
rated speed 额定速度,设计[理论]速度
rated value 额定值{环保}
ratemeter 速率计
rater 计费器,收费器
rates 土地税
ratheripe 先熟,早熟
raticide 杀鼠剂,灭鼠剂
rating ①额定功率 ②额定生产率 ③额定值,名义值 ④额定特性 ⑤测定,鉴定,评价 ⑥分摊 ⑦分级,分等,分类 ⑧额定值的确定
rating curve ①关系曲线{气象} ②流率曲线{环保}
rating method 评定法,定额法
rating of land utilization 土地利用分级
rating point 额定点
rating power 额定功率,标定功率
ratio ①比,比率 ②比值,比例 ③系数
ratio analysis 比率分析
ratio chart 比率图
ratio cline 比率渐变群
ratio control 比例控制,比值控制
ratio distribution 比率分布{统计}
ratio error 比例误差
ratio estimates 比值估计量{统计}
ratio image ①比值图像{电脑} ②比值影像{遥感}
ratio law 比例定律{遗传}
ratio method 比例法
ratio of egg laying to feeding 产卵与饲料比
ratio of fertilizer 肥料比例
ratio of gate-to-pin 门针比{电脑}
ratio of good nursery plants 成苗率
ratio of iron-alumina 铁铝比[率]
ratio of milk production to feeding 乳饲比率(指产乳与饲料的比率)
ratio of revolution difference 运转差率
ratio of root to top 根叶比率,根条比(地下部与地上部的比率)
ratio of sesquioxide 倍半氧化物比[率]
ratio of silica-alumina 硅铝比[率]
ratio of sugar to acid 糖酸比率
ratio of the variance 变量比率
ratio of winnowed paddy (to the whole paddy weight) 簸谷比率,出谷率
ratio printing 缩放晒印{遥感}
ratio sampling 比例取样{遥感}
ratio test ①比率检验法{电脑} ②比值检验{遥感}
ration ①定量{栽培} ②⌊复⌉定量粮食,口粮,配给{农经} ③(牲口)日料,日粮{畜}(ratio)
ration book 配给本(证)
ration card 配给卡
ration design 日料设计

ration evaluation 日料评定
ration for growth 生长日粮
ration grazing （牲口）日粮放牧
ration of forage 日料
rational ①合理的，适度的 ②有理的，推理的（rationalis）
rational accelerating culture 合理促成栽培，合理早熟栽培
rational agricultural methods 合理农业技术措施，合理栽培方法
rational agricultural techniques 合理农业技术
rational agronomic practices 合理栽培技术，合理农艺措施
rational agrotechnique 合理栽培（农业）技术
rational allocation of farming labour 合理安排农业劳动
rational application of fertilizer 合理施肥
rational area under crops 合理播种面积
rational bed crop rotation 合理温床轮作
rational blenching culture 合理软化栽培
rational close planting 合理密植
rational companion cropping 合理间（伴）作
rational crop rotation in order to guarantee yearly high yield 保证高产的合理轮作（茬口合理搭配保高产）
rational depth of seeding（= rational depth of sowing） 合理播种深度
rational distance between hills 合理穴距
rational distance between individuals 合理株距
rational distance between rows 合理行距
rational distribution of disciplines 学科合理布局(分布)
rational division of farm labour 合理农业分工
rational early sowing 适期早播
rational exploitation 合理开发，合理开发量
rational forging culture 合理促成栽培
rational form culture 合理整形栽培
rational index ①理论指数｛育种｝②合理指数｛统计｝
rational manuring 合理施肥
rational method 合理方法｛环保｝
rational method of fertilizer application 合理施肥法
rational mixtus 合理混播，适当混播
rational number 有理数｛统计｝
rational pinching 适当摘心，适当打尖
rational pruning 适度修剪
rational ridging（= rational hilling） 适当培土
rational rotation 合理轮作，合理换茬
rational seeding on unfallowing field 合理茬地播种
rational tending（= rational field care） 合理田间管理
rational thickness of molding 合理覆土厚度
rational thickness of sowing 合理播种密度
rational thickness of stand 合理植株密度
rational thickness of transplanting rice 合理插秧密度
rational thinning 合理间苗
rational topping 适度打顶
rational training 适度整枝
rationality 合理性（rationalitas）
rationalization 合理化（rationalisatio）
rationalization of fertilizer use 使用肥料合理化，合理化施肥
rationalization of shipping standard 装运标准合理化
rationed grazing 合理放牧
rationing 定量，配给量
rationing equipment 定量配给设备，计量设备
rationing machine 饲料定量分配机
rationing of food 食品配给［制］
ratios ［遗传］比值
ratoon（= rattoon） ①截根苗，再生苗，宿根苗 ②糵芽，根出芽（甘蔗残茬）③块茎芽
ratoon cane 宿根蔗
ratoon cotton 宿根棉
ratoon-creeper crop 宿根蔓生作物
ratoon cropping 再生栽培，宿根栽培
ratoon cropping of shortseason rice variety 早［熟］稻再生栽培
ratoon crops 再生作物，宿根作物
ratoon cultivation 宿根栽培(指甘蔗)
ratoon planter （甘蔗）种茎栽植机
ratoon population 再生群体
ratoon rice 再生稻
ratoon rice culture 再生稻栽培
ratoon shoot 宿根[幼]苗(指甘蔗)
ratoon stunting 矮化病（甘蔗）
ratoon sugarcane 宿根蔗
ratooning capacity 宿根能力(指宿根出芽的能力)
ratooning operation 宿根处理
ratooning power （甘蔗）宿根能力，根出芽能力
ratooning rice 再生稻
ratsbane ①杀鼠药 ②有杀鼠毒性的植物
rattan ①（= cane）藤 ②（= rotang）罗藤

[*Calamus rotang* L.]（棕榈科）
rattan palm ①白藤属（省藤属）[*Calamus* L.]（棕榈科）②白藤 [*Calamus tetradactylus* Hance] ③省藤 [*Calamus platyacanthoides* Merr.]
rattle 响度（推知纸的硬度）
rattle-box ①猪屎豆属（野百合属）[*Crotalaria* Dill.]（豆科）②猪屎豆 [*Crotalaria mucronata* Desv.] ③野百合（狗铃草，狸豆）[*Crotalaria sessiliflora* L.]
rattle brome 凌风草状雀麦 [*Bromus brizaeformis* Fisch et Mey.]（禾本科）
rattlemouse 蝙蝠（翼手动物通称）
rattler 猛烈雷暴，倾盆大雨
rattlesnake 响尾蛇 [*Crotalus adamanteus*]（蝮蛇科）
rattlesnake beloperone ①麒麟吐珠属 [*Beloperone* Nees]（爵床科）②麒麟吐珠 [*Beloperone guttata* Brandegee]
rattlesnake-fern 蕨萁 [*Botrychium virginianum* (L.) Sw.]（水龙骨科）
rattlesnake plantain ①斑叶兰属 [*Goodyera* R. Br.]（兰科）②斑叶兰 [*Goodyera schlechtendaliana* Reichb. f.]
rattlesnake root ①福王草属 [*Prenanthes* L.]（菊科）②紫福王草 [*Prenanthes purpurea* L.]
rattling 沙沙作响的
rattus (=rat) ①大鼠属 [*Rattus* spp.]（鼠科）②大鼠 [*Rattus* sp.]
rattus norvegicus 褐鼠 [*Rattus norvegicus* sp.]（鼠科）
rattus rattus 黑鼠 [*Rattus rattus* sp.]（鼠科）
Raummeter （德）虚积立方米（虚积单位）
Rauscher leukemia virus 劳舍尔氏白血病毒
rauwolfia ①萝芙木属 [*Rauwolfia* L.]（夹竹桃科）②萝芙木 [*Rauwolfia verticillata* (Lour.) Baill.]
rauwolscine 萝芙素 [$C_{21}H_{25}N_2O_3$]
ravage ①荒废 ②破坏 ③⌊复⌉ 损害
ravage by insect 虫害损坏
raven-black 乌鸦黑的 (coracinus)
ravine 峡谷，山峡
ravine sand 峡谷沙地
ravine stream 峡谷水流
ravine wind 峡谷风
raw ①生的，原的，天然状态的 ②粗的，生硬的 ③湿寒的
raw address 原地址{信息}
raw alluvium 粗冲积物
raw bark 粗皮
raw bone-meal 生骨粉
raw chlorophyll 粗叶绿素
raw cloth 粗布
raw copy 原始副本{电脑}
raw cotton 原棉，子棉
raw crop threshing method 生粒脱粒法{栽培}
raw data 原始数据
raw dry weight 原干重
raw energy content 粗能量含量
raw fat 粗脂肪
raw fiber 原纤维
raw flax 原亚麻
raw footage 原脚注（指原来在论文的注释，在每页的下面处）
raw gas 未净化气体（指在自然状态的气体）{环保}
raw grain 生粒（制麦芽的麦粒）
raw hemp 原大麻
raw hides and skins 生皮革，生兽皮
raw humus 粗腐殖质
raw humus-bleached earth 粗腐殖质漂洗土
raw humus layer 粗腐殖质层
raw humus soil 粗腐殖质土
raw juice 原汁
raw jute 原黄麻
raw lacquer 生漆
raw log (=raw wood) 粗原木
raw material 原料，原材料
raw material base 原料基地
raw material of wood-charcoal 炭材
raw milk 生乳
raw mode 原始模式，原始方式
raw oil 原油，粗油
raw opium 生阿片
raw organic soil 粗有机质土壤
raw polyploid 初成多倍体
raw product 粗制品，半成品
raw ramie 原苎麻
raw rice 稻谷
raw rubber 生胶
raw seeds of cotton 棉花生籽（指未成熟的）
raw sewage 原污水{环保}
raw silk 生丝
raw silk testing 生丝检查
raw-silk waste 丝屑
raw skins 生皮
raw sludge 原污泥{环保}
raw soil ①生土 ②生荒地 ③原始土
raw spirit 粗酒精
raw stock 原料

raw sugar 粗糖,粗制糖,原糖
raw swamp 原始沼泽{生态}
raw tape 原始带,净带{电脑}
raw tilth 粗耕,粗放耕作
raw tobacco 未烤烟
raw tricalcium phosphate 粗磷酸三钙
raw variability 初成变异[性]
raw water 原水,生水
raw water influent 原水进入,原水入流{环保}
raw water inlet 原水进水管{环保}
raw wax 原蜡
raw wool 原毛
raw yard 未漂白纤维
rawboned 瘦削的,露骨的,骨瘦如柴的
rawin 无线电测风仪
rawinsonde 无线电探空测风仪
ray ①射线,光线 ②[盘]边花(菊科) ③伞形花序梗 ④星状毛分枝(radius)
ray cell 射线细胞(cellula radialis)
ray check 射线开裂
ray-coffee 未烘焙的咖啡
ray crossing 射线交叉场
ray fleck 射线径纹
ray floret (= ray flower) [盘]边花(flosculus radialis){形态}
ray fungi ①放射菌[*Actinomycetes*] ②放射丝菌科[Acrinomycetaceae]
ray grass (= common ryegrass, perennial ryegrass) 黑麦草
ray initial cell 射线原始细胞(cellula initialis radialis)
ray-like 辐射状的(radiatus)
ray of light 光线
ray parenchyma 射线薄壁组织(parenchyma radialis)
ray refraction 光线折射
ray sieve tube 射线筛管(tubus cribrosus radialis)
ray tracheid 射线管胞(tracheida tadialis)
ray-tracing algorithm 光线追踪算法
ray-tracing rendering 光线追踪绘制
ray tracing shading technique 光线追踪浓淡技术{电脑}
ray tracking soft 光线追踪软件
ray velocity 光线速度
ray-vessel pitting 射线导管间纹孔式
Rayada 拉雅达(甘蔗热带原种)
Rayleigh criterion 瑞利准则{遥感}
Rayleigh fading 瑞利衰落
Rayleigh fringe 瑞利条纹{生技}
Rayleigh interferometer 瑞利干涉仪{遥感}
Rayleigh-Jeans radiation law 瑞利-金斯辐射定律{遥感}
Rayleigh scattering 瑞利散射{遥感}
Rayleigh's equation 瑞利方程{生技}
rayon 人造丝,人造纤维
rayon pulp 人造丝浆粕
rayon waste water 人造纤维废水{环保}
razor 剃刀,刮脸刀片
razor-blade share 薄片梯形犁
razor clam 竹蛏[科][Solenidae]
razor section 剃刀切片
RBC (= randombred control population) 随机交配对照群体
RBE (= relative biological effectiveness) 相对生物学效率
RBS ①(= ribosome binding sequence) 核糖体结合序列{分遗} ②(= ribosome binding site) 核糖体结合部位{分遗}
RBV (= relative breeding value) 相对育种值
R'c (= extended real number system) 广义实数系统
RC particle RC颗粒,不完全核糖体颗粒
rcDNA (= relaxed circular DNA) 松环DNA,rcDNA{分遗}
RCF ①(= relative centrifugal force) 相对离心力{生技} ②(= relative centrifugal field) 相对离心[力]场{生技}
rd (= rutherford) 卢[瑟福](放射性蜕变单位)
RD-line (= recovery disrupter line) 回复分裂基因系
RDC (= rotating disk contactor) 转盘式抽提器{农施}
RDI ①(= relative drought index) 相对干旱指数{生态生理} ②(= reference data interface) 基准数据接口{信息}
RDMS (= relational data management system) 关系数据管理系统{信息}
rDNA (= ribosomal DNA) 核糖体DNA{分遗}
rDNA amplification rDNA增殖
rDNA coding rDNA编码
rDNA compensation rDNA补偿
rDNA gene rDNA基因
rDNA magnification rDNA放大(指按比例)
rDNA redundancy rDNA冗余
rDNA repeat rDNA重复
rDNA sequence rDNA序列
rDNA transcription unit rDNA转录单位
RE 4355 (= naled) 二溴磷{农药}
re- ⌊字头⌉重,再,反,返,重复,回复

re-emission 再发射（reemissio）
re-expansion 再膨胀（reexpansio）
re-exposure 再曝光
re-radiation 再辐射，回反辐射（reradiatio）
re-saw ①再锯 ②再锯机
re-vernalization 再春化[作用]，补行春化（revernalisatio）
re-vernalization treatment 补行春化处理
re-watering 再灌水，补行灌水，补水
reabsorption 重吸收（reabsorptio）
reach ①伸出，延伸 ②距离，范围 ③区域 ④到达，达到 ⑤河区
reachability 可达性（reachabilitas）
reachable 可达的（reachabilis）
reachable point 可达点
reachable state 可达状态
reacquisition 再获得
reactance 电抗（reactantia）
reactant 反应物（reactans）
reactgraph 程序分析记录纸
reacting system 反应系统
reaction ①反应 ②阻力 ③反作用（reactio）
reaction accelerator 反应加速剂
reaction buffer 反应缓冲液
reaction capacity 反应容量
reaction centre 反应中心
reaction chain 反应链
reaction chamber 反应室，反应池{环保}
reaction component 反应成分
reaction-diffusion equation 反应-渗透方程
reaction endpoint 反应终点
reaction energy barrier 反应能阻障
reaction field 反应场
reaction heat 反应热
reaction in soil 土壤反应
reaction in vitro 离体反应，试管内反应
reaction kinetics 反应动力学{环保}
reaction mechanism 反应机理
reaction mixture 反应混合液，反应混合物
reaction network 反应网络
reaction norm（= norm of reaction） 反应规范
reaction of combustion 燃烧反应{环保}
reaction of host plant 寄主反应
reaction of krebs cycle 克里柏氏循环反应
reaction of low-response 低反应的影响，低耐肥的影响（指秧苗对肥料的反应）
reaction of second order 二次反应
reaction order 反应级[数]{环保}
reaction pathway 反应途径
reaction pattern 反应型式
reaction period ①反应期 ②反应时间{环保}
reaction phase 反应阶段
reaction probability 反应概率
reaction products 反应产物
reaction range 反应范围
reaction rate 反应速率
reaction rate-temperature rule 反应速度-温度定律{生态生理}
reaction-sedimentation basis（= reaction-sedimentation tank） 反应沉淀池{环保}
reaction site 反应部位
reaction structure 反应结构
reaction system ①反应体系{遗传} ②反应系统{土壤}
reaction time 反应时间
reaction velocity 反应速度
reaction velocity constant 反应速度常数
reaction water turbine 反击式水轮机
reaction zone 反应区{环保}
reactivation ①复原[作用]，复活[作用]{遗传} ②重激活，再激活{物} ③再活化作用{环保}（reactivatio）
reactivation of nucleus 核重激活
reactivation of sludge 污泥再活化{环保}
reactivation repair system 重激活修复系统
reactivator 反应器
reactive ①反应的，反应性的 ②活性的 ③无功的，无效的 ④往复的，反冲的（reactivus）
reactive apparatus 喷射器
reactive hydrogen 活性氢
reactive load compensation in rural electric power network 农村电力网无功[负荷]补偿
reactive mode 反应方式，反应式
reactive oxygen 活性氧
reactive oxygen intermediate（**ROI**） 活性氧中间体
reactive power 反作用功率
reactive state 反应态
reactivity ①反应力 ②反应性（reactivitas）
reactivity of host plant 寄主反应力
reactogenicity 反应原性（reactogenicitas）
reactor ①反应器 ②反应堆 ③反应细胞群
reactor simulator 反应堆模拟程序
reacylation 再酰化作用（reacylatio）
read（**R**） 读，读取{电脑}
read-after-write 写后读
read amplifier 读出放大器
read around number 读出次数
read backward 反向读出
read bit 读位
read bus 读出总线
read data strob（**RDS**） 读数据选通

read fire disease (="Roter Brenner") 葡萄叶斑病［*Pseudopeziza tracheiphila*］
read flag 读标记
read forward 正向读出
read in 读入
read mostly memory（RMM） 主读存储器（指可改写的只读存储器）
read noise 读噪声
read-only（RO） 只读，只读出｛电脑｝
read-only memory（ROM） 只读存储器
read-only storage（ROS） 只读存储器
read-only terminal（RO terminal） 只读终端
read out ①解读出 ②示值读数
read-out device 读出装置，读出设备
read-out error 读出误差
read-out gate 读出门
read-out information 读出信息
read path 读通路
read pointer 读指针，读指示字
read pulse 读出脉冲，读脉冲
read rate 阅读率，阅读速度
read release 阅读释放（指读机构断开）
read through 连读
read-through suppression 连读抑制｛分遗｝
read-through translation 连读翻译｛分遗｝
read time 读出时间
readability ①可读性 ②清晰度（readabilitas）
readaptation 重适应（readaptatio）
readdressing 再编址，再寻址｛信息｝
reader ①阅读器，阅读机 ②读程序，阅读程序 ③输入机，进入装置｛信息｝
reader-copier 阅读复印机，阅读复制器
reader magnification 阅读器放大率
reader printer 阅读打印机，阅印机
reader writer 读写器
reader/interpreter 输入机/翻译机
readily available nitrogenous fertilizer 速效氮肥
readily available water 速效水，易利用水
readily decomposable organic matter 易分解有机质
readiness ①迅速，敏捷 ②准备好状态，备用状态
readiness for blooming 准备开花（就要开花）
readiness for fructification 准备结实（就要结实）
readiness for germination 准备发芽（就要发芽）
readiness review ①备用状态观察 ②启用前检验
reading ①读数｛统计｝②解读｛分遗｝③读出，阅读｛信息｝
reading error 读数误差
reading frame （遗传密码）解读码组，读框｛分遗｝
reading frame displacement 解读码组位移，移码
reading frame mutation 解读码组突变
reading frame overlapping 解读码组重叠，读框重叠
reading frame-shift mutation 解读码组移动突变，移码突变
reading mechanism 解读机制
reading mistake （密码）错读，解读错误
reading non-triplet codon 解读非三联体密码子
reading on rod 标尺读数
reading window 读［出］窗口｛电脑｝
readjust（= adjust again） 再调整，再调整，再安装
readjusted state 再调整状态
readjustment of farm boundaries 补整田地
readjustment of farms 农场［企业］的再调整
readjustment of field plot 重整地块
readout 示值读数｛统计｝
read/write（R/W，RW，read-write） 读写｛信息｝
read/write memory（RWM） 读写存储器
read/write subpool（RW subpool） 读写子池，读写子库
ready（RDY） ［准备］就绪
ready chain 就绪链｛电脑｝
ready condition 就绪条件，可算条件（指计算机）
ready for cooking 准预蒸煮的
ready for data 就绪接收数据
ready for sending 准备发送，发送就绪
ready for service 性成熟的（指牲畜）
ready-read card 备读卡片
ready reckoner 用量计算表
ready record 记录就绪
ready sale 畅销，易销｛农经｝
ready state 备用状态
ready-to-lay pullet 产卵前的母鸡，小母鸡
ready-to-serve［dish］ 准备好供食用的［盘菜］，备用［盘菜］
reaeration 再曝气（reaeratio）｛环保｝
reaeration rate 再曝［气］速率
reafference 自传入感觉
reafforest 重植森林，重新造林
reafforestation 再造林
reagent ①试剂｛显技｝②反应物｛生技｝

③药剂{环保}
reagent bottle 试剂瓶
reagent consumption 药剂耗量,耗药量{环保}
reagent feeder 投药{环保}
reagent grade 试剂级别
reagent method of water softening 化学[试剂]软水法{环保}
reagent solution 试液
reagent tank 配药池{环保}
reaggregation ①重聚合{形态}②再团聚{土壤}(reaggregatio)
reagin 反应素
reaginic antibody 反应抗体
real ①真正的,真实的,真的 ②实际的,实在的,实的 ③实数,实型(realis)
real air temperature 实际气温
real aperture radar 真实孔径雷达{遥感}
real device 实际设备
real effect 真正反应,真正效应
real estate assets 固定资产(不动产){农经}
real estate credit institution 土地信贷机构
real flying height 真实航高{遥感}
real forest 现实林
real Fourier transform 实傅立叶变换{信息}
real image 实像{电脑}
real income 实际收入
real intelligence 真实智能{智培}
real latent instability 真正潜在不稳定度
real loss 实际损失
real overdominance 真过(超)显性
real power 有效功率,实际功率
real property 实在资产,实际财产{农经}
real right ①真正权利 ②物权
real specific gravity 真比重
real storage 实储存器{信息}
real tillage 翻耕土地{耕作}
real-time (RT) ①实时 ②实时的{信息}
real-time 3-dimensional animated maplike display 实时三维动画地图显示{遥感}
real-time BASIC 实时基础语言,实时 BASIC 语言
real-time clock (RIC) 实[时]时钟
real-time computer complex (RTCC) 实时复合计算机
real-time demands 实时要求
real-time monitor (RTM) 实时监控程序
real-time process 实时处理
real-time protocol (RTP) 实时协议
real-time reconnaissance 实时侦察{遥感}
real-time video (RTV) 实时视频
real-time working 实时工作(指计算机)
real value 效率{统计}
real variance 真正方差
real wages 实际工资
real world 现实世界
real yield table 实际产量表
realism ①实在论{进化}②真实性,真实感(realismus)
realistic 具有真实感的(realisticus)
realistic communication 现场感通信
realistic graphics 真实感图形{电脑}
reality ①真实[性]②现实[性]③真象,事实 ④实体(realitas)
realizability 可实现性(realisabilitas)
realizable 可实现的(realisabilis)
realization ①现实{遗传}②变卖产业为现钱{农经}(realisatio)
realization factor 现实因子
realized 现实的
realized coheritability 现实共遗传力{畜}
realized genetic correlation 现实遗传相关
realized heritability 现实遗传力
realized selection differential 现实选择差数
realkalization 再碱化作用(realcalisatio)
reallocation of land 土地规划,土地整理
realm ①域,领域,区域 ②范围 ③部门,界,类
realm name 域名{电脑}
realter [不动产]经纪人
ream ①令(纸单位)②铰孔
reamer 铰刀,铰孔床
reaming 挖穴法(鳞茎繁殖用)
reannealing 重退火{分遗}
reannealing kinetics 重退火动力
reanswer 再应答{信息}
reanswer signal 再应答信号
reap ①收刈 ②收获
reaper [转臂]收割机{农机}②镰刀{农具}③收刈者,收刈手{栽培}
reaper binder (= reaper and binder) 割捆机
reaper-chopper 收割切碎机
reaper-file 收割机磨刃,收割机锉刀
reaper section 收割机刀片
reaper-thresher 收割脱粒机
reaping ①收割,刈割 ②收获
reaping apparatus 收割装置
reaping attachment 收割附加装置
reaping hook 镰刀
reaping implement 收割农机具
reaping machine 收割机
reaping machinery 收割机械

reaping scythe 大镰,大铲刀
reaping system 收获法
reaping time 收获期
reappear 再出现
rear ①后部,后面 ②在后部的 ③饲养
rear axis (= rear axle) ①后轴 ②后桥
rear bucket 后铲斗
rear car 拖车
rear compression 后压缩,尾部压缩
rear delivery 后部喂送,后部输送
rear drive shaft 后驱动轴
rear-dump 后卸[式]{农机}
rear-dump truck 后卸式自卸载重汽车
rear end (机具)后端
rear end compaction 后端压实(缩)
rear feeder-beater (= rear stripper, beater) 逐稿轮
rear furrow wheel 后沟轮,尾轮
rear gang 后列圆盘组
rear guard (拖拉机)后轮挡泥板
rear horse 拉外套的马
rear lamp 后灯(指车辆)
rear lift linkage (犁)尾轮起落机构
rear linkage 后悬挂装置
rear lump 后扣块{狩猎}
rear mount 后装架{狩猎}
rear-mounted 后悬挂[式]
rear-mounted buckrake 后悬挂集草器
rear-mounted field sprayer 后悬挂式大田喷雾器
rear-mounted grader 后悬挂式平地机
rear-mounted loader (= rear loader) 后悬挂式装载机
rear-mounted offset 后侧悬挂[式]
rear-mounted offset swather 后侧悬挂式刈晒机
rear-mounted three-point linkage 后三点悬挂装置
rear-mounted toolbar (= rear toolbar) 后悬挂通用机架
rear-mounted tractor winch 后悬挂式拖拉机绞盘
rear-mounted type 后悬挂式的
rear-mover 后悬挂刈草机
rear operator 农具手
rear part 后部
rear position 后部位置,后方位置
rear roller 驱动轮,主动轮
rear tapeman 后尺手{测}
rear-tipping trailer 后倾卸挂车
rear tread 后轮迹,后轮距
rear tyre (= rear tire) 后轮胎
rear wheel 后轮,尾轮
rear wheel drive 后轮驱动
rear wheel steering 后轮转向
rearer (= rearing cattle) ①饲养的家畜 ②孵化器
rearhouse of silkworm 养蚕室
rearing ①饲养 ②栽培,培养,培育
rearing battery (= brooder battery) 育雏器组,育雏室
rearing bed 蚕座
rearing cage 饲养笼
rearing cattle 饲养的家畜
rearing centre 饲养中心,饲养站 (= rearing station)
rearing feed (= growing ration) 生长用饲料
rearing house ①蚕室 ②育雏器组房
rearing in box 箱饲{蚕}
rearing in drylot 舍饲{畜}
rearing instruments 蚕具
rearing jar 养虫瓶
rearing of animal ①家畜繁育(繁殖)②家畜饲养
rearing of larvae 幼虫饲养
rearing of parent silkworms for hybridization 杂交用原种蚕饲育
rearing of plant 植物栽培
rearing of seedling (= raising of seedling) 育苗
rearing of silkworms 养蚕
rearing of the tractor 用千斤顶支起拖拉机
rearing of young silkworm on commission 稚蚕委托饲育
rearing of young silkworms with artificial diet 稚蚕人工饲育[料]
rearing pond 养鱼塘,饲养池{水产}
rearing poultry 饲养家禽
rearing room 蚕室
rearing season 蚕期
rearing seat 蚕座
rearing stand 蚕架
rearing station 饲养站
rearing tools 蚕具
rearing tray ①蚕匾 ②饲养盘
rearing trough 饲养槽,育苗槽
rearloader 后装载机
rearmouse 蝙蝠
rearrangement [基因]重排{遗传}
rearrangement exchange 重排交换
rearward operation 倒挡操作,倒挡行驶{农机}
reason ①原因 ②理由 ③推理(retio)
reasonability 合理性(reasonabilitas)
reasonable ①合理的,推理的 ②适度的,恰好

的 ③低廉的,公道的
reasonable adaptation 合理适应
reasonable amount 适量
reasonable constant 适度恒定
reasonable price 公道价格,公平价格
reasonable rate 适量
reasonableness (= reasonability) 合理性 (reasonabilitas)
reasonableness check 合理性检查,合理性检验
reasoning 推论,推理,推导
reasoning backward 逆向推理,倒推论
reasoning decision function 推理决策功能 (指专家系统){智培}
reasoning decision function of expert system 专家系统的推理决策功能{智培}
reasoning machine 推理机{智培}
reassembly ①重装配{生技} ②重编{电脑} (reassemblia)
reassembly block 重编块
reassembly delay 重装[配]延迟
reassociation ①重配对 ②再缔合
reassociation kinetics 重配对动力
reassortment 重配 (reassortmentum)
Réaumur degree 列氏度数(温度)
Réaumur scale 列氏温标
Réaumur thermometer 列氏温度表
rebate ①宽减额 ②折扣
rebated joint 槽舌接,合缺接(木工)
rebedding 分垄,破垄
reboot ①再引导,重新引导 ②重新启动
rebound ①回跳{生技} ②弹回{电脑} ③弹返式{农机}
rebound distance 弹回距离
rebound separator 弹返式分级机(按谷粒弹返高度分选)
rebound table 回跳数表
rebuild 重构
rebuild maintenance 重构维护
REC (= rem-equivalent-chemicals) 拉得化学当量
rec (= recombination) 重组
rec⁺ (= recombination sufficient) 重组正常型
rec⁻ (= recombination deficient) 重组缺陷型
rec-assay (= recombination assay) 重组测定
rec⁻ assay method 重组缺陷型测定法
rec⁺ cell 重组正常型细胞
rec⁻ cell 重组缺陷型细胞
rec-dependent repair 依赖重组的修复,重组修复
rec⁺ function 重组正常型功能
rec⁺ mutant ①重组正常型突变体 ②重组正常型突变型
rec⁻ mutant ①重组缺陷型突变体 ②重组缺陷型突变型
recalcification 复钙作用 (recalcificatio)
recall ①检索,检索率{电脑} ②重复呼叫{信息}
recall factor ①检索因子 ②查全因子,查全率
recall ratio ①检索率 ②查全率
recapitulation 重演 (recapitulatio)
recapitulation theory 重演学说
recapture 重捕获 (recaptura)
recarbonation 再碳酸化 (recarbonatio) {环保}
recast ①另算 ②重作
recede ①后撤,后退 ②向后倾斜 ③撤销,撤回 ④跌落,降低
receding prices 逐渐降低物价
receding side of belt 皮带退出侧
receipt ①收到,收据 ②接受,接收 ③⌞复⌝收入,收到之物,进货 (recipta)
receipt of payment 收款{农经}
receipt period 进货周期
receipt rate 进货率
receipt space 接收场所,接受场所
receipt yard 接收场院,接受场院
receipts and expenditures 收入与支出
receive ①接受 (= accept), 接收 ②准予进入 (recipere)
receive leg 接收引线{信息}
receive mode 接收方式{信息}
receive not ready (RNR) 接收未准备就绪{信息}
receive only (RO) 只接收,只收{信息}
receive-only page printer (ROPP) 电传打字接收机,电传接受机{信息}
receive-only terminal 只接收终端
receive ready (RR) 准备接收
receiver ①接收器,接收机{信息} ②接卡器{电脑} ③容器,储器{加工} ④收音机{电脑}
receiver bandwidth 接收机带宽{遥感}
receiver noise figure 接收机噪声系数{遥感}
receiver tank 接收箱
receiver/transmitter communication controller 接收发送通信控制器
receive/send keyboard set (RSKS) 收发键盘装置{信息}
receiving 接收
receiving auger 接收螺旋,喂入螺旋
receiving beater 喂入轮
receiving box (= receiver tank) 接收箱{农施}

receiving container 接收容器
receiving conveyor 接收输送器,喂入输送器
receiving cycle 接收周期
receiving elevator 接受升运器
receiving facilities 接收设备{遥感}
receiving grain 喂入谷物
receiving hopper 受料斗
receiving pit ①接受坑,喂送坑 ②接受箱
receiving place 接收地点
receiving scales 接受秤
receiving skep 捕蜂群用蜂房
receiving space 接收场所
receiving stream 受纳水体,承受水流(河川){环保}
receiving system 接收系统{智培}
receiving tank ①接受池 ②倾入槽{环保}
receiving tray ①接收托盘 ②接收支架
receiving volume per day 每日接收量{农施}
receiving water 受纳水体,承受水体{环保}
recent ①新的,近的,最新的,最近的 ②近代的,现代的(recens)
recent decade 近几十年
recent development ①最新发展 ②最新开发
Recent epoch 近代世
recent humus 新腐殖(植)质
recent rain and snow 观测时有雨夹雪
recent sediment 新沉积物,现代沉积物
recent soil 新生土,原始土
recently developed paddy field 新开发稻田
recently introduced plant species 新引种植物种
recentrifugation 再离心作用(recentrifugatio)
receptacle ①花托 ②[生殖]托 ③(蕨)囊托 ④容器,贮槽,贮池,贮罐 ⑤插座,插口,插孔{电脑}(receptaculum)
receptacle of flower 花托
receptacle of inflorescence 花序托
receptacular 花托的(receptacularis)
receptacular tube 花托管(tubus receptacularis)
reception ①接受,接纳,接收 ②验收(receptio)
reception basin 集水盆[地]
reception congestion 接收挤塞,接收拥塞{信息}
reception pit (= receiving pit) ①接受坑,喂送坑 ②接受箱
reception sampling plan 验收抽样计划
receptive 易接受的(receptivus)
receptive field 感受域,感受野
receptive hypha 受精丝(hypha receptiva)
receptive papilla 受精突(papilla receptiva)
receptivity 感应率,感应性,感受性,敏感性(receptivitas)
receptolysin 感受器溶解素
receptor ①受体,感受体,受体因子{分遗} ②感受器{物}
receptor affinity chromatography 受体亲和层析
receptor-associated molecule 受体相关分子
receptor binding site 受体结合部位
receptor clustering 受体群集,受体聚集
receptor-coder 感觉编码器{物}
receptor coupled to G-protein 受体对G蛋白耦联
receptor destroying enzyme (RDE) 受体破坏酶
receptor gene 受体基因
receptor kinase 受体激酶
receptor-mediated control 受体介导控制
receptor-mediated endocytosis 受体介导胞吞作用
receptor-mediated pinocytosis 受体介导胞饮作用
receptor molecule 受体分子
receptor organ 受体器官
receptor potential 感受器电位
receptor protein kinase 受体蛋白激酶
receptor recruitment 受体征集
receptor site 受体部位
receptor site for lectin 外源凝集素的受体部位
receptor sorting 受体分选
receptor tyrosine kinase (RTK) 受体酪氨酸激酶
receptosome (= endosome) 纳入体,内体,受体小体(receptosoma){分遗}
recess ①湾缺,缺口 ②凹处,角落,隐秘地方(recessus)
recess for main spring 主簧凹缺
recess hole 凹槽孔{电脑}
recessed ①凹入的,凹陷的 ②具凹槽的(recessus)
recessed plunger 带凹槽的柱塞
recessed terminus 凹端{分生}
recession ①猛落,暴跌 ②(工商业)衰退 ③凹处 ④退回,回收(recessio)
recessive 隐性的(recessivus){遗传}
recessive abnormality 隐性反常性
recessive allele 隐性等位基因
recessive branching 隐性分枝
recessive character 隐性性状
recessive complementarity 隐性互补

recessive deleterious mutation 隐性有害突变
recessive disorder 隐性失常
recessive factor 隐性因子
recessive gene 隐性基因
recessive genotype 隐性基因型
recessive homozygote 隐性纯合子（homozygota recessiva）
recessive inheritance 隐性遗传
recessive lethal 隐性致死
recessive lethal mutation 隐性致死突变
recessive mutation 隐性突变
recessive oncogene 隐性癌基因（oncogena recessiva）
recessive state 隐性状态
recessive suppressor 隐性抑制基因
recessive trait 隐性性状
recessiveness 隐性（recessivitas）
recessiveness in inheritance 遗传的隐性
recessivity 隐性度（recessivitas）
recharge ①补给，补充，再装｛遥感｝②回充，再充，回充水｛环保｝
recharge area 补给区
recharge of ground water 地下水回注
recharge water 回充水
recharge well 回充井
rechlorination 再次氯化（rechlorinatio）｛环保｝
recin 蓖麻毒素
recipe ①配方，处方 ②秘诀，秘制药 ③菜谱｛电脑｝（recipio）
recipient ①受体，接受者｛分遗｝②容器｛物｝（recipiens）
recipient bacterium 受体细菌
recipient cell 受体细胞
recipient chromosome 受体染色体
recipient country 受惠国，受援国
recipient material 受体材料
recipient moiety 受体部分
recipient of chromosome 染色体受体
recipient of segment 断片受体
recipient strain 受体菌株
recipient variety 受体品种
recipient's chromosomal DNA 受体染色体 DNA
recipient's genome 受体基因组
reciprocal ①相互的，交互的，相对的，倒易的 ②正反的，相反的 ③倒数｛数｝（reciprocus）
reciprocal back-cross 相互回交｛育种｝
reciprocal chiasmata 交替交叉｛细胞｝
reciprocal chromatid translocation 相互染色单体易位
reciprocal cross 反交｛育种｝
reciprocal crosses 正反交
reciprocal crossing 反交
reciprocal crossing-over 相互交换
reciprocal crossings 正反交
reciprocal difference 倒数差分
reciprocal effect 交互作用，交互影响
reciprocal eigenvalue 逆固有值｛统计｝
reciprocal exchange 相互交换
reciprocal fertilization 相互受精
reciprocal genetic exchange 相互遗传互换
reciprocal genetic recombination 相互遗传重组
reciprocal grafting 交互嫁接
reciprocal hybrid 反交杂种
reciprocal hybridization 反交杂交
reciprocal hybridizations 正反交杂交
reciprocal hybrids 正反交杂种
reciprocal induction 相互诱导
reciprocal inhibition 交互抑制（inhibitio reciproca）
reciprocal interchange 相互交换
reciprocal lattice 倒易点格，倒易格子｛生技｝
reciprocal mating 反交配
reciprocal matings 正反交配
reciprocal one-to-one correspondence 一对一反应对｛电脑｝
reciprocal parasitism 相互寄生[性]（parasitismus reciprocus）
reciprocal pollination 交互授粉
reciprocal reaction 可逆反应（reactio reciproca）
reciprocal recessive epistacy 相互隐性上位
reciprocal recombinant 相互重组体
reciprocal recombination 相互重组
reciprocal recurrent selection 正反轮回选择
reciprocal reestablishment 相互重建
reciprocal selections 正反选择
reciprocal space 倒易空间（spatia reciproca）｛生技｝
reciprocal subchromatid translocation 相互亚染色单体易位
reciprocal symbiosis 互惠共生
reciprocal trade agreement 互惠贸易协定｛农经｝
reciprocal transformation 相互转化
reciprocal translocation 相互易位
reciprocal transplanting 交互移植
reciprocal vector 倒易向量｛生技｝
reciprocating 往复的，往复式的（reciprocans）

reciprocating action 往复动作
reciprocating arm distributor 往复式臂管布水机{环保}
reciprocating arm grit washer 往复式臂管洗杂粒机{环保}
reciprocating chain seeder 往复链式播种施肥机
reciprocating compression 往复式压缩机
reciprocating cutter 往复式切割器
reciprocating engine 往复式发动机
reciprocating feeder ①往复式喂送器 ②往复式排种器
reciprocating flow of rural population 农村人口往复型流动{农经}
reciprocating gird 摇筛,往复运动筛
reciprocating hedge cutter 往复式树篱修剪机
reciprocating motion 往复运动
reciprocating mower 往复式割草机
reciprocating piston pump 往复式活塞泵
reciprocating pitmanless mower 往复式无连杆刈草机
reciprocating plate-type distributor 往复板式排肥撒肥机
reciprocating potato sorter 往复式马铃薯分级机
reciprocating pump 往复泵
reciprocating-rope seeder 往复绳式播种机
reciprocating shaker 往复式振动筛
reciprocating share 摆动犁铧
reciprocating spade 往复锹式耕作机
reciprocating spading machine 往复式铲掘机
reciprocating spout 摆动撒布管
reciprocating thinner 复往式间苗机
reciprocating water wheel distributor 往复式水轮布水机{环保}
reciprocation 往复(reciprocatio)
reciprocator ①往复运动装置,抖动器 ②倒数器
reciprocity ①相互性,交互作用 ②相关性 ③反比(reciprocitas)
reciprocity formula 反比公式
reciprocity law 反比定律{物}
reciprocity of chiasmata 交叉相互性{细胞}
recirculated ①再循环的 ②回流的(recirculatus)
recirculated air 再循环空气
recirculated flow ①再循环流[量] ②回流{环保}
recirculated gas 回流气体{环保}
recirculating ①循环式的 ②回流的(recirculans)
recirculating bin drier 循环式干燥箱
recirculating dry kiln 循环式干燥窑
recirculating electrophoresis chamber 循环式电泳槽
recirculating pump 回流泵{环保}
recirculating rate ①循环速率 ②循环量
recirculating state 循环状态
recirculating system 循环式系统
recirculation 再循环(circulatio)
recirculation cooler 循环式冷却器
recirculation drier 循环式干燥机
recirculation flume ①再循环槽 ②回流槽{环保}
recirculation line 回输管路
recirculation network 再循环网络
recirculation process 再循环过程
recirculation pump 循环式泵,回流泵
recirculation rate 再循环率
recirculation system 再循环系统,再流通系统
reckon ①计算,数 ②估计,推断
reckoner ①计算表 ②计数器
reclaim ①开垦 ②矫正 ③改良,改善(reclamare)
reclaimable 可开垦地(reclamabilis)
reclaimable land 可垦地
reclaimable virgin soil 可垦生荒地
reclaimation (= reclamation) ①开垦,垦殖{耕作} ②改良,改善{栽培} ③改革,改正{农管}(reclamatio)
reclaimation of land 土地开垦,荒地开垦
reclaimation of marshy land (= reclaimation of marshland) 沼泽地开垦
reclaimation of paddy field 稻田开垦,开田
reclaimation of saline-alkali soil 盐碱土改良
reclaimation of tidal soil 碱潮土开垦
reclaimation of virgin land 生荒地开垦
reclaimation of waste land 撂荒地开垦
reclaimation of waterlogged land 涝地改良
reclaimation plow 开荒犁
reclaimation project 开垦计划
reclaimed ①开垦的{耕作} ②改良的,改善的{栽培} ③回收{环保}(reclaimus)
reclaimed alkali soil 改良碱土
reclaimed fen soil 改良低地沼泽土
reclaimed field 开垦地,开垦田
reclaimed land 开垦地
reclaimed marsh soil 改良沼泽土
reclaimed paddy field 开垦稻田
reclaimed saline soil 改良盐土

reclaimed soil 开垦土,已改良土壤
reclaimed water 回收水{环保}
reclaimer ①掉粒捡拾器,谷粒收回器 ②回收程序{电脑}
reclaimer cylinder 回收滚筒
reclaiming of gullies 开垦沟地
reclamation ①开垦 ②土壤改良 ③回收{环保}(reclamatio)
Reclamation Act (美国1902年通过的)开垦法令
reclamation area 垦区
reclamation disease 耕作病(植物缺铜症状)
reclamation of land 土地开垦
reclamation of mining land 采矿[土]地开垦
reclamation of saline-alkali soils 盐碱土改良
reclamation of steep slope for cultivation 陡坡开荒
recleaner 第二清粮室
recleaner fan 第二清粮室风扇
recleaner shoe 第二清粮室筛架
reclinate ①前后对褶的(个叶卷叠式) ②拱垂的(枝条)(reclinatus)
reclined (= reclining) 拱垂的
recockling cylinder (清选机中的)麦仙翁选除筒
recognin 识别子,识别蛋白{分遗}
recognition 识别(recognitio){分遗}
recognition accuracy 识别准确度
recognition device 识别设备
recognition efficiency 识别效率
recognition feature 识别特征{遥感}
recognition function 识别功能
recognition helix 识别螺旋{分遗}
recognition logic 识别逻辑{电脑}
recognition marks 识别标志[基因]
recognition matrix 识别矩阵
recognition memory (**REM**) 识别存储器
recognition phase 识别期
recognition protein 识别蛋白
recognition range 识别范围{遥感}
recognition reaction 识别反应
recognition rule 识别规则
recognition sequence 识别序列
recognition signal 识别符号
recognition site 识别部位
recognition system 识别系统
recognizable 可识别的,可辨别的(recognizabilis)
recognizable pattern 可识别模型
recognize stress 确认胁迫{生态生理}
recognizer ①识别器,识别机 ②识别程序 ③识别算法(recogniser)
recoil 后坐力{狩猎}
recoil electron 反冲电子,反跳电子
recoil pad 后坐垫{狩猎}
recoil valve 反冲阀
recombinagen 重组剂
recombinagenic 致重组的,促重组的(recombinagenus)
recombinant ①重组体,重组子 ②重组细胞(recombinans){分生}
recombinant bacteria 重组细菌(bacteria recombinansae)
recombinant cell 重组细胞(cellula recombinans)
recombinant class 重组体级
recombinant clone 重组克隆,重组无性[繁殖]系{农生技}
recombinant combination 重组体组合
recombinant deficient mutant of bacteria 细菌重组缺陷突变型
recombinant DNA 重组DNA{分遗}
recombinant DNA technique 重组DNA技术
recombinant DNA technology 重组DNA技术
recombinant fraction 重组体部分
recombinant gamete 重组配子
recombinant inbred strain 重组近交品系{育种}
recombinant individual 重组个体
recombinant phage 重组噬菌体(phanga recombinans){分生}
recombinant progeny phage 重组体后代噬菌体
recombinant proportion 重组体比例
recombinant type 重组[体]型(typus recombinans)
recombinant virus 重组病毒(virus recombinans)
recombinase 重组酶
recombinase system 重组酶系统
recombination (rec) ①重组{遗传} ②重组合{微生物}(recombinatio)
recombination activating gene (**RAG**) 重组活化(激活)基因(gena activasens recombinans)
recombination analysis 重组分析
recombination breeding 重组育种法
recombination class 重组级
recombination coefficient 复合系数
recombination data 重组数据
recombination-defective 重组缺失的
recombination-deficient 重组缺陷型

recombination-deficient mutant 重组缺陷[型]突变体,重组缺陷[型]突变型
recombination deficient mutant of phage (red) 噬菌体重组缺陷型突变体
recombination error (= recombinational error) 重组错误
recombination fraction 重组数,重组部分
recombination frequency 重组频率
recombination gamete 重组配子
recombination gene 重组基因
recombination hotspot 重组热点
recombination index 重组指数
recombination loss 重组损失
recombination mapping 重组制图
recombination nodule 重组节
recombination of DNA DNA重组
recombination of genes 基因重组
recombination of genetical factors 遗传因子重组
recombination percentage 重组百分率
recombination-proficient (rec^{+}) 重组正常型
recombination repair 重组修复
recombination role of nuclease 重组的核酸酶作用
recombination site(rs) 重组部位
recombination system 重组系统
recombination test 重组试验
recombination type ①重组型 ②改造型
recombination-type mapping 重组型制图
recombination value 重组值
recombinational 重组的 (recombinationalis) {遗传}
recombinational crossover 重组交换
recombinational germ line hypothesis 重组种系假说{遗传}
recombinational repair 重组修复
recombinational unit 重组单位
recombinationless mutant 无重组突变体,重组缺陷突变体
recombine 重组
recombinogen (= recombinagen) 重组剂
recombinogenic (= recombinagenic) 致重组的
recommendation ①推广,推荐 ②介绍 (recommendatio)
recommendation for pest control 病虫害防治[法]推广
recommended action 推荐动作
recommended breed (= recommended variety) 推广品种
recommended concentration 推荐浓度,适用浓度
recommended pesticides 推荐农药,推广农药
recommended rate of fertilizer application 推荐施肥标准量,推荐施肥量
recommended value 推荐值
recommended variety 推荐品种,推广品种
recomplementation 再互补[作用] (recomplementatio)
recomputation 再计算 (recomputatio) {统计}
recompute 再计算,重算 (recomputare)
recon 交换子,重组子{分遗}
reconcile 调和,使一致
reconciliation ①调解 ②调和 ③协调 (reconciliatio)
reconciliation decision making 协调决策
reconciliation procedure 协调过程
recondite ①隐存的,隐蔽的,潜藏的 ②深奥的,奥妙的 ③难懂的 (reconditus)
recondition ①修理,修复,翻修 ②更新 ③改良,改善 (reconditio)
reconditioner (油的)净化装置,(油的)再生装置
reconditioning ①修理,修复,恢复 ②更新 ③改良,改善
reconfigurability 可重构性 (reconfigurabilitas) {分遗}
reconfigurable 可重构的 (reconfigurabilis)
reconfigurable system 可重构系统 (systema reconfigurabilis)
reconfiguration ①重构,再组合{分遗} ②重新配置,再配置{电脑} (reconfiguratio)
reconfiguration software 再配置软件
reconfiguration system ①再组合系统 ②重构系统
reconnaissance 概测,踏查,踏勘 ③侦察 (reconnaissantia)
reconnaissance aircraft 侦察飞机{遥感}
reconnaissance map 勘测图
reconnaissance report 概测报告,勘察报告
reconnaissance soil map 土壤概图
reconnaissance soil survey 土壤概测,土壤普查
reconnaissance survey 普查{遥感}
reconnaissance survey of marsh 沼泽勘查,沼泽普查
reconnaissant survey 踏查,踏勘,勘查
reconnect 重新连接 (reconnectere)
reconstituent ①复原的 ②重建的,重组的 (reconstituens)
reconstituted cell (= reconstructed cell) 重建细胞

reconstituted ghast (=reconstructed ghast) 重建影细胞
reconstituted tetraploid 复原四倍体{细胞}
reconstitution ①重组[现象]②重建 ③复原(reconstitutio)
reconstitution experiment 重建试验
reconstruct ①重构 ②重建(reconstrucre)
reconstructed image 重建影像{遥感}
reconstructed sample 重构样{电脑}
reconstruction ①重组 ②改造 ③重构 ④重建(reconstructio)
reconstruction experiment 从一试验,重组试验
reconstruction filter 重建滤波器{遥感}
reconstruction plan 改造计划
reconvergent 再汇聚的(reconvergens)
reconvergent fanout 再汇聚扇出{电脑}
reconversion 复原(reconversio)
recopulation ①再交(指再交媾)②再交尾(recopulatio)
record ①记录,记载 ②录音 ③登记(recordare)
record book 记载本
record card 记载卡片
record count 记录计数
record crop (=record harvest) 创记录的收获量
record format 记录格式
record gap 记录间隔,记录间隙
record header (=record heading) 记录标题,记录首标
record locking 记录锁定
record maintenance statistics 记录维护统计
record of performance ①性能记载 ②生产性能记载
record play-back robot 记录再现机器人
record ready 记录就绪
record traffic 记录通信量
record transmission 记录传输
record trunk 记录中继线{信息}
record updating ①记录更新 ②记录修改
record workpoints 记录工分
recorded voice announcement unit (RVA unit) 录音播放装置
recorder 记录器,记录装置,记录仪表,录音机
recorder chart 自记图
recorder-controller bulb 记录控制球
recorder-releaser milking installation 记录排奶式挤奶设备
recording ①记载,记录 ②录音 ③登记(recordans)
recording anemometer [自记]风速计
recording apparatus 记录器
recording arm 记录杆
Recording Association (=Testing Association) 检验协会
recording barometer [自记]气压计
recording ceilometer 自记云幂仪{气象}
recording cylinder 记录筒,钟筒
recording data 记录数据
recording density 记录密度{信息}
recording device 自动记录装置,记录设备
recording dynamometer 记录式拉力计
recording electrode 引导电极
recording equipment 自记设备,记录器
recording evaporimeter 自记蒸发计
recording instrument 自记仪器
recording jar 量乳器
recording medium 记录媒体
recording of data 资料记载
recording paper 自记纸
recording pen 自记笔
recording rain gauge 自记雨量计
recording system 记录系统
recording system for plant selections 株选编号系统
recording tachometer 自记式转速计,自记式转数表
recording thermometer 自记温度计
recording torquemeter 自记扭矩计
recording volumetric transductor 自记容积变换器
recording wind vane 自记风向计
recount ①重新计算,重计 ②列举
recoup ①扣除 ②赔偿,补偿
recover ①恢复{育种}②复原{病理}③回复正常{栽培}④寻回,收回{农管}
recoverability 可恢复性(recoverabilitas)
recoverable ①可恢复的,可修复的 ②可回收的,可找回的 ③可多次有效的(recoverabilis)
recoverable error 可找回误差
recoverable operation 可恢复操作
recoverable resource 可恢复资源
recoverable sugar 可制糖量(指可回收糖)
recoverable synchronization 可恢复同步
recovered line 恢复系
recoverer ①恢复系{育种}②回收器{物}
recovery ①回复,恢复,复原 ②收回,回收,收复 ③再生(reciperatio)
recovery ability 再生能力
recovery after cutting 刈后恢复(牧草)
recovery after grazing 放牧后恢复
recovery after mowing 刈后恢复

recovery capability ①恢复能力 ②恢复性能
recovery capacity ①恢复能力(本领) ②恢复生产力
recovery capsule 回收舱{遥感}
recovery-disrupter line (RD-line) 回复分裂基因系
recovery forces 回收队{物}
recovery from the failure 故障恢复
recovery function 恢复功能
recovery growth 恢复生长
recovery heat 复原热
recovery interrupt 恢复中断
recovery log ①恢复登记 ②恢复日志
recovery of interblock information 区组间信息[的]恢复{统计}
recovery of nitrogen 氮素复原
recovery of seedling ①幼苗复原,缓秧 ②幼苗返青
recovery phenomenon 恢复现象
recovery ratio 回收比{水利}
recovery remote control 遥控回收{遥控}
recovery time ①恢复时间 ②回收时间
recovery tower 回收塔{环保}
recreatable 可重建的(recreatabilis)
recreatable database 可重建数据库
recreation ①休养 ②游憩,游息 ③造园,改造 ④次生[作用],再生作用{遥感}(recreatio)
recreation area 游憩区
recreation center 游憩中心
recreation crops 嗜好料作物
recreation engineering 造园工程
recreation facility 游憩设施
recreation forest 游憩林
recreation park 游憩公园
recreation site 休养地,游憩地
recreational activity 娱乐活动
recretion 泌盐作用(recretio){生态生理}
recrossing 重复杂交
recrudescence 再发作,复发(recrudescentia)
recruit ①补充 ②新加入 ③招雇
recruit population 补充群体
recruit value 补充值
recruiting 征募,招雇(工人)
recruiting dance 召集舞{蜂}
recruitment ①补充 ②加入,加添 ③补充量,加入量{统计} ④征集,募集{生技}
recruitment curve 补充曲线
recruitment rate 补充率
recrystallization 重结晶(recrystallisatio)
rectal 直肠的(rectalis)
rectal gland 直肠腺
rectal palpation 直肠触诊,直肠检查
rectangle 长方形,矩形(rectangulus)
rectangular ①长方形的,矩形的 ②直角的(rectangularis)
rectangular area 矩形面积,矩形地
rectangular bale 长方形捆,长方形包
rectangular baler ①长方形压捆室 ②捡拾压捆机
rectangular connector 矩形接插件{信息}
rectangular coordinates 矩形(直角)坐标
rectangular coordination 矩形(直角)坐标
rectangular coordinator 矩形坐标测定器
rectangular drainage pattern 矩形水系{水利}
rectangular haystack 矩形干草垛,长方形干草垛
rectangular hyperbola 直角双曲线
rectangular lattice 矩形格子方{统计}
rectangular mesh 矩形网格
rectangular net 矩形网[络]
rectangular nursery 矩形秧田
rectangular patch budding 矩形芽接{园艺}
rectangular planting 矩形栽植,方形穴播
rectangular profile ①矩形剖面{土壤}矩形侧断面(指河川){水利}
rectangular quadrat 矩形样方
rectangular section 矩形断面
rectangular silo ①长方形青贮窖 ②长方形粮仓
rectangular spacing 矩形种植密度,方形穴播密度
rectangular steel 矩形钢
rectangular type baler 长方形打包机,长方形压捆机
rectangular weir 矩形堰{环保}
recti- ⌞字头⌝ 直,正
recticaulis 直茎的
rectificate 精馏物,精馏酒
rectification ①直线化,求长[法]{统计} ②整流{电} ③精馏{加工} ④修正,校正,整图{遥感}(rectificatio)
rectified ①矫正的,改正的,更正的,修正的 ②(曲线)可求长的 ③精馏的,精制的
rectified guano 精制海鸟粪{农化}
rectifier ①整流器 ②精馏器 ③纠正仪,校正仪
rectifier diode 整流二极管
rectiflorous 直花的(rectiflorus)
rectifying ①整流 ②精馏 ③精制,提纯 ④清除,净化 ⑤调整,整顿,改正
rectifying apparatus 精馏器

rectifying circuit 整流电路
rectifying column 精馏塔
rectifying transformer 整流变压器
rectigradation 直线渐变(rectigradatio)
rectilinear 直线的(rectilinearis)
rectilinear motion 直线运动
rectilinear pathway 直线途径
rectilinear scanner [直]线性扫描器
rectimurate 具直网脊的(rectimuratus)
rectinerved 直脉的(rectinervatus)
rectiscapous 直花莛的(rectiscapus){形态}
rectiserial 直行的(rectiserialis)
rectispinous 直刺的(rectispinus)
rectistratous 直纹的(rectistratus)
rectivenous 直脉的(rectivenus)
recto 右页,正页,奇数页(指印刷)
rectoblique plotter 纠斜绘图仪
rectorite 累托石{地质}
rectovaginal method 直肠阴道法{物}
rectrix 尾羽,舵羽
rectum 直肠
recultivation ①再耕 ②重播,重种(recultivatio)
recumbent 倒伏的
recumbent fold 伏卧褶皱{地质}
recuperability ①可回收性 ②恢复力(recuperabilitas)
recuperable ①可回收的 ②可恢复的,可复原的(recuperabilis)
recuperable sucrose 可回收蔗糖
recuperate 复原,恢复(recuperare)
recuperation ①再生[作用] ②复原,恢复(recuperatio)
recuperator ①(能量)回收器,回流热交换器 ②废油再生器
recur ①重复 ②重现
recurrence ①重现,再显,再发生 ②回复,轮回 ③递推(recurrentia)
recurrence event 再发生事件
recurrence horizon 再现土层
recurrence method 递推法{生技}
recurrence risk 重现危险
recurrence system 递推系统
recurrent ①轮回的{遗传} ②回归的(用于叶脉){形态} ③(病)复发的{病理} ④重复的,反复的,返回的{生技} ⑤重现的{电脑}(recurrens)
recurrent backcross 轮回回交
recurrent cold 倒春寒(指春暖后又寒冷){气象}
recurrent deposition 叠次沉积,重复沉积
recurrent fault analysis 重现障碍分析
recurrent immigration 反复移动(居)
recurrent inbred parent 轮回自交亲本
recurrent inhibition 返回抑制{生技}
recurrent irradiation 反复辐射,反复照射
recurrent mutation 频发突变
recurrent mutation induction 轮回诱变
recurrent nerve 回归神经
recurrent parent 轮回亲本{育种}
recurrent parental variety 轮回亲本品种
recurrent selection 轮回选择
recurrent speciation 再现物种形成
recurring decimal 循环小数{统计}
recursion ①递推{生技} ②递归{统计}(recursio)
recursion formula 递推公式
recursion programming 递归程序设计
recursive ①递推的{生技} ②递归的{统计} ③循环的{信息}(recursivus)
recursive call 循环呼叫
recursive cybernetic model 递归控制论模式
recursive estimation 递归估计
recursive filtering 递归滤波{信息}
recurvate 下弯,外弯的(recurvatus)
recurvation 下弯(recurvatura)
recurvature 转向(recurvatura)
recurvature of storm 风暴转向
recurved 下弯的,外弯的(recurvus)
recurved occlusion 后曲锢囚{气象}
recut 再切割,重新切割{生技}
recutter 第二次切碎装置
recutter forage harvester 二次切碎式青饲料收获机
recycle 再循环(recyculus)
recycling ①再循环{生技} ②轮换{遗传}
recycling chromatography 再循环层析
recycling mechanism 再循环机制
recycling of breakdown product 降解产物再循环
recycling of CAM 景天酸代谢再循环,CAM再循环
recycling of major resistance gene 主抗病基因轮换
recycling of minerals 矿物质再循环
recycling rate 再循环速率
RED (= roentgen equivalent dose) 伦琴当量剂量
red ①红色的(rubrus) ②(= recombination deficient mutant of phage) 噬菌体重组缺陷型[突变体]
red [bark] cinchona 红金鸡纳树[*Cinchona succirubra* Pav.](茜草科)
red-absorbing form 吸红光形式{生态生理}

red admiral 红纹丽蛱蝶 [*Vanessa atalanta* (Linnaeus)]

red alder 红桤木 [*Alnus rubra* Bong.] (桦木科)

red aleurone 红糊粉

red algae 红藻 [Rhodophcyceae]

red alpine strawberry 四季草莓 [*Fragaria alpina* L.] (蔷薇科)

red and white (= Holsteins) (乳牛) 红白斑种

red ant ①长结螯蚁 [*Oecophylla longinoda* Latreille] ②养柑蚁 (黄惊蚁) [*Oecophylla smaragdina* (Fabricius)] ③⌊复⌉切叶蚁属 [*Myrmica* spp.]

red ash 洋白蜡树 [*Fraxinus pennsylvanica* Marsh.] (木犀科)

red-backed cutworm 红背切根虫 [*Euxca ochrogaster* Guen.] (夜蛾科)

red bamboo beans 红竹豆

red-banded leaf roller 红带卷叶蛾 [*Argyrotaenia velutinana* Wlk.] (卷蛾科)

red-banded thrips 红带蓟马 [*Selenothrips rubrocinctus* (Giard)] (蓟马科)

red bark cinchona (= red cinchona) 红金鸡纳树 [*Cinchona succirubra* Pav.] (茜草科)

red bartsia 秋疗齿草 (红疗齿草) [*Odontites rubra* Pers. = *O. serotina* Reich.] (玄参科)

red-based longicorn beetle 红基扁天牛 [*Phymatodes maaki* Kraatz] (天牛科)

red-based tiger longicorn 黑胸虎天牛 [*Brachyclytus singularis* Kraatz] (虎甲科)

red bayberry ①杨梅属 [*Myrica* L.] (杨梅科) ②杨梅 [*Myrica rubra* (Lour.) Sieb et Zucc.]

red bean (= Adsuki bean, Adzuki bean) 赤豆(红豆) [*Phaseolus angularis* Wight] (豆科)

red beet (= garden beet) 食用甜菜 [*Beta vulgaris* ssp. *esculenta* var. *rubra*] (藜科)

red-belly arctid 红腹灯蛾 [*Spilosoma subcarnea* Walker.] (灯蛾科)

red-berried buckthorn 红果鼠李 [*Rhamnus crocea* Nutt.] (鼠李科)

red berried elder 接骨木 [*Sambucus williamsii* Hance] (忍冬科)

red berry American elder 红果美国接骨木 [*Sambucus canadensis* var. *rubra* Pallmer et Steyerm f.] (忍冬科)

red bilberry (= cowberry, mountain cranberry, red whortle berry) 牙疙疸 (越橘) [*Vaccinium vitis-idaea* L.] (乌饭树科)

red birch 红桦 [*Betula lutea* Michx.] (桦木科)

red bird (= red bird slipperflower) ①红雀珊瑚属 [*Pedilanthus* Neck.] (大戟科) ②红雀珊瑚(凤凰木,铁捍丁香) [*Pedilanthus tithymaloides* Poir.]

red blight 红烧病 (茶)

red blight of tea 茶红烧病 [*Pseudomonas theae* Oka. et Gota]

red bottom field 红底田

red-boughed 红枝 (*erythrocladus*)

red-box 澳洲黄杨桉 [*Eucalyptus polyanthema* Schauer] (桃金娘科)

red bracted lysidice ①仪花属 [*Lysidice* Hance] (豆科) ②仪花(广檀木,麻糖木) [*Lysidice rhodostegia* Hance]

red-branched amelanchier 阔叶唐棣 [*Amelanchier sanguinea* (Pursh) DC.] (蔷薇科)

red bread mold 好食丛梗孢 [*Monilia sitophila* (Mont.) Sacc.] (丛梗孢科)

red bryony 孤泻根 [*Bryonia dioca* Jacq.] (葫芦科)

red bud (= eastern red bud) 加拿大紫荆 [*Cercis canadensis* L.] (豆科)

red cabbage 红球甘蓝 [*Brassica oleracea* var. *rubra* DC.] (十字花科)

red calcareous soil 石灰性红土

red calla (= pink calla) 红花马蹄莲 [*Zantedeschia rehmannii* Englor] (天南星科)

red campion 朝颜剪秋罗 [*Lychnis dioica* L.] (石竹科)

red cardinal guard 红色厚穗爵床 [*Pachystachys coccinea* Nees.] (爵床科)

red cassia tree 红桂木 [*Artocarpus hypargyraea* Hance.] (桑科)

red cedar (= Eastern redcedar) 铅笔柏 [*Juniperus virginiana* L.] (柏科)

red cell agglutination 红细胞凝集[作用]

red chalk 红垩土

red chamomile (= adonis flower) 秋侧金盏花 [*Adonis annua* L.] (毛茛科)

red cinchona (= red bark cinchona) 红金鸡纳树

red circuit 红线路,热线{信息}

red citrus scale (= Californiared scale, citrus red scale) 红圆蚧 [*Aonidiella aurantii* (Maskell) = *Aspidiotus* or *Chrysomphalus*] (盾蚧科)

red clay 红色黏土

red clay soil 红色黏土

red clayish soil 红色黏质土

red clover (= trefoil) 红三叶[草][*Trifolium pratense* L.](豆科)

red clover chalcid 车轴草广肩小蜂[*Bruchophagus platypterus* (Walker)](广肩小蜂科)

red clover gall gnat 红苜蓿瘿蚊[*Campylomyza ormerodi* (Kieffer)](瘿蚊科)

red clover mottle virus 红三叶草斑驳病毒

red clover rust 红三叶草锈病[*Uromyces fallens* Kern.]

red clover seed weevil 红苜蓿子象(斯氏象)[*Tychius stephensi* Schoenherr](象甲科)

red clover vein mosaic virus (= Wisconsin pea stunt virus, pea stunt virus) 红三叶草脉花叶病毒[*Marmor trifolii* (Holmes) = Trifolium virus (= Weiss) = Trifolium virus nervimaculans (Roland)]

red cluster pepper 朝天椒[*Capsicum frutescens* var. *fasiciculatum* Railey](茄科)

red coloring of leaf 红叶

red corpuscle 红细胞(corpsculus rubrus)

red-costate tiger moth (= orange banded amsacta) 红缘灯蛾[*Amsacta lactinea* Cramer](灯蛾科)

red cotton bug (= cotton stainer) 棉红蝽[*Dysdercus cingulatus* Fabricius](红蝽科)

red cotton tree 木棉树(斑紫花,攀枝树)[*Bombax malabaricum* DC.](木棉科)

red cowpea 红豇豆

red cranes bill 血红老鹳草[*Geranium sanguineum* L.](牻牛儿苗科)

red crown ①子孙球属[*Rebutia* spp.](仙人掌科) ②子孙球(宝山)[*Rebutia minuscula* sp.]

red cultivated oat 地中海燕麦[*Avena byzantina* L.](禾本科)

red currant (= red currant bush) 红醋栗[*Ribes rubrum* L.](虎耳草科)

Red Danish cattle 丹麦红牛(丹麦乳用品种)

red darnel (= perennial ryegrass, common ryegrass, ray grass) 黑麦草[*Lolium perenne* L.](禾本科)

red dead-nettle 小野芝麻[*Lamium purpureum* L.](唇形科)

red deer 赤鹿[*Cervuselaphus*](鹿科)

red desert soil 红色漠境土

red designation 红色标志

red dogwood 欧洲红瑞木[*Cornus sanguinea* L.](山茱萸科)

red drop 红降{生技}

red earth 红壤

red elm 红榆[*Ulmus fulva* Michx.](榆科)

red euphorbia 红大戟[*Euphorbia ebracteolatus* Hayata](大戟科)

red fescue (= creeping fescue) 紫羊茅[*Festuca rubra* L.](禾本科)

red fir 紫果冷杉[*Abies magnifica* Murr.](松科)

red fire disease (= roter brenner) 葡萄叶斑病[*Pseudopeziza tracheiphila* M.T.]

red fleshed watermelon 红瓤西瓜

red flour beetle 赤拟谷盗[*Tribolium ferrugineum* Fabricius = *T. castaneum* Hbst.](拟步甲科)

red flower abutilon 红花苘麻[*Abutilon roseum* Hand.-Mazz.](锦葵科)

red flower meconopsis 红花绿绒蒿[*Meconopsis punicea* Maxim.](罂粟科)

red flower pyrola 红花鹿蹄草[*Pyrola incarnata* Fisch.](鹿蹄草科)

red-flowered 红花的(erythranthus)

red-flowered camel's foot 红花羊蹄甲[*Bauhinia blakeana* Dunn.](苏木科)

red forest soil 红色森林土

red fruit figtree 雀榕(山榕)[*Ficus wightiana* Wall.](桑科)

red grains 红子粒(稻粒)

red grape 红葡萄[*Vitis rubra* Michx.](葡萄科)

red, green, blue monitor (**RGB monitor**) 红-绿-蓝监视器

red-green blindness 红绿色盲

red gum 赤桉[*Eucalyptus camaldulensis* Dehnhardt. = *E. rostrata* Schlecht non Cav.](桃金娘科)

red-haired 红毛的(erythrotrichus)

red hairy caterpillar ①花生红灯蛾[*Amsacta albistriga* Walker] ②桑灯蛾[*Amsacta moorei* Butler](灯蛾科)

red harvester ant 红农蚁[*Pogonomyrmex barbatus* F.Smith](蚁科)

red-headed 红头的(erythrocephalus)

red-headed aphid 红头绵蚜[*Tetraneura rubra* Licht.](绵蚜科)

red-headed blister beetle 红头芫菁[*Epicautia ruficeps* Illiger](芫菁科)

red-headed louse (= sheep biting louse) 羊羽虱[*Bovicola ovis* (Schrank) = *Trichodectes*](兽羽虱科)

red heart of lettuce 莴苣赤心病

red heart rot 落叶松红心腐病[*Fomes laricis* (Jacq.)Murr.]

red hemp-nettle 胶黄鼠狼花[*Galeopsis ladenum* L.](唇形科)

red horse-chestnut 红马栗(红七叶树)[*Aesculus carnea* Hayne](七叶树科)

red hot cat-tail 软毛铁苋菜(红猫尾)[*Acalypha hispida* Burm. f.](大戟科)

red-hot-poker-plant (= torch-lily) ①剑叶莲属[*Kniphofia* Moench.](百合科) ②剑叶莲(剑叶兰,火把莲)[*Kniphofia kooperi* Hook.]

red Japanese witchhazel 红瓣金缕梅[*Hamamelis japonica* var. *flavopurpurascens* (Mak.) Rehd.](金缕梅科)

red-juiced 红色汁液的(suciruber)

red juniper (= cedar) 雪松

red justicia 红爵床[*Justicia secunda* Vahl.](爵床科)

red-kerneled rice 红粒稻

red kidney bean 红花菜豆[*Phaseolus coccineus* L. = *P. multiflorus* Willd.](豆科)

red ladybird beetle 大红瓢虫[*Rodolia rufopilosa* Mulsant](瓢虫科)

red lauan (= Philippine mahogany) 红柳桉

red lead 铅丹

red leaf[disease] 赤叶病,红叶病

red-leaf cherry 红叶李[*Prunus cerasifera* var. *atropurpurea* Jacq.](蔷薇科)

red leaf of Chinese sumac ①盐肤木[*Rhus chinensis* Mill.](漆树科)②秋天的红叶

red leaf plants 红叶植物

red leaf-sheath spot 叶鞘红斑病(甘蔗)

red leaf spot 叶赤斑病,炭疽病

red leaf spot of kaoliang 高粱炭疽病[*Colletotrichum graminicolum* G. Wils.]

red leaf tree 红叶树(指叶在秋天变成红色的树木)

red-leaved 红叶的(erythrophyllus)

red-leaved ash 红叶梣[*Fraxinus pubescens* Lam.](木犀科)

red leaves 红叶(folie rubre)

red-legged flea beetle 红足跳甲[*Derocrepis erythropus* (Melsh.)](跳甲科)

red-legged grasshopper 赤腿[蚱]蜢[*Melanoplus femurrubrum* (De Geer)](蝗科)

red-legged ham beetle 赤足郭公虫[*Necrobia rufipes* (De Geer)](郭公甲科)

red lettuce 红叶莴苣

red light radiation 红光辐射

red light signal 红光信号{生态生理}

red line disease 赤线病(指甘蔗)

red loam 红壤土

red locust 红翅蝗[*Nomadacris septemfasciata* Serville](蝗科)

red longicorn beetle 竹红天牛[*Sternoplistes temmincki* Guérin](天牛科)

red maculated leafhopper 桑[血斑小]叶蝉[*Erythroneura mori* Matsumura](叶蝉科)

red mahogany 树胶桉[*Eucalyptus resinifera* Sm.](桃金娘科)

red mahonia 红果十大功劳[*Mahonia haematocarpa* (Woot.) Fedde](小檗科)

red malabar-night shade ①落葵属[*Basella* L.](落葵科) ②落葵[*Basella rubra* L.]

red mangrove (= American mangrove) 美国红树[*Rhizophora mangle* L.](红树科)

red margin calathea ①肖竹芋属(蓝花蕉属)[*Calathea* C.F.W. Meyer](苳叶科) ②肖竹竽(红边蓝花蕉)[*Calathea roseepicta* Regel]

red margin dracaena 红边竹蕉(千年木)[*Dracaena marginata* sp.](龙舌兰科)

red-margined arctid 红袖灯蛾[*Amsacta lactinea* Cramer.](灯蛾科)

red meat 牛羊肉

red milky[mushroom] 红汁乳菇[*Lactarius hatsudake* Tanaka](可食菌)

red mite (= chicken mite or poultry mite) 鸡皮刺螨[*Dermanyssus gallinae* (De Geer)](刺螨科)

red mombin (Spanish plum) 西班牙李[*Spondias purpurea*](蔷薇科)

red mould 赤霉

red mulberry 红果桑[*Morus rubra* L.](桑科)

red mullets 羊鱼[科][Mullidae]

red muscardine (蚕)赤僵病[*Isaria fumoso-rosea*]

red mustard (= brown mustard, black mustard) 幽芥(黑芥)[*Brassica nigra* Koch.](十字花科)

red oak 赤栎[*Quercus rubra* L.](山毛榉

科)

red oats (= tartarian oats) 鞑靼燕麦(侧穗燕麦,红燕麦,东方燕麦)[*Avena orientalis* L.](禾本科)

red orchid actus ①令箭荷花属[*Nopalxochia* Britt.](仙人掌科) ②令箭荷花[*Nopalxochia ackermannii* Kunth]

red osier 紫柳[*Salix purpurea* L.](杨柳科)

red paddy aphid 水稻赤蚜(稻缢管蚜)[*Yamataphis oryzae* Matsumura.](蚜科)

red passion flower 红花西番莲[*Passiflora manicata* Pers.](西番莲科)

red pepper ①辣椒属[*Capsicum* L.](茄科) ②辣椒[*Capsicum annuum* L.]

red phosphorus 红磷

red pigment 红色素

red pine ①美国赤松[*Pinus resinosa* Ait.] ②欧洲赤松[*Pinus silvestris* L.] ③日本赤松[*Pinus densiflora* S.et Z.](松科)

red plum maggot 李小食心虫[*Laspeyresia funebrana* (Lreischeke)F.](小卷蛾科)

red plumeria 红鸡蛋花[*Plumeria rubra* L.](夹竹桃科)

red-polled cattle (= red polls) 无角红牛(英国种)

red powder puff ①朱缨花属[*Calliandra* Benth.](豆科) ②朱缨花[*Calliandra haematocephala* Benth.]

red prusiate of potash 铁氰化钾(赤血盐){环保}

red purple crossvine 红紫葳藤[*Bignonia capreolata* var. *atrosanguinea* Hook. f.](紫葳科)

red quina (= red cinchona) 鸡纳树[*Cinchona succirubra* Pav.](茜草科)

red radiant energy 红光辐射能

red radish 红萝卜[*Raphanus sativus* L.](十字花科)

red rain 红雨

red raspberry 刺莓(覆盆子)[*Rubus idaeus* L.](蔷薇科)

Red Ribbon 红带(甘蔗热带原种)

red rice ①红米 ②红麦曲

red rice bug 稻红蝽[*Megarrhanphus truncatus* Westwood](红蝽科)

red rice root aphid 稻缢管蚜[*Rhopalosiphum rufiabdominalis* Sasaki](蚜科)

red rippening silkworm 赤熟蚕

red rot ①红腐 ②红腐病

red rot egg 赤死卵{蚕}

red rot fungus 褐腐菌,红腐菌

red rot of ginseng 人参红腐病[*Erwinia araliavora* Magrow]

red rot of sugarcane 甘蔗红心病[*Colletotrichum falcatum* Went]

red rust 赤锈,白藻病

red salmon 红大麻哈鱼[*Oncorhynchus nerka* (Walbaum)]{水产}

red sandal-wood (= red sanders) 紫檀[*Pterocarpus santalinus* L.f.](豆科)

red sandal-wood tree 孔雀豆(海红豆,相思树)[*Adenanthera pavonina* L.](豆科)

red scale (= California red scale) 红圆蚧[*Aonidiella aurantii* (Maskell)](盾蚧科)

red sclerotial disease 赤色菌核病

red-seeded 红种子的(erythrospermus)

red shift 红移{物}

red shouldered ham beetle 赤颈郭公虫[*Necrobia ruficollis* (Fabricius)](郭公甲科)

red-shouldered leaf beetle 花生红肩叶甲[*Monolepta australis* Jacobson](叶甲科)

red siberian crab 山荆子(山定子)[*Malus bacata* Borkh.](蔷薇科)

red signal 红色信号

red silver fir (= Pacific silver fir) 温哥华冷杉(大平洋冷杉,大平洋银枞)[*Abies amabilis* (Dougl. ex Loud.](松科)

red skinned potato variety 红皮马铃薯品种

red smut 红粉病(指甘蔗)

red snow 红雪

red soil 红土

red sorrel 大酸模

red sorrel rhubarb 红掌叶大黄[*Rheum palmatum* var. *rubrum*](蓼科)

red spectrum 红色光谱

red spider (= red spider mite) 红蜘蛛[*Tetranychus urticae* Koch.](叶螨科)

red spider mite (= spinning mites) 叶螨科[Tetranychidae]

red-spined 红刺的(erythrospinus, rubispinus)

red spot of leaf sheath 叶鞘赤斑病

red spotted green moth 红星绿金钢钻[*Earias roseifera* Butler]

red spruce 红果云杉[*Picea rubra* L.](松科)

Red squill (= Scillirosid) 红海葱(杀鼠剂)[$C_{32}H_{44}O_{12}$]

red stalk rot (= anthracnose) 炭疽病(高粱)

red star grass 红金梅草［*Rhodohypoxis baurii* sp.］（仙茅科）
red stele 红色中柱病［*Phytophthora fragariae*］
red stem 多花水苋菜［*Ammannia multiflora* Roxb.］（千屈菜科）
red stripe 红条纹病（甘蔗）
red-striped stink-bug 红条蝽［*Graphosoma rubrolineata* Westwood］（蝽科）
red suture 红缝病
red-tailed moth 红尾毒蛾［*Dasychira pudibunda* L.］（青蛾科）
red-tailed wasp 红尾茧蜂［*Cardiochiles migriceps* Vier.］（小茧蜂科）
red tide 红潮，赤潮{环保}
red-tip spines denmoza ①火焰龙属［*Denmoza* spp.］（仙人掌科）②火焰龙［*Denmoza erythrocephalus* sp.］
red-tipped looper moth 红端波纹尺蛾［*Anitis perelegans* Warren］（尺蛾科）
red truffle 杂色黑腹菌［*Melanogaster variegatus*（Vitt.）Tul.］
red turnip beetle 芜菁红叶甲［*Entomoscelis americana* Brown.］（叶甲科）
red upland soil 红色高地土，红色旱地土
red valerian ①红穿心排草属［*Centranthus* DC.］（败酱科）②红穿心排草［*Centranthus ruber* DC.］
red-vein enkianthus 红脉吊钟花［*Enkianthus campanulatus* Nichols.］（杜鹃花科）
red vine spinach ①落葵属［*Basella* L.］（落葵科）②落葵［*Basella rubra* L.］
red-vine-spinach family 落葵科［Bosellaceae］
red volcanic soil 红色火山土{土壤}
red-water ①血红素尿病，巴贝斯虫病 ②（管道）腐蚀水{环保}
red waterlily 红睡莲［*Nymphaea alba* var. *rubra* Lönnr.］（睡莲科）
red wax scale 红蜡蚧［*Ceroplastes rubens* Mask.］（蜡蚧科）
red wheat blossom midge（= wheat blossom midge） 小麦吸浆虫［*Sitodiplosis mosellana* Gehin］（瘿蚊科）
red whortle-berry 牙疙疸（越橘）［*Vaccinium vitis-idaea* L.］（乌饭树科）
red wine（= claret） 红葡萄酒（指波尔多产的深红色葡萄酒）
red withe ①风车子属［*Combretum* L.］（使君子科）②风车子［*Combretum alfredi* Hance.］
red wood（= mammoth tress） ①红杉属（北美红杉属）［*Sequoia* Endl.］（松科）②红杉（北美红杉）［*Sequosia sempervirens* Endl.］
red yellow podzolic soil 灰化红黄壤
redact ①编辑，编校 ②修订（redacere）
redaction ①编校 ②修订版，新版本（redactio）
redberry bryony 孤泻根（异株泻根）［*Bryonia dioica* Jacq. = *B. ruderalis* Salisb., *B. lutea* Bast. ex Ser., *B. nitida* Link］（葫芦科）
red/black engineering 红黑工程{电脑}
red/black interface 红黑界面
redbox cotoneaster 阔叶枸子［*Cotoneaster rotundifolia* Wall. et Lindl.］（蔷薇科）
redbud ①（= Judastree）紫荆属［*Cercis* L.］（豆科）②紫荆［*Cercis chinensis* Bge.］
redbud pearlbush 红柄白鹃梅［*Exochorda giralii* Hesse］（蔷薇科）
redden （blush）变红
reddening of grains 赤变米
reddish ①淡红色的（rubidus）②微红色的（rufulus）③带红色的（rubellus）④变红色的（rufescens）
reddish brown 红棕色，黄褐色（fulvus）
reddish-brown（steppe）soil 红棕色［草原］土，红［色］棕钙土
reddish-brown forest soil 红棕色森林土
reddish-brown latorite 红棕色砖红壤
reddish-brown latoritic soil 红棕色砖红壤性土
reddish chestnut soil 红［色］栗钙土
reddish cochlid（= tea cochlid） 茶锈刺蛾［*Phrixolepia sericea* Butler］（刺蛾科）
reddish dark brown 暗红棕色
reddish hawk-moth 暗红天蛾（累氏红天蛾）［*Pergesa elpenor lewisi* Butler］（天蛾科）
reddish heavy clay loam 红色重黏质壤土
reddish oraesia 鸟嘴壶夜蛾［*Oraesia excavata* Butler］（夜蛾科）
reddish prairie soil 红色湿草原土
reddle 红垩土
redeclaration rule 重新说明规则
redeem ①赎回 ②实践 ③拯救 ④赔偿，补偿
redeemable 可赎回的，可实践的，可拯救的，可赔偿的，可偿还的
redemption 清偿
redemption money 清偿金，偿还金{农经}
redemption of a debt 债务［分期］清偿
redemption period 清偿期［限］

redeposit 再沉积[物]
redeposited loess 次生黄土,再积黄土
redescription 重新描述
redesigning 重设计,再设计
red/far-red ratio 红光/远红光比率{生态生理}
redfood warmwood 红足蒿[*Artemisia rubripes* Nakai](菊科)
redhaw hawthorn 红果山楂[*Crataegus sanguinea* Pall.](蔷薇科)
redia 雷蚴
redifferentiation 重分化(redifferentiatio)
rediffusion ①转播,播放{信息} ②再扩散{栽培}(rediffusio)
redirect 重定向(redirigere)
redirected call 转移呼叫{信息}
redirection 改寄新址,改址(redirectio){信息}
redispersion 再分散(redispersio)
redistillation 再蒸馏(redistillatio)
redistilled 再蒸馏的
redistilled water 再蒸馏水
redistribution ①重新分布,再分布 ②再分配(redistributio)
redistribution in heterokaryon 异核体再分配
redivide ①再分配 ②再划分(redividere)
rednecked peanutworm 花生红颈麦蛾[*Stegasta basqueella* (Chambers)]
rednecked tiger longicorn 红颈虎天牛[*Xylotrechus rufilius* Bates]
redo ①再循环 ②重做
redogenic substrate 还原系底物
redouble 再加倍(reduplus)
redout 红视
redox 氧化还原,氧还
redox-active cysteine 氧[化]还[原]活性半胱氨酸
redox catalysis 氧[化]还[原]催化
redox couple 氧[化]还[原]耦联
redox electrode 氧[化]还[原]电极
redox energy 氧[化]还[原]能
redox enzyme 氧[化]还[原]酶
redox equivalent 氧还当量
redox-hypothesis 氧[化]还[原]说{物}
redox indicator 氧[化]还[原]指示剂
redox lipid 氧[化]还[原]脂质
redox potential 氧[化]还[原]电位
redox pump 氧[化]还[原]泵
redox reaction 氧[化]还[原]反应
redox series 氧[化]还[原]系列
redox state 氧[化]还[原]状态
redox system 氧[化]还[原]系统
redox titration 氧[化]还[原]滴定[法]
redoxostat 氧[化]还[原]电位稳定器
redrawing 重画{电脑}
redroot ①美洲茶属[*Ceanothus* L.](鼠李科) ②美洲茶[*Ceanothus americanus* L.]
redroot amaranth 西风古[*Amaranthus retroflexus* L.](苋科)
redrying 再干燥(烟草)
redshank 春蓼(桃叶蓼)[*Polygonum persicaria* L.](蓼科)
redspray ruellia 长叶芦莉草[*Ruellia amoeua* Nees.](爵床科)
redstar zinnia 多花百日草[*Zinnia multiflora* L.](菊科)
redstem actinidia 红茎猕猴桃[*Actinidia rubricaulis* Dunn](猕猴桃科)
redstem ceanothus 红茎美洲茶[*Ceanothus sanguineus* Pursh](鼠李科)
redtop grass 小糠草(红顶草,白蓢股颖)[*Agrostis alba* L.](禾本科)
reduce ①减少,减低,降低 ②紧缩,缩减,减轻 ③后退,退化 ④订正 ⑤还原 ⑥切碎(reducere)
reduce costs 降低成本
reduce ferricyanide 还原铁氰化物
reduce in weight 减重
reduce one's expenses 缩减开支
reduce one's weight 减轻体重
reduce pressure 减低压力
reduce speed 减低速度
reduced apogamy 单倍无配子生殖(apogamia reducta)
reduced area 改算面积
reduced costs 折算费用{农管}
reduced equation 简化方程{统计}
reduced extension growth 降低伸展生长,降低伸长生长
reduced eye 简化眼
reduced fertility 降低能育性
reduced fertilization 不正常受精
reduced flowering 降低开花
reduced form 简化型
reduced gradient method 简化梯度法
reduced height 降低高度
reduced hemoglobin 还原血红蛋白
reduced instruction set computer 精简指令系统计算机
reduced nicotinamide adenine denucleotide (NADH) 还原辅酶 I
reduced number 减数

reduced order model 降阶模型
reduced organ 退化器官(organa reducta)
reduced parthenogenesis 单倍单性生殖,单倍孤雌生殖(parthenogenesis reductus)
reduced photosynthetic performance 光合性能降低
reduced rate 还原率,还原速率
reduced root 退化根(radix reducta)
reduced sampling inspection 缩减抽样检查
reduced scale ①缩小比例 ②缩尺
reduced-serum medium 减少血清培养基
reduced soil 还原土
reduced space 退化空间
reduced substance 还原物质
reduced summer growth 降低夏季生长
reduced target 降低标准价格
reduced temperature 订正温度
reduced tillage system 省耕制(初耕后即行种植,省去第二次耕作)
reduced uptake 减少吸收
reduced viability 降低成活力
reduced viscosity 降低黏度,比浓黏度
reduced zone 还原层
reducer ①降低因子,限制基因 ②切碎器,减速器,减压器 ③还原剂
reducer and increaser 大小头(指异管径){环保}
reducibility 可约性(reducibilitas)
reducible ①可简化的{加工} ②可还原的{生化} ③可缩减的,可减少的,可缩小的,可减小的{栽培} ④可约的{统计}(reducibilis)
reducible graph 可缩小图形
reducible matrix 可约矩阵(指可简化的矩阵)
reducible organic compound 可还原有机化合物
reducing ①还原的{化} ②切碎[装置]切刀{加工} ③渐缩的,缩小的{环保}
reducing action 还原作用
reducing agent 还原剂
reducing division (= reduction division) 减数分裂
reducing elbow 缩小弯头{环保}
reducing end 还原端{生技}
reducing enzyme 还原酶
reducing factor 还原因素
reducing force 还原力
reducing gear 减速器,减速齿轮
reducing piece 缩小管接{环保}
reducing potential 还原位,还原电位
reducing potential variation 降低潜伏变异
reducing power 还原力
reducing printer 缩小[印像]仪,缩小晒印仪{遥感}
reducing respiration 还原呼吸
reducing socket 异径套管{环保}
reducing soil crusting 减轻土壤结皮
reducing substance 还原物质
reducing sugar 还原糖
reducing tee 渐缩三通管,异径三通{环保}
reducing the incidence 减少发病率
reducing valve 减压阀
reducing waste 还原性废水{环保}
reductant 还原剂(reductans)
reductase 还原酶
reductic acid 还原酸,1,2-二羟-3-酮环戊烯[$C_5H_6O_3$]
reduction ①减数{遗传} ②缩减,减少,浓缩,收缩 ③减速,减压 ④简化 ⑤还原[作用] ⑥订正 ⑦缩图,缩版 ⑧变形 ⑨细碎,粉碎 ⑩退化(reductio)
reduction cascading 收缩级联
reduction division 减数分裂
reduction-division stage (= meiosis stage) 减数分裂期
reduction equivalent 还原当量
reduction gear 减速器,减速齿轮
reduction gear ratio 减速比
reduction gearbox 减速齿轮箱
reduction grouping 减数分离分类
reduction horizon 还原层
reduction in growth 生长降低
reduction in working hours 缩减工时,工作时数缩减
reduction in yield 减产
reduction instruction set computer (**RISC**) 简化指令系统计算机
reduction nuclear division 减数核分裂{细胞}
reduction of hexavalent chromium 六价铬[的]还原{环保}
reduction of nitrate 硝酸还原
reduction of output 减产
reduction of production costs 降低生产成本
reduction of stocks 贮存量减少,库存物减少
reduction of transpiration 降低蒸腾
reduction-oxidation 还原氧化[作用]
reduction-oxidation potential 氧化还原电位,氧还电位
reduction potential 还原电位
reduction printer 缩印机
reduction process in soil 土壤还原过程
reduction products 还原产物
reduction rate 缩微率
reduction ratio 减速比,传动比

reduction reaction of nitrate 硝酸盐还原[反应]作用{环保}
reduction roll 粉碎镇压器
reduction rule 简约规则
reduction separation 减数分离
reduction table 订正表,校正表
reduction test 还原试验
reduction to sea level 海平面订正
reduction zone 还原层
reductional ①减数的 ②还原的(reductionalis)
reductional disjunction 减数离开
reductional distribution 减数分配
reductional grouping 还原分组
reductional metaphase 减数中期
reductional panel 减数面{细胞}
reductional separation 减数分离
reductionism 还原论,简化论(reductionismus)
reductionism in modern science 现代科学的简化论
reductionist 还原论者,简化论者(reductionistus)
reductive ①还原的,还原性的 ②减低的,降低的(reductivus)
reductive amination 还原性氨基化
reductive capacity 还原能力,还原本领
reductive carboxylation 还原性羧化作用
reductive deamination 还原性脱氨基[作用]
reductive decomposition 还原分解
reductive infection 减低感染
reductive layer 还原层
reductive splitting ①还原分裂 ②减低分裂
reductone 还原酮,二羟丙烯醛[$C_3H_4O_3$]
reductor 减速器,减压器
redundancy (= redundance)冗余性(redundantia)
redundancy character 冗余字符{电脑}
redundancy check 冗余检查
redundancy management 冗余管理
redundant 冗余的(redundans)
redundant circuit 冗余线路{信息}
redundant cistrons 冗余顺反子{分遗}
redundant DNA 冗余 DNA,重复 DNA
redundant duplication 冗余复制
redundant gene 冗余基因
redundant information 冗余信息{遥感}
redundant operation 冗余运算{统计}
redundant recording 冗余记录
redundant sequence 冗余序列{分遗}
redundant technical condition 冗余技术条件
redundant tRNA 冗余 tRNA
reduplicate ①外向镊合状的{形态}②再重复的{统计}③复制的{分遗}(reduplicatus)
reduplicate valvate cavity 外曲镊合状腔(cavitas valvatus reduplicatus)
reduplication ①再重复{统计}②复制{分遗}(reduplicatio)
reduplication of DNA DNA 复制
reduplication pattern 复制图形
reduplication product 复制产物
reduplicative ①外向镊合状的{形态}②再重复的{统计}③复制的{分遗}(reduplicativus)
reduviids (= assassin bugs) 猎蝽科[Reduviidae]
redwater fever (= bovine piroplasmosis) 牛双芽焦虫病
redwater of cattle (= bovine haemoglobinuria) 牛红蛋白尿病
redwater tree (= sasswood, sassy bark tree) 基尼格木[*Erythrophleum guineense* Oliv.]
redwood (= big-tree) 红杉(长叶世界爷)[*Sequoia sempervirens* Endl.](松科)
redwood fiber [plate] 红杉纤维板{环保}
redworm disease (马)圆线虫病
REE 杀线酯(杀线虫剂)[$C_5H_7NO_2S$]
reed ①芦苇属[*Phragmites* Adans.](禾本科)②芦苇[*Phragmites communis* Trin.]
reed aphid 竹红蚜[*Aphis bambusae* Fullaway](蚜科)
reed bank (= reed field) 苇塘
reed bed 苇地,苇丛河床
reed canary grass 虉草(草芦)[*Phalaris arundinacea* L.](禾本科)
reed cutter 割苇机
reed fescue (= tall fescue) 苇状羊茅[*Festuca arundinacea* Schreb.](禾本科)
reed field 苇塘
reed grass 苔属[*Carex* L.](莎草科)
reed-like 管状的(tubiformis)
reed mace ①香蒲属[*Typha* L.](香蒲科)②香蒲[*Typha orientalis* Presl.]
reed meadow grass (= reed sweet grass) 水甜茅[*Glyceria aquatica* (L.) Wahl.](禾本科)
reed palm 省藤[*Calamus latifolius* Roxb.](棕榈科)
reed pulp 芦苇纸浆

reed stand 芦苇群丛
reed-swamp 芦苇沼泽
reed sweet grass (=reed meadow grass) 水甜茅
reed switch 舌簧开关{电脑}
reed wattle 芦苇编条
reedgrass ①拂子茅属[*Calamgrostis* Adans.](禾本科) ②拂子茅[*Calamgrostis epigejos* (L.) Roth]
reef (=sand bank) ①暗礁 ②沙洲
reef knot (=square knot) 平结,方结,拱结(结索法)
reef rock 礁岩
reefer 麻醉香烟(含有 marihuana 麻醉剂)
reel ①绕线筒,卷轴,卷筒 ②拨禾轮 ③绞车,绞盘 ④卷尺,带尺,皮尺 ⑤卷,绕 ⑥磁带卷,纸带卷,盘卷 ⑦盘
reel arm (=reel stick) 拨禾轮辐条
reel arm hub 拨禾轮辐条盘
reel bat (=reel beater, reel board, reel slat, reel paddle) 拨禾轮拨禾板
reel label 带卷标签,带卷标号{电脑}
reel losses 拨禾轮损失
reel mounting 装带器
reel servo 盘伺服机构{电脑}
reel spindle 卷轴,供带轴
reel tine 拨禾轮搂草齿
reel-type mower 拨禾轮式刈草机,旋转式刈草机
reel type reader 带盘型输入机{信息}
reelability (茧)解舒{蚕}
reelability percentage 解舒率
reelable cocoon 上茧
reeling 缫丝
reeling with fixed number of cocoons 定粒缫丝
reenabling 重新开放
reengineering 再建,重构,再设计,再工程化
reenlargement ①再放大 ②再扩展
reenterability 可重入性(reenterabilitas)
reenterable 可重入的,可再入的,可重新进入(reenterabilis)
reenterable code 可重入代码
reentrance (=reentracy) 重入(reentrantia)
reentrant (=re-entrant) ①凹的 ②可再入的(reentrans)
reentrant control state 重入控制态
reentrant list 可重入表
reentry (re-entry) 再入,重入,重返
reentry point 重入点,返回点
reentry system 重返系统{物}
reestablishment 重建[立]
reeves shad 鲥鱼[*Macrura reevesii* (Richardson)]{水产}
reeves skimmia ①茵芋属[*Skimmia* Thunb.](芸香科) ②茵芋[*Skimmia melanocarpa* Rehd. et Wils.]
reeves spiraea 麻叶绣球[*Spiraea cantoniensis* Lour.](绣球科)
reevesia ①梭罗树属[*Reevesia* Lindl.](梧桐科) ②梭罗树[*Reevesia sinica* Wils.]
reexamination 再研究,重检查(reexaminatio)
reexpression (=reappearance) 重表现,再表现(reexpressio)
refer ①涉及,提及,提到 ②送交,提交,呈交,指(的是),指点 ③交付,托付,委托 ④参考,参照,引证
refer to ①参看,涉及 ②引用,引证
referee method of analysis 仲裁分析法
reference ①参比 ②参考 ③对照,空白 ④标准,基准(referenx)
reference axis 参考轴,参考线,基准线
reference circuit 参考电路
reference clock 基准钟
reference compound 参比[化合]物
reference data 参考数据,基准数据
reference database 参考数据库
reference electrode 参放电极,参比电极,参照电极
reference format 标准格式,基准格式
reference frequency 引用频率
reference key ①参考索引{智培} ②参考键{遥感}
reference manual 参考手册
reference mark 水准点
reference material (RM) 标准物质(材料)
reference monitor 基准监控器
reference parameter 引用参数
reference period (=base period) 基期{统计}
reference point 参考要点
reference power supply (=reference supply) 参考电源,基准电源
reference price 参考价格
reference radiation 参考辐射,基准辐射{遥感}
reference record ①编辑记录 ②参考记录 ③引用记录
reference retrieval system 参考检索系统{遥感}
reference share (测定抗磨性用)标准犁铧
reference solution 对照液(指比色用){环保}
reference surface 参考面{遥感}

reference tape 标准磁带,基准磁带
reference time 参考时间,基准时间
reference value 参考值
reference wave 参考波{遥感}
refile 接力传送
refiller 注入装置,加油器,注水器
refilling ①再注满,再充满,再充实 ②补植,补种
refine ①精制,精炼 ②变纯净,净化
refined ①精制的,精炼的 ②精细的 ③改进的
refined fertilizer 面肥(粉末肥料)
refined first fit rule (RFF) 改进首次适合规则{信息}
refined flour 精制面粉
refined grain 细粮
refined metal 精炼金属
refined net 加密网络,细网络{信息}
refined oil 精炼油(石油)
refined salt 精盐
refined structure 精细结构{生技}
refined sugar 精炼糖
refined wine 精制酒
refinement ①精制,精炼 ②精修,精进
refinement criterion 精炼标准,提纯标准
refinement of technique 技术改进,技术精进
refinement strategy 精制策略,提纯策略
refiner 清选机,精选机
refinery ①精制厂,精炼厂 ②炼炉
refinery molasse 精制糖蜜
refinery waste 炼油厂废水{环保}
refining ①精制,精炼 ②精选,清选 ③清除,整理
refit ①重新装配 ②改装 ③修理
reflect ①反射 ②反映(reflectere)
reflectance ①反射[能力] ②反射率,反射比,反差 ③反射系数(reflectantia)
reflectance characteristics 反射特性{遥感}
reflectance coefficient 反射系数
reflectance factor 反射因子
reflectance model 反射模型
reflectance ratio 反射率,反射比
reflectance spectra 反射波谱{遥感}
reflectance spectra of crop 作物反射波谱{智培}
reflectance spectra of soil 土壤反射波谱
reflectance spectra of vegetation 植被反射波谱
reflectance-turbidity curve 反射比-混浊度曲线{遥感}
reflectance value 反射比值
reflected factor 反射系数
reflected global solar radiation (= reflected global radiation) 地球反射太阳辐射
reflected infrared 反射红外[线]{遥感}
reflected light 反射光
reflected ray 反射线
reflected terrestrial radiation 向上反射地球辐射
reflecting 反射的(refulgens)
reflecting condensor ultramicroscope 反射集光器式超显微镜
reflecting galvanometer 反射镜检流计
reflecting light 反射光
reflecting microscope 反射显微镜(microscopa refulgens)
reflecting nephoscope 反射测云器
reflecting object 反射对象
reflecting power 反射率,反射能力
reflection 反射,反光(reflectio)
reflection coefficient 反射系数
reflection density 反射密度
reflection error 反射误差
reflection loss 反射损耗
reflection mapping 反射映射{电脑}
reflection marker 反射标记,反光标记
reflection of light 光的反射
reflection pattern 反射型{遥感}
reflection polarization 反射偏振[光]
reflection spectrum 反射光谱
reflection type electron microscope 反射式电子显微镜,反射式电镜
reflective 反射的(reflectivus)
reflective film 反射[薄]膜
reflective infrared 反射红外[线]
reflective mulch 反射覆盖
reflective paints 反射油漆
reflective power 反射率,反射能力
reflective spot 反射点
reflective tracking 反射式跟踪
reflective wavelength 反射波长{遥感}
reflectivity 反射性(reflectivitas)
reflectivity of aciculignosa 针叶木本群落反射性
reflectivity of broadleaf deciduous forest 落叶阔叶林反射性
reflectivity of broadleaf evergreen forest 常绿阔叶林反射性
reflectivity of crop community 作物群体反射性
reflectivity of herbosa 草本群落反射性
reflectometer 反射表
reflector ①反射望远镜,反射镜 ②反射体
reflectoscope ①反射测试仪 ②超声探伤仪
reflex ①反射 ②反射加热(reflexus)

reflex action 反射作用
reflex arc 反射弧
reflex copying 反射复制
reflexed ①反折的 ②反射的 (reflexus)
reflexed light 反射光
reflexion 反射 (reflexio)
reflexivity 自反性 (reflexivitas)
reflexograph 反射描记器
reflorescence 再花候,重开花期 (reflorescentia)
reflux ①回流,反流 ②退潮 (refluxus)
reflux condenser 回流冷凝器
reflux pump 回流泵
reflux valve (= check valve) 逆止阀,单向阀{环保}
refolder 重折叠器,再摺器
refolding 重折叠{分生}
reforest 再植林木,再造林
reforestation ①人工造林 ②绿化
reforestation programme 绿化规划
reform ①改革,改造,改良 ②革除,革新,变革 (reformare)
reform of agricultural education 农业教育改革{农系工}
reform of higher education 高等教育改革
reform of life-style 生活方式革新
reform of the agricultural scientific and technical system 农业科技体制改革
reformat 重定格式
reformation ①再形成 ②改革,革新 ③改良,改善,改造 (reformatio)
reformation into well-drained paddy field 干田化(改造成排水良好的水田)
refract 折射 (refrangare)
refracted ①折射的 ②骤折的 (refractus)
refracted light 折射光
refracted ray 折射线
refraction 折光作用,折射 (refractio)
refraction haze 折射霾
refraction law 折射定律{气象}
refraction mapping 折射映射{电脑}
refractive 折光的,折射的 (refractivus)
refractive index 折射指数
refractive power 折射率
refractometer 折光计,折射计,折光仪
refractometer index 折光计刻度
refractometer readings 折光计读数
refractoriness ①失效 ②耐熔性 ③不应性 ④难治,顽固性
refractory ①耐火的,难熔的 ②难治疗的 ③无感应的,难控制的 (refractorius)
refractory material 耐火材料
refractory organism 无感受性生物
refractory period 不应期,休复期
refractory substance 难熔物质
refresh ①刷新,更新,翻新 ②恢复 ③再生 ④[使]清新,新鲜
refresh air [使]空气清新
refresh amplifier 更新放大器
refresh circuit 刷新电路
refresh cycle 刷新周期
refresh rate 刷新速度,刷新[速]率
refreshing ①凉爽的,更新的 ②可饮的 (sorbilis)
refreshing drink industry 清凉饮料产业,清凉饮料业
refreshing drink industry waste water 清凉饮料业废水{环保}
refreshing irrigation 凉爽灌溉,降温灌溉
refreshing room 清凉库(指存放脱水果蔬可恢复新鲜){农施}
refreshment ①更新 ②饮食品 饮料,茶点
refrigerant ①冷却剂,制冷剂 ②冷冻剂,冷冻介质
refrigerant compressor 冷冻剂压缩机
refrigerate ①冷却 ②冷藏
refrigerated ①冷冻的 ②冷藏的 (refrigeratus)
refrigerated bath 冷[冻]水浴{环保}
refrigerated cargo 冷藏运货
refrigerated centrifuge 冷冻离心机
refrigerated container 冷冻容器
refrigerated lorry 冷冻车
refrigerated microcentrifuge 冷冻微量离心机
refrigerated milk cooler 冷冻式牛乳冷却器
refrigerated storage 冷藏
refrigerated store 冷藏库
refrigerated tank 冷藏箱
refrigerated vehicle 冷藏车辆
refrigerated wagon 冷藏车
refrigerated warehouse 冷藏仓库,低温仓库
refrigerating ①制冷的 ②冷冻的,冷却的
refrigerating capacity 冷冻能力
refrigerating coil 冷却管,冷却蛇形管
refrigerating engineering 制冷工程
refrigerating load 冷冻排热量
refrigerating machine 制冷机
refrigerating machinery 冷冻机械
refrigerating plant ①冷冻装置,冷却装置 ②冷冻设备
refrigerating room 冷冻室(间)
refrigeration ①冷却,冷冻 ②制冷[作用] ③冷藏法
refrigeration compressor 冷冻压缩机

refrigeration equipment 冷藏设备
refrigeration plant (= cooling plant) 制冷装置
refrigeration system 制冷系统,冷冻系统
refrigeration unit 冷冻设备
refrigerator ①[电] 冰箱 ②冷藏箱,冷藏器 ③冷却装置 ④冷冻机 ⑤冷冻库
refrigerator van 冷藏运输设施
Refsum's disease 雷富孙氏病,植烷酸储积病
refuelling 加燃油
refuge ①保护,庇护 ②(灾害) 庇护处
refuge wildlife 禁猎区{狩猎}
refund ①补偿,赔偿 ②税额
refuse ①废品,废物,垃圾,固体废料 ②废毛,丝屑
refuse beetle 麦穗步甲 [*Anisodactylus signatus* Illiger] (步甲科)
refuse box 垃圾箱{环保}
refuse channel 垃圾管道{环保}
refuse combustion gas 垃圾燃烧气
refuse cork 疵品软木塞
refuse disposal 垃圾处理
refuse dump 垃圾堆
refuse from fellings (= chip) 采伐残余物,废材
refuse grain 废粒,废弃子粒
refuse heat 废热
refuse incineration 废物焚化{环保}
refuse material 废料
refuse matter 废物
refuse wood 废材
refusion 再融合 (refusio)
regal lily (= royal lily) 王百合(王香百合,蛾嵋百合) [*Lilium regale* Wils.] (百合科)
regal moth (= hickory horned devil) 棉斑犀额蛾 [*Citheronia regalis* (Fabricius)] (大蚕蛾科)
regal pelargonium 大花天竺葵 [*Pelargonium grandiflorum* Willd.] (牻牛儿苗科)
Regaud's haematoxylin 里高德氏苏木精
regelation 再冻 [作用] (regelatio)
regenerant 再生剂 (regenerans)
regenerated ①再生的 ②更新的,改造的 (regeneratus)
regenerated cellulose 再生纤维素
regenerated cloth 再生布
regenerated forest 更新林
regenerated plant 再生植物 (planta regenerata)
regenerated rice (= ratoon rice) 再生稻
regenerated scale 再生鳞
regenerated tiller 再生蘖
regenerated tobacco 二茬烟
regenerating ①更新的 ②再生的
regenerating and washing column 再生冲洗柱(塔){环保}
regenerating material 再生剂{环保}
regenerating periods 更新期[间]
regenerating solution 再生溶液{环保}
regenerating valve 再生阀{环保}
regeneration ①再生 [作用] ②更新 ③(作物) 返青 (regeneratio)
regeneration after removal of old growth 伐后更新
regeneration and superlow temperature 再生与超低温
regeneration area 更新面积
regeneration-blastema (= regeneration bud) 再生芽
regeneration block 更新分区
regeneration buffer 再生缓冲器
regeneration by compartments 伞伐更新
regeneration by groups 划伐更新
regeneration by selective felling 择伐更新[法]
regeneration by stem-shoots 截枝更新
regeneration by strip-felling 带伐更新
regeneration capacity ①返青能力 ②再生能力
regeneration class 更新级
regeneration cone 再生圆锥[体]
regeneration coupe 更新区,更新面
regeneration cutting ①再生插{园艺} ②更新伐,主伐{森林}
regeneration cycle ①再生循环 ②再生周期{环保}
regeneration efficiency 再生效率
regeneration efficiency of ion exchange resin 离子交换树脂的再生效率{环保}
regeneration factor 再生因子
regeneration felling (= regeneration cutting) 主伐{森林}
regeneration in vitro 离体再生,试管内再生
regeneration interval 更新间隔期
regeneration level of ion exchange 离子交换的再生水平{环保}
regeneration link 再生链路{电脑}
regeneration of good seed 良种更新
regeneration of grassland 草地更新
regeneration of ion exchange resin 离子交换树脂的再生{环保}
regeneration of organ 器官再生
regeneration of plantlet 幼植物体再生

regeneration of wheat seedling 麦苗返青
regeneration period ①返青期 ②更新期 ③再生周期
regeneration phenomenon 再生现象
regeneration process 返青过程,再生过程
regeneration rate 再生速率
regeneration rice 再生稻
regeneration solution 再生溶液{环保}
regeneration substance 再生剂{环保}
regeneration system 再生系统{环保}
regeneration under clear cutting system 皆伐更新{森林}
regeneration under coppice system 矮林更新
regeneration under group system 划伐更新,团状更新
regeneration under pollarding method 头木林更新
regeneration under selection system 择伐更新
regeneration under shelterwood system 伞伐更新
regeneration under sprout method 萌芽更新
regeneration under strip system 带状更新
regeneration uniformity 返青整齐度
regeneration zone 再生区{环保}
regenerative ①再生的{遗传} ②正反馈的{分遗}(regenerativus)
regenerative bud 再生芽(gemma regenerativa)
regenerative feedback 再生反馈
regenerative heating 再生加热
regenerative pruning 复壮修剪
regenerative repeater 再生增音器{电脑}
regenerative storage 再生存储器
regenerative tissue 再生组织(tela regenerativa)
regenerator ①再生器 ②交流换热器{环保}
regime ①体制,制度{农经} ②规则{农管} ③状况{栽培} ④支配期{气象} ⑤作业法{森林}(regimen)
region ①地方,地带,地区,区域 ②部分,范围 ③(空气、海洋的)层 ④(器官)部位
region clustering 区域聚合,区域聚类{遥感}
region dependent segmentation 按地区分割
region description 地区描述
region merging 区域合并{遥感}
region of alimentation [冰川]补给区
region of climatic optimum 乡土(指气候最适地区)
region of consumption 消费区
region of falling pressure 气压下降区
region of growth 生长带(区)
region of initiation 原始区
region of little relief 小地形区域
region of melting 消融区
region of runoff 径流区
region of shelter from the wind 避风带
region of thunderstorm activity 雷暴活动区
region splitting 区域分割
regional ①区域的,地方的 ②部分的,局部的(regionalis)
regional adaptability 区域适应性
regional adaptability of variety 品种区域适应性
regional adaptation 区域适应
regional agricultural survey 区域农业调查
regional alternation (= regional change) 地区[性]变化
regional assignment 区域划定,区域规划
regional center (RC) 地区中心,地方局{信息}
regional centralized heat supply 区域集中供暖{环保}
regional characteristics 区域性特点
regional climate 区域[性]气候
regional community 区域群落
regional complexes 区域综合{遥感}
regional computer network 地区计算机网络
regional construction 地区建设
regional database model 区域数据库模型{智培}
regional development area 局部发达地区
regional development scheme 区域性开发计划
regional differences 地区差别
regional economic development 区域经济发展
regional farm production management 区域性农业生产管理
regional fertilizer 地方肥料
regional forecast 区域预报
regional forest decline 地区森林衰落
regional geology 区域地质学
regional grain coupon 地方粮票
regional information center 地区性信息中心{智培}
regional inventory 区域清查
regional management of agricultural production (= regional farm production management) 区域性农业生产管理{智培}
regional mapping 区域性制图
regional metamorphism (= general meta-

morphism) 区域变质作用{地质}
regional pairing 区段配对,局部配对
regional parachromatin 区段副染色质
regional plan 区域图{环保}
regional planning 区域性规划{遥感}
regional planning in metropolitan area 大都市的区域规划{环保}
regional planning work 区域计划工作
regional policy 区域性政策
regional pollution 区域污染{环保}
regional polymorphism 地区多态性
regional profile 地区性剖面
regional repetitions 区段重复
regional research 地区研究
regional resources 区域资源
regional scale 地区范围
regional snowline 区域雪线{遥感}
regional soil 区域性土壤
regional soil data 区域性土壤资料{智培}
regional soil fertility 地区性土壤肥力
regional structure 区域构造{遥感}
regional survey 地区调查,区域调查,局部调查
regional synthetical ability 区域综合能力{遥感}
regional system ①地区系统 ②局部系统
regional test (= regional tria) 区域试验{育种}
regional testing 地区检验{种子}
regional traffic survey 区域运输量调查{遥感}
regional trial (= regional test) 区域试验
regional unwinding 局部解链(旋)
regional variation 地区性变异
regional water supply 区域供水{环保}
regionalization 区域化(regionalisatio)
regionalization in variety 品种区域化
regioselectivity 区域选择性(regioselectivitas)
regiospecificity 区域专一性(regiospecificitas)
register ①登记,记录 ②记录本 ③名录,名单 ④自动记录器,记录指示器 ⑤通风装置 ⑥寄存器 ⑦记忆{电脑}(registerum)
register allocation 寄存器分配{电脑}
register bed 记录牌,记录板
register capacity 寄存器容量
register circuit 记忆电路{信息}
register dump 寄存器转储
register input buffer 寄存器式输入缓冲器
register insertion 寄存器插入法
register number (= registry number) 登记号数{育种}
register of new variety 新品种登记{育种}
register pen 记录笔
register pointer ①寄存器指示器,寄存器指针 ②寄存器指示位
register window 寄存器窗口
registered 合格的{育种}
registered propagation stock 合格繁殖原种
registered seeds 合格良种
registered variety 合格品种
registering balloon 探空气球,记录气球
registering instrument 记录仪
registering rain gauge 雨量计
registering weather vane 风向计
registrable ①可登记的 ②可注册的 ③可记录的(registrabilis)
registrable resource 可登记资源
registrar 记录员
registration ①登记,记录,注册 ②挂号 ③对准(registratio)
registration fee 登记费
registration for breeding 繁育登记{育种}
registration form 登记单(表)
registration marks 对准标记,定位标记
registration of improved variety 育成品种登记
registration of sheet 配准图{遥感}
registration of variety 品种登记
registry 登记处(registrius)
registry number (= register number) 登记号数
Reglone (= reglon, diquat dibromide) 敌草快(接触性除草剂)[$C_{12}H_{12}Br_2N_2$]
regma 弹裂蒴果
regmacarp 破裂干果(regmacarpium)
regnum 界{分类}
regolith 风化层,风化壳,浮土,疏松母质层
regosol 岩成土(松散母质)
regosolic brown forest soil 棕色森林岩成土
regradation 更新,恢复,复原(regradatio)
regradation of soil 土壤复原
regraded alkali soil 再生碱土
regraded saline soil 再生盐[渍]土
regrafting 反复嫁接(reinsitio){园艺}
regrassing (放牧地)重播牧草
regrazing 牧草自然再生
regreen 返青(reviridis)
regreening 返青
regress 退化(regressus)
regression ①退化{进化} ②回归{统计} ③逆行,退行{形态} ④海退{土壤}(regressio)
regression analysis 回归分析

regression between relatives 亲缘间回归{统计}
regression coefficient 回归系数
regression component 回归成分,回归组成部分
regression curve 回归曲线
regression dyad 退化二分体(dyas regressionalis)
regression equation 回归方程式
regression facies 海退相{土壤}
regression function 回归函数
regression line 回归线
regression model 回归模型
regression nucleus 退化核
regression species 退化种
regression straight line 回归直线
regression testing 回归测验
regressive ①退化的{进化}②逆行的{形态}③回归的{统计}(regressivus)
regressive curve 回归曲线
regressive degressive mutation 返祖突变
regressive differentiation 逆行分化(differentiatio regressiva)
regressive double crossing over 退化双变换{遗传}
regressive evolution 逆行进化(evolutio regressiva)
regressive mutation 退化突变(mutatio regressiva)
regressive overlap 退复{地质}
regressive rejection 回归排除法{遥感}
regressive type 退化型
reground grain 重碾谷粒
regrouping ①重新分类,重新分组 ②再集合
regrowth ①再生长 ②再生草
regrowth rate 再生长速度
regrowth vigor 再生[活]力
regular ①整齐的,对称的,有系统的,正规的 ②习惯性的,有规律的,不变的,经常的,一致的,定时的 ③合格的,认可的 ④有训练的,专任的,职业性的 ⑤完全的,彻底的 ⑥普通的,一般的(regularis)
regular anaphase separation 正规的后期分离
regular arc 正则弧{电脑}
regular arrival 正常到达{信息}
regular calyx 整齐萼(calyx regularis)
regular chromosome 正常染色体
regular copolymer 有规律共聚物,正常共聚物
regular corolla 整齐花冠(corolla regularis)
regular-cut share 正常切幅犁铧,通用犁铧
regular disk 普通圆盘耙片
regular disk harrow 对称圆盘耙
regular distribution 正态分布
regular drill 普通播种机
regular drill planter 普通条播机
regular drilling 条播
regular equipment 标准设备
regular estimate 正规估计{统计}
regular expression 正规表达[式]
regular farm worker 固定农业工人,正式农业工人
regular flower 整齐花(flos regularis)
regular forest 单层林
regular furrower 普通开沟铲
regular growth 正常生长
regular guard 标准型切割器护刀器
regular ham 带皮猪大腿
regular harvesting 正常收获
regular leaf distribution 正常叶分布
regular loss 有规律损耗,正常损耗
regular monosomy 有规律单体性{细胞}
regular multiplication 正常繁殖
regular network 正规网络{信息}
regular nonlinear regression 正则非线性回归{统计}
regular occurrence 正常出现
regular pentagon 正五边形
regular pitch chain 标准节距链
regular planting ①正方形栽植 ②方形穴播 ③正规播种(根据规定的轮作制播种)
regular podzol 典型灰壤
regular replacement 有规律取代
regular row planting 通常行(条)播,正规行植
regular selector 通用选择器
regular sexual cycle 有规则性周期
regular share 普通犁铧
regular shift 有规律移位
regular single moldboard plough 普通单铧犁
regular size 正规尺寸,标准尺寸
regular solution 正规溶液
regular spacing 整齐间距
regular spatial arrangement 有规则空间排列
regular wind 定向风
regulariflorous 整齐花的(regulariflorus)
regularity ①规律[性],整齐性 ②正常性(regularitas)
regularity of crop growth and development 作物生育规律{智培}
regularity of crop rotation 轮作规律
regularity of epidemic 流行病规律
regularity of fertilization 施肥规律

regularity of quantization role 量化作用规律{智培}
regularity of tillering 分蘖规律
regularization 规律化,组织化(regularisatio)
regulating 调整,调节
regulating action 调节作用
regulating agent 调节剂
regulating dam 调节坝,挡水坝{水利}
regulating device 调整装置
regulating fitting 调节配件
regulating globe valve 调节球阀{环保}
regulating lever 调节杆
regulating lock 调节闸
regulating network 调节网{环保}
regulating nitrate reduction 调节硝酸还原作用
regulating reservoir 调节水库
regulating tank 调节水箱{环保}
regulating valve(= regulator valve) 调节阀
regulating water 调水
regulation ①调节,调整,控制,调控 ②规则,规章,法规 ③校准 ④管理 ⑤[复]技术条件,技术规范,技术定额 ⑥规定的,正常的,正式的,普通的(regulatio)
regulation cock 调节龙头{环保}
regulation egg 正常卵
regulation for cotton fiber and processing test 棉纤维及梳整检验的规定
regulation mechanism 调节机制{分遗}
regulation of a river 治河,河道治理
regulation of cut(= determination of cut) ①采伐预定 ②收获预定(指甘蔗)
regulation of elongation 伸长调节
regulation of flowering 开花调节
regulation of forest 森林调节
regulation of gene function 基因功能调节
regulation of mountain stream 山洪控制
regulation of reaping 收获管理{栽培}
regulation of river 治河,河道整治
regulation of senescence 衰老调节{生态生理}
regulation period ①更正期 ②平均期(指导向法正林所需的时间){森林}
regulation reversal 调节逆转,调节颠倒
regulative 调节性的(regulativus)
regulative development 调节性发育
regulative pruning 调节性修剪
regulator ①调节基因{分遗}②调节闸{水利}③调整器,调节器{农机}④调理剂,调节剂{药物}⑤缓冲液{环保}
regulator gene 调节基因
regulator protein 调节蛋白
regulator site 调节部位
regulator subunit 调节亚单位
regulator valve 调节阀
regulatory ①调节的,调控的 ②常规的(regulatorius)
regulatory codon 调节密码子{分遗}
regulatory control 调节控制
regulatory domain 调节域{生技}
regulatory element ①调节元件,调控元件{生技}②调节因子{细胞}
regulatory enzyme 调节酶
regulatory factor 调节因子,调控因子
regulatory function 调节功能
regulatory gene product 调节基因产物
regulatory information 调节信息
regulatory mechanism ①调节机构{农机}②调节机制{分遗}
regulatory mechanism of water relation 水分关系的调节机制
regulatory method of analysis 常规分析法
regulatory molecule 调节分子{分生}
regulatory peptide 调节肽{分生}
regulatory process ①常规过程 ②调节过程
regulatory region 调节区
regulatory restrain 调节抑制
regulatory role 调节作用
regulatory secretion 调控分泌{生态生理}
regulatory sequence 调节序列{分生}
regulatory site 调节部位
regulatory subunit 调节亚基,调节亚单位{分生}
regulatory work 调节功
regulon 调节子{分遗}
regur 黑棉土
regur soil 黑棉土
regurgitation ①反流,回流{水利}②反胃,反刍{畜}(regurgitatio)
reh land 碱地
rehabilitating ①复壮{育种}②修复(指建筑物){园林}③更新{环保}
rehabilitation ①复壮 ②修复 ③整顿 ④改行 ⑤更新(rehabilitatio)
rehabilitation of old farms 老农场更新
rehabilitation of villages 村庄整顿
rehalose 海藻糖
rehandle ①重新处理 ②重排 ③重铸
rehashing 重散列{电脑}
Rehder jacktree 狭果秤锤树(江西秤锤树)[*Sinojackia rehderiana* Hu](安息香科)
Rehder tree ①木瓜红属[*Rehderodendron* Hu](安息香科)②木瓜红[*Rehderoden-*

dron macrocarpum Hu]
Rehmannia ①地黄属[*Rehmannia* Libosch.](玄参科)②地黄[*Rehmannia glutinosa* var. *purpurea* Makino.]
rehost 换宿主机{电脑}
rehydration ①再水化,复水[作用]②输液(rehydratio)
reimplantation 复植法
rein (= balter) 缰绳
rein orchis ①手参属[*Gymnadenia* R. Br.](兰科)②手参[*Gymnadenia conopsea* (L.) R. Br. = *Orchis conopsea* L.]
rein ring 缰环
reincorporation 重掺入(recorporatio)
reindeer 驯鹿(rangifer)
reindeer lichen 山石蕊(林石蕊)[*Cladonia sylvatica* Hoffm.](石蕊科)
reindeer moss (= cup moss) 石蕊[*Cladonia rangiferina* Hoffm.](石蕊科)
reindex 重建索引
reineckia ①吉祥草属[*Reineckia* Kunth](百合科)②吉祥草(吉羊草)[*Reineckia carea* (Andr.) Kunth]
reineclaude (= green gage) 意大利李[*Prunus insititia* var. *italica*](蔷薇科)
reinfection ①再侵染{病理}②再传染{微生物}(reinfectio)
reinfectious 再侵染的(reinfectius)
reinfestation ①再次侵袭(指害虫)②再度蔓延(指杂草)(reinfestatio)
reinforce 加强,加固,增强
reinforced ①加强的,加固的②重作业用的
reinforced concrete 钢筋混凝土
reinforced concrete construction 钢筋混凝土结构{农施}
reinforced concrete pipe 钢筋混凝土管{环保}
reinforced hose 加强软管,联结软管(喷水用)
reinforced plastic film 加固塑料薄膜(指覆膜栽培)
reinforcement ①加强,加固,增强,强化②⌊复⌉增补,补给,增量③⌊复⌉(加固)器材,钢筋,加强物,加强板
reinforcement concrete (= conforced concrete) 钢筋混凝土
reinforcement method 增量法{电脑}
reinforcing bar 主筋
reinitiation 再起始(reinitiatio)
reinitiation recovery 再起始回复
reinitiation site 再起始部位
reinitiator ①再起始物,再起始因子②再起始部位
reinoculate 重接种,再接种
reinoculation 重接种,再接种(reinoculatio)
reinorchis 鹅毛玉凤花[*Habenaria radiata* Thunb.](兰科)
reinstallation 重新安装(reinstallatio)
reintegration 再聚合(reintegratio)
reinversion 再倒位(reinversio)
reiterate 重复(reiterare)
reiterated 重复的(reiteratus)
reiterated DNA 重复 DNA
reiterated DNA sequences 重复 DNA 序列{分遗}
reiterated gene 重复基因
reiteration ①重复(重复序列){分遗}②重演{进化}③重申④"或非"{电脑}(reiteratio)
reiteration of DNA DNA 重复{分遗}
reiterative ①重复的,重演的②重申的,重说的(reiterativus)
reiterative theory 重演学说{进化}
reiterative transcription 反复性转录
reject (REJ) ①拒绝{电脑}②废品,废料,下脚料{加工}
reject code 作废码{电脑}
reject rate 拒绝率
rejectable quality level (RQL) 拒绝质量水平{统计}
rejection ①排斥,排阻②拒绝,抛弃③"或非"④舍选(rejectio)
rejection gate "或非"门{电脑}
rejection reaction 拒绝反应,拒斥反应
rejection region 拒绝范围{统计}
rejection technique 舍选技术{电脑}
rejectment 排泄物,粪便
rejector 掺杂物排除器,掺杂物分离器
rejoin 再接合(rejoinare)
rejoining 再接合
rejoining distance 再接合距离
rejoining time 再接合期,重连接期
rejuvenate ①使复壮,使更新②复原,复初③更生
rejuvenated mountain 更新山地
rejuvenated seed strain 复壮品种
rejuvenating pruning 复壮修剪
rejuvenation ①复壮{育种}②更生{水利}③更新{耕作}(rejuvenatio)
rejuvenation of grassland 草地更新
rejuvenation of variety 品种复壮
rejuvenation river 更生河
rejuvenator ①破皮机,破壳机②松土器
rejuvenescence 复壮现象(rejuvenescentia)

rejuvenescence in tissue 组织复壮
rejuvented river (= rejuvention river) 更生河
rekeyboarding 再键入{电脑}
rel (= relaxed) 松弛的,放松的
relapse 复发,再发 (relapsus)
relascope 林分胸高断面积测定器{森林}
relatching (脱钩安全器等的)再接合
related ①亲缘的,近缘的,近亲的 ②相关的 (relatus)
related breeding ①亲缘育种 ②亲缘繁殖
related clone 近亲无性[繁殖]系,近亲克隆{农生技}
related crossing 亲缘交配 ②亲缘杂交
related gene ①相关基因 ②近缘基因,亲缘基因
related request 相关请求{电脑}
related species 亲缘种
relation ①关系,关联{统计} ②告发{农管} ③亲缘{育种}(relatio)
relation between r and F test r与F测验之间的关系{统计}
relation database 关系数据库
relation model 关系模型
relation net 关系网
relation of production 生产关系
relational ①相关的,关系的 ②亲缘的 (relationalis)
relational balance 相关平衡
relational coil (= relational spiral) 相关螺旋{分遗}
relational coiling 相关螺旋
relational database machine (RDBM) 相关数据库机
relational database management system (RDBMS) 相关数据库管理系统
relational matching 相关匹配,亲缘匹配
relational model 相关模型
relational pleiotropy 相关[基因]多效性
relational theory 相关理论{农施}
relational twisting 相关扭曲
relationship ①亲缘 ②关系 ③相关 ④联系
relationship coefficient ①亲缘系数{育种} ②相关系数{统计}
relationship type 联系类型
relationships ①亲缘{育种} ②相关度{统计} ③相互关系
relative ①相对的,相关的 ②亲缘的 (relativus)
relative abundance 相对多度{生态}
relative activity 相对活性
relative adaptability 相对适应力
relative adaptation 相对适应
relative address 相对地址{信息}
relative addressing 相对编址,相对寻址
relative advantage 相对利益
relative age 相对年龄
relative age composition 相对年龄组成
relative air humidity 相对空气湿度,相对大气湿度
relative amount 相对量
relative aperture 相对孔径
relative articulation 相对清晰度
relative biological efficiency (= relative biological effectiveness) (RBE) 相对生物学效率
relative breeding value (RBV) 相对育种值
relative brightness 相对亮度
relative centrifugal field (RCF) 相对离心[力]场
relative centrifugal force (RCF) 相对离心力
relative character 相对性状
relative chronology 相对地质年代
relative computability 相关可计算性
relative concentration 相对浓度
relative conducting area 相对输导面积
relative constancy 相对稳定性
relative coordinate 相对坐标
relative correction 相对校正
relative costs 相对价格
relative cover 相对覆盖度
relative cumulative frequency 相对累积频数{统计}
relative cumulative frequency histogram 相对累积频数直方柱形图{遥感}
relative degree of development 相对发育程度
relative density 相对密度,比重
relative departure 相对偏离
relative deviation 相对离差{统计}
relative discharge 相对流量
relative disease 相对病
relative diversity 相对多样性
relative dominance 相对优势度
relative dormancy 相对休眠
relative dormant period 相对休眠期
relative drought index (RDI) 相对干旱指数{生态生理}
relative durability 相对稳定性(指病害)
relative effectiveness 相对效应性
relative efficiency 相对有效性,相对效率
relative entropy ①相对信息量 ②相对熵
relative error 相对误差
relative evaporation 相对蒸发
relative extreme 相对极值

relative fertility ①相对肥力 ②相对结实率
relative flying height 相对航高｛遥感｝
relative forest land 相对林地
relative forest soil 相对森林土
relative frequency ①相对频率｛遗传｝②相对次数｛统计｝
relative growth 相对生长
relative growth rate（RGR） 相对生长速度，相对生长量
relative hardness 相对硬度｛环保｝
relative height 相对高度
relative heterothallism 相对异宗配合［现象］（heterothallismus relativus）
relative homogeneity 相对均匀性
relative homozygosity 相对纯合性
relative humidity（RH） 相对湿度
relative humidity table 相对湿度表
relative immunity 相对免疫性
relative importance 相对重要性
relative increase 相对增加，相对增大
relative increment 相对增长量
relative independence 相对独立性
relative independent ability 相对独立性
relative infiltration rate 相对渗透率
relative information 相对信息，相对新知｛统计｝
relative insensitivity 相对无感应，相对不敏感性
relative insensitivity to photoperiod 相对对光期不敏感性
relative irradiance 相对辐照度
relative length 相对长度
relative level of output 相对产量水平
relative light minimum 相对光最低量
relative light requirement 相对需光量
relative magnitude 相对值
relative mating 近缘配合
relative maximum 相对最大值
relative merit 相对价值
relative metabolic rate（RMR） 相对代谢率
relative metabolic stability 相对代谢稳定性
relative method 比较法
relative minimum 相对最小值，相对最低值
relative mobility 相对迁移率
relative molar quantity 相对克分子量
relative movement ①相对移动 ②相对运动
relative number 相关数，比较数｛统计｝
relative order 相对命令，相对指令｛电脑｝
relative pathogen 亲缘性病原
relative performance 相对生产力，相对生产性能
relative plating efficiency 相对出菌率，相对平面培养效果
relative pluviometric coefficient 相对雨量系数
relative position 相对位置
relative potence 相对优势
relative potency 相对效能
relative productivity 相对生产力
relative quantitative development 相对数量发展
relative redundancy 相对冗余度
relative refractory period 相对休复期，相对不应期
relative replacing power 相对代换力
relative reserve 相对储藏量
relative response［**value**］ 相对响应值｛生技｝
relative retention［**value**］ 相对保持值
relative retention ratio 相对保持比［率］
relative risk 相对危险性，相对风险性
relative roughness 相对粗糙度｛环保｝
relative scale 相对比例
relative selectivity 相对选择性
relative sensitivity ①相对敏感性 ②相对灵敏度
relative sex 相对性别
relative sexuality 相对性别，相对异性现象
relative snowline 相对雪线
relative specificity ①相对专一性，相对专效性 ②相对特异性
relative stability 相对稳定［度］
relative standard deviation 相对标准离差｛统计｝
relative strength 相对强度
relative stress sensitivity 相对胁迫敏感性
relative success 相对成功
relative sunshine 相对日照
relative theory 相对学说｛栽培｝
relative time 相对年代｛遥感｝
relative toxicity 相对毒性
relative transmittance 相对透光度
relative transpiration 相对蒸腾［作用］
relative value 相对值
relative variability 相对变异性
relative velocity 相对速度
relative viscosity 相对黏［滞］度
relative volatility 相对挥发度
relative volume weight 相对容重
relative water capacity（RWC） 相对持水量
relative water content 相对含水量
relative water potential 相对水势
relative water requirement 相对需水量

relative weeds 有用杂草
relative wind 相对风（ventus relativus）
relative wind velocity 相对风速
relative X-ray sensitivity 相对 X 射线敏感性
relative xylem conduction area 相对木质部输导面积
relative yield 相对产量
relatively arid season 相对干旱季节
relatively humid season 相对润湿季节
relatives 近缘个体，近缘系统
relativism（= theory of relativity, relativity theory） 相对论（relativismus）｛物｝
relaxation ①松弛，弛豫，张弛，舒张 ②缓和，放松（relaxatio）
relaxation factor 松弛因子
relaxation heat 舒张热
relaxation index 松弛系数｛分遗｝
relaxation matrix 弛豫矩阵｛生技｝
relaxation method 松弛法｛水利｝
relaxation of farm building regulation 缓和农场建筑物规定｛农施｝
relaxation of selection 选择放松
relaxation of strain 应变松弛，拉力松弛
relaxation of wood 木材弛张
relaxation oscillation ①松弛颤动｛分遗｝②张弛振荡｛信息｝
relaxation oscillator 松弛颤动器
relaxation parameter 松弛参数
relaxation procedure ①松弛方案（法）②松弛过程
relaxation reagent 弛豫试剂｛生技｝
relaxation spectrum 弛豫时谱
relaxation time 弛豫时间
relaxed（rel） 松弛的，放松的
relaxed circle 松环｛分遗｝
relaxed circular DNA（rcDNA） 松环 DNA｛分遗｝
relaxed control 松弛［型］控制｛分遗｝
relaxed control of RNA synthesis RNA 合成的松弛控制
relaxed DNA 松弛 DNA
relaxed helix 松弛螺旋｛分遗｝
relaxed mutant 松弛突变体
relaxed plasmid 松弛质粒
relaxed replication control 松弛复制控制
relaxed selection 放松选择
relaxed spiral 松弛螺旋
relaxed synthesis 松弛合成
relaxin 松弛素
relaxing enzyme 松弛酶
relay ①（作物）轮换｛栽培｝②（役畜）替换｛畜｝③（人员）轮班｛农管｝④继电器｛电｝⑤转接｛信息｝⑥中继｛环保｝
relay center 转接中心｛信息｝
relay intercropping 轮换间作
relay planting 套作
relay point 转接点
relay protection of electric power system 电力系统继电保护｛农施｝
relay rack 继电器机架
relay state 中继状态｛环保｝
relay station 中继站，中继泵站｛环保｝
releasable ①可推广的｛育种｝②可释放的｛分遗｝③能放弃的｛加工｝④能放行的｛农机｝（releasabilis）
releasable energy 可放能量
releasable holder 松放式夹持器
release ①推广｛育种｝②解冻｛气象｝③释放｛分遗｝④发布｛农管｝⑤脱钩，脱扣，解开，松脱｛农机｝⑥松脱装置，脱钩装置｛农机｝⑦版本｛电脑｝⑧放泄｛环保｝⑨放松
release alarm 释放报警｛信息｝
release busy 释放占用｛信息｝
release clutch 松脱离合器
release connection 断开
release consistency 释放一致性
release factor（RF） 释放因子
release factor in protein synthesis 蛋白质合成的释放因子
release felling 解放伐，透光伐
release guard ①放松监护 ②放松警戒
release hitch 松脱式联结装置
release hook （联结装置）松放式挂钩
release-kill ratio 放养－射杀比｛狩猎｝
release lever 分离操纵杆
release load （安全装置）断开力，脱开力
release note 版本注释
release of energy 能量释放，放能
release of heat 放热
release of juice 液汁释出
release of newly bred variety 新育成品种公开推广
release of repression 阻遏释放
release spring 松放弹簧
release valve （气制动）放气阀，放泄阀
released antigen 脱落抗原
released organic compound 释放有机化合物
released variety 推广品种
releaser ①放奶器，排奶器 ②释放剂
releaser jar 真空排奶器
releaser milking installation 放乳装置
releasing factor 释放因子
releasing hormone 释放激素
relevance 关联性（relevantia）｛分生｝
relevance feedback 关联性反馈

relevance ratio 检出率
relevant ①相应的,有关的 ②关联的(relevans)
relevant data 有关资料,有关数据,相应数据
relevant failure 关联失败
relevant feature 有关要素
relevant field research 有关领域研究(指农学){智培}
reliability ①可靠度,可靠性,可靠数{统计} ②安全性{农机}(reliabilitas)
reliability allocation(= reliability apportionment, reliability assignment) 可靠性分配
reliability assessment 可靠性评价
reliability assurance 可靠性保证
reliability certification ①可靠性检定{育种} ②可靠性检验{种子}
reliability consideration 可靠性考虑
reliability demonstration 可靠性论证
reliability design 可靠性设计
reliability determination test 可靠性测定试验
reliability engineering 可靠性工程
reliability evaluation 可靠性评审(价)
reliability function 可靠性函数
reliability index ①可靠性指标 ②可靠性指数
reliability of correlation coefficient 相关系数的可靠性
reliability of forecast 预报可靠性
reliability of standard deviation 标准差可靠性
reliability optimization 可靠性最优化
reliability policy 可靠性方针
reliability prediction system 可靠性预测系统
reliability rate 可靠度
reliability sampling 可靠性抽样
reliability statistic 可靠性统计[量]
reliability step 可靠性等级{遥感}
reliability test 可靠性测验{统计}
reliability trial 可靠性试验
reliable 可靠的,可信赖的(reliabilis){统计}
reliable basis 可靠基础
reliable conclusion 可靠结论
reliable criteria 可靠标准
reliable datagram protocol(BDP) 可靠数据报协议{电脑}
reliable growth rate 可靠生长率
reliable index ①可靠指数{统计} ②可靠指标{栽培}
reliable protection against frost 可靠防霜冻
reliable results 可靠结果
reliable stream protocol(RSP) 可靠流协议{电脑}
reliable weight 可靠重量,可靠权重
relic ①遗物,残留物,废物 ②⌊复⌉遗迹(reliqutiae)
relic areal 残遗分布区
relic coil 残留螺旋
relic fauna 残遗动物区系(fauna relica)
relic flora 残遗植物区系(flora relica)
relic frozen ground 残余冻土
relic island 残岛
relic lake 残湖
relic mountain 残[余]山
relic plant ①残株 ②残遗植物
relic sea 残海
relic soil(=relict soil) 残余土
relic species 残遗种(species relicus)
relic water 残留水
relict ①残遗种 ②孑遗 ③⌊复⌉残遗群落
relict gypscous solonchak 残余石膏盐土
relief ①地形,地势{耕作} ②救济{农经} ③减轻(= alleviation){栽培} ④浮雕化{分遗}
relief angle 后角
relief displacement 地形偏移
relief image ①浮雕影像{遥感} ②浮雕图像{电脑}
relief inversion 地形倒置
relief map 地形图
relief of agricultural indebtedness 免除农业债务,农业受灾的救济
relief spring 减压弹簧,保险弹簧
relief telescope 体视望远镜
relief valve 安全阀
relieving 解除
religation 再连接,重新连接(religatio)
relinquish ①撤回 ②放弃,释放,松手放开 ③停止(relinquere)
reliquiae ①残遗化石{地质} ②遗骸,遗物{园林}
reload 重装入
relocate ①浮动 ②再定位(relocatire)
relocated hardware 浮动硬件,再定位硬件
relocated software 浮动软件,再定位软件
relocation ①浮动 ②再定位(relocatio)
relocation bit 再定位,重新分配位
relocation interrupt 再定位中断
relocation register 再定位寄存器
reluctance 磁阻
rem(= roentgen equivalent in man)雷姆(人的伦琴当量,雷姆当量)

rem-equivalent-chemical 雷姆化学当量
remainder 剩余物
remainder index [温度]余值指数
remaining ①残留的(residuns){栽培}②存留的(remanens){生态}③宿存的(peristens){形态}
remaining agricultural chemicals 残留农药
remaining net yield 残留净产量
remaining part 存留部分(pars remanens)
remaining region 宿存区(regio peristens)
remaining salt 残留盐
remaining seed 存留种子(semen remanens)
remanufacturing process 再加工
remap 重测图
remark ①注解,备注,评语 ②注视,注意
remarkable 显著的
remarkable diversity 显著差异,显著多样性{生态生理}
remarks ①追加条款 ②摘要 ③备注
remarks column 摘要栏
remastication of cud 反刍
remedial ①补救的 ②治疗的 ③矫正的,修正的(remedialis)
remedial feedback 修正式反馈{电脑}
remedial maintenance 矫正维修
remedial measures 补救办法
remedy ①医疗,治疗法 ②药物 ③修补,补救 ④矫正 ⑤对策,决策(remedium)
remeshing 再分网
remetabola 再变态
remex 飞羽
remineration 再矿化(remineratio)
remirea ①海莎草属[*Remirea* Aubl.](莎草科)②海莎草[*Remirea maritima* Aubl.]
remnant ①预留种子{育种}②残余,剩余{统计}③碎片,小块(布),零头{加工}④残留的,余留的(remnans)
remnant chylomicrons 残留乳糜微粒{分生}
remnant ear 预留穗
remnant eggs 残留卵
remnant method 半穗行法{育种}
remnant seeds 预留种子
remnants 植物残遗种
remold sample 改型土样
remolding 改型
remontant 再度开花的,多次开花的(remontans)
remote ①疏远的,远离的,稀疏的 ②些微的,轻的 ③遥远的,远程的 ④远缘的(remotus)
remote action 远程作用
remote aerial reconnaissance 航空遥感{遥感}
remote assistance 远程帮助
remote boot service 远程启动服务
remote collaboration system 远程协作系统{信息}
remote communication 远程通信
remote concentrator 远程集线器{信息}
remote console 遥控台{遥感}
remote control 远距离控制,遥控
remote control communication equipment 遥控通信设备
remote control system 遥控系统
remote controlled drier 遥控式干燥机
remote controlled feeder ①遥控饲槽 ②遥控饲养员
remote-controlled station 遥控泵站,遥控泵房{环保}
remote copier 遥控复制设备
remote copy program 远程复制程序
remote cross-breeding 隔离杂交育种法{育种}
remote crossing sterility 远缘杂交不育性
remote data access (RDA) 远程数据存取
remote database access service protocol (RDASP) 远程数据库访问服务协议{电脑}
remote distribution 远离分布
remote entry service (RES) 远程输入业务,远程输入服务{信息}
remote factor 间隔因素
remote host 远程主机
remote hybridization 远缘杂交
remote intelligent terminal 远程智能终端{电脑}
remote job entry (RJE) 远程作业输入
remote location 远道地点
remote login 远程登录{信息}
remote manipulation 遥控操纵
remote manipulator 遥控操作器
remote measurement 遥测
remote metering, signaling and controlling technique of electric power system 电力系统的远程测量,发信号和操纵技术{农施}
remote monitoring 远程监控
remote object 远程目标
remote-operation hoist 遥控起重机,遥控绞盘
remote operation service element (ROSE) 远程操作服务元件{信息}
remote order buffer 遥控指令缓冲器

remote power off 遥控断电,远程断电
remote power on 遥控加电,远程加电
remote printer 远程打印机
remote printing 远程打印
remote sensing 遥感
remote sensing aircraft 遥感飞机
remote sensing for agricultural disaster surveying 遥感为农业灾害调查
remote sensing for agricultural resource surveying 遥感为农业资源调查
remote sensing for crop surveying 遥感为作物调查
remote sensing for crop yield estimation 遥感为作物产量估测
remote sensing for forest surveying 遥感为森林调查
remote sensing for grassland resource surveying 遥感为草地资源调查
remote sensing for land type analysis and surveying 遥感为土地类型分析与调查
remote sensing for land utilization inventory 遥感为土地利用调查
remote sensing for soil surveying 遥感为土壤调查
remote sensing image interpretation 遥感图像解译〔遥感〕
remote sensing image processing 遥感图像处理
remote sensing in agriculture 农业遥感
remote sensing in forestry 林业遥感
remote sensing instrument 遥感仪
remote sensing laser fluorometer 遥感激光荧光计
remote sensing line 遥感线
remote sensing of earth resources 地球资源遥感[技术]
remote sensing of environment 环境遥感
remote sensing of fluorescence 荧光遥感
remote sensing of forest environment 森林环境遥感
remote sensing of oil pollution 油污染遥感
remote sensing of oil spills 油溢遥感
remote sensing of vegetation 植被遥感
remote sensing platform 遥感平台
remote sensing satellite ground station 遥感卫星地面站
remote sensing technology (= remote sension technology) 遥感技术(为 3 S 技术之一)〔遥感〕
remote sensing technology for agricutural service 遥感技术为农业服务
remote sensor 遥感器〔遥感〕
remote service 远程服务〔信息〕
remote site 远地,远程地点
remote sounding 遥测探空
remote spooling communications subsystem (RSCS) 远程假脱机通信子系统〔信息〕
remote station 远程数据站,远程站
remote teaching 远程示教〔智培〕
remote terminal access method (RTAM) 远程终端访问方法〔电脑〕
remote thermal scanning 遥控热扫描,远程热扫描〔遥感〕
remote vehicle 遥控飞船
remotely controlled device 遥控装置
remoteness from market 远离市场
remount 后备马,补充马
remounting ①再上蔟〔蚕〕②重新装配〔信息〕
removable ①可更换的 ②可移动的,可拆卸的(removabilis)
removable disk 可更换磁盘,可卸磁盘
removable drawbar 可拆式联结装置
removable drop side (= removable sideboard) 可卸栏板
removable hotbed 活动温床
removal ①除去,移去〔栽培〕②移动,挪动〔农机〕③移居,拆迁〔昆虫〕④终伐,转材〔森林〕⑤删除〔电脑〕(removalis)
removal by filtration 滤除(指用过滤器去除)〔环保〕
removal cutting 受光伐
removal efficiency 去除效率,脱除效率〔环保〕
removal felling (= secondary felling) 后伐〔森林〕
removal of astringency 脱涩,去涩
removal of astringency by treatment with carbon dioxide 二氧化碳处理脱涩法
removal of astringency by treatment with warm water 温汤处理脱涩法
removal of customs barriers 取消关税壁垒〔农经〕
removal of felling area 伐区清理
removal of forest litter 清除森林枯枝落叶层
removal of pollen 除去花粉
removal of stalk from fruit 除去果柄
removal of stumps 掘根
removal of subsidies 取消补助金〔农经〕
removal of taste and odor 除臭味(指除去水味和气味)〔环保〕
removal of tillers (of wheat, etc.) (小麦等)去蘖
removal of wings (种子)脱翅

remove ①除去,消除 ②移去,抹掉(removere)
remove dust 除尘
remove repair and replace 拆卸修理与替换
remove side-shoots 去桠(侧)枝
remove the bark in strip 条状剥皮
remove turf ①剪草皮 ②移去草皮
remove vegetative branches (from the plant) 去叶枝
remover 清除器,移去器,拆除器
removing enzyme 释去酶,脱离酶
removing saplings from nursery plot 苗木出圃
removing seedling from nursery ①移苗 ②拔秧
removing time (= season for clearing) 集材季节{森林}
remulching 再覆盖
remuneration 报酬,酬劳(remuneratio)
remunerative crop 经济价值高的作物
renal 肾的,肾脏的(renalis)
renal clearance 肾消除率
renal diabetes 肾性糖尿病
renal glucosuria 肾性糖尿
renal rachitis (= renal rickets) 肾性佝偻病
renal threshold 肾阈
rename 改名,更名,重命名(renomen)
renanthera ①火焰兰属[*Renanthera* Lour.](兰科) ②火焰兰[*Renanthera coccinea* Lour.]
renascent 再生的(renascens)
renascent grass 再生草
renascent herb 多年生草本植物(herba renascens)
renascent rice 再生稻
renaturation ①复性 ②复活,再生 ③复原(renaturatio)
renaturation kinetics of DNA DNA复性动力学
renaturation of DNA DNA复性
renatured 复原的(renaturus)
rend ①分裂 ②分离(rendan)
render ①煎熬,提炼,提取,炼化(蜡,脂肪) ②还,提供,开出(账单) ③绘制 ④着色,染色
render assistance gratis 无偿提供援助
rendered butter 重制奶油
rendered fat 熬脂肪(猪油)
rendered tallow 炼脂
rendering ①炼油 ②绘制
rendering engine 绘制机{智培}
rendering performance ①绘制性能 ②着色性能
rendering pipeline 绘制流水线{智培}
rendering waste ①熬油废水 ②抹灰废物{环保}
rendezvous ①会合的 ②聚集的(rendesvous)
rendezvous element 聚集元素
rendoll 黑色石灰软土{土壤}
rendzina 黑色石灰土
rendzine fabric 黑色石灰土[型微]结构
rendzine humus 黑色石灰土腐殖质
rendzine-like brown soil 黑色石灰土状棕色土,拟黑色石灰土性棕色土
reneging 放弃
renew ①使新,更新,复壮,恢复原状 ②再得,再做,再说,再给,再始 ③换新,更换,补充 ④再生,更生(renovus)
renewable ①可换的 ②可更新的
renewable natural resources 可更新自然资源
renewable point 可换铧尖
renewable resource 可更新资源,再生资源
renewal 更新,重新,换新
renewal bud 更新芽
renewal of parts 旧件修复
renewal of species 种更新
renewal of tree 树木更新
renewal process 更新过程
renewal pruning 更新修剪
renewal restoration ①复壮{育种} ②更新{森林}
renewal theory 更新理论,更新论{森林}
renewed bud formation 芽重新形成
renewed development 重新发育
renewed growth 重新生长
renewed seed strain 复壮品种
renewed vaccination 重新接种
renewing 新生的,新萌发的(innovans)
renewing cell population 新生细胞群体
renifolious 肾叶的(renifolius)
reniform 肾形的(reniformis)
reniform aggregate 肾状团粒,肾状团聚体{土壤}
renin 血管紧张肽原酶,肾素
rennase 凝乳酶
Renner complex 雷尼尔氏复合体(连锁群)
Renner effect 雷尼尔反应(大孢子竞争)
rennet ①凝乳酶 ②皱胃膜,干胃膜
rennet bag 反刍类皱胃
rennet casein 皱胃酪蛋白,酶凝酪素
rennet curd 凝固乳酪
renneting 粗制凝乳酶加入
renneting temperature 牛奶凝聚温度
rennin 凝乳酶

renovation ①更新 ②复壮 ③恢复（renovatio）
renovation of blood 血液更新{畜}
renovation of variety 品种复壮
renovation of waste water 废水更新{环保}
renovation pruning 更新修剪
renovator 更新器,更新机具
Rensch's rule 雷茨氏法则
Renshen 人参［*Panax ginseng* C. A. Mey.］(五加科)
rent ①租费,租金 ②租用,出租（reddita）{农经}
rent ceiling 最高租费
rent control 租费管理,租费调节
rent in cash 现金地租（用现金交地租）
rent in kind 实物地租
rental ①租金额 ②租金收入 ③租贷［的］
rental computer 租贷计算机
rental system 租贷系统,租贷制{农经}
renucleation 核植入（renucleatio）
renumbering 重新编号
reo group 呼肠孤病毒类
reo virus（= reovirus） 呼肠孤病毒
reopen 重开,再开始
reorder 按序排列,排列,排序（reordinem）
reorganization ①再编制,再组织 ②改革,改造（reorganizatio）
reorganization gene 再组成基因
reorganization of agricultural laws 农业法规重新编制
reorganization of agriculture 农业改造
reorganization of nucleus 核再组成
reorientation ①重定向 ②改行（reorientatio）
reorigin 再定位原点（reorigo）
reoviron 呼肠孤病毒颗粒
reovirus 呼肠孤病毒
reoxidation 再氧化,重氧化
reoxygenation 再充氧{环保}
rep（= roentgen equivalent physical）伦琴物理当量
rep-DNA（= repetitious DNA） 重复 DNA
repacking ①换填料 ②改组
repagination 页面重新调度,重新分页{电脑}
repaint ①重刷 ②重涂 ③重画（repingere）
repair ①修理,修补{农机} ②修复,回复{分遗} ③赔偿{农经} ④订正,校正,改正{气象}（repatriare）
repair action ①修复动作 ②修复作用
Repair and Technical Service Station 修理与技术服务站
repair bench 修理台
repair complex 修复复合体
repair cost 修理费
repair cycle 修复周期,大修周期
repair-defective mutant 修复缺陷突变体
repair deficiency 修复缺失
repair delay time 修复延迟时期
repair endonuclease 修复内切核酸酶{分遗}
repair enzyme 修复酶
repair grafting 修补嫁接
repair mechanism 修复机理
repair of DNA DNA 修复
repair of lesion 损伤修复
repair planting 补植,补栽
repair polymerase 修复聚合酶
repair rate 修复率
repair recombination 修复重组
repair replication 修复复制
repair room 修理间
repair shop 修理车间
repair synthesis 修复合成
repair system 修复系统
repair time 修复时间,修理时间
repair to address（RA） 恢复地址{信息}
repair tool 修理工具
repair work 修理作业,修理工作
repair workshop 修理厂,修理所
repairability 可修复性（repairabilitas）
repairable ①可修理的 ②可修复的（repairabilis）
repairable dam 可修复堤坝{水利}
repairable database 可修复数据库
repairase 修复酶
repaired region 修复区
repairing 修理
repairing cost 修理费{农管}
repairing of road 修路
repairman 修理工
repand 残波状的（边缘）（repandus）
reparable 能补救的（reparabilis）
reparable DNA lesion 能补救 DNA 损伤{分遗}
reparable temperature-sensitive mutant 能补救感温突变体
reparation ①修复,修理,维修 ②补救,补偿,弥补 ③恢复 ④⌊复⌉赔偿,赔款（reparatio）
reparative mechanism 修复机制{生态生理}
reparenting 重显父窗口{电脑}
repay ①付还 ②报答,回报
repayable ①可付还的 ②必须付还的
repayment ①付还 ②回报
repeat ①［基因］重复 ②重做 ③重现 ④模

造,仿做(repeatere)
repeat character(RPT) 重复字符{电脑}
repeat count 重复计数
repeat counter 重复[次数]计数器
repeat element families 重复元件群{分遗}
repeat frequency rate 重复频率
repeat print 重复打印
repeat sequence length polymorphism 重复序列长度多态性{分遗}
repeat specification 重复说明
repeatability 重复性,重复率(repeatabilitas)
repeatable 可重复的(repeatabilis)
repeatable read 可重复读{电脑}
repeatable robot 重复型机器人{物}
repeated application 重复施用(指施肥,撒药)
repeated back-cross 重复回交
repeated batch drier 间歇循环式干燥机
repeated colonization 重复定殖
repeated construction 重复建设
repeated cropping 重复栽培,连作
repeated crossing 重复杂交
repeated cultivation 连作{栽培}
repeated DNA 重复DNA{分遗}
repeated duplication 重复复制
repeated factor 重复因子
repeated gene 重复基因
repeated grafting 重复嫁接
repeated individual selection 重复单株选择,多次单株选择{育种}
repeated initiation 重复起始
repeated load 重复载荷
repeated mass selection 重复混合选择,重复混合选种{育种}
repeated nucleotide sequence 重复核苷酸序列
repeated plots 重复小区{统计}
repeated pollination 重复授粉
repeated regrouping 重复再组合
repeated selection 多次选择
repeated sequence 重复序列
repeated shelling 重新脱粒,多次脱粒
repeated stress 重复应力
repeated tillage 重整地,重耕作
repeated trial theorem 重复试验原则{统计}
repeater(RP) ①中继站,中继器 ②转发器,重发器 ③增音器{信息}
repeater coil ①增音线圈 ②中继器单线{信息}
repeater station ①增音站 ②中继站{信息}
repeating data 重复数据,循环数据
repeating dispenser 重复分液器{生技}
repeating group 重复组
repeating method 复测法
repeating polymer 重复[单位]多聚物
repeating theodolite 复测经纬仪
repeating theory 重演学说{进化}
repeating unit 重复单位
repellent 拒斥剂,驱避剂
repellent action 排斥作用,驱避作用
repellent force 相斥力,排斥力
repeller wheel 阻种轮{农机}
repent 匍匐生根的(repens)
repertoire ①积累,贮积 ②搜集 ③所有组成成分
repertory ①指令的 ②指令表,指令系统(repertorius){电脑}
repertory code 指令码
repertory dialer 自动拨号器{信息}
repetition ①重复{统计} ②复现,再发生{病理}(repetitio)
repetition instruction 重复指令{电脑}
repetition of beds 地层重复{土壤}
repetition period 重复周期
repetitious(=repetitive) 重复的(repetitius)
repetitious DNA(rep-DNA) 重复DNA{分遗}
repetitive 重复的(repetitivus)
repetitive direct memory access(repetitive DMA) 重复直接存储器存取{电脑}
repetitive DNA 重复DNA
repetitive endoreduplication 重复内复制
repetitive frequency 重复频率{统计}
repetitive operation(REPOP) ①重复运算 ②重复操作{统计}
repetitive pipettor 重复移液器{生技}
repetitive routine 重复例行程序{电脑}
repetitive sequence 重复序列{分遗}
repipe 置换管子{环保}
replaceability 可置换性,置换能力
replaceable ①可置换的,可放回原处的 ②可换的
replaceable base 置换性盐基
replaceable blade 可换刀片,可换刀刃
replaceable nutrient 置换性养分
replaceable shin 可换犁胫刃板,可换犁胸
replacement ①置换,替换,替代,交代,交换,更换,更新 ②后备 ③淘汰
replacement analysis 更新分析
replacement array 替换阵列{电脑}
replacement deposit 交代矿体{地质}
replacement flock 后备畜群(羊)

replacement herd 后备畜群
replacement hypothesis 置换假说{生理}
replacement mutant 置换突变型
replacement of air 空气置换
replacement part 更换零件,交换部件
replacement policy 替换策略{农管}
replacement rate 置换率
replacement reaction 置换反应
replacement root 替代根
replacement series 置换次序
replacement shoot (= spare shoot) [结果母枝]预备枝
replacement stock 后备家畜
replacement synthesis 置换合成{分生}
replacement technique 取代技术
replacement vector 置换载体{分生}
replacer 拆装工具
replacing ①置换的 ②交换的 ③可换的
replacing edge 可换刀刃
replacing power 置换力,交换力
replant ①补植,补种,补栽,再种 ②连作
replant blind 补植缺株(指甘蔗)
replant failure 连作[障]害,连作无收成(歉收)
replantation 移植,移栽(replantatio)
replanter 移栽机,移植机
replanting ①移植,移栽 ②补植,补栽 ③连作
replanting of gap 补植,补栽
replenish 再装满,补充(replenus)
replenishment ①再装满,充满,补充 ②回充
replenishment of ground water 地下水回充
replenishment of stocks 库存量补充(给)
replete ①充满的,填满的 ②灌满的,充水的(repletus)
replete state of soil 土壤饱和状态
repletum 宿瓣蒴果
replica ①复制物,影印物,副本 ②电子显微技术
replica filter 影印滤膜
replica method 复制法
replica of snow 雪晶模型
replica plating 影印[平面]培养
replica plating tool 影印平面培养器具
replica screening 影印筛选
replicase 复制酶
replicate ①反叠的 ②再重复 ③复制的,影印的(replicatus)
replicate culture 复制培养{生技}
replicate progeny row method 多重复后代行法
replicate trial 多重复试验{统计}
replicated ①复制的 ②重复的(replicatus)
replicated chain 复制链{分遗}
replicated chromosome 复制染色体
replicated database system 复制型数据库系统
replicated test 重复试验
replicated times 重复次数
replicating fork 复制叉{分遗}
replicating form 复制型{生技}
replicating instability 复制不稳定[度]
replicating order 复制序列
replicating plasmid vector 复制质粒载体{分生}
replicating vector 复制载体
replicating Y-fork 复制 Y-叉
replication ①复制 ②重复{分遗} ③反响,回答{信息}(replicatio)
replication band 复制带{生技}
replication bubble 复制泡
replication-competent virus 有能力复制的病毒{分生}
replication cycle 复制循环
replication-defective vector 复制缺陷性载体
replication-defective virus 复制缺陷性病毒
replication end 复制终点,复制末端
replication error 复制误差
replication factor 复制因子
replication following incorporation 随渗入后重复
replication fork 复制叉型
replication form (RF) 复制型
replication guide 复制制导子
replication intermediate (RI) 复制媒介(指标记分子)
replication map 复制图
replication mistake 复制错误
replication number 重复数{统计}
replication of mitochondrion 线粒体重复
replication of RNA RNA 复制
replication of the exogenous DNA 外源 DNA 复制
replication origin 复制起点
replication point 复制点
replication property 复制性质
replication rate 复制速度
replication repair 复制修复
replication section 复制断片
replication synchronization process 重复同步处理{信息}
replication terminator 复制终止子{分遗}
replication transparency 重复透明
replicational mapping 复制制图

replicative ①复制的 ②复制型的（replicativus）
replicative cycle 复制循环
replicative DNA 复制型 DNA
replicative enzyme 复制酶
replicative eye 复制眼
replicative form（RF） 复制型｛分遗｝
replicative form DNA（RF DNA） 复制型 DNA｛分遗｝
replicative form of DNA DNA 复制型
replicative helicase 复制解旋酶｛分遗｝
replicative intermediate（RI） 复制中间型，复制中间体
replicative phase 复制期
replicative recombination 复制重组
replicative repair 复制型修复
replicative synthesis 复制型合成
replicatively valid 复制有效
replicator ①复制基因，复制因子 ②复制器 ③复制区 ④重复符｛电脑｝
replicator site transfer 复制基因部位转移
replicon 复制子｛分遗｝
replicon chain elongation 复制子链延伸
replicon control operation 复制子控制操作
replicon equilibrium density gradient technique 复制子平衡密度梯度技术
replicon fiber autoradio-graphy 复制子丝放射自显影术
replicon hypothesis 复制子假说｛分遗｝
replicon initiation 复制子起始
replicon model 复制子模型
replicon number and size 复制子数目与大小
replicon organization 复制子组织
repliconation 复制子作用（repliconatio）
replisome 复制体，复制颗粒（replisoma）
replough（= replow） 重耕，再耕｛耕作｝
reploughing（= replowing） 重耕，再耕
reploughing field 再耕地
reploughing of fallow 休闲地再耕
replum 胎座框
reply（REP，RPLY） ①回答，应答，答复 ②响应（replicare）｛信息｝
reply message 回答报文
reply queue element（RQE） 应答队列单元
repointing ①锻伸铧尖 ②补焊铧尖
repolarization 复极化（repolarisatio）
repollination 再授粉（repollinatio）
repolymerization 重聚合［作用］（repolymerisatio）
report ①报告，报道 ②报表 ③报告书（reportare）
report description 报表描述
report form 报告形式
report format 报告格式
report heading 报表提要
report weekly 周度报告，每周报告
reportable 应申报的（reportabilis）
reportable disease 应申报传染病
reporter 报道基因，报道分子｛分遗｝
reporter gene 报道基因
reporter group 报道基［团］
reporter molecule 报道分子
reporting ①制表 ②报表
reporting period 报表周期
reportor 报表生成程序｛电脑｝
repose 休止，静止（repausare）
reposition ①贮存，贮藏 ②复位，再定位，回原处（repositio）
repositioning of chloroplast 叶绿体复位
repository ①仓库，贮藏所 ②资源库，资料库，档案库（repositorius）
repotting （盆栽）换盆
repotting method 换盆方法
repotting time 换盆时期
reprecipitation 再沉淀（reprecipitatio）
represent ①表示，表现 ②代表（representare）
representation ①表示［法］，表达 ②表现度 ③示范（repraesentatio）
representation mismatch 表达不匹配
representation system 表示系统
representative ①有代表性的 ②典型的 ③示范的（repraesentativus）
representative area 示范区
representative calculating operation 典型计算操作
representative graph 代表性图
representative sample 代表性样品
representative sampling 典型抽样［法］
representative type 代表性型
representative variety 代表性品种
representativeness 代表性（repraesentativitas）
representing raster image 表示光栅图像
repressed 阻遏的（repressus）
repressed state 阻遏状态
repressible 可阻遏的（repressibilis）
repressible enzyme 阻遏酶｛分遗｝
repressible enzyme synthesis 阻遏酶合成
repressible enzyme system 阻遏酶系统
repressible promoter 阻遏启动子｛分遗｝
repressible protein 阻遏蛋白
repressible system 阻遏系统

repression 阻遏(repressio)
repression-resistant mutant 抗阻遏突变型
repressive 阻遏的(repressivus)
repressive condition 阻遏性条件
repressor 阻遏物,阻遏蛋白{分遗}
repressor effect 阻遏物效应
repressor gene 阻遏基因
repressor immunity 阻遏物免疫
repressor in histidine operon 组氨酸操纵子阻遏物
repressor in lac operon 乳糖操纵子阻遏物
repressor interaction 阻遏物相互作用
repressor molecule 阻遏分子
repressor of repressor synthesis 阻遏物合成的阻遏物
repressor-operator binding 阻遏蛋白-操纵基因结合
repressor-operator complex 阻遏蛋白-操纵基因复合体
repressor-operator interaction 阻遏蛋白-操纵基因相互作用{分遗}
repressor-operator system 阻遏蛋白-操纵基因系统
repressor production 阻遏物生产
repressor protein 阻遏蛋白
repressor subunit 阻遏物亚单位
repressor synthesis 阻遏物合成
reprint ①再版,重印 ②翻印,翻版(repremere)
reproduce ①繁殖,增殖 ②再生产 ③复制,复印
reproduce head 再生磁头{电脑}
reproduce itself 自然增殖,自体繁殖
reproducer ①复制机 ②复制程序,再生程序{电脑}
reproducibility ①再现性,重复性,重复率 ②繁殖率,生殖率(reproducibilitas)
reproducible ①可再现的 ②可生殖的(reproducibilis)
reproducible cell 可生殖细胞(cellula reproducibilis)
reproducing ①复制 ②更新
reproducing area (= planting area) ①种植面积 ②造林面积
reproducing brush 复制电刷
reproducing class (= regenerating class) 更新级{森林}
reproduction ①生殖[作用] ②繁殖 ③再生产 ④重现,再现 ⑤复制(reproductio)
reproduction by division 分裂生殖
reproduction by gemma 芽孢生殖
reproduction by tending treatment 抚育更新
reproduction capacity 生殖力
reproduction character 生殖性状(特征)
reproduction code 再现代码{电脑}
reproduction cutting ①再生插,繁殖插 ②更新伐,主伐
reproduction cycle 生殖周期
reproduction factor 重现因子,再生因子{分生}
reproduction probability 生殖概率
reproduction quality 保真度{遥感}
reproduction rate ①生殖率 ②繁殖率(reproductivitas)
reproduction replica 复制副本{分遗}
reproduction scale 翻印比例,复制定标
reproduction system 生殖系统
reproductive ①生殖的 ②繁殖的(reproductivus)
reproductive ability 繁殖能力
reproductive abnormality 生殖反常性
reproductive allocation 生殖分配(allocatio reproductiva)
reproductive behavior 生殖习性,生殖行为
reproductive biology 生殖生物学
reproductive bud 花芽,繁殖芽(gemma reproductiva)
reproductive capacity 生殖能力
reproductive cell 生殖细胞(cellula reproductiva)
reproductive competition 生殖竞争
reproductive cycle 生殖史,生殖循环,生殖周期(cyclus reproductivus)
reproductive death 生殖死亡
reproductive development 生殖发育
reproductive differentiation 生殖分化
reproductive disturbance 生殖障碍
reproductive efficiency 繁殖效率
reproductive effort 生殖力
reproductive egg controlling law 生殖卵管理法规{蚕}
reproductive egg production station 生殖卵生产站{蚕}
reproductive fitness 繁育适合度
reproductive growth 生殖生长(auctus reproductivus)
reproductive history 怀孕历,生殖史(指家畜怀孕过程)
reproductive integrity of cell 细胞繁殖完整性
reproductive isolating mechanism (RIM) 生殖隔离机制
reproductive isolation 生殖隔离(isolatio reproductiva)
reproductive mycelium 生殖菌丝体(myce-

lium reproductivum)｛真菌｝
reproductive nucleus 生殖核
reproductive organ 生殖器官（organum reproductivum）
reproductive over-compensation 生殖过补偿
reproductive performance 生殖性能
reproductive period（= reproductive stage）生殖期（periodus reproductivus）
reproductive phase ①生殖期（指禾谷类穗形成到开花期）②生殖相
reproductive potential ①生殖潜力 ②繁殖潜力
reproductive primordium 生殖原基（primordium reproductivum）
reproductive process 生殖过程
reproductive rate 生殖率
reproductive requirement 生殖需求
reproductive sense 生殖本能
reproductive strategy（r-strategy） 生殖策略，r 策略
reproductive structure 生殖结构（structura reproductiva）
reproductive system 生殖系［统］
reproductive value 生殖值
reproductive-vegetative switch 生殖－营养的转变（指生殖期向营养期转变）｛栽培｝
reproductivity（= reproduction ability）生殖力，繁殖力（reproductivitas）
reproductocentric 生殖中心（reproductocentricus）
reprogrammable 可改编程序的（reprogrammabilis）｛电脑｝
reprogramming 重编程序，重新程序设计
reprogramming control 重编程序控制
reprography（= reprographics） 翻印法，复印法（reprographica）
repromotion 再促进作用（repromotio）
reptant 匍匐［生根］的（reptans）
reptant culture 匍匐栽培
reptant gnat 爬蚋［*Simulium reptans* Linn.］
reptation 匍匐，爬行（reptatio）
reptilase 蛇毒凝血酶
reptile ①爬虫类 ②爬虫纲［Reptilia］
repulsion 相斥，反表型（repulsio）｛遗传｝
repulsion inheritance 相斥遗传
repulsion linkage 相斥连锁
repulsion motor 推斥电动机
repulsion phase 相斥相
repulsion phase crosses 相斥相杂交种
repulsion series 相斥组
repurification 再纯化（repurificatio）
repurpositing 重订目标
requeening 换蜂王
requeening by beekeeper 养蜂者主动换蜂王
requeening by bees 蜜蜂自动换蜂王
request 请求｛信息｝
request / response header（RH） 请求 / 应答标题｛信息｝
request / response unit（RU） 请求 / 应答单元
request control block（RCB） 请求控制块
request for maintenance statistics（REQMS）请求维护统计
request for test（RFT） 测试请求
requester 请求者｛信息｝
required ①请求的 ②需要的，所需的 ③要求的，必要的，不可省略的
required amount 要求数量，要求数值
required carrier return（RCR） 不可省略回车｛信息｝
required horsepower 需要马力，需要功率
required hyphen character（HYP） 所需连字符
requirement ①要求 ②规格，必要条件 ③需要量，需水量 ④要求物，必需物 ⑤⌊复⌉需求，需要（postulatio）
requirements analysis 需求分析
requirements engineering 需求工程｛农系工｝
requirements phase 需求阶段
requirements process 需要［确定］进程
requirements specification 需求［规格］说明
requirements verification 需求验证
requisite ①需要的，必要的 ②必要条件 ③生活必需品（requisitus）
requisition 通知单（requisitio）｛农管｝
rereading 重读｛信息｝
rerouting 重新选择路由｛信息｝
rerun ①再运行，重新运行 ②重算
rerun mode 再运行方式
rerun point ①再运行点 ②重算点
rerun time 重新运行时间
RES（= reticuloendothelial system）网状内皮系统｛分生｝
resact 呼吸活化肽（一种海胆卵肽）
resale 转卖｛农管｝
resampling algorithm 重取样计算法｛统计｝
rescale 重新定标
rescan 重复扫描
reschedule ①重安排 ②重调度
rescue 获救，解救，拯救
rescue brome（= rescue grass） 扁穗雀麦

［*Bromus catharticus* Vahl］（禾本科）
rescue factor 解救因子｛分遗｝
rescue frequency 解救频率
rescue-grass ①角罗草属［*Ceratochloa* P. B.］（禾本科）②角罗草［*Ceratochloa unioloides* P. B.］③扁穗雀麦［*Bromus catharticus* Vahl.］
rescue of Rous sarcoma virus 劳氏肉瘤病毒解救
rescue of Rous sarcoma virus in heterokaryon 异核劳氏肉瘤病毒解救
rescue of SV40 virus in heterokaryon 异核SV40 病毒解救
rescue of virus 病毒解救
rescue of virus in human disease 人体病的病毒解救
rescue operation 营救作业
rescue point 拯救点，重入点，重新运行点
resealed 重封的
resealed ghost 重封血影细胞｛分生｝
research 研究（= investigation）
research and development of high and new technology 高新技术的研究与开发｛农系工｝
research and technique intension 研究和技术密集
research contents of intelligent crop production 作物智能栽培学的研究内容｛智培｝
research device 研究设备
research in agriculture 农业研究
research institute 研究所
research kit 研究［用］试剂盒｛生技｝
research means 研究手段
research network 研究网络
research of life span limits 寿命极限研究（指研究仪器使用年限）
research-on-research（= scientific management）科学管理｛农系工｝
research project ①研究计划（方案，规划，设计）②研究课题
research sprayer 研究用喷雾器
research station 研究站
research storage interface（RSI） 研究存储接口｛电脑｝
research storage system（RSS） 研究存储系统
research strategy 研究战略（策略）｛农经｝
research technique 研究技术
research tools 研究用具
researcher 研究者，研究员
réseau （法语）测候网
réseau mondial 世界［台，站］网
resection 切除术（resectio）
resection method 后方交会法｛测｝
resection process 后方交会法
reseda（= mignonette） ①木犀草属［*Reseda* L.］（木犀草科）②木犀草［*Reseda odorata* L.］
reseda family 木犀草科［Resedaceae］
resedimentation 重沉降（resedimentatio）
reseeder 补播机（器），补种机（器）
reseeding 重播，复播，补种
reselected 再次选择的，再选的
reselection 重选（reselectio）
resemblance 相似，类似
resene 氧化树脂（碱不溶性树脂）
reserpine 利血平［$C_{33}H_{40}O_9N_2$］
reservation ①贮藏［作用］②自然保护区，禁区 ③预定，预约，④备用（reservatio）
reservation list 预约表
reservation station 备用站｛信息｝
reservation system 预定系统
reserve ①贮藏，保存，保留，预留，贮备 ②贮藏的，贮备的 ③⌊复⌉贮藏物质 ④⌊复⌉保留地
reserve accumulator 保留累加器
reserve carbohydrate 贮藏碳水化物
reserve cell 贮藏细胞（cellula preventitia）
reserve cellulose 贮藏纤维素
reserve chromatin 贮藏染色质
reserve-cutting 下种伐
reserve forest 预备林，保留林
reserve fund 预备基金，准备金，公积金
reserve gain 预留增益
reserve land resource 后备土地资源｛农系工｝
reserve material（= reserve substance） 贮藏物质
reserve nutrient 贮藏养分
reserve of food 储粮，存粮
reserve organ 贮藏器官（organa preventitia）
reserve parts 备件
reserve protein 贮藏蛋白质
reserve pump 备用泵
reserve root 贮藏根（radix preventitia）
reserve-seed tree forest 母树林
reserve sprout forest 中林
reserve starch 贮藏淀粉（amylum preventitium）
reserve substance 贮藏物质（substantia preventitia）
reserve supplies 贮藏必需物质，贮藏物资
reserve tank 备用箱
reserve tissue 贮藏组织（tela preventitia）

reserve tree（= hold over） 保残木
reserve tree method 保残木方法，保残木作业｛森林｝
reserved area ①保留区｛电脑｝②保留面积｛栽培｝
reserved character 保留字符
reserved message code 保留消息码
reserved operand 保留操作数
reserved pump 备用水泵｛环保｝
reserved seed 储备种子
reserved young larvae 预备蚕
reserves 公积金，预备金
reservoir ①储蓄泡 ②贮液囊 ③储存器 ④水库，贮水池 ⑤储存，储集
reservoir areas of the three gorges 三峡库区｛水利｝
reservoir host 储存宿主
reservoir level 水库容量（水平）
reservoir rock 储集岩｛地质｝
reservoir unit 储油单元｛遥感｝
reset ①重新装置，重新调节 ②复位，回位 ③转换 ④清除，消零 ⑤置“0”｛电脑｝
reset button ①清除按钮 ②重置按钮｛信息｝
reset collision 复位冲突，重复冲突｛电脑｝
reset condition 清除条件
reset controller 重新调控器，重新调节控制器
reset error 复位误差
reset set flip-flop（R-S flip-flop） 置“0”置“1”触发器，R-S 触发器｛电脑｝
reset signal（RES） 复位信号
resetable ①可重装的 ②可重调的 ③可清除的 ④可复位的（resetabilis）
resetable counter 可清除计数器
resetable database 可复位数据库
resetting ①重排，再放，重嵌 ②再磨快
resettlement 再定居
reshaped antibody 重构抗体｛分生｝
residence ①居住，［居住］期间，一段时期 ②住处，住宅 ③停滞，滞留，驻留（residentia）
residence contents insurance 动产保险，家具保险
resident ①存留个体，居住者 ②常驻的，存留的（residens）
resident area 常驻区｛电脑｝
resident bird 留鸟
resident load module（RLM） 驻留装入模块｛信息｝
resident plasmid 存留质粒
resident prophage 存留原噬菌体
resident software 常驻式软件｛电脑｝
resident virus 居住病毒，温和株病毒
residential district 住宅区
residential waste 住宅废料，住宅垃圾｛环保｝
residual ①残余的，剩余的 ②残渣的，残滓的（residualis）
residual acidity 残余酸度
residual action（= residual activity, residual effect） 后效，残效
residual activity ①残效 ②残效性
residual alkalicity 剩余碱度｛环保｝
residual ash 残留灰分
residual body 残体，遗体，剩余体
residual brine 残留咸水
residual centric distance 残留着丝粒距离
residual charge 残余电荷
residual chlorine 残留氯气，余氯｛环保｝
residual chromosome 残留染色体｛染色体｝
residual control 后效控制
residual current operated protective device 漏电电流动作保护器｛农施｝
residual deposit 残积物，残留矿床
residual effect 残效，后效
residual effect of fertilizer 肥料残（后）效
residual effectiveness 残效性
residual elasticity 剩余弹性，弹性后效
residual error 剩余误差，余差
residual fertility 残留肥力
residual film method 残留膜法｛农药｝
residual fluctuation 意外变动
residual genetic information 残余遗传信息
residual genotype 残留基因型
residual growth 残余生长
residual hardness 剩余硬度｛环保｝
residual head 剩余水头｛环保｝
residual heredity 残留性遗传
residual hill 残丘
residual homology 残余同源性
residual insecticides 残留杀虫剂
residual juice 残留汁｛加工｝
residual life 残效期，残留期
residual liquid 残留液
residual loss 剩余损失
residual mean 平均残差｛统计｝
residual meristem 剩余分生组织（meristema residualis）
residual milk 残留乳
residual mineral 残余矿物
residual nitrogen 残留氮
residual odor（= residual odour） 残留臭味，残留气味
residual parent material 残积母质
residual pattern 残留型
residual phosphate 残余磷酸盐
residual phosphorus 残留磷

residual phosphorus effect 磷肥残效,残留磷效
residual pressure 剩余压力{环保}
residual products 副产物
residual protection [靠]剩余量[的]保护{环保}
residual protein 残余蛋白质,非组蛋白染色体蛋白质
residual resistance 剩余阻力
residual shrinkage 剩余收缩
residual sodium carbonate 残余碳酸钠
residual soil 残积土
residual spermatogonia 残留精原细胞(spermatogonia residualis)
residual spray 残留喷射
residual stress 剩余应力
residual telomeric distance 残留端粒距离
residual tolerance 残留容许量(指药剂,农药等)
residual toxicity 残留毒性,残毒
residual trash 残叶(指甘蔗)
residual treatment effect 处理残效
residual tree 保残木
residual valence 剩余[化合]价
residual value 剩余值
residual variance 剩余变量
residual vector 剩余向量
residuary water 残留水,剩余水
residue ①基,残基{分遗}②残渣,残体,残余,残留物,剩余物{栽培}(residuum)
residue analysis 残留量分析
residue check 剩余检查,余量检验
residue code 剩余码{电脑}
residue conservation 残体保持,残留物保持
residue nitrogen 残留氮
residue of oil manufacture 制油残留物,油粕
residue of the brewing industry 酿酒业残留物,酒糟
residue of the starch industry 淀粉制造业残留物,粉渣
residue on evaporation 蒸发残留物{环保}
residue on ignition (= ignition residue) 灼热残渣,灼烧残渣{环保}
residue prone agricultural chemicals 残留性农药{环保}
residue utilization 残留物利用
residue weight 残基量
residuum 残积层
resilicification 复硅[作用](resilicificatio)
resilience ①弹性 ②回弹,回能(resilientia)
resilient ①具弹性的 ②反弹的,反曲的(resiliens)
resilient tine 弹性锄齿
resilin 节肢弹性蛋白
resin ①树脂,松脂 ②离子交换树脂
resin acid 松脂酸,树脂酸
resin adhesive (= synthetic resin adhesive) 合成树脂胶
resin-blaze 采脂割面
resin bodies 树脂体(corpuscules resiniferae)
resin-bonded plywood 树脂胶合板
resin boxing 采脂
resin canal 树脂道(canaliculus resinifer)
resin cavity 树脂腔(cavitus resinifer)
resin cell 树脂细胞(cellula resinifer)
resin channel 垂直泌脂切沟
resin content 树脂含量
resin crops 树脂料作物
resin duct (= resin canal) 树脂道(ductus resinifer)
resin ester 树脂酯,酯化树脂
resin flux 流脂
resin gall 树脂瘿(galla resinifer)
resin gland 树脂腺(glandula resinifer)
resin glue 合成树脂胶
resin-like 树脂状的(resinoides)
resin mixture 松脂混合剂
resin oil 树脂油
resin passage 树脂道
resin phosphate 磷酸树脂(溶于磷酸的树脂)
resin plant 树脂植物(planta resinifer)
resin plate 树脂板(platus resinifer)
resin pocket 树脂囊
resin sac 树脂囊(saccus resinifer)
resin scraper 刮脂刀
resin seam 树脂缝痕
resin soap 树脂皂
resin-tapper 树脂采集器
resin tapping 采脂
resin-treated wood 树脂处理材
resin wash 松脂合剂
resinate 树脂酸盐
resiniferous 具树脂的(resiniferus)
resinification 树脂化(resinificatio)
resinity 树脂化(resinitas)
resinogen 树脂原
resinol 树脂醇
resinol acid (= resin acid) 松脂酸,树脂酸
resinolic acid 树脂酸
resinolic acid resin 树脂酸树脂

resinosis ①泌脂［现象］｛森林｝②造萜｛生化｝③流脂病｛病理｝
resinous（= resinose） ①树脂的 ②多树脂的 ③阴电性的（resinosus）
resinous cation exchange 阳离子树脂交换｛环保｝
resinous electricity 阴电
resinous luster 树脂光泽
resinous tea 树脂香茶
resinous tracheid 全脂管胞（tracheida resinosa）
resinous wood 含脂材，多脂材（lignum resinosum）
resist ①保护膜，抗蚀膜｛电脑｝②阻碍，抵抗｛生技｝（resistere）
resist drought by fertilizer application and irrigation 施肥灌溉抗旱
resist film 保护膜，抗蚀膜
resist layer 保护层
resistance ①抗［逆］性，抵抗力 ②阻力 ③抵抗，反对 ④妨碍，阻止，滞留 ⑤电阻（resistantia）
resistance apparatus （碾米机）阻力装置
resistance block 电阻块
resistance capacity 电阻容量｛环保｝
resistance coefficient of pipe 管道阻力系数｛环保｝
resistance determinant（R determinant） 抗性因子，抗性定子｛分遗｝
resistance determing factor 抗性决定因子（指抗药性）
resistance effect 抗逆效应
resistance factor（R factor） 抗性因子，抗性质粒
resistance factor for multiple drugs 多种药物抗性因子
resistance for submergence 抗淹水性
resistance gene 抗性基因
resistance maximum 抗性最大值
resistance mechanism 抗性机制
resistance method 抵抗法
resistance minimum 抗性最低值
resistance of ducting 管道阻力，管道压力损失
resistance of ploughing 耕地阻力
resistance phase（= phase of resistance） 抗性期
resistance plasmid（R plasmid） 抗性质粒，抗药性质粒
resistance stock 抗性砧（指免疫砧）｛园｝
resistance thermometer 电阻温度表
resistance time 滞留时间｛环保｝
resistance to acidity 对酸度抗性，抗酸度性
resistance to actinomycin D 对放射菌素 D 抗性
resistance to adversity 抗逆性
resistance to autumn decline 抗秋衰性（指水稻）
resistance to azaguanine 对氮鸟嘌呤抗性
resistance to bactericide 细菌抗药性
resistance to breaking 抗断折性（指水稻）
resistance to burning 耐烧性（指对化肥）
resistance to chloramphenicol 对氯霉素抗性
resistance to colchicine 对秋水仙碱抗性
resistance to coldness 抗寒性
resistance to compression 抗压力
resistance to control （防火）难控性
resistance to desiccation 抗干化性
resistance to disease 抗病性
resistance to drought 抗旱性
resistance to flood 抗洪性
resistance to flood injury 抗洪害性
resistance to freezing 抗冻性
resistance to freezing injury 抗冻害性
resistance to frost-bite 抗霜害性
resistance to fungicide（= fungicide resistance） 真菌抗药性，对杀［真］菌剂抗性
resistance to heavy metal 抗重金属性
resistance to insect 抗虫性
resistance to insecticides 昆虫抗药性，对杀虫剂抗性
resistance to lodging 抗倒伏性
resistance to overhead flooding（= resistance to submerging） 抗淹性
resistance to overhead flooding injury 抗淹害性
resistance to smut 抗黑粉病性
resistance to sporulation 抗孢子形成，对孢子形成抗性
resistance to the major diseases 对主要病害抗性
resistance to the toxic action of potassium chlorate 抗氯酸钾毒害性（指对氯酸钾毒害作用的抗性）
resistance to trampling 抗踩踏性
resistance to ultraviolet light 对紫外光抗性
resistance to weathering 抗风化［作用］
resistance to wind 抗风性
resistance to wind damage 抗风害性
resistance to α**-amanitin** 对 α－鹅膏蕈碱抗性
resistance transfer factor（RTF） 抗［药］性转移因子
resistance welding 电阻焊

resistant 抗性的，抵抗的（resistans）
resistant aging 抗衰老
resistant allele 抗性等位基因
resistant humus 耐久性腐殖质，长效腐殖质
resistant hybrid 抗病杂种
resistant inbred 抗病自交系，抗性自交系
resistant individual 抗性个体
resistant insect 抗性害虫
resistant mineral 稳定矿物
resistant mites 抗性螨类
resistant parent 抗性亲本
resistant proof 抗性试验
resistant rootstock 抗性根砧，抗性砧
resistant soil insect 抗性地下害虫
resistant sporangium 抗性厚垣孢子囊
resistant spore 抗性孢子
resistant stock 抗性砧
resistant strain 抗逆品系
resistant to coldness 抗寒
resistant to cutting 抗切割
resistant to disease 抗病
resistant to drought 抗旱
resistant to freezing injury 抗冻害
resistant to frost-bite 抗霜害
resistant to heat 抗热
resistant to insect 抗虫
resistant to lodging 抗倒伏
resistant to overhand flooding injury 抗淹害
resistant to penetration 抗侵入
resistant to rust 抗锈病
resistant to smut 抗黑粉病
resistant to winter injury 抗冻害
resistant transfer factor（RTF） 抗逆性转移因子
resistant variety 抗病品种，抗逆品种
resistant vine 抗性藤(指葡萄藤)
resistibility ①抵抗力 ②抗性（resistibilitas)
resistin 抵抗素
resisting 抗性的，抵抗的
resisting force 阻力
resisting power to disease 抗病力
resistivity（= resistibility） ①抗性 ②抵抗力 ③电阻率（resistivitas)
resistivity method 电阻法
resistomycin 抗霉素
resistor 电阻器
resistor transistor logic（RTL） 电阻晶体管逻辑［电路］｛信息｝
resite 不溶酚醛树脂
resitol 半溶酚醛树脂
resmethrin 苄呋菊酯，灭虫菊酯(杀虫剂)［$C_{22}H_{26}O_3$］
resoiling of land 地力恢复
resol 可溶酚醛树脂
resolidified cheese 融化干酪
resolution ①分解，溶解，消解，再溶 ②解决 ③分辨率，清晰度（resolutio)
resolution cell 分辨单元｛遥感｝
resolution characteristic 分辨特性
resolution deposit 再溶沉积物
resolution difference 分辨率差异性
resolution error 分辨误差
resolution method 消解法｛统计｝
resolution of force 力的分解
resolution of lens 镜头分辨率｛遥感｝
resolution of microscope 显微镜分辨率，显微镜清晰度
resolution of velocity 速度的分解
resolution principle 分解法则
resolution proof graph 分解证明图
resolution requirement 分辨率要求｛遥感｝
resolution target 分辨率目标
resolutive 溶解的（resolutivus)
resolvable element 可分辨分子
resolvase 解离酶
resolvent ①消解的，预解的 ②分解的（resolvens)｛统计｝
resolvent matrix 预解矩阵
resolvent operator 预解算子
resolver ①分解器，解析器 ②裁决器 ③快存区
resolving ①分解 ②分离
resolving ability 分解能力，辨别能力
resolving gel（= separation gel） 分离胶
resolving power ①分辨率，分辨力，分辨本领 ②清晰度，解像力
resonance 共振［现象］（resonantia)｛物｝
resonance absorption 共振吸收
resonance effect 共振效应
resonance energy 共振能
resonance fluorescence 共振荧光
resonance hybrid 共振杂化分子，共振杂合体，共振杂种
resonance line 共振线
resonance oscillation 共振振动
resonance phosphorescence 共振磷光
resonance radiation 共振辐射
resonance structure 共振结构
resonance theory 共振说｛物｝
resonance transfer 共振转移
resonance wood 共振材
resonator 共振器，谐振器，共鸣器，辅助排气

消声器
resorb 吸回，再吸收
resorcinol（= resorcin） 间苯二酚 [$C_6H_6O_2$]
resorcinol resin adhesive 间苯二酚树脂胶
resorption ①回吸[作用] ②吸除[作用]（resorptio）
resort ①手段，凭借方法 ②求助，依靠，凭借 ③采取 ④再分类（resortiri）
resource ①富源，资源 ②方法，手段
resource allocation 资源分配
resource data 资源数据{信息}
resource economics ①资源经济 ②资源经济学
resource enviroment system 资源环境系统（指有关预测作物生长模型）{智培}
resource impact 资源效果
resource inventory 资源清单
resource law 资源法
resource lockout 资源封锁
resource management scheme 资源管理方案
resource map 资源图
resource mobility 资源动用
resource module 资源模块{信息}
resource object 资源目录
resource pool 资源库
resource protection 资源保护{农系工}
resource recovery 资源回收{环保}
resource recovery of domestic wastes 生活垃圾再资源化，家庭废物再资源化{农施}
resource registration 资源登记
resource satellite 资源卫星{遥感}
resource security 资源安全性
resource sequence number（RSN） 资源序号
resource survey satellite 资源考察卫星{遥感}
resource vector table（RVT） 资源向量表
resources disposal by the market 市场配置资源
Resources Study Commission（RSC） 资源研究委员会
resources use 资源利用
resowing 重播，复播，补种
respective 各个的（respectivus）
respective coefficient 各个系数{统计}
respective organ 各个器官{形态}
respirable ①可呼吸的，能呼吸的 ②吸入性的（respirabilis）
respirable dust 吸入性尘埃
respiration（R） 呼吸[作用]（respiratio）
respiration ability 呼吸本领，呼吸能力
respiration calorimeter 呼吸热量计
respiration chromogen 呼吸色素原
respiration climacteric 呼吸跃变，呼吸[高]峰{生态生理}
respiration climacteric rise 呼吸跃变上升
respiration coefficient 呼吸系数
respiration enzyme 呼吸酶
respiration ferment（= respiration enzyme） 呼吸酶
respiration figure 呼吸图
respiration heat 呼吸热
respiration inhibitor 呼吸抑制因子
respiration intensity 呼吸强度
respiration mechanism 呼吸机制
respiration of plant community 植物群落呼吸
respiration of seed 种子呼吸
respiration of stage of development 发育阶段呼吸
respiration pigment 呼吸色素
respiration quotient（R.Q.） 呼吸熵
respiration rate 呼吸量(速率)
respiration rate per plant 单株呼吸量(强度)
respiration rate per unit root weight 单位根重呼吸量(强度)
respiration sensor 呼吸传感器
respiration temperature 呼吸[作用]温度
respirator ①[防毒]面罩 ②滤毒罐 ③呼吸罩，呼吸[保护]器
respiratory 呼吸的（respiratoris）
respiratory acidosis 呼吸性酸中毒
respiratory activity 呼吸活性(度)
respiratory activity of variety 品种呼吸活度
respiratory alkalosis 呼吸性碱中毒
respiratory amount 呼吸量
respiratory burst 呼吸爆发[作用]{分生}
respiratory capacity 呼吸能力，呼吸量
respiratory catalyst 呼吸催化剂
respiratory cavity 呼吸腔（cavitas respiratoris）
respiratory centre 呼吸中枢
respiratory chain 呼吸链
respiratory chain phosphorylation 呼吸链磷酸化
respiratory coefficient 呼吸系数
respiratory control 呼吸控制
respiratory-deficient mutant 呼吸缺陷突变体
respiratory devices 呼吸装备
respiratory enzyme 呼吸酶
respiratory exchange 气体交换

respiratory ferment 呼吸酶
respiratory fertilizer 呼吸肥料
respiratory gas exchange 呼吸气体交换
respiratory intensity 呼吸强度
respiratory loss 呼吸损失
respiratory membrane 呼吸膜
respiratory metabolism 呼吸代谢
respiratory movement 呼吸运动
respiratory mutant 呼吸突变体
respiratory particle 呼吸颗粒
respiratory pathway 呼吸途径
respiratory pigment 呼吸色素
respiratory poison 呼吸毒素
respiratory pore 呼吸孔
respiratory process 呼吸过程
respiratory quotient（R.Q.） 呼吸熵
respiratory rate 呼吸速率
respiratory root 呼吸根（radix respiratoris）
respiratory substrate 呼吸基质
respiratory syncytial virus（RSV） 呼吸［道］合胞病毒
respiratory system 呼吸系统
respiratory tract 呼吸管
respiring mass 呼吸量
respiring tissue 呼吸组织
respirometer ①呼吸测定计 ②透气性测定器
respirometry ①呼吸测定 ②呼吸测定法（respirometrcia）
respirophonogram 呼吸音图（respirophonogramma）
responder ①效应器 ②反应者
response / throughput bias（RTB） 应答吞吐量偏差｛信息｝
response ①反应，响应，效应 ②感应 ③应答｛信息｝（responsum）
response curve 反应曲线，响应曲线
response curve to nitrogen 氮反应曲线
response indicator 反应指示器
response norm ①反应量 ②反应规范
response of detector 探测器响应｛遥感｝
response of selection 选择效应｛育种｝
response pattern 反应模式
response surface 反应面，响应面
response surface design 反应面设计｛统计｝
response threshold 反应阈值
response time ①反应期 ②响应时间｛物｝
response time monitor（RTM） 响应时间监控器｛信息｝
response to fertilizer 施肥反应，肥料效用
response to inhibitors 对抑制剂的反应
response to light 感光，光反应
response to spacing 对植株密度的反应
response to temperature 感温，温度反应
response unit（RU） ①应答部件 ②响应单元｛信息｝
response window 响应窗口｛电脑｝
responsibility ①责任 ②职责，义务 ③反应性，响应性 ④可靠性，可信赖性（responsibilitas）
responsibility system in production 生产责任制
responsible ①负责任的，有责任的，认真负责的 ②可靠的，可信赖的（responsibilis）
responsive 效应的，反应的，响应的（responsivus）
responsive element 效应元件，反应元件
responsive to irrigation 喜水（指对灌溉的反应）
responsiveness 反应性，效应性
responsiveness to fertilizer 喜肥性
rest ①静止 ②休息 ③支柱，支撑物 ④休眠 ⑤其余，剩余，其他部分 ⑥挡块
rest bacteria 静止细菌
rest bud 休眠芽，潜伏芽（hibernaculum）
rest-harrow ①芒柄花属［*Ononis* L.］（豆科）②芒柄花［*Ononis hircina* Jacq.］
rest parameter 剩余参数
rest period ①休息期｛畜｝②休眠期｛种子｝
rest spore 休眠孢子
restaining schedule 再染色［时间］表
restant 持久性的，存留的（restans）
restart（RST） 再起动，再启动
restart call 再启动调用｛信息｝
restart condition 再启动条件
restart function 再启动功能
restart key 再启动键
restart procedure 再启动过程，重新启动过程
restbalk 畦，垄
restible 多年生的（restibilis）
resting ①休眠的 ②静止的（quiescens）
resting area 家畜休息区
resting bud（= rest bud） 休眠芽，潜伏芽（hibernaculum）
resting cell 静止细胞，休止细胞（cellula quiescens）
resting chromosome 静止染色体
resting form ①潜伏型 ②休眠型
resting mycelium 休眠菌丝体（hyponomycelium）
resting nucleus 静止核，休止核
resting part 其他部分，剩余部分
resting period ①间歇周期｛农机｝②休眠期｛形态｝

resting phase 静止期
resting potential 休止电位
resting seed 休眠种子
resting sporangium 休眠孢子囊
resting spore 休眠孢子,越冬孢子(hypospra, teutospora)
resting stage ①休眠期{种子} ②静止期,分裂间期(staticum quiescens)
resting stage of nucleus 核的静止期
resting state 静止态(status quiescens)
restitope [依]托位{生技}
restitution ①重建 ②再组,复合,愈合重组 ③恢复[作用],复原替代[作用](restitutio)
restitution compensation 恢复补偿{生理}
restitution nucleus 再组核,重建核
restitution phase 恢复阶段
restitutional mitosis 再组有丝分裂
restless ①不安定的 ②不稳的
restocking ①再引种,再放养{水产} ②林木繁殖法,造林法 ③恢复资源 ④再储存,再补充,库存物补给 ⑤家畜头数的增长
restocking forest land 重造林地
restoration ①恢复,复原{耕作} ②复壮,更新{育种} ③还回,归还{农管} ④复兴,再兴{农经} ⑤复活{栽培} ⑥修复,修补{加工}(restauratio)
restoration control point 恢复控制点{信息}
restoration filtering 复原滤波{遥感}
restoration of species 物种更新
restoration of variety 品种复壮
restoration of waste land 荒地复旧
restoration priority 复原优先{信息}
restoration technique 复原技术{遥感}
restorative 复原的(restorativus)
restorative distribution 复原分布
restore ①恢复,复原 ②再生 ③再存入(restourare)
restore button 恢复按钮
restore fertility ①恢复能育性,恢复结实性{育种} ②恢复肥力{耕作}
restore video 恢复屏幕{电脑}
restored ①恢复的,复原的 ②复壮的
restored image 恢复图像{电脑}
restored phage 恢复噬菌体
restored plant cover 复原植被
restored seed strain 复壮品种
restored species 复壮种{育种}
restorer ①恢复系 ②恢复基因
restorer gene (= restoring gene) 恢复基因
restoring force 复原力
restoring gene 恢复基因
restoring line 恢复系
restrain ①抑制,遏制,制止 ②限制
restrained-link hitch 带限位链悬挂装置
restrainer 抑制剂
restraint ①限制,抑制 ②克制,遏制 ③约束,束缚 ④禁止 ⑤抑制力,抑制影响
restrict ①局限,限制 ②约束,束缚(restringere)
restricted area 受限区[域]{生技}
restricted diffusion chromatography 被阻扩散层析
restricted DNA 限制酶切 DNA{分遗}
restricted feeding 限量饲养,限制饲养
restricted flow 约束水流
restricted fragment 限制酶切片段{分遗}
restricted function 限定功能
restricted fuzzy automaton 受限模糊自动机{信息}
restricted internode elongation 限制节间伸长{栽培}
restricted master programming 限制主规划,约束主规划{信息}
restricted period 限制期
restricted polycross 限制多系天然杂交{育种}
restricted range 限制范围
restricted scale 限制规模
restricted selection index 限制选择指数{育种}
restricted transduction 局限性转导
restriction ①限制 ②束缚 ③约束(restrictio)
restriction activity 限制活度
restriction allele 限制性等位基因,限制酶等位基因{分遗}
restriction analysis 限制性分析
restriction antagonism 限制性对抗作用
restriction digest 限制性消化
restriction endonuclease (= restriction enzyme) 限制[性内切核酸]酶,限制酶{分遗}
restriction endonuclease map 限制酶图{分遗}
restriction endonuclease mapping 限制酶制图
restriction endonuclease protection selection and amplification 限制酶保护选择扩增
restriction enzyme 限制酶
restriction factor 限制性因子
restriction fragment 限制性片段{分遗}
restriction fragment length polymorphism (RFLP) 限制性片段长度多态性,限制片长多态性{分遗}
restriction gene 限制性基因

restriction map 限制［性酶切］图
restriction mapping 限制［性酶切］制图
restriction-modification system（R－M system）限制-修饰系统
restriction nuclease 限制性核酸酶
restriction of brood rearing 限制育虫（指蜂）
restriction of cultivation 耕种限制
restriction on gear 渔具限制
restriction on imports 限制输入品，限制进口货
restriction on interior finish 限制内部装饰｛农施｝
restriction orifice 限制孔口｛环保｝
restriction point 限制点
restriction ratio 限制比
restriction resistant mutant 抗限制突变型
restriction site 限制部位，限制位点
restriction specificity 限制特异性
restriction system 限制系统
restrictionless mutant 限制缺陷型［突变体］
restrictive 限制［性］的（restrictivus）
restrictive condition 限制条件
restrictive host 限制性寄主
restrictive sense 狭义
restrictive stability 限制稳定性
restrictive temperature 限制性温度
restrictor ①限制器 ②节气门 ③流阻器，限流器，节流阀
restrictor valve 节流阀，限制阀
restropin 网状内皮系统作用物质
restructurable 可重构的（restructurabilis）
restructurable computing system 可重构计算系统
restructure 重构（restructura）
restructuring 再结构
result ①结果，效果 ②结论，结束语 ③发生④结束，终止（resultare）
result exponent 结果指数
resultant ①总结果的，合成的 ②结果，生成物，合成力 ③反应物，反应产物（resultans）
resultant change 反应物变化
resultant enzyme activity 合成酶活度
resultant error 总误差，合成误差
resultant flow 合成流
resultant force 合力
resultant law 合力定律
resultant motion 合成运动
resultant stress 合成应力
resultant wind direction 合成风向
resultant wind velocity 合成风速
resulting 结果的
resulting indicator ①结果指示符 ②限制指示器
resultless 无结果的
resume ①摘要，撮要，梗概 ②恢复，回复，再开始，继续 ③重新（resumere）
resume load 重新装入
resume the growth 恢复生长
resuming metabolic activity 恢复代谢活性
resumption ①恢复，再继续，再开始，重新开始 ②重新占用，再取回（resumptio）
resupinate ①扁平的 ②倒置的（resupinatus）
resupinate sporophore 扁平子实体
resupination 平伏（resupinatio）
resurrection lily ①山奈属［*Kaempferia* L.］（姜科）②山奈（沙姜）［*Kaempferia galanga* L.］
resurrection plant ①卷柏属［*Selaginella* Beauv.］（卷柏科）②卷柏［*Selaginella tamariscina*（Beauv.）Spr. = *S. involvens* Spr.］③复苏植物（planta resurectionis）
resuscitate 苏生，复苏
resuscitation 苏生，复苏（resuscitatio）
resuscitation apparatus 复苏装置，回生装置｛环保｝
resuspension 重悬浮（resuspensio）
resveratrol 白藜芦醇，3′，4′，5－三羟［基］芪
resync（= resynchronization）重新同步
resynchronization 重新同步，再同步（resynchronisatio）
resynthesis 再合成，重合成
resynthesis of allopolyploid 异源多倍体再合成｛细胞｝
ret ①（麻）浸湿 ②（干草）湿腐，腐烂
retail ①零售的 ②零售，零卖
retail communication 零售通信
retail dealer 零售商，零售单位
retail food shop 零售粮店
retail fruit-vegetable store 零售果蔬店
retail host program 零售主［机］程序｛电脑｝
retail nursery 零售苗圃
retail price 零售价格
retail service 零售服务
retail store system 零售商店系统
retail trade 零售交易
retailer（= retail dealer）零售商，零售单位
retain ①保持，保留，持续，保持在适当位置 ②雇用，聘请（retinere）
retained data 保留数据
retained placenta 胎盘停滞

retained segment 保留段｛电脑｝
retained water 保持水
retainer ①(轴承)保持架 ②锁片 ③限位器,保持器 ④夹持器 ⑤护圈
retainer plate (压捆室)止退板
retainer wheel (打结器)压绳盘,紧绳器
retaining ①保持,保留 ②挡住 ③固定 ④止动,制动 ⑤单向,止回,止退,止逆 ⑥扣紧
retaining dam 挡水坝
retaining fee 雇用费,挡工费,挡水费
retaining nut 锁紧螺母,扣紧螺母
retaining plate 止退板
retaining ring 定位环
retaining valve 单向阀,止逆阀
retaining variety 保留品种
retaining wall 挡土墙,撑壁
retaining work 挡工,护工｛环保｝
retard ①延迟,推迟 ②阻碍 (retardare)
Retard (= MH) 抑芽丹｛农药｝
retardance ①延缓 ②阻滞 (retardantia)
retardant 生长抑滞剂,阻滞剂
retardation ①迟缓,延缓,延迟发育,延滞,迟滞,阻滞 ②妨碍,阻碍 ③减速 (retardatio)
retardation of development 发育阻滞,延缓发育
retardation of growth 生长阻滞,延缓生长
retardation of maturation 成熟阻滞
retardation of ripening process 延迟成熟过程,成熟过程阻滞
retardation phase 阻滞相｛环保｝
retarded bulb [发育]阻滞鳞茎
retarded flow 减速流
retarded germination 延迟发芽
retarded growth 阻碍生长,抑制生长
retarded motion 减速运动,受阻运动
retarded tree 被压木
retarder ①阻滞剂 ②辅助制动器,[播种]开沟深度限制板 ③挡帘 ④减速器,延时器
retardin 抑制素,延缓素
retarding ①延迟,延缓,缓冲 ②阻滞,抑制,滞留 ③减速 ④阻碍,妨碍
retarding action 阻滞作用
retarding basin ①滞留池 ②缓冲池｛环保｝
retarding culture 抑制栽培
retarding effect ①减速效应 ②抑制作用
retarding force 阻力
retarding influence 抑制影响
retarding of growing 生长阻滞,延缓生长
retarget 换目标机｛电脑｝
rete 网 (retus)
retecious 网状的 (retecius)
retentate 保留物
retention ①保持,保留,保存,存留 ②固持,吸持,固守,停滞,停留 (retentionem)
retention ability 保持能力,持水力
retention basin 潴留池｛环保｝
retention behavior 保留行为｛生技｝
retention coefficient 停留系数｛环保｝
retention of configuration 构型保持｛分遗｝
retention of phosphate 磷酸盐固定｛农化｝
retention of potato stocks 种薯保存
retention of snow 积雪保墒｛耕作｝
retention of urine 尿潴留｛医｝
retention period ①停留周期｛环保｝②保存期｛信息｝
retention rate 保留率
retention time 保持时间,吸持时间｛土壤｝
retention volume 保留体积
retentive 有保持力的,能持水的 (retentivus)
retentivity ①保持性,保持力 ②缓和性,滞留性 ③顽磁性 (retentivitas)
rethresh ①再脱粒 ②除芒,脱芒
rethresher 复脱器,除芒器
rethresher concave 复脱器凹板
rethreshing 再脱粒
reticular ①网状的｛真菌｝②具网脉的｛形态｝(reticularis)
reticular apparatus (= Golgi apparatus) 高尔基体 (apparatus reticularis)｛细胞｝
reticular cell 网状细胞
reticular fiber 网状纤维
reticular formation 网状形成,网状结构
reticular light harrow 网状轻耙
reticular structure 网状结构
reticular theory 网状说(原生质)｛细胞｝
reticular tissue 网状组织 (tela reticularis)
reticulate 网状的 (reticulatus)
reticulate duct 网纹导管 (ductus reticulatus)
reticulate evolution 网状进化 (evolutio reticulata)
reticulate grape 网脉葡萄 [*Vitis reticulata* Gagn.] (葡萄科)
reticulate mite 网纹罗里螨 [*Lorryia reticulata* (Oudeman)] (镰螯螨科)
reticulate parenchyma 网状薄壁组织 (parenchyma reticulata)
reticulate pattern 网纹
reticulate perforation 网状穿孔 (perforatio reticulata)
reticulate perforation plate 网状穿孔板 (platus perforationalis reticulatus)
reticulate tick 网纹矩头蜱 [*Dermacenter reticulatus* Fabricius] (硬蜱科)

reticulate tracheid 网状管胞（tracheida reticulata）
reticulate veins（= netted veins）网状脉（nervi reticulati，retinervius）
reticulate venation 网状脉序（venatio reticulata）
reticulated element 网纹分子（elementum reticulatum）
reticulated tracheid（= reticulate tracheid）网纹管胞
reticulated vessel 网纹导管（vasa reticulata）
reticulation ①网状形成 ②网织化（reticulatio）
reticulation system of irrigation 灌溉网系统
reticulatus camillia 南山茶［*Thea reticulata* L.］（茶科）
reticule 十字丝｛测｝
reticule adjusting ring 十字丝校正环
reticule map 十字线对准图
reticulin ①网硬蛋白 ②网状菌素
reticulocyte 网织［红］细胞（reticulocyta）
reticulocyte lysate 网织［红］细胞裂解物
reticulocyte lysate translation system 网织［红］细胞裂解物翻译系统
reticuloendothelial cell 网状内皮细胞
reticuloendothelial system（RES）网状内皮系［统］
reticulosome 网状体（reticulosoma）
reticulum ①网 ②网状质 ③网胃 ④网状组织
retiferous 具网的（retiferus）
retiform 网状的（retiformis）
retina 视网膜
retinaculate ①具着粉腺的 ②具珠柄沟的（retinaculatus）
retinaculum ①着粉腺 ②珠柄沟 ③翅缰钩，抱刺钩
retinal ①视黄醛 ②视网膜的（retinalis）
retinal cell 视网膜细胞（cellula retinalis）
retinal cone 视［网膜］锥
retinal glioma 视网膜神经胶瘤
retinal palmitate 视网膜十六酯
retinal receptive field 视网膜感受域
retinaldehyde 视醛
retine 视黄素
retinene 视黄醛
retinene isomerase 视黄醛异构酶
retinene reductase 视黄醛还原酶
retinerved 具网状脉的（retinervis）
retinitis pigmentosa 色素性视网膜炎
retino-geniculate fibre 视网膜膝状体［神经］纤维
retinoblast 成视网膜细胞（retinoblasta）
retinoblastoma（Rb）成视网膜细胞瘤
retinoblastoma gene（Rb gene）成视网膜细胞瘤基因，Rb 基因
retinoblastoma protein（Rb protein）成视网膜细胞瘤蛋白 Rb 蛋白
retinochrome 视网膜色素
retinoic acid 视黄酸，维生素 A 酸
retinoic acid receptor（RAR）视黄酸受体
retinol ①视黄醇，维生素 A ②松香油［$C_{32}H_{16}$］
retinol-binding protein（RBP）视黄醇结合蛋白
retinol palmitate 棕榈酸松香油
retinol phosphate 磷酸视黄醇
retinula 小网膜｛昆虫｝
retinyl- 视黄基
retinyl glucuronide 葡糖视黄苷酸
retinyl palmitate 棕榈酸视黄醛
retip 修复铧尖
retipilariate 具基粒群网（retipilariatus）｛细胞｝
retipilate 具基粒网（retipilatus）
retired ①退休的 ②退却的
retired farmer 歇业农场主，退休农场主
retired landlord 歇业地主，退休地主
retired personnel 退休人员
retirement 退休，退役
retirement phase 退役阶段
retirement process 退役过程
retiring age 退休年龄
retiring allowance 退休金
retopping ①再去梢（指甘蔗）②再去顶（指芝麻）
retort ①甑，曲颈甑 ②干馏釜，杀菌釜，蒸馏罐
retort foods ［高压］蒸煮袋食品，袋装食品（指用杀菌过的袋来装食品）
retouch ①再接触 ②润色（作品，论文）③修改（稿件）
retouching application 补施（撒药，施肥）
retrace ①回扫 ②返回，返程 ③倒转，逆行（retracere）
retrace ratio 回扫率，回程率｛电脑｝
retrace time 回扫时间
retractable ①可收缩的 ②可收回的，可缩回的（retractabilis）
retractable drawbar 伸缩式连接装置
retracted ①收缩的 ②收回的，缩回的（retractus）
retracting spring 回位弹簧
retracting stroke ［活塞］返回行程，回位行程

retracting tine 伸缩扒杆,伸缩指
retraction ①收缩,缩进 ②撤回,撤销(retractio)
retractozyme 血凝块收缩酶
retraining(= reorientation) 再定向
retranslocation 再转移(retranslocatio)
retranslocation efficiency 再转移效率{生态生理}
retranslocation of reserves 贮藏物质的再转移{生态生理}
retransmission ①重发,转发,转播 ②中继(retransmissio){信息}
retransmission counter 重发计数器
retransmit 重传输,重复传输(retransmittere)
retreat of monsoon 季风后退
retreater 退回
retreating 轮胎翻新
retrievable ①可恢复的,可取回的,可挽救的,可弥补的,可检的 ②可重新得到的(retrievabilis)
retrievable information 可检信息
retrieval ①挽回{生态生理} ②检索{电脑}
retrieval film 检索胶片
retrieval system 挽回系统{生态生理}
retrieval technique 检索技术
retrieval usage mode 检索使用方式
retriever ①运载履带式车辆的平板挂车 ②抢险车 ③拾物犬 ④挽回者,取回者
retriever vector 挽回载体{生技}
retrieving 检索
retro-inhibition 逆向抑制,反馈抑制
retro-rocket 制动火箭,减速火箭
retroaction 反动,反作用(retroactio)
retroactive 回顾的,回溯的(retroactivus)
retroculture 再分离培养系(retrocultura)
retrocurved 反弯的(retrocurvus)
retroelement 逆转录因子(retroelementum){分遗}
retroflexed 反折的(retroflexus)
retrogradation ①逆向[作用] ②退行[性](retrogradatio)
retrograde ①逆向 ②倒退,后退 ③退化(retrogradare)
retrograde loop 后退环,倒退环
retrograde transport 逆向运输,逆向转运
retrograde vernier 逆读游尺
retrogression ①逆行{生态} ②退化{遗传}(retrogressio)
retrogression of succession 逆行演替
retrogressive ①逆行的{生态} ②后退的,退化的{遗传}(retrogressivus)
retrogressive metamorphosis 后退变态
retrogressive mutation 退化突变
retron 反转录子{分遗}
retronecine 倒千里光裂碱[$C_8H_{13}NO_2$]
retronphage 反转录子噬菌体{分遗}
retroposon 反转录转座子{分遗}
retropseudogene 反转录假基因(retropseudogena){分遗}
retroregulation 反向调节(retroregulatio)
retrorse 下向的,倒向的(retrorsus)
retrorse hair 倒向毛(pilus retrorsus)
retrorse leaf 倒向叶(folium retrorsum)
retrorse mutation 逆向突变
retrorse-spinulose 具倒细刺的(retrospinulosus)
retrorsely aculeate 具倒刺的(retrospinus)
retrorsine 倒千里光碱
retroserrate 有倒锯齿的(retroserratus)
retrospective 追溯的(retrospectivus)
retrospective conversion(RECON) 追溯转换
retrospective searching 追溯检索
retrosynthesis 逆合成
retrotransposition 反转录转座[作用](retrotranspositio){分遗}
retrotransposon(= retroposon) 反转录转座子{分遗}
retroviral 反转录病毒的(retroviralis){分遗}
retroviral vector 反转录病毒载体
retrovirus 反转录病毒
retry ①重试 ②重答 ③重发 ④重算,复算(retritare)
retry counter 重算计数器
retry register 重算寄存器
retted jute(= retted hemp) 浸麻,沤麻
rettery 浸渍场,浸麻场
retting ①浸麻,沤麻 ②浸渍,浸水
retting action 浸渍作用
retting crate 浸麻池
retting dam 浸麻堰
retting liquor 浸渍液{环保}
retting of flax 亚麻浸渍
retting of hemp 大麻浸渍
retting of jute 黄麻浸渍
retting pond 沤麻池,浸麻池
retting tank 浸麻池
retting water 浸麻水
return ①返回,回程,回路 ②反馈信息 ③归还,偿还,放回,回流,回转,送回,回收 ④⌊复⌉利润,盈利,收入,报酬 ⑤⌊复⌉杂穗,断穗(指脱粒机未脱尽的)
return-beam vidicon(RBV) 返束光导管,

返束光导摄像管{遥感}
return beam vidicon camera 返束光导摄像机{遥感}
return bend 回转弯头{环保}
return bloom 前年花{园林}
return board 滑板
return code 返回码{电脑}
return conduit 回水管道
return convection 回返对流,冷对流
return flow agitation 回流搅拌
return flow zone 回流区{环保}
return hose 回流软管
return idler (输送带)从动滚轮
return lightning 回闪
return line 回流管
return liquor 回流液{环保}
return main 回流总管{环保}
return net 纯收入,净收入,纯益
return period 再现期[间],重现[回复]期
return pipe 回水管{环保}
return ploughing (= returning ploughing) 来回耕作法,间歇耕作法
return port 回流窗口{环保}
return pressure 反压力
return pule 回波脉冲
return pump 回流泵
return riser 回水直管{环保}
return signal 回声讯号
return sludge 回流污泥
return spring 回位弹簧
return streamer 回流,回返闪流
return stroke ①回程{农机} ②回击,回闪{气象}
return-to-bias 归偏制{信息}
return to heat 再发情状态
return-to-zero (RZ) 归零制{信息}
return trap ①回收凝汽阀 ②回水阱{环保}
return trip 复耕,重耕
return tube 回水管{环保}
return value 返回值
return valve 回流阀
return water 回水{环保}
return wave 回波
return wire [返]回线{信息}
returnable 可回收的
returnable container 可回收容器
returnable packing 可回收的包装材料
returned activated sludge 回流活性污泥{环保}
returned flash 回闪,回返闪电
returned furrow 翻转犁沟
returned sludge 回流污泥
returnflow 回归水
returning ①恢复,回复,复原 ②收回 ③回路 ④回归
returning air-mass 回归气团{气象}
returning system 回水系统{环保}
returning water 回水{环保}
returns ①杂穗 ②作物产量 ③收获保险
returns elevator 杂穗升运器
returns from final clearing 主伐收益
returns from thinning 疏伐收益
returns pan 杂穗盘,杂穗滑板
returns spout 杂穗回流槽
retuse 微凹的 (retusus)
reunion [断裂]复合 (reunio)
reunion of chromosomes 染色体复合
reuptake 重吸收
reusability 可复用性 (reusabilitas)
reusable 可重复使用的,可重用的 (reusabilis)
reusable resource 可重用资源
reusable saftware 可重复使用软件
reuse 再用,重复利用,回用{环保}
reuse of water 水回用,水重用
reutilization 再利用
revaccination 再接种
revalidated name 复效名称 (nomen revalidatum)
revalorization 重新估价,增值
revaluation (= revalorization) 再估价,重新估价
revaluation of currency 通货价值重估
revalue 再估价,重新估价
reveal ①显示,显出 ②泄露,透露
revegetation ①重行绿化 ②重建植被 ③再生长力 (revegetatio)
revenue ①收入,收益 ②税收
revenue and expenditure 收入与支出,收支{农管}
revenue duty 关税税收
reverberation ①混响{环保} ②回荡{生技} (reverberatio)
reverberation room 混响室
reverberation time 混响时间
reverberatory ①反响的,交混回响的 ②反射的 (reverberatoris)
reverberatory furnace 反射炉
reversal ①倒转,逆转,反转,转换,反向,颠倒 ②回复,恢复 ③废弃,取消 ④反相 (reversus)
reversal dominance 回复显性,交替显性
reversal film 逆转软片{电脑}
reversal of the monsoon 季风转换

reversal point 反点
reversal potential 逆转电位
reversal process 反转处理{遥感}
reversal processing 反相处理{电脑}
reverse ①反的,反向的,反转的,反面的,相反的 ②逆的,逆动的,逆转的,可逆的 ③倒转的,倒向的,倒退的 ④交换的,替换的,变换的(reversus)
reverse-acting spiral 反向螺旋{分遗}
reverse arc-shaped insertion 反弧形插
reverse back mutation (= reverse mutation, reversion) 回复突变
reverse band (R-band) 反带/R 带{染色体}
reverse banding (R-banding) R 显带,反显带[法]{染色体}
reverse bias 反偏压
reverse biochemistry 反向生物化学
reverse biology 反向生物学
reverse break 反向断开,反向中断
reverse capstan 倒转主动轮,反行主动轮
reverse casehardenig 逆表层硬化
reverse catabolite repression 反分解产物阻遏
reverse channel 反向通道,反回信道{信息}
reverse charging 反向充电
reverse charging acceptance 反向付费接收{信息}
reverse chromosome 回复染色体
reverse clutch 倒挡离合器
reverse counter 反向计数器
reverse cropping 倒茬
reverse current 反向电流
reverse direction flow 反向流
reverse display 逆显示
reverse engineering 逆向工程
reverse fault 逆断层{地质}
reverse find 反向查找
reverse gear ①倒挡 ②反回机构
reverse gearbox 双向变速箱,可逆变速箱
reverse genetics 反向遗传学
reverse image 反转图像
reverse interrupt (RVI) 反向中断,可逆中断
reverse irrigation 倒灌
reverse loop pairing 反环配对{生技}
reverse motion 逆行运动
reverse mutant 回复突变体
reverse mutation (= back mutation) 回复突变
reverse mutation induction 回复突变诱导
reverse osmosis (RO) 反渗透,逆向渗透
reverse osmosis film (RO film) 反渗透膜,RO 膜
reverse osmosis membrane 反渗透膜
reverse pinocytosis 反胞饮[作用],逆向胞饮[作用],细胞分泌[作用]
reverse polymerase 反聚合酶
reverse primer 反向引物{分遗}
reverse printer 反向打印机
reverse read 反读{电脑}
reverse rotation 倒转,逆转,反转
reverse scan 反向扫描,撤销扫描
reverse search 反向搜索
reverse segregation of chromosome 染色体反分离
reverse selection 反向选择
reverse self-splicing 逆自剪接,逆向自我剪接{生技}
reverse sequencing primer 反向序列测定引物,反向测序引物{分遗}
reverse side ①里面,内层 ②背面,反面
reverse speed 逆转速度,倒挡速度
reverse splicing 逆剪接{生技}
reverse tagging 替换标记{生态生理}
reverse telescope 倒镜{测}
reverse transcriptase 反转录酶
reverse transcription 反转录,逆转录
reverse turn ①倒车转弯(拖拉机地头转弯方式) ②回折,转角{生技}
reverse video ①反视频 ②反向显示,逆显示{电脑}
reversed attached X-chromosome 回复并连 X 染色体
reversed budding 逆芽接{园艺}
reversed clover (= Persian clover) 反曲三叶草(豆科)[*Trifolium resupinatum* L.]
reversed compound ring X-chromosome 反向复环 X 染色体
reversed electron transfer 反向电子传递
reversed fault 逆断层
reversed phase (RP) 反相{生技}
reversed-phase chromatography (RPC) 反相层析
reversed-phase high-performance liquid chromatography (RPHPLC) 反相高效液相层析
reversed-phase partition chromatography 反相分配层析
reversed river 反向河,逆向河
reversed sequence 反向序列
reversed tandem inversion 反向连续倒位
reverser ①逆转机构,换向器,反卷机构 ②换向开关
reversibility 可逆性(reversibilitas)
reversible ①可逆的 ②可翻转的,可换向的 ③可回复的(reversibilis)

reversible alteration 可逆改变
reversible atavism 返祖现象{遗传}
reversible axial fan 可逆轴流风扇
reversible binding 可逆结合
reversible blade 翻转式锄铲
reversible booster 可逆补偿器
reversible bucket 翻转铲斗
reversible change 可逆变化
reversible circuit 可逆电路
reversible circulation kiln 可逆循环窑
reversible colloid 可逆胶体
reversible computer 可逆计算机
reversible control 换向操纵
reversible cutter 翻转式[直]犁刀
reversible cycle 可逆循环
reversible decrease 可逆减少
reversible disc harrow 翻转圆盘耙
reversible disc plough 双向圆盘犁
reversible disturbance 可逆失调
reversible dye ①可逆染色{显技} ②可逆色素{微生物}
reversible electrode 可逆电极
reversible electrode potential 可逆电极电势
reversible extractor 活框摇蜜机
reversible flexible harrow ①翻转式网状耙 ②翻转式铰链耙
reversible forecarriage plow 前导轮架式双向犁
reversible inactivation 可逆失活
reversible increase 可逆增加
reversible inhibition 可逆抑制[作用]
reversible machine 翻转式机械,翻转机构
reversible metabolic pathway 可逆代谢途径
reversible modification 回复饰变
reversible mutant 回复突变型
reversible mutation 回复突变
reversible photoreaction 可逆光反应
reversible plough 双向犁
reversible point ①(犁铧)翻转式铧尖 ②[双尖]转换松土器
reversible point shovel 双尖转换松土铲
reversible process 可逆过程
reversible pump 正反转泵
reversible reaction 可逆反应
reversible share 转壁式双向犁铧
reversible shutter 换向活门
reversible spiked chain harrow 翻转式网状耙
reversible tractor 梭行拖拉机
reversible transformation 可逆变换
reversing ①转向,换向,反向 ②翻转,颠倒③可逆
reversing air circulation 逆流空气循环
reversing lever 换向手柄,翻转控制杆
reversing mechanism 换向机构
reversing preference 可逆偏好
reversing pump 反向泵{环保}
reversing thermometer 颠倒温度表
reversing tidal current 往复潮流
reversing transmission ①反向传动 ②换向传动装置
reversing valve 换向阀
reversing water bottle 颠倒采水器
reversion ①回复,恢复,翻转,反转 ②回复[变异] ③返祖遗传 (reversio)
reversion analysis 回复[变异]分析
reversion frequency 回复频率
reversion induction 回复诱导
reversion of transformation 转化的回复
reversion on crossing 杂交返祖
reversion reaction (肥料)逆变作用
reversion test 回复试验
reversional mutation 返祖突变
revert 回复,复原 (revertre)
revertant ①回复突变型,回复突变体 ②回复子,回复体 (revertans)
reverted bar 回复棒眼
reverting call 回线用户间电话{信息}
revertive pulsing 反向脉冲法
revet [用石等]覆护[堤坝等] (revertire){水利}
revetment ①护岸工程 ②护墙 (revetmentum){水利}
revetment wall 护墙
review ①回顾 ②复查 ③评审 (revidire)
review and prospect 回顾与展望
revise ①修订,修正,校正 ②再校样 (revidere)
revised edition ①修订版 ②修正编辑
revised flow 修改流
revision ①版本,版本修正 ②修订 (revisio)
revision number 版本修正号,修订号{电脑}
revision of working plan 修订作业计划
revistin 制反转录酶素{分遗}
revitalization of variety 品种复壮
revitalizer seed strain 复壮品种
revive 苏生,复活 (revivare)
revivification 苏生,复活[作用] (revivificatio)
reviving ①苏生的,复活的 ②返青 (redivivus)
revoke ①取消,撤销 ②废除,作废 (revocare)
revoluble 可反卷的 (revolubilis)

revolute 外卷的,外褶的,反卷的(revolutus)
revolute leaf 外卷叶(folium revolutum)
revolution ①旋转,回转,绕转,团转,运转 ②转数 ③公转 ④转换 ⑤革命(revolutio)
revolution counter 转数计数器
revolution of the earth 地球公转{遥感}
revolution of water-saving irrigation 节水灌溉革命{农系工}
revolutionized method 革命性方法
revolutions per minute(RPM) 每分钟转数
revolutions per second(RPS) 每秒钟转数
revolve 旋转面(revolvere)
revolver ①旋转盘,转换器 ②快速访问磁道{信息}
revolver drier 转筒式干燥机,旋转式干燥机
revolver flower 卷筒花(flos revolubilis)
revolving ①旋转的,旋转式的 ②循环的 ③转动的
revolving bottom feed 旋转底盘排肥器
revolving disk (块根收获机)旋转圆盘
revolving disk coverer 旋转圆盘式覆土器
revolving distributor 转动布水器{环保}
revolving divider 旋转式分禾器
revolving-drum drier 转筒式干燥机
revolving feed frame 旋转式喂饲架
revolving fluid 旋转流体
revolving grid 旋转筛
revolving knife 旋转切刀
revolving knocker 旋转敲击器
revolving microtome 旋转切片机{显技}
revolving nozzle 转动式喷嘴{环保}
revolving screen ①旋转筛 ②圆筒筛
revolving-screen cleaner 圆筒筛式清棉机
revolving sickle bar 旋转式切割器
revolving sieve 旋转筛{环保}
revolving sprayer 旋转式喷雾器
revolving sprinkler 旋转式喷灌机,转动式洒水器
revolving storm 热带风暴
revolving teaser 旋转梳松机,旋转起绒机
reward ①报酬 ②奖金,赏金 ③罚金
rewarming ①再加温,再加热 ②重暖和
rewind ①重绕 ②反绕,回绕
rewind control 回绕控制
rewritable optical disk 可改写光盘
rewrite operation 重写操作
Rex 力克斯兔
Rex begonia 毛叶秋海棠[*Begonia rex* Putz.](秋海棠科)
Rex cape-primrose 赖氏好望角苣苔[*Streptocarpus rexii* Lindl.](苦苣苔科)
Reynold's alloys 雷诺合金(指一种压铸的铝合金){农施}
Reynold's number 雷诺数{环保}
Reynoso trench system 雷诺索沟栽法(指甘蔗)
rezoning 再分区
RF ①(= replication form) 复制型 ②(= release factor) 释放因子
RF DNA (= replicative form DNA) 复制型 DNA{分遗}
RF-terminator codon 释放因子,终止密码子
Rf value 比移值
RFC (= rosette forming cell) 花结形成细胞{分生}
RGR (= relative growth rate) 相对生长速度,相对生长量,相对生长率
RH ①(= right hand) 右向 ②(= relative humidity) 相对湿度
Rh (= Rhesus) 猕猴,恒河猴
Rh antigen (= rhesus antigen) 猕猴抗原,Rh 抗原
Rh blood group (= rhesus blood type) 猕猴血型,Rh 血型
Rh blood group system 猕猴血型系统{分生}
Rh-Hr antigen Rh-Hr 抗原
Rh incompatibility Rh 不亲和性
Rh-negative 猕猴阴性,Rh 阴性
Rh-positive 猕猴阳性,Rh 阳性
RH315 (= propyzamide) 拿草特{农药}
RH787 抗鼠灵(杀鼠剂)[$C_{13}H_{12}N_4O_3$]
rhabdite ①杆状体 ②叶突(rhabditus)
rhabdo virus 弹状病毒
rhabdocarpous 棒状果的(rhabdocarpus)
rhabdoid 棒状体(rhabdoideus)
rhabdome 感杆束
rhabdomere 感杆
rhacheola (= rhachilla) 小穗轴(用于禾本科)
rhachimorphous 穗轴状的(rhachimorpheus)
rhachis ①花序轴 ②叶轴 ③主轴
rhamnaceous 鼠李科的(rhamnaceus)
rhamninose 鼠李三糖[$C_{18}H_{32}O_4$]
rhamnitol 鼠李糖醇[$C_6H_{14}O_5$]
rhamnose 鼠李糖[$C_6H_{12}O_5$]
rhamnoside 鼠李糖苷
rhamnosyltransferase 鼠李糖[基]转移酶
rhamnus aphid 鼠李圆尾蚜[*Anuraphis rhamni* Hori](蚜科)
Rhantom RF-4C “鬼怪”式 RF-4C 飞机{遥感}
rhaphe ①脊 ②种脊 ③珠脊

rhaphides（= raphides） 针晶体
rhazya 东方水甘草［*Rhazya orientalis* sp.］（夹竹桃科）
rheedia ①瑞地亚木属［*Rheedia* L.］（瑞地亚木科）②瑞地亚木［*Rheedia* sp.］
rheedia family 瑞地亚木科［*Rheedaceae*］
rhegma 弹裂蒴果
rhein 大黄酸，4，5'－二羟蒽醌－2－甲酸［$C_{15}H_8O_6$］
Rhenania phosphate 莱纳磷肥｛农化｝
rhenium 铼［Re，75 号元素］
rheo- ⌞字头⌝游，游动
rheobase ①基电流 ②强度基
rheogram 流变图（rheogramma）
rheology 流变学（rheologia）
rheology of wood 木材流变学
rheometer 电流计
rheopectic fluid 减流流体
rheopexy 减流性（rheopexia）｛水利｝
rheophilous mires 河流沼泽｛生态｝
Rheora 莱奥拉（甘蔗印度原种）
rheostat 可变电阻器
rheotaxis（= rheotaxy） 趋流性
rheotome 断续器
rheotrophic mires 河流营养沼泽｛生态｝
rheotropism 向流性（rheotropismus）
Rhesus（Rh） 猕猴，恒河猴
Rhesus blood type（= Rh blood type） 猕猴血型，Rh 血型
rhesus factor（= Rh factor） 猕猴因子，Rh 因子
Rhesus system 猕猴系统，Rh 系统
rheumatism 风湿症（rhaumatismus）
rheumatoid arthritis（RA） 类风湿关节炎
rheumatoid arthritis-associated nuclear antigen（RANA） 类风湿关节炎相关核抗原
rheumatoid factor 类风湿因子
rhexigenetic（= rhexigenous） 破生的（rhexigenus）
rhexolysis （腔或孔）破生形成
rhimb line 恒向线，等［方向］角航线
rhinacanthus ①灵芝草属（白鹤灵芝属）［*Rhinacanthus* Nees］（爵床科）②灵芝草（白鹤灵芝）［*Rhinacanthus nasutus*（L.）Kurz. = *R. communis* Nees］
rhinocerous 犀牛［*Rhinecerax*］（犀牛科）
rhinosporidiosis 鼻孢子菌病
rhinotracheitis（IKR/IPV） 鼻气管炎
rhinovirus 鼻病毒
rhipidium 扇性聚伞花序
rhipsalis（= mistletose cactus） ①丝苇属（仙人棒属）［*Rhipsalis* Gaertn.］（仙人掌科）②丝苇（仙人棒）［*Rhipsalis cassutha* Gaertn.］
rhitidome 树皮（rhitidoma）
rhiz- ⌞字头⌝根
-rhiza ⌞字尾⌝根
rhizamorphoid 根状的（rhizamorphoides）
rhizanthous 根上开花的（rhizanthus）
rhizautoecious ［雄苞］基生同株的（rhizautoecius）
rhizina（= rhizoid） ①假根 ②根状细毛
rhizobacidin 杀根瘤菌素
rhizobia 根瘤细菌
rhizobial 根生的（rhizobius）
rhizobial strain ①根生品系｛育种｝②根生菌株｛微生物｝
rhizobium ①根瘤菌属［*Rhizobium* Frank.］（根瘤菌科）②根瘤菌［*Rhizobium* sp.］
rhizobium family 根瘤菌科［Rhizobiaceae］
rhizoblast 生毛体，连核线（rhizoblasta）
rhizocaline 促成根素
rhizocarp 根生果（rhizocarpium）
rhizocarpic 根生果的，地下生花结果的（rhizocarpus）
rhizocarpous 根生果的，地下生花结果的（rhizocarpus）
rhizocephalous 头上生根的（rhizocephalus）
rhizocorm 根状球茎（rhizocormus）
rhizoctonia ①丝核菌属［*Rhizoctonia* DC. ex Fr.］（真菌）②丝核菌［*Rhizoctonia* sp.］
rhizoctonia crown rot 立枯冠腐病
rhizoctonia disease 立枯病
rhizoctonia factor 丝核菌因素
rhizoctonia foliage blight 立枯叶枯病
rhizoctonia rot of common asparagus 石刁柏立枯病［*Rhizoctonia orocorum* DC.］
rhizoctonia rot of cotton 棉立枯病［*Rhizoctonia solani* Kuehn.］
rhizoctonia rot of gambo flax 红麻立枯病［*Corticium vagum* Burt. et Curt. = *Rhizoctonia solani* Kuehn.］
rhizodermis 根表皮
rhizofungal symbiosis 根菌共生（symbiosis rhizofungus）
rhizogen ①根花植物 ②生根器官（rhizogene）
rhizogenetic（= rhizogenic） 生根的（rhizogenus）

rhizogenic layer 生根层（stratum rhizogenum）
rhizoid 假根（rhizoideus）
rhizoid cell 假根细胞（cellula rhizoidea）
rhizoid hypha 假根状菌丝（hypha rhizoidea）｛真菌｝
rhizoidal ①假根的②似假根的（rhizoidalis）
rhizoidal cell ［假］根状细胞（cellula rhizoidalis）
rhizoidal filament 根状丝体（filamentum rhizoidale）
rhizoine 假根菌丝（rhizoina）
rhizomatic（= rhizomatous） 根状茎（rhizomatus）
rhizomatiform 根状茎状的（rhizomafiformis）
rhizomatose 多根状茎的（rhizomatosus）
rhizomatous ①具生体菌丝的 ②根状茎的（rhizomatus）
rhizomatous forbs 根状茎阔叶草本植物
rhizomatous species 根状茎种（species rhizomatus）
rhizome 根茎，地下茎，根状茎（rhizoma）
rhizome cutting 根茎插，地下茎插
rhizome forest 竹林（silva rhizomata）
rhizome geophyte 根茎地下芽植物（geophyta rhizomata）
rhizome grass 根茎禾草（herba rhizomata）
rhizome of ratoon cane 宿根蔗［地下］根茎
rhizome regeneration 地下茎更新，根茎更新
rhizome rot of East Indian lotus 莲腐败病［*Fusarium bulbigenum* var. *nelumbicolum* Nisik. et Watana.］
rhizome tuber washer 根茎块茎洗涤机
rhizome weeds 根茎类杂草（ruderales rhizomatae）
rhizomoid 假根茎（rhizomoideus）
rhizomorph ①根状菌索 ②根状体（rhizomorphum）
rhizomorphic（= rhizomorphous） 根状的（rhizomorphus）
rhizomorphoid 根状的，根状菌索的（rhizomorphoides）
rhizomorphous（= rhizomorphic, rootlike） 根状的（rhizomorphus）
rhizomycelium 根状菌丝体
rhizophagous ①蚀根的 ②食根的（rhizophagus）
rhizopheric 根际的（rhizophericus）
rhizophilous ①喜根的 ②根上生的（rhizophilus）
rhizophore 根托（rhizophorium）
rhizophorous 具根托的（rhizophorus）
rhizophyllida ①浪花藻属［*Rhizophyllida* spp.］（浪花藻科）②浪花藻［*Rhizophyllida* sp.］
rhizophyllida family 浪花藻科［Rhizophyllidaceae］
rhizophyllous 叶生根的，根叶的（rhizophyllus）
rhizopin 根［足］菌素，根霉素
rhizoplane 根面（rhizoplanus）
rhizoplast 根丝体（rhizoplastus）
Rhizopoda 根足虫
rhizopodium 根足
rhizopterin 根霉蝶呤，N^{10}-甲酰蝶酸
rhizopus ①根霉属［*Rhizopus* Ehrenb. ex Corda.］（毛霉科）②根霉［*Rhizopus* SP.］
rhizopus soft rot 湿霉病
rhizorne ［竹的］地下茎（rhizorna）
rhizosphere 根际，根围（rhizospherium）
rhizosphere bacteria 根际细菌
rhizosphere bioclimate 根际生物气候
rhizosphere effect 根际效应
rhizosphere flora 根围区系
rhizospheric microorganism 根际微生物（microorganismus rhizosphericus）
rhizotaxy（= rhizotaxis） 根序（rhizotaxis）
rho-dependent termination 依赖于 ρ 的终止，依赖于终止因子的终止｛分遗｝
rho-dependent terminator 依赖于 ρ 的终止子，依赖于终止因子终止子｛分遗｝
rho factor ρ因子，终止因子｛分遗｝
rho factor in transcription 转录 ρ 因子
rho mutant ρ突变体
rhodamine 玫瑰红
rhodamine B 碱基玫瑰红
rhodamnia ①玫瑰木属（三脉木属）［*Rhodamnia* Jack］（桃金娘科）②玫瑰木（三脉木）
rhodanase 硫氰酸生成酶
Rhodanine 绕单宁（杀菌剂）［$C_3H_3NOS_2$］
Rhode Island bent 棕顶草（狗牙剪股颖）［*Agrostis canina* L.］（禾本科）
Rhode Island Cock 洛岛雄鸡
Rhode Island Red 洛岛红鸡
Rhode Island White 洛岛白鸡
rhodea thrips 玫红蓟马［*Taeniothrips rhodeae* Kurosawa］
Rhodegrass ①虎尾草属［*Chloris* Sw.］（禾本科）②虎尾草（牛脯屯棒槌草）［*Chloris*

caudata Trin. = *C. virgata* Sw. = *C alberti* Bgl.] ③无芒虎尾草[*Chloris gayana* Kunth]

rhodeose 万年青糖,右旋海草糖[$C_6H_{12}O_5$]

Rhodesian fever 罗得西亚热,牛二联巴贝虫病

Rhodesian Kudzu 野大豆[*Glycine javanica* L.](豆科)

Rhodesian man 罗西安人

rhodethanil 硫氰苯胺(除草剂)[$C_9H_9ClN_2S$]

rhodium 铑(Rh, 45号元素)

rhodo- ⌞字头⌝红

rhodobacteriace 红色细菌[科][Rhodobacteriaceae]

rhododendron (=rose bay) ①杜鹃属[*Rhododendron* L.](杜鹃花科) ②杜鹃[*Rhododendron simsii* Planch.]

rhododendron aphid 杜鹃蚜[*Vesiculaphis caricis* Fullaway](蚜科)

rhododendron borer 杜鹃透翅蛾[*Synanthedon rhododendri* (Beutenmüller)](透翅蛾科)

rhododendron garden 杜鹃花园,杜鹃花圃{园林}

rhododendron hopper 杜鹃大叶蝉[*Graphocephala coccinea* (Forster)](叶蝉科)

rhododendron lace bug 杜鹃网蝽[*Stephanitis rhodendri* Horv.](网蝽科)

rhododendron whitefly ①杜鹃硬壳粉虱[*Dialeurodes chittendeni* Laing](粉虱科) ②杜鹃粉虱[*Dealius rhododendri* Takaheshi](粉虱科)

rhodohypoxis (=red star grass) 金梅草

rhodoleia ①红苞木属(红苞荷属)[*Rhodoleia* Champ.](金缕梅科) ②红苞木(红苞荷)[*Rhodoleia championii* Hook f.]

rhodomycetin 紫红菌素

rhodomycin 紫红霉素

rhodomyrtus ①桃金娘属[*Rhodomyrtus* Reichb.](桃金娘科) ②桃金娘[*Rhodomyrtus tomentosa* (Ait.) Hassk.]

Rhodophyceae 红藻[科]

rhodophyll 藻红素

Rhodophyta 红藻门

rhodoplast 红质体,藻红体(rhodoplastus)

rhodopseudomonacin 红假单胞菌素

rhodopsin 视紫红[质]

rhodopsin protein 视紫红蛋白

rhodopurpurin 玫瑰紫素

rhodoquinone 深红醌

rhodospirillum ①红螺菌属[*Rhodospirillum* Molish](红螺菌科) ②红螺菌[*Rhodospirillum* sp.]

rhodospirillum family 细螺菌科[Rhodospirillaceae]

rhodotorula 红酵母

rhodotoxin 玫红毒素

rhodotypos ①鸡麻属[*Rhodotypos* Sieb. et Zucc.](蔷薇科) ②鸡麻[*Rhodotypos tetrapetala* Makino]

rhodovibrin 紫菌红醇

rhodoviolasin 紫菌红醚

rhodoxanthin 紫杉紫素[$C_{40}H_{50}O_2$]

rhoeo ①紫万年青属[*Rhoeo* Hance](鸭跖草科) ②紫万年青[*Rhoeo discolor* (L'Her.) Hance]

RhoGAM 抗Rhγ球蛋白

rhogosol 粗骨土

rhomb ①菱形,斜方形(rhombus) ②菱形的(rhombicus)

rhomb-shaped (=rhomboid) 菱形的(rhomboideus)

rhombic 菱形的(rhombicus)

rhombic knurling 菱纹滚花

rhombic symmetry 菱形对称

rhombic system 斜方晶体

rhombifolious 菱形叶的(rhombifolius)

rhombocarpous 菱形果的(rhombocarpus)

rhombohedral ①斜方体的 ②菱面体的(rhombohedrus)

rhombohedral calcite 方解石

rhombohedral cleavage 菱面体介理

rhombohedral crystal 菱形[六面体]晶体

rhombohedron 菱形[六面体](rhombohedron)

rhomboid 长斜方形,扁菱形(rhomboideus)

rhomboidal 扁菱形的(rhomboidalis)

rhomboidal tetrad 扁菱形四合花粉,扁菱形四分体

rhombus 菱形

rhopalocera (=butterflies) 蝶类(Rhopalocera)

rhopalocnemis ①鬼笔蛇菰属[*Rhopalocnemis* Jungh.](蛇菰科) ②鬼笔蛇菰[*Rhopalocnemis phalloides* Jungh.]

rhubarb ①大黄属[*Rheum* L.](蓼科) ②大黄[*Rheum officinale* Baill.]

rhubarb curculio 大黄筒灰象[*Lixus concavus* Say](象甲科)

rhumb [指南针]方位

rhus ①漆树属[*Rhus* L.](漆树科) ②漆树

[*Rhus verniciflua* Stokes]
rhus aphid 漆树瘤额蚜[*Myzus rhois* Takahashi](蚜科)
rhus bark beetle 漆树小蠹[*Cryphalus rhusii* Niisima](蠹科)
rhus stink bug 漆树尖铁蝽[*Acanthosoma labiduroides* Jakovlev](蝽科)
rhynchanthous 喙状花的(rhynchanthus)
rhynchocarpous 喙状果的(rhynchocarpus)
rhynchophorous 具喙的(rhynchophorus)
rhynchophyllous 尖叶的(rhynchophyllus)
rhynchosia ①鹿藿属[*Rhynchosia* Lour.](豆科) ②鹿藿[*Rhynchosia volubilis* Lour.]
rhynchospermous 喙状种子的(rhynchospermus)
rhynchotechum ①线柱苣苔属[*Rhynchotechum* Bl.](苦苣苔科) ②线柱苣苔[*Rhynchotechum ellipticum* A. DC.]
Rhyoline "流纹岩"卫星{遥感}
rhyolite 流纹岩{地质}
rhythm ①节律,规律,节奏 ②周期(rhythmum)
rhythmic 节律的,规律的(rhythmicus)
rhythmic expression 节律性表达{分生}
rhythmicity 节律性,规律性(rhythmicitas)
rhythmicity of cell division 细胞分裂规律性
rhythmicity of climate 气候节律性
rhythmogenesis 节律发生
rhytidocarpous 皱果的(rhyticarpus)
rhytidome 落皮层(rhytidoma)
rhytidophyllous 皱叶的(rhytidophyllus)
rhytidospermous 皱种子的(rhytidospermus)
RI ①(= replication intermediate) 复制媒介,复制中间体 ②(= radioactive istope) 放射性同位素
RIA (= radioimmunoassay) 放射免疫测定[法]
ria 溺河,里亚式海湾{水利}
RIA kit (= radioimmunoassay kit) 放射免疫测定试剂盒,放射免疫分析试剂盒{生技}
rias coast 里亚斯式海带,沉降海岸
rib ①肋 ②棱 ③肋骨 ④肋状突起(costa)
rib bone 肋骨
rib cotton gin 肋条式轧花机
rib grass (= rib-wort, narrow-leaved plantain) 长叶车前[*Plantago lanceolata* L.](车前科)
rib implement tire 平行环花纹轮胎
rib meristem 肋状分生组织(meristema costata)
rib-tread [轮胎]条形花纹
ribbed ①具肋的 ②具棱的(costatus)
ribbed coccon makers and others (= leaf miner moths) 潜蛾科[Lyonetiidae (Bedelliidae)]
ribbed land 肋形土地
ribbed radiator 叶片式散热器
ribbed roller ①凸棱辊 ②环形镇压器
ribbed stem 有棱茎(caulis costatus)
ribbed tea mite (= tea rust mite) 茶叶刺瘿螨[*Phyllocoptes carinatus* Green](瘿螨科)
ribbed tube 肋骨状管
ribbing ①(木材)材面起皱,波形皱缩 ②叶脉 ③翅脉
ribbing plough 立垡犁
ribbon ①带,条,线,色带,条状物 ②(马车)缰绳 ③带状电缆
ribbon bed 带状花坛{园林}
ribbon bedding 带状坛植
ribbon bush ①竹节蓼属[*Homalocladium* Bailey](蓼科) ②竹节蓼[*Homalocladium platycladium* Bailey = *Muehlenbeckia platyclados* Meissn.]
ribbon cable 带状电缆,扁平电缆{信息}
ribbon cane 条斑甘蔗
ribbon cartridge ①盒式色带 ②色带盒{电脑}
ribbon conductor 螺旋带式输种管
ribbon conveyor 石蜡切片带输送器{显技}
ribbon feed mechanism 色带输入机械装置,色带馈送机构
ribbon figure 带状纹
ribbon flower bed 带状花坛{园林}
ribbon grain tube 螺旋带式输种管
ribbon grass 白纹条叶草,带草{园林}
ribbon guide 色带导向[器]
ribbon gum (= manna gum) 多枝桉[*Eucalyptus viminalis* Labill.](桃金娘科)
ribbon ice 带状冰
ribbon lightning 带状闪电
ribbon-like 带状的(striiformis)
ribbon mixer 螺旋带式混合机
ribbon of soil cut 垡,坜
ribbon reverse control 色带可逆控制
ribbon saw 曲线锯
ribbon-shape 带状的(loriformis, loratus)
ribbon sowing 带状条播

ribbon spiral conveyor 螺旋带式输送器,卷带螺旋输送器
ribboner 打麻机,碎茎打麻机
Ribbonfish 细尾带鱼 [*Trichiurus lepturus* L.]
ribboning 剥取
ribboning drum 打麻滚筒
ribes root aphid 榆四条绵蚜 [*Tetraneura ulmi* Linnaeus](绵蚜科)
ribfern ①乌毛蕨属 [*Blechnum* L.](乌毛蕨科) ②乌毛蕨(龙船蕨)[*Blechnum orientale* L.]
ribitol 核糖醇
ribleaf buckthorn 山梨肋叶鼠李 [*Rhamnus costata* forma *pubescens* Hiyama](鼠李科)
ribless 无肋的(ecostatus)
ribo-oligomer 核糖低(寡)聚物
ribodeoxyvirus 脱氧核糖核酸病毒
ribodesose 脱氧核糖 [$CH_2OHCHOHCHOHCH_2CHO$]
riboflavin 核黄素,维生素 B_2[$C_{17}H_{20}O_6N_4$]
riboflavin-5-phosphate 核黄素-5-磷酸
riboflavin kinase 核黄素激酶
riboflavin-peroxidase 核黄素过氧化物酶
ribofuranose 呋喃核糖 [$C_5H_{10}O_5$]
ribofuranosylpurine 呋喃核糖嘌呤(细胞分裂素)
ribohomopolymer 核糖核酸同聚体
ribonuclease (RNase, RNA ase) 核糖核酸酶 [$C_{587}H_{909}N_{171}O_{197}S_{12}$]
ribonuclease inhibitor 核糖核酸酶抑制剂
ribonucleic acid (RNA) 核糖核酸
ribonucleic acid bacteriophage 核糖核酸噬菌体,RNA 噬菌体
ribonucleic acid-dependent DNA polymerase 依赖于 RNA 的 DNA 聚合酶
ribonucleic acid-dependent RNA polymerase 依赖于 RNA 的 RNA 聚合酶
ribonucleic acid metabolism 核糖核酸代谢
ribonucleic acid polymerase RNA 聚合酶
ribonucleic acid replicase RNA 复制酶
ribonucleic acid staining 核糖核酸染色,RNA 染色
ribonucleic acid synthetase RNA 合成酶
ribonucleic acid virus RNA 病毒
ribonucleoprotein (RNP) 核糖核蛋白
ribonucleoprotein complex 核糖核蛋白复合物,RNP 复合物
ribonucleoprotein granule 核糖核蛋白颗粒
ribonucleoprotein material 核[糖核]蛋白物质
ribonucleoprotein particle 核糖核蛋白颗粒
ribonucleoprotein subribosomal particle 核糖核蛋白亚核蛋白体颗粒
ribonucleoside (= riboside) 核[糖核]苷
ribonucleoside-5-triphosphate 核[糖核]苷-5-三磷酸
ribonucleoside diphosphate kinase 核[糖核]苷二磷酸激酶
ribonucleoside diphosphate reductase 核苷二磷酸还原酶
ribonucleotidase 核[糖核]苷酸酶
ribonucleotide 核[糖核]苷酸
ribonucleotide reductase 核[糖核]苷酸还原酶
ribonucleotide reduction 核苷酸还原作用
ribonucleotide triphosphate (rNTP) 核[糖核]苷三磷酸
ribophorin 核糖体结合[糖]蛋白
ribopolymer 核糖多聚物
riboprobe 核糖核酸探针,RNA 探针{分遗}
ribopyranose 吡喃核糖
ribose 核糖[$C_4H_9O_4CHO$]
ribose-5-phosphate pyropho-sphokinase 5-磷酸核糖焦磷酸激酶
ribose nucleic acid (= ribonucleic acid) 核糖核酸{生化}
ribose phosphate 磷酸核糖
ribose phosphate isomerase 磷酸核糖异构酶
ribose phosphoric acid 磷酸核糖
riboside 核[糖核]苷
ribosidoadenine 腺[嘌呤核]苷
ribosomal 核蛋白体的,核糖体的(ribosomalis){分遗}
ribosomal cistron 核糖体顺反子
ribosomal component 核糖体成分
ribosomal deoxyribonucleic acid (rDNA) 核糖体脱氧核糖核酸,核糖体 DNA
ribosomal DNA (rDNA) 核糖体 DNA
ribosomal DNA amplification 核糖体DNA 增殖,rDNA 增殖
ribosomal DNA spacer 核糖体 DNA 成层,rDNA 成层
ribosomal factor 核糖体因子
ribosomal frameshift 核糖体移码{分遗}
ribosomal gene 核糖体基因
ribosomal gene cluster 核糖体基因群
ribosomal heterogeneity 核糖体不均一性
ribosomal particle 核糖体亚单位,核糖体颗粒
ribosomal peptidyl transferase 核糖体肽基转移酶

ribosomal precursor RNA 核糖体前体RNA,核糖体前RNA
ribosomal protein 核糖体蛋白
ribosomal protein gene 核糖体蛋白基因
ribosomal ribonucleic acid (rRNA) 核糖体核糖核酸,核糖体RNA
ribosomal ribulose-5-phosphate 核糖体核酮-5-磷酸
ribosomal RNA (rRNA) 核糖体RNA,核糖体核糖核酸
ribosomal RNA base sequence 核糖体RNA碱基顺序,rRNA碱基顺序
ribosomal RNA binding to ribosomal protein 核糖体RNA与核糖体蛋白结合,rRNA与核蛋白体蛋白结合
ribosomal RNA cistron 核糖体RNA顺反子,rRNA顺反子
ribosomal RNA coding by multiple gene 核糖体RNA由多基因编码
ribosomal RNA function 核糖体RNA功能,rRNA功能
ribosomal RNA gene 核糖体RNA基因,rRNA基因
ribosomal RNA hyperchromicity 核糖体RNA超染色性,rRNA超染色性
ribosomal RNA interaction with mRNA 核糖体RNA同mRNA相互作用,rRNA同mRNA相互作用
ribosomal RNA order 核糖体RNA序列,rRNA序列
ribosomal RNA origin 核糖体RNA来源,rRNA来源
ribosomal RNA precursor 核糖体RNA前体,rRNA前体
ribosomal RNA processing of precursor 核糖体RNA前体加工,rRNA前体加工
ribosomal RNA prokaryotes 核糖体RNA原核生物,rRNA原核生物
ribosomal RNA synthesis 核糖体RNA合成
ribosomal RNA tRNA in precursor 核糖体RNA前体的tRNA,rRNA前体的tRNA
ribosomal RNA visualization of transcription 核糖体RNA转录具体化,rRNA转录具体化
ribosomal subunit 核糖体亚单位
ribosomal subunit pool 核糖体亚单位库,rRNA亚单位库
ribosomal system 核糖体系统
ribosomal tRNA recognition site 核糖体tRNA识别部位
ribosomal unit membrane 核糖体单位膜
ribosome 核[糖核]糖体,核糖体
ribosome A site 核糖体A部位
ribosome aminoacyl-tRNA binding site 核糖体氨酰-tRNA结合部位
ribosome assembly 核糖体装配{分遗}
ribosome binding 核糖体结合
ribosome binding of tRNA tRNA的核糖体结合
ribosome binding region 核蛋白体结合区
ribosome binding sequence (RBS) 核糖体结合序列
ribosome binding site (RBS) 核糖体结合部位
ribosome-bound peptidyl-tRNA 核糖体结合肽基tRNA
ribosome cycle 核糖体循环
ribosome cycling of subunit 核糖体亚单位循环
ribosome dissociating factor 核蛋白体解离因子
ribosome dissociation 核糖体离解
ribosome dissociation after translation 核糖体转译后解离
ribosome dissociation factor 核糖体离解因子
ribosome entry site 核糖体进入部位
ribosome extraction of RNA RNA的核糖体提取
ribosome in hybrid 杂种核糖体,杂化物核糖体
ribosome interaction of RNA and protein RNA与蛋白质的核糖体相互作用
ribosome interaction with HnRNA 核糖体同HnRNA相互作用
ribosome-like particle 类核糖体颗粒
ribosome-membrane association 核糖体-膜结合
ribosome-membrane interaction 核糖体-膜相互作用
ribosome-messenger RNA 核糖体信使RNA,核糖体mRNA
ribosome movement 核糖体移动
ribosome-mRNA complex 核糖体mRNA复合体
ribosome mRNA initiator tRNA complex 核糖体mRNA起始tRNA复合体
ribosome-mRNA interaction 核糖体-mRNA相互作用
ribosome mutant 核糖体突变型
ribosome P-site 核糖体P部位
ribosome peptidyl transferase center 核糖体肽基转移酶中心
ribosome peptidyl-tRNA binding site 核糖

体肽基 tRNA 结合部位
ribosome recognition of mRNA mRNA 的核糖体识别
ribosome recognition sequence 核糖体识别序列
ribosome recognition site 核糖体识别部位
ribosome release factor 核糖体释放因子
ribosome release from mRNA 核糖体自 mRNA 释放
ribosome-RNA (rRNA) 核糖体 RNA
ribosome-scanning hypothesis 核糖体扫描假说{分生}
ribosome-scanning model 核糖体扫描模型
ribosome site 核糖体部位
ribosome subunit 核糖体亚单位,核糖体亚基
ribosome template 核糖体模板
ribosome translocation 核糖体移位
ribosome tRNA binding 核糖体 tRNA 结合
ribostamycin 核糖霉素
ribosyl- 核糖基
ribosyl-cis-zeatin 核糖基-顺式-玉米素(细胞分裂素)
ribosylation 核糖基化[作用]
ribosyldihydrozeatin 核糖基二氢玉米素(细胞分裂素)
ribosylthymine 核糖基胸腺嘧啶
ribosylzeatin 核糖基玉米素(细胞分裂素)
ribothymidine 核糖胸[腺嘧啶脱氧核]苷
ribothymidylic acid (T) 核糖胸[腺嘧啶脱氧核]苷酸
ribotide 核[糖核]苷酸
ribovirin 病毒唑
ribozyme 核酶(指具酶活性的核糖核酸)
ribulokinase 核酮糖激酶
ribulose 核酮糖
ribulose-1,5-diphosphate (RUDP) 1,5-二磷酸核酮糖
ribulose-1,5-biphosphate carboxylase (= ribulose-1,5 diphosphate carboxylase) 1,5-二磷酸核酮糖羧化酶,RuBP 羧化酶
ribulose-1,5-bisphosphate (RuBP) 1,5-二磷酸核酮糖
ribulose-1,5-bisphosphate carboxylase-oxygenase 1,5-二磷酸核酮糖羧化酶-加氧酶
ribulose-1,5-diphosphate carboxylase (RuDPCase) 1,5-二磷酸核酮糖羧化酶
ribulose-5-phosphate 5-磷酸核酮糖
ribulose phosphate epimerase 磷酸核酮糖差向[异构]酶
ribwort 长叶车前 [*Plantago lanceolata* L.](车前科)
rice ①稻属 [*Oryza* L.](禾本科) ②稻(籼,粳,糯) [*Oryza sativa* L.]
rice agrotechnique 稻栽培技术
rice akagare disease (= stife disease) 稻赤枯病(生理病害)
rice albino 稻白化体
rice and curry 咖喱饭{加工}
rice and dryland crop double-cropping system 水旱两熟制
rice-and-wheat combine 稻麦两用联合收获机
rice and wheat processing machine 碾米磨面两用机
rice bacterial leaf blight 稻白叶枯病 [*Xanthomonas oryzae* (Uyeda et Ishigama) Dowson]
rice-bag (装)米袋
rice bagging 稻套袋(杂交)
rice bank 稻米库
rice barn 米仓,稻仓
rice bean 饭豆 [*Phaseolus caraclla* Roxb.](豆科)
rice beer 米酒
rice billbug 米象(米蠹) [*Calaudra oryzae* L. = *Sitophilus oryzae* L.](象甲科)
rice binder 水稻割捆机
rice black stink bug (= black rice bug, Japanese black rice bug) 稻黑蝽 [*Scotinophora lurida* (Burmeister)](蝽科)
rice black-streaked dwarf 稻黑条矮缩病(病毒病害)
rice black-streaked dwarf virus 水稻黑条矮缩病毒
rice blast (= rice blast disease) 稻瘟病 [*Piricularia oryzae* Cav.]
rice blast resistance 抗稻瘟病性
rice blending 混米(指米混合或混杂)
rice blooming 稻开花
rice borer 稻螟(粟灰螟) [*Diatraea infuscatellus* Snell.](螟蛾科)
rice bran 米糠,稻麸
rice bran oil 米糖油
rice breeding ①稻育种 ②稻育种学
rice breeding in the 21st century 21 世纪[水]稻育种
rice bug (= paddy, bug) ①稻株缘蝽 [*Leptocorisa varicornis* (Fabricius)](缘蝽科) ②稻大株缘蝽 [*Leptocorisa acuta* Thunberg] ③稻褐株缘蝽 [*Leptocorisa corbetti* China] ④稻斑腹株缘蝽 [*Leptocorisa oratoria* (Fabricius)] ⑤稻豸纹刺肩蝽 [*Podops vermiculata* Vollenhoven] ⑥稻粗点刺肩蝽 [*Podops coarctata* Fab-

ricius] ⑦稻红斑黑蝽 [*Antestia histria* Fabricius]

rice bundle 稻束

rice bundle hanger 稻束架(挂稻束用)

rice bunt 稻秆锈病

rice caddice fly 稻泥苞虫(银星筒石蚕) [*Setodes argentata* Matsumura]

rice-cake disease (= tea-cake disease) 茶饼病 [*Exobasidium uexans* Massee]

rice case-bearer (= paddy case worm) 稻三点[水]螟 [*Nymphula depunctalis* Guenée](螟蛾科)

rice case worm (= rice leaf roller, rice leaf folder, grass leaf roller) 稻纵卷叶螟 [*Cnaphalocrocis medinalis* Guenée](野螟科)

rice center 水稻髓部,稻谷脱壳中心

"rice center"disease "水稻核心"病害(指稻关键病害)

rice chaff 稻壳,砻糠

rice cleaner 稻清选机

rice crane fly 稻切蛆(稻大蚊) [*Tipula aino* Alexander](大蚊科)

rice crop 稻作,稻栽培

rice cropping ①稻耕作{耕作} ②稻栽培,稻作{栽培}

rice cultivation 稻耕作

rice culture (= rice growing) ①稻栽培,稻作 ②稻栽培学,稻作学

rice curculio (= rice plant weevil) 稻鳞象甲 [*Echinocnemus squameus* Billberg](象甲科)

rice cyperus (= yellow cyperus) 碎米莎草 [*Cyperus iria* L.](莎草科)

rice cyst nematode 稻囊线虫

rice date of direct seeding 稻直播期

rice dealer 米商,米贩子

rice delphacid (= American white-backed rice planthopper) 美洲稻飞虱 [*Sogatodes orizicola* (Muir)](飞虱科)

rice downy mildew 稻霜霉病 [*Sclerospora oryzae* Brizi]

rice dwarf virus (= rice stunt virus) 水稻矮缩病[毒] [Oryza virus 1 (Smith) = *Fractilineae oryzae* (Holmes), *Marmor oryzae* (Holmes)]

rice ear-cutting caterpillar (= oriental armyworm) 东方黏虫 [*Leucania separata* Walker = *Mythimna* or *Pseudaletia*](夜蛾科)

rice elite plot 稻原种圃

rice elongation 稻拔节,稻节间伸长

rice elongation manure 稻拔节肥

rice elongation manuring 稻施拔节肥

rice elongation period 稻拔节期

rice emerging time 稻出苗期

Rice encode (RE) 赖斯编码{电脑}

rice endosperm callus 稻胚乳愈伤组织

rice exchange 稻米[业]交易所

rice experiment station 水稻试验站

rice fallow ①稻休闲 ②稻休闲地

rice false smut (= false smut of rice) 稻曲病 [*Ustilaginoidea virens* (Cooke) Tak.]

rice farming practices 稻耕作技术

rice farming system 稻耕作制

rice fen 富营养沼泽{生态}

rice ferment 稻米发酵剂

rice fertilizer practices 稻施肥技术

rice fertilizer ratio 稻肥料比率

rice fertilizer system 稻施肥制

rice fertilizer test 稻肥料试验

rice field (= paddy field) ①稻田,水田 ②稻本田(指已插稻秧的稻田)

rice field American waterlily 大香睡莲 [*Nymphaea odorata* var. *gigantea* Tricker](睡莲科)

rice field care 稻本田管理

rice field fish culture 稻田养鱼

rice field-plot experiment 稻田小区试验

rice field-plot technique 稻田间技术

rice-fish alternation 稻鱼轮换(指稻田种稻与养鱼轮换)

rice-fish cultivation 稻鱼兼作(指稻田种稻与养鱼同时进行)

rice flour 米粉,大米面

rice-flower ①稻花属 [*Pimelea* Banks et Soland.](瑞香科) ②稻花 [*Pimelea ferruginea* Banks et Soland]

rice following wheat 麦茬稻

rice for alcoholic preparation (= rice for sake brewery) 酿酒米

rice for making wine 酿酒米

rice fulgorid (= white straited planthopper) 粉白飞虱(花稻虱) [*Nisia atrovenosa* Lethierry](飞虱科)

rice fungus 稻恶苗菌

rice gall fly (= rice gallmidge, rice stemfly) 稻瘿蚊 [*Pachydiplosis oryzae* Wood-Mason = *Cecidomyia*](瘿蚊科)

rice genus hybridization 稻属间杂交

rice germ oil 米胚芽油

rice germplasm 稻种质

rice grade of maturity 稻成熟度

rice grader 大米分级机,选米机

rice grain (= rice kernel) 稻粒
rice grain sorter 稻粒分选机,稻谷分选机
rice grasshopper (= Chinese grasshopper) [中华]稻蝗[*Oxya chinensis* Thunberg](蝗科)
rice green caterpillar 稻螟蛉[*Naranga aenescens* Moore](夜蛾科)
rice green manuring 稻施绿肥
rice grits 粗米粉
rice grower 稻农,水稻栽培者,种稻者
rice growing (= rice culture) ①稻栽培,稻作 ②稻栽培学,稻作学
rice growing area 稻栽培地区
rice-growing countries 产稻国家
rice-growing period 稻栽培期
rice growing point 稻生长点
rice-growing region 稻栽培地区
rice growing space 稻营养面积
rice growth analysis 稻生长分析
rice growth form 稻生长型
rice growth periodicity 稻生长周期
rice growth rhythm 稻生长节奏(规律)
rice gruel 大米粥
rice gypsum application 稻施用石膏
rice hackle 稻梳,脱稻器
rice harvesting 稻收获,割稻
rice harvesting loss 稻收获损失
rice harvesting maturity 稻收获成熟度
rice harvesting time 稻收获期
rice head manure 稻穗肥
rice head manuring 稻施穗肥
rice head sprouting 稻抽穗
rice heading time 稻抽穗期
rice hispa (= army weevil, rice leaf beetle) [稻]铁甲虫[*Dicladispa armigera* (Olivier)](铁甲科)
rice hole spacing 稻穴距
rice hole transplanting 稻穴栽
rice hull 稻壳
rice hull ground facility 稻壳研磨设施,稻谷脱壳设施{农施}
rice huller (= rice sheller) 砻谷机,稻谷脱壳机
rice huller with winnower 带簸扬器稻谷脱壳机
rice hulling 稻谷脱壳,砻谷
rice hulling machine 稻谷脱壳机
rice-hulling mill 碾米厂
rice hybrid 稻杂种
rice hybrid parent 稻杂种亲本
rice hybrid plant 稻杂种植株
rice hybrid plot 稻杂种圃
rice hybrid seed 稻杂种种子
rice hybrid seedling 稻杂种幼苗
rice hybrid vigor (= rice heterosis) 稻杂种优势
rice hybridization 稻人工杂交
rice hybridization breeding 稻杂交育种
rice hybridization combination 稻杂交组合
rice hybridization plot 稻杂交圃
rice hybridization technique 稻杂交技术
rice improvement 稻改良
rice impurities of seeds 稻种子夹杂物
rice impurity of seed 稻种子混杂度
rice impurity of variety 稻品种混杂度
rice individual development 稻个体发育
rice individual selection 稻单株选种
rice individual spacing 稻株距(直播)
rice individual variation 稻个体变异
rice induction breeding 稻诱发育种
rice induction period 稻诱发期
rice insect control 稻虫害防治
rice insect injury 稻虫害
rice insect studies 稻虫害研究
rice inspection 稻米检验
rice interplanted with other crops 间作稻
rice irrigation 稻田灌溉
rice irrigation period 稻灌溉期
rice kernel (= rice grain) 米粒
rice kernel smut 稻粒黑粉病[*Neovossia horrida* (Takahashi) Padwid et Azmatnllah Kahn]
rice leaf beetle 稻负泥虫[*Lema oryzae* Kuwayama](叶甲科)
rice leaf blast 叶稻热病,叶稻瘟
rice leaf feeder (= rice green caterpillar) 稻螟蛉[*Naranga aenescens* Moore](夜蛾科)
rice leaf folder (= rice leaf roller, rice caseworm) 稻纵卷叶螟[*Cnaphalocrocis medinais* (Guenée) = *C. jolinalis* (Led.)](野螟科)
rice leaf miner 稻叶黄潜蝇[*Oscinis oryzella* Matsumura](秆蝇科)
rice leaf roller ①显纹纵卷叶螟[*Susumia exigua* Butler](水螟科) ②稻纵卷叶螟[*Cnaphalocrocis medinalis* Guenée](野螟科)
rice leaf smut (= leaf smut of rice) 稻叶黑粉病[*Entyloma oryzae* Sydow]
rice leaf tip nomatode 稻心枯病
rice leafhopper (= green rice leafhopper, "omo"wereng) ①黑尾叶蝉[*Nephotettix cincticeps* (Uhler) = *N. bipunctatus*

Fabricius] ② 大斑黑尾叶蝉 [*Nephotettix apicalis* (Motschulsky)] ③二点黑尾叶蝉 [*Nephotettix virescens* (Distant)] ④ 稻大白叶蝉(分光叶蝉) [*Cicadella spectra* Distant = *Tettigella* or *Tettigoniella*] (叶蝉科)

rice liming 稻施用石灰

rice lodging control 稻倒伏控制

rice lodging loss 稻倒伏损失

rice lodging time 稻倒伏时间

rice manuring irrigation 稻施肥灌水

rice meal 米粉(粗粉)

rice mealybug 稻粉蚧 [*Heterococcus rebi* (Lindinger)] (粉蚧科)

rice midge 稻摇蚊 [*Chironomus oryzae* Matsumura] (摇蚊科)

rice milk 米粉牛奶{加工}

rice milk-ripe stage 稻乳熟期

rice mill ①碾米厂 ②碾米机

rice mill layout 碾米厂设计

rice miller 碾米机

rice milling 碾米

rice milling facility 碾米设施{农施}

rice milling facility at growing area 产区碾米设施

rice moth 米蛾 [*Corcyra cephalomica* (Staint)]

rice moth borer (= rice stem borer) 二化螟 [*Chilo suppressalis* Walker] (螟蛾科)

rice movement 大米调运

rice mowing 割稻,刈稻

rice necrosis mosaic virus 水稻坏死花叶病毒

rice necrotic mosaic disease 水稻坏死花叶病(病毒病害)

rice node blast 秆节稻热病,节稻瘟

rice nursery ①秧田 ②秧田苗床 (= rice nursery bed)

rice nursery bed 稻秧田苗床

rice nursery location 稻秧田地点

rice nursery preparation 秧田整地

rice nursery seeder 秧田播种机

rice nursery selection 稻秧田选择

rice nursery tending 稻秧田管理

rice of Eastern Asia 阔叶菰 [*Zizania latifolia*] (禾本科)

rice of new crop 新米

rice of old crop 陈米

rice oil (= bran oil) 米糠油

rice paddies (= rice field) 水稻田,稻田

rice paddy soil (= rice soil) 水稻土

rice paper 宣纸,通草纸,卷烟纸

rice-paper plant ①宣纸厂 ②通脱木(通草) [*Aralia paperifera* Hook. = *Tetrapanax papyrifera* (Hook.) K. Koch] (五加科)

rice-paper-tree (= rice-paper plant) 通脱木(通草)

rice pearing 碾精,碾白(指碾米)

rice period of booting 稻孕穗期

rice period of crop rotation 稻轮作周期

rice period of development 稻发育期

rice period of duration 稻生育期

rice period of elongation 稻拔节期

rice period of flowering 稻开花期

rice period of growth 稻生长期

rice period of heading 稻抽穗期

rice period of tillering 稻分蘖期

rice physiology 水稻生理学

rice plant ①稻株 ②碾米厂 ③稻 [*Oryza sativa* L.] (禾本科)

rice plant bug 稻盲蝽 [*Lygus oryzae* Matsumura.] (盲蝽科)

rice plant development 稻株发育

rice plant hill 稻蔸,稻丛

rice plant skipper (= rice leaf-tier, straight swift) 稻苞虫 [*Parnara guttata* Bremer et Grey] (弄蝶科)

rice plant weevil 稻[二点]象甲 [*Echinocnemus bipunctatus* Roelofs] (象甲科)

rice plantation (= rice field) 水稻田,稻田

rice planter ①插秧手,插秧人 ②水稻插秧机

rice planting 插秧

rice planting plan 稻种植计划书{育种}

rice planting rope 插秧用绳

rice planting rule 插秧规格

rice planting season 插秧季节

rice polisher 精米机

rice polishing 碾米,研米

rice polishing machine (= rice polisher) 碾米机,精米机

rice polyploid agent 稻多倍体诱发剂

rice polyploid series 稻多倍体系

rice population constitution 稻群体结构

rice population density 稻群体密度

rice population dynamics 稻群体动态

rice population effect 稻群体效应

rice population pressure 稻群体压力

rice population size 稻群体大小

rice preparation of seeds 稻种准备

rice presoaking 水稻浸种

rice producer 稻农,稻生产者,稻栽培者

rice production ①水稻生产 ②水稻栽培学

rice puddling 水稻耖地(灌水整地)

rice pulling machine 水稻拔秧机
rice purity of seeds 稻种子清洁率
rice purity of variety 稻品种纯度
rice quality 大米品质
rice quantity of dressing 稻追肥量
rice quantity of irrigation 稻灌溉量
rice quantity of seeding 稻播种量
rice radiation breeding 稻辐射育种
rice radiation dosage 稻辐射剂量
rice raising 稻栽培
rice rate of development 稻发育速度
rice rate of growth 稻生长速度
rice rectangular planting 稻矩形插秧
rice reel 水稻拨禾轮
rice replanting 补插稻秧
rice research institute 水稻研究所
rice-research worker 稻研究工作者,水稻研究人员
rice roguing 稻去杂去劣
rice root nematode 稻根线虫［*Hirschmanniella imamuri* Sher］
rice root scale 稻根蚧［*Geococcus oryzae* Kuwana］(蚧科)
rice root warm 稻根长腿水叶甲［*Donacia provosti* Fairmaire］(叶甲科)
rice root weevil 稻根象甲［*Echinocnemus oryzae* Marshall］(象甲科)
rice rotation 稻换茬
rice rotation of crops 稻轮作
rice rust 稻锈病［*Uromyces coronatus* Miyabe et Nishida］
rice satyrid (= Chinese bushbrown) 稻黄褐眼蝶(中华眉眼蝶)［*Mycalesis gotama* Moore］(眼蝶科)
rice scourer 稻谷脱壳机
rice screenings 米屑,筛出碎米
rice season 稻生长季(水稻栽培季节)
rice seed ①稻种 ②稻谷
rice seed callus 稻种子愈伤组织
rice seed grain 稻粒,谷粒
rice seed growing 稻良种繁育
rice seed inspection 稻种检验
rice seed manure 稻种肥
rice seed plot 稻种子区
rice seed soaking 水稻浸种
rice seed treatment 稻种子处理
rice seedage 稻播种法
rice seeding stage (= rice emergence stage) 稻出苗期
rice seeding time 稻播种期
rice seedling 稻秧,秧苗,水稻幼苗
rice seedling bed 水稻秧田［苗床］
rice seedling culture 水稻育秧
rice seedling facility 水稻育秧设施{农施}
rice seedling grown on flooded nursery 水秧田稻秧
rice seedling grown on upland nursery 旱秧田稻秧
rice seedling infected with Gibberella fujikuroi 恶苗病秧
rice seedling planter 水稻插秧机
rice seedling plucker 水稻拔秧器
rice seedling puller 水稻拔秧机
rice seedling sower 水稻出芽种子撒播机
rice share 稻田犁铧
rice sheller (= rice huller) 砻谷机
rice shelling 稻谷脱壳,砻米(谷)
rice shoot 稻秧
rice sieving screen 米筛
rice skipper (= grain skipper) 隐纹稻苞虫(稻纹弄蝶)［*Pelopidas mathias* Fabr.］(弄蝶科)
rice smut 水稻黑穗病,水稻黑粉病
rice soil (= rice paddy soil) 水稻土
rice soil amelioration 水稻土改良
rice sorter 稻清选机,水稻分选机
rice sowing in place 稻直播
rice sowing time 稻播种期
rice-soybean rotation 水稻大豆轮作
rice spacing 水稻种植密度,稻株行距
rice stack 稻草堆,稻草垛
rice stalk borer 稻秆螟［*Chilo plejadellus* Zinck.］(螟蛾科)
rice starch 稻米淀粉
rice stem borer (= Asiatic rice borer) 二化螟［*Chilo suppressalis* walker = *C. simplex* Butler］(螟蛾科)
rice stem-case-bearer 稻黄纹水螟［*Nymphula fengwhanalis* Pryer］(螟蛾科)
rice stem maggot 稻黄潜蝇［*Chlorops oryzae* Matsumura］(黄潜蝇科)
rice stem rot (= culm rot) 稻小球菌核病［*Helminthosporium Sigmoideum* Cavara］
rice stick bug ① (= rice brown bug) 稻褐蝽［*Lagynotomus assimulans* Distant］(蝽科) ② (= American rice stink bug) 美洲稻缘蝽［*Oebalus pugnax* Fabricius］(蝽科)
rice stocks 大米储藏量
rice storage 大米贮藏
rice storage bins 大米贮藏仓
rice strain 稻品系
rice straw 稻秆

rice stripe disease 水稻条纹叶枯病(病毒病害)
rice stripe virus (RSV) 水稻条纹叶枯病毒
rice stubble ①稻茬 ②稻留茬地
rice stunt virus 水稻矮缩病[毒]
rice sucking insects 稻吸虫类
rice sulphuring 稻施用硫磺(闽北稻田多施硫磺,以提高地温)
rice swarming caterpillar 螟夜蛾(大螟)[*Sesamia inferens* Walker](夜蛾科)
rice table salt application 稻施用食盐
rice taste evaluation 大米食味评定(审)
rice terrace 稻梯田
rice terracing 稻修筑梯田
rice thickness of soil layer 稻土层厚度
rice thickness of sowing 稻播种密度
rice thickness of stand 稻植株密度
rice thrashing loss 稻脱粒损失
rice thrips (= paddy thrips) 稻蓟马[*Thrips oryzae* Williams](蓟马科)
rice tillage 稻本田整地
rice tillering capacity 稻分蘖本领,稻分蘖力
rice tillering node 稻分蘖节
rice tillering number 稻分蘖数
rice tillering time 稻分蘖期
rice time 上升时间
rice times of dressing 稻田追肥次数
rice times of weeding 稻田除草次数
rice tissue culture 稻组织培养
rice transitory yellowing virus 水稻暂黄病毒
rice transplantation 水稻插秧法
rice transplanter 水稻插秧机
rice transplanter for soilstick seedlings 带土秧苗水稻栽植机
rice transplanting 水稻插秧,水稻移栽
rice transplanting machine 水稻插秧机
rice transplanting time 水稻插秧期
rice tungro disease 水稻东格鲁病
rice tungro virus 水稻"东格鲁"病毒
rice variety elimination 水稻品种淘汰
rice variety-fertilizer test 水稻品种肥料试验
rice variety trials 水稻品种试验
rice vegetation period 稻营养期,稻生长期
rice vermicelli 米粉条,米粉{加工}
rice vermicelli processing 米粉条加工{加工}
rice warehouse (=rice bank) ①大米仓库,米库 ②稻谷仓库,谷仓
rice water 米汤
rice water rate 稻需水量
rice water stool 米汤大便{微生物}
rice water temperature 稻田水温
rice waxen-ripe stage 稻蜡熟期
rice webworm 稻[结]巢螟[*Ancylolomia japonica* (Kollar)](草螟科)
rice weed killer 稻田除草剂,稻田杀草剂
rice weevil (= grain weevil, maize weevil) 米象[*Sitophilus oryzae* L. = *Calandra oryzae* L.](象甲科)
rice-wheat cropping [a year] 稻麦一年二作,稻麦一年两熟
rice white tip nematode 稻白尖线虫病
rice white-tip nematode disease 稻白尖线虫病[*Aphelenchoides besseyi* Christie]
rice whitening 大米白化,精米
rice whorl maggot [菲岛]稻水蝇[*Hydrellia philippina* Ferino]
rice year 水稻丰年
rice yellow dwarf disease 稻黄矮病[*Mycoplasma* sp.]
rice yellow-ripe stage 稻黄熟期
riceland 稻田
riceland bottom 稻田犁体
rich ①肥沃的,生产力强的 ②美味的,味浓的 ③(色彩)浓厚的 ④贵重的,丰富的
rich bearing tree 高产果树
rich-brown 暗褐色的(brunneus)
rich clay 肥沃黏土
rich food 有滋养食品
rich fruit 多汁水果
rich humus soil 肥沃腐殖(植)质土
rich medium 丰富培养基
rich mixture 浓味混合物
rich pasture 肥沃牧场
rich peasant 富农
rich precipitation 丰富降水量
Rich pruning tool 李茨氏修枝工具
rich soil 肥沃土壤
rich text format 图文并茂文本格式{电脑}
rich water 肥水{水产}
Richards' optical comparator 理查德光学比较器{生技}
richeriella ①梨查木属[*Richeriella* Pax et Hoffm.](大戟科) ②梨查木[*Richeriella gracilis* (Merr.) Pax et Hoffm.]
ricin 蓖麻毒蛋白
ricinic 蓖麻的(ricinus)
ricinine 蓖麻碱
ricinoleic acid (= ricinolic acid) 蓖麻油酸,12-羟[基]油酸[$CH_3(CH_2)_5CH \cdot (OH) \cdot CH_2CH:CH(CH_2)_7 \cdot COOH$]
ricinus oil (= oastor-bean oil) 蓖麻油
rick ①(干草,禾草)堆,垛 ②晒草架 ③码堆

rick lifter ①堆垛机 ②草垛提升机
rick-mow yard 堆草场
ricker 堆垛机,垛草机
rickets 佝偻病
Rickettsia 立克次氏体{微生物}
Rickettsial disease 立克次氏体病[*Rickettsia* sp.]{蜂}
rickety 患佝偻病的
ricy (唇形花冠的)咽喉(rictus)
rid ①使除去,去掉,清除 ②打扫,收拾,清理 ③资源识别符
riddle ①粗眼筛 ②筛架 ③[马铃薯]筛式分选器
riddle case 筛架
riddle-type digger 格筛式挖掘机
ride ①林间通道 ②区划线 ③车台 ④平顺性
rideable 可乘的,可骑的(马)
rider (分析天平用)游码,骑码
ridge ①(窄)垄 ②脊,棱,线{形态} ③山脊,分水岭,堤顶 ④楔 ⑤隆起
ridge and furrow 垄沟
ridge and furrow aeration tank 垄沟式曝气池{环保}
ridge and furrow house (= ridge and furrow green-house) 联络温室,联合温室
ridge and furrow irrigation 垄沟灌溉
ridge and valley underdrain 脊谷式地下排水沟(管){环保}
ridge application 垄施(垄上撒药或施肥)
ridge band 搭腰
ridge bed ①高温床 ②蘑菇房(指栽培蘑菇用的)
ridge breadth 垄宽(幅),畦幅
ridge breaking 垄耕翻,破垄
ridge building 做垄
ridge buster 破垄犁
ridge busting up 破垄,平垄
ridge configuration 纹脉结构{电脑}
ridge culture 畦式栽培(畦作),做垄栽培(垄作)
ridge dammer 做畦埂器,做畦埂机
ridge digger 垄用挖掘机
ridge direction 垄[方]向
ridge drill (= hillock drill) 垄播机,垄作播种机
ridge drilling 垄播,畦播,垄作播种
ridge farming 垄作
ridge former 起垄器,筑埂器,培土器
ridge forming 起垄,做垄,做畦
ridge furrow 垄沟
ridge hedged [屋]脊式剪篱{园林}
ridge irrigation 垄灌,畦灌
ridge land 脊地
ridge leveler 平垄机,平垄器
ridge line 分水线
ridge making (= moulding, molding) 培垄,培土
ridge of a hill 峰,山脊
ridge of a wave 波峰
ridge of high pressure 高压脊
ridge of hills 山脉
ridge piece 栋木
ridge planting 垄植,垄播,垄种,垄作
ridge plowing 起垄耕地,垄耕
ridge roll 垄用镇压器,旧垄镇压器
ridge roller 垄上镇压器,限深轮
ridge scoop 作垄铲
ridge seedbed 起垄苗床,垄床
ridge seeding 垄播
ridge side ①垄面 ②(橡胶种子)腹面
ridge sowing (= ridge seeding) 垄播
ridge surface 垄顶,畦顶(畦面)
ridge sweeping 平垄顶(准备种植用)
ridge tillage 垄作地耕作
ridge transplanting ①窄垄栽植 ②畦栽
ridge-type seeder 起垄播种机,作畦播种机
ridge-up bed 垄床
ridge weather 脊形天气
ridge weeder 垄土除草器
ridge weeder unit 垄土除草机组
ridged field 垄作地,垄田,畦田
ridged field stack 屋脊式大草垛
ridged land ①垄作地 ②隆起地
ridged sowing bed 垄播床,畦床
ridged weep 培垄铲,培土铲
ridged wheel 凸缘轮
ridger 起垄犁,起垄机
ridger body (= ridging bottom) ①做垄犁体 ②培土犁体
ridging ①培土 ②做垄法 ③垄播法
ridging body 起垄犁体
ridging colter 垄播开沟器
ridging machine 做垄机
ridging method 做垄法
ridging on tilled land 已耕地做垄
ridging-out-of-ground (犁)入土不良
ridging plow 起垄犁
ridging up 做垄,起垄
ridging with untilled core 未耕地做垄(指有原状土柱的土壤)
riding 骑用的,乘[坐]式的
riding animal 骑用畜
riding cultivator 乘坐式中耕机
riding horse 骑用马
riding lister 乘坐式做垄犁

riding mover 乘坐式刈草机
riding plough（= sulky plow） 乘坐式犁
riding seeder 乘坐式播种机
riding-tined cultivator ［马拉］乘坐式中耕机
riding track 乘马道，骑道
riding tractor 乘坐式拖拉机，骑马式［座位］拖拉机
riding-type rice transplanter 乘坐式水稻插秧机
ried（德） 沼泽平原
Rienk's screen 弹踢筛（筛由多组凸轮机构组成，凸轮转动时将块茎，块根上的泥土弹踢掉）
rifampicin（= rifampin） 利福平
rifamycin 利福霉素
riffier ①锉纹 ②（过滤用）沙箱
riffier plough 开田沟犁
riffle sampler 分格取样铲
rifle plate 旋条线型板，滚流板｛环保｝
rifling 钩杆
rift 裂缝，裂隙
rift grain 径截纹，径面花纹
rift in clouds 云隙，云中裂缝
rift saw 镶片圆锯
rift valley ①（= trough）沟，槽，凹槽 ②裂谷，凹谷
rig ①夹具 ②试验台 ③索具 ④配备 ⑤隐睾公畜
rig test 台架试验
rigescent 变硬的（rigescens）
rigging 索具
right ①右的，右侧的 ②直的 ③适当的，合法的 ④正确的 ⑤最适的，（就环境而论）最好的 ⑥常态的，健康的，健全的 ⑦使用权
right align 右调节
right angle 直角
right angle atomizer 直角喷雾器
right angle bend 直角弯头，90°弯头｛环保｝
right bank 右岸
right-bent blade 右弯刀齿
right bracket 右方括弧｛电脑｝
right codon 正确密码子｛分遗｝
right crop for right land 因地适宜栽培，适地适作
right entry 右入口，右端进入｛信息｝
right hand（RH） 右方的
right hand adder 右侧数加法器｛统计｝
right-hand hoe 右单面平铲
right-hand mounted 右侧悬挂式的
right-hand number 右向数
right-hand offset 右偏置的
right-hand offset disk harrow 右偏置圆盘耙
right-hand plow 右向翻转犁，右翻犁
right hand side 右手方
right-hand turning share 右翻犁铧
right-handed 右手的
right-handed body（= right-handed bottom） 右翻犁体
right-handed coordinate system 右手坐标系
right-handed helix ①右向螺旋 ②右手螺旋 ③右螺旋线
right-handed moldboard 右翻犁壁
right-handed plough 右翻犁
right-handed rotation 右旋
right-handed screw ①右转螺旋 ②右旋螺钉
right-handed superhelix 右［手］超螺旋｛分遗｝
right-lateral fault 右侧断层｛地质｝
right line 直线
right-mounted（= right-hand mounted） 右侧悬挂式的
right of common 入会权
right of dispossession 剥夺权，征用权，转让权
right of establishment 居住权
right of forest pasture 森林放牧权
right of grass-cutting 采草权，刈草权
right of lien（= right of pledge） 抵押权，典当权
right of litter 征收褥草权
right of ownership 所有权
right of pledge 抵押权
right of property 所有权
right of use 使用权
right of way 通行权
right of woodland grazing 林地放牧权
right parenthesis 右括号
right ratio 正比
right reading 正读｛电脑｝
right shift 右移
right-sided system 右侧系统
right splice junction 右剪接点｛农生技｝
right tilling blade 右弯旋耕刀
right time 最适时间，适时
right time for dressing 适时追肥
right time for harvest 适时收获
right time for seeding 适时播种
right time for tillage 适时中耕
right to grass 牧草采收权（指天然草原）
right to pasture 放牧权
rightful owner 合法占有者，合法物主
rightmost 最右边的
rightmost character 最右字符
rightmost symbol 最右符号
rightsizing 规模优化，适当规模化

rigid ①坚硬的,刚硬的,坚直的,僵直的 ②严重的 ③正确的,不变的
rigid axis 刚轴 (axis rigidus)
rigid base material 硬性基材
rigid beam 刚性固定犁辕
rigid bearing 固定支架
rigid chain 刚性链{生技}
rigid disk 硬磁盘{信息}
rigid disk harrow 刚架圆盘耙
rigid double-sided printed board 刚性双面印刷板
rigid drag harrow 固定齿耙,固定拖耙
rigid economy 严格节约
rigid frame 刚性车架
rigid frame harrow 刚架耙
rigid-mounted disk harrow 悬挂式刚架圆盘耙
rigid PVC pipe (= rigid polyvinychloride pipe) 刚性聚氯乙烯管,刚性 PVC 管{环保}
rigid region 严重地区,重灾地区
rigid section harrow 刚架多组耙
rigid smoothing harrow 刚架[钉齿]细平耙
rigid soil 坚实土 (solea rigida)
rigid spike tooth harrow (= rigid spike harrow) 刚齿耙
rigid surface 僵硬表面
rigid system 刚体系 (systema rigida) {气象}
rigid tine 刚性锄齿
rigid tine harrow (= rigid peg tooth harrow) 刚架钉齿耙
rigid tine rotary cultivator 刚齿旋耕机
rigid wheel base 固定轴距
rigidiflorous 硬花的 (rigidiflorus)
rigidifolious 硬叶的 (rigidifolius)
rigidispinous 硬刺的 (rigidispinus)
rigidity ①刚性,刚度 ②硬度 ③严格 (rigiditas)
rigidly connected tandem disk harrow 刚性联结双列圆盘耙
rigidly fixed hammer 固定锤片
rigidulous 稍硬质的(rigidulus)
rigour (= rigor) ①僵直,僵硬 ②严寒{气象}
rigour mortis 僵死
rill ①小溪,小川,小流 ②细沟,小河沟
rill drainage 小沟排水,毛沟排水
rill erosion 溪水侵蚀,细沟侵蚀
rill irrigated wheat 沟浇地小麦
riln (= charcoal oven) 炭窑
RIM (= reproductive isolating mechanism) 生殖隔离机制
rim ①边,缘,边缘 ②轮缘,轮圈 ③筛架,筛框 ④水面,海面 (margo)
rim blight 叶缘疫病,叶缘枯萎病(烟草)
rim bolt 轮缘螺栓
rim burnt 叶缘灼烧病(烟草)
rim diameter 轮辋直径
rim value 边缘值
rima 缝裂孔口
rimal 裂缝状的 (rimalis)
rime 雾凇,不透明冰,白霜
rime-break 雾凇危害
rime deposit 雾凇积聚
rime-frost (= rime, noarfrost) 雾凇
rimiform 裂缝状的 (rimiformis)
rimming light 轮廓光
rimocidin 裂毒素
rimose (= rimous) 裂罅的,裂缝的,龟裂的 (rimosus)
rimose bark 龟裂树皮 (cortex rimosus)
rimosus fiber head 裂丝丝盖伞(裂丝盖菌) [*Inocybe rimosa* (Bull. exFr.) Quél.]
rims of Sanio (= crassulae) 眉条
rimule 小裂缝 (rimula)
rimulose 多小裂缝的 (rimulosus)
rind (= coat) ①种皮,果皮 (pellicula) ②(= bark)树皮,皮层 (cortex)
rind disease 外皮病(指甘蔗)
rind-gall 伤皮愈合,隐伤
rind graft (= bark graft) 皮下接,剥皮接
rind grafting 皮接{园艺}
rind grooving 外皮凹槽(指甘蔗)
rind hardness 外皮硬度(指甘蔗)
rind oil spot 皮油斑病
rind puffing 皮松(指柑橘易剥的果皮)
rind thickness 皮部厚度
rinderpest 牛疫(牛瘟) (pestis bovum)
ring ①环{遗传} ②轮,圈{解剖} ③菌环{真菌} ④环堤{水利} ⑤环形的{形态}
ring accumulator 环形累加器{统计}
ring balance 环状天平
ring bank register 环形存储寄存器{电脑}
ring bark 环状树皮 (cortex annulata)
ring-bend 缚缢
ring bivalent ①环形二价染色体 ②环形二价体
ring bud grafting 环状芽[嫁]接
ring budding 环状芽接
ring budding with strips 套接,环接,环状嫁接
ring buffer 环形缓冲区
ring bus 环形总线{信息}
ring canal 环管 (canalis annulata)

ring cell 环细胞(cellula annulata)
ring centriole 环形中心粒(centriola annularis)
ring chromatid (= loop chromatid) 环形染色单体,环形单价染色体
ring chromosome 环形染色体(chromosoma annularis)
ring code 环形码{电脑}
ring configuration 环构型
ring counter 环形计数器
ring coverer 覆土环
ring crack 环状裂纹(木材)
ring cuppled oak 槠(青冈栎)[*Quercus glauca* Thunb.](山毛榉科)
ring-cut 环切口
ring-cutting 环切
ring data structure 环形数据结构
ring distribution system 环状配水系统{环保}
ring dynamometer 环形拉力计
ring error monitor(REM) 环错误监控器
ring fertilization 环状施肥
ring finger 环指[结构]{生技}
ring float 环形耢
ring-formed clear cutting 环状皆伐
ring gall 环形瘤
ring gland 环腺
ring groove 环槽
ring harrow 环形耙
ring head 环形磁头{信息}
ring in 环入处
ring indicator 环形指示符{电脑}
ring interface adapter 环形接口适配器
ring key 环键
ring latency 环行等待时间{信息}
ring leaf spot of soybean 大豆轮纹病[*Ascochyta sojae* Miura]
ring lubrication 油环润滑
ring manuring 环施肥料
ring mosaic 环纹花叶病,环斑花叶病
ring mottle (= ring spot) 环斑病
ring mulching 环状覆盖
ring multivalent ①环形多价染色体 ②环形多价体 ③环形多价的
ring multivalent chromosome 环形多价染色体
ring nematode 环圈线虫
ring net ①有环围网,轻围网 ②捕虫网
ring network 环网,环形网络{信息}
ring-of-four pairing configuration 四环形配对表型
ring oiler 加油杯
ring out 环出处
ring pairing configuration 环形配对表型
ring porous wood 环孔材(lignum porum annulatum)
ring precipitation reaction 环形沉淀反应{生技}
ring roll 凹面滚筒,环形镇压器
ring roller (= disk roller) 环形镇压器
ring rope ①环纲 ②吊锚索,大索{水产}
ring rot ①轮腐 ②轮腐病
ring rot of apple 苹果轮纹病[*Macrophoma kawatsukai* Hara]
ring rot of apricot 杏轮纹病[*Macrophoma kawatsukai* Hara = *Physalospora piricola* Nose]
ring rot of peach 桃轮纹病[*Macrophoma kawatsukai* Hara = *Physalospora piricola* Nose]
ring rot of plum 李轮纹病[*Macrophoma kawatsukai* Hara = *Physalospora piricola* Nose]
ring rot of potato 马铃薯环腐病[*Corynebacterium sepedonicum* (Spieck et Kotth.) Skaptason etBurkh.]
ring rot of quince 榅桲轮纹病[*Macrophoma kawatsukai* Hara = *Physalospora piricola* Nose]
ring sale fungus 松白腐病[*Cryptoderma pini* Imaz.]
ring sale fungus of pine 松白腐病[*Cryptoderma pini* (Thore ex Mont.) Imaz.]
ring scale fungus 松层孔菌[*Fomes pini* Fr.]
ring screw gage 螺纹环规
ring seal 环封
ring shake 环裂
ring-shaped 环形的(annuliformis)
ring-shaped selection system 环状择伐作业
ring shear (土壤)环状剪切仪
ring shift 循环移动
ring spot ①环斑 ②环斑病
ring spot mosaic of Chinese cabbage 白菜环疽花叶病(白菜环斑花叶病)[Turnip mosaic virus (TPMV)](病毒病害)
ring spot of apple 苹果轮斑病[*Alternaria mali* Roberts]
ring spot of broad bean 蚕豆轮纹病[*Cercospora fabae* Tautrey]
ring spot of cotton 棉轮纹病[*Pestalozzia gossypii* Hori]
ring spot of grape 葡萄轮斑病[*Pestalozzia uvicola* Speg.]

ring spot of loquat 枇杷轮斑病［*Pestalozzia congensis* P. Henn.］
ring spot of maidenhair 银杏轮斑病［*Pestalozzia ginkgo* Hori. = *P. sinensis* Shen］
ring spot of rose 蔷薇轮斑病［*Pestalozzia compta* var. *ramicola* Berl. et Brev.］
ring spot of tobacco 烟草环斑病［Nicotiana virus 12］
ring spot virus 环斑病毒
ring station 环站{信息}
ring structure 环形结构
ring texture 环状结构
ring tracheid（= ringed tracheid） 环纹管胞（tracheida annulata）
ring transplanting 环状假植
ring trivalent ①环形三价[染色]体 ②环形三价的
ring-type drawbar 环式连接装置，牵引环
ring-type hitch 环形连接器，环形连接装置
ring-type multiple nozzle （喷雾机）环状多头喷嘴
ring type polypeptide 环状多肽
ring univalent 环形单价[染色]体
ring vessel（= ringed vessel） 环纹导管（vasa annulata）
ring vortex 环状涡动
ring yeast 酵母环
ringback tone 回铃，接通回音{信息}
ringdoc 林多卡药物文献数据库{电脑}
ringdown 响铃{信息}
ringdown signaling 振铃信号法
ringed ①有环纹的 ②环状的（annulatus）
ringed stem 念珠茎，环状茎（tela annulata）
ringed tracheid 环纹管胞（tracheida aunulata）
ringed vessel 环纹导管（vasa annulata）
Ringelman chard 林格曼明暗图，林格曼浓度图{环保}
Ringelman concentration table 林格曼浓度表(这是测定煤烟浓度的一种简便方法){环保}
ringent 张口状的（ringens）
ringent corolla 张口状花冠（corolla ringens）
ringent flower 张口状花（flos ringens）
ringent Jack-in-the-pulpit 张口天南星［*Arisaema ringens* Schott］(天南星科)
ringer 振铃器{信息}
Ringer's solution 林格氏溶液
ringing ①(= girdling) 环割，环状剥皮 ②振铃振荡{信息}
ringing current 振铃电流
ringing method 环割法{园}
ringlet 小环
ringpotentiometer 环电位器
ringworm 癣，钱癣
rinorea ①三角草属［*Rinorea* Aubl.］(堇菜科) ②三角草［*Rinorea bengalensis* (Wall.) O. Kuntze.］
rinse 清洗，冲洗，漂洗（resincerare）{环保}
rinser 清洗装置，清洗机
rinsing（= washing） 清洗，冲洗，漂洗
rinsing rate 漂洗速度{环保}
rinsing water 漂洗水{环保}
rip ①松土，碎土 ②剥去，割去，切开，撕开 ③清管器，刮刀{环保}
rip saw（= ripper，ripping saw） 纵切锯
rip sawing 纵锯
riparian ①河边的，河岸的 ②水边的，湖滨的［*riparius*］
riparian blumea 河边艾纳香［*Blumea riparia* DC.］(菊科)
riparian brome 河岸雀麦［*Bromus riparius* Rehm.］(禾本科)
riparian green-brier 牛尾菜［*Smilax riparia* A. DC.］
riparian owner 河岸用水人{环保}
riparian plant 河岸植物（planta riparia）
riparian rights 河岸用水权{环保}
riparian vegetation 河岸植被（vegetatio riparia）
riparian woods（= riparian forest） 河岸林
riparian work 治水工程
Ripart's and Petit's mixture 力帕特－白蒂二氏混合液{显技}
ripe 成熟的（maturus）
ripe bed 成熟床层{环保}
ripe cheese 熟干酪
ripe condition 成熟状态，成熟条件
ripe fish 成熟鱼{水产}
ripe for the axe 成熟伐期{森林}
ripe honey 熟蜜
ripe rot 炭疽病
ripe seed 成熟种子
ripe sludge 熟污泥{环保}
ripe stage 成熟期
ripe stand 成熟林分
ripe wood 熟材
ripe-wood cutting 熟木插，硬材插{园艺}
ripe wood tree（= imperfect heart-wood tree） 熟材树
ripen 使成熟，成熟
ripen in advance 提前成熟
ripened grain 成熟子粒

ripener ①催熟剂 ②(蜜)催熟器{蜂}
ripeness ①成熟 ②成熟度 (maturitas)
ripeness to flower 花熟度
ripening ①成熟 (maturatio) ②成熟的 (maturescens)
ripening ability 成熟性
ripening beer 熟啤酒
ripening color 成熟色
ripening degree 成熟度
ripening disorder 成熟不齐(指成熟不一致)
ripening ear 成熟穗
ripening-edger 截边圆锯
ripening equilibrium 成熟平衡
ripening fruit 成熟果
ripening grain (= ripened grain) 成熟子粒,成熟谷粒
ripening hormone 催熟激素
ripening mechanism 成熟机制
ripening of grapes 葡萄[开始]成熟
ripening period 成熟期间
ripening phase 成熟期
ripening process 成熟过程
ripening room (香蕉)催熟室
ripening seed 成熟种子
ripening stage 成熟期
ripper ①松土器 ②松土机 ③粗锯齿
ripper dozer 松土推土机
ripper-grader 松土平地机
ripper plough 中耕松土犁
ripper point 松土铲
ripper shank ①松土犁 ②松土器铲柄,松土器支柱
ripping-edger 裁边圆锯
ripping share 培土器[凿形]锄铲
ripping tine 松土铲
ripping tooth 松土[锄]齿
ripple ①微波{气象} ②波状卷缩{病理} ③麻梳,梳整{加工} ④波纹{电脑}
ripple amplifier ①波纹放大器 ②脉动放大器
ripple factor ①波纹系数 ②脉动系数
ripple grass (= common plantain, greater plantain) 大车前 [*Plantago major* L.] (车前科)
ripple marks 波状纹,波痕
rippled disk (= wavy disk) 波纹形圆盘
rippling ①梳刷,梳麻 ②梳刷装置,梳麻装置
rippling comb 麻梳
riprap ①乱石 ②抛石
riprap protection of slope 抛石护坡
RISC (= reduction instruction set computer) 精简指令系统计算机{电脑}
rise ①上升,向上斜坡 ②高地,小山 ③向上进展,增高 ④起源,起始
rise-fall delay 上升下降延迟,升降延迟
rise in productivity 生产率的提高
rise of pressure 压力上升
rise period 升起期
rise rate 上升率,上升速率{环保}
riser ①立管,竖管(喷灌用) ②梯级竖板 ③(铸件)冒口 ④提升机构 ⑤溢水口
riser pipe ①升水管 ②立管{环保}
riserauger 立式螺旋
Rishiri Point-vetch 利尻岛棘豆 [*Oxytropis rishiriensis* Matsum.] (豆科)
rising ①上升 ②提高
rising edge 上升沿
rising height of smoke plume 烟缕上升高度{环保}
rising hopper feed 升斗式排肥器
rising main 升水管线{环保}
rising pipe 升水管{环保}
rising productivity 提高生产力
rising quality 提高质量
rising sludge 上升污泥(指沉淀){环保}
rising speed 上升速率{环保}
rising temperature 上升温度
rising upward 上举的,上升的 (assurgens)
rising velocity 上升速度{环保}
rising whirl 上升旋涡
risk ①危害,危险,风险 ②保险金额
risk analysis 风险分析
risk assessment 风险评价
risk average 风险[平]均值
risk averse 怕冒风险
risk aversion 厌恶风险
risk decision 风险性决策
risk foundation 风险基金{农管}
risk function 风险函数
risk identification measurement 危险识别测量
risk index 风险指数
risk management 危险管理
risk of error 误差危害,误差风险
risk premium ①重视风险 ②保险费{环保}
risk profit 保险赔(补)偿
risk prone 甘冒风险
risk proneness 冒风险,倾向风险
risking injury 危害
Rispoleshenski apparatus 立氏取土器
Riss iceage 里斯冰期{气象}
RIST (= radioimmunosorbent test) 放射免疫吸附测定{分生}
ritter-keillner cooking process (= quick

cook process) 急(快速)煮法
rival 竞争者,对手
rivanol 雷佛奴尔(染料){显技}
rive self-purification 河流自净作用
river ①河,河流 ②巨流 ③河区,河道(riparia)
river alluvium 河流冲积物
river authority 河道管理局{环保}
river bank 河岸
river-bank field 河滩地
river basin 流域,河流盆地
river bed 河床
river birch (= red birch) 红桦
river black oak (= forest oak) 澳洲木麻黄
river bottom 河底
river bottom land 河[床]底地
river bottom sediment 河底沉积物
river callow 河谷地
river capture 河流截夺
river clogged by sand 淤河
river construction 治河工程
river control 治河
river course 河道
river crossing 渡河
river deer 獐(*Hydropotes inermis* sp.)(鹿科)
river density 河流密度
river deposit 河流沉积
river deposition 河流沉积作用
river drift 河流冲积物
river embankment 河堤
river erosion 河水侵蚀,河蚀
river estuary 河口
river fall 河水位差{环保}
river fishery 河川渔业
river ice 河冰
river intake ①河岸进水口 ②河流取水口{环保}
river inversion 河水逆增
river-irrigated land 渠浇地
river junction 河流汇流点
river level 水位
river marsh 河成沼泽{生态}
river marsh soil 河滨沼泽土
river mud (used as fertilizer) (肥料用)河泥
river net 河道网
river pipe 过河管{环保}
river pollution 河流污染
river retting 河水浸麻
river shoal 河滩
river source 河源
river system 河系,水系
river temperature 河水温度
river terrace 河谷阶地,河谷梯田
river training 河道整治,治河
river transport 河运
river transportation 河流运输
river valley 河谷地带
river valley swamp 河谷沼泽{生态}
river wash 河床冲积物
river water 河水
river water resources 河[流]水资源
river weir 拦河坝
riverain forest (= riverine forest) 河滩林
rivers 空白沟道(指疏排版面的空白渠道){电脑}
riverside ①河边,河岸 ②临水面
riverside garden 河岸公园{园林}
riverside grape (= riverbank grape) 河岸葡萄[*Vitis riparia* Michx.](葡萄科)
riverside soil 河岸土壤,河滨土壤,河滩土{土壤}
riverside swamp 河滨沼泽{生态}
riverside training 河道治理
rivet ①铆钉 ②铆,铆合,铆接
rivet clipper 铆钉钳
rivet head 铆钉头(工具)
rivet joint 铆接
rivet steel 铆钉钢
rivet wheat (= English wheat, cone wheat, poulard wheat) 圆锥小麦[*Triticum turgidum* L.](禾本科)
riveted joint (= rivet joint) 铆钉接合
riveted pipe 铆接管{环保}
riveted steel pipe 铆接钢管{环保}
riveter ①铆钉机,铆钉枪 ②铆工
riveting 铆接,铆合
riveting machine (摩擦衬片)铆机
riveting set 套铆接工具
riveting tongs 铆钉钳
riving knife (= cleaver) 劈刀
rivularia ①胶须藻属[*Rivularia* spp.](胶须藻科) ②胶须藻[*Rivularia* sp.]
rivularia family 胶须藻科[Rivulariace]
rivulet 小河(rivuculus)
rivulose 具小槽纹的(rivulosus)
rivus 小溪
rizine 过热蒸气处理[的]米
RK (= rank) 等级
rlogin 远程登录{信息}
RMR (= relative metabolic rate) 相对代谢率

r.m.s.（= root mean square） 均方根{统计}
RNA（= ribonucleic acid） 核糖核酸{分遗}
RNA base composition RNA 碱基成分
RNA-binding protein RNA 结合蛋白
RNA biosynthesis RNA 生物合成
RNA biosynthesis on template RNA 在模板的生物合成
RNA blotting RNA 印迹法
RNA catalysis RNA 催化
RNA chain growth RNA 链成长
RNA chain growth direction RNA 链成长方向
RNA chain growth rate RNA 链成长率
RNA cleavage enzyme RNA 分裂酶
RNA complex RNA 复合物
RNA conformation RNA 构象
RNA degradation RNA 降解
RNA-dependent DNA polymerase 依赖于 RNA 的 DNA 聚合酶
RNA-dependent RNA polymerase 依赖于 RNA 的 RNA 聚合酶
RNA-dependent RNA replicase 依赖于 RNA 的 RNA 复制酶
RNA-dependent synthesis 依赖于 RNA 的合成
RNA destribution in eukaryotic cell RNA 在真核细胞的分布
RNA-directed DNA polymerase RNA 指导的 DNA 聚合酶
RNA-directed RNA polymerase RNA 指导的 RNA 聚合酶
RNA-DNA hybrid RNA-DNA 杂化物，RNA-DNA 杂种
RNA-DNA hybrid molecule RNA-DNA 杂化物分子，RNA-DNA 杂种分子
RNA-DNA hybridization RNA-DNA 杂交，RNA-DNA 杂化
RNA-driven hybridization RNA 驱动杂交
RNA editing RNA 编辑
RNA encapsidation RNA 衣壳化
RNA enzyme RNA 酶
RNA equivalent RNA 当量
RNA folding RNA 折叠
RNA footprinting RNA 足迹法
RNA helicase RNA 解旋酶
RNA hybridization RNA 杂交
RNA in vitro synthesis RNA 离体合成，RNA 在试管内合成
RNA ladder RNA 梯
RNA ligase RNA 连接酶
RNA maturase RNA 成熟酶
RNA mechanism of synthesis RNA 合成机制
RNA metabolism RNA 代谢作用
RNA methylase RNA 甲基化酶
RNA N-glycosidase RNA N-糖苷酶
RNA nucleotidyltransferase RNA 核苷酸转移酶
RNA of low-molecular weight（oopRNA） 低分子量 RNA
RNA packaging RNA 包装
RNA phage RNA 噬菌体
RNA phage adsorption RNA 噬菌体吸附
RNA phage coat protein RNA 噬菌体外壳蛋白
RNA phage life cycle RNA 噬菌体生活周期
RNA phage map RNA 噬菌体图
RNA phage maturation protein RNA 噬菌体成熟蛋白质
RNA phage MS_2 RNA 噬菌体 MS_2
RNA phage particle RNA 噬菌体颗粒
RNA phage polarity RNA 噬菌体极性
RNA phage replicase RNA 噬菌体复制酶
RNA phage replication RNA 噬菌体复制
RNA phage repression RNA 噬菌体阻遏
RNA phage RNA RNA 噬菌体 RNA
RNA polymerase RNA 聚合酶
RNA polymerase Ⅰ，Ⅱ，Ⅲ RNA 聚合酶Ⅰ，Ⅱ，Ⅲ
RNA polymerase assay RNA 聚合酶测定
RNA polymerase binding site sequence RNA 聚合酶结合部位顺序
RNA polymerase core enzyme RNA 聚合酶核心酶
RNA polymerase holoenzyme RNA 聚合酶全酶
RNA polymerase inactivation by pyridoxal phosphate RNA 聚合酶受磷酸吡哆醛而纯化(失活)
RNA polymerase inhibitor RNA 聚合酶抑制剂
RNA
polymerase interference by repression RNA 聚合酶受阻遏干扰
RNA polymerase mechanism RNA 聚合酶机制
RNA polymerase of bacteriophage 噬菌体的 RNA 聚合酶
RNA polymerase purification RNA 聚合酶纯化
RNA polymerase reaction RNA 聚合酶反应
RNA polymerase subunit RNA 聚合酶亚

单位
RNA polypeptide RNA 多肽
RNA population RNA 群体
RNA postinfection RNA 后感染
RNA precursor RNA 前体
RNA primase RNA 引发酶
RNA primer RNA 引物
RNA primer for DNA replication DNA 复制用 RNA 引物
RNA probe RNA 探针
RNA probe amplification RNA 探针扩增
RNA processing RNA 加工
RNA-protein complex RNA 蛋白复合物
RNA-protein interaction RNA-蛋白质相互作用
RNA pseudoknot RNA 假结
RNA puff RNA 疏松
RNA recombination RNA 重组
RNA removal schedule RNA 移除程序
RNA replicase RNA 复制酶
RNA replicate RNA 复制
RNA replication RNA 复制
RNA-RNA interaction RNA-RNA 相互作用
RNA secondary structure prediction RNA 二级结构预测
RNA sequence RNA 序列
RNA sequencing RNA 测序,RNA 序列测定
RNA splicing RNA 剪接
RNA splicing factor RNA 剪接因子
RNA stability RNA 稳定性
RNA structure RNA 结构
RNA structure prediction RNA 结构预测
RNA synthesis (RNAs) RNA 合成
RNA synthesis in heterokaryon 异核体 RNA 合成
RNA synthesis in hybrids 杂种 RNA 合成
RNA synthesizer RNA 合成仪
RNA synthetase RNA 合成酶
RNA template RNA 模板
RNA transcriptase RNA 转录酶
RNA transcription from DNA RNA 转录自 DNA,DNA 转录 RNA
RNA transfection RNA 转染
RNA transformation RNA 转化
RNA translation RNA 翻译
RNA transport RNA 转运(运输)
RNA tumor virus RNA 肿瘤病毒
RNA virus RNA 病毒
RNA virus-infected cell RNA 病毒感染细胞
RNA world RNA 世界
RNAA (= radiochemical neutron activation analysis) 放射化学中子活化分析
RNAase (= ribonuclease) 核糖核酸酶,RNA 酶
RNAase A RNA 酶 A
RNAase-free reagent 无 RNA 酶试剂
RNAase H RNA 酶 H
RNAase inhibitor RNA 酶抑制剂
RNAase mapping RNA 酶制图,RNA 酶图谱法
RNAase P RNA 酶 P
RNAase T RNA 酶 T
RNAs (= RNA synthesis) RNA 合成
Rnasin RNA 酶蛋白质抑制物(商)
rnee 根膝(指植物的)
RNP (= ribonucleoprotein) 核糖核蛋白
RNP complex RNP 复合物
RNP constituent RNP 组分
RNP particle RNP 颗粒,RNP 亚单位
RNP precursor RNP 前体
rNTP (= ribonucleotide triphosphate) 核糖核苷三磷酸{分遗}
roach ①拟鲤[*Rutilus rutilus* L.](水产) ②蜚蠊 ③⌞复⌝蜚蠊科[Blattidae]{昆虫}
road 道路,公路
road bed 路基
road block 道路封锁
road book 道路指南
road building 筑路
road clearance 路隙
road crown 车道
road curve 道路曲线
road engineering 道路工程
road grader 平路机
road guard 养路工
road haulage 公路运输,陆路运输
road maintenance 养路
road making (= road building) 筑路
road material 筑路材料
road metal 筑路碎石
road reconnaissance ①道路侦察 ②道路勘查{遥感}
road roller 压路机
road scraper 铲运机,刮路机
road sense 道路情况传感
road slide 木马道
road speed 路上速度
road system 道路网,公路网
road tanker 液罐车,油槽车
road tractor 铺路牵引车
road transport engineering 公路运输工程

road vehicle 运输车辆
road wheel 行走轮
road wheel drive 地轮驱动
roadbank 路堤
roadbank erosion 路堤侵蚀
roading ①拖运 ②道路密度(每单位面积上的长度)
roadside 路边,道旁
roadside corn market 路边谷物销售市场{农管}
roadside-growing 路旁生的(vialis, viaticus)
roadside mower 路边用刈草机
roadside planting 路旁种植
roadside sprayer 路边用喷雾机
roadside tree 道旁树,路旁树
roadside vegetation 道旁植被
roadway ①车道,道路 ②运材道(= carriage way) ③路面,桥面 ④路线(指铁路)
roadway bucket 车道排水沟清理铲斗,公路边排水沟清理铲斗
roadwidth 路宽
roam ①漫游,游历(= roval) ②光标散游(指审视图像){遥感}
roan 杂色的,杂毛的(杂有白色或灰色的褐色毛皮)
roan cow 杂色牛
roan horse 杂色马
roar (= angry buzz) 轰鸣{蜂}
roaring (马)喘鸣症
roaring forties 咆哮西风(指南半球40°附近的强西风)
roast ①烤,炙 ②加热,烘 ③取暖
roast coffee-beans 烘咖啡豆
roast house 烤房,烘焙间
roasted beef 烤干牛肉,牛肉干
roasted chicory 烘干菊苣(其根烘干制粉,是咖啡的代用品)
roasted coffee 烘制咖啡
roasted grain 烘干子粒
roasted pork 烤干猪肉,猪肉干
roasted rice 香稻米
roasted soil 烤干土,烧土
roaster ①烘烤炉 ②肉用子鸡(8星期到5个月大的)
roasting 烘烤,烘焙
rob (= syrup) 糖浆
robber 盗蜂
robber crab 椰子蟹[*Birgus latro* Linnaeus]
robber fly ①食虫虻 ②⌊复⌉食虫虻科[Asilidae]
robbing 盗蜜
Robert gradient 罗伯特梯度{遥感}
Robert Hartig's method 哈氏全林材积计算法{森林}
Robertsonian 罗柏逊式(指由着丝粒并合的染色体结构改变的)
Robertsonian translocation 罗柏逊式易位
robin 刺槐毒蛋白
robinaline 山梗灵[$C_{28}H_{38}N_3O$]
robinetin 刺槐亭[$C_{15}H_{10}O_7$]
robinia (= false acacia) ①刺槐属[*Robinia* L.](豆科) ②刺槐[*Robinia pseudoacacia* L.]
robinin 刺槐素[$C_{33}H_{40}O_{19}$]
robinose 刺槐糖
Robinson model 鲁宾逊模型{遥感}
Robinson's anemometer (= Robinson's cup anemometer) 鲁滨孙风速表
Robiso ester 罗比森酯,葡萄糖-6-磷酸
Robitzsch actinograph 洛毕特茨氏自记日射计
robot ①机器人 ②自动机 ③自动仪{物}
robot arm controller 机器人手臂控制[器]
robot assembly research 机器人装置研究
robot calibration 机器人校准
robot control 机器人控制
robot engineering 机器人工程[学]
robot feedback system 机器人反馈系统
robot-like 机器人样的
robot manipulator 机器人操纵装置,机械手
robot mechanism 机器人机构
robot pilot (飞机)自动驾驶仪
robot problem solving system 机器人问题求解系统{电脑}
robot revolution 机器人革命
robot sense 机器人感觉
robot sensor 机器人传感器
robot series 机器人系列
robot system 机器人系统
robot tractor 遥控拖拉机
robot vision 机器人视觉
robot weather station 自动气象站
robotic 机器人的(roboticus)
robotic arm 机器人臂
robotic artificial intelligence 机器人人工智能
robotic planning 机器人规划
robotic programming language 机器人编程语言
robotics 机器人学,机器人技术(robotica)
robotization 机器人化(robotisatio)
robotnik 机器人
robust ①强健的,茁壮的 ②坚强的 ③浓的(robustus)

robust axial system 粗壮中轴系统（systema axialis robusta）

robust blue cohosh 类叶牡丹（威岩仙）[*Caulophyllum thalictroidet* var. *robustum* Regel. = *C. robustum* Maxim]（小檗科）

robust control 健全控制

robust decentralized control 强壮分散控制

robust tracking 健壮追踪

robusta coffee（= Congo coffee）刚果咖啡（粗壮咖啡）[*Coffea robusta* Lind]（茜草科）

robustness 健壮性

rocambole（= giant garilic）葫蒜 [*Allium scorodoprasum* L.]（百合科）

roccellic acid 石蕊酸，2－甲基－3－十二烷基琥珀酸 [$C_{17}H_{32}O_4$]

rochea ①罗齐阿属 [*Rochea* DC.]（景天科）②罗齐阿 [*Rochea coccinea* DC.]

Rochelle salt 罗氏盐，酒石酸钾钠 [$KNaC_2H_4O_6 \cdot 4H_2O$]

rock 岩石（rupes）{地质}

rock apple 丽江山荆子 [*Malus rockii* Rehd.]（蔷薇科）

rock arm 摇臂

rock bank 石岸

rock bath 洗蔗池，岩石池{蔗}

rock bearing plant 岩生植物

rock beauty ①岩美草属 [*Petrocallis* R.S.]（十字花科）②岩美草 [*Petrocallis* sp.]

rock bee 岩蜂 [*Apis dorsata*]

rock-bell ①兰花参属 [*Wahlenbergia* Schrad.]（桔梗科）②兰花参 [*Wahlenbergia marginata* DC.]

rock border 岩石花境{园林}

rock-brake ①珠厥属 [*Cryptogramma* R. Br.]（水龙骨科）②珠厥 [*Cryptogramma crispa*（L.）R. Br.]

rock breaking 岩石破碎，岩石风化

rock cherry（= Mahaleb cherry, Sainte Lucie cherry）马哈利樱桃 [*Prunus mahaleb* L.]（蔷薇科）

rock cotoneaster 平枝栒子（平枝灰栒子）[*Cotoneaster horizontalis* Decne.]（蔷薇科）

rock creep 岩石蠕动

rock-cress ①筷子芥属 [*Arabis* L.]（十字花科）②筷子芥 [*Arabis alpina* L.]

rock debris 岩屑

rock deflector 排石铲

rock drill 凿岩机

rock elm（= cork elm）岩榆

rock erosion 岩石侵蚀，岩层侵蚀

rock exposure 岩石露头，裸露岩石

rock face 岩壁

rock fall 岩崩

rock fishes ①鲉类 ②鲉科 [Scorpaenidae]

rock formation 岩层

rock-forming mineral（= rock-making mineral）造岩矿物

rock fragment 岩屑

rock garden 岩石园{园林}

rock gardening 岩石园园艺

rock glacier 石流

rock guard 防石护刃器

rock hare 岩兔

rock ice 岩石冰

rock-jasmine ①点地梅属 [*Androsace* L.]（报春花科）②点地梅 [*Androsace umbellata*（Lour.）Merr.]

rock land 石质地

rock maple（= hard maple）糖槭

rock melon 硬皮甜瓜（罗马甜瓜）[*Cucumis melo* var. *cantalupensis* Naudin]（葫芦科）

rock mover 采石机，除石机，捡石机

rock nettle ①岩荨麻属 [*Eucnide* spp.]（刺莲花科）②岩荨麻 [*Eucnide bartonioides* sp.]

rock oak（= blue-jack oak）岩栎

rock outcrop soil 石质土，岩石露头土

rock phosphate 磷灰岩，磷块石，磷矿石

rock phosphate dust 磷矿石粉

rock picker 采石机，捡石机

rock pigeon 野鸽 [*Columba livia*]

rock pink fameflower 大花土人参 [*Talinum calycinum* Engelm.]（马齿苋科）

rock plant 岩石植物

rock remover 除石器，清石器

rock-rose ①岩蔷薇属 [*Cistus* L.]（半日花科）②岩蔷薇 [*Cistus ladanifer* L.]

rock-rose family 半日花科 [Cistaceae]

rock sajong 姜石，沙姜

rock salt 岩盐，石盐

rock scale 岩石单位

rock slide 岩滑，岩石滑动

rock-spray cotoneaster 铺地蜈蚣 [*Contoneaster microphylla* wall.]（蔷薇科）

rock structure 岩石结构

rock sugar 冰糖

rock trap 除石器，集石器

rock vegetation 岩石植被

rock violet ① 堇青藻属 [*Trentepohlia* Mart.]（青丝藻科）②堇青藻 [*Trentepo-*

hlia aurea (L.) Mart.]
rock weathering 岩石风化
rock windrower 石块收集堆条机
rockalum (纯性的)明矾,石矾
rocker 摇杆,摇臂
rocker arm (割草机)摇杆
rocker shaft 摇轴
rockery 假山岩石园{园林}
rocket ①香花芥属(紫花南芥属)[*Hesperis* L.](十字花科) ②香花芥[*Hesperis trichosepala* Turcz.] ③紫花南芥[*Hesperis matronalia* L.] ④火箭{物}
rocket candytuft (= wild candyturf) ①屈曲花属(蜂室花属)[*Iberis* L.](十字花科) ②屈曲花(蜂室花)[*Iberis amara* L.]
rocket electrophoresis 火箭电泳{物}
rocket immunoelectrophoresis 火箭免疫电泳
rocket larkspur ①飞燕草属[*Delphinium* L.](毛茛科) ②飞燕草[*Delphinium ajacts* L.]
rocket lightning 火箭状闪电
rocket meteorograph 火箭气象计
rocket propellant 火箭推进剂
rocket sled 火箭车
rocketsalad 芝麻菜(瓢儿菜)[*Eruca sativa* Gasault](十字花科)
rocketsonde 火箭探空仪
rockfill dam 填石坝{水利}
rockfoil ①虎耳草属[*Saxifraga* L.](虎耳草科) ②虎耳草[*Saxifraga stolonifera* (L.) Meerb. = *S. sarmentosa* L.]
rocking microtome 摇动切片机
rocking shaft (= rocker shaft) 摇臂轴
rocking straw shaker 摇动逐稿器
rockoon 火箭[探空]气球
rockpurslane ①岩马齿属[*Calandrinia* H. B.](马齿苋科) ②岩马齿[*Calandrinia* sp.]
rockshaft (内燃机)摇臂轴
rocktripe ①石耳属[*Gyrophora* Ach.](石耳科) ②石耳[*Gyrophora esculenta* Miyos]
Rockwell hardness 洛氏硬度{物}
Rockwell's hardness tester 洛氏硬度计
rockwool 褐块石棉
rockwool culture 褐块石棉栽培(指无土栽培法)
rockwork 石工
rocky ①石质的(lapideus) ②石生的,石间生的(lapidosus)
rocky area cutting system 岩石区收割法(指甘蔗)
rocky ground 岩石地
rocky land 岩石地
Rocky Mountain grasshopper (= Rocky Mountain locust) 落基山[蚱]蜢[*Melanoplus spretus* Walsh.]{蝗科}
Rocky Mountain spotted fever 洛基山斑疹热
Rocky Mountain wool tick 安氏矩头蜱[*Dermacentor andersoni* Stiles](硬蜱科)
rocky road 石子路
rocky soil 石质土
rocky-soil plow 多石地犁
rocky tundra 石质冻原
Roczyanus Wolf's bane 露氏乌头[*Aconitum loczyanum* Raymund.](毛茛科)
rod ①小枝,梢,嫩枝 ②杆,轴,竿,棒 ③鞭,笞 ④杆菌 ⑤视杆细胞 ⑥棒状体
rod beater 杆式逐稿轮
rod bivalent ①杆形二价的 ②杆形二价[染色]体
rod bottom 杆条犁体
rod cell 视杆细胞
rod chromosome 杆形染色体
rod clevis 棒料U形钩
rod cultivator 杆式中耕机
rod divider 杆式分禾器
rod float 杆式浮标
rod graduation 标尺分度
rod-like 杆状的(baculatus, bacillaris)
rod-like bacteria 杆状细菌(*bacteria baculatae*)
rod-like digger 杆连升运式挖掘机
rod man 司尺员{测}
rod memory 杆式存储器
rod moldboard 棒状拨土板,棒状覆土板
rod packing 推杆密封环
rod reading 标尺读数
rod row 秆行{育种}
rod row arrangement 秆行排列
rod row method of breeding 秆行育种法
rod row plot 秆行区
rod row test 秆行试验
rod row trial 秆行试验
rod-shaped bacteria 杆菌
rod-shaped body 杆状体
rod-shaped particle 棒形颗粒
rod-type 杆式的
rod-type sweet potato harvester 杆式甘薯收获机
rod weeder 杆式中耕机
rod welding 焊条焊

rod wiper 活塞杆刮垢器
rod yoke [活塞]杆连叉
rodent ①鼠类,啮齿类动物 ②⌊复⌉啮齿目[Rodentia]
rodent bots (=rabbit bots) 疽蝇科[Cuterebridae]
rodent chewing lice 鼠羽虱科[Gyropidae]
rodent control 鼠类防除
rodenticide 杀鼠剂,杀啮齿类剂
rodgersia (=rodger's flower) ①鬼灯檠属[*Rodgersia* A. Gray](虎耳草科) ②鬼灯檠[*Rodgersia podophylla* A. Gray]
rodlike macromolecule 杆状大分子
roe 鱼卵
roe buck 雄麅
roe deer 麅[*Capreolus capreolus*]
roe fawn 仔麅
roemeria ①裂叶罂粟属[*Roemeria* Medik.](罂粟科) ②裂叶罂粟[*Roemeria refracta* DC.]
roentgen (=röntgen)(r) 伦琴(X射线强度单位)
roentgen equivalent does (RED) 伦琴当量剂量
roentgen equivalent in man (rem) 拉得当量(指人的伦琴当量)
roentgen equivalent physical (rep) 物理伦琴当量
roentgen kymography 伦琴X射线动态摄影术
röentgen Kymography 伦琴射线动态摄影术
roentgen rays 伦琴射线,X-射线
roentgen unit 伦琴单位
roentgenogram X射线照片
roentgenograph X射线照相,X光照相
roentgenography X射线照相术
roentgenometer X射线计,伦琴计
roentgenoscopy X射线透视法
roestelium 毛型春孢器{真菌}
Rogor (= dimethoate) 乐果{农药}
Rogue (= propanil) 敌稗{农药}
rogue ①劣变个体,劣种,杂种 ②去劣,去伪,去杂 ③除草
roguing ①去劣,去伪,去杂 ②淘汰
roguing of off-types 去劣去杂
roguing out 去劣,去杂
rohdea ①万年青属[*Rohdea* Roth](百合科) ②万年青[*Rohdea japonica* Roth et Kunth]
rohu 印度野鲮[*Lebeo rohita* Buchanan Hamilton]{水产}
roil 搅混,动荡,使浑浊
roily 搅浑的,浑浊的
rolandometer 大脑皮质沟测定器
role ①工作,作用 ②任务 ③角色
role bale silage 青贮捆工作
role consistency 作用一致性
role in increasing yield 增加生产的任务,提高产量的任务
role of fusion 融合作用
role of mitotic spindle 有丝分裂纺锤体的作用
role of organic manure 有机肥料作用
roll ①滚轮,滚筒 ②压路机 ③(车辆)侧倾 ④横向摆振 ⑤绕线轴,牛奶浓缩转筒 ⑥(金属)滚轧,压延 ⑦(土壤)镇压,滚转 ⑧卷,(牧草)压扁
roll-back ①重新运行,重算 ②回滚,回退{电脑}
roll baler (=roll-type baler) 辊式压捆机
roll box 卷捆室
roll clouds 滚轴云,弧状云
roll compaction 滚筒压榨
roll crusher 滚碎机,压碎机
roll cumulus 滚轴积云
roll damper 侧倾阻尼器
roll down 下卷
roll-in 转入,滚入
roll-in / roll-out 转入转出,调进调出{电脑}
roll microfilm [卷轴式]缩微胶卷
roll mill 滚筒压碎机,辊式粉碎机
roll-off 下滑,转出
roll-on 转入
roll over ①滚改,滚改器{电脑} ②转台{信息} ③倾翻{农机}
roll-over action 倾翻作用,倾翻动作
roll-over bucket 倾翻式铲斗
roll-over guard (拖拉机)翻车安全装置
roll-over plough 横轴翻转犁
roll paper 卷轴式纸(指记录纸)
roll plotter 滚式绘图机
roll polling 轮询,轮流探询{信息}
roll restrictor 侧倾限制器
roll seed separator 辊式种子清选机
roll-stripper 辊式摘棉机
roll-type baler 辊式压捆机
roll-type bush breaker 滚式除荆(灌丛)机
roll-up 上滚,上滑(指显示屏上信息)
rollaway nest 滚道,滑槽
rollback ①(铲斗)仰转角 ②反绕
rolled ①镇压的,滚压的(compactus){耕作} ②旋钮的(tortilis){形态}
rolled barley 大麦[压]片
rolled oats (= Quaker's oats) 燕麦片
rolled wheat 压扁小麦[粒],小麦片
roller ①滚轮,辊子 ②压路机 ③(滚子轴承

的)滚子 ④镇压器 ⑤滚筒 ⑥卷叶虫(= leafroller)
roller ball 滚卷球{电脑}
roller bottle apparatus 滚瓶装置(指培养用){生技}
roller bottle culture 滚瓶培养{生技}
roller chain 滚子链
roller crusher ①辊式压碎机 ②辊式压扁机
roller drier 辊式干燥机
roller drill 带镇压轮播种机
roller feed 辊式排肥器
roller feeder 滚筒喂入器,滚筒加料器
roller gin 皮辊轧花机
roller grader 辊式分级机,辊式分选机
roller-impeller pump 滚子叶轮泵
roller-impeller pump sprayer 滚子泵喷雾机
roller in sections 分组镇压器
roller mill 对辊磨
roller plough (= roller plow) 滚子犁
roller sizer (= roller sorter) 辊式分级机
roller sorting table 辊式分选台
roller stripper 辊式摘穗器
roller thresher 辊式脱粒机
roller tiller 旋转碎土器,星轮碎土器
roller tractor 压路牵引车
roller tube 滚管
roller type conveyor 滚筒式输送器{农施}
roller-type hand hoe 滚筒式手锄
roller wheel 滚轮
rollgang 输送辊道
rollgang elevator 滚道升运器
rolling ①滚压,镇压 ②压扁,压碎,滚轧 ③揉捻(制茶工序) ④卷曲
rolling-ball planimeter 转球求积仪
rolling circle 滚环{分生}
rolling circle and bacterial mating 滚环与细菌交配
rolling circle mechanism 滚环机制
rolling circle model 滚环模型
rolling circle replication rDNA 滚环复制 rDNA
rolling coulter (= disk colter) ①圆犁刀 ②圆盘开沟器
rolling country 波形地,起伏地
rolling cultivator 旋耕机
rolling-disk planimeter 转盘求积仪
rolling effluent 轧钢[流出]废水{环保}
rolling friction 滚动摩擦,第二种摩擦
rolling hill 丘陵
rolling land 坡地{耕作}
rolling of leaves 叶片卷曲
rolling off 摘挂
rolling resistance 滚动阻力
rolling tube culture 滚管培养{生技}
rolling tube technique 滚管技术{生技}
rolling up 上滚,上滑
Roma character 罗马字[符]{信息}
romaine lettuce 直立莴苣[*Lactuca scariola* var. *longifolia* = *L. scariola* var. *romana* Gars.](菊科)
Roman camomile 白花春黄菊(罗马甘菊)[*Anthemis nobilis* L.](菊科)
Roman camomile oil 罗马甘菊油
Roman cypress 罗马柏木[*Cupressus sempervirens* L.](柏科)
Roman plough 罗马犁
Roman snail 罗马大蜗牛[*Helix romatia* Linnaeus](大蜗牛科)
Romanet grape 秋葡萄[*Vitis romanetii* Roman.](葡萄科)
Romney March 罗姆纳羊(英国品种)
rondeletia ①郎德木属[*Rondeletia* L.](茜草科) ②郎德木[*Rondeletia odorata* Jacq.]
ronnel (= fenchlorphos) 皮蝇磷{农药}
röntgen (= roentgen) (r) 伦琴(X射线强度单位)
röntgen-equivalent-chemical 化学伦琴当量
röntgen-equivalent dose 伦琴当量剂量
röntgen-equivalent-physical 物理伦琴当量
röntgen unit (r) 伦琴单位(X光线放射)
röntgne-equivalent-mammal 哺乳动物伦琴当量
rood 路得(英国的面积单位,=0.25英亩)
roof ①(建筑物,篷帐,公共汽车,车辆等)顶部,盖,罩 ②屋顶
roof garden 屋顶花园{园林}
roof iris 鸢尾[*Iris tectorum* Maxim.](鸢尾科)
roof of hive 蜂箱盖
roof tile 瓦
roof to roof service 逐户服务{信息}
roof tree 栋梁
roof truss 屋顶木架(温室)
roof ventilator (温室)天窗
roof wind 天窗{农施}
roof window 屋顶窗
roofing ①盖屋顶 ②覆盖,保护 ③屋顶,屋面,盖瓦 ④屋顶设计,屋面设计 ⑤屋脊型{环保}
rook 深山鸦[*Corvus frugilegus*]
room ①房间 ②空间 ③室
room climate 室内气候
room temperature 室温,常温

room temperature gluing 常温胶合
room temperature storage 常温贮藏
room thermostat 室内恒温器
roomy（= undererowded, thinly stocked） 稀疏郁闭{森林}
roost ①栖木，栖架 ②小鸡舍
rooster 公鸡
root 根（radix）
root absorption 根吸收
root activity 根系活[动]性
root adding manure 根部追肥
root aerotion 根部通气
root apex 根端（apex radicis）
root apices（= root apex, root tip） 根端，根尖
root area index(RAI) 根面积指数
root arrangement 根系（rhizotaxis）
root atmosphere 根部大气
root bacteria 根瘤菌（bacteria radicis）
root ball（= ball of earth） 根球，根团，根垛
root band（= root ring） （甘蔗）根带
root baring plough （葡萄园用）露藤犁
root base ①根基[部] ②根本 ③基础
root-beet 根用甜菜［*Beta macrorhiza* Stev.］（藜科）
root behaviour 根系动态
root bending 根部弯曲
root borer（= cane root borer） 甘蔗蛀根螟［*Emmalocera depressella* Swinhoe］（螟蛾科）
root bound 盆缚
root box 根箱(观察根系用)
root canal 根管（canalis radicis）
root cancer 根癌［*Bacterium tumefaciens* Smith et Townseed］
root cap（= calyptra, pileorhiza） 根冠
root cap initial cell 根冠原始细胞
root cap slime 根冠黏液
root characteristics 根特征
root chicory ①菊苣属［*Cichorium* L.］（菊科）②菊苣［*Cichorium intybus* L.］
root chopper 块根切碎机
root cleaner 块根清理机
root-cleaning bucket 块根清理斗
root climber 根攀[缘]植物（scandens radicis）
root collar 根颈（collum radice）
root competition 根系竞争
root contraction 根萎缩
root cortex 根皮层（cortex radicis）
root cracking 根裂
root-crop breeding 块根作物育种
root-crop bucket 块根作物装载斗
root-crop cultivation 块根作物栽培，根用作物栽培
root-crop harvester 块根作物收获机
root-crop tractor 块根作物拖拉机
root crops 块根作物，根用作物
root crown 根颈（collum）
root crushing machine 块根粉碎机
root culture 根培养
root cutter ①切根器 ②块根切碎机
root cutter knife 块根切碎刀片
root cutting 根插，根插条
root damage 根部损伤
root density 根部密度
root depth 根深度
root development 根系发育
root digger 块根挖掘机
root disease 根部病害
root disposition ①根序 ②生根（radicatio）
root distribution 根分布（distributio radicis）
root division 分根（divisio radicis）
root dozer 除根机
root drill 块根种植机
root dry rot of broad bean 蚕豆根干腐病［*Erysiphe avenaceum*（Fr.）Sacc. var. *fabae* Yu.］
root-eating insect 食根虫
root eelworm（= root nematode） 根线虫［*Heterodera radicicola*（Greef.）Cobb.］
root elongation 根系伸长
root emergence 发根，生根
root endodermis 根内皮层（endodermis radicis）
root excretion 根分泌
root expansion 根系扩张
root extension 根系伸展
root extractor 挖根机
root exudate 根渗出物
root fibril 根须（fibrilla radicis）
root-fomes 根腐菌
root forming substance 成根物
root gall 根瘿
root gapper （块根作物）间苗机
root grafting 根接{园艺}
root grafting by approach 根靠接
root grafting Knife 根[嫁]接刀
root group 根群
root growth 根系生长
root habitation 根部环境（habitatio radicis）

root hair 根毛(pillus radicularis)
root hair layer 根毛层
root hair region (= root hair zone) 根毛区
root hair zone 根毛区(zona capillata)
root hampering 根部发育受阻
root hardy 根耐寒
root harvester 挖根机
root harvesting machinery 块根收获机械
root-headed 根状头的
root hemiparasite 根半寄生物,根兼性寄生物(hemiparasita radicis)
root hopper 块根箱
root inarching 根靠接{园艺}
root inducing hormone 根诱导激素
root inducing plasmid 根诱导质粒
root inducing powder 促进生根粉剂
root infection 根部感染
root-inhabited horizon 根分布层
root initials 根原始细胞
root injector 根部注射器,土壤注肥器
root injury 根部损害
root ion transport 根离子运输
root knot ①根结,根癌 ②根瘤病
root knot eelworm (= root knot nematode) 根瘤线虫
root knot nematode disease 根结线虫病
root knot nematode of bean 菜豆根结线虫病 [*Meloidogyne* sp.]
root knot nematode of beet 甜菜根结线虫病 [*Meloidogyne* sp.]
root knot nematode of carrot 胡萝卜根结线虫病 [*Meloidogyne incognita* var. *acrita* Chitwood]
root knot nematode of celery 芹菜根结线虫病 [*Meloidogyne* sp.]
root knot nematode of Chinese cabbage 白菜根结线虫病 [*Meloidogyne* sp.]
root knot nematode of cotton 棉根结线虫病 [*Meloidogyne marioni* Cornu.]
root knot nematode of cucumber 黄瓜根结线虫病 [*Meloidogyne* sp.]
root knot nematode of eggplant 茄根结线虫病 [*Meloidogyne* sp.]
root knot nematode of garden radish 萝卜根结线虫病 [*Meloidogyne incognita* var. *acrita* Chitwood]
root knot nematode of leaf mustard 芥菜根结线虫病 [*Meloidogyne* sp.]
root knot nematode of lettuce 莴苣根结线虫病 [*Meloidogyne* sp.]
root knot nematode of maize 玉米根结线虫病 [*Meloidogyne* sp.]
root knot nematode of millet 黍根结线虫病 [*Meloidogyne* sp.]
root knot nematode of onion 洋葱根结线虫病 [*Meloidogyne* sp.]
root knot nematode of papaya 番木瓜根结线虫病 [*Meloidogyne* sp.]
root knot nematode of pea 豌豆根结线虫病 [*Meloidogyne* sp.]
root knot nematode of peanut 花生根结线虫病 [*Meloidogyne halpa* Chitwood.]
root knot nematode of pear 梨根结线虫病 [*Meliodogyne hapla* Chitwood]
root knot nematode of pepper 辣椒根结线虫病 [*Meloidogyne incognita* var. *acrita* Chitwood = *M. hapla* Chitwood]
root knot nematode of potato 马铃薯根结线虫病 [*Meloidogyne* sp.]
root knot nematode of sorghum 高粱根结线虫病 [*Meloidogyne* sp.]
root knot nematode of soybean (= root knot of soybean) 大豆根瘤线虫病 [*Meloidogyne arenaria* Neal]
root knot nematode of spinach 菠菜根结线虫病 [*Meloidogyne* sp.]
root knot nematode of sugar beet (= root knot nematode of beet) 甜菜根结线虫病 [*Meloidogyne hapla* Chitwood]
root knot nematode of sweet potato 甘薯根结线虫病 [*Meloidogyne incognita* Kaf et Wh.]
root knot nematode of taro 芋根结线虫病 [*Meloidogyne* sp.]
root knot nematode of tobacco 烟草根结线虫病 [*Meloidogyne* sp.]
root knot nematode of tomato 番茄根结线虫病 [*Meloidogyne* sp.]
root knot nematode of weish onion 大葱根结线虫病 [*Meloidogyne incognita* var. *acrita* Chitwood = *M. hapla* Chitwood]
root knot nematode of wheat 小麦根结线虫病 [*Meloidogyne* sp.]
root knot nematodes 根瘤线虫属 [*Meloidogyne* spp.]
root leaf 根出叶,基生叶(folium radicale)
root-leaved 叶上生根的,根叶的(rhizophyllus)
root length 根长度
root lesion nematode 干尖线虫病,干尖病
root lifter 块根挖掘机
root-like leaf 根状叶(folium rhizomorphum)

root loader 块根装载机
root loading scoop 块根装载斗
root locus 根轨迹{遥感}
root lodging 根部倒伏
root losses 块根[收获]损失
root louse（= grape phylloxera） 葡萄根瘤蚜
root maggot 根蛆
root maggot flies（= anthomyiidflies） 花蝇科［Amthomyiidae］
root manure 根肥
root mass 根群
root mat 根丛
root mealybug 嗜橘粉蚧(蔗根粉蚧)［*Pseudococcus calceolariae* Maskell］(粉蚧科)
root mean 均根{统计}
root mean square（r.m.s.） 均方根
root mean square criterion 均方根准则
root mean square deviation 均方根离差
root mean square error（**RMS error**） 均方根误差
root mean square value（**RMS value**） 均方根值,均方值
root medium 根围,根际
root mentor 根蒙导
root mitochondria 根粒线体
root morphology 根形态学（radicomorphologia）
root mustard 大头菜(根用芥菜)［*Brassica juncea* Coss. var. *megarrhiza* Tsen et Lee.］(十字花科)
root neck 根颈,莲座丛颈（collum radicis）
root necrosis 根坏死病
root nematode of bean 菜豆根线虫病［*Heterodera schachtii* A. Schmidt.］
root nematode of beet 甜菜根线虫病［*Heterodera schachtii* A. Schmidt.］
root nematode of cotton 棉根线虫病［*Heterodera schachtii* A. Schmidt.］
root nematode of peanut 花生根线虫病［*Heterodera schachtii* A. Schmidt.］
root nematode of potato 马铃薯根线虫病［*Heterodera schachtii* A. Schmidt.］
root nematode of soybean 大豆根线虫病［*Heterodera schachtii* A. Schmidt.］
root nematode of sweet potato 甘薯根线虫病［*Heterodera schachtii* A. Schmidt.］
root nematode of wheat 小麦根线虫病［*Heterodera schachtii* A. Schmidt.］
root nodule 根瘤（nodulus radicalis）
root nodule bacteria 根瘤菌［*Rhizobium* Frank.］
root nodule symbiosis 根瘤共生
root nodules of soybean 大豆根瘤［*Rhizobium japonicum* Buchanan］
root number 根数
root of ma-lien 马蔺根［*Iris lactea*］
root of matrimony vine 枸杞头
root of tail 尾根{畜}
root of the first order 一级根
root of the second order 二级根
root out（= exterminate） 连根拔除
root parasitism 根寄生
root parenchyma 根薄壁组织（parenchyma radicis）
root part 根部,地下部分
root peeler ①块根去皮器 ②块根清理机
root penetration 扎根,生根（penetratio radicis）
root planter 块根种植机
root-planting 用根栽植
root pocket 根囊（saccus radicis）
root pole 根端,根极（pola radicis）
root potential 根势
root pressure 根压
root pressure theory 根压理论{生态生理}
root primordium 根原基
root proliferation 根增生[现象]（proliferatio radicis）
root-propagated weeds 根茎杂草
root propagation 分根繁殖
root propagation method 根块分割繁殖法
root-property 自根性
root pruning 断根,剪根,切根
root pruning of sapling 苗木断根(指苗木定植前修剪根系的操作)
root pruning prior to transplanting 移植前剪根(指移植前根的修剪)
root puddled 根黏泥浆
root puller 拔根机,掘根机,块根拔取机
root pulling resistance 根抗拔性,拔根阻力
root pulper 块根搅碎机
root region 根区（regio radicis）
root remains 根部遗留物,残根,根茬
root residues 根部残留物,残留根茬
root respiration 根呼吸
root rot ①根腐病 ②树木根朽病［*Armilaria mellea*（Vahl. ex Fr.）Karst.］
root rot of apple 苹果白羽纹病［*Rosellinia necatrix*（R. Hark.）Berl.］
root rot of beet 甜菜根腐病［*Corticium centrifugum*（Lev.）Bres.］
root rot of cabbage 甘蓝根腐病［*Corticium centrifugum*（Lev.）Bres.］

root rot of carrot 胡萝卜根腐病[*Rhizoctonia solani* Kuhn.]
root rot of Chinese cabbage 白菜根腐病[*Corticium centrifugum* (Lev.) Bres.]
root rot of Chinese yam 薯蓣根腐病[*Rhizoctonia solani* Holland.]
root rot of chrysanthemum 菊根腐病[*Corticium centrifugum* (Lev.) Bres.]
root rot of cotton 棉根朽病[*Phymatotrichum omnivorum* (Shear) Dugg.]
root rot of mangold 莙荙菜菌核病[*Sclerotinia sclerotiorum* (Lib.) de Bary.]
root rot of mulberry ①桑根腐病[*Armillaria mellea* (Vahl. ex Fr.) Karst.] ②桑白羽纹病[*Rosellinia necatrix* (Hart.) Berl.]
root rot of oats 燕麦根腐病[*Corticium centrifugum* (Lev.) Bres.]
root rot of pea 豌豆根腐病[*Aphanomyces euteiches* Drechsler]
root rot of peanut 花生根腐病[*Corticium centrifugum* (Lev.) Bres.]
root rot of pear ①梨根腐病[*Armillaria mellea* (Vahl. ex Fr.) Karst.]②梨白纹羽病[*Rosellinia necatrix* (Hart.) Berl.]
root rot of Peh-Tsai 白菜根腐病[*Corticium centrifugum* (Lev.) Bres.]
root rot of pine 松根腐病[*Armillaria mellea* (Vahl. ex Fr.) Karst.]
root rot of rape 油菜黑胫病(油菜根朽病)[*Phoma lingam* Desmazieres.]
root rot of sugar beet (=root rot of beet) 甜菜根腐病[*Pelliculara filamentosa* (Pat.) Rogers]
root rot of tomato 番茄褐色根腐病[*Pyrenochaeta lycopersici* Schneider et Gerlach.]
root rot of tree 树木白羽纹病[*Roselinia necatrix* (Hartig.) Berlese]
root rot of wheat 小麦根腐病[*Helminthosporium sativum* Pam, King et Bakke = *Cochliobolus sativus* (Ito et Kurib) Drechsler]
root rubber 藤根橡胶[*Carpordinus lanceolata*]
root secretion 根分泌物(secretio radicis)
root seed drill 块根作物播种机
root seeded 种子上生根的,根子的(rhizospermus)
root separation method 根分离法
root shape 根形(forma radicis)
root sheath 根被,根鞘(velamen)
root shoot 根蘖,根出条
root-shoot ratio 根条比率(地下部与地上部比)
根-冠比,根-条比,地下部-地上部比
root-shoot ration (=root / shoot ration) 根-冠定量,根-条定量,地下部-地上部定量
root shovel 挖根铲
root shredder 块根切碎机
"root signal" "根信号"{生态生理}
root slicer 块根切片机
root slicing machine 块根切片机
root spacing drill 块根种植机
root spread 根系分布
root sprout (= root sucker) 根蘖
root squaring method 平方根法{统计}
root stalk 初生主根
root starch deposition 根部淀粉沉积
root-stem transition zone 根茎过渡区
root-stock ①根状茎,根茎(rhizoma) ②初生主根 ③地下茎 ④根茎类作物
root sucker ①根出条,根蘖 ②寄生根,吸根(surculus radicalis)
root supports 支柱根
root surface 根表面
root swelling (= butt swelling) 干脚,脚材
root system 根系,根轴系[统](systema radicis)
root thinner 块根作物间苗机
root thorn 根刺(spina radicalis)
root timber 根材
root tip 根尖(apex radicis)
root tip chromosome 根尖染色体
root tip method 根尖法{细胞}
root tip smear 根尖涂片
root-to-seed method 母本采种法
root-top ratio 根冠比率(地下部与地上部比率)
root topper 树根挖掘机
root trace 根迹(vestigium radicale)
root trailer 块根挂车,块根拖车
root tuber 块根(tuber radicale)
root tubercle 根瘤(tubercula radicalis)
root tubercle bacteria 根瘤菌
root turgor 根膨压
root turion 具鳞根出条,根蘖(turio)
root type 根型,结薯型(typus radicis)
root type of sweet potato 薯型
root-unit selection 单薯选种法
root up 连根拔起,连根掘出
root up stumps 连根拔起
root vegetable 根菜类蔬菜
root washer 块根清洗机

root water uptake 根部水分吸收
root weeds 根生杂草
root weight 根重
root window 根窗口{电脑}
root wood (= root timber) 根材
root yield 块根产量
root zone 根区,根际,根层(zona radicis)
root zone temperature 根际温度
rootability 生根能力,生根率
rootage ①根系 ②生根
rooted 有根的(radicatus)
rooted celery (= celeriac, German celery) 根芹菜[*Apium graveolans* var. *rapaceum* DC.](伞形花科)
rooted chervil (= tuberous chervil) 细叶芹[*Chaerophyllum bulbosum* L.](伞形花科)
rooted cutting 根插{园艺}
rooted frequency 带根频数(frequentia radicata)
rooted parsley 根用欧芹[*Petroselinum sativum* var. *tuberosum*](伞形花科)
rooted pellionia ①赤车属[*Pellionia* Gaud.](荨麻科) ②赤车[*Pellionia radicans* Wedd.]
rooted soil stratum 有根土层,根层土壤
rooter ①除根机,拔根器 ②开路犁
rooter plough 挖根犁,除根犁
rootery 腐根土
rooting ①生根,扎根(= taking root)(radicatio) ②生根的(radicans)
rooting ability 生根本领,生根能力
rooting accelerator 发根加速剂
rooting damage 根系损伤,移植伤根
rooting deep 根系深度
rooting habit 生根习性
rooting medium 生根介质
rooting of cuttings 插条生根
rooting out of stumps 掘根
rooting pattern 生根模式
rooting zone 生根区
rootless 无根的(arrhizus)
rootless plant 无根植物(planta arrhiza)
rootless wolffia 无根萍(微萍)[*Wolffia arrhiza* (L.) Wimmer](浮萍科)
rootlet ①支根 ②幼根,胚根(radicula, radicella)
rootling 根蘖
rootrake 挖树根犁
roots ①块根作物 ②根系
roots above ground 露根(指树根露出地面)
rootstock 砧木,根砧
rootstock overgrowing scion 砧胜穗(砧木生长超过接穗)
rootstock selection 砧木选择
rootstock stoolbed 砧木母株床
rootworm 食根虫
rooty ①(土壤)多根的 ②根状的
rope ①粗绳,索,缆,钢索 ②软线 ③用索紧固
rope-band screen 旋带格网{环保}
rope brake 绳索制动器
rope culture 绳养{水产}
rope gear 绳索传动
rope gearing 绳索传动装置
rope grader 绳索式分级机
rope-grass 帚灯草属[*Restio* L.](帚灯草科)⌞拟⌝
rope guiding resistance 导绳阻力
rope ladder 绳梯
rope lapping roll 钢索塔接棍
rope-like 绳状的(funalis)
rope machine 制绳机
rope model 多线模型
rope pulley 钢索滑轮
rope root 索根
rope root system 索[状]根系
rope sling 绳网吊具,索套
rope storage 磁心线存储器{电脑}
rope transmission 绳索传动
rope twister 制绳机
rope walk (= rope yard) 制绳索的场所
rope winch 拧绳机
rope wincher 绕绳机
rope yarn 绳索的股线
ropes 绳索类
ropeway 缆路,索道,架空索道
ropheocytosis 细微胞饮作用
ropiness ①黏滞性,黏滞度 ②(酒)成丝性
ropiness bread 黏败面包
roping ①索具 ②绳索类
ropy ①绳状的{形态} ②黏着的{土壤}
ropy and slimy milk 黏液乳
ropy fermentation 黏液发酵
ropy milk 黏乳
roquette 芝麻菜(瓢儿菜)[*Eruca sativa* Lam. = *Brassica eruca* L., *Barbaea vulgaris* R. Br.](十字花科)
roromerics 一种人造皮革
rosa-apple (= rose apple) 蒲桃(香果)
rosaceous ①蔷薇科的 ②蔷薇状的(rosaceus)
rosaceous corolla 蔷薇状花冠(corolla rosacea)
rosamundi French rose 多色法国蔷薇[*Ro-*

sa gallica var. *versicolor* Thory]（蔷薇科）

rosaniline 玫瑰苯胺,玫瑰胺,品红[$HOC(C_6H_3CH_3NH_2)(C_6H_4NH_2)_2$]

rosaniline chloride 氯化玫瑰胺(染料)

rosaniline violet 玫瑰胺紫

rosary 玫瑰园,月季园（rosarium){园林}

rosary-pea ①相思子属[*Abrus* L.]（豆科）②相思子[*Abrus precatorius* L.]

rosary vine 吊灯花[*Ceropegia woodii* Schlecht](萝藦科)

roscoea ①象牙参属[*Roscoea* Smith](姜科）② 象牙参 [*Roscoea intermedia* Gagn.]

rose ①蔷薇属[*Rosa* L.]（蔷薇科）②蔷薇[*Rosa multiflora* Thunb.]

"rose"（= pink table wine） 玫瑰红葡萄酒

rose acacia（= roseacacia locust） 毛刺槐(毛洋槐)[*Robinia hispida* L.](豆科)

rose aphid 蔷薇长管蚜[*Macrosiphum rosae*(L.)]

rose-apple（= clove tree, rosa apple, jaboticaba） 蒲桃[*Eugenia jambos* L. = *Jambos vulgaris* DC., *Syzygium jambos* Alston.]（桃金娘科）

rose-apple tree（= rose apple） 蒲桃

rose arge 蔷薇三节叶蜂[*Arge pagana* Panzer.](三节叶蜂科)

Rose bamboo 玫瑰竹蔗(甘蔗热带原种)

rose bay ①杜鹃属[*Rhododendron* L.]（杜鹃花科）② 杜鹃[*Rhododendron simsii* Planch.]

rose-bay willowherb 柳兰[*Chamaenerion angustifolium*（L.）Scop. = *Epilobium angustifolium* L.]（柳叶菜科）

rose bed 蔷薇花坛{园林}

rose bedding 蔷薇坛植

rose beetle 蔷薇丽金龟[*Adoretus hirtellus* Olivier](金龟科)

rose Bengal 孟加拉玫瑰红

rose box（= cotoneaster） ①栒子属[*Cotoneaster*（B. Ehrh.）Medik](蔷薇科）②栒子[*Cotoneaster multiflorus* Bge.]

rose bush 蔷薇丛

rose callalily 红花马蹄莲[*Zantedeschia rehmannii* Engler](天南星科)

rose campion ①剪秋萝属[*Coronaria* L.]（石竹科）②剪秋萝[*Coronaria coriacea* Schischk. = *Lychnis coronaria* Desr., *Silence coronaria* Clairv.]

rose chafer 蔷薇刺金龟[*Macrodactylus subspinosus*（Fabricius)](金龟科)

Rose chamber 罗斯氏室

rose clarkia ①山字草属[*Clarkia* Pursh.]（柳叶菜科）②山字草(秀丽克拉花)[*Clarkia elegans* Dougl.]

rose-colored garden 玫瑰色庭园,绯色园{园林}

rose comb 蔷薇冠(鸡冠)

rose cowwheat 山萝花[*Melampyrum roseum* Maxim.](玄参科)

rose curculio 蔷薇双色象虫[*Rhynchites bicolor* F.]（象甲科）

rose-de-montana（= mountainrose coralvine） ①珊瑚藤属[*Antigonon* Endl.](蓼科）② 珊瑚藤 [*Antigonon leptopus* Hook. et Arn.]

rose end 蔷薇端(指马铃薯端有许多芽眼)

rose family 蔷薇科[Rosaceae]

rose-flowered 蔷薇花型的（rosaeflorus)

rose fuchsia 粉红倒挂金钟[*Fuchsia rosea* Ruiz et Pav.](柳叶菜科)

rose gall wasp 蔷薇瘿蜂[*Rhodites japonicus* Walker]（瘿蜂科）

rose garden 蔷薇园,蔷薇花圃{园林}

rose glorybind 日本打碗花(日本天剑)[*Calystegia japonica* Choisy](旋花科)

rose glorybower 臭牡丹[*Clerodendron bungei* Steud.](马鞭草科)

rose hip 蔷薇果(蔷薇肥大的花托)

rose leaf beetle 蔷薇肖叶甲 [*Nodonota puncticollis* Say]（叶甲科）

rose leafhopper 蔷薇小叶蝉[*Edwardsiana rosae*（L.)]（叶蝉科）

rose-like 似蔷薇的（rosaceus)

rose mallow ①木槿属[*Hibiscus* L.]（锦葵科）②木槿[*Hibiscus syriacus* L.]

rose mesembryanthemum 玫瑰红日中花[*Lampranthus roseus* Schwant](番杏科)

rose midge 蔷薇瘿蚊[*Dasyneura rhodophaga*(Coq.)]（瘿蚊科）

rose mosaic virus 蔷薇花叶病毒[Rosa virus 1 = *Marmor rosae*（Holmes)]

rose moss（sea moss） 半支莲(太阳花)[*Portulaca grandiflora* L.]（马齿苋科）

rose myrtle ①桃金娘属[*Rhodomyrtus* Reichb.](桃金娘科）②桃金娘[*Rhodomyrtus tomentosa*（Ait.）Hassk.]

rose of China 朱槿(扶桑花)[*Hibiscus rosa-sinensis* L.]（锦葵科）

rose-of-heaven 欧洲剪秋萝[*Lychnis coeli-rosa* Desr. = *Agrostemma coeli-rosa* L.]（石竹科）

rose-of-jericho ①含生草属[*Anastatica*

L.]（十字花科）②含生草［*Anastatica hierochumtina* L.］（十字花科）
rose-of-sharon 木槿［*Hibiscus syriacus* L.］（锦葵科）
rose oil 蔷薇油
rose pelargonium 香叶天竺葵［*Pelargonium graveoleus* L'Herit.］（牻牛儿苗科）
rose pink-ball thrift 红海石竹［*Armeria pseudoarmeria* var. *rubra* Hort.］（石竹科）
rose-pink easter cactus ①假昙花属［*Rhipsalidopsis* spp.］（仙人掌科）②假昙花［*Rhipsalidopsis rosea*. sp.］
rose-pink saxifrage 红花膜萼花（红花洋石竹）［*Tunica saxifrage* var. *rosea* Scop.］（石竹科）
rose pink zephyrlily 韭莲（赛番红花，风雨花）［*Zephyranthes grandiflora* Lindl.］（石蒜科）
rose plumbago 紫雪花［*Plumbago indica* L.］（白花丹科）
rose pogonia（＝snake mouth） 红朱兰［*Pogonia ophioglossoides* Ker.］（兰科）
rose post 蔷薇柱{园林}
rose pot 蔷薇盆（指盆栽蔷薇）{园林}
rose powdery mildew 蔷薇白粉病［*Sphaerotheca pannosa*（Wallr.）Lév.］
rose-ring gaillardia ①天人菊属［*Gaillardia* Foug.］（菊科）②天人菊［*Gaillardia pulchella* Foug.］
rose-ringed parakeet 长尾小鹦鹉［*Psittadula krameri manilleusis*］
rose root gall wasp 蔷薇根瘿蜂［*Rhodites radicum*（Osten）Sacken］（瘿蜂科）
rose scale（＝scurfy scale） 蔷薇白蚧［*Aulacaspis rosae*（Bouch）］（蚧科）
rose stem sawfly 蔷薇茎叶蜂［*Neosyrista similis* Moscary］（茎蜂科）
rose sundrops 玫瑰红月见草［*Oenothera rosea* Ait.］（柳叶菜科）
rose sunray 玫瑰红永生菊（小麦秆菊）［*Helipterum roseum* Benth.］（菊科）
rose variety 玫瑰品种
rose-white 红白色的（rosalbus）
rose white eucosmid 蔷薇白小卷蛾［*Notocelia rosaecolana* Doubleday］（小卷蛾科）
rose willow（＝purple willow） 紫柳（红皮柳）［*Salix purpurea* L.］（杨柳科）
rose wood 铁刀木［*Cassia siamea* L.＝*C. sumatrana* Roxb.］（豆科）
rosebud cherry 日本早樱（彼岸樱）［*Prunus subhirtella* Miq.］（蔷薇科）
roseform 蔷薇花状的（rosiformis）
rosella 莲座状
roselle（＝roselle hemp, Jamaica sorrel）玫瑰茄（山茄）［*Hibiscus sabdariffa* L.］（锦葵科）
rosemary ①迷迭香属［*Rosmarinus* L.］（唇形科）②迷迭香［*Rosmarinus officialis* L.］
rosemary grevillea 迷迭香叶丝栎［*Grevillea rosmarinifolia* A. Cunn.］（山龙眼科）
rosemary leaf bog kalmia 迷迭香叶山月桂［*Kalmia polifolia* var. *rosmarinifolia*（Pursh）Rehd.］（杜鹃花科）
rosemary oil 迷迭香油
rosemary pine（＝broom pine） 美国长叶松
rosering gaillardia ①天人菊属［*Gaillardia* Foug.］（菊科）②天人菊［*Gaillardia pulchella* Foug.］
rosery 蔷薇园（rosetum）{园林}
rosetta wood（＝red sandalwood） 紫檀（红木）
rosette ①莲座［叶］丛，根出叶 ②莲座状 ③丛生，簇生 ④（玫瑰）花结（rosula, rosella）
rosette cell 莲座细胞（cellula rosulacea）
rosette developing phase 莲座期
rosette disease 丛簇病，簇生病
rosette disease of peanut in Ghana 加纳花生丛簇病
rosette embryo 莲座胚（embryo rosulacea）
rosette form 莲座型（forma rosulacea）
rosette formation 莲座形成（formatio rosulacea）
rosette forming 花结形成{生技}
rosette forming cell（RFC） 花结形成细胞
rosette layer 莲座层（stratum rosulaceum）
rosette leaves 莲座叶（folii rosulaceae）
rosette-like 莲座状的（rosulaceus）
rosette mulberry 桑萎缩病（由病毒致成）
rosette of apple 苹果小叶黄化病
rosette of broad bean 蚕豆簇生病
rosette of peach 桃簇生病
rosette of peanut（＝peanut mosaic virus, peanut rosette virus） 花生簇生病［Arachis virus 1］
rosette of wheat 小麦簇生病［Triticum virus 1］
rosette plant 辐射叶植物，莲座状植物（planta rosulacea）
rosette stage 簇生期
rosette technique 花结技术{生技}

rosette test 花结试验
rosette tier 莲座层
rosettes（= radical leaf） 基生叶
rosewood ①（= bois de rose）蔷薇木［*Aniba panurensis*］②黄檀属［*Dalbergia* Linn. f.］（豆科）
rosewood oil 黄檀油
rosin 松香，松脂
rosin acid 松香酸
rosin ester 松香酯
rosin milk 松脂乳剂
rosin oil 松香油
rosin soap 松香皂
rosin spirit 松香精
rosin-weed（= compass plant） 磁石蓍属［*Silphium* L.］（菊科）⌞拟⌝
rosmarinine 迷迭香宁［$C_{18}H_{27}NO_6$］
rosmarinus ①迷迭香属［*Rosmarinus*（Tourn.）L.］（唇形科）②迷迭香［*Rosmarinus officinalis* L.］
rosmarinweide ①鼠刺属［*Itea* L.］（虎耳草科）②鼠刺［*Itea chinensis* Hook. et Arn.］
ross 剥皮，去皮
Rossby parameter 罗斯贝参数{气象}
rosser ①剥皮器 ②剥皮工人 ③［麻茎］剥皮
Rossi-Choloday technique 罗西-霍洛德尼技术{生技}
rossing 剥皮，去皮
Rossman fold 罗斯曼折叠{分生}
rostellar 小喙的（rostellaris）
rostellate 具小喙的，具小嘴的（rostallatus）
rostellum ①蕊喙 ②小喙
rostrate ①喙状的 ②有喙的（rostratus）
rostrate sesbania 喙状田菁［*Sesbania rostrata* sp.］（豆科）
rostriform 喙状的（rostriformis）
rostrum 喙
rosula ①小蔷薇 ②莲座状
rosular 蔷薇状的（rosularis）
rosulate 莲座状的（rosulatus）
rosulate herbage 莲座草本植物［群落］
rosulate leaf 莲座状叶（folium rosulatum）
rosulate phyllotaxy 莲座状叶序（phyllotaxis rosulatus）
rosule 莲座丛（rosula）
rosy apple aphid 车前圆尾蚜（苹粉红劣蚜）［*Dysaphis plantaginea*（Passerini）］（蚜科）
rosy dipelta ①双盾木属［*Dipelta* Maxim.］（忍冬科）②双盾木［*Dipelta floribunda* Maxim.］
rosy globemallow 粉红球葵［*Sphaeralcea rosea* Standl.］（锦葵科）
rosy jasmine 红花茉莉［*Jasminum beesianum* Forst. et Diels.］（木犀科）
rosy oxalis 玫瑰红花酢浆草［*Oxalis rosea* Jacq.］（酢浆草科）
rosy waterhyacinth 大花凤眼蓝［*Eichhornia crassipes* var. *major* Hort.］（雨火花科）
rosyish 稍红色，带蔷薇色的（rubellus）
rot ①腐烂（putris）②枯腐，朽腐，腐病（corruptio）③腐蚀（corrosio）④罗特（指RNA与DNA分子杂交反应中DNA起始浓度和时间的乘积）
rot caused by wounds 伤口腐朽（指林木）
rot of potatoes 薯类腐烂
rot poria 绵腐卧孔菌［*Poria vaporaria*（Fr.）Cooke］
rotala ①水松叶属［*Rotala* L.］（千屈菜科）②水松叶［*Rotala rotundifolia*（Roxb.）Koehne］
rotalactor 转盘挤奶台
rotamase 旋转异构酶
rotameter 转子流速计，浮标式流量计
rotamower 旋转式割草机
rotang（= rattan） 萝藤［*Calamus rotang* L.］（棕榈科）
rotap ［精］饲料细碎度测定器
rotary ①旋转的 ②回转的 ③转动的 ④单向绕行交叉路口（rotaris）
rotary actuator 旋转式促动器
rotary air pump 旋转气泵
rotary beet thinner 旋转式甜菜间苗机
rotary brush drill 旋转刷式播种机，转刷排种式播种机
rotary brush seed-metering device 旋转刷式排种器
rotary cultivation 旋转耕作，旋耕
rotary cultivator 旋耕机
rotary culture 旋转培养
rotary cutter 旋转式切割器，旋转式割草机，旋转式切稿秆机
rotary dial 旋转拨号盘{信息}
rotary disk trencher 旋转盘开沟机
rotary distributor 转式布水机{环保}
rotary drum filter 转鼓式滤器{环保}
rotary-drum unloader 转筒式卸载机
rotary drum washer 滚筒式洗涤机
rotary dryer（= rotary drier） 转筒式干燥机
rotary duster 手摇喷粉器
rotary engine 转子发动机
rotary evaporator 旋转蒸发器

rotary fan 电扇,扇风机
rotary filter 旋转滤器
rotary force 旋转力
rotary harrow 滚动耙
rotary head drum 旋转磁头鼓{信息}
rotary hoe 旋转锄
rotary hoeing 旋转耕作,旋耕
rotary juicer 旋转榨果汁机
rotary kiln dryer 转窑干化机{环保}
rotary microtome 旋转切片机{显技}
rotary milking parlour 旋转式挤乳台
rotary motion 旋转运动
rotary mover 旋转式割草机
rotary pilot valve 旋转定位阀
rotary piston 旋转活塞
rotary plough (= rotary plow) 旋转犁
rotary pump 旋转泵,转子泵
rotary rain gun 旋转式喷雨枪
rotary saw 圆盘锯
rotary screen 旋转筛
rotary separator 旋转分离机,旋转脱粒机,旋转分级机
rotary spade (= rotary spading machine) 旋转锹式耕作机,旋转锹
rotary spading machine 旋转锹
rotary stalk divider 旋转分茎器(指甘蔗收获机)
rotary surface washer 旋转式表面冲洗器{环保}
rotary tiller 旋耕机
rotary tilling 旋耕
rotary tilling width 旋耕耕幅
rotary vacuum desiccator 旋转真空干燥器{生技}
rotary vacuum filter 旋转真空过滤器{环保}
rotary valve 旋转阀
rotate ①辐状的 ②旋转,转动 ③轮流,轮换,循环
rotate corolla 辐状花冠(corolla rotata)
rotate instruction 旋转指令{电脑}
rotate shift right 循环右移
rotate tube culture 旋转管培养{生技}
rotated font 旋转字型{电脑}
rotated pasture 轮牧牧场
rotatendem 旋转挤奶台
rotating 旋转的,转动的
rotating amplifier 旋转放大器
rotating-arm distributor 转臂布水机{环保}
rotating beam ceilometer (RBC) 旋转波束云高计{遥感}
rotating bio-disc 生物转盘{环保}
rotating biological contactor (RBC) 生物转筒(一种污水处理设备){环保}
rotating biological contactor process 生物转筒法{环保}
rotating crystal pattern 旋晶衍射图
rotating cylinder printer [旋转]柱式打印机
rotating cylinder scanner 旋转圆柱扫描器
rotating diffusion 旋光弥散,旋光扩散
rotating direction method 旋转方向法
rotating disk contactor(RDC) 转盘式抽提器{生技}
rotating-disk unit (= rotating bio-disk) 生物转盘{环保}
rotating dispersion 旋光色散
rotating drum cleaner 旋转滚筒清选机
rotating drum image scanning digitizer [旋转]鼓形图像扫描数字化器{电脑}
rotating electrical machinery 旋转电机{农施}
rotating electrode 旋转电极
rotating feed bunk 旋转饲槽
rotating half-bridge scraper 旋转半桥[式]刮泥机{环保}
rotating head 旋转磁头{信息}
rotating inertia 转动惯量
rotating motion 旋转运动
rotating mounted hoe 悬挂式旋转锄
rotating phytotron 旋转式育苗室
rotating room 旋转室
rotating sludge rake 旋转式污泥耙{环保}
rotating soil loosener 旋转式松土机
rotating speed 转速
rotating spray head (喷灌装置的)转动喷头
rotating sprinkler 旋转喷灌机
rotating stop 旋转光圈{遥感}
rotating switch 转动开关
rotating thin layer chromatograph 旋转薄层层析仪{生技}
rotating thin layer chromatography 旋转薄层层析{生技}
rotating tiller-type garden tractor 旋耕式园艺用拖拉机
rotating turbine aerator 旋转涡轮式曝气设备{环保}
rotating-waterwheel distributor 旋转水轮布水机
rotating worm plough 旋转式螺旋犁
rotation ①换茬,轮作 ②轮伐期 ③旋转,回转 ④交替,循环 ⑤轮流(rotatio)
rotation age 轮伐龄
rotation anemometer 旋转风速表
rotation axis 旋转轴{生技}
rotation between dryland crop and paddy rice 水旱轮作
rotation burning 轮换火耕

rotation cropping ①轮作 ②轮作栽培
rotation crops 轮作作物
rotation cycle 轮作周期
rotation delay 旋转延迟
rotation experiment 轮作试验
rotation farming 轮作栽培
rotation fault 旋转断层{地质}
rotation field 轮作田,轮作地
rotation flow method 轮灌方式
rotation flow system 轮灌制度
rotation moment (= torque) 转距
rotation movement 旋转运动
rotation of axis 轴转动
rotation of bin 粮仓交替
rotation of bloom 轮流开花,四季开花
rotation of crops 轮作
rotation of grass and field crops 草田轮作
rotation of grazing 轮牧
rotation of groundnut-wheat 小麦花生轮作
rotation of irrigation 轮灌
rotation of protoplasm 原生质旋转
rotation of silo 青贮窖交替
rotation of stocks ①镇压,滚压 ②存库,入库
rotation of the earth 地球自转
rotation of the greatest volume 最大材积轮伐期
rotation of the highest income 最高收益轮伐期{森林}
rotation pasture ①轮牧牧场 ②轮牧,轮流放牧
rotation plan 轮作规划,轮作方案
rotation plough land 轮耕地
rotation rate 旋转速度,转速
rotation spectrum 转动光谱
rotation streaming 旋转流动
rotation succession 轮作顺序
rotation system 轮作制
rotation technique 旋转技术
rotation transformation 旋转变换
rotational ①轮作的 ②旋转的回转的 ③循环的,交替的 ④轮流的 (rotationalis)
rotational application 轮施(指几种农药轮流施用)
rotational base substitution 旋转碱基代换
rotational cropping 轮作栽培
rotational cross 轮回杂产,轮交
rotational cross breeding 轮交育种法,轮回杂交育种
rotational crossing 轮回杂交
rotational diffusion 旋转扩散
rotational energy 转动能
rotational field 转动场
rotational grassland 轮作草地
rotational grazing 轮换放牧法,轮牧[制]
rotational grazing fencing 围栏分区放牧
rotational irrigation 轮灌,轮流灌溉
rotational irrigation practice 轮灌技术
rotational irrigation system 轮流灌溉制,轮灌制
rotational motion [旋]转[运]动
rotational ordering 循环排序{电脑}
rotational paddy field 轮作水田(指水旱轮作)
rotational substitution [碱基]旋转代换,[碱基]旋转置换
rotational symmetry 旋转对称性
rotational symmetry of lac O site 乳糖操纵子部位的旋转对称性
rotational upland 轮作旱地(指水旱轮作)
rotational use 轮流使用,轮用
rotationary crossbreeding 轮回杂交育种
rotative 旋转的 (rotativus)
rotator 旋转器,转子
Rotatoria (= Rotifera) 轮虫纲
rotatory ①旋转的,回转的 ②轮换的 ③循环的 (rotatoris)
rotatory diffusion 旋光扩散,旋光弥散
rotatory dispersion 旋光色散
rotatory evaporator (= rotary evaporator) 旋转蒸发器
rotatory power 旋光本领
rotatory scraper 滚转式铲运机
rotatory streaming of protoplasm 原生质旋转流动
rotavator 转子式松土机
rotaversion 反顺转变[作用] (rotaversio) {分遗}
rotavirus 轮状病毒
rote ①死记硬背,注入式 (= unintelligent memory)(指在教学法上) ②机械方法,生搬硬套,老一套 (= mechanical method)(指在工作方法上)
rote knowledge acquisition 注入式知识获取,死记硬背知识获取
rote learning 机械学习,注入式学习,填鸭式学习
rote teaching 填鸭式教学
rotenoid 鱼藤酮生物碱
rotenone 鱼藤酮(杀虫剂) [$C_{23}H_{22}O_6$]
rotenone treatment 鱼藤酮处理(除杂草)
rotenonone 鱼藤二酮
"Roter Brenner" (= read fire disease) 葡萄叶斑病
rothmannia 九月钟花 [*Rothmannia glo-*

bosa sp.](茜草科)
rotifer 轮虫[Rotifer]{环保}
Rotifera 轮虫纲{环保}
rotiform 轮状的(rotiformis)
rotobaler 卷捆式捡拾压捆机
rotobeater 滚刀式切碎器,旋转式茎秆切碎器
rotocap 气门旋转机构
rotocleaner 滚筒式清选机,旋转式清粮筒
rotocultivator ①旋耕机 ②旋转耕耘机
rotocycle 旋转切碎器,旋转式茎秆切碎器
rotodynamic pump 转子动力泵
rotoflail 梿枷
rotolactor 轮流挤乳台(室)
rotopiler 旋转式堆垛机,旋转式集草机
rotor ①转子,转筒 ②转头[离心机]
rotor aeration 转子曝气[法]{环保}
rotor aeration ditch 转子[式]曝气水沟{环保}
rotor fermentor 转筒发酵罐{生技}
rotor pump 回转泵,转轮泵,转子泵{环保}
rotor-stator generator 转子-定子发动器{生技}
rotor-stator homogenizer 转子-定子匀浆器{生技}
rotor-stator probe 转子-定子探头(指匀浆器的核心部件)
rotoridger 旋转筑垄机
rotospeed (= rotocycle) 旋转切碎器,旋转式茎秆切碎器
rototiller 旋耕机,旋转碎土器
rototilling 旋耕,切土,碎土
rotovator 转子式松土机
rotted manure 腐熟厩肥
rotten ①腐败的 ②腐蚀的 ③枯朽的 ④易碎的,易破的
rotten knot 腐朽节
rotten necks 穗颈稻瘟病,腐朽穗颈病(稻)
rotten root 死根
rotten streak 腐朽条纹
rotting 腐烂
rotting on the vine 灰腐病
rotund 圆的(rotundus)
rotundate 圆形的(rotundutus)
rotundifolious 圆叶的(rotundifolius)
rotundifolone 圆叶酮
rotylenchus ①轮转线虫属[*Rotylenchus* Linford et Olivetra] ②轮转线虫[*Rotylenchus* sp.]
rotylenchus buxophilus 黄杨轮转线虫[*Rotylenchus buxophilus* Golden]
rotylenchus erythrinae 珊瑚红轮转线虫[*Rotylenchus erythrinae* Goody]
rotylenchus parvus 小轮转线虫[*Rotylenchus parvus* Sher.]
rotylenchus robustus 粗壮轮转线虫[*Rotylenchus robustus* (de Man) Filipjev]
rouge 胭脂,口红(rubeus)
rouge plant 红果瑞威那(矮雷芬)[*Rivina humilis* L.](商陆科)
rouges (= offtype plants) 伪型株
rough ①粗糙的(acerbus) ②野生的,粗大的(rudis) ③约略的,不正确的 ④涩的 ⑤不规则的
rough accommodation 简陋设备
rough-and-tumble ①不规则的 ②无秩序的
rough awn 糙芒(arista acerba)
rough awn character 糙芒性状
rough awn type 糙芒型
rough-awned 具糙芒的(dasyaristatus)
rough bark ①粗皮(cortex rudis) ②粗皮病
rough bark of apple 苹果粗皮病(苹果虎皮病,苹果褐烫病)[*Patellaria* sp.]
rough-barked arizona cypress 绿干柏(南美扁柏)[*Cupressus arizonica* Greene](柏科)
rough-boletus (= shaggy boletus) 鳞皮牛肝菌[*Boletus scaber* Fr.](牛肝菌科)
rough calculation 估计,概算{农管}
rough cast 粗灰泥
rough cleaning ①粗清理 ②粗滤,初选
rough cloth 粗布
rough cocksfoot 鸭茅[*Dactylis glomerata* L.](禾本科)
rough colony (R) 粗糙型菌落(colonia acerba)
rough country 崎岖地区
rough-cut file 粗锉,粗纹锉(工具)
rough division 粗分
rough dog's tail (= rough dog's tail grass) 刺狗茅[*Cynosunus echinatus* L.](禾本科)
rough draft 草图,示意图,略图{遥感}
rough dry 晒干
rough endoplasmic reticulum (rough ER) 粗内质网
rough ER (= rough endoplasmic reticulum) 粗内质网
rough estimate 概算{农经}
rough fracture 粗断口
rough fruit ①原粮{栽培} ②涩果{园艺}
rough gentian ①龙胆属[*Gentiana* L.](龙胆科) ②龙胆(龙胆草,胆草,观音草)[*Gentiana scabra* Bunge]
rough grain ①粗糙纹理(granum acerbum){解剖} ②原粮

rough grazing 粗放放牧
rough-haired ①硬毛的（hirsutus）②粗毛的（lasius）
rough hairy coneflower 黑心金光菊［*Rudbeckia hirta* L.］(菊科)
rough hawk's-beard 二年生还阳参（粗糙还阳参）［*Crepis biennis* L.］(菊科)
rough heliopsis 日光菊（粗糙赛菊芋）［*Heliopsis seabra* Dunal］(菊科)
rough hew ①粗削的，粗砍的，粗刻的 ②造材
rough leaf 糙叶（第一片真片）(folium acerbum)
rough lemon 粗皮柠檬（天然杂种）
rough levelling 粗放平地
rough location chart 粗略定位［草］图｛遥感｝
rough log 粗材，圆木
rough lumber 糙锯材，未刨成材
rough microsome 粗［糙］微粒体
rough mutant 粗糙型突变体
rough oats 糙伏毛燕麦［*Avena strigosa* Schreb.］(禾本科)
rough panic grass 轮莠（轮生狗尾草）［*Setaria verticillata* P.B.］(禾本科)
rough pasture ①大牧场 ②粗放放牧
rough pea 硬毛山黧豆［*Lathyrus hirsutus* L.］(豆科)
rough pigweed（= beet root） 西风古［*Amaranthus retroflexus* L.］(苋科)
rough plan ①设计草图 ②初步规划，初步方案
rough ploughed seed bed 粗耕苗床
rough ploughing to destroy the stubble 粗耕灭茬
rough puddling （稻田）粗放耖地（灌水整地）
rough purification 初步净化｛环保｝
rough reading 近似读数
rough rice（= unhulled rice） 稻谷
rough rice yield 稻谷产量
rough scab of tea 茶粗皮病［*Patellaria theae* Hara.］
rough scaled 毛鳞的，厚鳞的（dasylepis）
rough sea 大浪（海面波高 2.5～4 米）｛气象｝
rough serrate 有粗锯齿的（grosse serratus）
rough sketch（= rough draft） 草图｛显技｝
rough skin 锈果病（苹果病毒病害）
rough skin disease 果实石化病（指肉质坚硬），柚皮（梨）
rough-spored bunt 网腥黑穗病（小麦）
rough spraying 粗放喷雾
rough stalk blue grass（= rough stalked meadow grass, stoloniferous meadow grass, roughish meadow grass） 粗茎莓繁（普通早熟禾）［*Poa trivialis* L.］(禾本科)
rough-stalked meadow grass 普通早熟禾（粗茎莓繁）［*Poa trivialis* L.］(禾本科)
rough stone 荒石（指未经加工的石块）
rough strain 粗糙菌株
rough surface cytomembrane 粗表面细胞膜
rough survey 草测
rough-tongued 毛舌的，厚舌的（dasyglottis）
rough turning 粗车削
rough type 粗糙型
rough vesicle 粗糙泡
rough weaving crops 粗编织原料作物
rough weaving fibre 粗糙纤维，袋用纤维
rough wood 附皮层积材
roughage 粗［饲］料
roughage baler 粗饲料压捆机
roughage cutter 粗饲料切碎机，铡草机
roughage feed 粗饲
roughage grinder 粗饲料粉碎机
roughage mill 粗饲料粉碎机
roughage processing 粗饲料加工｛加工｝
roughing 粗加工
roughing filter 粗滤池｛环保｝
roughing machine 拔毛机
roughing out sieve 粗杂质排出筛
roughish 粗糙的（rudis）
roughly serrate 粗锯齿
roughness ①粗糙度，粗糙率 ②凹凸不平状 ③粗饲料
roughness coefficient 粗糙［率］系数
Roulett rose（= Roulett Chinese rose） 小月季花［*Rosa chinensis* var. *minima* Voss］(蔷薇科)
round ①圆的（rotundus）｛形态｝②圆，圆片｛农机｝③⌞复⌝发数（指子弹或箭）｛狩猎｝
round-about channel 弯水道（指迂回的渠道）
round-about plowing 环形耕作法，环耕法
round-about plowing starting at the center 内始环耕法
round-about plowing starting at the outside 外始环耕法
round and round 环行运行
round-and-round method 环耕法
round-and-round plowing 环耕
round bale 圆柱形［草］捆
round baler 圆柱形压捆机
round bamboo scale 竹圆蚧［*Odonaspis inusitata* Green］(盾蚧科)
round bar ①圆棒，圆杆 ②脱粒击杆

round bin 圆型仓库,圆型粮仓
round bottom flask 圆底烧瓶
round cabbage 圆白菜(不耐贮藏品种)
round cardamon 白豆蔻[*Amomum cardamomum* L.](姜科)
round caterpillar 圆黄粉蝶[*Colia hyala* Linne.](粉蝶科)
round chisel 圆凿(工具)
round console typewriter 圆形操作台打字机
round dance 圆舞,旋转舞{蜂}
round down 不进位舍入,不舍入{统计}
round file 圆锉(工具)
round-fruited 球果的(sphaerocarpus)
round grain rice 圆粒稻,圆粒型稻谷
round head bolt 圆头螺栓
round head screw 圆头螺钉
round head training 圆头型整枝
round head wood screw 圆头木螺钉
round-headed 圆头的(sphaerocephalus)
round-headed apple tree borer 苹果树圆头天牛[*Saperda candida* F.](天牛科)
round-headed training 圆头型整枝
round hoe 圆锄
round-hole plate 圆(型)孔排种盘
round-hole screen 圆孔筛
round horse gear 环行畜力传动装置
round key 圆键
round knot 圆节(木材)
round kumquat 圆金橘(丸实金橘)[*Fortunella japonica* (Thunb.) Swingle = *Citrus japonica* Thunb.](芸香科)
round-leaf 圆叶堇菜[*Viola keiskei* var. *glabra* W. Becker.](堇菜科)
round-leaf bony berry 小石积[*Osteomeles subrotunda* K. Koch.](蔷薇科)
round-leaf Chinese photinia 圆叶石楠(圆叶蕤木)[*Photinia serrulata* var. *rotundifolia* Bean](蔷薇科)
round-leaf cinnamon 圆叶樟[*Cinnamomum sericeum* Sieb.](樟科)
round-leaf grape 圆叶葡萄[*Vitis rotundifolia* Michx.](葡萄科)
round-leaf India azalea 圆叶印度杜鹃花[*Rhododendron eriocarpum* Nakai](杜鹃花科)
round-leaf Japanese privet 圆叶日本女贞[*Ligustrum japonicum* var. *rotundifolium* Bl.](木犀科)
round-leaf lespedeza 圆叶胡枝子(短梗胡枝子)[*Lespedeza crytobotrya* Miq.](豆科)
round-leaf pilea 镜面草(翠屏草,一点金,金钱草)[*Pilea peperomioides* sp.](荨麻科)
round-leaf serviceberry (= red-branched amelachier) 圆叶唐棣[*Amelanchier sanguinea* (Pursh) DC.](蔷薇科)
round-leaf sundew 圆叶茅膏菜[*Drosera rotundifolia* L.](茅膏菜科)
round-leaf thorowax 圆叶柴胡[*Bupleurum rotundifolium* L.](伞形花科)
round-leaved 圆叶的(rotundifolius)
round-leaved hedge (= hyssop) 圆叶假马齿苋[*Bacopa rotundifolia* Wettst.](玄参科)
round-leaved mallow 圆叶锦葵[*Malva neglecta* Wallr. = *M. rotundifolia* Auct.](锦葵科)
round-leaved mulberry 川桑(圆叶桑)[*Morus notabilis* C.K.Schn.](桑科)
round-lobe tuliptree 钝叶美国鹅掌楸[*Liriodendron tulipifera* var. *obtusilobum* Michx.](木兰科)
round-necked blister beetle 圆颈芫菁[*Melos corvinus* Marseul](芫菁科)
round-off 舍入{统计}
round-off constant 舍入常数
round-off error 舍入误差
round pace (马)速步
round peach 圆桃(普通桃)[*Persica vulgaris* Stock. = *P. vulgaris* Mill., *Prunus persica* Sieb. et Zucc., *Amygdalus persica* L.](蔷薇科)
round per minute (rpm) 每分钟转速
round pod (capsule) variety 圆蒴品种
round ridge 圆垄
round robin select 循环选择
round robin service 循环服务
round rush 灯心草[*Juncus effusus* L.](灯心草科)
round sclerotial disease 球状菌核病
round-seed separator 圆粒种子分离机
round seeded pea 去荚豌豆,脱荚豌豆
round-shake 环裂(木材)
round shock 圆垛,圆堆
round silo ①圆型青贮窖 ②圆型青贮塔
round silo bunk feeder 圆型青饲塔饲槽供料器
round snout 圆吻鲴[*Distoechodon tumirostris* Peters]
round spiked 圆穗的(sphaerostachyus)
round-spittle bug 稻圆沫蝉[*Lepyronia coleophatagrossa* Uhler](沫蝉科)
round spot of apple 苹果圆斑病[*Phyllos-

ticta solitaria Ell. et Ev.]
round stack ①(干草)圆垛 ②(谷物)圆谷堆
round steel 圆钢
round stock 圆[禾]垛
round telephone 全能电话{信息}
round-the-silo feeder 绕青贮塔饲喂槽
round-the-trees cultivator 树干周围用中耕机
round timber 圆材
round-toothed ratchet power lift 内巢式起落装置
round-top stage (树木)圆顶期
round trip time 运输往返时间
round up ①驱集,围捕{狩猎} ②进位舍入,上舍入{电脑}
round vesicle 圆泡,圆囊,圆囊泡
roundbacked 圆背的,曲腰的
roundcelled 圆细胞的(roundicellus)
rounded ①圆形的 ②全面的,完整的 ③舍入(rotundus)
rounded analysis 全面分析
rounded mouth 圆缘口
rounded pebble 圆砾
rounded system 完整体系
roundhouse 环形畜舍
rounding ①约数{统计} ②舍入{电脑}
rounding analysis 舍入分析
rounding method 舍入法
rounding procedure 舍入过程
roundish ①近圆形的(subrotundus) ②近球形的(subglobosus)
roundness 圆度
rounds of mating 交配数(指平均噬菌体颗粒的交配次数)
Roundup 毒滴混剂(除草剂)(含15%毒草安和7.5%2,4-滴异辛酯)
roundwood (= round timber)圆材
roundworm 蛔虫
rourea ①红叶藤属[*Rourea* Aubl.](牛栓藤科) ②红叶藤[*Rourea microphylla* Planch.]
Rous sarcoma virus (RSV) 劳斯氏肉瘤病毒(由小鸡传染到人的一种RNA瘤病毒)
route ①路,线路,路程,行程 ②航线,路线,管线 ③送 ④(工艺)流程 ⑤路由{信息}(rupta)
route classification 道路分类{遥感}
route computer 路由计算机
route dialing 路由拨号
route extension (REX) 路由延伸,路由扩充,路径扩充
route flip-flop 路由倒换
route maintenance 路径维护
route map of soil 土壤路线调查图
route of global water circulation 全球水分循环路线{生态生理}
route of infection ①传染路线 ②侵染路线
route of pipe line 管子线路{环保}
route profile 管线纵剖图{环保}
route reconnaissance 路线踏勘{遥感}
route survey 路线勘测
route treatment 路由处理{信息}
router ①路由[选择]器 ②布线[发送]程序{信息}
routine ①常规,例行手续 ②程序,例行程序{电脑}
routine analysis 常规分析
routine check 程序检查
routine duties 例行职责
routine experiment 常规试验{环保}
routine farm management 日常农场管理
routine inspection 常规检查
routine library 程序库
routine maintenance 例行维护
routine observation 常规观测,日常观测
routine procedure 普通程序
routing ①布线 ②路由选择,路径选择{信息}
routing channel 布线通道
routing data 路由[选择]数据
routing domain 寻径领域
routing entry 路由入口
routing information process 路由信息处理{信息}
routing information protocol (RIP) 路由信息协议{信息}
routing strategy 路径选择策略
Roux bottle 劳克司氏培养瓶
rove beetle ①隐翅虫 ②⌊复⌉隐翅虫科[Staphylinidae]
roving 随走随选目标射箭法{狩猎}
row ①行,条 ②横行,横向{统计} ③苗行,播行,作物行 ④草条(在田间堆集成条){牧草}
row application 条施,行施
row applicator ①行间追肥机 ②行间撒药机
row binder 条作作物割捆机
row broadcast of fertilizer 条施肥料,行施肥料
row broadcast of seed 条播,行播
row cleaner (甜菜中耕机)清垄器
row closing 行内封垅{栽培}
row competition 行间竞争
row component 横行组成部分,横行成分{统计}
row crop cultivation 条播作物行间中耕
row crop cultivator 宽行作物中耕机
row crop field ①条播作物地 ②行植[林]地

row crop planting 条播作物播种
row crop production 条播作物栽培
row crop shield 条播作物护板
row crop thinning 条播作物间苗
row-crop tractor 行间中耕拖拉机,中耕拖拉机
row crop work 条播作业,行栽作业
row cropping 条作,行作
row crops 条播作物,行栽作物,中耕作物
row culture 条作,条播栽培
row density 行密度
row direction 行向
row distance 行距,行宽,行间距离
row drill 条播机
row fertilization 条施肥料
row-hill seeding 条状穴播
row intercropping 直行间作
row interval 行距
row knocker 平垄器
row length 行长
row marker 划行器
row middle 行间
row of plants 植行,植株行
row of seedling 苗行
row planting ①条播,行播 ②行栽,行植
row planting method 行植法
row plot 横行小区{统计}
row plough (葡萄园用)露藤犁
row profile 行剖面
row scanning 行扫描
row section 行段
row seeding 条播,行播
row selection 行选{育种}
row space (= row width, ridge breadth) 畦宽,行宽
row spacing 行距
row spacing range 行距范围
row spacing trials 行距试验
row span 行宽
row table (青饲料联合收获机)单行收割台
row test 行栽试验
row thinning 隔行疏伐
row tiller ①行间旋转中耕机 ②行间旋耕器,行间碎土器
row transplanting 行栽,行间移栽
row treatment 条状处理
row weeding 行间除草
row width ①行幅,行宽 ②播幅,条幅
row width spacing 行距
rowadan (= karmal) 小花五桠果[*Dillenia pentagyna* Roxburgh.](锡叶藤科)
rowan (= rowantree, mountain-ash) 欧洲花楸[*Sorbus aucuparia* L.](蔷薇科)
rowen ①(= aftermath) 再生草 ②(= stubble) 留茬地
Rowmate 抑草灵(除草剂)[$C_9H_9Cl_2NO_2$]
Rowtate 乐草完(除草剂)[$C_{13}H_{18}N_2O$]
roxburgh rose 缫丝花(刺梨)[*Rosa roxburghii* Tratt.](蔷薇科)
royal ①皇家的,王[室]的,女王的 ②极大的,盛大的
royal azalea 大字杜鹃(施氏杜鹃)[*Rhododendron schlippenbachii* Maxim.](杜鹃花科)
royal cell (= queen cell) 王台{蜂}
Royal Dublin Show 英国皇家杜卜林农机展览
royal-fern 王紫萁[*Osmunda regalis* L.](薇科)
royal hemophilia 皇家血友病
royal jasmine (= Catalonian jasmine) 素馨花(耶悉名,大茉莉)[*Jasminum grandiflorum* L. = *J. officinale* var. *grandiflorum* (L.) Kobusk.](木犀科)
royal jelly 蜂乳,王浆
royal lily (= regal lily) 王冠百合[*Lilium regale* Wilson](百合科)
royal moths 角蠋蛾科[Citheroniidae]
royal palm ①王棕属[*Roystonea* O. F. Cook](棕榈科)②王棕[*Roystonea regia* (HBK) O. F. Cook]
royal paulownia 毛泡桐[*Paulownia tomentosa* (Thunb.)Steud.](玄参科)
royal poinciana (= flame tree) 凤凰木[*Delonix regia* Raf.](苏木科)
royal water lily (= royal water platter) 王莲[*Victoria regia* Lindl.](睡莲科)
royalty 版税
roydsia ①罗志藤属[*Roydsia* Roxb.] ②罗志藤[*Roydsia suaveolens* Roxb.]
Rp (= recipe) 配方,处方
RPC (= reversed-phase chromatography) 反相层析{生技}
RPHPLC (= reversed-phase high performance liquid chromatography) 反相高效液相层析{生技}
RPM (= revolutions per minute) 每分钟转数
rpm (= round per minute) 每分钟转速
RPS (= revolutions per second) 每秒钟转数
RQ (= respiratory quotient) 呼吸商
RQL (= rejectable quality level) 拒绝质量水平{统计}
rRNA (= ribosomal RNA) 核蛋白体

RNA,核糖体 RNA{分遗}
rRNA base composition rRNA 碱基成分
rRNA gene rRNA 基因
rRNA-protein ratio rRNA 蛋白质比
rRNA region rRNA 区
rRNA species rRNA 种
rRNA transcription rRNA 转录
rRNP (=nuclear RNP) 核仁核糖核蛋白
rs (=recombination site) 重组部位{遗传}
RSC (=Resources Study Commission) 资源研究委员会
RSS (=Raster Software System) 筛选软件系统{遥感}
RSV ①(=rice stripe virus) 水稻条纹叶枯病毒{病理} ②(=respiratory syncytial virus)呼吸[道]合胞病毒{病理} ③(=Rous sarcoma virus)劳斯氏肉瘤病毒{病理}
RTase (=reverse transcriptase) 反转录酶,逆转录酶{分遗}
RTF (=resistance transfer factor) 抗[药]性转移因子
RTF unit RTF 单位,抗[药]性转移因子单位
rub ①擦,摩擦 ②擦伤
rub-bar cylinder 纹杆式脱粒滚筒
rub-out 删去,擦去
rubbed seeds 磨光种子
rubber ①橡胶,橡皮,胶皮 ②橡皮擦(育种用) ③磨石
rubber articles 橡皮制品
rubber balloon 橡皮气球
rubber band 橡皮带,橡皮筋,橡皮圈
rubber band method 橡皮筋方法{电脑}
rubber band outline 橡皮带轮廓
rubber-bearing plant 橡胶植物
rubber belt 胶皮轮带,橡胶轮带
rubber belting 橡皮轮带传动装置
rubber bulb pump 橡皮球泵,橡皮吸球(指移液管上吸液用的){生技}
rubber bush 橡皮套
rubber cement 橡皮黏合剂
rubber coreid 橡胶缘蝽 [*Theraptus devastans* Distant]
rubber crops 橡胶作物
rubber diaphragm 橡皮[隔]膜
rubber drain 橡皮排水管
rubber estate 橡胶园
rubber exchange 橡胶交易[所]
rubber flap 橡胶刮板
rubber-flower geometrid 橡胶花尺蛾 [*Hemithea costipunctata* Mr. = *Thalera*] (尺蛾科)
rubber gasket 橡胶垫,橡胶衬
rubber hose 橡胶水龙带{环保}
rubber impeller (泵)橡皮叶轮
rubber in agriculture 橡胶在农业上的应用
rubber industry 橡胶工[产]业
rubber latex 橡胶乳液
rubber-lined claw (果实抖落器)橡皮夹手
rubber mallet 橡皮锤
rubber matting 橡皮垫
rubber-plant 印度橡树(印度榕树) [*Ficus elastica* Roxb.] (桑科)
rubber plantation 橡胶园
rubber-producing plant (=rubber plant) 橡胶植物
rubber ring 橡皮环,橡皮圈
rubber roll 橡皮辊,胶辊
rubber roll conditioner 橡皮辊式干草压扁机
rubber roll rice huller 胶辊砻谷机
rubber roller 橡皮辊
rubber seed oil 橡胶树子油
rubber seed tube 橡胶输种管
rubber septum 橡胶隔片,橡胶垫片
rubber sheet stretching 橡皮纸拉伸{遥感}
rubber stopper 橡皮塞
rubber-tired tractor 橡胶轮胎拖拉机
rubber tree ①三叶胶属(橡胶树属) [*Hevea* Aubl.](大戟科) ②三叶胶(橡胶树) [*Hevea brasiliensis* Muell.]
rubber tube 橡皮管
rubber tyre (=rubber tire) 橡胶轮胎
rubber tyre tractor 橡胶轮胎拖拉机
rubber vine 大花桉叶藤 [*Cryptostegia grandiflora* R. Br.] (爵床科)
rubber waste 橡胶废水{环保}
rubber yielding plant 橡胶植物
rubberizing 上胶,涂胶
rubbers ①(=scrapie, trotting disease) 羊速步病 ②(=plank drags) 镇压板
rubbing ①相互摩擦 ②按摩 ③揉搓 ④磨损,损耗 ⑤去皮脱壳 ⑥(薯类)外伤,擦伤 ⑦种子磨光
rubbing action 擦动作用
rubbing device 摩擦装置
rubbing drum 搓擦滚筒
rubbing friction 擦动摩擦
rubbing machine ①摩擦机,搓擦机 ②脱壳机
rubbing surface 摩擦面
rubbing-type thresher 搓擦式脱粒机
rubbish ①垃圾料夹杂物,碎屑 ②废物,废弃料
rubbish dump (=rubbish heap) 垃圾堆{环保}
rubble 瓦砾,碎片,碎石

rubble drain 堆石排水沟,块石排水沟
rubble land 沙石地
rubble-lined ditch 砌石沟
rubble masonary 粗砌石(指使用未加工的石材砌石)
rubble-masonry check dam 毛石圬工谷坊,粗砌石谷坊
rubbly soil 砾质土,浮砾土
rubefication 红壤化[作用](rubeficatio)
rubella virus 风疹病毒
rubellosis 赤衣病(指柑橘)
rubellous 带红色的(rubellus)
Ruben cell 鲁本电池(指小型的)
Ruben reaction 鲁本反应
ruberythric acid 茜根酸[$C_{26}H_{28}O_{24}$]
rubescent 变红色的(rubescens)
rubiaceous type(= paracytic type) 茜草科型(气孔)(typus rubiaceus)
rubiadin 茜根定[$C_{15}H_{10}O_4$]
rubicundus rattlesnake plantain 深红斑叶兰[*Goodyera rubicundus* J. J. Sm.](兰科)
rubidium 铷(Rb,37号元素)
rubidium uptake 铷吸收
rubidomycin 红比霉素
rubification(= rubefication) 红壤化作用(rubificatio)
rubified soil 红壤化土壤
rubifolious 红叶的(rubifolius)
rubispinous 红刺的(rubispinus)
rubixanthin 玉红黄质[$C_{49}H_{56}O$]
rubomycin 变红菌素
RuBP(= ribulose-1,5-bisphosphate) 1,5-二磷酸核酮糖{分遗}
RuBP carboxylase RuBP羧化酶
RuBP carboxylase activity RuBP羧化酶活性
rubsen oil(= rapeseed oil, cole oil) 菜子油
rubus(= blackberry. dewberry)①悬钩子属[*Rubus* L.](蔷薇科) ②悬钩子[*Rubus palmatus* Thunb.]
rubus aphid 悬钩子蚜[*Amphorophora rubi* Kltb.](蚜科)
rubus caterpillar 悬钩子灰夜蛾[*Polia thalossina* Rottemburg](夜蛾科)
ruby ①深红色 ②红宝石
ruby ball 绯牡丹(红牡丹)[*Gymnocalycium mihanovichii* sp.](仙人掌科)
ruby blood orange 红玉血橙(甜橙品种)
ruby laster 红宝石激光器
ruby maser 红宝石微波激射器
ruby scale(= red wax scale) 红蜡蚧[*Ceroplastes rubens* Maekell](蜡蚧科)
ruby-tailed wasps(= cuckoo wasps) 青蜂科[Chrysididae]
ruby undersnow cinquefoil 深红委陵菜[*Potentilla argyrophylla* var. *atrosanguinea* Wall.](蔷薇科)
ruck 皱,褶
rudaccous rock 粗碎屑岩
rudder ①麦芽搅拌棒 ②舵 ③(双壁开沟犁)垂直稳定滑板
rudder blade 操向稳定刀,垂直稳定器
ruddy sheldrake 带红色麻鸭
ruderal ①野生的 ②杂草,野生杂草(ruderalis)
ruderal locality 野生杂草产地
ruderal plants 杂草,宅旁杂草,野生植物(plantae ruderales)
ruderal site 野生杂草生境
rudiment ①原基,原始体 ②残留物 ③退化器官(rudimentum)
rudiment of root 根原始体
rudimental ①不发育的 ②残留的(rudimentalis)
rudimental organ(= rudimentary organ) ①退化器官 ②痕迹器官,遗痕器官(organa rudimentalis)
rudimentary ①原始体的 ②残留的,发育不全的(rudimentaris)
rudimentary ear 发育不全穗(spica rudimentaris)
rudimentary flower 发育不全花(flos rudimentaris)
rudimentary glume 退化颖片,副护颖(gluma rudimentaris)
rudimentary organ 痕迹器官(发育不全器官)(organa rudimentaris)
rudimentary panicle of rice 水稻幼穗
rudimentary primodium 原始体原基(primodium rudimentare)
rudimentary seed 不发育种子(semen rudimentaris)
rudimentary stigma 不发育柱头(stigma rudimentaris)
rudimentary style 不发育花柱(styla rudimentaris)
rudis ①野生的 ②粗野的
RUDP(= ribulose-1,5-diphosphate) 1,5-二磷酸核酮糖
RuDPCase(= ribulose-1,5-diphosphate carboxylase) 1,5-二磷酸核酮糖羧化酶{分遗}
RUE(= radiation use efficiency) 辐射利

用效率{辐射}

rue ①芸香属[*Ruta* L.](芸香科)②芸香[*Ruta graveoleus* L.]

rue anemone 银莲花状唐松草[*Thalictrum anemonoides* Michx.](毛茛科)

rue family 芸香科[Rutaceae]

rue oil 芸香油

ruellia ①芦莉草属[*Ruellia* L.](爵床科)②芦莉草[*Ruellia repens* L.]

Ruff degradation 勒氏降解,[糖酸]顶碳降解{分生}

ruffe ①梅花鲈[*Acerina cernua* (L.)]{水产}②鸽[*Columba*]③流苏鹬[*Totanus pugnax*]{禽}

ruffed joint 折合接(木工)

ruffled 具粗毛的(horripilus)

ruffled edge 不平滑边

ruffled membrane 不平滑膜

ruffled membrane movement 不平滑膜运动

ruffling [细胞]边缘波动{分生}

ruga ①皱纹 ②皱(用于花粉)

rugate 具皱的(rugatus)

rugged ①粗糙的,凹凸的,不平坦的,不整齐的,峻峭的,崎岖的 ②不规则的,散乱的 ③有皱纹的

rugged ground 不平地

rugged harrow 粗糙耙

rugged-hipped (马)臀部大的

ruggedness 不平坦,起伏,崎岖

ruggedness of relief 地形起伏

rugosa (=rugose rose) 玫瑰[*Rosa rugosa* Thunb.](蔷薇科)

rugose ①具皱纹的 ②多波的(rugosus)

rugose leaf 皱纹叶(folium rugosum)

rugose mosaic 皱缩花叶病

rugose mosaic of potato 马铃薯皱缩花叶病[Solanum virus 1+Solanum virus 2]

rugosity 脉缩(rugositas)

rugous 多皱的(rugosus)

rugulate 具突起的(rugulatus)

rugulose ①多皱的,细皱的 ②具皱纹的(rugulosus)

ruin garden 废墟园,古迹园{园林}

ruinous exploitation 滥伐

Rukam (=Indian prune) 卢甘(罗庚梅,大叶刺篱木)[*Flacourtia rukam* Zoll.](大风子科)

rule ①管理 ②尺③ 标准 ④法则,规律,规则 ⑤习惯(regula)

rule base (RB) 规则库{电脑}

rule-based expert system 基于规则的专家系统{智培}

rule of relative growth 相对生长法则{栽培}

rule of thumb 经验定则{环保}

ruled ①直纹的 ②直纹面

ruler 尺(=rule),直尺,标尺

ruler line 标尺行

ruler planting 按规定尺寸栽植

rules governing competition 竞赛管理规定

rules of nomenclature 命名规定,命名规约

ruling ①统治的,主导的 ②支配 ③划线

ruling stem 支配木,优势木

ruly English 准确英语,规格英语{信息}

rum 糖蜜烧酒

rumen (=first stomach, paunch) 瘤胃,第一胃

rumen bacteria 瘤胃细菌

rumenotomy 瘤胃切开术(rumenotomia)

rumex (=dock) ①酸模属[*Rumex* L.](蓼科)②酸模[*Rumex acetosa* L.]

rumex aphid 酸模圆尾蚜[*Anuraphis rumecicola* Hori](蚜科)

ruminant ①反刍动物(ruminans) ②⌊复⌉反刍类[Ruminatia]

ruminate ①反刍的 ②嚼烂状的(ruminatus)

ruminate endosperm 嚼烂状胚乳(endosperma ruminata)

rumination ①反刍[作用] ②嚼烂状(ruminatio)

rummer squash (=pumpkin, marrow) 西葫芦[*Cucurbita pepo* L.](葫芦科)

rump 臀,臀部

rump bone 骶骨,荐骨

rump length 尻长

rump of beef 牛臀部肉

rumphius cycas (=rumph cycas) 刺叶苏铁(华南苏铁)[*Cycas rumphii* Miq.](凤尾松科)

rumpless 无尾(鸡)

rumutan ①韶子属[*Nephelium* L.](无患子科)②韶子(红毛丹)[*Nephelium lappaceum* L.]

run ①(渔船)行程 ②路线 ③(机器)运行,试转 ④导管,管道 ⑤(物价)急剧下跌 ⑥连续一段时间 ⑦围场,养鸡场 ⑧普通类型或种类 ⑨趋向 ⑩准许自由使用 ⑪流出 ⑫管理

run a farm 管理农场

run a level 水准测量

run a line 定线{测}

run aground 搁浅

run away ①飞车,失控 ②离开 ③超越

run-away plasmid 失控质粒{分遗}

run-away replication 失控复制{分遗}

run-away task 超越任务

run-away velocity (发动机)飞车转速
run away with ①用尽 ②获得无根据的结论 ③行进速度过快而不易控制
run back 回排(指排字)
run book 运行说明书{信息}
run cost 运行代价
run data 运行数据
run diagram 运行图
run down ①(电池)变弱,用完 ②撞倒,相撞 ③追获 ④减少,缩减 ⑤破烂
run-down pipe 破烂管{环保}
run duration ①运行期间,运行时间 ②运行周期
run end-point 运行端点,运行终点
run engine 起动机
run honey 液态蜜,液体蜜
run in 注入,流入
run indicator 运行指示灯(器)
run-length data 行程数据
run-length encoding 行程编码,步长编码{遥感}
run location 运行定位
run manual 运行手册
run-of-bank sand 河滩沙
run-off ①径流,流量 ②流失,泄水 ③生产 ④印刷 ⑤脱落
run-off area 径流面积
run-off coefficient 流失[量]系数
run-off curve 径流曲线
run-off dell 流失谷地
run-off ditch 排水毛沟,泄水毛沟
run-off factor 径流系数
run-off in depth 径流深
run-off pipe 放流管{环保}
run-off ribosome 脱落核糖体{分遗}
run-off transcript 脱落转录物{分遗}
run-off transcription 脱落转录,失控转录{分遗}
run-off transcription analysis 脱落转录分析,失控转录分析
run-off volume 径流总量
run-off water 径流水
run-off wind anemometer 风程风速表
run on ①流逝 ②继续发展,连续 ③涉及 ④连缀 ⑤转动
run-on point 转动点
run-on time 连续时间(指运转时间)
run-on transcript 连缀转录物{分遗}
run-on transcription 连缀转录
run-on transcription analysis 连缀转录分析
run-on transcription assay 连缀转录鉴定
run out ①用尽,缺乏 ②消退 ③到期限 ④抽出,拉出 ⑤伸出,突伸 ⑥跳动
run-out tolerance 摆差,跳动公差
run phase 运行阶段
run-round plow 单用犁
run schedule 运行调度[表]
run switch 运行开关
run through ①划线,勾掉 ②耗尽 ③匆匆检查,匆促检查,连续很快地处理
run to ①达到 ②推展到
run-to-run check 连续运行检查
run to seed 长种子不长新叶,结子,结实
run up ①(数字)加起 ②使迅速增加 ③提高,升起
run wild 野生
runch (= wild radish, jointed charlock) 野萝卜[*Raphanus raphanistrum* L.](十字花科)
runcinate ①倒齿状的 ②倒向羽裂的 (runcinatus)
runcinate leaf 倒齿状叶 (folium runcinatum)
rundle 伞形花序 (umbrella)
rundlet 小伞形花序
rung 轮辐,舵轮柄
runner ①匍匐茎 (caulis reptans) 长匍茎,纤匍枝 (sarmentum) 短节蔓 (flagellum),嫩枝,幼枝 (stolo) ②马踵 ③滑脚,滑掌,滑橇,导板,(泵)叶轮,滑刀式开沟器 ④(磨粉机)动磨盘,上磨盘
runner bean 蔓生菜豆(品种类型)
runner bulb 匍匐鳞茎 (bulbus reptans)
runner groundnut 蔓生花生(品种类型)
runner plant 蔓性植物
runner soybean 蔓生大豆[*Glycine ussuriensis*](豆科)
runner stone ①(碾碎机)动石辊 ②(磨粉机)上磨盘
runner type 蔓生型(指品种)
runner-type opener (= runner boot, runner furrow opener, runner opener) 滑刀式开沟器
runner-type planter 带滑刀式开沟器的播种机
runnet (= rennet) ①凝乳酶 ②干皱胃膜
running ①匍匐生根的 (reptans) ②连续的 (= continuous),不断的 (= uninterrupted) ③流动的 (= flowing) ④行驶,行程,(机器)运转运行 (= moving)
running birds 走禽类,平胸类
running costs 使用费,费用,开销
running empty 空转
running expense 经常费
running fire 凶[烈]火,速行火

running fit 转配合
running foot ①直英尺 ②脚证
running gear 行走机构,行走装置
running gel 电泳胶
running head 页头标题,楣题{电脑}
running-in ①试转,跑合 ②研配
running-in test (发动机)空转试验
running knot 活结(结索法)
running latch 脚踏锁
running mallow 圆叶锦葵[*Malva rotundifolia* L.](锦葵科)
running meter 全长
running-off water (= run-off water) 径流水
running open ①开放运行 ②空运行,空转
running out 退化
running pine (= running moss) 石松[*Lycopodium clavatum* L.](石松科)
running program language 运行程序语言{电脑}
running repair 日常修理
running resistance ①行走阻力,行驶阻力,运行阻力 ②运转阻力
running route of farm implement 农机具运行路线{智培}
running sampling ①连续取样{育种} ②连续取水样{环保}
running sand 流沙
running service 畜群交配
running speed 行驶速度
running state 运行状态
running survey 勘测
running trap U形存水弯{环保}
running vine 编织用枝条
running water 流水,活水
running wild plant 持续野化植物(指逐渐失去栽培性状的植物)
running work 流水作业,连续作业
runt ①弱小仔畜 ②小老头树 ③劣株
runtime 运行时间
runtime administration routine 运行时间管理程序{电脑}
runtime check 运行时[间]检查
runtime diagnosis 运行时[间]诊断
runway 单轨架空道,吊车道
rupate ①具沟皱的 ②具赤道成对沟状孔的(rupatus)
rupestrine 喜岩石的(rupestris)
rupestris female fern 喜岩石蹄盖蕨[*Athyrium rupestres* Kodama](水龙骨科)
rupicolous plant 岩生植物(planta rupicola)
rupideserta 砾石荒漠,石质荒漠
ruptile (= rupturing) 破裂的(ruptilis)
rupture 破裂,断裂(ruptura)
rupture-wort ①赫尼亚草属[*Herniaria* L.](石竹科) ②光赫尼亚草[*Herniaria glabra* L.]
rupturing 破裂的(rumpens)
rupus ①沟皱 ②成对内口
rural ①农村的,乡村的 ②农业的,农事的 ③耕作的(ruralis)
rural activity 农业活动,农事活动
rural carrier 农村运输工人
rural classes 农村各阶级
rural communication 农村通信,农村通讯
rural community 农村{区社}
rural craft 农村手工业
rural credit service 农村信贷业务
rural customary law 农村习惯法
rural development program 农村发展计划
rural domestic economy 农村家庭经济学
rural economics (= agroeconomy) 农业经济学
rural electric load forecasting 农村用电负荷预测
rural electric network 农村电力网
rural electric system 农村电力系统
rural electrification 农村电气化{农系工}
rural electrification management 农村电气化管理
rural electrification planning 农村电气化规划
rural energy 农村能源
rural energy consumption 农村能源消费(耗)
rural energy planning 农村能源规划
rural energy resource 农村能源资源
rural energy zoning 农村能源区划
rural engineering (= agricultural engineering) 农业工程学
rural environment (= rural surroundings) 农村环境
rural exodus 农村人口外流
rural extension 农业推广
rural family 农村家庭,农民家庭
rural fuel saving stove and kiln 农村节能炉窑
rural health system 农村保健制度
rural home 农户,农家
rural home economics 农村家政学
rural home economics school 农村家政学校
rural house-keeping 农家管理
rural housing conditions 农村住房情况
rural income 农村收入
rural industrialization 农村产业化{农系工}

rural industry 农村副业,农村产业
rural industry construction 农村产业结构
rural life 农村生活
rural lines 农村电网
rural occupation 农村职业
rural people's commune 农村人民公社
rural population 农业人口,农村人口
rural proletariat 农村无产阶级
rural psychology 农民心理学
rural reading room 农村阅览室
rural sanitation 农村卫生
rural savings service 农村储蓄业务
rural scenery 农村风光,农村景色
rural school 农村学校
rural school system 农村学制
rural settlement 乡村
rural sewage disposal 农村污水处理{环保}
rural sewage disposal farm 农村污水灌溉田[地],农村污水灌溉农田
rural sewerage 农村沟渠工程{环保}
rural sociology 农村社会学
rural standard of living 农村生活程度
rural substation 农村变电站
rural town 农村市镇
rural townization 农村市镇化,农村城镇化
rural urbanization 农村都市化,农村城市化
rural waste utilize 农村废物利用
rural water supply 农村供水,农村给水{环保}
rural welfare system 农村福利事业
rush ①灯心草属[*Juncus* L.](灯心草科) ②灯心草[*Juncus effusus* L.]
rush-broom (= Spanish broom, weaver broom) 鹰爪豆[*Spartium junceum* L.](豆科)
rush family 灯心草科[Juncaceae]
rush harvest 抢收
rush hours ①高峰时间 ②农忙时间
rush-like bulrush 萤蔺[*Seirpus juncoides* var. *hotarui* Ohwi.](莎草科)
rush-like dopartrium ①虻眼属[*Dopartrium* Buch.-Ham. ex Benth.](玄参科) ②虻眼[*Dopartrium junceum* Buch.-Ham.]
rush mat 灯心草席,蒲席
rush-mat making machine 灯心草席织席机
rush-nut (=chufa) 铁荸荠(地栗)[*Cyperus esculentus* L.](莎草科)
rush period 农忙期
rush planting 抢种
rush season 忙季,旺季
rush split machine 灯心草割裂机
rush-swamp 灯心草沼泽
rusk citrange "罗司克"枳橙[*Citrus sinesis* Osbeck × *Poncirus trifoliata* Rafinesque](芸香科)
ruskie 草制蜂窠
russelia ①炮仗竹属[*Russelia* Jacq.](玄参科) ②炮仗竹[*Russelia equisetifomis* Schlecht et Cham. = *R. juncea* Zuce.]
russelkaefer 甜菜象[*Bothynoderes punctiventris* Germar](象甲科)
russet ①厚皮褐色苹果 ②黄褐色(= yellowish brown),红褐色(= reddish brown)
russet of loquat 枇杷冻伤[害]果(指果呈褐色的)
russeted 朽叶色的,小豆色的(russetus)
russeted cavity 锈色果洼(cavitas russeta)
russeting (= russetting) (药害引起的)锈斑
Russian dandelion (= koksaghyz) 青橡胶草(俄蒲公英)[*Taraxacum kok-saghyz* Rodin](菊科)
Russian kuzu 俄葛[*Pueraria seudohirsuta* Tang et Wang](豆科)
Russian larch (= Siberian larch) 西伯利亚落叶松
Russian mulberry 俄罗斯桑[*Morus alba* var. *tatarica*. (L.) Loud.](桑科)
Russian olive ①胡颓子属[*Elaeagnus* L.](胡颓子科) ②沙枣[*Elaeagnus angustifolia* L.]
Russian sturgeen 俄鲟[*Acipenser güldерstädti* Brandt]{水产}
Russian thistle 俄猪毛菜[*Salsola ruthenica* Iljin. = *S. kali* L.](藜科)
Russian-thistle flax 猪毛菜状亚麻[*Linum salsoloides* Lam.](亚麻科)
Russian vetch (= sand vetch, downy vetch, winter vetch) 长柔毛野豌豆[*Vicia villosa* Roth.](豆科)
Russian white mulberry 俄白桑[*Morus alba* var. *tatarica* = *Morus tatarica*](桑科)
Russian wild rye 灯心草野麦[*Elymus junceus* Fisch.](禾本科)
russule ①红菇属[*Russula* F.](伞菇科) ②大红菇[*Russula rubra* (Kromb.)Bres.]
rust ①锈,铁锈 ②锈菌 ③锈病
rust-coloured ①铁锈色的(furrugineus) ②带赤褐色的(rubiginosus)
rust disease 锈病
rust escaping 免感锈病的(由于早熟)
rust fungi ①锈菌[类] ②锈菌科[Uredinaceae]

rust incidence 锈病发病率

rust mites 叶刺瘿螨属［*Phyllocoptes* spp.］

rust nursery 锈病圃

rust of adzuki bean 小豆锈病［*Uromyces appendiculatus*（Pers.）Link. = *U. phaseoli*（Pers.）Wint. var. *typica* Arthur］

rust of alder tree 桤木锈病［*Melampsoridium alni*（Thuem.）Diet.］

rust of alfalfa 苜蓿锈病［*Uromyces striatus* Schröet.］

rust of American artichoke 菊芋锈病［*Puccinia helianthi* Schw.］

rust of apple 苹果锈病［*Cymnosporangium yamadai* Miyabe］

rust of apricot 杏锈病［*Tranzschelia pruni-spinosae*（Pers.）Diet.］

rust of asparagus 石刁柏锈病［*Puccinia asparagi* DC.］

rust of beet 甜菜锈病［*Uromyces betae*（Pers.）Tul.］

rust of broad bean 蚕豆锈病［*Uromyces fabae*（pers.）De Bary］

rust of buckthorn 鼠李锈病［*Puccinia poae-pratensis* Miura］

rust of buckwheat 荞麦锈病［*Puccinia fagopyri* Barcl.］

rust of bush-clover 胡枝子锈病［*Uromyces lespedezae-procum-bentis*（Schw.）Curt.］

rust of castor bean 蓖麻锈病［*Melampsora ricini* Pass.］

rust of cherry 甜樱桃锈病［*Caeoma makinoi* Kusano］

rust of chestnut 栗锈病［*Cronartium quercum*（Berk.）Miyabe］

rust of Chinese quince 木瓜锈病［*Gymnosporangium haraeanum* Syd.］

rust of chise 韭锈病［*Puccinia allii*（DC.）Rudolphi］

rust of clover 三叶草锈病［*Uromyces trifolii*（Hedw.f.）Lev.］

rust of common asparagus 石刁柏锈病［*Puccinia asparagi* DC.］

rust of common vetch 巢菜锈病［*Uromyces fabae*（Pers.）de Bary］

rust of dog's tooth grass 狗牙根锈病［*Puccinia cynodonits* Lacroix］

rust of fig 无花果锈病［*Phakopsora ficierectae* Ito et Otani］

rust of foxtail 看麦娘锈病［*Uromyces alopecuri* Seym.］

rust of French bean 菜豆锈病［*Uromyces appendiculatus*（Pers.）Link.］

rust of garden balsam 凤仙花锈病［*Puccinia argentata* Wint.］

rust of garlic 大蒜锈病［*Puccinia allii*（DC.）Rudolphi］

rust of grape 葡萄锈病［*Phakopsora ampelopsidis* Diet. et Syd.］

rust of hawthorn 山楂锈病［*Gymnosporangium haraeanum* Syd.］

rust of hazelnut 榛子锈病［*Pucciniastrum coryli* Kom.］

rust of Indian mallow 苘麻锈病［*Puccinia heterospora* Berk. et Curt.］

rust of iris 鸢尾锈病［*Ruccinia iridis*（DC.）Wallr.］

rust of Japanese chestnut 日本栗锈病［*Pucciniastrum castaneae* Diet.］

rust of jujube 枣锈病［*Phakopsora zizyphi-vulgaris*（P. Henn.）Diet.］

rust of kentucky bluegrass 六月禾锈病［*Coleosporium plectranthi* Barcl.］

rust of kidney bean 菜豆锈病［*Uromyces appendiculatus*（Pers）Link.］

rust of loquat 枇杷锈病［*Coleopuccinia simplex*（Diet.）Hara］

rust of mint 薄荷锈病［*Puccinia menthae* Pers.］

rust of mugwort 艾锈病［*Phakspsora artemisiae* Hirat f.］

rust of mulberry 桑锈病［*Aecidium mori* Barcl.］

rust of multiflora bean 多花菜豆锈病［*Uromyces appendiculatus*（Pers.）Link. = *U. phaseoli*（Pers.）Wint. var. *typica* Authur］

rust of nung bean 绿豆锈病［*Uromyces appendiculata*（Pers.）Link. = *U. phaseoli*（Pers.）Wint. var. *typica* Authur］

rust of oleaster 沙枣锈病［*Aecidium elaegni* Diet.］

rust of onion 洋葱锈病［*Puccinia allii*（DC.）Rudol.］

rust of orchard grass 鸭茅锈病［*Puccinia glumarum*（Schw.）Erikss et E. Henn.］

rust of pea 豌豆锈病［*Uromyces pisi*（Pers.）Schröt.］

rust of peach ①桃褐锈病［*Tranzshelia pruni-spinosae*（Pers.）Diet.］②桃锈病［*Leucotelium pruni-persiae*（Hori）Tranzsch.］

rust of peanut 花生锈病［*Puccinia arachi-*

dis Speg.]

rust of pear 梨锈病[*Gymnosporangium haraeanum* Syd.]

rust of perilla 紫苏锈病[*Coleosporium perillae* Syd.]

rust of pine 松锈病[*Cronartium quercum* Miyabe]

rust of poa 早熟禾锈病[*Puccinia poae-pratensis* Miura]

rust of quack grass 鹅冠草锈病[*Puccinia rangiferina* Ito]

rust of quince 榅桲锈病[*Gymnosporangium haraeanum* Syd.]

rust of raspberry 覆盆子锈病[*Caeoma cheoanum* Cummins]

rust of rose 蔷薇锈病[*Gerwasia rosae* Tai]

rust of sorghum 高粱锈病[*Puccinia miscanthi* Miura]

rust of sorrel 酸模锈病[*Puccinia acetosae* Koern.]

rust of soybean 大豆锈病[*Phakopsora pachyrhizi* Sydow.]

rust of stonecrop 景天锈病[*Puccinia australis* Koern.]

rust of strawberry 草莓锈病[*Pucciniastrum potentillae* Kom.]

rust of sugarcane 甘蔗锈病[*Puccinia kuehnii* (Krueger)Butl.]

rust of sunflower 向日葵锈病[*Puccinia helianthi* Schw.]

rust of sweet clover 草木犀锈病[*Uromyces baeumlerianus* Bubak]

rust of urd 黑吉豆锈病[*Uromyces appendiculatus* (Pers.) Link. = *U. phaseoli* (Pers.) Wint. var. *typica* Arthur]

rust of vetch 巢菜锈病[*Uromyces fafae* (Pers.)de Bary]

rust of welsh onion 葱锈病[*Puccinia allii* (DC.) Rudolphi]

rust of yellow trefoil 天兰锈病[*Uromyces striatus* Schroet.]

rust preventer ①防锈剂 ②锈病防治剂

rust preventing 防锈

rust preventing agent 防锈剂

rust proof 防锈病,免感锈病

rust proof strain 免感锈病品系

rust proof variety 免感锈病品种

rust proofing agent ①防锈剂{农机} ②锈病防治剂

rust red flour beetle 赤拟谷盗[*Tribolium castaneum* (Herbst) = *T. ferrugineum* F.](拟步甲科)

rust remover 除锈器

rust resistance 抗锈病性

rust-resistant 抗锈病的

rust-resistant variety 抗锈病品种

rust resisting paint 抗锈漆

rust spot 锈斑

rust streak 锈纹

rusted 感染锈病的,生锈病的

rusted plant 生锈病植株

rustic ①乡村的,农村的 ②田野的 ③庄稼人,乡下人

rustic bird house 田野禽舍

rustic tobacco 黄花烟草(=green tobacco, wild tobacco, aztec tobacco)[*Nicotiana rustica* L.](茄科)

rusticanus camellia 野山茶[*Camellia rusticana* Honda](茶科)

rusting 生锈{环保}

rustless 不锈的

rustre screw-pine 美样露兜树[*Pandanus utilis* Bory.](露兜树科)

rusty (=rusted) 感染锈病的,生锈病的

rusty-brown 锈棕色的(ferrugineus)

rusty grain beetle 锈赤扁谷盗(小赤谷盗)[*Laemophloeus ferrugineus* Steph. = *L. testaceus* Payk.](谷盗科)

rusty mottle 锈斑

rusty plum aphid [梅]李锈蚜(李锈条蚜)[*Hysteroneura setariae* Thomas](蚜科)

rusty tussock moth 古毒蛾[*Orgyia antiqua*(L.)](毒蛾科)

rusty woodsia 岩蕨[*Woodsia ilvensis* R. Br.](水龙骨科)

rusty[Kernel]rice ①感锈病稻粒 ②锈色米,茶色米

rut ①车辙,轮距,轨距 ②凹坑,压痕 ③发情,性行动

ruta-baga (= Swedish turnip, rooted swede) 芜菁甘蓝[*Brassica napobrassica* Mill.](十字花科)

rutaceous 芸香科的(rutaceus)

rutecarpine (=rutaecarpine) 吴茱萸[次]碱[$C_{18}H_{13}ON_3$]

Rutger's process 吕特格尔法(木材防腐)

ruthenium 钌(Ru,44号元素)

ruthenium red 钌红{显技}

ruthenium red in double staining 双染色用钌红

rutherford (rd) 卢[瑟福](放射性蜕变单位)

ruthless exploitation 掠夺式利用,滥用地力

rutilant 火红的,闪红的(rutilans)

rutile 金红石{地质}

rutilism 红化现象(rutilismus)
rutin(=rutoside) 芸香苷,芦丁[$C_{27}H_{30}O_{16}$]
rutinose 芸香二糖[$C_{12}H_{22}O_{10}$]
rutland(=plumcot) 李杏[*Prunus salicina* Lindl. × *P. armeniaca* L.](芸香科)
rutter ①刨 ②刨土机,平路机
rutting 发情
rutting period 发情期
rutting season 交配期,交配季节
ruttishness ①发情 ②交配欲 ③交配期
RWC ①(=relative water capacity)相对持水量{土壤} ②(=relative water content)相对含水量{土壤}
Ryanicide(=Ryania) 鱼尼汀(植物性杀虫剂)[$C_{25}H_{35}NO_9$]
rye ①黑麦属[*Secale* L.](禾本科) ②黑麦[*Secale cereale* L.]
rye anther culture 黑麦花药培养
rye brome grass 雀麦[*Bromus japonicus* Thunb.](禾本科)
rye callus 黑麦愈伤组织
rye ergot 麦角病
rye jointworm 黑麦麦节小蜂[*Harmolita secalis* Fitch]
rye-like 似黑麦的(secalinus)
rye-like brome(=drank, drauk) 黑麦雀麦[*Bromus secalinus* L.](禾本科)
rye outbreeding 黑麦远缘交配{育种}
rye powdery mildew 黑麦白粉病
rye smut 黑麦黑粉病[*Urocystis occulta*]
rye stem smut 黑麦茎黑穗病
rye straw 黑麦秸,黑麦秆
rye variety 黑麦品种
ryegrass ①黑麦草属[*Lolium* L.](禾本科) ②黑麦草[*Lolium perenne* L.]
ryegrass mosaic virus(=ryegrass streak mosaic virus) 黑麦草花叶病毒
ryot(=Indian farmer) 印度农民
RYT(=relative yield total) 相对总产量
rytidocarpous 皱皮果的(rytidocarpus)
rytidophyllous 皱叶的(rytidophyllus)
Ryukyus senna 山扁豆(琉球决明)[*Cassia mimosoides* L.](豆科)

S s

S ①(=Svedbery unite) 斯韦柏单位{环保} ②(=synthesis) 合成{分生}

S_1, S_2, S_3(=first, second and third selfing generation) 自交第一代,自交第二代,自交第三代

S 7(=EPBP) 氯苯磷

S 17 抗蝇威(钉虫剂)[$C_9H_{11}NO_2$]

S 5602 杀天菊酯(杀虫剂)[$C_{25}H_{22}ClNO_3$]

S acid(=8-amino-1-naphthol-5-sulphonic acid) 8-氨基-1-萘酚-5-磺酸

S-adenosylhomocysteine S-腺苷高半胱氨酸

S-adenosylmethionine(SAM) S-腺苷甲硫氨酸

S-adenosylmethionine decarboxylase S-腺苷甲硫氨酸脱羧酶

S alleles S等位基因

S-bivalent 亚端着丝粒双价体,S双价体{细胞}

S by E(=south by east) 南偏东

S by W(=south by west) 南偏西

s-chromosome 亚端着丝点染色体

S-colony(=smooth colony) 光滑菌落

S-cytoplasm S细胞质

S factor S因子(延伸因子)

S gene 控制植物不亲和反应特性基因

S-period(=synthetic period) S期(DNA合成期){染色体}

S-phase (染色体DNA)合成期{染色体}

S phase(=synthesis phase) S期,合成期(指染色体DNA复制期){染色体}

S phase of cell life cycle 细胞生活周期的S期

S phase recovery S期回复

S-phase recovery 合成期重现

S-R variation(=smooth-rough variation) 光滑-粗糙菌落变异

S-S association(=side by side association) 并排配对{细胞}

S-S hypothesis(=side by side hypothesis) 并排假说{细胞}

S-S reaction(=side by side reaction) 并排反应

S-series S系列(阻止花粉基因)

S-shaped harrow S形耙

S-sulfocysteine 犀氨酸,S-磺酸半胱氨酸

S_1 test 自交一代测验

S-trap S形存水弯{环保}

S-type(=smooth type) 光滑型

S-type position effect S型位置效应,顺[式]反[式]位置效应

S value(=Svedbery-unit value) 斯韦柏单位值{环保}

S125 萘氨磷(杀虫剂)[$C_{16}H_{16}NO_5PS$]

Sab(=sub) 亚

Sabadilla 沙巴草(赛藜芦)(植物杀虫剂)

sabal 蓝棕[*Inodes palmetto*](棕榈科)

sabia ①清风藤属[*Sabia* Colebr.](清风藤科) ②清风藤[*Sabia bullochii* Hce.]

sabia family 清风藤科[Sabiaceae]

sabia-leaf actinidia 清风藤叶猕猴桃[*Actinidia sabiaefolia* Dunn](猕猴桃科)

sabina(=savin) 新疆圆柏

sabinene 桧萜[$C_{10}H_{16}$]

sabinic acid 桧酸,12-羟基十二[烷]酸[$C_{12}H_{24}O_3$]

sabinol 桧(萜)醇[$C_{10}H_{16}O$]

sable 黑貂[*Martes zibellina*](鼬科)

sable acacia 变黑相思树[*Acacia nigrican*](含羞草科)

Sabouraud's dextrase agar 沙氏葡糖琼脂{生技}

sabre butt 曲根材

sabulicole(=sabulicolous, sabulose, sabuine) 沙砾地生的(sabulicolus)

sabulose 沙生的(sabulosus)

sac ①囊,气囊 ②袋(saccus)

sac fry 带卵黄囊的鱼苗

sac fungi 子囊菌[Ascomycetes]

sacbrood(=pickled brood) 幼蜂皱萎病,囊状幼虫病[*Morator aetatulae*]

saccade 跳跃

saccadic tracking movement 跳跃跟踪运动

saccal 囊的(saccalis)

saccate ①囊状的 ②具气囊的(saccatus)

saccate volva 囊状菌托(volva saccata)

saccharamide 糖二酰胺[$C_6H_{12}O_6N_2$]

saccharase (=sacrase) 蔗糖酶
saccharate ①(=saccharinous)甜的,糖质的,含糖的 ②蔗糖酸盐(saccharatus)
saccharic acid ①葡糖二酸 ②糖二酸［$C_6H_{10}O_8$］
saccharidase 糖酶
saccharide ①糖类 ②糖化物
sacchariferous ①产糖的,生糖的 ②含糖的(saccharifer)
saccharification 糖化［作用］(saccharificatio)
saccharify 糖化
saccharifying power 糖化力
saccharimeter 糖量计,［旋光］糖度计
saccharimetry ①糖量测定 ②糖量测定法(saccharimetrica)
saccharin 糖精［$C_6H_4CONHSO_2$］
saccharine 糖的,含糖分的(saccharinus)
saccharine sorghum (=sweet sorghum) 甜高粱(糖用高粱)［*Sorghum saccha-ratum* Pers.］(禾本科)
saccharinity ①甜度,甜性 ②含糖量(saccharinitas)
saccharobiose (=sucrose) 蔗糖［$C_{12}H_{22}O_{11}$］
saccharogenic amylase 糖淀粉酶
saccharogenic power 糖化力
saccharolytic bacteria 解糖细菌(bacteria saccharolyticae)
saccharometabolism 糖［类］代谢
saccharometer ①糖量计,糖液比重计 ②发酵管
saccharomyces cerivisiae ［酿］酒酵母［*Saccharomyces cerivisiae*］
saccharomycetes 酵母菌
saccharonolactone (=saccharolactone)葡糖二酸单内酯
saccharophilous 喜糖的,适糖的,嗜糖的(saccharophilus)
saccharophobous 嫌糖的,避糖的(saccharophobus)
saccharophosphorylase 糖磷酸化酶
saccharophyll (=sugar leaf) 糖叶(saccharophyllum)
saccharophyllous 糖叶的(saccharophyllus)
saccharophyllous plant 糖叶植物(planta saccharophylla)
saccharophyte 糖性植物(saccharophyta)
saccharopine 酵母氨酸
saccharorrhea (=glycosuria) 糖尿
saccharose (=sucrose) 蔗糖［$C_{12}H_{22}O_{11}$］
sacciform 囊状的(sacciformis)
saccolabium ①囊唇兰属［*Saccolabium* Blume］(兰科) ②囊唇兰［*Saccolabium* sp.］
sacculate ①具囊的 ②囊状的(sacculatus)
sacculent 肉浆的(sacculens)
sacculent fruit 肉浆果(fructus sacculens)
sacculus ①囊胞{微生物} ②小囊,球囊{分遗}
saccus 气囊
Sachalinensis reed gras 库页岛拂子茅［*Calamagrostis sachalinensis* Fr. Schm.］(禾本科)
Sachalinensis saxifrage 库页岛虎耳草［*Saxifraga sachalinensis* Fr. Schm.］(虎耳草科)
Sacharov malaria mosquito 萨氏按蚊［*Anopheles sacharovi* Favr.］(按蚊科)
Sach's solution 萨氏溶液{显技}
sack ①麻袋,粮袋,大袋 ②囊
sack barrow 粮袋小推车
sack boom 囊状挡栅
sack-cloud 囊状云
sack elevator 袋子升运器
sack filler (=sack filling machine) 装袋机
sack grip (=sack holder) 麻袋夹持器
sack hoist 麻袋起重机
sack holder 挂袋器
sack lift 粮袋提升器
sack loader 粮袋装载机
sack loading 成袋装运
sack of rice straw (稻)草包
sack pilar 粮袋码垛机,粮袋堆积机
sack sewer ①缝袋机 ②缝袋工
sack sewing machine 缝袋机
sack stacker 粮袋码垛机
sack storage 装袋储存
sack weigher (=sacker weigher) 粮袋秤
sackcloth 麻袋布,粗麻布
sacked grains 袋装谷粒,袋装谷物
sacked load 袋装货物
sacker ①装袋器 ②谷物装袋装置(谷物联合收获机)
sacker auger 袋装螺旋
sacker elevator 袋装升运器
sacker-weigher 装袋秤
sackholder 麻袋夹持器,袋夹,夹袋器
sacking ①装袋 ②麻袋布
sacking harvester 装袋式收获机
sacking platform (谷物)装袋平台
sacking spout 装袋流出槽,装袋口

sacred bamboo ①南天竹属［*Nandina* Thunb.］(小檗科) ②南天竹［*Nandina domestica* Thunb.］(禾本科)
sacred datura 假白花曼陀罗［*Datura meteloides* L.］(茄科)
sacred fig-tree (=peepul tree) 菩提树［*Ficus religiosa* L.］(桑科)
sacrifice paddy field 休闲[水]田,休闲稻田
sacromycin 甲基贝友霉素
sacrum 荐骨
sad ①(点心,面包)发酵不好的,未烤透而黏糊的 ②(颜色)黯淡的,阴沉的
sadd 大块漂浮植物(白尼罗河上游)
saddle ①鞍,鞍座 ②(自行车)车座 ③(马)鞍部 ④鞍型低[气]压 ⑤座板,滑动坐架 (sella)
saddle-back fungus 宽鳞棱孔菌［*Favolus squamosus* (Huds. ex Fr.) Ames］
saddle board 抖动板
saddle bow 鞍头
saddle cloth 鞍褥
saddle duster 鞍式喷粉机
saddle-feather 鞍羽
saddle function 鞍式函数
saddle fungus ①马鞍菌属［*Helvella* L. ex Fr.］(马鞍菌科) ②马鞍菌［*Hellella epippium* Lev.］
saddle gall 鞍伤
saddle gall midge 鞍瘿瘿蚊［*Haplodiplosis equestris* (Wagn.)］(瘿蚊科)
saddle girth [系鞍]肚带
saddle graft 鞍接
saddle grafting 鞍接,骑接
saddle horse 乘用马
saddle of mutton 羊鞍肉
saddle planting 垄栽,垄植,垄作
saddle seat 鞍座
saddle-shape 马鞍形的 (selliformis)
saddle sprayer 鞍式喷雾机[器]
saddle-tank sprayer 鞍式液箱喷雾机
saddle tractor 鞍式牵引车
saddle tree 美国鹅掌楸［*Liriodendron tulipifera* L.］(木兰科)
saddleback ①农用鞍形耙 ②鞍状峰 ③鞍形屋顶
saddleback harrow 鞍形耙
saddleback pig 英国猪,白肩猪
saddlebacked horse 鞍状[背]马
saddler 鞍工,马具工
saddlery ①马具 ②马具业 ③鞍工术,马具术
sade oil 桧油
SADH (=sadh) 丁酰肼
safe ①安全的 ②稳定的 ③可靠的 (salvus)
safe concentration 安全浓度
safe crops 保收作物
safe deposit 保险仓库,贵重物品保管处
safe dose 安全剂量
safe expression 安全表达[式]
safe formula 安全公式,可靠公式
safe guard 安全设备{环保}
safe light 安全光
safe loading 安全荷载
safe net 安全网
safe operation 安全操作
safe pin 安全销,保险销
safe region 安全地区
safe shutdown 安全停机{信息}
safe storage 安全贮藏
safe survival 安全存活{生态生理}
safe working stress 安全应力
safe yield 安全产量
safeguard ①防卫物 ②防护装置,防护罩,防护栏
safeguarding clause 安全保卫条款
safeless crops 歉收作物
safeness (=safety) 安全性 (salvitatum)
safety ①安全性,安全措施 ②保护,保险,保安 ③稳定,可靠性 ④安全设备,防护器材,保险装置 (salvitatem)
safety apron 防护围裙{生技}
safety belt 安全带,救生带
safety bolt 保险螺栓,安全螺栓
safety brake 安全制动器
safety cab 安全驾驶室
safety cabinet 安全橱,安全柜
safety can 安全罐,防护罐
safety catch 保险掣子
safety clutch (=slip clutch) 安全离合器
safety code ①安全规程 ②安全码{信息}
safety critical software 安全性关键软件
safety device 安全装置
safety engineering 安全工程
safety factor ①安全系数 ②安全率 ③安全因子
safety flap 安全吊门{水利}
safety flask 安全烧瓶
safety fuse 导火线
safety gear 安全装置
safety goggles (=safety glasses) 防护镜,护目镜,防护眼镜
safety grab 安全连接器,安全挂钩
safety guard 保险装置,保险板
safety hitch 安全连接器
safety hoist 安全吊车
safety in the use of pesticides 安全使用农药

safety lamp 安全灯
safety latch 安全闩{水利}
safety lock 保险锁
safety margin ①安全限度,安全系数 ②安全余量
safety mask 安全面具
safety measures 安全措施
safety pin ①安全别针 ②安全销 ③安全钉,安全栓
safety plough (=safety plow) 安全犁
safety precautions for insecticide users 使用杀虫剂的安全注意事项
safety program 安全规划
safety ratio to lodging 耐倒伏安全比率
safety razor 安全剃刀,保险刀{显技}
safety regulations 安全技术规范
safety release 脱开安全器
safety release hitch 安全松脱式连接装置
safety ring 安全环
safety set screw 安全螺钉
safety shield 安全挡板,防护屏,防护罩
safety siphon 安全虹吸管{环保}
safety slide 保险滑板
safety snap clutch 滑跳式安全离合器
safety stock 安全库存[量]
safety stop 安全挡块
safety storage limit air volume 贮藏安全极限风量
safety storage moisture content 贮藏安全含水量
safety storage temperature 贮藏安全温度
safety strip (=safety belt) 保护地带,安全地带
safety switch 安全开关,紧急开关
safety-switch ignition 安全开关点火装置
safety technique of electric engineering 电气工程安全技术
safety trip 安全脱开器
safety-trip beam 带安全器的犁辕
safety trip device 安全脱开装置
safety twine cutter 捆绳安全切刀
safety valve 安全阀
safflower ①红花属[*Carthamus* L.](菊科) ②(=bastard saffron, false saffron) 红花[*Carthamus tinctorius* L.]
safflower diseases 红花病害
safflower oil 红花油
saffron (=saffron crocus) ①番红花属[*Crocus* L.](鸢尾科) ②番红花(藏红花)[*Crocus sativus* L.]
saffron tritonia ①观音兰属[*Tritonia* Ker.](兰科) ②观音兰[*Tritonia crocata* Ker.]
saffronspike 花叶爵床[*Aphelandra squarrosa* var. *leopoldii* R. Br.](爵床科)
safranal 藏红花醛[$C_{10}H_{14}O$]
safranin (=safranine) [碱性]藏红番红[$C_{18}H_{14}N_4$]
safranin O 藏红 O{显技}
safranin O as double stain 双重染色用藏红 O
safrole (=safrol) 黄樟素
Safroxan 增效散(增效剂)[$C_{12}H_{14}O_4$]
sag ①弛垂 ②弛垂度{环保} ③下陷,凹陷
sag pipe 弛垂管(倒虹管){环保}
sage ①鼠尾草属[*Salvia* L.](唇形科) ②鼠尾草[*Salvia japonica* Chunb.]
sage-brush ①艾属[*Artemisia* L.](菊科) ②艾[*Artemisia vulgaris* L.]
sage mite 鼠尾草叶刺瘿螨[*Phyllocoptes obtusus* Nalepa](瘿螨科)
sage oil 鼠尾草油
Saghalin spruce 萨哈林云杉[*Picea glehnii* Mast](松科)
sagittal ①(=sagittiform) 箭状的 ②纵断面的(sagittalis)
sagittal plane ①矢形面 ②纵分面,正中平面
sagittal section ①垂直纵切面,垂直纵切片{显技} ②垂直纵断面{土壤}
sagittal surface 纵断面
sagittate 箭头状的(sagittatus)
sagittate tinospora ①青牛胆属[*Tinospora* Miers](防己科) ②青牛胆[*Tinospora sagittata* (Oliv.) Gagn.]
sagittiferous 具箭的(sagittifer)
sagittifolious 箭叶的(sagittifolius)
sago 西米,西谷,西谷米(由若干西谷椰子的木髓制成的,呈白色淀粉质的硬粒)
sago cycas (=fern palm) ①苏铁属[*Cycas* L.](苏铁科) ②苏铁(铁树)[*Cycas revoluta* Thunb.]
sago cycas family (=fern palm family) 苏铁科[Cycadaceae]
sago grain 西谷粒
sago palm ①西谷椰子属[*Metroxylon* Rottb.](棕榈科) ②(=spineless sagopalm) 西谷椰子[*Metroxylon sagu* Rottb.]
sags and crests 凹凸不平
saguaro ①巨人柱属[*Carnegiea* Andr. Car.](仙人掌科) ②巨人柱[*Carnegiea gigantea* Britt. et Rose]
saguinarine 血根碱[$C_{20}H_{15}O_4N$]
saigon cinnamon 桂(牡桂)[*Cinnamomum loureirii* Nees](樟科)

sail ①出海,航行 ②帆 ③轮翼 ④搂耙装置(摇臂收割机)
sail reaper 摇臂收割机
sailing chart 航海图{遥感}
sailing vessel with auxiliary engine 机帆船
sainfoin(=sanfoin) ①驴喜豆属[*Onobrychis* L.](豆科) ②(=esparcetes)驴喜豆(驴食草,红茎草,圣车轴草)[*Onobrychis viciaefolia* Scop. = *O. sativa* Lam., *O. vulgaris* Gould.]
Saint-Andrews cross 安得烈草[*Ascyrum crux-andreae* L.](金丝桃科)⌞拟⌝
Saint-Bruno-lily ①藏百合属(假百合属)[*Paradisea* Mazzuc.](百合科) ②藏百合(假百合)[*Paradisea liliastrum* Bert.]
Saint Georges mushroom 口蘑[*Tricholoma gambosum*(Fr.) Gill.](蘑菇科)
Saint-John's bread(=carob) 甜角豆
Saint-John's Wort ①金丝桃属[*Hypericum* L.](金丝桃科) ②金丝桃[*Hypericum chinense* L.]
Saint-Lucy cherry(=mahaleb cherry) 马哈利樱桃[*Prunus mahaleb* L.](蔷薇科)
Saint-Mary thistle(=milk thistle) 水飞雉[*Silybum marianum* Gaertn.](菊科)
sajong soil 砂姜土
Sakaguchi reaction 坂口反应{显技}
sakaki(=Japanese cleyera) 红淡比[*Cleyera japonica* Thunb.](茶科)
sake 日本清酒
Sakel 色基罗(棉品种)
Sakhalin fir 库页冷杉[*Abies sachalinensis* Masters](松科)
Sakhalin fir yellow spotted weevil 椴松黄星象甲[*Pissodes cembrae* Motschulsky](象甲科)
sakuranetin 樱花亭
sakuranine 樱花苷[$C_{22}H_{24}O_{10} \cdot 4H_2O$]
sal(=salt) 盐
salad ①生食菜,凉拌菜 ②什锦水果
salad chervil(=chervil) 雪维菜[*Anthriscus cerefolium*(L.) Hoffm.](伞形花科)
salad leaf crops 生食叶菜类蔬菜
salad oil 凉拌油
salad oil making 凉拌油制作,色拉油制作
salad plants 生食类蔬菜
salad vegetable 生食蔬菜
salamander 蝾螈[*Cynops orientalis* sp.](蝾螈科)
salamander DNA buoyant density 蝾螈DNA浮力密度
salamander-tree(=Chinese laurel) 五月茶(五味子)[*Antidesma bunius* Spreng.](大戟科)
sale ①出售,销售,卖出 ②推销,展销 ③销数,销路,销售额 ④廉售,拍卖,打折售{农经}
sale at fixed rates 定价销售
sale by sealed tender 标售
sale ledger 销售分类账
sale of standing tree 立木贩卖(指尚未砍伐的树木)
sale order processing 销售单据处理
sale price 廉售价
sale under execution 强制出售,强制拍卖
sale value of growing stock 林木利用价
saleability 有销路,可买卖于市场
saleable 有销路的,畅销的,可销售的
salem-rose(=bridal rose, brier rose) 重瓣空白泡(佛见笑)[*Rubus rosaefolius* var. *coronarius* Sims](蔷薇科)
salep 白芨,沙列布
sales book 销货帐
sales data 销售数据
sales department 门市部
sales depot 经售处
sales guarantee 销售保障
sales tax 营业税,销售税
salic horizon 积盐层
salicaceous 杨柳科的(salicaceus)
salicin 水杨苷[$C_{13}H_{18}O_7$]
salicinus privet 柳叶女贞[*Ligustrum salicinum* Nakai.](木犀科)
salicoideae 柳类[Salicoideae]
salicylalcohol 水杨醇,邻羟苯甲醇[$C_6H_4(OH)CH_2OH$]
Salicylanilide 防霉胺(杀菌剂)[$C_{13}H_{11}NO_2$]
salicylase 水杨酶
salicylate 水杨酸盐
salicylic acid 水杨酸[$C_6H_4(OH)(COOH)$]
salicylol 水杨油
salience 突出部(projectura)
salient 突出的,凸出的(saliens)
salient features 突出特征
saliferous 含盐的(salifer)
salifiable 成盐的(salifiabilis)
salification 积盐[作用](salificatio)
saligenin(=salicyl alcohol, saligenol) 水杨醇[$HOC_6H_4CH_2OH$]
salimeter 盐浓度计,盐量计,盐液比重计
salina 盐田
saline ①盐性的,盐化的,含盐的 ②盐水

(salinus)
saline-alkali soil 盐碱土
saline alkali soil survey 盐碱土调查
saline-alkaline fertilizer 盐卤肥料
saline cistanche 肉苁蓉［*Cistanche salsa* Benth. et Hook f.］(列当科)
saline concentration 含盐度
saline condition 盐性条件
saline damage 盐［碱］害
saline deposit 盐类沉积
saline dunaliella 盐杜氏藻［*Dunaliella salina* sp.］(藻类)
saline environment 盐化环境，盐［性］环境
saline equilibrium 盐平衡
saline field 咸地，盐田
saline formation 盐生植物群系
saline grassland 盐土草地
saline groundwater 盐性地下水
saline habitat 盐化生境，盐［性］生境
saline lake 盐湖
saline land 盐地，盐土
saline matter 盐分
saline meadow 盐生草甸
saline pond 盐池，盐塘
saline process 盐化过程
saline profile 盐剖面
saline resistance 抗盐性
saline soil (=solinized soil, solonchak) 盐土
saline soil water 盐土水［分］
saline solonchak soil 盐化盐土
saline solution 生理盐溶液
saline solution for dissection 解剖用生理盐溶液
saline springs 盐泉
saline stress 盐胁迫 {生态生理}
saline stress survival 盐胁迫存活
saline taste 咸味
saline-tolerant rice 耐盐稻
saline water 盐水，海水
saline water conversion 盐水转换
salineness 含盐度
salinimeter 盐液比重计
salinity ①盐浓度，含盐度，含盐量 ②盐渍度 (salinitas)
salinity control 盐碱防治
salinity of soil 土壤盐［渍］度
salinity stress 盐［渍］度胁迫
salinity tolerance 耐盐性
salinization 盐化［作用］(salinisatio)
salinization horizon 盐化层
salinization of soil 土壤盐化
salinized-alkalinized crop land 盐碱化耕地
salinized chestnut soil 盐化栗钙土
salinized soil (=salty soil) 盐渍土
salinometer ①盐水比重计，盐度计 ②电导调浓器
salinomycin 盐霉素
salithion 蔬果磷，水杨硫磷，杀抗松(杀虫剂)［$C_8H_9O_3PS$］
saliva 唾液
saliva-borne disease 唾液传染病
salivary amylase 唾液淀粉酶
salivary channel 唾道
salivary chromosome map 唾腺染色体图
salivary discharge 流唾液，流涎
salivary duct 唾［液］管，涎管
salivary gland 唾［液］腺
salivary gland chromosome (= salivary chromosome) 唾腺染色体
salivary gland pairing 唾腺配对
salivary gland squash preparation 唾腺压片(制片)
salivary map 唾腺［染色体］图
salivary pump 唾液泵
salivary reservoir 贮唾囊
salivary secretion 唾液分泌
salivation 唾液分泌过多 (salivatio)
salix (=salton tree) ①柳属［*Salix* L.］(杨柳科) ②柳［*Salix* sp.］
sallon-tree 柳属［*Salix* L.］(杨柳科)
sallow (=goat willow) 黄华柳(山毛柳)［*Salix caprea* L.］(杨柳科)
sallow thorn (=sea buckthorn) 沙棘
salmalia ①木棉属(攀枝花属)［*Salmalia* Willd. = *Gossampinus* Buch.-Ham.］②木棉(攀枝花)［*Salmalia malabarica* (DC.) Schott. et Eng. = *Gossampinus malobarica* (DC.) Merr.］
salmine (=salmin) 鲑精蛋白
salmon barberry 锥花小檗［*Berberis aggregata* Schneid.］(小檗科)
salmon bloodlily 红花虎耳兰(红花网球花)［*Haemanthus multiflorus* Martyn.］(石蒜科)
salmon family 鲑科［Salmonidae］
salmon sperm DNA 鲑精 DNA {分遗}
salmon tackle 捕鲑用具
salmonberry 美莓［*Rubus spectabilis*］(蔷薇科)
salmonella ①沙门氏菌属［*Salmonella* Lignières］②沙门氏菌［*Salmonella* sp.］
salmonella abortus-ovis 绵羊流产沙门氏菌［*Salmonella abortus-ovis* (Lovell) Sal-

monella Subcommittee]
salmonella abortus ovis 羊沙门氏菌流产
salmonella infection (=salmonellosis) 沙门氏菌传染病
salmonella pullorum 鸡白痢(禽沙门氏菌流产病)
salmonella typhimurium 鼠伤寒沙氏菌[*Salmonella typhimurium*]
salmonellosis 沙门氏菌[传染]病,副伤寒
saloid 盐胶
salsify (=oyster plant, vegetable oyster) 婆罗门参[*Tragopogon porrifolius* L.](菊科)
salsolidine 猪毛菜定,绿尾草定
salsoline 猪毛菜碱
salsuginous 盐渍地生的(salsuginus)
salt ①盐,食盐,氯化钠[NaCl] ②盐地生的
salt absorption 盐吸收,盐分吸收
salt accumulation 盐[分]积累
salt-acidic field 咸酸田
salt-affected soil 盐影响[作用]土壤
salt-avoiding 避盐的(halophobus)
salt-avoiding species 避盐种(species halophobus)
salt-avoiding variety 避盐品种
salt balance 盐[分]平衡
salt bridge 盐桥{土壤}
salt brine 盐泉
salt bush (=orache) 滨藜属[*Atriplex* L.](藜科)
salt compartmentation 盐区隔化{生态生理}
salt concentration 盐浓度
salt constancy 盐地恒有性
salt content 含盐量
salt crusted soil 盐壳土
salt damage 盐害
salt deficient dehydration 缺盐性脱水
salt denaturation 盐变性
salt deposit 盐沉积
salt desert 盐[渍]土荒漠
salt dispenser 食盐分选器,食盐分配器
salt distribution 盐[分]分布
salt dome 盐丘,盐穹
salt down 盐渍,腌
salt effect 盐效应
salt efflorescence 盐霜
salt elimination 排盐
salt endurance 耐盐性
salt-enduring 耐盐的(saliendurans)
salt-enduring species 耐盐种
salt-enduring variety 耐盐品种
salt exclusion 拒盐
salt extract 盐渍提液
salt field 盐田,盐场
salt flat 盐滩
salt fractionation 盐分级分离,分级盐析
salt-free 无盐的
salt-free environment 无盐环境
salt garden (=salt pond) 盐池
salt gauge 盐量计
salt gland 盐腺
salt index 盐[分]指标
salt injury 盐害
salt iodization 食盐碘化
salt ion 盐离子
salt lake 盐湖
salt leaching 洗盐
salt level 盐水平,盐量
salt lick 舔盐,盐砖,块状盐,矿盐
salt linkage 盐键合
salt liquor 盐液,盐汁
salt-loving 喜盐的,适盐的(halophilus)
salt manufacture by solar evaporation 晒蒸制盐
salt march formation 盐土沼泽植物群系
salt marsh ①盐[土]沼泽 ②盐碱滩,盐土
salt-marsh caterpillar 盐泽灯蛾(棉黑蚊灯蛾)[*Estigmene acrea* (Drury)](灯蛾科)
salt-marsh hay 盐土沼泽地干草
salt-marsh mosquito 盐土沼泽伊蚊[*Aedes sollicitans* (Walker)](伊蚊科)
salt-marsh sandspurry 腺漆如草[*Sagina japonica* Ohwi](石竹科)
salt meadow 盐化草甸
salt metabolism 盐[类]代谢
salt movement 盐运动
salt-obligate species 需盐种(species halo obligatus)
salt pan ①盐场{加工} ②盐盘{土壤} ③盐沼{生态}
salt particle 盐粒
salt plant 盐土植物
salt pool 盐池
salt preserved egg 咸蛋
salt preserved egg processing 咸蛋加工{加工}
salt redistribution 盐再分配
salt regime 盐[分]状况
salt regulation 盐调节
salt-resistance 抗盐性
salt-resistant 抗盐的
salt-resistant crop 耐盐作物

salt respiration 盐呼吸
salt rice 盐地稻
salt secreting gland 盐腺
salt-seeding 盐粉催化
salt sensitiveness 盐分敏感性
salt sensitivity 盐敏感性
salt solution 盐溶液(选种用)
salt spray 喷盐
salt status 盐[分]状况,盐[分]状态
salt steppe 盐土[干]草原
salt stress 盐胁迫{生态生理}
salt succulence 盐多汁性
salt swamp 盐[土]沼泽
salt tolerance (=salt endurance) 耐盐性
salt tolerant 耐盐的
salt tolerant selection 耐盐选种
salt-tolerant variety 耐盐品种
salt transport 盐转运,盐运输
salt tree (= salt-tree) ①盐豆木属[*Halimodendron* Fisch](豆科) ②盐豆木(耐碱树,耐盐豆)[*Halimodendron halodendron* (Pall.) Voss]
salt turnover 盐循环
salt uptake 盐吸收
salt water ①盐水 ②海水
salt water creep 海水[向江内]底爬{环保}
salt water ham 盐水火腿{加工}
salt water ham processing 盐水火腿加工{加工}
salt-water selection of rice 水稻盐水选种
salt well 盐井{环保}
salt wind damage (=salt wind injury) 盐风灾害,(海)潮风害
salt works 盐厂,制盐场
saltant ①突变型 ②菌落突变型 (saltans)
saltation ①突变,不连续变异 ②群落局变 ③菌落局变 ④骤变 ⑤突然消亡 (saltatio)
saltatory ①跳跃的 ②飞跃的 (saltatoris)
saltatory conduction 跳跃传导
saltatory movement 跳跃运动
saltatory multiplication 跳跃增殖
saltatory replication 跳跃复制
saltatory theory of evolution 跃进进化论
saltatory variability 飞跃变异性
salted ①加盐的 ②腌藏的
salted butter 加盐黄油
salted egg 腌蛋,咸蛋
salted egg processing 腌蛋加工
salted gherkin 咸小黄瓜
salted hides and skins 盐处理的生皮,硝过生皮
salted meat 腌肉,咸肉
salted meat processing 咸肉加工{加工}
salted vegetable 咸菜,腌菜{加工}
saltern 盐田,制盐场
salting ①盐渍 ②盐腌,腌藏
salting in 盐溶
salting-in effect 盐溶效应
salting method ①盐渍法 ②腌藏法
salting of food 食物腌藏,食品腌藏
salting of soil 土壤盐渍化
salting of vegetative 蔬菜盐渍,制泡菜
salting out 盐析
salting-out chromatography 盐析层析{分生}
salting-out effect 盐析效应
salting up 沉出盐粒
salting vat 腌藏桶
saltish 微碱性的,略呈盐性的
saltishness 盐分,咸味
saltlike complex 盐样复合物
saltpeter (=saltpetre) 硝石,钾硝,硝酸钾[KNO_3]
saltwort ①猪毛菜属[*Salsola* L.](藜科) ②猪毛菜[*Salsola collina* Pall.] ③钾猪毛菜[*Salsola kali* L.]
salty ①含盐的,咸[味]的,盐渍的 ②有经验的,老练的
salty basin 盐盆地
salty soil 盐土
salty wind damage 海潮风害
salutaridine 7-氧二氢蒂巴因-ϕ
salvage ①补救[作用] ②废物利用 ③救济,拯救
salvage cost 救济费
salvage felling 拯救伐
salvage pathway 补救途径
salvage pathway of biosynthesis 生物合成的补救途径{分生}
salvage sump 聚油坑{环保}
salvage synthesis 补救合成
salvage value 可挽救价值
salvarsan 606 沙尔法散,砷凡纳明
salvelin 鳟精蛋白
salver-shaped cherry 高盆樱[*Prunus cerasoides* D. Don](蔷薇科)
salverform (= salvershaped) 高脚碟状的 (salverformis)
salverform corolla 高脚碟状花冠 (corolla salverformis)
salvia ①鼠尾草属[*Salvia* L.](唇形科) ②鼠尾草[*Salvia japonica* Thunb.] ③(= Texas sage) 朱丹[*Salvia coccinea* L.]

salvia aphid 鼠尾草蚜［*Aphis salviae* Walker］(蚜科)
salvia family（= mint family） 唇形科［Labiatae］
salvianin 鼠尾苷,一串红葵苷
salweenia ①冬麻豆属［*Salweenia* E. G. Bak.］(豆科) ②冬麻豆［*Salweenia wardii* E. G. Bak.］
Salwin loquat 怒江枇杷［*Eriobotrya salwinensis* Hand.-Mazz.］(蔷薇科)
saman ①雨树属［*Samanea* Merr.］(豆科) ②雨树［*Samanea samen* (Jacq.) Merr.］
samara（= samera） 翅果
samarium 钐[Sm 或 Sa,62 号元素]
samaroid（= samaroideous） 翅果状的（samaroideus）
sambac 茉莉花［*Jasminum sambac* Soland.］(木犀科)
sambunigrin 黑接骨木苷,苯乙酯葡糖苷［$C_{14}H_{17}O_6N$］
same ①相同的,同一的,同样的 ②相等的
same area ①同域,相同区｛电脑｝②相同面积｛栽培｝
same body chain 同体链｛电脑｝
same litter（= same brood） 同窝幼畜(雏)
same phase 同相｛生技｝
same size 相同尺寸,相同规格
same trend 同一趋势
samesense mutation 同[意]义突变,沉默突变｛分遗｝
SAMOS（= Satellite and Missile Observation System） 萨莫斯卫星（卫星和导弹观测系统）｛遥感｝
samphire 克立牧母属［*Crithmum* L.］(伞形花科)
sample ①样品 ②样本,标本 ③土样 ④试样,试料 ⑤取样,选样 ⑥加样（exempium)
sample allocation 样品定位
sample area ①样地面积,标准地面积｛生态｝②样区｛遥感｝
sample average 样本均值
sample boring ①样品钻孔,样品钻探 ②取样钻
sample capacity 样本[容]量
sample catalogue 样品目录
sample censusing 采样调查
sample correlation coefficient 样本相关系数
sample covariance 样本协方差
sample data 样本数据
sample design 样本设计
sample device 取样设备
sample devision 样本离差
sample dispersion 样本离中性
sample distribution 样本分布
sample error 样本误差
sample estimation 样品估计
sample field 样板田
sample injector 加样器
sample input 样本输入
sample interval 取样间隔
sample loading buffer（= sample buffer） 加样缓冲液｛生技｝
sample mean 样品平均
sample mean square contingency 样本均方偶然性
sample median ①样品中位数｛统计｝②样本中值｛遥感｝
sample monitoring 样本监督
sample pipe 取样管｛环保｝
sample plot ①标本区,试验区 ②样地｛生态｝
sample point 样本点
sample preparation ①样本制备 ②样品准备
sample range 样本范围
sample segment 样本段
sample size ①样品大小 ②样本[容]量
sample space 样本空间
sample standard deviation 样本标准差
sample strength 样品强度(指放射性)
sample survey 抽样调查,样品调查
sample treatment 样品处理
sample tree 典型树,标准木
sample unit 抽样单位,样品单位
sample value 样本值
sample variance 样本方差｛统计｝
sample wafer 样片
sampled 取样的,抽样的
sampled analog data 抽样模拟数据
sampled population 抽样群体,抽样总体
sampler ①取样品,抽样品 ②取土样钻,土钻 ③样品检验员
sampler tube 取样管｛环保｝
sampling 取样,选样,抽样,采样
sampling action 采样作用
sampling analysis 抽样分析
sampling anvil 取样铁砧
sampling area ①取样地区 ②取样面积
sampling box 取样箱
sampling census（= sampling survey） 抽样调查
sampling connection ①取样接头 ②取样管｛环保｝
sampling data 取样数据
sampling density 采样密度｛遥感｝
sampling depth 取样深度

sampling design 取样设计
sampling device 取样器,取样设备
sampling distribution 取样分布
sampling error 取样误差
sampling fraction 抽样率,抽出率
sampling frequency 采样频率(次)
sampling function 抽样函数
sampling grid 抽样方格
sampling hold circuit 采样保持电路
sampling inspection ①抽样检验 ②取样检查
sampling inspection plan 抽样检查设计(计划)
sampling instant 采样时刻
sampling instrument 采样仪器
sampling interval ①抽样间隔 ②采样间隔
sampling mechamism 取样机构
sampling method 采样方法
sampling normal distribution 取样正态分布
sampling of mixed fertilizer 混合肥料取样
sampling of water 水样采取
sampling oscilloscope 取样示波器
sampling parametric computation 抽样参数计算
sampling period ①采样[周]期 ②抽样周期
sampling plan 抽样方案(设计,计划)
sampling point 取样点
sampling pulse effect 取样脉冲效应〈遥感〉
sampling rate ①采样率 ②抽样速度
sampling ratio 取样比率
sampling statistic 取样统计量
sampling survey method 抽样调查法
sampling synthesizer 取样合成器
sampling tap 取样龙头〈环保〉
sampling technique 取样技术,抽样技术
sampling theorem 抽样定理〈统计〉
sampling theory 抽样理论〈统计〉
sampling tube 取样管
sampling unit 取样单位
sampling valve 取样阀〈环保〉
sampling variance 取样变量
sampling variation 取样变化
sampling window 取样窗口〈电脑〉
sampson St. John's wort 元宝草[*Hypericum rotundifolium* L.](金丝桃科)
San Felice's fluid 圣斐列斯氏液〈显技〉
San Francisco ecological condition 旧金山生态条件
San Jose scale 梨圆蚧(轮心蚧)[*Quadraspidiotus pernicious* Comst. = *Aspidiotus pernicious* Comst.](盾蚧科)
San Pastore 圣・帕斯托(意大利小麦品种)
San-Pedro type 无花果中间型
sanative ①治疗的 ②治愈的(sanativus)
sanchezia ①黄脉爵床属[*Sanchezia* Ruiz et Pav.](爵床科) ②黄脉爵床[*Sanchezia speciosa* Ruiz et Pav.]
sanctuary 保护区,禁猎区
sand ①沙 ②沙地,沙滩 ③⌊复⌉沙粒
sand afforestation 沙荒造林
sand-and-ball screen 子棉除杂筛
sand auger 沙卷(见于加利福尼亚死谷)
sand-bag 沙袋
sand bank 沙洲,沙滩
sand bar 河口(拦门沙)
sand barren 沙漠
sand bath 沙浴
sand bearing wind 风沙,带沙风
sand bed ①沙滤床 ②沙场,沙床层
sand bench 沙植台(温室内)
sand binder 固沙植物
sand blackberry 楔叶悬钩子[*Rubus cuneifolius* Pursh](蔷薇科)
sand-blasting machine 喷沙机
sand box 沙箱
sand-break[forest] 防沙林
sand cap 防沙罩,防尘罩
sand cherry 沙地樱桃(沙樱桃,沙地矮樱桃)[*Prunus pumila* L.](蔷薇科)
sand cherry weevil 沙地樱桃象甲[*Coccotoras hirsutus* Bruner](象甲科)
sand clay 沙黏土
sand cleaning by hand 人工洗沙〈环保〉
sand collar 防尘垫圈
sand-crack 蹄角裂纹病,角裂病
sand crystal 沙结晶
sand culture ①沙基培养 ②沙土栽培,沙培
sand defence forest 防沙林
sand desert soil 沙质漠境土
sand devil (= dust devil) 沙(尘)暴
sand drift 流沙,飞沙
sand dropseed 盐地鼠尾粟[*Sporobolus virginicus* (L.) kunth](禾本科)
sand dune 沙丘
sand-dune crop (= dune crop) 沙丘作物
sand-dune plant 沙丘植物
sand-dune stabilization 沙丘固定
sand fastening by grass culture 种草固沙
sand filter ①沙滤器 ②沙滤[法]
sand fish 毛齿鱼[*Trichodon trichodon* (Tilesius)](毛齿鱼科)
sand flies (= blood-sucking ceratopogonids) 白蛉亚科(毛蠓科)[Phlebotominae (Psychodidae)]

sand formation ①沙层{环保} ②沙生植物群系{生态}
sand garden 沙地园{园林}
sand glass(= hour glass) ①沙钟,沙漏{物} ②沙玻璃{土壤}
sand grains 沙粒
sand grape 沙地葡萄[*Vitis rupestris*](葡萄科)
sand guards 沙堤保护装置(指防止土堤崩溃的保护装置)
sand hill 沙岗
sand interceptor 截沙器
sand layer 沙层{环保}
sand leek(= giant garlic) 胡蒜[*Allium scorodoprasum* L.](石蒜科)
sand-loving 喜沙的,适沙的(psammophilus)
sand method 沙层积法(贮藏)
sand mist 沙雾
sand mixing culture 混沙栽培
sand model method 沙模法
sand mulched cultivation system 沙田(覆盖)耕作制[度]
sand mulching culture 覆(盖)沙栽培
sand oat 粗燕麦(糙伏毛燕麦)[*Avena strigosa* Schreb.](禾本科)
sand of storm 暴风沙
sand paper 砂纸
sand pear(= sand pear tree) 沙梨[*Pyrus serotina* Rehd.](蔷薇科)
sand pebble 沙砾
sand pillar 沙卷
sand pine 沙松[*Pinus clausa* Sargent.](松科)
sand plain 沙原
sand plants 沙生植物(psammophyti)
sand-protecting plantation 防沙林
sand-protecting plants 防沙植物
sand screen ①沙筛 ②沙障
sand sedge(= sea sedge) 沙苔[*Carex arenaria* L.](莎草科)
sand shifting control forest 防风固沙林
sand sieve 沙筛
sand soil 沙土
sand spit 沙嘴
sand spreader 撒沙器
sand spurry ① 拟漆姑属[*Spergularia* Presl](石竹科) ②红拟漆姑[*Spergularia rubra* Presl]
sand sugar 砂糖
sand tornado 沙龙卷
sand trap ①拦沙池 ②集沙器{环保}
sand vegetation 沙地植被(vagetatio arenaria)
sand verbena (= abronia) ①叶子花属[*Abronia* Juss.](紫茉莉科) ②叶子花[*Abronia* sp.]
sand vetch(= winter vetch) 长柔毛野豌豆
sandal(= sandal beadtree) ①海红豆属[*Adenanthera* L.](豆科) ②海红豆(红豆,相思树)[*Adenanthera pavonina* L.]
sandalwood ①檀香属[*Santalum* L.](豆科) ②檀香[*Santalum album* L.]
sandalwood family 檀香科[Santaceae]
sandalwood oil 檀香油
sandalwood padauk ①紫檀属[*Pterocarpus* L.](豆科) ②紫檀[*Pterocarpus santalinus* L. f.]
sandarac ①山达脂,桧树胶{显技} ②雄黄{化}
sandarac tree(= arar tree) 山达[硬]胶树[*Tetraclinis articulata*]
sandblast mower 喷沙灭草机
Sander tobacco 山德氏烟草(烟草花)[*Nicotiana sanderae*](茄科)
Sander's peperomia 银线豆瓣绿(银线胡椒草)[*Peperomia sandersii* var. *argyneia* Bailey](胡椒科)
sandfly ①白蛉 ②⌞复⌝白蛉亚科[Phlebotominae]
sandfly fever virus (SFV) 白蛉热病毒
sandhill community 沙丘群落
sandhoff's disease 山霍夫氏病,氨基己糖苷A-B酶缺乏症
sandhopper 沙蚤
sanding 加沙,沙光
sandlily ①白文殊兰属[*Leucocrimum* Nutt.](石蒜科) ②白文殊兰[*Leucocrimum montanum* Nutt.]
sandpile 沙堆
sandspit 沙嘴
sandstone 沙岩
sandstone soil 沙岩土壤
sandstorm 沙暴
sandwich ①夹层的,多层的 ②多层结构 ③夹层{结构}
sandwich chamber 夹层槽{生技}
sandwich hybridization 多层人工杂交{生技}
sandwich structure ①多层结构{生技} ②分层结构,夹心结构,叠层结构{电脑}
sandwich tape 多层带{电脑}
sandwiching process 夹层形成过程
sandwort ①鹅不食属[*Arenaria* L.](石竹科) ②鹅不食[*Arenaria serpyllifolia*

L.]
sandy ①多沙的,沙质的(arenosus)②沙生的(arenarius){生态}
sandy alluvium 沙质冲积土
sandy and grit area 多沙与粗沙区
sandy bottom field 沙底田
sandy clay 沙质黏土
sandy clay loam 沙质黏壤土
sandy clay soil 沙质黏土
sandy culture 沙培法
sandy grape 沙地葡萄[*Vitis rupestris* Scheele](葡萄科)
sandy ground(=sand ground) 沙地
sandy hillock 小沙丘
sandy land 沙地,沙田
sandy loam 沙质壤土,沙壤土
sandy loam soil 沙壤土
sandy lowland 沙质低洼地
sandy marl 沙质泥灰
sandy moraine 沙质冰积物
sandy muck 沙质腐泥土
sandy new alluvium 沙质新冲积土
sandy plain 沙原
sandy shale 沙质页岩
sandy soil 沙质土
sandy stretch 沙洲(指在河岸附近形成的)
sandy wasteland 沙荒地
Sanfilippo syndrome A 山菲立普综合病A,乙酰肝素硫酸酯酶缺乏综合征
Sanfilippo syndrome B 山菲立普综合病B,乙酰氨基葡糖苷酶缺乏综合征
Sanger-Coulson method 桑格-库桑法(指DNA测序方法){分遗}
Sanger dideoxy sequencing 桑格双脱氧测序,桑格双脱氧序列测定{分遗}
Sanger method 桑格法(指DNA测序法){分遗}
Sanger reaction 桑格反应{分遗}
sangivamycin 桑吉瓦毒素
sanguicolous 住血的(sanguicolus)
sanguinalis fingergrass 血红马唐(假马唐,红水草)[*Digitaria sanguinalis* Scop.](禾本科)
sanguineous ①血的 ②血红色的 ③多血的(sanguineus)
sanguis dragon (= dragontree, dragon's blood) 龙血树[*Dracaena draco* L. = *Pleomele draco*(L.)Salisb.](百合科)
sanguivorous 食血的(sanguivorus)
sanicle ①变豆菜属[*Sanicula* L.](伞形花科)②欧变豆菜[*Sanicula europaea* L.]
sanitarium 疗养院
sanitarium for agricultural labourer 农业劳动者疗养院
sanitary ①卫生的,保健的 ②清洁(sanitaris)
sanitary analysis 卫生学分析
sanitary arrangements 卫生设施
sanitary bacteriology 卫生细菌学
sanitary biology 卫生生物学{环保}
sanitary conditions 卫生条件
sanitary cordon 卫生防哨
sanitary culture 清净栽培,清洁栽培(指不用人粪尿)
sanitary engineering 卫生工程学{环保}
sanitary fittings 卫生设备,卫生装备{环保}
sanitary insect pest 卫生害虫(指传染疾病的害虫){环保}
sanitary inspection 卫生检查
sanitary installation 卫生设施,卫生设备{农施}
sanitary landfill 卫生填埋(指垃圾、废物等){环保}
sanitary microbiology 卫生微生物学{环保}
sanitary protective zone 卫生防护地带
sanitary regulation 卫生规则
sanitary sewage 生活污水{环保}
sanitary sewer 下水道
sanitary survey 卫生调查
sanitary trap (挤奶机)牛奶除杂器
sanitary ware 卫生器皿{环保}
sanitas 清毒剂(商品名),防腐剂
sanitation ①环境卫生 ②防腐 ③净化(sanitatio)
sanitation felling 卫生伐
sanitation management [环境]卫生管理
sanitation of livestock and poultry 禽畜卫生
sanitation store 防腐库(木材)
sanitizer 卫生消毒剂
sanitizing ①消除(指存储器){电脑}②卫生消毒{环保}
sanity 准备工作(sanitatem)
Sanocide 生挪杀特{农药}
sansan 云冠(sansana){气象}
sansevieria ①虎尾兰属[*Sansevieria* Thunb.](龙舌兰科)②(=sanserveria hemp, bowstring hemp)虎尾兰[*Sansevieria zeylanica* Willd.]
sanshool 山椒醇
santal oil 檀香油
santalene 檀香萜[$C_{24}H_{22}O_8$]
santaline 紫檀色素[$C_{15}H_{14}O_5$]
santaloides ①牛栓藤属[*Santaloides* O. Ktze](牛栓藤科)②牛栓藤[*Santaloides microphyllum*(Hook. et Arn. Schell.]

santalol 檀香醇

santalum（= sandalwood） ①檀香属［*Santalum* L.］（檀香科）②檀香［*Santalum album* L.］

Santalum family 檀香科［Santalaceae］

santene 檀烯［C_9H_{14}］

santomerse 润湿剂，洗涤剂

santonica 山道年花

santonica seed 山道年种子

santonica wormwood 山道年蒿［*Artemisia cinae*］（菊科）

santonin 山道年（杀虫剂）［$C_{15}H_{18}O_3$］

sanvitalia ①蛇目菊属［*Sanvitalia* Lam.］（菊科）②蛇目菊（匍匐蛇目菊）［*Sanvitalia procumbens* Lam.］

sap ［树］液，汁（succus）

sap ascent 液汁上升

sap ball 宽鳞棱孔菌［*Favolus squamosus*（Huds ex Fr.）Ames］

sap beetle ①露尾虫 ②⌊复⌉露尾甲科［Nitidulidae］

sap-carrying cystidium 含油囊状体

sap cavity 液腔

sap concentration 汁液浓度

sap conceptacle 液胞群（conceptaculum succiproprii）

sap displacement process 树液置换法

sap displacement treatment 树液置换处理

sap flow 液流，树液流动

sap flow guage 液流仪

sap flow velocity 液流速度

sap fruit 液果

sap gum 糖桉［*Eucalyptus coryocalyx* F. Muell.］（桃金娘科）

sap hypha 含乳菌丝

sap inoculation 汁液接种

sap pressure 液压

sap rot 边材腐朽

sap-season 树液流动期

sap shake 边材轮裂

sap stream 边材斑纹病

sap vesicle 液泡

sap weeds 液汁杂草

Sapenese sedge 无人岛苔草［*Carex hattoriana* Nakai］（莎草科）

sapid（= sapidous） ①充液的 ②有香味的 ③适口的，好吃的（sapidus）

sapid substance 有［香］味物质

sapidity（= palatability） 适口性（sapiditas）

sapindopsis ①木患属［*Sapindopsis* Engl.］（无患子科）②木患［*Sapindopsis oligophylla*（Merr. et Chun）How et Ho］

sapiphore 味团

sapium ①乌桕属［*Sapium* P. Br.］（大戟科）②乌桕［*Sapium sebiferum* Roxb.］

sapium cutworm 乌桕夜蛾［*Gadirtha inexacta* Walker］（夜蛾科）

sapless 无汁的，无液的（exsuccus）

sapling ①苗木，实生苗（plantula）②幼树，小树（arbuscula）

sapling forest 幼龄林

sapling multiplication 种苗繁殖

sapling with dog-legged root 具鸟足状根苗木

sapodilla（= sapota，sapodilla plum，chicle，tree potato） 人心果［*Achras sapota* Linn.］（山榄科）

sapogenin 皂角苷配基

saponaceous ①似肥皂的 ②肥皂性的，皂质的（saponaceus）

saponaria（= soapwort） ①肥皂草属［*Saponaria* L.］（石竹科）②肥皂草［*Saponaria officinalis* L.］

saponarine 皂草苷［$C_{21}H_{24}O_{12}$］

saponifiable 可皂化的（saponifiabilis）

saponification 皂化［作用］（saponificatio）

saponification equivalent 皂化当量

saponification number（= saponification value） 皂化值

saponification value 皂化值

saponify 皂化

saponin 皂角苷［$C_{32}H_{54}O_{13}$］

saponite 皂石

sapor 菌香的（saporis）

sapota（= sapodilla） 人心果［*Achras sapota* L.］（山橄科）

sapota family（= sapodilla family） 山榄科［Sapotaceae］

sapote（= japote，marmalade fruit，marmalade，plum） 美果榄［*Calocarpum sapota* = *C. mammosum*，*Lucuma mammosa*］

sapotoxin 皂角毒苷［$C_{17}H_{26}O_{10}$］

sappan wood（= bukkum wood，japan wood tree） 苏木［*Caesalpinia sappan* L.］（苏木科）

sapphire 蓝宝石｛地质｝

sapphire substrate 蓝宝石基片｛电脑｝

sapphireberry sweet-leaf（= Asiatic sweetleaf） 白檀［*Symplocos paniculata*（Thunb.）Miq.］（山矾科）

sappiness 多汁

sappy 多汁的
sappy stem 多汁茎
Saprecon C 壤虫威(杀虫剂)[$C_{13}H_{17}NO_4$]
saprist 高分解有机土{土壤}
sapro- ⌊字头⌉腐
saprobe 腐生物,腐生菌
saprobic 腐生的(saprobicus)
saprobic organism 腐生生物(organismus saprobicus)
saprobic system 腐生[生物]系统,污水[生物]系统(systema saprobica)
saprobiont 腐生物(saprobions)
saprogenic(=saprogenous) 致腐败的,腐生的(saprogenus)
saprogenicity 致腐能力(saprogenicitas)
saprogens(=saprobiont) 腐生物
saprolegnia 水霉属[*Saprolegnia* Nees von Esenbeck.](水霉科)
saprolegniasis (鱼)水霉病
saprolite 腐泥土{土壤}
sapropel 腐泥
sapropelite 腐泥岩{地质}
saprophage 腐蚀(saprophagus)
saprophagous 食腐的(saprophagus)
saprophagous organism 食腐生物(organismus saprophagus)
saprophile(=sathrophyta humus plant)腐殖质植物
saprophyte(=saprophite, saprobe) 腐生植物(saprophyta)
saprophytic 腐生的(saprophyticus)
saprophytic bacteria 腐生细菌(bacteria saprophyticae)
saprophytic form 腐生型
saprophytic fungi 腐生真菌(fungi saprophyticae)
saprophytic nematode 腐生线虫[*Nematoda saprophytica*]
saprophytic nutrition 腐生营养
saprophytic plant 腐生植物
saprophytism ①腐生现象 ②腐生性(saprophytismus)
saprophytophagous 食腐木的(saprophytophagus)
saprosma ①染木树属[*Saprosma* Bl.](茜草科) ②染木树[*Saprosma ternatum* Hook. f.]
saprozoic 腐生动物的(saprozoicus)
saprozoite 腐生动物(saprozoita)
sapsucker 吸汁啄木鸟[*Sphyrapleus*]
sapucaia nut 猴胡桃[*Lecythis zebucajo* Aubl.](玉蕊科)
sapwood 液材,边材
sapwood rot 边材腐烂
sapwood tree 边材树
SAR(=sodium-adsorption ratio) 钠吸附比[率]{土壤}
Saran 萨纶,偏氯纶(指偏二氯乙烯与氯乙烯共聚物)
Saran wrap 萨伦包装纸
Saratoga spittle bug 萨拉多加沫蝉[*Aphrophora saratogensis* Fitch](沫蝉科)
Sarauti 萨劳蒂(甘蔗印度原种)
sarbitol 山梨醇
sarcanthous 肉质花的(sarcanthus)
sarcina ①八叠球菌属[*Sarcina* Goodsir] ②八叠球菌[*Sarcina* sp.]
sarcina lutea [藤]黄八叠球菌[*Sarcina lutea* Schroeter]
sarcine 次黄嘌呤[$C_5H_4ON_4$]
sarcinene 叠菌黄质
sarco- ⌊字头⌉肌,肉
sarcobasis 多肉子房托
sarcocarp ①肉果 ②果肉(sarcocarpium)
sarcocarp pulp 果肉
sarcocarpous ①肉果的 ②果肉的(sarcocarpus)
sarcocaul 肉茎植物(sarcocaulis)
sarcocephalous 肉质头的(sarcocephalus)
sarcocladous 肉质枝的(sarcocladus)
sarcoderm 中种皮,中种被(sarcoderma)
Sarcodina 肉足总纲
sarcoides 多肉状的
sarcoidosis 结节病
sarcolemma 肌纤膜(sarolemma)
sarcoma 肉瘤
sarcoma hybrid 肉瘤杂种
sarcomere 肌小节(sarcomera)
sarcomycin 肉瘤霉素
sarcophaga 食肉动物
sarcophagous 食肉的(sarcophagus)
sarcophagy 肉食性(sarcophagia)
sarcophyllous 肉质叶(sarcophyllus)
sarcoplasm 肌浆(sarcoplasma)
sarcoplasmatic reticulum 肌浆网
sarcoptic mange(=itch mite or mange) 疥螨[*Sarcoptes scabiei* (De Geer)](疥螨科)
sarcoptic mange of goat 山羊疥螨[*Sarcoptes caprae* Furst](疥螨科)
sarcorhizous 肉质根的(sarcorhizus)
sarcosinate 肌氨酸盐
sarcosine 肌氨酸,N-甲基甘氨酸[$C_3H_7O_2N$]

sarcosine oxidase 肌氨酸氧化酶
sarcosome 肌粒 (sarcosoma)
sarcotesta 浆果皮
sarcotestal 浆果皮的 (sarcotestalis)
sarcotubule 肌小管 (sarcotubulus)
sardine 沙丁鱼 [*Sardinia pilchardus* (Walbaum)] {水产}
sardine oil 沙丁鱼油
sardinine 沙丁鱼精蛋白
Saretha 萨里撒 (甘蔗中国种)
sargassum ①马尾藻属 [*Sargassum* C. Agardh.] (马尾藻科) ② (= sargasse weed) 马尾藻 [*Sargassum fulvellum* C. Agardh.]
sargassum family 马尾藻科 [Sargassaceae]
Sargent cherry 大山樱 [*Prunus sargentii* Rehd.] (蔷薇科)
Sargent Chinese juniper 偃柏 [*Sabina chinensis* var. *sargentii* (Henry) Cheng et L. K. Fu] (柏科)
Sargent crabapple 三叶海棠 [*Malus sieboldii* Rehd.] (蔷薇科)
Sargent craneberrybush 天目琼花 (鸡树条) [*Viburnum sargentii* Koehne] (忍冬科)
Sargent lily 沙紫百合 (萨金特百合) [*Lilium sargentiae* Wils.] (百合科)
sarkomycin (= sarcomycin) 肉瘤(抗癌)霉素
sarment 长匐茎,纤匐枝 (sarmentum)
sarmentaceous 长匐茎状的 (sarmentaceus)
sarmentary 长匐茎的 (sarmentaris)
sarmentiferous 具长匐茎的,具纤匐枝的 (sarmentifer)
sarmentose ①具长匐茎的,具纤匐枝的 ②箭毒羊角拗糖 (sarmentosus)
sarmentous 具长匐茎的 (sarmentosus)
sarmentous plants 长匐茎植物 (plantae sarmentae)
sarospatite 铝海绿石
sarothrum 花粉刷
sarracenia (= pitcher-plant) ①瓶子草属 [*Sarracenia* L.] (瓶子草科) ②瓶子草 [*Sarracenia purpurea* L.]
sarracenia family (= pitcher-plant family) 瓶子草科 [Sarraceniaceae]
SARS (= Severe Acute Respiratory Syndrome) 萨斯(严重急性呼吸系统综合征)
sarsa-sapogenin 萨洒皂草配基 [$C_{27}H_{44}O_3$]
sarsaparilla 土当归 [*Aralia cordata* Thunb.] (五加科)
sarsaparille (= cat briar) 欧亚菝葜 [*Smilax aspera*] (菝葜科)
sarvis (= june-berry) ① 扶移属 [*Amelanchier* Medik.] (蔷薇科) ②扶移 [*Amelanchier sinica* (Schneid) Chun]
sasa ①箬竹属 [*Sasa* Mak. et Shibata] (禾本科) ②箬竹 [*Sasa tessellata* Mak. et Shibata]
sasa gall-midge 小竹瘿蚊 [*Hasegawaia sasacola* Monzen] (瘿蚊科)
sasa mealy aphid 小竹大角蚜 [*Oregma sasae* Monzen] (蚜科)
sasanqua camellia 茶梅 [*Camellia sasanqua* Thunb.] (山茶科)
sasanqua-oil 山茶花油
sash ①(温室用)窗框(上下活动窗子) ②锯框
sash bar 窗框支框木,栈木
sash house 框格温室,窗框温室
sash-made side (温室)玻璃框格墙
sash regulator 窗框调节器,支框木,段木
sash saw 框锯,排锯
sassafras ①檫树属 [*Sassafras* Nees et Eberm.] (樟科) ②檫树 [*Sassafras tsumu* Hemsl.]
sassafras oil 檫树油
sassolin 天然硼酸
sasswood (= redwater tree) 基尼格木 [*Erythrophleum guineense*]
sastrugi (= zastrugi) 雪面波纹
SAT (= satellite) ①随体{细胞} ②卫星{气象}
SAT-chromosome (= satellite chromosome) 具随体染色体
SAT-zone ①随体区 ②核仁区 ③核仁组织中心
satellite (SAT) ①(染色体)随体 ②卫星,人造卫星,卫星计算机 ③附属的,追随的,附庸的 (satelles)
satellite and missile observation system (SAMOS) 卫星和导弹观察系统{遥感}
satellite area 随体区{细胞}
satellite attitude control system 卫星姿态控制系统{遥感}
satellite automation system 卫星自动控制系统{遥感}
satellite band 卫星频带{物}
Satellite-Based System for Coastal Oceans Monitoring 沿[岸]海洋卫星监视系统{遥感}
satellite bus line 卫星总线{信息}
satellite chromosome (SAT-chromosome)

①随体染色体｛遗传｝②卫星染色体｛分遗｝
satellite chromosome morphology in microspore 小孢子的随体染色体形态
satellite climatology 卫星气候学
satellite cloud picture（= satellite cloud photograph） 卫星云图
satellite communication（**SATCOM**） 卫星通信｛信息｝
satellite communication system 卫星通信系统
satellite computer 卫星计算机，辅助计算机
satellite data 卫星数据，卫星资料
satellite data modulator 卫星数据调制器
satellite DNA 卫星 DNA｛分遗｝
satellite DNA density 卫星 DNA 密度
satellite earth station 卫星地面站｛环保｝
Satellite for Earth Observation（**SEO**） 地球观测卫星（印度）｛遥感｝
satellite granule 卫星颗粒
satellite graphic job processor（**SGJP**） 卫星图像作业处理程序
satellite graphics system 卫星作图系统
satellite image 卫星图像｛智培｝
satellite imagery ［人造］卫星照片
satellite information 附属信息
Satellite Infrared Experiment 卫星红外试验计划｛遥感｝
satellite infrared radiometer spectrometer（**SIRS**） 卫星红外辐射光谱仪
satellite infrared spectrometer 卫星红外光谱仪
satellite inspection network 卫星检测网｛信息｝
satellite interface 辅助接口
satellite launching vehicle（**SLV**） 卫星运载火箭｛物｝
satellite line ①卫星通信线路 ②伴线，卫星形线
satellite machine 卫星计算机
satellite meteorology 卫星气象学
satellite microminiaturization 卫星小型化
satellite minicomputer 卫星微型计算机，卫星小型计算机
satellite navigation computer 卫星导航计算机
satellite network 卫星网络｛信息｝
satellite news gathering 卫星新闻收集
satellite observation 卫星观测
satellite occurrence 随体发生｛细胞｝
satellite operation control center（SOCC） 卫星运行控制中心｛遥感｝
satellite orbit 卫星轨道
satellite pair 伴偶｛信息｝
satellite paper tape transfers 卫星纸带传送
satellite phenomenon 卫星现象（指联合菌落）
satellite photograph 卫星相片｛遥感｝
satellite region 随体区
satellite RNA 卫星 RNA
satellite sequence 卫星序列
satellite sounding 卫星探测
satellite station 卫星站
Satellite Test Program （S T P）卫星试验计划｛遥感｝
satellite town 卫星城镇
satellite tracking system 卫星跟踪系统
satellite virus 卫星病毒
satellite wind 卫星测风
satellite zone（SAT-zone） 随体区｛细胞｝
satellitism 卫星现象（satellitismus）
satelloid 飞船式卫星
satiation 充分满足（satiatio）
satin（= fibrous gypsum） 纤维石膏
satin-flower（= honesty） ①缎花属［*Lunaria* L.］（十字花科）②缎花［*Lunaria rediviva* L.］
satin moth 柳毒蛾［*Stilphotia salicis* L.］（毒蛾科）
satin-poppy 尼泊尔绿绒蒿［*Meconopsis nepaulensis* DC.］（罂粟科）
satin wood 缎木［*Chloroxylum swietenia* DC.］
satisfiable 可满足的（satisfiabilis）
satisfiable formula 可满足公式
satisfy 满足（satisfacere）
satsuma dwarf virus 温州蜜橘矮缩病毒
satsuma orange（= satsuma mandarin） 温州蜜橘［*Citrus reticulata* var. *unshiu*（Marcoritch.）H. H. Hu = *C. unshiu* Marcoritch., *C. nobilis* var. *unshiu* Swingle.］（芸香科）
saturability ［能］饱和性（saturabilitas）
saturable 能饱和的（saturabilis）
saturate ①饱和 ②浸（saturare）
saturated ①饱和的｛气象｝②浸透的（saturatus）
saturated air 饱和空气
saturated conductivity 饱和导水率，饱和［土壤］传导度
saturated fatty acid 饱和脂肪酸
saturated humidity 饱和湿度
saturated logic circuit 饱和逻辑电路｛信息｝
saturated mode 饱和方式
saturated polyester 饱和聚酯

saturated soil 饱和土壤
saturated soil paste 饱和土浆
saturated solution 饱和溶液
saturated vapor 饱和水气
saturated vapor pressure 饱和水气压,饱和蒸汽压
saturated virtual temperature 饱和虚温[度]
saturated zone 饱和带,饱和区
saturating capacity 饱和量
saturating light intensity 饱和光强度
saturating speed 饱和速度
saturation ①饱和 ②浸透(saturatio)
saturation adiabat 湿绝热线
saturation-adiabatic lapse rate 湿绝热直减率
saturation-adiabatics 湿绝热曲线
saturation backscattering 饱和反散射
saturation capacity 饱和[容]量
saturation characteristics 饱和特性
saturation coefficient 饱和系数
saturation constant 饱和常数{环保}
saturation curve 饱和曲线
saturation deficit ①饱和亏缺 ②饱和差
saturation density 饱和密度
saturation extract 饱和浸提液,混合浸出液
saturation flux 饱和通量
saturation hybridization 饱和杂交{生技}
saturation index 饱和指数{环保}
saturation intensity 饱和强度{环保}
saturation limit 饱和极限
saturation line 饱和线
saturation magnetic recording 饱和磁记录
saturation mutagenesis 饱和诱变
saturation noise 饱和噪声{环保}
saturation percentage 饱和百分率
saturation point 饱和点
saturation pressure 饱和压力
saturation range 饱和范围
saturation specific humidity 饱和比湿
saturation state 饱和状态
saturation testing 饱和测试
saturation transfer electron spin resonance 饱和转移电子自旋共振
saturation value 饱和值{环保}
saturation vapour pressure (= saturation water vapour pressure) 饱和蒸汽压
saturation water content 饱和含水量
saturation zone 饱和区
saturator 饱和器(制糖用)
Saturn 农神(美国水稻品种)
satyr butterflies 眼蝶科[Satyridae]
satyr's beard 齿菌属[*Hydnum* L. ex Fr.](齿菌科)
sauce 酱油,调味汁(salsa)
saucepan 深金属锅
saucer lake 浅盆湖,浸没湖
saucer magnolia 朱砂木兰(朱砂玉兰)[*Magnolia soulangeana* Soul.-Hod.](木兰科)
saucer peach 蟠桃[*Prunus persica* var. *compressa* (Loud.) Bean.](蔷薇科)
saucer-shaped 盃状的(trulliformis)
sauconite 锌蒙脱石
sauerkraut 酸腌泡菜{加工}
Saunders' method 杉得尔氏方法(土壤测定)
saurolophus 龙栉龙
sauropus ①守宫木属[*Sauropus* Bl.](大戟科) ②守宫木[*Sauropus* sp.]
sausage 腊肠(salsus){加工}
sausage manufacture 腊肠制造
sausage processing 腊肠加工{加工}
sausage stuffer 腊肠填塞器,腊肠装料器
sausage-tree ①吊灯树属[*Kigelia* DC.](紫葳科) ②吊灯树[*Kigelia pinnata* DC.]
saussurea ①凤毛菊[*Saussurea* DC.](菊科) ②凤毛菊[*Saussurea japonica* (Thunb.) DC.]
sauva 切叶蚁[*Atta sexdens* Linnaeus](蚁科)
savage 野生的(rudis)
savanna (= savannah) 萨王纳群落(热带稀树干草原)
savanna climate 热带草原气候
savanna forest 萨王纳林,热带稀树乔木[群落]
savanna grasses 萨王纳群落草本植物
savanna woodland (= savanna forest) (热带或亚热带)稀树草原林
save ①(= garden save) 撒尔维亚[*Salvia officinalis* L.](唇形科) ②保存 ③挽救,挽回,恢复
save-all ①节约装置 ②防溅器 ③挡雾罩 ④节油器{环保}
save forage from diseases 无病饲料
save image ①存储影像{遥感} ②存储图像{电视}
saver 损失物收集器
savin (= savin juniper) 新疆圆柏[*Juniperus sabina* L.](柏科)
savin-tree oil 桧树油
saving grafting 桥接,救伤接
saving labour 节约劳动力,省工
saving plot 假植区{栽培}

saving ratio of heat loss 热量损失节减率{农施}
saving sequence 保存序列{分遗}
saving space 节约空间
savory ①香薄荷属[*Satureja* L.](唇形科)②香薄荷[*Satureja hortensis* L.]
savory oak 皱叶栎[*Quercus phylliraeoides* A. Gray var. *cripa* Makino](山毛榉科)
savoury(=savory) ①有开胃风味的,咸辣的,辛香的,香味的 ②香薄荷
savoury crops 香料作物
savoury herbs (佐味用)香菜
savoy cabbage(=savoy) 皱叶甘蓝[*Brassica oleracea* L. var. *sabauda* L.](十字花科)
saw ①锯,锯片 ②底部梳齿板(气流式轧花机辊箱)③谚语
saw action fertilizer distributor 往复链式施肥机
saw bench 锯台
saw blade 锯片,锯条
saw cylinder 锯齿式滚筒
saw cylinder cleaner 锯齿式清棉机
saw disk 锯齿圆盘,圆锯盘
saw-edged weeding hoe 锯齿形锄草铲
saw-fern ①乌毛蕨属[*Blechnum* L.](水龙骨科)②乌毛蕨[*Blechnum orientale* L.]
saw fitting equipment 锉锯齿机械
saw gin 锯齿轧花机
saw into pieces 锯碎
saw kerf ①锯缝 ②锯口宽
saw log ①锯材原木 ②锯架
saw lumber(=saw timber, sawed lumber, sawed timber) 制材,成材
saw mill 制材厂,锯木厂
saw-set ①孖子(指拨锯齿的孖子)②拨料用工具
saw setting 锉锯齿
saw-shaped 锯齿状的(serriformis)
saw-sharpener 锯砂轮
saw tooth(=serration) 锯齿
saw-tooth cutter 锯齿形切割器
saw-toothed 有锯齿的(serratus)
saw-toothed grain beetle 锯谷盗[*Oryzaephilus surinamensis* L. =*Silvanus frumentarius* Olix, *S. surinamensis* L., *S. sexdentatus* F.](锯谷盗科)
saw-toothed sickle 锯口镰
saw-type lint cleaner 锯齿式清棉机
saw wedge 锯木用楔
saw-wort ①麻花头属[*Serratula* L.](菊科)②麻花头(假泥胡菜)[*Serratula centauroides* L.]③(=centaury)染色麻花头
sawa millet(=Japanese barnyard millet, billion dollar grass) 稗(稗子,穇,穇子,湖南稷子)[*Echinochloa crusgalli* (L.) Beauv. var. *frumentaceum* (Roxb.) Wight. =*Panicum crusgalli* L., *P. frumentaceus* Roxb.](禾本科)
sawara cedar 日本花柏(日本扁柏)[*Chamaecyparis obtusa* (Sieb. et Zucc.) Endl.](柏科)
sawara cypress 花柏[*Chamaecyparis pisifera* (Sieb. et Zucc.) Endl.](柏科)
sawara false-cypress 线柏(线花柏)[*Chamaecyparis pisifera* var. *filifera* Beissn.](柏科)
sawbuck 锯台,锯架
sawdust 锯末,锯屑
sawdust cultivation 锯末栽培(指蘑菇栽培以锯末为菌床)
sawdust mulch 锯末覆盖
sawdust tester 锯末[种子]发芽器
sawed veneer 锯切单板
sawer 锯木工
sawfly ①叶蜂属[*Hoplocampa* spp.]②⌊复⌉叶蜂科[Tenthredinidae]
sawhorned beetle 锯角甲类[Serricornia][鞘翅目]
sawhorse(=sawbuck) 造材台,锯台
sawing 下锯,锯开
sawing jack 锯木架
sawing machine 锯机,锯床
sawing off 锯断法
sawn square 锯制方材
sawn timber 制材,成材
sawpetal water hyacinth 齿瓣凤眼蓝[*Eichhornia azurea* Kunth]
sawtooth oak [麻]栎[*Quercus acutissima* Carr.](山毛榉科)
sawyer 锯木工
sawyer beetles 沟胫天牛属[*Monochamus* spp.](天牛科)
saxatile 岩生的(saxatilis)
saxegathaea ①智利杉属[*Saxegathaea* spp.](红豆杉科)②智利杉[*Saxegathaea conspicus* sp.]
saxicolous 岩生的,岩栖的(saxicolus)
saxideserta 沙石荒漠[群落]{生态}
saxifrage ①虎耳草属[*Saxifraga* L.](虎耳草科)②虎耳草[*Saxifraga stolonifera* (L.) Meerh. = *S. sarmentosa* L.]

saxifrage family 虎耳草科［Saxifragaceae］

saxifrage tunic-flower（= tunica）①洋石竹属［*Tunica* Scop.］（石竹科）②洋石竹［*Tunica saxifraga* Scop.］

saxual 琐琐（梭梭）［*Haloxylon ammodendron* Bunge］（藜科）

Saybolt universal viscosimeter 塞波黏度计

Saybolt viscosity 塞波黏度

SBA（= soybean agglutinin）大豆凝集素

SC（= synaptonemal complex）联会［丝］复合物｛细胞｝

s.c.（= subcutaneous injection）皮下注射｛分生｝

Sc ①（= scute）小盾板 ②（= strato-cumulus）层积云

SCA（= single chain antibody）单链抗体｛分遗｝

scab ①疮痂病（柑橘类）②黑星病（瓜类，果树）③缩芽病（甘薯）④疥癣｛医｝⑤恙螨｛昆虫｝⑥赤霉病（小麦）

scab gnats（= fungus gnats, fungus flies, mushroom flies）蕈蚊科［Mycetophilidae］

scab leg（= scabies of the legs）腿癣

scab mite ①痒螨［*Psoroptes equi*（Raspail）］②⌞复⌝痒螨科［Psoroptidae］

scab of apple 苹果黑星病［*Venturia inaequalis*（Cke.）Wint. = *Fusicladium dendriticum*（Wallr.）Fuck.］

scab of apricot 杏疮痂病［*Cladosporium carpophilum* Thuem.］

scab of barley 大麦赤霉病［*Gibberella zeae*（Schw.）Petch］

scab of castor bean 蓖麻疮痂病［*Sphaceloma ricini* Jenkins et Cheo］

scab of citrus 柑橘疮痂病［*Sphaceloma fawcetti* Jenk. = *Elsinoë fawcetti* Bit. et Jenk.］

scab of corn 玉米赤霉病［*Gibberella zeae*（Schw.）Petch = *Fusarium graminearum* Schow.］

scab of cucumber 黄瓜黑星病［*Cladosporium cucumerinum* Ell. et Halst.］

scab of grape 葡萄黑痘病［*Elsinoë fawcetti* Bitanc. et Jenk. = *Sphaceloma fawcetti* Jenk.］

scab of Italian millet 粟赤霉病［*Fusarium moniliforme* Sheld. = *Gibberella fujikuroi*（Saw.）Wr.］

scab of kaki 柿黑星病［*Fusicladium kaki* hori et Yoshino］

scab of lemon 柠檬疮痂病［*Sphaceloma fawcetti* Jenk. = *Elsinoë fawcetti* Bit. et Jenk.］

scab of mandarine orange 橘疮痂病［*Sphacelmoa fawcetti* Jenk. = *Elsinoë fawcetti* Bit. et Jenk.］

scab of oats 燕麦赤霉病［*Fusarium graminearum* Schw. = *Gibberella zeae*（Schw.）Petch］

scab of orange 金橘疮痂病［*Sphaceloma fawcetti* Jenk. = *Elsinoë fawcetti* Bit. et Jenk.］

scab of orchard grass 鸭茅赤霉病［*Fusarium graminearum* Schw. = *Gibberella zeae*（Schw.）Petch］

scab of peach 桃疮痂病［*Clasterosporium carpophilum* Thüm］

scab of pear 梨黑星病［*Venturia pyrina*（Cooke）Ader. = *Fusicladium pyrinum*（Lib.）Fuck.］

scab of pomelo 柚疮痂病［*Sphaceloma fawcetti* Jenk. = *Elsinoë fawcetti* Bit. et Jenk.］

scab of potato 马铃薯疮痂病［*Streptomyces scabies*（Thaxt.）Wakasman］

scab of queek grass 鹅冠草赤霉病［*Fusarium graminearum* Schw. = *Gibberella zeae*（Schw.）Petch］

scab of rice 稻赤霉病［*Fusarium graminnearum* Schw. = *Gibberella zeae*（Schw.）Petch］

scab of rose 蔷薇疮痂病［*Sphaceloma rosarum*（Pass.）Jenkins］

scab of rye 黑麦赤霉病［*Fusarium culmorum*（Smith）Sacc. = *Gibberella zeae*（Schw.）Petch］

scab of sour orange 酸橙疮痂病［*Sphaceloma fawcetti* Jenk. = *Elsinoë fawcetti* Bit. et Jenk.］

scab of sweet potato 甘薯疮痂病［*Sphaceloma batatas* Saw. = *Elsinoë batatas* Jenk. et Vieg.］

scab of tomato 番茄疮痂病［*Xanthomonas vesicatoria*（Doidge.）Dowson］

scab of wheat 小麦赤霉病［*Gibberella zeae*（Schw.）Petch］

scab pitch pocket（= resin gall）树脂瘿，树脂癌

scab resin pocket（= resin gall）树脂瘿

scab resistance 疮痂病抗性

scab-resistant 抗疮痂病的

scab-susceptible 易感染疮痂病的

scabbed ①有疮痂的，有疤痕的 ②患疥癣的，

患疥疮的
scabbed disease ①疮痂病 ②缩芽病
scabbed grain 有赤霉病子粒
scabby 皮屑状的（leprosus）
scabies 疥疮（sarcoptes scabiei）
scabies ferina 兽疥
scabious ①山萝卜属［*Scabiosa* L.］（川续断科）②山萝卜［*Scabiosa fischeri* DC.］
scabrate 粗糙的（scabratus）
scabrid（= scabridulous） 微粗糙的（scabridus）
scabrosity 隆起，突起（scabrsositas）
scabrous 粗糙的（scabrus）
scabrous aphananthe（= aphananthe） ①糙叶树属［*Aphananthe* Planch］（榆科）②糙叶树［*Aphananthe aspara* Planch］
scabrous dentzia 溲疏［*Deutzia scabra* Thunb.］（绣球科）
scabrous leaf 粗糙叶（folium scabrum）
scabwort 土木香［*Inula helenium* L.］（菊科）
scaffold 架子，支架，脚手架
scaffold bridge 栈桥｛环保｝
scaffold limb（= scaffold branch） 大主枝，主梢，领导枝
scaffolding ①（建筑）施工架，脚手架 ②搭施工架的材料 ③支架
scaffolding protein 支架蛋白（指噬菌体）｛分生｝
scalability ①可测量性，可称性 ②标定性（scalabilitas）
scalable ①可测量的，可称的 ②可标定的（scalabilis）
scalable high performance computing system 可标定高性能计算系统
scalar ①无向量，纯量｛统计｝②定标器｛测量｝③标量｛电脑｝（scalaris）
scalar computer 标量计算机
scalar constant 标量常数
scalar data flow analysis 标量数据流分析
scalar expansion 标量扩张
scalar function 纯量函数
scalar functional unit 标量功能部件｛电脑｝
scalar item 标量项
scalar operation 标量运算
scalar pipeline 标量流水线
scalar potential 标位
scalar product ①标积，无面积｛物｝②纯量积，数［量］积
scalar quantity ①纯量 ②标量 ③无向量
scalar speed 标量速度
scalar stream 标量流
scalariform ①梯纹的 ②梯状的（scalariformis）｛解剖｝
scalariform cell 梯纹细胞（cellula scalariformis）
scalariform duct 梯纹导管（ductus scalariformis）
scalariform marking 梯纹
scalariform parenchyma 梯纹薄壁组织（parenchyma scalariformis）
scalariform perforation plate 梯状穿孔底板（platus perforationalis scalariformis）
scalariform pits 梯状纹孔（porae scalariforme）
scalariform pitting 梯状纹孔式（porosans scalariformis）
scalariform tracheid 梯状管胞（tracheida scalariformis）
scalariform vessel ①梯纹导管 ②梯状穿孔导管（vasa scalariformis）
scald ①烫伤，晒焦，日烧，灼伤 ②云纹病
scalder （果蔬）烫泡器
scalding ①烫泡 ②烫漆（excaldarens）
scalding method for disinfecting seeds 烫种法
scale ①鳞［片］（芽鳞）②［数量性状的］尺度｛遗传｝③刻度尺，标尺 ④比例，比例尺 ⑤刻度，标度，度量器 ⑥（水管，锅炉，容器内壁的）垢壳，水垢，氧化皮 ⑦鳞毛｛蚕｝⑧蚧［*Coccidea* spp.］⑨⌊复⌉蚧科［Coccidae］⑩等级 ⑪定标
scale above lateral line 侧线上方鳞片
scale bark（= scaly bark） 鳞状树皮（cortex squamosa）
scale-bearing 具鳞［片］的（squamifer）
scale change 标度变化，尺寸变化
scale coefficient 比例系数
scale control 防水垢｛环保｝
scale-curve method 鳞片曲线法
scale cutting 鳞片插
scale division 标尺刻度
scale down 按比例缩小
scale effect 尺度效应
scale factor 比例因子
scale farm 规模农场
scale-fern ①药蕨属［*Ceterach* Gars.］（水龙骨科）②药蕨［*Ceterach officinarum* Willd.］
scale follicle 鳞囊
scale formation 水垢形成
scale-formed 鳞片状的（squamiformis）
scale-forming 积垢｛环保｝
scale-forming volva 鳞状菌托
scale hair 鳞状毛（pilus squamiformis）

scale height 均质大气高度
scale hive 示重群,示重箱{蜂}
scale in lateral line 侧线鳞
scale insects including mealybugs 蚧总科［Coccoidae］
scale laboratory 天平室
scale leaf (=scaly leaf) 鳞叶(folium squamiforme)
scale line 比例尺线,标度线,定极线
scale mark 分度［标记］,刻度［线］
scale model 比例模型
scale of hardness 硬度标
scale of hardness of wood charcoal 木炭硬度计
scale of points 评级记分
scale of population 群体大小
scale of reduction 缩尺
scale of thermometer 温［度］标
scale of tolerance 耐阴性等级
scale of wind-force 风级,风力等级
scale picture 鳞相
scale pocket 存鳞袋
scale propagation 鳞片繁殖
scale reading 鳞片阅读法,鳞纹检查法
scale-shaped 鳞［片］状的(squamiformis)
scale simulation 比例仿真
scale structure 鳞片构造,鳞相
scale transformation 尺度变换
scale up ①放大试验{生技}②按比例放大{电脑}
scale valve 计量阀
scale wax 粗石蜡,片状蜡
scale zero 刻度零点
scaled ①多鳞［片］的,鳞质的 ②定标的(squamosus)
scaled fodder 蒸煮饲料
scaled index 定标索引
scaler ①定标器 ②剥鳞器 ③检尺员 ④计数器,换算装置
scales (= scale insects) 蚧总科［Coccoidea］
scaliform 梯形的(scaliformis)
scaling ①度量,称重 ②检尺 ③剥鳞 ④换算比例 ⑤定标,定比例 ⑥片落,剥落,成垢壳
scaling circuit 定标电路{信息}
scaling constant 度量常数
scaling counter 换算计数法
scaling data table 换算数据表
scaling factor ①比例因子{电脑}②换算因子{统计}③剥落因素{环保}
scaling method 比例法
scaling operation 拉伸运算{遥感}
scaling system 换算比例系统
scaling test 尺度测验(广义遗传力测定)
scaling up ①放大［试验］{生技}②按比例增加{电脑}
scall 皮疹,癣疹
scallion 薤(藠头)［*Allium chinensis* G. Don］(石蒜科)
scallop ①西葫芦(密生西葫芦)［*Cucurbita pepo* var. *melopepo* L. = *C. pepo* var. *condensa* L.］(葫芦科)②扇形{形态}③海扇［*Pecten* sp.］,海扇壳{水产}
scalloped disk 缺口圆盘
scalloped disk harrow 缺口圆盘耙
scalloped edge 刻齿刀刃
scalloped edged rolling colter 缺口式圆犁刀
scalloped-toothed ①有圆齿的 ②圆齿状的(crenatus)
scalloped torus 贝壳状孔纹托(torus crenatus)
scalp ①杂穗筛 ②(未过筛的)粗筛渣 ③分出粗夹杂物
scalpel 解剖刀(scalpellum)
scalpel blade 解剖刀片
scalpelliform 柳叶刀形的(scalpelliformis)
scalper ①杂穗筛 ②除谷皮机 ③谷物粗选机 ④(甜菜)切顶器
scalping screen (谷物清选机)上筛,粗筛
scalping shoe 上筛架
scalpings 糠
scaly ①有鳞［片］的(芽鳞)②鳞片状的(squamosus)
scaly bark 鳞状树皮(cortex squamosa)
scaly-barked 鳞状树皮的(ganophloeus)
scaly bud 鳞芽(gemma perulata)
scaly bulb 无皮鳞茎(bulbus squamosus)
scaly-flowered 鳞片花的(lepanthus)
scaly-fruited 鳞片果的(lepidocarpus)
scaly hair 鳞毛(pilus squamosus)
scaly leaf 鳞叶,低出叶(folium squamosum)
scaly leg of fowl (= scabies of the legs) 鸡脚疥螨病
scaly lentinus 洁丽香菇(松菇)［*Lentinus lepideus* Fr.］(伞菌科)
scaly mistletose (= dwarf mistletose) 矮生槲寄生
scaly-stalked 鳞片茎的(caulolepis)
scaly sucker 根出条,有鳞吸枝(turio)
scaly tetter 鳞屑疹,鳞屑癣
scalyleg mite 膝疥螨［*Knemidokoptes mutans* (Robin et Lanquetin) = *Cnemido-*

coptes］（疥螨科）
SCAN （ = command line scanner ）命令行扫描程序｛信息｝
scan ①扫描 ②扫视 ③搜索（scandere）｛电脑｝
scan algorithm 扫描算法
scan band 扫描带，扫描频带
scan code 扫描码｛电脑｝
scan control unit 扫描控制装置｛环保｝
scan conversion 扫描变换
scan converter 扫描转换器
scan design 扫描设计
scan digitizing technology 扫描数字化技术｛遥感｝
scan frequency 扫描频率
scan head 扫描头
scan-in 扫描输入，扫入
scan limit 扫描界限，扫描限量
scan line 扫描线
scan mirror 扫描镜｛遥感｝
scan-out 扫描输出，扫出
scan path 扫描路径
scan pattern 扫描模式
scan period 扫描周期
scan plane buffer 扫描平面缓冲区
scan pointer 扫描指针
scan rate ①扫描速率 ②扫描频率
scan resolution 扫描分辨率
scan-round 循环扫描
scandent ①攀缘的 ②附着的（scandens）
scandent herb 攀缘草本植物（herba scandens）
scandent shrub 攀缘灌木，藤本植物（frutex scandens）
Scandinavia region 斯堪的纳维亚地区｛生态生理｝
scandium 钪（Sc，21 号元素）
scanned ［被］扫描的
scanned symbol 被扫描符号
scanner ①扫描器 ②扫描程序｛电脑｝
scanner interrupt 扫描［器］中断
scanner selector 扫描选择器
scanner tube 飞点扫描管｛遥感｝
scanning ①详查，细察，审观 ②扫描｛显技｝
scanning accuracy 扫描精［确］度
scanning agent 同位素扫描剂
scanning area 扫描区域
scanning beam 扫描电子束
scanning control 扫描控制
scanning densitometer 扫描光密度仪
scanning device 扫描设备，扫描装置
scanning electron microscope（**SEM**） 扫描电子显微镜，扫描电镜
scanning electron microscopy（**SEM**） 扫描电子显微镜检术，扫描电镜检术
scanning field 扫描域
scanning imaging spectrometer（**SIS**） 扫描成像光谱仪｛遥感｝
scanning index 扫描索引
scanning machine 扫描机
scanning mechanism 扫描机构
scanning microspectrophotometer 扫描显微分光光度计
scanning microware spectrometer（**SCAMS**） 扫描微波波谱仪｛遥感｝
scanning multichannel microwave radiometer（**SMMR**） 多通道微波扫描辐射计｛遥感｝
scanning pattern ①扫描图案 ②扫描路径｛电脑｝
scanning program 扫描程序
scanning radiometer 扫描辐射计｛遥感｝
scanning search 扫描查找，扫描搜索｛电脑｝
scanning software 扫描软件
scanning spot 扫描光点
scanning telemeter 扫描遥测计
scanning transmission electron microscope 扫描透射电子显微镜，扫描透射电镜
scanning transmission electron microscopy 扫描透射电子显微镜检术，扫描透射电镜检术
scanning tunnel microscope（**STM**） 扫描隧道显微镜
scanning tunnel microscopy 扫描隧道［显微］镜检术
scanpath 描视途径
scant （花）疏落的（depauperatus）
scantentes（= scrambler） 攀缘植物
scanty ①不够的，不多的，不大的 ②缺乏的 ③狭小的，狭隘的 ④稀少的 ⑤环管的（depauperatus）
scanty paratracheal parenchyma 环管薄壁组织（parenchyma paratrachealis depauperata）
scanty supply 缺乏供应
scape ①花莛｛形态｝②羽轴｛禽｝③柄节｛昆虫｝（scapus）
scape-bearing 具花莛的（scapiger，scaposus）
scape-like 花莛状的（scapoideus）
scapeless 无花莛的（exscapus）
scaphium 龙骨瓣
scaphoid ①船形的（= scaphiform）②舟状骨（scaphoides）
scaphophyllous 中空叶的（scaphophyllus）
scapiform 花莛状的（scapiformis）

scapigerous 具花莛的 (scapiger)
scapose 具花莛的 (scaposus)
scapose flower 具花莛花 (flos scaposus)
scapula 肩板(鳞翅目)
scar 痕 (cicatrix)
scar-fruited 有明显种脐果的 (hilocarpus)
scar skin 锈果病
scar tissue 瘢痕组织 (cicatriteta)
scarabaeiform 蛴螬式,蛴螬型(幼虫)(scarabaeiformis)
scarabs (= chafers) 金龟科 [Scarabaeidae]
scarce ①稀少的,罕见的,难得的 ②不足的,缺乏的 ③稀有的
scarce book 珍本
scarce bordered straw moth (= corn earworm) 棉铃虫 [*Heliothis zea* (Boddie) = *H. armigera* Hb.] (夜蛾科)
scarce metal 稀有金属
scarce mRNAs (= rare mRNAs) 稀有 mRNA {分遗}
scarcely forested land 散生林地
scarecrow (防鸟)稻草人,惊鸟器
scarer 惊鸟器
scarf ①幞,丝幕 ②围巾,头巾,肩巾,披肩 ③嵌接,斜嵌槽
scarf cloud 幞状云
scarf joint 斜口接合,嵌接 {生技}
Scarf theorem 斯卡尔夫定理 {电脑}
scarf welding 斜口搭接焊
scari-seeder 耕耘播种机
scarification ①浅松土,耙碎表土板结层{耕作} ②修剪,剪枝{园艺} ③划破种皮(坚皮种子播种前处理){栽培} (scarificatio)
scarificator 表土硬结破除器
scarified seed 擦破种皮种子
scarifier ①种子划破器,种子擦破机 ②松土机,松土器
scarifier-scraper 松土平地机
scarify ①松碎土壤,松土 ②划破种皮,擦破种皮 ③去皮,脱壳
scarifying blade (草皮地)表土松土铲
scarifying disk 松土圆盘耙片
scaring tape 吓鸟带
scariose (= scarious) 薄的,纸状的 (scariosus)
scarious 干膜质的 (scariosus)
scarious leaf 干膜质叶 (folium scariosum)
scarlet ①紫红色的 (puniceus) ②猩红色的,绯红色的 (coccineus)
scarlet aphelandra 大红花单药爵床 [*Aphelandra tetragona* Nees.] (爵床科)
scarlet begonia 红花竹节秋海棠(竹节秋海棠) [*Begonia coccinea* Hook.] (秋海棠科)
scarlet bloodlily ①网球花属 [*Haemanthus* L.] (石蒜科) ②网球花(虎耳兰) [*Haemanthus multiflorus* Martyn.] ③网球花(血莲) [*Haemanthus coccineus* L.]
scarlet bush ①长隔木属 [*Hamelia* Jacq.] (茜草科) ②长隔木(希美莉) [*Hamelia patens* Jacq.]
scarlet-cacalia ①一点红属 [*Emilia* Cass.] (菊科) ②一点红(绒缨菊) [*Emilia flammea* Cass.]
scarlet chestnut (= red horsechestnut) 红马栗
scarlet clematis 深红铁线莲 [*Clematis texensis* Buckl.] (毛茛科)
scarlet clover (= crimson clover) 绛三叶草 [*Trifolium incarnatum*] (豆科)
scarlet columnea 大红金鱼花 [*Columnea gloriosa* sp.] (苦苣苔科)
scarlet detura 大红花曼陀罗 [*Datura sanguinea* Ruiz et Pav.] (茄科)
scarlet-eggplant (= tomato eggplant) 冬海红 [*Solanum integrifolium* Poir.] (茄科)
scarlet elder (= American red elder) 柔毛接骨木 [*Sambucus pubens* Michx.] (忍冬科)
scarlet elf cup 绯红盘菌 [*Plectania coccinea* (Scop. ex Fr.) Fuck.]
scarlet fever 猩红热
scarlet flowered gum (= scarlet eucalyptus) 美丽桉树 [*Eucalyptus ficifolia* F. Muell.] (桃金娘科)
scarlet flycap (= fly agaric) 蛤蟆菌 [*Amanita muscaria* (L.) Fr. Pers. ex Hook.] (伞菌科)
scarlet fritilary 大红花贝母 [*Fritillaria recurva* Benth.] (百合科)
scarlet fuchsia 大红倒挂金钟 [*Fuchsia coccinea* Soland.] (柳叶菜科)
scarlet globe-mallow 大红球葵 [*Sphaeralcea caccina* Rydb.] (锦葵科)
scarlet kadsura 南五味子 [*Kadsura japonica* Dunal] (五味子科)
scarlet kafir-lily ①君子兰属 [*Clivia* Lindl.] (石蒜科) ②君子兰 [*Clivia miniata* Regel]
scarlet larkspur 深红翠雀花 [*Delphinium cardinale* Hook.] (毛茛科)

scarlet lightning (=scarlet lychnis) 皱叶剪夏罗[*Lychnis chalcedonica* L.](石竹科)
scarlet maple 红糖槭[*Acerrubrum* L.](槭科)
scarlet oak ①红柞[*Quercus borealis maxima* Sarg.](山毛榉科)②猩红栎[*Quercus coccinea* Muench.](山毛榉科)
scarlet pimpernel 海绿[*Anagallis arvensis* L.](报春花科)
scarlet plumbago (=Indian leadword) 紫雪花[*Plumbago indica* L.](蓝雪科)
scarlet plume 红羽大戟(朱羽花)[*Euphorbia fulgens* Karw.](大戟科)
scarlet renanthera ①火焰兰属[*Renanthera* Lour.](兰科)②火焰兰[*Renanthera coccinea* Lour.]
scarlet rose-mallow 红秋葵[*Hibiscus coccineus* (Medicus) Walt.](锦葵科)
scarlet runner (=scarlet runner bean) 多花菜豆(红花菜豆)[*Phaseolus multiflorus* Willd.](豆科)
scarlet sage 爆竹红(一串红)[*Salvia splendens* Ker-Gawl. = *S. colorans* hort.](唇形科)
scarlet star-glory 圆叶茑萝[*Quamoclit coccinea* Moench](旋花科)
scarlet strawberry 深红草莓[*Fragaria virginiana*](蔷薇科)
scarlet tofieldia 长白岩菖蒲[*Tofieldia coccinea* Richards](百合科)
scarp 陡崖,悬崖,马头丘
scarred 多痕的(cicatricatus)
scarring ①疤痕 ②疤痕形成
Scatchard analysis 斯氏分析[法]{生技}
Scatchard equation 斯氏方程
Scatchard plotting 斯氏制图法
scatole 粪臭素
scatophagous 食粪的(scatophagus)
scatter ①散布,散列,散射 ②撒播 ③漏泄④分散,耗散,疏散,消散,扩散
scatter activity 散射活度,散射激活
scatter coefficient 散布系数{统计}
scatter communication 散射通信{信息}
scatter diagram 散点图,相关散布科{统计}
scatter format 分散格式{信息}
scatter /gather operation 分散/集中操作
scatter gum 散弹枪,鸟枪,猎枪{狩猎}
scatter load 分散装入,分散装入法
scatter matrix 散布矩阵{遥感}
scatter of the population ①群体散布 ②人口的分布
scatter read operation 分散读入操作{信息}
scatter seed 播种,撒播
scatter storage technique 分散存储技术,散列存储技术{电脑}
scatter table 分散表,散列表{统计}
scattered ①分散的,疏散的,疏离的 ②星散的,散生的,稀疏的 ③散射的(parsus)
scattered areal 星散分布区
scattered brood 插花子,分散幼虫{蜂}
scattered bundle 星散维管束(fasciculus parsus)
scattered granule 分散颗粒
scattered light (=diffused light) 散射光
scattered mixed forest 散生混交林
scattered planting ①散植 ②散播
scattered ray 散射线
scattered sky light 天空散射光
scattered solar radiation 散射日辐射
scattered trees 散生树
scatterer ①撒布器 ②散射体
scattering ①散射 ②撒布,摊散
scattering angle 散射角
scattering bait 投饵,撒饵
scattering beater 撒布轮
scattering board (撒布机上的)撒播板
scattering coefficient 散射系数
scattering compost 摊散(撒施)堆肥
scattering cross section 散射横切面
scattering disk 撒布圆盘
scattering efficiency 散射效率
scattering factor 分散因子
scattering fork 摊散叉
scattering intensity 散射强度
scattering mechanism ①抛散装置 ②撒布器 ③撒播装置
scattering point 散射点
scattering stand 孤立林分
scavenge ①清除{环保}②清除式截取{电脑}
scavenger ①清除剂,净化剂 ②清道工
scavenger precipitation 清除沉淀
scavenger valve (闭式油路系统的)吹净阀,清洗阀
scavenging ①窃取信息{信息}②清理垃圾{环保}
scavenging stroke 扫气冲程
SCC (= single chip computer) 单片计算机{电脑}
SCD (=sister chromatid differential staining technique) 姊妹染色单体差别染色技术{染色体}
SCE (=sister-chromatid exchange) 姊妹染色单体交换{细胞}

scene ①风景,景色,景物 ②场面,现场,场所,所在地 ③图幅,像幅 ④实况 (scena)
scene analysis 景物分析〈园林〉
scene border 景物边界
scene change 景物变化
scene matching 景物匹配
scene-pairs 景物对
scene recognition 景物识别
scenedesmus ①栅列藻属[*Scenedesmus* spp.](栅列藻科) ②栅列藻[*Scenedesmus* sp.]
scenedesmus family 栅列藻科[Scenedesmaceae]
scenic ①风景的,天然景色的 ②景物的〈园林〉(scenicus)
scenic beauty forest 风景林
scenic spot 风景点,风景区
scenographic elevation 正面图
scenography 写景法
scent ①气味,香气,臭味 ②嗅觉 ③线索 (sentire)
scent gland 臭腺,纳索诺夫腺(= Nasonov's organ)〈蜂〉
scent of flower 花香[气]
scent of hay 干草气味
scent of rice 稻香
scent plant 芳香植物
scent post 嗅味柱〈狩猎〉
scent set 嗅味装夹[法]
scented boronia 大柱宝容木[*Boronia megastigma* Nees.](芸草科)
scented caper 香红茶
scented fern 枸橼[*Citrus medica* L.](芸香科)
scented grass ①金须茅属[*Chrysopogon* Trin.](禾本科) ②金须茅[*Chrysopogon orientalis* (Desv.) A. Camus = *Raphis orientalis* Desv.]
scented leaf geranium 香天竺葵[*Pelargonium graveolens* L. Her.](牻牛儿苗科)
scented mignonette 木犀草[*Reseda odorata*](木犀草科)
scented poplar 大叶钻天杨[*Populus balsamifera* L.](杨柳科)
scented rice ①香稻[*Oryza moschata*](禾本科) ②香米
scented tea 花熏茶,花茶,茉莉花茶(= jasmine tea)
scented tea processing 花茶加工〈加工〉
scentless 无味的(inodorus)
scentless mayweed 淡甘菊[*Matricaria inodora* L.](菊科)
sceptron 频[普]比[较]识别器
SCF (= stem cell factor) 干细胞因子〈分生〉
Schardinger enzyme 夏氏酶,黄嘌呤氧化酶
Scharlach R 查拉红(染料)〈显技〉
Scharlachrote banana 美人蕉(红蕉)[*Musa coccinea* Andr.](芭蕉科)
schedulable 可调度的(schedulabilis)
schedule ①安排[表],调度[表],进度表 ②目录 ③图表(schedula)
schedule graph ①进度图 ②工程图,工序图
schedule information 调度信息
schedule job 调度作业
schedule of prices 价格表,定价表,价目表
scheduled downtime 预定停机时间〈信息〉
scheduled engineering time 预定工程时间
scheduled fault detection 预定故障检测
scheduled maintenance 定期维护,预定维护
scheduled operation 预定操作,被调动的工作
scheduled plan 进度计划
scheduled time 排定时间表
scheduler 调度程序〈电脑〉
scheduler task 调度任务
scheduling ①安排,排时间表 ②调度,作业调度
scheduling discipline 调度规则
scheduling monitor computer 调度监控计算机
scheduling of irrigation 灌溉时间安排
scheduling of resources 资源调用
scheduling strategy 调度策略
scheelite 白钨矿〈地质〉
schema (= scheme) ①草图,示意图,图表,图解 ②方案,型式,模式,计划,设计 ③安排,配置,配合,分配 ④电路 ⑤系统
schema category 模式范畴
schema chart 模式图
schema conversion 模式交换
schema data description language (schema DDL) 模式数据描述语言〈电脑〉
schema entry 模式项目
schema management 模式管理
schema mapping 模式映像〈电脑〉
schematic ①概略的,略图的 ②典型的,代表性 ③示意的 ④图形的,图表的(schematicus)
schematic diagram 示意图,略图
schematic drawing 简图,略图
schematic layout 图形设计
schematic map 草图,略图
schematic model 图表模型

schematic representation 示意表示法
schematic section 示意剖面图
schematograph 视野轮廓测定器
scheme of colour 色的配合,配色〔显技〕
scheme of distribution 分配表
scheme of division 轮作区安排〔耕作〕
scheme of work 工作计划
schernozem(=black earth) 黑[钙]土
Schick test 薛克氏试验(指白喉感染)
Schiff base 席夫氏碱
Schiff reagent 席夫氏试剂
Schiff's reagent preparation 席夫氏试剂备制
schima ①木荷属[*Schima* Reinw.](茶科) ②木荷[*Schima superba* Gardn. et Champ.]
schinseng 人参(山参)[*Panax schinseng* Nees.](五加科)
schinus(= pepper tree) ①肖乳香属[*Schinus* L.](漆树科) ②肖乳香[*Schinus terebinthifolius* Raddi]
schisandra ①五味子属[*Schisandra* Michx.](五味子科) ②五味子[*Schisandra chinensis* (Turcz.) Baill.]
schisandra family 五味子科[Schisandraceae]
schist 片岩〔地质〕
schistose 层状的,片状的(schistosus)
schistose structure ①层状结构 ②片状结构
schistosity 片理,劈理(schistositas)〔地质〕
schistosomiasis 裂体吸虫病,血吸虫病
schistosomicide 杀血吸虫药
schistous 片状的(schistosus)
schizo- ⌊字头⌉裂生,裂殖,直裂
schizo-lysigenous 裂溶生的(schisolysigenus)
schizo-lysigenous duct 裂溶生[脂]道(ductus schisolysigenus)
schizocarp 分果(schizocarpium)
schizocarpic fruit 裂果(fructus schizocarpus)
schizocotyledony 裂生子叶(schizocotyledonia)
schizocotyly 离生子叶式(schizocotylia)
schizogenesis 裂生[作用](=scissiparity)
schizogenous(=schizogenetic) 裂生的,离生的(schizogenus)〔解剖〕
schizogenous aeronchyma 离生通气组织(aeronchyma schizogena)
schizogenous duct 裂生[脂]道(ductus schizogenus)
schizogenous intercellular cavity 裂生[胞]间隙(cavitas intercellularis schizogenus)
schizogone(=schizogonium) 多核变形体(schizogonium)
schizogonic(= schizogenous) 裂生的(schizogonus)
schizogony ①直裂生殖(原生动物) ②裂生[现象](schizogonia)
schizolysis 裂解(schisolysis)
schizolytic 裂解的(schisolyticus)
schizomerous 裂成部分的(schisomerus)
schizomussaenda ①裂果金花属[*Schizomussaenda* Li](茜草科) ②裂果金花[*Schizomussaenda dehiscens* (Craib) Li]
Schizomycetes 裂殖菌纲
schizomycetotrophy 裂殖菌营养,细菌营养(schizomycetotrophia)
Schizomycophyta 裂殖菌植物门(Schizomycophya)
schizont 裂殖体(schizons)
schizopetalous 离瓣的(schizopetalus)
schizopetalous corolla 离瓣花冠(corolla schizopetala)
schizopetalous flower 离瓣花(flos schizopetalus)
schizophragma ①钻地风属[*Schizophragma* Sieb. et Zucc.](绣球科) ②钻地风[*Schizophragma integrifolium* Oliv.]
schizophrenia 精神分裂症
schizophyceae 裂殖藻[类][Schizophyceae]
schizophyllum rot 裂褶菌腐病[*Schizophyllum* sp.]
schizophyte 裂殖植物(schizophyta)
schizosaccharomyces 裂殖酵母属[*Schizosaccharomyces* Lind.](内孢霉科)
schizosepal 裂生萼片(schizosepalum)
schizostele 裂生中柱(schizostela)
Schlieren method 施利仑法〔显技〕
Schlieren optical system 暗线照相系统〔显技〕
schlumbergera(=zygocactus) ①蟹爪兰属[*Zygocactus* Schum.](仙人掌科) ②蟹爪兰[*Zygocactus truncatus* Schum.]
schnapps 马铃薯烧酒
schneider zelkova ①榉[树]属[*Zelkova* Spach](榆科) ②榉[*Zelkova schneideriana* H.M.]
schonite(=schoenite) 软钾镁矾〔显技〕
school ①学校 ②鱼群(schola)
school density 鱼群密度
school garden 学校花园〔园林〕

school pattern 鱼群形状
schooling （鱼）集群，起群
schooling behavior 集群行为（鱼）
schoollink 面向学校远程软件服务｛电脑｝
schradan（= octamethyl, OMPA） 八甲磷（杀虫剂）[$C_8H_{24}N_4P_2O_3$]
Schreber watershield 莼菜［*Brasenia schreberi* Gmel.］（莼菜科）
Schriadle method for mitochondria modified 粗线体改良染色法｛显技｝
Schrödinger's equation 薛氏方程
Schubert onion 舒氏葱［*Allium schuberti*］（石蒜科）
Schultz-Dale reaction 苏达反应
Schultz-Redfield effect 苏列二氏效应
Schultze's maceration method 苏氏分离法｛显技｝
Schultze's maceration mixture 苏氏分离液｛显技｝
Schwalbe 燕子（马铃薯品种）
Schwann cell 施旺氏细胞
Schwann cell derived growth factor 施旺氏细胞衍生生长因子｛分生｝
Schweinfurth green 碱式醋酸铜，亚砷酸铜复盐｛显技｝
Schweitzer's reagent 许氏试剂｛显技｝
Schwerin maple 施氏槭［*Acer schwerini*］（槭科）
sciad（= sciophytes） 阴地植物，阴性植物
sciadophilous 喜阴的，适阴的（sciadophilus）
sciadophobous 嫌阴的，避阴的（sciadophobus）
sciagraphy 投影法（sciagraphia）
sciaphila ①霉草属［*Sciaphila* Bl.］（霉草科）②霉草［*Sciaphila tenella* Bl.］
sciaphila family 霉草科［Triuridaceae］
sciara ①蕈蚊 ②⌊复⌉［尖眼］蕈蚊科［Sciaridae］
sciara pectoralis（= moss fly） 沼泽尖眼蕈蚊［*Sciara pectoralis* Staeg.］（蕈蚊科）
science 科学（scientia）
science advisory board 科学咨询委员会
science and technology information sources 科技情报源
science and technology information system（STIS） 科技信息系统
science and technology revolution 科技革命
science citation index（SCI） ［著者］引文索引
science education 科学教育
science of fruit growing 果树栽培学
science satellite 科学卫星
science viewpoint 科学观［点］
scientific ①科学的，适于科学的，关于科学的，用于科学的，受科学原则指导的 ②有技术的，用技术的，需要技术的（scientificus）
scientific and technical achievement（= scientific and technical payoffs） 科学与技术成果，科技成果
scientific and technical development 科学与技术发展，科技发展
scientific and technical forecast 科学技术预测，科技预测
scientific and technical funds 科技基金
scientific and technical information 科技信息，科技情报
scientific and technical innovation 科技创新｛农经｝
scientific and technical system 科技体系
scientific and technical system of modern agriculture 现代农业科技体系｛智培｝
scientific and technical work 科技工作
scientific argument 科学上争论
scientific calculation 科学计算法
scientific calculator 科学计算器
scientific computer 科学计算机
scientific data processing 科学数据处理
scientific database 科学数据库
scientific decision 科学决策｛智培｝
scientific decision of agricultural production 农业生产的科学决策
scientific exchanging 科学交流，学术交流
scientific expedition 科学考察［队］，科学调查［队］，科学探险［队］
scientific experiment 科学实验
scientific experimental group 科学实验小组
scientific exploration 科学考察，科学勘探，科学勘查
scientific farming 科学种田，科学农业
scientific industrial park 科学工业园［区］，科学产业园［区］
scientific innovation 科学创新｛农经｝
scientific instruments 科学仪器
scientific language 科学计算语言｛电脑｝
scientific management 科学管理
scientific modernization 科学现代化
scientific name 学名（nomen scientificum）
scientific nomenclature 科学命名法（nomenclatura scientifica）
scientific notation 科学表示法，科学记数法
scientific phenomenon 科学现象

scientific program 科学计算程序{电脑}
scientific programmable calculator 科学可编程计算器
scientific proof 科学论证
scientific research 科学研究
scientific research and system innovation 科学研究[和]体系创新
scientific research input 科研投入
scientific research paper 科学研究论文
scientific sampling 科学抽样
scientific spirit 科学精神
scientific spread 科学传播
scientific system 科学[用]系统(systema scientifica)
scientific terminology [科学]术语(terminologia scientific)
scientific tools 用于科学[的]工具{智培}
scientific treatise 科学论文,科学论著
scientific visualization 科学可视化
scientific worker 科学工作者,科技人员
scientification 科学化(scientificatio)(作物智能栽培学基本特征之一){智培}
scientification of crop production 作物生产科学化{智培}
scientification of intelligent crop production 作物智能栽培学的科学化(为作物智能栽培学基本特征之一)
scientist 科学工作者,科学家
scilla ①(= sea onion) 海葱[*Urginea maritima* Baker = *U. scilla* Steinh., *Scilla maritima*, *Bulbus scillae*](百合科) ②绵枣儿属[*Scilla* L.](百合科) ③绵枣儿[*Scilla chinensis* Lour]
scillabiose 绵枣儿二糖,鼠李糖葡萄糖苷[$C_{12}H_{22}O_{10}$]
scillaren 海葱苷
scillaridin 海葱苷配基[$C_{24}H_{30}O_3$]
scillirosid (= red squill) 红海葱
scimitar ①钩镰 ②弯刀{农具}
scimitar haulm remover 弯刀型切秆器
scimitar-shaped (= scymitarshaped) 弯刀形的,曲剑形的
scimitar-shaped ovipositor 弓形产卵管
scindapsus ①绿萝属(藤芋属)[*Scindapsus* Schott](天南星科) ②绿萝[*Scindapsus aureus* Engler] ③藤芋[*Scindapsus sinensis* Engler]
scintigram 闪烁[扫描]图,闪烁曲线(scintigramma)
scintigraphy ①闪烁扫描术 ②闪烁摄影(scintigraphica)
scintillant 闪烁体(scintillans)
scintillascope 闪烁计
scintillation 闪烁,闪光(scintillatio)
scintillation analysis 闪烁分析
scintillation autography 闪烁自显影
scintillation camera 闪烁照相机{显技}
scintillation counter 闪烁计数器
scintillation counting 闪烁计数
scintillation detector 闪烁检测器
scintillation medium 闪烁介质
scintillation proximity assay (SPA) 闪烁亲近测定法
scintillation solution 闪烁液
scintillation spectrometer 闪烁[能]谱计,闪烁分光计
scintillator ①闪烁器 ②闪烁体(剂)
scintillometer 闪烁计数器
scintiphotography 闪烁照相术{显技}
scintiscan ①闪烁扫描 ②闪烁图
scintiscanner 闪烁扫描器
scion 接穗(surculus insitus)
scion bud 接穗芽
scion budding 枝芽接
scion garden 接穗圃
scion grafting 枝接
scion grafting on root 根寄接
scion knife 芽接刀
scion mentor 接穗蒙导
scion overgrowth rootstock 穗胜砧(接穗生长超过砧木)
scion root 接穗根
scion stool 采穗萌芽根蘖
scion wood 接穗
sciophile 喜阴植物,适阴植物
sciophyllous 阴生叶的(sciophyllus)
sciophyte (= shadeplant) 阴地植物,阴生植物(sciophyta)
sciophytic 阴地植物的(sciophyticus)
sciophytic vegetation 阴地植物植被(vegetatio sciophytica)
scission 分裂(指细菌)(scissio)
scissor cutter 剪形收获机(指甘蔗)
scissor emasculation 剪子去雄
scissor-shaped 剪状的(forficatus)
scissoring 剪取
scissors 剪刀,剪子,小剪(scissoresm)
scissors-and-paste 剪贴[编辑],剪子加浆糊
sciuroid 松鼠尾状的(sciuroides)
sclareol 硬尾醇
sclecospore 线形孢子(sclecosporca)
sclera 巩膜
scleranthium 宿萼瘦果
scleranthous 硬花的(scleranthus)
sclereid (= sclerid) ①石细胞,硬化细胞 ②

坚硬细胞(sclereida)
sclerenchyma 厚壁组织
sclerenchyma rib 厚壁组织肋
sclerenchymatous 厚壁组织的(sclerenchymatus)
sclerenchymatous cell 厚壁细胞(cellula sclerenchymata)
sclerenchymatous fiber 厚壁纤维(fibra sclerenchymata)
sclerification 硬化[作用](sclerificatio)
sclerified 硬化的(sclerisus)
sclerin 核盘菌素
sclerine 外孢壁(sclerina)
sclerised (=sclerified) 硬化的(sclerisus)
sclerite ①晶刺细胞{解剖} ②骨片{蜂}(sclerita)
sclerization 硬化[作用](sclerisatio)
sclerobasidium 厚垣担子
scleroblast ①硬化细胞 ②成骨细胞,骨针细胞(scleroblastus)
sclerocauly 硬茎形成(sclerocaulium)
sclerocortex 硬皮层
scleroderm 硬皮(scleroderma)
sclerodont 硬齿的(sclerodontus)
"scleromorph" "硬形"(指叶){生态生理}
scleromorphic 硬形的(scleromorphus)
scleromorphic and resinous leaves 硬形多脂叶(folii scleromorphae et resinae)
scleromorphic leaf 硬形叶(folium scleromorphum)
scleromorphy index 硬形指数
scleromycetes 核菌类(Scleromycetes)
sclerophyll 硬叶(sclerophyllum)
sclerophyll shrub formation 硬叶灌木群系
sclerophyll type 硬叶型(sclerophyllotypus)
sclerophyllous 硬叶的(sclerophyllus)
sclerophyllous evergreen tree 硬叶常绿树(arbor sempervirens sclerophyllus)
sclerophyllous forest 硬叶常绿林
sclerophyllous herbosa 硬叶草本
sclerophyllous plant 硬叶植物(sclerophyta)
sclerophyllous shrub 硬叶灌木(sclerophyta)
sclerophyllous tree 硬叶树(arbor sclerophyllus)
sclerophyllous woodland 硬叶木本群落
sclerophyllous woody plant 硬叶木本植物
sclerophylly 硬叶式(sclerophyllia)
sclerophyte ①硬叶植物 ②硬叶灌木(sclerophyta)
scleropodous 硬柄的(scleropodus)
scleroprotein 硬蛋白
scleropterous 硬翼的(scleropterus)
sclerosis ①硬化 ②胞壁增厚
sclerotesta 硬果皮
sclerotial blight 白绢病
sclerotial disease 菌核病
sclerotic 硬化的(scleroticus)
sclerotic cell (=sclereid) 石细胞,硬化细胞(cellula sclerotica)
sclerotic disease 硬化病(diseasis scleroticus)
sclerotic fiber 硬化纤维(fiber scleroticus)
sclerotic nests 石细胞群(sclereidae)
sclerotic parenchyma 硬化薄壁组织(parenchyma sclerotica)
sclerotic tissue 硬化组织(tela sclerotica)
sclerotic tylosis 硬化侵填体(tylosis scleroticus)
sclerotiet 小菌核
sclerotiform 菌核状的(sclerotiformis)
sclerotin 壳硬蛋白
sclerotina rot of eggplant (=sclerotinia stem rot of eggplant) 茄菌核病[*Sclerotinia sclerotiorum* de Bary]
sclerotinia 核盘属[*Sclerotinia* Fuck.](核盘科)
sclerotinia blight of alfalfa 苜蓿菌核病[*Sclerotinia ciboricides* (Hoffm.) Noack. = *S. trifoliorum* Erikss.]
sclerotinia blight of bean 菜豆菌核病[*Sclerotinia sclerotiorum* (Lib.) de Bary]
sclerotinia blight of beet 甜菜菌核病[*Sclerotinia sclerotiorum* (Lib.) de Bary]
sclerotinia blight of broadbean 蚕豆菌核病[*Sclerotinia minor* Jagger]
sclerotinia blight of burdock 牛蒡菌核病[*Sclerotinia sclerotiorum* (Lib.) de Bary]
sclerotinia blight of cabbage 甘蓝菌核病[*Sclerotinia sclerotiorum* (Lib.) de Bary]
sclerotinia blight of carrot 胡萝卜菌核病[*Sclerotinia sclerotiorum* (Lib.) de Bary]
sclerotinia blight of castorbean 蓖麻菌核病[*Sclerotinia sclerotiorum* (Lib.) de Bary]
sclerotinia blight of celery 芹菜菌核病[*Sclerotinia sclerotiorum* (Lib.) de Ba-

ry]

sclerotinia blight of Chinese cabbage 白菜菌核病 [*Sclerotinia sclerotiorum* (Lib.) de Bary]

sclerotinia blight of chise 韭菌核病 [*Sclerotinia cepivorum* Berk.]

sclerotinia blight of citrus 柑橘菌核病 [*Sclerotinia sclerotiorum* (Lib.) de Bary]

sclerotinia blight of clover 三叶草菌核病 [*Sclerotinia ciborioides* (Hoffm.) Noack. = *S. trifolium* Erikss.]

sclerotinia blight of coriander 芫荽菌核病 [*Sclerotinia sclerotiorum* (Lib.) de Bary]

sclerotinia blight of curled mallow 冬葵菌核病 [*Sclerotinia sclerotiorum* (Lib.) de Bary]

sclerotinia blight of eggplant 茄菌核病 [*Sclerotinia sclerotiorum* (Lib.) de Bary]

sclerotinia blight of kitchen garden purslane 马齿苋菌核病 [*Sclerotinia sclerotiorum* (Lib.) de Bary]

sclerotinia blight of leafmustard 芥菜菌核病 [*Sclerotinia sclerotiorum* (Lib.) de Bary]

sclerotinia blight of lettuce 莴苣菌核病 [*Sclerotinia sclerotiorum* (Lib.) de Bary]

sclerotinia blight of loquat 枇杷菌核病 [*Sclerotinia laxa* Aderh. et Ruhl.]

sclerotinia blight of mulberry 桑条菌核病 [*Sclerotinia sclerotiorum* (Lib.) de Bary]

sclerotinia blight of onion 洋葱菌核病 [*Sclerotinia allii* Saw.]

sclerotinia blight of peanut 花生菌核病 [*Sclerotinia arachidis* Hanzawa]

sclerotinia blight of Peh-Tsai 白菜菌核病 [*Sclerotinia sclerotiorum* (Lib.) de Bary]

sclerotinia blight of pot marigold 金盏花菌核病 [*Sclerotinia sclerotiorum* (Lib.) de Bary]

sclerotinia blight of potato 马铃薯菌核病 [*Sclerotinia sclerotiorum* (Lib.) de Bary]

sclerotinia blight of radish 萝卜菌核病 [*Sclerotinia sclerotiorum* (Lib.) de Bary]

sclerotinia blight of rape 油菜菌核病 [*Sclerotinia sclerotiorum* (Lib.) de Bary]

sclerotinia blight of soybean (= sclerotina crown rot of soybean) 大豆菌核病 [*Sclerotinia sclerotiorum* (Lib.) de Bary]

sclerotinia blight of spinach 菠菜菌核病 [*Sclerotinia sclerotiorum* (Lib.) de Bary]

sclerotinia blight of sunflower 向日葵菌核病 [*Sclerotinia sclerotiorum* (Lib.) de Bary]

sclerotinia blight of sweet potato 甘薯菌核病 [*Sclerotinia ciboriodes* (Hoffm.) Noack.]

sclerotinia blight of tobacco 烟草菌核病 [*Sclerotinia nicotianae* Oud. et Kon.]

sclerotinia blight of tomato 番茄菌核病 [*Sclerotinia sclerotiorum* (Lib.) de Bary]

sclerotinia blight of Welsh onion 葱菌核病 [*Sclerotinia allii* Saw.]

sclerotinia disease (= bed rot, seedling blight) 菌核病(烟草)

sclerotinia disease of mume 梅菌核病 [*Sclerotinia mume* Hara]

sclerotinia disease of Welsh onion (= sclerotinia blight of Welsh onion) 大葱菌核病 [*Sclerotinia allii* Saw.]

sclerotinia root rot and crown rot of clover (= sclerotinia blight of clover) 三叶草菌核病 [*Sclerotinia trifoliorum* Eriksson]

sclerotinia root rot or crown rot of milk vetch 紫云英菌核病 [*Sclerotinia trifoliorum* Eriksson = *S. sclerotiorum* de Bary]

sclerotinia rot (= sclerotinia fruit rot, sclerotinia stem rot) 菌核病

sclerotinia rot of carrot (= sclerotinia blight of carrot) 胡萝卜菌核病 [*Sclerotinia sclerotiorum* de Bary]

sclerotinia rot of Chinese cabbage (= sclerotinia blight of Chinese cabbage) 白菜菌核病 [*Sclerotinia sclerotiorum* de Bary]

sclerotinia rot of citrus (= sclerotinia blight of citrus) 柑橘菌核病 [*Sclerotinia sclerotiorum* de Bary]

sclerotinia rot of corn flower 矢车菊菌核病 [*Sclerotinia libertiana* Fuck.]

sclerotinia rot of pepper (= sclerotinia

stem rot of pepper） 辣椒菌核病［*Sclerotinia sclerotiorum* de Bary］

sclerotinia rot of rape（= sclerotinia blight of rape） 油菜菌核病［*Sclerotinia sclerotiorum* de Bary］

sclerotinia rot of soybean（= sclerotinia stem rot of soybean） 大豆菌核病［*Sclerotinia sclerotiorum* de Bary］

sclerotinia rot or stem rot of pepper 辣椒菌核病［*Sclerotinia sclerotiorum* de Bary］

sclerotinia snow blight of rye grass 黑麦草雪腐大粒菌核病［*Sclerotinia boreatis* Bubak et Vieugel.］

Sclerotinia wilt（= rootrot） 菌核病（豆科牧草）

sclerotium ①小菌核属［*Sclerotium* Tode ex Fr.］（真菌无孢目）②菌核

sclerotium blight of clover 三叶草菌核病［*Sclerotium trifolium* Eriks.］

sclerotium blight of mulberry 桑条菌核病［*Sclerotinia sclerotiorum*（Lib.）de Bary］

sclerotium blight of rice 稻菌核病［*Sclerotium oryzaesativae* Saw.］

sclerotium blight or hypochnus rot of Orchidaceae 兰科植物白绢病［*Sclerotium rolfsii* Sacc.］

sclerotium disease 白绢病

sclerotium rot of tea 茶白绢病［*Corticum rolfsii* Curzi.］

sclerotium sheath rot of rice 稻菌核鞘腐病［*Sclerotium hydrophilum Sacc.*］

sclerotoid 菌核形的（sclerotoides）

sclerous 硬化的（sclerus）

SCO（= Santa Cruz Operation Inc.） 桑塔-克鲁兹操作公司（指美国）｛信息｝

scobicular 锯屑状的（scobicularis）

scobiform 锯屑状的（scobiformis）

scobinate 粗锉状的（scobinatus）

scoke 洋商陆（美洲商陆）［*Phytolacca americana* L.］（商陆科）

scolecosporae 线形孢子类［Scolecospore］

scolecospore 线形孢子（scolecospora）

scoliosis 脊柱侧凸（scoliosis）

Scolopendrids 蜈蚣科［Scolopendridae］

scolopendrifolious cleisostoma 隔距兰（蜈蚣兰）［*Cleisostoma scolopendrifolium* Garay = *Sarcanthus cerinus* Rolfe］（兰科）

Scolopendromorpha 蜈蚣目

scolymus（= golden thistle） 金蓍

scombrine 鲭精蛋白

scombrone（= scombron） 鲭组蛋白

scoop ①谷铲，铲斗 ②舀勺，水杓，戽斗 ③挖掘铲，箕式清沟器 ④孔，穴，口

scoop dredge 斗式挖泥机｛环保｝

scoop-net 掬网｛狩猎｝

scoop screen 带箕格网｛环保｝

scoop shovel 铲斗挖土机，杓铲

scoop-type combine 缩流式联合收获机

scoop-type header 纵向直流型收刈台

scoop wheel 戽斗轮

scoop-wheel distributor 勺轮式排出装置

scoop-wheel feed 勺轮式排种装置

scooped method （鳞茎）挖空法

scooper ［翻］斗式升运机

scooping ①挖空，刳，挖，掘 ②掘取法

scooping machine 戽水机，汲水机，水车

scooter ①窄式开沟铲（行间中耕用，带短的V形铧尖）②轻便摩托车，小轮摩托车

scopa （蜂的）花粉刷，花粉栉

scopate 被密硬毛的（scopatus）

-scope ⌞字尾⌝①看，观 ②镜 ③观察器，指示器

scope ①出口｛水利｝②活动或观察的范围，眼界｛狩猎｝③作用区［域］｛电脑｝

scope note 范围注释

scope port 作用端口

scope sight 镜筒式瞄准器

scope unit 作用区单位

-scopic ⌞字尾⌝观

scopiform 帚形的（scopiformis）

scopolamine 莨菪胺［$C_{17}H_{21}O_4N$］

scopoletin 莨菪亭 7-羟-6-甲氧香豆素［$C_{10}H_8O_4$］

scopolia ①莨菪属［*Scopolia* L.］（茄科）②莨菪［*Scopolia japonica* Maxim.］

scopoline 莨菪灵［$C_8H_{13}O_2N$］

scopulate 帚状的（scopulatus）

scorb 花楸属［*Sorbus* L.］（蔷薇科）

scorbute grass（= common scurvygrass） 辣根菜

scorbutic 坏血病的（scorbuticus）

scorbutus 坏血病

scorch ①灼伤，烫伤 ②萎缩，枯萎

scorch or northern anthracnose 三叶草北方炭疽病［*Kabatiella caulivora*（Kirch.）Karak.］

scorching ①酷暑 ②烧灼，灼伤

scorching point 焙焦点

score ①评分，记分 ②划痕，刻痕标记，记号｛森林｝③鉴定

score board 记分板,记分牌
score card 记分卡片
score for soundness 健全种子鉴定
score method 记分法
score system 评分制度
scoreable 可鉴定的(scoreabilis)
scorifier 试金坩埚,烧熔坩埚
scoring ①切槽法{园艺}②射击成绩③评分,记分
scorodose 大蒜糖
scorpioid 蝎尾状的(scorpioides)
scorpioid cyme 蝎尾状聚伞花序(cyma scorpioidea)
scorpioid dichotomous branching 蝎尾状二歧分枝式(ramificatio dichotoma scorpioides)
scorpioid dichotomy ①蝎尾状二歧式(高等植物)②蝎尾状二叉分枝式(下等植物)③蝎尾状二歧分枝,蝎尾状二歧(古植物)(dichotomia scorpioides)
scorpioid uniparous branching 单出聚伞状二侧分枝式(ramificatio unipara scorpioides)
scorpioidal 蝎尾状的(scorpioidalis)
scorpion 蝎子[*Buthus martemri* sp.](钳蝎科)
scorpion cane cutter 蝎子型甘蔗收获机,钳形甘蔗收获机
scorpion toxin 蝎毒素
scorpion venom 蝎毒
scorpionflies ①长翅目[Mecoptera(Panorpatae)]②蝎蛉科[Panorpidae]
scorpions 蝎目[Scorpionida]
scorpion's s-tail ①蝎尾豆属[*Scorpiurus* L.](豆科)②蝎尾豆[*Scorpiurus sulcatus* L.]⌞拟⌝
scorteal 厚皮的,厚皮生的(scorteus)
scorzonera(=scorsonera) ①鸦葱属[*Scorzonera* L.](菊科)②鸦葱[*Scorzonera glabra* Rupr.]
scotch ①三角木②擦痕③制止车轮滚动
Scotch bonnet 硬柄小皮伞[*Marasmius oreades* (Bolt.) Fr.]
Scotch broom 金雀花[*Cytisus scoparius* Link](豆科)
Scotch club oats 苏格兰密穗燕麦
Scotch crocus 双花番红花[*Crocus biflorus* Mill.](鸢尾科)
Scotch daisy 雏菊[*Bellis perennis* L.](菊科)
Scotch elm(=mountain elm)糙榆(山榆)[*Ulmus montana* With. = *U. scabra* Mill.](榆科)
Scotch hand 奶油取样棒
Scotch kail(=kale, borecole) 羽衣甘蓝
Scotch larch(=common larch) 欧洲落叶松
Scotch mist 苏格兰雾(有强毛毛雨的浓厚)
Scotch pine 欧洲赤松[*Pinus silvestris* L.](松科)
Scotch plough 立垡犁
Scotch plough bottom 苏格兰犁体
Scotch thistle ①大鳍蓟属[*Onopordon* L.](菊科)②苏格兰大鳍蓟(驴蓟)[*Onopordon acanthium* L.]
scotobacteria 暗细菌
scotonon 暗钟
scotoperiod(=scotophase) 暗期
scotophil phase 暗感期
scotophilic 喜暗的,适暗的(scotophilus)
scotophilic phase 喜暗期
scotophobin 恐暗素
scotophyllous 暗叶的(scotophyllus)
scotopic spectral luminous efficiency 微光[视觉]光谱发光效率{遥感}
scotopic vision 微光视觉
scotopsin 暗视蛋白
scotospore 暗色孢子(scotospora)
scototenin 需暗生长物质
Scott evaporator 斯科特蒸发器
scoulerine 金黄紫堇碱
scour ①清除,净化②去壳,脱壳③(耕作部件)脱土④冲刷,冲洗⑤疏浚⑥⌞复⌝腹泻,白痢
scour clean 清选筒,清粮筒(脱粒机)
scour-toilet 抽水马桶{环保}
scoured wool weight 纯毛量
scourer ①砻谷机,脱壳机②剥壳器
scourer cylinder 谷粒脱壳滚筒,碾谷滚筒
scourge 鞭(赶牲畜用的鞭子)
scouring ①(工作部件)脱土,自行脱土②脱壳,去壳③侵蚀,冲刷④脱膜
scouring case 脱壳滚筒
scouring mill(=scouring machine) 脱壳机,砻壳机
scouring organism 脱膜生物(在生物滤池滤料面上){环保}
scouring point 滑转点
scouring rush ①木贼属[*Equisetum* L.](木贼科)②木贼[*Equisetum hiemale* var. *japonicum* Milde.]
scouring sand 漂洗沙
scouring sluice 冲沙闸,冲沙道
scouring velocity ①冲刷流速{水利}②自行清洗速度{环保}

scours 幼畜泄泻症
scout bee before swarming 巢穴侦察蜂
scout bee for forage 蜜源侦察蜂
scrag 颈肉（羊或小牛）
scramble ①爬，攀登 ②加密 ③扰乱
scramble information 保密信息，加密信息
scramble order 杂乱次序
scramble pattern 不规则模式
scramble system 不规则系统
scramble time 零星时间
scrambled ①加密的 ②扰频的 ③杂乱的
scrambled image 失真图像，杂乱图像
scrambler ①攀缘植物 ②密码器 ③扰频器｛信息｝
scrambling barrisia 拱龙柱［*Horrisia tortuosa* sp.］（仙人掌科）
scrap ①碎屑，渣，粕 ②适合回收的废料 ③废铁
scrap cake ①油粕饼 ②鱼肥饼
scrapbook 剪贴本(指科技信息)
scrape iron 割脂刀
scrape seeding 擦皮播种（硬皮种子需要擦破种皮处理后播种）
scrapedhide 刮过［兽］皮
scraper ①绿鳍马面鲀［*Navodon modestus* (Günther)］②刮土器，刮泥器 ③铲运机，刮机 ④刮棒，刮刀
scraper bar （圆盘机具）刮土板
scraper blade 刮土铲，平土铲
scraper bowl （铲运机）铲斗
scraper conveyer 刮板输送器
scraper dozer 铲运推土机
scraper elevator 刮板升运器
scraper for water pipe 水管刮刀｛环保｝
scraper harrow 刮板式耙
scraper hiller 刮铲式培土器
scraper roller 刮种辊
scraper tooth 中耕铲
scraper-type 刮机式｛环保｝
scrapie (= rubbers, trotting disease) ①［马］速步病，疾走病 ②［绵羊］瘙痒病
scrapie virus 瘙痒病病毒（指羊）
scraping ①刮除 ②剥皮 ③擦
scraping equipment 刮管器｛环保｝
scraping floor bar 刮肥板条
scraping hemp fiber 剥皮大麻纤维
scraping off ①净选 ②刮皮，去皮，剥皮
scratch ①擦除，擦伤 ②划痕，刻痕 ③撤消④偶然的，凑合的 ⑤临时的，暂时的，暂存的 ⑥高速的
scratch brush （刷树皮用）金属刷子
scratch diskette 暂存软盘，工作盘｛电脑｝
scratch feed 家禽粒饲
scratch furrow ①抓痕，搔槽，抓槽 ②界沟，地界沟
scratch-pad area (SPA) 高速存储区，暂存区
scratch pad memory 便笺式存储器，高速暂存存储器
scratch resistance 抗刮力
scratch test 划痕试验｛生技｝
scratcher (= barkblazer) 削皮器
scratching ①抓破，抓伤 ②梳理
scree 碎石，小石块
screefer ①（栽植机）草皮铲除器 ②（栽植机）立式切土刀
screen ①滤网 ②防护网（防昆虫侵入）③筛子 ④挡板｛农机｝⑤百叶箱 ⑥屏幕，荧光屏 ⑦筛选 ⑧屏障，屏幕 ⑨遮蔽
screen analysis 筛析
screen angle ①筛倾角 ②屏幕角度
screen aperture 筛孔，筛眼
screen blinding 筛孔堵塞
screen board 纱网隔离板
screen brush 清筛刷
screen buffer 屏幕缓冲区，屏幕缓冲器｛电脑｝
screen bumper 清筛用撞击器
screen capacity 屏幕容量｛电脑｝
screen chamber ①筛室 ②格网室｛环保｝
screen cleaner ①筛式清选机 ②清筛器
screen close 屏面闭合
screen coordinates 屏幕坐标
screen cursor 屏幕光标
screen debugger 屏幕调试程序
screen design aid (SDA) 屏幕设计工具
screen distortion 帘引失真｛遥感｝
screen effect 屏障效应（果）
screen field 筛场
screen filter 网式过滤器｛环保｝
screen flicker 屏幕闪烁
screen frequency 屏幕频率，网频
screen grabber 屏幕捕捉器，屏幕抓取器
screen grader 筛选机，筛分机
screen image 屏幕图像
screen menu 屏幕菜单｛电脑｝
screen of trees 树篱｛园林｝
screen opening 筛孔｛环保｝
screen pitch 筛子纵向倾斜度
screen planting 屏障栽植
screen printing 丝网印刷
screen resolution 屏幕分辨率
screen shoe 筛架
screen sieve 分离筛
screen sizer 筛式分级机
screen sludge ①粗渣 ②格网污泥｛环保｝

screen temperature 百叶箱温度
screen tone 屏幕色调
screener ①筛选器 ②分送机 ③分级器
screening ①筛选 ②筛分 ③筛析 ④扫描 ⑤屏障的,防护的,遮蔽的 ⑥隐藏的
screening by hybridization 杂交筛选{生技}
screening coordinate recorder 扫描坐标记录器
screening effect ①筛选作用 ②屏障作用
screening machine 筛分机,筛选机
screening method 筛选法
screening of chemicals for mutagenesis 突变发生的化学药品筛选
screening technique 筛选技术
screening test 筛选试验
screenings ①筛渣 ②粉屑,茶末
screenings conveyor 筛渣传送器{环保}
screenings disintegrator 筛渣破碎机
screenings incinerator 筛渣焚化炉
screenings press 筛渣脱水机
screenload 全屏承载{电脑}
screenmask 屏幕屏蔽区
screw ①螺钉 ②螺旋 ③螺旋桨 ④拧紧螺钉
screw axis 螺旋轴
screw bean 螺旋豆属[*Prosopis* L.](豆科)
screw bolt 螺栓
screw-cap test tube 螺口试管
screw-cap vial 螺口小瓶
screw conveyor 螺旋式输送器
screw cutting machine 螺丝切割机床
screw driver 螺丝刀,起子,旋凿
screw elevator 螺旋升运器
screw head 螺钉头
screw jack 螺旋千斤顶
screw-jack tipping trailer 千斤顶式倾卸挂车
screw joint 螺旋接合(木工)
screw-micrometer eyepiece 移动式目镜测微计
screw motor 螺杆马达
screw pitch 螺距
screw pitch gage (screw pitch gauge) 螺距规
screw plate 螺丝板牙
screw plough 螺旋犁
screw pod 螺旋状荚(capsula spiralis)
screw press 螺旋压榨机,螺旋压力机
screw-press process 螺旋压榨法{加工}
screw press type solid-liquid separator 螺旋压力型固-液分离机
screw-propeller 螺旋推进器
screw pump 螺旋泵
screw roll 螺旋滚子
screw rotation 螺旋转动
screw-type centrifugal nozzle 螺旋式离心喷嘴{环保}
screw up ①拧紧 ②强迫,加强(效率)
screw valve 螺旋阀
screw vise 红杠虎钳
screw water wheel 螺旋型水车
screw wedge 螺旋楔
screw wine press 螺旋式酿酒压榨机,螺旋式葡萄压汁器
screw worm 普通锥蝇,螺旋锥蝇[*Callitroga hominivorax* (Cqrl.)]
screw wrench 螺丝扳手
screwdown valve (= gate valve) 闸阀{环保}
screwpine ①露兜树属[*Pandanus* Linn. f.](露兜树科) ②露兜树[*Pandanus tectorius* Sol.]
screwpine family 露兜树科[Pandanaceae]
scribbled 虫纹刺鲽[*Holacanthus duboulayi* (Günther)]{水产}
scribe ①划片 ②划线(scriba)
scriber ①划线针{微生物} ②划线器{栽培}
scribing ①刻图法 ②划线
scribing block 划线盘
scribing plotting display 划线绘图显示器
Scribner log scale (美国太平洋沿岸用)原木材积表
scrim 散光器
script ①笔迹,手迹,草体 ②原本,脚本(scriptum)
scripton (= transcripton) 转录子{分遗}
scripture 文稿,著作(scriptura)
scRNA (= small cytoplasmic RNA) 小胞质RNA{分遗}
scrobiculate ①粗糙的 ②具槽的 ③具小网眼的 ④蜂窝状的(scrobiculatus)
scrobiculation 粗糙(scrobiculatio)
scrofula 淋巴结结核
scroll ①滚动,卷动,上卷 ②卷轴
scroll arrow 滚动箭头
scroll bar ①滚动[光]条 ②滑动游标
scroll centrifuge 螺旋轴离心机
scroll down 向下卷移
scroll off 卷移停止
scroll ribbon 卷动色带
scroll saw 弹锯(细工用手锯)
scroll screen centrifuge 卷屏式离心机
scroll timing 上卷定时
scroll up 向上卷移
scrolling ①滚动,卷动 ②显示移动

scrophula plant 天山玄参［*Scrophularia ningpoensis* Hemsley］（玄参科）
scrophula-plant family 玄参科［Scrophulariaceae］
scrophulariaceous 玄参科的（scrophulariaceus）
scrotiform 囊状的（scrotiformis）
scrotum 睾丸膜，阴囊
scrub 密灌丛（virgultum）｛生态｝
scrub clearer 密灌丛切除机
scrub clearing 密灌丛清除
scrub clearing machine 密灌丛铲除机
scrub crushing 密灌丛压碎
scrub cutter ①密灌丛切除机 ②密灌丛切碎机
scrub cutting 密灌丛砍伐
scrub forest 灌丛林
scrub harrow 重型密灌丛耙
scrub oak 冬青叶栎［*Quercus ilicifolia* Wangenheim］（山毛榉科）
scrub pine 威忌州松［*Pinus virginiana* L.］（松科）
scrub plow 密灌丛犁
scrub pulverizer 密灌丛切碎机
scrub rake 密灌丛搂集机
scrub slasher 密灌丛铲除机，密灌丛切碎机
scrub tanoak 丛生密花石栎（丛生密花石柯）［*Lithocarpus densiflorus* var. *monotanus*（Mayr.）Rehd.］（山毛榉科）
scrub wood（= brushwood） 灌木丛，小树
scrubber ①叠板耢（由若干金属板或木板互相搭接而成）②刮器，硬刷 ③洗涤器 ④涤气器
scrubber dust collector 洗涤集尘器｛环保｝
scrubber liquor 涤氨液｛环保｝
scrubbing ①清洗，洗涤，擦洗 ②擦掉，刷去
scrubbing brush 硬毛刷子｛显技｝
SCSI（= small computer system interface） 小型计算机系统接口｛电脑｝
SCU（= sulfur-coated urea） 硫磺包膜肥料
scud 碎雨云，飞云
scudding ①飞奔，疾驰｛畜｝②（鸟）掠过 ③（木排）顺流
scuffle drill 条播机
scuffle hoe 组合旋转锄
scuffle knife 单面平切铲
scuffler ①两端可伸缩的行间中耕器，浅耕松土耙 ②中耕松土机
scuffler for animal draft 畜力牵引式中耕松土机
sculcus 槽
sculptine 雕纹层（sculptinium）
sculptural element 雕纹分子｛解剖｝
sculpture 雕纹（sculptura）
sculptured 具刻纹的（sculpturus）
scum ①浮膜，表面生长 ②（蜂蜜）浮渣，泡沫 ③渣滓
scum baffle（= scum board） 浮渣挡板｛环保｝
scum chamber 浮渣室
scum control 防浮渣，浮渣控制
scum discharge 排浮渣［量］
scum layer 浮渣层
scum removal 去除浮渣
scum skimmer 撇渣机｛环保｝
scum trough 浮渣槽
scum weir 浮渣堰（撇渣堰）｛环保｝
scupper 泄水口（指船甲板）｛环保｝
scurf ①皮屑 ②黑痣病
scurf of sweet potato 甘薯黑痣病［*Monilochaetes infuscans* Ells. et Hals.］
scurfiness 糠秕性
scurflabourer （未参加合作社）单干户，单干劳动者
scurfy ①糠秕状的 ②有糠秕的 ③具秕状鳞屑的 ④像头皮的（furfuraceus）
scurfy-pea ①补骨脂属［*Psoralea* L.］（豆科）②补骨脂［*Psoralea corylifolia* L.］
scurfy ringworm 发癣，脱毛癣
scurfy scale 皮屑长蚧［*Chionaspis furfura* Fitch.］（盾蚧科）
scurvied 患坏血病的
scurvy 坏血病
scurvy grass ①辣根菜［*Cochlearia officinalis* L.］（十字花科）②（= winter cress）春山芥［*Barbarea verna*］（十字花科）
scutate 长圆盾状的，盾状的（scutatus）
scutate bud 盾状接芽片｛园｝
scutch ①粗麻，麻屑 ②打麻
scutcheon 小盾片（前胸背板）（scutellum）
scutcher ①打麻机 ②清棉机
scutcher waste 梳理废屑
scutching blade ①打麻秆 ②打棉秆
scutching board 打麻板
scutching cylinder ①打麻滚筒 ②打棉滚筒
scutching drum ①打麻滚筒 ②打棉滚筒
scutching machine 打麻机
scute（SC） 小盾板（scutum）
scutel（= scutellum） 盾片
scutellate（= scutellform） 圆盾状的（scutellatus）
scutellonema brachyurm 短尾盾状线虫［*Scutellonema brachyurm* Andrassy］
scutellum ①小盾片｛昆虫｝②盾片｛形态｝

③胚盘,盘状体{禽}
scutellum node 盾片筛(scutellinodus)
scutifolious 长盾状叶的(scutifolius)
scutiform 盾状的(scutiformis)
scutiform leaf 盾状叶(folium scutiforme)
scutigerellids 么蚰科[Scutigerellidae]
scutigerids 蚰蜒科[Scutigeridae]
scutigeromorpha 蚰蜒目[Scutigeromorpha]
scutum ①盾状体{解剖}②盾片{昆虫}
scyllitol(=scyllo-inositol) 鲨肌醇[$C_6H_6(OH)_6$]
scymnol 鲨胆甾醇,鲨胆固醇
scypha 柱杯(scyphus)
scyphiform 杯形的(scyphiformis)
scyphiphora ①瓶花木属[*Scyphiphora* Gaertn. f.](茜草科)②瓶花木[*Scyphiphora hydrophyllacea* Gaertn. f.]
scyphiphorous 具杯[状器官]的(scyphiphorus)
scythe ①大镰,长柄大镰刀,大钐刀{农具}②果园割草机,草地割草机
scythe blade 钐刀刀片,割草机刀片
scythe-hammering bench 打镰台
scythe knife 镰刀口,镰刀刃
scythe mower (公园用)剪草机,钐刀式刈草机
scytheman 刈草工,刈割者
scythestone 镰刀磨刀石
scythian lamb 金毛狗[*Cibotium barometz* Link.](桫椤科)
scythrid moths 绢蛾科[Scythridae]
scytinum 不裂荚
scytophyllous 草质叶的(scytophyllus)
Sd(=standard deviation of regression coefficient) 回归系数的标准差
S.D.(=standard deviation) 标准[离]差
SD 15419 丁腈津(除草剂)[$C_{10}H_{15}ClN_6$]
SD ①(=segregation distorter) 分离畸变基因{分遗}②(=sulfadiazine)磺胺嘧啶{分遗}③(=streptodornase)转道酶,链球菌 DNA 酶{分生}
SD-carrying chromosome 带分离畸变基因染色体(=segregation-distorter-carrying chromosome)
SD factor(segregation distorter) 分离畸变因子
SD locus 分离畸变基因座位
SD sequence(=Shine-Dalgarno sequence) SD 序列(指细菌 mRNA 翻译起点上游与 16s rRNA 互补的序列){分遗}
SDBP(=sequence-specific DNA binding protein) 序列特异性 DNA 结合蛋白{分生}
SDI(=sludge density index) 污泥密度指数
SDR(=summed dominance rate) 积加显性率
SDS(=sodium dodecyl sulfate) 十二烷基硫酸钠{分生}
SDS-PAGE(=SDS-polyacrylamide gel electrophoresis) SDS 聚丙烯酰胺凝胶电泳
Se(=estimate standard deviation) 估计的标准差
S.E.(=standard error) 标准误差
Se ①(=secretor gene) 分泌基因 ②(=selenium) 硒
SE Asia(=Southeast Asia) 东南亚
SE by E(=southeast by east) 东南偏东
SE by S(=south east by south) 东南偏南
sea ①海 ②海面
sea air 海洋空气
sea bacteriology 海洋细菌学
sea bank ①海堤 ②海岸,海滨
sea-barometer 船用气压计
sea-bass ①尖吻鲈[*Lates calcarifer* (Bloch)]②⌊复⌉鮨科[Serranidae]{水产}
sea-beach atriplex 海滩滨藜[*Atriplex arenaria*](藜科)
sea-beach sedge 海滩薹草[*Carex scabrifolia* Steud](莎草科)
sea bean 榼藤子(过江藤)[*Entada scandens* Benth. = *E. phaseoloides* (L.) Merr.](豆科)
sea bear 白熊[*Thalarctos maritimus*]
sea beaver(=sea otter) 海獭[*Enhydra lutris*]
sea berry ①小二仙草属[*Halorrhagis* Forst.](小二仙草科)②小二仙草[*Halorrhagis micrantha* R. Br.]
sea-blite ①碱蓬属[*Suaeda* Forsk.](藜科)②碱蓬[*Suaeda glauca* Bge.]
sea board ①海岸,海滨 ②沿海的
sea bore 涌潮,涛
sea-borne goods 海运货物
sea bottom deposit 海底沉积物
sea breeze 海风
sea-buckthorn 沙棘[*Hippophaë rhamnoides* L.](胡颓子科)
sea calf 斑海豹[*Phocavitulina*](海豹科)
sea chart 海图
sea club-rush 荆三棱[*Scirpus maritimus* L.](莎草科)
sea clutter 海面[杂乱]回波
sea-conditions 海况

sea cucumber 海参[纲][Holothurioidea]
sea current 海流
sea daffodil ①全能花属[*Pancratium* Dill.](石蒜科)②全能花[*Pancratium biflorum* Roxb.]
sea disturbance 海面扰动
sea erosion 海蚀
sea eryngo(= fielderyngo) 田刺芹[*Eryngium campestre* L.](伞形科)
sea expedition 海洋考察,海洋探险[队]
sea facies 海相
sea farming 海水养殖,海洋养殖
sea fig 智利日中花[*Carpobrotus chilensis* N.E.Br](番杏科)
sea flora ①海藻植物区系 ②海藻植物志
sea fog 海面蒸汽雾
sea grape ①海葡萄属[*Coccoloba* L.](蓼科)②(= shore grape)海葡萄[*Coccoloba uvifera*(L.)L.]③(= joint-fir ephedra)双穗麻黄[*Ephedra distachya* L.](麻黄科)
sea hard grass 反曲细穗草[*Lepturus incurvatus* L.](禾本科)
sea heath 瓣鳞花属[*Frankenia* L.](瓣鳞花科)
sea holly ①刺芹属[*Eryngium* L.](伞形花科)②刺芹[*Eryngium foetidum* L.]
sea ice 海冰
sea island cotton(= Egyptian cotton) 海岛棉[*Gossypium barbadense* L.](锦葵科)
sea jungle 海丛林
sea kale ①海甘蓝属[*Crambe* L.](十字花科)②海甘蓝[*Crambe maritima* L.]
sea-kale beet 甜菜(菾菜,糖萝卜)[*Beta vulgaris* L.](藜科)
sea-lab 海底实验室
sea-lavender ①匙叶草属[*Limonium* Mill. = *Statice* L.](白花丹科)②匙叶草[*Statice sinensis* Girald.]{分类}
sea lettuce ①石莼属[*Ulva* L.](石莼科)②石莼[*Ulva lactuca* L.]
sea level 海平面,海准面
sea level elevation 海拔高度
sea-level line 海面线
sea line 海岸线
sea lion 海狮[*Otaria stelleri*]
sea lung wort(= Asian bluebells) 滨辫庆(亚洲滨紫草)[*Mertensia asiatica* Macbr.](紫草科)
sea-lyme grass 沙丘野麦[*Elymus arenarius*](禾本科)
sea map 海图
sea matweed(= marram matweed, common seareed.) 沙苔[*Carex arenaria* L.](莎草科)
sea milkwort ①海乳草属[*Glaux* L.](报春花科)②海乳草[*Glaux maritima* L.]
Sea of Okhotsk 鄂霍次克海
sea-onion(= sea squill) 海葱(滨海海葱)[*Urginea maritima* Baker = *U. scilla* Steinh.](百合科)
sea ooze 海泥
sea pink(= thrift) ①海石竹属[*Armeria* Willd.](蓝雪科)②海石竹[*Armeria maritima* Willd.]
sea-plant(= sea-weed) 海草,海藻
sea purse 匍匐松藻[*Codium adhaerena* C. Agardh.](松藻科)
sea purslane 海滨蚤缀[*Arenaria Deploides*](石竹科)
sea rocket 海芥属[*Cakile* Mill.](十字花科)
sea sand-reed(= beach grass) 海沙草属[*Ammophila* Host.](禾本科)⌞拟⌝
sea sedge(= sand sedge) 沙苔
sea shore 海岸
sea-shore glorybind 滨打碗花(肾叶天剑)[*Calystegia soldanella* R.Br.](旋花科)
sea-shore green bristle grass 滨狗尾草[*Setaria viridis* var. *pachystachys* Makino et Nemoto](禾本科)
sea-shore growing 滨海生的(martimus)
sea-shore mangosteen 红面山竹子(山凤果)[*Garcinia hombroniana* Pierre.](山竹子科)
sea-shore plant 滨海植物(planta maritima)
sea-shore saline soil 滨海盐土
sea-shore sweetpea(= sea-shore vetching) 海边香豌豆[*Lathyrus maritimus* Bigel.](豆科)
sea-shore vetchling(= beach pea) 海边香豌豆[*Lathyrus maritimus*(L.)Bigel.](豆科)
sea smoke(= sea fog) 海面蒸汽雾
sea-speargrass ①盐碱草属[*Atropis* Rupr](禾本科)②盐碱草[*Atropis distans* Gris.]
sea starwort ①碱紫菀属[*Tripolium* Nees.](菊科)②铁杆蒿[*Tripolium vulgare* N. ab E. = *Aster tripolium* L.]
sea state 海面状况
sea surface 海面

sea surface temperature 海面温度
sea tangle ①昆布属［*Laminaria* Lamour.］（昆布科）②昆布［*Laminaria royleana* F. et M.］{分类}
sea temperature 海温
sea terrace 海成阶地
Sea turtle 海龟［*Chelonia mydas* (L.)］（海龟科）
sea urchin ①海胆 ②海胆纲［Echinoidea］
sea urchin cacti ①仙人球属［*Echinopsis* Zucc.］（仙人掌科）②仙人球［*Echinopsis tubiflora* Zucc.］
sea urchin cactus ①星球属［*Astrophytum* spp.］（仙人掌科）②星球（星冠）［*Astrophytum asterias* sp.］
sea-urchin DNA 海胆 DNA
sea-urchin egg 海胆卵
sea urchin tree 海胆木［*Hakea laurina* R. Br.］（山龙眼科）
sea wall 海堤，防波堤
sea water 海水
sea water desalting 海水淡化{水利}
sea wave 海浪
sea wind 海风
sea wormwood 海滨蒿［*Artemisia maritima* L.］（菊科）
seadar trend 恒差
seak tank 酸裂化池{环保}
seal ①密封，封罐 ②海豹［*Phoca vitulina*］
seal erosion 表面侵蚀
seal lac 封蜡{显技}
seal of approval 质量标记
seal reader 密封读入装置{农施}
seal reading device 密封读出装置
seal-shaped 具印痕的（sigillatus）
sealant ①密封胶 ②密封层
sealase 封闭酶
sealed ①［of brood or honey］（蜂儿或蜂蜜）封盖的 ②密封的，封闭的 ③封口的
sealed ①密封的，封闭的 ②封口的，封盖的
sealed bin 密闭式粮箱
sealed-cabin ［密闭］座舱（指宇航）
sealed connector 密封连接器
sealed disk drive 密封式磁盘机
sealed head 密封磁头
sealed mercury barometer 固封水银气压计
sealed of brood or honey 蜂儿或蜂蜜封盖［的］{蜂}
sealed silo 密封青贮窖
sealed storage (=sealed store) 密封贮藏
sealed store 密封贮藏
sealer ①封罐机 ②覆土器 ③密封器 ④密封层
sealevel correction 海面订正{气象}
sealevel pressure 海平面气压
sealevel temperature 海平面温度
sealflower (=breeding heart) ①荷包牡丹属［*Dicentra* Bernh.］（荷包牡丹科）②荷包牡丹［*Dicentra spectabilis* Miq.］
sealing ①密封 ②封罐，包装 ③封口，覆土 ④（薄瘠土）不吸水现象
sealing cap 密封帽{加技}
sealing current 密封电流
sealing machine 密封机
sealing material ①密封材料 ②熔接材料{环保}
sealing ring 密封圈
sealing wax 封蜡
sealy lentinus 洁丽香菇（豹皮菇）［*Lentinus lepideus* Fr.］（可食菌）
seam ①缝线 ②合生面 ③裂缝，龟裂 ④伤痕 ⑤(=seam of bees between two combs)（两个巢脾间的蜜蜂）蜂层 ⑥矿层
seam cell 缝线细胞（cellula suturalis）
seam machine 接缝机
seam welding 滚焊，缝焊
seamarsh 滨海沼泽
seamed pipe 有缝管{环保}
seamer （罐头）卷边机
seaming iron 封焊烙铁
seamless 无缝的
seamless integration 无缝集成
seamless pipe 无缝管
seamless steel pipe 无缝钢管
sear ①干枯，枯萎 凋萎 ②干枯的，枯萎的
search ①查找，寻找 ②检索，搜索 ③侦察（circare）
search and replace 搜索替换
search by hill climbing 爬山搜索
search capability 查找能力
search chain 检索链
search clue 查找线索
search condition 搜索条件
search criteria 检索标准
search direction 搜索方向，查找方向
search game 搜索对策
search graph 搜索图
search index 搜索索引
search method 搜索法
search rule 搜索规则
search strategy 检索策略，搜索策略
search table 查表
search window 搜索窗口
searcher bee (=scout bee) 侦察蜂

searching ①查找 ②检索,搜索
searching storage 检索存储器
searching system 搜索系统
searchlight 探照灯
searing ①(木材防腐)烙伤法 ②(制茶)凋萎法
Searle's translocation 西尔氏易位{遗传}
sears 扣[缺杠]杆{狩猎}
seas and oceans database 海洋数据库
Seasat 海洋卫星{遥感}
seashore saline soil 滨海盐土
seaside 海滨的,海边的(maritimus)
seaside alder 海滩赤杨[*Alnus maritima* Muehl.](杨柳科)
seaside balsam 加斯加利刺[*Croton eleuteria* Benn.](大戟科)
seaside barley 海滨大麦[*Hordeum marinum*](禾本科)
seaside bent grass 海滨翦股颖[*Agrostis maritima* Lam.](禾本科)
seaside clerodendron 苦篮盘(假茉莉)[*Clerodendron inerme* (L.) Geartn.](马鞭草科)
seaside garden 海滨花园{园林}
seaside grape (= sea grape) 海葡萄属[*Coccoloba* L.](蓼科)
seaside laurel ①叶下珠属[*Phyllanthus* L.](大戟科) ②叶下珠[*Phyllanthus urinaria* L.]
seaside resort 海滨浴场{环保}
season ①季,季节 ②农时 ③调味,药味
season check 干裂
season flowering (= normal season flowering) 正常季节开花的,每季开花的
season for clearing 集材季节
season for planting 种植季节
season of frost 霜季,霜期
season of growth 生长季节
season of maturity 成熟季节,(指水果)成熟期
season of sowing 播种季节
season-off culture 过期栽培,失时栽培
seasonal ①季节的,季候的 ②季节性的(seasonalis)
seasonal activity 季节活动
seasonal adjustment 季节性调节
seasonal aspect 季相
seasonal banding 季节层带{遥感}
seasonal biological rhythm 季节性生物节律{生态生理}
seasonal callus 季候胼胝体(callus seasonalis)
seasonal change 季节性变动
seasonal character 季节性
seasonal climate 季节性气候
seasonal contract 季节性契约(合同)
seasonal course 季节性过程
seasonal custom duties 季节性关税
seasonal cycle 季节性周期
seasonal development 季节性发育
seasonal dimorphism 季节二态现象
seasonal distribution 季节性分布
seasonal duty of water 季节性用水量
seasonal dynamics 季节性动态
seasonal fluctuation 季节变动,季节性波动
seasonal forest 季节性森林,季相林
seasonal grazing 季节性放牧
seasonal growth condition 季节性生长条件
seasonal growth rhythm 季节性生长节律
seasonal hydroperiodism 季节性水周期现象
seasonal increment 季节性生长量
seasonal influence 季节影响
seasonal inventory 季节性库存量
seasonal isolation 季节隔离
seasonal labourer 季节性工人,临时工人
seasonal lake 季节湖
seasonal limitation 季节性限制
seasonal migration 季节性迁移
seasonal norm of availability 季节捕捞量限额
seasonal occurrence 季节性发生
seasonal oligophagy 季节寡食性
seasonal pattern 季节性模式{生态生理}
seasonal periodicity 季节周期性
seasonal photoperiodicity 季节光周期性
seasonal photoperiodism 季节性光周期现象
seasonal prevalence 季节性流行
seasonal production 季节性生产
seasonal productivity 季节性生产力
seasonal regeneration 季节性更新
seasonal regularity 季节性调节
seasonal rhythm 季节性律,季节性规律
seasonal rhythmicity 季节节律性
seasonal snowline 季节性雪线
seasonal storage period 季节性贮藏期
seasonal succession 季节性演替
seasonal surplus 季节性过剩
seasonal swamp forest 季节性沼泽森林
seasonal temperature cycle 季节性温度循环
seasonal thermoperiodicity 季节温期性
seasonal timing 季节性定时
seasonal type 季节性[类]型

seasonal variation 季节变化
seasonal variations in price 季节价格差别
seasonal variety 季节性品种
seasonal vegetation differences 季节性植被差异
seasonal weather 季节性天气
seasonal wind 季候风
seasonal work 季节性作业
seasonal worker 季节性工人
seasonality 季节性（seasonalitas）
seasonality growth 季节性生长
seasonally blooming species 季节性开花种
seasoned ①调味的，调味过的 ②干燥的，风干的
seasoned orange peel 陈皮（指一种药材）
seasoned wood 干燥材，气干材
seasoning ①（木材）干燥，风干 ②缓和，调剂 ③⌊复⌉调味品，作料
seasoning crack 干裂
seasoning leaf crops 调味叶菜类蔬菜
seasoning of wood 木材干燥
seat ①座位，座板 ②座椅
seat bath 坐浴｛环保｝
seat guide 座椅导轨
seat height adjustment 座位高度调节
seat riser 座椅升降调节机构
seat slide 座椅导轨
seaward migration 降河洄游
seaware（= seaweed） 海草，海藻
seaway ①航路，航道 ②海上航行
seaweed 海草，海藻
seaweed ash 海草灰
seaweed fertilizer 草肥
sebaceous 油脂状的，脂肪的（sebaceus）
sebaceous gland 脂肪腺
sebacic acid 癸二酸，皮脂酸 $[(CH_2)_8(CN)_2]$
sebiferous 具油脂的（sebifer）
seborrhea（= seborrheic dermatitis） ［皮］脂溢，［皮］脂溢性皮炎
sebum 皮脂
SEC（= size-exclusion chromatography） 大小排阻层析｛分生｝
secalin 裸麦醇溶蛋白
secalotriticum（= *Secale* × *Triticum*） 小黑麦（小麦与黑麦杂交的异质四倍体）
secant method 割线法｛信息｝
secateur 修枝剪，整枝剪
secchi disk 透明度板，赛克板｛遥感｝
seceding 离生的
secernent 分泌
seclusion ①闭塞［过程］②隔离（seclusio）
seclusion type 隔离型
second ①第二［的］，二次 ②秒（s）（secunda）
second adjacent operon 第二贴邻操纵子
second anaphase 第二［分裂］后期｛细胞｝
second backcross generation 第二回交世代｛育种｝
second bagging 二次套袋（指玉米育种）
second beater （逐稿器）第二逐稿轮
second bloom 二次开花
second cause 副因（causa secunda）
second-class farm products 次级农产品
second-class hay 次级干草
second codon 第二密码子
second contact 食既｛气象｝
second contraction 第二收缩（contractio secunda）
second cousin 从表兄妹，从堂表兄妹（指次近亲交配）
second crop ①（牧草）二次收割［量］②二茬苗 ③第二期作，第二季作，第二茬
second-crop rice 二季稻，二茬稻，中稻
second-crop season 二茬期，二期作期（夏播作物期），二季作期（中稻期）
second crop tea 二春茶（制品）
second crop tea leaf 二春茶［青］（第二次采摘的茶青）
second crossover 第二次交换
second cut（= second cutting） 再次收割｛牧草｝
second-cut file 中锉，中细锉（工具）
second-cut hay（= aftermath hay, rowen） 二茬草，再生草
second-degree polynomial 二次多项式
second degree statistics 次级统计学
second division 第二次分裂（divisio secunda）
second division segregation 第二次分裂分离（segregatio divisionis secunda）
second division spindle 第二分裂纺锤体
second dressing ①第二次追肥 ②第二次清选，第二次清理
second dusting 第二次喷粉（防治病虫害）
second elimination 第二次淘汰（eliminatio secunda）
second fallow 第二次休闲
second filial generation （F_2）子二代
second flowering（= second blooming） 第二次开花（florescentia secunda）
second flush 再生新条，再生新芽
second fruit 第二次果，秋果（fructus secundus）
second gear 二号齿轮
second generation 第二代（generatio se-

cunda)
second-generation certified seed 第二代检验种{育种}
second-generation computer 第二代计算机
second-generation instrument 第二代仪器
second-generation kit 第二代试剂盒{生技}
second grade ①二级,二等 ②二级品
second grade rice 二等米
second-grade seed quality 二级种子质量
second green revolution [第]二次绿色革命,新绿色革命{农经}
second growth ①二次枝 ②第二次生长 ③后生树
second growth in potato 马铃薯第二次生长,马铃薯二季栽培
second growth season 第二生长季
second intermediate host 第二中间宿主
second internode 第二节间(internodus secundus)
second intumescence 再度膨胀(intumescentia secunda)
second isolation 再度隔离
second law of thermodynamics 热力学第二定律
second mating 再度交配
second maturation division 第二成熟分裂(= second meiotic division)(divisio maturationis secunda)
second.meiotic division ①第二成熟分裂 ②第二次减数分裂(divisio meiotica secunda){细胞}
second messenger 第二信使
second messenger hypothesis 第二信使假设{分遗}
second messenger molecule 第二信使分子
second messenger system 第二信使系统
second metaphase (M Ⅱ)第二[分裂]中期(metaphasis secunda)
second mistus 第二次[牧草]混播
second modernization 第二次现代化{农经}
second order ①第二级 ②二级,二次
second-order interaction 二级连应
second-order reaction 二级反应,二次反应
second order segregant 次级分离子
second order stalk 二级茎(指甘蔗)
second-order system 二阶系统{电脑}
second outlet 第二出口
second-phase reaction ①第二相反应{生技}②第二期反应{栽培}
second picking ①第二次采摘(指茶)②第二次采收(棉花)
second ploughing (= second plowing) 再耕,重耕
second plucking tea 二春茶(第二次采摘的)
second polar body 第二极体(corpus polaris secundus)
second polar nucleus 第二极核
second pollen nucleus 第二花粉核
second polocyte 第二极体细胞(polocyta secunda)
second principal component 第二主组成部分,第二主成分{统计}
second pudding (稻田)第二次灌水耕耙(耖地)
second purple light 第二紫色线,第二紫霞
second quality 二级品质
second randomized block 第二随机区组
second-rate 较次的
second replication 第二重复
second scion 第二接穗(surculus insitus secundus)
second scutching 重梳,再梳(指麻)
second season crop ①二期作,二季栽培,二茬栽培 ②秋果采收 ③二茬苗
second signal system 第二信号系统(systema signalis secunda)
second-site mutation 第二部位突变
second site reversion 第二部位回复突变
second spermatocyte 次级精母细胞(spermatocyta secunda)
second stomach 第二胃,网胃(= reticulum)蜂巢胃(= honeycomb)
second -strand of cDNA cDNA 第二链,互补 DNA 第二链{分遗}
second telophase 第二[分裂]末期{细胞}
second terrace 二级阶地
second varietal purity 二级品种纯度(puritas varietalis secundus)
second-year population 第二年群体
secondaries ①次级飞羽 ②后翅
secondarily poikilohydric form 二级变水[类]型{生态生理}
secondarily poikilohydric plant 二级变水植物
secondary ①次的,二级的,二次的,第二的 ②副的,附属的,辅助的 ③次生的,派生的 ④续发性的,补充的 ⑤次要的 ⑥后的(secundarius)
secondary action 副作用
secondary activity 次级活性
secondary adaptation 后生适应
secondary adsorption 二次吸附{环保}
secondary aetiolation 二次徒长
secondary alcohol 二级醇,仲醇
secondary allergen 继发变[态反]应素
secondary alternation of generation 次级

世代交替
secondary amine 二级胺,仲胺
secondary application block (SAB) 辅助应用块,二次应用块{电脑}
secondary association 次级联会
secondary association of bivalent 二价染色体次级联会
secondary axis ①(=rachilla)小穗轴,次生轴 ②副轴(axis secundarius)
secondary balance 次级平衡
secondary bare area 次生裸地,次生芜原
secondary bark 次生树皮(cortex secundaria)
secondary basic chromosome set 二级基数染色体组
secondary bast 次生韧皮部(phloema secundaria)
secondary bed 子床,移植苗床(烟草)
secondary bow 副虹,霓
secondary branch 次级枝,二级枝(ramus secundarius)
secondary branch primordia 第二次枝梗原基
secondary branching 次生分枝(ramificatio secundaria)
secondary bud 副芽(gemma secundaria)
secondary bus 辅助总线{信息}
secondary cambium 次生形成层(cambium secundarium)
secondary carbon atom 二级碳原子,仲碳原子
secondary cell lethality 次生细胞致死现象
secondary cell wall 次生细胞壁
secondary center (植物起源)次级中心(center secundarius)
secondary centromere 副着丝点
secondary channel 辅助通道
secondary character 副性状
secondary characteristics 次要特征,副特征
secondary chromosome mutation 二级染色体突变
secondary circulation 二级环流,次级环流{气象}
secondary clarifier 二级澄清池{环保}
secondary clay 次生黏粒
secondary cleaner ①第二清洁室,第二清粮室 ②细滤器,第二滤清器
secondary cleavage 派生劈理{地质}
secondary clone 次生无性[繁殖]系,次生克隆{农生技}
secondary coil ①二次线圈,副线圈{信息} ②二级螺旋{分遗}
secondary coiling 二级螺旋{分遗}
secondary cold front 副冷锋,次冷锋
secondary colony 次生菌落,子菌落(colonia secundaria)
secondary community 次生群落
secondary compound 次生化合物
secondary computer 辅助计算机,副[计算]机
secondary concretion 次生结核
secondary conidium 次生分生孢子(conidium secundarium)
secondary console 辅助控制台{信息}
secondary constriction 副缢痕(constrictio secundaria)
secondary controller 次级控制器
secondary cork cambium 次生木栓形成层
secondary cork tissue 次生木栓组织
secondary cortex 次生皮层(cortex secundaria)
secondary crops 次要作物,伴作物
secondary cultivated plant 副作物
secondary culture 继代培养{生技}
secondary cycle ①次循环 ②后期循环(cyclus secundarius){真菌}
secondary cyclone 副气旋,次生气旋
secondary cylinder 副滚筒
secondary data ①次级资料 ②辅助数据{统计}
secondary dentition 继生牙,恒齿生出(dentitio secundaria)
secondary deposit 次生矿床{地质}
secondary depression (=secondary low)副低压,次生低压
secondary derivatives 次生衍生物
secondary device 辅助设备
secondary diffraction 二次绕射
secondary display 二次显示
secondary DNA damage 再次DNA损害{分遗}
secondary DNA lesion 再次DNA损伤
secondary dormancy 二次休眠
secondary drying chamber (竖筒式干燥机)第二干燥室,下干燥室
secondary dump system 辅助转储系统{电脑}
secondary effect ①副作用{栽培} ②次级效应{分遗}
secondary effect of frost 霜冻副作用
secondary electron 次级电子
secondary embryo 次生胚(embryo secundaria)
secondary embryo-cord (=embryo-sac tubes) 胚囊管
secondary embryo -sac nucleus 次生胚囊核

secondary emission 再次发射
secondary endosperm 次生胚乳（endospermium secundrium)
secondary energy 二次能源{环保}
secondary entry point 二次入口点，辅助入口点{信息}
secondary environment 次生环境{环保}
secondary equation 辅助方程
secondary failure 二次失效
secondary felling 后伐{森林}
secondary fermentation 后发酵
secondary filament 次生线状体
secondary fold 派生褶皱，次生褶皱
secondary forest 次生林
secondary front 副锋
secondary function 辅助功能，次功能
secondary gametocytes 次级配子母细胞
secondary germplasm center 副种质中心
secondary gluing 二次胶合
secondary glycoside 次级[糖]苷
secondary growth 次生生长（auctus secundarius)
secondary growth in thickness 次生加厚生长{解剖}
secondary haploid 次级单倍体
secondary hardwood 次生硬材
secondary haustorium 次生吸器（胚乳）(haustorium secundarium)
secondary head 次级穗(红花)(spica secundaria)
secondary homothalism 第二次同宗配合现象
secondary hydrogen bond 二级氢键{分遗}
secondary hypha 次生菌丝（hypha secundaria)
secondary immune response 再次免疫影响
secondary indexing 辅助索引{遥感}
secondary induction 二次诱导
secondary infection 再次侵染（infectio secundaria)
secondary influence 次级影响
secondary insect 次期害虫
secondary intergradation 次级间渡
secondary invader ①第二次侵害者 ②继发性感染原
secondary involucre 分总苞（involucrum secundarium)
secondary ionization 次级电离
secondary isozyme 次生同工酶
secondary juice 二次汁{加工}
secondary kinetochore 第二动原粒（kinetochora seundaria)
secondary lateral 次生侧枝（lateralis secundarius)
secondary laterite 次生砖红壤
secondary leader 副主枝，次主枝（ramus primarius secundarius)
secondary liber 次生韧皮部（liber secundarius)
secondary lobe 副裂片（lobus secundarius)
secondary loess 次生黄土
secondary logical unit (SLU) 辅助逻辑部件{电脑}
secondary low 副低[气]压
secondary lysosome 次级溶酶体
secondary material 加工过废料，旧材料{环保}
secondary medullary ray 次生髓射线（radius medullaris secundarius)
secondary member of frame 二次机架构件{农施}
secondary membrane 次生膜（membrana secundaria)
secondary meristem 次生分生组织（meristema secundaria)
secondary mesenchyma 次生间质（mesenchyma secundaria)
secondary metabolism 次生代谢作用
secondary metabolite 次生代谢物
secondary metabolites in cell culture 细胞培养的次生代谢物
secondary mineral 次生矿物
secondary mire 次生沼泽{生态}
secondary modification 二级修饰{生技}
secondary mutant 第二突变型{细胞}
secondary mutation 次生突变
secondary mycelium 次生菌丝体（mycelium secundarium)
secondary natural selection 次级自然选择（selectio naturalis secundarius)
secondary non-disjunction 二次不离开（indisjunctio secundaria)
secondary nucleus 次生核，次级核（nucleus secundarius)
secondary oocyte 次级卵母细胞（oocyta secundaria)
secondary oogonium 次级卵原细胞（oogonium secundarium)
secondary option menu 二级选择菜单{电脑}
secondary order reaction 二级反应
secondary organ 次级器官（organa secundaria)
secondary pairing 次级配对

secondary pairing of bivalent 二价染色体次级配对
secondary parasite ①第二次寄生物（= deutero-parasite）②第二次寄生虫，重寄生性昆虫
secondary part 从动部分
secondary particle 次生土粒
secondary ped 次生微土块，次生土壤自然结构体
secondary peduncle 副花梗（pedunculus secundarius）
secondary pesticide hazard 二次农药危害，二次药害｛环保｝
secondary petiole 小叶柄（petiolus secundarius）
secondary phloëm 次生韧皮部（phloema secundaria）
secondary photooxidant 次级光氧化剂
secondary pinna 二级羽片（pinna secundaria）
secondary plant substance 次生植物物质
secondary ploughing（= secondary tillage）复耕，再耕
secondary podzolized soil 次生灰化土
secondary pole nucleus 次生极核
secondary pollution 二次污染｛环保｝
secondary polyploid 次级多倍体（polyploida secundaria）
secondary polyploidy 次级多倍性（polyploidas secundarius）
secondary power lead 次电源引线
secondary process 次发过程（指盐胁迫）
secondary product ①次级产物（指代谢作用）②次生产物（指细胞培养）
secondary product biosynthesis 次级产物生物合成
secondary product in cell culture 细胞培养的次生产物
secondary product in cell suspension 细胞悬浮液的次生产物
secondary product in tissue culture 组织培养的次生产物
secondary production 再度生产
secondary productivity 次级生产力，第二性生产力
secondary products 副产物，第二产物，次生产物
secondary proof ①二次验算 ②辅助证明，二次论证
secondary propulsion system（**SPS**） 辅助推进系统
secondary protein structure 蛋白质二级结构
secondary prothallial cell 次生原叶细胞（cellula prothallialis secundaria）
secondary quality 二次品质
secondary rachis-branch 次生穗轴分枝
secondary rachis-branch differentiation 次生穗轴分枝分化
secondary ray 次生射线（radius secundarius）
secondary reaction ①次发反应，副反应（指光合作用）②次反应
secondary reaction of cyanide decomposition 氰化物分解次反应｛环保｝
secondary refrigerant 二次冷却剂
secondary regulation 二次调节
secondary response 次级反应
secondary role 副作用，次作用（指光合作用）
secondary rolling and drying machine 中等旋转干燥机
secondary rolling machine 中等滚压机
secondary root 次生根（radix secundaria）
secondary root system 次生根系
secondary saline soil 次生盐土
secondary salinization 次生盐化
secondary scaffold branch 副主枝
secondary sclerenchyma 次生厚壁组织（sclerenchyma secundaria）
secondary screwworm fly 副螺旋锥蝇［*Cochliomyia macellaria*（Fabricius）］
secondary seeds 次级种
secondary segregation 次级分离（segregatio secundaria）
secondary selection 二次选择
secondary series［**sterigmata**］第二列［小梗］
secondary sex organ 次级性器官
secondary sex ratio 第二性比率（ratio sexualis secundaria）
secondary sexual character（= secondary sex character） 第二性征，副性征（character sexualis secundarius）
secondary shear plane 次剪力面｛土壤｝
secondary shoot 次级枝（ramus novellus secundarius）
secondary soil 次生土壤
secondary sowing 连作播种
secondary space allocation 二次空间分配
secondary species 次生种（species secundarius）
secondary specificity determinant 次级专一性定子
secondary spermatocyte 次级精母细胞（spermatocyta secundaria）
secondary spermatogonium 次级精原细胞

(spermatogonium secundarium)
secondary split 第二次分裂（fidus secundarius）
secondary stalk 次生茎（指甘蔗）
secondary stand 副林木
secondary starch 次生淀粉（amylum secundarium）｛生化｝
secondary station 二级站，辅助台｛信息｝
secondary structural aberration 二级结构畸变
secondary structural change 二级构造改变
secondary structural variant 二级结构变异体
secondary structure ①次生构造 ②二级结构（structura secundaria）
secondary structure of protein 蛋白质二级结构
secondary structure prediction 二级结构预测
secondary substance 次生物质
secondary succession 次生演替（successio secundaria）
secondary suspensor 次生胚柄（suspensor secudarius）
secondary swelling 二次膨胀，次生膨胀
secondary synthesis 次级合成
secondary system control facility（SSCF）辅助系统控制设施｛信息｝
secondary tassel branch 第二次分枝（指玉米雄穗）
secondary test 再次测验
secondary thickening 次生加厚（指细胞壁）
secondary thickening growth 次生加厚生长
secondary tillage ①重耕，再耕 ②整地作业
secondary tiller 次生分蘖，第二次分蘖
secondary tillering 第二次分蘖
secondary tissue 次生组织（tela secudaria）
secondary treatment 二级处理｛环保｝
secondary trial 再次试验
secondary trisome 次级三体
secondary trisomic 次级三体生物
secondary trisomy 次级三体性
secondary triticale 次级小黑麦
secondary tuber 次生块茎
secondary type 第二型
secondary vascular bundle 次生维管束（fasciculus vascularis secundarius）
secondary vegetation 次生植被（vegetatio secundaria）
secondary vein 二级脉（vena secundaria）
secondary vine 次生蔓，子蔓
secondary wall 次生壁（paries secundarius）
secondary window 临时窗口，子窗口｛电脑｝
secondary wood 次生材（lignum secundarium）
secondary xylem 次生木质部（xylema secundaria）
secondine（=secundine） 内珠被（secundium）
Secor 塞可尔［测地］卫星｛遥感｝
secrecy ①秘密，保密 ②隐存（secrecia）｛信息｝
secrecy system 保密体制
secret ①秘密的，保密的，机密的 ②隐藏的，暗藏的，隐蔽的 ③奥妙的，神秘的，不可思议的（secretus）
secret gutter 暗檐槽｛环保｝
secret key 保密键
secret lotus midge 莲潜叶摇蚊［*Chironomus nelumbus* Tokunaga et Kuroda］（摇蚊科）
secretagogue（=secretogogue） 促分泌素
secrete ①分泌 ②分泌物（secretus）
secreted immunoglobulin（sig） 分泌型免疫球蛋白｛分生｝
secreted protein 分泌性蛋白［质］
secreted receptor 分泌型受体
secretin 肠促胰液肽，胰泌素
secretinase 肠促胰液肽酶
secreting gland 分泌腺
secretion ①分泌 ②分泌物，分泌液（secretio）
secretion and cell surface 分泌与细胞表面
secretion and cyclic nucleotide 分泌与环核苷酸
secretion and Golgi apparatus 分泌与高尔基体
secretion function 分泌功能，分泌作用
secretion granule 分泌颗粒
secretion pressure 分泌压
secretion substance 分泌物
secretion type 分泌型（绒毡层）
secretion vector 分泌载体
secretion vesicle 分泌泡
secretogogue（=secretagogue） 促分泌素
secretogranin 分泌粒蛋白
secretomotor ［促］分泌神经
secretor ①分泌腺 ②分泌基因
secretor gene（Se） 分泌基因
secretor type 分泌基因型｛分遗｝
secretory 分泌的（secretorius）
secretory antibody 分泌抗体
secretory canal 分泌道（canalis secretorius）

secretory cavity 分泌腔（cavitas secretorius）
secretory cell 分泌细胞（cellula secretoria）
secretory component 分泌成分（componens secretorius）
secretory duct（= secretory channel） 分泌管（ductus secretorius）
secretory granule（= secretory encell） 分泌颗粒（granuulm secretorium）
secretory hair 分泌毛（pilus secretorius）
secretory IgA 分泌型免疫球蛋白 A，分泌型 IgA
secretory leucocyte protease inhibitor（SLPI） 分泌型白细胞蛋白酶抑制剂｛分生｝
secretory organ 分泌器官（organa secretoria）
secretory pathway 分泌途径
secretory piece 分泌片段，装配肽段｛分生｝
secretory potential 分泌电位
secretory sac 分泌囊（saccus secretorius）
secretory space 分泌隙（interstitum secretorium）
secretory system 分泌系［统］（systema secretoria）
secretory tapetum 分泌绒毡层（tapetum secretorium）
secretory tissue 分泌组织（tela secretoria）
secretory vacuole 分泌液泡（vacuola secretoria）
secretory vesicle 分泌泡（vesiculus secretorius）
-sect ⌊字尾⌉切
sectile 可分的（sectilis）
section ①切面，截面，剖面 ②切片 ③瓤（柑橘类）④动刀片（切割器）⑤区域（= region），区段（= segment）地带（= belt）⑥部分（= part）⑦方格（sectio）
section bit 区段位｛电脑｝
section cutting 切片｛显技｝
section cutting staining 切片染色
section for honey 巢蜜格
section harrow 分节耙
section holder 巢蜜格框架
section honey 巢蜜
section lifter 移片铲，切片铲｛显技｝
section line （土地）区划线
section method 切片法｛显技｝
section paper 方格纸
section preparation 切片标本
section rack 巢蜜架
section razor 切片用剃刀（面式剃刀）
section share 组合犁铧
section staining 切片染色
sectional area ①截面面积，切面面积｛土壤｝②断面积｛测｝
sectional arrangement drawing 纵剖面图
sectional change 局部变异
sectional chimaera 局部嵌合体（chimaera sectionalis）
sectional drawing 断面图
sectional feed pans 分组喂入盘
sectional form 断面形状，截面形状
sectional hyperploidy 局部超倍性（hyperploidas sectionalis）
sectional mounting type 分组悬挂［式］
sectional plane 截面
sectional radiator 风洞式散热器
sectional roll 分组镇压器
sectional straw rack 键式逐稿器
sectional view 切面观，截面观
sectioning ①切片｛显技｝②分瓣｛园｝③分段｛电脑｝④截面法｛环保｝
sectioning search 分段搜索
sector ①［菌落］扇变角｛真菌｝②扇形组织｛解剖｝③扇形体，扇形齿轮｛农机｝④区域｛栽培｝⑤区，段｛电脑｝
sector buffer 扇面缓冲器
sector cell 扇形［离心］环｛生技｝
sector counter 扇面计数器，扇区计数器
sector disk 扇面磁盘
sector distortion 扇形失真｛遥感｝
sector gear 扇形齿轮
sector hole 扇区孔
sector lodging 扇形倒伏｛栽培｝
sector mapping 区段映射｛电脑｝
sector mutation 扇形突变｛遗传｝
sector pulse 扇区脉冲｛电脑｝
sector scanning 扇形扫描｛电脑｝
sector servo 扇区伺服｛电脑｝
sector shaft 扇形齿轮轴
sector sprinkler（= sector rainer） 扇形喷灌机
sector transducer 扇区传感器
sector wheel 扇形轮
sectoral waste gate 扇形［泄水］闸门
sectored colony 扇形变异菌落（colonia sectorata）
sectorial 扇形的（sectorialis）
sectorial chimaera（= sectorial chimera） 扇形嵌合体（chimaera sectorialis）
sectorial periclinal chimaera 扇形周缘嵌合体（chimaera periclinalis sectorialis）
sectoring ①菌落扇形变异 ②扇形扫描｛电

脑} ③分区,分段 (sectorens)
sectoring device (喷灌用) 扇形转向装置
secular ①多世纪变化 ②年久的,永久的 (secularis)
secular change 长期变化,年久变化,缓慢变化
secular equation 特征方程
secular trend 长期趋势
secular variation 长期变异
secund 偏向[一边]的 (secundus)
secund echeveria 拟石莲花 [*Echeveria secunda* Booth](景天科)
secundiflorous 花偏于一侧的 (secundiflorus)
secundifolious 叶偏于一方的 (secundifolius)
secundine ①内珠被 ②⌊复⌉胞衣,胎盘 (secundinium)
secundioflorus 单向花的,花向一边的
secundus poison-vetch 利尻黄芪 [*Astragalus secundus* DC.](豆科)
secure ①安全,安全性 ②保密 (secura)
secure attention key (SAK) 安全注意键
secure communication 安全通信,保密通信
secure line 安全线路,保密线路
secure protocol 安全协议{信息}
secure socket layer 安全接口层{信息}
secure system 可靠系统
secure traffic 安全通信业务,保密通信业务{信息}
secure transmission 安全传输,保密传输{信息}
secured by mortgage 以抵押担保的
secured credit (=secured loan) 可靠信贷
securiform 斧形的 (securiformis)
securinega ①一叶荻属 [*Securinega* Juss.](大戟科) ②一叶荻 [*Securinega ramiflora* Mucll. Arg.]
securing nutrient 保障养分
securing plant 防护植物
securing rod (运输状态时固定割草机护刃器梁的)锁定杆
security ①(=safety) 安全 ②(=credit instrument) 信贷证券
security accounts manager (SAM) 安全账户管理程序{农经}
security coefficient 安全系数
security control 保密控制
security feature 安全特性
security filter 安全过滤器
security flaw 安全性缺陷
security inspection 安全验收
security keylock 安全锁,保密键锁
security maintenance 安全性维护
security management 安全管理{农管}
security monitor microprocessor 安全性监视微处理机{电脑}
security policy 安全策略{农经}
security service 安全服务
security situation 安全态势
security system 安全[性]系统
sedative ①镇静的 ②镇静剂
sedentary ①定居的,固定的{生态} ②不动的,不活泼的{物} ③残积的,原积的{土壤} ④不迁移的{昆虫} (sedentarius)
sedentary benthos 定居底栖生物
sedentary grazing 定居放牧
sedentary loam 原积壤土
sedentary loamy soil 原积壤质土
sedentary organism 定居生物
sedentary soil 原积土 (solea sedentaria)
sedentary species 原地种
sedge ①苔属 [*Carex* L.](莎草科) ②苔 [*Carex dispalata* Boott.]
sedge family 莎草科 [Cyperaceae]
sedge hay 苔草干草
sedge root worm 莲根水叶甲 [*Donacia simplex* Fabricius]
sedge swamp 苔草沼泽 (palus careceus)
sedge tundra 苔冻原 (tundra carecea)
sedge tussock moth 牧草毒蛾 [*Laelia coenosa* Hübner](毒蛾科)
sedge weed 莎草科杂草
sedges 莎草科植物
sediment ①沉淀物,沉降物,沉积物 ②渣,渣滓 (sedimentum)
sediment load 泥沙,悬移质
sediment plume 泥沙羽{遥感}
sediment runoff 固体径流,沉积物流失
sediment sampler 泥沙采样器,沉积物采样器
sediment separator 沉淀分离机
sediment storage dam 拦沙坝{环保}
sediment trap ①拦沙坑 ②沉淀器
sediment yeast (=bottom yeast) 底面酵母
sedimentary ①沉淀物的 ②水成的 (sedimentarius)
sedimentary clay 沉积黏土
sedimentary constant 沉积常数
sedimentary deposit 沉积矿床,成层沉积物
sedimentary formation 沉积层
sedimentary peat 沉积泥炭
sedimentary relict 沉积残余
sedimentary rock 沉积岩,水成岩

sedimentary soil 沉积土,水成土
sedimentated dust 落尘{环保}
sedimentation / flow-balancing tank 沉淀兼平衡流量池{环保}
sedimentation / storm sewage tank 暴雨污水及沉淀两用池{环保}
sedimentation ①沉淀 ②沉积[作用] ③沉降 ④淤灌 (sedimentatio)
sedimentation analysis 沉降分析
sedimentation basin 沉积池
sedimentation boundary 沉降界面
sedimentation coefficient 沉降系数{土壤}
sedimentation constant 沉降常数
sedimentation cylinder 沉降筒
sedimentation equilibrium 沉降平衡
sedimentation gradient separation 沉降梯度分离[法]
sedimentation potential 沉降势
sedimentation rate 沉积[速]率,沉降[速]率
sedimentation section 沉淀间{环保}
sedimentation soil 沉积土
sedimentation speed 沉积速度
sedimentation tank ①沉沙地 ②沉淀槽
sedimentation test 沉降试验
sedimentation time 沉淀时间{环保}
sedimentation value 沉淀值(品质)
sedimentation velocity 沉降速度
sedimentation volume 沉降容积
sedimentation with coagulation 混凝沉淀{环保}
sedimentation zone 沉淀区{环保}
sedimentator 沉淀器,分离机
sedimented particle 沉降土粒,沉降颗粒
sedimentin 促红血球沉降物质
sedimentometer 红血球沉降速度测定器
sedoheptose (= sedoheptulose) 景天庚[酮]糖 [$C_7H_{14}O_7$]
seed ①种子(semen) ②播种(sus) ③种子的(seminalis)
seed act 种子法令,种子法案,种子法律
seed age 种子年龄
seed agitator 种子搅拌器
seed albumin 种子清蛋白,种子白蛋白
seed amelioration 种子改良
seed analysis certificates 种子检查合格证
seed-and-fertilizer unit 播种施肥联合机组
seed and seedling 种苗,种子与幼苗
seed and seedling rot 种苗腐败病
seed-and-seedling rot of rice 稻种苗腐败病 [*Achlya oryzae* Nagai]
seed approbation 种子检定
seed aspirator 气吸式种子清选机
Seed Association 种子协会
seed ball ①(棉)种铃 ②(甜菜)种子球
seed band 播幅
seed bank 种子库
seed barrow 手推播种车
seed bearer ①(= mother tree) 母树 ②(=seed plant) 种子植物,种株
seed bearing 具种子的(seminifer)
seed bed ①苗床(= seedling bed) ②播种床(= seeding bed)
seed beetles (= pea and bean weevils, pulse beetles) 豆象科 [Bruchidae]
seed belt 排种皮带
seed blend (= seed mixture) 种子混杂,混合种子
seed blower 种子风选机
seed board 播种板
seed boot ①播种开沟器 ②开沟器体
seed-borne disease 种子传染病害
seed-borne fungi 种子传递真菌
seed boxes 种子箱{农机}
seed breeder 育种家,育种工作者
seed breeding 育种,种子繁育
seed breeding station 育种站,良种站
seed broadcaster 撒播机
seed bud (= ovary) 子房
seed bulb 种鳞茎,母鳞茎
seed can (= seed case) 种箱
seed case ①蒴,荚,种壳{形态} ②种箱,采种箱{农机}
seed catalogue 种子目录
seed center 种子中心,种子站
seed certificate 良种合格证
seed certification 种子鉴定(检验)
seed chaff 种壳
seed chalcids 广肩小蜂科 [Eurytomidae]
seed channel 种沟
seed classification 种子分级
seed cleaner (= seed cleaning machine) 种子清选机
seed cleaner-grader 种子清选分级机
seed cleaning 种子清选,清种
seed cleaning warehouse 选种站,清选站
seed cleanliness 种子净度,种子清洁度
seed cluster 种子穴,播种穴
seed clutch 排种器[传动]离合器,排种离合器
seed coat (= seed cover) 种皮(spermoderma)
seed coating (= seed dressing) 拌种剂
seed collecting 采种
seed collecting area 采种区

seed collecting forest 采种林
seed collecting plot 采种圃
seed collector 草子收集器
seed color (= seed colour) 种子色泽
seed color element 种子色泽成分
seed colter 播种开沟器
Seed Committee of the Common Market 共同市场种子委员会
seed conducting tube 输种管
seed container 种子箱,种子桶
seed contamination 种子污染
seed control 种子检验,良种检验
seed control station 种子检验站
seed corm 种球茎,母球茎
seed corn ①谷种 ②留种玉米
seed-corn maggot 种蝇[*Hylemyia platura*(Meigen)](花蝇科)
seed corn production ①谷种生产 ②种用玉米生产
seed cotton 子棉
seed cotton cleaner 子棉清花机
seed cotton drier 子棉干燥机
seed coulter 播种开沟器
seed counter 种子计数器
seed coverer 种子覆土器
seed covering 种子覆土
seed crops 种子作物,采种作物
seed crusher 碾种机
seed cultivating with laser 激光培育[种子](指用激光以培育种子){育种}
seed culture ①种子培养 ②种子栽培,良种栽培
seed cup 排种杯
seed cup gate 排种舌
seed cutting 下种伐
seed-delinter 棉子剥绒机
seed delivery passage 输种道,输种槽
seed density ①播种密度{栽培} ②子粒容重量{种子}
seed depth 播种深度,种子覆土深度
seed destroying insects 种子害虫
seed deterioration 种子退化
seed development 种子发育,种子形成
seed development hindered 妨碍种子发育
seed dipping equipment 浸种器
seed disinfectant 种子消毒剂
seed disinfection 种子消毒
seed disinfection solution 种子消毒液
seed disk 排种盘
seed dispersal 种子传播,种子散播
seed dispersal prevented 阻碍种子传播
seed distribution 良种分配
seed dormancy 种子休眠
seed dormancy and growth in vitro 种子休眠与离体生长,种子休眠与试管内生长
seed dormant period 种子休眠期
seed dresser ①拌种机 ②拌种器,种子消毒器
seed dressing ①拌种,种子处理 ②拌种剂
seed dried with skin 种子带皮干燥
seed drier 种子干燥器
seed drill ①(= drill machine) 条播机 ②(= seeding row) 条播行,播种行
seed drill plough 条播犁
seed drive 排种器传动装置
seed drop tube 输种管
seed dropping ①掉粒,落粒,落子 ②种子落出装置(播种机)
seed drying room 种子干燥室
seed duster ①种子喷粉机 ②(= seed dresser) 种子拌种器,种子消毒器
seed dusting machine 干式种子消毒机,干式拌种机
seed embryo grafting 种胚嫁接
seed empty 空粒种子,瘪粒
seed engineering 种子工程{农经}
seed extension system 良种推广法(系统)
seed extractor 脱粒机
seed extractory 脱粒室
seed extracts 种子浸提液
seed failure 种子败育
seed farm 种子农场,良种场,采种场
seed felling 下种伐
seed fiber 种子纤维
seed fibres 种子纤维作物
seed field 种子田,留种地
seed fill 种子填充
seed fish 怀卵鱼(产卵期的鱼)
seed flask ①播种器 ②瓠种
seed flat 播种浅箱
seed flax 种子用亚麻
seed flotation 漂种,浮种
seed flow 种子流,子流(指种子流出)
seed flow reducer 种子流节流器
seed forest 乔林
seed formation 种子形成(spermogenesis)
seed furrow 种子沟,播种沟,播畦
seed-furrow opener 播种开沟器
seed furrow treatment 播种沟
seed garden 种子园,种子圃{育种}
seed generation (SG) 种子世代
seed germination 种子萌发,种子发芽
seed germination rate 种子发芽率
seed germination vitamin 种子萌发维生素
seed globulin 种子球蛋白

seed grader 种子分级机,种子分选机
seed grading ①种子分级,种子清选,②种子鉴定
seed grafting 种子嫁接(insitio seminalis)
seed grain(=seed corn) ①谷种 ②谷粒
seed-green vernalization 种子绿体春化
seed grid (轧花机)漏棉子格板
seed grower 种子生产者,良种繁育家
seed growers' co-operative 良种繁育合作社,种子生产合作社
seed growing ①良种繁育 ②采种栽培
seed growing gardening ①采种园艺 ②采种园艺学
seed-growing industry 种子种植业
seed growing plot 良种繁育圃
seed growing region ①良种繁育区 ②采种栽培地区
seed growing station 良种繁育站
seed growing system ①良种繁育制度 ②采种栽培法
seed growth 种子生长
seed habit 种子习性(habitus seminalis)
seed harrow 播种耙
seed harvester 草子收获机
seed harvesting (鱼)采苗
seed health test 种子健全(康)测验,种子健全(康)检验
seed health testing 种子健全(康)检查
seed heat treatment 种子加温处理
seed hemp 种用大麻,留种大麻
seed hole 排种孔
seed home 良种场
seed hopper 种子漏斗
seed huller 脱壳机
seed-husking plant 脱粒装置
seed identification 种子鉴定
seed imbibition 种子吸胀作用
seed impregnation 种子浸渍,种肥
seed impurity ①种子混杂度 ②种子混杂物
seed incompatibility 种子不亲和性
seed increase generation 种子繁殖世代
seed increase of a new variety 新品种种子繁殖
seed industry 种子业
seed infection 种子感染,种子传染
seed inspection 种子检验
seed inspection and testing 种子检验试验
seed inspection station 种子检验站
seed investigation 种子检查
seed irradiation 种子照射
seed irradiation with thermal neutron 种子用热中子照射
seed key 种子检索表
seed kiln 种子干燥室
seed lab 种子实验室
seed labelling 种子标记
seed lac 粒胶(紫胶)
seed laws 种子法规
seed leaf(=cotyledon) 子叶
seed level 播种深度,种子覆土深度,播深
seed lobe(=seed leaf) 子叶(未发芽)(cotyledon)
seed longevity 种子寿命
seed lot 种子状态(指品质)
seed maggot 种蝇[*Hylemyia platura* Meign.](花蝇科)
seed manure 种肥
seed marking 播种划行
seed mash 种子混合饲料(种子加工后的残余物)
seed material 播种材料
seed maturation 种子成熟
seed maturity 种子成熟度
seed-meal feed 饼渣饲料
seed mixture ①(=mixed seeds) 混播种子 ②(=seed blend) 种子混杂,混合种子
seed moisture content 种子含水量
seed moisture equilibrium 种子水分平衡
seed morbidity 种子罹病率
seed morphology 种子形态学
seed mother plant 种用母株
seed multiplication 种子繁殖,种子生产,采种栽培
seed multiplier 种子繁育者,良种生产者
seed mummification of birch 白桦僵实病[*Sclerotinia bebulae* Woron.]
seed nursery(=seedling enclosure) 种子苗圃,种子场
seed of Job's-tears 薏苡(苡米)[*Coix lacryma-jobi* L.](禾本科)
seed of matrimony vine 枸杞子
seed of pure and good quality 纯种优质种子
seed opener 播种开沟器,播种开行器
seed orchard 采种果园
seed orifice 排种口
seed origin 种子原产地
seed package 种子装袋,种子包装
seed packet 种子袋
seed parent 良种亲本
seed pea 种用豌豆
seed-pedicels(=seed stalk) 种柄
seed pickling machine 湿式种子拌药[消毒]机,湿式拌种机
seed piece ①种块(指马铃薯、甘蔗等的块茎或茎等切块繁殖用)②栽植材料

seed placement 点播,穴播
seed plant ①种子植物 ②种株
seed planter 播种机
seed plants (= spermatophyta) 种子植物(spermatophytae)
seed plate 排种盘
seed plot ①种子区{育种} ②苗床,苗圃{栽培} ③播种田,秧田
seed pod 种荚,种用荚果(花生)
seed polisher 种子研光机
seed population 种子群体
seed potato 种薯,种用马铃薯
seed potato cutter (= seed potato cutting machine) 种薯切块机
seed-potato sprouting 种薯发芽
seed pre-treatment 种子预措,种子预先处理
seed predator 食种子动物
seed preservation 种子保存
seed presoaking 浸种
seed press 种子碾压机
seed processing 种子加工
seed producer ①(留)种(植)株 ②种子生产者
seed production 种子生产,采种栽培
seed production area ①种子生产地区 ②母树林面积
seed production by open pollination 天然(自由)授粉的种子生产
seed production culture (= seed growing) 采种栽培
seed production farm 采种场
seed production forest 采种林
seed production potential 种子生产潜力
seed productivity 种子生产力
seed progeny 种子后代
seed-propagated crops 种子繁殖作物
seed-propagated weeds 种子繁殖杂草,种生杂草
seed propagation ①种子繁殖 ②良种繁育 ③实生法
seed protectant 种子保护剂
seed protein 种子蛋白质
seed pubescence 种子茸毛性
seed purchase 种子采购
seed purifier ①种子清选机 ②种子净洗机
seed purity 种子纯[洁]度,种子净度
seed purity analysis 种子纯洁度分析
seed quality 种子质量
seed quantity ①(= seed rate) 播种量 ②种子数量
seed quarantine 种子检疫
seed-raising industry 采种业
seed rate (= seed quantity) 播种量
seed rate control ①播种量调节 ②播种量调节器
seed-rate control ①播种量调节 ②播种量调节器
seed-rate regulation lever 播种量调杆
seed rate regulation lever 播种量调节杆
seed receiver 输种喇叭短管
seed refiner 种子清选机
seed regeneration 种子更新
seed registration 种子登记
seed renovation 种子复壮
seed replacement 品种更换
seed repository 种子贮存库
seed reserves 种子储备
seed reservoir 种子箱,种子筒
seed rest 种子休眠{种子}
seed retention [种子]难脱粒性
seed rice 稻种,谷种
seed riddle 种子清选筛
seed ripening 种子成熟
seed roller 排种槽轮
seed root 种根,胚性根(radix seminalis)
seed rot 种子腐烂病
seed row ①播种行,种植行 ②采种行
seed rubbing machine 种子脱壳机
seed sample 种子样品,种子标本
seed sampler 种子取样器
seed sampling 种子取样
seed scale complex 种鳞复合体
seed scar 种痕
seed scarification 种子破皮(处理)
seed scarifier 种子破皮机
seed scattering (蒴果)种子散落
seed screen 种子除杂筛,下筛
seed selection 种子选择,选种
seed selection area (= seed selection region) 选种区,采种区
seed selection by using aqueous solution of ammonium sulphate 铵水选种
seed selection by wind 风力选种
seed selection time (= seed selection period) ①采种时期 ②选种时期
seed selection with salt solution 盐水选种
seed senescence 种子衰老
seed set 结实,结子
seed set percentage (= seed setting percentage) 结实率
seed setting 结实,结子
seed-setting grasses 结籽禾(牧)草
seed-setting rate 结实率,结子率
seed shadow 种子落下处
seed shattering 落子,掉粒

seed shedding ①种子脱粒,脱粒 ②下种 ③天然下种造林法
seed shell 种皮
seed shovel 取种铲,取苗铲
seed size 种子大小
seed smut 种子黑粉病
seed soaking 浸种
seed sorter（= seed separator） 种子清选机（器）
seed sorting 种子清选
seed sorting by salt water 盐水选种
seed sorting machine 种子清选机,选种机
seed soundness 种子健全度
seed source 种子来源
seed sowing 播种
seed-sowing device 排种器
seed-sowing machine 播种机
seed spacing 播种间距,株行距
seed spacing drill 精密播种机
seed-spacing drill for the ridge 垄作精密播种机
seed specimen 种子试样,种子样本
seed sphere 种周
seed spot 播种地块
seed spout 导种管
seed stalk ①薹 ②种柄,株柄（funiculus）
seed stand ①采种林分（stand）②种子产地
seed standard 种子标准
seed stem 种茎
seed sterilizer 种子消毒机［器］
seed stock ①播种材料,留种材料 ②原种,种畜 ③种子储备
seed storage 种子贮藏
seed storehouse 种子贮藏室,良种仓库
seed storing 种子贮藏
seed strain extension 推广品种
seed strain with stabilized vigour 稳定优势［品］种
seed strand planter 留保苗带的播种机
seed stratification 种子层积[法]
seed-straw ratio 谷草比（指谷类作物种子与茎秆的比率）
seed stripper 草子采取机
seed supply 良种供应
seed swelling 种子膨胀
seed system ①播种方法,播种方式 ②乔林作业法
seed tape 种子胶带(指用于播种)
seed test ①种子测定 ②种子试验
seed testing ①种子检查,种子［品质］检验 ②种子试验
seed testing station ①种子检验站 ②种子试验站
seed tick 六足子蜱
seed-time 播种时期,播种期
seed-to-seed method 直接采种法
seed transmission 种子传递,种子传染
seed trap 种子采集器
seed tray 种子催芽盆
seed treater 种子消毒器（拌种机）
seed treating machine 种子消毒机,种子消毒机器
seed treatment 种子处理（拌种消毒）
seed treatment by constant magnetic field 恒[定]磁场[的]种子处理｛农施｝
seed tree（= seed bearer） 母树,采种树
seed-tree method 伞伐作业法,母树作业法｛森林｝
seed trench 种子沟
seed-trial ground 品种试验地
seed tube 输种管
seed tuber 种用块茎,种薯(块茎作物)
seed tuber of sweet potato 种薯
seed tuft 种子冠毛（desma, cosma seminalis）
seed type demonstration plot 良种典型示范田（区）
seed vernalization 种子春化
seed-vessel ①荚 ②果皮,种皮
seed viability 种子生活［能］力（viabilitas seminalis）
seed vigour（= seed vigor） 种子活力,种子健势
seed virus 种子病毒
seed vitality 种子生活力（Vitalitas seminalis）
seed volume-weight 种子比重,种子容量
seed weight 种子重量
seed weight per capsule 每蒴种子重
seed wing 种翅
seed winnower 种子风力清选机,种子风选机
seed year 结实年
seed yield 种子产量
seed yield potential 种子产量潜力
seedage ①种子式｛种子｝②播种法（术）｛栽培｝③种子繁殖｛育种｝
seedbed 苗床,种床
seedbed frame 苗床保护框
seedbed heater 苗床加热器
seedbed maker 苗床耕作机
seedbed period 苗床期
seedbed preparation 苗床整地
seedbed refining 苗床松土(指播前的细碎土)
seedbed stakes 苗床支柱
seedbed testing technique 苗床检查技术

seedbed weeder 种床除草器
seedbox ①丁香蓼属［*Ludwigia* L.］（柳叶菜科）②丁香蓼［*Ludwigia prostrata* Roxb.］
seedcane 种蔗
seedcod 播种筐
seeded ①有核的 ②播种的
seeded bed 播种苗床
seeded fodder crops 播种饲料作物
seeded fruit 有核果
seeded grassland 播种草地
seeded pasture 播种牧场,栽培牧场,人工牧场
seeded pasture rotation 播种的牧场轮作
seeded row 播种机
seeder ①播种机 ②播种器 ③播种者
seeder box 播种机种子箱
seeder roll （选种筛）去子辊
seeder share 播种机开沟器
seeder unit 播种机组
seediness 多子性（spermositas）
seeding ①播种 ②抽薹 ③排种 ④接种
seeding agent 云催化剂
seeding apparatus 排种器,排种装置
seeding area percentage 播种面积百分数
seeding bed 播种床,苗床
seeding before winter 冬前播种
seeding by hand 手播,手溜子
seeding by machine 机播
seeding date 播种日期
seeding density 播种密度
seeding depth 播种深度
seeding equipment 播种机具,播种设备
seeding felling 着手采伐,开始采伐
seeding forest 乔林
seeding furrow 播沟,播种沟
seeding grain 播种用子粒
seeding-growth 天然幼树,野生苗
seeding hole 播穴,播种穴
seeding in cold frame 冷床播种
seeding in group 丛播,簇播,穴播
seeding in hill 穴播
seeding in nursery bed 床播,秧田苗床播种
seeding in paired rows 双行播种,二列带播
seeding in ploughed stubble field 翻茬［地］播种
seeding lath 播种匀种板条
seeding machine 播种机
seeding machinery 播种机具
seeding material 播种材料
seeding mechanism ①排种器 ②排种装置｛农机｝
seeding medium 播种介质,播种培养基
seeding method 播种方法
seeding mixtures 混播牧草
seeding on unfallowing field（= seeding on unfallowing farm） 茬地播种,不整地播种
seeding operation 播种操作,播种作业
seeding period 播种期
seeding plant 播种设备｛农施｝
seeding plate 排种盘
seeding plough（= seeding plow） 播种开沟器
seeding rake 播种搂耙
seeding rate 播种量
seeding-rate indicator 播量指示器
seeding rolling harrow 播种用旋转耙
seeding sludge 接种污泥｛环保｝
seeding stage（= emergence stage） 出苗期
seeding tank ①种子箱 ②菌种罐
seeding time 播种期
seeding trough ①播沟 ②排种匀种板条 ③（播种用）营养块,营养钵
seeding width 播幅
seeding without protective cover 无保护物播种,无覆盖播种
seeding year ①结实年份 ②播种年份
seedless 无子的,无核的（aspermous）
seedless fruit 无子果实,无核果实（如葡萄,西瓜等）(fructuous aspermous)
seedless grape 无核葡萄
seedless pear 无子梨
seedless raisin 无核葡萄干
seedless valencia 无子橙
seedless variety 无核（子）品种
seedless water-melon 无子西瓜
seedlessness 无核性（aspermositas）
seedlessness in vinifera grapes 酿酒葡萄无核性
seedling ①幼苗,秧苗,禾苗 ②实生苗,子苗（plantula）
seedling age 苗龄
seedling bed 苗床,秧田
seedling blight 幼苗疫病,立枯病,猝倒病,绵腐病
seedling blight of rape（= seedling damping-off of rape） 油菜立枯病［*Pythium oryzae* Ito et Tokun］
seedling blight of rice 稻苗绵腐病［*Achlya oryzae* Ito et Nagal; *Phythium oryzae* Ito et Tokun］
seedling blight of tea 茶苗立枯病［*Phomopsis theae* Hara.］
seedling box filling 装秧
seedling-breaking 断秧（栽植机,插秧机）

seedling-breaking rate 断秧率
seedling catalogue 苗木目录
seedling character 幼苗性状
seedling coleoptile 子苗胚芽鞘
seedling cultivation tools 育苗用工具{农施}
seedling culture 育苗,育秧
seedling death 幼苗死亡,死苗
seedling diagnose system 苗情诊断系统{智培}
seedling disease 幼苗病害(卷心菜,莴苣)
seedling emergence 出苗,现苗
seedling emergence rate 出苗率
seedling enclosure ①育苗禁入区 ②(=seed nursery)种子苗圃,种子场
seedling establishment 成苗,成秧,幼苗育成,秧苗育成
seedling experiment (=seedling test) 幼苗试验[法]
seedling feeder 送秧机构
seedling floating 浮秧,飘秧
seedling floating rate 浮秧率
seedling folding 勾秧,折秧
seedling folding rate 勾秧率
seedling forest ①用材林(= forest) ②乔林(= high forest)
seedling from seed (=seedling plant) 实生苗
seedling growth 幼苗生长,秧苗生长
seedling height 幼苗高度
seedling height-dose curve 幼苗高度-剂量曲线
seedling-hurting (机械化插秧)伤秧
seedling-hurting rate 伤秧率
seedling inarching 幼苗靠接
seedling infection 幼苗感染,幼苗感病
seedling injury 幼苗损害
seedling-laying 倒秧
seedling-laying rate 倒秧率
seedling lethality 幼苗致死现象
seedling management 苗期管理
seedling mass-production 子苗大量生产
seedling mortality 幼苗死亡率
seedling nursery 播种苗圃,实生苗苗圃
seedling of cereal plant 禾苗
seedling percent 幼苗成活率
seedling-plant 实生植物,实生树
seedling planter 栽苗机
seedling planting machine ①插秧机 ②栽植机
seedling predator 食幼苗动物
seedling propagation by the use of rooting 分根繁殖育苗
seedling protecting paper 护苗纸
seedling puller [水稻]拔秧机
seedling pulling 拔秧
seedling-pulling-up 拔秧
seedling rack (水稻插秧机)秧箱,秧架
seedling raised from seed 实生苗
seedling raising by illuminated nursery bed 秧田苗床照明育秧
seedling raising in box 育苗箱育苗
seedling resistance 幼苗抗[病]性,苗期抗[病]性
seedling rootstock 实生根砧,实生砧木
seedling row 苗行
seedling season of growth 幼苗生长期
seedling seed orchard 种苗(实生苗)果园
seedling selection ①实生苗选择 ②幼苗选择
seedling-separating 分秧
seedling setts 双芽蔗秧(具4-5片叶的)
seedling shading 幼苗遮荫
seedling situation 幼苗情况,苗情
seedling situation diagnosis system 苗情诊断系统{智培}
seedling spade 起苗锹
seedling sprout 萌生苗
seedling stage 幼苗期
seedling stock 种生砧,实生砧
seedling technique 幼苗技术(分离根系方法)
seedling test 幼苗鉴定
seedling transplanter 秧苗移植机,插秧机
seedling transplanting ①实生苗假植 ②插秧
seedling transplanting implement 插秧工具
seedling treatment 幼苗处理
seedling tree 实生树
seedling tub 秧船
seedling vigour 幼苗活力,幼苗健势
seedling with soil 带土小苗
seedling with transverse leaves 横叶病
seedling without soil 无土秧苗,洗根大苗
seedling year 种苗年,下种年
seedling yellow 苗黄病(指柑橘病毒病)
seedlings per hill 每穴株数
seedlings per stalk (= seedlings in one stalk) 每穴苗数
seedlip 播种筐
seedmeter 播种器
seedplate hopper 圆盘排种筒
Seedrin (=aldrin) 艾氏剂
seeds and plants (=seeds and stocks) 种子与播种材料,种子与种植材料,种子与幼苗
seeds dried with skin 带干果皮种子
seeds liter-weight 种子升重(每升种子重量)

seeds per boll 每铃种子数
seeds per capsule 每蒴种子数
seeds per ovary 每子房种子数
seeds per pod ①每荚种子数 ②每蒴种子数
seeds per row 每行种子数(玉米果穗上的穗行)
seeds per spike 每穗种子数
seeds per spikelet 每小穗种子数
seeds volume weight 种子比重,种子容量
seedsman (=seed-stock herd)①种子生产者 ②种子商
seedstalk 抽薹茎
seedstalk elongation (=seed stalk formation) 抽薹
Seedvax 拌种灵(杀菌剂)[$C_{11}H_{11}N_3OS$]
seedy ①多种子的 ②(鱼)多子的(spermous)
seedy fruit 有核果实(fructuous spermous)
seehear 视听器
seek ①寻道 ②查找,寻找,探寻 ③调查
seek time ①寻道时间,寻找时间,查找时间 ②搜索时间{电脑}
seek wire system 查线系统{信息}
seep ①渗出 ②小泉
seep weed ①碱蓬属[*Suaeda* Forsk.](藜科) ②碱蓬[*Suaeda glauca* Bge.]
seepage ①渗漏,渗出,泄漏,渗流 ②渗透(指土壤水) ③过滤
seepage area 渗漏面积{环保}
seepage discharge 渗流量
seepage force 渗透力,渗流力,侧渗力
seepage line 浸润线,渗流线
seepage loss 渗漏损失,沙流损失
seepage spring 渗水泉
seepage velocity 渗流速度
seepage water 渗流水{环保}
seeping 渗漏,渗透,渗滤
seeping well 渗漏井
seesaw ①反相的 ②交替的,交互的,往复动的
seesaw amplifier 反相放大器
sefströmire 钒钛磁铁矿{地质}
segetal ①耕地杂草 ②生于耕地的(segetalis)
segetal plants 耕地杂草(plantae segetales)
segmacoria 节间膜
segment ①(染色体)节段 ②细裂片,全裂片 ③节片 ④(体)节,环节 ⑤扇形体,扇形齿轮 ⑥段,分段,片段{电脑}(segmentum)
segment acknowledgement 段确认{电脑}
segment call 段调入{信息}
segment cell 节片细胞(cellulus segmentalis)
segment extension 节段延伸
segment gear 扇形齿轮,齿扇
segment name feedback area 段名反馈区{遥感}
segment saw 圆锯,分割锯,节锯
segmental ①部分的,节段的 ②节片的 ③体节的(segmentalis)
segmental alloploid 部分异源倍体{细胞}
segmental allopolyploid 部分异源多倍体
segmental allopolyploidy 部分异源多倍性
segmental allotetraploid 部分异源四倍体
segmental arch 扇形拱{水利}
segmental dorsum 背面(dorsum segmentale){昆虫}
segmental interchange 节段互换{细胞}
segmental linear regression model 不连续直线回归模型{统计}
segmental motion 部分摆动{分生}
segmental polyploid 部分多倍体
segmental venter 腹面(ventrus segmentalis)
segmental waste gate 弧形闸门
segmentation ①断裂,分裂 ②分段,分节 ③分苗 ④节段化(segmentatio)
segmentation and reassembly 分段及拼接{电脑}
segmentation error trap 分段误差收集
segmentation hardware 段式硬件
segmentation nucleus 分裂核
segmentation overlay 分段重叠{信息}
segmentation parameter 分段参数
segmentation sphere 分裂球
segmentation spore 横隔分裂孢子
segmented ①分裂的 ②分节段的 ③分段的(segmentus)
segmented genome 分节段基因组{分遗}
segmented seed ①断裂种子 ②(甜菜)单胚芽种子
segmentiform 裂断状的(segmentiformis)
segregant 分离子(segregans)
segregate ①分开的 ②隔离的 ③孤立的 ④分离品系
segregated collection system 分开集水系统{环保}
segregating backcross families 分离回交家系{育种}
segregating character 分离性状
segregating families 分离家系
segregating gene 分离基因
segregating generation 分离世代
segregating line 分离[品]系

segregating material 分离材料
segregating population 分离群体
segregating progeny 分离后代
segregating ratio 分离比率
segregating unit 分离机,分离装置{电脑}
segregation 分离(segregatio)
segregation by gravity 比重分离(指用比重法清选种子)
segregation distorter (SD)分离畸变基因{细胞}
segregation distortion 分离畸变,分离变形
segregation generation 分离世代
segregation index 分离指数
segregation lag 分离迟延现象
segregation of character 性状分离
segregation of chromosomes of interspecific hybrid 种间杂种的染色体分离
segregation of chromosomes of intraspecific hybrid 种内杂种的染色体分离
segregation of hybrid 杂种分离{育种}
segregation of posterity 后代分离
segregation of pure line 纯系分离
segregation phenomenon 分离现象
segregation pool 离析池{环保}
segregation ratio 分离比率{遗传}
segregation ratio distortion 分离比偏差
segregational delay (= segregational lag)分离性[表型]迟延现象
segregational little (= segregational petite) [孟德尔式]分离性小菌落
segregational load 分离负荷
segregational petite 分离型小菌落(突变型)
segregational stability 分离稳定性
segregational sterility 分离不育性
segresome 离解颗粒,分离颗粒(segresoma)
seguin chinkapin 茅栗[*Castanea seguinii* Dode](山毛榉科)
seguin loquat 小叶枇杷[*Eriobotrya seguinii* (Lévl.) Card. ex Guillaumin](蔷薇科)
seihaken 拔根器
seine [**net**] ①旋曳网 ②围网 ③地曳网
seining 围网捕鱼,围捕作业
seiospore 散落孢子(seiospora)
seismic 震动的,地震的(seismicus)
seismic channel (= seismic trace) 地震道
seismic design model 地震计设模型
seismic load 地震载重
seismic map 地震图
seismic spectrum 地震波谱
seismic station 地震站
seismic stimulus 震动刺激
seismic system model 地震系统模型
seismic wave 地震波(unda seismica)
seismocardiogram 心震图
seismocardiography 心震描记法
seismograph 地震仪
seismologic altas 地震图集
seismology 地震学(seimologia)
seismonastic 感震性的(seismonasticus)
seismonastic movement 感震[性]运动
seismonasty 感震性(seismonastas)
seismotropism 向震性(seimotropismus)
seisms 地震
Seistan wind 十二旬风(伊朗赛斯登夏季的一种强北风,可连续至120天之久)
Seitz filter (细菌用)蔡氏滤器
seize ①捕获 ②占用,抢用 ③拿,抓,捉(sacire)
seize the right time for planting or seeding 抢种
seizer 占据器{信息}
seizing signal 占据信号,约定信号
sejugous 六对的(sejugus)
Sekkan 雪柑(甜橙品种)
selacholic acid 鲨油酸,二十四碳-顺-15-单烯酸
selachyl alcohol 鲨油醇[$C_{21}H_{42}O_3$]
selaginella ①卷柏属[*Selaginella* Beauv.](卷柏科)②卷柏[*Selaginella involvens* Spring]
selaginella family 卷柏科[Selaginellaceae]
select ①选择,挑选 ②选择的,精选的(seligere)
select coding method 选择编码方法{电脑}
select horizontal spacing 选择水平间隔
select line 选择线
select line spacing 选择行[间]距
select plant 选择植株,选株
selectable 可选择的(selectabilis)
selectable marker (可)选择标记{生技}
selectable unit (**SU**) 可选[部]件,可选单元
selectance 选择度,选择系数(selectantia)
selected 选择的,精选的(selectus)
selected absorption 选择吸收[作用]
selected attribute retrieval 选择特征检索{遥感}
selected bibliography of agronomy 农学文献目录选集
selected hybrid 选择杂种
selected individual 选择个体
selected line 选择品系

selected marker 选择标记（基因）
selected plant 选择植株
selected seeds 选择种，改良种
selected strain 选择品系
selected variety 选择品种
selecting 选择（secsens）
selecting menu 选择菜单｛电脑｝
selecting sequence 选择序列
selection ①选择｛遗传｝②选种，选育｛育种｝③淘汰｛进化｝（selectio）
selection and breeding 选育
selection area ①选种面积 ②选种地区
selection at the juvenile stage 幼苗选择，早期选种
selection breeding 选择育种
selection by ear 穗选法
selection by removing the undesirables ①去劣选择 ②去劣选种法
selection by sifting 筛选法
selection by specific gravity 比重选种法
selection by truncation 切断选种法
selection case 选种箱
selection check ①选种检查｛育种｝②选择核对｛电脑｝
selection coefficient 选择系数
selection component 选择组成部分，选择组分
selection criteria ①选种标准 ②选择指标
selection cursor 选择光标｛电脑｝
selection cycle 选择周期
selection decision theory 选种决策理论｛育种｝
selection differential 选择差数
selection disadvantage 选择不利性，选择缺点
selection distortion 选择变形
selection effect 选择效应
selection effectiveness 选择有效性
selection efficiency 选择效率
selection environment 选择环境
selection error 选择误差
selection experiment 选择试验
selection field ①选择字段｛电脑｝②选择田地｛栽培｝
selection filter 选择过滤器｛生态生理｝
selection for hybrid 胞质杂种选择
selection for pairing 配对选择｛遗传｝
selection for reconstituted cells 重建细胞选择
selection forest 择伐林
selection from introduced varieties 引进品种选择
selection in vitro 离体选择，试管内选择
selection index 选择指数
selection index method 选择指数法
selection intensity 选择强度
selection limit 选择极限
selection load 选择负荷
selection made on the threshing floor 禾（脱粒）场选种
selection medium 选择培养基
selection method 选择法，选种法
selection number 选择数[目]
selection objective 选种目标
selection of community 群落选择｛生态｝
selection of disease-free plant 无病害植株选择
selection of hybrid line 杂种品系选择
selection of invisible mutation 不易发现突变选择
selection of mother plant 母本选择
selection of parental material 亲本材料选择
selection of pathogen 病原选择（指抗病育种）
selection of seeds ①种子选择 ②选种
selection of truncation type 切断型选择
selection of variety 品种选择
selection of water source 水源选择｛环保｝
selection pedigree 选种谱系
selection period 选种期
selection plate 选择式排种盘
selection pressure 选择压力
selection process 选择过程
selection rate 选择率，选种率
selection registry 选择登记，选种登记
selection replacement technique 选择替换技术
selection response 选择反应
selection scheme 选种计划
selection schemer 选择路线
selection system ①选种方式 ②择伐作业
selection theory 选择理论，选种理论
selection with multiple loci 多座位选择
selection with salt solution 盐水选种
selection with single locus 单座位选择
selection with water 水选
selective 选择的，选择性的，选优的（selectivus）
selective absorption 选择吸收［作用］
selective administration 选择掺入
selective adsorption 选择吸附
selective advance 选择增效
selective advantage 选择有利性
selective agent 选择剂
selective bacteriostasis 选择性制菌

selective bidding 选择性投标〔农施〕
selective bottom-up 自底向上选择,倒选
selective breeding ①选择育种 ②选择良种繁育
selective burning 火焰中耕
selective chopper radiometer (SCR) 选择斩波辐射计〔遥感〕
selective coevolution 选择性互进化
selective colonization 选择性定殖
selective compartmentalization 选择性区隔化
selective control valve 选择性控制阀
selective cryptographic session 选择保密会话〔信息〕
selective culture 选择培养(cultura selectiva)
selective cutting ①(=selective falling)择伐 ②选择收割
selective digit emitter 选择数字发送器〔信息〕
selective disadvantage 选择不利性
selective display 选择显示
selective draft 选择性汲水(通风)〔环保〕
selective elimination 选择性淘汰
selective emission 选择发射
selective enrichment 选择性加富,选择性增菌
selective erase 局部擦除,选择性擦除
selective erosion 选择侵蚀,分别侵蚀
selective etching 选择蚀刻
selective expression 选择性表达
selective fading 选择衰减
selective feeding ①选择性追肥,(指重点追肥)②选择性摄食
selective felling 择伐式间伐
selective fermentation 选择性发酵
selective fertilization 选择受精
selective gametic lethality 选择性配子致死
selective gear transmission 有级选择式变速箱
selective grazing 选择性放牧
selective harvester 选择式收获机
selective harvesting 选择收获
selective herbicide 选择性除草剂
selective hoe 选择式间苗锄
selective inactivation 选择性失活
selective insecticide 选择性杀虫剂
selective instability 选择性不稳定[度]
selective marker 选择性标志基因
selective mating 选配,选择配合
selective maturation 选择成熟
selective medium 选择性培养基
selective membrane transport 选择性膜运输
selective migration 选择性转移
selective movement 选择运动,选择移动
selective mutant 选择性突变型
selective mutation 选择性突变(mutatio selectiva)
selective neutrality 选择中性
selective nursery 选种圃,育种圃
selective nutrition 选择性营养
selective peak 选择[顶]峰
selective permeability 选择透性
selective picking 选摘采收,选择收获
selective plating 选择电镀
selective power 选择能力
selective preferential absorption 选择优先吸收
selective radiation 选择辐射
selective radiation body 选择辐射体
selective reagent 选择[性]试剂
selective reflection 选择反射〔遥感〕
selective registry (=selective registration)选择登记
selective reject 拒选
selective replication 选择性复制
selective retardation 选择性延迟(指水稻)
selective rodenticide 选择性杀鼠剂
selective sequence calculator 选择程序计算机
selective solvent 选择[性]溶剂
selective stability 选择性稳定[度]
selective staining 选择染色
selective superiority 选择优质性
selective suppression 选择性抑制
selective tendering 选择投标〔农施〕
selective theory of antibody formation 抗体形成的选择性学说
selective thinning ①选择间苗 ②选择性定植
selective top-down 自顶向下选择,顺选
selective topping 选择性去梢(指甘蔗)
selective toxicity 选择性毒力(性)
selective trace 选择跟踪
selective transcription 选择性转录〔分遗〕
selective transcription activity 选择性转录活度
selective translation 选择性翻译〔分遗〕
selective transparency 选择透明性
selective transport 选择[性]转运(运输)
selective updating 选择修改
selective value 选择值
selective variation 选择性变异
selective weeding 选择性除草
selective weedkiller 选择性除草剂
selectivity 选择性,选择力(selectivitas)

selectivity factor I 选择性因子 I｛生技｝
selectivity of fertilization 受精选择性
selector ①选种器,选择器 ②分选器 ③分选工人 ④选择基因
selector channel 选择通道
selector gene 选择基因
selector marker ①选择指示器 ②选择标志基因
selector mode 选择方式
selector pen 光笔,选择笔｛信息｝
selector pen detect 选择笔检测
selector seed plate 选择式排种盘
selector valve 选择阀
selector wheel 排种盘
selectron 选数管(商)
selectron storage 选数管存储器｛电脑｝
selenate 硒酸盐［M_2SeO_4］
selengenese segebrush 蒌蒿［*Artemisia selengensis* Turcz.］(菊科)
selenic acid 硒酸［H_2SeO_4］
selenide 硒化物
selenious acid 亚硒酸［H_2SeO_3］
selenium 硒(Se, 34 号元素)
selenium cell 硒电池
selenium-containing tRNA 含硒 tRNA,含硒转移 RNA｛分遗｝
selenium effect on recombination 硒对重组的效应
selenocarpous 半月形果的(selenocarpus)
selenocystathionine 丙氨酸丁氨酸硒醚,胱硒醚
selenocystine 硒代胱氨酸
selenoenzyme 含硒酶
selenographic coordinate 月面坐标
selenoid-operated valve 螺线管开动阀(指遥控用的)｛环保｝
selenomethionine 硒代甲硫氨酸
selenouridine 硒尿苷
self- ⌊字头⌉①自,自己 ②单色花
self-absorption 自吸作用
self-acting control 自作用控制
self-acting plane (= incline) 自动搬运斜坡道(在林区木材搬运的斜坡道)
self-acting thermostat 自调恒温器
self-actuated controller 自动控制器
self-adaptation 自体适应
self-adaptive control ①自动适应调节［装置］②自适应控制
self-aggregation 自聚集[作用]
self-aligning ①自行对中,自行校直,自行对准 ②自动调节
self aligning bearing 自位轴承
self-aligning disk jointer 自位式圆盘小前犁
self-aligning roller 自动调节压榨机(甘蔗)
self-annealing 自退火
self-annihilation of insects 绝育消灭害虫法
self-antigen 自体抗原
self-assembler 自汇编程序｛电脑｝
self-assembling polymer 自集合多聚物
self-assembly ①自动装配,自组装 ②自集合
self-assembly of phage 噬菌体自集合
self-balanced 自动平衡的
self-binder 自动割捆机
self-binding harvester 割捆机
self-boiled lime sulphur 自沸式石灰硫磺合剂
self-bred 自交｛育种｝
self-bred line 自交系
self-bred progeny (S) 自交子代
self-catabolite repression 自分解代谢物抑制
self centering wheel 自位轮
self-check 自检,自检查
self-checking circuit 自检电路｛信息｝
self-chocking 自同步
self-clarification 自行澄清
self-cleaning ①自动清选 ②自净(指轮胎,犁壁不黏泥土)
self-cleaning ability 自净能力｛环保｝
self-cleaning grade 自净梯度
self-cleaning harrow 自净耙
self-cleaning strainer 自洁式过滤器
self-cleaning velocity 自净流速,保清流速
self-clearing 自调地隙(自调高度)
self cleavage 自切割｛分生｝
self-closing ①自动闭合的 ②自动结球的
self-closing electric gate (畜栏)自闭式电动栅门
self-coloured 一色的,单色的｛显技｝
self-compatibility 自交亲和性(autocompatibilitas)
self-compatible 可自交的,自交可亲和的(autocompabilis)
self-compatible individual 自交可亲和个体
self-compatible plant 自交可亲和植物
self-compensating 自动补偿
self-complementing counter 自补计数器
self-conjugate square 自身对合方｛统计｝
self-contained bathing tub 自备式浴盆(指设备齐全的浴盆),自动浴盆｛环保｝
self-contained system 自备式系统
self-contained thermostat 自动恒温器
self-control 自控制
self-cooled motor 自冷式电动机
self-correcting capability 自校正能力
self-correction 自校正

self-correlation 自相关
self-coupling hitch 自动联结器
self-dependent farming system 独立农作制
self-dependent fertilizer 独立肥料
self-development 自体发育
self-diagnostic 自诊断
self-differentiation 自体分化（autodifferentiatio）
self-diffusion 自扩散
self digestion 自行消化
self-discharging ①自动放电 ②自动卸载
self-discharging trailer 自卸挂车
self-duality 自偶性{电脑}
self-dump rake 自翻式横向搂草机
self-duplicating organelle 自复制细胞器
self-duplication 自[体]复制
self-electro-optic effect device（SEED） 自电光效应器件
self-embedding 自嵌入{电脑}
self-emptying 自动卸载，自动卸车
self-emptying bin 自卸粮仓
self-emptying hopper bottom 自卸粮箱底，自卸料箱底
self-enumeration householder method 户主自填法（指农业普查）
self-erasure 自清洗
self-evaporation 自动蒸发
self-excitation 自激发
self-excited oscillation 自激振荡
self-extinguishing 自熄性
self-feed forage trailer 自喂式饲料挂车
self-feed silage rack 青贮料自喂架
self-feed silo 自动饲喂青贮塔
self-feeder ①自动喂送器，自动饲槽 ②自动投加器（机）{环保}
self-feeding（= auto-feeding, self-service）①自动喂饲 ②自动投加
self-feeding barn 自喂棚，自动饲喂棚
self-feeding silage barn 自动饲喂青贮库
self-feeding thresher 自喂式脱粒机
self-fermentation 自动发酵，天然发酵
self-fertile 自交能育的，自交结实的（autofertilis）
self-fertile crops 自交结实作物
self-fertile floret 自交结实小花（flosculus autofertilis）
self-fertile genotype 自交结实基因型（genotypus autofertilis）
self-fertile phenotype 自交结实表现型（phenotypus autofertilis）
self-fertile plants 自交结实植物（plantae autofertiles）
self-fertile species 自交能育种
self-fertility 自交结实性，自交能育性（autofertilitas）
self-fertilization（= selfing, autogamy）①自花受精 ②自体受精（autofoecundatio）
self-fertilized 自花受精的（autofoecundatus）
self-fertilized crops 自花受精作物
self-fertilized line 自花受精系，自交系
self-fertilized seed 自花受精种子（semen autofoecundatum）
self-fertilizer ①自体受精素 ②自花受精素（= selffertilizin）
self-fertilizing plant 自花受精植物
self-filler 自动充注装置
self-filling drinking bowl 自动添水饮水器
self-filling tank 自注式液罐，自注式槽车
self-financing 资金自给
self-focusing 自动调焦，自聚焦{遥感}
self-focusing laser 自聚焦激光器
self forage box 自运饲料拖车
self-forming gradient 自动形成梯度{生技}
self-fruitful 自花结实的，自交结实的
self-fruitfulness 自花结实性，自交结实性
self-generation 自然发生，自生（autogenesis）
self-grading 自动分级
self growing ①自生长 ②自生长的
self-heal ①夏枯草属[*Prunella* L.]（唇形科）②夏枯草[*Prunella vulgaris* L.]
self-healing 自体愈合
self-hiver（= automatic hiver） 自动收蜂箱，招蜂器
self-hunting[dog] 自猎[犬]
self-imposed test 自我强制检验{农施}
self-inactivating retroviral vector 自[动]失活反转录病毒载体{分遗}
self-incompatibility 自交不亲和性（autoincompatibilitas）
self-incompatibility alleles 自交不亲和性等位基因
self-incompatibility gene 自交不亲和性基因
self-incompatibility system 自交不亲和性系统
self-incompatible 自交不亲和的（autoincompatibilis）
self-incompatible combination 自交不亲和组合
self-incompatible individual 自交不亲和个体
self-incompatible mating 自交不亲和交配
self-incompatible plant 自交不亲和植物
self-incompatible species 自交不亲和种

self-indexing 自动分度,自动定位
self-inducing 自[动]诱导
self-inducing plant 自动诱导植物
self-infection 自体传染
self-infertile 自交不育的(autoinfertilis)
self-infertility 自交不育性(autoinfertilitas)
self-inoculation 自体接种(autoinoculatio)
self-join 自联结,自连接
self-knowledge 自身知识
self-learning system 自学习系统
self-leveling device 自动调平装置
self-leveling shoe 自动调平式筛架
self-lift 自动起落机构,自动提升器
self-lift cultivator 自动起落式中耕机
self-lift plough 自动起落犁
self-ligation 自身连接
self-loading scraper [自装式]铲运机
self-loading trailer 自动式挂车
self-locking 自动制动,自动锁定,自锁
self-locking differential 自动联锁差速器
self-locking feed front 自动锁定饲料前部
self-locking nut 自锁螺母
self-locking snare 自动锁结圈套
self-lubricating bearing 自润轴承
self-management 自营,自耕
self-marker 自标记[物]{生技}
self-metric software 自度量软件
self-mounting 自动上蔟{蚕}
self-mulching 自然覆盖
self-navigation 自动导向
self-neutralization 自身中和作用
self-nonself recognition 自身-非自身识别{生技}
self-organizing machine (SOM) 自组织机
self peptide 自身肽{分生}
self phosphorylation 自身磷酸化{分生}
self planning 自规划
self-pollinated 自花传粉的,自花授粉的(autopollinatus)
self-pollinated crops 自花传粉作物,自花授粉作物
self-pollinated plant 自花传粉植物
self-pollinated progeny 自花传粉后代
self-pollinated species 自花传粉种
self-pollination 自花传粉,自花授粉(autopollinatio)
self-possessed wine 自酿酒(烧酒)
self-powered 自供电的
self-powered harvester 自带动力的收获机
self-preservation 自身保存
self-pressing 自动压榨
self-priming ①自[身]引导[作用] ②自起动
self-priming pump 自起动水泵,自吸泵
self-producing chromosome elements 自生染色体分子
self programming computer 自编程控制计算机
self-programming network 自编程网络{信息}
self-programming software 自编程软件
self-programming system 自编程系统
self-propagation 自体繁殖(autopropagatio)
self-propelled 自走的,自走式的
self-propelled carrier potato harvester 自走式马铃薯收获卸载机
self-propelled catching frame 自走式[果实]采集机
self-propelled chassis (= selfcontained tractor) 万能底盘
self-propelled combine 自走式联合收获机
self-propelled combine with tracks for rice 装稻田履带的自走式联合收获机
self-propelled complete beet harvester 自走式甜菜联合收获机
self-propelled conditioner windrower 自走式堆行摊晒机,自走式割晒干燥机
self-propelled cutter loader 自走式收割装载机
self-propelled drill 自走式播种机
self-propelled dump rake 自走式横向搂草机
self-propelled forage harvester 自走式饲料收获机
self-propelled fork tedder [手扶]自走叉式摊草机
self-propelled grader 自走式平地机
self-propelled header 自走式谷物联合收获机
self-propelled irrigator 自走式喷灌机
self-propelled motor atomizer 自走式动力弥雾机
self-propelled mower 自走式刈草机
self-propelled pickup baler 自走式捡拾压捆机
self-propelled potato harvester 自走式马铃薯收获机
self-propelled power mower 自走式动力刈草机
self-propelled rice header 自走式水稻收割机
self-propelled scraper 自走式铲运机
self-propelled sprayer 自走式喷雾机
self-propelled super sprayer 自走式超级喷雾机,自走式大型喷雾机

self-propelled three-row rotary cultivator 自走式三行旋耕机
self-propelled tool carrier mower 自走底盘式割草机
self-protection 自保护
self-pruning 天然脱枝,天然整枝
self-purification ①天然纯化,自净 ②自净作用{环保}
self-purification ability 自净能力
self-purification of stream 河流自净
self-purification of water body 水体自净[作用]{环保}
self quenching 自淬火,自灭火
self-radiolysis (= autoradiolysis) 自辐解
self-rake (摇臂收割机)自动搂耙
self-rake reaper 摇臂收割机
self-reading rod 自读标尺
self-recognition 自我识别(autorecognitio)
self-recorder 自记仪器
self-recording anemometer 自记风速表
self-recording apparatus 自动记录器
self-recording barometer 自记风压计
self-recording hygrometer 自记湿度表
self-recording instrument 自记仪器
self-recording micrometer 自记测微器
self-recording rain gauge 自记雨量器
self-recording tide gauge 自计潮水位计
self-regenerative process 自再生过程
self-registering anemometer 自记风力表
self-registering auxanometer 自记[植物]生长计
self-registering barometer 自记气压计
self-registering instrument 自记记录仪
self-registering thermometer 自记温度计
self-regulating 自动调节,自调(autoregulasens)
self-regulating cattle bowl 家畜自调饮水器,乳牛自调饮水器
self-regulating function 自调节功能
self-regulating headgate 自动调节进水闸
self-regulation 自动调节(autoregulatio)
self-release 自动脱开,自动松放装置
self-renewal resources 自行更新资源
self-repairing capability 自修复能力
self-replication 自复制(autoreplicatio)
self-reproduction 自体生(繁)殖(autoreproductio)
self-restoration 天然更新
self-restricting power 自体制约力
self-rising 自动升高的
self-root plant 自根植物(planta autoradicalis)
self-scaling 自选尺度
self scan memory 自扫描存储器
self-scheduling 自调度
self-sealing coupling 自封接头
self-sealing quick coupling 自封快速接头
self-seed crops ①自交作物 ②自播作物
self-seed set 自交结实
self seeding (= self-sowing) 天然播种,天然下种
self-seeding community 天然播种群落{生态}
self-service 自己[技术]维修
self-shading ①天然遮荫 ②自身阴影[浓淡]{电脑}
self-sharpening blade 自磨刃式刀片,自磨刃式锄铲
self-sharpening disk 自磨锐圆盘
self-sharpening share 自磨刃犁铧
self-shifting transmission 自动换挡变速器
self-sowing (= self-sown seed) 天然下种
self-spacing frame 自定间隔巢框
self-splicing 自剪接{农生技}
self-splicing intron 自剪接内含子
self-standing system 自固定系统
self-starter 自动起动机
self-steering 自动操向,自导
self-sterile 自花不育的,自交不育的(autosterilis)
self-sterile genotype 自花不育基因型(genotypus autosterilis)
self-sterile line 自交不育系
self-sterile plant 自交不育植物
self-sterile species 自交不育种
self-sterility ①自交不育性 ②自花不孕性(autosterilitas)
self-sterility allele 自交不育性等位基因
self-sterility gene 自交不育基因
self-sterility seed 自交不育种子
self-sucking pump 自吸泵
self-sufficiency (= autarchy) 自给自足
self-sufficiency in grain 粮食自给自足
self-sufficiency ratio 自给率
self-sufficient 自供自足的
self-sufficient feed (= selfsufficing feed) 自给自足饲料
self-supplied feed 自给饲料
self-supplying manure 自给肥料
self-support system 自支持系统
self-supporting ①(= selffinancing) 资金自给 ②自身供养
self-sustained sequence amplification 自动持续序列扩增{分遗}
self-sustained sequence replication 自动持

续序列复制
self-sustained synthetic reaction 自动持续合成反应
self-sustaining power 自体持续力
self suthorization 自核准,自核对(auto suthorisatio)
self-synchronizing 自同步
self-test ①自检验,自检查,自测验{统计} ②自测试{电脑}
self-thinning 天然疏苗
self-tipping trailer 自卸挂车
self-tolerance 自体耐受性
self-topping 天然截头
self-transmissible plasmid 自传递质粒
self-tripping 自行开放(指花)
self-turning[egg]tray (孵卵器)自动翻卵盘
self-tying 自动捆扎
self-tying pickup baler 自动捆扎式捡拾压捆机
self-unfruitful 自花不结实的,自交不结实的
self-unfruitfulness 自花不结实性,自交不结实性
self-unloading trailer 自卸挂车
self-wallowing soil 天然波状土
self-waterer 自动饮水装置
self-watering ①自动喂水 ②自动灌水
self-weighting sample 自加权样本{统计}
selfed ①自交 ②自交的,自花授粉的
selfed ear ①自交穗 ②(玉米)自花授粉果穗
selfed line 自交系
selfed material 自交材料
selfed plant 自交植株
selfed progeny 自交后代
selfed seed 自交种子
selfed trisomics 自交三体生物
selfer 自恢复基因
selfer gene 自恢复基因
selfing ①自花授精,自体授精 ②自交
selfing line 自交系{育种}
selfish DNA 利己 DNA(指暂时不表现功能的){分遗}
selfish gene 利己基因
selfmating 自体配合
selfvital ratio 自交成活率
selinene 芹子倍半萜[$C_{15}H_{24}$]
sell 卖,出售{农管}
sell below cost 廉价出售,贱卖,倾销
sell out 卖完
sell up 为偿债而出卖
sell well 出售良好,销路广
sellaeform 马鞍形的(sellaeformis)
seller 出售人
seller's market 销售者市场,商场
selliform 鞍形的(selliformis)
selling price 出售价格,售价,卖价
selloa pampas grass ①蒲苇属[*Cortaderia* Stapf](禾本科) ②蒲苇[*Cortaderia selloana* (Schult.) Aschers et Graebn.]
selsyn 自动同步机
selvas 南美热带雨林
SEM ①(= scanning electron microscope)扫描电子显微镜,扫描电镜{显技} ②(= scanning electron microscopy)扫描电子显微镜检术,扫描电镜检术{显技}
semantide 带信息分子,信息大分子
sematic color 保护色
sematic coloration 保护色
semen ①种子 ②精液
semen collection 采精
semen corniculatum 孢子托,子层托
semen diluent (= semen extenders) ①精液稀释 ②精液稀释液
semen euryales 芡(芡实)[*Euryale ferox* Salisbury](睡莲科)
semen multiplex ①复合孢子 ②孢子组合
semencina 野生艾[*Artemisia dubia* Wall. ex DC.](菊科)
semester ring 半年轮(annutus semesteris)
semet 花药(semetum)
semi- ⌊字头⌉半
semi-acetal 半缩醛
semi-acetal compound 半缩醛化合物
semi-adherent 半着生的(semi-adherens)
semi-allele 半等位基因,拟等位基因
semi-amplexicaul 半抱茎的(semiamplexicaulis)
semi-amplitude 半振幅
semi-anatropous (= semianatropal) 半倒生的(semianatropus)
semi-annual 半年一次的,一年两次的(semiannualis)
semi-annual period 半年周期(periodus semiannualis)
semi-annual progress report 半年进度报告
semi-apochromatic 半复消色差的(semiapochromaticus){显技}
semi-apochromatic lens 半复消色差透镜
semi-apochromatic objective 半复消色差目镜(objectivus semiapochromaticus){显技}
semi-apospory 半无孢子形成(semiaposporia)
semi-aquatic 半水生的(semiaquaticus)
semi-arid 半干旱的(semiaridus)

semi-arid Andes 半干旱安第斯山地
semi-arid area 半干旱区
semi-arid climate 半干旱气候
semi-arid environment 半干旱环境
semi-arid land 半干旱地
semi-arid marginal region 半干旱边缘地区
semi-arid region 半干旱区
semi-arid soil 半旱境土
semi-arid steppe climate 半干旱[干]草原气候
semi-arid tropics 半干旱热带地区
semi-arid woodland 半干旱木本群落
semi-association 半群丛
semi-automatic 半自动的(semiautomaticus)
semi-automatic knapsack sprayer 半自动背负喷雾器
semi-automatic potato planter 半自动马铃薯播种机
semi-automatic seed potato drill 半自动种薯条播机
semi-automatic sprayer 半自动喷雾器
semi-automatic synthesizer 半自动合成仪{生技}
semi-automation 半自动化(semiautomatio)
semi-autonomous system 半自主系统
semi-average method 半平均法{统计}
semi-balanced lattice square design 半平衡格子方设计{统计}
semi-bar lock 半倒吊簧板
semi-boggy soil 半沼泽土
semi-bordered pit-pair 半具缘纹孔对(poroparia semimarginata)
semi-calyciform 半杯状的(semicalyciformis)
semi-capsula 壳斗(semicapsula)
semi-circular 半圆形的(semicircularis)
semi-circular canal 半规管
semi-circular section 半圆形断面{环保}
semi-circular spade 半圆锹
semi-circular training 半圆形整枝{园}
semi-cling stone 半黏核
semi-conductor 半导体
semi-conductor device 半导体器件
semi-conductor integrated circuit 半导体集成电路
semi-conductor laser producer 半导体激光器
semi-conductor material 半导体材料
semi-conductor memory 半导体存储器
semi-conductor photoelectronic device 半导体光电子器件
semi-conductor physics 半导体物理学
semi-conductor preparation 半导体制备
semi-confined ①半限制的 ②漏的{环保}
semi-continuous 半连续的(semicontinuus)
semi-continuous automatic centrifuge 半连续自动离心机
semi-continuous fermentation 半连续发酵(fermentatio semicontinua)
semi-cordate 半心形的(semicordatus)
semi-costate 半边肋的(semicostatus)
semi-cultivated type 半野生类型
semi-cultured 半栽培的
semi-cultured soybean 细茎大豆(半栽培大豆)[*Glycine gracilis* Skov.](豆科)
semi-decomposed manure 半腐熟厩肥
semi decurrent 半下延的(semidecurrens)
semi-deep opener 半深播开沟器
semi-diameter(= radius) 半径
semi-diffuse-porous wood 半散孔材
semi-digger bottom(= semidigger body) 半翻耕犁体
semi-digger moldboard 半深耕犁犁壁
semi-digger plough 半翻耕[犁体]犁
semi-discontinuous replication 半不连续复制{分遗}
semi-discontinuous synthesis 半不连续合成{分遗}
semi-dominance(= partial dominance)半显性(semidominantia)
semi-dominant 半显性的(semidominans)
semi-dried rough rice 半干稻谷
semi-elliptical section 半椭圆形截面(sectio semielliptica)
semi-enclosed-type motor 半封闭型电动机
semi-epiphyte 半附生植物(semiepiphyta)
semi-erect 半直立的(semierectus)
semi-evergreen deciduous seasonal forest 半常绿落叶季节性[森]林
semi-evergreen forest 半常绿林(silva semisempervivus)
semi-fallow ①半休闲 ②半休闲地
semi-fermented tea 半发酵茶(武夷岩茶)
semi-finished product 半制品
semi-floscular 花冠劈破而旋向一边的(菊科的舌状花)(semiflosculařis)
semi-forcing(= semi-forcing culture) 半促成栽培
semi-forcing culture 半促成栽培
semi-gymnoplast 半裸质体(semigymnoplasta)
semi-hardwood cutting 半硬木插
semi-hardy 半耐寒的

semi-hardy plant 半耐寒植物
semi-hardy variety 半耐寒品种
semi-hardy vegetable 半耐寒蔬菜
semi-hastate 半戟形的（semihastatus）
semi-heading variety 半结球变种
semi-helicoidal 半螺旋型的
semi-helicoidal moldboard 半螺旋型犁壁
semi-herbaceous 半草质的（semiherbaceus）
semi-heterotypic 半异型的（semiheterotypicus）
semi-heterotypic division 半异型分裂（divisio semiheterotypica）
semi-hut seedling 半保温幼苗，半保温秧苗
semi-ill-drained paddy field 半湿稻田，半排水不良稻田
semi-inferior 半下位的
semi-inferior ovary 半下位子房（ovarium semiinferior）
semi-integral 半悬挂的
semi-integral plough 半悬挂犁
semi-integrifolious 半全缘的（semiintegrifolius）
semi-irrigated nursery 半灌溉秧田，半湿秧田
semi-isolated subpopulation 半隔离亚群体
semi-isolation 半隔离（semiisolatio）
semi-isolation procedure 半分离法
semi-karyotype 半染色体组型，半核型（semicaryotypus）
semi-late rice 中［季］稻
semi-Latin square design 半拉丁方设计｛统计｝
semi-lenticular 半双凸镜状的（semilenticularis）
semi-lethal factor 半致死因子
semi-lethal gene 半致死基因
semi-lethal mutant 半致死突变型
semi-lethal mutation 半致死突变
semi-lethals 半致死基因
semi-liquid manure 半液体肥料
semi-locular 半室的（semilocularis）
semi-logarithm section paper 半对数坐标纸
semi-logarithmic diagram 半对数图表
semi-logarithmic paper 半对数坐标纸
semi-loopers 金斑蛾科幼虫（伪尺蠖）（larvae of Plusiidae）
semi-low cut training 半矮干整枝法
semi-low temperature warehouse 半低温仓库｛农施｝
semi-macro method 半大型法
semi-mature soil 半熟土
semi-mechanization 半机械化
semi-mechanized beet harvester 半机械化甜菜收获机
semi-mobile dune 半流动沙丘
semi-mobile sand 半流沙地
semi-motor 往复旋转液压油缸
semi-mounted 半悬挂式
semi-mounted disk plow 半悬挂式圆盘犁
semi-mounted moldboard plow 半悬挂式铧式犁
semi-mounted rotary tedder 半悬挂旋转式摊草机
semi-mounted type 半悬挂型，半悬挂式
semi-official agencies （= semi-official bodies）半官方机构
semi-overwintering variety 半冬性品种
semi-owner peasant 半自耕农
semi-palmate 半掌状的（semi-palmatus）
semi-permanent anticyclone 半永久性反气旋
semi-permanent channel 半固定渠｛水利｝
semi-permanent data 半永久数据
semi-permanent depression 半永久性低气压
semi-permanent high 半永久性高气压
semi-permanent pasture 半永久性牧场（放牧一定的年限）
semi-permeable surface 半渗透曲面｛电脑｝
semi-pinnate 半羽状的（semipinnatus）
semi-podzol 准灰壤，半灰壤
semi-preserves 半罐制食品
semi-prostrate winter wheat 半冬性小麦
semi-random 半随机的（semifortuitus）
semi-regular planting 半方形种植，半方形穴播
semi-resistance 半抗性（semiresistantia）
semi-resistant 半抗性的（semiresistans）
semi-revolving reel 平行四边形拨禾轮
semi-ring-porous wood 半环孔材
semi-runner type 半蔓生类型
semi-serrate 半锯齿状的（semiserratus）
semi-smooth awn 半光芒
semi-smooth plant 半光芒植株
semi-spicate 半穗状花序的（semispicatus）
semi-spiral 半螺旋的（semispiralis）
semi-spiral bottom 半螺旋型犁体
semi-spiral ploughboard 半螺旋线犁壁
semi-sterile 半不育的（semisterilis）
semi-sterile plants 半不育植物（plantae semisteriles）
semi-structural 半结构的（semistructuralis）｛土壤｝
semi-structural layer 半结构层
semi-structured decision 半结构化决策｛电脑｝

semi-sulcate 具半槽的(semisulcatus)
semi-superior 半上位的(semisuperior)
semi-supine 半仰卧的(semisupinus)
semi-symmetrical design 半对称设计{统计}
semi-tank beet harvester 半箱式甜菜收获机
semi-track laying tractor 半履带拖拉机,半链轨拖拉机
semi-trailer 单轴挂车,半拖车
semi-transparent 半透明的(semitransparens){生化}
semi-transparent ice 半透明冰
semi-vaginate 具半叶鞘的(semivaginatus)
semi-verticillate 半轮生的(semiverticillatus)
semi-wild 半野生的
semi-winter (= semi-winter hardiness) 半冬种性
semi-winterness 半冬[种]性
semi-winterness form 半冬性类型
semi-winterness variety 半冬性品种
semi-works 中间工厂,中试车间
semiacute irradiation 半急性照射
semialdehyde 半醛
semiallelism 半等位性,拟等位性(= pseudo allelism)
semiartificial 半人造的
semiautonomous 半自主的(semiautonomus){物}
semiautonomous cell organelle 半自主性细胞细胞器
semiawned 具半芒的(semiaristus)
semiawned head 具半芒穗
semibarbature rhododendron 梅花杜鹃[*Rhododendron semibarbatum* Maxim.](杜鹃花科)
semiboggy 半沼泽的
semibuoyant egg 半浮性卵
semicarbazide 氨基脲 [$NH_2NHCONH_2$]
semicarbazone 缩氨基脲 [$RR'C:N \cdot NHCONH_2$]
semichemical pulp 半化学纸浆
semichemical pulp waste water 半化学纸浆废水{环保}
semichemical pulping 半化学法制浆
semichemical wood pulp 半化学木浆
semiclosed 半闭合的(semiclausus)
semicold-resistant vegetable 半抗寒蔬菜
semicolumnar 半柱状的(semicolumnaris)
semicompreg 半压缩木
semiconductor industry 半导体产业,半导体工业
semiconical spade 半锥形锹
semiconnate 半合生的(semiconnatus)
semiconservative 半保留的(semiconservativus){分遗}
semiconservative DNA replication DNA 半保留复制
semiconservative replication 半保留复制
semiconsolidated soil 半固结土
semiconstitutive 半组成的(semiconstitutivus)
semiconstitutive mutant 半组成[型]突变型,半组成[型]突变体{细胞}
semicultivated 半栽培的,半野生的(semicultivatus)
semicultivated variety 半野生变种
semiculture 半栽培(semicultura)
semidecidability 半决定性(semidecidabilitas)
semideciduous forest 半落叶林(silva semidecidua)
semidesert ①半沙漠的 ②半荒漠的 ③半漠境的(semidesertus)
semidesert climate 半沙漠气候
semidesert steppe soil 半荒漠草原土壤
semidiesel engine 半"狄塞尔"发动机{农机}
semidifferentiated race ①[性]半分化型族 ②半分化种
semidiurnal 半日的(semidiurnalis)
semidiurnal tide 半日潮
semidiurnal variation 半日变化
semidouble 半重瓣的(semiduplus)
semidry blotter 半干印迹仪{生技}
semidry process 半干处理,半干法工艺{加工}
semidrying oil 半干性油
semidurable adhesive 半耐火性胶黏剂
semidwarf 半矮生的
semidwarf habit 半矮生习性
semidwarf stature 半矮生株型
semidwarf type 半矮生型
semidwarf wheat 半矮生小麦
semidwarf winter wheat 半矮生冬小麦
semiepigyny 半上位式(semiepigynia){形态}
semifid 半圆裂的,半浅裂的,半分裂的(semifidus)
semifloret 舌状[小]花(semi-flosculus)
semifloscule ①半小花 ②舌状[小]花(semiflosculus)
semifluidity 半流动性(semifluiditas)
semifluidity of lipid bilayer 双分子脂膜半

流动性

semiformal garden 半规则式[庭]园{园林}

semifree stone 半游离核

semifrutex 半灌木

semigamy 半受精(介于雌核发育与雄核发育的中间)(semigamia)

semigeographic 半地理型(种形成)(semigeographicus)

semiglobular 半球状的(semiglobularis)

semigraphical method 半图解法{电脑}

semihard 半硬的

semihard board 半硬质纤维板

semihard cheese (= medium hard cheese) 半硬干酪

semihard wheat 半硬粒种小麦

semihomologous 半同源的(semihomologus)

semihomologous chromosome 半同源染色体(chromosoma semihomologa)

semihumid 半湿润的(semihumidus)

semihumider type 半多湿型,半多雨型

semikymphiostemonis 半合生雄蕊的

semilength 半长度

semilethal (= sublethal) ①半致死的 ②半致死基因

semilinear 半线性的(semilinearis)

semiliquid 半液体(semiliquidus)

semilobate 具半裂的(semilobatus)

semilocalized centromere 半局部化着丝点

semilog coordinate 半对数坐标

semilogarithm 半对数

semilunar (= semilunate) 新月形的,半月形的(semilunaris)

semilunar marking 半月纹{蚕}

semimajor axis 长半轴{遥感}

semimarginate 具半边缘的(semimarginatus)

semimature forest 半熟林

semimicro-kjeldahl method 半微量开氏定量法

semimicroanalysis 半微量分析

semimicroanalytical balance 半微量分析平衡(balanx semimicroanalyticus)

semimolecule 半分子(semimolecula)

seminal ①种子的 ②胚质的,胚性的 ③精子的 ④繁殖的,生殖力的 ⑤创造的,生产的 ⑥未发育的,原始的,残遗的(seminalis)

seminal duct 输精管(vasdefereus)

seminal fluid ①精液 ②胚液

seminal gland 精腺

seminal leaf 子叶(cotyledon)

Seminal on Rural Electrification Cooperatives 农业电气化合作社研究班

seminal plasma 精液

seminal propagation 种子繁殖

seminal pump 精泵

seminal receptacle 贮精囊,受精囊

seminal reservoir 贮精囊

seminal root (= seed root) 种子根

seminal root system 种子根系

seminal vesicle [贮]精囊(vesicula seminalis)

seminary ①苗床,苗圃 ②温床 ③发源地 ④种子的 ⑤精液的(seminarius)

seminase (= mannase) 甘露糖酶

semination 授精(seminatio)

semination sowing 下种(播种与天然下种的总称){森林}

seminatural 半野生的,半天然的(seminaturalis)

seminatural community 半天然群落

seminatural vegetation 半天然植被

seminature sowing 半天然下种

seminicole (= seminicolous) 种子上生的(seminicolus)

seminiferous ①具种子的 ②有精子的(seminifer)

seminiferous scale 种鳞(squama fructifera)

seminiferous tubule dysgenesis 精细管萎缩症

seminific ①生种子的 ②生精子的(seminificus)

seminolipid 精脂

seminomadic 半游牧[部落]的(seminomadicus)

seminose (= D-mannose) 甘露糖[$C_6H_{12}O_6$]

semiochemical 化学信息的

semiochemicals 化学信息素

semiopaque 半透明的(semiopaquus)

semiopen impeller pump 半开式叶轮泵

semiorbicular 半圆形的,半球圆的(semiorbicularis)

semioval (= semiovate) 半卵形的(semiovalis)

semiovate 半卵形的(semiovatus)

semiparasite 半寄生物(semiparasita)

semiparasitic 半寄生的(semiparasiticus)

semiparasitic plant 半寄生植物(planta semiparasitica)

semiparasitism 半寄生[现象](semiparasitismus)

semipath 半通径{统计}

semiperiod 半周期
semipermanent 半永久的(semipermanens)
semipermeability 半透性(semipermeabilitas)
semipermeable 半透[性]的,半渗透的(semipermeabilis)
semipermeable membrane 半透膜(membrana semipermeabilis)
semiplant 中间工厂(semiplanta)
semipneumatic tire 半充气轮胎
semipolar bond 半极性键
semiportable sprinkler 半移动式喷灌机
semipreparative 半制备的(semipreparativus)
semipreparative column 半制备柱{生技}
semipreparative separation 半制备分离
semiproduct 中间产品,半成品(semiproducere)
semiprolific hybrid 半多育杂种
semipupa 先蛹
semipurified 半纯化的
semiquadrivalent 半四价染色体(semiquadrivalens)
semiquantitative 半定量的(semiquantitativus)
semiquantitative model 半定量模型
semiquantitative spectrometric analysis 半定量光谱分析
semiquinone 半醌
semiradiate 半辐射状的(菊科)(semiradiatus)
semiranching 半牧半农的,半牧半耕的
semiranching system 半牧半耕制
semirandom access memory 半随机访问存储器{电脑}
semireniform 半肾形的(semireniformis)
semirotary pump 摆动泵
semisagittate 半箭头形的(semisagittatus)
semisaprophyte 半腐生植物(semisaprophyta)
semisaprophytic 半腐生的(semisaprophyticus)
semisaprophytic parasite 兼腐生性寄生物
semiseparability 半可分离性(semiseparabilitas)
semiseparable 半可分离的,半可分开的(semiseparabilis)
semiseptate 半隔的(semiseptatus)
semishade 半阴
semishrub 半灌木,亚灌木
semisolid 半固体(态)的(semisolidus)
semisolid agar 半固体琼脂,软琼脂
semisolid carpel 半结实心皮(carpellum semisolidium)
semisolid grease 半凝滑脂
semisolid medium 半固体培养基
semisparkling wine 半起沫酒
semispecies 半种(具种与亚种间的特征)
semistable radical 半稳自由基
semistaminate 半雄蕊的(semistaminatus)
semisterility 半不育性(semisterilitas)
semisterility breeding behavior 半不育性育种行为
semisuperior ovary 中位子房(ovarium semisuperius)
semisynthetic ①半合成的 ②半合成物(semisyntheticus){生技}
semisynthetic diet 准合成饲料,半合成饲料
semisynthetic medium 半合成培养基
semiterete 半圆柱形的(semiteretus)
semitrivalent 半三价染色体(semitrivalens)
semitro seamer 半自动缝接机,半自动缝纫机
semitropical(= subtropical) 亚热带的(semitropicus)
semitropical army worm(= southern army worm) 亚热带黏虫[*Spodoptera eridania*(Cramer) = *Prodenia* or *Xylomyges*](夜蛾科)
semiturning plough 立垡犁
semiumbel 半伞形花序(semiumbella)
semivalvate 半瓣裂的(semivalvatus)
semiweekly ①一周二次的 ②一周二次出版物
semiwidth 半宽度
semixerophyte 半旱生植物(semixerophyta)
semizygosis 半合性
Semmen's fluid 色曼氏液{显技}
semolina 碎麦米,细麦粒,粗粒小麦粉(simila)
semolina gruel 碎麦米粥
semophytogeny 多源系统发育(semophytogensis)
semperaurescent 常金黄的(semperaurescens)
semperflorent 连续开花的(semperflorens)
semperflorent begonia 四季海棠(洋海棠)[*Begonia semperflorens* Link et Otto](秋海棠科)
sempervirent ①常绿的 ②常绿树(sempervirens)

sempervirentiherbosa 常绿草甸,常绿草本群落
sempervirentiprata 常绿草甸,常绿草本群落
sempervirine 常绿钩吻碱
senan sasa (= Kurilensis sasa) 信浓赤竹(千岛群岛赤竹)[*Sasa kurilensis* Makino et Shibata](禾本科)
sencibamine 麦角生物碱
send 发送{信息}
send-receive keyboard (**SRK**) 发送接收键盘
send state 发送状态
send time 发送时间
send window 发送窗口
Sendai virus (= hemagglutinating virus of Japan) (HVJ) 仙台病毒
Sendai virus and cell fusion 仙台病毒与细胞融合
Sendai virus mediated method 仙台病毒法
sender ①发送器 ②发送程序{信息}
sending 发送
seneca (= milkwort, senega, snake root) 美远志[*Polygala senega* L.](远志科)
seneca-snakeroot polygala 宽叶美远志[*Polygala senega* var. *latifolia* Torr. et Gray.]
senecifoline 千里光叶碱
senecio ①千里光属[*Senecio* L.](菊科) ②千里光[*Senecio scandens* Ham.]
senecio alkaloid 千里光生物碱
senecionine 千里光宁
seneciphylline 千里光菲灵
senescence 衰老(senescentia)
senescence analysis 衰老分析
senescence of functional type 功能型衰老
senescence of normal cell 正常细胞的衰老
senescent 衰老的,老旧的,陈化的(senescens)
senescent form 衰老型(forma senescens)
senescent leaf 衰老叶(folium senescens)
senescent plant 衰老植株(planta senescens)
senescent population 衰老种群,衰老群体(populatio senescens)
senescent tissue 衰老组织(tela senescens)
senile 变衰老的(senilis)
senile atrophy 老年萎缩
senile soil 老年土,衰竭土
senile tree 衰老树(arbor senilis)
senility 衰老(senilitas)
senior ①高级的 ②大型的 ③资格老的(senier)
senior programmer 高级程序员{电脑}
senior research scientist 高级研究员
senior solarspot 大型聚光灯
senior system analyst 高级系统分析员
senior system designer 高级系统设计员
senna ①山扁豆属[*Cassia* L.](豆科) ②山扁豆[*Cassia mimosoides* L.]
senno campion 剪秋罗[*Lychnis senno* Sieb. et Zucc.](石竹科)
sensation 感觉(sensatio)
sensation of acceleration 加速度感觉
sensation of color 彩色感觉,色感
sensation of position 位置觉
sensation scale 感觉尺度
sense ①感觉{植生} ②意义,有[意]义{分遗} ③检测,测定{气象} ④读出{信息}(sensus)
sense amplifier 读出放大器
sense buffer 读出缓冲器
sense circuit 读出电路
sense code 读出码
sense codon 有意义密码子
sense console 读出控制台
sense data ①传感数据,感觉数据 ②读出数据
sense digit line 读出数字线路
sense finding 测向
sense hair 感觉毛
sense light ①读出灯,阅读灯 ②感测灯
sense of cold 冷觉
sense of color 色觉
sense of form 对形状的感觉
sense of locality 对方位的辨识力
sense of location 位觉
sense of rotation 转动方向
sense of smell 嗅觉
sense of taste 味觉
sense of touch(= tactile sense) 触觉
sense organ 感觉器官
sense peg 感橛,感觉栓{昆虫}
sense plate 感觉板
sense pore 感觉孔
sense response ①读出响应 ②检测响应
sense signal ①读出信号 ②探问信号
sense strand 有义链
sense switch ①读出开关 ②检测开关,感测开关
sensibiligen 过敏原
sensibilin 原发过敏产物
sensibilisin 过敏素
sensibilisinogen 过敏素原,特异过敏原
sensibilization 敏化[作用](sensibilisatio)

sensible ①感觉的,感应的 ②敏觉的,灵敏的 ③感光的 (sensibilis)
sensible heat 感觉热,显热
sensible temperature 感觉温度
sensilla 感觉器 (sensillum 的复数) {昆虫}
sensing ①敏感 ②遥感 ③传感 ④读出 (sensens)
sensing element 传感元件,仿形机构
sensing technology ①遥感技术{遥感} ②读出技术{信息}
sensitive ①敏感的 ②感触的 ③感光的,感应的 ④灵敏的 (sensitivus)
sensitive application 敏感应用
sensitive bristle 感触刚毛
sensitive cell 敏感细胞
sensitive conjugation partner 敏感接合配偶
sensitive criterion 敏感标准
sensitive developmental period 敏感发育时期
sensitive-fern ①球子蕨属 [*Onoclea* L.] (水龙骨科) ②球子蕨 [*Onoclea sensibilis* L.]
sensitive individual 敏感个体
sensitive information 敏感信息
sensitive instrument 灵敏仪器
sensitive mating partner 敏感交配配偶
sensitive measure 敏感度量
sensitive operator 敏感操纵基因
sensitive organ 感觉器官 (organa sensibilis)
sensitive paper 感光纸 (papyrus sensibilis) {显技}
sensitive period 感应期,敏感期 (periodus sensibilis)
sensitive pick-up 传感器,敏感元件
sensitive pit 触孔 (porus sensibilis)
sensitive plant ①含羞草 [*Mimosa pudica* L.] (豆科) ②敏感植物 (planta sensitiva)
sensitive plant species 敏感植物种 (species plantae sensitivae)
sensitive plate 感光板
sensitive response 敏感反应
sensitive spot 灵敏点
sensitive strain ①敏感品系 ②敏感菌株
sensitive to frost 易受冻害
sensitive volume 敏感体积,感应容量 (volumen sensibile)
sensitiveness 敏感性 (sensibilitas)
sensitivity ①敏感性 ②灵敏度 (sensitivitas)
sensitivity analysis 灵敏度分析
sensitivity assessment 敏感性评估(定)
sensitivity coefficient 灵敏度系数
sensitivity control 灵敏度控制
sensitivity equation 灵敏度方程
sensitivity factor 敏感系数
sensitivity for radiation 辐射敏感性
sensitivity function 灵敏度函数
sensitivity ratio ①灵敏度 ②灵敏率
sensitivity to day length 日长敏感性
sensitivity to nursery days 秧田日数敏感性
sensitivity to temperature 温度敏感性,感温性
sensitivity to ultraviolet light 紫外光敏感性
sensitization 敏化[作用],敏感[作用],感应[作用] (sensitisatio)
sensitization test 敏感试验
sensitized bacteria 致敏细菌
sensitized cell 致敏细胞
sensitized material ①敏化材料 ②敏感物质
sensitizer 敏化物
sensitizing agent 敏化剂
sensitizing dye 增感染料{遥感}
sensitizing mutation 敏化突变
sensitometer 感光计
sensitometry ①感光测定 ②感光测定法 (sensitometrica)
sensor ①传感器 ②感受器 ③敏感元件 ④仿形器 ⑤读出器 (sensorium)
sensor-based I/O control block (**SBIOCB**) 基于传感器的输入输出控制块{电脑}
sensor chip 传感器[芯]片
sensor electronics 传感器电子学
sensor element 传感元件,敏感元件
sensor gene 敏感基因
sensor matching transformation 遥感器匹配变换{遥感}
sensor network 遥感器网络
sensorimotor coordination 感觉运动协调
sensorineural hearing 空气传导听觉
sensorium (= sensor) ①感觉器 ②传感器
sensory ①感觉的,知觉的 ②感官的,官能的 ③传感的 (sensoris)
sensory adaptation 感觉适应 (adaptatio sensitiva)
sensory analysis 感官分析 (analysis sensoris)
sensory channel 感觉通道 (via sensitiva)
sensory coding 感觉编码{分遗}
sensory control 传感控制{电脑}
sensory cortex 感觉皮层 (cortex sensitivus)
sensory deprivation 感觉隔绝 (deprivatio

sensitiva)
sensory epithelium 感觉上皮（epithelium sensitivum）
sensory hair ①（= sensitive hair） 感触毛｛解剖｝②（= sense hair）感觉毛｛昆虫｝
sensory hierarchy 传感层次
sensory information 感觉信息（informatio sensitiva）
sensory isolation 感觉隔绝
sensory nerve 感觉神经
sensory organ（= sensitive organ） 感觉器官（organa sensitiva）
sensory quality evaluation 感官品质评价
sensory receptor 感觉感受器
sensory test（= sensorial test） 感官鉴定，官能试验
sensory threshold 感觉阈
sensory transduction 感觉转导
sentinel 标记（sentinella）
sentinel silver fir 塔形银枞［*Abies alba* var. *pyramiolalis* Voss. f.］（松科）
sentry palm ①守卫棕属［*Howea* Beec.］（棕榈科）②守卫棕［*Howea forsterana* Beec.］
sepal 萼片（sepalum）
sepal bundle 萼片维管束（fasciculus sepalosus）
sepaled 有萼片的（sepalus）
sepalody 萼片化（sepalodia）
sepaloid 萼片状的（sepaloideus）
sepalous 有萼片的（sepalus）
separability 可分性（separabilitas）
separable 可分［开］的，可分离的（separabilis）
separable characteristic 可分特性
separable code 可分离代码｛电脑｝
separable graph 可分图
separable image transform 可分离影像变换｛遥感｝
separable kernel 可分离核
separate ①分离，分开 ②单独，独立（separare）
separate assembly 独立汇编程序｛电脑｝
separate bus 分离总线｛信息｝
separate chromosome 单独的染色体
separate cistron 单独顺反子｛分遗｝
separate collection 分别收集｛环保｝
separate flower 单性花（flosunisexualis）
separate game 分离对策
separate haulm elevator （甜菜收获机）茎叶分离升运器
separate polypeptide chain 分开的多肽链｛分遗｝
separate probable error method 单独概差法｛统计｝
separate ridge ploughing 分垄耕作，耬耕，腹耕
separate sewage system 分流沟渠系统｛水利｝
separate sewer 分流制污水管｛环保｝
separate sludge digestion 分离污泥消化，专用污泥消化｛环保｝
separate surface 分离面
separate system 分流系统，分流制｛环保｝
separate the seedlings for planting 分秧
separate water supply system 分开供水系统｛环保｝
separated ①分离的（separatus）②分裂的，全裂的（divisus）
separated clock 分离时钟
separated eustele 分裂真中柱（eustela divisa）
separated-gang cultivator 分组式中耕机
separated gas loaded accumulator 分隔气体蓄能器
separated graphics 分离图形
separated milk 分离乳
separated region 分隔区域
separated stele 分裂中柱（stela divisa）
separating ①离心脱乳脂（乳液澄清）②分离（separsens）
separating and stripping the ears of grain 摘穗，剥穗
separating area ①分离区 ②分离面积
separating beater 分离逐禾轮
separating cylinder ①分选滚筒 ②圆筒分选筛
separating fruit 分果（schizocarpium）
separating funnel 分液漏斗
separating gel（= separation gel） 分离胶
separating grid 分离筛
separating hyperplane 分离超平面
separating machine 分离机
separating mechanism 分离装置
separating ratio 清选率，分选率
separating screen 分离筛，清选筛
separating system 分离系统
separating tank 沉淀箱
separating the cream（= separating cream） 分离奶脂，脱脂
separating the ram from the ewe 隔羝（公羊从母羊处隔离出来）
separation ①分离 ②分选，分类，分级（separatio）
separation barrel 分离滚筒

separation disc 分离盘
separation distance 间距
separation failure 分离破坏
separation layer（= abscission layer） 离层
separation negative 分色负片{遥感}
separation of copulating moth （交配）拆对{蚕}
separation of grain from straw 脱粒（谷粒自秆上分离）
separation of homologous chromosome 成对染色体分离
separation of strains 品系分离
separation principle 分离原理{遗传}
separation property 分离性
separation science 分离科学
separation theorem 分离定理{遗传}
separation theory 分离说{遗传}
separation weir 分离堰{环保}
separator ①（液体）分离器 ②分级机 ③脱粒机 ④（脱粒机）逐稿器 ⑤谷物清选机 ⑥清棉机 ⑦（巢蜜格间的）隔离栅 ⑧分离符，分隔符 ⑨除尘器
separator press 分离压榨机
separator riddle 逐稿器
separatory funnel 分液漏斗
Sephadex 葡聚糖凝胶（商品名称）
Sepharose 琼脂糖（商品名称）
sepia 乌贼属［*Sepia*］（乌贼科）
sepia melanin 乌贼墨黑素
sepiapterin 墨蝶呤
sepiaria（= bael-fruit） ①印度枳属［*Aegle* L.］（芸香科） ②印度枳（木橘）［*Aegle marmelos*（L.）Corr.］
sepiment 围绕物
sepiolite 海泡石
sepium 篱笆的
sepsis 脓毒病
septal 隔膜的（septalis）
septal gland 隔膜腺（glandula septalis）
septal spore 隔膜孢子（spora septalis）
septanose ［氧］七环糖，环庚糖
septaploid 七倍体（septaploida）{细胞}
septaploidy 七倍性（septaploidas）
septate 具隔［膜］的（septatus）
septate fiber 分隔纤维（fiber septatus）
septate fiber tracheid 分隔纤维管胞（fibrotracheida septata）
septate junction 有隔接合（junctio septata）
septate mycelium 有隔菌丝体（mycelium septatum）
septate parenchyma cell 分隔薄壁细胞（cellula parenchymata septata）
septate tracheid 分隔管胞（tracheida septata）
septate wood fiber 分隔木纤维（lignofiber septatus）
septation 隔膜形成，分隔（septatio）
septem- ⌊字头⌉七
september clematis 厚叶铁线莲［*Clematis crassifolia* Benth.］（毛茛科）
septemdentate 具七齿的（septemdentatus）
septemfid 七分裂的（septemfidus）
septemjugous 七对的（叶片）（septemjugus）
septemlobate 七浅裂的，七圆裂的（septemlobatus）
septemlobate kalopanax 刺楸［*Kalopanax pictus* Nakai］（五加科）
septempartite 七深裂的（septempartitus）
septempetalous 七瓣的（septempetalus）
septenary 七进制（septenaris）
septenate 七出的，成七的（septenatus）
septentrionaline 北乌头碱
septic 腐败的（septicus）
septic arthritis（= joint ill） 驹关节病
septic fever 腐败热
septic poison 腐败毒
septic poisoning 腐败中毒
septic tank 下水池，化粪池，化污池
septicaemia（= septicemia）败血病［*Bacillus apisepticus*］
septicemia of newborn calves （新生）牛犊败血病
septicidal 室间开裂的（septicidus）
septicidal dehiscence 室间开裂的开裂性（dehiscentia septicida）
septicidality 室间开裂性（septicidalitas）
septicity ①腐败性 ②腐化性（septicitas）
septicization 腐化作用（septicisatio）{微生物}
septiferous 具隔的（septifer）
septifolious 七叶的（septifolius）
septiform 隔膜状的（septiformis）
septifragal 室轴开裂的（septifragus）
septifragal dehiscence 室轴开裂的开裂性（dehiscentia septifraga）
septifragality 室轴开裂性（septifragalitas）
septigenous ①形成隔膜的 ②具隔膜的（septigenus）
septivalent 七价的（septivalens）{遗传}
septocystidium 有隔囊状体
septorial blight 斑枯病（番茄）

septorial blight of adzuki bean 赤豆斑枯病 [*Septoria leguminum* Desm.]
septorial blight of celery 芹菜斑枯病 [*Septoria apii* (Brosi et Cav.) Chester]
septorial blight of chise 韭斑枯病 [*Septoria allii* Moesz.]
septorial blight of eggplant 茄斑枯病 [*Septoria lycopersici* Sepeg. = *S. melongenae* Saw.]
septorial blight of elm 榆树斑枯病 [*Septoria ulmi* Hara]
septorial blight of grape 葡萄斑枯病 [*Septoria ampelina* de Bary = *Elsinoe ampelina* (de Bary) Shear.]
septorial blight of grasses 牧草斑枯病 [*Septoria* sp.]
septorial blight of lettuce 莴苣斑枯病 [*Septoria lactucae* Pass.]
septorial blight of mugwort 艾斑枯病 [*Septoria artemisiae* Pass.]
septorial blight of mulberry 桑斑枯病 [*Septoria kuwaecola* Yendo]
septorial blight of raspberry 悬钩子斑枯病 [*Septoria rubi* West. = *Mycosphaerella rubi* (West.) Roark.]
septorial blight of rye 黑麦叶斑枯病 [*Septoria secalis* Prill. et Del.]
septorial blight of sorghum 高粱斑枯病 [*Septoria obtusa* Heald et Wolf]
septorial blight of sunflower 向日葵斑枯病 [*Septoria helianthi* Ell. et Kell.]
septorial blight of sweet potato 甘薯斑枯病 [*Septoria bataticola* Taub.]
septorial blight of tomato 番茄斑枯病 [*Septoria lycopersici* Sepeg.]
septorial blight of vetch 巢菜斑枯病 [*Septoria viciae* West.]
septorial blight of wheat 小麦斑枯病 [*Septoria nodorum* Berk. = *Septoria tritici* Rob. ex Desm.]
septorial brown spot of soybean 大豆褐色斑枯病 [*Septoria glycines* Hemmi]
septorial brown spot of sunflower 向日葵褐斑病 [*Septoria helianthi* Ell. et Kell.]
septorial leaf bloth 叶枯病(小麦)
septorial leaf spot 斑枯病(番茄)
septorial spot of buckthorn 鼠李斑枯病 [*Septoria frangulae* Guep.]
septorial spot of hemp 大麻斑枯病 [*Septoria cannabis* (Lasch.) Sacc.]
septorial spot of pea 豌豆斑枯病 [*Septoria pisi* West]
septorial spot of soybean 大豆斑枯病 [*Septoria sojina* Thuem.]
septorial spot of tomato 番茄斑枯病 [*Septoria lycopersici* Sepeg.]
septulum (= septule) 小隔膜
septum ①隔膜{解剖} ②体节隔膜{昆虫} ③隔片{生技}
septum (of comb) (巢脾)中心隔断
septuploid 七倍体(septuploida){细胞}
septuploidy 七倍性(septuploidas)
septutlate 具假隔膜的
sepulchral 基地的(sepulchralis){生态}
sepultate 埋生的(sepultatus)
sepulte 埋藏的(sepultus)
sequanator 序列测定仪,测序仪{分遗}
sequence ①序,顺序,次序{栽培} ②时序{气象} ③序列{分遗} ④排序,关联{电脑}(sequentia)
sequence alignment 序列对比
sequence analysis (= sequential analysis) ①顺序分析 ②序列分析
sequence break 序列断点
sequence by merging 合并排序
sequence chart ①时序图 ②程序图表 ③⌊复⌉关联图
sequence checking ①顺序检查 ②序列检验
sequence cipher 序列密码
sequence circuit 时序线路
sequence comparison 序列比较
sequence computer 顺序计算机,时序计算机
sequence control technique 顺序控制技术{农施}
sequence-controlled computer 程序控制计算机
sequence controller 顺序控制器
sequence-dependent determinant 依赖序列的决定子{分遗}
sequence-dependent epitope 依赖序列的表位(指抗原决定部位){分遗}
sequence determination 序列测定,测序{分遗}
sequence error 顺序错误
sequence gap 序列缺口{分遗}
sequence homology 序列同源[性]
sequence homology map 序列同源图
sequence hypothesis 序列假说{分遗}
sequence in time 时序
sequence isomer 序列异构体
sequence ladder 序列梯
sequence length 序列长度
sequence map ①序列图{分遗} ②顺序映射{电脑}
sequence monitor 顺序监督程序

sequence mutagenesis 序列突变发生
sequence number 顺序号
sequence of bud 芽序{形态}
sequence of development 发育顺序
sequence of mutational site 突变位点序列
sequence of operation 操作程序,工作程序
sequence of operator 操纵基因序列
sequence of phase 阶段顺序(指胁迫){生态生理}
sequence of phenophase 物候期顺序
sequence of signs 信号序列{电脑}
sequence of weather 天气序列,天气历[史演]变
sequence packing 顺序组装{电脑}
sequence pattern 序列模式
sequence perturbation 序列微扰[法]{生技}
sequence power on 顺序加电{电脑}
sequence repeat 序列重复{分遗}
sequence robot 程控机器人,顺序机器人{物}
sequence signature 序列标记图
sequence similarity 序列相似性
sequence-specific DNA binding protein (SSDBP) 序列特异[性]DNA结合蛋白{分遗}
sequence specificity 序列特异性
sequence symbol 顺序符号{电脑}
sequence-tagged site (STS) 序列标志位点
sequence timer ①顺序接通继电器 ②程序装置 ③时序脉冲发生器
sequence unit 定序装置{电脑}
sequence valve 顺序阀
sequenced answer system 顺序应答系统{信息}
sequenced chain 有序链{电脑}
sequenced display 顺序显示
sequenced frame 有序画面,有序帧{电脑}
sequencer ①序列测定仪,测序仪{分遗} ②定序,排序{电脑}
sequencer shift 排序移位
sequencer soft 定序软件
sequencer unit 排序装置,定序器
sequencing ①序列测定,测序{分遗} ②定序,排序{电脑}(sequencens)
sequencing by hybridization (SBH) 杂交测序法
sequencing by merging 合并排序,归并排序{电脑}
sequencing control 顺序控制
sequencing criteria 定序准则
sequencing gel 序列测定凝胶,测序凝胶{分遗}
sequencing-grade reagent 序列测定试剂,测序试剂{分遗}
sequencing key 定序键,排序键{电脑}
sequencing ladder 序列测定梯,测序梯{分遗}
sequencing operation 时序操作
sequencing primer 序列测定引物,测序引物{分遗}
sequencing token 顺序记号
sequent ①继续的,继起的,连续的 ②相随的,结果的 ③跃后的(sequens)
sequent depth 跃后水深{环保}
sequent peaks 连续高峰{环保}
sequential ①序列的{分遗} ②顺序的,序贯的{统计} ③时序的{电脑} ④连续的{形态} ⑤逐次的{栽培}(sequentius)
sequential analysis ①序贯分析 ②逐次分析
sequential appearance 顺序状态
sequential batch processing 顺序成批处理,顺序批量处理{农管}
sequential branching type 连续分枝式
sequential chromatography 顺序层析[法]{生技}
sequential circuit 时序电路,时序线路{信息}
sequential cohesion 顺序内聚{生技}
sequential computer 时序计算机,顺序计算机,串行计算机
sequential cropping 连作
sequential culling 顺序淘汰{畜}
sequential cytodifferentiation 顺序细胞分化
sequential detection 顺序检测
sequential determinant 顺序决定子{分遗}
sequential enzyme 顺序酶
sequential enzyme induction 顺序酶诱导
sequential estimation 按序估计
sequential execution 顺序执行
sequential expression 顺序表达{分遗}
sequential extension 序贯扩充
sequential file 顺排文件{电脑}
sequential hypothesis test 序贯假设检验{统计}
sequential index 顺序索引
sequential leaf senescence 叶顺序衰老
sequential list 顺序表
sequential mutagenesis 顺序突变性
sequential network 时序网络{信息}
sequential notation 顺序表示法
sequential operation 顺序操作
sequential operator 顺序运算子,顺序运算符
sequential option 顺序选择
sequential organization ①序列组织 ②顺序组织
sequential pipeline 顺序流水线,顺序流动

sequential probability ratio test 序贯概率比率检验
sequential process 顺序过程
sequential processing 顺序加工
sequential queue 顺序排列,按序排队
sequential retrieval 顺序检索
sequential sampling 序贯取样,顺序取样,逐次分析
sequential scanning 顺序扫描
sequential search ①顺序查找 ②序贯搜索[法]
sequential selection 顺序选择{畜}
sequential test ①顺序测试 ②序贯检验
sequential unconstrained minimization technique (SUMT) 序贯无约束最小化技术{统计}
sequential update 顺序修改
sequestering association 隔绝联合
sequestration 隔离,分离(sequestratio)
sequoia (=redwood) ①红杉属[*Sequoia* Lindl.](松科) ②红杉[*Sequoia sempervirens* (Lamb.) Lindl.]
sequoia tannin (=sequoin) 红杉单宁
sequoiadendron (=big tree) ①巨杉属[*Sequoiadendron* Lindl.](松科) ②巨杉[*Sequoiadendron giganteum* (Lindl.) Buchholz]
sequum 黏粒聚积层
Ser (=serine) 丝氨酸
SER (=smooth endoplasmic reticulum) 光滑内质网,光面内质网{分遗}
seral 演替系列的(seralis){生态}
seral indicator 演替系列指示植物
seral stage 演替系列期
serch 锯材材积单位
sercite 绢云母
serclimax 演替系列顶极群落
sere 演替系列(serium){生态}
seredine 蛇根定
serein 晴空雨
serendip 夜乐甜蛋白
serglycan 丝甘聚糖
serial ①连续的,顺序的,序贯的{统计} ②系列的{遗传} ③成列的{形态} ④成套的{农施} ⑤串行的{信息}(serialis)
serial accessory bud 成列副芽(gemma accessoria serialis)
serial accumulator 串行累加器
serial action 顺序动作
serial arrangement 成列排列
serial communication controller 串行通信控制器
serial computer (=series computer) 串行计算机
serial correlation 连续相关
serial digital computer 串行数字计算机
serial dilution 连续稀释
serial frame camera 系列画幅式相机{遥感}
serial gene 系列基因
serial hand tap 成套手用丝锥
serial homology 系列同源(homologia serialis)
serial I/O (=serial input/output) 串行输入输出
serial irregular multiplication 连续不规则繁殖(multiplicatio irregularis serialis)
serial logic 串行逻辑{电脑}
serial mouse 串行鼠标{电脑}
serial number 连续编号
serial printer 串行打印机
serial section 连续切片{显技}
serialization ①系列化,串行化,连续化 ②编序,顺序化 ③逐次化(serialisatio)
serializer/deserializer (SERDES) 串行器/解串器{电脑}
serially reusable 可连续再用的,可连续重用的
serially reusable resource (SRR) 可连续重用资源
serialograph X线连续摄影器
seriate ①列的,层的,轮的 ②连续的,顺序的 ③绢毛(seriatus)
seriation 系列化(seriatio)
sericea lespedeza 绢毛胡枝子(尖叶铁扫帚)[*Lespedeza cuneata* G. Don](豆科)
sericeous ①被绢毛的 ②绢质的(sericeus)
sericeous bird cherry 绢毛粗梗稠李[*Prunus napaulensis* var. *sericea* Batal.](蔷薇科)
sericeous tall stewartia 多毛日本紫茎[*Stewartia monadelpha* f. *sericea* Hora.](山茶科)
sericiferous 具丝质的,具绢质的(sericifer)
sericin ①丝胶{蚕} ②丝胶蛋白[$C_{15}H_{25}O_3N_5$]
sericin farm household 养蚕农家
sericin full-time farm household 养蚕专业农家
sericitization 绢云母化(作用)(sericitisatio)
sericophyllous 丝状叶的(sericophyllus)
sericultural ①养蚕的 ②蚕丝业的(sericulturalis)
sericultural industry 蚕丝业
sericulture ①养蚕 ②养蚕学 ③养蚕业(sericultura)

sericulturist ①养蚕者 ②养蚕学家,养蚕工作者 (sericulturistus)
series ⌊复⌉(不加 s) ①顺序,排列,序列{显技} ②(品种)系{育种} ③轮,列,层{形态} ④级数{统计} ⑤系列,系组,组{栽培} ⑥串联,串行{信息}
series circuit 串联电路
series coil 串联线圈
series connection 串联
series expansion 级数展开{统计}
series gate 串联门{电脑}
series incubator 多室孵卵器
series machine 串行计算机
series number 系列号
series of colors 颜色系列
series of techniques 技术序列
series-parallel circuit 串并联电路
series section 连续切片{显技}
series-shunt network 串行分支网络
serif (=ceriph) 衬线
serine (Ser) 丝氨酸 [HO·CH_2·CH·(NH_2)COOH]
serine biosynthesis 丝氨酸生物合成
serine deaminase 丝氨酸脱氨酶
serine dehydrase 丝氨酸脱水酶
serine esterase 丝氨酸酯酶
serine phosphatide 丝氨酸磷脂
serine protease inhibitor 丝氨酸蛋白酶抑制剂
serine proteinase (=serine protease) 丝氨酸蛋白酶
serine-threonine kinase 丝氨酸-苏氨酸激酶
serine-threonine phosphatase 丝氨酸-苏氨酸磷酸酶
serine transhydroxymethylase 丝氨酸转羟甲基酶
seringa 三叶胶 [*Hevea brasiliensis* Muell. et Arg.](大戟科)
serious damage 严重损害
serious forest damage 严重森林损害,严重林害
serious problem 严重问题
serious wound 重伤
serisse ①六月雪属 [*Serissa* Comm.](茜草科) ②六月雪(白马骨) [*Serissa serissoides* (DC.) Druce]
sero- ⌊字头⌉血清
sero-immunity 血清免疫
seroconversion 血清转变 (seroconversio){分生}
serodiagnosis 血清学诊断
seroglycoid 血清糖蛋白
serological 血清[学]的 (serologicus)
serological characteristics 血清特点
serological classification 血清分类
serological genetics 血清遗传学
serological prediction 血清预测
serological property 血清特性
serological reaction 血清反应
serological specificity 血清专效性
serologist 血清学家 (serologistus)
serology 血清学 (serologia)
serolysin 血清溶解素
seromucoid 血清黏蛋白
seroprevalence 血清阳性率
serosa 浆[液]膜{蚕}
serotherapy 血清疗法 (serotherapia)
serotinal ①迟季的,晚夏的 ②迟开花的,晚熟的 (serotinus)
serotinal aspect 迟季相,中秋相
serotinus flatsedge 迟花莎草 [*Cyperus serotinus* Rottb.](莎草科)
serotiny 闭果性 (serotinia)
serotonin (5-HT) 5-羟色胺,瑟绕通宁
serotonin and uterine contraction 5-羟色胺与子宫收缩
serotonin-N-acetyltransferase 5-羟色胺-N-乙酰转移酶
serotoxin 血清毒素
serotype 血清型 (serotypus)
serous ①浆液的,血清的 ②浆液性的,浆液状的 (serosus)
serous effusion 浆液性渗出物
serovar 血清变型
seroxide group [肽链]丝氧基{分生}
serpent 大蛇,巨蛇 (=giant serpentine)
serpent agapetes 匍匐树萝卜 [*Agapetes serpens* sp.](杜鹃花科)
serpent cucumber (=serpentine cucumber) 蛇[甜]瓜
serpent gourd 蛇瓜 [*Trichosanthes anguina* L.](葫芦科)
serpent melon 菜瓜 [*cucumis melo* var. *flexuosus* Naud.](葫芦科)
serpent radish 鼠尾萝卜 [*Raphanus sativus* var. *caudatus*](十字花科)
serpent root ①鸦葱属 [*Scorzonera* L.](菊科) ②鸦葱(雅葱) [*Scorzonera glabra* Rupr.]
serpent-wood (=snake wood, East Indian serpent-wood) 蛇根木 [*Rauwolfia serpentina* Bentham ex Kurz.](夹竹桃科)
serpentine ①蛇状的,螺旋形的,盘旋的,蜿蜒的 ②蛇纹石,蛇纹岩 ③蛇根碱,利血平 (serpentinus)

serpentine cucumber (= snake cucumber) 蛇[甜]瓜 [*Cucumis fiexuosus* L.] (葫芦科)
serpentine domain 螺旋形磁畴{电脑}
serpentine flora 蛇纹岩植物区系 (flora serpentina)
serpentine-fused phosphate 钙镁磷肥
serpentine layering 波形压,蛇状压
serpentine motion 爬行运动,蜿蜒运动{物}
serpentine ploughing (= serpentine plowing) 蛇形耕作,曲耕
serpentine rock 蛇纹岩{地质}
serpentine soil 蛇纹石土壤(指蛇纹石风化而成的)
serpentine stone 蛇纹石
serpentinine 蛇根碱,利血平
serphid ①细蜂 ②⌊复⌉细蜂科 [Serphidae]
serpiform 蛇形的 (serpiformis)
serpine 蛇根平
serradella 鸟足豆(田禽足草) [*Ornithopus sativus* Brot.] (豆科)
serrados 巴西稀树草原
serrate ①有锯齿的 ②刻齿的,刻齿纹的 (serratus)
serrate antenna 锯齿状触角 (antenna serrata)
serrate-flowered 锯齿状花的 (serratiflorus)
serrate-leaved 锯齿状叶的 (serratifolius)
serrate longicorn beetle 锯天牛 [*Prionus insularis* Motschulsky] (天牛科)
serrate loquat 齿叶枇杷 [*Eriobotraya serrata* Vidal] (蔷薇科)
serrate-margined looper moth 栉缘尺蛾 [*Angerona aexaria* Walker] (尺蛾科)
serrate-margined stink bug 栉缘锯蝽 [*Megymenum gracilicorne* Dallas] (蝽科)
serrate winged hawk moth 栉翅天蛾 [*Amorpha amurensis* Staudinger] (天蛾科)
serrated arm 锯形臂{生技}
serrated disk 锯齿圆盘
serrated edge harrow 缺口圆盘耙
serrated guard 刻齿割刀护刃器
serrated ledger plate 齿刃定刀片
serrated roller ①槽纹滚筒 ②齿形辊
serrated section knife (切割器)刻齿动刀片
serrated section sickle 齿刃刀片动刀
serrated tooth (= serrated section) 齿刃动刀片
serratia marcescens 黏质沙雷氏菌 [*Serratia marcescens* Bizio] (沙雷氏菌族)
serration (= serrature) 锯齿 (serratura)
serratus clubmoss 蛇尾草(千层塔) [*Lycopodium serratum* Thunb.] (石松科)
serried row planting 密植
serrulate 有细锯齿的 (serrulatus)
serrulate pear 麻梨 [*Pyrus serrulata* Rehd.] (蔷薇科)
serrulation 细锯齿式 (serrulatio)
serrulatus manateegrass 具细锯齿丝粉藻 [*Cymodocea serrulata* Asch. et Magn.] (丝粉藻科)
sertiform 伞形的 (sertiformis)
serum 血清
serum accelerator 血清促凝素
serum albumin 血清清蛋白
serum amyloid A (**SAA**) 血清淀粉状蛋白 A {分生}
serum blocking power 血清封阻力
serum dependence 血清依赖性
serum diagnostics 血清诊断法
serum factor 血清因子
serum-free medium (= serumless medium) 无血清培养基
serum globulin 血清球蛋白
serum hepatitis 血清性肝炎
serum IgA 血清免疫球蛋白 A,血清 IgA
serum medium 血清培养基
serum precipitin reaction 血清沉淀素反应
serum protection test 血清保护试验
serum protein 血清蛋白
serum prothrombin conversion accelerator (SPCA) (凝血酶原)转变加速因子,凝血因子Ⅶ
serum requirement for cancer cells 肿瘤所需要血清
serum requirement for in vitro cell growth 离体细胞生长所需要血清
serum sickness 血清病
serum therapy 血清疗法
serve ①交配,交尾 ②合用,适用 ③伺服
serve surface 伺服面{电脑}
server grabbing 服务器捕捉
server network 服务器网络
server operator 服务器操作员
server service 服务器服务{智培}
server utilization 服务器利用[率]
server workstation 服务工作站
service ①交配 ②技术保养 ③服务 ④利益 ⑤装置,器件 ⑥接户供水管 (servitum)
service acceptor 服务接受者{信息}
service access point (**SAP**) 服务访问点

service aisle （畜舍的）工作通道
service area ①服务区域｛环保｝②有效区｛信息｝
service berry ①（= shadbush） 扶移属［*Amelanchier* Medic.］（蔷薇科）②扶移［*Amelanchier sinica*（Schneide）Chun］
service boar（= breeding boar, stock boar）种公猪
service book 维护手册，维修手册
service brake 行车时使用的制动器
service cable 服务电缆｛信息｝
service capacity 服务能力
service car 修理工程车
service ceiling 飞行高度
service center 服务中心，服务站
service computer 主计算机
service connection 接户沟管｛环保｝
service crate ①配种笼，配种板条箱 ②配种架，配种场
service department 服务部
service depot 修理站，保修站
service drain 用户排水道｛环保｝
service duct 保修导管｛环保｝
service engineering 服务工程
service fee 配种费
service free 无需保养
service garage 保养站
service gate 用户接水管闸门｛环保｝
service header 用户集管｛环保｝
service hours ①维护时间 ②服务时间
service integration 服务一体化
service layout 用户管线布置｛环保｝
service level ①服务水平｛信息｝②供货水平｛农管｝
service life 使用寿命，使用期限
service manual 维修手册，使用手册
service menu 服务菜单｛电脑｝
service meter 维护记录仪表
service of Public Lands 国有土地管理处
service of the loan 出借业务，放债业务
service passage ［畜舍内的］工作通道
service period 配种期
service pipe 用户水管｛环保｝
service point（**SP**） 服务点
service protocol 业务协议｛信息｝
service pump 备用泵，辅助泵
service rack 洗车台，保养台
service register 通话计数器｛信息｝
service sequence 使用顺序
service station 配种站
service tank 常用箱
service temperature 使用温度
service test 使用试验，运行试验
service tree ①花楸属［*Sorbus* L.］（蔷薇科）②（= sorb tree）花楸［*Sorbus domestica* L.］
service unit ①使用单位 ②服务单位
service valve 备用阀
service water 户用水｛环保｝
serviceability ①可用性，适用性 ②维修保养方便
serviceable life 使用寿命，使用期限
services per conception 每次受胎的配种次数
servicing ①服务 ②维修，保养 ③配种
servicing costs（= serving costs） 配种费用
servicing system ①服务系统 ②维护系统
servicing system of intelligent crop production 作物智能栽培［学］的服务系统｛智培｝
servicing time ①维护时间 ②预检时间
serving（= covering, mating） 交配，交尾
servo- ⌞字头⌝伺服
servo（= servomechanism） ①伺服，伺服机构，伺服装置 ②随动系统｛电脑｝
servo analyzer 伺服［系统］分析器
servo arm robot 伺服臂机器人
servo control 伺服控制
servo theory 伺服理论｛电脑｝
servo track writer（**STW**） 伺服道录写器
servo typer 电动打字机，伺服印字机
servo unit 伺服机构
servoanalog computer 伺服模拟计算机
servobrake 加力制动器
servocomponent 伺服部件
servocontrol（= servo control） 伺服控制
servocontrolled search 伺服控制搜索
servocontroller robot 伺服控制机器人
servodisk 伺服磁盘
servogovernor 伺服调速器，继动调速器
servohead 伺服头｛信息｝
servohydraulic actuation 液压伺服动作机构
servointegrator 伺服积分器
servomanipulator 伺服机械手
servomechanism 伺服机构，随动机构
servomotor ①伺服电动机 ②继动器
servopump 伺服泵
servosensing 伺服传感
servosensing control 伺服传感控制
servosystem 伺服系统
servounit 伺服机构
servovalve 伺服阀
sesame ①芝麻属［*Sesamum* L.］（芝麻科）②芝麻［*Sesamum indicum* L.］
sesame bacterial wilt 芝麻青枯病［*Pseud-*

omonas solanacearum Smith]
sesame cake (=sesame oil cake) 芝麻油粕,芝麻油饼
sesame defoliation 芝麻打叶
sesame defoliation period 芝麻打叶期
sesame distance between rows 芝麻行距
sesame distance between stand 芝麻株距
sesame drill 芝麻条播机
sesame drilling seed 芝麻条播
sesame elite 芝麻原种
sesame growing ①芝麻栽培 ②芝麻栽培学
sesame hiller 芝麻培土器
sesame leaf beetle 芝麻红叶甲 [*Ootheca mutabilis* Sahib.](叶甲科)
sesame meal 芝麻油粕
sesame moth (=sesame sphinx) 芝麻天蛾 [*Acherontia styx* Westwood](天蛾科)
sesame oil 芝麻油,香油
sesame oil extraction 芝麻油提取
sesame oil meal 香油粕粉
sesame pinching 芝麻打尖
sesame root grub 芝麻锈鳃角金龟 [*Holotrichia helleri* Brenske](鳃角金龟科)
sesame rotation system 芝麻轮作制
sesame row spacing 芝麻行距
sesame seedling emergence rate 芝麻出苗率
sesame shoot borer (=whitepatched leaf-feeding moth) 芝麻芽蛀螟 [*Antigastra catalaunalis* Dup.](螟蛾科)
sesame soy 芝麻酱
sesame stalk 芝麻秆
sesame stink bug 芝麻黑腹蝽 [*Eysarcoris ventralis* Westwood](蝽科)
sesame times of defoliation 芝麻打叶次数
sesame topping time 芝麻打顶期
sesamex 增效菊(增效剂) [$C_{15}H_{22}O_6$]
sesamin 增效敏,芝麻明(增效剂) [$C_{20}H_{18}O_6$]
sesamoid 芝麻粒状的 (sesamoides)
sesamoid bone 子骨
sesamolin 芝麻啉(增效剂) [$C_{20}H_{18}O_8$]
sesamum oil 芝麻油
sesbania ①田菁属 [*Sesbania* Scop.](豆科) ②田菁 [*Sesbania cannabina* (Retz.) Pers. = *S. aculeata* Pers.]
Sesine 赛信(除草剂) [$C_{15}H_{12}Cl_2O_3$]
sesone (=2,4-Des-Na) 2,4-滴硫钠
sesqui- ⌊字头⌉一倍半,一又二分之一
sesquialter 多一半的
sesquidiploid 倍半二倍体 (sesquidiploida)
sesquihybrid 四分之三杂种 (sesquihybrida)
sesquioxide 倍半氧化物
sesquioxide clay 铁铝性黏粒
sesquipedalian 很长的 (sesquipedalius)
sesquiterpene 倍半萜 [$C_{15}H_{24}$]
sessile 无柄的 (sessilis)
sessile algae 无柄藻类 (algae sessiles)
sessile alternanthera 虾钳菜(莲子草) [*Alternanthera sessilis* DC.](苋科)
sessile antibody 联胞抗体
sessile-flowered oak (=durmast) 无梗花栎
sessile hair 无柄毛 (pilus sessilis)
sessile inflorescence 无柄花序 (inflorescentia sessilis)
sessile leaf 无柄叶 (folium sessile)
sessile organism 固着生物 (organismus sessilis)
sessile pilose pappus 无柄丝状冠毛 (pappus pilosus sessilis)
sessile plumose pappus 无柄羽状冠毛 (pappus plumosus sessilis)
sessile primrose 球花报春 [*Primula sinodenticulata* Balf. f.](报春花科)
sessile species 无柄种(指烟草)
sessile spikelet 无柄小穗 (spicula sessilis)
sessile stamen 无柄雄蕊 (stamen sessilis)
sessile stemona 直立百部 [*Stemona sessilifolia* Miq.](百部科)
sessile stigma 无柄柱头 (stigma sessilis)
sessiliflorus crotalaria 无柄花猪屎豆 [*Crotalaria sessiliflora* L.](豆科)
session ①对话,会话,对话期 ②会议 ③约定 (sessio){信息}
session activation 会话活动
session control (**SC**) 对话控制
session date 对话日期
session information block (**SIB**) 通话信息块
session information retrieval (**SIR**) 会晤信息读取
session manager (**SM**) ①对话管理程序 ②会晤管理器
session termination 会话终止,对话中止
set ①种植栽植材料(如块茎等) ②插条,苗木,实生苗 ③结实 ④组 ⑤调整,安置 ⑥(潮流)方向 ⑦设定,设置,装置,置位,置"1" ⑧集,集合 ⑨凝固
set assembling 总成装配
set asynchronous balanced mode (**SABM**) 建立异步平衡方式{电脑}
set asynchronous response mode (**SARM**) 建立异步响应方式
set back ①阻碍,阻止 ②花费 ③位差 ④生长

缓慢 ⑤收进{环保} ⑥红线(城市建筑业用)
set collar (轴)定位圈,固定轴环
set fire 点火
set fishing gear 定置渔具
set fruit 坐果,结实
set in fiberlayers 纤维固定
set into crust 使成土壳,结壳(指土壤)
set logic 置位逻辑{电脑}
set name ①集名 ②系名 ③组名
set norm 设定标准
set of chromosome 染色体组{细胞}
set of machines 机组{环保}
set-off 断开,断流
set operation 数据集操作{电脑}
set out ①定植,移植 ②陈列,展示
set percentage 结实率
set plant 定植
set point ①调节点,调整点{电脑} ②设定值,给定值{信息}
set-point control 设定值控制
set-point temperature 调节点温度
set-reset flip-flop (**SR flip-flop**) SR 触发器,置"I"置"O"触发器{电脑}
set reset pulse 置位复位脉冲
set-screw 固定螺钉,定位螺钉
set seeds 结子
set square 曲尺
set stocking 定牧
set up ①安排,编排 ②建立,设置,配置,装配,安装 ③调整 ④体系,系统,组织 ⑤种植,栽植
set up around 四周种植,周植
set-up boundary stone 立界石,立界标
set-up cost 安装费,装配费
set-up diagram 设置图,装置图
set-up error 调整误差{统计}
set-up processor 建立处理机
set-up time ①安装时间,调整时间 ②建立时间,准备时间,设置时候
set zero 置零,置"0"{电脑}
seta ①蒴柄 ②刚毛
seta of chromosome 染色体刺毛
setaceous ①刚毛状的 ②鞭状的 (setaceus)
setaceous antenna 鞭状触角 (antenna setaceosa)
setal 有刚毛的,有刺毛的
setback 价格暴跌
setiferous 具刚毛的 (setifer)
setiform 刚毛状的,刺毛状的 (setiformis)
setigerous 具刚毛的 (setigerus)
setose 有刚毛的,有刺毛的 (setosus)
setose asparagus 文竹 [*Asparagus setaceus* (Kunth) Jessop] (百合科)
sett root 种苗根(指甘蔗)
settable ①可置位的,可安置的 ②可定位的 (settabilis)
settable count 可置位计数
setter ①栽植机,种植机 ②安装工具,装定器
setterwort (= stinking hellebore) 臭嚏根草(熊足嚏根草) [*Helleborus foetidus* L.] (毛茛科)
setting ①栽植 ②下沉 ③调整 ④安装
setting-board 展翅板
setting cloth 装夹布{狩猎}
setting depth ①栽植深度 ②埋深
setting free the crown 树冠疏枝,树冠透光伐
setting fruit 坐果
setting-in of bai-u 入梅,入霉{气象}
setting in seedling 插秧
setting iron 齿钳,整齿钳子(指锯齿)
setting method 静置法
setting of plants 栽植,定植
setting of plough 装犁
setting of saw 整[锯]齿
setting out 测定,定线
setting percentage 结实率
setting point 凝固点
setting ratio 成果率
setting seeds 结籽
setting temperature 凝固温度,固化温度
setting time ①凝固时期,固化时间 ②建立时间,置位时间
setting up of boundary stone 界石设置
setting value 数值设定,置数值
settle ①残渣 ②沉淀 ③下沉 ④稳定,固定 ⑤结团(指分蜂时蜜蜂飞聚到一处) ⑥调整,调度
settle out ①沉下 ②澄清
settleability 可沉降澄清性{环保}
settleable 可沉降的 (settleabilis)
settleable solids 可沉降固体{环保}
settled sewage 沉淀污水{环保}
settled weather 稳定天气
settlement ①[植物]集落 ②沉淀,沉降 ③清偿 ④解决 ⑤村庄 ⑥开拓区 ⑦拓荒者 (settlementum)
settlement ratio 沉降率
settlement tank 沉淀池(指二次的){环保}
settler ①沉淀剂 ②沉淀器
settler's land 定植地
settling ①沉降,沉淀 ②稳定
settling area 沉淀面积
settling basin 沉淀池

settling bowl 沉淀杯
settling capacity 沉降容积{环保}
settling chamber ①沉降间 ②降尘室{环保}
settling characteristics 沉降特性
settling compartment 沉降间{环保}
settling curve 沉降曲线{环保}
settling efficiency 沉降效率
settling matter 沉降物
settling method 重力沉降法{环保}
settling of nomades 游牧民定居
settling particle 沉降粒子(颗粒){环保}
settling rate 沉淀速率,沉降速率
settling sump 沉淀池,澄清池
settling tank 沉淀槽,沉淀池,沉淀箱
settling time ①沉降时间{环保} ②稳定时间{电脑}
settling velocity 沉降速度
settling zone 沉降区{环保}
setule ①细刚毛 ②刚毛状囊状体 (setula)
setuliform 丝状的,线状的 (setuliformis)
setulose 细刚毛的 (setulosus)
setulose cherry 刺毛樱桃［*Prunus setulosa* Batal.］(蔷薇科)
seven-bit byte 七位字节{电脑}
seven-leaf creeper 异叶爬墙虎［*Parthenocissus heterophylla* (Bl.) Merr.］(葡萄科)
seven-lobe Japanese maple 七裂叶鸡爪枫［*Acer palmatum* var. *heptalobum* Rehd.］(槭树科)
seven-plot rotation 七区轮作
seven-plot system 七区制(指轮作)
seven sister rose 七姊妹[蔷薇]［*Rosa multifora* var. *platyphylla* Thory］(蔷薇科)
seven spot ladybird (= seven spotted lady beetle) 七星瓢虫［*Coccinella septempunctata* Linnaeus］(瓢虫科)
seven stars ①岩牡丹属［*Ariocarpus* Sheidse］(仙人掌科) ②岩牡丹［*Ariocarpus retusus* Sheidse］
seven transmembrane domain receptor 七跨膜域受体{生技}
seven-up 果汁汽水{加工}
seven-year plan 七年计划
sever ①切断 ②隔开
several 几个的 (severalis)
several-for-one 多对一,几个对一个
several rows 数列,数行(指玉米穗上的子粒行数)
severance-cutting (= severance-felling) 带状采伐(指为形成防风林缘在林分迎风面所进行的采伐)
severance felling 带状采伐{森林}
severe ①严重的,严厉的,严格的 ②艰难的,困难的 ③剧烈的,猛烈的,急剧的 ④恶劣的 ⑤淳朴的 ⑥紧凑的 (severus)
severe cold 严寒
severe desiccation 严重干化
severe error 严重错误
severe etch virus 重蚀纹病毒
severe frost 严霜
severe gale 厉风
severe heating 急剧加热
severe impairment 严重损害
severe injury 严重损害(伤)
severe line squall 强飑线
severe lodging 严重倒伏
severe loss 严重损失(指水分)
severe pruning 重剪(指修剪)
severe shrinkage 严重皱缩(指叶)
severe storm 猛烈风暴
severe test 严格试验
severe thunderstorm 猛烈雷雨
severe water deficiency 严重缺水
severe weather 恶劣天气
severe wilting 严重萎蔫
severe winter 严冬,隆冬
severing 切割,切断{生技}
severinia ①蠔壳刺属［*Severinia* Tenore］(芸香科) ②蠔壳刺(酒饼簕)［*Severinia buxifolia* (Poir.) Oliv. = *Atalantia buxifolia* (Poir.) Oliv.］
severity ①严重性,严酷性 ②严格 (severitas)
severity factor 严重程度因子
Seville orange (= sour orange) 酸橙［*Citrus aurantium* L.］(芸香科)
sevin (= carbaryl) 西维因
sew ①缝,缝合,缝缀 ②排水
sewage ①污水,污物 ②用污水灌溉{环保}
sewage analysis 污水分析
sewage characteristics 污水特性
sewage clarification 污水澄清
sewage discharge 排污水量
sewage disposal 污物清理,污水处理
sewage disposal plant (= sewage disposal works) 污水处理厂
sewage ejector 压气污水泵
sewage ejector submersible pump 喷射式潜入污水泵
sewage farm 污水处理场(做肥料)
sewage farming ①污水养殖 ②污水灌溉
sewage filed ①(污水)灌溉地 ②污水处理场
sewage filter 污水滤池

sewage flow 污水流[量]
sewage fungus 污水真菌
sewage irrigation 污水灌溉
sewage loading 污水负荷,污水加载
sewage oxidation pond 污水氧化塘
sewage pipe 污水管,沟管
sewage pisciculture 污水养殖{水产}
sewage plant (= sewage disposal plant) 污水处理厂
sewage pollution 污水污染
sewage powder 污泥粉,粪干
sewage preliminary settling tank 污水初次沉淀池
sewage processing (= sewage treatment) 污水处理
sewage pump 污水泵
sewage pumping plant (= sewage pumping station) 污水泵站
sewage purification 污水净化{环保}
sewage purifier 污水净化池
sewage quantity 污水量
sewage reservoir 污水库,污水池
sewage screen 污水隔筛,污水格网{环保}
sewage-sick 污水积滞{环保}
sewage sludge 污水污泥,污水淤泥
sewage sludge disposal 污水污泥排放
sewage sludge drying bed 污泥干化床
sewage sludge gas 污水污泥气体{环保}
sewage sludge incineration 污泥焚烧{环保}
sewage sludge treatment 污水污泥处理
sewage system ①污水系统 ②排水沟道{环保}
sewage tank 污水池
sewage treatment 污水处理
sewage treatment structures 污水处理构筑物
sewage utilization 污物利用
sewage water irrigation 污水灌溉
sewage works 污水厂
Sewall Wright effect 塞瓦尔莱特二氏效应,遗传漂变
sewer ①下水道,阴沟,沟渠,污水管,沟管②缝纫机,缝纫工人
sewer brick 沟砖{环保}
sewer district 沟渠区域,[市政]下水道区
sewer gas 下水道(发出)臭气,沟渠气体
sewer layout plan 沟渠分布图,下水道分布图
sewer manhole 沟渠检查井{环保}
sewer outlet 污水管出口
sewer pill 清沟球{环保}
sewer pipe 污水管,下水道管
sewer rat (= brown rat, Norway rat, common rat) 褐鼠[*Rattus novegicus* = *Epimys novegicus*]
sewer system 下水道系统,污水管系,排水沟道
sewer transition 沟管转变
sewer tunnel 污水管隧道
sewerage ①污水处理 ②排污工程,下水道工程,沟渠工程 ③下水道污物
sewerage engineering 排污工程,下水道工程,沟渠工程{环保}
sewerage system [城市]沟渠[工程]系统{环保}
sewing ①缝制品,缝制物 ②串线叶(烟叶)
sewing machine 缝纫机
sex- ⌊字头⌉六,性
sex 性,性别(sexus)
sex allele 性等位基因
sex attractant 性引诱剂
sex balance theory 性平衡说
sex cell 性细胞,配子(cellula sexualis)
sex character 性征
sex chromatin 性染色质
sex-chromatin body 性染色质小体
sex chromosome 性染色体
sex chromosome complex 性染色体群
sex-chromosome non-disjunction 性染色体不离开
sex-chromosome theory 性染色体说
sex comb 性梳
sex composite 雌雄嵌体
sex conditioned character 从性性状
sex control 从性,性控制
sex-controlled 从性的,性控制的
sex-controlled character 从性性状
sex-controlled inheritance (= sex-conditioned inheritance) 从性遗传
sex cycle 性周期
sex determination 性决定
sex determination polyploid plants 性决定多倍体植物
sex determination role of sex chromosomes 性染色体的性决定作用
sex-determining factor 性决定因子
sex-determining gene 性决定基因
sex determining reaction 性决定反应
sex determining substance 性决定物质
sex difference 性[别]差异
sex differential factor 性分化因子
sex differentiation 性[别]分化
sex digamety 性异配子型
sex dimorphism (= sexual dimorphism) 性二型性,雌雄异型

sex discrimination ①雌雄鉴别 ②雌雄分离
sex distortion 性比失常,性畸变
sex divergence 性反常
sex duction 性导(伴性导入)
sex effect on crossing-over 交换的性效应
sex expression 性表现
sex factor（F） 性因子
sex factor circularity 性因子环[状]性
sex factor denaturation 性因子变性
sex factor excision 性因子切割
sex factor genome size 性因子基因组大小
sex factor heteroduplex mapping 性因子异复式制图
sex factor incompatibility 性因子不亲和性
sex factor map 性因子图
sex factor number in cell 细胞性因子数
sex factor plasmid（F plasmid） 性因子质粒,F 质粒
sex factor relationship with R factors 性因子同 R 因子的关系
sex factor relaxation complex 性因子松弛复合体
sex factor replication 性因子复制
sex factor repression 性因子阻遏
sex factor repression by R factors 性因子受 R 因子阻遏
sex factor strand separation 性因子链分开
sex fimbrium 性伞毛,性绒毛
sex gene 性基因
sex-gene suppressor 性基因抑制因子
sex heterozygote ①性杂合体 ②性杂合子 ③性别杂种
sex hormone（= sexual hormone） 性激素
sex hormone binding globulin（**SHBG**） 性激素结合球蛋白
sex-index 性指数
sex-influenced 从性的
sex-influenced character 从性性状
sex-influenced dominance 从性显性
sex-influenced factor 从性因子
sex-influenced inheritance 从性遗传
sex-influenced trait 从性性状
sex inheritance 性遗传
sex isolation 性隔离
sex-limited 限性的
sex-limited action 限性作用
sex-limited character 限性性状
sex-limited chromosome 限性染色体
sex-limited inheritance 限性遗传
sex-limited lethal 限性致死
sex-limited race 限性种｛蚕｝
sex-limited selection 限性选择
sex linkage ①性连锁 ②伴性
sex-linkage inheritance 伴性遗传
sex-linked 伴性的
sex-linked character 性连锁性状,伴性性状
sex-linked gene 伴性基因
sex-linked inheritance 伴性遗传
sex-linked lethal 伴性致死[因子]
sex-linked lethal method 伴性致死方法
sex-linked trait（= sex-linked character） 伴性性状
sex-linked translucent silkworm 伴性油蚕
sex maturity（= sexual maturity） 性成熟（pubertas）
sex monogamety 性单配子型
sex mosaic 性嵌合体,雌雄嵌体,雌雄嵌合
sex organ（= sexual organ） 性器官（genitalia）
sex pheromone 性外激素,性信息素
sex piebald 性斑驳(花斑)(雌组织有雄性组成,分布全身)
sex pili（sex pilus 的复数)性菌毛
sex pili antigen 性菌毛抗原
sex pili pilin subunit 性菌毛菌毛蛋白亚单位
sex polygamety 性多配子型
sex ratio 性比[率]
sex ratio condition 性比[率]条件
sex realizer（= sex realizator） 性实现基因
sex regulator 性调节物
sex reproduction 有性生殖
sex-reversal 性转变,性反转
sex selection 性选择
sex substance 性物质
sex testing 性别检查
sex transformation 性转化
sex vesicle 性囊,性泡
sexandrous 六雄蕊的（sexandrus）
sexangular 六角的（sexangularis）
sexavalent（= sexivalent） ①六价的 ②六价染色体（sexavalens)｛细胞｝
sexed chicks 经过雌雄鉴别的小鸡
sexfarious 六列的,六行的（sexfarius）
sexfid 六半裂的（sexfidus）
sexidentate 具六齿的（sexidentatus）
sexilocular（= sexlocular） ①具六胞的 ②六室的（sexilocularis）
sexine 外层（sexina）
sexing ①雌雄鉴别｛禽｝②雌雄分离｛蚕｝
sexing at larval stage 幼虫期鉴别｛蚕｝
sexing at pupal stage 蛹期鉴别｛蚕｝
sexless 无性的（agamus, neuter）
sexocary 两性结实（sexocaria）

sexpartite 六深裂的(sexpartitus)
sextuploid 六倍体(sextuploida){细胞}
sextuploidy 六倍性(sextuploidas)
sexual 性的,有性的(sexualis)
sexual affinity 性亲和力
sexual attraction 性引诱
sexual balance 性平衡(balanx sexualis)
sexual behavior 性行为(vita sexualis)
sexual cell 性细胞(cellula sexualis)
sexual character (=sex character) 性征
sexual characteristics 性征(characteristica sexualis)
sexual compatibility 性亲和性
sexual copulation 性配合(copulatio sexualis)
sexual cycle ①性周期 ②生殖周期(cyclus sexualis)
sexual dimorphism 雌雄异型,性二型,性别二态现象(dimorphismus sexualis)
sexual division 有性分裂(divisio sexualis)
sexual dysgenesis 性发育不全(dysgenesis sexualis)
sexual element 有性成分,有性因素(elementum sexuale)
sexual excitement 性冲动(concitatio sexualis)
sexual generation 有性世代(generatio sexualis)
sexual germ cell 有性生殖细胞
sexual group 有性类群(caterva sexualis)
sexual heat (=sexual rut) 发情
sexual hybrid 有性杂种(hybrida sexualis)
sexual hybridization 有性杂交(hybridatio sexualis)
sexual incompatibility 性不亲和性(incompatibilitas sexualis)
sexual isolation 性隔离,生殖隔离
sexual mating 性交配
sexual maturity (=sexual maturation) 性成熟(maturitas sexualis)
sexual mentor 有性蒙导(mentor sexualis)
sexual mosaic 性嵌合
sexual organ 性器官(genitalia, organa reproductionis)
sexual passion 性本能,性欲
sexual polymorphism 性多态现象(polymorphismus sexualis)
sexual polyploidization 有性多倍体化(polyploidisatio sexualis){细胞}
sexual preference 性偏好,性选取(preferentia sexualis)
sexual process 有性过程(process sexualis)
sexual progeny 有性后代(progenia sexualis)
sexual propagation 有性繁殖(propagatio sexualis)
sexual reaction ①性反应 ②性结合作用(reactio sexualis)
sexual reproduction 有性生殖(gamogenesis)
sexual reproductive cell 有性生殖细胞(cellula reproductiva sexualis)
sexual seedling 有性苗(指为有性杂交的实生苗)
sexual segregation 有性分离(segregatio sexualis)
sexual selection 性选择(selectio sexualis)
sexual stage 有性阶段(staticum sexuale)
sexual type 性型(typus sexualis)
sexual valence 性价(valentia sexualis)
sexuality 性[征],性别(sexualitas)
sexualization 性[别]化[作用](sexualisatio)
sexupara 性母(sexuparum){细胞}
sexuparous 生雌雄子代的,有性生殖的(sexuparus)
SFC (=supercritical fluid chromatography) 超临界流体层析{生技}
SFE (=supercritical fluid extraction) 超临界流体提取{生技}
sferics ①天电学 ②远程雷电 ③风暴电子探测器
SG (=seed generation) 种子世代
SH-group (=sulfhydryl group) 硫氢基,巯基
shack ①掉粒,落粒 ②落穗,落果
shackle 吊耳,U形钩
shad ①美洲西鲱[*Alosa sapidissima* (Wilson)] ②鲥[*Macrura reevesii* (Richardson)]{水产}
shadblow (=june cherry) ①扶移属(唐棣属)[*Amelanchier* Medik.](蔷薇科) ②扶移(唐棣)
shaddock 柚(文旦)[*Citrus maxima* (Burn.) Merr. = *C. decumana* Merr., *C. grandis* (L.) Osbeck](芸香科)
shade ①阴影,阴处,阴暗,黑暗 ②色调 ③[浓淡]处理{电脑} ④遮光
shade-adapted species 适阴种
shade avoiding 阳性的
shade-bearer 阴性树
shade bearing 阴性的
shade-bearing tree 阴性树
shade cloth 遮光布[料]
shade crown 阴地树冠

shade culture 遮光栽培
shade demanding (= shaderequiring) 阴性的
shade density 郁闭度
shade endurance (= shade tolerance) 耐阴性
shade-enduring (= shadetolerant) 耐阴的
shade-enduring tree 耐阴树,阴性树
shade environment 遮荫环境
shade ferns 阴地蕨类
shade frame ①苗床格棚 ②荫棚
shade-giving shrub 遮荫灌木
shade-hardiness 耐阴性
shade horsetail 草原木贼(木贼科)
shade house 荫棚{农施}
shade kind (= shade-bearer) 阴性树
shade leaf 阴叶(umbrofolium)
shade-loving 喜阴的,适阴的(sciadophilus)
shade-loving plant 喜阴植物,适阴植物
shade-needing (= shade enduring) 耐阴的
shade pine (= Lambert's pine) 糖松
shade plant 阴地植物
shade-requiring 喜阴的
shade species 阴性树种(species sciaphilus)
shade temperature 荫温
shade tolerance (= shade endurance) 耐阴性
shade tolerating tree 耐阴树
shade tree 绿阴树
shade-tree spray gun 绿阴树喷雾器
shaded 阴处生的(tenebrosus)
shaded [curve] surface 浓淡曲面{电脑}
shaded area (= shade area) ①遮荫地 ②浓淡区{电脑}
shaded band 阴生带,遮荫带{生态}
shaded bar 阴影柱(指图表){统计}
shaded place 遮荫处,遮荫地方
shaded relief 晕渲地貌{生态}
shaded tea 庇荫茶
shaded tree 遮荫树
shading ①遮荫,遮光 ②投影法,浓淡[处理]{电脑}(umbragus)
shading culture 遮光栽培
shading equipment 遮荫设备
shading image 浓淡图像{电脑}
shading mat 遮荫席
shading model 浓淡模型
shading rule 浓淡规则
shading shed ①遮荫棚 ②遮荫茅舍,遮荫小舍
shading treatment ①遮荫处理 ②浓淡处理{电脑}
shading trials 遮荫试验
shadow ①阴影 ②静区 ③遮蔽,遮影,遮荫 ④盲区
shadow area index 遮荫面积指数
shadow band 影带
shadow casting 投影法
shadow cell (酵母菌)废胞
shadow map 阴影图
shadow mask 阴罩
shadow matrix 阴影矩阵
shadow on the earth 地影
shadow shield 阴影屏蔽
shadow yeast 掷孢酵母
shadowgraph 影像图
shadowing method 遮阴法(指电子显微镜)
shadscale saltbush 密叶滨藜[*Atriplex confertifolia* L.](藜科)
shady (= unbrosus) ①遮荫的 ②在阴处的
shady border 荫地花境{园林}
shady garden 荫地[花]园{园林}
shady habitat 遮荫生境{生态}
shady place 遮荫处,遮荫地方
shaft ①树干 ②竖井 ③柄,把手 ④羽轴{禽} ⑤光束 ⑥轴,转动轴,轴角
shaft bearer 驾辕牲畜
shaft cleaning 除枝,清枝
shaft coupling 联轴节
shaft- driven power lift 轴传动的动力升降机
shaft encoder 轴角编码器{电脑}
shaft filter 筒式滤水器{环保}
shaft horse 驾辕马
shaft horsepower 轴马力
shaft louse 鸡[羽]虱[*Menopon gallinae* L.](兽羽虱科)
shaft of feather 羽干
shaft of hair 毛发髓轴
shaft spillway 竖井式溢洪道{环保}
shaft steering mechanism 轴转向机构
shaft well 竖井,升降井
shaft well digger 竖井挖掘机
shafting 轴系
shag-hair 长柔毛(villus)
shag-tobacco 烈味劣烟
shagbark (= hickory) 鳞皮山核桃
shaggy 具长柔毛的,具长密粗纤毛的(villosus)
shaggy boletus (= rough boletus) 鳞皮牛肝菌[*Boletus scaber* Fr.](牛肝菌科)
shaggy cap (= shaggy ink cap) 毛头鬼伞[*Coprinus comatus* (Müll. ex Fr.)

Gray]
shaggy-fruited 毛果的（villicarpus）
shaggy-headed 毛头的（villiceps）
shaggy ink cap（= shaggy cap） 毛头鬼伞
shaggy-mane ①鬼伞属［*Coprinus* Fr. ex Gray］（伞菌科）②墨汁鬼伞［*Coprinus atramentarius*（Bull.）Fr.］
shaggy spunk ①粗毛黄褐孔菌［*Xanthochrous hispidus*（Bull.）Pat.］②毛革盖菌［*Coriolus hirsutus*（Wulf ex Fr.）Quél.］
shagreen ①具乳突外观的，具鹅卵石状表面的｛真菌｝②鲨鱼皮｛水产｝
shaitan 尘暴
shake ①摆动，摇动，抖动，振荡 ②振动，颤动 ③激动，急动 ④（木材）轮裂，心裂 ⑤抖落
shake culture（= shaker culture） 振荡培养
shake flask 摇动烧瓶
shake fork 干草叉
shake mill 摆动筛架
shake table 振动［分选］台
shake up ①整顿 ②大淘汰
shaker ①振动器，振动试验台 ②振动筛 ③（果实）抖落器 ④逐稿器键箱 ⑤平台逐稿器
shaker area 逐稿器分离面积
shaker chain 抖动式输送链
shaker digger 振动筛式挖掘机
shaker drier 抖动式干燥机
shaker feeder 振动式喂送装置
shaker mechanism 抖动机构，［果实］抖落器
shaker screen（= shaking screen） ①振动筛，抖动筛 ②大筛，分离筛
shaker share 振动犁铧
shaker shoe 抖动筛，摇筛
shaker straw rack 平台式逐稿器
shaker washer 振动洗涤机
shaking 摇动，震动，抖动
shaking bath 振荡水浴｛生技｝
shaking board 抖动板
shaking claw （果实抖落器）抖动夹手
shaking grip （果实）抖落抓爪
shaking mesh screen 振动筛
shaking sieve 摇筛，振动筛
shaking sieve digger 振动筛式挖掘机
shaking table 摇床，摇台
shaking table sorter 摇动分级机，摇台分级机
shaking test 振荡试验
Shakotanensis club moss 千岛卷柏［*Selaginella shakotanensis* Miyabe et Kudo.］（卷柏科）
shale ①页岩 ②荚果
shale oil 页岩油
shallot 分葱（小葱，冬葱）［*Allium ascalonium* L.］（百合科）
shallot aphid 冬葱瘤额蚜［*Myzus ascalonicus* Doncaster］
shallot fly（= seed corn maggot） 种蝇［*Hylemya platura*（Meigen）］（花蝇科）
shallot set 分葱小鳞茎
shallow ①浅的 ②浅薄的
shallow application 浅施（指施肥）｛栽培｝
shallow binding 浅约束｛电脑｝
shallow box 浅箱，浅继箱｛蜂｝
shallow container 浅容器
shallow copy 浅复写
shallow cultivation 浅耕
shallow fertilization 土表施肥
shallow flooding 浅灌
shallow flow 浅水
shallow fog 浅雾
shallow fording 浅水涉渡
shallow frame 浅巢框，继箱巢框
shallow furrow 浅沟
shallow groove 小沟｛分生｝
shallow hoeing 浅锄地
shallow intertillage 浅中耕
shallow irrigation 浅水灌溉
shallow knowledge 浅层知识
shallow landslide 浅塌方，浅崩塌
shallow low 浅低压
shallow manure pit 浅粪坑
shallow manuring 浅层施肥
shallow planting 浅栽，浅播，浅种
shallow plough share 浅耕犁铧
shallow ploughing（= shallow plowing） 浅耕翻，浅耕
shallow ploughing under of the stubble 浅耕翻（灭）茬
shallow pool 浅水池
shallow reasoning 浅度推理
shallow ridge 浅垄，低垄
shallow root 浅根（radix superficialis）
shallow-root system 浅根系
shallow-rooted crops 浅根作物
shallow-rooted weeds 浅根杂草
shallow-rootedness 浅根性
shallow sea 浅海
shallow-sea deposit 浅海沉积物
shallow-sea facies 浅海相
shallow seeding（= shallow sowing） 浅播
shallow soil 浅土，薄土（solea superficialis）
shallow soil sealing（= shallow molding） 浅覆土
shallow thorn ①沙棘属［*Hippophae* L.］

(胡颓子科) ②沙棘 [*Hippophae rhamnoides* L.]
shallow tillage 浅耕
shallow tilth 浅耘地
shallow tray fermentation 浅盘发酵
shallow vesicle 浅囊(泡)
shallow water 浅水
shallow water deposit 浅水沉积物
shallow water effect 浅水作用
shallow well 浅井
shallow well pump 浅井泵
shallow winter breaking 浅耕灭茬,冬浅耕
shallow work 浅耕,表层耕作
shallow zone of lake 湖泊浅水带
shallowing 淤浅,变浅
shallowness ①浅 ②浅滩
shallu 印度高粱 [*Andropogon sorghum* Brit. var. *roxburghii* Hack.] (禾本科)
shaly 页岩的
sham ①伪饲,假饲养 ②假的,劣等的
sham feeding 伪饲,假摄食
sham operation 假手术
sham wood 模造材
shamal 夏马风(美索不达米亚的一种西北风)
shambles 屠宰场
shammy leather 雪米皮,麂皮,油鞣革
shamrock (= Dutch clover, Ladino-clover, white clover) 白三叶草 [*Trifolium repens* L.] (豆科)
shamrock-pea ①金雀花属(紫雀属) [*Parochetus* Buch.-Ham.] (豆科) ②金雀花(紫雀) [*Parochetus communis* Buch.-Ham.]
Shanghai 上海鸡(品种)
shank ①柄,刀柄(工具) ②支柱 ③小花梗,叶柄 ④开沟器,开沟器体(播种机) ⑤胫,小腿 ⑥(鸟)跗骨 ⑦掌骨
shank feather 胫羽
shanking (葡萄)果梗萎缩
Shantung ①(= perny silkworm, wild silkworm) 柞蚕 [*Antheraea perayi* Guèrin Mènèville] ②柞蚕丝 ③山东绸
Shantung cabbage (= Chinese cabbage) 山东白菜(中国白菜,白菜) [*Brassica pekinensis* Rupr.] (十字花科)
shape ①形状,型 ②构型 ③模型,模子
shape anisotropy 形状各向异性{生技}
shape defects 形状缺陷
shape description 形状描述
shape factor ①形状系数 ②形状因素{环保}
shape fill 形状填充
shape index 形状指数
shape index of fruit 果形指数
shape of leaf surface 叶面形状
shape of plant 株型
shape of plot 小区形状
shape of tree 树形
shape pruning 定形修剪
shape recognition 形状识别
shape selective catalysis 择形催化{生技}
shape steel 特形钢
shaped steel 型钢,异型钢材
shaped tree 整形树
shapeless 无定形的(amorphus)
shaper ①做畦打埂器,做垄器 ②牛头刨床 ③成形机 ④脉冲形成电路
shaping ①整形{园艺} ②成型{农药}
shaping network 整形网络{信息}
shaping process 定型操作
shard 鞘翅
sharded 有鞘翅的
share ①犁铧 ②(播种机)开沟器,(耕耘机,中耕机,挖掘机)锄铲 ③份额,股份 ④分担 ⑤共享,共用
share arm 犁铧入土深度控制杆
share back 犁铧背
share base (SB) 共享库{电脑}
share beak 铧尖
share box 犁托
share cap ①凿形铧尖 ②犁铧镶尖
share count 共享计算,共享数目
share coverer 铧式覆土器
share cropper ①铧式收获机{农机} ②分租制佃农{农经}
share cropping (= share farming) 分成制,分成租佃制
share depth 犁铧入土深度
share farmer 分成制佃农
share in a co-operative (= "co-op share") 合作社股份
share liner 翻换式铧尖
share nose 铧尖
share out 分配,分派
share plate 犁铧背,铧背
share plough 铧式犁
share point (= plow tip) 铧尖
share shaft ①铲柄 ②犁柄
share steel 犁铧钢
share tenancy agreement 分成制合同
share throat 犁铧凹刃
share twist 犁铧面扭曲
share-type lifter 铧式挖掘铲
share-type sheller 铧式脱壳机
share wing 铧翼

shared boundary 共用边界
shared disk multiprocessor system (SDMS) 共用磁盘的多机系统{信息}
shared forest 共有林
shared memory multiprocessor system (SMMS) 共享内存的多机系统{信息}
shareless plough 无铧犁
sharer ①共享者 ②共享程序 ③共用管理程序{电脑}
shareware 共享[软]件,公用[软]件
sharing 共享
sharing network 共享网络
sharing of information 信息共享
sharing resource 共享资源
sharing strategy 共享策略
shark 鲨鱼(鲨鱼类的总称){水产}
shark liver oil 鲨鱼肝油
shark ray 扁鲨 [*Squatina squatina* L.]{水产}
shark skin 鲨鱼皮
shark's fins 鱼翅
shark's tooth comb 鲨鱼齿梳(指测序凝胶的一种胶膜){分遗}
sharp ①急速的,急剧的,剧烈的,强烈的 ②陡的,急弯的,锐的,锐尖的,锐角的,锐利的 ③敏锐的,灵敏的 ④鲜明的,明显的,精明的(scalpere)
sharp agaric 疝疼乳菇(=coral milky cap)[*Lactarius torminosus* (Schaeff. ex Fr.) Gray](伞菌科)
sharp bend ①急弯,锐弯 ②急转弯头{环保}
sharp calyx himalaya honey suckle 狭萼风吹箫 [*Leycesteria formosa* var. *stenosepala* Rehd.](忍冬科)
sharp crest weir 锐缘堰{环保}
sharp curve 急速弯曲,急转弯
sharp dock 酸模 [*Rumex acetosa* L.](蓼科)
sharp-edged gust 突发阵风
sharp fall in prices 物价猛降
sharp flavour 辛辣味
sharp frost (=severe frost) 严霜
sharp-fruited 尖果的(oxycarpus)
sharp-haired 尖毛的(acmotrichus)
sharp incline 急倾斜,急坡
sharp-leaf jacarand ①蓝花楹属 [*Jacaranda* Juss.](紫葳科) ②蓝花楹 [*Jacaranda acutifolia* Humb. et Bonpl.]
sharp observation 敏锐观察
sharp-petaled 尖瓣的(acutipetalus)
sharp-pointed ①锐端的(mucronatus) ②尖锐的(apiculiformis)
sharp rise in prices 价格猛涨
sharp-tapered 细尖头
sharp taste 辛辣味道
sharp-tooth 有尖齿的(acmodontus)
sharp turn 急转弯
sharp wine 酸葡萄酒
sharpen ①磨刃 ②磨快,磨尖,磨利
sharpener ①磨刃装置 ②砂轮机,工具磨床 ③油石 ④磨刀工 ⑤锐化器,锐化电路
sharpening ①磨刃,磨刀 ②削尖,使锐利 ③强化
sharpening of front 锋增强
sharpening stone 磨刀石
sharper 磨刃器,磨具,削具
Sharples centrifuge 沙氏离心机
sharpness ①尖锐 ②锋利 ③锐度 ④清晰度
sharpness angle 研磨角,楔角
sharpness of cane knife 蔗砍刀的锐度
sharpwing monkey flower 锐翅沟酸浆 [*Mimulus alatus* Solomd.](玄参科)
shatter ①散落,落粒 ②切碎,疏松
shatter-resistant 抗落粒
shattered head 田间散落穗头
shattering ①脱落[现象] ②落粒 ③(整地工作)碎土 ④切碎,疏散
shattering habit 落粒[习]性
shattering losses 落粒损失
shattering of grain kernels 落粒
shattering rate 脱落率,落粒率
shattering resistance 抗落粒性
shatterproof glass 不碎玻璃
shave grass ①问荆 [*Equisetum arvense* L.](木贼科) ②冬木贼 [*Equisetum hyemale* L.](木贼科)
shaven 剃去的,刮去的(detonsus)
shaver 切除器,刮削器,刮刀
shaving ①刮 ②剃齿 ③削
shaving board 刨花板
shaving machine 削片机
shavings 切削屑,刨花
shaw 丛林,小林
she-animal 雌性动物
she-ass 母驴,牝驴
she-goat 母羊,牝山羊
she oak 澳洲木麻黄 [*Casuarina fraseriana* Miq. f.](木麻黄科)
shea butter 奶油树脂(供食用或制造肥皂、蜡烛)
shea-butter-tree (=shea tree) ①奶油树属 [*Butyrospermum* Kotschy. = *Pentadesma* Sabine](山榄科) ②奶油树 [*Butyrospermum parkii* Katschy. = *Pentadesma butryacea* Sabine.]

sheaf (= bundle) (禾)束,(谷)捆
sheaf binder 割捆机
sheaf blower 禾捆吹送器,气力输捆器
sheaf carrier ①禾捆积运器 ②禾捆输送器
sheaf collector 禾捆收集器,集束器
sheaf conveyor 禾捆输送器(带)
sheaf cutter 禾捆切碎机,铡刀
sheaf cylinder ①(玉米脱粒机)脱粒滚筒 ②搓擦滚筒,脱壳滚筒
sheaf discharger 卸捆器,抛捆器
sheaf ejector 抛捆杆
sheaf elevator 禾捆升运器
sheaf loader 禾捆装运机
sheaf of rays 光线束
sheaf separator 禾捆脱粒机
sheafer 捆禾机
sheaflet 小束,小捆,小把
shear ①剪切 ②剪短,剪碎 ③剪切应力,切力,切变 ④剪床,剪断机
shear apparatus (土壤)剪切仪
shear area 剪力面积,切变面积{环保}
shear bar 剪切刀片,底刀片,定刀片
shear belt 剪切带
shear blade 剪切刀片,定刀片,底刀片
shear bolt 剪断[安全]螺栓
shear box 土壤剪切力测定仪
shear cut 剪切
shear degradation 剪切降解{生技}
shear diagram 剪力图,切变图
shear dichroism 切变二色性
shear force 剪切力,抗剪阻力
shear gradient 切力梯度
shear joint 剪切节理
shear knife (捡拾压捆机)剪切刀
shear legs 三角架
shear line 切变线,剪切线
shear of wind 风切变
shear pattern 剪切型{土壤}
shear plane 剪断面
shear plate (土壤试验)剪切板
shear-plate nozzle 涡流片式喷嘴
shear rate 剪切速率
shear steel ①剪钢,刀钢 ②工具钢,优质钢
shear stress 剪切应力
shear transformation 剪切变换
shear vane 土壤抗剪强度测定仪
sheared hedge 整形绿篱
sheared specimen 整形标本树
sheared tree 整形树
shearer ①剪毛机 ②剪毛器
shearer comb 剪毛机梳状底板,剪毛机固定刀片
shearer cutter 剪毛机刀片
shearer fork 剪毛机齿(加压爪)
sheargraph 剪力记录仪
shearhead 剪毛机头,剪切器头
shearing ①剪切 ②收割 ③顶削,削缺(齿轮的一种缺陷) ④切变 ⑤剪毛
shearing clutch 带剪切销的安全离合器
shearing comb 剪毛梳状刀片
shearing cramp 剪羊毛架
shearing force 切断力,切应力,剪切力
shearing instability 切变不稳定[度]
shearing machine 剪毛机
shearing resistance 剪切阻力,切断阻力
shearing set 剪毛机组
shearing shed 剪毛棚
shearing strain 剪应变
shearing strength ①抗剪强度 ②切断强度
shearing strength of soil 土壤切断强度
shearing stress 剪应力
shearing wool 剪羊毛
shearling ①猎物伤后的行动 ②一剪羊(剪过一次羊毛的羊) ③一岁羊
shearling ewe 一岁母羊
shearling wether 一岁阉羊
shears ①剪刀 ②剪切器 ③切力
shears plucking 剪摘(茶叶)
sheatfish ①鲇[*Parasilurus asotus* (L.)] ②六须鲇[*Silurus glanis* L.]{水产}
sheath ①鞘,箨{形态} ②荚膜{微生物}(vagina)
sheath addermouth orchid 阔叶沼兰[*Malaxis latifolia* Smith](兰科)
sheath and culm blight of rice 稻纹枯病[*Hypochnus sasakii* Shirai. = *Corticium sasakii* (Shirai) T. Matsum.]
sheath bacteria 有荚膜细菌,有鞘细菌(bacteria vaginales)
sheath base 鞘基,叶鞘基部(basis vaginalis)
sheath blight 鞘枯病,纹枯病
sheath blight of rice plant 稻纹枯病[*pellicularia sasakii* Ito]
sheath blight of sugar cane 甘蔗鞘枯病[*Leptosphaeria sacchari* Breda de Haan]
sheath cell 鞘细胞(cellulus vaginalis)
sheath column 鞘柱(columna vaginalis)
sheath-flowering grass ①莎禾属[*Coleanthus* Seidl](禾本科) ②莎禾[*Coleanthus subtilis* Seidl]
sheath joint 鞘基
sheath leaf 鞘茎叶

sheath moisture 鞘含水量
sheath of sting 螯刺鞘,螯针鞘
sheath potassium 鞘含钾量
sheath protein 鞘蛋白
sheath pubescence 鞘短柔毛性(pubescentia vaginalis)
sheath rot 鞘腐病
sheath rot of rice 稻鞘腐病[*Acrocylindrium oryzae* Saw.]
sheath scar 鞘疤痕(cicatrix vaginalis)
sheathed 具鞘(vaginatus, vaginalis)
sheathed bacteria(=sheath bacteria) 具鞘细菌(bacteria vaginatae)
sheathed cotton sedge ①羊胡子草属[*Eriophorum* L.](莎草科) ②羊胡子草[*Eriophorum vaginatum* L.]
sheathing ①具鞘的,鞘包的 ②被覆的,覆的 ③覆板(屋顶或地板)(vaginans)
sheathing base 鞘基(basis vaginans)
sheathing leaf 鞘茎叶(folium vaginans)
sheave ①滑轮 ②带槽皮带轮 ③捆,束
sheave half 开合皮带轮的半个轮盘
sheaving 捆束,扎束,结束
shed ①棚,小舍,茅舍 ②露地谷仓 ③脱落
shed blossom 花落,花谢
shed costs 贮藏费用
shed for cars 车棚
shed leaf 落叶
shed leaves (落叶树)落叶
shed storage 有棚仓库
shedder bug 花生黄盲蝽[*Creontiades pallidus* Ramb.](盲蝽科)
shedding ①脱落 ②流出 ③泥土滑脱,自净泥土 ④⌊复⌉脱落物
shedding habit 脱粒性
shedding of flower 落花(指严重生理落花)
shedding of flower resulting from failure of pollination 不孕落花
shedding of needle 落针[叶],针叶脱落
shedding part 脱落部分
shedding rate 脱落率
sheebliak 施布里亚克群落(南欧夏绿灌木群落)
sheep ①羊 ②绵羊[*Ovis aries*] ③公羊
sheep barn 羊圈,羊舍
sheep bitting louse 羊羽虱[*Bovicola ovis* (Schrank)]
sheep botfly(=sheep nostril fly) 羊鼻蝇(羊狂蝇)[*Oestrus ovis* Linnaeus](狂蝇科)
sheep breed(=breed of sheep) 羊品种
sheep breeder ①羊饲养员,养羊人,牧羊人 ②养羊家
sheep breeding ①羊育种,羊良种繁育 ②养羊业 ③养羊学
sheep chorioptic mange mite 绵羊皮痒螨[*Chorioptes ovis* Raill](痒螨科)
sheep clipper 羊毛剪,剪毛机
sheep clipping 剪羊毛
sheep-cot(=sheep barn) 羊圈,羊舍
sheep dip 羊病药浴(羊疥癣治疗)
sheep dipper 羊消毒槽,羊药浴槽
sheep-dog 牧羊犬
sheep duster 羊体消毒用喷粉器
sheep farmer 养羊人,养羊者
sheep farming 养羊业
sheep flock(=flock of sheep) 羊群
sheep flock pedigree 羊群谱系
sheep fold 羊栏,羊圈
sheep follicle mite(=sheep mange mite) 绵羊蠕形螨[*Demodex ovis* Railliet](蠕形螨科)
sheep foot louse(=bloodsucking foot louse) 羊足长颚虱[*Linognathus pedalis* (Osbern)](光兽虱科)
sheep grazing 羊放牧,放羊
sheep house(=sheep pen, sheep cot) 羊舍,羊圈,羊栏
sheep hurdle ①羊圈,羊舍 ②羊群分散栅栏
sheep husbandry ①养羊业 ②养羊学
sheep infectious abortion 羊传染性流产
sheep itch mite 绵羊疥螨[*Sarcoptes scabiei ovis* Mégnin](疥螨科)
sheep judging 羊鉴定
sheep ked(=sheep louse fly, sheep tick) 绵羊虱蝇[*Melophagus ovinus* (Linnaeus)](虱蝇科)
sheep-keeping ①养羊学 ②羊饲养管理
sheep-laurel ①山月桂属[*Kalmia* L.](杜鹃花科) ②山月桂[*Kalmia latifolia* L.]
sheep maggot fly(=green bottle fly) 三鬃绿蝇(丝光绿蝇)[*Lucilia sericata* (Méigen)](蝇科)
sheep man 牧羊人,养羊人
sheep mange 羊疥癣
sheep mange mite(=sheep follicle mite) 绵羊蠕形螨[*Demodex ovis* (Railliet)](蠕形螨科)
sheep manure 羊粪
sheep paddocking(=paddocking of sheep, sheep raising on paddocks, sheep raising under paddock) 绵羊圈养
sheep path (山坡上)羊道
sheep pen(=sheep fold) 羊圈,羊舍

sheep pox 羊痘
sheep property（=sheep station） 绵羊场
sheep raising ①养羊业 ②养羊
sheep red blood cell (SRBC) 绵羊红细胞
sheep run 养羊场地，大牧羊场
sheep scab 羊痒螨症
sheep scab mite 羊痒螨 [*Psoroptes ovis* (Hering)]（痒螨科）
sheep-shank 羊胫结（结索法）
sheep shearer 剪羊毛机
sheep shearing 羊剪毛，剪羊毛
sheep shearing machine 剪羊毛机
sheep shearing table 绵羊剪毛台
sheep shearing unit 剪羊毛装置
sheep shears 羊毛剪
sheep skin ①羊皮 ②羊革 ③羊皮纸
sheep stable（=sheep fold） 羊舍
sheep station 绵羊场
sheep stock 羊总头数，羊只
sheep stud 种羊场，种羊群，系谱羊群
sheep sucking louse 绵羊长颚虱 [*Linognathus ovillus* Newman]
sheep tick ①蓖子硬蜱（羊硬蜱）[*Uxodes ricinus* (Linnaeus)]（硬蜱科） ②绵羊虱蝇 [*Melophagus ovinus* (Linnaeus)]（虱蝇科）
sheep ticks（=ked and louse flies） 虱蝇科 [Hippoboscidae]
sheep weed ①捕虫堇属 [*Pinguicula* Tourn. ex L.]（狸藻科） ②捕虫堇 [*Pinguicula vulgaris* L.]
sheepfarm 养羊场
sheep's beard 尖子菊属 [*Urospermum* Scop.]（菊科）
sheep's bit（=shepherd's scabious） 甲虫草属
sheep's fescue ①羊茅（羊孤茅，酥油草）[*Festuca ovina* L.]（禾本科） ②沟叶羊茅 [*Festuca sulcata* Hock. = *F. ovina* ssp. *sulcata* Hock.]（禾本科）
sheep's foot roller 羊脚镇压器，凸轮镇压器，羊脚滚
sheep's sorrel（=garden sorrel） 小酸模 [*Rumex acetosella* L.]（蓼科）
sheep's wool 羊毛
sheet ①板材，板料{森林} ②钢板，薄板{环保} ③图幅{遥感} ④石幔，岩席{地质} ⑤片状的，层状的，板状的 ⑥罩布，床单
sheet assembly 图幅接合表{遥感}
sheet clouds 层状云
sheet detector 供纸检测器
sheet dimension 图幅尺寸{遥感}
sheet erosion 片蚀
sheet feeder 供纸器，送纸器{电脑}
sheet film 单张胶片
sheet flood 片流，漫洪
sheet ice 片冰
sheet iron 薄铁板
sheet lightning 片状电闪
sheet-like igneous bodies 席状岩体
sheet machine 小型造纸机
sheet metal 薄金属板
sheet-metal duct 金属板通道{环保}
sheet metal work 金属薄板操作
sheet-pile 板柱垣
sheet steel 薄钢板
sheet structure 片状结构
sheeting 帐篷
sheetweb spiders 华盖蛛科 [Linyphiidae]
sheffer stroke "与非"{电脑}
sheffer stroke gate "与非"门
sheffer stroke operation "与非"操作
sheldraka（=shelduke） 翘鼻麻鸭 [*Tadorna tadorna* L.]
shelf ①植床，木架，棚架，搁架 ②大陆架，陆棚 ③沙州，暗礁 ④层，盘，座
shelf board 棚板
shelf culture 棚架栽培
shelf fungus 层孔菌
shelf hothouse 植床温室
shelf label ①架子标签 ②货架标签
shelf life ①储存期限 ②适用期（寿命） ③棚架寿命
shelf rearing 棚饲，棚育
shell ①[果]壳 ②[藻]鞘 ③介壳，背壳 ④卵壳 ⑤外皮，外壳 ⑥轴套，套筒，构架 ⑦结壳 ⑧蜕壳 ⑨罩
shell bean 硬实种菜豆
shell-flower（=molucca balm） ①贝壳花属 [*Molucella* L.]（唇形科） ②贝壳花（领圈花）[*Molucella laevis* L.]
shell-flower galangal 玉桃（艳山姜）[*Alpinia speciosa* K. Schum.]（姜科）
shell fruit 壳果（fructus conchiferus）
shell ginger ①良姜属（山姜属）[*Alpinia* L.]（姜科） ②良姜 [*Alpinia officinarum* Hce. = *Languas officinarum* Farwell] ③山姜 [*Alpinia japonica* Miq.]
shell-leaved 具贝状叶的（conchifolius）
shell-less egg 无壳蛋
shell lime 贝壳灰
shell moisture content 外部含水量（木材）
shell pea 硬荚豌豆（食实豌豆）[*Pisum sativum* var. *vulgare* Pahl.]（豆科）

shell quality 卵壳质量
shell shrinkage 卵壳收缩
shell strength 卵壳强度
shell system 骨架系统
shell thickness 卵壳厚度
shell virus 外壳型病毒{电脑}
shell widget 外壳窗口部件{电脑}
shell zone 壳状区(zona conchiformis)
shellac 紫胶,虫胶,片胶{显技}
shellac varnish 虫胶,清漆
shellbark (=hickory) 鳞皮山核桃
shelled 剥皮的,剥壳的
shelled corn cleaner 玉米清选机
shelled corn drier 玉米粒干燥器
shelled corn elevator (玉米联合收获机)玉米粒升运器
shelled corn saver 玉米落粒收集器
shelled corn screen 玉米脱粒筛
shelled corn tank 玉米粒箱
shelled groundnut 花生仁(剥壳花生)
sheller ①翻茬机,灭茬机 ②脱壳机 ③玉米脱粒机
sheller concave 玉米脱粒凹板
sheller plough 翻茬机犁
sheller plough with spiral moldboard 带螺旋犁壁翻茬机犁
sheller unit (玉米联合收获机)脱粒装置
shellfish culture 贝类养殖
shellflower 贝壳花[*Molucella laevis*]{分类}
shelling ①(稻)脱粒 ②脱荚,脱壳 ③翻茬,浅耕灭茬
shelling by electric power 电力脱粒
shelling drum ①搓擦滚筒,脱壳滚筒 ②(玉米脱粒机)脱粒滚筒
shelling losses (玉米)落粒损失
shelling pea 脱荚豌豆,去壳豌豆
shelling percentage 脱荚率,脱壳率
shelling plate (玉米)脱粒板
shelling time 翻茬期
shelling wheel 脱粒盘
shelly 多介壳的,介壳质的
shelly land 介壳地
shelly sand 介壳沙
shelter ①遮蔽,掩护,防护 ②棚 ③掩盖物
shelter belt 护田林带,防风林带
shelter belt and windbreak 防风林带
shelter booth (=shelter instrument) 百叶箱
shelter border 护田林缘
shelter costs 贮藏费用
shelter deck 遮蔽甲板{水产}
shelter deck stern trawler 遮蔽甲板艉拖网渔船
shelter deck vessel 遮蔽甲板船
shelter forest (=shelter wood) 防护林
shelter forest station 防护林站
shelter hedge (=windbreak) 防风墙,风障
shelter thermometer 百叶箱温度表
shelter tree (=shelter growth) 保护树
shelter tube 地下蚁通道
shelter-wood felling 伞伐
shelter-wood forest 伞伐林
shelter-wood method 伞伐法,伞伐作业
sheltered depression 遮蔽洼地
sheltered ground 保护地,遮蔽地
sheltered market 有防护市场,遮盖市场,市场大厅
sheltered position 遮蔽位置
sheltered site 遮蔽地点
sheltered situation (=sheltered site) 隐蔽场所,在掩蔽情况下
sheltering effect 保护作用
shelving 设棚架
sheo kan 蕉柑[*Citrus tankan* Hayata](芸香科)
shepherd ①牧民 ②牧羊人,养羊人
Shepherd's club [=common mullein] 毒鱼草[*Verbascum thapsus* L.](玄参科)
Shepherd's correction 谢斐氏改正{统计}
Shepherd's needle (=lady's comb, venus comb) 仙梳针果芹(仙梳司堪地)[*Scandix pecten-veneris* L.](伞形科)
Shepherd's purse (=pick purse) 荠菜[*Capsella bursapastoris* Monch.](十字花科)
Shepherd's-scabious (=Sheep's-bit) ①甲虫草属[*Jasione* L.](桔梗科) ②山甲虫草[*Jasione montana* L.]
sheridanite 透绿泥石
sherry 葡萄酒(指南西班牙产的)
sheughing ①埋植 ②假植
Shiao Chan cargo rice 小站糙粳米
Shiao Chan white rice 小站米
shibataea ①倭竹属[*Shibataea* Makino et Nakai](禾本科) ②倭竹[*Shibataea chinensis* Nakai]
shibuol 柿涩酚[$C_{14}H_{20}O_9$]
shield ①盾状体(clypeus) ②防风罩 ③(中耕机)挡板,(转动部件,轮子)防护板 ④屏蔽,防护
shield bearers 日蛾科[Heliozelidae]
shield bone (=shoulder bone) 肩胛骨
shield budding 盾状芽接
shield bug of low-growing crops 豆薯圆蝽[*Coptosoma cribrarium* (Fabricius)](盾

蝽科)
shield bugs 盾蝽科[Scutelleridae]
shield cell 盾形细胞(cellula clypeata)
shield-fern (= male fern) 绵马[*Dryopteris filix-mas* (L.) Schott. = *Aspidium filixmas* Sw.](鳞毛蕨科)
shield foating-heart 荇菜[*Nymphoides peltatum* (Gmel.) Kuntze]
shield grafting 盾状嫁接(insitio clypeata)
shield-leaf rodger's flower 盾叶鬼灯檠[*Rodgersia tabularia* Rom.](虎耳草科)
shield-leaved duch's foot 盾叶鬼臼(足叶草)[*Podophylium peltatum* L.](小檗科)
shield line 屏蔽线{电脑}
shield nasturtion 盾旱金莲[*Tropaeolum peltophorum* Benth.](金莲花科)
shield-shaped 盾形的(cypeatus)
shielded connector 屏蔽连接器{电脑}
shielded spray 护罩喷雾
shielding ①保护屏,屏蔽 ②掩盖
shielding effect 屏蔽效应
shieldwort 盾草属[*Peltaria* Jacq.](十字花科)⌊拟⌉
shift ①(染色体)移位,漂变{遗传} ②变化{气象} ③移动,抖动{加工} ④循环,转移{物} ⑤更换,代用{栽培} ⑥变速,调挡{农机} ⑦方法{统计} ⑧对策{农经} ⑨换挡{电脑}
shift chain 移位链
shift cultivation 变换栽培
shift-down 下移{电脑}
shift-down operation 下移操作
shift-in 移入{电脑}
shift-in character 移入[字]符
shift left 左移{电脑}
shift lever into neutral position 操纵杆回复中立位置
shift lever shaft ①变速杆手柄 ②操纵杆手柄
shift maintenance 班保养
shift network 移位网{信息}
shift of wind 风变化
shift-out 移出{电脑}
shift right 右移{电脑}
shift sleeve 换挡啮合套
shift substratum 转换亚层
shift up 上移
shifted diagonal test 对角线移动测试
shifter ①变速杆 ②移位器
shifter lever (调播种量用)拨杆
shifting ①方向变动,转向 ②变换 ③移位(操作) ④重排 ⑤移动,动态
shifting agriculture 轮耕农业,轮垦农业(指生荒地烧垦种植数年后休闲成生荒地,以恢复地力后又烧垦种植,种植数年后又休闲成生荒地,如此轮换交替)
shifting balance 移动平衡,动态平衡
shifting cultivation 轮耕,轮垦(指生荒地火烧开垦)
shifting dominance 移位显性,可变显性
shifting equilibrium 动态平衡
shifting field 轮耕地,轮垦地
shifting lever ①操纵杆 ②变速杆 ③拨杆
shifting nursery 移动苗圃,临时苗圃
shifting of wind 风向转变
shifting register 移位寄存器
shifting reserve (= flowing reserve) 流动储备林{森林}
shifting sand 流沙
shifting sand regulation 防沙工程
shifting shaft 拨动轴
shifting tapioca 不整形(漂动)木薯粉
shifting wind 变向风
shifting yoke 转向轭
Shiga toxin 志贺[菌]毒素
shigella ①志贺氏菌属[*Shigella* Castellani et Chalmers] ②志贺氏菌(志贺氏杆菌)[*Shigella shigae* (Shigae) Castellani et Chalmers]
shigellosis 细菌性痢疾
Shiitake (= matsutake) 香菇(香蕈)[*Armillaria edodes* Berk.](伞菌科)
Shikan 雪柑(柑橘品种)
shikimic acid 莽草酸
shikonin 紫草宁
shim ①垫片 ②楔形垫块
"shimo-goe" (= fermented night soil) 腐熟人屎尿,人屎尿
shin ①犁体胫刃,犁体垂直切刃 ②犁胫刃板,犁胸 ③胫节
shin bone 胫骨
shin piece [可换式]犁胫板,犁胸
shin share 胫刃犁铧
shine (= be light) 发光
Shine-Dalgarno sequence (SD sequence) SD序列(指核糖结合位点){分遗}
shingle ①小卵石 ②屋顶板,木瓦
shingle beach 卵石海岸
shingle bolt 木瓦短圆材
shining (= lucid, lustrous) 有光泽的(lucidus, lustrus)
shining flower beetles (= shining fungus beetles) 姬花甲科[Phalacridae]
shining-fruit eightshade 少花龙葵[*Solanum photeinocarpum* Nakai et Odash.]

（茄科）
shining fungus beetles 姬花甲科［phalacridae］
shining rose 亮叶蔷薇［*Rosa nitida* willd］（蔷薇科）
shining slave-maker（= shining amazon）闪光牧蚁［*Polyerges lucidus*］
shining sorghum 光高粱［*Sorghum nitidum*（Vahl）Pers.］（禾本科）
shining sumac 亮叶漆树［*Rhus copallina* L.］（漆树科）
shinleaf ①鹿蹄草属［*Pyrola* L.］（鹿蹄草科）②鹿蹄草［*Pyrola rotundifolia* L.］
shinleaf family 鹿蹄草科［Pyrolaceae］
shiny ①发光的，有光泽的，亮晶的 ②擦亮的，磨光的，磨损的 ③晴朗的
shiny leaf 光泽叶
shiny tampang（= tampang tree） 五美波罗蜜［*Artocarpus gomeziana* Wall.］（桑科）
shiny weevil ①出尾虫 ②⌞复⌝出尾虫科［Nitidulidae］
shiny weevil in colza（= blossom rape beetle） 洋芜菁油菜出尾虫
shinyleaf yellow horn 文冠果［*Xanthoceras sorbifolia* Bge.］（无患子科）
ship ①船，船舶 ②飞行器
ship-barometer 船用气压表
ship building material 造船材
ship navigation computer 船舶导航计算机
ship plank 甲板
ship the cargo 装货
ship timber 造船材
shipment ①装运 ②装运量（交运的货物）③海运
shippen 牛舍，畜舍
shipping ①海运，水路运输 ②船舶总吨数
shipping cage 邮寄［蜂王］笼
shipping costs 运［输］费（costs）
shipping destination 货运终点，收点
shipping fever 牛运输热，家畜出血性败血病
shipping in bulk 散装装运
shipping industry 船舶［工］业，造船［工］业
shipping of nursery stock 上山苗（指供山地种植的苗木）
shipping origin 货运始点，发点
shipping pattern 装运型式
shipping plan 装运计划
shipping point inspection 口岸检查
shipping process 装运［工艺］过程
shipping quality 海运品质（指果品）
shipping trade 海运贸易
shipping weight 装载量，船舶吨数
shipworms 凿船虫［*Teredo navalis* sp.］｛环保｝
Shirai Chinese sumac gall aphid 花冠棓蚜［*Nurudeopsis shiraii* Matsumura］（木虱科）
Shire 夏尔马（英国重挽马品种）
Shirlan 除霉胺
shirt-sleeve environment 不穿防护服的环境
shives 小纤维束
Shive's solution 席夫氏试剂（溶液）｛显技｝
shizogenous intercellular space 离生胞间隙（interstitium intercellulare shizogene）
shoal ①浅滩，沙洲 ②群，多数 ③鱼群
shoal density 鱼群密度
shoal of spur 短果枝群
shoal water 浅水
shoaling behavior 集群行为，集群习性
shoaly land ①滩地 ②湖田
shoat 断乳畜
shock ①禾束，稻丛，玉米捆 ②堆 ③码垛 ④冲撞 ⑤震动，爆破 ⑥休克｛医｝
shock absorber 缓冲装置，缓冲吸收器，减震器
shock load 冲击载荷
shock of transplantation 移植效应
shock-proof steering 防震转向
shock protection seat 防震驾驶座
shock resistance 抗冲击强度
shock-resisting ability 抗冲击能力
shock rows 堆草行
shock stoppage 震惊停歇，休克阻滞
shock temperature 休克温度
shock wave 音爆（指飞机在超音速下飞行所产生激波的超压现象）｛环保｝
shocked sheaves 禾捆堆
shocker 堆垛机
shocking 堆垛，码垛
shocking hay 码垛干草
shod 装好蹄铁的
shoddy ①质劣的 ②再生布 ③再生毛 ④废毛屑
shoddy cloth 再生布（用旧纤维织成的布）
shoe ①马掌 ②开沟器，分禾器，滑筛体［架］，滑脚，刹车块 ③开口坩埚 ④存板 ⑤模座
shoe brake 蹄式制动器
shoe chaffer 颖糠筛，上筛
shoe colter with press wheel 带压土轮的靴式开沟器
shoe drill 带靴式开沟器播种机
shoe elbow 90°底弯｛环保｝
shoe-like 鞋形的，靴形的（calceolaris）
shoe sieve 下筛

shoe-type furrow opener (= shoe colter, shoe opener, shoe runner) 靴式开沟器
shoeblack plant 扶桑(朱槿)[*Hibiscus rosasinensis* L.](锦葵科)
shoeing ①钉马铁,装蹄 ②打马掌,打蹄铁
shoeing frame 打掌用架
shoeing hammer 打掌用锤,打蹄铁用锤
shoestring (蜜环菌的)菌索
shoestring fern ①书带蕨属[*Vittaria* spp.](书带蕨科) ②书带蕨[*Vittaria flexuosa* sp.]
shoestring fungus (= honey fungus) 蜜环菌
shoghu oil 牛樟油
Shone ejector (= pneumatic ejector) 气动升液机{环保}
shook 桶板料
shook swarming (蜜蜂)人工[抖落]分群
shoot ①枝条,嫩枝,苗 ②桠杈 ③茎干 ④冠,地上部(ramus novellus)
shoot apex (= shoot tip, shoot apice) 苗端,茎尖,梢顶端(apex stolonis)
shoot apex culture 苗端培养
shoot axis 茎轴(axis ramealis)
shoot blight 梢枯病
shoot borer 甘蔗二点螟[*Chito infuscatellus* Snell](螟蛾科)
shoot cutting 叶枝插
shoot-cutting grasshopper 高粱断茎蜢[*Chrotogonus trachypterus* Blanch](蝗科)
shoot differentiation stage 新梢分化期
shoot-extension 枝条伸长
shoot-fly plant (= apple of Peru) ①假酸浆属[*Nicandra* Adans](茄科) ②假酸浆[*Nicandra physaloides* (L.) Gaertn.]
shoot frequency 地上部频数,茎叶频数
shoot from stock 砧芽,砧萌
shoot growth 枝条生长,茎枝生长
shoot growth rate 枝条生长速度
shoot hemiparasite 茎半寄生物,茎兼性寄生物
shoot mass 茎量
shoot morphogenesis 枝梢形态形成
shoot mutation ①茎突变 ②茎变态
shoot out 削除花梗
shoot pole 苗端,苗极
shoot-productive ability 分枝力,发枝力
shoot-root ratio 根条比率,根茎比率(地下部与地上部比率)
shoot surface area 茎表面面积
shoot system 茎轴系[统](systema ramificationis)
shoot-tendril 茎卷须
shoot-term goal 短期目标
shoot thorn 枝刺(spina ramealis)
shoot tip (= stem tip) 茎尖
shoot tip culture 茎尖培养
shoot tip grafting 茎尖嫁接
shoot tip layering 茎尖压条[法]
shoot tip meristem 茎尖分生组织
shooter 射击者
shooting ①抽薹,抽枝 ②射击,发射 ③打猎 ④打靶 ⑤拍摄
shooting board 削台
shooting into ear 开始抽穗
shooting license 狩猎[许可]证
shooting method 打靶法{电脑}
shooting of the apical bud (棉)窜心
shooting ratio 拍摄[比]率{遥感}
shooting right ①狩猎权 ②狩猎法
shooting-star ①流星花属[*Dodecatheon* L.](报春科) ②流星花[*Dodecatheon media* L.]
shop ①车间,工场,工厂 ②商店 ③机房 ④计算站
shop floor production 车间生产
shop lumber 半成材,再加工材
shop seasoning 厂内干燥
shop truck 修理车
Shope papilloma virus 肖普氏乳头状瘤病毒{分生}
shore ①岸,海岸 ②支柱,撑柱 ③支撑,支持
shore bugs (= jumping bugs) 跳蝽科[Saldidae]
shore current 岸流
shore deposit 海滨沉积物
shore drugs quill ①海葱属[*Urginea* Scilla](百合科) ②海葱[*Urginea maritima* Baker]
shore erosion 海岸侵蚀
shore-fixing plant 固岸植物
shore flies (= ephydrid flies) 水蝇科[Ephydridae]
shore grape (= sea grape) 海葡萄[*Coccoloba uvifera* L.](蓼科)
shore juniper 海滨桧[*Juniperus conferta* Parlat](柏科)
shore pine (= prickly pine) 山地松
shore plankton 沿岸浮游生物
shore plant 海滨植物
shore podgrass 海韭菜[*Triglochin maritimum* L.](水麦冬科)
shore protection 海岸防护
shore sand 沿岸沙地

shore terrace ①海岸阶地 ②海岸梯田
shore wind [海]岸风
shore zone 海岸带
shoreline 海岸线
shoreweed 岸生草属 [*Litorella* L.] (车前科)
shoring 临时撑柱板{环保}
shorn 剪去 (detonsus)
short ①短的{形态} ②短路{电脑} (brevis)
short abdomen mites 跗线螨科 [Tarsonemidae]
short-access storage 快速存取存储器
short and active tillering variety 多短分蘖品种
short and moderate tillering variety 中等短分蘖品种
short and sturdy straw (= short and sturdy culm) 矮壮秆
short arm 短[染色体]臂
short auricle 短叶耳 (auricula brevis)
short-awned 短芒的 (breviaristatus)
short-awned plant 短芒植株 (planta breviaristata)
short-awned variety 短芒品种
short bag 短小乳房(奶牛)
short bearing branch (= spur) 短果枝
short berry 无核浆果
short-bodied (= short-boled) 矮干的
short-boom loader 短臂装载机
short-branch 短枝
short-branched 短枝的 (brevirameus)
short calyx tube 短萼管 (tubus calyculus brevis)
short cane ①短种蔓 ②短梢
short cane cutting 短梢插
short cane pruning 短梢修剪(指葡萄)
short card 短卡[片]{信息}
short catch crop 短期填闲作物
short cattle barn (= short ox stall) 短牛栏
short circuit 短路
short-circuit current 短路电流
short circuiting 短流{环保}
short clustered plantain-lily 粉叶玉簪 [*Hosta glauca* Stearn] (百合科)
short communication 简讯
short concentration peak 短期浓度高峰
short crop ①低产 ②矮秆作物 ③低产作物
short culm 矮秆 (culmus humilis)
short-culm-heavy tillering type (= short culm-much tillering type) 矮秆多分蘖型(水稻)
short-culm-less tillering type 矮秆少分蘖型(水稻)
short culm mutation 矮秆突变
short-culmed crops 矮秆作物
short-culmed variety 矮秆品种
short culture ①短期培养 ②短期栽培
short-cut 简捷,捷径
short-cut bed soil 速成床土(指温床用土)
short-cut graphic method 简单图解法
short-cut method 简法{统计}
short-cut pathway 捷径
short cutting 简化
short cycle 短周期
short day 短日[照]
short-day breeder 短日[照]繁殖动物
short-day condition 短日[照]条件
short-day crops 短日照作物
short-day length 短日照长度
short-day plants 短日[照]植物
short-day requirement 短日照需要量
short-day response 短日照反应
short-day seed 短日性种子
short-day treatment 短日[照]处理
short-day type 短日[照]型
short-day vernalization 短日照春化
short dialing 短拨号,短代码拨号{信息}
short diameter 小头直径(木材)
short-distance transport 短距离运输,短程运输
short dry period 短旱期
short duration 短持续期
short duration failure 短暂失效
short-duration period 短生育期
short-duration strain 早熟品系,短生育期品系
short-duration variety 早熟品种,短生育期品种
short-eared ①短穗的 (brachystachys) ②短耳的 (brachyauritus)
short-eared pig 短耳猪
short fallow ①短期休闲 ②短期休闲地
short fiber variety ①短绒品种(棉) ②短纤维品种(麻)
short-flowering 短花的 (brachyanthus)
short-footed 短柄的 (brevipes, brachypodus)
short format 短格式
short frost bite 短期霜害
short-fruited 短果的 (brachycarpus)
short functional life span 短功能寿命,短功能生命周期
short genetic segment 短遗传节段
short grain ①短子粒 ②缺乏子粒
short grain rice (= short kernel rice) 短

粒稻
short-grain type 短粒型(稻)
short-grain variety 短粒品种(稻)
short-grass land 短生禾(牧)草地
short-grass plains 短生禾草草原(平原)
short grasses 矮生禾(牧)草
short growth duration 短生育期
short growth period 短生长期
short-haired 短毛的(brachytrichus)
short haul 短程{信息}
short head 短穗(spica brevis)
short-hold mode (SHM) 短暂保持方式
short holding time 短保持时间
short-horned 短角的(brevicornus)
short-horned grasshopper ①蝗 ②⌊复⌉蝗科[Acridiae]
short inner glume 短内颖(gluma interior brevis)
short interface 短界面
short internode 短节间(internodium breve)
short interspread element 短散布元件{生技}
short interval application 短间隔期撒药,短间隔期散布
short-job-next (SJN) 短作业优先法
short kernel rice 短粒稻[*Oryza sativa* L. subsp. *brevis* Gust.](禾本科)
short land 零碎地
short-lasting induced adaptation 短期诱导适应
short-leaf kyllinga 水蜈蚣[*Kyllinga brevifolia* Rottb.](莎草科)
short-leaved 短叶的(brevifolius, brachyphyllus)
short life cycle 短生活周期
short-lived ①短命的,短生的(ephemerus) ②暂时的(fugax)
short-lived annual grasses 短生一年生禾草
short-lived cell 短命细胞(cellula ephemera)
short-lived isotope 短寿命同位素,短效同位素
short-lived leaves 短命叶(foli ephemerae)
short-lived metabolic process 短时间代谢过程
short-lived microcrystal 暂时微晶体(microcrystallum ephemerum)
short-lived pesticide 短效农药,非残留农药
short-lived seed (=microbiotic seed) 短寿命种子
short-lived soft leaf 短命软叶(folium malacoides ephemerum)
short-lived tissue 短命组织(tela ephemera)
short-lobed 短裂片(brevilobus)
short lodicule 短浆片(lodicula brevis)
short log 短原木(木材)
short-long-day plant 中日性植物(短长日照都适应的植物)
short loop feedback 短环反馈{分遗}
short message 短报文{信息}
short method (=short-cut method) 简法
short-nerved 短脉的(brachyneurus)
short node of grape 葡萄短节病[*Vitis virus* 2]
short-nosed cattle louse 牛[盲]虱[*Haematopinus eurysternus* (Nitz.)](盲虱科)
short oat 矮燕麦[*Avena brevis* L.](禾本科)
short out 短路{电脑}
short outer glume 短外颖(gluma exterior brevis)
short period intercropping 短期间作
short period interspersion 短周期散布
short-petaled 短瓣的(brachypetalus)
short-petaled yarrow 短瓣蓍[*Achillea ptarmicoides* Maxim.](菊科)
short pieces 碎片,碎块
short-pitman mower 短连杆式刈草机
short plant 矮[小植]株
short-pointed 短凸尖的(brevicuspis, brachycuspis)
short production 短期生产,短期栽培
short pruning 短剪
short-range ①短期的 ②短射程的 ③短距离的
short-range cell communication 短距离细胞联系
short range force 短距离力,短程力
short-range forecast 短期预报
short-range intramolecular interaction 近距离分子间相互作用,近程分子间相互作用{分遗}
short-range order 近距离有序,短程有序
short-range sprinkle 短射程喷灌机
short-range structure 近距离结构,近程结构
short-range weather forecast 短期天气预报
short road 近路,短路
short rotation 短期轮作
short rotation forestry 短期轮伐林地
short-run (=short-term) 短期的
short-season rice (=early rice) 早[季]稻
short shoot 短枝(ramulus brevis)
short stack 短堆栈{信息}
short-stalk cherry 短柄尾叶樱[*Prunus*

dielsiana var. *abbreviata* Card.]（蔷薇科）
short-stalk hybrid 矮秆杂种
short-stalk variety 矮秆品种
short-stalked 短茎的，矮秆的（brevicaulis）
short-stalked variety 矮秆品种
short stand 短颈枷畜栏
short staple 短绒，短纤维
short stapled 短绒的，短纤维的
short stature 矮株型，矮秆型
short-stature gene 矮株型基因
short stature trait 矮株型性状
short stature type 矮株类型
short stature winter wheat 矮秆冬小麦[*Triticum aestivum* L.]（禾本科）
short-statured strain 矮秆型品系，矮株型品系
short-statured variety 矮秆型品种，矮株型品种
short-stem crop 矮秆作物
short stem-cut 芽插
short-stem kaoliang 矮脚高粱
short-stemmed 短花莛的（brevicapus）
short-stemmed pickle cabbage 塌窠菜（塌菰菜）[*Brassica narinosa* Bailey]（十字花科）
short stipule 短托叶（stipula brevis）
short straw 矮秆
short-straw rice variety 稻矮秆品种
short-straw sieve 碎稿筛，上筛
short string 短串
short-styled 短花柱的（brevistylus）
short-styled flower 短花柱花（flos brevistylus）
short supply 供应短缺{农管}
short-tailed blue 小紫灰蝶[*Everes argiadesseitzi* Wnukowsky]（灰蝶科）
short-term 短期的
short-term biochemical reaction 短期生化反应
short-term buffering 短暂缓冲，短期缓冲
short-term crops 短期作物
short-term film 短期胶片
short-term fluctuation 短期波动
short-term forecast 短期预报
short-term lease 短期租赁
short-term leys 短期草地（指轮作中的草地）
short-term memory 短期记忆{信息}
short-term oscillation ①短期变动 ②短期摆动，短期颤动
short-term pasture 短期牧场
short-term prophecy 短期预报
short-term regulatory measure 短期调节措施
short-term rotation 短期轮作，小倒茬
short-term storage 短期贮藏，短期存储
short-term variety 早熟品种
short test 快速试验
short-thorned 短距的（brachycentrus）
short-time average magnitude 短期平均幅度
short-time energy 短期能量
short-time work 短期作业
short-tined buckrake 短齿集堆机
short tip awn 短顶芒
short ton 短吨，美吨（=907.20千克=2 000磅）
short-toothed 短齿的（brechyodontus）
short tube lycoris ①石蒜属[*Lycoris* Herb.]（石蒜科）②石蒜[*Lycoris radiata* Herb.]
short wave radiation 短波辐射
short-wave solar radiation 太阳短波辐射
short wavelength ultraviolet lamp 短波长紫外灯
short-winged 短翅的，短翼的（brevialatus, brachypterus）
short-winged rice grasshopper 小翅稻蝗[*Oxya japonica* Willemse]（蝗科）
short-winged rice katydid 稻短翅螽斯[*Xyphidion japonicum* Redtenbacher]（螽斯科）
short wool breed （羊）短毛种
short-wooled ①具疏绵毛的 ②疏绵毛状的（lanuginosus）
shortage ①缺少，缺乏，短缺 ②不足 ③缺点，缺陷 ④缺货，脱销
shortage cost 脱销费用{农管}
shortage loss 脱销损失
shortage of capital 资金缺乏，资本不足
shortage of foreign exchange 缺乏外汇，外汇短缺
shortage of fresh water 淡水短缺
shortage of labour （= shortage of manpower） 劳动力不足，人力不足
shortage of precipitation 降水量短缺
shortage of recessive 隐性短缺
shortage of stores 贮备饲料不足，存蜜缺乏{蜂}
shortage penalty cost 缺货费，短缺惩罚费{农管}
shorten 缩短
shortened 缩短的（abbreviatus, curtus）
shortened internode 缩短节间（internodium abbreviatum）
shortening ①缩短 ②脆，起酥[油]

shortening day 缩短日[照]
shortening making 起酥油制作{加工}
shortening of breeding cycle 缩短育种周期
shortest connection network 最短连接网络
shortest path algorithm 最短路程算法
shortest range forecast 最短期预报,最短期预测
Shorthorn 短角牛(英国乳肉兼用种)
shortia ①岩扇属[*Shortia* Torr. et Gray](岩梅科) ②岩扇[*Shortia sinensis* Hemsl.]
shortrawn foxtail 看麦娘[*Alopecurus aequalis* Sobol.](禾本科)
shorts ①制粉副产物,研磨副产物,研磨废物 ②短锯材
shot ①丸状结构 ②镜头
shot gun 鸟枪,猎枪{狩猎}
shot-gun cloning 鸟枪法无性繁殖,鸟枪法克隆[化]{农生技}
shot-gun method 鸟枪法{农生技}
shot-gun sequencing 鸟枪法序列测定,鸟枪法测序{分遗}
shot-gun shell 鸟枪子弹
shot-gun slug 鸟枪独弹
shot-hole ①穿孔 ②穿孔病
shot-hole borer ①皱纹棘胫木蠹[*Scolytus rugulosus* (Ratz.)] ②⌞复⌝棘胫小蠹科[Scolytinae]与长小蠹科[Platypodidae]
shot-hole disease 穿孔病
shot hole of apricot 杏穿孔病[*Cercospora circumscissa* Sacc.]
shot hole of peach ①桃细菌性穿孔病[*Xanthomonas pruni* (Smith) Dowson] ②桃穿孔病[*Cercospora circumcissa* Sacc.]
shot hole of plum 李穿孔病[*Cercospora circumscissa* Sacc.]
shot hole of stone fruit trees 核果果树疮痂病[*Clasterosporium carpophilum* Thuem.]
shot noise 射击噪声{环保}
shot spore 射出孢子
shot wheat 变红小麦
shoulder 肩,肩部
shoulder blade 肩胛骨(scopula omoplata)
shoulder-drafting method 肩部牵引法
shoulder grafting 肩接{园艺}
shoulder ham 前肘,前臂(肩与前臂的总称,前臂,俗称前腿)
shoulder-hanging sprayer 肩挂式喷雾器
shoulder joint 肩关节
shoulder mounted 肩挂式的
shoulder-mounted duster 肩挂式喷粉器
shoulder-mounted sprayer 肩挂式喷雾器
shoulder slip 脱膊
shoulder sprayer 肩挂喷雾机(器)
shoulder sprayer with hand syringe 肩挂式手动泵喷雾机
shoulder strap 肩部安全带
shoulder strip 肩挂皮带
shoulder tap ①肩式分接头 ②处理机间通信技术{信息}
shouldering 肩挑,肩背,肩挂
shovel ①单斗挖土机 ②铲子,挖斗 ③嫩豆荚(指豌豆)
shovel bucket 装载铲斗,挖土机铲斗
shovel cover (玉米播种机)铲式覆土器
shovel cultivator [松土]铲式中耕机
shovel disk 圆盘开沟器
shovel excavator 铲斗式挖掘机
shovel furrow opener (=shovel opener) 锄式开沟器
shovel plough 中耕培土犁
shovel-shaped 铲形的
shovel sweep 松土双翼铲
shovel tooth 松土锄齿
shoveler ①翻扬机 ②琵琶嘴鸭
shoveling 铲土,锄地,翻动
shoveling machine 机械铲,挖土机
show ①显示,表示 ②趋向 ③展览,陈列
show a downward trend (=show a tendency to decline) (物价)跌落趋向
show an upward trend (=show a tendency to rise) (物价)上涨趋向
show and sale 展销{农经}
show case 陈列橱
show-how 技术示范,工序示范
show place 展览场所
show preview 展览会预展
show ring 家畜展览场
show room 展览室,陈列室
show selection 显示选择
show-through 透视
showdomycin 焦土霉素
shower ①阵雨 ②丰富供应 ③淋浴器,连蓬头
shower bath 淋浴
shower cloud 阵雨云
shower cooler 淋洗冷却器
shower fittings 淋浴装置{环保}
shower formula 阵雨公式
shower head (=shower) 淋浴头,连蓬头
shower of ash 尘阵
shower pipe 喷淋水管

showerful 多阵雨的,多雨的
showery 阵雨
showery rain 阵雨
showery snow 阵雪
showery weather 阵雨天气
showing ①表现 ②外观
showy aregelia 东洋万年青［*Aregelia spectabilis* Mez.］(凤梨科)
showy bleeding-heart (= showy dicentra) ①荷包牡丹属［*Dicentra* Bernh.］(荷包牡丹科) ②荷包牡丹［*Dicentra spectabilis* Lem.］
showy bottle-brush 杉叶红千层［*Callistemon speciosus* DC.］(桃金娘科)
showy chrolis 虎尾草［*Chloris virgata* Swartz］(禾本科)
showy crabapple 多花海棠(海棠花)［*Malus floribunda* Sieb.］(蔷薇科)
showy crotalaria (= sunn hemp, Bengal hemp, Bombay hemp) 印度麻(菽麻)［*Crotalaria juncea* L. = *C. sericea* Willd. non Retz., *C. tenuifolia* Roxb.］(豆科)
showy deutzia 华美溲疏［*Deutzia magnifica* Rehd.］(绣球科)
showy false-spiraea 大花珍珠梅［*Sorbaria grandiflora* (Sweet) Maxim.］(蔷薇科)
showy hebe 美丽拟婆婆纳［*Hebe speciosa* Cockayne et Allan］(玄参科)
showy Himalaya honey-suckle ①来色木属［*Leycesteria* Wall.］(忍冬科) ②来色木［*Leycesteria formosa* Wall.］
showy Japanese lily (= lanceleaf lily) 卷丹(南京百合)［*Lilium lancifolium* Thunb.］(百合科)
showy jasmine 探春花［*Jasminum floridum* Bunge］(木犀科)
showy lady-slipper 美丽杓兰［*Cypripedium reginae* Walt.］(兰科)
showy larkspur (= hardy garland larkspur) 美丽翠雀花［*Delphinium cheilanthus* var. *formosum* Huth.］(毛茛科)
showy meconopsis 美丽绿绒蒿［*Meconpsis speciosa* Prain］(罂粟科)
showy mountain-ash 美丽花楸［*Sorbus decora* (Sarg.) Schneid.］(蔷薇科)
showy orchis 美丽红门兰［*Orchis spectabilis* L.］(兰科)
showy penstemon 美丽钓钟柳［*Penstemon spectabilis* Thurber.］(杨柳科)
showy prickle-poppy 大花蓟罂粟［*Argemone grandiflora* Sweet］(罂粟科)
showy stonecrop (= showy sedium) ①景天属［*Sedum* L.］(景天科) ②景天(八宝蝎子掌)［*Sedum spectabile* Boreau］
showy sunflower 美丽向日葵［*Helianthus laetiflorus* Pers.］(菊科)
shred ①切碎,破碎 ②破壳 ③(磨研后未筛的)谷物粗粒
shred cloud 碎片状云
shredder ①切碎机 ②茎秆切碎机 ③茎秆切除器 ④废料割碎机
shredder bar 切碎机定刀,切碎刀
shredder harvester 田间切碎收获机
shredder head ①切碎装置 ②(切碎装置)切刀滚筒
shredder-mower 割草切碎机
shredding cylinder (玉米剥苞叶切碎机)切碎滚筒
shredding drum 切碎滚筒
shredding hammer 切碎甩锤粉碎锤片
shredding machine 切碎机
shredding mechanism 切碎装置
shredding rotar 茎秆粉碎轮刀
shrieking sixties 咆哮西风(指南半球60°附近的强西风)
shrike 伯劳［*Lanius* spp.］(鸟)
shrimp meal 虾糠
shrimp-plant (= rattle snake beloperone) ①麒麟吐珠属［*Beloperone* Brandegee］(爵床科) ②麒麟吐珠［*Beloperone guttata* Brandegee］
shrimp plant justicia 狐尾木(小虾花,虾仔花)［*Justicia brandegeona* sp.］(爵床科)
shrimp waste as fertilizer 虾肥
shrink 收缩,萎缩
shrink back 退缩
shrink fit 过盈配合,冷缩配合
shrink package 缩水包装
shrink ring 紧缩环
shrinkage ①干缩,皱缩 ②干瘪现象(谷粒) ③收缩,收缩量 ④下沉,下降
shrinkage after moulting (蚕)起缩症
shrinkage allowance 收缩容许量{环保}
shrinkage bar 收缩钢筋
shrinkage grain 皱缩子粒
shrinkage limit of soil 土壤收缩限
shrinkage of cereals 禾谷类[子粒]皱缩现象
shrinkage of wood 木材收缩
shrinkage ratio 收缩比
shrinkage retarding treatment 防缩处理
shrinking ①收缩 ②萎缩
shrinking and thinning 收缩和细化
shrinking disease (= dwarfing) 萎缩病
shrinking mapping 收缩映射{电脑}

shrivel 皱缩(如谷粒)
shrivelled 干膜质的(scariosus)
shrivelled caryopsis 干膜质颖果(caryopsis scariosus)
shrivelled seed 干膜质种子(semen scariocus)
Shropshire sheep 萨罗普斯绵羊(英国细毛羊种)
shroud ①罩,外套 ②轮盖
shrub(= brush, bush) 灌木(frutex)
shrub althaea(= shrubalthea) ①木槿属[*Hibiscus* L.](锦葵科) ②(= shrubby althaea)木槿[*Hibiscus syriacus* L.]
shrub border 灌木边坛,灌木花境(margina fruticosa){园林}
shrub desert 灌木荒漠(deserta fruticosa)
shrub forest(= shrubbery) 灌丛林,灌木林
shrub fruticeta 灌木群落(fruticeta fruticosa){生态}
shrub garden 灌木园{园林}
shrub-katydid 东方灌木螽斯[*Tettigonia orientalis* Uvarov](螽斯科)
shrub layer(= shrub stratum) 灌木层(stratum fruticosum)
shrub lespedeza ①胡枝子属[*Lespedeza* Michx.](豆科) ②胡枝子[*Lespedeza bicolor* Turcz.]
shrub plough(= shrub plow) 灌木犁
shrub savanna 灌木稀树干草原
shrub species 灌木树种(species fruticosus)
shrub stage 灌木阶段(staticum fruticosum)
shrub-steppe 灌木干草原
shrub stratum 灌木层(stratum fruticosum)
shrub verbena ①马缨丹属[*Lantana* L.](马鞭草科) ②马缨丹[*Lantana camara* L.]
shrub with chlorophyllous stem 具叶绿素茎[的]灌木
shrub yellow-root ①黄根木属[*Xanthorhiza* Marsh](毛茛科) ②黄根木[*Xanthorhiza simplicissima* Marsh.]
shrub zone 灌丛带(zona fruticosa)
shrubbery 灌木林
shrubbery mass 灌木群
shrubbery plantation 灌木园(dumetum)
shrubby ①灌木状的 ②灌木的(fruticosus)
shrubby althaea 木槿[*Hibiscus syriacus* L.](锦葵科)
shrubby amorpha(= false indigo) ①紫穗槐属[*Amorpha* L.](豆科) ②紫穗槐[*Amorpha fruticosa* L.]
shrubby bitter-sweet(= American bittersweet) 美洲南蛇藤[*Celastrus scandons* L.](卫矛科)
shrubby cinquefoil 金老梅(金蜡梅)[*Potentilla fruticosa* L. = *Dasiphora fruticosa* (L.) Rydb.](蔷薇科)
shrubby crown 灌木形树冠
shrubby false-indigo 紫穗槐[*Amorpha fruticosa* L.](豆科)
shrubby form 灌木状类型(formis fruticosus)
shrubby species 灌木种(species fruticosus)
shrubby stem 灌木状茎(caulis fruticosus)
shrubby trefoil ①榆橘属[*Ptelea* L.](芸香科) ②榆橘[*Ptelea trifoliata* L.]
shrubby woodnettle 紫麻[*Villebrunea frutesce* Blume](荨麻科)
shrubby yew podocarpus(= Chinese podocarpus) 短叶罗汉松[*Podocarpus macrophyllus* var. *maki* End.](罗汉松科)
shrubland(= brushland) 灌丛
shrunken grain(= shrunk grain) 皱缩谷粒,干秕谷粒,秕粒
shrunken plant 萎缩植株
shrunken seedling 萎缩秧苗
shuck ①壳,外皮,荚,苞叶 ②剥壳,去皮
shuck fan 清除玉米穗苞叶风扇
shuck of corn 玉米[果穗]苞叶
shucker ①剥壳机,去皮机 ②剥玉米苞叶机
shucking machine ①剥壳机,去皮机 ②剥玉米穗苞叶机
shuffle ①混合,弄混 ②混洗 ③改组 ④乱堆,扰乱 ⑤正移
shuffle clone 改组克隆,改组无性系{农生技}
shuffle-exchange interconnection 混洗交换互联{信息}
shuffle-exchanged network 混洗交换网络
shuffle graph 混洗图
shuffling ①混洗的 ②正移的 ③滑动的{信息}
shuffling network 混洗网络
shunk 臭鼬[*Mephitis mephitis*]
shunt ①支路,旁路{生理} ②分路{信息} ③分流,分水{环保}
shunt circuit 分流电路,并联电路{信息}
shunt metabolism 支路代谢
shunt product 支路产物
shunt production 支路产物
shunt reaction 支路反应
shunt valve 分水阀{环保}

shut down ①停工,关闭 ②停机 ③歇业 ④关机,停机{信息}
shut-down time ①关机时间 ②停机时间{信息}
shuteria ①宿苞豆属[*Shuteria* Wight et Arn.](豆科) ②宿苞豆(中国宿苞豆)[*Shuteria sinensis* Hemsl.]
shutoff ①关闭 ②停止工作,停机 ③停车 ④切断{信息}
shutoff block (=shutoff slide) (槽轮排种器)排种量调节套,阻塞套
shutoff device 切断装置,关闭装置
shutoff sequence (SO) 停机顺序
shutoff valve (=cut-off valve) 断流阀,截流阀
shutter ①(照相机)快门,光闸,光门{显技} ②闸板,节流板,阀 ③秧门{农机} ④遮蔽器{农机}
shutter adjuster (风选机)进风门调节器
shutter scale 光门刻度{显技}
shuttle ①梭 ②穿梭,梭行 ③往返,左右运动,前后移动 ④运转 ⑤航天飞机,宇宙飞船
shuttle active microwave experiment (SAMEX) 航天飞机主动微波实验{遥感}
shuttle board 抖动板
shuttle conveyor 振动式输送装置,振动式输送带
shuttle imaging microwave system 航天飞机成像微波系统{遥感}
shuttle imaging radar 航天飞机成像雷达
shuttle mechanism 穿梭机制,往复机构
shuttle multi-infrared radiometer 航天飞机多通道红外辐射计
shuttle plasmid 穿梭质粒{分生}
shuttle radar microwave subsystem 航天飞机雷达微波子系统{遥感}
shuttle system 穿梭系统{分生}
shuttle vector 穿梭载体{分生}
shuttle washer 振动式清洗机
shweliodendron ①瑞丽木属[*Shweliodendron* Hu.] ②瑞丽木[*Shweliodendron tenticellicarpum* Hu]
shy ①易受惊的 ②不愿被看见的 ③难捕捉的
shy bearer 低产果树
shy stonecrop 圆叶景天[*Sedum anacampsera* L.](景天科)
SI (=Système International d'Unités)(法)国际单位制
SIA (=standard interface adapter) 标准接口适配器{信息}
sialagogic 生津的,催涎的
sialagogue (=sialogogue) ①催涎的 ②催涎剂
sialic acid 唾液酸
sialic acid and endocytosis 唾液酸与细胞内食作用
sialic acid in glycoprotein 糖蛋白的唾液酸
sialidase 唾液酸酶
siallite 硅铝土
siallitic laterite 硅铝砖红壤
siallitic ratio 硅铝比[率]
siallitic weathering 硅铝性风化
sialoadhesin 唾液酸黏附素
sialogogic peptide 催涎肽
sialolithiasis 涎石形成(sialolithiasis)
sialsphere 硅铝层(带)
Siam cycas 云南苏铁[*Cycas siamensis* Miq.](苏铁科)
Siamese senna (=kassod tree) 铁刀木[*Cassia siamea* Lam.](豆科)
siamese twin 复合双生
sib (=sibling) ①同胞 ②姊妹株 ③姊妹体{育种}
sib analysis 同胞分析
sib cross 同胞交,兄妹交(玉米)
sib group 同胞群
sib line 同胞品系,兄妹品系
sib mating 同胞交配,兄妹交配
sib method 同胞法,姊妹法
sib method of breeding 同胞育种法,姊妹育种法
sib pair 同胞对
sib-pair method 同胞对法
sib pollination 同胞授粉,兄妹授粉
sib selection 同胞选择
sib test 同胞测验,同胞鉴定
sibbaldia ①施巴草属[*Sibbaldia* L.](蔷薇科) ②施巴草[*Sibbaldia procumbens* L.]
sibbing 同胞交配,兄妹交配
Siberian anticyclone 西伯利亚反气旋
Siberian apricot 西伯利亚杏[*Armeniaca sibirica* L.=*Prunus sibirica* L., *P. armeniaca* var. *sibirica* Maxim.](蔷薇科)
Siberian burnet 细叶地榆[*Sanguisorba tenuifolia* Fisch.](蔷薇科)
Siberian cedar 西伯利亚五叶松[*Pinus sibirica* Mayr](松科)
Siberian columbine meadow-rue ①唐松草属[*Thalictrum* Tourn.](毛茛科) ②唐松草[*Thalictrum aquilegifolium* L.]
Siberian crab [apple] 山荆子(山丁子)[*Malus baccata* (L.) Borkh.](蔷薇科)
Siberian dogwood (=Tartarian dogwood) 白梾木(红瑞木)[*Cornus alba* L.](山茱萸科)

Siberian elater 西伯利亚叩头虫［*Selatosomus spretus* Mannh.］（叩甲科）
Siberian elm（= dwarf elm） ①榆属［*Ulmus* L.］（榆科）②榆［*Ulmus pumila* L.］
Siberian false-oat 西伯利亚三毛草［*Trisetum sibiricum* Rupr.］（禾本科）
Siberian filber 榛（榛木）［*Corylus interophylla* Fisch. et Bess.］（榛木科）
Siberian fir 西伯利亚冷杉［*Abies sibirica* Ledeb.］（松科）
Siberian hazelnut 榛子［*Corylus heterophylla* Fisch.］（榛木科）
Siberian high 西伯利亚高压
Siberian juniper 西伯利亚刺柏［*Juniperus sibirica* Burgsd.］（柏科）
Siberian larch 西伯利亚落叶松［*Larix sibirica* Ledeb.］（松科）
Siberian messerschmidia ①沙引草属［*Messerschmidia* L.］（紫草科）②沙引草［*Messerschmidia sibirica* L.］
Siberian millet 西伯利亚粟［*Setaria italica* var. *rubrofructa*］（禾本科）
Siberian motherwort 益母草［*Leonurus sibiricus* L.］（唇形科）
Siberian mountain-ash 接骨木叶花楸［*Sorbus sambucifolia* Roem.］（蔷薇科）
Siberian patrinia 西伯利亚败酱［*Patrinia sibirica* Juss］（败酱科）
Siberian pea-tree 树锦鸡儿（蒙古锦鸡儿）［*Caragana arborescens* Lam.］（豆科）
Siberian plague 炭疽
Siberian solomonseal ①黄精属［*Polygonatum* Adans］（百合科）②黄精［*Polygonatum sibiricum* Red.］
Siberian spinning moth（= Siberian pine bettle） 西伯利亚松毛虫［*Dendrolimus sibiricus* Tschetwerikov］（枯叶蛾科）
Siberian spruce 西伯利亚云杉（沙松）［*Picea obovata* Ledeb.］（松科）
Siberian wildrye 老芒麦［*Elymus sibiricus* L.］（禾本科）
Siberian yarrow 蓍草［*Achillea sibirica* Ledeb.］（菊科）
sibiraea ①鲜卑花属［*Sibiraea* Maxim.］（蔷薇科）②鲜卑花
sibling（sib） 同亲后代，同胞，姊妹株，姊妹系｛育种｝
sibling cross generation 姐妹系杂交复壮
sibling species 两似种，兄弟种，姊妹种
sibljack 南欧次生灌丛
sibs 同胞交配种，兄妹交配种
sibship 同胞关系
siccate 具干的（siccatus）
siccative oil 干性油
siccideserta 干荒漠
siccitate 干的，干腊的（siccitatus）
siccocolous 旱生植物（siccocolus）
siccous 干的，无汁的（siccus）
Sicilian lemon（= Sicily） 西西里柠檬（品种）
Sicilian sumach（= Sicilian sumac） 西西里漆树［*Rhus coriaria* L.］（漆树科）
Sicily grapefruit 西西里葡萄柚（品种）
sick 病，疾病
sick rate 罹病率
sick soil 病土，耗竭土
sickener 毒红菇［*Russula emetica*（Schaeff. ex Fr.）Pers. ex Gray］（伞菌科）
sickle ①镰状聚伞花序｛形态｝②镰刀｛农具｝③摇羽｛禽｝（secula）
sickle alfalfa（= sickle medick） 野苜蓿［*Medicago falcata* L. = *M. sativa* L. ssp. *falcata* Doll.］（豆科）
sickle cell anemia 镰形细胞贫血
sickle cell disease 镰形细胞病
sickle cell hemoglobin 镰形细胞血红蛋白
sickle cell trait 镰形细胞性状
sickle clip （切割器）压刀板，压刃板
sickle dance 镰刀形舞，新月形舞｛蜂｝
sickle feather 翎羽，鸡翎（鸡尾大羽毛）
sickle-fruited 镰状果的（drepanocarpus）
sickle knife 切割器动刀片
sickle-leaved 镰状叶的（drepanophyllus）
sickle-lobed 镰状裂片的（drepanolobus）
sickle pitman 连杆
sickle plant 神刀［*Crossula falcata* sp.］（景天科）
sickle register 刀片对心
sickle senna 决明［*Cassia tora* L.］（豆科）
sickle-shaped 镰状的（falciformis，falcatus）
sickle-shaped cyme 镰状聚伞花序（drepanidium，drepanium）
sickle throw 割刀行程
sicklecrit 镰形血球容量计
sicklemia 镰形细胞贫血
sickly 有病的（morbosus）
sickness ①患病，发病 ②不健康
sickness prevention 疾病预防
sickness rate 发病率
sicyoid（= sicyodic） 葫芦状的（sicyoides）
sida ①黄花稔属［*Sida* L.］（锦葵科）②黄花稔［*Sida acuta* Burm.］

side ①侧的,旁的,横的 ②侧面的,横向的③副的,附属的 ④侧,边,方(侧,内,外,正)面 ⑤半爿肉,半扇肉
side arm ①侧臂(染色体) ②副悬臂
side-arm bridge 侧臂桥
side-attached mower 侧悬挂式刈草机
side axe 披斧,伐木斧
side bark-grafting 皮下腹接
side board 边材板,弦面板
side body (壶菌游动孢子)侧孢
side brake 侧制动器
side branch 侧枝(ramus lateralis)
side by side ①并列,并排 ②并置,相并 ③左右
side by side display 并列显示器
side by side double barrel 左右双筒
side by side listing ①并排列表 ②并排编目
side-by-side mounting 两侧悬挂,对称悬挂
side chain 侧链{分遗}
side chain coordinate 侧链坐标
side chain hydrogen bond 侧链氢键{分遗}
side-chain theory 侧链说(指抗毒素)
side chain theory of gene 基因侧链理论
side channel ①侧沟 ②侧槽
side-channel spillway 侧槽溢流道{环保}
side circuit 侧电路,半面电路{信息}
side circuit loading coil 半面电路负载线圈
side circuit repeating coil 半面电路中继线圈
side clearance 侧隙
side clearing ①横向清理 ②(沟渠)横向疏浚
side-cleft grafting 割裂腹接
side clutch 侧向离合器
side compression 侧压
side contraction 旁收缩{环保}
side crop 副作物
side cut 避心下锯法
side-cut mower 侧悬挂式刈草机
side cutterbar 侧置式切割器
side cutting 侧截(苗根修剪)
side-cutting combine 侧割式联合收获机
side-cutting flail 侧切式甩刀
side deflection (切割时茎秆的)横向弯曲
side delivery 侧方喂送,侧方输送
side-delivery complete beet harvester 侧卸式甜菜联合收获机
side-delivery crop loader 侧送式作物装载机
side-delivery elevator 横卸升运器
side-delivery feed ①侧排式排种器 ②侧排式排肥器
side-delivery forage harvester 侧卸式饲料收获机
side-delivery manure spreader 侧送式撒肥机
side-delivery rake 侧向搂草机
side-delivery reaper 摇臂收割机
side-delivery spreader 侧向撒肥机
side-delivery straw chopper 侧喂式茎秆切碎机
side-delivery thresher 侧喂式脱粒机
side discharge ①侧向卸载 ②(挖掘机)侧向排出
side-discharge elevator 侧卸升运器
side-discharge trailer 侧卸挂车
side discharging 侧卸的
side ditch (= side drain) 侧[边]沟(指排水支沟),边沿明沟{环保}
side draft 牵引力侧向分力
side drain ①边沿阴沟 ②道沟(指道路两侧的排水阴沟){环保}
side-dresser 行侧追肥机,行间追肥机
side dressing (肥料)旁施,侧施
side-dressing application ①侧施追肥,行间追肥 ②行侧撒药,行间撒药
side-dressing of fertilizer during the period of kernel formation 灌浆肥
side-dressing shank 行侧追肥铲
side-drive motor mower 侧驱动动力刈草机
side-dump 侧卸{农机}
side effect ①副效应 ②副作用(指药物等)
side elevation 侧视图,侧面图
side elevation drawing 侧视图
side-elevator harvester 侧置升运器式收获机
side-emptying forage box 侧卸式饲料车厢
side entry nozzle 侧向进液喷嘴
side erase 侧边抹去,侧边清洗
side-feed baler 侧喂式捡拾压捆机
side flow 侧流
side-flowered 侧[生]花的(lateriflorus pleuranthus)
side force 侧向力
side-frame plough 侧架犁
side fruit in a chestnut bur 边栗(指栗苞中两旁的栗果)
side gatherer 侧扶导器
side gradient 横斜坡,横斜面
side grafting 腹接{园艺}
side grafting by inlaying 嵌腹接
side grafting in the alburnum 边材腹接
side grafting under the bark 皮下腹接
side grafting with a heeled branch 踵枝腹接
side grafting with a simple branch 单枝腹接

side grafting with a straight cleft 直切腹接
side grafting with an oblique cleft 斜切腹接
side grain 弦面(指木材)
side gripping bale loader 侧抓式草捆装载机
side group (R) 侧基
side guide 侧向导板,侧向导轨
side gutter 侧[边]沟,街沟(指行道两侧的排水沟)
side head 侧缘标题{电脑}
side hill 山坡,山麓
side-hill plough 双向犁,回转犁
side hoe 单面平切铲
side inlaying 嵌入腹接
side issue 附带问题
side knife (玉米切割器)定刀片
side land 边地,空地
side lay ①侧放 ②侧面定位装置
side lay adjuster 侧面定位调整器
side-leaved 侧[生]叶的(laterifolius)
side-leveling combine 横向调平式[坡地]联合收获机
side light 侧灯
side line 侧系,副系{育种}
side line canal 边沟,边渠{水利}
side line dam 辅坝{水利}
side linkage 侧悬挂装置
side loading 侧面装载
side looking airborne radar (**SLAR**) 机载侧视雷达{遥感}
side looking radar 侧视雷达
side-looking radar display 侧视雷达显示器
side mark (= bark mark) 皮号(采伐木记号)
side-mounted ①侧悬挂式 ②侧面安装的
side-mounted implement 侧悬挂农具
side mounting 侧悬挂
side-mouth tongs 边口钳(工具)
side oats grama 垂穗草[*Bouteloua curtipendula* (Michx.) Torr.](禾本科)
side-on coordination 侧向配位{分生}
side-opened milking parlor 侧开式挤奶室(间){农施}
side-opening baler 侧喂式压捆机
side payment 边支付
side-placing urea 侧施尿素
side plate (= side locks) ①边装簧板{狩猎} ②侧板{电脑}
side platform 偏置式收割台
side-platform combine 侧置割台式联合收获机
side play 侧隙
side product 副产品
side rake 侧面搂草机
side raking 侧面搂集
side reaction 副反应
side regulator 分水闸,节流闸
side road 岔路,支路,旁路
side roller ①舷墙滚筒 ②衔接轮
side saddle-flower ①瓶子草属[*Sarracenia* L.](瓶子草科) ②瓶子草[*Sarracenia purpurea* L.]
side select circuit [侧]面选择电路(指软盘的){信息}
side select signal 面选择信号
side shake digger 抖动侧送式挖掘机
side-shake mill 横振筛架
side-shake screen 横向振动筛
side share 单面挖掘机
side shoot ①侧枝 ②二次枝 ③侧芽苗(指甘蔗)
side-shooting 侧芽萌发(指甘蔗)
side shovel (= half shovel) 单侧松土铲
side skid 侧面滑板
side slip 侧滑
side slope 边坡
side snapping 侧方摘取,弯茎摘取
side stage (实验室)边台
side-stroke rake (斜置式)侧向搂草机
side-stroke reel [斜置式]侧向拨禾轮
side suction 水平间隙
side sway 下悬挂点横向摆动量
side tipping trailer 侧倾卸挂车
side tongue-grafting 舌状腹接{园艺}
side trawler 舷拖渔船
side-veined 侧脉的(laterinervis)
side veneer-grafting 镶合腹接
side ventilating sash 侧向通风窗
side ventilator 侧向天窗,侧窗(指温室)
side view 侧视图,侧面观
side wall 侧壁
side water depth [圆池]周边水深{环保}
side weir overflow 侧堰溢流{环保}
side wheel 侧轮
side wind 侧风
side working (= side grafting) 腹接
sideband 边带,边频带{信息}
sideband signals 边带信号
sidebar ①外链片(套筒滚子链) ②电柱{信息}
sideboard 侧板,栏板
sidecap 犁踵,犁侧板后踵
sidedozer 侧铲推土机
sidelap 旁向重叠,侧向重叠

sideless ①无边 ②无侧 ③无端
sideline occupation (= subsidiary occupation) 副业
sideling 等高线耕作
sidereal day 恒星日
sidereal hour 恒星时
siderochrome 铁色素(与细菌膜结合)
sideroleucocyte test (马传染性贫血)铁白细胞检查
siderophile 适铁植物,喜铁植物
siderophilic 适铁的,喜铁的,需铁的,嗜铁的 (siderophilus)
siderophilic bacteria 嗜铁细菌 (bacteria siderophilae)
siderophilin 铁传递蛋白
siderophilous (= siderophilic) 喜铁的,嗜铁的,需铁的 (siderophilus)
siderophore 铁载体 (siderophorum)
siderphilin 嗜铁蛋白
sidescraper 沟壁清理铲
sideward acceleration 侧向加速度
sideways sum 数位叠加和{统计}
sidings ①侧线,副线 ②旁轨
siduron 环草隆(除草剂)[$C_{14}H_{20}N_2O$]
Siebold barberry 伏牛花 [*Berberis sieboldii* Miq.](小檗科)
Siebold campion 剪春罗 [*Lychnis sieboldii* Houtt.](石竹科)
Siebold cherry 茶碗樱 [*Prunus sieboldii* Wittmack](蔷薇科)
Siebold club-moss (= Sieboldii club-moss) 西氏石松 [*Lycopodium sieboldii* Miq.](石松科)
Siebold crabapple 三叶海棠 [*Malus sieboldii* (Regel) Rehd.](蔷薇科)
Siebold faphorbia 钩腺大戟(甘遂)[*Euphorbia sieboldiana* Morr. et Decne]
Siebold green-brier 黏鱼须 [*Smilax sieboldii* Miq.](菝葜科)
Siebold plantain-lily 粉叶玉簪 [*Hosta sieboldiana* var. *glauca* Makino.](百合科)
Siebold primrose 樱草 [*Primula sieboldii* E. Morren](报春花科)
Siebold stonecrop 圆叶景天(马齿苋叶景天,金钱掌,仙八宝)[*Hylotelephium sieboldii* (Sweet et Hook.) Ohba](景天科)
Siebold walnut 西氏胡桃 [*Juglans subcordiformis* Dode.](胡桃科)
Siebold weeping forsythia 垂枝连翘 [*Forsythia suspensa* var. *sieboldii* zabel](木犀科)
Siemen 西门子(指公制电导单位,等于欧姆的倒数)
sienna 黄土,岱赭
sierozem 灰漠钙土
sierra 起伏峰峦山岭,锯齿状山脊 (serra)
sierra leone waterlily 埃及白睡莲 [*Nymphaea lotus* var. *dentata* Schumacher et Thonn.](睡莲科)
Sieta Cerros 西埃特赛洛斯(墨西哥小麦品种)
sieva bean 雪豆(金甲豆)[*Phaseolus lunatus* L.](豆科)
sieve ①筛 ②筛选 ③分离筛 ④滤网 (cribrum)
sieve analysis ①筛析(沙子粒度分析) ②筛选
sieve aperture 筛孔,筛眼
sieve aperture adjuster (鱼鳞筛)筛孔调节器
sieve area 筛域 (area cribrosa)
sieve box area 筛箱[工作]面积
sieve brush 清筛刷
sieve cell 筛胞 (cellula cribrosa)
sieve cleaner ①筛式清选机 ②清筛器
sieve disk 筛板 (discus cribrosus)
sieve element 筛管分子 (elementum cribrosum)
sieve field 筛场 (arvum cribrosum)
sieve grading 筛选
sieve hypha 筛状菌丝 (hypha cribrosa)
sieve-like 筛状的 (cribrosus)
sieve losses 筛选损失
sieve mesh 筛孔目,筛眼
sieve method 筛法{加工}
sieve number 筛号
sieve pen 筛架
sieve pitting 筛状纹孔式 (porosans cribrosus){解剖}
sieve plate 筛板 (platus cribrosus){解剖}
sieve plate column 筛板柱 (columna plata cribrosa)
sieve pore 筛孔 (porus cribrosus)
sieve portion (= sieve part) 筛部 (portio cribrosa)
sieve potato digger [振动]筛式马铃薯挖掘机
sieve residue 筛渣,筛剩余物
sieve set 筛组
sieve shoe 筛架
sieve sorter 筛选机
sieve tube 筛管 (tubus cribrosus)
sieve tube cell 筛管细胞

sieve tube segment 筛管节
sieve vessel (=sieve tube) 筛管(vasa cribrosa)
sieved soil 过筛土
Siever's apple 塞威氏苹果(新疆野生苹果)[*Malus sieversii* (Ledeb.) Roem.](蔷薇科)
sievert (Sv) 希(剂量当量单位)
sieving ①过筛,筛选,筛分 ②筛选装置
sieving analysis 筛析{环保}
sieving area 筛分面积,筛选面积
sieving capacity 筛分能力,过筛能力(量)
sift 过筛,筛分
sift out 筛出,筛去
sift-out modular redundancy (SMR) 筛去模块冗余{电脑}
sifter 细筛,罗网筛
sifting ①过筛,筛选 ②⌞复⌝筛出物,清选的副产品,清选的废物,茶片
sifting cylinder 选粮筒
sifting disk 筛盘
sifting machine 筛选机
sifting reel 选粮筒
sifting sort 筛选分类法
sight ①视力,视觉 ②视域,视野 ③照准具,瞄准器
sight carrier 尺垫
sight check 目视检查,目检
sight compass 觇板罗盘
sight hole 窥视孔,检查孔
sight line 照准线
sight peg 标签
sight rule 照准尺
sight vane 觇板
sight vane alidade 测斜照准仪
sighting ①照准 ②测准
sighting disc 觇板
sighting gear 照准器
sighting-in of rifles 来复枪校正
sighting line 测线
sighting marker 指行器
sighting post 测标
sighting potential 目视位势,测准位势
sighting rod 测杆
sightwort 白屈菜[*Chelidonium majus* L.](罂粟科)
sigillate ①具印痕的,具压痕的 ②具纹饰的(sigillatus)
siglure 诱虫环(昆虫引诱剂)[$C_{12}H_{20}O_2$]
sigma ①(σ)(希腊字母),西格马 ②(∑)积加号
sigma bond σ键,西格玛键{分遗}
sigma center σ中心,西格玛中心{分遗}
sigma-directed initiation σ定向起始
sigma factor σ因子(转录起始因子)
sigma factor of RNA polymerase RNA聚合酶的σ因子
sigma-like factor σ状因子
sigma memory Σ存储器,累加存储器{电脑}
sigma operating system σ操作系统,西格玛操作系统{电脑}
sigma subunit σ亚单位,σ亚基
sigma virus σ病毒(指果蝇)
sigmoid 如意状的,S状的,蜿蜒状的(sigmoideus)
sigmoid binding behavior S形[曲线]结合行为
sigmoid curve S形曲线
sigmoid distortion S形失真,如意形失真
sigmoid function S形函数
sigmoid kinetics S形[曲线]动力学
sign ①符号,记号,标记 ②[病]征 ③象征,迹象 ④预兆(signum)
sign changer 符号变换器
sign check 符号检查
sign control flip-flop 符号控制触发器{信息}
sign flag 符号标记
sign magnitude 符号数值
sign mutant 码组移动突变体,移码突变体
sign mutation 信号突变,码组移动突变,移码突变
sign of operation 运算符号
sign of recovery 恢复迹象(指森林)
sign of stress 胁迫迹象{生态生理}
sign of thunderstorm 雷雨前兆
sign of weather changes 天气变化预兆
sign-off ①结束 ②退出 ③注销
sign-on 开始(指指令){电脑}
sign post 标杆
sign test 正负号检验法{统计}
signal 信号(signalis)
signal amplification 信号放大
signal amplifier 信号放大器
signal-anchor sequence 信号锚序列{分生}
signal attenuation 信号衰减
signal averager 信号平均器
signal centre (=communication centre) 通信中心,通信枢纽
signal classifier 信号分类机
signal converter 信号转换器
signal detection 信号检测
signal detector 信号检测器
signal feedback system 信号反馈系统
signal for ageing 衰老信号

signal generator 信号发生器
signal ground 信号地线{信息}
signal highlighting 信号加亮
signal hypothesis 信号假设{生技}
signal in band 带内信号
signal information 信号信息
signal inhibiting 信号禁止
signal input interrupt 信号输入中断
signal lamp 信号灯
signal-noise ratio 信[号]噪[声]比
signal normalization 信号标准化
signal panel 信号显示板
signal peptidase 信号肽酶{分遗}
signal peptide 信号肽{分遗}
signal plane 信号层
signal quantization level 信号量化级
signal recognition particle（SRP） 信号识别颗粒
signal recognition protein 信号识别蛋白
signal scanner 信号扫描器
signal sequence ①信号序列{分遗} ②信号时序{电脑}
signal sequence receptor（SSR） 信号序列受体
signal shaping 信号整形
signal standardization 信号标准化
signal substance 信号物质
signal-to-noise ratio 信噪比
signal token 信号标记
signal tracing 信号追踪
signal transducer 信号转导物
signal transduction 信号转导
signal transduction pathway 信号转导途径
signal transfer point 信号转发点
signal transformation 信号变换,信号转换
signal transmission 信号传输
signal wire 信号[传输]线
signalase 信号酶
signalgrass ①臂形草属［*Brachiaria* Griseb.］(禾本科) ②臂形草［*Brachiaria eruciformis* (J.E. Smith) Griseb.］
signaling (=signalling) ①信令,发信号 ②信号设备{信息}
signaling analyzer 信令分析器
signaling attention 发注意信号
signaling channel 信号信道
signaling link 信令链路
signaling molecule (=signalling molecule) 信号分子{分生}
signaling rate 信号[发送]速度
signaling strategy 发信号策略
signaling system ①信令系统{信息} ②信号系统{生态生理}
signaling technique 信令技术(指发送){信息}
signature ①特征 ②签名 ③标记图,图像 ④符号差(指正负符号) (signatura)
signature analysis 特征分析
signature register 符号差寄存器
signature search 特征搜索
signature verification 签名验证
signed 有符号的,带符号的
signed constant 有符号常数
signed decimal number 有符号十进制数
signed magnitude 有符号数值
signed number 有符号数
significance ①显著性 ②意义 ③重大,重要性 ④有效性 (significantia)
significance arithmetic 有效运算{统计}
significance dominance 有效优势
significance factor 重要因子
significance level 显著性水平{统计}
significance of correlation coefficient 相关系数显著性
significance of difference 差异显著性
significance of multiple correlation 复相关的显著性
significance of regression coefficient 回归系数显著性
significance of regression function 回归函数的显著性
significance test 显著性测验
significand 有效数[字] (significans)
significant ①有效的 ②有意义的 ③显著的 (significans)
significant action 显著作用
significant allocation 有效分配
significant correlation 显著相关
significant difference 显著差异
significant digits 有效数字
significant event 有意义事件
significant figure 有效数字
significant fluctuation 显著变动
significant instant 重要时刻
significant interval 有效间隔
significant level 显著水平
significant level-1% 1%显著水平
significant level-5% 5%显著水平
significant number 有效号码
significant part 有效部分
significant point 显著点
significant proportion 显著比例
significant reduction 显著降低(指产量)
significant role 显著作用
significant studentized range for a 1% lev-

el new multiple range test 新多差距测验司徒登氏化 1%显著水平
significant studentized range for a 5% level new multiple range test 新多差距测验司徒登氏化 5%显著水平
significant test 显著性测验
significant value 显著值
significant yield 显著产量
signify ①表示 ②符号化 (significare)
signless 无符号的
signless integer 无符号整数,正整数
sika 梅花鹿［*Cervus nippon*］(鹿科)
Sikkim crabapple 锡金海棠［*Malus sikkimensis* (Hook. f.) Kochne］(蔷薇科)
Sikkim larch 云南红杉［*Larix griffithii* Carr.］(松科)
Sikok loose-strife 假排草［*Lysimachia sikokiana* Miq.］(报春花科)
silage ①青贮料 ②青贮
silage blower ①青贮料吹送器 ②青贮料抛送器
silage cart 青贮料挂车
silage chopper 青贮料切碎机
silage chute 青贮料卸出口
silage clamp 青贮料堆藏
silage combine 青贮料收获机
silage conveyor belt 青贮料输送带
silage corn (= silage maize) 青贮玉米
silage crops 青贮作物
silage cutter 青贮料切碎机
silage cutter-blower 青贮料切碎吹送机
silage cutter-filler 青贮料切碎填料器
silage distributor 青贮料匀布器,青贮料堆放器
silage feeder ①青贮料分送器 ②青贮料饲槽
silage fermentation 青贮料发酵
silage fodder 青贮饲料
silage fork 青贮叉
silage harvester 青贮料收获机
silage hay 青贮干草
silage hopper 青贮料箱
silage knife 青贮料切碎刀
silage loader 青贮料装载机
silage making ①青贮饲料制造 ②青贮
silage making system 青贮料调制系统
silage making under vacuum 真空青贮
silage mash 青贮混合粉料,青贮混合饲料
silage pit 青贮窖
silage roller 青贮料压实机
silage shredder 青贮料
silage technique 青贮技术
silage tower 青贮塔
silage yield 青贮料产量
silaging 青贮
silane 硅烷［Si_nH_{2n+2}］
silence ①静,静息,沉默,肃静,寂静 ②湮没,忘却 ③无联系 (silentium)
silence interval 寂静区间
silence suppression 寂静抑制
silencer ①消音器 ②静息子,沉默子{分遗}
silencing ①消声,消音 ②消音器 ③沉默
silene ①麦瓶草属［*Silene* L.］(石竹科) ②麦瓶草［*Silene conoidea* L.］
silent ①沉静,沉默的,无声的,安静的 ②没有记载的,没有提到的 ③同义的 (silens)
silent allele 沉默等位基因
silent chain 同义链{分遗}
silent feeding 断续送料
silent gene 沉默基因{分遗}
silent heat 安静发情
silent infection 沉默感染,无症状感染
silent message 沉默信息
silent mutagenesis 沉默诱变
silent mutant 同义突变体
silent mutation 同义突变,同物异名突变
silent printer 无声打印机,无声印刷机
silent region 沉默区
silent section 沉默节段
silent site 沉默位点{分遗}
silhouette ①轮廓 ②侧面影像 ③剪影
silhouette edge 轮廓边
silhouette mask method 轮廓屏蔽法{电脑}
silica 硅石,二氧化硅［SiO_2］
silica-alumina ratio 硅铝比[率]［SiO_2/Al_2O_3］
silica-based adsorbent 硅基吸附剂{生技}
silica-based packing material 硅基填充材料
silica-based polymeric support 硅基聚合物支持体
silica brick 硅砖{环保}
silica cell 硅细胞
silica-cell content 硅细胞含量
silica-cell formation 硅细胞形成
silica colloidal polishing [二氧化]硅胶抛光
silica content 含二氧化硅量
silica gel 硅胶
silica gel medium 硅胶培养基
silica-gel plate 硅胶板
silica-gel powder 硅胶粉
silica gel thin-layer chromatography 硅胶薄层层析{生技}
silica glass 石英玻璃
silica layer 硅氧片

silica mineral 硅氧矿物
silica-sesquioxide ratio 硅铁矾土比[率]
silica support 硅基支持体
silica tetrahedron 硅氧四面体
silicalemma 硅质囊膜
silicane ①硅烷 ②甲硅烷 ③四烃基硅
silicate 硅酸盐
silicate bacteria 硅酸盐细菌
silicate body 硅酸体
silicate fertilizer 硅酸盐肥料
silicate magma 硅酸盐岩浆
silicate rock 硅酸盐岩{地质}
silicate soil 硅酸盐土{土壤}
silicate treatment 硅酸盐处理
silicatization (=silication) 硅化[作用](silicatisatio)
silicatization process 硅化过程
siliceous ①硅质的 ②含硅的(siliceus){土壤}
siliceous-aluminous minerals 硅铝矿物
siliceous cell 硅质细胞(cellula silicea)
siliceous cement 硅质胶结物
siliceous clay 硅质黏粒
siliceous concretion 硅质结核{土壤}
siliceous limestone 硅质灰岩{地质}
siliceous sand 硅质沙
siliceous sand ore dressing waste water 硅质沙选矿废水{环保}
siliceous sandstone 硅质沙岩{地质}
siliceous shale 硅质页岩
siliceous soil 硅质土{土壤}
silicic acid 硅酸[H_2SiO_3]
silicic acid chromatography 硅酸层析[法]
silicicole 沙土植物
silicicolous 沙石上生的(silicicolus)
silicide 硅化物
silicification 硅化作用(silicificatio)
silicified cell 硅化细胞(指水稻等茎叶表皮细胞)
silicified wood 硅化木
silicious ooze 硅质软泥
silicious sediment (=siliceous sediment) 硅质沉积
silicle 短角果(silicula)
silicle-shaped 短角果状的(siliculiformis)
silicol 亲硅酸植物
silicolous plant 硅酸植物(planta silicola)
silicon 硅[Si,14号元素]
silicon absorption 硅吸收
silicon application 施用硅
silicon associative memory machine 硅联想记忆机{信息}
silicon carbide 碳化硅,金刚砂[SiC]
silicon chip 硅片
silicon compound 硅化合物
silicon concentration 硅浓度
silicon-controlled rectifier (SCR) 可控硅整流器
silicon crystal 硅晶体
silicon deficiency 缺硅
silicon deficiency symptom 缺硅症状
silicon-deficient soil 缺硅土壤
silicon detector 硅探测器
silicon die 硅片
silicon diode 硅二极管
silicon dioxide 二氧化硅[SiO_2]
silicon earth 硅土
silicon foundry 硅加工厂,硅制作厂
silicon-gate 硅栅
Silicon Gulch (=Silcon Valley) 硅谷
silicon in rice 稻中硅
silicon intelligence "硅"智能,人工智能
silicon island 硅岛
silicon-manganes steel 硅锰钢
silicon metabolism 硅代谢
silicon nitride passvation 氮化硅钝化
silicon on sapphire (sos) 硅蓝宝石工艺,蓝宝石硅[片]
silicon plain 硅原
silicon software 硅软件
silicon source 硅[来]源
silicon steel 硅钢
silicon supplying period 硅供应期,施硅期
silicon supplying power 硅供应率,施硅量
silicon transistor 硅晶体管
Silicon Valley 硅谷(美国科技园区)
silicon wafer 硅圆片
silicone [聚]硅氧烷
silicone resin 硅氧烷树胶
siliconised slide 硅质载片{显技}
silicophilic plant 喜硅植物,嗜硅植物(planta silicophila)
silicule 短角(silicula)
siliculose 具短角的(siliculosus)
silification 硅化(silificatio)
siliquaeform (=siliquiform) 长角形的(siliquaeformis)
silique 长角果(siliqua)
silique-shaped (=siliqueform) 长角果状的(siliqueformis)
siliquella 附果体
siliquiform 长角状的(siliquiformis)
siliquous fruit 长角果(fructus siliquus)
silk ①(蚕)丝 ②(玉米)穗丝(serica)

silk advancing （玉米）抽丝
silk-bearing 具丝的（sericifer）
silk culture（=silkworm culture） 养蚕{蚕桑}
silk fibroin 丝心蛋白
silk fibroin mRNA 丝心蛋白 mRNA{分遗}
silk gland 丝腺
silk-grass ①剪股颖属［*Agrostis* L.］（禾本科）②剪股颖［*Agrostis matsumurae* Hack.］
silk grower 养蚕者
silk gum 丝胶
silk-like 丝质的（bombycinus）
silk moths（=silk worms） 蚕蛾科［Bombycidae］
silk-oak ①银桦树属［*Grevillea* R. Br.］（山龙眼科）②银桦树［*Grevillea robusta* A. Cunn.］
silk rubber（=kickxia rubber） 丝绢橡皮树［*Funtumia elastica* Stopf.］
silk screen method 丝网印制法{电脑}
silk soap 煮丝皂
silk spindle tree 丝棉木［*Evonymus bungeana* sp.］（卫矛科）
silk-tree ①合欢属［*Albizzia* Durazz.］（豆科）②合欢［*Albizzia julibrissin* Durazz.］
silk-vine ①杠柳属［*Periploca* L.］（萝藦科）②杠柳［*Periploca sepium* Bge］
silk ware 丝制品
silkcotton-tree ①吉贝属［*Ceiba* Gaertn. = *Eriodendron* DC.］（锦葵科）②吉贝［*Ceiba pentandra* Gaertn. = *C. casearia* Medio., *Eriodendron anfractuctuosum* DC.］{分类}
silking 抽丝，吐丝（sericens）
silking date 吐丝日期
silking period 吐丝期间
silking stage （玉米）吐丝期，抽丝期
silking time （蚕）吐丝期
silkless 无［花］丝
silkweed ①马利筋属［*Asclepias* L.］（萝藦科）②马利筋［*Asclepias curassavica* L.］
silkworm（=mulberry silkworm） 家蚕（桑蚕）［*Bombyx mori*（L.）］（蚕蛾科）
silkworm basket 养蚕篮
silkworm breeding 家蚕育种
silkworm chrysalis 蚕蛹
silkworm cocoon 蚕茧
silkworm disease（=muscardine） 白僵病，白僵菌
silkworm diseases 蚕病
silkworm egg 蚕种
silkworm egg production 蚕种制造
silkworm faeces 蚕粪
silkworm immediately after ecdysis 起蚕
silkworm in next generation 次代蚕
silkworm incubator 孵蚕器
silkworm maggot 蚕寄蝇（响蛆）［*Sturmia sericariae* Cornalia］（寄蝇科）
silkworm mat 蚕席
silkworm moth（=silk moth） 蚕蛾
silkworm moths 蚕蛾科［Bombycidae］
silkworm net 蚕网
silkworm nursery 养蚕室，养蚕房
silkworm race 蚕品种
silkworm rearing 育蚕
silkworm rearing bed 蚕座
silkworm shelf in silk worm reeling 蚕架
silkworm snood 蚕丝
silkworm tray 蚕泊
silkworm waste manure 蚕沙堆肥
silkworm white mulberry 多茎桑（鲁桑，白桑）［*Morus alba* var. *multicaulis* Loud. = *M. multicaulis* Perr.］（桑科）
silky 丝质的，绢质的（sericeus）
silky ant 丝光褐蚁［*Formica fusca subsericea* Say］（蚁科）
silky bent grass（=wind bent grass） 风剪股颖［*Agrostis spicaventis* = *Apera spicaventis*］（禾本科）
silky cane weevil 蔗丝光象甲［*Metamasius sericens*（Olivier）］（象甲科）
silky-leaved 丝状叶的（sericophyllus）
silky luster 丝绢光泽
silky oak（=silk-oat） 银桦树
silky sassafras 药用檫木［*Sassafras albidum* var. *molle*（Raf.）Fern.］（樟科）
sill ①（=sheet） 岩床 ②（车身）底梁 ③窗框，门槛，楣 ④枕木，横木 ⑤蒸馏器（锅）⑥堰顶边 ⑦坝槛
sill cock 小龙头（指近地面的）{环保}
sillimanite 硅线石［$Al(AlSiO_4)O$］
silo ①青贮窖，青贮塔，青贮壕 ②粮仓，粮箱
silo apex 青贮塔顶
silo area 青贮窖面积
silo bin 青贮箱，青贮斗
silo compressor 青贮塔［用］压实机
silo filler 青贮塔装料机
silo filling 青贮塔装填
silo former 青贮堆成形器

silo grab 青贮塔抓斗
silo loading 青贮塔装料
silo stave 青贮塔立直长围板
silo storage 青贮塔贮存
silo tower 青贮塔
silo unloader 青贮塔卸载机
silocorn（= silage maize） 青贮玉米
silorator 青贮饲料联合收获机
silt ①粉粒，粉沙 ②泥泽 ③淤塞 ④粉质的
silt agglomeration 粉粒聚积
silt and clay 粉沙与黏粒
silt arrester（= silt dam） 淤地坝{水利}
silt clay（= silty clay） 粉质黏土
silt clay loam（= silty clay loam） 粉质黏壤土
silt-covered 淤泥覆盖的
silt deposit 淤泥沉积{环保}
silt-determination measure 泥沙测验法，淤积物测验法
silt loam（= silty loam） 粉沙壤土
silt loamy soil 粉沙壤质土
silt pan 粉磐
silt particle 粉粒
silt soil ①填土 ②粉沙土
silt stable channel 稳定渠道，不冲不淤渠道
silt transportation 泥沙输送
silt up （土壤）淤积
siltanalysis 淘汰分析{土壤}
siltation 淤积
silting ①挂淤，淤灌，放淤 ②淤塞，淤积
siltpan 粉磐，粉粒磐
siltstone 粉沙岩
silty 粉沙的，粉质的
silty clay 粉质黏土
silty clay loam 粉质黏壤土
silty lime 粉粒石灰
silty loam 粉质壤土{土壤}
silty soil 粉质土
Silurian period 志留纪
silva ①森林 ②林木志
silva paludosa 沼泽林（silva paludosa）
silver 银（Ag，47 号元素）
silver ball cactus 小町（银球掌）［*Notocactus scopa* A. Berger］（仙人掌科）
silver bark 桦树皮
silver-beard grass 银须芒草［*Andropogon argentum*］（禾本科）
silver beet（= chard beet，Swiss chard，spinach beet，leaf beet） 莙荙菜［*Beta vulgaris* var. *cicla* Roch.］（藜科）
silver-bell ①银钟花属［*Halesia* Ellis.］（安息香科）②银钟花［*Halesia macgregorii* Chun.］
silver berry 银枣子（银果胡颓子）［*Elaeagnus argentea*］（胡颓子科）
silver-berry elongate scale 龙须莱长白蚧［*Sasakiaspis difficulis* Cockerell］{蚧科}
silver birch（= canoe birch，paper birch） 纸皮桦［*Betula papyrifera* Marsh.］（桦科）
silver blight disease（= silver leaf，silver leaf disease） 银化病，银叶病
silver-cadmium cell 银锡电池
silver carp 鲢［*Hypophthalmichthys molitrix*（Cuvier et Valenciennes）］{水产}
silver-cinquefoil 银委陵菜［*Potentilla argentea* L.］（蔷薇科）
silver crassula 银青锁龙［*Crassula argentea* Thunb.］（景天科）
silver crown 银波锦（银冠）［*Cotyledon undulata* sp.］（景天科）
silver film 含银胶片
silver fir（= fir，Swiss pine） 欧洲冷杉（银枞，白枞）［*Abies alba* Mill.］（松科）
silver-flowered 银色花的（argentiflorus）
silver frost 银光霜
silver grain（= silver figure） 银光纹理，虎斑纹理（granum argenteum）
silver-grained 径切面（木材）
silver grass ①芒属（荻属）［*Miscanthus* Anderss］（禾本科）②（= silver grass eulalia）芒［*Miscanthus sinensis* Anderss］③荻［*Miscanthus sacchariflorus*（Maxim.）Hook. f.］
silver-grass eulalia 芒［*Miscanthas sinensis* Anders.］（禾本科）
silver-green-wattle acacia 银合欢（银粉下延相思树）［*Acacia decurrens* var. *dealbata* F. Muell.］（豆科）
silver hairgrass 石竹埃若禾（银发莱）［*Aria caryophyllea* L.］（禾本科）
silver halide 银卤化物
silver heather 新裂耳蕨［*Polystichum neolobatum* Nakai.］（鳞毛蕨科）
silver impregnation method 镀银法{显技}
silver leaf ①银豆属［*Argyrolobium* Eckl. et Zeyh.］（豆科）②银化病（= silver leaf disease）
silver leaf disease（= silver leaf） 银化病
silver-leaf nightshade 银叶茄［*Solanum elaeagnifolium* Cav.］（茄科）
silver leaf of tea 茶叶银化病

silver-leaved 银叶的(argyrophyllus)
silver-leaved poplar (= white poplar) 银白杨[*Populus alba* L.](杨柳科)
silver lion 美洲狮[*Felis concolor*]
silver maple 银槭(糖槭)[*Acer saccharinum* = *A. dasycarpum* Ehrh.](槭科)
silver mirror test 银镜试验{生技}
silver-net-plant ①银网叶属[*Fittonia* Coem.](爵床科) ②银网叶[*Fittonia verschaffeltii* Coem.]
silver-nitrate 硝酸银[$AgNO_3$]{显技}
silver oxide cell 氧化银电池
silver pendent linden 垂枝椴[*Tilia petiolaris* DC.](椴树科)
silver pine (= finger cone pine) 指果松(西方白松)[*Pinus monticola* Dougl.](松科)
silver recovery 银回收{生态生理}
silver salt 银盐
silver scurf 白痣病
silver skin onion 白皮洋葱(洋葱品种)
silver solder 银焊料
silver-spotted skipper 银星弄蝶[*Epargyreus clarus* (Cramer)]
silver staining 银染[色法]{显技}
silver storm 银光风暴
silver stripe simon bamboo 银条川竹[*Pleioblastus simoni* var. *variegata* Nakai](禾本科)
silver striped vine moth 葡萄银线天蛾[*Hippotion celerio* L.](天蛾科)
silver thaw 雨凇
silver-torch 吹雪柱(银毛柱)[*Cleistocactus strausii* sp.](仙人掌科)
silver tree 银树[*Leucadendron argenteum*]
silver trumpet-tree ①钟花树属[*Tabebula* Gomes](紫葳科) ②钟花树[*Tabebula argentea* Britt]
silver vein creeper 花叶爬山虎[*Parthenocissus henryana* (Hemsl.) Diels et Gilg](葡萄科)
silver vine 木天蓼[*Actinidia polygame* Hort.](猕猴桃科)
silver-vine actinidia 葛枣猕猴桃[*Actinidia polygama* (Sieb. et Zucc.) Maxim.](猕猴桃科)
silver-vine fleeceflower 花蓼(奥氏蓼)[*Polygonum auberii* L.](蓼科)
silver wattle 银合欢[*Acacia dealbata* Link.](豆科)
silver-white 银白色的(argenteus)
silverfish ⌊复⌉(= fire brats) 衣鱼科[Lepismatidae]
silvering 银色化
silverleaf desmodium 银叶山马蝗[*Desmodium cencinotum*](豆科)
silverskin onion 南欧蒜(大头蒜)[*Allium ampeloprasum* L. = *A. tricoccum* Ait., *A. parrum* var. *ampeloprasum* L.](石蒜科)
silverweed (= goosegrass) 鹅绒委陵菜[*Potentila anserina* L.](蔷薇科)
silvery 银色的(argenteus)
silvery creeper 花叶爬山虎[*Parthenocissus henryana* Diels et Gilg.](葡萄科)
silvery hair grass 石竹埃若禾[*Aira caryophyllea* L.](禾本科)
silvery-leaved yarrow 银叶蓍草[*Achillea clavennae* L.](菊科)
silvery salt-tree 盐豆木(耐碱树)[*Halimodendron argenteum* Fisch = *H. halodendron.* (Pall.) Voss.](豆科)
silvex (= fenoprop) 2,4,5-涕丙酸
silvical final age 自然伐期令
silvical rotation (= physical rotation) 生理轮伐期
silvics 森林生态学,造林学原论(silvica)
silvicultural 造林的(silviculturalis)
silvicultural control 造林防治,营林防治
silvicultural system 造林法
silviculture ①造林,育林 ②造林学,育林学(silvicultura)
silviculturist 造林学家(silviculturistus)
simasphere 硅镁层(带)(simasphera)
simazine 西玛津(除草剂)[$C_7H_{12}ClN_5$]
simetone 西玛通(除草剂)[$C_8H_{15}N_5O$]
simetryne (= simetryn) 西草净(除草剂)[$C_8H_{15}N_5S$]
simian fold 通关手{遗传}
simian virus (SV)猴[肾]病毒
similar ①类似的,相似的 ②相似(similaris)
similar catalytic activity 相似催化活度
similar line 相似线
similar matrix 相似矩阵
similar representation 相似表示
similarity 相似性,共性(similaritas)
similarity criterion 相似性准则
similarity diagnosis 相似性诊断
similarity distance 相似性距离
similarity index 相似性指数
similarity search 相似性查找
similiflorous 花式相同的,同花的(simili-

florus)
simitar 弯镰
Simmental 西门塔尔牛(瑞士品种)
simmering (= boiling) 沸腾,煮沸,烧开
Simon bamboo ①苦竹属[*Pleioblastus* Nakai](禾本科) ②苦竹[*Pleioblastus amarus* (Keng) Keng f. = *Arundinaria amara* Keng]
Simon poplar 小叶杨[*Populus simonii* Carr.](杨柳科)
Simoon 西蒙风(非洲与阿拉伯沙漠区的干热风)
simple ①[简]单的 ②(茎)单干 ③药用植物,草药 (simplex)
simple access path 简单存取途径{电脑}
simple aerial cable-way 简易架空索道
simple aperture 单口 (apertura simplex)
simple atrophy 单纯萎缩
simple average 简单平均数{统计}
simple beet topper 甜菜切顶机
simple berry 单浆果 (bacca simplex)
simple blocking game 简单封锁对策{电脑}
simple bud 单芽 (gemma simplex)
simple buffering 简单缓冲
simple chain 简单链
simple channel ①简单通道{信息} ②简单渠道{水利}
simple check 单裂(木材)
simple chip card 简单芯片卡{电脑}
simple chopper-blower 简易切碎吹送机
simple community 单纯群落{生态}
simple condition 简单条件
simple confounding experiment 简单混杂试验
simple continuous stirred tank reactor 简单连续搅拌桶式反应器{生技}
simple cooperative game 简单合作对策
simple correlation 单相关
simple crystal 单晶体
simple cutting 普通扦插
simple cycle 简单循环
simple cyme ①单歧聚伞花序 ②单歧式 (monochasium)
simple data structure 简单数据结构
simple dichotomy 简单二分支
simple diffusion 单纯扩散,单向扩散
simple discontinuity 简单[间]断性
simple drain 简易暗沟,简易排水沟
simple enzyme 单纯酶
simple epidermis 单表皮层 (epidermis simplex)
simple event 单纯事件,简单事件
simple expression 简单表达[式]
simple eye 单眼 (oculus simplex)
simple eye cutting 单芽插
simple fertilizer 单一肥料 (N,P,K 之一)
simple fertilizer test 单一肥料试验
simple field trials 单项田间试验,简单田间试验
simple fission 单分裂 (fissio simplex)
simple flower 单花 (flos simplex)
simple fruit 单果 (fructus simplex)
simple fusion 简单融合,简单并合
simple gate 单门{电脑}
simple gateway 简单网关{信息}
simple gland 单细胞腺 (glandula simplex)
simple glyceride 同酸甘油酯
simple goiter 单纯甲状腺肿,瘿病
simple grain 单粒 (granum simplex)
simple grain cleaner 简易谷物清选机
simple graph 简单图
simple growth chamber 简易生长室
simple gynoecious fruit 单心皮果 (fructus gynoecius simplex)
simple harmonic motion 简谐运动 (motio harmonica simplex)
simple hit 单击{辐射}
simple inflorescence 单花序 (inflorescentia simplex)
simple inheritance 简单遗传
simple inheritance pattern 简单遗传型
simple insertion ①简单插入 ②简单嵌入
simple insulated storage room 简易保温库[房]{农施}
simple interest 本金利息,单利
simple interlocking 单互锁
simple lattice design 简单格子方设计
simple layering 单枝压,普通压
simple leaf 单叶 (folium simplex)
simple leaf shrub chestetree 单叶蔓金[*Vitex rotundifolia* L. fil.](马鞭草科)
simple lipid 单纯脂质
simple liquid mount 简单菌液制片
simple mail transport protocol (SMTP) 简单邮件传输协议{信息}
simple mass-law equation 简单质体定律方程式
simple Mendelian fashion 简单孟德尔式
simple method ①单测法{测量} ②简易方法{栽培}
simple microscope 单式显微镜{显技}
simple mycorhiza 简单菌根
simple network management protocol 简单网络管理协议{信息}
simple nutation 单屈垂 (nutatio simplex)

simple nutritional deficiency 单一营养缺乏{生化}
simple ovary 单室子房,一室子房(ovarium unilocularis)
simple palmate leaf (= simple palmate compound leaf) 一回掌状复叶(folium palmatum simplex)
simple parameter 简单参数
simple perennial weeds (= simple perennials) 简单多年生杂草
simple perforation 单穿孔(perforatio simplex)
simple perforation plate 单穿孔板(platus perforationis simplex)
simple petal gardenia 水栀子(雀舌花)[*Gardenia jasminoides* var. *radicans* forma *simpliciflora* Nakai](茜草科)
simple phenol 简单酚
simple physicochemical uptake 简单理化吸收
simple pinnate leaf (= simple pinnate compound leaf) 一回羽状复叶(folium pinnatum simplex)
simple pistil 单雄蕊(pistillum simplex)
simple pit 单纹孔(porus simplex)
simple pit-pair 单纹孔对(poroparia simplex)
simple polyembryony ①单多胎[现象]②单多胚现象(polyembryonia simplex)
simple polysaccharides 简单多糖类
simple pore (= simple pit) 单纹孔(porus simplex)
simple potato crusher 马铃薯简易搅碎机
simple precursor 简单前体
simple primary effect 简单一级效应
simple primary root 单初生根(radix primarius simplex)
simple protein 单纯蛋白质,简单蛋白质
simple pursuit game 简单追击对策{狩猎}
simple quinoline alkaloid 简单喹啉生物碱
simple raceme 单总状花序(racemus simplex)
simple random sample 简单随机样品
simple random sampling 简单随机取样
simple ratio 简单比率
simple ray 单射线(radius simplex)
simple recurrent selection 简单轮回选择
simple refrigeration 单式冷藏
simple regression 简单回归
simple reproduction 简单再生产,单纯再生产{牧草}
simple reproduction of agriculture 农业简单再生产
simple ridge stage 单棱期
simple roller 简单镇压器,普通滚子
simple root 直根(radix simplex)
simple rotation 简单转动
simple sales 简单销售{农管}
simple schizophrenia 简单型精神分裂症
simple scientific experiment 简单科学试验
simple sequence DNA 单序列 DNA
simple sieve plate 单一筛板(platus cribrosus simplex)
simple signal 简单信号
simple sorus 单囊群(sorus simplex)
simple spectroradiometer 简易光谱辐射计
simple spike 单穗状花序(spica simplex)
simple stain 单染色
simple stem 单茎(caulis simplex)
simple storage 简易贮藏
simple style 单[体]花柱(stylus simplex)
simple suction apparatus 简易吸收器
simple sugar 单糖
simple system 简单系统
simple theodolite 简便经纬仪
simple tissue 简单组织(tela simplex)
simple tissue testing procedure 简易组织测定程序
simple translocation 单易位(teanslocatio simplex)
simple tread [轮胎]普通花纹
simple trisomic 单三体生物(trisomicus simplex)
simple turbine 单级涡轮
simple-type thresher 简易脱谷机
simple umbel ①单伞形花序(umbella simplex)②杯状聚伞花序(sertulum)
simple wirelog-slide 铁线滑道
simpled grained structure 单粒结构
simplest flow 最简单流
simplex ①单式,单显式组合(Aaaa){遗传}②单纯形,单工,单路,单向{信息}
simplex aerator (= cone aerator) 锥体型曝气器{环保}
simplex channel 单工信道{信息}
simplex circuit 单工电路,单工线路
simplex communication 单工通信,单向通信
simplex copying 单面复制{生技}
simplex genotype 单式基因型
simplex group of chromosome 单组染色体,单染色体组
simplex-insufficient 单式不足
simplex line 单工线路
simplex method 单纯形法{信息}

simplex nozzle 单式喷嘴(喷雾器)
simplex-sufficient 单式充足
simplex system 单向[通信]系统
simplex trisomic 单式三体植物(Aaa)
simplex whip grafting (= simple whip grafting) 单舌接
simplibaculariate 具单棒丛的(simplibaculariatus)
simplibaculate 具单棒的(simplibaculatus)
simplicity 简易性,简明性(simplicitas)
simplification 简化(simplificatio)
simplification of standardization 标准化简化
simplification of standards 规格简化
simplified ①简化的{统计} ②简易的,易做的{栽培}
simplified Chinese character (= simplified Hanzi) 简化汉字{电脑}
simplified diagram 简图
simplified form 简化形式,简式{统计}
simplified house 简易房[屋]
simplified prediction method 简易预报法
simplifying assumption 简单假定
simply inherited character 简单遗传性状
Sims's azalea ①杜鹃属[*Rhododendron* L.](杜鹃花科) ②杜鹃(映山红)[*Rhododendron simsii* Planch.]
simulate ①模拟 ②模型化 ③伪,伪装,假装 ④仿真(simulare)
simulate annulus 伪年轮,副年轮
simulate compression 模拟压缩
simulated annealing (SA) 模拟退火
simulated annealing model 模拟退火模型
simulated-annealing refinement 模拟退火精修
simulated bulk population 伪装混合群体
simulated data 模拟数据
simulated diurnal course 模拟日过程
simulated image processing 模拟图像处理
simulated log-on 模拟注册
simulated voice recognition 仿真声音识别
simulating ①假装,伪装,佯为 ②拟态 ③模拟 ④仿真
simulating agriculture 仿真农业{智培}
simulating computer 仿真计算机
simulating control 模拟控制
simulating model 模拟模型(指作物智能栽培学研究工作过程){智培}
simulating natural condition 模拟自然条件
simulation ①模拟,模仿 ②仿真 ③伪装(simulatio)
simulation analysis 模拟分析
simulation application 模拟应用
simulation architecture 仿真结构
simulation clock 仿真时钟,模拟时钟
simulation computer 仿真计算机
simulation courseware 模拟型课件(指教学有关资料){智培}
simulation device 模拟设备
simulation environment 模拟环境
simulation equipment 模拟机具(设备)
simulation hardware 仿真硬件
simulation method 模拟法{智培}
simulation model 模拟模式(型)
simulation model of crop system 作物系统模拟模型{智培}
simulation monitoring 模拟监督
simulation performance 模拟[生产]性能
simulation program (= simulator) 模拟程序,仿真程序
simulation programming language (SPL) 模拟程序设计语言
simulation rise in global temperature 模拟全球温度升高
simulation run 仿真运行
simulation software integration 模拟软件一体化
simulation software technology 模拟软件技术
simulation test 模拟试验
simulator ①模拟器,模拟装置 ②模拟程序
simulator debug 模拟程序调试
simultaneity 同时性(simultaneitas)
simultaneity of ripening 同时成熟性
simultaneous ①联合的,联立的 ②同时的,同步的 ③合并的,一齐的(simultaneus)
simultaneous adaptation 联合适应
simultaneous audiovisual communication 同步视听通信
simultaneous color contrast 同时彩色对比{遥感}
simultaneous contrast 同时对比
simultaneous differential equation 联立微分方程
simultaneous division 同时分裂
simultaneous ejaculation 同时发射
simultaneous equation method 联立方程式法
simultaneous estimation 同时估计,联合估计
simultaneous I/O (= simultaneous input/output) 同时输入输出{信息}
simultaneous immunization 合并免疫法
simultaneous intercropping 间作

simultaneous leaf senescence 叶同时衰老
simultaneous linear equation 联立线性方程
simultaneous maturity 同时成熟
simultaneous membrane formation 同时质膜形成
simultaneous mutation 同时突变
simultaneous operation computer 同时操作计算机
simultaneous pattern 同时模式(指叶衰老)
simultaneous realization 同时实现
simultaneous replacing 同时替换
simultaneous repression 同时阻遏,联合阻遏
simultaneous rescue 同时获救
simultaneous stressful event 同时胁迫过程
simultaneous type 同时型(typus simultaneus){遗传}
simultaneous whorls 同时轮(verticillae simultaneae)
sinalbin 白芥子硫苷[$C_{30}H_{42}O_{15}N_2S_2$]
sinapic acid 芥子酸[$C_{11}H_{12}O_5$]
sinapine 芥子[酸胆]碱[酯][$C_{16}H_{25}O_6N$]
sinapyl alcohol 芥子醇
sinciput ①额{昆虫} ②(树)顶
Sind 辛得(牛品种)
Sindone 茚草杀(除草剂)[$C_{20}H_{30}O$]
sine (SIN)正弦
sine curve 正弦曲线
sine function 正弦函数
sine kernel 正弦核{遥感}
sine law 正弦定律
sine transform 正弦变换
sine wave 正弦波
Singapore cedar 红椿(新加坡香椿)[*Cedrela toona* Roxb.](楝科)
singe ①烤焦,烧焦 ②损伤
singed bristle 焦灼刚毛
singing 振鸣,蜂鸣
singing bird 鸣禽
singkwa of Chinese dishchloth gourd (= singkwa towelgourd) 粤丝瓜(棱角丝瓜)[*Luffa acutangula* Roxb.](葫芦科)
single ①唯一的,一个的,单个的 ②单独的 ③单纯的 ④间苗,疏苗,疏株,分簇间苗(singularis)
single accumulator machine 单累加计算机
single-acting atomizer 单动式弥雾机,单动式喷雾机
single-acting disk harrow 单列圆盘耙
single-acting engine 单作用式发动机
single-acting plunger type 单动柱塞型
single-acting pump 单动泵
single action printer 单字打印机
single active ingredient preparation 单剂(指单活性成分制剂)
single address computer 单地址计算机
single allele 单等位基因
single anaphase bridge 单后期桥
single ancestral species 单祖先种
single application (肥料)单施
single arm swinging loader 单臂旋转式装载机
single autonomous promotor 单自发启动子
single-axle trailer 单轴挂车
single bail plough 单框犁
single-bale gripper loader 夹持式单个草捆装袋机
single barrel repeating shotgun 单筒连发鸟枪
single barrel single shotgun 单筒单发鸟枪
single base powder 单基[火]药
single base substitution 单碱基替换
single basic genome 单基数染色体组
single beam spectrophotometer 单光束分光光度计
single-beater spreader 单击轮撒厩肥机
single belt 单动皮带
single biotype 单生物型
single bladed axe 单刃斧
single block 单一阻碍
single board computer (SBC) 单板计算机
single board microcomputer 单板微型计算机
single bond 单键{生技}
single bottom plough 单铧犁
single-branch pruning 单干整枝(葡萄)
single branch pruning culture 单干整枝栽培
single break 单断裂
single breast gin (轧子棉用)单腔轧花机
single bud 单芽(gemma singularis)
single-bud cutting 单芽插
single-bud seed sett 单芽苗(指甘蔗)
single burst experiment 单菌释放试验
single burst size 单菌释放数量
single bus operation 单总线操作{信息}
single-cage management 单笼饲养,单层笼养
single carrier per channel (SCPC) 每通道单载波{信息}
single cell 单细胞(unicellula)
single cell culture 单细胞培养
single cell isolation 单细胞分离

single cell protein (SCP) 单细胞蛋白
single cell subculturing 单细胞继代培养
single cell subculturing from ascitic fluid 腹水液的单细胞继代培养
single-cell technique 单细胞分离技术{生技}
single cell variant 单细胞变异体
single-celled 单细胞的 (unicellularis) {遗工}
single-celled gamete 单细胞配子
single-celled organism 单细胞生物
single-celled plate 单粒孔型排种盘
single centromere 单着丝点
single chain antibody (SCA) 单链抗体
single-chain type elevator 单链升运器
single chambered teat cup 单室型挤乳杯
single chip computer 单片计算机
single chip microcomputer 单片微计算机
single chip microcontroller 单片微控制器
single chloroplast 单叶绿体
single chopper 单列缺口重型圆盘耙
single chromatid 单染色单体
single chromomere 单染色粒
single chromosome 单染色体
single cocoon 单茧
single cocoon reeling test 一粒缫检验
single coiled spiral 单卷曲螺旋
single colony isolation 单菌落隔离
single column 单柱分馏器
single comb (鸡冠)单冠
Single-Comb White Leghorn 单冠白色来航鸡
single-combed 单冠的
single complementary template strand 单互补模板链
single component microcomputer 单组件微型计算机
single copy ①单复本,单拷贝 ②单复制{分遗}
single-copy DNA 单拷贝 DNA,单复制 DNA{分遗}
single-copy gene 单拷贝基因
single-copy sequence 单拷贝序列
single core 单芯
single-cream cheese 半奶脂干酪
single criterion 单准则
single crop a year 一年一作,一熟,单作
single-crop economy 单作经济(指单一作物栽培)
single-crop farming ①单作农业,单一经营 ②单作,连作
single-crop late-maturing rice variety 单季晚稻品种
single crop rice culture 单季稻栽培
single-crop system 单作制
single cropping ①单[期]作,一年一熟(一年栽培一次) ②单季作(指水稻一年栽培一次) ③单一作,纯作(全栽培区只种一种作物)
single cropping area ①单作地带,单作区 ②单作面积{栽培}
single-cropping field 单期(季)作田,一熟地
single cropping of rice 单季稻
single cropping paddy field 单季作稻田
single crops ①单期作作物 ②单一作作物,纯作作物 ③单季作作物,单季栽培作物
single cross 单交
single-cross combination 单交组合{育种}
single-cross test 单交测验
single-cross tester 单交测验种
single crosses 单交种
single crossing 单杂交
single crossing over 单交换
single crossing over tetrad 单交换四分体
single crystal 单晶[体]
single culture (= monoculture, single cropping) 单作
single-cut file 单纹锉
single-cut type 单次收割型{牧草}
single cycle 单循环
single-cycle key 单循环键
single cylinder 单缸
single cylinder engine 单缸发动机
single-cylinder type thresher 单滚筒式脱粒机
single-day-grazing (= oneday-grazing) 一昼夜放牧
single declaration 单个说明
single degree of freedom comparison 单自由度比较{统计}
single density disk 单密度磁盘{电脑}
single density diskette 单密度软盘
single density encoding 单密度编码
single density format 单密度格式(指记录)
single density recording 单密度记录
single discharge spiral water turbine 单吐水螺旋水轮机
single disk clutch 单片式离合器
single-disk harrow 单列圆盘耙
single-disk opener 单圆盘开沟器
single DNA double helix 单 DNA 双螺旋
single domain 单[结构]域{生技}
single domain antibody 单域抗体
single domain network 单域网络
single domain particle 单域颗粒
single dominant factor 单显性因子
single dose 一剂,一服,一贴,单次量

single-dose rodenticide 一次剂量杀鼠剂
single electrode potential 单极电势
single element ①单要素 ②单元素
single element manure 单质肥料,单要素肥料
single end ①单端 ②单向 ③单门
single end dry kiln 单门干燥窑
single-entry bookkeeping 单式簿记{农经}
single enzymatic process 单酶促过程
single error 单个错误,单错
single exchange 单交换
single eye cutting (=singleeyed cutting) 单芽插
single eye method 单芽法{栽培}
single factor hypothesis 单因子假说
single factor pair 单因子对
single factor ratio 单因子比率
single fertilization 单受精(foecundatio singularis)
single fertilizer 单质肥料
single firing 单一燃烧{环保}
single-flower stalk [单]花梗(pedicellus)
single-flowered 单花的(monanthus, uniflorus)
single-flowering 开一次花的(singuliflorus)
single front wheel 单前轮
single front wheel tractor 单前轮拖拉机
single-fruited 单果的(eremocarpus)
single-function device 单功能设备
single furrow plow (= single bottom plough) 单铧犁
single geared drive 单级齿轮传动
single gene defect 单基因缺陷
single gene heterosis 单基因杂种优势
single gene mutation 单基因突变
single gene pair 单基因对
single gene segregation 单基因分离
single genetic locus 单遗传座位
single genetic step 单遗传阶梯
single genus 单属(指分类)
single-germ seed (= monogerm seed) 单胚种子,独芽种子
single goal 单一目的
single grain soil 无结构土壤
single grain sowing 单粒播种,粒播
single grain structure 单粒结构
single-grained ①单粒结构 ②单粒的
single-grained arrangement 单粒排列
single-grained structure 单粒结构
single growth factor 单生长因素
single harness 单挽马具
single harrow 单列耙
single harvest rice 单季稻
single-headed 具单穗序花序的(unispicifer)
single helical gear 斜齿轮
single herbage (= pure culture) 纯粹培养
single highly concentrated 单一高浓度的
single hill 单穴(指播种穴)
single hill plot 单穴小区
single-hit curve 一次击中曲线
single hole type nozzle 单孔式喷油嘴
single-horse plough 单马犁,单畜犁
single-horse steerage hoe 可操向单马牵引中耕锄
single host 单主机{信息}
single identifier 单标识符{电脑}
single immunodiffusion 单向免疫扩散
single inbred line 单自交系
single index 单指标
single individual selection 一次单株选种
single infection 单感染
single information system 单一信息系统{信息}
single-input single-output system (SISO system) 单输入单输出系统{信息}
single interbreeding population 单杂种繁殖群体
single inversion 单倒位
single irrigation 一次灌溉
single isolating mechanism 单隔离机制
single isomorphous replacement (SIR) 单[重]同晶置换{生技}
single item 单项
single joint cutting 单节插
single kernel cumulativedrop planter 单粒排种累积式穴播机
single leaf 单叶(folium singulare)
single leaf cutting 单叶插
single light exposure 单光线辐照
single limiting factor 单限制因子
single line 单品系
single linear DNA chain 单直线 DNA 链
single linkage structure 单连锁结构
single locus 单座位
single locus heterosis 单座位杂种优势
single machine ①间苗机 ②单计算机,单机
single-machine decision service 单机决策服务{智培}
single-machine system 单机系统{信息}
single main 单一干管{环保}
single-media filter 单种滤料滤池{环保}
single-membraned vesicle 单层泡
single mode fiber 单模光纤{信息}

single moldboard plough 单壁犁
single mutant 单突变体
Single Network Management Protocol (SNMP) 单一网络管理协议{信息}
single neuron-modelling 单神经模拟
single node 单节(nodus singularis){形态}
single-nozzle sprinkler 单嘴喷灌机
single nuclear division 单核分裂
single nuclear polyhedrosis virus (SNPV) 单核多角体病毒{分生}
single nucleotide changes 单个核菌酸变化
single oat 单花燕麦(指基部一朵花结实)
single oblique cut 单一斜切法(切割弹性橡胶法)
single observer forecast 单站预报{气象}
single out ①单株移出,选出 ②间苗
single ovary 单子房(ovarium singulare)
single pair 单对
single pan balance 单盘天平
single pass 单通道
single-pedigree 单谱系
single phase commutator 单相整流电动机
single phase motor 单相电动机
single phyletic line 单线系
single phyletic stock 单源原种
single pipe system 单管系统
single plant 单株
single plant hill 单株穴
single-plant-pedigree 单株谱系
single-plant propagation 单株繁殖
single plant row 单株行
single-plant selection ①单株留种 ②单株选种 ③单株选择
single planting ①单株栽植 ②单粒播种
single plaque isolation 单噬菌斑隔离
single plough 单铧犁,单体犁
single-podded 单荚的(unisiliquosus)
single-point hitch 单点悬挂
single-point shovel 单尖松土铲
single polypeptide chain 单多肽链
single pulley drive 单滑轮传动
single pulse 单脉冲
single-purpose computer 专用计算机
single purse seiner 单船围网
single ranging for sows 母猪单栏排列,母猪舍单列式
single recessive gene pair 单隐性基因对
single reciprocal translocation 单相互易位
single regression 简单回归{统计}
single replication 单重复
single replicon 单复制子
single repressor 单阻遏物
single rib huller 单肋除壳机
single row 单行
single-row complete beet harvester 单行甜菜联合收获机
single-row disk harrow 单列圆盘耙
single-row harvester 单行收获机
single row plot 单行区
single row potato planter 单行马铃薯种植机
single sash 单层窗框(温室)
single-season pasture 一季牧场
single-seed close planting 单粒密植
single-seed descent method 单粒系统法{育种}
single seed drill 单粒播种机
single-seed planting 单粒播种
single-seed seeder (= singleseed drill, single-seed planter) 单粒播种机
single seed sowing 单粒播种
single-seeded 单粒种子的(monoseminalis)
single-seeded ovary 单胚珠子房(ovarium monoseminale)
single-seeded seed-ball (甜菜)单粒播种种子球
single seeding ①单粒播种 ②单播,单作(单一作物播种)
single seeding grasses 单播禾草
single seeding plot ①单粒播种区 ②单播区
single seedling sprout 单干萌生苗
single selection 单个选择,单株选择
single selection method 单株选择法{育种}
single shoot sett 单芽蔗秧(苗根具有 4 至 5 片叶的)
single shot computer 单步运算计算机
single shot mode 单步方式
single shot operation 单步操作
single-shovel plough 单铧犁,单体犁
single sideband transmission 单边带传输{信息}
single-sided disk 单面磁盘{信息}
single-sided diskette 单面软盘
single-sided feeder 单面饲槽
single-sided sprayer 单道作用喷雾机
single-sided spraying 单面喷雾
single site mutation 单位点突变,单点突变
single somatic crossover 单体细胞交换
single-span (温室)单斜面的
single-span greenhouse 单斜面温室
single spinner 单圆盘撒布机
single spore culture ①单孢培养 ②单孢培养系
single spore isolation 单孢分离

single spray gun 单喷嘴喷枪
single stage ①单级 ②一段
single stage digester 单级消化器{环保}
single-stage elutriation 单级淘洗{环保}
single-stage filtration 单级生物过滤{环保}
single stage harvest 一段收获{栽培}
single stage interconnection network 单级互联网络{信息}
single-stage pump 单级泵(具有一个叶轮)
single-stage torque converter 单级液力变扭器
single stand 孤立林分,单林分
single station analysis 单站分析{气象}
single station forecast 单站预报
single-stem 单茎,单秆 (caulis singularis)
single stem training 单干整形
single-stemmed plant 单茎(秆)植物
single stemmed variety 单秆品种
single-step debugging 单步调试{电脑}
single step growth experiment 单次生长试验
single step purification 单次纯化法{生技}
single strain 单交品系
single strand (SS) 单链{分遗}
single-strand assimilation 单链同化
single strand break 单链断裂
single strand breakage 单链断裂
single-strand bubble 单链泡
single-strand conformation polymorphism (SSCP) 单链构象多态性
single strand DNA (ssDNA) 单链 DNA {分遗}
single strand endonucleolytic incision 单链核酸内切溶解切口
single strand generation 单链代
single-strand infections form 单线感染型
single strand loop 单链环
single-strand specific exonuclease 单链特异性外切核酸酶
single-strand tail 单链尾
single-strand uptake 单链吸收
single-stranded 单链的{分遗}
single-stranded DNA (ssDNA) 单链 DNA
single-stranded DNA binding protein 单链 DNA 结合蛋白
single-stranded DNA primer 单链 DNA 引物
single-stranded DNA sequence 单链 DNA 顺序
single-stranded DNA synthesis 单链 DNA 合成
single stranded RNA 单链 RNA,ssRNA
single-stranded template 单链模板
single-stranded vector 单链载体
single stress factor 单胁迫因子{生态生理}
single subterminal centromere 单近端着丝粒
single suckling cow (= suckling cow, suckler cow) 哺乳母牛
single-suction impeller 单向进水叶轮
single-suction pump 单吸泵
single superphosphate 单过磷酸盐
single system image (SSI) 单系统图像{电脑}
single tail test 单尾测验{统计}
single test 单测
single the seedling (= single the crop) 间苗
single thread spiral 单线螺旋,单链螺旋
single threshold price (EC)(欧洲共同体)统一的最低价格
single-throw cutterbar 标准Ⅰ型切割器
single tiller 单分蘖
single tine subsoiler 单齿深耕犁{农机具}
single token 单标记
single torsion 单扭曲
single track kiln 单轨干燥窑
single tree method 单株择伐法
single tree mixture 单株混交
single trigger (双筒枪)单扳机
single trisomic 单三体生物
single tube telescopic damper 单管伸缩式减振器
single U-training 单 U 形整枝,马蹄形整枝
single unit membrane 单个单位膜
single-unit planter 单个排种装置的播种机
single user computer 单用户计算机
single v-groove 单 V 形沟
single variation 单独变异
single variety planting ①单一品种种植,单植(指果树) ②单一品种播种,单播
single version (SV) 单版本{电脑}
single viral DNA molecule 单病毒 DNA 分子
single walled 单壁的
single weeder 单行除草机
single-wheel plough 独轮犁,单轮犁
single-wheeled tractor 独轮拖拉机
single-wheeled walking tractor 单轮手扶拖拉机
single-wide shaker 平台式逐稿器
single wing chisel plough 单翼凿形犁
single-wire line 单线线路{信息}
single-wire tramway 单线轻轨道
single yarn 单腺
single zygotene chromosome 单偶线染色体

singleness 单一性（singularitas）
singler（= thinner） 间苗器
singlet ①单线态 ②单峰
singlet oxygen 单线态氧
singlet tubule 单个微管
singletree 单挽吊杆，车前横木
singling ①间苗 ②单株栽培
singling hoe ①间苗锄 ②甜菜中耕锄
singling operation 间苗作业
singling time 间苗期
singly embedded virus 单粒色埋型病毒{分生}
singly excited configuration 单激发构型{分遗}
singular ①奇异的，特异的，特殊的 ②异常的，非凡的 ③单一的，单数的（singularis）
singular distribution 奇异分布，特殊分布
singular set 奇异集{遥感}
singular solution ①特殊溶液 ②奇[异]解
singularity 奇[异]性（singularitas）
singularity line 奇异直线，奇直线
singularization ①单一化 ②特异化 ③单数化（singularisatio）
Sinian 震旦纪
sinigrin 黑芥子硫苷酸钾 [$KC_{10}H_{16}\cdot NO_9\cdot S_2\cdot H_2O$]
sinigroside 黑芥子苷
sinistral 左旋的（sinistrus）
sinistral coiling 左向螺旋{分遗}
sinistral fault 左侧断层{地质}
sinistrality 左旋性（sinistralitas）
sinistrorse 左旋的（sinistrorsus）
sinistrorse twining movement 左旋缠绕运动（movementum volubilis sinistrorsus）
sinistrorse twining stem 左旋缠绕茎（caulis volubilis sinistrorsus）
sinistrostyly 花柱左旋式（sinistrostylia）
sinistrous 左旋的（sinistrus）
sinistrous stem-climber 左缠植物(指左向缠绕茎干植物)
Sinjiang seedless white grape 新疆无核白葡萄(葡萄品种)
sink ①阴沟，污水槽，污水渗坑 ②下沉，陷地 ③汇点 ④(光合产物)集聚点(库，渊)，[代谢]库
sink capacity 库存容量{生理}
sink hole 陷穴
sink hole erosion 陷穴侵蚀
sink size 库容大小{生理}
sinkaline 胆碱
sinker ①(寄生植物)次生吸收根 ②沉水材
sinker root system 次生吸收[根]根系，坠子形根系
Sinkiang Merino（= Sinjiang Merino） 新疆毛肉兼用[细毛]羊
Sinkiang peach（= Sinjiang peach） 新疆桃(大宛桃)[*Prunus ferganensis*（Kost. et Riab.）Kov. et Kost.]（蔷薇科）
Sinkiang pear 新疆梨[*Pyrus sinkiangensis* Yü]（蔷薇科）
sinking ①下沉 ②下陷，陷入
sinningia（= gloxinia） ①大岩桐属[*Sinningia* Nees]（苦苣苔科）②大岩桐[*Sinningia speciosa* Nees]
sino-atrial node 窦房结
sino-carotid 颈动脉窦的
sinobambusa ①吊丝球竹属[*Sinobambusa* Mak.]（禾本科）②吊丝球竹[*Sinobambusa beecheyana*（Munro）McClure]
sinocalamus ①慈竹属[*Sinocalamus* McClure]（禾本科）②慈竹[*Sinocalamus affinis*（Rendle）McClure = *Dendrocalamus affinis* Rendle]
sinojackia ①秤锤树属[*Sinojackia* Hu]（安息香科）②秤锤树[*Sinojackia xylocarpa* Hu]
sinomenine 汉防己碱[$C_{19}H_{23}O_4N$]
sintered glass（= fritted glass） 烧结玻璃
sintered glass filter 烧结玻璃滤器
sintered glass funnel 烧结玻璃漏斗
sintered plate 烧结[玻璃]板
sinuate（= sinuate-waved） ①具弯的 ②深波状的（sinuatus）
sinuate pear tree borer 梨长吉丁[*Agrilus sinuatus* Olivier]（吉丁科）
sinuatum horse-gention 波状莛子藨(腋花莛子藨)[*Triosteum sinuatum* Maxim.]（忍冬科）
sinuolate 具浅波状的（sinuolatus）
sinuose（= sinuous） ①波状的 ②弯曲的（sinuosus）
sinuosity ①波状 ②弯曲，小曲折（sinuositas）
sinus ①弯缺 ②窦，凹处，穴
sinusoid ①正弦式 ②正弦曲线（sinusoideus）{统计}
sinusoidal 正弦曲线的（sinusoidalis）
sinusoidal motion 正弦曲线运动
sinusoidal vibration 正弦[曲线]振动
siomycin 盐霉素
sion（= scion） 接穗
SIP（= sleep inducing peptide） 睡眠[诱导]肽{分生}
siphlonurids 短丝蜉科[Siphlonuridae]
siphon- ⌊字头⌉管

siphon (= syphon) ①虹吸 ②虹吸管 ③无隔菌丝
siphon barograph 虹吸气压计
siphon barometer 虹吸气压表
siphon irrigation 虹吸灌溉
siphon-pump 虹吸泵
siphon rainfall recorder 虹吸雨量计
siphon raingauge 虹吸[管]雨量器
siphon tube 虹吸管
siphon tube irrigation 虹吸管灌溉
siphonaceous 管状的(siphonaceus)
siphonanthous 管状花的(siphonanthus)
siphonate 管状(siphonatus)
siphonaxanthin 管藻黄质
siphonein 管藻素
siphonic dictyostele 管形网状中柱(dictyostela siphonica)
siphonogamous 粉管受精的(siphonogamus)
siphonogamous plant 粉管受精植物(planta siphonogama)
siphonogamy 粉管受精,交配管受精(siphonogamia)
siphonostele 管状中柱(siphonostela)
siphovirus 长尾病毒
Sips distribution 塞氏分布{分生}
Sips plotting 塞氏制图
sirato 赛刍豆[*Phaseolus atropurpureas* DC.](豆科)
sire ①父,父本,雄性的祖先{育种} ②[种]公畜,种马{畜} ③(轮作的)前作 ④生产,生殖(senior)
sire component 父本成分
sire ear 父本穗
sire index 公畜指数
sire keeping 种公畜饲养
sire of merit 良种公牛
sirenin 诱雄素
siris-acacia (= Lebbek albizzia) 阔叶合欢[*Albizzia lebbek* (L.) Benth.](豆科)
siris bean weevil 黑斑豆象[*Bruchidius terrenus* Sharp](豆象科)
siris leaf-like moth 柿变色夜蛾[*Enmonodia vespertilio* Fabricius](夜蛾科)
siris psylla 合欢木虱[*Psylla yamatonica* Kuwayama](木虱科)
siris tree ①大叶合欢[*Albizzia turgida* (Merr.)Merr.](豆科) ②阔叶合欢(缅甸合欢)[*Albizzia lebbek* Benth.](豆科)
sirloin (牛上部)腰肉
sirocco (= scirocco) 西洛可风(欧洲南部的焚风名)
sirocco fan 复叶扇
siroderm 链胞表皮(sirodermis)
siropodium 繁殖链
sirosympodium 假繁殖链
sirup (= syrup) 糖浆,糖蜜
-sis ⌞字尾⌝……的行为,性质,状态
sisal (= sisal agave, sisal plant, sisal hemp) 剑麻(波罗麻,琼麻)[*Agave sisalana* Perrine. = *A. rigida* Mill. var. *sisalana*](龙舌兰科)
sisal harvester 剑麻收获机
sisal hemp "army worm" 剑麻夜蛾[*Arcilasisa plagiata* Walker](夜蛾科)
sisal planter 剑麻种植机
sisal processing 剑麻加工
sisal scraping machine 剑麻刮麻机
sisal weevil 剑麻黑象[*Scyphophorus interstifialis* Gyth.](象甲科)
siskin 金雀
sisomkin 紫苏霉素
sissoo 印度黄檀[*Dalbergia sissoo* Roxb.](豆科)
sister allele 姊妹等位基因
sister caryonide 姊妹大核系
sister cell 姊妹细胞
sister centromere 姊妹着丝粒
sister chromatid 姊妹染色单体{细胞}
sister chromatid differential staining technique (SCD)姊妹染色单体差别染色技术{染色体}
sister-chromatid exchange (SCE)姊妹染色单体交换
sister chromatid reunion 姊妹染色单体复合
sister chromatid segment 姊妹染色单体节段
sister chromomere 姊妹染色粒
sister chromosomes 姊妹染色体
sister haploid nuclei 姊妹单倍核
sister label exchange 姊妹标记[节段]交换
sister line 姊妹品系
sister reunion 姊妹[染色单体]复合
sister selection 姊妹选择
sister strand 姊妹链,姊妹股
sister strand crossing over 姊妹链交换,姊妹股交换
sister strand exchange 姊妹链交换,姊妹股交换
sistible 安定(sistibilis)
sisymbrifolius nightshade 大蒜芥叶茄[*Solanum sisymbriifolium* Lam.](茄科)
sisymbrium ①大蒜芥属[*Sisymbrium* L.]

(十字花科) ②大蒜芥[*Sisymbrium polymorphum* (Murr.) Roth. = *S. junceum* MB.]
sisyrinchium (= blue-eyedgrass) ①豚鼻花属(庭菖蒲属)[*Sisyrinchium* L.](鸢尾科) ②豚鼻花[*Sisyrinchium angustifolium* L.]
site ①位点{分遗} ②部位,位置{形态} ③[森林]生境{生态} ④用地{耕作} ⑤土地,现场{环保} (situs)
site by site aligner 按位对准器{电脑}
site card (采集)地点卡片
site class 地位级
site class table 地位级表
site classification 立地分级
site-directed mutagenesis 定位点诱变{生技}
site factor 立地因素{森林}
site index 地位指数,森林生境指数
site index of soil 土壤地位级(指数)
site indicator [森林]生境指示植物
site information 采集地点情报
site map 地位级图
site of accumulation 累积部位{生态生理}
site of action 作用部位
site of growth 生长部位
site of station 站定位置
site operator 现场操作员
site-plan ①总平面图,总设计图{电脑} ②工地图{环保}
site preference 位点优先性
site quality ①地异,地变(指地震,海啸、洪水等) ②地位质量,地位级
site quality of forest 森林地位级
site quality of locality 地位
site quality table 地位(级)表
site selection 位点选择
site-specific allele 位点特异等位基因
site-specific integration 位点特异整合,位点专一整合
site-specific labelling 位点特异标记,位点专一标记{分生}
site-specific mutagenesis 位点特异诱变,位点专一诱变
site-specific recombination 位点特异重组,位点专一重组
site-specific synthesis 位点特异合成,位点专一合成
site specificity 位点,特异性
site type 森林生境型,森林立地类型
sites ①分布地{生态} ②生境{生态} ③产地{栽培} ④立地{森林} (setae)
sitfast 匍枝毛茛[*Ranunculus repens* L.](毛茛科)
sitka cypress (= Alaska cypress) 阿拉斯加扁柏
sitka spruce (= great tide-land spruce) 美国西加云杉
sitostane 谷固烷[$C_{29}H_{52}$]
sitosterol 谷固醇[$C_{29}H_{49}OH$]
sitosterolglucoside 谷固醇葡糖苷
sitotoxin 食物中毒
sitotropism 向食性 (sitotropismus)
sitting hen (= sitter) 孵卵鸡,抱窝鸡
sitting-hen mushroom 贝叶多孔菌[*Polyporus frondosus* (Dicks) Fr.]
sitting shot 打窝(指射兔)
situ ①原位 ②原地
situ utilization 原地利用
situation ①位置,地点,场所 ②形势,情况,环境,局面,状态,态势 ③职位 ④立场 (situatio)
situation analyzer 态势分析器
situation display 状态显示
sivilla 硅谷
six-bat reel 六板式拨禾轮
six-component force measuring device 六分力测定装置
six domestic animals 六畜 (horse, ox, goat, pig, dog and fowl)
six-flowered 六花的 (hexanthus)
six-plot rotation 六区轮作
six-plot system 六区制(指轮作)
six-row barley (= six rowed barley) 六棱大麦[*Hordeum hexastichum* L.](禾本科)
six-row beet lifter 六行甜菜挖掘机
six-row seed spacing drill 六行精密播种机
six-rowed 六行的,六棱的 (hexastichus)
six-rowed barley (= six-row barley) 六棱大麦[*Hordeum hexastichum* L.](禾本科)
six-rowed spike 六棱穗状花序 (spica hexasticha)
six-rowed wild barley 野生六棱大麦[*Hordeum agriocrithon* E. Aberg.](禾本科)
six-spotted buprestid 六星吉丁虫[*Chrysobothris succedana* Saunders](吉丁科)
six-yellow-spotted leaf beetle 六黄星萤叶甲[*Galerucida lewisi* Jacoby.](叶甲科)
sixth-line dropout 第六条扫描线脱落{遥感}
size ①大小,尺寸,尺度,规模,广大,容积 ②重量,容积标准,号码 ③定额,定量 ④口粮定量 ⑤量,总计 ⑥纤度{蚕} ⑦粒径{土壤}
size analysis (土粒)大小分析,粒径分析

size and shape of plot 小区的大小与形状
size class （树木）大小级（由树高级和径级组成）
size classification 按大小分级，量径分选
size composition （土粒）大小组成，粒径组成{土壤}
size degradation 磨细，粉碎
size detector 纤度感知器
size deviation 纤度离差{蚕}
size distribution （土粒）大小分布，粒径分布
"size effect" "大小效应"（指贮藏器官）
size-exclusion chromatography (SEC) 大小排阻层析{生技}
size factor ①尺寸系数，比例系数 ②缩尺因素
size fractionation 大小分级分离（指按大小进行分级分离）
size frequency curve 粒径频数曲线{土壤}
size grader 径选机，按大小分级机
size grading 径选，按大小分级
size-grading machine ①分级机 ②径选分级机
size inheritance 容积遗传
size of boll （棉）铃大小
size of chloroplast 叶绿体大小
size of cocoon filament 茧丝纤度
size of disk 圆盘耙耙片尺寸
size of experiment 试验规模
size of farm 农场规模
size of grain ①土粒大小，粒径 ②子粒大小
size of hull 谷壳大小，膜片大小
size of input 输入规模{信息}
size of leaf surface 叶面积大小
size of livestock keeping 家畜饲养规模，家畜饲养头数
size of mesh 筛眼大小，筛孔
size of particles 土粒大小，粒径
size of plot 小区大小，小区面积
size of plough 犁尺寸
size of sample 样品个数
size of wire 金属丝粗细，导线粗细
size range 大小范围
size reduction 细碎，粉碎
size selection 大小选择
size test 纤度检验
size three sieve 三号筛
size tolerance (= tolerance for substandard products) 容许公差
sizer ①（种子，果实）分级机，分选机 ②选种机，筛分机，精选机
sizer with rubber rings 带橡皮环的分级机
sizing ①量[定]，校准 ②依大小分级 ③上浆，上胶
sizing machine ①分级机 ②径选机 ③上胶器
sizing scale ①量尺 ②大小级差表（等级表）
sizing screen 分级筛
sizz-weeding 火焰灭草，火焰中耕
skarn 矽卡岩{地质}
skate ①鳐鱼（灰鳐）[*Raja batis* L.] ②鳐类{水产}
skatole 粪臭素，3-甲基吲哚 [$C_6H_4C(CH_3)$:CHNH]
skatoxyl 羟甲基吲哚
skatoxyl sulfuric acid 羟甲基吲哚硫酸
skein 染色组
skelemin 骨架蛋白
skeletal ①骨架的，骨干的，骨骼的 ②轮廓的 (skeletalis)
skeletal coding 骨架编码{电脑}
skeletal hyphae (= skeletal series) （多孔菌）骨架菌丝
skeletal muscle 骨骼肌
skeletal soil (= skeleton soil) 粗骨土，砾质土
skeletal substance 粗骨物质
skeletal system 骨架系统
skeletization 骨骼形式 (skeletizatio)
skeleton ①骨骼，骨架，骨干 ②残屑，废物 ③轮廓 ④框架
skeleton branch 骨干枝
skeleton drawing 草图，略图{显技}
skeleton grain 骨骼颗粒
skeleton hoe 框形刀锄
skeleton map 草图{遥感}
skeleton of soil 土壤骨骼
skeleton of structure 结构框架{遥感}
skeleton pattern 轮廓模型
skeleton root 骨干根
skeleton soil 粗骨土
skeleton symbol [结构]简式{分遗}
skeleton view 透视图，骨架图
skeleton wheel （拖拉机）防滑铁轮
skeletonization 骨架修剪{园}
skeletonizer 潜食虫（潜蛾科，螟蛾科，雕翅蛾科，夜蛾科等鳞翅目幼虫取食叶之薄壁组织残留叶脉与上、下表皮）[Lyonetiidae, Pyralididae, Glyphipterygidae and Noctuidae]
skeletonizing ①骨架化，框架化{电脑} ②骨架修剪{园}
skeletonleaf white mulberry 裂叶桑 [*Morus alba* var. *skeletoniana* = *M. alba* var. *laciniata*]（桑科）
skeletual substance 骨骼物质
skep (= butt, ruskie) 草制蜂巢，草巢筐
skep for taking swarms 收捕分蜂群用草窠
skep knife 割草窠密刀

skep with ekes 带附加草圈的草窠
sketch ①草图,略图 ②大纲,概要 ③草案(skhetics)
sketch contour 山形线
sketch drawing 草图
sketch map 草测图
sketch pad 略图,草图
sketch project 初步设计
sketch template 草图模板
sketching 草图
sketching paper 草图纸
skevish (= Philadelphia fleabane) 费城飞蓬[*Erigeron philadelphicus* L.](菊科)
skew ①斜的,偏斜的 ②歪的,歪斜的,不对称的 ③扭的,扭斜的,扭曲的,弯曲的 ④误用的 ⑤邻位交叉的 ⑥时滞的,时差的
skew adjustment 时差调整
skew angle (= skewed angle) 斜角
skew boat conformation 斜船形构象{分遗}
skew bridge 斜桥,不对称桥{水利}
skew conformation 邻位交叉构象{分遗}
skew correction 扭曲校正
skew curve 偏斜曲线{统计}
skew detector 扭斜检测器
skew distribution 偏斜分布
skew failure ①歪斜故障 ②歪斜错误
skew form 邻位交叉式{分遗}
skew line 斜线
skew master tape 时差校准[磁]带
skew number 歪斜数
skew-symmetric 反对称的,斜对称的
skew-symmetric matrix 反对称矩阵
skew symmetry 反对称性,斜对称性
skew treader 斜置式表土细碎机
skew wheel 螺旋齿轮,斜齿轮
skewback 拱座,起拱石
skewbald (马)黑白斑驳的,花斑的
skewed storage 错位存储器{电脑}
skewer ①标杆{测} ②(= through skep) 串杆(指插在两个草窠边缘起铰链作用的小铁棍)
skewing 错位
skewness 偏斜度{统计}
skewness factor 偏斜因子
ski-shaped colter 滑刀式开沟器
skiagraph 纵断图,投影图
skid ①三角木 ②滑道 ③滑橇 ④胎面花纹高度 ⑤滑移,打滑 ⑥滑移率
skid rings 防滑履带板
skidder ①集材机 ②集材工
skidding ①集材 ②滑板,滑垫 ③滑移 ④集材装置
skidding-lever (= friction lever) 押棒,集材棒
skidding of the wheel 车轮滑移
skidding tongs 卡钩,集材钩
skidding tractor 集材拖拉机
skidway (= dirt-slide) 木马集材道
skiffing 整枝
skill ①技能,技巧,技艺,特殊技术 ②熟练
skill acquisition 技能获取
skill inventory system 技能档案系统
skilled ①熟练的 ②有技术的 ③有经验的
skilled farm assistant 有经验农场场员
skilled labour 技术工
skilled labourer 熟练工人
skilled work 有技术[的]工作
skim ①在液面撇取 ②在水面滑行 ③掠面而过 ④薄面层 ⑤铲茬小前犁
skim coulter (= skim jointer) 小前犁
skim cutter 犁刀
skim jointer ①直犁刀 ②小前犁
skim milk (= skimmed milk) 脱脂奶
skim-milk cheese 脱脂干酪
skim-milk powder (= dried skim milk) 脱脂奶粉
skim milk spout 脱脂乳流出口(乳脂分离机)
skim off ①撇去 ②扣除,提取(调整进口价格和国内价格的措施)
skim plough (= sod plough) 草地犁
skim ploughing 浅耕灭茬
skim share (= fore share) 小前犁铧
skimmed milk 脱脂乳
skimmer 撇取机{环保}
skimmersl (= libellulids) 蜻科[Libellulidae]
skimmia ①茵芋属[*Skimmia* Thunb.](芸香科) ②茵芋[*Skimmia melanocarpa* Rehd. et Wils.]
skimmianine 茵芋碱
skimming ①灭茬,除茬,铲茬 ②撇取{加工} ③扣除,提取{农经}
skimming amount 价格调整差额(指进口价格与本地价格的价格调整差额),扣除额
skimming machine 乳脂分离器
skimming pit 撇油坑{环保}
skimming tanks 撇油池{环保}
skimming weir 撇渣堰{环保}
skimmings 撇下物{环保}
skin ①皮肤 ②兽皮 ③果皮 ④奶皮 ⑤外皮,胶膜 ⑥外壳
skin abrased rice 磨皮米,白米
skin absorption 皮肤吸收
skin barrier 皮肤屏障{生技}
skin beetles ①皮蠹 ②⌞复⌝(= dermestid beetles, carpet beetles, hide beetles) 皮

蠹科［Dermestidae］
skin blemish ①兽皮研光机 ②表皮缺损
skin coating 果皮涂蜡(贮藏用)
skin colour 皮色
skin damage ①皮肤损伤 ②外皮损伤
skin degerming 皮肤除菌,皮肤消毒
skin depth 趋肤深度,集肤深度{遥感}
skin effect 趋肤效应
skin friction 表面摩擦
skin grafting 植皮手术
skin hard 表皮硬化的
skin irritation 皮肤过敏性,皮肤刺激性
skin moth 皮谷蛾［*Monopis rusicella* Clerck］(谷蛾科)
skin normal flora 皮肤正常微生物区系
skin potential 皮肤电位
skin production (= hide production) 生皮生产
skin reactive factor (SRF)皮肤反应因子
skin remover 去皮机
skin resistance 表面阻力
skin sensitization 皮肤敏化[作用]
skinned ①去毛的 ②剥皮的,去皮的 ③生皮的,长皮的
skinning ①剥皮,去皮 ②生皮,长皮
skinning knife 剥皮[小]刀
skins in the wool ①带毛的羊皮 ②(一个羊所剪的)羊毛量
skinware ①总包件 ②综合因素
skiophilous 适阴的(skiophilus)
skiophytes 阴地植物(skiophyti)
skip ①跳跃 ②省略 ③漏耕,漏播,漏割 ④输送车,起重箱 ⑤跳步指令,空[操作]指令{电脑}
skip after 后跳{电脑}
skip bar 跳越杆(指打印机的)
skip before 前跳
skip code "空白"码,跳跃码
skip distance ①超越距离,越程 ②跳跃距离
skip flag 跳跃标记
skip instruction 空[操作]指令{电脑}
skip key 跳跃键
skip planting 补植,补栽
skip printer 跳行打印机
skip-row planting 沟植,沟播
skip scan 跳跃扫描
skip tape 空白带
skipjack 叩头虫,叩甲
skipped-row culture 隔行栽培
skipped-row planting 隔行种植
skipper road 横木滑道
skippers (= skipper flies) ①弄蝶科［Hesperiidae］②酪蝇科［Piophilidae］
skipping bucket rain gauge 自记雨量计
skipping of generation 世代跃过,跃代,越代
skirret (= chervin) 泽芹［*Sium sisarum* L.］(伞形花科)
skirt 树冠裙(指树冠靠近地面的部分)
skirting plant 饰边植物{园林}
skittle-shaped 葫芦状的
skive ①滚刀的螺旋刀刃,刀形滚筒的螺旋刀刃 ②刮,削,切
skoliotropic 弯曲的(skoliotropicus)
skotoplankton 深水浮游生物
skototaxis 趋暗性
skototropism 向暗性(skototropismus)
skull 头骨,颅骨
skull data 颅骨数据
skull orchis ①头蕊兰属(风箱树属)［*Cephalanthera* Rich］(茜草科) ②风箱树［*Cephalanthera occidentalis* L.］
skullcap ①黄芩属［*Scutellaria* L.］(唇形科) ②黄芩［*Scutellaria baicalensis* Georgi］
skullcap-like coleus 五彩锦紫苏［*Coleus scutellarioides* (L.)Benth.］(唇形科)
skunk 臭鼬［*Mephitis mephitis*］
skunk bugbane ①升麻属［*Cimicifuga* L.］(毛茛科) ②升麻［*Cimicifuga foetida* L.］
skunk bush 三裂漆树［*Rhus trilobata* Nutt.］(漆树科)
sky 天空,天空状况
sky clear 碧空,晴天
sky condition 天空状况
sky flower (= golden dewdrop) 假连翘［*Duranta repens* L.］(马鞭草科)
sky hook 架空吊车
sky lupine 矮羽扇豆［*Lupinus nanus* Dougl.］(豆科)
sky radiance 天空辐射率
sky radiation 天空辐射
sky solar radiation 天空日射,天空太阳辐射
sky temperature 天空温度
skyblue laceflower ①蓝带花属［*Trachymene* L.］(伞形花科) ②蓝带花［*Trachymene caerulea* R.Grah.］
skyblue oxypetalum 天蓝尖瓣木［*Oxypetalum caeruleum* sp.］(萝藦科)
skyflower ①假连翘属［*Duranta* L.］(马鞭草科) ②(= golden dewdrop)假连翘［*Duranta repens* L.］
Skylab "天空实验"[飞船]{遥感}
skylab 天空实验室

skylark 云雀[*Alauda arvensis*]
Skylark sounding rocket “云雀”探空火箭{遥感}
skylight ①(温室)天窗 ②天光,上光线
skyline 架空索
skyline crane 架空吊运机
skyline skidder 架空集材机
skytrack 航空信息服务网{信息}
SLA (=specific leaf area) 比叶面积
slab ①新生鳞茎 ②板,板皮,边皮,板皮料 ③片,切片 ④长字节{电脑}
slab check dam 平板节制坝,平板谷坊{水利}
slab dam 平板坝
slab electrophoresis 板电泳{生技}
slab roof 磐状屋顶(温室)
slab saw 再锯(进一步造材)
slab share 梯形犁铧
slab structure 层板状构造
slab symmetry 片形对称
slabstone 石板,板石
slack ①松弛的,不紧的 ②缓慢的,迟滞的 ③呆钝的,不活泼的,萧条的,不景气的
slack effective 迟效的,缓效的(指化肥或农药)
slack face (单板)松面
slack farming season 农闲季节
slack lime 消石灰[$Ca(OH)_2$]
slack path 松弛路径
slack rope 松弛绳
slack-salted 未腌好的
slack season 淡季
slack side (皮带)松滞段
slack time 松弛时间
slack water 减缓水流,滞水,平潮
slacker 闸门{水利}
slackness 滞销,不景气
slade (=runner) 犁侧板
slag ①炉渣,矿渣,熔渣 ②岩烬,炭灰{土壤}
slag heap 炉渣堆,矿渣堆
slag hole 熔渣孔
slag-like concretion 炉渣状结核
slagging 施用炉渣肥料
slake 使缓慢,松缓
slaked lime 熟石灰,消石灰
slaker 石灰消和器{环保}
slaking ①熟化 ②消制(石灰)
slaking of quicklime 生石灰消制
slant 斜面,倾斜(slans)
slant agar 琼脂斜面培养
slant-bar feeder panel 斜杆式饲喂栅栏
slant culture 斜面培养
slant-range 斜距
slant transform 斜变换{遥感}
slant tube fermentor 斜面发酵管
slant visibility 斜能见度
slanting 斜的,斜面的
slanting opening 斜开口
slanting rain 斜雨
slanting slope 斜坡
slash ①切碎 ②切割,切痕 ③废材 ④斜线
slash and burn agriculture 烧荒农业,烧垦{农系工}
slash disposal 废材处理
slash fire 残火
slash grain 弦面纹理
slash grain lumber 弦面材
slash pine 湿地松[*Pinus caribaea* Morelet](松科)
slasher ①切碎器,茎秆切碎机 ②长柄砍刀
slasher blade 茎秆砍切刀
slashings 废材,残木,碎板
slat 板条,横条,狭条
slat bottom 栅条犁体
slat-chain type elevator 链板式升运器
slat conveyor (=slatted conveyor) 板条式输送器
slat crate 条板箱
slat door 百叶门
slat gum (=graygum) 细叶桉[*Eucaluptus tereticornis* Smith.](桃金娘科)
slat moldboard 栅条形犁壁
slat saw 板条锯
slate ①石板 ②板岩
slater coalition 坚固联盟
slatted 板条的
slatted conveyer 板条式输送器
slatted feed chain 板条式喂入链
slatted floor bin 板条式粮仓
slaty ①石板的 ②石板状的 ③含石板的
slaty clay 层状黏土
slaty cleavage 板岩劈理
slaty soil 层状土
slaty structure 板状结构
slaughter 屠宰
slaughter and meat-dressing factory 屠宰加工厂
slaughter animal 屠宰的家畜(牲畜)
slaughter body 屠宰畜体
slaughter bonus 屠宰奖励金
slaughter cattle ①屠宰用家畜 ②育肥牛
slaughter grease 宰后脂肪
slaughter livestock market 屠宰用家畜市场
slaughter quality (=carcass quality) 胴体

质量
slaughter value ①屠宰价值 ②胴体价值
slaughter weight 屠宰重
slaughterer ①屠宰器 ②屠宰工
slaughterhouse (=abattoir) 屠宰场
slaughterhouse waste 屠宰场废物{环保}
slaughterhouse waste water 屠宰场废水{环保}
slaughtering 屠宰
slaughtering and processing factory 屠宰加工厂
slaughtering offals (=slaughtering waste) 屠宰下水
slaughtering tax 屠宰税
slaughtering weight (=slaughter weight) 屠宰体重
slave ①从属的 ②受控的,随动的 (selavus)
slave computer 从[属]计算机{电脑}
slave copy 从属复本{分遗}
slave cylinder ①随动油缸 ②(车轮)液压制动分泵
slave DNA 从属 DNA
slave flip-flop 从[属]触发器{电脑}
slave gene 从属基因
slave gene sequence 从属基因序列
slave gene sequencing 从属基因序列测定,从属基因测序{分遗}
slave microcomputer 从[属]微计算机
slave processor 从属处理机
slave sweep 随动扫描,触发式扫描
slaw 甘蓝片
slaw cutter 切甘蓝片器
sled ①(秧船)船底板 ②滑橇,雪橇
sled carrier 木马,小橇
sled corn cutter 滑板式玉米收割机
sled cultivator 滑橇式中耕机
sled harvester ①橇式摘棉铃机 ②简易玉米收割机
sled stripper 滑橇式摘棉铃机
sledding 摘棉铃机,栉梳式棉铃摘集器
sledge ①雪橇,滑橇 ②用雪橇运输 ③乘雪橇 ④大锤,锻工锤 ⑤锤打,锤制 ⑥爬犁
sledge road 橇道
sledge-runner 滑板,滑走木
sledge-type beet lifter 滑橇式甜菜挖掘机
sledge-type milking bail 雪橇式挤奶装置
sledging 橇运
sleek (=slick) 油光(指在水体表面){环保}
sleek field 油光场面{环保}
sleep 睡眠
sleep inducing peptide (SIP) 睡眠[诱导]肽{生技}
sleep-lock 睡锁{电脑}
sleep mode ①待机状态{电脑} ②睡眠方式,静止方式{植生}
sleep movement 睡眠运动,就眠运动(指花生叶)
sleeping ①睡眠,就眠(指花生叶) ②嗜眠(指存储器丢失信息) ③休眠(指芽)
sleeping-blight of soybean 大豆叶斑病 [*Sepotogloeum sojae* Yoshii et Nishizawa.]
sleeping bud (=resting bud, rest bud) 休眠芽
sleeping flower 就眠花
sleeping hibiscus 悬铃花 [*Malvaviscus arboreus* var. *penduliflorus* Schery.](锦葵科)
sleeping position 就眠位置
sleeping process 睡眠进程
sleeping sickness ①昏睡病 ②非洲牛马锥虫病,嗜眠性脑炎
sleeping sickness of cattle 非洲牛马锥虫病
sleepy catchfly 金鱼草(麦瓶草) [*Silene antirrhina* Linn.](石竹科)
sleet ①冻雨 ②雨夹雪 ③冰丸
sleety weather 雨雪天气
sleeve ①衬套,套管,管(轴)套,联轴节 ②风向袋,套筒风标
sleeve bearing 滑动轴承,轴套
sleeve coupling 套筒联轴节
sleeve joint 套管连接,套筒接头
sleeve nut 套筒螺母
sleeve valve 套阀
sleeve-valve actuator 套筒气门作动器
sleeve-valve engine 套筒气门发动机
sleeving fabrication 套管配接{环保}
sleigh (=sledge) 爬犁
slender ①柔弱的 (debilis) ②纤细的 (gracilis)
slender amaranth (=green amaranth) 绿苋 [*Amaranthus viridis* L. = *A. gracils* Desf.](苋科)
slender branch 细枝 (ramus gracilis)
slender deutzia 细瘦溲疏 [*Deutzia gracilis* Sieb. et Zucc.](绣球科)
slender duck louse 细鸭虱 [*Anaticola crassicornis* Scop.]
slender dutchmanspipe ①马兜铃属 [*Aristolochia* L.](马兜铃科) ②马兜铃 [*Aristolochia debilis* Sieb. et Zucc.]
slender false brome grass 短柄草 [*Brachypodium silvaticum* (Huds.) Beauv.](禾本科)
slender foxtail 鼠尾看麦娘 [*Alopecurus myosuroides* = *A. agrestis* L.](禾本科)

slender goose louse 细鹅虱[*Anaticola angeris* L.]
slender grain type 长粒型(稻)
slender guinea louse 几内亚长圆虱[*Lipeurus numidae* Denny]
slender Guinea-pig louse 几内亚猪长虱[*Gliricola porcelli* (Schr.)]
slender iris 细叶鸢尾[*Iris gracilipes* A. Gray](鸢尾科)
slender lady palm (= low grand-rattan) 棕竹[*Rhapis humilis* Bl.](禾本科)
slender-leaves lampranthus 细叶日中花[*Lampranthus tenuifolia* sp.](番杏科)
slender-limbed 细关节的(leptharthrus)
slender lobelia 纤细半边莲[*Lobelia gracilis* Andr.](半边莲科)
slender pidicel sedge 细梗苔草[*Carex teinogyna* Boott](莎草科)
slender pigeon louse 鸽长虱[*Columbicola columbae* L.]
slender pined-seed 柔弱斑种草[*Bothriospermum tenellum* Fisch. et Mey. = *B. asperugoides* Sieb. et Zuce.](禾本科)
slender-pod deervetch 细荚百脉根[*Lotus angustissimus* L.](豆科)
slender rice bug 大针缘蝽[*Cletus trigonus* Thunberg.](缘蝽科)
slender spikerush (= needle spikerush) 牛毛毡[*Eleocharis acicularis* (L.) Roem. et schult](莎草科)
slender-spined 细长刺的(gracilispinus)
slender-stalked 细柄的(gracilipes)
slender starwort 泥泽繁缕[*Stellaris alsine* Grimm. var. *undulata* Ohwi.](石竹科)
slender turkey louse 土耳其长角羽虱[*Oxylipeurus polytrapezius* (Burmeister)](光羽虱科)
slender wheatgrass 细茎冰草(细麦草)[*Agropyrum trachycaulum* L.](禾本科)
slender wild oat 野生小亚细亚燕麦[*Avena barbata* Brot.](禾本科)
slenderness ratio 径长比,长度直径比
slew ①旋转,回转,转动 ②转换 ③沼泽,沼地,泥沼 ④许多,大量
slew rate 转换速率
slewing angle 转动角度
slewing crane 回转式起重机
slewing gear 回转机构,转动机构
slice ①片,切片,薄片 ②削波 ③限幅
slice memory 片式存储器{电脑}
slice method ①薄片法 ②切片法(指甘薯切片)
slice of furrow 垡片(指犁地翻起的土片)
slice of sweet potato 甘薯片,甘薯干
slice processor 片式处理器
slice system 片式系统
sliced veneer 片切单板
slicer ①切片刀,切片机 ②单板片切机,切割机 ③(双向)限幅器
slicing ①切片 ②分片
slicing knife 切片刀
slicing machine 切片机{加工}
slicker ①刮子 ②修光器
slide ①载(玻)片{显技} ②幻灯片{电脑} ③滑道,滑坡{森林} ④崩塌,断层{地质} ⑤滑阀,闸门,拖板,滑块{农机} ⑥滑触{信息}
slide action shotgun 滑把式鸟枪
slide agglutination 载片凝集法
slide box 切片[标本]盒
slide cell culture 载片细胞培养
slide chamber method 载玻片室法
slide coil 滑触线圈{信息}
slide culture 载片培养
slide fit 滑配合
slide for timber 木材滑道
slide glass 载片,载玻片
slide layout 幻灯片布局
slide micrometer 载片测微计(尺)
slide opening (厩肥撒布机)滑孔
slide pusher 载片[标本]推动器
slide rule 计算尺
slide scribing projection 幻灯片划刻投影
slide show presentation 滑块显示
slide-trap 载片捕捉器
slide valve 滑阀
slide with a ground cell 圆窝载片{显技}
slider ①滑块 ②(流变学机械模型中)代表塑性的元件 ③滑动触头 ④游标
slider arm 滑块臂
sliding ①滑动,打滑 ②打滑的,滑动的 ③不稳定的,易变的
sliding caliper 游标尺,游标测径器
sliding coulter 直犁刀,柄式犁刀
sliding cutting 滑切
sliding door 滑动门
sliding erosion 滑塌侵蚀
sliding filament model 滑丝模型
sliding filament theory 滑丝理论{分生}
sliding friction 滑动摩擦,第一摩擦
sliding gear 滑动齿轮
sliding growth 滑过生长
sliding microtome 滑动切片机{显技}
sliding microtubule mechanism of ciliary movement 纤毛运动的滑动微管丝机制

sliding motion 滑动
sliding scale ①滑动比例尺 ②物价计算法
sliding selection system 滑动选择法
sliding setting entry device 滑动定位输入装置
sliding sluice gate 滑动闸门{环保}
sliding valve 滑动阀{环保}
sliding vane motor 滑片马达
sliding window flow 滑动窗口流程{电脑}
sliding window protocol 滑动窗口协议{电脑}
slight ①轻的,轻微的,很微小的,少量的 ②不严重的 ③细小的,细长的 ④薄的 ⑤脆弱的
slight alkalinity 微碱度,微碱性
slight breeze (= slight air) 轻风
slight change 轻微变化
Slight cold 小寒(中国的 24 节气之一)
slight cold 微冷
slight conduction resistance 轻微输导阻力
slight difference 轻微差异{统计}
slight fluctuation 轻微波动
slight haze 轻霾
Slight heat 小暑(中国的 24 节气之一)
slight rain 微雨
slight rise 稍微升高,微升
slight sea 轻浪[海面](波高 1～3 英尺)
slight shower of rain 小阵雨
slight thunderstorm 小雷暴
slight torn grain 浅裂纹
slight water deficit 轻微水分亏缺
slight weight 轻型锤
slightly acid soil 微酸性土
slightly buffered soil 弱缓冲土壤
slightly compact 微坚实
slightly hairy 被短柔毛的 (pubescens, pubens)
slightly podzolized soil 轻度灰化土
slightly-soluble 微溶的
slim ①细的 ②微弱的
slim-leaf deer vetch 细叶百脉根 [*Lotus tenuis* Wald. et Kit.](豆科)
slim-leaf fodder vetch 细叶箭舌豌豆 [*Vicia sativa* L. var. *angustifolia* Makiano.](豆科)
slim-leaf gentian 狭叶龙胆 [*Gentiana scabra* var. *buergeri* Maxim. f. *stenophylla* Ohwl.](龙胆科)
slim-leaf hylomecon 荷青花(细叶棣棠草)[*Hylomecon japonicum* var. *lanceolatum* Makino.](罂粟科)
slim-leaf meadowrue 细叶唐松草(全缘唐松草) [*Thalictrum integrilobum* Maxim.](毛茛科)
slim-leaf mouse-ear chickwood 细叶卷耳 [*Cerastium takedae* Hara.](石竹科)
slim-leaf oetober clematis 小叶女萎 [*Clematis pierotii* Miq.](毛茛科)
slim-leaf redknees 细叶水蓼 [*Polygonum hydropiper* L. var. *maximowiezii* Makino.](蓼科)
slim saw file 细锯锉
slim-stem lily 野百合 [*Lilium callosum* Sieb. et Zucc.](百合科)
slime ①黏液 ②黏质 ③黏泥 ④残渣,淀渣 (mucus, mucilago)
slime bacteria 黏细菌 (bacteria mucosae)
slime body ①黏液体{微生物} ②石质层{土壤}
slime cell 黏液细胞 (cellula mucosa)
slime flux ①[伤口]黏液流溢(果木) ②(藏菌)黏液
slime fungi (= slime mold) 黏菌[纲] [Myxomycetes]
slime layer ①黏液层 ②黏泥层{环保}
slime mold (= slime mould) 黏菌
slime mold life cycle 黏菌生活周期
slime-peat soil 淤泥泥炭土
slime plug 黏液塞
slime spore 黏孢子 (spora mucosa)
slime swamp soil 淤泥沼泽土
slimy arthrospore 黏节孢子
slimy blastospore 黏芽生孢子
slimy meat 肥肉,油腻肉
slimy milk 黏乳
slimy mud 黏泥
slimy soft rot of cabbage (= bacterial soft rot of cabbage) 甘蓝软腐病 [*Erwinia aroideae* (Townsend) Holland.]
slimy soil 淤泥土,黏泥土 (solea tenax)
sling ①吊链 ②吊起 ③投,掷,抛
sling-fruit 弹果
sling movement 弹射运动
sling-psychrometer 手摇干湿表,手提干湿表
sling-thermometer 旋转温度计,手提干湿球温度计
slinger ①甩油圈,甩油盘 ②挡油圈,挡油盘 ③投掷装置,投掷器
slink ①早产 ②流产
slip ①插枝,插蔓,营养繁殖苗 ②搔苗 ③流产 ④小比目鱼 ⑤滑动,滑移,打滑 ⑥(车轮)滑移量,打滑率
SLIP (= symmetric list interpretive program) 对称表解释程序{信息}
slip erosion 滑坡侵蚀

slip heel 犁踵,可换修犁踵
slip knot 滑结,活结(结索法)
slip nose 嵌入式铧尖,插入式铧尖
slip-nose share(=slip point share) 套尖式犁铧
slip plane 滑动面
slip scraper 滑行刮土机
slip-sett 具有种根蔗秧,甘蔗种段
slip stream 滑流
slippage ①滑移 ②滑移量 ③滑转,打滑 ④滑转率
slipper ①制动蹄 ②滑块,滑蹄
slipper flower(=slipperwort) ①蒲包花属[*Caleeolaria* L.](玄参科) ②蒲包花(荷包花)[*Caleeolaria crenatiflora* L. = *C. herbeohybrida* Voss.]
slipper-plant ①红雀珊瑚属[*Pedilanthus* Neck.](大戟科) ②红雀珊瑚[*Pedilanthus tithymaloides* (L.) Poit.]
slipper-shaped 靴形的(sandaliformis)
slipperwort 蒲包花属[*Calceolaria* L.](玄参科)
slippery ①滑溜的,滑动的 ②平滑的
slippery elm(=red elm) 红榆[*Ulmus fulva* Michx.](榆科)
slippery jack 褐环乳牛杆菌[*Suillus luteus* (L.ex Fr.) S. F. Gray]
slipping ①滑移 ②打滑,滑转
slipping clutch 滑转式离合器,摩擦式[安全]离合器
slipping power 滑转力
slit ①裂缝(rima) ②缝隙,细隙 ③条裂的(aciniatus) ④槽,口,孔,排种口 ⑤裂口
slit band 裂缝带
slit disk 裂缝盘{电脑}
slit filter 缝式滤水器{环保}
slit planting 锹隙种植,锹植
slit-ultra-microscope 细隙式超显微镜
slitting ①开沟 ②开口槽
sliver ①纵切片,裂开 ②细长裂片 ③切成长条,切开 ④切碎机 ⑤存储条
sloat ①宽沟 ②门闩
slob ice 海面乱冰
slobbering 流唾液
slocker 落水洞{环保}
sloe(=blackthorn) 刺桃(乌荆子,多刺李,黑刺李)[*Prunus spinosa* L.](蔷薇科)
sloe bug 斑角蝽[*Dolycoris baccharum* (Linnaeus)](蝽科)
slogan:"the land belongs to the tiller" 口号:"耕者有其田"
slop ①污水,秽水,脏水 ②流体食物 ③泥浆
slop oil 脏油{环保}
slop pall 污水桶{环保}
slop sink 污水池盆{环保}
slope ①斜面,斜线 ②倾斜,倾斜角 ③斜度,斜率,坡度,梯度 ④坡地
slope base 坡底
slope category map 坡度等级图{遥感}
slope compensating device 倾斜补偿装置
slope compensation 倾斜补偿
slope culture(=slant culture) 斜面培养
slope deflection 倾斜度变位法
slope deposit 坡地沉积
slope erosion 坡地侵蚀
slope-fixing plant 固坡植物
slope form 坡形
slope grader 平坡机
slope gradient 坡度
slope-keypoint compaction 斜率-键点压缩{电脑}
slope land 坡地
slope map 坡度图{遥感}
slope of a front 锋面坡度
slope of bottom 底坡{环保}
slope of curve 曲线斜度
slope of ditch 水沟坡度(比降)
slope of grain 木纹斜度
slope of light effect curve 光效曲线斜率
slope of soil 土地倾斜度
slope of stack 堆垛坡度
slope of the channel bottom 渠底坡度(比降)
slope of the water surface 水面坡度(比降)
slope pasture 坡地牧场
slope piling(=inclined piling) 斜堆
slope ratio 斜率比,斜度比
slope-ratio assay 斜度比[生物学]测定
slope ratio method 斜率比法{生技}
slope reclamation 坡地开垦
slope soil 坡地土
slope tape 斜度卷尺
slope tolerance 斜率容限
slope wash 斜坡冲刷
sloped channel 倾斜渠槽
sloped floor 倾斜地面,倾斜床
sloped Roman 斜体罗马字{电脑}
sloping 倾斜的,斜向的(declivis)
sloping bottom 斜坡底,斜底{环保}
sloping-croup horse 斜尻马
sloping desk (脱粒机)斜台
sloping field 坡田,斜坡地
sloping greenhouse 倾斜地大型温室
sloping land 坡地
sloping platform drier 倾斜台式干燥机

sloping tray drier 倾斜盘式干燥机
slops 酒糟(蒸酒残渣)
slot ①口,小孔,隙,长缝,狭线 ②槽,插槽,槽沟 ③切槽,开缝
slot blot 狭线印迹{生技}
slot blotting 狭线印迹法
slot bound 插槽限制{电脑}
slot grit chamber 缝隙式沉沙池{环保}
slot hybridization 狭线杂交{分生}
slot nozzle 狭缝式喷头
slotted base cutter 开缝根部切割器(指甘蔗)
slotted floor house 篦式地板畜舍(指家畜屎尿可由篦式地板漏下的畜舍){农施}
slotted nozzle 闸槽喷嘴
slotted nut 有槽螺母
slotted-ring network 分槽环网{信息}
slotted screen 长方孔筛,长眼筛
slotted strainer 篦式过滤器
slotted templet method 觇孔模片法{遥感}
slotting ①插销 ②打孔 ③开槽
slough ①沼泽 ②痂{病理} ③脱壳,脱皮 ④脱落 ⑤死水区{环保}
slough grass (= Beckmann's grass) 莴草[*Beckmannia syzigachne* Fernald.](禾本科)
slough podzol 沼泽灰壤
sloughing ①脱落,脱皮 ②落粒
sloughy ①泥坑的 ②脱落的 ③腐肉状的 ④痂状的 ⑤脱皮的
Sloumi 交让木[*Daphniphyllum macropodum* Miq.](交让木科)
slow ①慢的,迟缓的 ②缓慢的 ③长效的
slow-acting fertilizer 缓效肥料,长效肥料,迟效肥料(指化肥)
slow acting manure 长效肥料(指有机肥)
slow acting nitrogen compound 长效氮素化合物
slow-acting property 迟效性,长效性
slow-burning powder 慢燃[火]药
slow component 长效组分(指肥料)
slow cooking process 缓煮法
slow device 慢速设备
slow-down ①减速 ②延迟
slow drop 缓速下降,缓速落下
slow drying 缓慢干燥
slow excution 慢执行
slow filter 慢滤池{环保}
slow filtration 慢滤{环保}
slow fire 慢火,慢射
slow-flow irrigation 细流灌溉
slow freezing 缓慢冷冻
slow grower 缓慢生长植株
slow growing 生长缓慢的,慢生的
slow growing species 慢生[树]种
slow growth 缓慢生长
slow-mildewing 白粉病慢发性
slow motion 慢动作
slow neutron 慢中子{辐射}
slow neutron radiation 慢中子辐射
slow open kettle method 敞锅缓煮法
slow permeability 慢渗透
slow reacting substance (SRS) 慢反应物质
slow reacting substance of anaphylaxis (SRS-A) 过敏反应的慢反应物质
slow release ①缓慢释放的 ②缓释剂型
slow-release fertilizer 长效肥料,缓释放肥料
slow release formulation 缓释剂型
slow-rusting 慢锈病,迟锈病
slow sale 迟缓出售
slow sand filtration 缓慢沙滤法
slow scan TV 慢速扫描电视,慢速扫描 TV
slow slaking lime 慢化熟石灰
slow speed ①低速 ②低转速
slow state 迟缓状态
slow-stirring arrangement 缓搅设备{环保}
slow stock 黏状浆(纸浆,木浆)
slow stop mutant 缓停突变体,缓停突变型{细胞}
slow stop mutation 缓停突变
slow thermometer 慢反应温度计
slow time scale 慢速时标,慢速标度
slow virus 慢病毒
slow warming 缓慢加温
slower rate 缓速
slowly available 长效的,慢效的,迟效的(指肥料,农药)
slows orchard sprinkler 果园用低速喷灌器
slub (羊毛)捻毛
sludge ①泥,软泥 ②污水,污水泥,污泥,淤泥 ③半化雪
sludge age 污泥[日]龄{环保}
sludge and thick liquid pump 泥浆和浓液泵
sludge ash 软泥灰
sludge bank 污泥滩,淤泥滩{环保}
sludge bed 污泥床,晒泥场
sludge blanket 污泥层
sludge-blanket darifier [悬浮]污泥澄清池
sludge blanket tank (= sludge blanket unit) 澄清池(悬浮澄清池)
sludge blow-off 排污泥管,排泥管
sludge cake 污泥饼,滤饼{环保}
sludge chamber 污泥室,污泥间

sludge circulation clarifier 污泥循环澄清池{环保}
sludge clogging 污泥堵塞{环保}
sludge-collecting mechanism 集泥机{环保}
sludge collector 集泥器{环保}
sludge composition 污泥成分
sludge concentration 污泥浓度{环保}
sludge concentrator (= sludge concentration digester) 污泥浓缩池{环保}
sludge conditioning 污泥调节改善{环保}
sludge density index (SDI) 污泥密度指数
sludge dewatering 污泥脱水
sludge digester ①沼气发生器 ②污泥消化池{环保}
sludge digestion 污泥消化{环保}
sludge digestion chamber 污泥消化室{环保}
sludge digestion tank 污泥消化池
sludge digestion unit 污泥消化单元{环保}
sludge discharge 排污泥,排泥{环保}
sludge discharge pipe 排污泥管,排泥管
sludge disposal 污泥处理
sludge drain tube 排泥管
sludge draw-off 排泥[管]
sludge draw-off pipe 排污泥管,排泥管{环保}
sludge dryer 污泥干化机{环保}
sludge drying bed 污泥干化场(床){环保}
sludge elutriation 污泥淘洗{环保}
sludge equipment 污泥设备{环保}
sludge evacuation 排泥,污泥撤离{环保}
sludge extraction 污泥提取,污泥萃取
sludge filtration 污泥过滤
sludge freezing process 污泥冻结法{环保}
sludge gas 污泥气,沼气
sludge growth index 污泥增长指数
sludge handling 污泥装运
sludge hopper 污泥斗
sludge humus 污水腐殖质
sludge index 污泥指数{环保}
sludge lagoons 污泥塘{环保}
sludge layer 污泥层
sludge level detector 污泥面探测仪
sludge liquor 污泥液{环保}
sludge loading 污泥负荷
sludge manure 污泥肥料
sludge mixing 污泥混合
sludge-moving mechanism 推泥机
sludge pan 沉淀池
sludge pipe 污泥管{环保}
sludge pit 污泥斗{环保}
sludge pond 污泥池{环保}
sludge pressing 污泥压滤{环保}
sludge production 污泥产量{环保}
sludge pump 污泥泵
sludge recirculation (= sludge recycle) 污泥反循环{环保}
sludge recycle 污泥反循环
sludge removal 污泥排除,污泥去除
sludge return ratio 污泥回比{环保}
sludge sampler 污泥取样器
sludge scraper 刮泥机
sludge seeding 污泥接种{环保}
sludge separation 污泥分离
sludge separator 污泥分离器
sludge silt 淤污泥
sludge solids balance 污泥固体平衡
sludge storage 贮泥量
sludge storage tank 贮泥池
sludge sump 污泥坑
sludge superphosphate 沉渣过磷酸钙
sludge tanker 泥肥罐,厩液罐,粪水罐
sludge tanker-spreader 厩液喷洒机,液肥喷洒车
sludge thickener ①污泥增稠器 ②污泥浓缩池
sludge thickening 污泥浓缩,污泥稠化
sludge thickening basin 污泥浓缩池
sludge trap 污泥阱{环保}
sludge treatment 污泥处理{环保}
sludge utilization 污泥利用
sludge volume index (SVI)污泥容积指数,污水容积指数
sludge yield 污泥产量(指脱水后的产率)
sludgy 淤泥的,泥泞的
slug 铅字条{电脑}
slug caterpillar (= oriental moth) 黄刺蛾[*Cnidocampa flavescens* Walker](刺蛾科)
slug caterpillar moths (= nettle caterpillars) 刺蛾科[Limacodidae, Eucleidae]
slug-killer 杀蛞蝓剂
slug worm 蛞蝓[*Limax*]
sluggish ①缓慢的,不活泼的,呆滞的,钝态的 ②凋萎的{栽培}
sluggish inversion 钝态逆增
sluggishness 滞呆现象(发酵)
slugs 黏叶蜂属[*Caliroa* spp.](叶蜂科)
sluice ①泄水门,水闸 ②排水道,排水沟 ③流槽,节流器
sluice-gate 泄水闸,冲刷闸,闸门
sluice valve (= gate valve) 闸阀{环保}
sluiceway 泄水道{环保}
sluicing 洗涤,冲洗
sluicing canal 泄水渠道

slumber time diversion 夜间改道制{信息}
slumgum 渣滓,残渣,蜡渣(= wax residue)
slump ①(物价,贸易等)猛降,暴跌 ②经济萧条{农经} ③滑坡,滑移
slumped mass 崩滑体{环保}
slurriable combination 混合型制剂
slurry ①泥浆,淤浆,淤泥 ②厩液,液肥,粪稀 ③型芯黏合液 ④匀浆
slurry agitator pump 泥浆混合泵
slurry blanket 淤泥层{环保}
slurry channel 排流粪液小沟
slurry concentrator 淤泥浓缩池{环保}
slurry injector 厩液喷射器,粪稀喷射器{农施}
slurry loader 泥肥装运机
slurry packing 匀浆填充法{生技}
slurry pond 泥浆池{环保}
slurry pump ①泥浆泵,污泥泵 ②厩液泵
slurry return 淤泥回流{环保}
slurry snake pump 蛇形泥浆泵
slurry spreader 泥肥洒布器,厩肥洒布机
slurry-type-seed mixer 湿式拌种器
slush ①雪水 ②润油 ③污水 ④烂雪泥,污泥
slush pulp 粥浆
slushing ①脱水[作用] ②抗湿 ③涂油灰
slushy weather 雨雪天气
small ①小的,小型的,小规模的 ②细小的 ③少的 ④窄的 ⑤少量,狭小部分
small agave 鬼脚掌(皇后龙舌兰)[*Agave victoriae-reginae* Moore](龙舌兰科)
small alteration 小改变,小变更
small amount 小量
small angle scattering 小角度散射
small angle X-ray diffraction 小角度X线衍射
small bamboo borer 竹小扁小蠹[*Lyctoxylon japonum* Reiter](小蠹科)
small barnyard-grass 小稗草[*Echinochloa crusgalli* var. *praticola* Ohwi.](禾本科)
small barrel sprayer 小桶型喷雾器
small beak 蕊喙,小喙(rostellum)
small beaker 小烧杯
small bean bug 大豆突眼长蝽[*Chauliops fallax* Scott](长蝽科)
small bedstraw 细叶猪秧秧(细四叶葎,细叶拉拉藤)[*Galium irifidum* L.](茜草科)
small beetles 细阎虫科[Niponiidae]
small berry 小浆果
small bindweed (= lesser bindweed, bearbine) 荞麦蔓,野旋花
small biological cycle 生物小循环(cyclus biologicus minus)
small black sclerotial disease 小黑菌核病
small blister beetle 耳节短翅芫菁[*Meloë auriculatus* Marseul](芫菁科)
small blocked soil 小块状土壤
small blue cattle louse (= little blue cattle louse) 水牛盲虱[*Solenopotes capillatus* Enderlein](盲虱科)
small body louse (= shaft louse) 鸡羽虱[*Menopon gallinae* (Linnaeus)](短角羽虱科)
small branch borer 山扁豆小天牛[*Mylothris irrorata* Fabricius = *Atmodes*](天牛科)
small brown planthopper 稻灰飞虱(灰飞虱)[*Delphacodes striatella* Fallen](飞虱科)
small brown sclerotial disease 褐色小粒菌核病
small bugloss 狼紫草[*Lycopsis arvensis* L.](紫草科)
small bulb 小鳞茎
small business computer 小型商用计算机
small butte 小孤峰
small cabbage bug 菜花蝽[*Eurydema pulchra* Westwood](蝽科)
small cabbage-white (= small garden-white) 白粉蝶[*Pieris rapae* L.](粉蝶科)
small calorie 小卡(热量单位)
small canary grass 小虉草[*Phalaris minor* Retz.](禾本科)
small-capacity memory 小容量存储器{电脑}
small caps 小号大写字体{电脑}
small carpenter ①芦蜂 ②⌊复⌉芦蜂科[Ceratinidae]
small catalytic RNA molecule 小催化RNA分子{分遗}
small centipeda 石胡荽(球子草)[*Centipeda minima* O.Kuntze.](菊科)
small channel ①油道 ②微管(canaliculus)
small chestnut weevil 栗小象[*Curculio auriger* (Cassy)](象甲科)
small chrysanthemum aphid 菊小长管蚜[*Coloradoa rufomaculata* (Wilson)](蚜科)
small citrus fly (= citrus dog) 橘春凤蝶[*Papilio protenor demetrius* Cramer](凤蝶科)
small citrus looper 橘红黄波尺蛾[*Eupithecia carearia* Leech](尺蛾科)
small cleft 细裂缝(rimula)
small clod 土坷垃,小土块

small cloth bag 小布袋(育种用)
small cloudiness 小阴,薄阴
small coloured kidney bean 小花菜豆
small combed (=small crested) 具小鸡冠状突起的(cristatellus)
small computer standard interface 小型计算机标准接口
small cotton measuring worm 棉小造桥虫[*Anomis flava* (Fabricius)](夜蛾科)
small crabgrass (=violet crabgrass) 紫马唐[*Digitaria violascens* Link. = *D. ischaemum* var. *asiatica* Ohwi.](禾本科)
small cranberry 蔓越橘(小越橘)[*Vaccinium oxycoccus* L.](乌饭树科)
small crawler trencher 小型履带式开沟机开沟器
small cup (=cyathus) 杯状总苞(scyphulus, cyathus)
small cytoplasmic RNA (scRNA) 小胞质RNA,scRNA{分遗}
small data set packing 小型数据集组装{电脑}
small dose 小剂量
small drain 水坑,水沟{环保}
small-drop spraying 细滴喷雾,弥雾
small drum feeder (轧花机)小圆筒式清棉喂送器
small-eared 具小穗的(microstachyus)
small egg 小形卵{蚕}
small-end ①(连接杆)细端 ②(木材)梢端,梢头,小头
small-end diameter 梢头直径
small ermine moths (=yponomeutid moths) 巢蛾科[Yponomeutidae]
small farmer 小农场主
small fimbristylis 小粟飘拂草(小虱草)[*Fimbristylis miliacea* Vahl.](莎草科)
small five-spotted malaria mosquito 小五斑按蚊[*Anopheles maculipennis atroparvus* van Thiel.](蚊科)
small flower 小花(flos minus)
small flower chafer 小花露背丽金龟(小潜花鳃角金龟)[*Ectinohoplia obducta* Motschulsky](金龟科)
small flower galinsoga (=kewweed, gallant solddier) 牛膝菊[*Galinsoga parviflora* Cav.](菊科)
small flower pellitory 墙草[*Parietaria micrantha* Ledeb.](荨麻科)
small flower tamarisk 湖北柽柳(小花柽柳)[*Tamarix parviflora* DC.](柽柳科)
small flower umbrella-plant 异型花草(球花蒿草)[*Cyperus difformis* L.](莎草科)
small-flowered 小花的
small-flowered cranesbill 小老鹳草[*Geranium pusillum* L.](牻牛儿苗科)
small-flowered Japan pine 五针松(日本五针松,五钗松)[*Pinus parviflora* Sieb. et Zucc.](松科)
small-flowered papeda 小花大翼橙(小花苦橙)[*Citrus micrantha* Wester.](芸香科)
small-flowered rhododendron 照山白[*Rhododendron micranthum* Turcz. = *R. pritzelianum* Diels](杜鹃花科)
small foxtail millet 粟(谷子,小米)[*Setaria italica* (L.) Beauv var. *germanica* (Mill.) Beck. = *Panicum italica* L., *Panicum germanicum* Mill.](禾本科)
small fraction 小粒级{土壤}
small fragmentary vacuole 小碎屑状液泡
small frequency 小频率
small fringe 小睫毛,缘毛(fimbrilla)
small froghopper 小沫蝉[*Aphrophora obtusa* Matsumura](沫蝉科)
small fruit 浆果
small-fruit bottle gourd 小葫芦[*Lagenaria siceraria* var. *microcarpa* sp.](葫芦科)
small-fruit crabapple 小果海棠[*Malus micromalus* Mak.](蔷薇科)
small-fruit culture 小果[果树]栽培,浆果果树栽培
small-fruit rose 小果蔷薇[*Rosa cymosa* Tratt.](蔷薇科)
small-fruited 小果的(microcarpus)
small-fruited papeda (=small-flowered papeda) 小花大翼橙[*Citrus micrantha* Webster](芸香科)(小花苦橙)
small-fruited strawberry (=strawberry plant) 欧洲草莓[*Fragaria vesca* L.](蔷薇科)
small-fruiting 结小果的
small fruits 浆果类果树
small gain theorem 小增益定理{信息}
small gelatine grub 椰子刺蛾[*Narosa conspersa* Walker](刺蛾科)
small geranium (=small-flowered cranesbill) 小老鹳草[*Geranium pusillum* L.](牻牛儿苗科)
small gifu butterfly 虎凤蝶[*Luehdorfia puziloi* Erschoff](凤蝶科)
small globe thistle 小蓝刺头[*Echinops ritro* L.](菊科)

small grain ①小子粒 ②小颗粒
small grain breeding 小[粒]谷类作物育种
small grain cereals (=small grains) 小粒谷类作物,小谷物
small grain crops 小[粒]谷类作物
small grain growing 小[粒]谷类作物栽培
small grain nursery planter 小[粒]谷类作物育种圃播种机
small grain rice 小粒稻 [*Oryza minuta* Pres.](禾本科)
small grain variety ①小[粒]谷类作物品种 ②(=small kernel variety) 小粒品种
small grains (=small grain crops) 小[粒]谷类作物
small grape plume-moth 小葡萄羽蛾 [*Nippoptilia vitis* Sasaki](羽蛾科)
small green chrysanthemum aphid 菊瘤额蚜 [*Myzus rosarum* Kaltenbach](蚜科)
small green leaf hopper 小绿叶蝉 [*Empoasca flavescens* Fabrecius](叶蝉科)
small green tortoise beetle (=Clouded tortoise beetle, small green weevil) 豆小绿象 [*Eugnathus distinctus* Roelofs](象甲科)
small greenery 小温室
small hail 小雹
small hatchet 手斧
small hawk moth 葡萄绿褐天蛾(天蛾科)
small hook ①钩毛,倒刺毛(glochis, hamulus) ②小牵引钩
small hop trefoil (=small hop clover) 小忽布三叶草(细叶三叶草) [*Trifolium dubium* L.](豆科)
small hydro-power generation 小水电{农施}
small hydro-power station 小型水电站
small incubator 小型孵卵器
small integer 小整数{统计}
small interrow tractor drill 小型行间拖拉机机引条播机
small intestine 小肠
small-jack (=champedak) 小波罗蜜(番波罗蜜) [*Artocarpus integer* L.](桑科)
small kernel variety 小粒品种
small keyboard 小键盘
small knot 小节
small lamina 小叶片
small-leaf acaena 小叶红刺头 [*Acaena microphylla* sp.](蔷薇科)
small-leaf columnea 小叶金鱼花 [*Columnea microphylla* sp.](苦苣苔科)
small-leaf grape 小叶葡萄 [*Vitis sinocinerea* W. T. Wang](葡萄科)
small-leaf millettia 小叶崖豆藤 [*Millettia japonica* A. Gray. var. *microphylla* Makino.](豆科)
small-leaf scrub persimmon 小叶山柿 [*Diospyros dumetorum* Smith](柿科)
small leaf sida 小叶黄花稔 [*Sida retusa* L.](锦葵科)
small-leaf white mulberry 小叶桑 [*Morus alba* var. *stylosa* Bur.](桑科)
small leaved 小叶的(microphyllus, parvifolius)
small-leaved linden (=small-leaved lime tree) 心叶椴(级木) [*Tiliacordata* Mill.](椴树科)
small lentils 小扁豆(兵豆,滨豆) [*Lens culinaris* Medic.](豆科)
small letter 小写字母
small lymphocyte 小淋巴细胞
small mammal sucking lice 小兽虱科 [Hoplopleuridae]
small mass storage 小型大容量存储器{电脑}
small-medium tractor 小中型拖拉机
small mode 小模式
small model 小型号,小模型
small moonflower 小月光花 [*Calonyction muricatum* Don.](旋花科)
small moth borer of sugarcane (=small surgarcane moth borer) 小蔗螟 [*Diatraea sacchralis* Fabricius](螟蛾科)
small motherwort 小益母草 [*Lamium tuberiferum* Ohwi](唇形科)
small mottled willow moth (=asparagus fern caterpillar) 甜菜夜蛾 [*Spodoptera* exigua (Hübner) = *Caradrina* or *Laphigma*](夜蛾科)
small neottia 小雀巢兰 [*Neottia asiatica* Ohwi](兰科)
small nettle (=stinging nettle) 小荨麻 [*Urtica urens* L.](荨麻科)
small notch 细圆齿(crenula)
small nuclear ribonucleoprotein (snRNP) 小核核糖核蛋白,核[内]小核糖核蛋白{分遗}
small nuclear RNA (snRNA) 小核 RNA, snRNA{分遗}
small nucleolar ribonucleoprotein 核仁小核糖核蛋白{分遗}
small nucleolar RNA 核仁小 RNA, snoRNA
small or medium sized purifying installation of domestic sewage 中小型生活污水

净化装置{环保}
small patches of land 小地块
small pearl tapioca 小粒球形木薯粉
small pendulum (无连杆刈草机)小摆锤
small petiole 小叶柄(petiolulus)
small petrol engine 小型汽油发动机
small pigeon louse 小鸽虱[*Campanulotes bidentatus* Scop.]
small-pistilled 小柱头的(microstigmus)
small pit 网隙,小窠(areola)
small pit organ (鱼中的电感受器)小窝器
small pit prop 支柱材
small pitch pocket 小脂囊
small plant close planting 小株密植
small platform ①小型台秤 ②小平台
small plot trial 小区试验
small plough (=small plow) 小犁
small pole 杆材,小圆材
small pole forest 杆材林
small pond for treating rice seed 稻种消毒池
small pot (盆栽用)小试验盆
small power supply 小电源{农施}
small-powered tractor (=small tractor) 小马力拖拉机
small prickle 小皮刺(aculeolus)
small prism 小棱柱,小棱块
small production 小规模生产
small prominent 杨小舟蛾[*Micromelalopha troglodyta* Graeser](舟蛾科)
small propagule 小幼芽,小繁殖体
small raceme 小总状花序(racemulus)
small radish (=forcing radish) 小形四季萝卜[*Raphanus sativus* L. var. *radicula* Pers.](十字花科)
small red bean (=adzuki bean) 赤豆[*Phaseolus angularis* L.](豆科)
small-reed (=purple-flowered wood-reed) 披针叶拂子茅[*Calamagrostis lanceolata* Roth.](禾本科)
small rice case-bearer 稻水螟[*Nymphula vittalis* Bremer]
small rice grasshopper 小稻蝗[*Oxya intricata* Stål.](蝗科)
small rice leaf miner 稻潜叶水蝇(大麦水蝇)[*Hydrellia griseoba* Fallén](水蝇科)
small rice stem maggot 稻小秆蝇(宽芝麦秆蝇)[*Elachiptera insignis* Thoms.](秆蝇科)
small rice weevil 小米象[*Sitophilus sasakii* Takahashi](象甲科)
small round sclerotial disease 小球菌核病
small round-structured virus (SRSV) 小圆结构病毒
small round virus (SRV) 小圆病毒
small sample 小样品,小样本
small sapling 幼树
small-scale 小规模的
small-scale distribution 小规模分布
small-scale farming system 小农制
small scale integrated circuit 小规模集成电路{信息}
small-scale integration 小规模集成电路
small-scale operating system 小型操作系统
small-scale preparation 小规模制备,小量制备
small scissors 小剪子(指杂交用)
small sclerotinia rot 小菌核病
small sclerotinia rot of peanut 花生小菌核病[*Sclerotinia arachidis* Hanzawa.]
small seeded coffee 小粒种咖啡
small seeds ①小粒种子;②小粒种{种子}
small serial production 小批生产
small shield 小盾片(pelta)
small short hemp plant 夹棵麻
small shrub 小灌木
small signal parameter 小信号参数
small size(of flower) (花)小轮
small-size computer 小型计算机
small-size loop 小循环,短循环
small size pole 小径干材
small-sized hi-tech enterprise 小型高技术企业{农经}
small sloumi 虎皮楠[*Daphniphyllum glaucescens* Blume](虎皮楠科)
small soap-tree (=great plain's yucca) 小丝兰[*Yucca glauca* Nutt.](龙舌兰科)
small soft beetles 沼甲科[Helodidae]
small solomonseal 小玉竹[*Polygonatum humile* Fisch.](百合科)
small spelt (=eincorn, onegrained wheat) 单粒小麦[*Triticum monococum* L.](禾本科)
small-spiked 细穗的(microstacchyus)
small squares ①小方 ②小方材
small stalk 幼茎(cauliculus)
small-stalked 具幼茎的(cauliculatus)
small stature form of stock 矮化砧,矮性砧
small-step gradient method 小步长梯度法{电脑}
small teats (牛)副乳头
small thermal power plant 小型火力发电厂
small thrust hoe 小推锄

small timber 细工用材
small toadflax 小柳穿鱼［*Linaria minor*］（玄参科）
small tongued 具小舌的（elachoglossus）
small torch-lily 小火把莲（小火炬花）［*Kniphofia rufa* Baker］（百合科）
small town 集镇，小镇
small tube 细孔道（tubulus）
small tussock moth（= hevea tussock moth）荞麦毒蛾（灰带毒蛾）［*Orgyia postica* Walker］（毒蛾科）
small twisted-stalk 小扭柄花［*Streptopus streptopoides* Frye et Rigg.］（百合科）
small urban town construction 小城镇建设
small vacuolar volume 小液泡体积
small vagina（= vaginella，vaginule） 小叶鞘（vaginula）
small valve（= vavule） 小瓣（vavula）
small vascular bundle 小维管束
small water scorpion 小螳蝽［*Ranatra unicolor* Scott］（螳蝽科）
small weisia 小石藓［*Weisia viridula* Hedw.］
small white butterfly（= common cabbageworm，cabbage white butterfly，imported cabbageworm） 小菜粉蝶［*Pieris rapae*（Linnaeus）］（粉蝶科）
small white kidney bean 小白菜豆
small willow weed 姬柳叶菜［*Epilobium fauriei* Leveille.］（柳叶菜科）
small yellow croaker 小黄鱼［*Pseudosiaena polyactis* Bleeker］｛水产｝
small yellow-hindwinged catocala 小黄后勋授夜蛾［*Catocala agitatrix* Graeser］（夜蛾科）
smallage（= soup celery） 香芹菜［*Apium graveolens* var. *secalinum* Alef.］（伞形花科）
smaller administrative unit 小管理单位
smaller alnus bark beetle 赤杨小棘胫小蠹［*Xyleborus germanus* Blandford］（小蠹科）
smaller apple leafcut weevil 苹果小切叶象甲［*Attelabus mininus* Roelofs］（切叶象甲科）
smaller atlas moth（= erisilkworm） 蓖麻蚕［*Philosamia cynthia ricini* Donovan = *Attacus*］（蚕蛾科）
smaller bean narrow-mouth weevil 豆窄口象甲［*Apion frequens* Matsumura］（象甲科）
smaller black rice bug 小稻黑蝽［*Scotinophora scotti* Horvath］（蝽科）
smaller brown planthopper ①小稻褐飞虱［*calligypona marginata* Fabricius］②稻黄背飞虱［*Delphacodes striatella* Fallén］（飞虱科）
smaller burdock 小牛蒡［*Arctium minus*］（菊科）
smaller citrus cottony scale 橘小绵蚧［*Pulvinaria citricola* Kuwana］（绵蚧科）
smaller citrus dog 金凤蝶［*Papilio xuthus* Linnaeus］（凤蝶科）
smaller citrus mealy bug 橘小粉蚧［*Pseudococcus citriculus* Green］（粉蚧科）
smaller daikon leaf beetle 桑猿叶虫［*Phaedon incertus* Baly］（叶甲科）
smaller four-spotted leafhopper 稻小斑叶蝉［*Erythroneura limbata* Matsumura］（叶蝉科）
smaller green flower chafer 银点花金龟［*Oxycetonia jucunda* Faldermann］（花金龟科）
smaller mulberry leaf roller 桑小卷蛾［*Exartema morivora* Matsumura］（小卷蛾科）
smaller okame cricket 小油葫芦［*Scapsipedus mandicularis* Saussure］（蟋蟀科）
smaller oraesia 桃黄褐夜蛾［*Oraesia emarginata* Fabricius］（夜蛾科）
smaller pear aphid 梨小长毛蚜［*Perganteidia siphonella* Essig et Kuwana］（蚜科）
smaller quakinggrass（= lesser quakinggrass） 银鳞茅［*Briza minor* L.］（禾本科）
smaller rice crane fly 小稻大蚊［*Tipula latemarginata* Alexander］（大蚊科）
smaller rice katydid 稻小螽斯［*Xiphidion minutum* Shiraki］（螽斯科）
smaller rice leafminer 稻小潜叶蛾［*Hydrellia griseola* Fallën］（潜蛾科）
smaller rice satyrid 稻黑眼蝶［*Mycalesis francissa perdiccas* Hewitson］（眼蝶科）
smaller sugarbeet cutworm 甜菜小切根虫［*Euxoa christophi lugens* Staudinger］（夜蛾科）
smaller sugarbeet tortoise beetle 甜菜小龟甲［*Cassida piperata* Hope］（龟甲科）
smaller sugarcane chafer 蔗小鳃角金龟［*Apogonia amida* Lewis］（金龟科）
smaller tea tortrix（= summer fruit tortrix moth） ①茶小卷蛾［*Adoxophyes orana* Fischer Von Röslerstamm］②茶角纹小卷蛾［*Adoxophyes privatana* Walker］（小卷蛾科）

smaller turnip maggot 小萝卜蝇［*Hylemyia pilipyga* Villeneauv］（蝇科）
smaller variance 小变量，小方差｛统计｝
smaller vein（= veinlet） 细脉（vena）
smaller yellow ant 小黄蚁［*Acanthomypos claviger*（Roger）］（蚁科）
smalleyed flour beetle 姬粉盗（小眼谷盗）［*Palorus ratzeburgi* Wissmann］（拟步甲科）
smallflower galinsoga（= kew weed, gallant soldier） 牛膝菊［*Galinsoga parviflora* Cav.］（菊科）
smallflower umbrellaplant 异型莎草（球花蒿草）［*Cyperus difformis* L.］（莎草科）
smallflowered cranesbill 小老鹳草［*Geranium pusillum* L.］（牻牛儿苗科）
smallholder ①小农场主 ②小地主，小地产占有者 ③小农
smallholding ①小型农场 ②小地产，小产业
smallpox 天花
smallpox virus 天花病毒
smallsat 小卫星｛遥感｝
smallsat technology 小卫星技术
smart ①鲜明的，整洁的，新式的，漂亮的 ②灵巧的，灵活的，灵敏的 ③智能的，聪明的，有创造力的 ④剧烈的，厉害的 ⑤可观的，相当的 ⑥灵活设备
smart cable 灵巧电缆｛信息｝
smart card 智能卡｛信息｝
smart console 灵活控制台｛电脑｝
smart network solutions 智能网络方案
smart scope 智能显示
smart sensor 灵敏传感器
smart terminal characteristics 智能终端特性
smartweed（= water pepper）蓼（水蓼）［*Polygonum hydropiper* L.］（蓼科）
smash ①毁坏 ②破产 ③打碎，压碎，破碎 ④猛撞，碰撞 ⑤出色的，非凡的
smaze 烟霾（指烟和薄雾的合成语）｛环保｝
SMC ①（= spermatocyte, sperm mother cell） 精母细胞 ②（= sporomatocyte, spore mother cell） 孢母细胞
smear ①涂片｛显技｝ ②（不清晰的）成片［电泳］条带｛生技｝ ③拖影｛遥感｝
smear cell 涂抹细胞
smear culture 涂片培养
smear method 涂片法
smear preparation 涂片标本
smear technique 涂片技术
smearing 涂抹，做涂片
smearing culture 涂抹培养
smeary band 成片条带，（指不清晰的成片电泳条带）｛显技｝
smectic 蝶状结构｛电脑｝
smectite 蒙脱石｛地质｝
smell（= odor） ①香气 ②气味 ③嗅，嗅觉
smelling 有气味的（olens）
smelter injury 烟害
smelting 熔炼
smelting zone 熔化层｛土壤｝
smethia ①施氏豆属［*Smethia* A. t.］（豆科） ②施氏豆［*Smethia sensitiva* Ait］
smilagenin 菝葜配质
smilax（= green briar） ①菝葜属［*Smilax* L.］（菝葜科） ②菝葜［*Smilax china* L.］
smilax family 菝葜科［Smilacaceae］
smilonin 菝葜宁
sminthurids 圆跳虫科［Sminthuridae］
smith anvil 锻工砧
Smith fermentation tube 史密斯氏发酵管
Smith fluid 史密斯氏液｛显技｝
Smith periodate degradation 史密斯高碘酸降解
smith welding 焊接
Smithie's theory 史密塞依斯说（关于抗体）
smiths'cross cut chisel 锻工切鏨
smog（= smoke fog） 烟雾，污雾（指煤烟等）
smog-control device （排气）烟色控制装置
smoke ①烟，烟尘 ②吸烟，抽烟 ③烟草，香烟 ④烟熏，熏制
smoke channel（= smoke canal） 烟道
smoke cloud 烟云
smoke crops 吸烟料作物
smoke curtain（= smoke screen） 烟幕
smoke damage 烟害
smoke dry kiln 熏烟干燥窑
smoke drying 熏制，熏烟干燥
smoke fog 烟雾
smoke generating 发烟
smoke generator ①烟熏剂 ②发烟器
smoke injury 烟害
smoke jumper 空降灭火员
smoke level 冒烟量（指柴油机）
smoke meter （排气）烟度计
smoke protection forest 防烟林
smoke resistance 抗烟性，抗烟力
smoke spot 烟斑
smoke test 烟雾试验
smoke-tree ①黄栌属［*Cotinus* L.］（漆树科） ②（= smokewood, fustet）黄栌［*Cotinus coggygria*（L.）Scop.］
smoked 烟熏了的，熏制的
smoked fertilizer（= smouldered fertilizer）

熏肥
smoked meat 熏制肉
smoked provisions 熏制
smokeless atmosphere 无烟大气
smokeless fuel 无烟燃料
smokeless gun powder 无烟火药
smoker 熏烟器,熏蒸器
smokescope 烟度计
smoking ①熏烟 ②熏烟法 ③熏制
smoking chamber (= smoking box) ①熏烟室 ②吸烟室
smoking chemicals 熏烟剂
smoking method 熏烟法
smoking mixture (烟斗用)混合烟草
smoking of food 食品熏制法
smoking room 吸烟室
smoking seasoning 熏烟干燥[法]
smoking tobacco 吸用烟草
smoky ①冒烟的,多烟的 ②烟状的,烟熏的
smoky fog 烟雾
smolder (= smoulder) 熏烧
smolt 二龄鲑
smonite 黑黏土
smonitza 黑油土
smooth ①光滑的,平滑的 (levis) ②平坦的,平静的,平稳的,流畅的 ③纯净的,调匀的 ④极好的
smooth alder (= haze alder) 锯叶桤木 [*Alnus serrulatoides* Call.](桦木科)
smooth awn 光芒 (arista levis)
smooth awn character 光芒性状
smooth awn type 光芒型
smooth awned 光芒的 (leiaristatus)
smooth-awned selection 光芒选择
smooth-awned type 光芒型
smooth-awned variety 光芒品种
smooth bark 光皮
smooth barked tree 具光皮树
smooth brome grass 无芒雀麦草 [*Bromus inermis* Leyss.](禾本科)
smooth cant file 细斜锉
smooth cayenne cultivar 无刺卡因栽培种(指菠萝)
smooth chaff 光滑颖片 (gluma levis)
smooth colony (S) 光滑型菌落 (colonia levis)
smooth edged 全缘的 (integerrimus)
smooth-edged knife (切割器)光刃动刀片
smooth elaeagnus 蔓胡颓子 [*Elaeagnus glabra* Thunb.](胡颓子科)
smooth endoplasmic reticulum (SER) 光滑内质网
smooth face 光滑削面
smooth feature 柔性,光滑特性
smooth fibre 光滑纤维
smooth file 细锉
smooth-flowered 平滑花的 (leianthus)
smooth form 光滑型
smooth fruit 平滑果 (fructus levis)
smooth-fruited 平滑果的 (leiocarpus)
smooth grain 平滑纹理
smooth haired 毛光滑的,毛滑润的
smooth lady fern 光蹄盖蕨 [*Athrium otophorum* Koidz.](水龙骨科)
smooth leaf 平滑叶
smooth-leaved 平滑叶的 (leiophyllus)
smooth-leaved elm 光叶榆 [*Ulmus carpinifolia* Gled.](榆科)
smooth ledger plate 光刃定刀片
smooth line 光芒品系
smooth lungwort ①滨瓣庆属 [*Mertensia* Roth.](紫草科) ②滨瓣庆 [*Mertensia maritima* Don.]
smooth-margin 全缘的
smooth-meadow grass (= meadow grass) 六月禾
smooth membrane 光滑膜
smooth membrane of ER ER 光滑膜
smooth membrane of Golgi apparatus 高尔基体光滑膜
smooth microsome 光滑微粒体 (microsoma levis)
smooth muscle 平滑肌
smooth pea (= shelling pea) 脱粒豌豆,光粒豌豆
smooth-piping compensator 光面管补偿器{环保}
smooth-pit peach 光核桃 [*Prunus mira* Koehne](蔷薇科)
smooth profile 光滑剖面
smooth-roll crusher 光棍压扁机
smooth roller 光滑辊
smooth scroll 平滑上卷
smooth sea 微浪[海面](波高小于1英尺)
smooth-section knife 光刃动刀片
smooth-seeded 平滑种子的 (leiospermus)
smooth sequence 光滑序列{电脑}
smooth shading 光滑浓淡(指图像)
smooth sibiraea ①鲜卑花属 [*Sibiraea* Maxim.](蔷薇科) ②鲜卑花[*Sibiraea laevigata*(L.)Maxim.]
smooth side hard board 光面硬[蔗渣]板
smooth-skinned peach (= nectarine) 油桃
smooth-spored bunt 光腥黑穗病(小麦)
smooth-stalked meadowgrass (= June

grass) 六月禾(莓系)
smooth sucking lice 光兽虱科［Linognathidae］
smooth surface cytomembrane 光滑表面细胞质膜
smooth tare 四子草藤,(四子野豌豆,乌喙豆)［*Vicia tetrasperma* L.］(豆科)
smooth tread tire 光面轮胎
smooth type 光滑型
smooth vesicle 光滑泡
smooth vetch (= hairy vetch) 长柔毛野豌豆［*Vicia villosa* Roth.］(豆科)
smooth wine 味醇酒
smoothed curve (= smooth curve) 修平曲线
smoothed data 平滑数据
smoother ①修光 ②修光工具 ③耢 ④平滑滤波器
smoothing ①细平土地,平整地面,耱地{耕作} ②修匀{统计} ③平滑{电脑}
smoothing algorithm 平滑算法,修匀算法
smoothing circuit 平滑电路
smoothing float 细平耢
smoothing formula 平滑公式,修匀公式
smoothing harrow 细平耙
smoothing matrix 平滑矩阵
smoothing operation ①灵活操作,平稳操作{电脑} ②耱地操作{耕作}
smoothline 平滑线,平滑线路{信息}
smoothness ①光滑性,平滑性,平滑度 ②无毛性 (levitas)
smoothness of curve 曲线平滑度
smoothness of root 根平滑性
smoothness tester 平滑度测验器
smother crops 窒息作物
smothering of pine seedling 松苗窒息病［*Thelephora terrestris* Fr.］
smouldered earth or mud (= smoked earth or mud) 熏土
smouldering ①隐燃(指减低氧来扑灭火灾) ②熏烟
smouldering fire 闷火,隐火
smouldering method 熏烟法
SMS (= soil moisture stress) 土壤水应力
smudge ①煤污病,炭疽病(洋葱){病理} ②污点,斑痕,污迹 ③(防霜)熏烟,焚火
smudge bit 污位{电脑}
smudge of onion 洋葱炭疽病［*Colletotrichum circinans* (Berk.) Vogl.］
smudge of welsh onion 葱类炭疽病［*Colletotrichum circinans* Vogl.］
smudge resistance 抗污性
smudge spot ［果园用］保温器,加温器
smudging 熏烟(防霜法)
smut 黑粉病,黑穗病
smut ball 黑粉菌孢子球
smut-free 未感染黑穗病的
smut fungi (= bunt fungi) 黑粉菌［Ustilaginaceae］
smut fungus ①黑粉菌属［*Ustilago* (Pers.) Rouss.］(黑粉菌科) ②黑粉菌［*Ustilago* sp.］(指黑穗病,黑粉病的病菌) ③⌞复⌝(= bunt fungi)黑粉菌科［Ustilaginaceae］
smut infection 黑粉病侵染
smut inheritance 黑粉病遗传
smut machine 黑粉病种子消毒机
smut nursery 黑粉病圃
smut of arrowhead 慈姑黑粉病［*Doassansiopsis horiana* (P. Henn.) Shen］
smut of barnyard grass 稗黑粉病［*Ustilago crus-galli* Tracy et Earle］
smut of brome grass 雀麦黑粉病［*Ustilago bullata* Berk.］
smut of corn (= smut of maize) 玉米黑粉病［*Ustilago zeae* (Beckm.) Unger = *U. maydis* (DC.) Cda.］
smut of date plum 海枣黑粉病［*Graphiola phoenicis* Poit.］
smut of dog tooth grass 狗牙根黑粉病［*Ustilago cynodontis* P. Henn.］
smut of German millet 粟黑粉病［*Ustilago neglecta* Niessl.］
smut of ltalian millet 粟黑穗病［*Ustilago crameri* Koern.］
smut of onion 洋葱黑粉病［*Urocystis cepulae* Forst.］
smut of quack grass 鹅观草黑粉病［*Ustilago aculeata* (Ule) Lindr.］
smut of sorrel 酸模黑粉病［*Ustilago rumicis* (Berk.) Clint.］
smut of sugarcane 甘蔗黑穗病［*Ustilago sacchari* Rab. = *U. scitaminea* Syd.］
smut of welsh onion 大葱黑粉病［*Tuburcinia cepulae* Liro = *Urocystis cepulae* Frost.］
smut spore 黑粉菌孢子
smut susceptibility 黑粉病感染度
smutted (= smutty) 感染黑粉病的
smutter ①黑穗病粒清除器 ②黑穗病粒消毒器
smutting wheat 生黑穗小麦
SN (= stereospecific numbering) 立体专一编号{分生}
snaffle 轻勒,轻衔(一种无勒索的轻马衔)(马

具)

snag ①树节 ②切痕 ③根株 ④枯立木 ⑤(流送的)沉水木

snaggy ①多节的 ②生长赘瘤的

snail ①蜗牛[*Eulota sieboldiana* Pfeiffer.](蜗牛科) ②蜗形轮

snail bean 蜗牛豆

snail clover (= snail medic) 蜗牛苜蓿(盾状苜蓿)[*Medicago scutellata* All.](豆科)

snail gland 螺状腺(glandula cochleata)

snail gut enzyme 蜗牛肠酶

snail-pollinated flower 蜗牛媒花

snail-seed ①木防己属[*Cocculus* DC.](防己科) ②木防己[*Cocculus trilobus* DC.]

snail shaped 螺卷状的(cochleatus, cochleiformis)

snail shell 蜗牛壳

snake (= serpentine) ①蛇 ②蛇式模型,蛇模{智培}

snake butter 冬菇

snake cactus (= night-blooming cereus) ①仙人杖属[*Nyctocereus* Brit. et Rose](仙人掌科) ②仙人杖(仙人鞭)[*Nyctocereus serpentinus* Brit. et Rose]

snake cucumber (= serpentine cucumber) 蛇瓜

snake-eye leaf spot 蛇眼病

snake gourd ①栝楼属[*Trichosanthes* L.](葫芦科) ②栝楼[*Trichosanthes kirilowii* Maxim.]

snake-head (= turtle-head) ①龟头花属[*Chelone* L.](玄参科) ②龟头花(白龟头花)[*Chelone glabra* L. = *Chelone alba* L.]

snake-like 似蛇的,蛇形的(colubrinus)

snake-like motion 蛇形运动{生技}

snake mark 蛇模斑点

snake melon 蛇甜瓜[*Cucumis melo* var. *flexuosus*](葫芦科)

snake moldboard 螺旋型犁壁

snake moss (= staghorn moss) 石松

snake position 蛇模位置

snake root (= adder's wort, common bistort, English serpentary) 拳参[*Polygonum bistorta* L.](蓼科)

snake sansevicria 虎尾兰(虎皮兰)[*Sansevicria trifasciata* Prain](龙舌兰科)

snake toxin 蛇毒素

snake venom 蛇毒

snake venom antithrombotic enzyme 蛇毒抗栓酶

snake venom phosphodiesterase 蛇毒磷酸二酯酶

snake wood (= serpent-wood) 蛇根木(蛇纹树)[*Rauwolfia serpentina* Bentham ex Kurz](夹竹桃科)

snakeflies ①蛇蛉科[Raphidiidae] ②蛇蛉亚目[Raphidiodea]

snakeroot (= milkwort, senega, seneca) 美远志[*Polygalasenega* L.](远志科)

snake's-beard ①沿阶草属[*Ophiopogon* Ker-Gawl.](百合科) ②沿阶草[*Ophiopogon japonica* Ker-Gawl.]

snake's sensor 蛇感受器

snake's tongue (= arrowleafsida) 黄花稔[*Sida rhombifolia* L.](锦葵科)

snakeweed 拳参[*Polygonum bistorta* L.](蓼科)

snakewood 马钱子(番木鳖)[*Strychnos nux-vomica* L.](马钱科)

snakewood tree 蚁栖树属[*Cecropia* L.](荨麻科)

snap ①(玉米,棉花等)摘取,摘穗,摘铃{栽培} ②天气突变,短冷期 ③活力

SNAP (= snRNA activating protein) snRNA 活化蛋白,核稳定 RNA 活化蛋白{分遗}

snap clutch 滑跳式安全离合器

snap coupling ①快速联轴节 ②自动联结器

snap-off 快速脱开间距

snap-off diode 阶跃二极管

snap out ①放出 ②流出 ③排出

snap ring ①弹性挡圈 ②弹簧卡环 ③开口环

snap saw 快马锯

snapback ①折回,折返(= fold back) ②快速复性

snapback DNA 快速复性 DNA{分遗}

snapbean (= French bean) 四季豆(菜豆)[*Phaseolus vulgaris* L.](豆科)

snapbean mosaic 四季豆花叶病

snapbean rust 四季豆锈病

SNAPC (= snRNA activating protein complex) snRNA 活化蛋白复合体,小核 RNA 活化蛋白复合体{分遗}

snapdragon ①金鱼草属[*Antirrhinum* L.](玄参科) ②金鱼草[*Antirrhinum majus* L.]

snapped cotton 摘带铃棉花

snapper ①红鳍笛鲷[*Lutianus orythopterus* Bloch] ②玉米摘穗机 ③叩头虫

snapper-husker 剥玉米穗苞叶机

snapping 摘取

snapping beetle (= clink beetle) 叩头虫

snapping plate 摘穗板

snapping roll 摘穗辊
snapshot ①急射,速射 ②抽点打印
snapshot debugging 抽点打印调试{电脑}
snapweed ①凤仙花属[*Impatiens* L.](凤仙花科) ②凤仙花[*Impatiens balsamina* L.]
snapweed family 凤仙花科[Balsamineae]
snare ①(捕捉小动物)陷阱 ②套结,圈套
snath (=snead, snedth, sned) 柄
snauger 挠性螺旋输送器
snaxel 蛇模元素,蛇素{生技}
snaxel position 蛇素位置
sneak ①潜行,潜入 ②隐藏
sneak current 寄生电流,潜行电流{电脑}
sneak path 潜通路{电脑}
sneaker net 人工后备网{信息}
snedding (=trimming) 修剪,剪枝
Snedecor's F-test 斯尼德可尔氏 F 测验{统计}
Snedecor's table (=F table) 斯尼德可尔氏表
sneezeweed ①堆心菊属[*Helenium* L.](菊科) ②堆心菊[*Helenium automale* L.]
sneezewort ①喷嚏草属[*Ptarmica* Neck.](菊科) ②喷嚏草(珠蓍,蛐蜒蓍)[*Ptarmica vulgaris* DC. = *Achillea ptarmica* L.]{分类}
Snell's law 斯涅耳定律{遥感}
s.n.f. (=solids-not-fat) 固体脱脂
snipe flies 鹬虻科[Rhagionidae, Leptidae]
snippers ①手剪 ②剪切机
snipping machine 剪切机
snips [金属板]平头剪
SNMP (= simple network management protocol) 简单网络管理协议{信息}
snooping 探测,窥探
snoRNP (=small nucleolar ribonucleoprotein) 小核仁 RNP,小核仁核糖核蛋白{分遗}
snout ①象鼻 ②吻,喙 ③(软管等的)喷口 ④(猪)嘴鼻
snout beetle ①象虫,象甲 ②⌞复⌝象甲科[Curculionidae]
snout beetle of cherry 樱桃虎象[*Rhynchites auratus* Scop.](象甲科)
snout grape hawk moth 葡萄长鼻天蛾[*Acosmeryx naga* Moore](天蛾科)
snout moths (= pyralid moths) 螟蛾科[Pyralididae]
snout prominent 中华杨舟蛾[*Pterostoma sinica* Moore](舟蛾科)
snout-shaped 象鼻状的(proboscideus)
snout weevils (= typical weevils) 象甲科[Curculionidae]
snow 雪(nix)
snow algae 雪藻类(nixoalgae)
snow azalea 白花杜鹃(迎红杜鹃)[*Rhododendron mucronatum* G. Don.](杜鹃花科)
snow barrier 挡雪板
snow bed 雪床{生态生理}
snow belt 雪带
snow bin 量雪箱
snow blade (除雪机)推雪铲
snow blanched vegetable 雪软化蔬菜(指在积雪地方用雪软化生产的蔬菜)
snow blight (=snow mould) 雪腐病
snow blindness 雪盲[症]
snow broom 雪暴
snow brush 清雪刷,刷式扫雪器
snow bucket 装雪斗
snow burn 雪灸
snow caster (=snow blower) 旋转清雪机
snow catch 防雪树带
snow catchment area 集雪区
snow chain 雪链
snow clearing 清雪,除雪,扫雪
snow climate (=snow forest climate) 雪林气候
snow cloud 雪成云
snow cover 雪被,积雪[层]
snow cover line 雪线
snow-covered ice 覆雪冰,载雪冰
snow crystals 雪晶
snow damage (=snow injury) 雪害
snow density 积雪密度
snow depth 积雪深度
snow drift 吹雪
snow drop tree ①银钟花属[*Halesia* L.](安息香科) ②银钟花[*Halesia macgregorii* Chun]
snow dust 雪粉粒
snow-eater 溶雪风
snow elimination 清除积雪
snow eliminator 清雪机
snow endurance 耐雪性
snow erosion 雪蚀
snow-feed river 雪水河(指靠雪水补给的河流)
snow fence 防雪栅栏,雪栏
snow flea 雪跳虫,麦苗棘跳虫[*Onychiurus yagii* Kinoshita](跳虫科)
snow fleas (=springtail) 弹尾目[Collem-

bola]
snow flood 融雪洪水
snow flurry 雪阵
snow-free 无雪
snow garland 雪花环
snow grader 推雪机
snow grains 米雪
snow-in-summer bush 六月雪［*Serissa foetida* Comm.］(茜草科)
snow injury 雪害
snow leopard 雪豹
snow level ①雪水平线{生态生理} ②噪音级(指"雪花"干扰的程度){信息}
snow line ①冰拔 ②雪线
snow load 积雪载重{农施}
snow loader 装雪机
snow-loving 喜雪的,适雪的(chionophilus)
snow lying 雪掩
snow mat 雪席{气象}
snow measuring plate (=snow board) 测雪板
snow melt 融雪
snow melt hydrograph 融雪径流过程线
snow melt runoff 融雪径流
snow mold (=snow mould) 雪腐病［*Fusarium nivale* (Fr.)Ces. = *F. graminicola* (Berk et Br.) Synder et Hansen, *Calonectria gramnicola* Wollenw.］
snow-on-the-mountain 银边翠［*Euphorbia marginata* Pursh.］(大戟科)
snow pack 积雪场(见于落基山区)
snow pack water equivalent 积雪水当量
snow pear 雪梨［*Pyrus nivalis* Jacq.］(蔷薇科)
snow pelargonium (=fancy geranium) 麝香天竺葵(大花天竺葵)［*Pelargonium domesticum* Bailey］(牻牛儿苗科)
snow pellets 雪丸(包括软雹和霰)
snow-pit storage 冰窖贮藏[法]
snow plough 扫雪机,雪犁
snow precipitation line 积雪线,降雪线
snow pressure 雪压力
snow-protected plant ［受］雪保护植物
snow-protection plantation 防雪林
snow region 积雪区
snow removal 扫雪,除雪
snow remover (= snow shifter, snow breaker) 除雪机
snow resistance 抗雪性
snow retention 保雪,积雪保墒
snow ridger 集雪垄器
snow rollers 雪卷(指雪面上圆筒状雪块)
snow rot of wheat 小麦雪腐病［*Typhula itoana* Imai.］
snow run-off forecast 雪流失预报
snow sampler 雪柱收集机,取雪管
snow scale (=snow stake) ［量］雪尺
snow scoop 装雪铲斗
snow scorpionflies 雪蝎蛉科［Boreidae］
snow set 雪地装夹[法]{狩猎}
snow shed 避雪所(山坡上遮护铁道的小棚)
snow shield 防雪设备
snow shower 阵雪
snow slide ①雪崩 ②雪滑道
snow squall 雪飑
snow stage 成雪阶段
snow storm 雪暴
snow survey 测雪
snow sweeper 扫雪机
snow thoroughwort 荨麻叶泽兰［*Eupatorium urticaefolium* Reich.］(兰科)
snow thunderstorm 雪雷暴
snow trail set 雪路装夹[法]{狩猎}
snow trillium 大花延龄草［*Trillium grandiflorum* Sdish］(延龄草科)
snow tube 取雪管,雪柱收集器
snow virga 雪幡
snow water 雪水
snow-white-leaved 雪白叶的(chionophyllus)
snowball ①雪球 ②(=water elder) 佛头花［*Viburnum opulus* L.］(忍冬科)
snowball aphid 佛头花蚜,琼花蚜［*Anuraphis viburnicola* Gill.］(蚜科)
snowbank 雪堆,雪堤
snowbell (= storax) ①安息香属［*Syras* L.］(安息香科) ②安息香［*Styrax benzoin* Dry.］
snowbell family 安息香科［Styracacease］
snowbell-leaf actinidia 安息香[叶]猕猴桃［*Actinidia styracifolia* C.F. Liang］(猕猴桃科)
snowberry ①雪果属［*Symphoricarpus* Juss.］(忍冬科) ②雪果［*Symphoricarpus sinensis* Rehd.］
snowberry mountain ash 北京花楸树(白果花楸)［*Sorbus dicolor* (Maxim.) Hedl.］(蔷薇科)
snowbreak 雪折
snowbreak forest 防雪折林,防雪屏障林
snowbush breynia 雪丛黑面神［*Breynia nivalis* L.］(大戟科)
snowdrop ①雪花莲属［*Galanthus* L.］(石

蒜科）②雪花莲（雪花，小雪钟，铃花水仙）［*Galanthus nivalis* L.］
snowfall ①雪量 ②降雪
snowfield 雪地，雪原
snowflake ①雪片，雪花 ②雪片莲属［*Leucojum* L.］（石蒜科）③雪片莲［*Leucojum vernum* L.］
snowflake smoke dust 雪状煤烟，雪状烟尘（从烧重油锅炉烟囱排出的雪状烟黑固体粒子，称为雪状煤烟或雪状烟尘）{环保}
snowgauge 雪量器
snowing 下雪
snowless 无雪的
snowmelt（= snow melt） 雪融化，融雪
snowstorm 暴风雪（雪崩）
snowy 多雪的，下雪的（niveus）
snowy arctid 白灯蛾［*Spilosoma niveum* Menetries］（灯蛾科）
snowy bauhinia 白花羊蹄甲［*Bauhinia acuminata* L.］（豆科）
snowy climate 多雪气候
snowy Japanese lily 雪白日本百合（鹿子百合）［*Lilium speciosum* Thunb.］（百合科）
snowy tree cricket 雪白树蟀［*Oecanthus niveus* DeG.］（蟋蟀科）
snowy weather 雪天
SNPV（= single nuclear polyhedrosis virus） 单核多角体病毒{分生}
snRNA ①（= stable nuclear RNA） 核稳定 RNA ②（= small nuclear RNA） 小核 RNA，核［内］小 RNA{分遗}
snRNA activating protein (SNAP) 小核 RNA 活化蛋白，snRNA 活化蛋白{分遗}
snRNA activating protein complex (SNAPC) 小核 RNA 活化蛋白复合体，snRNA 活化蛋白复合体{分遗}
snRNP（= small nuclear ribonucleoprotein） 小核核糖核蛋白，小核 RNP{分遗}
snub ①减速制动 ②减振，缓冲
snubber ①缓冲器 ②减震器 ③减声器
snubber sprocket （升运器）松放链轮
snuff 鼻烟
snuffle valve 喷气阀
snug fit 适贴配合
snur posome 核内小核糖核蛋白体{分遗}
SO_2 stress（= sulfur dioxide stress） SO_2 胁迫，二氧化硫胁迫{生态生理}
soak ①浸渍 ②浸湿，浸泡
soak the root 沤根
soak washing 浸渍洗涤
soakage ①浸种法 ②浸透量
soaked ①浸湿 ②水涝 ③浸种 ④浸透的，浸湿的
soaked seed 浸种种子
soaked soil 涝湿土
soaker ①浸种器 ②浸洗机 ③大雨
soaker-type washer 浸泡洗涤机
soaking ①浸渍 ②浸湿，浸泡 ③浸种
soaking apparatus 浸种装置
soaking fluid ①浸种液 ②吸水液
soaking in cold water ①冷水浸种 ②冷水浸麻
soaking in sulfuric acid 硫酸浸种［法］（如棉子）
soaking method 浸透法，浸渍法
soaking of seed pieces ［甘蔗］浸种
soaking of seeds 浸种
soaking process 浸渍法（富强米制法）
soaking seed 浸种
soaking seed in bath 浸液浸种
soaking seed in set temperature 定温浸种
soaking seed in sulphuric acid 硫酸浸种（棉子）
soaking seeds to hasten germination 浸种催芽
soaking tank 浸渍池
soaking vat 浸种桶
soap ［肥］皂
soap bark 皂［素树］皮
soap nut tree（= soapberry） 无患子［*Sapindus mukorossi* Gaertn.］（无患子科）
soapberry ①无患子属［*Sapindus* L.］（无患子科）②无患子［*Sapindus mukerossi* Gaertn.］
soapberry family 无患子科［Sapindaceae］
soaping 皂洗
soapless soap 合成洗涤剂
soaproot（= soapwort, fuller's herb） 肥皂草［*Saponaria officinalis* L.］（石竹科）
soapstone（= talc） 滑石
soapwood 肥皂树（皂素树）［*Quillaja saponaria* Mol.］（蔷薇科）
soapwort ①肥皂草属［*Saponaria* L.］（石竹科）②肥皂草（肥皂花，石碱草）［*Saponaria officinalis* L.］
soapwort gentian 皂龙胆［*Gentiana saponaria* L.］（龙胆科）
Sobel nonlinear edge enhancement operator 索贝尔非线性边缘增强算子{统计}
sobemovirus 南方菜豆花叶病毒
sobol 黑貂［*Mustela sibellina*］（鼬科）
sobole 根出条，地下匍匐茎（soboles）
soboliferous 具根出条的（sobolifer）
sobralia ①苏伯兰属［*Sobralia* Ruiz et Pav.］（兰科）②苏伯兰［*Sobralia macran-*

tha Lindl.]
sociability 群集度(sociabilitas)
social ①社会的,社会上的,社会性的 ②社交的 ③群落的(socialis)
social adaptation 社会适应
social changes 社会转型
social costs 社会性费用
social Darwinism 社会达尔文主义{进化}
social dominance 群落优势种
social ecology 群落生态学
social engineering ①社会工程 ②社会工程学
social equity 社会公正
social function 社会功能
social insect 社会性昆虫,群居昆虫
social insurance 社会保险
social insurance system 社会保障制度
social isolates 社会隔离群
social isolation 社会隔离
social model 社会模型
social needs 社会需要[量]
social overhead capital 社会总资本{农经}
social pear sawfly 梨群聚叶蜂[*Neurotoma saltuum* L.](叶蜂科)
social policy 社会政策
social structure 社会结构
social structure of agriculture 农业的社会结构
social system engineering 社会系统工程
social welfare 社会福利
sociales 优势种
socialist ①社会主义者 ②社会主义的(socialistus)
socialist agricultural production 社会主义农业生产
socialist transformation of agriculture 社会主义农业改造
socialistic farm management 社会主义农场管理,社会主义农业企业经营
socialistic farming 社会主义农业
socialistic public ownership 社会主义公有制
socialization 社会主义化(socialisatio)
socialize ①使社会化,使社会主义化 ②转变为公有或公共管理
socializing 社会化,社会主义化
sociation 基群丛(sociatio)
socies 演替系列组合
society ①学会,协会组合 ②社会,社会制度 ③群落{生物}(societas)
society aspects 季相组合
society for crop science 作物学会
society need 社会需要
society of agronomy 农学会,农艺学会
socio-economic system 社会经济系统
sociosphere 社会圈,社会领域(sociosphera)
sock 挖掘铲
sock-lamb (= sucking lamb) 哺乳羔羊,哺乳仔羊
socket ①球窝,水窝,窝口 ②插座 ③灯头,灯座 ④臼状管接头
socket and spigot joint 承插接头{环保}
socket-compatibility 插座适合性
socket contact 插座接触体
socket joint 球铰接,套接
socket of hip 髋臼
socket pipe 承口管{环保}
socket share 盒形犁铧
socket spanner 套管扳手(工具)
socket wedge (伐木用)凹楔,套管楔
socket wrench 套管扳手(工具)
sockeye salmon 红大马哈鱼[*Oncorhynchus nerka* (Walbaum)]
sockle bar (= cutter bar) 切割器刀杆
Socrate's argument 苏格拉底论证{信息}
SOD (= superoxide dismutase) 超氧化物歧化酶{生技}
sod ①草皮 ②草地,草场 ③生草土,草根层④除草(caespes)
sod and clay plough bottom 草皮黏土地犁体
sod bottom 草地犁体
sod breaker bottom 草地破土犁体
sod crops 草地(皮)作物
sod culture system 生草法,草皮培养法
sod cutter 切草皮器,草皮铲除器
sod forming 草皮形成
sod grass 丛草,草皮禾草
sod harvester 草皮修剪机
sod knife 草皮切刀
sod lifter 起草皮铲
sod mulch 覆草法,草皮覆盖
sod of permanent grassland 永久草场的草皮
sod peat 腐殖质泥炭,草皮泥炭
sod plough 草地犁
sod plug cutter 草皮[块]切取机
sod podzolic soil 生草灰化土
sod podzolic zone 生草灰化带
sod seeder 草皮地播种机
sod-seeding ①草地播种 ②不耕翻播种,不整地播种(指稻田套种)
sod tamper 草皮压平器
sod-type ground-working equipment 草地型耕作机具

sod water way 草皮地水道
sod webworm ①草地螟［*Crambus teterrellus* Zincken］②⌊复⌉草螟亚科［Crambidae］
soda 苏打，碳酸钠，钠碱［Na_2CO_3］
soda asbesto（= ascarite） 烧碱石棉，钠碱石棉
soda ash 纯碱，［钠］碱灰
soda lime 石灰苏打，碱苏打
soda nitre 钠硝石［$NaNO_3$］
soda process 苏打［制浆］法
soda pulp 碱［法］纸浆
soda pulp mill waste water 碱法纸浆（厂）废水{环保}
soda-saline soil 苏打盐土
soda saltpeter 钠硝石
soda soap 钠皂
soda solonchak 苏打盐土
soda solonetz 苏打碱土
soda water 苏打水，汽水
sodamide 氨基钠［NH_2Na］，氨钠
sodar（= sound radar） 声雷达（用声波研究大气的仪器）
sodded check dam ［铺］草皮谷坊
sodded slope 覆草坡地
sodded spillway 铺草皮的溢洪道
sodden 浸透的
sodding ①沟渠清淤 ②草皮覆盖
soddy ①生草的，草皮的 ②草皮覆盖的（caespiticius）
soddy humus soil 草根腐殖土
soddy mountain meadow soil 生草山地草甸土
soddy podzolic soil 生草灰化土
soddy shovel 草铲，草皮铲
soddy soil 生草土，草炭土
soddy strongly podzolized soil 生草强灰化土
soddy weakly podzolized soil 生草弱灰化土
sodic soil 钠质土，苏打土
sodium 钠［Na，11 号元素］
sodium-6-benzoyl-2-naphthyl-phosphate 钠-6-苯甲酰-2-萘甲川-磷酸
sodium acetate 醋酸钠，乙酸钠［$NaC_2H_3O_2$］
sodium-adsorption ratio （SAR）钠吸附比［率］
sodium alcoholate 醇钠［NaOR］
sodium aluminate 铝酸钠［$NaAlO_2$，Na_3AlO_3］
sodium aluminate fluoride（= sodium aluminofluoride） ①氟化铝钠 ②冰晶石
sodium arsenate 砷酸钠［Na_3AsO_4］
sodium arsenite 亚砷酸钠（除草剂）［$AsNaO_2$，$NaAsO_2$］
sodium azide 叠氮化钠［NaN_3］
sodium base grease 钠基润滑脂
sodium benzoate 安息香酸钠，苯［甲］酸钠［C_6H_5COONa］
sodium bicarbonate 碳酸氢钠，小苏打［$NaHCO_3$］
sodium bichromate 重铬酸钠，红矾钠［$Na_2Cr_2O_7$］
sodium bisulfite 亚硫酸氢钠［$NaHSO_3$］
sodium borate 硼酸钠
sodium carbonate ［无水］碳酸钠，焙烧苏打，纯碱［Na_2CO_3］
sodium channel 钠［离子］通道
sodium chlorate 氯酸钠（脱叶剂）［$ClNaO_3$，$NaClO_3$］
sodium chloride 氯化钠，食盐［NaCl］
sodium chloride metabolism 氯化钠代谢
sodium chlorite 亚氯酸钠［$NaClO_2$］
sodium citrate 柠檬酸钠［$Na_3C_6H_5O_7$］
sodium citrate for tissue swelling 组织膨胀用柠檬酸钠
sodium clay 钠质黏粒，钠质黏土
sodium cyanate 氰酸钠
sodium cyanide 氰化钠［NaCN］
sodium diethyldithiocarbonate 二乙二硫碳酸钠
Sodium dimethyl dithiocarbamate（= Dibam） 敌百亩
sodium eosinate 钠化伊红
sodium ferrocyanide 氰铁酸钠，黄血盐钠 $Na_4[Fe(CN)_6]$
sodium fluoaluminate（= cryolite） 冰晶石，氟铝酸钠
sodium fluoride 氟化钠［NaF］
Sodium fluoroacetate 氟乙酸钠（杀鼠剂）［$C_2H_2FNaO_2$］
sodium fluosilicate 氟硅酸钠（杀虫剂）［F_6Na_2Si，Na_2SiF_6］
sodium glycerophosphate 甘油磷酸钠
sodium hazard 钠质危害
sodium hexametaphosphate 六偏磷酸钠
sodium humate 胡敏酸钠
sodium hydride 氢化钠［NaH］
sodium hydrosulphate 硫酸氢钠［$NaHSO_4$］
sodium hydroxide 氢氧化钠，苛性钠，火碱，烧碱［NaOH］
sodium hydroxide for denaturating DNA

变性 DNA 用氢氧化钠
sodium hypobromite 次溴酸钠 [NaOBr]
sodium hypochlorite 次氯酸钠 [NaOCl]
sodium hyposulfate 连二硫酸钠 [$Na_2S_2O_6$] {显技}
sodium in river water 河水中钠
sodium in straw 稻秆中钠
sodium iodide 碘化钠[NaI]
sodium metaarsenite (= sodium arsenite) 偏亚砷酸钠
sodium metaphosphate 偏磷酸钠
sodium methyl mercaptide 甲硫醇钠
sodium nitrate 硝酸钠 [$NaNO_3$]
sodium nitrite 亚硝酸钠 [$NaNO_2$]
sodium nucleate 核酸钠
sodium oxalate 草酸钠,乙二酸钠 [$Na_2C_2O_4$]
sodium oxide 氧化钠 [Na_2O]
sodium-*p*-amino salicylic acid *p*-氨基水杨酸钠
Sodium *p*-aminobenzene sulfonate 敌锈钠(杀菌剂) [$C_6H_6NNaO_3S$]
sodium peroxide 过氧化钠 [Na_2O_2]
sodium phenolphthalein phosphate 酚酞磷酸钠
sodium phosphate 磷酸钠 [$Na_3PO_4 \cdot 12H_2O$]
sodium picrate 苦[味]酸钠 [$(NO_2)_3C_6H_2 \cdot ONa$]
sodium plumbate ①高铅酸钠 [Na_4PbO_4] ②偏高铅酸钠 [Na_2PbO_3]
sodium plumite 亚铅酸钠
sodium polymethaerylate 聚甲基丙烯酸酯钠
sodium potassium exchange pump 钠钾交换泵
sodium potassium nitrate 硝酸钾钠
sodium pump 钠泵
sodium salicylate 小杨酸钠 [$C_6H_4(OH)COONa$]
sodium salicylate fluorography 水杨酸钠荧光自显影[术]{显技}
sodium salt 钠盐
sodium silicate 硅酸钠,水玻璃 [Na_2SiO_3]
sodium silicate adhesive 硅酸钠胶黏剂
sodium silicofluoride 硅氟化钠
sodium soil 钠质土
sodium stannate 锡酸钠 [$Na_2SnO_3 \cdot 3H_2O$]
sodium sulfate 硫酸钠 [Na_2SO_4]
sodium sulfathiazole 磺胺噻唑钠
sodium sulfhydrate 硫氢化钠
sodium sulfite 亚硫酸钠 [Na_2SO_3]
sodium thioglycollate 氢硫基醋酸钠
sodium thiophosphate 硫代磷酸钠,全硫磷酸钠 [Na_3PS_4]
sodium thiosulphate 硫代硫酸钠,大苏打 [$Na_2S_2O_3$]
sodium xanthogenate (= sodium xanthate) 黄原酸钠,促叶黄
sodium zeolite unit 钠沸石变换器{环保}
soedomycin 添田霉素
soffit 拱内顶{环保}
soft ①软的,柔软的,软性的 ②柔和的,温和的,平静的,适度的 ③光滑的 ④坡度的 ⑤纸币的
soft acanthus 莨艻花(莨蓟花) [*Acanthus mollis* L.](爵床科)
soft agar 软琼脂
soft air (= moist air) 湿空气
soft bark 软[树]皮 (cortex malacoides)
soft bast 软韧皮部 (phloema malacoides)
soft beds 软岩层
soft board 软质纤维板
soft-bodied plant beetles 长花蚤科(花甲科) [Dascillidae]
soft breakdown 软性击穿
soft brome grass (= tender brome grass) 嫩雀麦草
soft center share 三层钢犁铧
soft center steel 软心钢,三层钢
soft-center steel moldboard 三层钢犁壁
soft cheese 软干酪
soft chess (= soft brome grass) 毛雀麦(软雀麦) [*Bromus mollis* L.](禾本科)
soft consistency 柔软结持度,柔软结持性
soft copy 软拷贝{生技}
soft corn (= soft maize) 软粒玉米(粉质种玉米) [*Zea mays* var. *amylacca*]
soft detergent 软型洗涤剂{环保}
soft dough 软面团
soft dough stage 软糊熟期,蜡熟初期(禾谷类成熟分期)
soft drink 饮料
soft earth 松软土
soft fiber 软纤维 (fiber malacoides)
soft fibrous hemp 软纤维大麻
soft fibrous plant 软纤维植物
soft flour 少面筋面粉,软粒面粉
soft fruit (= berries, small fruit) 浆果
soft fruit crops 浆果作物,软果作物
soft-fruit shrub 浆果灌木
soft fruited 软果的 (malacocarpus)

soft grain 软粒(小麦)
soft-grass ①绒毛草属［*Holcus* L.］(禾本科) ②绒毛草［*Holcus lanatus* L.］
soft hail 软雹
soft hardware 软[性]硬件
soft heart 软心
soft holcus (=creeping soft grass) 软绒毛草［*Holcus mollis* L.］(禾本科)
soft land tractor 松软土壤用拖拉机
soft land trailer 松软土用挂车
soft-leaved 软叶的(malacophyllus)
soft-leaved terrestrial plant 软叶陆生植物
soft machine check 机器软件检查
soft maintenance 软件维护
soft maize (=soft corn) 软粒玉米(粉质种玉米)
soft maple ①红色槭 ②银槭(糖槭) ③光叶槭［*Acer glabrum* Torr.］(槭科)
soft mildew 软腐病
soft money 纸币{农经}
soft oil 软油
soft paraffin 软蜡
soft patch 软修补
soft pinch 打顶{栽培}
soft pine (=finger cone pine) 指果松(西方白松)
soft-pod type 软荚种
soft radiation 弱透射辐射
soft red winter wheat 红皮软粒冬小麦(普通小麦分类)
soft rime 雾凇
soft ripe 软熟
soft-ripe stage 软熟期
soft roe 鱼精,鱼白
soft rot ①软腐 ②软腐病
soft rot of apple 苹果软腐病［*Rhizopus nigricans* Ehrb.］
soft rot of beet 甜菜软腐病［*Erwinia corotovora* (Jones.) Holl.］
soft rot of carrot 胡萝卜软腐病［*Erwinia aroideae* (Towns.) Holl.］
soft rot of crucifers 十字花科蔬菜软腐病［*Erwinia carotovora* (Jones.) Burg = *Erwinia aroideae* (Towns.) Holland］
soft rot of cucumber 黄瓜软腐病［*Erwinia aroideae* (Towns.) Holl.］
soft rot of grape 葡萄软腐病［*Rhizopus nigricans* Ehrb.］
soft rot of jak-fruit 木菠萝软腐病［*Rhizopus nigricans* Ehrb.］
soft rot of jujube 枣软腐病［*Rhizopus nigricans* Ehrb.］
soft rot of leaf mustard 芥菜软腐病［*Erwinia aroideae* (Towns.) Holl.］
soft rot of onion 洋葱软腐病［*Erwinia aroideae* (Towns.) Holl.］
soft rot of Orchidaceae 兰科植物软腐病［*Erwinia acrotovora* Holland］
soft rot of papaya 番木瓜软腐病［*Rhizopus nigricans* Ehrb.］
soft rot of peach 桃软腐病［*Rhizopus nigricans* Ehrb.］
soft rot of pear 梨软腐病［*Rhizopus nigricans* Ehrb.］
soft rot of potato 马铃薯软腐病［*Rhizopus nigricans* Ehrb.］
soft rot of strawberry 草莓软腐病［*Rhizopus nigricans* Ehrb.］
soft rot of sweet potato 甘薯软腐病［*Rhizopus nigricans* Ehrb.］
soft rot of taro 芋软腐病［*Erwinia aroideae* (Towns.) Holl.］
soft rot of tobacco 烟草软腐病［*Erwinia aroideae* (Towns) Holl.］
soft rot of turnip 芜菁软腐病［*Erwinia aroideae* (Towns.) Holl.］
soft rush 软灯心草［*Juncus macer* L.］(灯心草科)
soft sand 松软沙土
soft scale ①软蚧 ②蚧科［Coccidae］
soft science 软科学
soft-shelled almond 软壳扁桃(品种)
soft soil 松软土壤,柔性土
soft spine 软刺(murex)
soft spring wheat 软粒春小麦
soft sugar 软糖
soft swell 软膨罐(指罐头变质膨胀)
soft target 软目标
soft-textured rice 软质米
soft tissue 柔组织,软组织(tela malacoides)
soft wasteland 松软撂荒地
soft water 软水
soft wax 软接蜡,冷用接蜡
soft weed 柔软杂草
soft wheat 软粒小麦(软质小麦)［*Triticum aestivum* L. = *T. vulgare* Vill.］(禾本科)
soft winged flower beetles 囊花萤科［Malachiidae］
soft wood 软材(lignum malacoides)
soft-wood board 软材板
soft-wood cutting (=greenwood cutting) 嫩枝扦插

soft-wood forest (= conifer, acicularleaved tree, soft woods) 针叶林
soft-wood grafting (= greenwood grafting) 软木接,绿枝接
soft-wood plank 针叶材厚板
soft X-ray 温和X射线
soft X-ray projection 温和X射线投影
soften 软化
softened water 软化水
softener ①软化剂 ②软化器
softening ①软化[作用]{水利} ②松土,细碎松土{耕作}
softening agent 软化剂
softening of bones 骨质软化
softening of water 水软化{环保}
softening plant ①软水站 ②软化厂{环保}
softening straw 软化茎秆,软化禾秆
softness ①粉质性 ②柔软度
software ①软件 ②软设备 ③程序系统
software activity 软件活动
software architecture model 软件结构模型
software bug 软件缺陷
software catalogue 软件分类
software compatibility 软件适合性
software complexity 软件复杂性
software component 软件组成部分,软件组分,软件成分
software configuration management 软件配置管理
software connectivity 软件连接性
software cost 软件成本
software costing 软件成本估计
software database 软件数据库
software design aid 软件设计辅助工具
software design approach 软件设计方法
software design engineering 软件设计工程
software development 软件开发
software economics 软件经济学
software engineering (SE) 软件工程
software engineering environment (SEE) 软件工程环境
software evaluation 软件评价
software factory 软件工厂
software failure rate 软件故障率
software flexibility 软件灵活性
software for agricultural bookkeeping 农业簿记软件{农经}
software for animal individually management 家畜个体管理软件{农施}
software for farm working diary 农场作业日记软件,农事作业日记软件{农管}
software house 软件车间
software industry 软件产业
software integrated circuit (software IC) 软件集成电路{信息}
software interface 软件接口
software layout model 软件设计模型{电脑}
software library 软件库
software life cycle 软件生存期(指软件可利用年限)
software maintenance function 软件维护功能
software management system 软件管理系统
software market 软件市场
software metrics 软件度量学
software model 软件模型
software module 软件模块
software monitor 软件监控程序
software network design 软件网络设计
software of intelligent computer 智能计算机软件
software operation 软件操作
software optimization 软件优化
software package 软件包,程序包
software performance analysis (SPA) 软件性能分析
software performance engineering 软件性能工程
software physics 软件物理学
software portability 软件可移植性
software privacy 软件保密
software probe ①软件探测 ②软件监视程序
software product 软件产品
software production language (SPL) 软件生产语言
software productivity 软件生产率
software project ①软件计划 ②软件项目(课题)
software project estimation 软件项目估计
software project management 软件项目管理
software protection 软件保护
software publishing 软件发行,软件出版
software quality assurance 软件质量保证
software recording facility (SRF) 软件记录设备,软件记录设施
software recovery facility (SRF) 软件恢复设施,软件恢复功能
software redundancy 软件冗余法
software reliability 软件可靠性
software resource 软件资源
software reusability 软件可重用性
software reverse engineering 软件逆向工程
software science 软件科学
software security 软件安全性

software strategy 软件策略
software suites 软件套件
software supervision 软件监控
software system 软件系统{智培}
software system of space information 空间信息的软件系统(如地理信息系统)
software technology (= software technique) 软件技术
software test 软件测试
software testing 软件检验
software timer 软件定时钟
software tool 软件工具
softwood 软材(针叶树木材)
softwood forest (= coniferous forest) 针叶林
softwood tree (= acicularleaved tree, conifer) 针叶树
softwoods (= coniferous forest, softwood [forest]) 针叶树林
soggy ①润湿的 ②湿气的 ③浸透的
soggy soil 湿土
soil (S) ①土壤,表土,土地 ②粪,粪肥,污物 ③污点 (soleum)
soil absorbability 土壤吸收能力
soil abundance 土壤[资源]丰富
soil acidification 土壤酸化[作用]
soil acidity 土壤酸度
soil-additive incorporator 土壤掺和机
soil adhesion 土壤黏附力,土壤黏(附)着力[作用]
soil aeration 土壤通气性
soil aerator 土壤通风器
soil age 土壤年龄,土龄
soil aggregate 土壤团粒,土壤团聚体
soil aggregation 土壤团聚
soil agitator 碎土器
soil air 土壤空气
soil-air heat exchange 土壤空气热交换,土壤中热交换
soil alkali 土壤碱
soil alkalinity 土壤碱度
soil amelioration (= soil improvement) 土壤改良
soil-amelioration materials 土壤[结构]改良剂
soil amendment (= soil improvement, soil reclamation) 土壤改良
soil analysis 土壤分析
soil analysis on the spot 简易[点滴]土壤分析
soil anatomist 土壤相尅体
soil and water conservation 水土保持
soil and water conservation engineering 水土保持工程
soil and water conservation program 水土保持规划
soil and water conservation region 水土保持区
soil and water loss 水土流失[量]
soil antagonist 土壤对抗体
soil application 土壤施用(指施肥,撒药等)
soil-applied herbicides 土壤施用除草剂
soil assessment 土壤评价
soil association 土壤组合
soil atmosphere 土壤大气
soil auger 土钻,土壤螺旋钻
soil autopurification 土壤自净,土壤自然清除
soil bacteria 土壤细菌
soil bacteriology 土壤细菌学
soil bank 土堤
"soil bank" program (= subsidized crop restrictions) 耕作补助金的限额
soil bin 土壤箱,土壤槽
soil-bin test 土箱试验,土槽试验
soil biochemistry 土壤生物化学
soil biodynamics 土壤生物动力学
soil biology 土壤生物学
soil block ①土块,大土块 ②土壤营养钵,土壤营养块
soil-block machine 营养块(钵)制作机
soil-block maker 营养块(钵)压制机
soil blowing 土壤吹蚀
soil borer (= earth borer) 土钻
soil borne 土壤传递
soil-borne disease 土壤传播病害
soil-borne wheat mosaic virus (= wheat green mosaic virus, wheat mosaic rosette virus, wheat rosette virus) 小麦土传花叶病毒 [Wheat virus 1 + 3 (Mckinney) = Triticum virus 1 (Smith), *Marmor tritici* (Holmes), *Marmor tritici* var. *typicum* (Mckinney), *Triticum virus maculans* (Roland)]
soil boundary 土壤区界,土壤界线
soil box 土壤箱,土壤槽
soil breaking 土壤破碎
soil browning 土壤棕壤化
soil browsing [by game] 土壤兽害
soil building 造土,成土
soil building crops 造土作物,成土作物
soil building property 成土性质
soil burning 烧土
soil cadastre ①(= land cadastre) 土地地籍{生态} ②土壤地籍{土壤}
soil capillarity (= capillarity of soil, soil

capillaries) 土壤毛[细]管现象,土壤毛管性
soil capillary capacity 土壤毛管持水量
soil capital 土地资本
soil capping 土壤闭塞
soil carbon 土壤炭
soil cartography 土壤制图学
soil catena 土链
soil characteristic 土壤特性
soil chemist 土壤化学工作者,土壤化学家
soil chemistry 土壤化学
soil class 土纲
soil classification 土壤分类
soil-climate condition 风土条件,土壤气候条件
soil climate relationship 土壤气候相互关系
soil-climate-water management conditions 土壤-气候-水分管理条件
soil climatology 土壤气候学
soil clod 土块,小土块
Soil CO_2 (= soil carbon dioxide) 土壤 CO_2,土壤二氧化碳
soil cohesion 土壤黏结性,土壤黏结力
soil colloid 土壤胶体
soil colloidal complex 土壤胶体复合物
soil colour 土色
soil colour profile 土色剖面
soil compaction ①土壤紧实 ②土壤紧实度
soil compaction index 土壤紧实度指数
soil complex ①土壤复合物 ②土壤复域
soil composition 土壤组成
soil compression 土壤压实
soil concretion 土壤结核
soil conditioner ①土壤调节剂,土壤结构改良剂{耕作} ②碎土整地器{农机}
soil conditioning (= soil improvement) 土壤改良
soil conditioning material 土壤改良剂,土壤结构改良剂
soil conditions ①土壤条件,土壤状况 ②土壤环境
soil conductivity 土壤传导率
soil conservating farming 土壤保持耕作法
soil conservating farming system 土壤保持耕作制
soil conservating tillage system 土壤保持耕作制
soil conservation 水土保持,土壤保持
soil conservation district 土壤保持区
soil conservation extension 土壤保持推广
soil conservation measures 土壤保持措施,土壤保持方法
soil conservation practices 土壤保持措施,土壤保持技术
soil conservation rotation 保土轮作
Soil Conservation Service 土壤保持局
soil consistence 土壤结持度(性)
soil consistence constant 土壤结持[性]常数
soil consistency 土壤结持性,土壤结持度
soil consolidation 土壤固结,土壤凝结
soil constant 土壤常数
soil-constant plant 恒土植物
soil constituent 土壤成分,土壤组分
soil constitution 土壤构成,土壤组成
soil contamination (= soil pollution) 土壤污染
soil core tube 取土芯管,取土样管
soil correction 土壤校正
soil correlation 土壤相关
soil corrosion 土壤溶蚀
soil cover ①覆土 ②地面覆盖,土壤覆盖
soil covering 土被
soil crack 土壤裂隙
soil cracking 土壤开裂,土裂
soil creep 土滑,土壤滑动
soil crowding 拥土
soil crushing 土壤压碎
soil crust 土壤结壳,土壤结皮,土壳
soil crusting 土壤结皮,土壤结壳
soil culm 土块,土柱
soil cultivability 土壤可耕度,土壤耕性
soil cultivating machine 土壤耕作机械
soil cultivation (= preparation of soil) 土壤耕作,整地
soil cultivation system 土壤耕作制
soil cultivator 土壤中耕机
soil-culture ①土壤栽培,土培(指盆栽) ②土壤培养基培养
soil cutting 土壤切割
soil defence 土壤防护
soil degeneration (= soil degradation) 土壤退化[作用]
soil degraded characteristics 土地退化特征
soil density 土壤密度
soil density gage 土壤密度计
soil denudation 土壤侵蚀[作用]
soil depletion 土壤衰竭
soil deposition 土壤沉积
soil depth 土壤深度
soil deterioration 土壤退化,土壤破坏[作用]
soil development 土壤发育
soil diagnosis 土壤诊断
soil diagnosis system 土壤诊断法
soil dilutionplating technique 土壤稀释平

面培养技术
soil disease 土壤病
soil disinfectant 土壤消毒剂
soil disinfection 土壤消毒
soil dispersion 土壤分散
soil-disseminated disease 土传病害
soil disturbance near roots 根部松土
soil division 土壤区划
soil drag 土壤反作用力,土壤阻力
soil drainage 土壤排水
soil drainage map 土壤排水图
soil drainage profile 土壤排水剖面
soil drench 土壤浸润剂
soil dressing ①客土 ②土壤施肥
soil dressing by irrigation ①灌溉施肥法(指把化肥溶于灌溉水流入田中)②流水客土
soil dressing method 客土法
soil drifting 土壤吹失,土壤风蚀
soil drill 土壤钻杆,土钻
soil drought 土壤干旱
soil drying effect 土壤干燥效应
soil drying rate 土壤干燥速度
soil dryness 土壤干燥性
soil dumping 卸土
soil dynamics 土壤动力学
soil ecology 土壤生态学
soil electrochemistry 土壤电化学
soil enrichment method 土壤改进法(指增加营养物质,提高肥力),土壤加富法,土壤富集化法
soil enzyme 土壤酶
soil eroded volume 土壤侵蚀量
soil erosion 土壤侵蚀
soil erosion control 防止土壤侵蚀
soil erosion index 土壤侵蚀率
soil erosion map 土壤侵蚀图
soil evaluation 土壤评定
soil evaporation 土壤蒸发
soil evaporator 土壤蒸发器,土壤蒸发皿
soil excavating 挖土
soil exhaustion 土壤衰(耗)竭
soil expectation value 土壤期望值
soil exploitation 土地垦殖
soil exploration 土壤探测
soil extract 土壤浸出液,土壤提取液
soil extract agar 土壤浸液琼脂
soil-extracting apparatus 土壤浸提装置
soil extraction 块根除土机械
soil extraction elevator 块根去土升运器
soil extracts ①土壤浸出液 ②土壤浸出物
soil fabric 土壤组织
soil factor 土壤因素(子)
soil failure 土壤疲惫(指土壤肥力耗竭)
soil family 土科
soil fastening 土壤固定
soil fertility 土壤肥力
soil fertility investigation 土壤肥力研究
soil fertility level 土壤肥力水平
soil fertility map 土壤肥力图
soil fertilization 土壤施肥
soil filling 填土
soil filter apparatus ①土壤过滤器{土壤} ②土壤脱臭装置{环保}
soil filter of odor 土壤过滤除臭法{环保}
soil fixing 土壤固定
soil flora 土壤植物区系
soil for addition 垫土
soil for deodorization 脱臭土(用于脱臭的土壤)
soil for dressing 客土
soil force 土壤力
soil formation 土壤形成
soil formation process 土壤形成过程
soil former 土壤形成因素,成土因素
soil-forming factor 土壤形成因素,成土因素
soil-forming process 土壤形成过程
soil fraction (= soil separates) 土壤粒级
soil-fracturing agent 破土剂
soil-free growing (= soilless culture, water culture, hydroponic culture, hydroponics) 无土栽培法,水耕栽培法,水培法
soil freezing 土壤冻结
soil fumigant 土壤熏蒸剂,土壤烟熏剂
soil fumigant diffusion 土壤烟熏剂扩散
soil fumigation 土壤熏蒸,土壤烟熏
soil fumigator 土壤烟熏喷射器
soil fungi 土壤真菌
soil fungicide 土壤杀菌剂
soil fungistasis 土壤抑真菌作用
soil fungitoxin 土壤毒菌素
soil gas 土壤气体
soil genesis 土壤发生
soil geography 土壤地理学
soil geology 土壤地质学
soil grader ①土壤分级器 ②平地机
soil grain 土粒
soil granular structure 土壤团粒组织
soil granulation 土壤团粒作用
soil great group [主]土类
soil grinder 土壤分析用研磨机
soil group 土类
soil hardness 土壤硬度
soil hauling 运土
soil heaping board 培土板

soil heat flow 土壤热流
soil heat flux 土壤热通量
soil heating ①土壤发热 ②土壤加温
soil heterogeneity 土壤差异[性]
soil horizon 土层
soil humidification 土壤腐殖(植)化[作用]
soil humidity 土壤湿度
soil humidity fluctuation 土壤湿度波动
soil humus 土壤腐殖(植)质
soil hygiene 土壤卫生,土壤净化
soil ice 土壤冰
soil impermeability 土壤不通透性
soil impoverishment 土壤贫化,土壤瘠化
soil improvement (=soil conditioning) 土壤改良
soil-improvement trials 土壤改良试验
soil-improving crops 养地作物,益土作物
soil improving tree 养地树,益土树
soil impurity 土壤混杂度(常指含根量)
soil in situ 定积土,原地土壤
soil incorporation 土壤掺和处理
soil indicator ①土壤指示植物 ②土壤指示剂
soil infection 土壤感染
soil infestation 土壤感染
soil inhabitant 土壤习居菌
soil injection 土壤注射
soil injector ①土壤注药机 ②土壤消毒器 ③土壤注肥器
soil inoculant 土壤接种物
soil inoculation 土壤接种
soil inoculation method 土壤接种法
soil insect 地下害虫
soil insecticides 土壤杀虫剂
soil insulation 土壤隔离
soil invader 土壤寄居菌,土壤侵入者
soil invertebrate 土壤无脊椎动物
soil investigation ①土壤研究 ②土壤测验 ③土壤调查
soil ion exchange 土壤离子交换
soil ion exchanger 土壤离子交换剂
soil knife 切土刀
soil knifing 深耕
soil layer 土壤层,土层
soil leaching 土壤淋溶[作用]
soil lichen 土壤地衣
soil lifter 取土器
soil lifting frost 土壤冻拔
soil liming map 土壤石灰施用图
soil liquid limit 土壤液限
soil loading ①接地压力 ②装土
soil loosening 土壤疏松性,土壤膨软性,土壤松软性
soil loss 土壤损失[量]
Soil-Luck 壤良(一种土壤改良剂的商品名)
soil lump 土块,大土块
soil macrofauna 土壤大动物区系
soil macroorganism 土壤大生物
soil management 土壤管理
soil management practices 土壤管理措施,土壤管理技术
soil mantle 土壤覆盖,土幂
soil manure 土肥
soil map 土壤图
soil mapping 土壤制图
soil mass 土体,土块
soil material 土壤物质,土质
soil maturity (=soil maturation) 土壤熟化
soil mechanics 土壤力学
soil micro-structure 土壤微结构
soil microbe (=soil microorganism) 土壤微生物
soil microbial population 土壤微生物群体
soil microbiology 土壤微生物学
soil microflora 土壤微生物区系
soil microorganism 土壤微生物
soil miller ①切土器 ②旋转锄
soil mineral 土壤矿物质
soil mineral nutrient 土壤矿质营养物(元素)
soil mixer 土壤搅拌机,混土器
soil mixes 土壤混杂物
soil moisture 土壤水分,土壤湿度,土壤水
soil moisture characteristic curve 土壤水分特征曲线
soil moisture conservation 保墒
soil moisture constant 土壤水分常数
soil moisture content 土壤含水量
soil moisture extraction pattern 土壤吸水图式
soil moisture flow 土壤水流
soil moisture indicator 土壤湿度计
soil moisture measurement 土壤水分测定
soil moisture meter 土壤水分测定器
soil moisture percentage on dried soil basis 依据干土重的土壤含水率
soil moisture regime 土壤水分状况
soil moisture retention 土壤水分保持,土壤保墒
soil moisture storage 土壤蓄水量
soil moisture stress (SMS) 土壤水分胁迫{生态生理}
soil moisture supply 土壤水分供应[能力]
soil moisture tensiometer 土壤水分张力计
soil-moisture tension 土壤水分张力

soil monolith 土壤整段标本
soil morphology 土壤形态学
soil mottling 土壤斑驳
soil mudity 土壤泥泞度
soil mulch ①土幂{生态}②土壤覆盖
soil nematode 土壤线虫
soil nitrification 土壤硝化[作用]
soil nitrification capacity 土壤硝化能力
soil nitrogen 土壤氮
soil nitrogen loss 土壤氮损失[量]
soil nitrogen transformation 土壤氮转化
soil nutrient 土壤养分,土壤营养分
soil nutrient content 土壤养分量
soil nutrient level 土壤养分水平,土壤营养元素水平
soil nutrient status 土壤营养状况
soil nutrition 土壤营养
soil of lower part of slope 坡地下部土壤
soil operation 土壤操作
soil order 土纲
soil organic matter 土壤有机质
soil organic phosphorus 土壤有机磷
soil organism 土壤生物
soil over bed rock 原始岩石土壤
soil oxygen 土壤氧
soil packer 镇压器
soil packing 土壤镇压
soil pan 土磐,耕底层,心土层
soil parabination 土壤复式组合
soil paraform 多种土壤组合
soil parameter 土壤参数
soil partial sterilization 土壤部分灭菌
soil particle 土壤颗粒,土粒
soil particle culture method 土粒培养法
soil particle inoculating method 土粒接种法
soil paste 土浆
soil pasteurization (= soil sterilization) 土壤灭菌
soil penetrometer 土壤坚实度计,土壤穿透计
soil percolate 土壤渗漏
soil permeability 土壤渗透性
soil persistent pesticide 土壤持久性农药,土壤残留性农药
soil pH map 土壤酸碱度图,土壤 pH 图
soil phase 土相
soil phospholipid 土壤磷脂
soil phosphorus 土壤磷
soil physical maturity 土壤物理适耕性
soil physicochemistry 土壤物理化学
soil physics 土壤物理学
soil physiology 土壤生理学
soil piercing (耕作机具)入土
soil pipe 粪水管,污水管{环保}
soil pit (观察土壤剖面的)土坑
soil placement 土壤置换[作用]
soil-plant-atmosphere continuum 土壤-植物-大气连续区
soil-plant-atmosphere system 土壤-植物-大气系统
soil-plant relationship 土壤植物相互关系
soil plaque method 泥面法{耕作}
soil plasma 土壤乳浆,土浆
soil plastic limit 土壤塑限
soil plasticity 土壤可塑性
soil plate 土壤平板,土壤平面培养
soil plate method 土壤平板法,土壤平面培养法
soil point 土湿针,测湿锥
soil poisoning 土壤中毒
soil pollutant 土壤污染物
soil pollution 土壤污染
soil pores 土壤孔[隙]
soil porosity 土壤孔[隙]度
soil pot press 土壤营养钵压制机
soil power 地力
soil preparation (播前)整地,土壤准备,播前耕作
soil preparation equipment 整地工具
soil preparation method 整地方法
soil pressure 土壤压力
soil pressure box 土壤压力盒
soil pressure cell 土壤压力传感器
soil pretreatment 土壤预先处理,土壤预措
soil productivity 土壤生产力,地力
soil profile 土壤剖面
soil profile characteristics 土壤剖面特征
soil properties 土壤特性,土壤性质
soil protection 土壤保护
soil protection crops 护土作物
soil protection plant 护土植物
soil protection rotation 护土轮作
soil-protection wood 护土林[木]
soil protective cover 护土覆盖层
soil pulverizer ①松土机 ②碎土镇压器
soil radiation 土壤辐射
soil radioactivity 土壤辐射性
soil reaction 土壤反应
soil reclamation 土壤改良
soil reduction 土壤还原作用
soil regeneration 地力恢复
soil regime 土壤状况
soil region 土壤区
soil regulation 土壤管理,土壤调节

soil relief 土壤地形
soil removal agitator 泥土抖除器
soil removed seedling 洗根秧苗,无土秧苗
soil renewal 土壤再生,土壤复壮
soil requirement 土壤要求,土壤需要量
soil resistance 土壤阻力
soil resources 土壤资源
soil respiration 土壤呼吸
soil respirator 土壤呼吸仪
soil respirometer 土壤通气性测定器
soil retention 土壤保持
soil-root interface 土-根界面
soil rot（=wilt） 绵腐病(菜豆,四季豆,芸豆)
soil sagging 土壤下陷
soil salinity 土壤含盐度,土壤盐[渍]度
soil salinization 土壤盐化
soil sample 土样,土壤样品
soil sampler 土壤取样器,采样土钻
soil sampling 土壤取样
soil sampling tool 土壤取样工具
soil sampling tube 土壤取样管
soil sanitation 土壤净化,土壤保洁
soil saviour 土壤保养[剂]
soil scattering scoop 撒土铲
soil science 土壤科学,土壤学
Soil Science Society（SSS） 土壤学学会{土壤}
soil scraping 铲土
soil sealing 覆土
soil-sealing machine 覆土机,盖土机
soil section 土壤截面,土壤断面
soil section of grassland 草地土壤截面
soil self-purification 土壤自净作用
soil separate 土壤粒组,土粒分组
soil separator 土壤分离器
soil series 土系
soil shading 土壤遮荫,土壤遮蔽
soil shear strength 土壤抗剪强度
soil sheargraph ①土壤剪应力记录器 ②土壤剪力图
soil shearing 土壤剪切
soil shield (棉花播种机)挡土板
soil shifter 推土机
soil shoe 犁磐
soil shovel ①运土铲斗 ②挖土铲斗
soil shredder 碎土器[机]
soil shrinkage 土壤收缩
soil shrinkage limit 土壤缩限
soil sickness 土壤病,土壤衰竭
soil skeleton 土架,土壤骨骼
soil skimming 刮土
soil sliding 土壤滑移
soil sliding path 土壤滑移轨迹
soil soaker 土壤浸湿器,湿土器
soil softening 土壤软化,土壤松软,细碎松土
soil solution 土壤溶液
soil sourness 土壤酸性
soil species 土种
soil specimen 土壤切片,土壤标本,土壤样品
soil split preparation 土壤切片制备
soil spreading 铺土
soil sterilant 土壤灭菌剂
soil sterilization 土壤消毒[法],土壤灭菌
soil sterilization with hot water 热水土壤消毒(指用热水浇灌土壤)
soil sterilizer ①土壤灭菌剂 ②土壤灭菌器
soil sterilizing agent 土壤灭菌剂
soil sterilizing oven 土壤消毒炉
soil stewardship 土壤管理
soil-stick seedling 带土秧苗
soil-sticked seedling 带土实生苗
soil stratum 土层
soil strength 土壤强度
soil stripping 除表土{环保}
soil structure 土壤结构
soil structurelessness 土壤无结构性
soil submerge 土壤淹水
soil suborder 土壤亚纲
soil subsidence 土壤下陷
soil suction 土壤吸力
soil suite 土套
soil surface ①表土 ②土表,地表
soil surface heat flux 土表热流
soil surface temperature 土[壤]表[面]温度
soil surface treatment 土壤表面处理,土表处理
soil surgeon 碎土整地刀板耢,刀板式碎土整地器
soil survey 土壤调查
soil survey data 土壤调查资料
soil survey manual 土壤调查手册
soil survey series 土壤调查丛辑
soil suspension 土壤悬液
soil system 土壤系统
soil tank 土壤箱,土壤槽
soil technique 土壤技术
soil technology 土壤技术[学]
soil temperature 土温,土壤温度
soil temperature control 土温控制
soil temperature measurement 土温测量
soil temperature-raising effect 土温上升效应
soil test ①土壤试验 ②土壤测定
soil-test value 土壤测定值

soil testing ①土壤测定 ②土壤试验
soil-testing laboratory 土壤测定试验室,土壤化验室
soil textural stratification 土壤质地分层[作用]
soil texture 土壤质地,土型
soil texture classification 土壤质地分类
soil texture map 土壤质地图
soil thermal regime 土壤热状况
soil thermograph 地温记录器
soil thermometer 地温计
soil thickness 土壤厚度
soil thrower 抛土机
soil tillage 土壤耕作,整地
soil-tillage implement 土壤耕作农机具
soil tilth 土壤耕性
soil toxicide 土壤解毒剂{环保}
soil transmission 土壤传染
soil transporting (=soil dressing) 客土
soil treatment 土壤消毒,土壤处理
soil type 土型
soil-type difference 土型差异
soil unit 土壤单位
soil use classification 土壤使用分类,用土分类
soil utilization 土壤利用
soil utilization map 土壤利用图
soil vaccination 土壤接种
soil variability 土壤变异性
soil variation 土壤变异
soil variety 土壤变种
soil viscoelasticity 土壤黏滞弹性[度]
soil washing 土壤冲洗
soil water 土壤水
soil-water capacity 土壤持水量
soil-water characteristics 土壤水特征
soil-water conditions 土壤水状况
soil water content 土壤含水量
soil-water diffusivity 土壤水扩散率
soil-water dynamics ①土壤水动态 ②土壤水动力学
soil water management condition 土壤水管理状况
soil water managment system 土壤水管理系统
soil-water potential 土壤水势
soil-water range 土壤水范围
soil-water relationship 土水关系
soil-water stress 土壤水胁迫
soil-water system 土水系统
soil-water transmission 土壤水分输送
soil wettability 土壤可湿性
soil with manure 粪土
soil working 土壤耕作
soil-working shape 土壤耕作部件
soil-working tool 土壤耕作机具
soil zonality 土壤地带性
soil zonation 土壤地带性
soil zone 土壤带
soil zoology 土壤动物学
soilage 青刈草,青[刈]饲料
soiled cocoon 污染茧
soiled udder 受污染乳房
soiling ①青刈 ②用青饲料饲养
soiling crops 青刈作物,青饲作物
soiling food 青饲料
soiling grass 青刈禾草
soiling maize 青刈玉米
soiling oats 青刈燕麦
soiling plants 益土植物,养地植物
soiling rye 青刈黑麦
soiling soybean 青刈大豆
soilless ①无土的 ②无土栽培的
soilless bed 无土栽培苗床
soilless culture 无土栽培,营养液培养
soilless culture installation 无土栽培设施{农施}
soiltex 土壤酸碱度试剂
soja bean (=soybean) 大豆[*Glycine max* (L.) Merr.](豆科)
soja-bean glue 大豆胶
sojasterol 大豆甾醇
sol ①溶胶,溶态,溶液,胶溶体 ②溶解的,可容的
sol-gel transformation 溶胶-凝胶转化
sola (=kola) ①可拉果(可拉树)[*Cola nitida* A. Chev.](梧桐科) ②可乐茶素
Solan (=pentanochlor) 蔬草灭
solanaceae (=nightshade family) 茄科[Solanaceae]
solanaceous 茄科的(solanaceus)
solanaceous vegetable 茄果类蔬菜(vegetabilis solanaceus)
solanad type 茄型(胚)
solanain 茄蛋白酶
solanberry 茄果
solangustine 狭叶茄碱
solanidin 茄定[$C_{27}H_{43}ON$]
solanine 茄苷[$C_{45}H_{73}NO_{15}$]
solano 沙拉拿风(西班牙东南海岸的一种东风)
solanocapsine 辣椒茄碱
solanum (=nightshade) ①茄属[*Solanum* L.](茄科) ②茄[*Solanum melongena* L.]

solanum DNA 茄 DNA
solanum SB29 virus (= Bagnall's SB29 virus) 茄属植物贝格纳氏 29 号病毒
solar ①太阳的 ②向阳的 (solaris)
solar activity 太阳活动
solar altitude 太阳高度
solar atmosphere 太阳大气
solar azimuth 太阳方位角 [地] 平经 [度]
solar barometric variation 日致气压变化
solar battery 太阳能电池
solar cell 太阳电池
solar climate 天文气候
solar climatic belt 天文气候带
solar constant 太阳常数
solar cooker 太阳灶{农施}
solar corona 日华,日冕
solar corpuscles 太阳微粒
solar corpuscular radiation 太阳微粒辐射
solar corpuscular theory 太阳微粒 [学] 说
solar-cross 日十字晕 {气象}
solar cycle 太阳[活动]周期
solar disk (= sun's disk) 太阳盘,太阳圆面
solar distance 日[地]距
solar distillation 曝晒蒸馏,日温蒸馏
solar drying 日温干燥,太阳能干燥
Solar-Earth Observation and Climatology Satellite (**SEOCS**) 日地观察和气候学卫星(欧空局){遥感}
solar eclipse 日食
solar elevation ①太阳高度 ②太阳高度角
solar energy 太阳能
solar energy drying 太阳能干燥
solar energy monitor in space 空间太阳能监视器{遥感}
solar evaporation 太阳蒸发
solar flare [太阳]耀斑
solar flare disturbances 耀斑扰动
solar frame ①日光温床 ②阳畦{栽培}
solar generator 太阳能发电器
solar halo 日晕
solar-heat collector 太阳能加热器,日光接受器
solar heat disinfection 太阳热消毒
solar house 太阳房[屋](指直接利用太阳能取暖或降温的建筑物){农施}
solar light electric conversion 太阳光[能]发电
solar maximum temperature 最高日射温度
Solar Mesosphere Explorer (**SME**) 太阳-地球中层大气探险者(卫星){遥感}
solar oven 太阳能灶
solar period 太阳周期
solar photo-voltaic utilization 太阳能光电利用
solar propagating frame (= solar frame) 日温繁殖框,日温繁殖温床
solar propagation 日温繁殖
Solar Proton Monitor (**SPM**) 太阳质子监测器{遥感}
solar pump 太阳泵
solar radiation 日射,太阳辐射
solar radiation balance 太阳辐射平衡
solar-radiation thermometer 日射温度表
solar rays 日射线
solar spectrum 太阳光谱
solar sterilizer 太阳能消毒器
solar system 太阳系
solar temperature 太阳温度
solar terms 节气
solar thermal utilization 太阳能热利用
solar thermometer 日射温度表
solar tide 太阳潮,日潮
solar time 太阳时
solar ultraviolet radiation 太阳紫外辐射
solar water heater 太阳能热水器
solar wax extractor 日光提蜡器,晒蜡器
solar wind 太阳风,日射微粒流
solar zenith angle 太阳天顶角{遥感}
solarimeter 日射表,日射总量表
solarium 网室
solarization 日曝 (solarisatio)
solate 液胶 (solatus)
solation 胶溶 [作用] (solatio)
solauricidine 耳茄定
solauricine 耳茄碱
solbareu 多硫化钡
solder ①焊锡 ②钎焊
solder paste 焊膏
solder reflow soldering 回流锡焊
solder sucker 吸锡器
solderability 可焊性 (solderabilitas)
soldering iron 焊烙铁
soldering machine 焊接机
soldering paste 钎焊膏
soldering tongs 焊钳
soldier beetle ①突颚花萤 [*Chauliognathus pennsylyanicus* De Geer.] ②⌊复⌉ 花萤科 [Cantharidae]
soldier fly ①水虻 [*Hermetia illcens* Linnaeus] ②⌊复⌉水虻科[Stratiomyidae]
soldier type cane harvester 直立式甘蔗收获机
soldierfish ①(= squirrel fish) 刺鳂 [*Holocentrus spinosissimus* Temminck et Schlegel] ② (= squirrelfish) 红鳂 [*Holo-*

centrus ruber (Forskal)]{水产}
sole ①犁沟底 ②底基,底座 ③座板,底部,垫板 ④单一的,唯一的
sole cropping 单作
sole heir 唯一(单独)承继人
sole liner 犁床衬垫
sole of hoof 蹄底,角质蹠(solea ungulae)
sole pan 耕磐,硬磐
soleil (= sunflower) 向日葵[*Helianthus annuus* L.](菊科)
solen- ⌊字头⌉管,沟
solenocyte 管细胞(solenocyta)
solenoid ①力管 ②网络,网络管{气象} ③螺丝管{物}
solenoid field 网络场,力管场
solenoid structure 螺线管结构
solenoid valve 电磁阀
solenostele ①管状中柱 ②疏隙[管状]中柱(solenostela)
soleplate 履带板
solicit 请求,征求(solicitare)
solicit operation 征求操作,请求操作{电脑}
solid ①固体的,固态的 ②紧密的,结实的 ③牢固的 ④均匀的,⑤固体,立体,立方体(solidus)
solid angle 立体角{遥感}
solid area 实面积{电脑}
solid argument 实质性争论
solid axle 实心轴
solid bearing 整体轴承
solid borne sound 固体传声{环保}
solid boundary 固体边界
solid bulb 球茎(bulbus solidus)
solid bullet 实心子弹
solid carpel 结实心皮(carpellum solidum)
solid carrier 固体载体
solid cloud cover 厚密云幂
solid CO_2 (= solid carbon dioxide) 干冰,固体二氧化碳
solid colour (= solid color) 纯色(color solidus)
solid-cone type nozzle 实心雾锥喷头
solid content ①容积,实积 ②固体含量
solid content of stacked wood 木材层积的实积
solid core 实心
solid cubic content 实积立方英尺
solid culm 实心秆(culmus solidus)
solid cultural medium (= solid medium) 固体培养基
solid culture 固体培养[法]
solid data 实体数据
solid disk 硬磁盘{信息}
solid fat (固体)脂肪
solid feed 固体饲料
solid feeder 干投机{环保}
solid fertilizer 固体肥料
solid food 固体食物
solid formulation 固体剂型
solid foundation 坚实基础{智培}
solid-frame disk harrow 刚架圆盘耙
solid fuel 固体燃料
solid glucose 固态葡萄糖
solid head ①紧密穗(禾谷类) ②紧实叶球(甘蓝类)
solid headed Chinese cabbage (= firm headed Chinese cabbage) 结球白菜(白菜)[*Brassica pekinensis* Rupr.]
solid insecticides 固体杀虫剂
solid joint 硬固接合,固定接合(木工)
solid laser producer 固体激光器
solid line 实线(指曲线){统计}
solid-liquid separation 固-液分离{环保}
solid logic technology (SLT) 固态逻辑技术{电脑}
solid manure 厩肥,粪肥,土粪
solid matter 固体[物质]
solid measure 体积,容积
solid medium 固体培养基
solid meter of timber 木材立方米
solid object 实体,复合体
solid particulates 固体微粒{环保}
solid phase 固相,固态
solid-phase DNA synthesis 固相 DNA 合成{分遗}
solid-phase enzyme immunoassay 固相酶免疫测定{分生}
solid-phase hybridization 固相杂交
solid-phase peptide synthesis 固相肽合成
solid-phase radioimmunoassay (SPRIA) 固相放射免疫测定
solid-phase sequencer 固相序列测定仪,固相测序仪{分遗}
solid-phase synthesis 固相合成
solid piling (= close piling) 密堆法,实堆法
solid pitch 固体树脂
solid-planted ①块植的 ②穴植的,丛植的
solid planting 单一种植,纯植法
solid residue 固体残渣,烘干残渣
solid rock 坚岩,原地岩
solid rocket propellant 固体火箭推进剂{物}
solid section 实心断面,实心部分
solid sense 实感
solid shaft 实心轴
solid share 单层钢犁铧

solid soil phase 土壤固相
solid solution 固溶体
solid square beam 实心方钢犁辕
solid stabilization 固体稳定
solid state 固态
solid-state circuit 固体电路
solid-state component 固态元件
solid-state computer 固态计算机,整体电路计算机
solid-state disk 固态盘{信息}
solid state fermentation 固态发酵
solid-state image sensor 固态图像传感器,固态析像器
solid-state integrated circuit computer 固态集成电路计算机
solid-state mechanics 固体力学
solid-state relay 固态继电器
solid-state source diffusion 固态源扩散
solid-state substrate fermentation 固态基质发酵
solid steel moldboard 单层硬钢犁壁
solid-stemmed 实心秆的
solid-stemmed variety 实心秆品种
solid stratification 固体分层[作用]
solid substrate culture installation 固体基质栽培设施{农施}
solid support 固相支持体
solid tire (= solid tyre) 实心橡胶轮
solid tissue culture 硬组织培养
solid transfer 固体转移
solid tumour subculture 硬瘤继代培养
solid volume 实积,实质率
solid waste 固体废弃物{环保}
solid waste burning generation 废物利用发电{环保}
solid water 固态水
solid wax 硬接蜡,热用接蜡
solid wrench 死扳手(工具)
solidcon 固体物浓度
solidcon in the sludge 污泥中固体物浓度{环保}
solidification ①凝固[作用],固体化 ②硬化 (solidificatio)
solidified butteroil 炼制奶油,熬奶油
solidified resin (= galipot, solid resin) 固体树脂
solidify 固化
solidifying 凝固,固化
solidifying point 凝固点
solidity (= solidness) ①固态,实心性 ②硬度,固结度 (soliditas)
solidography 实体[放射线]摄影法
solids-acid ratio (= sugar-acid ratio) 糖酸比
solids-not-fat (s.n.f.) 固体脱脂
solidus ①固相线 ②斜相符
solifluction (= soil creep) 泥流[作用] (solifluctio)
solifluction flow 泥流
solifluction loess 泥流黄土
solifluction soil (= creeping soil) 泥流土
solifluction terrace 泥流阶地
solinized soil (= saline soil) 盐土
solion 溶液离子放大器
soliped ①单蹄的 ②单蹄兽 (solipes)
solitary ①单的,单个的,单独的,个别的,单生的 ②荒凉的,偏僻的 ③孤的,孤独的,孤立的 (solitarius)
solitary bee 独居蜂,孤独蜂
solitary crystal 单晶体 (crystallus solitarius)
solitary inflorescence 单生花序 (inflorescentia solitaria)
solitary inherence 单遗传
solitary phase (蝗虫)散居型
solitary pore 单独管孔 (porus solitarius)
solitary rearing 隔离饲养
solitary snipe 孤沙锥
solitary stamen 单雄蕊 (stamen solitarium)
solitary terminals 单独顶端细胞 (terminales solitariae)
solitary wave 孤立波
soliva ①裸柱菊属 [*Soliva* Ruiz et Pav.] (菊科) ②裸柱菊 [*Soliva anthemifolia* R. Br.]
solo somatic mutation 单独体细胞突变
solodi (= solod) 脱碱土
solodic soil 脱碱化土壤
solodization 脱碱化[作用]
solodized solonetz 脱碱化碱土
Solomon island ivyarum ①绿萝属(藤芋属) [*Scindapsus* Schott] (天南星科) ②绿萝 [*Scindapsus aureus* Engler] ③藤芋 [*Scindapsus sinensis* Engler.]
solomonplume 鹿药 [*Smilacina japonica* A. Gray.] (百合科)
Solomon's-seal ①黄精属 [*Polygonatum* Adans.] (百合科) ②黄精 (玉竹) [*Polygonatum sibiricum* Red.]
Solon 索朗(澳大利亚甘蔗品种)
solonchak (= saline soil) 盐土
solonchak desert 盐土漠境
solonetz 碱土
solonetz like soil 拟碱土,碱土状土壤

solonetz soil 碱土
solonetz-solonchak complex 盐土碱土复域，盐土碱土复合体
solonetzic chestnut earth 碱化栗钙土
solonetzic chestnut soil 碱化栗钙土
solonization 碱化[作用]
solonized brown soil 碱化棕钙土
solontshak 盐土
solopathogenicity 单系致病性（solopathogenicitas）
soloti（= soloth soil） 脱碱土
solotic soil 脱碱化土壤
solotization 脱碱化[作用]
solpugids 避日目(蛛形纲)[Solpugida]
solstices 二至点(夏至点和冬至点)
solstitial colure 二至圈
solstitial point 二至点(夏至点和冬至点)
solstitial tide 二至潮
solubility 溶解度（solubilitas）
solubility factor 溶解性因素
solubility index（SI） 溶解度指数{环保}
solubility of variscite 磷铝石的溶解度，磷酸铝溶解度
solubility product 溶度积
solubilization 增溶作用（solubilisatio）
soluble ①可溶的，可溶性的 ②水溶性的 ③可解释的，可说明的，可解决的（solubilis）
soluble amino compound 可溶性氨基化合物
soluble antigen 可溶[性]抗原
soluble carbohydrate 可溶性碳水化合物
soluble castor 土耳其红油
soluble coffee extract（= instant coffee） 咖啡精，咖啡粉
soluble complex 可溶性络合物
soluble enzyme 可溶酶
soluble evaporated residue 溶解性蒸发残留物{环保}
soluble gum 可溶性胶质
soluble humus 可溶性腐殖(植)质
soluble in water（= watersoluble） 水溶性的，能溶于水的
soluble inhibiting substance 可溶性抑制物质
soluble iron 可溶性铁
soluble malate dehydrogenase 可溶苹果酸脱氢酶
soluble manganese 可溶性锰
soluble material 可溶物质
soluble matter 可溶物质
soluble nickle 可溶性镍
soluble nitrogen 可溶性氮
soluble oil （农药用)乳油
soluble organic nitrogen compound 可溶性有机氮化合物
soluble phase 可溶相
soluble phosphate 可溶性磷酸盐
soluble powder（SP） 可溶性粉剂
soluble precursor 可溶前体{分遗}
soluble protein 可溶性蛋白质
soluble protein factor（TⅠ，TⅡ） 可溶性蛋白质因子
soluble receptor 可溶性受体{分遗}
soluble ribonucleic acid（sRNA） 可溶性核糖核酸，可溶性 RNA{分遗}
soluble RNA（sRNA） 可溶性 RNA，转移 RNA
soluble saccharine 可溶性糖精 [$C_7H_4NNaO_3S \cdot 2H_2O$]
soluble salt 可溶性盐
soluble sodium percentage 溶解钠百分率
soluble solids 可溶性固体物
soluble starch 溶性淀粉
soluble substance 可溶性物质
soluble tar 可溶性焦油
solum 土层，土体{土壤}
solute 溶质
solute concentration difference 溶质浓度差
solute potential 溶质势
solute suction 溶质吸力
solute transport 溶质转运
solution ①溶液 ②溶解 ③解决[办法]，对策（solutio）
solution conformation（= conformation in solution） 溶液构象{分生}
solution culture 溶液培养，无土栽培
solution-culture experiment 溶液培养试验，无土栽培试验
solution-culture method 溶液培养法，无土栽培法
solution culture system 溶液栽培系统，无土栽培系统{农施}
solution-culture technique 溶液培养技术，无土栽培技术
solution feed device 溶液投加设备{环保}
solution graph 解图{电脑}
solution hybridization 溶液杂交{分生}
solution pressure 溶液压力
solution structure 溶液结构
solution tank 溶液池{环保}
solution topography 溶蚀地形{耕作}
solvability ①溶解能力 ②可解性（solvabilitas）
solvate 溶剂化物
solvated electron 溶剂化电子
solvated proton 溶剂化质子
solvation 溶合[作用]（solvatio）

solvent ①溶剂,溶媒{显技} ②分枝干{形态}(solvens)
solvent accessible surface 溶剂可及表面
solvent action 溶剂作用
solvent adhesive 溶剂胶
solvent cage 溶剂笼{生技}
solvent condenser 溶剂冷凝器
solvent degasser 溶剂脱气装置
solvent deparaffinization 溶剂脱蜡
solvent elimination technique 溶剂消除技术{生技}
solvent-exposed surface 溶剂暴露面
solvent extract 溶剂提出物
solvent extraction 溶剂浸提
solvent extraction apparatus 溶剂抽提装置
solvent front 溶剂前沿
solvent process 溶剂法{环保}
solvent recovery process 溶剂回收法
solvent seasoning 溶剂干燥[法]
solver ①解决者 ②解算机
solving process 解法{统计}
solvolysis 溶剂分解,媒解[作用]
SOM (=somatomedin) 生长调节素{植生}
soma- ⌊字头⌉体
soma ①躯干,体干 ②体细胞
-soma ⌊字尾⌉体,颗粒
somaclonal variation 体细胞克隆变异,体细胞无性系变异{农生技}
somaclone 体细胞克隆,体细胞无性系{农生技}
somata 颗粒
somatic ①体细胞的 ②体质的(somaticus){细胞}
somatic antigen (=O-antigen) 体质抗原
somatic apogamy 体细胞无配子生殖(apogamia somatica)
somatic apospory 体细胞无孢子生殖(aposporia somatica)
somatic association 体细胞配对(联合)
somatic assortative mating 体细胞选型交配
somatic cell 体细胞(cellula somatica)
somatic cell cross (=somatic cell hybridization) 体细胞杂交
somatic cell division 体细胞分裂(cytokinesis somaticus)
somatic cell fusion 体细胞融合(cytofusio somatica)
somatic cell fusion technique 体细胞融合技术
somatic cell genetics 体细胞遗传学(somatocytogenetica)
somatic cell hybrid 体细胞杂种
somatic cell hybrid clone panel 体细胞杂种克隆库,体细胞杂种无性系库{农生技}
somatic cell hybridization 体细胞杂交
somatic chromosome 体细胞染色体(chromosoma somatica)
somatic chromosome complement 体细胞染色体组
somatic chromosome elimination 体细胞染色体消失
somatic chromosome pairing 体细胞染色体配对
somatic chromosome recombination 体细胞染色体重组
somatic chromosome reduction 体细胞染色体减数
somatic conversion 体细胞转变
somatic copulation 体细胞接合(copulatio somatica)
somatic crossing over 体细胞交换,有丝分裂交换
somatic crossing over theory 体细胞交换学说
somatic-disassoriative mating 体细胞非选型交配
somatic division (=mitosis) 体细胞分裂,有丝分裂
somatic doubling 体细胞[染色体]加倍(duplicatio somatica)
somatic effect 体细胞效应(effectus somaticus){辐射}
somatic effects of carbon-14 碳-14 的体细胞效应
somatic exchange 体细胞交换
somatic fertilization 体细胞受精(foecundatio somatica)
somatic fusion technique 体细胞融合技术
somatic grafting 体细胞移植
somatic hybrid 体细胞杂种,营养体杂种(hybrida somatica)
somatic hybridization 体细胞杂交
somatic hybridization potential 体细胞杂交潜势
somatic hybridization technique 体细胞杂交技术
somatic hybridize 体细胞杂交
somatic hypermutation 体细胞高度突变
somatic inconstancy 体细胞染色体数不定{染色体}
somatic induction 体细胞诱导
somatic layer 体壁层(指胚胎)
somatic meiosis 体细胞减数分裂(meiosis somaticus)
somatic mesoblast 体壁中胚层

somatic mitosis 体细胞有丝分裂（mitosis somaticus）
somatic mutation 体细胞突变（mutatio somatica）
somatic mutation and DNA treatment 体细胞突变与 DNA 处理
somatic mutation hypothesis 体细胞突变假说
somatic mutation method 体细胞突变法
somatic nuclear division 体细胞核分裂（divisio nuclearis somatica）
somatic nucleus 体细胞核（nucleus somaticus）
somatic pairing 体细胞[染色体]配对
somatic parthenogenesis 体细胞单性生殖（parthenogenesis somaticus）
somatic polyploidization 体细胞多倍化
somatic position effect 体细胞位置效应
somatic recombination 体细胞重组
somatic reduction 体细胞[染色体]减数（reductio somatica）
somatic segregation 体细胞分离，有丝分裂分离（segregatio somatica）
somatic sensation 体感，体态感觉（sensatio somatica）
somatic spory 体细胞孢子形成（sporia somatica）
somatic stalk 体壁柄（指脊椎动物胚的）
somatic substance 体质（substantia somatica）
somatic synapsis 体细胞染色体联会（synapsis somaticus）
somatic temperature 体温
somatic variation 体细胞变异（variatio somatica）
somatodermal cell 体皮细胞（cellula somatodermidis）
somatogamic 体胞[配合]的（somatogamus）
somatogamic copulation 体胞接合（copulatio somatogama）
somatogamy ①体细胞配合 ②拟无配子生殖（somatogamia）
somatogenesis 体质形成
somatogenic variation 体质变异（variatio somatogena）
somatogenous apomixis 体细胞无融合生殖
somatoliberin 促生长[激]素释放素{分生}
somatomammotropin 生长促乳[激]素
somatomedin（SOM） 生长调节素
somatomedin purification of cell membrane receptor 细胞膜受体的生长调节素纯化
somatoplasm（= somatic substance） 体质（somatoplasma）
somatoplasmic 体质的（somatoplasmicus）
somatoplasmic sterility 体质不育性
somatopleura 胚体壁(指脊椎动物胚的)
somatoscopy 人体观察，体格检查（somatoscopia）
somatostatin 促生长[激]素，抑制素
somatotropic hormone 生长激素
somatotropic map 躯体位置图
somatotropin（= somatotropic hormone） 生长激素，促生长[激]素
somatotropin release inhibiting factor（**SRIF**） 促生长[激]素释放抑制因子{分生}
somatotropin release inhibiting hormone（**SRIH**） 促生长[激]素释放抑制激素
somatotropin releasing factor（SRF） 促生长[激]素释放因子
somatotropin releasing hormone（**SRH**） 促生长[激]素释放激素
somatotype 体型（somatotypus）
-some ⌞字尾⌝体
somewhat cloudy 少云[天]
somewhat-white magnolia 日本厚朴［*Magnolia obovata* Thunb.］（木兰科）
somite 体节（somitus）
somniferous 催眠的，使眠的（somnifer）
somnocinematograph 睡眠运动描记器
son ①子，子代 ②分支
Son field ①子域 ②子字段{电脑}
sonar 水声测位仪，声呐
sonde ①探测气球 ②探棒，探针
sondol 回声探测仪
sone 咮(响度单位)
songarian sunrose ①半日花属［*Helianthemum* Adans.］（半日花科） ②半日花［*Helianthemum songoricum* Schrenk］
sonic ①声的，音的，波的，速的 ②声速的③有声的（sonicus）
sonic digitizer 声[控]数字化器
sonic echo sounder 回声探鱼仪，回声测深仪
sonic memory 声存储器
sonic oscillation 超声振荡
sonic search 声搜索
sonic vibrator 声振器
sonic washer 超声清洗器
sonic wave 音波，声波，超声波
sonication 声处理（sonicatio）
sonicator 超声[波]发生器
sonification 超声波处理（sonificatio）

sonifier 超声波仪
sonjak 蒟蒻（鬼芋）[*Amorphophallus konjac* K. Koch]（天南星科）
sonnenmark 太阳牌（一种独弹名称）{狩猎}
sonneratia ①海桑属 [*Sonneratia* Linn. f.]（海桑科）②海桑 [*Sonneratia caseolaris* (L.) Engl.]
sonneratia family 海桑科 [Sonneratiaceae]
sonogram 声波图 (sonogramma)
sonograph 声谱图，声谱仪
Sonora storm 索诺拉风暴（美国加利福尼亚南部山地及沙漠中夏季的雷暴）
Sonora weather 索诺拉天气（阵雨天气下适于飞行的天气，美国俚语）
Soonan Cargo rice 苏南糙粳米
soot 煤烟，烟渣，烟灰 (fuligo)
soot chamber (= soot room) [制造]松烟室，煤烟室
soot hut [制造]松烟小屋，煤烟小屋
soot-like 煤烟色的，褐黑色的 (fuligineus)
sooty ①生煤烟的，多烟灰的 ②被煤烟弄脏的 ③乌黑色的
sooty bark 黑孢[树]皮（由烟皮病菌 cryptostroma corticale 引起的）
sooty blotch ①褐斑病，煤斑病（苹果）②煤点病（豆科牧草）
sooty blotch of apple 苹果煤斑病 [*Gloeodes pomigena* (Schw.) Colby]
sooty blotch of tea 茶[浓色]斑病 [*Neocapnodium theae* Hara.]
sooty mold (= sooty mould) 烟霉病，煤污病
sooty mold of apple 苹果煤污病 [*Gloeodes pomigena* (Schw.) Colby]
sooty mold of rose 蔷薇煤污病 [*Capnophaeum* sp.]
sooty mold of tea 茶树煤污病 [*Capnodaria theae* Hara]
sooty moulds 烟霉
sooty stripe 斑点病（高粱）
sooty stripe of gaoliang 高粱斑点病 [*Ramulispora sorghi* Olive et Lefebvre]
sophisticated ①尖端的，精致的，精细的，高级的，复杂的 ②完善的，成熟的 ③掺杂的，不纯的 ④有经验的，老熟的 (sophisticatus)
sophisticated category 精细分类
sophisticated method 尖端方法
sophistication 技巧 (sophisticatio)
sophocarpine 槐果碱
sophocrisine 金黄槐碱
sophora (= pagoda tree) ①槐属 [*Sophora* L.]（豆科）②槐 [*Sephora japonica* L.]
sophoramine 槐胺碱
sophorose 2-葡糖-β-葡糖苷，槐糖
soppy 浸湿的，润湿的
soralium 粉芽堆
sorb-tree (= service tree) 花楸 [*Sorbus domestica* L.]（蔷薇科）
sorbed hydroxyl 吸着羟基
sorbent 吸着剂
sorbic acid 山梨酸，2，4-己二烯酸
sorbitan 山梨聚糖
sorbite (= sorbitol) 山梨醇
sorbitol dehydrogenase 山梨醇脱氢酶
sorbitol fermentation 山梨醇发酵
sorbose 山梨糖 [$C_6H_{12}O_6$]
sorcin 抗药蛋白
sordaria 粪壳属 [*Sordaria* Ces. et de Not.]（真菌）
sordid 污色的 (sordidus)
sore ①痛的，疼痛发炎的 ②极度的，剧烈的 ③痛处
sore shin (= soreshin) 腰折病（烟草，棉）
soredial 粉芽的 (soredialis)
servediate 有粉芽的 (sorediatus)
soredium 粉芽
sorehead (= fowl diphtheria, avian diphtheria, fowl pox) 禽痘与禽白喉 [*Variola avium*, *Epithelioma contagiosa* et *Diphtheria avium*]
Sorel cement 索雷尔水泥{环保}
Soret band 索雷氏谱带{生技}
sorghum ①(= great millet) 高粱属（蜀黍属）[*Sorghum* Pers.]（禾本科）②(= Kaoliang, broom corn, kafir corn, Guinea corn) 高粱（蜀黍）[*Sorghum vulgare* Pers.]
sorghum aphid (= green sugarcane aphid) 高粱蚜（蔗黄蚜）[*Aphis sacchari* Zehntner]（蚜科）
sorghum B chromosome 高粱 B 染色体
sorghum callus 高粱愈伤组织
sorghum chinch bug 高粱长蝽 [*Blissus pallipes* Distant]（长蝽科）
sorghum growing ①高粱栽培 ②高粱栽培学
sorghum head smut 高粱丝黑穗病 [*Sphacelotheca reiliana* (Kühn.) Clint.]
sorghum midge 高粱瘿蚊 [*Contarinia sorghicola* Coquillett]（瘿蚊科）
sorghum processing 高粱加工
sorghum seed growing 高粱良种繁育{育种}
sorghum shoot fly 高粱黄潜蝇 [*Anatrichus erinaceus* Meigen]（潜蝇科）
sorghum smut 高粱花黑粉病 [*Ustiliago*

kenjiana Ito]
sorghum stem borer (= maize stem borer) 玉米禾螟[*Chilo zonellus* (Swin-hoe)](草螟科)
sorghum webworm 高粱瘤蛾(高粱蛀螟)[*Celama sorghiella* Riley](瘤蛾科)
sorgo (= sweet sorghum) 甜高粱(芦粟)[*Sorghum vulgare* var. *saccharatum* Pers. = *Andropogon sorghum* var. *saccharatus* Alef.](禾本科)
soridium 粉状体
soriferous (= sorose) 产生孢子堆的(soriferus)
sorigenin 鼠李苷配基
sorocarp 孢堆果(sorocarpium)
soroche 山岳症(西班牙名)
sorogen 孢堆原(sorogenum)
sorophore ①堆孢柄 ②孢堆果柄 ③雄托(sorophora)
sorores 生理种
sorosis 葚果
sorosporous (锈菌)具孢堆孢子的(sorosporus)
sorption ①吸着[作用] ②吸离 ③吸附[作用](sorptio)
sorption capacity 吸着能力,吸着容量
sorption of gases 气体吸附[作用]
sorrel ①酸模属[*Rumex* L.](蓼科) ②(= sorrel-dock, tall sorrel, garden sorrel) 酸模[*Rumex acetosa* L.] ③红褐色马,棕色马
sorrel cutworm 酸模金纹夜蛾[*Chamaepora rumicis* L.](夜蛾科)
sorrel horse 栗毛马
sorrel looper 酸模四纹褐尺蛾[*Ptychopoda infuscaria* Leech](尺蛾科)
sorrel rhubarb 掌叶大黄[*Rheum palmatum* L.](蓼科)
sorrel sawfly 酸模栗褐叶蜂[*Emphytina fuscipennis* Smith](叶蜂科)
sorrel-tree 酸木属[*Oxydendron* DC.](杜鹃科)⌞拟⌝
sorrel vine 乌蔹莓[*Cayratia japonica* Gagn.](葡萄科)
sort ①清选 ②分级,分类 ③种类,类别,类群,组 ④品质 ⑤程度(sortiri)
sort application 分类应用
sort engine 分类机
sort grain 清选种子,清选子粒
sort parameter 分类参数
sort pass ①分类传送 ②分类扫描
sort selection 分类选择
sorter ①分级机,分选机 ②分类机 ③分类人员 ④分类程序
sortie ①出动架次(指飞机) ②出击,突围{遥感}
sorting ①挑选 ②分级,分选 ③分类,整理 ④选材 ⑤排序
sorting and packing standard 分级包装标准
sorting belt 分选输送带,分级输送带
sorting by maturity 成熟分级
sorting chain 分级输送器,分选输送器
sorting conveyor 分级输送带,分选输送装置
sorting cylinder ①分级滚筒 ②圆筒分级筛
sorting fanner 分选风车
sorting gap 选材进口(运材水路)
sorting jack (= sorting boom) 选材挡栅
sorting machine 分选机,分级机
sorting network 分类网络{信息}
sorting out ratio 选出比
sorting parameter 分类参数{统计}
sorting roller 分选辊,分级辊
sorting screen 分级筛,清选筛
sorting shoot 分级枝条
sorting sieve 分级筛,清选筛
sorting table (= green table) ①选材台 ②分选台
sorting turntable 分选回转台
sorus ①孢子堆(真菌) ②囊群(蕨类)
Sorval centrifuge 索氏离心机
SOS repair 复制或重组后修复{分遗}
sotol 百合烧酒
Souchong 小种红茶(主要产于中国)
sou'easter (= southeaster) 东南大风
Soulard crab (= Soulard crabapple) 大鲜果[*Pyrus soulardi* Bailey = *Malus soulardi* Britt.](蔷薇科)
sound ①音,声 ②鳔 ③乌贼,墨鱼 ④健全的,正常的,完整的(sonus)
sound absorption 吸声,吸音{环保}
sound absorption coefficient 吸声系数
sound absorption material 吸声材料
sound bearing medium 传声媒质
sound buffer 声音缓冲器
sound cane ①健康蔗{蔗} ②茁壮葡萄藤{园}
sound card 声卡{电脑}
sound dialing telephone 声音拨号电话{信息}
sound effect 声效
sound frequency 声频率,音频率
sound hood 隔音罩{环保}
sound intensity 声强{环保}
sound isolation 防音,隔音
sound isolation wall 隔音墙

sound knot 生节,健全节(树木)
sound level 音位,音级
sound level meter 音位计,噪声计,声级计
sound muscle 发音肌
sound on-grade 健全无疵的
sound organ 发音器
sound pressure 声压,音压{环保}
sound pressure level (SPL) 声压级
sound primary stalk 健康主茎,正常主茎(指甘蔗)
sound proof 防音的,隔音的
sound proof wall 隔声墙,隔音墙{环保}
sound recognition 声音识别
sound seed 健全种子
sound seedling 壮苗
sound sheet 录音片{电脑}
sound source 声源,音源{环保}
sound track 声道
sound velocity 声速,音速{环保}
sound wave 音波,声波
sound wave dust collector 音波集尘装置{农施}
sounder ①探测器,测探器 ②发音器,声响器
sounding 探空,探测
sounding balloon 探空气球
sounding line 水深线,测深绳
sounding meterograph 探空气象仪
sounding rocket 探空火箭
soundlocator 声波定位仪
soundness ①优质性 ②健全,完全,完善 ③合法,合理
soundness of seed 种子优质性
soundproofing 防音
soup hen (= boiling hen) 炖汤用母鸡
sour 酸的 (acetosus, acidus)
sour cherry (= morello tree) 欧洲酸樱桃[*Prunus cerasus* L.](蔷薇科)
sour clover 野苜蓿(印度草木樨)[*Melilotus indicus* (L.) All. = *M. occidentalis* Nutt.](豆科)
sour cream (= acid cream) 酸乳脂
sour dock (= sorrel) 酸模
sour grass (= sour paspalum) 双穗雀稗[*Paspalum conjugalum* Berg.](禾本科)
sour humus 酸性腐殖(植)质
sour land 酸性土地
sour lime 酸柠檬[*Citrus aurantifolia* (L.) Swingle](芸香科)
sour milk 酸乳
sour orange 酸橙(代代花)[*Citrus aurantiom* L.](芸香科)
sour rot 白霉病,酸腐病(柑橘类)
sour rot of citrus 柑橘白霉病[*Geotrichum candidum* Ferraria var. *citri-aurantii* R. Ciferi. et F. Ciferi.]
sour soil (= acid soil) 酸性土
sour-sweet 酸甜的 (dulcacideus)
sour tupelo 酸紫树[*Nyssa ogeche* Bartr.](珙垌科)
sour wine 酸味酒
source ①来源,起源 ②资源 ③水源 ④原始材料 ⑤[代谢]源
source / sink (S/S) ①发送器 / 接收器{信息} ②[代谢]源 / [代谢]库{植生}
source and sink [代谢]源和[代谢]库
source area 源头区(指江河的水源头){水利}
source computer 源计算机
source-identified 来源鉴定的
source innovation 源头创新(指主要内涵是发现新的现象,提出新的解释或建立新的理论)
source nursery 品种资源圃,原始材料圃
source of dust 风沙来源,尘埃来源
source of forest 森林资源
source of infection 侵染源
source of materials 材料来源
source of nitrogen in rice 水稻氮源
source of pollution 污染源
source of power 动力能源
source of radiation 辐射源
source of resistance 抗源
source of river 河源
source of sediment 沉积源地,沉积物来源
source of seismic energy 震源
source of spring 泉源
source of supply ①订货地点,货源地{农管} ②供水水源{环保}
source of variation 变异来源
source of water 水源
source properties 源地属性
source region 源地
source-sink theory 源-库说(源系指输出的植物器官光合作用的同化物,库系指承受同化物的贮存器官,如碳水化合物来源于叶而积存于子粒中,则叶为源,而子粒为库){植生}
sources of air pollution 空气污染源
sourer (酸乳)制作器
souring 变酸,酸化
souring beetle 菠萝露尾甲[*Carpophilus humeralis* Fabricius](露尾甲科)
sourness ①酸性 ②酸度
soursop (= corossol) 刺果番荔枝[*Anona muricata* L.](番荔枝科)
souse ①腌藏,盐渍 ②水浸,投入水中
south (S) 南

South African farming 南非农作,南非农业

South American rice stink bug 南美稻盾蝽 [*Oebalus poecilus* (Dallas) = *Mormidea* or *Solubea*](盾蝽科)

South American rubber 三叶胶树(橡胶树) [*Hevea mutabile* Aubl.](大戟科)

South China persimmon 岭南柿 [*Diospyros tutcheri* Dunn](柿科)

South Devon 南德文牛 (英国乳肉兼用种)

south dodder 南方菟丝子 [*Cuscuta australis* R. Brown.](菟丝子科)

South Equatorial Current 南赤道海流,南赤道洋流{遥感}

south frigid zone 南寒带

south-north oriented house 南北向畜舍

south-north oriented row 南北向行{栽培}

South Pacific Current 南太平洋海流{遥感}

South Pacific mahogany (= red lauan) 红柳桉

south point 南方 {气象}

south pole 南极

south southeast (SSE) 南东南

south southwest (SSW) 南西南

south temperate zone 南温带

south-to-north water transfer project 南水北调工程(项目){水利}

south wind 南风

Southdown 南丘绵羊 (美国无角缩毛羊品种)

southeast (SE) 东南

Southeast Asia fruits 东南亚果树

southeast trades (= southeast trade wind) 东南信风

southeaster (= sou'easter) 东南大风

Southeastern China grape 东南葡萄 [*Vitis chunganensis* Hu]

Southeastern runner 东南蔓生型 (花生)

southerly burster 南寒风 (澳大利亚)

southern ①南方的,在南方的 ②向南的

Southern Andes 南安第斯山

southern armyworm (= semitropical army worm) 亚热带黏虫 [*Spodoptera eridania* (Cramer)](夜蛾科)

southern bambooaphid 竹蜜角蚜 [*Glyphynaphis bambusae* van der Goot] (蚜科)

southern bean mosaic virus (= bean mosaic virus 4 = Marmor laesiofaciens) 南方菜豆花叶病毒

southern beet flea beetle (= south beet flea beetle) 南方甜菜跳菜甲 [*Chaetocnema breviuscula* Fald.] (跳甲科)

southern beet webworm 甜菜二星螟蛾 [*Herpetogramma bipunctalis* Fabricius = *Pachyzancla*] (草螟科)

southern blight 南方疫病,白娟病

southern blight of apple 苹果白绢病 [*Pellicularia rolfsii* West]

southern blight of carrot 胡萝卜白绢病 [*Corticium rolfsii* Curzi]

southern blight of eggplant 茄白绢病 [*Corticium rolfsii* Curzi]

southern blight of pepper 辣椒白绢病 [*Corticium rolfsii* Curzi]

southern blight of soybean 大豆白绢病 [*Corticium rolfsii* Curzi.]

southern blight of tomato 番茄白绢病 [*Corticium rolfsii* Curzi]

southern blight of Welsh onion 大葱白绢病 [*Corticium rolfsii* Curzi.]

Southern blot 萨森印迹,DNA 印迹(萨氏 1975 年发明的方法,即 DNA 经电泳分离后,便于进行分子杂交的研究){分遗}

Southern blotting 萨森印迹法,DNA 印迹法{分遗}

Southern brassbuttons 南方山芫荽 [*Cotula australis* Hook.](菊科)

southern buffalo gnat 南方水牛蚋 [*Cnephia pecuarum* Riley] (蚋科)

southern bush honeysuck 无柄黄锦带 [*Diervilla sessilifolia* Buckl.](忍冬科)

southern cabbage worm 南方白粉蝶 [*Pieris protodice* Boisduval et LeCont] (粉蝶科)

southern cattle tick 微小牛蜱 [*Boophilus microplus* (Canestrini)] (蜱总科)

southern chernozem 南方黑[钙]土

southern chickenflea (= stick tight flea) 禽毒蚤 [*Echidnophaga gallinacea* Westwood] (潜蚤科)

southern chinch bug 南部麦长蝽 [*Blissus insularis* Barber] (长蝽科)

southern corn billbug (= curlew-bug) 坚皮谷象 [*Calendra callosa* (Olivier) = *Sphenophorus*] (象甲科)

southern corn leaf blight (= southern leaf blight) 胡麻叶枯病 (玉米)

southern corn rootworm (= spotted cucumber beetle) 黄瓜十一星叶甲 [*Paropsides duodecimpunctata* Fabricius] (叶甲科)

southern corn stalk borer 玉米草螟 [*Diatraea crambidoides* Grote] (草螟科)

southern cowpea weevil 绿豆象 [*Bruchus chinensis* (L.) = *Callosobruchus*, *Pachymerus*] (豆象科)

southern crucifer flea beetles (= turnip flea beefle) 南方十字花科叶跳甲 [*Phyllotreta atra* F.] (跳甲科)
southern cutgrass (= tiger'stongue grass) 李氏禾 [*Leersia hexandra* Sw.] (禾本科)
southern ecotype 南方生态型
southern fire ant 南方火蚁 [*Solenopsis xyloni* Mc Cook] (蚁科)
Southern France 法国南部
southern garden leafhopper 茄微叶蝉 [*Empoasca solana* DeLong] (叶蝉科)
Southern grassworm (= fall armyworm) 草地贪夜蛾 (伪黏虫) [*Laphygma frugiperda* Smith et Abbort] (夜蛾科)
southern green stink bug (= green plant bug, green potato bug, green rice bug, green tomato bug) 稻绿蝽 [*Nezara viridula* (L.) = *N. antenata* Scott] (蝽科)
southern hemisphere 南半球
southern hornworm (= tobaccon hornworm moth) 烟草天蛾 [*Manduca sexta* Johanssen] (天蛾科)
southern house mosquito 南方库蚊，五带淡色库蚊 [*Culex quinquefasciatus* Say] (库蚊科)
Southern hybridization 萨森杂交，DNA 杂交{分遗}
southern latitude 南纬
southern lyctus beetle 竹蠹虫 [*Lyctus planicollis* LeConte] (粉蠹科)
southern magnolia (= bull bay) 荷花玉兰 (广玉兰) [*Magnolia grandiflora* L.] (木兰科)
southern maidenhair fern (= black maidenhair) 铁线蕨 (铁线草) [*Adiantum capilus-veneris* L.] (铁线蕨)
southern mole cricket 南美蝼蛄 [*Scaptariscus acletus* Rehn et Hebard] (蝼蛄科)
southern oscillation (= south oscillation) 南方涛动，南方波动
southern pea (= cowpea) 豇豆
southern red mite 冬青小爪螨 [*Oligonychus ilicis* (McGregor)]
southern root-knot nematode 南方根结线虫病
southern rubus aphid 悬钩子松村蚜 [*Matsumuraja rubifoiiae* Takahashi] (蚜科)
southern sclerotium blight 白绢病，白菌核病
southern sclerotium blight of peanut 花生白绢病 [*Corticium rolfsii* Curzi]
southern soapberry tree 南部无患子 [*Sapindus saponaria*] (无患子科)
southern tulip 南方郁金香 [*Tulipa australis* Link] (百合科)
southern wild indigo 蓝花赝靛 [*Baptisia australis* R. Br.] (豆科)
southern yellow pine (= broom pine) 美国长叶松
southernwood 青蒿 (老人蒿) [*Artemisia abrotanum* L.] (菊科)
southwest (SW) 西南
Southwest Australia region 西南澳大利亚地区
southwest corn borer 西南玉米螟，巨座玉米螟 [*Diatraea grandiosella* (Dyar) = *Zeadiatraea*] (螟蛾科)
southwest monsoon 西南季风
southwester (= sou'wester) 西南大风
sou'wester (= southwester) 西南大风
sovkhoz (= state farm) 国营农场 (由俄文 Советскоехозяйство 的缩写 совхоз 译出的)
sow ①播，播种 ②传播 ③母猪
sow and baby pig building for farrowing and sucking 分娩哺乳猪舍 (指母猪分娩和子猪哺乳的猪舍)
sow and fertilizer machinery 播种施肥机械
sow bread (= European cyclamen) 欧洲仙客来 [*Cyclamen purpurascens* Mill.] (报春花科)
sow broadcast 撒播
sow during early pregnancy 初孕母猪
sow for breeding (= breeding sow) 种用母猪
sow gelder 阉猪者 (指阉割母猪的人)
sow in pig (= pregnant sow) 孕猪
sow-teat strawberry 欧洲草莓 [*Fragaria vesca* L.] (蔷薇科)
sow thistle ①苦苣菜属 [*Sonchus* L.] (菊科) ②苦苣菜 [*Sonchus oleraceus* L.]
sow thistle yellow vein virus 苦苣菜脉黄病毒
sow with farrow (= sow with young) 孕猪
sow yard 猪圈，猪场
sowbane mosaic virus 藜花叶病毒
sowbread ①仙客来属 [*Cyclamen* L.] (报春科) ②欧洲仙客来 [*Cyclamen europaeum* L.]
sowbug ①潮虫 (球鼠妇) [*Porcellio laevis* Koch] ②⌞复⌝ (= wood lice) 潮虫科 [Oniscidae] (甲壳纲等足目)
sower ①播种机 ②播种者
sowing (= seeding) 播种

sowing ability （播种机）播种能力
sowing bed 播种床
sowing board 播种板
sowing boot 播种开沟器
sowing by hand 手播，人工播种
sowing by machine 机播，机器播种
sowing by seeder 机播，播种机播种
sowing case 播种箱
sowing chart 播种表
sowing date 播种日期
sowing density 播种密度
sowing depth 播种深度
sowing distance 播距（株行距）
sowing division 播种区
sowing drill 条播机
sowing earth 撒土
sowing grassland 人工草地，栽培草地
sowing in addition 补种，补播
sowing in bands（= band sowing） 带状播种
sowing in bed ①床播 ②宽垄播种
sowing in broad drills 宽行[距]条播
sowing in close drills（= sowing in narrow drills） 窄行[距]条播
sowing in drills（= sowing in strips, sowing in lines） 条播
sowing in furrows 沟播
sowing in hills 穴播，点播
sowing in holes（= sowing in pits, sowing in pockets） 穴播
sowing in lines 条播，行播
sowing in narrow drills 窄行[距]条播
sowing in narrow strips 畦播
sowing in patches 块状播，簇状播，丛[植]播
sowing in pits（= sowing in holes） 穴播
sowing in place 直播
sowing in pockets 条播
sowing in rills（= sowing in drills） 条播
sowing in rows 行播
sowing in situ 回茬播种
sowing in strips 带播，条播
sowing in trenches 沟播
sowing in wide drills 宽行[距]条播
sowing lath（= seeding lath） 播种板条
sowing line 播种行，播行
sowing machine 播种机
sowing mechanism （播种机）播种机构，排种装置
sowing method ①播种法 ②实生法
sowing norm 播种量
sowing of cereals 禾谷类作物播种
sowing of fertilizer 撒肥（指穴施或条施的定位施肥）
sowing of sprouted seed 发芽种子播种
sowing on easy ridge 简易做垄播种
sowing on level row 平播
sowing on mounds 墩播
sowing on prepared land 整地播种
sowing on ridges 垄播，畦播
sowing on roughly made ridges 粗放做垄播种
sowing on roughly prepared field 粗放整地播种
sowing operation 播种操作
sowing plant 播种设备{农施}
sowing plot 播种区
sowing plough（= sowing plow） 播种犁
sowing quality 播种质量
sowing rate 播种量
sowing rate adjuster 播种量调节器
sowing season 播种季节，播种期
sowing seed 播种
sowing table 播种表，播量表
sowing time 播种期
sowing width 播种宽度，播幅
sowing yeast 播种酵母
sown 播种的（sativus）
sown acreage 播种英亩数
sown area 播种面积
sown crops 播种作物
sown pasture 播种牧场，人工牧场
sowyer（= longicorn beetle） [大]天牛
Soxblet extraction apparatus 索格斯利特提取器{环保}
soy 酱油
soy curd（= soybean curd） 豆腐{加工}
soybean（= soya bean） 大豆[*Glycine soja* L.]（豆科）
soybean agglutinin（**SBA**） 大豆凝集素
soybean amphidiploid 大豆双二倍体{细胞}
soybean anthracnose 大豆炭疽病[*Eolletorichum glycines* Hori.]
soybean aphid 大豆蚜[*Aphid glycines* Matsumura]（蚜科）
soybean bacterial blight 大豆细菌性斑点病[*Bacterium sojae* Wolf var. *japonicum* Takimoto.]
soybean bar 大豆脱粒滚筒纹杆
soybean beetle 大豆金龟子[*Anomala rufocuprea* Motschulsky]（金龟科）
soybean brown spot 大豆褐纹病[*Septoria glycine* Hemmi.]
soybean cake（= soybean oil-cake） 豆饼
soybean cake meal 豆饼粉

soybean cheese 腐乳,酱豆腐{加工}
soybean cheese processing 腐乳加工{加工}
soybean combine 大豆联合收获机
soybean concentrated protein processing 大豆浓缩蛋白加工{加工}
soybean cropping system 大豆耕作制
soybean culture ①大豆栽培 ②大豆栽培学
soybean curd (=soy curd) 豆腐{加工}
soybean curd processing 豆腐加工{加工}
soybean cutterbar 大豆切割器
soybean cyst nematode 大豆囊线虫[*Heterodera glycines* Ichinone]
soybean downy mildew 大豆霜霉病[*Peronospora manshuriea* Syd.]
soybean flour (=soya-bean flour, soya flour) 大豆粉,大豆面(细粉)
soybean fly ①大豆铜黑潜蝇[*Agromyza sojae* Zehntner] ②大豆长痣潜蝇[*Agromyza dolichostigma* de Meij.](潜蝇科)
soybean following wheat 麦茬大豆
soybean frog-eye spot 大豆斑点病[*Cercospora sojina* Hara.]
soybean gall midge 大豆瘿蝇
soybean growing ①大豆栽培 ②大豆栽培学
soybean grown on balk 大豆田埂栽培
soybean growth form 大豆生长型
soybean growth habit 大豆生长习性
soybean hybrid 大豆杂种
soybean impurities in seeds 大豆种子夹杂物
soybean impurity of variety 大豆品种混杂度
soybean individual selection 大豆单株选择
soybean individual variation 大豆个体变异
soybean industry 大豆工业
soybean inoculation 大豆接种
soybean isolated protein processing 大豆分离蛋白加工{加工}
soybean leaf miner 大豆潜叶细蛾[*Gracilaria sojella* V. Dev.](细蛾科)
soybean looper 大豆夜蛾[*Pseudoplusia includens* (Walker)](夜蛾科)
soybean meal 大豆粉
soybean-meal glue 豆粉胶
soybean meal grinder 大豆磨碎机
soybean milk 豆浆,豆乳{加工}
soybean milk powder 豆乳粉{加工}
soybean milk powder processing 豆乳粉加工{加工}
soybean milk processing 豆乳加工{加工}
soybean mosaic virus (=Soybean virus 1) 大豆花叶病毒[Soja virus 1]
soybean nematode 大豆线虫(大豆囊线虫)[*Heterodera glycines* Ichinohe]
soybean noctuids 大豆小夜蛾[*Amyna* sp.](夜蛾科)
soybean nodule bacteria 大豆根瘤菌
soybean oil 大豆油
soybean oil extraction 大豆油提取
soybean paste 豆酱{加工}
soybean plastic 大豆蛋白塑料
soybean pod 大豆荚
soybean pod borer (=soybean moth) 大豆食心虫[*Leguminivora glycinivorella* (Matsumure)](小卷蛾科)
soybean pod gall-midge 大豆荚瘿蚊[*Asphondylia ervi* Rubsamen](瘿蚊科)
soybean powder 大豆粉
soybean powder processing 大豆粉加工{加工}
soybean product processing 大豆制品加工{加工}
soybean purple speck 大豆紫斑病[*Cercospora kikuchii* Gardner]
soybean ridging (=soybean hilling) 大豆培土
soybean roll flaker 大豆辊式压片机
soybean root miner 大豆根潜蝇
soybean rotation system 大豆轮作制
soybean rust 大豆锈病[*Phakopsora pachyrhizi* Syd.]
soybean scale 大豆绒蚧[*Eriococcus sojae* Kuwana](蚧科)
soybean seed processing 大豆种子加工
soybean semilooper 大豆金斑蛾[*Plusia signata* Fabricius](夜蛾科)
soybean sorter 大豆分级机,大豆分选机
soybean sprouts 大豆芽,黄豆芽
soybean stand 大豆植株生长密度
soybean stem gall-midge 大豆茎瘿蚊[*Profeltiella soya* Monzen](瘿蚊科)
soybean stem miner 大豆茎潜蝇[*Melanagromyza sojae* Zehntner.](潜蝇科)
soybean stem nematode 大豆茎线虫病[*Ditylenchus dipsaci* (Kuhn) Fillpjev.]
soybean strain 大豆品系
soybean stunt 大豆萎缩病[病毒病害]
soybean tetraploid 大豆四倍体{细胞}
soybean textured protein processing 大豆组织蛋白加工{加工}
soybean thickness of moulding 大豆覆土厚度
soybean trypsin inhibitor (STI) 大豆胰蛋白酶抑制剂
soybean tussock moth 大豆毒蛾[*Cifuna*

locuples Walker]（毒蛾科）
soybean-urine-ash 豆浆尿灰
soybean variety trial 大豆品种试验
soybean woolly bear 红袖灯蛾 [*Amsacta lactinea* Cramer = *Creatonotus*]（灯蛾科）
SP（= sulphate of potash） 硫酸钾
sp（= soluble powder） 可溶性粉剂
SPA ①（= scintillation proximity assay） 闪烁亲近测定法{生技} ②（= staphylocacal protein A）葡萄球菌蛋白 A{分生}
space ①空间，太空，场所，仓位 ②间隔，距离 ③面积，体积 ④空位，空地，余地 ⑤一段时间，时期，期间 ⑥航天，宇宙（spatium）
space antagonism 拮抗间距
space between hills 穴距
space between individuals 株距
space between plants 株距
space between rows 行距
space between running teeth （脱粒机）运转间隔
space between stools 株距（指甘蔗）
space between two sprouts 株距
space biology 太空生物学
space-borne imagery 空间成像，航空成像{遥感}
space change 空间变化
space character（**SP**，**sp**） 空格字符，空白字符{电脑}
space charge 空间电荷
space charge density 空间电荷密度
space communication network 空间通信网络{信息}
space coordinates 空间坐标{遥感}
space environment monitoring 空间环境探测
space environmental monitor 空间环境监视仪{遥感}
space-filling model 空间充满模型（指分子结构实体模型之一）{分遗}
space for brown rice 糙米仓位
space for shipment 装运舱位
space fumigant 空间熏蒸剂
space fumigation 空间熏蒸
space group 空间群{生技}
space group symmetry 空间群对称
space in rows 行距{栽培}
space information data 空间信息资料{智培}
space information system（= spatial information system） 空间信息系统{智培}
space isolation 空间隔离
space lattice ①空间点阵 ②空间格子
space lifeboat 宇宙救生船
space medicine 宇宙医学
space platform 空间平台，航天平台{遥感}
space radiation 宇宙辐射
space reconnaissance 空间侦察，航天侦察{遥感}
space serveillance system（**SSS**） 空间监视系统{电脑}
space-ship 宇宙飞船
space shuttle 航天飞机{遥感}
space simulator 空间模拟器
space station 空间站，航天站
space succession in rotation 轮作的空间顺序{耕作}
space technique（= space technology） 航天技术{信息}
space tracking system（**STS**） 空间跟踪系统
space travel 宇宙飞行，航天飞行
space traveler 宇宙飞行者，航天飞行者
space tug 轨道间飞船，空间渡船，航天渡船{遥感}
space vehicle 宇宙飞船，航天飞船
space velocity 空间速度{环保}
space virtual reality 航天虚拟现实
spaceborne 宇宙飞行器上的，航飞行器上的
spacecabin simulator 飞航座舱模拟器
spacecraft 航天器，空间飞行器（如卫星，宇宙飞船等）{遥感}
spacecraft performance data tape 卫星性能数据磁带，航天器性能数据磁带{遥感}
spacecraft simulation 航天器仿真
spaced bulk population 宽行混合群体
spaced cropping 宽行栽培，宽垄栽培
spaced crops 宽行栽培作物，宽垄作物
spaced drilled row 宽条播行
spaced-plant plot 单株穴栽区
spaced-plant trial 单株穴栽试验
spaced planting ①宽行播种 ②宽带屏障种植
spaced plate 分隔板
spaced seed 点条播
spaced sowing ①点播宽行播种 ②宽带屏障播种
spaceflight 宇宙飞行
spacegraph 立体图，空间图{电脑}
spacelab 宇宙实验室，空间实验室
spaceman 宇宙人，宇宙飞行员
spacer ①隔片 ②间隔套筒 ③垫圈，垫片 ④（杆式挂车）纵梁 ⑤隔离物 ⑥成层 ⑦间隔，间隔臂，间隔区（基因）
spacer arm 间隔臂{分遗}
spacer DNA 间隔 DNA
spacer DNA between rRNA genes rRNA

基因间间隔 DNA
spacer gel 成层胶,浓缩胶
spacer gene 间隔基因
spacer region 间隔区
spacer RNA 间隔 RNA
spacer sequence 间隔序列
spacers in DNA of mitochondria 线粒体 DNA 隔离物
spacers in DNA of rRNA rRNA 的 DNA 隔离物
spacesuit 宇宙服,航天服
spacial 空间的(spacialis)
spacial arrangement of plants 栽植方式,植株空间排列
spacial capture device 空间采集设备
spacial isolation 空间隔离
spacing ①间隔,株行距,植距 ②(工作部件的)配置 ③扩座{蚕} ④间隙
spacing between hills 穴距
spacing between plants 株距
spacing between rows 行距
spacing bias 间隔偏差
spacing cropping 宽行栽培
spacing density 株行距密度
spacing drill ①点播 ②精密播种机(种子等距播种)
spacing experiment 株行距试验,植株密度试验
spacing factor 间隔因子
spacing feed 精密播种排种器
spacing in the row 株距
spacing of drains (= distance between drains) 排水沟间距
spacing of pipes (= distance between pipes) 排水管间距
spacing of plant 株距
spacing of seed ①株距 ②粒距
spacing of seed within row (行内)株距
spacing of tines (中耕机)锄铲配置
spacing of vines 葡萄株距
spacing pulse 间隔脉冲
spacing seed drilling 精密播种机
spacing seed wheel 精密播种轮
spacing sticker 间隔垫木,隔条
spacing wheel 槽轮
spaddle 长柄锄
spade ①锹,铁锹 ②铲,铲斗 ③铲掘,挖土,锹翻 ④终止
spade bone 肩胛骨
spade budding 铲形芽接{园艺}
spade-farm 深耕地,深翻地
spade harrow 铲齿耙
spade-husbandry 深耕耕作法,深翻法
spade leaf 终止叶(指香蕉)
spade mulcher 锄齿式松土镇压器
spade-width channel 一锹宽沟渠
spade-work 深耕耕作作业,深翻作业
spaded disk 叶片盘,叶轮
spadeful 一铲,满铲
spadiceous ①栗色,枣褐色的 ②佛焰花序的,肉穗花序的(spadiceus)
spadicose 肉穗花序的(spadicosus)
spading ①铲除 ②挖掘
spading disk 翻土圆盘
spading fork 挖掘叉,叉式挖掘铲
spading machine 铲土机
spadix ①佛焰花序,肉穗花序 ②果穗(spadix)
spadix-flowered 肉穗花序花的(spadiciflorus)
spado ①去势动物 ②工蜂 ③工蚁
spalling ①剥落 ②散裂
span ①工作幅度 ②跨度,间隔,间距,距离 ③短时间,期间 ④共轭牛,双马,双螺 ⑤等斜面屋顶
span-roofed glasshouse 等斜面(屋顶)温室
spangle honeysuckle 莺树 [*Lonicera gracilipes* Miq.](忍冬科)
spaniel 斯班尼犬
Spanish bayonet ①丝兰属 [*Yucca* Dill.](百合科) ②丝兰 [*Yucca filamentosa* L.]
Spanish bluebell (= Spanish jacinth) 聚铃花 [*Scilla hispanica* Mill. = *S. campanulata* Ait.](百合科)
Spanish broom (= rush broom, weavers broom) 鹰爪豆 [*Spartium junceum* L.](豆科)
Spanish cedar 西班牙香椿(南洋香椿) [*Cedrela odorata* L.](楝科)
Spanish chestnut tree (= Italian chestnut) 欧洲栗 [*Castanea sativa* Mill.](山毛榉科)
Spanish clover ①山绿豆属 [*Desmodium* Desv.](豆科) ②山绿豆
Spanish dagger 凤尾兰 [*Yucca gloriosa* L.](百合科)
Spanish fennel flower 西班牙黑种草(茴香黑种草) [*Nigella hispanica* L.](毛茛科)
Spanish garlic 胡蒜 [*Allium scorodoprasum* L.](石蒜科)
Spanish gourd 笋瓜(印度南瓜) [*Cucurbita maxima* Duch.](葫芦科)
Spanish grape 冬葡萄 [*Vitis berlandieri*](葡萄科)
Spanish grass (= esparto grass, paper,

grass alfa, halfa) 细茎针芽［*Stipa tenacissima*］(禾本科)
Spanish jasmine 素馨花(耶悉名,大茉莉)［*Jasminum officinale* var. *grandiflorum* (L.) Kobuski = *J. grandiflorum* L.］
Spanish leaf miner (= beet leaf miner) 甜菜潜蝇,甜菜蝇
Spanish licorice 甘草［*Glycyrrhiza uralensis* Fisch.］(豆科)
Spanish moss (= Southern moss, vegetable hair) 铁兰［*Tillandsia usneoides*］
Spanish oyster plant (= golden thistle) 金菁(西班牙洋蓟)
Spanish peanut 西班牙花生(小粒种花生)
Spanish pepper (= paprika, bell pepper) 辣椒(制粉用)
Spanish pepper pod 辣椒角
Spanish plum (= red mombin) 西班牙李［*Spondias purpurea*］(漆树科)
Spanish radish (= black radish) 红萝卜［*Raphanus sativus* var. *niger*］(十字花科)
Spanish salsify (= scorzonera, viper′s grass) 细卷鸦葱［*Scorzonera crispatula* Boiss. = *S. hispanica* Auct.］(菊科)
Spanish-shawlplant ①裂距花属［*Schizocentron* Moissn.］②裂距花［*Schizocentron elegans* Moissn.］
Spanish trefoil 紫苜蓿(苜蓿)［*Medicago sativa* L.］(豆科)
Spanish type 西班牙型(花生)
Spanishfly (= blister beetle) 西班牙芫菁［*Lytta vesicatoria* Linnaeus］(芫菁科)
Spanishneedle 鬼针草［*Bidens bipinnata* L.］(菊科)
spanned record 跨越记录,跨区记录
spanner 扳手
spanning ①跨越,穿过 ②生成
spanning forest 生成森林
spanning value 跨越值{电脑}
Spanon (= Spanone, chlordimeform) 杀虫脒(杀虫、杀螨剂)［$C_{10}H_{13}ClN_2$］
spanroof frame (= doublespan frame) 双斜面温床
spanroofed glasshouse 双斜面［玻璃］温室
spanworm (= measuring worm) 尺蛾
spar ①立柱,圆柱,圆材 ②桅杆 ③杆,集材杆
spar buoy 圆柱形浮标,杆(筒)状浮标
spare ①贫弱的,节俭的 ②瘦的,少肉的 ③备用的,储备的 ④备件 ⑤空闲
spare area 备用区{电脑}
spare branch ［结果母枝］预备枝(指果树)
spare diet 节食
spare dike 备用堤,二道堤
spare head 备用磁头{信息}
spare horse 备用马
spare key 备用键
spare machine 备用机{信息}
spare part catalogue 备件目录
spare parts 备件,储备部件
spare processor 备用处理机
spare receptor 空闲受体{分遗}
spare-ribs 带肉肋骨,排骨
spare tape 备用带{信息}
"spare-time farm" 业余农场(利用业余时间经营的农场)
spare track 备用磁道{信息}
spare unit (= spare part) 备用部件
spare wire 备用线{信息}
spares 备件
spares allocation 备件分配
spares provisioning 备件供应
sparge 喷雾,喷射
sparge pipe 喷水管(指厕所){环保}
sparge water 冲洗水,喷淋水{环保}
sparger ①喷雾器,喷洒器 ②大气泡扩散器(用于曝气池){环保}
sparing grain 秕粒(灌浆不好的子粒)
spark ①火花 (= sparkle) ②电花,闪花
spark arrester 火花熄灭器(防止烟筒火花飞散)
spark condenser 点火系电容器
spark discharge 火花放电
spark killer 火花抑制器
spark plug 火花塞,点火嘴
sparking cider 汽酒(苹果酒)
sparking wine 兴奋酒(葡萄酒)
sparkling 闪光的,发火花的(scintillans)
sparkling wine 起泡沫酒
sparmannia ①斯珀曼木属［*Sparmannia* L.f.］(大麻科) ②(= African hemp)斯珀曼木(非洲大麻)［*Sparmannia africana* L.f.］
sparrow 麻雀［Passor］
sparrow-tongue 萹蓄［*Polygonum aviculare* L.］(蓼科)
sparrow-vetch 乌喙豆(四子野豌豆)［*Vicia tetrasperma* (L.) Moench］(豆科)
sparrow-wort ①赛迷香属［*Thymelaea* L.］(瑞香科) ②赛迷香［*Thymelaea passerina* Coss. et Germ.］
sparse ①稀疏的 ②散生的,散布的 (sparsus)
sparse array 稀疏阵列{电脑}

sparse coding 稀疏编码
sparse culture 稀疏培养
sparse data area 资料稀少区域
sparse distribution [稀]疏[分]布
sparse foliage 散生叶
sparse index 稀疏索引
sparse planting 稀植,稀播
sparse rainfall 零星降雨
sparse rearing 薄饲{蚕}
sparse seeding (=sparse sowing) 稀播
sparse stand 稀疏植株生长密度
sparse sward 疏生草地
sparse vector 稀疏向量
sparse vegetation 稀疏植被
sparsely flowered 稀花的,疏花的(rariflorus)
sparsely haired 疏毛的(pilosiusculus)
sparsely leaved 疏叶的(rarifolius)
sparsely planted plot 稀植区
sparsely populated area 人口稀少地区
sparsely thorned 具疏刺的(subaculeatus)
sparseness 稀疏度(sparsitas)
sparsiflorous 散生花的(sparsiflorus)
sparsifolious 散生叶的(sparsifolius)
sparsomycin 稀疏霉素
Spartan education 斯巴达式培育法
Spartan training system 斯巴达式培育法
sparteine 鹰爪豆碱[$C_{15}H_{26}N_2$]
spartoid 皮层菌丝体
spasm 痉挛(spasmus)
spasmodic 患痉挛的,痉挛性的(spasmodicus)
spasmodic asthma 痉挛性喘息
spasmodic croup 痉挛性格鲁布(臀部){医}
spasmodicity ①生长不定性 ②痉挛[现象](spasmodicitas)
spasmotin 痉挛碱
spasmotoxin 破伤风毒素
spat ①贝卵,贝苗 ②产,产卵(贝类)
spat of oyster 牡蛎苗
spathaceous 具佛焰苞的(spathaceus)
spathe (=spatha) 佛焰苞
spathe flower ①白鹤芋属[*Spathiphyllum* Schott.](天南星科) ②白鹤芋[*Spathiphyllum kochii* Schott.]
spathe valve 佛焰苞片(valva spathosa)
spathille 小佛焰苞(spathilla)
spatholobus ①密花豆属[*Spatholobus* Hassk.](豆科) ②密花豆[*Spatholobus suberectus* Dunn]
spathose 佛焰苞的(spathosus)
spathula 切片铲{显技}
spathulate 匙形的(spathulatus)
spathulate sundew 小毛毡苔[*Drosera spathulata* Labill.](茅膏菜科)
spatial ①空间的 ②立体的(spatialis)
spatial acuity 空间视敏度
spatial algorithm 空间算法
spatial alteration (轮作)空间轮换
spatial analysis technique 空间分析技术
spatial arrangement (轮作)空间安排,空间排列
spatial coding 空间编码
spatial coherence 空间相干性
spatial condition 空间条件
spatial configuration 空间构型
spatial conformation 空间构象
spatial data analysis 空间数据分析{智培}
spatial data structure 空间数据结构
spatial database 空间数据库
spatial development 空间发展
spatial difference 空间差异
spatial digitizer 空间数字化仪
spatial dimension 空间范围
spatial distribution 空间分布
spatial domain 空间域
spatial economics 空间经济学
spatial environment 空间环境
spatial filtering ①空间滤光 ②空间滤波{遥感}
spatial filtering plane 空间滤波平面
spatial frequency 空间频率
spatial frequency spectrum 空间频谱
spatial frost exclusion 排除空间霜冻
spatial information data 空间信息资料{智培}
spatial information system of crop 作物空间信息系统{智培}
spatial information system of intellectualized crop production 作物智能化生产的空间信息系统{智培}
spatial insulation 空间绝缘
spatial integration 空间间隔(指轮作作物安排)
spatial interaction 空间相互作用{遥感}
spatial isolation 空间隔离
spatial limits 空间限制
spatial locality 空间局部性
spatial orientation 空间定向
spatial resolution 空间分辨率
spatial separation 空间分离
spatial sequence 空间序列
spatial structure 空间结构
spatial summation 空间总和
spatiality 空间性(spatialitas)

spatio-temporal 空间时间的,时空的
spatterdock ①萍蓬草属［*Nuphar* Sm.］（睡莲科）②萍蓬草［*Nuphar pumilum* (Hoffm.) DC.］
spatterdock cowlily 圆叶萍蓬草［*Nuphor advena* Ait. f.］(睡莲科)
spatula 刮刀
spatulate 匙形的 (spatulatus)
spatulate leaf 匙形叶 (folium spatulatum)
spavin （马）跗节赘,跗节内肿 (sparvanus)
spawn ①栽培种（食用菌栽培）②小球茎 ③（鱼）产卵 ④幼鱼,鱼仔 ⑤产物
spawn run process 栽培种培养工程(指食用菌){农施}
spawn running （食用菌）菌丝蔓延,发菌
spawn-taking operation 挤卵操作
spawner 产卵鱼（蟹,虾等）
spawning ①(食用菌）下种,播种 ②(鱼）产卵
spawning area 产卵区
spawning bed (= spawning ground) 产卵场
spawning behavior 产卵习性
spawning ground 产卵场(鱼)
spawning migration 产卵洄游
spawning pond 产卵池
spawning potential 产卵潜力
spawning time 产卵期
spay 剜割卵巢
spayed hen 阉母鸡
spaying 去势,阉割(指雌畜)
speaker ①说话人 ②扬声器{信息}
speakerphone 扬声器电话
speaking-rod (= self-reading rod) 自读标尺
spear ①口矛{病理}②嫩茎,长茎,嫩叶,长叶 ③羽毛 ④鱼叉 ⑤铲尖,矛形尖
spear-bearing ①具矛的 (lonchitifer) ②具戟的 (hastifer)
spear-bristled 具矛状粗毛的 (hystrichocentrus)
spear foot 右后足（马）
spear-grass ①针茅属［*Stipa* L.］(禾本科) ②针茅［*Stipa capillata* L.］
spear hand 右手
spear head 矛形铲,中耕铲
spear head point 矛形铲尖
spear-leaved ①矛叶的 (lonchophyllus) ②戟形的 (hastifolius)
spear-like ①矛状的 (lonchodes) ②戟形的 (hastatus)
spear-lily 矛花属［*Doryanthus* Correa.］(石蒜科) ⌞拟⌝
spear-lipped 戟形唇瓣的 (hastilabius)
spear-marker 矛式划行器,铲式划行器
spear-thistle (= fuller's thistle) 披针叶蓟［*Cirsium lanceolatum* Scop.］(菊科)
spear-wood 黑檀［*Acacia homalophylla* A. Cunn.］(豆科)
Spearman's coefficient 斯皮尔曼氏系数{统计}
spearmint 留兰香（绿薄荷)［*Mentha spicata* L. = *M. viridis* L.］(唇形科)
spearpoint harrow 箭形齿耙
spearpoint shovel 箭形松土铲
special ①特殊的,特别的,特用的,特制的 ②专门的,专一的,专用的 ③临时的,附加的,格外的,例外的 (specialis)
special add 特殊加{统计}
special affinity 特殊亲和力
special air mission 特殊飞行任务{遥感}
special analog computer 专用模拟计算机
special authority 特权
special base 专用库
special botany 特用植物学,植物学各论
Special Commission on Cocoa 可可专门委员会
Special Commission on Coffee 咖啡专门员委会
special crops 特用作物
special cultivation technique 特殊栽培技术
special cultural practice 特殊栽培措施
special digital computer 专用数字计算机
special disease nursery 特殊病害圃
special dominance 特殊显性
special effect 特效
special effect generator (SEG) 特效生成器
special environmental variance 特殊环境方差,特殊环境变量
special feature ①特殊特征 ②专用特点 ③特殊功能部件
special fixed point 特殊固定点
special force 特殊力量
special formulation 特殊配方
special fragment 特殊断片
special gene combination 特殊基因组合
special grab 专用抓斗
special grade 特级
special hardware ①特殊硬件 ②专用设备
special harrow 专用耙
special heterotic allele 特殊杂种优势等位基因 (allela heterotica specialis)
special importance 特别重要
special insertion ①专用插入{分遗} ②专用嵌入{电脑}
special interest group (SIG) 专业组

special interface 专用接口{信息}
special isoenzyme 特殊同工酶,专用同工酶{生技}
special journal 专刊
special journal of cropping system 耕作制专刊
special livestock formulation 兽用剂型
special manufacture 特制品
special map 基本图
special measure 特殊措施{栽培}
special metamorphosis 特殊变态(metamorphosis specialis)
special mulberry field for young silkworms 稚蚕用桑园
special NOR 专用"或非"电路{电脑}
special observation 特殊观测
special passage 特殊通道{生技}
special pea planter 豌豆专用播种机
special plow 专用犁{农具}
special probe 专用探针(取样品用)
special product 特产,名产
special property 特殊性质
special purpose ①专用的 ②专用,特殊用途
special-purpose classification 特殊用途分类法(作物分类)
special-purpose computor 专用计算机{电脑}
special-purpose intelligent terminal 专用智能终端
special-purpose key 专用键
special-purpose language 专用语言{电脑}
special-purpose thresher 专用脱粒机{农机}
special requirement 特殊需求
special segment 特殊节段
special SG 特号 SG(弹丸号名){狩猎}
special site 特殊位点
special situation 特殊情况,特殊态势
special steel 特殊钢,合金钢
special survey 专门调查
special technics 专门技术
special town economy 专业[乡]镇经济
special trailer 专用挂车
special transduction 特殊转导
special treatment 特殊处理
special tree (= preserved tree, protected tree) 保护树
special type 特殊型
special use wheat flour processing 专用面粉加工{加工}
special weather report 特殊天气报告
special weed problem 特殊杂草问题
specialism 专业,专门(specialismus)
specialist 专家(specialistus)
specialist intelligence report 专家情报报告{智培}
specialist species 专化种,专业种
speciality ①专门研究,专业,专长 ②特性 ③名产,特产,特制品(specialitas)
speciality polymer 特殊性能多聚体
specialization ①特化[作用] ②专化性 ③专业化,专门化 ④分化 ⑤限制,限定(specialisatio)
specialization of breeding ①育种专业化 ②育种方向
specialization of labour 劳动专业化
specialization of production 生产专业化
specialization of regional economy 地区经济专业化
specialized automatic data processing 专业化自动数据处理
specialized cell 专化细胞
specialized chromosome 特化染色体
specialized farm 单一经营农场,专业农场
specialized farming 专业化栽培
specialized form 专化型
specialized manufacturing industry 特种制造业
specialized parasite 专化寄生菌
specialized pathogen 专化性病原(pathogenus specialosus)
specialized region 专化区,分化区
specialized scale 专化鳞片
"specialized" species "特化"种,专用种
specialized tissue 专化组织(tela specialosa)
specialized transduction (= restricted transduction) 局限转导
speciation 物种形成(speciatio)
speciational evolution 成种进化(evolutio speciationalis)
species ①种,物种 ②种类 ③核素
species additive 合成种
species-area curve 种—面积曲线
species certificate 良种证明书
species characteristics 种特征
species chimera 种嵌合体
species combination 种的组合
species community of plant or animal 动植物种群
species complex 物种综合体
species concept 物种概念
species conservation 种保存
species cross 种杂交(种间杂交)
species diagnosis 物种检定
species difference 种间差异

species differentiation 种分化
species differentiation character 种分化性状
species flagellar antigen 种鞭毛抗原
species flock 种群
species group 种群
species hybrid 种间杂种
species hybridization 种间杂交
species immunity 种免疫性
species level 种水平
species line 种界
species locus 种位
species name 种名 (nomen specificum)
species of clouds 云种
species of trees 树种
species point 种点
species population 种群体
species purity 种纯度
species range 种范围
species saturation 种饱和度
species senescence 衰老种
species specific antigen 种特异性抗原
species-specific characteristics 种特异性特征
species-specific morphological pattern 种特异性形态模式
species-specific property 种特异性性质
species-specific protein 种特异性蛋白
species-specific variation 种特异性变异
species specificity 种特异性,种专一性
species spectrum 物种谱
species stage 物种阶段
species transformation 物种转化
species trial plot 树种试验区
specific ①种的 ②专化性的,专一的,特异的,特殊的 ③精确的 ④恒具的 ⑤比 ⑥专属 (specificus)
specific absorptivity 比吸光系数
specific actinophage 特殊放射菌噬菌体
specific activity ①比活[性],比活度{生化} ②恒具活性{生理} ③专性活动{土壤} ④比放射性{微生物}(activitas specificus)
specific activity of an enzyme 酶比活性
specific adjuvant 特别助剂(如农药的增效剂)
specific admixture 物种混杂
specific adsorption 比吸附,专性吸附
specific affinity 种亲和性
specific agglutination 特异凝集
specific assemblage 物种整合
specific attachment site 特别附着部位
specific base pairing 特别碱基配对
specific capacity ①比能力 ②比容量 ③(井水)单位抽降的容量{环保}
specific character 物种性状
specific characteristics 物种特征
specific chromosomal DNA sequence 特异染色体 DNA 序列
specific climatic requirement 特殊气候需求
specific combining ability 特殊配合力
specific composition ①种组分 ②特定组分
specific composition of species 种的特定组分
specific conductance 比电导,电导率
specific conduction system 特异传导系统,比传导系统
specific conductivity 比传导,比传导度
specific crops 特用作物
specific degradation 特异降解
specific density 比密度
specific desiccation tolerance 特异耐干化性
specific difference 特殊差异性 (diffentia specifica)
specific differentiation 特异分化 (differentiatio specifica)
specific diffusion behaviour 特异扩散作用
specific diffusion impedance 扩散比阻
specific disease development 专化性病害发生,专化性发病
specific DNA binding enzyme 专效 DNA 结合酶
specific duty 特别关税{农经}
specific dynamic action 特种动力作用
specific ecological habitat 特异生态生境
specific ecological niche 特异生态位
specific efficiency 比效率
specific energy 能率
specific environmental condition 特定环境条件
specific environmental stimuli 特定环境刺激
specific enzyme 专效酶
specific enzyme defect 专效酶缺乏
specific enzyme inhibitor 专效酶抑制因子
specific extinction coefficient 比消光系数
specific field conditions 特殊田间条件
specific force 专性力
specific fuel consumption 比燃料消耗,燃料消耗率
specific fungal attack 特异真菌侵袭
specific gas constant 比气体常数
specific gene 专效基因
specific gravimeter 比重计
specific gravity 比重

specific gravity calculator 比重计算器
specific gravity in air dry 气干比重
specific gravity in green 青比重
specific gravity in oven dry 烘干比重
specific gravity of dust 粉尘比重{环保}
specific gravity of wood 木材比重
specific gravity selection 比重选[种]
specific gravity separation (种子)比重分离
specific gravity separator (种子)比重分离机
specific gravity sorter 比重分级机
specific gravity test 比重试验
specific growth pattern 特殊生长模式
specific heat 比热
specific heat at constant pressure 定压比热
specific heat at constant volume 定容比热
specific heat-shock proteins 比热激蛋白
specific heterotic allele 种间杂种优势等位基因
specific humidity (q) 比湿
specific humidity line 比湿线
specific hydraulic conductivity 比导水率
specific immunity 特异免疫
specific impurity [物]种混杂度
specific inductivity 介电常数
specific inhibitor 专效抑制因子
specific ion effect 专性离子效应
specific ion electrode 离子选择电极
specific ionization 比电离,电离比值
specific karyotype 特异染色体组型
specific leaf area (SLA) 比叶面积
specific lectin 特殊[外源]凝集素
specific life-span 特异寿命
specific linear arrangement 特异直线排列
specific linking difference 比连接差
specific load segment 特定装载段{信息}
specific locus method 特定座位法
specific locus test 特定座位测定
specific loss ①损失度 ②比损失[量]
specific loss of moisture 比水分损失[量]
specific marker effect 特异标志效应
specific mass 密度
specific mechanism 特殊机制
specific medicine 特效药
specific modifier 特异饰变因子
specific moisture 比湿
specific morphology 专化性形态[学]
specific name (= species name) 种名
specific nucleotide sequence 特异核苷酸顺序
specific nutrient requirements 特殊营养元素需要量
specific organ 特殊器官
specific organelle 特异细胞器
specific parameter 特定参数
specific pathogen-free (SPF) 无特定病原菌的
specific pathogen-free animal 无特定病原菌动物
specific pattern 特有模式
specific pest 专食性害虫
specific phase 种相
specific polling 指定轮询{信息}
specific power 比功率
specific power weight 单位功率重量
specific pressure 比压,单位压力
specific production rate 比生产率
specific property 专一特性,特殊性质
specific protection 特殊保护
specific protein 特异蛋白
specific proteolysis 特异蛋白酶解
specific rate constant 比速常数
specific rate of flow 比流量
specific reaction 专化性反应
specific reagent 特效试剂,特异试剂,专一试剂
specific regulation 专一调节
specific regulatory protein 专一调节蛋白
specific requirement 特殊需要
specific resistance ①比阻 ②特异性抗性,专性抗性
specific response 特异反应
specific retention of soil 比土壤持水作用
specific retention volume 比保留容积{生技}
specific rhythm 物种节律
specific roguing 种[间]淘汰
specific role 特殊作用
specific rotation 比旋光,旋光率
specific rotatoring power 比旋光度,旋光率
specific sensitivity 特异敏感性
specific sensitivity in immissions 注入[污染]物的特异敏感性{生态生理}
specific serum 特异血清
specific sex realizer 特异性实现基因
specific site 特定部位
specific speed ①比转速,比速 ②特有速度
specific stomatal diffusion resistance 特异气孔扩散阻力,气孔扩散比阻
specific strength 比强度
specific substrate 特异底物
specific surface 比[表]面
specific surface area 比表面积

specific system 专门系统,特殊系统
specific temperature threshold level 特定温度临界水平
specific template 特异模板
specific toxic effect 专性毒害作用,特异毒害作用
specific transcription 特异转录
specific transcription product 特异转录产物
specific type 种型(typus specificus)
specific value 比值
specific virus 特异病毒
specific viscosity 比黏度
specific volume 比容
specific weight 比重量
specific weight of seed 种子比重
specific weight of wood 木材比重
specification ①指定,载明,详述 ②定种 ③特化 ④[复]计划书,说明书 ⑤[复]规格,规范,项目,清单(specificatio)
specifications check 规格检查
specifications of implements 农机具说明书
specifications of levelling quality 平地质量规格
specifications of pinching quality 摘心质量规格
specifications of radiation quality 辐射质量规格
specifications of sowing quality 播种质量规格(定)
specifications of thrashing quality 脱粒质量规格
specifications sheet 说明表
specificity ①专一性 ②特异性,独特性(specificitas)
specificity factor for RNA polymerase RNA聚合酶的专一性因子
specificity factor role in T_4 gene timing (噬菌体)T_4基因定时的专一性因子作用
specificity factor use in gene timing 基因定时用的专一性因子
specificity of enzyme 酶专一性
specificity residue 特异性残基
specified addressed location 指定编址位置{信息}
specified input 确定输入,限定输入
specified poisonous substance 特定毒物
specigenesis 物种发生
specimen ①标本,样品 ②例,实例
specimen jar 标本瓶
specimen map 样图{遥感}
specimen preparation ①标本制片 ②标本制备
specimen screen ①样品网 ②置样屏
specimen tree 优型树,标本树
specimen type 标本模式,标本类型
specioid 拟种(specioides)
speciose 优美[的](speciosus)
speck ①污点,(水果上表示腐烂的)瑕疵,斑点 ②微片,微尘,微粒
specked ①有斑点的,有疵斑的 ②有微粒的,有瑕疵的
speckle ①[小]斑点(= small speck or spot) ②污迹(= stain)
speckle pattern 斑纹图样{遥感}
speckled 具[小]斑点的(punctatus)
speckled alder 灰桤木[*Alnus incana* Moench.](桦木科)
speckled leaf 具斑点叶(folium punctatum)
speckled leaf blotch 叶枯病(小麦)
speckled tar spot 黑纹病
speckled toad lily ①油点草属[*Tricyrtis* Wall.](百合科) ②油点草[*Tricyrtis macropada* Miq.]
speckled wood 具斑点木材
specpure 光谱纯的(specpurous)
spectacudar figmarigold 松叶菊[*Mesembryanthemum spectabile* Haw.](番杏科)
spectinomycin 壮观霉素
spectral 光谱的(spectralis)
spectral absorptance curve 光谱吸收度曲线{分生}
spectral absorption 光谱吸收(absorptio spectralis)
spectral analysis 光谱分析(spectroanalysis)
spectral band 光谱带
spectral-brightness indicator 光谱亮度指示器
spectral characteristic of foliage 叶光谱特性
spectral color ①光谱色彩,光谱颜色 ②频谱颜色
spectral composition 光谱组成
spectral contrast 光谱反差,光谱对比度
spectral curve 光谱曲线
spectral density 光谱密度
spectral dispersing systems (spectrometer) 光谱色散系统(分光仪)
spectral distribution 光谱分布(distributio spectralis)
spectral emissivity 光谱发射率{遥感}
spectral exitance 光谱发射度{遥感}
spectral feature 光谱特征
spectral information 光谱信息

spectral interval 光谱间隔,光谱波段
spectral irradiance 光谱辐照度
spectral line 光谱线
spectral line intensity 光谱线强度
spectral map 光谱图{遥感}
spectral model 光谱模型
spectral pattern 光谱型
spectral properties of vegetation 植被波谱特性
spectral property 光谱特性
spectral radiance 光谱辐射率
spectral radiant exitance 光谱辐射度
spectral reflectance 光谱反射比
spectral reflection analysis 光谱反射分析 (analysis reflectionis spectralis)
spectral reflection measurement 光谱反射测量
spectral region 光谱区
spectral response 光谱响应
spectral response correction 光谱响应校正
spectral selectivity 光谱选择性
spectral sensitivity 光谱敏感性(度)
spectral width 光谱宽度
spectral window 谱窗{电脑}
spectroanalysis (=spectral analysis) 光谱分析
spectrobologram 分光变阻测热图 (spectrobologramma)
spectrochemical 光谱化学的 (spectrochemicus)
spectrochemical analysis 光谱化学分析 (spectrochemoanalysis)
spectrochemistry 光谱化学 (spectrochemia)
spectrocomparator 光谱比较仪
spectrodensitomer 光密度计
spectrodensitometry ①光密度测定 ②光密度测定法 (spectrodensitometrica)
spectrofluorimeter 荧光分光[光度]计
spectrograde 光谱级 (spectrogradus)
spectrogram 光谱图 (spectrogramma)
spectrograph 摄谱仪,光谱仪
spectroheliograph 日射光谱计
spectrometer 分光计
spectrometric data 光谱测定数据 (data spectrometricae)
spectrometry ①光谱测定 ②光谱测定法 (spectrometria)
spectrophotometer 分光光度计
spectrophotometric analysis 分光光度分析
spectrophotometric method 分光光度[测定]法 (spectrophotometrica)
spectrophotometry ①分光光度测定 ②分光光度测定法,光谱摄影术 (spectrophotometrica)
spectropolarimeter 旋光分光计
spectropyrheliometer 直接日射光谱仪
spectroradiometer 分光辐射度计
spectroscope 分光镜
spectroscopic hygrometer 分光湿度表
spectroscopically pure 光谱纯的
spectroscopist 光谱学家 (spectroscopistus)
spectroscopy 光谱学 (spectroscopia)
spectrum ①谱 ②光谱 ③频谱 ④波谱
spectrum analysis 光谱分析 (spectroanalysis)
spectrum analyzer 光谱分析器 (spectroanalyser)
spectrum distribution 光谱分布 (spectrodistributio)
spectrum matching technique 光谱匹配技术{遥感}
spectrum of activity (=radius of action) 作用有效面积,作用有效半径
spectrum of geographical elements 地理成分谱
spectrum of growth form 生长形式谱
spectrum of life form 生命形式谱
spectrum of mutation 突变谱
spectrum of resistance 抗性谱
spectrum of variation 变异谱
spectrum of water vapor 水汽光谱
spectrum roll-off 光谱减少
spectrum routing 光谱路径
specular ①镜面的 ②镜面 (specularis){遥感}
specular layer 镜面反射层 (stratum speculare)
specular reflection 镜面反射 (reflectio specularis)
specular surface 镜面 (superficies specularis)
specularite 镜铁矿
speculation ①思索,推测 ②投机,投机买卖 (speculatio)
speculative ①思索的 ②推测的 ③纯理论 (speculativus)
speculum ①开腔器,张开器(阴道) ②翼斑,翼镜(鸟) ③透明斑,颈斑,响板(昆虫)
speech ①话音 ②讲话 ③语言{信息}
speech amplifier 语言放大器
speech analyzer 语音分析器
speech clip 话音芯片

speech interference level 语言干扰级{环保}
speech noise 语言噪声{环保}
speech path network 语言通话网络{信息}
speech path system 话路系统
speech-recognition 语言识别{信息}
speed ①速度,速率 ②转速 ③(变速器)档次 ④加速
speed change gear 变速齿轮
speed coding system 快速编码系统{电脑}
speed control 转速调节,速度调节
speed gear ①变速传动装置 ②变速齿轮
speed governing system of electric drive 电力驱动调速系统{农施}
speed governor 调速器
speed harvesting 快速收获,快收快割
speed indicator 转速表,转速指示器
speed of access 取数速度{遥感}
speed of adjustment 调整速度
speed of descent 下沉速度
speed of drilling 播种速度,播种量
speed of electron transport 电子传递速度
speed of filtration 过滤速度(率)
speed of germination 发芽速度
speed of quarry 猎物飞走速率
speed of rotation 转速
speed planting 快速播种,抢播抢种
speed range 速度范围
speed rating 感光速率(指乳剂){遥感}
speed ratio (齿轮)传动比
speed reducer 减速器
speed reduction 减速
speed regulation 转速调节,转速不等率
speed regulator 调速器
speed sprayer ①快速喷雾器 ②高速喷雾机
speed up 加速,升速
speed variator [无级]变速器
speedometer (= speed meter) ①速度计,车速表 ②里程计,车速里程表 ③示速器
speedup 加速,升速
speedup of pipeline 流水线加速
speedup of the development of medium and small enterprises 加速中小企业的发展
speedup ratio 加速比
speedway 高速公路
speedwell ①婆婆纳属[*Veronica* L.](玄参科) ②婆婆纳[*Veronica agrestis* L.] ③毛叶水苦荬[*Veronica incana* L.]
speedy planter 快速播种机,快速栽植机
speiranthy 旋花式(speiranthia)
spelaean (= spelean) ①洞穴状的 ②穴居的(spelaeanus)
spelaeology (= speleology) 洞穴学(spelaeologia)
spelaeozoology 洞穴动物学(spelaeozoologia)
spell of weather 天气周期
spelling 拼写{电脑}
Spelt (= dinkel wheat, Spelt wheat) 斯卑尔脱小麦[*Triticum spelta* L.](禾本科)
Spelt group 斯卑尔脱[小麦]类群
Spelt series 斯卑尔脱[小麦]系
speltoid ①斯卑尔脱突变型 ②拟斯卑尔脱的(speltoides)
speltoid wheat 类似斯卑尔脱小麦
speluncae 边缘鳞盖蕨[*Microlepia marginata* sp.](碗蕨科)
spent (spend 的过去分词,作形容词) ①废的,余下的,失去效力的 ②用完的,耗尽的 ③精疲力竭的 ④[鱼]产过卵的
spent fish 产过卵的瘦鱼
spent lees 制威士忌酒二次蒸馏残余{加工}
spent liquid (= spent liquor) 废液
spent liquid from wood cooking 木纸浆厂废液{环保}
spent liquor [氨液]蒸馏液,废液{环保}
spent mash 废醪(酒厂),废液(酒精厂)
spent oil 废油
spent wash 制威士忌酒一次蒸馏残余{加工}
spent water 用过水,废水{环保}
speract 精子活化肽(指一种海胆卵肽)
Spergon (= chloranil) 四氯苯醌
sperm ①精子 ②精液(sperma)
-sperm ⌞字尾⌝ ①种子 ②精,精子
sperm agglutination 精子凝集
sperm antigen 精子抗原
sperm aster 精星体
sperm-cell 精细胞
sperm cyst 育精囊
sperm-egg binding 精卵结合
sperm-egg fusion 精卵融合
sperm head protein 精子头蛋白
sperm histone 精子组蛋白
sperm mother cell (S.M.C.) 精母细胞
sperm motility 精子活力
sperm-nucleus 精核
sperm penetration 精子穿入
sperm pump (= spermathecal pump) 精泵
sperm receptor 精子受体
sperm transmission of cytoplasmic factors 精子细胞质因子的传送
sperm tube 睾丸管
sperma- ⌞字头⌝ ①种子 ②精,精子
spermaceti wax (= cetin) 鲸蜡

spermagonium 性孢子器,精子器
spermaphore ①胎座 ②珠柄（spermaphora）
spermapodium 种柄(用于伞形科)
spermary ①花粉管 ②雄器 ③精巢（spermarium）
spermaster 精星体
spermatangium 精子囊
spermateleosis（= spermiogenesis） 精子形成
spermatheca（= receptaculum seminis） 受精囊
spermathecal duct 受精囊管
spermathecal gland 受精囊腺
spermathecal pump（= sperm pump） 精泵
spermatiation 受精［作用］(spermatiatio)
spermatic cord 精索
spermatid 精子细胞（spermatidus）
spermatiferous 产精子的（spermatiferus）
spermatiform 精子状的（spermatiformis）
spermatine 精液蛋白
spermatioid 精子状的（spermatioides）
spermatiophore 性孢子梗（spermatiophora）
spermatium ①不动精子 ②［锈菌］性孢子
spermatization 授精［作用］（spermatisatio）
spermatoblast（= spermatid） 精子细胞（spermatoblastus）
spermatocyte 精母细胞（spermatocyta）
spermatogenesis 精子发生
spermatogenic 产精子的（spermatogenus）
spermatogenous 产精子的（spermatogenus）
spermatogenous cell 精原细胞（cellula spermatogena）
spermatogenous tissue 精原组织（tela spermatogena）
spermatogonium 精原细胞（spermatogonium）
spermatoid 精子形的（spermatoides）
spermatoleosis（= spermiogenesis） 精子形成
spermatology 种子学（spermatologia）
spermatomere 精子母细胞（spermatomera）
spermatomerite 精子染色质粒（spermatomerita）
spermatophore 精子托（spermatophora）
Spermatophyta 种子植物门
spermatophyte 种子植物（spermatophyta）
spermatoplasm 精子原生质（spermatoplasma）
spermatosome 精子体（spermatosoma）
spermatosphere 精子托（spermatophora）
spermatotheca 受精囊
spermatozoid（= motile male gamete） 游动雄配子,游动精子（spermatozoon）
spermatozoid nucleus 游动精子核（nucleus sperma-tozoides）
spermatozoon 精子
spermidine 亚精胺［$C_7H_{19}N_3$］
spermidium ①种状果(瘦果) ②精子座
spermine 精胺［$NH_2\cdot(CH_2)_3\cdot NH\cdot(CH_2)_4\cdot NH\cdot(CH_2)_3\cdot NH_2$］
spermiogenesis 精子形成(指变态)
spermiohistogenesis 精子组织形成
spermiology 精子学（spermiologia）
spermioteleosis（= spermateleosis） 精子发生
spermist 精原说者（spermistus）
spermo-nucleus 精核（spermonucleus）
spermocenter 雄中心体
spermoderm 种皮（spermoderma）
spermodermium 层精座
spermodochidium 腔精座
spermodochium 丝精座
spermogamete 小配子（spermogameta）
spermogone 精子器,性孢子器（spermogonium）
spermol 鲸蜡醇
spermophile 欧黄鼠
spermophore ①雌蕊柄(用于伞形科) ②胎座（spermophora）
spermospore 雄孢子（spermospora）
spersul 可湿性硫
spewy soil 沼泽土壤
SPF（= specific pathogenfree） 无特定病原菌的
SPF pig 无特定病原菌猪,抗病猪,SPF猪
sphaceloma scab of soybean 大豆疮痂病［*Elsinoe glycines* Jenkins］
sphaer- ⌊字头⌉圆球
sphaeraphides 球状针晶丛
sphaerenchyma 球状细胞组织
sphaeriaceous centrum 球壳菌型核心（centrum sphaeriaceum）
sphaerocarpium（= sphaerocarpum） 球形果
sphaerocarpous 球形果的（sphaerocarpus）
sphaerocyst ①球状胞 ②髓球胞（sphaerocysta）

sphaeroid 球形的 (sphaeroides)
sphaerophysa ①苦马豆属 [*Sphaerophysa* DC.](豆科) ②苦马豆 [*Sphaerophysa solsula* DC.]
sphaeroplea ①环藻属 [*Sphaeroplea* spp.](环藻科) ②环藻 [*Sphaeroplea* sp.]
sphaeroplea family 环藻科 [Sphaeropleaceae]
sphaerotilus ①球衣菌属 [*Sphaerotilus* Kutzing](细菌) ②球衣菌 [*Sphaerotilus* sp.]
sphaerotilus natans 浮游球衣菌 [*Sphaerotilus natans* Kutzing]
sphagniherbosa 泥炭藓草本群落
sphagniprata 泥炭藓草本群落
sphagnology 泥炭藓植物学 (sphagnologia)
sphagnophilous 生于泥炭藓上的 (sphagnophilus)
sphagnum (= peat moss) ①泥炭藓属 [*Sphagnum* L.](泥炭藓科) ②泥炭藓 [*Sphagnum palustrum* L.]
sphagnum bog 泥炭藓沼泽
sphagnum family 泥炭藓科 [Sphagnaceae]
sphagnum moor 泥炭藓沼泽
sphagnum peat 泥炭藓泥炭
sphalerite 闪锌矿
sphene 榍石 {地质}
spheno- ⌞字头⌝ 楔形
sphenoclea ①尖瓣花属(密穗桔梗属) [*Sphenoclea* Gaertn.](桔梗科) ②尖瓣花(密穗桔梗) [*Sphenoclea zeylanica* Gaertn.]
sphenoidal 楔形的 (sphenoides)
sphenopsida 楔叶类植物
sphere ①圆,圆球,球体 ②中心体 ③范围,区域 (sphaera)
sphere crystals (= sphaeraphides) 球状针晶丛
sphere of antagonistic effect 相尅作用圈
sphere-type granule 球型粒剂
spheric (= spherical) 球形的 (sphaericus)
spheric aerostat 球形[高空]气球
spheric-flowered 球花的 (sphaeranthus)
spherical 球形的,球面的 (sphaericus)
spherical aberration 球面像差,球差
spherical aggregate 球状团粒,球状团聚体
spherical bacteria 球形细菌 (bacteria sphaericae)
spherical bearing 球面轴承,调心轴承
spherical body 球体
spherical coordinates 球面坐标
spherical crown 球形冠(指树) (corona sphaerica) {园林}
spherical curvature 球面曲率
spherical cushion plant 球面垫形植物 (planta pulvinata sphaerica)
spherical droplet 球状小滴,球珠
spherical foliage 球形小叶 (frons sphaericus)
spherical micelle 球形分子团
spherical outside ball bearing 外球面自位滚珠轴承
spherical printer 球形打印机
spherical projection 球面投影
spherical pyranometer 球形总日射表
spherical pyrgeometer 球形地面辐射表
spherical roller 球面镇压器
spherical shell 球壳
spherical symmetry 球[形]对称
spherical virus 球状病毒
spherical wave 球面波
spherical weathering 球形风化
sphericity ①球面性(指当量容积的球面积与实际沙粒面积之比) {环保} ②球形 (sphaericitas) {遥感}
spherocyte 球形红细胞 (sphaerocyta)
spherocytic anemia 球形红细胞贫血症
spherocytosis 球形红细胞症 (spherocytosis)
spheroid ①球形的 ②球状体 (sphaeroideus)
spheroidal 圆球形的 (sphaeroideus)
spheroidene 球形[红极毛杆菌]烯
spheroplast [原生质]球状体,原生质球 (sphaeroplasta)
spheroplast fusion 原生质球融合
spherosome 球状[溶酶]体 (sphaerosoma)
spherospermium 缺尾精子 (sphaerospermium)
spherule ①(纺锤体)小球体 ②内孢囊 (spherula)
spherule cell 小球细胞 {蚕}
sphincter muscle 括约肌
sphincterate 具括约肌的 (sphincteratus)
sphingol 鞘氨醇
sphingolipid 鞘脂类
sphingomyelin 鞘磷脂 [$C_{24}H_{48}N_2PO_6 \cdot R$]
sphingophosphatide 神经磷脂
sphingosine 鞘氨醇
sphinx ①天蛾 (= hawk moth) ②⌞复⌝天蛾科 [Sphingidae]

sphygmograph 脉搏描记器
sphygmomanometer 血压计
sphygmometer 脉搏计
spi (=spissatus) 密[厚]云
spica (=spike) 穗花状序
spicate (=spiciform) 穗状的(spicatus)
spicate cyme 穗状聚伞花序(cyma spicata)
spicate raceme 穗状总状花序(racemus spicatus)
spice ①香辛料,调味品 ②气味,芳香(species)
spice bush (= benzoin tree, Benjamin tree) 安息香树[*Styrax benzoin* Dry.](安息香科)
spice-bush ①山胡椒属[*Lindera* Thunb.](樟科) ②山胡椒[*Lindera glauca* Bl.]
spice cactus ①念珠掌属[*Hatiora* spp.](仙人掌科) ②念珠掌[*Hatiora salicornioides* sp.]
spice cheese 香辛味干酪
spice crops [辛]香料作物
spice extracts 香料精,香味精,香料提取物{生化}
spice herbs 辛香料草本植物
spice plants 辛香料植物
spice vegetables 辛香料蔬菜
spice vinegar 香醋
spicery tea 香茶
spices and pungents 香辛菜类
spiciferous (=spicigerous) 具穗的(spicifer)
spiciform 穗状的(spiciformis)
spicilegium 搜集
spicknel (= mountain parsley) 高前胡[*Peucedanum oreoselinum* (L.) Moench. = *Athamanta oreoselinum* L.](伞形花科)
spicular 骨针状的(spicularis)
spicular cell 骨针状细胞(cellula spicularis)
spiculate ①具骨针状的 ②细刺的 ③具穗状花序的(spiculatus)
spiculate spike 复穗状花序(spica spiculata)
spicule (=spicula) ①小针突,交合刺 ②小穗
spiculiform 小穗状的(spiculiformis)
spicy 香料的(spiceus)
spider ①蜘蛛 ②针盘,针状盘,齿盘,齿状盘 ③毂盘,辐条盘(拨禾轮)十字头,十字架 ④蛛网形
spider beetle ①蛛甲 ②[复]蛛甲科[Ptinidae]
spider cactus 蛇龙球[*Gymnocalycium denudatum* sp.](仙人掌科)
spider flower (= silk oak grevillea) ①银桦树属[*Grevillea* R.Br.](山龙眼科) ②银桦树[*Grevillea robusta* Gunn.]
spider flowered type (= spider type) 管花型
spider heart 蛛心裂(木材缺陷)
spider-hunting wasps (= spider hunters) 蛛蜂科[Pompilide, Psammocharidae]
spider-like 蛛网状的,似蛛网的(arachnites)
spider-lily ①水鬼蕉属[*Hymenocallis* Salisb.](石蒜科) ②水鬼蕉[*Hymenocallis americana* Roem.]
spider mite ①红蜘蛛[*Tetranychus cinnabarinus* Bois.] ②[复]叶螨科[Tetranychidae]
spider-plant ①醉蝶花属[*Cleome* L.](白花菜科) ②醉蝶花[*Cleome spinosa* L.]
spider toxin 蜘蛛毒素
spider venom 蜘蛛毒
spider wasps 蛛蜂科[Pompilidae, Psammocharidae]
spider-wheel rake 指轮式搂草机
spiderflower (= spider plant) ①醉蝶花属(紫龙须属)[*Cleome* L.](白花菜科) ②醉蝶花(紫龙须,西洋白花菜)[*Cleome spinosa* L.]
spiderherb ①白花菜属[*Gynandropsis* DC.](白花菜科) ②白花菜[*Gynandropsis gynandra* (L.) Briq.]
spiderherb family 白花菜科[Capparidaceae]
spiderling ①黄细心属[*Boerhavia* L.](紫茉莉科) ②黄细心[*Boerhavia diffusa* L.]
spiders 蜘蛛目[Araneida]
spiderweb houseleek 蛛丝长生花(蛛网长生草)[*Sempervivum arachnoideum* L.](景天科)
spiderwort ①紫露草属[*Tradescantia* L.](鸭跖草科) ②紫露草(紫鸭跖草)[*Tradescantia virginiana* L.]
spiderwort family 鸭跖草科[Commelinaceae]
spignel ①密母属[*Meum* Adans.](伞形花科) ②密母[*Meum mutellina* Gaertn.]
spigot ①定心止口 ②定心凸肩 ③塞子 ④管子套接部分 ⑤插口,插头
spigot of pipe 管[子]插口{环保}
spike ①穗(禾本科) ②穗状花序 ③耙齿,钉

齿,刺针 ④尖峰信号脉冲 ⑤熏衣草(spica)
spike character 穗性状
spike crops 结穗作物
spike density 穗密度
spike differentiation 穗分化
spike disease 穗[状]病
spike-flowered rotala 印度水松叶[*Rotala indica* Koehne](千屈菜科)
spike formation 穗形成
spike formation stage 孕穗期,穗形成期
spike gayfeather 蛇鞭菊[*Liatris apicata* Willd.](菊科)
spike harrow 钉齿耙
spike hoe 钉齿锄
spike knot 长节,尖节
spike lavender 宽叶熏衣草[*Lavandula latifolia* Medic = *L. spica* DC.](唇形科)
spike-like ①穗状的 ②具穗的(spicatus)
spike-loss at headland 地头散穗损失
spike of sandal 檀香木变穗病
spike oil 穗状花油,薰衣草油
spike on the tiller (= ear on the tiller, head on the tiller) 分蘖穗
spike or panicle forming period 打苞期,穗形成期
spike or panicle of grain 谷穗
spike potential 峰[值]电位
spike-rush (= spike sedge) ①荸荠属[*Eleocharis* R. Br.](莎草科) ②荸荠[*Eleocharis tuberosa* Roem. et Schult.]
spike-stalk 穗轴(rachis)
spike tooth (= spike) 钉齿
spike-tooth concave 钉齿式凹板
spike tooth cylinder (脱粒机)钉齿滚筒
spike-tooth harrow (= pegtooth harrow) 钉齿耙
spike tooth roller 钉齿式镇压器
spike-toothed roller 钉齿滚子
spike top 枯梢
spike trisetum 穗状三毛草[*Trisetum spicatum* Richt.](禾本科)
spike winter-hazel 穗状蜡瓣花[*Corylopsis spicata* Sieb. et Zacc.](金缕梅科)
spiked ①具穗的 ②具穗状花序的(spicatus)
spiked beater 齿轮逐稿轮
spiked chain harrow 钉齿网状耙
spiked millet (= foxtail millet) 粟,谷子
spiked speedwell 穗婆婆纳[*Veronica spicata* L.](玄参科)
spikelet ①小穗(禾本科) ②小穗状花序(spicula)
spikelet abnormality 小穗反常性
spikelet differentiation stage 小穗分化期
spikelet disarticulation 小穗脱节
spikelet initiation 小穗原始体形成
spikelet-like 小穗状的(spiculiformis)
spikelet number per panicle 每穗小穗数
spikelet primordium 小穗原基(spiculoprimodium)
spikelet production 小穗生产量
spiker 钉齿式圆盘耙
spikerush 牛毛毡[*Eleocharis yokoscensis* Lang et Wang](莎草科)
spiking 掺加(指示踪剂)
spiking-in 锁入
spiking isotope 掺加同位素
spiky (= sharp-pointed) 尖头的,锥尖的
spilanthol (= affinin) 千日菊酰胺
spile ①插管 ②栓,塞子
spill ①火柴(= match) ②引火用木条 ③溢出,溢水
spill area 溢出区
spill pipe 溢流支管{环保}
spill process 溢出处理
spillage 溢流量{环保}
spilling water 溢流水{环保}
spillovers ①外溢,外溢量 ②附带结果
spillway 溢洪道,溢水道,溢水口
spillway dam 溢洪坝,溢流坝
spillway transverse dam 溢洪横坝
spin ①自旋,旋转,绕转 ②旋压 ③吐丝
spin block 旋转块{电脑}
spin conservation 自旋守恒
spin dialysis 旋转透析,离心透析
spin diffusion 自旋扩散
spin echo 自旋回波
spin echo correlated spectroscopy 自旋回波相关光谱学
spin echo refocusing 自旋回波重聚焦
spin-forbidden transition 自旋禁阻跃迁
spin imaging 自旋成像
spin label 自旋标记物
spin labeling 自旋标记
spin-lattice relaxation 自旋-晶格弛豫
spin lock 自旋锁,旋转锁{信息}
spin matrix 旋转矩阵
spin-off ①伴随的 ②附带的效果,副产品
spin-orbit coupling 自旋轨道耦合
spin orbital 自旋轨道
spin quantum number 自旋量子数
spin scan cloud camera (SSCC) 自旋扫描摄云[照]相机{遥感}

spin-spin coupling 自旋－自旋耦合
spin-spin relaxation（= transvere relaxation）自旋－自旋弛豫
spin-spin splitting 自旋－自旋分裂
spin system 自旋系统
spin tickling 自旋微扰
spin trapping 自旋捕获
spin wave function 自旋波函数
spin weeder 旋转除草器
spinach ①菠菜属［*Spinacia* L.］（藜科）②菠菜（菠薐菜）［*Spinacia oleracea* Mill.］
spinach anthracnose 菠菜炭疽病［*Colletotrichum spinaciae* Ell. et Halst.］
spinach antibody 菠菜抗体
spinach aphid（= green peach aphid）桃［赤］蚜［烟蚜］［*Myzus persicae*（Sulzer）］（蚜科）
spinach ascochyta leaf spot 菠菜褐斑病［*Ascochyta chenopodii* Rostr.］
spinach bacterial soft rot 菠菜细菌性软腐病［*Erwinia carotovora* pv. *carotovora*（Jones）Bergey Harison et al.］
spinach beet（= leaf beet，Swiss chard）叶用甜菜（牛皮菜，莙荙菜）［*Beta vulgaris* var. *cicla* K. Koch］（藜科）
spinach beet curly top disease 叶用甜菜曲顶病（病毒病害）
spinach beet ring mottle 叶用甜菜环斑驳病（病毒病害）
spinach cercospora leaf spot 菠菜白斑病［*Cercospora beticola* Sacc.］
spinach cutter 菠菜收割机
spinach downy mildew 菠菜霜霉病［*Peronospora effusa*（Grev.）Ces.］
spinach ferredoxin 菠菜铁氧还蛋白
spinach flea beetle 菠菜跳甲［*Disonycha xanthomelas* Delman］（跳甲科）
spinach fusarium wilt 菠菜枯萎病［*Fusarium oxysporum* Schl. f. *spinaciae*（Scherbakoff）Snyder et Hans.］
spinach leafminer（= beet fly）甜菜潜叶花蝇［*Pegomya hyoscyami*（Panzer）］（花蝇科）
spinach mosaic 菠菜花叶病
spinach necrotic dwarf virus 菠菜坏死矮缩病毒
spinach phyllosticta leaf spot 菠菜叶点斑病［*Phyllosticta chenopodii* Sace.］
spinach pinhead "rust" 菠菜褐点病［*Heterosporium variabile* Cooke］
spinacin ［角］鲨素，咪唑并吡啶甲酸
spinage（= prickly seeded spinach）刺子菠菜［*Spinacia oleracea* L.］（藜科）
spinal ①刺的 ②脊椎的，脊髓的（spinalis）
spinal animal 脊椎动物
spinal bone 椎骨
spinal column 脊柱
spinal cord 脊索
spinal fluid 脊髓液
spinal nerve 脊神经（nervus spinalis）
spinal shoot 刺枝
spinasternum 具刺腹片
spinasterol 菠菜甾醇
spinate 有刺的（spinatus）
spindle ①纺锤状细胞 ②纺锤体｛细胞｝③主轴，心轴，（纺织）纺锭，（摘棉机）摘锭 ④心叶（甘蔗）（fusus）
spindle apparatus 纺锤体
spindle apparatus and contractile ring 纺锤体与收缩环
spindle apparatus birefringence 纺锤体双折射
spindle apparatus during anaphase 后期时纺锤体
spindle apparatus during metaphase 中期时纺锤体
spindle apparatus mechanism of chromosome movement 染色体移动的纺锤体机制
spindle apparatus pole to pole separation 纺锤体极对极分开
spindle apparatus structure and function 纺锤体结构与功能
spindle attachment region 纺锤体着生区
spindle body 纺锤体（fusus）
spindle bridge 纺锤桥，中体
spindle cell 纺锤状细胞
spindle cluster 心叶群（指甘蔗）
spindle cotton picker 摘锭式采棉机
spindle dysfunction 纺锤体功能阻障
spindle elements 纺锤体分子
spindle equator 纺锤体赤道
spindle fiber 纺锤丝
spindle fiber attachment 着丝点｛细胞｝
spindle fiber bundle 纺锤丝纤维束
spindle hairs 纺锤毛
spindle hole 主轴孔
spindle-knife shredder 轴刀式茎秆切碎器
spindle-like 纺锤状的（fusoideus）
spindle microtubule 纺锤微管
spindle moistener 摘锭润湿器
spindle moisture applicator（棉花收获机）采棉旋杆湿润器，摘锭湿润器
spindle nephoscope 旋转测云器
spindle organization 纺锤结构

spindle picker 摘锭式采棉机
spindle plaque 纺锤噬菌斑
spindle poison 纺锤体抑制剂
spindle poison colchicine 纺锤体抑制剂秋水仙碱
spindle pole 纺锤极
spindle pyramid 纺锤锥体胞
spindle remains 纺锤剩体
spindle-remnant 纺锤体残留物
spindle residual-body 纺锤剩余体
spindle shape 纺锤形(茧形){蚕}
spindle-shaped ①纺锤形的 ②梭状的 (fusiformis)
spindle-shaped egg 纺锤形卵(卵形)
spindle-shaped fibroblast-like cell 纺锤形成纤维状细胞
spindle-shaped training 纺锤形整枝
spindle sharper 各面刨削机
spindle spherule 纺锤小粒(球)
spindle-stalked 纺锤柄的 (fusipes)
spindle stripe 心叶条纹(指甘蔗)
spindle training 纺锤形整枝
spindle-tree ①卫矛属 [*Evonymus* L.] (卫矛科) ②欧卫矛[*Evonymus europaea* L.]
spindle tuber (马铃薯)瘦薯病,纤块茎病,纺锤块茎病
spindling 徒长
spindling branch 徒长枝(指树冠下部的)
spindling plant 徒长植株
spindling sprout 纤芽病
spindling sprout of potato 马铃薯纤块茎病
spindly growth (=spindling) 徒长
spine 刺,距状突 (spina)
spine-arm 刺状器
spine elm ①刺榆属[*Hemiptelea* pl.] (榆科) ②刺榆 [*Hemiptelea davidii* pl.]
spinebract nightshade 刺茄[*Solanum echinatum* L.] (茄科)
spined ant 刺蚁[*Polyrhachis lamellidens* Smith] (蚁科)
spined grouse locust 日本刺叶蝗[*Acantholobus japonicus* de Haan] (菱蝗科)
spined leaf beetles (=army beetle) 铁甲虫 [*Hispa armigera* Oliver] (铁甲科)
spined rat louse 鼠鳞虱(多刺鳞虱) [*Polyplax spinulose* Burm.]
spined soldier bug ①刺益蝽 [*Podisus maouliventris* (Say)] ②⌊复⌉蝽科 [Pentatomidae]
spinefruit buttercup 刺果毛茛[*Ranunculus muricatus* L.] (毛茛科)
spineless 无刺的
spineless common jujube 无刺枣[*Zizyphus jujuba* var. *inermis* Rehd.] (鼠李科)
spineless jimsonweed datura 无刺曼陀罗 [*Datura inermis* Jacc.] (茄科)
spineless sago palm (=sago palm) 西谷椰子 [*Metroxylon sagu* Rottb.] (棕榈科)
spines of leaves 叶刺 (folii spinae)
spinescent ①有刺的,具刺的 ②刺状的 (spinescens)
spineward acceleration 背向加速度
spinicarpous 具刺果的 (spinicarpus)
spiniferous (=spiniger, spinigerous, spinose, spinous) 具刺的 (spinifer)
spinifex ①鬣刺属[*Spinifex* L.] (禾本科) ②鬣刺[*Spinifex littoreus* (Burm. f.) Merr]
spiniform 刺状的 (spiniformis)
spining leaves ant 养柑蚁(黄猄蚁)[*Oecophylla smaragdina* (Fabricius)] (蚁科)
spinner ①纺纱机 ②纺织工 ③锭形颗粒肥料散布器,离心式撒播器 ④分配轮 ⑤抛草机,抛掷机,掘薯抛掷机 ⑥旋转剂
spinner-broadcaster 离心撒播机
spinner culture 旋动培养,旋转培养
spinner digger 抛掷挖掘机
spinner distributor 旋转式撒播机
spinner fertilizer spreader 转盘式撒肥机
spinner plate 旋转撒肥圆盘
spinner tine 抛掷爪
spinner-type plough 双向犁,翻转犁
spinner-type sprinkler 旋转式喷灌机
spinner weeder 离心式除草机
spinner wheel ①掘薯轮 ②抛草轮
spinneret 吐丝管{蚕}
spinney ①丛林,小林 ②植丛
spinning ①纺纱,纺织 ②旋转,旋压 ③吐丝
spinning axis 回转轴,旋转轴
spinning blade 旋转刀
spinning crops 纺织作物
spinning cup protein sequencer 转杯式蛋白质序列测定仪,转杯式蛋白质测序仪{分遗}
spinning disk broadcaster 旋转盘式撒播机,离心式撒播机
spinning disk distributor 旋转盘式撒播机
spinning fertilizer distributor 离心式撒肥机
spinning gland 吐丝腺
spinning jenny 多轴纺纱机
spinning machine 纺纱机
spinning mites (=red spider mites) 叶螨科 [Tetranychidae]

spinning rate 吐丝速度
spinning wheel 纺车
spinode 尖点,歧点,会切点(spinoda)
spinous ①具刺的 ②刺状的,针状的(spinosus)
spinous stipules 针状托叶(stipulae spinsae)
spinulate 细刺状的(spinulatus)
spinulation 细刺(spinulatio)
spinule 微刺(spinula)
spinulescent 带微刺的(spinulescens)
spinuliferous (= spinulose) 具细刺的(spinulifer)
spinulose ①具细刺的 ②细刺状的(spinulosus)
spinulose-leaf cherry (= chokecherry) 刺稠李(刺叶樱)[*Prunus spinulosa* Sieb. et Zucc.](蔷薇科)
spinulose wood-fern 刺鳞毛蕨[*Polypodium spinulasa* Kuntze](水龙骨科)
spiny ①具刺的 ②刺状的(spineus)
spiny amaranth 刺苋[*Amaranthus spinosus* L.](苋科)
spiny cocklebur 刺苍耳[*Xanthium spinosum* L.](菊科)
spiny hedge 具刺绿篱
spiny-leaved sow thistle 大叶苣荬菜[*Sonchus asper* Vill.](菊科)
spiny lobster ①真龙虾属[*Palinurus*] ②龙虾
spiny orange bug (= green orange bug, larger horned citrus bug) 橘刺蝽[*Biprorulus bibax* Breddin](刺蝽科)
spiny pelargonium 刺天竺葵[*Pelargonium echinatum* sp.](牻牛苗儿科)
spiny plum tree (= blackthorn, sloe) 黑刺李[*Prunus spinosa* L.](蔷薇科)
spiny roller 刺状镇压器
spiny sow (= thistle) 大叶苣荬菜[*Sonchus asper* Vill.](菊科)
spiny spiderflower (= spiderflower giant spiderflower) 醉蝶花(紫龙须)[*Cleome spinosa* L.](白花菜科)
spiperone 螺旋胍丁苯
spiracle ①呼吸孔 ②喷水孔 ③气门
spiracular line 呼吸孔线,气门线
spiraea ①绣线菊属[*Spiraea* L.](蔷薇科) ②绣线菊[*Spiraea japonica* L.f.] ③泡盛草[*Astilbe japonica* Gray](虎耳草科)
spiraea sawfly 绣线菊叶蜂[*Pteronidea spiraea* (Zadd)](叶蜂科)
spiraea tree false (= false spiraea tree) 高丛珍珠梅[*Sorbaria arborea* Schneid.](蔷薇科)
spiral ①螺旋{遗传} ②螺旋的,旋生的{形态}(spiralis)
spiral arrangement 螺旋状排列(dispositio spiralis)
spiral bacteria 螺旋状细菌(bacteria spirales)
spiral bevel gear 螺旋锥状齿轮,螺旋伞齿轮
spiral bottom 螺旋型犁体
spiral cirrus 螺旋状卷云
spiral cleaner 螺旋清选机
spiral cleavage 螺纹式卵裂
spiral coil 旋管,螺状旋管
spiral-coil land packer 螺旋圈式镇压器
spiral condenser 蛇管冷凝器
spiral crack 螺旋开裂(木材)
spiral crop lifter 螺旋形扶茎器,螺旋形扶蔗器
spiral drill 螺旋钻
spiral duct 螺纹导管(ductus spiralis)
spiral filament 螺旋丝(filamentum spirale)
spiral flow system 螺流式[曝气]系统{环保}
spiral flow tank 螺流池{环保}
spiral flower [螺]旋列花(flos spiralis)
spiral gear 螺旋齿轮
spiral genetical aberration 遗传性螺状失常{甘蔗}
spiral grain 螺状纹理(granum spirale)
spiral grain index 螺纹指标
spiral grained 螺状纹的
spiral growth 螺旋生长
spiral hooping 螺旋箍
spiral hypha 螺旋菌丝
spiral jaw clutch 螺旋牙嵌式离合器
spiral marking 螺纹
spiral mixer 螺旋式混合器
spiral model 螺旋式模型
spiral moldboard 螺旋犁壁
spiral moldboard plough 螺旋有壁犁
spiral motion 螺旋运动
spiral nematode 螺旋线虫
spiral phyllotaxis [螺]旋叶序列(phyllotaxis spiralis)
spiral-ribbon grain tube 螺旋带式输种管
spiral roll type sorting machine 螺旋滚式分级机
spiral-roller bearing 螺旋滚子轴承
spiral-shaped agitator 螺旋形搅动器
spiral spring suspension 螺旋弹簧悬架

spiral stirrer 螺旋搅拌器
spiral thickening 螺纹加厚（crassatio spiralis）
spiral thread of tracheal tube 气管内壁的螺旋丝
spiral tracheid 旋纹管胞（tracheida spiralis）
spiral vessel 螺纹导管（vasa spiralis）
spiral water turbine 螺旋水轮机
spiral wild celery ①苦草属［*Vallisneria* L.］（水鳖科）②苦草［*Vallisneria spiralis* L.］
spiralarm lamp 探气灯｛环保｝
spiraled knife 螺旋形切刀
spiralism 旋叶［现象］（spiralismus）
spirality ①螺旋性 ②旋叶性（spiralitas）
spiralization 螺旋形成（spiralisatio）
spiralization coefficient 螺旋形成系数
spiralization cycle 螺旋周期（cyclus spiralisationis）
spiralize 成螺旋（spiralisere）
spiramycin 螺旋霉素
spiraperturate 具螺旋萌发孔的（spiraperturatus）
spire ①幼叶，幼苗 ②螺旋圈 ③塔尖 ④螺旋线 ⑤出芽（spira）
spirea（＝spiraea） ①绣线菊属［*Spiraea* L.］（蔷薇科）②绣线菊［*Spiraea japonica* L. f.］
spirea aphid 绣线菊蚜［*Aphis spiraecola* Patch］（蚜科）
spireme 染色质纽（spirema）
spireme stage 染色质纽期
spiricle 螺旋纹（spiriculus）
spirillar 螺旋的（spirillaris）
spirillar bacteria 螺旋［细］菌（bacteria spirillares）
spirilloxanthin 紫菌红醚
spirillum ①螺菌属［*Spirillum* Ehrenberg］（螺菌科）②螺菌［*Spirillum* sp.］
spirillum family 螺菌科［Spirillaceae］
spirit ①酒精，乙醇 ②烧酒 ③白兰地（指水果酿造的）
spirit blue（＝aniline blue） 苯胺蓝｛显技｝
spirit duplicator 乙醇复印机
spirit lamp 酒精灯
spirit level 酒精水准器
spirit master 乙醇复印原版，乙醇原版
spirit of turpentine 松节油
spirit of wine 酒精
spirit varnish 挥发［清］漆
spirobacteria 螺旋状细菌（spirobacteria）
spirobolida 旋马陆目（多足纲）［Spirobolida］
spirobolids 旋马陆科［Spirobolidae］
spirocarpous 螺旋果的（spirocarpus）
spirochaeta（＝spirochete） 螺旋体属［*Spirochaeta* Ehrenberg］（螺旋体科）②螺旋体［*Spirochaeta* sp.］
spirochaeta family 螺旋体科［Spirochaetacea］
spirochete（＝spirocheta） ①螺旋体属 ②螺旋体
spirochetosis 螺旋体病（spirochaetosis）
spirogra ①水绵属［*Spirogra* L.］（水绵科）②水绵［*Spirogra* sp.］
spirographis porphyrin 血绿卟啉
spirogyra family 水绵科［Spirogyraceae］
spirometer 肺活量计
spironolactone（＝spirolactone） 螺甾内酯，螺旋内脂固醇
spiroplasma 螺旋质体
spirostichies ［螺］旋线
spirostreptida 异马陆目（多足纲）［Spirostreptida］
spirotreme 具螺旋状萌发孔的，旋列萌发孔的（spirotrema）
spissatus（Spi） 密［厚］云
spit ①岬，沙嘴｛土壤｝②一锹深度 ③叉 ④唾液
spit pickaxe 尖镐
spit-shaped 栈状的（圆柱状而稍尖的）（verutulatus）
spitax 尖斧
spitter 开始长角幼鹿
spittle 沫，泡沫状分泌物
spittle bug ①沫蝉 ②⌞复⌝（＝cuckoo-spit insects，froghoppers，spittle insects）沫蝉科［Cercopidae］
spitzer 尖头式（弹头）
splachnum ①壶藓属［*Splachnum* spp.］（壶藓科）②壶藓［*Splachnum* sp.］
splachnum family 壶藓科［Splachnaceae］
splash ①飞溅，溅湿 ②（兽皮）斑点，污斑
splash cup（＝splashing cup） 溅杯
splash dam 临时挡水坝
splash erosion 雨滴冲蚀，溅蚀
splash lubrication 下溅润滑
splash plate 溅水板｛环保｝
splashback 防溅挡板
splashdown 溅落
splashproof 防溅的
splashproof machine 防溅式电机
splay 迂回扇｛遥感｝
spleen 脾，脾脏（lien，splen）

spleen amaranth (=pilewort) 舒苋［*Amaranthus patulus* Bert.］(苋科)
spleenwort ①铁角蕨属［*Asplenium* L.］(铁角蕨科) ②铁角蕨(山苏花)［*Asplenium trichomanes* L.］
spleenwort family 铁角蕨科［Aspleniaceae］
splendent 闪光的,有光泽的 (splendens)
splenectomy 脾切除［术］(splenectomia)｛生技｝
splenic fever 炭疽
splenin 脾浸剂
splenocyte 脾细胞 (spleno cyta)
splenotoxin 脾毒素
splice ①剪接｛农生技｝②拼接,叠接,连接｛生技｝③接头｛电脑｝
splice acceptor 剪接受体
splice bar (=fish plate) 鱼尾板
splice donor 剪接供体
splice grafting 合接,搭接｛园艺｝
splice junction 剪接点
splice loss 拼接损耗｛电脑｝
splice site (=splicing site) 剪接位点
splice variant 剪接变体｛农生技｝
spliced leader 剪接前导序列
spliced mRNA ［已］剪接 mRNA
spliceosome 剪接体(spliceosoma)｛农生技｝
splicer ①单板胶拼机,拼接器 ②剪接器
splicing ①剪接｛农生技｝②拼接｛电脑｝
splicing complex 剪接复合体
splicing enzyme 剪接酶
splicing factor 剪接因子
splicing ligase 剪接连接酶
splicing signal 剪接信号
splicing site (=splice site) 剪接位点
splicing tap 黏合胶带,接合带｛电脑｝
spline ①花键 ②滑键 ③用花键连接 ④样条
spline curve 样条曲线｛电脑｝
spline interpolation 样条内插［法］
spline shaft 花键轴
spline-shaft gear 花键轴齿轮
spline surface 样条曲面
splint (=splint wood, sapwood) 边材 (alburnum)
splint bone ①(马)赘骨 ②腓骨
splint tree 边材树
splinter 经木(刨削的薄木片),引火木片
splinter through skep 串杆｛蜂｝
split ①裂口,劈裂,分裂 ②分裂的｛遗传｝③断裂的 (fidus)
split application ①(农药)分期施用 ②(肥料)分施,条施
split application of fertilizer 条施肥料
split billet 粗枝材
split block design 裂区组(团)设计｛统计｝
split echo suppressor 分离回波抑制器｛电脑｝
split firewood 劈材
split-flow motor 分流式液压马达
split-flow pump 分流油泵
split-fruit 双裂果 (carpadelium)
split gene 断裂基因,割裂基因
split-hull paddy 裂壳稻
split keyboard 分离式键盘
split peel 裂果(指香蕉)
split phase motor 分相电动机
split pin 开口销
split pit 裂核(指桃)
split plot 裂区｛统计｝
split-plot confounding design 裂区混杂设计｛统计｝
split-plot design 裂区设计
split-plot experiment 裂区试验
split-plot trial 裂区试验
split promoter 断裂启动子｛分遗｝
split protein 脱落蛋白,断裂蛋白
split-root method 分根法
split routine 分程序｛电脑｝
split row 双行
split-row boot 双行开沟器
split screen 荧光屏分区显示｛遥感｝
split sheath 纵裂叶鞘 (vagina fida)
split spindle 裂纺锤体
split split plot design 二重裂区设计｛统计｝
split sprocket 拼合式链轮
split treatment 分开处理｛环保｝
split-vertical photograph 分垂像片｛遥感｝
split window 分割窗口｛电脑｝
splitter ①破埂器,揭土器 ②劈裂器,劈材机,劈楔 ③分离机,分流楔 ④分裂器 ⑤分路器,分配器
splitting ①分裂 ②开裂,爆裂,弹裂 ③分球｛园艺｝④劈裂,劈开 ⑤分割,划分
splitting method 分裂法
splitting of ridge 破垄
splitting of trunk (果木)干裂
splitting plane 分裂面｛细胞｝
splitting plowing (=casting plowing) 外翻耕
splitting scheme 劈因子方案｛电脑｝
splitting technique 分裂技术
splitting up 分裂｛细胞｝
splitting up of holdings (=fragmentation of estates) 分割地产

SPM-system (= suppressor-promotor-mutator system) 抑制基因-启动子-增变基因系统{分遗}
spoctral eyepiece 分光目镜
spodic horizon 灰化层
spodium (制磷肥)骨炭
spodogenous 废料上生的(spodogenus)
spodogram 烬象(spodogramma)
spodosol 灰化土(spodosolum)
spoil ①腐败 ②损害 ③弃土,挖出物
spoilage ①腐败,损坏 ②腐坏物,废品
spoilband 弃土堆,弃土场
spoiled cocoon 下茧
spoke wheel 辐条式车轮
sponge 海绵(spongia)
sponge-berry tree 海南大风子属[*Hydnocarpus* Gaertn.](胭脂树科)
sponge drier 海绵吸水式干燥机
sponge filter 海绵过滤器
sponge-gourd 丝瓜[*Luffa aegyptiaca* Miller = *L. cylindrica* Roem.](葫芦科)
sponge gourd anthracnose 丝瓜炭疽病[*Colletotrichum lagenarium* Ell. et Halst.]
sponge gourd cercospora leaf spot 丝瓜白星病[*Cercospora citrullina* Cke]
sponge gourd downy mildew 丝瓜霜霉病[*Pseudoperonospora cubensis* (Bork, et Curt.) Rostr.]
sponge gourd fusarium wilt 丝瓜蔓割病(丝瓜枯萎病)[*Fusarium oxysporum* f. *niveum* Snyder et Hansen]
sponge-like 海绵状的(spongiformis)
sponge mushroom 羊肚菌[*Mortierella esculenta* (Morel.) L.](马鞍菌科)
sponge rot (= spongy rot) 软腐病[*Polyporus hispidus*]
sponge tree ①金合欢属[*Acacia* Willd.](豆科) ②金合欢(荆球花)[*Acacia farnesiana* (L.) Willd.]
spongeiform 海绵状的(spongiformis)
spongelet 根端(spongiola)
spongeous 海绵状的(spongeosus)
spongeous structure 海绵状结构(structura spongeosa)
spongillaflies 水蛉科[Sisyridae]
spongilliform 海绵状的(spongilliformis)
spongin (= spongiolin) 海绵硬蛋白
spongioid 海绵状的(spongioideus)
spongioplasm 海绵质(spongioplasma){细胞}
spongiose 海绵质的(spongiosus)
spongophyll 海绵质叶(spongophyllum)
spongosine 海绵核苷,2-甲氧腺苷
spongy ①海绵质的 ②海绵状的(spongiosus)
spongy cortex 海绵皮层(cortex spongiosa)
spongy heart (= soft heart) 软心(木材)
spongy parenchyma 海绵薄壁组织,海绵组织(parenchyma spongiosa)
spongy porosity 海绵状孔[隙]度
spongy soil 海绵土
spongy texture 海绵状质地
spongy tissue 海绵组织(tela spongiosa)
spontaneous 自生的,自发的(spontaneus)
spontaneous aberration 自发畸变(aberratio spontanea){细胞}
spontaneous chromosome aberration 自发染色体畸变(aberratio chromosomalis spontanea)
spontaneous combustible substance 自燃物质
spontaneous combustion 自燃
spontaneous copulation 自发配合(copulatio spontanea)
spontaneous crabapple 野海棠[*Malus spontanea* Makino](蔷薇科)
spontaneous decomposition 自发分解,自然分解
spontaneous DNA lesion 自发 DNA 损伤{分遗}
spontaneous evaporation 自然蒸发(evaporatio spontanea)
spontaneous folding 自动折叠
spontaneous forward mutation 自发正向突变{遗传}
spontaneous fusion 自发融合
spontaneous generation 自发,自然发生
spontaneous heating 自热
spontaneous infection 自发侵染
spontaneous intragenic mutation 自发基因突变
spontaneous lysis 自发溶菌[作用]
spontaneous mutation 自发突变
spontaneous mutation rate 自发突变率
spontaneous occurrence 自发发生
spontaneous plastid mutation 自发质体突变
spontaneous pollination 天然授粉
spontaneous process 自发过程(processus spontaneus)
spontaneous reaction 自发反应
spontaneous recombination 自发重组
spontaneous rest 自发休眠

spontaneous seedless fruit 自生无核果,天然无核果
spontaneous separation 自发分开
spontaneous tendency 自然趋势
spontaneous termination 自发终止,自动终止(terminatio spontanea)
spontaneous tetraploid 天然四倍体(tetraploida spontanea){细胞}
spontaneous transition 自发转换
spontaneous translocation 自发移位
spontaneous univalent ①天然单价的 ②天然单价[染色]体
spontaneous variability 自然变异性
spontaneous variation 自然变异
spontaneously open 自裂的(dehiscens)
spontaneously self-pollinated 天然自花授粉的
spool ①线轴,线圈,纱管,卷线筒 ②(胶卷)卷盘 ③(圆盘耙组耙片的)间[距套]管 ④(线轴式)滑阀 ⑤假脱机{电脑} ⑥短管{环保}
spool blanks 纱管用材
spool data set 假脱机数据集
spool donkey(= gypsy yardre) 卷轴集材机
spool file 假脱机文件
spool in 假脱机输入
spool out 假脱机输出
spool piece 短管件{环保}
spooler 假脱机程序
spooling 假脱机操作技术
spoon ①匙,匙子,匙状物 ②取样杓 ③修平刀,匙形刮刀 ④挖土机 ⑤吊斗
spoon coverer 勺形覆土器
spoon feed 勺式排种器
spoon-shaped 匙形的(cochlearis)
spoonwort(= scurvy grass) 辣根菜[*Cochlearia officinalis* L.](十字花科)
spora (空气中的)花粉与孢子聚集体
sporabola 担孢子放射孤线
sporad 奇[数孢]分体
sporadic ①突发的,特发的,偶发的 ②散发的,散在的 ③孤独的,单独的,零星的(sporadicus)
sporadic appearance 散发状态
sporadic case 突发病例
sporadic disease 突发病害
sporadic distribution of salinity 斑状盐度分布
sporadic fault 偶发故障,间发故障{电脑}
sporadic fire 偶发火灾
sporadic mutation 自然突变
sporadic rainfall 零星降雨
sporadoxerodrymion 干旱疏林植被(亚热带疏林)
sporangial 孢子囊的(sporangialis)
sporangial initial 孢子囊原始细胞(initialis sporangialis)
sporangial vesicle 次孢囊(vesicula sporangialis)
sporangiferous 带孢子囊的(sporangifer)
sporangiform 孢子囊形的(sporangiformis)
sporangiocarp 孢囊果(sporangiocarpium)
sporangiocyst 休眠孢子囊(sporangiocystus)
sporangiolum(= sporangiole) 小型孢子囊
sporangiophore 孢囊梗(sporangiophora)
sporangiophorous 有孢子囊梗的(sporangiophorus)
sporangiosorus 孢囊堆
sporangiospore 孢囊孢子(sporangiospora)
sporangium 孢子囊
sporangium bearing 带孢子囊的
sporangium bearing leaf 孢子叶(sporophyll)
sporapiculus 游动孢子囊尖
-spore ⌊字尾⌉孢子
spore ①孢子 ②芽孢(spora)
spore abortion 孢子败育
spore bacteria 有芽孢细菌(sporobacteria)
spore ball 孢子球(sporoglobus)
spore-bearing 带孢子的(sporifer)
spore-bearing bacillus 芽孢杆菌
spore-bearing plant 孢子植物(sporophyta)
spore-case ①孢子囊 ②孢蒴(sporangium)
spore cortex 孢子皮层(sporocortex)
spore deposit(= spore print) 孢子印
spore floating 孢子表面排列
spore formation(= sporulation) 孢子形成
spore-forming bacteria 产芽孢细菌
spore germination test 孢子萌发试验
spore group(= sporidesm) 孢子球
spore horn 孢子角
spore inoculum 孢子接种体
spore-load 着生孢子,孢荷(sporobera)
spore mother cell(**S. M. C.**) 孢母细胞(sporocyta){遗传}
spore-output 孢子产量(sporopax)
spore plants(= spore producing plant, spore-bearing plant) 孢子植物(cryptogamae)
spore plasm 孢质
spore print 孢子印
spore reproduction(= sporic reproduction)

孢子生殖（sporogonia）
spore rod 孢子柱
spore sacs 孢子囊
spore staining 孢子染色法
spore surface 孢子表面
spore suspension 孢子悬液
spore vesicle 孢囊（spororum）
sporeling ①萌芽孢子 ②孢苗（sporula）
sporeling factor 萌芽孢子因子
sporic 孢子的（sporous）
sporic reduction 孢子减数分裂
sporicidal 杀孢子的（sporicidalis）
sporicides 杀孢子剂
sporidal colony 担孢子菌落（colonia sporidalis）
sporidiole ①小孢子 ②孢子油滴（sporidiolum）
sporidium ①子囊孢子 ②担孢子
sporidochium（=sporodochium） 分生孢子座
sporiferous 产孢子的（sporifer）
sporiferous layer 子实层（hymenium）
sporification 产孢[作用]（sporificatio）
sporiparity 孢子生殖法（sporiparitas）
sporiparous 孢子生殖的（sporiparus）{遗传}
sporoblast 孢子细胞（sporoblastus）
sporobolomycetes 掷孢酵母类[Sporobolomycetes]
sporocarp ①孢子果 ②子实体（sporocarpium）
sporocladium 梳状孢子梗，产枝
sporocyst ①孢子囊 ②色蚴（sporocysta）
sporocyte（=spore mother cell） 孢[子]母细胞（sporocyta）
sporocyte material 孢母细胞物质
sporocytic nature 孢母细胞性质（natura sporocytica）
sporoderm 孢壁（sporoderma）
sporoderm stratification 孢壁层次（stratificatio sporodermalis）
sporodochidium 孢梗囊
sporodochium 分生孢子座
sporogenesis 孢子形成，孢子发生
sporogenous 产孢子的（sporogenus）
sporogenous cell 造孢细胞（cellula sporogena）
sporogenous division 造孢分裂（divisio sporogena）
sporogenous hyphae 产孢菌丝（hyphae sporogenae）
sporogenous layer 产孢层
sporogenous tissue 造孢组织（tela sporogena）
sporogenous yeast 产孢酵母，造孢酵母
sporogonium 产囊卵，孢子体
sporogony（=sporogenesis） 孢子发生（sporogonia）
sporograph 孢子谱（sporographum）
sporoid 孢子全积（sporoides）
sporomorph 孢状体，孢型（sporomorphum）
sporomorphidium 不定孢型
sporomycetes 无卵菌类[Sporomycetes]
sporonin 孢质（sporoninum）
sporont 产孢体（sporons）
sporophase 孢子体阶段（sporophasis）{遗传}
sporophore ①孢梗 ②孢子体 ③子实体（指真菌）④孢囊柱（指黏菌）（sporophorum）
sporophyll 孢子叶（sporophyllum）
sporophyllary leaves 孢子叶（folii sporophyllares）
sporophylloid 假孢子叶（sporophylloides）
sporophyte ①孢子体 ②隐花植物（sporophyta）
sporophyte generation（=sporophytic generation） 孢子体世代
sporophytic 孢子体的（sporophyticus）
sporophytic budding 孢子体苗芽
sporophytic incompatibility 孢子体不亲和性
sporophytic polyembryony 孢子体多胚[现象]
sporophytic reaction（=sporophyte reaction） 孢子体反应
sporophytic type 孢子体型（typus sporophyticus）
sporoplasm 孢子原生质（sporoplasma）
sporopollen 孢子花粉，孢粉
sporopollen analysis 孢子花粉分析
sporopollen complex 孢子花粉组合
sporopollen statistics ①孢粉统计 ②孢子花粉统计学
sporopollenin 孢粉质（sporopolleninum）
sporopore 芽孔（sporopora）
sporopycnidium 单孢生分生孢子器
sporothallus 孢子菌体
sporotheka（=sporangium） 孢子囊
sporotrichin 侧孢[霉]滤液
sporotrichosis 孢子丝菌病，侧孢霉病
sporotrichum ①侧孢[霉属][*Sporotrichum* Link. ex Fr.]（真菌）②侧孢[霉][*Sporotrichum* sp.]

sporozoa 孢子虫类[Sporozoa]
sporozoite 孢子虫[*Sporozoita*]
sport ①芽变 ②突变
sport deviation 芽变(disporta)
sport fishing 游钓
sport selection 芽变选择法
sporter(= sporting rifle) 猎用步枪,猎用来福枪
sporting dog 猎犬
sporting rifles(= sporter) 猎用来福枪
sporting scope 视察望远镜
sportpark(= spielperk) 运动公园{园林}
sportsman 狩猎家
sporty 孢子形成,孢子发生
sporulating cell 孢子形成细胞
sporulating hyphae 产孢菌丝
sporulating state 孢子形成状态
sporulation(= sporogenesis) 孢子形成(sporulatio)
sporulation of bacteria 细菌孢子形成
sporule [小]孢子(sporula)
spot ①斑点(macula) ②点滴 ③地点 ④平口鲳[*Leiostomus xanthurus* Lacépéde] ⑤杂色 ⑥斑驳
SPOT 斯波特卫星(地球观测试验系统)(法){遥感}
spot anthracnose 黑痘病,疮痂病
spot application ①点施,穴施(肥料) ②局部施用(农药)
spot application of fertilizer 重点施肥
spot blight 斑枯病
spot blotch(= spot blight) 斑枯病
spot blotch of pear 梨斑枯病[*Septoria pricola* Desm. = *Mycosphaerella sentina* (Fr.) Schröt.]
spot blotch of tomato 番茄斑枯病
spot burning 分片烧除
spot desmosome 点状桥粒{分生}
spot disease 斑点病
spot exposure meter 针孔曝光表
spot fire 飞火
spot flower ①金纽扣属[*Spilanthes* Jacq.](菊科) ②金纽扣[*Spilanthes acmella* (L.) Murr.]
spot function 复合点功能{电脑}
spot-gluing 局部胶合(木材)
spot infection 斑点侵染
spot infestation 成片侵染,成片危害
spot leaf chinese evergreen 斑叶万年青[*Aglaonema pictum* Kunth](天南星科)
spot light 聚光灯
spot mark 记号
spot picking 分期采摘(指茶叶)
spot planting 点播,穴播,穴植
spot plate 点滴板{生技}
spot punch 点式穿孔机(器)
spot reaction 点滴反应
spot recovery 恢复现场
spot sample 抽样,有缺点的样本{统计}
spot saving 保存现场
spot scan 光点扫描
spot seeding 点播,穴播
spot size 光点大小,亮点大小
spot test 点滴试验,点滴测验(指测验诱变剂与致癌物)
spot treatment 点施,局部处理
spot welding 点焊,接触点焊接
spot worm(= ambrosia beetle) ①棘胫小蠹 ②⌊复⌉棘胫小蠹科[Seolytidae]和长小蠹科[Platypodidae]
spotless 无斑点的(immaculatus)
spotlight ①聚光灯,照明灯,投光灯 ②头灯 ③点光源,聚光
spotted ①具斑点的(maculatus) ②具斑纹的(stictus)
spotted alfalfa aphid 苜蓿采斑蚜[*Therioaphis maculata* (Buckton)](蚜科)
spotted anthracnose 斑点炭疽病
spotted asparagus beetle 石刁柏十二星叶甲[*Crioceris duodecimpunctata* L.](叶甲科)
spotted beet webworm 甜菜斑野螟[*Hymenia perspectalis* Hbn.](野螟科)
spotted bellflower 紫斑风铃草[*Campanula punctata* Lam.](桔梗科)
spotted blister beetle 斑纹芫菁[*Epicauta maculata* Say.](芫菁科)
spotted borer 蔗蛀点螟[*Proceras sacchariphagus* Boyer](螟蛾科)
spotted calla[lily] 斑叶马蹄莲[*Zantedeschia albomaculata* Baill.](天南星科)
spotted cast leaf 圆星落叶病
spotted cat's ear 斑猫儿菊[*Hypochoeris radicata* L.](菊科)
spotted cowpea 花豇豆
spotted crane fly 具斑大蚊[*Nephrotoma maculata* (Meig.)](大蚊科)
spotted cucumber beetle(= western spotted cucumber beetle, southern corn rootworm) 黄瓜十一星叶甲[*Diabrotica undecimpunctata howardi* Barber](叶甲科)
spotted cutworm 八字地老虎[*Amathes cnigrum* L. = *Agrotis*](夜蛾科)

spotted deer 梅花鹿[*Axis axis*](鹿科)
spotted fever 斑疹热
spotted garden slug (=large slug) 大蛞蝓(园圃蛞蝓)[*Limax maximus* L.](蛞蝓科)
spotted gum 斑桉[*Eucalyptus maculata* Hook.](桃金娘科)
spotted lady beetle 褐斑瓢虫[*Megilla fuscilabris* Mulsant](瓢蝌)
spotted leaf cast 角斑落叶病
spotted leaf curl of apricot 杏疔病[*Polystigma deformans* Syd.]
spotted locust 尖头斑蝗(椰黄星蝗)[*Aularches miliaris* Linnaeus](蝗科)
spotted longicorn (=citrus root cerambycid) 橘星天牛[*Anoplophora chinensis* Forste](天牛科)
spotted loosestrife 斑点珍珠菜[*Lysimachia punctata* L.](报春花科)
spotted maize beetle 玉米拟花蛋[*Astylus atromaculatus* Blanch]
spotted mantis 斑螳螂[*Statilia maculata* Thunberg.](螳螂科)
spotted medic (=bur clover) 斑叶刺苜蓿(褐斑苜蓿)[*Medicago arabica* (L.)All.](豆科)
spotted Mediterranean roach 地中海斑蜚蠊[*Ectobius liveus* Turtan](蜚蠊科)
spotted mulberry twig borer 黑点粉天牛[*Olenecamptus clarus* Pascoe](天牛科)
spotted necrosis 斑点状坏死(necrosis maculatus)
spotted spurge 美洲地锦草[*Euphorbia maculata* L.](大戟科)
spotted sugarcane moth borer (=striped sugarcane borer) [高粱]条螟[*Proceras venosatus* (Walker)](螟蛾科)
spotted tundra 斑点状冻原
spotted tussock moth 秣草斑灯蛾[*Halisidota maculata* (Harris)](灯蛾科)
spotted type 斑点型(typus maculatus)
spotted wilt ①斑萎 ②斑萎病
spotted wilt of tomato 番茄斑萎病[Lycopersium virus 8]
spotted yellow tussock moth 具斑黄毒蛾[*Euproctis flaiva* (Bremer)](毒蛾科)
spottiness 斑点,斑点度
spotting fire 飞火
spotting spindle 定位心轴
spotty kidney bean 花菜豆
spout ①龙卷 ②壶嘴,口 ③管,槽,流槽,滑槽 ④杯缘口 ⑤喷水口
spout conveyor 斜坡输送装置
spout shaped 鸟嘴状的
spouting fountain (=spouting spring) 喷泉
spouting spring 喷泉
sprag ①(自由轮)卡块 ②三角木 ③撑木 ④支杆,支柱 ⑤斜撑
sprawl 小枝(ramulus)
sprawling 披散的,铺散的(diffusus)
spray ①喷射,喷雾,喷药 ②喷洒 ③水沫,浪花
spray aerator 喷雾曝气器{环保}
spray anaerobic dish 喷雾厌氧培养皿
spray angle 喷雾角
spray application 喷施(指肥料,农药)
spray application on leaves 叶面喷药
spray barrow (=barrowmounted sprayer, wheelbarrow sprayer) 手推车式喷雾机
spray boom [横]喷杆
spray broom 多嘴喷枪,多嘴喷头
spray calendar 喷药历
spray can 喷壶
spray catching 喷雾附着
spray compatibility chart 农药使用表(表中列出某种农药能与哪些农药合用,不能与哪些农药合用)
spray concentrate 浓喷射液(指喷射浓度高的药液)
spray cone 喷雾锥
spray-cone angle 雾锥角
spray coverage 喷幅,喷雾宽度
spray cultivation 喷药中耕除草
spray deposit 喷雾沉着
spray diagram 喷雾简图
spray disk 喷雾盘,喷雾垫圈
spray disposal 喷雾处理,喷射处理
spray drain 疏水暗沟
spray drift 喷雾漂移
spray driftage 喷雾偏差
spray droplet 雾粒大小
spray dry 喷雾干燥
spray dryer 喷射干化机{环保}
spray dust ①雾尘 ②喷粉,喷粉剂
spray egg drier (制蛋粉用)喷雾式蛋液干燥机
spray emulsion 喷射乳剂,喷射混合剂
spray equipment 喷射设备
spray fountain 喷泉{环保}
spray freezing 喷雾冷冻
spray graph 喷雾图
spray gun ①喷枪 ②喷洒污水装置
spray head 喷头
spray helmet 喷雾护面罩

spray hose 喷雾软管
spray injury 喷[药伤]害
spray inoculation 喷雾接种
spray irrigation 喷灌
spray irrigation technique 喷灌技术
spray jet ①喷出口 ②喷射流{环保}
spray lance ①喷枪,喷水器 ②(喷雾机)下悬喷管 ③(喷雾机)喷杆
spray line 喷灌管路,喷液管路
spray liquid 喷射液
spray mask 喷雾护面罩
spray metal coating 喷镀金属法
spray method (=spraying method) 喷射方法
spray mixture 喷射混合剂
spray nozzle 喷头,喷嘴
spray particle (喷雾器喷射)雾粒
spray penetrating power 喷射渗透能力
spray penetration 喷雾射程
spray pipe 喷水管{环保}
spray pond 喷水池,喷水塘
spray pressure controller 喷雾[机]压力控制器
spray processing 喷雾处理
spray producer (=sprayer) 喷雾器
spray program 喷射程序
spray pump 喷雾泵
spray region 浪花[冲溅]地区(指海滨地)
spray residue 喷药残渣
spray safe 喷药安全
spray schedule 喷药周期表
spray shape 射束形状
spray solution 喷射液
spray specialist 专业喷雾工作者
spray sure 喷药简单计算
spray tank 药液槽
spray tower 喷淋塔{环保}
spray treatment 喷药处理
spray tube 喷射管
spray washer 喷洗器
spray washing 喷射清洗
spray water 喷淋水
spray zone 浪花带{遥感}
sprayarch (喷雾器)弧形喷杆
sprayed capacity 喷雾量
sprayer 喷雾器,喷雾机
sprayer barrow 手推喷雾车
sprayer-duster 喷雾喷粉[两用]机
sprayer-flame 火焰中耕机
sprayer for animal draft with engine drive 畜力牵引式机动喷雾机
sprayer for animal draft with ground wheel drive 畜力牵引式地轮驱动喷雾机
sprayer-intermittent 间歇式喷雾器
sprayer-knapsack 背负喷雾器
sprayer nozzle 喷嘴
sprayer-slide 柱塞泵式喷雾器
sprayer tube 喷雾管
sprayer-wheelbarrow 手推车式喷雾机
spraying ①喷雾,喷药 ②喷射,喷洒,洒播,喷施
spraying after flowering 花后喷药
spraying and dusting equipment 喷雾喷粉机具,(病虫害)防除机具
spraying before flowering 花前喷药
spraying boom 喷杆
spraying chamber ①喷雾室 ②喷水室{环保}
spraying cone 喷雾锥
spraying equipment 药械
spraying fluid (=spray fluid) 喷射液,喷射用药液
spraying fungicide 喷射用杀菌剂
spraying irrigation 喷水灌溉,喷灌
spraying jet 喷射流
spraying machine 喷雾机
spraying nozzle 喷嘴,喷雾喷头
spraying of chemicals 药剂喷射,喷药
spraying of fertilizer 叶面施肥,叶面喷肥
spraying range (=range of jet) 喷射范围,喷射距离
spraying residue 喷雾残留
spraying solution 喷射溶液
spraying swath (喷雾器)喷幅
spraying to soil surface 土面喷射(指土壤处理)
spraying width 喷幅宽度
sprayograph ①喷雾分散度测定器 ②喷雾质量测定器
sprayrace 家畜喷药分群栏
spread ①范围,广阔 ②传播,散布,蔓延 ③距 ④涂敷 ⑤开,开展 ⑥普及
spread angle 喷洒角
spread device ①撒布装置 ②撒肥装置
spread effect 普及效应
spread factor 展着因子
spread function 扩展函数
spread-hair cherry 散毛樱[*Prunus undulata* Hand.-Mazz.](蔷薇科)
spread manure 铺开肥料,扬粪,撒肥
spread of axles 轴距
spread of droppings 撒布畜粪
spread of parasites 寄生物传播
spread of plant 植株伸展
spread of wheel 轮距

spread plate method 平面培养[涂布]法
spread sowing 撒播〈栽培〉
spread spectrum system 光谱展开方式
spread suspension method 悬浊液涂布法（土壤微生物）
spread the wings 展翅(指昆虫展开翅膀)
spread trailer 喷洒车(指液肥)
spread type 开张型(果树)
spreader ①撒播器,撒播机,撒厩肥机 ②增量剂(杀虫剂),展着剂(杀虫剂) ③散布板〈环保〉
spreader plate 散布板〈环保〉
spreader-sticker 黏展剂
spreader trailer 撒肥挂车
spreader with angled sawtoothed disks 锯齿斜盘式撒肥机
spreader with leveling and shredding rotors 带水平粉碎辊的撒肥机
spreader with leveling rotor and auger type spreading rotor 带横辊和螺旋式撒播器的撒肥机
spreader with moving rotors 带移动式旋转排肥器的撒肥机
spreader with paddle type spreading rotor 带叶片式撒布辊的撒肥机
spreader with vertical rotors 立辊式撒肥机
spreading ①开展的 ②传播的,散布的 ③披散的,铺散的 ④推广的 ⑤开张性〈园艺〉 ⑥蔓生性(指品种) ⑦传播,蔓延 ⑧涂布〈医〉
spreading activation 活跃传播〈信息〉
spreading amaranth 藜苋［*Amaranthus blitoides*］(苋科)
spreading-branch ladybell 展枝沙参[*Adenophora divaricata* Franch](桔梗科)
spreading brood nest 扩大蜂巢
spreading conveyor 抛散输送器
spreading cylinder 抛掷滚筒
spreading effect 扩散效应
spreading factor 扩散因子
spreading habit 散生习性(指甘蔗)
spreading hedyotis 白花蛇舌草[*Hedyotis diffusa* Willd.](茜草科)
spreading lens 发散透镜
spreading meadow-grass ①碱茅属［*Puccinellia* Parl. = *Atropis* Rupr］(禾本科) ②碱茅［*Atropis distans* Gris.］
spreading millet grass （= wood millet grass） 粟草
spreading of manure 撒肥,撒布肥料
spreading of semi-liquid manure 撒施粪水
spreading panicle 披散穗
spreading position effect 扩散性位置效应
spreading property 扩散性,展着性
spreading rate 撒播量,撒肥量
spreading speed ①撒播速度 ②撒肥速度
spreading system ①喷灌系统 ②撒播系统
spreading tree 树冠开展树
spreading type 蔓生型
spreading variety ①蔓生性品种 ②推广品种
spreading water 洒水
spreading width ①撒布幅宽 ②撒播宽度
spreading young tree （= wolf-tree, bushy tree, stunted tree） 枝叶广展幼树,狼树,矮树,矮化树
spreadsheet 展开纸张
sprekelia ①龙头花属[*Sprekelia* Heist.]（石蒜科）②龙头花[*Sprekelia* sp.] ③（= Atec lily）火燕兰［*Sprekelia formosissima* Herb.］
sprenger asparagus 天门冬(天冬草,武竹)［*Asparagus sprengeri* Rogel］(百合科)
sprig 小枝,幼枝,嫩枝（ramulus）
sprig budding 叉形芽接〈园艺〉
sprig grafting 盾形嫁接
sprig harvester 嫩枝剪切机
sprigger 嫩枝栽植机
spring ①跳,飞跃 ②春,春季 ③泉,泉源 ④起源 ⑤原因 ⑥发条,弹簧 ⑦弹性 ⑧大潮
spring adonis 春福寿草［*Adonis vernalis* L.］(毛茛科)
spring-applied fertilizer 春肥,春季施肥
spring balance 弹簧天平,弹簧秤
spring balance valve 弹簧平衡阀
spring-balanced table 具有平衡弹簧的收割台
spring ball joint 弹簧球节
spring barley 春大麦
spring beauty 春丽苋属［*Claytonia* L.］（马齿苋科）⌞拟⌝
spring bed 春花坛
Spring begins 立春(中国的24节气之一)
spring black stem 茎枯病
spring bloom 春季大量繁殖
spring blooming plant 春季开花植物
spring bud grafting 春季芽接
spring cattlaya 春卡特兰(花叶卡特兰)［*Cattlaya mossiae* Hook］(兰科)
spring cereal crops 春谷类作物
spring cereals 春禾谷类
spring cicada 雨春蝉［*Terpnosia vacus* Olivier］(蝉科)
spring circulation （= spring overturning） ①春季翻转,春翻〈耕作〉②春季[潮水垂直]对流〈环保〉
spring clips 压夹
spring cold 春寒

spring constant 弹性常数
spring corn ①春谷类作物 ②春玉米
spring corn sheller 弹压式玉米脱粒机
spring crimp nematode 草莓线虫［*Aphelenchoides fragariae* (Ritz-Bos)］
spring crop cereals (=spring cereals) 春禾谷类作物
spring cropping 春作
spring crops 春作物
spring cultivation 春耕,春季耕作,春季备耕
spring cultivator 弹齿中耕机
spring cycle shoot 春枝,春梢
spring cymbidium 春兰［*Cymbidium goeringii* Rehb. f.］(兰科)
spring draba 春葶苈［*Draba verna* L.］(十字花科)
spring dressing 春肥,春季施肥
spring dwindling 春衰［症］
spring equipment 春耕机具
spring eupatorium 春泽兰［*Eupatorium vernale* Vatke et Kurtz］(菊科)
spring felling 春季采伐
spring fever 春热病,花粉病
spring field 春播地
spring finger 指形簧片
spring flood 春汛,春天洪水
spring flood level 春汛水位{水利}
spring flower bulb 春花球根
spring flowering 春季开花
spring-flowering bulb 春季开花鳞茎
spring flush 春季牧草
spring forceps 弹簧镊,夹盖片镊子
spring frost 春冻,晚霜
spring garden 春花园,春花圃{园林}
spring grafting 春接,休眠期接
spring-grain aphid (=green bug) 麦二岔蚜［*Schizaphis graminum* (Rondani) = *Toxoptera*］(蚜科)
spring grains 春播谷物,春谷类作物
spring green-up 春天返青{栽培}
spring growth period 春季生长期
spring habit 春性(habitus vernalis)
spring habit type 春性型
spring hardiness 抗春性
spring harrow 弹齿耙
spring harrowing 春季耙地,春耙
spring haruskashi lily 春透百合［是透百合(*Lilium elegans* Thunb.)的变种］
spring heath 春欧石南［*Erica carnea* L.］(杜鹃花科)
spring high water (=spring flood) 春汛
spring hoe 弹簧锄
spring irrigation 春灌(春浇)
spring Italian millet 春粟,春谷
spring leaf 春季叶,春生叶(folium vernale)
spring-loaded cultivator 弹簧加载式中耕机
spring-loaded tine cultivator 弹簧加载齿式中耕机
spring-loaded tines 半刚性锄齿
spring management 春季管理
spring manure 春肥
spring manuring 春季施肥
spring mechanization 春耕机械化,春季田间作业机械化
spring mire 泉水沼泽{生态}
spring nature 春性
spring oil crops 春播油料作物
spring onion (=Welsh onion) 葱(大葱)［*Allium fistulosum* L.］(百合科)
spring operation 春耕作业,春季田间作业{耕作}
spring overturning ①春季翻转 ②春季对流(指湖水垂直对流){环保}
spring pad ①钢板弹簧垫块 ②钢板弹簧座
spring paddy sugarcane 春植稻底［糊仔］蔗
spring plant 春性植物
spring planting 春植,春播
spring planting bulb 春种鳞茎
spring ploughing (=spring plowing) 春耕
spring pocket 弹簧套
spring pruning 春剪
spring rain 春雨
spring rape 春油菜
spring release 弹簧安全器,弹簧式脱开装置
spring rolling 春季镇压
spring run set 泉流装夹［法］{狩猎}
spring rye 春黑麦
spring scales 弹簧秤
spring season (鱼)春汛
spring-seeded crops 春播作物
spring seeding 春播
spring shank cultivator 弹齿中耕机
spring sheller (玉米)弹压式脱粒机
spring shoot 春生枝(ramulus vernalis)
spring snowflake ①雪片莲属［*Leucojum* L.］(石蒜科) ②雪片莲(雪铃花,铃兰水仙)［*Leucojum vernum* L.］
spring sowing 春播
spring sown seedling 春播幼苗
spring spade (=spring shovel) 弹簧铲
spring spraying 春季喷药
spring star-flower 紫山慈姑［*Brodiaea uniflora* Engelm.］(石蒜科)
spring starflower ①春星花属［*Iphelon*

spp.]（石蒜科）②春星花[*Iphelon uniflorum* sp.]
spring steel 弹簧钢
spring-summer double-season crop 春夏两熟作物
spring tension 弹簧张力
spring tide 大潮，春潮
spring tillage 春季耕作，春耕
spring tine 弹性锄齿
spring tine cultivator（= spring-tooth cultivator） 弹齿式中耕机
spring tine harrow 弹齿耙
spring-tine reel 弹齿式拨禾轮
spring-tine tedder 弹齿式摊草机
spring-tooth cultivator 弹齿式中耕机
spring-tooth cylinder 弹指式滚筒
spring-tooth drag 弹齿耢，弹齿式拖板
spring-tooth harrow section 弹齿耙组
spring toothed weeder 弹齿式除草机
spring top-dressing 春季追肥
spring tracheid 春生管胞（tracheida vernalis）
spring trip 弹簧式自动断开机构，弹簧式脱钩装置
spring turnover 春季翻转｛耕作｝
spring-type accumulator 弹簧式蓄能器
spring-type governor 弹簧式调速器
spring variety 春性品种
spring vegetables 春播蔬菜
spring velvet-plant 木耳菜[*Gynura bicolor* DC.]（菊科）
spring vetch ①巢菜属[*Vicia* L.]（豆科）②巢菜（救荒野豌豆，箭舌豌豆）[*Vicia sativa* L.]
spring vetchling 春山黧豆[*Orobus vernus* L. = *Lathyrus vernus* L.]（豆科）
spring vigor 春季活力，春季健势
spring washer 弹簧垫圈
spring water 泉水
spring wheat 春小麦
spring wheat area 春麦区
spring wheat cutworm 春麦夜蛾[*Apamea paludis* Tutt]（夜蛾科）
spring wood（= early wood） 早材，春材（lignum vernale）
spring wood cutting 春季采伐
spring work 春季作业
spring wurzel（= blasting-root） 扇羽阴地蕨[*Botrychium lunaria* Swartz.]（瓶尔小草科）
springbok（= Springer） 南非羚羊[*Antidorcas euchore*]（牛科）
springe ①罗网 ②陷阱｛狩猎｝
Springer spanniel 斯柏林格斯斑尼犬
Springer yeast 斯普林格酵母
springiness ①泉水，湿润 ②弹性，有弹力
springing ①弹动 ②弹性装置
springing line 起拱线｛环保｝
springness（= spring habit） 春[种]性（vernalitas）
springness form 春[种]性类型
springtail ①弹尾虫 ②跳虫（= flea）③⌞复⌝弹尾目（Collembola）④⌞复⌝跳虫科[Poduridae]
springy land 润湿地
sprinkle ①喷洒，喷灌 ②微阵雨
sprinkle with earth 壅土
sprinkler 喷灌机，喷灌器
sprinkler circuit 喷灌管道
sprinkler coupler 喷灌装置管接头
sprinkler distribution 喷灌机分布，喷头分布
sprinkler fitting 喷灌管道接头
sprinkler head 喷头
sprinkler hose 喷灌机软管
sprinkler installation 喷灌设备
sprinkler irrigation 喷灌
sprinkler irrigation plant 喷灌装置
sprinkler irrigation system 喷灌机喷灌系统
sprinkler jet 喷灌装置喷管
sprinkler lateral 喷灌支管
sprinkler line 喷灌管路
sprinkler nozzle 喷灌机喷嘴
sprinkler plant 喷灌装置
sprinkler rig 人工降雨装置
sprinkler system 喷灌[机]系统
sprinkling ①喷灌，喷洒，人工降雨 ②浇水，洒水
sprinkling basin 喷洒池｛环保｝
sprinkling can 喷壶
sprinkling chamber 喷淋室，洒水室
sprinkling filter ①喷洒器，喷洒滤器 ②滴滤池，洒灌池，生物滤池｛环保｝
sprinkling irrigation 喷灌
sprinkling machine 喷灌机械，人工降雨机
sprinkling norm ①灌水量，喷灌量 ②洒水量
sprinkling with sewage 污水喷灌
sprite 子画面｛电脑｝
sprite control 子画面控制
sprite pattern 子画面模式
sprocket 链轮
sprocket feed 链轮送纸，链轮输纸｛电脑｝
sprocket hole 输送孔，中导孔｛信息｝
sprocket idler 张紧链轮

sprocket packer 链轮式镇压器
sprocket roller 链轮式镇压器,齿环式镇压器
sprocket shaft 链轮轴
sprocket wheel 链轮
sprocket-wheel pulverizer 链轮式碎土器
sprout ①苗,幼芽,抽条 ②萌芽,出苗,萌蘖 ③成长 ④发生
sprout bamboo (= moso bamboo) 孟宗竹(南竹,毛竹)[*Phyllostachys edulis* A. et C.](禾本科)
sprout blight 桑枝橘菌核病[*Sclerotinia sclerotrorum* (Libert) Mass]
sprout cell 芽细胞
sprout chain 芽链
sprout clamp 丛生萌芽
sprout clump 萌生植丛,丛生萌芽
sprout discharge gate (水稻插秧机)秧门板
sprout forest 萌芽林,矮林
sprout fungi 酵母
sprout gemma (= sprout chain) 芽链
sprout grafting 芽接,幼芽嫁接
sprout growth 幼芽生长
sprout inhibiting 抑制萌芽
sprout land 萌芽林
sprout method 萌芽更新法,萌芽林作业
sprout out of the earth 出土
sprout pincette (水稻插秧机)秧夹架,秧夹
sprout promotion 促进萌芽,催芽
sprout rack (水稻插秧机)秧箱,秧架
sprout seeding 出芽播种
sprout-seedling forest 中林
sprout tuber 出芽块茎
sprout variant (= sport) 芽变
sprouting ①抽笋 ②芽殖 ③萌芽 ④新生的,萌芽的(innovans)
sprouting accelerator 萌发加速剂
sprouting broccoli 嫩茎花椰菜[*Brassica oleracea* var. *italica*](十字花科)
sprouting cane 出芽甘蔗
sprouting habit 萌芽性,萌蘖习性
sprouting method 催芽法(指甘蔗)
sprouting of ratoon 宿根出芽,宿根发株
sprouting percentage 发芽率
sprouting phase 萌芽期(phasis innovans)
sprouting test 萌发试验
sprouting time 萌芽期
sprouting tree 萌蘖树
spruce ①云杉属[*Picea* Dietr.](松科) ②云杉[*Picea asperata* Mast.]
spruce fir 挪威云杉[*Picea abies* Karst.](松科)
spruce needle rust 云杉叶锈病
spruce oil 云杉油
spruce tannin 云杉单宁
sprue 口炎性腹泻
sprung variation 跳跃变异
spud ①小铲,剥皮铲 ②马铃薯 ③肥厚物
spuddor ①轻挖掘 ②削皮器,削皮刀
spume 泡沫(spuma)
spumescent (= spumose, spumy) 泡沫状(spumescens)
spumose 泡沫状的,海绵状的(spumosus)
spun ①旋制的 ②拉长的 ③纺成的 ④离心铸造的
spun bearing 离心浇铸轴承
spun casting 离心铸造
spun-column chromatography 离心[铸造]柱层析{生技}
spun cotton 棉纱
spunk ①火绒状质地 ②层孔菌子实体
spunk water 朽木桩内的积水
spur ①短[果]枝(brachycladus),距(calcar),突出根 ②翼堰 ③支脉,横岭 ④刺激,刺激物 ⑤禽距(calcar avis) ⑥抓地爪,轮爪 ⑦支线
spur blight 花腐病
spur budding (= prong budding) 叉形芽接
spur canal 支渠
spur canker (= brown rot of fruit trees) 果树褐腐病(苹果)
spur embedder 齿轮埋线器
spur-gear differential 圆柱齿轮差速器
spur-gear pump 正齿轮泵,圆柱直齿轮泵
spur group 姜芽
spur-like 距状的(calcariformis)
spur-like finger wheel knock-out 轮式推种器
spur pruning 短枝修剪
spur type 短果枝型
spur wheel back gear 正齿背齿轮
spurge ①大戟属[*Euphorbia* L.](大戟科) ②大戟[*Euphorbia pekinensis* Rupr.]
spurge family 大戟科[Euphorbiaceae]
spurge-laurel ①瑞香属[*Daphne* L.](瑞香科) ②瑞香[*Daphne odora* Thunb.] ③(= mezereon) 欧亚瑞香(密枝瑞香)[*Daphne mezereum* L.]
spurge-laurel family 瑞香科[Thymelaeaceae]
spurious ①假的 ②伪造的,非真的(spurius)
spurious berry 假浆果(bacca spuria)
spurious correlation 比例相关,伪相关

spurious count 乱真计数,非真计数
spurious dissepiment 假隔膜,假隔壁(phragma)
spurious emission 乱真发射(emissio spuria)
spurious extrachromosomal inheritance 假染色体外遗传
spurious fruit 假果(fructus spurius)
spurious interlocking of meiotic chromosome 减数分裂染色体的伪互锁
spurious ligulate floret 假舌状小花(flosculus ligu latus spurius)
spurious linkage 伪连锁
spurious nut 假坚果(nux spuria)
spurious pleiotropy 假多效性,综合征多效性
spurious polygon 伪多边形{遥感}
spurious resolution 伪分辨(resolutio spuria)
spurious signal 假信号
spurious tissue 假组织(真菌类假薄壁组织)(tela spuria)
spurious whorl 假轮(verticillus spurius)
spurless 无距的(ecalcaratus)
spurlike growth 短枝状生长枝
spurred ①有距的 ②距状的 ③(黑麦)生麦角的(calcaratus)
spurred calyx 距形萼(calyx calcaratus)
spurred corolla 距形冠(corolla spuria)
spurred gentian ①花锚属[*Halenia* Borkh.](龙胆科) ②花锚[*Halenia corniculata* Cornaz.]
spurred nectary 距形蜜腺(nectarium spurium)
spurred rye 感染麦角病黑麦
spurry ①大爪草属[*Spergula* L.](石竹科) ②欧大爪草[*Spergula vulgaris* Boenn. = *S. arvensis* L.]
spurt ①短时间,一时 ②喷出[口],喷射,涌出,溅,实发 ③激增
spurt-ink Chinese character printer 喷墨式汉字打印机
sputtered film disk 溅射[薄]膜磁盘{电脑}
sputtering 溅射
sputum ①唾液 ②痰
SQ FT (= square foot) 平方英尺
SQL (= structured query language) 结构化查询语言{信息}
squab (= squeaker) 幼鸽
squadron 机组,编联机组
squalane [角]鲨烷
squalene [角]鲨烯,卅碳六烯[$C_{30}H_{50}$]
squalene epoxide 环氧[化]鲨烯
squalene monooxygenase [角]鲨烯单加氧酶
squalene oxide cyclase 氧化[角]鲨烯环化酶
squalene synthetase [角]鲨烯合成酶
squall 飑
squall belt 飑带
squall cloud 飑云
squall line (= squall front) 飑线
squall surface 飑面
squalliness 飑风性
squally weather 暴风雨天气
squam- ⌞字头⌝鳞
squama 鳞片
squamaceous 鳞片状的(squamaceus)
squamate 具鳞片的(squamatus)
squamella 小鳞片
squamelliferous 具小鳞片的(squamellifer)
squamelliform 小鳞片状的(squamelliformis)
squamiferous 具鳞片的(squamifer)
squamiflorus 鳞苞花的
squamiform 鳞片状的(squamiformis)
squamoid 鳞片状的(squamoides)
squamose (= squamous) 被鳞片的,多鳞的(squamosus)
squamose structure 鳞片状结构
squamous ①多鳞片的 ②具鳞片的(squamosus)
squamous bulb 鳞茎(bulbus squamosus)
squamous epithelial cell 扁平上皮细胞(cellula epithelialis squama)
squamous epithelium 扁平上皮(epithelium squamum)
squamulate 具小鳞片的(squamulatus)
squamule 小鳞[片](芽鳞)(squamula)
squamuliform 小鳞片状的(squamuliformis)
squamulose ①多小鳞片的 ②具小鳞片的 ③被小鳞片的(squamulosus)
square ①正方形 ②广场 ③平方{统计} ④未开花蕾{形态} ⑤直角尺,矩尺{测} ⑥方{水利} ⑦方材,披材{森林}(quatratum)
square baler 正捆压捆机
square bamboo ①方竹属(*Chimonobambusa* Makino)(禾本科) ②方竹[*Chimonobambusa quadrangularis* (Kenzi) Makino]
square bed 方形花坛{园林}
square bin 方形粮仓,方形粮箱
square bolt 方头螺栓

square-bore ball bearing 方[轴]孔滚珠轴承
square box wrench 方套筒扳手(工具)
square bracket 方括号{电脑}
square budding 方形芽接
square-bunch drop drill 方形穴播机
square cell 方形[射线]细胞(cellula quatrata)
square-check irrigation 方格型灌溉,畦灌
square-cluster planter 方形穴播机
square-cluster planting 方形穴播,方形簇播{栽培}
square coil 矩形线圈{信息}
square cut 锯成方材的,锯方的
square decimeter(dm^2) 平方分米
square digger blade 方头挖掘铲
square-edged board 四棱正边板
square-edged timber 方材
square engine 缸径和冲程相等的发动机
square error 平方误差{统计}
square-fashional planting 正方形栽植
square file 方锉(工具)
square foot(SQ FT) 平方英尺
square grid 方格网
square harrow 方形耙
square head screw 方头螺钉
square hoe 方锄
square key 方键
square knot 方结,平结(结索法)
square-link chain 方形节链,钩头链
square lock nut 方头锁紧螺母
square matrix 方阵
square-mesh sieve (= square hole screen) 方孔筛,方眼筛
square neck bolt 方颈螺栓
square-necked grain beetle 方颈扁甲[*Cathartus quadricollis* Guerin-Meneville](扁甲科)
square-nest sowing 正方形穴播
square nut 方螺母
square of totals 总数平方{统计}
square of totals of all blocks 所有区组总数平方
square of totals of all plots 所有小区总数平方
square of totals of all treatments 所有处理总数平方
square of totals of all varieties 所有品种总数平方
square planter 方形穴播机
square planting ①方形穴播 ②方形栽植
square plot 方形小区
square-pocket method 方形穴播法
square-pocket planter 方形穴播机
square pocket sowing 正方形穴播
square quadrat 方形样方
square root 平方根
square root method 平方根法
square root planimeter 平方根面积仪
square-root transformation 平方根变换法
square-sawn timber 方锯材
square shaft 方轴
square-shaped hill planting 方形穴植
square silo 方形青贮窖,方形青贮塔
square socket wrench 方套筒扳手
square spacing 方形株行距
square spring steel 方弹簧钢
square steel 角钢
square stone pavement 角石路面
square tetrad 正方形四合花粉
square tube pneumatic bale conveyor 方管式草捆气力输送器
square wrench 方扳手
squarehead ①似棍棒的(穗状花序)(corynodes) ②棒状的(claviformis, clavoideus.)
squarehead character (穗)棒状性状
squarehead wheat 密穗小麦[*Triticum compactum* Lam. = *T. compactum* Host.](禾本科)
squareheadness 棍棒性,方头性(穗头)(corynoditas)
squarepod deervetch (= squarpod deervetch) 欧洲百脉根[*Lotus tetragonolobus*](豆科)
squarrose (= squarrous) ①粗糙的(因苞片尖端或其他器官广展而觉得粗糙的) ②糠秕状的(squarrosus)
squarrulose ①微粗糙的 ②具小糠秕状的(squarrulosus)
squash ①南瓜属[*Cucurbita* L.](葫芦科) ②南瓜(倭瓜)[*Cucurbita moschata* Duch.] ③压溃,压破,压挤,压片{显技} ④果汁饮料{加工}
squash bacterial spot 南瓜细菌性斑点病
squash beetle 南瓜瓢虫[*Epilachna borealis* (Fabricius)](瓢虫科)
squash bug ①南瓜缘蝽[*Anasa tristis* (De Geer)] ②⌊复⌉缘蝽科[Coreidae]
squash downy mildew 南瓜霜霉病[*Pseudoperonospora cubensis* (Berk. et Curt.) Rostov.]
squash method 压片法{染色体}
squash mosaic 南瓜花叶病(病毒病害)
squash mosaic virus (= vegetable marrow mosaic virus) 南瓜花叶病毒[*Cucurbita-*

virus maculanas (Roland)]
squash phytophthora fruit rot 南瓜疫腐病 [*Phytophthora cactorum* (Leb. et Cohn.) Schroet]
squash powdery mildew 南瓜白粉病[*Erysiphe cichoraccarum* DC.]
squash preparation 压片制片
squash technique (染色体)压片技术{染色体}
squash vine borer 南瓜藤透翅蛾[*Melittia cucurbitae* (Harris)]
squatting pan 蹲坑,蹲式便器{环保}
squaw-berry (= partridge-berry) ①蔓虎刺属[*Mitchella* L.](茜草科) ②蔓虎刺[*Mitchella repens* L.]
squeak (= short shrill sound) 碾轧声
squeaker 雏鸟,幼鸽
squeegee 橡皮刮板,橡皮辊
squeegee rollor ①橡皮滚子 ②挤压轮,卷轴
squeezability 可压榨性 (compressabilitas)
squeezable 可压榨的 (compressabilis)
squeeze (SQ) ①压榨,挤压,绞挤 ②榨取 ③紧排(指排印)
squeeze disk 压榨圆盘
squeeze lifter 压挤式挖掘铲
squeeze out ①排出 ②压出挤压出
squeeze roller 挤压辊,压榨辊
squeezer ①压榨机,压取机 ②压沙机 ③压汁机
squeezer machine 压榨机
squeezing 挤压,压榨
squeezing action ①挤压作用 ②挤奶作用,按摩作用
squeezing parameter 挤压参数
squeezing press 挤压机,压榨机
squeezing sap 伤流液
squid ①鱿鱼属 [*Ommastrephes*] ②枪乌贼属 [*Loligo*] ③⌊复⌉头足纲 [Cephalopoda] ④⌊复⌉乌贼科 [Sepidae]
squid giant axon 鱿鱼巨轴索
squidulin 乌贼蛋白
squiggle "~"符号,如意形符号{电脑}
squill ①绵枣儿属 [*Scilla* L.](百合科) ②绵枣儿 [*Scilla chinensis* Benth.]
squill vice 老虎钳(工具)
squinancy 牛皮消车叶草 [*Asperula cynanchica* L.](茜草科)⌊拟⌉
squirrel 松鼠 [*Sciurus vulgaris*]
squirrel-cage motor 鼠笼电动机
squirrel-tail barley 芒麦草 [*Hordeum jubatum* L. = *Critesion jubatum* Nevsky](禾本科)
squirt ①喷射器 ②注射器
squirt gun 喷枪
squirt pump 喷射泵,水枪{环保}
squirting cucumber ①喷瓜属[*Ecballium* A. Rich.](葫芦科) ②喷瓜[*Ecballium elaterium* A. Rich.]
squirting irrigation 喷灌
SR (= slow release) 缓释剂型
SR 406 (= captan) 克菌丹
SR-71 reconaissnace aircraft SR-71 侦察机{遥感}
SRF (= somatotropin releasing factor) 促生长[激]素释放因子
SRH (= somatotropin releasing hormone) 促生长[激]素释放激素{分生}
SRIF (= somatotropin release inhibiting factor) 促生长[激]素释放抑制因子{分生}
SRIH (= somatotropin release inhibiting hormone) 促生长[激]素释放抑制激素{分生}
sRNA (= soluble RNA) 可溶性 RNA{分遗}
SRP (= singal recognition particle) 信号识别颗粒{分生}
SSB (= single-stranded DNA binding protein) 单链 DNA 结合蛋白,ssDNA 结合蛋白{分遗}
SSCP (= single-strand conformation polymorphism) 单链构象多态性{分遗}
ssDNA (= single strand DNA) 单链 DNA{分遗}
SSE (= south southeast) 南东南
SSEA-1 (= stage specific embryonic antigen-1) 阶段特异胚胎抗原-1{分生}
SSR (= signal sequence receptor) 信号序列受体{分生}
ssRNA (= single-stranded RNA) 单链 RNA{分遗}
SSS (= Soil Science Society) 土壤学学会
SSW (= south southwest) 南西南
St (= stratus) 层云
St. Bruno's-lily ①假百合属[*Paradisea* Mazz](百合科) ②假百合(天堂百合)[*Paradisea liliastrum* sp.]
St. Christopher's herb 王紫萁[*Osmunda regalis* L.](紫萁科)
St. Elmo's fire 圣爱摩火{气象}
St. John's lily (= Chinese crinum) 文殊兰 [*Crinum asiaticum* var. *sinicum* (Roxb. ex Herb.) Baker](石蒜科)
St. John's-wort (= Saint John's wort)

①金丝桃属[*Hypericum* L.](金丝桃科) ②金丝桃[*Hypericum chinense* L.]

St. Lawrence 绿星(圣劳伦斯)(苹果品种)

St. Lucie cherry (=Mahaleb cherry, rock cherry, SaintLucy cherry) 马哈利樱桃[*Prunus mahaleb* L.](蔷薇科)

St. Luke's summer 路克热期(在十月十八日前后的晴暖期)

St. Martin's summer 马丁热期(在十一月十一日前后晴暖期)

St. Marys (=blessed thistle) 水飞蓟[*Silybum marianium* Gaertn.](菊科)

ST-pattern 被层图案(指花粉)

stab 穿刺

stab agar 琼脂穿刺培养

stab culture 穿刺培养

stabber 谷物空心取样器,谷物探棒

stability ①稳定[性],稳定[度] ②抗性 [stabilitas]

stability condition 稳定[度]条件

stability constant 稳定常数{统计}

stability criterion 稳定[性]标准

stability factor 稳定因子,稳定系数

stability index 稳定度指数

stability indicator 稳定[性]指示剂{环保}

stability loss 稳定度损失{电脑}

stability number 稳定性数

stability of atmosphere 大气稳定度{环保}

stability of emulsion 乳剂稳定性

stability of equilibrium 平衡稳定性

stability of plant body 植物体稳定性

stability of plasmon 质粒基因组稳定性

stability of slope 边坡稳固

stability return loss 稳定回损{电脑}

stability theory 稳定性理论{电脑}

stabilivolt 稳压器

stabilization ①稳定[现象] ②稳定化 (stabilisatio)

stabilization basin (pond) 稳定池(池塘){环保}

stabilization of heterogeneity 异质性稳定化

stabilization of markets 市场稳定,销售稳定{农经}

stabilization of membrane 膜的稳定作用

stabilization of prices 物价稳定

stabilization of the soil structure 土壤结构稳定化

stabilization system 稳定系统

stabilized 稳定的(stabilisus)

stabilized current supply 稳流电源

stabilized voltage supply 稳压电源

stabilizer ①稳定剂 ②安合面 ③控制物 ④(悬挂装置)稳定器

stabilizer foot 稳定支脚

stabilizer to reduce phytotoxicity 药害减轻剂

stabilizing ①稳定[度] ②稳定化 (stabilisens)

stabilizing agent 稳定剂

stabilizing buffer 稳定缓冲液

stabilizing chromatin structure 稳定染色质结构{染色体}

stabilizing connecting bracket 稳定连接托架

stabilizing factor 稳定因子

stabilizing feedback 稳定反馈

stabilizing response 稳定化反应

stabilizing selection 稳定化选择,稳定性选择

stabilizing stream channel 稳定渠槽(道)

stabilizing treatment 固结处理,稳定处理

stabilography 重心描记术

stable ①稳定的,稳固的,不变的 ②有恒心的 ③牛栏,畜舍 (stabilis)

stable aggregate 稳定性团粒,稳定性团聚体

stable air [mass] 稳定气团

stable book 马厩簿,畜舍簿

stable broom 畜舍清扫器

stable cattle 圈养家畜,圈畜

stable character 稳定性状

stable clone 稳定克隆,稳定无性[繁殖]系

stable community 稳定群落

stable condition 稳定条件

stable control 稳定控制,稳态控制

stable culture 稳定栽培

stable derivative 稳定衍生物

stable double-stranded DNA complex 稳定双链 DNA 复合体{分遗}

stable dung (=stable manure) 厩肥,畜粪

stable element 稳定元件

stable equilibrium 稳定平衡

stable expressivity 稳定表现度

stable factor 稳定因素

stable fattening 舍饲肥育

stable-feeding (=barn-feeding, indoor-feeding) 畜舍饲养,室内饲养,舍饲

stable fly ①厩螫蝇[*Stomoxys calcitrans* (L.)] ②⌞复⌝螫蝇亚科(蝇科)[Stomoxydinae]

stable focus 稳定焦点

stable fork 马厩叉,钢叉

stable gene product 稳定基因产物

stable genetic information 稳定遗传信息

stable grazing 固定放牧

stable hotbed 固定温床
stable humidity 稳定湿度
stable humus 稳定腐殖质
stable integration 稳定整合{生技}
stable isotope 稳定同位素
stable karyotype 稳定染色体组型
stable law 稳定律{电脑}
stable level 稳定水平,稳定量
stable lighting 畜舍照明
stable line (玉米自交系)稳定系
stable litter 马厩垫草
stable lysogenization 稳定溶源化
stable lysogeny 稳定溶源性
stable macromolecule 稳定大分子
stable manure 厩肥
stable mutant 稳定突变型
stable node 稳定节点{电脑}
stable nuclear RNA(snRNA) 核稳定RNA
stable nuclide 稳定核素
stable-nursing system 畜舍饲养制度
stable orientation 稳定定向
stable P 稳定性磷
stable position effect 稳定位置效应{生技}
stable price 稳定价格
stable program 稳定规划
stable protoplast 稳定原生质体
stable refuse 厩圈垃圾
stable region 稳定地区
stable resistance 稳定抗性
stable segregant 稳定分离子
stable state 稳定态,稳态
stable strategy 稳定策略
stable stratification 稳定层性
stable strontium 稳定性锶
stable suspension 稳定悬[浮]液
stable temperature regime 稳定温度状况
stable transfection 稳定转染{生技}
stable transformation 稳定转化
stable type position effect 稳定型位置效应
stable vegetation 稳定植被
stable wave 稳定波
stable zone 稳定区,平衡区{电脑}
stableman 养马工人,圈养家畜工人
stables(= livestock housing) 家畜舍饲
stabling(= housing) 舍饲
stachydrine 水苏碱,脯氨酸二甲内盐[$C_7H_{13}NO_2$]
stachyose 水苏[四]糖[$C_{24}H_{42}O_{21}$]
stachys 穗状的(spicatus stachys)
-stachys ⌊字尾⌉穗
stachys grasses 穗状禾草
stachyurus ①旌节花属[*Stachyurus* Sieb. et zuce.](旌节花科) ②旌节花[*Stachyurus praecox* Sieb. et Zuce.]
stachyurus family 旌节花科[Stachyuraceae]
stack ①谷堆,草垛 ②虚积堆(薪材计算单位 = 3×3×12 = 108 立方英尺) ③大量 ④堆垛 ⑤栈,堆栈 ⑥烟囱,竖管{环保}
stack address 栈地址{信息}
stack addressing ①栈编址 ②栈访问
stack advantages 堆栈优点{信息}
stack automaton(SA) 堆栈自动机{电脑}
stack bottom 垛(堆)基(指草垛或材堆的基础)
stack computer [堆]栈计算机
stack gas 烟道气,烟囱气{环保}
stack gate 叠[层]栅
stack handler 栈处理机
stack hardware 栈硬件
stack height 垛(堆)高(指草垛或材堆的高度)
stack job 栈作业
stack plate reactor 叠板反应器{生技}
stack pointer alignment(SPA) 栈指针定位
stack pop-up 堆栈上托,出栈
stack push-down 堆栈下堆,压栈
stack reserve 栈保留
stack scan 栈扫描
stack silo 堆积青贮
stack up ①支上,垫上 ②层叠
stacked-boxes type oil press 叠箱式榨油机
stacked column 叠段柱{生技}
stacked content (木材)虚积量
stacked cubic meter 层积立方米
stacked gate structure 叠栅结构
stacked goal 栈目标
stacked graph 叠式图表
stacked measure 虚积量度
stacked packing 堆积植充物{生技}
stacked tape 栈式磁带
stacked timber 层积材
stacker ①堆垛机 ②叠式存储器,堆积箱
stacker-loader 装载堆垛机
stacking ①堆垛 ②堆集
stacking elevator 积堆升运器
stacking equipment 堆垛机械
stacking factor (木材)层积率
stacking fault 堆垛错层
stacking gel 积层凝胶,堆积凝胶
stacking implement 堆积机
stacking pattern 堆垛模式
stackstand 干草堆垫底平台(用于湿地)

stackyard 堆垛场
staddle ①支撑物,支柱 ②干草堆垫底平台
stadia 视距尺,准距
stadia computer 视距计算机
stadia hair 视距丝{测}
stadia rod 测距塔尺,视距尺
stadia surveying 测距仪测量
stadia transit 视距经纬仪
stadia wire (= stadia hair) 测距丝
stadium ①龄期{昆虫} ②成熟期
staff 杆,标尺,测杆
staff form 杆状型
staff tree (= bittersweet) ①南蛇藤属[*Celastrus* L.](卫矛科) ②南蛇藤[*Celastrus orbiculatus* Thunb.]
staff tree family 卫矛科[Celastraceae]
staffing 人员指挥
stag ①牡鹿,雄鹿,公鹿 ②去势老公猪 ③阉割小鸡
stag beetle 鹿角锹甲[*Lucanus cervus* (L.)](锹甲科)
stag breeding ①养鹿业 ②养鹿学
stage ①阶段,期,级 ②程度,行程 ③区站,驿站 ④(显微镜)镜台,载物台 ⑤水位高度(staticum)
stage aeration 阶段曝气[法]{环保}
stage analysis 阶段分析
stage clip (显微镜)载物台压夹
stage crushing 分级压碎
stage development 阶段发育
stage digestion 分级消化{环保}
stage drying 分段干燥
stage imperfect 不完全期,无性期(staticum imperfectum)
stage in sequential process 顺序过程的阶段
stage micrometer 镜台测微计,接物测微计
stage of complete ripeness 完熟期
stage of critical development Ⅱ 丙B胚子{蚕}
stage of development 发育阶段
stage of dough ripeness 糊熟期
stage of flower bud formation 花芽形成期
stage of full bloom 盛花期
stage of gonad development 性腺发育阶段
stage of growth 生长期
stage of maturity 成熟期
stage of milky ripeness 乳熟期
stage of mineralization 矿化阶段,无机化阶段
stage of ripeness 成熟阶段,成熟期
stage of senescence 衰老期
stage of vernalization (= stage of yarovization) 春化阶段
stage of wax ripeness 蜡熟期
stage of wintering Ⅱ 越冬二期{蚕}
stage of wintering Ⅲ 越冬三期{蚕}
stage of yellow ripeness 黄熟期
stage rod 水位尺{水利}
stage space 站空间{电脑}
stage specific ①时期特异的 ②时期专一[的]
stage treatment 阶段处理{环保}
stage variation 阶段变异
stageable font 可登台字型{电脑}
staged scanning 隔行扫描
stagflation 停滞膨胀,滞胀(stagflatio)
stagger ①交错配置,错开排列 ②斜罩 ③交错切口
stagger-bush ①毛连菜属[*Picris* L.](菊科) ②毛连菜[*Picris hierocioides* L.]
stagger-bush lyonia 马氏南烛[*Lyonia mariana* (L.) D. Don](杜鹃花科)
staggered ①交错的,交差的,交叉的 ②分段 ③升级
staggered breaks 交错切断,交叉切断{生技}
staggered conformation 交错构象,[对位]交叉构象{分生}
staggered cut 交错切割,交错切口
staggered maturation 渐进成熟
staggered nick (= staggered cut) 交错切口{生技}
staggered row planting 隔行种植
staggers 蹒跚病
stagheaded (= dry-topped) 枯梢病的
stagheadedness 枯梢病
staghorn 鹿角
staghorn fern ①蝙蝠蕨属(鹿角蕨属)[*Platycerium* Desv.](水龙骨科) ②蝙蝠蕨(鹿角蕨)[*Platycerium bifurcatum* C. Chr. = *P. alcicorne* Desv.]
staghorn sumac 火炬树(鹿角漆树)[*Rhus typhina* Torner](漆树科)
staging ①登台,升级 ②分级 ③数据移动{电脑}
staging adapter 升级适配器
staging buffer 登台缓冲器
staging disk 登台磁盘,阶梯磁盘{信息}
staging effective data rate 登台数据有效率
stagnant ①静水生的 ②不动的,不活泼的 ③停滞的,迟钝的,不变的(stagnans)
stagnant air 停滞空气
stagnant evolution 停滞进化(evolutio stagnans)
stagnant ground water 静止地下水

stagnant mould 不动模型
stagnant part 不动部分
stagnant point 死点,停滞点{环保}
stagnant water 死水,停滞水
stagnation ①停滞{水利} ②经济停滞{农经}(stagnatio)
stagnation of water 积水,水停滞
stagnation pressure 停滞压
stagnicolous 静水生的(stagnicolus)
stain ①染色 ②染色剂,染料 ③污损,污点
stain for wood ①木材染色 ②木材变色
stain fungus 变色菌
stain proof 防染的,不染的
stainability 染色力{显技}
stainable 可染色的,易染色的
stained ①染色的 ②具色的,有颜色的(coloratus)
stained cocoon 污染茧
stained heart 变色心材
stained preparation 染色切片
stained rice 污染米
stained sap 变色边材
stained soil suspension preparation 土壤染色悬液制备
stained wood 着色木(木材防腐)
stainer-bugs 红蝽属[*Dysdercus* spp.]
stainers (= pyrrhocorid bugs, red bugs) 红蝽科[Pyrrhocoridae]
staining ①染色 ②污染,着色 ③染色的(colorans, tingens){显技}
staining jar (= coplin's jar) [载片]染色缸
staining machine (木材)着色机,浸染机
staining material ①染色剂 ②染色材料
staining method 染色法{显技}
staining power 染色[能]力
staining radicle 染色基
staining technics 染色技术
staining test 染色测验(测定种子)
stainity 染色度(tingensitas)
stainless ①不染的{显技} ②不锈的{农机}
stainless iron 不锈铁
stainless steel 不锈钢
stainless steel fertilizer belt 不锈钢撒肥带
stainless steel ware 不锈钢器具
stains 染色剂
Stains-all [商]全染色染料{显技}
stair ①梯,梯级,[一]级 ②⌊复⌉楼梯,扶梯,阶梯
stair stepping ①梯步 ②阶梯形状
staircase 台阶形波
staircase generator 台阶形波发生器
"staircase" maser "阶梯"激射器
staircasing ①阶梯效应 ②台阶化
stake ①柱,支柱{栽培} ②桩,标桩,木桩{水利}
stake body truck 周围有插孔可装栅的平板车身(装甘蔗用)
stake culture 支柱栽培
stake net ①桩刺网 ②张网,桩建网 ③鱼栅
stake out ①安置标桩 ②限制,限定
stake pit 陷阱,狼阱
staked contents 层积
stakeless culture 无支柱栽培
staking ①设支柱 ②立桩,立支架
staking factor (= reducting factor) 实积系数{森林}
stalace 根冠柱
stalactite 钟乳石
stalagmite 石笋
stalagmoid 长泪滴状的(stalagmoides)
stalagmometer (表面张力)滴重计
stalagmospore 长泪滴状孢子(stalagmospora)
stale ①不新鲜的 ②无味的,霉臭的 ③(牛,马)撒尿
stale air 不新鲜空气
stale beer 陈啤酒
stale bread 发霉面包
stale cane losses 甘蔗干损耗
stale canes 陈蔗(指变质的原料蔗)
stale data 陈旧数据,失效数据
stale information 陈旧信息
stale sewage 陈腐污水{环保}
stale water 死水,静水
staleness ①陈旧,陈腐 ②(牛,马)尿 ③无味,走味
staling ①陈废的,积压的 ②陈废产物
staling product 陈废产物
staling substance 积压物质
stalk ①柄,梗(stipes) ②茎,茎秆(caulis) ③支柱 ④水稻秧的穴兜,窝 ⑤孢子囊柄
stalk analysis 茎秆分析
stalk and foliage vegetables 茎叶菜类蔬菜
stalk and fruit rot 蒂腐病
stalk and straw (of farm crop) 茎秆,秸秆
stalk borer (= common stalk borer) 普通蛀茎夜蛾[*Papaipema nebris* Guenée](麦蛾科)
stalk break (= sclerotinia) 菌核病[*Sclerotinia sclerotiorum* (Lib.) De Bary]
stalk breakage 茎秆折断
stalk butt cutter (甘蔗)茎秆根部切割器
stalk cavity 株穴(植株的穴)
stalk cell 柄细胞
stalk census [蔗]茎龄调查

stalk cracking 茎秆破裂
stalk crusher 茎秆碾碎机
stalk curing 茎秆风干(指烟草)
stalk curing method 茎秆风干法
stalk-cut cotton 采梗棉
stalk cutter 切秆机(器),割秆器
stalk-cutter shredder (stalk shredder) 茎秆切碎机,切秆机
stalk cutting 切秆法,割秆法
stalk deflection (切割时)茎秆弯曲
stalk diameter 茎径(指甘蔗)
stalk erectness 茎秆直立性
stalk-eyed rice borer ①稻突眼蝇[*Diopsis thoracica* (Westwood)] ②稻瘦突眼蝇[*Diospsis tenuipes* Westwood]
stalk gatherer 茎秆扶正器,扶茎器
stalk holding roll 棉茎夹持辊
stalk internode 茎秆节间
stalk juice 茎秆汁液
stalk lifter 扶茎器
stalk lodging 茎秆倒伏
stalk logging [甘蔗]茎部诊断图示法
stalk mortality [甘蔗]茎死亡率,枯死茎数
stalk nucleus 柄核{细胞}
stalk of anther (= filament) 花丝
stalk population [蔗]茎群体
stalk rot 茎腐病
stalk section 茎部(一般甘蔗由上而下8~10节的茎部)
stalk separator 果梗分离器(机)
stalk shredder 棉茎切碎机
stalk silage 茎秆青贮料
stalk smut 秆黑粉病(黑麦)
stalk strength 茎秆强度
stalk stripe 茎条纹病(指甘蔗)
stalk uprooter 拔棉秸[秆]机
stalk variegation 茎彩斑病,茎花斑病(指甘蔗)
stalked 属叶柄的 (petiolaris)
stalked bacteria 柄细菌 (bacteria petiolares)
stalked eye 具柄眼
stalked leaves 有柄叶 (folii petiolares)
stalked pilose pappus 有柄丝状冠毛 (pappus pilosus petiolaris)
stalked plumose pappus 有柄羽状冠毛 (pappus plumosus petiolaris)
stalked spore 有柄孢子 (spora petiolaris)
stalker 诱网{狩猎}
stalket 小叶柄 (ramastrum)
stalking ①抽薹 ②围捕
stalkless-flowered oak 无梗花栎[*Quercus petraea* Liebl.](山毛榉科)
stalky ①茎的,茎状的 ②穗轴的 ③菌柄的
stall ①畜栏,畜舍,畜厩 ②挤乳台 ③逆转,停转
stall bar 畜栏支柱,肋木
stall barn ①舍饲畜栏 ②家畜畜舍
stall barn housing [家畜]舍饲
stall division 畜舍隔栏
stall partition 畜舍隔墙,畜舍隔板,畜舍隔栅
stall torque 逆转力矩,停转力矩
stall with dung grid 带漏粪格畜栏
stall with revolving feed frames 带翻转喂料架畜栏
stallfeed 舍饲
stalling ①停转 ②失速
stallion ①雄马,牡马,公马 ②种马
stallion station 种马站(场)
Stam 敌稗
stamen 雄蕊
stamen-bearing 具雄蕊的
stamen bundle 雄蕊维管束 (phalanx)
stamen hair 雄蕊毛
stamen primordia 雄蕊原基 (staminoprimodia)
stamenless 无雄蕊的 (anandrus)
staminal 属雄蕊的 (staminalis)
staminal column 雄蕊柱 (columna staminalis)
staminal hair 雄蕊毛 (pilus staminalis)
staminal sterility 雄蕊不育性 (sterilitas staminalis)
staminal tube 雄蕊管 (tubus staminalis)
staminalpode 雄蕊柄 (staminopodium)
staminate 雄[蕊]的 (staminatus)
staminate constant 雄蕊常生 (constans staminatus)
staminate disc 雄蕊[托]盘 (discus staminatus)
staminate flower 雄[蕊]花 (flos staminatus)
staminate inflorescence 雄花序,雄穗 (inflorescentia staminata)
staminate parent 父本
staminate plant of hemp 雄麻
staminate sporadic 雄花突生 (sporadicus stamintus)
staminate strobilus 小孢子叶球 (strobilus staminatus)
stamineal 雄蕊的 (stamineus)
stamineous 雄蕊状的 (stamineus)
staminiferous (= staminigerous) 具雄[蕊]的 (staminifer, staminiger)

staminiferous plant 父本,雄株（planta staminifera）
staminiform（= staminode） 雄蕊状的（staminiformis）
staminodium 退化雄蕊
staminody 花器雄蕊化（staminodia）
staminose 雄蕊显著的（staminosus）
stamp ①踩,踏 ②表征,标记 ③打印,印记 ④邮票{信息}
stamp coupling 标记耦合
stamp duty 印花税
stamp mill 捣碎机
stamp oil 贴签油
stamped character 该印字符{电脑}
stamped multisession technology 标注多段技术{信息}
stamper 压模{电脑}
stamping ①踩踏 ②冲压,模压
stamping wheat 踩麦
stance （牛,马）站立姿势,四肢势
stanch 止血
stanchion ①畜栏支柱,牛栏架 ②(房屋的)梁柱,支柱 ③硬颈枷
stanchion barn 硬颈枷牛舍
stanchion hanger ①[牛舍用]颈枷悬架 ②(奶牛舍用的)吊颈枷
stanchion stable（= stanchion stall barn）硬颈枷牛舍
stand ①(水稻的)穴,蔸,窝,(疏苗后的)植株密度,植株个体数 ②林分 ③植物群丛 ④支柱,支架,支座 ⑤停止,停顿 ⑥待屋,岗位(指狩猎) ⑦畜栏 ⑧台(指环保)
stand aerial photo volume tables 航空相片林分蓄积表{遥感}
stand-alone capability 独立能力
stand-alone computer 独立计算机,单独计算机
stand-alone data processing system 独立数据处理系统
stand-alone dump diskette 独立转储软盘
stand-alone microcomputer system 独立微计算机系统
stand-alone network system 独立网络系统
stand-alone printer 独立打印机
stand-alone shell 独立外壳
stand-alone software 独立软件
stand-alone workstation 独立工作站{信息}
stand biomass ①植物群丛生物量 ②植株生物量
stand characteristics 林分特征
stand climate ①植物群丛气候 ②林内气候
stand density ①林分密度 ②植株[生长]密度 ③植物群丛密度
stand digitization aerial photo volume tables 航空相片数字化林分蓄积表{遥感}
stand geometry 植株排列方式
stand growth index 植株生长指标
stand heap charing 纵积制炭法
stand interpretation 林分判读
stand observation 植株生长个体数观察(调查)
stand of cane 蔗株
stand of woody plant 木本植物群丛
stand pipe 水压柱,竖管式水塔{环保}
stand structure 林分结构
stand transpiration 群丛蒸腾作用
stand uniformity 植株[生长]均一性
standard ①旗瓣（vexillum）②乔木状 ③标准,准则,规范,定额 ④支柱 ⑤犁柱 ⑥(中耕机)铲柄 ⑦高品(等)级 ⑧高干树
standard I/O instruction 标准输入输出指令
standard I/O interface 标准输入输出接口
standard abatement 总减价{农经}
standard aberration 品种退化
standard access list 标准访问表{信息}
standard acid 标准酸溶液
standard alkali 标准碱溶液
standard allele 标准等位基因
standard amino acid 标准氨基酸
standard analysis of variance 标准方差分析{统计}
standard analyzer 标准分析程序
standard atmosphere 标准大气
standard atmosphere pressure 标准大气压
standard barometer 标准气压表
standard base pair 标准碱基对
standard-bearing 具旗瓣的（vexillifer）
standard blank 标准间隔{电脑}
standard box 标准箱
standard candle 标准烛[尧]
standard card cage 标准插件箱{信息}
standard cell ①标准电池 ②标准单元
standard code for information interchange 信息交换标准码
standard codon-anticodon recognition 标准密码子-反密码子识别{分遗}
standard communication link 标准通信链路
standard communication protocol 标准通信协议{信息}
standard condition ①标准状态 ②标准条件{环保}
standard coppice 中林{森林}
standard coppice system 中林作业
standard culture 标准培养系

standard curve 标准曲线
standard cycle 标准周期
standard data interchange（SDI） 标准数据交换
standard deviation（SD） 标准离差，标准差｛统计｝
standard deviation of difference 差异标准差
standard deviation of mean 平均数标准差
standard deviation of probability distribution 概率分布［的］标准差
standard deviation of regression coefficient 回归系数标准差
standard deviation unit 标准差单位
standard dose of fertilizer 标准施肥量
standard drawing 标准图｛环保｝
standard egg laying test 一般产卵力测定
standard electronic package 标准电子组件｛信息｝
standard emitron 光电摄像管
standard environment 标准环境
standard error（SE） 标准误差｛统计｝
standard error of difference 差异标准误差
standard error of estimate 估计数标准误差
standard error of mean 平均数标准误差
standard error of mean difference 平均差异的标准误差
standard error of single plot 单一小区的标准误差
standard error of the mean 平均的标准误差
standard experimental condition 标准试验条件
standard fertilization 施肥标准，标准施肥量
standard file 标准文件
standard flag（= standard vexillum） 旗瓣（vexillum）｛形态｝
standard for algorithm description 算法描述标准｛统计｝
standard for image comparison 图像对比标准｛遥感｝
standard for safe use of agricultural chemicals 农药安全使用标准
standard forest 中林
standard form 自然形整枝，立木整枝｛森林｝
standard format 标准格式
standard free energy 标准自由能
standard free-energy change（AG） 标准自由能变化
standard fruit-tree 乔木果树
standard generalized markup language（SGML） 标准通用置标语言｛电脑｝
standard genetic map 标准遗传图
standard grade 标准等级
standard heaping heights 标准堆积高度｛农施｝
standard hydrogen electrode（= normal hydrogen electrode） 标准氢电极
standard identifier 标准标识符
standard information 标准信息
standard input device 标准输入设备
standard interface 标准接口（指硬件）
standard interrupt 标准中断｛信息｝
standard karyotype 标准核型
standard knot （果木）标准节（直径在 1.5 英寸以下的）
standard length 标准体长
standard measure ①标准方法，标准措施 ②标准度量
standard meiosis 标准减数分裂
standard memory 标准存储器
standard Mendelian procedure 标准曼德尔方法
standard meridian 标准子午线
standard method 标准方法
standard moisture content 正常含水量，一般含水量
standard network access protocol（SNAP） 标准网络存取协议（规程）｛电脑｝
standard NOR 标准“或非”电路｛信息｝
standard normal distribution 标准正态分布
standard normal variate 标准常态变值
standard notation 标准记数法
standard observation ①定时观测 ②定时观察
standard of accuracy 确定标准
standard of living 生活水平
standard of perfection ［家畜］体型评分标准
standard of quality 标准质量
standard of reflectance 反射率标准｛遥感｝
standard of reflection 反射标准｛遥感｝
standard operation ①标准操作 ②标准运算
standard option 标准选择
standard output device 标准输出设备
standard page description language（SPDL） 标准页面描述语言｛智培｝
standard pairing 标准配对
standard performance ①标准生产性能｛栽培｝②标准技术性能｛环保｝
standard phenotype 标准表型
standard-pitch roller chain 普通节距套筒滚子链
standard plankton net 标准浮游生物网
standard plant material 标准植物材料（指进行试验用的）

standard pot 标准试盆,标准花盆
standard preparation 标准制备
standard pressure 标准气压
standard range ①标准范围 ②标准极差{统计}
standard regression coefficient 标准回归系数
standard rootstock 乔化砧
standard saline citrate (SSC) 标准柠檬酸盐溶液{分生}
standard sample ①标准试样{生技} ②标准样品{育种}
standard scale method 标准等级法
standard set 标准组
standard sewage 标准污水{环保}
standard solution 标准溶液
standard source 标准源(指作为测量基准的放谢源)
standard stock 乔性砧
standard strain ①标准品系 ②标准菌株
standard sugar 标准糖
standard sum 标准和
standard tape data formats 标准磁带数据格式{信息}
standard temperature 标准温度
standard thermometer 标准温度表
standard time 标准时间{环保}
standard time of observation 标准观测时间
standard tool kit 标准工具箱
standard tree ①标准乔木,标准树 ②高干树
standard trickling filter 标准滴滤池,标准生物滤池(指低负荷生物滤池){环保}
standard type 标准型
standard-type farm tread tire 标准型农用花纹轮胎
standard unit heritability 标准单位遗传力
standard unit method 标准单位法
standard unit value 标准单位值
standard variety 标准品种
standard vexillum 旗瓣(vexillum)
standard wheat flour processing 标准粉加工{加工}
standardization ①标准化,规格化 ②标定 ③校准
standardization of database 数据库标准化{智培}
standardization of milk 牛奶标准化
standardization of products 产品标准化
standardization of the agricultural products 农产品规格化,农产品标准化
standardization of wood 木材规格[化]
standardized 标准化的
standardized condition 标准化条件
standardized fertility 标准化结实率
standardized normal distribution 标准化正态分布
standardized program 标准化程序
standardized selection differential 标准化选择差数
standardized technics 标准化技术
standby (= stand-by) 备用,空闲待用{信息}
standby application 待用,备份应用
standby display 备用显示器
standby equipment 备用设备
standby facility 备用设备
standby generator 急救发电机,备用发电机
standby line 备用线路{信息}
standby machine 备用机器
standby main memory 备用主存储器{信息}
standby power 备用功率,维持功率
standby register 备用寄存器
standby time ①备用时间,待命时间,轮空时间,闲置时间 ②待维护时间,维修准备时间 ③空闲时间(指机器){信息}
standby unit 备用装置
stander ①机架 ②采伐残留木
standing ①时期,持续 ②牛舍,畜舍 ③永久的,固定的 ④备用的 ⑤未收割的
standing ability ①直立性 ②固定性
standing biomass 现存生物量,当时生物量
standing cane 未砍收甘蔗
standing capital 固定资金,固定资本
standing cloud 驻云
Standing Committee on Crop Improvement 作物改良常设委员会
standing corn ①未收获谷物 ②未割的玉米
standing crop (= growing crop) ①现存量(指在大田还未收割的作物) ②正在成长的作物,青苗 ③林木,苗木
standing cutter 立式犁刀
standing cypress 地肤[*Kochiacoparia* (L.) Schrader](藜科)
standing fish population 现存鱼类种群[量]
standing jointer 立式小前犁
Standing lnternational Vinegar Committee of the EEC 欧洲经济共同体醋酸工业常设国际委员会
standing mass 现存量{栽培}
standing milking bucket 立式挤奶桶
standing moss 立地卷柏[*Selaginella nipponica* Fr. et Sav.](卷柏科)
standing reserve (= fixed reserve) 固定预备林
standing room (= growing space) 营养面

积
standing root 永久根(radix permanens)
standing stock ①立林积蓄{森林} ②现存[收获]量 ③现存资源,现存群体{水产}
standing tree (=stumpage) 立木{森林}
standing water 积水{水利}
standing wave 驻波,定波
standing-wave flume 驻波水槽{环保}
standover cane 隔季蔗
standpoint 观点
stands 群丛,林分
standstill 停顿,停滞
Stanford-Binel test 斯坦福-比内二氏测验{统计}
Stanford Research Institute (SRI) 斯坦福研究所(指研究计算机的)
stanhopea ①金鱼兰属[*Stanhopea* Frost.](兰科) ②金鱼兰[*Stanhopea tigrina* Batem.]
stannic chloride [四]氯化锡[$SnCl_4$]
stannic oxide 二氧化锡,氧化[正]锡[SnO_2]
stannous acid 亚锡酸[H_2SnO_2]
stannous salt 亚锡酸盐[M_2SnO_2]
staphylocoagulase 葡萄球菌凝固酶
staphylococcal nuclease 葡萄球菌核酸酶
staphylococcal protein A (SPA) 葡萄球菌蛋白A
staphylococcal *α* -toxin 葡萄球菌 α -毒素
staphylococcin 葡萄球菌素
staphylococcus ①葡萄球菌属[*Staphylococcus* Rosenbach] ②葡萄球菌[*Staphylococcus* sp.]
staphylococcus aureus 金黄色葡萄球菌[*Staphylococcus aureus* Rosenbach]
staphylokinase 葡萄球菌激酶,葡激酶
staphyloleukocidin 葡萄球菌杀白细胞素
staphylolysin 葡萄球菌溶血素,全球菌溶血素
staple ①主要产物 ②特产 ③主要原料 ④主要成分 ⑤(棉、毛)纤维 ⑥U形钉,U形锔(stella)
staple crops 主要作物
staple fiber 人造纤维
staple food ①主食 ②⌞复⌝主要食品
staple length ①纤维长度 ②(羊)毛长度
staple product 大宗产物
staple vegetables 主要蔬菜
star ①星 ②恒星
STAR-100 STAR-100计算机
star activity 星号活性{生技}
star anise ①八角属[*Illicium* L.](木兰科) ②八角(大茴香)[*Illicium verum* Hook. f.]
star anise oil 大茴香油
star-apple ①金叶树[*Chrysophyllum* L.](山榄科) ②北美金叶树(星苹果)[*Chrysophyllum cainito* L.]
star astilbe 单叶落新妇[*Athyriym lobato-crenatum* Tagawa](水龙骨科)
star berry 星状油柑[*Phyllanthus acidus* L.](大戟科)
Star Bonnet 星本耐(美国水稻品种)
star bromelia ①姬凤梨属[*Cryptanthus* Klotzsch.](凤梨科) ②姬凤梨[*Cryptanthus acaulis* Beer.]
star-cap 星状帽(asteropileus)
star check (木材)星裂
star circuit 星形电路{信息}
star compass orientation 星象罗盘定向
star configuration 星形配置{电脑}
star connection 星形连接法
star conveyor 星轮式输送器
star cucumber 毛黄瓜属[*Sicyos* L.](葫芦科)⌞拟⌝
star-delta starter 星三角起动器
star duckweed 品藻[*Lemna trisulea* L.](浮萍科)
star elevator 星轮升运器
star-flower ①七瓣莲属[*Trientalis* L.](报春花科) ②七瓣莲[*Trientalis europaea* L.]
star-flowered 星状花的(astranthus)
star-free expression 无星形表达式
star-fruit (=thrumwort) 星果泽泻[*Damasonium alisma* Mill.](泽泻科)
star-fruited 星芒状果的(asterocarpus)
star glory ①茑萝属[*Quamoclit* Mill.](旋花科) ②茑萝[*Quamoclit pennata* Bojer]
star-grass ①肺筋草属[*Aletris* L.](百合科) ②肺筋草[*Aletris spicata* (Thunb.) Fr.] ③(=dog's tooth grass)狗牙根
star harrow 星形耙
star ipomoea 圆叶茑萝[*Quamoclit coccinea* (L.) Moench](旋花科)
star-jasmine ①络石属[*Trachelospermum* Lem.](夹竹桃科) ②络石[*Trachelospermum jasminoides* Lem.]
star-like divergent 星散叉开的(asterineus)
star lily 山丹[*Lilium concolor* Salisb.](百合科)
star magnolia 辛夷(日本玉兰)[*Magnolia stellata* Maxim.](木兰科)
star melannse 星状沙皮病(柑橘病害)

star-metaphase 星[状]中期{细胞}
star-mutation 星型突变
star network 星形网络{信息}
star of arabia Bethlehem 阿拉伯虎眼万年青[*Ornitho galum arabicum* L.](百合科)
star-of-Bethlehem ①虎眼万年青属(鸟乳花属)[*Ornithogalum* L.](百合科) ②虎眼万年青[*Ornithogalum caudatum* L.]
star-of-night (=balsam apple) ①香果树属[*Clusia* L.](藤黄科) ②香果树(粉红香果树)[*Clusia rosea* L.]
star phlox 星花福禄考[*Phlox drummondii* var. *stellaris* Voss.](花荵科)
star ring 星形环
star ring network 星形环网
star roller 星轮镇压器
star ruby grapefruit 星红玉葡萄酒
star shake (=star check) (木材)星裂
star-shaped 星状的 (asteroideus, stelliformis)
star-sky alteranthera 虾钳菜[*Alteranthera sessilis* (L.) R. Br.](苋科)
star spot 星状纹{蚕}
star structure 星形结构
star-toothed chain harrow 星齿式链耙
star-toothed harrow 星轮耙
star-tulip (=Mariposa-lily) 美百合属[*Calochortus* Pursh.](百合科)⌊拟⌉
star-veined 星状脉的,放射脉的(stellinervis)
star-wheel beater 星轮式击肥轮
star-wheel feed [立轴式]星轮排肥器
star-wheel feed fertilizer distributor 星轮排肥式施肥机
star-wheeled roller 星轮镇压器
star wort 高山紫菀(高山荷兰菊)[*Aster alpinus* L.](菊科)
starch 淀粉(amyium) [$(C_6H_{10}O_5)_n$]
starch adhesive (=starch glue) 淀粉胶
starch agar 淀粉琼脂(培养基)
starch biosynthesis 淀粉生物合成
starch breakdown 淀粉分解
starch builder (=starch generator) 造粉体(amylogenerator)
starch cellulose 淀粉纤维素
starch content 淀粉含量
starch crops 淀粉作物
starch enzyme 淀粉酶
starch equivalent 淀粉当量,淀粉比率
starch-flour 淀粉[面]
starch-free 无淀粉的
starch-gel electrophoresis 淀粉凝胶电泳
starch grain 淀粉粒(amylogranum)
starch granule 淀粉粒(amylo granula)
starch gum (=dextrin, British gum) 糊精[$(C_6H_{10}O_5)_n$]
starch hydrolysis 淀粉水解
starch-iodine-blue test 淀粉碘蓝测定(指种子)
starch-iodine lesions 淀粉碘液斑
starch layer 淀粉层(amylostratum)
starch leaf 淀粉叶
starch level 淀粉量
starch paste 糨糊
starch plant 淀粉植物
starch processing 淀粉加工
starch seed 淀粉种子
starch settler 淀粉沉淀池
starch sheath 淀粉鞘(amylovagina)
starch-splitting 分解淀粉的
starch storage 淀粉贮藏
starch sugar 淀粉糖
starch-sweet-corn (=starch sugary corn) 甜粉种玉米(粉质甜玉米)[*Zea mays* L. *amyleosaccharata* Sturt.](禾本科)
starch synthesis 淀粉合成
starch synthetase 淀粉合成酶
starch syrup 淀粉糖蜜
starch unit 淀粉单位
starch value 淀粉值,淀粉价
starch vermicelli 粉丝{加工}
starch vermicelli processing 粉丝加工{加工}
starch waste 含淀粉废水{环保}
starch weight per acre 每亩淀粉重量
starch yield rate 出淀粉率
starching clay 漂白土
starchy ①[淀]粉质的 ②粉状的(amylaceus, amyloides)
starchy corn 粉质种玉米[*Zea mays* L. *amylacea* Sturt.](禾本科)
starchy endosperm 粉质胚乳(endospermium amylaceum)
starchy rice 淀稻
starchy roots 含淀粉的根块作物
starchy seed 粉质种子(semen amylaceum)
starchy sweet maize 甜粉种玉米
starchy vegetables 含淀粉蔬菜
Starking 红星(苹果品种)
starlily ①白文殊兰属[*Leucocrinum* Nutt.](石蒜科) ②白文殊兰[*Leucocrinum*

montanum Nutt.]
starruby 无核新红玉(葡萄柚品种)
starry 星状的(astreans)
starry campion 星状麦瓶草[*Silence stellata* Ait.](石竹科)
starry cerastium (starry grasswort) ①卷耳属[*Cerastium* L.](石竹科) ②卷耳[*Cerastium arvense* L.]
starshape configuration 星形构型{分遗}
start ①起动,启动,开动 ②惊动 ③开始,起步
start address 启动地址{信息}
start bit 启动位,起始位{电脑}
start button 启动按钮
start codon (= initiator codon) 起始密码子{分遗}
start control program function job 启动控制程序作业{电脑}
start data-traffic indicator (SDT indicator) 启动数据通信指示器,SDT指示器{信息}
start engine 起动机,起重装置
start information 起始信息
start key 启动键
start laying ①(管道等)开始铺设 ②开始产卵
start line 起始线
start-of-chain 起始链,链开始
start-of-format control 启动格式控制
start-of-message indicator (SOM indicator) 报文开始符
start of text (STX) 本文开始
start point 出发点,起始点
start site 起始位点{分遗}
start-stop time 起动停止时间,起停时间
start stop transmission (SS transmission) 起停式传输{信息}
start up ①惊动,惊起 ②突然出现,突然发生 ③启动,试运转
starter ①起动机,起动装置 ②发射装置 ③点火级 ④肥育仔猪 ⑤哺乳犊牛 ⑥饲养前期饲料,开始饲料,断奶幼畜日料 ⑦起子,引子{加工}
starter culture 起子培养,引子培养{分生}
"starter" dressing 施诱发肥
starter engine 启动发动机
starter fertilizer 施基肥,底肥
starter hive 始工群(养王用)
starter model ①起始模型{遥感} ②起动机模型{农机}
starter strip 始脾条,巢础条
starter switch 起动机开关
starters [发酵]种子,引子
starting ①开始,开端,出发 ②起初,开动,启动 ③起始的,原来的,原始的
starting algorithm 启动算法
starting crank 起动摇把
starting data address 起始数据地址{信息}
starting date of milling operation 糖厂开榨期(指甘蔗)
starting device 起动装置
starting location 起始位置
starting material 起始物质{生态生理}
starting mechanism (发动机)起动机构
starting motor 起动电动机
starting plan 实施计划
starting point ①启动点,起始点{电脑} ②命名起点{分类}
starting power 起动功率
starting pressure 起始压力{环保}
starting pulse 启动脉冲{电脑}
starting resistance 起动阻力
starting signal 启动信号
starting state 起始状态
starting symbol 开始符号,起始符号
starting system 起动系统
starting tableau 初始表
starting torque 起动扭矩
starting-up costs 筹建费用
starting value 初始值,初值
startup 启动
startup job stream 启动作业流
startup time 启动时间
starvation 饥饿[作用](starvatio)
starvation method 饥饿法
starvation-survival response 饥饿生存反应{生态生理}
starve out 枯萎,衰亡
starved joint 脱胶(胶合板)
starveling ①不饱满的子粒 ②营养不良好
starweed 臭荠状车前[*Plantago coronopus* L.](车前科)
starwort ①繁缕属[*Stellaria* L.](石竹科) ②繁缕[*Stellaria media* (L.) Cyr.] ③(= Indian aster)鸡儿肠[*Aster indicus* L.](菊科)
stasigenesis 安定发生(stasigenesis)
stasipatric speciation 安定区物种形成
stasis ①停滞 ②郁积
stassanization 加热灭菌法(stassanisatio)
Stat mux (= statistical multiplexer) 统计型多路转接器{信息}
statampere 静电安培
state ①态,状态,状况,情形,情况 ②国家的,国有的,国立的,国营的(status)
state analyzer ①状态分析器 ②状态分析程序

state assignment ①状态分配 ②状态指定
state code 状态码
state-controlled economy 国家控制经济
state controller 状态控制器
state cotton plantation 国家植棉场
state description 状态描述
state diagram 状态图解
state equation 状态方程
state fair 农产品(畜产品)评比展览会
state farm 国家农场
state feedback 状态反馈
state forest 国有林
state forester (美)州林业局长
state function 状态函数{生技}
state grain farm 国家谷物农场
state information system 国家情报系统
state land 国有地,公有地
state model 状态模型
state monopoly ①国家专营 ②国家专卖事业(如烟,酒等),国家专利品
state natural science foundation 国家自然科学基金
state of acclimation 驯化状态
state of activity 活性状态
state of aggregation ①聚集态{生态} ②团聚态{土壤}
state of agriculture 农业情况
state of cultivation 耕作状况
state of destabilization 不稳定状态
state of differentiation 分化状态
state of dormancy 休眠状态
state of elastic equilibrium 弹性平衡状态
state of exhaustion 耗竭状态(指土地养分)
state of food 粮食情况
state of ground 地面状况
state of motion 运动状态
state of packing 包装状态
state of plastic equilibrium 塑性平衡状态
state of sea 海面状况
state of sky 天空状态
state of soil 土壤状态
state of stress 胁迫状态
state-of-the-art [当前]技术水平
state of the market 市场情况,销售情况,商情
state owned forest zone 国有林区
state park 国家公园,国立公园
state plan coordinate system 国家平面坐标系统{遥感}
state purchase quota 国家征购指标,国家采购量
state reduction 状态简化
state restoration 状态复原
state seed farm 国家种子农场
state selection station 国家选种站,国家育种场
state subsidy 国家资助,国家津贴
state tea plantation 国家茶场
state tobacco monopoly 烟草国家专营
state trading 国家贸易
state vector 状态向量
statement ①文字叙述,陈述,声明 ②(银行)结单,结算,资产负债表 ③命题
statement of accounts 账目结单{农经}
stathmokinesis 完全阻止细胞分裂
static (=statical) ①静[力]的 ②天电(staticus)
static accuracy 静态精确度,静态精度
static balance 静态平衡
static balance adjusting (= static balancing) 静态平衡调整
static balancing 静态平衡调整
static bending 静曲,静力弯曲
static bending failure 静曲破坏
static buffering 静态缓冲
static ceiling 气球平衡高度
static cell population 静态细胞群体
static check 静态检查,静态检验
static constant 静态常数
static culture 静置培养
static dump ①静态打印 ②静态转储(指信息)
static efficiency 静压效率
static electricity ①静电 ②静电学
static eliminator 静电消除器
static equilibrium 静力平衡
static error 静态误差
static evaluation function 静态估价函数
static evaluation score 静态计分
static evaluation value 静态求值
static expression 静态表达[式]
static friction 静摩擦
static handling 静态处理
static hazard 静态冒险,静险态
static head 静压头,静水头
static image communication 静态图像通信{信息}
static index 静态索引
static instability 静力不稳定[度]
static mathematical model 静态数学模型
static metamorphism 静力变质作用
static milking parlor 静置式挤乳室,定置式挤乳室{农施}
static moisture level 静止水分水平
static multifunctional pipeline 静态多功能流水线

static network 静态网[络]
static paramenter 静态参数
static pressure 静压
static printout 静态打印,静态印出
static process 静力过程
static refresh 静态刷新
static response 静态响应
static rigidity 静刚度
static settling 静沉降 {环保}
static stability 静力稳定[度]
static state 静态
static suction head 静吸入水头,静吸头
static suction lift 静吸程
static surface tension 静态表面张力
static symmetry 静对称
static test mode 静态测试方式
static typing 静态打印
static water 静止水
static water table 静地下水位
statical equilibrium 静态平衡
statical load 静荷载
statical meteorology 静力气象学
statical unbalance 静力的不平衡
statically determinate 静定{水利}
statically indeterminate 超静定,静不定
statice 补血草属 [*Limonium* Mill.] (蓝雪科)
statics ①静态 ②静力学 (statica)
statin 抑制素
station ①站,局,场,台 ②测点,场所 ③岗位,位置 ④车站 ⑤牧场(澳)
station arrangement 站布局 {信息}
station clock 站时钟 {信息}
station elevation 测站[海拔]高度
station for popularizing agricultural technique 农业技术推广站
station for the reproductive silkworm egg 蚕种[繁育]场
station index 台站索引{气象}
station level network 站级网络 {信息}
station model 填图格式
station number 站号
station pressure 本站气压
station-to-station call 直拨长途电话 {信息}
stationarity 平稳性,稳定性 (stationaritas)
stationary ①静止的,不动的 ②定点的,固定的 ③不变动的 ④(空气)残留的 (stationaris) {气象}
stationary air 滞留空气
stationary baler 固定打包机,固定压捆机
stationary continuous steaming plant 固定式连续蒸煮设备
stationary cyclone 静止气旋,滞留气旋
stationary distribution 稳定分布,平稳分布
stationary distributor 固定布水器 {环保}
stationary drying kiln 固定干燥窑
stationary electric pumping set 固定式电动泵组
stationary engine 固定式发动机
stationary epiphytotic 静态流行[病害]
stationary front 静止锋,滞留锋
stationary fuzzy process 平稳模糊过程
stationary growth 固定生长 {环保}
stationary illumination 分段照明,固定照明
stationary information source 固定信息源
stationary knife 固定刀,定刀
stationary liquid 固定液 {生技}
stationary milking bail 固定式挤奶装置
stationary mill ①固定式磨粉机 ②固定制材厂
stationary motion 常定运动
stationary-opened metering device 常开式[定量]排种装置
stationary orbit 静止轨道 {遥感}
stationary paper carrier 固定式输纸装置 {电脑}
stationary phase ①稳定期(指细胞生长曲线) ②固定相(指层析) ③停滞期
stationary piping 定位安管
stationary point 定点,平稳点,稳定点
stationary pollution source (= stationary source) 固定污染源 {环保}
stationary potato steaming plant 固定式马铃薯蒸煮设备
stationary probability 稳态概率
stationary random process 平稳随机过程
stationary scanner 固定式扫描仪
stationary shaft 固定轴
stationary source 固定[污染]源 {环保}
stationary spray pump 固定式喷雾泵
stationary sprinkler 固定式喷灌机
stationary state 定态,固定态
stationary straw press 固定式茎秆压捆机
stationary survey 蹲点调查
stationary temperature 定温
stationary test 定点试验
stationary value 平稳值
stationary wave 驻波,定波
stationary work 固定作业
statistic (= statistical) ①统计的 ②统计量,估计参数 (statisticus) {统计}
statistic equalizer 统计均衡器
statistic inference (= statistical inference) 统计推断
statistic recognition 统计识别

statistical 统计的 (statisticus)
statistical adjustment 统计判断
statistical analysis 统计分析
statistical analysis software for agricultural experiment 农业试验的统计分析软件
statistical analysis system 统计分析系统
statistical attribute 统计特征
statistical bias 统计偏差
statistical coil 统计线团 {生技}
statistical constant 统计常数
statistical control [数理]统计控制
statistical correction 统计矫正
statistical correlation 统计相关
statistical data 统计资料,统计数据
statistical data recorder (SDR) ①统计数据记录器 ②统计数据记录程序
statistical database 统计数据库
statistical decision theory 统计决策理论 {统计}
statistical design 统计设计
statistical distribution 统计分布
statistical ecology 统计生态学
statistical economics 统计经济学
statistical encoding 统计编码 {遥感}
statistical equalizer 统计平衡器
statistical equilibrium 统计平衡
statistical error 统计误差
statistical estimate of component of variance 方差组分[的]统计估计
statistical estimates 统计估计量
statistical estimation 统计估计
statistical evaluation 统计评定
statistical fault counter 统计故障计数器
statistical forecast 统计预报
statistical genetics 统计遗传学
statistical graphics 统计图示技术
statistical hydrology 统计水文学 {环保}
statistical hypothesis 统计假设
statistical inference 统计推断
statistical interpretation 统计解释
statistical interpretive language (STIL) 统计解释语言 {电脑}
statistical law 统计法则
statistical machine 统计[计算]机
statistical mechanics 统计力学
statistical method 统计方法
statistical methods for agricultural worker 农业工作者的统计方法,农业统计法
statistical multiplexer (= Stat mux) 统计型多路转接器 {信息}
statistical parameter 统计参数
statistical physics 统计物理学
statistical population 统计学群体
statistical process 统计过程
statistical processing 统计处理
statistical quality control (SQC) 统计质量管理
statistical reasoning 统计推理
statistical redundancy 统计冗余
statistical relative frequency 统计相对频率
statistical sample 统计样本
statistical sampling 统计取样
statistical science 统计[科]学
statistical significance 统计显著性
statistical simulation 统计模拟
statistical spectral analysis 统计谱分析
statistical structure of image data 图像数据统计结构 {遥感}
statistical surface 统计面
statistical switch 统计开关
statistical-temporal image merging technique 统计-时序影像归并[测深]技术 {遥感}
statistical test ①统计检验,统计检查 ②统计测试 ③统计试验 ④统计测验
statistical test model 统计测试模型
statistical testing of data 数据的统计测验
statistical tolerance limit 统计容许极限
statistical treatment 统计处理
statistical weight 统计权重
statistician 统计员,统计工作者,统计学家
statistics ①统计学 ②统计资料 (statistica)
statistics file 统计文件 {智培}
statistics of agricultural experiments 农业试验统计学
statistics of agriculture ①农业统计 ②农业统计学
statistics of attributes 质统计
statistics of community 群落统计[学]
statistics of remote sensor image 遥感图像统计[学] {遥感}
statistics of variables 量统计
stato- ⌞字头⌝停止,不动
statoblast 越年芽,休眠芽 (statoblastus)
statocyst ①平衡囊 ②平衡器 (statocysta)
statolith 平衡石 (statolithus)
stator 定子,静子
statoreceptor 平衡感受器
statoscope 微动气压器,灵敏气压器
statospermus 直生种子的
statospore ①内生孢子 ②内壁(孢子与花粉粒) (statosporium)
stature ①株型,株高 ②塑像,铸像,雕像 (statura)
status ①状况,情况,状态 ②(分类)地位

status available 可选用状态
status bar 状态条{电脑}
status bus 状态总线{信息}
status channel 状态通道{生技}
status checkout 状态检查
status data 状态数据
status display mode 状态显示方式
status error flag 状态错误标记
status flip-flop 状态触发器{电脑}
status indication 状态指示(指紧急终端状态){信息}
status information 状态信息
status latch 状态锁存器
status of safety science and engineering 安全科学与工程[的]现状
status register 状态寄存器
status save area (SSA) 状态保存区,状态保留区
status scan 状态扫描
status switch 状态开关
status window 状态窗口{电脑}
statute 法规
statute law 成文法{环保}
statutory 法定的
staubosphere 尘层,尘圈(staubosphera)
staunch 止血
stauntonia (=stauntonvine) ①野木瓜属[*Stauntonia* DC.](木通科) ②野木瓜[*Stauntonia chinensis* DC.]
staurigamy 异体受精(staurigamia)
staurolite 十字石{地质}
staurosporae 星状孢子类[Staurosporae]
staurospore 星状孢子(staurospora)
staurosporin 星状孢菌素
stave 凹板,桶板材,拼板条
stave bolt 桶板粗短材
stave pipe 拼板条管,桶板管{环保}
stave silo 桶板青贮塔
stave wood 桶板材
stavudine (=didehydrothymidine) (商)双脱氧胸苷{分遗}
stay ①撑条,拉条 ②(位柱四周的)拉绳 ③停留
stay bolt 撑螺栓
stay-chain ①(卡车,货车上的)系链 ②(畜力牵引车,双均衡横木两端的)拉链
stay rod 锁定杆
stay time 停留时间
staying ①拉线 ②固定,紧固{信息}
staypak 压缩木
st'd (=standard) 标准
steadiness 稳定
steady ①稳定的,稳固的,坚固的,牢靠的,扎实的 ②稳态的,平衡的,平衡的,均匀的 ③固定的,常定的,不变的,持续的,连续的,经常的
steady distribution 常定分布,稳定分布
steady drift 稳定漂变
steady flow 恒定流,稳定流
steady high yield 稳产高产
steady load 稳定载荷
steady rain 连续雨,稳定性雨,均衡雨
steady response 稳态响应
steady running 稳定运转
steady seepage 恒定渗流
steady state 稳态,恒态,常定状态
steady-state analysis 稳态分析
steady-state approximation 稳态近似
steady state composition 恒态组成
steady-state conditions 稳态条件
steady-state hazard 稳态险态,稳态冒险
steady-state nonlinear network 稳态非线性网络
steady-state optimization 稳态优化
steady-state phase 稳态阶段
steady-state process 稳态过程,稳定状态过程
steady-state RNA 稳态 RNA{分遗}
steady-state signal 稳态信号
steady state system 稳态系统
steady-state transcription 稳状转录{分遗}
steady the market 稳定市场
steady uniform flow 稳匀流,稳定均匀流{环保}
steady velocity 常定速度
steady wind 常定风
steal bus 挪用总线,窃用总线{信息}
stealth virus 偷窃型病毒{信息}
steam ①蒸汽 ②蒸汽雾 ③蒸煮
steam bakery 蒸汽烤房
steam bath 蒸汽浴
steam-bed 蒸汽温床
steam boiler 蒸汽锅炉
steam bud-forcing 蒸汽催芽
steam chart 蒸汽图
steam cleaner ①蒸汽清选机 ②蒸汽清洗装置 ③高压清选机
steam cleaning 蒸汽清洗
steam cooker (饲料)蒸煮器
steam disinfection 蒸汽消毒
steam distillation (=distillation in steam) 蒸汽蒸馏
steam-driven threshing machine 蒸汽脱谷机
steam engine 蒸汽机
steam engine plough 锅驼机犁,绳索牵引,平衡犁

steam fog 蒸汽雾
steam fog generator 蒸汽烟雾发生器,蒸散器
steam fog method 蒸汽烟雾法,蒸散法{农药}
steam gauge 蒸汽压力计
steam generator 蒸汽发生器
steam generator with electric heating element 电热元件式蒸汽发生器{农施}
steam-heated drying tower 蒸汽加热干燥塔
steam heater 蒸汽加热器
steam heating 蒸汽加热,蒸汽供暖
steam-heating pit 蒸汽加热坑道
steam heating room 蒸汽暖房
steam honey-knife 蒸汽割蜜刀
steam injection 蒸汽喷射
steam injector 蒸汽注射器
steam inlet valve 进气阀
steam jacket 夹层蒸汽锅
steam jet 喷蒸器
steam-jet ejector 蒸汽射流泵{环保}
steam method 蒸汽切片法{显技}
steam mist 蒸汽轻雾
steam peeling 蒸汽去皮
steam pipe 蒸汽管{环保}
steam plough (= steam plow) 蒸汽机引犁
steam ploughing (= steam plowing) 蒸汽动力耕作
steam pressure 蒸汽压
steam pressure fluctuation 蒸汽压波动
steam pump 蒸汽泵
steam retort 蒸汽灭菌器
steam seasoning 蒸汽干燥[法]
steam skidder 蒸汽集材机
steam soil sterilizer 蒸汽式土壤消毒器
steam sprayer 蒸汽喷雾机
steam sterilization 蒸汽灭菌法,蒸汽消毒[法]
steam sterilization under pressure 高压蒸汽灭菌法
steam sterilizer (= sterilization steamer) 蒸汽灭菌器
steam sterilizing 蒸汽灭菌,蒸汽消毒
steam still 蒸馏器
steam-tank 消毒蒸锅
steam tight 汽密
steam treatment of soil 土壤的蒸汽处理
steam turbine 汽轮机
steam-type cultivator 蒸汽机引中耕机
steam volatile acids 蒸汽挥发性酸
steam wax press 蒸汽榨蜡机
steamed 蒸煮的,蒸软的
steamed bone-meal 蒸制骨粉
steamer ①汽化器,蒸汽发生器 ②饲料蒸煮器 ③蒸取蜂蜡锅
steamer-mixer 蒸煮拌和器,蒸煮混合器
steaming ①蒸煮 ②蒸汽处理
steamlyser 饲料蒸煮器
steapsase 胰脂肪酶,胰脂酶
steapsin 胰脂酶
stearaldehyde 硬脂醛,十八[烷]醛[$C_{17}H_{35} \cdot CHO$]
stearate ①硬脂酸 ②硬脂酸,酯或根
stearic acid 硬脂酸,十八[烷]酸[$CH_3(CH_2)_{16}COOH$]
stearin [三]硬脂酸甘油酯[$C_3H_5(OOCC_{17}H_{35})_3$]
stearine amine 硬脂胺{环保}
stearine oil 硬脂油
stearine pitch 硬脂沥青
stearodiolein 一硬二油酸甘油酯
stearodipalmitin 一硬二棕榈酸甘油酯
stearolic acid 硬脂炔酸,十八碳-9-炔酸
stearolysis 脂解
stearoyl 硬脂酰,十八[烷]酰
stearoyl-CoA 硬脂酰辅酶 A,硬脂酰 CoA{分生}
stears (= Job) 薏苡[*Coix jobi* L.](禾本科)
stearyl 硬脂酰,十八[烷]酰
stearyl alcohol 十八[烷]醇[$CH_3(CH_2)_{16} \cdot CH_2OH$]
stearyl-coenzyme A 十八[烷]酰辅酶 A
stearylglycolipid 十八[烷]糖脂
stearylisomaltose 十八[烷]异麦芽糖
stearylisomatoheptose 十八[烷]异麦芽糖庚糖
steatogenous 引起脂肪变性的(steatogenus)
steatolytic 分解脂肪的(steatolyticus)
steatolytic enzyme 解硬脂酶
steatopygous sheep 肥臀羊
steatorrhea 脂肪痢,皮脂溢
steatosis ①脂肪变性 ②皮脂腺病
steckling ①母本,种根 ②采种甜菜 ③折枝
steed (= nag) 乘用马
steel ①钢 ②中耕机锄铲
steel [acid] pickling waste liquid 酸洗[钢材]废液(指酸洗钢材过程的废液称为酸洗废液){环保}
steel [acid] pickling waste water 酸洗[钢材]废水(为了清除钢材表面的氧化物,一般采用酸洗法处理,所产生的废水,称为酸洗废水){环保}
steel [frame] structure 钢[架]结构
steel alloy 钢合金

steel bar 棒钢
steel casting 钢铸件
steel-core tire 铁心橡胶轮
steel crate 钢丝筐
steel factor (SLF) (= stem cell factor) 青灰因子(是癌基因产物 c-kit 的配体,最初发现与小鼠的青灰色表型有关,故名青灰因子) {分遗}
steel frame greenhouse 钢架温室
steel-framed wood-lined silo 钢架木衬青贮塔
steel jacket 钢罩,钢套 {环保}
steel mesh silo 钢丝网青贮筒
steel pipe 钢管
steel plate 钢板
steel plating 镀钢
steel ratio 钢筋率{水利}
steel ribbon seed tube 卷片式输种管
steel roll 钢辊
steel rope 钢索,钢绳
steel scythe 长柄钢镰
steel silo 金属青贮塔
steel tape 钢卷尺
steel tip trailer 钢制倾卸拖车
steel-tired wheel 钢圈轮
steel tower 钢塔 {环保}
steel traction wheels 驱动钢轮
steel trap 钢夹,捕兽铁
steel wire 钢丝
steeling (= young bullock) 小阉牛,小去势牛(去势的小牛)
steely 硬质的
steelyard 吊秤,杆秤
steep ①浸种(杀种子上的病菌)浸湿,润湿 ②(斜坡)陡峭的
steep area 陡坡地区
steep bluff 悬岩,绝壁
steep curve 锐[陡]曲线,急弯
steep irrigated land 陡坡灌溉地
steep land 陡坡地
steep loess slope 黄土陡坡
steep pulse 陡前沿脉冲
steep sharply turned moldboard 大角度翻转犁壁
steep slope ①陡坡,急坡 ②陡坡地
steep slopeland's terrace 徒坡地梯田
steep sugar 糖浆
steep water-potential gradient 陡峭水势梯度
steeped hemp 浸渍大麻
steeped in salt water 盐水浸渍
steeper 浸渍器
steepest descent method 最陡下降法,最速下降法 {信息}
steeping ①浸种 ②浸湿 ③泡,渍
steeping treatment 浸渍处理
steeplifting (农具)垂直提升
steepness 陡度
steer ①驾驶,操纵,转向 ②阉牛 ③公牛,牝牛
steer hide 去势牛皮
steerable tractor toolbar 可操向拖拉机通用机架
steerable trailer 可操向挂车
steerable wheel 导向轮
steerage hoe 可操向中耕锄
steerer ①驾驶员 ②掌舵手
steering ①驾驶 ②操纵,引导,导向,转向 ③转向机构
steering adjusting bolt 转向调整螺栓
steering apparatus 导向装置
steering arm 转向臂
steering assembly 导向装置
steering bar (圆盘犁对前犁)导向杆
steering brake 转向制动器
steering clutch 转向离合器
steering column 转向柱
steering committee 指导委员会
steering computer 驾驶用计算机
steering control rope (联合收获机)操向索
steering controls 转向操纵机构
steering current 引导气流
steering damper 转向机构减振器
steering device 转向器
steering disk 导向圆盘,操向圆盘
steering fin (中耕机)导向滑板
steering frame 转向架
steering gear 转向器,转向机构
steering gear shaft 转向器轴
steering hitch 可操向挂结装置
steering knuckle 转向节(关节)
steering knuckle pivot ①转向节销,大主销 ②转向节铰接支承
steering law 引导法则
steering lever 操纵杆
steering line 驶线
steering link 操向机构拉杆
steering linkage 导向铰链机构
steering lock lever 转向机构锁定杆
steering mechanism 转向机构
steering motor 转向液压马达
steering plough 操向犁
steering pointer 转向指示器
steering pole 转向杆
steering post 转向柱
steering ram 转向油缸

steering shaft 转向轴
steering stabilizer 转向稳定器
steering stick 转向杆
steering stop 转向机构限位器
steering surface 引导层,驾驶层
steering system 转向系统
steering tire 导向轮轮胎
steering vector 导引向量
steering wheel ①方向盘,舵轮 ②导向轮
steersman ①驾驶员 ②舵轮手
Stefan Boltzmann's law of radiation 斯梯芬波尔兹曼辐射律{气象}
Stefan's constant 斯梯芬常数
Stefan's law 斯梯芬定律
Steffen waste 斯蒂芬法废液{环保}
stegine 盖层(steginium)
stegium 丝状附器
stegocarpous 盖蒴型的(stegocarpus)
stegophyll 包被叶(stegophyllum)
Stein's two-stage 史汀两阶段法{统计}
Stein's two-stage sample procedure 史汀两阶段样本法
steironema ①假珍珠菜属[*Steironema* Raf.](报春花科) ②假珍珠菜[*Steironema* sp.]
stelar 中柱的(stelaris)
stelar theory 中柱学说{解剖}
-stele ⌞字头⌝柱
stele 中柱(stela)
stelidium 柱齿
steliogen 生柄原(steliogenum)
stellacynin 星蓝蛋白
stellar ①星状的 ②卫星 ③星体(stellaris)
stellar aggregate 星状团粒,星状团聚体
stellar-based global positioning system 卫星全球定位系统{遥感}
stellar crystal 星状结晶
stellar guidance system 星体制导系统
stellar lightning 星状闪电
stellate 星状的(stellatus)
stellate cell 星状细胞(cellula stellata)
stellate-crystal fungus disease 放射状结晶真菌病,星状结晶真菌病{指甘蔗}
stellate diaphragm 星状隔膜(diaphragma stellata)
stellate hair 星状毛(pilus stellatus)
stellate-hair bird cherry 星毛橉木稠李[*Prunus undulata* var. *stellipila* (Koehne) Yu et Li](蔷薇科)
stellate-hairy 星状毛的(stellapilis)
stellate scale 星状鳞片(squama stellata)
stellate snowflake 星状雪花
stellate type 星状型(typus stellatus)
stellera ①狼毒属[*Stellera* L.](瑞香科) ②狼毒[*Stellera chamaejasme* L.]
stelliferous 星状的(stellifer)
stelliform 星形的(stelliformis)
stellite 钨铬钴合金钢,斯太立特硬质合金
stellular 小星状体的(stellularis)
stelophyte 中柱植物(stelophyta)
stem ①茎,干,叶柄,花梗,小花梗,果柄,蒂 ②短联结零件,拉柄,杆,(锄铲)把,尾 ③晶体管管座(stemmen)
stem analysis 树干解析
stem and bulb nematode 茎和鳞茎线虫病[*Ditylenchus dipsaci* (Kühn)]
stem and fruit rot of tomato 番茄茎腐病[*Didymellina lycopersici* Kleb.]
stem and leaf vegetable crops 茎叶[菜]类蔬菜
stem angle 铲尾角(铲尾与铲翼间夹角)
stem apex 茎端
stem axis 干轴
stem base 茎秆基部,秆基
stem bleeding 茎淌水病(甘蔗)
stem blight 茎枯病
stem blight of common asparagus 石刁柏茎枯病[*Phoma asparagi* Sacc.]
stem blight of cotton 棉花茎枯病[*Ascochyta gossypii* Syd.]
stem blight of wheat 小麦秆枯病[*Gibellina cerealis* Pass.]
stem body (纺锤线)干体
stem borer ①茶天牛[*Aeolesthes induta* Newman] ②茶红颈天牛[*Chreonoma atritarsis* Pic.](天牛科) ③粟穗螟[*Mampava bipunctella* Ragonot] ④粟灰螟[*Diatraea shariinensis* Eguchi](螟蛾科)
stem break ①秆裂病 ②(=cereal eyespot)禾谷类眼斑病
stem bud 胚芽(plumula)
stem burn 苗立枯病
stem cabbage 球茎甘蓝[*Brassica oleracea* var. *gongylodes* L.](十字花科)
stem canker 秆溃疡病,茎枯病
stem canker of potato 马铃薯茎枯病[*Corticum solani* (Prill. et Delacr) Bourd. et Galz.]
stem cell 干细胞(caulicellula)
stem cell factor (SCF) 干细胞因子{生技}
stem cell growth factor 干细胞生长因子
stem cell spermatogonium 干细胞精原细胞
stem clasping 抱茎的(amplectens, amplexans)

stem class [树]干级
stem crops 茎用作物
stem curve 树干曲线
stem cutter 切枝条机,插枝切取机
stem cutter and fruit bag remover 切枝去[果]袋机
stem cutting 枝插,茎插{园艺}
stem density ①茎秆密度 ②立木度
stem diameter 茎直径
stem dieback (= shanking) 葡萄果梗萎缩病
stem divergence 茎分枝式[法](指种植后将新梢摘心,使之分枝的方法)
stem eelworm (= bulb eelworm, stem nematode) 茎线虫病[*Ditylenchus dipsaci* Kühn.]
stem elongation (= shooting) ①抽茎,拔节 ②抽薹
stem-end 果基,梗端
stem-end rindbreakdown 果基干疤(指柑橘)
stem-end rot 尻腐病,蒂腐病
stem-end rot of citrus 柑橘蒂腐病[*Rhomopsis citri* Fawcett.]
stem-epidermal pattern 茎表皮细胞模式(指甘蔗)
stem-explant 茎外植体
stem fiber crops 茎秆纤维作物
stem fire 树干火
stem form-factor (= bole form-factor) 树干形数{森林}
stem frost resistance 茎抗寒性,茎抗霜性
stem gall 茎瘤,茎瘿
stem-girdle 热伤困
stem grafting 枝接
stem growth 茎生长
stem heat resistance 茎抗热性
stem internode 茎[秆]节间
stem knife 切茎刀
stem leaf 茎生叶
stem length 茎秆长度
stem less 无茎的(acaulis)
stem-like ①茎状的(caulescens) ②球茎状的(cormosus)
stem line 主系,干系(种族系统)
stem-line cell 干系细胞
stem-line theory 干系学说
stem-loop structure 茎-环结构{分生}
stem mother 干母{昆虫}
stem nematode 茎线虫病
stem nematode of onion 洋葱茎线虫病[*Ditylenchus dipsaci* Kühn.]
stem nematodes 茎线虫属[*Ditylenchus* spp.]
stem-node 茎节(geniculum)
stem number ①植株数 ②果木株数
stem of fruit 果梗
stem orientation 茎定向
stem pitting 高接病
stem pole 茎端,茎极
stem pushing 拔节
stem remover (花生)除梗滚筒,除梗器
stem resistance 茎抗性
stem respiration 茎呼吸
stem rib 茎肋(木贼)
stem-root border (桑)青颈
stem rot 茎腐病,蔓腐病,白绢病
stem rot fungus 松栓菌[*Trametes pini* (Thore) Fr.]
stem rot of bean 菜豆茎腐病[*Corticium centrifugum* (Lev.) Bres.]
stem rot of clover and alfalfa 三叶草菌核病[*Sclerotinia trifoliorum*]
stem rot of cotton 棉茎腐病[*Macrophomina phaseoli* (Maubl.) Ashby]
stem rot of hemp 大麻茎腐病[*Macrophomina phaseoli* (Maubl.) Ashby]
stem rot of jute 黄麻茎腐病[*Macrophomina phaseoli* (Maubl.) Ashby]
stem rot of kaoliang 高粱白绢病[*Corticum rolfsii* Curzi.]
stem rot of lettuce 莴苣茎腐病[*Pellicularia filamentosa* (Pat.) Rogers]
stem rot of lndian maldow 苘麻茎腐病[*Tubercularia abutilonis* Katsura]
stem rot of maiden hair 银杏茎腐病[*Macrophomina phaseoli* (Maubl.) Ashby]
stem rot of peanut 花生茎腐病[*Macrophomina phaseoli* (Maubl.) Ashby]
stem rot of pine 松茎腐病[*Macrophomina phaseoli* (Maubl.) Ashby]
stem rot of sesame 芝麻茎腐病[*Macrophomina phaseoli* (Maubl.) Ashby]
stem rot of sunflower 向日葵茎腐病[*Macrophomina phaseoli* (Maubl.) Ashby]
stem rot of sweet potato 甘薯茎腐病[*Macrophomina phaseoli* (Maubl.) Ashby]
stem rot of tobacco 烟草茎腐病[*Macrophomina phaseoli* (Maubl.) Ashby]
stem rot of white-flowered gourd 葫芦茎腐病[*Corticium centrifugum* (Lev.) Bres.]
stem rust 秆锈病
stem rust of barley 大麦秆锈病[*Puccinia graminis* Pers. f. sp. *hordei* Erikss. et

E. Henn.]
stem rust of cereals 禾谷类秆锈病 [*Puccinia graminis* Pers.]
stem rust of fescue 羊茅秆锈病 [*Puccinia graminis* Pers.]
stem rust of grasses 禾草秆锈病
stem rust of oats 燕麦秆锈病 [*Puccinia graminis* (Pers.) f. sp. *avenae* Erikss. et E. Henn.]
stem rust of poa 早熟禾秆锈病 [*Puccinia graminis* Pers.]
stem rust of wheat 小麦秆锈病 [*Puccinis graminis* Pers. f. sp. *tritici* Erikss et E. Henn.]
stem rust resistance 抗秆锈病性
stem sapper (= brown capsid) 可可褐盲蝽 [*Sahlbergella singularis* Hagl.] (盲蝽科)
stem sawfly ①茎蜂 ②⌊复⌉茎蜂科 [Cephidae]
stem-shaped 茎状的 (cauliformis)
stem-shoot forest 截枝林
stem shrinkage 茎收缩
stem smut 秆黑粉病
stem smut of quack grass 鹅观草秆黑粉病 [*Urocystis agropyri* (Preuss) Schroet. = *U. tritici* Koern.]
stem smut of wheat 小麦秆黑粉病 [*Urocystis agropyri* (Preuss) Schroet. = *U. tritici* Koern.]
stem solidness 茎硬度
stem spine 茎针 (spina ramealis)
stem spot 黑斑病(芝麻)
stem sprout 茎干萌芽
stem starch 茎淀粉
stem succulent 肉茎植物 (planta caulibus succulentibus)
stem system 茎系
stem system of plant 植株茎系
stem tendril 茎卷须 (cirrhus ramealis)
stem thermometer 棒式温度表
stem thorn 茎刺 (spina ramealis)
stem timber 树干材
stem tip culture 茎尖培养
stem tuber 块茎 (tuber ramealis)
stem vegetable 茎菜类蔬菜
stem water 茎流下水
stem wilt 萎凋病,立枯病
stembreak 干折,秆折
stemflow 茎干流量
stemless ①无茎的 ②无杆的,无干的 (acaulis)
stemless carline 无茎刺菊 [*Carlina acaulis* L.] (菊科)
stemless nozzle 无杆喷嘴 {环保}
stemlet 小茎,胚茎 (cauliolus)
stemlike organ 似茎器官
stemmed 具茎的,具干的,具秆的 (caudescens)
stemmer (花生)去梗器,除梗器
stemming 去果梗
stemming machine [烟草]去梗机
stemmy 多茎的
stemona ①百部属 [*Stemona* Lour.] (百部科) ②百部 [*Stemona tuberose* Lour. = *S. japonica* Miq.]
stemona alkaloid 百部生物碱
stemona family 百部科 [stemonaceae]
stemonine 百部碱
stemonitoid 发网菌状的 (stemonitoides)
stemonitoid plasmodium 发网菌型原质团
stemphylium leaf spot 轮纹病
stenanthium ①瘦花属 [*Stenanthium* Kunth] ②瘦花 [*Stenanthium* sp.]
stenanthous 狭花的 (stenanthus)
stench (= stink) 恶臭,臭气 {环保}
stencil 模板,镂花模板
stencil duplicating 模板复制
stencil master 模板原版
stencil plane 模板平面
steno- ⌊字头⌉狭
stenobotryous 柔弱总状花序的 (stenobotryus)
stenobulbous 狭鳞茎的 (stenobulbus)
stenocarp 狭果 (stenocarpium)
stenocarpous 狭果的 (stenocarpus)
stenocarpus 狭果属 [*Stenocarpus* R. Br.] (山龙眼科) ⌊拟⌉
stenocephalous 狭头的 (stenocephalus)
stenochoric 窄域分布的 (stenochoricus)
stenochoric community 窄域分布群落
stenochoric species 窄域分布种
stenochory 窄域分布 (stenochoria)
stenocladous 细枝的 (stenocladus)
stenogonous 狭角的 (stenogonus)
stenogynous 薄雌蕊的 (stenogynus)
stenohaline 狭盐性的 (stenohalinus)
stenohaline algae 狭盐性藻[类] (algae stenohalinae)
stenohaline marine algae 狭盐性海澡[类] (algae marinae stenohalinae)
stenolobous 狭裂片的 (stenolobus)
stenopalynous 单类型的 (stenopalynus)
stenopetalous 狭瓣的 (stenopetalus)

stenophagous 狭食性的 (stenophagus)
stenophagy 狭食性(stenophagia)
stenophotoperiodic 窄幅光周期的(stenophotoperiodicus)
stenophyllism 狭叶态 (stenophyllismus)
stenophyllous 狭叶的 (stenophyllus)
stenoplastic 微弱可塑的 (stenoplasticus)
stenoplasty 微弱可塑性 (stenoplastia)
stenospermocarpy 无子果实,瘪子果实(stenospermocarpium)
stenospermous 狭种子的 (stenospermus)
stenostachyous 柔弱穗状花序的 (stenostachyus)
stenotaphrum ①钝叶草属[*Stenotaphrum* Trin.](禾本科) ②钝叶草[*Stenotaphrum helferi* Munro]
stenothermal (= stenothermic) 狭温性的 (stenothermalis)
stenothermal microorganism (= stenothermic microorganism) 狭温性微生物
stenothermic (= stenothermal) 狭温性的 (stenothermicus)
stenothermic microorganism 狭温性微生物 (microorganismus stenothemicus)
stenothermic pathogen 狭温性病原 (pathogenus stenothermicus)
stenothermophile 嗜狭高温生物(stenothermophile)
stenotopic 窄(生态)幅分布的 (stenotopicus)
stenotopic species 狭生态幅分布种
stenotribal 狭小种族的 (stenotribalis)
stenotype 按音速记机 (stenotypus) {信息}
stenoxeny ①狭适性 ②狭隘病 (stenoxenia)
stenoxic 狭适性的 (stenoxus)
stenoxic pathogen 狭适性病原 (pathogenus stenoxus)
step ①步,步长,步进 ②台阶,阶梯,阶跃 ③档,小档 ④节距,间隔,差距,跨距 ⑤步骤,方法,手段,措施 ⑥逐步的,分段的,分级的,阶跃的,步进的
step aeration 逐步曝气,分级曝气 {环保}
step aeration method 逐步曝气法
step-allele (= step allelomorph) 阶梯等位基因{细胞}
step and repeat camera 步进重复照相机 {遥感}
step bearing [立式]止推轴承
step by step ①逐步,步步(指一步接一步) ②分步 ③进步,步进
step-by-step carry 按步进位,逐步进拉 {统计}
step-by-step control 步进控制
step-by-step method 分步法 {生技}
step-by-step operation 步进操作
step-by-step procedure 分步流程 {生技}
step-by-step switch 步进[式]开关 {信息}
step-by-step system ①步进系统{电脑} ②分步系统{生技}
step change ①步进变化 ②阶跃变化,单增量变化
step chromatography 阶梯层析[法],台阶层析[法] {生技}
step conductance 跳跃传导
step control 分级控制,步控制
step count set 计步装置
step counter 步进计数器,计步器
step-cut hammer (粉碎机)阶梯形锤片
step-down operation 下降运算 {统计}
step execution 逐步执行
step fault 阶梯断层
step felling 阶段状采伐
step function 阶梯函数,阶跃函数
step height 阶跃高度,陡度
step index fiber 单指数光纤
step ladder 四脚梯,高凳(粮仓用的)
step length 步长
step-like 梯状的 (scaliformis, scalaris)
step logic 步进逻辑 {电脑}
step method 分段法
step multiplier 步进式乘法器,阶梯式乘法器
step off 步测(以脚步测量)
step planting 垄植,垄播
step portion 梯状部分
step printer 间歇打印机
step quenching 阶段淬火
step record 逐步记录,步进记录
step recovery diode 阶跃恢复二极管
step riddle 阶梯式清选筛
step size 步长
step up ①增加,促进 ②上升
step-up drive 增速装置
step-up production 增加生产
step-up straw rack 阶梯式逐稿器
step wedge 梯级光楔 {遥感}
step width (= step size) 步长
stephanandra ①野珠兰属[*Stephanandra* Sieb. et Zucc.](蔷薇科) ②野珠兰(小米空木)[*Stephanandra incisa* Sieb. et Zabel]
stephania ①千金藤属[*Stephania* Lour.](防己科) ②千金藤[*Stephania hernandifolia* Walp.]
stephanine 千金藤碱 [$C_{19}H_{19}NO_3$]

stephanocarpous 冠状果的(果排列成冠状)(stephanocarpus)
stephanocolpate 多沟的(stephanocolpatus)
stephanoline 千金藤脑灵
stephanoporate 多孔的(stephanoporatus)
stephanotis ①千金子藤属[*Stephanotis* Thou.](萝摩科) ②千金子藤[*Stephanotis chunii* Tsiang]
stephanoum 双悬果
stephylococcus aureus 金黄色葡萄球菌[*Stephylococcus aureus*]
stepless ①无梯级的,无级的 ②无级式(ascalaris)
stepless control 无级操纵,连续控制
stepless gear 无级变速传动装置
stepless speed variation (= stepless transmission) 无级变速器
STEPP (= sulfotep) 硫特普
steppe 草原,干草原(herbosa)
steppe black-earth 草原黑土
steppe climate 草原气候
steppe community 草原群落
steppe elater 草原叩头虫[*Agriotes gurgistanus* Fald](叩甲科)
steppe farming 草原农业
steppe farming system 草原农作制
steppe forest 草原森林
steppe grasshopper 草原蝗[*Bitylenchus dipsaci*](蝗科)
steppe hay 草原干草
steppe plant 草原植物
steppe slope 草原坡地
steppe soil 草原土
steppe sowing 草原播种
steppe sylviculture 草原造林
steppe type of soil formation 草原成土[作用]
steppe vegetation 草原植被
stepped ①阶梯状的 ②分阶段的 ③有级的 ④步进的
stepped acclimatization 分段式气候驯化
stepped aeration (= tapered aeration) 逐减曝气,逐步曝气,多点进水曝气{环保}
stepped cone (= stepped pulley) 塔轮
stepped diameter auger 梯级异径螺旋
stepped feeding (= stepped loading) 分段投加[污水]{环保}
stepped gear 塔齿轮
stepped leader 梯级先导(闪电)
stepped screen 阶梯[式]筛
stepped stacking 梯形堆积
stepped start-stop system 分段起停系统{信息}
stepped strawwalkers 阶梯形键式逐稿器
stepper 步进开关
stepper motor 步进电[动]机
stepper switch 步进开关,分挡开关
stepping method 注射法(木材防腐)
stepping pulse 步进脉冲,阶跃脉冲
stepping shelf (温室用)梯级架
stepping stick 导踩小杖
stepping technique 步进技术
stepping time 步进时间
stepping timer 进步定时器
steps 三级台{昆虫}
steps in designing experiments 设计试验步骤{统计}
stepwise ①逐步地,逐段地 ②步进式
stepwise breakdown ①逐步分解 ②逐步衰落
stepwise decomposition 逐步分解
stepwise degradation 分步降解[法]
stepwise deletion 分段缺失
stepwise development 多次展开{生技}
stepwise elongation 逐步延伸
stepwise elution 分段洗脱,分步洗脱{生技}
stepwise gradient 分级梯度,阶式梯度
stepwise gradient elution 分级梯度洗脱{生技}
stepwise improvement 分阶段改良
stepwise mutation 分阶段突变
stepwise optimal adaptation 逐步优化适应,逐步最佳适应
stepwise process of evolution 逐步进化过程
stepwise refinement 逐步精进[法],逐步求精法
stepwise regression 逐步回归{统计}
stepwise regression analysis 逐步回归分析
stepwise resistance 逐增抗性
stepwise subdivided method 逐次分半法
stepwise synthesis 分步合成,逐步合成
steradian 球面度(指立体角弧度){遥感}
Sterameal (商)斯特拉粉(一种有机肥料)
stercobilin 粪后胆色素,粪胆色素
stercobilinogen 粪后胆色素原,粪胆色素原
stercoraceous (= stercoral) 粪生的(stercoraceus)
stercoral 粪的(stercoralis)
stercorary 粪坑,厩肥坑
stercorate 施肥料的(stercoratus)
stercoricolous 粪栖的(stercoricolus)
stercorin 粪甾醇

sterculia ①苹婆属[*Sterculia* L.](梧桐科)②苹婆[*Sterculia nobilis* Sm.]
sterculia family 梧桐科[Sterculiaceae]
sterculic acid 苹婆酸,9,10-甲叉油酸
sterculynic acid 苹婆炔酸
stere 层积立方米(=cubic metre)
stereid 坚实细胞(stereida)
stereisomer(=stereomer) 立体异构体
stereo 立体
stereo- ⌞字头⌝①坚,硬 ②立体,实体
stereo base 立体基线{遥感}
stereo comparagraph 立体坐标测图仪{遥感}
stereo compilation 立体制图
stereo computer graphics 立体计算机图形学
stereo display 立体显示
stereo image alternator(SIA) 立体图像转换器{遥感}
stereo image rectification 立体[视觉]图像校正
stereo-orthopter 体视矫正器
stereo slope comparator 立体坡度比较仪
stereo viewer 立体观察镜
stereo viewfinder 立体取景器
stereo vision 立体视觉,双目视觉系统
stereoacuity 立体敏度
stereoautograph 主体自动测图仪{遥感}
stereoblastula 实心囊胚
stereocartograph 立体测图仪{遥感}
stereochemical 立体化学的(sterochemicus)
stereochemical code 立体化学密码{分遗}
stereochemical formula 立体[化学]式
stereochemical orientation 立体化学取向
stereochemical structure 立体[化学]结构
stereochemistry 立体化学(stereochemia)
stereocilium 静纤毛
stereoeffect 立体效应
stereofiche 立体胶片
stereogram ①立体照片,立体相片 ②立体[视觉]图,实体图 ③极射[赤面投射]图(stereogramma){遥感}
stereographic projection 极射赤面投影
stereography 立体照相术,立体摄影术(stereographica)
stereoisomer 立体异构体(=stereomer)
stereoisomeric 立体异构的(stereoisomericus)
stereoisomerism 立体异构[现象](stereoisomerismus)
stereomapping ①立体映射{电脑}②立体测图{遥感}
stereome ①坚实细胞 ②坚实组织,机械组织(stereoma)
stereometer 立体量测仪
stereomicroscope 立像显微镜,体视显微镜,立体显微镜
stereomodel 立体模型
stereomutation 立体异构化[作用],立体变更(stereomutatio)(分生)
stereoperception 立体感觉(stereoperceptio)
stereophenomenon 体视现象
stereophonic 立体声的(stereophonicus)
stereophotogrammetry 立体照相测量术,立体摄影测量[术]
stereophotograph 立体照片
stereophotomicrograph 立体显微照片
stereoplanigraph 精密立体测图仪{遥感}
stereoplasm 硬质(stereoplasma)
stereoplotter 立体绘图仪,立体测图仪
stereopsis 体视
stereopticon 投影放大器,透射投影仪
stereoradar 立体雷达
stereorendering 立体绘制
stereoscan 立体扫描
stereoscan photograph 扫描电镜照片
stereoscope 体视镜,立体镜,实体镜
stereoscopic 立体的,体视的(stereoscopus)
stereoscopic base 基线长(航照基点距离)
stereoscopic effect 立体效应
stereoscopic fusion 立体融合,立体拟合{遥感}
stereoscopic image 立体影像
stereoscopic interpretation 立体判读
stereoscopic map 立体图
stereoscopic microscope 立体显微镜
stereoscopic model 立体模型
stereoscopic ocular 立体目镜
stereoscopic pair 立体像对
stereoscopic perception 立体感
stereoscopic plotter 立体测图仪
stereoscopic plotting instrument ①立体绘图仪{遥感}②立体测图仪{测}
stereoscopic vision 立体视觉
stereoscopy 立体观察(stereoscopia)(遥感)
stereoselective 立体选择的(stereoselectivus)
stereoselective reaction 立体选择反应
stereoselectivity 立体选择性
stereospecific 立体特异的,立体专一的(stereospecificus)

stereospecific numbering (SN) 立体专一编号
stereospecificity 立体特异性,立体专一性
stereotaxic apparatus 立体定位器
stereotelevision 立体电视
stereotopograph 立体地形测图仪{遥感}
stereotriangulation 立体三角测量(steretriangulatio)
stereotypic pattern 固定模式,定型模式
stereoview 立视,立体观察
stereovision 立体洞察力
steric ①空间的 ②位的,位阻的(stericus)
steric configuration 空间构型
steric effect 位阻反应
steric exclusion chromatography (= size exclusion chromatography) 空间排阻层析[法]{生技}
steric factor 位阻因子
steric hindrance 位阻[现象]
steric interaction 空间相互作用
steric separation 位阻分离[作用]
steride 甾类化合物,类固醇化合物
sterigma ①叶座 ②小梗 ③担孢子梗
sterigmal appendage 小梗附体
sterigmate 小梗上生的(sterigmatus)
sterigmato cystin 拟曲霉素,柄曲霉素,杂色曲霉素
sterigmatocystis 拟曲霉属[*Sterigmatocystis* Cramer](曲霉科)
sterigmum 小坚果群
sterilant ①杀菌剂 ②绝育剂
sterilant herbicide 灭生性除草剂
sterile ①不育的,不结实的 ②无菌的,灭菌的 ③不孕的 ④贫瘠的 ⑤败育的(sterilis)
sterile auxiliary cell 营养助细胞(cellula auxiliaris sterilis)
sterile basal floret 不育基部小花(flosculus basalis sterilis)
sterile basidium 不育担子(basidium sterile)
sterile branch 营养枝(ramus sterilis)
sterile cell 不育细胞(cellula sterilis)
sterile culture (= aseptic culture) 无菌培养
sterile cupboard (= germ-free box) 无菌接种箱
sterile cytoplasm 不育细胞质(cytoplasma sterilis)
sterile diploid hybrid 不育二倍体杂种
sterile distribution 不育分布,不妊分布
sterile egg 无精卵(ovum sterile)
sterile floral leaf 裸花叶(folium florale sterile)
sterile flower 中性花(flos sterilis)
sterile-flowered 不育花的(cenanthus)
sterile frond 营养叶,不育叶(frons sterilis)
sterile fruit 不育果,不[结]实果(fructus sterils)
sterile glume 空颖(gluma sterilis)
sterile hybrid 不育杂种(hybrida sterilis)
sterile hypha 不实菌丝(hypha sterilis)
sterile insect 不孕(育)昆虫
sterile-insect control 昆虫不育防治[法]
sterile land 瘠地,不毛地
sterile leaf 营养叶,不育叶(folium sterile)
sterile lemma 空稃(lemma sterilis)
sterile male insect 雄性不孕(育)昆虫
sterile-male method 不育雄[放饲]法(指害虫防治)
sterile-male release technique 雄性不育昆虫释放技术
sterile male technique 雄性不育技术
sterile mutation 不育性突变
sterile mycelium 无孢菌丝体(mycelium sterile)
sterile node 营养节,不育节(nodus sterilis)
sterile nucleus 不育核(nucleus sterilis)
sterile oat 軏靼燕麦(红燕麦,东方燕麦)
sterile operation 无菌操作(operatio sterilis){生技}
sterile organ 雄性器官(organa sterilis)
sterile pinna 裸羽片(pinna sterilis)
sterile pinnule 裸小羽片(pinnala sterilis)
sterile plant 不育植株(planta sterilis)
sterile plate 不育枝[片](platus sterilis)
sterile pollen 不育花粉(pollen sterilis)
sterile seed 败育种子(semen abortivus)
sterile shoot 败育枝,不结果枝(ramulus sterilis)
sterile soil 贫瘠土壤
sterile spore 不实孢子(spora sterilis)
sterile stamen 不育雄蕊(stamen sterilis)
sterile telome 不育顶枝(teloma sterilis)
sterile triploid offspring 不育三倍体子代
sterile type 不育型(typus sterilis)
sterile type cytoplasm 不育型细胞质(cytoplasma typica sterilis)
sterile veins (块菌目)不育脉
sterile water 无菌水(aqua sterilis)
sterile year 凶年,荒年
sterility ①不育性,不结实性 ②不孕性 ③瘠性 ④无菌性(sterilitas)
sterility allele 不育性等位基因
sterility barrier 不育性障碍

sterility factor 不育性因子
sterility test 无菌检验,无菌检查
sterilizable inbreds 不育自交系
sterilization ①灭菌,消毒 ②灭菌作用 ③灭菌法 ④不育化,绝育(sterilisatio)
sterilization by chlorine 氯灭菌法{环保}
sterilization by ozone 臭氧灭菌法
sterilization by ultraviolet rays 紫外线灭菌法
sterilization facility 灭菌设备
sterilization of glasshouse soil 温室土壤灭菌
sterilization process 灭菌法,灭菌工艺
sterilization steamer (= steam sterilizer) 蒸汽灭菌器
sterilize 灭菌,杀菌,消毒
sterilized box 灭菌箱
sterilized milk 消毒乳
sterilized soil 消毒土壤
sterilized water 杀菌水,消毒水
sterilizer (= steriliser) ①灭菌器,杀菌器,消毒器 ②杀菌剂
sterilizer circulator 消毒液循环泵
sterilizer for bottles 奶瓶消毒器
sterilizer for teat cups and pipes 挤奶杯和奶管消毒器
sterilizing 灭菌,杀菌,消毒
sterilizing action 不育作用
sterilizing agent 消毒剂
sterilizing equipment 灭菌设备
sterilizing installation 灭菌设备,消毒设备
sterilizing outfit 消毒器
sterilizing oven 干热灭菌箱
steriloid 红燕麦突变型
sterin (= sterol) 固醇,甾醇
sterlet 小体鲟[*Acipenser ruthenus* L.]{水产}
sterling ①英币的,英镑的 ②纯的,纯粹的 ③真正的,可靠的,有价值的,货真价实的
sterling prices 以英币计算的价格{农管}
sterling worth 真价(指真正的价格)
stern ①船尾 ②臀部 ③(犬)尾 ④严格的
stern chute trawler 艉滑道拖网渔船
stern climate 严酷气候
stern fisher 尾托网渔船
stern-fishing factory trawler (= stern trawler with slip way) 尾拖网加工渔船
stern trawler 尾拖渔船
stern treatment 严格处理
sternal 腹板的(sternalis){昆虫}
sternal apophyses 腹内突
sternal border (= sternal margin) 胸骨缘{畜}
sternal laterale 腹侧片
sternal orifice 叉突陷
sternal rib 胸肋
sternal spatula 胸骨柄,胸叉
sternite 腹片,腹板(sternum)
sternotribe 昆虫胸部受精器官
sternum ①胸骨{畜} ②腹甲{水产} ③胸板{昆虫}
sternumward acceleration 向心加速度
steroid 甾类,类固醇
steroid acid 类固醇酸
steroid alkaloid 类固醇生物碱
steroid and gene control 类固醇与基因控制
steroid bioconversion 类固醇生物转化
steroid glycoside 类固醇糖苷
steroid hormone 类固醇激素
steroid hormone receptor 类固醇激素受体
steroid in cancer study 癌研究用类固醇化合物
steroid sulfatase 类固醇硫酸酯酶
steroidal alkaloid 类固醇生物碱
steroidogenesis (= steroidgenesis) 类固醇生成[作用]
sterol 类固醇,固醇
sterol alkaloid 固醇生物碱
sterol and triterpene in cell culture 细胞培养的固醇与三萜
sterol carrier protein (scp) 固醇载体蛋白
sterol in cell culture 细胞培养的固醇
sterone 甾酮,固酮
stet 保留符号,不删符号{电脑}
stethograph 胸动描记器
stethophone 监听器,听诊耳机
stethoscope transducer 听诊器换能器
Stevenson screen 百叶箱
stevia 甜菊[*Stevia rebandiana* Bertoni](菊科)
stevioside 菊甘素[$C_{38}H_{60}O_{18}$]
stew ①鱼塘,鱼池 ②牡蛎培养处
stew-pond 养鱼池,鱼塘
stewartia ①紫茎属[*Stewartia* L.](茶科) ②紫茎[*Stewartia sinensis* Rehd. et Wils.]
Stewart's bacterial wilt (= bacterial wilt of corn) 玉米细菌性萎蔫病
stibide 锑化物
stibnite 辉锑矿
stichic (核纺锤体)纵向的(stichicus){细胞}
stichidium 孢囊枝
stichobasidial 纵锤担子型(stichobasidialis)
stichobasidium 纵锤担子

-stichous [字尾]并列
stick ①(打麻用)梳理器 ②枝条,小圆木 ③杆 ④附着 ⑤堵塞,卡住
stick-and-green-leaf remover 果枝湿叶清除机
stick and hull remover (= stick remover) 果枝铃壳清除机
stick culture 穿刺培养
stick diagram 符号图{电脑}
stick-lac (= gum-lac) 虫胶片
stick method 刺伤法(弹性橡胶采法)
stick-seed ①鹤虱属[*Lappula* Moench.](紫草科) ②鹤虱[*Lappula echinata* Gilib. = *Echinospermum lappula* Lehm. = *L. myosotis* Moench.]
stick sulphur 棍状硫磺(指熏蒸用)
sticker ①垫木,隔条 ②种子取样杖 ③(传送链)链爪 ④黏着剂
sticker alignment 隔条层列
sticker spacing 隔层间距
sticker type carrier chain 爪式输送链
stickiness 黏着性
sticking ①黏着 ②附着 ③塞住,楔住
sticking agent 黏着剂
sticking property 黏着性
sticklac ①原胶 ②树枝虫胶 ③虫胶片
stickle 刺针
stickness 黏性
sticktight (= bur-marigold) 鬼针草属
sticktight flea (= poultry sticktight, southern chicken flea) 禽毒蚤[*Echidnophagagallinacea* Westwood](潜蚤科)
sticktights (= chigoes) 潜蚤科[Echidnophagidae]
sticky ①黏滞的 ②胶黏的,黏结的(glutinosus)
sticky adhesion 粘连
sticky appearance 黏着状态
sticky association 黏质结合
sticky bit 黏结位{电脑}
sticky card(for microgranule) (微粒剂用)黏着纸
sticky chromosome bridge 黏性染色体桥
sticky consistency 黏着结持性,黏着结持度
sticky effect 黏着效应
sticky end (= cohesive end) 黏性末端
sticky fragment 黏性片段
sticky grease 黏润滑脂
sticky hair 黏着毛(pilus viscosus)
sticky limit 黏着限
sticky point ①黏点 ②脱黏点
sticky region 黏性区{分生}
sticky rehmannia ①地黄属[*Rehmannia* Libosch.](玄参科) ②地黄[*Rehmannia glutinosa* Libosch.]
sticky rice 黏米
sticky soil 黏沾土
sticky trap ①黏虫器,黏着陷阱 ②涂胶诱捕法(指捕虫用的)
sticky weather 湿热天气
stictocarpous 斑果的(stictocarpus)
stictophyllous 斑叶的(stictophyllus)
stiff ①刚性的,劲性的,硬的,坚硬的,僵的 ②非弹性的,不易弯曲的,不易移动的 ③强烈的,极度的,陡峭的,费劲的,困难的 ④黏的,胶黏的,浓的,稠的,密实的
stiff bottle-brush ①红千层属[*Callistemon* R. Br.](桃金娘科) ②红千层[*Callistemon rigidus* R. Br.]
stiff clay 僵黏土
stiff clubmoss 二年石松[*Lycopodium annotinum* L.](石松科)
stiff culm 硬秆,硬实心茎(culmus rigidus)
stiff dough stage 坚硬糊熟期,坚硬蜡熟期{种子}
stiff finger pickup 刚齿式捡拾器
stiff frame 静止帧{电脑}
stiff gale 烈风
stiff ground 坚硬地
stiff hitch 刚性联结器
stiff in straw 茎秆坚硬的
stiff-leaf juniper (= needle juniper) 杜松[*Juniperus rigida* Sieb. et Zucc.](柏科)
stiff-leaf meliosma 硬叶泡花树[*Meliosma rigida* Sieb.](清风藤科)⌊拟⌉
stiff leaf meliosma 笔罗子[*Meliosma rigida* Sieb. et Zucc.](清风藤科)
stiff-leaved plant 硬叶植物(planta sclerophylla)
stiff narrow leaf 硬窄叶(folium scherangustum)
stiff slope 陡坡
stiff soil 坚硬土
stiff stability 刚性稳定
stiff standard cultivator 刚齿中耕机
stiff stem 硬茎,硬秆(caulis rigidus)
stiff-stem variety 硬秆品种
stiff-straw winter wheat 硬秆冬小麦
stiff-strawed 硬秆的(rigidistramineus)
stiff-strawed plant 硬秆植株(planta rigidistraminea)
stiff-thorned 硬刺的,刚刺的(rigidispinus)
stiff-tooth cultivator 刚齿中耕机
stiffen 硬化

stiffened lard 硬化脂肪
stiffness ①硬度,刚性 ②僵硬,强直(rigiditas)
stiffness of culm 茎秆硬度
stiffness of straw 茎秆硬度
stifle(=stifle-point) (牛马)膝关节
stifle bone (马)膝盖骨
stifle disease(=Akagare) (水稻)窒息病
stigma ①柱头 ②眼点 ③小梗 ④气门 ⑤斑点 ⑥翅痣
stigma canal 柱头沟(canalis stigmaticus)
stigma disk 盘状柱头(discus stigmaticus)
stigma hair 柱头毛(capillus stigmaticus)
stigma monitor 气门控制器
stigma receptivity (玉米)柱头接受性
stigma-shaped 柱头状的(stigmatoides)
stigmastanol 豆甾烷醇[$C_{29}H_{52}O$]
stigmastenol 豆甾烯醇[$C_{29}H_{50}O$]
stigmasterol 豆甾醇,豆固醇[$C_{29}H_{48}O$]
stigmatal field 气门区
stigmatal line 气门线
stigmatal plate 气门片
stigmatic 柱头的(stigmaticus)
stigmatic cell 柱头细胞(cellula stigmatica)
stigmatic column 柱头柱(columna stigmatica)
stigmatic fluid 柱头液(fluidus stigmaticus)
stigmatic hair 柱头毛(pilus stigmaticus)
stigmatic secretion(=stigma secretion) 柱头液(secretio stigmatica)
stigmatic surface 柱头面(facies stigmatica)
stigmatiferous 具柱头的(stigmatifer)
stigmatiform 眼点形的(stigmatiformis)
stigmatocyst (煤炱菌等)头状附着枝顶胞(stigmatocystus)
stigmatoid 似柱头的(stigmatoides)
stigmatoid tissue 类柱头组织(tela stigmatoides)
stigmatomycosis 针孢酵母菌病
stigmatopod (煤炱菌等)头状附着枝(stigmatopodium)
stigmatose 具柱头的(stigmatosus)
stigmula 分柱头
stilb 熙提(光亮单位)
stilbeous 梢状的(stilbeus)
stilbestrol 己烯雌酚[$C_{18}H_{20}O_2$]
stilbiform 梢状的(stilbiformis)
stile ①[牧栏]防畜梯道 ②(门窗)竖框
stiletto flies 剑虻科[Therevidae]
still ①蒸馏器,蒸锅 ②蒸馏 ③酿酒场 ④静止图像 ⑤静的,静止的,不流动的
still air 静止空气
still-birth 死胎
still frame 静止帧{电脑}
still green 未完全成熟
still hunting 静猎
still synchronizer 静止图像同步机{遥感}
still video 静象,静止视频
still-video camera 静止视频摄像机{遥感}
still water 静水
stillage ①架,台 ②釜馏物
stillage on castors 自位轮架
stillborn ①死产的,死胎的 ②死胎
stilling basin 静水池
stilling chamber ①蒸馏室 ②预热室,预燃室 ③储存室 ④压力调节室 ⑤沉积室
stilling-pond overflow 静池溢流{环保}
stilling well 观测水位用小井
stillingia oil 乌柏油
stillingic acid 乌柏酸
Stillson wrench 可调管扳钳
stilt ①犁把,锄柄 ②黑翅,长脚鹬[*Himatopus himantopus*]
stilt bugs 锤角蝽科[Berytidae]
stilt hypha 支撑菌丝
stilt root 升高根,支柱根
stilt-type vineyard sprayer for animal draft with ground wheel drive 畜力牵引地轮驱动高架式葡萄园喷雾器
stimulant ①刺激剂 ②刺激的(stimulans)
stimulant crops 刺激料作物
stimulant fertilizer 刺激肥料
stimulants ①刺激料[作物] ②刺激剂
stimulated 刺激的(stimulatus)
stimulated emission 刺激发射{辐射}
stimulated movement 刺激运动
stimulating effect 刺激效应
stimulating electrode 刺激电极
stimulating factor 刺激因素
stimulating phase 激发期
stimulation ①刺激[作用] ②促进作用(stimulatio)
stimulation level 刺激级
stimulation of agriculture production 促进农业生产
stimulation of consumption 促进消费
stimulation of economic activity 刺激经济活跃
stimulation of germination(=hastening of germination, forcing of germination) 催芽
stimulation of heterozygosis 杂合性刺激作

用(关于杂种优势)
stimulative 刺激性的(stimulativus)
stimulative feeding ①刺激性饲养,适口性饲养 ②奖励饲养
stimulative manure 刺激性肥料
stimulative parthenocarpy 刺激性单性生殖(parthenocarpia stimulativa)
stimulator ①刺激物 ②刺激器 ③兴奋剂
stimulatory function 刺激功能
stimulatory protein 刺激蛋白
stimulin 刺激素,调理素
stimulon 刺激子{分生}
stimulus 刺激
stimulus concentration 刺激浓度
stimulus conducting tissue 刺激传导组织
stimulus frame 激励框架{电脑}
stimulus input 刺激输入{信息}
stimulus movement 刺激运动
stimulus of heterozygosis 杂合性刺激{育种}
stimulus-oriented approach 定向刺激方法{生技}
stimulus quantity law 刺激量定律
stimulus response 刺激响应{环保}
stimulus-response coupling 刺激-效应耦联{分生}
stimulus-transmitting system 刺激传导系[统]
sting ①螯刺,螯针 ②刺毛 ③刺螯,行螯(seta)
sting cavity 螯刺腔,螯针腔
sting cell 刺细胞(stimulocellula)
sting injury 螯伤
sting poison (= venom) 蜂毒,毒液
sting sheath 螯针鞘,螯刺鞘
stinger ①螯刺植物 ②螯刺动物
stinging ①刺激的(urens) ②螯咬的
stinging caterpillar 咖啡刺蛾[*Parasa vivida* Walker]
stinging hair ①螯毛(pilus stimusans){解剖} ②毒针(stimulus){昆虫}
stinging nettle 大荨麻[*Urtica dioica* L.](荨麻科)
stinging rose caterpillar 蔷薇刺蛾[*Parasa indetermina* Boisduval](刺蛾科)
stingless bee (= Meliponini) 无刺蜂
stingless nettle ①冷水花属[*Pilea* Lindl](绣球科) ②冷水花[*Pilea notata* Wright.]
stink bugs (= spined soldier bugs) 蝽科[Pentatomidae]
stink gland 臭腺
stinkdragon ①龙木芋属[*Dracunculus* Schott.](天南星科) ②龙木芋[*Dracunculus vulgaris* Schott.]
stinkhorn (= stinking polecat) 白鬼笔[*Phallus impudicus* Pers.](鬼笔科)
stinking 烈味的,具臭味的(felosmus, nidorosus)
stinking camomile (= stinking mayweed, dog's camomile) 臭甘菊
stinking fish 异臭鱼(指生长在污染水域的鱼类,肉中具有油臭或其他污染物的恶臭味,不宜食用){环保}
stinking goosefoot 臭藜[*Chenopodium vulgaria* L.](藜科)
stinking ground-pine ①樟味藜属[*Camphorosma* L.](藜科) ②樟味藜[*Camphorosma monspeliacum* L.]
stinking mayweed (= dog chamomile) 臭甘菊
stinking rot ①腥腐 ②腥腐病(甘蔗)
stinking smut (= bunt) 腥黑穗病,腥黑粉菌
stinking smut of barnyard grass 稗腥黑粉病[*Tilletia pulcherrima* Ell. et Gall.]
stinking smut of wheat 小麦网腥黑穗病[*Tilleta caries* (DC.) Tuli. = *T. tritici* (Bjerk.) Wint.]
stinking yew ①榧属[*Torreya* Arn.](紫杉科) ②榧[*Torreya grandis* Forune]
stinkweed ①臭椿属[*Ailanthus* Dest.](苦木科) ②臭椿[*Ailanthus altissima* (Mill.) Swingle]
stion 砧穗接合(stiona)
stionic 砧穗[接合]的(stionicus)
stionic combination 砧穗组合
stionic compatibility 砧穗亲和性
stionic effect 砧穗影响
stionic fruiting 砧穗结果[实]
stionic relation 砧穗关系
stipa (= spear grass) ①针茅属[*Stipa* L.](禾本科) ②针茅[*Stipa capillata* L.]
stipa steppe 针茅草原
stipate 拥挤的,密集的(stipatus)
stipe ①[菌]柄 ②[叶]柄 ③茎节(stipes)
stiped 有柄的(stipitatus)
stipel 小托叶(stipellum)
stipellate 具小托叶的(stipellatus)
stipiferous 具小花梗的(stipifer)
stipiform 叶柄状的(stipiformis)
stipitangiocarpy 柄生被果型(stipitangiocarpium)
stipitate 有柄的(stipitatus)
stipitate type 有柄型(typus stipitatus)
stipitatonic acid (= stipitatic acid) 密挤青霉酸

stipitiform ①柄状的 ②杯状的（stipitiformis）
stipitipellis 菌柄皮层
stipple 点线{统计}
stipple pattern 点线图式{统计}
stipple streak [马铃薯]条痕花叶病
stippling ①点刻 ②点刻状的
stipula 前颏{昆虫}
stipulaceous cherry 托叶樱[*Prunus stipulacea* Maxim.]（蔷薇科）
stipulaeform 托叶状的（stipulaeformis）
stipular 托叶的（stipularis）
stipular bract 外苞，托叶苞（bractea stipularis）
stipular cap 托叶帽（cappa stipularis）
stipular sheath 托叶鞘（vagina stipularis）
stipular tendrils 托叶卷须（tendriles stipulares）
stipular trace 托叶迹（vestigium stipulare）
stipulary 托叶的（stipularis）
stipulata 小薜荔[*Ficus stipulata* Thunb.]（桑科）
stipulate 有托叶的（stipulatus）
stipulation 托叶排列式（stipulatio）
stipule 托叶（stipula）
stipule burnet 托叶地榆[*Sanguisorba stipulata* Rafin.]（蔷薇科）
stipuliferous 具托叶的（stipulifer）
stipuliform 托叶形的（stipuliformis）
stipulose 具大托叶的（stipulosus）
stipulule 小托叶（stipulula）
stir ①搅，搅动，搅拌 ②摇动，动荡 ③拨动，疏松
stir loader 搅拌装载机
Stirling cycle 斯特林周期{农施}
Stirling number 斯特林数
stirps ①种族 ②种 ③茎
stirred flow reactor 流动搅拌反应器{生技}
stirred tank fermentor 搅拌釜发酵罐{生技}
stirred tank reactor 搅拌釜反应器{生技}
stirrer ①搅拌器 ②抖动器
stirring ①搅拌 ②翻转
stirring apparatus 搅拌器
stirring device 搅拌装置
stirring machine 搅拌机
stirring rod 搅棒
stirrup 马镫
stirrup nut 镫形螺母
stitch ①缝法，编法，缝缀 ②畦 ③距离
stitch-grass ①繁缕属[*Stellaria* L.]（石竹科）②繁缕[*Stellaria media*（L.）Cyr.]
stitched canvas 缝合帆布带
stithy ①铁砧 ②锻工场，铁工场
stixotrophic 排列营养的（stixotrophus）{环保}
stizolobic acid 羧基-7-吡喃酮丙氨酸
stizolobinic acid 羧基-α-吡喃酮丙氨酸
stizolobium decringianum（= deering velvetbean）绒毛黧豆[*Stizolobium decringianum*（Small）Bort.]（豆科）
STM ①（= scanning tunnel microscope）扫描隧道显微镜{显技} ②（= scanning tunnel microscopy）扫描隧道[显微]镜检术{显技}
stoat 白鼬[*Mustela erminea*]
stochastic 随机的（stochasticus）
stochastic activity 随机活动
stochastic allocation 随机分配，随机分派
stochastic automaton 随机自动机
stochastic change 随机变化
stochastic computer 随机计算机
stochastic deformation model 随机畸变模型
stochastic dynamic prediction 随机动力预报
stochastic dynamic programming 随机动态规划
stochastic game 随机对策
stochastic instability 随机不稳定性
stochastic model 随机模型
stochastic noise 随机噪声{环保}
stochastic process 随机过程
stochastic sampling 随机取样
stochastic signal 随机信号
stochastic system 随机系统
stochastic utility theory 随机效用理论{电脑}
stochastics 推计学（stochastica）
stock ①砧木（stirps insitionis）②根状茎（caudex，rhizoma，cormus）③原种 ④紫罗兰属[*Matthiola* R. Br.]（十字花科）⑤紫罗兰[*Matthiola incana* R. Br.] ⑥家畜 ⑦原料，材料 ⑧柄，把，架 ⑨供给，贮积，库存 ⑩储积品，库存品，存货 ⑪种族 ⑫[树]干，茎部 ⑬证券
stock a pond 放养，蓄养
stock accounting 库存账目{农管}
stock barn 畜圈，畜栏，畜舍
stock beet（= feeding beet） 饲用甜菜
stock boar 种公猪
stock book 存货账，库存账
stock breeding ①良种繁育 ②畜牧业
stock bull（= breeding bull） 种公牛

stock cattle 肥育用菜牛
stock control 库存控制,存货控制{农管}
stock culture 原种培养,储备培养
stock density 放养密度
stock difference 原种差异
stock emulsion 储藏乳剂,乳油
stock exchange 证券交易{农经}
stock exchanger 证券交易所{农经}
stock farm 畜牧场
stock farmer 畜牧业者,牧民
stock farming 畜牧业
stock fertilizer 基肥,底肥
stock fly (= stable fly) 厩螫蝇[*Stomoxys calcitrans* (Linnaeus)](蝇科)
stock form 卷纸(打印机用的)
stock fount 家畜饮水器
stock gillyflower (= stock) 紫罗兰属
stock investment fund 证券投资基金{农经}
stock keeping ①家畜饲养,动物饲养 ②家畜饲养学,动物饲养学 ③畜牧业 ④库存,保管
stock keeping unit 库存保管单位
stock map 林相图
stock market 证券市场
stock mentor 砧木蒙导
stock of fish 鱼类资源
stock of hens 母鸡总数
stock of water 蓄水,存水{环保}
stock on hand 现存量(指存货)
stock on test (= trial flock) 试验畜群
stock-out 缺货{农管}
stock plant ①母株 ②亲本植物,母本植物
stock plot 原种圃
stock pond 蓄养池
stock preservation 原种保藏{蚕}
stock propagation (树)种苗繁殖
stock race 原种{蚕}
stock root 砧木根
stock route (= cattle route) 牧道
stock-scion compatibility (= stionic compatibility) 砧穗亲和性
stock-scion interaction (= stionic relation) 砧穗相互作用
stock seed 基本种,原种
stock seed farm 原种场
stock seed field 原种圃[地]
stock seed plot 原种田(圃)
stock share 收成分配
stock solution 原液{显技}
stock sticker 垫板
stock table 林分表
stock taking ①生产资料清单,财产清册 ②(狭义)森林调查
stock tree ①种株,母本树 ②种株圃,母本圃
stock turnover 库存周转
stock up manure 积肥
stock value (种子)使用价
stock-vine 砧木
stock yard 放饲场{畜}
stockade 围桩
stockbreeder 家畜育种者
stocked area (= stocked land) 立木地,有林地,林地
stocked quadrat 立木样方
stockfeed (= forage) 饲料
stockfeed grains (= feed grains) 谷粒饲料
stockfeeding (= livestock feeding, animal feeding) 家畜饲养
Stockholm tar (= Archangel tar) 松焦油
stocking ①植株密度 ②立木积蓄 ③(单位面积放养)家畜总头数
stocking capacity 载畜量,放牧头数
stocking of mould 霉菌侵染
stocking percent ①(果木)成苗率 ②立木度
stocking pond 放养池{水产}
stocking rate (= stocking density) 载畜量
stocking size 放养规格
stockman ①饲养员,牧人,牧工 ②畜牧业者,牧民
stockpiling ①储积品堆叠 ②贮藏,囤积
stockpiling of foodstuffs (= storing of foodstuffs) 食品贮藏
stocks of grain 谷物库存量,谷物储备量
stocktaking (= inventory) 财产目录,财产清单
stocky 矮的(humilis)
stockyard ①畜圈,畜栏(属临时性的) ②家畜场
stockyard fever ①牧场热 ②牛败血病
stoichiometric 化学计算的,化学计量的(stoichiometricus){显技}
stoichiometric compound ①化学计量化合物 ②定比化合物
stoichiometric concentration 化学计量浓度
stoichiometric equation 化学计量方程式
stoichiometric point [化学]计量点
stoichiometric relationship 化学计量关系
stoichiometry ①化学计量 ②化学计量法(stoichiometria)
stoke 沱(史托)(动力黏度单位)
Stoke's aster ①琉璃菊属[*Stokesia* L'Her.](菊科) ②琉璃菊[*Stokesia laevis* Greene.]
Stoke's law 斯托克定律{物}
Stokes'diameter 斯托克司粒径{环保}
Stokes'law 斯托克司定律{环保}

stolbol (=stylbol, stolbur top) 僵顶病
stolbur top of tomato 番茄僵顶病
stolon (=stole) ①匍匐茎,匍匐枝 ②匍匐菌丝 (stolo)
stolon-bearing (=stoloniferous) 具匍匐茎的 (stolonifer)
stolon growth 匍匐茎生长
stolon production 匍匐茎生产量
stolonate 有匍匐枝的 (stolonatus)
stoloniferous species 具匍匐茎种 (species stolonifer)
stoloniform stem 匍匐状茎 (caulis stoloniformis)
stoma ①气孔{解剖} ②小孔,小口{动}
stomach 胃 (stomachus)
stomach agent 胃毒剂
stomach content analysis 胃含物分析
stomach insecticide (=stomach poison) 胃杀虫剂,胃毒剂
stomach poison 胃毒剂
stomach valve 胃[活]瓣
stomach worm 胃寄生虫
stomachic 胃的 (stomachicus)
stomapod 气孔附着胞,气孔吸枝 (stomapodium)
stomata 气孔 (stoma 的复数)
stomata infection 气孔侵染
stomata size in polyploid 多倍体的气孔大小
stomatal 气孔的 (stomatalis)
stomatal aperture 气孔口 (apertura stomatalis)
stomatal apparatus 气孔器 (apparatus stomatalis)
stomatal band 气孔带 (vitta stomatalis)
stomatal behavior 气孔运动
stomatal cell 气孔细胞 (cellula stomatalis)
stomatal closure 气孔关闭 (closura stomatalis)
stomatal conductance 气孔传导 (conductantia stomatalis)
stomatal crypt (=stomatal pit) 气孔窝 (puteus stomatalis)
stomatal density 气孔密度 (densitas stomatalis)
stomatal diffusion resistance 气孔扩散阻力 (resistantia diffusionis stomatalis)
stomatal effect 气孔效应 (effectus stomatalis)
stomatal entrance 气孔入口 (entrantia stomatalis)
stomatal guard cell 气孔保卫细胞 (cellula inalusiva stomatalis)
stomatal index 气孔指数 (index stomatalis)
stomatal mother cell 气孔母细胞 (cellula matricalis stomatalis)
stomatal movement 气孔运动 (movementum stomatale)
stomatal movement control system 气孔运动控制系统
stomatal movement external factor 气孔运动外部因素
stomatal opening 气孔开放
stomatal paralysis 气孔麻痹 (paralysis stomatalis)
stomatal patchiness 气孔补缀状态 (patchivitas stomatalis)
stomatal pit 气孔窝 (puteus stomatalis)
stomatal pore 气孔孔隙 (porus stomatalis)
stomatal-regulating hormone 气孔调节激素
stomatal regulation 气孔调节 (regulatio stomatalis)
stomatal regulatory system 气孔调节系统 (systema regulatoria stomatalis)
stomatal resistance 气孔抗性 (resistantia stomatalis)
stomatal slit 气孔裂缝 (rima stomatalis)
stomatal transpiration 气孔蒸腾 (transpiratio stomatalis)
stomatal type 气孔型 (typus stomatalis)
stomatic 气孔的 (stomaticus)
stomatic band 气孔带 (vitta stomatica)
stomatic chamber 气孔室 (camera stomatica)
stomatic cleft 气孔缝 (fissura stomatica)
stomatiferous 有气孔的 (stomatifer)
stomatitis 口炎
stomatopodium 气孔吸枝
stomatose (=stomatous) 具气孔的 (stomatosus)
stomium 裂口,裂缝
stomodael nervous system 变感神经系{昆虫}
stomodeum ①口道 ②原口 (stomodaeum)
stone ①核 ②(石岩)石 ③结石 ④磨盘,磨刀石 ⑤英石
stone age 石器时代
stone-apple (=beal fruit) 印度枳(木苹果) [*Aegle marmelos* Correa](芸香科)
stone bramble 石生悬钩子 [*Rubus saxatilis* L.](蔷薇科)

stone breaker 碎石机
stone brood (= chalk brood) 蜜蜂僵死症
stone canal 石渠
stone carving 石雕{园林}
stone cell (= grit cell) 石细胞 (cellula indurata, sterida)
stone construction 石构造,石砌工程
stone-cress 岩芥菜属 [*Aethionema* R. Br.] (十字花科)
stone crusher 石块破碎机
stone drain 石砌排水沟
stone eliminator 除石机
stone-flies (= salmon flies) 襀翅目(石蝇) [Plecop-tera]
stone foundation 石砌路基
stone fragment 碎石屑
stone fruit 核果 (drupa)
stone fruit trees 核果类果树
stone fruits (= drupaceous fruits) 核果类果树
stone fungus 星瘤多孔菌 [*Polyporus tuberaster* (Jacq. ex Fr.) Fr.]的菌核
stone furrow 磨盘沟纹
stone grinder ①磨盘 ②石磨 ③磨粉机
stone grist mill 磨石磨粉机
stone hardening stage 硬核期
stone layer ①石层{显技} ②石质层{土壤}
stone leek (= Welsh onion) 葱 (大葱) [*Allium fistulosum* L.] (百合科)
stone leek aphid 葱小瘤额蚜 [*Micromyzus formosanus* Takahashi] (蚜科)
stone leek leaf beetle 大葱叶甲 [*Galeruca bonghaasi* Weise] (叶甲科)
stone leek leaf miner 洋葱潜蝇 [*Dizygomyza cepae* Hering] (潜蝇科)
stone leek miner 葱菜蛾 [*Acrolepia mangansutis* Meyrick] (菜蛾科)
stone leek plume-moth 葱羽蛾 [*Platyptilia cosmodactyla* Hübner] (羽蛾科)
stone liverwort ①地钱属 [*Marchantia* L.] (地钱科) ②地钱 [*Marchantia polymorpha* L.]
stone liverwort family 地钱科 [Marchantiaceae]
stone mason 石工,石匠
stone mill ①石磨 ②磨石磨粉机,磨盘磨粉机
stone mint ①岩薄荷属 [*Cunila* L.] (唇形科) ②岩薄荷 [*Cunila origanoides* L.]
stone mulch 石覆盖,石幂
stone of apricots 杏仁
stone parsley (= honewort) 邪蒿属
stone picker 清石机
stone-pine 松果松(意大利五针松) [*Pinus pinea* L.] (松科)
stone pit (= stone quarry) 石坑,采石场
stone polygon 砾质多角形土,石质多角形土{土壤}
stone rake 搂石器,集石器
stone removal 移石,移去石料{农施}
stone revetment 砌石护岸(坡),砌石铺面
stone road 碎石路
stone roll beater 石辊打浆机
stone seed 硬皮种子 (semen induratus)
stone separator 石块分离机,碎石机,除石机
stone smut 腥黑穗病
stone sorting machine 采石机
stone splash dam 石坝
stone wall culture 石垣(壁)栽培{园林}
stone wall pattern 石壁模式,石垣模式
stone weir 石堰{水利}
stone wheel mill 石碾
stone work ①石工 ②石造物
stonebrood (= aspergillosis of bees) 蜂曲霉菌病
stonecrop ①景天属 [*Sedum* L.] (景天科) ②景天 [*Sedum alboroseum* Baker.]
stoneless 无核的 (apyrenus)
stoner 采石机,除石机,石块分离机
stones and clods separator 石块土块分离机
stoneseed (= corn gromwell)麦家公
Stoneville 5A cotton 五爱棉(美国棉花品种)
Stoneville 2B 斯字二比(美国棉花品种)
Stoneville-213 斯字棉-213(美国棉花品种)
Stoneville cotton 斯字棉(美国棉花品种)
Stoneville No.4 斯字棉四号(美国棉花品种)
stoneware 陶器
stoneware clay 陶土
stonewort ①轮藻属 [*Chara* Vaillant.] (轮藻科) ②轮藻 [*Chara fragilis* Desv.]
stoning (果实)去核
stony ①石质的 (lapideus) ②石生的,石间生的 (lapidosus)
stony bottom 石砾地犁体
stony ground 石质地,多石地
stony-land guard 石砾地护刃器
stony-land share 石砾地犁铧
stony landscape 石质景观{园林}
stony soil 石质土
stony talus 石质地
stook ①(禾)垛 ②(谷)堆 ③堆垛
stook harvesting 禾谷脱粒收获
stook mover 运垛机
stook thresher 禾垛脱粒机
stooker ①堆垛机 ②码垛机 ③集草车

stooking ①集草,堆垛 ②堆大方垛,码垛
stool ①母株,肥根茎,根株 ②工具
stool layering 萌蘖压,根株压条
stool shoot 根蘖
stool shooting 根株萌芽
stool sprout 根株萌芽
stooling ①分蘖性,分蘖力 ②分根株 ③分蘖,发株,发株能力
stooling ability 分蘖力
stooling capacity 发株能力(指甘蔗)
stooling stage (= stooling period) ①抽茎期 ②分蘖期
stooping 光折
stop ①停止 ②切顶,打尖 ③光圈快门 ④限制器,挡块,锁销,止动销,止退销,停止器{农机} ⑤塞子 ⑥停机{信息} (stoppa)
stop alcoholic fermentation 中途停止发酵
stop and release mechanism 停止与松脱机构
stop bath 停显溶液{显技}
stop bit 停止位,终止位,结束位{电脑}
stop buffer 终止缓冲液
stop button 停机按钮,制动按钮{信息}
stop character (STP) 停止字符{电脑}
stop cock ①活塞,活栓(指水管,蒸汽管) ②管闩转门,小龙头{环保}
stop code 停机码,终止码{信息}
stop codon (= termination codon, terminator codon) 终止密码子 (分遗)
stop-continue register 停-续寄存器
stop control 停止运转操纵手柄,停止控制
stop distance 停止距离
stop dog 止动器,止动挡铁
stop feed lever 停止喂入杆
stop flow analysis 截流分析{水利}
stop flow injection 停流进样{生技}
stop gear 限位机构,停止装置
stop grant state 停止允许状态
stop instruction 停机指令
stop key 停机键,停止键
stop lamp 停车灯
stop loop 停止循环,中止循环
stop mutation 终止突变
stop on address 停机接通地址{信息}
stop pin 止动销
stop plank 闸板{环保}
stop position 停止位置
stop pulse 停止脉冲
stop rod (= stop lever) 止动杆
stop rule 停止规则{信息}
stop-start control 起-停控制
stop switch 制动开关,停车开关
stop switch light 制动开关信号灯
stop time ①制动时间 ②停机时间 ③停止时间
stop transfer sequence 终止转移序列{分遗}
stop valve 截止阀
stop watch 针秒表,跑表
stoppage ①阻塞,填塞,阻碍 ②停机 ③停止
stopped development 停止发育
stopped-flow 停流
stopped-flow method 停流法{生技}
stopper ①瓶塞,塞子 ②阻塞物 ③制动器,限位块
stopping alcoholic fermentation 停止酒精发酵
stopping criterion 停机准则,停止准则
stopping field [杂草]堵塞地
Stopping of heat 处暑(中国的 24 节气之一)
stopping signal 停机信号
storability 可贮性,耐藏性 (storabilitas)
storable ①可储藏的,耐贮藏的 ②耐贮藏品 (storabilis)
storable form 耐贮藏态
storage ①贮存,保存 ②储存室,仓库,楼房③储存费,仓库费 ④存储器 ⑤存储量
storage ability 贮藏性
storage access 存储器存取{电脑}
storage administration 存储管理
storage allocation policy 贮存分配方针
storage apparatus 存储装置
storage area 贮留场{农施}
storage assimilates 贮藏同化物
storage battery ①蓄电池 ②蓄电池组
storage bin ①贮藏箱,粮箱 ②贮藏仓库
storage buildings 贮藏建筑物,仓库
storage butter 贮藏黄油
storage by heat insulation 保温贮藏
storage cabinet 贮存橱,贮藏橱{生技}
storage capacity ①贮藏容量 ②蓄洪量,蓄水量
storage capacity engaged 保证贮藏容量
storage cell ①贮藏细胞 (cellula proventitia) ②蓄电池 ③存储元件
storage cellar 贮藏窖
storage center 存储中心{电脑}
storage charges 库存费,贮藏费
storage clip 存储芯片{电脑}
storage container 贮藏容器
storage control mechanism 存储控制机制{遥感}
storage costs 贮藏开支,库存开支
storage dam 蓄水坝{水利}
storage data 存储数据{智培}
storage decay 贮藏腐烂病

storage defect (=storage injury) 贮藏损伤
storage deposition 贮藏沉积
storage device 存储部件,存储设备{电脑}
storage device controller 存储设备控制器
storage disease 贮藏病害
storage disorder 贮藏弊病
storage drier 仓库式干燥机
storage drier with heat 热风通风仓库
storage drier without heat 非热风通风仓库
storage drum 存储鼓{电脑}
storage drying 贮藏干燥
storage environment 贮藏环境
storage facilities ①贮藏设备 ②存储设备
storage faculty 贮藏能力
storage food 储藏食物(粮食)
storage format 存储格式{遥感}
storage granule 贮藏[颗]粒{分技}
storage guard 存储警戒
storage holdings (干草)垛存场地
storage house 贮藏库
storage image ①存储图像{遥感} ②存储映像{电脑}
storage in ice 冰藏(冰的储藏)
storage interface 存储器接口{电脑}
storage interference 存储干扰
storage leaf 储藏叶(folium proventitium)
storage life ①贮藏有效期限,安全贮藏期 ②存储期限
storage life of seed 种子贮藏寿命
storage light 存储指示灯
storage limit register (SLR) 存储界限寄存器
storage losses 贮藏损耗
storage matter 储藏物质
storage medium 保藏培养基
storage module disk(SMD) 存储模块式磁盘{信息}
storage of fertilizers 肥料库,肥料贮藏
storage of primary genetic information 原始遗传信息储存
storage of reserves 贮藏物质贮藏
storage of water 蓄水
storage organ 储藏器官(organa preventitia){形态}
storage oscilloscope 存储示波器
storage page 存储页{智培}
storage parenchyma 贮藏薄壁组织(parenchyma proventitia)
storage pattern ①贮藏模式(指农产品) ②存储模式(指电脑)
storage period 贮藏期
storage pest 仓库害虫
storage plant 储藏室,仓库
storage pond 暂养池
storage processor 存储处理机{电脑}
storage product 储藏产物
storage property 贮藏特性
storage protein 储藏蛋白质
storage quality 贮藏品质,贮藏质量
storage rain gauge 贮雨器
storage register 存储寄存器{电脑}
storage reservoir 蓄水库,水库{水利}
storage root 储藏根(radix proventitia){形态}
storage root formation 储藏根形成
storage rot ①贮藏腐烂 ②毛霉病
storage rule 存储规则{电脑}
storage shed 贮藏棚
storage site 存储位置
storage size 存储量
storage solution 母液(指在组织培养上为了方便而配制的高浓度的培养液)
storage space ①贮藏场所 ②存储空间
storage stability 贮藏稳定性
storage starch 储藏淀粉
storage stem 储藏茎(caulis provèntitius)
storage structure 贮藏结构(structura proventitia)
storage substance 贮藏物质(substantia proventitia)
storage swapping 存储交换{电脑}
storage system 储藏系统(systema proventitia)
storage tank 贮藏箱
storage technique 贮藏技术{栽培}
storage technology ①存储工艺{电脑} ②贮藏技术{栽培}
storage temperature 贮藏温度
storage tissue 贮藏组织(tela proventitia)
storage tracheid 贮藏管胞(tracheida proventitia){解剖}
storage-transload conveyer 贮存转载运输机{农机}
storage tube 存储管,存储显像管{电脑}
storage unit 存储器
storage volume 贮藏容积(指细胞)
storage zone 蓄水带,蓄水层
storance ①蓄积度 ②存储度(storantia)
storax ①安息香属[*Styrax* L.](安息香料) ②安息香[*Styrax benzoin* Dry.]
storax family 安息香料[Styracaceae]
store ①贮藏 ②仓库 ③架子猪(待肥育的猪) ④入库,存库,存储[器]
store access controller 存储访问控制器{电脑}
store accumulator 存储累加器

store block 存储块
store buildings 仓库
store calf (= fattening calf) 肥育用犊,肥育用小牛
store cattle 架子牛(待肥育的牛)
store compost 积肥
store controller disk 存储控制器磁盘{信息}
store in ①存入 ②存储器进入
store lamb 待肥育羔羊
store management ①存储管理 ②贮藏管理
store manure 积肥,储备肥料
store pig 架子猪
store pig for breeding 后备种公猪
store protection 存储保护
store room 贮藏室(间)
store stock 待肥育家畜
store through 全存储
stored ①贮藏的 ②存储的 ③存信息的
stored count 贮藏计数
stored database 存储数据库{电脑}
stored derris root bostrychid 毒鱼藤根长蠹[*Sinoxylon anale* Lesne](长蠹科)
stored food 贮藏粮食
stored food pests 贮藏粮食害虫
stored fruit protectant 贮藏水果保护剂
stored grain insects 贮藏谷物害虫
stored logic computer 存储逻辑计算机{电脑}
stored logic controller 存储逻辑控制器
stored nut moth (= one-spotted grain moth) 一点谷螟[*Aphomia gularis* Zeller](蜡螟科)
stored products entomology 仓库害虫学
stored program computer 存储程序计算机
stored record 存储记录
stored rice 贮藏米
stored seeds 贮藏种子
stored tobacco beetle 烟草窃蠹[*Lasioderma serricorne* Fabricius]
stored variability 储备变异性{遗传}
stored water 贮藏水
storehouse 仓库,库房,栈房
storekeeper 仓库管理员
stores ①贮藏建筑物,仓库 ②储备物 ③(蜂)存粮(指蜜)
storey 阶层,层
storeyed high forest 分层乔木
storied (= storeyed) 叠生的(stratifius)
storied arrangement 叠生排列(dispositio stratifia)
storied cambium 叠生形成层(cambium stratifium)
storied cork 叠生木栓(suber stratifius)
storied elements 叠生分子(elementes stratifiae)
storied ray 叠生射线(radius stratifius)
storied structure 叠生构造(structura stratifia)
storing ①贮藏,贮存,存储,入库 ②仓库,库房
storing basic dyestuff 贮藏碱性染料
storing device 存储装置{电脑}
storing in water 水中贮藏(木材)
storing mulberry leaves 贮桑(指养蚕贮备桑叶){蚕桑}
storing of foodstuffs 粮食贮存
storing on land 陆上贮藏(木材)
storing precipitation 贮藏降水
storing quality 库存能力,贮藏力
storing runoff water 贮藏径流水
storing timbers on land 地面贮材
storing water by stages 分期蓄水{水利}
stork's-bill ①天竺葵属[*Pelargonium* L'Herit.](牻牛儿苗科) ②天竺葵[*Pelargonium hortorum* Bailey]
"stork's nest" "鹳巢"{生态生理}
storm ①风暴 ②狂风(十级风) ③暴雨
storm area 风暴区域
storm cell 风暴单体
storm center 台风中心
storm cloud 乌云,风暴云
storm cone 风暴信号
storm damage 风暴[损]害
storm drain ①暴雨水沟{水利} ②雨水管{环保}
storm drain outlet 雨水管出口
storm flow 暴雨径流,暴雨流量
storm frequency 暴雨频率
storm information 风暴消息,风暴情报
storm inlet 雨水口{环保}
storm-overflow ①暴雨溢流口 ②暴雨溢流
storm-overflow chamber 暴雨溢流井{环保}
storm path 风暴路径
storm-pattern 暴雨型
storm-proof 防风暴的
storm sewage 雨污水,雨水{环保}
storm sewer 雨水[沟]管{环保}
storm sewer system 雨水管网
storm signal 风暴信号
storm surge 风暴大浪
storm tide 风暴波浪(因风暴所引起的海洋波浪)
storm warning 风暴警报
storm-warning signal 风暴警报信号

storm-warning tower 风暴警报塔
storm water [暴]雨水
storm-water drain 雨水沟
storm water inlet 雨水口
storm water tank 雨水池{环保}
storm wave 风暴波
storminess 风暴度
Stormsat (=storm satellite) 风暴卫星{遥感}
stormy ①风暴的 ②激烈的,骚动的 ③喧哗的
stormy fermentation 激烈发酵
stormy reaction 强烈反应
stormy weather 风暴天气
stormy wind (=stormy gale) 暴风
storware 存储件{电脑}
story (=storey) ①层,层间 ②林冠层
story deformation angle 层间变形角{农施}
stout ①粗壮的,牢固的 ②刚强的,顽强的,坚决的,果决的 ③黑啤酒,烈性啤酒
stout ale (=dark beer) 黑啤酒,烈性啤酒
stout daylily 粗壮萱草[*Hemerocallis exaltata* Staut.](百合科)
stout paulswort ①豨莶属[*Siegesbeckia* L.](菊科) ②豨莶[*Siegesbeckia orientalis* L.]
stoutwood 壮材(直径在3英寸以上的木材)
stove ①温室 ②暖炉,火炉
stove plants 温室植物
stovehouse (=greenhouse) 温室
stover ①高秆作物 ②温室作物 ③稿秆饲料,干粗饲料
stowage ①装载 ②贮藏 ③食量
stowed name 复合名[字]
stowed value 复合值
stowing ①装,装载 ②堆置 ③收藏
Strachey bergenia 斯氏岩白菜[*Bergenia stracheyi* Engl.](虎耳草科)
straddle 跨行,跨垄{耕作}
straddle erase head 跨立式清洗磁头{信息}
straddle truck 龙门式吊运车
straddle-type tractor 跨式拖拉机,高地隙拖拉机(指与地面距离高的拖拉机)
straddling ①苗行两侧耕作 ②跨行行驶
straggloes 离散鸟,离群鸟
straggly ①远离的(distance) ②疏离的(remotus)
straight ①直的,劲直的(rectus) ②直生的,直立的(orthotropus)
straight angle 平角
straight-away shot 平送射
straight binary 直接二进位,标准二进位{统计}
straight blow 直击强风
straight bole 直干(指林木)
straight boom 直挡栅(木材流送)
straight bred (=pure bred) 纯种
straight bud 直生芽(gemma orthotropa)
straight chain 直链,开链{分生}
straight combining 直接联合收获,一次联合收获
straight cross 正[杂]交{育种}
straight crosses 正[杂]交种
straight crossing 正杂交
straight cut control system 直接切削控制系统
straight cutting 直插{园艺}
straight embryo 直立胚(embryo rectus)
straight farmers 专业农场主
straight fertilizer 单质肥料
straight flour 头磨面粉
straight forward routine 简明程序{信息}
straight forward shot 送射{狩猎}
straight grain 直行纹理(granum orthotropum)
straight-grained 直行纹理的
straight grip 直把柄,直把手
straight growth 直立生长
straight head (水稻)青立病(因天旱形成不能抽穗的现象)
straight-headed variety 直穗品种
straight layer 具直层的(rectistratus)
straight length (羊毛)直线长度
straight line 直线
straight-line gale [长程]直击大风
straight-line portion 直线部分
straight line training 一字形整枝
straight linkage 直接连接{电脑}
straight milling 头磨
straight neck ①(马)直颈 ②直穗颈(美国甜高粱品种)
straight pack 直列包装
straight plastic seed tube 塑料输种管
straight ploughing 顺坡耕,直耕
straight pull 直线牵引力
straight radial blade 径向直叶片
straight ranchers 专业牧场主
straight reel type rake 直向拨禾轮型搂草机
straight-ribbed 直脉的(rectivenosus)
straight root 直根(radix recta, radix simplex)
straight row planting 直行种植
straight run 直通管线{环保}
straight run chick 未鉴别小鸡
straight-saw 双人锯

straight seed growing ①直接采种栽培 ②直接种子繁育
straight-seeded 直生种子的（orthospermus）
straight selection 直接选择，直接选种
straight shank 直柄
straight shank drill 直柄钻头
straight share 梯形犁铧
straight shovel 直铲
straight-stalked 直茎的，直秆的（recticaulis）
straight-stem sweep 直尾箭形铲
straight-stemmed 直花莛的（rectiscapus）
straight swift（= rice skipper） 稻苞虫（直纹弄蝶）［*Parnara guttata* Bremer et Grey］（弄蝶科）
straight-through baler 直流型捡拾压捆机
straight-through combine（= straight-through harvester） 直流型谷物联合收获机
straight-through trailed combine 牵引式直流型谷物联合收获机
straight tine 直锄齿
straight-tined harrow 直齿耙
straight-toothed 直齿的（orthodontus）
straight type cage ①直立型隔离罩｛育种｝②直立型笼｛畜｝
straight type engine 单列型发动机
straight-veined 直脉的（rectinervus，rectivenius）
straighten length （羊）直线毛长
straightener 调直器，校直器
straightening of a watercourse 整治水道，治理水道
straightening of paraffin section 石蜡切片伸展，石蜡切片展开
straighthead 青枯
straighthead disease （水稻）青枯病
straighthead due to drought 旱青枯
straightness ①直立性 ②（机器行走）直线性
straightness of stem ①直干性 ②直秆性
strain ①品系，［有性繁殖］系 ②菌株 ③应变｛气象｝④张力 ⑤粗滤 ⑥胁变，变形｛环保｝
strain amplifier（= strain meter） 应变仪
strain building 品系育成，品系建立
strain cross 品系间杂交
strain difference 品系差异性
strain ellipsoid 应变椭球体｛遥感｝
strain energy 应变能
strain gauge 应变规，胁变规
strain-linear hybrid 顶交杂种
strain meter 变形计，应变计
strain of flexure 扭转应变
strain off ①溶解 ②榨出，挤出 ③抽取 ④熏出，驱逐
strain relief clamp 电缆卡｛信息｝
strain-specific restriction enzyme 菌株特种限制性内切酶
strain stability ①菌株稳定性｛微生物｝②品系稳定性｛育种｝
strain test 品系测验
strain-testing network 品系检验网［络］｛育种｝
strain tube 应变管
strained ①拉紧的 ②过滤的，渗滤的
strained honey 纯净蜂蜜，滤过蜂蜜
strained region 渗出区，渗滤区
strainer ①过滤器，滤网｛微生物｝②拉紧装置 ③粗滤器，滤头
strainer cover 过滤器盖
strainer plate 滤头板｛环保｝
strainer screen 过滤器滤网
strainer system 滤头系统
straining ①隔滤｛环保｝②粗滤｛环保｝③过滤｛生技｝
straining bag 过滤囊
straining filter ［污水］粗滤池
strainometer 应变仪
strait ①海峡，地峡 ②单幅布
strait-line coding 直接式编码｛电脑｝
straited planthopper（= rice fulgorid） 粉白飞虱［*Nisia atrovenosa* Lethierry］（飞虱科）
strake ①（车轮）铁箍 ②抓地板
strake wheel 带抓地齿口的附加铁轮
stramineous ①秆质的 ②秆黄色的 ③稿秆色的（stramineus）
stramony（= stramonium） ①曼陀罗属［*Datura* L.］（茄科）②曼陀罗［*Datura stramonium* L.］
strand ①链｛分遗｝②线股，绳股｛加工｝③［菌丝］束 ④［维管］束 ⑤海滩，海滨，湖滨 ⑥（原生质）丝
strand deposit 海滨沉积物
strand digestion 链消化
strand displacement 链置换
strand displacement amplification（SDA） 链置换扩增
strand exchange 链交换
strand line 海岸线，滨线
strand of protoplasm（= protoplasmic filament） 原生质丝
strand parenchyma（= strand wood-parenchyma） 木薄壁组织束｛解剖｝
strand plant 海滨植物
strand preference 链偏向［选择］

strand preference of heterotypic histone tetramer 异型组蛋白四聚物的链偏向选择
strand selection and separation in transcription 转录的链选择与分离
strand separating gel electrophoresis 链分离[凝]胶电泳
strand separation 链分离
strand tracheid 索状管胞（tracheida funalis）{解剖}
strandedness 链性，线性
strange smell 异臭
strange species 稀见种，外地种（species extraneus）
strange taste 怪味
strangle 阻塞，窒息
strangle weed（= doddor, love wine） ①菟丝子属［*Cuscuta* Tourn.］（菟丝子科）②菟丝子［*Cuscuta chinensis* Lam.］
strangles 马腺疫
strangulate ①压缩的 ②绞缢的（strangulatus）
strangulated 胀缩不均的（strangulatus）
strangulation ①[接芽]浸死 ②抑制（strangulatio）
stranvaesia ①红果树属［*Stranvaesia* Lindl.］（蔷薇科）②红果树［*Stranvaesia davidiana* Dcne.］
strap ①舌形小花 ②叶舌（ligula）③带箍，板条，固定联结板，皮带，曳索，纤维绳，扁钢 ④跨接带
strap brake 带式制动器
strap-shaped ①舌状的 ②带状的（ligulatus）
strapper 捆包机
strapping fertilizer colter 带式施肥开沟器
strapping machine 捆包机
strapping option 跨接选择{电脑}
strapping table 跨接表
strapwort 滨海寇秋萝［*Corrigiola littoralis* L.］（结节草科）
strata 地层
strata cover（= layer cover） 层盖度
stratabreaker 深耕铲
strategic（= strategical） 战略的，策略的（strategicus）
strategic analysis 战略分析
strategic change 策略性转变
strategic computer 策略计算机
strategic data planning（**SDP**） 策略数据规划
strategic decision 策略性决策
strategic intelligence 战略情报（指可持续发展战略的情报）{农系工}
strategic lunar system（**SLS**） 战略月球系统{遥感}
strategic material 战略物资
strategic measures 战略对策
strategic planning 策略计划
strategic reconnaissance 战略侦察{遥感}
strategic research of sustainable development 可持续发展战略研究{农系工}
strategic retreat 战略退却
strategic selection 战略选择，策略选择
strategies for sustainable development 可持续发展战略{农系工}
strategy ①战略（指扑火战略），策略（指相应栽培策略）②对策，计谋 ③战略学，兵法（strategia）
strategy acquistion 策略获取
strategy information system（**SIS**） 战略信息系统
strategy of social capital operation 社会资本运营策略{农经}
stratification ①沙藏 ②层积处理 ③层化[作用] ④层理，层次（stratificatio）
stratification curve ①层次曲线 ②层结曲线
stratification of seed 种子层积处理，种子沙藏
stratification of wind 风的层结
stratified ①层化的，分层的 ②叠生的（stratifius）
stratified cambium 叠生形成层（cambium stratifium）
stratified clip method 分层收割法
stratified community 分层植物群落（communitas stratifius）
stratified crown 分层型树冠（corona stratifia）
stratified epithelium 复层上皮（epithelium stratifium）
stratified mass selection 分区混合选种
stratified phloëm 叠生韧皮部（phloema stratifica）
stratified random sample 分层随机样品
stratified random sampling 分层随机取样
stratified rock 成层岩
stratified sampling 分层取样
stratified secondary wall 层化次生壁（paries secundarius stratifius）
stratified sedimentation 分层沉积（sedimentatio stratifia）
stratified soil 层状土壤
stratified structure ①叠生结构{解剖} ②层状结构{土壤}（structura stratifia）
stratified subsampling method 分层二段取

样法(指甘蔗)
stratified training 层型整枝
stratiform 层状的,成层的(stratiformis)
stratiform rock 成层岩石{地质}
stratigram X射线断层图(stratigramma)
stratigraphic(=stratigraphical) 地层的(stratigraphicus)
stratigraphic analysis 地层分析
stratigraphic correlation 地层对比
stratigraphic division 地层划分
stratigraphic gap 地层间断
stratigraphic section 地层剖面
stratigraphic time division 地层年代划分
stratigraphic trap 地层圈闭
stratigraphical hiatus 地层间断
stratigraphical overlap 地层超覆
stratigraphical timescale(=stratigraphical time-table) 地质年[代]表
stratocumulus(SC) 层积云
stratocumulus castellanus 堡状层积云
stratocumulus cumulogenitus 积云性层积云
stratocumulus floccus 絮状层积云
stratocumulus lenticularis 荚状层积云
stratocumulus mammatus 乳房状积云层
stratocumulus opacus 蔽光层积云
stratocumulus radiatus 辐辏状层积云
stratocumulus translucidus 透光层积云
stratocumulus undulatus 波状层积云
stratocumulus vesperalis 向晚层积云
stratometer 土壤硬度计
stratopause 平流层顶
stratose 层次明显的,具层次的(stratosus)
stratosphere 平流层(stratosphaera){气象}
stratosphere coupling 平流层耦合作用
stratosphere information platform 平流层信息平台
stratospheric 平流层的(stratosphaericus)
Stratospheric Aerosol and Gas Experiment(**SAGE**) 平流层气溶胶和气体实验卫星{遥感}
stratospheric ozone 平流层臭氧
stratostat 平流层气球
stratum ①地层 ②层
stratum board 多层硬纸板
stratum corneum 角质层(stratum corneum)
stratum society [植物]层组合
stratus(St.) 层云
stratus communis 普通层云
stratus fractus 碎层云
stratus lenticularis 荚状层云
stratus maculosus 斑状层云
stratus undulatus 波状层云
straw ①[茎]秆,稻草,麦秸 ②(稻草或麦秸)茎管(stramentum)
straw ash 草灰,稿灰
straw bag 草袋(指禾草编织的袋)
straw bale 禾捆,茎秆捆
straw baler(=straw baling press) 稿草压捆器
straw baling machine 茎秆压捆机
straw beater 逐稿轮
straw bedding 稿秆垫草(褥草)
straw binder(=straw trusser) 稿秆打捆机
straw breaker 茎秆铡碎机,铡草机
straw chopper 稿草切碎器,铡草机
straw collector 集草车
straw-coloured ①秆质的 ②秆色的,秆黄色的(stramineus)
straw cutter 切草机,切秆机
straw cutter with feeder 带喂入器切秆机
straw damper 打稿机(指将稿秆打软用的)
straw dung 草粪,草肥
straw feed fodder 茎秆喂入拉杆
straw flax 亚麻茎秆
straw fly(=gout fly of barley) ①麦秆蝇(麦黄潜蝇)[*Chlorops taeniopus* Meigen] ②⌊复⌉黄潜蝇科[Chloropidae]
straw fork 搂稿叉,搂草叉
straw frame 稿秆架,草架
straw governor (脱粒机)禾谷进量控制器
straw heaping 茎秆堆积,禾草堆积
straw hive 草蜂箱(巢)
straw itch 草痒症
straw itch mite(=grain itch mite, harvester mite) 虱状蒲螨[*Pyemotes tritici* Lagrez-Fossat et Montagne]
straw knife 铡刀
straw litter 稿草垫草(褥草)
straw loft ①稿秆仓[库] ②草料场 ③草垛
straw manure 草肥,禾草厩肥
straw manuring 施用稿秆
straw mat ①蚕蔟{蚕} ②草席,稿秸席
straw mat loom 草席编织机
straw mattress 草垫
straw mulch 稿秆覆盖,草覆盖
straw mulching system 稿秆覆盖法
straw mushroom(=padi straw mushroom) 草菇[*Volvariella volvacea* (Bull. ex Fr.) Sing.](伞菌科)
straw of barley(wheat, rye) 麦秆,麦秸(包括小麦、黑麦)

straw of corn 谷草,禾草
straw of rice 稻草
straw oil 稻草油
straw pile 禾垛,草垛
straw plaint (=straw band) 草辫条
straw pot 草制钵
straw pulping waste water 草纸浆废液{环保}
straw rice-bag 草制米袋
straw rice-bale (装米用)草制米包
straw rick (=straw stack) 草堆,草垛
straw ring (=eke) 草圈(放在草蜂窠下面起继箱作用的)
straw room 逐稿器顶空
straw rope 草绳
straw rope finishing machine 草绳精制机
straw rope finishing work 草绳精制作业
straw rope spinning machine 打草绳机,搓草绳机
straw rope twisting machine 打草绳机
straw sack 草袋
straw-sack packing 草袋包装
straw shaker 逐稿器健箱,平台式逐稿器
straw shredder 茎秆切碎机,铡草机
straw skep 稻草蜂巢
straw softening machine 茎秆软化机,揉禾草机
straw stack 草垛,禾堆
straw stacking machine 砌垛机,码垛机
straw stiffness 茎秆硬度
straw store 茎秆集存库
straw strength 茎秆强度
straw volume governor 禾草体积调节器
straw walker 逐稿器
straw weight 秆重
straw windbreak 草制风障
straw windrower 茎秆铺条器
straw wisp 茎秆小捆,禾束
straw yield 秸秆产量,稿秆产量
strawberry ①草莓属[*Fragaria* L.](蔷薇科) ②草莓[*Fragaria chiloensis* Duch.]
strawberry aphid 草莓毛管蚜[*Chaetosiphon fragaefolii* Cockerell](蚜科)
strawberry black leaf-cut weevil 草莓黑切叶象[*Auletobius uniformis* Roelofs](象甲科)
strawberry-blite 头状藜[*Chenopodium capitatum* L. = *Blitum capitatum* L.](藜科)
strawberry blossom weevil (= raspberry bud weevil) 草莓花象甲(树莓花象甲)[*Anthonomus rubi* Herbst](象甲科)
strawberry bud nematode 草莓芽线虫[*Nothotylenchus acris* Thorne]
strawberry bug 草莓长蝽[*Plociomera japonica* Distant](长蝽科)
strawberry callus culture 草莓愈伤组织培养
strawberry clover 草莓三叶草[*Trifolium fragiferum* L.](豆科)
strawberry crinkle 草莓皱缩病
strawberry crown borer 草莓冠象[*Tyloderma fragariae* (Riley)](象甲科)
strawberry crown moth 草莓透翅蛾[*Synanthedon bibionipennis* Boisduval](透翅蛾科)
strawberry crownminer 草莓冠麦蛾[*Aristotelia fragariae* Busck]麦蛾科)
strawberry cultivator 草莓中耕机
strawberry eelworm 草莓线虫病[*Aphelenchus fragariae*]
strawberry flea beetle 草莓跳甲[*Altica ignita* Illiger](跳甲科)
strawberry groundcherry (= Chinese lanterplant) 酸浆[*Physalis francheti* Mast. f. *bunyardii* Makino](茄科)
strawberry guava (= cattley guava) 草莓番石榴[*Psidium cattleianum* Sabine](桃金娘科)
strawberry ices (草莓冰)
strawberry jam 草莓酱
strawberry jelly 草莓果冻
strawberry juice 草莓露,草莓汁
strawberry latent ringspot virus 草莓潜环斑病毒
strawberry leaf roller 草莓卷叶螟[*Ancylis comptana fragariae* Walsh. et Rile.](小卷蛾科)
strawberry leaf scorch 草莓叶烧病
strawberry leaf spot 草莓蛇眼病[*Mycosphaerella fragariae* (Tulasne) Lidau]
strawberry madrone (= strawberry tree) 草莓树[*Arbutus unedo* L.](木犀科)
strawberry mite 草莓肤伐螨(草莓壁虱)[*Tarsonemus fragariae* Zimm.](肤伐螨科)
strawberry oil 草莓油
strawberry plant 欧洲草莓[*Fragaria vesca* L.](蔷薇科)
strawberry plant from tissue culture 组织培养的草莓植物体
strawberry plant harvester 草莓收获机
strawberry plant micropropagation 草莓植物体微量繁殖
strawberry raspberry 草莓状悬钩子[*Rubus illecebrosus* Focke](蔷薇科)

strawberry root aphid 草莓根蚜［*Aphid forbesi* Weed］（蚜科）
strawberry root weevil 草莓根象甲［*Brachyrhinus ovatus*（L.）= *Otiorhynchus*］（象甲科）
strawberry rootworm 草莓肖叶甲［*Paria fragariae* Wilcox.］（叶甲科）
strawberry runner 草莓蔓，草莓匍匐茎
strawberry saxifrage（= strawberry geranium）虎耳草［*Saxifraga stolonifera*（L.）Meerb. = *S. sarmentosa* L.］（虎耳草科）
strawberry snail 草莓蜗牛［*Hygromia striolata*（Pfeiff.）］（蜗牛科）
strawberry spider mite 草莓蛛螨（草莓红叶螨，土耳其红叶螨）［*Tetranychus turkestani* Ugarov. et Nikolski］（叶螨科）
strawberry tomato（= alkekengy，winter cherry）酸浆（红姑娘）［*Physalis alkekengi* L.］（茄科）
strawberry tortrix moth 草莓卷蛾［*Argyrotoxa comariana*（Zell.）］（卷蛾科）
strawberry-tree ①（= strawberry madrone）草莓树［*Arbutus unedo* L.］（木犀科）② 杨梅［*Myrica rubra* Sieb. et Zucc.］（杨梅科）
strawberry weevil 草莓象甲［*Anthonomus signatus* Say］（象虫科）
strawberry whitefly 草莓粉虱［*Trialeurodes packardi* Morrill］（粉虱科）
strawberry yellow edge virus（= strawberry yellow edge）草莓黄边病［Fragaria virus 1］
strawboard 马粪纸，草纸板
strawflower ① 腊菊属［*Helichrysum* Mill.］（菊科）②腊菊（麦秆菊，贝细工）［*Helichrysum bracteatum* Andr.］
strawrack louver 逐稿器鱼鳞筛
strawstack 草堆，草垛
strawwalker throw 键的行程
strawy manure 稿秆厩肥
stray ①离群的，迷失的 ②散射的，漫射的 ③漂游的 ④迷路家畜（strata）
stray emission 散［射］发射，杂散发射
stray light 散射光，漫射光
stray swarm 飞失分蜂群
stray voltage 漂游电压
streak ①条斑，条痕，条纹｛病理｝②划线，标线｛微生物｝③采脂割沟｛森林｝
streak culture（细菌）划线培养
streak disease 条死病
streak in the air 空中枝闪
streak lightning 枝状闪电
streak mosaic 条纹花叶病
streak of sugar cane 甘蔗条斑病［*Helminthosporium stenospilum* Drechsler = *Cochliobolus stenospilus*（Carpenter）Matsum. et Yamam.］
streak of tomato 番茄条斑病［Tobacco mosaic virus（TMV）］（病毒病害）
streak plate ①划线平板，平板划线 ②条痕板｛水产｝
streak plating 划线平面培养
streaked 有条纹的（striatus）
streaked necrosis 条纹坏死（necrosis striatus）
streaking ①划线分离 ②划线培养
streaky ①线条的 ②有条纹的（striatus）
stream ①水流，气流，射流 ②河川，溪流 ③流注，流出
stream aquarium 流水水槽
stream bank erosion 河岸侵蚀
stream bed 河床
stream birefringence（= streaming birefringence）流动双折射
stream bottom soil 河底土壤
stream capacity 河流流量
stream channel 河槽
stream cipher 流［密］码｛电脑｝
stream data transmission 流式数据传输
stream discharge 流量
stream driving 河川流送（木材）
stream end 流尾｛信息｝
stream erosion 河道侵蚀
stream-flow prediction 河川径流预报
stream function 流函数
stream gauge 河道测流设备，水尺，水位站
stream head 流首，流头｛信息｝
stream hyphae 速生菌丝
stream input / output 流输入输出｛信息｝
stream mayflies 扁蚴蜉蝣科［Ecdyonuridae］
stream pollution 水流污染
stream protocol（ST）流协议｛信息｝
stream quadrant 测流象限
stream retting 流水浸麻
stream size ［灌溉水］流量
stream terrace 河流阶地
stream transmission 流传输｛信息｝
stream transmission mode 流传输方式
streamer ①流式磁带机｛信息｝②数据流驱动器｛电脑｝
streamer tape 数据流磁带
streamflow prediction（= stream-flow pre-

diction) 河川径流预报
streaming 流动
streaming birefringence 流动双折射
streaming movement 流走运动
streaming potential 流动电位,流动电势
streaming steam method 流动蒸汽法(灭菌)
streaming tape drive 流型磁带机
streamline ①流线,流水线 ②层流
Streamline absorbent (商)层流吸附剂
streamline analysis 流线分析
Streamline column (商)层流柱
streamline field 流线场
streamline filter 流线式滤器{分技}
streamline flow 层流{环保}
streamline operation 流水线操作
streamline pattern (= streamline shape) 流线型
streamline shape 流线型
streamlined filter 流线式滤器
street ①街,街道,马路 ②公共通道,车行道(strata)
street elbow 街道转弯用弯管{环保}
street garden 街道园,街道花圃{园林}
street inlet 街道雨水口
street manhole 街道检查井
street noise 街道噪声{环保}
street pipe system 街道管网
street plant 道旁种植
street tree 行道树
street virus 街毒(指狂犬病毒)
streetplanting 道旁种植,道旁植树
strengite 红磷铁矿{地质}
strength ①力,力量,强度 ②实力 ③人数 ④浓味,强味
strength-duration curve 强度时间曲线
strength factor 强度系数
strength in compression 抗压强度
strength in tension 抗拉强度
strength of attack 灭火强度(包括人力与机械)
strength of culm 茎秆强度
strength of fiber 纤维强度
strength of heritability 遗传力强度
strength of intumescence 膨胀强度,膨胀力
strength of linkage 连锁强度
strength of loops 循环强度
strength of materials ①材料强度 ②材料力学
strength of nutrient balance 养分平衡强度,养分平衡力
strength of operation 运算强度{统计}
strength of sewage 污水强味{环保}
strength of straw (= straw strength) 茎秆强度
strength of the pick ①采摘强度{栽培} ②选择力{育种}
strength of tillering 分蘖力
strength of waste 废水浓味{环保}
strength of wind 风力
strength of wood 木材强度
strength properties 力学性质
strength reduction 强度削减
strength test 强度测定
strength tester 强度测定器
strength testing 强度检验
strength testing machine 强度测验机
strength timber 建筑材
strength-to-weight ratio [机器]强度与重量比
strengthener ①助力器 ②刚性梁
strengthening cold tolerance 增强耐寒性,增强抗寒力{育种}
strengthening field care 加强田间管理
strengthening nitrogen-fixing capacity 增强氮素固定能力,增强固氮能力
strengthening tissue (= mechanical tissue) 机械组织
strengthenization theorem 强化定理{电脑}
strepogenin 促长肽
strepsinema 绞线{细胞}
strepsinema stage 绞线期
strepsitene 绞线[期](strepsitena){细胞}
strepsitene stage 绞线期
streptamine 链霉胺
streptavidin 链霉抗生物素蛋白,链[霉]亲和素
streptidine 链霉胍
streptidine kinase 链霉胍激酶
strepto- ⌞字头⌝链,链[霉]
streptobiosamine 链霉二糖胺[$C_{13}H_{23}NO_9$]
streptocarpous 具扭果的,具螺旋果的(streptocarpus)
streptocaulis 扭茎的
streptocin 链球菌素
streptococcal protein G (SPG) 链球菌蛋白G
streptococcicosis 链球菌病
streptococcus 链球菌
streptococcus hemolyticus 溶血链球菌[*Streptococcus hemolyticus* Rolly]
streptococcus MG agglutination MG链球菌凝集
streptococcus pneumoniae 肺炎链球菌[*Streptococcus pneumoniae* (Klein)

Chestar]
streptococcus transformation 链球菌转型
streptoderma 链球菌皮肤病
streptodornase (SD) 链道酶,链球菌 DNA 酶
streptogramin 链阳性菌素
streptokinase 溶纤维蛋白酶,链激酶
streptolydigin 利链菌素
streptolysin 链球菌溶血素
streptolysin O 不耐氧链球菌溶血素,链球菌溶血素 O
streptolysin S 耐氧链球菌溶血素,链球菌溶血素 S
streptomyces 链霉菌
streptomyces family 链霉菌科[Streptomycetaceae]
streptomyces griseus 灰色链霉菌[*Streptomyces griseus* (Krainsky) Waksman et Henrici]
streptomycete 链丝菌
streptomycin (= streptomycine) 链霉素(杀菌剂)[$C_{21}H_{39}N_7O_{12}$]
streptomycin dependence 链霉素依赖性
streptomycin dependent mutant 链霉素依赖的突变体(型)
streptomycin dependent mutation 链霉素依赖的突变
streptomycin killing 链霉素杀伤
streptomycin resistance mechanism 链霉素抗性机制
streptomycin resistant mutant 抗链霉素的突变体
streptomycin resistant mutation 抗链霉素的突变
streptonigrin 链黑菌素
streptophyllous 旋扭叶的 (streptophyllus)
streptopilose 旋毛的 (streptopilis)
streptose 链霉糖[$C_{16}H_{10}O_5$]
streptostacin 链球菌素
streptothricin 链丝菌素
streptothricosis 链丝菌病
streptovaricin 曲张链菌素
streptozotocin 链脲佐菌素
stress ①应力 ②胁迫,强制,逆境{生理} ③紧急,紧张 ④重要 (stringere)
stress adaptation 逆境适应
stress amplitude 应力振幅
stress analysis ①胁迫分析{生态生理} ②应力分析{环保}
stress bioindicator 胁迫生物指示器
stress breakage 应力破裂
stress concentration 应力集中
stress cracks 应力开裂
stress criteria 胁迫标准
stress cutan 挤压胶膜
stress-damaged part [受]胁迫损伤部分
stress definition 胁迫定义
stress deflection curve 应力屈绕曲线
stress deflection diagram 应力屈绕曲线图
stress distribution 应力分布
stress-dominated habitat 胁迫占优势生境
stress effect 胁迫效应
stress ellipsoid 应力椭球体{遥感}
stress endurance diagram 应力往复线图
stress evasion 胁迫躲避
stress evolution 逆境进化
stress factor 胁迫因子
stress fiber 应力纤维
stress flow 应力流,径流
stress gradient 胁迫梯度
stress hormone 应激激素
stress in long column 长柱强度
stress-induced change 胁迫引发变化
stress intensity ①胁迫强度 ②应力[强]度
stress-laid deposit 河流沉积物
stress mark 擦痕(指胁迫伤痕)
stress of metabolite 代谢物胁迫
stress of radiation 辐射胁迫
stress of soil moisture 土壤水分应力
stress of temperature 温度胁迫
stress physiological procedure 胁迫生理程序
stress physiology ①胁迫生理学 ②胁迫生理
stress prevention 胁迫防止
stress protein 应激蛋白
stress reaction 胁迫反应
stress reduction 胁迫降低
stress relaxation 应力松弛
stress resistance 胁迫抗性,抗胁迫性
stress response 应激
stress response system 应激系统
stress situation 胁迫状况
stress stimulus 胁迫刺激
stress-strain curve 应力应变曲线
stress-strain diagram 应力应变曲线图
stress strategy 逆境策略
stress survival 逆境存活
stress syndrome 胁迫综合特征
stress tolerance 胁迫耐受性
stress value 应力值
stressed plants 受胁迫植物,受抑植物
stressed tissue [受]胁迫组织
stresser (= stressor) ①应激子 ②胁迫因子
stressful event 胁迫事件

stressful situation 胁迫情况
stressor ①应激子 ②胁迫因子{生态生理}
stressor-specific effect 胁迫因子特异[性]效应
stressor-specific mechanism 胁迫因子特异机制
stretch ①伸长,伸出{栽培} ②牵张(指纺锤丝){遗传} ③伸展{显技} ④展宽{电脑}
stretch range display 展宽距离显示器
stretch receptor 牵张受体
stretch reflex 牵张反射
stretch wrapping 伸展包装{农施}
stretched condition 伸张状态
stretched larva 前蛹期幼虫
stretched muscle 伸展肌
stretched out 伸长的(productus)
stretcher ①(绳,索,带等)拉紧装置 ②担架 ③压锯机
stretcher mounted sprayer 担架式喷雾机
stretching growth 伸延(长)生长
stretching out ①伸蜡{显技} ②外伸的(porrigens)
stretching zone 伸长区
strewing sand 散沙
stria 条纹
striate 具条纹的(striatus)
striate gypsum 纤维石膏
striate mosaic 条纹花叶病,辉纹花叶病
striate pattern 条纹图形
striated muscle 横纹肌
striated venation 条纹脉序(venatio striata)
striation 条状,条纹(striatio)
striato-reticulate 条纹-网状的(striatoreticulatus)
strickle (量谷物用的)刮斗板
strict ①笔直的 ②紧密的,严密的,严格的 ③精确的,精密的 ④偏性的,专性的(strictus)
strict aerobe 专性需氧细菌(aerobe stricta)
strict anaerobe 专性厌氧细菌(anaerobe stricta)
strict analysis 精密分析(analysis strictus)
strict annual sustained yield system 严格的连年保产(稳产)作业{栽培}
strict comparison principle 严格比较原理{电脑}
strict consistency 严格一致性
strict local extremum 严格局部极值
strict parasites 偏性寄生物
strict salomonia 刚直齿果草,刚直齿莎萝莽[*Salomonia stricta* Sieb. et Zucc.](远志科)
strict type checking 严格型检查,强制型检查
strictly aerobic (=obligatory aerobic) 专性好气性,专性需氧性
strictly anaerobic (=obligatory anaerobic) 专性厌气性,专性厌氧性
strictly increasing sequence 严格递增序列
strictly separate 严格分离
strictness ①严格 ②精确 ③紧密(strictivitas)
stride 跨距
strigging device 截枝器,折枝器
strigilis 净角器{蜂}
strigillate 具糙伏毛的(strigillatus)
strigillose (=strigose) 糙伏毛的(strigosus)
strigose (=strigous) 具硬毛的(strigosus)
striiform 线形的(striiformis)
strike ①走向{地质} ②划掉{电脑} ③敲打
strike fault 走向断层
strike line 走向线
strike-off stick (量谷物用)刮斗板
strike-on 打字,复打
strike-slip fault 平移断层{地质}
strike threshing of pulse 豆类敲打脱粒
strike threshing of wheat 小麦敲打脱粒
strike-through 划掉
striker 撞针
striking ①札根,生根 ②显明的,明显的 ③撞击,打击
striking characteristics 显著特征
striking gear ①拨动装置 ②皮带拨杆
striking hammer 打印锤{电脑}
striking of cutting 插枝成活
striking plate 撞击齿板
striking root 生根
striking success 显著成就
string ①带,线,细绳 ②卷缩羽毛 ③(葱头或大蒜)一串 ④整形修剪 ⑤字符串,信息串,行{信息}
string bean (=green bean) 嫩荚菜豆
string binder 麻绳捆扎割捆机
string break 串断点{信息}
string control byte (SCB) (字符)串控制字节{电脑}
string cottony scale 桑纽蚧[*Takahashia japonica* Cookerell](蚧科)
string filter 线条滤机,弦式滤机{环保}
string-leaved 绳状叶的(chordophyllus)
string length (大蒜辫)串长度
string-like 绳索状的(chordatus)
string measurement 绳测
string model 串模型{遥感}

string-of-beads senecio 翡翠珠(绿串珠,一串绿,绿之铃)[*Senecio rowleyanus* sp.](菊科)
string of coordinates 坐标串{遥感}
string piece 支柱,纵梁
string-rooted 绳状根的(chordorrhizus)
string tags (育种用)小纸牌
string tying 麻绳捆扎,麻绳打捆
stringbean 四季豆[*Phaseolus vulgaris* L.](豆科)
stringence ①严格性 ②严紧性 ③应急,急迫(stringentia)
stringent ①严格的 ②严紧的,(银根)紧的 ③迫切的,缺少的(stringens)
stringent condition 严格条件(指杂交或杂交后漂洗){分遗}
stringent control 严紧型控制{分遗}
stringent control of RNA synthesis RNA 合成的严紧型控制
stringent factor 严格因子,应急因子
stringent germ line hypothesis 严格种系假说{遗传}
stringent hybridization 严格杂交{分遗}
stringent plasmid 严紧型质粒
stringent replication control 严紧型复制控制
stringent response 严格反应
stringent strain 严紧控制菌株
stringent synthesis 约束合成
stringer ①穿串器,穿刺装置 ②架设装置,桁条 ③支架
stringing (烟叶)串绳,穿串
stringing or threading tobacco leaves 穿烟[叶]
stringy ①纤维质的,多纤维的(fibrosus) ②黏稠的
stringy clotty milk (=ropy and slimy milk) 黏液乳
stringy floppy 纤维[质]软带{电脑}
stringy stonecrop 爬景天(垂盆草)[*Sedum sarmentosum* Bunge](景天科)
stringybark 长喙桉[*Eucalyptus macrorhyncha*](桃金娘科)
striolate ①具小条纹的 ②细线沟的 ③具细条纹的(striolatus)
strip ①条,带(fascia) ②条纹(stria) ③杆,棒 ④梳刷 ⑤剥去,清除 ⑥挤尽
strip and group system 带状划伐作业{森林}
strip broadcasting (=contour drilling) 带状播种,等高条播
strip buffer 条型缓冲区{电脑}
strip camera 航带式[照]相机{遥感}
strip chart recorder 带式图表记录器
strip check 畦田,畦作地
strip clearcutting 带状皆伐
strip coordinates 带坐标{遥感}
strip cropping ①带状栽培,等高条植 ②带状耕作
strip cropping land 带状栽培地
strip cultivation 带状耕作(指等高耕作)
strip cup 牛奶试样杯,奶样杯
strip cutting 带伐,带状采伐
strip cutting forest 带伐林
strip diagram 带状图解
strip farming 带状耕作(指等高耕作)
strip felling (=strip cutting) 带伐,带状采伐
strip figure 带状纹(指木材)
strip grazing 分区放牧,条区放牧
strip intercropping 带状间作
strip irrigation 畦灌,分小区灌溉
strip lighting 光管照明
strip line 带状线,实心线
strip listing (=strip ridge farming) 条状垄作
strip of imaging 航带成像{遥感}
strip of soil 土带,播种条带(等高耕作的狭长垄)
strip planting 带状种植,条植
strip planting method 带植法,条植法
strip ploughing 带状耕作,带耕(指等高耕作)
strip printer 带式打印机,带式打字机
strip processor (等高)带地耕作机组
strip ribbon 窄色带{电脑}
strip rotation 带地轮作
strip seeder ①带播机 ②留护苗带播种机
strip seeding (=strip sowing) 带播,带状播种
strip selection method 带状择伐法
strip sowing 带播,带状播种
strip stand method 带状伞伐更新法
strip survey 带状调查
strip system 带伐作业
strip thinning 带状疏伐,隔行疏伐
strip tillage 带状耕作,带状整地
strip tillage system 带地耕作制
strip tiller 带状整地用旋耕机具
strip transmission line 带状传输线{信息}
strip trial design 带状试验设计,裂条状试验设计{统计}
strip-up 脱膜法{电脑}
stripe ①条,条纹[病],数据条 ②类型,种类 ③小河,小流
stripe disease of rice plant 水稻条纹叶枯病[rice stripe virus (RSV)]

stripe dressing 条施，沟施(指施肥)
stripe mosaic 斑叶花叶病(麦类)
stripe of barley (=stripe disease on barley) 大麦条纹病［*Helminthosporium gramineum* (Rabh.) Erikss.］
stripe of oats 燕麦条纹病［*Helminthosporium avenae* Eidam = *Pyrenophora avenae* (Eidam) Ito et Kurib.］
stripe of wheat 小麦条纹病［*Helminthosporium gramineum* (Rabh.) Erikss.］
stripe rust 条锈病
stripe rust of barley 大麦条锈病［*Puccinia striiformis* West = *P. glumarum* (Schw.) Erikss. et E. Henn.］
stripe rust of brome grass 雀麦条锈病［*Puccinia glumarum* (Schw.) Erikss et E. Henn.］
stripe rust of cereals 麦类条锈病［*Puccinia glumarum* (Schm.) Erikss. et E. Henn.］
stripe rust of oats 燕麦条锈病［*Puccinia glumarum* (Schw.) Erikss. et. E. Henn.］
stripe rust of poa 早熟禾条锈病［*Puccinia glumarum* (Schw.) Erikss. et E. Henn.］
stripe rust of quack grass 鹅观草条锈病［*Puccinia glumarum* (Schw.) Erikss. et E. Henn.］
stripe rust of rye 黑麦条锈病［*Puccinia glumarum* (Schw.) Erikss. et E. Henn.］
stripe rust of wheat 小麦条锈病［*Puccinia striiformis* Weat. = *P. glumarum* (Schw.) Erikss. et E. Henn.］
stripe seeding 条播
stripe smut (=rye smut) 黑麦秆黑粉病［*Urocystis occulta* Rab.］
stripe smut of grasses 禾草条纹黑粉病
stripe virus of rice 水稻条纹叶枯病
stripe yellow rust 黄锈病(麦类)
striped (=stripped) ①具条的，具带的(fasciatus) ②具条纹的(striatus) ③裸露的(denudatus, nudatus)
striped back hawk moth 芋双线天蛾［*Theretra oldenlandiae* Fabricius］(天蛾科)
striped borer (=rice stem berer) 二化螟［*Chilo suppressalis* Walker］(螟蛾科)
striped cabbage flea beetle (=striped flea beetle) 曲条跳甲［*Phyllotreta striolata* (Fabricius) = *Vittata*］(跳甲科)
striped caterpillar (=rose budworm) 豆黄夜蛾(烟焰夜蛾)［*Pyrrhia umbra* (Hüfnagel)(夜蛾科)
Striped Cheriten 条纹查尔顿(甘蔗热带原种)
striped crotalaria 猪尿豆［*Crotalaria mucronata* Desv.］(豆科)
striped cucumber beetle 黄瓜色条叶甲［*Acalymma vittatum* (Fabricius)］(叶甲科)
striped disease 条斑病
striped fruit fly 具条实蝇［*Zeugodacus scutellatus* Hendel］(实蝇科)
striped horse fly 带虻(具条牛虻)［*Tabanus lineola* Fabricius］(虻科)
striped long-headed leafhopper 长头条叶蝉［*Nirvana suturalis* Melichar］(叶蝉科)
striped maple 白条槭(条纹槭，宾州槭)［*Acer striatum* Lam.］(槭科)
striped marigold 细叶万寿菊(金星菊)［*Tagetes tenufolia* Cav.］(菊科)
Striped Mauritius 条纹毛里求斯(甘蔗热带原种)
striped mealybug 咖啡粉蚧［*Ferrisiana virgata* Cockerell］(粉蚧科)
striped muscle (=striated muscle) 横纹肌
Striped Preager 条纹普雷埃格尔(甘蔗热带原种)
striped rice katydid 稻条螽斯［*Xiphidion melananum* de Haan］(螽斯科)
striped rot ①条腐 ②条腐病
striped silkworm 黑缟蚕
Striped Singapore 条纹新加坡(甘蔗热带原种)
striped sugarcane borer (=spotted sugarcane moth borer) ［高粱］条螟［*Proceras venosatus* (Walker)］(螟蛾科)
striped supplejack 勾儿茶［*Berchemia lineata* DC.］(鼠李科)
Striped Tanna 条纹坦纳(甘蔗热带原种)
striped thrips ①纹蓟马［*Aeolothrips fasciatus* L.］②⌊复⌉纹蓟马科［Aeolothripidae］
striped tortoise beetle (=two-striped sweet potato beetle) 甘薯二条龟甲［*Metriona bivittatus* (Say) = *Cassida*］(龟甲科)
striped tree-bine 条纹白粉藤［*Cissus striata* Ruiz et Pav.］(葡萄科)
stripling 苗木修剪
strippable ①可剥去的 ②可摘取的(strippabilis)
stripped particle (=striped particle) 裸露颗粒，核心颗粒{生技}

stripper ①摘棉铃机 ②摘穗机 ③分离器,剥离器,剥叶器 ④脱模器,轮胎拆卸器 ⑤砍蔗刀
stripper harvester ①玉米摘穗机 ②摘棉铃机
stripper rod ①栉梳杆 ②(搂齿)清理杆
stripper roller 剥棉辊
stripper unit 摘取装置,梳摘装置
stripper wheel (玉米脱粒机)脱粒轮
stripping ①(叶)摘除(棉)梳摘,梳取 ②去皮,剥光 ③砍伤 ④择伐{森林} ⑤(乳)挤尽,捏夹挤乳 ⑥汽提[作用],馏分{环保}
stripping cylinder 剥叶滚筒{农机}
stripping field 狭长地,带地
stripping film method 脱除软片法(放射自显术){显技}
stripping finger 剥叶指杆
stripping knife 砍蔗刀
stripping machine ①脱壳机,剥皮机 ②玉米摘穗机,摘棉铃机
stripping tooth 摘棉铃(桃)齿
stripping yield 后挤量{畜}
Strobane (= bornyl chloride) 冰片基氯,2-氯化莰
strobe ①频内放电管 ②选通,选通脉冲 ③闸门{信息}
strobe pulse 选通脉冲
strobe signal 选通信号
strobe window 选通窗口{电脑}
strobilaceous ①球果的 ②似球果的 ③似孢子叶球的 (strobilaceus)
strobilate 具球果的 (strobilatus)
strobile ①球果 ②球穗花序 ③孢子叶球 (strobila)
strobiliferous 具球果的 (strobilifer)
strobiliform ①球果状的,似球果的 ②松果状的 (strobiliformis)
strobiloid 球果状的 (strobiloideus)
strobing gate 选通门{电脑}
stroboscope 频闪观测器,闪光仪
stroke ①(往复运动件)行程 ②(发动机)冲程 ③冲击,撞击 ④笔画
stroke area 笔画面积{智培}
stroke-bore ratio 冲程缸径比
stroke data 笔画数据
stroke display 笔画显示
stroke limiter 行程限制器
stroke of piston 活塞冲程
stroma ①子座{真菌} ②基质,间质{分遗}
stroma ground substance 基质基物质
stroma lamellae 基质片层
stroma of chloroplast 叶绿体基质
stroma protein 基质蛋白[质]
stroma-thylakoid 基质类囊体
stromal 基质的 (stromalis)
stromal / thylakoid volume 基质与类囊体体积
stromal cell 基质细胞 (cellula stromalis)
stromate 具子座的 (stromatus)
stromatic ①子座的 ②基质的 (stromaticus)
stromatiferous 具子座的 (stromatiferus)
stromatin (红细胞)基质蛋白
stromatoid (= stromoid) 子座状的 (stromatoides)
stromatolysis 基质溶解
strombuliform 螺壳状的
stromelysin 基质溶素,溶基质素{分生}
strong ①强的,强烈的,强大的,强有力的,猛的 ②坚固的,稳固的,硬的 ③浓的,浓厚的,烈性的
strong acid 强酸
strong acid type ion exchanger 强酸型离子交换剂{生技}
strong anion exchanger 强阴离子交换剂
strong base type ion exchanger 强碱型离子交换剂
strong basicity resin 强碱基树脂
strong box 保险箱,铁柜
strong breeze 强风(六级风)
strong cation exchanger 强阳离子交换剂
strong coffee 浓咖啡
strong collision 强碰撞
strong component ①强组件,强构件 ②强分量
strong connectivity 强连通性
strong convergence 强收敛
strong coupling 强耦合
strong denaturant 强变性剂
strong dependency 强依赖性
strong digraph 强有向图{电脑}
strong drink 烈酒(含有酒精的饮料)
strong earthquake 强地震
strong earthquake response analysis computer (SERAC) 强地震反应分析计算机
strong electrolyte 强电解质
strong fiber 强力纤维
strong flour 强韧力粉,多面筋面粉,硬粒面粉
strong fluctuation 强烈波动
strong gale 烈风(九级风)
strong gust of wind 强阵风
strong interaction 强相互作用,强互作
strong irradiation 强照射
strong land 黏质土地
strong light 强光
strong-light plant 强光植物
strong-light stress 强光胁迫

strong loop 强循环
strong oxidizing power 强氧化力
strong radiation 强辐射
strong ratooner 宿根能力强
strong-room 保险库
strong seedling 壮苗,壮秧
strong selection pressure 强选择压
strong selective disadvantage 强选择不利性,强选择缺点
strong sewage 浓污水{环保}
strong shading 强遮荫
strong smelling preserved bean curd 臭豆腐(中国特产){加工}
strong solution 浓溶液
strong stability 强稳定性
strong stationary stochastic process 强平稳随机过程
strong sunlight 强日光
strong thinning ①强度疏伐 ②强度间苗
strong type checking 强类型检查
strong wheat (= durum wheat) 硬粒小麦
strong white fir 日本冷杉 [*Abies firma* Sieb. et Zucc.](松科)
strong wind 强风
strong year class 优势年龄组,优势年龄级
strongly acid soil 强酸性土
strongly acid solution 强酸溶液
strongly alkaline soil 强碱性土
strongly compact 强紧缩
strongly connected system 强连接系统
strongly leached 强度淋溶
strongly reducing milieu 强还原环境
strongly saline soil 重盐土
strongpoint 坚固支撑点
strongyle 圆线虫
strongyloidosis 类圆线虫病
strongylosis 圆线虫病
strongylosomatids 圆山蛩科 [Strongylosomatidae]
strontia 氧化锶 [SrO]
strontium 锶 [Sr,38 号元素]
strontium accumulation in grains 子粒锶累积(指稻米)
strontium isotope 锶同位素
strontium nitrate 硝酸锶 [$Sr(NO_3)_2$]
strontium unit 锶单位
strop 砥革(劈刀皮){显技}
strop and whetstone 砥革(劈刀皮)和砥石(磨刀石)
strop fungus ①桦滴孔菌 [*Piptoporus betulinus* (Bull. ex. Fr.) Karst.] ②宽鳞棱孔菌 [*Favolus squamosus* (Huds ex Fr.) Ames]
strophanthidin 羊角拗定,毒毛旋花苷配基 [$C_{23}H_{32}O_6$]
strophanthidol 羊角拗醇
strophanthin 羊角拗质,毒毛旋花苷 [$C_{21}H_{48}O_{12}$]
strophanthobiose 毒毛旋花二糖 [$C_{12}H_{22}O_{11}$]
strophanthus ①羊角拗属 [*Strophanthus* DC.](夹竹桃科) ②羊角拗 [*Strophanthus divaricatus* (Lour.) Hook.]
strophanthus cardiac glycoside 羊角拗强心苷
strophioblachia ①司多柏桨木属 [*Strophioblachia* Boerl.](大戟科) ②司多柏桨木(施巴蜡) [*Strophioblachia fimbricalyx* Boerl.]
strophiolate 具种阜的 (strophiolatus)
strophiole 种阜 (strophiolus)
stropism 缠绕性 (stropismus)
struck 羊猝疽
struck and bradsot of sheep 羊猝疽与快疫
structural 结构的,构造的 (sturcturalis)
structural aberration 结构畸变{细胞}
structural abnormality 结构反常性
structural adaptation 结构适应 (adaptatio structuralis)
structural adjustment 结构调整
structural agent 结构因素
structural aggregate 结构性团粒,结构性团聚体
structural analysis 结构分析
structural anomaly 构造异常{遥感}
structural backbone 结构主链
structural basin (= tectonic basin) 构造盆地
structural basis 结构基础
structural biology 生物结构学 (biologia structuralis)
structural botany 植物构造学 (botanica stucturalis)
structural calculation 结构计算{农施}
structural capacity 结构能力
structural cartoon (= structure cartoon) 结构卡通{智培}
structural cation 结构阳离子
structural change 结构改变
structural characteristics 结构特征
structural colour 结构色
structural complexity 结构复杂性
structural component 结构组分
structural constituent 构造物质

structural correlation 结构相关
structural defect 结构缺陷
structural deformation 结构变形(deformatio structuralis)
structural description 结构描述
structural design 结构设计
structural determinant 结构决定子{分遗}
structural development 结构发育
structural disorder 结构无序
structural domain 结构域{生技}
structural element ①结构单元 ②结构元素
structural engineering 建筑工程,结构工程
structural engineering system solver (STRESS) 结构工程系统解算程序
structural equation 结构方程[式]
structural erosion 构造侵蚀
structural feature 结构特征
structural findings 结构发现物
structural fluctuation 结构波动(fluctuatio structuralis)
structural formula 结构式(formula structuralis)
structural framework 结构骨架
structural gene 结构基因
structural gene coding 结构基因编码
structural graph 结构图
structural heterozygosity 结构杂合性
structural heterozygote ①结构杂合体 ②结构杂合子
structural homozygosity 结构纯合性
structural homozygote ①结构纯合体 ②结构纯合子
structural hybrid [染色体]结构杂种
structural hybridity 结构杂种性
structural identity 结构同一性
structural improvement [土地]结构改良
structural index 结构指数
structural information 结构信息{智培}
structural injury 结构损害
structural instability 结构不稳定性
structural isomer 结构异构体
structural lenticular body 构造透镜体{遥感}
structural level 结构水平
structural memory 结构存储器
structural metabolism 结构代谢(metabolismus structuralis)
structural model 结构模型
structural model of membrane 膜的结构模型
structural model recognition 结构模型识别{遥感}
structural modeling 结构建模
structural modification 结构饰变
structural molecular biology 结构分子生物学
structural motif 结构特征序列{分遗}
structural mutation 结构突变
structural order 结构序列
structural organization 结构组织
structural parameter 结构参数
structural pattern 结构图形
structural policy 结构政策{农施}
structural probability distribution 结构概率分布
structural profile 结构剖面
structural properties 结构性质,结构性
structural properties of cotton fiber 棉纤维结构特性
structural protein 结构蛋白
structural rearrangement 结构重排
structural repeat 结构重复
structural representation 结构表示法
structural role 结构作用
structural similarity 结构相似性
structural simulation 结构模拟
structural sketch 构造纲要图,构造草图{遥感}
structural soil 结构土壤
structural stability 结构稳定性
structural steel 结构钢
structural sterility 结构不育性
structural timber 结构材
structural transformation 结构转变
structural trap 构造圈闭,构造封闭{遥感}
structural type 结构型
structural unit 结构单位
structural variant 结构变异体
structural veneer (胶合板,夹心板)结构单板
structural zone 结构带
structuralization 结构化(structuralisatio){智培}
structuralized 结构化的
structuralized technology 结构化技术{智培}
structuralized water 结构化水
structure ①结构,构造 ②建筑物 ③装置(structura)
structure-activity relationship 结构-活性关系
structure amplitude 结构振幅
structure analysis 结构分析
structure analyzer 结构分析器
structure array 结构阵列
structure capacity 结构能力

structure change 结构变化
structure chart 结构图{电脑}
structure coding 结构编码
structure-contour map 构造等高线图{遥感}
structure controller 结构控制器
structure deterioration 结构恶化,结构破坏
structure determination 结构测定
structure factor 结构因子
structure feature 构造特征{遥感}
structure flowchart 结构流程图
structure formation 结构形成
structure-function relationship 结构-功能关系
structure horizon 结构层
structure material 结构物质
structure model 结构模型
structure network 结构网络
structure of agriculture 农业结构
structure of DNA DNA结构
structure of incompatibility gene 不亲和性基因结构
structure of initiation signal 起始信号结构
structure of nucleic acid 核酸结构
structure of population 群体结构
structure of prices 物价结构
structure of sedimentary cover 沉积盖层构造{遥感}
structure of soil 土壤结构
structure of wood 木材构造
structure plan 结构图案{进化}
structure pointer 结构指示器
structure prediction 结构预测
structure profile 结构剖面
structure refinement 结构精修
structure simulation 结构模拟{智培}
structure soil 有结构土壤
structure specification 结构规格说明
structure stability 结构稳定性
structure stabilization 结构稳定[作用]
structure theorem 结构定理{电脑}
structure trend 构造走向{遥感}
structured ①结构的 ②结构化的
structured analysis and design technique 结构分析与设计技术
structured assembler 结构化汇编程序
structured data model 结构数据模型
structured decision 结构化决策
structured design (SD) 结构化设计
structured exception handling 结构化异常处理
structured graphics 结构图形学
structured life cycle model 结构化生存周期模型
structured light 结构光
structured multiprocessor system 结构式多处理机系统
structured pattern recognition 结构模式识别
structured special searching 结构化特殊搜索
structured system analysis 结构化系统分析
structured valid 结构有效
structured value 结构值
structured water 结构水
structureless 无结构的(astructuralis)
structureless horizon 无结构层
structureless soil 无结构土壤
structurelessness 无结构性(astructuralitas)
structures for agronomy 农艺设施,农艺建筑物{农施}
structures for horticulture 园艺设施,园艺建筑物{农施}
structures for protected cultivation in horticulture 园艺保护栽培设施,园艺保护栽培建筑物
structures in agriculture 农业设施,农业建筑物
structuring scheme 结构型式{遥感}
struggle for existence 生存竞争
struggle for production 生产斗争
struggle of life 生活竞争
struma ①瘤突 ②小叶节 ③垫状膨大
strumiferous 具垫状膨大的(strumifer)
strumiform 垫状的(strumiformis)
strumous ①瘤状的 ②甲状腺肿的 ③腺病的(strumosus)
strumulose ①似瘤状的 ②具小瘤状的(strumulosus)
strut ①支柱,支撑,支座{栽培} ②抗压材{森林}
strut thermometer 翼架温度表
struvite 鸟粪石
struxine 斯绰星,番木鳖腐碱
strychnine ①(=poison-nut)番木鳖(马钱子)[*Strychos nuxvomica* L.](马钱子科) ②番木鳖碱[$C_{21}H_{22}N_2O_2$]
STS (=sequence-tagged site) 序列标志位点{分遗}
Stuart factor 司徒氏因子
stub ①残茬,残根 ②残材 ③留茬地 ④残桩模块 ⑤插桩程序,存根(代码){电脑}
stub axle ①短轴,枢轴 ②转向节轮轴
stub cable 树桩电缆{信息}

stub culture 留茬地栽培
stub development 剩余部分开发{农管}
stub fallow ①留茬休闲 ②留茬休闲地
stub grafting 枝桩接{园艺}
stub guard 短齿护刃器
stub hulling 留茬地翻茬,留茬地灭茬
stub land ①留茬地 ②采伐迹地
stub landside 短犁侧板
stub pole 短木柱
stub puller 树桩挖掘机
stub remains 残茬,留茬地遗留物
stub runner 短靴式开沟器
stub-runner furrow opener 短滑刀式开沟器
stub snag 树桩
stub sowing 留茬地播种
stub tillage 留茬地耕作,留茬地整地
stubbing 灭茬,除根
stubble ①留茬地 ②残茬(禾谷类作物收刈后在地上留的残体) ③(第二年栽培用)蔗株,宿根蔗蔸 (stipula)
stubble bottom 熟地型犁体
stubble breaker 灭茬犁
stubble breaking 灭茬
stubble cane 宿根蔗
stubble catch crops 留茬地填闲作物,留茬地抢种作物
stubble cleaner 留茬地表土清除机,灭茬机,浅耕机
stubble cleaning 留茬地表土清除,灭茬
stubble clover 留茬地三叶草,填闲三叶草
stubble crops 留茬地作物
stubble cultivation 留茬地耕作
stubble cutter 切茬机
stubble deterioration 宿根败坏,宿根衰退(甘蔗)
stubble drilling 迎茬播种
stubble feeding 留茬地饲养,留茬地放牧
stubble field 留茬地,留茬田,留宿根蔗田
stubble grazing 留茬地放牧
stubble ground (= stubble field) 残茬地,留茬地
stubble height 茬高,刈茬高度
stubble land 留茬地
stubble manure 茬肥,残茬施肥
stubble moldboard 留茬地犁壁
stubble mulch 留茬地覆盖
stubble mulch farming 留茬地覆盖耕作法
stubble-mulch system 留茬地覆盖法
stubble-mulch tillage 留茬地覆盖耕作
stubble mulcher 松土灭茬中耕机
stubble mulching ①留茬地覆盖 ②留茬地覆盖物
stubble parer 灭茬机,浅耕机
stubble pasture 留茬地牧场
stubble ploughing 灭茬,浅耕灭茬
stubble plow (= stubble plough) 茬地犁,熟地犁
stubble remains 留茬地遗留残株
stubble rice 再生稻
stubble seeder 茬地播种机
stubble seeding 茬地播种
stubble share 茬地犁铧,熟地犁铧
stubble shaver 禾茬切除机
stubble shaving ①刨禾茬,低割禾茬 ②刨蔗蔸
stubble skim plow 灭茬犁
stubble skimmer 留茬地铲茬小前犁
stubble tillage 留茬地耕作
stubby ①满布残茬的 ②似残茬的,残茬状的 ③粗短的 ④用钝的
stubby root 粗短根
stubby root nematode 鬃根线虫
stuck (stick 过去式) 黏着,附着,固定在
stuck at fault model 固定故障模型
stuck at l 固定在"l"{电脑}
stuck-at-one fault 固定"l"故障{电脑}
stuck-at-zero fault 固定"0"故障{电脑}
stud ①种马 ②种畜牧场,种马饲养场 ③双头螺栓,短轴
stud bolt ①双头螺栓,螺柱 ②枢轴
stud bull 种公牛
stud farm 种马场
stud fees (= servicing costs) 配种费
stud-horse 种马,种公马
stud ram 种公羊
stud stock ①种畜 ②种畜总头数
stud wheel (排种器)齿盘槽轮
studbook 种马登记簿,种马系谱
studded roller 外槽轮
studding 间柱,小桁(建筑用)
Student-New man-Keuls test 司徒登-牛曼-克尔氏检验法{统计}
Studentized range 司徒登化全组,学生氏化全组,司徒登化极差,学生氏化极差{统计}
Student's distribution 学生氏分布,司徒登氏分布,*t* 分布{统计}
Student's method 司徒登氏法,学生氏法
Student's pairing method 司徒登氏对比法,学生氏对比法
Student's t test 司徒登氏 t 测验,学生氏 t 测验
Student's table (= t table) 司徒登氏表,学生氏表,t 表
Student's Z test 司徒登氏 Z 测验,学生氏 Z 测验
studmaster 养马家,养马者

study 研究 (studium)
study area 研究领域,研究范围
study group 研究组
study of decision system 决策系统研究
study plot 试验地,研究苗圃,留种区
stufenreine 逐步进化系列 (stufenreina)
stuff ①材料,原料,资料 ②物质 ③废物,碎屑 ④毛织物 ⑤填充 ⑥卷入 (stuppa)
stuff pulse 塞入脉冲,挤入脉冲
stuffed 实心的
stuffed olives 实心齐墩果
stuffer ①填充物 ②填充片段{生技}
stuffer fragment 填充片段{生技}
stuffing ①填料,填充物 ②速度匹配 ③塞入
stuffing box 填料盒{环保}
stuffing crops 填充料作物
stuffing digit 塞入数字
stuffing rate 速度匹配速率
stuffing ratio 速度匹配相对速率
stuffy feeding costs (= forage costs) 饲料费用
stump ①残干 ②根柱 ③残茬蔗头 ④根株
stump age 伐根年龄
stump analysis 伐根解析
stump grutting ①挖掘伐根 ②翻茬,灭茬 ③伐根,根桩,树桩
stump height (= cutting height) 伐根高度
stump-jump cultivator 跳障复位式中耕机
stump-jump disk plow 跳障式圆盘犁
stump-jump plow 跳障犁
stump jumper 跳障犁
stump land 采伐迹地
stump plant 插条,萌条
stump planting ①根桩栽植 ②根茬播种(在残茬旁撒种子)
stump puller 拔根机
stump-pulling 拔根
stump remover 树茬清除机
stump rot 根腐
stump rower 挖根犁
stump section 伐点(指锯断树木的位置){森林}
stump selection 根株选择
stump sprout 根蘖
stump treatment 残茬处理
stump wood 根株材,伐根材
stumpage ①立木 ②立木价值 ③立木蓄积,未伐的商品材
stumpage value 立木价值
stumper 除根机
stumping ①根桩压{园艺} ②挖树桩
stumpy land (= stump land) 采伐迹地
stunt ①矮小 ②生长抑制 ③收缩,缩短 ④萎缩病,矮化病
stunt of radish [virus]萝卜萎缩病[病毒](病毒病害)
stunt of rice (= dwarf rice) 矮秆稻
stunted 矮化的 (nanus)
stunted brushwood 矮小灌木
stunted form 矮化型 (formis nanus)
stunted growth 矮化生长
stunted top 矮化茎秆(指水稻植株地上部矮化)
stunted tree 矮化树
stunted wood 矮化林
stunted woody plant 矮化木本植物 (planta lignosa nana)
stuntedness (= stunted growth) 生长萎缩,矮化
stunting 生长萎缩,发育阻滞,矮化
stunting disease 矮化病
stunting in vegetative growth 生长萎缩,生育阻滞,生育障碍
stupe ①长丛卷毛 ②棉絮,麻絮 ③热敷法
stupefacient ①麻醉的 ②麻醉剂
stupefaction 麻醉 (stupefactio)
stupeous 长丛卷毛状的 (stupeus)
stupose (= stuppose) 长丛卷毛的,被长丛卷毛的 (stuposus)
stuppeous 具长丛卷毛的,长丛卷毛状的 (stuppeus)
stupulose 被短细毛的 (stupulosus)
sturdy ①结实的 ②强健的,强壮的 ③(羊脑)共尾虫病,羊晕倒病
sturdy culm 强壮茎秆(指实心秆)
sturdy straw 强壮茎秆(指空心秆)
sturgeon 欧鲟 [*Acipenser sturio* L.]{水产}
sturine (= sturin) 鲟精蛋白
stuttering ①打滑,口吃(指聚合酶连续重复拷贝模板中的某种核苷酸的现象,见于 poly (A)的合成和 RNA 的编辑){分遗} ②扫描线迹{电脑}
sty (= pigsty) 猪圈,猪栏
sty for fattening pig 育肥猪圈
styl- ⌞字头⌝柱
stylar ①花柱的 ②花柱状的 (stylaris){形态}
stylar brush 花柱黏液毛 (barba stylaris)
stylar canal 花柱道 (canalis stylaris)
stylar column 花柱柱(用于兰科),花蕊柱 (columna stylaris)
stylar foot [花]柱基 (stylopodium)
stylar region 花柱区 (regio stylaris)
stylar scar 花柱痕 (cicatrix stylaris)

stylar tissue 花柱组织(tela stylaris)
stylate antenna 具芒触角(antenna stylata)
style ①花柱{形态} ②风格,形式{园林} ③格式{电脑}(stylus)
style abscission 花柱脱离(abscissio stylaris)
style-arms 花柱枝(styloramus)
style-bearing 具花柱的(stylifer)
style-foot [花]柱基(stylopodium)
style grafting 花柱接
style-like 花柱状的(stylaris)
style of cutting 采伐方式
style shortening 花柱缩短
styled 具花柱的(stylifer)
styleless 无花柱的(astylus)
stylet ①小针刺,口针,螯针 ②匕首
stylet nematode 匕首线虫
styletable [花]柱端(用于萝藦科)(styletabilis)
styliferous 具花柱的(stylifer)
styliform 花柱状的,雌蕊形的(styliformis)
stylo- ⌞字头⌝花柱,尖
stylo foam (= insulating material) 绝缘材料,断热材
stylode 分柱花柱(stylodium)
stylograph 尖头自来水笔
styloid 柱状晶体(styloideus)
stylophorum ①金罂粟属[*Stylophorum* Nutt.](罂粟科) ②金罂粟[*Stylophorum japonicum* Miq.]
stylopodium (= stylar foot, style-foot) [花]柱基
stylose ①具长花柱的,②花柱经久的(stylosus)
stylospore 柄生孢子(stylospora)
stylosporous 柄生孢子的(stylosporus)
stylostegium (= stylotegium) [花]柱被
stylus printer 针式打印机
styphnic acid 三硝基苯间二酚,收敛酸 $[(NO_2)_3C_6H(OH)_2]$
styrax 安息香,苏合香
styrax family 安息香科[Styraxaceae]
Styrax oil 安息香油
styrene 苯乙烯
styrene form 苯乙烯型
styrene in electron microscopy 电子显微镜检术用苯乙烯
suakwa 丝瓜[*Luffa cylindrica* (L.) Roem.](葫芦科)
suaveolent 芳香的(suaveolens)
sub- ⌞字头⌝亚,次,微,在下
SUB (= subroutine) 子程序,子例行程序{电脑}
Sub-Acute Myels-Optics-Neuropathy 亚急性脊髓视神经末梢神经症(是一种奇特病症,多发病于女人){环保}
sub-acute toxicity 亚急性毒性
sub-character 亚性状
sub-chromatid 亚染色单体,半染色单体{细胞}
sub-chromatid breakage 亚染色单体断裂
sub-chromatid structure 亚染色单体结构
sub-chronic toxicity 亚慢性毒性{分生}
sub clover (= subterranean clover) 地下三叶草(落地三叶草)[*Trifoliumsubterraneum* L.](豆科)
sub-hypodermis 亚下皮(subhypodermis)
sub-parallel orientation 近似平行方向{遥感}
sub-plot 副小区,次级小区{统计}
sub-pome fruit 亚梨果(subpomum)
sub-secondary vine 孙蔓,三生蔓
sub-treatment 副处理
sub-tropical crop 亚热带作物
sub vitro 在放大镜下
sub-winnower 副簸扬器
subacerose 近尖的,披针形的(subacerosus)
subacid 微酸的(subacidus)
subacid soil 亚酸性土
subacidity 亚酸性,亚酸度(subaciditas)
subaculeate 具疏刺的(subaculeatus)
subacuminate 近渐尖的(subacuminatus)
subacute 半尖锐的,近尖的(subacutus)
subaddress 子地址{信息}
subalare 后上侧片
subalbous 近白色的(subalbus)
subalimentation 营养不足(subalimentatio)
subalpine 亚高山的(subalpinus)
subalpine belt (= subalpine zone) 亚高山带
subalpine dwarf shrub heath 亚高山矮灌丛荒地
subalpine meadow 亚高山草甸(中国山区草地,亚高山草甸是最好的草地)
subalpine peat 亚高山泥炭
subalpine region 亚高山区
subalpine rendzina 亚高山黑色石灰土
subalpine spiraea 密花绣线菊[*Spiraea densiflora* Nutt.](蔷薇科)
subalpine zone 亚高山[植物]带
subalternate 近互生的(subalternatus)
subanal plate 肛下板

subandroecious 亚雄蕊群的（subandroecius）
subangiocarpic（= subangiocarpous）半被果型，近被果型（subangiocarpus）
subangular ①次角砾状的 ②稍露棱角的 ③微具棱角的（subangularis）
subanisophyllous 亚异形叶的（subanisophyllus）
subantarctic 亚南极的（subantarcticus）
subapical 近尖端的，近顶生的，近顶端的（subapicalis）
subapical shoot 副顶枝
subapiculate 略具尖头的（subapiculatus）
subaquatic 水中生的（subaquastilis）
subaquatic and aquatic beetles 泥甲科［Dryopidae］
subaqueous 水下的（subaqueus）
subarable horizon（= subarable layer）犁底层，亚耕作层
subarachnoid 近蛛网状的（subarachnoides）
subarchitectural interface（**SAl**）子体系结构接口｛电脑｝
subarctic ①亚北极的，半极地的，副极的 ②亚北极区（subarcticus）
subarctic brown forest soil 亚极地棕色森林土
subarctic climate 副极带气候
subarctic forest 亚北极林
subarctic origin 亚北极起源
subarctic region 亚北极［植物］区
subarctic zone 副极带
subarea 子区｛信息｝
subarea identifier（**subarea ID**）子区标识符
subarea network 子区网络
subarid 半干的（subaridus）
subarrangement 次级排列
subassembler 部件装配工
subassembly ①分总成，组合件，部件 ②部件装配
subassociation 亚群丛（subassociatio）
subastomous 近无孔口的（subastomus）
subastringent 半收敛性的（subastringens）
subatmospheric pressure 负压，减压，次大气压［力］
subatmospheric pressure storage 负压贮藏｛农施｝
subaudible 次声［频］的（subaudibilis）
subaxile ①腋下的 ②枝下的（subaxilis）
subaxillary 腋下的（subaxillaris）
subbasal 近基生的（subbasalis）
subbase plough 双层犁
subblock ①小区组，次级区组｛统计｝②子块，子组，小组信息｛信息｝
subboreal 亚北方的（subborealis）
subbrachial 鳃下的（subbrachius）
subbranch ①侧枝，低枝 ②分部
subbulbous 近球茎状膨大的（subbulbus）
subbus 补助总线｛信息｝
subbyssoid 近蛛网状的（subbyssoides）
subcalcareous 亚石灰质的（subcalcareus）
subcapitate 近头状的（subcapitatus）
subcarnulosous 近肉质的（subcarnulosus）
subcarrier 副载波，副载频｛遥感｝
subcaudal pocket 尾下囊
subcaulescent 近无茎的（subcaulescens）
subcell 亚细胞（subcellula）
subcell particle 亚细胞颗粒
subcellular 亚细胞的（subcellularis）
subcellular biological system 亚细胞生物系统（systema biologica subcellularis）
subcellular compartmentalization 亚细胞区隔化，亚细胞区室化（compartmentalisatio subcellularis）｛分生｝
subcellular filamentous component 亚细胞丝状组分（componens filamentosus subcellularis）
subcellular fraction 亚细胞部分
subcellular fractionation 亚细胞分级分离（fractionatio subcellularis）
subcellular level 亚细胞水平（libella subcellularis）
subcellular localization 亚细胞定位（localisatio subcellularis）
subcellular particle 亚细胞颗粒
subcellular structure 亚细胞结构
subcellular unit 亚细胞单位
subcentral 近中心的（subcentrus）
subcephalic pocket 头下囊
subcespitose 略成簇的（subcespitosus）
subchannel 分通道｛信息｝
subchannel bus 分通道总线
subchart 分流程图｛电脑｝
subchromatid aberration 亚染色单体畸变
subchromatid break 亚染色单体断裂
subchromatid bridge 亚染色单体桥
subchromatid error 亚染色单体误差
subchromatid level 亚染色单体水平
subchromatid translocation 亚染色单体易位
subchromatid type structural changes 亚染色单体型结构变化
subclass（= under-class）①亚纲 ②亚类（subclassis）

subclass numbers 次级组数{统计}
subclimax 亚演替极顶
subclinical infection 无症状侵染
subclone 亚克隆,亚无性[繁殖]系{农生技}
subcloning 亚克隆[化],亚无性繁殖{农生技}
subclypeate 近盾状的(subclypeatus)
subcollariate 近囊领状的(subcollariatus)
subcolumelliform 近囊轴形的(subcolumelliformis)
subcommutation 辅助转换,副转接{遥感}
subcommutator 副时分开关{遥感}
subcompartment ①小班 ②小区隔
subcomponent 亚组分
subconical 近圆锥形的(subconicalis)
subconnector 辅助连接器
subconsole display 子控制台显示[器]{信息}
subconvolute ①稍席卷的 ②稍旋转的(subconvolutus)
subcooler 过冷却器
subcooling 过冷却
subcordate 近心形的(subcordatus)
subcortical center 皮层下中枢
subcortical neuron 皮层下神经
subcosta (= subcostal vein) 亚前缘脉(subcosta)
subcovering 子覆盖{遥感}
subcoxa 亚基节
subcrenate ①微圆齿状的 ②具微圆齿的(subcrenatus)
subcritical 亚临界的(subcriticus)
subcrown internode 根茎,地中茎(日名)
subcrustal 地壳下的(subcrustalis)
subcrustose 近壳状的(subcrustosus)
subcultrate 近小刀形的(subcultratus)
subculture 继代培养,传代培养,分培(subcultura)
subculture in vivo 活体继代培养,体内继代培养
subculturing 继代培养
subcutaneous ①皮下的 ②皮下(subcutaneus)
subcutaneous administration 皮下施用
subcutaneous injection (sc) 皮下注射
subcutaneous mite 禽皮下囊螨[*Laminosioptes cysticola* Viz.]
subcutaneous tissue 皮下组织(tela subcutanea)
subcutis 下皮层,皮下组织
subdentate 略具牙齿的(subdentatus)
subdenticulate 略具细牙齿的(subdenticulatus)
subdimidiate 不等分离的,近等半的(subdimidiatus)
subdioecious 亚雌雄异株的(subdioecus)
subdivided 稍分离的(subdivisus)
subdivided population 再分群体
subdivision ①副区{统计} ②亚区{生态} ③亚门{分类} ④再分裂{细胞} ⑤剖分,细分{电脑}(subdivisio)
subdivision graph 剖分图,细分图{电脑}
subdivision plat 详细地区图{遥感}
subdomain ①亚域,亚区{分生} ②子区域{电脑}
subdominant ①亚优势的 ②亚优势种(subdominans)
subdominant species 亚优势种
subdorsal 侧背的,背下的(subdorsalis)
subdorsal line 侧背线
subdrain 地下排水管
subdrainage 地下排水
subduction zone 消减带,俯冲带(指板块的){遥感}
subdue 镇服(如以熏烟使蜂驯服)
subechinate 近刺状的(subechinatus)
subeconomy 子经济(subeconomica)
subelement 子元件,子单元(subelementum)
subentire 几全缘的(subentirus)
subepidermal 表皮下的(subepidermalis)
subepidermal cell layer 亚表皮细胞层
subepigynous flower 亚上位花(flos subepigynus)
subequatorial belt 副赤道带
suber (= cork) 木栓
suberate ①辛二酸 ②辛二酸盐、酯或根
suberect 半直立的(suberectus)
suberic acid 辛二酸,木栓酸
suberification (= suberisation) 栓化[作用](suberificatio)
suberifolious 栓叶的(suberifolius)
suberin ①木栓质 ②软木脂
suberin membrane 栓质壁(suberinmembrana)
suberinlamella 栓质层
suberization 栓化[作用](suberisatio)
suberized 栓化的(suberisus)
suberized bark 栓化树皮(cortex suberisus)
suberized shoot [木]栓化枝条(ramus suberisus)
suberized surface 栓化表面(superficies suberisus)

suberized zone 栓化带（zona suberisa）
suberogenic 生栓质的（suberogenus）
suberose ①（= suberous）木栓状的 ②近啮蚀状的（suberosus）
suberosin 软木花椒素
suberylarginine 辛二酰精氨酸
subesophageal ganglion 食道下神经球
subexpression 子表达式（subexpressio）｛电脑｝
subfamily 亚科，亚族（subfamilia）
subfibril 亚纤维（subfibrilla）
subfilament A 亚线状体 A
subfilament B 亚线状体 B
subflexuose 微曲折的（subflexuosus）
subform 亚型（subforma）
subformation 亚群系（subformatio）
subfraction ①亚部分，小部分 ②减少，扣除（subfractio）
subfragment ①亚碎片｛土壤｝②亚节段｛细胞｝③亚断片｛分遗｝（subfragmentum）
subframe ①副车架 ②副架，分架
subfreezing temperature 亚冰点温度
subfrigid zone 副寒带
subfrutescent 亚灌木的（subfrutescens）
subfrutescent securinega ①叶底珠属（一叶荻属）［*Securinega* Juss.］（大戟科）②叶底珠［*Securinega suffruticosa*（Pall.）Rehd.］③一叶荻［*Securinega ramiflora* Muell. Arg.］
subfusiform 近纺锤形的（subfusiformis）
subgalea 亚外颚叶
subgene 亚基因（subgena）
subgenera （为 subgenus 的复数）亚属
subgeneration ①子代 ②再生成（subgeneratio）
subgeneric 亚属的（subgenerus）
subgeniculate 稍膝曲的（subgeniculatus）
subgenome 亚基因组｛分遗｝
subgenomic 亚基因组的（subgenomicus）｛分遗｝
subgenomic RNA 亚基因组 RNA
subgenual organ 膝下器
subgenus 亚属
subgeostrophic wind 次地转风
subgerminal cavity 胚下腔（cavitas subgerminalis）
subgleba 下产孢组织
subglobose 近球形的（subglobosus）
subglobose spikelet 近球形小穗
subglumaceous 略似颖状的（subglumaceus）
subglume 副护颖（subgluma）
subgradient 次梯度（subgradiens）
subgradient wind 次梯度风
subgravity 低重力（subgravitas）
subgroup ①（= subtype）亚型｛畜｝②亚类（subcaterva）｛分类｝③子群，子组，小组｛电脑｝
subgymnocarpic（= subgymnocarpous）亚裸果型（subgymnocarpus）
subgynoecious 亚雌蕊群的（sub-gynoecius）
subhaploid 亚单倍体（subhaploida）｛细胞｝
subheteromorphic 近异型的，近异形的（subheteromorphus）
subhomomorphous 近同型的，近同形的（subhomomorphus）
subhorizon 亚层，心土层
subhost 卫星机｛遥感｝
subhumid 半湿的（subhumidus）
subhumid climate 半湿润气候
subhumid soil 半湿境土
subhymenium 子实下层
subicle 菌丝层（subiculum）
subiculoid 菌丝层状的（subiculoides）
subimage 子图像｛遥感｝
subimago 亚成虫
subimbricate 近覆瓦状的（subimbricatus）
subinfection 轻传染（subinfectio）
subinoculation ①重接种 ②继代接种（subinoculatio）
subinstruction 子指令（subinstructio）｛电脑｝
subirrigation 地下灌溉
subisophyllous 近等叶的（subisophyllus）
subisopolar 亚等极的（subisopolaris）
subject ①学科，科目，课程 ②题目，主题，课题，主项 ③对象，材料，原料（指讨论，研究，试验的）④原因，起因（subjicere）
subject analysis 主题分析
subject bibliography 主题目录
subject classification 主题分类
subject domain 专业领域，主题领域
subject matter ①课题，论题，题目 ②题材
subject study 课题研究
subject to authorization（= subject to official approval）（租佃契约）须经批准的
subject to duty（= liable to duty） 应纳关税的
subject to limitation（= subject to prescription） 超过法律规定期限而失效的
subjective 主观的，主观上的（subjectivus）
subjective condition 主观条件

subjective element 主观因素
subjective error 主观误差
subjective index 主观指标
subjective initiative 主观能动性
subjective probability assessment 主观概率评估
subjective rating of image quality ①影像质量主观评价{遥感} ②图像质量主观评价{电脑}
subjob 子作业
subjunction gate 禁止门{电脑}
subkingdom 亚界
sublateral canal (=sublaterals) 斗渠,分支渠
sublateral shoot 副梢
sublayer ①下层 ②子层
sublease 转租,分租
sublease system 转租制
sublente 在扩大镜下(6~25倍)
sublenticular 双凸透镜的(sublenticularis){显技}
sublessee 转租人,转租佃户{农管}
sublethal 亚致死的(sublethalis)
sublethal damage 亚致死损伤(害)
sublethal dose 亚致死[剂]量
sublethal factor 亚致死因子
sublethal gene 亚致死基因
sublibrary ①子[文]库{生技} ②子[程序]库{电脑}(sublibrarius)
subligneous 稍有木质的(subligneus)
sublimable 可升华的(sublimabilis)
sublimate ①升华物{气象} ②升汞,氯化汞[$HgCl_2$]
sublimate acetic 醋酸氯化汞合剂
sublimate sulphur 硫磺粉,硫磺华
sublimation ①升华 ②凝华(sublimatio)
sublimation curve 升华曲线
sublimation nuclei 凝华核
sublimed sulphur (=flowers of sulphur) 硫磺华
subliminal 阈下的(subliminalis)
sublittoral 次大陆架的,浅海地带的,远岸线海的(sublittoralis)
sublittoral algae 浅海地带藻类(algae sublittorales)
sublittoral region 次大陆架地区(regio sublittoralis)
sublittoral zone 次大陆架带(zona sublittoralis)
sublophate 近脊状的(sublophatus)
submain (=sub-main) 次干管{环保}
submain shoot 副主枝(ramus subprimarius)
submarginal 近叶缘的(submarginalis)
submarginal initial (=subsurface initial) 近叶缘原始细胞(initialis submarginalis)
submarginal land [经营]附属地
submarine ①海底的,副海洋性的 ②海底生物 ③潜水艇(submarinus)
submarine climate 副海洋性气候
submarine pipe line 海底管线{环保}
submariner 潜水员
submaritime 近海岸的(submaritimus)
submaxillary 颌下腺的(submaxillarius)
submaxillary gland protease 颌下腺蛋白酶
submaxillary mucin 颌下腺黏蛋白
submedian 近中央的,近中的(submedicus)
submedian attachment 近中附着
submedian centromere 近中着丝点
submedian constriction 近中缢痕(constrictio submediana){细胞}
submembrane fibril 膜下原纤维(fibrilla submembrana)
submembrane filament 膜下纤丝
submentum 亚颏,后颏
submerge 淹没,浸没(submergere)
submerged ①沉水的,浸在水中的,浸没的,淹没的,水中生的 ②水下的 ③深层的(submersus)
submerged aeration device 淹没式曝气装置{环保}
submerged application ①水面施用 ②(水田)淹灌施用
submerged aquatic plant 沉水水生植物(planta aquatica submersa)
submerged coast 沉降岸,沉没岸,溺岸
submerged contact aerator 淹没式接触曝气池{环保}
submerged controller 淹没式控制器{环保}
submerged cormophyte 沉水茎叶植物(cormphyta submersa)
submerged culture ①深层培养 ②沉没培养
submerged fermentation 底层发酵,深层发酵
submerged field 淹水地,淹水田
submerged flow 淹没流
submerged gel electrophoresis 浸没式凝胶层析{生技}
submerged intake 淹没式取水口{环保}
submerged leaf 沉水叶(folium submersum)
submerged organ 水下器官(organa submersa)

submerged orifice 淹没孔,潜孔口{环保}
submerged paddy field 淹水稻田
submerged part 淹水部分,水下部分(pars submersus)
submerged plant 沉水植物(planta submersa)
submerged rice (=lowland rice) 水稻
submerged rice nursery [水稻]秧田
submerged seed 浸水种子
submerged soil 淹水地
submerged vegetation 沉水植被(vegetatio submersa)
submerged vegetation zone 沉水植物带(zona vegetationis submersa)
submerged weed 沉水杂草,水下杂草
submerged weir 淹没式堰,潜堰
submergence 淹没,沉没(submergentia)
submergenic horizon 淹育层
submergenic paddy soil 淹育水稻土
submerging ①沉水,淹水,浸水 ②淹育(submersens)
submerging irrigation 淹灌
submerging weeds 沉水杂草
submersed 水中生的(submersus)
submersed cormphyte 水中生茎叶植物(cormphyta submersa)
submersed macrophyte 水中生大型植物(macrophyta submersa)
submersed vascular plant 水中生维管植物(planta vascularis submersa)
submersed weed 水中生杂草(herba inutila submersa)
submersible machine 潜水式电机
submersible motor pump 潜水式电泵
submersible pump 潜水泵
submersible temperature and oxygen recording equipment 水下温度及氧气记录设备{环保}
submersiherbosa 水下草本群落
submersion 潜没,淹没
submersion culture 深层培养
submersiprata 水下草本群落
submetacentric 亚中央着丝粒的(submetacentrus)
submetacentric chromosome 亚中央着丝粒染色体,近等臂染色体
submetallic luster (= semimetallic luster) 半金属光泽
submicroanalysis (= ultramicroanalysis) 超微量分析
submicrogram quantity 亚微克量
submicron 亚微米
submicroscopic 亚显微的(submicroscopicus)
submicroscopic ameboid proplastid 亚显微变形虫状前质体
submicroscopic size 亚显微大小
submicroscopic structure 亚显微结构
submicroscopic vesiculation 亚显微囊泡形成
submicrosomal 亚微粒体的(submicrosomalis)
subminiature 亚小型的(subminiatura)
subminiaturization 超小型化(subminiaturisatio)
subminute 亚分(subminutus)
submission ①提交,提出 ②看法(submissio)
submission time 提交时间
submit ①提交,提供,提出 ②委托 ③建议,主张,认为(submittere)
submit file 提交文件{信息}
submit job 提交作业
submitochondrial particle 亚线粒体颗粒
submodel 辅助模型,子模型(submodella){电脑}
submodule 子模[块](submodula)
submolecular entity 亚分子实体
submolecule 亚分子(submolecula)
submontane [在]山麓的(submontanus)
submontane belt 山麓地带(balteus submontanus)
submontane rainforest 半山地雨林,山麓雨林(pluvisilva submontana)
subnanomole 亚毫微克分子,亚纳摩
subnanomole level 亚毫微克分子[量]级,亚纳摩级
subnanosecond 亚毫微秒,亚纳秒
subnarcotic 轻微麻醉性的
subnatant 下层液(subnatans)
subnekton 下层自游生物
subnet 子网(subreticulum){信息}
subnetting 子网寻径
subnetwork 子网[络]
subnetwork access protocol (SNAP) 子网访问协议{信息}
subnetwork failure 子网失效
subneuronal system 亚神经元系统
subniche 亚[生态]位
subnival ①亚雪的 ②亚[恒]雪带的(subnivalis)
subnival belt 亚[恒]雪带
subnode 子节点(subnodus){电脑}
subnormal ①近常态的 ②稍异常的(sub-

normalis)
subnormal refraction 半正常折射
subnormal region 低常区
subnuclei 亚核
subnucleotide 亚核苷酸
subnutrition 营养不足 (subnutritio)
subobjective 子目标 (subobjectivus)
suboblate 近扁球形的,长扁球形的 (suboblatus)
subobtuse 微钝的 (subobtusus)
suboesophageal ganglion 食管下神经节
suboperand 辅助操作数 (suboperans){电脑}
suboperculate 具近囊盖开裂的 (suboperculatus)
subopposite 亚对生的 (suboppositus)
suboppositus willow 对生柳 [*Salix subopposita* Miq.](杨柳科)
suboptimal ①最适度以下的 ②次最优的 (suboptimus)
suboptimal control 次最优控制
suboptimality 次优性 (suboptimalitas)
suboptimality bound 次优性界限
suboptimality index 次优性指标
suboptimization 次优化 (suboptimisatio)
suboptimum 次优
suborbicular 近圆的 (suborbicularis)
suborbital 亚轨道的 (suborbitalis)
suborder ①亚目{分类} ②亚纲{土壤} (subordo)
subordinate ①从属的,附属的 ②辅助的,补[助]的,补播的 ③次要的,次级的,下级的 ④劣势的 (subordinatus)
subordinate crop 补播作物
subordinate relation 从属关系
subordinate species 从属种
subordinate tree 劣势木
subordination 从属性 (subordinatio)
subovate 近卵形的 (subovatus)
subparameter 子参数{统计}
subparticle 亚颗粒 (subparticula)
subpassage 继代接种
subpedunculate 略具花梗的 (subpedunculatus)
subpellis 下皮层
subpetiolar 叶柄下的 (subpetiolaris)
subpetiolate 几无叶柄的 (subpetiolatus)
subphase 分期,亚期
subphylum 亚门
subpicogram 微微克以下的
subpilate 具小基粒状构造的 (subpilatus)
subpixel 亚象元{遥感}
subpoint 星下点{遥感}
subpolar 副极地 (subpolaris)
subpolar anticyclone 副极地反气旋
subpolar cap 副极地冷气冠
subpolar high 副极地高压
subpolar low-pressure belt 副极地低压带
subpolar westerlies 副极地西风带
subpopulation 亚群 (subpopulatio)
subport 子端口 (subportus)
subprogram (=sub-routine) 子程序 (subprogramma)
subprolate 近长球形的 (subprolatus)
subpsilate 近光滑的 (subpsilatus)
subquantitative gene 亚量基因 (gena subquantitativa)
subramous 少分枝的 (subramosus)
subregion 亚地区 (subregio)
subreticulate 亚网状的,近网状的 (subreticulatus)
subribosome 核糖体亚基 (subribosoma){分遗}
subrotund 近圆形的 (subrotundus)
subroutine algorithms library 子程序算法库{遥感}
subroutine library 子程序库
subsaccate 具亚气囊[的] (subsaccatus)
subsaline 亚含盐的 (subsalinus)
subsample 次级样本,小试样
subsampling 二次取样
subsatellite 子卫星 (subsatelles){遥感}
subsaturation 半饱和 (subsaturatio)
subscan line 子扫描线
subscanner 子扫描程序{电脑}
subschema 子模式{电脑}
subsciber ①用户,订户 ②预讲者
subscriber computer 用户计算机
subscriber dial 用户拨号盘
subscriber trunk dialing (STD) 用户干线拨号
subscript ①脚号,脚注 ②下[角]标,注脚 (subscriptum){电脑}
subscript character 下标字符
subscription ①预约,预订 ②签名,署名 (subscriptio)
subscription television service (STV service) 预约电视服务
subsecond 亚秒 (subsecunda)
subsecond access time 亚秒存取时间
subsector 亚扇形
subsegment 子段,子程序段 (subsegmentum){电脑}
subself-fertilization ①准自花受精 ②准自

体受精(subautofoecundatio)
subseptate 稍具隔[膜]的(subseptatus)
subsequence 子序列(subsequentia){遥感}
subsequence counter 子序列计数器,微操作计数器
subsequent ①后的,后来的,后起的,下的 ②其次的,连续的 ③分段的(subsequens)
subsequent address message (SAM) 后继地址消息{信息}
subsequent crop 后作物
subsequent depression 后低压
subsequent effects of fertilizer 肥料残效
subsequent generation 下代
subsequent pickup harvesting 分段收获
subsequent treatment 后处理{环保}
subsequent year 下年
subsequential limit 子序列极限{遥感}
subsere 次生演替系列
subseries 派生系列,亚系列
subserrate 微具锯齿的(subserratus)
subsessile 几无柄的(subsessilis)
subsessile leaf 近无柄叶(folium subsessile)
subsexual 亚性的(subsexualis)
subsexual reproduction 亚性生殖(reproductio subsexualis)
subshell ①亚壳层 ②子外壳
subshrub 亚灌木,半灌木(subfrutex)
subside ①沉淀,沉降 ②下沉,下陷,下降 ③平息,减退(subseden)
subsidence ①下沉,下陷,沉淀,沉降 ②减退,减少 ③衰耗(subsidentia)
subsidence inversion (= subsidence temperature inversion) 下沉逆温,沉降性逆温{环保}
subsidence method 沉淀法{环保}
subsidence of ground 土地下陷,场地下陷
subsidence substance 沉降性物质{环保}
subsidiary ①辅助的 ②副的,支的 ③次要的,小的 ④附加的,附属的 ⑤补充的(subsidiarius)
subsidiary autumn harvest 小秋收
subsidiary canal 支渠
subsidiary cell 副卫细胞(cellula subsidiaria)
subsidiary chimney 辅助烟道{环保}
subsidiary condition 辅助条件,附加条件(conditio subsidiaria)
subsidiary crop 副作物,次要作物
subsidiary drain (= branch drain) 支沟
subsidiary earnings (= subsidiary income) 副业收入,辅助收入
subsidiary farming 补充耕作
subsidiary felling 副伐
subsidiary flow 支流,副流
subsidiary gas opening 辅助排烟口{环保}
subsidiary hopper 副种箱
subsidiary income (= subsidiary earnings) 额外收入,补助收入,副业收入
subsidiary ledger 明细分类账,辅助账
subsidiary part-time farming (利用部分时间经营的)副业性农业
subsidiary pasture 辅充牧场
subsidiary pollination 辅助授粉
subsidiary road ①支路 ②副林道
subsidiary species 副木,次要树种
subsidiary work-points 补贴工分
subsiding velocity 下沉速度{环保}
subsidization ①资助,补助 ②津贴,奖金(subsidisatio)
subsidization policy 资助政策
subsidize 资助,津贴
subsidized fertilizer (国家)补助肥料
subsidized price 支持价格
subsidy 补助金,津贴
subsistence ①生存,存在 ②生计,维持生活之物(subsistentia)
subsoil ①心土,底土 ②心土层(subsoleum)
subsoil application 深[层]施肥
subsoil bottom 心土[深耕]犁体
subsoil compacting 心土镇压
subsoil cultivator 心土松土机
subsoil drainage 地下排水,底土排水
subsoil erosion 心土侵蚀
subsoil fertilization 底土施肥法,深层施肥法
subsoil geology 心土地质学
subsoil horizon 心土层
subsoil improvement 底土改良
subsoil irrigation 地下灌溉,地下渗灌
subsoil layer 心土层
subsoil moisture 心土水分,下墒
subsoil packer 心土镇压器
subsoil plow (= subsoil plough) 深耕犁
subsoil plowing (= subsoil ploughing) 心土耕作,深耕
subsoil puddling 心土黏闭,心土搅糊
subsoil ripper 心土松土器,深耕松土器
subsoil sand 心土沙土
subsoil shattering 心土层疏松,土壤深耕
subsoil shoe 心土铲铧
subsoil tillage 心土层耕作
subsoil tine 心土铲

subsoil tooth 心土铲,深耕铲
subsoil underdrainage 地下排水
subsoil water 心土水,底土水
subsoil water-table 潜水位,地下水位
subsoiler 心土犁
subsoiler shank (=subsoiler standard) 心土犁柱
subsoiling 耕松心土,心土深耕
subsoiling blade 心土铲
subsoiling cultivator 心土松土机,深耕松土机
subspace 子空间 (subspatium)
subspecies 亚种
subsphaeroidal 近球形的 (subsphaeroidalis)
subspiracular line 呼吸孔下线,气门下线
subspontaneous 亚自发的 (subspontaneus)
subsporangial vesicle 孢囊下室 (vesiculus subsporangialis)
subsporangium 下孢囊 (subsporangium)
substage [显微]镜台下 (substaticum)
substage condenser 镜台下聚光镜
substage illuminator 镜台下照明灯
substance ①物质 ②剂 (substantia)
substance loss 物质损失
substance lost by leaching 物质受淋洗而损失
substance P P物质,磷物质{生技}
substandard ①副标准 ②低于标准的
substantial ①物质的,实体的,实质的 ②真正的,真实的,实际的,具体的 ③大致的,基本上的,大体上的 ④坚固的,坚实的,质地好的 ⑤许多的,很多的,相当大的,显著的 (substantialis)
substantial amount 相当量,大量
substantial improvement 重大进步
substantial increase 显著增加,大幅度增加
substantial part 相当大部分
substantial rain 大雨
substantial sheet 物质薄层,物质薄片
substantial surface 物质面
substantial variation 物质变化
substantiation 具体化,实质化 (substantiatio)
substituent 取代基
substitute ①代用品 ②代入 ③替代,替换,置换 ④代用饲料 (substitutus)
substitute community 替代群落
substitute crop ①代作,替代栽培 ②替换作物
substitute fiber 代用纤维
substitute mode 替代方式
substitute sexuality 替代性别 (sexualitas substitutus)
substitute species 替代种
substitute wood 代用材
substituted derivative 取代衍生物
substituted sex factor 代换性因子,F'因子 (=F'factor)
substitution ①代换{遗传} ②替代[作用]{育种} ③置换(取代)[作用] ④代入 ⑤代理,代替 (substitutio)
substitution [back] crossing 替代回交
substitution backcross 替代回交
substitution cipher 替代密码{信息}
substitution effect 取代效应,置换效应
substitution forest 置换林
substitution haploid(n-1+1) 代换单倍体
substitution line 代换系{育种}
substitution loop 代换环
substitution matrix 取代矩阵{生技}
substitution method 替代法{遥感}
substitution mutation 代换突变
substitution of chromosome 染色体代换
substitution of nucleus 核代换
substitution rate 代换率
substitution rule 替换规则{电脑}
substitutional haploid 代换单倍体 (haploida substitutionalis){细胞}
substitutional load 代换负荷
substoichiometric analysis 亚化学计量分析
substomal 气孔下的 (substomalis)
substomatal cavity (=substomatic cavity) [气]孔下腔 (cavitas substomatalis)
substomatic chamber [气]孔下室 (camera substomatica)
substrade 基带{电脑}
substrain ①亚品系,小品系 ②豆菌株,小菌株
substrate ①底物{遗传} ②给养基{微生物} ③基质,基片,衬底{物} (substratum)
substrate adhesion molecule (**SAM**) 底物粘连分子{分遗}
substrate binding site 底物结合部位
substrate catalytic site 底物催化部位
substrate-chain phosphorylation 底物链磷酸化{生态生理}
substrate co-operation 底物协作
substrate concentration 底物浓度
substrate condition 基质条件
substrate constant (Ks) 底物常数
substrate conversion 底物转化
substrate conversion efficiency 底物转化率
substrate cycling 底物循环

substrate induction 底物诱导
substrate level phosphorylation 底物水平磷酸化[作用]
substrate mycelium 基内菌丝体
substrate NAD (= substrate coenzyme I) 底物辅酶 I
substrate of dehydrogenase 脱氢酶底物
substrate of enzyme 酶底物
substrate phosphorylation 底物磷酸化
substrate preference 基质偏向性
substrate preparation 给养基备制{微生物}
substrate race 底物族
substrate site 底物部位
substrate specificity 底物特异性
substrate transformation 底物转化
substrate tRNA 底物 tRNA
substratification 分层 (substratificatio)
substratosphere 副平流层 (substratosphera)
substratum ①基地,底土层,亚层 ②基底 ③河底 ④基质
substratum pollution 底土[层]污染{环保}
substructure 亚结构 (substructura)
subsumption ①包含,包孕 ②归类,类别 (subsumptio)
subsumption elimination 归类消除
subsurface ①亚表面 ②亚表土层,次表土层 ③表面下的,液面下的 ④地下的 ⑤次水面的 (subsuperficialis)
subsurface applicator 亚表土施肥机
subsurface communication 地下通信{信息}
subsurface constant temperature layer 地下恒温层
subsurface cultivator 亚表土中耕机
subsurface disposal 地下处置{环保}
subsurface drainage 地下排水
subsurface drainage equipment 地下排水设备
subsurface float 次水面浮筒{环保}
subsurface horizon 亚表土层
subsurface initial 表面下原始细胞 (initialis subsuperficialis)
subsurface irrigation 地下灌溉
subsurface land roller (= subsurface packer) 亚表土镇压器
subsurface layer 亚表土层
subsurface plough 亚表土松土犁
subsurface runoff 地下径流
subsurface sample 亚表土样本
subsurface soil 亚表土
subsurface sounding 亚表土层测探法
subsurface stratum 亚表层
subsurface tillage 亚表土耕作,不翻垡耕作
subsurface tiller 亚表土耕作机
subsurface tilling 亚表土耕作
subsurface tilth 亚表土耕性
subsurface trickle irrigation 地下滴水灌溉,地下滴灌
subsurface underdrainage 地下排水
subsynaptic membrane 突触后膜
subsynchronous 次同步 (subsynchronus)
subsystem 子系统,分系统 (subsystema)
subsystem identification (**SSID**) 子系统标志,子系统标识{电脑}
subsystem information 子系统信息
subsystem interface 子系统接口
subsystem library (**SLIB**) 子系统库
subtelocentric 具亚端着丝粒的 (subtelocentricus)
subtenancy 转租,转佃
subtenant 转租者,转租佃户
subtending leaf ①苞叶 ②外苞叶,外苞对向叶 (bractea)
subterete 略呈圆柱形的 (subteretus)
subterminal 近顶端的,终端下的 (subterminalis)
subterminal attachment 近端附着
subterminal centromere 近端着丝点
subterminal constriction 近端缢痕 (constrictio subterminalis)
subterranean 地下的,地下生的 (subterraneus)
subterranean animal 地下动物
subterranean clover (= sub clover) 地下三叶草 [*Trifolium subterraneum* L.] (豆科)
subterranean crops 地下根茎作物
subterranean disposal 地下处理
subterranean drainage 地下排水,暗管排水
subterranean fruit formation 地下结实(如花生)
subterranean irrigation (= underground irrigation) 地下灌溉
subterranean layer 地下层
subterranean magma 地下岩浆 (magma subterranea){地质}
subterranean part (= underground part) 地下部
subterranean river 伏流,潜流
subterranean root (= subterraneous root) 地下根 (radix subterranea)
subterranean shoot (= subterranneous shoot)地下苗(蘖枝)
subterranean stem (= subterraneous stem)

地下茎（caulis subterraneus）
subterranean termite ①（= Formosan white ant）家白蚁［*Coptotermes formosanus* Shiraki］②⌊复⌉白蚁科［Termitidae］
subterranean water 地下水
subterraneous ［生在］地下的（subterraneus）
subterraneous root（= subterranean root）地下根（radix subterranea）
subterraneous shoot（= subterranean shoot）地下苗（ramus novellus subterraneus）
subterraneous stem（= subterranean stem）地下茎（caulis subterraneus）
subthreshold 亚阈，阈下
subthreshold summation 阈下总和
subtidal 潮［线］下的（subtidalis）
subtidal community 潮线下群落
subtidal line 低潮线
subtilin（= subtiline）枯草菌素
subtilisin 枯草杆菌蛋白酶
subtillage 心土耕作
subtiller 深耕机
subtilopeptidase A 枯草杆菌蛋白酶 A
subtilysin 枯草溶菌素
subtitin 枯草菌素
subtle difference 细微差异
subtomentose ①稍具茸毛的 ②近茸毛状的（subtomentosus）
subtotal ①小总数，小计，部分和｛统计｝②亚整体的｛物｝
subtotaling ①分合计，小计 ②求部分和 ③中间计算｛统计｝
subtoxic concentration 低毒浓度
subtract ①减 ②相减 ③扣除（subtrakere）
subtracted library 扣除文库｛生技｝
subtracted probe 扣除探针
subtracter 减法器
subtracter-adder 加减器
subtraction ①减法 ②相减［现象］③扣除（subtractio）
subtraction of heat 减热(除去热量)
subtractive ①负的 ②减去的，扣除的（subtractivus）
subtractive color 减色，扣除色（color subtractiva）
subtractive color system 减色系统
subtractive filter 减色滤光片｛遥感｝
subtractive hybridization 扣除杂交［法］｛生技｝
subtractive primary colors 减色原色法
subtrahend 减数｛统计｝
subtribe 亚族（subtribus）
subtrifidus monomaple 三裂锦地槭［*Acer mono* Maxim. forma *subtrifidum* Rehd.］(槭树科)
subtropic crops（= subtropical crops）亚热带作物
subtropic fruit culture 亚热带果树栽培
subtropic fruit trees 亚热带果树
subtropic fruits 亚热带果树
subtropic plants 亚热带植物（plantae subtropicae）
subtropical（= subtropic）副热带的，亚热带的（subtropicus）
subtropical anticyclone 副热带高［气］压
subtropical belt（= subtropical zone）副热带
subtropical calms 副热带无风带
subtropical cell 副热带高压单体
subtropical climate 副热带气候
subtropical climate type 副热带气候型（typus climaticus subtropicus）
subtropical cyclone 副热带气旋
subtropical desert climate 亚热带荒漠气候（caelum desertorum subtropicale）
subtropical desert vegetation 亚热带荒漠植被（vegetatio desertora subtropica）
subtropical district 亚热带［植物］区
subtropical easteries 副热带东风带
subtropical forest 亚热带林（silva subtropica）
subtropical forest zone 亚热带林区
subtropical fruits（= subtropical fruit tree）亚热带果树（fructae subtropicae）
subtropical garden 亚热带庭园｛园林｝
subtropical gardening ①亚热带园艺 ②亚热带园艺学
subtropical herb 亚热带草本植物（herba subtropica）
subtropical high 副热带高压
subtropical high pressure zone 副热带高［气］压区
subtropical jet stream 副热带急流
subtropical marsh 亚热带沼泽
subtropical mountains 亚热带山区
subtropical palm 亚热带棕榈
subtropical rain forest 亚热带雨林
subtropical ridge 副热带高压脊
subtropical sericulture 亚热带养蚕
subtropical shrub formation 亚热带灌木群系（formatio fruticosa subtropica）
subtropical soil 亚热带土壤

subtropical species 亚热带种（species subtropicus）
subtropical westerlies 副热带西风带
subtropical woody plant 亚热带木本植物（planta lignosa subtropica）
subtropical zone（= subtropics） 亚热带（zona subtropica）
subtropical zone forest 亚热带林，暖带林，副热带林
subtropics（= subtropical） 亚热带的，副热带的（subtropicus）
subtype 亚型（subtypus）
subtype of soil 土壤亚型
subulate（= subuliform） 锥形的，钻形的（subulatus）
subulate leaf 锥形叶（folium subulatum）
subuliferous 具钻尖的，具尖端的（subulifer）
subulifolious 钻形叶的（subulifolius）
subuliform 钻状的（subuliformis）
subulinids 钻头螺科［Subulinidae］
subumbellate 近伞形的（subumbrellatus）
subunit ①亚单位、亚基{分遗} ②小单元{物} ③子单位{电脑}（subunitus）
subunit association factor 亚单位联合因子
subunit composition 亚单位组成
subunit of bacterial vaccine 菌苗亚单位
subunit of myosin 肌球蛋白亚单位
subunit structure of interphase and mitotic chromatin 分裂间期与有丝分裂染色质的亚单位结构
subunit-subunit interaction 亚单位间相互作用
subunit vaccine 亚单位疫苗
suburb 近郊，郊区（suburbs）
suburban 近郊栽培的，市郊栽培的（suburbanus）
suburban gardening 近郊园艺
subvalent （种）亚优势的（subvalens）
subvalue 次值，子值（subvalere）
subvariety 亚变种（subvarietas）
subvector 子向量{电脑}
subventricose 近一面臌的（subventricosus）
subverticillate 近轮生的（subverticillatus）
subviral particle(SVP) 亚病毒颗料
subvirus 亚病毒
subvital 亚生活力的，生命力低下的（subvitalis）
subvital gene 亚生活力基因
subvital mutant 低生活力突变型
subvitro 在放大镜下{显技}
subwatering 地下灌水，地下加水
subwidget 子窗口部件{电脑}
subwindow 子窗口
subxerophilous primary forest 亚旱生原始林（石南林）
subzero ①零下的，严寒的 ②负的
subzero temperature 零下温度
subzonate 具不明显环带（轮纹）的
subzone of tundra 冻原亚带
succeeding ①接连的 ②后的，以后的，随后的 ③下的，以下的，下列的（succeederens）
succeeding crop 后作物
succeeding cropping 后作，后茬，后栽培
succeeding generation 后代
succeeding phase 后期（phasis succeederens）
succeeding scan line 后续扫描线
succeeding season 下季度
succeeding year 下年度
success ①成功，成就，成果，成绩 ②胜利（successus）
success / fail value 成败值{电脑}
success in breeding 育种成果
success ratio 成功率
successful ①成功的，获得成功的 ②结果良好的 ③有成就的
successful competitive strategy 成功［的］竞争策略
successful experience 成功经验
successful reproduction ［结果］良好繁殖，成功繁殖
successful year class 强盛世代
succession ①顺序性{形态} ②连作，轮作{栽培} ③演替{生态}（successio）
succession cropping ①连作（指一作物连续播种）②轮作（指几个作物在时间上按顺序性播种）③演替，演变 ④连续
succession crops ①连作作物 ②轮作作物
succession joint 连续节段，顺序节段（指甘蔗）
succession of aspect 季相演替
succession of blooming 连续开花，常年开花
succession of crops ①轮作 ②复种
succession of cuttings 采伐顺序
succession of fellings 采伐顺序
succession of generation 世代演替
succession of plants 植物演替
succession of shoots 枝顺序性
succession of strata 层序（指地层）
succession reciprocating 连续往复
succession regeneration ①更新 ②演替 ③顺序性
successional crops（= succession crops）

①连作作物 ②轮作作物
successional habitat 演变生境
successional speciation 连续物种形成
successional stage ①连续期,延续期{栽培} ②演变阶段{生态}
successive ①继续的,连续的 ②继生的 ③逐次的,逐步的 (successivus)
successive application 连施,连续施肥,连续撒药
successive approximate method 逐次近似法{统计}
successive cambium 继生形成层 (cambium successivum)
successive chiasma 连续交叉
successive contrast 连续对比
successive crop 连播作物
successive crossover 连续交换
successive displacement method 逐次位移法{电脑}
successive generation 连续世代
successive growth stage 连续生长期
successive interval method 逐步间隔法{电脑}
successive leaf primordium 继生叶原基 (primordium folium successivum)
successive linearization 逐步线性化 (linearisatio successiva)
successive loop 连续环
successive mitosis 连续有丝分裂
successive planting 连续种植
successive productivity 连续生产力
successive reaction 连续反应 (reactio succesiva)
successive sedimentation 继续沉淀
successive selection 连续选种
successive sowing 连续播种
successive stage 连续阶段(指发育)
successive sweep method 逐步扫描法
successive type 继生型 (typus successivus)
successive whorl 连续轮 (verticillus successivus)
successor ①后继站 ②后继者{信息}
successor list 后继表
successor vertex 后继顶点
succinal coenzyme A 琥珀酰辅酶 A
succinate ①(= succinic acid)琥珀酸,丁二酸 ②琥珀酸盐、酯或根 [$(CH_2)_2 \cdot CO \cdot OR$]
succinate-acetoacetate CoA transferase 琥珀酸-乙酸 CoA 转移酶
succinate dehydrogenase 琥珀酸脱氢酶
succinate thiokinase 琥珀酸硫激酶,琥珀酰 CoA 合成酶
succinic acid 琥珀酸,丁二酸 [$HOOC \cdot CH_2 \cdot CH_2 \cdot COOH$]
succinic acid dehydrogenase 琥珀酸脱氢酶
succinic acid semialdehyde 琥珀酸半醛
succinic dehydrogenase 琥珀酸脱氢酶
succinic dehydrogenase complex 琥珀酸脱氢酶复合体
succinic-fumaric equilibrium ①琥珀酸-延胡索酸平衡 ②丁二酸-反丁烯二酸平衡
succinoglycan 琥珀酰聚糖
succinoxidase 琥珀酸氧化酶
succinyl CoA deacylase 琥珀酰 CoA 脱酰酶
succinyl CoA synthetase 琥珀酰 CoA 合成酶,琥珀酸硫激酶
succinyl coenzyme A 琥珀酰辅酶 A,琥珀酰 CoA
succise ①骤折的,②截断的 (succisus)
succory 菊苣(野苦苣)[*Cichorium intybus* L.](菊科)
succubous 蔽后式的 (succubus)
succulence ①肉质性 ②多汁性 (succulentia)
succulency 肉质化 (succulentia)
succulent ①肉质的 ②多汁的 ③肉质植物,多汁植物 (succulens)
succulent cortical tissue 肉质皮层组织 (tela corticalis succulens)
succulent epidermis 肉质表皮 (epidermis succulens)
succulent feed (= succulent fodder, succulent forage) 多汁饲料
succulent fruit 多汁果 (fructus succulens)
succulent growth 徒长
succulent leaf 多汁叶 (folium succulentum)
succulent plant 肉质植物 (succulentum)
succulent root 肉质根 (radix succulens)
succulent silage 多汁青贮料
succulent stem 肉质茎 (caulis succulens)
succulent structure 肉质结构
succulent tree 肉质树 (arbor succulens)
succulent wood cutting 软材插,肉质木插
succulentoeremion 肉质植物荒漠
succulents (= succulent plant) 多肉植物,肉质植物 (succulentium)
succumb ①屈从 ②死 (succumbere)
succus 汁,液{细胞}
suck 吸,吮吸 (sugere)
suck-back 反吸,反抽,回吸
suck-back device 回吸装置
suck up impurity 吸取杂质

sucker ①根出条、根蘖 ②吸根、吸器 ③徒长枝 ④腋芽 ⑤吸入管,吸入器{农机} ⑥木虱 ⑦哺乳子畜 ⑧吸泥管,吸头{环保} ⑨蔗笋(surculus)
sucker control 腋芽控制,蘖芽控制
sucker development 根蘖发育
sucker growth 根蘖生长
sucker inhibitor 腋芽抑制剂
suckering ①分根蘖,分株 ②除蘖
suckering root 寄生根,吸根
suckering seedling 分株苗
suckers and jumping plantlice 木虱科[Psyllidae, Chermidae]
suckfly ①烟草黑斑盲蝽[*Cyrtopeltis notatus* Distant] ②烟草小盲蝽[*Dicyphus minimus* Uhler](盲蝽科)
sucking ①吸吮 ②哺乳
sucking action 吸吮动作
sucking animal 哺乳子畜
sucking bottle 哺乳器,喂奶瓶
sucking-calf 哺乳小牛,哺乳犊
sucking disc (= sucking disk) 吸盘
sucking hole 吸入孔{环保}
sucking insect 吮吸口器昆虫
sucking lamb(= suck-lamb) 哺乳羔羊,哺乳小羊
sucking lice(= true lice) 虱目[Anoplura]
sucking period 哺乳期
sucking pig 哺乳仔猪
sucking root (= absorbing root) 吸收根
suckle 哺乳,喂奶
suckled calf 哺乳犊
suckler 哺乳的家畜
suckler calf 哺乳[牛]犊
suckler cow 哺乳母牛
suckler cow herd (= suckler herd) 哺乳母牛群
suckling 哺乳子畜
suckling calf 哺乳小牛,哺乳犊
suckling period 哺乳期
sucrase (= saccharase) 蔗糖酶
sucrose (= saccharose) 蔗糖 [$C_{12}H_{22}O_{11}$]
sucrose concentration ①精糖 ②蔗糖浓度
sucrose content 蔗糖含量,蔗糖分
sucrose density gradient centrifugation 蔗糖密度梯度离心
sucrose-fiber ratio 蔗糖-纤维比率
sucrose glucosyltransferase 蔗糖转葡糖基酶
sucrose gradient 蔗糖梯度
sucrose gradient centrifugation 蔗糖梯度离心
sucrose percentage 蔗糖率
sucrose phosphorylase 蔗糖磷酸化酶
sucrose-reducing sugar ratio 蔗糖-还原糖比率
sucrose solution 蔗糖溶液
sucrose synthesis 蔗糖合成
sucrose synthetase 蔗糖合成酶
sucrosuria 蔗糖尿
suction ①吸,吸入 ②真空度 ③吸气 ④入土性能 ⑤入土
suction adjustment 犁体间隙调节
suction air drying 吸入气干法,吸入风干法{农施}
suction anemometer 吸管式风速表
suction bottle 吸滤瓶
suction chute ①吸入管 ②吸水口,吸入喉管
suction cleaning 吸气式清选
suction cock 吸入开关
suction conduit 吸气管,吸入管
suction connection 空吸连接部{环保}
suction-cup picker 气吸杯式[果实]分选装置
suction draft 抽吸风力
suction drain 空吸排水管
suction dredge 吸沙机{环保}
suction drill 气吸式播种机
suction duct 吸水管道
suction fan (= vacuum fan) 吸气风扇
suction feed 气吸式排种器
suction feeder 气吸式供纸器{电脑}
suction finger 伸缩指杆,伸缩扒杆
suction flask 吸滤瓶
suction force ①吸取力,抽吸力 ②吸水力
suction gas 吸引气体,吸引瓦斯
suction gas engine 抽气机
suction gradient 抽吸力梯度
suction harvester 气吸式收获机
suction head 吸水头,吸力,负压水头
suction height 吸水高度,吸力高度,负压高度
suction hose 吸入软管
suction lift ①吸程 ②空吸高度 ③吸水头
suction main 吸水干管{环保}
suction method 吸入法(三叶草去雄法)
suction pipe 吸入管{水利}
suction pipe system with filter 具滤水器吸水管系统
suction planter 气吸式播种机
suction port 吸入孔,进气窗
suction power (土壤)抽吸力
suction pressure 吸水压
suction pump 空吸泵,吸水泵{环保}
suction range 吸水范围
suction seeder 吸入式排种器播种机

suction sorter 吸入式分级机
suction specific speed 空吸比速{环保}
suction strainer 吸入管过滤器
suction stroke 进气冲程,吸入冲程
suction sweeper 吸尘式清扫车
suction system 吸气系统
suction tension 吸张力
suction trap 吸捕器
suction trunk 吸料管
suction tube 吸入管{显技}
suction type auto-filling device 吸入式自动填充装置{农施}
suction type auto-packing machine 吸入式自动包装机[械]
suction type pneumatic grain conveyor 气吸式谷物输送器
suction valve 吸入阀
suction ventilator 吸风机,抽气通风装置
suction well (= wet well) 吸[水]井{环保}
suctor 吸根
Suctoria 吸管[虫]纲{环保}
sudan 苏丹,苯偶氮间苯二酚 [$C_6H_5N_2C_6H_3(OH)_2$]
sudan Ⅲ 苏丹Ⅲ [$C_6H_5NNC_6H_4NNC_{10}H_6OH$]
sudan Ⅳ 苏丹Ⅳ(染料){显技}
sudan black B 苏丹黑 B
Sudan colanut 苏丹可乐果[*Cola acuminata* Schott et Endl.](梧桐科)
Sudan cotton bollworm (= red cotton bollworm) 苏丹棉铃虫 [*Diparopsis castenea* Hampson](夜蛾科)
Sudan-grass 苏丹草[*Sorghum sudanense* Stapf. = *Holcus sudanensis* Bailey](禾本科)
Sudan type 苏丹式(汉恩气候分类之一种类型)
sudd 水上浮游植物
sudd cutter 水上浮游植物切除机
sudden ①出乎意料的,突然的 ②快速的,急速的 (subitus)
sudden change of weather 天气骤变
sudden contraction 突然收缩
sudden death ①猝死 ②猝死病
sudden death disease 猝死病
sudden drawdown 突然泄降
sudden enlargement ①突然扩张 ②突然放大{水利}
sudden failure ①突然破坏 ②突然失效
sudden load 骤加载荷
sudden wilting 突然萎蔫(指叶)
sudoral 发汗的 (sudoralis)
sudoriferous gland 汗腺
sudorific ①出汗的,促使发汗的 ②发汗药 (sudorificus)
suds 肥皂水
suestado 苏也司塔陀风暴(南美洲阿根廷及乌拉圭沿海的东南风大风暴)
suet ①硬脂,兽脂 ②牛的板油
sufficiency ①充分性 ②充足,足够 ③富裕 (sufficientia)
sufficiency condition 充分条件
sufficient ①充分的 ②充足的 ③足够的 (sufficiens)
sufficient and necessary condition 充分必要条件
sufficient application 足施[肥料]
sufficient application of compost 足施堆肥
sufficient capacity 足够能力
sufficient condition 充分条件
sufficient estimate 充分估计{统计}
sufficient estimator 充分估计量
sufficient evidence 充足证明
sufficient light 充足光照
sufficient quantity 足够数量
sufficient statistic 充分[的]统计数
sufficient time 足够时间
sufficient variability 充足变异性
sufficient water 充足水分
sufficient"capital" 充足"资本"("资本"指光合产物){生态生理}
suffix 字尾,词尾,后缀
suffix notation 后缀表示法
suffocating 窒息
suffocating disease (稻)窒息病
suffocating substance 窒息性物质{环保}
suffocation 窒息,闷死 (suffocatio)
suffocative 窒息性的 (suffocativus)
Suffolk 萨福克(马、羊)
Suffolk colter (= Suffolk coulter) 立剑式开沟器
suffrutescent 半灌木的 (suffrutescens)
suffrutex 半灌木
suffruticose 半灌木状的 (suffruticosus)
suffumigation 熏蒸 (suffumigatio)
suffuse 浸湿的 (suffusus)
suffusion ①充溢,弥漫 ②涨红{气象} (suffusio)
sugar (= deoxy and ribose) 糖(脱氧与核糖)蔗糖 [$C_{12}H_{22}O_{11}$]
sugar-acid ratio 糖酸比
sugar added 加糖
sugar alcohol 糖醇
sugar apple(= sweet-sop) 番荔枝 [*Anona squamosa* L.](番茄枝科)

sugar association 糖业协会
sugar baits 加糖毒饵
sugar-bearing 含糖的（saccharifer）
sugar belt 食糖地带，糖料产地
sugar-berry 糖朴［*Celtis laevigata* Willd.］（榆科）
sugar-bush ①蜜普罗梯亚木［*Protea mellifera* L.］（山龙眼科）②糖槭林
sugar candy 冰糖
sugar clarifier 甘蔗糖澄清槽
sugar-coating ①［包有］糖衣的 ②挂糖霜的
sugar concentration 糖浓度
sugar cone 塔糖，宝塔糖
sugar confectionery 制糖厂
sugar content 含糖量
sugar corn（＝sweet corn） 甜质种玉米（甜玉米）（禾本科）
sugar crops 糖料作物
sugar estate 蔗糖企业（甘蔗场）
sugar ether 糖醚
sugar exchange ①食糖交易 ②食糖交易所
sugar extraction 提糖，浸出糖分
sugar-fermentation mutant 糖发酵突变体
sugar-grass ①金茅属［*Pollinia* Trin.］（禾本科）②金茅［*Pollinia speciosa* Hack. ＝ *Eulalia speciosa*（Debx.）O. Ktze.］③浮甜茅［*Glyceria fluitans* L.］（禾本科）
sugar gum 糖桉［*Eucalyptus carynocalyx* Muell.］（桃金娘科）
sugar house 糖厂，炼糖所，煮糖屋
sugar in cane 甘蔗糖分，甘蔗糖
sugar industry 制糖［产］业
sugar industry waste water 制糖［产］业废水｛环保｝
sugar leaf 糖叶（folium sacchariferum）
sugar level 糖水平，糖量
sugar linkage 糖键
sugar-loaf 圆锥形糖块
sugar maize（＝sugar corn） 甜玉米
sugar manufactory 糖厂
sugar manufacture 糖制造，糖生产，制糖，［产］糖业
sugar maple 糖槭［*Acer saccharum* Marsh.］（槭科）
sugar market 糖市，食糖市场
sugar metabolism 糖类代谢
sugar mill ［制］糖厂
sugar millet（＝sweet sorghum） 甜高粱
sugar nucleotide 核苷酸糖
sugar on floor 散糖
sugar palm ①桄榔属［*Arenge* Labill.］（棕榈科）②桄榔［*Arenge pinnata*（Wurmb.）Merr. ＝ *A. saccharifera* Labill.］
sugar pea 甜豌豆（食荚豌豆）［*Pisum sativum* var. *saccharatum*（ser.）Alef.］（豆科）
sugar pea shoot 豌豆苗
sugar percentage 出糖率
sugar phosphate 磷酸糖
sugar-phosphate backbone 糖-磷酸主链
sugar pine（＝Lambert's pine） 兰柏氏松［*Pinus lambertiana* Dougl.］（松科）
sugar plants 糖料植物
sugar pod garden pea 大荚豌豆［*Pisum sativum* var. *macrocarpon* Ser.］（豆科）
sugar procurement 出产食糖
sugar producing area 产糖区
sugar production 糖料生产
sugar-protein interaction 糖-蛋白质相互作用
sugar recovered 回收糖，产糖
sugar recovery 蔗糖回收率
sugar refinery ［炼］糖厂
sugar refinning ［炼］炼糖
sugar snap 甜脆豌豆（品种）
sugar sorghum（＝sweet sorghum） 甜高粱（芦粟）（禾本科）
sugar tolerance 耐糖量
sugar tolerance curve 耐糖曲线
sugar transport 糖转运（运输）
sugar unit 糖单位
sugar yield 产糖量，糖产量
sugarbeet（＝beet-root） 甜菜（糖用甜菜，糖萝卜）［*Beta vulgaris* L. var. *altissima* DC.］（藜科）
sugarbeet anthranose 甜菜炭疽病［*Colletotrichum omnivorum* de Bary］
sugarbeet aphid 甜菜蚜［*Aphis fabae* Scopoli］（蚜科）
sugarbeet bacterial leaf spot 甜菜细菌性斑点病［*Bacterium aptatus* Brown et Jamieson］
sugarbeet caterpillar 顶羽菊夜蛾［*Polia persicariae* L.］（夜蛾科）
sugarbeet cellar 甜菜窖
sugarbeet cercospora leaf spot 甜菜褐斑病［*Cercospora beticola* Sacc.］
sugarbeet chips 甜菜（切成）片
sugarbeet choanephora rot 甜菜毛霉病［*Choanephora* sp.］
sugarbeet chrysomelid 甜菜龟甲［*Cassida*

vittata Villers]（龟甲科）
sugarbeet cleaner-loader 甜菜清理装载机
sugarbeet combine 甜菜联合收获机
sugarbeet crown borer 甜菜蛀冠螟[*Hulstia undulatella* (Clemens)]（螟蛾科）
sugarbeet crown gall 甜菜根头癌种病[*Pseudomonas tumefacience* Smith]
sugarbeet cutworm [甜菜]白肾锦夜蛾[*Euplexia lucipara* Linnaeus]（夜蛾科）
sugarbeet damping off 甜菜立枯病[*Phoma betae* Pris]
sugarbeet decapitation 甜菜切头
sugarbeet defoliation 甜菜打叶
sugarbeet dibbling 甜菜点播
sugarbeet downy mildew 甜菜霜霉病[*Peronospora schachtii* Puckel]
sugarbeet drill unit 甜菜条播装置
sugarbeet driller 甜菜条播机
sugarbeet factory（= sugarbeet mill） 甜菜制糖厂
sugarbeet field care 甜菜田间管理
sugarbeet flea beetle 甜菜铜跳甲[*Chaetocnema chalceola* Jacoby]（跳甲科）
sugarbeet grab 甜菜抓斗
sugarbeet graft 甜菜移植
sugarbeet growing ①甜菜栽培 ②甜菜栽培学
sugarbeet harrow 播种甜菜用宽齿耙
sugarbeet harvester with bulk hopper 带盛斗甜菜收获机
sugarbeet harvester with loader elevator and windrower 带装车升运器和铺条装置的甜菜收获机
sugarbeet hiller 甜菜培土机
sugarbeet induction breeding 甜菜诱变育种
sugarbeet leaf blight （链格孢菌）甜菜立枯病[*Alternaria tenuis* Nees.]
sugarbeet leaf-bug 甜菜盲蝽[*Tuponia guttula* Matsumura]（盲蝽科）
sugarbeet lifter with collector 带收集筐的甜菜挖掘机
sugarbeet mosaic 甜菜花叶病[Beet mosaic virus(BMY)]（病毒病害）
sugarbeet nematode（= beet cyst nematode） 甜菜异皮线虫
sugarbeet phoma root rot 甜菜蛇眼病[*Phoma betae* Frank]
sugarbeet pick-up loader 甜菜捡拾装载机
sugarbeet planter 甜菜播种机
sugarbeet plough 甜菜挖掘犁
sugarbeet powdery mildew 甜菜白粉病[*Erysiphe polygoni* DC.]
sugarbeet puller ①甜菜拔取器 ②拔取式甜菜联合收获机
sugarbeet pulp 甜菜浆（制糖）
sugarbeet pyralids 草地螟（黄绿条螟，扑灯螟）[*Loxostege sticatis* L.]（螟蛾科）
sugarbeet resowing 甜菜补种
sugarbeet root aphid 甜菜瘿绵蚜[*Pemphigus betae* Doane]（绵蚜科）
sugarbeet root maggot 甜菜根斑蝇[*Tetanops myopaeformis* (Röder)]（花蝇科）
sugarbeet root rot 甜菜根腐病[*Corticum vagum* Berk et Curt.]
sugarbeet rust 甜菜锈病[*Uromyces betae* Lav.]
sugarbeet sclerotinia rot 甜菜菌核病[*Sclerotinia sclerotiorum* de Bary]
sugarbeet seed processing 甜菜种子加工
sugarbeet soft rot 甜菜软腐病[*Erwinia betivora* Magron.]
sugarbeet southern sclerotium blight 甜菜白绢病[*Corticium rolfsii* Curzi]
sugarbeet stink-bug（= sloe bug） 斑角蝽[*Dolycoris baccarum* Linnaeus]（蝽科）
sugarbeet top collector 甜菜顶收集器
sugarbeet top harvester 甜菜顶收获机
sugarbeet topper and windrower 甜菜切顶堆行机
sugarbeet topper with steel wheel extentions 套钢圈仿形轮甜菜切顶器
sugarbeet triploid 甜菜三倍体{细胞}
sugarbeet triploid breeding 甜菜三倍体育种
sugarbeet utilization 甜菜利用
sugarbeet variety 甜菜品种
sugarbeet violet root rot 甜菜紫纹羽病[*Helicobasidium mumpa* Tanaka]
sugarbeet virus yellow 甜菜黄化病毒病
sugarbeet washer 甜菜洗涤机
sugarbeet waste 甜菜废水{环保}
sugarbeet webworm 尖胸额野螟[*Loxostege verticalis* L.]（野螟科）
sugarbeet weevil 甜菜灰象甲[*Tanymecus palliatus* Fitch]（象甲科）
sugarbeet wireworm 甜菜金针虫[*Limonius californicus* (Mannerheim)]（叩甲科）
sugarcane ①甘蔗属[*Saccharum* L.] ②甘蔗[*Saccharum sinense* Roxb.]
sugarcane agriculture 甘蔗种植、甘蔗农业
sugarcane agrotechnique 甘蔗栽培技术
sugarcane aphid（= beet root aphid） 蔗瘿绵蚜[*Pemphigus betae* Doane.]（绵蚜科）
sugarcane asexual improvement 甘蔗无性

改良

sugarcane beetle（=sugarcane chafer） 甘蔗金龟子[*Euetheola rugiceps*（LeConte)]（金龟科）

sugarcane borer 小蔗螟[*Diatraea saccharalis*(Fabricius)]

sugarcane breeding 甘蔗育种

sugarcane breeding institute 甘蔗育种研究所

sugarcane breeding trend 甘蔗育种趋势

sugarcane bud moth 蔗芽潜蛾[*Freunetis flavistriata* Walsingham]（潜蛾科）

sugarcane cell suspension 甘蔗细胞悬液

sugarcane cottony aphid 甘蔗绵蚜[*Ceratovacuna lanigera* Zehntner]（绵蚜科）

sugarcane crusher 甘蔗压榨机

sugarcane cultivator 甘蔗中耕机，甘蔗耕耘机

sugarcane cutting 甘蔗扦插

sugarcane defoliator 甘蔗除叶器

sugarcane dehusker 甘蔗除叶器

sugarcane downy mildew 甘蔗黑粉病[*Ustilago scitaminea* Sydow]

sugarcane elongate weevil 蔗长象甲[*Lixus auriculatus* Sahlberg]（象甲科）

sugarcane grapple 装甘蔗抓斗

sugarcane growing ①甘蔗栽培 ②甘蔗栽培学

sugarcane gummosis 甘蔗流胶病

sugarcane haploid cell 甘蔗单倍体细胞

sugarcane harvester 甘蔗收获机

sugarcane herbicide 甘蔗除草剂

sugarcane hispid miner 蔗潜叶铁甲[*Hispa walkeri* Zehntner]（铁甲科）

sugarcane in Cuba 古巴的甘蔗

sugarcane keeping quality 甘蔗耐藏力

sugarcane leaf borer 蔗潜叶吉丁[*Aphanisticus consanguineus* Rits.]（吉丁科）

sugarcane leaf roller 甘蔗卷蛾[*Hedylepta accepta* Butl.]（卷蛾科）

sugarcane loader 甘蔗装载机

sugarcane loading loom 甘蔗装车提升架

sugarcane mealy bug（=pink sugarcane mealy bug） 蔗红粉蚧[*Saccharicoccus sacchari*(Cockerell)=*Trionymus*]（粉蚧科）

sugarcane mill 压蔗机

sugarcane molasse 蔗糖蜜

sugarcane mosaic virus（=sugarcane virus 1） 甘蔗花叶病[毒][Saccharum virus 1 (Smith)=*Marmor sacchari*（Holmes)]

sugarcane moth 甘蔗毒蛾[*Dasychira securis* Hubner]（毒蛾科）

sugarcane payment ①甘蔗支付（指甘蔗销售）②甘蔗按质论价{农管}

sugarcane piler-loader 甘蔗堆装车机

sugarcane pine apple disease 甘蔗凤梨病[*Ceratostomelia paradoxa* Moreau]

sugarcane plantation 甘蔗种植场

sugarcane planter 甘蔗播种机

sugarcane post-resistance 甘蔗后抗性

sugarcane press 甘蔗压榨机

sugarcane production in India 印度甘蔗生产

sugarcane red rot 甘蔗赤腐病[*Physalospora tucumanensis* Speg.]

sugarcane region 蔗区

sugarcane research institute 甘蔗研究所

sugarcane ripener 甘蔗催熟剂

sugarcane root aphid 蔗根蚜[*Geoica lucifuga* Zehntner]（蚜科）

sugarcane root borer（=sugarcane root weevil） 蔗根象[*Diaprepes abbreviatus* Linnaeus]（象甲科）

sugarcane root caterpillar 蔗根螟[*Perforadix sacchari* Sein]（螟蛾科）

sugarcane root grub（=oriental beetle） 东方丽金龟[*Anomala orientalis* Waterhouse]（金龟科）

sugarcane root knot nematode 甘蔗根结线虫病[*Meloidogyne javanica*（Trueb.） Chit.]

sugarcane root rot 甘蔗根腐病[*Pythium arrhenomanes*]

sugarcane rust 甘蔗锈病

sugarcane segmentizing apparatus 甘蔗茎切段器

sugarcane set 种蔗段

sugarcane shot-hole borer 蔗小蠹[*Xyleborus perforans* Woll.]（小蠹科）

sugarcane stem borer（=gele top borer） 粟灰螟[*Chilotraea infuscatella*（Snellen)]（螟蛾科）

sugarcane strain 甘蔗品系

sugarcane stripping knife 砍蔗刀

sugarcane stripping machine 砍蔗机

sugarcane stripping time 砍蔗期，甘蔗收获期

sugarcane stubble 蔗茬地

sugarcane stubble cultivation 甘蔗宿根栽培

sugarcane syrup 甘蔗糖浆

sugarcane technologist 甘蔗技术员

sugarcane thinning machine 甘蔗间苗机

sugarcane thrips 甘蔗蓟马[*Thrips saccharoni* Mlt.](蓟马科)
sugarcane trailer 甘蔗挂车
sugarcane variety 甘蔗品种
sugarcane wax 蔗蜡
sugarcane weevil 蔗褐象甲 [*Anacentrinus subnudus* Buch.](象甲科)
sugarcane whitefly 甘蔗粉虱[*Aleurolobus barodensis* Maskell](粉虱科)
sugarcane wilt disease 甘蔗萎蔫病
sugarcanestalk 甘蔗茎
sugary ①含糖的 ②甜的 (saccharifer)
suggested common name 建议通用名称
sugi 柳杉[*Cryptomeria japonica* D. Don.](杉科)
suicide 自杀,放射致失活 (suicida)
suicide bag 自杀袋
suicide DNA 自杀 DNA {分遗}
suicide method 自杀法{生技}
suicide substrate 自杀底物
suint 羊毛粗脂
suisepticus serum 猪疫血清
suitability ①适合性 ②适应性(suitabilitas)
suitable 适合的,适宜的,恰当的(suitabilis)
suitable crops 适宜作物(指适于要栽培的地区)
suitable for breeding 适于繁殖的
suitable for cultivation 可耕的,适耕的
suitable host 适宜寄主
suitable indicator 适宜指示剂
suitable material 适宜材料
suitable maturity 适合成熟度
suitable moisture content 适宜含水量
suitable mulberry leaf 适熟桑叶
suitable period 适宜时期(指生长)
suitable temperature for silkworm rearing 育蚕适温
suitable treatment 适宜处理
suitable trials 适宜试验
suitable water relation 适宜水分关系
suitableness 适合性(suitabilitas)
suite ①套,组,副 ②序列 ③一套家具,一套房间,一批随从人员
suite of cloning technique 成套克隆技术,成套无性繁殖技术,{农生技}
suite of heterotic technique 成套杂种优势技术{农生技}
suite of program 成套程序{电脑}
suite of transgenic technique 成套转基因技术{农生技}
sulcate 具槽的,具沟纹的(sulcatus)
sulciferous 具槽的(sulcifer)
sulciform 槽形的 (sulciformis)
sulcule 小槽,小沟 (sulcula)
sulculi 小槽
sulcus 槽,沟
sulf ⌞字头⌝硫[代]
sulfa- 磺胺
sulfa compound 磺胺化合物
sulfa compound mutachromosomic effect 磺胺化合物诱变染色体效应
sulfa drugs 磺胺类药物
sulfa drugs and membrane stability 磺胺药类与膜稳定性
sulfactin 硫放线菌素
sulfadiazine(SD) 磺胺嘧啶 [$H_2NC_6H_4 \cdot SO_2 \cdot NHC_4H_3N_2$]{药物}
sulfaguanidine (SG) 磺胺胍 [$C_7H_{10}N_4O_2S \cdot H_2O$]
sulfamerazine 磺胺甲基嘧啶 [$C_{11}H_{12}N_4O_2S$]
sulfamethazine 磺胺二甲基嘧啶 [$C_{12}H_{14}O_2N_4S$]
sulfanilamide 对氨基苯磺酰胺[$NH_2C_6H_4$-SO_2NH_2]
sulfapyridine 磺胺吡啶 [$C_{11}H_{11}N_3O_2S$]
sulfasuxidine (= succinylsulfathiazople) 琥珀酰磺胺噻唑,琥磺噻唑
sulfatase 硫酸酯酶
sulfate (= sulphate) ①硫酸盐 [M_2SO_4] ②硫酸酯[R_2SO_4] ③硫酸钠[Na_2SO_4] ④芒硝[$Na_2SO_4 \cdot 10H_2O$]
sulfate adenylyl transferase 硫酸腺苷酰转移酶
sulfate liquor 硫酸盐黑液
sulfate of ammonia (= ammonium sulfate) 硫酸铵[$(NH_4)_2SO_4$]
sulfate of potash (= potassium sulfate) 硫酸钾[K_2SO_4]
sulfate pulp (= kraft pulp) 硫酸盐纸浆
sulfate reducing bacteria 硫酸盐还原细菌
sulfate reduction 硫酸还原作用
sulfate transferase 硫酸转移酶
sulfathiazole 磺胺噻唑
sulfatidase 硫酸[脑苷]脂酶
sulfatidate sulfatase 硫酸脑苷脂硫酸酯酶
sulfatide 硫酸 [脑苷] 脂,脑硫脂
sulfatide lipidosis 硫脂类脂肪代谢障碍症
sulfatocobalamin 硫酸钴胺素
sulfatopatite 硫酸盐磷灰石
sulfhemoglobin 硫血红蛋白
sulfhydryl- 硫氢 [基], 巯[基] [HS—]
sulfhydryl compound 硫氢[基]化合物
sulfhydryl enzyme 硫氢酶
sulfhydryl group (SH group) 硫氢基,巯基

[SH—]
sulfhydrylase 硫化氢解酶
sulfide (=sulphide) 硫化物,硫醚{遥感}
sulfide ore minerals 硫化矿物
sulfinic acid 亚磺酸[RSO_2H]
sulfitation (=sulphitation) 亚硫酸化[作用]
sulfitation process 亚硫酸法(指制糖)
sulfite (=sulphite) ①亚硫酸 ②亚硫酸盐、酯
sulfite oxidase 亚硫酸氧化酶
sulfite pulp manufacture industry sewage 亚硫酸盐纸浆制造业污水{环保}
sulfite pulp manufacture industry waste water 亚硫酸盐纸浆制造业废水{环保}
sulfite pulp mill waste water 亚硫酸盐纸浆制造厂废水{环保}
sulfo ①硫[代] ②磺基
sulfocyanic acid 硫氰酸[HSCN]
sulfofication 硫化[作用](sulfoficatio)
sulfogalactosylceramide 硫酸半乳糖基酰基鞘氨醇
sulfoglycolipid 硫酸糖脂
sulfolipid 硫酸[脑苷]脂,脑硫脂
sulfolobus ①硫化叶菌属[*Sulfolobus* Golovacheva et karavaik](硫化叶菌科) ②硫化叶菌[*Sulfolobus* sp.]
sulfolobus family 硫化叶菌科[Sulfolobaceae]
sulfomucin 硫黏蛋白
sulfonal 丙酮缩二乙砜,砜醛[$(CH_3)_2C(SO_2C_2H_5)_2$]
sulfonamide (= sulphonamide) 氨磺酰[NH_2SO_2—]
sulfonamide resistance 磺胺抗性
sulfonamide resistant strain 抗磺酰胺菌株
sulfonate 磺酸盐或酯
sulfonated coal 磺化煤
sulfonation 磺化[作用](sulfonatio)
sulfone 砜类[RSO_2R']
sulfonic acid 磺酸[$R \cdot SO_3H$]
sulfonyl 磺酰[—SO_2—]
sulfonylurea 磺酰脲类
sulforhodanide 硫氰酸盐
sulfosalicylic acid 磺基水杨酸[$HO_3S \cdot C_6H_3(OH)COOH$]
sulfotep (= sulfotepp) 硫特普(杀虫剂)[$C_8H_{20}O_5P_2S_2$]
sulfoxide 增效砜,亚砜[RSOR′]
sulfur (=sulphur) ①硫[S,16 号元素] ②硫磺 ③硫磺粉(杀菌剂,杀螨剂)
sulfur bacteria (= sulphur bacterla) 硫磺[细]菌
sulfur butterflies and whites 粉蝶科[Pieridae]
sulfur-coated urea(SCU) 硫磺包膜肥料
sulfur-containing amino acid (= sulphur-containing amino acid) 含硫氨基酸
sulfur cycle 硫循环
sulfur deficiency (= sulphur deficiency) 缺硫
sulfur dioxide (= sulphur dioxide) 二氧化硫(熏蒸杀虫剂)[SO_2]
sulfur dioxide fumigation 二氧化硫熏蒸法[作用]{土壤}
sulfur dioxide gas injury 二氧化硫烟害
sulfur duster 硫磺喷粉器
sulfur dyckia 黄花雀舌兰(黄花狄克)[*Dyckia sulphurea* Baker](凤梨科)
sulfur dye 硫化染料
sulfur granule 硫磺颗粒
sulfur group in methionine 甲硫氨酸的硫基
sulfur in amino acid side chain 氨基酸侧链的硫
sulfur mustard 硫芥,硫芥子气
sulfur oxide 氧化硫[SO; S_2O_3; SO_2; SO_3]
sulfuric acid 硫酸[H_2SO_4]
sulfuric acid formation in soil 土壤中硫酸形成
sulfuring (=sulphuring) 熏硫
sulfuring reagent 熏硫剂
sulfurization 硫化(sulfurisatio)
sulfurized oligonucleotide 硫化寡核苷酸
sulfurizer 喷硫粉机(葡萄园用)
sulfurous acid 亚硫酸[H_2SO_3]
sulfurtransferase 硫转移酶
sulfurylase 硫酸化酶
sulky ①乘[坐]犁 ②单人双轮马车 ③发育迟缓的
sulky disk plough 乘[坐]式圆盘犁
sulky plough (=sulky plow) 乘[坐]犁
sulky rake 乘式[横向]搂草机
sulky seat 农具手座位
sulla (= garland flower, sulla vetch) 白花岩黄芪(冠状岩黄芪)[*Hedysarum coronarium* Koerig](豆科)
Sulla 苏尔拉(澳大利亚甘蔗品种)
sulph- (=sulf-) 硫[代]
sulphatase 硫酸酯酶
sulphate ①硫酸盐[M_2SO_4] ②硫酸酯[R_2SO_4] ③硫酸钠[Na_2SO_4] ④芒硝[$Na_2SO_4 \cdot 10H_2O$]
sulphate-containing fertilizer 含硫酸盐肥料
sulphate of ammonia 硫酸铵
sulphate of potash (= potassium sulphate)

硫酸钾[K_2SO_4]
sulphate of potash-magnesia 硫酸钾镁
sulphate process 硫酸盐法(制纸)
sulphate pulp 硫酸盐浆粕
sulphate radical 硫酸根
sulphate reduction 硫酸盐还原
sulphate shortage 硫酸盐缺乏
sulphation 硫酸化[作用](sulphatio)
sulphation factor 硫酸化因子
Sulphenone (=R_{242}) 杀螨砜(杀螨剂)
sulphidation 硫化[作用]
sulphide 硫化物
sulphide dyeing 硫化物染色{环保}
sulphides in soil 土壤中的硫化物
sulphidity 硫化度
sulphitation 亚硫酸化[作用],亚硫酸处理(sulphitatio)
sulphite alcohol 亚硫酸废液酒精
sulphite process 亚硫酸盐法(制纸)
sulphite pulp 亚硫酸盐浆粕
sulphite waste liquor 亚硫酸废液
sulpho- (=sulfo-) ①硫[代]②磺基
sulphoglycosphingolipid 硫代鞘糖脂
sulphonamide 磺胺(=sulfonamide)
sulphone-sulphoxide 磺酰氧化硫
sulphonic acid 磺酸[RSO_3H]
sulphur ①硫[S,16号元素]②硫磺
sulphur 300 mesh 300筛目硫磺粉
sulphur bacteria 硫细菌
sulphur box 熏硫箱
sulphur cartridge ①硫磺弹{狩猎}②硫磺卷{蜂}
sulphur-containing amino acid 含硫氨基酸
sulphur-containing milieu 含硫环境
sulphur-containing mineral 含硫矿物
sulphur-containing ores 含硫矿
sulphur-containing polypeptid 含硫多肽
sulphur cycle 硫循环{环保}
sulphur deficiency symptom 缺硫症状
sulphur dioxide 二氧化硫[SO_2]
sulphur dioxide concentration gradient 二氧化硫浓差梯度
sulphur dioxide pollution 二氧化硫污染{环保}
sulphur dioxide resistance 二氧化硫抗性,抗二氧化硫性
sulphur duster 硫磺粉喷粉机
sulphur dyestuff 硫化染料{显技}
sulphur ester 硫化酯
sulphur fertilizer 硫肥
sulphur fume 硫蒸气,硫烟
sulphur fungus 硫真菌,硫多孔菌,硫蘑菇[*Lastiporus sulphureus* (Bull ex Fr.) Bond et Sing.](蘑菇科)
sulphur hexafluoride 六氟化硫[SF_6]
sulphur metabolism 硫代谢
sulphur ointment 硫磺软膏
sulphur oxygenation 硫加氧作用
sulphur pulverizator 喷硫器,喷硫机
sulphur purple bacteria 紫色硫细菌
sulphur rain 黄雨,硫化雨
sulphur smell 硫磺臭味
sulphur sprayer 硫磺喷雾器
sulphur stick (氨冷冻系统的)涂硫检漏棒
sulphur tuff 硫色簇菌(簇生垂幕菇)[*Hypholoma faciculare* Karst.]
sulphur-wort (=hog's fennel, dropwort) 药用前胡(欧前胡)[*Peucedanum officinale* L. =*P. germanicum* Ehrh.](伞形花科)
sulphurator 硫磺熏蒸器
sulphureous (=sulphurine) 硫磺色的(sulphureus)
sulphurescent 变硫磺色的(sulphurescens)
sulphuric acid 硫酸[H_2SO_4]
sulphuric acid industry sewage 硫酸厂废水,硫酸工业废水{环保}
sulphuric acid lignin 硫酸木素
sulphuric acid mist 硫酸雾{环保}
sulphuric anhydride 硫酸酐[SO_3]
sulphuric ether (=ethyl ether) 乙醚[$C_2H_5 \cdot O \cdot C_2H_5$]{生化}
sulphuring 熏硫
sulphuriser (=sulphurizer, sulfurizer)(葡萄园用)喷硫粉机
sulphurous acid 亚硫酸[H_2SO_3]
sulphurous acid anhydride 亚硫酸酐[SO_2]
sulphurous acid method 亚硫酸法(夏威夷用以交配甘蔗的一种方法)
sulphurous spring 硫泉
sulphydryl poison 硫氢毒物
Sultan 苏丹鸡
Sultan snapweed 苏丹凤仙花(玻璃翠)[*Impatiens sultanii* Hook. f.](凤仙花科)
sultana (=seedless raisin) 无核小葡萄干
sultriness 闷热,炎热(aestus)
sultry 闷热的(aestuosus)
sultry weather 闷热天气
sum ①总,和,和数,总数,合计,总计,总额②顶点,极点③概要,要点(summa)
sum accumulator 和数累加器
sum channel 和通道
sum check 和检查

sum counter 和计数器
sum digit 和数位
sum frequency 和频
sum gauge 加法器
sum of anions 阴离子总数
sum of cations 阳离子总数
sum of products 乘积和{统计}
sum of products for blocks 区组乘积和
sum of products for varieties 品种乘积和
sum of squares 平方和{统计}
sum of squares between treatments 处理间平方和
sum of squares for blocks 区组平方和
sum of squares for column 直行平方和
sum of squares for deviation 离差平方和
sum of squares for error 误差平方和
sum of squares for replication 重复平方和
sum of squares for rows 横行平方和
sum of squares for spacing between rows 行距[间]平方和
sum of squares for spacing within row 株距平方和
sum of squares for total 总平方和
sum of squares for treatment 处理平方和
sum of squares for varieties 品种平方和
sum of squares of deviation 离差平方和
sum of squares of width of row 行宽平方和
sum of squares within treatment 处理内平方和
sum out gate 和数输出门{电脑}
sum pulse 和数脉冲
sum readout 和数读出
sum rendering method 求和绘制方法
sum term 和项
sum total 总计,总和
sum up 总计,总结
sumac (= sumack, sumach) ①漆树属[*Rhus* L.](漆树科) ②漆树[*Rhus vernicifera* DC.] ③漆树单宁
sumac tanned (= sumach tanned) 漆[树]叶鞣制的
sumac tannin (= sumach tannin) 漆[树]叶单宁
sumatra 苏门答腊风(马六甲海峡西南季风期中的一种强风)
Sumatra crinum 苏门答腊文殊兰(红花文殊兰)[*Crinum amabile* Donn](石蒜科)
Sumatra monsterflower (= rafflesia) 大花草[*Rafflesia arnoldii* R. Br.](大花草科)
Sumatra monsterflower family (= rafflesia family) 大花草科[Rafflesiaceae]
Sumithion (= fenitrothion) 杀螟松
summand 被加数(summans)
summarize ①总计,合计 ②相加,叠加 ③概述,概括,综述 ④总结,摘要
summarized data 汇总数据
summarizing 合计,总计
summary ①摘要,提要 ②概括,概要 ③总计的,累加的(summarius)
summary counter 累加计数器
summary design 概要设计
summary punch 总计穿孔[机]
summary report 概要报表
summation ①总和,合计 ②加法,累积,累加 ③积加法,求和法(summatio)
summation by part 部分求和[法]
summation of arithmetic progression 算术级数求和[法]
summation of binomial coefficient 二项式系数求和[法]
summation of geometric progression 几何级数求和[法]
summation of heat 总积温
summation percentage 累积百分率
summation sign 积加符号
summed area table 总面积表
summed dominance (SDR) 积加显性率
summer ①夏季 ②夏季的(aestivalis, aestivus)
summer adonis 夏侧金盏花(福寿草)[*Adonis aestivalis* L.](毛茛科)
summer and autumn rearing 夏秋蚕,夏秋饲育
summer-and-winter radish 四季萝卜[*Raphunus sativus* L.](十字花科)
summer annual forage 夏季一年生饲料[作物]
summer annual grasses 夏季一年生禾草
summer annual strain 夏播一年生品系{育种}
summer annual weeds (= summer annuals) 夏季一年生杂草
summer annuals ①夏季一年生植物{生态} ②夏季一年生作物{栽培} ③夏季一年生杂草{耕作} ④夏季一年生花卉{园林}
summer apple 伏苹果
summer bed 夏花坛{园林}
Summer begins 立夏(中国的24节气之一)
summer black stem (豆科牧草)斑点病
summer blight or rhizoctonia rot of rye grass 黑麦草叶腐病[*Pellieularia filamentosa* Rogers]

summer buckwheat 夏播荞麦
summer bud 夏芽(gemma aestivalis)
summer budding 夏季芽接
summer cattleya 夏卡特兰[*Cattleya gaskelliana* Sander](兰科)
summer cereals 夏播禾谷类,夏播谷类作物
summer chafer(=June bug) 六月金龟子[*Amphimallus solstitialis* Linnaeus](金龟科)
summer cover crop 夏季覆盖作物
summer cropping ①夏作,夏播栽培 ②主作,主作物栽培
summer crops ①夏[季]作物 ②夏果
summer cutting 夏季插
summer cypress ①地肤属[*Kochia* Roth.](藜科) ②地肤(夏柏)[*Kochia scoparia* (L.) Schrader]
summer cyst 夏孢囊(cysta aestivalis)
summer diapause 夏滞育
summer diarrhea 夏痢
summer dike 夏堤
summer dormancy 夏季休眠
summer dormant ①夏季休眠的 ②夏[季休]眠
summer drought 夏季干旱,夏旱
summer dry moderate 夏干温和
summer dry region 夏干地区
summer-fall radish 夏秋萝卜
summer fallow ①夏季休闲 ②夏季休闲地
summer fallowing 夏季休闲,放牧休闲
summer fattening 夏季肥育,放牧肥育
summer feeding 夏季饲养
summer flow of honey ①夏季流蜜期 ②夏季收蜜量
summer flowering 夏季开花
summer frost 夏霜
summer garden 夏花园{园林}
summer grafting 夏季嫁接,夏接(insitio aestiva)
summer grain crops(=summer grains) 夏谷类作物,夏谷物
summer grains 夏谷物,夏季谷类作物
summer grape 夏葡萄[*Vitis aestivalis* Michx.](葡萄科)
summer grazing(=summer pasturing, summering) 夏季放牧
summer greens 夏季绿叶蔬菜
summer growth depletion(=summer depletion) 夏枯,夏季生长衰竭
summer growth depression(=summer depression) 夏季生长衰退
summer habit 夏季习性
summer harvest 夏收,夏季收获
summer hemisphere 夏半球
summer hibernation 夏眠
summer-house(=arbour, parilion) 凉亭,荫亭{园林}
summer Italian millet 夏粟,夏谷,夏播谷子
summer leaf 夏生叶(folium aestivale)
summer leaf-drop 夏季落叶
summer lilac ①醉鱼草属[*Buddleia* Houst.](马钱科) ②醉鱼草[*Buddleia lindleyana* Fort.]
summer maize 夏[播]玉米
summer manuring 夏季施肥
summer mockorange 晚花山梅花[*Philadelphus insignis* Carr.](绣球科)
summer monsoon 夏季季风
summer oil 夏季用润滑油
summer pasture 夏季牧场
summer perennial phlox(=garden phlox) 宿根福禄考[*Phlox paniculata* L.](花忍科)
summer pinching 夏季摘心
summer planting 夏植、夏季种植,夏季栽培
summer ploughing(=summer plowing) 夏耕,伏耕,夏季耕作
summer potatoes 夏播薯类作物
summer pruning 夏季修剪
summer radish 夏播萝卜,水萝卜[*Raphanus satirus* L.]
summer recovery growth 夏季恢复生长{牧草}
summer savory(=annual savory) 夏香薄荷[*Satureja hortensis* L.](唇形科)
summer season vegetables 夏季蔬菜
summer seeding 夏播
summer shoot 夏苗,夏梢,夏枝,夏蘖枝,二次枝(ramulus aestivus)
summer snowflake 夏雪片莲[*Leucojum aestivum* L.](石蒜科)
Summer solstice(=Summer maximum) 夏至(中国的24节气之一)
summer sores (马)皮肤丽线虫蚴病,夏疮
summer soybean 夏播大豆
summer spore(=uredospore) 夏孢子
summer squash 弯头西葫芦(矮生西葫芦,弯颈南瓜)[*Cucurbita pepo* var. *condensa* Bailey.](葫芦科)
summer stage 夏孢子阶段
summer survival 越夏性{畜}
summer sweet ①山柳属[*Clethra* Gronov.](杨柳科) ②山柳[*Clethra harbinervis* Sieb. et. Zucc.]

summer tillage 夏季耕作,夏耕
summer truffle 夏块菌［*Tuber aestivum* Vitt.］
summer variety 夏播品种
summer vetch（=common vetch） 巢菜［*Vicia sativa* L.］（豆科）
summer wet region 夏季水涝地区,夏湿地区
summer wood（=late wood） 晚材（lignum aestivum）
summering ①作物夏播 ②夏季放牧
summing ①合计,总计 ②计算 ③摘要 ④加法的,总[和]的,求和的{统计}
summing circuit 加法电路
summing integrator 求和积分器
summing up ①总结,总计 ②摘要,概述
summit ①顶,顶端,顶点 ②花药（summus）
sump ①油底壳 ②沉淀器,沉淀池 ③集中坑,贮槽 ④水坑吸[水]井
sump pump 水坑泵{环保}
sump well（=wet well） 吸[水]井{环保}
sumpter ①驮畜 ②驮马,驮骡 ③赶驮畜者
sumpter-horse 驮马
sumpter-mule 驮骡
sun 太阳,日（sol）
sun-and-planet gears 行星齿轮组,行星齿轮传动装置
sun angle 日光[照射]角度
sun bed 阳畦
sun blister 晒焦
sun burn 日灼,日伤
sun cactus ①牡丹柱属［*Heliocereus* spp.］（仙人掌科） ②牡丹柱［*Heliocereus schrankii* sp.］
sun-check（=sun crack） （木材）日裂,晒裂
sun crown 阳地树冠
sun-cured tobacco leaf 晒烟[叶]
sun curing ①日晒法［烟草］ ②田间干燥,田间晒干
sun-curved hay 晒干干草
sun drying 晒干,田间干燥
sun elevation 太阳仰角,太阳高度{遥感}
sun glint 太阳反辉区(指卫星云图上的)
sun hemp（=sunn hemp, sunn crotalaria） 印度麻(菽麻,太阳麻)［*Crotalaria juncea* L.］（豆科）
sun lamp 太阳灯
sun land 向阳地
sun leaf 阳叶
sun-loving 喜阳的,适阳的（heliophilus）
sun moss 半支莲［*Portulaca grandiflora* L.］（马齿苋科）
sun moths 举肢蛾科［Heliodinidae］
sun plant（=heliophyte） 阳地植物,喜光植物（sciophyta, planta umbraticola）
sun-red colour 日光红色(指玉米只在有阳光条件下呈现红色)
sun-red corn 日光红玉米（遗传研究用）
sun-rose 半日花属［*Helianthemum* Mill.］（半日花科） ②欧半日花［*Helianthemum polifolium* DC.］
sun-rose family 半日花科［Cistaceae］
sun scorching of grapes 葡萄日烧病,葡萄日灼病
sun sensor 太阳方位传感器{遥感}
sun sensor assembly（**SSA**） 太阳遥感器装置
sun-shade（=shading） 遮阴,庇阴
sun species 阳性树种
sun-spurge 泽漆［*Euphorbia helioscopia* L.］（大戟科）
sun stroke 中暑,日猝病
sun-synchronous orbit 太阳同步轨道{遥感}
sun-synchronous subtropical orbit 太阳同步准回归轨道{遥感}
sun-synchronous tropical orbit 太阳同步回归轨道
sun tree 阳性树
sun visor 遮日板
sunbeam（=sunlight） 日光,太阳光线
sunburst namaqualand daisy ①拟金盏菊属［*Venidium* Less.］（菊科） ②拟金盏菊［*Venidium ducurrens* Less.］
suncompass 太阳罗盘
suncompass orientation 太阳罗盘定向
sundew 茅膏菜属［*Drosera* L.］（茅膏菜科） ②茅膏菜［*Drosera peltata* Sm.］
sundew family 茅膏菜科（Droseraceae）
sundial 日晷,日规
sundial lupine 羽扇豆［*Lupinus perenius* L.］（豆科）
sundrops（=evening primrose） ①月见草属［*Oenothera* L.］（柳叶菜科） ②月见草(夜来香)［*Oenothera biennis* L.］
sunfern（=long beech-fern） 水龙骨状金星蕨［*Phegopteris polypodioidos* Fee］（鳞毛蕨科）
sunfleck 太阳斑点,日斑
sunflower 向日葵［*Helianthus annuus* L.］（菊科）
sunflower beetle 向日葵叶甲［*Zygogramma exclamationis*（Fabricius）］（叶甲科）
sunflower breeding 向日葵育种{育种}
sunflower cake（=sunflower oilcake） 葵子饼
sunflower defoliation 向日葵打叶

sunflower dibbler 向日葵点播器
sunflower growing ①向日葵栽培 ②向日葵栽培学
sunflower hiller 向日葵培土器
sunflower hilling (=sunflower ridging) 向日葵培土
sunflower inula 大花旋复花[*Inula grandiflora* Willd.](菊科)
sunflower maggot 向日葵实蝇 [*Strauzia longipennis* Wied.](实蝇科)
sunflower moth 向日葵斑螟[Homoeosoma electellum (Hulst)](螟蛾科)
sunflower oil 向日葵油,葵子油
sunflower oil-cake 向日葵油粕,向日葵油饼(饲料用)
sunflower rust 向日葵锈病[*Puccinia helianthi* Schw.]
sunflower seed 葵花子
sunflower seed midge 向日葵子瘿蚊[*Neolasioptera murtfeldtiana* Felt](瘿蚊科)
sunflower seed oil extraction 葵子油提取
sunflower seed treatment 向日葵种子处理
sunflower seeding (=sunflower seed sowing) 向日葵播种
sunflower seeding emergence 向日葵出苗
sunflower seeding emergence rate 向日葵出苗率
sunflower seeding stage (=sunflower emergence stage) 向日葵出苗期
sunflower seeding time 向日葵播种期
sunflower seedling 向日葵幼苗
sunflower seedling emergence time 向日葵出苗期
sunflower seedling tending 向日葵苗期管理
sunflower sowing (=sunflower seeding) 向日葵播种
sunflower sowing division 向日葵播种区
sunflower sowing in place 向日葵直播
sunflower sowing norm 向日葵播种量
sunflower sowing quality 向日葵播种质量
sunflower sowing time 向日葵播种期
sunflower spittle bug 向日葵沫蝉[*Clastoptera xanthocephala* Germ.](沫蝉科)
sunflower transplantation 向日葵移植
sunflower tumour 向日葵瘤
sunflower weevil 向日葵象甲 [*Desmoris fulvus* (LeConte)](象甲科)
sunframe 阳畦
sunhotbed 日光温床
sunk 低沉的,陷入的 (infossus)
sunk fence 凹陷篱,哈哈篱
sunk garden (=sunken garden) 低洼园{园林}
sunk hotbed 低设温床
sunk key 埋头键
sunk-reeling 沉缫{蚕}
sunk wood (=dead wood, sunken wood)沉材,沉木(指流送或水中贮藏的木材)
sunken ①沉水的,水中的 ②下陷的,凹陷的
sunken bed 低畦,低床
sunken bud 下陷芽
sunken meadow 淹水草甸
sunken plant 沉水植物 (planta immersa)
sunken rock 暗礁
sunken stomata 内陷气孔 (stomata infossa)
sunlight 日光
sunlight area 日光面积,受光面积
sunlight condition 日光条件
sunn crotalaria (=sunn hemp, sun hemp) 印度麻 (菽麻)[*Crotalaria juncea* L. = *C. sericea* Willd. non Betz., *C. tenuifolia* Boxb.](豆科)
sunny ①向日的 ②阳光充足的 (solaris)
sunny cinquefoil 大花委陵菜[*Potentilla grandiflora* L.](蔷薇科)
sunny habitat 向阳生境{生态生理}
sunny location 向阳地点
sunny site ①向阳生境 ②向阳部位
sunny spell during the rainy season 出梅(指梅雨期间出现的晴天)
sunpillar 日柱
sunray ①小麦秆菊属[*Helipterum* DC.](菊科) ②小麦秆菊[*Helipterum roseum* Benth.]
sunrise 日出
sun's altitude (=solar altitude) 太阳高度
sunscald ①晒伤 ②灼伤 ③日灼病,日烧病
sunscald of apple 苹果日烧病
sunscald of loquat 枇杷日烧病
sunscald of pepper 辣椒日灼病,辣椒日烧病
sunset ①日落,日没 ②夕阳,傍晚
sunset colours (=sunset colors) 暮色,昏光
sunset hibiscus 黄秋葵[*Abelmoschus manihot* (L.) Medic. = *Hibiscus manihot* L.](锦葵科)
sunshade 遮棚,遮篷
sunshine 日照
sunshine duration 日照时数
sunshine-hour 日照时
sunshine integrater 日照时数计算器
sunshine leaf 阳叶
sunshine record 日照记录
sunshine record chart 日照记录纸

sunshine recorder 日照记录器,日照计
sunshine time 日照时间
sunspot 太阳黑子,日斑
sunspot cycle [太阳]黑子周期
sunspot periodicity [太阳]黑子周期,日斑周期
super- ⌊字头⌉超,过,在上
super 继箱,贮蜜箱
super agonist 超兴奋剂,超拮抗剂
super antigen 超抗原
super-axillary 腋上生的(superaxillaris)
super bubble 超级磁泡{电脑}
super-calender 强度研光机
super calf hutch 超犊牛圈{农施}
super cell 超级单体{遥感}
super-clearer 脱蜂器,继箱脱蜂板
super-complete block 超完全区组{统计}
super computer 超级计算机,巨型计算机
super computing 超级计算{电脑}
super foot(S. ft, S. F.) 方英尺
super-frame 继箱巢框
super hardboard 高韧性纤维板
super large-sized Chinese-foreign joint venture enterprise 超大型中外合资企业{农经}
super-optimum temperature 超最适温度
super parasitism 多寄生
super-reduction 超减数(superreductio)
super-secondary structure 超二级结构(指蛋白质){分生}
super-suppression 超抑制(supersuppressio)
superacid 过酸的(superacidus)
superacidity 过度酸性,超酸性
superactivated carbon 高表面活性炭
superaddivity 超加性(superaddivitas)
superadiabatic lapse rate 超绝热直减率
superadiabatic state 超绝热状况
superalimentation ①过量营养法 ②强饲法
superalkalinity 过度碱性,超碱性
superannuate ①报废 ②(领养老金)年老退休(superannuasre)
superannuation ①废弃,淘汰,废物 ②退休 ③年老退休金(superannuatio)
superbeta transistor 超β晶体管{电脑}
supercentrifuge 超速离心机
supercharger 增压器
superchlorination 过量氯化{环保}
superclean bench 超净台{生技}
supercode 超码,特级码{电脑}
supercoil(=superhelix) 超螺旋{分遗}
supercoiled DNA 超螺旋 DNA
supercoiled supercoil 超卷曲超螺旋
supercoiled supercoil model 超卷曲超螺旋模型
supercoiling model 超螺旋模型
supercold 过冷的
superconductance 超导(superconductantia)
superconducting biomagnetometer 超导生物磁强计
superconducting cell 超导单元
superconducting component 超导体电子件
superconducting delay line 超导延迟线{信息}
superconducting molecule 超导分子{分遗}
superconducting tunnel effect 超导隧道效应
superconductivity 超导[电]性(superconductivitas)
superconductor 超导体
superconductor memory 超导存储器
supercool 过冷[却]
supercooled cloud 过冷云
supercooled drizzle 过冷毛毛雨
supercooled rain 过冷雨
supercooled solution 过冷溶液
supercooled state 过冷状态
supercooled water 过冷[却]水
supercooled water droplet 过冷[却]水滴
supercooling 过冷却
supercrescence 寄生物
supercritical 超临界的,上临界的(supercriticus)
supercritical extraction 超临界[温度]抽提
supercritical fluid chromatography(SFC) 超临界[温度]流体层析{生技}
supercritical fluid extraction(SFE) 超临界[温度]流体抽提
supercube 超立方[体](supercubus)
superdominance(=overdominance) 超显性(superdominantia)(遗传)
superdominant ①超显性的,过显性的 ②超优势木(superdominans)
superdominant effect 超显性效应
superdouble 超重瓣的(superduplex)
superelevation 超高
superelite 超原种
superencipherment 超级加密{信息}
superfaced lumber(=planed lumber) 刨光板材
superfamily ①总科 ②超家族(superfamilia)
superfecundation 同期复孕(superfecundatio)

superfemale (= metafemale) 超雌性 (superfemina)
superfiche 特制胶片
superficial ①表面的,地面的,外部的 ②面积的,平方的 ③浅的,浅薄的,肤浅的 (superficialis)
superficial absorbing root 表面吸收根,表土吸收根
superficial alteration 表面变化
superficial cell 表面细胞 (cellula superficialis)
superficial cleavage 表面卵裂
superficial content 面积
superficial cultivation 浅耕
superficial expansion 表面膨胀
superficial foot (= super foot) 方英尺
superficial growth 表面生长
superficial microflora 表面微生物区系(microflora superficialis)
superficial placentation 全面胎座式 (placentatio superficialis)
superficial root 表面根 (radix superficialis)
superficial root system 表面根系,浅根系 (systema radicis superficialis)
superficial scald 表面灼伤
superficial series 表面系列 (series superficialis)
superficial velocity 表面速度 (velocitas superficialis)
superfine file 最细锉 (工具)
superfluidity 超流性 (superfluiditas)
superfluous ①过多的,多量的 ②过剩的,多余的,冗余的,不必要的 (superfluus)
superfluous constraint 多余约束
superfluous radiation energy 过量辐射能
superfluous term 冗余项
superfluous water 过剩水
superfluous water vapor 过剩水汽
superfoetation 多胎 (superfoetatio)
superfoliaceous 叶上部着生的 (superfoliaceus)
superfusion 过熔
supergene 超基因
supergeotrophic wind 超地转风
superglacial moraine [冰川]表碛
supergradient 超梯度 (supergradiens)
supergradient wind 超梯度风
supergroup ①超级组 ②超群
supergroup connector 超群连接器{信息}
supergroup interface 超群接口
supergroup pilot 超群导频
supergrown 超生长[型]
superheat 过热,高温
superheated steam kiln 高温蒸汽干燥窑
superheated steam seasoning 高温蒸汽干燥
superheated vapor 高温水汽,过热水汽
superheating 过热
superhelical 超螺旋的 (superhelicus){分遗}
superhelical DNA 超螺旋 DNA
superhelical twist (= supercoiling) 超螺旋
superhelicity 超螺旋[性] (superhelicitas){分遗}
superhelix 超螺旋{分遗}
superhelix density 超螺旋密度
superhelix of closed circular DNA 闭合环状 DNA 的超螺旋
superheterodyne spectrometer 超外差分光计
superhigh altitude 超高空{遥感}
superhigh frequency (SHF) 超高频{信息}
superhigh speed digital IC 超高速数字 IC,超高速数字集成电路
superhighway 高速公路
superhumid soil 过湿土
superimmune serum 超免疫血清
superimposed 重叠的,叠加的 (superimpositus)
supcrimposed ringing (= superposed ringing) 叠加振铃{信息}
superimposed title 叠加标题,副标题
superimposed trailer 半挂车
superimposer 叠加器
superimposition ①附加,添上,加上 ②重叠,叠加 ③附加物 (superimpositio)
superinducible 超诱导的 (superinducibilis){分遗}
superinducible mutant 超诱导突变型,超诱导突变体
superinduction 超诱导 (superinductio)
superinfecting phage 超感染噬菌体
superinfection 超侵染{病理} ②超[数]感染,再感染{遗传} ③重复感染{医} (superinfectio)
superinfection curing 重复感染治疗
superinfection immunity 重复感染免疫
superinfection immunity sex factors 超感染免疫性性因子
superinfection inhibition 超感染抑制
supering 加继箱{蜂}
superinteraction 超相互作用 (superinteractio)
superior ①上的,上位的,上面的 ②优的,优

良的，优越的 ③较多的，占优势的
superior activity 优良活性
superior air ①高层空气 ②高空[下降]空气
superior annulus 上位菌环
superior calyx 上位萼（calyx superior）
superior force 最高力量{进化}
superior glume 外颖（gluma superior）
superior limit of a sequence 序列上限{遥感}
superior line 优良品系
superior mirage 上现蜃景，上现幻景
superior ovary 上位子房（ovarium superius）
superior palea 外稃（palea superior）
superior parental type 最优亲本型
superior quality 最优品质
superior stand 主林木
superior stock seed 超级原种
superior variety 优良品种
superior variety demonstration plot 优良品种示范田
superior vitality 最高生活力
superiority ①优势 ②优越性（superioritas）
superjoystack 超操纵杆
superkey 超键
superlactation 泌乳过多（superlactatio）
superlarge-scale integration（SLSI） 超大规模集成电路
superlattice 多层芯片{信息}
superlinear 超线性[的]（superlinearis）
superlinguae ①上舌 ②舌上叶（superlingua）
superluminal light 超光度光
supermale（= metamale） 超雄（supermasculus）
supermarket 超级市场，超市（supermercatus）{农经}
supermarket model 超市模型
supermaster group 超主群{信息}
supermethylation 超甲基化[作用]
supermicrocomputer 超级微型计算机
superminiature disk 超小型磁盘
superminicomputer 超小型计算机
supermolecule 超分子（supermolecula）{分生}
supermutagen 高效诱变剂
supernatant 上清液（supernatans）
supernatant factor 上清液因子
supernatant liquid 上清液
supernetwork media 超网络媒体，超网络媒质
supernormal refraction 超常折射
supernormal region 超常区
supernumerary ①超数的 ②额外的 ③附的，附属的 ④剩余的（supernumerarius）
supernumerary bows 附属虹（主虹之内和副虹之外，色彩不明的虹带）
supernumerary buds 附芽（gemmae supernumerariae）
supernumerary cambium（= supernumerary cambium layer） 额外形成层（cambium supernumerarium）
supernumerary chromosome（= B-chromosome） 超数染色体，B 染色体
supernumerary division 额外分裂
supernumerary embryo 超数胚（embryo supernumeraria）
supernumerary male gamete 超数雄配子
supernumerary nuclei 剩余精核（nuclei supernumerariae）
supernumerary reduplication 额外复制
supernumerary sperm 超数精子
supernumerary spikelet 超数小穗（spicula supernumeraria）
supernutrition 过量营养（supernutritio）
superoperon 超操纵子{分遗}
superorganism 超生物，超有机体（superorganismus）
superorganistic structure 超生物结构
superorganization 超组成，超组建，超组织（superorganisatio）
superovulation 超数排卵（superovulatio）
superoxide 超氧化物
superoxide anion 超氧阴离子
superoxide dismutase 超氧化物歧化酶
superparasite 复寄生物（superparasita）
superparasitism 复寄生[现象]（superparasitismus）
superparticle 超微粒（superparticulus）
superparticle material 超微粒材料
superperformance 超级性能，良好性能（superperformantia）
superphosphate（= surphosphate） ①过磷酸钙 ②过磷酸盐
superphosphate fertilizer 过磷酸钙肥料
superphosphate of lime 过磷酸石灰（肥料），过磷酸钙
superphosphoric acid 过磷酸
superpipelined computer 超流水线计算机
superpipelined superscalar computer 超流水线超标量计算机
superposed ①叠生的 ②叠加的（superpositus）
superposed bud 叠生芽（gemmae super-

positae)
superposed circuit 叠加电路
superposed fold 叠加褶皱
superposed plywood (= high density plywood) 高压胶合板
superposed ringing 叠加振铃{信息}
superposed square planting (= quincunx planting) 梅花形种植
superposition ①重叠,叠积,叠合 ②叠加 (superpositio)
superposition eye 重叠象眼{物}
superposition operator 叠加算子{统计}
superposition principle 叠加原理{统计}
superpotential 超电位
superprecipitation 超沉淀 (superprecipitatio)
superrealism 超真实感 (superrealismus){电脑}
superrefraction echo 超折射回波{遥感}
superrepressed mutant 超阻遏突变型,超阻遏实变体{分遗}
superrepressor 超阻遏物{分生}
superroute 超路由{信息}
supersaturated 过饱和的 (supersaturatus)
supersaturated air 过饱和空气
supersaturated solution 过饱和溶液{显技}
supersaturated water 过饱和水{环保}
supersaturation 过饱和 (supersaturatio)
supersaturation with respect to ice 冰面过饱和
supersaturation with respect to water 水面过饱和
superscalar ①超标量 ②超标量技术 (superscalaris)
superscalar computer 超标量计算机
superscript 上[用]标{电脑}
superscript character 上标字符
superscript representation 上标表示法
supersede 取代 (supersedere)
supersedure [天然]更换蜂王
supersensitivity 过敏性 (supersensitivitas)
superset 超集{电脑}
supersex 超性(supersexus)
supershift (SS,ss) ①上移 ②预转换{电脑}
supersoft 超软件
supersolenoid 超螺线管
supersonic 超声的(supersonicus)
supersonic sounding 超声探测,超声距离
supersonic vibration 超声振动
supersonic wave 超声波
supersonic wave seed treatment 超声波处理种子
supersonics ①超声波 ②超声波学(supersonica)
supersparsity 超稀疏,超稀少 (supersparsitas)
superspecies 超种
superspiral 超螺旋(superspiralis)
superstratosphere 超平流层(平流层以上的气层)
superstratum 上覆盖{遥感}
superstructure 上层结构,超结构(superstructura)
supersuppressor 超抑制基因
supersystem 超级系统 (supersystema)
superthreshold 超阈值
supertillering 过度分蘖
supertuberation 块茎叠生 (supertuberatio)
supertwist 超扭曲,超螺旋{分遗}
supertwisting model 超螺旋模型
superuser 超级用户,特权用户{信息}
supervarnish 桐油清漆
supervertex 超[顶]点 (supervertere)
superview 超视图 (supervidere)
supervise ①监督,监视,监控 ②检查,检测,观察 ③管理,操纵,控制 (supervidere)
supervised classification 监督分类
supervised lcarning 监督学习
supervised training 监督培训
supervising system 监控系统
supervision ①监控,监督 ②检查 ③观测 (supervisio)
supervisor ①监控器(指环境监视器){信息} ②监控程序{电脑} ③主管人
supervisory ①管理的 ②监控的,监视的,监督 (supervisorius)
supervisory communication 管理通信
supervisory computer 管理计算机
supervisory computer control system 计算机监督控制系统,计算机监控系统
supervisory console 监控台,管理控制台
supervisory control computer 监控计算机
supervisory process control 监督过程控制[技术]{环保}
supervital 超活力的,生命力高的(supervitalis)
supervital gene 超活力基因
supervital genotype 超活力基因型
supervital mutant 超活力突变型
supervital mutation 超活力突变
supervoltage 超电压
supervolute 重席卷的(supervolutus)

superway computer 超大规模计算机
superweak luminescence 超微弱发光
superwide angle projection 特广角投影{遥感}
superzap ①超永久性擦除 ②超速消灾程序
superzapping 超级消除,永久消除
supine 仰卧的(supinus)
supplemental ①补充的,补助的,补足的,补加的,补遗的,增补的 ②追加的,附加的,加添的 ③辅助的,副的,补角的(supplementalis)
supplemental agent (农药加工用的)填充剂,填料,添加剂
supplemental control point 补充控制点{遥感}
supplemental feeding 补桑{蚕}
supplemental fertilizer 补加肥料,补充肥料
supplemental heater 辅助加热器
supplemental irradiation 补充照射
supplemental irrigation 补充灌溉
supplemental lightening 补充光照
supplemental pasture 补充牧场,辅助牧场
supplemental reflective sunlight 补充反射日光
supplemental window 添加窗口{电脑}
supplementary action 补充作用
supplementary amount 附加量
supplementary angle 补角
supplementary application of nitrogen 补施氮肥
supplementary atomizer trailer 附加弥雾机液罐挂车
supplementary colour 补色
supplementary crops 补充作物
supplementary decision service 辅助决策服务{智培}
supplementary factor 补加因子
supplementary feed (= supplementary feeding stuffs) 补加饲料
supplementary feeding 补饲,补加饲养
supplementary fertilizer 补肥
supplementary fodder area (= supplementary forage area) 补充饲料作物面积
supplementary fodder plot 补充饲料区(地)
supplementary food (= supplementary feed) 补充饲料
supplementary foodstuff 副食品
supplementary function 补加功能
supplementary gene 补加基因
supplementary ichneumon fly 寄生蜂(茧蜂科)
supplementary illumination 补加光照,辅助光照
supplementary information 增补信息
supplementary instruction 辅助教学{智培}
supplementary instruction system 辅助教学系统
supplementary irrigation 补充灌溉
supplementary light 补加光照,辅助光
supplementary lightening (= supplementary lighting) 补加光照
supplementary maintenance time 附加维修时间
supplementary medium 补给性培养基
supplementary metaphase plate (= accessory plate) 副赤道板
supplementary nutrient 补充营养物质
supplementary observation 补充观测
supplementary particulars 补充详细资料,补充详细数据{统计}
supplementary pasture 辅助牧场,补充牧场
supplementary planting (= supplemental planting) 补栽
supplementary pollination 辅助授粉
supplementary register 补充登记
supplementary storage 辅助存储器
supplementary tillage 补充耕作,辅助耕作
supplementary treatment 辅助处理
supplementary vacuole 辅助空泡(vacuola supplementaria)
supplementary wages 附加工资
supplemented medium 补给性培养基(medium supplementum)
supplemented serum 补加血清,补给血清(serum supplementum)
supplier 交货者,供应者
supplies ①供应,供给,提供 ②供应市场,市场进货,上市
supplies market 供应市场,市场进货,上市
supplies of livestock 上市牲畜
supplies to consumers 供应消费者
supplies to the market 市场供应
supply ①供给,供应 ②供给品 ③贮藏量 ④⌊复⌉生活必需品(supplere)
supply and demand 供求,供应与需求
supply and marketing 供销,供应与销售
supply and marketing cooperative 供销合作社
supply canal 供水渠
supply centre 供应点
supply chain 供应链{农管}
supply colter 种植开沟器
supply conduit 压送导管,供给管
supply delay time 待料时间
supply-demand relationship 供求关系
supply exceeds the demand 供过于求

supply header 供水管（池）
supply hopper 供给斗，喂入斗
supply hose 供水软（压力）管
supply level 供应水平
supply line ①供应线 ②供水管线
supply main 供水干线{环保}
supply of food 食粮供应
supply of forage 饲料供应
supply pipe 供水管
supply riser 供水立管{环保}
supply situation 供应状况
supply tank 供给箱，供应箱
supply to stands 对群丛供水
supply-voltage indicator 电源电压指示器，供压指示器
supplying 供应，补给
supplying gaps in furrow 畦沟补植（指在畦沟空地上补栽）
support ①副器，支器（fulcrum）②托（podetum）③支柱 ④支座，支撑，支持，支持体 ⑤轴承支座 ⑥支援（supporta）
support chip 后备芯片，支援芯片
support-connect device 支承连接装置
support costs 支撑费用
support cylinder 支撑油缸
support device 支承装置
support effect 支持体效应{生技}
support hardware 支持硬件
support leg ①支柱 ②（稳定用）支脚
support price（= supported price，pegged price，subsidized price） 支持价格，补贴价格
support processor 支援处理机
support root 支柱根（radix supportaria）
support software 支持软件
support stringer （葡萄园）栅篱架设机
support system ①支援系统 ②支持系统
support system of accuracy agriculture 精确农业支持系统{智培}
support tool 支援工具，支持工具
support wheel 支重轮，支持轮
supportability 支援性（supportabilitas）
supported ①支持的（suffultus）②有副器的
supported cultivation 有支柱栽培，支持栽培
supported growth system 支持生长系统
supporter ①支柱{栽培}②赡养者，维持者{农经}
supporter of the family 家庭供养人，家庭维持者
supporting ①支持的 ②支撑的，支座的（fulcrans）
supporting bearing 支座轴承{环保}
supporting cell 支持细胞（cellula fulcrans）
supporting crops 支撑作物
supporting culture 支撑栽培
supporting element 支持单元{生技}
supporting fiber 支持丝（fiber fulcrans）{细胞}
supporting film 支持膜
supporting frame 起重臂撑架
supporting function 支持功能
supporting jack 支撑千斤顶
supporting layer 支撑层，垫层{环保}
supporting liming 持续施用石灰
supporting net 支柱网{栽培}
supporting network 支撑网络{信息}
supporting role 支持作用
supporting roller 支承滚轮
supporting root 支持根（radix fulcrans）
supporting shoe （切茎器）支重滑脚
supporting structure 支持结构（structura fulcrans）
supporting tissue 支持组织（tela fulcrans）
supporting wheel （半挂车）支地轮
supportless 无支柱的（detruncatus）
supposition 假设、推定，想像（suppositio）
suppressed ①[被]抑制的 ②压弱的 ③删除的（suppressus）
suppressed tree（= subordinate tree） 被压木
suppressed weir 直流堰，两端不束腰堰，不收缩堰{水利}
suppressible ①可压缩的 ②可抑制的（suppressibis）
suppressible chain terminating signal 可抑制链终止符号
suppressible frameshift mutation 可抑制码组移动突变，可抑制移码突变{分遗}
suppression ①抑制，压制{栽培}②[校正]抑制{分遗}③取消{电脑}（suppressio）
suppression by shade 庇荫害
suppression of malignancy 恶性抑制
suppression of red signal 红信号抑制
suppressive 抑制的（suppressivus）
suppressiveness 抑制性（suppressivitas）
suppressor ①抑制基因，抑制子 ②抑制器
suppressor column 抑制柱
suppressor effect 抑制基因效应
suppressor gene 抑制基因
suppressor macrophage 抑制[性]巨噬细胞{分生}
suppressor mutant（su^{+}） 抑制基因突变型
suppressor mutation 抑制基因突变
suppressor-mutator 抑制基因 - 增变基因
suppressor-promoter-mutator system（SPM-system） 抑制基因 - 启动子 - 增变基因系统

{分遗}
suppressor sensitive 抑制基因敏感性的
suppressor sensitive mutant 抑制敏感突变型
suppressor tRNA 抑制基因 tRNA
suppressor tRNA species 抑制 tRNA 种
suppuration 化脓(suppuratio)
supra- ⌊字⌉头上,超
supra-anal plate 肛上板
supra-axillary 腋上生的(supra-axillaris)
supra-chromosome organization 超染色体组织
supra-oesophageal ganglion 食管上神经节
supra-optimal limit 最适上限
supra-organellar structure 超细胞器结构(stractura supraorganellaris)
supracellular 超细胞的(supracellularis)
supracellular morphology 超细胞形态学
supracomplotype 超补体单元型{生技}
supracomposite 超重裂的(supracompositus)
supracutaneous 表皮上的(supracutaneus)
supradecompound 超重裂的(supradecompositus)
suprafoliaceous 叶上部着生的(suprafoliaceus)
suprafolious 生于叶面上的(suprafolius)
supralethal irradiation 超致死[剂量]照射
supraliminal 阈上的(supraliminalis)
supralittoral 岸上的(supralittoralis)
supramolecular 超分子的(supramolecularis)
supramolecular structure 超分子结构
supramolecule (= supermolecule) 超分子(supramolecula)
supramutagen 超诱变剂
supranekton 上层自游生物
supranodal 节上的(supranodalis)
supranodal grafting 节上嫁接法
supraoperon 超操纵子,复操纵子
supraoperon control 复操纵子控制
supraperiodic 超周期的(supraperiodicus)
suprarenal gland 肾上腺(glandis suprarenalis)
suprarenin 肾上腺素
suprareticulate 具表网的(suprareticulatus)
supraspiracular line 呼吸孔上线,气门上线
suprasterol 过照甾醇[$C_{23}H_{44}O$]
supratectal 覆盖层上的
suprategillar 被层上的(suprategillaris)
supategillar processes 被上层突起
supraterraneous 地面上的(supraterraneus)
supraterraneous perianth 地上花被(perianthium supraterraneum)
suprathreshold 阈上的
suprathreshold excitation 阈上兴奋
supratidal 潮[线]上的(supratidalis)
supratype 超单元型(supratypus){分生}
supravasal 导管上的(supravasalis)
supravital ①超活体的 ②体外活体的(supravitalis)
supravital staining 体外活体染色
supreme 最上的
supremum (= SUP) 上确界{电脑}
surcharge ①超流 ②超载 ③附加费用 ④提高价格,涨价
surculigerous 具根出条的(surculiger)
surculose 具根出条的(surculosus)
surculus 根出条
surcurrent 翅状伸张(叶基),向上延伸(surcurrens)
sure ①必然的,一定的 ②确实的,确信的(securus)
sure event 必然事件
sure region 必然地区
sure-thing principle "确实"原则{电脑}
surety (进口)保证金
surf 激浪,碎浪
surface ①表面,面 ②表土,地面 ③使成平面,整土地 ④表面的(superficies)
surface action 表面作用{环保}
surface active agent 表面活性剂
surface active substance 表面活性物质
surface activity 表面活性
surface adsorption 表面吸附
surface aeration 表面曝气{环保}
surface aeration turbine 表面曝气涡轮
surface aeration unit 表面曝气单元
surface air 地面空气
surface air observation 地面观测
surface air temperature 地面气温
surface analysis 表面分析,范围分析
surface applicator ①表土施肥机 ②表面撒药机
surface area ①表面[面]积 ②住房面积{农经}
surface area of animal body 体表面积{畜}
surface association 表面缔合{分遗}
surface avalanche 表层雪崩
surface barrier 表面阻挡层
surface behaviour 表面行为
surface broadcast 表面撒布

surface broadcast application 表面撒施(指肥料或农药)
surface charge density 表面电荷密度
surface chart 地面[天气]图
surface check 表面裂纹(木材)
surface climate 地面气候
surface coat ①表面层 ②表面膜
surface coating 表面涂饰
surface coefficient of heat transfer 表面传热系数
surface combustion 表面燃烧{环保}
surface component 表面组分
surface composition mapping radiometer 表面成分图像辐射仪
surface concentration 表面浓度
surface condensation 表面凝结
surface condenser 表面冷却器
surface conductance 表面电导
surface configuration 地势
surface contact hole 表面接触孔
surface contact microscope 表面接触显微镜
surface coordinate 曲面坐标{电脑}
surface cover 地被物
surface covered layer 地表覆盖层
surface crack 表面裂纹(木材)
surface creep 地面风蚀
surface creeping 表面滑动
surface crust 表壳{环保}
surface crusting ①(牛乳)表面结皮 ②(土壤)表土结壳
surface crystallography 表面晶体学
surface cultivation 浅耕,表土耕作
surface cultivator 表土中耕机
surface culture 表层培养
surface density 表面密度
surface development 表面显影{显技}
surface diagram 平面图
surface differentiation 表面分化
surface diffusion 表面扩散
surface drain 明沟,地面排水沟
surface drainage ①明沟排水,地面排水 ②落干,落水(指稻田) ③地表水系{水利}
surface drainage channel 地面排水沟
surface draining 明沟排水
surface drift net 表层流网
surface drill 浅播机,撒播机
surface drilling 浅条播
surface-dry 表面干燥的
surface drying 表面干燥
surface electrical charge 表面电荷
surface electrode 表面电极
surface element 单位面积
surface energy 表面能量(力)
surface energy balance 表面能量平衡
surface enhancement Raman spectroscopy 表面增强拉曼光谱学
surface enrichment 表面富集
surface erosion 片蚀
surface evaporation 表面蒸发
surface excess 表面超额
surface exclusion 表面排斥
surface exclusion mechanism 表面排斥机制
surface expansion 表面膨胀
surface-exposed loop 外露表面环{分生}
surface fermentation 表面发酵
surface fertilization 土表施肥,地面施肥
surface fiber 表层纤维(种子)
surface film 表膜
surface film potential 表[面]膜势
surface filtration 表面过滤{环保}
surface fire 地表火
surface float 水面浮子,水面浮筒
surface flow 地面水流
surface foot 平方英尺
surface force 表面力
surface front 地面锋
surface gradient 表面梯度
surface growth 表面生长
surface hardening 表面硬化
surface horizon 表层
surface humidity 地面湿度
surface humus (=raw humus) 粗腐殖(植)质
surface IgM (=surface immunoglobulin M) 表面免疫球蛋白 M
surface inactivation 表面纯化
surface inhomogeneity 表面不均匀性
surface initial (=marginal initial) 表面原始细胞(initialis superficialis)
surface intermediate 表面中间物
surface inversion 地面逆温
surface ionization 表面电离
surface irrigation ①地面灌溉 ②灌水,进水(稻田)
surface landslide 表面土崩
surface law 体表面积法则{畜}
surface layer 表层,地表层,近地面层
surface layer application of fertilizer 表层施肥
surface level model 表层模型
surface loading 表面负荷{环保}
surface loop 表面环
surface manuring 表层施肥,地面施肥

surface map 地面图
surface marker 表面标志
surface measure ①表面度量 ②板面度量
surface mobility ①表面活动性 ②表面迁移率
surface model 表面模型
surface modelling ①表面造型 ②曲面造型
surface moisture 表面水分
surface mount component（SMC） 表面安装组件
surface mount device（SMD） 表面安装器件
surface mount technology（= surface mounting technology)（SMT） 表面安装技术｛电脑｝
surface mounted 表面安装的
surface-mounted microphone 表面安装微音器
surface mounting technology（SMT） 表面安装技术
surface mulch 表面覆盖
surface observation 地面观测
surface of discontinuity 不连续面
surface of earth 地面
surface of revolution 旋转面
surface of separation 分隔面
surface of shear 切力表面
surface of streamline 流线面
surface of subsidence 下沉面
surface of underground water 地下水面
surface orientation effect 表面定向效应
surface packer 表土镇压器
surface passivation 表面钝化
surface peat 表层泥炭
surface per unit volume 每单位体积的表面
surface phenomena 表面现象
surface-planted seed 浅播
surface planting 浅栽，浅植
surface plate ①定位板 ②检验台
surface pond 地面水池，地表积水
surface potential 表面电势
surface pressure ①地面气压 ②表面压力
surface projection 表面突起
surface property 表面特性
surface quality 表面质量
surface reactivity 表面反映性
surface recombination 表面复合
surface reconstruction 表面重构
surface recording 表面记录（指磁表面）｛信息｝
surface relaxation 表面弛豫
surface relief 地形，地面起伏
surface rendering 表面绘制
surface replica 表面复制物
surface reservoir 地面水库
surface residue 表面残基
surface resistance 表面阻力
surface rinsing 表面冲洗｛环保｝
surface roller（= surface packer） 表土镇压器
surface root system 表层根系（systema radicalis superficialis）
surface rot 溃疡病（甘薯）
surface roughness 表面粗糙度
surface run-off 地表径流，地面径流
surface runner 地上匍匐枝，地上匐茎
surface scan 表面扫描
surface servo 面伺服｛电脑｝
surface shading 表面浓淡｛电脑｝
surface shake（= surface check） 表面裂纹
surface silo 地面青贮室
surface size 表面上胶
surface skin temperature 表层温度
surface soil 表土，耕作层土壤
surface soil characteristics 表面土壤特征，表土特征
surface-sown 浅播的
surface speed 表面速度
surface split 表裂（木材）
surface spreading method 表面扩散法
surface state 表面态
surface sterilized seed 表面消毒种子
surface stone（= broken stone） 碎石
surface stratum 表层
surface streak culture 表面划线培养
surface stress 表面应力
surface structure analysis 表面结构分析
surface subsidence 表面下陷
surface-sweeping filter 表面冲洗滤池｛环保｝
surface target 地面目标｛遥感｝
surface temperature ①地面温度 ②表层温度
surface tension 表面张力
surface tension of soil water 土壤水分表面张力
surface texture ①表面质地 ②表面纹理
surface thermometer 地面温度表
surface tillage 浅耕
surface traction 地面对车辆的推进力
surface trapping ①表面俘获｛电脑｝ ②表面抑制｛生技｝
surface treatment 表面处理
surface-truth field study 田间实况研究
surface-truth field trip 田间实况考察
surface-truth field work 田间工作实况

surface turbulence 地面湍流
surface velocity 地面速度
surface veneer 表层单板,面板
surface visibility 地面能见度
surface vorticity 面上涡度
surface wash 表面冲洗
surface water 地面水,地表水
surface water rice soil 地表水型水稻土
surface water seepage and leakage in the field 田面渗漏水量
surface water sewer 雨水沟渠,地面水沟渠{环保}
surface water supply 地面水供水{环保}
surface water temperature 表层水温
surface waves 表面波
surface weather chart 地面天气图
surface wind 地面风
surface X-ray absorption spectroscopy 表面 X 射线吸收谱
surface yeast 表面酵母
surfaced lumber (= surfaced timber) 加工材,刨削材
surfacer (= planer) 平面刨光机
surface/volume ratio 表面-体积比率
surfactant (= surface active agent) 表面活化剂,表面活性剂
surfoyl 外鳞片 (surfoyllum)
surfusion 过冷[现象] (surfusio)
surge ①波动 ②脉动 ③气压波 ④浪涌 ⑤电涌
surge front profile 浪涌前面剖视{环保}
surge protector 电涌保护器
surge suppressor 电涌抑制器
surge tank 浪涌[水柱]池{环保}
surge vessel 浪涌室(气室){环保}
surgeon ①台芽{形态} ②外部整治器 ③外科医师
surgery 外科(surgeria)
surgical 外科的 (surgicus)
surgical asepsis 外科消毒 (asepsis surgicus)
Surinam-cherry (= pitanga) 毕当茄(红果仔) [*Eugenia uniflora* L.] (桃金娘科)
Surinam cockroach 蔗绿蜚蠊 [*Pychoscelus surinamensis* (L.)] (蜚蠊科)
Surinam purslane (= fame flower) 土人参
Surinam witches broom of cacao tree 可可树丛枝病 [*Marasmius perniciosus* Stahl.]
surinamine N-甲基酪氨酸
surinum quassia (= bitterwood) 苦木
surnus 定期出现性(指昆虫灾害)
surplus ①剩余的 ②余量,超额 ③盈余,公积金(superplus)
surplus activated sludge 剩余活性污泥{环保}
surplus area 富裕地区
surplus copy 过剩复制
surplus disposal 过剩物的利用
surplus DNA 过剩 DNA
surplus farm produce 剩余农产品
surplus grains 余粮
surplus labour-power 劳力过剩
surplus late crops 极晚熟作物
surplus leaves 多余叶
surplus moisture 过多水分
surplus of agricultural products 过剩农产品
surplus of nutrition 营养过剩
surplus of water 水分过多
surplus photosynthate 剩余光合产物
surplus population 人口过剩
surplus precipitation 多余降水量
surplus product 剩余产品
surplus production 生产过剩
surplus reductive capacity 过剩还原能力
surplus sludge 剩余污泥{环保}
surplus stock 家畜剩余头数
surplus value 剩余价值
surplus water 多余水,过剩水
surra (马)苏拉病,(马及其他家畜)恶性贫血病 [*Trypanosoma evansi*]
surrogate ①替代[物],代用品 ②代理[者] (surrogatus)
surround 围绕,环绕
surround inhibition 周边抑制 (周围抑制)
surrounding ①围绕的,周围的,外层的 ②环境(circumambiens)
surrounding environment 周围环境
surrounding loop 外层循环{电脑}
surrounding milieu (= surrounding environment) 周围环境
surrounding region 周围地区
surrounding soil 周围土壤
surrounding tissue 周围组织 (tela circumbiens)
Sursat 勘测卫星(加拿大){遥感}
surveilance 监视,监测 (surveilantia)
survey ①测量 ②调查 ③勘测 (videre)
survey drawing 测量制图
survey group 调查组
survey line 测线
survey meter [放射线]测量器
survey methods 调查方法
survey of fertility 地力调查,肥沃性调查

survey of fish population 鱼类种群调查
survey of saplings 树苗调查
survey station 观测站
Surveyer "勘测者"月球着陆器{遥感}
surveying ①测量,丈量,勘测 ②测量学(viderens)
surveying altimeter 测高计
surveying camera 测量[照]相机{遥感}
surveying compass (= surveyor's compass) 罗盘仪
surveying engineering 勘测工程
surveying land and fixing production quota 查田定产
surveying rod 测杆
surveyor ①土地测量员 ②调查者 ③[耕作面积]测量器
surveyor's chain 测链
surveyor's table 平板
surveys of intentions and attitudes 普查普测法
survivability ①残存性,生存性 ②生命力 ③耐存性(survivabilitas)
survivability criteria 生存性准则{生态生理}
survival ①生存的,残存的,存活的 ②生存,存活率,存活量,存活者 ③⌞复⌝残留物(survivalis)
survival amount 存活量
survival capacity 存活能力{生态生理}
survival count 存活数{生态生理}
survival curve (= survive curve) 成活曲线,存活曲线
survival estimate from tag return 从标志回收估计存活量
survival game 存活对策,生存对策
survival mechanism 存活机理
survival of cell 细胞成活
survival of drought 干旱下存活
survival of the fittest 适者生存
survival organ 存活器官
survival percent 成活率
survival potential 生存潜力
survival probability 存活概率
survival rate 成活率,存活率
survival rate of pupae 健蛹率{蚕}
survival ratio 成活比率
survival strategy 生存策略{生态生理}
survival value 成活值,生存值
survive 生根,成活(指栽植的树木)(survivere)
survive curve 成活曲线,存活曲线
survive percentage 成活率,存活率
surviving 成活(surviverens)
surviving branch 成活枝(ramus surviverens)
surviving cell 成活细胞(cellula surviverans)
surviving fraction 成活分数{环保}
surviving offspring 成活子代
surviving organ 成活器官(organa surviverens)
surviving period 成活期(periodus surviverens)
surviving slice 活组织切片
surviving twig 成活嫩枝(ramusculus surviverens)
survivor 成活者,成活植株
survivor's egg production 成活鸡产卵数
survivorship ①残存,幸存,不死,存活 ②成活植株状态
suscept 感病体,病主(susceptus)
susceptibility ①感受性,易感性 ②感染性,感病性 ③磁化率 ④灵敏度(susceptibilitas)
susceptibility index 感染指数
susceptibility of hybrid 杂种易感性,杂种感病性
susceptibility to diseases 罹病性
susceptibility to infection by polio virus 对受骨髓灰质炎病毒侵染的感病性
susceptibility to lodging 倒伏性
susceptibility to virus induced fusion 对病毒诱发融合的易感性
susceptible ①感受的,易感的 ②感病的,感染的(susceptibilis)
susceptible bacteria 易感受细菌
susceptible host 易感受宿主
susceptible host material 感病寄主材料
susceptible individual 感病个体
susceptible parent 感病亲本
susceptible part ①感病部分{病理} ②易感受部分{生态生理}
susceptible period 感病期
susceptible segregant 感病分离体
susceptible species 感病种
susceptible strain 感病品系
susceptible tissue 感病组织(tela susceptibilis)
susceptible to disease 感病
susceptible to frost 易受霜害
susceptible to lodging 易倒伏
susceptible type 感病型,易感型
susceptible variety 感病品种,不抗病品种
susception 感受,感应(susceptio)
susception time 感染期,感病期
suslik 地鼠

suspected 可疑的（疑有毒）(suspectus)
suspected source of variation 怀疑变异来源
suspend ①悬垂 ②悬挂，悬浮，悬吊 ③暂停，中止（suspendere）
suspend lock 中止锁定{电脑}
suspend state 暂停状态
suspendable ①可暂停的 ②可中断的，可中止的（suspendabilis）
suspended ①悬垂的，垂直的 ②悬浮的 ③悬挂的，悬挂式的（suspensus）
suspended culture 悬浮培养{环保}
suspended joint 悬式接头，吊接
suspended line 悬挂线{信息}
suspended load（= suspended sediment）悬移质{遥感}
suspended material 悬浮物质
suspended matter 悬浮物
suspended milking bucket 吊壶式挤奶桶
suspended oil 悬浮[状]油{环保}
suspended ovule 悬垂胚珠（ovula suspensa）{解剖}
suspended particle 悬浮粒子{环保}
suspended placentation 悬垂胎座式（placentatio suspensa）
suspended planimeter 吊盘测面求积仪
suspended river 悬河{水利}
suspended screen 悬挂筛
suspended sediment 悬移质{遥感}
suspendcd sediment concentration 悬移质浓度
suspended solid (ss) 悬浮固体[物]{环保}
suspended solid contact softener 悬浮固体接触软水器{环保}
suspended solid material 悬浮固体物质
suspended stacker 悬吊式集草车
suspended state ①悬浮态 ②暂停状态
suspended substance 悬浮物质
suspended water 悬浮水
suspendibility（= suspensibility） 悬浮性（suspensibilitas）
suspending stem 上升茎（caulis suspendens）
suspending type milking machine 上升型挤乳机
suspensate 悬浮质，悬移质（suspensatus）
suspensibility 悬浮率(suspensibilitas)
suspension ①吊，悬，挂 ②(汽车的)悬架，悬架装置 ③(拖拉机的)悬挂装置 ④悬浮，悬浮液，悬胶体 ⑤中止（suspensio）
suspension bridge 吊桥
suspension colloid 悬[浮]胶体
suspension culture 悬［浮］液培养
suspension culture application 悬［浮］液培养应用
suspension culture for cancer cell 癌细胞的悬［浮］液培养
suspension culture growth 悬[浮]液培养生长
suspension fertilizer 悬浮肥料
suspension gear ①悬架装置 ②悬挂装置
suspension of imports（= import freeze）进口冻结
suspension of spores 孢子悬浮
suspension of unicellular algae 单细胞藻类悬［浮］液
suspension pipe line 架空管道{环保}
suspension point 悬挂点
suspension system ①悬浮体系{遗工} ②悬浊体系{土壤}
suspension time 中止时间
suspension tube 支承管
suspension velocity 悬浮速度
suspensoid 悬胶体（suspensoides）
suspensor ①囊柄 ②胚柄
suspensor cell 胚柄细胞（cellulus suspensor）
suspensor haustorium 胚柄吸器（haustorium suspensor）
suspensor system 胚柄系[统]（systema suspensor）
suspensor tier 胚柄层（stratum suspensor）
suspensor tube 胚柄管（tubus suspensor）
suspicion ①怀疑，猜疑，疑心 ②一点儿（suspicio）
suspicious 表示怀疑的，引起怀疑的，可疑的（suspicius）
Sussex 萨赛克斯牛（英）
sustainability 可持续性，稳定性（sustainabilitas）
sustainable 可持续的，稳定的（sustainabilis）
sustainable agricultural development 农业可持续发展{农经}
sustainable catch 稳定产量(渔获量)，[可]持续渔获量
sustainable development in national economy 国民经济可持续发展
sustainable developmental strategy 可持续发展战略
sustainable encouraging mechanism ［可］持续激励机制{农管}
sustainable increase 可持续增加
sustainable production 可持续生产
sustainable source 可持续来源
sustainable utilization 可持续利用

sustainable yield [可]持续产量
sustained 持续的,维持的,支持的
sustained fault 持续故障
sustained lead 持续前引
sustained segment 持续片段{生技}
sustained yield 保持产量,持续收获
sustainer 支柱,支撑物
sustaining feed 维持饲料
sustaining-wall 撑壁
suttle weight 净重
Sutton's formula 苏通扩散式{环保}
sutural 有缝的(suturalis)
sutural vein 缝脉(nervus suturalis)
suture ①缝[线]②接缝,合缝,缝合(sutura)
suture line 地缝合线{遥感}
suxamethorium 丁二酰[二]胆碱
su⁺(=suppressor mutant) 抑制基因突变型
SV(=simian virus) 猕猴肾病毒
Svalov modification 苏瓦洛夫改良法{显技}
Svalov modification of Navashin's fixative 纳瓦申氏固定液的苏瓦洛夫氏改良法
svedberg unit(s) 漂浮单位,沉降系数单位
Svedberg unit (S) 斯韦柏单位(指沉降系数和漂浮系数的单位){环保}
SVP(=subviral particle) 亚病毒颗粒
SW 3023 死草威(除草剂)[$C_{11}H_{13}ClO_3$]
SW(=switch) ①开关 ②转换,切换,交换{信息}
SW by S(=southwest by south) 西南偏南
SW by W(=southwest by west) 西南偏西
swage ①手工锻模,型铁 ②用型铁锻打
swainsonia ①苦马豆属[*Swainsonia* Salisb.](豆科)②苦马豆[*Swainsonia salsula* Taubert]
swale ①沼地 ②牧场 ③地面临时过水道
swallow ①燕[Hirunde]②咽喉,食道 ③吞咽
swallow bug 燕虱[*Oeciacus vicarius* Horvath](臭虫科)
swallowtail 黄凤蝶
swallowtail butterflies(=swallow tails) 凤蝶科[Papilionipae]
swallowwort ①合消掌属[*Antitoxicum* Pobed.](萝摩科)②合消掌[*Antitoxicum amplexicaule* (Sieb. et Zucc.) Pobed. = *Vincetoxicum amplexicaule* Sieb. et Zucc.]
swamm 蘑菇
swamp ①沼泽 ②沼泽地(palus)
swamp age 沼泽龄
swamp amendment 沼泽改良
swamp assessment 沼泽评价
swamp belt 沼泽带
swamp biogeochemistry 沼泽生物地球化学
swamp blueberry 伞房花越橘[*Vaccinium corymbesum*](乌饭树科)
swamp cabbage 水蕹菜[*Aponogeton natans*(L.)Engl. et Krause]
swamp characteristics 沼泽特征
swamp community 沼泽群落
swamp composite use 沼泽综合利用
swamp condition 沼泽条件
swamp cottonwood 湿地白杨[*Populus heterophlla* L.](杨柳科)
swamp crops 沼泽作物
swamp cypress(=baldcypress) ①落羽杉属(落羽松属)[*Taxodium* Rich.](杉科)②落羽杉(落羽松)[*Taxodium distichum* (L.) Rich.]
swamp drainage 沼泽排水
swamp environment 沼泽环境
swamp fever(=equine infectious anaemia) 马传染性贫血
swamp forest 沼泽林(silvapalustris)
swamp formation 沼泽形成
swamp garden(=bog garden) 沼泽园,沼泽花圃(palusetum)
swamp geography 沼泽地理学
swamp grasses 沼泽牧草
swamp ground 沼泽地
swamp gum(=blood wood) 赤桉
swamp hickory(=bitternut hickory) 心形山核桃
swamp land 沼泽地
swamp mahogany 大叶桉[*Eucalyptus robusta* Sm.](桃金娘科)
swamp maple 湿地槭[*Acer rubrum* L.](槭科)
swamp meadow 沼泽草甸
swamp meadow-grass(=fowl bluegrass) 沼泽早熟禾(泽地早熟禾)[*Poa palustris* L.](禾本科)
swamp muck 沼泽腐泥土
swamp mud 沼泽黏泥
swamp pedology 沼泽土壤学
swamp-pink 泽花属[*Helonias* L.](百合科)
swamp plant 沼泽植物(planta palustris)
swamp plough(=swamp plow) 沼泽犁
swamp post-oak(=overcup oak) 提琴叶栎
swamp process 沼泽过程

swamp resources 沼泽资源
swamp rice 水稻
swamp rice soil 沼泽水稻土
swamp rice variety 水稻品种
swamp soil 沼泽土
swamp taxonomy 沼泽分类学
swamp type 沼泽类型
swamp utilization 沼泽利用
swamp vegetation 沼泽植被
swamp water 沼泽水{环保}
swamp white oak 悬铃树叶栎[*Quercus platanoides* Sndw.](山毛榉科)
swamp zone 沼泽地带
swampiness 沼泽化,沼泽度
swamping 渍水沼泽化
swampology 沼泽学
swampy 沼泽生的(paludosus, palustris)
swampy area 沼泽面积
swampy ground 沼[泽]地,低湿地
swampy habitat 沼泽生境{生态生理}
swampy hay 沼泽干草
swampy soil 沼泽土
swampy stream 沼泽性河流
swampy tundra soil 沼泽化冻原土
swan 天鹅[*Cygnus*](鸭科)
swan-neck 鹅颈钩,犁架挂钩
swan-neck union 鹅颈式管接头,弯颈管接头
swan orchid 鹄兰属[*Cynoches* Lindl.](兰科)⌊拟⌉
swan-river daisy ①五色菊属[*Brachycome* Cass.](菊科)②五色菊(短毛菊)[*Brachycome iberidifolia* Benth.]
swan river everlasting 鳞花托[*Helipterum manglesii* Muell.](菊科)
swap (=swop) ①调动 ②交换(swappa)
swap byte buffer 交换字节缓冲器{电脑}
swap drum 交换磁鼓
swap in 换入
swap network 交换网络
swap out 换出
swap time 交换时间
swappable 可交换的(swappabilis)
swappable data 可交换数据
swappable file 可交换文件{电脑}
swapping ①交换 ②对调,调动(swapperens)
swapping control 交换控制
swapping work 调动工作
sward ①生草层,草土 ②草地
sward condition 草地生境
sward cutter 切草皮机
sward of permanent pasture 长期牧草草地
sward podzolic soil 生草灰化土
swarm ①群集{统计}②游动菌落{真菌}③分蜂群,分出群{蜂}④群体{电脑}
swarm box 收蜂箱
swarm catcher 收蜂器
swarm cell 游动细胞(zoocellula)
swarm cluster 分蜂群(蜜蜂随蜂王迁徙而建新巢)
swarm control 分蜂控制
swarm given off by prime swarm 再分群(第一分蜂群分出的蜂群)
swarm intelligence 群体智能{智培}
swarm of ions 离子群
swarm parameter 群[集]参数
swarm sporangium 游动孢子囊(zoosporangium)
swarm spore (=zoospore) 游动孢子(zoospora)
swarm stage 游动期(zoostaticum)
swarm trap 分蜂捕捉器(装在蜂箱上的)
swarmer 游动孢子(zoospora)
swarming ①分蜂,分群 ②群游{水产}③群集,拥挤
swarming fever 分蜂热
swarming impulse 分蜂推动力,分蜂冲动
swarming season (=swarming time) 分蜂季节,分蜂期
swath ①(切割器)割幅 ②割道,刈割地带 ③禾铺,草铺,草条 ④铺草条,铺禾条
swath collector 铺禾条收集机
swath cutting of grain 谷物铺条收割
swath distributor 草条撒散机
swath drying time 草条干燥时间
swath harvesting 分段收获
swath rake 铺条[侧面]搂草机
swath scatterer 干草铺条撒播器
swath tedder 草条摊晒机
swath turner 草条翻晒机
swath width ①割道宽度 ②草条宽度
swathboard 拔草板
swathe ①绷带 ②包扎,捆,绑
swather ①割晒机 ②铺条机
swather for sugar beet tops 甜菜头铺条机
swather for tractor draft 机引割晒机
swathing ①铺条(割下的牧草或作物铺成条状)②割晒
swathing device ①铺条装置 ②筑埂机
swathmaker 铺条机
swathturner 草条翻晒机
swathturning 铺(草)条翻晒
sway-back ①马背凹陷 ②羊缺铜病
sway bar (悬挂装置)锁定斜杆
sway chain (悬挂装置)限位链

sway control （坡地机械）横位调节
sweat ①汗，出汗 ②凝结水
sweat bees（= halictid bees） 隧蜂科［Halictidae］
sweat gland 汗腺
sweating out 渗出的（exsudans）
sweating process ①发汗法 ②（脱水蔬菜）回软
sweaty 流汗的
swede（= rutabage, swedish turnip） 芜菁甘蓝［*Brassica napus* L. var. *rapifera* Metz. = *B. napobrassica* Mill.］（十字花科）
swede-like rape（= colza, rapeseed, coleseed） 欧洲油菜［*Brassica napus* var. *oleifera* DC.］
swede midge 甘蓝瘿蚊［*Contarinia nasturtii*（Kieffer）］
swede variety trial 芜菁甘蓝品种试验
Swedish bar（= stall bar） 畜栏支柱
Swedish clover（= Alsike clover） 杂三叶草［*Trifolium hybridum* L.］（豆科）
Swedish rack 瑞典式装草架
Swedish turnip（= sweae） 芜菁甘蓝
sweep ①除草铲 ②滑铲 ③扫，扫除 ④弯曲 ⑤摆动 ⑥流线型曲线 ⑦曲线板 ⑧视界 ⑨范围 ⑩扫描｛电脑｝
sweep arm auger unloader 转臂式螺旋卸载机
sweep auger 刮扫式输送螺旋
sweep blade 挖掘器铲刀
sweep elbow 巨肘弯管｛环保｝
sweep-fork feed 叉形喂送器
sweep frequency radar 扫描频率雷达｛遥感｝
sweep gate circuit 扫描门电路｛信息｝
sweep horsepower 环行式畜力驱动
sweep net ①地拉网｛水产｝ ②捕虫网
sweep plane 扫描面
sweep rake 集草器
sweep record 扫描记录
sweep speed 扫描速度
sweep stone picker 铲式清石机
sweep time range 扫描时间范围
sweep-type planter 垄播机
sweep width 扫描宽度
sweeper 清管器｛环保｝
sweeper harrow 拖板耙
sweeping net 捕虫网
sweeping reduction in price 大减价
sweeping reforms（= complete reforms） 彻底改革
sweeping stroke 一网打尽

sweet ①甜的（dulcis） ②香的（odorus），芳香的（fragrans），具香味的（odoratus）
sweet acacia 金合欢（荆球花）［*Acacia farnesiana* Willd.］（豆科）
sweet almond 甜扁桃
sweet almond oil（= almond oil） ［甜］扁桃仁油，巴旦杏仁油
sweet alyssum（= sweet alison） ①香雪球属［*Alyssum* Desv.］（十字花科） ②香雪球［*Lobularia maritima* Desv. = *Alyssum maritimum* Lam.］
sweet and sour garlic 糖醋蒜头（指糖醋渍的，腊八蒜）｛加工｝
sweet apple（= sugar apple） 番荔枝
sweet autumn clematis 圆锥铁线莲［*Clematis paniculata* Thunb.］（毛茛科）
sweet basil（= basil） ①罗勒属［*Ocimum* L.］（唇形科） ②罗勒（矮糠）［*Ocimum basilicum* L.］
sweet bay（= laurel bay） 月桂树［*Laurus nobilis* L.］（樟科）
sweet berry honeysuckle 蓝果金银花（蓝果忍冬）［*Lonicera caerulea* L.］（忍冬科）
sweet berry joinfir ①买麻藤属［*Gnetum* L.］（买麻藤科） ②买麻藤［*Gnetum indicum*（Lour.）Merr.］
sweet birch（= cherry birch） 矮桦
sweet box ①野扇花属［*Sarcococca* Lindl.］（黄杨科） ②野扇花［*Sarcococca ruscifolia* Stapf.］
sweet butter 甘性黄油，甜香黄油
sweet calamus（= sweet flag, sweet sedge, sweet root） 菖蒲（白菖）［*Acorus calamus* L.］（天南星科）
sweet camomile（= large camomile） 白花春黄菊［*Anthemis nobilis* L.］（菊科）
sweet cassava（= sweet manioc, aipi cassava） 甜木薯（埃及木薯）［*Manihot aipi*］（大戟科）
sweet cherry（= gean） 欧洲甜樱桃［*Cerasus avium L.*］（蔷薇科）
sweet cherry spider mite（= red spider mite） 山楂红蜘蛛［*Tetranychus viennensis* Zacher］（叶螨科）
sweet chestnut 甜栗（欧洲板栗）［*Castanea sativa* Mill.］（山毛榉科）
sweet cicely（= garden myrrh, sweet scented myrrh） 欧洲没药［*Myrrhis odorata* L.］（伞形花科）
sweet cider 甜苹果汁
sweet clockvine ①山牵牛属［*Thunbergia* Retz.］（爵床科） ②山牵牛［*Thunbergia*

fragrans Roxb.]

sweet clover ①草木犀属［*Melilotus* L.］（豆科）②草木犀［*Melilotus suaveolens* Ledeb.］

sweet clover aphid 草木犀采斑蚜（草蚜）［*Therioaphis riehmi*（Börner）］（蚜科）

sweet coneflower 香金花菊［*Rudbeckia subtomentosa* Pursh.］（菊科）

sweet corn（= sugar corn） 甜质种玉米（甜玉米）（禾本科）

sweet corn harvester 甜玉米收获机

sweet corn picker 甜玉米摘穗机

sweet corn Stewart's bacteria wilt 甜玉米枯萎病

sweet cup（= yellow granadilla） 樟叶西番莲［*Passiflora laurifolia* Lill.］（西番莲科）

sweet ensilage 甜青贮料

sweet false chamomile ①母菊属［*Matricaria* L.］（菊科）②母菊［*Matricaria chamomilla* L.］

sweet fennel 茴香［*Foeniculum vulgare* Mill.］（伞形花科）

sweet flag ①菖蒲属［*Acorus* L.］（天南星科）②菖蒲（白菖）［*Acorus calamus* L.］

sweet four-o'clock 长筒紫茉莉［*Mirabilis longiflora* L.］（紫茉莉科）

sweet-fruited 甜果的（hedycarpus, glycycarpus）

sweet gale 香杨梅［*Myrica gale* L.］（杨梅科）

sweet gale family 杨梅科［Myricaceae］

sweet grass ①甜茅属［*Glyceria* L.］（禾本科）②甜茅［*Glyceria acutiflora* Torr.］

sweet gum（= alligator tree） 胶皮糖香树（美国枫香）［*Liquidambar styraciflua* L.］（金缕梅科）

sweet gum tree ①枫香树属［*Liquidambar* L.］（金缕梅科）②枫香树［*Liquidambar formosana* Hance］

sweet honeysuckle ①忍冬属［*Lonicera* L.］（忍冬科）②忍冬（金银花）［*Lonicera japonica* Thunb.］

sweet humus 温性腐殖（植）质

sweet jasmine 金茉莉（浓香探春，黄素馨）［*Jasminum odoratissimum* L.］（木犀科）

sweet knot 甜实（烈味多孔菌）［*Polyporus graveolens*（Schw ex Fr.）Fr.］

sweet leaf（= sweetleaf） ①山矾属［*Symplocos* Jacq.］（山矾科）②山矾［*Symplocos caudata* Wall.］

sweet leaf composite 甜叶菊［*Stevia rebaudiana* Hertoni］（菊科）

sweet leaf family 山矾科［Symplocaceae］

sweet-leaved 甜叶的（glycyphyllus）

sweet lemon 甜柠檬［*Citrus limetta* Risso］（芸香科）

sweet lime 甜来檬（来姆）［*Citrus limettioides* Tonaka］（芸香科）

sweet lime oil 甜来檬油

sweet locust（= honey locust） 美国皂夹

sweet marigold 香叶万寿菊［*Tagetes lucida* Cav.］（菊科）

sweet milk 鲜乳

sweet mock-orange 西洋山梅花［*Philadelphus coronarius* L.］（虎耳草科）

sweet morjoram 圆马珠草［*Origanum majorana* L. = *Majorana hortensis* Moench.］（唇形科）

sweet must 甜果汁（指苹果汁、葡萄汁或梨汁）{加工}

sweet oats（= naked oats） 裸燕麦（莜麦，油麦）［*Avena nuda* L.］（禾本科）

sweet oil 橄榄油

sweet orange 甜橙［*Citrus sinensis* Osbeck. = *C. aurantium* var. *sinensis* L.］（芸香科）

sweet orange marmalade 甜橙果膏

sweet orange oil 甜橙油

sweet orange wax scale 甜橙龟蜡蚧［*Ceroplastes sinensis* Del Guercio］

sweet osmanthus（= fragrant flower） 桂花（木犀）［*Osmanthus fragrans* Lour.］（木犀科）

sweet pea ①香豌豆属（山黧豆属）［*Lathyrus* L.］（豆科）②香豌豆［*Lathyrus odoratus* L.］③山黧豆［*Lathyrus palustris* L.］

sweet pepper（= sweetbell, redpepper） 灯笼椒（狮头辣椒、甜辣椒）［*Capsicum frutescens* L. var. *grossum* Bailey］（茄科）

sweet pitcher-plant 红瓶子草［*Sarracenia rubra* Walt.］（瓶子草科）

sweet potato 甘薯（白薯，白苕，红苕）［*Ipomoea batatas* Poiret］（旋花科）

sweet potato agrotechnique 甘薯栽培技术

sweet potato beetles（= tortoise beetles, "gold bugs"） 龟甲科［Cassididae］

sweet potato bent-cutting 甘薯船底插

sweet potato borer 甘薯茎螟［*Omphisa illisalis* Walker］（野螟科）

sweet potato breeding 甘薯育种

sweet potato breeding garden 甘薯育种圃

sweet potato breeding procedure 甘薯育种步骤（方法）
sweet potato bug 甘薯褐黄缘蝽[*Coreocoris fuscus* Thunberg]（缘蝽科）
sweet potato cellar 甘薯窖
sweet potato clone 甘薯无性系，甘薯克隆{农生技}
sweet potato cloning 甘薯无性繁殖，甘薯克隆[化]{农生技}
sweet potato closing of vine 甘薯封垄
sweet potato creeper (=sweet potato vine) 甘薯藤
sweet potato depth of bent cutting 甘薯船底插深度
sweet potato depth of vine layer 甘薯插蔓深度
sweet-potato digger 甘薯挖掘器
sweet potato field storage 甘薯露地贮藏
sweet potato flea beetle 甘薯跳甲[*Chaetocnema confinis* Crotch]（跳甲科）
sweet potato genus hybridization 甘薯属间杂交
sweet potato grader 甘薯分级机，甘薯分选机
sweet potato grafting hybrid 甘薯嫁接杂种
sweet potato grain moth 甘薯麦蛾[*Brachmia triannuolla* Herrich-Schaffer]（麦蛾科）
sweet potato grater 甘薯磨碎机
sweet potato growing ①甘薯栽培 ②甘薯栽培学
sweet potato growing space 甘薯营养面积
sweet potato hornworm ①甘薯色带天蛾（甘薯角虫）[*Agrius cingulatus* F.]（天蛾科）②旋花天蛾[*Herse convolvuli* Linné]（天蛾科）
sweet potato hybrid vigor (=sweet potato heterosis) 甘薯杂种优势
sweet potato internal cork virus 甘薯内木栓病毒
sweet potato leaf beetle 甘薯蓝绿叶甲[*Typophorus viridicyaneus* (Crotch)]（甲叶科）
sweet potato leaf folder ①甘薯[寒地]麦蛾[*Brachmia trianuella* Herrich Schaffermüller] ②甘薯暖地麦蛾[*Brachmia macroscopa* Meyrick]（麦蛾科）
sweet potato leaf miner 甘薯斑叶潜蛾[*Bedellia archilella* Wishm.]（潜蛾科）
sweet potato leaf roller 甘薯卷螟[*Pilocrocis tripunctata* (Fabricius)]（卷蛾科）
sweet potato leaf worm 甘薯烦夜蛾[*Anophia leucomelas* Linnaeus]（夜蛾科）
sweet potato lifter 甘薯挖掘铲
sweet potato mosaic 甘薯花叶病[Ipomoea virus]（病毒病害）
sweet potato oval shield leaf beetle 甘薯卵盾龟甲[*Aspidomorpha areata* Klug]（龟甲科）
sweet potato plume-moth 甘薯羽蛾[*Pterophorus monodactylus* L.]（羽蛾科）
sweet potato replanting 甘薯补栽
sweet potato ridge culture 甘薯起垄栽培
sweet potato ridger 甘薯作垄机
sweet potato ridging 甘薯作垄
sweet potato root borer 甘薯根螟[*Omphisa illisalis*(Walker)]（螟蛾科）
sweet potato root tuber 甘薯块根
sweet potato rot 甘薯腐烂
sweet potato scurf 甘薯黑痣病[*Monilochaetes infuscans* Ell. et Halst.]
sweet potato shoot 甘薯苗
sweet potato shoot pulling 甘薯拔苗（秧）
sweet potato slice 甘薯片，薯干
sweet potato slicer 甘薯切片器
sweet potato soft rot 甘薯软腐病[*Rhizopus nigricanus* Ehren.]
sweet potato space between hills 甘薯穴距
sweet potato space between rows 甘薯行距
sweet potato sport 甘薯芽变
sweet potato starch 甘薯淀粉
sweet potato starch processing 甘薯[淀]粉加工{加工}
sweet potato stem borer ①甘薯蔓野螟[*Omphisa anastomosalis* (Guenée)] ②甘薯暗螟[*Megastis grandalis* Guenée]（野螟科）
sweet potato stem nematode disease 甘薯茎线虫病
sweet potato syntomid 甘薯橙斑鹿蛾[*Euchromia horsfieldi* Mr.]（鹿蛾科）
sweet potato tillage (=sweet potato preparation of soil) 甘薯整地
sweet potato times of shoot pulling 甘薯拔苗（秧）次数
sweet potato times of vine turning 甘薯翻蔓次数
sweet potato tortoise beetle ①甘薯四点龟甲[*Aspidomorpha miliaris* Fabricius] ②甘薯三点龟甲[*Coptocycla 3-vittata* Fabricius]（龟甲科）
sweet potato vegetative-hybrid 甘薯无性杂交
sweet potato vegetative-propagation 甘薯无性繁殖
sweet potato vine 甘薯蔓

sweet potato vine borer 甘薯蔓野螟[*Omphisa anastomosalis*(Guen.)](野螟科)

sweet potato vine turning 甘薯翻蔓

sweet potato washer 甘薯洗涤机,甘薯清洗机

sweet potato weevil 甘薯小象甲[*Cylas formicarius elegantulus*(Summers)](象甲科)

sweet potato wire worm 甘薯金针虫[*Melanotus caudex* Lewis](叩甲科)

sweet protein 甜蛋白[质]

sweet reseda 木犀草[*Resedaodorata*](豆科)

sweet rocket 紫花香芥(欧亚香花芥)[*Hesperis matronalis* L.](十字花科)

sweet-rooted 甜根的(glycyrrhizus)

sweet sansevieria 香虎尾兰[*Sansevieria thyrsiflora* Thunb.](百合科)

sweet scabious 轮锋菊(紫盆花,松虫草)[*Scabiosa atropurpurea* L.](川续断科)

sweet scented basil 丁香罗勒[*Ocimum gratissimum* var. *suave*(Wilid.) Hook. f.](唇形科)

sweet-scented bedstraw 三花猪殃殃[*Galium criflorum* L.](茜草科)

sweet-scented bush ①洋腊梅属[*Calycanthus* L.](腊梅科) ②洋腊梅[*Calycanthus occidentalis* Hook. et Arn.]{分类}

sweet-scented bush family 腊梅科[Calycanthaceae]

sweet-scented marigold 香叶万寿菊[*Tagetes lucida* Cav.](菊科)

sweet-scented oleander 夹竹桃[*Nerium indicum* Mill.](夹竹桃科)

sweet-scented rice 芳香米

sweet-scented shrub ①多香果属[*Pimenta* Lindl.](桃金娘科) ②多香果[*Pimenta officinalis* Berg. = *P. dioica* Lindl.]

sweet-scented verbena (= lemon verbena) 防臭木

sweet silo 甜土青贮窖

sweet smelling 香甜的(hedyosmus)

sweet soil 甜土

sweet sorghum (= sugar milet) 甜高粱(禾本科)

sweet spire ①鼠刺属[*Itea* Gronov. et L.](鼠刺科) ②鼠刺[*Itea chinensis* Hook. et Arn.]

sweet spire family 鼠刺科[Escalloniaceae]

sweet Sudan 甜苏丹(苏丹草品种)

sweet sultan 香芙蓉[*Centaurea moschata* L.](龙胆科)

sweet taste 甜味

sweet tussock (= bulbous blue grass) 鳞茎早熟禾

sweet variety 甜味品种(木薯)

sweet vernal-grass (= sweetscented vernal grass) 黄花茅[*Anthoxanthum odoratum* L.](禾本科)

sweet-vetch ①岩黄芪属[*Hedysarum* (Tourn.) L.](豆科) ②岩黄芪[*Hedysarum esculentum* Ledeb.]

sweet viburnum 珊瑚树[*Viburnum odoratissimum* Ker](忍冬科)

sweet violet 香堇菜[*Viola odorata* L.](堇菜科)

sweet water 淡水,饮用水

sweet white violet 白香堇菜[*Viola blanda* Willd.](堇菜科)

sweet william 美国石竹(美人草)[*Dianthus barbatus* L.](石竹科)

sweet william catchfly (= sweet William silene) 捕虫瞿麦(高雪轮)[*Silene armeria* L.](石竹科)

sweet william phlox 穗花福禄考[*Phlox divaricata* L.]

sweet wine 甜酒

sweet wood (= bay tree, Grecian laurel) ①月桂树属[*Laurus* R. Br.](樟科) ②月桂树[*Laurus nobilis* L.]

sweet wood bark 加斯加利刺[*Croton eluteria* Benn.](大戟科)

sweet woodruff 香车叶草[*Asperula odorata* L.](茜草科)

sweetened 使甜的

sweetened condensed milk 甜炼乳

sweetened with sugar 加糖使甜的

sweetener 增甜剂,甜化剂

sweetening 音效优化{电脑}

sweetness 甜味,甜性

sweetroot ①香根芹属[*Osmorhiza* Rafin.](伞形花科) ②香根芹[*Osmorhiza amurensis* Fr. Schmidt]

sweetsop (= sugar apple) 番荔枝

swell ①长浪,涌 ②膨胀

swelled butt 干脚、脚材

swellfish 圆鲀(河豚)[*Spheroides maculatus* (Bloch et Schneider)](水产)

swelling ①膨胀 ②肿胀 ③隆起,突起 ④增大,加大

swelling agent 膨胀剂

swelling cans 膨胀罐头

swelling capacity 膨胀量

swelling index 膨胀指数
swelling movement 膨胀运动
swelling of soil 土壤膨胀
swelling of wood 木材膨胀
swelling pressure 膨胀压
swelling ratio 膨胀比
swelling stress 膨胀应力
swelling test 膨胀试验
swep 灭草灵（除草剂）[$C_8H_7Cl_2NO_2$]
swept 扫描面{电脑}
swept volume （气缸）排量
swift change 骤变
swifts（= hepialid moth） 蝙蝠蛾科[Hepialidae]
swillings 洗锅水，涮锅水，泔水，泔脚饲料
swim ①浮动，游动 ②漂移
swim-bladder 鳔
swimming ①游泳 ②浮游
swimming leg 游泳足
swimming-pool 游泳池{环保}
swimming rake 浮游挡材
swine（= pig） 猪[*Sus scrofa* var. *domestica*]（猪科）
swine breeder ①养猪饲养员 ②猪育种工作者
swine breeding ①猪育种 ②猪育种学 ③养猪业
swine cholera 猪霍乱
swine dysentery 猪痢疾
swine enzootic pneumonia 猪流行性肺病（炎）
swine erysipelas（= diamond skin disease） 猪丹毒
swine-fever（= hog cholera, swine pest）猪瘟（pestis suum）
swine housing ①养猪设施{农施} ②猪舍饲{畜}
swine infectious atrophic rhinitis 猪萎缩性鼻炎
swine influenza 猪流行性感冒
swine kidney worm 硬口虫
swine pasteurellosis 猪巴氏杆菌病
swine plague 猪出血性败血病
swine pox（= pig pox） 猪痘[*Variola suilla*]
swine rearing 养猪，猪饲养
swine scale 称猪器，猪秤
swine vesicular disease 猪水疱病
swineherd 养猪饲养员，牧猪工
swinery 养猪场
swine's grass（= knot weed） 萹蓄
swing ①摇动，摆动，振动 ②旋转，回转，运转 ③旋动，旋律
swing arm sprinkler 摇臂式喷灌器
swing-around stacker 转臂式垛草机
swing bar buffer mechanism 摆杆式缓冲机构
swing beater grinder 活动锤式击碎机
swing-beater pulverizer 摆锤式粉碎机
swing circle 回转盘
swing crane（= slewing crane） 旋臂起重机，回转式起重机
swing frame 摆架
swing hay stacker 摆动式干草堆垛机
swing mechanism 回转机构
swing-out microtiter plate rotor 甩平式微量滴定板转头{生技}
swing-out rotor 甩平式转头（指离心机上的）
swing-pipe 挂旋管{环保}
swing plough 摆杆步犁
swing sample pipe 挂旋取样管{环保}
swing through method 贯彻挥枪法
swingback blade ①梿枷式刀片 ②摆动式间苗铲
swingback safety release （工作部件）摆回式安全器
swinging ①摆动的（versatilis） ②振动的，颤动的（vacillans）
swinging arm magnetic tape unit 摆臂式磁带机{电脑}
swinging-arm type transplanting mechanism 单排直插式插秧机构，摆臂式插秧机构
swinging boom stacker 转臂式垛草机
swinging-bucket ditch cleaner 摆斗式清沟机
swinging-bucket rotor 吊桶式转头，浮桶式转头{生技}
swinging conveyor 摆动式输送器
swinging delivery tray 摆动输送盘，摆动转移托盘{电脑}
swinging draw bar 摆动式联结装置
swinging hammer 活动锤片
swinging hitch 摆式联结器
swinging machine ①打麻机 ②弹棉机
swinging plate anemometer 风压风速仪
swinging wet masher 摆动式湿混合饲料搅拌机
swingle ①打麻机 ②（梿枷）打禾辊
swingle tree ①[大车]轭，曲木，横木 ②架辕木
swingler 打麻人
swingle's kumquat 长叶金柑（马来亚金柑）[*Fortunella polyandra* Tan.]（芸香科）
swirl 涡流，旋涡
swirl-core noggle 涡流芯式喷头
swirl crotch 涡卷纹
swirl grain 涡旋纹理
swirl nozzle 旋流喷嘴
swirl plate （喷雾机）涡流片，旋流片

swirl-type atomizer 旋流式弥雾机
swirler ①旋流器 ②离心式喷雾器
swirling 涡流,旋涡
swirling chamber 涡流室
swirling-jet nozzle 旋射喷嘴
Swiss agriculture 瑞士农业
Swiss centaury ①祁州漏卢属［*Rhaponticum* Adans.］(菊科) ②祁州漏卢［*Rhaponticum uniflorum* (L.) DC.］
Swiss chard 甜菜(糖萝卜,瑞士甜菜)［*Beta vulgaris* var. *rapa* Dumart.］(藜科)
Swiss forget-me-not 瑞士勿忘草［*Myosotis dissitiflora* Baker］(紫草科)
Swiss mountain pine 中欧山松［*Pinus mugo* Turra＝*P. montana* Mill.］(松科)
Swiss Prot Protein Sequence Database 瑞士保护蛋白质序列资料库(由欧洲分子生物学实验室主持){分生}
Swiss stone pine 瑞士五针松［*Pinus cembra* L.］(松科)
switch ①枝条,软枝,嫩枝 ②(牛)尾梢 ③开关,转换开关 ④转辙器 ⑤转变,改变 ⑥转接
switch apparatus 开关设备
switch board 配电盘
switch-board dam 挡板坝
switch box ①配电箱 ②开关柜{环保}
switch cross 反转杂交
switch gear 开关设备{环保}
switch gene 开关基因
switch machine 转辙机{环保}
switch network 交换网络{信息}
switch-off 断开(指开关)
switch-on 接通(指电话)
switch-over ①翻转,换位{生技} ②切换,转换,转接{信息}
switch over to substitute crops 换茬{栽培}
switch region 转换区{生技}
switch register (SR) 开关寄存器{信息}
switch-sorrel ①车桑仔属［*Dodonaea* L.］(无患子科) ②车桑仔(坡柳)［*Dodonaea viscosa* L.］
switch tie 转辙枕木,岔枕(木材)
switch to a new type 繁育新品种
switch window 切换窗口{电脑}
switchable mode line 交换方式路线{信息}
switchable protein 开关蛋白{分生}
switchboard 交换机,总机{信息}
switchboard dial 交换机拨号盘
switchbox routing 四边通道布线{信息}
switched ①交换的,切换的 ②开关的
switched circuit 交换电路,开关电路{信息}
switched communication network 交换通信网[络]
switched connection 交换连接
switched line 交换线路
switched multimegabit data service (SMDS) 多兆位数据交换服务
switched telecommunication network 交换型长途通信网[络]
switched telephone network 电话交换网
switchgrass 柳枝稷［*Panicum virgatum* L.］(禾本科)
switching ①开关 ②切换 ③变换,转换
switching center 交换台,交换中心,转换中心{信息}
switching computer port 交换计算机出入口
switching diode 开关二极管
switching network 交换网络{信息}
switching-out rate 转出率(指电话接通转出的)
switching pad 开关减弱器
switching transistor 开关晶体管
switchover ①翻转机构,换位机构 ②起动机
swivel ①球铰节,销铰节,转节 ②旋转,回转 ③转体 ④转动接头
swivel bearing 旋转轴承
swivel cougling 摆动接头
swivel disk colter 自位圆犁刀
swivel disk jointer 立式小前犁,自位式圆盘小前犁
swivel joint 旋转接合(杠)
swivel plough (＝swivel plow) 转壁双向犁
swivel point 转轴点
swivel replication 转轴复制
swivel sprinkler 旋转式喷灌机
swivel wheel 自位轮
swivelase 转轴酶
swiveling 转动的
swiveling discharge spout 转动卸粮管
swiveling jib (起动机)转臂
swollen ①膨大的(inflatus) ②肿胀的(tumidus)
swollen grain 膨胀子粒(granum inflatum)
swollen internode 膨大节间(internodium inflatum)
swollen lenticel 膨胀皮孔,肿胀皮孔(lenticella tumida)
swollen seed 膨胀种子(semen inflatus)
swollen shoot 肿枝病(ramulus tumidus)
swollen-stalked cat 臌柄奕蘑(梭柄环蕈)［*Armillaria ventricosa* Peck.］(伞菌科)
swollen stemmed mustard 芜菁甘蓝(洋大头菜)［*Brassica napobrassica* Mill.］(十字花科)
sword bean ①刀豆属［*Canavalia* DC.］

（豆科）②（= sword jackbean）刀豆［*Canavalia gladiata* DC.］
sword-bearing 具剑的（ensifer）
sword brake 剑叶凤尾蕨［*Pteris ensiformis* Burum.］（凤尾蕨科）
sword fern ①肾蕨属［*Nephrolepis* Schott.］（骨碎补科）②肾蕨［*Nephrolepis cordifolia* Schott.］
sword jackbean（**sword bean**） 刀豆［*Canavalia gladiata* DC.］（豆科）
sword leaf 剑叶（follum ensifere）
sword-leaf cymbidium 建兰［*Cymbidium ensifolium*（L.）Sweet］（兰科）
sword-leaf willow 剑叶柳［*Salix subfragilis* Anders］（杨柳科）
sword-leaved 剑叶的（ensifolius）
sword-like 剑形的（ensiformis）
sword-like atrctylodes 茅术［*Atrctylodes lancea* DC.］（菊科）
sword lily 唐菖蒲［*Gladiolus gandavensis* van Houtt.］（鸢尾科）
sword opener（= suffolk opener） 立剑式开沟器
sword-shaped 剑形的（ensiformis）
sword-shaped leaf 剑形叶（folium ensiforme）
sword sucker 剑芽（指香蕉）（ensisurculus）
swordflag ①鸢尾属［*Iris* L.］（鸢尾科）②鸢尾［*Iris tectorum* Maxim.］
swordflag family 鸢尾科［Iridaceae］
Sx（= standard error） 标准误差
Sxp-30 斯字 30（美国棉花品种）
sycamore（= plane tree） 美国梧桐（美国悬铃木）［*Platanus occidentalis* L.］（悬铃木科）
sycamore lace bug 美国梧桐网蝽［*Corythucha ciliata*（Say）］（网蝽科）
sycamore maple（= great maple） 悬铃木槭（大槭树，山槭，七裂槭）［*Acer pseudoplatanus* L.］（槭科）
sycon ①隐头花序 ②隐头果（syconium）
syconium（= sycon，hypanthodium） 隐头花序
syconus 隐头果
sycosis 须癣
Sydney golden wattle 悉尼相思树［*Acacia longifolia* Willd.］（豆科）
syenite 正长岩〔地质〕
sygamus 比翼［线虫］属
syllable ①字节 ②节拍〔电脑〕
syllable reader 字节阅读器
syllogam 三段论〔信息〕
sylloge 总汇，总集
sylphon ①空盒〔气象〕②气咙〔物〕
sylva ①森林 ②林木志
sylvan 森林生的（silvaticus，nemorosus）
sylvestre soil（= forest soil） 森林土
sylvestrene 枞萜［$C_{10}H_{16}$］
sylvestris persimmon 山柿［*Diospyros kaki* var. *sylvestris* Makino］（柿科）
sylvicultural reclamation 造林垦殖
sylvine 钾盐［KCl］
sylvinite 钾［石］盐，氯化钾盐［KCl · NaCl］
sylvite 钾盐
sylvogenic soil 森林土
sym- ⌞字头⌝共，合，同
Symba process 西姆巴法（指淀粉发酵）
symbase（= symbasis） 联基
symbasic 联基的（symbasicus）
symbiogenesis 共同发生
symbiont ①共生体，共生生物 ②共存程序（symbions）
symbiont control 共存控制〔电脑〕
symbiont kappa 共生体卡巴粒
symbiont program 共存程序
symbiophile 菌根层担子菌
symbiosis 共生现象
symbiosis theory 共生学说
symbiosomal 共生物体的（symbiosomalis）
symbiosomal membrane 共生物体膜，共生体膜
symbiosomal space 共生物体空间，共生体空间
symbiosome 共生物体，共生体（symbiosoma）
symbiotic ①共生的 ②共存的（symbioticus）
symbiotic action 共生活动
symbiotic bacteria 共生细菌（bacteria symbioticae）
symbiotic bacteriophage 共生噬菌体（bacteriophagus symbioticus）
symbiotic carbon-heterotrophic nitrogen-fixing organism 共生碳异养固氮生物
symbiotic inheritance 共生遗传
symbiotic mange mite of goat 山羊皮痒螨［*Chorioptes caprae*（Delaf）］（痒螨科）
symbiotic mange mite of rabbit 兔皮痒螨［*Chorioptses cuniculi*（Zürn）］（痒螨科）
symbiotic nitrogen fixation 共生固氮
symbiotic nitrogen fixer 共生固氮生物
symbiotic nitrogen-fixing organism 共生固氮生物

symbiotic origin of mitochondria 线粒体的共生起源
symbiotic plant 共生植物（planta symbiotica）
symbiotic relation 共生关系
symbiotic relationship 共生相互关系
symbiotic saprophitism 共生腐生现象
symbiotic system 共生系统（systema symbiotica）
symbiotrophic 共生营养的（symbiotrophicus）
symbiotrophism 共生营养现象（symbiotrophismus）
symbiotrophy 共生营养（symbiotrophia）
symbol ①符号，记号 ②象征，预兆 ③代表物，目的物（symbola）
symbol font 符号字体，符号字型
symbol plot 字符图像｛遥感｝
symbol system of plasmon factor 质粒基因组因子的符号系统
symbolization 符号化，用符号表示（symbolisatio）
symbols used in human cytogenetics 应用于人类细胞遗传学的符号
symgamy 配子配合（symgamia）
symmetric（= symmetrical） 对称的（symmetricus）
symmetric adjustment 对称调整
symmetric anhydride 对称酸酐
symmetric center 对称中心
symmetric chromosome 对称染色体
symmetric circuit 对称电路
symmetric double-sized ring chromosome 对称双倍大的环染色体
symmetric exchange 对称交换
symmetric genetic transcription 对称遗传转录｛分遗｝
symmetric grand period of growth 对称大生长期
symmetric interchange 对称互换
symmetric karyotype 对称染色体组型，对称核型
symmetric kernel 对称核｛遥感｝
symmetric lens 对称透镜
symmetric nucleotide sequence 对称核苷酸序列｛分遗｝
symmetric part 对称部分
symmetric reciprocal translocation 对称相互易位｛遗传｝
symmetric replication 对称复制
symmetric successive overrelaxation（SSOR） 对称逐次超松弛
symmetrical（= symmetric） 对称的（symmetricus）
symmetrical arrangement 对称排列
symmetrical balance 对称平衡
symmetrical breakage 对称断裂
symmetrical chiasma 对称交叉（chiasma symmetrica）｛细胞｝
symmetrical chromatid exchange 对称染色单体交换
symmetrical compression 对称压缩
symmetrical curve 对称曲线
symmetrical flower 对称花（flos symmetricus）
symmetrical fold 对称褶曲
symmetrical incomplete blocks 对称不完全区组
symmetrical incomplete blocks experiment 对称不完全区组试验
symmetrical inversion 对称倒位，臂间倒位
symmetrical motion 对称运动
symmetrical network 对称四端网络｛信息｝
symmetrical plane 对称面（planus symmetricus）
symmetrical polynomial 对称多项式
symmetrical profile 对称剖面
symmetrical second division 对称第二次分裂（divisio secunda symmetrica）｛细胞｝
symmetrical stage 对称期（staticum symmetricum）
symmetrical star-shaped figure 对称星形象
symmetrical state 对称态（status symmetricus）
symmetrical style 对称式（stylus symmetricus）
symmetrical transcription 对称性转录｛分遗｝
symmetrical type 对称型
symmetrically distribution 对称分布｛统计｝
symmetry 对称性（symmetria）
symmetry axis 对称轴
symmetry concentration 对称浓度
symmetry operation 对称操作
symmetry orbital 对称轨道
symmetry points 对称点
symmetry value 对称值
sympathetic ［nervous］ system 交感神经系［统］
sympathetic（= sympathetical） ①赞同的 ②共振的，共鸣的 ③交感的，感应的，和谐的，和应的 ④引发的（sympatheticus）
sympathetic discharge 引发闪电
sympathetic earthquake 和应地震
sympathetic resonance 和应共振
sympathetic vibration 和应振动

sympatheticoadrenomedullary system 交感神经肾上腺髓质系统
sympathin 交感神经素,去甲肾上腺素
sympathoinhibitor 交感抑制剂
sympathominetic 类交感神经的
sympatric 分布区重叠的,同地的(sympatricus)
sympatric gene exchange 分布区重叠基因交换,同地基因交换
sympatric hybridization 同地杂交
sympatric population 分布区重叠群体,同地群体
sympatric progression 分布重叠渐渗,同地渐渗
sympatric speciation 同地物种建成
sympatric species 分布区重叠种,同地种(species sympatricus)
sympatry 分布区重叠性,同地性(sympatria)
sympeda 交叉对称
sympetal 合瓣(sympetalum)
sympetalous 合瓣的(sympetalus)
sympetalous corolla 合瓣花冠(corolla sympetala)
sympetalous flower (= sympetal flower) 合瓣花(flos sympetalus)
sympetaly 合瓣式(sympetalia)
symphenologic 对称物候学的(symphenologicus)
symphenologic diagram 对称物候学图解(diagramma symphenologicus)
symphiantherous 聚药的(symphiantherus)
symphilogenetic (= symphyogenetic) 联生的(symphilogeneticus)
symphycarpous (= symphyocarpus) 聚合果的(symphicarpus)
symphylans 综合纲[Symphyla]
symphyllode (= symphyllodium) 珠鳞,球鳞(symphyllodium)
symphyllous ①联生叶的 ②合被的(symphyllus)
symphyostemonous 联生雄蕊的(symphyostemonus)
symphysis ①拼生,合生,联生{形态} ②缝合(骨){医}
sympilate 具合基柱的(sympilatus)
symplasm 合胞体,共质(symplasma)
symplast 共质体(symplastis)
symplast pathway 共质体途径
symplast route 共质体路线
symplast translocation 共质体转移{生态生理}
symplastic 共质体的(symplasticus)
symplastic growth 协同生长(vegetatio symplastica)
symplastic state 共质态(status symplasticus)
symplastic transport 共质体转运
symplex method 对称法{农施}
symplocos ①山矾属[*Symplocos* Jacq.](山矾科) ②山矾[*Symplocos caudata* Wall.]
symplocos family 山矾科[Symplocaceae]
sympode 合轴(sympodium)
sympodial 合轴的(sympedialis)
sympodial branch 合轴枝(ramus sympodialis)
sympodial branching ①合轴分枝 ②合轴分枝式(ramificatio sympodialis)
sympodial dichotomy 合轴二歧式(dichotomia sympodialis)
sympodial inflorescence 合轴花序(inflorescentia sympodialis)
sympodial type 合轴型(指竹地下茎生长类型)
sympodium 合轴
symport 同向转运,同向转移
symport mechanism 同向转运机制{生态生理}
symposium 学术讨论会
symptom ①症状,症征 ②征兆,征象 ③故障现象(symptoma)
symptom of damage 损伤症状
symptom of disease 病征,病症状
symptom of mineral deficiency 要素缺乏症,矿质营养元素缺乏症
symptom of mineral element deficiency 矿质元素缺乏症状
symptom of mineral toxicity 矿质毒性症状(指无机营养元素过剩症的症状)
symptom of nutritional deficiency 营养缺乏症状
symptom of overfishing 渔捞过度迹象
symptomatic anthrax 气肿疽,黑腿病
symptomatology 症状学(symptomatologia)
symsepal 合萼(symsepallum)
syn- ⌞字头⌝ ①共,同,合 ②顺式
SYN ①(= synchronism) 同步[性],周期 ②(= synchronize) 同步 ③(= synchronizer) 同步器 ④(= synchronizing sequence) 同步序列{信息}
Syn-1 合成品种第一代
Syn-2 合成品种第二代
Syn-3 合成品种第三代

synacme (花粉,柱头)雌雄同熟(synacma)
synacmy 雌雄同熟性(synacmia)
synalbumin 抗胰岛素
synandrium 聚药
synandrous 聚合雄蕊的(synandrus)
synandry 聚药式(synandria)
synangial wall 聚合囊壁(paries synangialis)
synangium 聚合囊
synantherous 聚药的,聚生雄蕊的(synantherus)
synanthesis (雄蕊,柱头)同时成熟[现象]{遗传}
synanthic 联生花的(synanthicus)
synanthody 联生花式(synanthodia)
synapsin 突触蛋白,突触素
synapsin Ⅰ 突触素Ⅰ
synapsis ①联会{遗传}②突触{物}
Synapsis Club 植物育种学会
synapsis of chromosome 染色体联会
synapsis stage 联会期
synaptene 偶线{细胞}
synaptene stage 偶线期
synaptic ①联会的{遗传}②突触的{物}(synapticus)
synaptic area 联会区
synaptic cleft 突触间隙
synaptic delay 联会延搁
synaptic gene 联会基因
synaptic junction 联会接合
synaptic knob 联会小体
synaptic plane 联会面
synaptic plasticity 突触可塑性
synaptic potential 突触电位
synaptic stage 联会期
synaptic transmission 突触传递
synaptic transmitter 突触递质
synaptic vesicle 突触小泡
synaptic weight 突触权重
synaptogenesis 突触发生
synaptogenic 突触发生的(synaptogenus)
synaptolemma 突触膜
synaptomere 联会[染色]粒(synaptomera)
synapton 联会子
synaptonemal complex(sc) 联会[丝]复合物
synaptonemal complex relation to crossing over 联会[丝]复合物与交换的关系
synaptosome 突触小体(synaptosoma)
synaptospore 联会孢子(synaptospora)
synaptotene 花束期(synaptotena)
synascomycetes 集子囊菌类[Synascomycetes]
synascus 集子囊
sync(=synchronization) 同步{信息}
sync bit 同步位
sync byte 同步字节
sync channel 同步信道
sync character 同步字符
sync field 同步信息组
syncarcinogenesis 致癌增效作用
syncarp 合心皮果(syncarpium)
syncarpous 合心皮果的(syncarpus)
syncarpous fruit 合心皮果(frustus syncarpus)
syncarpous pistil 合心皮雌蕊(pistillum syncarpoum)
syncaryocyte 合核细胞(syncaryocyta)
syncaryon(=synkaryon) ①合子核②结合核
syncatalytic 共催化的(syncatalyticus)
syncephalic 复头的(syncephalus)
synch ①同步②同步信号{信息}
synch bit 同步信号位
synch point 同步点
synchorology ①植物时间分布史②群落分布学
synchro 同步机{信息}
synchrobox 同步装置
synchrocyclotron 同步回旋加速器
synchromesh 同步配合,同步啮合
synchronic 同步的(synchronus)
synchronic distance 同步距离
synchronic species 同步种(species synchronus)
synchronism 同步性,同时性(synchronismus)
synchronization(sync) 同步化,同期化(synchronisatio)
synchronization between processes 进程[间]同步[化]
synchronization code 同步[化]码{信息}
synchronization of bacterial growth 细菌生长同步化
synchronization of cultured cells 培养细胞同步化
synchronization of division 分裂同步化
synchronization of estrus 同期发情
synchronization of flowering 花期调节,开花同步化
synchronization of flushing and leaffall 萌芽与落叶同步化{生态生理}
synchronization of processes [各]进程同步化
synchronization of tasks 任务同步化

synchronization of temperature 温度同步化
synchronization operation ①同步操作 ②同步运算
synchronization point 同步点
synchronization pulse 同步脉冲
synchronization signal unit 同步信号单元
synchronization zone 同步区
synchronized 同步［化］的，使同时的(synchronisus)
synchronized bacterial culture 同步细菌培养
synchronized culture 同步培养
synchronized division 同步分裂
synchronized input logic 同步输入逻辑{信息}
synchronizer ①(换档)同步器，(方形穴播机)自动同步装置 ②同步因素
synchronizer sleeve 同步器啮合套
synchronizing bar (圆盘犁)同步杆
synchronizing beater 同步逐稿器
synchronizing flowering (雌雄花)同时开花
synchronizing sequence 同步序列
synchronogamy 雌雄花同熟(synchronogamia)
synchronous 同步的，同时的(synchronus)
synchronous bacterial culture 同步细菌培养
synchronous bus 同步总线{信息}
synchronous cell 同步细胞
synchronous change 同步变化
synchronous communication satellite 同步通信卫星{信息}
synchronous computer 同步计算机
synchronous data 同步数据
synchronous data link control protocol (**SDLC protocol**) 同步数据链路控制协议，SDLC 协议{信息}
synchronous demodulator 同步解调器{遥感}
synchronous development 同步发育
synchronous digital hierarchy (**SDH**) 同步数字层次化{信息}
synchronous division 同步分裂
synchronous DNA synthesis DNA 同步合成
synchronous drive 同步驱动，同步传动
Synchronous Earth Observation Satellite (**SEOS**) 地球同步观测卫星{遥感}
synchronous elongation 同步伸长
synchronous excitation spectroscopy 同步激发光谱学
synchronous growth 同步生长
synchronous meteorological satellite 同步气象卫星
synchronous mitosis 同步有丝分裂
synchronous mode 同步方式
synchronous motor 同步电动机
synchronous muscle 同步肌
synchronous optical network (**SONET**) 同步光纤网
synchronous orbit 同步轨道{遥感}
synchronous output logic 同步输出逻辑{信息}
synchronous restart 同步再起动
synchronous satellite 同步卫星，静止卫星{遥感}
synchronous single cell culture 同步单细胞培养
synchronous speed 同步转速
synchronous tracking computer 同步跟踪计算机
synchronous transmitter/receiver (**STR**) 同步收发机{信息}
synchronously emerging leaf 同伸叶
synchronously emerging tiller 同伸分蘖
synchrony 同步性(synchronism)
synchrophassotron 同步稳相加速器
synchroscope 同步示波器
synchrotron 同步加速器
synchrotron radiation 同步加速器辐射
synchrotron radius 同步加速器半径
synchrotron X-ray scattering 同步加速器 X 射线散射
syncladous 联生枝的(syncladus)
synclinal 向斜的(synclinalis)
synclinal conformation 向斜构象{分遗}
syncline 向斜
syncline fold 向斜褶曲
syncline mountain 向斜山
syncline ridge 向斜脊
synclinicolpate 具侧面接合沟的(synclinicolpatus)
synclinorate 具侧面接合的(synclinoratus)
synclinorium 复向斜
synclone 合核克隆，合核无性繁殖系{农生技}
syncolpate 具合沟的(syncolpatus)
SYNCOM (= sychronous communication) 同步通信{信息}
syncotyledonous 联生子叶的(syncotyledonus)
syncotyledons 联生子叶(syncotyledonae)
syncotyly 联生子叶式(syncotylia)
syncyte 合体细胞，多倍体细胞多核细胞(syncyta)
syncytiolysin 合体细胞溶素
syncytium 合胞体
syndactyl ①并指 ②并趾(syndactylum)

syndactylism ①并指现象 ②并趾现象(syndactylismus)
syndactyly ①并指 ②并趾 (syndactylia)
syndecan 多配体聚糖
syndeme 合成种 (syndema)
syndemicolpate 具半合沟的 (syndemicolpatus)
syndesine 联赖氨酸,羟赖氨醛醇
syndesis (=synapsis) 联会
syndet 合成洗涤剂{环保}
syndetocheillic 复唇的 (syndetocheillus)
syndiclis ①锡地樟属(合药樟属)[*Syndiclis* Hook. f.](樟科) ②锡地樟 [*Syndiclis chinensis* Allen]
syndiploid 共双倍体 (syndiploida){细胞}
syndiploidy 共双倍性,四倍性 (syndiploidas){细胞}
syndrome ①综合特征 ②症候群 ③并发症,综合征 ④出故障 (syndroma)
syndrome buffer 故障缓冲器{电脑}
syndrome decoding 故障译码
syndrome output 故障输出
syndromic pleiotropy 综合征多效性,假多效性
synechococcus ①聚球藻属 [*Synechococcus* spp.](藻类) ②聚球藻 [*Synechococcus* sp.]
synecology 群落生态学(synecologia)
synedra ①针杆藻属 [*Synedra* spp.](藻类) ②针杆藻 [*Synedra* sp.]
synedral (=synedrous) 角生的(synedrus)
synema 花丝柱
synephrine 脱氧肾上腺素
syneresis ①[胶体]脱水收缩,凝缩 ②凝溢
synergic 协作 [作用] (synergicus)
synergic effect 协作效应
synergid 助细胞 (synergida){细胞}
synergid haustorium 助细胞吸器 (haustorium synergicum){细胞}
synergid nuclei 助核 (nuclei synergicae){细胞}
synergish 助剂
synergism ①相生 [现象] ②协合作用,增效作用 ③共同作用 (synergismus)
synergist 增效剂,增强剂 (synergistus)
synergist for insecticide 杀虫剂的增效剂
synergistic 协同的,协作的 (synergisticus)
synergistic action 协同作用
synergistic effect 增效效应
synergistic inhibition 协同抑制 [作用]
synergistic reaction 协同反应
synergitic 协同性的 (synergiticus)
synergy 协合作用
synezis 凝线
syngameon ①杂配 ②杂婚
syngamete 同形配子 (syngameta)
syngamic 配子配合的 (syngamus)
syngamic sex determination 配子配合性决定
syngamodeme 杂交界限属
syngamosis 比翼线虫病
syngamy 配子配合(syngamia)
syngen ①同质基因个体群 ②同源
syngeneic 同源的(syngeneus){遗传}
syngeneic graft 同系移植
syngenesious 聚药的 (syngenesus)
syngenesious stamen 聚药雄蕊 (stamen syngenesus)
syngenesis ①配子发生 ②群落发生
syngenetic relation 血缘关系
syngenetics 群落遗传学 (syngenetica)
syngenic graft 同基因移植,等基因移植,同系移植
syngenote 合基因子(syngenota)
syngeothermal 等地温的,同地温的(syngeothermalis)
syngeothermal line 等地温线 (linea syngeothermalis)
syngonic 同性器生雌雄二型配子的(syngonus)
syngraft 同种同基因移植
syngraphic mapping system (**SYMAP**) 组合符号制图系统{智培}
synheterosis ①异型接合刺激 [作用] ②杂交优势刺激物
synisonym 共等名 (synisonymum){分类}
synizesis 凝线 (synisesis){细胞}
synizesis stage 凝线期
synkaryocyte 合子核细胞 (syncaryocyta)
synkaryon (=syncaryon) ①合子核 ②结合核
synkaryophyte 合子核体 (syncaryophyta)
synkaryosis 融合核作用 (syncaryosis)
synkaryotic 融合核的,结合核的(syncaryoticus)
synnema ①束丝,菌丝束 ②联丝体
synnematomycetes 束丝菌类
synocreate 具托叶鞘的 (synocreatus)
synoecious (=synoicous) ①雌雄异花同株的 ②雌雄同体的 (synoecius)
synoecy ①雌雄同体 ②雌雄异花同株 (synoecia)
synoicous 雌雄混生同苞的 (synoicus)
synomone 共激素
synonym ①同物异名 ②同义 (synonyma)
synonym chain 同义链{分遗}

synonymous ①同物异名的 ②同义的(synonymus)
synonymous codon 同义密码子{分遗}
synonymous mutation 同义突变
synopsis 天气{气象}
synoptic ①天气［图］的 ②综观的(synopticus)
synoptic analysis 天气［图］分析
synoptic chart 天气图
synoptic climatology 天气［图］气候学
synoptic collective message 综合天气情报
synoptic forecast 天气［图］预报
synoptic hour 基本天气观测时间
synoptic meteorology 天气［图］学(synoptometeorologia)
synoptic regime 天气［图］体系
synoptic situation 天气［图］形势
synoptic weather codes 天气电码
synoptics 天气学(synoptica)
synorientation 同极定向(synorientatio)
synovial fluid ①滑液②关节液
synparasitism 共寄生(synparasitismus)
synpathin 抑制交感素
synperiodic 同周期的(synperiodicus)
synperiplanar conformation 顺叠构象{分生}
synpetalous 合瓣的(synpetalus)
synphyllodium 球果鳞片
synphyllous 合被［片］的(synphyllus)
synphyllous perianth 合生花被
synplast 共质体(synplastus){细胞}
synprolan 促性腺激素增强因子
synptonemal complex 联会线复合体
synsepalous 合萼的(synsepalus)
synspermous 合种子的(synspermus)
synsporangia 复合孢子囊
synsporous 孢子交配的(synsporus)
syntaxin 突触融合蛋白
syntechnic 同境相似的(syntechnicus)
syntechny 同境相似(syntechnia)
syntelic 同极定向的(syntelicus){细胞}
syntelome 复合顶枝(synteloma)
syntenic ①同线的 ②同线座位(指人体染色体座位)(syntenicus)
syntenic locus 同线座位
synteny 同线性(指人体染色体)(syntenia)
syntexid wasps 彬蜂科[Syntexidae]
synthalin 十烷双胍［$H_2NC(NH)NH(CH_2)_5]_2 \cdot 2H_2O$
synthase 合酶
synthesis(S) ①合成［作用］②综合［作用］
synthesis column 合成反应塔
synthesis energy 合成能
synthesis-grade reagent 合成级试剂
synthesis method 合成法
synthesis of control system 控制系统的综合{电脑}
synthesis of fuzzy functions 模糊函数的综合
synthesis of photosynthate 光合产物合成
synthesis of transfer RNA 转移RNA合成
synthesis of urea 脲合成
synthesis-oriented decision 综合型决策{农系工}
synthesis phase(s-phase) 合成期
synthesize enzyme 合成酶
synthesized hybrid 综合杂种
synthesized mRNA molecule 合成mRNA分子
synthesized RNA 合成RNA
synthesizer 合成仪
synthetase 合成酶
synthetase in chloroplast 叶绿体合成酶
synthetic(=synthetical) ①综合的 ②合成的(syntheticus)
synthetic activity 合成活性
synthetic agar 合成琼脂
synthetic alloploid 合成异源倍体
synthetic ammonia 合成氨
synthetic analyser 合成分析器
synthetic antigen 合成抗原
synthetic aperture radar(SAR) 合成孔径雷达{遥感}
synthetic approach 综合方法
synthetic auxin 合成植物生长素
synthetic breed 合成品种{畜}
synthetic butter 人造黄油,合成黄油
synthetic camphor 合成樟脑
synthetic capability 合成能力,合成本领
synthetic character 综合性状
synthetic chelating agent 合成螯合剂
synthetic chemistry 合成化学
synthetic combination 综合配合
synthetic cross 综合杂交
synthetic cross variety 综合杂交品种
synthetic deoxyribopolymer 合成脱氧核糖多聚物
synthetic detergent 合成去垢剂,合成洗涤剂
synthetic detergent waste water 合成洗涤剂废水{环保}
synthetic division 综合除法{统计}
synthetic DNA 合成DNA{分遗}
synthetic dye 合成染料{显技}
synthetic environment 人工合成环境
synthetic enzyme 合成酶

synthetic fiber 合成纤维
synthetic fibre manufacture waste water 合成纤维[制造]废水{环保}
synthetic growth substance 合成[植物]生长素
synthetic guide 综合指导{智培}
synthetic honey 人造蜜,合成蜜
synthetic hormone 合成激素
synthetic humus 人造腐殖(植)质
synthetic integration 综合集成(指植物的机能模拟和结构模拟二者){智培}
synthetic interferometer radar 合成孔径干涉雷达{遥感}
synthetic lethal 合成致死
synthetic lethal chromosome 合成致死染色体
synthetic library 合成文库{生技}
synthetic linker 合成接头
synthetic manure 堆肥,人造厩肥
synthetic manure hotbed 人造厩肥温床
synthetic material 合成材料{环保}
synthetic medium 合成培养基,综合培养基,人工培养基
synthetic membrane 人工膜
synthetic messenger 合成信使
synthetic organic agricultural chemicals (=synthetic organic pesticides) 合成有机农药
synthetic peptide 合成肽
synthetic perfume 合成香料
synthetic polymer 合成聚合物,合成高分子
synthetic polyribonucleotide 合成多[聚]核苷酸
synthetic population 综合群体
synthetic primer 合成引物
synthetic regulatory substance 合成调节物
synthetic resin 合成树脂
synthetic resin adhesive 合成树脂胶
synthetic ribopolymer 合成核糖多聚物
synthetic route 合成路线
synthetic rubber 合成橡胶
synthetic rubber adhesive 合成橡质胶
synthetic seal 合成密封
synthetic selection ①综合选种 ②综合育种法
synthetic soil 合成土壤,人造土
synthetic species 合成种(species synthetiae)
synthetic stereo image 合成立体图像{遥感}
synthetic system 综合系统(systema synthetica)
synthetic tissue 合成组织(tela synthetica)
synthetic tolerance 综合耐病性
synthetic variety 综合品种
synthetic wield of 3S technology 3S技术的综合运用{智培}
synthetical assessment 综合评价,综合评估
synthetics ①合成法 ②合成品种,综合品种(synthetica)
synthetis (=toxaphene) 毒杀芬,八氯莰烯
synthevision 合成图像(synthevisio){电脑}
synthon 合成子,合成单体{分生}
Synthrin (=resmethrin) 苄呋菊酯
syntomycin 合霉素
syntrophic 共养的,互养的(syntrophus)
syntrophism (=syntrophy) 共养[作用],互养作用(syntrophismus)
syntrophy effect 共养效应
syntype ①综合模式标本 ②共型 ③同式(syntypus)
syntype specimen 全模标本
synura ①合尾[金]藻属[*Synura* spp.](合尾藻科) ②合尾[金]藻[*Synura* sp.]
synura family 合尾藻科[Synuraceae]
synurus ①山牛蒡属[*Synurus* Iljin.](菊科) ②山牛蒡[*Synurus deltoides* Nakai]
synusia (为 synusium 的复数) ①层片 ②同型同境群落
synxenic culture 混合培养
synzoospore 合生游动孢子(synzoospora)
synzygia 双子叶节
synzyme 合成酶,人工促酶,共合酶
syphilis 梅毒
syphon (=siphon) ①虹吸 ②虹吸管
syphon barograph (=siphon barograph) 虹吸气压计
syphon barometer (=siphon barometer) 虹吸气压表
syphon tube 虹吸管
syphonage 虹吸[作用]{环保}
syphonatic filter 虹吸滤池{环保}
Syrian plum 叙利亚李[*Prunus domestica* var. *syriaca*](蔷薇科)
Syrian rue 欧骆驼蓬[*Peganum harmala* L.](蒺藜科)
syringa (=lilac) 丁香
syringa aphid 丁香长管蚜[*Macrosiphum syringae* Matsumura](蚜科)
syringaldehyde 丁香醛,4-羟-3,5 二甲氧苯甲醛
syringe ①叶面喷射{栽培} ②喷射器,注油器 ③手动活塞泵,手动唧泵
syringe filter 针筒式滤器{生技}
syringe needle 注射针
syringer 注射器

syringic acid 丁香酸,4-羟-3,5-二甲氧苯甲酸[$HO(CH_3O)_2C_6H_2CO_2H$]
syringing ①喷射冲洗,②注射
syrphid ①食蚜蝇[*Syrphus* spp.] ②⌊复⌉(= flower flies, hoven flies) 食蚜蝇科[Syrphidae]
syrrotium 聚合菌丝束
syrup ①糖浆 ②糖汁 ③糖蜜
syrup hydrometer 糖浆比重计
syrup vinasse (制酒)糖糟
SysReq Key (= System Request Key) 系统请求键{电脑}
systaltic (心脏)舒缩交替的(systalticus)
systellophytum 附果萼
system ①[体]系,系统,体制,制度 ②方式,方法 ③作业 ④分类(systema)
system analysis 系统分析
system analyst 系统分析员
system and policy of basic education 基础教育的体制与政策{农系工}
system applicability 系统适用性
system assessment 系统评价
system availability ①系统可用性 ②系统利用率,系统有效性
system balancing 系统平衡
system class 作业级
system command 系统命令{遥感}
system control area (SCA) 系统控制区{信息}
system crash 系统崩溃
system debug 系统调试
system decision 系统决策
system degradation 系统退化
system dependability 系统可靠度,系统信赖度
system description 系统说明书
system design 系统设计
system design aid 系统设计工具,系统设计手段
system design criterion 系统设计标准
system design manual 系统设计手册{电脑}
system designer 系统设计员,总体设计员
system development ①系统发育{育种} ②系统开发{农系工}
system deviation 系统离差
system disk (S-disk) 系统磁盘,系统盘
system down 系统故障
system dynamics 系统动力学
system ecology 系统生态学
system effectiveness (SE) 系统效能
system engineer 系统工程师
system engineering 系统工程
system engineering management (SEM) 系统工程管理
system engineering methodology 系统工程方法论
system engineering process 系统工程过程
system engineering tool 系统工程工具
system environment simulation 系统环境仿真{智培}
system error (= systemic error) 系统误差
system evaluation 系统评价
system failure analysis 系统故障分析{电脑}
system fault tolerance (SFT) 系统故障容限(耐受性)
system feasibility 系统可行性
system feature ①系统特色 ②系统性能
system firmware 系统固件
system flowchart 系统流程图,系统流图
system function 系统功能
system generation (SYSGEN, sysgen) 系统形成,系统生成
system head 体系水头(指对水泵的静力和动力水头之和){环保}
system information service (SIS) 系统信息服务
system innovation 制度创新
system integration technology 系统集成技术{智培}
system layout 系统布置{环保}
system log ①系统存入 ②系统登记 ③系统记录,系统记录器{信息}
system loss 系统损耗
system maintenance 系统维护
system management 系统管理
system management facility (SMF) 系统管理设备
system mechanization 全盘机械化,系统机械化,{农经}
system menu 系统菜单{电脑}
system model 系统模型
system network architecture (SNA) 系统网络结构,系统网络体系结构{信息}
system of breeding 育种系统
system of breeding method 育种方式
system of classification 分类系统
system of division of labour with individual responsibility 分工负责制
system of farming ①农作制,农作方式 ②经营制度,管理制度
system of fertilization 施肥制
system of fertilizer application 施肥制[度]
system of fundamental soil cultivation 基本土壤耕作制
system of humus accumulation 腐殖(植)

质聚积系统

system of irrigation and drainage 排灌系统{水利}

system of mating 配合方式

system of processing 加工系统

system of production 生产方式

system of record 记载法

system of rotation 轮作制

system of seed production 采种栽培系统

system of stalling (=barn arrangement) 畜舍安排

system of summer management 夏季管理方法

system of the state grain reserve 国家粮食储备制度

system of trenches 沟渠系统,沟渠网

system of winds 风系

system package 系统[软件]包{信息}

system performance criteria 系统性能标准

system planning 系统计划

system printer 系统打印机

system product 系统产品

system recovery technique 系统恢复技术

system reform of the national forestry 国家林业体制改革

system refresh 系统更新

system reliability 系统可靠性

system repair time 系统修复时间

system requirement 系统需求

system resource 系统资源

system restart 系统再启动,系统重新启动

system safety effectiveness (SSE) 系统安全有效度

system saturation 系统饱和

system service tool (SST) 系统服务工具

system simulation 系统模拟

system slowdown 系统减速

system software 系统软件

system standard format 系统标准格式

system startup 系统启动

system support ①系统配套 ②系统支持

system survey ①系统调查 ②系统概述

system taxonomy 系统分类[学]

system trading 系统贸易

system typewriter 系统打字机

system unit 系统部件

system update 系统更新

system upgrade 系统升级

system utilization logger 系统利用计时器

system validation 系统印证

systema naturae (=nature system) 自然分类法

systematic ①系统的,体系的,制度的 ②分类的 ③按照法式(systematicus)

systematic analysis 系统分析

systematic arrangement 顺序排列

systematic bacteriology 细菌分类学(bacteriologia systematica)

systematic botany 植物分类学(phytotaxonomia)

systematic change 系统变化

systematic classification 系统分类[法]

systematic crosses 系统交配种

systematic distortion 系统失真{遥感}

systematic error 系统误差

systematic evolutionary pressure 系统进化压力

systematic garden 植物分类[标本]圃

systematic mutation 体系突变(mutatio systematica)

systematic olericulture 蔬菜园艺分类学(olericultura systematica)

systematic pomology 果树分类学(pomologia systematica)

systematic pressure 系统进化压力

systematic process 系统进化过程

systematic purification 系统纯化(purificatio systematica)

systematic research 系统研究

systematic sampling 系统取样

systematic science 系统科学,植物分类学{智培}

systematic search ①系统查究 ②系统寻找

systematic selection ①系统选择 ②系统选种

systematic standardization of operation 系统化、标准化作业,系统化、标准化操作

systematic status 分类地位

systematic structure 系统结构

systematic studies 系统研究

systematic survey ①系统调查 ②系统测量

systematic tree 系统树(arbor systematicus)

systematic unit 分类单位(monas systematicus)

systematic zoology 动物分类学

systematics ①分类学,系统学 ②体系(systematica)

systematics of science and technology 科学技术体系

systematization 系统化(systematisatio)

systematization of database 数据库的系统化{智培}

systematization of intelligent crop production 智能栽培学的系统化(为智能栽培学基本特征之一){智培}

systematized techniques 系统化技术

systemic ①系统的 ②全身的 ③内吸的 ④散发的 ⑤ 内吸剂 (systemicus)
systemic action 内吸作用
systemic anaphylaxis 全身过敏
systemic aphides 内吸性杀蚜剂
systemic bactericide 内吸性杀[细]菌剂
systemic circulation 体循环
systemic disease 全身病
systemic dynamics 系统动力学
systemic fungicide 内吸性杀[真]菌剂
systemic herbicide 内吸除草剂
systemic infection 系统侵染
systemic insecticide 内吸杀虫剂
systemic mutation 体系突变,系统突变
systemic pesticide 内吸性农药
systemic pressure 组织压,体压
systemin 系统素{生化}
systems of simultaneous equations 联立方程式系统
systems of subirrigation 地下灌溉系统
systemtheoretical 系统理论的 (systemtheoreticus)
systole (心脏)收缩
systolic ①脉动,心动的 ②收缩的 (systolicus)
systolic network 心动网络,脉动网络
systolic neural computer 脉动神经计算机
systolic processor 心动式处理机
systox (=demeton) 1059{农药}
sytam (=schradan) 八甲磷
syzygy 朔望 (syzygia)
szik soil 盐土
Szombathy's fixative 朱伯司黏贴剂

T t

t (= ton) 吨

T ①(= temperature) 温度{气象} ②(= thymidine) 胸[腺嘧啶脱氧核]苷,{分遗} ③(= twisting number) 扭转数,盘绕数{生技} ④(= viralspecific) 病毒特异的{植病} ⑤(= thymus) 胸腺{分生}

T antigen T 抗原,病毒特异抗原

T antigen of adenovirus 腺病毒 T 抗原

T antigen of SV40 SV40T 抗原

T band (= telomeric band) T 带,端粒带

T-bat T 形钢材

T-bend 二通管,丁字管{环保}

T-brunch pipe 三通管{环保}

T-budding 丁字形芽接

T cell (= thymus dependent lymphocyte) 胸腺依赖淋巴细胞

T-cell (= thymus derived cell) T 细胞,胸腺产生细胞{分生}

T-cell antigen receptor T 细胞抗原受体

T-cell epitope T 细胞表位

T-cell growth factor (TCGF) T 细胞生长因子

T-cell receptor (TCR) T 细胞受体

T-cell receptor diversity T 细胞受体多样性

T-cell recognition T 细胞识别

T-cell subset T 细胞亚群

T-cell tolerance T 细胞耐受性

T-chromosome T 染色体

T-chromosome activity T 染色体活性

T-cytoplasm T 细胞质

t distribution (= Student's distribution) t 分布{统计}

t-distribution t 分布{统计}

T-DNA (= transfer DNA) 转移 DNA{分遗}

T-effect T 染色体效应

T-end T 染色体端

T-even phage T 偶系噬菌体

T factor ①延伸因子 ②转移因子

T-flask T 形烧瓶

T group T 组(大肠杆菌噬菌体)

T lymphocyte (= thymus dependent lymphocyte) 胸腺依赖淋巴细胞

T-odd phage T 奇系噬菌体

T-pattern 被层图案

T-phage T 噬菌体

T-R ratio 地上部与地下部比率,根冠比率,T-R 比率

T-series T 系列(花粉伸长基因)

T-shaped bud grafting (= T-shaped budding) T 字形芽接{园艺}

T-shaped hair T 字毛 (pilus T-formis)

T-shaped hammer (茎稿粉碎机)T 形锤片

T-shaped pulverizer T 形碎土机

T-shaped tetrad T 字形四分孢子 (tetras T-formis)

T-square T 字尺

t-statistic t-估计参数,t-统计值

T-steel T 形钢

t table t 表{统计}

t test t 测验法{统计}

T-type header T 形收刈台

T2 phage T2 噬菌体

T2 phage genome T2 噬菌体基因组

T2 phage host range T2 噬菌体寄主范围

T3 phage T3 噬菌体

T3 phage mutant T3 噬菌体突变体(型)

T3 phage redundancy T3 噬菌体冗余

T4 arm T4 臂

T4 bacteriophage T4 噬菌体

T4 DNA circularity T4DNA 环状性

T4 DNA delection T4DNA 缺失

T4 DNA glucosylation T4DNA 葡糖化

T4 DNA heterozygosity T4DNA 杂合性

T4 DNA hydroxymethylcytosine T4DNA 羟甲基胞嘧啶

T4 DNA injection into cell T4 DNA 注射入细胞

T4 DNA joint molecule T4DNA 接合分子

T4 DNA origin for replication T4DNA 复制起始

T4 DNA permutation T4DNA 排列

T4 DNA restriction T4DNA 限制

T4 DNA strand separation T4DNA 链分离

T4 expression T4 表现

T4 gene T4 基因
T4 infection T4 感染
T6 phage T6 噬菌体
T7 phage T7 噬菌体
T7 phage class 1 genes T7 噬菌体第一级基因
T7 phage class 2 genes T7 噬菌体第二级基因
T7 phage class 3 genes T7 噬菌体第三级基因
T7 phage cleavage of DAN T7 噬菌体 DNA 分裂
T7 phage concatemer T7 噬菌体连环(体)
T7 phage DNA binding protein T7 噬菌体 DAN 结合蛋白
T7 phage DNA polymerase T7 噬菌体 DNA 聚合酶
T7 phage DNA synthesis in vitro T7 噬菌体 DAN 离体合成
T7 phage genome T7 噬菌体基因组
T7 phage heteroduplex mapping T7 噬菌体异质双链定位法
T7 phage kinase T7 噬菌体激酶
T7 phage ligase T7 噬菌体连接酶
T7 phage lysozyme T7 噬菌体溶菌酶
T7 phage message stability T7 噬菌体信息稳定性
T7 phage nuclease T7 噬菌体核酸酶
T7 phage RNA polymerase T7 噬菌体 RNA 聚合酶
T7 phage termination site T7 噬菌体终止部位
tab ①皮护指 ②勘定,计算 ③标记 ④制表
TAB ①(= table) 表,表格{统计} ②(= Technical Assistance Board) 技术援助委员会
tab character 制表符{统计}
tab code 标记码{信息}
tab interval 制表间隔
tabaciferous 产烟草的 (tabacifer)
tabacine 烟草色的,浓褐色的 (tabacinus)
tabanid ①虻 ②⌊复⌉(= deer and horse flies) 虻科[Tabanidae]
tabasco (= tabasco sance) 辣椒油,辣酱油
tabasheer (= tabashir) 竹节石{地质}
tabbing ①跨栏 ②制表{电脑}
tabby ①(= tabby cat) 虎斑猫 ②(= female cat) 雌猫
tabby moth 斑蛾
tabellaria ①平板藻属[*Tabellaria* spp.](平板藻科) ②平板藻[*Tabellaria* sp.]
tabellaria family 平板藻科[Tabellariaceae]
tabernaemontana ①山马茶属(山辣椒属)[*Tabernaemontana* L.](夹竹桃科) ②山马茶(山辣椒)[*Tabernaemontana bufalina* Lour.]
tabernaemontanus bulrush 欧水葱(塔氏水葱)[*Scirpus tabernaemontani* Gmel.](莎草科)
tabersonine 它波宁,水甘草碱 [$C_{20}H_{24}N_2O_2$]
tabescent ①萎缩的 ②衰瘦的,衰颓的,颓废的 (tabescens)
tabet soil 溶冻土壤
tabid ①溶解的 ②腐烂的 (tabidus)
table ①收割台 ②桌,台,平台,工作台 ③表,表格,目录 ④(木材)板,平板,薄板 ⑤薄层 ⑥食物,膳食,伙食,食用鲜食,肉食,肉用,生食 (tabula)
table auger ①收割台螺旋推运器 ②收割台运禾螺旋
table band-saw 桌上带锯
table beet (= garden beet) 食用甜菜[*Beta vulgaris* ssp. *esculenta* Gürke](藜科)
table companion microbes 共生微生物
table corn 鲜食玉米(指青玉米或甜玉米)
table data 列表数据
table fern ①凤尾蕨属[*Pteris* L.](凤尾蕨科) ②凤尾蕨[*Pteris nervosa* L.]
table fern family (= pteris family) 凤尾蕨科[Peridaceae]
table grapes 鲜食葡萄
table look-up (TLU) 查表
table mountain 方山,桌状山,台状山
table mountain pine 台地松[*Pinuspungens* Lam.](松科)
table of analysis of variance 方差分析表{统计}
table of circular areas (= sectional area table) 圆面积表
table of contents (TOC) 目录,目次
table of F F 自乘表{统计}
table of isotopes 同位素表
table of odds 偶率表{统计}
table of path analysis 通径分析表
table of random number 随机数字表
table of *t* (= *t* table) *t* 表
table of χ^2 卡方表,χ^2 表
table olives 鲜食橄榄
table potato 食用马铃薯
table poultry 肉用家禽
table quality 鲜食品质,生食品质
table-ripe stage 生食成熟度,食用成熟度
table salt 食盐,氯化钠[NaCl]

table salt application 施用食盐(稻田)
table scales 台秤
table separator 清选台,分选台
table stage (果蔬)适食期,食用适期
table sugar 食用糖
table syrup 食用糖浆
table system of sorting (果品)台选法
table variety 鲜食品种,生食品种
table vinegar 食醋
table width 收割台幅度
table wine ①料酒 ②佐餐酒
tableau 表格
tableau format 表格格式
tableaux 符号表
tablecloth ①桌布 ②桌布云
tableland 台地,高原
tableland bog 高原沼泽
tablet ①(试验用)小木牌 ②药片,锭剂 ③(饲料)压饼,压块 ④硬皂片
tablet tea 小京砖茶
tabletop centrifuge 台式离心机
tabletop ultracentrifuge 台式超速离心机
tabletting (=shaping) ①成锭形 ②成块形 ③成片形
tabletting machine ①(饲料)压饼机,压块机 ②(药物)压片机
tabloid ①药片,锭剂,片剂 ②凝缩物压缩型(tabloides)
tabloid press 压片机
tabular ①平台状的,板状的{形态} ②列成表的{统计}(tabularis)
tabular aggregate 板状团粒,板状团聚体
tabular cell 薄片细胞,板状细胞(cellula tabularis)
tabular crystal 片状晶体(crystallus tabularis)
tabular data 表上数据
tabular ferric concretion 板状铁结核
tabular-formed pine (=Chinese pine) 油松[*Pinus tabulaeformis* Carr.](松科)
tabular parenchyma 板状薄壁组织(parenchyma tabularis)
tabular root 板状根(radix tabularis)
tabular structure 板状结构
tabulate ①具层的 ②层状的(tabulatus)
tabulating machine 列表机
tabulation ①列表 ②制表(tabulatio){统计}
tabulation method 列表法
tabulation of bill 开账单{农管}
tabulator 图表绘制机
tabun 塔崩,二甲氨基氰磷酸乙酯(有机磷毒物)[$(CH_3)_2NP(OC_2H_5)(O)CN$]
tacamahac 香脂杨树脂,(橄榄科植物)橡胶树脂
tacamahac poplar 香脂白杨[*Populus balsamifera* Muench. et Anth.](杨柳科)
tacca ①箭根薯属(蒟蒻薯属)[*Tacca* Forst.](箭根薯科) ②箭根薯[*Tacca esquirolii* (Lévl.) Rehd.] ③蒟蒻薯[*Tacca pinnatifida* Forst.]
tacca family 箭根薯科(蒟蒻薯科)[Taccaceae]
tache ①色斑(=colour spot) ②雀斑(=freckle)
tacheometer measurement 视距量测
taches vierges (=plaques) 溶菌斑
Tachia rush 蔗草(大甲蔺)[*Scirpus triqueter* L.](莎草科)
tachina fly ①(=larva-fly) 寄生蝇 ②⌞复⌝寄生蝇科[Tachinidae]
tachogram 转速图,速度图(tachogramma)
tachograph 自记式转速计,自记式转数表
tachometer ①流速计 ②转速计,旋速计
tachometry ①流速测定 ②流速测定法
tachoscope 转速计
tachosensor 速度传感器
tachy- ⌞字头⌝速,加速,急速,快速
tachycardia 心搏过速
tachygenesis (胚)快速发育
tachykinin 速激肽
tachymeter 视距计
tachymeter survey 视距测量
tachymeter transit 视距经纬仪
tachymetry ①视距测量 ②视距测量法
tachyon 超光速粒子
tachyphylaxis ①快速免疫 ②快速减敏
tachysterol 速甾醇,速固醇[$C_{28}H_{44}O$]
tachytelic 快速[进化]的(tachytelicus)
tachytelic evolution 快速进化
tachytelic rate of evolution 进化快速率
tachytely 快速进化,急进化(tachytelia)
tacitus ①齐花山景天属[*Tacitus* ssp.](景天科) ②齐花山景天[*Tacitus bellus* sp.]
tack ①小钉,小平钉,图钉 ②(帆布输送带)带钉卡箍 ③胶黏[性],初黏度
tack-dry (胶黏剂)黏固
tack range 胶黏时间
tackifier 胶黏剂
tackiness 胶黏性
tackle ①滑车辘轳 ②钓鱼用具 ③射箭用具
tacky 黏胶的
tacky state 黏胶状态

-tactic ⌊字尾⌉排列的,(有)趋性的
tactic ①趋性的,趋向的 ②顺序的,排列的 ③规则的,有规结构的(tacticus)
tactic movement 趋性运动(movementum tacticum)
tactic polymer 有规聚合物
tactical ①战术的 ②策略的,妙计的(tacticus)
tactical decision 战术决策(decisio tactica)
tactics (防火)战术,(抗洪)策略,(育种)手段(tactica)
tactile ①触觉的 ②触知的,可感触到的(tactilis)
tactile bristle 触觉刚毛
tactile corpuscle 触觉小体
tactile feedback 触觉反馈
tactile hair 触觉毛
tactile organ 触觉器官
tactile papilla 触觉乳头
tactile perception 触觉[作用]
tactile pit 触觉窝
tactile sense 触觉
tactile sensor 触感器
tactiosensible (= tactiosensitive) (盘菌孢子放射)接触敏感的(tactiosensibilis)
tactoid ①小土团,类晶团聚体 ②半晶体(tactoideus)
tactometer 触觉计
tactosol 溶胶团聚体
tadpole-like 蝌蚪状的
taeda (= loblolly-pine) 火炬松[*Pinus taeda* L.](松科)
taenia ①[黏菌]带 ②(= tapeworm) 绦虫
taeniasis (= tapeworm disease) 绦虫病
taeniate (= taenioid) 具带纹的(taeniatus)
taenidium 螺旋丝
taeniole 小带纹(taeniola)
taeniopterygids 带翅石蝇科[Taeniopterygidae]
taffeta plant ①锦袍木属[*Hoffmannia* Sw.](茜草科) ②锦袍木[*Hoffmannia refulgens* Sw.]
tag ①标签 ②标记 ③尾[端]
Tag closed tester 塔格密闭式测试机{电脑}
tag delete 标记删除
tag end 末端,终端
tag image file format (TIFF) 标记图像文件格式{电脑}
tag line attachment 止旋拉索装置
tag-recapture problem 标记后重捕捉问题
tag-recovery (= tag return) 标志回收(数)
tagatose 塔格糖
tagetes (= marigold) ①万寿菊属[*Tagetes* L.](菊科) ②万寿菊[*Tagetes patula* L.]
tageton 万寿菊酮
tagged 标记
tagged atom 标记原子,示踪原子
tagged element 标记元素,示踪元素
tagged fish 标志鱼
tagged ligand 标记配体{生技}
tagged ligand panning 标记配体淘选
tagged stalk 标记茎
tagging ①标记 ②贴标签 ③挂小牌 ④标志放流
tagging method 标志放流法
tagua-nut 象牙椰子[*Phytelephas macrocarpa*](棕榈科)
tagua passion-flower 龙珠果[*Passiflora foetida* L.](西番莲科)
Tahiti arrowroot (= tacca) 蒟蒻薯
taiga 泰加群落(西伯利亚针叶林){生态}
taiga climate 泰加林气候,副极地气候
taiga soil 泰加林土,针叶林土,老林土
taiga vegetation 泰加林植被,针叶林植被
taiga zone 泰加林区,针叶林区{生态}
taihangia ①太行花属[*Taihangia* Yü et Li](蔷薇科) ②太行花[*Taihangia rupestris* Yü et Li]
tail ①尾,尾部 ②(石油产品)残余馏分 ③(电子管)引线 ④尾随
tail axis 尾轴,后轴
tail-biting 咬尾[癖](指仔猪)
tail board 尾板,(载重汽车)后拦板
tail bone 尾骨
tail-bone gland 尾脂腺
tail bud 尾芽
tail circuit 尾线{信息}
tail covert 尾[部]覆羽,覆尾羽
tail cutter 断尾器
tail-end ①尾端,末端,后部 ②筛尾
tail feather 尾羽,舵羽
tail fiber 尾丝(指噬菌体)
tail fin (= candal fin) 尾鳍
tail-flower ①安祖花属[*Anthurium* Schott](天南星科) ②安祖花[*Anthurium scherzerianum* Schott.]
tail furrow 尾沟
tail-grape ①鹰爪花属[*Artabotrys* R. Br.](番荔枝科) ②鹰爪花[*Artabotrys uncinatus* (Lam.) Safford]
tail growth 尾增长(指聚合酶作用机理)
tail gut 尾肠

tail head (= root of tail) 尾根
tail lamp (= tail light) 尾灯,后灯
tail loader (挂车,载重汽车)后悬挂装载机
tail of phage 噬菌体尾部
tail pipe 泵吸管,尾管{环保}
tail pocket 尾囊
tail presser 尾翼
tail pump 残液泵{环保}
tail race 出水道(冲击水轮下面的出水流道)
tail shaped 尾状的(caudiformis)
tail spar 尾柱木(架空索道用)
tail-to-tail polymer 尾-尾聚合物
tail tube 尾管(指噬菌体)
tail water 尾水
tail wheel 后沟轮
tail wind 顺风
tail wing (风力发动机)尾翼
tailed 具尾的,有尾的(caudatus)
tailed bark beetle 长尾棘胫小蠹[*Xyleborus calamoides* Murayama.](小蠹科)
tailed feathery 具羽毛状尾
tailed phage 有尾噬菌体
tailed zygaenid (= tailed moth) 李白翅斑蛾[*Elcysma westwoodi* Vollenhoven](斑蛾科)
tailer ①(谷物联合收获机)清粮器上筛,延长筛 ②块根切尾器
tailer sequence 尾随序列{分遗}
tailgating 借道{信息}
tailing ①(脱谷工作)扫尾 ②⌊复⌉未脱净物,杂穗 ③⌊复⌉筛除物,筛渣,谷屑,粉屑 ④块根切尾 ⑤拖尾[现象]
tailing knife (块根作物)须根切削刀
tailing peak 拖尾峰{分遗}
tailings ①尾矿{环保} ②杂余物,筛余物,残渣{加工}
tailings auger 杂余螺旋推运器
tailings elevator 杂余升运器
tailless 无尾的
tailorability 可修整性
tailoring 剪裁
tailover 筛除物,筛渣
tailpiece (= tailpress) (犁壁)延长板
tailstock 尾架
tailward growth 向尾生长
Taimin-tatibana 大明立花(大明铁仔)[*Myrsine neriifolia* Mez.](紫金牛科)
tainted (肉)腐烂的(指部分或表面的)
Taiwan acacia ①相思树属(金合欢属)[*Acacia* Mill.](豆科) ②相思树(台湾相思)[*Acacia confusa* Merr. = *A. richii* A. Br.]
Taiwan alocasia 兜状海芋(台湾假海芋)[*Alocasia cucullata* Schott](天南星科)
Taiwan apple 台湾林檎[*Malus formosana* Kawak et Koidz.](蔷薇科)
Taiwan awned juckbeak 台湾有芒鸭嘴草[*Ischaemum aristatum* var. *formosanum* Nakai](禾本科)
Taiwan beantyberry 杜虹花[*Callicarpa formosana* Rolfe](马鞭草科)
Taiwan brown lily 台湾百合[*Lilium formosanum* Wallace](百合科)
Taiwan chain fern 台湾镰狗脊[*Woodwfrdia orientalia* Sw. var. *formosana* Ros.](乌毛蕨科)
Taiwan cherry 台湾山樱花[*Prunus campanulata* Maxim.](蔷薇科)
Taiwan crapemyrile 南紫薇[*Lagerstroemia subcostata* Koehne](千屈菜科)
Taiwan creeping water fern 台湾金星蕨[*Thelypteris estanea* Ching](鳞毛蕨科)
Taiwan cycas 台湾苏铁[*Cycas taiwaniana* Carruthers.](凤尾松科)
Taiwan dandelion 台湾蒲公英[*Taraxacum formosanum* Kitam.](菊科)
Taiwan david keteleeria 台湾铁坚杉(台湾油杉)[*Keteleeria davidiana* Beissn var. *formosana* Hayata.](松科)
Taiwan elaeagnus 台湾胡颓子[*Elaeagnus thunbergii* Serv.](胡颓子科)
Taiwan elder 台湾接骨木[*Sambucus formosana* Nakai.](忍冬科)
Taiwan giantreed 台湾芦竹[*Arundo formosana* Hack.](禾本科)
Taiwan green rice leafhopper 台湾稻大白叶蝉[*Nephotettix cinetleeps* Uhler](叶蝉科)
Taiwan habenaria 台湾玉凤花[*Habenaria formosana* Schltr](兰科)
Taiwan hemlock 台湾铁杉[*Tsuga formosana* Hayata](松科)
Taiwan hime-kugu 水蜈蚣(金钮草)[*Kyllinga brevifolia* Hassk.](莎草科)
Taiwan houndstongue 台湾琉璃草[*Cynoglossum lanceolatum* Forsh](紫草科)
Taiwan juniper 台湾柏(刺柏)[*Juniperus formosana* Hayata](柏科)
Taiwan kuzu 台湾葛[*Pueraria thunbergiana* Benth. = *P. lobata* (Willd.) Ohvi](豆科)
Taiwan loquat 台湾枇杷[*Eriobotraya deflexa* (Hemsl.) Nakai](蔷薇科)
Taiwan millettia 鱼藤(台湾崖豆藤)[*Mil-*

lettia raiwaniana Hayata](豆科)
Taiwan mole cricket 台湾蝼蛄[*Gryllotalpa formosana* Shiraki](蝼蛄科)
Taiwan pennywort 台湾破铜钱[*Hydrocotyle formosana* Masam](伞形花科)
Taiwan persimmon 台湾柿(毛柿)[*Diospyros discolor* Willd.](柿科)
Taiwan rice stem borer (= gold fringed borer moth) 台湾稻螟(钻心虫,蛀心虫)[*Chilo auricilia* (Dudgeon)](螟蛾科)
Taiwan sassafras 台湾檫木[*Sassafras randaiense* Rehd.](樟科)
Taiwan shield-fern 台湾鳞毛蕨[*Dryopteris formosana C. Chr.*](鳞毛蕨科)
Taiwan tatibean 台湾酸橘[*Citrus reticulata* var. *sunki* Hort. ex Tan.](芸香科)
Taiwan timber bamboo 台湾刚竹[*Phyllostachys makinoi* Hay](禾本科)
Taiwan twayblade 台湾羊耳蒜[*Liparis formosana* Keichbfil](兰科)
Taiwan variety (水稻)台湾品种
Taiwanensis bugle 台湾筋骨草[*Ajuga taiwanensis* Nakai.](唇形科)
Taiwania ①台湾杉属[*Taiwania* Hayata](台湾杉科) ②台湾杉[*Taiwania cryptomerioides* Hayata]
Taiwania family 台湾杉科[Taiwaniaceae]
taka-amylase (= taka-diastase) 高[峰]淀粉酶
taka-diastase 高峰淀粉酶
taka-diastase ribonuclease 高峰淀粉酶核糖核酸酶
Takachiho-leaf 高千穗叶(烟草品种)
Takaumese rhododendron 高限杜鹃花[*Rhododendron viscistylum* Nakai](杜鹃花科)
Takaumese toadlily 高限油点草[*Tricyrtis chsumiensis* Masam](百合科)
take ①活着(指嫁接) ②取,拿 ③捕获量,取得量
take-all 立枯病,全蚀病
take-all disease of wheat 小麦全蚀病[*Ophiobolus graminis* Sacc. = *Gaeumannomyces graminis* (Sacc.) Arx. et Olivien]
take-all of cereals 谷类作物全蚀病,麦类全蚀病[*Ophiobolus graminis* Sacc. = *Gaeumannomyces graminis* (Sacc.) Arx. et Olivien]
take away ①拿去,消除,移动 ②使退出,使离开
take back ①撤销,撤回 ②同意拿回,收回 ③回复到起点
take down ①记录 ②放低,从(架上)取下 ③拆毁,拆除 ④拆开
take from 减少,减弱,减小
take in 开垦
take off ①除去,脱去 ②减去 ③移动 ④输出,引出 ⑤起步,起飞 ⑥输出轴
take-off pipe 放水管{环保}
take on lease 租用,承租,租赁
take over a farm 接收农场
take precaution against the bursting of dike 决防
take up ①保护 ②重新开始 ③变晴
Takeda sarcoma Takeda(氏)肉瘤
Takenari 竹成(日本水稻品种)
Taketa-leaf 竹田叶(烟草品种)
taking ①动人的,迷人的 ②⌞复⌝收入
taking into account 计算,考虑
taking root 生根,发根,扎根
taking up 收取
Takins (西藏)扭角羚
takir desert 龟裂盐土荒漠{生态}
takken boeboek 咖啡小蠹[*Xyleborus coffeae* Wurth.](小蠹科)
-taky ⌞字尾⌝ ①序列,排列 ②趋性
takyr (= takir) 龟裂土
takyrization 龟裂化
talauma ①达老玉兰属[*Talauma* Juss.](木兰科) ②达老玉兰[*Talauma gitingensis* Elm.]
talc 滑石
talc-mica schist 滑石云母片岩
talc schist 滑石片岩
talea 插枝(繁殖的小枝)
talent 人才(talentum)
talent management 人才管理
Tali-range rhododendron 大理杜鹃花[*Rhodendron talicense* French.](杜鹃花科)
talin 踝蛋白
talipes (= club foot) 弯曲足
talipot palm (= fan palm) ①贝叶棕属[*Corypha* L.](棕榈科) ②贝叶棕[*Corypha umbraculifera* L.]
talk 对话{信息}
talk address 通话地址
talk device number 对话机号
talk echo 通话回声
talker 讲话器
talking circuit 通话电路
talking computer 会话式计算机

tall ①高的(elatus, celsus) ②高大的(procerus)
tall albizzia 菲律宾合欢(黄豆树)[*Albizia procera* Benth.](豆科)
tall and active-tillering variety 高大强分蘖品种(水稻)
tall and stiff-strawed nonlodging variety 高大硬秆不倒伏品种
tall and weak-tillering variety 高大弱分蘖品种
tall bellflower 美洲风铃草(吊钟花)[*Campanula americana* L.](桔梗科)
tall brome grass (=tall bearded fescue) 大羊茅[*Festuca gigantea* Vill.](禾本科)
tall buttercup (=tall crowfoot) 辛辣毛茛[*Ranunculus acer* L.](毛茛科)
tall chokecherry 大叶稠李[*Prunus zippeliana* Miq.](蔷薇科)
tall crops 高秆作物
tall cup-flower ①赛亚麻属[*Nierembergia* Dur.](茄科) ②赛亚麻[*Nierembergia frutescens* Dur.]
tall fescue (=tall meadow fescue) 牛尾草[*Festuca pratensis* Huds. = *F. elatior* L.](禾本科)
tall field layer 高草本层
tall forbs 高秆阔叶草本植物
tall gayfeather 大蛇鞭菊[*Liatris scariosa* Willd.](菊科)
tall golden-rod (= high gold-rod, double golden-rod) 高一枝黄花[*Solidago altissima* L.](菊科)
tall grains 高秆谷类作物
tall-grass prairies 高草大草原,高草普列利群落
tall grass stage 高草阶段
tall-grass steppe 高草干草原,高草草原
tall grass type 高草型{牧草}
tall group 高秆组(水稻)
tall-growing 生长高大的
tall habit 高秆习性
tall herbaceous layer 高草层
tall leafy variety 高大多叶品种
tall meadow fescue (=tall fescue) 牛尾菜(牛尾草)
tall morning-glory 紫牵牛(紫花牵牛,圆叶牵牛)[*Ipomoea purpurea* L.](旋花科)
tall oatgrass (= tall meadow oatgrass, meadow grass, false-oatgrass) 燕麦草(大蟹钩,高茎麦草)[*Arrhenatherum elatium* (L.)M.et K.](禾本科)
tall oil 松油(含脂材在亚硫酸盐制浆过程所生的油状液体)
tall oxeye 高牛眼菊[*Buphthalmum speciosum* Schreber](菊科)
tall plant 高大植株
tall red rattle (=lousewort) 欧洲马先蒿(沼泽马先蒿)[*Redicularis palustris* L.](玄参科)
tall shrub 高[大]灌木(frutex procerus)
tall silver fir (=grand fir) 大冷杉
tall sorrel (=sorrel) 酸模[*Rumex acetosa* L.](蓼科)
tall-stalked 高茎的(hypsopus)
tall-stature 高大株型(水稻)
tall stewartia 日本紫茎[*Stewartia monadelph* Sieb. et Zucc.](茶科)
tall strain 高秆品系
tall torreya (=chinese torreya, grand torreya) 香榧[*Torreya grandis* Fort.](紫杉科)
tall training 高整枝
tall tree 高[大]树(arbor procerus)
tall variety 高秆品种
tall vegetation 高秆植被,高大植被
tall-vine 长藤
tall wheatgrass 长冰草(长穗冰草,高冰草,高小麦草)[*Agropyron elongatum* Host.](禾本科)
tall white bogorchid 白香玉凤花[*Habenaria dilatata* Hook.](兰科)
tall yellow day-lily 黄花萱草[*Hemerocallis flava* L.](百合科)
taller ash (=common ash) 欧洲梣[*Fraxinus excelsior* L.](木犀科)
taller cover 较高的上木
tallness ①高大性 ②高度
tallow (制蜡烛用)硬脂,油脂
tallow-bearing 具脂蜡的(sebifer)
tallow-tree ①乌桕属[*Sapium* P. Br.](大戟科) ②乌桕[*Sapium sebiferum* Roxb.]{分类}
tally 每株调查,点数,计数
tally down 减1{电脑}
tally light 记录指示灯
tally register 计数寄存器
tally roll 账单{农管}
tally set 标签集
tallying 计算,计数
talomethylose 塔罗甲基糖,6-脱氧塔罗糖
talons ①(猛禽的)爪 ②(爪般的)手指
talose 塔罗糖[$CHO \cdot (HOCH)_4 \cdot CH_2OH$]
talus 碎石堆,岩堆,山麓堆积
talus deposit 岩屑堆积,岩堆

talus material 坡积物,山麓堆积物
tamarack 美洲落叶松［*Larix occidentalis* Nutt. = *L. americana* Michy.］(松科)
tamarind（= tamarindo, tamarind tree）①罗望子属［*Tamarindus* L.］(豆科) ②罗望子［*Tamarindus indica* L.］
tamarind fruit weevil 罗望子谷象［*Calendra linearis* Herbst］(象甲科)
tamarind weevil 罗望子豆象(酸豆象)［*Bruchus gonager* Fabricius］(豆象科)
tamarindifolious 似罗望子叶的（tamarindifolius）
tamarindiform 罗望子形的（tamarindiformis）
tamariscifolious 似柽柳叶的（tamariscifolius）
tamarisciform 柽柳形的（tamarisciformis）
tamarisk ①柽柳属［*Tamarix* L.］(柽柳科) ②柽柳［*Tamarix chinensis* Lour.］
tamarisk brake 柽柳林
tamarisk family 柽柳科［Tamericaceae］
Tamaron（= methamidophos） 甲胺磷(杀螨剂)［$C_2H_8NO_2PS$］
tame ①驯养的,家养的 ②驯化的 ③栽培的,培养的 ④耕耘的,耕作的 ⑤驯养,家养
tame cat（= domestic cat） 家猫
tame grass mixture 栽培牧草混播
tame hay 栽培干草
tame pasture ①栽培牧场 ②栽培牧草
tame plant 栽培植物,驯化植物
tame rabbit（= domestic rabbit） 家兔［*Oryctolagus cuniculus* L.］
tamp 夯实,捣固
tampala ①苋属［*Amaranthus* L.］(苋科) ②苋(雁来红,三色苋,老来红)［*Amaranthus tricolor* L.］
tampala family 苋科［Amaranthaceae］
tampang tree（= shiny tampany） 五美菠萝蜜［*Artocarpus gomeziana* Wall.］(桑科)
tamped 夯实的
tamper ①夯,捣棍 ②夯实机
tamperproof 防止篡改
tampico fibre（= ixtle） 异刺龙舌兰［*Agave heteracantha*］(龙舌兰科)
tamping 镇压{耕作}
tamping quality 镇压质量
tamping time 镇压期
tamping tools 镇压工具
tamping type roller 凸轮镇压器
Tamworth 汤姆屋斯猪
tan ①黄褐色 ②含单宁树皮 ③担(重量单位)
Tan-Yang 滩羊
tana training 棚架整枝
tanaocerids 长角蝗科［Tanaoceridae］
tanbark（= tanning bark） 鞣料树皮,鞣皮用树皮
tanbark coppice 剥皮林
tanbark oak 鞣皮栎［*Pasania desiflora* Oerst.］(山毛榉科)
tandem ①串列,串联,串级 ②衔接 ③串联的,顺序的
tandem acrocentric compound X-chromosome 衔接近端着丝粒复 X 染色体
tandem array 串联排列{生技}
tandem compound ring X-chromosome 衔接复环形 X 染色体{细胞}
tandem configuration 衔接构型{分遗}
tandem connection 级联
tandem disk harrow 双列圆盘耙{农机}
tandem double focusing mass spectrometer 串联双聚焦质谱仪
tandem duplication（= tandem repeat） 衔接复制{分遗}
tandem enzyme 串联酶
tandem fusion 衔接融合
tandem harrow 双列耙
tandem hitch 串联[农具]联结装置
tandem inversion 连续倒位
tandem link 串联链路{信息}
tandem mass spectrometer 串联质谱仪
tandem method 顺序选择法
tandem milking parlour 双列挤奶台
tandem office 汇接局,中间站{信息}
tandem operation 串联工作,级联工作
tandem ploughing 套耕
tandem processor 串联处理机
tandem pulverizer 串列式碎土镇压器
tandem rDNA gene 衔接 rDNA 基因
tandem repeat 衔接重复
tandem ring 衔接环
tandem satellite 衔接随体
tandem selection 顺序选择
tandem sequence 串联序列
tandem thinner ①双列间苗器 ②串联式间苗机
tandem trabant 衔接随体
tandem tractor 串联拖拉机
tandem triplication 连续三重复
tandem trunk 汇接中继线{信息}
tandem undercarriage 双轴低车架
tandem-wheeled spreader 后双轴撒肥机
tandem zigzag harrow 串联之字形耙

tangelo 橘柚［*Citrus reticulata* Blanco × *Citrus paradisi* Maef.］(指柑橘种间杂种)
tangelolo 橘柚柚［橘柚×柚］(指柑柚杂种)
tangent ①切线 ②正切(tangens)
tangent line 切线
tangent plane(= tangential plane) 切平面
tangent point 切线点
tangent-screw 微动螺旋
tangential ①切线的 ②正切的 ③切向的(tangentialis)
tangential centrifugal type nozzle 切向离心式喷头
tangential cut 弦向截(木材)
tangential derivative 切向导数{统计}
tangential direction 切向方向
tangential division 切向分裂(divisio tangentialis)
tangential flow filtration 切向流过滤
tangential pitting 切向纹孔式(porosans tangentialis)
tangential porus wood 切线孔材
tangential section ①切向切面 ②切向切片(sectio tangentialis)
tangential shrinkage 切向收缩(木材)
tangential stress 切向应力
tangential velocity 切向速度
tangential wall 切向壁(paries tangentialis)
tangerine 红橘［*Citrus tangerina* Tanaka］(芸香科)
tangerine orange(= loose skinned orange) 橘［*Citrus deliciosa* Tenore.］(芸香科)
tangerines(= mandarins) 柑橘(宽皮柑橘,松皮柑橘)［*Citrus reticulata* Blanco.］(芸香科)
Tangier disease 谈基氏病,高密度脂蛋白缺乏病
Tangier-pea(= Tangier peavine) 丹吉尔山黧豆［*Lathyrus tingitanus*］(豆科)
tangil(= tangile Mahogany, tanguile) 登吉红柳安［*Shorea polysperma* Merril.］(龙脑香科)
tangle ①缠结,纠结 ②混乱状态 ③密植丛
tangled cane 散乱甘蔗
tangled grain 混杂谷粒
tangled growth 生长凌乱
tangled mass 乱堆
tangled stem 缠结茎
tangled top of sugarcane 甘蔗梢头缠结病,甘蔗顶部缠结
tangled vegetation 密植被
tanglefoot ①(捉虫用)黏胶 ②烈酒
Tangl's canal 唐格尔氏管
tangor 橘橙［*Citrus reticulata* Blanco × *Citrus sinensis* Osbeck］(指柑橘种间的杂种)
tangoreceptor(= tangoceptor) 触觉感受器
tangut peach(= tangut almond) 西康扁桃(唐古特扁桃)［*Prunus tangutica* (Batal.) Kochne］(蔷薇科)
Tanjong tree(= bulletwood tree) 伊兰芷(埃郎氏枪弹木)［*Mimusops elengi* L.］(山榄科)
tank ①槽,贮槽 ②贮水池 ③桶,大桶,油桶,油罐 ④水柜,水箱 ⑤(谷物联合收获机)粮箱 ⑥箱池{环保}
tank agriculture(= tank culture, tray agriculture) 大容器培养,溶液培养,无土栽培
tank beet harvester 带贮存箱甜菜收获机
tank capacity ①油桶容量 ②箱池容量{环保}
tank car 油槽［汽］车
tank culture 大容器培养,溶液培养,无土栽培
tank farming 溶液栽培法,无土栽培法
tank sewer 高峰流量沟渠{环保}
tank silt 糖泥(指甘蔗制糖副产物){甘蔗}
tank sprayer 桶式喷雾器
tank spreader 罐式液肥洒布机
tank system 槽式
tank trailer 液槽挂车,坦克运输挂车
tank volume 箱池体积{环保}
tankage ①废肉渣,骨肉粉,脱脂杂肉粉 ②储量,贮藏器容量
tankage meal 骨肉粉,干血粉
Tankan 焦柑(桶柑)［*Citrus tankan* Tanakan］(芸香科)
tankara-shaped 酒樽形的
tanker ①液罐车,油槽车 ②油轮 ③(谷物联合收获机)粮箱 ④污泥船{环保}
tanker harvester 带粮箱收获机
tanker spreader 液肥洒布机
tanker-type combine 带粮箱的联合收获机
tanker-type liquid spreader 罐式液肥洒布机
tannage 鞣革［法］
tannase 鞣酸酶
tannate 鞣酸盐
tanned 鞣制的
tanned skins 鞣制毛皮
tanner's cassia 耳状决明［*Cassia auriculata* Linn.］(豆科)
tanner's sumac(= ink-plant) 西西里漆树(马桑漆树)［*Rhus coriaria* L.］(漆树科)
tannery 制革厂,鞣革厂

tannery waste 制革厂废水{环保}
tannia (= yautia) 箭叶黄体芋[*Xanthosoma sagitaefolium* Schott](天南星科)
tannic acid 鞣酸 [$(HO)_3 \cdot C_6H_2 \cdot CO \cdot C_6H_2(OH_2) \cdot COOH$]
tannic plants 单宁植物(plantae tannicae)
tannic substance 单宁质
tannin 鞣酸类物,单宁[$C_{76}H_{52}O_{46}$]
tannin and tannin precursor 单宁与单宁前体
tannin-bearing plant (= tanning plant) 鞣料植物
tannin cell 鞣质细胞(cellula tanninifera)
tannin crops 单宁[料]作物
tannin extracts 单宁提取物
tannin-formaldehyde resin adhesive 单宁甲醛树脂胶
tannin idioblast (= tanniferous idioblast) 含单宁异细胞(idioblasta tanninifera)
tannin production in vitro 单宁离体生产,单宁试管内生产
tannin sac 鞣质囊(saccus tanniniferus)
tannin tissue 鞣质组织(tela tanninifera)
tanning ①鞣革,鞣皮 ②鞣制[法]
tanning agent (= tanning material) 鞣料
tanning bark 鞣革树皮
tanning extracts 栲胶,浸出鞣皮剂
tanning material 鞣料
tanning plant 鞣料植物
tanning process waste water 鞣制废水{环保}
tanning wood 鞣革木
tanniniferous 含鞣质的,含单宁的(tanninifer)
tanniniferous tube 单宁管(tubus tanniniferus)
tannon 单宁
tanoak ①石柯属(石砾属)[*Lithocarpus* Bl.](山毛榉科) ②石柯[*Lithocarpus corneus* (Lour.) Rehd.]
tanshinone 丹参酮
tansy ①艾菊属[*Tanacetum* L.](菊科) ②艾菊[*Tanacetum vulgare* L.]
tansy oil 艾菊油
tansy phacelia (= California bluebell) 艾菊叶泛喜草[*Fhacelia tanacetifolia* Benth.](田基麻科)
tansy ragwort (= Common ragwort) 草甸千里光[*Senecio jacobaea* L.](菊科)
tantalum 钽[Ta,73号元素]
tantamount ①等价的,等值的 ②同义的 ③等价,等值 ④同义
tanyard (= taneyard) 制革厂
tanyard waste 制革厂废水{环保}
tap ①丝锥,螺丝攻(工具) ②水门,活塞,阀塞,龙头 ③排出孔,口 ④割采树汁 ⑤分接头
tap bolt 丝锥螺栓
tap cock 水管栓
tap drain 主沟
tap for resin 松脂采集,橡胶树液采集
tap funnel 滴液漏斗
tap hole ①放液孔 ②出口,出孔
tap root (= main root) 主根,直根(radix palaris)
tap-root system 主(直)根系
tap root vegetables 直根类蔬菜
tap-rooted 具直根的,具主根的
tap to death 杀取法{狩猎}
tap water 自来水,饮用水
tap wrench 丝攻扳手
tapazol 他巴唑,甲巯咪唑
tape ①卷尺 ②带,线带,狭带,胶纸带,拼缝纸条{加工} ③磁带{信息} ④绦虫{微生物} ⑤胶布,胶带{生技} ⑥纸带,磁带{电脑}
tape duplicator 磁带复印机
tape feed 磁带卷盘
tape for estimating live weight 估计活重尺,推定活重尺{农施}
tape gauge 活动水尺
tape-grass (= eel-grass) 苦草[*Vallisneria spiralis* L.](水鳖科)
tape measure 卷尺量度,卷尺测量
tape printer 带式打印机
tape recorder 磁带录音机
tape sampler 纸带取样器{环保}
tape seeder 带式播种机
taper (= taper-pointed) ①渐尖的(decidens) ②锥形,锥度 ③尖削
taper foot roller 锥钉滚镇压器,羊角碾
taper gage (= taper gauge) 锥度规
taper key 锥形键
taper pipe 异径管{环保}
taper rate 尖削率
taper roller bearing 圆锥滚子轴承
taper-shank twist drill 锥柄麻花钻
taper-table 尖削度表
taper value 尖削度值
tapered ①渐尖的(decidens) ②渐狭的(angustatus) ③圆锥形的(conicus)
tapered aeration (= stepped aeration) 逐减曝气[法],渐减曝气[法]{环保}
tapered auger 锥形螺旋
tapered disk 锥形圆盘
tapered quantization 锥形量化

tapered roller bearing 锥形滚子轴承
tapered search 锥形搜索
tapered seed tube 锥形输种管
tapering ①圆锥形的 ②渐尖的 ③尖削,尖削度
tapering cane ①尖削茎秆 ②缩尾蔗
tapering disease 尖茎病
tapering grade 尖削度
tapering pome 梨果(pyridium)
tapering trunk 圆锥形树干
tapestry moth (=carpet moth) 毛毡衣蛾(地毯衣蛾)[*Trichophaga tapetzella* (Linnaeus)](衣蛾科)
tapetal 绒毡层的(tapetalis)
tapetal cell ①绒毡细胞 ②花药营养层细胞(cellula tapetalis)
tapetal plasmodium 绒毡层原质团(plasmodium tapetale)
tapetum 绒毡层
tapetum periplasmodium 绒毡层周原质团(periplasmodium tapetale)
tapeworm (=taenia) 绦虫
tapeworm disease 绦虫病(taeniasis)
tapilon 蛋白豆[*Phaseolus calcaratus* Roxb.](豆科)
taping 测距
taping machine 胶带拼缝机
tapioca ①木薯属[*Manihot* L.](大戟科) ②木薯[*Manihot esculenta* Crantz. = *M. utilissima* Pohl.] ③木薯[淀]粉
tapioca chip 木薯片
tapioca flakes 木薯粉块
tapioca flour 木薯粉
tapioca meal (=cassava starch) 木薯淀粉,木薯面
tapioca plant (=cassava, manioc) 木薯[*Manihot esculenta* Crantz. = *M. utilissima* Pohl.](大戟科)
tapioca refuse (=tapioca residue) 木薯渣
tappable 可开割的
tappet ①(气门)挺杆 ②凸轮挺杆 ③凸轮从动件
tapping ①採脂,割胶,割浆(指树木) ②切螺纹,攻螺纹 ③分流,流出口,泄水[管] ④穿刺放液术 ⑤轻叩法
tapping holidays 割胶休闲期
tapping in sections 分层割浆,分层采乳(如木瓜)
tapping intensity 采脂强度
tapping machine 攻螺纹机
tapping pipe 泄水管{环保}
tapping response 轻度反应
tappoon (金属或木质)闸板
tar ①球果植物 ②焦油
tar acid (=tar phenols) 焦油酸
tar-base 焦油碱
tar-distillery waste 焦油蒸馏厂废水(物){环保}
tar extractor 焦油提取机
tar factory (=tar works) 焦油工厂
tar felt 防水油毡
tar gas 焦油气
tar oil (TO) 焦油
tar-oil type preservative 焦油型防腐剂(木材)
tar paper 油毡纸
tar soap 焦油皂
tar spot 黑痣病,黑纹病
tar spot of acer 槭黑痣病[*Rhytisma acerinum* (Pers.) Fr.]
tar spot of bromegrass 雀麦黑痣病[*Phyllachora bromi* Zokl.]
tar spot of dog's tooth grass 狗牙根黑痣病[*Phyllachra cynodonitis* (Sacc.) Niessl.]
tar spot of grasses 禾草黑痣病[*Phyllachora graminis* (Fr.) Fckl.]
tar spot of quack grass 鹅冠草黑痣病[*Phyllachora graminis* (Pers.) Fuck.]
tar spot of sorghum 高粱黑痣病[*Phyllachora sorghi* Hoechn.]
tar spot of sugar cane 甘蔗黑痣病[*Phyllachora saccharispontanei* Syd.]
tar spot of white-flowered gourd 葫芦黑星病[*Cladosporium cucumerinum* Ell. et Arth.]
tar trap 焦油聚集器{环保}
tara vine 猕猴梨(藤瓜)[*Actinidia arguta* Miq.](猕猴桃科)
tarantulas 鸟蛛科[Theraphosidae]
taraxanthin 蒲公英黄质[$C_{40}H_{56}O_4$]
taraxasterol 蒲公英甾醇[$C_{30}H_{50}O$]
taraxerene 蒲公英[赛]烯
tardiflorous 迟开花的(tardiflorus)
tardive 迟延的(tardivus)
tardive epiphytotics 迟延流行[病害](epiphytotica tardiva)
tardivus plantainlily 南海玉簪[*Hosta tardiva* Nakai](百合科)
tare ①(=common vetch) ②巢菜[*Vicia sativa* L.](豆科) ③稗[*Echinochloa crus-galli* (L.) Beauv.](禾本科) ④野豌豆(箭筈豌豆)[*Pisum arvense* L.](豆科) ⑤皮重,包装重量 ⑥车体重量 ⑦块根上黏着的泥土

tare seed 稗子
tare vetch 小巢菜(硬毛果野豌豆)[*Vicia hirsuta*](豆科)
target ①靶,靶子{分遗} ②靶的,标的,目标{物} ③枪靶,箭靶{狩猎} ④(子羊)胸肉{畜}
target acquisition 目标收集,目标捕获{遥感}
target analysis ①靶分析 ②目标分析
target area 靶区,目标区
target atom irradiation 靶原子辐射
target blotch 靶环病(指甘蔗)
target cell 靶细胞
target cloud 踪云
target complex 目标群{遥感}
target computer 目标计算机
target coursed-ashlar walling (= water shield) 莼菜[*Brasenia schreberi* J. F. Gmelin.](莼菜科)
target detection 目标探测
target dossier 目标档案{遥感}
target droneaircraft 遥控飞机{遥感}
target enzyme 目标酶
target for increased production 增产指标
target gene 靶基因
target identification 目标识别{信息}
target illustration print 目标详图{遥感}
target illustration sheet 目标说明书
target intelligence 目标情报{遥感}
target intercept computer (TIC) 目标拦截计算机
target leaf blotch 轮斑病
target molecule 靶分子{分遗}
target organ 靶器官
target point 靶点,作用点,作用部位
target price 指标价格,标准价格
target protein 靶蛋白
target recognition 目标识别
target rod 标杆
target shooting 来复枪打靶
target site duplication 靶位点重复{生技}
target size 靶大小
target spot 马铃薯早疫病[*Alternaria solani* (Ell. et Mart.) Johnes et Grove]
target theory 靶理论,靶学说
target tissue 靶组织
target variety 目标品种,标准品种
target yield 产量指标(计划达到的产量)
targeted delivery of drugs 药物导向,定向给药
targeted gene delivery 定向基因送递{分遗}
targeted gene replacement 定向基因置换
targeted gene transfer 定向基因转移
targeted inactivation 定向失活
targeted therapy 定向治疗
targeted toxin 导向毒素
targeting ①导向,寻靶 ②到位{生技}
targeting sequencing 导向序列测定,导向测序{分遗}
targeting signal 导向信号
tariff ①[海]关税(指海关) ②定价表,价格
tariff barriers (= customs barriers) 海关壁垒
tariff increase 提高关税
tariff legislation 关税立法
tariff policy 关税政策
tariff quota 关税配额
tariff reduction 关税降低
tariff structure 价格结构
tariff war 关税战
tarmac 柏油碎石混合物(修路用)
tarmacadam 柏油路面材料
tarnished plant bug 牧草盲蝽[*Lygus lineolaris* P. de B.](盲蝽科)
tarnishing 锈污{环保}
taro (= dasheen) ①芋属[*Colocasia* Schott](天南星科) ②野芋[*Colocasia antiquorum*] ③芋[*Colocasia esculenta* Schott]
taro bacterial soft rot 芋细菌性软腐病[*Erwinia carotovora* pv. *carotovora* (Jones) Bergey Harrison et al.]
taro downy mildew 芋霜霉病[*Phytophthora coloeasiae* Dastur]
taro late blight 芋晚疫病[*Phytophthora infestans* (Mont.) de Bary]
taro leaf mold 芋污斑病[*Cladosporium colocasiae* Saw.]
taro leaf rot 芋炭瘸病[*Macrophomina phaseoli* (Maubi.) Ashby]
taro phytophthora rot 芋疫病[*Phytophthora colocasiae* Racib.]
tarpaulin 防水布,油布,柏油防水布
tarpaulin paper 防水油纸
tarragon (= estragon) 龙蒿[*Artemisia dracunculus* L.](菊科)
tarragon oil 龙蒿油
tarry ①焦油的 ②树脂质的
tarsal ①跗节的 ②跗骨的 (tarsalis)
tarsal pad 跗垫
tarsonemid mites (= short abdomen mites) 跗线螨科[Tarsonemidae]
tarsus ①跗骨 ②跗节
tart 酸涩的,苦的 (acerbus)
tart cherry (= sour cherry, pie cherry)

酸樱桃［*Prunus cerasus* L.］（蔷薇科）
tart fruit 酸果（fructus acerbus）
tart rhubarb 食用大黄［*Rheum rhaponticum* L.］（蓼科）
tartan effect 格子效应{电脑}
tartar 酒石，酒石酸氢钾［$KHC_4H_4O_6$］
tartar deposit 酒石沉积物
tartareous 糙粉末状的（tartareus）
Tartarian aster 紫菀［*Aster tataricus* L. f.］（菊科）
Tartarian buckwheat（= Tartary buckwheat, kangra buckwheat） 苦荞麦（鞑靼荞麦）［*Fagopyrum tartaricum* Gaertn.］（蓼科）
Tartarian dogwood（= siberian dogwood） 白株木（红端木）［*Cornus alba* L.］（山茱萸科）
Tartarian honeysuckle 桃色忍冬［*Lonicera tatarica* L.］（忍冬科）
Tartarian maple 鞑靼槭［*Acer tataricum* L.］（槭树科）
Tartarian oats（= red oats） 鞑靼燕麦（侧穗燕麦）［*Avena orientalis*］（禾本科）
tartaric acid 酒石酸［HOOC·CHOH·CHOH·COOH］
tartaric acid fermentation 酒石酸发酵
tartness 酸味
tartogo（= Guatemata rhubarb） 珊瑚掌（佛肚树）［*Jatropha podogrica* Hook.］（大戟科）
tartrate ①酒石酸 ②酒石酸盐、酯或根
tartronate 羟基丙二酸，丙醇二酸［$HOCH(CO_2H)_2$］
tartronic acid 羟基丙二酸，丙醇二酸［$HOCH(CO_2H)_2$］
TAS（= transcription-based amplification system） 基于转录的扩增系统{分遗}
tasithynic 侧压的（tasithynus）
task 工作，任务，作业，课业（tasca）
task-centered information system 按任务集中的信息系统{遥感}
task control block（TCB） 任务控制块{电脑}
task force 工作组{环保}
task-work 计件工作
tasking ①派工 ②任务分配，任务派遣{农管}
Tasmanian blue gum（= blue gum） 蓝桉［*Eucalyptus globulus* Labill.］（桃金娘科）
tassel ①圆锥花序 ②羽状花序，玉米雄蕊序，雄穗（antherus taxillus）
tassel amaranth 圆锥穗苋［*Amaranthus paniculatus* L.］（苋科）
tassel bag 套穗袋（玉米）
tassel bagging method 套穗法
tassel development 雄穗发育
tassel differentiation 雄穗分化
tassel emergence 吐雄穗，现雄穗
tassel-flower（= love-lies-bleeding） 尾穗苋（老枪谷，千穗谷）［*Amaranthus caudatus* L.］（苋科）
tassel flower ①一点红属［*Emilia Cass.*］（菊科） ②一点红（红背草）［*Emilia sonchifolia* DC.］
tassel-flower flora's paint brush 绒缨菊［*Emilia flammea* Cass.］（菊科）
tassel grape-hyacinth 丛毛麝香兰［*Muscari comosum* Mill.］（百合科）
tassel-grass ①川蔓藻属［*Ruppia* L.］（川蔓藻科） ②川蔓藻［*Ruppia rostellata* Kock.］
tassel index ［雄］穗指数（玉米）
tassel seed 雄穗种子（指雄穗结实）
tasseled stalk 抽穗茎
tasseling ①去雄穗 ②抽雄穗
tasseling stage 抽雄［穗］期
tasseling time 去雄［穗］期
taste（= gustatory sensation） ①味觉，味道，滋味，食味 ②品尝，鉴别（tingere）
taste blindness 味盲
taste bud 味蕾
taste evaluation 味觉评定
taste of the cask 酒桶气味
taste panelist 品味者，食味鉴定者
taste receptor（= gustatory receptor） 味觉感受器
taste removal 除味
taste threshold 味阈值{环保}
tasteless 无味的
tastiness 风味
tasting 品味，尝味
tasting experiment 品味试验
TATA［-box］binding protein（TBP） TATA 序列结合蛋白
TATA box TATA 序列，TATA 框（指真核细胞启动子区内的一段经典序列）{分遗}
TATA-less promoter 无 TATA 序列启动子{分遗}
tatterleaf 碎叶病（指柑橘类病毒病害）
tattooing 刺的花纹，刺的标志
taugya system（= agri-silyi-culture, taugya plantation） 农林混作法，混农人工林
tauny daylily（= common orange daylily） 萱草［*Hemerocallis fulva* L.］（百合科）
taurine 牛磺酸，氨基乙磺酸

[$NH_2CH_2CH_2SO_3H$]
taurocarbamic acid　牛磺脲酸,N-氨甲酰牛磺酸
[$H_2N \cdot CONH \cdot CH_2 \cdot CH_2 \cdot SO_3H$]
taurocholate　①牛磺胆酸 ②牛磺胆酸盐(酯或根)
taurocholic acid　牛磺胆酸[$H_{26}H_{45}O_7NS$]
taurocyamine　胍基牛磺酸
tauryl-　牛磺酰[基]
taut　①拉紧的,绷紧的(=drawn tight)②紧张的(=tight)
tautness　紧固度,紧度
tautochrone　等时曲线
tautog　裸首隆头鱼[*Tautoga onitis*(L.)]
tautomer　①互变变构体 ②互变异构体
tautomeric　①互变变构的 ②互变异构的(tautomericus)
tautomeric form of bases　碱基互变异构型
tautomeric shift　互变异构作用
tautomeride(=tautomer)　①互变异构体 ②互变变构体
tautomerism　①互变异构[现象]②互变变构性(tautomerismus)
tautomerization　互变异构化(tautomerisatio)
tautomycin　互变霉素
tautonym　重复名[称](tautonymum){分类}
tavistock　磷钙铝石{地质}
taw　①硝皮 ②(麻)疏理
tawing　白鞣
tawny　红棕色的,黄褐色的(fulvus)
tawny blotch　褐斑病
tawny daylily　棕红萱草[*Hemerocallis fulva* var *kwanso* Kitam](百合科)
tawny garden slug(=cellar slug)　网纹黄蛞蝓[*Limax flavus* L.](蛞蝓科)
tawny grisette　黄灰鹅膏[*Amanita vaginata*(Bull. ex Fr.) Quel var. *fulva* Sacc.](鹅膏科)
tax　税,税额(taxus)
tax base(=tax basis)　课税基础
tax concession(=tax relief)　赋税减轻
tax exemption　赋税免除
tax-free　免税
tax reduction(=tax remission)　赋税降低,减税
taxa　分类单位(taxon 的复数)
taxaceous　紫杉科的(taxaceus)
taxation　①税,征税 ②测树,材积测定(taxatio)
taxation policy　税收政策
taxcomp　税务计算
taxer　评价员,估价员
taxicatin　红豆杉苷,3,5-二甲氧苯酚葡糖苷
taxifoline　毒叶素
taxine　紫杉碱原质
taxis(=taxy)　趋性
-taxis　⌊字尾⌉①序列,排列 ②趋性
taxodioid pit　杉型纹孔(porus taxodioides){解剖}
taxodioid pit-pair　杉型纹孔对(poroparia taxodioides)
taxodium　①落羽松属[*Taxodium* Rich.](杉科)②落羽松[*Taxodium distichum* Rich]
taxodium family　杉科[Taxodiaceae]
taxology(=taxonomy)　①分类学 ②分类系统(taxologia)
taxometrics　数学分类学(taxometrica)
taxon　①分类单位 ②分类群
taxonomic(=taxanomical)　分类的(taxonomicus)
taxonomic category　分类范畴(categoria taxonomica)
taxonomic character　分类性状(character taxonomicus)
taxonomic classification　系统分类(classificatio taxonomica)
taxonomic description　分类描述(descriptio taxonomica)
taxonomic distance　分类学距离(distantia taxonomica)
taxonomic group　分类群
taxonomic species　分类种
taxonomic status　分类地位(status taxonomicus)
taxonomic unit　分类单位(taxon)
taxonomical group(=taxonomic group)　分类群(gruppa taxomomica)
taxonomist　分类学家(taxonomistus)
taxonomy　分类学(taxonomia)
taxotrophis　①刺毒木属[*Taxotrophis* Bl.](桑科)②刺毒木[*Taxotrophis macrophylla*(Bl.) Boert.]
taxus(=yew)　①紫杉属[*Taxus* L.](紫杉科)②紫杉[*Taxus cuspidata* sieb. et zucc.]
taxus family　紫杉科[Taxaceae]
Tay-Sachs amaurotic idiocy(=Tay-Sachs disease)　泰萨二氏幼年型黑矇白痴病,氨基己糖苷A酶缺乏病
Taylor diagram　泰勒图
Taylor series expansion　泰勒级数开展[式]

Taylor's fluid 泰勒氏液{显技}
tazettine 多花水仙碱［$C_{18}H_{21}O_5N$］
TBG（= thyroid binding globulin） 甲状腺结合球蛋白
TBP（= TATA［-box］binding protein） TATA 序列结合蛋白{分遗}
TC（= terminal controller） 终端控制器{信息}
TCA ①（= trichloroacetate） 三氯乙酸（除草剂）［$C_2HCl_3O_2$］ ②（= tonic cane per acre）每英亩产蔗吨数
TCA cycle TCA 循环，三氯乙酸循环
TCB（= termination control block） 终端控制块{信息}
TCD（= tonic cane per day） 每日榨蔗量（公吨）{蔗}
tcheruosem 黑土
TCP（= transmission control protocol） 传输控制协议{信息}
tcRNA（= translational control RNA） 转译控制 RNA
TDC（= top dead center） 上死点，上止点
TDE（= DDD） 滴滴滴（杀虫剂）［$C_{14}H_{10}Cl_4$］
TDN ①（= total digestible nutrients）总可消化的养分 ②（= tetradifon）三氯杀螨砜
TDP（= thermal death point） 热致死点，致死温度
tdt（= terminal deoxynucleotidyl transferase） 末端脱氧核苷酸转移酶{分遗}
tea ①茶叶 ②茶（茶树）［*Thea sinensis* O. Ktze.］（茶科）
tea agrotechniques 茶树栽培技术
tea anthracnose 茶炭疽病［*Gloeosporium thea-sinesis* Miyake］
tea aphid 茶蚜（茶二叉蚜）［*Toxoptera aurantii* Boyer］（蚜科）
tea bagworm 茶蓑蛾（小蓑蛾）［*Gryptothelea minuscula* Butler］（蓑蛾科）
tea baking 茶叶烘焙
tea baking room 茶叶烘焙室
tea black scale ［茶］黑星蚧［*Parlatoria theae* Cockerell］（蚧科）
tea bohea 武夷岩茶（我国名茶之一）
tea breeding ①茶树育种 ②茶树育种学
tea brown capsid（= quinine plant bug） 奎宁角盲蝽［*Helopeltis cinchonae* Mannerheim］（盲蝽科）
tea brown longicorn beetle 楝树天牛（茶褐天牛）［*Aeolesthes induta* Newman］（天牛科）
tea bunch caterpillar 茶蚕［*Andraca bipunctata* Walker］（蚕蛾科）
tea bush 茶丛，茶树
tea bush trimmer 茶丛修剪机
tea caddy 茶罐，茶盒
tea caterpillar（= tea tussock moth） 茶毛虫［*Euproctis pseudoconspersa* Strand］（毒蛾科）
tea chest 茶箱
tea clipping 茶树剪形，茶树修剪
tea cochlid 茶锈刺蛾（茶苦瓜虫）［*Phrixolepia sericea* Bulter］（刺蛾科）
tea colour 茶叶色泽
tea cropper 茶叶收获机
tea culture ①茶树栽培 ②茶树栽培学
tea curing 烘茶
tea cut-grafting 茶树切接
tea cuttage 茶树扦插法
tea cutter 茶树台刈机，茶树切断机，茶树截断机
tea cutting 茶树扦插（插穗）
tea cutting back pruning 茶树短截修剪
tea cutting bed 茶树插床
tea cutting grafting 茶树插接
tea cutting plot 茶树扦插区
tea cutting time 茶树扦插期
tea cutting wood 茶树插条
tea dark garden-chafer 茶黑丽金龟［*Anomala superflua* Arrow］（金龟科）
tea date of seeding 茶树播种期
tea date of thinning 茶树间苗期
tea de-enzyming machine 茶叶杀青机
tea depth of cutting 茶树扦插深度
tea depth of intertillage 茶树中耕深度
tea depth of manuring 茶树施肥深度
tea division 茶区
tea dressing time 茶树追肥期
tea drier 茶叶干燥机
tea dust 茶叶末
tea family 茶科［Theaceae］
tea fermentation 茶叶发酵
tea fermenting apparatus 茶叶发酵装置
tea field 茶园
tea finishing machine 茶精制机
tea flush worm（= flush worm ontea） 茶白点小蠹蛾［*Laspeyresia leucostoma* Meyrick］（小卷蛾科）
tea garden 茶园
tea garden care 茶园管理
tea garden control of disease 茶园病害防治
tea garden control of insect 茶园虫害防除
tea garden control of soil erosion 控制茶园土壤侵蚀

tea garden control of weeds 茶园杂草防除
tea garden cropping system 茶园耕作制
tea garden cultivation 茶园耕作
tea garden for maternal plant of vegetative propagation 茶树无性繁殖母树园
tea garden for seed collection 采种茶园
tea garden improvement of soil 茶园土壤改良
tea garden intercropping 茶园间作
tea garden irrigation 茶园灌溉
tea garden irrigation equipments 茶园灌溉设备{水利}
tea garden irrigation norm 茶园灌溉量
tea garden management of weeds 茶园除草
tea garden manuring 茶园施肥
tea garden planting of green manure crops 茶园种植绿肥作物
tea garden soil 茶园土
tea garden thickness of soil layer 茶园土层厚度
tea garden tillage 茶园整地
tea geometrid 茶尺蛾[*Boarmia obliqua hypulina* Wehrli](尺蛾科)
tea grading 茶叶分级
tea grading machine (= tea grader) 茶叶分级机
tea graft hybrid 茶树嫁接杂种
tea graft union 茶树[嫁接]接合部
tea graftage 茶树嫁接法
tea grafting 茶树嫁接
tea grafting bud 茶树接芽
tea grafting by approach 茶树靠接
tea grafting chimera 茶树嫁接嵌合体
tea grafting knife 茶树嫁接刀
tea grafting proper 茶树枝接
tea grafting time 茶树嫁接期
tea grafting wax 茶树接蜡
tea grafting with cuttings 茶树混合接
tea green fly (= Indian tea green fly, castor greenfly, green leafhopper) 茶微叶蝉[*Empoasca flavescens* Fabricius = *Chlorita*](叶蝉科)
tea green plant bug 茶黄绿盲蝽[*Lygus viridanus* Motschulsky](盲蝽科)
tea grower (= tea farmer) 茶农
tea growing ①茶树栽培 ②茶树栽培学
tea growing period 茶树生长期
tea growing spacing 茶树营养面积
tea growth 茶树生长
tea growth form 茶树生长型
tea growth period 茶树生长期
tea heating machine 茶叶烘焙机,焙茶机
tea kettle 茶壶,水壶
tea layer 茶树压条
tea layer-cutting division 茶树压条扦插区
tea layerage 茶树压条法
tea layerage by girdling 茶树环[头]剥[皮]压[条法]
tea layerage by notoching 茶树切伤压[条法]
tea layerage by tongueing 茶树割枝压[条法]
tea layerage by twisting 茶树扭枝压[条法]
tea layering plot 茶树压条区
tea leaf beetle 茶翅后扩叶甲[*Phytorus dilatatus* Jacobson](叶甲科)
tea leaf harvester 茶叶收获机
tea leaf-hopper 小绿叶蝉[*Empoasca flavescens* Fabricius](叶蝉科)
tea leaf limping machine 茶叶萎凋机,打青机
tea leaf maggot 茶黄潜蝇[*Oscinis theae* Bigot](秆蝇科)
tea leaf miner (= tea leaf roller) 茶叶细蛾[*Gracilaria theivora* Walshingham = *Caloptilia*](细蛾科)
tea leaf parcher 茶叶烘焙机
tea leaf parching kettle 炒茶锅
tea leaf picker 采茶机
tea leaf processing (= tea processing) 茶叶加工
tea leaf rolling machine 茶叶揉捻机
tea leaf steaming machine 茶叶蒸制机,茶叶汽蒸机,蒸茶机
tea leaf withering 茶叶萎凋
tea leaf withering machine 茶叶萎凋机
tea leaves 茶叶(成品茶)
tea lump-disintegrating machine 茶叶解块机
tea manufacture 茶叶制造
tea manufacturing machine 制茶机械
tea mark 茶叶商标
tea mosquito bug ①茶盲蝽[*Helopeltis bergrothi* Reuter] ②茶红褐盲蝽[*Helopeltis antonni* Signoret](盲蝽科)
tea mower 采茶机
tea nursery 茶树苗圃
tea nursery design 茶树苗圃设计
tea nursery location 茶树苗圃位置,茶树苗圃地点
tea nursery size 茶树苗圃大小(规模)
tea nursery tending 茶树苗圃管理
tea oil ①茶油 ②红茶精油
tea-oil tree 油茶[*Camellia oleosa* Rehd.](茶科)

tea oval cockchafer 茶卵形金龟［*Exopholis hypoleuca* Wiedemann］（金龟科）
tea packer 茶叶包装机
tea packing 茶叶包装，茶叶装箱
tea pan firing machine 茶叶平底锅型干燥机，茶叶熏制机
tea parching 炒青，茶叶烘焙
tea pests 茶树病虫害
tea picking 茶叶采摘，采茶，摘茶
tea picking basket 采茶篮，采青篮
tea picking machine（＝tea plucking machine） 采茶机，摘茶机
tea picking quality 采茶质量
tea picking season 采茶季节，采茶期，采青期
tea-plant ①茶属［*Thea* L.］（茶科）②茶，茶树［*Thea sinensis* O. Ktze.］
tea-plant family 茶科［Theaceae］
tea plant fumigator 茶树烟熏喷射器
tea plant pruning implement 茶树整枝机具
tea plant pruning machine 茶树修剪机
tea plantation 茶场，茶园，茶树种植园
tea planting 茶树定植
tea plucker（＝tea plucking machine） 采茶机
tea plucking 采茶
tea polisher 茶叶精制机
tea polyploid 茶树多倍体
tea pot experiment 茶树盆栽试验
tea potting 茶树盆栽
tea production 茶叶生产
tea pruner 茶树整枝机
tea pruning 茶树修剪
tea rolling machine 茶叶揉捻机
tea rose 香水月季［*Rosa odorata* Sweet］（蔷薇科）
tea rust mite（＝purple tea mite, ribbed tea mite） 茶叶刺瘿螨［*Eriophyes carinatus* Green＝*Phyllocoptes* or *Phytoptus*］（瘿螨科）
tea saponin 茶叶皂苷
tea scale 茶棕盾蚧［*Fiorinia theae* Green］（盾蚧科）
tea scissors 采茶剪
tea screen 茶筛
tea scurfy scale 茶紫长蚧［*Chionaspis theae* Maskell］（蚧科）
tea-seed cake 茶子饼
tea seed fly 茶子实蝇［*Adrama determinata* Walker］（实蝇科）
tea-seed oil 茶油
tea seedling 茶树实生苗
tea shoot borer 茶梢蛀蛾［*Parametriates theae* Kus.］（螟蛾科）
tea shot-hole borer 斯里兰卡茶小蠹［*Xyleborus fonicatus* Eichhoff］（小蠹科）
tea sifting and grading machine 茶叶筛分分级机
tea slug-caterpillar 茶带纹刺蛾［*Cania bilinea* Walker］（刺蛾科）
tea sowing 茶树播种
tea sowing bed 茶播种苗床
tea sowing norm 茶播种量
tea sowing time 茶播种期
tea space in the row 茶树株距
tea spacing 茶树株行距
tea stalk 茶叶梗
tea stalk separator 茶叶拣梗机
tea steaming pan 蒸茶锅
tea style 茶叶形状，茶叶类型
tea survey 茶叶大全，茶树调查
tea taste 品茶，茶叶鉴定
tea taster 茶叶鉴定者，品茶员
tea tasting 品茶，评茶
tea tasting room 品茶室
tea termite 茶新白蚁（茶新木蛩）［*Neotermes militaris* Desn.］（白蚁科）
tea terrace garden 梯形茶园
tea thrips 茶黑色蓟马（茶黄蓟马）［*Scirtothrips dorsalis* Hood］（蓟马科）
tea thyridid 茶窗蛾［*Striglina glarela* Felder］（窗蛾科）
tea tortrix（＝coffee leaf-roller） 茶黄卷蛾（咖啡卷蛾）［*Homona menciana* Walker］（卷蛾科）
tea trade 茶叶贸易
tea training 茶树整枝
tea transplantation 茶树移植法
tea transplanting 茶树移植
tea transplanting plot 茶树移植区
tea transplanting time 茶树移植期
tea tree 茶树
tea tussock moth（＝tea caterpillar） 茶毛虫（茶毒蛾）［*Euproctis pseudoconspersa* Strand］（毒蛾科）
tea twig caterpillar 茶枝霜尺蛾［*Boarmia bhurmitra* Walker］（尺蛾科）
tea twig shot hole borer 茶枝小蠹虫［*Xyleborus fornicatus* Eichhoff］（小蠹科）
tea unmon geometrid 茶云纹尺蛾［*Jankowskia unmon* Sonan］（尺蛾科）
tea variety 茶树品种
tea variety collection 茶树品种收集
tea variety plot 茶树品种圃

tea white scale 茶白盾蚧［*Hemichionaspis theae* Maskell］
tea withering machine 红茶凋萎机
teach ①教授，讲授，教学 ②教练，训练
teach through 示教
teaching expert system 教学专家系统｛智培｝
teaching machine 教学机
teaching point 教学点
teaching program 教学程序
teak（＝teak tree）①柚木属［*Tectona* L. f.］（马鞭草科）②柚木［*Tectona grandis* L. f.］
teak defoliator 柚叶野螟［*Pyrausta machoeralis* Walker］（野螟科）
teak forest 柚木林
teal 蹼足水鸭［*Anas* ssp.］
Teal Ruby 红宝石野鸭计划｛遥感｝
team ①机组，联动机｛农机｝②一班作业人员 ③联畜（拉犁的一组牛或马），马队 ④组合，队，组
team computing 组合计算，合作计算
team of oxen 一对牛，联牛，串套牛
team plough 牵引式犁，马拉犁
team theory 队论｛电脑｝
team work 作业班，作业组
teamsman（＝teamster）驾驶联畜运输车的人，驾驶一组马车工人
teamwork 分组工作
tear fungus 伏果圆炷菌［*Cyrophana lacrymans*（Wulf.）Pat.］
tearing 撕裂，撕碎
tearing method 撕裂方法
tearing strength 撕裂强度
tearout ①拉断力，摘取力 ②撕下，扯下
teasel（＝teazle）①川续断属［*Dipsacus* L.］（川续断科）②川续断［*Dipsacus asper* Wall.］③起绒草［*Dipsacus*］*fullonum* L.］
teasel bur 川续断刺球
teasel family 川续断科［Dipsacaceae］
teasel gourd 刺瓜［*Cucumis dipsaceus*］（葫芦科）
teasel nuts 起绒草果
teaser ①梳松机 ②试情畜
teasing 梳理，梳整
teasing flax 梳理亚麻
teat 乳头
teat canal 乳头管
teat cup（挤乳机）挤乳杯
teat-cup cluster 全套挤乳杯
teat cup liner 挤乳杯衬套
teat orifice 乳头套孔
teat sinus 乳头突（窦）
tebabai 弯子芋［*Cyrtosperma chamissanis* Merr.］（天南星科）
tech 技术资料｛智培｝
tech writer 技术资料作者
technetium 锝［Te，43 号元素］
technic ①技术 ②技术的，工艺的，工业的（technicus）
technic product 技术产品｛生技｝
technical ①技术的，工艺的，工业的 ②专门的，有关专门技术的（technicus）
technical analysis 技术分析
technical and economic target 技术经济指标
technical and organizational measures 技术和组织措施
technical archive 技术档案
technical assessment 技术评定，技术评估
technical assistance 技术援助
Technical Assistance Board（TAB） 技术援助委员会
technical assistance program 技术援助计划
technical balance 工业用天平
technical classification 技术性分类
technical consideration 技术因素
technical criteria 技术准则｛农系工｝
technical crops 技术作物，工艺作物
technical cutting age 工艺采伐龄
technical data 技术资料，技术数据
technical design control（TDC） 技术设计控制
technical efficiency 技术效果
technical equilibrium 技术上平衡
technical equipment 技术设备
technical error 技术误差｛统计｝
technical examination 技术检验
technical feasibility 技术可行性
technical fiber 技术纤维，工业纤维
technical field staff 田间技术人员
technical final age 工艺伐期龄
technical identification 技术验证
technical improvement 技术改革
technical information center 技术情报中心
technical information exchange（TIE） 技术信息交换
technical information system 技术情报系统
technical innovation 技术革新，技术创新
technical innovation pattern 技术创新模式
technical innovation system 技术创新系统
technical introduction 技术引进

technical know-how 技术知识,技术经验
technical maintenance 技术保养
technical management 技术管理
technical marketing 技术市场{农经}
technical maturity 技术成熟度,工业成熟度(加工用的成熟度)
technical norm 技术定额
technical oils 工业用油
technical oilseeds 工业用油子
technical pathway of intelligent crop production 作物智能栽培学的技术途径
technical personnel 技术员工
technical plant 技术植物,工艺植物
technical point of view 技术观点,技术角度
technical process 技术处理
technical processor 技术处理机{信息}
technical product (=technical grade) ①工业品 ②原药
technical program of work 工艺工作程序
technical project 技术设计
technical quality 工艺质量
technical reconstruction of agriculture 农业技术改造
technical reformation 技术改造
technical regulations 技术规程,技术规范
technical research division 技术研究部
technical rotation 工艺轮伐期
technical route 技术路线
technical route of fictitious crop 虚拟作物的技术路线{智培}
technical specifications 技术规格
technical steps 技术步骤
technical storage 技术储备
technical supervision 技术监督
technical term 专门术语
technical term dictionary 术语词典
technical texicant (=technical grade, technical product) ①原药 ②工业品
technical trade barrier 技术贸易壁垒{农经}
technical vaseline 工业用凡士林
technical vulnerability 技术弱点
technician 技术员
technics 技术(technica)
technique (=technics) 技术(technica)
technique flow-chart 技术流程图
technique for handling and storing 加工与贮藏技术
technique for rapid analysis 快速分析技术
technique in evaluating hybrid 鉴定杂种技术
technique of rice cultivation 水稻栽培技术
technique of simulation 仿真技术,模拟技术{智培}
technique of transfer 转移技术(指基因)
technique refinement 技术改进
technique standard orders 技术标准规程{电脑}
techno-economist 技术经济学家
techno-economy 技术经济学
technological ①技术的 ②工艺的,工艺学的(technologicus)
technological audit 技术审查,技术检查
technological forecasting 技术预测
technological innovation (=technical innovation) 技术创新
technological mycology 工业真菌学
technological selection 工艺选择
technological trade-off 技术权衡
technologist 技术工作者,技术专家,技术人员
technology 技术学,工艺学(technologia)
technology assessment (TA) 技术评估
technology contract 技术合约,技术合同{农管}
technology driver 技术推进
technology forecasting 技术预见
technology gap 技术差距
technology integration 技术集成(指综合的多种单项农业信息技术){智培}
technology of computer image processing 计算机图像处理技术{智培}
technology of knowledge model 知识模型技术
technology of visualization 可视化技术{智培}
technology satellite 技术卫星{遥感}
technology stock 技术股份{农经}
technology transferor 技术转让
technometrics 技术计量学(technometrica)
technopolis 技术集中都市,技术城
technosphere 工业圈
technostructure 技术专家体制
tecnazene (=Folosan) 四氯硝基苯{农药}
tecoma ①黄钟花属[*Tecoma* Juss.](紫葳科) ②黄钟花[*Tecoma stans* H. B. K.]
tecomaria ①硬骨凌霄属[*Tecomaria* Spach](紫葳科) ②硬骨凌霄[*Tecomaria capensis* Spach]
tectate ①具覆盖层的 ②具原顶膜的(tactatus)
tectine (=similar protein) 类蛋白
tectivirus 复层病毒
tectochrysin 柚木柯因
tectogenesis 构造运动{地质}
tectonic 构造的(tectonicus)
tectonic cycle 造山旋回

tectonic element 构造要素,构造单元
tectonic framework 构造框架,构造格架
tectonic map 大地构造图{遥感}
tectonic mountain 构造山
tectonic movement (= mountain-making movement) 造山运动
tectonic pattern 构造型式,构造模式
tectonic system 构造体系
tectonic zone 构造带
tectonics 筑造学,构造学 (tectonica)
tectonism 构造作用 (tectonismus)
tectonite 构造岩{地质}
tectoquinone 鸢尾醌
tectorial membrane 耳蜗[覆]膜
tectoridin 鸢尾苷
tectorigenin 鸢尾黄素
tectum ①覆盖层 ②厚顶膜 ③顶盖
tectural planting 建筑式种植
ted ①摊晒,摊散 ②翻动
tedder 摊草机
tedder side rake 侧向摊晒搂草机
tedding ①摊晒,摊散 ②(干草)翻转,翻动
tedding speed 摊草速度
tedding width (干草)摊晒宽幅,摊晒宽度
tedion (= tetradifon) 三氯杀螨砜
tedrake 搂草摊草机
tee T字形物,三通{环保}
tee piece T字管{环保}
tee pipe (= T-bend) 三通,T字管{环保}
teel oil (= sesame oil) 芝麻油
teem ①产子 ②怀孕,怀胎 ③结实 ④充满,充溢
teeth ①齿 ②齿锄
teeth formula 齿式
teff (= teff grass) 埃塞俄比亚画眉草 [*Eragrotis abyssinica*] (禾本科)
teflon 聚四氟乙烯
teg 两岁绵羊
tegillate 具被层的 (tegillatus)
tegillum 被层
tegmen ①内种皮 ②复翅
tegula 翅基片
tegular 覆瓦状的 (tegularis)
tegulicolous 瓦上生的 (tegulicolus)
tegument 种皮 (tegumentum)
tegumentary 具被的 (tegumentarius)
teichoic acid 磷壁酸
teicholytic enzyme 磷壁酸分解酶
teichuronic acid 糖醛酸磷壁酸质
tein (= theine) 茶素,茶碱,咖啡因
teinturier grape 紫叶葡萄(紫葡萄) [*Vitis vinifera* L. var. *purpurea* Bean.] (葡萄科)
Tekcha 竹蔗(甘蔗中国原种)
tela 组织
telangiectasis 毛细血管扩张
telautograph (= tele-autograph) ①传真电报 ②传真电报机{信息}
tele- ⌞字头⌝ ①远,远距 ②电报,电视,电信,传真照相 ③末端
tele-autograph 传真电报机
tele-communication 长途电信
tele control 遥控,远程控制
teleblem 外菌幕,周包膜,菌托 (teleblema)
telecamera 电视摄影机
telecine 电视影院
telecom ①电信 ②电信通信卫星
telecommand 遥控指令{遥感}
telecommander 遥控指令装置
telecommunication ①电信 ②远程电信,长途电信 ③远程通信 (telecommunicatio) {信息}
telecommunication access method (**TCAM**) 远程通信存取法
telecommunication hi-tech industry 远程通信高科技产业,电信高科技产业
telecommunication protocol 远程通信协议 {信息}
telecommuting 远程交换
telecomputer 电视计算机
telecomputing 远程计算
telecon (= teleconference) 电话会议
teleconference 电信会议
teleconferencing network 电信会议网络
telecopier 远程复制[件]
telecrine 远距分泌,远程分泌{分生}
teledata 远程数据[装置]
telediagnosis 电视诊断
teleequipment 遥控装置
telefacsimile 电话传真
telefax 远程传真机,远程传真复印机
telegony 先父遗传,前父影响 (telegonia)
telegraph ①电报 ②电报机
telegraph channel 电报信道
telegraph circuit 电报电路
telegraph code 电码
telegraph key 电报电键
telegraph-plant ①山蚂蟥属 [*Desmodium* Desv.] (豆科) ②山蚂蟥 [*Desmodium podocarpum* DC.]
telegraph-post (= telegraphpole) 电杆材
telegraph speed 电报速度
telegraph tick clover 舞草(舞荻) [*Desmodium gyrans* DC.] (豆科)
teleianthous 完全雌雄同株花的 (teleian-

thus)
teleinformatics 电传信息学,远程信息学
teleinformation 电传信息
teleinstruction service 远程教学服务{智培}
telelearning 远程学习[系统]
telelecture 远程教学,电话教学
telemail set 电子邮递机{信息}
telemail-telephone set 书写电话机
telemailbox 电传邮箱
telemarketing ①电传销售,电信营销 ②电话购物
telematics ①电信息通信,电信息业务 ②信息技术 ③远程计算机通信 (telematica)
telematics network 电信息通信网络
telematics service 远程信息业务
telematique 计算机通信
telemechanics 运动学,遥控力学,运动遥控机械学 (telemechanica)
telemechanisation 运动化,远距离机械化 (telemechanisatio)
telemedicine 电视医疗
telemedography 遥控诊疗术 (telemedographia)
telemeteorograph 遥测气象计
telemeteorography 遥测气象仪器学
telemeteorology 遥测气象学 (telemeteorologia)
telemeteorometry 遥测气象仪器制造学 (telemeteorometrica)
telemeter 遥测表
telemeter rod 测距尺
telemetering 遥测法
telemetering system 遥测系统
telemetry ①遥测 ②遥测法 (telemetrica) {气象}
telemetry parameter 遥测参数
telemetry system ①遥测系统 ②遥控系统
telemetry transmitter 遥测发射机
telemorphosis ①远距刺激变形[现象]②末路进化
telenet 远程通信网{信息}
telenet protocol 远程网协议{信息}
telenewspaper 传真报纸,电子报纸
teleology 目的论 (teleologia) {进化}
teleoperation 遥控操作 (teleoperatio)
teleoperator 遥控操作器
teleordering 远程订购{农管}
teleosis 目的进化论{进化}
teleost fishes (= teleostians) 真骨鱼类
telepack ①遥测组件{遥感} ②专用线路{信息}
telepher 卷扬装置
telephone 电话{信息}
telephone answering service (TAS) 电话应答服务
telephone bank 电话银行
telephone call state 电话呼叫状态
telephone channel 电话声道,话路
telephone communication unit 电话通信装置
telephone company 电话公司
telephone exchange 电话交换台,电话交换区
telephone-pole 电话杆
telephone recording attachment 电话记录附件
telephony ①通话 ②电话学 (telephonia)
telephotography ①远程照相术 ②传真照相术
telephotometer 远距离光度计
telephotometry ①远距离光度测定 ②远距离光度测定法
telepost 电传邮政{信息}
telepresence robot 遥控机器人
teleprinter ①电传打印机,电传打字机 ②电传机
teleprocessing ①电传处理,电传信息处理 ②远程处理,远程信息处理
teleprocessing monitor 远程处理监控软件
telepsychrometer 遥测干湿表
telepunch ①遥控穿孔 ②遥控穿孔机
teleputer 通信计算机,电视计算机
teleran 电视雷达导航仪
telerecording 遥测记录
telergone 信息激素
teleroentgenotherapy 远距 X 射线疗法{医}
telescan 文字电视
telescope 望远镜
telescope cover 套叠式箱盖
telescope level 水准仪
telescopic ①望远镜的 ②伸缩筒的 ③套筒式的 (telescopicus)
telescopic axle 套筒轴,伸缩轴
telescopic bellmouth [竖]套筒式喇叭口{环保}
telescopic-form seed tube 套筒式输种管
telescopic grain tube 伸缩式输种管
telescopic valve [竖]套筒式倾泻阀{环保}
teleservice 远程服务{信息}
teleset ①电视接收机 ②电话机
teleshopping 电信购物{农管}
telesignalling ①遥测信号 ②遥测信号术
telesoftware 电信软件,远程软件
telestar 电星
telesteroscope 体视望远镜
telestimulator 遥控刺激器

telesynd 远程同步遥控装置
teletel ①可视数据 ②可视图文
teletex 智能用户电报
teletext ①电传文本 ②电视书刊 ③用户电视电报
telethermometer 遥测温度表
telethermoscope 遥测温度器
teletopia plan 未来城市通信设想计划
teletransmission 远程传输
teletype 电传打字机
teletype for Chinese character 汉字电传打字机
teletypesetter (TTS, TTYS) 电传排字机
teletypesetting 电传排字
teletypewriter (TTY) 电传打字机,电传机
teleutosorus (= telium) 冬孢子堆
teleutospore (= teliospore) 冬孢子 (teleutospora)
teleutosporiferous 带冬孢子的 (teleutosporifer)
teleutostage 冬孢子阶段,后期(锈菌) (teleutostaticum)
television (TV)电视
television and infrared observing satellite (TIROS) 电视和红外辐射观测卫星,泰罗斯卫星{遥感}
television cable 电视电缆
television channel (TV channel) 电视信道
television in fluorescence microscopy 荧光[显微]镜检术的电视
television picture 电视图像{遥感}
television scanning densitometer 电视扫描密度计
television screen ①电测屏 ②电视屏幕
television system 电视系统
television terminal (TV terminal) 电视终端
television typewriter (TVT) 电视打字机
televisor 电视[接收]机
teleworker 远程工作人员
telewriter ①电传打字机 ②电报传真机
telewriting 远程电信留话
TELEX 国际电传机用户网络{信息}
Telex (TEX) ①电传网 ②用户电报
telford 碎石道
telial 冬孢子堆的 (telius)
telial stage 冬孢子阶段
telianthous (= teleianthous) 完全雌雄同株花的 (telianthus)
teliosorus (= telium) 冬孢子堆 (teliosurus)
teliosporangium 冬孢子囊
teliospore 冬孢子 (teliospora)
telium (= teleutosorus, teliosorus) 冬孢子堆
teller ①第一伐上木 ②出纳{农经}
teller's machine 出纳机(指银行){农经}
Telleyniezky's fluid 特里尼斯基氏液{显技}
Tellian bee 突尼斯蜂[*Apis melifera intermissa*]
telling of trees 林木调查
tellurate 碲酸盐[M_2TeO_4]
telluric acid 碲酸[H_2TeO_4]
telluride 碲化物
tellurium 碲[Te, 52号元素]
tellurous acid 亚碲酸[H_2TeO_3]
telnet 远程登录{信息}
TELNET protocol 远程登录协议{信息}
telo- ⌞字头⌝ ①末 ②远,遥
telocentric 具端着丝粒的 (telocentricus)
telocentric chromatid 端着丝粒染色单体
telocentric chromosome 端着丝粒染色体
telocentric end 端着丝粒末端
telocentric fragment 端着丝粒断片
telocentric interchange trisomic 端着丝粒互换三体生物
telocentric trisomic 端着丝粒三体生物
telocentric trisomy 端着丝粒三体性
telochromomere 末端染色粒 (telochromomera)
telochromosome 端着丝粒染色体 (telochromosoma)
telocrine 杀鱼菌素
Telodrin (= isobenzan) 碳氯灵{农药}
telogene 末端基因 (telogena)
teloidine 特洛碱,三羟莨菪烷[$C_8H_{13}NO_3$]
teloisodisomic 端[着丝粒]等臂[染色体]二体的 (teloisodisomicus)
telokinesis 末期动态
telolecithal 端黄卵的 (telolecithalis)
telolecithal egg (= telolecithal ova) 端黄卵
telolemma 终膜
telome 顶枝 (teloma)
telome system 顶枝系统 (systema telomica)
telome theory 顶枝学说{形态}
telome trusses 顶枝束 (trussis telomicus)
telomerase 端粒酶
telomere 端粒 (telomera)
telomeric 端粒的 (telomericus)
telomeric segment 端粒节段
telomeric sequence (Tel-sequence) 端粒序列{分遗}
telomic leaves 顶枝叶 (folii telomici)

telomitic (= telocentric) 具端着丝粒的(telomiticus)
telomitic chromosome 端着丝粒染色体
telomophyte 顶枝植物(telomophyta)
telomous plant 顶枝植物(planta teloma)
telone (= dichloropropene) 二氯丙烯
telopeptide 端肽{分生}
telopeptide region 端肽区
telophase 末期(telophasis){细胞}
telophase Ⅰ 第一末期,末期Ⅰ
telophase Ⅱ 第二末期,末期Ⅱ
telophase neck 末期颈
telophase nucleus 末期核
telophasing 末期形成
telophragma 中间盘
teloreduplication 末期复制(teloreduplicatio)
telosoftware 远程软件{信息}
telosome (= telocentric chromosome) 端着丝点染色体
telosomic 具端着丝点片断染色体的(telosomicus)
telosomic trisomy 端[着丝点断片染色]体三体性,端[着丝点]三体性
telosynapsis (= telosyndesis) 衔接联会
telotaxis 趋激性
telotrisomic 端[着丝粒]三体生物(telotrisomicus){细胞}
Telpak 宽频带通信通道{信息}
telpher 电动单轨悬挂吊车
telsentails (= proturans) 原尾目[Protura]
telset ①可视数据 ②可视图文{电脑}
telson 尾节
tem (= trie thylene melamine) 三乙撑三聚氰酰胺
TEM (= transmission electron microscope) 透射式电子显微镜,透射电镜{显微}
TEMED (= N,N,N′,N′-tetramethyl ethylene diamine) N,N,N′,N′-四甲基乙二胺
Temin's enzyme 梯敏氏酶
temper ①回性(型沙) ②回火 ③调质(热处理)
temper bend 热曲法{电脑}
temperament 气质(temperamentum)
temperate ①温和的,非烈性的 ②温带的 ③适度的(temperatus)
temperate area 温带地区
temperate bacteriophage 温和噬菌体
temperate belt (= temperate zone) 温带
temperate cereals 温带禾谷类作物
temperate climate 温带气候,温暖气候
temperate countries 温带国家
temperate crops 温带作物
temperate deciduous forest 温带落叶林
temperate difference 温度差
temperate district 温带地区
temperate evergreen forest 温带常绿林
temperate forest 温带林
temperate forest zone 温带[森]林带
temperate frame 温床,温框
temperate frigid zone 温寒带
temperate glacier 温带冰川
temperate glasshouse 玻璃温室
temperate grasses 温带型禾(牧)草
temperate grassland 温带草原(草地)
temperate house 中温温室
temperate infection 温和感染
temperate insular group 温带岛屿群
temperate latitudes 温带纬度区
temperate marsh 温带沼泽
temperate oak forest 温带栎林
temperate perennial grasses 温带多年生(禾)草
temperate phage 温和噬菌体,非烈性噬菌体
temperate phage infection 温和噬菌体感染
temperate phase 温和相
temperate rain forest 温带雨林
temperate rainy climate 温带多雨气候
temperate region 温带[地区]
temperate sea 温带海
temperate virus 弱毒性病毒
temperate westerlies 温带西风带
temperate wind 和风
temperate zone 温带
temperate zone broadleaved tree 温带阔叶树
temperature (T)温度(temperatura)
temperature acclimation 温度驯化
temperature aloft 高空温度
temperature alternation 温度交替
temperature anomaly 温度异常
temperature average 平均温度
temperature balance 温度平衡
temperature belt 温度带
temperature cabinet 定温箱
temperature change 温度变化
temperature coefficient (Q_{40}) 温度系数
temperature condition ①温度条件 ②温度状况
temperature-conditional mutation 温度条件的突变
temperature conductivity 导热性

temperature control 温度控制
temperature control chamber 定温室
temperature-control nursery 保温秧田
temperature control system 温度控制系统
temperature correction 温度订正
temperature curve 温度曲线
temperature cycle 温度循环
temperature cycler 循环变温仪,温度循环仪
temperature cycling 循环变温
temperature deformation 温度形变{环保}
temperature degeneration 温度衰减
temperature departure 气温距平
temperature-dependent arrest 依赖于温度的滞留
temperature deviation 温度偏差
temperature difference 温差
temperature-difference quotient 温差商数
temperature distribution 温度分布
temperature drops 温度下降
temperature effect 温度效应
temperature effect on crossing over 温度对交换的效应
temperature efficiency 温度效率
temperature equilibrium 温度平衡
temperature factor 温度因子
temperature fluctuation 温度变幅,温度波动
temperature gauge 温度表
temperature gradient 温度梯度
temperature gradient gel electrophoresis 温度梯度凝胶电泳
temperature house 温室
temperature humidity infrared radiometer 温湿红外辐射仪
temperature increasing installation for fish-pond 鱼池增温设施{农施}
temperature indicator 温度指示器
temperature interval 温度间隔
temperature inversion 逆温,温度逆增
temperature jump 温度跃迁,温度跃变
temperature lapse rate 温度直减率
temperature limit 温度限[界]
temperature maximum 最高温度
temperature measurement 温度测定
temperature measuring 温度测定
temperature minimum 最低温度
temperature-moisture diagram 温湿图解
temperature of digestion 消化温度{环保}
temperature of incubation ①培育温度,潜伏温度 ②孵化温度
temperature of plant growing 植物栽培温度
temperature of solidification 硬化温度
temperature of the soil surface 土壤表面温度
temperature optimum 最适温度
temperature pattern 温度模式
temperature pressure curve 温压曲线
temperature profile 温度[分布]廓线
temperature profile model 温度剖面模型
temperature programming 程序升温,程序变温
temperature quotient 温度系数
temperature range 温度较差(范围)
temperature receptor 温度感受器
temperature recorder 温度记录器
temperature regime 温度状况
temperature-regulated expression 温[度]控[制]表达{分遗}
temperature-regulated promoter 温控启动子{分遗}
temperature requirement 温度需要量
temperature resistance 抗温性,温度抗性
temperature response 温度反应
temperature response variety 温度反应品种,感温性品种
temperature rise 温度升高
temperature rule 温度法则
temperature scales 温标
temperature sensation 温度感觉
temperature sensibility 温度敏感性,感温性
temperature-sensitive function 温度敏感机能
temperature-sensitive gene 温度敏感基因{分遗}
temperature-sensitive lethal 温度敏感致死
temperature-sensitive mutant ①温度敏感突变体 ②温度敏感突变型
temperature-sensitive mutant cell 温度敏感突变细胞
temperature-sensitive mutation 温度敏感性突变
temperature-sensitive period 温度敏感期,感温期
temperature-sensitive substance 温度敏感物质
temperature-sensitive system 温度敏感系统,温敏系统
temperature sensor 温度传感器
temperature shift 温度变动,变温
temperature shock 温激(指温度突然变动)
temperature steady 温度稳定
temperature stratification 温度分层(层化){环保}
temperature stress 温度胁迫
temperature summation 积温

temperature threshold 温度阈值,温度极限
temperature tolerance 温度公差
temperature variation 温度变化
temperature zone 温度带
tempered glass 强化玻璃
tempered steel 回火钢
tempered straw 调和禾草
tempering ①回火(处理) ②人工老化 ③调湿,略加水分
tempering colour (= tempering color) 回火色
tempering furnace 回火炉
tempest 恶劣天气,风暴天气
template (= templet) ①模板{分遗} ②样板,图形板{电脑} (templatus)
template action 模板作用
template active chromatin 模板活性染色质
template and sequencing of molecules 模板与分子序列
template-assembled synthetic protein 模板组装合成蛋白
template chain 模板链
template competition 模板竞争
template dependency (**TD**) 样板依赖[性]
template DNA 模板 DNA
template DNA chain 模板 DNA 链
template gene 模板基因
template in DNA replication DNA 复制模板
template in recombination 重组模板
template in transcription 转录模板
template in translation 翻译模板{分遗}
template level 模板水平
template menu 图形板菜单,样板菜单{电脑}
template-primer activity 模板引物活性
template restriction 模板限制
template RNA 模板 RNA,信使 RNA
template specificity 模板专一性
template strand 模[板]链
template theory 模板学说{分遗}
temple ①后颊 ②颞骨 (tempora)
templet (= template) 模板
templet theory (= template theory) 模板学说{分遗}
tempo ①速度,进度,速率 ②节奏,拍子
tempo of evolution ①进化节律 ②进化速率
temporal ①时间的 ②短时间的,暂时的 ③时态的 (temporalis)
temporal acuity 时间视敏度
temporal adaptation 时间适应
temporal adjustment 暂时调整
temporal alternation 时间上轮换(轮作)
temporal analysis 时相分析{遥感}
temporal arrangement 时间上安排(轮作)
temporal bone 颞骨
temporal coding 时间编码
temporal cohesion 时间内聚
temporal condition 时间条件
temporal control 时间控制
temporal database 时态数据库
temporal diagram 时态图{电脑}
temporal disperser 时态分散器
temporal environmental variation 时间环境变异
temporal filter 时间滤波器{信息}
temporal frost exclusion 霜暂时排除
temporal gene 时间基因
temporal grassland 短期草地
temporal image 时相影像,瞬时图像{遥感}
temporal information 时态信息
temporal isolation 时间隔离(季节隔离)
temporal locality 时间局部性
temporal logic 时态逻辑{电脑}
temporal map 时间图
temporal mapping 时间制图(轮作)
temporal regulation 时间调节
temporal rhythms 时间节律
temporal risk aversion 暂时厌恶风险
temporal sequence 时间顺序
temporal structure 时间结构{遥感}
temporal succession 时间顺序性(轮作)
temporal summation 时间总和
temporal variability 时间变率
Temporao 坦波拉(可可品种)
temporary 暂时的,临时的 (temporarius)
temporary abating 临时平静,暂时减弱
temporary adaptation 暂时适应
temporary arrest 暂时滞留
temporary assignment 暂时分配
temporary bridge 临时便桥
temporary canal 临时渠道
temporary carriers ①暂时带菌者 ②暂时载体
temporary change 暂时改变
temporary check dam 临时谷坊
temporary climax 暂时演替顶极
temporary connection 暂时连接
temporary convergence 暂时趋同
temporary diploid 暂时二倍体
temporary disk (**T disk**) ①暂时盘,临时盘 ②暂时磁盘,暂存磁盘{信息}
temporary DNA-RNA hybrid 暂时 DNA-RNA 杂种,暂时 DNA-RNA 杂交物
temporary dominant species 暂时优势种
temporary failure 暂时失效

temporary fault 暂时故障
temporary feeder 临时性投加器{环保}
temporary grasses 短期性禾草
temporary grassland （播种牧场轮作)短期草地
temporary habitant 暂时生境
temporary hard water 暂时硬水{环保}
temporary hardness 暂时硬度
temporary hotbed 临时温床
temporary irrigating canal 临时灌溉渠
temporary labourer 临时工
temporary meadow 短期草地
temporary modification 短期饰变
temporary mutual-aid team 临时互助组
temporary nursery 临时苗圃
temporary parasitism 暂时寄生[性]
temporary pasture ①短期牧场,临时性牧场 ②一年生牧草
temporary plant association 短期植物群系
temporary plant community 短期植物群落
temporary planting 假植
temporary preparation 临时标本
temporary quadrat 临时样方
temporary resistance 暂时抗[病]性
temporary road 临时道路
temporary sample plot 短期标本区
temporary sandhill 移动沙丘
temporary shade frame 临时遮荫棚{栽培}
temporary skeleton branch 临时性骨干枝
temporary snow accumulation 短期积雪
temporary stage 短期阶段
temporary storage 暂时贮藏
temporary stress 暂时胁迫
temporary submerged paddy soil 暂时淹育水稻土
temporary succession 短期演替
temporary symbol 暂时符号
temporary teeth 乳齿
temporary transplanting 假植
temporary type 短期型
temporary utilization 暂时利用
temporary ventilated storage 临时通风贮藏
temporary virtual circuit (TVC) 暂时虚拟电路{信息}
temporary warming 暂时温暖
temporary water table 暂时水位
temporary wet treatment 临时湿处理,临时湿拌(种子消毒)
temporary wilting ①暂时萎蔫{生理} ②暂时凋萎{栽培}
temporary withering 暂时凋萎
temporary working space 临时工作空间
temulentous 俯垂的 (temulentus)
ten-day period 十天周期,旬周期
ten-dotted longicorn beetle 十星天牛 [*Saperda decempunctata* Gebler] (天牛科)
ten-line June beetle 十条六月金龟子 [*Polyphylla decemlineata* Say] (金龟科)
ten plot rotation 十区轮作
ten plot system 十区制(轮作)
ten rod-row 十秆行{育种}
ten rod-tow trials 十秆行试验
ten-spotted lady beetle 瓜十星瓢虫 [*Solanophila admirabilis* Crotch] (瓢虫科)
ten-spotted stink bug 十点蝽 [*Lelia decempunctata* Motsch.] (蝽科)
ten-way valve 十通阀{环保}
ten week stock 小紫罗兰(香紫罗兰) [*Matthiola incana* var. *annua* Voss. = *M. annua* Sweet] (十字花科)
tenacious 坚韧的 (tenacius)
tenacious consistency 韧性结持性,韧性结持[度]
tenacious point 韧点
tenacity 韧性,韧度,强度(丝) (tenacitas)
tenacity class 韧度级
tenacle (孔口)附着毛环 (tenaculus)
tenaculum 附着胞
tenagocharis ①拟花蔺属 [*Tenagocharis* Hochst.] (花蔺科) ②拟花蔺 [*Tenagocharis latifolia* Buehen.]
tenancy 租用,租赁 (tenantia) {农管}
tenancy agreement 租约,租佃合同
tenancy at sufferance 容许租用
tenancy condition 租贷条件
tenancy of a smallholding 小土地租佃
tenancy rent 地租
tenancy system 租用制度
tenant ①佃户,佃农 ②租用 (tenans)
tenant farm 佃地,租用地
tenant farmer 佃农
tenant farming 农地租佃
tenant land 佃地,租用地
tenant-operated land 佃耕地
tenant right 佃农权利
tenant system 租佃制度
tenant terminal 租用终端{信息}
tenanted land 租佃地
Tenasserium pine 苏门答腊松(南亚松) [*Pinus merkusii* Jungh et De Vr.] (松科)
tench 丁鲅 [*Tinca tinca* (L.) = *Tinca vulgaris* (L.)] {水产}
tend ①向,倾向 ②照管,照料
tendamistat 淀粉酶抑制剂

tendency 倾向,趋势
tendency method 倾向法,趋向法
tendency of agricultural development 农业发展趋势
tendency of persistence 持续倾向
tendency of the economic development 经济发展趋势
tendency profile 倾向廓线,趋势廓线
tendency to rise (物价)上涨趋势
tender ①幼嫩的,柔弱的,脆弱的 ②易伤的,易损坏的 ③偿付,支付 ④投标,指标 ⑤ 估价单 ⑥ 供应船
tender brome grass (= soft brome grass) 毛雀麦[*Bromus mollis* L.](禾本科)
tender-flowered 柔花的(hapalanthus)
tender-foliaged 柔叶的(指蕨类,苏铁类及棕榈类)(tenerifrons)
tender humus 嫩性腐殖质
tender monkey-flower ①沟酸浆属[*Mimulus* L.](玄参科) ② 沟酸浆 [*Mimulus tenellus* Bge.]
tender node 嫩节(nodus tenerus)
tender of specified contractors 特定承包单位投标,特定承包人投标{农管}
tender plant ①不耐寒植物 ②幼嫩植株
tender-pod bean 软荚种菜豆
tender rootlet 幼嫩枝根
tender yellowish leek 韭黄{园}
tendergreen 菠薐芥[*Eras sica peroiridis*](十字花科)
tenderloin (牛,猪等)腰部嫩肉
tenderness 柔软性(teneritas)
tending ①田间管理{栽培} ②抚育{森林}
tending of animals 牲畜管理
tending of crop 作物田间管理
tending of wood 森林抚育
tendogram 腱震图
tendomucoid 腱黏蛋白
tendon 腱
tendon reflex 腱反射
tendril 卷须(cirrus)
tendril climber 卷须攀缘植物
tendril-climber plant 卷须攀缘植物
tendrillous 具卷须的(cirratus)
tenebrous 阴处生的,阴生的(tenebrosus)
tenellous 柔弱的,娇嫩的,纤细的(tenellus)
tenement ①租用地 ②保有物 ③房屋(tenementum){农管}
tener (= compression wood) 应压木
tenericute 无壁细菌(tenericuta)
tenfold 十倍
Tengyue loquat 腾越枇杷[*Eriobotraya tengyuehensis* Smith](蔷薇科)
teniacide ①杀绦虫的 ②杀绦虫剂
teniasis (= taeniasis) 绦虫病
tennam (= vancide, manganese dimethyldithiocarbamate) 福美锰
tenon ①榫 ②造榫,榫接(木工)
tenon joint 榫接
tenon saw 开榫锯
tenoner 开榫机
tenoprop (= fenoprop) 2,4,5-涕丙酸
tenoran (= chloroxuron) 枯草隆
tensile ①张力的,拉紧的,紧张的 ②可伸展的,可伸长的(tensilis)
tensile elasticity 拉伸弹性
tensile force 拉力,张力
tensile load 拉伸载荷
tensile resistance 抗张性
tensile strain 拉应变
tensile strength 挽拉强度,抗拉强度
tensile stress 挽拉应力
tensiometer (= tensimeter) 张力计
tensiometry ①张力测量 ②张力测量法(tensiometrica)
tension ①张力,拉力 ②张紧(tensio)
tension arm 张力臂
tension bar (装载机构)拉杆,拉力杆
tension bar loader 拉杆式装载机
tension device 张紧装置
tension failure 张力破坏
tension gradient 张力梯度
tension joint 张节理{地质}
tension meter 张力计
tension moisture curve 张力-含水量曲线
tension receptor 张力感受器
tension spring 拉簧
tension stress 张应力
tension wood 应拉木
tensioner 张紧装置,张紧轮
tensioning 拉伸
tensity 张力(tensitas)
tensor ①张量{物} ②张肌{昆虫}
tent ①帐篷,帐幕 ②遮伞,遮篷(谷物联合收获机) ③护禾罩(中耕机)
tent caterpillar (= lacky moth) 黄褐天幕毛虫[*Malacosoma neustria testacea* Motschulsky](枯叶蛾科)
tent caterpillar moth 蓖麻天幕毛虫[*Taragama diplocyma* Hampson](枯叶蛾科)
tent caterpillar moths and allies (= lappet moth, tent caterpillars) 枯叶蛾科[Lasiocampidae]
tent-culture 帐篷式栽培(指大篷栽培)

tentacle 触毛 (tentaculum)
tentaculate 具触毛的 (tentaculatus)
tentaculiform 触须状的 (tentaculiformis)
tentation 假设,预定 (tentatio)
tentative ①尝试的,暂时的,暂定的,试验性质的 ②假设的 (tentativus)
tentative control strategy 试探性控制策略
tentative data (= tentation datal) 假设数据
tentative response 临时响应
tentative storage 临时贮藏,暂时贮藏
tenting 掩蔽法
tentorium 幕骨 {昆虫}
tenuate 具薄壁区的 (tenuatus) {解剖}
tenuazonic acid 细交链孢菌酮酸
tenuicaulis 薄茎的
tenuiflorous 细花的,纤花的 (tenuiflorus)
tenuifolious 薄叶的,细叶的 (tenuifolius)
tenuilobous 细裂片的,狭裂片的 (tenuilobus)
tenuimarginate 具薄[边]缘的 (tenuimarginatus)
tenuinexinous 薄内层的 (tenuinexinus)
tenuinucellate 薄珠心的 (tenuinucellatus)
tenuipetalous 细瓣的 (tenuipetalus)
tenuisclerinous 薄外孢壁的 (tenuisclerinus)
tenuisect 细深裂的 (tenuisectus)
tenuisexinous 薄外层的 (tenuisexinus)
tenuispinous 具纤刺的 (tenuispinus)
tenuistylous 细花柱的 (tenuistylus)
tenuitegillate 具薄被层的 (tenuitegillatus)
tenuity 薄壁区 (tenuitas)
tenuivirus 细病毒
teonongia ①条隆胶树属 [*Teonongia* Stapf] (桑科) ②条隆胶树 [*Teonongia tonkinensis* Stapf]
teosinte [grass] 墨西哥类玉蜀黍(玉米草) [*Euchlaena mexicana* Schrad. = *Reana luxurians* Dur.] (禾本科)
Tepa 绝育磷(昆虫不育剂) [$C_6H_{12}N_3OP$]
tepal [鳞状]被片 (tepalum)
Tepary 特伯利豆(尖叶菜豆) [*Phaseolus acutifolius* Gray.] (豆科)
Tepary bean 宽叶菜豆 [*Phaseolus acutifolius* var. *latifolius*] (豆科)
tephigram 温熵图 (tephigramma)
tephreous (= tephrous) 白灰色的 (tephreus)
tephrocarpous 灰白果的 (tephrocarpus)
tephrosanthous 具灰花的 (tephrosanthus)
tephrosia ①灰叶属 [*Tephrosia* Pers.] (豆科) ②灰叶 [*Terhrosia purpurea* Pers.]
TEPP 特普(杀蚜,杀螨剂) [$C_8H_{20}O_7P_2$]
ter- ⌞字头⌝第三
terata 畸形
teratism ①畸形性 ②畸胎[现象] (teratismus)
teratocarcinoma 畸形癌
teratogen 促畸形素,畸形剂,畸胎剂
teratogen application 畸形剂应用
teratogenesis ①畸形发生 ②畸胎[形成]
teratogenic 致畸形的 (teratogenus)
teratogenic agent 畸形剂
teratogenic test 致畸胎试验
teratogenicity 致畸胎性,致畸形性 (teratogenicitas)
teratogeny 畸胎发生,畸形发生 (teratogenia)
teratology ①畸形学 ②畸胎学 (teratologia)
teratoma ①畸形瘤 ②畸胎瘤
teratoma hybrid 畸胎瘤杂种
terbacil 特草定(除草剂) [$C_9H_{13}ClN_2O_2$]
terbam (= Knockbal) 叔丁威{农药}
terbium 铽 [Tb,65 号元素]
terbucarb 芽根灵(除草剂) [$C_{17}H_{27}NO_2$]
terbutol (= terbucarb) 芽根灵
terbutryn (= terbutryne) 去草净(除草剂) [$C_{10}H_{19}N_5S$]
tercentesimal thermometric scale 近似绝对温标
terebene oil (= turpentine) 松节油
terebinth pistache (= turpentine tree) 笃藕香 [*Pistacia terebinthus* L.] (漆树科)
terebinthaceous hogfennel 石防风 [*Peucedanum terebinthaceum* Fisch.] (伞形花科)
terebrate 具散孔的 (terebratus)
teredo 船蛆 [*Teredo navalis* Linné]
terete 圆柱状的 (teres)
tereticalyx 圆柱状萼的
tereticaulis 圆柱状茎的
teretifolious 圆柱状叶的 (teretifolius)
terfa (= terfez) 块菌
tergal 背面的,背板的 (tergalis) {昆虫}
tergeminate 三回双生的 (trigeminatus, tergeminatus)
tergite (= dorsal plate) ①背片,背板 ②背甲 (tergum)
tergitol 表面活性剂

tergopleural 背侧的（tergopleuralis）
tergum 背板
term ①项{统计} ②期限，期间，季 ③名词，术语，专用语 ④⌊复⌉条件（termen）
term "and" "与"项{电脑}
term by term 逐项
term dictionary 术语词典
term discount 费用折扣
term glossary 术语词汇
term hour 定时观测时[间]
term list 术语表
term of redemption 清偿期限
terminal ①顶生的 ②末端的，终端的 ③终点的，最后的，尽头的 ④每期的，按期举行的 ⑤接线头，接线桩（terminalis）
terminal access controller（TAC） 终端送存控制器{电脑}
terminal acentric chromatid 末端无着丝粒染色单体
terminal acentric chromosome 末端无着丝粒染色体
terminal acentric subchromatid segment 末端无着丝粒亚染色单体断片
terminal adapter（TA） 终端适配器{信息}
terminal adenosine residue 末端腺苷残基
terminal affinity [染色体]端部亲和力
terminal amino group 末端氨基
terminal analysis 末端分析
terminal anther 顶生药（antherus terminalis）
terminal association [染色体]端部联会
terminal attachment 末端附着
terminal base 末端碱基
terminal boom 防材栅
terminal branching 有限分枝
terminal bud 顶芽（gemma terminalis）
terminal budding 劈顶芽接{园艺}
terminal carboxyl group 末端羧基
terminal cell 末端细胞（cellula terminalis）
terminal centromere 末端着丝粒
terminal chiasma 末端交叉（chiasma terminalis）
terminal chromosome region 末端染色体区
terminal cistern 终池{分生}
terminal cleft grafting 顶劈接，峰接{园艺}
terminal computer 终端计算机
terminal configuration facility（TCF） ①终端配置程序 ②终端配置设备(设施){电脑}
terminal control system（TCS） 终端控制系统
terminal corpuscle 末端小体
terminal cursor 终端光标{电脑}
terminal deficiency（= terminal deletion）末端缺失
terminal deoxynucleotidyl transferase（tdt） 末端脱氧核苷酸转移酶，末端转脱氧核苷酰酶
terminal differentiation 顶端分化（differentiatio terminalis）
terminal disinfection 最后消毒
terminal disposal of radwaste 放射性废物最后处理{生态生理}
terminal electron acceptor 末端电子受体{分生}
terminal electron transport 末端电子传递
terminal electron transport chain 末端电子传递链
terminal enzyme（DNA）末端[转移]酶
terminal equipment identifier 终端设备识别码{信息}
terminal equipment subport（TESP） 终端设备子端口
terminal filament（of ovariole） （卵巢管的）端丝
terminal flower 顶生花（flos terminalis）
terminal flower bud 顶生花芽（gemma florifera terminalis）
terminal fruit 顶生果（fructus terminalis）
terminal gene 末端基因
terminal glycosylation 末端糖基化
terminal granule 末端颗粒（granulum terminale）
terminal graphic plotter 终端绘图仪
terminal graphics printer 印图机
terminal growth 顶端生长（cresentia terminalis）
terminal I/O coordinator（TIOC） 终端输入输出协调器
terminal incorporation 末端掺入
terminal inflorescence 顶生花序（inflorescentia teminalis）
terminal input/output task（TIOT） 终端输入输出任务
terminal interface processor（TIP） 终端接口处理机
terminal internode 顶部节间（internodium terminale）
terminal inversion 末端倒位
terminal job identification（TJID） 终端作业标志
terminal joint 顶节（nodus terminalis）
terminal knob 末端染色体组
terminal leaf 顶叶（folium terminale）
terminal maraines 终堆石{水利}
terminal market 期货市场，定期市场
terminal meristem 顶端分生组织（meristema terminalis）{解剖}

terminal mottle （菠萝）顶斑病
terminal neocentromere 末端新着丝点
terminal node 顶节（nodus terminalis）
terminal non-specific pairing 末端非特异配对
terminal organ 顶生器官（organa terminalis）
terminal oxidase 末端氧化酶
terminal oxidation 末端氧化[作用]
terminal parenchyma 轮界（轮末）薄壁组织（parenchyma terminalis）
terminal phialospore 末端瓶梗孢子
terminal phosphate 末端磷酸
terminal pinnule 末端小羽片（pinnula terminalis）
terminal point 终点（punctum terminale）
terminal portion 顶部（portio terminalis）
terminal position 末端位置
terminal printer 终端打印机
terminal processor（**TP**） 终端处理机
terminal protein（**TP**） 末端蛋白
terminal pseudosatellite 末端拟随体
terminal rearrangement 末端重排
terminal redundancy 末端冗余
terminal redundancy heterozygote 末端冗余杂合子
terminal redundancy sequence 末端冗余序列{分遗}
terminal region 末端区
terminal-related main storage database（terminal-related MSDB） 有关终端的主存数据库{电脑}
terminal repeat（**TR**） 末端重复序列{分遗}
terminal repetition 末端重复
terminal residue 末端残基
terminal riboadenylate transferase（Tr，T） 末端核糖腺苷酸转移酶
terminal satellite 末端随体{细胞}
terminal sclereid 末端硬化细胞（sclereida terminalis）
terminal section 末端部分
terminal segment ①末端细裂片{形态} ②末端节段{分遗}（segmentum terminale）
terminal sensus strictus 末端确切意义{分遗}
terminal sequence 末端顺序
terminal shoot 顶梢（ramulus terminalis）
terminal species 端种
terminal spore 端生孢子（spora terminalis）
terminal style 顶生花柱（stylus terminalis）
terminal subspecies 端亚种（subspecies terminalis）
terminal tetrad cell 顶端四分体细胞
terminal thallospore 菌丝末端孢子
terminal trabant 末端随体
terminal tracheid 终端管胞（tracheida terminalis）{解剖}
terminal transaction facility（**TTF**） ①终端会话设备{信息} ②终端事项处理程序{电脑}
terminal transferase 末端转移酶
terminal translocation 末端易位
terminal trunk 终端中继线{信息}
terminal value 终[端]值{统计}
terminal velocity 终速
terminal velocity of fall 降落的末速度
terminal web 顶生网
terminalization [交义]移端[作用]，端化作用（terminalisatio）
terminalization coefficient [交叉]移端系数
terminalization of chiasmata 交叉移端[作用]
terminalization process 移端过程
terminalized action [移]端化作用
terminase 末端酶
terminase system 末端酶系统
terminate ①端接 ②终结，终止，停止（terminare）{电脑}
terminate graphics 终止作图
terminated line 端接线{信息}
terminating ①终止 ②终端 ③端接
terminating development process 终止发育过程{生态生理}
terminating junctor 终端连接器{信息}
terminating link 端接链路
terminating nonsense codon 终止无义密码子{分遗}
terminating packet 终端信息包
termination ①结束，终止 ②解除 ③限定（terminatio）
termination codon 终止密码子{分遗}
termination condition 结束条件{电脑}
termination factor 终止因子
termination handler 终止处理器{电脑}
termination interrupt 结束中断{信息}
termination of diapause 休眠解除，活性化（指蚕卵）
termination of dormancy 休眠解除{生态生理}
termination of elongation 延伸终止
termination protocol 终止协议{电脑}
termination reaction 终止反应
termination-reinitiation scheme 终止-重起始方案{分遗}

termination signal 终止符号
termination signal for translation 终止翻译符号{分遗}
termination transcription 终止转录{分遗}
termination translation 终止翻译
terminator ①终止区,终止子{分遗} ②结束符,终止符{电脑}
terminator codon 终止密码子
terminator codon UAG 终止密码子 UAG
terminator sequence 终止序列{分遗}
terminator site 终止位点
terminology ①名词学,术语 ②命名(terminologia)
terminology bank 术语库{电脑}
terminus 末端{分遗}
termitary 白蚁巢
termite ①(=white ant)白蚁 ②⌞复⌝白蚁科[Termitidae]
termite fungus 鸡纵菌[*Collybia albuninosa* (Berk.) Petch]
termite runway 地下蚁路,白蚁走路
termitine 白蚁的(termitinus)
termitophile 鸡纵菌(白蚁窝生的伞菌)
termolecular 三分子的(termolecularis){生技}
termolecular mechanism 三分子机理
termolecular reaction 三分子反应
termone (藻类)定性[别]素(指决定配子雌雄的物质)
terms of delivery 交货条款
terms of trade 贸易条件
termulator 终端仿真程序{电脑}
ternary ①三的,三数的 ②三元的 ③三态的 ④三重的 ⑤三进制的(ternarius){统计}
ternary addition 三进制加法
ternary code 三进制代码
ternary complex 三元络合物
ternary fertilizer 三元合成肥料
ternary hybrid 三系杂种
ternate 三出的(ternatus)
ternate arrangement 三出排列,三轮性(dispositio ternata)
ternate-compound leaf 三出复叶(folium compositum ternatum)
ternate grape fern 阴地蕨[*Botrychium ternatum* Sw.](瓶尔小草科)
ternate leaf 三出叶(三叶轮生)(folium ternatum)
ternate pinellia 细叶半夏[*Pinellia ternata* forma *augustata* Makino.](天南星科)
ternate-pinnate 三出羽状的(ternipinnatus)
ternate-pinnate leaf 三出羽状叶(folium ternipinnatum)
ternately compound 三出[复叶]的(ternatim compositus)
ternately trifoliolate 三出复叶的(ternatim trifoliolatus)
ternifolious 三出叶的(ternifolius)
ternstroemia ①厚皮香属[*Ternstroemia* Linn. f.](茶科) ②厚皮香[*Ternstroemia gymnanthera* Linn. f.]
terpene 萜[$C_{10}H_{16}$]
terpene group 萜基
terpenoid 类萜
terpinene 萜品烯[$C_{10}H_{16}$]
terpineol 萜品醇[$C_{10}H_{18}O$]
terpineol as antemedium 前介质用萜品醇
terpinnate 三回羽状的(terpinnatus)
terra (=earth) 土地
terra calcis 钙质土,石灰性土
terra cariosa 硅藻土
terra-cotta pipe 陶管,土管
terra culture 农艺,农学(agronomia)
terra die (=terrace die) 凸模{信息}
terra fusca 淋溶棕色石灰石,脱钙棕色土
terra nera 黑土
"terra rossa" 红色石灰土
terrace ①梯田,梯地 ②台地,阶地
terrace agriculture 梯田农业
terrace bog 阶地沼泽
terrace building 修筑梯田
terrace channel 梯田泄水渠
terrace cover 阶地覆盖
terrace cropping (=terrace cultivation, terracing) 梯田耕作
terrace cultivation 梯田耕作
terrace culture 梯田栽培
terrace edge 阶[地边]缘
terrace epoch 阶地时期
terrace field 梯田
terrace garden 梯级园,平台园(阶地园)
terrace horizontal interval 梯田水平间距
terrace interval 梯田间距
terrace land 梯地
terrace outlet 梯田出水口
terrace paddy field 稻梯田
terrace ridge 梯田垄
terrace table land 台地
terrace vertical interval 梯田垂直间距
terrace wall 平台墙,挡土墙
terrace width 梯田宽度
terrace work 梯田作业

terraced field 梯田
terraced land 梯田地
terraced slope 梯田坡度
terraced soil 梯田土壤
terracer 梯田机
terracing ①修筑梯田 ②梯田耕作
terracing machine 梯田修筑机
terracing plough 梯田犁
terrain ①地区,地带 ②地面,地域 ③地形,地势 ④土质(terrenus)
terrain condition 地形条件
terrain element 地形要素
terrain evaluation 土质评价
terrain feature 地形特征
terrain interpretation 土质鉴定
terrain photography 地形摄影{遥感}
terrain-tracking radar 地形跟踪雷达
terrain visualization 地形可视化
terramycin (= oxytetracycline) 土霉素,氧四环素
terramycin for livestock usage 畜用土霉素
terraneous 旱地生的(terraneus)
terrapin 咸水龟
terrarium 土温室
terras soil 黏磐土
terreous 土色的(terreus)
terrestrial ①陆生的,地上生的{生态} ②陆栖的 ③地球上的(terrestris)
terrestrial channel 地上信道,地面信道{信息}
terrestrial crust 地壳
terrestrial ecosystem 陆地生态系统
terrestrial fungi 陆生真菌(fungi terrestres)
terrestrial globe 地球
terrestrial herb 陆生草本植物(herba terrestris)
terrestrial herbaceous shade plant 陆生草本阴地植物(planta anbrosa herbacea terrestres)
terrestrial life ①陆地生活 ②陆生生物
terrestrial magnetism 地磁
terrestrial plants 陆生植物(plantae terrestres)
terrestrial radiation 地面辐射
terrestrial radiation balance 地面辐射平衡
terrestrial radiation thermometer 地面辐射温度表
terrestrial root 陆生根,地下根(radix terrestris)
terrestrial soil 陆地土壤
terrestrial species 陆生种(species terrestres)
terrestrial stem 地下茎(caulis terrestris)
terrestrial surface radiation 地面辐射(不包括大气辐射)
terrestrial telescope 地文望远镜
terrestrial vascular plant 陆生维管植物(planta vascularis terrestris)
terrestrial whirl wind 陆旋风
terrestrial wind 陆成风
terrible heat 酷暑
terricole (= terncolous) 地上生的(terricolus)
terrifying 拟势(微弱动物威吓敌方的姿势)
terrigenous deposit 陆地冲积物
terriherbosa 陆生草本群落
terriprata 陆生草本群落(terriprata){生态}
territorial population wave 地域群体波
territorial resource 国土资源,陆地资源{农系工}
territorial shift 地域变迁
territoriality ①地域性 ②地盘性(territorialitas)
territory ①领域,地盘,版图 ②广大的地方 ③范围,区域 ④领土,国土(territorium)
territory sea (= territorial sea) 领海
tersan (= thiram) 福美双
tert (= tertiary) 第三期的第三,三级
tertia 粗皮{解剖}
tertiary (tert) 第三的,第三位的,第三级的,叔的(tertiarius)
Tertiary [period] 第三纪
tertiary alcohol 叔醇 [R_3COH]
tertiary amine 叔胺 [R_3N]
tertiary bark 三生[树]皮
tertiary branching 三次分枝(ramificatio tertiaria)
tertiary butyl alcohol 第三丁[基]醇,叔丁基醇 [$(CH_3)_2CH \cdot CH_2OH$]
tertiary butyl alcohol for dehydration 脱水用第三丁[基]醇
tertiary butyl alcohol in permanent preparation 永久制片用第三丁[基]醇
tertiary butyl parabenzoate 第三丁基对苯甲酸
tertiary butyl parabenzoate in electron microscopy 电子显微镜检术用第三丁基对苯甲酸
tertiary carbon atom 叔碳原子
tertiary centromere 三次着丝粒
tertiary chromosome 三级染色体
tertiary constriction 三级缢痕
tertiary consumer 三级消费者(一级消费者

为食草动物,二级消费者以食草动物为食物的食肉动物,三级消费者则以食肉动物为食物的食肉动物)｛环保｝
tertiary device 第三设备｛电脑｝
tertiary electrode 第三类电极
tertiary head 三次穗 (spica tertiaria)
tertiary hydrogen bond 三级氢键｛分生｝
tertiary interaction 三级相互作用
tertiary monosomic 三级单体生物
tertiary mutant ①三次突变型 ②三次突变体
tertiary mycelium 三生菌丝
tertiary pinna 三级羽片 (pinna tertiaria)
Tertiary plant 第三纪植物 (planta tertiaria)
tertiary protein structure 蛋白质三级结构
Tertiary relics 第三纪残遗种 (relica tertiaria)
tertiary rice shoot (= tertiary rice tiller) 稻第三次分蘖
tertiary root 三生根 (radix tertiarius)
tertiary seed farm 三级种子田
tertiary seeds 三级种子
tertiary sex ratio 第三性比
tertiary sludge 三次污泥,三次化学污泥(指污水进行三级处理时,所产生的污泥)｛环保｝
tertiary soil 第三纪土壤
tertiary spiral 三生螺纹 (spiralis tertiarius)
tertiary split 三次分裂 (fidus tertiarius)
tertiary stalk 三生茎 (caulis tertiarius)｛形态｝
tertiary structure 三级结构
tertiary structure of protein 蛋白质的三级结构
tertiary system soil 第三系土壤(层)
tertiary three-dimensional structure 三级三向结构
tertiary tiller 三次分蘖
tertiary tillering 三次分蘖[现象]
tertiary treatment of sewage 污水[第]三级处理
tertiary trisome 三级三体｛细胞｝
tertiary trisomic 三级三体生物
tertiary trisomy 三级三体性
tertiary vein 三级脉 (nervus tertiarius)｛形态｝
tertiary wall 三生壁 (paries tertiarius)
Teschen disease 小猪传染性脑脊髓炎
tessellate 具方格嵌纹的 (tessellatus)
tessellated epithelium 多层上皮 (epithelium tessellatum)
tessellated soil 五花土
tesserae 肉质网小区｛分遗｝
test ①试验 ②检验,查验,检查 ③测验,测定,测试 (testum)｛统计｝
test and verification tool 测试和验证工具
test arrangement 试验排列
test automation 测试自动化
test bed 试验床,试验台
test boring 试钻,钻探｛环保｝
test chart 草图｛遥感｝
test control (TC) 测试控制
test course 试验过程
test criterion 检(测)验标准
test cross 测交｛育中｝
test crosses 测交种
test data 试验数据,测试数据
test design 试验设计
test desk 测试台
test diet (家畜)试验饲料
test environment 测试环境
test fire 试验性火烧
test for ①检验,测验 ②鉴定
test for non-additivity 不可加性测验｛统计｝
test for physiological character 生理性状鉴定
test for regional adaptability 地区适应性试验
test for resistance 抗性测定
test frame 检视孔
test in greenhouse ①温室内测定 ②温室试验
test in place 现场试验
test indicator 测试指示器｛信息｝
test-line method 钙线测法(分析骨的含钙量)(肥料)
test location 试验地点
test monitoring and control 试验监督与管理
test number 试验代号
test of adaptability 适应性试验
test of additivity 可加性测验
test of electric drive for agricultural machine 农业机械电力拖动试验
test of goodness of fit 适合性测验,吻合度测验
test of homogeneity 均一性测验｛统计｝
test of homogeneity of variance 方差均一性测验｛统计｝
test of hypothesis 假设测验
test of independence 独立性测验
test of limited set of alternative hypotheses 有限备择假设的测验
test of measuring instruments 测定仪器检查
test of normality ①常规试验｛育种｝②常态

性测验{统计}
test of significance 显著性测验
test of soil 土壤测验
test of specific character 特定性状测验
test operation 试运转{环保}
test organism ①供试生物 ②试验菌
test paper 试纸
test pattern generator 测试图形发生器
test period 试验期(间)
test piece 试样,试件,试片
test pits 试坑{水利}
test plant ①供试植物 ②试验装置
test-plate 检查片{显技}
test plot 试验小区,试验区{统计}
test procedure 试验程序{统计}
test record 试验记录
test replication 试验重复
test result 试验结果
test rig 试验台
test rules 检查规则
test run 试运转,试车{农机}
test sample 试样
test sampling 试验取样
test seed 检验种子
test solution 试液
test stand 试验台
test statistic 检验统计量
test system ①试验体系 ②试法{统计}
test tapping 试割
test thresher 试验用脱粒机
test timer ①测试定时器 ②测试计时器
test tool 测试工具
test track 试验道
test tractor 试验拖拉机
test tree 标准木
test tube 试管
test-tube culture 试管培养
test tube fertilization 试管内授精
test-tube plantlet 试管苗
test-tube pollination 试管授粉
test tube stand 试管架
test value 测验值{统计}
test water 试验水{环保}
test weight ①测重{种子} ②供试材料重量{栽培}
test well 试验井{环保}
testa ①种皮 ②外种皮
testability ①可测试性,易测性 ②可检验性(testabilitas)
testability design 易测性设计
testable 可测试的(testabilis)
testaceous ①具硬壳的,具种皮的 ②浅砖红色的(testaceus)
testamentary contract 继承契约
tested queen 纯种蜂王
tester ①测验种 ②测交种 ③分析器,探针,探土钻 ④测试器
tester differential line 测交差别品系
tester differentials 测交差别品系
tester line 测交系
tester parent 测交亲本
tester series 测验种系列
tester set 测交组
tester stock 测交原种
tester strain 测交品系
tester variance 测交变量
testfishing 试捕
testicle ①睾丸(testiculus) ②精巢(testis)
testicular ①睾丸的 ②双丸状的(testicularis)
testicular cord 精索
testicular envelop 睾丸囊
testicular feminization 睾丸雌化,睾丸女性化
testicular fluid 精液
testicular follicles 睾丸包
testicular hormone 睾丸激素
testicular hypoplasia 睾丸发育不全
testiculate (=testicular) ①睾丸的 ②双丸状的(testiculatus)
testimonial ①证明书,推荐书 ②奖状,表扬状(testimonium)
testing ①检验,测验,测试,测定 ②化验 ③查对 ④试验
testing adjusted treatment means 检验调整的处理平均数{统计}
testing and scoring system (TASS) 测验与记分系统{电脑}
testing association 检验协会{种子}
testing chamber 检验室,化验室
testing department 化验部,试验室
testing efficiency 测验效果
testing farm 试验场
testing for counts 总数查对,总数核对
testing for numbers 查对号数
testing hardware 测试硬件
testing homozygous hybrid lines 测验同型合子杂种品系
testing instrument 检验仪器
testing laboratory 化验室,试验室
testing length 测定长度
testing of feeding stuffs 饲料检验
testing of fertilizer 肥料化验,肥料测验
testing of malignancy 恶性测验
testing ratio 测验比率

testing room 试验室,实验室
testing software 测试软件
testing technique 测验技术,化验技术,测定技术
testing the yielding capacity 测验生产力
testiole (= testicular tubule) 睾丸管
testis (= testicle) 精巢,睾丸
testosterone 睾[甾]酮 [$C_{19}H_{28}O_2$]
testosterone in fetal development 胎发育的睾[甾]酮
tetanic ①破伤风性的 ②强直性的
tetanic stimulation 强直刺激
tetanolysin B型溶血素(一种破伤菌外毒素)
tetanospasmin 破伤风痉挛毒素
tetanus ①破伤风 ②强直[性痉挛]
tetanus toxin 破伤风毒素
tetany 强直,搐搦 (tetania)
tetartanopia 蓝黄色盲
tethelin 生长激素
tether ①范围,极限 ②(栓牲畜的)系绳,系链
tether grazing 栓系放牧(放牧畜要栓系绳链)
tethered ballon 系留气球{遥感}
tethered satellite 系留卫星{遥感}
tethering ①栓,系 ②限制束缚
tetra- ⌊字头⌉四
tetra-pack 四面纸箱(指一种新式包装箱)
tetraalleles 四等位基因
tetraallelic 四等位[基因]的 (tetraallelicus)
tetrabasic 四单价的 (tetrabasicus)
tetracalcium phosphate 磷酸四钙
tetracanthous 四芒的,四刺的 (tetracanthus)
tetracarpellary ①四心皮的 ②四果瓣的 (tetracarpellarius)
tetracaulis 四茎的
tetracentron ①水青树属 [*Tetracentron* Oliv.] (水青树科) ②水青树 [*Tetracentron sinense* Oliv.]
tetracentron family 水青树科 [Tetracentraceae]
tetrachaenium 四分小坚果
tetrachloride 四氯化合物
tetrachloroethane 四氯乙烷 [$C_2H_2Cl_4$]
tetrachloromethane (= carbon tetrachloride) 四氯化碳{农药}
tetrachlorvinphos 杀虫畏,杀虫威(杀虫、杀螨剂) [$C_{10}H_9Cl_4O_4P$]
tetrachotomosulcate 具四歧槽的 (tetrachotomosulcatus)
tetrachotomous 四歧的,四叉的 (tetrachotomus)
tetrachotomy 四歧式 (tetrachotomia)
tetracoccous 具四果瓣的 (tetracoccus)
tetracosanic acid 廿四[烷]酸 [$C_{24}H_{48}O_2$]
tetracosenoic acid (= tetracosenic acid) 廿四碳烯酸
tetracotyl 四子叶的 (tetracotyle)
tetracratic 四孢四极性的 (tetracraticus)
tetracyclic 四轮列的 (tetracyclicus)
tetracyclic flower 四轮列花 (flos tetracyclicus)
tetracycline (= tetracyclin) 四环素
tetracycline resistance 四环素抗性
tetracyte 四胞体 (tetracyta)
tetracytes (减数分裂产物)四孢子 (tetracytae)
tetrad (= quartet) ①四分体,四分子,四联体{细胞} ②四分孢子{真菌} ③四联球菌{微生物} ④四合花粉{育种} ⑤四位组{电脑} (tetras)
tetrad analysis 四分体分析
tetrad division 四分体分裂
tetrad nucleus 四分子核
tetrad scar 四分体痕
tetrad segregation type 四分[体分离]型
tetrad stage ①四分体期{细胞} ②四分孢子期{真菌}
tetrad unbalance 四分体不平衡
tetradactyl 四指的 (tetradactylus)
tetradecapeptide 十四肽
tetradelphous 四体雄蕊的 (tetradelphus)
tetradelphous stamen 四体雄蕊 (stamen tetradelphus)
tetradidymous 八倍的,四对的 (tetradidymus)
tetradifon 三氯杀螨砜,涕滴恩(杀螨剂) [$C_{12}H_6Cl_4O_2S$]
tetradogenesis 四分子形成
tetradont 四齿的 (tetradontus)
tetradymous (孢子)四胞的 (tetradymus)
tetradynamia 四强雄蕊
tetradynamous ①四强的 ②四强雄蕊的 (tetradynamus)
tetradynamous stamen 四强雄蕊 (stamen tetradynamus)
tetraethyl lead (TEL) 四乙基铅 [$Pb(C_2H_5)_4$] (为当前城市大气污染源之一){环保}
tetraethylammonium (TEA) 四乙胺
tetraethylpyrophosphate (TEPP) 焦磷酸四乙酯,特普
tetragenic 四基因的 (tetragenicus)

tetragenous 四联的(tetragenus)
tetragonal ①四方形的,正方形的 ②四棱的(tetragonalis)
tetragonous 具四棱角的,具四角的(tetragonus)
tetragynous 四雌蕊的(tetragynus)
tetrahaploid 四单倍体(tetrahaploida)
tetrahedral 四面体的,有四面的(tetrahedrus)
tetrahedral arrangement 四面体排列
tetrahedral configuration 四面体构型{分生}
tetrahedral layer 四面体层
tetrahedral sheet 四面体片
tetrahedral spore 四面形孢子(spora tetrahedra)
tetrahedral substitution 四面体替代[作用]
tetrahedral tetrad 四面体形四合花粉(tetras tetrahedrus)
tetrahedron 四面体
tetrahybrid 四因子杂种(tetrahybrida)
tetrahydroabietic acid 四氢松香酸
tetrahydroaldosterone 四氢醛甾酮,四氢醛固酮
tetrahydrobiopterin 四氢生物蝶呤
tetrahydrocorticosterone 四氢皮质[甾]酮
tetrahydrocortisol 四氢皮质[甾]醇
tetrahydrocortisone 四氢可的松
tetrahydrofolate dehydrogenase 四氢叶酸脱氢酶
tetrahydrofolate reductase 四氢叶酸还原酶
tetrahydrofolic acid(THFA) 四氢叶酸
tetrahydrofuran(THF) 四氢呋喃[$(CH_2)_4O$]
tetrahydroisoquinoline alkaloid 四氢异喹啉生物碱
tetrahydropteridine 四氢蝶啶
tetrahydropyrane 四氢吡喃
tetrahymena 四膜虫
tetrahymena conjugation 四膜虫接合
tetrahymena DNA buoyantdensity 四膜虫DNA浮力密度
tetrahymena HnRNA 四膜虫 HnRNA
tetrahymena macronucleus 四膜虫大核
tetrahymena micronucleus 四膜虫小核
tetraiodothyroacetic acid 四碘甲腺乙酸
tetraiodothyrourine 四碘甲腺氨脲
tetralin 四氯化萘,萘满
tetralobous 四裂片的(tetralobus)
tetralocular 四室的(tetralocularis)
tetralocular synangium 四腔聚合囊(synangium tetraloculare)
tetrameles ①四数木属[*Tetrameles* R. Br.](打提斯加科) ②四数木[*Tetrameles nudiflora* R. Br.]
tetramer ①四聚物 ②四聚体
tetramerous 四基数的(tetramerus)
tetramerous flower 四数花(flos tetramerus)
tetramethrin(= Phthalthrin) 胺菊酯{农药}
tetramethylammonium chloride(TMAC) 氯化四甲基铵
tetramethylenediamine 丁二胺,腐胺
tetramethylthiouram monosulfide(= Thiuram) 福美联{农药}
tetramolter 四眠蚕{蚕}
tetramorphic 四型的(tetramorphus)
tetramorphism 四型[现象](tetramorphismus)
tetranactin 杀螨毒素
tetrandria 四雄蕊[花]
tetrandrous(= tetrander) 四雄蕊的(tetrandrus)
tetranitromethylaniline 四硝基苯甲胺[$C_6H(NO_2)_4NHCH_3$]
tetranthous 四花的(tetranthus)
tetranucleotide theory 四核苷酸说{细胞}
tetrapartite ①四分的 ②四分染色体(tetrapartitus){细胞}
tetrapartite chromosome 四分染色体(chromosoma tetrapartita)
tetrapeptide sequencing 四肽序列{分遗}
tetrapetal 四花瓣(tetrapetalum)
tetrapetal swertia 四瓣獐牙菜[*Swertia tetrapetala* Pall.](龙胆科)
tetrapetalous 四花瓣的(tetra petalus)
tetraphenyl ditetrazolium chloride(TDC) 四苯基二个四唑化氯
tetraphyllous 四叶的(tetraphyllus)
tetrapion 四氟丙酸钠(除草剂)[$C_3HF_4NaO_2$]
tetraple hybrid 四系杂种
tetraplocaulous 有四轴的(tetraplocaulus)
tetraploid 四倍体(tetraploida){细胞}
tetraploid banana 四倍体香蕉
tetraploid barley 四倍体大麦
tetraploid cell 四倍体细胞
tetraploid parent 四倍体亲本
tetraploid plant 四倍体植物
tetraploid progeny 四倍体后代
tetraploid rice 四倍体稻
tetraploid series ①四倍体系 ②[小麦]二粒系

tetraploid species 四倍体种
tetraploid strain 四倍体品系
tetraploid variety 四倍体品种
tetraploid wheat 四倍体小麦
tetraploidy 四倍性（tetraploidas）
tetraplont 四倍体，四倍性生物（tetraplons）
tetrapod 四足动物（tetra podus）
tetrapolar 四极性的（胚囊内细胞及核的排列）（tetrapolaris）
tetrapolar incompatibility 四极不亲和性
tetrapolar species 四极种
tetrapolarity 四极性（tetrapolaritas）
tetrapterous 四翅的（tetrapterus）
tetrapyrrole 四吡咯
tetraquetrous 四棱角的（tetraquetrus）
tetrarch 四原型（tetrarcus）
tetrasaccharides 四糖类
tetraschistic 四裂的（tetraschisticus）
tetrasepalous 四萼片的（tetrasepalus）
tetrasodium pyrophosphate 焦磷酸四钠（木材防腐剂）［$Na_4O_7P_2$］
tetrasome 四［染色］体（tetrasoma）｛细胞｝
tetrasomic 四体生物（$2n+2$）（tetrasomicus）
tetrasomic diploidy 二倍加对（diploidas tetrasomicus）
tetrasomic gene 四体基因
tetrasomic genotype 四体基因型
tetrasomic inheritance 四体遗传
tetrasomic plant 四体植物
tetrasomy 四体性（tetrasomia）
tetraspermous 四种子的（tetraspermus）
tetraspora ①四孢藻属［*Tetraspora* spp.］（四孢藻科）②四孢藻［*Tetraspora* sp.］
tetraspora family 四孢藻科［Tetrasporaceae］
tetrasporangium 四分孢子囊
tetraspore 四分孢子（tetraspora）
tetrasporic（= tetrasporous） 四分孢子的（tetrasporus）
tetrasporic embryo sac 四孢子胚囊（saccus embryonalis tetrasporus）
tetrasporophyte 四分孢子体（tetrasporophyton）
tetrasporous 四分孢子的（tetrasporus）
tetraspory 四分孢子状态（tetrasporia）
tetraster 四星体
tetrastichous 四列的（tetrastichus）
tetrastigma 大叶崖藤［*Tetrastigma voinieriamum* sp.］（葡萄科）
tetraterpene 四萜
tetrathrme 四温（指植物生长温度，即5，6，7，8四个月的平均温度）
tetrathyrium ①四药门花属［*Tetrathyrium* Benth.］（金缕梅科）②四药门花［*Tetrathyrium subcordatum* Benth.］
tetratype （TT）四型（tetratypus）
tetratype frequency 四型频率
tetratype segregation 四型分离
tetratype tetrad 四型四分体
tetravalent ①四价的 ②四价［染色］体（tetravalens）
tetravirus 四病毒
tetrazoic 四孢子虫的（tetrazoicus）
tetrazole 四唑，四氮杂茂
tetrazole dye reduction 四唑染料还原
tetrazole method 四唑法｛显技｝
tetrazole oxidase 四唑氧化酶
tetrazonium 四氮脎，偶二氮化合物［$R_2NN:NNR_2$］
tetrazonium reaction 四氮脎反应
tetrode 四极管
tetrodotoxin （TTX）河豚毒素
tetronate 4-羟［基］乙酰乙酸内酯
tetronic acid 4-羟乙酰乙酸内酯
tetrose 四糖［$C_4H_8O_4$］
tetroxide 四氧化物
tetroxide of osmium 四氧化锇［OsO_4］
tetter 疱疹，湿疹
TEX（= text） 本文，正文，电文｛信息｝
Texan oak 泰克桑栎［*Quercus texan* Buckl.］（山毛榉科）
Texan pride 福禄考［*Phlox drummondii* Hook.］（花荵科）
Texas bluegrass 得克萨斯早熟禾［*Poa arachnifera* L.］（禾本科）
Texas fever 得克萨斯热，牛焦虫病［*Piroplasmosis bovine*］
Texas harvest ant 得州农蚁（得克萨斯蚁）［*Pogonomyrmex barbatus molefaciens* Buckl.］（蚁科）
Texas instruments graphics architecture （TIGA） 得克萨斯仪表图形结构｛电脑｝
Texas leaf-cutting ant 得州切叶蚁［*Atta texana* Buckl.］（切叶蚁科）
Texas long-leaved pine（= broom pine） 美国长叶松
Texas mulberry 小叶桑（姬桑）［*Morus microphylla* Buckl.］（桑科）
Texas Red 得克萨斯红｛显技｝
Texas root rot 得克萨斯朽根病
Texas root rot of cotton 棉得克萨斯朽根病［*Phymatotrichum omnivorum*（Shear.）Dugger = *Ozonium omnivorum* Shear.］

Texas sage 朱唇(红花鼠尾草)［*Salvia coccinea* L.］(唇形科)
Texas silverleaf ①银叶树属［*Leucophyllum* Johnston］②银叶树［*Leucophyllum frutescens* Johnston］
Texas stock 单铧步犁
Texas visnaga ①绫波属［*Homalocephala* ssp.］(仙人掌科)②绫波［*Homalocephala texensis* sp.］
texrope 三角皮带
text ①原文,文本,版本{电脑}②电[报]文,正文,本文(TEX){信息}③课本,教科书,讲义 ④题目,主题(指讨论)(textus)
text card 文本卡片
text font 文本字体
text manager 文本管理器{信息}
text parameter 文本参数
text processing network 文本处理网络
text read processor 文本阅读处理器
text window 文本窗口
textbook 教本,教科书
textbook of crop production 作物栽培学教本
textbook of plant breeding 作物育种学教本
textbook of plant genetics 植物遗传学教本
textbook of tillage science 耕作学教本
textiform tissue 网状[结缔]组织(tela textiformis)
textile ①织的,织物的 ②织成的,适于纺织的(textilis)
textile fabrics 织物
textile fiber 纺织纤维
textile fiber crops 纺织纤维作物
textile industry 纺织[工]业
textile industry waste water 纺织[工]业废水{环保}
textile materials 织物原料,纺织原料
textile-mill wastes 纺织厂废水{环保}
textile mills 纺织厂
textile plants 纤维植物
textile soap 纺织用皂
textura (= texture) 组织{解剖}
textura angularis 角胞组织
textura epidermoidea 表层组织
textura globulosa 圆胞组织
textura intricata 交错丝组织
textura oblita 厚壁丝组织
textura porrecta 薄壁丝组织
textura prismatica 矩胞组织
textural ①质地的{土壤}②纹理的{解剖}③结构的{物}(texturalis)
textural analysis (= texture analysis) 纹理分析{解剖}
textural classification 质地分类
textural double refraction 结构双折射
texture ①质地,垒结{土壤}②组织,纹理(木材){解剖}③肉质{畜}④结构{物}(textura)
texture analysis ①纹理分析 ②质地分析
texture class 质地级
texture definition 纹理清晰度
texture grade 质地等级
texture gradient 纹理梯度
texture index 质地指标
texture name 质地名称
texture of soil 土壤质地
texture of wood 木材纹理,木材组织
texture profile 质地剖面
texture recognition 纹理识别
texture separate 质地分级
texture separation 组织[机械]分解(木材)
Texturometer 结构仪卫星,纹理特征监测仪卫星{遥感}
TF ①(= transcription factor) 转录因子{分遗}②(= transfer factor) 转移因子{分遗}
T_g(= generation time) 世代时间{育种}
TG (= thioguanine) 硫代鸟嘌呤
TGF (= transforming growth factor) 转化生长因子{分生}
TGM (= telegram) 电报{信息}
TGN (= trans-Golgi network) 高尔基体外网络{细胞}
T_h(= helper T cell) 辅助 T 细胞,辅助依赖于胸腺的淋巴细胞{分生}
TH 3562 噁草唑(除草剂)［$C_{12}H_{13}ClN_2O$］
Thailand farming 泰国农业
Thailand papeda 大翼橙［*Citrus kerrii* Tanaka.］(芸香科)
thalamiflorous (= thalamifloral) 托花的(花各部生于子房之下的)(thalamiflorus)
thalamium 子实层
thalamous [柱状]花托(thalamus)
thalamus 视丘,丘脑
thalassaemia (= thalassemia) Cooley 氏贫血,地中海贫血
thalassaemia major 地中海贫血重症
thalassaemia minor 地中海贫血轻症
thalassion 海洋植被型
thalassophyte ①海生植物 ②海藻(thalassophyta)
-thallic ⌞字尾⌝幼茎,干
thalliform 菌体状的,原植体状的(thalliformis)
thallium 铊[Tl,81 号元素]

thallium disease 铊病{环保}
thallium nitrate 硝酸铊 [$TlNO_3$]
thallium sulfate 硫酸铊(杀鼠剂) [Tl_2SO_4]
thallo ⌞字头⌝幼茎,芽
thallodic 菌体的,原植体的 (thallodicus)
thalloid ①似菌体的,似原植体的 ②似叶状体的 (thalloides)
thalloid exciple 菌体状囊盘被 (excipulus thalloides)
thalloid shoot 叶状枝 (ramulus thalloides)
thallophyte 原植体植物 (thallophyta)
thallophytes 菌藻植物 (thallophyti)
thallospore ①无梗孢子,菌丝孢子 ②原叶体孢子 (thallospora)
thallotherophytes 叶状体一年生植物 (thallotherophyti)
thallus ①叶状体 ②菌体
thamniscophagous (菌根)丛枝吸收的 (thamniscophagus)
thamniscophysalidophagous (菌根)泡囊吸收的 (thamniscophysalidophagus)
thamnocalamus ①箣竹属 [*Thamnocalamus* Munro] (禾本科) ②箣竹 [*Thamnocalamus cuspidatus* (Keng) Keng f.]
thamnolic acid 萨姆醇酸
thanato- ⌞字头⌝死
thanatology 死亡学 (thanatologia)
thanatosis 假死拟态
Thanite 敌稻瘟(杀虫,杀菌剂) [$C_{13}H_{19}NO_2S$]
thapsigargin 毒胡萝卜素,毒胡萝卜内酯
thatch ①茅草(如禾草,芦苇) ②草屋顶
thatch board 草板(茅草压缩的)
thatch screwpine 露兜树 [*Pandanus tectorius* Sol.] (露兜树科)
Thatcher wheat 萨齐尔小麦(有芒突变型)
thaumatin 奇[异果]甜蛋白,T 甜蛋白
thaw ①解冻 ②融化,溶化,融解
thaw lake 解冻湖
thaw layer 融冻层
thaw-water ①雪水 ②解冻水
thaw-water irrigation 融水灌溉
thawing ①融解 ②解冻,融冻
thawing erosion 融冻侵蚀
thawing point 露点
thawing season 解冻季节
thawing stress 融冻胁迫,解冻胁迫{生态生理}
thawing-water irrigation 融水灌溉
thawing weather 融雪天气
The rains 雨水(中国的 24 节气之一)
theamin 茶胺
[$C_7H_8N_4O_4NHC_2H_4OH$]
theanine 茶氨酸,N-乙基-γ-谷氨酰胺
theaspirone 茶香螺酮
theave (未产子)青年母羊
thebaine 蒂巴因 [$C_{19}N_{21}NO_3$]
theca ①药爿 ②药室 ③室 ④蒴果,孔蒴
thecal 子囊的,似子囊的 (thecalis)
thecaphore ①心皮柄 ②叶柄 (thecaphora)
thecaspore (= ascospore) 子囊孢子 (thecaspora)
thecial 有药室的 (thecialis)
theciform 孢蒴状 (theciformis)
thecigerous 具子囊层的 (thecigerus)
thecium 子囊层
theiferous 产茶的 (theifer)
theileriasis 泰勒焦虫病
theine 咖啡因 [$C_8H_{10}O_2N_4$]
theletoky 产雌单性生殖,产雌孤雌生殖 (thelytokous parthenogenesis)
thelitis 乳头炎
thelorrhagia 乳头出血{医}
thely- ⌞字头⌝雌
thelygenic 产雌的 (thelygenus)
thelygenous (= thelygenic) 产雌的 (thelygenus)
thelygeny 产雌 (thelygenia)
thelykaryon 雌核 (thelycaryon)
thelyotoky 产雌单性生殖,产雌孤雌生殖
thelyplasm 雌质 (thelyplasma)
thelytocous parthenogenesis 产雌二倍孤雌生殖 (parthenogenesis thelytocus)
thelytoky (= theletoky) 产雌单性生殖 (thelytokia)
thelytonic 孤雌生殖的 (thelytonicus)
thematic 主题的,专题的 (thematicus)
thematic mapper 专题制图仪,专题成像仪{遥感}
thematic mapping 专题制图
thematic mapping software 专题制图软件
theme ①题目,课题,论题,专题 ②论文
theme image 专题图,主题图{遥感}
then 则{信息}
then if symbol 如果符号,则
then symbol 则符号
thenoyl trifluoroacetone 噻吩甲酰三氟丙酮
thenylidene 噻吩甲叉
theobroma (= cacao, cacao tree) ①可可属 [*Theobroma* L.] (悬铃木科) ②可可 [*Theobroma cacao* L.]
theobromine 可可碱,3,7－二甲基黄嘌呤 [$C_7H_8N_4O_2$]
theobromine mutachromosomic effect 可

可碱诱变染色体效应{染色体}
theodolite 经纬仪
theodolite survey 经纬仪测量
theodolite with central telescope 中间望远镜的经纬仪
theodolite with excentric telescope 侧方望远镜的经纬仪
theodolite with linear telescope 直线望远镜的经纬仪
theodolite with prism 棱镜的经纬仪
theophylline (= theocine) 茶碱 [$(CH_3)_2C_5H_2O_2N_4$]
theophylline mutachromosomic effect 茶碱诱变染色体效应
theorem 定理
theoretical (= theoretic) 理论的,理论上的,推理的,推想的 (theoreticus)
theoretical aspect 理论问题
theoretical astronomy 理论天文学
theoretical background 理论背景
theoretical basis 理论基础,理论根据
theoretical basis of intelligent crop production 作物智能栽培学的理论基础
theoretical basis of molecular genetics 分子遗传学的理论基础
theoretical biology 理论生物学
theoretical botany 理论植物学
theoretical capacity 理论处理能力,推理能力
theoretical check 理论标准
theoretical chemistry 理论化学
theoretical computation 理论计算
theoretical conversion factor 理论换算因子{统计}
theoretical curve 理论曲线
theoretical diagram 理论花图式,模式化图式 (diagramma theoretica) {形态}
theoretical distribution 理论分布
theoretical distribution function 理论分布函数
theoretical efficiency 理论效率
theoretical expectation 理论期望值
theoretical heritability 理论遗传力
theoretical horsepower 理论功率,理论马力
theoretical ideal plant 理想典型植株
theoretical mechanics 理论力学
theoretical meteorology 理论气象学
theoretical mode 理论众数{统计}
theoretical physics 理论物理学
theoretical plate 理论塔板{生技}
theoretical size 理论尺寸
theoretical value 理论值
theoretical yield 理论产量
theoretical zero 理论[发育]零点
theoretically expected 理论期望的
theory 论,说,理论,学说 (theoria)
theory of alternate dominance [性决定]交互显性说{遗传}
theory of blending inheritance 融合遗传学说{遗传}
theory of catastrophism 激变论{进化}
theory of chromosomal hierarchy 染色体场阶说,染色体场级说{遗传}
theory of continental drift 大陆漂移理论
theory of cyclone 气旋学说{气象}
theory of dimension 因次理论,量纲理论{数}
theory of epigenesis 渐成说,后成说{进化}
theory of evolution 进化论{进化}
theory of filtration 过滤理论{环保}
theory of financial rotation 经济轮伐期理论{森林}
theory of genasthenia 基因数量学说{遗传}
theory of gene mutation 基因突变理论
theory of gene starvation 基因饥饿学说{遗传}
theory of humus nutrition 腐殖质营养学说{土壤}
theory of hybridization 杂交理论{育种}
theory of imbibition 吸涨学说{生理}
theory of inventory 存贮理论,存贮论
theory of ionization 电离理论
theory of life 生命论{进化}
theory of neutral selection 中性选择学说{分生}
theory of organic selection 生物选择学说{进化}
theory of origin of species 物种起源学说{进化}
theory of orthogenesis 直进说{进化}
theory of pangenesis 泛生说{进化}
theory of phasic development 阶段发育理论{生理}
theory of phylembryogenesis 胚胎系统发育说{进化}
theory of pure line 纯系理论{育种}
theory of reaction rates 反应速度理论{生技}
theory of recapitulation 重演说,生物发生说{进化}
theory of relativity 相对论{物}
theory of root pressure 根压学说{生理}
theory of sedimentation 沉淀理论{环保}
theory of selection 选择理论{育种}
theory of special creation 神造论{进化}
theory of specialization of types 类型特化

学说{进化}
theory of stratospheric steering 平流层引导学说{气象}
theory of testing 测试理论{统计}
theory of traditional Chinese medicine 传统中医理论
theory of two point attachment 两点附着学说{生理}
theory of ultra-filtration 超滤学说{生理}
therapeutic 治疗的,治疗学的(therapeuticus)
therapeutic agent 治疗剂
therapeutic clone 治疗无性系,治疗克隆{农生技}
therapeutic effect 治疗效应
therapeutic grade protein 治疗级蛋白质
therapeutics ①治疗学 ②治疗法(therapeutica)
therapy ①治疗 ②疗法(therapia)
therm- ⌞字头⌝温,温热,温度
therm (=gram calorie) 克卡(公制热单位,即小卡)
thermakarst drainage pattern 热喀斯特型水系{水利}
thermal ①温的,热的 ②温泉生的(thermalis)
thermal activation 热活化,热激活(activatio thermalis)
thermal activity 温度活动力
thermal aerosol fogging 热雾喷射
thermal aerosol generator (=thermal fog applicator, thermal aerosol machine) 热烟雾发生器
thermal alteration 热变化(alteratio thermalis)
thermal analysis 温度分析
thermal bacteria (=thermogenic bacteria) 产热细菌
thermal balance 热平衡
thermal balance of livestock [body] 家畜体热平衡
thermal belt (山坡)高温带
thermal calibration 热校准,热定标
thermal capacity 热容量
thermal characteristic 热特性
thermal chromatography 高温层析{生技}
thermal climate 热型气候
thermal column 热柱
thermal conduction 热传导(conductio thermalis)
thermal conduction module (TCM) 热[传]导模块{电脑}
thermal conductivity ①导热性 ②导热系数 ③导热率
thermal constant (植物生长的)需热常数
thermal contrast 热对比
thermal control system 热控制系统
thermal convection 热对流
thermal cracking 热裂
thermal current 热流
thermal cycler 热循环仪
thermal cycling (TDP) 热循环
thermal deaerator 热脱气器{环保}
thermal death point (TDP)致死温度,热致死点
thermal death rate 热致死率,热死率
thermal death time 热致死时间,热死时间
thermal decolouration 热力脱色{显技}
thermal decomposition 热分解(decompositio thermalis)
thermal deformation 热变形[作用](deformatio thermalis){环保}
thermal degradation 热降解(degradatio thermalis)
thermal dehydration 加热干燥,加热脱水
thermal denaturation 热变性
thermal denaturation profile 热变性曲线图形
thermal depression 热力低压
thermal design of computer 计算机热设计
thermal detector 热探测器{遥感}
thermal diffusion 热扩散
thermal diffusion coefficient 热扩散系数
thermal diffusivity 热扩散性
thermal disinfection 热力消毒
thermal display light 热显示灯
thermal efficiency 温度效率,热效率
thermal emissivity 热发射率{遥感}
thermal energy 热能
thermal energy storage material 热能贮藏材料,蓄热材料{农施}
thermal energy storage system 热能贮藏方式,蓄热方式
thermal energy storage tank 热能贮藏槽,蓄热槽
thermal environment 温热环境
thermal equilibrium 热平衡
thermal exchange 热交换
thermal expansion 热膨胀
thermal flexibility 热柔性(flexibilitas thermalis){分生}
thermal fluctuation 热波动(fluctuatio thermalis)
thermal gradient 热梯度,温度
thermal graphics printer 热敏印图机{电脑}
thermal imagery 热成像{遥感}

thermal imaging technique 热成像技术
thermal index 温热指数
thermal induction 热诱导
thermal inertia 热惯量
Thermal inertia mapper 热惯量成像[仪]卫星系统{遥感}
thermal infrared 热红外
thermal infrared scanner 热红外扫描仪{农施}
thermal injury 热害,高温损害
thermal insulation 热绝缘(insulatio thermalis)
thermal insulation of livestock house 畜舍隔热{农施}
thermal insulator 绝热器,绝热体
thermal island effect 热岛效应{遥感}
thermal island effect of city 城市热岛效应
thermal line printer 热敏行式打印机,热敏行印机
thermal load calculation 热负荷计算
thermal low 热低压
thermal mapping scanner 热容量成像扫描仪{遥感}
thermal metabolism 热能代谢
thermal metamorphism 热力变质作用
thermal migration 适温性洄游
thermal neutron 热中子
thermal neutron radiation 热中子辐射
thermal organism 产热有机物,产热生物(organismus thermalis)
thermal oxidation for odor 气味热氧化法,气味热烧法{农施}
thermal parameter 热参数(thermoparameter)
thermal pollution 热污染
thermal potential 热势
thermal power station 火力发电站
thermal printer 热敏打印机
thermal printing technique 热敏印刷技术
thermal properties 热性质,热特性
thermal protection system 防热系统
thermal purification 热净化{环保}
thermal radiation 热辐射
thermal rays 热射线
thermal recovery 热回收
thermal regime 热状况
thermal reradiation 热再辐射(reradiatio thermalis)
thermal resistance ①热阻 ②抗热性(thermoresistantia)
thermal resolution 温度分辨率
thermal scanning 热扫描
thermal screen 保温屏障{农施}
thermal sensitivity 温度灵敏度
thermal sensor 热传感器(thermosensor)
thermal slope 热坡度
thermal spring 温泉
thermal stability 热稳定性(stabilitas thermalis)
thermal storage system 蓄热方式{农施}
thermal storage vessel 贮废热容器(指用在双燃料引擎){环保}
thermal stratification ①热层次 ②热层结 ③温差分层(指水体)
thermal stress ①热应力{电脑} ②热胁迫{生态生理}
thermal tide 热力潮(由于大气温度日变化引起的大气压力变化)
thermal transfer printer 热转换打印机,热转印打印机
thermal transmission 热传递
thermal transmittance 热透射度
thermal treatment 热处理
thermal unit 热单位
thermal value 热值
thermal warning 热报警{电脑}
thermal water ①热水 ②温泉水
thermal wax printer 热蜡打印机
thermal weathering 热风化
thermal-wet treatment 温湿处理,温湿拌种
thermal wind 热成风
thermal zone 无霜地带
thermatouch 热相撞
thermforest 热带干树林
thermification(=thermofication) 暖气装置,加温设备(thermificatio)
thermio genesis 热离子发生,热电子发生(thermiogenesis)
thermion 热电子,热离子
thermionic 热电子的,热离子的
thermisopleth 等变温线
thermistor 热敏电阻,热变电阻器
thermneutral zone 热中和层
thermo ⌞字头⌝温,温热,温度
thermo-circulator 热环流器{环保}
thermo-drying 烘干{环保}
thermo-growth reaction 热生长反应
thermo-isohyp 实际温度等值线
thermo-isopleth 等温线
thermo-keeping 保温的
thermo-resistive effect 温阻效应,抗温效应
thermoacidophilic bacteria 嗜热嗜酸细菌(bacteria thermoacidophilae)
thermobarometer 温度气压表
thermochemical 热化学的(thermochemi-

cus)
thermochemistry 热化学(thermochemia)
thermocleistogamy 低温闭合受精(thermocleistogamia)
thermocline (=epiliminion) ①湖面动荡层 ②湖水变温层(thermoclinium)
thermoclinic 斜温(thermoclinicus)
thermocondensation 热凝结作用(thermocondensatio)
thermoconductivity 导热性(thermoconductivitas)
thermocouple 温差电偶,热电偶
thermocyclogenesis 热气旋发生
thermode 热电极
thermodenaturation 热变性作用(thermodenaturatio)
thermodiffusion 热扩散(thermodiffusio)
thermodiurnal climate 热昼夜气候
thermoduric 耐热的(thermodurus)
thermoduric bacteria 耐热细菌
thermodynamic 热力[学]的(thermodynamicus)
thermodynamic chart 热力图
thermodynamic control 热力学控制
thermodynamic diagram 热力图解
thermodynamic equilibrium 热力学平衡
thermodynamic function 热力[学]函数
thermodynamic Kelvin temperature scale 热力学开氏温标
thermodynamic probability 热力学概率
thermodynamic property 热力学性质
thermodynamic scale of temperature 温度热力[学]标[尺],热力学温标
thermodynamic scheme 热力配置
thermodynamic sequence 热力顺序
thermodynamic state 热力学状态
thermodynamic stratification 热力层次,热力层结
thermodynamic temperature 热力学温度(绝对温度)
thermodynamical function (= thermodynamic function) 热力[学]函数
thermodynamical potential (= thermodynamic potential) 热力势
thermodynamics 热力学(thermodynamica)
thermodynamics of fusion 融合的热力学
thermoelectric 温差电的,热电的(thermoelectricus)
thermoelectric actinograph 热电日射计
thermoelectric actinometer 热电日射表
thermoelectric power ①热电能 ②温差电势率{环保}
thermoelectric thermometer 热电偶温度表
thermoelectron 热电子
thermoelement 温差电偶,热电偶
thermogalvanometer 温差电偶检流计,热电偶检流计
thermogen 热素
thermogenesis 发热,产热
thermogenic 发热的,产热的(thermogenus)
thermogenic bacteria 产热细菌(bacteria thermogenae)
thermogenic center 发热中心(centrus thermogenus)
thermogenic respiration 产热呼吸(respiratio thermogena)
thermogenic soil 热成土
thermogram 温度自记曲线图(thermogramma)
thermograph ①[记录]温度计 ②热印刷器
thermograph correction card 温度计订正表
thermographic camera 热像仪{遥感}
thermographic process 热图形处理,热印{电脑}
thermohomoeostasis 热自动平衡
thermohygrogram 温湿自记曲线(thermohygrogramma)
thermohygrograph 温湿计
thermohygrometer 温湿表
thermoinducible lysogen 热诱导溶体
thermoinduction 热诱导(thermoinductio)
thermoion 热离子
thermolabile 不耐热的,感热的(thermolabilis)
thermolabile enzyme 不耐热酶
thermolabile factor 不耐热因子
thermolability ①不耐热性,感热性 ②热不稳定性(thermolabilitas)
thermoluminescence 热致发光,热释光(thermoluminescentia)
thermoluminescent dosimeter 热释发光剂量计
thermolysin 嗜热菌蛋白酶
thermolysis ①散热[作用] ②热分解
thermolytic center 散热中心
thermometabolism 热代谢作用(thermometabolismus)
thermometer 温度表
thermometer bulb 温度表球部
thermometer reading 温度表读数
thermometer shelter (= thermometer screen) [温度表的]百叶箱

thermometer tube 温度表管
thermometric 温度表的(thermometricus)
thermometric conductivity 热导率
thermometric constant (植物生长的)需热量
thermometric fluid 温度表液体(管中)
thermometric scale 温度表刻度,温度标
thermometry 测温法(thermometrica)
thermomorphism 热形态现象(thermomorphismus)
thermonasty 感热性,感温性(thermonastia)
thermonegative ①背温性的 ②负温度(thermonegativus)
thermonuclear reaction 热核反应(reactio thermonuclearis)
thermopaint 测温漆
thermopenetration 透热法(thermopenetratio)
thermoperiod 温周期(thermoperiodus)
thermoperiodism(= thermoperiodicity) 温周期现象(thermoperiodismus)
thermoperiodity 温周期性(thermoperioditas)
thermophase (植物发育)温期,感温阶段(thermophasis)
thermophile ①喜温性,好温性 ②嗜热性 ③嗜热生物
thermophilic ①喜温的 ②适温的 ③嗜热的,好热的(thermophilus)
thermophilic algae 好热藻类(algae thermophiles)
thermophilic bacteria(= thermophile) 嗜热细菌(bacteria thermophiles)
thermophilic digestion 喜温消化,高温消化(在 40~55℃){环保}
thermophilic digestion process 高温消化法{环保}
thermophilic fermentation 高温发酵{环保}
thermophilic form 喜温型,适温型(forma thermophila)
thermophilic microorganism 喜温微生物(microorganismus thermophilus)
thermophilic prokaryote 喜温厚核生物(procaryota thermophila)
thermophilic protease 嗜热蛋白酶,耐热蛋白酶
thermophilic soil fungi 喜温土壤真菌
thermophilic species 喜温[树]种(species thermophiles)
thermophilic vegetable 喜温蔬菜(vegetabilis thermophilus)
thermophilous ①喜温的 ②适温的(thermophilus)
thermophilous crops 适温作物,喜温作物
thermophilous organism 喜温生物
thermophily ①适温性 ②喜温性 ③嗜热性(thermophilia)
thermophotoperiodism 光热周期[性](thermophotoperiodismus)
thermophylactic 抗热的(thermophylacticus)
thermophyte 耐热植物(thermophyta)
thermopile 温差电堆,热电堆
thermoplastic ①热塑性塑料 ②热塑性的(thermoplasticus)
thermoplastic adhesive 热塑性胶黏剂
thermoplastic resin 热塑性树脂
thermoplastic resin adhesive 热塑性树脂胶
thermoplastic rubber 热塑性橡胶
thermoplastics 热塑性塑料(thermoplastae){环保}
thermopositive ①向温性的 ②正温度(thermopositivus)
thermopsine 野决明碱
thermopsis ①野决明属[*Thermopsis* R. Br.](豆科) ②野决明[*Thermopsis lupinaides* (L.) Link.]
thermoradiation 热辐射(thermoradiatio)
thermoreceptor 温度感受器
thermoregulation ①温度调节 ②体温调节(thermoregulatio)
thermoregulator 温度调节器
thermoregulatory 温度调节的(thermoregulatorius)
thermoregulatory mechanism 温度调节机制(mechanismus thermoregulatorius)
thermorelay ①热继电器 ②温差电偶继电器
thermorhythm 温度节律(thermorhythma)
thermos 暖瓶,保温器
thermoscope 验温器
thermoscreen (温度表的)百叶箱
thermosensitive 温度敏感的,感温的(thermosensitivus)
thermosensitive variety 感温性品种,温度敏感性品种
thermosensitivity 感温性,温度敏感性(thermosensitivitas)
thermosetting 热固化
thermosetting resin adhesive 热固化树脂胶
thermoshock 火焰中耕,火焰灭草
thermosiphon 热虹吸管
thermosphere 热层(thermosphera)
thermospray(TS) 热喷射

thermospray ionization 热喷射离子化[作用]
thermostability ①耐热性 ②热稳定性(thermostabilitas)
thermostable 耐热的(thermostabilis)
thermostable enzyme 耐热酶
thermostable product 耐热产品
thermostable protein 耐热蛋白[质]
thermostage ①春化阶段 ②(植物发育)温期阶段(thermostaticum)
thermostasis ①体温恒定 ②温度恒定
thermostat 恒温器,定温器
thermostatic 恒温器的(thermostaticus)
thermostatic bath ①恒温浴 ②恒温浴槽{环保}
thermostatic chamber 恒温室
thermostatic control 恒温[器]调节
thermostatic regulator 恒温调节器
thermostatic waterbath 恒温水浴
thermostatically controlled furnace 恒温调节炉
thermostatics 热静力学(thermostatica)
thermostromuhr 电热流量计
thermotactic 趋温的(thermotacticus)
thermotaxic center (= thermoregulation center) 体温调节中枢
thermotaxis 趋温性,趋热性
thermotherapy 热治疗(thermotherapia)
thermotolerant 耐热的(thermotolerans)
thermotolerant bacteria 耐热细菌(bacteria thermotolerantes)
thermotopography 躯体温度分布描记术
thermotropic ①向温的 ②正温的(thermotropus)
thermotropic bacteria 适热细菌(bacteria thermotrophae)
thermotropism 向温性,向热性(thermotropismus)
thero- ⌊字头⌉夏
therodrymion 寒季落叶夏绿林[群落]{生态}
theropencedrymion 针阔混交林
therophyte 一年生植物(therophyta)
thesis ①论文,毕业论文,学位论文 ②论题,论点
thetagram 位温高度图解,θ图解{电脑}(thetagramma)
thetagraph 位温高度图,θ图{电脑}
thetine 噻亭,巯基乙酸二甲内盐
thevetia ①黄花夹竹桃属[*Thevetia* Adans.](夹竹桃科) ②黄花夹竹桃[*Thevetia peruviana* Schum.]
thevetin 黄[花]夹竹桃苷
thevetose 黄[花]夹竹桃糖
thiabendazole 涕必灵(杀菌剂)[$C_{10}H_7N_3S$]
thiaminase 硫胺素酶
thiamine 硫胺素,维生素 B_1[$C_{12}H_{17}ON_4ClS$]
thiamine carboxylic acid 硫胺素羧酸
thiamine chloride 氯化硫胺{素}
thiamine pyrophosphate (TPP) 硫胺[素]焦磷酸,辅羧酶
thiamphenicol 甲砜霉素
thiazine 噻嗪,硫氮杂苯[C_4H_5NS]
thiazine dye 噻嗪染料
thiazole 噻唑,间氮硫茂,1,3-硫氮杂茂[C_3H_3NS]
thiazolidine 噻唑烷,四氢噻唑[C_3H_7NS]
thick ①肥厚的,粗大的(crassus) ②稠密的(densus)
thick-barked woody plant [具]厚皮木本植物
thick-bedded 厚层状
thick board 厚板(木材)
thick cane 大茎甘蔗
thick cloud 密云{气象}
thick dock (羊)脂尾
thick fibrous bark 厚纤维状树皮
thick filament 粗[肌]丝(filamentum crassum)
thick film 厚膜
thick film circuit 厚膜电路
thick film IC (= thick film integrated circuit) 厚膜集成电路
thick film lubrication 厚油膜润滑
thick flowing consistency 浓浆结持性,浓浆结持[度]
thick fog 浓雾(能见度 50~200 米)
thick-footed 粗柄的(crassipes)
thick-fruited 厚果的(pachycarpus)
thick-glume 厚颖(pachygluma)
thick growing stage 繁茂期
thick-haired 厚毛的(pachytrichus)
thick-headed 粗头的(pachycephalus)
thick-headed flies 眼蝇科[Conopidae]
thick-leaved 厚叶的(crassifolius, pachyphyllus)
thick leaves 厚叶(folii crassae)
thick-legged plant bug 花生黑盲蝽[*Halticus tibialis* Reuter](盲蝽科)
thick line 粗线,宽线(linea crassa)
thick-lipped 厚唇的(crassilabius)
thick mantle 厚套膜(mantelium crassum)

thick margin 厚缘(纸)(pachymargina)
thick mat 厚席子(mattus crassus)
thick-maze oak polypore 草野栓菌(栎迷孔菌)[*Trametes kusanoana* Imaz.](真菌)
thick neck (马)粗颈的
thick oil 稠油
thick organic material 厚有机物
thick planting 密植
thick podzol 厚灰化层
thick polyline 粗多线(polylinea crassa)
thick-rooted 粗根的(pachyrrhizus)
thick shell-bark hickory (= big hickory, big shellbark hickory) 美国山核桃
thick-skinned ①厚皮的 ②(非反刍有蹄的)厚皮动物(象,犀牛,河马等)(pachydermis)
thick slurry 浓泥浆{环保}
thick soil 厚土
thick sowing 密播
thick-spurred 粗刺的(pachyacanthus)
thick stalk 粗[大]茎(caulis crassus)
thick-stalked 粗茎的(crassicaulis)
thick stand 密植株[生长]密度
thick-stemmed 粗花莛的(comtus)
thick-thorned 粗刺的(crassispinus)
thick-twigged 粗枝的(pachycladus)
thick-veined 粗脉的(crassinervis)
thick-walled 厚壁的
thick-walled fiber 厚壁纤维
thick-walled parenchyma 厚壁薄膜组织
thick-walled parenchyma cell 厚壁薄膜组织细胞
thick-walled pod 厚壁蒴果,厚壁荚果
thick-walled stomatal apparatus 具厚壁气孔器
thicken ①加厚 ②增稠
thickened ①加厚的 ②增稠的(incrassatus)
thickened epidermal structure 加厚表皮结构
thickened sludge 浓污泥,稠污泥{环保}
thickened slurry 浓泥浆,稠泥浆{环保}
thickened wall 加厚壁(vallum inerassatum)
thickener ①增稠器 ②增稠剂 ③浓缩池,稠化池{环保}
thickening ①加厚 ②增稠 ③浓缩(incrassatio, crassatio)
thickening agent 增稠剂
thickening growth 加厚生长(incresentia incrassata)
thickening in apposition 敷着加厚
thickening meristem 加厚分生组织(meristema incrassata){解剖}
thickening tank 浓缩池,稠化池{环保}
thicket ①丛林(郁闭的幼龄林),杂木林 ②植丛,丛薄,密灌丛
thickner 脱水机
thickness ①厚度(crassitas) ②密度 ③稠度(densitas)
thickness gauge 厚度计
thickness grader [带长孔筛]种子厚度分级机
thickness of cane 甘蔗密度
thickness of cell wall 细胞壁厚度
thickness of epidermis 表皮层厚度
thickness of mesophyll 叶肉厚度
thickness of muslin 麻纱厚度
thickness of palisade parenchyma 栅栏薄壁组织厚度
thickness of population 群体密度
thickness of soil 土壤厚度
thickness of sowing 播种密度
thickness of stand 植株密度
thicknesser 平面刨光机
thickset 密篱
thief ant 窃叶蚁[*Solenopsis molesta* Say](蚁科)
thienamycin 噻烯霉素
thienylalanine 噻嗯丙氨酸
Thiessen method 蒂森法(分析各雨量站的重要性的简单方法)
Thiessen polygon 蒂森多边形{遥感}
thigh ①大腿,股 ②股节
thigh bone 股骨
thigmic 接触的(thigmicus)
thigmic stimulus 接触刺激(stimulus thigmicus)
thigmomorphosis (接合孢子梗)接触膨大[现象]
thigmonasty 感触性(thigmonastas)
thigmotaxis 趋触性
thigmotropism 向触性(thigmotropismus)
thill 辕杆,杠
thimble ①套管,套筒 ②眼圈 ③顶针
thimble berry (= blackrasp berry) 黑树莓[*Rubus occidentata* L.](蔷薇科)
thimble mammillaria 银毛球[*Mammillaria fragilis* Berg](仙人掌科)
thimble print element 转筒印字部件
thimble printer 套筒打印机
Thimerosal (= Merthiolate) 水杨乙汞(杀菌剂)
Thimet (= phorate) 3911,甲拌磷(杀虫剂)
thin ①薄的(tenuis, exilis),细的,纤细的(gracilis) ②稀薄的,淡的 ③稀疏的 ④瘦的

⑤贫乏 ⑥间苗,疏苗 ⑦疏剪
thin beer 淡啤酒
thin blood 稀薄血液
thin board 薄板(木材)
thin coat 薄膜
thin-crowned 树冠稀疏的
thin cutter 精细切碎机
thin drizzle 细毛毛雨
thin-end cocoon 薄头茧
thin filament 细[肌]丝(filamentum gracile)
thin film 薄膜
thin-film circuit 薄膜电路
thin-film diode 薄膜二极管
thin film disk 薄膜磁盘
thin film integrated circuit 薄膜集成电路
thin film lubrication 薄油膜润滑
thin film optics 薄膜光学
thin film science 薄膜科学
thin film transistor(TFT) 薄膜晶体管显示屏
thin flowing consistency 稀浆结持性,稀浆结持[度]
thin fog 薄雾,轻雾(能见度1 000～2 000米)
thin-fruited 细果的(leptocarpus)
thin gruel 稀粥
thin ladypalm 细棕竹[*Rhapis gravilis* Burret](棕榈科)
thin layer 薄层
thin-layer chromatogram 薄层层析图
thin-layer chromatogram scanner 薄层层析图扫描仪,薄层扫描仪
thin layer chromatography(TLC) 薄层层析[法]
thin layer culture 薄层培养
thin layer drying (谷物)薄层干燥
thin-layer gel filtration 薄层凝胶过滤
thin layer isoelectric focusing 薄层等电聚焦
thin-layer plate 薄层板
thin-leaf sunflower 薄叶向日葵[*Helianthus decapetalus* L.](菊科)
thin-leaf tibet lyonia 小果南烛[*Lyonia ovalifolia* Drude var. *elliptica* Hand Mazz.](杜鹃花科)
thin-leaf verbena 细叶美女樱[*Verbena tenera* Spreng](马鞭草科)
thin-leaved 细叶的,薄叶的(leptophyllus, tenuifolius)
thin leaves 薄叶(folii exiles)
thin-line peptide 无折叠肽
thin-lipped mullet 薄唇鲻[*Mugil ramada* Risso]
thin manure 稀薄肥料
thin margin 薄缘(纸)(leptomargina)
thin membrane electrophoresis 薄膜电泳
thin oil 稀油
thin out ①间苗,间拔,疏苗{栽培} ②疏剪{园艺}
thin-petalous 薄瓣的(leptopetalus)
thin pine forest 稀疏松林
thin planting 稀植
thin planting density ①稀种植密度 ②稀插秧密度
thin podzol 薄灰化层
thin section ①薄片 ②薄切片{显技}
thin sectioning 薄切(指切片){显技}
thin-shelled 薄壳的
thin-shelled cocoon 薄皮茧
thin-skinned 薄皮的(leptodermis)
thin soil 瘦土,瘠土
thin sowing(=thin seeding) 稀播
thin space 稀薄空间,细体空间{电脑}
thin-stalked 细茎的(tenuicaulis)
thin stand 稀植株[生长]密度
thin stem 细[小]茎(caulis gracilis)
thin-stemmed 纤柄的(tenuipes)
thin stocked land 疏林地
thin-thorned 纤刺的(tenuispinus)
thin-twigged 细枝的(leptocladus)
thin vegetation 稀疏植被
thin walled 薄壁的
thin-walled cell 薄壁细胞
thin-walled parenchyma 薄壁薄膜组织
thin window counter 薄窗计数器
thin window display 薄窗显示[器]{电脑}
thin wine 淡酒
thin wire 细线
things 无生物(inorganismus)
think 思想
think bank(=think factory) 思想库
think conception innovation 思想观念创新
think factory ①思想库 ②智囊班子{智培}
think group 智囊团{智培}
thinking 思维
thinking behavior 思维行为
thinking science 思维科学
thinking time 思考时间
thinly-bedded(=thin bedded) 薄层状
thinly elongated stem 细伸长茎
thinly peopled area 人口稀少地区
thinly sown seedling 稀播幼苗
thinly stocked(=roomy, undercrowded) 稀疏郁闭{森林}
thinned ①使稀的,变薄的(attenuatus) ②

间苗的,疏苗的 ③疏剪的

thinner ①间苗器,间苗机 ②疏剪器,疏剪机 ③稀释剂,冲淡剂

thinner blade 间苗器锄铲

thinner head 间苗圆盘,间苗转轮

thinner hoe 间苗锄

thinness ①薄 ②细 ③疏,稀少,稀疏

thinnest 幼网络{信息}

thinning ①间苗,疏苗,间拔 ②疏剪 ③疏伐 ④稀释 ⑤薄化,细感

thinning agent 间苗、疏果剂,间疏剂

thinning cycle 疏伐循环期

thinning flowers 摘花

thinning frequency 疏伐频度

thinning fruits 疏果

thinning grade 疏伐[分]级

thinning in the lower storey 下层疏伐

thinning in the upper storey 上层疏伐

thinning intensity 疏伐强度

thinning leaves 摘叶

thinning machine 间苗机,疏苗机

thinning material 疏果物质

thinning of crown 疏冠

thinning of fruits 疏果

thinning of tree 疏伐

thinning out ①间苗 ②疏剪 ③疏伐

thinning out of branches 疏[剪]枝[条]

thinning out of the seedlings 间苗

thinning-out pruning 疏剪[修剪],疏剪整枝

thinning out seedlings by hand 手工间苗

thinning plan 疏伐计划

thinning platform 手工分簇,间苗平台

thinning plot 间苗区

thinning quality 间苗质量

thinning regime 疏伐体制(指在一定面积的疏伐类型,程度,次数等)

thinning series 疏伐序列

thinning shear 疏剪

thinning spray 疏果喷射

thinning time 间苗期

thinning to waste (= thinning for tending) 抚育疏伐

thinning weight 疏伐量

thinnings 疏伐林{森林}

thio- ⌊字头⌉硫代

thio-tepa (= triethylene thiophosphoramide) 三乙撑硫代磷酰胺,硫涕巴(昆虫不育剂)

thioacetic acid 乙硫羟酸,硫代醋酸 [CH_3COSH]

thioacid 硫代酸

thioalcohol 硫醇

thioaldehyde 硫醛,乙硫醛 [CH_3CHS]

thiobacillus ①硫杆菌属 [*Thiobacillus* Beijerck](硫杆菌族) ②硫杆菌 [*Thiobacillus* sp.]

Thiobacteria 硫小杆菌族

thiobacterium ①硫小杆菌属 [*Thiobacterium* (Janke) La Ririete et Kuenen](硫小杆菌科) ②硫小杆菌 [*Thiobacterium* sp.]

thiobacterium family 硫小杆菌科 [Thobacteriaceae]

thiocarbamates 硫[代]氨基甲酸酯类{农药}

thiocarbamide 硫脲 [NH_2CSNH_2]

thiochrome 硫色素,脱氢硫胺素 [$C_{12}H_{14}ON_4S$]

thioclastic cleavage 硫解性断裂

thioctic acid 硫辛酸

thiocyanate ①硫氰酸 [$HSC\equiv N$] ②硫氰酸盐 [MSCN] ③硫氰酸酯 [RSCN]

thiocyanic acid 硫氰酸 [$HSC\equiv N$]

thiocyanogen 硫化氰 [$(SCN)_2$]

thiocyanogen compound 硫氰化合物

thiodan (= endosulfan) 硫丹(杀虫剂) [$C_9H_6Cl_6O_3S$]

Thiodow (= nabam) 代森钠{农药}

Thiodow powder (= zineb) 代森锌

thioester 硫酯

thioester bond 硫酯键

thioesterification 硫酯化 (thioesterificatio)

thiogenic 产硫的 (thiogenus)

thioglucosidase 葡糖硫苷酶

thioglycollic acid 巯基乙酸 [$HS\cdot CH_2\cdot COOH$]

thioglycollic acid treatment 巯基乙酸处理

thioguanine (TG) 硫代鸟嘌呤,巯基鸟嘌呤

thiokinase 硫激酶

thiol-disulfide interchange 巯基二硫键互换[反应]

thiol-disulfide interchange protein 巯基二硫键互换蛋白

thiol-modified oligonucleotide 巯基修饰寡核苷酸

thiol-protease (= cysteine protase) 巯基蛋白酶

thiolase 硫解酶

thiolation 硫解作用 (thiolatio)

thiolhistidine 巯[基]组氨酸

thioltransacetylase 硫醇转乙酰酶

thiolysis 硫解[作用]

thiomethylgalactoside (TGM) 硫基半乳糖苷

thiometon 甲基乙拌磷,二甲硫吸磷(杀虫,杀螨剂) [$C_6H_{15}O_2PS_3$]

thioneb (=metiram) 代森联(杀菌剂)
thioneine 巯基组氨酸三甲[基]内盐
thionie acid 硫羰酸[RCSOH]
thionine 硫堇,硫紫,劳氏紫 [$C_{12}H_{10}\cdot ClN_3S$]
thionyl chloride 亚硫酰氯[$SOCl_2$]
thiopanic acid 泛磺酸
thiophanate 托布津,纯扑净,土布散(杀菌剂)[$C_{14}H_{18}N_4O_4S_2$]
thiophanate-methyl 甲基托布津(杀菌剂)[$C_{12}H_{14}N_4O_4S_2$]
thiophane 噻吩烷
thiophene 噻吩
thiophil 适硫菌(thiophile)
thiophil bacteria 适硫菌(bacteria thiophiles)
thiophilic ①亲硫的 ②嗜硫的 ③适硫的(thiophilus)
thiophilic absorption chromatography 亲硫吸收层析{生技}
thiophilic bacteria (=thiophil) 适硫[细]菌(bacteria thiophiles)
thiophilic interaction chromatography 亲硫互作层析
thiophorase 辅酶A转移酶
Thiophos (=parathion) 1605{农药}
Thiophos 3422 赛阿福斯3422{农药}
thioquinox 克杀螨(杀螨剂)[$C_9H_4N_2S_3$]
thioredoxin 硫氧还蛋白
Thiosan (=thiram) 福美双{农药}
Thiosemicarbazide 灭鼠特,氨基硫脲(杀鼠剂)[CH_5N_3S]
thiostrepton 硫链丝菌肽
thiosulfate transsulfurase 硫代硫酸转硫酶
thiosulphuric acid 二硫三氧酸,一硫代硫酸[$H_2S_2O_3$]
thiotaurine 硫代牛磺酸
thiotransacetylase 硫醇转乙酰酶
thiouracil 硫尿嘧啶
Thiourea (=Citrol)硫脲(水果防腐剂)[CH_4N_2S]
thiram 福美双(杀菌剂)[$C_6H_{12}N_2S_4$]
third ①第三的 ②三次的,三级的 ③三分之一的
third and half generation computer 三代半计算机
third-base degeneracy 第三碱基简并性(指密码子){分遗}
third beater (逐稿器)第三逐稿轮,反转逐稿轮,后逐稿轮
third copulation 三交,三次交配{蚕}
third cousin 三表[亲]
third filial generation (F_3) 子三代,杂交三代{育种}
third generation computer 第三代计算机
third generation hub 第三代集线器{信息}
third generation industrial robot 第三代工业机器人
third generation microcomputer 第三代微型计算机
third generation microprocessor 第三代微处理机
third generation synchrotron radiation facility 第三代同步辐射装置
third growth ①三次生长 ②三次枝{形态}
third legs 第三对足{昆虫}
third level address 三级地址{信息}
third mating 第三次交配
third messenger 第三信使{分遗}
third normal form (3NF) 第三范式{电脑}
third order reaction 三级反应
third outlet (脱粒机)第三次出口
third party lease 第三者租借,转手租借{农管}
third plucking tea 第三次采茶
third point loading 三分点加载
third protective mechanism 第三保护机制{生态生理}
third quartile 第三四分位{统计}
third speed 第三速度
third stomach 第三胃,重瓣胃,瓣胃
third terrace 三级阶地
thirst land 缺水地
thirst-quenching 可饮的
thirty-seven per cent survival dose 37%存活剂量
thistle ①蓟属[*Cirsium* L.](菊科) ②飞廉属[*Cardnus* L.](菊科){分类}
thistle aphid 蓟短尾蚜[*Anuraphis cardui* (L.)](蚜科)
thistle cutter 割蓟机
thistle-down 冠毛(pappus)
thistle family (=composite family) 菊科
thistle-like weeds 蓟状杂草
thistle share 四刃中耕锄铲
thistle weeding 除蓟
thitmin (=oleander podocarpus) 百日青[*Podocarpus neriifolius* D. Don](罗汉松科)
thiuram (=TMTM) 福美联{农药}
thixotaxis 趋触性
thixotropic ①触变的{物} ②向触性的{生态}(thixotropus)
thixotropic behaviour 向触性行为
thixotropic fluid 触变流体(fluidus thixotropus)

thixotropism ①向触性{生态}②触变现象{物}(thixotropismus)
thixotropy ①向触性{生态}②触变性{物}③摇溶[现象]{生化}(thixotropium)
thizo yellow 噻唑黄(酞黄 G)(染料){显技}
Thomas circle 汤马斯环状物
Thomas phosphate 汤马斯磷肥
Thomas slag 汤马斯炉渣,碱性转炉渣
Thomson's seedless 无核白(葡萄品种)
thoracic 胸的,胸部的(thoracicus)
thoracic appendage 胸肢
thoracic duct 胸导管(ductus thioracus)
thoracic glands 胸唾腺(蜜蜂)
thorax 胸,胸部
thoreliella ①托蕾菊属[*Thoreliella* C. Y. Wu](菊科)②托蕾菊[*Thoreliella montana* (Gagnep.) C. Y. Wu]
thorium 钍(Th,90 号元素)
thorn [棘]刺(spina vera)
thorn apple ①曼陀罗属[*Datura* L.](茄科)②(=Jimson weed)曼陀罗[*Datura metel* L.]
thorn apple datura 白花曼陀罗[*Datura candida* sp.](茄科)
thorn bush 多刺疏林(spinofrutex)
thorn forest 多刺旱生林,热带旱生林(spinosilva)
thorn hedge 刺篱
thorn prickle (=spine) 刺,棘疣,棘
thorn woodland 多刺丛林
thornless 无刺的(inermis)
thorny ①具刺棘的②棘刺状的(spinosus)
thorny bamboo ①簕竹属[*Bambusa* Schreber](禾本科)②簕竹[*Bambusa stenostachya* Hack.]
thorny-branched 具刺枝的(acanthocladus)
thorny elaeagnus ①胡颓子属[*Elaeagnus* L.](胡颓子科)②胡颓子[*Elaeagnus pungens* Thunb.]
thorny elaeagnus family (=elaeagnus family) 胡颓子科[Elaeagnaceae]
thorny-headed 具刺头的(acanthocephalus)
thorny shrub 多刺灌木(frutex spinosus)
thorough-going (=thoroughpaced) ①十足的②彻底的
thorough-wax ①柴胡属[*Bulpleurun* L.](伞形花科)②柴胡[*Bulpleurum falcatum* L.]
thoroughbred (马)纯种的
thoroughbred horse 纯[血]种马
thoroughness of threshing 脱净率
thoroughwort ①泽兰属[*Eupatorium* L.](菊科)②泽兰[*Eupatorium chinensis* L.]
thorowort crassula 燕子掌[*Crassula perforata* Thunb.](景天科)
thorowort pondweed 贯叶眼子菜[*Potamogeton perfoliatus* L.](眼子菜科)
Thoulet's solution 土氏液{显技}
thousand headed cabbage (=Brussel's sprouts) 孢子甘蓝
thousand kernel weight (=thousand grain weight) 千粒重,种子绝对重量
thousand leaf (=milfoil, common yarrow) 欧蓍[*Achillea millefolium* L.](菊科)
thousand-legged worms (=millipedes) 倍足[亚]纲[Diplopoda]
thousands separator 数字分隔符{电脑}
Thr (=threonine) 苏氨酸
thrash (=thresh) 脱粒
thrasher (=thresher) 脱粒机
thrasher-harvester 收割脱粒机
thrashing (=threshing) 脱粒,打谷
thrashing board 脱粒板
thrashing cylinder 脱粒筒
thrashing floor 脱粒场
thrashing machine (=thrasher) 脱粒机
thrashing roller 脱粒碾压器
thrashing screen 脱粒筛
thrashing unit 脱粒单位
thread ①线,纱线,细丝{加工}②螺纹,加工螺纹
thread angle 螺纹断面角
thread blight 线疫病
thread bundle 线束
thread control block (TCB) 直接控制块,线索控制块{电脑}
thread fungus 丝状菌
thread grinder 螺纹磨床
thread hypha 线腔菌丝
thread interval 十字丝间距{测}
thread-leaved 丝状叶的(nematophyllus)
thread-legged bugs (=mosquito bugs) 蚊蝽科[Ploiariidae]
thread number 纱支数
thread of mercury 水银丝
thread scheduling 线程调度{信息}
thread-stalked 丝茎的(nematocaulis)
thread-waisted wasps (=digger wasps) 泥蜂总科[Sphecoidea]
threaded code 线索代码{电脑}

threaded joint 螺纹接合{环保}
threaded pipe 螺丝管{环保}
threaded rod 螺杆
threading ①手工送纸 ②线程化{电脑}
threadlike root 线状根
threat ①恐吓,威吓 ②恶兆,坏预兆
threat game 恐吓对策{电脑}
threat level 威胁程度,威胁水平
threat monitoring 威胁监控
threat of rain 降雨的征兆,降雨的迹象
threatened species 恐吓种
threatening coloration 恐吓色
three-address computer 三地址计算机
three armed configuration 三臂表型(指染色体)
three basic nutritional state 三个基本营养状态
three-beam balance 三轴天平
three-bit byte 三位字节{电脑}
three bottom plough 三铧犁
three-breed crossing 三系杂交法{育种}
three canvas binder 三[条]帆布带割捆机
three cardinal points 三基点
three-cleft 三裂的,三半裂的(trilobatus)
three-cleft bidens (= erect bur marigold) 狼把草[*Bidens tripartita* L. = *B. tripartita* L. var. *cernuaefolia* Sherff.](菊科)
three colour agriculture (= three color agriculture) 三色农业(指绿色、蓝色与白色的农业){农系工}
three-coloured amaranth (= flower gentle) 三色堇(雁来红) [*Amaranthus tricolor* L.](苋科)
three-coloured bindweed 三色旋花(三色牵牛花)[*Convolvulus tricolor* L.](旋花科)
three-cornered alfalfa hopper 苜蓿角蝉[*Spissistilus festinus* (Say)](角蝉科)
three cornered grass (= Chinese mat grass) 席草状莎草 [*Cyperus tegetiformis* Roxb. = *C. malacensis* Lam.](莎草科)
three-course crop rotation system 三区轮作制{耕作}
three-course rotation 三区轮作
three-course system 三区制(指轮作)
three-crop a year system 一年三熟制
three-crop rotation system 三作物轮作制,三区制
three-crop system 三作物制,三区制(轮作)
three croppings a year 一年三熟
three croppings in two years 二年三熟
three crops in two years 二年三作物,二年三茬
three-cup anemometer 三杯风速表
three-day fever 三日热
three-day sickness of cattle 牛三日热病
three dimension 三维,立体,三向(tridimensio)
three-dimension display 三维显示
three-dimension farming 三维农业(指含有植物、动物与微生物){农系工}
three-dimension structure 三维结构
three-dimension system 三维系统
three dimensional 三度空间的,三维的,立体的,三向的(tridimentionalis)
three-dimensional arrangement 三维组合,三维排列
three-dimensional cartoon 三维卡通{智培}
three-dimensional computer graphics 三维计算机图形
three-dimensional computer transformation 三维计算机变换
three-dimensional conformation 三间构象,三维构象,立体构象{分遗}
three-dimensional data 三维数据
three dimensional flow 三度流动,立体流动
three-dimensional graphics ①三维图 ②三维图示技术
three dimensional image 三维像,立体像
three dimensional model 三维模型,立体模型
three-dimensional morphology of system engineering 系统工程三维形态
three-dimensional NMR 三维核磁共振,三维 NMR
three-dimensional organization 三维组织[法]{信息}
three-dimensional package 三维组装
three-dimensional polymer 三维聚合物{分生}
three-dimensional protein structure 三维蛋白质结构,立体蛋白质结构
three-dimensional radar 三坐标雷达
three-dimensional reconstruction 三维重建,三维重构{分生}
three dimensional shape 立体形状
three-dimensional space 三维空间
three-dimensional structure 三维结构
three dimensions 三维[空间]
three dimentional quasi-factorial with three groups of sets 三向三组群拟因子组{统计}
three-element experiment 三要素试验
three-element requirements 三要素需要量
three elements (= three major element) 三要素
three essential fertilizer elements 肥料三

要素（N、P、K）
three-eye bud 三芽苗（指甘蔗）
three eyes ripe stage 三果眼成熟度（指菠萝）
three-factor cross 三因子杂交
three field system 三区制
three finger loose 三指放箭法（地中海式放箭法）{狩猎}
three-forked jump 三叉转移{电脑}
three-furrow plough（= three-furrow plow）三铧犁
three-furrow trailed plough 牵引式三铧犁
three gorges reservoir area 三峡库区{水利}
three grafting 三重嫁接
three-horned 三角的（tricornis）
three-in-one drawbar 三杆牵引装置
three-in-one feeding system 三牛一栏饲养法
three-in-one hay-making combine 三合一干草联合收获机
three in one pattern 三合一模式
three-index symbol 三索引符号{信息}
three-lavatere（= herb tree mallow） 裂叶花葵［*Lavatera trimestris* L.］（锦葵科）
three-layer construction logic circuit 三层结构逻辑电路{信息}
three-layer mineral 三层矿物
three leaf akebia 三叶木通［*Akebia trifoliata*（Thunb.）Koidz.］（木通科）
three-leaf jewel-vine ①鱼藤属［*Derris* Lour.］（豆科）②鱼藤［*Derris trifoliata* Lour.］
three-leaf zigzag harrow 三组之形耙
three-leaved ladybell ①沙参属［*Adenophora* Fisch.］（桔梗科）②沙参［*Adenophora triphylla* Fisch.］
three-legged structure 三角结构（指网格蛋白）
three-length recording 三长度记录
three-letter code 三字母密码{分遗}
three-level costate prediction 三级共态预测{信息}
three-level ploughing 三层耕作
three-lined potato beetle 马铃薯三带负泥虫［*Lema trilineata*（Oliv.）］（叶甲科）
three-link hitch 三点悬挂装置
three-link sowing harrow 三组播种耙
three-lobe spicebush 三丫乌药（猴楸树）［*Lindera obtusiloba* Blume］（樟科）
three-lobe spiraea 三裂绣线菊（三桠绣球）［*Spiraea trilobata* L.］（蔷薇科）
three-lobed leaf 三浅裂叶（folium trilobum）
three molter 三眠蚕{蚕}
three-monthly lavatera（= herb tree mallow，three lavatera） 裂叶花葵［*Lavatera trimestris* L.］（锦葵科）
three noses （品茶的）三口气
three-phase induction motor 三相异步电动机
three-phase milking machine 三节拍挤乳机
three phase network 三相网络{环保}
three-phase system 三相系［统］
three-plant hill 三株穴（每穴三株）
three-plot rotation 三区轮作
three-plot system 三区制（轮作）
three-plough tractor 三铧犁拖拉机
three-plug connector 三线插座
three ply ①三重的 ②三层的 ③三股头的 ④三层板，三合板
three-ply foundation 三层巢础{蚕桑}
three-ply steel moldboard 三层钢犁壁
three pods per axil 每叶腋三荚果
three point attachment （拖拉机）三点悬挂装置
three point bond 三点连接
three-point cross 三点杂交
three-point curve 三点曲线
three-point experiment ［基因排列］三点试验
three-point fixed linkage 固定式三点悬挂装置
three-point free linkage 自由式三点悬挂装置
three-point hitch tractor 带三点悬挂装置的拖拉机
three-point linkage drill 三点悬挂式装播种机
three-point linkage implement 三点悬挂式装农机具
three point method 三点测法{统计}
three-point mounted harvester 三点悬挂式收获机
three-point mounted machine 三点悬挂式机具
three-point support 三点支持，三点支承
three-point test 三点测验
three-point test cross 三点测交
three-position controller 三位置控制器
three primary germ layers 三原胚层
three-quarter greenhouse 四分之三温室
three-quarter-span house 四分之三斜面温室
three-ranked 三列式（triseriatus）
three-row 三行的

three-row keyboard 三行键盘{信息}
three-row per plot 每小区三行
three-row plot 三行区
three-row ridger 三行起垄机
three-row seeder 三行播种机
three rows animal draft sugar beet lifter 三行畜力牵引甜菜挖掘机
three S technology (3S technology) 三S技术{智培}
three scent plant 三香植物(三香指菊香、水仙香与兰花香的合称){园林}
three section harrow with knife teeth 三组刀齿耙
three section medium harrow 三组中型耙
three seed mercury (= copper leaf) ①补草属[*Acalypha* Linn.](大戟科) ②补草(铁苋菜)[*Acalypha australis* L.]
three-side tipper 三向(左,右,后)自卸车
three-side tipping four wheeled trailer 三向倾卸四轮挂车
three-side tipping trailer 三向倾卸挂车
three-sided stalk 三棱茎
three span greenhouse 三斜面温室
three-spike hoe 三齿锄
three-spike sedge 三穗苔草[*Carex tristachya* Thunb.](莎草科)
three-spotted backswimmer 三星仰泳蝽[*Notonecta triguttata* Motschulaky.](仰泳蝽科)
three-spotted plusia (= three spotted phytometra) [豆]银纹夜蛾[*Phytometra agnata* Staudinger](夜蛾科)
three-spray gun 三喷嘴喷枪
three-stable state device 三稳态设备
three-stage harvesting 三段收获
three-stalk hill 三株穴
three-state bus 三态总线{信息}
three-state control signal 三态控制信号
three-state driver 三态驱动器
three-state enable 三态启动
three-state logic 三态逻辑{电脑}
three-strand crossing over 三线交换,三链交换
three-strand double crossing over 三链双交换
three-strand double crossover 三线双交换,三链双交换
three-strand exchange 三线交换,三链交换
three-stranded DNA 三链DNA{分遗}
three-striped pyralid 三带野螟[*Dichocrocis chlorophanta* Butler.](野螟科)
three-terminal capacitor 三端电容
three-thorned 三刺的(triacanthus)
three-three system 三三制
three-tined pitchfork 三齿干草叉
three-tooth hoe 三齿锄
three universal joints 三联万向节
three-value stimulation 三值模拟{电脑}
three-vien aster 三褶脉紫菀[*Aster ageratoides* Turcz.](菊科)
three-way circulation 三方式循环
three-way cross (= triple cross) 三源杂交,三系杂交,三交
three-way fitting 三通配件{环保}
three way hybrid 三源杂种,三系杂种
three-way pipe 三通管
three-way table 三向表{统计}
three-way uniformity 三匀,三向均匀性
three way valve 三通阀
three-wheel plough 三轮犁
three-wheel trailing tiller 牵引式三轮耕耘机
three-wheel tumbril 倾翻式三轮肥料车
three-wheeler ①三轮小车 ②三轮底盘
three-year crop-rotation system 三年轮作制
three-year field system 三年轮作制,三区制
three-year rotation 三年轮作
thremmatology 繁育学,繁殖学,育种学(thremmatologia)
threo ①苏[糖] ②对[映]
threo configuration 苏[糖]构型{分生}
threo form 苏型
threo isomer 苏[糖]异构体
threonine (Thr) 苏氨酸[$CH_3CH(OH)CH(NH_2)COOH$]
threonine aldolase 苏氨酸醛缩酶
threonine deaminase 苏氨酸脱氨酶
threonine dehydratase (= threonine dehydrase) 苏氨酸脱水酶
threonine muramyl dipeptide 苏氨酸胞壁酰二肽
threonine synthetase 苏氨酸合成酶
threonyl- 苏氨酸[基]
threose 苏糖[$C_4H_8O_4$]
thresh (= beat grain out of cereals, thrash) 脱粒,打谷
thresh grain out of head 谷穗脱粒
threshability ①[作物]脱粒性 ②脱粒能力,脱粒率
threshed (= thrashed) 脱粒的
threshed-grain elevator 谷粒升运器
threshed seed 脱粒种子
thresher (= thrasher) 脱粒机,脱谷机
thresher belt 脱粒滚筒传送皮带

thresher-harvester 收获脱粒机
thresher pulley 脱粒机皮带轮
thresher raddle [脱粒机]脱出物输送器
thresherman 脱粒机手,脱粒工人
threshing (=thrashing) 脱粒,脱谷,脱壳
threshing board 脱粒板,打谷台
threshing box 脱粒机外壳,脱粒器外壳
threshing chamber 脱粒室
threshing chopsticks 脱粒杆
threshing comb 脱粒齿梳
threshing concave 脱粒凹板
threshing cone 锥形脱粒滚筒
threshing contractor 雇用脱粒工
threshing control lever 脱粒控制杆
threshing cylinder (=threshing drum) 脱粒滚筒
threshing cylinder cabinet 脱粒滚筒壳体
threshing drive lever 脱粒传动装置操纵杆
threshing drum (=cylinder) 脱粒滚筒
threshing efficiency (=threshing effectiveness) 脱粒效率
threshing equipment 脱粒工具
threshing flail 脱粒梿枷
threshing floor 脱粒场
threshing ground 打谷场
threshing losses 脱粒损失
threshing machine (=threshing mill) 脱粒机
threshing machinery 脱粒机具,脱谷机具
threshing mask 脱粒用面罩
threshing mechanism 脱粒装置,脱粒机构
threshing mouth 脱粒口
threshing of rice 稻脱粒
threshing outfit (整套)脱粒设备
threshing performance (脱粒机)脱净率,脱粒性能
threshing platform 收割台,脱粒台
threshing rate 脱粒率
threshing rig (=threshing set) 脱粒机组
threshing speed control ①脱粒速度调节 ②脱粒滚筒转数调节器
threshing sticks (=threshing flail) 梿枷
threshing teeth 脱粒齿
threshing unit 脱粒装置
threshold ①阈,阈值,限,极限{生理} ②入口,开端 ③门槛,窗框
threshold character 阈性状
threshold concentration 阈浓度{环保}
threshold data 阈[值]数据
threshold dosage 阈剂量
threshold dose 阈剂量
threshold effect 阈值效应
threshold element 阈元件
threshold friction 极限摩擦力
threshold function ①阈功能 ②阈函数,阀值函数
threshold gate 阈门{电脑}
threshold logic circuit 阈值逻辑电路{信息}
threshold odor test 阈值嗅味试验{环保}
threshold of feeling 感觉阈{环保}
threshold of hearing 听阈{环保}
threshold of stimulation 刺激阈
threshold operation ①阈值操作 ②阈值运算
threshold pressure 临界压力,极限压力,阈压力
"threshold price" 最低限价
threshold quantity 阈量
threshold selection 阈选择
threshold value 阈值,临界值
threshold voltage 阈值电压
thresholding 阈值换算法
thrice-digitate-pinnate 三回三出羽状的(tridigitatopinnatus)
thrice pinnate 三回羽状的(tripinnatus)
thrice ternate 三回三出的(triternatus)
thrice-twin 具三回成对的(trigeminatus, tergeminatus)
thrift ①(=sea pink) 海石竹属[*Armeria* Willd.](白花丹科) ②(=common thrift) 海石竹[*Armeria vulgaris* Willd]
thriftiness ①节约,节俭 ②生长旺盛,繁茂,茂盛
thrifty ①节约的,节俭的 ②生长健壮的,生长旺盛的,快速生长的
thrips ①蓟马 ②蓟马科[Thripidae]
thrive ①生长茂盛 ②[市场]繁荣
thriving ①生长强健的,生长旺盛的 ②繁茂的,兴旺的,兴盛的
throat ①喉[部](fauces) ②工作导槽,工作缝隙,喂入口
throat area 喉部截面,喂入口面积
throat botfly (马)鼻胃蝇[*Gasterophilus nasalis* (L.)]
throatband (马)喉带
throatwort ①疗喉草属[*Trachelium* L.](桔梗科) ②疗喉草[*Trachelium caeruleum* L.]
thromb- ⌞字头⌝凝血,血栓
thrombase 凝血酶
thrombelastogram 血栓弹力图(thrombelastogramma)
thrombelastography 血栓弹力描记术
thrombin 凝血酶
thrombinogen 凝血酶原
thrombocyte (=platelet) 血小板(throm-

bocyta)
thrombocytopenia 血小板减少[症]
thrombocytosis 血小板增多[症]
thromboembolism 血栓栓塞(thrombembolismus)
thrombogen 凝血酶原
thrombokinase 凝血酶原激酶,活性司徒氏因子
thrombomodulin 凝血调节素,血小板修饰蛋白
thromboplastin 促凝血酶原激酶
thromboplastinogen 抗血友病因子,促凝血酶原激酶原
thrombosis 血栓形成
thrombosthenin 血栓收缩蛋白
thrombotonin (5-HT) 5-羟色胺
thromboxane 血栓脂质
thrombozyme 凝血酶原激酶
thrombus 血栓
throttle ①节流 ②节流阀 ③节气门,油门 ④调节
throttle black box 调节"黑盒子"{信息}
throttle engine down 减低发动机速度
throttle engine up 加快发动机速度
throttle governor 节流调速器,节流阀
throttling valve 节流阀
through bolt 贯穿螺栓
through bridge 下承桥
through-hole mounting 通孔安装
through lamella 菌褶全长度
throughfall 降落量,净降水量
throughput ①通过量,吞吐量 ②生产率 ③总处理能力
throughput of pipeline 流水线吞吐能力
throughput ratio 吞吐[量比]率{信息}
throughput statistics 吞吐量统计
throughput time 吞吐时间
throughs 过筛物
throw ①投掷 ②偏心距 ③摆幅,摆度 ④行程,冲程 ⑤(曲轴)曲拐
throw about 撒布,乱抛
throw away 抛弃,失掉
throw-away character "丢失"字符
throw-away share 不修复犁铧
throw back (=throwing back) 返祖现象
throw-in 内翻(犁耕法)
throw in plowing 内翻耕
throw-in type thresher 投入式脱粒机
throw-inwards plough [葡萄]埋藤犁
throw out 外翻(犁耕法)
throw-outwards plough [葡萄]露藤犁
throw together ①匆促集成 ②集合
thrower 抛送机
thrown off ①失去 ②断路,切断(指电路)
thrown silk 捻丝{蚕}
throws 曲柄,曲拐
thrum (=**thrumb**) ①(=filament) 花丝 ②(=anther) 花药 ③线式型{分遗} ④⌞复⌝丝屑{加工}
thrum-eyed 雄蕊上位的
thrumwort (=star-fruit) 星果泽泻[*Damasonium alisma* Mill.](泽泻科)
thrush 鹅口疮
thrust ①推力,牵引力,轴向压力 ②冲击,撞击,挤,插,刺 ③冲断层{土壤}
thrust bearing 推力轴承
thrust fault 冲断层
thrust meter 推力计
thrust of pump 泵推力{环保}
thrust out 突出的,伸出的(protrusus)
thryallis ①金英属[*Thryallis* Mart.](金虎尾科) ②金英[*Thryallis glauca* O. Kize.]
thryptophyte 弱致病菌(thryptophyta)
thryptophytism 弱致寄生[性](thryptophytismus)
thuja (=thuya) ①金钟柏属(崖柏属)[*Thuja* L.](柏科) ②金钟柏[*Thuja occidentalis* L.] ③崖柏[*Thuja sutchuenensis* Franch.]
thujaplicin 金钟柏侧素,苧侧素
thujone 崔柏酮[$C_{10}H_{16}O$]
thujopsis ①罗汉柏属[*Thujopsis* Sieb. et Zucc.](柏科) ②罗汉柏(日本罗汉柏)[*Thujopsis dolabrata* Sieb. et Zucc.]
thulium 铥[Tm,69号元素]
thumb [大]拇指
thumb-point emperor 大斑裸颊鲷[*Lethrinus harak* (Forskàl)]{水产}
thumb wheel 拇指轮,拇指旋转控制器{信息}
thumb wheel switch 指旋开关,拨码开关
thumbnut 蝶形螺母,滚花螺母
thumbscrew 蝶形螺钉,翼形螺钉,指拧螺钉
Thunberg daylily 麝香萱(童氏萱草)[*Hemerocallis thunbergii* Bak.](百合科)
Thunberg fritillary 浙贝母[*Fritillaria verticillata* Willd var. *thunbergii* Bak. = *F. thunbergii* Miq.](百合科)
Thunberg lespedeza 美丽胡枝子[*Lespedeza thunbergii* Nakai](豆科)
Thunberg pine (=Japanese black pine) 黑松[*Pinus thunbergii* Parl.](松科)
Thunberg spiraea 珍珠花(喷雪花)[*Spiraea thunbergii* Sieb. et Bl.](蔷薇科)

Thunberg tube 桑伯格氏管(指在真空条件下,进行酶反应试验的玻璃管)
thunbergia (=clockvine) ①老鹳嘴属(山牵牛属)[*Thunbergia* Retz.](爵床科) ②老鹳嘴[*Thunbergia* sp.] ③山牵牛[*Thunbergia fragrans* Roxb.]
thunder ①雷 ②点带紫胸鱼[*Stethojulis terina* Jordan et Snyder]
thunder and lightning 雷暴,雷电
thunder cloud (=thundercloud) 雷雨云,雷暴云
thunder-dirt (笼头菌)胶质菌托
thunder preceding a snowfall 下雪前雷暴
thunder-shake 电[状皱]裂(木材)
thunder shower 雷阵雨
thunder squall 雷飑
thunder stroke 雷击
thunderbolt (=thunder clap) 霹雳
thundercloud 雷雨云
thunderhead (雷暴前常见)雷暴云钻,雷雨云钻
thunderstorm 雷暴,雷雨
thunderstorm cirrus 雷暴卷云,雷雨卷云,伪卷云(cirrus nothus)
thunderstorm complex 雷暴群
thunderstorm damage 雷暴害
thunderstorm observing station 雷暴观测站
thunderstorm rain 雷暴雨
thunderstorm recorder 雷暴记录器
thunderstorm wind 雷暴风
thundery 雷雨的
thundery cloud system 雷雨云系
thundery precipitation 雷雨云降水
thunia ①笋兰属(通兰属)[*Thunia* Reichb. f.](兰科) ②笋兰[*Thunia alba* Reichb. f.]
thunica ①洋石竹属[*Thunica* Scop.](石竹科) ②洋石竹[*Thunica saxifraga* Scop.]
thur land 盐结壳地
thurberia weevil 野棉象甲[*Anthonomus grandis thurberiae* Pierce](象甲科)
Thuringian mallow 沼林吉亚花葵[*Lavatera thuringica* L.](锦葵科)
thurl width 髋宽,髋结节宽
thurlow weeping willow 美丽垂柳[*Salix elegantissima* Koch](杨柳科)
thwacker (=whacker) 夯,捣实机
Thy (=thymine) 胸腺嘧啶
thylakentrin 促卵泡成熟激素
thylakoid 类囊体,扁圆体(thylakoides)
thylakoid in prokaryote 原核生物类囊体
thylakoid membrane 类囊体膜
thylakoid of chloroplast 叶绿体扁圆体
thylakoid protein 类囊体蛋白[质]
thylakoid reticulum 类囊体网,扁圆体网
thylakoid structure 类囊体结构
thylakoids per granum 每基粒[的]类囊体数
thylose (=tylosis) 侵填体
thymatrophic 致死寄生的(thymatrophus)
thyme ①百里香属[*Thymus* L.](唇形科) ②百里香[*Thymus vulgaris* L.]
thyme leafhopper 麝香草叶蝉[*Dikraneura mollicula* (Bohem.)](叶蝉科)
thyme-leaved sandwort 鹅不食[*Arenaria serpyllifolia* L.](石竹科)
thyme-leaved speedwell 百里香叶婆婆纳[*Veronica serpyllifolia* L.](玄参科)
thyme moth 麝香草麦蛾[*Gnorimoschema artemisiella* (Treits.)](麦蛾科)
thyme oil 百里香油
thymelaeaceous 瑞香科的(thymelaeaceus)
thymic 胸腺的(thymicus)
thymic education 胸腺驯育
thymic factor 胸腺因子
thymic hormone (=thymin) 胸腺激素
thymic nurse cell (TNC) 胸腺保育细胞
thymidine (=thyminedeoxyriboside, deoxythymidine) (T)胸[腺嘧啶核]苷,胸[腺嘧啶脱氧核]苷
thymidine analog 胸苷类似物
thymidine diphosphate (TDP) 胸苷二磷酸
thymidine kinase (TK) 胸苷激酶
thymidine-pseudouridine-cytidine arm 胸苷-假尿苷-胞苷臂
thymidylate 胸苷酸
thymidylate kinase 胸苷酸激酶
thymidylate synthetase 胸苷酸合成酶
thymidylic acid (=thymidine 5′-monophosphate) (dTMP, TMP) 胸[腺嘧啶脱氧核]苷酸,胸[腺嘧啶核]苷酸
thymin 胸腺激素
thymine (Thy) 胸腺嘧啶[$C_5H_6O_2N_2$]
thymine deoxyriboside kinase 脱氧胸苷激酶
thymine dimer 胸腺嘧啶二[聚]体
thymine enol form 胸腺嘧啶烯醇型
thymine starvation 胸腺嘧啶饥饿
thymineless cell 无胸腺嘧啶细胞,胸腺嘧啶缺陷细胞
thymineless death 无胸腺嘧啶死亡,胸腺嘧

啶缺陷致死

thymineless mutagenesis 无胸腺嘧啶诱变，胸腺嘧啶缺陷诱变

thymocrescin 胸腺促生长素

thymocyte 胸腺细胞（thymocyta）

thymocyte hybrid 胸腺细胞杂种

thymol 麝香草酚，5-甲基-2-异丙基苯酚 [$(CH_3)(C_3H_7)C_6H_3OH$]

thymol blue 麝香草酚蓝{显技}

thymolytic steroid 抑制胸腺细胞甾类，抑制胸腺细胞类固醇

thymonucleic acid 胸腺核酸，脱氧核糖核酸

thymoquinone 百里香醌 [$O:C_6H_2(CH_3)(C_3H_7):O$]

thymosin 胸腺素，胸腺浸膏

thymus 胸腺

thymus cell differentiation 胸腺细胞分化

thymus cell education 胸腺细胞驯育

thymus dependent lymphocyte（T lymphocyte, T cell） 依赖于胸腺的淋巴细胞

thymus derived cell（T-cell） 胸腺产生细胞，T 细胞

thymus gland 胸腺

thymus independent antigen 不依赖[于]胸腺[的]抗原

thymus nucleus 胸腺核

thymus nucleus isolation 胸腺核分离

thymus nurse cell（**TNC**） 胸腺保育细胞

thymus role 胸腺作用

thynnin 鲔精蛋白

thyratron 闸流管

thyridid moths 窗蛾科 [Thyrididae]

thyriothecium 盾状囊壳

thyristor ①半导体开关元件 ②闸流晶体管 ③可控硅整流器

thyrocalcitonin 甲状腺降[血]钙素

thyroglobulin（TG） 甲状腺球蛋白

thyroid ①甲状腺 ②盾状的{形态}（thyroideus）

thyroid binding globulin（TBG） 甲状腺结合球蛋白

thyroid colloid 甲状腺胶质

thyroid gland 甲状腺

thyroid-stimulating hormone（= thyrotropin）（TSH） 促甲状腺激素

thyroidectomy 甲状腺切除（thyroidectomia）

thyroliberin 促甲状腺素释放素

thyromodulin 促甲状腺素调节素

thyronine 甲腺原氨酸 [P-(P-HOC_6H_4O)$C_6H_4CH_2 \cdot CH \cdot (NH_2)COOH$]

thyrostatics 甲状腺拮抗剂

thyrotoxicosis 甲状腺毒症

thyrotropic hormone（TH） 促甲状腺激素

thyrotropin（= thyrotrophin） 促甲状腺激素

thyrotropin releasing factor（TRF） 促甲状腺激素释放因子

thyrotropin releasing hormone（**TRH**） 促甲状腺激素释放激素

thyroxine 甲状腺素 [$C_{15}H_{11}O_4NI_4$]

thyroxine binding prealbumin（**TBPA**） 甲状腺素结合前清蛋白

thyroxine response element（**TRE**） 甲状腺素效应元件

thyrse（= thyrsus） ①葡萄串状分生孢子梗{真菌} ②聚伞圆锥花序

thyrse-flowered loosestrife 伞锥花排草（水生珍珠菜）[*Naumburgia thyrsiflora* L. = *Lysimachia thyrsiflora* L.]（报春花科）

thyrsiform ①葡萄串状的 ②聚伞圆锥花序状的（thyrsiformis）

thyrsoid（= thyrsiform） 聚伞圆锥花序状的（thyrsoides）

thysanotus ①异蕊草属 [*Thysanotus* R. Br.]（百合科） ②异蕊草 [*Thysanotus chinensis* Benth.]

thysanuriform 虫丙型（thysanuriformis）

Ti（= terminal interface） 终端接口{信息}

Ti plasmid（= tumor-inducing plasmid） 根瘤诱导质粒{分生}

Tianshan juniper 天山圆柏（叉子圆柏）[*Juniperus semiglobosa* Regel]（柏科）

Tianshan mountain cherry 天山樱 [*Prunus tianshanica* (Pojark.) Yü et Li]（蔷薇科）

tiarella ①黄水枝属 [*Tiarella* L.]（虎耳草科） ②黄水枝 [*Tiarella polyphylla* D. Don.]

TIBA（= triiodobenzoic acid） 三碘苯甲酸{农药}

Tibet apricot 藏杏 [*Prunus armenica* var. *holoserica* Batal.]（蔷薇科）

Tibet lyonia 南烛 [*Lyonia avalifolia* Makino.]（杜鹃花科）

Tibet neillia 长穗绣绒梅 [*Neillia longiracemosa* Hemsl.]（蔷薇科）

Tibetan 藏羊

Tibetan antelope ①长角羚（西藏羚羊） ②长角羚皮

Tibetan crabapple 花叶海棠 [*Malus transitoria* (Batal.) Schneid]（蔷薇科）

Tibetan cymbidium 西藏虎头兰 [*Cymbidium tracyanum* Rolfe]（兰科）

Tibetan goat 西藏山羊
Tibetan hazel 刺榛［*Corylus tibetica* Batal.］(榛科)
Tibetan migratory locust 西藏飞蝗［*Locusta migratoria tibetensis* Chen］(蝗科)
tibia ①胫骨{畜} ②胫节{昆虫}
tibial spurs 胫距
TIC (= transcription initiation complex) 转录起始复合体{分遗}
tiching 换挡符号{电脑}
tick ①蜱,壁虱 ②信贷,赊欠 ③(马)手势信号 ④[复]壁虱科［Ixodidae］,蜱总科［Ixodoidae］⑤滴答声 ⑥参考点
tick anticoagulation peptide (TAP) 壁虱抗凝肽
tick bean (= field bean, small horsebean) 小马蚕豆［*Vicia faba* var. *minor* L.］(豆科)
tick-borne disease 蜱传染病
tick clover (= tick trefoil) ①山蚂蟥属［*Desmodium* Desv.］(豆科) ②山蚂蟥［*Desmodium racemosum* L.］
tick fever 红尿病,壁虱热(由壁虱咬伤而致)
tick mark 记时标记{信息}
tick-seed ①虫实属［*Corispermum* L.］(藜科) ②虫实［*Corispermum puberulum* Ilj.］③蛇目菊(小波斯菊)［*Coreopsis bicolor* Rehb=*C. tinctoria* Nutt.］(菊科)
tick tick 嘀嗒声{信息}
ticket 票
ticket vendor 自动售票机
ticking 标记
tidal ①潮的 ②潮水的,潮汐的,有潮的 (tidalis)
tidal bore 涌潮
tidal breeze 潮[汐]风
tidal current 潮流
tidal current survey 潮汐测量
tidal datum 潮汐基准面
tidal delta 潮汐三角洲
tidal deposit 潮积物
tidal estuary 有潮河口{环保}
tidal flap valve 挡潮阀{环保}
tidal flat 潮坪,潮成平地
tidal forest 潮汐林
tidal gate 防潮闸门,挡潮闸
tidal land 潮汐地
tidal-land spruce 美国西加云杉［*Picea sitchensis* Carr.］(松科)
tidal marsh 潮汐沼泽
tidal marsh drainage 潮汐沼泽排水
tidal marsh land 潮汐沼泽地
tidal power generation 潮汐能发电{农施}
tidal range 潮差
tidal ridge 潮流脊
tidal stage 潮位,潮汐位相
tidal swamp 潮汐沼泽
tidal waters 有潮水体{环保}
tidal wave 潮汐波
tidal way 潮路,潮汐水道
tidal wind 潮[汐]风
tidal woodland 潮汐林地
tidal zone 潮汐带,潮汐区,潮间带
tidalmeter 测潮计
tide ①潮,潮汐 ②潮流 ③趋势
tide blow 激潮
tide gauge 验潮器
tide-generating force 起潮力
tide-predicting machine 潮汐计算机
tide-producing potential 起潮位势
tide table 潮汐表[格]
tide water control forest 防潮林
tideland 海涂(指海边潮间带),滩涂
tideland exploitation 海涂开发{农系工}
tie ①系绳,系带,打结,结扣,打捆,捆束,背带,挎带 ②颈枷 ③枕木
tie bar 拉筋(增强机架钢性用)
tie barn 栓养牛舍,栓养牛栏
tie bine 缚蔓
tie bolt 牵条螺栓,拉紧螺栓
tie bus 专线,通信总线{信息}
tie chain 系链,栓链,联结链
tie down yoke 固定轭
tie-in constraint 关联约束
tie-in equation 关联方程
tie line ①连接线,连接[通信]线路 ②专用线,专用线路 ③直达通信线路{信息}
tie material 捆扎材料
tie on a label 系上标签
tie on label 系好的标签
tie point ①接合点(木材) ②约束点(指信息)
tie ridger 起垄器
tie rod 拉紧杆
tie stall 栓养牛栏,颈枷牛栏
tie trunk 连接中继线{信息}
tie up cowshed 有直立栓柱牛栏
tied to a price index 冻结物价指数,限制物价指数
tieing 缚枝
tier ①层,层次,排 ②捆束架,捆束装置,捆扎架,捆札装置 ③多层床架(指蘑菇栽培床)
tier brooder 多层育雏器
tier dryer 多层干燥器
tier-like arrangement 叠生排列

tier-type poultry cage 多层式禽笼组
tier wheel 打捆轮
tiered metabolic pathway 多层代谢途径{生态生理}
tierra fria 高山中间带,冷气候带(区)
tierra helada 高山永冻带
tierra templada 高山温带
TIF (= transcriptional intermediary factor) 转录中介因子{分遗}
Tift Sudan 铁弗特苏丹(苏丹草品种)
tigelle 幼茎(tigella)
tiger aloe 什锦芦荟(蛇皮掌)[*Aloe variegata* L.](百合科)
tiger beetle ①虎甲 ②⌊复⌉虎甲科[Cicindelidae]
tiger flower ①虎皮花属[*Tigridia* Juss.](鸢尾科) ②虎皮花[*Tigridia pavonia* DC.]
tiger grass ①棕叶芦属[*Thysanolaena* Nees](禾本科) ②棕叶芦[*Thysanolaena maxima* (Roxb.) Kuntze]
tiger lily 卷丹[*Lilium tigrinum* Ker.-Gawl. = *L. lancifolium* Thunb.](百合科)
tiger longicorn beetle 桑虎天牛[*Xylotrechus chinensis* Chevrolat](天牛科)
tiger moths and allies ①灯蛾科及虎蛾科[Arctiidae and Agaristidae] ②虎蛾属[*Seudyra* spp.]
tiger prawn (= tiger shrimp) 斑节对虾[*Penaeus monodon* Fabricius]{水产}
tiger spot 虎斑病
tiger swallowtail 虎凤蝶[*Papilio glaucus* L.](凤蝶科)
tiger's claps (= figmarigold) ①龙须海棠属(松叶菊属,日中花属)[*Mesembryanthemum* Schwant.](番杏科) ②龙须海棠[*Mesembryanthemum tenuifolium* L.]
tiger's claw mesembryanthemum 虎爪日中花[*Faucaria tigrina* Schwant](番杏科)
tiger's-jaw ①肉黄菊属[*Faucaria* ssp.](番杏科) ②肉黄菊[*Faucaria tigrina* sp.]
tiger's milk 神圣多孔菌[*Polyporus sacer* Fr.]
tiger's-tongue grass (= barcet grass, southern cutgrass) 草稗[*Echinochloa crus-galli* Beauv. var. *praticola* Ohwi](禾本科)
tigertail spruce 针枞[*Picea polita* Carr.](松科)
tight ①紧的,张紧的,拉紧的 ②紧密的,坚固的 ③密集的 ④绷紧轮
tight alignment 紧密调整,精确调整
tight baler 紧实压捆机,紧实打包机
tight bottom spreader 紧底式撒肥机
tight constraint 紧约束
tight coordination 紧密协调
tight fit 紧配合{农机}
tight fold (= compaction folding) 紧褶皱{地质}
tight glume 紧贴颖片(gluma densa)
tight junction 紧密联结,紧密结合
tight-kernelled type 密粒型
tight polysome 紧密多核蛋白体
tight pulley 固定轮,固定皮带轮
tight sand 紧密沙[土]
tight side ①张紧侧,张紧边 ②单板正面
tight-skin character 紧皮性状(指柑橘皮)
tight soil 紧密土,紧实土
tight structure 紧密结构
tight transition state 紧密过度态{生技}
tight turn 紧密转角{分生}
tighten 张紧,拉紧,拧紧
tightened sampling inspection 加严取样检查
tightener 张紧装置,张紧轮
tightener sheave 皮带张紧轮,张紧滚轮
tightener sprocket 张紧链轮
tightening pulley 张紧滑轮
tightly coiled chromosome 紧密卷曲染色体
tightly coupled system (TCS) 紧密耦合系统{电脑}
tightly-headed lettuce 卷心莴苣(球叶莴苣)[*Lactuca sativa* var. *capitata* DC.](菊科)
tightness 紧度,紧密度
tightness of husk 苞叶紧度
tiglic acid α-甲基巴豆酸 [$CH_3CH:C(CH_3)CO_2H$]
tiglyl- 甲基巴豆酰[基]
tigrine 具虎纹的
tigroid 虎斑物质
tikitiki ①米糠 ②米糠酒精提取物
Tikka leaf spot of groundnut 花生铁卡叶斑病
tikouka (= grantdracena) 巨朱蕉[*Cordyline australis* Hook.](龙舌兰科)
til (= teel, sesame) 芝麻
tilapia 非洲鲫鱼[*Tilapia mossambica* (Peters)]{水产}
tile ①瓦,瓦片 ②瓦管,瓷管 ③托盘 ④花砖(tegula)
tile cell 瓦状细胞(cellula tegulata)

tile drain 瓦管排水沟
tile drain space 瓦管排水沟距
tile drainage 瓦管排水,暗管排水
tile drainage system 瓦管排水系统,暗管排水系统
tile draining machine 排水瓦管敷设机
tile layer 瓦管敷设机
tile laying 瓦管敷设,瓦管铺放
tile-laying machine 瓦管敷设机
tile pipe 瓦管{环保}
tile polypody 剑甘(瓦韦)[*Polypodium lineare* Thunberg.](水龙骨科)
tile tea (= brick tea) 砖茶
tile trencher 瓦(暗)管排水挖沟机
tile trenching machine 瓦(暗)管管道挖掘机
tiled system 瓦片式系统,铺砌系统
tiled wall 花砖墙{环保}
tiled window 瓦片型窗口,铺砌窗口{电脑}
tilia hawk moth 椴天蛾[*Nimastiliae christophi* Staudinger]
tiliaceous 椴科的(tiliaceus)
tiliacin 椴苷
tiling ①盖瓦,铺砌,贴砖 ②平分,平铺
tiling footprint 贴砖印迹{分遗}
tiling strategy 贴砖策略(由 Affymetrix 首先应用于再测序){分遗}
till ①耕,耕翻,耕作 ②冰碛,冰碛物 ③抽屉,现金抽屉
till basket 小型果蔬包装框
till by rotary hoe 旋转锄耕翻,转锄机耕翻
till-plant system 耕播联合作业[系统]
till-planter ①浅耕中耕机,灭茬中耕机 ②耕耘播种机
till soil 耕翻土
tillable 可耕的,适于耕作的
tillable acres 适耕地,可耕地
tillable land 适耕地
tillable soil 适耕土壤
tillage ①[播前]整地 ②耕作 ③中耕
tillage and cover system 中耕覆盖法
tillage and cultivating machinery 整地与中耕机械
tillage crop 中耕作物
tillage equipment (= tillage implement) 整地机具,土壤耕作机具
tillage meter 耕耘机具,试测装置
tillage of accuracy agriculture 精确农业的耕作(为主要措施之一){智培}
tillage of cultivated land 熟地耕作
tillage operation 整地作业,整地操作
tillage pan (= plough pan) 耕盘,耕层底
tillage plough (= tillage plow) 精耕犁
tillage system 耕作制[度]
tillage tools 耕地机具,耕作机具,整地机具
tillandsia ①铁兰属[*Tillandsia* L.](凤梨科) ②铁兰[*Tillandsia usneoides* L.]
tilled area 可耕地面积,耕地面积
tilled crops 中耕作物
tilled field 耕地,田地
tilled land 耕地
tilled shovel 中耕铲
tilled soil ①表土 ②已耕地
tilled teeth 中耕齿,中耕铲
tiller ①分蘖 ②耕作机,中耕机
tiller body 中耕机架
tiller bud 分蘖芽
tiller combine [土壤]联合耕作机
tiller development 分蘖发育
tiller emergence 露出分蘖,出现分蘖
tiller insertion 分蘖着生位,分蘖节位
tiller length 分蘖长度
tiller number 分蘖数
tiller numbers per unit area 单位面积分蘖数
tiller planter 留茬地播种机,耕耘播种机,中耕条播机
tiller plough 垂直圆盘犁
tiller production 分蘖产生量
tiller rotor ①耕耘旋转锄 ②旋耕器,碎土器
tiller seeder ①浅耕播种机 ②茬地播种机
tiller system 分蘖顺序
tiller tine ①中耕铲柄 ②旋耕机刀齿,碎土器锄齿
tiller type cultivator 车轮爪轮兼用耕耘机
tillered culms 分蘖茎
tillered plant 分蘖株
tillered seedling 分蘖秧,三角秧
tillering 分蘖
tillering ability 分蘖力
tillering and growth duration 分蘖与生育期
tillering behaviour 分蘖动态
tillering bud 分蘖芽
tillering capacity 分蘖能力
tillering habit 分蘖习性
tillering in different varieties 不同品种的分蘖
tillering node (= tillering joint) 分蘖节
tillering phase 分蘖期
tillering potential 分蘖潜力
tillering primordium 分蘖原基
tillering rate 分蘖率
tillering stage 分蘖期
tillering state 分蘖情况
tillering strength 分蘖强度

tillering time 分蘖期
tillering type 分蘖型
tiller′s ear 分蘖穗
tilling ①整地，翻地，耕地，土壤耕作 ②中耕，耕耘，耘地
tilling and ridge 中耕培土
tilling depth 耕深
tilling land 耘地
tilling machine 土壤耕作机具
tilling mill 旋耕碎土机
tilling width 耕宽，耕幅
tillow 分蘖
tilorone 双二乙氨乙基芴酮
tilt ①倾斜 ②倾翻 ③倾斜面，倾斜角 ④车篷
tilt angle （圆盘）倾角，倾斜角
tilt table test 倾斜台试验
tilted cap 倾斜菌盖（指蘑菇）
tilted trough 斜［低压］槽
tilter 倾翻装置
tilth ①耕耘，耘地 ②耕性 ③耕层
tilth rotor ①耕耘旋转锄 ②旋耕器，碎土器
tilth soil 适耕土壤
tilth top soil 耕层，熟化表土
tilting bucket rain gauge 倾斗雨量器
tilting type feed steamer 倾卸式饲料蒸煮器
TIM（= timing） 定时，计时{信息}
Tim-kat 油皮橘（臭皮橘）［*Citrus oleolcarpa* Hort. ex Tanaka］（芸香科）
timber ① 树木，林木，立木，森林 ②木材，木料 ③木制栅栏
timber and lumber standards 木材规格
timber and lumber standarization 木材标准化
timber and planks 板材
timber assortment 材种（木材分类）
timber bamboo（= giant timber bamboo） 桂竹（刚竹）［*Phyllostachys bambusoides* Sieb. et Zucc.］（禾本科）
timber beetle ①木蠹虫 ②⌊复⌉筒蠹科［Lymexylidae］
timber-chute（= slide, timber slide, chute） 滑道
timber-collecting tractor（= skidding tractor） 集材拖拉机
timber cutter 伐木工
timber dam 木坝
timber dealer 木材商
timber depot ①集材场 ②贮木场
timber edge 林缘
timber export 木材输出
timber felling 伐木
timber for implements 器具材
timber for shipbuilding 造船材
timber-forest 乔林
timber fungus 木蹄层孔菌（木紫芝）［*Fomes fomentarius*（L. ex. Fr.）Kickx］（多孔菌科）
timber hitch 螺纹结（结索法）
timber import trade 木材进口贸易
timber line 树木限界，树木线
timber logging enterprise 木材采伐企业
timber market（= lumber market） 木材市场
timber mill 锯木厂
timber mining 滥伐树木
timber-physics 木材物理学
timber price 木材价格
timber purchase 木材采购
timber reserve 禁伐林区
timber rot 木材腐烂病［*Fomes* spp.］
timber slide（= pole slide） 木滑道
timber soil 森林土
timber structure 木材结构
timber trade 木材贸易
timber trailer 运材挂车
timber transportation（= wood transport） 木材运输，运材
timber tree ①成林乔木 ②用材树种
timber used in children's toys 玩具用材
timber-wagon 运材车（指运输长材或原木的车辆）
timber wood 用材
timber work ①木工作业 ②（= frame work） 构架工程
timber yield 木材收获量
timbered soil 林地土壤
timberworm（= timber beetle） 小蠹虫，小蠹
timberyard（= lumberyard） 贮木场
time ①时间 ②计时，定时 ③期，时期（tima）
time and frequency standards 时间和频率标准
time-area-depth relation 时间－面积－深度的关系
time arrow（= time vector） 时间向量
time average 时间平均
time base 时基
time base accuracy 时基准确度
time base corrector（TBC） 时基校正器{电脑}
time book 记工本，劳动手册
time clock 时钟，定时时钟
time code 时间码
time compression 时间压缩{信息}
time-concentration curve 时间－浓度曲线

{环保}
time constant 时间常数{环保}
time counter 计时器
time course 时间过程,时间进程
time cross-section 时间剖面图
time difference 时[间]差
time dimension 时间量度
time division 时分,时间划分
time-division multiplexing (TDM) 时分多路转接[技术]{环保}
time domain 时域
time-domain reflectometry (TDR) 时域反射法
time driven 时间驱动
time encoding 时间编码
time expand 时间延长,延时
time factor 时间因素,时间因子
time filter 时间滤波器{信息}
time frame 时间范围
time-frequency modulation 时-频调整
time gate 定时门{电脑}
time horizon 时间水平
time inconsistency 时间矛盾
time integral 时间积分
time intergrating element (TI element) 时间集成元件{电脑}
time interval 时间间隔,时段
time-interval distribution computer 时间间隔分配计算机{电脑}
time interval error 时间间隔误差{信息}
time-interval radiosonde 时距探空仪
time just after ecdysis 起眠期{蚕}
time keeping 测时,计时
time keeping system 时间记录系统
time lag 时滞(时间落后),时迟(时间延迟)
time lag between application and harvesting 施肥与收获之间的相隔时间短
time-lapse cine apparatus 定时电影装置
time-lapse cine matography 定时电影摄影术
time-lapse microcinematography 定时显微电影摄影术
time-lapse photography 定时摄影术{遥感}
time law of intersexuality 间性的时间法则{遗传}
time limit 时限(时间限制)
time loss 时间损耗
time mapping 时间映射{电脑}
time mark 时标
time marker 计时器,时标器
time measurement 时间测量
time measurer 测时器
time memory 时间回忆
time-mortality curve 时间-死亡率曲线
time of action 作用时间
time of closing of crop 封垄期,封行期
time of concentration 集水时间{环保}
time of crossover 交换时间
time of day 日历,日历时间
time of day clock (TOD clock) 日历钟,日时钟
time of differentiation 分化期
time of digging ①挖掘时间{耕作}②收获期(块根,块茎作物){栽培}
time of dressing 追肥期
time of duration ①持续时间 ②耐久期
time of duration of wood 木材耐久期
time of dusting 喷粉期
time of emasculation 去雄期
time of entry 进水口时间{环保}
time of fertilizer application (= time of fertilization) 施肥期
time of flower-bud differentiation 花芽分化期
time of flowering 开花期
time of half decay 半衰期
time of hybridization 杂交时间
time of interseeding 间作播种期
time of intertillage 中耕期
time of leaf sampling 叶取样期
time of lodging (= lodging time) 倒伏期
time of manuring (= manuring time) 施肥期
time of maturity (= maturity time) 成熟期
time of migration ①候鸟移动期 ②飞蝗移动期
time of nitrogen fertilization 施氮肥期
time of onset 开始时间
time of planting 栽植期,种植期,播种期
time of pollination 授粉期
time of sampling (= sampling time) 取样时间,抽样时间
time of sorting (= sorting time) 清选时间
time of sowing 播种期
time of spraying 喷药期
time of sprinkling 喷灌时间
time of the final emergence of productive tiller 有效分蘖终止期
time of translocation 易位时间
time of weeding ①除草期 ②去杂期
time of year clock 年历时钟
time-out (= time-over) 超时
time-out check (= time-over check) 超时检查
time-out control 超时控制

time-out recovery 超时恢复
time-out with retransmission 重新发送超时{信息}
time phased costs 按时期划分的费用
time piece 时代划分{地质}
time proportioning controller 时间比例控制器
time-pulse distributor 时间脉冲分配器
time quantum 时间段
time-rate factor 时间-速度因素{环保}
time resolution 时间分辨率
time-resolved fluorescence energy transfer 时间分辨荧光能量转移{生技}
time-resolved fluorescent immunoassay (TrFIA) 时间分辨荧光免疫测定[法]
time-resolved fluorometry 时间分辨荧光测定[法]
time-resolved spectroscopy 时间分辨光谱学
time-resolved X-ray diffraction 时间分辨X射线衍射
time saving 节约时间
time scale ①地质年代单位{地质} ②时标{气象} ③时间量程{信息}
time schedule 时间表
time sense 时间感觉
time sequence 时间连续性,时序
time-series 时间顺序(指轮作)
time series model 时间顺序模型(指轮作)
time share 分时,时间共享
time-share monitor system 分时监督系统
time-share network 分时网络
time-share simulator 分时模拟器
time-shared computer 分时计算机
time-sharing (T/S) 分时[技术]
time-sharing computer system 分时计算机系统
time-sharing control task (TSC) 分时控制任务
time-sharing environment 分时环境
time-sharing system 分时系统,分时制
time signalling 时间分配信号方式
time slice 时间片{信息}
time slot 时隙{信息}
time-space 时-空{信息}
time-space adaptation 时空适应{智培}
time-space position 时空位置
time-space position of farm implement 农机具的时空位置{智培}
time-space utilization 时空利用
time span 时期间隔,时幅
time succession 时间顺序性
time-survivor curve 时间生存率曲线
time switch 定时开关,时间继电器
time-temperature curve 温时曲线
time-temperature tolerance (TTT) 温时容量{农施}
time used for unloading 卸载所用时间
time wages 计时工资
timed siphon 定时虹吸{环保}
timed task 定时任务
timeless ①不是时候的,不合时宜的 ②无时间的
timeliness ①适时性,及时 ②时间性
timely 及时地,适时地
timely application 适期施用(包括撒药,施肥)
timely irrigation 及时灌溉
timely tending 适时田间管理
timer ①定时器,时间继电器,时间调整器 ②记秒时计,记秒计 ③记时员 ④程序装置
timer circuit ①定时电路 ②计时电路
timer equipment 定时装置
timer interruption 定时中断,计时中断
timer of control field instrumentation 控制田间装设仪器的记秒表
timer set 定时装置,定时器
timer timing pulse 定时器计数脉冲,计时器计数脉冲{电脑}
times 次,次数
times of back cross 回交次数
times of cleaning 清选(种子)次数
times of draw 搔苗次数
times of drying 干燥次数
times of inoculation 人工接种次数
times of roguing 去杂次数{育种}
times of selection ①选种次数 ②选择次数
times of selfing 自交次数
times of weeding ①除草次数{栽培} ②去杂次数{育种}
timing ①使合时宜的,适时的 ②调整时间的,安排时间的 ③定时的,计时的 ④同步的,整步的,合步的 ⑤时序的
timing analysis 定时分析
timing belt 同步带(指打印机用的){电脑}
timing circuit 定时电路,计时电路{信息}
timing clock 定时钟,时钟
timing clutch (方形穴播机)同步离合器
timing counter 计时器
timing current switch 计时电流开关,定时电流开关
timing device 定时装置,计时装置,正时装置
timing diagram 时序图,定时图{电脑}
timing disk 定时[磁]盘
timing error 定时误差
timing frequency 定时频率

timing gear 正时齿轮,正时机构
timing growth and reproduction 定时生长与生殖
timing harrowing 适时耙地
timing irrigation 定时灌溉
timing jitter ①时标不稳定,同步不稳 ②定时抖动
timing lever 定时[点火]调节杆
timing light 定时灯
timing mark 定时记号
timing network 定时网络
timing nitrogen fertilization 适时施用氮肥
timing observation 定时观察,定时观测
timing of fertilizer application 定期施肥
timing of induced mutation 定期诱发突变
timing of nitrogen application 定期施氮肥
timing of phosphate fertilizer application 定期施磷肥
timing of planting ①定期播种,定期种植 ②定期插秧
timing out ①超时,定时已过 ②定时失效
timing pulse 定时脉冲
timing recovery 定时恢复
timing relay 定时继电器,适时继电器{信息}
timing sampling 定时取样
timing segregation of chromosomes 染色体定时分离
timing signal ①定时信号 ②时标信号
timing system ①定时装置 ②定时法
timing transplanting 适时移植(栽)
timing transplanting rice 适时插秧
timing unbalance 时间上不平衡(指轮作安排)
timing valve 正时阀
timing verification 定时校验(检证)
timnodonic acid 廿碳五烯酸
Timopheevi wheat 提摩菲维小麦[*Triticum timopheevi* Zhuk.](禾本科)
timothy ①(= herd's grass) 梯牧草属[*Phleum* L.](禾本科) ②梯牧草(猫尾草)[*Phleum pratense* L.]
timothy billbug 梯牧草象[*Calendra zeae* (Walsh)](象甲科)
timothy fly ①牛草粪蝇 ②⌊复⌉牛草粪蝇属[*Amaurosoma* spp.]
timothy grass 梯牧草(猫尾草)[*Phleum pratense* L.](禾本科)
timothy grass fly ①梯牧草粪蝇[*Amaurosoma armillatum* Zetterstedt] ②梯牧草黄粪蝇[*Amaurosoma flavipes* Fallén](蝇科)
TIMP (= tissue inhibitor of metalloprotease) 组织金属酶抑制剂
tin ①锡[Sn,50号元素] ②[罐头]罐,听(= can) ③锡板
tin can 洋铁罐
tin chloride 氯化锡[$SnCl_4$]
tin foil 锡箔
tin free steel can 无涂锡钢皮罐头
tin fruits (= canned fruits) 罐头水果
tin-lead platting 镀锡铅合金
tin-lined pipe 锡衬里管{环保}
tin-opener 开罐器
tin-plate 马口铁,洋铁皮,镀锡铁片(用于罐头工业)
tin-plating (= tinning) 镀锡
tin tributylacetate 三丁基乙酸锡
tin tricyclohexylhydroxide 三环锡
tin triphenylacetate 薯瘟锡
tin triphenythydroxide 毒菌锡
tincal 硼砂
tinctorial 染料用的(tinctorius)
tincture ①酊,酊剂(浸酒) ②微染,淡色 ③气味,风味(tinctura)
tincture of iodine 碘酊,碘酒(俗名)
tinder ①导火线 ②引火木
tinder fungus (= timber fungus) 木蹄层孔菌
tinder-like 似引火木的(fomentarius)
tine ①钉齿 ②搂齿 ③锄齿
tine rake 搂齿耙,齿耙
tinea 癣
tinea barbae 颜面癣
tinea capitis 发癣,头癣
tinea corporis 体癣
tinea cruris 股癣
tinea favosa 黄癣
tinea imbricate 叠瓦癣(tinea imbricata)
tinea pedis 足癣
tinea tonsurans (= tinea capitis) 发癣,头癣
tinea unguium 甲癣
tinea versicolor 花斑癣
tined cultivator 齿式中耕机
tined fertilizer distributor 锄铲式化肥条施机
tined harrow 钉齿耙
tined loader 抓齿式装载机
tined reel 搂齿拨禾轮
tineid ①谷蛾 ②⌊复⌉谷蛾科[Tineidae]
tinged 淡色的
tingitamine 氨基嘧啶丙氨酸
tiniaris ①何首乌属[*Tiniaris* Webb. et Mog.](蓼科) ②何首乌[*Tiniaris multiflora* (Thunb.) Hu]

tinned cigarettes 罐装香烟,锡包香烟
tinned fishes 罐头鱼
tinned fruits 罐装水果,水果罐头
tinned goods 罐头食品
tinned meat 罐头肉
tinned milk 罐头炼乳
tinned poultry 家禽罐头
tinned sheet iron (= tin-plate) 马口铁
tinned vegetables 罐装蔬菜
tinning ①镀锡 ②罐装
tinning factory (= canning factory) 罐头厂
tinning industry 罐头工业
tinning of fish 鱼罐装,鱼罐头加工
tinsel 茸毛的 (tinselis)
tinsel cilium 茸毛状纤毛 (cilium tinsele)
tinsel flagellum 茸鞭 (flagellum tinsele)
tinsel-type flagellum 茸鞭(鞭毛)
tint 色调,色度(指颜色的浓淡){显技}(tinta)
tinted paint 浅色涂料
tinting method 分层设色法{遥感}
tintometer 比色计,测色仪{显技}
tiny ①稍小的 (parvulus) ②细小的 (pusillus)
tiny model 微模型
tiny silkworm 细蚕{蚕}
tiny vesicle 微泡
tinypetal cuphea 小瓣萼距花[*Cuphea micropetala* H. B. et K.](千屈花科)
TIP (= tonoplast intrinsic protein) 液泡膜内在蛋白{分生}
tip ①顶端的,尖端的 (apicalis) ②顶生的 (terminalis) ③尖,尖端,尖头梢 ④翻倒,倾卸 ⑤打尖,打群尖 ⑥接头
tip awn 尖芒
tip-back 后倾,后翻
tip blight 顶枯病
tip burn 顶灼病,绿腐烂(白菜,莴笋)
tip cap (= root cap) 根冠 (pileorrhiza)
tip cell 顶端细胞
tip clearance 叶片顶端与外壳间间隙
tip cutting 顶插,梢插{园艺}
tip die-back 顶枯病
tip drying 叶尖干枯
tip grain 顺裂纹理(木材)
tip growth 顶枝
tip layering 顶压,梢头压{园艺}
tip-over ①倾翻,倾倒{农机}②(= phomopsis blight, fruit rot) 褐斑病(茄子){病理}
tip pruning (= top pruning) 打顶,摘心
tip withering of pine (= dieback of pine) 松梢枯死
tiphiid wasps 臂钩土蜂科(小土蜂科)[Tiphiidae]
tipper ①自卸车 ②倾卸机构,倾卸装置
tipper-hopper 翻斗
tipper vehicle 倾斜式运输车辆,倾卸式载重汽车
tipping ①打尖,打群尖 ②倾卸,倾翻
tipping back 摘心
tipping bin 倾卸粮箱
tipping-bucket rain gauge 倾斗式量雨器
tipping cart 倾卸(挂)车,倾卸式手推车
tipping crib 倾翻式饲架,翻斗式饲架
tipping frame 倾卸架
tipping lorry 翻斗卡车
tipping pot tray 倾倒盆盘(指花盆换盆)
tipping steamer 倾卸式蒸煮器
tipping trailer 倾卸挂车
tipping tray 倾倒式浅盆{环保}
tipping tray distributor 倾盘式布水器{环保}
tipping trough [distributor] 倾槽式布水器{环保}
tipping wagon (= self-unloading wagon) 自卸挂车
tipping wet masher 倾翻式湿粉料搅拌机
tippler ①倾卸机,翻卸器 ②自卸卡车
tiptop 绝顶,最高点
tipula ①大蚊 (= cranefly, leather jacket) ②⌊复⌉大蚊科 [Tipulidae]
tira (= hedge mustard, roquette) 芝麻菜
tiradact 黏合剂
tire ①轮胎 ②装轮胎
tire capacity 轮胎载重能力
tire chain 防滑链
tire gage (= tire gauge) 轮胎压力表
tire pump 轮胎充气泵
tire tread 轮胎花纹,胎面
tire tube process 套管法(木材防腐)
tire valve 内胎气门嘴
tired barrow 胶轮手推车
tired soil 疲惫土
TIROS (= television and infrared observing satellite) 电视和红外辐射观测卫星,泰罗斯[气象]卫星{遥感}
Tirril burner 提利灯{生技}
tirs (摩洛哥)蒂尔黑土
tisane 煎剂,煎药
tischeriid moths 冠潜蛾科 [Tischeriidae]
Tiselius apparatus 蒂塞里斯氏里泳仪
Tiselius-type electrophoretic apparatus 蒂塞里斯型电脉装置(仪)

tissue 组织(tela)
tissue browning 组织褐变
tissue cell 组织细胞
tissue culture 组织培养
tissue culture genebank 组织培养基因库{生技}
tissue culture in vitro 离体组织培养,试管内组织培养
tissue culture infective dose 50 (TCID50) 半数组织培养感染量,50%组织培养感染量
tissue culture medium 组织培养培养基
tissue desiccation 组织干化
tissue differentiation 组织分化
tissue disruption 组织破裂
tissue dose rate 组织剂量率
tissue engineering 组织工程
tissue factor 组织因子
tissue fever 组织发热
tissue fluid 组织液,组织流体
tissue gas exchange 组织气体交换
tissue graft 组织移植
tissue grinder 组织研磨器
tissue homogenate 组织匀浆
tissue homogenizer 组织匀浆器
tissue immunity 组织免疫性
tissue index 组织指数(指植株)
tissue inhibitor of metalloprotease (TIMP) 组织金属蛋白酶抑制剂
tissue mating 组织配对
tissue paper 薄叶纸
tissue plasminogen activator (TPA) 组织纤溶酶原激活物
tissue preparation 组织制片
tissue proliferation 组织增殖
tissue pycnidium 拟薄壁分生孢子器
tissue respiration 组织呼吸
tissue section 组织切片{显技}
tissue slice 组织薄片
tissue softening 组织软化
tissue space 组织空间
tissue-specific extinguisher (TSE) 组织特异消失基因
tissue-specific gene activation 组织特异基因活化
tissue-specific mitotic inhibitor 组织特异有丝分裂抑制剂
tissue-specific promoter 组织特异启动子
tissue-specific protein 组织特异蛋白质
tissue-specific transcription 组织特异转录
tissue specificity 组织特异性
tissue structure 组织结构
tissue system 组织系统
tissue tension 组织张力
tissue test 组织测定
tissue thromboplastin (= blood coagulation factor Ⅲ) 组织凝血激酶
tissue tropism 向组织性,组织向性
tissue type 组织型
tissue typing 组织分型
tissue water potential 组织水势
tit ①(= titmous) 山雀[*Parus* spp.] ②(= tear) 乳头 ③小马,劣马
titanate ①钛酸 ②钛酸盐 ③钛酸酯 ④钛酸根
titanium 钛(Ti,22号元素)
titer ①滴定度 ②滴定率,滴定效价 (titre)
titer system 滴定[浓]度法
tithonia ①假向日葵属[*Tithonia* Dest.](菊科) ②假向日葵[*Tithonia versifolia* A. Gray]
title ①标题,名称,题目 ②称号,头衔 ③权利,权益
title bar 标题条,标题栏{电脑}
title card 标题卡片
title deed 所有权证书,产权证书
title page 书名页,标题页扉页
titrand 被滴定物
titrant 滴定剂
titratable acidity 可滴定酸度
titrating apparatus 滴定器
titration 滴定[法](titratio)
titration acidity 滴定酸度
titration alkalinity 滴定碱度
titration curve 滴定曲线
titration end point 滴定终点
titration exponent 滴定指数
titration of toxin 毒素测定
titrimeter 滴定计
titrimetric 滴定的(titrimetricus)
titrimetric analysis 滴定分析
titrimetric method 滴定法
titrimetry 滴定分析法(titrimetrica)
titron 滴定单位,滴定子
tjereh type 春稻型(印尼稻品种)
TK (= thymidine kinase) 胸苷激酶
TLC (= thin layer chromatography) 薄层层析法
TLM (= median tolerance limit) 耐药中浓度,耐药中限量
tmema 裂解胞
TMG ①(= trimethylguanasine) 三甲基鸟苷{分遗} ②(= thiomethylgalactoside) 硫基半乳糖苷{分遗}
TMP ①(= trimethoprim) 三甲氧苄氨嘧啶(抗菌增效剂,磺胺增效剂) ②(= thymidylic

acid) 胸苷酸

TMTD (= thiram) 福美双{农药}

TMTM (= thiuram) 福美联(杀菌剂)[$C_6H_{12}N_2S_3$]

TMV (= tobacco mosaic virus) 烟草花叶病毒[Nicotinana virus 1]

TNC (= thymic nurse cell) 胸腺保育细胞{分生}

TNF (= tumor necrosis factor) 肿瘤坏死因子{分生}

TNO rotor (= cage rotor) 笼式转子{环保}

TNV (= tobacco necrosis virus) 烟草坏死病毒[Nicotiana virus 11 Smith]

TO (= tar oil) 焦油

to-and-fro method (机组的)梭行耕作法

to become thoroughly decomposed 腐熟作用

to date 到目前为止

to each according to his work 按劳分配

to from indicator 来去指示剂

to meet the challenge of the weather change 迎接气候变化的挑战

to mix by single individuals 混植

to the whole paddy weight (= ratio of winnowed paddy) 簸谷比率,出米率,精米率

toad 蟾蜍,癞蛤蟆[*Buto buto*](蟾蜍科)

toad bug ①蟾蝽[*Gelastocoris oculatus* (Fabricius)] ②蟾蝽科[Gelastocoridae]

toad-like 蟾蜍状的(bufonius)

toad pipe (= corn horsetail, field horsetail) 问荆[*Equisetum arvense* L.](木贼科)

toad poison 蟾蜍毒[素]

toad toxin 蟾蜍毒素

toad venom 蟾蜍毒液

toadflax ①柳穿鱼属[*Linaria* Mill.](玄参科) ②柳穿鱼[*Linaria vulgaris* Mill.]

toadflax basket-ivy ①假金鱼草属[*Cymbalaria* Hill.](玄参科) ②假金鱼草[*Cymbalaria aequitriloba* cheval.]

toadlily ①油点草属[*Tricyrtis* Wall.](百合科) ②油点草[*Tricyrtis macropoda* Miq.]

toadstool 蘑菇(常指毒菇或不能吃的菇)

tobacco ①烟草属[*Nicotiana* L.](茄科) ②烟草[*Nicotiana tobacum* L.]

tobacco "semilooper" 烟草金斑蛾[*Plusia chalcytes* Fabricius](金斑蛾科)

tobacco ant (= fire ant) 火蚁[*Solenopsis geminata* (Fabricius)](蚁科)

tobacco anthracnose 烟草炭疽病[*Colletotrichum destructivum* O. Gara]

tobacco aphid (= green peach aphid) 桃[赤]蚜(烟蚜)[*Myzus persicae* (Sulzer)](蚜科)

tobacco ash 烟草灰分

tobacco beetle (= cigarette beetle) 烟草窃蠹[*Lasioderma serricorne* (Fabricius)](窃蠹科)

tobacco black shank 烟草青黑胫病[*Phytophthora parasitica* var. *nicotianae* Tucker]

tobacco blue mould 烟草青霉病

tobacco brown spot 烟草褐斑病[*Ascochyta nicotianae* Pass.]

tobacco budworm 烟草夜蛾(烟芽夜蛾)[*Heliothis virescens* F.](夜蛾科)

tobacco capsid 烟草盲蝽[*Engytatus tenuis* Reuter = *Cyrtopeltis*](盲蝽科)

tobacco caterpillar (= cotton leaf worm) 斜纹夜蛾[*Prodenia litura* Fabricius = *Spodoptera*](夜蛾科)

tobacco clone 烟草无性[繁殖]系,烟草克隆{农生技}

tobacco combine 烟草联合收获机

tobacco cricket 烟草大蟋蟀[*Brachytrupes membranaceus* Drury](蟋蟀科)

tobacco-curing barn 烤烟房

tobacco cutworm ①(= corn ear worm) 棉铃虫[*Heliothis zea* (Boddie) = *H. armigera* Hübner] ②(= cotton leaf worm) 斜纹夜蛾[*Prodenia litura* Fabricius] ③(= turnip moth) 黄地虎[*Agrotis segetum* Schiffermuller = *Euxoa*](夜蛾科)

tobacco disbudding 烟草除(疏)芽

tobacco disease 烟草病害

tobacco disease control 烟草病害防治

tobacco distance between individuals 烟草株距

tobacco distance between rows 烟草行距

tobacco DNA of chloroplast 烟草叶绿体 DNA

tobacco dressing 烟草追肥

tobacco dressing norm 烟草追肥量

tobacco dressing time 烟草追肥期

tobacco dryer 烟草干燥器

tobacco elephant-beetle 烟草象甲[*Listroderes costirostris* Schönfeldt](象甲科)

tobacco etch virus (= tobacco virus 13) 烟草蚀纹病毒[Nicotiana virus 7 (Smith) = *Marmor erodens* (Holmes)]

tobacco fermentation 烟叶发酵

tobacco field care 烟草田管理

tobacco flat beetle 烟草扁甲［*Cathartus exisus* Reitter］(扁甲科)
tobacco flea beetle 烟草跳甲［*Epitrix hirtipennis* Melsh.］(跳甲科)
tobacco frog-eye 烟草白星病(烟草蛙眼病)［*Cercospora nicotianae* Ellis et Erhart］
tobacco grades 烟草等级
tobacco grading 烟草分级
tobacco grower 烟农
tobacco growing ①烟草栽培 ②烟草栽培学
tobacco harvest maturity 烟草采收成熟度
tobacco hoe 烟草中耕锄
tobacco hornworm (= tobacco hawk moth, southern hornworm, tomato worm) 烟草天蛾［*Manduca sexta* (L.) = *Phlegethontius* or *Protoparce*］(天蛾科)
tobacco hybrid vigor (= tobacco heterosis) 烟草杂种优势
tobacco hybridism 烟草杂种型
tobacco hybridity 烟草杂种性
tobacco hybridization breeding 烟草杂交育种
tobacco insects 烟草害虫
tobacco leaf curl virus (= tobacco virus 16, tobacco kropoek virus) 烟草卷叶病毒［Nicotiana virus 10 (Smith)］
tobacco leaf miner (= potato tuber moth) 马铃薯块茎蛾［*Phthorimaea operculella* Zeller = *Gnorimoschema*］
tobacco leaf weevil 烟草象甲［*Mimaulus thesii* Marshall］(象甲科)
tobacco leaffolder (= "pegapega") 烟草褶叶螟［*Psara poriusalis* Walker］(野螟科)
tobacco leaves 烟叶
tobacco liquid 烟草液
tobacco looper 烟叶捆把机
tobacco market 烟叶市场
tobacco moisture content 烟叶含水量
tobacco monopoly 烟草专卖
tobacco mosaic disease (= tobacco common mosaic, common mosaic of tobacco) 烟草花叶病
tobacco mosaic virus (TMV) 烟草花叶病毒［Nicotiana virus 1 (Smith) = *Marmor tabaci* var. *vulgare* (Holmes)］
tobacco mosaic virus activity 烟草花叶病毒活度
tobacco moth 烟草粉螟［*Ephestia elutella* (Hbn.)］(粉螟科)
tobacco mottle (= tabacco ring spot) 烟草环斑病
tobacco mutant ①烟草突变体 ②烟草突变型
tobacco necrosis satellite virus 烟草坏死卫星病毒
tobacco necrosis virus (TNV) (= tulip augusta disease virus) 烟草坏死病毒［Nicotiana virus 11 (Smith) = *Marmor lethale* (Holmes)］
tobacco nicotine 烟草烟碱
tobacco pinching 烟草摘心
tobacco pinching method 烟草摘心法
tobacco pinching time 烟草摘心期
tobacco plant 烟草
tobacco plant bed 烟草苗床
tobacco plant from single cell 烟草单细胞形成的植物体
tobacco plantation 烟场,烟草种植场
tobacco planting distance 烟草定植株距
tobacco powdery mildew 烟草白粉病［*Erysiphe cichoracearum* DC.］
tobacco preparation of seed bed 烟草苗床整地
tobacco preparation of soil 烟草整地(本田)
tobacco quality 烟叶品质
tobacco raising 烟草栽培
tobacco rattle (= rattle) 烟草茎坏疽病
tobacco rattle virus (= potato stem mottle virus) 烟草脆裂病毒［Tabacco virus 11 (Johnson) = Nicotiana virus 5］
tobacco replant 烟草补栽(植)
tobacco ring spot 烟草环斑病
tobacco ringspot virus (TRSV) (= tobacco ringspot virus No. 1) 烟草环斑病毒［Nicotiana virus 12 = *Annulus tabaci*］
tobacco slug 烟草负泥虫［*Lema bilineata*］(叶甲科)
tobacco stalk borer 烟草茎象［*Trichobaris mucorea* (LeConte)］(象甲科)
tobacco stem borer 烟茎麦蛾［*Phthorimaea heliopa* Loew.］(麦蛾科)
tobacco streak virus (TSV) 烟草线条病毒
tobacco stringer 烟叶穿串器
tobacco stubble culture 二茬烟栽培
tobacco stunt virus 烟草矮化病毒
tobacco thrips 烟草褐蓟马［*Frankliniella fusca* (Hinds)］(蓟马科)
tobacco tier ①穿烟叶装置 ②捆烟叶器
tobacco webworm (= corn root webworm) 玉米根草螟［*Crambus caliginosellus* Clemens］(草螟科)
tobacco whitefly 烟草粉虱［*Trialeurodes tabacco* Bond］(粉虱科)
tobacco wild fire 烟草野火病,烟草细菌性纹

斑病［*Bacterium tabacum* Wolf et Fost.］
tobacco wireworm 烟草金针虫［*Conoderus vespertinus*（Fabricius)］(叩甲科)
tobacco Y-mosaic virus 烟草 Y 花叶病［Solanum virus 2］
tobamovirus 烟草花叶病毒
tobira pittosporum（= Japanese pittosporum） 海桐［*Pittosporum tobira*（Thunb.）Ait.］(海桐科)
tobravirus 烟草脆裂病毒
TOBSV（= tomato bushy stunt virus） 番茄丛矮病毒
tocol 母育酚
tocopheramine 生育胺
tocopherol 生育酚,维生素 E［$C_{29}H_{50}O_2$］
tocopheronic acid 生育酸
tocopherylamine 生育胺
toddy palm（= fish-tail palm） 孔雀椰子(酒假桄榔,糖桄榔)［*Caryota urens* L.］(棕榈科)
toe ①足指,趾 ②(木工)斜钉 ③柄尖｛农具｝
toe feather 趾羽
toe-in of front wheel 前轮前束(内倾)
toe-out of front wheel 前轮后束(外倾),前轮负前束
toe punching 趾膜穿孔
toe trowel (移植用)鞋尖形镘
toeprinting 趾纹法｛生技｝
tofaceous 凝灰岩色的,白泥色的（tofaceus)
tofieldia ①岩菖蒲属［*Tofieldia* Huds］(百合科) ②岩菖蒲［*Tofieldia japonica* Maq.］
togavirus 披膜病毒
Toggenburg 叶根堡山羊
toggle ①肘带｛畜｝②肘节,曲拐,曲柄杠杆机构｛农机｝③触发器 ④乒乓开关 ⑤双态元件｛电脑｝
toggle-action pruner 铰链整枝机
toggle-circuit 触发器｛电脑｝
toggle flip-flop（= T flip-flop） T 型触发器,计数型触发器
toggle frequency 反复频率
toggle switch 乒乓开关
tohi oil（= orange oil） 橙皮油
toilet 盥洗室,卫生间｛环保｝
toilet faucet 卫生间龙头
toilet paper 手纸,卫生纸
toilet preparations 化妆品
toilet roll 卷式卫生纸
toilet seat 坑位(指上厕的)
toilet soap 香皂
toilet water 香水,花露水
token ①表证,表号,象征,证明,证据,保证,标记,记号 ②象征性的
token bus 标记总线｛信息｝
token card 标记卡片
token network 标记网络,令牌网络
token passing control protocol 标记传递控制协议｛信息｝
token ring 令牌环,标记环
tokozygote 母细胞（tocozygota)
Tokyo cherry 东京樱花［*Prunus yedoensis* Matsum.］(蔷薇科)
Tokyo experimental computer network（TECNET） 东京实验性计算机网络
Tokyo-type smog 东京型烟雾｛环保｝
Toledo 托里多(菲律宾甘蔗品种)
toleragen（= tolerogen） 耐受原
tolerance ①耐［受］性 ②耐阴性 ③耐药量 ④耐量 ⑤容限 ⑥裕度,余量 ⑦公差 ⑧容差（tolerantia)
tolerance analysis 容差分析｛电脑｝
tolerance concentration 容许浓度,容限浓度
tolerance error 容许误差,容限误差
tolerance for pesticide residue 容许农药残留量
tolerance for substandard products 容许公差
tolerance limit 容许限度,耐受界限
tolerance of acidity 耐酸度
tolerance of salinity 耐盐度
tolerance of shade 耐阴性
tolerance specification 公差规格说明
tolerance test 耐量试验
tolerance to chilling 耐冷冻性
tolerance to cold 耐寒性
tolerance to excessive water 耐水性
tolerance to freezing 耐冰冻性
tolerance to heavy manuring 耐肥性
tolerance to varied management 不同管理的忍受性
tolerance to waterlogging 耐涝性
tolerance value 允许残留值,残留允许量｛农药｝
tolerance zone 公差带｛农机｝
tolerant ①耐性的,能耐的 ②耐阴的（tolerans)
tolerant dosage 耐量,耐受剂量
tolerant plant ①阴性植物 ②耐病植物（planta tolerans)
tolerant species 阴性树种（species tolerans)
tolerant to disease 耐病的
tolerant to drought 耐旱的
tolerant to heat 耐热的

tolerant to insect 耐虫的
tolerant to poor soil 耐瘠土的
tolerant tree 阴性树(arbor tolerans)
tolidine 联甲苯胺[$(CH_3C_6H_3NH_2)_2$]
toll ①过路费,通过税 ②入市税 ③长途电话{信息}
toll cable 长途电缆{信息}
toll call 长途电话呼叫
toll center ①长途电话中心 ②征税中心
toll-free number 免税数
toll office 长途电话交换局
toll point(TP) 长途电话中心局
toll switching trunk 长途交换中继线{信息}
tollers-dog 引鸭犬
tolly up 加1{电脑}
tolomount(=whole mount) 整体制片{显技}
tolu tree 吐鲁胶树[*Myroxylon soluiferum* Hb. et Kth.](豆科)
toluene 甲苯[$CH_3 \cdot C_6H_5$]
toluene sulfonamide 甲苯磺酰胺
toluene sulfonic acid 甲苯磺酸[$CH_3 \cdot C_6H_4 \cdot SO_3H$]
toluidine 甲苯胺[$C_6H_4(CH_3)NH_2$]
toluidine blue 甲苯胺蓝[$C_{15}H_{16}ClN_3S$]
toluidine blue molybdate 甲苯胺蓝钼酸
toluidine blue molybdate for ribonucleoproteins 核糖核蛋白用甲苯胺蓝铝酸
toluiquinone 甲苯醌
toluliferous 产香脂的(tolulifer)
toluol(=toluent) 甲苯[$CH_3C_6H_5$]
toluol as antemedium 前介质用甲苯
toluylene blue 亚甲基蓝(染料){显技}
tolypophagous (菌根)菌丝结被吸收的(tolypophagus)
tolypothamniscophagous (菌根)珠丝丛枝被吸收的(tolypothamniscophagus)
tom 雄(mas)
Tomacon 促果肥(生长调节剂)
tomatidine 番茄碱,番茄苷配基[$C_{27}H_{43}O_2N$]
tomatillo 黏果酸浆[*Physalis ixocarpa*](茄科)
tomatine 番茄[碱糖]苷[$C_{50}H_{82}O_{21}N$]
tomato ①番茄属[*Lycopericum* Mill.](茄科) ②番茄(西红柿)[*Lycopericum esculentum* Mill.]
tomato anthracnose 番茄炭疽病[*Colletotrichum phomoides* Chester]
tomato apical stunt viroid(TASV) 番茄顶尖缩生类病毒
tomato ascochyta rot 番茄灰腐病[*Ascochyta lycopersici* Brun.]
tomato aspermy virus(=chrysanthemum aspermy virus) 番茄不孕病毒
tomato bacterial wilt 番茄青枯病[*Pseudomonas solanacearum* (Smith) Dowsga]
tomato black ring virus(TOSWV)(=bean ringspot virus, lettuce ringspot virus, potato bonquet virus) 番茄黑环病毒
tomato blosson end rot 番茄蒂腐病(生理病害)
tomato buckeye rot 番茄褐腐病[*Phytophthoral parasitica* Dastur.]
tomato bunchy topvirus(TBTV) 番茄束顶病毒
tomato bushy stunt virus(TOBSV) 番茄丛矮病毒[Lycopersicon virus 4, *Marmor dodecahedron*, Lycoerpscium virus *dodecahedron* (Roland)]
tomato calcium deficiency 番茄缺钙症(生理病害)
tomato catsup(=tomato ketehup) 番茄酱,番茄沙司{加工}
tomato cercospora leaf spot 番茄叶斑病[*Cercospora diffusa* Ell. et Ev.]
tomato curly top 番茄曲顶病
tomato damping-off 番茄猝倒病[*Pythium debaryanum* Hesse]
tomato double streak virus 番茄复合条斑病毒
tomato early blight 番茄早疫病[*Aternaria solani* (Ell. et Mart.) Jones et Grout]
tomato eggplant(=scarlet-eggplant) 冬海红[*Solanum integrifolium* Poir.](茄科)
tomato finisher 番茄浆去皮去子机
tomato fruit rot 番茄果腐病
tomato-fruited eggplant 金银茄[*Solanum texanum* Hort.](茄科)
tomato fruitworm(=bollworm, corn earworm) 棉铃虫[*Heliothis armigera* Hübner=*H. zea* (Boddie)](夜蛾科)
tomato fusarium wilt 番茄萎蔫病[*Fusarium bulbigenum* var. *lycopersici* (Brushi) Wr. et Link.]
tomato grader 番茄分级机,番茄分选机
tomato hornworm 番茄天蛾[*Protoparce quinquemaculata* Haworth.](天蛾科)
tomato internal browning 番茄乌心病(病毒病害)
tomato juice 番茄汁,番茄露
tomato juice agar 番茄汁琼脂(培养基)
tomato ketchup 番茄酱

tomato late blight 番茄晚疫病[*Phytophthora infestans* (Mont.) de Bary]
tomato leaf mould 番茄叶霉病[*Cladosporium fulvum* Cke.]
tomato leaf spot 番茄斑枯病[*Septoria lycopersici* Speg.]
tomato mite (= tomato russet mite) 番茄叶刺皮瘿螨[*Aculops lycopersici* (Massee) = *Phyllocoptes* or *Vasates*](瘿螨科)
tomato mosaic 番茄花叶病(病毒病害)
tomato moth (= brown-eye moth) 番茄夜蛾[*Polia oleracea* L.](夜蛾科)
tomato oil 番茄油
tomato paste (= tomato ketchup) 番茄酱{加工}
tomato picker 番茄采收机
tomato pinworm 番茄蠹蛾(潜蛾科)[*Keiferia lycopersicella* (Walshingham) = *Phtorimaea*]
tomato plant 番茄(西红柿)[*Lycopersicum esculentum* Mill.](茄科)
tomato processing 番茄加工
tomato psyllid 马铃薯尖翅木虱(番茄木虱)[*Paratrioza cockerelli* (Sulc)](木虱科)
tomato pulp 番茄浆
tomato pulper 番茄捣碎机,番茄搅碎机
tomato puree 番茄酱
tomato rhizoctonia rot 番茄立枯病[*Corticium centrifugum* (Lev.) Bres.]
tomato ringspot virus (= tomato ringspot virus No.2, peach yellow bud mosaic virus, grape yellow vein virus) 番茄环斑病毒
tomato root knot nematode 番茄根结线虫[*Meloidogyne* sp.]
tomato russet mite 番茄叶刺皮瘿螨[*Aculops lycopersici* (Massee)](瘿螨科)
tomato sauce 番茄调味汁{加工}
tomato seed extractor 番茄取子机
tomato seed separator 番茄种子分离器
tomato septoria leaf spot (= tomatoria blight) 番茄斑枯病[*Septoria lyoopersici* Spegazzini]
tomato spotted wilt virus (= Ananas virus, Kat River disease, Kat River wilt, Kromnek virus, pineapple side rot virus, pineapple yellowspot virus, Tomato virus) 番茄斑萎病毒[*Lethum australiense* (Holmes) = Lycopersicon virus 3 (Smith) = *Lycopersicumvirus zonatum* (Roland)]
tomato streak 番茄条纹病毒[Lycopersicum virus 1 Smith]
tomato sun scald 番茄日灼病(生理病害)
tomato tree (= tree tomato, vegetable mercury) 树番茄[*Cyphomondra betacea* Sendt.](茄科)
tomato virus X (= mosaic of tomato) 番茄花叶病
tomato washing machine 番茄清洗机
tomato wilt virus 番茄萎蔫病毒
tomato witche's broom 番茄丛枝病(病毒病害)
tomato worm 烟草天蛾[*Mandaca sexta* (L.)](天蛾科)
tomato zinc deficiency 番茄缺锌症(生理病害)
tomatoes 番茄类蔬菜
tombolo 陆连岛,连岛沙洲
tombusvirus 番茄丛矮病毒(tombusvirus)
-tome ⌊字尾⌉一段,一节
tomentellate 被短绒毛的(tomentellatus)
tomentosa Japanese snowbell (= maries doublefile viburnum) 蝴蝶绣球[*Viburnum plicatum* var. *tomentosum* (Thunb.) Rehd.](忍冬科)
tomentose (= tomentous) 被茸毛的(tomentosus)
tomentose grape 绒毛葡萄[*Vitis retordii* Roman.](葡萄科)
tomentulose 被微茸毛的(tomentulosus)
tomentum ①茸毛,绵毛 ②茸毛被
tomogram X线断层图(tomogramma)
tomographic scanner X线断层扫描器
tomography X线断层[照相]术(tomographia)
Tomorin (= coumachlor) 氯杀鼠灵{农药}
tomoscan 断层扫描
tomosis 叶切病
tomthumb alternanthera 红美苋(五色苋)[*Alternanthera amoena* Voss.](苋科)
tomthumb nasturtium 矮生金莲花[*Tropaeolum majus* var. *nanum* Vilm.](金莲花科)
-tomy ⌊字尾⌉①一段,一节 ②割,切,截
ton (t)吨(=1 000千克)
tonal ①色调的 ②音调的,音频的(tonalis)
tonal telegraphy 音频电报{信息}
tonal variation 色调变化
tone ①色调 ②音调,音色
tone-code ranging 测音-编码测距,音码测距法{遥感}
tone dialing 按钮式拨号{信息}
tone range ①色阶,灰阶 ②影调范围,明暗亮度范围{遥感}

tone signature 色调特征
toner ①色剂,增色剂 ②色粉
tongs ①钳子,火钳 ②抓爪,夹取装置(工具)
tongue ①舌,舌片 ②(=ligule)舌状小花 ③榫舌 ④牵引架,导向辕架,主牵引梁,辕杆
tongue cell 舌状细胞(cellula ligulata)
tongue fern ①石苇属[*Pyrrosia* ssp.](水龙骨科) ②石苇(石剑箬,小石苇,金背茶匙)(*Pyrrosia lingua* sp.)
tongue grafting 舌接
tongue-hill 舌状丘
tongue leaf 宝绿(舌叶花)[*Glottiphyllum linguiforme* sp.](番杏科)
tongue-like 舌状的(ligulosus)
tongue of albic horizon 漂白层舌状体
tongue of cold air 冷空气舌
tongue of high pressure 高压舌
tongue of land 狭长地
tongue of warm air 暖空气舌
tongueless plough 无辕犁
-tonic ⌞字尾⌝转向
tonic ①紧张性的 ②张力的 ③强壮的 ④滋补的 ⑤滋补品,补品(tonicus)
tonic effect 紧张效应
tonicity ①紧张度 ②张力 ③强壮,强健(tonicitas)
toning 色调控制
toning control 色调控制
toning system 显影系统
Tonju cotton 通州棉[*Gossypium tonju* Miharae](锦葵科)
tonka bean (=tonka tree) ①零陵香豆属[*Dipteryx* Schreb.](豆科) ②零陵香豆(黑香豆)[*Dipteryx odorata* Schreb.]
tonkin cane 青篱竹(茶杆竹)[*Arundinaria amabilis* McClure.](竹科)
tonnage 吨位,载重量
tonne(t) 吨
tonnes per acre 每英亩吨数,吨/英亩
tonofibrilla 张力原纤维
tonofilament 张力丝(tonofilamentum)
tonometer ①张力计 ②血压计 ③眼压计
tonophily 喜高渗透压生长(tonophilia)
tonoplast ①液泡膜 ②液泡形成体(tonoplasta)
tonoplast intrinsic protein (TIP) 液泡膜内在蛋白
tonoplast membrane 液泡膜
tonoscillograph 动脉及毛细血管压力计
tonotaxis ①趋张力性 ②趋音性
tonotropism ①向张力性 ②向音性(tonotropismus)
tons cane to one ton sugar 每吨糖需蔗量(吨)
tons per ha 每公顷吨数,吨/公顷(每公顷甘蔗产糖吨数)
tonsil 扁桃体(tomsilla)
tonsillitis 扁桃体炎
tonus 紧张
tonus adaptation 紧张适应
tonus factor 紧张因素
too little 太小,太少,不够
too little energy input 太少能量输入
too little stress 太小胁迫
too much energy input 太多能量输入
toog tree ①重阳木属[*Bischofia* Bl.](大戟科) ②重阳木[*Bischofia trifoliata* Hook.]
tool ①工具 ②刀具 ③机床通称 ④用工具加工 ⑤装备工夹具 ⑥农机具
tool-aided for expert system 专家系统辅助工具{智培}
tool bit 刀头
tool carrier (=self-propelled chassis) 自动底盘
tool chest 工具箱
tool design 工具设计
tool palette 工具板
tool point 刀锋
tool set 工具组
tool shed 工具室,工具棚
tool steel 工具钢
toolbar ①通用机架 ②工作部件悬架
toolbar planter 通用机架播种机
toolbox 工具箱
toolhouse 工具房,工具室
toolkit 工具包
toon (=toona) ①香椿属[*Toona* Roem.](楝科) ②香椿[*Toona sinensis* (A. Juss.) Roem.]
tooth ①齿 ②牙齿 ③菌齿 ④钉齿,耙齿,搂齿,梳齿,中耕铲,(切割器)动刀片(dens)
tooth bud 齿原始体,齿蕾
tooth cultivation 中耕铲耕作,中耕铲耕耘
tooth cylinder 钉齿滚筒
tooth harrow 齿耙
tooth-holder 齿座,齿夹
tooth-leaved 具齿叶的(odentophyllus)
tooth outline 齿[外]形
tooth point shovel 平尖松土铲
tooth rake 齿耙
tooth scoop 带齿铲
tooth-seeded 具齿种子的(odentospermus)

tooth-sepaled 具齿萼的(odentosepalus)
toothed 具齿的(dentatus)
toothed bur clover 锯齿刺苜蓿(小齿金花菜)[*Medicago hispida* var. *denticulata* Willd.](豆科)
toothed wheel ①齿轮 ②棘轮
toothless 无齿的(edentulus)
toothless drag 无齿拖板,板耮
toothpick 牙签
toothwort ①石芥花属[*Dentaria* L.](十字花科) ②拉悉雷属[*Lathraea* L.](列当科)
toowoomba canary grass 球茎虉草[*Phalaris bulbosa* L. = *P. tuberosa* L. = *P. nodosa* L.](禾本科)
top ①冠,树冠,根冠 ②顶端,上端,上部,梢 ③(作物)地上部,(甜菜)顶
top agar 顶层琼脂
top agarose 顶层琼脂糖
top-and-lop (伐倒木)树梢及枝丫
top application (追肥)表施
top application at fruiting stage 壮果肥
top application at heading stage 壮穗肥
top bar (巢框)小梁,上梁
top bird (= top performer) 高产母鸡
top borer 粟灰螟[*Chilotraea infuscatella* (Snellen)](草螟科)
top breakage 梢折
top bull (= elite bull) 良种公牛
top class 最高级
top clipping 剪梢
top collector 块根顶收集器,甜菜顶收集器
top cross (= topcross, variety-inbred cross) 顶交(玉米)
top cross-bred 品种间杂种{畜}
top-cross hybrid 顶交杂种{育种}
top-cross parent 顶交亲本
top-cross progeny 顶交后代
top cutting ①顶梢伐除{森林} ②(甜菜)顶切除,切顶{栽培} ③顶梢插,梢枝插{园艺}
top dead center (TDC) 上死点,上止点
top diameter 梢径(梢头直径)
top die-back 顶枯病
top digit 高数位{统计}
top-down 自顶向下,自上至下
top-down analysis 自顶向下分析{统计}
top-down compiler 自顶向下编译程序
top-down hierarchal design 自顶向下分层设计[法]
top-down reasoning 自顶向下推理
top-down testing 自顶向下测试
top draining 地表排水
top dressing 追肥,表层施肥
top-dressing at ear formation period (= to-dressing at panicle formation stage, ear manuring) 施穗肥
top-dressing at panicle formation stage (= ear manuring) 施穗肥
top-dressing at the latter growth stage 后期追肥
top-dressing at the ripening stage 施[子]粒肥,攻粒肥
top-dressing at the tillering stage 施分蘖肥
top-dressing during the early growth stage of a crop 前期追肥
top-dressing of fertilizer 追肥
top-dressing of insecticide 叶心施药(玉米治虫)
top dressing technique 追肥技术
top-dressing to deep layer 深层追肥
top dressing with nitrogen 追施氮肥
top drive (摇蜜机)从上方运转
top dry 梢枯病
top drying (= top-kill) 梢枯
top-dump 上部倾翻(指翻卸)
top end 梢端
top end of trunk 树干梢头,树顶
top entrance 上巢门{蜂}
top extension 顶伸柱
top fastener 篷车扣紧装置
top fermentation 表层发酵
top-fermented beer 表层发酵啤酒
top-flowered haageocereus ①金煌柱属[*Haageocereus* spp.](仙人掌科) ②金煌柱[*Haageocereus acranthus* sp.]
top fruit 顶果
top fruit sprayer 果树冠喷雾器
top gear (变速箱)最高挡,直接挡,高速挡
top girth 梢围(梢端干围)
top graft 高接
top grafting (= top working) 高接{园艺}
top grass 上繁(层)草
top growth 地上部生长
top-heavy 顶部重的
top-height (= dominant height) 优势木高度
top incross 品种内杂交种
top layer 表土层,表层,上土层
top leaf 顶叶
top-level environment 顶层环境
top-level specification 最高级说明
top-level widget 最高级窗口部件{电脑}
top-level window 最高级窗口{电脑}

top link (悬挂装置)上拉杆
top loading 自顶装入
top margin 顶边
top material 顶梢,蔗梢(指甘蔗)
top menu 顶端菜单{电脑}
top necrosis 顶部坏死
top off ①除掉茎叶(指直根作物) ②打尖,去顶
top onion 珠芽洋葱(头球洋葱)[*Allium cep* L. var. *viviparum* Metz.](百合科)
top-opening freezer 敞顶式冷冻器
top overhaul 大修
top performer 高产母鸡
top phase 上相{生技}
top pinching 摘心,打顶尖
top primrose 四季樱草(鄂报春)[*Primula obeontea* Hance](报春花科)
top pruning (= topping) 摘心,去顶,打梢
top quality 上等品质
top removing (= top removal) 摘心,打尖,打顶
top rib (枪筒)顶肋{狩猎}
top roll 上辊
top roller 支持滚轮,上滚轮
top root 主根
top-root ratio 根冠比率,地下部与地上部比率
top rot ①顶腐(梢顶腐朽) ②顶腐病
top row 顶行,零行{电脑}
top saver 甜菜顶收集器
top screen 上筛
top seal 封口
top seedpiece (= top-sets) 梢头苗(指甘蔗)
top set 头球(指洋葱花梗上所生的小球)
top shadow 上阴影
top-shaped 陀螺状的,倒圆锥形的(turbinatus)
top shoot 顶梢,顶幼枝
top soil 表土
top soil plough 浅耕犁,灭茬犁,茬地犁
top speed 最高速度
top stem 梢头木
top term 主题词
top to bottom analysis 自顶向下分析{统计}
top unloading 上部卸载,头部卸载
top ventilation 顶部换气[窗](指温室或贮藏库的)
top ventilator 天窗(温室)
top view 顶视图{显技}
top water 上部水
top water level 最高水位
top working (= top grafting) 高接
top-working disease of apple 苹果高接病(病毒病害)
top yeast 上面酵母
top yellows of pea (= pea fasarium wilt) 豌豆萎蔫病[*Fasarium pisi*]
topas 黄玉
topcross (= inbred-variety cross) 顶交(玉米){育种}
topcross parent 顶交亲本
topcross progeny 顶交后代
topcross test 顶交测验
topcross tester 顶交测验种
topcross variety 顶交品种
tope ①普通星鲨[*Mustelus vulgaris* Temminck et Schlegel] ②背盔鲨[*Notogaleus rhinophanes* (Peron)] ③翅鲨[*Galeorhynus galeus* (L.)]{水产} ④杧果林 ⑤林园
topepo 茄形椒(辣椒品种)
tophaceous ①黄灰色的 ②沙粒状的(tophaceus)
tophus (= sandistone) 痛风石(tufa)
topiary ①整形的,剪形的 ②剪形修饰(topiarius)
topiary garden 整形庭园
topiary tree 整形树
topiary work 整形作业
topic 论题,题目,标题,专题,主题(topicus)
topic bibliography 专题目录,主题目录
topical ①论题的,题目的 ②局部的(topicus)
topical application 局部滴施,局部施用
topinambur (= Jerusalem artichoke) 菊芋(洋姜,菊薯)[*Helianthus tuberosus* L.](菊科)
topknot ①果上叶簇 ②(鸟)凤头
topmost 最高的,顶高的
topmost node ①最顶层节点{电脑} ②最顶部节{形态}
topo- ⌞字头⌝地区,地点
topoangulator 相片测倾仪{遥感}
topoclimate 地区气候,地形气候(topocaelum)
topocline 地理渐变群,地区渐变群
topodome 地理同类群,地区同类群
topographic (= topographical) 地形的(topographicus)
topographic expression 地形表现
topographic factor (= topographical factor) 地形因素
topographic features 地貌

topographic frontogenesis 地形锋生[作用]{气象}
topographic map (=topographical map) 地形图
topographic mapping 测制地形图{遥感}
topographic survey (=topographical survey) 地形测量
topographical condition 地形条件
topographical displacement 地形位移
topographical distribution 地形分布
topographical drawing (=topographic map) 地形图
topographical reconnaissance 地形侦察{遥感}
topographical unit 地形单位
topography ①地形 ②分布状况 ③局部解剖学 ④[受体]图像,拓扑图(topographia)
topoinhibition 地理抑制(topoinhibitio)
topoisomer 拓扑异构体{生技}
topoisomerase 拓扑异构酶
topologic (=topological) ①拓扑的 ②地区的(topologicus)
topologic system 拓扑系统
topological analysis method 拓扑分析法
topological complexity 拓扑组合
topological database 拓扑数据库
topological entity 拓扑实体
topological file access 拓扑文件存取
topological graph 拓扑图
topological information system 拓扑信息系统
topological isomer (=topoisomer) 拓扑异构体
topological language 拓扑语言{电脑}
topological list 拓扑表
topological model 拓扑模型
topological model of space 空间拓扑模型
topological optimization 拓扑优化
topological segregation 地区分离
topological space 拓扑空间
topological specialization 地区专化性
topological surface 拓扑面
topological verification 拓扑验证
topology 拓扑学(topologia)
topology database update (TDU) 拓扑数据库更新
topophysis 树位性
toposequence 地形系列(toposequentia)
topotaxis 趋境性
topotype 原产地模式[标本]
topped 打顶,去[蔗]梢,打梢
topped carrot ①打顶胡萝卜 ②散装胡萝卜
topper ①打顶器,打尖器 ②(甜菜)切顶器,(甘蔗)打梢器
topper chute 打梢排出槽(指甘蔗用)
topper-windrower 甜菜切顶条铺机
topping ①摘心,打尖 ②打顶,去梢 ③修剪,整枝 ④早春放牧
topping and thinning [**of branches**] 摘心整枝
topping and thinning of the pods 摘心疏荚
topping axe 修枝斧
topping distance [甜菜]切顶高度
topping efficiency ①打梢效果(指甘蔗) ②打顶效果(指芝麻)
topping height 去梢高度
topping knife ①甜菜切顶刀 ②甘蔗切梢刀
topping off 打顶,去梢
topping operation 去梢[操作]
topping roll 去梢辊(指甘蔗)
topple ①倾覆,倒下 ②颠倒
Topsin (=thiophanate) 托布津{农药}
topsoil (=surface soil) 表土
topsoil plough 灭茬犁
toquilla (=Panama screwpine, Panama hat palm, jipijapa)巴拿马草[*Carludovica palmata* Ruiz. et Pav.](巴拿马草科)
torch ①篝火,炬火 ②喷灯 ③气焊枪 ④手电筒
torch ginger ①火炬姜属[*Nicolaia* spp.](姜科) ②火炬姜[*Nicolaia* elatior sp.]
torch lily ①剑叶兰属[*Kniphofia* Moench.](百合科) ②(=torch flower, poker plant) 剑叶兰(火把莲)[*Kniphofia uvaria* Hook.]
torch pine 火炬松[*Pinus taeda* L.](松科)
torch thistle ①仙影拳属(仙人山属,仙人卷属)[*Cereus* Mill.](仙人掌科) ②仙影掌(山影,仙人山)[*Cereus pitajaya* DC.]
torchwood (=balm tree) 香脂树属[*Amyris* P. Br.](橄榄科)
Tordon (=picloram) 毒莠定{农药}
torenia ①蓝猪耳属[*Torenia* L.](玄参科) ②蓝猪耳[*Torenia fournicri* Linden.]
torfaceous 沼泽生的(torfaceus)
toringo crab 三叶海棠[*Malus sieboidii* Rehd](蔷薇科)
toritonia blazing star ①观音兰属[*Tritonia* L.G.](鸢尾科) ②观音兰[*Tritonia crocata* L. G.]
tormentil (=common tormentil, blood wort, blood root, tormentilla cinquefoil) 直立委陵菜[*Potentilla erecta* Neck. = *P. silvestris* Neck., *P. tormentilla* Neck.](蔷薇科)

torn 撕裂状的（laceratus）
torn grain 撕裂纹理（granum laceratum）
torn-tape switching center 撕断纸带式转报中心｛信息｝
tornadic thunderstorm 龙卷雷暴
tornado 陆龙卷，飓风
tornate 弄圆的（tornatus）
toroid ①超环面 ②复曲面 ③环（torpere）
toroid structure 复曲面结构，超环面结构
torose（= torous） ①节状的 ②藕节形的（torosus）
torpedo ①鱼雷 ②（胚胎）鱼雷形
torpedo panicum（= torpedo grass） 铺地黍［*Panicum repens* L.］（禾本科）
torpedo stage 鱼雷期
torque 转矩，扭矩（torquus）
torque booster（= torque amplifier） 增扭器
torque converter （液力）变扭器
torque converter tractor 具有（液力）变扭器的拖拉机
torque gear shift 不切断功率换挡
torque limiter 扭矩限制器
torque-meter 扭矩计，扭矩仪
torque wrench 扭力扳手
torr 托（真空单位，相当于1毫米汞柱的压力）
torrent ①急流，湍流 ②山洪，瀑布 ③暴雨（torre）
torrent control ①山洪治理 ②急流治理
torrent deposit 急流沉积物
torrent regulation 山洪整治
torrent river 急流河川
torrential flood 山洪
torrential flow 湍流，急流
torrential river 荒谷河，荒溪河
torrential valley 荒谷，荒溪
torrential wash 急流冲刷
torrert 干裂变性土
torrey nut（= torreya） ①榧属［*Torreya* Arn.］（紫杉科）②榧（香榧，大榧）［*Torreya grandis* Fort.］
torricella ①叨里木属［*Torricella* DC.］（叨果木科）②叨里木［*Torricella angulata* Oliv.］
torricella family 叨里木科［Torricellaceae］
Torricelli's vacuum 托里析利真空｛气象｝
torrid 炎热的（torridus）
torrid zone 热带
torridity 炎热，酷热（torriditas）
torrox 干燥氧化土
torse-fibred （木材）螺旋纹的
torsel ①漩涡状的 ②承梁木（torselis）
torsiogram 扭矩图
torsiograph 扭矩记录仪，扭振自记器
torsiometer 扭矩计，扭矩仪
torsion ①扭曲｛遗传｝②扭转｛解剖｝③扭［转］力｛物｝（torsio）
torsion angle 扭角，扭转角
torsion balance ①扭力天平 ②扭秤，扭矩秤
torsion dynamometer 扭矩仪
torsion-fiber 扭转纹
torsion hygrometer 扭转湿度表
torsion joint 张力节理｛地质｝
torsion meter 扭力计
torsion pairing 扭曲配对
torsion-ring shear apparatus 扭转环剪力仪
torsion rod stabilizer 扭力杆稳定器
torsional 扭转的（torsionalis）
torsional elastisity 扭转弹性
torsional load 扭转载荷
torsional moment 扭矩，力矩
torsional rigidity 扭转刚度｛生技｝
torsional strain 扭应变
torsional strength 扭转强度，抗扭强度
torsional strength of wood 木材抗扭强度
torsional stress 扭转应力
torsional tension 扭转张力
torsional vibration 扭转震动
torsional vibration damper 扭振阻尼器
torsive 螺旋状扭曲的（torsivus）
tortifolious 旋扭叶的（tortifolius）
tortoise 海龟［*Chelonia mydas* L.］（海龟科）
tortoise beetle ①龟甲虫 ②⌊复⌉（= sweet potato beetles）龟甲科［Cassididae］
tortoise scales 蜡蚧科［Lecaniidae］
tortoise shell 海龟壳，玳瑁壳
tortoise-shell cat（= calico cat） 玳瑁猫
tortrix moth ①卷蛾 ②⌊复⌉卷蛾科［Tortricidae］
tortuosity （羊毛）卷曲性（tortuositas）
tortuous ①蜿蜒状的 ②多弯拐的 ③扭曲的（tortuosus）
torulaceous（= toruloid） 串珠状的（torulaceus）
torularhodin 红酵母红素
torulose（= torulous） 近念珠状的（torulosus）
torulosis 球拟酵母病，隐球菌病
torus ①花托 ②纹孔塞 ③边脊 ④环面
torus enlargement 隐头花序（hypanthodium）
torymids（= torymid wasps） 长尾小蜂科

[Torymidae]

TOS (= TIROS Operational Satellite) 托斯卫星(泰罗斯业务卫星){遥感}

tossing and agitation action 抛扔和搅动作用

tossing board 抖动板

tossock ①矮灌(= bush) ②刷子(= brush)

TOSWV (= tomato black ring virus) 番茄黑环病毒

total ①完全的,全体的,整个的 ②总计,合计,共计(totalis)

total accumulator 总累加器

total acidity 总酸度

total albumin 全清蛋白量

total alkalinity 总碱度

total amount 总量

total amount of respiration 总呼吸量

total analysis 全量分析

total annual cost 全年总费用,年度总成本{环保}

total annual number of daylight hours 全年总日照时数

total annual respiration 全年总呼吸量

total arable area 总耕地面积

total arable land 总耕地

total area of forage crops 饲料作物总面积

total area under cultivation 总栽培面积

total biomass 总生物量

total bypass ①全旁路 ②全旁路式通信 ③全转接{信息}

total carbon (TC) 总碳量{环保}

total chlorine requirement 总氯需要量{环保}

total chromatic dispersion 总色散

total chrome 总铬量{环保}

total cloud cover 总云量

total color blindness 全色盲

total composition 全量组成,总体成分

total console 总控制台{信息}

total consumption 总消费

total content 总含量

total conversion error 总转换误差{信息}

total conversion time 总转换时间

total correctness 完全正确性

total correlation 全相关{统计}

total correlation factor 全相关因子

total cost 全部费用,总成本{农经}

total count ①总计数{统计} ②总菌数{微生物}

total counter 总计数器

total cover-degree 总盖度{遥感}

total crop area 总作物面积,总栽培面积

total cross-sectional area 总横切面积

total cultivated area 总栽培面积

total cultivation area 总栽培面积

total curvature 总曲率

total cyanide 总氰化物{环保}

total degree of freedom 总自由度{统计}

total demand 总需求

total departure 总偏差,总偏移

total diet study ①全部膳食研究(研究人摄取残留农药情况) ②全部饲料研究(研究家畜与家禽各发育阶段对饲料各元素的需要)

total differential 全微分{统计}

total differential equation 全微分方程

total digestible nutrients (TDN) 总可消化的养分

total dissolved solid (TDS) 总溶解固体{环保}

total distribution cost analysis 总流通费用分析{农管}

total dose per unit time 每单位时间总剂量

total draft 总牵引力

total dry-matter production 总干物质产量

total dust 总尘量{环保}

total eclipse 全食(eclipsus totalis)

total effective temperature 有效积温

total error 总误差{统计}

total estimate 总体估计

total evaporation 总蒸发量

total expected value of decision maker 决策者的总期望值

total exposure 总照射量

total farm surface (= total farmland) 总农地面积,全部耕地

total field of view 总视场{遥感}

total float time 总多余时间

total flow ①总流量{水利} ②总流蜜量{蜂}

total fragmentation 总断裂

total genetic information content 总遗传信息量

total genetic variability 总遗传变异性

total genetic variation 总遗传方差

total gross photosynthesis 全粗光能合成{生态生理}

total growth 总生长量

total growth period 总生长期

total hardness 总硬度{环保}

total head ①全穗,整穗{形态} ②总落差,总水头,总压头{水利}

total heat exchanger 全热交换器

total height 总高度(指采伐点到梢高的高度){森林}

total herbicide 全面杀草剂

total heterozygosity 总杂合性

total idle time 总闲置时数(指工厂机器)

total imports 总输入量
total increment 总生长量
total inhibition 完全抑制点(指木材防腐剂的浓度)
total isolation method 全数分离法{分遗}
total land area 总土地面积{农管}
total layer application 全层施肥
total leaf area 总叶面积
total leaf density 总叶密度
total leaf mass 总叶量
total leaf surface 总叶表面[积](指叶上面与叶下面的面积)
total length 全长,总长
total lift 总升扬高度
total loss 总损失,总损耗
total management system 总管理系统
total mass 总体,总量
total mean growth 总平均生长量
total mean increment 总平均增长量(指木材)
total mercury 总汞量{环保}
total milling yield 出白米率
total mixed ration 全混合饲料,全混合日料
total national economy 整体国民经济,总经济
total nitrogen 全氮量
total nitrogen content 总含氮量
total number of differentiated spikelets per unit area 单位面积分化总小穗数
total number of kernels 种子总数
total number of plots 总小区数
total number of pods per plant 每株总荚果数
total number of spikelets 总小穗数
total number of strains selected 总当选品系数
total number of tillers 总分蘖数
total obligation authority (TOA) 总权责,总支付权限{农管}
total optimization 整体最优
total organic carbon (TOC) 总有机碳{环保}
total osmotic potential 总渗透势
total output 总产量
total output value 生产总值,总产值
total output value of agriculture 农业总产值
total oxidation 总氧化{环保}
total oxygen demand (TOD) 总需氧量{环保}
total oxygen demand automatic recorder 总需氧量自动记录仪{环保}
total performance ①总性能{电脑}②总生产性能{栽培}③总技术性能{加工}
total phenotypic variance 总表型方差
total photosynthetic activity 总光合活力
total plants 总株数
total pollution loading 总污染负荷{环保}
total pore space 总孔[隙]
total porosity 总孔[隙]度
total power radiometer 全功率辐射计
total power requirement 功率总需要量
total precipitation 总降水量,总雨量
total preparation 整体标本{显技}
total pressure 全压力,总压力
total probability 全概率,总概率
total probability formula 总概率公式
total procurement cost 收购价格
total production 总[生]产量
total products ①总产物,总产量{栽培}②总乘积{统计}
total profit 总利润{农经}
total pruning (= total clipping) 全面修剪
total quality control (TQC) 全面质量管理
total radiation 全辐射(太阳辐射与地球辐射之和)
total radiator 全辐射器
total reaction 总反应
total reaction system 总反应系统
total recovery 总回收量(指制糖)
total reflection 全反射
total regression curve 总回归曲线{统计}
total resource 总资源
total respiration 总呼吸
total-rice yield 总出米率
total runoff 总径流量
total salt 全盐[量]
total scanning line-length 总扫描线长{信息}
total score method 总评分法{畜}
total season yield 一年总收获量
total section 整体封固制片{显技}
total selection 总选择量
total shoot mass 总茎量
total shrinkage 总收缩
total soil metabolism 总土壤代谢
total soil-moisture stress 土壤水分总应力
total solid ①全固体 ②总固溶物
total soluble salts 总可溶解盐类[量]
total space 全空间
total specific surface area of soil 土壤总比表面积
total storm precipitation 天气过程总降水量
total sugar 总糖分
total sum of products 总乘积和

total sum of squares 总平方和
total supply 总供应{农管}
total supply correspondence 总供应应对
total surface area 总表面积
total synthesis 全合成
total system cost 全系统费用
total testing time 总测试时间
total thickness 总厚度
total tillers 总分蘖数
total titrable alkali 总滴定碱
total tree height 树木全高
total useful water 有效水总量
total variable costs 可变总费用
total variance 总方差
total variation ①总变异 ②全变差
total variation of function 函数的全变差{遥感}
total volume 总容积,总体积
total vorticity 全涡度
total wages ①总工资 ②全工资
total water potential 总水势
total weed control 全面除草
total weight 全重,总重
total weight of straw 总秆重
total yield 总产量
total yield of known plots 已知小区的总产量
total yield of unknown plots 未知小区的总产量
totality ①全体,完全,整个 ②总数,总额
totalization 求和(totalisation){统计}
totalizer (=totalizator) 累积计算器
totalizer for rain (=totalizing rain gauge) 累积雨量器
totalizing counter 累加计数器
totally centralized network [完]全集中式网络{信息}
totally decentralized network [完]全分散式网络
totally-enclosed machine 全封闭式电机
totally labeled 全标记{生技}
totally optimal plan 整体最优方案{农管}
totally self-checking 全自检{电脑}
totally self-checking circuit 全自检电路{信息}
totally sensitive species 全敏感种(指对冷冻反应)
totameter 流量计(量液体或气体)
totipotency (=totipotence) 全能性,全潜能(totipotentia)
totipotency of angiosperm 被子植物全能性
totipotency of cell 细胞全能性
totipotent 全能性的,全潜能的(totipotens)
totipotent cell 全能细胞(cellulus tollpontens)
totipotent nucleus 全能核(nucleus totipotens)
totipotent protoplast 全能原生质体(protoplastis totipotens)
totipotent state 全能状态(status tolipolens)
totivirus 全病毒
totter grass (=common quaking grass, perennial quaking grass) 凌风草[*Briza media* L.](禾本科)
touch ①触,接触,触觉,触感 ②少许,微量,轻度损伤 ③联系 ④按键,按钮
touch-and-go pairing 触离配对,瞬间配对
touch call 按键呼叫{信息}
touch-down point 触摸点
touch hole [引火]接触孔
touch in 按[钮输]入
touch key 触键,按键
touch-me-not ①凤仙花属[*Impatiens* L.](凤仙花科) ②(=garden balsam) 凤仙花[*Impatiens balsamina* L.] ③水金凤[*Impatiens noli-tangere* L.]
touch receptor 触感受器
touch sensation 触觉
touch-sensitive digitizer (TSD) 触摸敏感数字化仪
touch-sensitive software 触摸敏感软件
touch sensor 触摸传感器
touch-tone adapter 按键双音电话转接器{信息}
touch-tone telephone 按键式电话机
touching 贴近的(contiguus)
touchwood 引火木(腐朽材,干后易着火)
tough 强韧的,坚韧的(tenax)
tough consistency 韧性结持性,韧性结持[度]
tough flaxlily (=New Zealand flax, New Zealand fiberlily) 新西兰麻[*Phormium tenax* Forst.](龙舌兰科)
tough fracture 齿状断口,坚韧断口
tough glume 坚韧颖片(gluma tenax)
tough job 繁重作业,重活
tough plastic clay 韧塑性黏土
tough-podded kidneybean 硬荚菜豆(品种)
tough rachis 强韧穗轴,强韧花序轴(rachis tenax)
tough silt 韧性粉粒(粉砂)
tough turf 坚韧草皮
toughness ①坚韧性,强韧度 ②刚度,强度
toughness index 韧性指数
toughness of stalk 茎秆强韧度

toughness of wood 木材韧性
toughness value 韧性值
Toulouse 托罗斯鹅(法国品种)
tour 旅游,周游(= round trip or journey)
tour guide 旅游指南,导游指南
tour information database 旅游信息数据库
tourism industry 旅游业
tourist map 旅游图,导游图
tourist resources 旅游资源{农经}
tourmaline 电气石
tournahauler 重型运蔗车
tournesol ①向日葵 ②天芥菜
tow ①粗麻屑 ②长丛卷毛,长束毛(stupa) ③牵引,拖曳,拉
tow bug (= cigarette beetle) 烟草窃蠹[*Lasioderma serricorne* Fabricius](窃蠹科)
tow cleaner 麻屑清理机,短纤维清理机
tow grader 牵引式平地机
tow-like 长丛卷毛状的,长束毛状的(stupaceus)
tow ring 拖环
tow-rope 拖绳,曳缆
tow scutcher ①麻屑加工机 ②麻栉,打麻器
tow-type harrow 牵引耙
toward center ploughing 向心环行耕作法
towbar 牵引杆
towed harvest 牵引式收获机
towed liquid manure spreader 牵引式液肥洒布机
towed sprinkler 牵引式喷灌机
towed wheel 尾轮
towel-gourd ①丝瓜属[*Luffa* Cav.](葫芦科) ②丝瓜[*Luffa cylindrica* Roem.]
tower biological filter 塔式生物滤池{环保}
tower concentrator 塔式浓缩器
tower cress ①赛南芥属[*Turritis* L.](十字花科) ②赛南芥[*Turritis glabra* L.]
tower drier (= tower dryer) 塔式干燥机
tower evaporator 塔式蒸发器
tower fermentor 塔式发酵罐
tower glasshouse 塔式温室
tower intake 取水塔,塔式取水口{环保}
tower mill 塔形风车
tower mustard ①南芥菜属[*Arabis* L.](十字花科) ②南芥菜[*Arabis glabra* sp.]
tower-mustard rockeress 无毛筷子芥[*Arabis glabra* Bernh.](十字花科)
tower of wind 风塔
tower silo 青贮塔
tower silo for grain 贮粮塔
tower silo for silage 青贮塔
tower silo unloader 青贮塔卸载机
tower sprayer 塔式喷雾机
tower system 塔式
tower type batch drier 塔式分批干燥机
tower washer 塔式洗涤器
towering ①隆起的,高耸的 ②塔状的(turritus)
towering cloud 塔状云
towerless electric pump station 无塔式电泵站
towerman (防火)守望员
towing ①拖曳,拖引,牵引 ②牵引索,拖绳
towing attachment 牵引器(装置)
towing capacity ①牵引能力,拖拉量 ②拖捕量
towing device 牵引装置
towing dynamometer 牵引力计
towing force 牵引力
towing hook 牵引钩
towing jaw 牵引挂钩
towing link (悬挂装置)下拉杆
towing machine 牵引机
towing mechanism 牵引机构
towing rod 牵引杆
towline 牵引缆索
town 镇,村镇,乡镇,市镇,城镇
town and country planning 拟定城乡规划
town drainage 城镇排水{环保}
town economic development 城镇经济发展
town fog 城市雾
town forest 村镇林
town planning 城镇规划
town water supply 城镇供水
township coal mine 乡镇煤矿
township industry 乡镇产业
toxacarol 灰毛豆酚
toxalbumin 毒白蛋白
toxamin 毒生素
toxaphene 毒杀芬,八氯莰烯(杀虫剂)[$C_{10}H_{10}Cl_8$]
toxemia 毒血症
toxic (= toxical, poisonous) ①毒的,有毒的 ②中毒的,毒物的(toxicus)
toxic agent 毒剂,毒药,毒素
toxic amine 毒胺
toxic animals 有毒动物
toxic chemicals 有毒化学物质
toxic concentration 毒物浓度
toxic content 毒物含量(指铅)
toxic crystal 有毒晶体
toxic cyclic peptide 毒环肽
toxic dose 50 (TD50) 半数中毒[剂]量,50%

中毒[剂]量
toxic dose 中毒量
toxic effect 毒效,毒性作用
toxic element 有毒元素,毒性元素
toxic end product 有毒最后产物
toxic ethanol 毒性乙醇
toxic excretions 有毒分泌物
toxic fishes 有毒鱼类
toxic fungus 毒菌
toxic gas 毒气
toxic group 毒性基团
toxic intermediary product 有毒中间产物
toxic ion 毒性离子
toxic level 中毒水平,中毒量
toxic limit 耐毒极限
toxic liquid 毒液
toxic photoproduct 有毒光[生]产物
toxic pollulant 有毒污染物
toxic properties 毒性
toxic reduction product 毒性还原产物
toxic residue 残毒
toxic shock toxin 中毒[性]休克毒素
toxic substance 毒物
toxicant ①毒的,有毒性的 ②毒药,毒剂(toxicans)
toxication 中毒(toxicatio)
toxicide 解毒剂,解毒药
toxicity (= toxity) 毒性,毒力(toxicitas)
toxicity by skin absorption 皮肤吸收毒性
toxicity index 毒性指数
toxicity on inhalation 吸入毒性
toxicity symptom 毒性症候,中毒症状
toxicity test 毒性试验
toxicity to mammal 人畜毒性(指对哺乳动物的毒性)
toxicogenic (= toxigenic) 产毒的(toxicogenus)
toxicoid 似毒物的
toxicological 毒理[学]的(toxicologicus)
toxicological experiment 毒理实验
toxicology ①毒物学 ②毒理学(toxicologia)
toxicophyte 有毒植物(toxicophyta)
toxicosis 中毒
toxicosozin 毒素拮抗蛋白
toxiferous 泌毒的(toxifer)
toxigenic (= toxicogenic) 产毒的
toxigenicity 产毒性(toxigenicitas)
toxigenicity test 毒力试验
toxigenous ①产毒的 ②产菌的(toxigenus)
toxigenous pathogen 产菌性病原(pathogenum toxigenum)
toxin (= toxic agent) 毒素
toxin-antitoxin flocculation 毒素抗毒素凝絮作用
toxinbean ①毒豆属[*Laburnum* Medic.](豆科) ②毒豆[*Laburnum anagyroides* Medic.]
toxiniferous 泌毒的(toxiniferus)
toxinoinfection 毒素传染(toxinoinfectio)
toxious 有毒的(toxiosus)
toxious plant 有毒植物(planta toxiosa)
toxisterol 毒[甾]醇[$C_{23}H_{27}O_7$]
toxocariasis 毒蛔虫病
toxoflavin 毒[性]黄素
toxogen 毒[素]原(toxogenum)
toxogenic 产毒素的(toxogenus)
toxohormone [癌]毒激素
toxoid 类毒素
toxolysin 解毒素,抗毒素
toxone 减力毒素
toxophore 毒性基因,带毒基因
toxophylaxin 毒素抵抗素
toxoplasm 毒浆体(toxoplasma)
toxoplasmosis 毒浆原虫病
toxosozin 毒素破坏素
T. P. (= transformation principle) 转化因子
TP 13 (= captan) 克菌丹{农约}
TPL (= tripartite leader) 三联前导序列{生技}
TPN (= triphosphopyridine nucleotide) 三磷酸吡啶核苷酸,辅酶Ⅱ
TPNH (= reduced triphosphopyridine nucleotide) 还原型三磷酸吡啶核苷酸
TPNH cytochrome C reductase TPNH 细胞色素 C 还原酶
TPNH transhydrogenase TPNH 转氢酶
TPRS (= temperature programmed reaction spectrum) 程序升温反应谱{分遗}
Tr (= transpiration) 蒸腾[作用]{植生}
TR factor (= transfer RNA releasing factor) 转移 RNA 释放因子,TR 因子
tra (= transformer) 性别转换基因
trabant ①(染色体)随体 ②随机(trabans)
trabecula (= trabecule) ①横条,横隔片,横板 ②(脾,肝)小叶
trabecular 横纹的(trabecularis)
trabecular duct 横纹导管(ductus trabecularis)
trabecular vessel 横纹导管(vasa trabecularis)
trabeculate 具横条的(trabeculatus)
trace ①痕迹,踪迹 ②极微量,痕量 ③套绳,缰绳 ④描绘图

trace amount 微量,痕量
trace analysis 微量分析
trace analysis program (TAP) 踪迹分析程序{电脑}
trace bundle 迹束
trace complex 复合迹
trace constituent 痕量成分
trace element 微量元素,痕量元素
trace-enrichment 痕量富集
trace fertilizer 微量元素肥料
trace gap 迹隙
trace horse 挽马
trace level 痕量级
trace metal analysis 痕量金属分析{环保}
trace metals 微量金属,痕量金属
trace nutrient 痕量养分,痕量营养元素
trace of precipitation 雨迹
trace standard of agricultural chemicals 农药残留标准
traceball 跟踪球{遥感}
traceball linear mapping 跟踪球线性变换
tracer ①示踪物,示踪剂 ②描记器 ③绘图员 ④模板,仿形板,仿形装置 ⑤跟踪程序
tracer administration 示踪物施用
tracer assimilates 示踪同化物
tracer atom 示踪原子
tracer card 跟踪程序卡{电脑}
tracer chemistry 示踪化学
tracer dose 示踪剂量
tracer element 示踪元素
tracer experiment 示踪试验
tracer isotope 示踪同位素
tracer method 示踪法
tracer module 跟踪程序块{电脑}
tracer protein 示踪蛋白
tracer stream 示踪流
tracer technique 示踪技术
trachea ①导管 ②气管
tracheal ①导管的 ②气管的 (trachealis)
tracheal gill 气管鳃
tracheal sac (=air sac) 气囊
tracheal system 气管系统
tracheal tissue 管组织 (tela trachealis)
tracheary element 管状分子 (elementum trachearium)
tracheid 管胞 (tracheida){解剖}
tracheid-form sieve tube 管胞状筛管
tracheid lumina 管胞腔 (lumina tracheidalis)
tracheidal 管胞的 (tracheidalis)
tracheobacterioses 导管系统细菌病害
tracheobacteriosis of solanaceous vegetable 茄科蔬菜维管束细菌性凋萎病[*Bacterium solanaceum* E. F. Sm.]
tracheole 微气管 (tracheola)
tracheomycosis 维管束真菌病
tracheophyte 导管植物,维管植物 (tracheophyta)
tracheoverticillosis 维管束黄萎病(柑橘病害)
trachitis 气管炎
trachoma 沙眼
trachyanthous 糙花的 (trachyanthus)
trachycarpous 糙果的 (trachycarpus)
trachylobous 粗糙裂片的 (trachylobus)
trachyodont 粗糙齿的 (trachyodontus)
trachyphyllous 糙叶的 (trachyphyllus)
trachypus ①扭叶藓属[*Trachypus* spp.](扭叶藓科) ②扭叶藓[*Trachypus* sp.]
trachypus family 扭叶藓科[Trachypodaceae]
trachyspermous 粗糙种子的 (trachyspermus)
trachyspermus bedstraw 四叶葎[*Galium trachyspermum* A. Gray.](茜草科)
trachyte 粗面岩
tracing ①踪迹 ②追踪,跟踪 ③描绘
tracing machine 描图机
tracing paper 描绘纸
tracing root 蔓延根,平卧根 (radix superficialis)
tracing routine 追踪例行程序{电脑}
tracing shoe 仿形滑脚
track ①痕迹,足迹,踪迹 ②履带,链轨 ③跑道,轨道 ④轮胎胎面[花纹层] ⑤泳道 ⑥磁道
track adjustment 轮距调节
Track and Data Relay Satellite System (TDRSS) 跟踪和数据中继卫星系统{遥感}
track density 磁道密度
track distortion 磁道畸变{信息}
track idler adjuster (=track adjuster) 履带张紧调整装置
track-laying tractor 履带拖拉机
track line 架空线,运转钢索
track loosener (=track eliminator) 轮迹松土器
track-mounted combine 链轨式联合收获机
track of hailstorm 雹暴途径
track of ionizing particle 电离粒子轨迹
track planter (=wheel track planter) 轮迹播种机
track radioautography 放射自显影径迹{生技}
track shoe 磁道滑脚{信息}

track slip 履带打滑,履带滑转
track support [ing] roller (= track roller) 履带支重轮
track-tension device 履带张紧装置
track tractor 链轨式拖拉机
track traffic system 轨道交通系统
track tread 履带
track-type tractor 履带拖拉机
track width ①履带宽度 ②轨距
tracked loader 履带式装载机
tracker 跟踪器,追踪器
tracking ①跟踪,追踪,示踪 ②导向滑道
tracking analyzer ①跟踪分析器 ②跟踪分析程序
tracking and data relay satellite system (TDRSS) 跟踪和数据中继卫星系统{遥感}
tracking apparatus 跟踪装置
tracking behavior 跟踪行为
tracking cross 跟踪十字光标{电脑}
tracking data network 跟踪数据网络
tracking dye (电泳)示踪染料
tracking error 跟踪误差
tracking preprocessor 跟踪预处理机
tracking radar 跟踪雷达{物}
tracking system 跟踪系统
tracking telemetry and command system 跟踪遥测和指令系统{遥感}
tracking type 跟踪形式
tracklayer (= tracked vehicle) 履带式车辆
tracklayer performance 履带式车辆性能
tracklayer tractor 履带式拖拉机
tract ①(森林,农地)广阔的面积,区域 ②(序列)片,段(tractus)
tractable ①易加工的 ②易处理的(tractabilis)
tractile fiber 牵引丝(fiber tractilis)
traction ①牵引 ②地面附着力 ③地面对车辆的推进力
traction aids 增加附着力的辅助装置
traction booster (拖拉机)驱动轮加载机构
traction-booster drawbar 驱动轮加载的牵引装置
traction chain 履带防滑链
traction efficiency 牵引效率
traction engine 牵引机
traction fiber 牵引丝(fiber tractionis){细胞}
traction horsepower 牵引功率,牵引马力
traction machinery 牵引机械
traction mower 牵引式刈草机
traction power 牵引功率
traction resistance 牵引阻力
traction-rope (= drag-line) 牵引钢索
traction speed 牵引速度
traction sprayer 牵引式喷雾机
traction spreader 牵引式撒肥机
traction stability 牵引稳定性
traction tire ①牵引轮胎 ②驱动轮轮胎
traction tongue 牵引杆
traction type dynamometer 拉力表
traction wheel 驱动轮
traction work 牵引功
tractive 牵引的(tractivus)
tractive effort (= tractive power) 牵引力
tractive force 拉力,牵引力
tractor ①拖拉机 ②牵引车 ③输纸器
tractor binder 机引割捆机
tractor-boats 船体式拖拉机
tractor borne 拖拉机悬挂的
tractor buildozer 牵引式推土机
tractor care 拖拉机保养
tractor-carried plough 拖拉机悬挂犁
tractor chassis 拖拉机底盘
tractor coupler 拖拉机[与农具]的联结装置,拖拉机挂结装置
tractor crane 拖拉机起重机
tractor cultivator 机引中耕机
tractor day 拖拉机表演
tractor disk brake 拖拉机盘式制动器
tractor disk harrow 机引圆盘耙
tractor disk plough 机引圆盘犁
tractor ditcher 机引挖沟机
tractor-dragged 拖拉机牵引[式]的,机引[式]的
tractor-drawn 拖拉机牵引的,机引的
tractor-drawn automatic potato planter 机引自动马铃薯种植机
tractor-drawn centrifuger spreader 机引离心式撒肥车
tractor-drawn fertilizer distributor 机引撒肥机
tractor-drawn-fork tedder 机引叉式摊草机
tractor-drawn hoe 机引中耕锄
tractor-drawn mower 机引刈草机
tractor-drawn offset windrower 机引偏置式刈晒机
tractor-drawn steerage hoe 机引操向中耕锄
tractor drawn sugar beet lifter 机引甜菜挖掘机
tractor-driven pump 拖拉机驱动泵
tractor driving 拖拉机驾驶
tractor duster 机引喷粉器,机引喷粉机
tractor fatality 拖拉机事故
tractor feed 牵引输纸,履带式送纸{电脑}

tractor feeder 输纸部件,输纸设备
tractor field performance 拖拉机田间工作性能
tractor for ploughing 耕地用拖拉机
tractor grab-loader 机引抓斗式装载机
tractor grubber 机引碎土机,机引深中耕机
tractor guidance system 拖拉机操纵系统,拖拉机自动导向系统
tractor harvester 机引收获机
tractor-hauled 拖拉机牵引的,牵引车牵引的
tractor-hitched 拖拉机牵引的,牵引车牵引的
tractor-hitched mower 机引式刈草机
tractor-hitched sprayer 机引喷雾机
tractor hoeing 拖拉机锄草,机引农具中耕
tractor holes 输纸孔{电脑}
tractor implements 拖拉机配套农具
tractor linkage drowbar 拖拉机拖耙
tractor loader 拖拉机装载机
tractor maintenance and repair 拖拉机维修
tractor manufacturer 拖拉机制造厂
tractor-mounted combine (= tractor-mounted combine harvester) 拖拉机悬挂式联合收获机
tractor-mounted dump rake 拖拉机悬挂式横向搂草机
tractor-mounted duster 拖拉机悬挂式喷粉机
tractor-mounted excavator 机引悬挂式挖掘机
tractor-mounted fork tedder 拖拉机悬挂叉式摊草机
tractor-mounted harvester 拖拉机悬挂式收获机
tractor-mounted hoist 拖拉机悬挂式起重机
tractor-mounted implements 拖拉机悬挂机具
tractor-mounted irrigation pump 装在拖拉机上灌溉泵
tractor-mounted lift 拖拉机悬挂提升器
tractor-mounted maize snapper 拖拉机悬挂式玉米摘穗机
tractor-mounted planter 拖拉机悬挂式播种机
tractor-mounted pump 拖拉机悬挂泵
tractor-mounted scrubber 拖拉机悬挂式叠板耢
tractor-mounted sprayer 拖拉机悬挂式喷雾机
tractor-mounted steerage hoe 拖拉机悬挂式操向中耕锄
tractor mounting (把农具)悬挂在拖拉机上
tractor mover 机引发动机
tractor mower 机引刈草机
tractor number 拖拉机编号,拖拉机号码
tractor oil 拖拉机用油
tractor operated machine 机引机具
tractor operator 拖拉机驾驶员,拖拉机手
tractor outfit 拖拉机附件
tractor owner 拖拉机所有者
tractor parts 拖拉机零件
tractor performance 拖拉机性能
tractor plough 机引犁
tractor ploughing 机耕,拖拉机耕作
tractor population 拖拉机保有量
tractor production ①拖拉机制造 ②拖拉机产量
tractor-propelled plough 机引犁
tractor rake 机引集草器,机引搂草机
tractor roller 机引镇压器
tractor safety cab 拖拉机安全驾驶室
tractor seat 拖拉机驾驶座
tractor seeder 机引播种机
tractor sprayer 机引喷雾器,机引喷雾机
tractor station 拖拉机站
tractor traction 机引,拖拉机牵引
tractor trailer 拖拉机挂车
tractor trailer implement 机引农具
tractor-transporter 牵引运输车
tractor-truck 牵引车
tractor unloader 机引卸载机
tractor utilization 拖拉机利用率
tractor vaporizing oil (TVO) 拖拉机用汽油
tractor way of farming 拖拉机耕作路线
tractor winch 拖拉机绞盘
tractor with four wheel drive 四轮驱动拖拉机
tractor with fourwheel drive and fourwheel steering 四轮驱动和四轮转向拖拉机
tractor with iron wheels 铁轮拖拉机
tractor with rear wheel drive 后轮驱动拖拉机
tractor works 拖拉机厂
tractorization 拖拉机化(tractorisatio)
trade ①贸易,交易,商业,买卖 ②信风
trade agreement 贸易协定,商业协定
trade air 信风空气
trade and payments agreement 贸易与支付协定
trade crops 商品作物
trade discount 贸易折扣{农经}
trade effluent 工业污水,工商业废水{环保}
trade-in ①折价物 ②交易
trade in agricultural products 农产品交易

trade in livestock 家畜交易
trade inversion 信风逆温
trade margin 贸易差(利润)额
trade-mark 商标
trade mark name 商标名称
trade name 商品名称
trade-off ①权衡 ②比较评定 ③综合 ④折中,折中方案 ⑤调整
trade-off decision 折中决策,折中判定
trade-off evaluation system 综合评定系统
trade-off process 权衡过程{农管}
trade premises 工商业房产{环保}
trade price (= whole-sale price) 批发价格
trade relations 贸易[商务]关系
trade show ①贸易展销会 ②(电影)试映
trade union 工会
trade-union movement 工会运动
trade-unionism 工联主义
trade unionist 工会会员
Trade Unions International of Agricultural and Forestry Workers (TUIAFW) 国际农林工人工会
trade wastes 工业废水,工商业废水{环保}
trade water 工业用水{环保}
trade wind 信风
trade-wind desert 信风沙漠(因信风所成的沙漠)
trade-wind region 信风区
trade-wind zone 信风带
trade-winds 信风,贸易风
Tradenet 贸易网络(指新加坡){信息}
tradescantia ①紫露草属[*Tradescantia* L.](鸭跖草科) ②紫露草[*Tradescantia virginiana* L.]
trading ①贸易,交易 ②经商,经营{农经}
trading co-operative 商业合作社
trading in the futures market 期货交易
trading year 贸易年度,财政年度
tradition ①传统 ②传说 ③惯例 ④习惯法(traditio)
traditional ①传统的 ②传说的 ③惯例的 ④惯法的
traditional Chinese meat product processing
中国传统肉制品加工{加工}
traditional Chinese medicine [传统]中医
traditional Chinese medicine genome [传统]中药基因组{分遗}
traditional crop production 传统作物栽培等{智培}
traditional database 传统数据库{信息}
traditional debugging 传统调试
traditional decision support system (TDSS) 传统决策支持系统{智培}
traditional decision theory 传统决策理论{智培}
traditional farming method 传统耕作法
traditional farming practice 传统农业技术,传统耕作措施
traditional fishery 传统渔业
traditional industry ①传统产业 ②传统工业
traditional peasant method 传统农民法
traditional statistics model 传统统计模型{智培}
traditional way 惯用法
traditional wisdom of farmer 农民的传统智慧
traffic ①地面通过,交通 ②地面通过量,交通量 ③运输,运输量 ④交易,来往 ⑤通信量,信息量
traffic analyzer 通信量分析器{信息}
traffic coefficient (通信业务系统)通信量系数
traffic congestion 通信量拥挤
traffic control system 交通管理系统
traffic flow 通信流
traffic intensity 通信量强度
traffic noise 交通噪声{环保}
traffic pilot 通信转换器,多路转换器
traffic signal 交通信号
traffic survey 运输量调查
traffic system 交通系统
trafficability 地面通过性,可通过性
trafficking 运输
trafficway 公路,交通道路
tragacanth (= milk vetch) 真黄芪(胶黄芪)[*Astragalus gummifer* = *A. verus*](豆科)
tragant 非溶性胶
tragheits gesetz 惰性法则
trail ①踪迹{物} ②痕迹{解剖} ③猎迹{狩猎} ④曳拖{农机} ⑤追踪{分生}(tragula)
trail-behind 牵引式的
trail-behind implement 牵引式农机具
trail-behind picker 牵引式玉米摘穗机
trail-behind planter 牵引式播种机
trail car 挂车
trail marker 追踪标志剂
trail pheromone 追踪信息素
trail setting 通路装夹[法]{狩猎}
trail-type harrow 牵引耙
trail-type tandem disk harrow 牵引式双列圆盘耙
trailed (= pulled-type) 牵引[式]的
trailed behind mower 牵引式刈草机
trailed bin 拖斗

trailed cultivator 牵引式中耕机
trailed disk plough 牵引式圆盘犁
trailed drag harrow 牵引式弯齿耙
trailed dung spreading harrow 牵引式撒肥耙
trailed forage box 牵引式饲料车
trailed hay waferer ①牵引式干草压饼机 ②牵引式干草压块机
trailed hoist 牵引式起重机
trailed implement 牵引农机具
trailed model 牵引型
trailed moldboard plough 牵引铧式犁
trailed moldboard stubble plough 牵引灭茬铧式犁
trailed moldboard vineyard plough 牵引葡萄园用铧式犁
trailed offset disk harrow 牵引式偏置圆盘耙
trailed reversible disk plough 牵引式双向圆盘犁
trailed ripper 牵引式松土机
trailed rotary cultivator 牵引式旋耕机
trailed rotary harrow 牵引式滚动耙
trailed scraper 牵引式铲运机
trailed single-row disk harrow 牵引式单列圆盘耙
trailed sugar beet topper 牵引式甜菜切顶器
trailed tank 液罐槽车
trailed turn-about plough 牵引式纵轴翻转犁
trailer ①蔓生植物〔栽培〕②拖车,拖斗,挂车〔农机〕③尾随〔生技〕④尾部〔电脑〕
trailer block 尾部块〔电脑〕
trailer boom sprayer 牵引式喷杆喷雾机
trailer card 尾部卡片,尾卡
trailer disk tiller 牵引式垂直圆盘犁
trailer fertilizer broadcaster 牵引式撒肥机
trailer label 尾部标记
trailer-mounted sprayer 挂车式喷雾机,拖车式喷雾机
trailer mower 牵引式刈草机
trailer plough 牵引犁
trailer record 尾部记录,总结记录
trailer sequence 尾随序列〔生技〕
trailer spreader 牵引式撒肥车
trailer-type machine 牵引式机械
trailerette 单轮挂车,单轮拖车
trailing ①平卧的,蔓延的(prostratus) ②牵引[式]的
trailing arbutus ①山枇杷柴属[*Epigaea* L.](杜鹃花科) ②山枇杷柴[*Epigaea asiatica* Maxim.]
trailing bar 拖板,覆土板,覆土器
trailing black currant 疏花茶藨子[*Ribes laxiflorum* var. *japonicum* Jancz.](茶藨子科)
trailing broadcaster ①牵引式撒播机 ②牵引式撒布机
trailing chickweed 蔓繁缕(=雄蕊繁缕)[*Stellaria diandra* Maxim.](石竹科)
trailing chisel plough 牵引式凿形犁
trailing decision 尾随决策,尾随判定
trailing disk plough 牵引式圆盘犁
trailing drill planter 牵引式条播机
trailing dwarf shrub (=ground shrub) 匐地性灌木
trailing end 后端,尾端,结尾,尾部
trailing frame 牵引式机架
trailing fuchsia (=trailing queen) 平铺倒挂金钟[*Fuchsia procumbens* Conn.](柳叶菜科)
trailing harrow 牵引耙
trailing idler 尾轮,尾导向轮
trailing ion 尾随离子
trailing partridgeberry 蔓虎刺[*Mitchella nudulata* Sieb. et Zucc.](茜草科)
trailing phlox 蔓生福禄考[*Phlox nivalis* Lodd.]
trailing plant 蔓性植物(planta prostrata)
trailing planter 牵引式播种机
trailing queen (=trailing fuchsia) 平铺倒挂金钟
trailing-rake 牵引式搂草机
trailing shredder 牵引式茎秆粉碎器
trailing small red bean 蔓小豆(蔓眉豆,蟹眼豆)[*Phaseolus pendulus* Makino.](豆科)
trailing species 蔓生品种
trailing tiller 牵引式耕耘机
trailing type 牵引式
trailing wheel 地轮,尾轮
trails of precipitation 降水垂迹,雨幡
trails of rain 雨幡〔气象〕
train ①列车 ②车队 ③排,行列,系列 ④传动系 ⑤训练,培养,培训 ⑥整形
train cultivation 整形栽培
train of gearings 齿轮传动[系]
train oil (=whale oil) 鲸油
trainability 可训练性,可培训性(trainabilitas)
trainable 可训练的,可培训的(trainabilis)
trained bacteria 驯养细菌(增加细菌毒力)
trained fruits 整形果树
trained tree 整形树
trained vine 整形藤
trainee 练习生

trainer ①驯养员,教练员 ②驯养器 ③电子培训设备
training ①整枝,整形 ②培养法{微生物} ③(牛,马)调教 ④(幼苗)锻炼 ⑤训练,培训 ⑥疏通,疏浚
training collar (训犬用)训练项圈
training dike 导流堤{水利}
training facility 训练设施,培训设施{农施}
training farm 教学农场,实习农场
training of mulberry tree to grow to natural height 乔桑整枝{蚕桑}
training of palmetie 多干形整枝
training of pyramid 圆锥形整枝
training of pyramidal cordon 圆锥形单干整枝
training of spindle-shaped pyramid 纺锤圆锥形整枝
training of tier 层式整枝
training of two-arm horizontal cordon 双臂水平单干[形]整枝
training of two tier 二层整枝
training of vertical cordon 垂直单干[形]整枝
training on trellis 篱壁整枝,篱架整枝
training pattern ①训练模式,培训模式 ②整枝模式
training process 培训进程,培训过程
training pulse 训练脉冲{电脑}
training rail 疏通轨道{农施}
training sample 训练样本,培训样本,教学样本{遥感}
training simulation system 训练仿真系统{电脑}
training stake 整枝用支柱
training statistics 训练统计[学]{遥感}
training wall 导墙,顺墙{水利}
training within industry 职业培训,职业训练
training without fistshaped stump 无拳式整枝
training works 导治工程,疏浚工程{水利}
trait ①特性,特质,特点,特征 ②性状
trajectile 隔断的(trajectilis)
trajectory ①行径,路径,途径 ②轨迹 ③(弹道)抛物线
trajectory on the phase plane 相平面轨迹{电脑}
trama 菌髓
trama bilateraliter contexta 正两侧向菌髓{真菌}
trama inverse 反两侧向菌髓{真菌}
trama peridium 菌髓生包被
trama permixta 乱丝菌髓
trama regulariter contexta 平行丝菌髓
tramal cystidium 髓生囊状体
tramal plate 菌髓板
trametes ①栓菌属[*Trametes* Fr.](真菌) ②栓菌[*Trametes* sp.]
trametes wood rot 栓菌木腐病
trametoid 栓菌状的(trametoideus)
trammel ①阻碍,妨害 ②⌞复⌝阻碍物,束缚物
tramontana 屈拉蒙塔那风(地中海沿岸的一种干冷北风)
tramp ①步行 ②踏,踩 ③夹杂物
tramp iron rejector 铁质夹杂物分离器,铁质夹杂物排除器
tramp iron remover 铁质夹杂物排除器
tramper ①(棉花包)压实器,打包机{加工} ②夯,捣固{水利}
tramping 镇压
trample 踩踏,踩压
trample manure 踩压肥料
trampling ①踩麦,压麦 ②踩踏,踩压{加工} ③蹄害,踩害
trampling down 踩压,踏实
trampling of manure 踩压粪肥
tramway 轻轨道,临时便道
tramway for felling 采伐轨道
tranquil flow 缓流
tranquility 安静,安定(tranquilitas)
TRANS ①(= Translation) 翻译{分遗} ②(= Translator) 翻译程序,翻译机{信息}
trans- ⌞字头⌝①反[式] ②转 ③超越,通过 ④反位,反式{生技}
trans-aconitic acid 反乌头酸
trans-acting factor 反式作用因子{分遗}
trans-acting ribozyme 反式作用核酶
trans-acting RNA 反式作用 RNA
trans-activation 反式激活{生技}
trans-activation domain 反式激活域
trans-activator 反式激活蛋白
trans-capsidation 反式衣壳化(transcapsidatio)
trans-century 跨世纪(transcenturia)
trans-century information memory 跨世纪信息存储{信息}
trans-cleavage 反式切割{生技}
trans-configuration 反构型
trans-derepression 反式去阻遏(trans-derepressio){分遗}
trans effect 反位效应{生技}
trans elimination 反式消除{生技}
trans-filter induction 越滤膜诱导
trans-Golgi network (TGN) 高尔基体外网络{分生}
trans-inactivation 反式失活[作用]
trans-isomer (= trans-isomeride) 反式异

构体
trans-isomeride 反式异构体
trans-isomerism 反式异构[现象]
trans-regulation 反式调节{生技}
trans-regulator 反式调节蛋白
trans-repression 反式阻抑[作用]{分遗}
trans-repressor 反式阻抑蛋白
trans-splicing 反式剪接,分子间剪接{分遗}
TRANSAC (= transistor automatic computer) 晶体管化自动计算机{电脑}
transacetylase 转乙酰酶
transacetylation 转乙酰作用
transaction ①事务[处理] ②交换,交易 ③⌊复⌉会报,会刊,集刊(transactio)
transaction analysis 事务分析{农管}
transaction data 交易数据,事务数据
transaction obstruct 交易障碍
transaction processing system (TPS) 事务处理系统
transactions 集刊
transactor ①事务处理装置 ②数据收集装置{电脑}
transacylase (= acyl transferase) 转酰[基]酶
transacylation 转酰基作用
transadmittance 互导纳
transaldolase 醛糖移换酶,转醛醇酶
transamidase 转酰胺基酶
transamidation 转酰胺基作用
transamidinase 转脒基酶
transaminase 氨基移换酶,转氨[基]酶
transamination 氨基移换作用,转氨[基]作用(transaminatio)
transannular 跨环的(transannularis)
transannular interaction 跨环相互作用
transannular strain 跨环张力
transarrangement 反式排列
transastronomical 大于天文数字的($>2^{250}$)
transbilayer helix 跨双层螺旋
transborder data flow 过境数据流,越境数据流
transcarbamylase 转氨甲酰酶,氨甲酰基转移酶
transceiver 收发器,收发报机{信息}
transcellular 跨细胞的(transcellularis)
transcellular osmosis 跨细胞渗透,细胞横向渗透
transcellular strand 跨细胞束
transcellular streaming 跨细胞流动
transcellular transport 跨细胞转运(运输)
transcendent 超越(transcendens)
transcendental equation 超越方程
transcendental function 超越函数
transcentric inversion 臂间倒位
transcode 译码(指自动译码系统){信息}
transcoder ①(自动)译码系统 ②代码转换器{信息}
transcolpate 具横沟的(transcolpatus)
transcomplementation test 反式互补测验
transcomputational 超越计算的(transcomputationalis)
transconductance 互导,跨导
transconjugant 反式接合体
transcribe ①转录{分遗} ②录制{信息}
transcribed DNA 转录DNA
transcribed DNA strand 转录DNA链
transcribed region 转录区
transcribed spacer 转录间隔区{分遗}
transcriber 转录器
transcript ①转录本{分遗} ②录制{信息}
transcript card 录制卡片
transcriptase 转录酶
transcription 转录[作用](transcriptio){分遗}
transcription activation factor 转录激活因子
transcription and cAMP 转录与cAMP
transcription and enzyme synthesis regulation 转录与酶合成调节
transcription and stop codon 转录与终止密码子
transcription antitermination 转录反终止
transcription-based amplification system (TAS) 基于转录的扩增系统{分遗}
transcription bubble 转录泡
transcription chain elongation 转录链延伸
transcription complex 转录复合物
transcription control 转录控制
transcription control in eukaryotes 真核生物的转录控制
transcription control in prokaryotes 原核生物的转录控制
transcription coupling to translation 转录与翻译耦联
transcription direction 转录方向
transcription elongation 转录延伸
transcription error 转录误差
transcription error frequency 转录误差频率
transcription factor (TF)转录因子
transcription factor interaction 转录因子相互作用
transcription fidelity 转录保真性
transcription generated supercoil 转录生成超螺旋
transcription in vitro 离体转录

transcription in vivo [活]体内转录
transcription-inactive 转录钝化的,转录失活的
transcription inhibition 转录抑制
transcription inhibitor 转录抑制剂
transcription initiation 转录起始
transcription initiation complex(TIC) 转录起始复合体
transcription-initiation factor 转录起始因子
transcription initiation site 转录起始部位
transcription machine 转录机{信息}
transcription map 转录图
transcription map of lambda DNA λDNA 转录图,兰姆达 DNA 转录图
transcription mapping 转录制图
transcription mechanism 转录机制
transcription of DNA DNA 转录
transcription of kappa chain mRNA 卡巴链 mRNA 转录
transcription of mouse myeloma gene 鼠骨髓瘤基因转录
transcription of SV3T3 chromatin SV3T3 染色质转录
transcription of T4 DNA T4DNA 转录
transcription of the exosome 核外体转录
transcription pausing 转录暂停,转录中止{信息}
transcription polarity 转录极性
transcription polymerase 转录聚合酶
transcription product 转录产物
transcription promoter site 转录启动子部位
transcription propagation 转录传播
transcription rate 转录速率
transcription regulation 转录调节
transcription reinitiation 转录重起始
transcription repression 转录阻抑
transcription repressor 转录阻抑物
transcription silencing 转录沉默
transcription start and stop signals 转录起始与终止信符
transcription startpoint 转录起点
transcription strand selection and separation 转录链选择与分离
transcription structure of unit 转录单位结构
transcription termination 转录终止
transcription termination factor 转录终止因子
transcription terminator 转录终止子
transcription unit 转录单位
transcriptional 转录的(transcriptionalis)
transcriptional activation 转录激活
transcriptional activator 转录激活物,转录激活因子
transcriptional activity 转录活度
transcriptional antitermination 抗转录终止[作用]
transcriptional arrest 转录停滞
transcriptional attenuation 转录弱化[作用]
transcriptional attenuator 转录弱化子
transcriptional coactivator 转录辅激活物
transcriptional control 转录控制
transcriptional elongation factor 转录伸长因子
transcriptional enhancer 转录增强子
transcriptional initiator 转录起始因子
transcriptional intermediary factor (TIF) 转录中介因子
transcriptional lag 转录滞后
transcriptional level 转录水平
transcriptional process 转录过程
transcriptional translation 转录的转译
transcriptional transport 转录传递
transcriptive intermediate 转录中间物
transcripton (= scripton) 转录子
transcriptor 记录器,录制器{信息}
transcrystallization 交叉结晶(transcrystallisatio)
transcytosis 胞[吞]转[运作用],胞转,转胞吞[作用]{分遗}
transcytotic 胞转的(transcytoticus){分生}
transcytotic vesicle 胞转小泡
transdeamination 联合脱氨[基]作用(transdeaminatio)
transdetermination 转决定(transdeterminatio)
transdifferentiation 转分化(transdifferentiatio)
transdiscipline development 跨学科发展
transdomestication 反驯化(transdomesticatio)
transduced cell 转导细胞{分生}
transduced element 转导因子
transducer ①转导物 ②转换器,换能器,传感器{分生}
transducer substance 转导物质
transducin 转导素
transducing agent 转导剂,转导因素{分生}
transducing bacteriophage 转导噬菌体
transducing element 转导因子
transducing fragment 转导断片
transducing fragment frequency 转导断片

频率
transducing particle 转导颗粒
transducing phage 转导噬菌体
transductant 转导体,转导子{分遗}
transductant bacterium 转导细菌
transductant clone 转导无性[繁殖]系,转导克隆{农生技}
transduction 转导[作用](transductio){分遗}
transduction efficiency 转导效率
transduction escape synthesis 转导逃避合成
transduction vector 转导载体
transductional segregation 转导分离
transect ①样条(植物群落调查横断区){生态} ②横切,横切面{显技}
transection ①横切面 ②横切片(transectio){显技}
transepithelial transport 跨上皮运输
transeptae 横膈膜
transesterification 转酯[基]作用
transfectant 转染子(transfectans){分遗}
transfection 转染(transfectio){分遗}
transfection efficiency 转染[效]率
transfectoma 转染瘤
transfer ①移植,移栽 ②转移,移动 ③传送,运输,传输 ④转换,变换 ⑤传导,传递,传输 ⑥换车 ⑦转运 ⑧转接 ⑨磁带转录{信息}
transfer acknowledge 转移应答,传输应答{信息}
transfer approach for translation 转换翻译法{信息}
transfer auger 输送螺旋{农机}
transfer case 分动箱
transfer cell 转移细胞
transfer characteristics 传递特性,转换特性
transfer check 传输检验,传递检验{信息}
transfer corona 传递用电晕发生器
transfer DNA(T-DNA) 转移 DNA{分遗}
transfer element 转移(运)因子,性因子
transfer energy 转移能{环保}
transfer enzyme 转移酶
transfer factor(TF) 转移因子{分遗}
transfer free energy 转移自由能
transfer function ①转移功能 ②传递函数
transfer gain 转输增益{信息}
transfer gradient 转移梯度{环保}
transfer host (牛奶)输送软管
transfer in channel 通道转换{信息}
transfer induction 转移诱导
transfer interpreter 转输翻译器{信息}
transfer kinetics 转移动力学{环保}
transfer loop 接种环
transfer mechanism 转运机制{生态生理}
transfer medium ①转移基质,转移介质{生技} ②传送媒体{电脑}
transfer method 移植法
transfer needle 移植针
transfer of culture 培养传代(指将培养物接种于新培养基,以保持它的旺盛生长)
transfer of expertise 专家经验的传递{智培}
transfer of farmstead 农庄转让{农管}
transfer of fertilized ovum 受精卵移植{生技}
transfer of genetic information 遗传信息转移{分遗}
transfer of genetic material 遗传物质转移
transfer of goods 货物转运
transfer of heat 热量传递
transfer of male sterility 雄性不育的传递
transfer of property 资产转移{农经}
transfer of technology 技术转让{农管}
transfer of undivided inheritance 不分离遗传性的传递
transfer operation 传送操作,转移操作{信息}
transfer paper 剪花衬纸
transfer pipet 移液[吸]管
transfer-proficient(tra^+) 转移熟练的
transfer rate of information bits(TRIB, trib) 信息位传输率{信息}
transfer ratio (差速器左右轴扭矩)转移比例
transfer reaction 转移反应
transfer replication 转移复制{分遗}
transfer resistance(r) 转移阻力(指土壤与根系间的转移)
transfer ribonucleic acid(tRNA) 转移核糖核酸,转移 RNA{分遗}
transfer RNA(tRNA) 转移 RNA
transfer RNA aminoacylation 转移 RNA 氨酰化
transfer RNA and genetic code 转移 RNA 与遗传密码
transfer RNA binding to 5S RNA 转移 RNA 与 5S RNA 结合
transfer RNA biosynthesis 转移 RNA 生物合成
transfer RNA genes 转移 RNA 基因
transfer RNA guanylation 转移 RNA 鸟苷酸化
transfer RNA homology 转移 RNA 同源
transfer RNA initiation 转移 RNA 起始
transfer RNA initiator 转移 RNA 起始因子
transfer RNA isoacceptor 转移 RNA 同受

体

transfer RNA isopentylation 转移 RNA 异戊烯化

transfer RNA methylase 转移 RNA 甲基酶

transfer RNA methylation 转移 RNA 甲基化

transfer RNA molecule 转移 RNA 分子

transfer RNA phenylalanine 转移 RNA 苯丙氨酸

transfer RNA precursor 转移 RNA 前体

transfer RNA recognition 转移 RNA 识别

transfer RNA releasing factor (TR factor) 转运 RNA 释放因子,转移 RNA 释放因子, tRNA 释放因子

transfer room 转移室(指用于移植的专用实验室)

transfer saw 脱棉滚筒锯齿片

transfer sequence 传输序列{信息}

transfer speed 传输速度

transfer station ①传输站,传送站{信息} ②[废料]转移站{环保}

transfer track 转运道

transfer unit 转移单位

transfer vector ①转移载体{生技} ②转移向量{电脑}

transferable 可迁移的,可转移的

transferable hotbed 移动温床,活动温床

transferant 转移体{生技}

transferase 转移酶{分生}

transferase Ⅰ 转移酶Ⅰ

transferase Ⅱ 转移酶Ⅱ

transfered electron effect 转移电子效应{信息}

transfered information 传输信息,传送信息

transference ①迁移,转移 ②转运,输送 ③广播 (transferentia)

transference number 迁移数

transfering (= transferring) ①迁移,移转,转接 ②转业,调任

transfering cultivation 轮换栽培

transfering cultivation of paddy and upland land 水旱地轮换栽培,水旱地轮作

transfering enzyme 转移酶

transfering loop 接种环,移苗圈

transferon 转移决定子{分遗}

transferrin 运铁蛋白{分生}

transferring DNA (T-DNA) 转移 DNA{分遗}

transferring tool (for larvae) 移虫针

transfinite 超限的(transfinitus)

transfluxor 多孔磁心

transform ①转变,变形 ②交换 ③变换

transform analysis 变换分析{信息}

transform center 变换中心

transform diagram 变换图

transform fault 转换断层{地质}

transform layer 变换层

transform processing 变换处理

transformant ①转化体 ②转输格式

transformation ①转化,转型{分遗} ②变换,转换{电脑} ③变式{统计} ④变态,蜕变{昆}(transformatio)

transformation and plant cells 转化与植物细胞

transformation by carcinogen 经致癌物转化

transformation by DNA tumor virus 经 DNA 肿瘤病毒转化

transformation by RNA tumor virus 经 RNA 肿瘤病毒转化

transformation by Rous sarcoma virus 经劳氏肉瘤病毒转化

transformation competence 转化胜任性

transformation DNA integration 转化 DNA 整合

transformation DNA uptake 转化 DNA 摄入

transformation efficiency 转化[效]率

transformation expression in hybrid 杂种的转化表现

transformation function 变换功能

transformation heat 转化热

transformation in irrigated land 改为水浇地

transformation in pneumococcus 肺炎球菌转化

transformation into protein 蛋白质转化

transformation mutant 转化突变体

transformation of achievement 成果转化(指科技成果)

transformation of air mass 气团变性

transformation of coordinates system 坐标系变换

transformation of energy 能量转化

transformation of lymphocyte 淋巴细胞转化

transformation of membrane 膜转化

transformation of substance 物质转化

transformation pipeline 变换流水线{电脑}

transformation principle (= transtorming principle) (T. P.) ①转化因子 ②转化原则

transformation process (= transforming process) ①转化过程 ②转型过程{智培}

transformation process of knowledge econ-

omy 知识经济转型过程
transformation progeny 转型后代
transformation rate 转化率
transformation reaction 变态反应
transformation role of chromosome balance 染色体平衡的转化作用
transformation rule 变换规则｛电脑｝
transformation set 变换组
transformation substance (= transforming substance) 转化物质
transformational criterion 变换[分析]准则｛电脑｝
transformator 变换器,变压器
transformer ①(tra) 性别转换基因 ②变压器,变换器
transformer coupling 变压器耦合
transformer station 变电站,变电所
transformiminase 亚胺甲基转移酶
transforming 转化｛分遗｝
transforming agent ①转化因素 ②转化剂
transforming DNA 转化 DNA
transforming factor 转化因子
transforming focus 转化灶
transforming gene 转化基因
transforming growth factor (TGF) 转化生长因子
transforming printer 纠正印像机｛遥感｝
transforming process (= transformation process) 转化过程(指作物专家经验到优化决策的过程)｛智培｝
transforming valve 减压阀｛农机｝
transformism 种变说,转化说 (transformismus)｛进化｝
transformylase 转甲酰酶
transformylase of chloroplast 叶绿体的转甲酰酶
transframe protein 跨码蛋白｛分生｝
transfrontal 贯穿锋面的 (transfrontalis)｛气象｝
transfusion ①输血｛微生物｝ ②转输｛解剖｝(transfusio)
transfusion cell 转输细胞 (cellula transfusionis)
transfusion parenchyma cell 转输薄壁细胞 (cellula parenchyma transfusionis)
transfusion reaction 输血反应
transfusion strand 转输组织束 (fasciculus transfusionis)
transfusion tissue 转输组织 (tela transfusionis)
transfusion tracheid 转输管胞 (tracheida transfusionis)
transgenation 基因突变 (transgenatio)
transgene 转基因 (transgena)｛生技｝
transgenic 转基因的(transgenicus)｛农生技｝
transgenic animal 转基因动物
transgenic cotton 转基因棉花(如农科院所育成的)
transgenic farm-products 转基因农产品
transgenic farm-products-trade 转基因农产品贸易
transgenic maize 转基因玉米
transgenic mouse 转基因[小]鼠
transgenic organism 转基因生物(organisma transgenica)
transgenic peanut 转基因花生
transgenic plant 转基因植物 (planta transgenica)
transgenic plant and food security 转基因植物与食品安全
transgenic rice 转基因稻(如中国稻研所所育成的)
transgenic sheep 转基因羊
transgenic technique (= transgenic technology) 转基因技术 (technica transgenica)
transgenic tissue 转基因组织(tela transgenica)
transgenic wheat 转基因小麦
transgenics 转基因学 (transgenica)
transgenome 转[移]基因组(transgenoma)
transgenosis 基因转移[作用]
transglucosidase 转葡糖苷酶
transglucosylase 转葡糖基酶
transglycosidase 转糖苷酶
transglycosidation 转糖苷作用 (transglycosidatio)
transglycosylase ①转糖基酶 ②转糖苷酶
transglycosylation ①转糖基作用 ②转糖苷作用 (transglycosylatio)
transgression ①逾越,越亲｛遗传｝ ②海进｛地质｝(transgressio)
transgression breeding 越亲育种
transgression facies (= transgression phase) 海进相
transgressive ①逾越的,越亲的 ②海进的 (transgressivus)
transgressive inheritance 越亲遗传
transgressive overlap 海进超复
transgressive segregation 越亲分离
transgressive variation 越亲变异
transheterogenote 反式杂基因子 (transheterogenota)
transheterozygote ①反序杂合体 ②反序杂合子 ③反序异型接合体 ④反序异型接合子

(transheterozygota)
transhumance 畜群随季节性迁移
transhydrogenase 转氢酶
transhydroxylation 转羟基[作用]
transhydroxymethylase 转羟甲基酶
transient ①瞬时的，暂时的 ②过渡的 ③瞬态的（transiens）
transient analysis 瞬态分析〔电脑〕
transient area descriptor（TAD） 过渡区描述符
transient behaviour 瞬时行为
transient climacteric rise in respiration 呼吸瞬时跃变上升〔生态生理〕
transient cotransfection 瞬时共转染
transient data control 瞬时数据控制
transient deviation 瞬时离差〔统计〕
transient dipole moment 瞬时偶极矩
transient distribution 渐进分布
transient drop 暂时下降
transient error 瞬时错误
transient expression 瞬时表达
transient failure 瞬时失效
transient fault 瞬时故障
transient form 瞬时形式，过渡形式
transient hazard 瞬时危险，瞬时冒险
transient heterozygote 渐进杂合子
transient inclusion 过渡内含物
transient library 瞬时[程序]库〔电脑〕
transient membrane configuration 过渡膜构型
transient microbes 暂居微生物，过渡微生物
transient nucleotide sequence 过渡核苷酸顺序
transient polymorphism 渐进多态现象，过渡性多态现象
transient repression 瞬时阻遏
transient resistance 短命性抗病性，非持久性抗病性
transient RNA code 瞬时 RNA 密码
transient species 短命种（植物）
transient stability 瞬时稳定性
transient state 过渡态，瞬态
transient supercooling 暂时过冷却
transient suppressor 瞬时抑制电路〔信息〕
transient transfection 瞬时转染〔分遗〕
transient working area 暂时工作区，临时工作区
transillumination 透射照明（transilluminatio）
transinformation （= trans-information，transfered information） 传输信息，跨信息
transinformation content 传送信息量，传输信息内容
transinformation rate 传输信息速率，传送信息速率
transinhibition 运转抑制[作用]
transistor 晶体管
transistor circuit 晶体管电路
transistor logic circuit 晶体管逻辑电路〔信息〕
transistor stuck fault model 晶体管固定型故障模型
transistor tester 晶体管测试仪
transistorization 晶体管化（transistorisatio）
transit ①通过，经过 ②搬运，运送，转运，运输线 ③平流〔气象〕④经纬仪，中星仪（transitus）
Transit 子午仪[导航]卫星〔遥感〕
transit delay 转运延迟
transit duty ①搬运任务 ②转口税，过境税，通过税
transit exchange 变换站〔信息〕
transit sequence 转运序列
transit survey 经纬仪测量
transit time 过渡时〔环保〕
transition ①转换〔遗传〕②缓接渠槽〔水利〕③转换导管〔农机〕④过渡〔进化〕⑤转变〔土壤〕⑥换同[型碱]〔生化〕⑦跃迁〔物〕⑧变迁〔电脑〕⑨转移〔信息〕（transitio）
transition agent 转换剂
transition area 过渡区
transition assertion 变迁断言
transition cell 过渡巢房〔蜂〕
transition condition 过渡状态，瞬态
transition curve 转折曲线〔统计〕
transition diagram 变迁图
transition element 过渡元素
transition fit 过渡配合〔农机〕
transition metal 过渡金属
transition mutant 转换突变体
transition mutation 转换突变
transition of double socket 双承口转变〔环保〕
transition of single socket 单承口转变〔环保〕
transition period 转变期，过渡期
transition pipe 大小头，转变管〔环保〕
transition point 转折点，转变点
transition pond 转养池
transition probability 跃迁概率
transition region 渐变区，过渡区
transition section 渐变段，过渡段（指渠道或管道）〔水利〕
transition stage 过渡期

transition state 过渡态
transition-state analog 过渡态类似物{生技}
transition-state theory of enzyme catalysis 酶催化的过渡态说
transition system 转换系统,转移系统
transition temperature 转变温度
transition time 转换时间
transition tissue 过渡组织(tela transitionalis)
transition zone ①过渡地带{土壤} ②过渡区{解剖}(zona transitionis)
transitional ①过渡的 ②转换的 ③转运的(transitionalis)
transitional agent 转换剂
transitional area 过渡区
transitional association 过渡性植物群丛
transitional belt 过渡带
transitional cultivation 过渡耕作
transitional form 过渡类型
transitional growth 过渡生长
transitional leucocyte 移行性白血球
transitional moor 过渡沼泽
transitional period 过渡期
transitional population 过渡群体
transitional soil 过渡土壤
transitional soil zone 过渡土壤带
transitional stage 过渡阶段
transitional swamp 过渡沼泽
transitional unit 过渡单位
transitional vesicle 转运小泡(指高尔基体)
transitional zone 过渡带
transitive ①传递的 ②可迁移的 ③过渡的(transitivus)
transitive diagraph 可迁移有向图{电脑}
transitive extension 传递扩张
transitivity ①传递性 ②可转移性(transitivitas)
transitivity of strategic equivalence 策略等价的转移性{信息}
transitorial soil 过渡性土壤
transitory ①暂时的,临时的 ②瞬间的,短时间的(transitorius)
transitory branch 中间枝(ramus transitorius)
transitory bud 中间芽(gemma transitoria)
transitory decomposition 暂时分解
transitory intersexuality 过渡中间性
transitory peak value 瞬间峰值
transitory pruning 初步修剪
transitory starch 中间淀粉
transitory variations 暂时变化{气象}
transitory yellowing virus of rice 水稻短暂性黄化病
transitron 变阈神经元模型
transketolase 转羟乙醛酶,转酮醇酶
transkinetic inversion (= pericentric inversion) 臂间倒位
translate 翻译{电脑}
translate duration 翻译期间
translate end 翻译结束
translate phase 翻译阶段
translated 平移的{信息}
translated axis line 平移轴线
translated line 平移线
translating ①翻译 ②平移
translating machine 翻译机
translating phase 翻译阶段
translation ①翻译{分遗} ②平移,平动,移动{气象} ③转播,中继{物} ④转换{电脑}(translatio)
translation accuracy 翻译精确度
translation accuracy of amino acid activation 氨基酸活化作用的翻译精确度
translation accuracy of amino acid selection 氨基酸选择的翻译精确度
translation approach 翻译方法
translation assay 翻译鉴定
translation buffer 转换缓冲器
translation control 翻译控制
translation elongation factor 翻译延伸因子
translation error 翻译错误
translation error frequency 翻译错误频率
translation exception 转换故障,转换异常
translation factor 翻译因子
translation fallibility 翻译易错误性
translation frameshift 翻译移码{分遗}
translation in polysome 多体翻译
translation in vitro 离体翻译
translation in vitro specificity 离体专一性翻译
translation initiation 翻译起始
translation initiation codon 翻译起始密码子
translation initiation complex 翻译起始复合物
translation initiation factor 翻译起始因子
translation initiation with N-formyl methionine 翻译以N-甲酰甲硫氨酸起始
translation insulin effect 翻译胰岛素效应
translation lookaside buffer (TLB) 翻译后援缓冲器
translation machinery 翻译机
translation mechanism 翻译机制

translation mechanism of translocation 移位翻译机制
translation phase 翻译期
translation polarity 翻译极性
translation process 翻译过程
translation product 翻译产物
translation regulation 翻译调节
translation reinitiation 翻译再起始
translation repression 翻译阻抑
translation-restart-mutation 翻译再起始突变
translation role of mRNA mRNA 的翻译作用
translation speed 翻译速度
translation termination codon 翻译终止密码子
translation termination error 翻译终止错误,翻译终止误差
translation time 翻译时间,翻译期间
translation transformation 平移变换
translation translocation 翻译移位
translational ambiguity 翻译双关性(翻译含义不明)
translational apparatus 翻译器
translational control 翻译控制
translational control RNA(tc RNA) 翻译控制 RNA
translational energy 平动能
translational hop 翻译跳步{分遗}
translational intron 翻译内含子{分遗}
translational motion 平移运动{气象}
translational regulatory mechanism 翻译调节机制
translational repression ①翻译阻遏 ②翻译抑制
translational repressor 翻译阻遏物,干扰因子
translational restart 翻译再起动,翻译再起始
translator ①翻译机,译码机 ②转换器 ③载粉器 ④译者 ⑤翻译程序
translator adapter 翻译程序适配器{电脑}
translator writing system(TWS) 编写翻译程序系统
translatory field 平移场
translatory velocity 平移速度
transliteration 直译(transliteratio)
transloading station 转运站
translocase 移位酶
translocatable 可转移的(translocatabilis)
translocatable form 可转移形态
translocatable organic nitrogen compound 可转移有机氮化合物
translocate storage 转移贮藏
translocate utilization 转移利用
translocated freezing 转移结冰{生态生理}
translocated ice formation 转移冰形成
translocated segment 易位节段{细胞}
translocating herbicide 输导性除草剂
translocation ①易位{遗传} ②转移[作用]{生理} ③运输[作用],输导[作用]{解剖} ④迁移,移动{土壤} ⑤移位{分遗}(translocatio)
translocation analysis 易位分析
translocation chain 移位链
translocation complex 易位复合体
translocation configuration 移位构型
translocation difference 易位差异性
translocation factor(=G factor) 移位因子
translocation heterozygosity 易位杂合性
translocation heterozygote ①易位异型杂合子 ②易位异型杂合体
translocation homozygote ①易位同型纯合子 ②易位同型接合体
translocation mechanism 移位机制
translocation monosomic 易位单体生物
translocation monosomy 易位单体
translocation of nutrients 养分转移
translocation of photosynthate 光合产物转移
translocation of substance 物质运输
translocation of sugar 糖分转移
translocation point 易位点
translocation rearrangement 易位重排
translocation ring 易位环
translocation segment 易位节段
translocation sterility 易位不育性
translocation substance 运输物质,转运物质
translocation system 易位系统
translocation test 易位试验
translocation trisomic 易位三体生物
translocation-type configuration 易位型表形
translocator ①移位分子 ②移位蛋白
translocatory substance 运输物质
translocon 移位子{分遗}
translocon hypothesis 移位子假设
translucence(= translucency) 半透明,半透明性,半透明度(translucentia)
translucent 半透明的(translucens)
translucent screen 半透明屏幕{遥感}
translucent silkworm 油蚕
translunar flight 月球轨道外飞行,切月球轨道飞行
transmembrane ①[横]跨膜的,越膜的 ②

［横］跨膜（transmembrana）
transmembrane and cell surface 跨膜与细胞表面
transmembrane channel 跨膜通道
transmembrane conductance regulator 跨膜传导调节蛋白
transmembrane control system 跨膜控制系统
transmembrane domain 跨膜结构域
transmembrane facilitator 跨膜易化剂
transmembrane gradient 跨膜梯度
transmembrane helix 跨膜螺旋
transmembrane potential 跨膜电位，跨膜电势
transmembrane resistance 跨膜抗性，越膜抗性
transmembrane signaling 跨膜信号传导，跨膜信号发放
transmembrane transductor 跨膜转导器，跨膜转换器
transmembrane transport 跨膜转运，跨膜运输
transmembrane transporter 跨膜转运蛋白
transmeridian flight 夜西昼东飞行，越子午线飞行
transmethylase 甲基转移酶，转甲基酶
transmethylation 转甲基作用
transmigration ①迁移 ②［白］血球渗出（transmigratio）
transmissibility（= transmission rate） 可传递率，传输率，［蓄水库］输水能力（transmissibilitas）
transmissible（= transmittible） ①可传递的 ②能透射的（transmissibilis）
transmissible bacterial plasmid 可传递细菌质粒
transmissible element 可传递［遗传］因子
transmissible genetic element 可传递遗传因子
transmissible mutagen 感染性诱变因素
transmissible R factor 可传递 R 因子，可传递抗性因子
transmission ①传送，传递，传输 ②传动，传动装置 ③发射，发送，透射 ④变速器，变速箱 ⑤传染，传播（transmissio）
transmission adapter 转输衔接器｛信息｝
transmission and information exchange system（TIFS） 传输与信息变换系统
transmission belt 传动皮带
transmission box 变速箱
transmission brake 传动系制动器
transmission bridge 传输桥
transmission by grafting 嫁接传递
transmission case 变速箱体
transmission channel 传输通道
transmission code 传输码｛电脑｝
transmission coefficient ①透射系数 ②传输系数
transmission control block（TCB） 发送控制块｛信息｝
transmission control protocol（TCP） 传输控制协议｛信息｝
transmission control unit（TCU） 传输控制器
transmission cost 传输费用
transmission dynamometer 传动功率计
transmission electron microscope（TEM） 透射式电子显微镜，透射式电镜
transmission electron microscopy 透射式电子显微镜检术，透射式电镜检术｛显技｝
transmission equipment 搬送工具，运送工具｛农施｝
transmission gear 传动齿轮
transmission gear ratio 传动齿轮速比
transmission hereditary 传递遗传
transmission line ①传递线 ②输送线｛环保｝
transmission mechanism 传动机构
transmission network 输电网
transmission of mitochondrial gene 线粒体基因传递
transmission of P_{32} P_{32}传递
transmission of parasite 寄生物传染
transmission of pathogen 病原传布
transmission of power 动力传递
transmission scanning electron microscope（TSEM） 透射式扫描电子显微镜，透射扫描电镜｛显技｝
transmission scanning electron microscopy 透射式扫描电子显微镜检术，透射扫描电镜检术
transmission service（TS） 传输服务｛信息｝
transmission shaft 传动轴
transmission speed 传输速度
transmission type 传输类型
transmission utilization ratio 传输利用率
transmission work 输水工程｛环保｝
transmissivity ①透明度，透光度 ②透射系数，透射比，透射率 ③过滤系数，传递系数｛环保｝（transmissivitas）
transmit（TRAN） ①传输，传送，发送｛信息｝②转换｛信息｝③发射｛遥感｝（transmittere）
transmit buffer 发送缓存器
transmit burst 传输猝发

transmit copy line 发送复制线
transmit port 传输端口
transmittal mode 传输方式,发送方式{信息}
transmittance ①透光度 ②透射度(transmittantia)
transmittancy 透光率(transmittantia)
transmitted information 传输信息,发送信息
transmitted light 透射光线
transmitter ①发送机,发送器,话筒,发报机 ②发射机 ③传导物质,递质 ④传递装置
transmitter data 发送数据{电脑}
transmitter-gated ion channel 递质控制离子通道{生技}
transmitter off 发送器断电,关闭发送器
transmitter on 发送器接通,打开发送机
transmitter ready 发送准备
transmitter-receiver 发射接收机
transmitting ①传递,发送 ②传达,输导,传导,引导 ③传布
transmitting insect (= insect vector) 媒介昆虫
transmitting tissue (= conducting tissue) 输导组织{解剖}
transmitting zone 传导带,传导区
transmodulation 超调变作用(transmodulatio){电脑}
transmucosal potential 跨黏膜电位
transmultiplexer 复用转换器
transmutation ①诱变 ②蜕变(transmutatio)
transmutation theory 蜕变说{微生物}
transnational 跨国的(transnationalis)
transnational coordination and management 跨国协调和管理(指生态环境保护){环保}
transnational corporation (= transnational company) 跨国公司{农经}
transnational data flow 跨国数据流{电脑}
transoid conformation 反向构象{分生}
transonic 跨音速的(transonicus)
transonic aircraft 跨音速机
transonogram 超声透射图(transonogramma)
transovarial transmission 经卵传染
transparency (= transparence) ①透明性 ②透明度 ③透光度 ④幻灯片(transparentia)
transparency mode 透明方式
transparency of atmosphere 大气透明度
transparent ①透明的 ②透光的 ③用户不知的(transparens)
transparent air 透明空气
transparent apple 成熟苹果
transparent clarity 透明度{环保}
transparent cover material of greenhouse 温室透明覆盖材料{农施}
transparent gateway 透明网关{信息}
transparent illumination 透光照明法
transparent photoconductor film (TPC film) 透明光导体胶片
transparent refresh 透明刷新
transparent scale 椰子圆蚧[*Aspidiotus transparens* Green](盾蚧科)
transparent stained mount 透明染色制片{显技}
transpeptidase (= transpeptidylase) 转肽基酶
transpeptidation 转肽作用(transpeptidatio)
transpercolation hydric regime 过渡型湿润状况
transphosphatase 磷酸移转酶
transphosphatidylation 转磷脂酰[作用]
transphosphorylase 磷酸变位酶,转磷酸酶
transphosphorylation 转磷酸[作用](transphosphorylatio)
transpiration 蒸腾[作用](transpiratio){植生}
transpiration characteristics 蒸腾特性
transpiration coefficient 蒸腾系数
transpiration cooling (= transpirational cooling) 蒸腾冷却
transpiration current 蒸腾流
transpiration curve 蒸腾曲线
transpiration diffusion process 蒸腾扩散过程
transpiration efficiency 蒸腾效率
transpiration-evaporation 蒸腾蒸发
transpiration flow 蒸腾流
transpiration intensity 蒸腾强度
transpiration intensity per unit area 每单位面积的蒸腾强度
transpiration modulation 蒸腾调节
transpiration of physiological control 生理控制的蒸腾[作用]
transpiration of strand [植物]群丛蒸腾[作用]
transpiration of tree crown 树冠蒸腾[作用]
transpiration pathway 蒸腾途径
transpiration productivity 蒸腾生产率
transpiration rate 蒸腾量,蒸腾速度
transpiration ratio 蒸腾比率
transpiration reduction 蒸腾降低

transpiration resistance 蒸腾阻力
transpiration stream 蒸腾液流
transpiration streaming 蒸腾流动
transpiration/evaporation ratio 蒸腾/蒸发比率
transpire ①出汗 ②(气体)发散,(液体)蒸发
transpiring surface 蒸发表面
transpirometer 蒸腾计
transplacement vector (=replacement vector) 置换型载体{生技}
transplant ①移植[作物],移栽,插秧{栽培} ②移植体{微生物}
transplant bed 移植床
transplant experiment 移植试验
transplant nursery 移植苗圃
transplant of seed cane 蔗秧移植
transplant selection method 移植选种法
transplant survival percent 移植成活率
transplant wild-growing seedling 移植野生苗
transplantation 移植[法](transplantatio)
transplantation antigen 移植抗原
transplantation immunity 移植免疫性
transplantation immunology 移植免疫学
transplantation of fertilized ovum 受精卵移植法
transplantation of mitochondria 线粒体移植
transplantation of nucleus 核移植
transplantation of sex-ratio "spirochete" 性比率螺旋体移植
transplantation of tumor 肿瘤移植
transplantation tolerance 移植耐受性
transplanted cell 移植细胞
transplanted condition 移植条件
transplanted crops 移植作物,移栽作物
transplanted seedling 移植幼苗,移栽秧苗
transplanted variety 移植品种
transplanter (=seedling planter) 插秧机,移植机
transplanter-mulcher 移植覆土机
transplanting 移植,移栽,插秧
transplanting and setting of seedling in the field 田间移植并定苗
transplanting bed 移植床
transplanting board 移植板
transplanting cultivation 移植栽培[法]
transplanting culture 移植栽培
transplanting date 移植期,插秧期
transplanting depth ①移植深度 ②栽秧深度
transplanting depth control ①(水稻插秧机)深浅调节板 ②移植深度调节,插秧深度调节
transplanting devise 栽植器
transplanting equipment 秧苗移植机具
transplanting hotbed 移植温床
transplanting injury 移植伤害,发根伤害
transplanting machine 栽植机
transplanting machinery 栽植机械
transplanting mechanism 插秧机构
transplanting of rice seedling 插秧
transplanting plant 移栽植株
transplanting plot 假植区
transplanting rice 插秧,移栽稻秧
transplanting seedling with soil attached 带泥插秧
transplanting system 移植(栽)方式
transplanting time 移植期
transplanting trench 假植沟
transplanting trowel 移植手铲
transplanting width ①插秧幅宽 ②栽植幅宽
transplanting with pot 育苗[营养]钵移植
transplants 移植作物
transponder 转发器,发送器{信息}
transponse 变换
transport ①运输,运送,输送,传送,转送,转运 ②运载 ③搬运,运积 ④运输装置(transporto)
transport assembly 传送装置
transport barrier 运输屏障
transport belt 输送带
transport by a high-speed cargo boat 高速货船运输
transport by water 水运
transport can for fish 运鱼桶,运鱼箱
transport charge (=transport costs) 运输费{农管}
transport clearance 运输间隙
transport control protocol/Internet protocol 传输控制协议/因特网协议{信息}
transport costs 运输费
transport data 传输数据{信息}
transport distance 运输距离
transport factor 转运因子{分生}
transport form 运载形式
transport layer interface 传输层接口{信息}
transport mechanism 运载机制
transport medium 转运介质
transport network 传输网络
transport number 迁移数
transport of heat 热量输送
transport of ion 离子运输
transport of membrane 膜传递

transport of mineral 矿物质运输
transport of substance 物质运输
transport of water 水运输
transport pathway 运输途径
transport piece 运载肽段,分泌肽段,转送片段
transport position 运输状态
transport protein 转运蛋白
transport route 运输路线
transport speed 运输速度
transport station (TS) ①传输站{信息}②运输站{农管}
transport time 运输时间
transport tractor 长途运输牵引车
transport vehicle 运输车辆
transport vesicle 转运小泡,运输小泡{生技}
transport wheel 运输轮
transport work 搬运作业
transportability ①运输能力,运转能力,运送能力 ②可运输性 ③可便携性 (transportabilitas)
transportable ①移动式的 ②轻便式的,便携式的 ③可运输的,运送的 (transportabilis)
transportable cattle weigher 移动式家畜秤
transportable computer 便携式计算机
transportable fallout detector 轻便式[放射性]沉降微尘探测器
transportable sprayer 移动式喷雾机
transportation ①运输,传输,运送 ②运积[作用],搬运[作用] (trasportatio)
transportation and transshipment network model 运输和转运网络模型
transportation centre 运输枢纽,交通枢纽,交通中心
transportation costs (= transport costs) 运输费
transportation demand management 运输需求管理
transportation facility 运输设施
transportation network 运输网络
transportation programming 运输规划
transported soil 运积土
transporter 运输工具,输送带
transporting cableway 轻便索道
transporting power 输送能力{环保}
transporting tissue 运输组织{解剖}
transporting velocity 输送流速{环保}
transporton 运送子{分遗}
transposable ①可转位的{遗传}②可转座的{分遗}
transposable code 可转座密码
transposable element 可转位因子
transposable genetic element 可转位遗传因子
transposal (= transposition) ①移位{遗传}②转座{分遗}③转换,换位,移调{电脑}
transposal genetic element 可移位遗传因子
transposase 转座酶
transposed 转置的 (transposus){电脑}
transposed file 转置文件
transposer ①换位器,转换器 ②移项器{电脑}
transposition ①转位{遗传}②转座{分遗}③置换{信息}④转换,换位,移调{电脑}⑤转置{统计}(transpositio)
transposition cipher 置换密码
transposition error 转置误差
transposition immunity (= transpositional immunity) 转座免疫性
transposition process 移虫(指把幼虫从工蜂房移入蜂王台的过程)
transposition protein 转座蛋白
transpositional immunity 转座免疫性
transpositional recombination 转座重组
transposon 转座子{分遗}
transposon tagging 转座子标签法
transprenyl transferase 反式异戊烯转移酶
transprotonase 转质子酶
transput 传输{信息}
transput declaration 传输说明
transputer 传输式计算机,芯片计算机,芯片机
transputer network 芯片机网络
transputer series 芯片机系列
transregional commodity supplies 跨地区商品供应{农管}
transshipment 海运,货物转运
transspecific evolution 转变种进化,大进化,种外进化
transsulfation 转磺基作用 (transsulfatio)
transsulfurase 转硫酶
transsynaptic ①跨突触的 ②跨联会的 (transsynapticus)
transsynaptic gene regulation 跨联会基因调节{遗传}
transthiolation 转硫醇作用 (transthiolatio)
transudate 渗出液 (transudatus)
transudation 渗出,渗出物 (transudatio)
transvaal clematis 斯氏铁线莲[*Clematis stanleyl* sp.] (毛茛科)
Transvaal daisy (= flameray gerbera) 扶郎花(非洲菊)[*Gerbera jamesonii* Bolus] (菊科)
transvection 转向量 (transvectio)
transversal (= transverse) ①横的,横向的

②横断的,横切的
transversal coast 横海岸
transversal equalizer 横向均衡器
transversal erosion 横侵蚀
transversal fault (= cross fault) 横断层
transversal filter 横向滤波器
transversal heliotropism 横向日性
transversal vibration 横振动
transversal wave 横波
transverse ①横的,横向的,横放的{栽培} ②横断的,横切的{显技}(transversus)
transverse acceleration 横向加速度
transverse axis 横向轴
transverse breakage 横向断裂
transverse check 横向检查
transverse chorisis 横分离(chorisis transversus)
transverse cultivation 横向中耕
transverse dam 横坝
transverse dehiscence 横裂(dehiscentia transversa)
transverse division 横断分裂 (divisio transversa)
transverse draining 横向排水
transverse filament 横[向]丝
transverse fission 横裂法(fissio transversa)
transverse flagellum 横鞭毛
transverse force 横向力
transverse furrow 横沟(sulcus transversus)
transverse geotropism 横向地性(geotropismus transversus)
transverse holding ground 拦河贮木场
transverse intercellular canal 横向胞间道
transverse joint 横节理
transverse piling (= cross piling) 横向交叉堆积
transverse plan 横切平面图
transverse plane (= transverse section) 横断面,横切面
transverse recording 横向记录
transverse relaxation 横向弛豫{分生}
transverse resin canal 横向树脂道,水平树脂道
transverse scanning 横向扫描
transverse section ①横切面 ②横切片(sectio transversa)
transverse septum 横膈膜(septum transversum)
transverse shear testing 横切剪力试验
transverse strength 抗弯强度
transverse stress [弯]曲应力
transverse surface 横切面{显技}
transverse tubular system 横管系统,T 系统
transverse tubule (T-tubule) 横管,T 管{生技}
transverse veins 横脉(nervitransversales)
transverse venation 横走脉序 (venatio transversalis)
transverse wall 横切壁
transverse wave 横波
transverse zonate cutting 横带采伐{森林}
transversely zygomorphic 上下[两侧]对称的(transversaliter zygomorphus)
transversion ①[碱基]颠换{遗传} ②换异[型碱]{生化}(transversio)
transversion agent 颠换剂
transversion mutant 颠换突变体
transversion mutation 颠换突变
transversum ①横骨 ②横轴
trap ①捕捉器,捕兽夹,陷阱 ②捕集器,收集器 ③诱捕(指昆虫) ④汽水筒,凝汽阀 ⑤⌞复⌝梯子,踏台 ⑥诱集作物(指诱虫) ⑦陷阱,存水弯{环保}
trap address 捕获地址,陷阱地址{信息}
trap and kill method 诱杀法
trap baits 诱饵
trap-band 捕虫带,粘虫带
trap-billet 诱杀板
trap cover 盖夹布,盖夹纸{狩猎}
trap crops 捕虫作物,诱虫作物
trap-ditch 捕虫沟,诱杀沟
trap door 陷阱门,天窗
trap effect 陷阱效应
trap efficiency 陷阱效率(指水库沉泥比例)
trap flag 陷阱标记
trap-hole 诱杀穴,陷阱
trap in 陷入
trap lamp 诱虫灯
trap lantern 诱蛾灯
trap line 装夹路线{狩猎}
trap mask 陷阱屏蔽
trap nest 自动产蛋箱,自闭式产蛋箱
trap nest management 自闭式产蛋箱的管理
trap net 捕虫网
trap out 陷出
trap-plants 诱虫植物,诱杀植物
trap tree (= trap log, trap stem) 诱树,饵木
trap trench (= trap ditch) 捕虫沟,诱杀沟
trapezium 梯形(trapesium)
trapezium distortion 梯形畸变

trapezoid ①梯形 ②梯形的（trapesoideus）
trapezoid channel 梯形河道，梯形渠槽
trapezoidal filtering 梯形滤波｛遥感｝
trapezoidal furrow 梯形犁沟
trapezoidal ploughshare 梯形犁头，梯形犁铧
trapezoidal profile 梯形剖面
trapezoidal section 梯形断面
trapezoidal-shaped belt 三角皮带，梯形皮带
trapezoidal share 梯形犁铧
trapezoidal weir 梯形堰｛水利｝
trapnesting 自闭式产蛋箱的管理
trapped animal 捕获动物
trapped fishing-gear 陷阱渔具，捕鱼渔具
trapped program interrupt 捕捉程序中断｛电脑｝
trapper ①诱捕器 ②捕虫器，捕虫者 ③捕兽器 ④陷波器
trapping ①诱捕，捕捉，装捕兽夹｛狩猎｝②马饰（马具）｛畜｝③陷阱能级｛生化｝④截留｛生态生理｝⑤入陷转移，自陷｛电脑｝
trapping effect ①诱杀效果 ②阻滞效应
trapping light 诱蛾灯
trapping mode ①入陷状态 ②自陷方式
"trapping plant" "诱捕植物"
trash ①（作物）残茎，残株，残茬，残体，残留物｛栽培｝②杂草，野草｛耕作｝③碎屑，废料，残杂物，夹杂物｛加工｝④垃圾｛环保｝
trash-cleaning 清除夹杂物
trash covering 杂草残茬覆盖
trash cultivator 中耕除草机
trash farming 不翻垡耕作
trash fender （犁体，开沟器）压草板
trash mulch 残茬（茎叶）覆盖
trash rack 垃圾格栅｛环保｝
trash twist method 蔗叶扭绳法｛蔗｝
trashing ①除草 ②去杂 ③落叶 ④报废
trashing habit 落叶习性（指甘蔗）
trashy cane 带夹杂物甘蔗
trauma 创伤
traumataxis 趋伤性
traumatic 创伤的（traumaticus）
traumatic acid 愈伤酸［$C_{12}H_{20}O_4$］
traumatic gum canal 创伤树胶道（canalis gummifer traumaticus）
traumatic infection 创伤侵染
traumatic intercellular canal 创伤胞间道（canalis intercellularis traumaticus）
traumatic parenchyma 创伤薄壁组织（parenchyma traumatica）
traumatic ray tracheid 创伤射线管胞（tracheida radius traumatica）
traumatic resin canal 创伤树脂道（canalis resiniferus traumaticus）
traumatic resin duct 创伤树脂道（ductus resiniferus traumaticus）
traumatic ring 创伤轮（annulus traumaticus）
traumatin 愈伤素
traumation 创伤（traumatio）
traumatropism 向伤性（traumatropismus）
trave 固定架
travel ①运动，位移，移动 ②位移长度 ③旅行行程 ④传播
travel agency management 旅行社管理
travel ratio 行进率
travel reduction 行驶减速，行进减速
travel-stain （巢蜜封盖）污斑
travel-time map 行程时间图
traveler's-tree ①旅人蕉属［*Revenala* Adans］（旅人蕉科）②旅人蕉［*Ravenala madagascariensis* Sonn.］
traveler's-tree family 旅人蕉科［strelitziaceae］
travelling（= traveling）①移动的，移动式的，旅行的 ②旅行
travelling box （蜜蜂）运输箱，转运箱
travelling brake 自动式制动器
travelling-bridge scraper 移行桥式刮泥机｛环保｝
travelling crane 移动式起重机
travelling distributor 移行式布水器｛环保｝
travelling exhibition 巡回展览
travelling expenses 旅费
travelling irrigation 移动灌溉
travelling mechanism 迁移机构｛农施｝
travelling salesman 推销员，巡回售货员｛农管｝
travelling shop 流动商店，旅行商店
travelling speed 行驶速度，运输速度
travelling time 移动期
traverse ①横移，移动 ②横梁，横臂 ③横切线 ④测量用导线
traverse adjustment 横切调整
traverse surface 横断面
traverse table 小平板｛测｝
traversia 海上西风｛气象｝
traversing strategy 横断策略
travopolye 草田（译自俄文 травополе）
travopolye crop-rotation system 草田轮作制
travopolye system 草田制（指轮作）
trawl ①拖网，曳网 ②拖网捕鱼
trawl performance 拖网性能
trawling and purse seining 拖围网兼作

tray ①皿,盒,碟,盆 ②盘,托盘,浅盘,料盘 ③槽,滑槽,浅箱 ④底板 ⑤托架,支架
tray agriculture（= tank agriculture）（无土栽培法,溶液栽培法),大容器农业
tray column 多盘层,多层塔{环保}
tray delivery mechanism 托盘转移机构,托盘转送机构{电脑}
tray drier 盆式干燥机
tray landscape 盆景{园林}
tray method 盆栽法
tray type manure barrow 盆式运肥车
treacle 糖浆,糖蜜
treacle mustard ①糖芥属［*Erysimum* L.］(十字花科) ②（= English wormseed）桂竹香糖芥［*Erysimum cheiranthoides* L.］
tread ①脚踏,踩 ②轮胎胎面,轮胎花纹（= tiretread）③轮距,轨距,履带 ④梯阶
tread board 踏板
tread harrow 脚踏耙
tread horse gear 脚踏畜力机
tread power 脚踏力
tread width 胎面宽度
treader 表土细碎机
treading 脚踏
treading barley plants（= treading wheat plants）踏麦,踩麦
treadle ①驱动踏板 ②脚踏驱动
treadle loom 脚踏织布机
treadle-operated thresher 脚踏式脱粒机
treadle-type plough 键[簧]式犁
treadmill 脚踏式原动机
treasure flower ①勋章花属［*Gazania* Gaertn.］(菊科) ②勋章花［*Gazania rigens* R. Br.］
treasure house 宝库
treasure-house of agricultural science 农业科学宝库
treasurer's office 财务科
treat 处理,拌种,消毒(tratare)
treatability 可处理性{环保}
treated ear 消毒穗,处理穗
treated seed 拌种,拌药种子,已处理的种子
treated timber 防腐处理材
treated water 已处理水,清水{环保}
treated water pump 清水泵
treated water tank 清水池
treated with acid (骨)用酸处理的
treater (种子)消毒器,拌种器,拌种机
treating cylinder ①(防腐)处理罐 ②拌种缸
treating plant (木材)防腐工厂
treating process（= antiseptic process）防腐法
treating seeds with cow urine 牛尿浸种
treating urban garbage 城市垃圾处理{环保}
treatment ①处理,加工 ②消毒,拌种 ③(木材)防腐 ④作业(包括耕作,播种,收获等) ⑤治疗,治疗法
treatment capacity 处理能力(指对农业信息){智培}
treatment combination 处理组合{统计}
treatment component 处理组成部分,处理成分
treatment effect 处理效应
treatment kinetics 处理动力学{环保}
treatment needs 作业法要求
treatment number 处理数
treatment of cyanide effluents with electrolytic method 氰化物污水电解法处理{环保}
treatment of disease 医治,治疗
treatment of odor 恶臭处理法,恶臭脱除法{环保}
treatment of rice seed 稻种处理
treatment of seeds with nodule bacteria 根瘤拌种
treatment of washed water of blast furnace gas 高炉气洗涤废水处理{环保}
treatment of waste water 污水处理,废水处理{环保}
treatment stall 处理畜舍(指消毒,防腐等)
treatment with high temperature 高温处理
treaty ①条约 ②协商,谈判
treaty port 通商口岸(指由条约规定的)
treble 三倍,三重
treble lattice 三重格子方{统计}
treble superphosphate 三倍过磷酸盐,重过磷酸盐{农化}
trebled 三重的(triplicatus)
trechometer 里程表,轮转计
tree ①树 ②乔木(arbor)
tree aerial photo volume tables 航空相片立木材积表{遥感}
tree-age 树龄
tree alfalfa（= moon trefoil）树苜蓿(苜蓿树)［*Medicago arborea* L.］(豆科)
tree analysis 树干解析
tree anemona 树银莲花(卡喷特木)［*Carpenteria californica* Torr.］(毛茛科)
tree architecture 树木结构[学]
tree aster ①树紫菀属［*Olearia* Moench］(菊科) ②树紫菀［*Olearia fragrantissima* Moench］
tree balling machine (根部带土球的)树苗挖掘机

tree banding 树干绷带法(指树干捆带有农药的绷带,以防除害虫)

tree-base sprayer 林间喷雾机

tree belt 树带

tree bine ①青紫葛属(白粉藤属)[*Cissus* L.](葡萄科) ②青紫葛[*Cissus discolor* Planch.] ③白粉藤[*Cissus repens* (Wight et Arn.) Lamb.]

tree-botany 森林植物学(silvobotanica)

tree breaker 伐树机

tree breeding ①树木育种 ②树木育种学

tree breeding hybrid 树木不分离杂种

tree cabash 瓠树,树葫芦[*Crescentia cujete*](葫芦科)

tree cabbage (= cow cabbage) 树甘蓝[*Brassica oleracea* var. *acephala brachydactyla* Brehm.](十字花科)

tree calliper 树木直径尺

tree canopy 树冠

tree cassava 木本木薯

tree cell culture 树木细胞培养

tree census 树木调查

tree-class 树木级

tree classification 树木分类法

tree clearer 灌木切除机

tree clethra 山柳[*Clethra barbinervia* Sieb. et Zucc.](山柳科)

tree climate 树木气候

tree combine harvest 树苗[联合]挖掘机

tree compass 树径铗

tree configuration ①栽树排列 ②栽树结构

tree cotton (= kapok) 木棉(亚洲棉,树棉)[*Gossypium arboreum* L.](锦葵科)

tree-creeper 旋木雀[Certhiidae]

tree cricket ①树蟀 ②⌊复⌉树蟀科[Oecanthidae]

tree crops 木本作物

tree-crown 树冠

tree-crown scale 树-冠比例(指树的大小与树冠大小的比例)

tree crusher 灌木丛[重型]压碎机

tree cutter (= tree dozer) 树木推倒机

tree density 树木密度,植树密度

tree diagram 树木图解

tree disease 树木病害

tree dozer ①除根机 ②树木推倒机

tree eurotia 驼绒藜[*Eurotia arborescens* sp.](藜科)

tree false-spiraea (= false-spiraea tree) 高丛珍珠梅[*Sorbaria arborea* Schneid](蔷薇科)

tree farm ①林场 ②树木园{园林}

tree feller ①伐木工 ②伐木锯

tree felling 伐木,采伐

tree-fern ①桫椤属[*Cyathea* Sm.](桫椤科) ②桫椤[*Cyathea arborea* (L.) Smith]

tree-fern family 桫椤科[Cyatheaceae]

tree flora ①木本植物区系 ②木本植物志

tree-forest 树木(胸高直径20厘米以上的)

tree form 树形

tree form-factor 树木形数

tree forming 树木整形,树木整枝

tree fruits 乔性果树,木本果树

tree gauge (= tree gage) 量树规

tree gene bank 树木基因库

tree-glue 树木黏料

tree grades 立木等级

tree group 树丛

tree growth 树[木]生长

tree guard 护树板,护树杆,树干护栏

tree heath 欧石南[*Erica arborea* L.](杜鹃花科)

tree height 树高

tree height in aerial photo measurement 航空相片树高测定{遥感}

tree height ratio 树高系数,树高比率

tree hoppers (= devilhoppers) 长跳科(长角跳虫科)[Mydoniidae]

tree in dense forest 密林树

tree infected by fungi 菌害木

tree injection 树木注射

tree injector 树木注射器

tree label 树木标签

tree-lace 胶线

tree layer 树层

tree lifter 树苗挖掘机

tree-like form 乔木状型

tree limit 树木限界(指纬度限制)

tree line 树木界线(指海拔高限界)

tree litter 树木凋落物

tree-loco 木黄蓍[*Astragalus reflexistipulus* Miq.](豆科)

tree locust 树蝗[*Anacridium moestum* Serville](蝗科)

tree lopper 树木修枝剪

tree louse 叶蚜[*Aphis* spp.](蚜科)

tree-mallow ①花葵属[*Lavatera* L.](锦葵科) ②花葵[*Lavatera arborea* L.]

tree marking 树木标记,树木打印

tree mass 树群

tree measuration 测树学

tree melon (= papaya) 番木瓜

tree mover 挖树机

tree network 树形网络{信息}
tree nursery 树木苗圃
tree of forest border 林缘树
tree-of-heaven ①臭椿属[*Ailanthus* Desf.](苦木科)②臭椿(苦木)[*Ailanthus altissima* (Mill.) Swingle = *A. glandula* Desf.]
tree of heaven eligma 臭椿皮蛾[*Eligma garcissus* Cramer](皮蛾科)
tree-of-life(= arbor vitae) 金钟柏属[*Thuja* L.](柏科)
tree-of-sadness(= night jasmine) 夜花属[*Nyctanthus* L.](木犀科)
tree on own root 自根树
tree onion 珠芽洋葱[*Allium cepa* var. *proliferum* Regel](石蒜科)
tree-pathology 树木病理学(silvopathologia)
tree peony(= tree paeony, moutan) 牡丹[*Paeonia suffruticosa* Andr. = *P. moutan* Sims.](毛茛科)
tree percent 苗木数,成苗率
tree percher 附生植物(epiphyta)
tree performance 树姿[态]
tree planter 植树机
tree planting 植树
tree planting auger (挖坑用)植树螺旋钻
tree planting machine 植树机
tree potato(= sapodilia) 人心果[*Achras sapota* Linn.](山榄科)
tree prop 树木支柱
tree pruner 高枝剪,树木整枝剪
tree puller 掘树机
tree-remover 移树机,拔树机
tree repair 树整修
tree ring calendar 年轮历
tree scale 立木检尺
tree-scape 树木风景,树景{园林}
tree scraper 树木刮皮机,剥皮器
tree seed 林木种子
tree-seed orchard 林木种子园
tree-seed planter(= tree-seed drill) 树种播种机
tree seedling 树苗
tree shadow 树木阴影{遥感}
tree shears 修枝剪,整枝剪
tree size 树体大小
tree size distribution 大小树木分布
tree spacing 树木间隔
tree sparrow 树雀[*Passer montanus*]
tree species 树种
tree spectral characteristic 树木光谱特性
tree sprayer 树木用喷雾器
tree spread 树枝开展
tree squirrel flea 松鼠蚤[*Macrostylophora euteles*](毛列蚤科)
tree stage 树木生长阶段
tree stock 砧木
tree storey(= tree stratum) 树层
tree stratum 树层
tree structure 树型结构
tree support(= tree-prop) 树枝柱
tree surgery 树木整修术
tree survey 测树
tree tiller (树干周围)耕作机具
tree toad 树蟾蜍
tree tobacco 粉蓝烟草[*Nicotiana glauca* Graham](茄科)
tree-tomato 树番茄(番茄树)[*Cyphomandra betacea* Sendt.](茄科)
tree topper 树木顶梢修剪机
tree transplanter 植树机
tree trunk 树干
tree-type distribution system 树枝式配水系统{水利}
tree vigor(= tree vigour) 树木生长强度,树木活力{园艺}
tree volume table 树木材积表
tree wart ①树瘤,树瘿 ②黑色溃疡病[*Physalospora malorum*]
tree wax 接蜡
tree windbreak 防风林带
tree with colored heartwood 心材树种
tree with imperfect heartwood 熟材树种
tree with torse fibre 扭转纹材
tree zone 乔木带
treehoppers 角蝉科[Membracidae]
treeless ①无树木 ②无乔木
treeless tundra vegetation 无乔木冻原植被{生态}
treeline 树木线
treeman 树主,苗圃主
trees of upper storey(= over wood) 上层林
Treffer theory(= target theory) 靶学说,标的学说{分遗}
Treflan(= trifluralin) 氟乐灵,茄科灵{农药}
trefoil(= red clover) 红三叶(红车轴草,红菽草,红花苜蓿,红花翘摇,红爪草,红和蓝翘摇)[*Trifolium pratense* L. = *T. Purpureum* Gilib. non Loisel.](豆科)
trefoil flower midge 车轴草花瘿纹[*Contarinia loti* (Deg.)](瘿蚊科)
trehalase 海藻糖酶

trehalose 海藻糖 [$C_{12}H_{22}O_{11} \cdot 2H_2O$]
treillage 树篱,格子篱,格子荫棚{园林}
Trelease grape 特里利氏葡萄[*Vitis treleasei* Munson.](葡萄科)
trellis ①篱棚,格子棚,格子架 ②篱形整枝 ③格子 ④篱式树木 ⑤格式结构
trellis cultivation 支柱栽培,篱式栽培
trellis diagram 格式图{电脑}
trellis drainage (= trellised drainage) 格状排水,网状排水
trellis drainage pattern 格状水系{水利}
trellis fruits 篱式果树(篱形整枝果树)
trellis garter 篱形引缚
trellis-training 篱形整枝
trellis tree 篱栅树,树篱,篱式树木
trellised crops 支撑作物
trellised vine 篱式整枝,篱式整蔓(指葡萄)
trellising 篱架设置,支架,支柱,支棚
trellising grapevine 支棚葡萄藤
trema ①萌发孔{解剖} ②菌髓{真菌}
trematode 吸虫
trembling disease 羊搔痒病
trembling fungi 银耳目真菌
trembling poplar (= aspen) 欧洲白杨
tremella basidium 银耳目担子
tremelliform ①胶质的 ②银耳状的(tremelliformis)
tremelloid 胶质的(tremelloideus)
tremellose 胶状的,胶冻状的(tremellosus)
tremendous ①极大的,很大的,巨大的,有力的 ②异常的,非常的
tremogram 震颤描记图(tremogramma)
tremoid 拟萌发孔(tremoides)
tremolite 透闪石
tremolite-actinolite 透闪-阳起石{地质}
trench ①沟,壕沟 ②贮藏沟 ③犁沟,种沟 ④开沟,深耕 ⑤沟槽
trench backfill 沟槽回填{环保}
trench culture 沟作
trench-cutting machine 挖沟机
trench digger 开沟器,开沟机
trench excavation 挖沟,开沟
trench excavator 开沟机,开沟器
trench fault 沟状断层
trench filler 平沟机
trench filler plough 填沟犁
trench layer 沟压
trench layering 开沟压条法
trench method ①沟藏法 ②堑壕法(观察根系)
trench planting ①沟播 ②沟植,沟栽
trench plough 深耕犁
trench ploughing [超]深耕
trench ploughshare 开沟犁犁铧
trench-rooted 札根深的
trench silo 青贮壕,青贮沟
trench silo unloader 青贮沟卸载机
trench sowing 沟播
trench storage 沟藏
trench storage of vegetable 蔬菜沟藏
trench transplanting 壕沟移植,沟栽
trencher 开沟机(器)
trencher plough ①深耕犁 ②挖沟犁
trenching 开沟,挖沟
trenching body 开深沟犁体
trenching bucket 挖沟铲斗
trenching chain 挖沟切土链,挖沟链
trenching machine (= trenching digger) 开沟机
trenching machinery 挖沟机械{环保}
trenching plough (= trenching plow) 开沟犁
trenching ridger 开沟做垄机
trenchwork ①挖沟作业 ②土方工程
trend ①趋势 ②趋向,倾向
trend analysis 趋势分析
trend comparison 动向比较,趋势比较{统计}
trend curve 趋势曲线
trend display 趋势显示{电脑}
trend extrapolation 趋势外推法
trend fitting 趋势配合,趋势安配{生技}
trend of tillering 分蘖趋势
trend surface analysis 趋势面分析{遥感}
trends in resource use 资源利用趋势
trephocyte 滋养细胞(trephocyta)
treppe 阶段现象
trestle ①支架,栈架 ②栈桥,高架桥{环保}(trestilis)
trestle board 制图板
trestle-boom 木马式河绠
trestle bridge 栈桥
trestle for pipe 管桥{环保}
trestle for sawing 锯架,锯台
tretamine 不孕津(化学不孕剂)[$C_9H_{12}N_6$]
trevesia ①棁树属[*Trevesia* Vis.](五加科) ②棁树(广叶葠)[*Trevesia palmata* Vis]
trewia ①红背叶属[*Trewia* L.](大戟科) ②红背叶[*Trewia nudiflora* L.]
TrFIA (= time-resolved fluorescent immunoassay) 时间分辨荧光免疫测定[法]{分生}
tri- ⌊字头⌉三

tri cycle 三轮车
tri-ridged ①三肋的 ②三棱的 (tricostatus)
triacanthine 三刺[皂荚]碱 [$C_{10}H_{13}N_5$]
triacanthous 三刺的 (triacanthus)
triachaenium 三分小坚果
triacontane 三十烷 [$CH_3(CH_2)_{28}CH_3$]
triacontarugate 具三十绉的 (triacontarugatus)
triad ①三分体 ②三分细胞 ③三轴体 ④三价基,三价原子 (trias)
triadelphous 三体雄蕊的 (triadelphus)
triadelphous stamens 三体雄蕊 (stamina triadelpha)
triakenium 三分小坚果
trial ①试验{栽培} ②试车{农机} (trialis)
trial-and-error method 试差法,试验误差法{生技}
trial crop ①(= trial plantation) 试验种植 ②供试作物
trial farm (= trial plot) 试验圃(区)
trial flock 试验畜群
trial garden 试验圃
trial machine 试验用机械
trial method 试验法,反复试验{水利}
trial planting 试验种植,试种
trial plot 试验小区,试验圃
trial run 试运行{信息}
trial seeding 试播
trial stimulus 试验刺激
trial test 探索性试验
triallelic 三等位[基因]的 (triallelicus)
triamcinolone 氟羟脱氢皮质[甾]醇
triammonium phosphate 磷酸三铵
triandrous (= triander, triandrian) 三雄蕊的 (triandrus)
triangle 三角 (triangulus)
triangle file 三角锉(工具)
triangle knife 三角刮刀
triangle method 三角法(溶液培养)
triangle network (= triangular network) 三角形网络
triangle of U 宇氏三角(日本宇长春氏表示芸薹属物种进化的三角形图解)
triangle planting (= triangular planting) 三角形栽植
triangle rush ①席草状莎草(三角蔺) ②李氏灯心草 [*Juncus leschenaultii* Gray] (莎草科)
triangle staghorn-fen 三角阔角蕨[*Platycerium stemaria* Desv.] (水龙骨科)
triangular 三角形的,三棱形的 (triangularis)
triangular compasses 三角规
triangular digital terrain model 三角网数字地形模型{遥感}
triangular distribution 三角形分布
triangular division method 三角区分法
triangular facets of fault 断层三角面{地质}
triangular grafting 三角接{园艺}
triangular-hole screen 三角孔筛
triangular irrigation furrow 三角形灌溉沟
triangular mesh 三角网格
triangular oscillating blade (切青贮料)摆动三角刀
triangular planting 三角形栽植
triangular plate [of sting] (螯针)三角形板{蜂}
triangular roller 三角辊{农具}
triangular scale 三棱尺
triangular scraper 三角刮刀
triangular section 三角形断面
triangular textural diagram 质地三角座位图{土壤}
triangular tooth 三角形耙齿
triangular weir 三角堰{环保}
triangularis torch-lily 三棱剑叶兰(三棱火把莲)[*Kniphofia triangularis* Kunth.] (百合科)
triangulated data 三角形组成的数据{遥感}
triangulated grid 三角形格网{遥感}
triangulation 三角测量 (triangulatio)
triangulation network 三角[测量]网
trianion 三阴离子
trianopia 第三原色盲,蓝色盲
trianthous 三花的 (trianthus)
triarch 三原型 (triarcus)
triaristate 三芒的 (triaristatus)
Triassic [period] 三叠纪
triaster 三星体
triaxial ①三轴的 ②三线电缆 (triaxilis)
triaxial strength machine 三轴强度仪
triazine 三嗪 [$C_3H_3N_3$]
triazine group 三嗪组
triazine herbicide 均三氮苯类除草剂
triazine nitrogen 三嗪氮
triazines 三氮苯类(除草剂)
triazole 三唑 [$C_2H_3N_3$]
triazomethane 叠氮甲烷
tribal land 宗族土地
tribasic 三基数 (tribasicus)
tribasic acid 三元酸
tribasic polyploid 三基多倍体 (polyploida tribasica)
tribe 族 (tribus)
triboelectricity 摩擦电 (triboelectricitas)

tribology 摩擦学(tribologia)
triboluminescence 摩擦发光(triboluminescentia)
tribometer 摩擦计,摩擦力测量仪
tribuloid 被硬毛的(tribuloideus)
tributary ①支流 ②从属的,附属的(tributarius)
tributary channel 支渠
tributary data terminal equipment(tributary DTE) 从属数据终端设备{信息}
tributary flow 支流
tributary office 分局{信息}
tributary path 附属道路
tributary river 小河,支流
tributary station 分站,支站{信息}
tributary trunk 辅助中继线
Tributyl trithiophosphate 脱叶磷,三硫代磷酸三丁基酯(脱叶剂)[$C_{12}H_{27}OPS_3$]
tributylphosphorotrithioate(= Tributy trithiophosphate) 脱叶磷
tributyrin [三]丁酸甘油酯
tributyrinase [三]丁酸甘油酯酶
tricalcium phosphate 磷酸三钙
tricamarous 三室的(tricamarus)
tricaprin [三]癸酸甘油酯 [$C_3H_5(OOCC_9H_{19})_3$]
tricarboxylic acid 三羧酸 [$(HOOC \cdot CH_2)_2CH \cdot COOH$]
tricarboxylic acid cycle 三羧酸循环
tricarinate 三龙骨的(tricarinatus)
tricarpellary(= tricarpellate, tricarpous) 三心皮的(tricarpellarius)
tricarpellary pistal 三心皮雄蕊(pistallum tricarpellarium)
tricaudate 三尾的(tricaudatus)
Trice cotton 脱字棉
tricentric 具三着丝点的(tricentricus)
tricephalous ①三头序的 ②三头的(tricephalus)
tricetin 3′,4′,5′,5,7-五羟黄酮 [$C_{15}H_{10}O_7$]
trichanthous 毛花的(trichanthus)
trichasium ①三歧聚伞花序 ②三歧式
trichidium ①叶座 ②小梗{形态}
trichiferous 具毛的(trichiferus)
trichiform ①毛状的 ②硬毛形的(trichiformis)
trichimera 三层嵌合体(trichimaera)
trichina(= trichina worm) 旋毛虫[Trichina]
trichinosis(= trichelliasis)旋毛虫病
trichlamydeoue 三被的(trichlamydeus)
Trichlorethylene(= Trichloroethylene) 三氯乙烯(熏蒸杀虫剂)[C_2HCl_3]
trichlorfon 敌百虫(杀虫剂) [$C_4H_8Cl_3O_4P$]
trichloroacetic acid 三氯乙酸(除草剂) [$C_2HCl_3O_2$]
trichloroacetic acid heterochromatin study 异染色质研究用三氯乙酸
trichloroacetic acid in squashing 压片用三氯乙酸
Trichlorocamphane 三氮化莰(杀虫剂) [$C_{10}H_{15}Cl_3$]
trichloroethylglucuronide 葡糖三氯乙基苷酸
trichoblast ①生毛细胞 ②毛状异细胞 ③毛状体(trichoblasta)
trichocarpous 毛果的,被毛子实体的(trichocarpus)
trichocarpous peperomia 毛果豆瓣绿 [*Peperomia trichocarpa* sp.](胡椒科)
trichocephalous 毛头的(trichocephalus)
trichocereine 仙影掌碱[$C_{13}H_{21}NO_3$]
trichocereus ①毛花柱属[*Trichocereus* spp.](仙人掌科) ②毛花柱(毛鞭柱)[*Trichocereus pachanoi* sp.]
trichoclad 毛枝的(trichocladus)
trichocutis 毛皮层
trichocyst 丝孢囊(trichocysta)
trichoderm 毛皮(trichodermis)
trichodermin 木霉菌素
trichogyne 受精丝(trichogynium)
trichogynous 受精丝的(trichogynus)
trichoid ①似毛的 ②毛状的(trichoides)
tricholoma 缘毛
tricholomic acid 口蘑氨酸
trichome ①藻丝 ②生毛体 ③[表皮]毛状物(trichoma)
trichome staining 藻丝染色
trichomic 毛的(trichomicus)
trichomonas foetus 胎儿滴虫病
trichomoniasis 毛滴虫病,滴虫病
trichomoniasis bovine 牛滴虫病
trichomycetes 毛菌类[Trichomycetes]
trichomycosis axillaris 腋毛真菌病
trichoneurous 毛脉的(trichoneurus)
trichophyllous 毛叶的(trichophyllus)
trichophyton 发癣霉
trichophytosis(= trichophyton disease)发癣
trichorhizous 毛根的(trichorrhizus)
trichosclereid 毛状石细胞(trichosclereida)

trichospermous 毛子的(trichospermus)
trichospore 鞭毛孢子(trichospora)
trichosporon ①丝孢酵母属[*Trichosporon* Behr.](酵母科) ②丝孢酵母[*Trichosporon cutaneum* (de Beurm et al.)]
trichosporosis 毛孢子菌病
trichostrongylosis 毛圆线虫病
trichothallic growth 毛基生长(cresentia trichothallica)
trichotomosulcate 具三歧槽的(trichotomosulcatus)
trichotomous ①三歧的 ②三分叉的(trichotomus)
trichotomous cyme 三歧聚伞花序(cyma trichotoma)
trichotomy 三歧式(trichotomia)
-trichous ⌊字尾⌉具毛,有毛
trichromasia 三色性色盲
trichromatic 三色的(trichromaticus)
trichromatic theory 三色说{物}
trichromatic vision 三色视觉
trichuriasis 鞭虫病
tricin 麦黄酮,4′,5,7-三羟[基]-3′,5′-二甲氧黄酮[$C_{17}H_{14}O_7$]
trick ①特技,技巧 ②窍门 ③特技的,有诀窍的 ④有效的
tricking filter ①滴滤器 ②滴滤池,生物滤池{环保}
trickle 滴流,细流
trickle irrigation 滴灌,细流灌溉
trickling 滴流{环保}
trickling filter process 滴滤池法{环保}
trickling loading 滤池水力负荷(等于全部滤池表面一天淋洒的污水量除滤池表面积即得滤池水力负荷){环保}
trickling water 滴水
triclinic system 三斜晶系
tricoccous 三果爿的(tricoccus)
tricolour 三色的(tricolor)
tricolour dracena 三色朱蕉[*Cordyline tricolor* Hort.](龙舌兰科)
tricolour filter 三色滤光片{遥感}
tricolpate 具三沟的(tricolpatus)
tricolporate 三孔沟的(tricolporatus)
tricorn 三角的(tricornis)
tricornute 具三个角状物的(tricornutus)
tricostate 具三肋的,具三主脉的(tricostatus)
tricotyledonous 具三子叶的(tricotyledonus)
tricotyledony 三子叶式(tricotyledonia)
tricuspid 三尖的(tricuspidus)
tricuspid valve 三尖瓣
tricuspidate 具三尖的(tricuspidatus)
tricussate 互交三出的(tricussatus)
tricycle-type tractor (=tricycle tractor) 三轮拖拉机
tricyclic 三轮列的(tricyclicus)
tricyclic flower 三轮列花(flos tricyclicus)
tricyclic stele 三环中柱(stelatricyclica)
tricycly 三轮列式(tricyclia)
tridactyl 三指的(tridactylis)
trident 三齿的(tridentus)
trident maple 三角枫[*Acer buergerianum* Miq.](槭树科)
tridentate 具三齿的(tridentatus)
tridigitate 三掌出的(tridigitatus)
tridimensional analog computer 三维模拟计算机
tridrive 三驱动桥传动装置
tridymous 三数的(tridymus)
tridynamous 三强雄蕊的(tridynamus)
trielaidin [三]反油酸甘油酯
triemulsion color film 三层乳剂彩色胶片{遥感}
triennal (=triennial) ①三年生的 ②三年生植物(triennalis)
trier ①试验仪器 ②取样工具
trietazine 草达津(除草剂)[$C_9H_{16}ClN_5$]
triethanolamine 三乙醇胺
triethenoid fatty acid 三烯脂肪酸
triethyl phosphate 三乙基磷酸[$(C_2H_5)_3PO_4$]
triethyl phosphate in clearing 清晰用三乙基磷酸
triethylamine 三乙胺
triethylamine hydrochloride 盐酸三乙胺
triethylcholine 三乙基胆碱
triethylene melamine (tem) 三乙撑三聚氰酰胺
triethylene phosphoramide (tepa) 三乙撑磷酰胺
triethylene thiophosphoramide (thio-tepa) 三乙撑硫代磷酰胺
trifallow ①三次休闲 ②三次休闲地
trifarious ①三向的 ②三纵列的(trifarius)
trifasciate 三丛的,三带条的(trifasciatus)
trifid 三分裂的(tifidus)
trifidacanthus ①三杈刺属[*Trifidacanthus* Merr.](豆科) ②三杈刺[*Trifidacanthus unifoliolatus* Merr.]
triflagellate 三鞭毛的(triflagellatus)
triflorous 三花的(triflorus)
trifluorothymidine 三氟胸苷
trifluralin (=trifluraline) 氟乐灵,茄科灵

（除草剂）[$C_{13}H_{16}F_3N_3O_4$]
trifoliate（= trifoliolate） ①具三叶的 ②具三小叶的
trifoliate jewelvine ①鱼藤属［*Derris* Lour.］（豆科）②鱼藤［*Derris trifoliata* Lour.］
trifoliate orange ①枸橘属［*Poncirus* Raf.］（芸香科）②枸橘（狗橘子，枳）［*Poncirus trifoliata* Raf.］
trifoliolate 具三小叶的（trifoliolatus）
trifoveolate 三穴的，三腔的（trifoveolatus）
trifunctional initiator 三功能引发剂
trifurcate ①三分叉的 ②具三叉的（trifurcatus）
trigamous 具三种花的（trigamus）
trigeminous 具三对的（trigeminus）
trigeneric hybrid 三属间杂种（hybrida trigenerica）
trigenic 三基因的（trigenicus）
trigenic control 三基因控制
trigenic interaction 三基因互作
trigenomatic 三染色体组的，三基因组的（trigenomaticus）
trigenomic hexaploid 三染色体组六倍体
trigenomic species 三染色体组种
trigger ①扳机，扳柄 ②触发器 ③引发器 ④触发{分遗}
trigger action ①激发作用{气象} ②触发作用{分遗}
trigger gene 触发基因
trigger mechanism 触发机制
trigger organ 触发器官
trigger point 触发点（指中医针灸过程之一）
triggered flashes 引发闪电
triggering 触发，引发
triggering signal 触发信号
triglumaceous 三颖的（triglumaceus）
triglyceride 甘油三酯，三酸甘油酯
trigona ①无刺蜜蜂属［*Trigona* spp.］（蜜蜂科）②无刺蜜蜂［*Trigona* sp.］
trigonal（= trigone, trigonous） 三角的，三棱的（trigonus）
trigone（= trigonous） 三棱的（trigonus）
trigonella ①葫芦巴属［*Trigonella* L.］（豆科）②葫芦巴［*Trigonella faenum-graecum* L.］
trigonelline 葫芦巴碱，N-甲基烟酸内盐［$C_7H_7O_2N$］
trigonocarpous 三角果的，三棱果的（trigonocarpus）
trigonoclad 三棱枝的（trigonocladus）
trigonometric function 三角函数
trigonometrical hypsometer 三角法测高器
trigonometrical leveling 三角高程测量
trigonometry 三角学（trigonometria）
trigonospermous 三角子的（trigonospermus）
trigonostemon ①三棱蕊属［*Trigonostemon* Bl.］（大戟科）②三棱蕊［*Trigonostemon chinense* Merr.］
trigonous ①三棱的 ②具凸面三棱的（trigonus）
trigynous ①具三雌蕊的 ②具三花柱的（trigynus）
trihaploid 三单倍体（trihaploida）
triheterozygote ①三因子异型接合子 ②三因子异型接合体（triheterozygota）
trihybrid 三对基因杂种（trihybrida）
trihybrid heterozygote 三对基因杂种合子
trihydrate 三水合物
trihydroxy-N-methylindole 三羟基-N-甲基吲哚
trihydroxymethyl-aminomethane（tris） 三羟甲基氨基甲烷
trihydroxystearic acid 三羟硬脂酸
Triiodobenzoic acid（= TIBA） 三碘苯甲酸（植物生长调节剂）[$C_7H_3I_3O_2$]
triiodothyronine 三碘甲腺原氨酸
triiodothyropyruvic acid 三碘甲腺丙酮酸
triisopropylphenylsulfonyl chloride 三异丙基苯磺酰氯
triisosomics 三同源等臂[染色]体生物（triisosomica）
trijugate（= trijugous） （羽状复叶）具三对的（trijugatus）
triketohydrindene hydrate ［水合］茚三酮
trilacunar 三叶隙的（trilacunaris）
trilamellar 三薄片的（trilamellaris）
trilamellar membrane 三层膜（membrana trilamellaris）
trilamellar structure 三片层状结构
trilete 三裂的（triletus）
trilete aperture 三裂口（apertura trileta）
trilete marking 三射痕（notatens triletus）
trilete spore 三痕孢子（sporatrileta）
trilete suture 三缝（suturatrileta）
triline cable 三线电缆{信息}
trilinear ①三系的 ②三线的（trilinearis）
trilinear hybrid 三系杂种（hybrida trilinearis）
trilinear surveying 三线测量（三点后方交会）
trillium（= wakerobin） ①延龄草属［*Tril-*

lium L.]（延龄草科）②延龄草[*Trillium tschonoskii* Maxim.]
trillium family 延龄草科[*Trilliaceae*]
trilobate 三浅裂的（trilobatus）
trilobed（=trilobate） ①三浅裂的 ②具三裂片的（trilobus, trilobatus）
trilobed leaf 三浅裂叶
trilobed wedelia 南美蟛蜞菊[*Wedelia trilobata* sp.]（菊科）
trilocation error 三位置误差
trilocular 三室的（trilocularis）
trim ①修剪，修枝 ②整齐的，整洁的
trim end 截头（林木）
trim roots 剪根
trim saw（=sizer） 四面刨
trimagnesium phosphate 磷酸三镁
trimastigote 有三根鞭毛的（trimastigotus）
trimer ①三聚物 ②三[聚]体 ③三基数
trimer arrangement 三聚体排列
trimerization 三聚化（trimerisatio）
trimerous ①三出的，三数的 ②三基数的（trimerus）
trimerous flower 三数花（flos trimerus）
trimerous tripartite 三三深裂的，三重深裂的（trimerotripartitus）
trimester 三个月的（trimestris）
trimethamine methyl phenol 三甲胺甲基苯
trimethamine methyl phenol in electron microscopy 电子显微镜用的三甲胺甲基苯
trimethoprim（TMP） 三甲氧苄二氨嘧啶
trimethylamine 三甲胺[$(CH_3)_3N$]
trimethylguanosine（TMG） 三甲基鸟苷
trimethylsilylation 三甲[基]硅[基]化[作用]（trimethylsilylatio）
trimetrogen camera 三镜头航空[照]相机{遥感}
trimetrogen photography 三镜头摄影术
trimitic ①具三系菌丝的 ②三菌丝型的（trimiticus）
trimmed hedge 剪形绿篱
trimmed sample 清理样品，整理样本
trimmer ①微调电容 ②修剪器，修剪刀
trimming ①修剪，剪形 ②装饰，修饰
trimming and mounting diagram 整饰镶嵌图（指相片）{遥感}
trimming-axe 披枝斧
trimming cut 剪除
trimming of runners 纤匐枝修剪（指草莓）
trimming saw 修剪锯
trimodal distribution 三峰分布{统计}
trimolter 三眠蚕
trimonoecious 三性花同株的（trimonoecius）
trimonoecism 三性花同株式（trimonoecismus）
trimorphic（=trimorphous） 三形的（trimorphus）
trimorphic flower 三形花（flos trimorphus）
trimorphic heterostyly 三形异花柱式（heterostylia trimorpha）
trimorphism ①三态现象，三态性 ②三形性（trimorphismus）
trinacriform 三尖形的，三叉形的（trinacriformis）
trinervate（=trinerved） 具三脉的（trinervatus）
trinerve 三脉（trinervus）
trinervious 三出脉的（trinervius）
trinia 特里尼属[*Trinia* Hoffom.]（伞形科）⌞拟⌝
trinitride 叠氮[化合]物
trinitrin 三硝基甘油，三硝基甘油酯
trinitrocellulose 三硝基纤维素，火药棉
trinitrophenol 三硝基苯酚[$(NO_2)_3C_6H_2OH$]
trinitrotoluene 三硝基甲苯[$(NO_2)_3C_6H_2CH_3$]
trinodal 具三节的（trinodalis）
trinomial nomemclature 三名法（nomemclatura trinomia）{分类}
trinucleate 具三核的（trinucleatus）
trinucleate pollen grain 具三核花粉粒（granum pollinis trinucleatum）
trinucleotide 三核苷酸
trinucleotide effect 三核苷酸效应
trioctahedral structure 三八面体结构
triode 三极管
trioecious 雌花雄花两性花异株的，单全异株的（trioecius）
trioecious flower 三性花（flos trioecius）
trioecious polygamy 单全异株式（polygamia trioecia）
Triolith 木材防腐剂（Wolman 盐的一种）
trioperculate 具三盖的（trioperculatus）
triordinal 三序的（triordinalis）
triose 丙糖[$C_3H_6O_3$]
triose phosphate 丙糖磷酸，磷酸丙糖[$C_3H_5O_2 \cdot O \cdot PO_3O_2$]
triose phosphate dehydrogenase 磷酸丙糖脱氢酶
triose phosphate isomerase 磷酸丙糖异构酶
triovulate 有三胚珠的（triovulatus）

trioxide 三氧化物
trioxymethylene 三聚甲醛[$(CH_2O)_3$]
trip ①行程,里程 ②爪,卡子 ③自动断开机构脱钩装置 ④断开,松开,松放 ⑤倾翻 ⑥(蝶形花的龙骨瓣)打开,踢开
trip arm 捆结器离合控制杆
trip beam 带安全器犁辕
trip bottom 弹返犁体
trip computer 行程计算机
trip cord (= trip rope) 挽缰,引绳
trip count 行程计数
trip discharger 翻卸装置
trip dog 跳挡{农机}
trip gear (打捆装置)接合机构
trip hitch [自动]脱钩式联结器
trip hook ①(刈捆机,打捆器)松放钩 ②搭钩(马具)
trip meter 里程表,里程计
trip-over 翻转机构,转位机构(指翻转犁的)
trip rope 操纵杆拉绳
trip shank cultivator 安全铲柱中耕机
tripalmate 三掌状的(tripalmatus)
tripalmate leaf 三掌状叶(folium tripalmatum)
tripalmately compound 三回掌状复出的(tripalmatim compositus)
tripalmitin [三]棕榈酸甘油酯,[三]软脂酸甘油酯[$C_6H_5(OOCC_{15}H_{31})_3$]
triparent cross 三亲本杂交
triparental ①三亲的 ②三亲木的(triparentalis)
triparental cross 三亲杂交
triparental recombinant 三亲重组体
tripartite(= triparted) ①三深裂的 ②三分的 ③三联的(tripartitus)
tripartite genome 三分基因组{分遗}
tripartite leader(TPL) 三联前导序列{分遗}
tripartite leaf 三深裂叶(folium tripartitum)
tripartite structure 三分结构
tripeptidase 三肽酶
tripeptide 三肽
tripericlinal chimera 三层周缘嵌合体(chimaera tripericlinalis)
tripetaloid 三花瓣状的(tripetaloideus)
tripetalous 三花瓣的(tripetalus)
triphase-monophase mixed distribution system 三相-单相混合制配电系统{农施}
triphasic ①三相的 ②三阶段的(triphasicus)
triphenyl methane dyes 三苯基甲烷染料
triphenyl tetrazolium chloride method 三苯基氯化四唑法{显技}
triphosphate [三]磷酸盐{农化}
triphosphate dehydrogenase 磷酸丙糖脱氢酶
triphosphopyridine nucleotide(TPN, NADP, Co Ⅱ) 三磷酸吡啶核苷酸,辅酶Ⅱ
triphyllome 三叶体(triphyllomium)
triphyllous 三叶的(triphyllus)
tripinnate 三回羽状的(tripinnatus)
tripinnate compound leaf(= tripinnate leaf) 三回羽状复叶
tripinnate leaf 三回羽状复叶(folium tripinnatum)
tripinnately compound 三回羽状复出的(tripinnatim compositus)
tripinnatifid 三回羽状半裂的(tripinnatifidus)
tripinnatipartite 三回羽状深裂的(tripinnatipartitus)
tripinnatisect 三回羽状全裂的(tripinnatisectus)
triplasy 三分式(triplasia)
triple ①三重的,三倍的 ②三联体,三线态(triplex,triplus)
triple barrel pump 三联式筒泵
triple bottom plow(= triplebottom plough) 三铧犁
triple bud 三重芽(gemma triplex)
triple code 三联体密码{分遗}
triple cordon 三单干形{园艺}
triple cropping ①一年三作,一年三熟 ②一年三季作(如早稻,中稻,晚稻)
triple cropping of paddy 三季稻(早稻,中稻,晚稻)
triple cross 三交,三系杂交
triple crossing over 三交换
triple effect evaporator 三效式蒸发器{环保}
triple fusion 三核并合,三核融合
triple helix 三股螺旋,三链螺旋(helix triplex)
triple hole nozzle 三孔型喷嘴
triple hybrid 三交杂种(hybrida triplex)
triple hybridization(= triple crossing) 三交,三系杂交
triple interaction 三级连应{统计}
triple lattice 三重格子方{统计}
triple lattice arrangement 三重格子方排列
triple lattice design 三重格子方设计
triple lattice yield trials 三重格子方产量试验
triple-leaf standard (重型耕耘机)三层板铲

柄

triple-lily (= gross-nut) 疏布罗地石蒜 [*Brodiaea laxa* Wats] (石蒜科)

triple modular redundancy (**TMR**) 三模块冗余 {电脑}

triple monosomic 三倍单体生物 {细胞}

triple mower 三刀刈草机

triple-nerved (= triple-ribbed, triple-veined) 离基三出脉的 (triplonervis)

triple piston pump 三联式活塞泵

triple plane ①三重平面 ②三重投影

triple plant 三株栽植(一穴三株)

triple ply 三合板

triple point 三相点

triple prong guard (切割器)三联护刀器

triple rectangular lattice design 三重长方形格子方设计 {统计}

triple rib tire 三环花纹轮胎

triple roller 三组镇压器

triple row line sowing 带状三行播种

triple staining 三重染色法 {显技}

triple stains 三重染色 {显技}

triple state 三相

triple superphosphate 重过磷酸钙 {农化}

triple superphosphate fertilizer 重过磷酸盐肥料

triple tabular form 三项表 {统计}

triple test cross 三系测交

triple trisomic complex 三倍三体复合

triple-unit transplanter 三行插秧机，三行栽植机

triple vaccine 三联疫苗

tripler 三倍频器 {信息}

triplet ①三联体(遗传密码) {分遗} ②三线态 ③三件一套，三体联合，三物一组 ④三生儿 (tripletus)

triplet base sequence 三联体碱基顺序

triplet code 三联体密码

triplet hypothesis 三联体假说

triplet state 三重线态

triplet theory 三联体学说

triplex ①三式，三显性组合 (AAAa) ②三链体，三链螺旋

triplex pump 三联式筒泵，三缸泵

triplex type 三式型，三显性组合型

triplicate 三重[复]的 (triplicatus)

triplicate factor 三重因子 {统计}

triplicate gene 三重基因

triplicate-ternate 三回三出的 (triplicato ternatus)

triplication 三重复 (triplicatio)

triplicostate (= triplinerved) 离基三出脉的 (triplicostatus)

tripling 三倍

triplo- ⌊字头⌉三倍

triplo-Ⅳ 三体第四染色体，三体Ⅳ

triplo-polyploid 三体多倍体 (triplopolyploida)

triplo-X 三体性染色体，三体 X

triplo-X female 三体 X 雌性(即 XXX)

triplocaulescent 具三级茎轴的 (triplocaulescens)

triplocaulous 三级茎轴的 (triplocaulus)

triploclastic 有三胚叶的 (triploclasticus)

triploid 三倍体 (triploida) {细胞}

triploid cell 三倍体细胞

triploid endosperm 三倍体胚乳

triploid hybrid 三倍体杂种

triploid individual 三倍体个体

triploid intersex 三倍体雌雄间性

triploid nucleus 三倍核

triploid parent 三倍体亲本

triploid plant 三倍体植物

triploid progeny 三倍体后代

triploid seedless watermelon 三倍体无子西瓜

triploid sugar beet 三倍体甜菜

triploid sunflower 三倍体向日葵

triploid tissue 三倍体组织

triploid water-melon 三倍体西瓜

triploid wheat hybrid 三倍体小麦杂种

triploidy 三倍性 (triploidas)

triplont ①三倍体 ②三倍性生物 (triplous)

triply linked 三重链接 {信息}

tripod 三脚架，三角架

tripod jack 三脚千斤顶

tripod loader 三角架式垛草机

tripod magnifier 三脚放大镜 {显技}

tripod mounting 三脚架

tripod stacker 三脚架码垛机

tripogon ①草石蚕属[*Tripogon* Roth.] (禾本科) ②草石蚕[*Tripogon shinensis* Hack.]

tripolar 三极的(胚囊内细胞及核的排列) (tripolaris)

tripoli 硅藻土(tropolium)

tripoli aster 竹叶菊(铁秆蒿)[*Aster tripolium* L.] (菊科)

triporate 三孔的 (triporatus)

tripper ①自动断开机构，断开装置，脱钩装置 ②板孔

tripping ①轻快的 ②(脚步)轻的

tripping mechanism 脱开机构

tripsacum (= gamagrass) 摩擦禾属 [*Tripsacum* ssp.] (禾本科)

tripterospermum ①蔓龙胆属[Tripterospermum Blume](龙胆科) ②蔓龙胆[*Tripterospermum japonicuze* (Sieb. et Zucc.) Maxim.]
tripterous 三翅的,三翼的(tripterus)
tripterus saussurea 三叶风毛菊[*Saussurea triptera* Maxim.](菊科)
tripunctate 具三斑点的(tripunctatus)
tripyzzole 三吡咯
tripyzzole peptide 三吡咯肽
triquetrous(=triqueter) ①三棱的 ②具凹面三棱的 ③三边的,三角的(triquetrus)
triquinate 三出五裂的(triquinatus)
triradial 三相交换体(triradialis)
triradiate ①三辐射的 ②三伞梗的(triradiatus)
triradiate ridge 三射脊(costa triradiata)
triradiate slit 三射缝(sutura triradiata)
triradiatus thorowax 三辐射花柴胡[*Bupleurum triradiatum* Adams.](豆科)
TRIS [=N-tris(hydroxymethyl)-amino methane] N-三羟甲[基]氨基甲烷
tris(=trisamine) 三羟甲[基]氨基甲烷
Tris butter 三羟甲[基]氨基甲烷缓冲剂
trisaccharidase 三糖酶
trisaccharide 三糖[$(C_6H_{10}O_5)_3 \cdot H_2O$]
trisaccharose 三糖[$(C_6H_{10}O_5)_3 \cdot H_2O$]
trisamine(tris) 三羟甲[基]氨基甲烷
trisazo dyes 三偶氮基染料
trisected(=trisect) 三裂的,三全裂的(trisectus)
trisepalous 三萼片的(trisepalus)
triseptate 具三隔膜的(triseptatus)
triserial(=triserate) 三纵列的(triserialis)
triserrate 有三齿的(triserratus)
trisetous 三刺毛的,三刚毛的(trisetus)
triskelion 三脚蛋白体,三脚蛋白复合体
trismus 牙关紧闭
trisome (染色体)三体(trisoma)
trisome interchange 三体互换
trisome translocation 三体易位
trisomic ①三体生物 ②[$2n+1$]型{细胞}
trisomic analysis 三体分析
trisomic breeding behavior 三体育种行为
trisomic chromosome ($2n+1$) 型染色体
trisomic chromosome-linkage group association 三体染色体连锁群联会
trisomic diploid 二倍加一($2n+1$)
trisomic individual 三体个体
trisomic inheritance 三体遗传
trisomic inversion 三体倒位
trisomic phenotype 三体表型
trisomic plant 三体植物
trisomic ratio 三体比率
trisomic source 三体来源
trisomic type 三体型
trisomy 三体[性](trisomia)
trisomy syndrome 三体性综合征
trispermous 三种子的(trispermus)
trisporous 三孢子的(trisporus)
tristachyous 三穗的(tristachyus)
tristania ①红胶木属[*Tristania* R. Br.](桃金娘科) ②红胶木[*Tristania conferta* R. Br.]
tristate 三态(tristatus)
tristate logic(TSL) 三态逻辑电路{信息}
Tristeza disease of citrus 柑橘杜列斯特查病毒病,柑橘速衰病
tristichous ①三列的 ②三行的(tristichus)
tristigmatic 三柱头的(tristigmaticus)
tristimulus values 三色刺激值
tristylous 三花柱的(tristylus)
trisulcate 具三沟的(trisulcatus)
trisynocotyledonous 三合子叶的(trisynocotyledonus)
trit 三进制数位{电脑}
tritac 草达克(=2,3,6-TBP)(内吸性除草剂)[$C_{10}H_{11}Cl_3O_2$]
tritanomaly 黄蓝色弱,第三色弱(tritanomalia)
tritanopia(=tritanopsia) 黄蓝色盲,第三色盲
tritearin [三]硬脂酸甘油酯
tritelosomic 三[同源]端[着丝点染色]体的
triternary nomenclature 三名法(nomemclatura triternaria){分类}
triternate 三回三出的(triternatus)
triterpene 三萜
triterpene sapogenin 三萜皂苷配基
Trithion(=carbophenothion) 三硫磷{农药}
tritiated arginine 氚标记精氨酸
tritiated arginine in autoradiography 放射自显影术用氚标记精氨酸
tritiated compound 氚标记化合物
tritiated cRNA 氚标记 cRNA
tritiated thymiding 氚标记胸苷
tritiated uridine 氚标记尿苷
tritiated waste 含氚废物,氚标记废物(垃圾){环保}
tritiated water 氚标记水
tritiation 氚化(trititio)
triticale(=hybrid of *Triticum aestivum* ×

Secale cereale） 小黑麦（小麦与黑麦的杂交种）
triticale hybrid 小黑麦杂种
triticin 小麦糖［$(C_6H_{10}O_5)_n$］
tritide 氚化物
tritium 氚（氢的同位素）
Tritium 氚［^3H］
tritium dating 氚测定年龄
tritium-labelled 氚标记的
tritium-labelled compound 氚标记化合物
tritium-labelled thymidine 氚标记胸苷
tritium labelling 氚标记
tritocerebrum 后脑
tritoma 宿根草
triton ①氚核 ②去利通（商）
tritonia ①观音兰属［*Tritonia* Ker-Gawl.］（鸢尾科）②观音兰［*Tritonia crocata* Ker-Gawl.］
triturate ①研磨，捣碎 ②咀嚼（triturare）
trituration ①研磨，捣碎 ②咀嚼（trituratio）
trityl- 三苯甲基
trityl cellulose 三苯甲基纤维素
trityl chloride 三苯甲基氯［$(C_6H_5)_3 \cdot C \cdot Cl$］
Triumph 凯旋（桃品种）
triungulin（= oil beetle larva） 三爪蚴（油芫菁一龄幼虫）
trivalent ①三价的 ②三价［染色］体（trivalens）{细胞}
trivalent chromosomes 三价染色体
trivalent formation 三价［染色］体形成
trivalent frequency 三价［染色］体频数
trivalent ion 三价离子
trivalve 三活瓣的（trivalvis）
trivascular 三维管的（trivascularis）
trivet 三脚架{测}
trivial ①普通的，平常的，平凡的 ②不重要的，琐碎的（trivialis）
trivial file transfer protocol（TFTP） 普通文件传送协议{信息}
trivial name 土名，俗名（nomen trivialis）
trizoic 三孢虫的（trizoicus）
tRNA（= transfer RNA） 转移 RNA{分遗}
tRNA anticodon tRNA 反密码子
tRNA anticodon sequence tRNA 反密码子顺序
tRNA binding tRNA 结合
tRNA chain length tRNA 链长
tRNA cloverleaf structure tRNA 三叶草型结构
tRNA coding gene tRNA 编码基因
tRNA fractionation tRNA 分级分离
tRNA gene tRNA 基因
tRNA maturation tRNA 成熟
tRNA molecule tRNA 分子
tRNA-mRNA-ribosome complex tRNA-mRNA-核蛋白体复合物
tRNA mutant tRNA 突变体
tRNA nucleotidyl-transferase tRNA 核苷酸转移酶
tRNA precursor tRNA 前体
tRNA primer tRNA 引物
tRNA-protein interaction tRNA-蛋白质相互作用
tRNA recognition tRNA 识别
tRNA releasing factor tRNA 释放因子
tRNA species tRNA 种
tRNA structure tRNA 结构
tRNA suppressor mutation tRNA 抑制基因突变
tRNA synthetase tRNA 合成酶
tRNA translocase tRNA 移位酶
tRNAmet（= formylmethionine tRNA）tRNA 甲硫氨酸
trochal 轮状的（trochalis）
trochanter 转节{昆虫}
trochlear（= trochleariform） 似滑轮的（trochearis）
trochodendron ①昆栏树属［*Trochodendron* Sieb. et Zucc.］（昆栏树科）②昆栏树［*Trochodendron aralioides* Sieb. et Zucc.］
trochodendron family 昆栏树科［Trochodendraceae］
trochoid 余摆线
trochometer 轮转计
trochophore 担轮子（trochophora）
trochotron 磁旋管
trodding 踩踏
Trojan 脱罗央（澳大利亚甘蔗品种）
Trojan horse 脱罗央木马病毒（欺骗程序）{电脑}
Trolene（= fenchlorphos） 皮蝇磷{农药}
trolley（= trolly） ①手推车 ②空中吊运车 ③触轮 ④无轨电车（触轮式）电车
trolling gear 曳绳钓渔具
trollixanthin 金莲花黄质
trombidiid mites 绒螨科［Trombidiidae］
trommel 旋转筛
troop （单菌丝生）子实体群
tropaeolum ①金莲花属［*Tropaeolum* L.］（金莲花科）②金莲花［*Tropaeolum majus* L.］

tropaeolum family 金莲花科[Tropaeolaceae]
tropane 托品烷,莨菪烷 [$C_8H_{15}N$]
tropane alkaloid 托品烷生物碱,莨菪烷生物碱
tropeolin D 金莲橙 D,甲基橙 [$C_{14}H_{14}N_3 \cdot NaO_3S$]
tropept 热带始成土{土壤}
-troph ⌊字尾⌉喂食者,食物
-trophic ⌊字尾⌉营养,滋养
trophic ①营养的,滋养的 ②食性的,趋食的 (trophus)
trophic analysis 食性分析
trophic behaviour 趋食行为
trophic interaction 营养相互作用,营养互作 (interactio tropha)
trophic interrelation 营养相互关系
trophic level ①食性层次 ②营养级
trophic nucleus 滋养核 (trophonucleus)
trophic plasticity 食性可塑性
trophic relationship 营养相互关系
trophic structure 营养结构
tropho- ⌊字头⌉营养,滋养
trophoblast 滋胚层,滋养层
trophoblast cell 滋养层细胞(trophoblastocellulus)
trophoblast interferon 滋养层干扰素
trophoblastohormone 营养膜激素
trophochromatin 滋养染色质
trophochromidium 核外滋养染色粒
trophocyst 营养囊 (trophocystus)
trophocyte (= nurse cell) 营养细胞 (trophocyta)
trophogone (= trophogonium) 退化雄器,无效雄器 (trophogonium)
trophology 营养学 (trophologia)
trophonosis 营养病
trophonucleus (= trophic nucleus) 滋养核,营养核
trophopathy 营养失调 (trophopathia)
trophophase 营养期 (tropnophasis)
trophophyll 营养叶 (tropho phyllum)
trophoplasm ①体质 ②滋养质 (trophoplasma)
trophoplast (= plastid) ①质体 ②成形粒 (trophoplastis)
trophosperm ①种座 ②胎座 (trophosperma)
trophospongium 胞管系
trophosporophyll 营养孢子叶 (trophosporophyllum)
trophotaxis 趋营养性
trophotherapy 营养疗法、饮食疗法 (trophotherapia)
trophotropism 向营养性 (trophotropismus)
trophozoite ①营养体 ②营养孢子虫 (trophozoita)
trophurus ①肥壮线虫属[*Trophurus* Loof.](线虫) ②肥壮线虫[*Trophurus* sp.]
trophy 狩猎纪念物 (trophia)
trophyll (= trophophyll) 营养叶 (trophyllum)
-tropic ⌊字尾⌉转动,旋转
tropic ①回归线 ②热带 (tropicus)
tropic acid 托品酸,α-苯[基]-β-羟[基]丙酸 [$HOCH_2 \cdot CH \cdot (C_6H_5)COOH$]
tropic ageratum (= white weed) 藿香蓟 [*Ageratum conyzoides* L.](菊科)
tropic growth movement 向性生长运动
tropic hormone (= trophic hormone) 促激素
tropic movement 向性(心)运动
Tropic of Cancer 北回归线
Tropic of Capricorn 南回归线
tropic turgor movement 向性紧张运动
tropic zone 热带
tropical 热带的 (tropicus)
tropical agriculture 热带农业
tropical agronomy 热带农艺,热带作物栽培
tropical air [mass] 热带空气,热带气团
tropical almond 榄仁树[*Terminalia catappa* L.](使君子科)
tropical and subtropical fruits 热带与亚热带果树
tropical anticyclone 热带反气旋
tropical area 热带地区
tropical Asia 热带亚洲
tropical bed bug 热带臭虫 [*Clemex hemipterus* Fabricius](臭虫科)
tropical belt 热带
tropical black clay 热带黑黏土
tropical black earth 热带黑土
tropical bleached soil 热带漂白土
tropical brown soil 热带棕色土
tropical calm zone 热带无风带
tropical carpet grass ①地毯草属[*Axonopus* Heauv.](禾本科) ②地毯草[*Axonopus compressus* (Sw.) Beauv.]
tropical citrus aphid (= black citrus aphid, brown citrus aphid) 热带橘二岔蚜 [*Toxoptera citricida* Kirkaldy = *Aphis*](蚜科)

tropical climate 热带气候
tropical climate type 热带气候型
tropical continental air [mass] 热带大陆空气,热带大陆气团
tropical crop plant (= tropical crops) 热带作物
tropical crops 热带作物
tropical culture 热带栽培
tropical cupgrass 高野黍[*Eriochloa procera* C. H. Hubl.](禾本科)
tropical cyclone 热带气旋
tropical day 酷热日
tropical deciduous forest 热带落叶林(silva decidua tropica)
tropical depression 热带低压
tropical desert 热带荒漠
Tropical Earth Resource Satellite 热带地球资源卫星(荷-印尼){遥感}
tropical easterlies 热带东风带
tropical easterly jet 赤道东风急流
tropical environment 热带环境
tropical ferriallitic soil 热带铁铝土
tropical fish 热带鱼
tropical flint 热带种(硬粒种玉米品种)
tropical floating plant 热带浮生植物(planta natans tropica)
tropical flora ①热带植物区系 ②热带植物志(flora tropica)
tropical forest 热带林
tropical forest soil 热带森林土
tropical forest zone 热带林带
tropical fruit culture 热带果树栽培
tropical fruit tress 热带果树
tropical fruits 热带果树
tropical grass cricket 热带蟋蟀[*Homoeoxipha lycoides* Walker](蟋蟀科)
tropical grasses 热带禾草
tropical grassland 热带草原
tropical high mountains 热带高山区(地)
tropical highland 热带高原
tropical horse tick 热带马暗眼蜱[*Dermacenter nitens* (Neumann)](蜱总科)
tropical humid region 热带湿润地区
tropical hurricane 热带飓风
tropical hylaeion 热带雨林
tropical liane 热带藤本植物(liana tropica)
tropical malaria 热带疟疾
tropical marine air [mass] 热带海洋空气,热带海洋气团
tropical marsh 热带沼泽
tropical migratory locust 热带飞蝗[*Locusta migratoria migratorioides* (Reiche et Fairmaire)](蝗科)
tropical millet 热带粟
tropical monsoon climate 热带季风气候
tropical moths (= dagger moths) 燕蛾科[Uraniidae]
tropical mountains 热带山区(地)
tropical orbit 回归轨道{遥感}
tropical orchard 热带果园
tropical orchids 热带兰科植物
tropical origin 热带起源
tropical pedocalic soil 热带钙层土
tropical phanerophyte 热带高位芽植物(phaenerophyta tropica)
tropical plant 热带植物(planta tropica)
tropical primary rainforest 热带原始雨林(pluvisilva primaria tropica)
tropical race 热带种{畜}
tropical rain climate 湿热多雨气候
tropical rainforest 热带雨林
tropical rainforest climate 热带雨林气候
tropical rainforest tree 热带雨林乔木(pluvisilviarbor tropicus)
tropical rat mite 柏氏禽刺螨[*Bdellonyssus bacoti* Hirst.](刺螨科)
tropical red earth 热带红壤
tropical red loam 热带红壤土
tropical red soil 热带红壤
tropical region 热带区
tropical revolving storm 热带[旋转]风暴
tropical rice cultivation 热带水稻栽培
tropical rice paddies 热带水稻田
tropical sea 热带海[洋]
tropical seasonal rainforest 热带季雨林
tropical shore forest 热带海岸林
tropical soil 热带土壤
tropical species 热带种
tropical storm 热带风暴
tropical summer-rain climate 热带夏雨气候
tropical timber 热带木材
tropical tree 热带树木,热带乔木
tropical tree plantation 热带树木种植园,热带树木园{园林}
tropical variety 热带品种
tropical warehouse moth (= almond moth) 粉斑螟[*Cadra cautella* (Walker)(斑蛾科)
tropical wood 热带材
tropical woody plant 热带木本植物(planta lignosa tropica)
tropical year 回归年,分至年{气象}
tropical zone 热带

tropicopolyte 热带遍生性（tropicopolyta）
tropics 热带[地区]（tropica）
tropidia ①竹茎兰属（摺唇兰属）[*Tropidia* Lind.]（兰科）②竹茎兰[*Tropidia* sp.]
tropine 托品，莨菪碱 [$C_8H_{15}ON$]
tropinone 托品酮，莨菪酮 [$C_8H_{13}NO$]
tropis 龙骨瓣
tropism 向性，嗜性（tropismus）
tropocollagen 原胶原[蛋白]
tropodendropoion 热带稀树干草原（热带萨王纳群落）{生态}
tropoelastin 原弹性蛋白
tropokinesis 向性动态（指双极纺锤体轴移动）
tropolone 托酚酮，环庚三烯酚酮 [$HO(C_6H_5)CO$]
tropomodulin 原肌球调节蛋白
tropomyosin 原肌球蛋白
troponin 肌钙蛋白
tropopause 对流层顶
tropophilous 喜热的，适热的（tropophilus）
tropophyte 湿旱生植物，落叶植物（tropophyti）
troposphere 对流层（troposphera）
tropospheric propagation ①对流层繁殖 ②对流层传播（propagatio tropospherica）
tropotaxis 趋激性
trot ①疾走，快步走，快跑（指马）②猞猁狲[*Lynx lynx*]
trotter ①快步马 ②羊疾走病 ③⌊复⌉猪蹄，羊蹄（食用）
trotting disease ①疾走病 ②羊瘙痒病
trouble ①故障 ②事故，损伤 ③困难，麻烦（turbala）
trouble-free 无故障的
trouble interrupt 故障中断
trouble light 故障灯
trouble recorder 故障记录器{电脑}
trouble shooting 故障对策，故障查找
trouble spot 故障点，故障场所
troublesome weed 难根除杂草
trough ①向斜槽{地质}②[蜡块]盒，槽{显技}③浅长容器 ④饲料槽（盆）⑤水槽 ⑥沟槽，凹槽 ⑦低压槽
trough and chain type grain conveyor 链斗式谷物输送器
trough culture of fish 水槽养鱼
trough distributor 布水槽{环保}
trough roller 槽滚，槽型滚筒
trout 南乳鱼科 [Galaxiidae]
trout-fly 诱饵
trout-lily（= adder's-tongue）①赤莲属[*Erythronium* L.]（百合科）②赤莲[*Erythronium* sp.]
trout perch 鲑鲈 [*Percopsis omiscomycus* (Walbaum)]{水产}
trowel ①移植铲 ②泥刀，泥抹子，刮板
Troyer citrange 特洛雅枳橙 [*Poncirus trifoliata* (L.) Raf. × *Citrus sinesis* (L.) Osbeck]（指柑橘属向杂交种）
Trp（= tryptophane）色氨酸
TRSV（= tobacco ring spot virus）烟草环斑病 [Nicotiana virus 12 Smith]
TrT（= terminal riboadenylate transferase）末端核糖腺苷酸转移酶
trubulator 紊流器
truck ①商品蔬菜（为出售市场而栽培的新鲜蔬菜）②卡车，货车，敞篷货车，运货车，载重车，载重汽车 ③手推车，手摇车 ④转向架
truck chassis 载重汽车底盘
truck crop production 商品蔬菜作物栽培，商品蔬菜作物生产
truck crops 商品蔬菜作物
truck farm 商品蔬菜农场（栽培蔬菜作为商品蔬菜外运出售）
truck farmer 菜农
truck farming 商品蔬菜栽培
truck garden 商品蔬菜园，商品蔬菜圃
truck gardener 菜园工人
truck gardening ①商品蔬菜园艺 ②商品蔬菜园艺学
truck logging 卡车集材
truck piston 柱塞
truck scale 手推[车]秤{农施}
truck sprayer 卡车喷雾机
truck spreader 卡车附装撒布机
truck tractor 载重牵引车
truck trailer 载重汽车挂车
truck transport ①商品蔬菜运输 ②[载重]卡车运输
truck with deep freezing facilities 低温冻结车，快速冻结车
trucker ①菜农 ②卡车司机
trucking 商品蔬菜栽培
true ①真的，真实的，真正的，确实的 ②正确的，准确的，确切的 ③准的，平衡的 ④合法的
true altitude 真实高度，订正高度
true annual ring 真年轮（amnulus annotinus verus）
true anomaly 真近点角{遥感}
true auxillary bud 主腋芽
true back mutation 真回复突变
true bacteria 真细菌（bacteria genuinae）
true bay（= bay tree）月桂树[*Laurus nobilis* L.]（樟科）
true bearing 真方位角{遥感}

true bivalent ①真二价的 ②真二价[染色]体
true-bred ①纯种的,纯育的 ②纯血的
true-breed 纯种{畜}
true breeding 纯育,不分离
true-breeding apomict 不分离无融体
true-breeding hybrid 不分离杂种
true-breeding line 纯育系,不分离系
true-breeding nature 纯育性
true-breeding organism 纯育生物
true bridge 真桥{细胞}
true broad bean mosaic virus 蚕豆真花叶病毒[*Viciavirus varians* Quantz = *Vicia virus* (Pozdena)]
true camphor wood 樟树[*Cinnamomum camphora* Sieber](樟科)
true cedar (= cedar) ①雪松属[*Cedrus* Trew](松科) ②雪松[*Cedrus deodara* Loud.]
true centromere shift 真着丝点移位
true clovers 真三叶草类(牧草)
true colloid 真胶体
true colour (= true color) 真彩色
true colour image 真彩色影像{遥感}
true convergence 真[子午线]收敛角{遥感}
true correlation 真实相关
true crickets 蟋蟀科[Gryllidae]
true daisy ①雏菊属[*Bellis* L.](菊科) ②雏菊[*Bellis perennis* L.]
true deletion 真缺失
true depth 实际深度
true difference 真实差异数,真实差数{统计}
true dormancy 真休眠
true dry rot fungus 干腐菌[*Merulius lacrymoui* Fr.](多孔菌科)
true electrolyte 实电解质
true exit 真出口{电脑}
true fault 真实故障{电脑}
true fertilization 真受精
true fiber 真纤维
true forgot-me-not 沼泽勿忘草(真勿忘草)[*Myosotis scorploides* L.](紫草科)
true form 原码,原型(指原尺寸大)
true fruit 真果(fructus verus)
true grasses 真禾草
true horizon 真水平{遥感}
true humus ealcareous soil 典型腐殖(植)质钙质土
true indigo plant 槐蓝[*Indigofera tinctoria* L.](豆科)
true kino (= red mahogany) 树胶桉
true larva [真]幼虫
true latent heat 真潜热
true laterite 典型砖红壤
true lavender 薰衣草(香草)[*Lavandula officinalis* Chaix. = *L. vera* DC.](唇形科)
true leaves 真叶(folii veri)
true length 实际长度,实长
true maiden-hair (= black maiden-hair) 铁线蕨(铁线草)[*Adiantum capilus-veneris* L.](铁线蕨科)
true maize (= dent corn) 马齿种玉米
true marine fishes 纯海洋性鱼类
true meadow 真草甸(pratensis verus)
true mean 真正平均数
true middle lamella 中间层(lamella mediana genina){细胞}
[true] mosses 真藓[*Musci*]
true mushroom (= meadow mushroom) 洋蘑菇[*Psalliota campestris* (Fr.) Quél.](伞菌科)
true myrtle ①香桃木属[*Myrtus* L.](桃金娘科) ②香桃木[*Myrtus communis* L.]
true nature 本性
true noon 真午{气象}
true north 真北
true nucleolus 真核仁(nucleolus genuinus)
true nucleus (= eukaryon) 真核
true oakmoss 栎扁枝衣[*Evernia prunastri* Ach.](松萝科)
true otter 河水獭[*Lutra vulgaris*]
true parasite 纯寄生物(parasita genuina)
true phenocopy 真拟表型
true photosynthesis 真光合作用
true polymery 真多体性
true preferential segregation 真偏向分离
true ramification 真分枝法(ramificatio genina)
true resistance 真抗性
true reversion ①真回复[变异] ②真返祖遗传
true saprophyte 纯腐生物(saprophyta genuina)
true seed 真种子,有性种子
true soil aggregate 真土壤团聚体
true solution 真溶液{显技}
true squash 笋瓜[*Cucurbita maxima* Duch.](葫芦科)
true-star anisetree 八角(大茴香)[*Illicium verum* Hook. f.](八角科)
true steppe 真草原
true sterility 真不育性
true stomach 真胃,第四胃

true univalent ①真单价[染色]体 ②真单价的
true up 校准{显技}
true value ①真值{统计} ②利用率{种子}
true value of seed 种子利用率,种子用价
true volume measure 实积度量
true water need 实际水分需要
true water need of crop 作物实际需水量
true weight 实际重量,实重
true woodfibre 真木纤维
true yeast 真酵母(zyma vera)
true zero 真零度
truely wild 原生的,真野生的
trueness ①(品种)纯度{育种} ②准确度,精度{显技}
trueness of variety (= varietal trueness) 品种纯度
trueness to type 典型性
trufficole (= trufficolous) 块菌上生的(trufficolus)
truffigenic 产生块菌的(truffigenus)
truffinellae 块菌子囊孢子
truffle 块菌[*Tuber cibarium* Sibth](块菌科)
truffle disease 块菌病
truffle fly 块菌蝇[*Zelomiza*]
truffle oak 英国栎(欧洲白栎)[*Quercus robur* L.](山毛榉科)
trulliform 杯状的(trulliformis)
trumpet (=corona) 副冠
trumpet achimenes (= long flowered achimenes) 喇叭圆盘花(长花耐寒苣苔,长花芝麻海棠)[*Achimenes longiflora* DC.](苦苣苔科)
trumpet bush (= yellow elder) ①黄钟花属[*Tecoma* Juss.](紫葳科) ②黄钟花[*Tecoma stans* Juss.]
trumpet creeper ①凌霄属[*Campsis* Lour.](紫葳科) ②凌霄花(紫葳)[*Campsis chinensis* Voss.]
trumpet creeper family 紫葳科[Bignoniaceae]
trumpet daffodil (= trumpet narcissus) 黄水仙[*Narcissus pseudonarcissus* L.](石蒜科)
trumpet flower (= cross-vine) 紫葳藤[*Bignonia capreolata* L.](紫葳科)
trumpet gourd (= bottle-gourd) 葫芦[*Lagenaria siceraria* Standl.](葫芦科)
trumpet honeysuckle 贯叶忍冬[*Lonicera sempervirens* L.](忍冬科)
trumpet hypha 喇叭状菌丝(hypha tubiformis)
trumpet-lily 木芋属[*Richardia* Knuth.](天南星科)⌞拟⌝
trumpet narcissus 黄水仙(皱水仙)[*Narcissus pseudonarcissus* L.](石蒜科)
trumpet-shaped 喇叭状的(tubiformis)
trumpet tree ①钟花树属[*Tabebuia* Gomex.](紫葳科) ②钟花树[*Tabebuia argentea* Gomex.]
trumpet vine 美国凌霄花[*Campsis radicans* (L.) Seem. = *Bignonia radicans* L.](紫葳科)
trumpetwood 盾状吊灯花[*Ceropegia peltata* L.](萝藦科)⌞拟⌝
truncate ①截头的,截形的 ②平截的 ③缺顶的(truncatus)
truncate leaf 截形叶(folium truncatum)
truncate-leaf flowering plum 截叶榆叶梅[*Prunus triloba* var. *truncata* Kom.](蔷薇科)
truncate-tipped geometrid 截端尺蛾[*Endropiodes indictinaria* Bremer](尺蛾科)
truncated cone (= frustum) 缺顶体(conus truncatus)
truncated glume 截形颖片(gluma truncata)
truncated mouth 平截口(木材)
truncated normal distribution 截形正态分布(distributio normalis truncata)
truncated ordinary cone 缺顶圆锥体(conus ordinarius truncatus)
truncated paraboloid 缺顶抛物线体
truncated plant ①裸根植株,裸根苗 ②截主枝植物
truncated podzol 剥蚀灰壤
truncated profile 剥蚀剖面
truncated selection (= truncation selection) 切穗选择,剪穗选择
truncation ①截断 ②切干萌芽(truncatio)
truncation error 截断误差
truncation specification 截断规定
truncheon 老枝插{园艺}
truncicole (= truncicolous) 干上生的(truncicolus)
truncus 胸部,体躯{昆虫}
trunk ①干,树干 ②干线,中继线 ③胴部,躯干 ④槽,箱 ⑤总管,干管{环保}(truncus)
trunk amplifer 干线放大器
trunk block 中继线组{信息}
trunk cable 干线电缆{信息}
trunk canal 干渠

trunk canker 茎干溃疡(可可)
trunk circumference（= trunk girth） 干周(树干周围)
trunk clone 茎干无性[繁殖]系,茎干克隆{农生技}
trunk code 长途电码{信息}
trunk cutting back 树干截短
trunk diameter 干径,树干直径
trunk diameter at base 基部树干直径
trunk exchange 中继线交换机{信息}
trunk girth 干周,树干周围
trunk grafting 干接{园艺}
trunk high 主干高度
trunk hunting 中继线查寻{信息}
trunk junction 中继线连接线
trunk-like 树干状的(trunciformis)
trunk line ①干线{农机} ②干渠{水利} ③中继线路{信息}
trunk link 干线{信息}
trunk main 干管{环保}
trunk painting 树干涂布
trunk pipe line 管道干线{环保}
trunk respiration 树干呼吸
trunk road 干道
trunk rot（= bole rot） ①干腐 ②干腐病
trunk sewer 干沟渠{环保}
trunk stem 主干,树干
trunk wrapping 包干,树干包扎(冬季防寒)
trunkless ①无茎的 ②无主干的
trunnion ①枢轴,耳轴 ②(万向节)十字轴
Truog's method 杜鲁格氏法(土壤测定)
truss ①捆束,结捆,捆扎,札紧,捆,束,串 ②构架,桁架 ③花束
truss frame 构架,桁架
truss-frame plough [平]架式犁
truss-member 桁架构件
truss mill 支柱型风车
truss structure 构架结构
trussed beam 犁杆,犁辕
trussed bridge 桁架桥{水利}
trusser ①结束装置,结束器,系束器,捆束器 ②茎稿压捆机,压捆机
trusted ①可信的 ②委托的
trusted computer system evaluation criteria（TCSEC） 可信计算机系统评价准则
trusted product 可信产品
trusted seed production 委托采种栽培,委托种子生产
trusted software 可信软件
trustee 受托人,被信托人{农管}
truth ①真实,真相,真理,真值 ②事实,实际情况 ③真实性,真确的,正确性,精确性
truth maintenance 真值保持,真实性保持
truth maintenance system（TMS） 真值保持系统,真实性保持系统
truth value 真值
truxillic acid 古柯间二酸,2,4-二苯环丁烷二羧酸[$(C_6H_5)_2 \cdot C_4H_4 \cdot (COOH)_2$]
try-gun 试用枪
try square 三角板
tryma 核果状坚果
trypaflavine 吖啶黄{显技}
trypan blue 锥虫蓝
trypan red 锥虫红
trypanocide 杀锥虫剂
trypanosome 锥虫(Trypanosoma)
trypanosome disease 锥虫病(trypanosomiasis)
trypanosome kinetoplast DNA 锥虫动基体DNA
trypanosome mitochondrium 锥虫线粒体
trypanosomiasis（= trypanosomatosis） 锥虫病(动物睡眠病)
trypetids（= fruit flies） 实蝇科[Tephritidae, Trypetidae]
tryphine 含油层(tryphinium)
trypsin（= trypsinase） 胰蛋白酶
trypsin digestion method 胰蛋白酶消化法
trypsin in protein extraction 蛋白质提取的胰蛋白酶
trypsin inhibitor 胰蛋白酶抑制剂
trypsinization 胰蛋白酶化(trypsinisatio)
trypsinogen 胰蛋白酶原
tryptamine 色胺
trypterygine 雷公藤碱
tryptic 胰蛋白酶的
tryptone 胰化胨
tryptone broth 胰化胨肉汁(培养基)
tryptophan（= tryptophane）(Trp) 色氨酸[$C_6H_4 \cdot NHCHCC_2H_3(NH_2) \cdot COOH$]
tryptophan biosynthesis 色氨酸生物合成
tryptophan decarboxylase 色氨酸脱羧酶
tryptophan desmolase 色氨酸碳链酶,色氨酸合成酶
tryptophan energy cost of synthesis 色氨酸合成能值
tryptophan metabolism 色氨酸代谢
tryptophan operon 色氨酸操纵子
tryptophan oxygenase 色氨酸加氧酶,色氨酸吡咯酶
tryptophan pathway of biosynthesis 色氨酸生物合成途径
tryptophan peroxidase 色氨酸过氧物酶
tryptophan pyrrolase 色氨酸吡咯酶,色氨酸加氧酶
tryptophan synthetase 色氨酸合成酶

tryptophanase 色氨酸酶
tryptophane (= tryptophan) (Trp)色氨酸
tryptophane method 色氨酸法
tryptophane reaction 色氨酸反应
tryptophane synthetase 色氨酸合成酶,色氨酸碳链酶
tryptophane test 色氨酸测定
tryptophanyl- 色氨酰[基]
tryptophol 色醇,β-吲哚乙醇
ts (= temperature-sensitive) 温度敏感的,感温的
Ts ①(= elongation factor) 延伸因子{分遗} ②(= suppressor T cell) 抑制性 T 细胞,抑制性依赖于胸腺的淋巴细胞{分生}
TS (= thermospray) 热喷射
Ts (= temperature-sensitive system) 温度敏感系统,温敏系统
ts gene (= temperature-sensitive gene) 温度敏感基因,感温基因
TSA (= tons sugar per acre) 每英亩产糖吨数
TSAM (= tons sugar per acre per month) 每月每英亩产糖吨数,吨/英亩/月
tsaodan 糟蛋{加工}
tsaodan processing 糟蛋加工{加工}
tsatsai 榨菜(我国四川名产)
Tschonosk maple 秦诺氏槭[*Acer tschonoski* Maxim.](槭树科)
Tschonosk trillium (= trillium) ①延龄草属[*Trillium* L.](延龄草科) ②延龄草[*Trillium tschonoskii* Maxim.]
T. S. diagram (= temperaturesalt diagram) 温盐曲线图
TSE ①(= tissue-specific extinguisher) 组织特异消失基因 ②(= tissue-specific enhancer) 组织特异增强子
tse-tse-fly ①螫螫蝇(刺舌蝇)[*Glossina swynnertoni* Austen.] ②舌蝇科(螫螫蝇科)[Glossinidae]
TSEM (= transmission scanning electron microscope) 透射式扫描电子显微镜,透射扫描电镜{显技}
tsetse disease (非洲)牛锥虫病
TSH (= thyroid stimulating hormone) 促甲状腺激素
tshernosem 黑钙土
Tsingtao lily 青岛百合[*Lilium tsingtauense* Gilg](百合科)
T. S. relation (= temperaturesalt relation) 温盐关系
TSTA (= tumor-specific transplantation antigen) 肿瘤特异移植抗原
tsuga-ketelearia ①铁油杉属[*Tsuga-ketelearia* Campo-Duplan et Gausen](松科) ②铁油杉[*Tsuga-ketelearia longibracteata* (Cheng) Campo-Duplan et Gausen]
tsunami ①海啸 ②海啸地震,津浪地震
tsuyu 梅雨(日本名){气象}
TSV (= tobacco streak virus) 烟草线条病毒
TSY (= metric tons of sugar per year) 每年糖量(公吨),糖吨/年
TT (= tetratype) 四型{分遗}
TTC (= tetraphenyl ditetrazolium chloride) 四苯基二四唑化氯
T. T. milk (= tuberculin tested milk) 用结核菌素检查过的牛奶
T_u (= transfer factor) 转移因子
tub ①桶,花桶,木盆,花盆{园林} ②洗浴{环保}
tub culture 桶栽{园林}
tub gardening 盆栽园艺
tub grinder 桶式粉碎机
tub plant 盆栽植物
tuba (= funsel cloud) 漏斗云,管状云{气象}
tuba root ①鱼藤属[*Derris* Lour.](豆科) ②(= stubaplant) 鱼藤[*Derris elliptica* Benth.]
tubaeform 喇叭形的(tubaeformis)
tubal ①输卵管的 ②输卵管(tubalis)
tubbing 桶材(木材)
tube ①管 ②筒,短管 ③管路,管道 ④输种管 ⑤[复]管材(木材)(tubus)
tube agitation 液力[管]搅拌
tube-anemometer 管状风速表
tube axial fan 轴流风扇
tube cell [粉]管细胞(tubicellula)
tube classifier ①管式选粒器 ②斜管沉淀地{环保}
tube condenser (= tube cooler, tubular cooler) 束管型冷却器,管式冷凝器
tube culture 试管培养
tube ditch 管沟{环保}
tube draining 管道排水
tube drier (= tubular drier) 管式干燥机
tube feed supply line 饲料输送管道
tube-flower sea-urchin cactus ①仙人球属[*Echinopsis* spp.](仙人掌科) ②仙人球(花盛球,草球)[*Echinopsis tubiflora* sp.]
tube for seed drill 播种机输种管
tube-form 管状的(tubiformis)
tube-forming spittle insects 巢沫蝉科[Machaerotidae]
tube gel apparatus 管式凝胶装置(指电泳)

tube gel electrophoresis 管式凝胶电泳
tube-like structure 管状结构
tube nucleus [粉]管核
tube of flow 流管
tube orifice plate 管子穿孔板
tube-planting 套管栽植
tube roller 管式镇压器
tube-shaped（= tubiform，tubuliform） 管状的（tubiformis）
tube silage feeder 管状青饲料分送器
tube tester 电子管试验器
tube texture 管状结构
tube-tongue ①喇叭舌属［*Salpiglossis* Ruiz. et Pav.］（茄科）②喇叭舌［*Salpiglossis Sinuata* Ruiz. et Pav.］
tube wall 管壁
tube water lift 筒车（指将低处河水送到高处水槽的提水工具）
tube well 管井
tubeless tire 无内胎轮胎
tuber ①块茎 ②薯块，块根 ③⌊复⌉薯类作物
tuber blotch 块茎污斑病
tuber crops 块茎作物
tuber cutting 块茎插{园艺}
tuber day-flower 块茎鸭跖草［*Commelina tuberosa* L.］（鸭跖草科）
tuber digester 块茎蒸煮器
tuber flea beetle 块茎跳甲［*Epitrix tuberis* Gent.］（跳甲科）
tuber fleece flower 何首乌［*Polygonum multiflorum* Thunb.］（蓼科）
tuber form 块茎形状
tuber formation 块茎形成
tuber-forming substance 块茎形成物质
tuber geophyte 块茎地下芽植物（geophyta tuberis）
tuber grafting 块茎嫁接{育种}
tuber index 块茎指数，块形指数
tuber index method 块茎指数法
tuber indexing 块茎编指数
tuber lesion 块茎病斑
tuber-like 块茎状的（tuberoides）
tuber line 块茎品系，薯系
tuber mustard 茎用芥菜（做榨菜用的）［*Brassica juncea* var. *tsatsai* Mao］（十字花科）
tuber mycorrhiza 瘤状菌根
tuber number 块茎号数
tuber oatgrass 块茎燕麦草［*Arrheuatherum clatius* var. *bulbosum* Spenner］（禾本科）
tuber of stemona 百部［*Stemona japonica* Miq.］（百部科）
tuber onion 韭菜［*Allium tuberosum* Rottl. et spreng］（石蒜科）
tuber planter 块茎种植机
tuber pulper 薯类磨碎机
tuber separation 分块茎
tuber setting 结块茎
tuber shredder 块根切碎机
tuber slice 薯片（指马铃薯）
tuber tissue 块茎组织
tuber-to-row test 块行试验
tuber type 块茎型，薯型
tuber-unit method 块茎单位法，薯单位法
tuber-unit selection 单薯选种法，块茎单位选择法
tuber washer 块茎洗涤机
tuber weight 块茎重
tuber zone 块茎区
tubercidin 杀结核菌素
tubercle ①小块茎 ②小瘤，突起（tuberculum）
tubercle gall of olive 橄榄癌肿病［*Pseudomonas savastanoi*（Smith）Stevens.］
tubercledfruit sanicle 瘤果变豆菜［*Sanicula tuberculata* Maxim.］（伞形花科）
tubercorm 球块茎（tubercormus）
tubercular（= tuberculate） ①具小瘤的 ②有核的（tubercularis）
tubercular meningitis 结核性脑膜炎（meningitis tubercularis）
tubercularia ①瘤座孢属［*Tubercularia* Tode ex Fr.］（瘤座孢科）②瘤座孢［*Tubercularia* sp.］
tubercularia family 瘤座孢科［Tuberculariaceae］
tuberculate（= tubercled） 小块茎的（tuberculatus）
tuberculation ①结节 ②结核[作用]（tuberculatio）{环保}
tubercule（= tubercle） 小块茎（tuberculum）
tuberculed ①具小瘤的 ②小瘤状的 ③核状的（tuberculatus）
tuberculiform 瘤状的（tuberculiformis）
tuberculin 结核菌素
tuberculin reaction （结核病）结核菌素反应
tuberculin skin test 结核菌素皮肤试验（指鉴定有无感染结核细菌的局部变态反应）
tuberculization ①结核化 ②结核病演进 ③结核菌素应用法（tuberculisatio）{医}
tuberculocidin 杀结核菌素
tuberculoprotein 结核菌蛋白

tuberculose 多瘤的（tuberculosus）
tuberculosis 结核病
tuberculosis bovine 牛肺结核病
tuberculosis rate 结核病发病率
tuberculostearic acid 结核硬脂酸，10-甲基硬脂酸
tuberculotherapy 结核病疗法（tuberculotherapia）
tuberculous 结核性的（tuberculosus）
tuberculum 瘤状物，结节
tuberifer bluegrass 具块茎早熟禾[*Poa tuberifera* Faurie]（禾本科）
tuberiferous ①产块茎的 ②产瘤的 ③生核的（tuberifer）
tuberiform ①块茎状的 ②瘤形的 ③核形的（tuberiformis）
tuberiform gametophyte 块茎状配子体
tuberin ①马铃薯球蛋白 ②抗结核菌素
tubering 埋压法（与堆土压相似）
tuberization 块茎形成[作用]，块茎生成（tuberisatio）
tuberization in vitro 离体块茎形成
tuberogemma 块茎芽眼
tuberoid 球茎状的，块茎状的（tubercideus）
tuberose ①晚香玉属[*Polianthes* L.]（龙舌兰科）②晚香玉（夜来香）[*Polianthes tuberosa* L.] ③块茎的，块茎状的（tuberosus）
tuberose asparagus 天冬草[*Asparagus lucidus* Lindl. = *A. cochinehinensis* (Lour.) Merr.]（百合科）
tuberose oil 晚香玉油
tuberose vegetables（= tuberous vegetables）块茎类蔬菜
tuberous 块茎的（tuberosus）
tuberous begonia 球根秋海棠[*Begonia tuberhybrida* Voss]（秋海棠科）
tuberous chervil（= rooted chervil） 细叶芹
tuberous fungus 块菌[Tuberaceae]
tuberous galingale 假香附子[*Cyperus tuberosus* Rottb.]（莎草科）
tuberous plant 块茎植物（planta tuberosa）
tuberous root（= root-tuber） 块根（radixtuberosa）
tuberous root peony 块根芍药[*Paeonia anomata* var. *intermedia* O. et B.]（毛茛科）
tuberous-rooted meadowrue 块根唐松草[*Thalictrum tuberiferum* Maxim.]（毛茛科）
tuberous rooted mustard 大头菜[*Brassica napiformis* Bailey]（十字花科）
tuberous variety 薯类品种
tuberous violet 块茎堇菜[*Viola turifera* Franch.]（堇菜科）
tubers ①块茎类 ②薯类（指包括马铃薯与甘薯）
tubiflorous 管状花的（tubiflorus）
tubing 管[件]{环保}
tubular ①管状的 ②筒状的（tubularis）
tubular arch stall 拱管式牛栏
tubular biological filter 管式生物滤池{环保}
tubular bowl centrifuge 管式离心机
tubular budding 管状芽接{园艺}
tubular calyx 管状萼（calyx tubularis）
tubular collimator 视准管{测}
tubular corolla 管状花冠，筒状花冠（corolla tubularis）
tubular cristae 管状脊{细胞}
tubular deperulation 芽鳞管状脱落（deperulatio tubularis）
tubular elevator 管式升运器
tubular floret 管状小花（flosculus tubularis）
tubular flower 管状花（flos tubularis）
tubular frame 管架，管式车架
tubular invagination 管状陷入
tubular leaf 管状叶（folium tubulare）
tubular level 管状水准器，水准管
tubular magazine 筒状弹仓，储弹筒{狩猎}
tubular needle 管状针
tubular ozonizer 管式臭氧发生器{环保}
tubular radiator 管式散热器
tubular roller 管式镇压器
tubular screen 圆筒筛
tubular stipule 托叶鞘（ochrea）
tubular structure 管状结构
tubular system 管状系统（systema tubularis）
tubular texture 管状质地
tubular tine 管状齿{农具}
tubular tissue 管状组织（telatubularis）
tubular type 管状型（typustubularis）
tubular type milk cooler 管式牛奶冷却器
tubular yoke 硬颈枷，管式颈枷
tubulate 管状的（tubulatus）
tubulature 回颈甑管，短导管（tubulatura）
tubule ①小菌管 ②小管，细管（tubula）
tubuliferous 具小管的（tubuliferus）
tubuliferous tissue 管状组织（tela tubulifera）
tubuliflorous 管状小花的（tubuliflorus）

tubulin 微管蛋白
tubulous (= tubulose) 管状的 (tubulosus)
tubulous corolla 管状花冠 (corolla tubulosa)
tubulous flower 管状花 (flos tubulosus)
tuckahoe (= tuckahoo) 茯苓 [*Poria cocos* Wolf.] (多孔菌科)
tucker (干草打捆机)填充器,装填器
tuduranine 土牡丹宁[$C_{18}H_{19}O_3N$]
tufa 石灰华,凝灰岩
tuff 凝灰岩{地质}
tuffaceous concretion 凝灰岩结核
tuft ①束簇,维管束 (fasciculus) ②种缨,树缨 (coma) ③聚伞花序 (cyma) ④(鸟)冠毛 ⑤丛生的,簇生的 (caespitosus)
tufted ①丛生的,簇生的 (caespitosus) ②具种缨的,具丛毛的 (comatus)
tufted bracket plant ①吊兰属[*Chlorophyllum* Ker-Gawl.] (百合科) ②吊兰[*Chlorophyllum capense* (L.) Kunth]
tufted columbine 唐松草[*Thalictrum aquilegifolium* L.] (毛茛科)
tufted deer 黑麂
tufted duck 凤头鸭
tufted grasses 簇生禾草
tufted hair 簇生毛 (piluscaespitosus)
tufted hair-grass 发草 [*Deschampsia caespitosa* (L.) Beauv.] (禾本科)
tufted sedge (= reed grass) ①苔属 [*Carex* L.] (莎草科) ②细苔 [*Carex gracilis* Curt.]
tufted shoots 丛生嫩枝条
tufted tree 簇顶乔木
tufted vetch (= cow vetch, birds tare) 草藤(广布野豌豆) [*Vicia cracca* L.] (豆科)
tuftroot ①花叶万年青属[*Dieffenbachia* Schott] (天南星科) ②花叶万年青[*Dieffenbachia picta* Schott]
tuftsin 特大素,吞噬细胞增强激素,促吞噬肽
tufty (= tufted) 丛生的,簇生的
tufty bell ①兰花参属 [*Wahlenbergia* Schrad.] (桔梗科) ②兰花参 [*Wahenbergia marginata* DC.]
tug ①拉,扯,拖拉{加工} ②拖绳,拖索(马具){畜} ③拖船
Tugaic soil 吐加依土壤
Tugayi forest 吐加依林(中亚泛滥地森林)
tugboat 拖船
TUIAFW (= Trade Unions lnternational of Agricultural and Forestry Workers) 国际农林工人工会
tukey filter 中值滤波器{遥感}
Tukey's test of additivity 杜克氏可加性测验{统计}
Tukey's W procedure 杜克氏 W 法{统计}
tularemia 兔热病,土拉伦斯菌病 (tularaemia)
tule (= club-rush, bulrush) 水葱 [*Scirpus lacustris* L.] (莎草科)
tule mint (= corn mint, field mint) 薄荷 [*Mentha arvensis* L. = *M. agrestis* Soll.] (唇形科)
tule potato 箭搭草
tulip ①郁金香属 [*Tulipa* L.] (百合科) ②郁金香 [*Tulipa gesneriana* L.]
tulip blindness 郁金香花败育
tulip breaking virus 郁金香杂色病毒 [Tulipa virus 1 (Smith) = *Marmor tulipae* (Holmes)]
tulip bulb aphid 郁金香球茎蚜 [*Anuraphs tulipae* Fonsc.] (蚜科)
tulip garden 郁金香[花]园,郁金香花圃{园林}
tulip mosaic 郁金香花叶病 (病毒病害)
tulip tree ①鹅掌楸属[*Liriodendron* L.] (木兰科) ②鹅掌楸[*Liriodendron chinese* Sargent] ③(= tulip popular) 美国鹅掌楸 [*Liriodendron tulipifora* L.]
tulip-tree aphid 鹅掌楸长管蚜 [*Macrosiphum liriodendri* Monell.] (蚜科)
tulip wood 南美红木 [*Physocalymma scaberrimum* Pohl]
tulipine 郁金香碱
tumble 倒伏,倒下,堕落
tumble-bay ①排水坑,消力池 ②嵌入的小海湾
tumble-down eucalyptus 白皮桉 [*Eucalyptus dealbata* A. Cunn.] (桃金娘科)
tumble-weed ①风滚草[型] ②丝石竹[型]
tumble-weed amaranth 广布苋[*Amaranthus graecizans* L.] (苋科)
tumbled seedling 散乱苗,倒伏苗
tumbler ①机头{狩猎} ②粪车 ③转臂,转筒,转向轮
tumbling ①部分的 ②滚动,转动
tumbling flower beetle ①花蚤 ②⌊复⌉花蚤科 [Mordellidae]
tumbling mustard 大蒜芥 [*Sisymbrium polymorphum* (Murr.) Roth = *S. junceum* MB.] (十字花科)
tumbrel (= tumbrill, dung cart) 粪车,肥料车
tumefaction 肿胀 (tumefactio)
tumefy 肿胀,使肿大
tumescence ①肿胀,肿大 ②膨大部分 (tu-

mescentia)
tumescent ①肿大的 ②膨大的（tumescens）
tumid ①膨大的，鼓起的 ②肿胀的（tumidus）
tumid spider mite 隆突蛛螨（突红叶螨）[*Tetranychus tumidus* Banks]（叶螨科）
tumitosis（= normal mitosis） 正常有丝分裂｛细胞｝
tumor（= tumour） ①肿瘤 ②肿胀，肿块
tumor antigen 肿瘤抗原
tumor associated antigen 肿瘤相关抗原
tumor-associated glycolipid change 肿瘤相关[的]糖脂变化
tumor cell 肿瘤细胞
tumor degeneration factor（TDF） 肿瘤变性因子
tumor enhancement 肿瘤促发
tumor enhancer 肿瘤促发物
tumor formation 肿瘤形成
tumor genetics 肿瘤遗传学
tumor imaging 肿瘤造影
tumor-inducing plasmid（Ti plasmid） 肿瘤诱导质粒
tumor induction 肿瘤诱变
tumor necrosis factor（TNF） 肿瘤坏死因子
tumor on root 根癌肿病
tumor promoter 肿瘤诱发物，肿瘤引发物
tumor-resistant potato 抗肿瘤马铃薯
tumor specific antigen 肿瘤特异抗原
tumor specificity 肿瘤特异性
tumor suppressor gene 肿瘤抑制基因
tumor virus 肿瘤病毒
tumor virus antigen in heterokaryons 异核体的肿瘤病毒抗原
tumor virus strain 肿瘤病毒菌株
tumoricidal 杀肿瘤的（tumoricidalis）
tumorigenesis 肿瘤发生，致瘤
tumorigenic 致[肿]瘤的（tumorigenicus）
tumorigenic transformation 致瘤转化
tumorigenicity 致瘤性（tumorigenicitas）
tumorous ①似肿瘤的 ②肿瘤状的（tumorus）
tumorous growth 徒长
tumorous root 瘤状根（radixtumora）
tumour（= tumor） 瘤，肿瘤
tumour nucleus isolation 肿瘤核分离
tump ①土包 ②一丛
tun ①发酵桶 ②鹑螺[属][*Tonna*]｛水产｝
tuna ①金枪鱼（任何金枪鱼类的一种）②（= Indian fig, prickly pear）印度仙人掌
tuna bait fishing 金枪鱼竿钓渔业
tuna clipper 捕金枪鱼快船
tuna longline 金枪鱼延绳钓
tuna seine 金枪鱼围网
tunability 可协调性（tunabilitas）
tundra 冻原
tundra biome 冻原生物群落
tundra climate 冻原气候
tundra desert 冻原荒漠
tundra gley soil 冻原潜育土
tundra humus-rich soil 富含腐殖质冻原土
tundra meadow 冻原草甸
tundra rhododendron 小叶杜鹃花[*Rhododendron parvifolium* Adams.]（杜鹃花科）
tundra soil 冻原土，冰沼土
tundra-taiga ecotone 冻原－泰加生态交错区
tundra vegetation 冻原植被
tundra zone 冻原区，冻土带
tung（= tung tree, tung-oil tree） ①油桐属[*Aleurites* Forst.]（大戟科）②油桐[*Aleurites fordii* Hemsl.]
tung fruit harvester 桐油果采集机
Tung-Nung yellow soybeans 东农黄大豆（中国大豆品种）
tung-nut 桐子
tung-nut cake 桐子饼，桐子粕
tung-nut decorticator 桐子去壳机
tung oil（= China wood oil） 桐油
tung-oil tree（= tung tree） ①油桐属[*Aleurites* Forst.]（大戟科）②油桐（桐油树）[*Aleurites fordii* Hemsl.]
tung oil tree bagworm 油桐蓑蛾[*Chalia larminati* Heylearts]（蓑蛾科）
tung oil tree geometrid 油桐尺蛾[*Buzura suppressaria* Guenée]（尺蛾科）
tungro 塘古罗（一种极重要的东南亚及菲律宾的水稻病毒病）
tungsten 钨（W，74 号元素）
tungsten chrome steel 钨铬钢
tungsten ore 钨矿
tungstic acid 钨酸[H_2WO_4]
tunic ①鳞茎皮 ②膜被 ③外膜皮 ④原套（tunica）
tunic-flower ①洋石竹属[*Tunica* Scop.]（石竹科）②洋石竹[*Tunica saxifraga* Scop.]
tunica（= tunic） ①小包薄膜 ②原套
tunica-corpus theory 原套原体学说｛解剖｝
tunica propria 固有膜
tunicate 具膜套的，覆盖的，包裹的（tunicatus）
tunicated ①有膜被的，②具外皮的（tunica-

tus)
tunicated bulb 有皮鳞茎(bulbus tunicatus)
tunicin 动物纤维素,被囊纤维素
tuning 调整,调节,控制
tuning control 调整控制
Tunisian bee 突尼斯种蜜蜂
tunnel ①隧道,管道,风洞,地道 ②烟道,烟囱
tunnel diode 隧道二极管
tunnel diode oscillator 隧道二极管振荡器
tunnel erosion 地下侵蚀,漏斗状侵蚀
tunnel house 管道畜舍{农施}
tunnel plant system 风洞装置系统
tunnel protein 隧道蛋白
tunnel set 隧洞装夹[法]{狩猎}
tunnel survey 隧道测量
tunnel washer 隧道式清洗机
tunnelling (=tunneling) 隧道式转移
tunnelling effect 隧道效应{生技}
tunny 金枪鱼[*Thunnus thynnus* (L.)]
tup 公羊
tup lamb (=ram lamb, wedder lamb) 公羔
tupelo (=black gum) ①紫树属[*Nyssa* Gronov. ex L.](紫树科) ②紫树[*Nyssa sinensis* Oliv.]
tupelo gum 水紫树(水兰果树)[*Nyssa aquatica* L.](紫树科)
tuple 元组{电脑}
tuple calculus language 元组演算式语言
tupping (绵羊)交配
tupping ram 种公羊
tupping time 配种期
turacin 羽红素,羽红铜卟啉
turanose 松二糖[$C_{12}H_{22}O_{11}$]
turban buttercup 花毛茛(波斯毛茛)[*Ranunculus asiaticus* L.](毛茛科)
turban-lily (=turk's-cap lily) 头巾百合(欧百合)[*Lilium martagon* L.](百合科)
turban-top ①马鞍菌属[*Helvella* L. ex Fr.](马鞍菌科) ②马鞍菌
turbid ①混浊的 ②紊乱的(turbidus)
turbid medium 混浊介质
turbid plaque 混浊溶菌斑
turbid suspension 混浊悬液
turbid water 浑浊水
turbidimeter 浊度计,比浊度
turbidimetry 比浊法(turbidimetrica)
turbidity 混浊度,浑浊度(turbiditas)
turbidity current 浑浊流
turbidity factor 混浊因子
turbidity meter 浊度计
turbidity test 浑浊度测试
turbidostat 恒浊器
turbinate 陀螺状的(turbinatus)
turbine ①透平,涡轮 ②涡轮机(汽轮机,燃气轮机等的泛称)
turbine-activated drive 叶轮传动机构
turbine aerator 涡轮曝气器,叶轮曝气器{环保}
turbine brake 涡轮制动机
turbine driven pump 涡轮驱动泵{环保}
turbine generator 涡轮发电机
turbine meter 涡轮式水表{环保}
turbine mist blower 涡轮式弥雾器
turbine mixer 涡轮式搅拌器
turbine oil 轮机油,涡轮油
turbine pump 涡轮泵
turbine scutcher 滚筒式打麻机
turbine wheel 透平叶轮
turbine windmill 涡轮式风力发动机
turbinicarpous 陀螺状果的(turbinicarpus)
turbiniflorous 陀螺状花的(turbiniflorus)
turbocharger 涡轮增压器
turbocharging engine (=turbosupercharged engine) 涡轮增压发动机
turbodrill 涡轮钻孔器
turbotiller 旋耕机
turbulator 湍流器
turbulence ①湍流,扰动,骚动 ②涡流,乱流 ③汹涌,狂烈(turbulentia)
turbulence amplifier 紊流放大器
turbulence body 湍流体{气象}
turbulence inversion 乱流逆温
turbulent ①湍流的 ②扰动的,骚动的 ③乱流的,涡流的 ④汹涌的,狂烈的(turbulens)
turbulent atmospheric resistance 大气乱流阻力
turbulent current 涡流,乱流,涡动气流
turbulent diffusion 涡流扩散(指涡流渗透)
turbulent energy 湍流能量
turbulent exchange 湍流交换
turbulent flow 紊流,湍流,乱流
turbulent gust 湍流阵风{气象}
turbulent heat exchange 涡流热交换
turbulent inversion 涡流逆流
turbulent mixing 湍流混合
turbulent motion 涡动,湍流运动
turbulent resistance 乱流阻力
turbulent separation 湍流分离
turbulent velocity 湍流速度
turbulivity 湍流度,湍流系数(turbulivitas){气象}

turf ①草皮,(野)草,生草土,草根土,草地,草根地 ②草炭,粗泥炭 ③菌丛(基物外生或表面菌丝生长) ④铺草皮,草皮覆盖
turf aerator 草地通气耙
turf bed 泥炭层
turf bottom 草地犁体
turf cutter 切草皮机
turf cutting 剪割草坪
turf edging knife 草坪剪边刀
turf-muck block 泥炭腐殖质营养块(育苗用)
turf piercer ①草地疏松透气器 ②草地更新器
turf process 草炭[形成]过程
turf production 草皮栽培,草皮生产{园林}
turf reconditioning 草地更新,草坪更新
turfing 铺草皮(坪)
turfing spade 草皮铲
turfy ①泥炭的,泥炭状的 ②草皮的,铺有草皮的
turfy hair-grass (= hassock [grass]) 须草[*Deschampsia caespitosa* L.B.](禾本科)
turfy layer 生草层
turfy period 生草期
turfy soil 草炭土,生草土
turgescence 紧涨,紧张状态 (turgescentia)
turgescent 紧涨的,紧张的 (turgescens)
turgid ①膨胀的 ②肿胀的 (turgidus)
turgid wheat (= cone wheat, poulard wheat, rivet) 圆锥小麦 [*Triticum turgidum* L.](禾本科)
turgidity ①膨胀度 ②紧涨度 (turgiditus)
turgor ①膨压 ②紧涨[现象]
turgor difference 膨压差
turgor force 紧涨力
turgor loss 膨压损失
turgor movement 紧涨运动
turgor potential 膨压势
turgor pressure 膨压
turgor range 膨压范围
turgor tension 膨胀
turgor variation 紧涨变化
turgor zero point 膨压零点
turicine (= turcine) 右旋水苏碱,右旋脯氨酸二甲内盐 [$C_7H_{13}NO_3$]
Turing machine 图灵机,图灵计算机
Turing test 图灵测试{电脑}
turion 具鳞根出条 (turio)
turion weeds 根蘖杂草
turioniferous 具鳞根出条的 (turionifer)
turka (= kendyr) 茶叶花(罗布麻) [*Apocynum sibiricum* Pall. = *A. venetum* L.](夹竹桃科)
Turkestan millet 土耳其斯坦粟 [*Setaria italica* Beauv. var. *rubrofructa* Bailey](禾本科)
Turkestan rose 玫瑰 [*Rosa rugosa* Thunb.](蔷薇科)
turkey ①火鸡(吐绶鸡) [*Meleagris gallopavo*] ② (= turkey cock, turkey stag) 雄火鸡
turkey breeding 火鸡饲养
turkey cock 雄火鸡
turkey gnat ①火鸡蚋,南方蚋 [*Simulium meridionale* Riley] ②⌊复⌉ (= black flies) 蚋科 [Simuliidae]
turkey hen 雌火鸡,母火鸡
Turkey oak 土耳其栎 [*Quercus laevis* Walt.](山毛榉科)
turkey poult 小火鸡
Turkey red (= madder) 西洋茜草 [*Rubia tinctorum* L.](茜草科)
turkey stag 雄火鸡
turkey wing louse 火鸡翅羽虱 [*Oxylipeurus polytrapezius* (Nitz.)](光兽羽虱科)
Turkish hazel (= Turkish filbert) 树榛(土耳其榛) [*Corylus colurna* L.](榛科)
Turkish oats (= tartarian oats) 鞑靼燕麦(侧穗燕麦)
Turkish tobacco (= Oriental tobacco) 土耳其烟草
Turkish white mulberry 土耳其桑 [*Morus constantinopolitana*](桑科)
Turkistan group 土耳其斯坦类群(苜蓿品种分类)
turk's-cap lily 头巾百合(欧百合) [*Lilium martagon* L.](百合科)
turk's herb 光赫尼亚草[*Herniaria glabra* Linn.](石竹科)
turmeric (= curcuma) ①姜黄属 [*Curcuma* L.](姜科) ②姜黄 [*Curcuma aromartica* Salisb.] ③郁金 [*Curcuma longa* L.]
turmeric paper 姜黄试纸
turmerone 姜黄酮
turn ①转,转动,旋转,回转 ②转弯,转向,变向 ③绕过,迂回 ④朝向,指向 ⑤倒转,倒置,倾倒,倾斜,偏斜 ⑥弯曲,扭曲 ⑦转变,改变,变化 ⑧流通,周转,兑换 (turnare)
turn about 转向,回头
turn-about plough (= turnover plough) 纵轴翻转犁
turn away 转变方向
turn boggy 变成沼泽的
turn down 翻下
turn-furrow 犁壁
turn in 向内弯
turn inside 翻转

turn land 地头,转弯地带(指农机)
turn model 转弯模式
turn-off 断开,关断,关
turn-on ①接通 ②打开,开启,开
turn out to pasture (牛)出牧
turn-out track 转辙
turn over ①翻转{耕作} ②移交,交付,营业额,销售金额,收入 ③更换率,更新率
turn-over the stubble 翻耕茬地
turn page 翻转页(指打印)
turn pale 褪色
turn peaty 泥炭化
turn plough (= turn plow) 翻土犁,有壁犁
turn-round time 转向时间
turn row (农机具转向的)地边,地头
turn signal lamp 转向指示灯
turn strip 回转地带,转变地带
turn table 转台(盘){显技}
turn the hay 翻动干草
turn the soil 翻土
turn under 翻埋,翻入土内(指肥料)
turn up 耕翻上来,耕翻出土{耕作}
turnaround ①转向 ②交接 ③线路周转,回转
turnaround cycle 回转周期
turnaround document 周转文档,周转资料
turnaround system 周转系统
turnaround time ①周转时间(指作业) ②调头时间,转向时间(指农机)
turnbuckle 拉紧螺套
turned away 外弯的(aversus)
turned down seedling of rice 翻转稻秧
turned outward 向外翻{耕作}
turned over 倒垂的(inversus)
turner ①翻晒机 ②翻草机,搅动机
turnera ①特讷草属[*Turnera* L.](特讷草科) ②特讷草[*Turnera ulmifolia* L.]
turnera family 特讷草科[Turneraceae]
Turner's syndrome 特纳氏综合征(指XO女性,卵巢发育不全,不生育)
turnery ①镟作 ②镟木工艺 ③镟机[床]
turnery-ware 镟制品
turning ①翻转,土垡翻转 ②回转,转向,转弯,旋转,转动 ③翻草,翻晒,翻动,翻扬 ④谷物倒仓(通风去湿) ⑤车削 ⑥滑道转向处
turning boggy (= turn boggy) 变成沼泽的
turning brown 变褐色的(fuscescens)
turning circle (农机转弯的)旋转圆,回转圆
turning curve 折线{统计}
turning gear 旋转装置
turning joint 活动关节,转动绞链
turning-lathe 镟木车床
turning of soil 土壤翻转
turning of stubble 灭茬,浅耕,粗耕
turning of vines 翻蔓,翻秧(指甘薯)
turning out to pasture (牛)出牧
turning over the vine 翻蔓{栽培}
turning place 转向处
turning-plate 转车盘
turning plough 翻土犁,有壁犁
turning point 转折点
turning point of leaf emergence rate 出叶率转折点
turning radius 回转半径,转向半径
turning roller 犁壁滚子,翻土滚子
turning saw 弓锯,框锯
turning shovel (= turn shovel) 培土铲
turning under 翻压
turning under fertilizer 翻埋肥料
turning under green manure plant 翻压绿肥(秋分前翻压绿肥作物如绿豆入土)
turning up ①耕翻 ②刚露芽的,已萌动的
turning up of grassland 草地耕翻
turning white 变白色的(albescens)
turning yellow (= yellow leaves) 黄叶(指叶片变黄色,凋落前的现象)
turnip (= turnip-like rape, garden turnip) 芜菁[*Brassica rapa* L. = *B. rapa* var. *rapifera* Metzg.](十字花科)
turnip and swede midge 甘蓝瘿蚊[*Contarinia nasturtii* (Kieffer)](瘿蚊科)
turnip aphid (= false cabbage aphid) 菜缢管蚜[*Rhopalosiphum pseudobrassicae* (Davis)](蚜科)
turnip bacterial leaf spot 芜菁黑点病[*Pseudomonas syringae* pv. *maculicola* (Mc Cull.) Dowson]
turnip beetle 芜菁叶甲[*Entomoscelis adonidis* Pall.](叶甲科)
turnip black rot 芜菁黑腐病[*Xanthomonas compestris* pv. *campestris* (Pammel) Dowson]
turnip cabbage 球茎甘蓝(苤蓝)[*Brassica oleracea* var. *gongylodes* L.](十字花科)
turnip ceutorrhynchus 芜菁象虫[*Ceutorrhynchus napi* Gyll.](象甲科)
turnip club root 芜菁肿根病[*Plasmodiophora brassicae* Woronin]
turnip crinkle virus 芜菁皱缩病毒
turnip cutter 芜菁茎叶切除机
turnip fern 福建莲座蕨[*Angiopteris fokiensis* sp.](莲座蕨科)
turnip flea-beetle 芜菁淡足跳甲(= large-stripped flea beetle)[*Phyllotreta nemorum* L.](跳甲科)

turnip gall weevil (= cabbage gall weevil) 芜菁瘿象

turnip garden parsley (= turnip rooted parsley) 芜菁根欧芹(根用欧芹,块茎欧芹,球茎香芹菜)[*Petroselinum crispum* Hym. var. *tuberosum* Thelt.](伞形花科)

turnip harvester 芜菁收获机

turnip lifter 芜菁挖掘器

turnip-like rape (= turnip) 芜菁

turnip maggot (= cabbage fly) 萝卜种蝇[*Hylemya floralis* Fallén](花蝇科)

turnip mosaic virus (= cabbage black ring-spot virus) 芜菁花叶病毒[Turnip virus 1 (Hoggon, J. Johnson) = Brassica virus 1 (Smith)]

turnip moth (= xanthous cutworm) 芜菁夜蛾(黄地老虎)[*Agrotis segetum* Schffermüller](夜蛾科)

turnip mud beetles 芜菁泥象甲[*Megempleurus porculus* (Bedel)](象甲科)

turnip radish 小圆萝卜[*Raphanus satira* L. var. *rodi cola*]

turnip-rooted cabbage 球茎甘蓝[*Brassica oleracea* var. *gongylodes* L.](十字花科)

turnip-rooted celery 根芹菜(块根芹)[*Apium graveolens* var. *rapaceum* DC.](伞形花科)

turnip-rooted chervil (= tuberous chervil) 大头菜

turnip-rooted parsley (= turnip garden parsley) 根用香芹菜[*Petroselinum hortense* Hoffm. var. *radicosum*](伞形花科)

turnip rootfly 芜菁根蝇[*Erioischia floralis* (Fallén)](蝇科)

turnip sawfly 芜菁叶蜂[*Athalia flacca* (Konow)](叶蜂科)

turnip seed weevil (= cabbage seed-pod weevil) 甘蓝荚象甲[*Ceutorhynchus assimilis* (Paykull)](象甲科)

turnip-shaped 芜菁根形的(rapiformis)

turnip soft rot 芜菁软腐病[*Erwinia carotovora* pv. *carotovora* (Jones) Bogey et al.]

turnip tops 芜菁茎叶,芜菁地上部分

turnip webworm (= cabbage webworm) 菜[心]螟[*Hellula undalis* Fabricius = *Oebia*](螟蛾科)

turnip white rust 芜菁白锈病[*Albugo candida* (Pers.) Kuntze]

turnip yellow mosaic virus (= Newcastle virus, turnip virus) 芜菁黄色花叶病毒[*Brassicavirus octahedron* (Roland)]

turnkey ①总承包{环保} ②通灵系统{信息}

turnkey console 管理台{信息}

turnkey project 总承包工程项目(指全面承包设计,施工,操作的工程项目)

turnkey stability time 接通稳定时间

turnkey system 总承包系统

turnkey vendor 总承包商

turnover ①翻转{耕作} ②交易额,营业额{农经} ③转化{生技} ④回转,周转,循环{电脑}

turnover coefficient 转换系数,转化系数

turnover number ①转换率,周转率(酶变率) ②翻转数 ③转化数

turnover of membrane 膜翻转

turnover of substrate 基质周转

turnover plow 翻转犁

turnover rate 转换率,周转率

turnover tax 营业税

turnpike 主干路,收通行税的公路,收税高速公路

turnpike effect 关卡效应,栅阻效应{电脑}

turnsick [羊]转圈房

turnsole ①苏染草属[*Chrozophora* Neek.](大戟科) ②苏染草[*Chrozophora tinctoria* Juss.]

turntable ①回转台,转台 ②方向

turnus 定时出现性

turnway (供农机具转向用的)梯田两端空地

turnwrest (= turnwrist) [对称]翻转犁壁

turnwrest plough 转壁双向犁

turnwrest swing plough 摆杆式转壁双向犁

turnwrest wheel plough 轮式转壁双向犁

turpentine oil (= turpentine) 松节油

turpentine oil mounting 装片用松节油

turpentine oil mutachromosomic effect 松节油诱变染色体效应

turpentine-orchard 松脂林

turpentine pine (= broom pine) 美国长叶松

turpentine-timber 含脂材

turpentine tree 笃薅香[*Pistacia terebinthus* L.](漆树科)

turpenting (= resin tapping) 采脂

turraea ①杜楝属[*Turraea* L.](楝科) ②杜楝[*Turraea pubescens* Hallen]

turret lathe 六角车床,转塔车床

turriform 塔形的(turriformis)

turtle ①鳖,甲鱼[*Trionyx sinensis*]{水产} ②龟标{电脑}

turtle-dove 斑鸠(雉鸠)[*Streptopelia turtura* L.](鸠鸭科)

turtle graphics 龟标制图
turtle-head ①龟头花属[*Chelone* L.](玄参科) ②龟头花[*Chelone glabra* L.]
turu-urikusa 倒地蜈蚣[*Torenia concolor* L.](玄参科)
tusk ①长牙,獠牙 ②犁头
tussah ①(=oak silkworm, tussore, tussore silkworm, tussah silworm, tussah, tusseh, tusserworm, perny silkworm, wild silk worm) 柞蚕[*Antheraea pernyi* Guérin-Meneville](大蚕蛾科) ②柞蚕丝
tussock 生草丛(caespitosus)
tussock bellflower 丛生风铃草[*Campanula carpatica* Jacq.](桔梗科)
tussock formation 生草丛群系,生草丛组合
tussock-grass 须草[*Deschampsia caespitosa* (L.) B. = *Aira caespitosa* L.](禾本科)
tussock grasses 生草丛草类
tussock moth tachina 灯蛾寄蝇[*Compsilura concinnata* Meigen](寄蝇科)
tussock moths 毒蛾科[Lymantriidae]
tussock plant 生草丛植物(planta caepitosa)
tutcheria ①石笔木属[*Tutcheria* Dunn.](茶科) ②石笔木[*Tutcheria spectabilis* Dunn.]
tutorial 辅导,指导
tutorial courseware 指导型课程软件
tutorial display 指导显示
tutorial rule 辅导规则
tutorial sample 辅导样板
Tuttle graph 托特图{电脑}
tuttle-toothed pruning saw 轮齿型修枝锯
TV (=television) 电视
TVD (=top visible dewlap) 最高可见肥厚带(指甘蔗)
TVNV (=tobacco veinal necrosis virus) 烟草脉曲病毒
TVO (=tractor vaporizing oil) 拖拉机用汽油
Twankay 屯溪茶(我国一种绿茶)
tway blade ①对叶兰属[*Listeria* P. Br.](兰科) ②对叶兰[*Listeria cordata* (L.) P. Br.]
tweed calliandra 朱缨花[*Calliandra tweedi* Benth.](豆科)
Tween 吐温{分遗}
tweeter 高音喇叭,高频扬声器
tweezers 钳子,镊子
twelve-plot rotation 十二区轮作
twelve-plot system 十二区制(轮作)
twelve-row precision drill 十二行精密播种机
twelve-spotted asparagus beetle (=spotted asparagus beetle) 石刁柏十二星叶甲[*Crioceris duodecim punctata* Fabricius](叶甲科)
twelve-spotted cucumber beetle (=corn bud worm, corn root worm) 南瓜十二星叶甲[*Paropsides duodecimpunctata* Gebler = *Diabrotica*](叶甲科)
twenty-eight-spotted fleabeetle 二十八星跳甲[*Podontia affinis* Groud.](跳甲科)
twenty-eight-spotted lady beetle 酸浆瓢虫[*Epilachna sparsa orientalis* Dieke](瓢虫科)
twi- ⌊字头⌉二,双,二次
twi-fallow ①二次休闲 ②二次休闲地 ③再犁,重耕
twibil ①双头鹤嘴锄 ②割豆镰 ③榫眼齿
twice 两次,两倍,二回
twice-forked 二回分裂的,二回分叉的(bisbifidus)
twice-ploughed fallow ①双作休闲 ②双作休闲地
twice rice culture 双季稻栽培
twicestabbed lady beetle 双刺[盔唇]瓢虫[*Chilocorus stigma* (Say)](瓢虫科)
twig 桠枝,小枝,嫩枝(ramusculus)
twig blight of citrus 柑橘树脂病[*Phomopsis citri* Faweett]
twig budding 桠枝芽接{园艺}
twig canker (=dieback of cherry) 樱桃枝枯病[*Valsa lencostoma* (Pers.) Fr.]
twig cutting 嫩枝插{园艺}
twig dieback of pear (=pear canker) 梨树枝枯病(梨树腐烂病,梨树臭皮病)[*Valsa ambiens* Fr.]
twig grafting 桠枝接
twig harrow 桠枝耙
twig pruner 多毛天牛[*Elaphidionoides villosum* (Fabricius)](天牛科)
twig-rush ①一本芒属(克拉莎属)[*Cladium* P. B.](莎草科) ②一本芒[*Cladium mariscus* L.]
twig shot-hole borer 茶枝小蠹[*Xyleborus formicatus* Eichhoff](小蠹科)
twigblight 枝枯病
twiggy 分枝的(ramulosus)
twilight 曙光,晨光,暮光,曙暮光
twill 斜纹布
twill [type] screen 斜纹式格网{环保}
twilling bar 斜纹转轴

twin ①双生的(geminus) ②⌞复⌝双生 ③⌞复⌝双晶(gemini)
twin-ball grass ①柳叶箬属[*Isachue* R. Br.](禾本科) ②柳叶箬[*Isachue globosa* (Thunb.) O. Ktze.]
twin berry (=partridge-berry) ①蔓虎刺属[*Mitchella* L.](茜草科) ②蔓虎刺[*Mitchella repens* L.]
twin birth 双生,双胎
twin bottom plough 双铧犁
twin bud 孪生芽(gemma gemina)
twin chimerism 双生嵌合现象
twin cyclone 双生气旋
twin-cylinder type rice combine 双滚筒水稻联合收获机
twin-disk clutch 盘片式双联离合器
twin-disk drill 双圆盘开沟器条播机
twin-disk fertilizer broadcaster 双圆盘撒肥机
twin-efficiency value 双生效价
twin embryo 双生胚(embryo gemina)
twin exchange 双生交换
twin-fan mist blower 双风扇式弥雾器
twin-flower ①林奈花属[*Linnaea* Gron.](忍冬科) ②林奈花[*Linnaea borealis* L.]
twin-flower abelia ①六道木属[*Abelia* R. Br.](忍冬科) ②六道木[*Abelia biflora* Turcz.]
twin-flower dolichos (=horse gram asparagus bean) 长豇豆(长角豆)[*Dolichos sesquipedalls* L.](豆科)
twin-flowered 双生花的(gemelliflorus)
twin frame saw mill 两框锯厂
twin head rotating sprinkler 双头旋转式喷灌器
twin-headed thinner 双刀盘间苗机
twin hive 双群箱(蜂)
twin hybrid 双生杂种
twin ion technique 孪离子技术{分生}
twin-leaf ①鲜黄连属[*Jeffersonia* Bort.](小檗科) ②鲜黄连[*Jeffersonia dubia* Maxim.]
twin-leaf bedstraw 二叶猪殃[*Galium bifolium* Wats](茜草科)
twin meiosis 双生减数分裂
twin method 双生法
twin oats 双花燕麦(指基部有二朵花结实)
twin of mirror imaging 镜像双生
Twin Otter 双水獭飞机{遥感}
twin patch 双生块斑
twin plant 孪生植物
twin pointer 孪生指针
twin port 双入口,双重端口{电脑}
twin pregnancy 双胎受孕
twin pump 双缸泵{环保}
twin-reel spreader 双转轮撒布机
twin row cultivator 双行中耕机
twin-row drill 双行条播机
twin-row drilling 双行条播
twin-row planting ①双行播种 ②双行种植
twin-row stalls 双列牛舍
twin seedlings 双生苗
twin segment 孪生段{电脑}
twin sickle (无护刃器)双刀切刈器
twin-sickle mower 双刀刈草机
twin species 双生种
twin spinner 双圆盘撒布机
twin-spinner distributor 双转盘式撒肥机
twin spots 双生斑,邻接双斑,孪生斑
twin spur ①双距花属[*Diascia* Link et Otto](玄参科) ②双距花[*Diascia barberae* Hook. f.]
twin-storied cordon 两侧多层单干型
twin strands double crossing over 两股双变换
twin-tailed 双尾的{统计}
twin tank (=twin reservoir) 双池{环保}
twin weeder 二联除草机
twin wheels 双轮
twin zygosity 双生接合性
twinaxial ①双心同轴的,双轴的 ②双心同轴电缆,双轴电缆{信息}
twinaxial cable 双轴电缆,双股电缆
twine ①绳,细绳,合股线,麻绳,捆绳 ②缠绕
twine tensioner 张绳器
twine-tying mechanism 麻绳捆扎机构
twiner (=twining plant) 缠绕植物(planta volubilis)
twining 缠绕的(volubilis)
twining habit 缠绕习性
twining herb 缠绕(攀援)草本植物(herbus volubilis)
twining movement 缠绕运动
twining plant 缠绕植物(planta volubilis)
twining shrub 缠绕藤本植物(liana volubilis)
twining stem 缠绕茎(caulis volubilis)
twining weed 缠绕杂草,蔓生杂草(rudegalis volubilis)
twinning ①双生,孪生 ②成对 ③形成双晶
twinning axis 双轴
twinter 二岁畜(指羊或牛)
twist ①扭曲,扭转 ②捻度
twist-arum ①双旋角花属[*Helicodiceros*

Engler]（天南星科）②双旋角花[*Helicodiceros muscivorus* Engler]
twist bit 捩锥
twist boat 扭船[式]{生技}
twist conformation 扭型构象{分遗}
twist drill 麻花钻
twist of wood 木材扭转
twist off 扭转,扭断
twist-on connector 旋转连接器
twisted ①旋卷的 ②旋转的,扭转的 ③弯生的（campylotropus）
twisted chain 扭链{分生}
twisted figure 扭转纹
twisted grain 绞状纹理,扭转纹理（granum cortortum）
twisted growth ①扭转枝 ②螺旋纹材
twisted joint 扭接(木工)
twisted-pair cable 双绞线电缆{信息}
twisted-pair Ethernet 双绞线以太网
twisted-pair wiring 双绞线
twisted shovel 螺旋形松土铲
twisted-stalk ① 算盘七属 [*Streptopus* Michx.]（百合科）②算盘七[*Streptopus paniculatus* Bak.]
twisted top of sugarcane 甘蔗顶部扭转
twisted-wing parasites（= stylops） 拈翅目[Strepsiptera]
twisted wire 双扭线
twisted *β*-pleated sheet 扭型β折叠{分生}
twistedwinged insects 眼拈翅科（Stylopidae）
twister ①陆龙卷 ②扭转器 ③打绳器 ④打结器
twisting ①捻梢,扭枝 ②揉捻 ③扭曲,扭转,扭转力 ④缠绕的,旋转的
twisting mechanism [铁丝]拧结机构
twisting moment 扭矩
twisting number(T) 扭转数,盘绕数
twisting stress 扭转应力,捩应力
twistor 磁扭线{信息}
twitch ①抽动,痉挛,抽搐 ②急拉扯
twitterion 两性离子
two ①二,两,双 ②一付,二个,二者
two "OR" gate 双"或"门电路{信息}
two-address computer 二地址计算机
two and three field system 二、三区轮作制{耕作}
two-anther mosla 小鱼仙草[*Mosla dianthera* Maxim.]（唇形科）
two-armed hair（= T-shaped hair） T字毛
two-axle drill 双轴式播种机
two-axle trailer 双轴挂车
two-banded horsefly 二带虻[*Tabanus ditaeniatus* Macguart]（虻科）
two-bar cultivator 双梁中耕机
two-base plough 双层犁
two-beam shears 双杆修枝剪
two-beater spreader 双列击肥轮撒肥机
two bit byte 二位字节{电脑}
two-black-banded tiger moth 二黑带灯蛾[*Spilarctia bifasciata* Butler]（灯蛾科）
two-bottom plough 双铧犁
two-cantilever sprinkler 双臂式喷灌机
two-cell table 两格表{统计}
two-celled（= bilocular） ①二室的 ②二胞的（bilocularis）
two-cleft 二半裂的（bifidus）
two-clip microprocessor 二芯片微处理机{电脑}
two color analysis 双色分析法
two-color arrowroot 花叶竹竽[*Maranta bicolor* Ker.]（竽叶科）
two-combed（= two-crested） 具二鸡冠状突起的（bicristatus）
two compensating joints 成对补偿万向节
two-counter machine 二计数计算机,双计数计算机
two-course rotation（= twocourse crop rotation） 二区轮作
two-course system 二区制(轮作)
two-crop system 二熟制
two-cropped field 二熟地
two crops a year 一年二熟,一年二茬
two cycle ①二周期 ②二[冲程]循环
two-cylinder side delivery rake 双滚筒式侧向搂草机
two-cylinder thresher 双滚筒式脱粒机
two-depth ploughing 双层耕作
two-dimension 二维,平面
two-dimension farming 二维农业(即平面农业){耕作}
two-dimension farming structure 二维农业结构
two-dimensional (Z-D)二向的,二维的
two-dimensional correlated spectroscopy 二维相关光谱学
two-dimensional development 双向展开[法]{生技}
two-dimensional display 二维显示{电脑}
two-dimensional electrophoresis 双向电泳
two-dimensional flow 平面流动
two-dimensional fluorescence spectrum 二维荧光光谱
two-dimensional Fourier inverse transform 二维傅里叶反变换{遥感}

two-dimensional Fourier transform 二维傅里叶变换
two-dimensional gel electrophoresis 双向凝胶电泳
two-dimensional heat equation 二维热传导方程
two-dimensional linear processing 二维线性处理
two-dimensional NMR 二维核磁共振,二维NMR
two-dimensional NMR spectroscopy 二维核磁共振波谱学
two-dimensional paper chromatography 双向纸层析
two-dimensional quasi-factorial with three groups of sets 二向三组群拟因子组{统计}
two-dimensional quasi-factorial with two groups of sets 二向二组群拟因子组
two-dimensional spectrum 二维谱
two-dimensional structure 二维结构,平面结构
two-dimensional table 二维表
two-dimensional transform 二维变换
two DNA helices per metaphase chromatid 每中期染色单体[有]二个DNA螺旋
two-edged 具两边的(anceps)
two-end device 双端设备
two-eye seedpiece 双芽苗(指甘蔗)
two-faced tie 两面披光枕木
two-factor cross 二因子杂交
two-factor inheritance 二因子遗传
two-factor interaction 二因子连应,二因子相互作用
two-fan cleaning 双风扇清选
two-field system 二区制{耕作}
two-flower calceolaria 二花蒲苞花[*Calceolaria biflora* Lam.](玄参科)
two-flower tulip 二花郁金香[*Tulipa biflora* Pall.](百合科)
two-fold axis 二重[对称]轴
two-forked 具二分叉的(bifurcatus)
two-function tools 两用农具(培土施肥器)
two furrow plough 双铧犁
two-gang single-action harrow 两组单列圆盘耙
two genetic markers 二遗传标志[基因]
two genetic step 二遗传阶梯
two-glanded 具二腺体的(biglandulosus)
two-grained spelt (=emmer wheat) 二粒小麦
two groups of sets 二组群
two halves of a bean 豆瓣
two-handed robot 两只手机器人
two-handed saw (=two-man saw) 二人用锯
two-hole rubber stopper 二孔橡皮塞
two-hole whirl plate 双孔旋流片
two horizontal reels mounted potato digger 双水平转轮悬挂式马铃薯挖掘机
two horizontal reels trailed potato digger 双水平转轮牵引式马铃薯挖掘机
two-horned 二角的(bicornis)
two-horse drawn 双马牵引,双套牵引
two-humped 二肿胀体的,二线囊状的(bigibbus)
two-hybrid system 双杂交系统
two in one ①二合一{电脑}②二牛一栏{畜}
two-in-one feeding system 二牛一栏饲养方式
two-input adder 二输入端加法器{统计}
two-joint drive 双万向节传动
two-layer magnetic tape 二层磁带
two-layer mineral 二层矿物
two layer precipitalor 双层沉淀池{环保}
two-layered mixed thickets 二层混交植丛
two-leader training 二干型整枝
two-leaf beadruby ①舞鹤草属[*Maianthemum* Wigg.](百合科)②舞鹤草[*Maianthemum bifolium* (L.) DC.]
two-leaf orchis 二叶红门兰[*Orchis diantha* Schitr.](兰科)
two-level structure 二级结构{生技}
two-lever hydraulics 双杆操纵液压系统
two line system 两系法(指杂种优势育种利用的方法)
two-lined spittlebug 双线沫蝉[*Prosapia bicincta* (Say)](沫蝉科)
two-man pickup hay baler 双人干草捡拾压捆机
two-nerved 具二脉的(binervatus)
two-nozzle sprinkler 双喷嘴喷灌机
two-out-of-five code 五中选二码{电脑}
two-out-of three hypothesis 三中读二假设{生化}
two-parent progeny test 双亲后代测验
two-parted 二深裂的(bipartitus)
two-period process 两周期过程{生态生理}
two-phase harvesting 两段收获
two-phase method 二阶段法{电脑}
two-phase motor 两相电动机
two-phase system 两相系统{生技}
two-photon absorption 双光子吸收
two-piece chassis 双节底盘
two plane theory of chiasma 双面交叉说{遗传}

two-plane trellis 二平面篱壁式〔园林〕
two-plant hill 双株穴
two-plant planting 双株种植
two plants growing in a hill 双株穴植
two-plot rotation 二区轮作
two-plot system 二区制(轮作)
two-plough tractor 双铧犁拖拉机
two-ploughing ①套行耕作,普通耕作 ②平耕,双向犁耕作
two-plus-one address 二加一地址〔信息〕
two-ply 二层胶合板
two-poded 二荚的(bisiliquosus)
two-point distribution 二点分布
two-point linkage(= two-point hitch) 两点悬挂装置
two-point loading 两点荷载
two-point test[cross] 二点测交〔育种〕
two-port network 二口网络〔信息〕
two-queen colony 双王群〔蜂〕
two-queen system 双王制,双王法〔蜂〕
two-ranked 二列的(bifarius)
two-ranked phyllotaxy 二列式叶序(phyllotaxis bifarius)〔形态〕
two rod-row test 二秆行试验
two rod-row trial 二秆行试验
two-row 双行
two-row catchpole potato harvester 双行马铃薯收获机
two-row check row planter 双行方形穴播机
two-row cotton picker 双行摘棉机
two-row cultivator 双行中耕机
two-row elevator digger 双行升运式挖掘机
two-row machine 双行作业机具
two-row mounted corn picker 悬挂式双行玉米摘穗机
two-row plant thinner 双行间苗机
two-row potato digger 双行马铃薯挖掘机
two-row potato planter 双行马铃薯种植机
two-row press-wheel planter 双行镇压轮播种机
two-row pull type corn picker 牵引式双行玉米摘穗机
two-row ridge drill 双行垄播机
two-row tedder 双草条作业摊草机
two-row transplanter 双行插秧机,双行栽植机
two-rowed barley(= two-row barley) 二棱大麦[*Hordeum distichen* L.](禾本科)
two-rowed erect barley 二棱直立大麦(二棱大麦之一种)
two-rowed nodding barley 二棱弯曲大麦
two-rowed spike 二棱穗[状花序](spica-disticha)
two-rowed wild barley 野生二棱大麦[*Hordeum spontaneum* C. Koch.](禾本科)
two-sample test 双样本检验
two-section disk harrow 双列圆盘耙
two-section zigzag harrow 双组之字耙
two-seeded 二种子的(dispermus)
two-seedling 双苗,双秧苗
two-shear ram 二剪公羊
two-side arm bridge 二侧臂桥〔遗传〕
two-sided diskette 双面软盘〔信息〕
two-sled 双橇
two-speed pto attachment 两排档动力输出轴附加装置,动力输出轴两排档换速装置
two-speed pto gears 动力输出轴两挡减速器,两排档动力输出轴附加装置
two-spiked 具二穗的(diatherus)
two-spikelet fimbristylis 双穗飘拂草[*Fimbristylis tristachya* var. *subbispicata* T. Koyama](莎草科)
two-spined 二刺的(bispinus)
two spot swertia ①獐牙菜属[*Swertia* L.](龙胆科) ②獐牙菜[*Swertia bimaculata* Hook. f. et Thoms.]
two-spotted bean weevil 二星豆象[*Bruchus japonicus* Harold](豆象科)
two spotted cricket 咖啡二点蟋蟀[*Gryllus bimaculatus* De Geer](蟋蟀科)
two spotted flea beetle 胡麻两点跳甲[*Aphthona bimaculata* Jacobson](跳甲科)
two-spotted lady beetle 双星瓢虫[*Adlia bipunctata* (L.)](瓢虫科)
two-spotted longlegged wasp 华马蜂(二纹长脚蜂)[*Polistes chinensis antennalis* Peres.]
two-spotted noctuid 二星切根虫[*Rhyacia baja* Fabricius](夜蛾科)
two-spotted rice bug 二星缘蝽[*Cletus rusticus* Stäl](缘蝽科)
two-spotted spider mite 棉红蜘蛛[*Tetranychus tetrarius* L. = *T. bimaculatus* Harvey, *T. urticae* Koch.](叶螨科)
two-stage aeration tank 两级曝气池〔环保〕
two-stage biofilter 两级生物滤池〔环保〕
two-stage cooler 二级式冷却器
two-stage cylinder ram 两级液压油缸
two-stage digester ①两级消化器 ②两级消化池〔环保〕
two stage digestion 两极消化〔环保〕
two stage elutriation 两级淘洗〔环保〕
two-stage filter 两级过滤器
two stage filtration 两级串联过滤〔环保〕
two stage filtration with effluent recircwa-

tion 具有出水回流的两级过滤
two-stage harvesting 二段收获
two-stage homogenizer 两段均质器
two-stage lift 二级提升器,两阶式起重机
two stage nitrification 两阶段硝化 {环保}
two-stage sampling 二级抽样
two stage sedimentation 两级沉淀
two-stage threshing 两段脱粒
two-stage transport system 两段运输法(制){农管}
two-step cold storage (= twostep refrigeration) 复式冷藏
two-step drying 两步干燥
two-step PCR 两步聚合酶链反应,两步 PCR
two-step process 两步过程 {生态生理}
two step read 两步读出 {信息}
two-step sampling 二阶抽样,二步抽样
two-storey barn 二层牛舍
two-storey culture (= two-story culture) 双层栽培
two-storey faces 两层采脂割面
two-storey tapping 两层切口 [法]
two-storeyed high forest system 二段乔林作业 [法]
two-storeyed training 二层式整枝
two-story (= two-storey) 双层的
two-story culture 双层栽培
two-story sedimentation tank 双层沉淀池 {环保}
two-story tank 双层池 {环保}
two strand double crossing over 二股(线)双交换
two-strand exchange 二链交换,二股交换
two-stranded double crossover 二链双交换,二股双交换
two-striped grasshopper 双带[蚱]蜢 [*Melanoplus bivittatus* (Say)] (蝗科)
two-striped leaf beetle 二条叶甲 [*Monolepta nigrobilineata* Motschulsky] (叶甲科)
two-striped scolopsis 双带眶棘鲈 [*Scolopsis bilineatus* (Bloch)] {水产}
two-striped sweet potato beetle (= striped tortoise beetle) 甘薯二条龟甲 [*Metriona bivittata* Say] (龟甲科)
two-stroke cycle 二冲程循环
two-stroke engine (= two-strock cycle engine) 二冲程发动机
two-stroke pump ①二冲程泵 ②双动程泵 {环保}
two-swath tedder 双草条作业摊草机
two tail table 双尾表 {统计}
two-tail test 双尾测验
two-tailed thysanura (= japygids) 铗尾科
two-tape method 双带法 {电脑}
two-tension bar loader 双拉杆式装载机
two-tined fork 二齿叉
two-tone photographic reconnaissance satellite 双音型照相侦察卫星(前苏联){遥感}
two-tooth hoe 二齿锄
two-valve shank 双阀开沟体
two-veined 二脉的 (bivenosus)
two-way alternate (**TWA**) 双路交替传输 {信息}
two-way alternative plough 链式双向犁
two-way classification 二向分类
two-way cross 二源杂交,二系杂交
two-way cylinder 双作用油缸
two-way layout method 二向铺放法
two-way leveling 纵横向调平
two-way opener 双沟开沟器
two-way plough ①单向犁(美) ②双向犁(英)
two-way pump 可逆泵
two-way ram 双作用油缸
two-way simultaneous interaction (**TWI**) 双向同时交互作用
two-way snow plough 双向雪犁
two-way sulky 双向单铧乘坐犁
two-way sulky plough 双向乘坐犁
two way switch 双向开关,双路开关
two-way table 双用表 (统计)
two-way turnover plough 双向翻转犁
two-way valve 两通阀
two-way yard scraper 畜圈双向清除刮板
two-wheel drive planter 双轮驱动式播种机
two-wheel frame plough 双轮架式犁
two-wheel plough 双轮犁
two-wheel tractor 双轮拖拉机
two-wheeled tractor 双轮拖拉机
two-wheeled trailer 双轮挂车
two-wheeled walking tractor 双轮手扶拖拉机
two-wheeler 半拖车,挂车
two-winged 二翅的,二翼的 (bialatus, dipterus)
two-wire-ground distribution system 二线一地制配电系统 {农施}
two-year crop rotation 二年轮作
two-year old crops 二年生作物
two-year old seedling 二年生苗
two-year old wedder 二剪公羊
two-year rotation 二年轮作
two-year seed 二年 (休眠) 种子
two-year system 二年[轮作]制

two-year-three crop system 二年三熟制
twybill 割豆镰{农具}
Ty (=yeast transposon) 酵母转座子{分遗}
Ty element Ty因子,酵母转座子因子
Ty mutagenesis Ty诱变,酵母转座子诱变
tychoparthenogenesis 偶然单性生殖
Tycon bark beetle 太康锉胫小蠹[*Scolytoplatypus tycon* Blan.](小蠹科)
tydeid mites 镰螯螨科[Tydeidae]
tygon 聚乙烯
tygon tubing 聚乙烯管
tying ①打捆,结捆 ②栓系 ③领带 ④打结,捆结,绑缚
tying device 打捆装置,捆束装置
tying machine 打捆机,札捆机
tying mechanism 打捆机构
tying of branches 结束{蚕}
tying up 捆蔗
tying vine 缚蔓(指葡萄)
tylenchorhychus curvus 弯曲匕首线虫[*Tylenchorhynchus curvus* Williams]
tylenchorhynchus ①匕首线虫属(矮化线虫属)[*Tylenchorhynchus* Cobb.] ②匕首线虫[*Tylenchohynchus* sp.]
tylenchorhynchus brevilineatus 矮条匕首线虫[*Tylenchorhynchus brevilineatus* Williams]
tylenchorhynchus martini 马氏匕首线虫[*Tylenchorhynchus martini* Fielding]
tylenchus ①垫刃线虫属[*Tylenchus* Bastian](垫刃线虫科) ②垫刃线虫[*Tylenchus* sp.] ③⌊复⌉垫刃线虫科[Tylendchidae]
tylenchus biformis 双型垫刃线虫[*Tylenchus biformis* Cobb.](垫刃线虫科)
tylenchus brachyurus 短尾垫刃线虫[*Tylenchus brachyurus* Godfrey](垫刃线虫科)
tylenchus dihystera 双宫垫刃线虫[*Tylenchus dihystera* Cobb.](垫刃线虫科)
tylenchus dipsaci 起绒垫刃线虫[*Tylenchus dipsaci* Bastian](垫刃线虫科)
tylenchus olaoe 卵石垫刃线虫[*Tylenchus olaoe* Cobb.](垫刃线虫科)
tylenchus pratensis 草地垫刃线虫[*Tylenchus pratensis* de Man](垫刃线虫科)
tylenchus sacchart 甘蔗垫刃线虫[*Tylenchus sacchart* Soltwedel](垫刃线虫科)
tylenchus spiralis 螺旋垫刃线虫[*Tylenchus spiralis* Cassidy](垫刃线虫科)
tylenchus stmilis 毕肖垫刃线虫[*Tylenchus stmilis* Cobb.](垫刃线虫科)
Tyler mesh 泰勒标准筛号(指筛眼大小)
Tyler screen (=Tyler sieve) 泰勒筛组(美国标准筛组)
tylophora ①鲑儿藤属[*Tylophora* R. Br.](萝藦科) ②鲑儿藤[*Tylophora floribunda* Miq.]
tylophora alkaloid 鲑儿藤生物碱
tylophorine 鲑儿藤碱
tylophyllous 叶有疣状体的(tylophyllus)
tylose (=tylosis) 侵填体
tylosin 泰乐菌素{药物}
tylosoid 拟侵填体(tylosoides)
tympaniform 鼓形的(tympaniformis)
tympanites 气臌,臌胀
tympanous 气臌的,膨胀的(tympanus)
tympanum 鼓膜,耳膜
Tyndall phenomenon 土德尔现象{显技}
type ①型,式,类型 ②典型,模范 ③模式[标本],式样(typus)
type-Ⅰ error 第一型误差{统计}
type-Ⅰ error rate 第一型误差率
type-Ⅱ error 第二型误差
-type ⌊字尾⌉ ①型 ②标本 ③印象
type-Ⅰ error ①第一类错误(指错把真的当作假的){电脑} ②第一型误差{统计}
type-Ⅱ error ①第二类错误(指错把假的当作真的){电脑} ②第二型误差{统计}
type analysis 式样分析
type association 类型结合{电脑}
type ball printer 球型打印机
type bar printer 杆式打印机
type bar typewriter 杆式打字机
type collection 模式[标本]采集
type constancy 类型稳定性
type culture 典型培养,模式培养
type culture collection 典型培养收集
type cylinder typewriter 筒式打字机
type-D flip-flop D型触发器
type-disk typewriter 盘式打字机
type error ①打印错误 ②类型错误
type hammer 打印锤
type in 打入
type information 打印信息
type key 打印键
type locality ①原种立地{森林} ②典型地点{栽培}
type method 典型方法,标准方法
type number 模型数,型号
type of aberration 畸变类型
type of awn 芒型
type of bed 苗床类型
type of cutting 插条类型
type of farming ①耕作方式,耕作制 ②(农场)经营方式,经营制度

type of junction 接合型
type of nursery 秧田型式
type of stress 胁迫类型{生态生理}
type of vegetation 植被型
type printer ①打印机类型 ②印字电报机{信息}
type section 典型剖面,标准剖面{遥感}
type selection 典型选择
type set ①排版 ②排版的
type setting 排字
type size 字号(指打印字符尺寸)
type species ①典型种,原种 ②模式种{真菌}
type specificity 典型专一性
type specimen 模式标本
type tree 标准木
type value 型值
type wheel printer 轮式打印机
typematic ①自动重复的 ②自动键(typematicus)
typeover 改写
types of nutrition 营养型
typesphere 打字球
typetron ①高速字标管 ②电子打字机
typewrite 打字(指用打字机打)
typewriter 打字机
typewriter base 打字机底座
typewriter console 打字机控制台
typewriter console monitor 打字机操作台监视器
typewriter for special work 专用打字机(指特殊功能打字机)
typewriter key 打字机键
typewriter-like keyboard (= typewriter style keyboard) 打字机式键盘
typewriter ribbon 打字[机]带
typhaceous 香蒲科的(typhaceus)
typhoid fever 伤寒
typhoid fly (= house fly) 家蝇[*Musca domestica* Linnaeus](蝇科)
typhonic rock 深源岩{地质}
typhonium ①犁头尖属(犁头草属)[*Typhonium* Schott](天南星科) ②犁头尖(犁头草)[*Typhonium divaricatum* (L.) Decne.]
typhoon 台风
typhoon damage 台风害
typhoon eye 台风眼
typhoon rain 台风雨
typhoon squall 台风飑
typhoon track 台风路径
typhoon warning 台风警报
Typhula snow blight (= Typhula blight) 雪腐病(麦类)
Typhula snow blight of rye grass 黑麦草雪腐病[*Typhula incarnata* Lasch.]
Typhula snow blight of wheat 小麦雪腐病[*Typhula itoana* Imai]
typhus 斑疹伤寒
typical ①典型的,有代表性的,象征的 ②模式的 ③标准的(typicus)
typical all-wood house 标准木制温室
typical C metaphase 典型秋中期(典型秋水仙碱处理效应中期的简称)
typical case 典型情况
typical cluster bed 典型花丛式花坛{园林}
typical cold-resistant variety 典型抗寒品种
typical constitution of crop 典型作物群体结构
typical crop rotation system 典型轮作制
typical crop succession 典型轮作顺序
typical cropping system 典型耕作制
typical crown 真根颈
typical cycle 典型周期(cyclus typicus)
typical difference 典型差异(differentia typica)
typical disease-resistant variety 典型抗病品种
typical division 典型分裂(divisio typica)
typical drought-resistant variety 典型抗旱品种
typical early variety 典型早熟品种
typical feature 典型特征(factura typica)
typical fertilizer system 典型施肥制
typical flower bed 标准花坛
typical flower border 标准花境
typical forcing house 标准促成温室
typical form 典型形态(forma typica)
typical frost-resistant variety 典型抗霜品种
typical fruit garden 典型果园
typical granular structure of soil 典型土壤团粒结构
typical halophyte 典型盐生植物(halophyta typica)
typical hardy variety 典型耐寒品种
typical heliophyte 典型阳地植物(heliophyta typica)
typical high-pressure sprayer 典型高压喷雾机
typical insect-resistant variety 典型抗虫品种
typical intensive farming 典型集约农业,典型精耕细作

typical lifetime 典型一生
typical metabolic trait 典型代谢性状
typical mitotic tissue 典型有丝分裂组织
typical mode of transplanting rice 典型插秧方式
typical optimum curve 典型最适曲线
typical parterre 标准对称花坛
typical process of disease development 典型病程
typical purity of seeds 标准种子纯洁度
typical rotation 典型轮作
typical saprophyte 典型腐生菌（saprophyta typica）
typical sawflies（= sawflies） 叶蜂科[Tenthredinidae]
typical section ①标准切面，标准截面 ②标准切片{显技}
typical series 典型系列，典型顺序，典型序列（series typicae）
typical shape 典型形状
typical silo 标准青贮窖
typical size of plot 标准小区面积
typical size of seeding bed 标准苗床大小
typical soil fertility 典型土壤肥力
typical soil permeability 典型土壤渗透性，典型土壤渗透率
typical soil structure 典型土壤结构
typical specimen 典型标本（specimen typicus）{显技}
typical structural gene 典型结构基因
typical subspecies 典型亚种
typical symptom 典型症状（symptoma typica）
typical terrace 标准梯田
typical test field 标准试验田
typical thickness of soil 标准土层厚度
typical threshold reaction 典型阈反应
typical type 典型林型
typical vineyard 典型葡萄园
typical weevils（= pruners, snout beetles or weevils） 象甲科[Curculionidae]
typical wind-resistant variety 典型抗风品种
typicalness 典型性（typicitas）
typification 典型（typificatio）
typiform 正常形的（typiformis）
typing ①分型，成型 ②打印
typing in 打入，输入
typing line 打印线
typing out 打出，输出
typing speed 打印速度，打字速度
typist 打字员（typistus）
typist's error 打字错误
typological thinking 病型思维
typology ①血液型学 ②体型学 ③病型学（typologia）
typonym 同模式异名，同型异名（typonymum）
typonymous homonym 同模式异同名
typotron 显字管
Tyr（= tyrosine） 酪氨酸
tyraminase 酪胺酶，单胺氧化酶
tyramine 酪胺[$HO \cdot C_6H_4 \cdot CH_2 \cdot CH_2NH_2$]
tyramine oxidase 酪胺氧化酶
tyre ①轮胎，车胎 ②装轮胎
tyre girdle 轮胎防滑套箍
tyre inflation pressure 轮胎充气压力
tyre size 轮胎尺寸
tyres with liquid ballast（= water filled tyres） 充水轮胎
Tyrian purple 泰雅紫（染料）
Tyrian rose 泰雅玫瑰红（染料）
tyrocidine 短杆菌酪肽
tyrosinase 酪氨酸酶
tyrosinase aminotransferase 酪氨酸酶转氨酶
tyrosine（Tyr） 酪氨酸[$C_9H_{11}NO_3$]
Tyrosine amino transferase 酪氨酸转氨酶
tyrosine amino transferase in hepatoma hybrid 肝细胞瘤杂种的酪氨酸转氨酶
tyrosine amino transferase in heterokaryon 异核体的酪氨酸转氨酶
tyrosine decarboxylase 酪氨酸脱羧酶
tyrosine hydroxylase（TH） 酪氨酸羟化酶
tyrosine iodinase 酪氨酸碘化酶
tyrosine phosphatase 酪氨酸磷酸酶
tyrosine-phosphorylated protein 酪氨酸磷酸化蛋白质
tyrosine phosphorylation 酪氨酸磷酸化
tyrosine test 酪氨酸测定
tyrosinemia 酪氨酸血症
tyrosinosis 酪氨酸代谢病
tyrosinuria 酪氨酸尿
tyrosyl- 酪氨酰[基]
tyrothricin 短杆菌素，混合短杆菌肽
Tyuratam 丘拉坦姆发射场（前苏联）{遥感}
tyvelose 泰威糖，3,6－二脱氧－*D*-甘露糖
tzu tsai tai 紫菜薹[*Brassica chinensis* var. *purpurea* Mao]（十字花科）
Tψ loop Tψ环

U u

U ①(=uridine) 尿苷 ②(=uranium) 铀 ③(=mutation pressure) 突变压力
U 2069 (=dicloran) 氯硝胺{农药}
U 27415 (=banomite) 杀螨脒
U-2 reconnaissance aircraft U-2 侦察飞机{遥感}
U-bend U形管,马蹄形管{环保}
U-bolt U形螺栓
U-gully U形[侵蚀]谷,U形[侵蚀]沟
U-pipe U形管,马蹄形管{环保}
U-shaped U形的,马蹄形的
U-shaped curve U形曲线
U-shaped pipe U形管{环保}
U-shaped training U形整枝
U-tube U形管
U-tube manometer U形管[流体]压力计
U-turn U形转弯
UAA 赭石型的终止密码子
UAA mutation 赭石型突变
uabain 乌木(箭毒)苷,G毒毛旋花苷[$C_{29}H_{44}O_{12} \cdot 8H_2O$]
UAG 琥珀型的终止密码子
UAG mutation 琥珀型突变
UAS ①(=upstream activating sequence) 上游激活序列{分遗} ②(=upstream activation site) 上游激活位点{分遗}
uater sprout (=sucker) 徒长枝
Uba 宇巴(甘蔗中国原种)
Uba Marot 宇巴马罗特(甘蔗品种)
ubac 山阴
Ubbelohde viscometer 乌氏黏度计
UBF (=upstream binding factor) 上游结合因子{分遗}
ubiquinone 泛醌,辅酶Q
ubiquist 随遇植物(ubiquista)
ubiquitin 泛素(指存在于真核生物的一种与组蛋白 H_2 共价连接的蛋白){分生}
ubiquitin-activating enzyme 泛素活化酶
ubiquitin carrier protein 泛素载体蛋白
ubiquitin conjugated protein 泛素缀合蛋白
ubiquitin conjugating enzyme 泛素缀合酶
ubiquitin-dependent proteolysis 依赖[于]泛素的蛋白酶解
ubiquitin-protein conjugate 泛素-蛋白质缀合物
ubiquitination 泛素化(ubiquitinatio)
ubiquitous 到处存在的,遍在的(ubiquto-sus)
ubiquitous factor 遍在因子{分遗}
ubiquitous mutagenic agent ①遍在诱发剂 ②到处存在致突变因素
ubiquitous species (=ubiqutist) 广布性种
ubiquitous transcription factor 遍在转录因子{分遗}
ubiquity 广布性,普遍性(ubiquitas)
UCE (=upstream control element) 上游控制元件{分遗}
UCF (=ultracentrifuge) 超速离心机
ucuhuba butter 肉豆蔻脂
UDC (=upper dead center) 上死点,上止点
udder 乳房
udder inflammation 乳房炎
udder spray gun 乳房喷洗器
udder stimulation 乳房按摩
Udensis beadlily 乌达河七筋菇[*Clintonia udensis* Trauty. et Mey.](百合科)
udent 湿新成土
udert 湿变性土
udo (=udo salad plant) 土当归[*Aralia cordata* Thunb.](五加科)
udo aphid 芒果蚜[*Aphis odinae* van der Goot](蚜科)
udo leaf bug 土当归盲蝽[*Lygus udonis* Matsumura](盲蝽科)
udo leaf roller 土当归野螟[*Pyrausta vicinalis* South](野螟科)
udo longicorn beetle 奢天牛[*Dihammus luxuriosus* Bates](天牛科)
udo weevil 土当归象甲[*Dermatoxenus nodosus* Motschulsky](象甲科)
udoll 湿软土
udometer 雨量器
udomograph 雨量记录器
udox 湿氧化土
UDP ①(=uridine diphosphate) 尿苷二磷

酸 ②(= upper dead point) 上死点,上止点

UDP-acetylglucosamine pyrophosphorylase 尿苷二磷酸-乙酰葡糖胺焦磷酸化酶

UDP galactose (UDP Gal) 尿苷二磷酸半乳糖

UDP glucose (UDPG) 尿苷二磷酸葡糖

UDP glucuronate decarboxylase 尿苷二磷酸葡糖醛酸脱羧酶

UDP glucuronic acid 尿苷二磷酸葡糖醛酸

UDPG (= uridine diphosphate glucose) 尿苷二磷酸葡萄糖

UDPG-4-epimerase 尿苷二磷酸葡糖-4-差向[异构]酶,UDPG-4-差向[异构]酶

UDPG dehydrogenase 尿苷二磷酸葡糖脱氢酶,UDPG脱氢酶

UDPG galactosylhydroxy-lysinecollagen glucosyltransferase 尿苷二磷酸葡糖半乳糖基羟赖氨酸胶原转葡糖基酶

UDPGal (= UDP galactose) 尿苷二磷酸半乳糖

UDPGal epimerase 尿苷二磷酸半乳糖差向[异构]酶

UDPGal hydroxysine-collagen galactosyl transferase 尿苷二磷酸半乳糖羟赖氨酸胶原转半乳糖基酶

udult 湿老成土

UES (= upstream expressing sequence) 上游表达序列{分遗}

UGA (= opal mutant) 乳白突变型

UGA mutation 乳白突变型突变

Uganda grass (= elephant grass) 象草(紫狼尾草)

ugly sky 阴沉天空

Uh(= dihydrouridylic acid) 二氢尿[嘧啶核]苷酸

UHMWPE (= ultrahigh molecular weight polyethylene) 超高分子量聚乙烯{化工}

UI (= user interface) 户口接口{信息}

UIS (= upstream inducing sequence) 上游诱导序列{分遗}

ULA ①(= unit leaf area) 单位叶面积{栽培} ②(= uncommitted logic array) 自由逻辑阵列{信息}

-ula ⌞字尾⌝指小

ulat longgok 眉纹夜蛾(禾灰翅夜蛾)[*Spodoptera mauritia* Boisduval](夜蛾科)

ulcer (= ulcus) ①远极孔{解剖} ②溃疡(ulcus)

ulcerate ①具远极孔的 ②有溃疡的(ulceratus)

ulceration 溃疡,溃烂,溃疡形成(ulceratio)

ulcerative lymphangitis 溃疡性淋巴管炎

ulcerous ①远极孔的 ②溃疡的(ulcerus)

ULDPE (= ultralow density polyethylene) 超低密度聚乙烯{化工}

uliginose (= uliginous) ①肥沃的,泥泞的 ②沼泽地生的,湿地生的(uliginosus)

ullage 减少量(指减产量,损耗量,漏失量)

ulluco 块根落葵[*Ullucus tuberosus*](落葵科)

ulm aphid 玉米根蚜(榆蚜)[*Tetraneura ulmi* DC.](蚜科)

ulm bark beetle 榆小蠹[*Scolytus aequipunctatus* Niisima](小蠹科)

ulmaceous 榆科的(ulmaceus)

ulmic acid ①乌敏酸,赤榆酸 ②棕腐酸

ulmin ①乌敏素,赤榆树脂 ②棕腐质

ulmus (= elmulm) ①榆属[*Ulmus* L.](榆科) ②榆[*Ulmus pumila* L.]

ulmus bark beetle (= ulm bark beetle) 榆棘胫小蠹[*Scolytus aequipunctatus* Niisima](小蠹科)

ulmus family (= ulm family) 榆科[Ulmaceae]

ulmus Sapporo aphid 榆札幌斑蚜[*Sappocallis ulmicola* Matsumura](蚜科)

ulna 尺骨

ulophyllous 卷叶的(ulophyllus)

ulopterous 卷翅的,卷翼的(ulopterus)

ulothrix 丝藻属[*Ulothrix* Kütz.](丝藻科)

ulotrichous 卷毛的(ulotrichus)

ULR (= unit leaf rate) 单位叶速度{生态生理}

ultimate ①最后的,最终的,最远的,结局的 ②基本的,根本的,首要的,重要的 ③不能再分析的,不能再分解的 ④极限的,极端的,临界的,最大的,终端的(ultimatus)

ultimate analysis 元素分析

ultimate attainable size 最终长成大小

ultimate bearing capacity 极限承载量{环保}

ultimate buffer 终极缓冲性

ultimate capacity 极限容量{环保}

ultimate carcinogen 最终致癌物

ultimate cause 终极因,第一原理{物}

ultimate cell 顶端细胞(cellula ultimata)

ultimate class 最后组,末级

ultimate consumer 最终消费[者]

ultimate disposal 最终处理

ultimate disposal of radwaste 放射性废物最终处理{环保}

ultimate element 元素

ultimate elongation 扯断伸长[率]

ultimate holding power 最后保持力

ultimate load 极限负荷,极限载荷

ultimate lysis 主要溶菌作用
ultimate oxygen demand（UOD） 极限需氧量｛环保｝
ultimate pH 极限 pH,极限酸碱度
ultimate pinna 末级羽片（pinna ultimata）
ultimate principle 基本原理
ultimate protein product 最后蛋白质产物
ultimate result 最后结果,主要结果
ultimate sink 终端散热器
ultimate source 主要来源
ultimate stage 安定期,顶极阶段｛生态｝
ultimate strength 极限强度
ultimate stress 破坏应力
ultimate swelling 顶端膨大
ultimate umbel 小伞形花序（umbellula）
ultimate value 极限值
ultimate void ratio 极限孔隙比
ultimate wilting 永久萎蔫
ultimate yield 极限产量,最后产量
ultisol 老成土
ultra ①超的,外的 ②极端的 ③过激的
ultra-accelerator 超促进剂,超加速剂
ultra-chondrioma 超线粒体（ultrachondrioma）
ultra-clay 超［微］黏粒
ultra-clean technology 超净技术｛生技｝
ultrabar 超棒眼
ultrabasic ①超基性的,超碱的 ②超基性岩（ultrabasicus）
ultrabasic rock 超基性火成岩｛地质｝
ultracentrifugal 超［速］离心的（ultracentrifugus）
ultracentrifugation 超速离心法（ultracentrifugatio）
ultracentrifugation of DNA molecule DNA 分子超速离心法
ultracentrifuge 超［速］离心机
ultracentrifuge cell 超［速］离心池
ultracomputer 超级计算机,巨型计算机
ultracryotomy 冰冻超薄切片术（ultracryotomia）｛显技｝
ultradian frequency 次昼夜频率
ultrafast computer 超高速计算机
ultrafiche 超缩微胶片｛电脑｝
ultrafilter ①超滤器,超滤膜 ②限外滤纸
ultrafiltrate 超滤液
ultrafiltration 超滤［法］（ultrafiltratio）
ultrafiltration fermentor 超滤发酵罐
ultrafiltration membrane 超滤膜
ultrafine 超细的,极细的
ultrafine dust 超细粉末,超细微粒
ultrahardboard 超硬纤维板
ultrahigh frequency（UHF） 超高频｛电脑｝
ultrahigh hydraulic pressure processing 超高［水力］压处理｛农施｝
ultrahigh molecular weight polyethylene（UHMWPE） 超高分子量聚乙烯
ultrahigh performance filter 超高性能过滤器
ultrahigh resolution 超高分辨率
ultrahigh speed 超高速
ultrahigh speed camera 超高速摄影机
ultrahigh speed integrated circuit 超高速集成电路｛信息｝
ultralarge scale integration（ULSI） 超大规模集成［电路］｛信息｝
ultralight computer 便携式计算机
ultralow density polyethylene（ULDPE） 超低密度聚乙烯
ultralow volume aerial application 超低容量飞机喷药
ultralow volume spray（= ultralow volume spraying） 超低容量喷药,微量喷药
ultramafic rock 超铁镁岩｛地质｝
ultramaximum 超最高点
ultramicro- ⌊字头⌉超微量,超微
ultramicroanalysis 超微量分析
ultramicroanalytical balance 超微量分析天平
ultramicrobes 超微生物（病毒）
ultramicroburette 超微量滴定管
ultramicrochemical manipulation 超微量化学操作
ultramicroelectrode 超微电极
ultramicroevolutionary 超短［期］进化的（ultramicroevolutionaris）
ultramicromethod 超显微方法
ultramicron 超微粒
ultramicroorganism 超微生物（ultramicroorganismus）
ultramicrorespirometer 超微量呼吸计
ultramicrosampling 超微量取样
ultramicroscope 超显微镜（ultramicroscopa）
ultramicroscopic 超显微镜的（ultramicroscopicus）
ultramicroscopic organism 超显微镜微生物（organismus ultramicroscopica）
ultramicroscopic structure 超［显］微结构
ultramicroscopy 超［显微］镜检术（ultramicroscopia）
ultramicrosome 超微粒体（ultramicrosoma）
ultramicrospectrophotometer 超微量分光光度计
ultramicrotome 超薄切片机｛显技｝

ultramicrotomy 超薄切片术（ultramicrotomia）
ultraminimum 超最低点
ultramylonite 超糜棱岩｛地质｝
ultranet 超级网络｛信息｝
ultraoptimum 超最适点
ultraphagocytosis 超微吞噬作用
ultraphononic 超声的，超音的（ultraphononicus）
ultraphononic vibration 超声振动
ultrapure 超纯的（ultrapurus）
ultrapure water 超纯水｛环保｝
ultrared （UR）红外［光］的，红外［线］的
ultrared drying 红外线干燥法
ultrared ray 红外线
ultrasensitive 超灵敏的（ultrasensitivus）
ultrasensitive amino acid analyzer 超灵敏氨基酸分析仪
ultrasharp sense 超灵敏感觉
ultrashort-loop feedback 超短环反馈｛分生｝
ultrashort wave 超短波｛信息｝
ultrasonator 超声振荡器
ultrasonic 超声的，超音的（ultrasonicus）
ultrasonic blood flowmeter 超声血流速计
ultrasonic bonding 超声焊
ultrasonic cell disintegrator 超声细胞破碎器
ultrasonic cleaner 超声清洗仪
ultrasonic cleaning 超声清洗
ultrasonic cleaning solution 超声清洗液
ultrasonic delay line 超声延迟线
ultrasonic diagnostics 超声诊断法，超声诊断学
ultrasonic disintegrator 超声破碎器
ultrasonic dust cleaning 超声［波］除尘
ultrasonic echogram 超声回波图
ultrasonic generator 超声［波］发生器
ultrasonic holography 超声全息术
ultrasonic homogenizer 超声匀浆器
ultrasonic imaging 超声波成像
ultrasonic inspection 超声波探伤
ultrasonic measurement 超声测量
ultrasonic memory 超声存储器
ultrasonic nebulizer 超声雾化器
ultrasonic pipet washer 超声移液管冲洗器
ultrasonic sensor 超声［波］传感器
ultrasonic sensor and generator 超声传感器和发生器｛环保｝
ultrasonic tester 超声检验设备
ultrasonic vibration 超声波振动
ultrasonic vibrator 超声振动器
ultrasonic waves 超声波
ultrasonication 超声破碎（ultrasonicatio）
ultrasonics（= ultrasound, supersonics）超声，超音（supersonica）
ultrasonograph 超声图记录仪
ultrasonography 超声波扫描术（ultrasonographia）
ultrasonoscope 超声图示仪
ultrasound 超声，超声波
ultrasound field 超声波场
ultrasound topography 超声断层成像｛遥感｝
ultrasounding 超声处理
ultrastable 超稳定的（superstabilis）
ultrastable system 超稳定系统，自形镇定系统（systema superstabilis）
ultrastrip 超缩微胶片段｛电脑｝
ultrastructural 超微结构的（ultrastructuralis）
ultrastructural difference 超微结构差异
ultrastructural organization 超微结构组织｛显技｝
ultrastructural reorganization 超微结构重组｛生态生理｝
ultrastructural trait 超微结构性状
ultrastructure 超微结构，亚显微结构（ultrastructura）
ultrastructure of chloroplast 叶绿体的超微结构
ultrastructure of junction 接合超微结构
ultrastructure of nucleolus 核仁的超微结构
ultrasuperpersonal computer 大型超个人计算机
ultrathin 超薄的（supertenuis）
ultrathin gel 超薄凝胶
ultrathin membrane 超薄膜
ultrathin section 超薄切片｛显技｝
ultratrace 超痕量的，超微量的
ultratrace analysis 超痕量分析，超微量分析
ultratrace element 超微量元素，超痕量元素
ultraviolet（UV） ①紫外［线］的 ②紫外线
ultraviolet absorption （UVA）紫外吸收
ultraviolet absorption curve 紫外线吸收曲线
ultraviolet absorption detector 紫外吸收检测器
ultraviolet absorption spectrum 紫外吸收光谱
ultraviolet crosslinking 紫外［线］激发［的］交联（用于分析 DNA 结合蛋白）
ultraviolet cytophotometry 紫外细胞光度学
ultraviolet degradation 紫外线变坏
ultraviolet disinfection 紫外消毒［法］

ultraviolet endonuclease 紫外内切核酸酶
ultraviolet erasing 紫外线擦除[技术]
ultraviolet inactivation 紫外线钝化
ultraviolet induced chromosomal aberration 紫外线诱发染色体畸变
ultraviolet injury 紫外线损伤
ultraviolet irradiation 紫外线照射
ultraviolet lamp 紫外光灯
ultraviolet light 紫外光
ultraviolet light reactivation 紫外光重激活
ultraviolet microscope 紫外光显微镜
ultraviolet microscopy 紫外光［显微］镜检术
ultraviolet mutagenesis 紫外线诱变
ultraviolet mutation 紫外线突变
ultraviolet photoelectron spectroscopy 紫外光电子能谱
ultraviolet photography 紫外线照相法,紫外线摄影术
ultraviolet photomicrography 紫外线显微摄影术
ultraviolet radiation 紫外线辐射
ultraviolet ray method of treatment 紫外线处理法
ultraviolet ray transmissivity 紫外线透射系数
ultraviolet rays 紫外线
ultraviolet receptor 紫外光感受器
ultraviolet sensitive mutant 紫外线敏感突变型
ultraviolet sensitive plant 紫外线敏感植物
ultraviolet spectrophotometry ①紫外分光光度测定 ②紫外分光光度测定法
ultraviolet spectroscope 紫外光谱仪
ultraviolet spectroscopy 紫外[线]光谱法
ultraviolet spectrum 紫外光谱
ultraviolet target radiometer 紫外目标辐射计｛遥感｝
ultraviolet transilluminator 紫外透射仪
ultraviolet video system 紫外电视系统
ultraviolet-visible light detector 紫外－可见光检测器
ultraviolet visualization 紫外观察[法],紫外显示[法]
ultravires 超势力范围的,超越权限的,越权的
ultravirus 超［过滤性］病毒
ultraweak luminescence 超微弱发光
ultrawet 过度潮湿的
ultrawet zone 过湿区（稻田）
ultromotivity 自发运动能力（ultromotivitas）
ULV（= ultra-low volume） 超低容量
ULV solution 超低容量溶液
ULV spray（= ULV spraying） 超低容量喷药
umacro 通用宏指令｛电脑｝
umbel 伞形花序
umbel abelia 伞形六道木［*Abelia umbellata* sp.］（忍冬科）
umbel-like panicle 伞形状圆锥花序（corymbothyrsus）
umbel yarrow 伞花蓍草［*Achillea umbellata* Sibth. et Smith］（菊科）
umbellar 伞形花序式（umbellaris）
umbellate 伞形的（umbellatus）
umbellate cyme 伞形聚伞花序（cyma umbellata）
umbellate form 伞型,伞形（forma umbellata）
umbellatus rockjasmine 伞形花序式点地梅［*Androsace umbellate* Merrill.］（报春花科）
umbelled lychnis（= flower of jove） 伞形剪秋罗［*Lychnis flosjovis* Desr.］（石竹科）
umbellet 小伞形花序（umbellula）
umbellic acid 伞形酸,2,4－二羟［基］肉桂酸
umbellifer 伞形植物
umbelliferae 伞形科［Umbelliferae］
umbelliferone 伞型酮,7－羟［基］香豆素
umbelliferous ①具伞形花序的 ②具伞形花科的（umbelliferus）
umbelliferous black rot 伞形花科植物黑腐病［*Alternaria radicina* Meie. et al.］
umbelliferous cercospora 伞形花科植物斑点病［*cercospora apii* Fres.］
umbelliferous family 伞形花科［Umbelliferae］
umbelliferous moth 伞形花织叶蛾［*Depressaria depressella* Hübner］（织叶蛾科）
umbelliferous plant 伞形花科植物（planta umbellifera）
umbelliferous wet rot 伞形花科植物软腐病［*Bacillus carotovorus* Jones］
umbelliform 伞型的,伞形的（umbelliformis）
umbellulate 具小伞形花序的（umbellulatus）
umbellule（= umbellet） 小伞形花序（umbellula）
umbelluliferous 具单伞形花序（umbelluliferus）
umber ①棕色土 ②浓茶色（umbra）

umber codon (= opal codon) 棕色[土]密码子,乳白密码子{分遗}
umbilical ①种脐的{形态}②脐带的{畜}③母系的{育种}(umbilicus)
umbilical ancestor 母本祖先{育种}
umbilical cord ①珠柄 ②脐带(funiculus)
umbilicate ①脐状的 ②有种脐的(umbilicatus)
umbilicus ①种脐{形态}②脐带
umbles 内脏
umbo ①[鳞]脐 ②突起,脐突
umbonate ①鳞脐的 ②具脐状突起的 ③具凸结的(umbonatus)
umbonulate ①具小鳞脐的 ②具脐状小突起的(umbonulatus)
umbra [全]阴影,全影,本影{电脑}
umbra volume 阴影体
umbraculiform (= umbraculifer) 伞盖状的(umbraculiformis)
umbrage 树荫
umbraticolous 阴地生的(umbraticolus)
umbrella ①伞,雨伞 ②伞膜 ③叶篷(指橡胶)
umbrella arum ①魔芋属(蒟蒻属)[*Amorphophallus* Bl.](天南星科)②魔芋(蒟蒻)[*Amorphophallus rivievi* Dur.]
umbrella chinaberry 伞形楝[*Melia azedarach* var. *umbraculiformis* Borckmans](楝科)
umbrella dracaena ①山菅兰属[*Dianella* Lam.](百合科)②山菅兰[*Dianella ansifolia* (L.) DC.]
umbrella flatsedge 伞莎草[*Cyperus alternifolius* L.](莎草科)
umbrella information provider 综合信息供应者{信息}
umbrella-leaved 伞状叶的(sciadophyllus)
umbrella palm (= umbrella plant) [旱]伞草(风车草)[*Cyperus alternifolius* L.](莎草科)
umbrella pine 日本金松[*Sciadopitys verticillala* Sieh. et Zucc.](金松科)
umbrella sedge 伞莎草[*Cyperus alternifolius* L.](莎草科)
umbrella-sedge orchis ①莎草兰属[*Cyperorchis* Bl.](兰科)②莎草兰[*Cyperorchis* sp.]
umbrella-shaped 伞状的(umbelliformis)
umbrella star-of-bethlehem 伞形虎眼万年青[*Ornithogalum umbellatum* L.](百合科)
umbrella system 伞形整枝法{园}
umbrella tree (= Chinaberry) 楝[*Melia azedarach* L.](楝科)
umbrept 暗始成土
umbric epipedon 暗色表层
umbrinaceous 茶褐色的,赭色的(umbrinaceus)
umbrose 耐阴的,嗜阴的(umbrosus)
umbrosus 荫地生的
umbrult 暗[色]老成土{土壤}
ume aphid 杏瘤额蚜[*Myzus mumecola* Matsumura](瘤额蚜科)
ume bark beetle 梅小蠹[*Scolytus aratus* Blandford](小蠹科)
ume black aphid 梅黑圆尾蚜[*Anuraphis mume* Hori]
ume bud moth 桃斑蛾[*Illiberis nigra* Leech.](斑蛾科)
ume cankerworm 梅尺蛾[*Cystidia couaggaria* Guenée](尺蛾科)
ume globose scale 梅圆蚧[*Lecanium kunoensis* Kuwana](盾蚧科)
ume leaf roller 酸果蔓卷蛾[*Rhopobota naevana* Hübner](卷蛾科)
ume oystershell scale 梅蛎蚧[*Lepidosaphes ume* Kuwana](蚧科)
UMP (= uridylic acid, uridine monophosphate) 尿苷酸,尿苷一磷酸
UMP energy cost of synthesis UMP 的合成能值
UMS (= upstream mouse sequence) 上游小鼠序列{分遗}
un- ⌞字头⌝不,无
UN Statistical Yearbook 联合国统计年鉴
unabated 未减轻的,不衰退的(inabatus)
unabbreviated ①无缩短的{形态}②未省略的{统计}(inabbreviatus)
unabsorbable 不能吸收的(inabsorbabilis)
unacceptable ①未公认的 ②不能接收的(inacceptabilis)
unacceptable event security 不能接受事件安全[性]{电脑}
unacceptable triplet 未公认三联体{分遗}
unacked time (UAT) 延迟确认时间{信息}
unacknowledged data 未确认数据
unadapted seed (= unsuitable seed) 不适宜种子
unallowable ①非法的 ②禁用的(inallowabilis)
unallowable code 非法代码,禁止码
unalloyed 纯净的,未混杂的
unalloyed cotton 纯净棉花
unalloyed wheat seed 未混杂小麦种子
unalterability 不变性(inalterabilitas)

unalterable 难变的,不可变的(inalterabilis)
unaltered rock 非蚀变岩{地质}
unambiguity 非双关性(inambiguitas)
unambiguous 不含糊的,明确的,清晰的(inambiguus)
unambiguous range 不含糊距离{遥感}
unambiguous Turing machine (UTM) 确定性图灵机{信息}
unambiguous velocity 不含糊速度
unamycin 乌那霉素
unanalysable 难分析的(inanalysabilis)
unarmed 无刺的(inermis)
unartificial 非人造的,自然的(inartificialis)
unartificial yeast 天然酵母
unary 一元的{电脑}
unary expression 一元表达式{电脑}
unary operation ①一元运算 ②一元操作
unattainable 达不到的(inattainabilis)
unattended ①无人管理的,无人照管的 ②自动[化]的 ③未被注意的
unattended automatic exchange 无人照管自动变换{电脑}
unattended operation 无人管理运行,自动运行
unattended pumping station 自动泵站,无人[照管]泵站{环保}
unattended time 无人照管时间,待修时间
unattended trail printer 无人照管拖杆打印机
unauthorized ①非法的 ②越权的(inauthorisus)
unauthorized interrupt 非法中断,越权中断
unauthorized operation 越权操作
unavailability 无效性(inavailabillitas)
unavailable ①无效的 ②无用的,不能利用的(inavailabilis)
unavailable choice 无效选择,无效挑选{育种}
unavailable land 不能利用土地
unavailable nutrients 无效养分,不可给态养分
unavailable pedigree seeds 无效原种{育种}
unavailable preservatives 无效保藏剂
unavailable tiller (= unproductive tiller, invalid tiller, ineffective tiller) 无效分蘖
unavailable tillering 无效分蘖
unavailable time 无效时间,不可选时间
unavailable variety 无用品种{育种}
unavailable water 无效水,不可给态水
unavoidable 不可避免的(inavoidabilis)
unavoidable alteration 不可避免改变
unaware viewers 无感知浏览器{电脑}
unbalance 不平衡,失平衡(inbilalanx)
unbalance theory 不平衡说(指植物营养){生理}
unbalanced error 不平衡误差{统计}
unbalanced network 不平衡网络{信息}
unbalanced polyploid 不平衡多倍体{细胞}
unbiased ①不偏的 ②公正的 ③无偏差的
unbiased estimate 公正估数,无偏估计值{统计}
unbiased test 公正测试,无偏测试
unbiasedness 无偏性
unbind ①解开,解除,松开 ②释放,解放
unbleached ①未漂白的 ②未软化的
unbleached pulp 未漂白浆(指制纸木浆)
unblemished 无污的,清白的,清洁无垢的
unblocked record 非成块记录{遥感}
unblocking 解除阻塞
unblow-down forest belt 不透风[森]林带
unboiled 未煮沸的(inbulliratus)
unbone 剔骨
unborn 未生的
unbound ①分离的,非结合的 ②无约束的(solutus)
unbound water 非结合水
unbranched 不分枝(inramificatus)
unbroken ①未开垦的 ②非破碎的 ③未打破的(指休眠)
unbroken dormancy 未打破休眠,未解除休眠
unbroken furrow 整垡片,未碎垡片
unbroken land 未垦地
unbrokenness ①未开垦 ②野生
unbuffered keyboard 非缓冲键盘{信息}
unbundling ①非捆束,未捆束{栽培} ②非附随{电脑} ③分别计价{农管}
unc (= uncinus) 钩状[云]{气象}
uncap 打开,开盖(蜜盖)
uncapping ①未封盖 ②切蜜盖
uncapping fork 开[蜜]盖叉
uncapping knife 割[蜜]盖刀
uncapping machine 割蜜[盖]机
uncapping plane 割[蜜]盖刨
uncapping tray 割蜜蜡盖盘
uncaria ①钩藤属[*Uncaria* Schreb.](茜草科) ②钩藤[*Uncaria rhynchophylla* Miq.]
uncatalog 未列入目录(incataloguus){信息}
uncatalyzed reaction 非催化反应
uncate ①具钩的 ②顶弯的(uncatus)

uncertain ①易变化的,不可靠的 ②不确定的,不准知的 (incertus)
uncertain decision 不确定[性]决策(decisio incerta)
uncertain planning horizon 不确定计划水平
uncertain sweep width 不确定扫描宽度{信息}
uncertain weather 易变天气
uncertain yield 未确定的产量,不可靠的产量
uncertainty 不确定度,不确定性,不可测性 (incertusitas)
uncertainty analysis 不确定分析
uncertainty decision 不定型决策
uncertainty of objective 目标的不确定性
uncertainty principle 测不准原理{测}
unchanging 不变的 (immutabilis)
uncharged 不带电的
unchopped leaf (桑)全叶
unciferous 有钩的 (uncifer)
unciform 钩状的 (unciformis)
uncinariasis 钩[口线]虫病
uncinate ①钩状的 ②具钩的
uncinus (unc) 钩状[云]
unclassed felling 无节制采伐
unclassed forest 公有林
unclocked flip-flop 无时钟触发器{信息}
unclog ①排除故障,去障碍 ②解脱
uncoating 脱壳,脱被(指种子)
uncoating enzyme 脱壳酶
uncock 散开干草堆
uncoded 非编码的
uncoded amino acid 非编码氨基酸{分遗}
uncoded output 未编码输出{电脑}
uncoiling 解旋(指染色体)
uncombined oxides 非结合态氧化物
uncommitted ①未定型的,自由的 ②未用的 (incommittus)
uncommitted cell 未定型细胞{分生}(cellulus incommittus)
uncommitted logic array 自由逻辑阵列{统计}
uncommon ①不普通的 ②非常的,罕见的,稀有的 ③显著的 (incommunis)
uncommon metal 稀有金属
uncompensated 未补偿的(incompensatus)
uncompensated acidosis 未补偿酸中毒
uncompensated alkalosis 未补偿碱中毒
uncompetitive inhibition 反竞争性抑制{分遗}
unconditional ①无条件的 ②绝对的 (inconditionalis)
unconditional capture 无条件俘获
unconditional control transfer 无条件控制转移
unconditional force 无条件强制
unconditional lethal 非条件致死
unconditional probability 无条件概率
unconditional reflex 无条件反射
unconditional stability criterion 无条件稳定准则
unconditioned stimulus 无条件刺激
unconfigure 取消配置 (inconfigura)
unconfined ①非管制的,自在的 ②不限制的 (inconfinis)
unconfined compressive strength [周围]不限制压缩强度
unconformability 不整合 (inconformabilitas)
uncongenial 不亲和的,不和合的,异质的 (incongenialis)
uncongenial graft 不亲和嫁接
unconjugated bilirubin 非结合胆红素
unconnected ①非连接的 ②非连通的 (inconnectus)
unconnected graph 非连通图{电脑}
unconscious 无意识的,无知觉的
unconscious elimination 无意识淘汰
unconscious selection 无意识选择
unconsciousness ①无意识 ②昏迷
unconsolidated 松散的,未固结的 (inconsolidatus)
unconsolidated glacial deposit 松散冰碛物,未固结冰碛物
unconsolidated material 松散物质
unconstant 变化的,可变的 (variabilis)
unconstrain ①无束缚 ②无约束 (inconstringere)
unconstrained filter 无约束滤波器{信息}
unconstrained optimization 无约束优化
unconstrained restoration 非约束复原
uncontaminated 未被污染的,未沾染的 (incontaminatus)
uncontaminated soil 未污染土壤,洁净土壤
uncontinuaity 不连续性 (incontinuaitas)
uncontrollable 不可控的(incontrollabilis)
uncontrollable system 不可控系统
uncontrolled 无控制的,不受控制的,自由的
uncontrolled fire 无控制林火
uncontrolled grazing 自由放牧
uncontrolled line 无控制线路{信息}
uncontrolled mosaics 无控制镶嵌{遥感}
uncontrolled rectifier 无控整流器

uncorporated 未掺入的(incorporatus)
uncorrectable ①不可校正的 ②无法校正的(incorrectabilis)
uncorrectable error ①不可校正错误,无法校正错误 ②无法校正误差{电脑}
uncorrected file 漏校文件
uncorrelated 不相关的(incorrelatus)
uncorrelated function 不相关函数
uncorticated ①无树皮的 ②无皮层的(excorticatus)
uncoupler 解耦联剂
uncoupling 解耦联
uncoupling agent 解耦联剂
uncovered ①无总苞的 ②不覆盖的,露天的(exinvolucratus)
uncovered reservoir 露天水库(池){环保}
uncovering (葡萄蔓)除去覆土
uncovering plough (葡萄园用)露藤犁
uncropped 未种作物的
uncropped location 荒地
uncropped soil 荒地
unctuous 带油腻的(unctuosus)
unctuous clay 重黏土
unctuous soil 松软肥沃土壤
uncultivated 无耕作的,未耕的(incultivatus)
uncultivated pasture 天然牧场
undamaged 未受害的
undamaged segment 未受害节段
undamped ①固有的 ②无阻尼的 ③不稳定的
undamped control 不稳定控制
undamped frequency 无阻尼频率,固有频率
undamped oscillation 无阻尼振荡
undate (=undated) 波状的(undatus)
undatergum 尾节{昆虫}
undeca- ⌊字头⌉十一
undecane 十一烷[$CH_3(CH_2)_9CH_3$]
undecomposable 不可分解的(indecomposabilis)
undefined ①未下定义的 ②无定型的
undefined diallele 未下定义二等位基因
undefined structure 无定型结构,非稳定结构
undelivered 未分娩的
undelivered cow 未分娩牛
under- ⌊字头⌉下,底,不定
under aeration 底部曝气{环保}
under bark 内皮
under-belly equipment (拖拉机)轴间悬挂机具
under-crop sowing 套种
under-cropping 套种,套作,间作
under current 底流
under damping 阻尼不足
under dispersion 欠分散
under employment 不充分就业,半失业
under estimation 低估计
under exploitation 开发不足
under fishing 捕捞不足
under grasses 下层禾草
under grazing 轻度放牧
under irrigation 不足灌溉,地下灌溉
under lens 放大镜所见
under level 下层,低层
under-plantation (=underplanting) 树下栽植
under runner 下磨盘转动磨粉机
under seeding ①补播,补种 ②深播 ③下排种{农机}
under side 下面,底面
under snow development 雪下发育
under suction 铧刃间隙
under topping [甜菜]切顶过高
under-type worm gear 下置蜗杆式蜗轮传动机构
under water ①水下,水底,潜水 ②顺水
under width 底宽,底幅
underbeam 下梁
underbeam clearance 犁架间隙
underbody 车身底板
underbrown Japanese cherry 山樱花[*Prunus serrulata* var. *spontanea* (Maxim.) Wils.](蔷薇科)
underbrush 下层灌丛,下木
undercarriage ①底盘 ②支重台车
underclass 亚纲(subclassis)
undercolour separation 原色彩分离法
undercompensation 补偿不足
underconsumption 消耗不足
undercooling 超冷却,过冷却,过[度]冷[却]
undercrowding 过疏
undercut ①挖掘 ②伐倒刻口,下口(指示采伐方向的刻口)③采伐不足量 ④限量采伐(即年采伐量少于年生长量)
undercutter ①凹形挖掘铲 ②挖掘犁 ③挖掘犁铧
undercutting 平截(根苗)
undercutting cold front 下切冷锋
undercylinder pan 滚筒下谷粒盘
underdeveloped area 未开发面积
underdeveloped countries 不发达国家
underdeveloped region 未开发地区
underdevelopment ①发育不全{栽培}②不

发达{农经}③显影不足{显技}
underdigging depth 挖掘深度
underdrain 暗沟,地下排水沟
underdrainage 暗沟排水,地下排水
underdry 干燥不足
underexposure 曝光不足{遥感}
underfeeding ①饲养不足 ②营养不足
underfermentation 发酵不足
underflow ①地下水流,潜流 ②顺流 ③下溢{信息}
underflow exception 下溢异常
underflow signal 下溢信号
underflow water 顺流水
underframe ①底架,底框 ②犁架
underframe clearance 犁架间隙
undergo 历经,经受
undergrazing 过少放牧(指载畜量低)
underground ①地下的(subterraneus) ②地下生的(hypogaeus)
underground biomass 地下生物量(biomass subterraneus)
underground brine 地下盐泉
underground bulb 地下鳞茎
underground burying (管路)地下埋没
underground corrosion 地下熔蚀
underground drain 暗沟
underground heating 地下加温,地下加热
underground hotbed 地下[式]温床
underground irrigation 地下灌溉
underground loss 地下损失
underground organ 地下器官(organa subterranea)
underground part 地下部[分](pars subterraneus)
underground percolation 地下渗漏
underground pipe system 地下管网{环保}
underground pollution 地下污染
underground power station 地下电站
underground reservoir ①地下水库 ②含水层
underground resource 地下资源
underground rhizome ①地下根茎 ②(剑麻)地下走茎(rhizoma subterranea)
underground river 暗河,地下河(ripiria subterranea){水利}
underground root 地下根(radix subterranea)
underground share ①深耕铲,心土铲 ②心土犁铧
underground shoot 地下枝(ramus subterraneus)
underground standing water 地下停滞水
underground stool 地下芽蘖
underground storage 地下贮藏
underground storage organ 地下贮藏器官(organa preventitia subterrenea)
underground stratification 地下成层现象
underground stream 伏流,潜流
underground structures 地下建筑物(structurae subterreneae)
underground water 地下水
underground water level 地下水位
underground water parting 地下分水线
underground watering 底土灌溉,浸润灌溉
undergrown 发育不全的,未长足的
undergrown larva 迟蚕
undergrowth ①林内植物 ②矮林,下木
undergrowth planting 下木栽植
underheating 加热不足
underlayer 下层,下垫层
underleaf 腹叶(amphigastrium)
underleaf cover 叶背覆盖层(指喷雾器喷射)
underleaf discharge 叶背面散布(指喷药)
underleaf lance 叶下喷杆
underleaf spraying 叶背喷雾
underline 下划线
underlip 下唇
underloading 装载不足
underlying ①潜在的,隐伏的 ②根本的,基础的
underlying cause 根本原因
underlying graph 底图,基本图,基础图
underlying layer 底层
underlying mechanism 潜在机理
underlying rock 母岩,基岩,下垫岩石{地质}
underlying scale 下伏标尺,隐伏尺度
undermethylation 甲基化不足
undermilled rice 碾磨度不足米,七成碾米
undermining 沟刷,地下冲蚀,冲刷,侵蚀
undermining-torrent 冲蚀性山洪
undermounted (拖拉机)机体下悬挂的
undernourishment 营养不足,虚亏
undernutrition (= under nourishment) 营养不良,营养不足
undernutrition disturbance 营养失调
underpan 底盘
underphosphorylated 磷酸化不足的
underplanting 树下栽植,高秆植物下栽种
underpoint suction in landside of ploughshare 垂直第一犁铧
underpoint suction in throat of ploughshare 垂直第二犁铧
underproduction 生产不足
underproof 不合格的,不合标准的
underprop ①支撑,支持 ②托位

underpunch 下部穿孔
underreplication 缓慢复制
underretting 沤麻不足,浸麻不足
underripe 未成熟的
underrun ①在下边通过,底部通过 ②欠载运行,负载运行 ③不足的产量
underscanned 下扫描
underseed ①补播,补种,间种 ②(风力清选机扬出的)废物
underserrated (动刀片)底面刻齿的
underserrated knife (切割器)下面刻齿动刀片,反面刻齿动刀片
underserrated section 底刃面刻齿动刀片
undershield 挡泥板
undershot conveyor 浮动式输送器
undershot cylinder tedder 下抛式滚筒翻草机
undershot elevator 底部输送[链扒式]升运器
undershot fan (清粮筛)下吹风扇
undershot wheel 下射水车
undershrub 小灌木(suffrutex)
undersize ①过小 ②矮生
undersize sieve 细筛,草子筛
undersized 矮小的(pumilus)
underslung 轴下悬挂的
underslung alternate plough 轴下悬挂键式犁
underslung hoe 轴下悬挂中耕锄
undersoil 心土,底土
undersowing 间作,套种
undersown ①补种,补播 ②套种,间种
understandability 可理解性
understanding ①了解,理解 ②认识,领会 ③理解力,判断力 ④协商,协定
understock 下砧{园艺}
understocking ①疏生 ②苗木密度不足 ③载畜量低
understorey 下层
understorey shade tree 下层绿荫树
understorey vegetation 下层植被
underthreshing 脱粒不净,未脱净
undertopping 切顶过高(甜菜)
undertree sprinkler 树下[仰喷式]喷灌机
undertree tiller 树下旋耕机,绕树旋耕机
underwashed seed 未洗净的种子
underwater 水下的,在水中的
underwater cultivation 水田耕作,淹水耕作
underwater cutter 水下割草机
underwater fishing lamp 水下集鱼灯
underwinding 欠旋{生技}
underwing ①翼下的 ②后翅
underwing boom (飞机喷雾器)翼下喷杆
underwings and owlet-moths 夜蛾科[Noctuidae]
underwinter ploughing 秋耕
underwood ①矮林,下木 ②萌蘖,蘖枝
underyearling 当年鱼,未满一龄鱼
undesirable trait 非期望性状
undesirable tree 杂木
undetected error 漏检错误
undetected failure time 未发现故障时间
undetermined coefficient 待定系数
undetermined model 未定模型
undeveloped ①不发育的 ②未开发的(abortivus)
undeveloped embryo 不发育胚(embryo abortivus)
undeveloped industry 未开发产业(industria abortiva)
undeveloped land 未开发地
undifferentiated 未分化的(indifferentiatus)
undifferentiated alluvium 均匀冲积物
undifferentiated race ①[性]未分化型族 ②未分化种
undifferentiated vegetative cell 未分化营养细胞
undigested 不消化的,未消化的
undiluted 未稀释的(indilutus)
undiluted juice 未稀释汁(jus indilutus){加工}
undiluted solution 未稀释溶液(solutio indiluta)
undirected 无向的(indirectus)
undirected edge 无向边
undirected graph 无向图
undissolved 未溶的,不溶解的(indissolvus)
undissolved matter 不溶解物质{环保}
undissolved solid 不溶解固体{环保}
undisturbed 未扰乱的,未紊乱的(indisturbus)
undisturbed profile 未破坏剖面
undisturbed sample 未扰动土样,原状土样
undisturbed soil 原状土,未搅动土
unditegillate 具波状被层的(unditegillatus)
undivided 不分离的(indivisus)
undo ①撤消,取消 ②作废 ③恢复操作 ④打开,折开
undo function 废除功能
undograph 测波计
undope 不掺杂
undressed flax 未梳理亚麻

undressed timber 未剥皮材
undue 过分的,过度的
undular jump 波形水跃
undulate 波状的(边缘)(undulatus)
undulated cloud 波状云
undulated peneplain 波状准平原
undulatifolious 波叶的(undulatifolius)
undulating country 波形地
undulating fold 波状褶
undulating ground 波状土地
undulating land 波状土地,起伏状土地
undulating membrane 波形膜
undulating thread 波状线
undulation ①波动起伏 ②波荡(undulatio)
undulator 波动器{农施}
undulatus jackinthepulpit 波叶天南星[*Arisaema undulatifolium* Nakai.](天南星科)
undulipodium 波状足
unearned increment 自然增值(土地自然增价){农经}
unearth 发掘,挖掘
unearthing 未覆土,未盖土
unedged 缺边的,边圆的
unedible 非食用的(inedibilis)
unedible fish 非食用鱼
unemployed 未被利用的,未用的
unemployed capital 游资
unemployment 失业
unemployment benefit 失业救济金
unemployment insurance 失业保险
unemployment pay 失业津贴
unemployment relief 失业救济
unequal 不等的,不等大的(inaequalis)
unequal amount 不等量
unequal bivalent 不等二价染色体(bivalens inaequalis)
unequal cleavage 不等卵裂
unequal-cleft 不等尖裂的(inaequifidus)
unequal crossing over 不等交换
unequal crossover 不等交换
unequal cytokinesis 不等胞质分裂
unequal division 不等分裂(divisio inaequalis)
unequal fission 不等分裂(fissio inaequalis)
unequal genetic recombination 不等遗传重组
unequal growth plant 不等生长植株{栽培}
unequal growth with delayed worm 发育慢[的]蚕{蚕桑}
unequal-lobed 不等浅裂的(inaequilobus)
unequal pair 不等对(par inaequalis){细胞}
unequal-parted 不等深裂的(inaequipartitus)
unequal post-meiotic segregation 不等减数分裂后分离
unequal precision measurement 非等精度量测,不等精度量测{遥感}
unequal recovery 不等恢复,不等回复
unequal replication on treatments 处理间不等重复{统计}
unequal-sided 不等边的(inaequilateralis)
unequal size 不等大小,不等规模
unequal subclass numbers 不等次级组数
unequal-toothed 不等齿的,具不规则牙齿的(inaequidens)
unequal translocation 不等易位(translocatio inaequalis)
unequal variance 不等变量
unequally divided 不等分裂的(subdimidiatus)
unequally pinnate (= odd-pinnate) 奇数羽状的(imparipinnatus)
unequally toothed 不等齿的(anisodontus)
unequivocal 不含糊的,明确的(inequivocalis)
unequivocal evidence 明确证据(明)
unevaluated 不计算的,不估算的(inevaluatus)
uneven 不均匀的(salebrosus)
uneven-aged 异龄的
uneven-aged forest 异龄林
uneven-aged stand 异龄林分
uneven drying 干燥不均
uneven grain ①不匀纹理 ②不匀整子粒(granum salebrosum)
uneven ground 不平地
uneven land 未整地
uneven maturity 成熟度不一致
uneven polishing 粗磨
uneven running 不匀转动
uneven seedling 幼苗不均匀
uneven sex ratio 不均衡性比率
uneven-span house 不等屋面温室
uneven texture 不均匀质地
unevenly ripened 成熟不一致的
unevenness 不匀称性,不匀度
unevenness of stand 茎干不齐
unexhausted manurial value 未耗尽肥效(指施肥量过度)
unexpanded band 未展开[染色]带
unexpected ①不期望的 ②意外的(inexpectus)

unexpected halt ①不期望停机,意外停机 ②意外中断{信息}
unexploited population 未开发群体,未开发种群
unexposed diffusion zone 未暴露扩散区
unfailing ①可靠的 ②不间断的
unfailing performance 可靠性能
unfair competition 不公平竞争
UNFAO (= United Nations Food and Agriculture Organization) 联合国粮食及农业组织,联合国粮农组织
unfavorable (= unfavourable) ①不利的,不[适]宜的,不良的 ②相反的,逆的 (infavorabilis)
unfavorable action 不利作用
unfavorable balance of trade [贸易]逆差,贸易入超
unfavorable condition 不利条件
unfavorable consequence 不良结果
unfavorable environmental factor 不利环境条件(因素)
unfavorable excess 不[适]宜过量
unfavorable growing conditions 不适宜生长条件,不适宜栽培条件
unfavorable season 不利季节
unfavorable soil 不适宜土壤
unfavorable soil characteristics 不利的土壤特征
unfavorable time 不适宜时间,不利时间
unfermented 未发酵的
unfermented beverage 无醇饮料
unfermented juice 未发酵果汁
unfermented must 未发酵葡萄(果)汁
unfertile ①不实的,不孕的,不育的 ②贫瘠的 (infertilis)
unfertile flower 不实花,不孕花 (flos infertilis)
unfertile soil 瘠土
unfertilization 不受精作用 (infoecundatio)
unfertilized ①未受精的,不受精的 ②未施肥的
unfertilized egg 未受精卵
unfertilized gamete 不受精配子 (gameta infoecundata)
unfertilized land 不施肥地
unfilled 未充实的,不饱满的
unfilled grain 秕粒,瘪粒
unfilled grain due to insect damage 虫害秕粒
unfilled grain due to wind damage 风致秕粒
unfilled kernel (= unfilled grain) 不饱满子粒,秕粒
unfilled porosity 未充水孔[隙]度,未饱和孔隙度,透气度
unfired tea 毛茶
unfished ground 未开发的渔场
unfit 不适的,不适当的,不适宜的
unfit for breeding (= unsuitable for breeding)不适于繁殖的
unfit for human consumption (= inedible) 不可食用的
unfit homozygote 不适纯合子
unfitness for breeding 繁殖的不适用性
unfitted to inherit 无继承能力的
unfixable 难固定的 (infixabilis)
unfixed 不固定的,未固定的,非固定的
unfixed sand 流沙,未固定沙
unfixed soil 非固定土壤
unfledged 未生羽毛的(指家禽)
unfold 展开
unfolded 不褶的,不折的
unfolded state 未折叠态,不褶态
unfolding ①(叶)开展的 ②(羊)放出栏的
unfolding leaf 开展叶
unformatted ①非格式化的 ②无格式的{电脑}
unformatted diskette 无格式软盘
unfree ①不自由的 ②不畅通的
unfree water 非自由水
unfrozen 不冻的,不冷的
unfrozen ground 未冻地,不冻地
unfrozen harbour 不冻港
unfrozen soil 不冻土
unfrozen solution 不冻[结]溶液
unfruitful 不结实的,不繁殖的 (infertilis)
unfruitfulness 不结实性 (sterilitas)
ungear 脱离啮合
unginned cotton 子棉
unglazed ①素烧的,素陶的 ②未泼釉的,无釉的
unglazed porcelain filter 素陶滤菌器
unglazed pot 无釉试验盆,素烧盆
ungraded 未分级的
ungrafted 非嫁接的,自根性的
ungrease 脱脂
unground ①(农机)未接地 ②未碾制的,整粒的
ungrouped data 未分类资料,未分组资料
unguent ①药膏 ②润滑油 ③软膏,油膏
unguicular (= unguiculate) 具爪的 (unguicularis)
unguiculate (= ungicular) 具爪的 (unguiculatus)
unguiculate petal 有爪花瓣 (petalum

unguiculatum)
unguiform 爪状的，瓣爪状的（unguiformis）
ungula（=unguis）①爪 ②蹄 ③瓣爪（花瓣的爪状基脚）④有蹄类
ungulate ①具爪的 ②蹄状的 ③有瓣爪的 ④有蹄类（ungulatus）
ungulate or hoofed animal 有蹄类
ungulic acid 蹄酸
unhardened 未健化的
unhardened phase 未健化期（指未经过抗寒锻炼的）
unhardened plant 未健化植株
unharmful 无害的
unharness 卸套（不套马具于马）
unheated 未加热的，不加热的
unheated air drier 未加热空气式干燥机
unheated air drying 非热风干燥，未加热空气干燥
unheated plastic greenhouse 不加热塑料温室
unhindered passage 无阻碍通过，顺利通过
unhitch 脱钩
unhulled ①未脱壳的，未去皮的 ②无皮的
unhulled grass-seed hopper 未脱壳牧草种子排种箱
unhulled rice（=unhusked rice） 稻谷
unhumified 未腐殖（植）化的
unhumified organic matter 未腐解有机物质
unhusk 去壳，剥皮
unhydrated 未水合的（inhydratus）
unhydrated ion 未水合离子
unhydrolyzable N 非水解性氮
uni- ⌞字头⌝单，一
uni-system 联合作业
uniarticulate 单节的（uniarticulatus）
uniascal 单子囊的（uniascalis）
uniaxial ①具一级茎轴的 ②单轴的（uniaxialis）
uniaxial anisotropy 单轴各向异性
uniaxial crystal 单轴晶体
unibanded stink-bug 一字纹蝽［*Piezodorus rubrofasciatus* Fabricius］（蝽科）
unibracteate 单苞片的（unibracteatus）
unibus 单总线｛信息｝
unibus link 单总线连接
unicapsular 单蒴果的（unicapsularis）
unicarinated ①单龙骨状的 ②单龙骨状突起的（unicarinatus）
unicarpellate 单心皮的（unicarpellatus）
unicell 单细胞（unicellula）
unicellular 单细胞的（unicellularis）
unicellular algae 单细胞藻类（algae unicellulares）
unicellular clock 单细胞植物钟
unicellular gland 单细胞腺（glandula unicellularis）
unicellular hair 单胞毛（pilus unicellularis）
unicellular organism 单细胞生物（organismus unicellularis）
unicellular plants 单细胞植物（plantae unicellulares）
uniceptor 单受体
unicharged 单电荷的
unichassis 单底盘｛农机｝
unichromosomal 单一染色体的（unichromosomalis）｛细胞｝
unichromosomal gene library 单一染色体基因库
uniciliate 单纤毛的（uniciliatus）
unicolour（=unicolor） 单色
unicoloured 单色的（unicoloratus）
unicomputer system 单计算机系统
unicorn caterpillar 独角舟蛾［*Schizura unicornis* J.E.Smith］（舟蛾科）
unicorn-plant（=common devil's claws） ①角胡麻属［*Proboscidea* Keller］（角胡麻科）②角胡麻［*Proboscidea jussieui* Keller］
unicorn-plant family 角胡麻科［Martyniaceae］
unicum 个别
unidentate 具单齿的（unidentatus）
unidentified reading frame（URF） 未鉴定读框｛分遗｝
unidimensional 一维的（unidimensionalis）
unidimensional scale 一维尺度
unidimensional search 一维搜索
unidirectional 单方向的（unidirectionalis）
unidirectional deletion 单向缺失（deletio unidirectionalis）
unidirectional element 单向元件
unidirectional-information flow 单向信息流
unidirectional microphone 单向话筒｛信息｝
unidirectional polarity 单向极性
unidirectional replication 单向复制
unidirectional transfer 单向转移
unidivided unit 不分裂单位
unifacial 单面的（unifacialis）
unifacial leaf 单面叶（folium unifaciale）
unifaciality 单面性（unifacialitas）
unifarious 单列的（unifarius）
unification ①统一 ②合一（unificatio）
unification processor 合一处理机
unification unit 合一部件

unified ①统一的 ②通用的
unified bus 统一总线{信息}
unified database language(UDL) 统一数据库语言{电脑}
unified leadership and decentralized management 统一领导分散经营{农管}
unified management 统一管理,统一经营
unified operation 统一操作
unified S-band(USB) 通用S波段{遥感}
unified soil classification system(USCS) 土壤统一分类系统{土壤}
unifilar 单线的(unifilaris)
uniflagellate 单鞭毛的(uniflagellatus)
uniflorous 单花的(uniflorus)
uniflow ①直流{环保}②单向流
uniflow combine 直流式联合收获机
uniflow engine 单[向]流蒸汽发动机
uniflow tank 直流池{环保}
unifoliate ①具一叶的 ②具一小叶的(unifoliatus)
unifoliate compound leaf 单身复叶(folium compositum unifoliatum)
unifoliate species 单叶种
unifoliolate 具一小叶的(unifoliolatus)
uniform ①整齐的,均匀的,一致的 ②相同的 ③一式的(uniformis)
uniform absorbing power 吸收能力相同
uniform acceleration 均加速度,等加速度
uniform acceptance 统一接受
uniform air conditioning 均匀空气调节
uniform amount of precipitation 等降水量
uniform amplitude filter 等幅滤波器{遥感}
uniform annual rainfall 等年雨量
uniform application 均匀撒药,均匀散布
uniform approximation 一致逼近{统计}
uniform array-based microcomputer 均匀阵列微型计算机
uniform avenue tree 整齐行道树
uniform boundedness principle 一致有界原理{遥感}
uniform chromaticity scale 均匀色标{电脑}
uniform compacting 均一镇压
uniform continuity 一致连续性
uniform convergence 一致收敛{遥感}
uniform cost criterion 一致成本标准
uniform defect 一致缺陷
uniform degree of maturity 成熟度整齐
uniform depth of seeding 播种深度均一
uniform distribution 均匀分布
uniform environment 一致环境
uniform flow 等速流,均匀流
uniform flower arrangement 整齐花卉布置
uniform flower bed 整齐花坛
uniform force 均匀力
uniform garden 均一园地,水平园地
uniform heading time ①抽穗期整齐,齐穗期(禾谷类){栽培}②卷心期整齐(甘蓝类){园艺}
uniform illumination 均匀照明
uniform maturity 成熟度整齐
uniform motion 等速运动
uniform naming convention names(UNC names) 统一命名[的]约定名
uniform phenotype 均一表型
uniform planting ①匀播(指机播)②均匀栽植
uniform profile 均质剖面,均匀剖面
uniform quantization 均匀量化{遥感}
uniform rate of exchange ①等量互换 ②统一兑换率
uniform resistance 水平抗[病]性,均一抗[病]性
uniform resource locator(URL) 统一资源定位器
uniform sampling 均匀取样,均衡取样
uniform seeding stage 出苗期整齐
uniform seedling height 幼苗高度整齐
uniform signal quantization 信号均衡量化
uniform spraying 喷射均匀
uniform stability 一致稳定性
uniform stand 植株密度均匀
uniform stooling 分蘖力整齐
uniform system ①均一体系{土壤}②全体伞伐作业{森林}
uniform tariff 同一关税
uniform temperature 等温
uniform texture 均匀质地
uniform thickness of transplanting rice 插秧密度均匀
uniform trial 空白试验
uniform velocity 等速度
uniformity ①整齐度,匀整度 ②均匀性(uniformitas)
uniformity coefficient 均匀系数{环保}
uniformity of cocoon grains 蚕茧匀整度
uniformity of fruits 果实匀整性
uniformity of grains 子粒匀整性{种子}
uniformity of heading 抽穗整齐度
uniformity of seeds 种子匀整性{种子}
uniformity of washing [sand] 洗沙均匀度{环保}
uniformity of windrow 晾晒行均匀度
uniformity trial 整齐度试验
uniformization 均匀化(uniformisatio)

uniformly accelerated motion 等加速运动
uniformly distributed load 均布荷载
uniformly labeled DNA probe 均匀标记DNA探针{分遗}
uniformly-mixed system(= complete mixing system) 完全混合法{环保}
unifunctional 单功能的
unifunctional feedback 单功能反馈{分生}
unifunctional pipeline 单功能流水线{电脑}
unifungal (培养物)单种真菌的(unifungalis)
unigemmata chain fern 单芽狗脊蕨[*Woodwardia unigemmata* Nakai.](乌毛蕨科)
unigenic isozyme 单基因同功酶
uniglandular 具单腺的(uniglandularis)
unijugate(= unijugous) 具一对[小叶]的(unijugatus)
unijunction transistor 单结晶体管{电脑}
unilabiate 单唇的(unilabiatus)
unilacunar 单叶隙的(unilacunaris)
unilammellar liposome 单层脂质体
unilaterably connected 单侧连通的
unilateral ①单侧的 ②单向的,偏向的(unilateralis)
unilateral conductivity 单向传导
unilateral continuity 单向连续性
unilateral diploidization 单侧二倍化
unilateral distribution 偏向分布
unilateral incompatibility 单方不亲和性
unilateral indusium 单侧囊群盖(indusium unilaterale)
unilateral inheritance 单线遗传,一侧性遗传
unilateral movement 单向运动
unilateral restriction 单向制约
unilateral selection 单方选择
unilateral synchronization system 单向同步系统,非横向同步系统
unilateral tolerance 单向公差
unilaterally compound pitting 单侧复纹孔式
unilaterally compound pitting vessel 单侧复纹孔导管
unilaterally paratracheal parenchyma 单侧环管薄壁组织
unilineal relative 单系亲缘
unilobate 具单裂的(unilobatus)
unilocular 单室的(unilocularis)
unilocular anther 单室药(anthera unilocularis)
unilocular sporangium 单室孢囊(sporangium uniloculare)
unimodal 单峰
unimodal curve 单峰曲线
unimodal function 单峰函数
unimodality 单峰性(unimodalitas)
unimolecular 单分子的(unimolecularis)
unimolecular electrophilic substitution 单分子亲电取代
unimolecular elimination 单分子消除
unimolecular film 单分子膜
unimolecular layer 单分子层
unimolecular nucleophilic substitution 单分子亲核取代
unimolecular reaction 单分子反应
unimolecular termination 单分子终止(terminatio unimolecularis)
unimpair 不损害,不减少
unimpeded development 不受阻碍发育
uninemic 单线的(uninemicus)
uninemic chromatid 单线染色单体
uninemic chromosome model 单线染色体模型
uninemic hypothesis 单线假说(设)
uninerved 具单脉的(uninervis)
uninerviate 具单脉的(uninerviatus)
uninfected 不感染的,未感染的(ininfectus)
uninfected cell 不感染细胞,不染病细胞
uninfected program 未感染程序(指病毒){电脑}
uninodal [具]单节的(uninodalis)
uninodal sympodium 单节合轴(sympodium uninodale)
unintentional 无意识的
unintentional residue 非有意残留,无意识残留
unintentional selection 无意识选择
uninterrupted ①不间断的,连续的 ②不停的
uninterrupted extension 不间断延伸(指根系)
uninterrupted farming system 不间断农作制
uninterrupted power supply(UPS) 不间断电源
uninterrupted sequence 不间断顺序(指生活周期)
uninterrupted transpiration 连续蒸腾,不间断蒸腾{生态生理}
uninuclear 单核的(uninuclearis)
uninucleated 具单核的(uninucleatus)
uninucleated mycelium 单核菌丝(mycelium uninucleatum)
uninverted 未倒位的(ininvertus)
uninverted segment 未倒位节段
uninverted terminal segment 未倒位末端

节段

union ①并合 ②愈合 ③联合 ④缝[线] ⑤"或","或"操作(unio)

union colorimeter 联合比色计

union coupling 管接头,联管器

union gate "或"门{电脑}

union joint 联管节

union nut 联管螺母

Union of Community Organizations for Cropping 农业生产组织联合会

Union of Rice Industry Associations of the EEC 欧洲经济共同体大米工业协会联盟

union pattern 联合模式

union rate ①接合量,接合率 ②(商定的)工资

union sequence 合并序列{电脑}

union tag 联合标志

union theorem 合并定理{电脑}

union type 联合类型

union wrench 管接头扳手

unionization 不电离[作用](unionisatio)

uniordinal crochet 单序趾钩(鳞翅目幼虫)

uniovular twin 一卵双生

unipalmate 单掌状的(unipalmatus)

uniparental 单亲的(uniparentalis){育种}

uniparental homozygote 单亲纯合子(homozygota uniparentalis)

uniparental method 单亲法

uniparental reproduction 单亲生殖

uniparous ①单出的{形态}②一胎一仔的(uniparus)

uniparous branching 单出聚伞状的分枝式(ramificatio unipara)

uniparous cyme 单歧聚伞花序(cyma unipara)

uniperithecial (子座)单子囊壳的(uniperithecialis)

unipetalous 单瓣的(unipetalus)

unipinnate 一回羽状的(unipinnatus){形态}

unipinnate compound leaf 一回羽状复叶(folium compositum unipinnatum)

unipolar 单极的(unipolaris)

unipolar division 单极分裂

unipolar electrical charge 单极电荷

unipolar lead 单极引导

unipolar nuclear division 单极核分裂(divisio nuclearis unipolaris){细胞}

unipolar spindle 单极纺锤体(fusus unipolaris)

unipolar transistor 单极晶体管(电脑)

unipolar transmission 单极传输(transmissio unipolaris){信息}

uniport 单向转运{分生}

unipotency 单[潜]能性(unipotentia)

unipotent 单潜能的,偏能的(unipotens)

uniprocessing ①单处理 ②单机处理{电脑}

uniprocessor operating system 单处理机操作系统

unipunch 单穿孔器

unique 唯一的,独特的,无与伦比的(unicus)

unique address 单地址,唯一地址{信息}

unique cellular localization 独特细胞局部化

unique challenge 极难得的挑战,唯一的挑战

unique-copy DNA 单复制 DNA

unique DNA 单分子 DNA

unique end 单末端

unique function 单功能

unique index 唯一索引{电脑}

unique sequence DNA 单一序列 DNA{分遗}

unique system 单系统

unique type 单型

uniqueness 唯一,独特

unirradiated phage genome 未照射噬菌体基因组

unirrigated land 未灌溉地

uniscan 单扫描{信息}

uniscan operations 单扫描操作

uniseptate 单隔膜的(uniseptatus)

uniserial 单列的,单行(uniserialis)

uniserial circle 单行环

uniserial crochet 单行趾钩

uniseriate 具单列的,具单行的(uniseriatus)

uniseriate epidermis 单列表皮(epidermis uniseriatus)

uniseriate hair 单列毛(pilus uniseriatus)

uniseriate ray 单列射线(radius uniseriatus)

unisexual 单性的(unisexualis)

unisexual brood 单性窝

unisexual flower 单性花,不完全花(flos unisexualis)

unisexual parthenogenetic population 单性孤雌生殖群体

unisexual polymorphism 单性多态性

unisexual progeny 单性后代

unisexual species 单性种

unisexualism 单性现象(unisexualismus){遗传}

unisexuality ①单性 ②(=dioecy)雌雄异

株性（植物），雌雄异体性（动物）（unisexalitas）
unisiliquous 单荚的（unisiliquosus）
unispiral 单螺旋的（unispiralis）
unistrata 单层的（unistratus）
unistratose 单层的（unistratosus）
unit ①单位 ②装置，设备 ③组，组合件，部件，分总成 ④单元 ⑤个体 ⑥单位的，整体的
unit affinity 设备相似
unit area 单位面积
unit area yield 单位面积产量
unit backspace character（UBS） 单位退格符｛电脑｝
unit bit 设备位
unit call 通话单位｛信息｝
unit cell ①晶胞 ②干电池
unit character 单位性状
unit charge 单位电荷
unit check 部件检验，部件检查
unit coefficient 单位系数
unit construction computer 部件构造计算机，部件式计算机
unit control 部件控制，设备控制
unit cost 单位成本｛农经｝
unit deletion 设备删除
unit diagnostics 部件诊断［程序］
unit draft ①单位拉力 ②土壤单位阻力，土壤比阻
unit drill 分组式播种机
unit element 单位元素
unit fiber 单位纤维
unit field area 单位土地面积
unit gap 单位间隔
unit ground area 单位土地面积
unit horse power 单位马力
unit hydrograph 单位水文图｛环保｝
unit information 单元信息
unit inheritance 单因子式遗传
unit interface 设备接口，部件接口
unit interval ①单位［时间］间隔 ②单位信号间隔
unit land area （ULA）单位土地面积
unit leaf area （ULA）单位叶面积
unit leaf layer 叶层单位
unit leaf rate（ULR） 单位叶速度（指叶生长）｛生态生理｝
unit leaf rate of the individual plant 单株［的］单位叶速率
unit loading 单位负荷
unit measure 单位测量
unit membrane 单位膜
unit membrane profile 单位膜剖面
unit mould 整体模型
unit number 单元号
unit of account 计算单位，结算单位
unit of agricultural division 农业区划单位
unit of area 面积单位
unit of cost 单价
unit of display 显示单位｛电脑｝
unit of fertilizer 肥料［要素］单位
unit of genetic translation 遗传转译单位
unit of heat content 含热量单位
unit of measurement 测量单位
unit of output 产量单位
unit of pressure 压力单位
unit of recovery 恢复单元
unit of replication 复制单位，复制子
unit of selection 选种单位
unit of surface 面积单位
unit of transcription 转录单位，转录子
unit of vector 向量单位
unit of work 功单位
unit plot 单位小区
unit plough 悬挂犁
unit price 单件价格，计件价格
unit process ①单元过程 ②单元生化过程｛环保｝
unit record 单位记录｛信息｝
unit separation ①单位分隔 ②单位分离
unit separator（US） 单位分隔符，单元分隔符｛电脑｝
unit stress 单位应力
unit switch 单元开关，组合开关
unit synchronizer 部件同步程式
unit testing 单位测试，单元测试
unit time 单位时间
unit-type straw rack 平台式逐稿器
unit under test（UUT） 被测部件
unit value 单位值，单价
unit vector 单位向量
unit volume 单位容积，单位体积
unit walker 平台式逐稿器
unit weight 单位重量
unital 单位的
unital module 单位模块｛电脑｝
unitary ①单位的，单元的 ②一致的，统一的，整体的，不分的（unitarius）
unitary code 单位码，一位代码｛电脑｝
unitary function 统一功能，统一机能
unitary matrix 单位矩阵
unitary space 单元空间
unite 联合，结合，并合
unite image ①影像联合｛遥感｝②图像联合｛电脑｝
united ①联合的，联结的，结合的（connex-

us) ②联生的 (junctus)
united cup fruit 联生杯果
united free fruit 联生离果
United Nations Food and Agriculture Organization (UNFAO) 联合国粮食及农业组织
united pistil 联生雌蕊 (pistillum junetum)
united rice mill 联合式碾米机
United States of America Standards Institute (USASI) 美国标准学会
United States Standard (USS) 美国标准
United States transmission system 美国传输系统[公司]{信息}
united telecommunication 联邦电信(指美国)
unitegmic (= unitegminous) 单珠被的 (unitegminus)
unitegminy 单珠被式 (unitegminia)
uniterm system ①单项系统 ②单元词系统
unithiol 二巯基丙醇磺酸
unitransport ①特异运输,特异转运{生态生理} ②专一传输{信息}
unitunicate (子囊)单囊壁的,单囊壁组群的 (unitunicatus)
unity ①统一性,一致性,整体 ②单一,单位,个体 (unitas)
unity feedback system 单位反馈系统{分生}
unity of plan 统一图案{进化}
unity of system operation 系统操作单位{电脑}
unity pattern of green food development 绿色食品发展的整体模式
unity-step method 单位级进法
UNIVAC 通用电子计算机
UNIVAC hardware 通用电子计算机硬件{遥感}
univalence 单价性 (univalentia)
univalent ①单价的 ②单价[染色]体 (univalens)
univalent antibody 单价抗体
univalent bacterial vaccine 单价菌苗
univalent chromosome 单价染色体
univalent chromosome size 单价染色体大小
univalent division 单价分裂
univalent frequency 单价染色体频率
univalent shift 单价染色体移位
univalent vaccine 单价疫苗{微生物}
univalved (= univalvular) 单瓣的,单裂片的 (univalvis)
univariate ①单变量的 ②单独个数值
univariate analysis 单变量分析
universal ①普遍的,一般的,通用的,全适的 ②全体的 ③万有的 (universalis)
universal "black box" 通用"黑盒子"{信息}
universal asynchronous receiver/transmitter (UART) 通用异步收发机,通用异步接收发送器{信息}
universal ball joint 球形万向节
universal blower 通用鼓风机
universal buffer 通用缓冲剂
universal calibration 全适标定
universal camera 通用照相机
universal code 通用密码{信息}
universal computer 通用计算机
universal constant 通用常数
universal counter 通用计数器
universal coupling 万向节,万向联轴节
universal curve 通用曲线,万有曲线
universal data link control (UDLC) 通用数据链路控制{信息}
universal day 国际日{气象}
universal donor 全能供(输)血者,全适供血者
universal elbow 万向弯管接头
universal extensible joint 万向伸缩接头
universal gravitation 万有引力
universal harvester 通用收获机
universal heir (= sole heir) 唯一继承人
universal indicator 通用指示剂
universal involucre 大总苞 (involucrum universale)
universal joint 万向节
universal logic array 通用逻辑阵列{信息}
universal meter 通用电表,万用表{信息}
universal personal telecommunication 通用个人[远程]通信
universal pipe joint 万能管接头{环保}
universal plough 通用犁,万能犁
universal port 通用端口
universal primer 通用引物{分生}
universal product code (UPC) 通用产品代码
universal pseudoveil 假外菌幕
universal puller 万能拔卸器
universal receiver-transmitter 通用收发机,通用收发器{信息}
universal seed drill 通用播种机
universal seed pickling machine 通用式种子浸药[消毒]机
universal shaft 万向节轴
universal share 通用犁铧
universal slip joint 可活动式万向节
universal spreader for solid and liquid fertilizer 固体和液体肥料通用撒布机

universal stand 通用支架
universal steerage hoe 通用操向中耕锄
universal synchronous-asynohronous receiver/transmitter (USART) 通用同步异步收发器{信息}
universal synchronous receiver/transmitter (USRT) 通用同步收发器
universal table 通用工作台,万能工作台
universal thinning 普遍疏伐
universal time 世界时(格林尼治民用时)
universal tractor 万能拖拉机,通用拖拉机
universal transmission function 通用透射函数{遥感}
universal trawl 通用拖网,多用途拖网
universal umbel (= compound umbel) 复伞形花序
universal veil 外菌幕,周包膜
universal woodworking machine 通用木材加工机器
universality of code 密码的通用性,密码的普遍性
universe 宇宙,世界,万物(universum)
university ①通用性,普遍性 ②大学(universitas)
University Council 大学理事会
University Department of Agronomy 大学农学系
University Faculty of Agronomy 大学农学研究部
University of Agriculture 农业大学
university of science and engineering 理工大学
univoltine ①一化的 ②一化(univoltinus)
unix 操作系统{信息}
unix to unix copy protocol unix到unix的拷贝协议{信息}
unjustified text 未对齐文本{电脑}
unkeep ①检修 ②维护
unkindly ①肥力差的(土地){耕作} ②生育不良的(作物){栽培}
unknown 未知的,不详的
unknown factor 未知因子
unknown genotype 未知基因型
unknown mutagenic agent ①未知致突变因素 ②未知诱发剂
unknown number 未知数
unknown parameter 未知参数
unknown plot 未知小区
unknown quantity 未知量
unknown sample 未知样品,未知样本
unknown value 未知量(值)
unlabeled arc data 无标记弧数据{遥感}
unlash ①解缚 ②解开,松开
unleached 未淋溶的,非淋溶的
unleached soil 非淋溶土
unleached wood ash 未淋溶木灰
unleavened 未经发酵的
unlevelled ①未置平的 ②未整平的
unlike 不像的,相异的
unlike commensal 异好者
unlimited 无限制的,非限制性的
unlimited growth 无限生长
unlimited proteolytic enzyme 非限制[性]水解蛋白酶
unlimited water supply 无限制水分供应{环保}
unlined 分开的,分离的
unlining 分开,分离
unlink ①解环,解链 ②使脱开{信息}
unlinked ①不连锁的 ②不连接的
unlinked gene 不连锁基因
unlinked marker 不连接标志[基因]
unlinked primary mutation 不连接初生突变
unload 卸货,卸载
unloader ①卸货机 ②卸载器
unloader arm 卸粮伸出管
unloader box 卸载箱,饲料分送器
unloader chopper blower 卸载切碎吹送机
unloader clutch 卸载装置[传动]离合器
unloader cutter blower 抛送式切碎机
unloader tube 卸载管,卸料管
unloading ①卸载,卸车,卸料 ②转储 ③(= sloughling) 脱落,蜕变
unloading auger 卸料螺旋
unloading device 卸载装置,卸料装置
unloading elevator 卸载升运器,卸粮升运器
unloading gear 卸载传动装置
unloading mechanism 卸载机构
unloading period 卸货所用时间
unloading position 卸载位置
unloading silo 自动出料青贮塔
unloading speed ①卸载速度 ②(肥料)撒布速度
unloading system 卸载系统
unloading tipper hopper 卸载翻斗
unlock 解锁,开锁
unlocked resource 非封锁资源
unmanaged widget 不管理的窗口部件{电脑}
unmanned 不载人的,无人的
unmanned aerospace surveillance 无人航天监视{信息}
unmanned factory 无人工厂
unmanned manufacturing system 无人[化]制造系统

unmanned multifunction satellite 多功能无人卫星{遥感}
unmanned space craft 无人宇宙飞船,无人航天器,无人航空飞行器
unmanned space probe 不载人宇宙火箭,不载人航天火箭
unmanned technology 无人技术
unmanured 未施肥的,无肥的
unmanured fallow ①未施肥休闲 ②未施肥休闲地
unmapped ①未测图的 ②非映射的
unmapped system 非映射系统{电脑}
unmapped window 非映射窗口{电脑}
unmarked 无标记的
unmask 无屏蔽
unmasking ①不掩盖,暴露 ②无屏蔽
unmatched S gene 不配偶S基因(在授粉过程中,S基因只能代表花柱或者花粉,而不能同时代表此二者)
unmixed ①没有掺杂的 ②非混交的(指造林)
unmixed stand 非混交林
unmodified DNA 未修饰DNA
unmottled curly dwarf 无斑驳屈曲矮化病
unmount ①拆卸,拆下 ②下载{电脑}
unmulched 未覆盖的
Unna staining 乌纳染色{生技}
unnamed pipe 无名管道
unnatural condition 非自然条件
unnoisy system 无噪[声]系统{环保}
unnormalized floating point number 非规格化浮点数{电脑}
unnumbered ①未编号的,不编号的 ②无数的,数不清的
unopened ①未开的 ②未开放的
unopened bud 未开放蕾
unopened cotton boll harvesting machine 未开棉铃摘收机
unordered 不顺序的,非顺序的,无序的
unordered arrangement 不顺序排列,无序排列
unordered tetrad 非顺序四分体
unordinary yield 特别收获量,特别产量
unorganized ①无组织的,没有组织的 ②无[细胞]结构的
unorganized ferment 离体酶
unoriented 不定向的,无向的
unoriented chromomere 不定向染色粒
unoriented graph 无向图
unoriented migration 不定向洄游,偶发性洄游
Unox process 封闭池加氧表面曝气法{环保}
unpacked ①不包装的,不打包的,散装的 ②未装配的
unpacking ①不包装,不打包,散包装 ②折开,散开,未装配
unpaired 不配对的,不成对的(dispar)
unpaired chain 不成对链
unpaired chromosome 不配对染色体
unpaired electron 不成对电子
unpaired nucleotide sequence 未成对核苷酸顺序
unpaired observation 不成对观察
unpaired sample 不成对样品
unpaired univalent 不成对单价染色体
unpalatability 不可口,不适口,非美味(unpalatabilitas)
unpalatable 不可口的,不适口的,非美味的(inpalatabilis)
unphosphorylated 非磷酸化的
unpleasant 不愉快的,不合意的,厌恶的,讨厌的
unpleasant smell 讨厌气味{环保}
unpleasant taste 讨厌味道
unploughed 未耕翻的
unploughed grassland 未耕翻草地
unploughed land (= unplowed land) 未耕地
unplug ①拔去塞子 ②除去障碍
unplume 拔去羽毛
unpolarized light 非偏振光
unpolished ①没有磨光的,粗糙的 ②无光泽的
unpolished rice (= hulled rice, husked rice) 糙米
unpopulated region 无人区
unpot 脱盆,去盆(指盆栽植株要种到地上或换更大的盆)
unprecedented ①空前的,史无前例的,无先例的 ②新奇的,崭新的(inprecedentus)
unprecedented biotechnology development 空前生物技术发展
unprecedented rapid change 空前快速变化
unprecedented software development 空前软件发展
unpredictability 不可预知性(inpredictabilitas)
unpredictable 不可预知的,不可预测的(inpredictabilis)
unpredictable environment 不可预测环境
unpressurized 不加压的,常压的
unpressurized vessel 常压杀菌锅{农施}
unprocessed 未加工的
unprocessed honey 原蜜,未加工蜜
unproductive ①不生产的,不毛的 ②不结果的 ③非生产性的(inproductivus)
unproductive area ①不生产地区,不毛区 ②非生产面积,无收面积

unproductive plant community 非生产性植物群落
unproductive soil 非生产性土,废土
unproductive tiller 无效分蘖
unproductiveness ①不生产{栽培} ②不结果{园艺}(inproductivitas)
unprotected ①未加保护的 ②无掩护的
unprotected dynamic storage 未加保护动态存储器{电脑}
unprotected reversing thermometer 开管海水温度表
unpruned 未修剪的
unqualified call 非限定调用{信息}
unravelling stage 舒展期{细胞}
unreasonable demand 不合理需求
unreclaimed ①未开垦的 ②未改造的,未改良的 ③未收回的
unreclaimed field 未改良地
unrecognizable character 不可识别字符{电脑}
unrecognized variability 未认识变异性
unrecorded ①未记载的 ②未登记的
unrecoverable 不可恢复的(inrecoverabilis)
unrecoverable error 不可恢复错误
unrecoverable error rate 不可恢复错误率
unreduced ①未减少(小)的 ②未减数的(inreductus)
unreduced apogamy 双倍无配生殖,常无配生殖
unreduced chromosome number 未减少染色体数
unreduced gamete 未减数配子
unreduced germ cell 未减数生殖细胞
unreduced parthenogenesis 双倍单性生殖,双倍孤雌生殖
unreduced spore 未减数孢子
unreduplicated chromosome 未复制染色体
unrefined 未精制的
unrefined sugar 未精制糖,原糖
unregulated ①无节制的,任意的 ②不加调节的,不加调整的
unregulated cutting of timber 滥伐林材
unregulated felling 无节制采伐,滥伐
unregulated fire 任意点火
unrelated 非亲缘的(alienus)
unreliability 不可靠性(inreliabilitas)
unreliability function 不可靠性函数
unreliable 不可靠的(inreliabilis)
unreliable data 不可靠数据
unreliable parameter 不可靠参数
unremittence 不间断性(inremittenx)
unreplicated chromatid 未复制染色单体
unresponsive 不反应的,无反应的
unresponsiveness 无反应性
unrestricted ①不受阻的,不加限制的 ②无约束的(inrestrictus)
unrestricted flow 不受阻流
unrestricted game 无约束对策{电脑}
unrestricted input change 不加限制输入变化
unrestricted transpiration 不受限制蒸腾,无限制蒸腾{生态生理}
unrewind ①不重绕,不重卷 ②不倒带
unripe 未成熟的(inmaturus)
unripe fruit 未熟果
unripe honey 未熟蜜,生蜜
unripe rice kernel 未成熟米粒
unripe seed 未熟种子
unroasted 未烤焙的,未烘的
unroasted coffee 未烘咖啡
unrolling leaf 展开叶
unroot(=uproot) ①挖根,连根拔[出] ②根绝,根除
unrounded 不舍入的(指计算时不四舍五入的)
unsaddle 卸鞍,解鞍
unsafe ①不安全的 ②不准确的(insalvus)
unsafe file 不安全文件{信息}
unsafe record 不准确记录
unsalted 未腌的
unsalted meat 未腌肉
unsalted vegetable 未腌菜
unsampling 不取样,不抽样
unsanitary 不卫生的(insanitarius){生化}
unsaponifiable 不皂化的(insaponifiabilis)
unsaponifiable lipid 不皂化脂质
unsatisfiable 不可满足的(insatisfiabilis)
unsatisfiable formula 不可满足公式
unsaturated 未饱和的,不饱和的(insaturatus)
unsaturated air 未饱和空气
unsaturated compound 不饱和化合物
unsaturated fatty acid 不饱和脂肪酸
unsaturated logic circuit 未饱和逻辑电路{信息}
unsaturated permeability 不饱和渗透率
unsaturated polyester 不饱和聚酯
unsaturated soil [水分]不饱和土壤
unsaturated state 未饱和状态
unsaturation 未饱和(insaturatio)
unscented 未加香味的
unscheduled 非预定的,不排定的,不按时的,期外的
unscheduled DNA synthesis DNA 期外合成{分遗}

unscheduled maintenance 非预定维修,出错维修{电脑}
unscrew 拧松,拧出
unseasonable ①不合季节的,不合时令的 ②反常的,未及时的,未适时的 ③过早的
unseasonable bolting (= unseasonal bolting) 不适时抽薹,反常抽薹
unseasonable earing 不及时抽穗,过早抽穗
unseasonable flowering 未及时开花,反常开花
unseasonal bolting 非适时抽薹
unseasoned 未风干的
unsecured credit 不可靠信贷
unsegmented 不分节段的(insegmentus){细胞}
unsegmented genome 不分节段基因组{分遗}
unselected 未经选择的,不选择的
unselected marker (= non-selected marker) 非选择性标记(基因)
unselected population 未选择群体
unseparate 无隔的(inseparatus)
unseparate fiber 无隔纤维(fiber inseparatus)
unset ①复位 ②清除 ③置"0"{电脑}
unsewered 未设下水道的{环保}
unshaded ①无阴影的 ②无遮蔽的 ③没有变化的(imtenebrosus)
unshaded bar 无阴影柱(指图表){统计}
unshadowed ①无影的 ②无阴影的
unshadowed parts 无阴影零件
unshared 非共享的
unshared service 非共享[的]服务
unsharp image 模糊影像{电脑}
unsharp mask 模糊掩膜{电脑}
unsheared ①未剪的{畜} ②未修剪的
unshielded 无屏蔽的
unshift 不位移
Unshiu (= Unshiu orange) 温州蜜橘[*Citrus reticulata* var. *unshiu* (Marcoritch.) H. H. Hu = *C. unshiu* Marcoritch., *C. nobilis* var. *unshiu* Swingle](芸香科)
unshoe ①未钉掌,未打掌 ②除去马蹄铁
unsimplified Chinese character 繁体字(指汉字){电脑}
unskilled labourer 非熟练工人
unskimmed milk 未脱脂牛乳
unslaked lime 生石灰
unsolicited interrupt 非请求中断{信息}
unsound ①不健全的,有病的,罹病的 ②腐烂的,腐朽的
unsound knot 朽节
unsoundness ①不健康,不健全,不完善 ②败坏,变质 ③罹病性
unspecialized ①非专门化的 ②非特化的
unspiralized region 非螺旋区
unspoilable 不会腐败的,不会腐烂的
unsprouted 未萌发的
unsprouted seed tuber 未发芽种薯(马铃薯)
unstability 不稳定[性],不稳定[度](instabilitas)
unstabilizing factor 不稳定因素
unstable 不稳定的(instabilis)
unstable air [mass] 不稳定气团
unstable configuration 不稳定构型
unstable constant 不稳定常数
unstable culture 不稳定栽培
unstable equilibrium 不稳定平衡
unstable gene 不稳定基因
unstable ground 不稳定地
unstable humus 不稳定腐殖(植)质
unstable inheritance 不稳定遗传性
unstable locus 不稳定座位
unstable RNA 不稳定 RNA
unstable soil 不稳定土壤
unstable state 不稳定状态
unstable stratification 不稳定层结
unstable vegetation 不稳定植被
unstable wave 不稳定波
unstained ①未染色的 ②未污染的
unstalked 无茎的
unsteady 不固定的,不稳定的,多变的
unsteady flow 不恒定流,变量流
unsteady state 不恒定态,多变态
unsteady weather 不稳定天气,多变天气
unstratified drift 非层状堆积物,漂砾泥
unstriped 无条纹的(estriatus)
unsuccessful cross 未成功杂交
unsuccessful interaction 未成功相互作用
unsuccessful reciprocal grafting 互接不成,互接不可能性
unsuitable 不适宜的,不适当的,不合适的(insuitabilis)
unsuitable area 不适宜区域
unsuitable for breeding 不适于繁殖的
unsuitable period 不适宜时期(指生长)
unsupervised classification 非监督分类
unsupervised learning 无监督学习{电脑}
unsuppressible 不可删的(insuppressibilis)
unsweetened 不加糖的
unsymmetrical 不对称的(asymmetricus)
unsymmetrical flower 不对称花(flos asymmetricus)

unsymmetry 不对称（insymmetria）
unsymmetry potential 不对称电位
untarred jute spun yarn 麻丝
unthreading ①不插入 ②不穿过
unthreshed 未脱粒的，不脱粒的
unthreshed head 未脱粒穗
unthreshed seed 未脱粒种子
unthrifty ①不繁茂的 ②不经济的
unthrifty growth 无效生长，不繁茂生长
until 直到｛信息｝
untillable 不适于耕作的
untilled 未耕的
untilled land 未耕地
untimely 过早的（地）
untimely defoliation 过早落叶
untitled 无标题，无称号的
untranslated ①非翻译的 ②不翻译的 ③非转换的（intranslatus）
untranslated region（UTR） 非翻译区｛分遗｝
untranslated storage 非转换存储［器］｛电脑｝
untreated 未处理的（intreatus）
untrimmed sample 未清理样品，未整理样本
untwisting enzyme 解旋酶
untying of brancher 解束｛蚕｝
ununiformity of application 撒药不均匀性，散布不均匀性
ununited fracture 不连接性骨折
unused ①不习惯的 ②不用的，未用过的，未消耗的 ③不适用的，非法的，禁用的
unused code 不适用码，非法代码，禁用码
unused combination 非法组合，禁用组合
unused time 关机时间，未使用时间｛电脑｝
unusual ①不普通的，非常的，异常的，稀有的 ②奇异的
unusual base 非通常碱基、稀有碱基｛分遗｝
unusual base in tRNA tRNA的稀有碱基
unusual form 非常见型（品种）
unusual hairiness 异常被毛
unusual noise 噪声，不正常音
unusual recombination frequency 非通常重组频率
unutilized population 未利用种群
unveined 无脉的（invenius，enervius，avenius）
unvital 无生活力的（unvitalis）
unvoiced sound 清音｛电脑｝
unwarped area 弓形地
unwatered ①缺水的，干燥的 ②未稀释的 ③除掉水分的
unwatering ①未灌水的｛栽培｝②未洒水的｛环保｝
unweathered mineral soil 未风化矿质土壤
unweighted 不进行加权
unwholesome ①有害健康的，不健全的 ②腐败的
unwindase 解旋酶，解链酶
unwinding ①解链，解旋｛分遗｝②解舒｛蚕｝
unwinding agent 解舒剂｛蚕｝
unwinding enzyme 解旋酶，解链酶
unwinding protein 解链蚕白
unwinding role in DNA replication DNA复制的解链作用
unwrap ①打开，解开，展开 ②解绑
unwrought timber 未加工材
up- ⌊字头⌉向上，上
up ①正常 ②就绪 ③准备启动 ④上，向上
up-and-down adjacent bouts （联合收获机）穿梭式作业法
up-and-down baffling 上下绕行式障板｛环保｝
up-and-down movement of piston 活塞往复运动
up-budding 上芽接
up counter 上数序计数器
up data link 上行数据链路｛信息｝
up-down counter 逆计算器｛电脑｝
up-down disk harrow 起落式圆盘耙
up-draft ventilator 上风道式通风机，上风道式抽气装置
up-leveling 高层次
up link 上行线路
up regulation 正调节，增量调节，向上调节
up regulator 正调节物，增量调节物，上调物
up-time 有效时间（指正常运行的时间）
up to date 直到现在的，最近的
up-to-date grassland management 现代草地经营（管理）
up-to-date style 现代风格，现代格式
upas-tree ①见血封喉属［*Antiaris* Lesch.］（桑科）②见血封喉［*Antiaris toxicaria* Lesch.］
upcoast 上行海岸，向北海岸
update ①现代化 ②更新 ③修改
update install 更新安装
update mark 更新标记，更新标志
update operation 更新操作
update rule 更新规则
update run 更新运行
update usage mode 更新使用方式
updated ①更新的 ②校正的 ③修改的
updated record mark 更新记录标志
updating formula 校正公式
updraft 向上气流，上升气流
UPE（= upstream promoter element） 上

游启动子元件〔分遗〕
uperization 超巴氏杀菌法（uperisatio）
upflow ①上流，上游 ②上升气流，升流
upflow basin 升流式池〔环保〕
upflow clarification 升流澄清〔环保〕
upflow filter 上流滤器
upflow pebble bed clarifier 升流式卵石床澄清池〔环保〕
upglide 上滑的
upglide motion 上滑运动
upglide surface 上滑面
upgrade ①上坡 ②提级，升级 ③提高质量
upgrading 提高等级
uphill ①位于高处的 ②上升的 ③上坡的
uphill side 山腹
uphill sloping profile 陡坡剖面
upholstering plant 装饰植物，观赏植物
upkeep 保养，维护
upkeep of boundaries 境界保持
upland ①高地，旱地 ②高原，山地
upland click beetles adults 高地叩甲属［成虫］［*Corymbites* spp.］（叩甲科）
upland conditions 旱地条件
upland cotton 陆地棉（美棉）［*Gossypium hirsutum* L.］（锦葵科）
upland cress ①山芥属［*Barbarea* R. Br.］（十字花科）②山芥（山芥菜）［*Barbarea orthoceras* Ledeb.］
upland crops 旱地作物
upland cultivator 山地中耕机
upland-cultured paddy rice 旱地栽培水稻，水稻旱种
upland farm 旱地农场
upland farmer 山地农民
upland farming 旱地耕作法
upland field 旱地，旱田
upland field cropping 旱作，旱地栽培
upland field crops 旱地作物
upland field irrigation 旱（高）地灌溉
upland game 陆上猎物
upland harrow 山地耙
upland irrigation 旱地灌溉
upland meadow 山地草甸
upland moor 高地沼泽，高位沼泽
upland nursery bed（= drynursery） 旱秧田
upland nursery of rice 旱［地］秧田
upland paddy 旱稻，陆稻
upland pasture 高地牧场
upland peat 高地泥炭
upland plough 山地犁，坡地犁
upland rice 旱稻，陆稻
upland rice nursery 旱地秧田
upland rice variety 旱稻品种
upland soil ①旱地 ②高地土壤，旱地土壤
upland taro 旱芋
upland tropic rain-forest 高地热带雨林
upland variety 旱地品种
upland weeds 旱地杂草
upland wireworms larvae 高地金针虫（指幼虫）［*Corymites* spp.］（叩甲科）
uplift ①举起，抬起，隆起，上升 ②浮升力
uplifted reef 上升礁
upline 上行线
uplink ①上行链路，卫星链路 ②上通路，上行线〔信息〕
upload ①上载，加载 ②向远传送
"up"mutation 向上突变
"up"mutation of lac promoter 半乳糖启动基因的向上突变
UPNPV（= The Union for Protection of New Plant Varieties） 新植物变种保护联盟
uppacking press 上压式压力机
upper 上的，上部的（superius）
upper air ①高层空气 ②高空
upper air analysis 高空分析
upper air chart 高空图
upper air circulation 高空环流
upper air climatology 高空气候学
upper air current 高空气流
upper air cyclone 高空气旋
upper air front 高空锋
upper air layer 高空气层
upper-air observation 高空观测
upper-air sounding 高空探测
upper-air synoptic station 高空气象站
upper air temperature 高空空气温度
upper alternate stage flow 较高交变级水流〔环保〕
upper amyloid body 上类淀粉体
upper anticyclone 高空反气旋
upper arcs 上珥〔气象〕
upper arm ［上］臂，肱
upper atmosphere 高层大气
upper Atmosphere Research Satellite（UARS） 高层大气研究卫星〔遥感〕
upper beater 上击肥轮
upper bed 上层
upper bound 上界，上限
upper bound expression 上界表达式
upper broadcast state 上播状态〔信息〕
upper canopy （树木）上冠层
upper canvases 上帆布输送带
Upper Carboniferous 上石炭纪
upper case 大写体（指字体）〔电脑〕

upper cloud 高空云（对流层以上）
upper cold front 高空冷锋
upper control arm （前独立悬架）上置定位臂
upper cord 上横木
upper course 上游段
upper crown 上部树冠,树冠顶层
upper current 上流
upper curtate 顶部,高部,上区段
upper curve 上部曲线
upper cylinder 上部滚筒
upper dead center（UDC） 上死点,上止点
upper dead point（UDP） 上止点,上死点
upper distribution outlet （上排式槽轮排种器）上排种口
upper drum 上卷盘〔电脑〕
upper edge 上边缘
upper epidermis 上表皮
upper explosive limit 爆炸上限〔环保〕
upper floret （禾谷类穗）上部小花
upper frame ①顶框 ②顶架
upper frictional region 高空摩擦区
upper front 高空锋
upper glume 外颖
upper grasses 上层禾草
upper growth 上木
upper high 高空高压
upper hitch pin （悬挂装置）上拉杆联结销
upper hitch point ①（悬挂装置）上拉杆联结点 ②（牵引装置）下挂结点
upper internode 上部节间
upper inversion 高空逆温
upper jaw 上颌,上颚
upper labium（= epichile） 上唇（labium superium）
upper layer 上层
upper layer placement 表层施肥
upper leaf 顶叶,上叶（folium superium）
upper leaf surface 上叶面（surficie folii superium）
upper leg 上腿〔昆虫〕
upper level ①上层 ②高水位
upper-level anticyclone 高空反气旋
upper-level cyclone 高空气旋
upper light 上面光照
upper limb 上半弓〔狩猎〕
upper limit 上限
upper limit of the forest 森林上限
upper link （悬挂装置）上拉杆
upper linkage 上拉杆
upper lip（= upper labium） 上唇（labium superium）
upper low 高空低压
upper mantle 上地幔
upper mirage 上现蜃景
upper mixing layer 高空混合层
upper most 最上的,最高的
upper-most layer（= uppermost layer） 最上层
upper most leaf 顶叶
upper-most soil layer 最上土层
upper organs 上部器官
upper part 上部
upper perturbation 高空微扰
upper plastic limit 塑性上限,上塑限
upper port 上口
upper portion 上部
upper quartile 上四分位
upper river 上游
upper roll 上辊
upper roller（= top roller） 托带轮
upper-roof 上木
upper seeding ①浅播 ②上排种
upper shift 上移
upper sideband 上边带〔信息〕
upper sieve 上筛,颖糠筛
upper sieve extension 上筛延长部分
upper soil 表土[层]
upper soil layer 土壤表层
upper sowing 浅播
upper spiracle line 呼吸孔上线,气门上线
upper stem 上部茎,高茎
upper stem rot （油棕）高茎腐病
upper storey 上层
upper stratum 上层（stratum superium）
upper stream 上层流
upper surface 上表面
upper temperature limit 温度上限
upper track 上道〔电脑〕
upper trade 高空信风
upper tree layer 高树层
upper trip point 上跳点〔信息〕
upper valve （玉米方形穴播开沟器）上穴播阀
upper visible dewlap 最高可见肥厚节(指甘蔗)
upper warm front 高空暖锋
upper water 上游
upper wind 高空风
upper-wind sounding 高空风探测
upperserrated knife （切割器)上面刻齿动刀片
upright ①直立的（arrectus, erectus）②劲直的（strictus）③垂直的（perpendicularis）④柱,支柱
upright asparagus 特立天门冬[*Asparagus lucidus*（L.）var. *pygmaens* Makino.]

(百合科)
upright aster 立紫苑[*Aster dimorphophyilus* Fr. et Say.](菊科)
upright brome grass 河边雀麦(直立雀麦)[*Bromus erectus* Auct. = *B. riparius* Rehm.](禾本科)
upright bugle 立筋骨草[*Ajuga makinoi* Nakai](唇形科)
upright bunch overgreen 直立玉柏[*Lycopodium obscurum* (L.) f. *strictum*](石松科)
upright clematis 直立铁线莲[*Clematis urticifolia* Nakai](毛茛科)
upright cordon 直立单干形
upright creeping oxalis 直立酢酱草[*Oxalis corniculata* f. *erecta* Maki.](酢酱草科)
upright crops 禾本科作物
upright daimyo oak 直立槲树[*Quercus dentata* f. *erecto-squamosa* Hayashi](山毛榉科)
upright dittercess 直立碎米荠[*Cardamine fallax* Nakai](十字花科)
upright drill 立式钻床
upright eyebright 直立小米草[*Euphrasïa maximowiczii* Wettst.](玄参科)
upright flatsedge 直立莎草[*Cyperus diaphranus* Schrader](莎草科)
upright-flowered 直花的(orthanthus, rectiflorus)
upright habit 直立习性
upright hair-cap 直立金发藓[*Polystichum deltoden* Diels](鳞无蕨科)
upright-headed 直头的(orthocephalus)
upright hock 跗关节
upright honyberry 直立小石积[*Osteomeles boninensis* Nakai](蔷薇科)
upright ladybell 杏叶沙参[*Adenophora stricta* Miq.](桔梗科)
upright leaves 直立叶
upright marsh shield-fern 直立金星蕨[*Thelypteris bukoensis* Ching.](鳞毛蕨科)
upright paspalum 直立雀稗[*Paspalum urvillei* Steud.](禾本科)
upright plant 直立植株
upright plantain-lily 立玉簪[*Hosta rectifolia* Nakai](百合科)
upright planting 直立栽植
upright position 直立位置
upright ray cell 直立射线细胞
upright rayado bundleflower 合欢草[*Desmanthus virgalus* Willd](豆科)
upright rockcress 直立快子芥[*Arabis kawasakiana* Makino](十字花科)
upright rush 直立笄石菖[*Juncus krameri* Franch et Sav.](灯心草科)
upright salad (= longleaf garden lettuce) 长叶莴苣(生菜)[*Lactuca sativa* var. *longifolia* Lam.](菊科)
upright sea lymegrass (= European dunegrass) 沙丘野麦[*Elymus arenarius* = *Leymus arenarius*](禾本科)
upright silo 圆形直立青贮塔
upright spiked 直穗的(orthostachyus)
upright-spined 直刺的(rectispinus)
upright style 直立型,直生型(stylus erectus)
upright violet 直立堇菜[*Viola raddeana* Hegel.](堇菜科)
uprise of salt 盐分上升
uprise pipe 上升立管{环保}
uproot (= grub up) 掘根,拔根
uprooter 拔根机,拔棉柴机
uprooting ①拔根,挖根 ②(葡萄园等)淘汰
uprooting by frost 冻拔
uprooting hills from field (= pulling-out hills from field) 拔株丛,拔蔸(水稻)
uprooting of seedling 拔秧,取秧
uprooting of tree 树木连根伐倒
uprooting tree 倒根树
uprush 强上升气流,垂直急流
UPS (= uninterruptable power system) 不间断电源系统{信息}
upset ①镦粗,镦锻,顶锻 ②倾翻,翻倒,翻转
upside 上边,上面,上部
upside down 倒置的,反向的(resupinatus, inversus)
upsizing ①向上规模优化 ②扩大化
upslide surface 上滑面
upslope fog 上坡雾
upstanding 直立的
upstream 上游
upstream activating sequence (UAS) 上游激活序列{分遗}
upstream activation site (UAS) 上游激活位点
upstream binding factor (UBF) 上游结合因子
upstream control element (UCE) 上游控制元件
upstream deposit 河流上游沉积物
upstream device 上行流设备{信息}
upstream expressing sequence (UES) 上游表达序列{分遗}
upstream inducing sequence (UIS) 上游诱

导序列
upstream migration 溯河洄游
upstream mouse sequence（UMS） 小鼠上游序列{分遗}
upstream promoter element（UPE） 上游启动子元件{分遗}
upstream regulatory sequence 上游调节序列(指 UAS,UES,UIS 和 URS 的总称){分遗}
upstream repressing sequence（URS） 上游阻抑序列{分遗}
upstream sequence 上游序列{分遗}
upstream side （坝)上游侧{水利}
upstream stimulating activity（USA） 上游刺激活性(指因子){分生}
upstream stimulating factor（USF） 上游刺激因子{分生}
upstream water 上游水
upsurge 高潮,高涨
uptake ①吸收,摄取,摄入 ②举起 ③上升烟道
uptake of ^{14}C labelled thiourea ^{14}C 标记硫脲的吸收
uptake of ion 离子吸收
uptake of mineral nutrient 矿质营养[元素]吸收
uptake of mineral substance 矿物质吸收
uptake of nutrients 养分吸收
uptake of radiocalcium 放射性钙的吸收
uptake of radionuclide 放射性核素吸收
uptake rate 摄入率,吸收率
uptake tube 提吸管{环保}
upthrown block 上升盘{遥感}
upturned sod ①耕翻草根层 ②垡片{耕作}
upward ①向上的 ②上升的 ③（活塞）向上行程 ④上升行程
upward atmospheric radiation 向上大气辐射
upward current 上升气流
upward-flow clarifier 上升流式澄清池{环保}
upward flow sand filter 上升流式沙滤池{环保}
upward flow sedimentation tank 上升流式沉淀池{环保}
upward flux 向上流量
upward force 向上力
upward growth 向上生长,株高生长
upward irrigation 底水灌溉,浸润灌溉
upward movement 向上运动
upward multiplexing 向上多路转接{电脑}
upward pressure 向上压力
upward stroke 上升运动
upward terrestrial radiation 向上地球辐射
upward total radiation 向上全辐射
upward translocation 向上运输
upward trend 向上趋势
upward view 仰视图{遥感}
upwelling 上升流,涌升流{遥感}
upwelling radiation 升逸辐射{遥感}
upwelling zone ①上升流带{分生} ②喷出区(指大山){生态生理}
upwind 上谷风,顶风,上升风
UR（=ultrared） 红外[线]的
ur- ⌞字头⌝ 尿,尿道
uracil（Ura） 尿嘧啶
uracil deoxyriboside triphosphatase 脱氧尿苷三磷酸酶
uracil herbicides 尿嘧啶类除草剂
uracil radioprotective effect 尿嘧啶辐射防护效应
uracils 尿嘧啶类(除草剂)
uraform 尿素树脂胶
ural false-spiraea（= mountain ash falsespiraea） 珍珠梅[*Sorbaria sorbifolia* (L.) A. Br.](蔷薇科)
uralloy（=urea-resin treated wood） 尿素树脂处理材
uranate 铀酸盐[M_2UO_4]
urane 尿甾烷
uranediol 马尿甾二醇
uranic ①含铀的,[正]铀的 ②天的,天文的
uranic acid 铀酸[H_2UO_4]
uranides 铀系
uraniferous 含铀的（uraniferus）
uranine（=uranin） 荧光素钠[$Na_2C_{20}H_{10}O_5$]
uranium 铀[U,92 号元素]
uranium nitrate 硝酸铀
uranium ore 铀矿
uranous [亚]铀的,含铀的（uranus）
uranyl acetate 乙酸氧铀[$UO_2(C_2H_3O_2)_2$]
uranyl acetate in electron microscopy 电子显微镜检术用乙酸氧铀
uraria ①兔尾草属[*Uraria* Desv.](豆科) ②兔尾草[*Uraria lagopoides* DC.]
urariopsis ①算珠豆属[*Urariopsis* Schindl.](豆科) ②算珠豆[*Urariopsis cordifolia* (Wall.) Schindl.]
urarthritis 尿酸性关节炎,痛风性关节炎
urase（=urease） 尿素酶
urate ①尿酸 ②尿酸盐
urate oxidase 尿酸氧化酶
uraturia 尿酸尿（uraturia）
Urbacid（=Urbazid） 福美甲胂(杀菌剂)[$C_7H_{15}AsN_2S_4$]
urban ①城市的,都市的 ②城镇

urban agglomeration 城镇群〔遥感〕
urban area 城市区域
urban-change detection system 城市变迁检测系统
urban climate 城市气候
urban compost 城市堆肥
urban composts and sludges 城市堆肥和污泥
urban database 城市数据库
urban districts 市区
urban ecological system 城市生态系统
urban ecology 城市生态学
urban environment 城市环境
urban function 城市职能
urban functional zoning 城市功能分区
urban hydrology 城市水文学
urban information system 城镇信息系统
urban land use 城镇土地利用
urban night soil 城市粪便
urban planning 城市规划
urban plantation quota 城市绿地定额
urban population 城市人口
urban railway 城市铁路
urban-rural composition 城乡人口构成
urban sewage 城市污水〔环保〕
urban system 城市体系
urban target 城市目标
urban traffic control 城市交通控制〔环保〕
urban transport structure 城市运输结构
urban transportation 城市交通
urban waste 城市废料,城市垃圾〔环保〕
urban water resource 城市水资源
urbanization 都市化,城市化(urbanisatio)
urceolar(=urceolate) 坛状的(urceolaris)
urceolate(=urceolar) 坛状的,壶形的(urceolatus)
urceolate calyx 坛状萼(calyxurceolatus)
urceolate corolla 坛状花冠(corolla urceolata)
urchin ①猬[*Erinaceus*] ②海胆[纲][Echinoidea]
Urd(=uridine) 尿苷
urd bean(=urd,black gram) 黑绿豆[*Vigna mungo* Hepper=*Phaseolus mungo* L.](豆科)
urea 脲,尿素[$CO(NH_2)_2$]
urea agar 尿素琼脂(培养基)
urea-ammonia liquor 尿素氨水
urea bacteria 尿素细菌
urea citrate 柠檬酸脲[$(NH_2)_2 \cdot CO \cdot C_6H_8O_7$]
urea clearance test 尿素清除率试验
urea cycle 尿素循环,脲循环
urea derivative 脲衍生物
urea formaldehyde 脲甲醛
urea-formaldehyde resin 脲甲醛树脂
urea herbicide 脲类除草剂
urea hydrolysis 脲水解
urea nitrate 硝酸尿素
urea nitrogen 脲氮,尿素态氮
urea phosphate 磷酸尿素
urea recirculation 尿素再循环
urea resin 尿素树脂
urea resin adhesive 尿醛树脂胶
urea spray 喷施尿素
urea-sulfur 尿素硫(40%N,10%S)
urea type 尿素型
Urea-Z(=Urea-acetaldehyde) 尿素乙醛肥料(长效肥料)
Ureaform 尿素甲醛(高)
ureal 尿素的
ureaplasma 尿素原体
ureas 脲类(除草剂)
urease 脲酶,尿素酶
urease inhibitor 尿素酶抑制剂
uredial 夏孢子阶段的(uredialis)
uredicole(=uredinicolous) 锈菌上生的(uredicolus)
uredinales 锈菌目[Uredinales]
uredinial(=uredial) 夏孢子阶段的(uredinialis)
urediniospore(=urediospore,uredospore) 夏孢子(urediniospora)
uredinium 夏孢子堆
uredinology 锈菌学(uredinologia)
uredium(=uredinium,uredosorus) 夏孢子堆
uredoconidium 夏分生孢子
uredosorus(=uredinium) 夏孢子堆
uredospore(=urediniospore,urediospore) 夏孢子(uredospora)
uredosporulation 夏孢子形成(uredosporulatio)
uredostage 夏孢子期,夏孢子世代(uredostaticum)
ureide 酰脲
ureido- 脲基
ureidosuccinic acid 脲基琥珀酸
uremia 尿毒症
urena ①梵天花属[*Urena* L.](锦葵科)②梵天花[*Urena lobata* L.]
ureogenesis 脲生成[作用]
ureometer(=ureameter) 尿素计,脲计
ureotelic 排尿素的(ureotelicus)
ureotelism 排尿素代谢(ureotelismus)

ureter ①输尿管 ②（昆虫）输尿柄
urethane 尿烷，氨基甲酸乙酯 [$NH_2CO_2C_2H_5$]
urethra 尿道
URF（= unidentified reading frame） 未鉴定读框｛分遗｝
urgency ①紧急，急迫，迫切 ②坚持 ③催促，强求（urgencia）
urgency of water and soil conservation 坚持水土保持
urgenome 原始基因组（urgenoma）｛分遗｝
urgent ①紧急的，急迫的 ②强求的 ③催促的（urgens）
urgent interrupt 紧急中断｛信息｝
urgent need 急需
urgent signal 紧急信号
-uria ⌞字尾⌝ 尿
uric 尿的
uric acid 尿酸 [$C_5H_4O_3N_4$]
uric acid nitrogen 尿酸态氮
uric acid riboside 尿酸核糖苷
uricase 尿酸酶
uricogenesis 尿酸生成［作用］
uricolysis 尿酸分解［作用］
uricotelic 排尿酸的（uricotelicus）
uricotelism 排尿酸代谢（uricotelismus）
uridine（U，Urd） 尿［嘧啶核］苷 [$C_4H_3O_2N_2 \cdot C_5H_5O_4$]
uridine biosynthesis 尿苷生物合成
uridine diphosphate （UDP）尿苷二磷酸
uridine diphosphate galactose（UDPGal） 尿苷二磷酸半乳糖
uridine diphosphate glucose（UDPG） 尿苷二磷酸葡糖
uridine diphosphate reductase 尿苷二磷酸还原酶
uridine monophosphate（UMP） 尿苷一磷酸，尿苷酸
uridine triphosphate（UTP） 尿苷三磷酸
uridylate 尿［嘌呤核］苷酸
uridylic acid （UMP）尿［嘌呤核］苷酸，尿苷一磷酸 [$C_9H_{13}NO_9P$]
uridyltransferase 尿苷酰转移酶
urinacidometer 尿 pH 计
urinagerum 尿［蛋白］免疫血清（urinaserum）
urinal 小便池｛环保｝
urinary 尿的（urinarius）
urinary bladder 膀胱
urinary calculus 尿石
urinary concentrating mechanism 尿浓缩机制
urinary concretion 尿石
urinary diluting mechanism 尿稀释机制
urinary plate 受尿器
urinaserum 尿［蛋白］免疫血清
urination 排尿［作用］（urinatio）
urine ①尿 ②尿肥（urina）
urine distributor 尿肥洒施机
urine formation 尿形成
urine plasminogen activator（u-PA） 尿纤溶酶原激活物，尿激酶
urino-genital aperture 泄殖孔
urinous ①尿的，含尿的 ②有尿味的（urinus）
uriometer 尿比重计
urn ①盖果基 ②蒴壶（urna）
urn plant ①光萼荷属［*Aechmea* Ruiz. et Pav.］（凤梨科）②光萼荷［*Aechmea fasclata* Ruiz. et Pav.］
urn-shaped 坛状的（urceolatus）
uro- ⌞字头⌝ ①尿 ②尾，腹
urobacteria 尿素细菌
urobilin 尿后胆色素，尿胆素
urobilinogen 尿后胆色素原，尿胆素原
urobilinuria 尿后胆色素尿，尿胆素尿
urocanase 尿刊酸酶
urocanic acid 尿刊酸，咪唑丙烯酸 [$C_6H_6O_2N_2$]
urocanylcholine 尿刊酰胆碱
urocarpous 坛形果的（urocarpus）
urochloa ①尾稃草属［*Urochloa* Beauv.］（禾本科）②尾稃草［*Urochloa reptans* Stapf.］
urochrome 尿色素 [$C_{43}H_{51}O_{26}N$]
urochromogen 尿色素原
urocortisol 尿皮质［甾］醇，皮甾四醇
urocortisone 尿可的松，四氢可的松
urodilation 尿舒张肽（urodilatio）
uroerythrin 尿赤素
uroflavin 尿黄素
urogastrone 尿抑胃［激］素
urogenital 泌尿生殖的
urogenital organ 泄殖器官
urogonadotropin 尿促性腺激素
urokinase （UK）尿激酶
urokinase-type plasminogen activator 尿激酶型纤溶酶原激活物
uroleped 尾状鳞片的（urolepidus）
uromere 腹节（uromera）
uronate ①糖醛酸 ②糖酸酸盐，酯或根
uronic acid 糖醛酸 [$CHO(CHOH)_xCOOH$]
uronic anhydride 糖醛酐
uronic complex 糖醛复合物
uropatagium 基片

uropean mistletoe 槲寄生[*Viscum album* var：*lutescens* Makino.]（桑寄生科）
urophyllous 尾叶的（urophyllus）
urophyllum ①尖叶木属[*Urophyllum* Wall.]（茜草科）②尖叶木[*Urophyllum chinense* Merr. et Chun]
urophysa ①尾囊果属[*Urophysa* Ulbr.]（毛茛科）②尾囊里[*Urophysa rockii* Ulbr.]
uropod ①尾足 ②臀足（uropoda）
uroporphyrin （UP）尿卟啉 [$C_{40}H_{38}O_{16}N_4$]
uroporphyrinogen （UPG）尿卟啉原，六氢尿卟啉
uroporphyrinogen Ⅰ synthetase 尿卟啉原Ⅰ合成酶
uroporphyrinogen decarboxylase 尿卟啉原脱羧酶
uropterin 尿硫蝶呤
urorosein 尿蔷薇红素
urorubin 尿红质
urosis 泌尿器官病，尿路病
urosome 腹部（urosoma）
urostachyous 尾穗的（urostachyus）
urostealith 尿脂石
urotensin 硬骨鱼紧张肽
urothion 尿硫蝶呤
urotoxin 尿毒素
urotropine（= urotropin） 乌洛托品，环六亚甲基四胺[$(CH_2)_6N_4$]
uroxanthin 尿黄质，β-吲哚硫酸钾[$C_8H_6O_4SK$]
uroxisome 尿酸酶体
urprotein 原始蛋白质
URS（= upstream repressing sequence） 上游阻抑序列{分遗}
ursine ①熊的，像熊的 ②长满硬毛的（ursinus）
ursinia ①熊菊属[*Ursinia* Gnertn.]（菊科）②熊菊[*Ursinia* sp.]
ursolic acid 熊果酸[$C_{30}H_{48}O_3$]
urticaceous 荨麻科的（urticaceus）
urticant 发痒的，刺痒的（urticans）
urticaria 荨麻疹
urtication 荨麻疹形成（urticatio）
urticifolious 似荨麻叶的（urticifolius）
Uruguay pennisetum（= latifolius pennisetum） 阔叶狼尾草[*Pennisetum latifolium* Spreng]（禾本科）
urus 原牛[*Bos primigenius*]
urushi wax（=Japan wax） 漆蜡，木蜡
urushin 漆素
urushiol 漆[儿茶]酚[$C_{21}H_{36}O_2$]
U.S. sivilla 美国硅谷(世界著名新工业区)
U.S.13 美国十三号（美国玉米双交种）
USA（= upstream stimulatory activity） 上游刺激活性(指因子){分遗}
usability 可用性(usabilitas)
usable（= useable） 可用的，能用的，合用的（usabilis）
usable area 可用区{电脑}
usable life （胶料）可用时间
usage ①用法，使用，利用 ②习惯，惯例（usaticum）
usage factor 利用系数
usage mode 使用方式
usambara-violet 东非紫罗兰[*Saintpaulia diplotricha* B. L. Burtt.]（苦苣苔科）
usar land 鼠尾粟草盐碱地
U. S. D. A.（= United State Department of Agriculture） 美国农[业]部
use ①使用，利用 ②运用 ③需要 ④用法 ⑤用途，效用 ⑥习惯，惯例 ⑦益处（usus, usare）
use and disuse theory 用与不用说，用进废退说
use and misuse of agricultural chemicals 农药使用及其注意事项
use count 使用计数
use efficiency 使用效果
use of land 土地使用，土地利用
use of near infrared radiation 近红外线辐射的使用
use of plastic sheets to protect rice nursery from cold 塑料薄膜育秧
use of public welfare 福利作用
use of radiation in plant breeding 作物育种的辐射使用法
use percent 利用率
use permitted period 容许使用期，使用期限
use point 使用点
use value 使用价值
used 用过的，旧的
used lime 用过的石灰{环保}
used liquid 废液，用过的液体{环保}
useful 有用的，有益的，有效的，有帮助的（utilis）
useful bird 益鸟
useful bird of forest 森林益鸟
useful criteria 有用标准
useful guideline 有用准绳
useful information 有用信息
useful insect 益虫
useful insect of forest 森林益虫
useful life 使用期限，有效期
useful life span 有效寿命(指使用期限)
useful material 有用材料
useful plant 有用植物

useful power 有用功率
useful rainfall 有效雨量
useful range 有效范围
useful soil reaction 土壤有益反应
useful wild grass 有用野草
usefulness 有用性
useless 无用的
useless land 无用土地
useless respiration 无用呼吸
user 用户,使用者
user / machine interface 用户/机器接口{信息}
user accounts subsystem database (UAS database) 用户账户子系统数据库{信息}
user agent (UA) 用户代理
user-centered information system 按用户集中的信息系统
user control storage (UCS) 用户控制存储器
user datagram protocol (UDP) 用户数据报协议{信息}
user friendly interface (UFI) 用户友好接口
user interface 用户接口
user manual 用户菜单{电脑}
user network interface (UNI) 用户网络连接
user number (UID) ①用户数 ②用户代号 ③用户号
user-oriented command and control language 面向用户的指令和控制语言{电脑}
USF (= upstream stimulating factor) 上游刺激因子{分遗}
U.S. farming (= United State farming) 美国农业
using 使用
using percentage 使用率
usnein 地衣酸[$C_{18}H_{16}O_7$]
usninic acid (= usnic acid) 地衣酸[$C_{18}H_{16}O_7$]
uspulum (= Methoxyethylmercury chloride) 甲氧乙氯汞
USS (= United State Standard) 美国标准
Ussuri noctuid 乌苏里锉夜蛾[*Blasticorhinus ussuriensis* Bremer](夜蛾科)
Ussurian alder 乌苏里赤杨[*Alnus maximowiczii* Call.](桦木科)
Ussurian parrotfenther 三裂狐尾藻[*Myriophyllum ussuiense* Maxim.](小二仙科)
Ussurian pear 秋子梨[*Pyrus ussuriensis* Maxim.](蔷薇科)
Ussurian plum 乌苏里李[*Prunus ussuriensis* Kov. et Kost.](蔷薇科)
ustalf 干淋溶土
ustent 干新成土
ustert 干变性土
ustilagic acid 黑粉菌酸
Ustilaginales 黑粉目
ustilic acid 三羟基十六[烷]酸
ustin 焦曲菌素
ustoll 干软土
ustox 干氧化土
ustult 干老成土
usual ①普通的,通常的,惯常的 ②常见的 ③惯例的,正规的(usualis)
usual backcross system 通常回交方式{育种}
usual form 常见型
usual life-span 通常寿命(指使用期)
usual value 通常值,常见值
usual weather pattern 常见天气模式
Usubuchi sarcoma Usubuchi 肉瘤
usucaption (经法定时间而占有的)所有权(usucaptio)
usufruct 用益权,收益权
usufructuary 用益权者,收益权者
Utah sucker 犹他亚口鱼[*Catostomus ardens* Jordan et Gilbert]{水产}
utensils 家具(指厨房工具,乳品用具)
uterine ①子宫的 ②同母异父的(uterinus)
uterine body 子宫体
uterine cavity 子宫腔
uterine prolapse 子宫脱垂
uterine tube 输卵管
uterine wall 子宫壁
uteritis 子宫炎
uteroferrin 子宫运铁蛋白
uteroglobin 子宫珠蛋白
uteroverdin 胆绿素
uterus 子宫
UTI (= unconditional transfer instruction) 无条件转移指令{信息}
util (= utility) 实用程序{信息}
utilidor ①保温管道 ②管子防冻渠道{环保}
utility ①有用,实用,效用,应用,利用 ②实用程序 ③通用的,实用的,经济[实惠]的 ④公用事业的 ⑤⌊复⌉设备(utilita)
utility control facility (UCE) 实用程序控制设施{电脑}
utility facilities program (UFP) 实用设备程序
utility factor 设备[利用]系数
utility fee 利用料费用
utility harvester 带切碎装置的收获机
utility heater 通用加热器
utility service 公用[服务]事业{环保}
utility type tractor 通用拖拉机
utility value 利用价值

utilizable 可利用的（utilisabilis）
utilizable data 可利用数据
utilizable materials 可利用材料
utilizable portion 可利用部分
utilization 利用,使用（utilisatio）
utilization age 利用年龄｛森林｝
utilization area 利用面积
utilization coefficient 利用系数
utilization efficiency 利用效率
utilization of autopolyploid 同源多倍体的利用｛细胞｝
utilization of biogas and its digested residues 沼气及其发酵残留物的利用｛农施｝
utilization of hybrid vigor 杂种优势利用｛育种｝
utilization of land 土地利用
utilization of photosynthate 光合产物的利用｛植生｝
utilization of waste materials 废物利用
utilization of water resource 水利资源利用
utilization percent 利用率
utilization rate 利用率
utilization rate of arable land 耕地利用率
utilization ratio 利用系数,利用比率
utilization value 利用值
utilization value of seeds 种子利用值｛种子｝
utilization year 利用年（牧草）
utilized 利用的（utilisus）
utilized coefficient 利用率,利用系数
utilized substrate 利用基质｛环保｝
UTOS-45 universal agricultural tractor UTOS－45万能农用拖拉机
UTP（＝uridine triphosphate） 尿苷三磷酸
UTR（＝untranslated region） 非翻译区｛分遗｝
utricle ①胞囊 ②胞果（utriculus）
utricular（＝utriculate，utriculiform） ①具胞果的 ②泡囊状的（utricularis）
utricularia ①狸藻属[*Utricularia* L.]（狸藻科）②狸藻[*Utricularia vulgaris* L.]
utricularia family 狸藻科[Utriculariaceae]
utriculose（＝utriform） 泡囊状的（utriculosus）
utriculus 胞囊
utriform ①膀胱形的 ②泡囊形的（utriformis）
Uttarya jute 依塔加黄麻（市场名称,为印度北方黄麻的品种）
UV（＝ultraviolet） 紫外［线］
UV-absorbing pigment 紫外[线]吸收色素
UV absorption UV吸收,紫外[线]吸收
UV cut film 紫外[线]切割薄膜
UV damage UV损害,紫外［线］损害
UV-damaged DNA 紫外[线]损害DNA
UV dose 紫外［线］剂量
UV effect 紫外［线］效应
UV filter 紫外[线]过滤器
UV holding treatment 紫外［线］保持处理
UV-induced bacterial mutation 紫外［线］诱发细菌突变
UV-induced dimer 紫外[线]诱导二[聚]体 UV诱导二[聚]体
UV-induced lesion 紫外［线］诱发损伤
UV-induced supressor mutation 紫外［线］诱发抑制基因突变
UV-irradiated bacteria 紫外［线］照射细菌
UV-irradiated wildtype 紫外［线］照射野生型
UV irradiation 紫外［线］照射
UV lamp 紫外光杀菌灯
UV-light absorbance by DNA DNA的紫外光吸光率
UV-light mutagenesis 紫外光诱变形成
UV-light mutation 紫外光突变
UV microbeam irradiation 紫外线微束照射（指胚乳有丝分裂）
UV microscopy ［超］紫外[线][显微]镜检术
UV-mutagenesis 紫外［线］诱变形成
UV-radiation 紫外线辐射
UV ray effect 紫外线效应
UV-reactivation （UVR）紫外［线］重激活
UV reflection 紫外[线]反射,UV反射
UV repair mechanism 紫外［线］修复机制
UV-resistance 紫外［线］抗性
UV scanner 紫外扫描仪
UV-sensitive mutant 紫外［线］敏感突变体
UV sensitive yeast mutant 紫外［线］敏感酵母突变体
UV-sensitivity 紫外［线］敏感性
UV-transmitting 透紫外线的
uvagrass（＝pampasgrass） ①蒲苇属［*Cortaderia* Stapf.］（禾本科）②蒲苇［*Cortaderia selloana*（Schult.） Aschers. et Graehn.］
Uvaria ①紫玉盘属[*Uvaria* L.]（番荔枝科） ② 紫玉盘［*Uvaria macrocarpa* Champ.］
uveous 葡萄串状（uveus）
uviferous 结葡萄的（uvifer）
uviform 葡萄状的（uviformis）
uvomorulin 桑葚黏着蛋白 **UVR**（＝UV-reactivation） 紫外［线］重激活
UZU type［of barley］ ［大麦］涡旋型

V v

V 18 (= tetradifon) 三氯杀螨砜
V ①(= volt) 伏特 ②(= volume) 容积 ③(= vanadium) 钒(23 号元素)
V-bar cylinder V 字形齿轴滚筒
V-belt (= vee belt) 三角胶带,三角皮带
V-belt care 三角胶带维护
V-belt clutch 三角胶带联结
V-belt conveyor 三角胶带输送器
V-belt drive 三角胶带传动
V-belt fastener 三角胶带扣
V-belt pulley 三角胶带轮
V-belt transmission 三角胶带传动
V-blade scraper with multiple draw-off 具多排除管的 V 形板刮泥机{环保}
V-chromosome V 染色体
V-drag V 型平地机
V-drain V 形沟{环保}
V-flat drive 三角皮带轮传动
V-foot 箭形锄齿,V 形锄齿
v-format V 形记录格式{信息}
V gene reactivation (VR)V 基因重激活(指噬菌体)
V-groove isolation V 形槽隔离{信息}
V-gully V 形[侵蚀]谷,V 形[侵蚀]沟
V-notch weir 三角堰{环保}
V-shaped bottom V 形底,锥形底
V-shaped depression V 形低[气]压
V-shaped digger blade V 型挖掘铲
V-shaped flail V 形甩刀(工具)
V-shaped flail cutters V 形刀式切割器
V-shaped grafting V 形接{园艺}
V-shaped incision V 形切口法
V-shaped isobar V 形等压线
V-shaped packer V 形镇压器
V-shaped sweep 双翼除草铲
V-shaped system V 形整枝{园艺}
V-snow plough 双壁雪犁,V 形雪犁
V-type position effect V 形位置效应{分遗}
V-type share V 形平切铲{农具}
VA mycorrhiza (= vesicular arbuscular mycorrhiza) 泡囊丛枝菌根
vacancy ①空虚 ②空白,空地,空隙,空间 ③空位,空缺 (vacantia)
vacancy loop 空位环{电脑}
vacant ①空的,空虚的 ②未占用的,空闲的,空暇的 (vacans)
vacant code 空码{电脑}
vacant field 未使用地,闲田
vacant hill 空穴,缺株
vacant lattice point model 空格点模型{生技}
vacant number 空号
vaccaria (= cow-herb, cow soapwort) ①麦蓝菜属[*Vaccaria* Medic.](石竹科) ②麦蓝菜[*Vaccaria pyramidata* Medic.]
vaccenic acid 十八[碳]烯酸
vaccigenous 产生疫苗的 (vaccigenus)
vaccination ①防疫注射,接种疫苗 ②种牛痘 (vaccinatio)
vaccination of plant 植物防病注射
vaccine ①菌苗,疫苗 ②牛痘苗 ③暗褐色的 (vaccinus)
vaccine software 疫苗软件
vaccine-therapy 菌苗疗法
vaccinia 牛痘
vaccinia virus 牛痘病毒
vacciniaceous 乌饭树科的 (vacciniaceus)
vaccinin 越橘酯,6-苯甲酰葡糖
vaccinium scale 越橘盾蚧 [*Fiorinia vacciniae* Kuwana]
vacillant ①(雄蕊)颤动的 ②动摇性的 (vacillans)
vacreator 真菌杀菌器
vacuity ①空隙 ②真空 (Vacuitas)
vacuo 真空
vacuolar 液泡的,空泡的 (vacuolaris)
vacuolar degeneration 液泡退化 (degeneratio vacuolaris)
vacuolar membrane 液泡膜 (membrana vacuolaris)
vacuolar substance 液泡物质 (substantia vacuolaris)
vacuolar system 空泡系 (systema vacuolaris)
vacuolar volume 液泡体积 (volumem vacuolare)

vacuolate 有液泡的（vacuolatus）
vacuolated cell 具液泡细胞（cellula vacuolata）
vacuolation（= vacuolization） 液泡形成，空泡形成（vacuolatio）
vacuole 液泡，空泡（vacuola）{细胞}
vacuole in plant cells 植物细胞的空泡
vacuole membrane 液泡膜
vacuole sap 液泡液
vacuole skin 液泡膜
vacuolization ①液泡形成，空泡形成 ②液泡化（vacuolisatio）
vacuolization of protoplasm 原生质空泡形成
vacuolizer 液泡化剂
vacuome 液泡系（vacuoma）
vacuous 真空的（vacuus）
vacuum 真空
vacuum and pressure relief assembly 真空及压力解除装置，真空及压力释放装置{环保}
vacuum anemometer 真空风速表
vacuum baling 真空压捆
vacuum bed 真空台，真空座{电脑}
vacuum braking system 真空制动系统
vacuum breaker 真空破除器{环保}
vacuum capper 真空封盖机
vacuum chamber 真空室{环保}
vacuum chlorinator 真空加氯器{环保}
vacuum cleaner ①真空清洁器 ②真空吸尘器{环保}
vacuum cleaner for cattle 牛体真空吸尘器
vacuum collector ①真空收集器 ②真空罩{环保}
vacuum concentrator 真空浓缩器
vacuum container 真空罐
vacuum control ①真空控制 ②真空控制器
vacuum controller 真空控制器，调压器
vacuum cooler 真空式冷却器
vacuum cooling 真空冷却，真空制冷
vacuum cooling vegetable 真空制冷蔬菜
vacuum correction 真空校正
vacuum cotton harvester 真空式采棉机
vacuum deairing（= vacuum deaeration） 真空脱气{环保}
vacuum desiccator 真空干燥器
vacuum distillation 真空蒸馏
vacuum distiller 真空蒸馏器
vacuum drier 真空干燥机
vacuum drying 真空干燥
vacuum emasculator 真空去雄机
vacuum equipment 真空设备{环保}
vacuum evaporation 真空蒸发
vacuum evaporation deposition 真空蒸发淀积
vacuum evaporator ①真空蒸发器 ②真空喷涂投影仪
vacuum fermentation 真空发酵
vacuum filter 真空滤器
vacuum filter yield ①真空过滤[器]脱水率 ②真空过滤器效率{环保}
vacuum filtration 真空过滤，真空抽滤
vacuum filtration process 真空过滤法{环保}
vacuum fish pump 真空鱼泵
vacuum flask 真空三角瓶
vacuum flotation process 真空浮选法{环保}
vacuum gage（= vacuum gauge） 真空表
vacuum harvester 气吸式收获机
vacuum infiltration 真空入渗，真空渗透
vacuum irradiation 真空照射
vacuum manifold 多头抽真空装置
vacuum manometer 真空压力计
vacuum meter 真空计
vacuum-operated clipper 真空驱动式毛剪，气动毛剪
vacuum-operated milk lift 真空式抽奶器
vacuum oven ①真空烤箱，真空烘箱 ②真空炉
vacuum oven method （谷物）真空炉测湿法
vacuum package 真空包装
vacuum pan 真空锅
vacuum pickup 气流拾棉器
vacuum planter 真空式播种机
vacuum-power gear shift 真空助力换挡
vacuum precooling 真空预冷
vacuum precooling installation 真空预冷设施{农施}
vacuum pressure process 真空加压法（木材防腐）
vacuum pump 真空泵
vacuum regulator 真空调整器
vacuum relief valve ①真空解除阀 ②真空保压阀{环保}
vacuum return line system 真空回水系统{环保}
vacuum seamer 真空卷边封罐机
vacuum seasoning 真空干燥
vacuum seeder 真空式播种机
vacuum semitro seamer 真空半自动卷边封罐机
vacuum sewerage system 吸气沟渠系统{环保}
vacuum silo 真空青贮窖（塔）
vacuum storage 真空贮藏
vacuum tank spreader 真空液肥喷洒机，真

空罐式液肥喷洒机
vacuum tape reel 真空带盘{电脑}
vacuum transfer 真空转移
vacuum type cotton picker 真空式采棉机
vacuum type filter 真空式灌瓶器
vacuum unloader 真空式卸载器
vacuum valve 真空阀
vacuum wetting 真空湿润
vacuumometer 真空计,低压计
vadose 渗流{水利}
vadose spring 渗流泉
vadose water 渗流水
vadose zone 渗流带,渗流区
vagant 散布的(vagans)
vagiform 不定型的(vagiformis)
vagile 自由运动的(vagilis)
vagility 散布力(vagilitas)
vagina ①叶鞘 ②箨{形态} ③阴道
vaginate ①具箨的 ②具鞘的(vaginatus)
vaginella (= small vagina, vaginula) 小叶鞘
vaginerved 乱向脉的(叶脉无一定排列)(vaginervis)
vaginervose (= vaginerved) 乱向脉的(vaginervosus)
vaginitis ①鞘炎 ②阴道炎
vaginule ①(= vaginella) 小叶鞘{形态} ②产卵器鞘{昆虫}(vaginula)
vago-insulin system 迷走-胰岛素系统
vagrant 扩散蚜(指在蔗田见到的)
vague ①无定向的,无定形的 ②含糊的,模糊的,含混的(vagus)
vagueness 含混性(vagusitas)
vail (= veil) ①菌幕 ②缘膜{形态} ③幕,幕帏(veillum)
Val (= valine) 缬氨酸
valence ①价,化合价 ②效价(valentia)
valence analysis 效价分析
valence bond 价键
valence effect 价效应
valence of antibody 抗体效价
valence of antigen 抗原效价
valence rule 价数规则
valence tautomerism 价互变异构
Valencia type 华冷西亚型(花生)
Valencia variety 华冷西亚品种(西班牙花生品种)
valency 原子价,化合价(valencia)
valent weight 当量
valeramide 戊酰胺 [$CH_3(CH_2)_3CONH_2$]
valerian ①缬草属 [*Valeriana* L.](败酱科) ②缬草 [*Valeriana officinalis* L.]
valerian family 败酱科 [Valerianaceae]
valerian oil 缬草油
valeric acid 戊酸 [$C_2H_5CH_2CH_2COOH$]
valerin [三]戊酸甘油酯
valid ①有效的 ②有充分根据的 ③健全的(validus)
valid argument 有效论证
valid combination 有效组合(指杂交){育种}
valid conclusion 有效结论{智培}
valid data 有效数据{智培}
valid function 有效功能
valid name 有效名(nomen validum){分类}
valid operation 有效操作(operatio valida)
valid period of registration 注册有效期,登记有效期
valid tiller 有效分蘖
validamycin (= Valida, Validacin, validamycin A) 有效霉素(抗生素) [$C_{20}H_{35}NO_{13}$]
validation ①证实,确认 ②合法,合法化,合格 ③[使]生效,有效(validatio)
validation phase 生效期,生效阶段
validation test(VT) 合格检查
validity 有效性(validitas)
valine (Val) 缬氨酸,α-氨基异戊酸 [$(CH_3)_2CH \cdot CHNH_2 \cdot COOH$]
valinomycin 缬氨霉素
valinomycin and oxidative phosphorylation 缬氨霉素与氧化磷酸化
vallaris ①纽子花属 [*Vallaris* Burm.](夹竹桃科) ②纽子花 [*Vallaria grandiflora* Hemsl. et Wils.]
vallate 条脊的(vallatus)
vallecular 线沟的(vallecularis)
vallecular canal 沟下道(canalis vallecularis){解剖}
vallecular cavity 槽腔,沟腔(cavitas vallecularis)
valleculate ①具线沟的 ②具果沟的(valleculatus)
vallecule ①沟 ②果沟 ③线沟(vallecula)
valleculose 沟谷的(valleculosus)
valley ①谷,山谷 ②谷地,洼地,低地,盆地(vallis)
valley basin 山谷盆地
valley-bottom 谷底
valley breeze 谷风
valley circaea 山谷露珠草(谷蓼) [*Circaea crubescens* Fr. et Say.](柳叶菜科)

valley climate 谷地气候
valley fen 谷沼泽地
valley flat 河漫滩,谷底小平原
valley floor 谷地
valley fog 谷雾
valley glacier 谷地冰川
valley-growing 谷地生的(vallicola)
valley pattern 谷地型式
valley podzol 谷地灰壤
valley point 谷值点{电脑}
valley sedge 川原菅[*Carex incisa* Boott.](莎草科)
valley slope 谷地坡度
valley soil 谷地土壤,河谷土壤
valley terrace 谷地梯田
valley wind 谷风
vallicula 线沟{形态}
vallicule 褶间凹(vallicula){真菌}
valonia 槲斗,橡碗
valonia extract 槲斗提取物
valonia family 法囊藻科[Valoniaceae]
valonia oak 大鳞栎[*Quercus aegylops* L.](山毛榉科)
valonic acid 槲斗酸
valorization of agricultural products 农产品的利用
valparaiso weed (=orseille) 染料衣[*Roccella tinctoria* DC.](染料衣科)
valsa canker of apple tree 苹果树腐烂病[*Valsa mali* Miyabe et Yamada]
valuable ①有很大价值的,贵重的 ②有用的(valuabilis)
valuable adjunct ①有用附属物 ②有用属性 ③有用助手
valuable aid 有价值帮助
valuable bioelement 有价值生物元素,有价值生命要素
valuable clue 有用线索
valuable cost 贵重费用,高昂费用
valuable information 有很大价值信息
valuable parent 有价值亲本{育种}
valuable variety 有价值品种
valuation ①评价,鉴定 ②估价,估定 ③价值,价格(valuatio)
valuation for rating (=ratable value assessment) 评价土地税
valuation of land 土地评价
valuator 标量设备
valuator device ①标量设备 ②评价设备
value ①值,价值 ②等级 ③评价(valere)
value added by manufacture [通过]制造[的]增加值
value-added carrier (VAC) 增值载波器{信息}
value-added network (VAN) 增值网络
value-added process (VAP) 增值进程
value added tax (=added value tax) 增值税{农经}
value analysis 价值分析
value assessment 价值评估
value call 调值
value coefficient 价值系数
value control 价值管理
value determination 价值确定
value engineering 价值工程
value increment percent 价值生长率,价值增长率
value innovation 价值创新,价值革新
value of biodiversity 生物多样性价值
value of coancestry 共祖率值{遗传}
value of expectation 期望值
value of output 产值,生产值,产品值
value of the catch 鱼货产值,渔产值
value of turnover ①周转值 ②产[量价]值,生产[价]值
value system design 价值系统设计
valuer ①鉴定者 ②勘测者,调查员
valuta ①币值 ②货币兑换值 ③可使用的外汇总值{农经}
valvate ①(花被卷叠式)镊合状的 ②(雄蕊,果实)瓣裂的(valvatus)
valvate actinidia 对萼猕猴桃[*Actinidia valvata* Dunn](猕猴桃科)
valvate aestivation 镊合状花被卷叠式(aestivatio valvata)
valvate anther 瓣裂药(anthera valvata)
valve ①[藻]瓣,瓢瓣,果爿{形态}②阀,活门,气门,闸板,挡板{农机} ③真空管,电子管{电}(valva)
valve-actuating gear 气门机构
valve actuator 遥控操阀装置{环保}
valve body 阀身{环保}
valve box 阀箱{环保}
valve bush 阀衬{环保}
valve carpel 瓣状心皮(carpellum valvatum)
valve chamber (=valve chest) ①(发动机)气门室 ②阀井{环保}
valve clearance adjuster 气门间隙调整机构
valve cone 阀锥
valve cover 阀盖
valve diagram 阀图解
valve dish 阀盘{环保}
valve face 阀面
valve flap 阀舌{环保}

valve gear 阀门传动装置
valve guide 阀导
valve house 阀室(房){环保}
valve lever 阀横杆
valve lifter ①气门挺杆,气门提升凸轮 ②气门拆卸工具
valve needle 阀针
valve piston 阀门活塞
valve plug 阀塞
valve pocket 穴播阀腔
valve seat 阀座
valve seat insert 气门镶座
valve setting 阀调整,气门调整
valve shaft 穴播阀轴
valve spool (分配器)滑阀
valve spring 阀簧,气门弹簧
valve-spring damper 气门弹簧自振阻尼器
valve stem (内燃机)气门杆,阀杆
valve timing 气门开关时间
valve timing diagram 配气相位图
valve-view 瓣面
valve wheel (方形穴播)排种阀轮
valve with inclined stem 斜杆阀{环保}
valve with straight stem 直杆阀{环保}
valve yoke 阀轭
valved 瓣裂的(valvis)
valved shank 带阀的开沟器体
valvefold 阴道瓣,阴道突起{昆虫}
valveless ①无瓣的 ②无阀的(evalvis)
valveless filter 无阀滤池{环保}
valveless gravity filter 无阀重力滤池{环保}
valvelet ①小瓣 ②小裂片(valvula)
valvula (= valvule) ①小瓣 ②瓣膜 ③颖 ④产卵瓣
valvular 小瓣的(valvularis)
valvular dehiscence 瓣裂(dehiscentia valvularis)
valvular stigma 瓣状柱头(stigma valvularis)
valyl- 缬氨酰[基]
VAM (= virtual access method) 虚拟存取方法{信息}
VAMA 结构剂,乙酸乙烯酯-顺式丁烯二酸共聚物(土壤结构改良剂)
vamidothion 蚜灭多[杀虫,杀螨剂] [$C_8H_{18}NO_4PS_2$]
van ①厢式载重车 ②厢身载货车身
Van Allen belts 范爱伦辐射带
Van Deemter equation 范第姆特方程{生技}
Van den Berg reaction 范登堡氏反应
Van der Waals adsorption 范德瓦尔斯吸附{环保}
Van der Waals attraction 范德瓦尔斯引力{生技}
Van der Waals bond 范德瓦尔斯键
Van der Waals force 范德瓦尔斯力
Van der Waals radius 范德瓦尔斯半径{生技}
Van Slyke amino nitrogen method 范斯莱克氨基氮测定法
Van Slyke ninhydrin method 范斯莱克茚三酮二氧化碳测定法
vanadate 钒酸盐
vanadic acid 钒酸[这是总称,含有:①原钒酸(H_3VO_4) ②偏钒酸(HVO_3) ③焦钒酸($H_4V_2O_7$) ④六钒十二氧酸($H_4V_6O_{12}$)]
vanadium 钒[V,23号元素]
vancomycin 万古霉素
vanda ①万带兰属(翡翠兰属)[*Vanda* R. Br.](兰科) ②万带兰(黑珊瑚)[*Vanda concolor* Bl.] ③翡翠兰[*Vanda coerulea* Griffith.]
vandopsis ①假万带兰属[*Vandopsis* Pfitz.](兰科) ②假万带兰[*Vandopsis gigantea* Pfitz.]
vane ①翼片,轮叶,桨叶 ②铲板 ③风向标,通信旗 ④羽片,羽瓣 ⑤瞄准板
vane pump 叶片泵
Vanhoutte spiraea 菱叶绣线菊[*Spiraea vanhouttei* Zabel](菊科)
vanilla ①香子兰属[*Vanilla* Juss.](兰科) ②香子兰(哗呢拉)[*Vanilla planifolia* Andr.]
vanilla beans 香子兰[果]实
vanillic acid 香草酸 [$CH_3OC_6H_3(OH)COOH$]
vanillin 香草醛 [$(CH_3O)C_6H_3(OH)CHO$]
vanillylmandelic acid (VMA)香草扁桃酸,3-甲氧-4-羟扁桃酸
vaniot bird cherry 细齿稠李[*Prunus vaniotii* Levl.](蔷薇科)
vaniotia ①万剪草属[*Vaniota* Levl.](玄参科) ②万剪草[*Vaniota martini* Levl.]
vanishing 消失的(evanescens)
vanishing line 消视线,没影线
vanishing point 消视点,没影点
vanishing species 消失种
vanishing trace 消迹
Van't Hoff's reaction rate-temperature rule 范特霍夫反应速度-温度定律{生态生理}
Vapam (= metham sodium) 威百亩
vapor (= vapour) ①蒸汽,水气,汽 ②蒸发
vapor action 熏蒸作用

vapor bed 蒸汽温床
vapor compression process 水气压缩法{环保}
vapor concentration 蒸汽浓度,水气浓度
vapor condensation 水气凝结
vapor content 水气含量
vapor density 水气密度,蒸汽密度
vapor drying (= vapor seasoning) 蒸汽干燥
vapor form 水气态,气态
vapor method 汽浴法{园艺}
vapor permeability 水气渗透性,透湿性
vapor phase 水气相
vapor pressure 水气压,蒸汽压力
vapor pressure curve 水气压力曲线
vapor pressure deficit (VPD) 水气压力亏缺
vapor-pressure difference 水气压力差
vapor pressure gradient 水气压力梯度,蒸发压力梯度
vapor pressure lowering 水气压力降低
vapor pressure method 水气压力法,蒸汽压力法
vapor-proof machine 防蒸汽电机
vapor-saturated layer 水气饱和层
vapor tension (= vapour tension) 水气张力,水气压
vapor toxicants 熏蒸剂
vaporation 蒸发,汽化 (vaporatio)
vaporimeter 蒸汽压力表
vaporization 汽化,蒸发 (vaporisatio)
vaporization adjustment 汽化调节
vaporizer 汽化器,蒸发器
vaporizing oil (= kerosene) 煤油
vaporizing oil engine (= VO engine) 煤油发动机
vaporous water 气态水
vaportight 蒸汽密封
vapourer moth 大毒蛾(古毒蛾)[*Orgyia antiqua* (L.)](毒蛾科)
vapourization (= vaporization) 汽化,蒸发
varec 海藻灰
varia crownvetch (= creeping crownvetch) 多变小冠花
variability ①变异性{遗传} ②变率{气象} (variabilitas)
variability of climate 气候变率
variability of heredity 遗传变异性
variability of temperature 温度变率
variability plot 变异性图
variable ①变数{统计} ②多变的{形态} ③可变的{生技} (variabilis)
variable arm 可变臂
variable aspect 不固定季相
variable-audio-frequency radiosonde 变音频[无线电]探空仪
variable bigwhite pelargonium 大花天竺葵[*Pelargonium grandiflorum hybrids* sp.]
variable binding 可变结合
variable bound 可变界限
variable capacitance diode 可变电容二极管
variable capacitor 可变电容器
variable cape-primrose ①扭果花属[*Streptocarpus* spp.](苦苣苔科) ②扭果花[*Streptocarpus* × *hybridus*]
variable component 可变组成部分
variable compression ratio engine 变压缩比发动机
variable control block area (VCBA) 可变控制块区{电脑}
variable cost ①可变成本 ②可变费用{农管}
variable degree 可变度
variable depth adjustment [入土]深度调节(指农机具)
variable depth attachment 变深开沟附加装置
variable depth opener 变深开沟器
variable-diameter pulley 无级变速皮带轮
variable direction 风向多变
variable distance 可变距离
variable drive 无级传动,无级传动装置
variable drive belt 无级变速传动皮带
variable-drop mechanism 播量调节机构
variable-drop pinion 播量调节小齿轮
variable eupatorium 多变泽兰[*Eupatorium variabile* Makino](菊科)
variable expressivity 可变表现度
variable-flow pump 变量泵
variable fluorescence 多变荧光
variable-focal length camera 变焦[照]相机{遥感}
variable gene (V gene) 可变基因
variable gene segment 可变基因节段
variable hole fruit grader 孔口调节式水果分级机
variable leaf beetle 杂色叶甲[*Paria variabilis* Baly](叶甲科)
variable length code (VLC) 可变长度码{电脑}
variable length record 可变长记录
variable level filter 可变水位滤池{环保}
variable loop 可变环(指 tRHA 中"T"干与"反密码子"干交接处的小环)
variable margin (= contribution margin) 抵补的款额{农经}

variable migration 可变迁移(migratio variabilis)
variable night-time temperature control 可变夜温控制
variable number of tandem repeat(VNTR) 串联重复可变数
variable pitch pump 可调螺距泵
variable-pitch separator 倾角可调式分离器
variable-radio-frequency radiosonde 变射频[无线电]探空仪
variable-ratio steering gear 变传动比转向器
variable region (v)可变区
variable spacing adjustment [播种]间距调节,株距调节
variable speech/speed control(VSC) 可变语音速度控制{信息}
variable speed ①变速,无级变速 ②调速
variable-speed control 无级变速调节
variable-speed control lever 无级变速操纵杆
variable-speed drive 无级变速传动
variable-speed engine 变速发动机
variable-speed gear 无级变速装置
variable-speed motor 调速电动机
variable-speed reel 无级调速式轮
variable-speed transmission 无级变速传动
variable step size 可变步长{生技}
variable stroke control 行程无级调节
variable stroke piston pump 可变行程柱塞泵
variable symptom 易变症状(symptoma variabilis)
variable threshold logic circuit(VTLC) 可变阈值逻辑电路{信息}
variable transmission 变速传动
variable tuftroot ①花叶万年青属[*Dieffenbachia* Schott](天南星科)②花叶万年青[*Dieffenbachia picta* Schott]
variable wave-length phase microscope 变波长相差显微镜
variable weather 易变天气
variable wind 不定风
variance (σ^2)方差{统计}
variance analysis 方差分析
variance analysis of cubic lattice 立体格子方设计方差分析,三向三组群方差分析
variance analysis of lattice 格子方设计方差分析,二向二组群方差分析
variance analysis of treble lattice 三重格子方设计方差分析,二向三组群方差分析
variance component 方差组成部分,分差成分
variance identification 方差鉴别
variance inflation factor 激增方差因素
variance law 方差律{统计}
variance matrix 方差矩阵
variance of estimation error 估计误差的方差
variance of gene frequency 基因频率方差
variance of mean 平均数方差
variance of probability distribution 概率分布的方差
variance ratio 方差比
variance-ratio transformation 方差比变换
variance-reducing technique 方差缩减技术
variance reduction 方差减缩
variance test 方差测验
variant ①变异体,变体 ②变式 ③变种 ④不同的,易变的,多变的(varians)
variant character 变体字符{电脑}
variant part 变体部分
variant record 变体记录
variant-specific surface glycoprotein 多变专一表面糖蛋白
variate 个数值,变量(variatus){统计}
variation ①变异{遗传}②变化{气象}③变分,变差{电脑}(variatio)
variation caused by grafting 嫁接变异
variation curve 变异曲线
variation due to 变异原因
variation equation 变分方程
variation in economic levels of different regions 地区[经济]差别,不同地区经济水平差别
variation in fertility 肥力变异
variation in population size 群体大小变化
variation in temperature 温度变化
variation name 变化名
variation polygon 变异多角形[图]
variation principle 变分原理{电脑}
variation range 变化范围,波动范围
variation table 变异表
variational formulation 变分公式
variational inequality 变分不等式
variational method 变分法
variator 无级变速器
varicella-zoster virus(VZV) 水痘-带状疱疹病毒
varicontrol 自动调节系统
varicose 曲张的(varicosus){医}
varidrive 变速马达{环保}
varied carpet beetle(= museum beetle) 小圆皮蠹[*Anthrenus verbasci* (L.)](皮蠹科)
variegated ①杂斑的,杂色的 ②变色的(variegatus)

variegated alfalfa 杂色苜蓿［*Medicago varia* Nart. = *M. media* Pers.］（豆科）
variegated bracket plant 斑绿吊兰［*Chlorophytum capense* var. *variegatum* Hort.］（百合科）
variegated coral-tree ①刺桐属［*Erythrina* L.］（豆科）②刺桐［*Erythrina variegata* var. *orientalis*（L.）Merr. = *E. indica* L.］
variegated cutworm 豆杂色夜蛾［*Peridroma saucia*（Hübner）］（夜蛾科）
variegated Japanese sweet-flag 斑叶石菖蒲［*Acorus gramineus* var. *variegatus* Hort.］（天南星科）
variegated leaf 斑叶（folium variegatum）
variegated leafhopper 杂色斑叶蝉［*Erythroneura variabilis* Beamer］（叶蝉科）
variegated phenotype 花斑表型
variegated pine 斑纹凤梨［*Ananas comosus* Meer. var. *varigata* M. B. Foster］（凤梨科）
variegated plant 斑叶植株，杂色植株（planta variegata）
variegated position effect 斑点位置效应，花斑位置效应
variegated sandstone 杂色砂岩｛地质｝
variegated seedling 花斑幼苗
variegated St. augustine grass 条纹钝叶草［*Stenotaphrum secundatum* Kuntze］（禾本科）
variegated type 花斑型
variegated variety 斑叶品种（varietas variegatus）
variegation（= mottle）①花斑［现象］｛遗传｝②彩斑｛昆虫｝（variegatio）
variegation frequency 花斑频率
variegation induced by chromosomal genes 染色体基因诱变的花斑
variegation piebald 杂色花斑
varietal 品种的（varietalis）｛育种｝
varietal adaptability 品种适应力
varietal adaptation 品种适应性
varietal blend 品种混合
varietal changes in plant type 品种的株型变化
varietal character 品种性状
varietal characteristics 品种特征
varietal composition 品种组成
varietal correlation coefficient 品种相关系数
varietal crossing（= varietal hybridization）品种间杂交
varietal degeneration（= varietal deterioration）品种退化
varietal diagnosis 品种鉴定
varietal difference 品种差异性
varietal differentiation 品种分化
varietal growth form 品种生长型
varietal improvement 品种改良
varietal impurity 品种混杂度
varietal information 品种信息（informatio varietalis）
varietal level 品种平准｛统计｝
varietal maintenance 品种保纯
varietal maturity 品种成熟度
varietal mixture 品种混杂
varietal performance 品种生产性能（力）
varietal population 品种群体
varietal productivity 品种生产力
varietal purity 品种纯度
varietal rank 品种等级｛育种｝
varietal recommendation 品种推荐，品种介绍，品种推广
varietal renewal 品种更新
varietal resistance 品种抗［逆］性（resistantia varietalis）
varietal roguing 品种淘汰｛育种｝
varietal seed percentage 品种种子百分率
varietal selection technique 品种选种技术｛育种｝
varietal senescence 品种衰老（senescentia varietalis）
varietal stability 品种稳定性
varietal susceptibility 品种易感性，品种感病性
varietal test 品种试验
varietal tolerability 品种耐受力（指对病、虫、肥料等的耐受力）
varietal totals 品种总和｛统计｝
varietal trial 品种［比较］试验
varietal trueness（= trueness of variety）品种纯度
varietal uniformity 品种整齐度
varietal utilization 品种利用｛育种｝
varietal weeding 品种去杂（田间）
varietal yield trial 品种产量［比较］试验｛育种｝
varietalness 品种性（varietalitas）
varietlness（= varietalness）品种性
variety ①品种｛育种｝②变种｛分类｝（varietas）
variety alternation 品种更换，换种
variety certification 品种检定
Variety Certification Office 品种检定处
variety choice 品种选择
variety collection 品种征集

variety date test 品种播种期试验
variety decline 品种退化
variety degeneration 品种退化
variety deterioration 品种退化
variety evaluation 品种鉴定,品种评定
variety-fertilizer interaction 品种肥料连应{统计}
variety for processing 加工用品种
variety identification 品种鉴定
variety-irrigation interaction 品种灌溉连应{统计}
variety mixture ①品种混杂 ②品种混合(牧草)
variety-nitrogen interaction 品种氮肥连应{统计}
variety number 品种号数,品种号码
variety nursery 品种圃
variety obtained by selection 选育品种
variety of peach 桃品种
variety of soil 土壤变种
variety plot 品种区,品种圃
variety preservation 品种保存
variety regionalization 品种区域化
variety register 品种登记
variety registration office 品种登记处
variety regression 品种回归{统计}
variety rejuvenation 品种[提纯]复壮
variety renovation 品种复壮
variety resources 品种资源
variety test (= variety trial) 品种试验
variety test plot 品种试验圃,品种试验[小]区
variety testing 品种检验
variety with erect leaves 具直立叶型品种
varietyinbred cross (= top cross) 顶交{育种}
variflorous 杂色花的(variflorus)
variograph 变压计
variola 痘,痘疮、天花
variola virus 天花病毒
variolar 痘疮的(variolaris)
variolarioid 具颗粒状小瘤的(variolarioides)
variolate 痘瘢状的(variolatus)
variolation 人痘接种(variolatio)
varioloid 类天花(varioloides)
variolose 具颗粒状小瘤的(variolosus)
variometer 可变电感器,变压表,变感器
various ①变种的 ②各式的,各种的(varius)
various-leaved fescue 异叶羊茅[*Festuca heterophylla* Lam.](禾本科)
various system alternatives 各种系统备选方案{育种}
variplotter 自动绘图仪
variscite 磷铝石{地质}
varistor 变阻器,变阻二极管
varistructural system 可变结构系统
varitype 可变打字机
varnish 清漆
varnish cloth 漆布
varnish plant ①漆厂 ②清漆植物
varnish-tree (= laquer-tree) 漆树[*Rhus verniciflua* Stokes = *R. vernicifera* DC.](漆科)
varnishing 涂漆,油漆
vary ①改变,变化 ②变异(varius)
vary off 使断开{电脑}
vary off-line 使脱机,脱机修改
vary on-line 使联机,联机修改
varying ①改变,变化 ②变动 ③变色
varying composition 变化[着]成分
varying hare 变色兔
varying stress 变动应力
varying temperature management of greenhouse 温室变温管理
vasal (= vascular) 维管的(vasalis)
vascular ①维管的{解剖} ②血管{畜}(vascularis)
vascular anatomy 维管解剖学(anatomia vascularis)
vascular bacteriosis of crucifers 十字花科植物(蔬菜)黑腐病[*Xanthomonas campestris* pv. *campestris* (Pammel) Dowson]
vascular browning 维管束腐烂(番茄)
vascular bundle 维管束(fasciculus vasorum)
vascular bundle sheath 维管束鞘(vagina fascicularis)
vascular bundle system (= vascular system) 维管系[统](systema fasicularis)
vascular cambium 维管形成层(cambium vasculare)
vascular cast 维管印痕
vascular conduction 维管输导(conductio vascularis)
vascular cryptogam 有管孢子植物,有管隐花植物(cryptogamia vascularis)
vascular cylinder 维管柱(cylinder vascularis)
vascular element 维管单元(elementum vasculare)
vascular epiphyte 维管附生植物(epiphyta vascularis)
vascular fiber 维管纤维(fiber vascularis)
vascular girdle 维管环(木贼)(annulus va-

sculairs)
vascular network 维管网络（reticulum vasculare）
vascular parenchyma 维管薄壁组织（parenchyma vascularis）
vascular permeability factor 血管通透因子
vascular plant 维管植物（planta vascularis）
vascular plate 维管片（platus vascularis）
vascular ray 维管射线（radius vascularis）
vascular skeleton 维管骨架
vascular stand 维管丛
vascular strand 维管束（fasciculus vascularis）
vascular supply 维管联结
vascular system 维管系[统]（systema vascularis）
vascular tissue 维管组织（tela vascularis）
vascular tracheid 维管管胞（tracheida vascularis）
vascular water 维管水（aqua vascularis）
vascularization 维管化（vascularisatio）
vasculation 维管形成（vasculatio）
vasculature 维管结构（vasculatura）
vasculiferous 具导管的（vasculiferus）
vasculiform 瓶状的（vasculiformis）
vasculose 有管的（vasculosus）
vasculum ①瓶状体 ②[标本]采集箱 ③小脉管 ④阴茎
vase ①（= calyx） 花萼 ②花瓶
vase-form 杯状的（vasiformis）
vase-form training 杯状整枝
vase-shaped 杯状的（vasiformis）
vase-shaped crown 杯状型树冠（corona vasiformis）
vasectomy 输精管切除术（vasectomia）
vaseline 凡士林，矿脂，石油冻
vaseline oil 凡士林油
vaseygrass 管状雀稗［*Paspalum urvillei* L.］（禾本科）
vasicentric 环管的（vasicentricus）
vasicentric abundant 环管多型
vasicentric parenchyma 环管薄壁组织（parenchyma vasicentrica）
vasicentric scanty 环管稀型
vasicentric tracheid 环管管胞（tracheida vascentrica）
vasicentric type 环管型（typus vasicentricus）
vasicine 鸭嘴花碱［$C_{11}H_{12}ON_2$］
vasicinone 鸭嘴花碱酮
vasiform ①管状的 ②杯状的（vasiformis）
vaso- ⌊字头⌉ ①管，道 ②血管
vasoconstriction 血管收缩（vasoconstrictio）
vasoconstrictor ①血管收缩剂 ②血管收缩神经{医}
vasodepression 血管减压
vasodilatation 血管舒张（vasodilatatio）
vasodilatin 血管扩张素
vasodilator ①血管扩张剂 ②血管扩张神经
vasomotor ①血管舒缩的 ②血管舒缩药{医}
vasomotor reflex 血管运动反射
vasopressin 血管加压素
vasotocin 加压催产素（指非哺乳类脊椎动物）
vast ①巨大的，很大的，广大的 ②大量的，巨额的 ③广阔的，深远的 ④非常的（vastus）
vast amount 大量
vast forest region 广大森林地区
vast ice-floe 巨型浮冰块（指直径在10公里以上）
vast storage capacity 巨大贮存能力
vat ①酿酒桶，大桶 ②大缸，瓮
vat culture 桶栽
vate oak 冬栎［*Quercus sessilifolia* Sm.］（山毛榉科）
vatica ①油楠属［*Vatica* Hance］（龙脑香科）②油楠［*Vatica austrotricha* Hance.］
vaucheria ①无隔藻属［*Vaucheria* spp.］（无隔藻科）②无隔藻［*Vaucheria* sp.］
vaucheria family 无隔藻科［Vancheriaceae］
vault 地窖，地下室
vaulted 弓形的，弧形的，拱状的，穹窿状的（fornicatus）
vavelet 有小褶的
Vavilovian wheat 瓦维洛夫小麦［*Triticum vavilovianum* Jakub.］（禾本科）
VC 13（= dichlorofenthion） 除线磷
VC 13 nemacide（= dichlorofenthion） 除线磷
VCD（= video-CD） 视频光盘，彩碟{信息}
VCR（= vincristine） 长春新碱
VDM（= vegetative dry matter） [植物]营养体干重{生态生理}
V_E（= environmental variance） 环境方差
veal 小牛肉，犊牛肉
veal calf（= fattening calf, store calf, fat calf） 肥育小牛，肥育犊牛
veal fattening 肥育牛
veatchine 维特软，维钦碱
vection 媒介传染，媒介传播（vectio）
vectogram 矢量图，向量图（vectogramma）
vectograph 偏振相片，偏光立体影像{遥感}
vector ①昆虫媒介者 ②传病媒介，带菌者

③向量,矢量 ④航线 ⑤引导,制导 ⑥运载体
vector algebra 矢量代数
vector analysis 矢量分析
vector cardiograph 心向量仪
vector computer 向量计算机
vector data structure 矢量数据结构
vector description 矢量描述
vector-diagram 矢量图解
vector differentiation 矢量微分
vector DNA 载体 DNA{分遗}
vector equation 矢量方程
vector field 矢量场
vector format 向量格式
vector function ①矢量函数 ②向量功能
vector functional unit 向量功能部件
vector graphics ①向量给图,向量制图 ②向量图形
vector graphics display 向量式图形显示
vector group 矢量群
vector increment 向量增量
vector innovation 向量刷新
vector insect (= disease carrying insect) 传病媒介昆虫
vector integration 矢量积分
vector mask(VM) 向量屏蔽
vector of agricultural modernization 农业现代化的载体{智培}
vector of disease 病菌媒介
vector of infection ①侵染介体{病理} ②传染媒介{微生物}
vector of information agriculture 信息农业的载体{智培}
vector potential 矢量位势
vector product 矢量乘积
vector quantization(VQ) 向量化,向量量化
vector representation 矢量表示
vector supercomputer 向量巨型计算机,向量巨型机
vectored interrupt(VI) 向量中断
vectoring ①定向 ②引导
vectoring address 定向地址{信息}
vectorization 向量化,矢量化 (vectorisatio)
vectorization ratio 向量化率
vectorized loop 向量化循环
vectorizing compiler 向量化编译器
vedalia (= Australian lady beetle) 澳洲瓢虫 [*Rodolia cardinalis* (Muls.)] (瓢虫科)
vee-shaped V 形的
veering 顺转
veering of wind 风向顺转
vegeculture ①蔬菜栽培 ②蔬菜栽培学,蔬菜园艺学 (vegecultura)
vegetable ①植物的 ②蔬菜的 ③植物 ④蔬菜 (vegetabilis, oleraceus)
vegetable active carbon 植物活性炭
vegetable-adhesive 植物胶黏剂
vegetable anatomy (= plant anatomy) 植物解剖学 (phyto tomia)
vegetable ant 植食矛蚁 [*Dorylus orientalis* Westwood]
vegetable area 蔬菜面积
vegetable bed 蔬菜苗床
vegetable bug (= cabbage bug) 菜蝽 [*Eurydema pulchrum* Westwood] (蝽科)
vegetable burying storage 蔬菜埋藏法
vegetable butter 植物油(脂)
vegetable can 蔬菜罐头
vegetable canning 蔬菜罐藏,蔬菜罐头制造
vegetable caterpillar (= aweto) 冬虫夏草
vegetable cellar 菜窖
vegetable chemistry 植物化学 (phytochemia)
vegetable color (= vegetable colour) 植物染料
vegetable colorings (= vegetable colourings) 植物染料{显技}
vegetable crop rotation 蔬菜轮作
vegetable crop science 蔬菜园艺学,蔬菜作物学
vegetable cropping 蔬菜栽培
vegetable crops 蔬菜作物
vegetable culture ①蔬菜栽培 ②蔬菜栽培学,蔬菜园艺学 (vegecultura)
vegetable decolourizing carbon 植物性脱色炭
vegetable dehydration 蔬菜干制
vegetable dehydrator 蔬菜干燥机
vegetable drill 蔬菜播种机
vegetable drugs 植物性药物
vegetable dry matter 蔬菜干物质
vegetable dyes 植物染料
vegetable earth 菜园土,腐殖土
vegetable evaporative cooler 蔬菜蒸发制冷机
vegetable farm ①蔬菜农场 ②菜园[地]
vegetable farming 蔬菜栽培
vegetable farming institute 蔬菜栽培研究所
vegetable fat 植物脂,植物油脂
vegetable fertilizer ①植物肥料 ②植物性肥料
vegetable fiber (= vegetable fibre) 植物纤维 (fiber vegetabilis)
vegetable field 蔬菜[栽培]地

vegetable field storage 蔬菜露地贮藏
vegetable flea 黄曲条跳甲［*Phyllotreta vittata* Fabricius］（跳甲科）
vegetable forcing culture 蔬菜促成栽培
vegetable frame 菜架
vegetable fruits 果蔬类
vegetable garden 菜园，菜圃
vegetable garden guide 菜园指南
vegetable gardening ①蔬菜园艺 ②蔬菜园艺学，蔬菜栽培学
vegetable glue 植物胶
vegetable gold（= saffron crocus，saffron）番红花（藏红花）［*Crocus sativus* L.］（鸢尾科）
vegetable grasshopper 深山款冬蝗［*Podisma mikado* Bolivar］
vegetable greens 青菜类
vegetable grower 菜农，蔬菜栽培者
vegetable growing ①蔬菜栽培 ②蔬菜栽培学，蔬菜园艺学
vegetable growing area 蔬菜栽培面积
vegetable-growing farm 蔬菜栽培农场
vegetable growing of open ground 露地蔬菜栽培
vegetable growing of protective ground 保护地蔬菜栽培
vegetable growing under glass 温室蔬菜栽培
vegetable growth diagnosis system 蔬菜生长诊断方法
vegetable hair 植物毛（pilus vegetabilis）
vegetable harvester 蔬菜收获机
vegetable harvesting machine 蔬菜收获机
vegetable humid-fresh storage system 蔬菜湿润保鲜贮藏法
vegetable in brine 泡菜，盐渍蔬菜
vegetable insecticide 植物杀虫剂
vegetable juice 蔬菜汁
vegetable layer ①腐殖土，腐殖层｛土壤｝②植被层｛生态｝
vegetable leafminer ①蔬菜潜叶蝇［*Liriomyza munda* Frick］②豌豆黑角潜叶蝇［*Phytomyza nigricornis* Macquart］（潜蝇科）
vegetable lifter 蔬菜挖掘器
vegetable lipase 植物脂酶
vegetable manure 植物性肥料
vegetable market 蔬菜市场，菜市
vegetable marrow 西葫芦［*Cucurbita pepo* var. *giraumontia* Duch.］（葫芦科）
vegetable matter ①（作物）残留物｛栽培｝②植物性物质｛生化｝
vegetable medicine 草药
vegetable mercury（= tree tomato） 树番茄［*Cyphomandra betacea* Mierr.］（五加科）
vegetable mould（= vegetable mold） ①腐殖（植）土 ②植物覆盖层
vegetable mustard 菜用芥菜［*Brassica carinata* A. Braun］（十字花科）
vegetable oil 植物油
vegetable oil metachromosomic effect 植物油异染色体效应
vegetable oversea transportation 蔬菜海外运输
vegetable oyster（= salsify，oyster-plant）婆罗门参［*Tragopogon porrifolius* L.］（菊科）
vegetable parchment 假羊皮纸，硫酸纸，厚皮纸
vegetable parchment bag 厚皮纸袋
vegetable patch 蔬菜栽培地
vegetable pear 菜用梨
vegetable pitch 植物沥青
vegetable plant 菜苗
vegetable planter 蔬菜播种机
vegetable plot 菜地，菜圃
vegetable poison（= plant poison） 植物性毒
vegetable processing 蔬菜加工
vegetable processing industry 蔬菜加工产业
vegetable produce 蔬菜产品
vegetable production 蔬菜生产
vegetable protein 植物蛋白质
vegetable refuse ①腐烂枯枝落叶层 ②森林地被物
vegetable reproduction 蔬菜繁殖
vegetable research institute 蔬菜研究所
vegetable resin 树脂，植物脂
vegetable salad 蔬菜沙拉（指蔬菜生食）
vegetable salting 蔬菜腌藏
vegetable sawfly 蔬菜黄叶蜂［*Athalia proxima* Klug］（叶蜂科）
vegetable seed 蔬菜种子，菜子
vegetable seed catalogue 蔬菜种子目录
vegetable-seed planter（= vegetable-seed drill） 蔬菜种子播种机
vegetable seed processing 蔬菜种子加工
vegetable seedling 蔬菜幼苗，菜苗，菜秧
vegetable show 蔬菜展览
vegetable silk 植物［性］丝
vegetable soil 菜园土壤，熟化土壤
vegetable sorter 蔬菜分级机
vegetable sponge（= luffa fibre，towel gourd） 丝瓜［*Luffa cylindrica* Roem.］（葫芦科）
vegetable stand 菜摊

vegetable store-house 蔬菜贮藏库
vegetable stored in cellar 窖菜
vegetable storeroom 蔬菜贮藏室
vegetable tallow 乌桕［*Sapium sebiferum* Roxb.］（大戟科）
vegetable tanning 植物鞣制［法］｛环保｝
vegetable tar 植物焦油
vegetable tier 捆菜装置，捆菜器
vegetable tissue 植物组织（tela vegetabilis）
vegetable topping 蔬菜打尖
vegetable transplanter 蔬菜栽植机
vegetable trench storage 蔬菜沟藏
vegetable trimmer 蔬菜切整机
vegetable washer 蔬菜清洗机
vegetable washer-drier 蔬菜清洗干燥机
vegetable wax 植物蜡
vegetable weevil（= brown vegetable weevil） 蔬菜象甲［*Listroderes costirostris obliquus*（Klug）］（象甲科）
vegetable wholesale market 蔬菜批发市场｛农管｝
vegetable wool 人造羊毛
vegetables 蔬菜作物
vegetables native to western countries 外国传人的蔬菜作物
vegetal ①植物性的｛形态｝②有生长力的｛栽培｝（vegetalis）
vegetal cover（= living soil cover） 土壤活地被物
vegetal hemisphere 植物半球
vegetal oil 植物［性］油
vegetal organ 植物性器官
vegetal pole 植物性极
vegetalization ①植物营养体形成 ②植被形成（vegetalisatio）
vegetation ①植被｛生态｝②营养体［生长］｛形态｝③增殖体，赘生物｛物｝（vegetatio）
vegetation accelerator 生长加速剂
vegetation analysis 植被分析
vegetation aspect 植被季相
vegetation association analysis 植被群丛分析
vegetation biomass 植被生物量
vegetation boundary 植被界线
vegetation cartography 植被制图
vegetation classification 植被分类
vegetation cone（= vegetative cone） 生长锥
vegetation cover 植被［覆盖］
vegetation cover type 植被类型
vegetation damage assessment 植物受害评价
vegetation disintegrator 植被切碎机，植被粉碎机
vegetation division 植被分区
vegetation form（= vegetation type） 植被型（forma vegetationis）
vegetation forming factor 植被形成因素
vegetation girdle（= vegetation zone） 植物带
vegetation gradient analysis 植被梯度分析
vegetation history 植被史（historia vegetationis）
vegetation index 植被指数（index vegetationis）
vegetation investigation 植被考察（调查，研究）
vegetation limit 植被界限（limitern vegetationis）
vegetation map 植被图（mappa vegetationis）
vegetation on forest floor 林地覆被物
vegetation pattern 植被模式
vegetation period 营养期，生长期（periodus vegetationis）
vegetation profile 植被剖面
vegetation regionalization 植被区划
vegetation resources 植被资源
vegetation season 植被季相
vegetation seasonal change 植被季相变化
vegetation succession 植被演替（successio vegetationis）
vegetation survey 植被调查
vegetation type 植被型（typus vegetationis）
vegetation-type combination 植被型组合
vegetation-type line 植被型线
vegetation-type map 植被型图
vegetation wilt 植被枯萎
vegetation zone 植被带（zone vegetationis）
vegetational zone 植物带
vegetative ①植物生长的｛栽培｝②无性营养的，营养体的｛遗传｝（vegetativus）
vegetative abnormality 生长反常
vegetative activity 营养体活动性
vegetative apogamy 无性无配生殖（apogamia vegetativa）
vegetative apomixis 无性无融合生殖（apomixis vegetativus）
vegetative approachment 无性接近｛园艺｝
vegetative approachment method 无性接近法
vegetative ash 草木灰
vegetative branch（= vegetable shoot） 营养枝（ramus vegetativus）
vegetative branches of the cotton plant 棉

株营养枝
vegetative bud 营养芽（gemma vegetativa）
vegetative cell 营养细胞（cellula vegetativa）
vegetative characteristics 生长特征
vegetative composition 植物性成分
vegetative cone 生长锥（conus vegetativus）
vegetative cover 植被（vegetatio）
vegetative cycle 营养期循环
vegetative development 营养体发育
vegetative dormancy 营养体休眠
vegetative enzyme 营养酶
vegetative fat 植物脂
vegetative flower 无性花（flos vegetativus）
vegetative form ①营养体型{遗传} ②生活型{微生物}
vegetative fusion 无性并合
vegetative generation 营养[体]世代，无性世代（generatio vegetativa）
vegetative growing season 营养生长期
vegetative growth 营养生长（vegetatio）
vegetative growth phase ①营养生长期 ②营养生长阶段
vegetative haploidization 营养体单倍化
vegetative hybrid 无性杂种，营养[体]杂种（hybrida vegetativa）
vegetative hybridization 无性杂交，营养[体]杂交（hybridisatio vegetativa）
vegetative hypha 营养菌丝（hypha vegetativa）
vegetative-lag period 营养停滞期
vegetative-lag phase 营养停滞期
vegetative landscape 植物景观
vegetative little 营养性小菌落
vegetative map 营养期图
vegetative mass 营养体（massa vegetativa）
vegetative means 营养体方法
vegetative multiplication 营养生殖（multiplicatio vegetativa）
vegetative mycelium 营养菌丝体（mycelium vegetativum）
vegetative nervous system 植物性神经系统（systema nervosa vegetativa）
vegetative nucleus 营养核（nucleus vegetativus）
vegetative organ 营养器官（organa vegetativa）
vegetative parent cell 营养亲细胞
vegetative part 茎叶部分，营养体部分
vegetative parthenocarpy 营养性单性结实（parthenocarpia vegetativa）
vegetative period 营养期，生长期（periodus vegetativus）
vegetative petite 营养性小菌落
vegetative phage 营养期噬菌体（phagus vegetativus）
vegetative phage growth 营养期噬菌体生长
vegetative phase 营养期（phasis vegetativus）
vegetative point 生长点（punctum vegetativum）
vegetative pole 植物极（pola vegetativa）{细胞}
vegetative primordia 营养[器官]原基（primordia vegetativa）
vegetative progeny 无性后代（progenies vegetativus）
vegetative proliferation 无性增殖（proliferatio vegetativa）
vegetative propagated plants 无性繁殖植物（plantae propagatae vegetativae）
vegetative propagation 无性繁殖，营养[体]繁殖（propagatio vegetativa）
vegetative pure line 营养纯系
vegetative regeneration 无性更新（regeneratio vegetativa）
vegetative remains 植物性遗留物，腐烂枯枝落叶层（森林地被物）
vegetative replication 营养体重复
vegetative reproduction 营养体生殖，无性生殖（reproductio vegetativa）
vegetative rest 休眠期
vegetative segregation 营养[体]分离（segregatio vegetativa）
vegetative shoot（= vegetative branch） 营养枝
vegetative spore 营养孢子（spora vegetativa）
vegetative stage 营养期
vegetative state 营养体状态
vegetative structure 营养体结构（structura vegetativa）
vegetative tiller 营养分蘖，无效分蘖
vegetative tip（= growing apex） 营养体尖端，生长点（apex vegetativa）
vegetative tissue 营养组织（tela vegetativa）
vegetative transmission 营养繁殖传播（transmissio vegetativa）
vegetative trial 营养体试验
vegetative vigor 营养体活力（vigor vegetativus）
vegetative wax 植物性蜡
vegetative yield 营养体产量
vegetatively propagated plant 无性繁殖植

物
vegete 鲜艳的(vegetus)
vehicle ①车辆,(陆上)交通工具 ②飞船 ③载体,媒介物(vehiculum)
vehicle of infection ①传染介体{微生物} ②侵染介体{病理}
vehicle performance 车辆性能
vehicle shed (=cart shed) 车棚,车库
vehicle waterproofing 车辆防水密封性
vehicular ecological system 飞船生态系统
vehicular subsystem 飞船分系统
veil (=vail) ①菌幕 ②缘膜 ③幕,幕幛(velum)
veiled lady 竹荪[*Dictyophora indusita* (Vent. ex Pers.) Fischer]{真菌}
veiled polypore 隐孔菌[*Cryptoporus volvatus* Hub.](真菌)
vein ①[叶]脉 ②静脉 ③翅脉(vena nervus)
vein-banding 脉边浓绿病(沿脉变色)
vein-clearing 明脉[症]
vein-colour 脉色
vein end 脉梢
vein eyelet 小脉眼
vein-fruited 脉果的(neurocarpus)
vein islet 脉间区
vein-leaved 脉叶的(neurophyllus)
vein meshes 脉网[眼]
vein rib 脉脊
vein stone (=vein stuff) 脉石{地质}
veinal necrosis virus 脉坏死病毒
veined ①具脉的 ②影纹的(nervatus, nervosus, venosus)
veined construction 影纹结构{遥感}
veined wood 花纹材
veining ①脉序(venatio) ②脉状的(venosus)
veinless 无[叶]脉的(enervius, invenius, nullinervis)
veinlet 细脉(venula, nervulus)
veiny 有脉的(venius)
veiny actinidia 显脉猕猴桃[*Actinidia venosa* Rehd.](猕猴桃科)
Veitch diagram 维奇图解{电脑}
Veitch peony (=common garden peony) 赤芍[*Paeonia veithii* Lynch](毛茛科)
Veitch sasa 维奇氏箬竹[*Sasa veitchii* Rehd.](禾本科)
Veitch screw pine 露兜树[*Pandanus veitchii* Hort. ex Dalliere](露兜树科)
Veitch spiraea 鄂西绣线菊[*Spiraea veitchii* Homsl.](蔷薇科)
Veitch tanne 冷杉[*Abies veitchii* Lindl.](松科)
Veitche's silver fir 白桧[*Abies veitchii* Lindl.](松科)
velamen 根被(velamen)
velamentous 根被的(velamentosus)
velamentous root 根被根(radix velamentosa)
velangiocarpy 菌幕被果型(velangiocarpium)
velans 范伦(月见草中染色体组名)
velate 具菌幕的(velatus)
veld (=veldt) 裴勒得草原(南非稀树干草原)
veld management 草原(草地)经营,草原(草地)管理
velella ①帆水母属[*Velella* L.](帆水母科) ②帆水母[*Velella velella* (L.)]
Vellai 维尔莱(甘蔗热带原种)
velo cloud (美国沿海)高雾
velocimeter 速度计
velocity ①速度 ②流速(ve locitas)
velocity coefficient 速度系数{环保}
velocity component 分速
velocity constant 速度常数
velocity diagram 速度图解
velocity energy 速度能,流速能{环保}
velocity field 速度场
velocity gradient 速度梯度
velocity head 流速水头
velocity measurement 速度测量
velocity of approach 接近速度{狩猎}
velocity of ascension 上升速度
velocity of cloud 云速
velocity of discharge 放水速度{环保}
velocity of fall 低降速度
velocity of flow 流速
velocity of light 光速{遥感}
velocity of sap flow 液流流速
velocity of shots 弹丸速度{狩猎}
velocity of stream 河水流速
velocity of water 流速
velocity package 加速器,加速舱,测速仪器舱
velocity plan 速度图
velocity potential 速度位势
velocity pressure ①速压,速度压头{水利} ②风压{气象}
velocity profile 速度廓线,速度分布图
velocity regime 速度状况
velocity rod [测]流速浮杆{环保}
velocity sensor 速度传感器
velocity variation 速度变化

velocity vector （VV）速度矢量
velograph 速度记录器
velometer 速度计
Velsicol 1068（= chlordane） 氯丹
velum ①膜 ②膜突 ③膜垂{昆虫}
velumen 短绒毛被
velutinous 被短绒毛的（velutinus）
velvet 绒状的（velutinus）
velvet ants 蚁蜂科［Mutillidae］
velvet apple（= butter fruit） 台湾番柿（毛柿）［*Diospyros discolor* Willde］（柿科）
velvet bean ①黧豆属［*Stizolobium* P. Br.］（豆科）②日本黧豆［*Stizolobium hassjoo* （Sieb.）Piper et Tracy.］③茸毛黧豆［*Stizolobium deeringianum* （Small） Bort.］
velvet bean caterpillar（= soy bean caterpillar） 黧豆夜蛾［*Anticarsia gemmatalis* Hübner］（夜蛾科）
velvet bent（= brown bentgrass, dog bent） 狗牙剪股颖［*Agrostis canina* L.］（禾本科）
velvet blight 膏药病
velvet flower（= lovelies-bleeding） 老枪谷（千穗谷）［*Amaranthus caudatus* Linn.］（苋科）
velvet foot 冬菇（毛柄金钱菌）［*Flammulina velutipes* Sing.］（伞菌科）
velvet-grass（= meadow softgrass） 绒毛草［*Holcus lanatus* L.］（禾本科）
velvet-hawk moth（= velvety hawk moth） 天鹅绒天蛾［*Rhagastis mongoliana* Butler］（天蛾科）
velvet leaf（= China jute） 苘麻
velvet-like ①被短绒毛的（velutinus）②多细柔毛的（byssoideus）
velvet-plant（= velvet tree） ①土三七属［*Gynura* Cass.］（菊科）②土三七［*Gynura segetum* Merr.］
velvet tamarind 绒酸豆［*Dialium ovoideum* Thw.］（豆科）
velvet-top-fungus 绒盖多孔菌（落叶松腐心菌）［*Polyporus schweinitzii* Fr.］（多孔菌科）
velvet tortrix 豹裳卷蛾［*Cerace xanthocasma* Diakonoff］（卷蛾科）
velvet tree-mallow ①花葵属［*Lavatera* L.］（锦葵科）②花葵［*Lavatera arborea* L.］
velvety ①被绒毛的，被茸毛的 ②被茸毛被（velutinus）
velvety chaff 绒毛状膜片
velvety hawk moth 天鹅绒天蛾［*Rhagastis mongoliana* Butler］（天蛾科）
velvety lilac 关东丁香［*Syringa velutina* Kem.］
velvety small noctuid 绒毛狸夜蛾［*Lithacodia atrata* Butler］（夜蛾科）
velvety tortrix 天鹅绒卷蛾［*Cerace guttana* Felder］（卷蛾科）
vena ①翅脉 ②静脉
venation ①脉序 ②叶脉型（venatio）
vendavales 文达瓦尔风（直布罗陀海峡的一种强西南风）
vender（= vendor） ①卖主，厂家 ②自动售货机{农管}
vendor-logo product 转卖产品，转卖产物
vendor software 自动售货机软件
veneer ①镶板 ②薄板，单板
veneer blotch 嵌斑病（指甘蔗）
veneer budding 镶芽接，单片芽接
veneer crown grafting 切接
veneer cutting saw 单板锯
veneer grafting 切接，镶接
veneer log 单板原木，胶合板材
veneering ring budding 镶板环状芽接
veneering with strips of bark 带状裂皮切接
venenate 有毒的（venenatus）
veneniferous 含毒的（veneniferus）
venenose 剧毒的（venenosus）
venereal 性交的（venerealis）
venereal disease 性［交］病{医}
venereal transmission 性交传播（指家畜）
venereal tumour chromosome 性交感染肿瘤染色体
Venetian sumac（= wig tree） 黄栌
Venetian turpentine 威尼斯松节油
Venetian turpentine in mounting 装片用威尼斯松节油
Venetian turpentine method 威尼斯松节油法{显技}
Venezuela heliconia 蝎尾蕉［*Heliconia metallica* Planch. et Linden ex Hook. f.］（芭蕉科）
vengicide 旺地杀菌素
veniform 脉状的（veniformis）
venison 鹿肉
venogram 静脉描记图，静脉波图
venom ①毒，毒素 ②毒剂，毒药 ③毒液
venom peptide 毒液肽
venom phosphodiesterase 蛇毒磷酸二酯酶
venomosalivary 分泌毒性唾液的
venomous ①有毒的，毒性的 ②分泌毒液的 ③有毒腺的（venomosus）
venose 有脉的（venosus）

venous ①有脉的 ②静脉的 (venosus)
vent ①孔,通气孔,放气孔 ②孔口,出口 ③通路 ④释出,放出 (ventus)
vent hole ①通气口 ②出烟口
vent pipe 通风管,排气管
vent stack 通气竖管{环保}
venter [颈卵器]腹 (ventre)
venter side 腹面{形态}
ventilago ①翼核果属 [*Ventilago* Gaertn.](鼠李科) ②翼核果 [*Ventilago maderaspatana* Gaertn.]
ventilated 通气的,通风的 (ventilated)
ventilated bale 通风草捆
ventilated bin 通风粮仓
ventilated bin grain drier 通风箱式谷物干燥机
ventilated hay tower 通风干草塔
ventilated psychrometer 通风干湿计
ventilated radiator motor 扇冷式电动机
ventilated silo 通风贮料仓
ventilated thermometer 通风温度计
ventilating ①通气的,通风的 ②排气的 ③换气的 (ventilasans)
ventilating damper 通风闸,气闸
ventilating device 通风装置,换气装置
ventilating drier 通风式干燥机
ventilating dry kiln 通风干燥室
ventilating dryer 通风干燥机
ventilating duct (= air duct) 通风道,通风沟,通风导管{环保}
ventilating fan 通风风扇
ventilating flue 通风管
ventilating machine 通风机
ventilating machinery 通风机械
ventilating pipe 排气管,出气管
ventilating pit 通气孔 (porus ventilasans)
ventilating suit 通气服{物}
ventilating tissue 通风组织 (tela ventilasans)
ventilation ①通风,通气,换气 ②略有缺陷(瑕疵) (ventilatio)
ventilation drying 通风干燥
ventilation duct ①风道 ②通气管
ventilation equipment 通风设备
ventilation hole 通气孔
ventilation installation 通风装置
ventilation of greenhouse 温室通风
ventilation of livestock house 畜舍通风
ventilation opening (= ventilation scoop) 通风口
ventilation pipe 通风管{环保}
ventilation plant 通风设备
ventilation pressure 通风压
ventilation shaft 通风管道
ventilation storage installation 通风贮藏设施{农施}
ventilation tunnel 通风道
ventilator (= ventilater) ①通气器,排风扇 ②通气窗,通风窗
ventilatorious 扇形的 (ventilatorius)
ventilatorous 气窗状的 (ventilatorus)
venting 通风法
ventral ①腹面的 ②下面的 (ventralis)
ventral canal cell 腹沟细胞 (cellula canalis ventralis)
ventral canal nucleus 腹沟核 (nucleus canalis ventralis)
ventral canal suture 腹沟缝 (sutura canalis ventralis)
ventral cell 腹[面]细胞 (cellulaventralis)
ventral fin 腹鳍
ventral line 腹线
ventral median line 腹中线
ventral nerve cord 腹神经索
ventral plate 腹[藻]片 (platus ventralis)
ventral portion of kernel 子粒腹部
ventral root potential 前根电位
ventral scale 前鳞 (squama ventralis)
ventral shield 腹甲
ventral side 腹面 (superficies superior)
ventral suture 腹缝[线] (sutura ventralis)
ventral trace 腹迹 (vestigium ventrale)
ventri-dorsal 背腹的 (ventri-dorsalis)
ventricidal dehiscence 室腹开裂性 (dehiscentia ventricidalis)
ventricle ①胃 ②心室 (ventriculus)
ventricose 一面臌的,中央腹臌的 (ventricosus)
ventricular complex 心室波{物}
ventricular valve ①心室瓣 ②胃瓣
ventriculose 一面稍臌的 (ventriculosus)
ventriculus (= chyle stomach) 胃,中肠{昆虫}
ventricumbent ①侧脉的 ②俯状的,面朝下的 (ventricumbens)
venture 风险,冒险 (ventura)
venture capital industry 风险投资业{农经}
venture evaluation and review technique (VERT) 风险评审技术
venture investment 风险投资
Venturi flume 量水槽,文丘里式水槽{环保}
Venturi meter 文氏管流量计
Venturi nozzle 文氏喷粉管{农机}
Venturi spreader 文氏管形洒布机

Venturi tube 文氏管,细腰管{环保}
venule ①细脉,支脉 ②小静脉 (venula)
venulose ①多侧脉的 ②具细脉纹的 (venulosus)
Venus ①金星 (venus){物}②维尼斯(澳大利亚甘蔗品种)
Venus comb (= shepher's needle) 仙梳司堪地(仙梳针果芹) [*Scandix pectenveneris* L.] (伞形花科)
Venus fly-trap ①捕蝇草属 [*Dionaea* Ellis.] (茅膏菜科) ②捕蝇草 [*Dionaea muscipula* Ellis.]
Venus-hair fern ①铁线蕨属 [*Adiantum* L.] (铁线蕨科) ②铁线蕨 [*Adiantum capillaria-veneria* L.]
Venus-hair fern family (= adiantum family) 铁线蕨科 [Adiantaceae]
Venus radar 测金星雷达
Venusian orbit image radar (VOIR) 金星轨道成像雷达{遥感}
Venus's hair 掌叶铁线蕨 [*Adiantum pedatum* L.] (铁线蕨科)
Venus's looking grass ①镜花属 [*Specularia* Heister.] (桔梗科) ②镜花 [*Specularia speculum* DC. = *Legousia speculum-veneris* Duc.]
verandah 游廊,长廊,走廊{园林}
veratramine (= veratramin) 藜芦胺 [$C_{27}H_{39}O_2N$]
veratrate ①藜芦酸 ②藜芦酸、碱、酯或根
veratric acid 藜芦酸 [$(CH_3O)_2C_6H_3COOH$]
veratridine 藜芦定 [$C_{36}H_{51}NO_{11}$]
veratrilla ①滇黄芩属 [*Veratrilla* Franch.] (龙胆科) ②滇黄芩 [*Veratrilla baillonii* Franch.]
veratrine ①藜芦碱类 ②藜芦碱 [$C_{32}H_{49}O_9N$]
veratrine mutachromosomic effect 藜芦碱诱变染色体效应
veratrine sulphate 硫酸藜芦碱
veratrole (= veratrol) 藜芦醚,邻二甲氧[基]苯 [$(CH_3O)_2C_6H_4$]
veratrum ①藜芦属 [*Veratrum* L.] (百合科) ②藜芦 [*Veratrum nigrum* L.]
verbal protocol 口头协议{信息}
verbena ①马鞭草属 [*Verbena* L.] (马鞭草科) ② (= holy wort, vervain) 马鞭草 [*Verbena officinalis* L.]
verbena bud moth 马鞭草小卷蛾 [*Endothenia hebesana* (Walker)] (小卷蛾科)
verbena family 马鞭草科 [Verbenaceae]
verbenol 马鞭烷醇 [$C_{10}H_{16}O$]
verbenone 马鞭烯酮 [$C_{10}H_{14}O$]
verdant ①绿色的,绿化的 ②生的,未熟的 (verdans)
verdant field 绿色田野
verdant grass 青禾草
verdant zone 无霜带
verdict ①判定,判断 ②决定,定论
verdoflavin 核黄素,维生素 B_2
verdohematin 高铁胆绿素
verdohemin 氯铁胆绿素
verdohemochrome 胆绿素原
verdohemoglobin 胆绿蛋白
verdoperoxidase 绿过氧物酶,髓过氧物酶
verdure ①翠绿,青绿 ②新鲜 ③萌蘖 (verdura)
verge ①边界,边缘,路边 (virgt) ②接近 (vergere)
verge trimmer 路边刈草机
Vergennes 维金那斯葡萄(葡萄品种)
verglas 雨淞
verifiable secure operating system 能检验可靠操作系统
verification ①检证,验证 ②校对,核算 ③证实 (verificatio)
verification and validation 验证和确认
verification card 验证卡片
verification data 验证数据
verification mode 验证方式
verification of variety 品种鉴定,品种验证
verifier ①检验器,核对器,校对机 ②验证员,核对员,校对员
verify ①检验,验证 ②核对,校对 (verificare)
verify error 检验误差
verify mode 检验方式
verify unit 检验装置
veritability ①可检验,可核实 ②能证明 (veritabilitas)
veritable ①可检验的,可核实的 ②可证明的,可证实的 (veritiabilis)
verjuice 酸果汁{加工}
vermes 蠕形类,蠕形动物
vermicelli (通心粉制成)细面条
vermicidal 杀蠕虫的 (vermicidalis)
vermicide 杀蠕虫剂
vermicular (= vermiculate) 蠕虫状的 (vermicularis)
vermicular motion 蠕动
vermiculated mottle 网纹斑
vermiculation ①蠕动 ②虫迹 (vermiculatio)

vermiculite 蛭石
vermiform 蠕虫状的(vermiformis)
vermiform appendage 蠕虫状附器(胚乳)(appendix vermiformis)
vermifugal 驱(寄生)虫的,杀蠕虫的(vermifugus)
vermifuge 驱(寄生)虫剂,杀蠕虫剂
vermilion (v)朱砂色(突变型)
vermilion plus substance (v^+)朱砂色野生型物质
vermilion-red 朱红色的(cinnabarinus)
vermilion rhododendron 朱砂杜鹃[*Rhododendron cinnabarinum* Hook. f.](杜鹃花科)
vermin ①害虫{昆虫}②虫疫{病理}③寄生虫,肠虫{医}④害鸟,害兽{栽培}
vermination 蠕虫生辰(verminatio)
verminosis 蠕虫病
verminous 蠕虫的(verminus)
verminous bronchitis 蠕虫性支气管炎
vermivorous ①食虫的 ②虫体生的(vermivorus)
vermouth (=vermuth) 苦艾酒{药物}
vermouth steppe 艾蒿草原
Verna 维尔娜(西班牙柠檬品种)
vernal 春的,春性的(vernalis)
vernal aspect 春相
vernal ephemeral plant 春季短生植物
Vernal Equinox 春分(中国的24节气之一)
vernal plant 春[种]性植物
vernal slough 春暖蜕皮
vernal variety 春[种]性品种
vernalic acid 环氧十八碳-9-烯酸
vernalin 春化素
vernalization ①春化[作用]②春化处理(vernalisatio)
vernalization phase 春化期
vernalization process 春化法
vernalization quantum 春化量
vernalization reaction 春化反应
vernalization stage 春化阶段
vernalization treatment 春化处理
vernalized 春化的
vernalized seeds 春化种子
vernantia 蜕皮
vernation ①多叶卷叠式 ②幼叶卷叠式(指个叶或多叶卷叠式)(vernatio)
vernicose 有光泽的(vernicesus)
vernier ①游标 ②游标尺
vernier adjustment 游标[尺]调整
vernier caliper 游标卡尺
vernier depth gage 游标深度尺
vernier gage 游标规
vernier micrometer 游标显微测径器,游标测微尺
vernier scale 游标尺
vernine (=vernin) 鸟[嘌呤核]苷
vernolate 灭草猛(除草剂)[$C_{10}H_{21}NOS$]
vernolic acid 斑鸠菊酸,12,13-环氧油酸
vernonia (=ironweed) ①斑鸠菊属[*Vernonia* Schreb.](菊科)②斑鸠菊[*Vernonia edulis* L.]
veronal 凡罗纳,二乙基丙二酰脲,二乙基巴比土酸[$C_8H_{12}O_3N_2$]
veronal acetate buffer 乙酸凡罗纳缓冲液
veronal buffer 凡罗纳缓冲液
veronica (=veronika) ①婆婆纳属[*Veronica* L.](玄参科)②婆婆纳[*Veronica agrestis* L.]③(=speedwell)药用婆婆纳[*Veronica officinalis* L.]
veronicastrum ①威灵仙属[*Veronicastrum* Heist.](玄参科)②威灵仙[*Veronicastrum sibiricum* L.]
verruca 瘤,疣,瘊子
verrucarine 疣孢菌素
verrucate 具瘤的(verrucatus)
verruciform 瘤状的,疣形的(verruciformis)
verrucose ①多疣的 ②疣状的(verrucosus)
verrucose leaf 多疣叶(folium verrucosum)
verrucosity ①被疣 ②疣(verrucositas)
verrucous dermatitis 疣状皮炎,着色芽生菌病
verruculose ①多小疣的 ②小疣状的(verruculosus)
versatile ①丁字着生的(花药)②丁字状摆动的 ③多用途的 ④通用的(versatilis)
versatile anther 丁字形花药(anthera versatilis)
versatile data structure 通用数据结构
versatile gear 多用途渔具
versatile reproduction 可变性生殖
versatile tillage machine 通用耕耘机
versatile tractor 万能拖拉机,通用拖拉机
versatile user interface 多用途用户接口{信息}
versatile vector 多用途载体{分生}
versatility ①多方面适应性 ②多功能性 ③多面性,多用性(versatilitas)
versene (=EDTA, editic acid) 凡尔生,乙底酸{分生}
versican 多功能聚糖
versicolor pink 变色石竹[*Dianthus versicolor* Fisch.](石竹科)

versicolour (= versicolor)变色的 (versicoloris)
versiform 变形的 (versiformis)
version ①变型,改型,模型 ②方案,看法 ③侧转,侧转术 ④翻译,译本 ⑤版本 (versio)
version control 版本管理,版本控制{电脑}
version management (= version control) 版本管理
version management model 版本管理模型
version management strategy 版本管理策略
version modification 版本修改
version revision 版本修正
version up ①版本更新 ②改型,修改
version up soft 版本更新软件
verso 反页,偶数页,左页{电脑}
versus ①与 (= and) ②对,对抗,反对 (= against)
vert-de-gris (黄毁丝霉[*Myceliophthora lutea* Cost]所致的)栽培蘑菇真菌病
vertebra 椎骨,脊椎
vertebral column 脊柱
vertebrate ①有脊椎的 ②脊椎状的, ③脊椎动物 (vertebratus)
vertebrate thymus 脊椎动物胸腺
vertex ①顶,顶点 ②头顶 (vertere)
vertex in a graph 一图中顶点
vertex of a cone 圆锥顶点
vertical ①垂直的 ②立式的 ③垂直线 (verticalis)
vertical adjustment 垂直调节
vertical aerial photography 垂直航空摄影{遥感}
vertical anemometer 铅直风速表
vertical anemoscope 铅直风速仪
vertical angle 仰角
vertical anther 直上花药 (anthera verticalis)
vertical application 垂直应用
vertical axis churn 立轴式乳脂制作器
vertical band-saw 立式带锯
vertical blanking 场消隐,帧消隐{遥感}
vertical Bloth line (VBL) 垂直布洛赫线{电脑}
vertical-boom excavator 立臂式挖土机
vertical branch 直立枝 (ramus verticalis)
vertical cabinet 立式箱体{电脑}
vertical chorisis 垂直分离 (chorisis verticalis){形态}
vertical clearance 垂直地隙,垂直间隙{农机}
vertical clevis 垂直钩环
vertical closing of crown 树冠垂直郁闭
vertical component 垂直部分{统计}
vertical contraction 纵向收缩
vertical convection 垂直对流
vertical cordon 直立单干型{园艺}
vertical cordon training 垂直单干型整枝
vertical corn binder 立捆式玉米割捆机
vertical counting circuit 垂直计数电路{信息}
vertical cross-section 垂直断层
vertical curve 纵断面曲线
vertical cutterbar 立式切割器
vertical cutting 立插,直立插{园艺}
vertical density 垂直郁闭度
vertical disk plough 垂直圆盘犁
vertical-disk type root cutter 立式盘刀块根切碎机
vertical distance 垂直距离
vertical distribution 垂直分布
vertical division 垂直分裂
vertical drainage 垂直排水
vertical drier 立式干燥机
vertical drill 立式钻床
vertical echo sounder 垂直探鱼仪,垂直回声测深器
vertical element 纵向分子,轴向分子(木材)
vertical elevator 垂直升运器
vertical engine 直立发动机
vertical erosion 垂直侵蚀
vertical exaggeration 垂直夸大
vertical extent of a cloud 云的垂直高度
vertical filter 立式滤池{环保}
vertical flocculator 立式絮凝器{环保}
vertical flow 竖直流{环保}
vertical-flow sedimentation basin 竖流式沉淀池{环保}
vertical flue 垂直通气道
vertical food mixer 立式饲料混合机
vertical frame 立架
vertical frame saw 直框锯,竖锯
vertical front haulm stripper 前置立式除茎叶器
vertical gradient 垂直梯度
vertical gradient of air temperature 海拔气温梯度
vertical grain 径切纹理,直纹理{解剖}
vertical grain lumber 径面材
vertical grinding mill 立式磨粉机
vertical groove 纵沟(果实)
vertical ground visibility in photo 垂直能见度(指在相片观察林冠下空隙){遥感}
vertical growth 垂直生长
vertical hitch 垂直联结秆

vertical hitch adjustment 挂接装置的垂直调节
vertical hitching 联结[式悬挂]装置的垂直调节
vertical hydraulic conductivity 液压垂直传导性
vertical hydraulic lift 立式液压起落机构
vertical illumination 垂直(落射)照明法
vertical illuminator 垂直(落射)照明装置
vertical indirect flight muscle 纵间接飞行肌{昆虫}
vertical instability 垂直不稳定度
vertical integration 统管生产和消费全部过程的结合(一体化),垂直综合{农经}
vertical-knife divider 立刀式分禾器,立刀式割分禾器
vertical leaf distribution 直上叶分布(水稻)
vertical leaves 直上叶,直生叶(folii verticales)
vertical lever type (喷雾器)立杆型
vertical liberalization ①垂直释放{分遗} ②垂直自由化[企业],统管生产和消费全部过程自由化{农经}
vertical licensed internal code(VLIC) 垂直特许内部码{信息}
vertical lift (刈草机)垂直提升器
vertical-lift gate 直升闸{环保}
vertical line 垂直线
vertical mast 直立杆
vertical migration 垂直洄游
vertical mixing 垂直混合,铅直混合{气象}
vertical motion 垂直运动
vertical multistage condensate pump 立式多级冷凝泵
vertical palmette 直立多干形{园艺}
vertical palmette training 直立多干形整枝
vertical parenchyma 纵向薄壁组织(parenchyma verticalis)
vertical pathodeme 垂直病同类群
vertical photograph 直照相片{遥感}
vertical piling 侧堆法
vertical plane 垂直面
vertical-plate feed 立式窝眼轮排肥器
vertical plate planter 垂直排种盘式播种机
vertical point quadrat method 垂直点样方法{生态}
vertical position ①垂直位置 ②直生位置(指稻叶)
vertical profile 垂直剖面
vertical profile bioclimate 垂直剖面生物气候
vertical pump 立式泵
vertical rays 垂直射线
vertical redundancy check(VRC) 垂直冗余检验
vertical reel tractor-mounted potato spinner 拖拉机悬挂立轮式马铃薯挖掘抛掷机
vertical resistance 垂直抗[病]性
vertical resolution 垂直分辨率
vertical retort 立式煤气罐{环保}
vertical retrace 垂直回扫,帧回扫{遥感}
vertical root 垂直根(radix verticalis)
vertical rotating wheel (杯式排种器)立式旋转排种轮
vertical rotation 垂直旋转
vertical rotor 垂直转头(指生物工程仪器){生技}
vertical-rotor seed-metering device 窝眼轮排种器{农机}
vertical sampling 垂直取样
vertical scale 垂直比例尺{遥感}
vertical section ①垂直切面,垂直断面 ②垂直切片{显技}
vertical sedimentation tank 竖流沉淀池{环保}
vertical separation 垂直分离(separatio verticalis)
vertical sequencing apparatus 垂直序列测定装置,垂直测序装置{分遗}
vertical-shaft rotary plough 立式旋耕犁
vertical shaft water turbine 立轴式水轮机
vertical shear 垂直剪
vertical sheeting 竖直撑板{环保}
vertical silo 圆形直立青贮塔
vertical slab gel electrophoresis 垂直板凝胶电泳
vertical spindle cotton picker 垂直摘锭采棉机
vertical-spindle pump 立轴式离心泵{环保}
vertical stability 垂直稳定度
vertical stem globe valve 直杆球阀{环保}
vertical storage 立式贮藏塔
vertical stratification 垂直成层结构
vertical succession ①垂直顺序性 ②垂直演替{生态}(succesio verticalis)
vertical suction 垂直间隙{农机}
vertical syne pulses 纵向同步脉冲{信息}
vertical syne signal 垂直同步信号{信息}
vertical table 立式割台
vertical temperature gradient 温度垂直梯度
vertical temperature profile radiometer 垂直温度剖面辐射计垂直温度分布辐射计{遥感}
vertical templating 垂直模板形成
vertical texture 垂直质地{土壤}
vertical transition 垂直跃迁(transitio ver-

ticalis)
vertical transmission 垂直传递（transmissio verticalis)
vertical trellis 直立篱壁（trellis verticalis)｛园林｝
vertical tube ozonizer 立管式臭氧发生器｛环保｝
vertical tube rotor 竖直管转头｛生技｝
vertical two-pipe system 竖直双管式系统｛环保｝
vertical type 立式，直流型｛农机｝
vertical-type combine 直流型联合收割机
vertical-type pump 立式泵
vertical velocity ①垂直速度 ②（气球）上升速度
vertical visibility 垂直能见度
vertical water movement 水分垂直运动
vertical weir 垂直堰｛水利｝
vertical wind shear 风的垂直切变
vertical wound 纵伤
vertical zonality 垂直地带性
vertical zonality of vegetation 植被垂直地带性
vertical zone 垂直地带（zona verticalis)
vertically adjustable 可垂直调节的
verticil ①触角毛轮｛昆虫｝②菌丝轮｛真菌｝(verticillum)
verticillaster ①轮聚伞花序 ②轮伞（verticillusspurius, verticillaster)
verticillastrate ①具轮状聚伞花序的 ②具轮伞的（verticillastratus)
verticillate ①轮生的 ②毛轮的（verticillatus)
verticillate devil pepper ①萝芙木属（罗芙藤属）［*Rauwolfia* L.］（夹竹桃科）②萝芙木［*Rauwolfia verticillata*（Lour.）Baill. =*R. chinensis* Hemsl.］
verticillate leaf 轮生叶（folium verticillatum)
verticillate leaf arrangement 轮生叶序（phyllotaxis verticillatus)
verticillate needle 轮生针叶（raphidophyllum verticillatum)
verticillate ramified hair 轮状分枝毛
verticillation 轮生（verticillatio)
verticillium 轮枝孢属［*Verticillium* Nees ex Wallr.］（真菌）
verticillium disease 轮枝菌病，黄萎病（真菌病害）
verticillium wilt 黄萎（凋）病
verticillium wilt of cotton 棉黄萎病［*Verticillium alboatrum* Reinke et Rerthrd.］
verticillium wilt of eggplant 茄黄萎病［*Verticillium alboatrum* Beinke et Berthrd.］
verticillium wilt of potato 马铃薯黄萎病［*Verticillium alboatrum* Reinke et Berth.］
verticillium wilt of tomato 番茄黄萎病［*Verticillium albo-atrum* Reinke et Bertholdl］
vertisol 变性土，转化土
verutulate 杙状的（圆柱状而稍尖的）(verutulatus)
vervain ①马鞭草属［*Verbena* L.］（马鞭草科）②马鞭草［*Verbena officinalis* L.］
vervain family 马鞭草科［Verbenaceae］
very abundant 最盛，最多
very brief exposure 很短暴露｛指时间｝
very cloudy sky 多云天空｛气象｝
very coarse columnar aggregate 极粗柱状团聚体
very coarse granular aggregate 极粗团粒状团粒，极粗团粒状团聚体
very coarse prismatic aggregate 极粗棱柱状团聚体
very compact 极坚实
very distant host(VDH) 远程主机｛信息｝
very dry land 强干燥地
very fine columnar aggregate 极细柱状团聚体
very fine crumb aggregate 极细粒状团粒，极细粒状团聚体
very fine flour 特等面粉
very fine granular aggregate 极细团粒状团粒，极细团粒状团聚体
very fine prismatic aggregate 极细棱柱状团聚体
very fine sand 极细沙
very good visibility 能见度极好（能见度 20000—50000 米）
very high density lipoprotein （VHDL）极高密度脂蛋白
very high frequency（VHF） 极高频｛信息｝
very high power transistor 超大功率晶体管
very high resolution radiometer 非常高分辨率辐射计，很高分辨率辐射计
very high salinity water 极高盐水，极高矿化水
very high sea 狂涛［海面］｛气象｝
very high speed computer 超高速计算机
very high speed integrated circuit(VHSIC) 超高速集成电路
very high speed integrated circuit hardware description language(VHDL) 超高速集成电路硬件描述语言｛电脑｝

very large database(VLDB) 超大[型]数据库
very large memory(VLM) 超大内存[储器]
very large scale integrated circuit 超大规模集成电路
very large scale integration 超大规模集成
very late appearing antigen(VLA) 极迟出现抗原
very long instruction word computer(VLIW computer) 超长指令字计算机
very low density lipoprotein (VLDL)极低密度脂蛋白
very low frequency(VLF) 极低频
very poorly drained 排水极劣的,排水极不良的
very rapid attenuation 极速衰减{气象}
very rapid permeability 极速渗透率
very rough sea 巨浪[海面](浪高8～12英尺){气象}
very slow permeability 极慢渗透率
very small aperture satellite terminals(VSAT) 很小孔径卫星终端{遥感}
very steep 急斜(26°～45°)
very thick platy aggregate 极厚片状团聚体
very thin platy aggregate 极薄片状团聚体
vesicant 糜烂剂,起疱剂
vesicatorious 起疱的(vesicatorius)
vesicle ①泡囊,泡,小泡{分遗} ②泡状孔隙{解剖}(vesiculus)
vesicle budding 小泡芽生{分遗}
vesicle of Golgi apparatus 高尔基体泡
vesicle sorting 小泡分选
vesicle translocation 小泡转移
vesicula seminalis 精囊
vesicular ①具囊的 ②泡状的 ③泡囊的(vesicularis)
vesicular arbuscular mycorrhiza(VA mycorrhiza) 泡囊丛枝菌根
vesicular body 泡囊体
vesicular conglomerate 泡囊体,多囊体{真菌}
vesicular disease 水泡病
vesicular exanthema 水泡疹
vesicular germ 囊胚
vesicular hair 泡状毛(pilus vesicularis)
vesicular stomatitis 水泡性口炎
vesicular stomatitis virus(VSV) 水泡性口炎病毒
vesicular structure 胞囊状结构,气孔状构造
vesicular syndrome 水泡性症候群
vesiculate ①具气囊的 ②小泡状的(vesiculatus)
vesiculation 囊泡化(原生质),囊泡形成(vesiculatio)
vesiculose(=vesiculous) 多小泡的(vesiculosus)
vesper iris 白射干[*Iris dichotoma* Pall.](鸢尾科)
vespertine 傍晚开放的(vespertinus)
vespoid digger wasps 土蜂科[Scoliidae]
vessel ①管{物} ②导管{解剖} ③血管{畜} ④容器{农机}(vas, vasculum)
vessel element(=vessel member, vessel segment) 导管分子
vessel form sieve tube 导管型筛管
vessel part(=xylem) 木质部
vessel perforation 导管穿孔
Vesta 维斯塔(澳大利亚甘蔗品种)
vestibular apparatus 前庭器官
vestibular membrane 前庭膜
vestibular organ 前庭器官
vestibule ①前庭{物} ②外生殖腔,气门室{昆虫} ③陷腔{解剖}(vestibulum)
vestige ①残翅{遗传} ②遗迹,痕器,原始体{解剖}(vestigium)
vestigial ①残翅(v){遗传} ②残留的,未发育的,废退的{形态}(vestigialis)
vestigial bud 未发育芽(gemma vestigialis)
vestigial flower 未发育花(flos vestigialis)
vestigial glume 未发育颖(gluma vestigialis)
vestigial organ 残留器官(organa vestigialis)
vestigial sideband filter 残留边带滤波器{信息}
vestigial spine 残刺,微刺(spina vestigialis){形态}
vestiture 茸毛(vestitura){昆虫}
Vestopal 维斯托帕尔{遗传}
vestured pit 附物纹孔(porus vesturus)
vet(=veterinarian) 兽医师
vetch ①巢菜属[*Vicia* L.](豆科) ②[大]巢菜[*Vicia sativa* L.][大]
vetch aphid 巢菜修尾蚜[*Megoura viciae* Backton](蚜科)
vetch bruchid(=hairy vetch bruchid) 长毛野豌豆象甲[*Bruchus brachialis* Fahraeus](象甲科)
vetch grown in association with rye 巢菜(野豌豆)黑麦混作
vetch leaf midge 巢菜叶瘿蚊[*Dasyneura viciae* Kieffer](瘿蚊科)
vetch-leaf sophora 马蹄针[*Sophora viciifolia* Hance](豆科)
vetch weevil 巢菜豆象[*Laria rufipes*

Herbst]（豆象科）
vetchling ①山黧豆属［*Lathyrus* L.］（豆科）②山黧豆［*Lathyrus palustris* L.］
veteran 老木（第四代上木，胸径 2 尺以上的）
veteran form （树木）老年型
veteran stage （树木）老年期
veterinarian 兽医师（veterinarius）
veterinary ①兽医的 ②兽医（veterinarius）｛医｝
veterinary bacteriology 兽医细菌学
veterinary entomology 兽医昆虫学
veterinary inspection 兽医［卫生］检查
veterinary medicine 兽医内科学
veterinary microbiology 兽医微生物学
veterinary parasitology 兽医寄生物学
veterinary practitioner 兽医师
veterinary science 兽医学
veterinary station 兽医站
veterinary surgeon 兽医师
vetiver ①香根草属［*Vetiveria* Nash］（禾本科）②（= khus-khus）香根草（岩兰草）［*Vetiveria zizanioides* Nash.］
vetivone 香根草酮
vexil 旗瓣的（vexillum）｛形态｝
vexillar 旗瓣的（vexillaris）
vexillary 具旗瓣的（vexillifer，vexillaris）
vexillary aestivation 蝶形卷叠式（aestivatio vexillaris）｛形态｝
vexillate 具旗瓣的（vexillatus）
vexilliform 旗瓣形的（vexilliformis）
vexillum ①旗瓣 ②羽片
V_G（= genetic variance） 遗传方差
v. g.（verb gratia） 例如（= for example）
VHDL（= very high density lipoprotein） 极高密度脂蛋白
via ①经，经由，经过，通过 ②过孔，通孔，借用孔 ③借助于
via hole 通孔
via net loss 通路净损耗（指中继设备最低损耗）｛信息｝
viability ①生存性，能活性 ②生活［能］力，生存力，成活力 ③成活率（viabilitas）
viability curve 成活率曲线
viability of cybrid 胞质成活力，胞质生活力
viability of nematodes in vitro 离体线虫成活力
viability of pollen 花粉成活力
viability of seed 种子成活力，发芽力
viability polymorphism 生活多态［现象］
viability reaction 成活力反应
viable ①富有生活力的，成活的 ②能生存的，有生命力的（viabilis）
viable bacteria 成活细菌，活菌（bacteria viabile）
viable bud 活芽（gemma viabilis）｛形态｝
viable count 活菌计数
viable gamete 有活力配子
viable hybrid cell 成活杂种细胞
viable mutant 能存活突变型
viable phage 成活噬菌体
viable pollen 有活力花粉
viable progeny 成活后代
viable seed 有活力种子
viable units 有生存能力的［企业］单位
viaduct 栈道，旱桥，高架桥（viaductus）｛环保｝
vial 瓶，小药瓶
viapple（= ambarella） 加耶芒果（金酸枣）［*Spondias cytherea* Sonn.］（漆树科）
viatical 路边生的（viaticus）
vibrafeeder 振动式饲料分送器
vibrameter ①振动计 ②振动式计量器
vibratile ①振动的，震动的 ②摇动，摆动的（vibratilis）
vibratiller ①弹齿耙 ②弹柄中耕机
vibrating ①振动，震动 ②摇动，抖动，摆动 ③颤动
vibrating board 振动板，抖动板
vibrating boom （果实抖落器）抖动杆
vibrating centrifuge 振动式离心［分离］机
vibrating chute 拌动式滑槽
vibrating cultivator 摆动铲中耕机
vibrating feed bin 振动喂入箱
vibrating feed mechanism （条播机）振动喂入机构
vibrating feeder 振动喂送装置
vibrating roller 振动式镇压器
vibrating screen 振动筛，抖动筛
vibrating table 振动［分选］台
vibrating tillage tool 振动耕作机
vibrating tine harrow 振动钉齿耙，弹齿耙
vibrating weeder 弹齿除草耙
vibration ①振动，震动，震荡 ②摇动，摆动 ③颤动（vibratio）
vibration absorber 减振器
vibration-and-shock safety switch 振撞安全开关
vibration compaction 震动压实｛耕作｝
vibration damper 震动抑制器
vibration device 振动装置｛农机｝
vibration level 振动级，振动水平｛农施｝
vibration measurement 振动测定
vibration proof 防振，防震
vibration proof material 防震材料｛环保｝

vibration screens for sludge 污泥振动过筛{环保}
vibration sensation 振动感觉（sensatio vibrationis）
vibration-sensitive receptor 振动感受器
vibration test ①振动测试 ②振动试验
vibration tolerance curve 耐振曲线
vibrational characteristic 振动特性
vibrational-rotational spectrum 振转光谱{生技}
vibrational spectrum 振动光谱
vibratome 振动切片机{显技}
vibrator ①振动器，振颤器 ②振荡器 ③振子 ④抖落器
vibrator cultivator 弹齿中耕机
vibrator elevator 振动式升运器
vibrator feed 振动式喂送器
vibrator meter 振动式计量器
vibrator tiller 振动式中耕机
vibrator tooth 弹齿
vibratormeter ①振动计 ②振动式计量
vibratory earth borer 振动式土钻
vibratory harvesting 振动式收获
vibratory microtome 振动切片机{显技}
vibratory motor 电动振抖装置
vibriassae 感觉毛(用于捕蝇草)
vibrio ①弧菌属［*Vibrio* Pacini］(弧菌科) ②弧菌［*Vibrio* sp.］
vibrio family 弧菌科［*Vibironaceae*］
vibriocin 弧菌素{分遗}
vibrionic dysentery 弧菌性痢疾
vibriosis 弧菌病
vibrocardiogram 振动心电图
vibrofloatation 浮震法（vibrofloatatio）
vibrograph 振动显示器，示振器，振动记录器
vibromasseur 振颤按摩器
vibrometer ①振动计 ②振动治聋器
vibrophone 鼓膜振动器
vibroscope 振动计，示振仪
vibrotactile information 振动触觉信息
vibrotron 振敏管
viburnitol 荚蒾醇，*L*－栎醇，环己五醇
viburnum ①荚蒾属［*Viburnum* L.］(忍冬科) ②荚蒾［*Viburnum dilatatum* Thunb.］
viburnum aphid 荚蒾蚜(绣球花蚜)［*Aphis viburniphila* Patch.］(蚜科)
viburnum cottony scale 荚蒾粉蚧［*Phenacoccus viburnae* Kanda］(粉蚧科)
viburnum gracilarid 荚蒾细蛾［*Lithocolletis lantanella* Schrank］(细蛾科)
viburnum leaf beetle 荚蒾叶甲［*Pyrrhalta annulicornis* Baly］(叶甲科)
viburnum shoot sawfly 荚蒾茎蜂［*Janus japonicus* Sato］(茎蜂科)
vicariation 代理，替代（vicariatio）
vicarious 代理的，替代的（vicarius）
vicarious species 替代种，姊妹种
vice- ⌞字头⌝副，次
vice ①老虎钳 ②恶癖(指家畜)
vicia（= broadbean） ①蚕豆属［*Vicia* L.］(豆科) ②蚕豆［*Vicia faba* L.］
vicia aphid 蚕豆修尾蚜［*Megoura viciae japonica* Matsumura］(蚜科)
vicianose 蚕豆二糖［$C_{11}H_{20}O_{10}$］
vicilin 豌豆球蛋白
vicinal 邻位的，连位的（vicinalis）
vicine 蚕豆嘧啶葡糖苷
vicinism ①偶发杂交 ②自然杂交授粉（vicinismus）
vicinist 自然杂交植物（viciniste）
vicinity ①自然杂交性 ②附近，邻近（vicinitas）
vicious ①恶性的，烈性的 ②有缺点的，有毛病的 ③不正确的，有错误的（viciosus）
vicious circle 恶性循环（circulus viciosus）
vicissitude ①变化 ②更替，交替
Vicker's hardness 维氏硬度{电}
Victoria lawn 维多利亚草地
Victorian box 岛海桐花［*Pittosporum undulatum* Vent.］(海桐花科)
Victor's laurel（= bay tree，sweet bay） 月桂树［*Laurus nobilis* L.］(樟科)
vicuna（= vicunya） 骆马［*Lama vicunga* Mol.］
Vidar 维达尔(澳大利亚甘蔗品种)
videcon 视像管{电脑}
videcon tube ［光导］摄像管
video ①视频 ②图像 ③视频的 ④图像的{电脑}
video adapter 视频适配器
video amplifier 视频放大器
video analyzer 视频分析器
video bandwidth compression 视频带宽压缩
video board 视频［线路］板
video buffer 视频缓冲［区］
video cable 视频电缆
video camera 视频摄像机
video camera digitizer 电视摄像机数字化器
video cartridge（= video cassette） 盒式录像带
video cassette recorder（VCR） 盒式录像机

video-CD (VCD) 视频光盘,彩碟{电脑}
video clip 视频裁片
video coder 视频信号编码器
video computer 视频计算机,录像计算机,图像计算机
video conference 电视会议,视频会议
video controller 视频控制器
video converter 视频转换器
video data display system 视频数据显示系统
video detector 视频检波器
video dial tone 视频拨号音
video digitization 图像数字化
video digitizer 视频数字化仪
video disk (VD) 光盘,视盘
video display 视频显示器
video enhancement microscopy 图像增强显微镜检术
video filter 电视显示滤光片
video frequency 视频
video full colour printer 全彩色视频图像打印机
video gain 视频增益
video in window 窗口图像
video information exchange window (VIEW) 视频信息交换窗口
video magnetic tape recorder 磁带录像机
video map 视频地图
video module 视频模件
video monitor 显示监视器
video-on-demand (VOD) 视频节目点播
video picture 显像
video printer 图像打印机
video quantizer 视频量化器
video recorder 录像机
video recording 显像记录,录像记录
video scanning densitometer 图像扫描测密计
video screen 显示屏幕
video text 电视通信
video-to-film color-image recorder 彩色视频影像胶片记录器{遥感}
video tracking 视频跟踪
video wopro 图像字处理机{智培}
videodensitometer 图像测密计
videodisk microprocessor 录像盘微处理机
videofluorimeter 图像荧光计
videognosis 视屏诊断
videographic display 图像显示
videophone 电视传真电话,电视可视电话
videoscan 视频扫描
videoscan converter 视频扫描转换器
videoscanning 视频扫描
videotape 录像磁带
videotape recorder (VTR) 磁带录像机
videotape recording 磁带录像{遥感}
videotelephone 可视电话{信息}
videotex ①可视图文 ②电视文本,视频文本 ③可视数据检索,电视数据检索,视频数据检索 ④信息传视系统
videotex data bank 可视数据库
videotex interface unit 可视图文接口装置
videotex protocol 可视图文通信协议
vidicon 光导摄像管,视像管
vidicon camera 光导摄像管[照]相机{遥感}
Vienna Code 维也纳法规{真菌}
vierhapperia ①维也菊属 [*Vierhapperia* Hand.-Mazz.](菊科) ②维也菊 [*Vierhapperia hieraciphylla* Hand.-Mazz.]
Vietnam cowpea (=common cowpea) 豇豆(越南豇豆)[*Vigna sinensis* Endl.](豆科)
Vietnam rambai 越南木奶果(大戟科)
view ①景,景色{园林} ②视图{电脑} ③视察,观察,浏览 (videre)
view angle of the sensor 遥感器视场角{遥感}
view area 视图区
view clipping 视图剪取,可视剪取
view compilation 视图编译
view finder ①取录器 ②探视器 ③瞄准器,取景器,拾影器{电脑}
view of valves 瓣面
view operation 视图操作
view plane 视平面
view surface 视图面
viewable 可视的
viewdata 电视显示数据
viewdisk 录像盘
viewer coordinates 视者坐标
viewing 视察,观察,浏览
viewing algorithm 浏览算法
viewing angle 观测角{遥感}
viewing pipeline 视图流水线
viewing pyramid 视锥
viewing screen 观察屏,荧光屏
viewing system 观察系统
viewmax (=viewtron) ①可视数据 ②可视图文
viewphone 可视电话
viewtron ①可视数据 ②可视图文
vignette 渐晕,虚光相片,渐晕画面{遥感}
vignetting 渐晕
vignetting filter 渐晕镜,消晕[滤光]片{遥感}
vignin 豇豆球蛋白

vigor (=vigour) 活力,优势{生理}
vigor of germination 发芽势
vigor of stooling 分蘖力
vigor of tree 树势,树木健势
vigorating stock ①强性砧,乔性砧,乔化砧{园艺}
vigorous (=vigourous) ①有活力的,健壮的,粗壮的{生理} ②生长旺盛的{栽培} ③强烈的{环保} (vigorus)
vigorous effect 乔化反应
vigorous flushing 强烈冲洗{环保}
vigorous grower 健壮植株
vigorous growing 健壮栽培
vigorous growth 旺盛生长,健壮生长
vigorous late-growth characteristics 晚期健壮生长特征
vigorous seedling 壮苗,壮秧
vigorous stock 乔化砧
vigorous tillering 强盛分蘖
Viking spacecraft "海盗"号飞船{遥感}
villa (=vill) 别墅{园林}
villa garden 别墅花园,别墅园{园林}
Villafranca lemon 维拉费拉卡柠檬(柠檬品种)
village 村,乡村,村庄 (villaticus) {农经}
village and township 乡镇
village and township coal mines 乡镇煤矿
village and township industries 乡镇产业,乡镇工业
village area 村有面积,公有面积
village forest 村有林
village property 村有产业
villager 村民
villicarpous 毛果的 (villicarpus)
villiform 长柔毛状的 (villiformis)
villikinin 肠绒毛促动素
villose (=villous) 长柔毛的 (villosus)
villose chervill 细叶芹(香叶芹) [*Chaerophyllum villosum* Wall. et DC.] (伞形花科)
villosity 长柔毛性 (villositas)
villous 长柔毛的 (villosus)
villous singnalgrass 毛臂形草 [*Panicum villosum* Lamk.] (禾本科)
villus 长柔毛,绒毛
Vilmorin cotoneaster 多花泡叶栒子 [*Cotoneaster bullata* var. *floribunda* (Stapf) Rehd. et Wils. f.] (蔷薇科)
Vilmorin's isolation principle 维莫林隔离原则{育种}
vimen 长柔枝,柔韧枝条
viminal 长柔枝的,柔韧枝条的 (viminalis)
vimineous 长柔枝的,柔韧枝条的 (vimineus)
vinaceous ①葡萄的 ②葡萄酒色的 (vinaceus)
vinasse ①酒糟,废糖蜜 ②劣酒
vinblastine (VLB)长春花碱,文拉亭 [$C_{46}H_{58}N_4O_9$]
vinblastine and insulin release 长春花碱与胰岛素释放
vinca alkaloids 长春花生物碱
vinca rosea 玫瑰红长春花
vincaleucoblastine (=vinblastine) (VLB)长春花碱
vincamedine 长春花啶
vincristine (=leurocristine) (VCR)长春新碱 [$C_{46}H_{54}N_4O_{10}$]
vinculin 黏着斑蛋白
vinculum 线括号
vine ①藤,藤本植物 (liana) ②蔓,短蔓,蔓生茎 (sarmentum) ③缠绕茎 (caulis scandens) ④葡萄树 (vined)
vine blight [黄瓜]蔓枯病
vine bran 蔓糠
vine chlorosis 葡萄缺绿病
vine climbing (=rambling vine) 爬蔓葡萄
vine crops 蔓生作物
vine culture (=viticulture, vinegrowing, grape growing) ①葡萄栽培 ②葡萄栽培学 (viticultura)
vine-cutting 插蔓
vine diagram 藤形图{电脑}
vine family (=grape family) 葡萄科 [Vitaceae]
vine flea-beetle (=grape flea beetle) 葡萄跳甲 [*Altica chalybea* Illiger] (跳甲科)
vine garter 葡萄引缚
vine gatherer 葡萄采收者
vine grower (=grape grower, viniculturist) 葡萄种植者
vine growing ①葡萄栽培 ②葡萄栽培学 (viticultura)
vine growing district 葡萄栽培区
vine holly 蔓冬青 [*llex rugosa* Fr. Schm.] (冬青科)
vine knife 葡萄修剪刀
vine layer 葡萄掩埋机
vine layerage 压藤法
vine leaf blister mite (=grape erineum mite) 葡萄缺节瘿螨 [*Colomerus vitis* Pagenstecher] (瘿螨科)
vine leaf roller 葡萄卷叶象(榛卷叶象) [*Byctiscus betulae* L.] (象甲科)
vine lifter 扶蔓器,提蔓器

vine lilae 蔓丁香(珊瑚豆)[*Hardenbergia violacea* sp.](豆科)
vine-lime ①藤橘属[*Paramignya* Wight.](芸香科) ②藤橘[*Paramignya confertifolia* Swingle]
vine louse (= phylloxera, grape phylloxera) 葡萄根瘤蚜[*Phylloxera vastatrix* Planch.](根瘤蚜科)
vine maple 藤槭(圆叶槭)[*Acer cireinatum* Pursh](槭树科)
vine mildew 葡萄白粉病[*Uncnula necator* (Schw.) Burr.]
vine mining moth 葡萄日蛾[*Antispila rivillei* Staint.](潜蛾科)
vine moth 葡萄果蠹蛾[*Clysia ambiguella* Hb.](小卷蛾科)
vine nursery 葡萄苗圃
vine pests 葡萄害虫
vine poison vetch 蔓黄芪(扁茎黄芪)[*Astragalus complanatus* R. Br.](豆科)
vine press 葡萄榨汁机
vine-prop 葡萄蔓支柱
vine pruning machine 葡萄藤修剪机
vine rack (花生机)逐藤器
vine shoot 葡萄蔓
vine shredder 藤蔓切碎机
vine-spinach ①落葵属[*Basella* L.](落葵科) ②落葵[*Basella rubra* L.] ③(= Ceylon spinach, Indian spinach) 白落葵[*Basella alba* L.]
vine-spinach family (= basella family) 落葵科(Basellaceae)
vine spreader 藤蔓[切碎]撒布机
vine thrips (= grape thrips) 葡萄蓟马[*Drepanothrips reuteri* Uzel](蓟马科)
vine tie 绑蔓,缚蔓
vine trigonotis 蔓附地菜[*Trigonotis icumae* Makino](紫草科)
vine type 蔓生类型(花生,大豆等)
vine variety ①葡萄品种 ②蔓性(生)品种
vine weewil (= black vine weewil) 葡萄黑象甲[*Otiorhynchus sulcatus* Fabricius](象甲科)
vine weight 蔓重
vine zygaenid 葡萄斑蛾[*Theresia ampelnphaga* Boyle = *Zygaena*](斑蛾科)
vineal 生于葡萄园的(vinealis)
vinedresser 葡萄栽培者
vinegar (= acid liqueur) 醋
vinegar bacteria (= acetic acid bacteria) 醋酸细菌
vinegar fermentation 醋发酵
vinegar flies 果蝇科[Drosophilidae]
vinegar fly 醋霉菌果蝇(黑腹果蝇,黄猩猩果蝇)[*Drosophila melanogaster* Meigen](果蝇科)
vinegar making 醋酿造
vinegar plant (= staghorn sumac, lemonade tree) 鹿角漆树[*Rhus typhina* Torner](漆树科)
vinegar production 醋生产
vinegar taste 醋味,酸味
vineland 葡萄栽培地,葡萄种植园地
vinelose 醋糖
viner (= vining machine) ①切蔓机,除蔓机 ②豌豆[联合]收获机 ③脱粒机,脱荚机
vinery (= grapery) 葡萄温室
vinery type glasshouse 连接式温室,葡萄温室型温室
vineyard (= grape plantation) 葡萄园,葡萄种植场
vineyard disk harrow 葡萄园用圆盘耙
vineyard duster 葡萄园喷粉器
vineyard grafting (= field grafting) 葡萄园嫁接,葡萄生长地嫁接
vineyard hoe 葡萄园中耕锄
vineyard machine 葡萄园用机具
vineyard ridging plough 葡萄园起垄犁(培土犁)
vineyard sprayer 葡萄园喷雾机
vineyard tenancy 葡萄园租佃
vineyard track-laying tractor 葡萄园履带拖拉机
vineyard tractor 葡萄园用拖拉机
vineyard type 葡萄园[类]型
viniculture (= viticulture) ①葡萄栽培 ②葡萄栽培学(viticultura)
viniculturist (= viticulturist, vine grower, grape grower) 葡萄种植者,葡萄栽培者(viticulturistus)
vinification 葡萄酒酿造(vinificatio)
vinification technology 葡萄酒酿造工艺(技术)
vining (蔓生作物)脱荚,脱粒
vining cylinder 豌豆脱粒滚筒
vining machine 豌豆脱荚机
vinometer 酒精比重计
vinous 葡萄酒的(vinosus)
vinous fermentation 葡萄酒发酵
vintage ①葡萄采收 ②全年产量 ③(特产葡萄酒)产地 ④(葡萄酒)酿造年份
vintager (= vine-gatherer) 葡萄采收者
viny ①生蔓,长蔓 ②产葡萄的(vinius)
viny region 葡萄产区
vinyl- 乙烯基

vinyl acetate 乙烯基乙酸［$CH_3 \cdot COO \cdot CH:CH_2$］
vinyl acetate in staining 染色用乙烯基乙酸
vinyl acetate-maleic an-hydride（VAMA）“结构良”，乙酸乙烯-顺丁烯二酐共聚物（土壤结构改良剂）
vinyl alcohol 乙烯醇
vinyl chloride 氯乙烯［$CH_2:CHCl$］
vinyl chloride film 氯乙烯薄膜
vinyl chloride pollution 氯乙烯污染｛环保｝
vinyl-film 乙烯薄膜
vinyl fluoride 氟乙烯［$CH_2:CHF$］
vinyl group 乙烯基
vinyl house 乙烯温室，塑料大棚
vinyl paddy field 乙烯［薄膜］稻田，塑料［薄膜］稻田
vinyl plastics 乙烯塑料
vinyl polymers 乙烯聚合物
vinyl resin 乙烯基树脂
vinyl sash 乙烯窗框，塑料窗框
vinyl tunnel 乙烯烟囱，塑料烟囱
vinylacetylene 乙烯基乙炔
vinylon 维尼纶，聚乙烯醇纤维（商）
vinylpyridine 乙烯基吡啶
viola（= violet） ①堇菜属［*Viola* L.］（堇菜科）②堇菜［*Viola verecunda* A. Gray］
viola family（= violet family） 堇菜科［Violaceae］
viola sawfly 堇菜叶蜂［*Protemphytus pallipes* Spin.］（叶蜂科）
violaceous 堇菜科的（violaceus）
violaceous stink-bug 白边红蝽［*Menida violacea* Motschulsky］（蝽科）
violanin 堇菜苷，花翠素鼠李葡糖苷
violation ①破坏 ②扰乱 ③违章，违规（violatio）
violation fault 违章故障
violation type register 违章类型寄存器
violations of the tenancy agreement 违反租赁合同｛农管｝
violaxanthin 堇菜黄质，紫黄质［$C_{40}H_{56}O_4$］
violent ①剧烈的 ②暴力的（violens）
violent storm 暴风（十一级风）
violet（= viola） ①堇菜属［*Viola* L.］（堇菜科）②堇菜［*Viola verecunda* A. Gray］③似堇菜色的（violaceus）
violet aphid（= ornate aphid） ①紫罗兰瘤额蚜［*Myzus ernatus* Laing］②紫罗兰小瘤额蚜［*Micromyzus violae*（Pergande）］（蚜科）
violet-bloom rhododendron 光亮杜鹃［*Rhododendron nitidulum* Rehd. et Wils.］（杜鹃花科）
violet boltonia 紫波菊［*Boltonia latisquama* Gray］（菊科）
violet-bush ①酸浆木属［*Iochroma* Benth.］（茄科）②酸浆木［*Iochroma* sp.］
violet coloured rice 紫稻［*Oryza violacea*］（禾本科）
violet crabgrass（= small crabgrass） 紫马唐［*Digitaria violascens* Link. = *D. ischaemum* var. *asiatica* Ohwi.］（禾本科）
violet family 堇菜科［Violaceae］
violet-flowered petunia（= violet petunia） 紫花矮牵牛（撞羽矮牵牛）［*Petunia violacea* Lindl.］（茄科）
violet long eggplant 紫色长茄（品种）
violet orychophragmus ①诸葛菜属［*Orychophragmus* Bunge］（十字花科）②诸葛菜［*Orychophragmus violaceus*（L.）O.E. Schultz］
violet root rot 根紫腐病，紫纹羽病
violet root rot of apple 苹果紫纹羽病［*Helicobasidium mompa* Tanaka］
violet root rot of carrot 胡萝卜紫纹羽病［*Helicobasidium mompa* Tanaka］
violet root rot of peach 桃紫纹羽病［*Helicobasidium mompa* Tanaka］
violet root rot of peanut 花生紫纹羽病［*Helicobasidium mompa* Tanaka］
violet root rot of sweet potato 甘薯紫纹羽病［*Helicobasidium mompa* Tanaka］
violet root rot of tea 茶紫纹羽病［*Helicobasidium mompa* Tan.］
violet sawfly 紫花地丁叶蜂［*Ametastegia pallipes* Span.］（叶蜂科）
violet willow 瑞香柳［*Salix daphnoides* Vill.］（杨柳科）
violet wood sorrel 紫花酢浆草［*Oxalis violacea* L.］（酢浆草科）
violetrim airbrom ①水塔花属［*Billbergia* Thunb.］（凤梨科）②水塔花［*Billbergia pyramidolis* Lindl.］
viomycidine 胍基二氢吡咯甲酸
viomycin 紫霉素
viosterol 钙化［甾］醇，维生素 D_2
VIP（= video programming） 视频程序设计｛电脑｝
viper ①水獭［*Lutra lutra*］（鼬科）②蝰蛇（毒蛇）［*Vipera russenl siamensis*］（蝰蛇科）
viper-grass 蛇草属［*Scorpiurus* L.］（禾本科）⌞拟⌝

viper venom (=vipoxin) 蝰蛇毒
viperate (=viper-like) 蛇状的
viperotoxin 蝰蛇毒素
viper's bugloss ①蓝蓟属[*Echium* L.](紫草科) ②蓝蓟[*Echium vulgaris* L.]
viper's-grass (=black salsify) 细卷鸦葱[*Scorzonera crispatula* Boiss. = *S. hispanica* L.](菊科)
viral 病毒的(viralis)
viral adsorption 病毒吸附
viral attachment protein (VAP) 病毒附着蛋白
viral capsid 病毒壳体{分生}
viral capsid protein 病毒壳体蛋白
viral code 病毒代码{电脑}
viral component 病毒组成成分,病毒组分,病毒成分
viral cytopathology 病毒细胞病理学(virocytopathologia)
viral disease 病毒病(virosis)
viral DNA 病毒 DNA{分遗}
viral DNA genome 病毒 DNA 基因组
viral dysentery 病毒性痢疾
viral encephalomyelitis 病毒性脑脊髓炎
viral entry 病毒进入
viral flacherie (=viral flachery) (蚕)病毒性软化病
viral haemorrhagic septicaemia of rainbow trout 鲟鱼病毒出血性败血病
viral hemorrhagic septicemia 病毒出血性败血病
viral infection 病毒感染
viral inhibition 病毒抑制(inhibitio viralis)
viral movement 病毒移动
viral mRNA 病毒 mRNA
viral occlusion 病毒包含体
viral oncogene (V-oncogene) 病毒癌基因
viral operon 病毒操纵子
viral penetration 病毒穿入(penetratio viralis)
viral persistence 病毒持续性(persistentia viralis)
viral pesticide 病毒杀虫剂
viral polysome 病毒多核蛋白体
viral product effect on chromosome 病毒产物对染色体效应
viral protein (VP) 病毒蛋白[质]
viral RNA (VRNA)病毒 RNA{分遗}
viral RNA-dependent DNA polymerase 依赖病毒 RNA 的 DNA 聚合酶
viral RNA linkage to HnRNA 病毒 RNA 与 HnRNA 键合
viral signature 病毒特征(signatura viralis)
viral-specific enzyme 病毒专一性酶
viral transformation 病毒转化
viral transmission 病毒传播
viral tropism 病毒嗜性,向病毒性(tropismus viralis)
viral vector 病毒媒介者,病毒[运]载体
virazole 病毒唑
Virchow's thesis 微耳和说{进化}
virefringence 双折射性(virefringentia)
virellous 略带绿色的(virellus)
viremia 病毒[败]血症(viremia)
virent 常绿的,绿色的(virens)
virescent 变绿色的(virescens)
virescent anzacwood 无瓣安匝木[*Pomaderris apetala* Labill.](鼠李科)
virescent russule 变绿红菇[*Russula virescens* (Schaeff.) Fr.](红菇科)
virgate ①多直细枝的 ②帚状的(virgatus)
virgate wormwood 扫帚艾(猪毛蒿)[*Artemisia scoparia* Waldst. et Kitag.](菊科)
virgilidine 灌豆定[$C_{10}H_{19}NO$]
virgiline 灌豆碱
virgin ①没有耕过的,没有开发的{耕作} ③原生的,处女的{生态} ④空白的,无污点的{电脑}(virgineus)
virgin biomass 原始生物量
virgin birth (=parthenogenesis) 单性生殖,孤雌生殖
virgin coil 空白纸带卷{信息}
virgin comb 新巢脾{蜂}
virgin cropping system 生荒地耕作制
virgin farming system 生荒地农作制,生荒地耕作制
virgin forest 原生林,处女林
virgin ground 处女地,未开垦地
virgin growth (=old growth) 原生林
virgin honey 新蜂蜜
virgin land 处女地,生荒地
virgin material 原材料(指工业上的)
virgin medium ①空白介质 ②空白媒体,未用媒体
virgin oil 直馏油
virgin olive 齐墩果幼树
virgin population 未开发种群
virgin queen 未交配蜂王,处女蜂王
virgin soil 生荒地土壤,原始土壤
virgin wax 新鲜蜡
virgin wool 原毛(羊)
virgineous 洁白色的(virgineus)

Virginia ①弗吉尼亚烟叶(烟叶品种) ②弗吉尼亚花生(花生品种)
Virginia bush type 维金尼亚丛生型(花生)
Virginia chain-fern 弗吉尼亚狗脊蕨[*Woodwardia virginia* J. Sm.](乌毛蕨科)
Virginia creeper (=American ivy) 五叶爬山虎(美国地锦,常春藤)[*Parthenocissus quinquefolia* (L.) Planch.](葡萄科)
Virginia-creeper leafhopper 蛇葡萄斑叶蝉[*Erythroneura ziczac* (Walsh)](叶蝉科)
Virginia-creeper sphinx 蛇葡萄天蛾[*Darapsa myron* Cramer](天蛾科)
Virginia lion's heart (=false dragonhead) ①假龙头花属[*Physostegia* Benth.](豆科) ②假龙头花[*Physostegia virginica* Benth.]
Virginia pepperweed (=common peppergrass) 美国独行菜[*Lepidium virginicum* L.](十字花科)
Virginia runnel type 维金尼亚蔓生型(花生)
Virginia snakeroot (=virginia serpentaria) 蛇眼马兜铃[*Aristolochia serpentaria*](马兜铃科)
Virginia spiderwort 紫露草(紫鸭跖草)[*Tradescantia virginiana* L.](鸭跖草科)
Virginia spring-beauty 维金尼亚春美草[*Claytonia virginica* L.](马齿苋科)
Virginia sweet spire (=Virginia willow) 美国鼠刺[*Itea virginica* L.](鼠刺科)
Virginia type 维金尼亚型(烟草)
Virginia type tobacco 维金尼亚型烟草
Virginia variety 维金尼亚品种(指花生)
Virginia wild rye 维金尼亚野麦[*Elymus virginicus* L.](禾本科)
Virginian grape-fern (=hemlock-leaved moonwort) 蕨萁[*Botrychium virginianum* (L.) Sw.](瓶尔小草科)
Virginian hemp 维金尼亚大麻[*Acnida cannabina* L.](苋科)
Virginian poke (=poke, garget) 美国商陆[*Phytolacca americana* L.](商陆科)
Virginian stock ①涩荠属(紫花南芥属)[*Malcomia* R. Br.](十字花科) ②涩荠(滨海紫花南芥)[*Malcomia maritima* R. Br.]
Virginian sumach (=fever sumach) 北美漆树[*Rhus typhina* L.](漆树科)
Virginian tobacco (=common tobacco plant) 烟草[*Nicotiana tabacum* L.](茄科)
virgin's bower (=clematis) ①铁线莲属[*Clematis* L.](毛茛科) ②铁线莲[*Clematis florida* Thun b.]
virgulate ①多直细枝的 ②小帚状的(virgulatus)
virgule 细枝,小枝(virgula)
viricide 杀病毒剂
viridant 变草绿色的(viridans)
viridescent 变成绿色的(viridescens)
viridin 绿胶霉素
virile ①雄的,公的 ②男性的,阳性的(virilis)
virilism 男性化现象(virilismus)
virino (=prion) 朊病毒,感染性蛋白{分生}
virion ①病毒粒子 ②壳包核酸 ③病毒体{分生}
virion package 病毒粒子包装
virion protein 病毒粒子蛋白,毒粒蛋白
virion specificity 病毒粒子专一性
virion virus 病毒粒子病毒,壳包核酸病毒
viroceptor 病毒编码受体{分生}
virocidin 杀病毒菌素
virocin 病毒菌素
virogene 病毒基因
virogenic stroma 病毒发生基质
virogeny 病毒发生,病毒形成(virogenesis)
viroid ①类病毒 ②无壳病毒
viroid theory 类病毒说{分遗}
virokine 病毒因子
virology 病毒学(virologia)
viropexis 病毒入胞[现象],病毒胞吞[现象]
viroplasm 病毒质,病毒原质(指为感染细胞的病毒复制区)(viroplasma)
virose ①有毒的 ②有讨厌气味的(virosus)
virosin 病毒素
virosis 病毒病
virosis of potato 马铃薯病毒病
virosome 病毒体(virosoma)
virtual ①实际的,现实的 ②虚的,虚拟的,虚位的 ③有效的 ④潜伏的,可能的(virtualis)
virtual agriculture 虚拟农业{智培}
virtual computer 虚拟计算机{电脑}
virtual crop 虚拟作物{智培}
virtual device interface (VDI) 虚拟设备接口
virtual displacement 虚位移{气象}
virtual exclusion 实际排除
virtual height 有效高度
virtual hitch point 虚牵引点,瞬时[回转]中心{农机}
virtual image 虚像{物}
virtual management 虚拟经营{农管}
virtual memory 虚拟存储器

virtual organization 虚拟企业{农管}
virtual population 实际群体
virtual printer 虚拟打印机
virtual route（VR） 虚拟路径,虚拟路由{信息}
virtual storage access method（VSAM） 虚拟存储存取法{遥感}
virtual storage management（VSM） 虚存管理,虚拟存储管理
virtual technology 虚拟技术{智培}
virtual temperature 虚温{气象}
virtual terminal data（VTD） 虚拟终端数据{信息}
virtual terminal manager（VTM） 虚拟终端管理器
virtual terminal protocol（VTP） 虚拟终端协议{信息}
virtual value 有效值
virtual work 虚功{物}
virtue ①效力,效能 ②优点（virtus）
virucide ①病毒扑灭剂 ②病毒中和抗体
virucidin 病毒中和抗体
virulence 毒性,毒力,致病力（virulentia）
virulence factor 毒力因子
virulence gene 毒性基因
virulent 毒性的（virulens）
virulent aphid 毒蚜(带病毒的蚜虫)
virulent bacteriophage 烈性噬菌体,病毒噬菌体
virulent infection 病毒感染
virulent mutant 毒性突变体
virulent phage 毒性噬菌体,病毒噬菌体
virulent strain 毒性[菌]株
virulent virus 毒性病毒
viruliferous（= virus-carrying） 带病毒的（viruliferus）
viruliferous insect 带病毒虫
viruliferousness 带病毒性（viruliferitas）
virus 病毒
virus 6-methylpurine effect 病毒 6-甲基嘌呤效应
virus analysis 病毒分析(指破坏程序数据的分析){电脑}
virus and antimetabolite 病毒与抗代谢物
virus and cancer 病毒与肿瘤
virus and gene transfer 病毒与基因转移
virus and in vitro culture 病毒与离体培养,病毒与试管内培养
virus and in vitro transfer 病毒与离体转移,病毒与试管内转移
virus and mycoplasma 病毒与类菌质体
virus anthocyanin synthesis 病毒花色素苷合成
virus antigen 病毒抗原
virus as fusing agent 融合剂病毒
virus as oncogenic agent 致瘤剂病毒
virus as transforming agent 转化剂病毒
virus assembly 病毒装配{电脑}
virus attack 病毒侵袭
virus breeding 病毒繁育
virus bundle 病毒束
virus carrier 病毒载体
virus cell fusion 病毒细胞融合
virus complexes 病毒复合体
virus crystals 病毒结晶
virus defence 病毒防范
virus-dependent RNA polymerase 依赖于病毒的 RNA 聚合酶
virus detection 病毒检定
virus disease 病毒病（virosis）
virus disease of lupine 羽扇豆病毒病
virus disease of potato 马铃薯病毒病
virus DNA repair 病毒 DNA 修复
virus elimination 病毒消除
virus elimination conditions 病毒消除条件
virus elimination effect 病毒消除效应
virus elimination factor 病毒消除因子
virus elimination in vitro 病毒离体消除,病毒试管内消除
virus elimination programs 病毒消除程序
virus envelope 病毒被膜
virus eradication 病毒消灭,病毒根除
virus eradication effect 病毒消灭效应
virus factory（= viroplasm） 病毒工厂(病毒复制区)
virus filter 病毒过滤器
virus-free 无病毒的
virus-free clone 无病毒无性[繁殖]系,无病毒克隆{农生技}
virus-free line 无病毒系
virus-free plant 无病毒植物体,无病毒植株
virus-free plantlet 无病毒幼苗(小植株)
virus-free stock 无病毒苗木{园林}
virus genetics 病毒遗传学
virus genome 病毒基因组
virus heat treatment 病毒热处理
virus hepatitis of ducks 鸭病毒肝炎
virus hiding mechanism 病毒隐蔽机制{电脑}
virus immunity 病毒免疫
virus in bean callus 菜豆愈合组织病毒
virus in meristematic tissue 分生组织病毒
virus in protoplast 原生质体病毒
virus inclusion 病毒包含体
virus-indexed state 病毒指数状态

virus indexing 病毒标记
virus induced antigen 病毒诱发抗原
virus-induced fusion 病毒诱发融合
virus induction 病毒诱导
virus infected plants 病毒侵染植物
virus infecting module 病毒传染模块{电脑}
virus infection 病毒侵染
virus infection by pollen 病毒的花粉侵染
virus infection elimination 病毒侵染消失
virus infection in vitro 病毒离体侵染,病毒试管内侵染
virus infectivity ①病毒侵染力 ②病毒感染力
virus-infested 带病毒的
virus infiltration 病毒渗透
virus inhibition by drugs 病毒受药物抑制
virus inhibitors 病毒抑制剂
virus installing module 病毒装入模块{电脑}
virus interference 病毒干扰[现象]
virus isolation 病毒隔离
virus latency 病毒潜伏状态
virus-like particle (VLP) 病毒样颗粒
virus longevity in vitro 病毒离体寿命,病毒试管内寿命
virus marker 病毒标志[基因]
virus maturation 病毒成熟
virus model 病毒模型
virus mRNA assay 病毒 mRNA 鉴定
virus mutation 病毒突变
virus neutralization test 病毒中和试验
virus particle 病毒颗粒
virus persistence 病毒持续性
virus precaution 病毒预防
virus program 病毒程序
virus re-infection 病毒再侵染
virus reactivation 病毒复活,病毒再激活
virus receptor 病毒受体(接受点)
virus recombination 病毒重组
virus-related management 病毒管理{电脑}
virus replication 病毒复制
virus rescue 病毒获救
virus resistance 抗病毒性
virus satellite 病毒卫星,病毒随体
virus scanning program 病毒扫描程序{电脑}
virus self-encryption 病毒自我加密{电脑}
virus serology 病毒血清学
virus side-effects 病毒副作用{电脑}
virus-specific DNA 病毒特异 DNA{分遗}
virus spread 病毒蔓延
virus susceptibility 病毒易感性
virus taxis 病毒分类{电脑}
virus-tested 病毒检定,病毒检验,病毒检查
virus testing protocol 病毒测试协议{电脑}
virus transmission 病毒传递
virus trigger condition 病毒触发条件{电脑}
virus triggered module 病毒触发模块
virus tropism 病毒嗜性,向病毒性
virus tumor 病毒瘤
virus uncoating 病毒脱壳
virus uptake 病毒吸收
virus virulence 病毒毒性
virus yellows ①黄化病毒 ②甜菜黄化病
viruses scan program 病毒扫描程序{电脑}
viruses vaccine 病毒疫苗
virusoid 拟病毒 (virusoideus)
viscera 内脏
visceral 内脏的 (visceralis)
visceral cavity 腹腔
visceral loop 内脏神经环,内脏神经节
visceral sensation 内脏感觉
viscerate 取出内脏,开膛 (visceratare)
viscerogenic 内脏起源 (viscerogenus)
viscerotropic 向脏性的 (viscerotropus)
viscid ①黏滞的,黏性的 ②半流体的 (viscidus)
viscid disk 着粉盘 (retinaculum)
viscid egg 黏性卵
viscidity 黏性 (visciditas)
viscin 黏素
viscin thread 黏丝
viscoelastic 黏弹的 (viscoelasticus)
viscoelastic retardation 黏弹迟滞法{生技}
viscoelasticity 黏弹性 (viscoelasticitas)
viscolizer 均量器,匀化器
viscometer 黏度计
viscometry ①黏度测定 ②黏度测定法 (viscometria)
Visconti-Delbrück hypothesis 维斯堪提-德尔布鲁克假说(关于噬菌体机制的一种假设){分遗}
viscose 黏滞的 (viscosus)
viscose glue 黏[丝]胶
viscose process 黏胶过程,黏滞过程{环保}
viscose silk 黏液丝
viscose waste 黏胶废水,黏滞废水{环保}
viscosimeter (= viscometer) 黏度计
viscosimetric 黏度测定的 (viscosimetricus)
viscosimetric method 黏度测定法
viscosimetry (= viscometry) ①黏度测定 ②黏度测定法{土壤}
viscosine 黏滑油
viscosity ①黏[滞]性 ②黏[滞]度 (viscosi-

tas)
viscosity-average molecular weight 黏均分子量{分生}
viscosity coefficient 黏度系数,黏性系数
viscosity index 黏度指数
viscosity meter 黏度计
viscosity model 黏度[模]型
viscosity number 黏度值,浓黏度
viscosity resistance 黏滞[性]阻力
viscous (= viscose) 黏滞的 (viscosus)
viscous body 黏性体
viscous consistency 黏滞结持性,黏滞结持[度]
viscous drag 黏滞曳力
viscous flow 黏滞流
viscous fluid 黏液,黏滞流体
viscous force 黏滞力
viscous resistance 黏滞阻力
viscum ①槲寄生属 [*Viscum* L.] (桑寄生科) ②槲寄生 [*Viscum album* L.]
viscusin 槲寄生毒素
vise ①(= vice) 老虎钳,台[虎]钳 ②用老虎钳夹紧
vise bench 钳工台,虎钳台
visibility 能见度 (visibilitas)
visibility at night 夜间能见度
visibility distance 能见距离
visibility factor 能见度系数
visibility meter 能见度表,能见度计
visible ①可见的,能见的 ②形态(突变型) (visibilis)
visible [light] radiation 可见[光]辐射
visible and near-infra red wavebands 可见光和近红外波段{遥感}
visible-area map 瞭望台联络图,能见区地图
visible change 可见变化
visible character 可见性状
visible characteristics 可见特征
visible crown diameter (航测)可见冠幅
visible damage 可见损伤,可见损害
visible differentiation 可见分化
visible fat 可见脂肪,粗脂肪
visible field (VF)视野{显技}
visible gene mutation 可见基因突变
visible grain damage 谷粒明伤
visible image 可见光影像{遥感}
visible indication ①目力指示 ②可见标记
visible information 视觉信息
visible infrared spin scan radiometer 可见光[和]红外自旋扫描辐射计{遥感}
visible inspection 目力检验,目测,目检
visible lethal 可见致死
visible light 可见光
visible light emitting diode (VLED) 可见发光二极管{电脑}
visible mutant 可见突变体
visible mutation 外形突变,可见突变
visible ray 可见射线,可见光线
visible record computer 可见记录计算机
visible search 能见检索,直观检索{电脑}
visible sign 可见病征
visible spectrum 可见光谱
visible surface algorithm 直观表面算法
visible trait 可见性状
visible tree height (航摄)可见树高
visible wavelength 可见光波长{遥感}
vision 视力,视觉,洞察力 (visio)
vision analyzer 视觉分析器
vision-colour 色觉{遥感}
vision field 视野,视场{显技}
vision information 视觉信息
vision optical system 视觉光学系统
vision robot 视觉机器人
vision sensor 视觉传感器
VisiSchedule VisiSchedule 软件{电脑}
visit ①视察,观察,探测 ②参观,访问
visit a node 访问[一个]节点{电脑}
visna virus 绵羊髓鞘脱落病毒
visor 护目镜
visoscope 长余辉示波器
vista ①景色,远景 ②配景{园林}
vista line 通景线,风景线
vistamycin (= ribostamycin) 核糖霉素,维斯他霉素
visual ①视力的,视觉的 ②目视,直观 (visualis){显技}
visual acuity 视敏度
visual aids in teaching 视觉教具
visual alignment 目视调准
visual angle 视角
visual axis 视轴
visual brightness 视觉亮度
visual center 视觉中心
visual check 目视检查,视力检查
visual colorimeter 目视比色计
visual communication 视觉通信
visual computer 可视计算机
visual computing 视算
visual data acquisition 直观数据收集
visual database 可视数据库
visual degree 可视程度
visual density 可见度
visual display 视觉显示,直观显示
visual display interface 直观显示接口{电

脑}
visual display terminal（VDT） 直观显示终端
visual display unit（VDU） 直观显示部件（装置）
visual estimates 目力估计数
visual estimation 目测
visual examination 目力检查
visual feedback 视觉反馈
visual field（VF） 视野
visual grain quality 目检子粒品质
visual image 可视图像，目视图像{遥感}
visual imagery 可见光成像{遥感}
visual information ①可视信息，直观信息{智培} ②视觉信息{遥感}
visual information for satellite telemetry analysis（VISTA） 用于卫星遥测分析的视觉信息{遥感}
visual information processor（VIP） 直观信息处理器
visual inquiry station 直观询问站
visual interface ①可视界面，视频显示界面 ②视觉接口，图像接口
visual machine 视觉机器
visual method ①目测法{测量} ②目检法{种子}
visual observation ①目力观察，目测{栽培} ②目视观测{气象} ③目力监测{电脑}
visual observation system 目力监测系统
visual observing post 目视观测站
visual operation console 目视操作控制台
visual perception 视觉
visual perceptual processing 视觉处理{遥感}
visual persistence 残像，暂留图像{遥感}
visual phenomena 可视现象
visual pigment 视色素
visual purple 视紫红[质]
visual range 视程
visual recognition 视觉识别
visual recording device 视觉记录设备
visual resolving power 视觉分辨率
visual rhythm 视觉节奏
visual scanner 视像扫描器
visual selection 目力选择，目选
visual sense 视知觉
visual storm signals 风暴信号{气象}
visual storm warnings 风暴警报标志
visual symptom 目视症状
visual tag 可见标签
visual terminal 直视终端
visual test 目视检查
visual titration 目视滴定[法]
visual transduction 视觉传导
visual violet 视紫[质]
visual weight estimation method 目力重量估计法{种子}
visual workbench（VWB） 可视化工作平台
visualization ①具体化，形象化，可视化 ②显示，显色（visualisatio）
visualization in scientific computing 科学计算可视化
visualization of crop growth 作物生长的可视化{智培}
visualization of growth regulation and control of virtual crop 虚拟作物生长调控的可视化
visualization of intelligent crop production 作物智能栽培学的可视化(为作物智能栽培学基本的特征之一){智培}
visualization pipeline 可视化流水线
visualization system 可视化系统
visualizer 观察仪
visuometer 视力计
vita ①生活 ②生存 ③生命，生物
vita-glass 维他玻璃(指一种能透过紫外线的玻璃)
vita lamp（= UV lamp） 紫外线灯，太阳灯
vitaceous 葡萄科的（vitaceus）
vitagen 维生食物
vitagonist 维生素拮抗物
vital ①活的，生活的 ②有生命的，富有生活力的 ③极其重要的（vitalis）
vital activity 生命活动
vital capacity ①生活力{生理} ②肺活量{畜}
vital drought 干旱活性
vital dye 活体染料{显技}
vital enzyme 生物酶
vital force [生]活力，生命力
vital function 生活机能
vital hardiness 生活抵抗力，生活抗性
vital movement 生命活动
vital observation 活体观察
vital phenomena 生活现象，生命现象
vital process 生命过程
vital product data（VPD） 重要产品数据
vital stain 活体染料，活体染色剂
vital staining 活体染色{显技}
vital statistics 生物统计学
vital structure 活体结构
vital temperature 生活温度
vitalism 生机说，活力论（vitalismus）{进化}
vitality ①生活[能]力 ②生活强度（vitalitas）
vitality mutation 生活力突变

vitality of seeds 种子[生]活力
vitality of tree 树木生活力,树势
vitality test 生活力测验{种子}
vitality theory 生活力学说
vitals 重要器官
vitamer 同效维生素
vitameter 维生素分析器
vitamin (= vitamine) 维生素{生化}
vitamin A 维生素 A,抗干眼醇
vitamin A_1 维生素 A_1[$C_{20}H_{30}O$]
vitamin A_2 维生素 A_2[$C_{20}H_{28}O$]
vitamin A_3 (= subvitamin A) 维生素 A_3
vitamin A acid 维生素 A 酸[$C_{20}H_{28}O_2$]
vitamin A alcohol 维生素 A[醇]
vitamin A aldehyde 维生素 A 醛[$C_{20}H_{28}O$]
vitamin B 维生素 B
vitamin B_1 (= thiamine) 维生素 B_1,硫胺素,抗神经炎维生素[$C_{12}H_{17}ON_4ClS \cdot HCl$]
vitamin B_2 (= riboflavin) 维生素 B_2,核黄素[$C_{17}H_{20}N_4O_6$]
vitamin B_3 维生素 B_3
vitamin B_4 维生素 B_4
vitamin B_5 维生素 B_5
vitamin B_6 维生素 B_6,抗皮肤炎维生素(吡哆醇,吡哆醛及吡哆胺的总称)
vitamin B_8 维生素 B_8,腺核苷酸
vitamin B_{12} (= cyanocobalamine) 维生素 B_{12},[氰]钴胺素[$C_{63}H_{90}CoN_{14}O_{14}P$]
vitamin B_{12} a (= hydroxocobalamine) 维生素 B_{12a},羟钴胺素
vitamin B_{13} (= orotic acid) 维生素 B_{13},乳清酸[$C_5H_4N_2O_4$]
vitamin B_t (= carnitine) 维生素 B_t,肉碱[$C_7H_{15}O_3N$]
vitamin B_x 维生素 B_x,对氨基苯甲酸
vitamin B complex 复合维生素 B
vitamin Bc (= folic acid, pteroylglutamic acid) 维生素 Bc,叶酸
vitamin C (= ascorbic acid) 维生素 C,抗坏血酸[$C_6H_8O_6$]
vitamin complex 维生素复合体,复合维生素
vitamin content 维生素含量
vitamin D 维生素 D,抗佝偻病维生素
vitamin D_1 维生素 D_1
vitamin D_2 (= ergocalciferol, calciferol) 维生素 D_2[麦角]钙化醇[$C_{23}H_{44}O$]
vitamin D_3 (= cholecalciferol) 维生素 D_3,胆钙化醇[$C_{27}H_{44}O$]
vitamin D_4 维生素 D_4[$C_{28}H_{46}O$]
vitamin D and Ca^{2+} transport 维生素 D 与 Ca^{2+} 运送
vitamin D palmitate 维生素 D 棕榈酸酯
vitamin D-resistant rickets 抗维生素 D 佝偻病
vitamin D sulfate 维生素 D 硫酸酯
vitamin deficiency 维生素缺乏症
vitamin E (= tocopherol) 维生素 E,生育酚[$C_{29}H_{50}O_2$]
vitamin E_1 维生素 E_1
vitamin E_2 维生素 E_2
vitamin enriched 富加维生素的
vitamin F 维生素 F,脂肪酸,亚油酸
vitamin G 维生素 G(已不用)
vitamin H (= biotin) 维生素 H,生物素[$C_{10}H_{16}O_3N_2S$]
vitamin I 维生素 I
vitamin in medium 培养基的维生素
vitamin K (= coagulation vitamin) 维生素 K,凝血维生素
vitamin K_1 (= phylloquinone, 2-methyl-3-phytyl-1, 4-naphthoquiuinone) 维生素 K_1,叶绿醌,2-甲基-3-植基-1,4-萘醌[$C_{31}H_{46}O_2$]
vitamin K_2 (= 2-methyl-3-difarnesyl-1, 4-naphthoquinone) 维生素 K_2,2-甲基-3-二法呢基-1,4-萘醌[$H_{41}H_{56}O_2$]
vitamin K_3 维生素 K_3[$C_{11}H_8O_2$]
vitamin K_4 维生素 K_4[$C_{11}H_{10}O_2$]
vitamin K_5 维生素 K_5[$C_{11}H_{11}NO$]
vitamin K_6 维生素 K_6[$C_{11}H_{12}N_2$]
vitamin K_7 维生素 K_7[$C_{11}H_{11}ON$]
vitamin L 维生素 L
vitamin L_1 维生素 L_1
vitamin L_2 维生素 L_2
vitamin M 维生素 M,叶酸
vitamin P 维生素 P,柠檬素
vitamin paste 维生素膏
vitamin PP (= nicotinic acid, nicotiamide) 维生素 PP,烟酸,烟酰胺,抗糙皮病维生素
vitamin R 维生素 R
vitamin requirements 维生素需要量
vitamin S 维生素 S
vitamin T 维生素 T
vitamin U 维生素 U
vitamin V 维生素 V
vitamin X 维生素 X
vitamine B_{14} 维生素 B_{14}
vitaminition 维生素缺乏性营养障碍(vitaminitio)
vitaminized (= vitamin enriched) 加了维生素的
vitaminogen 维生素原(vitaminogena)

vitaminogenic 维生素原的（vitaminogenus）
vitaminoid 似维生素的（vitaminoideus）
vitaminology 维生素学（vitaminologia）
vitaminous 维生素的（vitaminus）
vitaminstoss 维生素大剂量治疗
vitavax（= carboxin） 萎锈灵（内吸性杀菌剂）［$C_{12}H_{13}NO_2S$］
vitellarium 生长区
vitellin 卵黄磷蛋白
vitelline 卵黄色的（vitellinus）
vitelline membrane 卵黄膜
vitellogenesis 卵黄形成
vitellogenic hormone 卵黄激素
vitellogenin 卵黄蛋白原
vitellomucoid 卵黄［类］黏蛋白
vitellus 卵黄
Viterbi 维特比（译码器）｛信息｝
Viterbi algorithm 维特比算法
Viterbi network 维特比网络
vitexin 牡荆葡基黄酮
viticolous 葡萄蔓上生的（viticolus）
viticule 蔓茎（葡萄）（viticula）
viticulose 具长匐茎的（viticulosus）
viticultural ①葡萄栽培的，葡萄种植的 ②葡萄栽培学的（viticulturalis）
viticulture ①葡萄栽培，葡萄种植 ②葡萄栽培学（viticultura）
viticulturist ①葡萄栽培者 ②葡萄栽培学家（viticulturistus）
vitiligo 白斑，白癜风
vitreous ①透明的 ②玻璃状的（vitreus）
vitreous body ①玻璃状晶体 ②晶体｛昆虫｝
vitreous break 玻璃状断裂
vitreous fluid 玻璃状液
vitreous humor 玻璃体液
vitreous luster 玻璃光泽
vitrification ①透明化 ②玻璃［固］化 ③陶化［作用］④熔浆，上釉（vitrificatio）
vitrification technology 玻璃固化技术
vitrified ①陶瓷的，陶化的 ②上釉的 ③玻璃化的
vitrified abrasive 陶瓷砂轮
vitrified bond 陶瓷结合剂
vitrified brick 陶砖，缸砖，陶瓷砖，玻璃砖
vitrified clay 陶土
vitrified clay pipe 陶土管，｛环保｝
vitrified pipe 陶管，陶制管
vitrified resistor 上釉电阻器
vitrified tile 陶瓦管，上釉瓦管
vitriol 矾，硫酸盐
vitriolated bonemeal 酸制骨粉
vitronectin 玻连蛋白
vitrosin 晶体类胶原｛生化｝
vitta ①油道（伞形科）②条纹，色条
vittate ①具油道的 ②具条纹的，具色条的（vittatus）
vivarium ①动物饲养场 ②（= zoological garden）动物园
vivianite 蓝铁矿
vivid 鲜艳的，鲜明的（= bright）（vividus）
vivid green 鲜艳绿色
vivipara 胎生蚜
viviparity ①胎生 ②胎萌 ③［在田间］株上萌发，穗上发芽（viviparitas）
viviparous ①胎生的 ②胎萌的 ③［在母］株上萌发的，穗上发芽的（viviparus）
viviparous bistort 珠芽蓼（零余子蓼）［*Polygonum viviparum* L.］（蓼科）
viviparous fish 胎生鱼
viviparous plant 胎萌植物（planta vivipara）
viviparous seed 胎萌种子（samen viviparus）
vivipary ①胎萌（种子未脱离母体即发芽成幼苗）②胎生［现象］（viviparius）
vivisection 活体解剖（vivisectio）
vivistain 活体染色｛显技｝
vixen 雌狐，牝狐
vixen file 波纹锉（工具）
VLA（= very late antigen） 极迟出现抗原｛分生｝
vladimiria ①菲拉第菊属［*Vladimiria* Iljin］（菊科）②菲拉第菊［*Vladimiria salwinensis* Hand-Mazz.］
VLB（= vinblastine，vincaleucoblastine） 长春花碱
VLDL（= very low density lipoprotein） 极低密度蛋白
VLP（= virus-like particle） 病毒样颗粒｛生技｝
VLSI（= very large scale integration） 超大规模集成［电路］｛信息｝
VMA（= valid memory address） 有效存储地址｛信息｝
VMD（= volume median diameter） 体积中粗径，平均体积直径
VMS（= virtual memory system） 虚拟存储系统｛信息｝
VNTR（= variable number of tandem repeat） 串联重复可变数｛生技｝
VO engine（= vaporizing oil engine） 煤油发动机
vocal cord 声带
vocalization 发声［法］（vocalisatio）
vocation 职业，行业（vocatio）

vocational agriculture 专职农业
vocational guidance 职业指导
vocoder 自动语言合成仪,码声器
Vogt-Spielmyer-type amaurotic idiocy Vogt-Spielmyer型黑内障性白痴
voice ①声音,语音,话音 ②音频,话频 ③录音{信息}(vox)
voice activation 声音激活,话音启动
voice answer back(VAB) 声音应答装置
voice bank 声音库
voice channel 音频信道
voice clip 语音芯片
voice coder(=vocoder) 声码器
voice coil motor 音圈电机,有线电机
voice frequency 音频{电脑}
voice frequency carrier telegraph 音频载波电报
voice guard 声音监视
voice mail 录音邮件,话音邮件,语音邮件
voice-operated relay(VOR) 声音操作继电器
voiceband 音频,声音频带
void ①空,空虚 ②没有,缺乏 ③孔隙,空白点 ④(=ineffective)无效的(vacuus)
void area index(VAI) 孔隙面积指数{遥感}
void item 空项,空白项
void percentage 空隙率
void ratio 孔隙比
void spray tower 空喷雾塔
void value 没有值
void volume 孔隙容积
voidage 空隙度
voidings 排泄物,粪便
VOL(=volume label) 卷标号{电脑}
volant 飞翔的(volans)
volatile ①挥发性的 ②轻快的 ③易失的(volatilis)
volatile acid 挥发性酸
volatile components 挥发组分(岩浆)
volatile constituent 挥发性成分
volatile display 易失显示
volatile fatty acid 挥发性脂肪酸
volatile herbicides 挥发性除草剂
volatile liquid 挥发性液体
volatile materials 挥发材料
volatile matter 挥发物(燃料)
volatile memory 易失存储器
volatile methyl halide 挥发性甲基卤化物
volatile oil 挥发油
volatile register 易失寄存器
volatile solid insecticides 挥发性固体杀虫剂
volatile substance 挥发性物质
volatility ①挥发性,挥发度 ②易变性,易变率(volatilitas)
volatilization ①挥发 ②升华(volatilisatio)
volatilization loss of nitrogen 氮的挥发损失
volcanic 火山的(volcanicus){地质}
volcanic activity 火山活动
volcanic agglomerate 火山集块岩
volcanic ash 火山灰
volcanic ash soil 火山灰土
volcanic breccia 火山角砾岩,火山碎屑岩{地质}
volcanic cloud 火山云
volcanic cone 火山锥
volcanic dust 火山尘
volcanic emission 火山散发,火山发射,火山辐射
volcanic emissions 火山发射[污染]物,火山散发[污染]物{生态生理}
volcanic eruption 火山喷发
volcanic fragmental rocks(=pyroclastic rocks) 火山碎屑岩
volcanic gases 火山气[体]
volcanic geyser 火山喷泉
volcanic glass 火山玻璃
volcanic lightning 火山闪电
volcanic neck 火山颈
volcanic orifice 火山口
volcanic phenomena 火山现象
volcanic products(=volcanic projection) 火山喷出物
volcanic rock 火山岩
volcanic sand 火山沙
volcanic soil 火山土
volcanic storm 火山暴
volcanic thunder 火山雷鸣
volcanic vent 火山[孔]口
volcanic wind 火山风
volcanic zone(=volcanic belt) 火山带
volcanism 火山作用(volcanismus)
volcano(=vulcano) 火山
volchonskoite 铬蒙脱石
vole 田鼠[*Microtus arvalis*]
volt (V)伏特(电压单位)
volt alternating current(=voltage alternating current)(VAC) 交流电压
voltage ①电压 ②伏特数
voltage amplification 电压放大
voltage clamp ①电压箱 ②电压钳
voltage clamp amplifer 电压钳放大器
voltage-clamp method 电压箱位法

voltage clamping circuit 箝压电路
voltage-controlled current source 电压控制电流源
voltage controlled oscilator（VCO） 电压可控振荡器
voltage divider 分压器
voltage drop 电压[下]降
voltage efficiency 电压效率
voltage feed 电压馈送
voltage gain 电压增益
voltage-gated ion channel 电压控制[的]离子通道
voltage jump 电压跳跃
voltage meter 电压计
voltage pencil 电压笔
voltage regulation in rural electric power network 农村电力网电压调整
voltage regulator 电压调节器
voltage say 电压下降
voltage sensor ①电压传感器 ②电压传感蛋白
voltage stabilized transformer 稳压变压器
voltage stabilizer 电压稳定器,稳压器
voltage stabilizing diode 稳压二极管
voltaic 电流的
voltaic arc 电弧
voltaic cell [伏特]电池
voltammeter 伏[特]安[培]计,电压电流两用表
voltammetry 伏安法（voltammetrica）
voltinism 化性（voltinismus）
voltinism alteration 化性变换
voltmeter 电压计,伏特计
voluble 缠绕的（volubilis）
voluble herb 缠绕草本植物（herbus volubilis）
voluble plant 缠绕植物（planta volubilis）
voluble shrub 缠绕灌木（frutex volubilis）
voluble stem 缠绕茎（caulic volubilis）
volume （V）①容量,容积 ②体积,材积 ③强度 ④(杂志)卷,(书本)册,合订本 ⑤量,额（volumen）
volume age 材积龄(指根据材积求平均年龄的方法)｛森林｝
volume-alloting method 材积分配法
volume change 容积变化｛遥感｝
volume conductor 容积导体
volume control block 卷控制块｛电脑｝
volume curve 材积曲线｛森林｝
volume elasticity 容积弹性
volume element 容积要素
volume exclusion 体积排阻,空间占据
volume expansion 容积膨胀
volume extinction coefficient 体[积]消光系数｛遥感｝
volume force 体积力
volume governor 容积调节器
volume increment ①材积生长｛森林｝②体积增长｛栽培｝
volume integral 体[积]积分
volume-measuring feeder 容积计量饲料分送器
volume of business 营业额,销售量
volume of credit 信贷额
volume of exports 出口量,输出量
volume of imports 进口量,输入量
volume of pores 孔隙容积
volume of sales 销售额,销售量,营业额
volume of trade 贸易额
volume of transport 运输量
volume of wood 材积
volume production 批量生产,成批生产
volume receptor 容量感受器
volume reduction 体积减缩｛环保｝
volume reflectance 体[积]反射比｛遥感｝
volume scattering 体[积]散射
volume shrinkage ①材积收缩｛森林｝②容积收缩｛土壤｝
volume table ①材积表,体积表 ②强度表
volume unit 容量单位,容积单位
volume weight 容重
volumenometer 视密度计
volumeter 容积计,体积计
volumetric 容积的,体积的（volumetricus）
volumetric analysis 容量分析
volumetric change 体积变化
volumetric cylinder 量筒
volumetric determination 容量测定
volumetric distribution coefficient 容量分配系数
volumetric efficiency 容积效率
volumetric expansion 容量膨胀
volumetric flask 量瓶
volumetric heat capacity 体积热容量
volumetric measuring device 容积计量装置
volumetric meter 容积式流量计,容积式水表｛环保｝
volumetric method 体积分析法
volumetric oxygen demand 容量需氧量
volumetric procedure 容量法,容量程序
volumetric rate of reaction 容量反应速度
volumetric solution 滴定溶液
volumetric standard 标准容器
volumetric strain 体积应变
volumetric unit 容积单位,体积单位
volumetric water capacity 容积持水量

volumetric weight 容积重量,容重
volumetric yield 材积生产量
volumetry ①容积测定 ②容积测定法 (volumetrica)
volume/volume (v/v) 体积/体积
voluntary 随[人]意[志]的 (voluntarius)
voluntary artificial insemination 随意人工授精法
voluntary benefit 随意利益
voluntary intake 随意采食
voluntary interrupt 随意中断{电脑}
voluntary movement 随意运动
volunteer ①先锋作物,先锋植物 ②先锋树种 ③自生,前生,再生
volunteer bulb 自生鳞茎
volunteer crops ①先锋作物 ②自生作物,自播作物
volunteer growth (= advance growth) 前生树(指伐前更新幼树)
volunteer plant ①同株发生植株{育种} ②自生植物,自播植物 ③先锋植物{生态}
volunteer rice 再生稻
volunteering ①先锋播种,天然播种 ②自生
voluntomotory 随意运动的,自发运动的 (voluntomotoris)
volute ①蜗壳{昆虫} ②旋卷的{形态} ③向上卷的{真菌} (volutus)
volute casing 蜗壳,螺形套
volute pump 螺杆泵,蜗壳式泵
volutin 异染粒{遗传}
volutin granule 异染粒,迂回体
volution 旋卷 (volutio)
volva 菌托{真菌}
volvate 有菌托的 (volvatus)
volvox ①团藻属 [*Volvox* spp.] (团藻科) ②团藻 [*Volvox* sp.]
volvox family 团藻科 [Volvocaceae]
vomic-nut (= strychnine, poison nut) 马钱子 [*Strychnos nux-vomica* L.] (马钱科)
vomicine 呕吐素,马钱子碱 [$C_{22}H_{24}N_2O_2$]
vomit ①呕吐 ②呕吐物 ③催吐剂{药物}
vomitoxin 呕吐毒素
von Baer's law 芬巴依尔法则{遗传}
von Gierke's disease 冯奇尔克氏症
von Neumann machine 冯诺依曼[计算]机
voracious fishes 贪食性鱼类
voracious house mosquito 贪食库蚊 [*Culex vorax* Edward.] (蚊科)
vortex 涡流,涡旋
vortex amplifier 涡流放大器
vortex chamber 涡流室,旋涡室
vortex filament 涡旋丝
vortex flow 涡流
vortex grit separator 涡旋沉沙分离池{环保}
vortex grit washer 涡旋洗沙池{环保}
vortex layer 涡旋层
vortex motion 涡动
vortex tube 涡管
vortical current 涡流
vortices 涡流
vorticity 涡度 (vorticitas)
vorticity equation 涡度方程[式]
vorticity transfer 涡度输送
vorticity transport theory 涡度输送理论{气象}、
Voskhod spacecraft 上升号飞船
Vostok spacecraft 东方号飞船
Vostok spaceship 东方号飞船
vote ①投票,投票决定,投票通过,投票选举 ②表决,表决权 ③选举,选举权 ④[选]票 ⑤建议,建议事项,发表意见 (votum)
voted multi-processor computer (VMP computer, C-VMP) 表决多处理器计算机
voter 表决器,表决机
voting ①投票 ②表决
voting element 表决元件
voting rule 投票规则
Voyager "旅行者"行星探测器{遥感}
VP (= viral protein) 病毒蛋白[质]
V_P (= phenotypic variance) 表型方差
VPD (= vapor pressure deficit) 水气压力亏缺
VR ①(= prefered temperature) 最适温度 ②(= v-gene reactivation) v 基因重激活(指噬菌体)
vriesia ①花叶兰 [*Vriesia* Lindl.] (凤梨科) ②花叶兰 [*Vriesia splendens* Lem.]
vRNA (= viral RNA) 病毒 RNA, vRNA {分遗}
vrydagzynea ①二尾兰属 [*Vrydagzynea* Bl.] (菊科) ②二尾兰 [*Vrydagzynea nuda* Bl.]
v.s. (vide supra) (= seeabove) 见上,参看上文
vugh (= vug) ①晶簇{解剖} ②空洞{土壤}
Vulcan 维尔康(澳大利亚甘蔗品种)
Vulcan computer 维尔康计算机
vulcanite (= vulcanized rubber) 硬橡胶,硫化橡胶
vulcanization 橡胶硫化 (vulcanisatio)
vulcanized fiber 硬化纤维[板],硬化纸板
vulcanizer 硬化橡皮器
vulgar group 普通系[小麦](小麦栽培种分类)

vulgar wheat 普通小麦(软粒小麦)[*Triticum vulgare* Vill.](禾本科)
vulnerability 脆弱性(vulnerabilitas)
vulnerability assessment 脆弱性评估
vulnerable ①脆弱的,②易损的(vulnerabilis)
vulnerable species 易损种,脆弱种
vulnerary ①疗伤的 ②伤药(指草药)(vulnerarius)
vulpine 狐狸色的(vulpinus)
vulpinic acid 枕酸甲酯
vulva ①阴门{昆虫} ②脚苞{真菌}
vulviform 突边裂缝状的(vulviformis)
v/v (= volume/volume) 体积/体积

W w

W (= white) 白眼{遗传}
W by N (= west by north) 西偏北
W by S (= west by south) 西偏南
W-chromosome W 染色体
W-shaped curve W 形曲线
W85 (= 1,2-dichloroethane) 二氯乙烷
W491 (= crimidine) 鼠立死{农药}
wad ①(包装)填充材料 ②(麻屑等柔软)小块,小团 ③锰土
wadding ①棉絮 ②软垫料,纤维垫料
wadding crops 填充料作物
wadding filter 棉絮滤芯滤清器
waders like the blackwinged stilt 涉水禽鸟(如鹤鹭等)[*Himantopus himantopus*]
wadi (= wady) 旱谷,干谷
wadi type depression 干谷洼地,干谷低地
wading bird 涉禽
wafer ①干胶片 ②薄片,晶片 ③板 ④草饼,块
wafer machine (= waferer) (饲料)压块机,压饼机
wafer scale 晶片规模,晶片级
wafer scale integration (WSI) 晶片级集成{电脑}
waferer (饲料)压饼机,压块机
wafering 压饼,压块
wage adjustment 工资调整
wage agreement 工资合同
wage by the piece (= piece rate) 计件工资
wage ceiling (= maximum wage) 最高工资
wage differential 工资差别
wage-earner 雇佣劳动者,工资赚得者(靠工资为生的人)
wage increase 增加工资,加薪
wage index 工资指数
wage level 工资水平
wage system 工资制
wages in cash (= wages in money) 现金工资
wages in kind 实物工资,实物报酬
wagnerite 磷镁石{地质}
Wagner's pot (= Wagner pot) 华格纳氏试盆
Wagner's separation theory 华格纳氏分离说{遗传}
wagon (= waggon) ①四轮马车 ②四轮拖车,挂车,篷车 ③牵引小车,[铁路]货车{农机}
wagon balance 地秤
wagon drying 车辆干燥(干草)
wagon retort 车辆式干馏装置
wagon-type drier (= wagon box drier) 车厢式干燥机,移动式干燥机
wagon-type spreader 挂车式撒肥机,拖车式撒肥机
wagon wheel design 辐射形设计{统计}
wagon wheel layout 辐射形配置图
wagtail dance 摆尾舞{蜂}
wagtail family 鹡鸰科[Motaeillidae]
wahlenbergia (= rockbell) ①蓝花参属(兰花参属)[*Wahlenbergia* Shrad.](桔梗科) ②蓝花参(兰花参)[*Wahlenbergia marginata* A.DC.]
wahoo (= winged elm) 翅榆[*Ulmus alata* Michx.](榆科)
waifa 槐[*Sophora japonica* L.](豆科)
Waika disease 矮化病
wailer [风]怒号
WAIS (= wide area information server) 广域信息服务系统(信息)
wait 等待{信息}
wait-a-bit 荆棘(矮生有刺植物)
wait before transmission (WABT) 传输前等待{信息}
wait condition 等待条件
waiting ①等待 ②备用
waiting cost 等待费用
waiting line 等待线,排队{信息}
waiting line theory 排队[理]论{信息}
waiting loop 等待循环
waiting manure 备用肥料
waiting seed 备用种子
waiting time distribution 等待时间分布
wake ①唤醒,激发,引起 ②尾,尾流,尾波 ③迹,痕迹
wake-robin ①延龄草属[*Trillium* L.](延龄草科) ②延龄草[*Trillium tschonoskii* Maxim.]
wake-robin family 延龄草科[Trilliaceae]
wake stream 尾流

wake-up 唤醒{电脑}
wako 和光(胡桃品种)
Walden inversion 瓦耳登转化[作用],旋光转化[作用]
waldheimia ①扁芒菊属[*Waldheimia* Kar. et Kir](菊科) ②扁芒菊[*Waldheimia* sp.]
waldsteinia ①林石草属[*Waldsteinia* Willd.](蔷薇科) ②林石草(= barren-strawberry)[*Waldsteinia fragariodes* sp.]
wale (= row, ridge) ①苗行,播行 ②[窄]垄,畦
walk ①步态,步法 ②(禽,畜等的)活动场地 ③通道,途径
walk-in germinator 发芽试验室
walk through ①走查{信息} ②通过{农施}
walk-through milking parlor 通过式挤乳室{农施}
walker ①(脱粒机)排子粒装置 ②平台逐稿器 ③走禽,步行鸟 ④[复]键式逐稿器
walking 徒行,步行
walking cultivator 手扶中耕机
walking excavator 步行式挖掘机
walking leaves (= phasmids) 竹节虫目[Phasmida (Phasmatodea)]
walking leg 步行足
walking plough 步犁
walking test 走步测试,步行测试
walking time 步行时间
walking tractor 手扶拖拉机
walkingstick 普通竹节虫[*Diapheromera femorata* (Say)](竹节虫目)
walks (= promenade) 散步道,游步道{园林}
wall ①墙,壁 ②篱(vallum)
wall barley 兔耳大麦[*Hordem murinum* Gris. = *H. leporinum* Link.](禾本科)
wall board 壁板,蔗渣板(由蔗渣压成的板)
wall breakdown 壁瓦解
wall cell 有壁细胞
wall cress (= rock cress) 锯齿筷子芥[*Arabis serrata* Fr. et. Sav.](十字花科)
wall effect (= waller effect) 管壁效应{生技}
wall extensibility 胞壁伸展性{分生}
wall for protection against avalanches 防雪垣
wall formation 壁形成
wall fountain 壁泉{水利}
wall fruit tree 篱壁果树
wall garden 篱壁园,篱垣园,墙壁园{园林}
wall germander (= common germander) 旱地石蚕(毛翅目幼虫)
wall-held protein 壁蛋白(指花粉)
wall layer 壁层
wall pellitory ①墙草属[*Parietaria* L.](荨麻科) ②墙草[*Parietaria micrantha* Ledeb.]
wall pepper (= biting stone crop) 辛辣景天[*Sedum acre* L.](景天科)
wall plant 爬墙植物{园林}
wall pressure 壁压
wall-protecting timber 护墙木材
wall regeneration of protoplast 原生质体壁再生
wall rock-cress 带白色筷子芥[*Arabis caucasica* Wind.](十字花科)
wall saltpeter 墙硝[$Ca(NO_2)_2$]
wall speedwell (= corn speedwell) 直立婆婆纳[*Veronica arvensis* L.](玄参科)
wall thickening 壁加厚(指细胞)
wall training 篱壁整枝
wall void (= wall cavity) 壁间腔
wall-winch 壁装绞盘
Wallace-effect 华莱士效应(指个体之间生殖隔离现象){遗传}
waller effect 管壁效应
wallflower ①桂竹香属[*Cheiranthus* L.](十字花科) ②(= common wallflower)桂竹香[*Cheiranthus cheiri* L.]
Wallich bulrush 猪毛草[*Scirpus wallichii* Nees.](莎草科)
Wallich laurel cherry 尖叶桂樱[*Prunus wallichii* Steud.](蔷薇科)
wallichia ①瓦理棕属[*Wallichia* Roxb.](棕榈科) ②瓦理棕[*Wallichia chinensis* Burret]
Wallich's lily 瓦氏百合[*Lilium wallichianum* Schultes f.](百合科)
walling plants 树墙植物{园林}
walnut (= walnut tree) ①胡桃属[*Juglans* L.](胡桃科) ②胡桃(核桃)[*Juglans regia* L.]
walnut aphid 核桃黑斑蚜[*Chromaphis juglandicola* (Kaltenbach)](蚜科)
walnut blister mite 核桃瘤螨[*Aceria erinea* (Nalepa)](瘿螨科)
walnut blotch 胡桃炭疽病[*Marssonina juglanidis*]
walnut blue beetle 胡桃蓝萤叶甲[*Monolepta erythrocephala* Baly](叶甲科)
walnut butter 胡桃油
walnut caterpillar 胡桃舟蛾[*Datana integerrima* Grote et Robinson](舟蛾科)

walnut comb （鸡）胡桃冠{遗传}
walnut family 胡桃科［Juglandaceae］
walnut husk-fly（= walnut maggot） 核桃实蝇［*Rhagoletis completa* Cresson = *R. suavis* Loew］（实蝇科）
walnut leaf beetle 胡桃叶甲［*Gastrolina thoracica* Baly］（叶甲科）
walnut leaf gall mite 胡桃叶瘿螨［*Phytoptus tristriatus* Nalepa］（瘿螨科）
walnut oil（= walnut butter） 胡桃油
walnut scale 核桃圆蚧［*Quadraspidiotus juglans-regiae*（Comstock）］（盾蚧科）
walnut sphinx 核桃天蛾［*Cressonia juglandis*（J. E. Smith）］（天蛾科）
Walsh kernel 沃尔什核{遥感}
Walsh transform 沃尔什变换
Walter's grapefruit 瓦特葡萄柚（品种）
waltheria ①蛇婆子属［*Waltheria* L.］（梧桐科）②蛇婆子［*Waltheria americana* L.］
waltzing 圆舞病{畜}
wampee（= wampi） 黄皮果［*Clausena lansium*（Lour.）Skeels = *C. wampi* Oliv.］（芸香科）
WAN（= wide area network） 广域网络{信息}
wand ①枝，细枝 ②读出设备{信息}
wand flower 仙钓草［*Dierama pulcherrima* sp.］（鸢尾科）
wandering dune 流动沙丘
wandering grasshopper（= Australian plague locust） 澳洲疫蝗［*Chortoicetes terminifera*（Walker）］（蝗科）
wandering grazing 流动放牧
wandering heart（= pith wander） （木材髓）偏心
wandering jew 白花紫露草［*Tradescantia fluminensis* Vell. = *T. tricolor* Hort.］（鸭跖草科）
wandering jew zebrina ①吊竹梅属［*Zebrina* Schnizl.］（鸭跖草科）②吊竹梅（水竹草）［*Zebrina pendula* Schnizl.］
wandering nursery 移（活）动苗圃
wandflower ①魔杖花属［*Sparaxis* Ker.］（鸢尾科）②魔杖花（三花魔杖花）［*Sparaxis tricolor* Ker.］
wanding 读磁卡过程{信息}
wane ①（木材边缘）缺棱，圆角 ②减少 ③减弱
Wangnet 王安网{信息}
Wankel engine 转子发动机
want of fertilizer 缺肥
want of plant 缺株
want of rain 缺雨
want of seedling 缺苗
want of snow 缺雪
want of wind 无风
wanurco（= Chinese honey） 有柑［*Citrus reticulaia* var. *poonensis*（Hayata）H. H. Hu］（芸香科）
waras 千斤拔［*Flemingia congesta* Roxb.］（豆科）
warble ①马鞍瘤 ②皮蝇幼虫 ③牛皮瘤（由皮下蝇蛆所致肿囊）
warble flies 牛皮蝇属［*Hypoderma* spp.］（皮蝇科）
warble fly（= cattle grub） 牛皮蝇［*Hypoderma bovis* De Geer.］（皮蝇科）
warble fly infestation（= cattle-grub infestation） 牛皮蝇蛆传染[病]
Warburg manometric apparatus（= Warburg apparatus） 瓦勃氏测压仪
Warburg respirometer 瓦勃氏呼吸计{环保}
WARDA（= West Africa Rice Development Association） 西非水稻发展协会
ware potato 食用马铃薯
warehouse 仓库，货仓，货栈
warehouse costs 仓库费用
warehouse for collection and delivery 集散地仓库{农施}
warehouse for consumptive district 消费地仓库
warehouse for junction 中继地仓库（指联接地区的仓库）
warehouse for productive district 生产地仓库
warehouse fumigation 仓库熏蒸
warehouse location 仓库位置
Warehouse moth（= tobacco moth, cocoa moth） 烟草粉螟［*Ephestia elutella* Hbn.］（螟蛾科）
warehousing charge ①仓库费 ②库存开支
warfare ①冲突 ②斗争，战斗
warfarin 杀鼠灵（杀鼠剂）［$C_{19}H_{16}O_4$］
Waring blender 越林氏搅切器
warm ①温暖的，保暖的，暖和的，温和的 ②热的，热烈的，激烈的
warm air 暖空气
warm-air cannon 空气加温器
warm-air heating 暖气加热
warm air heating system 暖气加热系统
warm air mass 暖气团
warm air pipe 暖气管
warm antibody 热抗体
warm anticyclone 暖性反气旋
warm area type 温暖地区型（指水稻品种）
warm barn 加温畜舍

warm bath 温浴
warm-bath method 温浴法{畜}
warm-bed (=warm frame) 温床,加温苗床
warm-blood 温血
warm-blooded animal (= warmblood animal) 温血动物
warm boot 热启动{信息}
warm braw 焚风{气象}
warm climate 温暖气候
warm-climate ecotype 温暖气候生态型
warm climate with dry summer 夏干温暖气候
warm climate with dry winter 冬干温暖气候
warm cloud 暖云{气象}
warm-cold seed treatment 变温浸种
warm current 暖流
warm cyclone 暖性气旋
warm fermentation 高温发酵
warm forest zone ①温带林 ②温暖森林带
warm front 暖锋
warm front precipitation 暖锋降水
warm front rain 暖锋雨
warm front surface 暖锋面
warm front type 暖锋型
warm front type occlusion 暖锋型锢囚
warm high 暖高压
warm key point 热关键点{信息}
warm low 暖低压
warm manure 热性厩肥
warm-mastic wax 热用接蜡
warm ocean fish 暖水性海洋鱼类
warm region 温暖地区
warm-required vegetable 需温蔬菜,喜温蔬菜
warm restart 热再启动{信息}
warm ridge 加温垄
warm-room (=hot-room) 加温室,暖房
warm season 温暖季节,暖季
warm-season crops 暖季作物
warm-season grasses 暖季型禾(牧)草
warm sector 暖区
warm slope 暖坡
warm standby 热备用[系统]
warm start 热启动
warm storage 暖藏
warm-temperate climate type 暖温带气候型,亚热带气候型
warm temperate district 暖温带[植物]区,亚热带[植物]区
warm temperate forest 暖温带林,亚热带林
warm temperate rain forest 暖温带雨林,亚热带雨林
warm temperate region 暖温带地区,亚热带地区
warm temperate zone 暖温带,亚热带
warm tongue 暖舌{气象}
warm treatment of seed 种子加温处理
warm-up time 加热时间,预热时间
warm water 温水{环保}
warm water cultivation 温水养殖(水温保持在20℃以上)
warm water seed treatment 温汤浸种
warm-water trough 温水[供水]槽
warm wave 暖浪
warm way 暖式蜂巢
warm zone 温带
warmed soil 加温土,暖土
warmer 加温器,加热器
warmhouse 温室
warmhouse plant 温室植物
warming 加温,加热
warming table [加]温台,暖台(切片伸展台,烤片台){显技}
warming up 加温,加热
warmth ①温暖,暖和 ②热烈,具备
warning ①警告,警报,报警,警戒 ②预告 ③通知
warning agent 警告剂
warning buzzer 蜂音警报器
warning colour 警戒色
warning colouration (= warning coloration) 警戒色
warning condition ①报警条件 ②警告条件
warning device ①故障警报器 ②警告装置
warning dye 警戒色[染料]
warning gas 警戒气
warning light ①烽火 ②警告信号灯
warning limit 警告界限{统计}
warning mark ①警戒斑 ②警戒标志
warning message 警告信息
warning pipe [预告]溢流管[环保]
warning radar 警戒,雷达,预警雷达{遥感}
warning service 测报服务
warning stage ①警报阶段{气象} ②警戒水位{水利}
warning station 预报站
warning system 预警系统
warp ①弯曲,扭曲,变形 ②(木材)翘曲 ③(纺织)经纱,经 ④淤积物,沉积物 ⑤淤土,冲积土
warp bar 拉绳吊棒、曲杆
warp clay 淤积黏土,淤泥
warp in wood 木材翘曲
warp knitting machine 纺纱机
warp sizing machine 整纱机

warp soil 放淤土,淤积土
warp stop motion 纺纱停止装置
warp winder 卷纱机
warpage (木材)翘曲
warped ①翘曲的 ②反卷的
warping ①淤灌 ②扭曲
warrantee 被保证人
warranter 保证人
warranty ①保证,担保 ②保险契约
warren 养兔场
warren hoe 园圃锄,心形开沟锄
warrener 养兔者,兔子饲养员
wart ①瘤,疣,小突起 ②树瘿 ③瘤肿病,癌肿病 ④结瘿病
wart disease (马铃薯)癌肿病[*Synchytrium endobioticum*]
wart eye (甘蔗)瘤芽
wart-forming volva 具疣菌托
wart hog 疣猪[*Phacochoerus*]
wart hog disease (= African swine pest, African swine fever) 非洲猪瘟
wart like structure 疣状结构,疣状突起
wart of milk vetch 紫云英结瘿病[*Urophlyctis trifolii* Magnus.]
wart of potato 马铃薯癌肿病[*Synchytrium endobioticum* (Schilb.)Percival.]
wart plant (= haworthia) ①十二卷[*Haworthia* Duval.](百合科) ②十二卷[*Haworthia fasciata* Duval.]
warted ①多疣的 ②瘤状的(verrucosus, verrucatus)
wartwort ①瓶口衣属[*Verrucaria* Wigg.](瓶口衣科) ②瓶口衣[*Verrucaria glaucina* Ach.]
warty ①具瘤的 ②被疣的(verrucatus)
warty anther 瘤状花药(anthera verrucata)
warty layer 瘤层
warty philodendron 疣喜林芋[*Philodendron carderi* Hort.](天南星科)
warzenplia family (= thelephora family) 革菌科[Thelephora ceae]
warzenpliz ①革菌属[*Thelephora* Ehrh. ex Fr.](革菌科) ②革菌[*Thelephora* sp.]
wasabi 山萮菜[*Eutrema wasabi* (Sieb.) Maxim.](十字花科)
wasatch penstemon 蓝花钓钟柳[*Penstemon cyananthus* Hook.](玄参科)
wash ①洗,冲洗 ②侵蚀,冲刷 ③冲积物 ④稀薄液体,低劣液体
wash away 冲刷
wash-back 制酒发酵器
wash-basin 洗脸盆{环保}
wash bottle 洗瓶{显技}
wash bucket (乳牛乳房)洗涤桶
wash down closet 抽水马桶{环保}
wash gun 洗涤喷枪,冲洗喷枪
wash gutter 冲洗水槽{环保}
wash house 洗衣房{环保}
wash line 清洗管路
wash pipe 冲洗水管,冲水管{环保}
wash room 盥洗室{环保}
wash season 冲刷季节{水利}
wash tank ①清洗槽 ②清洗池 ③冲洗水箱
wash water 洗涤水
wash-water gutter 洗沙排水槽{环保}
wash-water header 冲洗水管
wash water tank 冲洗水箱
wash water tower 冲洗水塔
wash water trough 冲洗排水槽{环保}
washed drift 侵蚀堆积物
washed-off soil 侵蚀土壤,淋洗土壤
washed-up mud 淤泥
washed water of blast furnace gas 高炉气洗涤废水{环保}
washer ①洗涤器,清洗机,洗槽{加工} ②垫圈,垫片,垫环{农机} ③洗衣机{环保}
washer bunch 垫圈冲头
Washerwomen's tetter ①鳞屑癣 ②鳞屑湿疹
washing ①冲洗{显技} ②清洗{农机} ③淋溶{土壤} ④洗涤,洗蛋{加工} ⑤漂洗{栽培}
washing action 冲洗作用{环保}
washing apron 冲洗护坦,冲沙护坦{水利}
washing barrel 清洗滚筒
washing boring 水冲钻探
washing cycle 冲洗周期{环保}
washing drum 清洗滚筒
washing horizon 淋溶层
washing land 淋溶地
washing machine ①洗涤机,清选机 ②自动洗蛋机
washing method (检疫用)洗濯法
washing norm 冲洗定额,冲洗量{水利}
washing of rearing room and rearing instruments 蚕室蚕具洗涤
washing out ①淋溶 ②洗出,冲去
washing period 冲洗时期,冲洗期{环保}
washing power 洗涤粉
washing process 冲洗过程{环保}
washing salinity by irrigation 灌水洗盐
washing soda 洗涤碱
washing soil 淋溶土
washing system 冲洗系统{环保}

washing unit 冲洗设备{环保}
washing water 冲洗水,淋洗水
Washington lupine 多叶羽扇豆[*Lupinus polyphyllus* Lindl.](豆科)
Washington navel orange (= sweet orange) 甜橙[*Citrus sinensis* Osbeck.](芸香科)
Washington palm ①加州蒲葵属[*Washingtonia* Wendl.](棕榈科) ②加州蒲葵[*Washingtonia filifers* Wendl.]
Washington plant 鱼草[*Cabomba caroliniana* Gray.](莼菜科)
washout ①冲刷,冲洗 ②齐冲放 ③消磁{环保} ④淋洗,淋溶{土壤}
washout rill 淋溶谷流
washout soil 淋溶土
washtrough 洗槽(试验室用的){显技}
wasp ①黄蜂,胡蜂 ②⌊复⌉胡蜂科[Vespidae]
wasp beetle 蜂形虎天牛[*Clytus arietis* (L.)](天牛科)
wasp venom 黄蜂毒
wasp-waisted tractor 蜂腰式拖拉机
wasps 小胡蜂属[*Vespula* spp.](胡蜂科)
wastage ①损耗,消耗,损失 ②损耗量
waste ①荒弃的,荒废的,荒芜的,不能耕作的,荒漠的 ②无用的,抛弃的 ③浪费,耗费 ④废物,废弃物,垃圾,污水,粪水,荒地
waste acid 废酸
waste air 废气
waste canal (= waste way) 退水渠
waste caused by leakage 流失
waste caustics 腐蚀性废水{环保}
waste cotton cleaner 废棉清花机
waste cotton salvaging machine (= waste cotton harvester) 落棉捡拾器
waste deposits 垃圾存放处
waste disposal 废物处理
waste disposal unit 废物处理磨碎机,厨余磨碎机
waste fish 杂鱼
waste from coal chemicals 煤化学工厂废水{环保}
waste from petrochemical industry 石油化学工业废水{环保}
waste from petroleum refinery 炼[石]油厂废水{环保}
waste from potato starch processing 薯粉加工废水{环保}
waste gas 废气{环保}
waste-gas burner 废气燃烧器(指多余污泥气自动燃烧器){环保}
waste gate 尾(退)水闸
waste graveyard 废物埋藏场,垃圾埋藏场
waste-heat drying 废热干燥
waste land 荒地,撂荒地,熟荒地
waste-land afforestation 荒地造林
waste-land cropping system 熟荒地耕作制
waste-land farming system 熟荒地农作制,熟荒地耕作制
waste-land reclamation 荒地开垦
waste-land reutilization 荒地再利用
waste lime 废石灰,石灰渣
waste liquid 废液
waste liquor (蒸煮)废液
waste management 粪尿管理,污水管理,垃圾管理
waste materials 废材料
waste of flax 麻屑,亚麻皮,麻秆
waste of natural resources 天然资源浪费
waste of sugar production 制糖废物
waste oil treatment 废油处理{环保}
waste paper 废纸{环保}
waste pickle 废酸洗液,废酸浸液{环保}
waste pickle liquor 废酸洗液
waste pipe ①退水管,尾水管 ②(发动机)排气管 ③废水管,排泄管,污水管
waste products 废品,废物
waste products of brewing industry 酿酒业废物,酒糟
waste products of the flour industry 面粉业废料,粉屑
waste pulping 废弃料制浆{环保}
waste range 废地放牧
waste residue 废渣{环保}
waste rice 米屑
waste silk reeling machine 废丝手纺机
waste silk spinning machine 纺绢机
waste solid 废渣{环保}
waste stablization pond 废水稳定塘{环保}
waste treatment 废物处理,垃圾处理,废水处理
waste treatment plant 废水处理厂
waste water 废水,污水
waste water algae 废水藻类
waste water farming 废水灌田,废水农作
waste water from aircraft overhaul factory 飞机维修厂废水{环保}
waste water from cement factory 水泥厂废水
waste water from fermentation industry 发酵[工]业废水
waste water from grapewine factory 葡萄酒厂废水
waste water from paper machine 纸机废水(指抄纸过程的废水)

waste water from town gas plant 城市煤气厂废水
waste water from waste paper pulping 废纸制浆废水
waste water irrigation 废水灌溉
waste water lower class treatment 污水一级处理,污水简易处理(主要是除去污水中的大量粗粒悬浮物,一般采用简单的过滤和物理沉淀方法){环保}
waste water management 废水管理
waste water middle class treatment 污水二级处理(指在一级处理的基础上,进一步除去污水中的微细粒子,一般是添加硫酸铝等凝聚剂,使微细粒子凝聚,呈絮状物沉降下来,利用絮状物的吸附力,把被吸附的污物除去){环保}
waste water of soap production 肥皂生产废水{环保}
waste water of spa 温泉废水{环保}
waste water of spinning process 纺丝工序废水{环保}
waste water of waste oil regeneration 废油再生废水{环保}
waste water reclamation 废水回收
waste water renovation 废(污)水更新
waste water sulfide 硫化废水{环保}
waste water tertiary treatment 污水三级处理,污水深度处理(指主要除去污水中的氮、磷微细悬浮物,微量有机物及无机盐等,达到可以重复利用的回用水标准。处理方法主要有生物脱氮法,凝聚沉淀法,硅藻土过滤法,活性炭过滤法,蒸发法,冷冻法,反渗透法,离子交换法及电渗析法等){环保}
waste water treatment 废水处理法{环保}
waste way 退水渠{水利}
waste weir 退水堰,弃水堰
waste well 废水井{环保}
waste wood (= wood waste) 废材
wasteful respiration (= useless respiration)无用呼吸
wasting asset 消费性资产{农经}
Watanabe logicorn 渡边氏杉天牛 [*Semanotus bifasciatus* (Say)](天牛科)
Watanabe snowflea 渡边氏[棘]跳虫 [*Onychiurus watanabei* Matsumoto](棘跳虫科)
watch dog ①警犬,守望犬 ②监控器,监控设备,监视器
watch-dog pulse 监视脉冲
watch-dog timer 监视计时器
watch glass 表玻璃,表面皿{显技}
watch glass culture 表面皿培养
watch glass technique 表玻璃技术
watch tower 瞭望塔,观象塔
water ①水,水分 ②潮,潮位 ③洪水 ④溶液(aqua)
water abrasion 水磨蚀
water absorbability 吸水性
water absorbing 吸水的
water absorbing capacity 吸水能力,吸水量
water-absorbing quality 吸水性,吸湿性
water-absorbing scale 吸水鳞
water absorption 吸水[作用]
water absorption capacity 吸水能力
water absorptive hair 吸水毛
water absorptive root 吸水根
water accessible surface 水可及表面
water activity 水分活性
water adjustment 水分调节
water aeration kinetics 水曝气动力学{环保}
water-air regime 水-气状况
water analysis 水质分析
water analysis of bacteria 水的细菌分析
water and soil conservation 水土保持
water and soil conservation forest belt 水源林,水土保持林带
water apple (= water rose apple) 水连雾 [*Eugenia aquea* Burm. f.](桃金娘科)
water application 淹水施药(杀草剂)
water application efficiency 水利用效率
water applicator 用水器,灌水装置
water apron ①(溢流堰的)护坦 ②静水池
water-arum ①水芋属 [*Calla* L.](天南星科) ②水芋 [*Calla palustris* L.]
water ascence 水上升度
water ascending 水上升
water-ash 加罗林梣 [*Fraxinus caroliniana* Mill.](木犀科)
water aspirator 水泵
water atmosphere 水汽圈
water atomization 水雾化,喷雾
water autopurification 水的自动净化
water availability 水的有效性,水的可利用程度,水有效利用率
water bacteria 水生细菌
water bacteriology 饮水细菌学
water balance (= water budget) 水[分]平衡
water balance bioindicator 水分平衡生物指示器
water balance equation 水分平衡方程[式]
water balance in stands 植物群丛的水分平衡
water balance method 水分平衡法
water balance model 水分平衡模型
water-ballast roller 充水镇压器

water bamboo (= coba) ①茭白属 [*Zizania* L.] (禾本科) ②茭白(茭笋) [*Zizania caduciflora* (Turcz.) Hand.-Mazz.]
water banyan 水榕 [*Cleistocalyx operculatus* (Roxb.) Merr. et Perry.] (桃金娘科)
water basin ①流域 ②水池
water bath 水浴(指在实验室用的)
water-bearing 具水的,带水的,含水的
water-bearing bed 含水地层
water-bearing layer 含水层
water-bearing stratum 含水层
water-bearing tissue 含水组织
water beech (= blue beech) 美国榛树
water bird 水鸟,水禽
water biscuit 薄硬饼干
water bladder 储水泡
water blanching 水浸黄化,水浸软化
water-blinks ①满七草属 [*Montia* L.] (马齿苋科) ②河边满七草 [*Montia rivularis* Gmel.]
water blister 水疱
water bloom ①水华(指淡水藻类异常繁殖的现象) ②水生花
water boatmen 划蝽科 [Corixidae]
water body 水体{环保}
water-borne ①(货物)由水路运送的,水运的 ②(疾病)因喝带菌的水而传染的,水致的 ③水成的
water borne deposit 水成沉积物
water-borne disease 水致疾病{环保}
water-borne epidemic 水致流行病{环保}
water-borne infection 饮水传染
water-borne poison 水致病毒{环保}
water-borne preservatives (= WB-type preservatives) 水溶性防腐剂
water bottle ①(玻璃)水瓶 ②(金属)水壶 ③采水瓶
water bowl 饮水器,喂水器
water buckwheat 戟叶蓼(苦荞) [*Polygonum thunbergii* Sieb. et Zucc. = *P. debile* var. *hastatum* Meisn.] (蓼科)
water buffalo 水牛 [*Bubalus bubalus*]
water bugtrap ①貉藻属 [*Aldrovanda* Monti.] ②貉藻 [*Aldrovanda vesiculosa* L.]
water bye-laws (= water legislation) 水利法规,水的立法
water caltraps (= water chestnut) 菱(二角菱) [*Trapa bicornis* Osb.] (菱科)
water calyx 水生萼
water capacity 持水量
water carriage ①水冲,带水 ②水运,水运工具 ③排水沟渠{环保}
water-carriage system 水冲污水系统{环保}
water carrier (= water carrying bee) 采水蜂,地蜂
water carrying ①含水的 ②多汁的 (hydrophorus)
water cart 洒水车
water catchment 集水流域,汇水流域
water catchment area 集水[流域]面积
water cedar 白扁柏 [*Chamaecyparis thyoides* B. S. P.] (柏科)
water cell 储水细胞 (cellula aquifera)
water cellar 水窖,旱井(指抗旱措施之一)
water-cement ratio 水灰比[例]{环保}
water chamber 水箱{环保}
water chestnut ①菱属 [*Trapa* L.] (菱科) ②菱 [*Trapa bicornis* Osb.] ③乌菱 [*Trapa bispinosa* Roxb.] ④欧菱(浮水菱) [*Trapa natans* L.]
water chestnut family 菱科 [Hydrocaryaceae]
water chestnut kernel 菱实,菱花米
water-chestnut of the orient (= water nut) 荸荠 [*Eleocharis tuberosa* Roem. et Schult.] (莎草科)
water chick-weed 水生小鸡草 [*Montia fontana* L.] (马齿苋科)
water chinkapin (= American lotus) 黄莲花(美洲莲藕) [*Nelumbo luteum* (Willd.) Pors.] (睡莲科)
water chive 水韭 [*Isoëtes lacustris* L.] (水韭科)
water chlorination 水氯化{环保}
water-circulating pump 水循环泵{环保}
water circulation 水循环
water clarifier ①净水器 ②澄水剂(指水澄清剂){环保}
water climate 水中气候
water closet 冲水厕所,抽水马桶{环保}
water cloud 水态云,水云
water clover (= pepperwort) ①苹属 [*Marsilea* L.] (苹科) ②苹 [*Marsilea quadrifolia* L.]
water cock 给水栓
water collecting area 集(聚)水面积
water collecting basin 集水池{环保}
water collecting header 集水管{环保}
water collection 集水
water collection work 集水工程{环保}
water colour (= water color) 水彩颜料
water column 水柱
water conditioner ①水质调节器 ②水改良剂

water conditioning 水质调节,水改善
water-conducting capacity 水分输导能力
water-conducting region 水分输导区
water-conducting system 水分输导系统
water conduction 水分输导
water conductivity 导水率,水传导率
water conduit 水管[道]
water conservancy 水利
water conservancy economics 水利经济学
water conservancy problem 水利问题
water conservancy project 水利工程
water conservation ①水保持 ②水源保护{农经}
water consumption 水分消耗,耗水量
water-containing horizon 含水层
water contamination 水污染{环保}
water content 含水量
water content effect on crossing-over 含水量对交换的效应
water content indicator 含水量指标
water content of seeds 种子含水量
water content of snow 雪层含水量
water content oil treatment 含水油处理{环保}
water contour percolation 水分水平渗漏
water control 水分控制,水源控制
water convolvulus (= water spinach) 蕹菜(空心菜)[*Ipomoea aquatica* Forsk.](旋花科)
water-cooled 水冷式的{农机}
water-cooled engine (= water cooling engine) 水冷式发动机
water cooler 水冷却器
water cooling 水冷却法
water cooling system 水冷却系统
water cooling tower 水冷却塔
water core 水心[病](苹果)
water cost 水的成本
water couch (= knotgrass) 两耳草(二列雀稗)[*Paspalum disticum* L.](禾本科)
water-course 水道,水流
water crane ①水压起重机{农机} ②给水管{水利}
water-cress 水田芥[*Nasturtium officinale* R. Br.](十字花科)
water crisis 水危机
water crock 水罐
water crowfoot ①梅花藻属[*Batrachium* Gray.](毛茛科) ②梅花藻[*Batrachium trichophyllum* Van. den Bossche]
water cultivation of rice seedling 水育秧
water culture 水培,溶液培养,无土栽培
water culture solution 水培[养]液
water current 水流
water cushion 水垫{环保}
water cut-off 断水
water cutting grafting 水插接
water cycle 水循环
water data unit system 水数据单元系统{智培}
water deer 獐[*Hydropotes inermis*]
water deficiency 水分缺乏,缺水
water deficient dehydration 缺水性脱水
water deficit 水分亏缺,缺水
water delivery 供水
water demand 需水量
water depth 水深
water depth map 水深图{遥感}
water development 水开发
water diffusion 水分扩散
water discharge ①放水 ②流量
water discharge pipe 放水管{环保}
water dispersal 散水,洒水
water dispersible liquid 乳剂
water-dispersible powder 可湿性粉剂
water disposal system 水处理系统
water distribution 水分布,配水
water distribution pipes 配水管网{环保}
water diversion 引水,排水,分水
water diversion ditch 排水沟{环保}
water divide 分水界,分水岭
water drain ①排水沟,排水暗沟 ②排水管,排水暗管
water drain pipe 排水管{环保}
water drainage 排水
water-drawing pivotal project 引水枢纽工程
water dressing 液体追肥
water drip 滴水
water drop ①水滴 ②跌水
water droplet 水珠,微水滴
water dropping 飞机洒水
water dropwort ①水芹属[*Oenanthe* L.](伞形花科) ②水芹[*Oenanthe aquatica* Lam. = *O. phellandrium* Lam.]
water duty 用水率,灌溉率
water economics (= water conservancy economics) 水利经济学
water economy ①水利经济学 ②节水
water economy of functional type 功能型节水
water elder (= snowball) 佛头花[*Viburnum opulus* L.](忍冬科)
water elevator 水力升降机
water elm ①水榆属[*Planera* J. F.](榆科)

②水榆［*Planera aquatica*］

water endurance 耐水性

water endurant 耐水的

water energy 水能

water engineering 水利工程

water envelope 水膜

water environment management 水环境管理

water environmental capacity 水环境容量

water equilibrium 水分平衡

water equilibrium model 水分平衡模型

water equivalent 水当量{水利}

water erosion 水蚀

water escape 溢洪道

water evaporation 水分蒸发

water exchange ①水分交换 ②水分代谢

water extract 水浸提液

water extract method 水浸提法{土壤}

water extractor 水浸提器,脱水器

water factor 水因子

water fall ①瀑布 ②跌水

water fall erosion 瀑布侵蚀

water-fall model 瀑布模型

water-fall sequence（= cascade sequence） 级联序列{分生}

water-fall theory（= cascade theory） 级联理论{分生}

water faucet 水龙头,放水口

water feeder 给水器

water fern ①水蕨属［*Ceratopteris* Brongn.］（水蕨科）②（= oriental water-fern） 水蕨［*Ceratopteris thalictroides* Brongn.］

water fern family（= Ceratopteris family） 水蕨科［Parkeriaceae］

Water-filled intercellular space 充水胞间隙

water-filled roller 充水镇压器

water-filled tyre（= tyre with liquid ballast） 充水轮胎

water-filled vessel 充水导管

water film 水膜

water filter 水滤器

water flow 水流

water-flow recorder 水流记录器

water flow velocity 水流速度

water fog 水态雾,水雾

water for filature 制丝用水

water forget-me-not 沼泽勿忘草［*Myosotis palustris* With.］（紫草科）

water fowl ①（= water bird）水禽,水鸟 ②⌞复⌝雁鸭类

water-fowling 雁鸭猎{狩猎}

water foxtail 东北看麦娘［*Alopecurus aequalis* Sobol. var. *amurensis* Ohwi］（禾本科）

water free space 水分自由空间,无阻透水空间{生理}

water front ①滨水区,水边 ②岸边线 ③湿锋,水锋

water fungus 水生菌

water furrow 水沟,灌水沟

water furrow planting 开沟播种

water furrower 灌水沟开沟铲

water garden ①水池花园 ②水上庭园{园林}

water gardening ①水生园艺 ②水上庭园园艺

water gas 水煤气

water gas-tar creosote 水煤气焦油

water gate 水闸{水利}

water gauge ①雨量表,雨量器 ②水位 ③水标尺

water gland 水腺（hydathoda）{解剖}

water glass ①水玻璃,硅酸钠 ②玻璃水标尺

water grass ①水草,水生禾草 ②（= marsh bent grass, carpet bent）匍茎翦股颖［*Agrostis stolonifera* Bess. = *A. alba* var. *stolonifera* Mey.］（禾本科）

water gum 水紫树［*Nyssa aquatica* L.］（珙珂科）

water hair-grass 水沿沟草［*Catabrosa aquatica* P.B.］（禾本科）

water hammer ①水击作用 ②水锤{农机}

water hammer pump 水锤泵

water hardness 水硬度

water hawthorn ①水蕹属［*Aponogeton* L. f.］（水蕹科）②水蕹［*Aponogeton natans* (L.) Engl. et Krause］

water hawthorn family 水蕹科［Aponogetonaceae］

water head ①水头,水位差 ②水压头

water heater 热水器

water-hemlock ①毒芹属［*Cicuta* L.］（伞形花科）②毒芹［*Cicuta virosa* L.］

water-hemp（= hemp agrimony） 大麻叶泽兰［*Eupatorium cannabinum* L.］（菊科）

water hickory 水山核桃［*Carya aquatica* Nutt.］（胡桃科）

water hoarhound ①地笋属［*Lycopus* L.］（唇形科）②地笋［*Lycopus lucidus* Turcz.］

water hog 水豚［*Hydrochoerus caphbara*］

water holding capacity 持水量{土壤}

water holding pore 持水孔隙

water holding power 持水力

water hole 水坑

water horsepower 水马力
water-horsetail ①轮藻属［*Chara* Vaillant.］（轮藻科）②轮藻［*Chara fragilis* Desv.］
water hose 水龙带{环保}
water-hull（= water film） 水膜
water humus 水溶性腐殖质
water hyacinth ①凤眼蓝属［*Eichhornia* Kunth.］（雨火花科）②（= common water hyacinth）凤眼蓝（水葫芦，大水苹）［*Eichhornia crassipes* Solms-Laub.］
water ice 冰糕
water immersion ①水浸 ②水浸系，水浸镜，水浸装置{显技} ③浸水{栽培}
water immersion test 浸水试验
water impermeable seed 不透水种子（硬粒种子）
water-imply tower 受水塔
water-in-oil emulsion 油色水乳状液
water in soil 土壤水
water inlet 进水口
water inlet pipe 进水管{环保}
water-insoluble 水不溶性的，不溶于水的
water-insoluble enzyme 水不溶［性］酶
water intake ①进水口（= water inlet）②水摄入［量］③进水构筑物{环保}
water intake on pontoon 浮船进水构筑物{环保}
water intake on scaffold bridge 栈桥进水构筑物
water jacket 水套
water jet ①水射，水射流 ②喷水
water-jet pump 喷水泵
water jump 水跃{环保}
water larch（= dawn redwood） ①水杉属［*Metasequoia* Miki ex Hu et Cheng］（杉科）②水杉［*Metasequoia glyplostroboides* Hu et Cheng］
water lead 流送距离，水运起讫点
water leaf（= hydrolea） ①田基麻属［*Hydrolea* L.］（田基麻科）②田基麻［*Hydrolea zeylenica*（L.）Vahl］
water-leaf family（= hydrolea family） 田基麻科［Hydrophyllaceae］
water leakage 漏水
water leaking paddy field 漏水稻田
water legislation 水利法规
water lemon 樟叶西番莲［*Passiflora laurifolia* L.］（西番莲科）
water lettuce ①大薸属［*Pistia* L.］（天南星科）②大薸（大浮莲）［*Pistia stratiotes* L.］
water level 水位，水平面，水准面
Water Level and Fault Movement Indicator 水位和断层位移指示卫星{遥感}
water level indicator 水位表，水位指示器
water level observation 水位观测
water level scale 水位尺
water level sensor 水位计
water lift 提水工具，扬水机
water lift machine 扬水机
water-lifting machinery 扬水机械，抽水机械，提水机械{水利}
water lifting pipe 升水管{环保}
water-lily 白睡莲［*Nymphaea alba* L.］（睡莲科）
water-lily aphid 睡莲缢管蚜［*Rhopalosiphum nymphaeae*（Linnaeus）］（蚜科）
water-lily family 睡莲科［Nymphaeaceae］
water-lily leaf beetle 睡莲守瓜［*Pyrrhalta nymphaeae*（Linnaeus）］（叶甲科）
water-lily leafcutter 睡莲切叶水螟［*Synclita obliteralis* Walker = *Nymphula*］（水螟科）
water line ①水线，水路 ②（船舶）吃水线
water load 水载荷{环保}
water lock 水闸
water logged field 水涝田，湿田，浸田
water loosestrife 水生珍珠菜［*Lysimachia thyrsiflora* L.］（报春花科）
water loss 水分损失，水分流失
water loss from soil 土壤水损失
water loss in depth 水深度减低{水利}
water loss per unit surface area 每单位表面面积的水分损失
water-loving 喜水的，适水的（hydrophilus）
water-loving plant 喜水植物，适水植物（planta hydrophila）
water main ①引水干渠，引水主管路 ②自来水总管
water management 用水管理
water management practices 用水管理措施
water manifold 水歧管（指喷雾器上的）
water mark 水位标志
water mass 水团
water meadow 渍水草甸
water-melon 西瓜［*Citrullus vulgaris* Schrad.］（葫芦科）
water-melon anthracnose 西瓜炭疽病［*Colletotrichum logenarium*（Pass.）Ell. et Halst.］
water-melon bacterial wilt 西瓜细菌性茎枯病［*Erwinia tracheiphila*（E. F. Smith）Holland.］

water-melon cercospora spot 西瓜叶斑病［*Cercospora citrullina* Cke.］
water-melon culture by grafting 西瓜嫁接栽培
water-melon downy mildew 西瓜霜霉病［*Pseudoperonospora cubensis*（Berk. et Curt.）Rostr.］
water-melon grafting 西瓜嫁接（指与西葫芦嫁接）
water-melon mosaic virus 西瓜花叶病毒［*Marmor citrulli*（Holmes）］
water-melon peperomia 西瓜皮椒草（西瓜皮豆瓣绿）［*Peperomia argyreia* E. Morr.］（胡椒科）
water-melon powdery mildew 西瓜白粉病［*Erysiphe cichoracearum* DC.］
water-melon wilt 西瓜枯萎病［*Fusarium bulligenum* Cke. et Mass. var. *niveum*（Smith）Wr.］
water metabolism 水分代谢
water meter 水量计，水表
water meter chamber 水表井｛环保｝
water metering ①量水 ②装水表
water microbiology 水生微生物学（hydromicrobiologia）
water microorganism 水生微生物（hydromicroorganismus）
water milfoil ①狐尾藻属［*Myriophyllum* L.］（小二仙草科）②狐尾藻［*Myriophyllum verticillatum* L.］
water milfoil family 小二仙草科（蚁塔科）［Halorrhagaceae］
water mill ①水车，水磨 ②水磨机
water mint 水生薄荷［*Mentha aquatica* L.］（唇形科）
water miscible formulation 水溶性制剂
water miscible liquid 水乳液
water modifier 水调节剂
water mold（= water mould） 水霉
water molecule 水分子
water moulds 藻菌植物［Phycomycetes］
water mouse-ear chickweed 牛繁缕［*Stellaria aquatica* Scop.］（石竹科）
water movability 水移动性
water movement 水运动，水流动
water murdania ①水竹叶属［*Aneilema* R. Br.］（鸭跖草科）②水竹叶［*Aneilema keisak* Hassk.］
water need 需水
water nutgrass 水莎草［*Cyperus serotinus* Rottb.］（莎草科）
water oak 水栎［*Quercus nigra* L.］（山毛榉科）
water oat（= Indian rice，Caba） 茭白（茭笋）［*Zizania madurensis* Lour.］（禾本科）
water of crystallization 结晶水
water of hydration 水合水
water of imbibition 膨润水
water of infiltration 入渗水，渗透水
water outlet ①出水口 ②水门，排水口，泄水道
water output 水出力｛水利｝
water-oven 热水式干燥炉
water paint 水性漆，水涂料
water palm（= nipa palm） 海椰子（亚塔椰子）
water parsnip ①毒人参属［*Sium* L.］（伞形花科）②毒人参［*Sium cicutifolium* Schrank.］
water parting 分水界，分水岭
water pennywort ①破铜钱属［*Hydrocotyle* L.］（伞形科）②破铜钱［*Hydrocotyle sibthorpioides* Lam.］
water pepper（= smartweed） 水蓼［*Polygonum hydropiper* L.］（蓼科）
water percolating capacity 渗水力，水分渗透能力
water permeability 透水性，透水率，渗水性，渗水率（hydropermeabilitas）
water permeable ①透水的 ②渗水的（hydropermeabilis）
water permeable opening 透水孔
water physiology ①水分生理 ②水分生理学（hydrophysiologia）
water pipe 水管｛环保｝
water piping 水管线路，水管系｛环保｝
water piston 水泵活塞
water pit 水坑
water plant（= aquatic plant） 水生植物（planta aquatica）
water plantain ①泽泻属［*Alisma* L.］（泽泻科）②（= oriental water plantain）泽泻［*Alisma plantagoaquatica* L. var. *orientale* Samuelsson = *A. orientalis* Juzepczuk.］
water plantain family 泽泻科［Alismataceae］
water plantain ottelia ①水车前属［*Ottelia* Pers.］（水鳖科）②水车前［*Ottelia alismoides*（L.）Pers.］
water planting 水中栽培
water planting rice 水稻
water plants 水生植物
water platter ①王莲属［*Victoria* Lindl.］

（睡莲科）②王莲［*Victoria regia* Lindl.］
water plug（＝fire plug） 消火栓｛环保｝
water pocket ①水源，水潭 ②水窝，水袋｛环保｝
water pollination（＝hydrophillous pollination） 水媒传粉
water pollutant pesticide 水质污浊性农药
water pollution 水污染
water pollution analysis 水污染分析
water pollution control 水污染控制，水污染防治｛环保｝
water pollution control works 水污染防治工程设施 ｛农施｝
water pollution monitoring 水污染监测
Water Pollution Prevention Act 水污染防止法案｛环保｝
water pollution research laboratory 水污染研究实验室
water poppy ①水罂粟属［*Hydrocleys* Rich.］（罂粟科）②水罂粟［*Hydrocleys nymphoides* Buchenau］
water pore（＝water stoma） 水孔（stoma aquifera）
water potential【φ】 水势
water potential difference 水势差
water potential gradient 水势梯度
water power 水力，水能
water power plant（＝water power station） 水力发电站
water-power resource development 水能资源开发｛农系工｝
water pressure 水压
water primrose（＝false loosestrife） ①丁香蓼属［*Ludwigia* L.］（柳叶菜科）②丁香蓼［*Ludwigia prostrata* Roxb.＝*L. diffusa* Ham.］
water prohibitive substance 禁水性物质（指凡能吸收空气中的湿气或与水分接触，即行起火或发热的危险物质，叫做禁水性物质）｛环保｝
water-proof ①防水性，不透水 ②防水的，不透水的
water-proof adhesive 耐水［性］胶黏剂
water-proof cement 防水水泥｛环保｝
water-proof corrugated fiberboard 防水皱纹纤维板｛农施｝
water-proof gum 防水胶
water-proof layer 防水层
water-proof material 防水材料，防水布
water-proof membrane 防水［隔］膜
water-proof plant box 防水种植箱
water-proof plywood 防水胶合板
water-proofer 防水材料
water-proofing material 防水剂
water-proofing paint 防水涂料，防水漆
water proofing treaties of wood 木材防水法
water pump 水泵
water pump bearing 水泵轴承
water pump packing 水泵密封
water pumping station 抽水站，水泵站
water purification 水的净化
water purification plant 净水厂，水处理厂
water purifier 净水器
water-purslane ①荸艾属［*Peplis* L.］（千层菜科）②荸艾［*Peplis alternifolia* Bieb.］
water quality 水质
water quality control 水质管理，水质控制
water quality criteria 水质标准
water-quality management 水质管理
water-quality monitoring 水质监测
water quality monitoring ship 水质监测船
water quality of sewage 污水水质（这里所谓污水，即工厂企业所排出的废水，了解污水水质可进行不同方法的处理）｛环保｝
water quality regulation 水质调节｛环保｝
water quality states 水质状态
water quality surveillance 水质自动计量
water quality treatment for fish-pond 鱼池水质［净化］处理｛水产｝
water quenching ①水急冷 ②水淬
water radiation 水辐射
water radio（＝water-cement ratio） 水灰比（指水与水泥也就是所谓洋灰的比率）｛环保｝
water raising 抽水，扬水，提水
water raising capacity 抽（扬）水能力
water raising engine 抽（扬）水机
water raising machine 扬水机，提水机，抽水机
water ram 水碓（指利用水力舂米或捣碎物料的工具）
water rate ①需水量，用水率 ②流水率
water rates 水费率，水价
water recovery 水回收
water reed 香蒲［*Typha orientalis* Presl.］（香蒲科）
water regime 水分状况
water-regulating mechanism 水分调节机制
water relation 水分关系
water relation of evolution 进化［的］水分关系
water relation of functional type 功能型［的］水分关系
water relation of plant cell 植物细胞［的］水分关系
water relation of plant stands 植物群丛

[的]水分关系
water release 泄水
water release gate 泄水闸,退水闸
water repellency（= water repellence） 防水性
water repellency agent 防水剂
water-repellent preservatives 防水性防腐剂
water requirement 需水量
water requirement of crop 作物需水量
water requirement of grain crops 禾谷类作物需水量
water reserve ①水分贮备 ②蓄水区
water reservoir 贮水池,给水池,水库
water resistance 抗水性
water-resistant 抗水的
water-resistant adhesive 耐水胶黏剂
water resisting ①不透水的,防水的 ②不透水性
water-resisting admixture 防水[外加]剂
water resisting property 不透水性
water resource 水资源,水利资源
water resource management 水利资源管理
water resource strategy 水[利]资源战略[农系工]
water-retaining capacity（= water retentiveness） 持水量,保水量,保水能力
water retardant（= moisture repellent） 憎水剂
water-retenting 保墒的,水分保持的
water-retention 保墒,水分保持
water retention ability 保水能力,持水能力
water-retted 沤过的,水浸过的
water-retted flax 沤过亚麻
water-retted hemp 沤过大麻,浸过大麻
water retting 沤麻,水浸(浸麻)
water rice 茭白(菰,茭儿菜,茭笋,茭草)[*Zizania caduciflora*(Turcz.)Hand.-Mazz. = *Limnochloa caduciflora* Turcz.](禾本科)
water rice nursery 水秧田
water right 用水权
water root 水生根(radix aquatica)
water rose apple（= water apple） 水连雾(日名)[*Eugenia aquea* Burm](桃金娘科)
water-rot 湿腐
water sac 水囊(sacus aquaticus)
water sample 水[质]样[品]
water sampler 水取样器,采水样器
water sampling point 采水样点
water-saturated nursery 饱和水分秧田
water saturation 水饱和,饱和水分
water saturation deficit（WSD） 饱和水分亏缺
water saving（= water economy） 节约用水,节水
water-saving agriculture 节水农业{农系工}
water-saving culture 节水栽培
water-saving irrigation 节水灌溉
water-saving irrigation technology 节水灌溉技术
water scavenger beetles 牙甲科(水龟虫科)[Hydropihlidae]
water scoop 戽掏
water scooping machine 戽水机
water seal ①水封{加工} ②止水{水利}
water sealed tank 水封池{环保}
water seasoning 树液抽出干燥[法]
water seeded rice 水直播稻
water selection 水选
water self-purification 水体自净作用{环保}
water separator ①脱水器 ②脱水池{环保}
water service ①供水,给水 ②配水 ③供水业务,给水业务{环保}
water service plan 给水[管]图{环保}
water shedding capacity 滤水能力
water shield ①莼菜属[*Brasenia* Schreb.](莼菜科) ②莼菜(莼,水葵,马蹄草,露葵)[*Brasenia schreberi* Gmel. = *B. purpurea* Casp.] ③(= water target) 水盾属[*Cabomba* Aubl.](睡莲科)
water shoot（= water sprout） 徒长枝
water shortage 水分缺乏
water-sick ①水分过多的,灌溉过多的 ②受涝的
water sky 水反照
water-slaked lime 熟石灰,消石灰
water slide 水滑道
water smoke 蒸汽雾
water-snowflake 金银莲花[*Nymphoides indica*（L.）Kuntze](荇菜科)
water-soaked seed 浸种
water soft rot 水软腐病
water softener ①水质软化器,软水器 ②软水剂
water softening 硬水软化
water softening agent 硬水软化剂
water softening by heating 加热软水法
water softening plant 软水站(厂)
water-soil-plant relation 水-土-植物关系
water-soldier ①兵草属[*Stratiotes* L.](水鳖科) ②兵草[*Stratiotes aloides* L.]
water solubility 水溶性
water-soluble 水溶性的
water-soluble activator 水溶性活化剂,水溶性增效剂
water-soluble adjuvant（WSA） 水溶性佐剂

water-soluble air 水溶空气
water-soluble carbohydrate 水溶性碳水化合物
water-soluble catabolite 水溶性降解产物
water-soluble catalyst 水溶性催化剂
water soluble chemicals 水溶性药剂
water-soluble dye 水溶性染料{显技}
water soluble embedding medium 水溶性包埋介质
water soluble granule 水溶性颗粒剂
water-soluble grease 水溶性脂
water-soluble in organic form 水溶性有机态
water-soluble phosphate 水溶性磷酸盐
water-soluble phosphorus 水溶性磷
water-soluble phytotoxic substance 水溶性植物毒性物质
water-soluble polymer 水溶性聚合物
water soluble potash 水溶性钾
water soluble powder 水溶性粉剂
water-soluble salt 水溶性盐类
water-soluble vitamin 水溶性维生素
water solution 水溶液
water source 水源
water speedwell 水苦荬［*Veronica anagallis-aquatica* L.］(玄参科)
water spinach 蕹菜［*Lpomoea aquatica* Forsk.］(旋花科)
water spore 水生孢子(hydrospora)
water spot ①水斑 ②水斑病(菠萝)
water spray treatment of odor 水洗法除臭(指用水喷洒处理除去臭气){环保}
water spraying (= water atomization) 水雾化，喷雾
water spreading ①浇水，洒水 ②水分散布 ③河流分叉(防洪)
water sprout 徒长枝
water stabilization 水质稳定{环保}
water stable 耐水性的，水稳性的
water stable aggregate 耐水团粒，耐水团聚体，水稳性团粒，水稳性团聚体
water stagnant 水分停滞
water stain 水斑(指木材)
water-stained 雨水污染的
water standing rot 水枯病(指竹节内水液积滞而致的病害)
water starwort ①水马齿属［*Callitriche* L.］(水马齿科) ②水马齿［*Callitriche stagnalis* Scop.］
water starwort family 水马齿科［Callitrichaceae］
water status 水状态
water stem 水［生］茎(caulis aquaticus)
water stoma 水孔(stoma aquatica)
water storage 水贮藏，蓄水
water-storage capacity 贮水能力，贮水本领，贮水量
water-storage characteristics 贮水特性
water-storage leaf (= water storing leaf) 储水叶(folium aquiferum)
water-storage organ 储水器官(organa aquifera)
water-storage parenchyma 储水薄壁组织(parenchyma aquifera)
water-storage tank ①贮水池 ②贮水箱
water-storage tissue (= water storing tissue) 储水组织(tela aquifera)
water-storing 储水
water-storing capacity 储水能力，储水容量(指细胞)
water-storing trunk 储水树干
water streak 水纹
water stress 水分胁迫，缺水
water striders 黾蝽科(水黾科)［Gerridae］
water structure 水结构
water supply 供水，给水，水源
water supply and sewerage engineering 给排水工程［学］{环保}
water supply and sewerage work 给排水工程
water supply canal 给水渠
water supply engineering 供水工程［学］，给水工程［学］
water supply forecasting 供水预测
water supply line 供水管线
water supply pipe 供水管，给水管
water supply plant 自来水厂，供水设备
water supply scheme 供水方案
water supply station (= water station) 供水站
water supply survey 供水勘测
water supply system 供水系统
water supply tower 供水塔，给水塔
water supply tunnel 供水隧道
water supplying 供水，给水
water surface 水面
water surface curve 水面曲线
water-surface response 水面响应，水面反应
water suspension 悬［浮］液
water system 水系
water table ［地下］水位，地下水面，潜水面{土壤}
water table contours 地下水位等高线
water table control 地下水位控制
water table falls 地下水位下降
water table level 地下水位高程

water table profile 地下水位剖面
water tank ①水箱,水柜,贮水槽 ②水池{环保}
water tap 水龙头{环保}
water taro (= water arum) 水芋
water temperature 水温
water-test 水选法
water-thermometer 水温计
water-thistle (= meadow distaff) 蓟菜(苦苣菜)[*Cirsium oleraceum* Scop.](菊科)
water thread 水流线条{环保}
water thyme 加拿大菲藻[*Anacharis canadensis*](水鳖科)
water-tight ①水密的,不透水的 ②防水的
water-tight joint ①水密接合(木工) ②不透水接缝{环保}
water tight machine 防水式电机
water-tight seal 不透水密封
water-tight stratum 不透水层
water-tight structure 不透水结构
water tightness 水密性
water tissue 储水组织 (tela aquifera)
water tower 水塔
water tower function 水塔功能(指在西北干旱地区必须发挥的供水功能){环保}
water traffic control system 水上交通管制系统
water trailer 水罐挂车,水罐拖车
water translocation 水分转移
water transmitting ability 导水能力
water transplanting 水移栽
water transport ①水路运输 ②水分运输
water transport system 水分运输系统
water trap ①脱水器,水分分离器 ②存水弯{环保}
water treaders (= mesovelids) 水蝽科[Mesovelidae]
water treatment (净,软)水处理
water treatment causing chromosome breakage 引起染色体断裂的水处理
water treatment for tissue swelling 组织膨大用水处理
water treatment plant 水处理厂,净水厂{环保}
water treatment works 水处理厂[工程]
water trough ①饮水槽(畜) ②饮水器(禽)
water truck 运水[汽]车
water-tube 水管
water-tube boiler 水管式汽锅
water tupelo 水紫树(水蓝果树)[*Nyssa aquatica* L.](珙垌科)
water turbine 水轮机
water turbine-pump unit 水轮泵
water turnover 水分循环,水分周转
water uptake 水分吸收
water uptake curve 水分吸收曲线
water uptake rate 吸水速率,水分吸收量
water-use efficiency (WUE) 用水效率
water utilization 水利用,水源利用
water valve 水门,水阀{环保}
water vapor (= water vapour) 水汽,水蒸气
water vapor adsorption 水汽吸附
water vapor concentration 水汽浓度
water-vapor conductance 水汽传导
water-vapor content 水汽含量
water-vapor deficit 水汽亏缺
water-vapor density 水汽密度
water vapor diffusion 水汽扩散
water-vapor flux 水汽流量
water-vapor gradient 水汽梯度
water vapor per unit time and area 每单位时间和面积的水蒸气
water vapor permeability 水汽渗透率,水汽渗透性
water-vapor pressure 水汽压
water varnish 假漆
water vesicle 储水泡 (vesiculus aquiferus)
water-violet ①水堇属[*Hottonia* L.](报春科) ②水堇[*Hottonia palustris* L.]⌞拟⌝
water volume 水容量,流量
water wagon 运水车
water-warming canal 温泉渠
water warming pond 温泉池
water-warming pool 温泉池
water wasabi 山萮菜(水山葵)[*Wasabia japonica* Matsumura](十字花科)
water wave 水波
water-weed ①伊尔藻属[*Elodea* Rich.](水鳖科) ②加拿大伊乐藻[*Elodea canadensis* Rich. et Michx.]
water weed control 水生杂草防治
water-weed cutter 水草切除机
water weeds 水草,水生杂草
water wheel (= water turbine) 水轮机
water wheel-driven distributor 水轮驱动布水器{环保}
water-white honey 水白色蜜
water willow 水柳[*Salix aqualica* sp.](杨柳科)
water winch 自动绕射喷水器
water work ①自来水设备,自来水厂 ②(装饰的)喷泉
water-work sludge [自来]水厂污泥{环保}
water wort (= waterwort) ①沟繁缕属[*Elatine* L.](沟繁缕科) ②沟繁缕[*Ela-*

tine orientalis Mak.]
water-wort family 沟繁缕科[Elatinaceae]
water-wort fern caffeine 铁角蕨[*Asplenium trichomanes* L.](铁角蕨科)
water yam (=white yam, greater yam) 参薯(大薯)[*Dioscorea alata* L.](薯蓣科)
water year 水文年
watercourse 河道,水道,水流
watercress leaf beetle 水田芹猿叶虫[*Phaedon viridus* (Melsheimer)(叶甲科)
watered leaf 濡桑{蚕}
watered milk (=blue milk) 掺水牛乳
watered silk 纹绸
waterer ①饮水器{禽} ②供水器{水利}
wateriness 充水性,潮湿
watering ①浇水,灌水,洒水,喷淋 ②饮水,喂水 ③掺水
watering(of livestock) (家畜)喂水
watering bucket 喂水桶,饮水桶
watering can (=watering pot) 喷壶,浇水器
watering cart 洒水车,运水车
watering for the jointing (=irrigation for the jointing) 灌拔节水
watering line 灌溉管路
watering period 灌溉周期
watering place 饮水处
watering pot 喷壶
watering rate 洒水率
watering to soak the stubble (=watering to flood the stubble) 灌水泡茬
watering troughs (=drinking troughs) 饮水槽
waterless 无水的(dehydraus)
waterlog 渍水现象,水涝
waterlogged ①渍水的 ②淹水的(=submerging) ③水涝的
waterlogged area ①水涝面积 ②渍水地[区]
waterlogged compost ①草塘泥 ②沤肥
waterlogged condition ①水涝情况 ②渍水情况
waterlogged farmland 水涝地
waterlogged field ①水涝地,积水田 ②渍水地
waterlogged soil 渍水土壤
waterlogging 渍水,涝
waterlogging from autumnal rains 秋涝
waterlogging in the south 南涝,南方水涝
waterlogging meadow soil 渍水草甸土
waterlogging resistance 抗涝性,抗淹性,抗渍性
waterlogging resistant 抗涝性,抗淹
waterlogging-tolerant variety 耐涝性品种
watermark ①水位标 ②水位 ③水印
watermark magnetics 水印磁处理
waternut ①荸荠属[*Eleocharis* R. Br. = *Heleocharis* R. Br.](莎草科) ②荸荠[*Eleocharis tuberosa* Roem. et Schult.]
waterscorpions 蝎蝽科(红娘华科)[Nepidae]
watershed ①分水界,分水岭(=water divide) ②流域 ③集水区
watershed management 流域管理
watershed management pattern 流域管理模式
watershed ridge 分水岭,分水线
waterside 水边,水滨
waterside planting 水滨(边)栽植
waterside plants 水边植物
waterspout ①排水管{水利} ②水龙卷,海龙卷{气象}
watersprout (=watershoot) 徒长枝
waterway 水道(=watercourse)
waterwort ①沟繁缕属[*Elatine* L.](沟繁缕科) ②沟繁缕[*Elatine orientalis* Mak.]
watery ①水生的(aquaticus){生态} ②含水的,多水的(aquaeus){形态}
watery extract 浸出液,浸提液
watery extract of tissue powder 组织粉末浸出液
watery land 多水地
watery pore 水孔
watery soft rot 菌核病
watery soft rot of garden radish (=Sclerotinia rot of garden radish) 萝卜菌核病[*Sclerotinia sclerotiorum* de Bery.]
watery soft rot of onion 洋葱菌核病[*Sclerotinia sclerotiorum* de Bery.]
watery soft rot of welsh onion 大葱黑腐菌核病[*Sclerotium cepivorum* Berk.]
watery stage 有雨期
Watson-Crick model 华特生-克里克(DNA)模型{分遗}
Watson-Crick replication mechanism 华特生-克里克复制机制
Watson-Crick rules 沃森-克里克法则
Watson-Crick structure 华特生-克里克结构
Watson strand 沃森链,转录[的DNA单]链{分遗}
watt (W) 瓦特(功率单位)
watt hour 瓦时,度(电力)
watt-hour meter 瓦特小时计,电度表
watt meter 瓦特计,电力计
wattage 瓦[特]数
wattle ①编条 ②篱笆条 ③(火鸡)垂肉 ④(鱼)触须
wattle bag-worm 金合欢蓑蛾[*Acantho-*

psyche junodi Heylaerts]（蓑蛾科）
wattle bark（= mimosa bark） 荆树皮
wattle fence （枝条编的）篱栅
wattle [tree]（= acacia） 金合欢
wattle work 枝条编制品
wave ①(波)浪 ②波动，起伏（unda）
wave action 波动作用
wave amplitude 波[振]幅
wave band [光]波段，波带
wave clipper 削波器{电脑}
wave cloud 波状云
wave crest 波顶
wave-cut plain 浪蚀平原
wave-cut terrace 浪蚀阶地
wave cyclone 波动性气旋
wave depression 锋面低压
wave differential equation 波动微分方程{遥感}
wave digital filter 波形数字滤波器{信息}
wave disturbance 波状扰乱
wave equation 波动方程
wave erosion 浪蚀
wave field 波浪场，波场
wave front 波阵面，波锋
wave function 波函数{生技}
wave height ①波高{气象} ②波长{物}
wave height meter 波高仪，波高计
wave-leaved 波叶的（undulatifolius）
wave length 波长
wave length band 波段，谱段{遥感}
wave length multiplexing 波长多路复用{信息}
wave length of flagella 鞭毛波长
wave length of sound 声波长{环保}
wave length resolution 波长分辨率，波长清晰度
wave mark（= ripple marks） 水流波痕
wave motion 波动
wave number 波数
wave of condensation and rarefaction 疏密波
wave-petaled 花瓣具爪的（undulatipetalus）
wave refraction 波浪折射{遥感}
wave speed ①波速的 ②波速
wave theory of cyclongensis 气旋生成的波动理论{气象}
wave train 波列{物}
wave trough 波槽，波谷{土壤}
wave velocity 波速
waved 有波纹的（undulatus）
waveform 波形（undatus）
waveform analysis 波形分析
waveform digitization 波形数字化
waveform generator 波形发生器
waveform memory 波形存储器
waveform monitor 波形监控器
waveform segment 波形段
waveguide 波导，波导管{电脑}
wavelet 小波，弱波（unduola）
wavelet image 小波图像
wavelike 似波的，波状的（undulatus）
wavemeter 波长测量计
wavering 摇摆的，摇晃的，蹒跚的（tibubans）
waviness 波状（undulatio）
wavy 波状的（undulatus）
wavy bittercress ①碎米荠属[*Cardamine* L.]（十字花科）②碎米荠[*Cardamine flexuosa* With.]
wavy disk colter 波纹形圆犁刀
wavy-edge disk 波纹刀口圆盘
wavy fiber 波状纤维（fiber undulatus）
wavy grain 波状纹理（granum undulatum）
wavy hairgrass 波状须草(曲芒发草)[*Deschempsia flexuosa* P. Beauvois]（禾本科）
wavy huge-comma 波纹旋眼夜蛾[*Speiredonia retorta* Linnaeus]（夜蛾科）
wavy-marked looper moth 波纹尺蛾[*Cleora charon* Butler]（尺蛾科）
wavy-striped thicklegged moth 石榴屈夜蛾[*Ophiusa curvata* Leech]（夜蛾科）
wavy-striped white geometrid 波纹白尺蛾[*Callygris compositata junctilineata* Walker]（尺蛾科）
wavyleaf plantain-lily 波叶玉簪[*Hosta undulata* Bailey]（百合科）
wax 蜡（cera）
wax alcohol 蜡醇
wax band（= wax ring） 蜡粉带，蜡环
wax bandage 蜡布，蜡带
wax bean（= waxpod bean） 黄荚种菜豆
wax-berry（= sweet gale, bog-myrtle） 香杨梅[*Myrica gale* L.]（杨梅科）
wax coating 蜡衣
wax-coloured（= wax-colored） 蜡色的（cereus, cerinus）
wax crops 蜡料作物
wax extraction 提[取]蜡
wax extractor 蜂蜡提取器，提蜡器
wax-flower（= crape jasmine, Nero's crown） 三友花[*Tabernaemontane coronaria* Willd.]（夹竹桃科）
wax gland 蜡腺{蜂}

wax gourd (=white gourd, ash pumpkin) ①冬瓜属[*Benincasa* Say](葫芦科) ②冬瓜[*Benincasa hispida* Cogn. = *B. cerifera* Savi.]
wax hopper 蜡蝉
wax-impregnated graphite electrode 浸蜡石墨电极
wax jambo 洋蒲桃[*Syzgium samarangense* (Bl.) Merr. et Perry = *Eugenia javanica* Lam.](桃金娘科)
wax lanternflies 菱蜡蝉科[Cixiidae]
wax layer 蜡层
wax-like ①蜡质的(ceraceus) ②蜡状的(ceratinus)
wax-making bee 泌蜡蜂
wax mallow ①悬铃花属[*Malvaviscus* Dill.](锦葵科) ②悬铃花[*Malvaviscus arborea* cav.]
wax material 蜡原料
wax melter 熔蜡炉,蜂蜡熔化炉
wax moth ①蜡螟,蜡蛾 ②⌊复⌉蜡螟科[Galleriidae]
wax-moth larva 巢脾虫,蜡螟幼虫
wax-myrtle ①杨梅属[*Myrica* L.](杨梅科) ②蜡杨梅[*Myrica cerifera* L.]
wax palm ①蜡叶椰属[*Ceroxylon* Humb. et Bonpl.](棕榈科) ②蜡叶椰[*Ceroxylon cerifera* Mart.] ③蜡棕[*Ceroxylon andicola*]
wax pincers 蜡钳,切蜡器
wax pink 半支莲[*Portulaca grandiflora* Hook.](马齿苋科)
wax-plant ①球兰属[*Hoya* R. Br.](萝藦科) ②球兰[*Hoya carnosa* R. Br.](萝藦科)
wax plate 蜡板,镜板(=mirror){蜂}
wax plug 蜡栓
wax pocket 蜡囊{蜂}
wax press 榨蜡机,压蜡机
wax privet ①钝叶水蜡树[*Ligustrum obtusifolium* Sieb. et Zuce. = *L. ibota* Sieb.](木犀科) ②日本女贞[*Ligustrum japonicum* Thunb.](木犀科)
wax-producing 产蜡的(cerifer)
wax-producing plant 产蜡植物(plant cerifera)
wax residue 蜡渣
wax-ripe stage 蜡熟期
wax ripeness ①蜡熟度 ②蜡熟
wax scale ①椰棕星蜡盔蚧[*Vinsonia stellifera* Westwood] ②蜡鳞,蜡片 ③⌊复⌉龟蜡蚧属[*Ceroplastes* spp.](蜡蚧科)
wax shears 蜡剪,花粉铗{蜂}
wax tape 蜡布
wax-tree 野漆树[*Rhus succedanea* L.](漆树科)
wax tube fastener 管式巢础焊接器,管式巢蜡联结器
waxed cloth 蜡布
waxen bloom 果粉
waxen film 蜡被,蜡层
waxen maturity 蜡熟[度]
waxing 打蜡,上蜡
waxpod bean 黄荚种菜豆
waxwork (=American bittersweet) 美洲南蛇藤[*Celastrus scandens* L.](卫矛科)
waxy 蜡质的(cereus)
waxy bloom ①蜡被 ②蜡状花(ceriflos)
waxy character 蜡质性状(character cereus)
waxy corn (=waxy maize) 蜡质种玉米(糯玉米)[*Zea mays* L. var. *ceratina* Kulesh.](禾本科)
waxy crust ①蜡壳菌属[*Sebacina* Tul.](真菌) ②蜡壳菌[*Sebacina incrustans* (Pers ex Fr.) Tul.]
waxy endosperm 蜡质胚乳(endospermium cereum)
waxy-flowered 蜡状花的(ceriflorus)
waxy-fruited 蜡果的(cerocarpus)
waxy gene 蜡质基因
waxy hair-grass 波形须草[*Deschampsia flexuosa* Trin.](禾本科)
waxy layer 蜡质层
waxy-leaved 蜡状叶的(cerophyllus)
waxy mutant 蜡质突变型(mutans cereus)
waxy-pollinia 蜡质花粉块(ceropollinia)
waxy rice (=glutinous rice) 糯米
waxy ripe 蜡熟的
waxy ripe stage 蜡熟期
waxy ripeness (=waxen maturity, wax maturity) 蜡熟[度]
waxy-seeded 蜡状种子的(cerospermus)
waxy starch 蜡质淀粉
waxy substance 蜡状物质
way ①路,通路 ②路线,路程 ③方法,方式,手段 ④附近 ⑤进行 ⑥方面,细节,点 ⑦情况,状态,程度
way bent (=mouse barley, wall barley) 鼠大麦[*Hordeum murinum* L.](禾本科)
way-bill (=W/B) 运货单(=list of parcels on a lorry)
way point 通点{电脑}
way station 路站{信息}

wayaka yambean 沙葛(地瓜,凉薯,豆薯)[*Pachyrhizus erosus* Urban](豆科)
wayfaring-tree 绵毛荚蒾(黑果荚蒾,黑果绣球)[*Viburnum lanata* L.](忍冬科)
wayleave [道路]通行权
Waymouth's medium 威摩氏培养基
ways of business 业务上往来
ways of infection 侵染途径
ways of the modernization 现代化途径
wayside 路旁,道旁
wayside tree 行道树,林阴树
WB ①(= World Bank) 世界银行 ②(= wheel base) 轮距
Wb (= weber) 韦伯(磁通量单位)
W/B (= way-bill) 运货单
WB-type preservatives (= waterborne preservatives) 水溶性防腐剂
w.c. (= without charge) 免费
weak 弱的,柔弱的(debilis)
weak acid 弱酸
weak acid type ion exchanger 弱酸型离子变换剂
weak anion exchanger 弱阴离子交换剂
weak approximation 弱近似法
weak base type ion exchanger 弱碱型离子交换剂
weak basis 弱基
weak bond (= weak link) 弱键
weak cation exchanger 弱阳离子交换剂
weak chemical interaction 微弱化学相互作用
weak collision 弱碰撞
weak connection 弱连接
weak consistency 弱一致性
weak electrolyte 弱电解质
weak equality 弱相等
weak external reference (WXTRN) 弱外部引用
weak flour 少面筋面粉,软粒面粉
weak fruit 弱小果实
weak influence 影响力弱
weak interaction 弱互作
weak light 弱光
weak loop 弱循环
weak parasite 弱寄生物
weak pathogenic race 弱致病性小种
weak plant 弱株
weak point 缺点,弱点
weak seedling 弱苗
weak sewage 淡污水{环保}
weak shading 少遮荫,轻度遮荫
weak stability 弱稳定性
weak-strawed variety 弱秆品种
weak structure 脆弱结构{土壤}
weak tiller 弱分蘖
weak wheat 少面筋小麦(软粒小麦)
weaken pairing 弱配对{细胞}
weaken profile 弱发育剖面
weakfish 银牙鲅 [*Otolithes argenteus* Cuvier et Valenciennes]{水产}
weakly ①弱的 ②微的
weakly acid surroundings 弱酸性环境
weakly alkaline milieu 弱碱性环境
weakly alkaline soil 弱碱性土
weakly basic exchanger 弱碱性交换剂
weakly cemented 胶结微弱的
weakly coupled system 弱耦合系统
weakly eared 柔穗的,疏穗的(asthenostachyus)
weakly inference 弱推理
weakly leached 轻度淋溶
weakly leached brown soil 轻度淋溶棕壤
weakly permeability 弱透水率,弱透水性
weakly permeable 弱透水[性]的
weakly podzolic soil 弱灰化土
weakly saliferous 弱食盐的,含盐少的
weakly stationary process 弱平稳过程
weakly stationary stochastic process 弱平稳随机过程
weald 林地,林野
wealth ①资源 ②财富
wealth constraint 资源约束
wealth distribution 资源分布
wean 断乳
weaned pig 断乳猪
weaned young pig housing 断乳子猪舍饲
weaner ①断乳猪 ②断乳幼畜
weaning 断乳
weaning stage 断乳期
weaning weight 断乳时体重
weanling 断奶幼畜(如猪牛羊等)
weapon 武器
wear 磨损,磨耗
wear allowance 磨损留量
wear and tear 采伐
wear-in 磨合,走合
wear on crusher and rollers 压榨机及辊子的磨损(指甘蔗加工)
wear out 磨耗,耗损
wear-out failure 耗损故障,耗损失效
wear-out failure period 耗损失效期
wear-resistance 抗磨性
wear-resistant (= wear-resisting) 抗磨的
wear-resistant quality 抗磨性

wear washer 耐磨垫圈
wearability 耐磨性
wearing plate (= wearing piece) 摩擦片
wearing quality 耐磨性,抗磨性
weasel 鼬鼠(黄鼠狼)[*Mustela* sp.](鼬科)
weasel-snout ①野芝麻属 [*Lamium* Tourn.](唇形科) ②野芝麻[*Lamium album* L.]
weasel trap 黄鼠狼捕获器
weather 天气{气象}
weather analysis 天气分析
weather anomaly 天气反常,天气异常
weather bound 天气区域
Weather Bureau 气象局(美)
weather change 天气变化
weather characteristics 天气特征
weather chart 天气图
weather chart analysis 天气图分析
weather code 天气电码
weather condition 天气情况
weather cook 风标
weather cycles 天气循环
weather damage 天气损失(指作物因天气而减产)
weather Doppler radar 天气多普勒雷达{遥感}
weather facsimile 天气传真{信息}
weather fluctuation 天气波动
weather forecasting (= weather forecast) 天气预报
weather gauge (= barometer)气压表
weather glass 晴雨计
weather house (= weather box) 百叶箱
weather information network and display 天气情报接收网
weather journal 天气日志
weather lore (= weather maxim) 天气谚语
weather map 天气图
weather minimum 最低气象条件
weather modification 人工影响天气
weather observation 天气观测
weather observatory 气象台
weather patrol ship 天气侦探艇
weather pattern 天气模式
weather phenomena 天气现象
weather prediction 天气预报
weather prognostics 天气形势预报
weather prospects 天气展望,天气趋势
weather proverbs 天气谚语
weather radar 天气雷达
weather reconnaissance[flight] 天气侦察[飞行]
weather recurrences 天气重演
weather report 天气报告
weather satellite 气象卫星
weather service 天气服务(站)
weather shake (木材)干裂
weather-side 迎风的,上风的
weather sign 天气符号
weather signal 天气信号
weather situation 天气情况
weather station 天气站
weather surveillance radar 天气监视雷达
weather tide 气象潮
weather type 天气型
weather typing 天气分类
weather warning 气象警报
weather working 晴日工作
weather zone 天气带
weatherboard 护墙板,风雨板{水利}
weathered 风化的{气象}
weathered layer 风化层
weathered sand 风化砂
weathered substrate 风化基质
weathered zone 风化地带
weathering 风化[作用]
weathering agent 风化因素
weathering capacity 风化力
weathering intensity 风化强度
weathering of humus 腐殖质风化
weathering product 风化产物
weathering residue 风化残积物
weathering test 耐气候性试验,风化试验
weatherometer 风化计
weatrelian jewfish 颌叶鲷 [*Glaucosoma hebraicum* Richardson]{水产}
weave ①波状失真(指光栅的) ②编织 ③编成,构成
weavers broom (= rush broom) 鹰爪豆
weaving ①纺织 ②编织,编制
weaving machine 纺织机
weaving mill 纺织厂,纺布厂
weaving performance 纺织性能
weaving straw bag mat 编织草袋席
weaving straw mat 编织草席
web ①(鸭鹅等)蹼 ②(蜘蛛)网 ③织物 ④金属薄条片 ⑤腹板 ⑥辐板 ⑦钻心 ⑧网络{信息}
Web (= WWW) 万维网{信息}
web-conveyor digger 输送链式挖掘机
web cultivator 杆条式中耕机
web-footed birds ①全蹼类 ②蹼足动物(禽)
web-gear 薄片齿轮(指无轮辐的齿轮)
web hay loader 杆条[升运器]式干草装载机

web-mite（=red spider） 红蜘蛛
web site 网点{信息}
web-spinners（=embiids） 纺足目(足丝蚁)［Embiodea，Embioptera］
web spreader 杆条式施肥机
web toolkits 网络技术工具{信息}
Webb grapefruit 魏柏葡萄柚(品种)
webbed chain 杆式升运链
webbed seed 网结状子
webbed tick（= red spider） 朱砂叶螨［*Tetranychus cinnabarinus*（Boisduval)］(叶螨科)
webbed toe 蹼趾
Webber's fixative 韦布尔氏固定液{显技}
webbing clothes moth（=common clothes moth） 负袋衣蛾［*Tineola bisselliella* Hummel］(衣蛾科)
weber（Wb） 韦伯(磁通量单位)
Weber-Fechner's law 韦伯·费希纳法则(这是心理物理学确定感觉浓度和刺激强度间函数关系的基本法则){环保}
Weber's law 韦伯氏法则{气象}
webspinning sawflies 卷叶锯蜂科［Pamphiliidae］
webworm（=sod webworm） ①草地螟，网螟 ②⌞复⌝（=grass moths） 草螟亚科［Crambidae］③⌞复⌝（=leafroller moth） 卷蛾科［Tortricidae］
Weddeli palm 倭株椰［*Cocos weddelliana* Wendl.］(棕榈科)
wedding flight 交尾飞行，婚飞
wedelia ①蟛蜞菊属［*Wedelia* Jacq.］(菊科) ②蟛蜞菊［*Wedelia chinensis*（Osb.）Merr.］
wedge ①楔，尖劈 ②楔形物
wedge action 楔住作用
wedge bond ①楔形接合 ②楔形焊接
wedge bonder 楔式接合器
wedge brake 楔致动(气)制动器
wedge cut 楔形切屑
wedge cutting 楔形插{园艺}
wedge form（=wedge-shared） 楔型(乳牛)
wedge grafting 楔接
wedge interference filter 楔形干涉滤光片{遥感}
wedge isobars 楔形等压线
wedge-leaved 楔叶的（cuneifolius）
wedge line 楔线
wedge planting 楔形穴植［法］
wedge-shaped（=wedge form） 楔形的（cuneatus）
wedge-shaped gel 楔形凝胶{生技}
wedge-shaped runner 楔形滑刀式开沟器
wedge-shaped share 凿形犁铧
wedge structure 楔形结构{土壤}
wedge system 楔形伞伐作业
wedge-tooth cylinder 楔齿滚筒
wedge/ring detector 楔/环探测器{遥感}
wedging 加楔
weed ①杂草，莠草（herba inutilis）②除草
weed burner 火焰除草机，火焰中耕机
weed cleaner 除草器，杂草清除器
weed clearing 除草，杂草清除
weed competition 杂草竞争
weed contaminativity 杂草［种子］感染度
weed control 除草，杂草防除
weed control by chemical 化学除草法
weed control by mechanical 机械除草法
weed control district 杂草防除区
weed control equipment 除草机具
weed control method 杂草防除法
weed-control spectrum（=weeding spectrum） 杀草谱(指除草剂防除杂草的范围)
weed coverage 中耕除草幅宽，中耕幅宽
weed cutter ①杂草切除器 ②杂草切除刀
weed-cutting blade 除草锄铲
weed-cutting launch （收割水生植物的）割草船
weed destruction 灭草
weed encroachment 杂草为害
weed eradication 杂草清除
weed eradicator 除草机
weed extirpation 消灭杂草，根除杂草
weed extractor 除草器，锄草器
weed fertilizer 草肥
weed flame thrower（=weed flamer） 火焰中耕机，火焰灭草机
weed flora ①杂草区系 ②杂草志
weed-free 无杂草的
weed-free condition 无杂草情况
weed-free environment 无杂草环境
weed-free fallow ①无草休闲 ②无草休闲地
weed-free hay 无杂草干草
weed-free row 无杂草行
weed guard （刈草机切刈器）平顶护刃器
weed harrow（=weeder） 除草耙
weed hook 压草钩
weed infestation（=weed invasion） 杂草蔓延，杂草侵害
weed killer（=herbicide weedicide） 除草剂
weed killer tank 除草剂容器
weed-killing 杀草的，灭草的
weed-killing equipment 灭(除)草机具
weed knife 除草铲

weed mower 杂草割除机
weed oil 除草油
weed out ①淘汰 ②剔除 ③注销
weed pests 杂草害虫
weed point 除草刃,除草铲
weed regrowth 再生杂草
weed remover 杂草清除器,杂草筛
weed rod 杂草拔秆,压草秆
weed science 杂草学
weed scraping 杂草铲除
weed screen 杂草子筛
weed seed 杂草种子
weed-seed chute 杂草子排出槽
weed-seed eliminator ①草子排除器 ②草子筛
weed-seed spout 杂草子排出口
weed separator 杂草筒,杂草分离器
weed sprayer (= herbicide sprayer) 灭草喷雾机
weed spraying gear 灭草喷雾器
weed sprout 杂草萌芽
weed-tree 杂木
weed-tree forest 杂木材
weed vine 蔓生杂草
weed wasteland 草荒地,杂草撂荒地
weeder (= grass eliminator) ①除草机 ②(= weed harrow) 除草耙
weeder hoe 割草刀
weeder mulcher 除草覆盖耙
weeder-mulcher broadcast planter 除草覆盖撒播机
weeder tine 除草铲
weedgrown 生杂草的,多杂草的
weedicide 除草剂,除莠剂
weediness ①杂草性 ②多杂草
weeding ①除草 ②去杂
weeding and roguing 去杂去劣
weeding claw 爪形锄草器,除草爪
weeding fork 除草叉
weeding harrow 除草耙
weeding hoe 除草锄,锄草铲,草锄
weeding machine ①除草机械 ②除草机
weeding plough (= weeding plow) 除草犁
weeding spectrum (= weedcontrol spectrum) 杀草谱
weeding system 除草方式
weeding tools 除草农具
weeding[out] 除草
weedless 无杂草的
weeds (= ruderals, natural grass) 野草,杂草
weeds overgrown 野草丛生
weedy 多杂草的,长满杂草的
weedy admixture 杂草夹杂物
weedy field 杂草地
week ①[一]周,[一]星期 ②工作周(每周除星期六,星期日外的五天)
week about 每隔一星期
week in 接连许多星期(一星期一星期地)
weekend 周末
weekend and holiday shut-down 周末及假日停榨(指甘蔗加工)
weekend shut-down of the factory 糖厂周末停榨(指甘蔗加工)
weekly ①一星期的,一周一次的,每周的 ②按周计算的 ③周刊,周报
weekly check 每周检验,周检
weekly market 每周市场,周市
weekly plan 每周计划,每周方案
weekly precipitation 每周雨量
weekly temperature 每周温度
weel ①鱼篓 ②捕鱼笼 ③养鱼舟仓
weep ①缓流,滴下,滴落,滴水 ②漏水,渗漏,漏出 ③排水,泄水
weep American elm 垂枝美国榆 [*Ulmus americana* var. *pendula* Ait.] (榆科)
weep beech 垂枝椈 [*Fagus sylvatica* var. *pendula* Loud.] (山毛榉科)
weep branch 下垂枝 (ramus pendulus)
weep cypress (= morning cypress) 柏 [*Cupressus funebris* Endl.] (柏科)
weep hole 泄水孔{环保}
weeping 下垂的 (pendulus)
weeping bent-grass (= marsh bent-grass, rea top) 小糠草 [*Agrostis alba* L.] (禾本科)
weeping branch (= hanging shoot) 下垂枝
weeping bulrush 绿缨草 [*Scirpus cernuus* Vahl] (莎草科)
weeping Chinese scholar-tree 龙爪槐(盘槐) [*Sophora japonica* var. *pendula* Loud.] (豆科)]
weeping drain 泄水管{环保}
weeping form 下垂形 (forma pendula)
weeping forsythia ①连翘属 [*Forsythia* Vahl.] (木犀科) ②连翘 [*Forsythia suspensa* (Thunb.) Vahl]
weeping golden bell 连翘 [*Forsythia suspensa* Vahl.] (木犀科)
weeping lovegrass 弯叶画眉草 [*Eragrostis curvula* L.] (禾本科)
weeping mulberry 桑 [*Morus alba* L.] (桑科)
weeping rose 垂枝蔷薇(品种)
weeping silver fir 垂枝银枞 [*Abies alba* var. *pendula* (carr.) Aschers. et

Graebn.］(松科)
weeping spruce 垂枝云杉［*Picea breweri-an* Wats］(松科)
weeping tree 垂枝树(arbor pendula)
weeping white fir 垂枝白冷杉［*Abies concolor* var. *pendula* Boiss.］(松科)
weeping white linden 垂枝椴［*Tilia petiolaris* DC.］(椴树科)
weeping white mulberry 垂枝桑［*Morus alba* var. *pendula* Dipp.］(桑科)
weeping willow 垂柳［*Salix babylonica* L. = *S. pendula* Moench.］(杨柳科)
weesize potted plant and landscape 微型盆景{园林}
weever 龙藤［*Trachinus draco* L.］
weevil ①象甲,象鼻虫,象虫 ②⌊复⌉(= typical weevils) 象甲科［Curculionidae］
weevily odour (谷物)被谷象蛀的气味
weft (纺织)纬纱,纬
Weibull distribution 韦布尔分布{统计}
weigela ①锦带花属［*Weigela* Thunb.］(忍冬科) ②锦带花［*Weigela florida* DC.］
Weigert's ferricyanide solution 魏格特氏氰化铁液{显技}
Weigert's haematoxylin 魏格特氏苏木精
weigh 称,量,过秤
weigh-a-day-a month 每月测(称)奶量一天
weigh beam 秤杆
weigh house 过磅处,计量所,过秤房
weigh man 过磅员,过秤员
weigh tank 称量槽,称量桶
weighbridge 台秤(牛秤)
weighed friction 重量内摩擦
weigher ①秤,天平 ②(脱粒机)自动秤
weighing 称重,称量,权重,过秤
weighing (bath) box 称重槽,过秤箱
weighing-and-recording gear (牛乳)称重与记录装置
weighing appliance 称具,称重设备(仪器)
weighing bottle 称瓶
weighing buret 称重滴定管
weighing dish 称皿
weighing glass 量杯
weighing machine 台秤,计量机
weighing machine for receiving 接受［用］计量机,接收用计量机
weighing machine with tipping hopper 倾斗式秤
weighing rain gauge 衡重式雨量计
weighing ring 加重环
weighing station 计量站,过磅处
weighing unit 秤,称重装置
weight ①重量 ②重力,引力 ③秤锤,砝码 ④称重,权重
weight-average molecular weight 重均分子量(指平均重量的分子量){生技}
weight-barograph 重力气压计
weight barometer 重力气压表
weight basket (= weight box) 配重箱,压载箱
weight burette 称重滴定管
weight capacity 抓取重量
weight composition 重量成分(组成)
weight concentration 重量浓度
weight determination 重量测定
weight gain (= gain in weight) 增重
weight heat capacity 重量热容量
weight lever safety valve 加重杠杆式安全阀{环保}
weight-loaded accumulator 重力式蓄能器
weight loss 失重
weight method 重量法{微生物}
weight normality 重量规定度
weight of 1000 kernels (= weight of 1 000 grains) 千粒重
weight of 100 plucked shoots 百芽重
weight of 100 pods ①百荚重 ②百蒴果重
weight of a head 穗重
weight of branches (桑)枝条量
weight of cocoon filament 茧丝重(量)
weight of culm 秆重
weight of culm-base 秆基重
weight of dry matter (= weight of dry substance) 干物质重
weight of egg produced (蚕)产卵量
weight of eggs produced per moth 每蛾产卵量{蚕}
weight of grains per unit area 单位面积籽粒重
weight of individual head 单穗重
weight of kernels per plant 单株粒重,每株种子重
weight of one package 每包重量
weight of one section 每组重量
weight of root per plant 每株根重
weight of straw 茎秆重
weight operated vacuum regulator 重力控制式真空调节器
weight pan (= weight crate) 配重盘
weight per 1000 kernels (= weight per 1 000 grains) 千粒重
weight per kernel (= weight per grain) 粒重
weight platform 载重板,称台

weight proportion 重量比例
weight requirement 重量规格
weight sample 称重样品
weight separation 重量分离
weight sizer 重量分级机
weight snow-gauge 称雪器
weight sorter (= weight sizer, weight sorter) [按]重量分级机
weight sum 加权和
weight supported by front wheel 前轮荷重
weight supported by rear wheel 后轮荷重
weight-ticket 过秤证明书
weight transfer adjuster 重量转移调节装置
weight transfer device 重量转移装置
weight tray ①(输送)承载底板 ②配重箱,压载箱
weight vector 权向量
weighted ①加权的{统计} ②配重的{农机}
weighted analysis 加权分析
weighted approximation 加权近似
weighted arithmetic mean 加权[算术]平均数
weighted average 加权平均[数]
weighted average of price adjustments 调整价格的加权平均数
weighted average utility 加权平均效用
weighted check 加权检查
weighted code 加权码
weighted coefficient 加权系数
weighted diffusion constant 加权扩散常数
weighted drill colter 条播机配重式开沟器
weighted factor method 加权因子法{统计}
weighted logic reasoning 加权逻辑推理
weighted mean 加权平均数
weighted mean square 加权均方
weighted method 加权法{统计}
weighted moving average 加权动态平均[数]
weighted overall coefficient of heat transmission 加权总传热系数,加权总热传导系数
weighted product 加权积
weighted residual method 加权余量方法
weighted rotary harrow 配重旋转锄
weighted steel finger 附重钢指(播种覆土用)
weighted sum 加权总数,加权和
weighted sum of square 加权平方和
weighted value 加权值
weighting 称量,称重,加重,权重,加权
weighting bottle 称瓶
weighting coefficient 加权系数
weighting function 加权函数
weighting scheme 加权方式
weightless 失重的
weightlessness 失重
weightograph 自动记录式秤
weights 砝码
weighty ①重的,繁重的 ②重大的 ③有分量的
Weil's disease 牛钩端螺旋体病
weir ①堰,坝 ②鱼梁
weir dam 溢流[堰]式坝
weir for measurement 量水坝
weir notch dam 堰孔坝
weir penstock 溢流[堰]闸板{环保}
weir plate 堰板{环保}
Weise's hypsometer 韦尔塞氏测高仪,韦尔塞氏测高器
Weismannism 魏斯曼学说(Weismannismus){遗传}
Welcker's rule (= L-O analysis) 韦尔克尔法则,光暗分析
weld ①焊接 ②焊缝
weld crack 焊缝裂纹
weld defect 焊接缺陷
weldability 可焊性,焊接性
welded joint ①焊接 ②焊缝
welded pipe 焊制管,焊接管
welded pipe connection 焊接管连接{环保}
welded steel pipe 焊接钢管{环保}
welder ①焊接机,焊接设备 ②焊接工
welding 焊接,[熔]焊
welding fixture 焊接夹具
welding fluid 熔焊液剂
welding flux 焊接剂,焊粉,焊熔剂
welding machine 焊接机
welding point 焊接点
welding rod 焊接棒,焊条
welding transformer 焊接变压器
well ①井,水井 ②坑(= pit) ③良好的,满意的 ④适当的,适宜的
well-adapted variety 适宜品种
well-aerated roots 通气良好根系
well-aerated soil 通气良好土壤
well arrangement 井排列{环保}
well-balanced 良好平衡的
well-balanced development 良好平衡发育
well-behaved ①表现良好的 ②良性的
well-behaved application program 表现良好的应用程序{电脑}
well-behaved net 良性网络
well borer ①打井钻头 ②打井机
well boring 钻井{环保}
well casing 井壁管{环保}
well chamber 井室{环保}
well-closed container 密闭容器

well-conditioned 良好条件的,良好状态的
well-defined ①严格定义的 ②完全确定的 ③意义明确的
well-defined notion 严格定义的概念{生态生理}
well-defined target 意义明确的目标
well-developed stem system 茎系发育良好
well-distributed light intensity 光强[度]分布良好
well drain 排水井
well-drained 排水良好[的]
well-drained alluvial soil 排水良好冲积土
well-drained field 排水良好地
well-drained paddy field 干稻田,排水良好稻田
well drilling 钻井
well-fed ①饲养良好的,饲喂良好的 ②营养充足的
well-fertilized crops ①作物施肥良好 ②需肥作物
well-fertilized plot 施肥良好区
well-formed ①正确构造的,构造良好的 ②合式的 ③命题的 ④成形的
well-formed net 合式网络
well-formed program 结构良好的程序{电脑}
well head 井源,井水头,井口
well house 井亭{环保}
well irrigation and drainage 井灌井排,竖井排灌
well-known ①公认的 ②良好的 ③著名的
well-known architecture 良好体系结构{电脑}
well-known expert 著名专家
well-known scientist 著名科学家
well microtome 井式[徒手]切片{显技}
well order 良序,良好序列
well-organized assimilation system 良好组织的同化系统
well pavilion 井帐篷{环保}
well-planned fertilization 良好有计划施肥
well point drain 井点排水
well point method 井点法{水利}
well point works 井点工程{环保}
well-prepared seedbed 整地良好苗床
well pump 井泵
well-rotted compost 完熟堆肥
well screen 井滤网{环保}
well sinking 下井筒,沉井
well tube 井管{环保}
well up (= gush out) 伤流[现象]
well water 井水
well-watered crop 井水灌溉作物
well works 钻井工程{环保}
well yield 井出水量{环保}
Welsh onion (= spring onion) 葱(大葱)[*Allium fistulosum* L.](百合科)
Welsh poppy 英国绿绒蒿(威尔士绿绒蒿)[*Meconopsis cambrica* L.](罂粟科)
welt 衬板(木材)
wendlandia ①水锦树属[*Wendlandia* Bartl.](茜草科) ②水锦树[*Wendlandia paniculata* DC.]
went back 耕回(耕地作业)
went there 耕去(耕地作业)
west (W) 西
West African jute 西非黄麻[*Hibiscus quinquelobus*](锦葵科)
West African kino 西非紫檀[*Pterocarpus erinaceus*](豆科)
West African oil palm leaf miner [西非]油棕潜叶甲[*Coelaenomenodera elacidis* Maulik](叶甲科)
West African pepper 黑椒香[*Xylopia aromatica*](胡椒科)
West African piassava fiber 西非帚刷用椰子纤维
West African pink borer 西非大螟[*Sesamia nonagriodes botanephaga* Toms et Bowden](夜蛾科)
West African velvettamarind 西非绒酸豆[*Dialium guineense* Willd.](豆科)
West American cherry 西沙樱桃[*Prunus besseyi* (Bailey) Sok.](蔷薇科)
West China aster 川紫菀(唐古紫菀)[*Aster tongolensis* sp.](菊科)
West Indian aloe 翠叶芦荟[*Aloe barbadensis*](百合科)
West Indian arrowroot (= arrowroot) 竹芋[*Maranta arundinacea* L.](竹芋科)
West Indian cane-fly (= sugarcane fly) 长稻虱[*Saccharosydne saccharivora* (Westwood)](飞虱科)
West Indian cane weevil 西印度蔗象甲[*Metamasius hemipterus* (L.)](象甲科)
West Indian cherry 西印度樱[*Malpighia punicifolia*](金虎尾科)
West Indian fruit fly 西印度实蝇[*Anastrepha obliqua* Macquart](实蝇科)
West Indian gherkin 西印度黄瓜[*Cucumis anguria* L.](葫芦科)
West Indian greenheart 铁锈色野咖啡[*Colubrina ferruginosa* Brongn.](鼠李科)
West Indian hoopwithy ①数珠珊瑚属

[*Rivina* L.](商陆科) ②数珠珊瑚[*Rivina* sp.]
West Indian lemongrass 香茅[*Cymbopogon citratus* Stapf.](禾本科)
West Indian mahgany ①桃花心木属[*Swietenia* Jacq.](楝科) ②桃花心木[*Swietenia mahogani* Jacq.]
West Indian ochroma ①轻木属[*Ochroma* Sw.](木棉科) ②轻木[*Ochroma lagopus* Sw.]
West Indian peach scale (= white peach scale) 桑[白]蚧[*Pseudaulacaspis pentagona*(Targioni)](盾蚧科)
West Indian satin wood 西印度缎木[*Zanthoxylum flavum* Vahl Urb.](芸香科)
West Indian silk tree 花椒属[*Zanthoxylum* L.](芸香科)
West Indian sweetpotato weevil 西印度甘薯象虫[*Euscepes postfasciatus*(Fairm)](象甲科)
west longitude 西经
west-may beetle 西方五月鳃角金龟[*Melolontha melolontha* L.](鳃角金龟科)
west monsoon 西季风
west northwest(WNW) 西西北
West Sichuan cherry 川西樱[*Prunus trichostoma* Kochne](蔷薇科)
west southwest(WSW) 西西南
west wind 西风
westar 西联通信卫星(指美国){信息}
westerlies 西风带
westerlies rain belt 西风多雨带
westerly trough 西风槽
westerly wave 西风波
western ①西的,西方的,西部的 ②向西的 ③从西方来的
western arborvitae (= giant arborvitae) 北美香柏[*Thuja plicata* D. Don](柏科)
western balsam bark beetle 凤仙花棘胫小蠹[*Dryocoetes confusus* Swaine](小蠹科)
western birch (= black birch) 西方桦
western bleeding-heart (= Pacific bleeding-heart) 美丽荷包牡丹[*Dicentra formosa* Walp.](荷包牡丹科)
western bloodsucking conenose (= China bedbug) 中国猎蝽[*Triatoma protracta* (Uhler)](猎蝽科)
Western blot 蛋白质印迹,Western 印迹{生技}
Western blotting 蛋白质印迹法,Western 印迹法
western brown stink bug (= brown cotton bug) 棉褐蝽[*Euschistus impictiventris* Stàl](蝽科)
western catalpa (= catalpa) 黄金树[*Catalpa speciosa* Ward.](紫葳科)
western cattle 西洋牛
western cedar 西方桧柏[*Juniperus occidentalis* Hook.](柏科)
western cherry fruit fly 樱桃细实蝇[*Rhagoletis indifferens* Curran](实蝇科)
western chicken flea 西方禽蚤(鸡角叶蚤)[*Ceratophyllus niger* Fex.](禽蚤科)
western chinch bug 西方长蝽,(西方麦长蝽)[*Blissus occiduus* Barber](长蝽科)
western corn rootworm 玉米幼芽根叶甲[*Diabrotica virgifera* LeConte](叶甲科)
western flower thrips 苜蓿蓟马[*Frankliniella occidentalis* (Pergande)](蓟马科)
western grape rootworm 葡萄根叶甲[*Bromius obscurus* (Linnaeus)](叶甲科)
western grapeleaf skeletonizer 西方葡萄叶烟翅斑蛾[*Harrisina brillians* Barnes et McDunnough](斑蛾科)
western hemlock 异叶铁杉[*Tsuga heterophylla* (Raf.) Sarg.](松科)
western hemlock spruce (= California hemlock spruce) 加州铁杉
western hog 西洋猪
Western hybridization 蛋白质杂交,Western 杂交{生技}
western juniper (= western cedar) 西方桧柏
western king prawn 宽沟对虾[*Penaeus latisulcatus* Kishinouye]
western larch 西方落叶松[*Larix occidentalis* Nutt](松科)
western lily aphid 百合长管蚜[*Macrosiphum scoliopi* Essig](蚜科)
western peach tree borer 桃旋皮虫[*Sanninoidea exitiosa* Say](透翅蛾科)
western pitch pine (= bull pine) 美国西部黄松
western plane (= button-bell) 美国梧桐
western potato flea beetle 西部马铃薯跳甲[*Epitrix subcrinita* LeConte](跳甲科)
western potato leafhopper 西部马铃薯微叶蝉[*Empoasca abrupta* DeLong](叶蝉科)
western red cedar (= conoe cedar) 美国西部侧柏
western shell-bark (= big hickory) 美国山

核桃
western spruce (= great tideland spruce) 美国西加云杉
western sword-fern (= giant holly-fern) 西方剑耳蕨(大圣诞蕨)[*Polystichummunitum* Presl.](鳞毛蕨科)
western thatching ant 茅草蚁,红暗褐林蚁[*Formica obscuripes* For.](蚁科)
western wahoo (= western burningbush) 西方卫矛[*Euonymus occidentalis* Nott.](卫矛科)
western wheat aphid 小麦短体蚜[*Brachycolus tritici* Gillette](蚜科)
western wheat grass 蓝茎冰草[*Agropyron smithii* Rydb.](禾本科)
western white fir (= grand fir) 大冷杉
western white pine (= fingercone pine) 指果松(西方白松)
western winter-green 匍地白珠树[*Gaultheria humifusa* (Graham) Rydb.](杜鹃花科)
western yellow blight 西方黄色疫病
western yellow pine (= bull pine) 美国西部黄松
western yellow striped armyworm 西部黄条黏虫[*Prodenia praefica*(Grote.)](夜蛾科)
western yew (= mountain mahogany) 短叶紫杉
wet ①湿的,潮湿的 ②多雨的,下雨的 ③雨,潮湿,湿气,水分
wet adiabat 湿绝热线
wet adiabatic 湿绝热的
wet adiabatic change 湿绝热变化
wet-adiabatic lapse rate 湿绝热直减率
wet adiabatic temperature difference 湿绝热温度差
wet air 湿空气
wet-air oxidation 湿空气氧化{环保}
wet analysis 湿分析[法]
wet and dry bulb hygrometer 干湿球湿度表
wet beating 黏状叩解(亚硫酸浆蒸煮法)(木材加工)
wet bubble 湿泡
wet bulb 湿球(指湿度计)
wet-bulb depression 干湿球温差
wet-bulb potential temperature 湿球位温
wet-bulb temperature 湿球温度
wet bulb thermometer 湿球温度表
wet cell weight 细胞湿重
wet cleaning ①湿选,水选 ②湿清选
wet climate 多雨气候
wet cold storage 湿润冷藏
wet combustion 湿燃烧(指利用强氧化剂的氧化){环保}
wet combustion method 湿烧法{土壤}
wet cultivation of rice 水稻湿栽[培]
wet culture 湿栽[培]
wet day 雨日,潮湿天
wet depositions 潮湿附着物
wet desulfurization process 湿法脱硫{环保}
wet distillation 水蒸气蒸馏
wet dusting 湿式喷粉
wet elutriation 洗涤,淘洗
wet endurance 耐湿性
wet feed method ①湿喂法{畜} ②湿投法{环保}
wet feeder ①湿喂器{畜} ②湿投器{环保}
wet feeding ①湿喂[法]{畜} ②湿投{环保}
wet fertilization 湿法受精{水产}
wet-field plough (= wet-field plow) 水田步犁
wet flume 水滑道
wet fog 湿雾
wet fuel 液体燃料
wet gas meter 湿式量气计
wet glued plywood 湿式胶合板
wet gluing 湿性胶合法
wet grafting 湿接{园艺}
wet grain hepper 湿谷粒箱
wet ground 湿地
wet gypsum process 湿式石膏法{环保}
wet hay 湿干草
wet incorporation of green manure 绿肥的湿混合
wet injury 湿害
wet instability 潮湿不稳定
wet land 湿地
wet land development 湿地开发{农系工}
wet land improvement 湿地改良
wet land preparation (稻田)湿整地
wet land protection 湿地保护
wet-land sowing (稻)水直播
wet mash (= wet food) 湿润饲料,湿混饲料(煮成或捣烂)
wet masher 湿润饲料搅碎机
wet masher with top 具排料口湿润饲料搅碎机
wet meadow 湿草甸
wet meadow soil 湿草甸土
wet method ①湿法{加工} ②水中人工授精法{水产}
wet miller 湿式磨粉机
wet-mixed feed 湿拌饲料

wet-mixed fertilizer 湿拌肥料
wet motor pump 湿式电机泵
wet oxidation 湿[式]氧化{环保}
wet oxidation method 湿[式]氧化法
wet pad 湿褥草
wet paddy rice blade 水稻锄铲
wet-pit pump 湿坑泵{环保}
wet printing 湿法印片,液体印片{遥感}
wet process 湿法{加工}
wet-proof 耐湿的,抗湿的
wet-proof species 耐湿种
wet-proof variety 耐湿品种
wet rot 湿腐,软腐病
wet saline environment 潮湿盐[化]环境
wet sample 湿样品
wet sampling 湿取样
wet scrubber 湿式除尘器{环保}
wet scrubbing 湿式除尘,喷雾涤气法{环保}
wet season 湿季,雨季
wet-season crop 雨季作物
wet-season cropping(= rainyseason cropping) 雨季栽培
wet seed dresser 湿种子拌药器,种子混拌器
wet seed treatment 湿种子处理
wet sieving 湿筛
wet slide 水滑道
wet snow 湿雪
wet soil 湿土
wet solonchak 湿盐土
wet spell 雨期
wet storage 湿藏法
wet tower 湿塔{环保}
wet treatment 湿处理(种子消毒)
wet tropics 潮湿热带地区
wet tundra soil 湿冻原土,湿水沼土
wet type clutch 湿式离合器
wet type polisher 湿式碾磨机
wet type rice polisher 湿式碾米机
wet type water meter 湿式水表{环保}
wet unstable 潮湿不稳定的
wet weight 湿重,青重
wet well 泵房吸水井{环保}
wet year [潮]湿年份(指多雨年份)
wet yolk processing 湿蛋黄加工{加工}
wet zone 湿区,潮湿地带
wether ①去势公羊,阉羊 ②羯羊
wether lamb 去势小羔羊
wetness 潮湿,湿度
wettability 可湿性
wettable 可湿的,润湿的
wettable agent 可湿性剂
wettable dust 可湿性粉剂
wettable formulation 可湿性制剂
wettable hair 润湿茸毛
wettable leaves 润湿叶,易湿叶
wettable material 可湿性物质
wettable powder(WP) 可湿性粉剂
wettable sulphur 可湿性硫
wetted 浸湿的(suffusus)
wetted diameter (喷灌机用)湿润直径
wetted perimeter 湿润范围,湿周
wetter ①湿润器 ②湿润剂
wetting ①浸湿 ②浸种 ③湿润
wetting agent(= wetter) 湿润剂
wetting angle 湿润角{气象}
wetting expansion 湿润膨胀(指种子)
wetting flax(= soaking flax) 浸麻
wetting front 湿润锋{气象}
wetting heat 湿润热
wetting powder 可湿性粉剂
wetting power 湿润力
wetting surface 湿润表面
wetting zone 湿润带
weymouth pine 北美五叶松[*Pinus strobus* L.](松科)
weymouth pine adelges 松球蚜[*Pineus strobus* Ratz.](球蚜科)
Weyrich azalea 朝鲜杜鹃[*Rhododendron weyrichii* Maxim](杜鹃花科)
WFC(= World Food Council) (粮农组织)世界粮食委员会
WFCC(= World Federation for Culture Collection) 世界培养物保藏协会{分遗}
WFP(= World Food Programme) (粮农组织)世界粮食计划组织
WFTU(= World Federation of Trade Unions) 世界工会联合会
WGA(= wheat-germ agglutinin) 麦胚凝集素{分生}
whale 鲸[目][Cetacea]
whale fin(= whalebone) 鲸须,鲸骨
whale oil 鲸油
whalebone 鲸骨,鲸须
whaler ①捕鲸人 ②捕鲸船
whame(= gadfly) 虻科
wharf borer 马头蛀虫(黑尾拟天牛)[*Nacerdes melanura* L.](天牛科)
wharfage ①码头费 ②船设备
Whatman 华特门(指滤纸商品名称)
wheal 风块,疱
wheat ①小麦属[*Triticum* L.](禾本科) ②小麦[*Triticum aestivum* L.]
wheat acreage 小麦播种面积
wheat agrotechnique 小麦栽培技术

wheat and barley cultivation 麦类栽培
wheat aneuploid 小麦非整倍体
wheat anther growth response 小麦花药生长反应
wheat aphid [燕]麦长管蚜[*Macrosiphum avenae* (Fabricius)](蚜科)
wheat atavism 小麦返祖现象
wheat barn 麦仓
wheat base 小麦基地
wheat berry (= wheat grain) 小麦粒
wheat blending 小麦混杂,小麦混合
wheat blooming 小麦扬花,小麦开花
wheat blooming period 小麦开花期
wheat blossom midge ①(= wheat gall midge) 小麦吸浆虫 ②(= orange wheat blossom midge) 麦红吸浆虫[*Sitodiplosis mosellana* Géhin] ③(= yellow wheat blossom midge) 麦黄吸浆虫[*Contarinia tritici* Kirby](瘿蚊科)
wheat booting 小麦孕穗
wheat booting period 小麦孕穗期
wheat bran 麦麸
wheat bread 白面包
wheat breeding ①小麦育种 ②小麦育种学
wheat breeding garden 小麦育种圃
wheat breeding methods 小麦育种法
wheat breeding program 小麦育种程序{育种}
wheat breeding project 小麦育种课题(项目)
wheat breeding station 小麦育种站{育种}
wheat bulb fly 冬作种蝇[*Hylemyia coarctata* Fallén](花蝇科)
wheat bulk selection 小麦混合选种{育种}
wheat cargoes 小麦销售量
wheat Ceresan 小麦用赛力散
wheat chaff 麦壳
wheat check 小麦标准[品种](作对照用){育种}
wheat check variety 小麦标准品种,小麦对照品种
wheat chromosome identification 小麦染色体鉴定
wheat classification 小麦分类
wheat cleaning 小麦清选(种子)
wheat clone 小麦克隆,小麦无性[繁殖]系{农生技}
wheat cloning 小麦克隆[化],小麦无性繁殖
wheat conditioner 小麦调制机
wheat control of weeds 小麦杂草防除
wheat control plot 小麦对照区
wheat costs of production 小麦生产成本
wheat crop 麦作,小麦栽培
wheat cropping (= barley cropping) 麦作,麦类栽培(包括大麦,小麦)
wheat cropping system 小麦耕作制
wheat cross ①小麦杂交②⌊复⌉小麦杂交种
wheat culture ①小麦栽培,麦作 ②小麦栽培学,麦作学
wheat curl mite 郁金香瘤螨[*Aceria tulipae* (Keifer)]
wheat cutworm 麦切根虫[*Parastichtis basilinea basistriga* Staudinger](夜蛾科)
wheat dead-ripe stage 小麦枯熟期
wheat differentiation of spike 小麦穗分化
wheat differentiation of spikelet 小麦小穗分化
wheat disease endurance 小麦耐病性
wheat disease resistance 小麦抗病性
wheat diseases 小麦病害
wheat draw 小麦搔苗,耙麦,锄麦
wheat drill ①(= wheat drilling machine) 小麦条播机 ②(= grain drill)谷物播种机
wheat drilling fertilizer 小麦条施肥料
wheat drilling seed 小麦条播
wheat drought endurance 小麦耐旱性
wheat drought injury 小麦旱害
wheat drought resistence 小麦抗旱性
wheat dusting 小麦喷粉(防治病虫害)
wheat elite 小麦原种
wheat elite plot 小麦原种圃{育种}
wheat elongate flea beetle 麦长跳甲[*Crepidodera japonica* Baly](跳甲科)
wheat elongating stage 小麦拔节期,小麦伸长期
wheat emasculation 小麦去雄{育种}
wheat exchange ①小麦交易,小麦互换 ②小麦交易所
wheat fallow ①小麦休闲 ②小麦休闲地
wheat field 小麦地,麦田
wheat field practice 小麦田间措施
wheat flag smut 小麦秆黑粉病[*Urocystis tritici* Koern]
wheat flakes (= shreded wheat) 麦片
wheat flea beetle 麦跳甲[*Crepidodera ferruginea* (Scopoli)](跳甲科)
wheat flour 小麦粉,面粉
wheat flour mill 面粉厂
wheat flour mill layout 面粉厂设计
wheat flour processing 面粉加工
wheat flour yield 小麦出粉率
wheat flower click beetle 麦花叩甲[*Athous virens* Candeze](叩甲科)
wheat for blending 掺合用小麦
wheat full-ripe stage 小麦完熟期

wheat furrow drilling 小麦沟播
wheat furrow irrigation 小麦沟灌
wheat gall midge (= wheat blossom midge) 小麦吸浆虫(瘿蚊科)
wheat [gall] nematode 小麦线虫[*Anguina tritici*]
wheat galls 小麦瘿
wheat genes affecting pairing 影响配对的小麦基因
wheat genotype-environment correlation 小麦遗传环境相关
wheat genotype-environment interaction 小麦遗传环境连应
wheat genus hybrid 小麦属间杂种{育种}
wheat genus hybridization 小麦属间杂交{育种}
wheat-germ agglutinin (WGA) 麦胚凝集素{分生}
wheat-germ system 麦胚系统(指体外翻译的){分遗}
wheat-gluten fermentation [小麦]面筋发酵
wheat grain protein 小麦子粒蛋白质(指胚乳中所含的蛋白质)
wheat grains 小麦子粒,麦粒{种子}
wheat-grass ① 冰草属 [*Agropyron* Gaertn.](禾本科) ②冰草[*Agropyron cristatum*(L.)Gaertn., *Bromus cristatus* L.]
wheat green manuring 小麦施用绿肥
wheat growing ①小麦栽培 ②小麦栽培学
wheat growing region 小麦栽培地区
wheat growing space 小麦营养面积
wheat head armyworm 麦穗黏虫[*Faronta diffusa* Wlk.](夜蛾科)
wheat heading 小麦抽穗
wheat heteroploid series 小麦异倍体系列
wheat hull 小麦谷壳,麦壳
wheat hybrid 小麦杂种
wheat hybrid generation 小麦杂种世代
wheat hybrid nursery 小麦杂种圃
wheat hybrid plant 小麦杂种植株
wheat hybrid progenies 小麦杂种后代
wheat hybrid seedling 小麦杂种幼苗
wheat hybrid vigor (= wheat heterosis) 小麦杂种优势
wheat hybridism 小麦杂种状态
wheat hybridity 小麦杂种性
wheat hybridization 小麦[人工]杂交
wheat hybridization breeding 小麦杂交育种
wheat hybridization plot 小麦杂交圃
wheat individual 小麦个体,小麦单株
wheat individual selection 小麦单株选择
wheat individual spacing (= wheat spacing in the row) 小麦株距
wheat inoculation 小麦接种(抗病育种)
wheat insect resistance 小麦抗虫性
wheat introduction 小麦引种
wheat jointworm 麦茎小蜂[*Harmolita tritici*(Fitch)](广肩小蜂科)
wheat leaf bug 麦盲蝽[*Stenodema calaratus* Fallén](盲蝽科)
wheat leaf maggot 麦秆蝇[*Chlorops circumdata* Meigen](秆蝇科)
wheat leaf miner 麦潜叶蝇 [*Phytomyza nigra* Meigen](潜蝇科)
wheat leaf rust 小麦叶锈病[*Puccinia triticina* Erikssm]
wheat leafhopper 麦叶蝉 [*Deltocephalus tritici* Matsumura](叶蝉科)
wheat leveling (= wheat levelling) 小麦平地
wheat line seeding 小麦条播
wheat lineage 小麦系谱
wheat mass selection 小麦混合选种{育种}
wheat midge (= wheat blossom midge) 麦红吸浆虫[*Sitodiplosis mosellana* (Géhin)](瘿蚊科)
wheat milking 小麦灌浆
wheat milky-ripe 小麦乳熟期
wheat mill 小麦磨粉机
wheat mite (= flour mite) 粉螨
wheat mosaic 小麦花叶病[Triticum virus 7]
wheat mosaic virus (= rosette of wheat) 小麦簇生病
wheat nematode 小麦线虫病[*Anguina tritici*(Steinbuch)Filipjev = *Tylenchus tritici* Bastian]
wheat nursery harvester 小麦育种圃收获机
wheat nursery seeder 小麦育种圃播种机
wheat nursery tractor 小麦育种圃拖拉机
wheat of first-class quality 一等质量的小麦
wheat ontogenesis 小麦个体发育
wheat overyearing 小麦越冬
wheat paddock 小麦田
wheat parent 小麦亲本{育种}
wheat pedigree 小麦谱系{育种}
wheat pedigree chart 小麦谱系图
wheat pedigree selection 小麦谱系选种
wheat period of elongation 小麦拔节期
wheat period of regeneration 小麦返青期
wheat plant population 小麦群体
wheat plough (= wheat plow) 麦地犁
wheat ploughing (= wheat plowing) 麦地耕翻
wheat polyploid 小麦多倍体

wheat polyploid series 小麦多倍体系列
wheat polyploiding agent 小麦多倍体诱发剂
wheat population 小麦群体
wheat population density 小麦群体密度
wheat population dynamics 小麦群体动态
wheat population pressure 小麦群体压力(过大)
wheat population size 小麦群体大小
wheat pot culture 小麦盆栽
wheat pot experiment 小麦盆栽试验
wheat potting ①小麦盆栽 ②小麦上盆
wheat potting on 小麦换盆
wheat powdery mildew 小麦白粉病［*Erysiphe graminis* DC.］
wheat presoaking 小麦［预先］浸种
wheat pressing roller 压麦滚子
wheat producing area 产麦区,小麦产区
wheat pure-breeding 小麦纯系繁育,小麦同系交配
wheat pure line 小麦纯系
wheat purity ①小麦清洁率(指种子) ②小麦纯度(指品种)
wheat purity of seeds 小麦种子清洁率
wheat purity of variety 小麦品种纯度
wheat radiation breeding 小麦辐射育种
wheat radiation dosage 小麦辐射剂量
wheat radiation induced lethal 小麦辐射诱发致死因子
wheat regeneration 小麦返青
wheat renovation of variety 小麦品种复壮
wheat resowing (= wheat reseeding) 小麦补种,小麦重播
wheat root bug 小麦根蝽［*Stibaropus flavidus* Signoret］(土蝽科)
wheat root grub 麦根金龟［*Anodontonyx noxius* Arrow］(金龟科)
wheat rootlesion nematode disease 麦根疣线虫病［*Pratylenchus neglectus* (Rensch)］
wheat rotation arrangement 小麦轮作安排
wheat rotation system 小麦轮作制
wheat rust 小麦锈病
wheat-rye (= triticale) 小黑麦(小麦与黑麦杂交种)
wheat-rye derivative 小黑麦衍生物
wheat-rye hybrid 小黑麦杂种
wheat sawfly 小麦叶蜂［*Dolerus tritici* Chu］(叶蜂科)
wheat scab 小麦赤霉病［*Gibberella zeae* (Schw.)Petch］
wheat seed disinfection 小麦种子消毒
wheat seed farm (= wheat seed field) 小麦种子田{育种}
wheat seed growing 小麦良种繁育
wheat seed manure 小麦种肥
wheat seed plot 小麦种子区
wheat seed quality 小麦种子质量
wheat seed storage (= wheat seed storing) 小麦种子贮藏
wheat seeding 小麦幼苗,麦苗
wheat seeding machine (= wheat seeder) 小麦播种机
wheat seedling emergence 小麦出苗
wheat seedling emergence rate 小麦出苗率
wheat selection 小麦选种
wheat selection plot 小麦选种圃
wheat shattering 小麦落粒
wheat shoot beetle 麦苗甲虫［*Empleurus nubilus* Fabricius］(叶甲科)
wheat soaking of seed 小麦浸种
wheat soil permeability 小麦土壤渗透性,小麦土壤渗透率
wheat sorter 小麦清选机
wheat split-plot experiment 小麦裂区试验
wheat spotted noctuid 麦斑夜蛾［*Parastichtis secalis* Linnaeus］(夜蛾科)
wheat spraying 小麦喷药
wheat sprinkling 小麦喷灌
wheat stack 小麦谷堆
wheat starch 小麦淀粉
Wheat-Starch Industry Association of the EEC 欧洲经济共同体小麦淀粉生产者协会
wheat stem borer sawfly (= European wheat stem sawfly) 欧洲麦茎蜂
wheat stem flea beetle 大麦茎跳甲［*Chaetocnema cylindrica* Baly.］(跳甲科)
wheat stem maggot 美洲麦秆蝇［*Meromyza americana* Fitch］(秆蝇科)
wheat stem rust 小麦秆锈病［*Puccinia graminis* Pers. f. sp. *tritici* Erikss et E. Henn.］
wheat stem sawfly (= European wheat stem sawfly) ①麦茎蜂［*Cephus cinctus* Norton］②欧洲麦茎蜂［*Cephus pygmaeus* Linnaeus］(茎蜂科)
wheat-straw 麦秆,麦秸
wheat strawworm 麦节小蜂［*Harmolita grandis*(Riley)］(广肩小蜂科)
wheat streak mosaic virus 小麦线条花叶病毒［*Marmor virgatum* var. *typicum* (Mckinney) = *M. virgatum* var. *viride* (Mckinney) wheat virus 6+7］
wheat strian 小麦品系
wheat striate mosaic virus 小麦条点花叶病毒

wheat stripe rust 小麦条锈病［*Puccinia glumarum*（Schmidt）Eriksoon et Henning］
wheat stub 小麦茬（小麦刈后留在地上的残株）
wheat stubble 小麦茬地
wheat stubble management 小麦茬地管理
wheat stunking smut（= bunt of wheat）小麦网腥黑穗病［*Tilletia cariea*（de Candolle）］
wheat thickness of population 小麦群体密度
wheat thigh chloropid fly（= wheat stem maggot）麦秆蝇（美洲麦秆蝇）［*Meromyza americana* Fitch］（秆蝇科）
wheat thrasher 小麦脱粒机
wheat thrashing（= wheat threshing）小麦脱粒
wheat thrashing loss 小麦脱粒损失
wheat thrips 麦黄带蓟马［*Taeniothrips flavidulus*（Bagnall）］（蓟马科）
wheat transgene 小麦转基因｛农生技｝
wheat transgene technology 小麦转基因技术｛农业生物技术的三大技术之一｝
wheat transgene vector 小麦转基因载体
wheat variety 小麦品种
wheat variety collection 小麦品种收集
wheat variety plot 小麦品种区
wheat variety test 小麦品种［比较］试验
wheat washer 小麦清选机
wheat winter-killing 小麦越冬冻死（害）
wheat wireworm 麦金针虫［*Agriotes mancus* Say］（叩甲科）
wheat yellow leaf virus 小麦黄叶病
wheat yellow-maturity 小麦黄熟度
wheat yellow mosaic virus 小麦黄花叶病毒
wheat yellow-ripe stage 小麦黄熟期
wheat yellow rust（= wheat stripe rust）小麦条锈病
wheaten ①小麦的 ②小麦制的
wheaten flour 上等面粉
wheatfeeds 饲用小麦碎屑
wheatland plough（= wheatland harrow plough）垂直圆盘犁
wheatland seeder 浅耕播种机，灭茬播种机
wheats or barleys 麦类
Wheatstone bridge 惠斯通电桥｛物｝
wheel ①轮，车轮 ②装轮子 ③旋转，转动 ④车运
wheel adhesion 车轮［与地面的］附着力
wheel adjustment worm 车轮调节蜗杆
wheel alignment 轮位对准
wheel and axle 轮轴式起重器
wheel ballast weight 车轮配重
wheel-barometer 轮形气压表
wheel barrow sprayer 手推车式喷雾机
wheel base（WB）轮距
wheel carrier 轮架
wheel center ①车轮中心 ②车轮轮毂
wheel cutter 车轮刀
wheel dozer 轮式推土机
wheel drill 轮式条播机
wheel-driven drill 地轮驱动条播机
wheel excavator 轮式挖掘机
wheel flange 轮缘
wheel harrow 轮式耙
wheel hoe 轮式锄
wheel-hoe cultivator 轮式中耕锄
wheel horse 辕马
wheel hub 轮毂
wheel lifter 轮式挖掘铲
wheel line sprinkler 轮式管道喷灌机，辐射型管道喷灌机
wheel lock gun 齿轮板簧枪｛狩猎｝
wheel lug 轮爪，车轮抓地齿
wheel mark 轮辙，车辙
wheel meter 轮式计量器
wheel mill 碾碎机
wheel-mounted planter 装轮式播种机
wheel-mounted sprayer 装轮式喷雾机
wheel pit 车轮坑
wheel plough（= wheel plow）轮式犁
wheel pressure 车轮［与地面的］附着力
wheel printer 轮式打印机
wheel puller 拔盘器
wheel pump 旋转泵，轮泵
wheel rim 轮圈
wheel rut 轮距，轨距
wheel scraper 地轮刮土板，轮刮
wheel seat 轮座（前导轮架上的座位）
wheel shank 轮柄，导轮柄
wheel-shaped 轮状的（rotatus）
wheel shaped corolla 轮状花冠（corolla rotata）｛形态｝
wheel-shaped flower 轮状花（flos rotatus）
wheel skidder 轮式集材拖拉机
wheel slippage 车轮滑转
wheel spoke 轮辐
wheel strake 车轮抓地齿
wheel-track planter 轮迹播种机
wheel-track planting 轮迹播种，轮距（辙）播种
wheel tractor（= wheeled tractor）轮式拖拉机
wheel trolley（= trail car）拖车

wheel-type close-spacing row marker 轮式密植划行器
wheel-type disk harrow 轮式圆盘耙
wheel-type loader 轮式装载机
wheel-type pickup 轮式捡拾器
wheel-type rake 轮式搂草机
wheel-type tractor 轮式拖拉机
wheel-type trenching machine (= wheel-type trencher) 轮式挖沟机
wheelbarrow 小推车,推车,独轮手推车
wheelbarrow seeder 手推车式播种机
wheelbarrow sprayer 手推车式喷雾器
wheeled 轮式的
wheeled plough 轮式犁
wheeled tractor 轮式拖拉机
wheeler ①辕马 ②[有]轮车
Wheeler's filter bottom 辉式滤床底部{环保}
wheeling ①轮转,旋转 ②车运 ③道上行车鉴定
wheelless plough 无轮犁
wheelless rotary cultivator 无轮式旋耕机
wheelless subsoiler 无轮心上铲
wheelmark elevator (= wheelmark eliminator) 轮迹消除耙
wheelmark eraser 轮迹消除器
wheelslip 车轮滑转,车轮滑移,打滑
wheelspan (=wheel track) 轮距
wheelstamen-tree ①昆栏树属[*Trochodendron* Sieb. et Zucc.](昆栏树科) ②昆栏树[*Trochodendron aralioides* Sieb. et Zucc.]
wheelstamen-tree family (= trochodendron family) 昆栏树科[Trochodendraceae]
wheelway 车道
wheelwright 车轮制造工
wheelwright's wood 车辆材
whelp 幼兽
where-used 使用地点
whereabout search strategy 下落搜索策略{电脑}
whet 磨,磨尖,磨刃
whetstone 磨刀石,砥石
whey 乳清
whey acidic protein 乳清酸性蛋白
whey-cheese 凝乳块,软干酪
whey concentrate ①浓乳清 ②乳浆精料
while ①当 ②条件{电脑}
while-part 条件部分
while symbol 当符号
whin 荆豆属[*Ulex* L.](豆科)
whinny 马嘶
whip ①鞭子 ②(以鞭子)打击(flagellum)
whip-cord 鞭绳(牲口用)
whip cutting 斜削插条{园}
whip grafting 舌接{园}
whip grafting knife 舌接刀
whiplash 尾鞭
whiplash flagellum 尾鞭式鞭毛
whiplash star-of-bethlehem ①虎眼万年青属[*Ornithogalium* L.](百合科) ②虎眼万年青[*Ornithogalium caudatum* Ait.]
whiplash type flagellum 尾鞭
whiplike 鞭状的(flagellaceus)
whiplike organelle 鞭状细胞器
whippance 辕杆
whipped cream 搅匀乳脂
whipper 打麻机
whipping 鞭打现象
whipping thrasher (= whipping thresher) 击动脱粒机,打谷机
whipple tree 车前横木,辕杆
whipple-tree harrow 横木耙
whiptail 尾鞭病(植物缺钼症状)
whipworm 鞭虫[*Trichocephalus irichiurus*](鞭虫科)
whir dance 做"呼呼"声舞{蜂}
whirl ①轮生式{形态} ②回旋、旋转{农机} ③涡流,旋涡
whirl chamber 涡流室
whirl of hair 毛涡,旋毛
whirl pool 旋涡
whirlbone ①髋 ②股骨头
whirlies 小风暴
whirligig beetles 豉甲科[Gyrinidae]
whirling ①摇 ②回旋、旋转 ③涡流、旋流
whirling disease 旋转病{水产}
whirling mixer 旋流搅拌器{环保}
whirling psychrometer 旋转式干湿表
whirling reaction chamber 涡流式反应室{环保}
whirling sprinkler 旋转式喷灌机
whirljet nozzle 涡流式喷头
whirlwind 旋风,旋流
whirlwind seeder 旋风式撒播机
whirlwind terracer 螺旋抛土式梯田机
whisk fern ①松叶蕨属[*Psilotum* spp.](松叶蕨科) ②松叶蕨(松叶兰)[*Psilotum nudum* sp.]
whisk-fern family 松叶蕨科[Psilotaceae]
whisker 颈须(指噬菌体)
whisky 威士忌酒
whistle budding 笛芽接,管状芽接{园艺}
whistle grafting 搭接

whistling wind 呼啸风

white ①白的,白色的(albus)②白眼(w)(指果蝇遗传基因)

white [blood] cell 白细胞,白血球

white [Plymouth] Rock 白洛克[鸡]

white agaric 药用多孔菌[*Fomes officinalis*](多孔菌科)

white agriculture (= white farming) 白色农业(指大田作物都采用塑料薄膜覆盖栽培,广大田地,一片白色,故叫做白色农业)

white alder (= summer sweet) ①山柳属[*Clethra* Gronov.](山柳科)②山柳[*Clethra barbinervis* Sieb. et Zucc.]③白桤木

white-alder family 山柳科(桤叶树科)[Clethraceae]

white alkali soil 白碱土,盐土

white anthurium 白火焰花[*Spathiphyllum elevelandii* Schott.](天南星科)

white ants (= termites) 等翅目[Isoptera]

white apple leafhopper 苹白小叶蝉[*Typhlocyba pomaria* McAtee](叶蝉科)

white-aril yew ①白豆杉属[*Pseudotaxus* Cheng (= *Nothotaxus* Florin.](红豆杉科)②白豆杉[*Pseudotaxus chienii* Cheng = *Nothotaxus chienii* (Cheng) Florin]

white arsenic (= arsenic trioxide) 白砒,砒霜

white ash 美国白蜡树[*Fraxinus americana* L. = *F. alba* Marsh., *F. acuminata* Lam.](木犀科)

white aspen 银白杨[*Populus alba* L.](杨柳科)

white atmometer 白色汽化计

white-backed rice 背白米

white backed rice planthopper (= white backed planthopper) 白背飞虱[*Sogatella furcifera* (Horvath.) = *Sogata*](飞虱科)

white balance 白色平衡{电脑}

white balsam (= Colorado white fir) 考罗拉陀冷杉

white bamboo scale 竹白蚧[*Tsukushiaspis pseudoleucospis* Kuwana](蚧科)

white banded black zyguenid 桧斑蛾[*Pidorus glaucopisatratus* Butler.](斑蛾科)

white banded planthopper 白条飞虱(白色稻虱)[*Delphacodes albovittata* Matsumura](飞虱科)

white bark pine 白皮松[*Pinus bungeana* Zucc.](松科)

white-barked 白皮的(leucodermis)

white-base rice 基白米

white based longicorn beetle 白腰天牛[*Pogonochaerus seminivens* Bates](天牛科)

white beam tree 白面子树[*Sorbus aria* Crantz.](蔷薇科)

white bean 白菜豆[*Sorbus aria* L.](豆科)

white bedstraw 软猪殃殃(白猪殃殃)[*Galium mollugo* L.](茜草科)

white beech 桦叶鹅耳枥[*Carpinus betulus* L.](桦木科)

white belly (大米)腹白

white-belly beetle (= driedfish beetle) 白腹皮蠹(鱼干鲞蠹)[*Dermestes cardaverinus* Fabricius](皮蠹科)

white belly rice 腹白米

white bird's eye (= chickweed) 繁缕[*Stellaria media* Cyrc.](石竹科)

white birth 垂枝桦(欧洲白桦)[*Betula pendula* Roth.](桦木科)

white blight (= white blight of tea) 茶藻斑病[*Cephaleuros virescens* Kuntze]

white blister 蔬菜白锈病[*Albugo candida* (Pers.) Kuntze.]

white blister of crucifers 十字花科蔬菜白锈病[*Albugo asndida* (Pers.) Kuntze.]

white blotch 白斑病(指麦类缺钾引起的病害)

white bole 白土,高岭土

white boltonia 白波菊[*Boltonia asteroides* L'Her.](菊科)

white borer (= African white rice borer) 粗角螟(稻粗角卷螟)[*Maliarpha sepacatella* Rag.](螟蛾科)

white box 白盒子{电脑}

white bread (= wheat bread)白面包

white bristle cottonsedge 白毛羊胡子草[*Eriophorum vaginatum* L.](莎草科)

white-bristled ①白刺毛的 ②白刚毛的(albisetaceus)

white bryony 白泻根[*Bryonia alba* L.](葫芦科)

white cabbage 白球甘蓝[*Brassica oleracea* var. *capitata alba* DC.](十字花科)

white campion 全缘剪夏罗[*Lychnis alba* Mill.](石竹科)

white canary-tree ①橄榄属[*Canarium* L.](橄榄科)②橄榄[*Canarium album* (Lour.) Racusch.]

White canary-tree family 橄榄科[Burseraceae]

white cedar 白扁柏[*Chamaecyparis thy-*

roides L.]（柏科）
white charcoal 白炭,坚炭
white chinarue 松风草（石椒）[*Boenninghausenia albiflora* Meisn.]（芸香科）
White Cloud（Program 980） 白云[海洋监视]卫星（980 计划）{遥感}
white clover（= white Dutch clover, Ladino clover, shamrock） 白三叶草[Trifoliumrepens L.]（豆科）
white clover mosaic virus 白三叶草花叶病毒
white clover rust 白三叶草茎锈病[*Uromyces nerviphitus*（Grognot）]
White Cochin（肉用品种）白九斤鸡,九斤白
white cocoon 白茧{蚕}
white comb（= crest scab） 鸡冠癣[*Favus galli*]
White Concord 白和(葡萄品种)
white core（大米)心[白]
white core rice 心白米
white corn 白玉米(品种)
white corpuscle 白细胞
white couch（= quick grass） 匍匐冰草(匍根冰草)
white cowpeas 白豇豆
white croaker 白姑鱼[*Argyrosomus argentatus*（Houttuyn）]{水产}
white cucumber 越瓜[*Cucumis melo* var. *conomon* f. *albus* Mak.]（葫芦科）
white cupflower 白赛亚麻[*Nierembergia repens* Ruiz et Pav.]（菊科）
white cutworm 白地蚕[*Euxoa scandens* Riley = *Lycophotia*]
white cypress 落羽松[*Taxodium distichum* Rich.]（杉科）
white cypress-vine starglory 白花茑萝[*Quamoclit pennata* var. *alba*]（旋花科）
white daisy 春白菊(法兰西菊,滨菊)[*Chrysanthemum leucanthemum* L.]（菊科）
white datura 白曼陀罗[*Datura alba* Nees.]（茄科）
white dead nettle 野芝麻[*Lamium album* L.]（唇形科）
white dent corn 白马齿种玉米[*Zea mays* L. var. *indentata* Sturt.]（禾本科）
White dews 白露(中国的 24 节气之一)
white diarrhea 白痢
white distaff thistle 白术[*Atractylis macrocephala* Koidz.]（菊科）
white dot vriesia 白斑叶花叶兰[*Vriesia saundersii* Morr.]（凤梨科）
white double banksian 重瓣白木香[*Rosa banksiae* var. *albo-plena* Rehd.]（蔷薇科）
white edge morning-glory ①牵牛属[*Pharbitis* Choisy]（旋花科）②牵牛[*Pharbitis nil*（L.）Choisy]
white elder ①山柳属[*Clethra* Gronov.]（山柳科）②山柳[*Clethra barbinervis* Sieb. et Zucc.]
white-elder family 山柳科[Clethraceae]
white elm 美国榆[*Ulmus americana* L.]（榆科）
white elm tussok moth（willow moth） 美国榆毒蛾(柳雪毒蛾)[*Leucoma candida* Staudinger]（毒蛾科）
white enkianthus 白花吊钟花[*Enkianthus perulatus* Schneid.]（杜鹃花科）
white eye brazil rain-tree 多花鸳鸯茉莉[*Brunfelsia calycina* var. *floribunda* Raffill]（茄科）
white eyed house fly（= common house fly） 舍蝇(东方家蝇)[*Musca domestica vicina* Macquart]（蝇科）
white-face Hereford 白脸赫勒牛
white false-hellebore 蒜藜芦[*Veratrum album* L.]（百合科）
white fir 白枞(欧洲冷杉)[*Abies alba* Mill. = *A. pectinata* DC., *A. picea* Lindl.]（松科）
white flag ①德国鸢尾[*Iris florentina* Ker.]（鸢尾科）②白色标志
white-fleshed 白果肉的
white flies（= mealy wings） 粉虱科[Aleyrodidae]
white flower Chinese wisteria 银藤[*Wisteria sinensis* var. *alba* Bailey]（豆科）
white flower neillia 绣线梅[*Neillia thyrsiflora* D. Don]（蔷薇科）
white flower oleander 白花夹竹桃[*Nerium indicum* cv. *paihua*]（夹竹桃科）
white-flowered 白花的（albiflorus, leucanthus）
white-flowered gourd 葫芦[*Lagenaria leucentha* Rusby. = *L. vulgaris* Ser.]（葫芦科）
white fly 橘黄粉虱[*Dialeurodes citri* Ashmead]（粉虱科）
white forelock 白额
white frost 白霜
white-fruited 白果的（leucocarpus）
white fungus 银耳（白木耳）[*Tremella fuciformis* Berk.]（银耳科）
white fungus family（tremella family） 银耳科[Tremellaceae]
white garden eggplant 白茄子[*Solanum*

melongena L.]（茄科）

white garden snail 庭园白蜗牛［*Theba pisana* Müller］（蜗牛科）

white gaura ①山桃草属［*Gaura* L.］（柳叶菜科）②山桃草［*Gaura lindheimeri* Engelm et Gray］

white-girdled 有白晕的（albocinctus）

white glasswort（= sea blite） 海滨碱蓬［*Suaeda maritima* Dum.］（藜科）

white globe-flower 白花金梅草［*Trollius laxas* Salisb.］（毛茛科）

white-glumed 白颖的（alboglumaceus）

white goosefoot（= fat hen） 藜［*Chenopodium album* L.］（藜科）

white gourd（= wax gourd） 冬瓜

white gourd anthracnose 冬瓜炭疽病［*Colletotrichum lagenarium*（Pass.）Ell. et Halst.］

white gourd downy mildew 冬瓜霜霉病［*Pseudoperonospora cubensis*（B. et Cav.）Rostr.］

white gourd powdery mildew 冬瓜白粉病［*Erysiphe cichoracearum* DC.］

white grained 含白粒的（albogranifer）

white grape-hyacinth 白花麝香兰［*Muscari botryoides* var. *album* Hort.］（百合科）

white grass（= couchgrass, creeping wheat, twitch, quickens, quack grass） 匍根冰草［*Agropyron repens* P.B.］（禾本科）

white green variegation 绿白花斑

white grub 蛴螬（金龟子幼虫）

white head ①立枯病 ②白穗

white heart malleable cast iron 白心可锻铸铁

white heart rot fungus 胡孙眼（白心病菌）［*Fomes ignarius* Gillet.］（多孔菌科）

white heat 白炽

white hellebore 蒜藜芦［*Veratrum album* L.］（百合科）

white honey 白色蜜

white honeysuckle（= Hall Japanese honeysuckle） 白金银花［*Lonicera japonica* var. *halliana* Nichols］（忍冬科）］

white horehound（= hearhound） 欧夏至草［*Marrubium vulgare* L.］（唇形科）

white horizontal circle 白色地平环

white horse ①白马 ②白帽浪，白浪（波峰有白色泡沫的海浪）

white hull 白壳

white hyacinth bean 白藊豆

white iron 白口铁，马口铁

white ironbark（= eucalyptus） 白材桉（白藓枝桉）［*Eucalyptus leucoxylon* R. V. M.］（桃金娘科）

white isogenic line 白色等基因系

white Japanese apricot 白梅［*Prunus mume* var. *alba*（Carr.）Rehd. f.］（蔷薇科）

white jasmine（= common jasmine, common white jasmine） 素方花［*Jasmum officinale* L.］（木犀科）

white kerria ①鸡麻属［*Rhodotypos* Sieb. et Zucc.］（蔷薇科）②鸡麻［*Rhodotypos tetrapetala* Makino］

white kidney bean 白菜豆

white ladyslipper 白杓兰［*Cypripedium candidum* Muhl.］（兰科）

white land 白垩地

white Langshan 白狼山鸡

white lauan 白柳安［*Pentacme siamensis* Kurz.］

white leaf-back mallotus 白背叶［*Mallotus apelta*（Lour.）Muell-Arg.］（大戟科）

white leaf crystaltea ledum 杜香［*Ledum palustre* var. *dilatatum* Wahlanb.］（杜鹃花科）

white leaf Japanese magnolia（= silver magnolia, Japanese cucumber tree） 日本厚朴［*Magnolia obovata* Thunb.］（木兰科）

white leaf miner（= barley yellow leafminer fly） 小麦潜叶蝇，大麦齿角秆蝇［*Cerodontha denticornis* Panzer］（秆蝇科）

white leaf oak 白背叶栎［*Quercus hypoleuca* Engelm.］（山毛榉科）

white leaf rockrose 白叶岩蔷薇［*Cistus albidus* L.］（半日花科）

white leaf spot 白圆星病，白斑病

white leaf spot of milk vetch 紫云英白斑病［*Tuberculine nomuraina* Saccardo.］

white leafhopper 白叶蝉［*Cicadella spectra* Distant］（叶蝉科）

white-leaved 白叶的（leucophyllus, argophyllus）

white Leghorn［**chicken**］ 白来航鸡

white light 白光

white light image processing 白光图像处理｛遥感｝

white lily-turf（= jaburan lily-turf） 白沿阶草［*Ophiopogon jaburan* Lodd.］（百合科）

white linden 银叶椴（白叶椴）［*Tilia hypoglauca* Rehd.］（椴科）

white-line sphinx 白纹天蛾［*Celerio lineata*

F.]（天蛾科）
white-linedart moth 小麦切根虫[*Euxoa tritici*（Linnaeus）]（夜蛾科）
white liquor 白液（指木纸浆呈白色液体）
white longicorn beetle 六星白天牛[*Oleuecamptus clarus* Pascoe.]（天牛科）
white lotus 埃及白睡莲[*Nymphaea lotus* L.]（睡莲科）
white lupine 白花羽扇豆[*Lupinus albus* L.]（豆科）
white malabar nightshade 落葵[*Basella rubra* L.]（落葵科）
white malaga 白马拉加（葡萄品种）
white maple 糖槭（银槭）[*Acer saccharium* L.]（槭树科）
white marginate leafhopper 白边叶蝉[*Ishidaella albomarginata* Signoret]（叶蝉科）
white mark 白色标志，白征
white-marked spider beetle 白斑蛛甲[*Ptinus fur* L.]（蛛甲科）
white marked tussock moth 白斑天幕毛虫[*Orgyia leucostigma* J.E.Smith=*Hemerocampa*]（枯叶蛾科）
white matter 白髓，白质（在脑及脊髓内）
white melastoma ①野牡丹属[*Melastoma* L.]（野牡丹科）②野牡丹[*Melastoma candidum* Don.]
white melastoma family（=melastoma family） 野牡丹科[Melastomaceae]
white melilot（=white sweet clover） 白香草木犀
white metal 巴氏合金，白合金，轴承合金
white michelia 白兰花[*Michella alba* DC.]（木兰科）
white mignonette 白木犀草[*Reseda alba* L.]（木犀草科）
white mint 白薄荷[*Mentha piperita* L. var. *officinalis* Sole.]（唇形科）
white mold（=white mould） 白霉病
white mold of peach 桃白霉病[*Cercosporella persicae* Sacc.]
white moon petunia（=large white petunia） 大白花矮牵牛（腋花矮牵牛）[*Petunia axillaris* BSP.]（茄科）
white mottling of elm 榆白色斑驳病[*Polyporus squamoseus*（Huds.）Fr.]
white mottling of walnut 胡桃白色斑驳病[*Polyporus squamoseus*（Huds.）Fr.]
white mulberry ①桑属[*Morus* L.]（桑科）②桑（桑树）[*Morus alba* L.]
white-mulberry family 桑科[Moraceae]
white mustard 白芥（芥子）[*Brassica alba*（L.）Boiss]（十字花科）
white mustard oil 芥子油
white nerved 白脉的（albinervius）
white noise 白噪声（指在固定频带宽度范围内测量声波时，频谱连续并噪声均匀，称为白噪声）{环保}
white oak 白栎[*Quercus alba* L.]（山毛榉科）
white of eye 巩膜
white Orpington chicken 白奥平顿鸡
white page 白页{电脑}
white passion flower 白西番莲[*Passiflora alato-caerulea* Lindl.]（西番莲科）
white-patched leaf feeding moth（=sesame shoot borer） 芝麻芽蛀螟[*Antigastra catalaunalis* Dup.]（螟蛾科）
white peach scale 桑白蚧[*Aulacaspis pentagona* Targ.=*Liaspis pentagona* Targ.，*Pseudaulacaspis pentagona* Targ.]（盾蚧科）
white pear 白梨（指旦哥梨 Duchesse d'Angouleme 的别名）
white penstemon 白花钓钟柳[*Penstemon albidus* Nutt.]（玄参科）
white peony root 白花芍药（白芍）[*Paeonia albiflora* Pallas]（毛茛科）
white pericarp 白果皮（pericarpium album）
white phosphorus 白磷
white phytophthora blight of welsh onion 大葱白疫病[*Phytophthora porri* Foister.]
white piedmont truffle 大块菌[*Tuber magnatum*（Pico）Vitt.]
white pine（=weymouth pine） 美国五叶松
white pine blister rust 白松皮色锈病[*Cronartium ribicola* Fisch. et Waldh.]
white plaster mold 粪生节卵孢[*Oospora fimicola*（Cost. et Matr.）Cub et Megl.]
white plum 白李（李品种）
white pocket rot 孔状白腐
white popinae ①银合欢属[*Leucaena* Benth.]（豆科）②银合欢[*Leucaena glauca*（L.）Benth.]
white poplar 银白杨[*Populus alba* L.]（杨柳科）
white poppy（=garden poppy，opium poppy） 罂粟[*Papaver somniferum* L.]（罂粟科）
white portion in the center of rice grain（=white core） 腹白，心白（指大米）
white powder filling 白色粉末状填充物

white print 白色图
white psychid 白囊蓑蛾［*Chalioides kondonis* Mat.］（蓑蛾科）
white rash ①白疹病（指甘蔗）②白星病（指茶）
white rash of tea 茶白星病［*Phyllosticta theaefolia* Hara.］
white resin 白树脂
white rib calathea 白脉蓝花蕉［*Calathea medio-picta* Regel］（苳叶科）
white rice 白米，大米
white rice borer（= white sugarcane tip borer） 稻白螟（印尼白螟）［*Tryporyza innotata* Walker = *Scirpophaga*］（螟蛾科）
white rice leaf hopper ①稻大白叶蝉（分光夜蝉）［*Tettigoniella spectra* Distant = *Cicadella* or *Tettigella*］②稻白叶蝉［*Yasumatsuus minicus* Distant］（叶蝉科）
white ring rot 轮状白腐
white root rot 根白腐病，白纹羽病［*Rosellinia necatrix* Berl.］
white root rot of apple 苹果白纹羽病［*Rosellinia necatrix* Berl.］
white root rot of citrus 柑橘白纹羽病［*Rosellinia necatrix* Berlese.］
white root rot of ramie 苎麻白纹羽病［*Rosellinia necatrix* Berl.］
white root rot of tea 茶白纹羽病［*Rosellinia necatrix* Berlese］
white-rooted 白根的（leucorrhizus）
white rose 白玫瑰（品种）
white rose looper moth 蔷薇白尺蛾［*Bapta temerata* Schiffermüller］（尺蛾科）
white rose potato 浅粉红色马铃薯（品种）
white rot ①硬木白朽病［*Polyporus squamoseus*（Huds.）Fr.］②白腐病
white rot egg （蚕）白死卵
white rot fungus 白腐菌（多年层孔菌）［*Fomes annosus*（Fries）Cke］
white rot of grape 葡萄白腐病［*Coniothyrium diplodiella*（Speg.）Sacc.］
white rot of jujube 枣白腐病［*Coniothyrium olivaceum* Bon.］
white rot of onion 洋葱头白腐病［*Sclerotium cepivorum* Berk.］
white rot of Welsh onion 大葱白腐病［*Sclerotium cepivorum* Berk.］
white rubber roll 白色胶皮辊
white rust ①白锈 ②白锈病
white rust of amaranth 野苋白锈病［*Albugo bliti*（Biv.）Kuntze.］
white rust of cabbage 甘蓝白锈病［*Albugo candida*（Pers.）Kuntze.］
white rust of Chinese cabbage 青菜（小白菜）白锈病［*Albugo candida*（Pers.）Kuntze.］
white rust of crucifers 十字花科蔬菜白锈病［*Albugo candida*（Pers.）Kuntze.］
white rust of kitchen garden purslane 马齿苋白锈病［*Albugo portulacae*（DC.）Kuntze.］
white rust of leaf-mustard 芥菜白锈病［*Albugo candida*（Pers.）Kuntze.］
white rust of love-lies-breeding 老枪谷白锈病［*Albugo blitio*（Biv.）Kuntze.］
white rust of Peh-Tsai 白菜白锈病［*Albugo candida*（Pers.）Kuntze.］
white rust of radish（= white rust of garden radish） 萝卜白锈病［*Albugo candida*（Pers.）Kuntze.］
white rust of rape 油菜白锈病［*Albugo macrospora* S. lto.］
white rust of tassel amaranth 苋白锈病［*Albugo bliti*（Biv.）Kuntze.］
white rust of turnip 芜菁白锈病［*Albugo candida*（Pers.）Kuntze.］
white rust of wasabi 山葵白锈病［*Albugo candida* Kuntze.］
white sandalwood（= yellow sandalwood） 檀香
white sapota（= edible casimiroa） 香肉果［*Casmiroa edulis* Llavo et Lox］（芸香科）
white scours 白泻病，幼畜腹泻病［*Dysenteria neonatorum*］
White Sea 白海
white seed 白色种子（semen albus）
white seeded 白色种子的（leucospermus）
white siris 黄豆树［*Albizzia procera*（Roxb.）Benth. = *Mimosa procera* Roxb.］（豆科）
white size 酸性胶料
white smut of spinach 菠菜叶黑粉病［*Entyloma ellisii* Halst.］
White solution 怀特溶液｛生技｝
white sour 棉织品弱酸处理｛环保｝
white space skip 跳白（传真）｛信息｝
white speck 白斑病｛指甘蔗｝
white spider wort 白花水竹草［*Tradescantia albiflora* sp.］（鸭跖草科）
white spike（= white head） 白穗
white spiking 白穗现象
white-spined 白刺的（spinalbus）
white spot ①白斑 ②白斑病

white spot disease (鱼)白点病,小瓜虫病
white spot glantarum 钟苞魔芋[*Amorphophallus campanulatus* Blume.](天南星科)
white spot of pear 梨白斑病[*Coniothyrium piricola* Potebnia.]
white spot of pepper 辣椒白斑病[*Stemphylum lycopersici* Yamamoto]
white spot of rape (= pale spot of rape, leaf spot of rape, brown spot of rape) 油菜白斑病[*Cercosporella brassicae* Von Hohnel.]
white spot of tomato 番茄斑枯病(番茄斑星病)[*Septoria lycopersici* Speg.]
white spotted 具白斑点的(albimaculated)
white spotted blunttipped moth 白痣眉夜蛾[*Pangrapta albistigma* Hampson](夜蛾科)
white spotted flower chafer 白星花金龟子[*Liocola brevitarsis* Lewiss](金龟科)
white spotted globular stinkbug 二[巨]星蝽[*Eysarcoris guttiger* Thunberg](蝽科)
white-spotted longicorn 白星天牛[*Anoplophora malasiaca* Tohmson](天牛科)
white spotted spined stinkbug 白星蝽[*Eysarcoris parvus* Uhler](蝽科)
white spotted stinkbug 二小星蝽(胡麻黑腹蝽)[*Eysarcoris ventralis* Westwood](蝽科)
white-spotted tussock moth 樱桃白纹毒蛾[*Orgyia thyellina* Butl.](毒蛾科)
white spottedness 白斑点
white spotting 白斑
white spruce ①白云杉[*Picea glauca* Voss] ②(= silver fir) 银白云杉[*Picea alba* Link.](松科)
white squall 无形飑
white stalked 白柄的(leucostipes)
white stem pine 白枝松[*Pinus albicaulis* Engelm.](松科)
white-stem pondweed 白茎眼子菜[*Potamogeton praelongus* Wulf.](眼子莱科)
white straw crops 谷类作物
white striated planthopper 粉白飞虱(花稻虱)[*Nisia atrovenosa* Lethierry](飞虱科)
white string bean 白豆角
white stripe 白条纹病(指甘蔗)
white striped longicorn 云斑天牛[*Batocera lineolata* Chevrolat](天牛科)
white-striped mosquito 白纹伊蚊[*Aedes albopictus* Skuse](蚊科)
white-striped planthopper 白蚊飞虱[*Delphacodes albovittata* Matsumura](飞虱科)
white sugar 白糖
white sugarcane borer (= central-shoot borer, white tip borer, yellow tip ped pyralid)[蔗]白螟[*Scirpophaga nivella* Fabricius = *S. auriflua* Zeller](螟蛾科)
white sugarcane leaf aphid (= sugarcane woolly aphis) 蔗绵蚜[*Ceratovacuna lanigera* (Zehntner) = *Oregma*](绵蚜科)
white sugarcane moth borer (= grey borer of the sugarcane) 黄螟[*Argyroploce schistaceana* Snellen](螟蛾科)
white sweet clover 白香草木犀(白甜车轴草,金花草、白花草木犀)[*Melilotus albus* Desr.](豆科)
white sword bean 白刀豆
White Tanna 白坦纳(甘蔗热带原种)
white tea 白茶,白毫
white tiger moth 桑红腹灯蛾[*Spilarctia subcarnea* Walker](灯蛾科)
white tip ①白顶,白尖 ②白顶病
white tip borer (= white sugarcane borer) 蔗白螟[*Scirpophaga nivella* Fabricius](螟蛾科)
white tip clothes moth (= clothes moth) 地毯衣蛾(毛毡衣蛾)[*Trichophaga tapetzella* (L.)](衣蛾科)
white tip disease 白顶病
white tip of leek 大葱白顶病(大葱疫霉病)[*Phytophthora porri* Foister]
white tip of onion 洋葱白顶病(洋葱白疫病)[*Phytophthora porri* Poister]
white-tipped longleg weevil 长足象甲(短胸象)[*Alcides trifidus* Pascoe](象甲科)
white-tipped looper moth 白端尺蛾[*Trigonoptila latimarginaria* Leech](尺蛾科)
white-toothed 具白齿的(albidentatus, leucodontus)
white-topped bluegrass 白顶早熟禾[*Poa acroleuca* Steudel.](禾本科)
White Transparent 白透明(甘蔗热带原种)
white tree (= saddle tree) 美国鹅掌楸
white trefoil (= white clover) 白三叶草
white trumpet lily 麝香百合[*Lilium longiflorum* Thunb.](百合科)
white trunk rot [树干]白腐病
white tube morning glory 变色牵牛[*Pharbitis mutabilis* Bojer](旋花科)

white turtle-head (= snake-head) [白]龟头花(蛇头花)[*Chelone glabra* L.](玄参科)
white vaseline 白凡士林
white veal 白色幼小菜牛,白色犊牛
white-veined rice noctuid 稻毛虫(稻白脉夜蛾)[*Simura albovenosa* Goeze](夜蛾科)
white walnut (= butternut) 灰胡桃
white wash 白垩粉
white water ①白水(指在制浆抄纸时,将浓度稀薄不等的纸料,在造纸机网脱去大部分水分,色料及某些化学药品都在一起从造纸机排出,由于这种悬浮液是乳白的,故称为"白水"){环保} ②白浪,破浪水花(指江河,大海)
white wax insect (= white waxworm, Chinese wax insect, pe-la insect) 白蜡虫[*Ericerus pe-la* Chavannes](蜡蚧科)
white wax scale 非洲龟蜡蚧(橘白龟蜡蚧)[*Ceroplastes destructor* Newstead](蜡蚧科)
white weed (= tropic ageratum) 藿香蓟[*Ageratum conyzoides* L.](菊科)
white wheat 白粒小麦(普通小麦分类)
white willow 白柳[*Salix alba* L.](杨柳科)
white wine 白葡萄酒
white winged leafhopper 白翅叶蝉[*Empoasca subrufa* de Motschulsky.](叶蝉科)
white winter truffle 冬生块菌[*Tuber hiemalbum* Chatin]
white wistaria 银藤(白花紫藤)[*Wistaria sinensis* var. *alba* Lindl.](豆科)
white-wood ①(= tulip tree, yellow poplar, saddle-tree) 美国鹅掌楸② (= white deal) 白木(欧洲一般叫 *Picea abies* 与 *Abies alba* 为白木)
white-wooled ①具白绵毛的 ②白绵毛状的(albilanatus)
white yam 参薯(大薯)[*Dioscorea alata* L.](薯蓣科)
white yu-lan 玉兰(白玉兰)[*Magnolia denudata* Desr.](木兰科)
whitebanded elm leafhopper 榆白带叶蝉[*Scaphoideus luteolus* Van Duzee](叶蝉科)
whitefish ①白鲑属[*Coregonus*](鲑科) ②白鲑[*Coregonus lavaretus* L.]{水产}
whitefly ①粉虱 ②⌞复⌝粉虱科[Aleyroidae]
whitefringed beetles 白缘象甲属[*Graphognathus* spp.](象甲科)
whiteness 白度,白色程度
whiteness degree 白度
whitening ①白化,黄化⌞现象⌝ ②白垩粉,白粉
whitening machine 精米机,碾米机
whitening transformation 白化变换{遥感}
White's medium 怀特氏培养基
White's medium for animal 动物用怀特氏培养基
White's solution 怀特氏溶液
whitethorn (= hawthorn, maybush) 刺山楂(英国山楂)[*Crataegus oxyacantha* L.](蔷薇科)
whitevein white mulberry 白脉桑(显脉桑)[*Morus alba* var. venosa Delile.](桑科)
whiteweed ①牛眼菊属[*Leucanthemum* DC.](菊科) ②牛眼菊(滨菊,法兰西菊)[*Leucanthemum vulgare* Lam. = *Chryganthemum leucathemum* L.]
whiting ①(果木,林木)刷白,涂白 ②银无须鳕[*Merluccius bilinearis* (Mitchill)] ③牙鳕[*Gadus merlangus* (L.) = *Odontogadus merlangus* (L.)]{水产}
whitish cochlid 白眉刺蛾[*Narosa edoensis* Kawada](刺蛾科)
whitish soil 白土,漂白土
whitlavia (= blue-bell phacelia) 蓝钟叶芹草(蓝钟伐塞利阿花)[*Phacelia minor* Thell.](水叶科)
whitlow 蹄周炎,蹄冠炎
whitlow-grass ①葶苈属[*Draba* L.](十字花科) ②葶苈[*Draba nemorosa* L.]
whitlow pepergrass 细粒独行菜(葶苈独行菜)[*Lepidium draba* L.](十字花科)
whitlow-wort (= nailwort) 指甲草属[*Paronychia* Adans][Illecebraceae]⌞拟⌝
whittle grafting 搭接
whole ①全缘的 ②完全的,未受伤的,未损坏的 ③整个的,全部的
whole-arm transfer 整臂转移(指染色体){细胞}
whole-arm translocation 整臂易位
whole-arm transposition 整臂转位,整臂转移
whole array 全阵列,全数组{统计}
whole blood 全血
whole-body mutant 全身突变体
whole cell 整个细胞(cellula integralis)
whole chromosome 整个染色体
whole chromosome complement 整个染色体组
whole chromosome set 整个染色体组

whole climate 全气候
whole cocoon 全茧
whole cocoon weight 全茧重
whole-coloured 一色的(指牲畜)
whole community losses 整个群落损耗量{生态}
whole community production 整个群落生产[量]
whole course tracing 全程追踪
whole crop silage 纯作物青贮(不加牧草)
whole egg 全卵
whole-feed rice combine 全喂入水稻联合收获机
whole gale 狂风(十级风)
whole grain 完整子粒,全粒
whole grain ratio 完整子粒比率,全粒比
whole growth period 全生长期
whole hand milking (= full hand milking)全手工挤乳,掌握[法]挤乳
whole-hoofed 奇蹄的
whole lamina 全叶片
whole layer placement fertilizer (= whole layer application of fertilizer) 全层施肥
whole linkage structure 整个链锁结构
whole meal (没有去麸的)营养面粉,全[麦]面粉
whole milk 全乳、全脂乳
whole mount electron microscopy 整体敷贴电子[显微]镜检术,整体装片电子[显微]镜检术{显技}
whole mount method 整体敷贴法,整体装片法{显技}
whole mount mitotic chromosome 整体敷贴有丝分裂染色体
whole mount preparation 整体敷贴制片,整体装片标本{显技}
whole mount technique 整体敷贴技术,整体装片技术
whole mount technique for egg 卵整体敷贴技术
whole mount technique for nematode 线虫整体敷贴技术
whole nucleotide changes 整个核苷酸变化
whole number 整数{统计}
whole organism 整个生物
whole organism level 整个有机体水平
whole pack canning 整块罐装[法]
whole pipette 全节级量管,无刻度级量管
whole plant 整株,全株
whole-plant dry matter 全株干物质
whole plant sample 整株样本
whole-plant senescence 全株衰老
whole-plot (= main plot) 主区{统计}
whole population 整个群体
whole rice 整米,一等米
whole rice grain 整米粒,整粒米
whole root graft 全根嫁接{园艺}
whole-scale rotation of crops 大倒茬(整个规模的轮作)
whole season intercropping 全生长期间作
whole seed 完整种子
whole series 整个系列,全系列
whole stalk harvester 全茎式收获机(指甘蔗)
whole troposphere 整个对流层
whole wheat flour 全麦面粉
whole year 全年,整年
wholesale 批发{农经}
wholesale dealer 批发商,批发单位
wholesale price 批发价格
wholesale trade 批发贸易
wholesaler (= wholesale dealer) 批发商,批发单位
wholesome ①安全的 ②有益于健康的,有益的 ③卫生的
wholesomeness 安全性,健全性
whooping-cough 百日咳
whorl ①轮{形态} ②螺环{真菌} ③旋毛{畜}(verticillus)
whorl flower 长叶刺参[*Morina longifolia* Wall.](川续断科)
whorl-leafed lily ①重楼属[*Paris* (Rupp.) L.](延龄草科) ②重楼(七叶一枝花)[*Paris polyphylla* Fr.]
whorl maggot 有毛轮的蛆虫
whorl of branches 枝轮
whorl of root 根环,根轮
whorl-shaped spring tine 螺旋形弹齿
whorled 轮生的(verticillatus)
whorled arrangement 轮状排列(dispositio verticillata)
whorled branches 轮生枝
whorled-head central leader 轮状主干型
whorled leaf 轮生叶(folium verticillatum)
whorled pedicularis 轮叶马先蒿[*Pedicularis verticillata* L.](玄参科)
whorled phyllotaxis 轮生叶序(phyllotaxis verticillatus)
whorls (= whorled branches) 轮生枝
whortleberry (= biberry) 欧洲越橘(蔓越橘)[*Vaccinium myrtillus* L.](杜鹃科)
whytockia ①畸叶苣苔属[*Whytockia* W. W. Sm.](苦苣苔科) ②畸叶苣苔[*Whytockia chiritaeflora* W. W. Sm.]
wichura rose 光叶蔷薇[*Rosa wichuraiana*

Crep.]（蔷薇科）
wick ①灯芯 ②"灯芯"效应（vicus）
wick oiler 灯芯式润滑器
wick oiling 油绳加油法
wicked ①坏的，恶劣的 ②显示高超技艺的 ③灾难性的
wicked problem 灾难性问题
wickel 单出蝎尾状聚伞花序
wicker 柔枝，柳条(编篮子用枝条)
wicker basket 柳条篮
wicker enclosure 柳条编围篱
wicker work 柳条编制法
wicket 视察孔，窥视孔
wickey ①柳条编的，枝条编的 ②柳条编制品
Widal agglutination test 维达凝集试验{分生}
wide ①宽的，阔的（latus）②宽广的，广阔的 ③广大的，广泛的 ④张大的{形态}
wide adaptation 广泛适应性
wide address bus 皂地址总线{信息}
wide and thin-walled accessory cell 具宽[而]薄壁[的]副卫细胞{解剖}
wide-angle nozzle 大喷射角喷头
wide area 广大面积
wide area information server（WAIS）广域信息服务器{信息}
wide-area network（WAN） 广域网
wide area telephone service（WATS） 广域电话业务
wide-bore pipet 宽口移液管{生技}
wide-bore tip 宽口吸头{生技}
wide character 宽字符{电脑}
wide-coverage 宽幅[作业]的
wide cropping 宽幅耕作
wide crops 宽行栽培作物
wide cross 远缘杂交
wide culture 宽行栽培
wide cut implement 宽割幅农机具
wide cutting knife 宽幅平切铲
wide distribution 广泛分布
wide diversity 广泛多样性
wide drum thresher 长滚筒式脱粒机
wide fluctuation 很大波动
wide gamut 广大范围
wide groove（= major groove） 宽沟，主沟{分遗}
wide hybrid（= distant hybrid） 远缘杂种{育种}
wide-jet spray nozzle（= widespray nozzle）宽幅喷嘴
wide-leaf sea-lavender 宽叶补血草[*Limonium intifolium* C. Kuntze]（蓝雪科）
wide leaves 宽叶（folii latae）
wide-level disk 垂直圆盘犁
wide-level harrow 宽幅耙
wide-mouthed bottle 广口瓶
wide of sowing 播幅
wide-open stomata 开大气孔
wide planting 稀植
wide-radius turn 大半径转向
wide range 宽广范围
wide regional adaptability 广域适应性
wide-ringed 年轮宽松的
wide-row cultivator 宽行中耕机
wide-row culture（= widerow cultivation）宽行栽培
wide-row drill 宽行条播机
wide-row planting 宽行播种，宽行种植
wide-row sowing 宽行播种
wide sense 广义
wide-sense stationary process 广义平稳过程
wide-space planting（= sparse planting）疏植，稀植
wide-spaced row 宽行距
wide spacing 宽株行距
wide spectrum 宽谱(指抗性)
wide spreader 螺旋撒施器
wide-track seeder 宽轮距播种机
wide use 广泛使用
wide variation 很大变化
wide variety ①广泛品种 ②种类繁多
wide vessel 宽导管（vasculum latum）{解剖}
wideangle camera 广角[照]相机{遥感}
wideangle lens 广角镜头
wideband ①宽带的 ②宽频带的{信息}
wideband amplifier 宽带放大器
wideband antenna 宽频带天线
wideband channel 宽带信道
wideband couper 宽带耦合器
wideband data set 宽带数传机
wideband data transmission system 宽带数据传输系统
wideband emission 宽带发射
wideband equipment 宽带设备
wideband laser 宽带激光器
wideband oscilloscope 宽带示波器
widely adapted variety 广域适应品种
widely branchy form 枝梢广展型
widely integrated distributed environment（WIDE） 大范围集成分布式环境{信息}
widely spreading roots 广大扩散根系
widenable to 可拓展为
widened 扩大的，扩张的（dilatatus）

widening 扩展的,拓展的,扩大的(dilatans)
wider adaptability 广泛适应力
widespread ①广泛分布的,普及的,普遍的 ②蔓延的
widespread availability 广泛采用,广泛利用
widespread beater 撒布轮
widespread conditions 普遍情况
widespread distributor 宽幅撒肥机
widespread environmental stress 普遍环境胁迫{生态生理}
widespread spiral 螺旋形抛撒轮
wideword 梅花草[*Parnassia palustris* L.](虎耳草科)
widgeongrass 海滨蔓藻[*Ruppia maritima* L.](川蔓藻科)
widget ①窗口部件 ②窗口软件设计工具,小工具 ③界面构件{电脑}
widow 分离
widow line 分离行,寡行,孤行{信息}
width 宽度,幅度
width of an interval 间距宽度
width of chest 胸宽、胸阔
width of cut ①割幅 ②切土宽度
width of hips 臀角间宽
width of interrow 行距
width of kerf 刻口宽
width of pelvis 骨盆宽度
width of ridge 垄宽
width overall 全幅宽,总宽度
width slot 宽度槽{电脑}
width specification 宽度说明
width tape 宽带{电脑}
widthwise growth 横向生长
Wieland-Scheuing hypothesis of Feulgen reaction 魏徐二氏的福尔根氏反应假说{微生物}
Wiener filter 维纳滤波器{遥感}
Wiener spectrum 维纳谱
Wiener's prediction 维纳预测{信息}
Wien's displacement law 魏恩位移定律{物}
Wien's law of radiation 魏恩辐射定律
wiesenboden (= humic glei soil) 腐殖质潜育土
wife-sharing 共雌性{禽}
wig tree 黄栌[*Cotinus coggygria* Scop.](漆树科)
wiggler 孑孓(蚊的幼虫)
wigwag 打信号
wikstroemia 河朔荛花[*Wikstroemia chamaedaphne* sp.](瑞香科)
Wilber computer 威尔柏计算机
wild 野生的(rudis)
wild amaranth (= livid amaranth, wild blite) 野苋[*Amaranthus lividus* L. = *A. blitum* L.](苋科)
wild ancestor 野生原种
wild angelica 林独活(林白芷)[*Angelica sylvestris* L.](伞形科)
wild arrowhead 野慈姑[*Sagittaria trifolia* L.](泽泻科)
wild ass 野驴[*Equus hemionus*](马科)
wild aster 野山白菊[*Aster ageratoides* var. *ovatms* Nakai](菊科)
wild balsam (= wild snapweed) 野凤仙花[*Impatiens textori* Miq.](凤仙花科)
wild banana 野芭蕉[*Musa balbisiana* Colla](芭蕉科)
wild bank rose 白木香[*Rosa banksiae* var. *normalis* Reg.](蔷薇科)
wild barley 野生[二棱]大麦[*Hordeum spontaneum* Koch.](禾本科)
wild barnyard grass (= wild barnyard millet) 野稗[*Echinochloa crusgalli* L. var. *submuticum* Mey.](禾本科)
wild basil (= wild spikenard) ①山香属(四方骨属)[*Hyptis* Jacc.](唇形花科) ②山香[*Hyptis suaveolens* Poir.]
wild bean ①土栾儿属[*Apios* Moench.](豆科) ②土栾儿[*Apios fortunei* Maxim.]
wild bee ①野生蜂 ②[复]熊蜂属(丸花蜂属)[*Bombus* spp.]
wild beet 野甜菜[*Beta maritima* L.](藜科)
wild bergamot 管香蜂草(空茎美国薄荷)[*Monarda fistulosa* L.](唇形科)
wild bird 野鸟
wild black cherry 野黑樱[*Prunus serotina* Ehrh.](蔷薇科)
wild boar 野猪[*Sus scrofa* L.](猪科)
wild bread-fruit 野面包树[*Artocarpus nobilis* Thw.](桑科)
wild buckwheat (= black bindweed) 荞麦蔓
wild bugloss ①狼紫草属[*Lycopsis* L.](紫草科) ②狼紫草[*Lycopsis arvensis* L.]
wild cabbage (= cabbage) 甘蓝[*Brassica oleraca* var. *capitata* L.](十字花科)
wild caffee tree ①南洋参属[*Polyscias* Forst.](五加科) ②南洋参[*Polyscias guilfoylei* Bailey]
wild calla (= water arum) ①水芋属[*Calla* L.](天南星科) ②水芋[*Calla palustris* L.]
wild camomile (= Germancamomile) 母菊[*Matricaria chamomilla* L.](菊科)

wild cane 野生甘蔗［*Saccharum spontaneum* L.］（禾本科）
wild cane of New Guinea 新几内亚野生蔗
wild carrot（= carrot） 胡萝卜［*Daucus carota* L.］（伞形花科）
wild cat 野猫，山猫，豹猫［*Felis bengalensis* sp.］（猫科）
wild celery ①苦草［*Vallisneria spiralis* L.］（水鳖科）②旱芹［*Apium grayeolens* L.］（伞形花科）
wild character 野生性状
wild cherry 野樱（山樱）［*Prunus jamasakura* Sieb. ex Koida］（蔷薇科）
wild chervil ①峨参属［*Anthriscus* Hoffm.］（伞形花科）②刺峨参［*Anthriscus vulgaris* Pers.］
wild Chinese viburnum 八仙花（木绣球）［*Viburnum macrocephalum* f. *keteleeri* （Carr.）Rehd.］（忍冬科）
wild chrysanthemum 野菊［*Chrysanthemum japonense* Nakai］（菊科）
wild cocoon 野蚕茧
wild-coffee（= coffee tree） 银边南洋参［*Polyscias guiffoylei* Bailey］（五加科）
wild colony 野生蜂群
wild cucumber mosaic virus 野黄瓜花叶病毒
wild dock（= sorrel） 直穗酸模［*Rumex domesticus* Maxim.］（蓼科）
wild dogs 豺狗{狩猎}
wild duck 凫，野鸭［*Anas platyrhyncha* L.］（鸭科）
wild einkorn 野生一粒小麦［*Triticum aegilopoides*］（禾本科）
wild emmer 野生二粒小麦［*Triticum dicoccoides* Körn.］（禾本科）
wild fence （雨量器四周的）栅栏
wild fennel ①黑种草属［*Nigella* L.］（毛茛科）②黑种草［*Nigella damascena* L.］
wild fish 野鱼，野生鱼
wild flax（= pineleaf flax） 松叶人参（野亚麻）［*Linum stelleroides* planch.］（亚麻科）
wild flooding irrigation 滥灌，漫灌
wild fly（= stable fly） 厩螫蝇［*Stomoxys calcitrans* L.］（蝇科）
wild forage 野生饲料，野草饲料
wild form 野生类型（forma rudis）
wild fowl 野禽
wild fruits 野生果树
wild-garden 野趣园{园林}
wild geese 雁类
wild germander 紫石蚕［*Teucrium hamaedrys* L.］（唇形科）
wild ginger ①细辛属［*Asarum* L.］（马兜铃科）②细辛［*Asarum sieboldii* Miq.］
wild goat 羱羊，原山羊［*Capra ibex*］
wild goose 雁
wild grass ①野草②⌞复⌝野生牧(禾)草
wild-growing 野生的
wild growth ①野生 ②丛生（烟叶）
wild habit 野生习性
wild habitus 野生生境（habitatio rudis）
wild hawthorn 野山楂（茅楂）［*Crataegus cuneata* Sieb. et Zucc.］（蔷薇科）
wild heliotrope 叶芹草属［*Phacelia* Tuss.］（田基麻科）
wild herb ①野生草本植物，野草 ②野生药草
wild honey 野蜂蜜
wild hydrangea 树状八仙花［*Hydrangea arborescens* L.］（虎耳草科）
wild-indigo ①赝靛属［*Baptisia* Vent.］（豆科）②赝靛［*Baptisia tinctoria* R. Br.］
wild kaki persimmon 油柿［*Diospyros kaki* var. *silvestris*］（柿科）
wild land 荒地
wild-land resources 荒地资源{农系工}
wild-land survey 荒地调查
wild leek 北美野韭［*Allium tricoccum*］（石蒜科）
wild lupine 羽扇豆［*Lupinus perennis* L.］（豆科）
wild mamey 野生牛油果［*Rheedia laterflora* Linn.］
wild marjoram ①牛至属［*Orignum* Tourn. ex L.］（唇形科）②牛至［*Orignum vulgare* L.］{分类}
wild marjoram oil 牛至油
wild Mediteranean oats 野亚细亚燕麦［*Avena barbata*］（禾本科）
wild mountain peach 山桃［*Prunus davidiana* Franch.］（蔷薇科）
wild mouse 野生小鼠
wild mustard（= charlock） 野芥（田芥菜）［*Sinapis arvensis* L. = *Brassica sinapistrum* Boiss.］（十字花科）
wild nard 欧洲细辛［*Asarum europaeum*］（马兜铃科）
wild-oat grader 乌麦分选机
wild oat-grass（= danthonia） 野燕麦草属（邓氏草属）［*Danthonia* DC.］（禾本科）
wild oat herbicides 乌麦除草剂
wild oat kicker 乌麦清选机
wild oat screen 乌麦筛

wild oat separator 乌麦分离器
wild oats 乌麦(野燕麦)[*Avena fatua* L.](禾本科)
wild ochra 野葵属[*Malachra* L.](锦葵科)⌞拟⌝
wild offspring 野生子代
wild onion (=crow garlic) 鸦蒜(葡萄葱)[*Allium vineale* L.](石蒜科)
wild pairing 自然交配
wild park 天然公园{园林}
wild passion flower (=maypop) 粉红西番莲[*Passiflora incarnata* L.](西番莲科)
wild pennyroyal 薄荷[*Mentha arvensis* L.](唇形科)
wild pine (=Scotch pine) 欧洲松[*Pinus silvesiris* L.](松科)
wild plants 野生植物(plantae rudes)
wild population 野生群体(populatio rudis)
wild progeny 野生后代
wild rabbit 野兔
wild race ①野生种 ②野生族
wild radish 野生萝卜[*Raphanus raphanistrum* L.](十字花科)
wild relatives 近缘野生种
wild rice ①野生稻[*Oryza sativa* L. f. *spontanea*](禾本科) ②野稻茭(菰)[*Zizania aquatica* Gronov.](禾本科)
wild rose 蔷薇[*Rosa multiflora* Thunb.](蔷薇科)
wild rosemary ①喇叭茶属[*Ledum* Rupp. ex L.](杜鹃花科) ②喇叭茶[*Ledum palustre* L.]{分类}
wild rubber 野生橡胶
wild rye 山黑麦[*Secale montanum* L.](禾本科)
wild seeding 天然下种
wild seedling 野生苗
wild seedling planting 野生苗栽植
wild service tree 红叶花楸(治疝花楸)[*Sorbus torminalis* Crantz.](蔷薇科)
wild sheep 野绵羊
wild silk worm ①柞蚕[*Antheraea pernyi* (Guérin-Méneville)] ②[桑]野蚕[*Theophila mandarina* Moore] ③樟蚕[*Dictyoploca japonica* Butler](蚕蛾科)
wild small spelt (=wild einkorn) 野生一粒小麦[*Triticum aegilopoides* Bal.](禾本科)
wild snapweed 野凤仙花[*Impatiens textori* Miq.](凤仙花科)
wild sow 野母猪
wild soybean 野生大豆(蔓豆)[*Glycine soja* Sieb. et Zucc.](豆科)
wild species 野生种(species rudis)
wild spikenard (=wild basil) ①山香属[*Hytis* Jace](唇形科) ②山香[*Hytis suaveolens* Poir.]
wild state 野生状态
wild steer 野牛[*Bos gaurus*](牛科)
wild strawberry 欧洲草莓[*Fragaria vesca* L.](蔷薇科)
wild succory (=chicory) 菊苣
wild sweet potato 野生甘薯[*Ipomea leucantha*](旋花科)
wild taro 野芋[*Colocasia antiquorum*](天南星科)
wild tea ①山茶[*Camellia japonica* L.](茶科) ②灰毛紫穗槐[*Amorpha conescens*](豆科)
wild thyme (=penny mountain) 欧百里香[*Thymus serpyllum* L.](唇形科)
wild tobacco 野生烟草[*Nicotina sylvestris*](茄科)
wild tree 野生树(arbor rudis)
wild type 野生型(typus rudis)
wild-type activity 野生型活性
wild-type allele 野生型等位基因
wild-type gene 野生型基因
wild-type phenotype 野生型表型
wild-type prophage 野生型原噬菌体
wild-type strain 野生型品系(种株)
wild variety ①野生变种 ②野生型品种
wild vetch 草藤(广布野豌豆)[*Vicia cracca*](豆科)
wild wampee 野黄皮[果][*Clansena euchrestifolia* Kauchira](芸香科)
wild white-edge morning-glory 野牵牛[*Ipomoea indica* Merrill.](旋花科)
wild wood 天然林,原始林
wild yak 野犛牛
wild yeast 野生酵母
wilded plants 野生化植物
wildering ①野化 ②野生植物
wilderness ①原野 ②荒地
wilderness area 原野保护区,原生环境保护区,自然保护区{生态}
wilderness violet 阴生堇菜[*Viola selkirkil* Pursh.](堇菜科)
wildfire ①野火,野火病 ②丹毒
wildfire of rustic tobacco 黄花烟野火病[*Pseudomonas tabaci* (Wolf. et Foster.) Stevens.]
wildfire of tobacco 烟草野火病[*Pseudomonas tabaci* (Wolf. et Foster.) Stevens.]

wilding (= wildling) 野生苗
wildlife (= wild animals) 野生动物,野兽
wildlife conservation 野生动物资源保护{环保}
wildlife habitat change 野生动物栖息地变迁
wildlife habitat map 野生动物栖息地图{遥感}
wildlife management 野生动物管理
wildlife refuge 野生动物保护区
wildlife resources ①野生动物资源 ②天然资源
wildlife study 野生动物研究
wildlime ①指橘属(纯叶橘属,澳洲小型橘属)[*Microcitrus* Swingle](芸香科) ②指橘[*Microcitrus australasica* Swingle]
wildness ①荒地{耕作} ②野生性{生态}
Wild's evaporimeter 魏尔特氏蒸发器
Wild's pressure plat anemometer 魏尔特氏悬板风压表
wildstock 野生砧,砧木
wilful ①有意的,故意的,存心的,蓄意的 ②任性的,固执的
wilful intercept ①任意截听 ②有意截取{信息}
willardin 尿嘧啶丙氨酸
Willems homogenizer (= rotor-stator homogenizer) 转子-定子式匀浆器,Willems 匀浆器{生技}
Williams elder ①接骨木属[*Sambucus* L.](忍冬科) ②接骨木[*Sambucus williamsii* Hance]
Williams favorite 金花(苹果品种)
Williams tube 威廉管{生技}
Williamson's spruce 威廉逊铁杉[*Tsuga mertensiana* Sarg.](松科)
willing horse 驯服马
williwaws 惠利瓦飑
willmott ceratostigma 紫金莲[*Ceratostigma willmottianum* Stapf](蓝雪科)
willmott winterhazel 四川蜡瓣花[*Corylopsis willmottiae* Rehd. et Wils](金缕梅科)
willow (= osier) ①柳属[*Salix* L.](杨柳科) ②柳
willow anthracnose 柳炭疽病[*Physalospora miyabeana* T. Fukushi]
willow aphids 二尾蚜属[*Cavariella* spp.]
willow blue leaf beetle 柳[殊]蓝叶甲[*Plagiodera versicolora distincta* Baly.](叶甲科)
willow calf 柳皮
willow coppice 萌生柳林
willow family 杨柳科[Salicaceae]
willow fig-tree (= Benjamin fig) 垂叶榕[*Ficus benjamina* L.](桑科)
willow forest 柳林(salicetum)
willow green 柳绿
willow herb ①柳兰属(柳叶菜属)[*Epilobium* L.](柳叶菜科) ②柳兰[*Epilobium angustifolium* L.] ③柳叶菜[*Epilobium hirsutum* L.]
willow-leaf achyranthes 柳叶牛膝[*Achyranthes longifolia* Makino.](苋科)
willow-leaf cotoneaster 柳叶栒子(山米麻)[*Cotoneaster salicifolia* Fr.](蔷薇科)
willow leaf inula 歌仙草[*Inula salicina* L.](菊科)
willow-leaf oxeye 黄牛眼菊(柳叶牛眼菊)[*Buphthalmum salicifolium* sp.](菊科)
willow-leaf pear 柳叶梨[*Pyrus salicifolia* Pall.](蔷薇科)
willow-leaf spiraea ①绣线菊属[*Spiraea* L.](菊科) ②绣线菊[*Spiraea salicifolia* L.]
willow-leaved 似柳叶的(salicifolius)
willow-leaved blyxa 箦藻光叶水筛[*Blyxa japonica* Maxim.](水鳖科)
willow luna moth (= longtailed greenish silk moth) 柳天蚕蛾[*Actias selens* Hübner](大蚕蛾科)
willow-millow 黄颌须鮈[*Gnathopogon caerulescens* (Sauvage)]
willow oak (= peachleaved oak) 桃叶栎
willow powdery mildew 柳白粉病[*Uncinula salicis* Wint.]
willow rust 柳锈病
willow sawfly 柳叶蜂[*Nematus ventralis* Say](叶蜂科)
willow sooty mould 柳煤病[*Apiosporium salicinum* Kunze.]
willow sphinx (= eyed hawk moth cherry hornworm) 柳天蛾(蓝目灰天蛾)[*Smerinthus planus* Walker](天蛾科)
willow tussock moth (= satin moth) 柳毒蛾[*Leucoma salicia* L.](毒蛾科)
willow two-tailed aphid 芹菜二尾蚜[*Cavariella bicaudata* Essig et Kuwana](蚜科)
willowy culm 柳条,柳枝
willy-willy 畏来风(见于澳大利亚西部)
Wilson buckeye (= Wilson horse chestnut) 天师栗(猴板栗)[*Aesculus wilsonii* Rehd.](七叶树科)
Wilson cloud chamber 威尔逊云室
Wilson corydalis 川鄂黄堇[*Corydalis*

wilsonii N.E.Br.］(荷包牡丹科)
Wilson douglasfir 台湾黄杉［*Pseudotsuga wilsoniana* Hayata］(松科)
Wilson grape 网脉葡萄［*Vitis wilsonae* Vetch.］(葡萄科)
Wilson hawthorn 华中山楂［*Crataegus wilsonii* Sarg.］(蔷薇科)
Wilson loosestrife 川香草［*Lysimachia wilsonii* Hemsl.］(报春花科)
Wilson mountain-ash 华西花楸［*Sorbus wilsoniana* Schneid.］(蔷薇科)
Wilson red-bud pearbush 绿柄白鹃梅［*Exochorda giraldi* var. *wilsonii* (Rehd.) Rehd.］(蔷薇科)
Wilson yellow wood ①香槐属［*Cladrastis* Raf.］(豆科) ②香槐［*Cladrastis wilsonii* Takeda］
Wilson's disease 威尔逊肝细胞雀斑性退化病,血铜蓝蛋白缺乏病
wilt ①枯萎,凋萎,萎蔫 ②枯萎病
wilt disease ①萎蔫病,枯萎病 ②青枯病
wilt disease of melons 瓜类青枯病［*Bacillus tracheiphilus* E.F. Smith］
wilt nursery 枯萎病圃
wilt of cotton (blackheartor of cotton, frenching of cotton) 棉枯萎病［*Fusarium oxysporum* f. *vasinfectum* Snyd. et Hans.］
wilt of cucumber 黄瓜枯萎病［*Fusarium niveum* (Fr.) Ces.］
wilt of eggplant 茄枯萎病［*Fusarium oxysporum* f. *melon-genge* Matuo et Ishigant］
wilt of linseed 亚麻枯萎病(亚麻萎蔫病)［*Fusarium lini* Bolley］
wilt of pepper 辣椒枯萎病［*Fusarium oxysporum* f. *vasinfectum* Snyder et Hansen］
wilt of potato 马铃薯枯萎病［*Fusarium oxysporum* Schlecht.］
wilt of tobacco 烟草枯萎病［*Fusarium oxysporum* var. *nicotianae* Johnson］
wilt of zinnia 百日草青枯病［*Bacterium solanacearum* E. F. Sm.］
wilt resistance 抗枯萎病性,对枯萎病的抗性
wilt-resistant 抗枯萎病的
wilted ①萎缩的 (emarcidus) ②凋萎的,萎蔫的 (marcidus)
wilted condition 萎蔫状态
wilted grass ①萎蔫禾(牧)草 ②萎蔫青贮料
wilted hay 凋萎草
wilted plant 枯株
wilting ①萎蔫{生理} ②蹲苗{栽培} ③凋萎{土壤}
wilting agent ①萎蔫剂 ②萎蔫因子
wilting coefficient 萎蔫系数,凋萎系数
wilting humidity 萎蔫湿度
wilting method ①萎蔫法 ②蹲苗法
wilting of corn 玉米蹲苗
wilting of rice 水稻蹲苗
wilting percent 萎蔫率
wilting percentage 萎蔫含水率(量)
wilting phenomena 凋萎现象
wilting point 萎蔫点,凋萎点
wilting process 萎蔫过程
wilting range 凋萎[含水量]范围
wilting stem 枯心(指茎秆枯萎)
wilting toxin 萎蔫毒素
wimmera ryegrass 瑞士黑麦草［*Lolium rigidium* Gaud. = *L. striteum* Presl.］(禾本科)
winch ①绞盘,绞车,卷扬机 ②(起重机牵引的)辘轳 ③用绞车举起
winch-drawn dung channel scraper 绞盘牵引式粪沟清理铲
winch-drawn rake cowshed cleaner 绞车牵引铲斗式牛舍除粪器
winch-hauled plastic pipelayer 绞盘拖曳式塑料管铺放机
winch lift 绞盘式提升机构
winch plough 绞盘绳索牵引犁
winch traction 绞盘牵引,绳索牵引
winch-traction cultivator 绞盘绳索牵引式中耕机
winch-traction plough 绳索犁
Winchester 温切斯特(美独弹弹名){狩猎}
Winchester disk 温[切斯特]盘{信息}
Winchester disk drive 温盘驱动器
Winchester technique 温氏技术{信息}
winchia ①盆架树属［*Winchia* spp.］(夹竹桃科) ②盆架树［*Winchia calophylla* sp.］
wind 风 (ventus)
wind abrasion 风磨蚀
wind action 风作用
wind arrow 风矢(风向风速填图符号)
wind-barometer table 风速-气压换算表
wind barrier 风障
wind belt ①风带 ②防风林带
wind bent grass (= silky bent grass) 风剪股颖
wind blast 疾风伤害,气流侵袭
wind blower ①[茎秆]吹送[堆垛]机 ②[牧草]通风[干燥]机
wind-blown sand 飞沙
wind-blown soil 风积土
wind board (风扇出口的)导风板

wind-breakage ①风折 ②风向转弯
wind burn 风灵,风火烧
wind-carved pebble 风蚀砾石
wind cave 风洞
wind-channel ①风道 ②气体力学管(研究气流结构的装置)
wind chart 风图
wind cleaning 风力清选,风选
wind components 风组成部分
wind cone 风向袋
wind control valve 风量控制阀
wind corrosion 风蚀
wind-crack 风裂,电状开裂(木材)
wind crust 硬雪面(风致地上雪结成硬壳)
wind current 风流,气流
wind damage 风害
wind deflection 风向顺转
wind deflector 挡风板
wind direction 风向
wind direction recorder 风向自记器
wind disk 挡风盘
wind dispersal 风力散布
wind distribution 风分布
wind-divide 风向分界,风向界线
wind-dominated climate 风占优势气候,风[所]控制气候
wind drift ①吹流{气象} ②风积{土壤}
wind-drift sand 流沙,飞沙
wind-driven atomizer (飞机喷雾的)风轮转动式喷雾器
wind-driven generator 风力发电机
wind-driven water pump 风动水泵
wind eddies 风涡
wind effect 风效应,风量
wind effect coefficient 风效应系数,风量系数
wind egg (=shell-less egg) (未受精的)无壳卵
wind energy 风能,风力
wind energy exploration 风力探测
wind-eroded bare site 风蚀裸生境{生态生理}
wind erosion 风蚀
wind-erosion basin 风蚀盆地
wind-erosion class 风蚀等级
wind-exposed site 遭受风生境
wind-falls 风倒[木],风折[枝],风吹落果
wind fast clone 抗风无性[繁殖]系
wind fastness 抗风性
wind field 风场
wind field radar scatterometer (WFR) 风场雷达散射计{遥感}
wind-firm 抗风强的
wind force 风力
wind force coefficient 风力系数
wind force scale 风级
wind gap 风隙
wind-gauge 风力器,风速器
wind guard 挡风板,风挡
wind heater (果园防冻)空气加热器,热风器
wind hole 风穴
wind injury 风害
wind laid deposit (= eolian deposit) 风积物
wind layer 风层
wind load 风负荷
wind lull 风速暂减
wind machine ①风力机械 ②(果园防冻用)吹风机
wind management 风[力]管理
wind-mantle 防风林
wind maps 风图
wind mast 风竿
wind measurement 风测定
wind measurement from satellite 卫星测风
wind mill 风力机,风车
wind-mill palm ①棕榈属 [*Trachycarpus* H. Wendl.](棕榈科) ②棕榈 [*Trachycarpus fortunei* H. Wendl.]
wind-mill pumping 风车抽水
wind-mitigating action 抑风作用
wind motor 风力发动机
wind-path 风道
wind-pollinated 风媒的 (auemophillus)
wind-pollinated flower 风媒花 (flos anemophillus)
wind-pollinated plant 风媒植物 (planta anemophilla)
wind pollinating 风媒传粉
wind pollination 风媒传粉
wind power 风力
wind power generation 风力发电
wind-powered 风力的
wind pressure 风压
wind profile 风廓线
wind proof 不透风,防风
wind-protection plantation 防风林
wind-protective belt 防风林带
wind-recorder 自记测风器
wind resistance 抗风性
wind riddle 风选筛
wind ring shake (= wind shake) 轮裂,风裂
wind ripple 风成波痕
wind rose 风向图
wind rose pressure 气压风向图

wind rose temperature 温度风向图
wind rotation 转风,风向转变
wind rudder 风力发动机尾翼,风舵
wind scale 风级
wind screen ①风屏,风障,挡风板 ②防风林
wind-screen wiper 挡风玻璃雨刮
wind selection 风选
wind shake 轮裂,风裂(树木)
wind shear 风的切变
wind shelter 风挡
wind shield 挡风板,遮风板
wind shield glass 挡风玻璃
wind shield sun visor 挡风遮日板
wind shield wiper arm 挡风玻璃雨刮臂
wind shield wiper vacuum 挡风水刮真空调节器
wind shift 转风,风向转变
wind-shift line 转风突变线
wind-slash ①风害迹地 ②风吹的废材
wind sleeve 风向袋
wind sock 风[向]袋
wind speed 风速
wind speed counter 风速计数器
wind-spun vortex 风动涡旋
wind squalls 风飑
wind stacker ①(稿草)吹送集堆器 ②气流式堆垛机
wind-stacker hood 气流式堆垛机[吹送]弯头
wind storm 风暴
wind strata 风层
wind strength 风力,风强度
wind stress 风胁迫
wind strip cropping 防风带状栽培
wind stripping 防风带
wind structure 风结构
wind system 风系
wind teeth 风向齿(航用齿形风向器)
wind throw 风倒
wind tide 风暴潮,风增水
wind tower 风塔
wind training 风削
wind tunnel ①风筒 ②风道,风洞
wind tunnel test 风洞试验
wind turbine 透平式风车
wind utilization 风力利用
wind vane 风标,风向标
wind vane and anemometer 风向风速表
wind vector 风矢量
wind velocity 风速
wind velocity equations 风速方程[式]
wind velocity indicator 风速指针
wind water lift 风力提水
wind waves 风波
wind wheel 风轮
wind zones 风带
windage screw (后瞄准器)左右螺丝{显技}
windbend 风曲(因风弯曲)
windblow (=wind-fall) 风倒
windbreak ①风障 ②防风林
windbreak border 防风林缘
windbreak for vegetables 蔬菜用风障
windbreak forest 防风林
windbreak in conservation farming 保持耕作防风林
windbreak net 防风林网
windbreak planning 防风林方案{农系工}
windbreaking 防风
winder ①绕线盘,拨禾轮,绞盘,绞车 ②缠绕植物
windfirm 抗风的
windflower ①银莲花属[*Anemone* L.](毛茛科) ②银莲花[*Anemone narcissiflora* L.]
windhead 风力发动机顶部
windiness ①多风 ②(羊)气臌,胃肠滞气
winding ①绕线 ②绕法 ③绕组{加工} ④曲折(flexura)
winding drum 绕丝滑筒
winding moldboard 螺旋型犁壁
winding number 绕数
winding plants 缠绕植物,卷旋植物
winding point 分支点,弯曲点
winding rope 绕线绳
winding shaft 绕线轴,卷轴
winding stem 缠绕茎
windlass ①辘轳 ②绞盘 ③卷扬机
windlean 风斜(因风倾斜)
windless 无风的
windless region 无风带,无风区
windmill ①风车 ②风力发动机
windmill anemometer 风车式风速表
windmill-driven pump 风车驱动泵
windmill governor 风车调速器,风力发动机
windmill pump 风车驱动泵
windmill pumping 风车抽水
windmill sail 风车轮叶,风力发动机轮叶
window ①窗口,视窗{电脑} ②窗(指温室的){栽培} ③大气层边缘通过区{气象} ④窗台{园林}
window-bearing 具窗的{显技}
window board 窗台板(木材)
window box ①窗台花箱(指摆在窗前的花箱){园林} ②窗口箱{电脑}
window box oxalis 红花酢浆草[*Oxalis*

rubra St. Hil.]（酢浆草科）
window box plant 窗台花箱植物
window box planting 窗台花箱栽植
window budding 窗形芽接
window buffer 窗口缓冲器
window class style 窗口类风格
window cloud 浪云{气象}
window flow 窗口流程{电脑}
window frost 窗霜
window ice 窗冰
window interface 窗口接口{电脑}
window-like 窗格状的
window-like pit 窗型纹孔
window-like pit pair 窗型纹孔对
window management software 窗口管理软件
window message 窗口信息
window plant ①(=ceriman) 蓬莱蕉属[*Monstera* Adans]（天南星科）②蓬莱蕉[*Monstera deliciosa* Liebm.] ③橙黄棒叶花[*Fenestraria aurentiaca* sp.]（番杏科）
window screen 窗口屏幕
window size 窗口大小
window slide 有窗载片{显技}
window software 窗口软件
window thermometer 窗外温度表
window width 窗口宽度
window-winged moths (=thyridid moths) 窗蛾科[Thyrididae]
window zoom 窗口图像移动{电脑}
windowed pattern 窗口模式
windowing 开窗口
windowleaf 多孔龟背竹[*Monstera friedrichsthalii* sp.]（天南星科）
windowless ①无窗 ②无窗鸡舍{禽} ③无窗的
windowless algorithm 无窗算法{电脑}
windowless livestock buildings 无窗畜舍{畜}
windows-based accelerator 窗口加速器
windows title 窗口标题{电脑}
windrocking 风动(使根土疏松)
windrow ①(牧)草条,禾(秆)条,铺条、堆行 ②堆成条或行,铺成条或行,风干行列
windrow-attachment 堆行装置(指甘蔗)
windrow chute (割晒机)铺条滑槽
windrow feeder (谷物联合收获机)禾铺捡拾器
windrow harvester 割晒机
windrow harvesting 捡拾收获
windrow header 刈晒机,简易收刈机
windrow loader 草条[捡拾]装载机
windrow pickup 草条捡拾器,禾铺捡拾器,条铺捡拾器
windrow pickup baler 草条捡拾压捆机
windrow pickup combining 铺条捡拾联合收获
windrow spreading 禾条抛撒,禾条撒布
windrow turner 草条翻晒机
windrowed cane 堆成行甘蔗
windrower (禾谷类或干草)割晒机,铺条机,堆行机
windrowing ①铺条、堆条,堆行 ②分段收获,两段收获 ③割晒
windrowing curtain 铺条宽度调节板
windrowing topper 切顶铺条机(甜菜)
Windson bean (=field bean) 蚕豆[*Faba vulgaris* Moench]（豆科）
windsucking 风力抽吸
windthroat 排气口(指风扇或鼓风机上的)
windup ①上紧(发条) ②(四轮驱动车辆传动系统中的)寄生功率现象 ③结束
windward ①向风的,迎风的 ②迎风面
windward side 迎风面,风向面
windward slope 向风坡
windworn pebble 风蚀砾石
windy 多风的 (ventosus)
windy cirrus 风卷云{气象}
windy condition 多风条件,有风条件
wine ①果酒 ②葡萄酒
wine berry 黑果越橘[*Vaccinium myrtillus* L.]（乌饭树科）
wine by the barrel (=carafe win) 桶装酒
wine cellar (=winevault) 酒窖
wine co-operative 酿酒合作社
wine colour 红葡萄酒色
wine disease 葡萄酒病
wine fermentation 葡萄酒发酵
wine grape (=European grape, vine, grapevine) 葡萄(欧洲葡萄)[*Vitis vinifera* L.]（葡萄科）
wine growers' co-operative 葡萄栽培者合作社
wine industry 酿酒[工]业
wine making ①葡萄酒酿造 ②果酒酿造
wine market 葡萄酒市场,酒类市场
wine palm 酒椰(酒棕)[*Raphia vinifera*]（棕榈科）
wine plant (=garden rhubarb) 食用大黄[*Rheum rhaponticum* L.]（蓼科）
wine press 葡萄榨汁机
wine quality ①酒品质 ②酿造性
wine raspberry 多腺悬钩子[*Rubus phoenicolasius* Maxim.]（蔷薇科）
wine store 葡萄酒贮藏
wine taster 品酒者,品尝者
wine testing 验酒

wine vinegar [葡萄]酒醋
wine yeast 椭圆酵母 [*Saccharomyces ellipsoideus* Hansen]
wineberry 百里叶莓(多腺悬钩子) [*Rubus phoenicotatus* Max.] (蔷薇科)
winery ①酿酒工场,酿酒厂 ②酒窖,酒库
winery waste 酿酒厂废水{环保}
winevault 酒窖
wing ①翼瓣 ②翅,翼 (ala)
wing band 翅带
wing base 翅基
wing bearing 铧翼面
wing beater 叶片式击肥轮
wing bract 翅苞
wing case 鞘翅,翅芽
wing cell 翅室
wing cover ①翅盖 ②鞘翅
wing coverer 翼板式覆土器
wing covert 覆羽
wing finisher 禽翼去毛机
wing-flowered 翼花的 (pteranthus)
wing hiller 翼式培土器
wing hook 翅钩
wing leaf butterfly flower 蛾蝶花 [*Schizanthus pinnatus* Ruiz. et Pav.] (茄科)
wing length boom (飞机喷雾器)翼下长喷杆
wing louse 鸡翅长圆虱 [*Lipeurus eaponis* L.]
wing muscle 翅肌
wing mutant 翅突变体
wing-nut ①枫扬属 [*Pterocarya* Kunth] (胡桃科) ②枫扬 [*Pterocarya stenoptera* C. DC.] ③翼形螺母
wing pump 翼式泵,叶轮泵,叶片泵
wing screen 翼筛{环保}
wing-shaped 翼形的
wing tag 翅号,翅标
wing-tip nozzle (飞机用)翼端喷嘴
wing type meter 翼式水表,叶轮式水表{环保}
wing type rear body of motor truck 电动卡车翼式后体{农施}
wing wall 翼墙{水利}
winged 有翅的,具翼的 (alatus)
winged aphid 有翅[型]蚜
winged bean 四棱豆(翼豆) [*Psophacarpus tetragonotobus*] (豆科)
winged cork 翼状木栓 (suber slatus)
winged elm (= wahoo) 翅榆
winged euonymus (= winged spindle tree) ①卫矛属 [*Euonymus* L.] (卫矛科) ②卫矛 [*Euonymus alata* (Thunb.) Sieb.]
winged-everlasting ①银苞菊属 [*Ammobium* R. Br.] (菊科) ②银苞菊 [*Ammobium alatum* R. Br.]
winged fruit 翅果 (samera)
winged helix motif 翼状螺旋特征序列,翼状螺旋基序{分遗}
winged-pea 翅豆属 [*Tetragonolobus* Scop.] (豆科)⌞拟⌝
winged psocids 斑啮虫科 [Mesopsocidae]
winged seed 有翅种子 (samen alatus)
winged spindle tree 卫矛 [*Euonymus alatus* Reg.] (卫矛科)
winged staminodia 翼瓣 (staminodia alata)
winged tobacco 花烟草 [*Nicotiana alata* Link et Otto] (茄科)
winged tree-bine 仙素莲(四棱白粉藤) [*Cissus quadrangularis* sp.] (葡萄科)
winged waterprimrose 翅丁香蓼 [*Ludwigia decurrens* Walt. = *Jussiaea decurrens* DC.] (柳叶菜科)
winged wheel feed 翼轮式排肥器
winged yam 山药(田薯,参薯) [*Dioscorea alata* L.] (薯蓣科)
wingless 无翼的 (apterous)
wingless aphid 无翅[型]蚜
winglet 小翅
wingstem 互叶奇瓣菊 [*Verbesina alternifolia* sp.] (菊科)
wingstem rush 翼秆灯心草 [*Juncus alatus* Fr.] (灯心草科)
wink 闪烁
wink-off 关闭闪烁{电脑}
wink signal 闪烁信号
winker ①马眼罩,遮眼罩 ②闪光器
winning ①胜利的,获胜的 ②胜利,获胜,获得
winning configuration 得胜布局{电脑}
winnow ①簸箕 ②簸谷机,风选机,风车 ③簸,簸去,簸扬,风选
winnow mill 风选机
winnow wheat 扬麦,簸麦
winnowed paddy 簸过稻谷,净稻谷
winnower ①簸箕 ②风选机,风车,簸扬器,风力清选机
winnowing ①簸扬,簸选,风选 ②净谷的
winnowing basket 簸箕
winnowing conveyor 风选输送器
winnowing machine 风选机,风力清选机
winter ①冬[季] ②冬的,冬季的 (hiemalis)
winter aconite ①菟葵属 [*Eranthis* Salisb.] (毛茛科) ②菟葵 [*Eranthis hyemalis* Salisb.] {分类}

winter annual cereals 冬性一年生禾谷类[作物]
winter annual desert plant 冬性一年生荒漠植物
winter annual grass 冬性一年生禾草
winter annual strain 冬性一年生品系
winter annual weeds（= winter annuals）冬季一年生杂草
winter annuals ①冬性一年生作物 ②冬季一年生杂草
winter apple 晚熟苹果
winter application ①冬季施肥 ②冬季喷药
winter aspect 冬季相{生态}
winter bamboo shoot 冬笋(中国南方特产)
Winter Banana 青香蕉(苹果品种)
winter barley 冬大麦
winter begins 初冬,开冬
Winter begins 立冬(中国的24节气之一)
winter-berry currant 簇花茶藨子［*Torilis japonica* DC.］(伞形花科)
winter-berry euonymus 桃叶卫矛(白杜,丝绵木)［*Euonymus bungeanus* Maxim.］(卫矛科)
winter bud 冬芽(gemma hiemalis)
winter budding 冬季芽接{园艺}
winter catch crops 冬季填闲作物
winter cattleya 冬卡特来兰［*Cattleya trianaei* Lindl. et Reichb. f.］(兰科)
winter cauliflower 花椰菜［*Brassica oleracea* var. *botrytis* L.］(十字花科)
winter cereal crops ［越］冬禾谷类作物
winter cereals（= winter cereal crops）冬禾谷类作物(指秋播的禾谷类作物)
winter cherry（= alkekengi, strawberry tomato）酸浆(红姑娘)［*Physalis alkekengi* L.］(茄科)
winter cherry bug 酸浆黄蝽［*Acanthocoris cordidus* Thunbers］(蝽科)
winter chilling requirement 冬季需冷量
winter cluster 冬团{蜂}
winter cocoon 越冬茧
winter-cold region 冬季寒冷地区
winter condition 冬态
winter constraint 冬季抑制
winter control 越冬防治
winter corns（= winter grains）［越］冬谷类作物
winter cover（= winter mulch）冬季覆盖
winter cover crop 冬季覆盖作物
winter creeper spindle tree（= winter creeping euonymus）爬行卫矛(扶芳藤)
winter creeping euonymus 爬行卫矛(扶芳藤)［*Euonymus fortunei* (Turez.) Hand.-Mazz.］(卫矛科)
winter-cress（= scurvy grass）山芥［*Barbarea vulgaris* R. Br.］(十字花科)
winter crookneck squash（= winter crookneck pumpkin）南瓜(中国南瓜,弯颈南瓜,倭瓜)［*Cucurbita moschata* Duch.］(葫芦科)
winter crop ［越］冬作物
winter crop of paddy field 稻田［越］冬作物
winter cropping 冬作
winter cropping on drained paddy field 稻田套种,干稻田冬作
winter damage 冬季损害,冬害
winter daphne（= fragrant daphne）①瑞香属［*Daphne* L.］(瑞香科) ②瑞香［*Daphne odora* Thunb.］
winter day 冬日
"winter desiccation" "冬季干化"
winter dike 冬堤
winter dormancy 冬季休眠
winter dormancy pruning 冬眠修剪
winter dormant period 冬眠期
winter-dressing 冬肥,冬季施肥
winter drought 冬季干燥
winter dry moderate 冬干温和[气候]
winter drying ①冬季干旱 ②冬害,寒害
winter egg ①冬卵 ②休眠卵
winter egg production 冬季产卵性
winter endive 菊苣(苦苣,苣荬菜)［*Cichorium endivia* L.］(菊科)
winter fallow ①冬季休闲 ②冬季休闲地
winter fattening 冬季肥育,畜舍肥育
winter feeding 冬季饲养,冬饲
winter field 冬作地,秋播地
winter flood 冬汛
winter flowering 冬季开花
winter fog 冬雾
winter forage 冬季饲料
winter form 冬型
winter freezing injury 越冬冻害,冬害
winter frost 冬霜,冬季霜冻
winter fungi 冬菰
winter garden 冬花园
winter germinating species 冬萌[发]种
winter grain mite（= blue oat mite）麦圆叶爪螨［*Penthaleus major* (Dugès)］
winter grains ［越］冬谷类[作物]
winter grape 冬葡萄［*Vitis berlandieri* Planch.］(葡萄科)
winter grasses 冬季禾草
winter grazing 冬季放牧
winter green ①白珠树属［*Gaultheria*

Kalm.](杜鹃科) ②白珠树 [*Gaultheria cumingiana* Vidal]
winter green barberry 豪猪刺 [*Berberis julianae* Schneid.](小檗科)
winter green manure 冬性绿肥
winter-green oil 冬绿油{显技}
winter growing 冬季栽培(温室栽培)
winter growth 冬季生长
winter growth habit (= winter habit) 冬性,秋播性
winter habit [越]冬性,秋播型 (= winter type)(habitus hiemalis)
winter half year 冬半年
winter hardiness ①耐冬性 ②抗寒性
winter-hardy 越冬性好的,抗塞的,耐冬的
winter-hardy type 抗寒型
winter-hardy variety 抗寒品种,冬性品种
winter hardy vegetable 抗寒蔬菜,越冬蔬菜
winter hazel ①蜡瓣花属 [*Corylopsis* Sieb. et zucc.](金缕梅科) ②蜡瓣花 [*Corylopsis spicata* Maxim.]
winter heath 冬欧石楠 [*Erica hyemalis* Hort.](杜鹃花科)
winter heliotrope 香蜂斗叶(香蜂斗菜) [*Petasites fragrans* Ohwi](菊科)
winter hemisphere 冬半球
winter hibernation 冬眠 (hibernatio hiemalis)
winter honeysuckle 冬忍冬(郁香忍冬) [*Lonicera fragrantissima* Lindl. et Paxt.](忍冬科)
winter ice 严冰
winter injury 冻害,冬害
winter irrigation 冬季灌溉,冬灌
winter jasmine 迎春[花] [*Jasminum nudiflorum* Lindl.](木犀科)
winter keeping (= winter storage) 冬季贮藏
winter kill 冻死
winter killing 冬害,冻害
winter legumes [越]冬豆类[作物]
winter loss 冬季损失,越冬损失
winter melon 冬甜瓜 [*Cucumis melo* var. *inodorus* Naud.](葫芦科)
winter moth (= small winter moth) 冬尺蛾(黑点赭尺蛾) [*Operoptera brumata* (Linnaeus)](尺蛾科)
winter mushroom (= the velvet foot) 金针菇,毛柄金钱菌 [*Flammulina velutipes*]
winter nelis 冬香梨(品种)
winter oak (= vate oak) 冬栎
winter oil 冬季润滑油
winter operation 冬季运转{环保}
winter owl moth 黄地老虎 [*Agrotis segetum* Schiffermüller](夜蛾科)
winter pasture 冬季牧场
winter pause 冬季停止产卵性
winter plant 冬[种]性植物 (planta hiemalis)
winter ploughing (= winter plowing) 冬耕
winter pot kalanchoe 长寿花(寿星花,圣诞伽蓝菜,矮生伽蓝菜) [*Kalanchoe blossfeldiana* sp.](景天科)
winter proofing 越冬
winter protection 冬季保护,防寒
winter pruning 冬季修剪
winter purslane (= miners lettuce) 穿叶春美草 [*Claytonia perfoliata* = *Montia perfoliata*](马齿苋科)
winter radish 冬萝卜
winter rain region 冬雨地区
winter rape (= oil-seed rape) 油菜 [*Brassica campestris* var. *oleifera* L.](十字花科)
winter requirement 冬性要求
winter resistance 抗寒性,抗冬性
winter-resistant variety 抗寒品种,耐冬品种
winter-resisting plant 抗寒植物
winter rose 嚏根草 [*Hellebrous thibetanus* Fr.](毛茛科)
winter rye 冬黑麦
winter savory (= perennial savory) 冬香薄荷 [*Satureja montana* L.](唇形科)
winter scours 冬季泄泻(指牛关在牛栏受冷)
winter season 冬季
winter sleep 冬眠
winter small grain variety 冬小谷物品种
winter snow-line 冬季雪线
winter soaking[of rice seed] 谷种冬浸,谷种冷浸
Winter Solstice 冬至(中国的 24 节气之一)
winter sowing 冬季播种,冬播
winter-sown cereals 冬播禾谷类
winter-specific disturbance 冬季特殊干扰
winter spice hymenocallis 美丽水鬼蕉 [*Hymenocallis speciosa* sp.](石蒜科)
winter spore 冬孢子 (teliospora)
winter spraying 冬季喷药
winter sprout 冬芽
winter squash (= giant pumpkin, pumpion) 笋瓜(印度南瓜) [*Cucurbita maxima* Duch.](葫芦科)
winter stagnation 冬季停滞{环保}
winter state 冬季状态,冬态
winter sun scald 冬日晒伤

winter survival ①越冬生存数,越冬存活率 ②冬季存活
winter swede rape 甘蓝型欧洲油菜[*Brossica napus* L.](十字花科)
winter-sweet 美丽尖药木[*Acokanthera spectabilis* Hook. f.](夹竹桃科)
winter tick 白花革蜱[*Dermacentor albipictus* Pack.](蜱总科)
winter tillage 冬耕
winter transpiration 冬季蒸腾作用
winter truffle 冬块菌[*Tuber brumale* Vittadini.](块菌科)
winter type 冬型(typus hiemalis)
winter-type variety 冬型品种
winter variety 冬性品种,秋播品种
winter vetch (= downy vetch, hairy vetch, Russian vetch, sand vetch) 长柔毛野豌豆[*Vicia villosa* Roth.](豆科)
winter wheat 冬小麦
winter wheat area 冬麦区
winter wheat mosaic virus 冬小麦花叶病[Triticum virus 8]
wintering 越冬,过冬(hibernans)
wintering ability 越冬能力
wintering cultivation 越冬栽培
wintering depression 越冬减产
wintering ground ①越冬场{水产} ②越冬地{栽培}
wintering habit 越冬[习]性
wintering period 越冬期
wintering pond 不冻水池
winterization 越冬准备
winterized unit 过冬装置
winterness (= winter habit) 冬[种]性
winterness form 冬[种]性类型
winterness plant 冬性作物
wintersweet ①腊梅属[*Chimonanthus* Lindl.](腊梅科) ②腊梅[*Chimonanthus praecox* Link.]
wintersweet family 腊梅科[Calycanthaceae]
wintery (= wintry) ①冬的,如冬的 ②寒冷的
wintery garden 冬季花园
wintery hothouse 冬季温室
wipe ①擦除 ②白化
wipe pattern 擦除模板{电脑}
wiper ①(挡风玻璃)雨刮 ②刮擦器,刮片 ③接触刷
wiper motor 雨刮电机
wiper ring (油缸活塞杆)刮垢环,清洁环
wire ①金属线,铁丝,钢丝 ②导线,电线 ③敷设导线 ④用金属丝捆扎
wire basket 铁丝筐,铁丝笼
wire-bent 铁丝草[*Nardus stricta* L.](禾本科)
wire binder 铁丝扎捆机
wire board 接线板{信息}
wire bonding 引线压焊
wire box (铁丝打捆机)铁丝盒
wire brush 金属丝刷
wire cage ①(养小动物)铁丝笼 ②铁丝支架
wire Chinese character printer 针式汉字打印机
wire cutters 钢丝钳,剪线钳,剪断金属丝工具
wire doffer ①铁丝刷脱毛机 ②(方形穴播机尺度绳扣拨器的)放绳器
wire dot printer 针点阵打印机
wire enclosure (= wire fence) 铁丝网,铁丝围栏
wire ferrule 线箍
wire filter ①金属丝过滤器 ②缠丝过滤器{环保}
wire frame 线框
wire gauge 铁丝测径器
wire gauze ①筛布 ②金属丝网
wire gauze filter 金属网过滤器
wire gauze sieve 编织筛
wire grafting 铁丝嫁接
wire grass (= Canada bluegrass) 加拿大莓系
wire-grate concave 钢丝网筛式凹板
wire-ground distribution system 一线一地制配电系统{农施}
wire guide 捆丝导向器
wire jumper 跨接线{信息}
wire knotter 铁丝扭结器
wire layout 布线{信息}
wire mesh ①铁丝网眼,铁丝筛眼 ②金属线网
wire-mesh filter 金属丝网[空气]滤清器
wire-mesh screen 金属丝网筛,金属丝编织筛
wire model 金属丝模型{生技}
wire nail 带钉齿金属线,带齿铁线
wire printer 线式打印机,针式打印机
wire puller 有线电,充电线
wire recording 钢丝录音
wire release 尺度绳松放器
wire-rod concave 钢丝网节式凹板
wire rope 铁索,钢缆,钢绳
wire-rope transportation 铁索搬运
wire-rope way of double rope 复线铁索道
wire-row planting 按尺度绳方形穴播
wire shield (中耕机)护禾金属栅条
wire solder ①焊锡 ②钎焊
wire spinner [打捆]铁丝扭结器
wire stem 纤胫病[*Pellicularia filamentosa* (Pat.) Rogers]

wire-tie baling 铁丝捆扎式压捆
wire trellis 铁丝篱棚,铁丝格子棚
wire twister 铁丝拧结器
wire twisting 铁丝拧结
wire tying 铁丝打捆
wire-tying baler 铁丝捆扎式捡拾压捆机
wire-tying device 铁丝打捆装置
wire-tying mechanism 铁丝捆扎机构
wire weeder ①钢丝除草耙 ②钢丝除草器
wire with attached buttons (方形穴播用)定距绳,尺度绳
wired back 布线背面{信息}
wired foundation 铁线巢础{蜂}
wired frame 铁线巢框{蜂}
wired program computer 插线程序计算机
wireless ①无线电 ②无[引]线
wireless bonding 无线接合法
wireless communication 无线通信
wireless operator 无线电报务员
wireless telegraphy 无线电报
wireless world 无线电世界
wireworms (=pith worms) 金针虫(叩甲幼虫)(=larvae of Elateridae)
wiring ①缚缢 ②电线系统,配线,播线,接线,布线
wiring capacity 布线电容
wiring diagram 线路图
wiring network 布线网络{信息}
wiring plug 路线插头
wiring track 布线线道{信息}
Wisconsin rake 长柄采果耙斗
wishbone (鸟胸)叉骨
Wislizen echinocactus 仙人球[*Echinocactus wislizen* Engelm](仙人掌科)
wisp 小捆,小把,小束
wisps of rain 雨幡
wisteria ①紫藤属[*Wisteria* Nutt.](豆科) ②紫藤[*Wisteria sinensis* Sweet.]
Wisteria elimacium 树藓[*Pleuroziopsis ruthenica* (Lindb.) Kindb.]
witch-grass ①黍属[*Penicum* L.](禾本科) ②黍[*Penicum militaceum* Jacq.]
witch-hazel ①金缕梅属[*Hamamelis* Gronov.](金缕梅科) ②金缕梅[*Hamamelis mollis* Oliv.]
witch-hazel family 金缕梅科[Hamamelidaceae]
witches' broom 丛枝病,扫帚病,疯病
witches' broom of birch 桦丛枝病[*Taphrina betulina* Rostr.]
witches' broom of cherry 樱桃丛枝病[*Taphrima cerasi* (Fack.) Tul.]
witches' broom of fir 云杉扫帚病[*Melampsorella earyophyllacearum* Schrot]
witches' broom of peanut 花生丛枝病
witches' broom of pepper 辣椒丛枝病
witches' butter ①黑耳[*Exidia glandulosa* (Bull.)Fr.] ②橙黄银耳[*Tremella lutescens* Fr.](银耳科)
Witches' thimble 海滨麦瓶草[*Silence maritima* With.](石竹科)
with five rays 具五射线的(pentactinus)
with height adjustment 高度可调节的
with pipe-like flower 具管状花的(fistuliflorus)
with the grain 顺纹
with two fissures ①具二裂纹的 ②具二槽的(diffissus)
withdraw ①取回,收回 ②撤回,撤销 ③撤退,退出,脱离
withe 柔韧枝条,嫩枝,柳条
wither 萎凋,枯萎
wither and fall ①凋落,凋谢,枯萎 ②衰败,没落,衰死
wither tip (=blossom wilt, spur blight) 灰星病(桃)
withered 凋萎的,枯萎的,凋落的(marcidus)
withered branch 枯萎枝,枯死枝
withering ①萎凋(制茶工序) ②枯萎,干萎
withering phenomenon 凋萎现象
withers 鬐甲
withers height 体高{畜}
withers yoke (=neck yoke) 颈枷
withhold ①抑制,抑止 ②拒绝给予,扣留
within ①在内部,在里面 ②户内
within blocks 区组内{统计}
within component layer 内部组件层{电脑}
within family selection ①科内选择 ②家系内选择
within hill [播]穴内
within litter selection 腹内选择(指在一次所生仔畜内选择)
within population variances 群体内变量{统计}
within row [播]行内
within-row spacing 株距
within the limits 限内{统计}
within varieties 品种内
without ①在外面,在表面 ②户外 ③在无,没有或缺乏[的情况下]
without bias ①无偏 ②无偏性{统计}
without interruption 不中断,连续供应
without-layer crown 无层式树冠
without the limits 限外

withstand 抵抗,对抗,抗拒
withy 柔韧枝条的
witloof chicory（= Brussel witloof） 菊苣（苦苣）
Wittman haematoxylin 威特曼氏苏木精
wizard feed 星轮排肥器
WMO（= World Meteorological Organization） 世界气象组织
WNW（= west north west） 西西北
woad ①菘蓝属［*Isatis* L.］（十字花科）②（= dyer's woad）菘蓝［*Isatis tinctoria* L.］
woadwaxen ①染料木属［*Genista* L.］（豆科）②染料木［*Genista tinctorica* L.］
wobble ①摆动,摇动 ②变位
wobble base pair 变位碱基对{分遗}
wobble-disk meter 摆盘式水表
wobble hypothesis 摆动假说,变位假说（tRNA反密码子的第三个碱基可能摇摆）{分遗}
wobble pairing 变位配对{分遗}
wobbler ①摆动试验台 ②偏心装置 ③（油泵的）斜盘 ④摆环机构
wobbling in-cone model 锥内摆动模型{生技}
Woden 沃登（澳大利亚甘蔗品种）
Wofatox（= parathion methyl） 甲基1605,甲基对硫磷{农药}
wogonin 汉黄芩素
wold ①荒原,原野 ②高地
wolf 狼［*Canis lupus*］（犬科）
wolf dog 狼狗,牧羊犬
wolf moth（= grain moth） ［欧洲］谷蛾［*Nemapogon granella* Linnaeus］（谷蛾科）
wolf tree ①老狼木,短干木 ②杀势障木
wolfberry ①枸杞属［*Lycium* L.］（茄科）②枸杞［*Lycium chinensis* Mill.］
wolffia ①无根萍属（微萍属）［*Wolffia* Nutt.］（浮萍科）②无根萍（微萍）［*Wolffia arrhiza* Wimm.］
wolfhound（= wolf dog） 狼狗
wolfram 钨［W,74号元素］
wolframate 钨酸盐［M_2WO_4］
wolf's bread 毒牛肝（即红脚牛肝菌［*Boletus queletii* Schultz］与黄红牛肝菌［*Boletus rhodoxanthus*（Krombh）Kallnb］）（牛肝菌科）
wolf's lilae honeysuckle 银红金银花［*Lonicera syringantha* var. *wolfi* Rehd.］（忍冬科）
wolf's milk（= spurge） 大戟属
wolfsbane（= mookshood） ①乌头属［*Aconitum* L.］（毛茛科）②乌头［*Aconitum chinense* Paxt.］
wollastonite 硅灰石{地质}
wolline 木毛
Wollops Flight Center 沃洛普斯飞行中心（美国）{遥感}
wolly hair（= down） 绵毛,软毛,绒毛,茸毛
Wolman process 乌尔曼法（木材防腐）
wolman salts 防腐盐（由氟化钠,二硝酚等成分组成的混合物）（木材防腐剂）
Wolman's disease 乌尔曼氏症
woman farmer 农妇,女农民
womb（= uterus） 子宫
womb grain 畸形麦粒（如麦角）
wongavine pandorea（= wonga-wonga vine） 澳洲粉花凌霄［*Pandorea pandorana* Van-steenis］（紫葳科）
wood ①林木,林分,木材,薪材 ②木质部 ③［复］森林
wood alcohol 木醇,甲醇
wood anatomy ①木材解剖 ②木材解剖学（xylotomia）
wood-apple ①木苹果属［*Feronia* Corr.］（芸香科）②木苹果［*Feronia limonia* Swingle］
wood ashes 木灰（主要为K_2CO_3）
wood-assortment 材种（木材分类）
wood avens（= avens root） 城市水杨梅
wood-based panel 木质人造板
wood bearing 木轴承
wood bending 细木弯曲（指细木弄弯,加工成细工品）
wood betony（= lousewort） ①马先蒿属［*Pedicularis* L.］（玄参科）②马先蒿［*Pedicularis resupinata* L.］
wood bine（= creeper） ①爬山虎属［*Parthenocissus* Planch.］（葡萄科）②爬山虎［*Parthenocissus tricuspidata* Planch.］
wood block ①木块 ②铺木 ③版木 ④木瓦
wood bluegrass（= wood meadow grass） 林莓系
wood bog（= woodland bog） 森林沼泽,林地沼泽
wood borer（= wood boring insect） 木蠹,木蛀虫
wood branch 叶枝（ramus lignosus）
wood break pin 木制安全［剪断］销
wood bud 木芽（gemma lignosa）
wood carving by sand blast 喷沙雕刻{园林}
wood cell 木质细胞（cellula lignosa）
wood cellulose 木质纤维
wood charcoal 木炭
wood chemistry 木材化学

wood chip 木片,木屑、刨花
wood chipper 木片切削机
wood chopper 伐木工人
wood cockroaches 木蠊属［*Parcoblatta* spp.］
wood colour 材色
wood conflagration 森林火灾
wood conversion 制材
wood cotton tree 木棉树(树棉)［*Gossypium arboreum* L. = *G. nanking* Meyen, *G. indicum* Lam.］(锦葵科)
wood-craft 木材加工
wood creosote oil 木杂酚油
wood crowfoot 金发状毛茛［*Ranunculus anricomus* L.］(毛茛科)
wood cudweed 林鼠曲草［*Gnaphallium sylvaticum* Linn.］(菊科)
wood cut ①版木 ②木刻,木刻画
wood cutter ①伐木机 ②采伐者
wood decay fungus 朽木菌
wood decayed by chemical action 木材化学作用腐朽(指木材由于化学变化而引起的腐朽)
wood density 林分郁闭度
wood-depot 贮木场,集材场
wood destroying fungus 木材腐朽菌
wood distillation 木材蒸馏
wood drain pipe 木质排水管
wood drying 木材干燥
wood engraving (= wood cut) 木刻,木版刻
wood failure 木材破坏
wood falling 伐木,造材
wood falling machine 伐木机
wood famine 木材荒
wood felling 伐木
wood fiber 木纤维(fibra lignosa)
wood filler 胶缝剂
wood filling 胶缝
wood flour (= wood meal) 木粉
wood for agricultural purposes 农业用材
wood for cleavage 劈材
wood for furniture 家具材
wood for hydraulic work 水利工程用材
wood for match stick and cases 火柴用材
wood for tools and implement 工具与器具用材
wood free 无木质的
wood gas 木瓦斯
wood goatsheard ①假升麻属［*Aruncus* Kostel.］(蔷薇科) ②假升麻［*Aruncus dioicus* Fern var. *trenuifolius* Hara.］
wood granted 所付薪材(指作为工作人员一部分工资所给予的木材)
wood-gum 树胶
wood hair-grass (= wavy hairgrass) 波形须(发)草
wood hen 松鸡［*Tetrao bonasia*］
wood hydrolysis 木材水解
wood key 木楔
wood lathe ①木工车床 ②木车床
wood leopard moth 豹蠹蛾(木蠹蛾)［*Zeuzera pyrina* L.］
wood log 原木,圆木,干材
wood log cultivation 原木栽培
wood lot ①小块林地 ②小片林,树群
wood louse (= sowbug) ①潮虫(球鼠妇)［*Oniscus asellus* L.］②黑杨潮虫(棉鼠妇)［*Porcellio laevis* Koch.］(潮虫科)
wood market 木材市场
wood meadow (= wood land meadow) 森林草甸
wood meadow grass (= wood bluegrass) 林莓系［*Poa nemoralis* L.］(禾本科)
wood meal 木粉
wood mice 林地鼠类
wood mill 木材磨粉机
wood millet grass (= spreading millet grass) 粟草［*Milium effusum* L.］(禾本科)
wood moths (= tiger moths) 虎蛾科(Agaristidae)
wood naval stores ①松脂 ②松节油
wood of broad-leaved tree 阔叶树材
wood of needle-leaved tree 针叶树材
wood oil (= tung oil) 桐油,木油
wood oil tree (= tung oil tree) 油桐(木油树)［*Aleurites fordii* Hemsl.］(大戟科)
wood parenchyma 木薄壁组织(parenchyma lignosa)
wood parenchyma strand 木薄壁组织束
wood parenchymatous cell 木薄壁细胞
wood part (= xylem) 木质部(xylema)
wood pasture 林内牧场
wood pavement 木材路面,木道
wood-pecker 啄木鸟(总称)(啄木鸟科)
wood pigeon 大林鸽［*Columba pulumba* L.］
wood pigment 木质色素(pigmentum lignosum)
wood pile 木材堆,柴堆
wood pipe 木制管〔环保〕
wood planner (= wood planning machine) 刨木机
wood plant 木本植物(planta lignosa)

wood polysaccharose 木多糖
wood potash 木灰钾碱
wood preservation 木材防腐
wood preservatives 木材防腐剂
wood price 木材价格
wood produce 木材生产
wood product 林产品,木材产品
wood pulp 木[纸]浆
wood pulp grinder（= wood mill） 木材磨粉机
wood ray 木射线（radius lignosus）
wood refuse 废材(指锯木屑、刨花)
wood resin（= wood rosin） 木[蒸]松香
wood road 林道
wood rose 块茎牵牛花［*Merremia tuberosa* sp.］(旋花科)
wood rosin 木[蒸]松香
wood rot 木材腐朽病
wood-rotting 木腐的,木材腐朽的
wood-rotting fungi（= wood-destroying fungi） 木材腐朽真菌
wood-rush ①地杨梅属［*Luzula* DC.］(灯心草科) ②地杨梅［*Luzula campestris* DC.］
wood saccharification 木材糖化
wood screw 木螺钉
wood seasoning（= wood drying） 木材干燥
wood shavings 刨花、木片
wood shed 木棚,柴棚
wood shrinkage 木材干缩
wood slashing ①废材 ②木屑,碎木料
wood small-reed（= bush grass） 拂子茅［*Calamagrostis epigejos*（L.）Roth］(禾本科)
wood soil 林地土壤
wood-sorrel（= shamrock） 酸酢浆草(白花酢浆草)［*Oxalis acetosella* L.］(酢浆草科)
wood-sorrel family（= oxalis family） 酢浆草科［Oxalicaceae］
wood spirit 木酒精,甲醇
wood spirit of turpentine（= wood turpentine） 木材松节油
wood splitter（= wood splitting machine） 木材分割机
wood stacker ①木材堆垛机 ②木材堆垛工
wood staining 木材变色,木材染色
wood staining fungi 木材变色菌
wood starch 木材淀粉
wood-stave pipe 木条拼管,板筒管{环保}
wood stave silo 长木板条制青贮塔
wood strand 木质束
wood strip 小杆材,板条
wood substance 木材物质
wood sugar 木糖［$CH_2OH(CHOH)_3CHO$］
wood swelling 木材膨胀
wood tannin 木材单宁
wood tar 木焦油
wood-tar creosote 木焦杂酚油,木焦油沥青
wood technology 木材工艺学（lignotechnologia）
wood tick（= American dog tick） 美洲犬革蜱［*Dermacentor variabilis* Say］(蜱科)
wood-tissue 木材组织
wood transport（= timber-transportation, cart-load of wood.） 运材
wood transport by water 木材水运
wood turpentine 木材松节油,汽馏松节油
wood turpentine oil 木材松节油
wood used for bridges 桥梁材
wood used for foundation buildings 基础工程用材{水利}
wood used for machinery 器械设备用材
wood utilization 木材利用
wood-vetch 林巢菜(林生野豌豆)［*Vicia silvatica* L.］(豆科)
wood vinegar 木醋
wood volume 木材材积
wood wasp ①树蜂［*Sirex* spp.］②⌞复⌝树蜂科［Siridae］
wood waste 废材
Wood-Werkman reaction 伍德-韦克曼反应{生态生理}
wood-wind 木管乐器
wood with radial bands 辐射孔材
wood-wool 木毛,木丝
wood-wool machine 木毛制造机
wood worker 木工
wood working 木材加工
wood-working lathe 木工车床
wood-working machine 木工机床
wood-working shaper 木工成形机
wood-working tools 木工工具
wood worm 黑边筒蠹［*Hylocoetes cossis* Lewis］
wood-yard 贮木场,集材场
woodbine 五叶铁线莲［Clematis quinquefoliolata Hutch.］(毛茛科)
wooded ①森林生的 ②属森林的（silvaticus）
wooded area 林地面积
wooded hollow 森林低洼地

wooded land 林地
wooden article 木制品
wooden box 木盒
wooden bridge 木桥
wooden buildings 木材建筑物
wooden clogs 木拖鞋,木屐
wooden construction 木建筑,木结构
wooden dam 木坝
wooden drain 木质排水管
wooden dunnage 枕木
wooden fence 木栅栏
wooden fiber 木纤维
wooden float 木板耢
wooden floor 木质地板
wooden frame 木框
wooden frame experiment 木框栽培试验
wooden harrow 木耙
wooden-hoop silo 木箍式青贮塔
wooden nail 木钉
wooden pattern 木模
wooden pipe 木管,纺织木管
wooden plough 木犁
wooden plug 木塞
wooden plugger runner 柱塞木[质]滑道
wooden product (= wooden article) 木制品
wooden raft 木筏
wooden rail 木轨
wooden reciprocating potato sorter 木制往复式马铃薯分选机
wooden roller 木质滚子,木质棍
wooden sandals (= wooden clogs) 木拖鞋
wooden ship 木船
wooden sifter 木质筛析机
wooden slide 木滑道
wooden splash-dam 木堰
wooden stave 桶板
wooden stave pipe 木板拼管,木条拼管{环保}
wooden structure 木结构
wooden thresher 木制脱粒机
wooden tongue 木样舌,舌放线菌病
wooden underdrain ①木制地下排水管 ②木制底下排水管{环保}
wooden wedge 木楔
wooden wheel 木轮
woodfitness 宜林度
woodfordia ①虾子花属[*Woodfordia* Salisb.](千屈菜科) ②虾子花[*Woodfordia floribunda* Salisb.]
woodgossip caesalpinia 华南云实[*Caesalpinia nuga* A.t.](豆科)
woodilin 木焦油提制的防腐剂
woodiness ①木质 ②林木茂盛,多树木
woodland ①林地,森林地区 ②木本群落
woodland area 林地面积
woodland cropping system 林地耕作制
woodland farming system 林地农作制
woodland floor 林地地面
woodland forestland ①林业用地,林地 ②林区
woodland forget-me-not ①勿忘草属[*Myosotis* L.](紫草科) ②勿忘草[*Myosotis sylvatica* Hoffm.]
woodland formation 林地植物群系
woodland garden 林园
woodland meadow 疏林草甸
woodland park 森林公园
woodland pasture 林地牧场
woodland soil 林地土壤
woodland wild pasture ①林地野生牧草 ②林地天然牧场
woodlouse 等足目[Isopoda]
woodmeal 木材填料
woodnettle ①艾麻属[*Laportea* Gaudich.](荨麻科) ②艾麻[草][*Laportea macrostachya* (Maxim.)Ohwi]
woodnymph (= one flowered pyrola) ①独丽花属[*Moneses* Salisb.](鹿蹄草科) ②独丽花[*Moneses uniflora* (L.)A.Gray]
woodrotting (= wood-rotting) 木腐的
woodruff ①车叶草属[*Asperula* L.](茜草科) ②车叶草[*Asperula maximowiczii* Komar.]{分类}
woodruff key 半圆键
woods ①森林,林分{森林} ②木本群落{生态}(sylva)
wood's ceropegia ①吊灯花属[*Ceropegia* L.](萝藦科) ②吊灯花[*Ceropegia woodii* Schlecht.]
Wood's metal 伍德合金(低熔点合金)
woods operation 采伐作业
woods used for bridge building 造桥材
woods used for cabinet work 细木工材
woods used for car construction 车辆材
woods used for implement 器具材
woods used for joinery 细木工材
woods used for ship-building 造船材
woods used for telegraphposts or pole 电柱材,电灯杆材
woods used for turnery 镟作材
woodsia ①岩蕨属[*Woodsia* R.Br.](岩蕨科) ②岩蕨[*Woodsia ilvensis* R.Br.]
woodsia family 岩蕨科[*Woodsiaceae*]
woodvine 葛藤(防己)[*Sinomenium*

acutum Rehd. et Wils.]（防己科）
woodwax（= dyers' broom, dyer's greenweed）染料木［*Genista tinctoria* L.］（豆科）
woodwork ①木制品 ②细工作业
woody ①木化[作用] ②木本的，木质的（lignosus）
woody [bamboo] plant 竹木，竹林
woody bundle 木质维管束（fasciculus lignosus）
woody cell wall 木质细胞壁（integuntentum cellulare lignosum）
woody climber 木质藤本（liana lignosa）
woody dicotyledon 木本双子叶植物（dicotyledon lignosa）
woody fodder 木本饲料
woody leaf flower 余甘子(油甘子)［*Phyllanthus emblica* L.］（大戟科）
woody-leaved 木质叶的（xylophyllus）
woody nightshade 千年不烂心(蜀羊泉)［*Solanum dulcamara* L.］（茄科）
woody ornamental plants 木本观赏植物（plantae ornamentales lignosae）
woody ornamentals 木本观赏植物{园林}
woody parenchyma 木质薄壁组织（parenchyma lignosa）{解剖}
woody part 木质部
woody peat 木质泥炭
woody perennial flower 多年生木本花卉（flos perennis lignosus）{园林}
woody perennials 多年生木本植物
woody plant community 木本群落
woody plants 木本植物（plantae lignosae）
woody root 木质根（radix lignosa）
woody-rooted 木质根的（xylorrhizus）
woody species 木本种，木质种（species lignosus）
woody-spiked 木质穗的（xylostachyus）
woody stem 木质茎（caulis lignosus）
woody terminal cleft grafting 木质顶劈接
woody texture 木理（textura lignosa）
woody tissue 木材[质]组织（tela lignosa）
woody vegetation 木本植被
woody weeds 木本杂草
wool ①羊毛，绒毛 ②绵状毛（lana）
wool breed 毛用种
wool cleaner 羊毛清洁器
wool defect 羊毛缺陷
wool density 生毛密度
wool dye 羊毛[用]染料
wool exchange ①羊毛交易 ②羊毛交易所
wool fat（= wool grease）羊毛脂
wool fiber 羊毛纤维
wool fineness 羊毛细度
wool grading 羊毛分级
wool graduating 羊毛品质鉴定
wool grease 羊毛脂
wool in the grease 含脂羊毛
wool market 羊毛市场
wool production 产毛量
wool quality 毛品质
wool quantity 毛量
wool scouring manufacture waste-water 洗毛工厂废水{环保}
wool-scouring waste 羊毛洗涤废水{环保}
wool shearing machine 剪羊毛机
wool sheep 毛用羊
wool sude 羊毛洗涤废水{环保}
wool sweat 羊毛粗脂
wool washer（= wool washing machine）洗毛机
wool waste 羊毛废屑，毛屑，短羊毛
wool yield 剪毛量
woolfell 羊毛皮
woollen ①羊毛的 ②毛织品
woolly ①绵状的，具绵状的 ②被丛卷毛的（floccosus）
woolly and gallmaking aphids 绵蚜科［Eriosomatidae］
woolly apple aphid 苹绵蚜(血蚜)［*Eriosoma lanigera* Hausm.］（绵蚜科）
woolly bear ①(= arctid)灯蛾 ②⌞复⌝（= tiger moths and allies）灯蛾科［Arctiidae］
woolly betony 绵毛水苏［*Stachys byzantina* sp.］（唇形科）
woolly draba ①葶苈属［*Draba* L.］（十字花科）②葶苈［*Draba nemorasa* L.］
woolly elm aphid 美洲榆绵蚜［*Eriosoma americanum* Riley］（绵蚜科）
woolly fruited 毛果的（dasycarpus）
woolly grain（= fuzzy grain）磨损纹理
woolly grape scale 葡萄绵蚧［*Pulvinaria vitis* L.］（绵蚧科）
woolly Japanese pagoda tree 毛叶槐(紫花槐)［*Sophora japonica* var. *pubescens* (Tausch) Bosse］（豆科）
woolly-leaved 毛叶的（dasyphyllus）
woolly morning-glory 绒毛银叶花［*Argyrela speciosa* Sweet.］（旋花科）
woolly mullein 黄花蕊花［*Verbascum thapsiforme* Schrad.］（玄参科）
woolly panicum 绵毛稷［*Panicum lanuginosum* Ell.］（禾本科）
woolly pear aphid 梨根绵蚜［*Eriosoma py-*

ricola Baxer. et Davidson]（绵蚜科）
woolly philydrum 田葱［*Philydrum lanuginosum* Banka]（田葱科）
woolly whitefly 絮粉虱［*Aleurothrixus floccosus* Mask.]（粉虱科）
woolly yarrow 绒毛蓍草［*Achillea tomentosa* L.]（菊科）
woolpack cloud 羊毛状云
woolsortar's disease（= anthrax, charbon, splenic fever） 炭疽
wooly ①羊毛状的 ②柔毛的（tomentosus）
wooly butt 长叶桉［*Eucalyptus longifolia* Link. et Otto.]（桃金娘科）
wooly mulberry 柔毛红果桑［*Morus rubra* var. *tomentosa*]（桑科）
woolypod vetch 毛荚野豌豆［*Vicia dasycarpa*]（豆科）
woonseed family 防已科［Menispermaceae]
woorara 箭毒
word ①字 ②单词（verbum）{电脑}
word by word ①逐字 ②按词序排列
word counter 字计数器{电脑}
word error probability 错误字概率
word for word translation 逐字翻译
word gap 字距，字间距离
word length 字长
word locator 字定位器
word mark 字标
word number ①字数 ②字号
word processor 字处理机
word size ①字长 ②字号
words per minute（WPM） 每分钟字数，字/分
worenine 黄连宁
work ①工作，作业 ②劳动，操作 ③作品，制作品 ④功 ⑤⌊复⌉件 ⑥⌊复⌉工厂，工场
work accuracy 作业精确度
work animal（= working animal） 役畜
work area ①工作区 ②暂存区，暂时存储区{信息}
work bag 工具袋
work bench（= working table） 工作台
work book 记工本
work by draft animals 畜力牵引作业
work capacity 工作量，作业量
work center 工作中心
work chain 工序
work contract 作业合同{农管}
work cycle 工作周期
work-day（= working day） 工作日
work design 工作设计
work distribution chart 工作分配图
work document 工作文档，工作资料
work effectiveness 工作效果
work efficiency（= working efficiency） 工作效率
work environment 工作环境，作业环境
work for resin 树脂采集
work horse（= working horse） 役马
work hygiene（= labour hygiene） 劳动保健，劳动卫生
work measurement 工效计量{环保}
work on one's own 单干，单干户
work on the farmyard（= farmyard work） 场院劳动，场院工作
work overtime 加班工作
work planning 作业计划
work-point recorder 记工员
work quota 劳动定额
work results ①劳动成果 ②农场收益
work room 工作室，车间
work scheme（= planning of work） 工作计划
work sheet 工作单
work shop 工场，作坊
work stock 役畜
work study 工效研究
work study based incentive 工效奖金{环保}
work system 作业制[度]
work technique 操作技术，操作方法
work time（= working time） 工作时间
work unit 劳动核算单位，工分
workability ①适用性 ②适耕性，可耕性 ③加工性能
workability of soil 土壤适耕性
workable soil 适耕土壤
worked soil ①耕作层 ②耕翻土
worker ①工人，劳动者，工作者 ②工蜂 ③工蚁
worker bee 工蜂，职蜂
worker comb 工蜂巢脾
worker egg 工蜂卵，雌性卵，受精卵
worker-peasant alliance 工农联盟
Workers' Union 劳动者联盟，工人协会，工会
workflow 工作流程
workflow computing 工作流计算
workflow language（WFL） 工作流语言{电脑}
workfolk 农场劳动者
workgroup 工作组{信息}
workgroup computing 工作组计算法
workgroup hub 工作组集线器{信息}
workgroup productivity software 工作组效率软件

workhand 雇佣劳力
working ①工作,作业 ②作用 ③加工 ④耕作 ⑤劳动 ⑥经营
working animal 役畜
working ant 工蚁
working backward method 倒堆法{电脑}
working bee 工蜂
working capacity ①工作量 ②工作能力
working capital (= circulating capital, current assets, floating capital) 流动资金,流动资本
working chamber 工作室{环保}
working circle (= working unit) 施业区,作业区
Working Committee of the Malthouses of the EEC 欧洲经济共同体麦芽制造业工作委员会
working condition 工作条件,劳动条件
working cost 作业费用
working credit 生产信贷,资金借贷
working curve 工作曲线{环保}
working day (= work day) 工作日
working diskette 工作软盘{信息}
working display 工作显示器
working distance 作用距离,动作距离
working drawing ①实施设计 ②施工详图{环保}
working equipment 工作设备
working expense 经营费,工作费用
working farm population 农业劳动人口
working group 工作组
working hole 工作孔{环保}
working horse 役马
working hour 工作[小]时
working hypothesis 工作假说(设){分遗}
working in of fertilizer (= incorporation of fertilizer in the soil) 肥料施入土壤
working instruction 操作规程,工作细则
working life 工作期限,使用寿命
working life time 耐用时间,耐用年数,使用寿命[期]
working load 工作载荷
working mean 假定平均数
working method 操作方法,工作技术
working of mines (= mining) 采矿[工]业,矿业
working over 加工,处理
working partner 经营合伙人,经营伙伴{农管}
working party 工作队,工作团
working performance 役用能力
working periods 经理期间{农管}
working plan ①耕作计划 ②施工设计,施工方案 ③经营计划
working plan document 施工方案说明
working points 工分
working position 工作位置,工作状态
working pressure 作用压力
working process 操作过程,工作过程
working rate 生产率
working rule 操作规程
working sample 试验样品
working section (= block) 施工分区
working solution 使用溶液,工作溶液
working specification 操作规程
working speed 工作速度,作业速度
working standard 工作标准
working station (= workstation) 工作站
working storage 工作存储器,暂存器
working strength 工作强度,劳动强度
working stress (= allowable stress) 作用应力,安全应力
working stroke 作用行程
working substance 工[作介]质
working system 作业法
working tape 工作带
working temperature 工作温度
working tillage field in the winter 冬刨(指耕作)
working time 劳动时间,作业时间
working travel 作业移动[线]
working unit ①单位工作 ②企业单位,生产单位
working up 计算
workman-farmer 农民劳动者(从事劳动的农民)
workpoint 工分
workpoint recorder 记工员
workpoints registration book 记工本
works contract (= contract for work and labour, contract for services) 劳动契约
works liquor 污水厂液{环保}
works planning 作业计划
works program 作业规划
workshop ①车间,工场 (= work shop) ②专题研究组,专门小组 ③[专题]讨论会
workspace ①工作空间 ②工作区 ③暂[时]存[储]器
World Bank (WB) 世界银行,国际银行
world collection 世界性收集(指品种资源)
world consumption 世界消费量
world coordinate 世界坐标,全局坐标
world cotton production 世界棉花生产量
world cotton situation 世界棉花生产概况
World Data Bank Ⅱ 世界数据库Ⅱ{遥感}
World Environment Day 世界环境日

World Federation for Culture Collection (WFCC) 世界培养物保藏协会{分遗}
World Federation of Trade Unions (WFTU) 世界工会联合会
World Food Board (FAO) (粮农组织)世界粮食署
World Food Congress 世界粮食会议
World Food Council (WFC)(FAO) (粮农组织)世界粮食委员会
World Food Programme (WFP)(FAO) (粮农组织)世界粮食计划组织
world food supply 世界粮食供应
world grain trade statistics 世界谷物贸易统计
World Health Organization (WHO) 世界卫生组织
world market 世界市场
world market price 世界市场价格
World Meteorological Organization (WMO) 世界气象组织
world meteorology 世界气象学
world model 世界模型
world ploughing match 世界耕作比赛
World Ploughing Organization (WPO) 世界耕作组织
world production 世界生产量
world temperature departure 世界气温距平
world time 世界时间
world vector 世界矢量{遥感}
world water crisis 世界水危机
World Weather Center (WWC) 世界天气中心
world weather watch 世界天气监视网
world wheat bird's view 世界小麦概况
world wheat market 小麦世界市场
world-wide collection 世界范围收集
world-wide consumption 世界范围消耗量
world-wide disaster warning 全球自然灾害报警
world-wide reference system (WRS) 全球参考系统
world-wide rise 世界范围升高(指温度)
world wide web (WWW) 万维网,环球网,环球信息网{信息}
world's meteorological satellite 世界气象卫星
worm ①虫,寄生虫,蠕虫,蚕 ②蚯蚓[*Lumbricus berrestris*, *L. agricola*] ③蜗杆 ④螺旋式输送器 ⑤恶意程序,蠕虫程序{电脑}
worm-and-sector steering gear 珠面蜗杆齿扇式转向器
worm cast 蚯蚓粪
worm comb 梳虫用梳
worm condenser 蛇管冷却器
worm conveyor 螺旋输送器
worm disease 蠕虫病
worm divider 螺旋式分禾器
worm dust 虫蛀粉
worm eaten 虫蛀的,虫蚀的
worm excretion 蚯蚓粪(分泌,排泄)
worm feed ①螺旋式喂送器 ②螺旋式排肥器
worm fence 田篱,曲折栅栏
worm gear ①蜗轮 ②蜗杆蜗轮装置
worm gear ratio 蜗轮蜗杆传动比
worm geared hoist 蜗杆蜗轮式起重机
worm gearing 蜗轮蜗杆传动装置,蜗轮传动装置
worm hole 蛀孔,蛀眼
worm matured not at proper time 老熟蚕{蚕桑}
worm shaft 蜗杆轴
worm shaped 蠕虫状的(vermicularis)
worm-type distributor 螺旋式排肥器
worm-type lubricant 蜗轮润滑油
worm wheel 蜗轮
wormed fruit 虫蛀果实
wormil 牛皮蝇蛆
wormseed goosefoot 土荆芥[*Chenopodium ambrosioides* L.](十字花科)
wormseed mustard 桂竹香糖芥[*Erysimum cheiranthoides* L.](十字花科)
wormseed oil 山道年油
wormwood (= sagebrush) ①蒿属[*Artemisia* L.](菊科) ②洋艾(蒿草)[*Artemisia absinthium* L.]
wormwood oil 蒿油
wormy ①有虫的,多虫的 ②虫状的
worn-out ①破损,磨损用坏 ②掠夺
wornland 荒废地,瘠地
worst-case 最坏情况,最坏条件
worst-case design 最坏情况设计
worst-case measure 最坏情况度量
worst status check 最坏状态检验
wort ①麦芽汁{加工} ②野菜{栽培}
wort agar 麦芽汁琼脂(培养基)
worth 价值
wound 伤,创伤
wound callus 愈伤组织(callus vulnerarius)
wound cambium 创伤形成层(cambium vulnerarium)
wound clover (= yellow-sand clover) 黄沙三叶草
wound cork 创伤木栓(suber vulnerarius)
wound curing 创伤治疗

wound dressing 创伤敷料
wound gum 创伤树胶
wound healing 伤口愈合
wound-healing tissue 愈伤组织
wound heartwood 伪心材
wound hormone 愈伤激素
wound infection ①伤口侵染{病理} ②伤口接种{微生物}
wound intercellular canal (= traumatic intercellular canal) 创伤胞间道
wound parasite 伤口寄生物
wound parenchyma (= traumatic parenchyma) 创伤薄壁组织 (parenchyma vulneraria)
wound perioderma 创伤周皮 (perioderma vulneraria)
wound respiration 愈(创)伤呼吸 (respiratio vulneraria)
wound rot 伤腐
wound stain 创伤变色
wound tissue 创伤组织 (tela vulneraria)
wound transmission 伤口传播 (transmissio vulneraria)
wound tumour 伤瘤 (tumor vulnerarius)
wounded paddy 受伤稻株
wounding 创伤 (vulnerans)
wounding of soil 地力损害,破土
woundwort ①水苏属 [*Stachys* L.] (唇形科) ②水苏 [*Stachys japonicus* Miq.]
woven screen 编织筛
woven straw 草帘子,草帘
woven-textured ①织物状的 ②具织物的 (texturatus)
woven together 交织的 (contexus)
woven-wire fence 金属网栅
wow ①颤动(指频率) ②弯曲,弯曲木
wow and flutter 颤动和脉动
WP (= water soluble powder) 可湿性粉剂
WPO (= World Ploughing Organization) 世界耕作组织
WPS (= word processing software) 文字处理软件{信息}
wrap ①外壳,外罩 ②卷,包
wrap capability 绕接能力(指直接连输入输出线的能力){信息}
wrap connector 卷绕连接器
wrap plug 卷绕插头
wraparound ①返转,绕回 ②环绕式处理
wrapped booster 倒置助推器
wrapped connection 绕接法
wrapped fruit 包装水果
wrapper ①菌托{真菌} ②(雪茄烟)包皮,卷皮
wrapping ①卷曲的 ②卷包的 ③包装的 (involvens)
wrapping choice model 包裹选择模型{分遗}
wrapping material 包装材料
wrapping paper 包装纸
wrapup ①隐蔽 ②收卷
Wratten filter 雷登滤光片{遥感}
wreath ①扭弯 ②副冠
wreath-bearing 具副冠的 (coronifer)
wreathed 具副冠的 (coronatus)
wrecking ①故障 ②失事
wrench ①螺帽扳子,扳钳,扳手 ②断根 ③扭伤,关节脱位 ④扭,拧
wrench fault 扭转断层,走向断层{地质}
wrenching 截断苗根,断根
wrest ①平土板 ②犁壁曲面
wrest tooth 钳齿
wresting 钳齿
wretch year 坏年份
Wright effect 赖特氏效应{育种}
Wright inbreeding coefficient (F) 赖特氏近交系数
Wright viburnum 赖特荚蒾 [*Viburnum wrightii* Miq.] (忍冬科)
wrightia ①倒吊笔属 [*Wrightia* R. Br.] (夹竹桃科) ②倒吊笔 [*Wrightia pubescens* R. Br.]
wright's stain 赖特氏染色剂{显技}
Wright's staining 赖特氏染色
wring 扭,拧,绞
wring shoot 扭伤枝条
wringing fit 紧推配合
wrinkle 皱纹 (ruga)
wrinkle-fruited 皱果的 (rhytidocarpus)
wrinkle-leaved 皱叶的 (rhytidophyllus)
wrinkle of cocoon 茧缩皱
wrinkle-seeded 皱子的 (rhytidospermus)
wrinkled ①具皱的 ②皱缩的 (rugosus)
wrinkled cocoon 皱缩茧
wrinkled giant hyssop ①藿香属 [*Agastache* Clayton] (唇形科) ②藿香 [*Agastache rugosa* (Fisch, et Mey.) O. Ktze.]
wrinkled-leaved rose (= hedgerow rose) 玫瑰(紫玫瑰) [*Rosa rugosa* Thunb.] (蔷薇科)
wrinkled pea 皱粒豌豆
wrinkled pole pea (= wrinkled tall pea) 皱粒豌豆 [*Pisum sativum* var. *medullare*] (豆科)
wrinkled seed 皱缩种子
wrinkled sucking lice 盲虱科 [Haematopinidae]

wrinkleleaf rockrose 波叶岩蔷薇［*Cistus crispus* L.］（蔷薇科）
wrist ①腕 ②腕脱节 ③活塞销，十字头销，横头销
wrist-action drive 摆环式传动机构
wrist pin 活塞销
writability 可写性
writable 可写的，可记录的
writable information 可写信息
writable instruction set（WIS） 可写指令系统
write（W） 写，写入
write after read 读后写｛信息｝
write amplifer 写放大器｛信息｝
write-once read many optical disk（WORM optical disk）单写多读光盘
write-only register 只写寄存器
write pen unit 光笔记录装置
writhing number（W） 缠绕数（指 DNA 超螺旋缠绕程度）
writing off ①抄写，誊写，复写 ②销账，勾销，取消（债款等） ③（= amount written off in respect of depreciation）折旧提成
wrong ①错误的 ②不正常的，不正确的 ③有毛病的 ④相反的
wrong aminoacyl tRNA 错误氨酰 tRNA｛分遗｝
wrong time 不正常时期
wrought-iron 锻铁，熟铁
wrought-iron pipe 锻铁管｛环保｝
wrought-iron pulley 锻铁皮带轮
wry hoof 弯蹄，扭歪蹄
WSD（= water saturation deficit） 饱和水分亏缺｛生态生理｝
WSRO（= World Sugar Research Organization） 世界糖业研究组织
WSSA（= Weed Science Society of America） 美国杂草科学协会
WSW（= west southwest） 西西南
WTO（= World Trade Organization） 世界贸易组织
WTO characteristics 世界贸易组织［的］特征
Wu-Kabat plot 吴-卡伯特二氏图｛分生｝
wu-ta-tasi 乌塌菜（塌棵菜）［*Brassica chinensis* var. *rosularis* Tsen et Lee］（十字花科）
Wuchan fish 团头鲂，武昌鱼［*Megalobrama amblycephala* Yih］｛水产｝
WUE（= water use efficiency） 用水效率
wulfenia ①乌鲁芬草属［*Wulfenia* Jacq.］ ②乌鲁芬草［*Wulfenia carinthiaca* sp.］
Wuweishan loquat 武葳山枇杷［*Eriobotraya deflexa* f. *buisanensis*（Hayata）Nakai］（蔷薇科）
WWW（= world wide web. Web） 万维网｛信息｝
WWW network 国际气象观测网｛气象｝
WWW server 万维网服务器｛智培｝
Wyandotte 威安多特鸡（蛋肉兼用种）
wych elm 山榆，糙榆［*Ulmus montana* With. = *U. scabra* Mill.］（榆科）
wye ①Y 形瓦管接头｛环保｝ ②Y 碱基（天然修饰核苷）｛分遗｝
Wye level 华氏水平仪
wyosine Y 核苷（指天然修饰核苷）｛分遗｝

X x

X ①(= basic number of chromosome) 染色体基数{遗传} ②(= variate) 单强个数值{统计} ③(= lux) 勒[克斯](照度单位){物} ④(= average mean of samples) 样本平均数{统计} ⑤(= xanthosine) 黄苷{分遗}

X_1, X_2, X_3 (= first, second and third generations following irradiation with X-rays) X射线照射的第一代,第二代,第三代

X^2 (= chi square) 卡方

X-15 X-15型研究飞机{遥感}

x-activation theory x激活说{分遗}

X-autosome X-常染色体

X-autosome ratio X-常染色体比值

X-autosome translocation X-常染色体易位

X-axis X轴,X坐标轴

X-bacterium X杆菌(发现于奶油制造中)

X-band radar X 波段雷达{遥感}

X-body X小体(在病毒侵染细胞中似蛋白质的胞含物)

X-bracing ①十字撑架 ②X形连接{农机}

X-chromosome X染色体,性染色体

X-chromosome and sex determination 性染色体与性决定

X-chromosome and sexlinked gene 性染色体与伴性基因

X-chromosome-autosome balance system 性染色体-常染色体平衡系统

X-chromosome elimination X染色体消失,性染色体消失

X-chromosome heterochromatinization X染色体异染色质化,性染色体异染色质化

X-chromosome in mammals 哺乳动物的性染色体

X-chromosome inactivation X染色体失活

X-chromosome mutation X染色体突变,性染色体突变

X-frame X形架,交叉架

x-gene reactivation (XR) x基因重激活{分遗}

x-generation x世代(指配子体)

X-inactivation X钝化,X失活

X-irradiated seeds 受X线照射的种子

X-line X轴,X线

X-linked marker 伴性标志基因,X并连标志基因

X-linked recessive disease 伴性隐性病,X并连隐性病

X-mas tree (= Christmas tree) 圣诞树

X-over (= crossing over) 交换

X-radiation X辐射

X-ray X射线

X-ray absorption X射线吸收

X-ray absorption spectroscopy X射线吸收光谱法

X-ray analysis X射线分析

X-ray analysis of anatomy of seeds 种子解剖学的X射线分析

X-ray analysis of viability of seeds 种子生活力的X射线分析

X-ray breakage X射线断裂

X-ray cancer X-射线癌,放射性癌

X-ray computerized tomography (X-ray CT) X射线计算机化断层[照相]术{遥感}

X-ray crystal X射线晶体

X-ray crystal structure X射线晶体结构

X-ray crystallography X光[衍射]晶体分析法

X-ray damage X射线损伤

X-ray detection X射线探测

X-ray diffraction X射线衍射

X-ray diffraction data X射线衍射数据

X-ray diffraction of crystalline protein 结晶蛋白的X射线衍射

X-ray diffraction of hemoglobin 血红蛋白的X射线衍射

X-ray diffraction of lysozyme 溶菌酶的X射线衍射

X-ray diffraction of myoglobin 肌红蛋白的X射线衍射

X-ray diffraction of RNase 核酸酶的X射线衍射

X-ray diffraction pattern X射线衍射图形

X-ray diffractometer X射线衍射仪

X-ray diffractometry X射线衍射学

X-ray domimetry X-射线剂量测定法{环保}

X-ray dose X射线剂量

X-ray effect X射线效应

X-ray effect factor X射线效应因子
X-ray effects in fruit tree 果树的X射线效应
X-ray emission X射线发射
X-ray emission spectrometry X射线发射光谱测定法{环保}
X-ray energy spectrometer X射线能谱仪
X-ray examination X射线检查
X-ray film X光片
X-ray fluorescence X射线荧光{环保}
X-ray fluorescence analysis X射线荧光分析
X-ray fluorescence spectrometer X射线荧光光谱仪
X-ray fluorescence spectrometry X射线荧光光谱法
X-ray fractionation X射线分次照射
X-ray inactivation X射线钝化
X-ray induced breakage X射线诱发断裂
X-ray induced mutant X射线诱发突变型
X-ray induced mutation X射线诱发突变
X-ray induced mutation in rice 稻的X射线诱发突变
X-ray induced pseudochiasma X射线诱发拟交叉
X-ray induced rearrangement X射线诱发重排
X-ray induced recessive lethal X射线锈发隐性致死因子
X-ray induced recessive lethal mutation X射线诱发隐性致死突变
X-ray induced viability mutation X射线诱发成活力突变
X-ray injury X射线伤害{环保}
X-ray irradiation X射线照射
X-ray laser X射线激光
X-ray luminescence X射线发光
X-ray measurement X射线测量
X-ray method of treatment X射线处理法
X-ray microscope X射线显微镜
X-ray microscopy X射线[显微]镜检术
X-ray photoelectron spectroscopy (**XPS**) X射线光电子能谱[学]
X-ray photograph X射线照相{显技}
X-ray protection X射线防护{环保}
X-ray radiation X射线辐射
X-ray radiation in vivo X射线活体辐射
X-ray radiation measurement X射线辐射测定
X-ray resistance 对X射线抗性
X-ray scattering X射线散射
X-ray sensitivity 对X射线敏感性
X-ray separator X射线分离机
X-ray source X射线源{环保}
X-ray spectrograph X射线摄谱仪
X-ray structure X射线结构
X-ray therapy X射线治疗
X-ray thickness gage X射线厚度计{环保}
X-ray treatment X射线处理
X-ray tube X射线管{环保}
X-rayed seeds 受X射线照射的种子
X-rays X射线
X-rays in mutation X射线诱变
X-scale X方向比例尺,横向比例尺
X-shape X形,交叉形
X-shaped training (=X-training) X形整枝
X^2 test (=chi square test) 卡方测验
X-Y mount X-Y结构基座
X-Y nondisjunction X-Y不离开
X-Y plotter X-Y绘图仪,双坐标绘图仪
X-Y ratio X/Y比值
X-Y recorder X-Y记录仪,X-Y轴记录器
X-Y-Z coordinate system X-Y-Z坐标系统
X-Y-Z theory X-Y-Z细胞理论(指免疫学)
xan (=xanthine) 黄嘌呤
xanth olobous 黄裂片的(xantholobus)
xantha ①黄色突变体 ②黄色突变型
xanthacanthous 黄刺的(xanthacanthus)
Xanthacin 黄色黏球菌素
xanthalin 鸦片黄[$C_{20}H_{19}O_5N$]
xanthandrous 黄雄蕊的(xanthandrus)
xanthate 黄原酸酯[RO·CS·SR]
xanthation 黄化(xanthatio)
xanthein 胞液黄素
xanthellous 浅黄色的(xanthellus)
xanthematin 血黄素
xanthemia 胡萝卜素血症
xanthenyl-carboxylic acid 呫吨羧酸
xanthic ①黄色的,带黄色的 ②黄嘌呤的(xanthus)
xanthin 花黄素
xanthine (xan) 黄嘌呤[$C_5H_4O_2N_9$]
xanthine dehydrogenase 黄嘌呤脱氢酸
xanthine-guanine phosphoribosyl transferase (**XGPRT**) 黄嘌呤-鸟嘌呤磷酸核糖转移酶
xanthine nucleotide 黄苷酸
xanthine oxidase 黄嘌呤氧化酶
xanthinin 苍耳素[$C_4H_3O_2N_3$]
xanthinuria 黄嘌呤尿症
xanthium (=cockle-bur) ①苍耳属[*Xanthium* L.](菊科) ②苍耳[*Xanthium sibiricum* Patrin]

xantho- ⌊字头⌉黄
xanthoaphin 蚜黄素
xanthocarpous 黄果的（xanthocarpus）
xanthocephaleus 黄头的（xanthocephalus）
xanthoceras（= yellow-horn） ①文冠果属［*Xanthocera* Bunge］（无患子科）②文冠果［*Xanthocera sorbifolia* Bunge］
xanthochaetous 黄刺毛的（xanthochaetus）
xanthochilous 黄唇的（xanthochilus）
xanthochroic fruiting body 黄色子实体
xanthochroism 黄化现象（xanthochroismus）
xanthodont 黄齿的（xanthodontus）
xanthogen 黄原素
xanthogenate ①黄原酸［RO·CS·SH］②黄原酸盐［RO·CS·SM］③黄原酸酯［RO·CS·SR］
xanthogenic acid 黄原酸［RO·CS·SH］
xanthoma 黄瘤
xanthomatosis 黄瘤病，黄脂增生病
xanthommatin ①黄瘤病，黄脂增生病 ②（昆虫）眼黄质（素）
xanthomycin 链霉黄素
xanthopappus ①黄冠菊属［*Xanthopappus* Winkler］（菊科）②黄冠菊［*Xanthopappus subacaulis* Winkler］
xanthophane 视黄素
xanthophore 黄色素细胞（xanthophora）
xanthophyceae 黄藻［纲］［Xanthophyceae］
xanthophyll 叶黄素，胡萝卜醇［$C_{40}H_{56}O_2$］
xanthophyll cycle 叶黄素循环
xanthophyllous 黄叶的（xanthophyllus）
xanthophyllum ①黄叶树属［*Xanthophyllum* Roxb.］（远志科）②黄叶树［*Xanthophyllum hainanense* Hu.］
xanthopous 黄柄的（xanthopus）
xanthoproteic reaction 黄色蛋白反应
xanthoprotein 黄色蛋白
xanthopterin 黄蝶呤，2-氨基-4，6-二羟基蝶呤［$C_6H_5N_5O_2$］
xanthorhizous 黄根的（xanthorrhizus）
xanthosine（x，xao） 黄［嘌呤核］苷
xanthosine monophosphate（XMP） 黄苷一磷酸
xanthosis 黄肤病，黄变症
xanthospermous 黄子的（xanthospermus）
xanthostichous 黄毛的（xanthostichus）
xanthotoxin 花椒毒素
xanthous（= yellow） 黄色（xanthus）
xanthous cutworm（= turnip moth） 黄地老虎（芜菁夜蛾）［*Agrotis segetum* Schiffermüller］（夜蛾科）
xanthoxyletin 黄木亭
xanthurenic acid 黄尿酸，4，5-二羟基喹啉甲酸［$C_{10}H_7NO_4$］
xanthydrol 二苯［并］吡喃醇［HOCH：$(C_6H_4)_2O$］
xanthyletin 美洲花椒素
xanthylic acid（XMP） 黄苷酸
Xe（= xenon） 氙
xenia 直感，种子直感
xenia effect 种子直感效应
xenity ①种子直感现象 ②异粉性现象（xenitas）
xeno- ⌊字头⌉奇异，外
xenobiosis ①异种共生 ②宾主共栖
xenobiotic 异种共生的（xenobioticus）
xenocarpy 异株异花结实（xenocarpium）
xenodiagnosis 异种接种诊断法，病媒接种诊断法
xenogamous 异株异花受精的（xenogamus）
xenogamy ①异体交配 ②杂交配合 ③异株受精（xenogamia）
xenogeneic 异种的（xenogeneus）
xenogenesis ①异源发生 ②异种生殖
xenogenetic graft（= xenograft，heterograft） 异种移植
xenograft（= heterograft） ①异种移植 ②异种嫁接
xenol 联苯酚，苯基苯酚
xenomixis ①异体受精 ②杂交配合
xenomorphosis 辐射对称式
xenon 氙［Xe，54 号元素］
xenon arc 氙电弧
xenon arc discharge lamp 氙电弧放电灯［管］{农施}
xenon arc in fluorescence microscopy 荧光显微镜检术用氙电弧
xenoplastic ①异质的，异种的 ②奇形的（xenoplasticus）
xenoplastic graft 异质嫁接，奇形嫁接
xenoplastic transplantation 异质移植，异种移植
xenopsin 爪蟾［降压］肽
xenopus ①［非洲］爪蟾属［*Xenopus* spp.］（爪蟾科）②［非洲］爪蟾［*Xenopus laevis* sp.］
xenopus cistron（= Xenopus laevis aistron） ［非洲］爪蟾顺反子{分遗}
xenopus family 爪蟾科［Xenopodidae］
xenopus spacer sequence（= xenopus laevis spacer sequence） ［非洲］爪蟾间隔序列{分

遗}
xenotropic 异嗜的(xenotropus)
xenotropic retrovirus 异嗜性逆转录病毒{分遗}
xeralf 干热淋溶土
xeranthemum(=common immortelle) ①灰毛菊属[*Xeranthemum* L.](菊科) ②灰毛菊[*Xeranthemum cylindraaeum* L.]
xerarch 旱生演替(xerarcus)
xerarch succession 旱生演替顺序性
xerer 季节性干旱变性土
xeric ①干旱的 ②旱性的(xericus)
xeric animal(=xerocole) 旱生动物
xeric environment 旱生环境
xero- ⌞字头⌝干燥,旱生
xero-halophyte 旱盐植物(xerohalophyta)
xerocarpous 干果的(xerocarpus)
xerocephalous 干头的(xerocephalus)
xerocleistogamy 干闭花受精(xerocleistogamia)
xerocole(=xerophilous) 适旱的,喜旱的
xeroderma pigmentosa 着色性干皮病,DNA修复酶缺乏病
xerodrymium(=xerohylium) 旱林植物群落
xerofacet 半面干枯(xerofaceta)
xerofaceted tree 半面干枯树(arbor xerofacetus)
xeroflorous 干花的,旱花的(xeroflorus)
xerogel 干凝胶
xerographic ①静电复印的,静电印刷的 ②静电照相的(xerographicus)
xerographic copy 静电照相拷贝{遥感}
xerographic paper 静电复印纸,静电印刷纸
xerographic printer 静电复印机,静电印刷机
xerography 静电印刷术(xerographia)
xerohylad 旱林植物(xerohylas){生态}
xerohylium 旱林植物群落
xeroll 干热软土
xeromorph 旱生型
xeromorphic 旱性结构的(xeromorphus)
xeromorphic formation 旱性结构形成(formatio xeromorpha)
xeromorphic structure 旱性结构,旱生结构(structura xeromorpha)
xeromorphic vegetation 旱生植被(vegetatio xeomorpha)
xeromorphism(=xeromorphy) 旱生形态,旱性结构(xeromorphismus)
xeromorphosis 适旱变态
xeromorphy 旱性形态(xeromorphismus)
xeromyces ①干霉菌属[*Xeromyces* spp.](真菌) ②干霉菌[*Xeromyces* sp.]
xerophile [forest] 旱生林
xerophilization 旱生化(xerophilisatio)
xerophilous(=xerophilic) 适旱的,喜旱的(xerophilus)
xerophilous crop 适旱作物,喜旱作物
xerophilous plant 适旱植物,喜旱植物(planta xerophila)
xerophobous 避旱的,嫌旱的(xerophobus)
xerophthalmia 干眼症(xerophthalmia)
xerophyllous 干叶的(xerophyllus)
xerophytes(=serophytes) 旱生植物(xerophyti)
xerophytic 旱生[植物]的(xerophyticus)
xerophytic forest(=xerophile) 旱生林(silva xerophytica)
xerophytic formation 旱生植物群系(formatio xerophytica)
xerophytic grass 旱生禾草(herba xerophytica)
xerophytic species 旱生[植物]种(species xerophyticae)
xerophytic vegetation 旱生植被(vegetatio xerophytica)
xerophytic weeds 旱生杂草
xerophytism 旱性,旱生[现象](xerophytismus)
xeroplastic 适旱变态的(xeroplasticus)
xerosere 旱生演替系列(xerosere)
xerosis 干燥病
xerosoil 干旱土
xerospermum ①假荔枝属[*Xerospermum* Bl.](无患子科) ②假荔枝[*Xerospermum yunnanense* W.T.Wang]
xerospore 干孢子(xerospora)
xerothermal index 干热指标
xerothermic 干热的(xerothermicus)
xerothermic habitat 干热生境
xerothermic period 干热期
xerox 静电印刷复制
Xerox telecommunication's network(**XTEN**) Xerox公司远程通信网{信息}
Xg blood-group Xg血型
ximenia ①西门木属[*Ximenia* L.](铁青树科) ②西门木[*Ximenia americana* Villd.]
ximenic acid 西门木烯酸
ximenynic acid 西门木炔酸
-xion ⌞字尾⌝动作,状态,结果
xiph- ⌞字头⌝剑

xiphacanthous 剑刺的（xiphacanthus）
xiphin 箭鱼精蛋白
xiphinema americanum 美洲剑线虫［*Xiphinema americanum*（cobb）］
xiphinema pratense 青色剑线虫［*Xiphinema pratense* Loos］
xiphinema pratensis 草地剑线虫［*Xiphinema pratensis* Loos］
xiphinema truncatum 平头剑线虫［*Xiphinema truncatum* Thorne］
xiphioid 剑形的（xiphioides）
xipholepidous 剑形鳞片的（xipholepis）
xiphophorous 具剑的（xiphophorus）
xiphophorus 剑尾鱼属［*Xiphophorus*］
xiphophyllous 剑叶的（xiphophyllus）
xiphopterous 剑状翅的（xiphopterus）
xiphosuran ①剑尾目的 ②剑尾目动物（xiphosurus）
XL-45 美国玉米单交种
XMC 二甲威(杀虫剂)［$C_{10}H_{13}NO_2$］
XO XO 型(染色体)
XO male XO 型雄体
XO monosomy XO 型单体性
XO sex mechanism XO 型性机制
XO-type XO 型(染色体)
XOR（= Exclusive OR） "异或"{信息}
XR（= x-gene reactivation） X 基因重激活
XX-XY mechanism of sex determination 性决定的 XX-XY 机制
XX-XY system XX-XY 系统(性染色体)
XXX XXX 型(♀)
XXXX XXXX 型(♀)
XXXY XXXY 型(♂)
XXY XXY 型(♂)
XY male XY 雄体
XY-sperm XY 精子
xyelid wasps 长节锯蜂科［Xyelidae］
xylan ①木胶素 ②木聚糖［$(C_5H_8O_4)_x$］
xylanase 木聚糖酶
xylanche ①丁座草属［*Xylanche* G. Beck.］(列当科) ②丁座草［*Xylanche himalaica* G. Beck.］
xylanthrax（= wood charcoal） 木炭
xylary ray 木质部射线（radius xylarius）
xylem 木质部（xylema）{解剖}
xylem bundle 木质部维管束（xylemofasciculus）
xylem cell 木质部细胞（xylemocellula）
xylem element 木质部单元（xylemoelementum）
xylem fiber 木纤维（xylemofibra）
xylem island 木质部岛（xylemoinsula）
xylem mother cell 木质部母细胞
xylem parenchyma 木薄壁组织（xylemoparenchyma）
xylem ray 木射线（xylemoradius）
xylem sap 木质部汁液（xylemosuccus）
xylem system 木质部系统（xylemosystema）
xylem translocation route 木质部运输流程，木质部输导流程（rupta translocationis xylaria）
xylem transverse area 木质部横切面积（area transversa xylaria）
xylem vessel 木质部导管（xylemovasculum）
xylene 二甲苯（= xylol，dimethylbenzene）［$C_6H_4(CH_3)_2$］
xylene cyanol FF 二甲苯腈蓝 FF
xylidine 二甲基苯胺，连二甲苯胺［$(CH_3)_2C_6H_3NH_2$］
xylite 铁石棉
xylitol 木糖醇［$C_5H_{12}O_5$］
xylo- ⌞字头⌝木材
xyloascorbic acid 木糖型抗坏血酸
xylocarpous 木质果的（xylocarpus）
xylocarpus ①木果楝属［*Xylocarpus* Koenig］(楝科) ②木果楝［*Xylocarpus granatum* Koenig.］③木质果
xylochrome 木材色素
xylodium 木质果
xylogen 木质素，木纤维
xylogenetic effect 产木糖效应
xylogenous 木上生的（xylogenus）
xylograph 木版图（xylographus）
xylography ①木理学 ②木版术（xylographia）
xyloid ①类木质部的 ②木质的（xyloideus）
xyloketose 木酮糖［$HOCH_2(CHOH)_2COCH_2OH$］
xylol 二甲苯［$C_6H_4 \cdot (CH_3)_2$］
xylol as antemedium 前介质用二甲苯
xylol deparaffinization 二甲苯脱蜡{显技}
xylolite 木屑板(由水泥与木屑制成)
xylology 木材学（xylologia）
xyloma 产孢菌结
xylometer 测容计，木材比重计
xylometric measurement 测容法
xylon 木纤维
xylonacanthous 木质刺的（xylonacanthus）
xylonic acid 木糖酸［$CH_2OH \cdot (CHOH)_3COOH$］

xylonite 假象牙,赛璐珞
xylophagous 食木的,噬木的 (xylophagus)
xylophilous 适木的,喜木的 (xylophilus)
xylophobous 避木的,嫌木的 (xylophobus)
xylophyllous 木质叶的 (xylophyllus)
xylophyte 木本植物 (xylophyta)
xylopodous 木质柄的 (xylopodus)
xyloporosis 木质部陷点病
xylopyranose 吡喃木糖
xyloquinone 木醌[$C_8H_8 \cdot O_2$]
xylorhizous 木质根的 (xylorhizus)
xylose 木糖 [$CH_2OH(CHOH)_3 \cdot CHO$]
xylose isomerase 木糖异构酶
xylosidase 木糖苷酶
xyloside 木糖苷 [$C_5H_9O_4OR$]
xylosma ①刺柞属(柞木属) [*Xylosma* Forst. f.] (大风子科) ②刺柞(柞木) [*Xylosma congestum* (Lour.) Merr.]
xylosone 酮木[醛]糖
xylostachyous 木质穗的 (xylostachyus)
xylostroma 根皮子座
xylotomic 木材解剖学的 (xylotomicus)
xylotomy (= wood anatomy) ①木材解剖 ②木材解剖学 (xylotomia)
xylotrya 大食船虫
xylulokinase 木酮糖激酶
xylulose 木酮糖
xypholepidous (= xipholepidous) 剑形鳞片的
xyphophyllous (= xiphophyllous) 剑叶的
xyphopterous (= xiphopterous) 剑状翅的
xyris ①黄谷精属(黄眼草属) [*Xyris* L.] (黄谷精科) ②黄谷精(黄眼草) [*Xyris indica* L.]
xyris family 黄谷精科(黄眼草科) [Xyridaceae]
xystus ①台地,梯田{耕作} ②庭园径路{园林}

Y y

Y (= yield) 产量
y 依靠变数的个数值{统计}
Y-axis Y 轴,纵轴
Y-bend Y 形弯头,分叉弯头
Y body Y 小体{遗传}
Y-branch Y 形支管,分叉[支]管
Y-branched structure Y 型分支结构{分生}
Y-chromosome Y 染色体
Y-chromosome banding Y 染色体显带
Y-chromosome fluorescence Y 染色体荧光
Y-chromosome loop Y 染色体环
Y-clean outs 分叉清通口{环保}
Y-connection (三相电路)星形接法
Y-curve Y 形曲线,叉形曲线
Y-cutting Y 形插{园艺}
Y-cutting method Y 型扦插法
Y-datum line Y 基准线(指穿孔卡片基准线){电脑}
Y-direction resolution Y 方向分辨率,方位分辨率{遥感}
Y-disk Y 盘(指系统盘的扩充){电脑}
Y-fork Y 形叉{生技}
y-gene reactivation y 基因再激活
Y-intercept Y 截距
Y-intersection Y 轴交叉
Y-joint Y 形接头,叉形接头
Y-level Y 形水准仪
Y-line Y 轴,Y 线
Y-linkage Y 连锁{遗传}
Y-linked inheritance Y 连锁遗传
Y-mark Y 痕
Y-pipe Y 形管,叉形管,斜三通{环保}
Y-scale Y 方向比例尺,纵向比例尺{遥感}
Y-shaped configuration Y 形状构型{分遗}
Y-shaped hammer (茎秆粉碎器)Y 形锤片
Y-shaped structure Y 型结构(指反式剪接的中间体){生技}
Y-suppressed lethal Y 抑制致死
Y-T nozzle Y-T 形喷嘴
Y-tube Y 形管{环保}
Y-wing Y 形翼,叉形翼
yaburegasa-urabosia 双扇蕨[*Dipteris conjugata* Reinw.](双扇蕨科)
yaburegasa-urabosia family 双扇蕨科[Dipteridaceae]
yaburesasa 掌叶蟹甲草(克氏兔儿伞)[*Cacalia krameri* Matsum](菊科)
YAC (= yeast artificial chromosome) 酵母人工染色体{分遗}
yacal 龙脑香料
yacca gum (= acaroid gum) 禾木胶
yacca-tree ①罗汉松属[*Podocarpus* Pers.](杉科) ②罗汉松[*Podocarpus chinensis* Wall.]
yachiyo 八千代(草莓品种)
Yaeyamensis falsenettle 八重山苎麻[*Boehmeria yaeyamensis* Hatus.](荨麻科)
Yaeyamensis milkpea 八重山乳豆[*Galactia anisopoda* Ohwi.](豆科)
yahutia (= yautia) 箭叶黄体芋[*Xanthosoma sayittaefolium* Schott.](天南星科)
yak 牦牛[*Bos grunniens* L.]
yakkoso 奴草[*Mitrastemon yamamotoi* Makino.](大花草科)
Yakutsk climate "亚库次克"气候(指属冬季少雨气候型)
yam ①薯蓣属[*Dioscorea* Plum.](薯蓣科) ②(= yam root) 薯蓣(山药)[*Dioscorea batatas* Decne]
yam bean ①豆薯属[*Pachyrhizus* Rich. et DC.](豆科) ②豆薯(地瓜,凉薯)[*Pachyrhizus tuberosus* Spreg.]
yam bean cercospora leaf spot 豆薯叶斑病[*Cercospora canescens* Ell. et Mert.]
yam bean internal black rot 豆薯心黑腐病[*Pythium spinosum* Saw.]
yam bean rust 豆薯锈病[*Phakopspora pachyrhizi* Syd.]
yam bean witches'broom 豆薯丛枝病(病毒病害)
yam family 薯蓣科[Dioscoreaceae]
yam root (= yam) 薯蓣(山药)
yama-mikan 山蜜柑[*Citrus intermedia* Hort ex Tanaka.](芸香科)
yampi 参薯(大薯)[*Dioscorea alata* L.](薯蓣科)

yangtao (= actinidia) 杨桃(猕猴桃)[*Actinidia chinesis* Planch](猕猴桃科)
Yangtse River (= Yangtze River) 长江,扬子江
Yano leaf miner 矢野潜蝇[*Stomacrypeolus ambigua* Fallen](潜蝇科)
Yano leafhopper 小麦叶蝉[*Deltocephalus tritici* Matsumura](叶蝉科)
yanon scale (= arrowhead scale) 矢尖蚧[*Unaspis yanonensis* (Kuwana)](蚧科)
yaourt (= yoghurt) 保加利亚奶酒,酸奶酪
yard ①码(=0.914米) ②场院,围场 ③畜圈,畜栏 ④贮木场
yard-grass ①蟋蟀草属[*Eleusine* Gaertn.](禾本科) ②蟋蟀草[*Eleusine indica* (L.) Gaertn.]
yard housing 家畜舍饲
yard long bean (= cow-pea) 豇豆[*Vigna sinensis* Endel.](豆科)
yard long cowpea 长豇豆(长角豆)[*Vigna sesquipedalis*(L.) Fruwirth](豆科)
yard manure 厩肥,圈粪
yard measure 码尺
yard sanitation ①畜圈卫生 ②贮材场卫生
yard scraper 畜圈清理刮板,刮粪铲
yard seasoning 贮材场气干
yard stick (= yard measurement) 码尺
yard sweeping machine 畜圈清扫机
yardage ①方码数(体积单位) ②立方数
yardang 白龙堆,风蚀,土脊
yarder 集材机
yarding ①库存 ②集材
yarn ①纱,线 ②毛线
yarn property 棉纱特性
yarovization (= vernalization) 春化作用
yarrow ①蓍属[*Achillea* L.](菊科) ②蓍[*Achillea sibirica* Ledeb.]
yatay palm ①椰子属[*Cocos* L.](棕榈科) ②椰子[*Cocos nucifea* L.]
yate 圆锥叶桉[*Eucalyptus cornuta* Labill.](桃金娘科)
Yates correction for continuity 杨氏的连续性矫正
yautia 箭叶黄体芋[*Xanthosoma sagitifolium*](天南星科)
yaw ①(甘蔗汁)起泡沫 ②偏航 ③偏转 ④侧滑
yawing ①左右振动的,不稳定的 ②偏向,偏转
yawmeter 偏向计
yawning 破裂(ruptilis)
yaxche (= silk-cotton tree) 吉贝,爪哇木棉
YCp (= yeast centromeric plasmid) 酵母着丝粒质粒{分遗}
Ye 依靠变数的估计值{统计}
yean (绵羊或山羊)产羔羊
yeanling 羔羊
year 年,年度,年份(annus)
year class 年龄级(动物出生年)
year-climate 年气候
year correlated 相关年份
year increment 年生长量
year introduced 引种年份
year of abundance 丰年
year of dearth 歉收年,歇年(指不结果年)
year of rearing 饲养年份
year old seeds 旧种子,陈子
year old shoot 一年生枝(ramulus annuus)
year ring (= annual ring) 年轮
year-round culture 周年栽培
year-round flowering 周年开花
year-round grazing 全年放牧
year-round seeding time 周年播种期
year-round shipping 周年航运
year temperature difference 年温度差
year-to-year correlation 逐年相关
year-to-year pressure difference 年际气压差
yearbook 年鉴,历书,年报,年刊
yearbook of agriculture 农业年鉴
yearclass 年级,年组
yearing 一年的,一年间的(annotinus)
yearing seedling 一年生实生苗
yearling ①一年生苗 ②周岁幼畜,一年鸡
yearling bull 周岁小公牛
yearling ewe 处女羊
yearling face (采脂作业)第二割面
yearling heifer 一岁母犊
yearlong grazing 全年放牧
yearlong range 全年放牧地
yearly ①每年的,一年一次的 ②按年的
yearly change 年变化
yearly heating load 年暖房负荷{农施}
yearly plant 一年生植物
yearly rainfall 年降雨量
yearly ring 年轮
years interaction effect 年份连应效应{统计}
yeast 酵母[菌],酿母[菌]
yeast activator 酵母活化剂
yeast alanine tRNA 酵母丙氨酸 tRNA
Yeast antibiotic resistance 酵母抗生素抗性
yeast artificial chromosome (YAC) 酵母人工染色体{分遗}
yeast autolyzate 酵母自溶物
yeast cell 酵母细胞
yeast centromeric plasmid (YCP) 酵母着丝点质粒{细胞}

yeast chromatin 酵母染色质
yeast chromosome fragmentation 酵母染色体断裂{细胞}
yeast culture 酵母培养
yeast DNA 酵母 DNA{分遗}
yeast DNA buoyant density 酵母 DNA 浮力密度
yeast DNA polymerase 酵母 DNA 聚合酶
yeast electron micrograph of budding cell 酵母芽殖细胞的电子显微照片
yeast episomal plasmid (YEP) 酵母附加体质粒{分遗}
yeast extract 酵母抽提物,酵母膏
yeast extract paste 酵母膏
yeast extract powder 酵母[提取]粉
yeast fermentation 酵母发酵
yeast glucose repression and mitochondrial RNA 酵母葡糖阻遏与线粒体 RNA
yeast growth 酵母生长,酵母繁殖
yeast integrative plasmid (YIP) 酵母整合性质粒{分遗}
yeast-like 似酵母的,拟酵母的
yeast-like colony 拟酵母菌落,类酵母菌落
yeast-like mold 拟酵母霉
yeast metabolism 酵母代谢
yeast mitochondria 酵母线粒体
yeast mitochondrial DNA 酵母线粒体 DNA
yeast mitoribosome 酵母有丝分裂核蛋白体
yeast mutant 酵母突变型
yeast nucleic acid 酵母核酸
yeast petite colony 酵母小菌落
yeast petite mutation 酵母小菌落突变
yeast plasmid 酵母质粒
yeast population 酵母群体
yeast replication plasmid (VRP) 酵母复制质粒{分遗}
yeast respiratory-deficient phenotype 酵母呼吸不足的表型
yeast ribonucleic acid 酵母核糖核酸
yeast ribosome 酵母核蛋白体
yeast RNA polymerase 酵母 RNA 聚合酶{分遗}
yeast rRNA precursor processing 酵母 rRNA 前体加工
yeast shuttle vector 酵母穿梭载体
yeast starvation 酵母饥饿
yeast transposon (Ty) 酵母转座子{分遗}
yeast type colony 酵母型菌落
yeast waste 酵母废水{环保}
yeast water 酵母液,酵母汁
yeastiness 发酵性
yeasting 酿造,发酵{环保}
yeasty ①酵母的 ②似酵母的
yeasty fermentation 酵母发酵
yeddo-hawthorn (= yeddo raphiolepis) 伞形石斑木 [*Raphiolepis umbeliata* (Thunb.)Makino](蔷薇科)
yeddo-spruce 鱼鳞松 [*Picea ajanensis* Pisch.](松科)
yeddo violet 辽堇菜 [*Viola yedoensis* Makino](堇菜科)
yeld ewe 不育母绵羊
yelk (= yolk) 卵黄
yellow ①黄色的 ②黄化病 ③(y)黄色体(flavus)
yellow aizoon saxifrage 黄虎耳草 [*Saxifraga aizoon* var. *lutea* Hort.](虎耳草科)
yellow alfalfa (= sickle medick) 黄花苜蓿(野苜蓿)[*Medicago falcata* L.](豆科)
yellow alstroemeria 黄六出花 [*Alstroemeria aurantiaca* D. Don.](石蒜科)
yellow aphid 黄蚜(指甘蔗)
yellow ball cactus 黄雪光 [*Notocactus graesneri* sp.](仙人掌科)
yellow bamboo (= fish pole bamboo) 金黄竹(人面竹)[*Phyllostachys aurea* Carr. ex C. Riviere](禾本科)
yellow-barkedoak 美洲黑栎 [*Quercus velutina*](山毛榉科)
yellow-beaked 黄喙的 (flavirostris)
yellow bean mosaic virus 蚕豆黄色花叶病 [Phaseolus virus 2]
yellow bedstraw (= yellow galium, lady's bedstraw) 蓬子菜 [*Galium verum* L.](茜草科)
yellow belly ①黄腹 ②黄腹病
yellow belly of wheat 小麦黄腹病
yellow birth (= red birth) 红桦
yellow blight (马铃薯)黄萎病
yellow blood silkworm 黄血蚕
yellow body 黄体{昆虫}
yellow boletus (= annulated boletus) 黄皮牛肝菌 [*Boletus luteus* (L.) Fr.](牛肝菌科)
yellow bract pachystachys 金苞花 [*Pachystachys lutea* sp.](爵床科)
yellow-branched 黄枝的 (flavirameus)
yellow-bristle 黄刺的 [xanthochaetus]
yellow brown earth 黄棕壤
yellow brown forest soil 黄棕色森林土
yellow brown stink-bug 茶翅蝽 [*Halyomorpha picus* Fabricius](蝽科)
yellow brown sweet potato beetle 甘薯腊龟甲 [*Laccoptera quadrimaculata bohema-*

ni Weise]（龟甲科）

yellow buckeye 黄花七叶树［*Aesculus octandra* Marsh.］（七叶树科）

yellow bumblebee 黄熊蜂［*Bombus distinguendus* Linnaeus］（熊蜂科）

yellow bunny ears 黄毛掌［*Opuntia microdasys* Pteiffer.］（仙人掌科）

yellow butterfly 黄粉蝶［*Eurema hecabe* Linnaeus］（粉蝶科）

yellow butterfly palm 散尾葵［*Chrysalidocarpus lutescens* H. Wendl.］（棕榈科）

yellow cabbage sawfly 甘蓝黄叶蜂［*Athalia lugens* var. *libialis* Cam.］（叶蜂科）

Yellow Caledonia 黄加利多尼亚（甘蔗热带原种）

yellow carotinoid pigment 黄类胡萝卜素

yellow cedar（= Nootka cedar） 黄扁柏（加拿大扁柏，努特卡扁柏）［*Chamaecyparis nootkatensis* Spach.］（柏科）

yellow centaury（= yellow wort） 黄胆属［*Blakstonia* Huds. = *Chlora* L.］（龙胆科）

yellow chamomile（= yellow marguerite, golden marguerite） 春黄菊［*Anthemis tinctoria* L.］（菊科）

yellow Chinese poppy ①绿绒蒿属［*Meconopsis* Vig.］（罂粟科）②绿绒蒿（金绿绿绒蒿）［*Meconopsis integrifolia*（Maxim.）Fr.］

yellow cinnamon soil 黄褐土

yellow citrus ant（= spinning-leave's ant） 黄惊蚁（养柑蚁）［*Oecophylla smaragdina*（Fabricius）］（蚁科）

yellow clover aphid 三叶草采斑蚜［*Therioaphis trifolii*（Monell）］

yellow cocoon 黄茧（蚕）

yellow colouring of leaves 叶变黄色

yellow columbine 黄花耧斗菜［*Aquilegia chrysantha* Gray］（毛茛科）

yellow cone plant ①肉锥花属［*Conophytam* spp.］（番杏科）②肉锥花［*Conophytam auriflorum* sp.］

yellow corydalis 黄堇［*Corydalis lutea* DC.］（荷包牡丹科）

yellow cosmos 黄秋菊（黄花波斯菊，硫黄菊）［*Cosmos sulphureus* Cav.］（菊科）

yellow cotton moth 黄棉花夜蛾（棉小造桥虫）［*Anomis xanthydima* Boisduval = *A. flava*（Fabricius）］（夜蛾科）

yellow crepis 黄花还阳参［*Crepis aurea* sp.］（菊科）

yellow cutworm 黄地老虎［*Agrotis segetum* Schiffermüller］（夜蛾科）

yellow cyperus（= rice flatsedse） 碎米莎草［*Cyperus iria* L.］（莎草科）

yellow cyrtanthus 黄曲花［*Cyrtanthus ochroleucus* Burch.］（爵床科）

yellow day lily（= day lily） 黄花菜

yellow disease of hyacinth 风信子黄枯病［*Xanthomonas hycinthi*（Wakk.）Dowson］

yellow dock（= curly dock） 皱叶酸模

yellow double banksian 重瓣黄木香［*Rosa banksiae* var. *lutea* Lindl.］（蔷薇科）

yellow dwarf（= yellow stunt） 黄矮［病］，黄萎病

yellow dwarf of onion 葱及洋葱黄矮病［Allium virus 1］

yellow dwarf of rice 水稻黄矮病

yellow dwarf of soybean 大豆黄萎病（大豆线虫病）［*Heterodera glycines* lchinohe］

yellow dwarf virus disease of barley 大麦黄矮病毒病

yellow dwarf virus disease of grasses 牧草黄矮病毒病

yellow earth 黄壤

yellow edge 黄边［病］

yellow elm leaf-beetle 榆黄叶甲［*Galerucella maculicollis* Matschusky］（叶甲科）

yellow endosperm 黄胚乳（endospermium flavum）

yellow enzyme 黄酶

yellow European lady-slipper 柔毛欧洲杓兰［*Cypripedium calceolus* var. *pubescens* Corre］（兰科）

yellow-eyegrass ①黄眼草属［*Xyris* L.］（黄眼草科）②黄眼草［*Xyris indica* L.］

yellow-eyegrass family 黄眼草科［Xyridaceae］

yellow ferralsol 黄色铁铝土

yellow fever 黄热病

yellow-fever mosquito 埃及伊蚊［*Aedes aegypti*（L.）］（伊蚊科）

yellow fever virus（YFV） 黄热病毒

yellow field cress 黄蔊菜［*Roripa sylvestris* Bess.］（十字花科）

yellow fir（= douglas fir） 花旗松

yellow flag 黄菖蒲［*Iris pseudocorus* L.］（鸢尾科）

yellow flax ①石海椒属［*Reinwardtia* Dumort.］（亚麻科）②石海椒［*Reinwardtia trigyna* Roxb.］

yellow-fleshed 黄果肉的

yellow flower fence poinciana 金黄蝴蝶花

yellow-flower incavillea 黄花角蒿［*Incarvillea lutea* Bur. et Franch.］（紫葳科）
yellow-flower sisymbrium 黄花大蒜芥（香花草）［*Hesperis lutea* Maxim.］（十字花科）
yellow flowered alfalfa（= yellow alfalfa）黄花苜蓿
yellow-flowered gourd 金瓜（观赏南瓜）［*Cucurbita pepo* var. *ovifera* Alef.］（葫芦科）
yellow-flowered meadow-rue 黄唐松草［*Thalictrum flavum* L.］（毛茛科）
yellow-flowered sweet clover（= yellow sweet clover）黄花香草木犀
yellow-flowering 开黄花的［flaviflorus, anthoxantheus］
yellow forest soil 黄色森林土
yellow foxglove 黄花毛地黄［*Digitalis grandiflora* Mill.］（玄参科）
yellow foxtail 金狗尾草（粉绿狗尾草）［*Setaria glauca* Beauv. = *Panicum lutescens* Weigel.］（禾本科）
yellow fringe orchid 丝瓣玉凤花（黄玉凤花）［*Habenaria ciliaris* R. Br.］（兰科）
yellow fritillary 黄花贝母［*Fritillaria pudica* Spreng.］（百合科）
yellow-fruited 黄果的（xanthocarpus）
yellow galium（= yellow bedstraw） 蓬子菜
yellow gentian 黄龙胆［*Gentiana lutea* L.］（龙胆科）
yellow goats-beard（= meadow salsify） 草甸波罗门参［*Tragopogon pratensis* L.］（菊科）
yellow-granadilla 樟叶西番莲［*Passiflora laurifolia* Lill.］（西番莲科）
yellow-green agave（= yellow-green century plant agave） 黄绿龙舌兰［*Agave americana* var. *varigata* Hort.］（龙舌兰科）
yellow-hairy actinidia 黄毛猕猴桃［*Actinidia fulvicoma* Hance］（猕猴桃科）
yellow-headed 黄头的（xanthocephalus）
yellow-headed cutworm 黄头［秀］夜蛾［*Apamea amputatrix* Fitch.］（夜蛾科）
yellow-headed fireworm 黄头卷蛾［*Acleris minuta* (Robinson)］（卷蛾科）
yellow-headed leafhopper 黄头叶蝉［*Carneocephala flaviceps* (Riley)］（叶蝉科）
yellow headed moth borer 甘蔗螟［*Diatraea centrella* Möschler］（螟蛾科）
yellow honeysuckle 黄金银花［*Lonicera flava* Sims.］（忍冬科）
yellow hornpoppy 黄花海罂粟［*Glaucium flavum* Grantz］（罂粟科）
yellow Indian-grass 黄印度草（黄假高粱）［*Sorghastrum nutans* L.］（禾本科）
yellow iris（= yellow flag） 黄菖蒲［*Iris pseudocorus* L.］（鸢尾科）
yellow-jacket 中华大胡蜂［*Macrovespa mandarina* Smith］（胡蜂科）
yellow jacket, hornets and potter wasps 胡蜂科［Vespidae］
yellow Japanese scale 橘黄圆蚧［*Aonidiella citrinus* Coq.］（盾蚧科）
yellow jaundice 黄疸病
yellow kangaroo-paw 黄鼠爪花［*Anigozanthus viridis* sp.］（血草科 Haemodoraceae）
yellow leaf-blight of corn 玉米黄叶枯病
yellow leaf blotch 黄斑病（苜蓿）
yellow leaf rust 叶锈病
yellow leaf spot 黄叶斑点病
yellow-leaved 黄叶的（xanthophyllus）
yellow-legged lema（= wheat leaf beetle）粟负泥虫［*Lema tristis* Herbst.］（叶甲科）
yellow lily-of-the-incas ①六出花属［*Alstroemeria* L.］（石蒜科）②六出花［*Alstroemeria aurantiaca* D. Don］
yellow locust ①洋槐（刺槐）［*Robinia pseudoacacia* L.］（豆科） ②（= differential grasshopper）异黑蝗［*Melanoplus differentialis* (Thomas)］（蝗科）
yellow lupine 黄羽扇豆［*Lupinus luteus* L.］（豆科）
yellow-margined leaf beetle 黄边叶甲（黄缘叶甲）［*Microtheca ochroloma* Stál］（叶甲科）
yellow-marked blue leaf beetle 黄星蓝铁甲［*Dactylispa angulosa* Solsky］（铁甲科）
yellow maturity ①黄熟 ②黄熟度
Yellow Mauritious 黄毛里求斯（凤梨品种）
yellow mealworm（= flour beetle） 大黄粉虫［*Tenebrio molitor* Linnaeus］（拟步甲科）
yellow mignonette 黄木犀草［*Reseda lutea* L.］（木犀草科）
yellow mite（= broad mite） 茶半跌线螨［*Hemitarsomus latus* Banks］（跌线螨科）
yellow mombin（= Jamaica plum） 猪李
yellow moraea 黄肖鸢尾（黄摩利兰）［*Moraea bicolor* Spae］（鸢尾科）
yellow mosaic 黄色花叶病
yellow mosaic of barley 大麦黄色花叶病（大

麦黄矮病）［Barley yellow mosaic virus］（病毒病害）
yellow mosaic of bean 菜豆黄色花叶病［Phaseolus virus 2］
yellow mosaic of wheat 小麦黄色花叶病［Wheat yellow mosaic virus］（病毒病害）
yellow mottle 黄斑驳病
yellow mulberry longicorn 桑黄天牛［*Oberea fuscipennis* Chevrolat］（天牛科）
yellow muscardine 黄僵病［*Isaria farinosa*］
yellow-necked caterpillar 苹黄颈舟蛾［*Datana ministra* Drury］（舟蛾科）
yellow nutsedge（= chufa，earth almond）黄莎草［*Cyperus esculentus* L.］（莎草科）
yellow oak 黄栎［*Quercus velutina* Lam.］（山毛榉科）
yellow oat-grass（= golden oat-grass） 草原三毛草［*Trisetum flavescens*（L.）P. B.］（禾本科）
yellow oleander ①黄花夹竹桃属［*Thevetia* Adans.］（夹竹桃科）②黄花夹竹桃［*Thevetia peruviana*（Pers.）K. Schum.］
yellow ox-eye daisy（= corn marigold） 金银菊（珍珠菊）［*Chrysanthemum segtum* L.］（菊科）
yellow partilla 美国蝙蝠藤［*Menispermum canadense* L.］（防己科）
yellow-patched swallowtail 橘纵带黄纹凤蝶［*Papilio helenus nicconicoleus* Butler］（凤蝶科）
yellow pholita 黄鳞伞［*Pholita Flammans* Quel.］（伞菌科）
yellow phosphorus 黄磷{环保}
yellow pigment 黄色素
yellow pine（= broom pine） 美国长叶松
yellow plant bug（= pasture leaf bug） 黄盲蝽［*Tygus kalmi* Linné］（盲蝽科）
yellow podzolic soil 灰化黄壤，黄色灰化土
yellow pond-lily ①萍蓬草属［*Nuphar* Sm.］（睡莲科）②萍蓬草［*Nuphar pumilum*（Hoffm.）DC.］
yellow poplar 美国鹅掌楸（百合木）［*Liriodendron tulipifera* L.］（木兰科）
yellow puccoon 白毛茛［*Hydrastis eanadensis* L.］（毛茛科）
yellow pygmy waterlily 黄睡莲［*Nymphaea tetragona* var. *helvola* Hort.］（睡莲科）
yellow race 黄色种{畜}
yellow rape ［黄种］油菜［*Brassica campestris* L.］（十字花科）
yellow raspherry cap 黄刺泡（栽秧泡）［*Rubus elliptica* Smith］（蔷薇科）
yellow rice borer（= paddy stem borer） 三化螟［*Scirpophaga incertulas*（Walker）= *Tryporyza*］（螟蛾科）
yellow rice bug 稻黄蝽［*Euryaspis flavescens* Distant］（蝽科）
yellow rice leaf miner 稻潜蝇［*Oscinis oryzella*（Matsumura）］（黄潜蝇科）
yellow ripe ①黄熟的 ②黄熟
yellow ripe stage 黄熟期
yellow ripeness 黄熟度
yellow rocket（= winter cress） 山芥
yellow root 黄根属［*Xanthorrhiza* L'Herit. = *Zanthorrhiza* Marsh.］（毛茛科）
yellow-rooted 黄根的（xanthorrhizus）
yellow rose aphid 蔷薇黄蚜（无网长管蚜）［*Acyrthosiphon porosum* Sanderson］（蚜科）
yellow rust（= stripe rust） 条纹锈病，黄锈病
yellow rust of cereals（= stripe rust of cereals） 麦类条锈病［*Puccinia striiformis* West.］
yellow rust of wheat（= stripe rust of wheat） 小麦黄锈病，小麦条锈病［*Puccinia striiformis* West.］
yellow sage ①马缨丹属［*Lantana* L.］（马鞭草科）②马缨丹［*Lantana camara* L.］③（= rose verbena）广叶美人樱（加拿大美人樱）［*Verbena canadensis* Britt.］（马鞭草科）
yellow sandalwood 檀香［*Santalum album* L.］（豆科）
yellow scale 黄圆蚧［*Chrysomphalus aurantii* var. *citrinus*（Coq.）= *Aonidiella citrina*（Coq.），*Aspidiotus citrinus* Coq.］（盾蚧科）
yellow-seeded 黄子的（xanthospermus）
yellow seven-spotted lady beetle 黄七星瓢虫［*Coccinella septempunctata bruckii* Milsant］（瓢虫科）
yellow-shoulder bug 黄肩蝽［*Nezara viridula torquata* Fabricius］（蝽科）
yellow skunk-cabbage 观音莲［*Lysichiton kamtschatense* Schott.］
yellow snow 黄雪（伴有黄色花粉的雪）
yellow soil 黄壤
yellow spider-flower（= yellow cleome） 黄醉蝶花［*Cleome lutea* Hook.］（白花菜科）
yellow spider mite 鹅耳枥东方叶螨［*Eotet-*

ranychus carpini borealis (Ewing)](叶螨科)
yellow spines haageocereus ①金煌柱属[*Haageocereus* spp.](仙人掌科) ②金煌柱[*Haageocereus acranthus* sp.]
yellow spot ①黄斑 ②黄斑病
yellow-spotted longicorn beetle 桑黄星天牛[*Psacothea hilaris* (Pascoe)](天牛科)
yellow-spotted small noctuid 甘薯绮夜蛾[*Erastria trabealis* (Scopoli)](夜蛾科)
yellow stain 黄变,黄斑
yellow stripe rust (= yellow rust) 条纹锈病,黄锈病
yellow stripe virus (= mosaic of sugar cane) 甘蔗花叶病
yellow-striped armyworm 黄条黏虫[*Spodoptera ornithogalli* (Guenée)](夜蛾科)
yellow stunt of oats 燕麦黄矮病[*Avena virus* 1]
yellow stunt of rice 水稻黄矮病
yellow suckling clover (= small hop trefoil, small hop clover) 小忽布三叶草
yellow sugarcane aphid 蔗黄伪毛蚜[*Sipha flava* (Forbes)](蚜科)
yellow sweet clover 黄香草木犀(香草木犀)[*Melilotus officinalis*(L.) Desr. = *M. arvensis* Wallr.](豆科)
yellow-tail ①黄尾的 ②黄条鰤[*Sriola aureovittata* Temminck et Schlegel]
yellow-tipped bug 黄端蝽[*Hygia opaca* Uhler](蝽科)
yellow-tipped lema 黄端负泥虫[*Lema lewisi* Baly](叶甲科)
yellow-tipped melyrid 黄端[囊]花萤[*Malachius xantholoma* Kirsenwetter]
yellow-tipped prominent 栎黄斑舟蛾[*Phalera assimilis* (Bremer et Gray)](舟蛾科)
yellow-tipped pyralid 蔗白螟(橙尾白禾螟)[*Scirpophaga nivella* Fabricius](螟蛾科)
yellow-tipped white 黄襟粉蝶[*Euchlora scolymus* Butler](粉蝶科)
yellow toadflax (= butter-and-eggs) ①穿柳鱼属[*Linaria* Mill.](玄参科) ②穿柳鱼[*Linaria vulgaris* Mill.]
yellow toadlily 黄油点草[*Tricyrtis nana* Yatabe.](百合科)
yellow tobacco 黄色种烟草
yellow-toothed 黄齿的(xanthodontus)
yellow trefoil (= yellow clover, black medick) 天蓝[*Medicago lupulina* L.](豆科)
yellow trumpet (= trumpet bush) ①黄钟花属(紫葳属)[*Tecoma* Juss.](紫葳科) ②黄钟花[*Tecoma stans* Juss.]
yellow unicorn-plant 单角胡麻[*Ibicella lutea* Van Eseltine](角胡麻科)
yellow vein 乳管{真菌}
yellow vetchling (= meadow vetchling) 牧地香豌豆[*Lathyrus pratensis* L.](豆科)
yellow virosis of beets (= yellows) 甜菜黄化病毒病
yellow water lily (= yellow pond-lily) 萍蓬草[*Nuphar pumilum* (Hoffm.)DC.](睡莲科)
yellow wheat blossom midge 麦黄吸浆虫[*Contarinia tritici* (Kirby)](瘿蚊科)
yellow wilt disease 黄萎病
yellow wind 黄[土]风
yellow withering 黄化萎缩病
yellow wood (= old fustic) 黄木
yellow wood-wasp 黄树蜂[*Sirex gigas*](树蜂科)
yellow woods 黄香槐[*Cladrastis lutea* Michx.](豆科)
yellow woollybear 黄灯蛾[*Diacrisia virginica* (Fabricius)](灯蛾科)
yellow wort (= yellow centaury) 黄胆属
yellow yam (= attoto yam) 黄薯蓣
yellowfin tuna (= yellowfin albacore) 黄鳍金枪鱼[*Neothunnus albacora* (Lowe)]{水产}
yellowing ①黄化(flavens) ②变黄色的(flavescens) ③黄化病
yellowing dwarf of rice 稻黄化矮缩病[*Sclerophthora macrospora* (Sacc.) Thirum., Shaw et Naras.]
yellowing of peach 桃黄化病
yellowing stage 黄化期(烟草熏干过程)
yellowish 浅黄色的(flaveolus)
yellowish brown lateritic soil 黄棕色砖红壤性土壤
yellowish chrysalidocarpus (= Madagascar palm) ①散尾葵属[*Chrysalidocarpus* H. Wendl.](棕榈科) ②散尾葵[*Chrysalidocarpus lutescens* H. Wendl.]
yellowish elongate chafer 豆黄褐鳃角金龟[*Heptophylla picea* Motschulsky](鳃角金龟科)
yellowish-green 黄绿色的(flavovirens)
yellowish molter 起黄蚕{蚕}
yellows ①黄化病 ②甜菜黄化病毒病(= yellow virosis of beets)

yellows of carrot 胡萝卜黄化病(生理病害)
yellows of garden radish 萝卜萎蔫病[*Fusarium oxysporum* Schlechtendahl]
yellows of rice grains 黄变稻粒
yellow[straw]pulp 稻草纸浆{环保}
yeoman (= owner peasant) 自耕农
YEP (= yeast episomal plasmid) 酵母附加体质粒{分遗}
yerba mate (= Paraguay tea) 巴拉圭茶[*Ilex paraguariensis* St. Hil.](冬青科)
yerbadetajo 鳢肠[*Eclipta alba* (L.) Hassk](菊科)
Yercum fibre 牛角瓜[*Calotropis gigantea* R. Br.](萝藦科)
yermosol (= desert soil) 漠境土
yersinia ①耶尔森氏菌属[*Yersinia* Van Loghem](微生物) ②耶尔森氏菌[*Yersinia* sp.]
yersinia pestis 鼠疫耶尔森氏菌(鼠疫巴斯德氏菌,鼠疫杆菌)[*Yersinia pestis* (Lehmann et Neumann) van Loghem]
yesoensis bugle 虾夷筋骨草[*Ajuga yesoensis* Maxim.](唇形科)
yew ①(= yew tree) 紫杉属[*Taxus* L.](紫杉科) ②紫杉[*Taxus cuspidata* Sieb et Zucc.]
yew family 紫杉科[Taxaceae]
yew-leaved 紫杉叶的[taxifolius]
yew podocarpus (= podocarpus) ①罗汉松属[*Podocarpus* L'Her.](罗汉松科) ②罗汉松[*Podocarpus macrophylla* (Thunb.) D. Don]
yew podocarpus family (= podocarpus family) 罗汉松科[Podocarpaceae]
yew scale 紫杉蜡蚧[*Eulecanium corni* var. *crudum* Green](蜡蚧科)
yew weevil 葡萄黑象甲(紫杉象甲)[*Otiorrhynchus sulcatus* Fabricius](象甲科)
yezo spruce 鱼鳞松[*Picea jezoensis* Carr.](松科)
YFV (= yellow fever virus) 黄热病毒
ygapo 伊加波森林(指一年中有两个月被淹没)(巴西)
yield ①生产,出产,生长量 ②产量,生产量,收获量 ③捕获量 ④流量 ⑤屈服 ⑥成品率
yield ability 生产能力
yield adjustment 产量调整
yield anomaly 产量反常
yield at threshing 脱粒量
yield capacity 生产力,生产量
yield capacity of vegetation 植被生产量
yield comparison 产量比较
yield comparison trials 产量比较试验
yield competition 生产竞争,生产比赛
yield components ①产量组成部分 ②产量构成因素
yield computation 产量计算
yield constituting factor 产量构成因子,产量构成因素
yield-constitutional components 产量构成部分,产量构成因素
yield contraction 减产
yield-controlling character 控制产量性状
yield curve 产量曲线
yield data 产量数据,产量纪录
yield decrease 减产
yield decrement 产量降低
yield depression 减产
yield determination ①产量测定 ②产量决定
yield determining factor 产量决定因素
yield determining organ 产量决定器官
yield determining process 产量决定方法
yield diagnosis 产量诊断,产量鉴定
yield diagnosis apparatus 产量诊断器
yield difference 产量差异
yield enhancement 成品率提高
yield estimation 估产,测产
yield estimation subsystem (YES) 测产子系统{智培}
yield figure 产量图
yield forecast 产量预报(测)
yield forecast test 产量预测测定
yield formation 产量形成
yield formula 成品率公式{电脑}
yield from felling 采伐量
yield gradient 成品率梯度
yield improvement 成品率改进
yield increase 增产
yield index 产量指标
yield-index pattern 产量指标型式
yield judge 评产,估产
yield level 产量水平,生产水平
yield limit ①产量极限 ②忍耐极限
yield-limiting factor 产量限制因子{智培}
yield load 屈服点负载{电脑}
yield loss 产量损失
yield management 产量管理,收获[量]管理
yield mesh curve 产量和网目关系曲线
yield model 产量模型[智培]
yield of charcoal 出炭率,收炭量
yield of fishery 渔获量
yield of flour 出粉率,出粉量
yield of grains 谷物产量,子粒产量
yield of kernels 种子产量,子粒产量

yield of missing plot 缺区产量
yield of pods ①蒴果产量 ②荚果产量
yield of seeds 种子产量
yield of thinning 疏伐收获
yield of well 井出水量{环保}
yield per acre 每英亩产量
yield per hectare 每公顷产量
yield per-mu 每亩产量
yield per plant 每株产量
yield per plot 每小区产量
yield per unit 单位产量
yield per unit area 单位面积产量
yield per unit gear 单位渔具产量
yield percentage 出产率
yield performance 产量表现,生产性能,生产力
yield potential 生产潜力,产量潜力
yield potentiality 产量潜力
yield-power 生产力
yield prediction ①渔获量预报 ②产量预报
yield prescription 产量定额,收获预定
yield prospects 产量展望,收获展望
yield quantity 收获量
yield rate ①收成,产量（= yield）{栽培} ②榨汁率（= rate of extraction）{加工}
yield reduction 减产,产量降低
yield regulation 产量调节
yield responsiveness to nitrogen 产量对氮肥反应
yield sampling test 产量取样测定
yield sharing forest 共有林
yield stability 产量稳定性
yield stimulant 增产刺激剂
yield strength 屈服强度,降伏强度,屈变力{电脑}
yield survey 产量调查
yield table 收获[量]表,产量表
yield test ①产量测验 ②产量比较试验
yield trials 产量试验
yield value ①产值{栽培} ②起始值,屈服值{电脑} ③塑变值,屈服点{土壤}
yield variability 产量变异性
yielded ratio 制品比率{农施}
yielding ①出产的 ②易弯曲的 ③易变形的 ④屈服的,屈从的
yielding ability 生产力
yielding ability test（= test for yielding ability） 生产力鉴定
yielding capacity 生产能力,生产力
yielding capacity of crop 作物生产力
yielding percentage 出产率
yielding point 屈服点,弯曲点
yielding potential 生产潜力
yields of final cutting（= principal yields） 主伐收获{森林}
YIP（= yeast integrative plasmid） 酵母整合性质粒{分遗}
ylang-ylang（= ilang-ilang） ①夷兰属[*Cananga* Bumph. ex Hook. f. et Thoms.]（番荔枝科） ②夷兰（依兰香,香水树）[*Cananga odorata* Hook. f. et Thoms.]
ylang-ylang oil 香水油,依兰油,夷兰油
YO YO型(染色体)
Yochida sarcoma Yochida肉瘤
yoghurt（= yaourt） 保加利亚奶酒,酸乳酪
yoghurt processing 酸乳[酪]加工
yohimbine 育亨宾 [$C_{21}H_{26}\cdot O_3N_2$]
yohimbine alkaloid 育亨宾生物碱
yoke ①小叶对 ②轭,颈枷 ③叉臂,叉架,叉子 ④共轭牛,联牛,双套牛 ⑤磁头组,联轭 ⑥偏转线圈
yoke stall 颈枷牛栏
yokel（= farmer） 庄稼汉,农民
Yokohama bean（= Yokohama velvet） 日本黧豆 [*Stizotobium hasjoo* Piper et Tracy.]（豆科）
yokusaianus cinquefoil 大花三叶委陵菜 [*Potentilia yokhsaiana* Makino]（蔷薇科）
yolk ①卵黄,蛋黄 ②羊毛粗脂
yolk bag 卵黄囊
yolk cell 卵黄细胞
yolk cleavage 卵黄分裂
yolk colour 卵黄色
yolk fry 有卵黄囊,鱼苗
yolk gland 卵黄腺
yolk index 卵黄指数
yolk nucleus 卵黄核
yolk platelet 卵黄血小板
yolk plug 卵黄栓
yolk sac 卵黄囊
yolk skin 卵黄膜
yon clipping plane 后裁剪平面{电脑}
yonder clipping plane 远裁剪平面
Yorkshire 约克夏猪
Yorkshire breed of hog 约克夏种猪
Yorkshire fog（= meadow softgrass, velvet-grass） 绒毛草 [*Holcus lanatus* L.]（禾本科）
yoshino cherry（= Tokyo cherry） 东京樱花 [*Prunus yedoensis* Matsum.]（蔷薇科）
Youden's square 优登氏方
young ①年幼的,年轻的 ②初期的,仍然接近

开始阶段的
young area 新分布区
young bull 青年公牛,幼公牛
young cattle (= young stock) 幼畜
young clearing 新垦地
young conifer plant 幼令松柏类植物,幼令针叶植物
young corn plant ①谷类幼苗 ②玉米幼苗
young crop 青苗
young culture (= Jungkultur) 不成熟培养系
young ear 幼穗
young-ear formation stage 幼穗形成期
young embryo 幼胚
young farmer 青年农民
young fish 稚鱼,幼鱼
young forest 幼林
young fruit 幼果
young fustic 黄栌心材
young garden 幼年果园
young growth 幼龄林
young ice 新冰
young individual 幼令个体,幼小个体
Young Jien rice (long-shaped) 洋占米
young karst 幼年喀斯特{土壤}
young larva 幼蚕,稚蚕{蚕桑}
young larva automatic rearing apparatus 稚蚕用自动饲育装置{农施}
young larva cooperative rearing facility 稚蚕合作饲育设施
young leaf 幼叶,嫩叶
young leaf cells 嫩叶细胞
young lettuce (= cutting lettuce) 散叶莴苣 [*Lactuca sativa* var *acephala* Alef.](菊科)
young marine soil 幼年海成土
young mule 幼骡
young panicle 幼穗
young-panicle-developing stage 幼穗发育期
young panicle differentiation 幼穗分化
young-panicle formation 幼穗形成
young-panicle-forming stage 幼穗形成期
young peat 幼年泥炭
young period 青年期(果树)
young plant ①幼株 ②秧苗,幼苗 ③树苗
young-pod stage 幼荚期,嫩荚期
young rabbit 幼兔,小兔
young red earth 幼年红壤
young rice plant 稻秧
young rooster (= cockerel) 笄鸡(小公鸡)
young seedling 小苗,幼苗
young seedling with soil-covered roots 根部附土苗
young shoot 嫩梢(指茶菁)
young silkworm 稚蚕
young soil 幼年土
young spike differentiation stage 幼穗分化期
young stage ①幼鱼期,幼体期{水产} ②幼龄期{森林}
young stock 幼畜
young stock shed 幼畜畜舍
young tea field 幼年茶园
young topography 幼年地形
young tree 未结果树,幼[龄]树
young tree decline 幼[令]树衰退病
young tuber 新块茎
young wheat 曲,麦曲
young wine 初期[葡萄]酒
young yellow earth 幼黄壤{土壤}
younger plant 幼小植株
youngia ①黄鹌菜属[*Youngia* Cass.](菊科) ②黄鹌菜[*Youngia japonica* (Thunb.)DC.]
youngling ①幼畜,幼兽 ②幼树 ③幼苗
Young's modulus 杨氏率
youngster 幼畜
youth-and-old age ①百日草属(百日菊属,鱼尾菊属)[*Zinnia* L.](菊科) ②百日草(百日菊,鱼尾菊)[*Zinnia elegans* L.]
youthful 幼小的,幼嫩的,幼年的
yowe 母羊 (= she-goat)
yperite 芥子气(化学诱变剂)
ypsilandra ①Y蕊花属[*Ypsilandra* Franch.](百合科) ②Y蕊花[*Ypsilandra thibetica* Franch.]
YS-Ⅱ remote sensing aircraft YS-Ⅱ遥感飞机{遥感}
ytterbium 镱[Yb,70号元素]
yttrium 钇[Y,39号元素]
Yu Jien rice (long-shaped) 油占米
yuan (the Chinese monetary unit)元(中国货币单位)
yuca (= bitter cassava) 苦木薯[*Manihot esculenta* Crantz](大戟科)
Yucatan sisal (= henequen) 灰叶剑麻[*Agave fourcroydes* Lem.](龙舌兰科)
Yucca ①丝兰属[*Yucca* Dill](百合科) ②丝兰[*Yucca filamentosa* L.]
yucca moth ①丝兰蛾[*Tegeticura yuccasella* (Riley)] ②穿孔蛾[*Incurvaria* sp.] ③⌊复⌉丝兰蛾科[Prodoxidae]
yucca plant bug 丝兰盲蝽[*Halticotoma valida* Reuter]{盲蝽科}
yuduriha ①虎皮楠属(交让木属)[*Daphniphyllum* Bl.](交让木科) ②虎皮楠

[*Daphniphyllum roxbaurghii* Baill.] ③交让木 [*Daphniphyllum macropodum* Miq.]

yuduriha family (= daphniphyllum family) 交让木科 [Daphniphyllaceae]

yuge-hyokan 弓削瓢柑 [*Citrus yuge-hyokan* Hort. ex Y. Tanaka] (芸香科)

Yugoslavian agriculture 南斯拉夫农业

yugous 多皱的,具皱纹的 (yugosus)

yuko 柚柑 [*Citrus yuko* Hort. ex Tan.] (芸香科)

yulan magnolia 白玉兰(玉兰) [*Magnolia demudata* Desr.] (木兰科)

yulocrotine 激根素 [$C_{19}H_{26}N_2O_3$]

Yunnan azalea 云南杜鹃 [*Rhododendron yunnanense* Franch.] (杜鹃花科)

Yunnan camellia 南山茶 [*Camellia reticulata* Lindl.] (茶科)

Yunnan cherry 云南樱 [*Prunus yunnanensis* Franch.] (蔷薇科)

Yunnan crabapple 滇池海棠 [*Malus yunnanensis* (Franch.) Schneid.] (蔷薇科)

Yunnan globe-flower 云南金莲花 [*Trollius yunnanensis* (Franch. Ulbr.)] (毛茛科)

Yunnan honeysuckle 亮叶忍冬 [*Lonicera nitida* Wils.] (忍冬科)

Yunnan lilac 云南丁香 [*Syringa yunnanensis* Fr.] (木犀科)

Yunnan michelia 云南含笑 [*Michelia yunnanensis* Franch.] (木兰科)

Yunnan pear 滇梨 [*Pyrus pseudophshia* Yü] (蔷薇科)

Yunnan persimmon 云南柿(滇柿) [*Diospyros yunnanensis* Rehd. et wils.] (柿科)

Yunnan piptanthus 云南黄花木 [*Piptanthus concolor* var. *yunnanensis* Stapf.] (豆科)

Yunnan sinocrassula ①华景天属 [*Sinocrassula* Berger] (景天科) ②华景天(滇石莲) [*Sinocrassula yunnanensis* (Hu) Hu]

Yunnan winter-hazel 云南蜡瓣花 [*Corylopsis yunnanensis* Diels] (金缕梅科)

yunnanea ①云南茶属 [*Yunnanea* Hu] (茶科) ②云南茶 [*Yunnanea xylocarpa* Hu]

yüolirion ①俞莲属 [*Yüolirion* Wang et Tang] (百合科) ②俞莲 [*Yüolirion* sp.]

Yuparenese primrose 北海道报春花 [*Primula yuparensis* Takeda] (报春花科)

yuzu (= fragrant citrus) 香橙(柚子) [*Citrus junos* Sieb. et Tanaka] (芸香科)

Z z

Z' 复式相关系数
Z-bar Z 形材,Z 形铁,Z 形钢
Z-chromosome Z 染色体{遗传}
Z-distribution Z 分布{统计}
Z-DNA Z 型 DNA（指左手螺旋,无大沟只有小沟）{分遗}
Z-enzyme Z 酶
Z-form DNA（= zig-zag DNA） Z 型 DNA {分遗}
Z-R relation Z-R 关系(反射因子与降水率关系)
z-scale z 方向比例尺,竖向比例比 {遥感}
Z-section Z 形剖面,Z 形截面
Z-steel Z 形钢
Z-table Z 表
Z-test Z 测验
Z-test method Z 测验法
Z-value Z 值
Zagora 札高拉(棉品种)
Zaire farming 扎伊尔农业
zamen（= rain tree） ①番茉莉属 [*Brunfelsia* L.]（茄科）②番茉莉 [*Brunfelsia hopeana* L.]
zannichellia ①角茨藻属 [*Zannichellia* L.]（角茨藻科）②角茨藻 [*Zannichellia peduncuIum* Reich.]
zannichellia family 角茨藻科 [Zannichelliaceae]
zanthoxylum（= pricklyash） ①花椒属 [*Zanthoxylum* L.]（芸香科）②花椒 [*Zanthoxylum simulans* Hance]
zanthoxylum piperisum（= Japanese pricklyash） 秦椒 [*Zanthoxylum piperisum*]（芸香科）
Zanzibar tilapia 桑给巴罗非鱼,桑给巴非洲鲫鱼 [*Tilapia hornorum*] {水产}
zap 全部擦除,清除
zatacode 坐标
zatacode indexing 坐标索引
zatacode system 坐标系统
zawadsk dendranthema 紫花野菊 [*Dendranthema zawadskii*（Herb.）Tzvel.]（菊科）
zea（= maize） ①玉蜀黍属 [*Zea* L.]（禾本科）②玉米(玉蜀科) [*Zea mays* L.]
zearalenone（ZEA） 玉米赤霉烯酮
zeatin（= 6-4-hydroxy-3-methyl-trans-2-butenylaminopurine） 玉米素 [$C_{10}H_{14}N_5O$]
zeaxanthin 玉米黄质 [$C_{40}H_{56}O_2$]
zeaxanthin diglucoside 玉米黄质二[葡]糖苷
zeaxanthin epoxide 环氧化玉米黄质
zebra ①斑马 [*Equus zebra* L.]（马科）②虎斑
zebra airbrom 条纹水塔花 [*Billbergia zebrina* Lindl.]（凤梨科）
zebra calathea 花条蓝花蕉(绒叶肖竹芋) [*Calathea zebrina*（Sime）Lindl.]（苳叶科）
zebra caterpillar 斑马纹夜蛾 [*Ceramica picta* Harris =*Mamestra*]（夜蛾科）
zebra shark ①豹纹鲨 [*Stegostoma fasciatum*（Hermann）] ②长鳍斑竹鲨 [*Chiloscyllium colax*（Meuschen）]
zebra-skin 虎斑果皮病(柑橘病害)
zebrina ①吊竹梅属 [*Zebrina* Schnizl.]（鸭跖草科）②吊竹梅 [*Zebrina pendula* Schnizl.]
zebu 瘤牛,犎牛 [*Bos zeby* L.]（牛科）
zedoary 山姜黄(莪术) [*Curcuma zedoaria*（Berg.）Rosc.]
zedoary oil 姜黄油
zees Z 型钢
zein 玉米醇溶蛋白
zein fiber 玉米醇溶蛋白纤维
zeism 玉米中毒
Zeiss universal theodolite 蔡司全能经纬仪
zeitgeber 同步因素,定时因素
zelkova ①榉属 [*Zelkova* Spach]（榆科）②榉 [*Zelkova schneideriana* H.M.]
Zener diode 齐纳二极管
zenia ①任豆属 [*Zenia* Chun]（豆科）②任豆 [*Zenia insignis* Chun]
zenith 天顶
zenith angle 天顶角 {遥感}
zenith blind area 天顶盲区

zenith camera 天顶[照]相机{遥感}
zenith distance 天顶距离
Zenker's fixative 齐克尔氏固定液{显技}
zeolite 沸石[$Na_2O \cdot Al_2O_3 \cdot (SiO_2)_x \cdot (H_2O)_x$]
zeolite filter 沸石滤器{环保}
zeolite softener 沸石软水器{环保}
zeolite water softening 沸石水软化{环保}
zeolitization 沸石化
Zephyr 西风,和风(zephyrus)
zephyr-lily ①葱莲属[*Zephyranthes* Herb.](石蒜科) ②葱莲(玉廉)[*Zephyranthes candida* Herb.]
zerdane (=DDT) 滴滴涕
zerk 加油
Zerlate (=ziram) 福镁锌{农药}
zero ①零,0,无 ②零点,零位,零度 ③立即
zero access ①立即存取 ②立即访问{电脑}
zero adjust 零调节,调零
zero adjustment 零点调整
zero bit (=z, z-bit) 零位,零码位{电脑}
zero center 零中心
zero correction 零点校正
zero correlation 零相关{统计}
zero-cross point 零交叉点
zero-crossing detector 过零点检测器
zero decrement 零衰减量
zero degree 零度
zero deletion 零删除
zero dimension 无因次,无量纲
zero gravity 零重力,失重
zero grazing 零牧,青饲(青割牧草舍饲)
zero-grazing animal 青饲家畜(喂青割牧草的家畜)
zero-grazing trailer 青饲料挂车,青饲料拖车
zero isotherm 零度等温线
zero knowledge proof 零理解证明{电脑}
zero line 零线
zero mark 零点记号
zero matrix 零[矩]阵
zero modulation (ZM) 调零,零调制
zero of vital temperature 生育温度的零度
zero-order correlation ①零次相关 ②零级相关
zero order kinetic reaction 零级动力学反应
zero-order reaction ①零级反应 ②零次反应
zero pasture 青割用牧场(草场)
zero point ①零点 ②起点 ③致死临界温度
zero point energy 零点能(来自海森堡测不准原理)
zero point mutant ①零点突变体 ②零点突变型{细胞}
zero point mutation 零点突变
zero potential ①零位{水利} ②零电位
zero-pressure tire 零压轮胎,大气压轮胎
zero reading 零读数
zero sequence current relay protection 零序电流继电保护{农施}
zero-skip-frequency 零跳频率{信息}
zero-temperature level 零温度层
zero tillage 免耕法(不耕地种植){耕作}
zero-tillage system (=no-tillage system) 免耕制
zero turgor point 膨压零点
zero vector 零矢量{遥感}
zero water level 零水位{水利}
zero water potential 零[无]水势
zero-zero 极为微小的,无从察觉的
zeroaxial 通过零点的,通过坐标原点的(zeroaxialis){统计}
zeroing 调整零点
zest 柠檬皮(中芳香油)
zeta ξ(希腊字母),截他
zeta potential ξ电势,ξ电位
zeugite 偶核细胞
zeugmatography (=nuclear magnetic resonance imaging) 核磁共振成像{生技}
zheltozem 黄壤
zigzag ①Z字形的 ②曲折形的 ③锯齿形的(flexuosus)
zigzag chain 锯齿链{生技}
zigzag clover (=Marl grass) 反曲三叶草[*Trifolium resupinatum* L.](豆科)
zigzag comb 之字形麻梳
zigzag drag harrow 宽齿耙
zigzag fold paper 折叠式打印纸,扇折纸
zigzag frame 之字形架,Z形[耙]架
zigzag harrow 之字形耙,Z形耙
zigzag lightning 锯齿状闪电
zigzag-lined moth 甘薯烦夜蛾(电纹夜蛾)[*Aedia leucomelas* Linn.](夜蛾科)
zigzag orientation Z字形定向
zigzag planting Z形栽植
zigzag scheme 锯齿形图式,Z形图式{生技}
zigzag sowing Z形播种,弯弯曲曲播种
zigzag-striped leafhopper (=zigzag rice leafhopper) 电光叶蝉[*Inazuma dorsalis* Motschulsky](叶蝉科)
zigzag type 之字形
zill's tilapia 齐氏罗非鱼,齐氏非洲鲫鱼[*Tilapia zillii*]{水产}
zinc 锌[Zn,30号元素]
zinc acid 锌酸[H_2ZnO_2]
zinc-binding domain 锌结合域{生技}
zinc-binding motif 锌结合特征序列,锌结合

基序{分遗}
zinc-binding protein (= zinc-bound protein) 锌结合蛋白
zinc blotting 锌印迹法{分生}
zinc carbazate 肼甲锌
zinc-chelating structure 锌螯合结构
zinc chloride 氯化锌[$ZnCl_2$]
zinc-containing enzyme 含锌酶
zinc content 含锌量
zinc creosote process 氯化锌杂酚油法
zinc-damage 锌害,锌毒害
zinc deficiency ①缺锌 ②缺锌症
zinc deficiency of apple 苹果缺锌小叶病(生理病害)
zinc deficiency symptom 缺锌症状
zinc dimethyldithiocarbamae (= ziram) 福美锌
zinc enzyme [含]锌酶
zinc equivalent 锌当量
zinc etching 锌凸版
zinc ethyl 二乙基锌[$Zn(C_2H_5)_2$]
zinc finger 锌指[结构]{生技}
zinc finger protein 锌指蛋白质
zinc in river water 河水中锌
zinc oxide 氧化锌[ZnO]
zinc peptidase 锌肽酶
zinc peroxide 过氧化锌[ZnO_2]
zinc phosphide 磷化锌(杀鼠剂)[Zn_3P_2]
zinc protease 锌蛋白酶
zinc shunt 锌支路
zinc sulphate (= zinc sulfate) 硫酸锌[$ZnSO_4$]
zinc tannin process 氯化锌单宁法(木材防腐)
zinc trichlorophenate 三氯酚锌
zincate 锌酸盐[M_2ZnO_2]
zincification ①镀锌[法] ②加锌,渗锌(zincificatio)
zincing 镀锌
zineb 代森锌(杀菌剂) [$C_4H_6N_2S_4Zn$]
zinecreosote process [注入]氯化锌和焦油法(指木材防腐法)
zinetamnin process 锌单宁法
zingerone 姜油酮 [$HO(CH_3O)C_6H_3CH_2CH_2COCH_3$]
zingiber (= ginger) ①姜属[*Zingiber* Adans](姜科) ②姜[*Zingiber officinalis* Rosc.]
zingiber family 姜科[Zingiberaceae]
zingiberene 姜烯[$C_{15}H_{24}$]
zinnia ①鱼尾菊属[*Zinnia* L.](菊科) ②鱼尾菊[*Zinnia elegans* Jacq.]
zinophos (= zinc phosphide) 磷化锌[Zn_3P_2]
zinostatin (= neocarcinostatin) 新制癌菌素
zinothion 锌硫磷{农药}
Zip (= zipper) 拉链
zip fastener 拉链
zipper (Zip) 拉链{生技}
zipper fashion 拉链式
zipper model 拉链模型
zippering 扣紧
ziram 福美锌(杀菌剂)[$C_6H_{12}N_2S_4Zn$]
zizania ①茭白属(菰属)[*Zizania*](禾本科) ②茭白(菰,茭儿菜)[*Zizania caduciflora* (Turcz.) Hand.-Mazz.]
ZO ZO[型](染色体)
ZO-type ZO型
zodiac 黄道(zodiacus){气象}
zodiacal counterglow 黄道对日照
zodiacal light 黄道光
-zoid ⌞字尾⌝似动物
zoid 游动孢子
zoidiogamy [游动]精子受精植物(zoidiogamia)
zoidiophilous 动物媒的(zoidiophilus)
zoidiophilous flower 动物媒花(flos zoidiophilus)
zoidiophily 动物媒(zoidiophilia)
zoidogamic 水媒植物(zoidogamus)
zoidogamous 游动精子受精的(zoidogamus)
Zollinger gentian 笔龙胆[*Gentiana zollingeri* Fawc.](龙眼科)
Zollinger indigo 尖叶槐蓝[*Indigofera zollingeriana* Miq.](豆科)
zomatic recombination 准性重组,无性重组
zona electrophoresis 区带电泳
zona lysin 透明层溶素
zona occludens (= tight junction) 紧密联结,紧密结合
zona of adhesion (平轮或履带与道路的)附着区
zona pellucida 透明层(指包在未受精卵的多糖外壳)
zonal ①成带的 ②显域的 ③地带性的(zonalis)
zonal accumulation 带状积累
zonal alternation 地带性变化
zonal bog 地带性沼泽{生态}
zonal centrifugation 区带离心
zonal centrifuge 区带离心机

zonal circulation 纬向环流,带状环流
zonal climate 地带性气候
zonal community 显域群落
zonal electrophoresis (ZE) 区带电泳
zonal flow 纬向气流
zonal formation 显域植物群系
zonal geranium (= horseshoe geranium) 马蹄纹天竺葵[*Pelargonium zonale* Ait.](牻牛儿苗科)
zonal index 纬向指数
zonal orhorseshoe 马蹄纹天竺葵[*Pelargonium zonale* Ait.](牻牛儿苗科)
zonal radiation balance 区带辐射平衡
zonal rotor 区带转头{生技}
zonal sampling 区域抽样,分带抽样
zonal soil 地带性土壤
zonal spherical harmonics 球带调和
zonal structure 成带构造,成区构造
zonal technique 区带技术{生技}
zonal vegetation 显域植被,地带性植被
zonal westerlies 纬向西风带
zonal wind 纬向风,带状气流
zonality ①地带性{土壤} ②成带分布{气象}(zonalitas)
zonaperturate 具环状萌发孔的(zonaperturatus)
zonate 具环带的(zonatus)
zonate leaf 环纹叶(folium zonatum)
zonate leaf spot 轮斑病,豹纹病
zonate parenchyma 带状薄壁组织(parenchyma zonata){解剖}
zonate spot ①轮斑 ②轮斑病,轮纹病
zonate spot of broad bean 蚕豆轮纹病[*Cercospora zonata* Wint.]
zonation ①区域性{栽培} ②地带性{土壤} ③成带现象{气象} ④分区,分带{物}(zonatio)
zonation of vegetation 植被成带性{生态}
Zond 探测器(前苏联){遥感}
zonda (= sonda) ①北风(阿根廷) ②干热焚风(阿根廷安第斯山东的西风)
Zondek-Aschheim test 宋阿二氏试验法(指他们所设计的妊妇尿激素的试验法)
zone ①带,层,段,区 ②色区(zona)
zone bit 区位,区段位,标志位{电脑}
zone bit recording (ZBR) 区位记录
zone boundary 区域边界
zone broadening 加宽区带
zone electrophoresis 区带电泳
zone line ①环纹 ②环带线
zone marker 区域指点标{信息}
zone of adventitious root 发根带(指禾本科秆上节部所生不定根的部位)
zone of aeration 通气带,充气带
zone of audibility 能听区
zone of constant temperature 等温带
zone of degradation 降解区{环保}
zone of different injury 不同受害区
zone of discontinuity 不连续带
zone of disease 发病带
zone of dormancy 蛰伏带
zone of effective temperature 有效温度带
zone of eventual death 最后致死带
zone of extensive farming 粗放耕作区
zone of growth 生长带
zone of heavy injury 重害(灾)区
zone of high fatal temperature 致死高温区
zone of higher critical temperature 临界高温区
zone of immediate death 立即致死区
zone of infection 侵染带
zone of inhibition 抑制带
zone of light injury 轻害(灾)区
zone of low fatal temperature 致死低温区
zone of normal distribution 正常分布带
zone of occasional distribution 偶然分布带
zone of optimum condition 适宜条件带
zone of oxidation 氧化层
zone of percolation 渗漏带
zone of plant reaction 植物反应带
zone of possible distribution 可能分布带
zone of protective gummosis 保护流胶圈
zone of radial shear 辐(径)向剪力带
zone of saturation 饱和带
zone of self-purification 自净区{环保}
zone of silence 静区,无声区
zone of soil 土壤带
zone of trade wind 信风带,信风区
zone of transition 过渡地区,过渡带
zone of variable wind 不定风带
zone of weathering 风化带
zone phenomenon 环状现象,带状现象
zone settling velocity (ZSV) 成区沉降速度{环保}
zone sharpening 区带变尖,区带锐化{生技}
zone switching center 区域交换中心区(指电话)
zone time 地区时间,区域时
zoned format 分区格式,分段格式,区标格式,区位格式
zoning ①区划 ②地带区划
zoning schemes 区划,计划
zonisulculate 具环状小槽的(zonisulculatus)

zonite 体节 (zonita)
zonitids 带螺科[柄眼目] [Zonitidae]
zonular 带状的 (zonularis)
zonular desmosome 带状桥粒
zonule 小带 (zonula)
zoo 动物园
zoobenthos 底栖动物
zoobiocenose 动物群落
zoobiotic 动物寄生菌
zoocecida 动物瘿,虫瘿
zoochemistry 动物化学 (zoochemia)
zoochory 动物传布 (zoochoria)
zoocoenosis 动物群落
zoöcyst 能动细胞囊 (zoocystus)
zoogamete 游动配子,运动性配子 (zoogameta)
zoogamy 有性生殖 (zoogamia)
zoogenesis 动物发生
zoogenous 动物上生的 (zoogenus)
zoogeographic 动物地理的 (zoogeographicus)
zoogeographic realms 动物地理分布区
zoogeographical barrier 动物地理阻限
zoogeography 动物地理学 (zoogeographia)
zoogloea 动胶菌属 (微生物)
zoogloea ramigra 生枝动胶菌 [*Zoogloea ramigra* Itzigsohn]
zoogonidium 游动微生子
zoogonous 胎生的 (zoogonus)
zoogony (= viviparity) 胎生 (zoogonia)
zooidogamous 动物媒植物的 (zooidogamus)
zooidogamy 动物媒植物 (zooidogamia)
zoolite 动物化石
zoological 动物学的 (zoologicus)
zoological garden 动物园
zoological park 动物园
zoology 动物学 (zoologia)
zoom 图像电子放大 {遥感}
zoom lens 变焦镜头
zoom out ①拉出 ②放大
zoom out option 放大选择
zoom system (= pencratic system) 可变焦距系统
zoom transfer scope 可变焦距转绘仪
zoomagnetism 动物磁性 (zoomagnetismus)
zoomaric acid 棕榈油酸,鲨油酸,9-十五碳烯酸 [$C_{14}H_{27} \cdot COOH$]
zoomer 可变焦距镜头 {遥感}
zoomer lens 可变焦距透镜
zoometer 动物计
zooming 变焦[矩]
zoomorphosis 动物诱发变态
zoomsteroscope 变焦立体镜 {遥感}
zoonosis 动物传染病,寄生动物病
zooparasite 寄生动物 (zooparasita)
zoophagan 食肉动物
zoophagous 食动物的,肉食的 (zoophagus)
zoophilous ①喜动物的 ②动物媒的 (zoophilus)
zoophily 动物传粉 (zoophilia)
zoophyte 植物性动物 (zoophyta)
zooplankton 浮游动物
zooplankton feeder 食浮游动物者
zoosperm ①游动孢子 ②游动精子 (zoospermium)
zoosporangiophore 游动孢子囊梗 (zoosporangiophorum)
zoosporangium 游动孢子囊
zoospore 游动孢子 (zoospora)
zoosporocyst 游动孢子囊 (zoosporocysta)
zoosporogenesis 游动孢子发生
zoosterol 动物固醇,动物甾醇
zootaxy 动物分类 (zootaxia)
zootechnic 畜牧学的 (zootechnicus)
zootechnician 畜牧学工作者,畜牧技术员
zootechnics 畜牧学 (zootechnica)
zootomy ①动物解剖 ②动物解剖学 (zootomia)
zootope 动物生境
zootoxin 动物毒素
zootrophic 动物营养的 (zootrophus)
zoozygospore [游]动接合孢子 (zoozygospora)
zorapterans 缺翅目 [Zoraptera]
zornia ①丁癸草属 [*Zornia* J. F. Gmel.] (豆科) ②丁癸草 [*Zornia diphylla* (L.) Pers.]
zorotypids 缺翅虫科 [Zorotypidae]
zostera (= eelgrass) ①大叶藻属 [*Zostera* L.] (大叶藻科) ②大叶藻 [*Zostera martna* L.]
zostera family (= eelgrass family) 大叶藻科 [Zosteraceae]
zoysia ①结缕草属 [*Zoysia* Willd] (禾本科) ②结缕草 [*Zoysia matrella* (L.) Merr.]
ZT (= zone Time) 地区时间 {信息}
zucchini (= courgette) 小西葫芦
zugunruhe 迁徙兴奋
zulu time 祖鲁时间,格林威治时间
zulunuts 铁荸荠(地栗) [*Cyperus esculen-*

tus L.]（莎草科）
zusammenhang 人地关系〔遥感〕
ZW ZW[型]（染色体）
ZW-type ZW 型
zwischenferment 间酶，6-磷酸葡糖脱氢酶
zwitterion 两性离子
zwitterionic buffer 两性离子缓冲液
zwitterionic detergent 两性离子去污剂
zwitterionic surface-active agent（= zwitterionic surfactant） 两性离子表面活性剂
zygic activity 接合活性
zygo- ⌊字头⌉接合
zygo-pachynema 偶粗线（zygopachynema）〔细胞〕
zygocactus ①蟹爪兰属[*Zygocactus* Schum.]（仙人掌科）②蟹爪兰[*Zygocactus truncatus* Schum.]
zygogenesis 合子形成
zygoma ①颧骨 ②颧骨突起
zygomatic 颧骨的（zygomaticus）
zygomere （染色体）配对特殊座位
zygomere pattern 接合点型
zygomite 接合丝（zygomita）
zygomorphic（= zygomorphous） 两侧对称的（zygomorphus）
zygomorphic corolla 两侧对称花冠（corolla zygomorpha）
zygomorphic flower 两侧对称花（flos zygomorphus）
zygomorphism（= zygomorphy） 两侧对称式（zygomorphismus）
Zygomycetes 接合菌
zygonema 隅线，合线〔细胞〕
zygophase 合子期（zygophasis）
zygophore 接合子梗（zygophorum）
zygophyllum ①霸王属[*Zygophyllum* L.]（蒺藜科）②霸王[*Zygophyllum xanthoxylum* Maxim.]
zygophyte 接合植物（zygophyta）
zygosaccharomyces 接合酵母属[*Zygosaccharomyces* Barker.]（内孢科）
zygosis 接合
zygosity 接合性（zygositas）
zygosome 接合染色体，耦合体（zygosoma）
zygosperm（= zygospore） 接合孢子（zygospermum）
zygosporangium 接合孢子囊
zygospore 接合孢子（zygospora）
zygotaxis 配子相吸引，趋合子性
zygote ①合子 ②受精卵（zygota）
zygote development 合子发育
zygote lethal 合子致死
zygote nucleus 合子核（zygotonucleus）
zygotene[**stage**]（= zygonema） 偶线[期]〔细胞〕
zygotene pairing 偶线配对
zygotene stage 偶线期
zygotic 合子的（zygoticus）
zygotic alternation of nuclear phase 合子核相交替
zygotic chimerism 合子嵌合现象
zygotic combination 合子组合
zygotic embryo [接]合子胚（embryo zygotica）
zygotic frequency 合子频率
zygotic incompatibility 接合子不亲和性（incompatibiltas zygoticus）
zygotic induction 接合子诱导（inductio zygotica）
zygotic lethal 合子致死（lethalis zygoticus）
zygotic lethal gene 合子致死基因（gena lethalis zygotica）
zygotic meiosis 合子减数分裂（meiosis zygoticus）
zygotic mortality 合子死亡率（mortalitas zygoticus）
zygotic mutation 合子突变（mutatio zygotica）
zygotic nucleus 合子核（zygotonucleus）
zygotic number 合子[染色体]数
zygotic ratio 合子比率
zygotic reduction 合子减数（reductio zygotica）
zygotic selection 合子选择
zygotic sterility 合子不育性（sterilitas zygoticus）
zygotically balanced lethality 合子平衡致死现象
zygotonucleus 合子核
zygotropism 向合子性（zygotropismus）〔遗传〕
zygozoospore 游动接合孢子（zygozoospora）
zymase 酒化酶，酿酶
zyme 酶
zymic 酵母的
zymin ①胰提出物 ②酶制剂 ③致病剂
zymine 胰酶制剂
zymo- ⌊字头⌉酶，发酵
zymo-exciter 促酶素
zymogen 酶原
zymogen granule 酶原颗粒
zymogenic cell 产酶细胞

zymogenic flora (= zymogenous flora) 发酵性[细菌]区系
zymogenous bacteria 发酵性细菌 (bacteria zymogenae)
zymogenous flora 发酵性微生物群落 (flora zymogenae)
zymogenous microflora 发酵性微生物区系
zymogram 酶谱
zymogram technique 酶谱技术
zymohexase 醛缩酶,醛醇缩合物
zymoid 类酶的
zymolic efficiency of soil 土壤发酵效应
zymological 酶学的 (zymologicus)
zymology 酶学,发酵学 (zymologia)
zymolysis 酶解
zymometer 酶计,发酵计,发酵检验器
zymophore 酶活动体
zymoprotein 酶蛋白
zymosan 酵母聚糖
zymoscope 发酵机
zymosimeter (= zymometer) 发酵计,发酵测定计
zymosis 发酵
zymosterol 酵母固醇,酵母甾醇 [$C_{27}H_{44}O$]
zymotechique 发酵技术,发酵工艺 (zymotechica)
zymotic 发酵的 (zymoticus)
zymurgy 酿造学 (zymurgia)
zyxin 斑联蛋白 {分生}
ZZ ZZ[型](染色体)
ZZZW ZZZW[型]

数字及其他

1, 2, 4, 5-tetrachlorobenzene 四氯苯 [$C_6H_2Cl_4$]
1-butyl-3′-tolylsulfonylurea 1-丁基-3′-对甲苯磺酰脲
1-methylguanylic acid 1－甲基鸟苷酸
1-methylimidazolylacetic acid 1－甲基咪唑基乙酸
1-methylinosinic acid 1－甲基次黄[嘌呤]核苷酸
1,2-dibromoethane (＝EPB) 二溴乙烷{农药}
1, 2-dichloroethane 二氯乙烷 [$C_2H_4Cl_2$] $ClCH_2$-CH_2Cl
1,25-dihydroxycholecalciferol 1,25-二羟胆钙化[固]醇，1,25-二羟维生素 D_3
1,25-dihydroxyvitamin D_3 1,25-二羟维生素 D_3
2,4-DES-Na (＝sesone, disul-Na) 2,4-D 硫钠{农药}
2,6-diaminopurine 2,6-二氨基嘌呤
2,4, 5-T (＝2, 4, 5-trichlorophenoxyacetic acid) 2,4,5－涕(除草剂) [$C_8H_5Cl_3O_3$]
2,4,5-TB 2,4,5-涕丁酸 (除草剂) [$C_{10}H_9Cl_3O_3$]
2, 3, 6-TBA (＝2, 3, 6-trichlorobenzoic acid) 草芽平(除草剂) [$C_7H_3Cl_3O_2$]
2,4,5-trichlorophenol (＝Dowicide 2) 三氯酚{农药}
2,4,5-trichlorophenoxyacetic acid (2,4,5-T) 2,4,5-三氯苯氧乙酸
2,3,6-trimethylbenzoic acid 2,3,6-三甲苯甲酸(植物生长调节剂) [$C_{10}H_{12}O_2$]
2′-5′ oligo[A] (＝2′-5′ oligoadenylate) 2′-5′寡腺苷酸
2-acetamidoflurene 2-乙酰氨基芴
2-amino-4-hydroxy-6-methylpteridine 2-氨基-4-羟基-6-甲基蝶啶
2-amino-6-oxypurine 2-氨基-6-氧嘌呤
2-aminopurine 2-氨基嘌呤
2-carboline 2-咔啉，2-二氮芴
2-carpeliary fruit (＝bicarpeliary fruit) 二心皮果[实] (fructus bicarpeliaris)
2-chloro-4,6-bis (ethylamino) -S-triazine 西玛嗪 [$C_7H_{12}ClN_5$]
2-D (＝two-dimensional) 二向的，二维的{统计}
2-deoxy-D-ribose 2-脱氧-D-核糖
2′-deoxyformycin 2′－脱氧间型霉素
2-deoxyribofuranose-3-phosphate 2-脱氧核糖呋喃糖-3-磷酸
2-fluoroglucose 2-氟葡[萄]糖
2-hydroxyacyl glutathione hydrolase 2-羟[基]酰谷胱甘肽水解酶，乙二醛酶Ⅱ
2-hydroxystearic acid 2-羟基硬脂酸
2-hydroxysterculic acid 2－羟[基]苹婆酸
2-keto-3-deoxy-7-phosphoglucoheptonicacid 2-酮-3-脱氧-7-磷酸葡庚糖酸
2-keto-3-deoxygalctonic acid 2-酮-3-脱氧半乳糖酸
2-keto-6-phosphogluconic acid 2-酮-6-磷酸葡糖酸
2-ketogulonolactone 2-酮古洛糖酸内酯
2-ketophosphohexonic acid 2-酮磷酸已糖酸
2-M-4-X (＝2-M-4-Cl, MCPA) 2-甲-4-氯{农药}
2-methyl-3-phytyl-1, 4-napthoquinone 2－甲基－3－植基－1,4－萘醌，维生素 K_1
2-methyl-3-phytyl-1,4-napthoquinone 维生素 K_1
2-N-dimethyladenine 2-N-二甲[基]腺嘌呤
2′-O-methyluridine 2′－O－甲基尿苷
2-oxy-6-aminopyrimidine 2－氧－6－氨基嘧啶，胞嘧啶
2-PAM 甲碘化－2－吡啶醛肟(有机磷解毒剂) [$C_7H_9IN_2O$]
2-phenylphenol (＝Dowcide) 联苯酚(消毒剂，杀菌剂) [$C_{12}H_{10}O$]
2-strand double crossing over 二链双交换
2-(α-hydroxy-α-carboxyethyl) thiamine pyrophosphate 2-(α-羟-α-羧乙基)硫胺素焦磷酸，活性丙酮酸
2-thiomethyl-6-isopentenyl adenosine formation 2-硫基-6-异戊烯基腺苷形成
2-thiouridine 2-硫尿苷
2-α-hydroxyethyl thiamin pyrophosphate 2-α-羟乙基硫胺素焦磷酸，活性乙醛
2′,3′-cyclic nucleoside-3′-phosphodiesterase 2′,3′-环核苷-3′-磷酸二酯酶
2′,3′-dideoxyadenosine triphosphate (ddATP) 2′,3′－双脱氧腺苷三磷酸

2′,3′-dideoxycytidine (**ddC**) 2′,3′-双脱氧胞苷

2′,3′-dideoxycytidine triphosphate (**ddCTP**) 2′,3′-双脱氧胞苷三磷酸

2′,3′-dideoxyguanosine (**ddG**) 2′,3′-双脱氧鸟苷

2′,3′-dideoxyguanosine triphosphate (**ddGTP**) 2′,3′-双脱氧鸟苷三磷酸

2′,3′-dideoxyinosine (**ddI**) 2′,3′-双脱氧肌苷

2′,3′-dideoxyribonucleoside (**ddN**) 2′,3′-双脱氧核苷

2′,3′-dideoxyribonucleoside triphosphate (**ddNTP**) 2′,3′-双脱氧核苷三磷酸

2′,3′-dideoxythymidine (**ddT**) 2′,3′-双脱氧胸苷

2′,3′-dideoxythymidine triphosphate (**dd-TTP**) 2′,3′-双脱氧胸苷三磷酸

2,3-diphosphoglycerate (DPG) 2,3-二磷酸甘油酸

2,3-diphosphoglycerate shunt 2,3-二磷酸甘油酸支路

2,3,4,6-tetrachlorophenol 四氯酚(木材防腐剂)[$C_6H_2Cl_4O$]

2,3,5,6-tetrachloronitrobenzene (= Folosan) 四氯硝基苯{农药}

2,4-DB 2,4-D 丁酸(除草剂)[$C_{10}H_{10}Cl_2O_3$]

2,4-dichlorophenoxyacetic acid 2,4-D(除草剂)[$C_8H_4Cl_2O_3$]

2,4-dichlorophenoxyacetic acid 2,4-滴(=2,4-D)

2,4-dinitroanisol 二硝醚,甲氧二硝苯(杀虫剂)[$C_7H_6N_2O_5$]

2,4-dinitrophenylhydrazine 2,4-二硝基苯肼[$(NO_2)_2C_6H_3NHNH_2$]

2,4-dioxopyrimidine 2,4-二羧基嘧啶(尿嘧啶)

2,4-DP (= dichlorprop) 2,4-D 丙酸

2,4-xylenol 二甲苯酚(消毒剂)[$C_8H_{10}O$]

2,5-dihydroxyphenylacetic acid 2,5-二羟苯乙酸

2,5-diphenyloxazole 2,5-二苯基唑

2,6-dichlorophenol indophenol 2,6-二氯酚靛酚

2,6-dichlorophenoxyacetic acid 2,6-D(植物生长调节剂)

2,6-dichlorophenoxyacetic acid 2,6-二氯苯氧乙酸

2ip (= 6-(3-methyl-2-butenylamino) purine) 6-(3-甲基-2-丁烯基氨基)嘌呤(细胞分裂素)[$C_{10}H_{13}N_5$]

2iPA (= 6-(3-methyl-2-butenylamino)-9-*β*-*D*-ribofuranosylpurine 6-(3-甲基-2-丁腈基氨基)-9-*β*-*D*-呋喃核糖基嘌呤(细胞分裂素)

2*n* ①(= diploid number) 二倍[染色体]数 ②(= diploid) 二倍体

3-(3,4-dichlorophenyl)-1,1-dimethylurea (DCMU) 二氯苯[基]二甲脲

3′-amino-3′-deoxyadenosine 3′-氨基-3′-脱氧腺苷

3′-azido-deoxythymidine (AZT) 3′-叠氮脱氧胸苷,叠氮胸苷

3′-carbon atom end 3′-碳原子端{分遗}

3′-fluorothymidine (FLT) 3′-氟胸苷

3-H-thymidine incorporation 3-H-胸腺嘧啶掺入

3-hydroxyanthranilic acid 3-羟基-2-氨基苯甲酸

3-hydroxykynurenine 3-羟基犬尿氨酸

3-indole-acetylaspartic acid 3-吲哚基乙酰天门冬氨酸

3-iodotyrosine 3-碘酪氨酸

3-keto acid CoA transferase 3-酮酸辅酶 A 转移酶

3-ketoacyl-CoA thiolase 3-酮脂酰 CoA 硫解酶

3-mercaptopyruvate 3-巯基丙酮酸

3-methoxy-4-hydroxymandelic acid 3-甲氧基-4-羟基扁桃酸,3-甲氧基-4-羟基苯乙醇酸

3-methoxytyramine 3-甲氧酪胺

3′-phosphoadenosine-5′-phosphosulfate (PAPS) 3′-磷酸腺苷-5′-磷酰硫酸

3 S technology 三 S 技术(三 S 指遥感 remote sensing, RS; 地理信息系统 geographic information system, GIS; 和全球定位系统 global positioning system, GPS, 这三者的缩写词的最后字母都是 S,所以叫三 S。RS 技术,GIS 技术和 GPS 技术统称为三 S 技术)

3-strand double crossing over 三链双交换{分遗}

3∶2∶3 hot water treatment 三二三温水处理

3,4-benzopyrene 3,4-苯并芘(一种致癌化学物质)

3,4-dihydroxyphenylalanine (DOPA) 3,4-二羟苯丙氨酸,多巴

3,4-dihydroxyphenylenthylamine (dopamine) 3,4-二羟苯基乙胺,3-羟酪胺,多巴胺

3′,5′-cyclic adenylic acid (cAMP) 3′,5′-环腺苷酸

3,5-dibromotyrosine 3,5-二溴酪氨酸[$C_9H_9O_3NBr_2$]

3,5-dihydroxytoluene 3,5 二羟甲苯

3,7-dihydroxycholanic acid 3,7-二羟胆酸,

鹅[脱氧]胆酸
3,7-dimethyl xanthine 可可碱,3,7-二甲[基]黄嘌呤
3 *n* ①(= triploid number) 三倍[染色体]数 ②(= triploid) 三倍体
3T3 cell 3T3 细胞(一种由成纤维细胞转变的脂肪细胞)
3T3 strain 3T3 品系
4-amino-3-isoxazolidone 4-氨基-3-异氢噁唑酮,环丝氨酰胺,环丝胺酸
4-amino N^{10} methyl folic acid 4-氨基 N^{10} 甲基叶酸
4-aminopipecolic acid 4-氨基六氢吡啶羧酸
4-carboxyuracil 4-羧基尿嘧啶,乳清酸
4-chloro-1-naphthol 4-氯-1-萘酚 [$C_{10}H_6Cl(OH)$]
4-chloro-2-methyl acetic acid 4-氯-2-甲基乙酸
4-chlorophenoxyacetic acid (CPA) 4-氯苯氧乙酸 [$ClC_6H_4OCH_2CO_2H$]
4-CPA (= 4-chloro-phenoxyacetic acia) 促生灵(植物生长调节剂) [$C_8H_7ClO_3$]
4-hydroxy-N-methyl-proline 4-羟基-N-甲基脯氨酸
4-hydroxypipecolic aicd 4-羟基六氢吡啶羧酸
4-imidazoleacetic acid 4-咪唑乙酸
4-iodophenoxyacetic acid 碘苯氧乙酸(植物生长调节剂) [$C_8H_7IO_3$]
4-methyl-5-hydroxyethyl-thiazole 4-甲-5-羟乙基噻唑
4-strand double crossing over 四链双交换
4-*α-D*-glucopyranose-*α-D*-glucopyranoside 4-*α-D*-吡喃葡糖-*α-D*-吡喃葡糖苷,麦芽糖
4-*α-D*-glucopyranose-*β-D*-galactopyranoside 4-*α-D*-吡喃葡糖-*β-D*-吡喃半乳糖苷,乳糖
4,6-cholestadienone-3 4,6-二烯胆甾酮-3
4,6-diamino-2-phenyl indole (DAPI) 4,6-二氨基-2-苯基吲哚
4GL (= 4th generation language) 第四代语言{电脑}
5,8-dimethyl tocol 5,8-二甲基母育酚,*β*-生育酚
5-amino-imidazole ribotide 5-氨基咪唑核苷酸
5-aminoimidazole-4-carboxamide ribotide 5-氨基咪唑-4-甲酰胺核苷酸
5-aminoimidazole-4-carboxylate ribotide 5-氨基咪唑-4-甲酸核苷酸
5-aminouracil 5-氨基尿嘧啶
5-azacytidine 5-氮胞苷
5-Bl (= lacked the chromosome of the B-genome) B 基因组缺 5-染色体(指小麦){细胞}
5-Bl gene 5-Bl 基因
5-Bl wheat 5-Bl 小麦
5-bromoacenaphthene 5-溴苊
5-bromodeoxycytidine(BDdR) 5-溴脱氧胞苷
5-bromodeoxyuridine(BudR) 5-溴脱氧尿苷
5-dehydroquinate 5-脱氢奎尼酸
5-demethoxyubiquinone-9 5-脱甲氧泛醌-9
5-fluorodeoxyuridine (FUDR) 5-氟脱氧尿苷
5-fluorouracil (5Fu) 5-氟尿嘧啶
5-formamidoimidazole-4-carboxamide ribotide 5-甲酰胺基-4-氨甲酰咪唑核苷酸
5-Fu (= 5-fluorouracil) 5-氟尿嘧啶
5-HT (= 5-hydroxytryptamine) 5-羟色胺
5-hydroxymethyl cytosine (HMC) 5-羟甲基胞嘧啶
5-hydroxytryptamine (5HT) 5-羟色胺
5-hydroxytryptophane 5-羟色氨酸
5-indole deoxyuridine 5-吲哚脱氧尿核苷,5-氮[杂]茚基脱氧尿核苷
5-isoandrosterone 5-异雄[甾]酮
5-methoxytryptamine (5-MOT) 5-甲氧色胺
5-methyl cytosine 5-甲基胞嘧啶
5-methyl derivative 5-甲基衍生物
5-methyl-resorcinol 5-甲基间苯二酚
5-methylcytidylic acid 5-甲基胞苷酸
5-methylcytosine 5-甲基胞嘧啶
5-methyldeoxycytidine 5-甲基脱氧胞苷
5′-methylthioadenosine 5′-甲硫腺苷
5-methyltryptophan 5-甲基色氨酸
5-methyluracil 5-甲基尿嘧啶
5′-phospho-2′-desoxyribose 5′-磷酸-2′-脱氢核糖
5-ribosyluracil 5-核糖尿嘧啶
5′-thiomethyl adenosine 5′-甲硫基腺苷
6-(3-methyl-2-butenylamino)-2-methylthiopurine (= MS2ip) 6-(3-甲基-2-丁烯氨基)-2-甲基硫嘌呤(细胞分裂素)
6-(3-methyl-2-butenylamino)-2-methylthio-9-*β-D*-ribofuranosylpurine (= 2iPA) 6-(3-甲基-2-丁烯氨基)-2-甲基硫-9-*β*-*D*—呋喃核糖嘌呤
6-(3-methyl-2-butenylamino) -9-*β-D*-ribofuranosylpurine (= 2iPA) 6-(3-甲基-2-丁烯氨基)-9-*β*-*D*—呋喃核糖嘌呤
6-azauridylic acid 6-氮尿苷酸
6-benzyl-aminopurine 6-苄氨基嘌呤
6-benzylaminopurine (BaP) (= BA 6-benzylamino purine) 6-苄基氨基嘌呤(细胞分裂素)

6-hexyl-aminopurine 6-己氨基嘌呤
6-hydroxychroman 6-羟基苯并氢化吡喃,6-羟基色满
6-hydroxydopamine 6-羟多巴胺
6-mercaptopurine (6-MP) 6-巯基嘌呤
6-methyl adenine 6-甲基腺嘌呤
6-methyl amino purine 6-甲基氨基嘌呤
6-methyloctanoic acid 6-甲基辛酸
6-MP (=6-mercaptopurine) 6-巯基嘌呤
6-oxotestosterone 6-氧睾[甾]酮
6-(3-methyl-2-butenylamino) purine (=2ip)6-(3-甲基-2-丁烯氨基)嘌呤
6-(4-hydroxy-3-methyltrans-2-butenylamino) purine (=zeatin) 玉米素
6-(γ,γ-dimethylallylamino) purine 6-(γ,γ-二甲基丙烯氨基)嘌呤
6,7-dimethylisoalloxazine 6,7-二甲基异咯嗪,感光黄素
7-aminocephalosporinic acid (7-ACA) 7-氨基头孢菌酸
7-dehydrocholesterol 7-脱氢胆甾醇,7-脱氢胆固醇[$C_{27}H_{44}O$]
7-hydroxycholesterol 7-羟基胆甾醇,7-羟基胆固醇
7-methyl guanosine 甲基鸟苷
7-methyl guanosine triphosphate 7-甲基鸟苷三磷酸
8-arginine vasotocin (AVT) 8-精催产素,8-精氨酸[加压]催产素
8-ethoxy coffeine 8-乙氧咖啡因
8-hydroxy quinoline 8-羟基喹啉
8-hydroxy quinoline pretreatment 8-羟基喹啉预先处理{显技}
8-hydroxyquinoline (=oxine) 8-羧基喹啉(防腐保鲜剂)
8-mercaptoquinoline 8-巯基喹啉
8-methoxypsoralen 8-甲氧基补骨脂素
8-oxyquinoline 8-羟基喹啉
9-hydroxyprostenoate 9-羟前列腺烯酸
9-ketoprostenoate 9-酮前列腺烯酸
10^3 helical structure in hemoglobin 血红蛋白的 10^3 螺旋结构
10-methylstearic acid 10-甲基硬脂酸
11-cis-retinol 11-顺视黄醇,新视黄醛 B
11-dehydro-17-hydroxy-corticosterone 11-脱氢-17-皮羟质[甾]酮,可的松
11-oxysteroid 11-氧甾类,11-氧类固醇
13-methyltetradecanoic acid 13-甲基十四[烷]酸
17-hydroxy-11-dehydrocorticosterone 17-羟-11-脱氢皮质[甾]酮,皮质素
17-hydroxycorticosteriod 17-羟皮质[甾]醇,17-羟皮质类固醇
17-hydroxycorticosterone 17-羟皮质[甾]酮
17-hydroxydeoxycorticosterone 17-羟脱氧皮质[甾]酮
17-hydroxyprogesterone 17-羟孕[甾]酮
17-hydroxysteroid 17-羟甾类,17-羟类固醇
17-ketosteroid 17-酮甾类,17 酮类固醇
17β-ethynylestradiol 17β-乙炔雌[甾]二醇
19-nortestosterone 19-去甲睾[甾]酮,诺龙
20,22-dihydroxycholesterol desmolase 20,22-二羟胆甾醇碳链裂解酶
22-dihydroergosterol 22-二氢麦角甾醇
22-dihydrostigmasterol 22-二氢豆甾醇
25-hydroxycholecalciferol 25-羟胆钙化[甾]醇,25-羟维生素 D_3
25-hydroxyergocalciferol 25-羟麦角钙化[甾]醇,25-羟维生素 D_2
28-spotted lady beetle 廿八星瓢虫(酸浆瓢虫)[*Epilachna sparsa orientalis* Oicke](瓢虫科)
88-R (=aramite) 杀螨特{农药}
250kVp X-ray 250 千伏特 X 射线
650-keV neutron 650 千电子伏的中子
1400 kV X-ray beam 1400 千伏 X 射线束{辐射}
ΔG (=thermodynamic constant) 热动力学常数
ΔG° (=standard free-energy change) 标准自由能变化
ΔG and Keq 热动力学常数与平衡常数(Keq=equilibrium constant)
ΔG at equilibrium 平衡的热动力学常数
ΔG in respiration 呼吸的热动力学常数
α,α-dipyridyl α,α′-双吡啶
α-acid glycoprotein α-酸性糖蛋白,血清类黏蛋白
α-amanitine α-鹅膏亭[$C_{39}H_{52}N_{10}O_{14}S$]
α-amino-β-keto adipic acid α-氨基-β-酮己二酸
α-amylase α-淀粉酶,液化酶
α-bromonaphtalene (=α-bromonaphthalene) α-溴萘
α-carbon of amino acid 氨基酸的 α-碳
α-carboxyl group α 羧基
α-chain α 链
α-conarachin 伴花生球蛋白
α-D-DNA polymerase (D-DNA polymerase Ⅱ) α-D-DNA 聚合酶
α-D-glucopyranosido-β-D-fructofuranoside α-D-吡喃葡糖[苷基]-β-D-呋喃果糖苷,蔗糖
α-fetoglobulin (=α-feto-protein)(AFP) 甲种胎儿球蛋白,甲胎蛋白
α-foetoprotein (=α-fetoprotein) α-胎蛋白{分生}
α-formylisoglutamine α-甲酰异谷氨酰胺

α-galactosidase α-半乳糖苷酶
α-globulin α-球蛋白
α-glycerophosphate cycle α-甘油磷酸循环
α-helix α-螺旋
α-hydroxycaproic acid α-羟[基]己酸
α-hypophamine α-垂体胺,催产素
α-kamlolenic acid 18-羟基十八碳三烯酸
α-ketoglutaric acid decarboxylase α-酮戊二酸脱羧酶
α-ketoglutaric acid dehydrogenase α-酮戊二酸脱氢酶
α-licanic acid 十八碳三烯-4-酮酸
α-mannose-1-phosphate α-甘露糖-1-磷酸
α-mannose-6-phosphate α-甘露糖-6-磷酸
α-N-benzoyl arginine amide α-N-苯甲酰精氨酰胺
α-N-benzoyl arginine ethyl α-N-苯甲酰精氨酸乙酚
α-N-benzoyl arginine-β-naph-thylamide α-N-苯甲酰精氨酸-β-萘胺
α-naphthol α-萘酚 [$C_{10}H_7OH$]
α-naphthoxy-acetic acid α-萘氧基乙酸 [$C_{10}H_7OCH_2COOH$]
α-naphthyl diazonium chloride α-萘[酰基]氯化重氮
α-naphthyl phosphate α-萘[酰基]磷酸
α-naphthylamine α-萘胺 [$C_{10}H_9N$]
α-naphthythiourea (= antu) 安妥{农药}
α-oxoglutaric acid α-氧代戊二酸 [HOOC·CH_2·CH_2·CO·COOH]
α-ribazole α-核唑,1-α-*D*-呋喃核糖-5,6-二甲基苯并咪唑苷
α-tocopherol α-生育酚 [$C_{29}H_{50}O_2$]
α-tubocurarine α-筒箭毒碱
αFP (= foetoprotein) α-胎[儿]蛋白
β-amylase β-淀粉酶,[麦芽]糖化酶
β-bend (= beta bend) β-转角{生技}
β-carotenone β-胡萝卜酮
β-chain β链
β-cyanoalanine β-氰丙氨酸
β-D-DNA polymerase (D-DNA polymerase I) β-D-DNA 聚合酶{分遗}
β-*D*-fructofuranosido-α-*D*-glucopyranoside β-*D*-呋喃果糖[苷基]-α-*D*-吡喃葡糖苷,蔗糖
β-galactosidase β-半乳糖苷酶
β-galactosidase gene β-半乳糖苷酶基因
β-glucuronidase β-葡糖苷酸酶
β-hydroxy-β-methyl glutaryl-CoA (HMG-CoA) β-羟基-β-甲基戊二酸单酰 CoA
β-hydroxyacyl-CoA dehydrogenase β-羟酰辅酶 A 脱氢酶
β-hydroxybutyrate cycle β-羟丁酸循环
β-hydroxybutyrate dehydrogenase β-羟丁酸脱氢酶
β-hydroxybutyric acid β-羟[基]丁酸
β-hydroxybutyric dehydrogenase β-羟丁酸脱氢酶
β-hydroxyl-β-methylglutaryl CoA β-羟-β-甲基戊二酰 CoA
β-hypophamine β-垂体胺,加压素
β-imidazolylpyruvic acid β-咪唑[基]丙酮酸
β-ketoacyl-ACP synthetase β-酮脂酰基 ACP 合成酶
β-ketothiolase β-酮硫解酶,3-酮脂酰 CoA 硫解酶
β-mercaptobenzothiazole β-巯基苯并噻唑,快热粉
β-mercaptoethanol β-巯基乙醇
β-mercaptoethylamine β-巯基乙胺,半胱胺
β-mercaptoethylamine radio-protection β-巯基乙胺辐射防护
β-mercaptopropionic acid β-巯基丙酸
β-methylglutaconyl CoA β-甲基戊烯二酸单酰 CoA
β-naphthol β-萘酚 [$C_{10}H_7OH$]
β-pleated sheet β-折叠片{分遗}
β-propriolactone β-本体内酯
β-tocopherol β-生育酚 [$C_{28}H_{48}O_2$]
β-turn (= beta-turn) β转角{生技}
β-ureidoisobutyric acid β-脲基异丁酸
β-ureidopropionase β-脲基丙酸酶
β-ureidopropionic acid β-脲基丙酸
β-zea carotene β-玉米胡萝卜素
β-galactosidase activity β-半乳糖苷酶活性
β-methylcrotonyl CoA β-甲基巴豆酸辅酶 *A*
γ-amino-α-methylene butyric acid γ-氨基-α-甲叉丁酸
γ-chain γ链
γ-D-DNA polymerase (D-DNA polymerase Ⅲ) γ-D-DNA 聚合酶
γ-ethylidene glutamic acid γ-乙叉谷氨酸
γ-globulin γ-球蛋白
γ-hexachloro-cyclohexane γ-六氯环己烷
γ-irradiation γ照射
δ-aminolaevulinate dehydratase δ-氨基-γ酮戊酸脱水酶
δ-aminonaphthol 3,6-disulphonic acid δ-氨基萘酚-3,6-二磺酸
δ-hydroxy-γ-keto-norvaline δ-羟基-γ-酮正缬氨酸
ω-hydroxylaevulinic aldehyde ω-羟乙酰丙酸醛

附　录

度量衡

1. The International (Metric) System 国际公制

Units of Length 长度单位	millimicron	mμ	毫微米	=1/1,000,000,000 米
	micron	μ	微米	=1/1,000,000 米
	centimillimetre	cmm.	忽米	=1/100,000 米
	decimillimetre	dmm.	丝米	=1/10,000 米
	millimetre	mm.	毫米	=1/1,000 米
	centimetre	cm.	厘米	=1/100 米
	decimetre	dm.	分米	=1/10 米
	metre	**m.**	**米**	**基本单位**
	decametre	dam.	十米	=10 米
	hectometre	hm.	百米	=100 米
	kilometre	km.	千米(公里)	=1,000 米
Units of Area 面积单位	**square metre**	**sq. m.**	**平方米**	**基本单位**
	are	a.	公亩	=100 平方米
	hectare	ha.	公顷	=10,000 平方米
	square kilometre	sq. km.	平方千米	=1,000,000 平方米
Units of Weight or Mass 重量或质量单位	milligram(me)	mg.	毫克	=1/1,000,000 千克
	centigram(me)	cg.	厘克	=1/100,000 千克
	decigram(me)	dg.	分克	=1/10,000 千克
	gram(me)	g.	克	=1/1,000 千克
	decagram(me)	dag.	十克	=1/100 千克
	hectogram(me)	hg.	百克	=1/10 千克
	kilogram(me)	**kg.**	**千克(公斤)**	**基本单位**
	quintal	q.	公担	=100 千克
	metric ton	MT(或 t.)	公吨	=1,000 千克
Units of Capacity 容量单位	microlitre	μl.	微升	=1/1,000,000 升
	millilitre	ml.	毫升	=1/1,000 升
	centilitre	cl.	厘升	=1/100 升
	decilitre	dl.	分升	=1/10 升
	litre	**l.**	**升**	**基本单位**
	decalitre	dal.	十升	=10 升
	hectolitre	hl.	百升	=100 升
	kilolitre	kl.	千升	=1,000 升

折合市制：1 米＝3 市尺；1 千米(公里)＝2 市里；1 公亩＝0.15 市亩；1 千克＝2 市斤

2. The British and U.S. System 英美制

Units of Length 长度单位		mile	mi.	英里	880 fm.	=1.6093 千米(公里)
		fathom	fm.	英寻	2 yd.	=1.829 米
		yard	yd.	码	3 ft.	=0.9144 米
		foot	ft.	英尺	12 in.	=0.3048 米
		inch	in.	英寸		=2.54 厘米
		nautical mile	naut. m.	海里		=1.852 千米(公里)
Units of Area 面积单位		square mile	sq. mi.	平方英里	640 a.	=2.59 平方千米
		acre	a.	英亩	4,840 sq. yd.	=4047 平方米
		square yard	sq. yd.	平方码	9 sq. ft.	=0.8361 平方米
		square foot	sq. ft.	平方英尺	144 sq. in.	=929.03 平方厘米
		square inch	sq. in.	平方英寸		=6.452 平方厘米
Units of Weight or Mass 重量或质量单位	*Avoirdupois* 常衡	ton	tn.(或 t.)	吨	20 cwt.	
		long ton	l. t.	英吨(长吨)	2240 lb.	=1.016 公吨
		short ton	s. t.	美吨(短吨)	2000 lb.	=0.907 公吨
		hundredweight	cwt.	英担	英 112 lb. 美 100 lb.	=50.802 千克 =45.359 千克
		pound	lb.	磅	16 oz.	=0.454 千克
		ounce	oz.	盎司	16 dr.	=28.35 克
		dram	dr.	打兰,英钱		=1.772 克
	Troy 金衡	pound	lb. t.	磅	12 oz. t.	=373.24 克
		ounce	oz. t.	盎司	20 dwt.	=31.1035 克
		pennyweight	dwt.	本尼威特,英钱	24 gr.	=1.5552 克
		grain	gr.	格令		=0.0648 克
	Apothecaries 药衡	pound	lb. ap.	磅	12 oz. ap.	=0.373 千克
		ounce	oz. ap.	盎司	8 dr. ap.	=31.103 克
		dram	dr. ap.	打兰,英钱	3 scr. ap.	=3.887 克
		scruple	scr. ap.	英分	20 gr.	=1.295 克
		grain	gr.	格令		=64.8 毫克
Units of Capacity 容量单位	*Dry Measure* 干量	bushel	bu.	蒲式耳	4 pk.	英=36.368 升 美=35.239 升
		peck	pk.	配克	8 qt.	英=9.092 升 美=8.810 升
		gallon	gal.	加仑	4 qt.	英=4.546 升
		quart	qt.	夸脱	2 pt.	英=1.136 升 美=1.101 升
		pint	pt.	品脱		英=0.568 升 美=0.55 升
	Liquid Measure 液量	gallon	gal.	加仑	4 qt.	英=4.546 升 美=3.785 升
		quart	qt.	夸脱	2 pt.	英=1.136 升 美=0.946 升
		pint	pt.	品脱	4 gi.	英=0.568 升 美=0.473 升
		gill	gi.	吉耳		英=0.142 升 美=0.118 升